中国脉翅类昆虫原色图鉴

The Color Atlas of Neuropterida from China

杨 定 刘星月 杨星科 主编

Edited by YANG Ding LIU Xingyue YANG Xingke

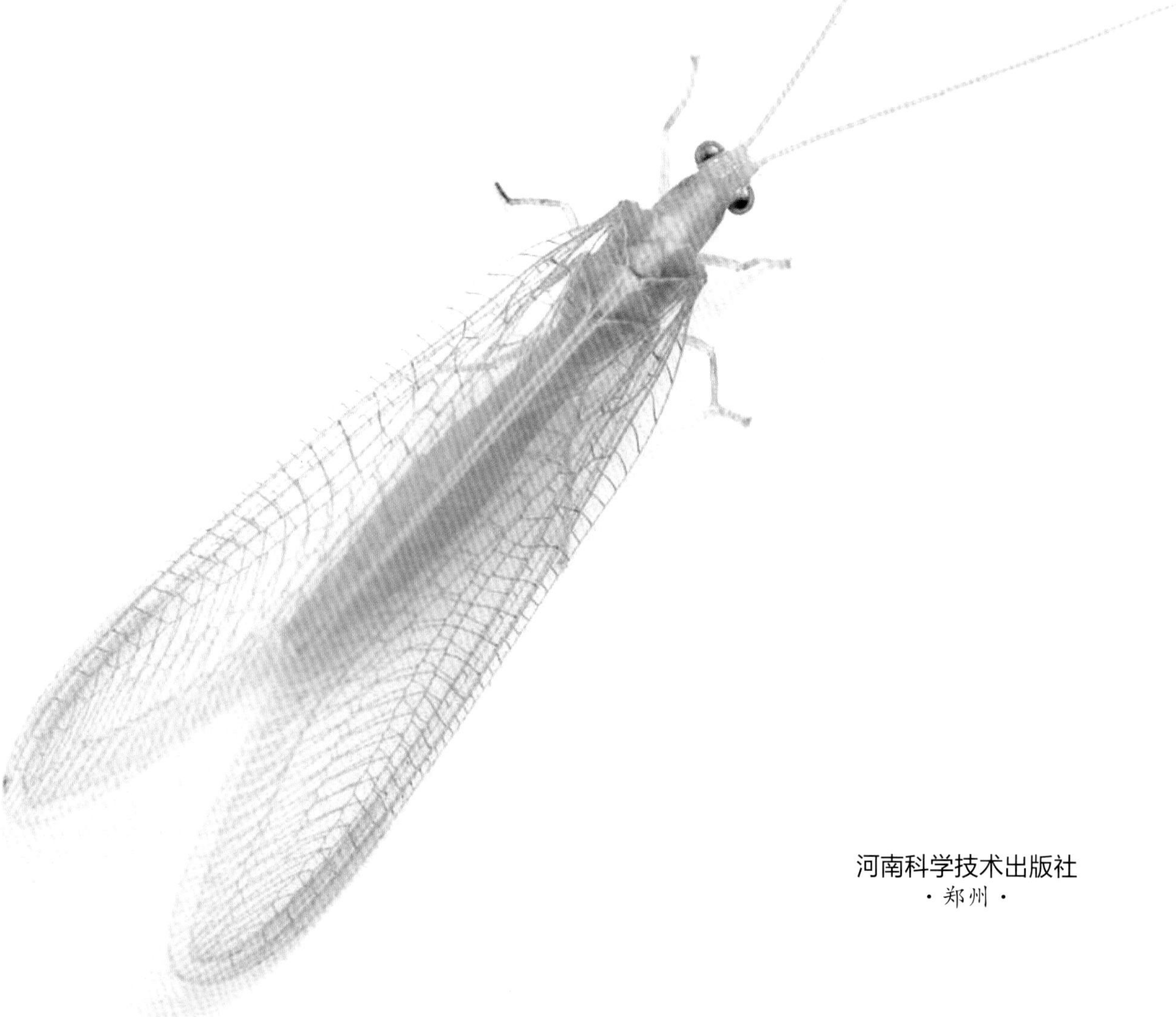

河南科学技术出版社
·郑州·

内容提要

目前全世界脉翅类昆虫约 6 650 种，我国已记载约 920 种，本图鉴收录产自我国的脉翅类昆虫 725 种，占我国已知物种总数的 78.80%。本书共分为基础知识、广翅目、蛇蛉目、脉翅目四部分。基础知识介绍了脉翅类昆虫的分类地位、分类系统、形态特征、生物学特性、地理分布以及中国脉翅类昆虫名录。各目的介绍包括各物种的中文名称、拉丁学名、形态特征、地理分布等；本图鉴给出了各目、科、属、种的主要鉴别特征及地理分布信息，并编制了分科、分属、分种检索表，每个种类都配有标本整体照片、局部特征照片或手绘特征图，大部分种类还附有成虫外生殖器特征图，以便于鉴定。

图书在版编目（CIP）数据

中国脉翅类昆虫原色图鉴 / 杨定，刘星月，杨星科主编. — 郑州：河南科学技术出版社，2023.1

ISBN 978-7-5725-0307-8

Ⅰ. ①中… Ⅱ. ①杨… ②刘… ③杨… Ⅲ. ①脉翅目－中国－图集 Ⅳ. ①Q969.38-64

中国版本图书馆CIP数据核字（2021）第209651号

出版发行：河南科学技术出版社

地址：郑州市郑东新区祥盛街27号　邮编：450016

电话：（0371）65737028　65788613

网址：www.hnstp.cn

邮箱：hnstpnys@126.com

总 策 划：周本庆

策划编辑：陈淑芹　杨秀芳

责任编辑：李义坤　申卫娟　陈　艳

责任校对：崔春娟　司丽艳　臧明慧

封面摄影：郑昱辰　张巍巍

整体设计：张　伟

责任印制：张艳芳

地图审图号：GS（2022）4511

地图编制：湖南地图出版社

印　　刷：河南瑞之光印刷股份有限公司

经　　销：全国新华书店

开　　本：889 mm × 1 194 mm　1/16　印张：64.5　字数：1 860千字

版　　次：2023年1月第1版　2023年1月第1次印刷

定　　价：980.00元

如发现印、装质量问题，影响阅读，请与出版社联系并调换。

《中国脉翅类昆虫原色图鉴》编著人员

主　编　杨　定　刘星月　杨星科

副主编　刘志琦　王心丽　聂瑞娥

编　委　（以姓氏拼音为序）

董　慧　贺　旭　蒋云岚　雷启龙　李　峋

李　敏　李　颖　林爱丽　刘星月　刘志琦

吕亚楠　聂瑞娥　申荣荣　王心丽　王永杰

徐　晗　杨　定　杨星科　杨秀帅　易　盼

张婷婷　张　韦　赵　旸　赵亚茹

编著人员工作单位

杨　定　（中国农业大学植物保护学院昆虫学系）

刘星月　（中国农业大学植物保护学院昆虫学系）

杨星科　（中国科学院动物研究所）

刘志琦　（中国农业大学植物保护学院昆虫学系）

王心丽　（中国农业大学植物保护学院昆虫学系）

聂瑞娥　（安徽师范大学生命科学学院重要生物资源保护与利用研究安徽省重点实验室）

董　慧　（深圳市中国科学院仙湖植物园）

贺　旭　（中国科学院动物研究所）

蒋云岚　（河北农业大学植物保护学院昆虫学系）

雷启龙　（中国科学院动物研究所）

李　峋　（中国农业大学植物保护学院昆虫学系）

李　敏　（中国农业大学植物保护学院昆虫学系）

李　颖　（中国农业大学植物保护学院昆虫学系）

林爱丽　（中国农业大学植物保护学院昆虫学系）

吕亚楠　（中国农业大学植物保护学院昆虫学系）

申荣荣　（中国农业大学植物保护学院昆虫学系）

王永杰　（广东省科学院动物研究所）

徐　晗　（北京林业大学林学院）

杨秀帅　（中国农业大学植物保护学院昆虫学系）

易　盼　（中国农业大学植物保护学院昆虫学系）

张婷婷　（山东农业大学植物保护学院）

张　韦　（中国农业大学植物保护学院昆虫学系）

赵　旸　（江苏丘陵地区南京农业科学研究所）

赵亚茹　（中国农业大学植物保护学院昆虫学系）

编著人员分工

第一部分　基础知识　刘星月　刘志琦　蒋云岚　吕亚楠　赵亚茹　林爱丽　申荣荣　李　峋
第二部分　广翅目　林爱丽　易　盼　杨　定　刘星月
第三部分　蛇蛉目　吕亚楠　刘星月
第四部分　脉翅目
粉蛉科　赵亚茹　李　敏　刘志琦
泽蛉科　李　峋　刘星月
水蛉科　李　峋　刘星月
溪蛉科　徐　晗　王永杰
栉角蛉科　李　峋　张　韦　刘星月
鳞蛉科　李　峋　刘星月
螳蛉科　杨秀帅　李　敏　刘志琦
褐蛉科　赵　旸　李　颖
草蛉科　聂瑞娥　雷启龙　贺　旭　杨星科
蛾蛉科　李　峋　刘星月
蝶蛉科　张婷婷　王心丽
旌蛉科　张婷婷　王心丽
蚁蛉科　董　慧　王心丽
蝶角蛉科　张婷婷　王心丽

Authors

Chief Editors

YANG Ding   LIU Xingyue   YANG Xingke

Associate Editors

LIU Zhiqi   WANG Xinli   NIE Ruie

Editorial Board Members

DONG Hui   HE Xu   JIANG Yunlan   LEI Qilong   LI Di   LI Min   LI Ying   LIN Aili   LIU Xingyue   LIU Zhiqi   LYU Ya'nan   NIE Ruie   SHEN Rongrong   WANG Xinli   WANG Yongjie   XU Han   YANG Ding   YANG Xingke   YANG Xiushuai   YI Pan   ZHANG Tingting   ZHANG Wei   ZHAO Yang   ZHAO Yaru

Affiliations of editorial board members

YANG Ding (Department of Entomology, College of Plant Protection, China Agricultural University)
LIU Xingyue (Department of Entomology, College of Plant Protection, China Agricultural University)
YANG Xingke (Institute of Zoology, Chinese Academy of Sciences)
LIU Zhiqi (Department of Entomology, College of Plant Protection, China Agricultural University)
WANG Xinli (Department of Entomology, College of Plant Protection, China Agricultural University)
NIE Ruie (Anhui Provincal key Laboratory of the Conservation and Exploitation of Biological Resources, College of Life Sciences, Anhui Normal University)
DONG Hui (Fairy Lake Botanical Garden, Shenzhen & Chinese Academy of Sciences)
HE Xu (Institute of Zoology, Chinese Academy of Sciences)
JIANG Yunlan (Department of Entomology, College of Plant Protection, Hebei Agricultural University)
LEI Qilong (Institute of Zoology, Chinese Academy of Sciences)
LI Di (Department of Entomology, College of Plant Protection, China Agricultural University)
LI Min (Department of Entomology, College of Plant Protection, China Agricultural University)
LI Ying (Department of Entomology, College of Plant Protection, China Agricultural University)
LIN Aili (Department of Entomology, College of Plant Protection, China Agricultural University)
LYU Ya'nan (Department of Entomology, College of Plant Protection, China Agricultural University)
SHEN Rongrong (Department of Entomology, College of Plant Protection, China Agricultural University)
WANG Yongjie (Institute of Zoology, Guangdong Academy of Sciences)
XU Han (College of Forestry, Beijing Forestry University)
YANG Xiushuai (Department of Entomology, College of Plant Protection, China Agricultural University)
YI Pan (Department of Entomology, College of Plant Protection, China Agricultural University)
ZHANG Tingting (Shandong Agricultural University, College of Plant Protection)
ZHANG Wei (Department of Entomology, College of Plant Protection, China Agricultural University)
ZHAO Yang (Nanjing Institute of Agricultural Sciences in Jiangsu Hilly Area)
ZHAO Yaru (Department of Entomology, College of Plant Protection, China Agricultural University)

Author contributions

Part I Introduction LIU Xingyue, LIU Zhiqi, JIANG Yunlan, LYU Ya'nan, ZHAO Yaru, LIN Aili, SHEN Rongrong, LI Di
Part II Megaloptera LIN Aili, YI Pan, YANG Ding, LIU Xingyue
Part III Raphidioptera LYU Ya'nan, LIU Xingyue
Part IV Neuroptera
Coniopterygidae ZHAO Yaru, LI Min, LIU Zhiqi
Nevrorthidae LI Di, LIU Xingyue
Sisyridae LI Di, LIU Xingyue
Osmylidae XU Han, WANG Yongjie
Dilaridae LI Di, ZHANG Wei, LIU Xingyue
Berothidae LI Di, LIU Xingyue
Mantispidae YANG Xiushuai, LI Min, LIU Zhiqi
Hemerobiidae ZHAO Yang, LI Ying
Chrysopidae NIE Ruie, LEI Qilong, HE Xu, YANG Xingke
Ithonidae LI Di, LIU Xingyue
Psychopsidae ZHANG Tingting, WANG Xinli
Nemopteridae ZHANG Tingting, WANG Xinli
Myrmeleontidae DONG Hui, WANG Xinli
Ascalaphidae ZHANG Tingting, WANG Xinli

前言

脉翅总目 Neuropterida，又称脉翅类，是完全变态类昆虫中起源较为古老的类群，现包括广翅目 Megaloptera、蛇蛉目 Raphidioptera 和脉翅目 Neuroptera 三个目。世界现生脉翅类昆虫已知约 6 650 种，其中广翅目约 400 种、蛇蛉目约 250 种、脉翅目约 6 000 种。脉翅类昆虫中名以“蛉”为词干，如草蛉、蚁蛉、鱼蛉、蛇蛉等。根据化石记录，脉翅类起源不晚于古生代二叠纪，并在中生代三叠纪至白垩纪早期相当繁盛，而在白垩纪末期经历大灭绝。因而现生脉翅类昆虫包括许多孑遗类群，可谓“活化石”，在研究昆虫系统演化中具有重要意义。除此以外，脉翅类昆虫还具有重要的应用价值，如草蛉是目前农业害虫生物防治中广泛应用的天敌之一，广翅目昆虫为重要的水质监测指示生物。

中国脉翅类昆虫物种多样性十分丰富，目前已记录 3 目 18 科约 920 种。自我国已故著名昆虫分类学家杨集昆教授开始，我国学者对脉翅类昆虫的系统分类和演化进行了长期深入的研究，已历经 4 代人 70 余年。在此期间，相继出版了《中国动物志 · 昆虫纲 · 第 39 卷 · 脉翅目 · 草蛉科》《中国动物志 · 昆虫纲 · 第 51 卷 · 广翅目》以及《中国动物志 · 昆虫纲 · 第 68 卷 · 脉翅目 · 蚁蛉总科》。2018 年还出版了《中国生物物种名录 · 第二卷 · 动物 · 昆虫（Ⅱ）· 脉翅总目》的脉翅总目名录卷册。然而，目前还没有一部关于我国脉翅类昆虫比较全面的图鉴类书籍。因此，在较为成熟的分类研究基础上，我们编写了《中国脉翅类昆虫原色图鉴》一书。

本图鉴收录了产于我国的脉翅类昆虫 3 目 18 科 725 种。对每个物种提供了彩色标本整体照片或特征图及地理分布图，部分物种辅以彩色生态照片，同时还给出了科、属、种等各主要分类阶元的主要鉴别特征及地理分布信息，并编制了分科、分属、分种检索表。脉翅类昆虫形态优雅，色彩多样，具有一定的观赏价值。该图鉴全面展示了我国脉翅类昆虫丰富的生物多样性，为研究其系统发育、区系分布、环境保护提供了丰富的信息资料。本图鉴从提交初稿至最终出版时隔两年，其间国内外脉翅类昆虫分类研究又取得了一系列进展，但部分新发现、新记录物种没有在本图鉴收录，部分科、属、种的分类地位变动也没有及时体现，略显遗憾，希望将来再版时一并收录。

本图鉴能够得以顺利完成，离不开杨集昆教授对我国脉翅类昆虫分类研究所作出的开创性贡献，同时也得益于杨先生数位弟子及所在团队成员、研究生等在脉翅类昆虫分类学领域长期奋斗的成果。此外，在我国脉翅类昆虫标本的采集和积累方面，得到了国内几乎所有兄弟院校、研究所、博物馆以及众多朋友、同行的长期支持，在此一并表示衷心的感谢。同时，还要感谢 H. Aspöck 和 U. Aspöck 教授夫妇（奥地利）、F. Hayashi 教授（日本）、S. L. Winterton 研究员（美国）、J. D. Oswald 教授（美国）等国际脉翅类昆虫分类学家与我们的长期合作。另外，还要感谢张巍巍先生、李元胜先生、吴超先生、李虎教授、计云先生、詹程辉先生、毕文煊先生、余之舟先生、赵俊军先生、董伟先生、王建赟博士、郑昱辰先生、陆千乐先生、涂粤峥先生、郑童先生为本图鉴提供了部分彩色生态照片。

长期以来，中国脉翅类研究工作能够顺利展开和持续深入，得到了国家自然科学基金项目（32130012，31972871，31672322，31322501，41271063，31320103902）、教育部长江学者奖励计划（2018）和中国农业大学“2115 人才培育发展支持计划”的资助。此外，部分前期野外调查还得到了昭通市专家工作站（2021ZTYX05），云南省生物多样性保护基金会，云南乌蒙山国家级自然保护区昆虫资源调查项目和中国烟草总公司重大科技项目 [110202201018（LS-02）] 的支持。

在本书付梓之际，特向国家出版基金资助（2019）表示感谢！同时，还要感谢河南科学技术出版社编辑认真严谨的工作态度，使本书得以高质量出版。

限于作者水平有限，书中若有遗漏和不妥之处，敬请专家学者及广大读者批评指正。

编著者

2021 年 9 月

目录

第一部分

基础知识 Background information

一、脉翅类昆虫分类地位
Systematic status of Neuropterida

脉翅总目 Neuropterida，又称脉翅类，中名以“蛉”为词干，如草蛉、蚁蛉、鱼蛉、蛇蛉等。脉翅总目是完全变态类 Holometabola 昆虫中最古老的类群之一（图 1-1），现生目级阶元包括广翅目 Megaloptera、蛇蛉目 Raphidioptera 和脉翅目 Neuroptera。世界现生脉翅总目 Neuropterida 昆虫已知 6 650 余种，其中广翅目 Megaloptera 昆虫约 400 种、蛇蛉目 Raphidioptera 昆虫约 250 种、脉翅目 Neuroptera 昆虫约 6 000 种（Oswald & Machado, 2018）。

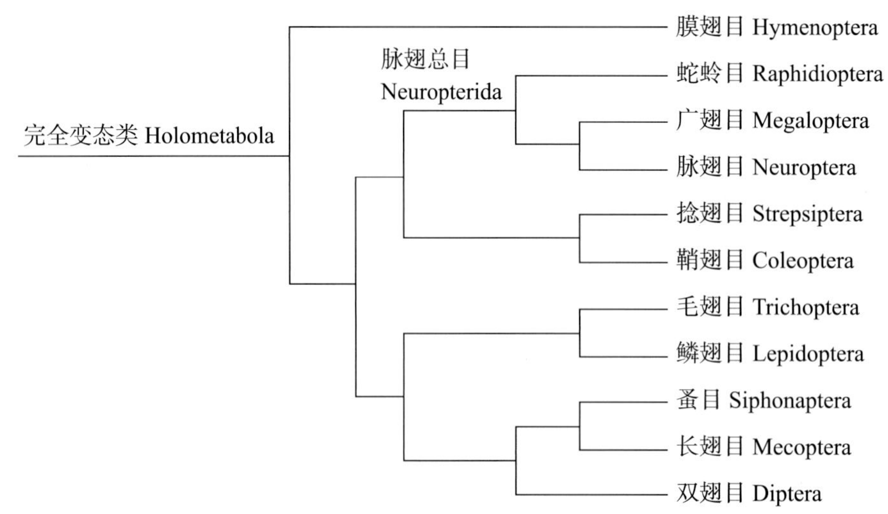

图 1-1 完全变态类昆虫高级阶元系统发育关系（仿 Misof et al., 2014）

现生脉翅总目 Neuropterida 物种数量相对较少（蛇蛉目 Raphidioptera 和广翅目 Megaloptera 是完全变态类 Holometabola 昆虫中物种数量最少的两个目），地理分布常呈现不连续的间断格局，然而该类群化石记录却异常丰富，因而现生脉翅总目包括大量经历过漫长地质历史时期的孑遗类群，其中许多类群被认为是珍贵的活化石（Aspöck et al., 2001）。因此，脉翅总目的起源演化对阐明完全变态类 Holometabola 昆虫的起源演化具有重要意义。

脉翅总目 Neuropterida 是一个被普遍认可的单系群。其特征包括：成虫后胸后背片中央常分开；成虫第 1 腹节背板具一倒 Y 形缝且气门侧前内脊与后胸叉骨之间相连；第 3 产卵瓣背面相互愈合并具内肌；前胃具不成对的支囊；均有相似的脑中神经分泌细胞（Hennig, 1981; Beutel & Gorb, 2001; Beutel et al., 2011）。长期以来，脉翅总目 Neuropterida 与鞘翅目 Coleoptera 具有较近缘的系统关系（Hennig, 1981; Kristensen, 1981）。其共有特征主要包括：成虫均具外咽缝；后翅臀前区扩大；产卵器鞘状；幼虫小眼均为圆形；幼虫十字形颈片肌退化。近年来，大规模组学数据的系统发育分析进一步表明，脉翅总目 Neuropterida 是鞘翅目 Coleoptera+ 捻翅目 Strepsiptera 的姐妹群（Misof et al., 2014）。

二、脉翅类昆虫分类系统
Classification system of Neuropterida

在早期分类系统中，脉翅目 Neuroptera 是一个广义的概念，等同于现在的脉翅总目，而广翅目和蛇蛉目曾作为广义脉翅目中的亚目甚至科级阶元；现在的脉翅目也作为一独立亚目，称作扁翅亚目 Planipennia（New, 1989）。目前，广翅目和蛇蛉目分别作为独立的目级阶元并与狭义脉翅目共同构成脉翅总目（图 1-2）已无任何争议。

现生广翅目包括 2 个科，即齿蛉科 Corydalidae 和泥蛉科 Sialidae。现生蛇蛉目也仅包括 2 个科，即蛇

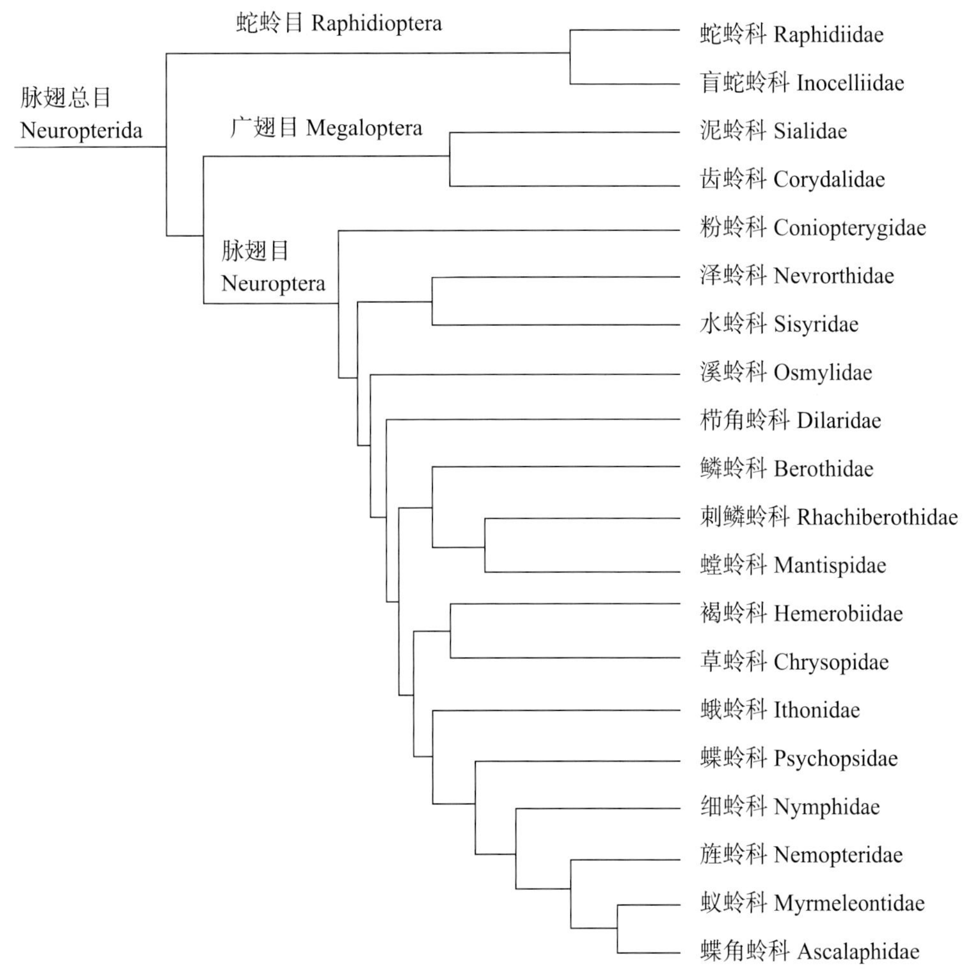

图 1-2 脉翅总目昆虫高级阶元系统发育关系（仿 Wang et al., 2017）

蛉科 Raphidiidae 和盲蛇蛉科 Inocelliidae。

现生脉翅目内部的分类系统长期存在争议。早期脉翅目分类系统由 Withycombe（1924）提出，包括 5 总科 16 科，即蛾蛉总科 Ithonoidea、粉蛉总科 Coniopterygoidea、溪蛉总科 Osmyloidea、褐蛉总科 Hemerobioidea 和蚁蛉总科 Myrmeleontoidea，但该系统中的网蛉科 Apochrysidae 和美蛉科 Polystoechotidae 现已被归入草蛉科 Chrysopidae 和蛾蛉科 Ithonidae。Aspöck et al.（2001）首次基于形态特征数据重建了脉翅总目的系统发育，将脉翅目划分为三个亚目，即泽蛉亚目 Nevrorthiformia、蚁蛉亚目 Myrmeleontiformia 及褐蛉亚目 Hemerobiiformia，包括 17 个科，但没有进行总科的划分。在后续研究中，该三亚目系统并没有得到验证（Haring & Aspöck, 2004; Winterton et al., 2010, 2018; Wang et al., 2017）。Winterton et al. (2018) 基于靶向杂交富集测序数据，对脉翅目系统发育进行了重建，并在所获得的系统发育框架下，将脉翅目分为 7 个总科，即粉蛉总科 Coniopterygoidea、溪蛉总科 Osmyloidea、栉角蛉总科 Dilaroidea、螳蛉总科 Mantispoidea、褐蛉总科 Hemerobioidea、草蛉总科 Chrysopoidea 和蚁蛉总科 Myrmeleontoidea，但其结果不支持螳蛉科 Mantispidae、蚁蛉科 Myrmeleontidae 和蝶角蛉科 Ascalaphidae 的单系性。Machado et al. (2018) 基于相同测序技术对蚁蛉总科系统发育进行了全面研究，其结果甚至将蝶角蛉科降为蚁蛉科的亚科。Engel et al. (2018) 则提出脉翅目 8 总科分类系统，其中将 Winterton et al. (2018) 的草蛉总科归入褐蛉总科，将原蚁蛉总科分为蛾蛉总科 Ithonoidea、蝶蛉总科 Psychopsoidea 和蚁蛉总科 Myrmeleontoidea。

鉴于脉翅目高级阶元分类系统的不确定性，本图鉴所采用的分类系统不对脉翅目进行亚目或总科的划分。对一些单系性存在争议但被广泛使用的科级阶元（如蝶角蛉科），仍将其作为独立科对待。

现生脉翅目共包括 16 个科：粉蛉科 Coniopterygidae、泽蛉科 Nevrorthidae、水蛉科 Sisyridae、溪蛉科 Osmylidae、栉角蛉科 Dilaridae、鳞蛉科 Berothidae、刺鳞蛉科 Rhachiberothidae（我国无分布）、螳蛉科 Mantispidae、褐蛉科 Hemerobiidae、草蛉科 Chrysopidae、蛾蛉科 Ithonidae、蝶蛉科 Psychopsidae、细蛉科 Nymphidae（我国无分布）、旌蛉科 Nemopteridae、蚁蛉科 Myrmeleontidae、蝶角蛉科 Ascalaphidae。

三、脉翅类昆虫形态特征 Morphological characteristics of Neuropterida

（一）广翅目昆虫形态特征 Morphological characteristics of Megaloptera

广翅目昆虫的主要特征：成虫小至大型。头大，多呈方形，前口式；口器咀嚼式，部分种类雄虫上颚极长；复眼大，半球形。翅宽大，膜质、透明或半透明，前后翅形相似，但后翅具发达的臀区；脉序复杂，呈网状，无缘饰。幼虫蛃型，头前口式，口器咀嚼式，上颚发达；腹部两侧具 7 ~ 8 对气管鳃（图 1-3）。

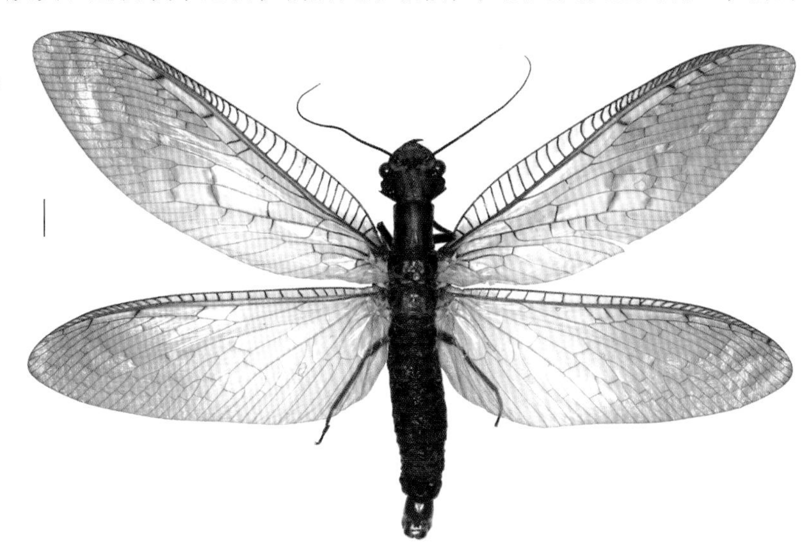

图 1–3 普通齿蛉 *Neoneuromus ignobilis* 成虫整体背面观（标尺：5.0 mm）

1. 成虫

（1）头部（head）：头部较大，多呈近方形，前口式（图 1-4）。齿蛉亚科 Corydalinae 昆虫头部扁宽，明显宽于前胸，头顶方形；鱼蛉亚科 Chauliodinae 昆虫头部较短粗，略宽于前胸，头顶近三角形；泥蛉科 Sialidae 昆虫头部短宽，与前胸近乎等宽，头顶近方形。复眼半球形；齿蛉科单眼 3 枚，构成单眼三角，泥蛉科 Sialidae 昆虫无单眼。触角 40 ~ 60 节，柄节较其余各节粗，有时强烈膨大，梗节较短，鞭节各节向端部渐细。齿蛉科 Corydalidae 昆虫触角通常仅稀被极细弱的短毛，齿蛉亚科 Corydalinae 昆虫触角多呈丝状，某些属呈近锯齿状。鱼蛉亚科 Chauliodinae 昆虫触角形状和长度变异较大，为区分属的重要特征，可以分为两大类型：一是触角丝状，约为前翅长的 2/3，有的属雄虫触角特化为念珠状；二是触角栉状或近锯齿状，约为前翅长的 1/2，触角形状在各属间又有变异。泥蛉科 Sialidae 昆虫触角为丝状，通常明显被毛。

口器咀嚼式，齿蛉亚科 Corydalinae 昆虫具发达的上颚，部分种类呈明显的雌雄二型，雄虫上颚极延长，内缘小齿不同程度退化，而雌虫上颚不延长，内缘齿较发达；泥蛉科 Sialidae 昆虫口器较小，大部分收缩于唇基下方，上唇密被短毛，呈明显雌雄二型，雄虫一般上唇自基部分为二叶状或端缘凹缺，雌虫上唇近长方形，端缘完整无凹缺。

（2）胸部（thorax）：前胸与中后胸不愈合，中后胸较前胸粗壮，愈合紧密，气门 2 对。前胸背板长方形或梯形；齿蛉科 Corydalidae 昆虫（图 1-5）前胸背板一般窄于头部，泥蛉科 Sialidae 昆虫前胸背板与头部近乎等宽。中胸盾片通常稍隆突，小盾片近三角形。足细长，密被短毛，一般仅具简单攀爬功能。

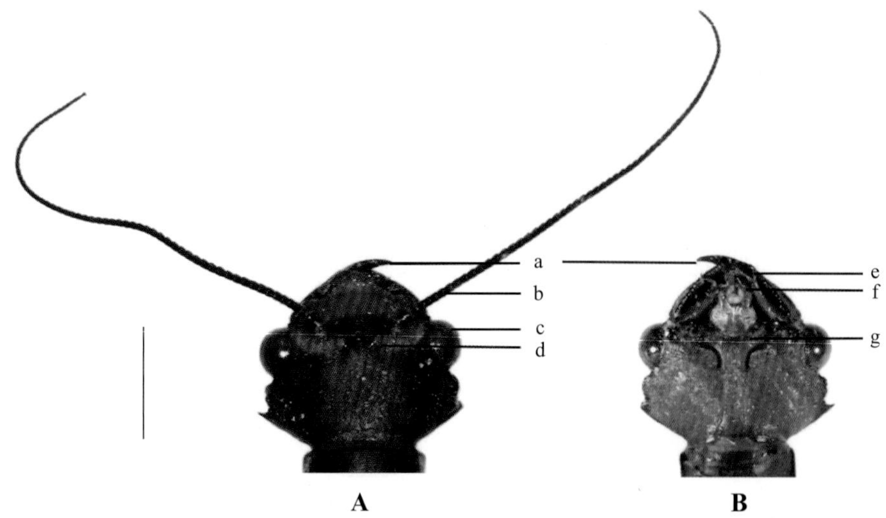

图 1-4 普通齿蛉 *Neoneuromus ignobilis* 头部背面观及腹面观（标尺：5.0 mm）

A. 背面观 B. 腹面观

图中字母表示：a. 上颚 b. 触角 c. 复眼 d. 单眼 e. 下颚须 f. 下唇须 g. 外咽片

翅 2 对，膜质，宽阔发达，透明或半透明，停歇时呈屋脊状或稍平置于腹部背面。前翅较后翅略长，前缘域较发达；后翅前缘域窄，近基部较宽；翅面和翅脉均被微毛。齿蛉科 Corydalidae 昆虫具翅疤；泥蛉科 Sialidae 昆虫无翅疤。齿蛉科 Corydalidae 昆虫翅面多具褐色至黑色的翅斑；泥蛉科 Sialidae 昆虫翅完全呈浅灰褐色或黑褐色，有时翅基半部色加深、呈深黑色。

（3）翅 (wing)：广翅目脉序复杂，呈网状；纵脉均伸达翅缘，末端无微小分叉；各纵脉间被若干横脉连接（图 1-5）。其脉序特征在高级阶元的分类中具有重要价值，但在属下阶元分类中一般意义不大。

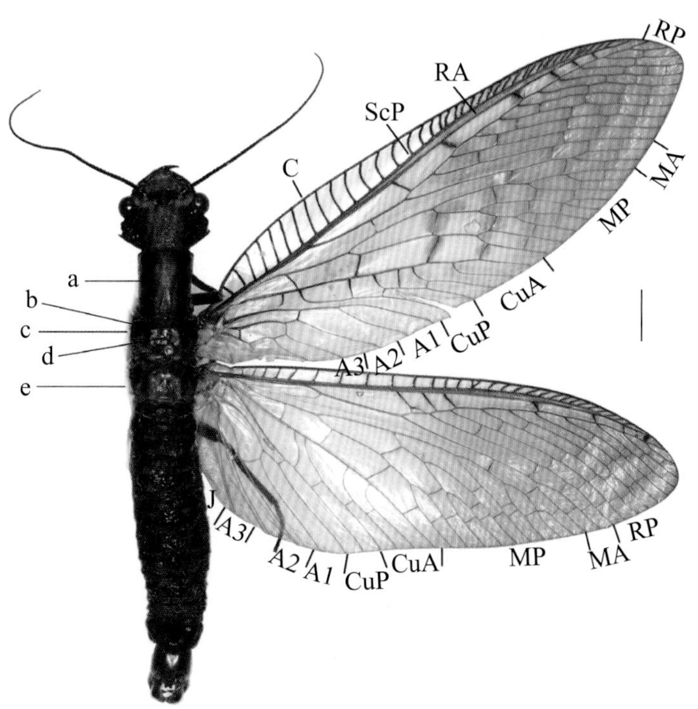

图 1-5 普通齿蛉 *Neoneuromus ignobilis* 胸部及翅背面观（标尺：5.0 mm）

图中字母表示：a. 前胸背板 b. 盾片 c. 中胸 d. 小盾片 e. 后胸

C. 前缘脉 ScP. 后亚前缘脉 RA. 前径脉 RP. 后径脉 MA. 前中脉 MP. 后中脉 CuA. 前肘脉 CuP. 后肘脉 A1. 第 1 臀脉 A2. 第 2 臀脉 A3. 第 3 臀脉

① 前缘脉 (costa, C)：位于翅前缘，较粗，不分叉。

② 亚前缘脉 (subcosta, Sc)：位于前缘脉后，较粗，伸达翅顶角。

③ 径脉 (radius, R)：5 ~ 13 支。前径脉（radial anterior, RA）较粗，与 Sc 脉等长并于近端部与 Sc 脉愈合；后径脉（radial posterior, RP）于近基部与前中脉（media anterior, MA）愈合并从 R 脉分出，长短变化较大；齿蛉亚科 RP+MA 多为 5 支以上，MA 脉一般在端部分为 2 ~ 3 叉；鱼蛉亚科 RP+MA 分为 5 支，但在一些属中部分 RP 脉分支和 MA 脉端部分 2 叉。

④ 中脉 (media, M)：前中脉 (media anterior, MA) 如前所述与 RP 脉愈合。后中脉（media posterior, MP）通常分为 MP1+2 和 MP3+4 两主支。齿蛉科 Corydalidae 昆虫 MP 脉基部与 R 脉很靠近；泥蛉科 Sialidae 昆虫前翅 MP 脉基部与前肘脉（cubitus anterior, CuA）愈合，MP1+2 基半部较细弱。齿蛉亚科 Corydalinae 昆虫多数 MP1+2 端部分 2 ~ 6 支，MP3+4 端部多分 2 ~ 4 支。鱼蛉亚科 Chauliodinae 昆虫 MP1+2 和 MP3+4 一般均仅为 1 支，有的属后翅 MP1+2 端部分为 2 支。在泥蛉科 Sialidae 昆虫中，MP1+2 通常为 1 支，前翅 MP3+4 通常分为 2 支，个别属的中脉分支有变化。

⑤ 肘脉 (cubitus, Cu)：通常于近基部分为 2 支。鱼蛉亚科 Chauliodinae 和泥蛉科 Sialidae 昆虫前肘脉（cubitus anterior, CuA）在端部分为 2 支，而齿蛉亚科 CuA 脉在端部多分 3 ~ 6 支，后肘脉（cubitus posterior, CuP）仅为 1 支。

⑥ 臀脉 (anal vein, A)：通常为 3 支（即 A1，A2，A3），端部有时分叉。臀脉一般较平直，但鱼蛉亚科 Chauliodinae 昆虫前翅 A1 和 A2 多为波曲状。齿蛉科 Corydalidae 昆虫 A1 一般端部分 2 支，通常 A1 与 A2 近乎平行，但齿蛉科 Corydalidae 一些属前翅 A2 前分叉且中部与 A1 柄部愈合，以致 A1 端部似分 3 支。

⑦ 轭脉 (jugal vein, J)：轭区位于翅基后角，很小，仅为一短粗且略后弯的脉，位于其他所有纵脉之后。

⑧ 前缘横脉 (costal crossvein, c)：位于前缘脉与亚前缘脉之间的一系列近乎平行的横脉，形成一系列四边形的前缘室 (costal cell)。齿蛉科 Corydalidae 前缘横脉一般为 18 ~ 60 条，端部较弱；泥蛉科 Sialidae 昆虫前缘横脉较少，前翅一般约 10 支，后翅更少，端部较弱，有时后翅中部的前缘横脉完全消失。

⑨ 亚前缘横脉 (subcostal crossvein, sc)：位于亚前缘脉与 R 脉近基部之间的短横脉，仅 1 条。齿蛉亚科 Corydalinae 昆虫前后翅均有 1 条亚前缘横脉，鱼蛉亚科 Chauliodinae 昆虫仅前翅具 1 条亚前缘横脉，泥蛉科 Sialidae 昆虫则无亚前缘横脉。

⑩ 径横脉 (radial crossvein, r)：位于径脉各分支间的横脉，数量变化较大，但 RA 与 RP 脉间的横脉在鱼蛉亚科 Chauliodinae 和泥蛉科 Sialidae 昆虫中数量较稳定，一般为 3 条，齿蛉亚科中一般在 4 条以上。

⑪ 基径中横脉 (crossvein between R and M, r-m)：位于径脉与中脉间的横脉，一般较短，但齿蛉亚科 Corydalinae 昆虫后翅基部第 1 条径中横脉较长，略呈波曲状。鱼蛉亚科 Chauliodinae 昆虫后翅基部第 1 条径中横脉在不同属间有所变化，有时该横脉完全退化消失，有时该横脉在其近径脉处具 1 小分支，并再次与中脉连接。

⑫ 中横脉 (medial crossvein, m) 和中肘横脉 (mediocubital crossvein, m-cu)：位于中脉和中脉与肘脉之间的横脉，无重要的分类价值。

⑬ 肘横脉 (cubital crossvein, cu)：位于肘脉间的横脉。CuA 与 CuP 脉之间的横脉一般仅为 1 条，个别属中为 2 ~ 4 条。CuA 脉端部分支间一般少横脉，但在部分属的一些种中则具较多的横脉。

⑭ 臀横脉 (anal crossvein, a)：位于基部臀脉之间，多为 1 ~ 2 条，臀脉各支端部的分叉间无横脉。鱼蛉亚科 Chauliodinae 昆虫前翅 A1 与 A2 间横脉的位置在不同属间略有变化，一般该横脉与 A2 的连接处位于 A2 端部分叉点或第 1 端部分叉上，部分属中该横脉与 A2 连接处位于 A2 柄部，至 A2 端部分叉点有一定距离。

（4）腹部 (abdomen)：腹部比较柔软，呈粗长筒状，有 8 对气门，腹部分 10 节，前 8 节称为生殖前

节 (pregenital segment)，后 2 节特化为生殖节 (genital segment，gs)，雄虫较粗大，雌虫较细尖；肛门表面有时被毛，齿蛉属雄虫肛门基半部被筒状骨片包被。第 9 背板 (tergum 9)、第 9 腹板 (sternum 9) (或称为下生殖板 subgenital plate)、肛上板 (ectoproct，或称为肛上突 supraanal process、臀板 anal plate、端板 terminal plate、抱器 clasper) 及第 9 生殖刺突 (gonostylus 9) (或称为下肛突 subanal process) 等形态特征术语常在各科和亚科的种间鉴定中用到。

广翅目外生殖器 (genitalia) 构造在齿蛉亚科 Corydalinae、鱼蛉亚科 Chauliodinae 和泥蛉科 Sialidae 间有明显不同，简要归纳如下（图 1-6）：

① 齿蛉亚科 Corydalinae ：雄虫肛上板和第 9 生殖刺突各 1 对，较发达；臀胝 (callus cerci) 为近球形；

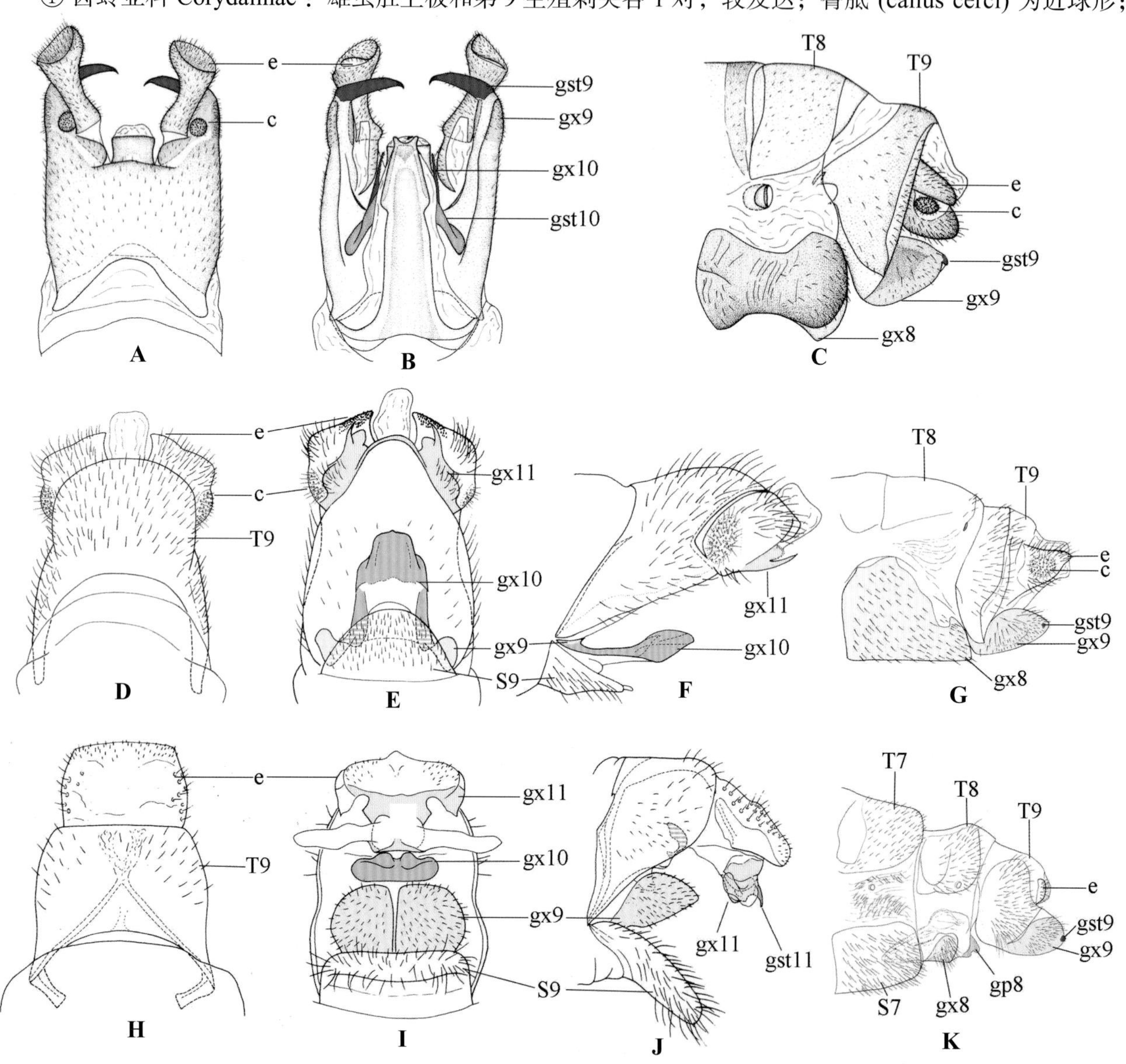

图 1-6 广翅目 Megaloptera 昆虫成虫外生殖器

A. 齿蛉亚科 Corydalinae 昆虫雄虫外生殖器背面观 B. 齿蛉亚科 Corydalinae 昆虫雄虫外生殖器腹面观 C. 齿蛉亚科 Corydalinae 昆虫雌虫外生殖器侧面观 D. 鱼蛉亚科 Chauliodinae 雄虫外生殖器背面观 E. 鱼蛉亚科 Chauliodinae 雄虫外生殖器腹面观 F. 鱼蛉亚科 Chauliodinae 雄虫外生殖器侧面观 G. 鱼蛉亚科 Chauliodinae 雌虫外生殖器侧面观 H. 泥蛉科 Sialidae 雄虫外生殖器背面观 I. 泥蛉科 Sialidae 雄虫外生殖器腹面观 J. 泥蛉科 Sialidae 雄虫外生殖器侧面观 K. 泥蛉科 Sialidae 雌虫外生殖器侧面观

图中字母表示：e. 肛上板 c. 臀胝 gst9. 第 9 生殖刺突 gst10. 第 10 生殖刺突 gst11. 第 11 生殖刺突 gx8. 第 8 生殖基节 gx9. 第 9 生殖基节 gx10. 第 10 生殖基节 gx11. 第 11 生殖基节 gp8. 第 8 生殖叶 S7. 第 7 腹板 S9. 第 9 腹板 T7. 第 7 背板 T8. 第 8 背板 T9. 第 9 背板

第 10 生殖基节复合体缩入第 9 腹节中，多具骨化较弱的生殖刺突。雌虫肛上板侧面被尾须分为背腹 2 叶；第 9 生殖刺突为指状。

② 鱼蛉亚科 Chauliodinae：雄虫肛上板 1 对，端部多被特化的刺状短毛；臀胝卵圆形，与肛上板愈合；第 9 生殖刺突退化，与肛上板愈合；第 10 生殖基节复合体多明显外露，一般无生殖刺突。雌虫肛上板侧面不被尾须分开；第 9 生殖刺突指状，有时完全消失。

③ 泥蛉科 Sialidae：雄虫肛上板短小，多愈合为环状骨化结构，围绕肛门；臀胝退化；第 9 生殖基节多为扁平的板状结构；第 10 生殖基节复合体多退化；第 11 生殖基节复合体小，多外露，基部宽，端部纵向略分开且明显缢缩为刺状或钩状，一般无生殖刺突。雌虫肛上板侧面不被尾须分开；第 9 生殖刺突扁圆形。

2. 幼期

（1）卵 (egg)：为长椭圆形，以卵块 (egg mass) 形式产于水边的植物叶片、枝干或石块上。齿蛉科的卵块分为 3 层，泥蛉科卵块为单层（图 1-7-A）。

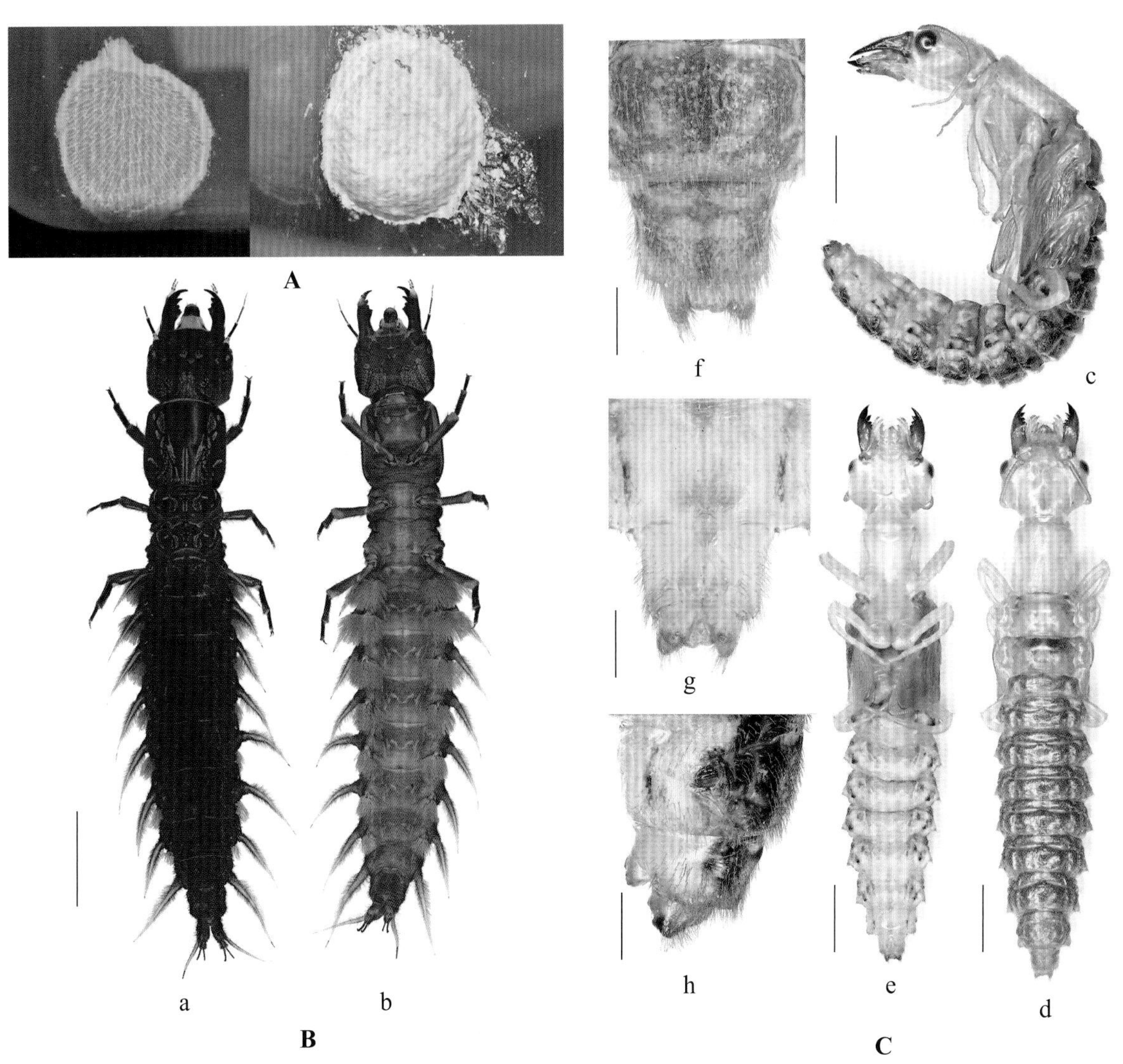

图 1-7 普通齿蛉 *Neoneuromus ignobilis* 的卵、幼虫和蛹（标尺：5.0 mm）

A. 卵 B. 幼虫 C. 蛹

a. 幼虫背面观 b. 幼虫腹面观 c. 蛹侧面观 d. 蛹背面观 e. 蛹腹面观 f. 蛹初步发育的雌虫外生殖器背面观 g. 蛹初步发育的雌虫外生殖器腹面观 h. 蛹初步发育的雌虫外生殖器侧面观

（2）幼虫 (larva)：蛃型，头前口式，体粗长，略扁，表面粗糙具刚毛（图 1-7-B）。头部大，近方形，背面具 Y 形蜕裂线 (epicranial suture)，两侧具侧单眼 (stemmata)。触角短，4 ~ 5 节。口器咀嚼式，上颚发达，末端尖锐，内缘具 2 ~ 4 枚小齿。前胸长方形，明显大于中后胸。足 3 对，较发达，前足略短于中后足。腹部柔软肥大，末端渐细，可见 10 节。腹节两侧具成对气管鳃 (tracheal gill)，齿蛉亚科气管鳃下具浓密的毛簇 (tuft)，鱼蛉亚科第 8 腹节气门处形成呼吸管 (respiratory tube)；具钩状臀足 (proleg)。泥蛉科具尾丝 (terminal filament)。

（3）蛹 (pupa)：强颚离蛹，一般向腹面呈 C 形弯曲，体表多密被刚毛（图 1-7-C）。头部和前胸形态与成虫相似；中后胸两侧具短而厚的翅芽；腹部末端具初步发育的外生殖器。

（二）蛇蛉目昆虫形态特征 Morphological characteristics of Raphidioptera

蛇蛉目昆虫的主要特征：成虫体细长，小至中型，多为褐色或黑色。头长，后部近方形或缢缩成三角形；触角丝状；口器咀嚼式；复眼大，单眼 3 个或无；前胸延长，呈颈状；前后翅相似，狭长，膜质、透明，翅脉网状，具发达翅痣，后翅无明显的臀区；雄虫腹部末端第 9 背板与第 9 腹板多愈合，雌虫具细长的产卵器。幼虫狭长，无体壁外长物；头长而扁、前口式，口器咀嚼式。

1. 成虫

体中小型，体长 5.0 ~ 22.0 mm（不含产卵器），前翅长 5.0 ~ 20.0 mm。体通常黑褐色，具黄斑。头前口式，长卵形或长方形，口器咀嚼式。前胸延长。翅膜质透明，亚前缘域近端部具 1 翅痣（图 1-8）。雌虫末端具细长的产卵器。

（1）头部（head）：头部明显宽于前胸，前口式，长卵形或长方形。口器咀嚼式。头部通常黑色或黑褐色，并具黄色纵斑；唇基、口器、触角通常为黄色、褐色或黑褐色。触角线状，通常短于头和前胸长之和（图 1-9）。

① 复眼（compound eye）：半球形，位于头部两侧，显著突出（图 1-9-A：e）。

② 单眼（ocellus）：蛇蛉科 Raphidiidae 具 3 枚背单眼，半球形突出，位于复眼之间并排列成单眼三角区（ocellar triangle）（图 1-9-B：j）；而盲蛇蛉科 Inocelliidae 单眼完全退化消失。单眼的存在或缺失是区分两个现生科的重要鉴别特征之一。

③ 额（frons）：触角基部与单眼三角之间的区域（图 1-9-A：d），不发达。

④ 头顶（vertex）：额区后的区域，包括单眼三角区及其后区域（图 1-9-A：f），较发达，约占整个头部面积的一半。蛇蛉科 Raphidiidae 昆虫头顶不缢缩或缢缩，盲蛇蛉科 Inocelliidae 昆虫头顶不缢缩。

⑤ 后头（occiput）：头顶以后的区域（图 1-9-A：g），通常不发达，短小。

⑥ 触角（antenna）：触角线状，其形状在各类群间无明显变异，但是其长度在各类群间具显著差异（图 1-9-A：c）。触角通常约 20 ~ 40 节，柄节较其余各节粗，有时膨大；梗节较短；鞭节各节向端部渐细。

⑦ 口器（mouthparts）：咀嚼式，具发达的上颚，头部腹面具外咽片（gula）。

（2）胸部（thorax）：前胸延长，明显窄于中后胸且与中后胸不愈合，活动较自如（图 1-9-A：i）（图 1-10-a）；前胸背板向腹面弧形延伸，盖住前胸腹板侧缘。中胸背板包括盾片、小盾片和后背片。盾片最大，位于前胸背板与小盾片之间，通常稍隆突，前缘近乎平截，而后缘近 V 形凹缺，中部向两侧突伸（图 1-10-b）；小盾片位于盾片之后，近三角形，与盾片后缘的凹缺相嵌合（图 1-10-c）；后背片位于小盾片

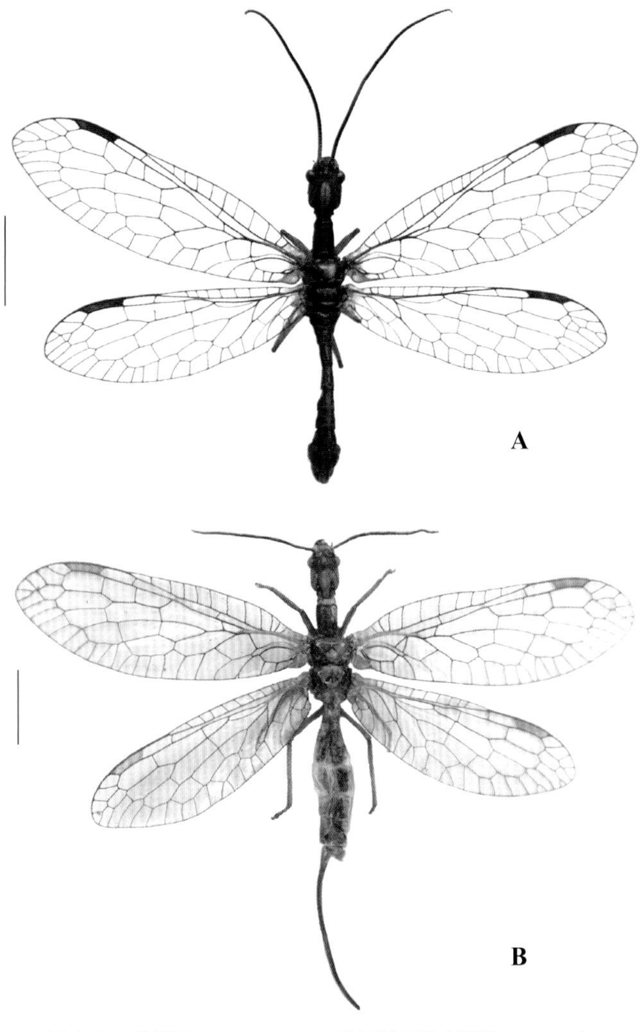

图 1-8 蛇蛉目 **Raphidioptera** 成虫背面观（标尺：1.0 mm）

A. 硕华盲蛇蛉 *Sininocellia gigantos* 雄成虫 B. 硕华盲蛇蛉 *Sininocellia gigantos* 雌成虫

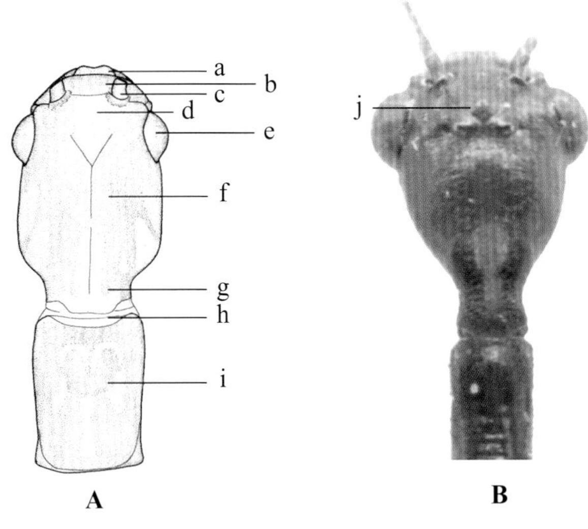

图 1-9 蛇蛉目 **Raphidioptera** 头部背面观

A. 陈氏盲蛇蛉 *Inocellia cheni* B. 林氏蒙蛇蛉 *Mongoloraphidia lini*

图中字母表示：a. 上唇 b. 唇基 c. 触角 d. 额 e. 复眼 f. 头顶 g. 后头 h. 颈 i. 前胸 j. 单眼

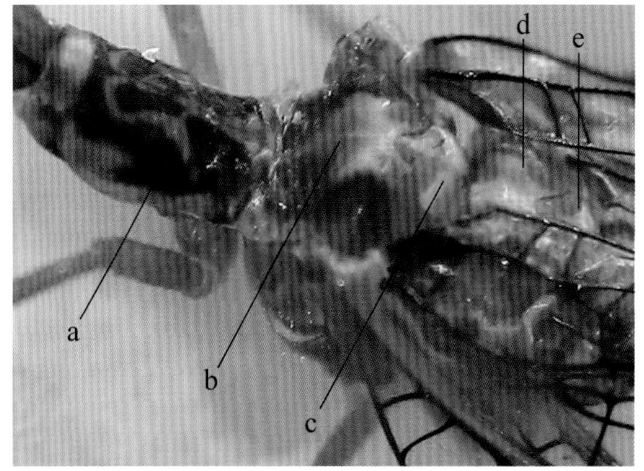

图 1-10 硕华盲蛇蛉 ***Sininocellia gigantos*** 胸部侧背面观

图中字母表示：a. 前胸 b. 中胸盾片 c. 中胸小盾片 d. 后胸盾片 e. 后胸小盾片

之后下方，很短，中部分开，两侧缢缩并向外延伸。后胸结构与中胸相似（图 1-10-d ~ e）。

1）翅（wing）：翅 2 对，近等长，膜质透明，长通常约为宽的 3 ~ 4 倍，停歇时呈屋脊状置于腹部背面。脉序较简单，纵脉末端分支不多。前后翅亚前缘域端部均具 1 褐色翅痣（图 1-11）。脉序如下：

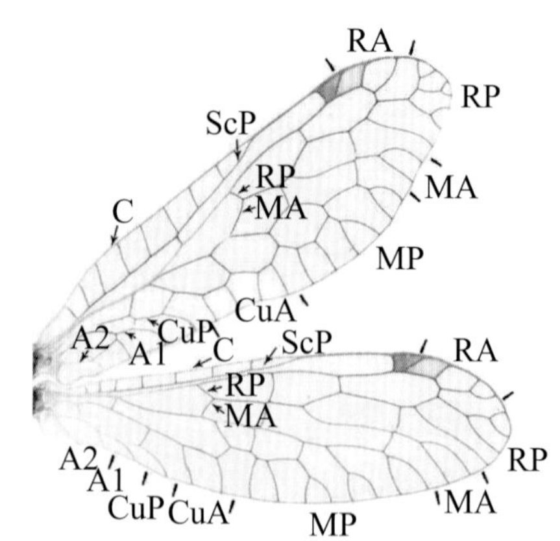

图 1-11 林氏蒙蛇蛉 *Mongoloraphidia lini* 前后翅

C. 前缘脉 ScP. 后亚前缘脉 RA. 前径脉 RP. 后径脉 MA. 前中脉 MP. 后中脉 CuA. 前肘脉 CuP. 后肘脉 A1. 第 1 臀脉 A2. 第 2 臀脉

① 前缘脉（costa, C）：位于翅前缘，不分叉，较细。通常前翅前缘脉基部拱起，前翅前缘域宽约为后翅的 2 倍。

② 亚前缘脉（subcosta, Sc）：位于前缘脉后，较粗，未伸达翅顶角，与前缘脉愈合。

③ 径脉（radius, R）：位于 Sc 脉后，较粗，与 Sc 脉近乎平行，近翅基部分为前径脉（radius anterior, RA）和后径脉（radius posterior, RP）。RA 脉较粗，RP 脉较细，二者分叉位置在近翅基 1/3 处。RA 脉在翅痣附近分出细脉，并在翅顶点前与翅缘愈合；蛇蛉科翅痣内具 1 条 RA 脉细脉，而盲蛇蛉科翅痣内该细脉退化消失。翅痣内 RA 脉细脉的有无是区分蛇蛉科和盲蛇蛉科的重要依据。RP 脉基部与 MA 脉愈合一段距离，约为翅长的 1/6，而后分离，RP 脉近翅端部分叉，通常呈之字形弯折。

④ 中脉（media, M）：位于径脉后，仅基部较粗，近翅基部分为前中脉（media anterior, MA）和后中脉（media posterior, MP）。前翅 MA 与 MP 脉分离后，向前倾斜与 R 脉或 RP 脉愈合一段距离，近横脉状，而后 MA 与 RP 分离，在近翅缘处分叉。前翅 MP 基部与 CuA 愈合，基干较 MA 长，深分叉，各分支近翅缘均再分叉。

⑤ 肘脉（cubitus, Cu）：位于中脉后，分前肘脉（cubitus anterior, CuA）和后肘脉（cubitus posterior, CuP），前翅 CuA 与 CuP 脉不共柄，而前者与 M 脉共柄。

⑥ 臀脉（anal vein, A）：位于后肘脉后的纵脉。通常为 2 支，即第 1 臀脉（A1）和第 2 臀脉（A2），二者在前翅构成卵圆形臀室。A1 脉通常单支，A2 脉通常具至少 2 分支。

⑦ 前缘横脉（costal crossvein, c）：位于前缘脉与亚前缘脉之间的一系列近乎平行的横脉，通常少于 10 条，形成一系列四边形的前缘室（costal cell）。

⑧ 亚前缘横脉（subcostal crossvein, sc）：通常 2 条，其中 1 条位于亚前缘域基部，与 R 脉近基部连接，名为 1scp-r，另 1 条通常位于亚前缘域端部，与 RA 脉近端部愈合，名为 2scp-ra。

⑨ 径横脉（radial crossvein, r）：RA 和 RP 脉之间通常有至少 2 根横脉 ra-rp。有时 RP 脉分支之间也具有后径横脉（radial posterior crossvein, rp）。

⑩ 端径中横脉（crossvein between RP and MA, rp-ma）：通常 1 条，位于径脉与中脉间的横脉。

⑪ 中横脉（medial crossvein, m）：包括 MA 脉之间的前中横脉（medial anterior crossvein, ma），MA 和 MP 脉之间的中横脉（medial crossvein, m），MP 脉之间的后中横脉（medial posterior crossvein, mp）。

⑫ 中肘横脉（mediocubital crossvein, m-cu）：中脉与肘脉之间的横脉。

⑬ 肘横脉（cubital crossvein, cu）：肘脉之间的横脉，通常 2 ~ 4 条。

⑭ 臀横脉（anal crossvein, a）：位于翅基部臀脉之间，1 条，短小，与弓形的 A1 与 A2 脉构成卵圆形臀室。

⑮ 径室（radial cell, *RA*）：RA 和 RP 脉之间的封闭翅室。

⑯ 径中室（distal cell, *dc*）：径脉与中脉间的封闭翅室。

⑰ 中室（medial cell, *m*）：包括 MA 脉之间的亚中室（submedial cell, *sm*），MA 和 MP 脉之间的中室（medial cell, *m*）。

⑱ 盘室（discoidal cell, *doi*）：MP 脉之间的封闭翅室。

⑲ 肘室（cubital cell, *CuA*）：肘脉之间的封闭翅室，通常 2 ~ 4 个。

⑳ 臀室（anal cell, *ac*）：位于翅基部臀脉之间，通常由前翅 A1 与 A2 脉构成，卵圆形。

2）足（leg）：3 对足形态相似，均为步行足，细长，密被短毛（图 1-12）。

① 基节（coxa）：较短粗，为基粗端略细的柱状结构。

② 转节（trochanter）：位于基节与股节之间，较短，约为基节长度的一半。

③ 股节（femur）：略粗，约为基节长度的 3 倍（图 1-12-a）。

④ 胫节（tibia）：细长，略长于股节（图 1-12-b）。

⑤ 跗节（tarsus）：5 节，第 1 跗节通常最长，第 2、第 5 跗节次之；第 1、第 2、第 5 跗节圆柱状，而第 3 跗节大而扁，呈心形，第 4 跗节短小，隐藏于第 3 跗节内（图 1-12-c ~ f）。

⑥ 前跗节（pretarsus）：仅由 2 个爪（claw）组成（图 1-12-g）。

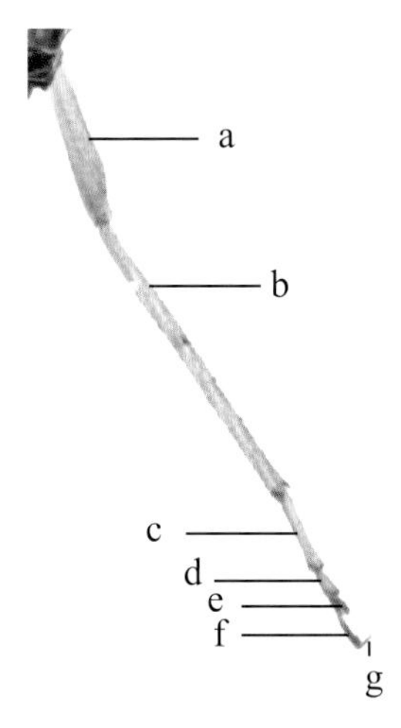

图 1-12 林氏蒙蛇蛉 *Mongoloraphidia lini* 足

a. 股节 b. 胫节 c. 第 1 跗节 d. 第 2 跗节 e. 第 3 跗节 f. 第 5 跗节 g. 前跗节

（3）腹部（abdomen）：腹部较柔软，呈细长的筒状，分 10 节。雄虫腹部前 8 节、雌虫前 6 节称为生殖前节（pregenital segment），而端部为生殖节（genital segment，gs）（图 1-13）。

① 雄虫外生殖器（male genitalia）：包括腹部第 9 ~ 10 节。第 9 节由第 9 背板（tergum 9，T9）、第 9 腹板（sternum 9，S9）、第 9 生殖基节（gonocoxite 9，gx9）、第 9 生殖刺突（gonostylus 9，gst9）、第 9 生殖叶（gonapophysis 9，gp9）组成。第 9 背板延长，与第 9 腹板愈合成环。第 9 生殖基节发达，外生，

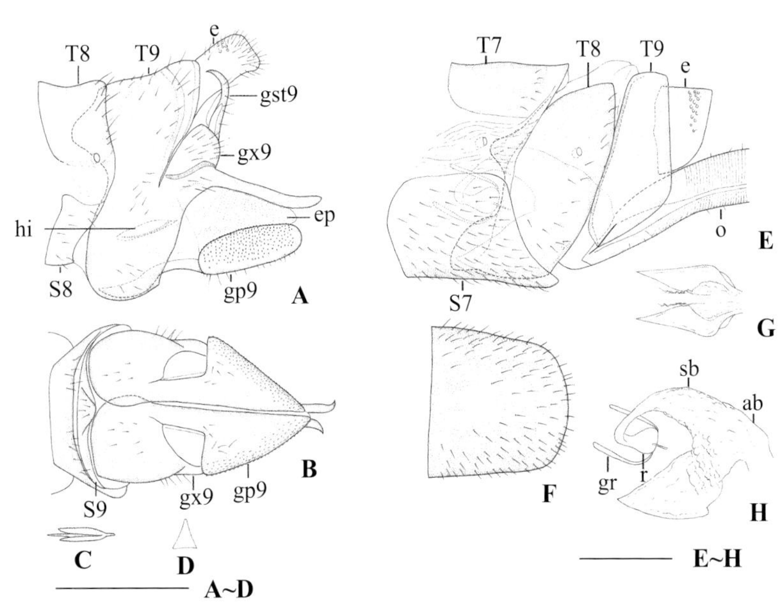

图 1-13 三角蒙蛇蛉 *Mongoloraphidia triangulata* 成虫外生殖器（标尺：0.5 mm）

A. 雄虫外生殖器侧面观 B. 雄虫外生殖器腹面观 C. 雄虫内生殖板腹面观 D. 雄虫第 11 生殖基节后面观 E. 雌虫外生殖器侧面观 F. 雌虫第 7 腹板腹面观 G. 中交尾囊背面观 H. 交尾囊侧面观

图中的字母表示：e. 肛上板 ep. 伪阳茎 gp9. 第 9 生殖叶 gst9. 第 9 生殖刺突 gx9. 第 9 生殖基节 hi. 内生殖板 S7. 第 7 腹板 S8. 第 8 腹板 S9. 第 9 腹板 T7. 第 7 背板 T8. 第 8 背板 T9. 第 9 背板 o. 产卵器 ab. 中交尾囊 gr. 受精囊腺 r. 储精囊 sb. 交尾囊

位于第 9 背板后端。第 10 节由第 10 生殖基节复合体（complex of fused gonocoxites, gonapophyses, and gonostyli 10）和肛上板（ectoproct，e）组成。第 10 生殖基节复合体骨化，成对或不成对，有时结构复杂，有时结构简单，甚至退化消失。肛上板具松散排列的毛簇。第 11 生殖基节（gonocoxite 11，gx11）（或称殖弧叶 gonarcus，g）通常退化为 1 对或 1 个微小骨片或完全消失。

② 雌虫外生殖器（female genitalia）：包括腹部第 7 ~ 10 节。第 7 腹板通常向后延伸，只有少数退化为条状。第 8 背板向腹面延伸，包裹气门。第 8 生殖基节（gonocoxite 8，gx8）（也称下生殖板 subgenital plate or subgenitale）退化为 1 较小的骨片或退化消失。第 8 生殖叶（gonapophysis 8，gp8）位于由第 9 生殖基节愈合而成的管状结构腹面，不成对，细长，末端尖锐如丝状。第 9 背板向腹侧延伸并与第 9 生殖基节连接。第 9 生殖基节为极度延长的管状结构，背侧愈合，腹侧开放，侧缘骨化，其末端具 1 对短小的棒状第 9 生殖叶。第 9 生殖基节与第 8 生殖叶联锁，形成产卵器（ovipositor，o）。肛上板具松散排列的毛簇。

2. 幼期

（1）卵 (egg)：长卵形，浅黄色，具有显著的卵孔瘤。长 1.2 ~ 1.4 mm，宽 0.25 ~ 0.5 mm。

（2）幼虫 (larva)：蛃型，体细长，略扁（图 1-14）。一般为褐色，腹部具多种淡色斑纹。头前口式，咀嚼式口器。触角 3 ~ 4 节，刚毛状。具 5 ~ 7 个侧单眼。头和延长的前胸强骨化，腹部柔软，共 10 节，无尾须。通常具 10 ~ 15 个龄期。

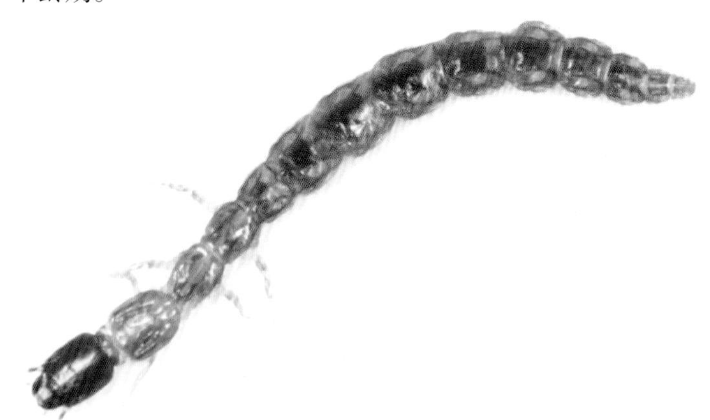

图 1-14 蛇蛉科 Raphidiidae 昆虫幼虫（产地：内蒙古，张巍巍 摄）

（3）蛹 (pupa)：强颚离蛹，体细长、略弯曲，外形与成虫相似，头部、前胸、足、腹部均可自由运动（图 1-15）。

图 1-15 盲蛇蛉科 Inocelliidae 昆虫蛹（产地：云南，张巍巍 摄）

（三）脉翅目昆虫形态特征 Morphological characteristics of Neuroptera

脉翅目昆虫的主要特征（图 1-16，图 1-17，图 1-18，图 1-19）：成虫小至大型。下口式；口器咀嚼式；触角通常线状，部分类群特化成棒状、栉状等；复眼发达，单眼多退化；前后翅膜质透明，静止时常折叠成屋脊状；具许多纵脉和横脉，多分支，翅脉呈网状，翅脉在翅缘二分叉。无尾须。幼虫大多为蛃型，具有明显突出的上颚，为捕食性。

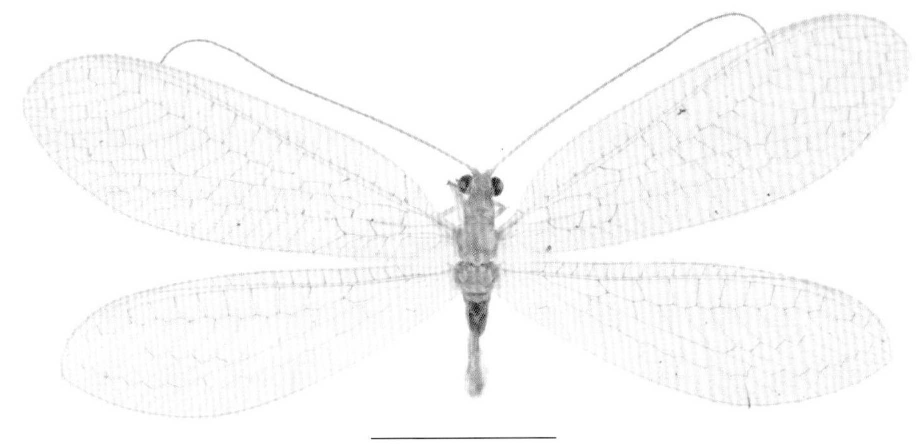

图 1-16　普通草蛉 *Chrysoperla carnea*（标尺：5.0 mm）

A　B

图 1-17　褐蛉科 Hemerobiidae 昆虫（王建赟　摄）

A. 中华脉线蛉 *Neuronema sinense*　B. 纹褐蛉 *Hemerobius cercodes*

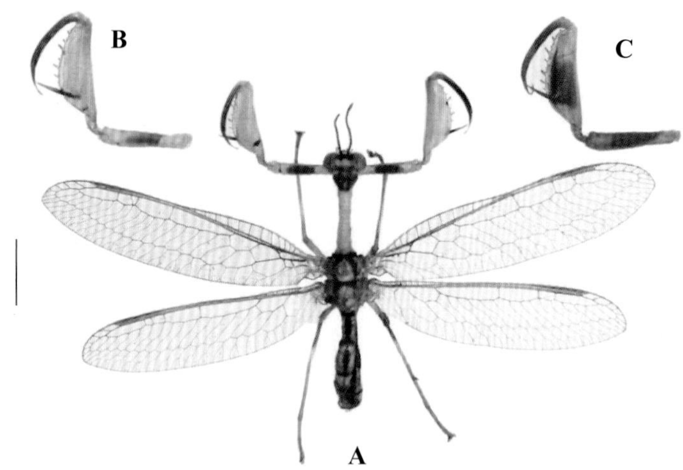

图 1-18 拟汉优螳蛉 *Eumantispa pseudoharmandi*（标尺：5.0 mm）
A. 雌成虫 B. 雌成虫前足 C. 雄成虫前足

图 1-19 锯角蝶角蛉 *Acheron trux*

1. 成虫

（1）头部（head）：下口式，咀嚼式口器（图 1-20）。

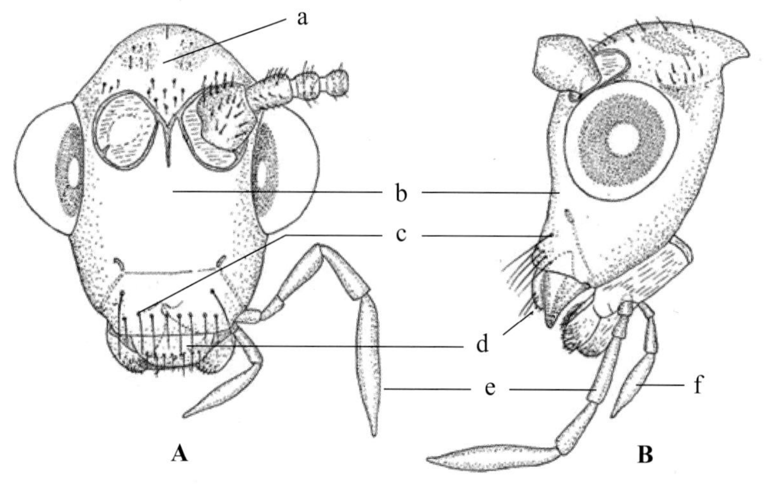

图 1-20 脉翅目头部示意图（仿 Tjeder, 1961）
A. 正面观 B. 侧面观
图中字母表示：a. 头顶 b. 额 c. 唇基 d. 上唇 e. 下颚须 f. 下唇须

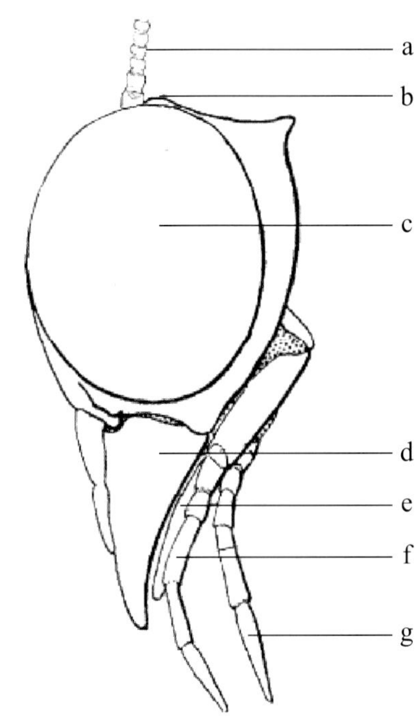

图 1-21 螳蛉头部侧面观（仿 Ferris, 1940）
a. 触角 b. 瘤突 c. 复眼 d. 上颚
e. 下颚 f. 下颚须 g. 下唇须

① 复眼（compound eye）：发达，呈半球状凸于头侧（图 1-21-c），蝶角蛉科 Ascalaphidae 部分类群的复眼较为特殊，有 1 条沟将其分为上下两部分。

② 单眼（ocellus）：一般缺失，只有溪蛉科 Osmylidae 昆虫（伽溪蛉亚科除外）具有明显单眼，溪蛉科 Osmylidae 昆虫多具 3 个单眼，呈三角形排列，黄色至黑色，多生有深色的长刚毛。

③ 额（frons）：位于触角之下，两复眼之间，额区一般无特化，仅有颜色的变化（图 1-20-A：b）。部分粉蛉科 Coniopterygidae 昆虫的额区为未骨化的膜质区域。

④ 头顶（vertex）：位于额之后的部分，包括触角、单眼三角区以及其后部分。部分种类头顶具有明显的瘤状突起。螳蛉科 Mantispidae 昆虫头顶在触角后缘具一大瘤突，突起程度在属间有较大差异，而种间差异不明显（图 1-20-A：a）。溪蛉科 Osmylidae 昆虫也具有明显的瘤状突起。

⑤ 触角（antenna）：柄节（scape）较为粗大，梗节（pedicel）较小，但梗节的变化范围较大（图 1-21-a）。鞭节（flagellum）大部分宽度大于长度，基部尤其明显。因此，触角的形状和长短可用于鉴别脉翅目 Neuroptera 不同科的昆虫。通常脉翅目 Neuroptera 昆虫为线状，部分类群变化较大，如：蝶角蛉科 Ascalaphidae 昆虫触角较长，末端突然膨大呈球状；蚁蛉科 Myrmeleontidae 触角相对较短，末端逐渐膨大；另外，栉角蛉科 Dilaridae 成虫触角具有性二型现象，雌虫触角线状，而雄虫触角为栉状。溪蛉科 Osmylidae 昆虫触角线状、较短，不超过翅长的一半；但是伽溪蛉亚科 Gumillinae 昆虫触角特殊，其触角极长，一般超过前翅长，有的甚至超过前翅长的 2 ~ 3 倍。螳蛉科 Mantispidae 昆虫的触角非常多样，呈线状、念珠状或栉角状。柄节长约为梗节的 2 倍；第 1 鞭节较长，是其余各节的 2 倍，中间各节均匀，末节三角锥形。触角每节都密布短绒毛，鞭节上缘还具 1 圈或多圈黑色长刚毛。优螳蛉属 *Eumantispa*、螳蛉属 *Mantispa*、东螳蛉属 *Orientispa* 和矢螳蛉属 *Sagittalata* 昆虫的鞭节近球形，节间明显；澳蜂螳蛉属 *Austroclimaciella* 昆虫的鞭节柱形，宽约为长的 2 倍，节间极短；瘤螳蛉属 *Tuberonotha* 和梯螳蛉属 *Euclimacia* 昆虫的鞭节极扁平，宽为长的 4 ~ 6 倍；另外，仅在古北界希腊至塔吉克斯坦地区分布的 *Nampista* 属螳蛉的触角呈特殊的栉角状。

⑥ 口器（mouthparts）：咀嚼式。口器在科内变化不大，一般不作为属级和种级阶元的分类依据。

⑦ 上唇（labrum）：横宽。不同科形状不同，如螳蛉科 Mantispidae 昆虫上唇扁平近圆形；溪蛉科 Osmylidae 昆虫上唇多为方形，光滑无毛，褐色至暗褐色，有时具明显的条斑。蚁蛉科 Myrmeleontidae 昆虫上唇短宽，褐蛉科 Hemerobiidae 昆虫上唇近梯形，口面（oral surface）常具感觉器官（sensory organ）。

⑧ 上颚（mandible）：骨化强。其中：螳蛉科 Mantispidae 昆虫上颚发达，端部尖锐，内缘锋利；溪蛉科 Osmylidae 昆虫上颚末端为明显的刀状结构，尖细，颜色较其他部分深；蚁蛉科 Myrmeleontidae 昆虫上颚发达，近三角形，端部略向内弯，尖利（图 1-21-d）。

⑨ 下颚（maxillae）：下颚不发达。螳蛉科 Mantispidae 的下颚内侧具 1 排坚硬的毛刺（图 1-21-e）。

⑩ 下颚须（maxillary palpus）：大多数种类为 5 节，基部 1 ~ 4 节呈圆柱形，第 5 节端部尖细（图 1-21-f）。在褐蛉科 Hemerobiidae 中部分种类第 5 节多具 1 亚节。

⑪ 下唇（labium）：骨化相对较弱，中唇舌（glossae）和侧唇舌（paraglossae）一般区分不明显，形成一延长的膜质化的唇舌（ligula）。

⑫ 下唇须（labial palpus）：大多数种类为 3 节，在褐蛉科 Hemerobiidae 中部分种类第 3 节端部具有一亚节，末端尖细（图 1-21-g）。

（2）胸部（thorax）：前胸（prothorax）长略大于宽，前胸背板通常近似长方形或者呈前缘短于后缘的梯形。但螳蛉科 Mantispidae 昆虫的前胸较为特殊，其前胸在前足基节后显著延长（图 1-22-A）。中胸（mesothorax）和后胸（metathorax）则非常相似，有些类群后胸退化（图 1-22-B）。中胸背板由前盾片（prescutum）、盾片（scutum）和小盾片（scutellum）三部分组成。前盾片近似梯形；盾片最大，位于前盾片与小盾片之间，呈纵向轴对称结构，中部细窄，两端膨大，侧缘多加深；小盾片位于后缘，近似菱形。后胸背板也由前盾片（prescutum）、盾片（scutum）和小盾片（scutellum）三部分组成。其盾片最大，位于中央，左右对称，偶具斑点或加深，有的种类对称轴明显，形成明显纵沟，连接前盾片与小盾片（图 1-22）。

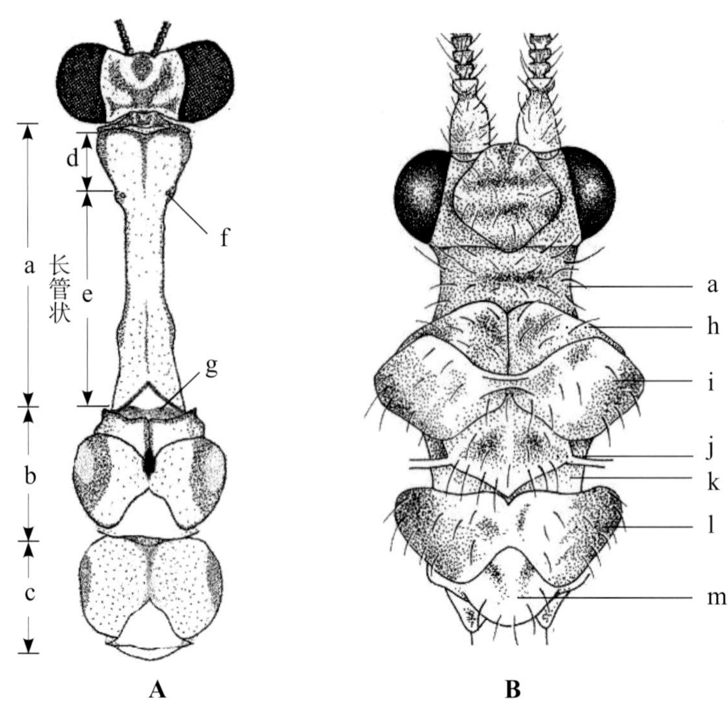

图 1–22 脉翅目 Neuroptera 胸部背面观

A. 螳蛉胸部背面观（仿 Hoffman, 2002） B. 褐蛉胸部示意图（仿 Penny, 2002）
图中字母表示：a. 前胸 b. 中胸 c. 后胸 d. 前胸膨大部分 e. 前胸长管状部分 f. 前背突 g. 前背基 h. 中胸前盾片 i. 中胸盾片 j. 中胸小盾片 k. 后胸前盾片 l. 后胸盾片 m. 后胸小盾片

1）翅（wing）：翅 2 对，膜质，静止时呈屋脊状置于身体两侧，少数种类的后翅特化或退化，如旌蛉科 Nemopteridae、粉蛉科 Coniopterygidae 中的啮粉蛉属 *Conwentzia*。除粉蛉科 Coniopterygidae 昆虫的翅脉较简单外，其他脉翅目 Neuroptera 昆虫的翅脉都较为复杂。翅的颜色和色斑变化多样，如褐蛉科 Hemerobiidae 昆虫翅色多数为浅黄色、黄褐色至黑褐色，但少数为绿色。除翅斑外，部分类群还具有明显的深色翅痣（pterostigma, pt）以及类似翅斑的翅疤（nygma, ng）（图 1-23）。此外，前翅翅形也多样化，有细长近条状（如鳞蛉科 Berothidae 昆虫）、前后缘加宽呈椭圆形或卵圆形（如蝶蛉科 Psychopsidae 昆虫）、外缘钩状的镰刀形（如鳞蛉科 Berothidae 昆虫）。

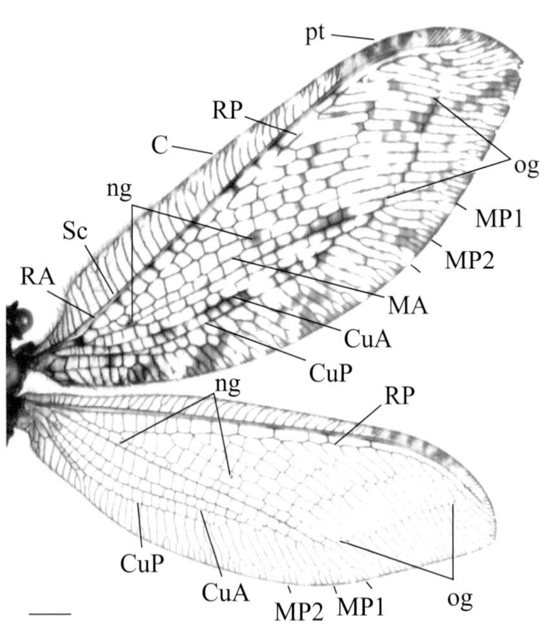

图 1–23 猫儿山溪蛉 *Osmylus maoershanensis* 前后翅（标尺：2.0 mm）

图中字母表示：C. 前缘脉 Sc. 亚前缘脉 RA. 第 1 径脉 RP. 径分脉 MA. 前中脉 MP. 后中脉 CuA. 前肘脉 CuP. 后肘脉 ng. 翅疤 pt. 翅痣 og. 外阶脉

① 脉序（venation）：脉翅目 Neuroptera 昆虫的脉序极为复杂，是脉翅目 Neuroptera 分类鉴定的重要特征。

② 缘饰（trichosors, tri）：主要位于翅边缘的纵脉之间，多为一些均匀分布的短脉，一般被认为是脉翅目 Neuroptera 昆虫中较原始的特征之一。

③ 前缘脉（costa, C）：位于翅前缘，较粗壮，伸达翅顶角，不分叉。

④ 亚前缘脉（subcosta, Sc）：为前缘的第 2 条纵脉，位于前缘脉后方，通常粗壮发达，末端分叉，到达翅缘的位置（翅顶点前后），是重要的分类特征。

⑤ 前缘域（costal space, cls）：前缘脉和亚前缘脉之间形成的区域，通常基部宽阔，端部较窄。

⑥ 肩回脉（recurrent humeral veinlet, rh）：向翅基部弯曲的肩脉，是亚科、属间重要的鉴别特征，如褐蛉科 Hemerobiidae 大部分种类具有肩回脉。

⑦ 肩脉列（humeral veinlet, hvt）：位于肩回脉上的横脉列。

⑧ 前缘横脉（costal crossvein, c）：连接前缘脉与亚前缘脉的横脉，位于前缘域（cls），前缘横脉分支方式是分属种的重要特征。

⑨ 前缘短横脉列（costal veinlet, cv）：是连接前缘横脉列之间的短横脉，仅少数种类具有，当条数较多时形成前缘阶脉组。

⑩ 前径脉（radius anterior, RA）：径脉 R（radius）的第 1 分支,位于亚前缘脉之后,与之平行,较粗壮,末端分叉。

⑪ 亚前缘域（subcostal space）：亚前缘脉 Sc 与径脉 R 之间的区域，一般较窄，通常具有 1 ~ 3 条短横脉，从基部至端部依次为 1sc-r、2sc-r、3sc-r；部分类群具有多条亚前缘横脉。

⑫ 后径脉（radius posterior, RP）：径脉 R 的第 2 分支，一般形成多条分支，是脉翅目 Neuroptera 昆虫属种分类的重要的依据。在褐蛉科 Hemerobiidae 昆虫中，RP 脉之前出现多条自径脉 R 发出的纵脉，至少为 2 支，为褐蛉科 Hemerobiidae 昆虫特有特征之一，其数量是褐蛉科 Hemerobiidae 内亚科及属间的重要分类鉴别特征。

⑬ 中脉（media, M）：主脉分为 MA 与 MP 脉，MA 与 MP 脉可形成复杂的次生分支，其分支数量、分叉点位置以及与 CuA 脉的相对关系，是亚科以及属间的鉴别特征之一。

⑭ 肘脉（cubitus, Cu）：主脉分为 CuA 和 CuP 脉两支，CuA 脉一般较发达，多分支；CuP 脉一般较简单或直接无分支。

⑮ 臀脉（anal vein, A）：一般 3 支，外侧至内侧依次为 A1 脉、A2 脉和 A3 脉。

⑯ 轭脉（jugal vein, J）：一般 1 支。

⑰ 阶脉（gradate crossvein）：是连接纵脉之间的短横脉，通常呈阶梯状排列。通常 1 ~ 5 组，包括 1 组前缘阶脉组与后径脉、中脉、肘脉及臀脉之间所形成的后部阶脉组。若后部阶脉组存在 4 组，则根据排列顺序，自翅基至翅外缘依次为第 1 阶脉组（1st gradate crossvein series）、第 2 阶脉组（2nd gradate crossvein series）、第 3 阶脉组（3rd gradate crossvein series）和第 4 阶脉组（4th gradate crossvein series）；若后部阶脉组存在 3 组，则自翅基至翅外缘依次为内阶脉组（inner gradate crossvein series）、中阶脉组（middle gradate crossvein series）和外阶脉组（outer gradate crossvein series）。其中，主要的横脉包括 r-m 短横脉和 RA 与 M 脉之间的短横脉。自翅基至翅缘依次为 1r-m、2r-m、3r-m 和 4r-m。m-cu 横脉是连接中脉与肘脉之间的横脉，自翅基至翅缘依次为 1m-cu、2m-cu、3m-cu 和 4m-cu。ir 为 RP 脉分支脉间的横脉。im 为 M 分支间的横脉。

后翅翅型与前翅几乎一致，但一般小于前翅。翅颜色较浅，少数具有明显条带及斑点。后翅脉序与前翅基本一致，但较前翅相对简单，如前缘横脉排列与前翅相似，但一般不分叉；阶脉数量少于前翅，一般 1 ~ 3 组，大部分 2 组。部分类群在 RP 脉基部存在 1 条 S 形弯曲的连接径脉和中脉的短脉，在一些脉序系统中被认为是 MA 脉的基干。

2）足（leg）：足 3 对，大多为步行足，螳蛉的前足特化为捕捉足。足细长，多与体色保持一致（图 1-24）。

基节（coxa）较短粗，前足基节（procoxa）近圆柱形，中足基节（mesocoxa）与后足基节（metacoxa）基部粗壮，端部渐细，呈圆锥形。转节（trochanter）位于基节之后，形态较稳定。股节（femur）较粗壮，一般不长于胫节。胫节（tibia）较细长，部分种类端半部膨大；前足胫节（protibia）和中足胫节（mesotibia）与对应的股节几乎等长，后足胫节（metatibia）明显长于股节。跗节（tarsus）多为 5 节，每节腹面端部两侧缘具 1 对坚硬的小距。前跗节（pretarsus）由 1 对简单、侧向、弓形的爪（claw）组成（图 1-24）。

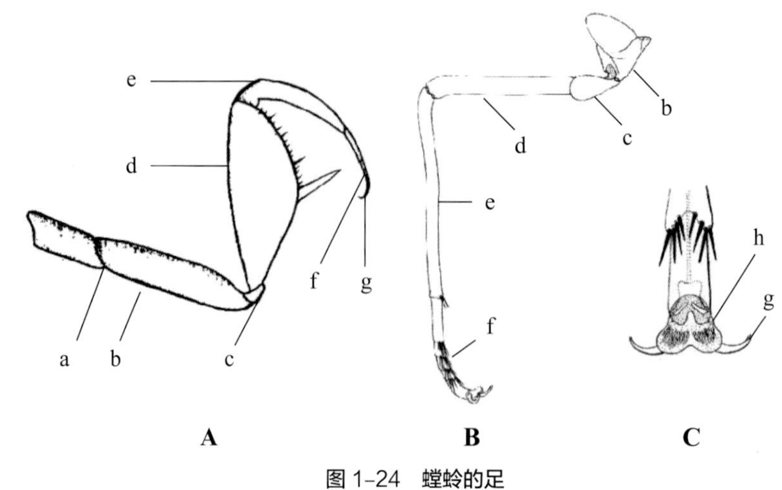

图 1-24 螳蛉的足

A. 前足（仿 Hoffman, 1992） B. 中后足（仿 Ferris, 1940） C. 中后足跗爪（仿 Ferris, 1940）
图中字母表示：a. 基节沟 b. 基节 c. 转节 d. 股节 e. 胫节 f. 跗节 g. 跗爪 h. 中垫

（3）腹部（abdomen）：腹部一般呈长筒形，由背板、腹板与侧膜三部分组成，背板、腹板颜色有时明显深于侧膜。一般 10 节，其中 1 ~ 8 节各具有 1 对气门。外生殖器结构复杂，为分类的重要特征部位，外形相似的属种则只能靠外生殖器来鉴别（图 1-25）。Aspöck & Aspöck（2008）曾对脉翅总目各科的外生殖器骨片同源性进行了深入研究，并提出以生殖基节（gonocoxite）、生殖叶（gonapophysis）、生殖刺突（gonostylus）等术语来替代原有广泛使用的阳基侧突（parabaculum/paramere）、殖弧中突（mediuncus, med）、殖弧叶（gonarcus）、亚生殖板（subgenitale）、产卵瓣（oviporous flap）等术语。但此后，不同研究者对这一研究的认可程度不同，在部分类群中，如草蛉科 Chrysopidae、褐蛉科 Hemerobiidae 等仍较为普遍地使用原有术语。在蝶角蛉科 Ascalaphidae 昆虫雌虫外生殖器中，仍常使用腹瓣、舌片、端瓣等术语，其实际分别与第 8 生殖基节、第 8 生殖叶及第 9 生殖基节同源。由于脉翅目各科间生殖器骨片差异较大，有时无法对其同源性给予准确评估。故在本图鉴中，部分脉翅目类群仍采用其原有常用术语。而在广翅目、蛇蛉目及少数脉翅目类群中则使用 Aspöck & Aspöck（2008）提出的新术语。

1）雄虫腹部末端（male terminalia）：

① 第 7 腹节（segment 7）：第 7 背板和第 7 腹板相互分离，多为方形。绿褐蛉亚科 Notiobiellinae 的部分种类中的第 7 背板具有不同程度的特化突起。

② 第 8 腹节（segment 8）：第 8 背板（tergum 8，T8）与第 8 腹板（sternum 8，S8）变化程度较大，大部分种类背、腹板相互分离，少数种类愈合，如寡脉褐蛉属 *Zachobiella*。其中，第 8 背板变化较多，表现在侧角存在特化现象、背缘具特化结构以及与第 9 背板部分愈合等。如从褐蛉属 *Wesmaelius* 的部分种类第 8 背板侧后角（posteroventral angle，pa）特化后伸；啬褐蛉属 *Psectra* 与寡脉褐蛉属 *Zachobiella* 昆虫中第 8 背板背缘具有不同程度的特化，形成刺状突等结构。

③ 第 9 腹节（segment 9）：第 9 背板（tergum 9，T9）与第 9 腹板（sternum 9，S9）形状不固定，其中第 9 背板变化较多，侧面观的形状、侧角的特化程度、背缘突起以及与臀板之间的愈合程度，均是科

内重要的鉴别特征。如在褐蛉亚科 Hemerobiinae 中，褐蛉属 *Hemerobius* 昆虫的第 9 背板侧面观一般为长方形或梯形，无明显特化结构，而丛褐蛉属 *Wesmaelius* 昆虫第 9 背板侧缘多膨大，且部分种类背缘具特化的刺状突；脉褐蛉属 *Micromus* 昆虫第 9 背板背侧纵裂或与臀板部分愈合；绿褐蛉属 *Notiobiella* 昆虫中的不同种类，第 9 背板的侧前角（anteroventral angle）与侧后角（posteroventral angle）均出现不同程度的膨大。

④ 第 10 腹节（segment 10）：包括肛上板（ectoproct，e）、殖弧叶（gonarcus，g）、阳基侧突（parabaculum，p）和内生殖板（hypandrium internum，h）等。它们均为褐蛉雄虫重要的分类特征。

A. 肛上板（ectoproct，e）：又称臀板，侧面观形状多变，多具臀胝（callus cerci, cc）。某些种类前缘与第 9 背板愈合，如褐蛉属 *Hemerobius* 昆虫；臀板侧前角（anteroventral angle）特化为钩状结构，如脉褐蛉属 *Micromus* 昆虫；侧后角（posteroventral angle）膨大或者特化成钩状等结构，如丛褐蛉属 *Wesmaelius*、绿褐蛉属 *Notiobiella* 昆虫等；表面具其他特化，如益蛉属 *Sympherobius* 昆虫多具 3 ~ 4 个刺状突。

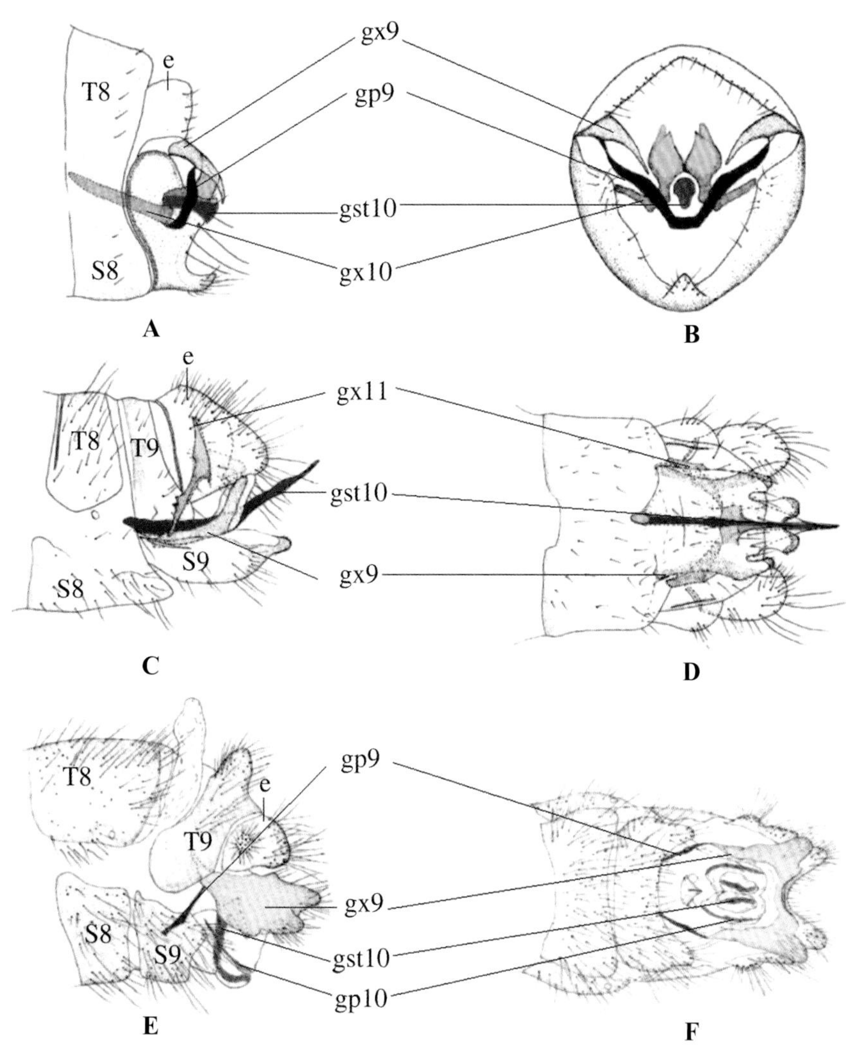

图 1-25 脉翅目成虫外生殖器（Aspöck & Aspöck, 2008）

A. 粉蛉科 Coniopterygidae 雄虫外生殖器侧面观 B. 粉蛉科 Coniopterygidae 雄虫外生殖器后面观 C. 螳蛉科 Mantispidae 雄虫外生殖器侧面观 D. 螳蛉科 Mantispidae 雄虫外生殖器腹面观 E. 溪蛉科 Osmylidae 雄虫外生殖器侧面观 F. 溪蛉科 Osmylidae 雄虫外生殖器腹面观

图中字母表示：S8. 第 8 腹板 S9. 第 9 腹板 T8. 第 8 背板 T9. 第 9 背板 e. 肛上板 gx9. 第 9 生殖基节 gx10. 第 10 生殖基节 gx11. 第 11 生殖基节 gp9. 第 9 生殖叶 gp10. 第 10 生殖叶 gst10. 第 10 生殖刺突

B. 殖弧叶（gonarcus，g）：分为殖弧拱（gonopons, igps+egps）、半殖弧叶（hemigonarcus, hgs）和连接膜（associated membrances）三部分，或者是分为旧殖弧叶（paleogonarcus, pgs）与新殖弧叶（neogonarcus, ngs）两部分。旧殖弧叶包括内殖弧叶（intragonarcus）与外殖弧叶（extragonarcus），内殖弧叶包括内殖弧拱（intragonopons, igps）、内半殖弧叶（intrahemigonarcus, ihgs）与殖弧侧膜（paragonosaccal membrane, pgsm）三部分，外殖弧叶包括外殖弧拱（extragonopons, egps）、外半殖弧叶（extrahemigonarcus, ehgs）与殖弧膜（paragonosaccal+gonosaccal membrane, gsm）三部分，其中外殖弧拱中包含殖弧中突（mediuncus, med）；新殖弧叶包括新殖弧拱（neogonopons, ngps）、新半殖弧叶（neohemigonarcus, nhgs）及连接膜。益蛉属 *Sympherobius* 昆虫的殖弧中突未骨化，因此称为假殖弧中突（pseudomediuncus）。

C. 阳基侧突（parabaculum/paramere）：一般包括端叶（terminal lobe, tl）与背叶（dorsal lobe, dl），有的种类背叶特别发达，特化成各种结构，如脉线蛉属 *Neuronema* 昆虫，但也有的种类背叶缺失，如绿褐蛉亚科 Notiobiellinae 昆虫。

D. 内生殖板（hypandrium internum）：为一小型骨片，背面观一般为三角形或梯形，有的科中也称为下生殖板。

2）雌虫腹部末端（female terminalia）：

① 第 7 腹节（segment 7）：第 7 背、腹板侧面观方形，较稳定，无明显特化。

② 第 8 腹节（segment 8）：分第 8 背板（tergum 8）与亚生殖板（subgenitale, sg）。第 8 背板在侧面包含气门，绝大部分种类在腹面左右分离，少数种类腹面愈合，如全北褐蛉 *Hemerobius humuli*。亚生殖板的有无是科内雌虫属间重要的鉴别特征，而亚生殖板的不同形状则是种间的重要鉴别特征，如在脉线蛉属 *Neuronema*、丛褐蛉属 *Wesmaelius* 等特别发达。

③ 第 9 腹节（segment 9）：包括第 9 背板（tergum 9）、第 9 生殖基节（gonocoxite 9，或称侧生殖叶 gonapophyses laterals, gl）与第 9 生殖刺突（gonostylus 9）。第 9 背板变化较多，侧面观形状、背缘纵裂与否以及后缘与肛上板愈合程度均有所不同；刺突的有无是属间的鉴别特征之一，如褐蛉亚科 Hemerobiinae、脉褐蛉属 *Micromus* 昆虫均缺失，绿褐蛉属 *Notiobiella* 昆虫存在。

④ 第 10 腹节（segment 10）：肛上板形状略有不同，侧后角（posteroventral angle）偶具突出。

2. 幼期

（1）卵（egg）：脉翅目 Neuroptera 昆虫的卵呈椭圆形，颜色较为多变，如草蛉科 Chrysopidae 昆虫的卵为绿色至乳白色，溪蛉科 Osmylidae 昆虫的卵为黄白色、黄色至褐色，粉蛉科 Coniopterygidae 昆虫的卵为浅绿色，褐蛉科 Hemerobiidae 昆虫的卵为白色、奶油色或浅粉色（图 1-26，图 1-27）；卵可根据卵柄的有无分为有柄卵和无柄卵，如草蛉科 Chrysopidae、蛾蛉科 Ithonidae 和螳蛉科 Mantispidae 昆虫的卵具卵柄，其卵柄的化学成分与家蚕所吐的丝相似，而其他类群的卵并无卵柄；另外，脉翅目 Neuroptera 昆虫所产卵的数量和排列方式也多种

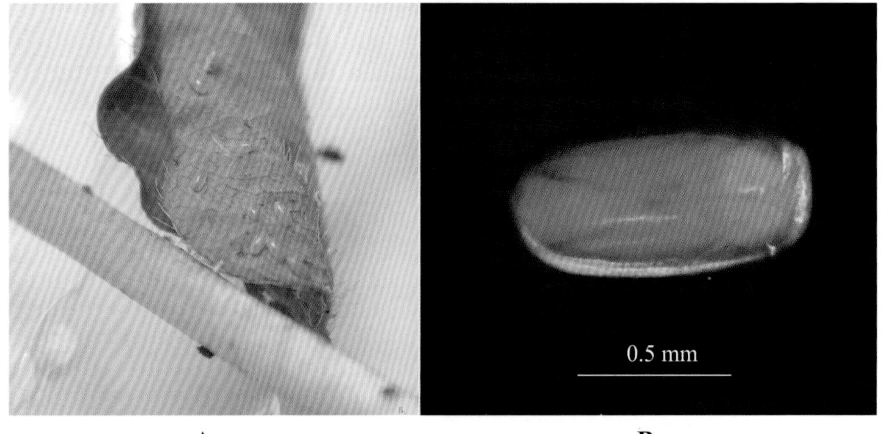

图 1-26 角纹脉褐蛉 *Micromus angulatus* 的卵（赵旸，2016）

A. 生态照 B. 电镜照

多样，如褐蛉科 Hemerobiidae 昆虫可单粒或成堆在叶片背面和叶脉周围产卵，蝶角蛉在叶子上产的卵为单行排列，而在岩石上产的卵为不规则排列。

除蚁蛉科 Myrmeleontidae 和蝶角蛉科 Ascalaphidae 外，大多数脉翅目 Neuroptera 昆虫都具有破卵器。

另外，较为有趣的是，蝶角蛉科 Ascalaphidae 昆虫的卵中会混有一部分与卵极为相似的卵杆体，这些卵杆体也被称为败育卵。据研究者推测，这些卵杆体可能有两方面的作用：一方面保护卵免被天敌所捕食，另一方面可以给刚孵化的幼虫提供丰富的营养物质。

（2）幼虫（larva）：脉翅目 Neuroptera 昆虫的幼虫大多为蛃型（图 1-28），具有明显突出的上颚，为捕食性；少数幼虫由于在地底生活，为蛴螬型，如蛾蛉科 Ithonidae 和螳蛉科 Mantispidae，蛾蛉科 Ithonidae 昆虫的幼虫以腐烂的植物为食，螳蛉科 Mantispidae 昆虫的幼虫为寄生型。其多数为陆生，少数为半水生和水生，如溪蛉科 Osmylidae 昆虫的部分幼虫为半水生，水蛉科 Sisyridae 昆虫的幼虫为水生。脉翅目 Neuroptera 昆虫的幼虫多数有 3 个龄期，极少数例外，如粉蛉科 Coniopterygidae 昆虫的幼虫有 4 个龄期（图 1-29），蛾蛉科 Ithonidae 昆虫的幼虫有 5 个龄期。

脉翅目 Neuroptera 昆虫幼虫的头部宽大；侧单眼着生于头部两侧；触角通常为 2～3 节，有的种类触角具有次生环，从而使触角的分节较易弄混。口器为双刺吸式，上颚延长而腹面有纵沟，下颚紧贴在沟下组成 1 条管子，捕食时用 1 对颚管夹住猎物并刺入其体内，将消化液注入使其猎物麻醉并略消化，再吸食其体液。无下颚须；下唇须明显（水蛉科 Sisyridae 昆虫除外），上唇短小（粉蛉科 Coniopterygidae 昆虫除外）。脉翅目 Neuroptera 昆虫幼虫的胸部分 3 节，足 3 对，跗节 1 节，爪 1 对，但是在蚁蛉总科 Myrmeleontoidea 中，为了便于向后移动，其跗节和胫节融合。脉翅目 Neuroptera 昆虫幼虫的腹部分 10 节，1～8 节各有 1 对气门。腹

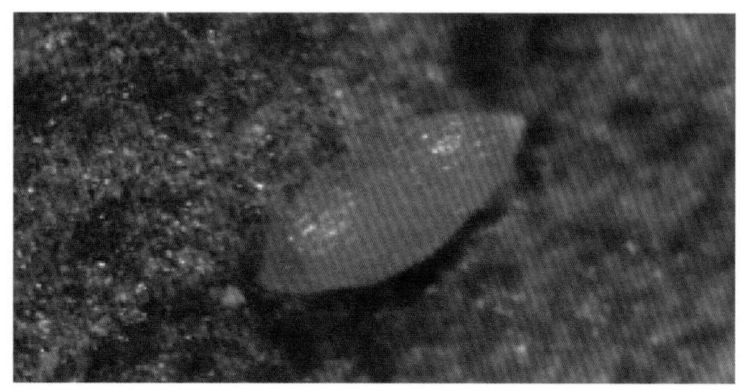

图 1-27　广重粉蛉 *Semidalis aleyrodiformis* 的卵（韩阅叶，2008）

A　　B

图 1-28　角纹脉褐蛉 *Micromus angulatus* 的幼虫（赵旸，2016）

A. 2 龄幼虫　B. 3 龄幼虫

A　　B　　C　　D

图 1-29　广重粉蛉 *Semidalis aleyrodiformis* 的幼虫（韩阅叶，2008）

A. 1 龄幼虫　B. 2 龄幼虫　C. 3 龄幼虫　D. 4 龄幼虫

部末端渐窄，末 2 节很小且能缩入，可用来支持体后部，固定或帮助行动。化蛹前由肛门抽丝织茧。

（3）蛹（pupa）：脉翅目 Neuroptera 昆虫的蛹为离蛹（图 1-30）。蛹在茧内，其茧由丝织成，或由丝黏结沙和植物碎片织成。这些丝由马氏管分泌，最终由肛门纺织而成（图 1-31A）。蛹的上颚强骨化，通常较尖且具有 1 ~ 2 个内齿。

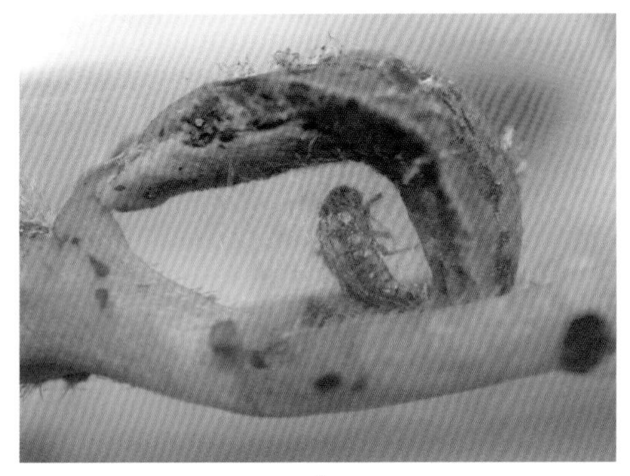

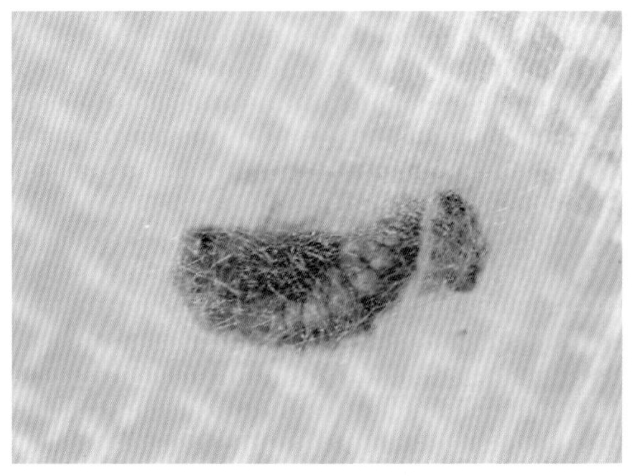

A　　B

图 1-30　角纹脉褐蛉 *Micromus angulatus* 的蛹（赵旸，2016）

A. 蛹前期　B. 蛹后期

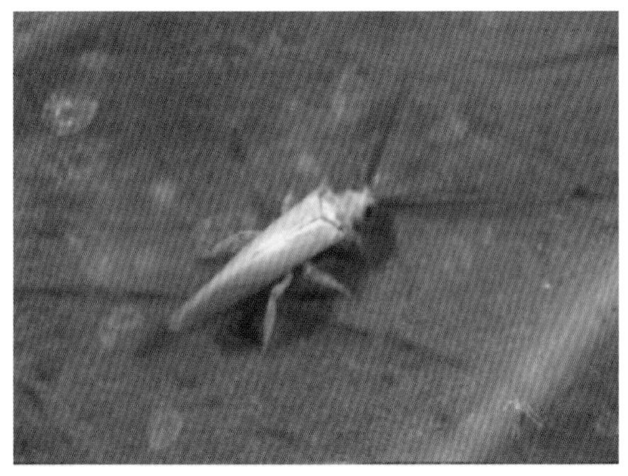

A　　B

图 1-31　广重粉蛉 *Semidalis aleyrodiformis* 的蛹和成虫（韩阅叶　摄）

A. 蛹　B. 成虫

四、脉翅类昆虫生物学特性
Biological characteristics of Neuropterida

（一）广翅目昆虫生物学特性 Biological characteristics of Megaloptera

1. 生活史

广翅目 Megaloptera 昆虫生活史较长，需 2 ~ 5 年完成 1 代。卵期一般 1 ~ 3 周（New & Theischinger, 1993）。幼虫淡水生，一般要经过 10 ~ 12 个龄期才能化蛹。齿蛉科 Corydalidae 昆虫蛹期为 4 ~ 24 d，泥蛉科 Sialidae 昆虫蛹期为 5 ~ 8 d 或 1 个月左右（New & Theischinger, 1993）。成虫寿命较短，大多为 1 周左右。我国广翅目成虫多见于晚春至初秋，但泥蛉科 Sialidae 昆虫较齿蛉科 Corydalidae 昆虫成虫发生较早，多见于 4 ~ 6 月，而齿蛉科 Corydalidae 昆虫成虫则多见于 5 ~ 7 月。

2. 栖息生境

广翅目 Megaloptera 昆虫幼虫水生，对水质变化敏感，主要生活在比较清洁的水域。泥蛉科 Sialidae 昆虫主要生活在静水生境中，如湖泊、池塘和沼泽的泥层或沉积物中；齿蛉科 Corydalidae 昆虫主要生活在富含氧气的流水生境中，如山间溪流、小型河流等，但鱼蛉属 *Chauliodes* 昆虫幼虫生活在湖泊、池塘和沼泽等静水生境中，常用腹部第 8 节特化的长呼吸管伸出水面呼吸。成虫飞行能力较弱，一般栖息于幼虫生境附近的植被上，大多夜间活动，趋光性强。

3. 食性

广翅目 Megaloptera 昆虫幼虫为捕食性，一般捕食小型底栖水生无脊椎动物，如蜉蝣、石蝇的稚虫。初孵幼虫普遍存在自相残杀现象。成虫一般不取食，只是有时吮吸一些露水或有甜味的液体，如树皮缝隙中渗出的汁液等。

4. 求偶与交配行为

齿蛉科 Corydalidae 昆虫雌虫可利用第 8 ~ 9 腹节间及第 9 腹板下可外翻的腺体分泌出的性外激素来吸引雄虫 (Evans, 1972; Contreras-Ramos, 1998)。泥蛉科 Sialidae 昆虫求偶时也具有与齿蛉科 Corydalidae 昆虫类似的化学通信手段；此外，雌雄两性间也可通过腹部有节奏地击打发出振动信号来相互识别（Geigy & DuBois, 1935; Rupprecht, 1975）。巨齿蛉属 *Acanthacorydalis*、新齿蛉属 *Corydalus* 等类群的雄虫在求偶期相遇后会发生争斗，通过发达的上颚相互撞击，直到一方退缩逃跑另一方获得交配权为止（Liu et al., 2015）。

广翅目 Megaloptera 昆虫的交配主要是通过雄虫将精包转移给雌虫，进而将精包中的精子射进雌虫的生殖器官。齿蛉科 Corydalidae 昆虫和泥蛉科 Sialidae 昆虫雌雄交配时的体位、时间、次数、精包的结构和转移过程存在一定的差异。部分齿蛉亚科 Corydalinae 昆虫利用精包表面的凝胶状物质增加雌虫取食精包的时间，进而为射精争取了足够的时间；鱼蛉亚科 Chauliodinae 昆虫通过延长交配时间达到争取足够射精时间的目的；泥蛉科 Sialidae 昆虫则通过精珠的特殊构造（如较短厚的管道）而迅速完成射精。

（二）蛇蛉目昆虫生物学特性 Biological characteristics of Raphidioptera

1. 生活史

蛇蛉目 Raphidioptera 昆虫完成一代一般需 2 ~ 3 年，短则至少 1 年，最长可达 6 年。大多数蛇蛉目 Raphidioptera 昆虫在春季化蛹，蛹期持续几天到 3 周。某些物种在夏季或秋季开始化蛹，蛹期持续数月（最长达 10 个月）；少数物种在夏季化蛹并在夏末羽化。越冬虫态通常为末龄幼虫、倒数第 2 龄幼虫或蛹。现生蛇蛉目 Raphidioptera 昆虫发育中，需要一段时间的低温（通常在 0℃）诱导才能化蛹或羽化（Aspöck, 2002）。

2. 栖息生境

蛇蛉目 Raphidioptera 昆虫的成虫和幼虫均为陆生，主要生活在山区。成虫多为树栖，多见于针叶林区。盲蛇蛉科 Inocelliidae 昆虫和部分蛇蛉科 Raphidiidae 昆虫幼虫常生活于松、杉、柏树等松散的树皮下，捕食小蠹等林木害虫。大多数蛇蛉科 Raphidiidae 昆虫幼虫则生活于地表浅土层，特别是灌木根系附近的腐殖层，有时也见于石缝中（Aspöck, 2002）。

3. 食性

蛇蛉目 Raphidioptera 昆虫的成虫和幼虫均为捕食性。成虫主要捕食蚜虫和其他胸喙亚目 Sternorrhyncha 昆虫，但蛇蛉科 Raphidiidae 昆虫成虫还取食花粉。幼虫猎物谱较广泛，包括鳞翅目 Lepidoptera、膜翅目 Hymenoptera、鞘翅目 Coleoptera 昆虫的卵和幼虫以及啮虫，小型半翅目 Hemiptera 昆虫，跳虫，螨类和蜘蛛（Aspöck, 2002）。

（三）脉翅目昆虫生物学特性 Biological characteristics of Neuroptera

1. 生活史

脉翅目 Neuroptera 昆虫在自然界中一年 1 ~ 3 代不等。但粉蛉科 Coniopterygidae、草蛉科 Chrysopidae、褐蛉科 Hemerobiidae 等昆虫在温暖地区一年可发生多代并有世代重叠，以预蛹或蛹越冬。完整发育历期超过一年的种类较为少见，已有报道多见于蚁蛉科 Myrmeleontidae 昆虫，其中亮翅蚁蛉 *Aeropteryx linearis* 完成 1 代的时间长达 6 年（New, 1989）。

2. 栖息生境

脉翅目 Neuroptera 昆虫的栖息生境在不同类群间差异显著。多数脉翅目昆虫的幼虫和成虫均为陆生种类。粉蛉科 Coniopterygidae、草蛉科 Chrysopidae、褐蛉科 Hemerobiidae 昆虫在成虫期及幼期多栖息于树木上；栉角蛉科 Dilaridae 和蛾蛉科 Ithonidae 昆虫的幼虫常栖息于朽木或土壤中，成虫栖息于灌木或树木上；旌蛉科 Nemopteridae、蝶蛉科 Psychopsidae、蚁蛉科 Myrmeleontidae、蝶角蛉科 Ascalaphidae 昆虫的幼虫多在地表活动，蚁蛉科 Myrmeleontidae 昆虫的一些类群具有做沙穴习性，成虫则多栖息于草本植物或低矮灌木上；鳞蛉科 Berothidae 和螳蛉科 Mantispidae 昆虫幼期常居于白蚁、胡蜂巢穴或蜘蛛卵囊中，成虫多栖息于树木上。而泽蛉科 Nevrorthidae、水蛉科 Sisyridae 及溪蛉科 Osmylidae 昆虫的幼虫为水生或半水生，生活于不同类型的淡水生境中，如泽蛉科 Nevrorthidae 幼虫栖息于山区林间细小溪流下的水潭中，水蛉科 Sisyridae 幼虫栖息于低海拔池塘或河流中，溪蛉科 Osmylidae 幼虫栖息于溪流石下及岸边，它们的成虫飞行能力较弱，多栖息于幼虫栖境附近的植被上。

3. 食性

脉翅目 Neuroptera 昆虫的成虫和幼虫大多为捕食性，但在部分类群中也有一些特殊的食性分化。草蛉科 Chrysopidae 和粉蛉科 Coniopterygidae 等成虫除捕食蚜虫、木虱、啮虫、叶螨外，还经常取食花蜜或花粉；旌蛉科 Nemopteridae 昆虫的成虫则基本以花蜜或花粉为主要食物，其口器也相应发生特化延长；水蛉科 Sisyridae 昆虫的幼虫专性捕食淡水海绵；蛾蛉科 Ithonidae 昆虫的幼虫取食植物腐烂的地下根系；鳞蛉科 Berothidae 部分物种的幼虫专性捕食白蚁；螳蛉科 Mantispidae 部分物种的幼虫专性寄生于胡蜂幼虫巢室，而螳蛉亚科 Mantispinae 昆虫的幼虫则专性寄生于蜘蛛卵囊。

4. 防御行为

草蛉科 Chrysopidae、细蛉科 Nymphidae 及蝶角蛉科 Ascalaphidae 幼虫常具伪装习性，利用体表特化突起或刚毛背覆土粒、植物组织、猎物残片等，从而躲避天敌捕食。草蛉科 Chrysopidae、蚁蛉科 Myrmeleontidae、蝶角蛉科 Ascalaphidae 昆虫的成虫有时在遭受攻击时会释放具有刺激性气味的分泌物。蝶角蛉科 Ascalaphidae 和蚁蛉科 Myrmeleontidae 个别物种具警示性的眼状翅斑。钩翅褐蛉 *Drepanepteryx phalaenoides* 成虫前翅褐色、端部钩状，停歇时拟态枯叶；而卓螳蛉 *Drepanicus gayi* 成虫停歇时则拟态绿色叶片。螳蛉亚科梯螳蛉属 *Euclimacia*、蜂螳蛉属 *Climaciella* 等类群成虫拟态不同种类的胡蜂，甚至同一种螳蛉的不同个体可拟态不同种类的胡蜂。

5. 交配繁殖

脉翅目 Neuroptera 昆虫为典型的两性生殖，目前尚无明确证实的孤雌生殖的报道。求偶时通过化学通信进行两性交流，粉蛉科 Coniopterygidae、泽蛉科 Nevrorthidae、草蛉科 Chrysopidae、螳蛉科 Mantispidae、旌蛉科 Nemopteridae、蚁蛉科 Myrmeleontidae 等类群的雄虫常有不同类型的腺体，可释放吸引雌虫的化学挥发物。部分草蛉求偶时通过异性腹部有规律地颤动及其对周围物体的敲击从而识别异性。脉翅目的交配多通过精包的传递完成，溪蛉科 Osmylidae 等类群精包富含营养，可供雌虫取食（New, 1989）。

五、中国脉翅类昆虫地理分布 Distribution of Neuropterida from China

（一）齿蛉科昆虫地理分布 Distribution of Corydalidae

黑龙江、辽宁、河北、北京、天津、河南、山东、山西、甘肃、陕西、青海、西藏、四川、重庆、云南、贵州、广西、湖北、湖南、江西、安徽、江苏、上海、浙江、福建、台湾、广东、香港、海南（图 1-32）。

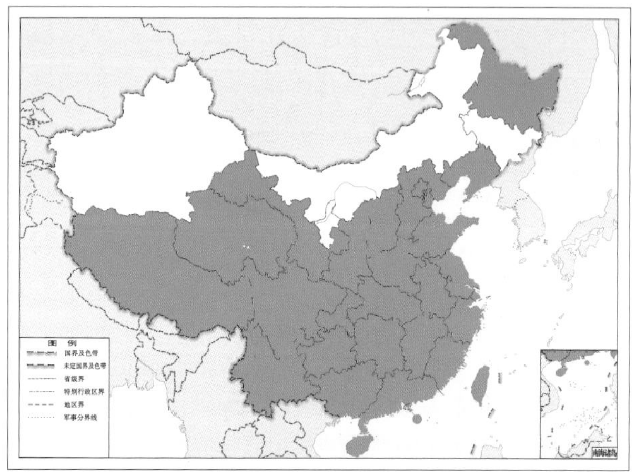

图 1-32 齿蛉科 Corydalidae 昆虫地理分布图

（二）泥蛉科昆虫地理分布 Distribution of Sialidae

黑龙江、吉林、河南、内蒙古、陕西、青海、四川、云南、广西、湖北、江西、上海、浙江、福建、台湾、海南（图 1-33）。

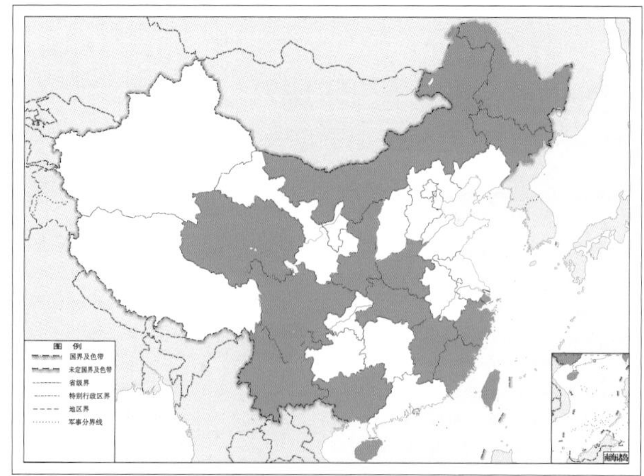

图 1-33 泥蛉科 Sialidae 昆虫地理分布图

注：本书地理分布图中只标注脉翅类中科和种级阶元在中国境内的分布。

（三）盲蛇蛉科昆虫地理分布 Distribution of Inocelliidae

黑龙江、吉林、北京、河南、山东、山西、陕西、四川、云南、贵州、广西、湖北、浙江、福建、台湾、广东、海南、重庆（图 1-34）。

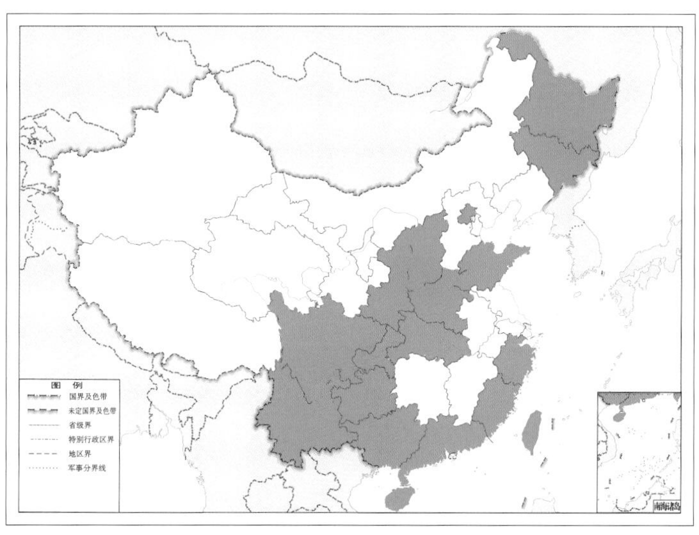

图 1-34 盲蛇蛉科 Inocelliidae 昆虫地理分布图

（四）蛇蛉科昆虫地理分布 Distribution of Raphidiidae

吉林、河北、北京、山西、河南、陕西、内蒙古、宁夏、甘肃、新疆、湖北、四川、台湾（图 1-35）。

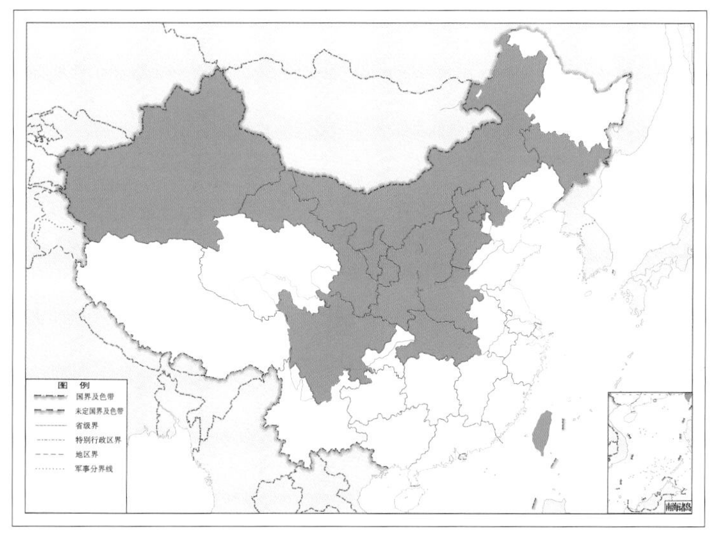

图 1-35 蛇蛉科 Raphidiidae 昆虫地理分布图

（五）粉蛉科昆虫地理分布 Distribution of Coniopterygidae

吉林、辽宁、河北、北京、天津、河南、山东、山西、内蒙古、宁夏、甘肃、陕西、西藏、四川、重庆、云南、贵州、广西、湖北、湖南、江西、安徽、江苏、上海、浙江、福建、台湾、广东、香港、海南（图 1-36）。

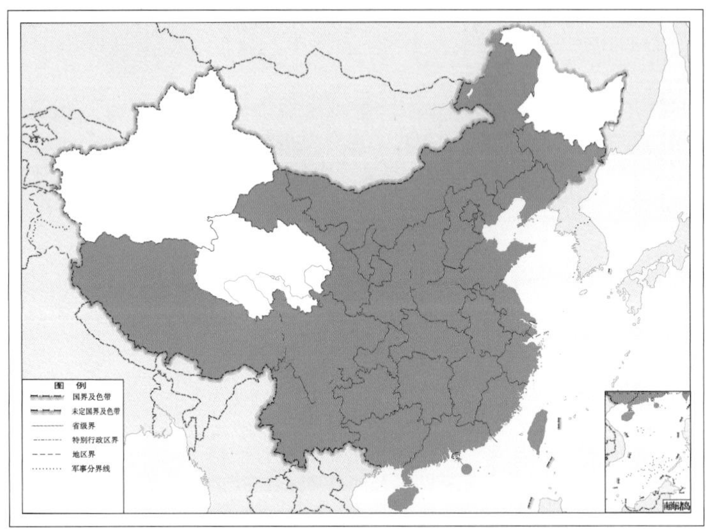

图 1-36　粉蛉科 Coniopterygidae 昆虫地理分布图

（六）泽蛉科昆虫地理分布 Distribution of Nevrorthidae

陕西、云南、广西、浙江、台湾（图 1-37）。

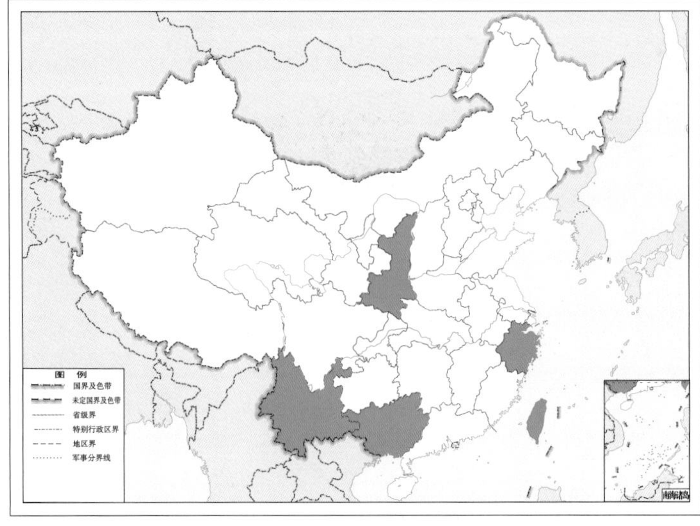

图 1-37　泽蛉科 Nevrorthidae 昆虫地理分布图

（七）水蛉科昆虫地理分布 Distribution of Sisyridae

云南、浙江、海南（图 1-38）。

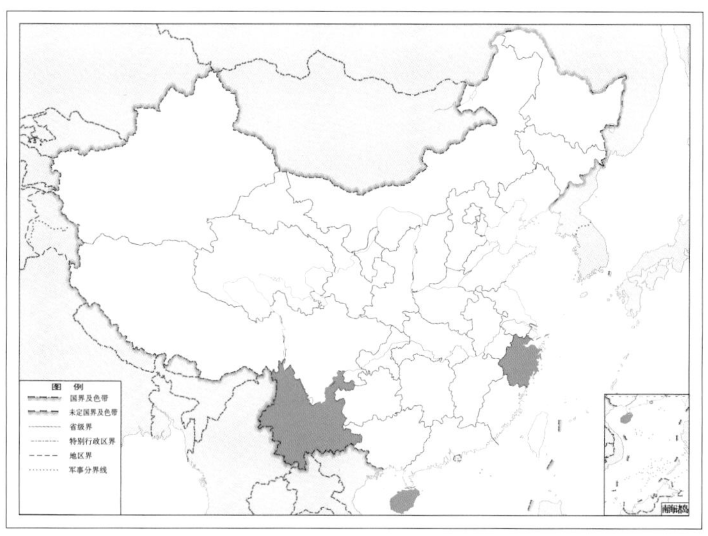

图 1-38 水蛉科 Sisyridae 昆虫地理分布图

（八）溪蛉科昆虫地理分布 Distribution of Osmylidae

河北、河南、山东、宁夏、甘肃、陕西、西藏、四川、重庆、云南、贵州、广西、湖北、湖南、浙江、福建、台湾、海南（图 1-39）。

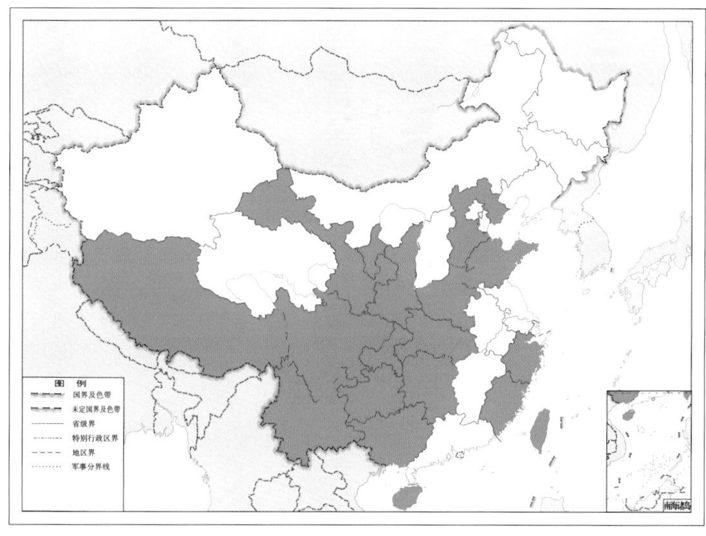

图 1-39 溪蛉科 Osmylidae 昆虫地理分布图

（九）栉角蛉科昆虫地理分布 Distribution of Dilaridae

吉林、辽宁、河北、北京、河南、山西、陕西、内蒙古、宁夏、甘肃、西藏、四川、云南、贵州、广西、湖南、江西、安徽、江苏、浙江、福建、台湾、广东、海南（图 1-40）。

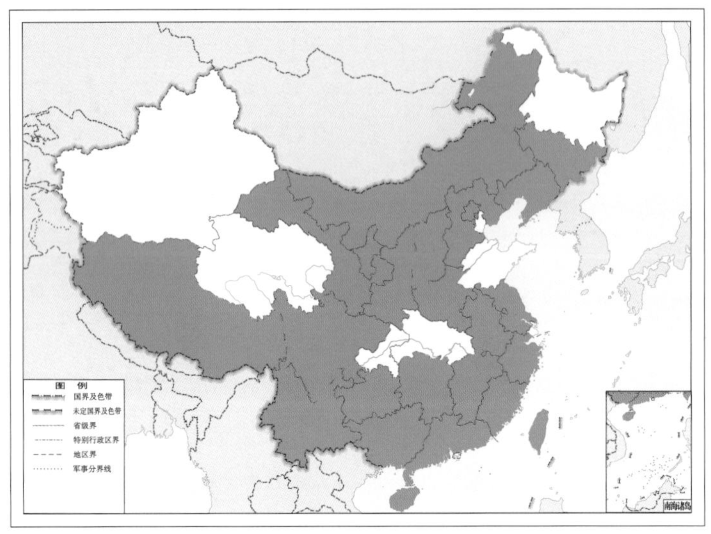

图 1-40　栉角蛉科 Dilaridae 昆虫地理分布图

（一〇）鳞蛉科昆虫地理分布 Distribution of Berothidae

上海、浙江、安徽、福建、山东、广东、四川、贵州、云南、台湾、海南（图 1-41）。

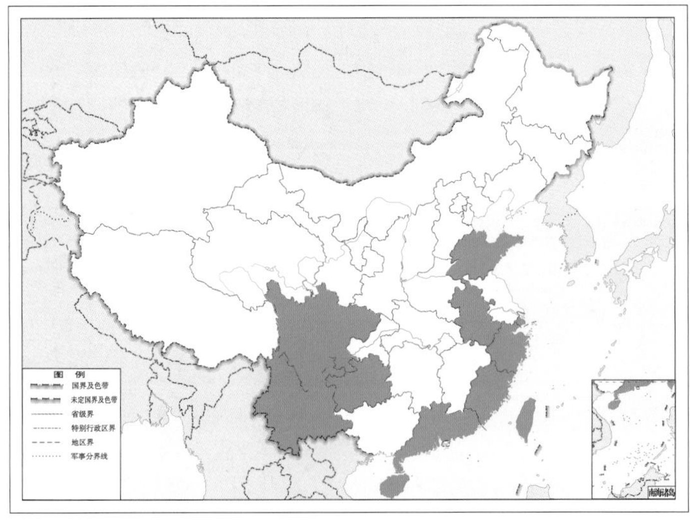

图 1-41　鳞蛉科 Berothidae 昆虫地理分布图

（一一）螳蛉科昆虫地理分布 Distribution of Mantispidae

吉林、河北、北京、河南、山西、宁夏、甘肃、西藏、四川、云南、广西、湖北、湖南、江西、江苏、上海、浙江、福建、台湾、海南（图 1-42）。

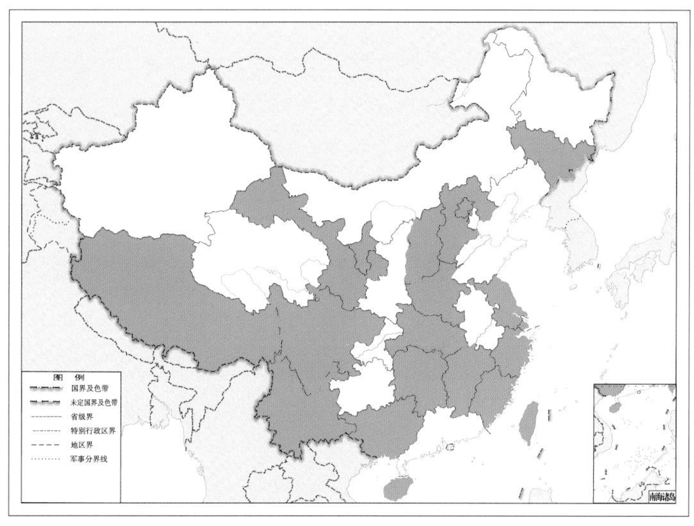

图 1–42 螳蛉科 **Mantispidae** 昆虫地理分布图

（一二）褐蛉科昆虫地理分布 Distribution of Hemerobiidae

黑龙江、吉林、辽宁、河北、北京、天津、河南、山东、山西、内蒙古、宁夏、甘肃、陕西、新疆、青海、西藏、四川、重庆、云南、贵州、广西、湖北、湖南、江西、安徽、江苏、上海、浙江、福建、台湾、广东、海南（图 1-43）。

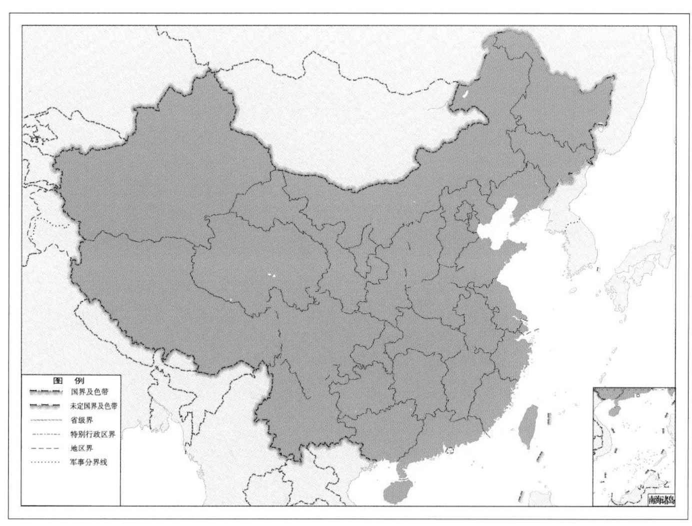

图 1–43 褐蛉科 **Hemerobiidae** 昆虫地理分布图

（一三）草蛉科昆虫地理分布 Distribution of Chrysopidae

黑龙江、吉林、辽宁、河北、北京、天津、河南、山东、山西、内蒙古、宁夏、甘肃、陕西、新疆、青海、西藏、四川、重庆、云南、贵州、广西、湖北、湖南、江西、安徽、江苏、上海、浙江、福建、台湾、广东、香港、海南（图 1-44）。

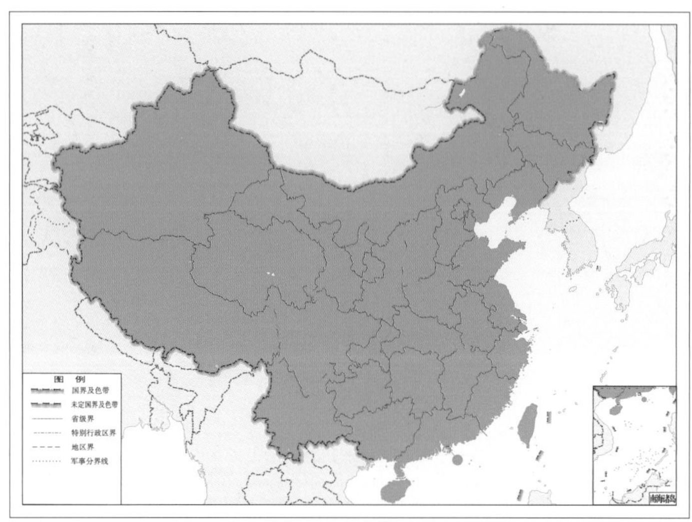

图 1-44 草蛉科 Chrysopidae 昆虫地理分布图

（一四）蛾蛉科昆虫地理分布 Distribution of Ithonidae

西藏、四川、云南、陕西（图 1-45）。

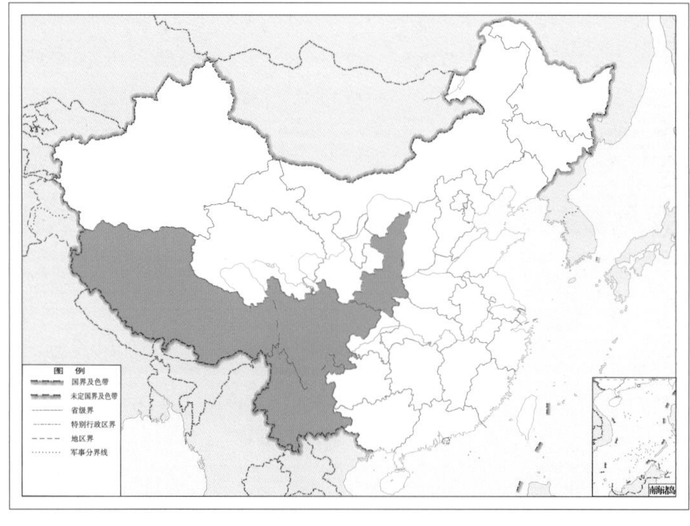

图 1-45 蛾蛉科 Ithonidae 昆虫地理分布图

（一五）蝶蛉科昆虫地理分布 Distribution of Psychopsidae

四川、重庆、云南、贵州、广西、福建、台湾（图 1-46）。

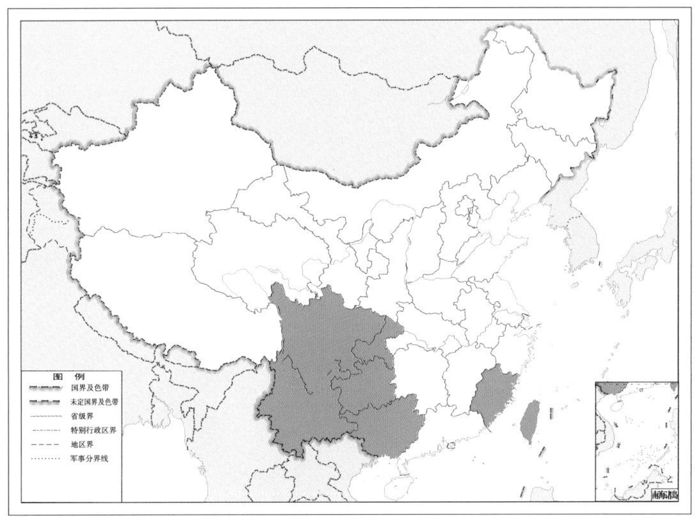

图 1-46 蝶蛉科 Psychopsidae 昆虫地理分布图

（一六）旌蛉科昆虫地理分布 Distribution of Nemopteridae

云南（图 1-47）。

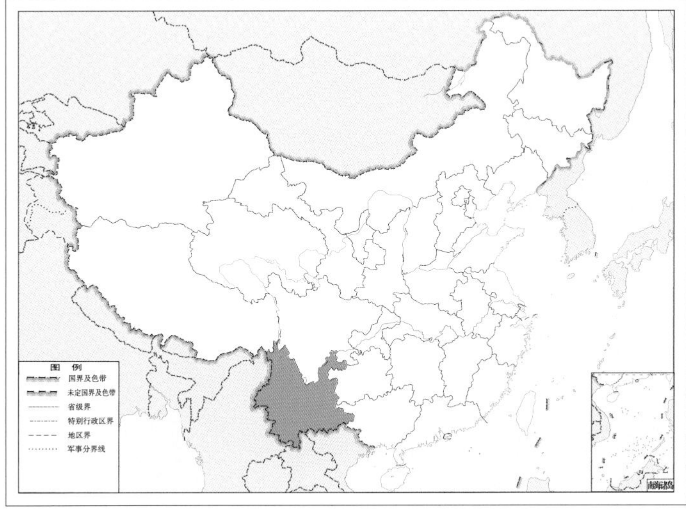

图 1-47 旌蛉科 Nemopteridae 昆虫地理分布图

（一七）蚁蛉科昆虫地理分布 Distribution of Myrmeleontidae

吉林、辽宁、河北、北京、天津、河南、山东、山西、内蒙古、宁夏、甘肃、陕西、新疆、青海、西藏、四川、重庆、云南、贵州、广西、湖北、湖南、安徽、江苏、浙江、福建、台湾、广东、香港、海南（图 1-48）。

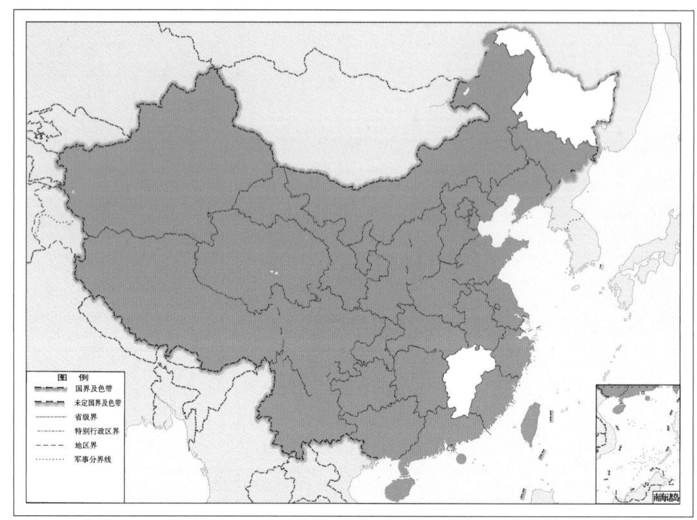

图 1-48 蚁蛉科 Myrmeleontidae 昆虫地理分布图

（一八）蝶角蛉科昆虫地理分布 Distribution of Ascalaphidae

吉林、辽宁、河北、北京、河南、内蒙古、甘肃、陕西、新疆、西藏、四川、重庆、云南、贵州、广西、湖北、湖南、江西、安徽、江苏、浙江、福建、台湾、广东、香港、海南（图 1-49）。

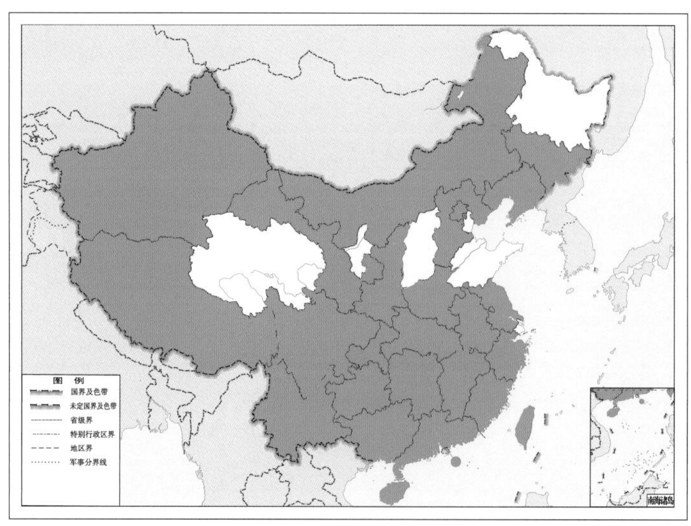

图 1-49 蝶角蛉科 Ascalaphidae 昆虫地理分布图

六、中国脉翅类昆虫名录
Checklist of Neuropterida from China

（一）广翅目 Megaloptera Latreille, 1802

齿蛉科 Corydalidae Leach, 1815

齿蛉亚科 Corydalinae Leach, 1815

巨齿蛉属 *Acanthacorydalis* van der Weele, 1907

属模巨齿蛉 *Acanthacorydalis asiatica* (Wood-Mason, 1884)

越中巨齿蛉 *Acanthacorydalis fruhstorferi* van der Weele, 1907

东方巨齿蛉 *Acanthacorydalis orientalis* (McLachlan, 1899)

中华巨齿蛉 *Acanthacorydalis sinensis* Yang & Yang, 1986

单斑巨齿蛉 *Acanthacorydalis unimaculata* Yang & Yang, 1986

云南巨齿蛉 *Acanthacorydalis yunnanensis* Yang & Yang, 1988

齿蛉属 *Neoneuromus* van der Weele, 1909

库曼齿蛉 *Neoneuromus coomani* Lestage, 1927

属模齿蛉 *Neoneuromus fenestralis* (McLachlan, 1869)

普通齿蛉 *Neoneuromus ignobilis* Navás, 1932

淡色齿蛉 *Neoneuromus indistinctus* Liu, Hayashi & Yang, 2018

麦克齿蛉 *Neoneuromus maclachlani* (van der Weele, 1907)

东方齿蛉 *Neoneuromus orientalis* Liu & Yang, 2004

锡金齿蛉 *Neoneuromus sikkimmensis* (van der Weele, 1907)

东华齿蛉 *Neoneuromus similis* Liu, Hayashi & Yang, 2018

截形齿蛉 *Neoneuromus tonkinensis* (van der Weele, 1907)

威利齿蛉 *Neoneuromus vanderweelei* Liu, Hayashi & Yang, 2018

黑齿蛉属 *Neurhermes* Navás, 1915

塞利斯黑齿蛉 *Neurhermes selysi* (van der Weele, 1909)

黄胸黑齿蛉 *Neurhermes tonkinensis* (van der Weele, 1909)

脉齿蛉属 *Nevromus* Rambur, 1842

阿氏脉齿蛉 *Nevromus aspoeck* Liu, Hayashi & Yang, 2012

华脉齿蛉 *Nevromus exterior* (Navás, 1927)

印脉齿蛉 *Nevromus intimus* (McLachlan, 1869)

星齿蛉属 *Protohermes* van der Weele, 1907

尖突星齿蛉 *Protohermes acutatus* Liu, Hayashi & Yang, 2007

滇印星齿蛉 *Protohermes arunachalensis* Ghosh, 1991
阿萨姆星齿蛉 *Protohermes assamensis* Kimmins, 1948
基斑星齿蛉 *Protohermes basimaculatus* Liu, Hayashi & Yang, 2007
沧源星齿蛉 *Protohermes cangyuanensis* Yang & Yang, 1988
卡氏星齿蛉 *Protohermes cavaleriei* Navás, 1925
昌宁星齿蛉 *Protohermes changninganus* Yang & Yang, 1988
车八岭星齿蛉 *Protohermes chebalingensis* Liu & Yang, 2006
全色星齿蛉 *Protohermes concolorus* Yang & Yang, 1988
花边星齿蛉 *Protohermes costalis* (Walker, 1853)
弯角星齿蛉 *Protohermes curvicornis* Liu, Hayashi & Yang, 2013
大卫星齿蛉 *Protohermes davidi* van der Weele, 1909
异角星齿蛉 *Protohermes differentialis* (Yang & Yang, 1986)
双斑星齿蛉 *Protohermes dimaculatus* Yang & Yang, 1988
独龙星齿蛉 *Protohermes dulongjiangensis* Liu, Hayashi & Yang, 2010
报喜星齿蛉 *Protohermes festivus* Navás, 1932
黄脉星齿蛉 *Protohermes flavinervus* Liu, Hayashi & Yang, 2009
黄茎星齿蛉 *Protohermes flavipennis* Navás, 1929
黑色星齿蛉 *Protohermes fruhstorferi* (van der Weele, 1907)
福建星齿蛉 *Protohermes fujianensis* Yang & Yang, 1999
广西星齿蛉 *Protohermes guangxiensis* Yang & Yang, 1986
古田星齿蛉 *Protohermes gutianensis* Yang & Yang, 1995
海南星齿蛉 *Protohermes hainanensis* Yang & Yang, 1990
赫氏星齿蛉 *Protohermes horni* Navás, 1932
湖北星齿蛉 *Protohermes hubeiensis* Yang & Yang, 1992
湖南星齿蛉 *Protohermes hunanensis* Yang & Yang, 1992
污星齿蛉 *Protohermes infectus* (McLachlan, 1869)
宽胸星齿蛉 *Protohermes latus* Liu & Yang, 2006
李氏星齿蛉 *Protohermes lii* Liu, Hayashi & Yang, 2007
墨脱星齿蛉 *Protohermes motuoensis* Liu & Yang, 2006
黑胸星齿蛉 *Protohermes niger* Yang & Yang, 1988
东方星齿蛉 *Protohermes orientalis* Liu, Hayashi & Yang, 2007
寡斑星齿蛉 *Protohermes parcus* Yang & Yang, 1988
滇蜀星齿蛉 *Protohermes similis* Yang & Yang, 1988
中华星齿蛉 *Protohermes sinensis* Yang & Yang, 1992
多斑星齿蛉 *Protohermes stigmosus* Liu, Hayashi & Yang, 2007
条斑星齿蛉 *Protohermes striatulus* Navás, 1926
拟寡斑星齿蛉 *Protohermes subparcus* Liu & Yang, 2006
淡云斑星齿蛉 *Protohermes subnubilus* Kimmins, 1948
迷星齿蛉 *Protohermes triangulatus* Liu, Hayashi & Yang, 2007
威利星齿蛉 *Protohermes weelei* Navás, 1925

炎黄星齿蛉 *Protohermes xanthodes* Navás, 1914
兴山星齿蛉 *Protohermes xingshanensis* Liu & Yang, 2005
杨氏星齿蛉 *Protohermes yangi* Liu, Hayashi & Yang, 2007
云南星齿蛉 *Protohermes yunnanensis* Yang & Yang, 1988
朱氏星齿蛉 *Protohermes zhuae* Liu, Hayashi & Yang, 2008

鱼蛉亚科 Chauliodinae Newman, 1853

臀鱼蛉属 *Anachauliodes* Kimmins, 1954

莱博斯臀鱼蛉 *Anachauliodes laboissierei* (Navás, 1913)

栉鱼蛉属 *Ctenochauliodes* van der Weele, 1909

异斑栉鱼蛉 *Ctenochauliodes abnormis* Yang & Yang, 1986
指突栉鱼蛉 *Ctenochauliodes digitiformis* Liu & Yang, 2006
长突栉鱼蛉 *Ctenochauliodes elongatus* Liu & Yang, 2006
福建栉鱼蛉 *Ctenochauliodes fujianensis* Yang & Yang, 1999
灰翅栉鱼蛉 *Ctenochauliodes griseus* Yang & Yang, 1992
南方栉鱼蛉 *Ctenochauliodes meridionalis* Yang & Yang, 1986
属模栉鱼蛉 *Ctenochauliodes nigrovenosus* (van der Weele, 1907)
点斑栉鱼蛉 *Ctenochauliodes punctulatus* Yang & Yang, 1990
箭突栉鱼蛉 *Ctenochauliodes sagittiformis* Liu & Yang, 2006
碎斑栉鱼蛉 *Ctenochauliodes similis* Liu & Yang, 2006
多斑栉鱼蛉 *Ctenochauliodes stigmosus* Liu, Hayashi & Yang, 2011
杨氏栉鱼蛉 *Ctenochauliodes yangi* Liu & Yang, 2006

斑鱼蛉属 *Neochauliodes* van der Weele, 1909

尖端斑鱼蛉 *Neochauliodes acutatus* Liu & Yang, 2005
双齿斑鱼蛉 *Neochauliodes bicuspidatus* Liu & Yang, 2006
缘点斑鱼蛉 *Neochauliodes bowringi* (McLachlan, 1867)
迷斑鱼蛉 *Neochauliodes confusus* Liu, Hayashi & Yang, 2010
指突斑鱼蛉 *Neochauliodes digitiformis* Liu & Yang, 2005
台湾斑鱼蛉 *Neochauliodes formosanus* (Okamoto, 1910)
污翅斑鱼蛉 *Neochauliodes fraternus* (McLachlan, 1869)
褐翅斑鱼蛉 *Neochauliodes fuscus* Liu & Yang, 2005
广西斑鱼蛉 *Neochauliodes guangxiensis* Yang & Yang, 1997
桂西斑鱼蛉 *Neochauliodes guixianus* Jiang, Wang & Liu, 2012
江西斑鱼蛉 *Neochauliodes jiangxiensis* Yang & Yang, 1992
双色斑鱼蛉 *Neochauliodes koreanus* van der Weele, 1909
宽茎斑鱼蛉 *Neochauliodes latus* Yang, 2004
南方斑鱼蛉 *Neochauliodes meridionalis* van der Weele, 1909
基点斑鱼蛉 *Neochauliodes moriutii* Asahina, 1988
黑头斑鱼蛉 *Neochauliodes nigris* Liu & Yang, 2005
西华斑鱼蛉 *Neochauliodes occidentalis* van der Weele, 1909
碎斑鱼蛉 *Neochauliodes parasparsus* Liu & Yang, 2005

寡斑鱼蛉 *Neochauliodes parcus* Liu & Yang, 2006
散斑鱼蛉 *Neochauliodes punctatolosus* Liu & Yang, 2006
粗茎斑鱼蛉 *Neochauliodes robustus* Liu, Hayashi & Yang, 2007
圆端斑鱼蛉 *Neochauliodes rotundatus* Tjeder, 1937
中华斑鱼蛉 *Neochauliodes sinensis* (Walker, 1853)
小碎斑鱼蛉 *Neochauliodes sparsus* Liu & Yang, 2005
越南斑鱼蛉 *Neochauliodes tonkinensis* (van der Weele, 1907)
荫斑鱼蛉 *Neochauliodes umbratus* Kimmins, 1954
武鸣斑鱼蛉 *Neochauliodes wuminganus* Yang & Yang, 1986
准鱼蛉属 *Parachauliodes* van der Weele, 1909
布氏准鱼蛉 *Parachauliodes buchi* Navás, 1924
福建准鱼蛉 *Parachauliodes fujianensis* (Yang & Yang, 1999)
多斑准鱼蛉 *Parachauliodes maculosus* (Liu & Yang, 2006)
暗色准鱼蛉 *Parachauliodes nebulosus* (Okamoto, 1910)
污翅准鱼蛉 *Parachauliodes squalidus* (Liu & Yang, 2006)
泥蛉科 Sialidae Leach, 1815
印泥蛉属 *Indosialis* Lestage, 1927
版纳印泥蛉 *Indosialis bannaensis* Liu, Yang & Hayashi, 2006
泥蛉属 *Sialis* Latreille, 1802
南方泥蛉 *Sialis australis* Liu, Hayashi & Yang, 2015
优雅泥蛉 *Sialis elegans* Liu & Yang, 2006
河南泥蛉 *Sialis henanensis* Liu & Yang, 2006
尖峰泥蛉 *Sialis jianfengensis* Yang, Yang & Hu, 2002
计云泥蛉 *Sialis jiyuni* Liu, Hayashi & Yang, 2015
久米泥蛉 *Sialis kumejimae* Okamoto, 1910
昆明泥蛉 *Sialis kunmingensis* Liu & Yang, 2006
长刺泥蛉 *Sialis longidens* Klingstedt, 1932
罗汉坝泥蛉 *Sialis luohanbaensis* Liu, Hayashi & Yang, 2012
纳氏泥蛉 *Sialis navasi* Liu, Hayashi & Yang, 2009
原脉泥蛉 *Sialis primitivus* Liu, Hayashi & Yang, 2015
古北泥蛉 *Sialis sibirica* McLachlan, 1872
中华泥蛉 *Sialis sinensis* Banks, 1940
异色泥蛉 *Sialis versicoloris* Liu & Yang, 2006

（二）蛇蛉目 Raphidioptera Navás, 1916

盲蛇蛉科 Inocelliidae Navás, 1913
异盲蛇蛉属 *Amurinocellia* H. Aspöck & U. Aspöck, 1973

南方异盲蛇蛉 *Amurinocellia australis* Liu, H. Aspöck, Yang & U. Aspöck, 2009

远东异盲蛇蛉 *Amurinocellia calida* (H. Aspöck & U. Aspöck, 1973)

中华异盲蛇蛉 *Amurinocellia sinica* Liu, H. Aspöck, Yang & U. Aspöck, 2009

盲蛇蛉属 *Inocellia* Schneider, 1843

双突盲蛇蛉 *Inocellia biprocessus* Liu, H. Aspöck, Yang & U. Aspöck, 2010

陈氏盲蛇蛉 *Inocellia cheni* Liu, H. Aspöck, Yang & U. Aspöck, 2010

粗角盲蛇蛉 *Inocellia crassicornis* (Schummel, 1832)

指突盲蛇蛉 *Inocellia digitiformis* Liu, H. Aspöck, Yang & U. Aspöck, 2010

丽盲蛇蛉 *Inocellia elegans* Liu, H. Aspöck, Yang & U. Aspöck, 2009

福建盲蛇蛉 *Inocellia fujiana* Yang, 1999

海南盲蛇蛉 *Inocellia hainanica* Liu, H. Aspöck, Bi & U. Aspöck, 2013

钩突盲蛇蛉 *Inocellia hamata* Liu, H. Aspöck, Yang & U. Aspöck, 2010

黑足盲蛇蛉 *Inocellia nigra* Liu, H. Aspöck, Zhang & U. Aspöck, 2012

钝角盲蛇蛉 *Inocellia obtusangularis* Liu, H. Aspöck, Yang & U. Aspöck, 2010

西华盲蛇蛉 *Inocellia occidentalis* Liu, Lyu, H. Aspöck & U. Aspöck, 2018

罕盲蛇蛉 *Inocellia rara* Liu, H. Aspöck & U. Aspöck, 2014

荻原盲蛇蛉 *Inocellia shinohara* U. Aspöck, Liu & H. Aspöck, 2009

中华盲蛇蛉 *Inocellia sinensis* Navás, 1936

台湾盲蛇蛉 *Inocellia taiwana* H. Aspöck & U. Aspöck, 1985

云南盲蛇蛉 *Inocellia yunnanica* Liu, H. Aspöck, Zhang & U. Aspöck, 2012

华盲蛇蛉属 *Sininocellia* Yang, 1985

集昆华盲蛇蛉 *Sininocellia chikun* Liu, H. Aspöck, Zhan & U. Aspöck, 2012

硕华盲蛇蛉 *Sininocellia gigantos* Yang, 1985

蛇蛉科 Raphidiidae Latreille, 1810

蒙蛇蛉属 *Mongoloraphidia* H. Aspöck & U. Aspöck, 1968

奇刺蒙蛇蛉 *Mongoloraphidia abnormis* Liu, H. Aspöck, Yang & U. Aspöck, 2010

独雄蒙蛇蛉 *Mongoloraphidia* (*Formosoraphidia*) *caelebs* H. Aspöck, U. Aspöck & Rausch, 1985

弯突蒙蛇蛉 *Mongoloraphidia* (*Formosoraphidia*) *curvata* Liu, H. Aspöck, Hayashi & U. Aspöck, 2010

双千蒙蛇蛉 *Mongoloraphidia duomilia* (Yang, 1998)

林氏蒙蛇蛉 *Mongoloraphidia lini* Liu, Lyu, H. Aspöck & U. Aspöck, 2018

宝岛蒙蛇蛉 *Mongoloraphidia* (*Formosoraphidia*) *formosana* (Okamoto, 1917)

六盘山蒙蛇蛉 *Mongoloraphidia liupanshanica* Liu, H. Aspöck, Yang & U. Aspöck, 2010

三角蒙蛇蛉 *Mongoloraphidia triangulata* Liu, Lyu, H. Aspöck & U. Aspöck, 2018

台湾蒙蛇蛉 *Mongoloraphidia* (*Formosoraphidia*) *taiwanica* U. Aspöck & H. Aspöck, 1982

西岳蒙蛇蛉 *Mongoloraphidia xiyue* (Yang & Chou, 1978)

杨氏蒙蛇蛉 *Mongoloraphidia yangi* Liu, H. Aspöck, Yang & U. Aspöck, 2010

黄痣蛇蛉属 *Xanthostigma* Navás, 1909

戈壁黄痣蛇蛉 *Xanthostigma gobicola* U. Aspöck & H. Aspöck, 1990

黄痣蛇蛉 *Xanthostigma xanthostigma* (Schummel, 1832)

（三）脉翅目 Neuroptera Linnaeus, 1758

粉蛉科 Coniopterygidae Burmeister, 1839

囊粉蛉亚科 Aleuropteryginae Enderlein, 1905

囊粉蛉属 *Aleuropteryx* Löw, 1885

中国囊粉蛉 *Aleuropteryx sinica* Liu & Yang, 2003

曲粉蛉属 *Coniocompsa* Enderlein, 1905

川贵曲粉蛉 *Coniocompsa chuanguiana* Liu & Yang, 2004

丽曲粉蛉 *Coniocompsa elegansis* Liu & Yang, 2002

龙栖曲粉蛉 *Coniocompsa longqishana* Yang & Liu, 1993

铗曲粉蛉 *Coniocompsa forticata* Yang & Liu, 1999

福建曲粉蛉 *Coniocompsa fujianana* Yang & Liu, 1999

后斑曲粉蛉 *Coniocompsa postmaculata* Yang, 1964

中叉曲粉蛉 *Coniocompsa furcata* Banks, 1937

截叉曲粉蛉 *Coniocompsa truncata* Yang & Liu, 1999

李氏曲粉蛉 *Coniocompsa lii* Liu & Yang, 2004

多斑曲粉蛉 *Coniocompsa polymaculata* Liu & Yang, 2004

奇斑曲粉蛉 *Coniocompsa spectabilis* Liu & Yang, 2003

隐粉蛉属 *Cryptoscenea* Enderlein, 1914

东方隐粉蛉 *Cryptoscenea orientalis* Yang & Liu, 1993

卷粉蛉属 *Helicoconis* Enderlein, 1905

污褐卷粉蛉 *Helicoconis* (*Helicoconis*) *lutea* (Wallengren, 1871)

异粉蛉属 *Heteroconis* Enderlein, 1905

锐角异粉蛉 *Heteroconis terminalis* (Banks, 1913)

黑须异粉蛉 *Heteroconis nigripalpis* Meinander, 1972

彩角异粉蛉 *Heteroconis picticornis* (Banks, 1939)

暗翅异粉蛉 *Heteroconis electrina* Liu & Yang, 2004

海南异粉蛉 *Heteroconis hainanica* Liu & Yang, 2004

三突异粉蛉 *Heteroconis tricornis* Liu & Yang, 2004

独角异粉蛉 *Heteroconis unicornis* Liu & Yang, 2004

瑕粉蛉属 *Spiloconis* Enderlein, 1907

六斑瑕粉蛉 *Spiloconis sexguttata* Enderlein, 1907

粉蛉亚科 Coniopteryginae Enderlein, 1905

粉蛉属 *Coniopteryx* Curtis, 1834

蒙干粉蛉 *Coniopteryx* (*Xeroconiopteryx*) *mongolica* Meinander, 1969

爪干粉蛉 *Coniopteryx* (*Xeroconiopteryx*) *unguigonarcuata* H. Aspöck & U. Aspöck, 1968

琼干粉蛉 *Coniopteryx* (*Xeroconiopteryx*) *qiongana* Liu & Yang, 2002

闽干粉蛉 *Coniopteryx* (*Xeroconiopteryx*) *minana* Yang & Liu, 1999

陶氏干粉蛉 *Coniopteryx* (*Xeroconiopteryx*) *topali* Sziráki, 1992
阿特拉斯干粉蛉 *Coniopteryx* (*Xeroconiopteryx*) *atlasensis* Meinander, 1963
阿氏粉蛉 *Coniopteryx* (*Coniopteryx*) *aspoecki* Kis, 1967
圣洁粉蛉 *Coniopteryx* (*Coniopteryx*) *pygmaea* Enderlein, 1906
斜突粉蛉 *Coniopteryx* (*Coniopteryx*) *plagiotropa* Liu & Yang, 1997
疑粉蛉 *Coniopteryx* (*Coniopteryx*) *ambigua* Withycombe, 1925
短钩粉蛉 *Coniopteryx* (*Coniopteryx*) *exigua* Withycombe, 1925
周氏粉蛉 *Coniopteryx* (*Coniopteryx*) *choui* Liu & Yang, 1998
突额粉蛉 *Coniopteryx* (*Coniopteryx*) *protrufrons* Yang & Liu, 1999
指额粉蛉 *Coniopteryx* (*Coniopteryx*) *dactylifrons* Yang & Liu, 1999
突角粉蛉 *Coniopteryx* (*Coniopteryx*) *gibberosa* Yang & Liu, 1994
扁角粉蛉 *Coniopteryx* (*Coniopteryx*) *compressa* Yang & Liu, 1999
双刺粉蛉 *Coniopteryx* (*Coniopteryx*) *bispinalis* Liu & Yang, 1993
单刺粉蛉 *Coniopteryx* (*Coniopteryx*) *unispinalis* Liu & Yang, 1994
奇突粉蛉 *Coniopteryx* (*Coniopteryx*) *miraparameris* Liu & Yang, 1994
翼突粉蛉 *Coniopteryx* (*Coniopteryx*) *alifera* Yang & Liu, 1994
爪角粉蛉 *Coniopteryx* (*Coniopteryx*) *prehensilis* Murphy & Lee, 1971
双峰粉蛉 *Coniopteryx* (*Coniopteryx*) *praecisa* Yang & Liu, 1994
曲角粉蛉 *Coniopteryx* (*Coniopteryx*) *crispicornis* Liu & Yang, 1994
广西粉蛉 *Coniopteryx* (*Coniopteryx*) *guangxiana* Liu & Yang, 1994
武夷粉蛉 *Coniopteryx* (*Coniopteryx*) *wuyishana* Yang & Liu, 1999
岛粉蛉 *Coniopteryx* (*Coniopteryx*) *insularis* Meinander, 1972
淡粉蛉 *Coniopteryx* (*Coniopteryx*) *pallescens* Meinander, 1972
腹粉蛉 *Coniopteryx* (*Coniopteryx*) *abdominalis* Okamoto, 1905
北方粉蛉 *Coniopteryx* (*Coniopteryx*) *arctica* Liu & Yang, 1998
南宁粉蛉 *Coniopteryx* (*Coniopteryx*) *nanningana* Liu & Yang, 1994
宽带粉蛉 *Coniopteryx* (*Coniopteryx*) *vittiformis* Liu & Yang, 1998

蛸粉蛉属 *Conwentzia* Enderlein, 1905

中华蛸粉蛉 *Conwentzia sinica* Yang, 1974
中越蛸粉蛉 *Conwentzia fraternalis* Yang, 1974
直胫蛸粉蛉 *Conwentzia orthotibia* Yang, 1974
云贵蛸粉蛉 *Conwentzia nietoi* Monserrat, 1982

半粉蛉属 *Hemisemidalis* Meinander, 1972

灰半粉蛉 *Hemisemidalis pallida* (Withycombe, 1924)
中华半粉蛉 *Hemisemidalis sinensis* Liu, 1995

重粉蛉属 *Semidalis* Enderlein, 1905

针突重粉蛉 *Semidalis decipiens* (Roepke, 1916)
直角重粉蛉 *Semidalis rectangula* Yang & Liu, 1994
马氏重粉蛉 *Semidalis macleodi* Meinander, 1972
广重粉蛉 *Semidalis aleyrodiformis* (Stephens, 1836)

大青山重粉蛉 *Semidalis daqingshana* Liu & Yang, 1994
锚突重粉蛉 *Semidalis anchoroides* Liu & Yang, 1993
一角重粉蛉 *Semidalis unicornis* Meinander, 1972
双角重粉蛉 *Semidalis bicornis* Liu & Yang, 1993
双突重粉蛉 *Semidalis biprojecta* Yang & Liu, 1994
三峡重粉蛉 *Semidalis sanxiana* Liu & Yang, 1997
丫重粉蛉 *Semidalis ypsilon* Liu & Yang, 2003
匣粉蛉属 *Thecosemidalis* Meinander, 1972
杨氏匣粉蛉 *Thecosemidalis yangi* Liu, 1995
泽蛉科 Nevrorthidae Zwick, 1967
汉泽蛉属 *Nipponeurorthus* Nakahara, 1958
大明山汉泽蛉 *Nipponeurorthus damingshanicus* Liu, H. Aspöck & U. Aspöck, 2014
带斑汉泽蛉 *Nipponeurorthus fasciatus* Nakahara, 1958
叉突汉泽蛉 *Nipponeurorthus furcatus* Liu, H. Aspöck & U. Aspöck, 2014
美脉汉泽蛉 *Nipponeurorthus multilineatus* Nakahara, 1966
秦汉泽蛉 *Nipponeurorthus qinicus* Yang, 1998
天目汉泽蛉 *Nipponeurorthus tianmushanus* Yang & Gao, 2001
华泽蛉属 *Sinoneurorthus* Liu, H. Aspöck & U. Aspöck, 2012
云南华泽蛉 *Sinoneurorthus yunnanicus* Liu, H. Aspöck & U. Aspöck, 2012
水蛉科 Sisyridae Banks, 1905
水蛉属 *Sisyra* Burmeister, 1839
曙光水蛉 *Sisyra aurorae* Navás, 1933
弯突水蛉 *Sisyra curvata* Yang & Gao, 2002
海南水蛉 *Sisyra hainana* Yang & Gao, 2002
畸脉水蛉 *Sisyra nervata* Yang & Gao, 2002
云水蛉 *Sisyra yunana* Yang, 1986
阶水蛉属 *Sisyrina* Banks, 1939
琼阶水蛉 *Sisyrina qiong* Yang & Gao, 2002
溪蛉科 Osmylidae Leach, 1815
溪蛉亚科 Osmylinae Krüger, 1913
亚溪蛉属 *Hyposmylus* McLachlan, 1870
具斑亚溪蛉 *Hyposmylus punctipennis* (Walker, 1860)
溪蛉属 *Osmylus* Latreille, 1802
双角溪蛉 *Osmylus biangulus* Wang & Liu, 2010
双突溪蛉 *Osmylus bipapillatus* Wang & Liu, 2010
错那溪蛉 *Osmylus conanus* Yang, 1987
偶瘤溪蛉 *Osmylus fuberosus* Yang, 1997
亮翅溪蛉 *Osmylus lucalatus* Wang & Liu, 2010
大溪蛉 *Osmylus megistus* Yang, 1987
小溪蛉 *Osmylus minisculus* Yang, 1987

粗角溪蛉 *Osmylus pachycaudatus* Wang & Liu, 2010
后斑溪蛉 *Osmylus posticatus* Banks, 1947
台湾溪蛉 *Osmylus taiwanensis* New, 1991
武夷山溪蛉 *Osmylus wuyishanus* Yang, 1999
西藏溪蛉 *Osmylus xizangensis* Yang, 1988
细缘溪蛉 *Osmylus angustimarginatus* Xu, Wang & Liu, 2016
近溪蛉属 *Parosmylus* Needham, 1909
粗角近溪蛉 *Parosmylus brevicornis* Wang & Liu, 2009
江巴近溪蛉 *Parosmylus jombai* Yang, 1987
六盘山近溪蛉 *Parosmylus liupanshanensis* Wang & Liu, 2009
西藏近溪蛉 *Parosmylus tibetanus* Yang, 1987
亚东近溪蛉 *Parosmylus yadonganus* Yang, 1987
丰溪蛉属 *Plethosmylus* Krüger, 1913
细点丰溪蛉 *Plethosmylus atomatus* Yang, 1988
浙丰溪蛉 *Plethosmylus zheanus* Yang & Liu, 2001
华溪蛉属 *Sinosmylus* Yang, 1992
横断华溪蛉 *Sinosmylus hengduanus* Yang, 1992
少脉溪蛉亚科 Protosmylinae Krüger, 1913
曲溪蛉属 *Gryposmylus* Krüger, 1913
佩尼曲溪蛉 *Gryposmylus pennyi* Winterton & Wang, 2016
异溪蛉属 *Heterosmylus* Krüger, 1913
曲阶异溪蛉 *Heterosmylus curvagradatus* Yang, 1999
淡黄异溪蛉 *Heterosmylus flavidus* Yang, 1992
斜纹异溪蛉 *Heterosmylus limulus* Yang, 1987
台湾异溪蛉 *Heterosmylus primus* Nakahara, 1955
神农异溪蛉 *Heterosmylus shennonganus* Yang, 1997
卧龙异溪蛉 *Heterosmylus wolonganus* Yang, 1992
云南异溪蛉 *Heterosmylus yunnanus* Yang, 1986
樟木异溪蛉 *Heterosmylus zhamanus* Yang, 1987
离溪蛉属 *Lysmus* Navás, 1911
欧博离溪蛉 *Lysmus oberthurinus* (Navás, 1910)
短翅离溪蛉 *Lysmus ogatai* (Nakahara, 1955)
淡离溪蛉 *Lysmus pallidius* Yang & Liu, 2001
庆元离溪蛉 *Lysmus qingyuanus* Yang, 1995
胜利离溪蛉 *Lysmus victus* Yang, 1997
藏离溪蛉 *Lysmus zanganus* Yang, 1988
瑕溪蛉亚科 Spilosmylinae Krüger, 1913
斑溪蛉属 *Glenosmylus* Krüger, 1913
优雅斑溪蛉 *Glenosmylus elegans* Krüger, 1913
瑕溪蛉属 *Spilosmylus* Kolbe, 1897

黄痣瑕溪蛉 *Spilosmylus asahinai* Nakahara, 1966
安氏瑕溪蛉 *Spilosmylus epiphanies* (Navás, 1917)
克氏瑕溪蛉 *Spilosmylus kruegeri* (Esben-Petersen, 1914)
泸定瑕溪蛉 *Spilosmylus ludinganus* Yang, 1992
瘤斑瑕溪蛉 *Spilosmylus tubersulatus* (Waker, 1853)
窗溪蛉属 *Thyridosmylus* Krüger, 1913
棕色窗溪蛉 *Thyridosmylus fuscus* Yang, 1999
朗氏窗溪蛉 *Thyridosmylus langii* (McLachlan, 1870)
茂兰窗溪蛉 *Thyridosmylus maolanus* Yang, 1993
墨脱窗溪蛉 *Thyridosmylus medoganus* Yang, 1988
小窗溪蛉 *Thyridosmylus perspicillaris minor* Kimmins, 1942
淡斑窗溪蛉 *Thyridosmylus pallidius* Yang, 2002
近朗氏窗溪蛉 *Thyridosmylus paralangii* Wang, Winterton & Liu, 2011
多刺窗溪蛉 *Thyridosmylus polyacanthus* Wang, Du & Liu, 2008
丽窗溪蛉 *Thyridosmylus pulchrus* Yang, 1988
黔窗溪蛉 *Thyridosmylus qianus* Yang, 1993
三带窗溪蛉 *Thyridosmylus trifasciatus* Yang, 1993
三斑窗溪蛉 *Thyridosmylus trimaculatus* Wang, Du & Liu, 2008
三丫窗溪蛉 *Thyridosmylus triypsiloneurus* Yang, 1995
虹溪蛉属 *Thaumatosmylus* Krüger, 1913
海南虹溪蛉 *Thaumatosmylus hainanus* Yang, 2002
饰虹溪蛉 *Thaumatosmylus ornatus* Nakahara, 1955
小点虹溪蛉 *Thaumatosmylus punctulosus* Yang, 1999
浙虹溪蛉 *Thaumatosmylus zheanus* Yang & Liu, 2001
栉角蛉科 Dilaridae Newman, 1853
鳞栉角蛉属 *Berothella* Banks, 1934
丽鳞栉角蛉 *Berothella pretiosa* Banks, 1939
栉角蛉属 *Dilar* Rambur, 1838
二叉栉角蛉 *Dilar bifurcatus* Zhang, Liu, H. Aspöck & U. Aspöck, 2015
车八岭栉角蛉 *Dilar chebalingensis* Zhang, Liu, H. Aspöck & U. Aspöck, 2015
角突栉角蛉 *Dilar cornutus* Zhang, Liu, H. Aspöck & U. Aspöck, 2015
东川栉角蛉 *Dilar dongchuanus* Yang, 1986
独龙江栉角蛉 *Dilar dulongjiangensis* Zhang, Liu, H. Aspöck & U. Aspöck, 2015
丽栉角蛉 *Dilar formosanus* Okamoto & Kuwayama, 1920
尺栉角蛉 *Dilar geometroides* H. Aspöck & U. Aspöck, 1968
广西栉角蛉 *Dilar guangxiensis* Zhang, Liu, H. Aspöck & U. Aspöck, 2015
汉氏栉角蛉 *Dilar harmandi* (Navás, 1909)
长矛栉角蛉 *Dilar hastatus* Zhang, Liu, H. Aspöck & U. Aspöck, 2014
海岛栉角蛉 *Dilar insularis* Zhang, Liu & U. Aspöck, 2014
李氏栉角蛉 *Dilar lii* Zhang, Liu, H. Aspöck & U. Aspöck, 2015

丽江栉角蛉 *Dilar lijiangensis* Zhang, Liu, H. Aspöck & U. Aspöck, 2015
长刺栉角蛉 *Dilar longidens* Zhang, Liu, H. Aspöck & U. Aspöck, 2015
多斑栉角蛉 *Dilar maculosus* Zhang, Liu, H. Aspöck & U. Aspöck, 2015
猫儿山栉角蛉 *Dilar maoershanensis* Zhang, Liu, H. Aspöck & U. Aspöck, 2015
广翅栉角蛉 *Dilar megalopterus* Yang, 1986
山地栉角蛉 *Dilar montanus* Yang, 1992
奇异栉角蛉 *Dilar nobilis* Zhang, Liu, H. Aspöck & U. Aspöck, 2015
灰栉角蛉 *Dilar pallidus* Nakahara, 1955
北方栉角蛉 *Dilar septentrionalis* Navás, 1912
中华栉角蛉 *Dilar sinicus* Nakahara, 1957
深斑栉角蛉 *Dilar spectabilis* Zhang, Liu, H. Aspöck & U. Aspöck, 2014
狭翅栉角蛉 *Dilar stenopterus* Yang, 1999
江苏栉角蛉 *Dilar subdolus* Navás, 1932
太白栉角蛉 *Dilar taibaishanus* Zhang, Liu, H. Aspöck & U. Aspöck, 2014
台湾栉角蛉 *Dilar taiwanensis* Banks, 1937
天目栉角蛉 *Dilar tianmuanus* Yang, 2001
西藏栉角蛉 *Dilar tibetanus* Yang, 1987
武夷栉角蛉 *Dilar wuyianus* Yang, 1999
杨氏栉角蛉 *Dilar yangi* Zhang, Liu, H. Aspöck & U. Aspöck, 2015
云南栉角蛉 *Dilar yunnanus* Yang, 1986

鳞蛉科 Berothidae Handlirsch, 1906

鳞蛉属 *Berotha* Walker, 1860

八闽鳞蛉 *Berotha baminana* Yang & Liu, 1999
版纳鳞蛉 *Berotha bannana* (Yang, 1986)
周尧鳞蛉 *Berotha chouioi* Yang & Liu, 2002
广东鳞蛉 *Berotha guangdongana* Li, H. Aspöck, U. Aspöck & Liu, 2018
斯佩塔鳞蛉 *Berotha spetana* U. Aspöck, Liu & H. Aspöck, 2013
台湾鳞蛉 *Berotha taiwanica* U. Aspöck, Liu & H. Aspöck, 2013
浙江鳞蛉 *Berotha zhejiangana* Yang & Liu, 1995

等鳞蛉属 *Isoscelipteron* Costa, 1863

尖尾等鳞蛉 *Isoscelipteron acuticaudatum* Li, H. Aspöck, U. Aspöck & Liu, 2018
喜网等鳞蛉 *Isoscelipteron dictyophilum* Yang & Liu, 1995
优等鳞蛉 *Isoscelipteron eucallum* Yang & Liu, 1999
台湾等鳞蛉 *Isoscelipteron formosense* (Krüger, 1922)
栉形等鳞蛉 *Isoscelipteron pectinatum* (Navás, 1905)
点斑等鳞蛉 *Isoscelipteron puncticolle* Navás, 1911

螳蛉科 Mantispidae Leach, 1815

卓螳蛉亚科 Drepanicinae Enderlein, 1910

异螳蛉属 *Allomantispa* Liu, Wu, Winterton & Ohl, 2015

西藏异螳蛉 *Allomantispa tibetana* Liu, Wu & Winterton, 2015

螳蛉亚科 Mantispinae Leach, 1815

澳蜂螳蛉属 *Austroclimaciella* Handschin, 1961

褐缘澳蜂螳蛉 *Austroclimaciella habutsuella* (Okamoto, 1910)

拉氏澳蜂螳蛉 *Austroclimaciella lacolombierei* (Navás, 1931)

吕宋澳蜂螳蛉 *Austroclimaciella luzonica* (van der Weele, 1909)

小褐澳蜂螳蛉 *Austroclimaciella subfusca* (Nakahara, 1912)

韦氏澳蜂螳蛉 *Austroclimaciella weelei* Handschin, 1961

四瘤澳蜂螳蛉 *Austroclimaciella quadrituberculata* (Westwood, 1852)

梯螳蛉属 *Euclimacia* Enderlein, 1910

铜头梯螳蛉 *Euclimacia badia* Okamoto, 1910

黄头梯螳蛉 *Euclimacia fusca* Stitz, 1913

拟蜂梯螳蛉 *Euclimacia vespiformis* Okamoto, 1910

优螳蛉属 *Eumantispa* Okamoto, 1910

褐颈优螳蛉 *Eumantispa fuscicolla* Yang, 1992

汉优螳蛉 *Eumantispa harmandi* (Navás, 1909)

拟汉优螳蛉 *Eumantispa pseudoharmandi* Yang & Liu, 2010

台湾优螳蛉 *Eumantispa taiwanensis* Kuwayama, 1925

西藏优螳蛉 *Eumantispa tibetana* Yang, 1988

螳蛉属 *Mantispa* Illiger, 1798

阿紫螳蛉 *Mantispa azihuna* (Stitz, 1913)

艾氏螳蛉 *Mantispa aphavexelte* U. Aspöck & H. Aspöck, 1994

宽痣螳蛉 *Mantispa brevistigma* Yang, 1999

丽螳蛉 *Mantispa deliciosa* (Navás, 1927)

印度螳蛉 *Mantispa indica* Westwood, 1852

日本螳蛉 *Mantispa japonica* McLachlan, 1875

汉螳蛉 *Mantispa mandarina* Navás, 1914

辐翅螳蛉 *Mantispa radialis* (Navás, 1929)

斯提利亚螳蛉 *Mantispa styriaca* (Poda, 1761)

长胸螳蛉 *Mantispa transversa* (Stitz, 1913)

简脉螳蛉属 *Necyla* Navás, 1913

台湾简脉螳蛉 *Necyla formosana* (Okamoto, 1910)

东方简脉螳蛉 *Necyla orientalis* (Esben-Petersen, 1913)

东螳蛉属 *Orientispa* Poivre, 1984

皇冠东螳蛉 *Orientispa coronata* Yang, 1999

黄基东螳蛉 *Orientispa flavacoxa* Yang, 1999

福建东螳蛉 *Orientispa fujiana* Yang, 1999

龙岩东螳蛉 *Orientispa longyana* Yang, 1999

黑基东螳蛉 *Orientispa nigricoxa* Yang, 1999

眉斑东螳蛉 *Orientispa ophryuta* Yang, 1999

小东螳蛉 *Orientispa pusilla* Yang, 1999

半黑东螳蛉 *Orientispa semifurva* Yang, 1999
黄背东螳蛉 *Orientispa xuthoraca* Yang, 1999
矢螳蛉属 *Sagittalata* Handschin, 1959
亚矢螳蛉 *Sagittalata asiatica* Yang, 1999
黑矢螳蛉 *Sagittalata ata* Yang, 1999
豫黑矢螳蛉 *Sagittalata yuata* Yang & Peng, 1998
瘤螳蛉属 *Tuberonotha* Handschin, 1961
华瘤螳蛉 *Tuberonotha sinica* (Yang, 1999)
褐蛉科 Hemerobiidae Leach, 1815
钩翅褐蛉亚科 Drepanepteryginae Krüger, 1922
钩翅褐蛉属 *Drepanepteryx* Leach, 1815
钩翅褐蛉 *Drepanepteryx phalaenoides* (Linnaeus, 1758)
脉线蛉属 *Neuronema* McLachlan, 1869
白斑脉线蛉 *Neuronema albadelta* Yang, 1964
痣斑脉线蛉 *Neuronema albostigma* (Matsumura, 1907)
细颈华脉线蛉 *Neuronema angusticollum* (Yang, 1997)
属模脉线蛉 *Neuronema decisum* (Walker, 1860)
梵净脉线蛉 *Neuronema fanjingshanum* Yan & Liu, 2006
韩氏华脉线蛉 *Neuronema hani* (Yang, 1988)
异斑脉线蛉 *Neuronema heterodelta* Yang & Liu, 2001
黄氏脉线蛉 *Neuronema huangi* Yang, 1981
印度脉线蛉 *Neuronema indicum* Navás, 1928
灌县脉线蛉 *Neuronema pielinum* (Navás, 1936)
薄叶脉线蛉 *Neuronema laminatum* Tjeder, 1936
丽江脉线蛉 *Neuronema lianum* Yang, 1986
多斑脉线蛉 *Neuronema maculosum* Zhao, Yan & Liu, 2013
墨脱脉线蛉 *Neuronema medogense* Yang, 1988
那氏脉线蛉 *Neuronema navasi* Kimmins, 1943
林芝华脉线蛉 *Neuronema nyingchianum* (Yang, 1981)
峨眉脉线蛉 *Neuronema omeishanum* Yang, 1964
壁氏脉线蛉 *Neuronema kwanshiense* kimmis, 1943
陕华脉线蛉 *Neuronema simile* Banks, 1940
中华脉线蛉 *Neuronema sinense* Tjeder, 1936
条纹脉线蛉 *Neuronema striatum* Yan & Liu, 2006
黑点脉线蛉 *Neuronema unipunctum* Yang, 1964
雅江华脉线蛉 *Neuronema yajianganum* (Yang, 1992)
Y 形脉线蛉 *Neuronema ypsilum* Zhao, Yan & Liu, 2013
云华脉线蛉 *Neuronema yunicum* (Yang, 1986)
樟木华脉线蛉 *Neuronema zhamanum* (Yang, 1981)
褐蛉亚科 Hemerobiinae Latreille, 1802

褐蛉属 *Hemerobius* Linnaeus, 1758

狭翅褐蛉 *Hemerobius angustipennis* Yang, 1992

黑三角褐蛉 *Hemerobius atriangulus* Yang, 1987

黑额褐蛉 *Hemerobius atrifrons* McLachlan, 1868

黑体褐蛉 *Hemerobius atrocorpus* Yang, 1997

双刺褐蛉 *Hemerobius bispinus* Banks, 1940

双芒康褐蛉 *Hemerobius chiangi* Banks, 1940

大雪山褐蛉 *Hemerobius daxueshanus* Yang, 1992

埃褐蛉 *Hemerobius exoterus* Navás, 1936

黄镰褐蛉 *Hemerobius flaveolus* (Banks, 1940)

寡汉褐蛉 *Hemerobius grahami* Banks, 1940

哈曼褐蛉 *Hemerobius harmandinus* Navás, 1910

甘肃褐蛉 *Hemerobius hedini* Tjeder, 1936

横断褐蛉 *Hemerobius hengduanus* Yang, 1981

全北褐蛉 *Hemerobius humuli* Linnaeus, 1758

淡脉褐蛉 *Hemerobius hyalinus* Nakahara, 1966

印度褐蛉 *Hemerobius indicus* Kimmins, 1938

日本褐蛉 *Hemerobius japonicus* Nakahara, 1915

李氏褐蛉 *Hemerobius lii* Yang, 1981

长翅褐蛉 *Hemerobius longialatus* Yang, 1987

缘布褐蛉 *Hemerobius marginatus* Stephens, 1836

南峰褐蛉 *Hemerobius namjagbarwanus* Yang, 1988

黑褐蛉 *Hemerobius nigricornis* Nakahara, 1915

波褐蛉 *Hemerobius poppii* Esben-Petersen, 1921

灰翅褐蛉 *Hemerobius spodipennis* Yang, 1987

亚三角褐蛉 *Hemerobius subtriangulus* Yang, 1987

三带褐蛉 *Hemerobius ternarius* Yang, 1987

从褐蛉属 *Wesmaelius* Krüger, 1922

亚洲从褐蛉 *Wesmaelius asiaticus* Yang, 1980

贝加尔齐褐蛉 *Wesmaelius baikalensis* (Navás, 1929)

双钩齐褐蛉 *Wesmaelius bihamitus* (Yang, 1980)

北齐褐蛉 *Wesmaelius conspurcatus* (McLachlan, 1875)

韩氏齐褐蛉 *Wesmaelius hani* (Yang, 1985)

贺兰从褐蛉 *Wesmaelius helanensis* Tian & Liu, 2011

那氏齐褐蛉 *Wesmaelius navasi* (Andréu, 1911)

尖顶齐褐蛉 *Wesmaelius nervosus* (Fabricius, 1793)

奎塔齐褐蛉 *Wesmaelius quettanus* (Navás, 1931)

广钩齐褐蛉 *Wesmaelius subnebulosus* (Stephens, 1836)

疏附齐褐蛉 *Wesmaelius sufuensis* Tjeder, 1968

异脉齐褐蛉 *Wesmaelius trivenulatus* (Yang, 1980)

托峰齐褐蛉 *Wesmaelius tuofenganus* (Yang, 1985)
雾灵齐褐蛉 *Wesmaelius ulingensis* (Yang, 1980)
环丛褐蛉 *Wesmaelius vaillanti* (Navás, 1927)
绿褐蛉亚科 Notiobiellinae Nakahara, 1960
绿褐蛉属 *Notiobiella* Banks, 1909
丽绿褐蛉 *Notiobiella gloriosa* Navás, 1933
海南绿褐蛉 *Notiobiella hainana* Yang & Liu, 2002
荔枝绿褐蛉 *Notiobiella lichicola* Yang & Liu, 2002
黄绿褐蛉 *Notiobiella ochracea* Nakahara, 1966
翅痣绿褐蛉 *Notiobiella pterostigma* Yang & Liu, 2001
三峡绿褐蛉 *Notiobiella sanxiana* Yang, 1997
星绿褐蛉 *Notiobiella stellata* Nakahara, 1966
亚星绿褐蛉 *Notiobiella substellata* Yang, 1999
淡绿褐蛉 *Notiobiella subolivacea* Nakahara, 1915
单点绿褐蛉 *Notiobiella unipuncta* Yang, 1999
啬褐蛉属 *Psectra* Hagen, 1866
装饰啬褐蛉 *Psectra decorata* (Nakahara, 1966)
双翅啬褐蛉 *Psectra diptera* (Burmeister, 1839)
阴啬褐蛉 *Psectra iniqua* (Hagen, 1859)
暹罗啬褐蛉 *Psectra siamica* Nakahara & Kuwayama, 1960
玉女啬褐蛉 *Psectra yunu* Yang, 1981
寡脉褐蛉属 *Zachobiella* Banks, 1920
海南寡脉褐蛉 *Zachobiella hainanensis* Banks, 1939
条斑寡脉褐蛉 *Zachobiella striata* Nakahara, 1966
云南寡脉褐蛉 *Zachobiella yunanica* Zhao, Yan & Liu, 2015
亚缘寡脉褐蛉 *Zachobiella submarginata* Esben-Petersen, 1929
益蛉亚科 Sympherobiinae Comstock, 1918
益蛉属 *Sympherobius* Banks, 1904
海南益蛉 *Sympherobius hainanus* Yang & Liu, 2002
东北益蛉 *Sympherobius manchuricus* Nakahara, 1960
云杉益蛉 *Sympherobius piceaticus* Yang & Yan, 1990
卫松益蛉 *Sympherobius tessellatus* Nakahara, 1915
托木尔益蛉 *Sympherobius tuomurensis* Yang, 1985
武夷益蛉 *Sympherobius wuyianus* Yang, 1981
云松益蛉 *Sympherobius yunpinus* Yang, 1986
广褐蛉亚科 Megalominae Krüger, 1922
广褐蛉属 *Megalomus* Rambur, 1842
勺突广褐蛉 *Megalomus arytaenoideus* Yang, 1997
若象广褐蛉 *Megalomus elephiscus* Yang, 1997
台湾广褐蛉 *Megalomus formosanus* Banks, 1937

友谊广褐蛉 *Megalomus fraternus* Yang & Liu, 2001
西藏广褐蛉 *Megalomus tibetanus* Yang, 1988
云南广褐蛉 *Megalomus yunnanus* Yang, 1986
钩褐蛉亚科 Drepanacrinae Oswald, 1993
钩褐蛉属 *Drepanacra* Tillyard, 1916
镰翅褐蛉 *Drepanacra plaga* Banks, 1939
云南钩褐蛉 *Drepanacra yunanica* Yang, 1986
脉褐蛉亚科 Microminae Krüger, 1922
脉褐蛉属 *Micromus* Rambur, 1842
角纹脉褐蛉 *Micromus angulatus* (Stephens, 1836)
瑕脉褐蛉 *Micromus calidus* Hagen, 1859
密斑脉褐蛉 *Micromus densimaculosus* Yang & Liu, 1995
台湾脉褐蛉 *Micromus formosanus* (Krüger, 1922)
乙果脉褐蛉 *Micromus igorotus* Banks, 1920
印度脉褐蛉 *Micromus kapuri* (Nakahara, 1971)
点线脉褐蛉 *Micromus linearis* Hagen, 1858
稚脉褐蛉 *Micromus minusculus* Monserrat, 1993
奇斑脉褐蛉 *Micromus mirimaculatus* Yang & Liu, 1995
密点脉褐蛉 *Micromus myriostictus* Yang, 1988
日本脉褐蛉 *Micromus numerosus* (Navás, 1910)
农脉褐蛉 *Micromus paganus* (Linnaeus, 1767)
淡异脉褐蛉 *Micromus pallidius* (Yang, 1987)
颇丽脉褐蛉 *Micromus perelegans* Tjeder, 1936
小脉褐蛉 *Micromus pumilus* Yang, 1987
多支脉褐蛉 *Micromus ramosus* Navás, 1934
多毛脉褐蛉 *Micromus setulosus* Zhao, Tian & Liu, 2014
细纹脉褐蛉 *Micromus striolatus* Yang, 1997
梯阶脉褐蛉 *Micromus timidus* Hagen, 1853
天目连脉褐蛉 *Micromus tianmuanus* (Yang & Liu, 2001)
花斑脉褐蛉 *Micromus variegatus* (Fabricius, 1793)
藏异脉褐蛉 *Micromus yunnanus* (Navás, 1923)
赵氏脉褐蛉 *Micromus zhaoi* Yang, 1987
草蛉科 Chrysopidae Schneider, 1851
网蛉亚科 Apochrysinae Handlirsch, 1908
网草蛉属 *Apochrysa* Navás, 1913
松村网草蛉 *Apochrysa matsumurae* (Okamoto, 1912)
草蛉亚科 Chrysopinae Schneider, 1851
绢草蛉属 *Ankylopteryx* Brauer, 1864
台湾绢草蛉 *Ankylopteryx* (*Ankylopteryx*) *doleschalii* Brauer, 1864
曲脉绢草蛉 *Ankylopteryx* (*Ankylopteryx*) *fraterna* Banks, 1939

黑痣绢草蛉 *Ankylopteryx* (*Ankylopteryx*) *gracilis* Nakahara, 1955
海南绢草蛉 *Ankylopteryx* (*Ankylopteryx*) *laticosta* Banks, 1939
李氏绢草蛉 *Ankylopteryx* (*Ankylopteryx*) *lii* Yang, 1987
大斑绢草蛉 *Ankylopteryx* (*Ankylopteryx*) *magnimaculata* Yang, 1987
八斑绢草蛉 *Ankylopteryx* (*Ankylopteryx*) *octopunctata* (Fabricius, 1793)
四斑绢草蛉 *Ankylopteryx* (*Ankylopteryx*) *quadrimaculata* (Guerin, 1844)
西藏绢草蛉 *Ankylopteryx* (*Ankylopteryx*) *tibetana* Yang, 1987
缺室绢草蛉 *Ankylopteryx* (*Sencera*) *exquisita* (Nakahara, 1955)
边草蛉属 *Brinckochrysa* Tjeder, 1966
桂边草蛉 *Brinckochrysa guiana* Dong, Yang & Yang, 2003
琼边草蛉 *Brinckochrysa qiongana* Yang, 2002
莲座边草蛉 *Brinckochrysa rosulata* Yang & Yang, 2002
膨板边草蛉 *Brinckochrysa turgidua* (Yang & Wang, 1990)
秉氏边草蛉 *Brinckochrysa zina* (Navás, 1933)
尾草蛉属 *Chrysocerca* Weele, 1909
红肩尾草蛉 *Chrysocerca formosana* (Okamoto, 1914)
瑞丽尾草蛉 *Chrysocerca ruiliana* Yang & Wang, 1994
草蛉属 *Chrysopa* Leach, 1815
弧斑草蛉 *Chrysopa abbreviata* Curtis, 1834
无斑草蛉 *Chrysopa adonis* Banks, 1937
黑纹草蛉 *Chrysopa alethes* Banks, 1940
阿勒泰草蛉 *Chrysopa altaica* Hölzel, 1967
兜草蛉 *Chrysopa calathina* Yang & Yang, 1989
广东草蛉 *Chrysopa cantonensis* Navás, 1931
褐角草蛉 *Chrysopa chemoensis* (Navás, 1936)
逗草蛉 *Chrysopa commata* Kis & Újhelyi, 1965
背草蛉 *Chrysopa devia* McLachlan, 1887
青海草蛉 *Chrysopa dubitans* McLachlan, 1887
卓草蛉 *Chrysopa eximia* Yang & Yang, 1999
红缘草蛉 *Chrysopa feana* (Navás, 1929)
平大草蛉 *Chrysopa flata* Yang & Yang, 1999
丽草蛉 *Chrysopa formosa* Brauer, 1850
拱大草蛉 *Chrysopa fornicata* Yang & Yang, 1990
峨眉草蛉 *Chrysopa fratercula* Banks, 1940
四川草蛉 *Chrysopa grandis* (Navás, 1933)
优草蛉 *Chrysopa gratiosa* (Navás, 1933)
胡氏草蛉 *Chrysopa hummeli* Tjeder, 1936
饰带草蛉 *Chrysopa infulata* Yang & Yang, 1990
多斑草蛉 *Chrysopa intima* McLachlan, 1893
玉草蛉 *Chrysopa jaspida* Yang & Yang, 1990

甘肃草蛉 *Chrysopa kansuensis* Tjeder, 1936
奇缘草蛉 *Chrysopa magica* Yang, 1990
闽大草蛉 *Chrysopa minda* Yang & Yang, 1999
内蒙古大草蛉 *Chrysopa neimengana* Yang & Yang, 1990
大草蛉 *Chrysopa pallens* (Rambur, 1838)
黑腹草蛉 *Chrysopa perla* (Linnaeus, 1758)
结草蛉 *Chrysopa perplexa* McLachlan, 1887
叶色草蛉 *Chrysopa phyllochroma* Wesmael, 1841
彩面草蛉 *Chrysopa pictifacialis* Yang, 1988
突瘤草蛉 *Chrysopa strumata* Yang & Yang, 1990
太谷草蛉 *Chrysopa taikuensis* Kuwayama, 1962
疑藏草蛉 *Chrysopa thibetana* McLachlan, 1887
锈色草蛉 *Chrysopa yuanica* Navás, 1932
藏大草蛉 *Chrysopa zangda* Yang, 1987
张氏草蛉 *Chrysopa* (*Euryloba*) *zhangi* Yang, 1991
通草蛉属 *Chrysoperla* Steinmann, 1964
小齿通草蛉 *Chrysoperla annae* Brooks, 1994
雅通草蛉 *Chrysoperla bellatula* Yang & Yang, 1992
普通草蛉 *Chrysoperla carnea* (Stephens, 1836)
舟山通草蛉 *Chrysoperla chusanina* (Navás, 1933)
优脉通草蛉 *Chrysoperla euneura* Yang & Yang, 1993
叉通草蛉 *Chrysoperla furcifera* (Okamoto, 1914)
海南通草蛉 *Chrysoperla hainanica* Yang & Yang, 1992
长尾通草蛉 *Chrysoperla longicaudata* Yang & Yang, 1992
日本通草蛉 *Chrysoperla nipponensis* (Okamoto, 1914)
日本通草蛉江苏亚种 *Chrysoperla nipponensis adaptata* Yang & Yang, 1990
秦通草蛉 *Chrysoperla qinlingensis* Yang & Yang, 1989
松氏通草蛉 *Chrysoperla savioi* (Navás, 1933)
单通草蛉 *Chrysoperla sola* Yang & Yang, 1992
突通草蛉 *Chrysoperla thelephora* Yang & Yang, 1989
藏通草蛉 *Chrysoperla xizangana* (Yang, 1988)
榆林通草蛉 *Chrysoperla yulinica* Yang & Yang, 1989
查理通草蛉阿拉伯亚种 *Chrysoperla zastrowi arabica* Henry, Brook & Duelli, 2006
三阶草蛉属 *Chrysopidia* Navás, 1910
角纹三阶草蛉 *Chrysopidia* (*Anachrysa*) *elegans* Hölzel, 1973
黄带三阶草蛉 *Chrysopidia* (*Chrysopidia*) *flavilineata* Yang & Wang, 1994
红斑三阶草蛉 *Chrysopidia* (*Chrysopidia*) *fuscata* Navás, 1914
褐斑三阶草蛉 *Chrysopidia* (*Chrysopidia*) *holzeli* Wang & Yang, 1992
宽柄三阶草蛉 *Chrysopidia* (*Chrysopidia*) *platypa* (Yang & Yang, 1991)
胸斑三阶草蛉 *Chrysopidia* (*Chrysopidia*) *regulata* Navás, 1914

畸缘三阶草蛉 *Chrysopidia* (*Chrysopidia*) *remanei* Hölzel, 1973
神农三阶草蛉 *Chrysopidia* (*Chrysopidia*) *shennongana* Yang & Wang, 1990
中华三阶草蛉 *Chrysopidia* (*Chrysopidia*) *sinica* Yang & Wang, 1990
广西三阶草蛉 *Chrysopidia* (*Chrysopidia*) *trigonia* Yang & Wang, 2005
湘三阶草蛉 *Chrysopidia* (*Chrysopidia*) *xiangana* Wang & Yang, 1992
杨氏三阶草蛉 *Chrysopidia* (*Chrysopidia*) *yangi* Yang & Lin, 1997
赵氏三阶草蛉 *Chrysopidia* (*Chrysopidia*) *zhaoi* Yang & Wang, 1990
线草蛉属 *Cunctochrysa* Hölzel, 1970
白线草蛉 *Cunctochrysa albolineata* (Killington, 1935)
蜀线草蛉 *Cunctochrysa shuenica* Yang, Yang & Wang, 1992
中华线草蛉 *Cunctochrysa sinica* Yang & Yang, 1989
玉龙线草蛉 *Cunctochrysa yulongshana* Yang, Yang & Wang, 1992
扇草蛉属 *Evanochrysa* Brooks & Barnard, 1990
粗柄扇草蛉 *Evanochrysa infecta* (Newman, 1838)
璃草蛉属 *Glenochrysa* Esben-Petersen, 1920
广州璃草蛉 *Glenochrysa guangzhouensis* Yang & Yang, 1991
灿璃草蛉 *Glenochrysa splendia* (van der Weele, 1909)
喜马草蛉属 *Himalochrysa* Hölzel, 1973
中华喜马草蛉 *Himalochrysa chinica* Yang, 1987
意草蛉属 *Italochrysa* Principi, 1946
江南意草蛉 *Italochrysa aequalis* (Walker, 1853)
黄足意草蛉 *Italochrysa albescens* (Navás, 1932)
北京意草蛉 *Italochrysa beijingana* Yang & Wang, 2005
短角意草蛉 *Italochrysa brevicornis* Yang, Yang & Li, 2005
迪庆意草蛉 *Italochrysa deqenana* Yang, 1986
叉突意草蛉 *Italochrysa furcata* Yang, 1999
桂意草蛉 *Italochrysa guiana* Yang & Wang, 2005
日意草蛉 *Italochrysa japonica* (McLachlan, 1875)
长突意草蛉 *Italochrysa longa* Yang & Wang, 2005
龙陵意草蛉 *Italochrysa longlingana* Yang, 1986
泸定意草蛉 *Italochrysa ludingana* Yang, Yang & Wang, 1992
巨意草蛉 *Italochrysa megista* Wang & Yang, 1992
横纹意草蛉 *Italochrysa modesta* (Navás, 1935)
南平意草蛉 *Italochrysa nanpingana* Yang, 1999
黄翅意草蛉 *Italochrysa oberthuri* (Navás, 1908)
东方意草蛉 *Italochrysa orientalis* Yang & Wang, 1999
豹斑意草蛉 *Italochrysa pardalina* Yang & Wang, 1999
晕翅意草蛉 *Italochrysa psaroala* Li, Yang & Wang, 2008
锡金意草蛉 *Italochrysa stitzi* (Navás, 1925)
天目意草蛉 *Italochrysa tianmushana* Yang & Wang, 2005

鼓囊意草蛉 *Italochrysa tympaniformis* Yang & Wang, 2005
红痣意草蛉 *Italochrysa uchidae* (Kuwayama, 1927)
武陵意草蛉 *Italochrysa wulingshana* Wang & Yang, 1992
武夷意草蛉 *Italochrysa wuyishana* Yang, 1999
黄意草蛉 *Italochrysa xanthosoma* Li, Yang & Wang, 2008
永胜意草蛉 *Italochrysa yongshengana* Yang, Yang & Wang, 1992
云南意草蛉 *Italochrysa yunnanica* Yang, 1986
玛草蛉属 *Mallada* Navás, 1925
台湾玛草蛉 *Mallada anpingensis* (Esben-Petersen, 1913)
黄玛草蛉 *Mallada basalis* (Walker, 1853)
亚非玛草蛉 *Mallada desjardinsi* (Navás, 1911)
曲梁玛草蛉 *Mallada camptotropus* Yang & Jiang, 1998
棒玛草蛉 *Mallada clavatus* Yang & Yang, 1991
黄斑玛草蛉 *Mallada flavimaculus* Yang & Yang, 1991
弯玛草蛉 *Mallada incurvus* Yang & Yang, 1991
等叶玛草蛉 *Mallada isophyllus* Yang & Yang, 1991
南宁玛草蛉 *Mallada nanningensis* Yang & Yang, 1991
乌唇玛草蛉 *Mallada nigrilabrum* Yang & Yang, 1991
绿玛草蛉 *Mallada viridianus* Yang, Yang & Wang, 1999
杨氏玛草蛉 *Mallada yangae* Yang & Yang, 1991
尼草蛉属 *Nineta* Navás, 1912
多尼草蛉 *Nineta abunda* Yang & Yang, 1989
黄角尼草蛉 *Nineta grandis* Navás, 1915
凸脉尼草蛉 *Nineta dolichoptera* (Navás, 1910)
陕西尼草蛉 *Nineta shaanxiensis* Yang & Yang, 1989
玉带尼草蛉 *Nineta vittata* (Wesmael, 1841)
齿草蛉属 *Odontochrysa* Yang & Yang, 1991
海南齿草蛉 *Odontochrysa hainana* Yang & Yang, 1991
波草蛉属 *Plesiochrysa* Adams, 1982
小斑波草蛉 *Plesiochrysa eudora* (Banks, 1937)
辐毛波草蛉 *Plesiochrysa floccose* Yang & Yang, 1991
单斑波草蛉 *Plesiochrysa marcida* (Banks, 1937)
墨绿波草蛉 *Plesiochrysa remota* (Walker, 1853)
黑角波草蛉 *Plesiochrysa ruficeps ruficeps* (McLachlan, 1875)
叉草蛉属 *Pseudomallada* Tsukaguchi, 1995
白面叉草蛉 *Pseudomallada albofrontata* (Yang & Yang, 1999)
异色叉草蛉 *Pseudomallada allochroma* (Yang & Yang, 1999)
槽叉草蛉 *Pseudomallada alviolata* (Yang & Yang, 1990)
钩叉草蛉 *Pseudomallada ancistroidea* (Yang & Yang, 1990)
窄带叉草蛉 *Pseudomallada angustivittata* (Dong, Cui & Yang, 2004)

弧胸叉草蛉 *Pseudomallada arcuatus* (Dong, Cui & Yang, 2004)
香叉草蛉 *Pseudomallada aromatica* (Yang & Yang, 1989)
马尔康叉草蛉 *Pseudomallada barkamana* (Yang, Yang & Wang, 1992)
短唇叉草蛉 *Pseudomallada brachychela* (Yang & Yang, 1999)
脊背叉草蛉 *Pseudomallada carinata* (Dong, Cui & Yang, 2004)
赵氏叉草蛉 *Pseudomallada chaoi* (Yang & Yang, 1999)
周氏叉草蛉 *Pseudomallada choui* (Yang & Yang, 1989)
鲁叉草蛉 *Pseudomallada cognatella* (Okamoto, 1914)
心叉草蛉 *Pseudomallada cordata* (Wang & Yang, 1992)
退色叉草蛉 *Pseudomallada decolor* (Navás, 1936)
德钦叉草蛉 *Pseudomallada deqenana* (Yang, Yang & Wang, 1992)
亮叉草蛉 *Pseudomallada diaphana* (Yang & Yang, 1999)
无斑叉草蛉 *Pseudomallada epunctata* (Yang & Yang, 1990)
粗脉叉草蛉 *Pseudomallada estriata* (Yang & Yang, 1999)
优模叉草蛉 *Pseudomallada eumorpha* (Yang & Yang, 1999)
梵净叉草蛉 *Pseudomallada fanjingana* (Yang & Wang, 1988)
红面叉草蛉 *Pseudomallada flammefrontata* (Yang & Yang, 1999)
顶斑叉草蛉 *Pseudomallada flavinotala* (Dong, Cui & Yang, 2004)
曲叉草蛉 *Pseudomallada flexuosa* (Yang & Yang, 1990)
钳形叉草蛉 *Pseudomallada forcipata* (Yang & Yang, 1993)
台湾叉草蛉 *Pseudomallada formosana* (Matsumura, 1910)
褐脉叉草蛉 *Pseudomallada fuscineura* (Yang, Yang & Wang, 1992)
黑阶叉草蛉 *Pseudomallada gradata* (Yang & Yang, 1993)
海南叉草蛉 *Pseudomallada hainana* (Yang & Yang, 1990)
和叉草蛉 *Pseudomallada hespera* (Yang & Yang, 1990)
震旦叉草蛉 *Pseudomallada heudei* (Navás, 1934)
华山叉草蛉 *Pseudomallada huashanensis* (Yang & Yang, 1989)
鄂叉草蛉 *Pseudomallada hubeiana* (Yang & Wang, 1990)
跃叉草蛉 *Pseudomallada ignea* (Yang & Yang, 1990)
重斑叉草蛉 *Pseudomallada illota* (Navás, 1908)
九寨叉草蛉 *Pseudomallada jiuzhaigouana* (Yang & Wang, 2005)
乔氏叉草蛉 *Pseudomallada joannisi* (Navás, 1910)
江苏叉草蛉 *Pseudomallada kiangsuensis* (Navás, 1934)
李氏叉草蛉 *Pseudomallada lii* (Yang & Yang, 1999)
龙王山叉草蛉 *Pseudomallada longwangshana* (Yang, 1998)
冠叉草蛉 *Pseudomallada lophophora* (Yang & Yang, 1990)
芒康叉草蛉 *Pseudomallada mangkangensis* (Dong, Cui & Yang, 2004)
间绿叉草蛉 *Pseudomallada mediata* (Yang & Yang, 1993)
墨脱叉草蛉 *Pseudomallada medogana* (Yang, 1988)
黑角叉草蛉 *Pseudomallada nigricornuta* (Yang & Yang, 1990)

显沟叉草蛉 *Pseudomallada phantosula* (Yang & Yang, 1990)
郑氏叉草蛉 *Pseudomallada pieli* (Navás, 1931)
长毛叉草蛉 *Pseudomallada pilinota* (Dong, Li, Cui & Yang, 2004)
弓弧叉草蛉 *Pseudomallada prasina* (Burmeister, 1839)
麻唇叉草蛉 *Pseudomallada punctilabris* (McLachlan, 1894)
青城叉草蛉 *Pseudomallada qingchengshana* (Yang, Yang & Wang, 1992)
秦岭叉草蛉 *Pseudomallada qinlingensis* (Yang & Yang, 1989)
康叉草蛉 *Pseudomallada sana* (Yang & Yang, 1990)
角斑叉草蛉 *Pseudomallada triangularis* (Yang & Wang, 1994)
三齿叉草蛉 *Pseudomallada tridentata* (Yang & Yang, 1990)
截角叉草蛉 *Pseudomallada truncatata* (Yang, Yang & Li, 2005)
春叉草蛉 *Pseudomallada verna* (Yang & Yang, 1989)
唇斑叉草蛉 *Pseudomallada vitticlypea* (Yang & Wang, 1990)
王氏叉草蛉 *Pseudomallada wangi* (Yang, Yang & Wang, 1992)
武昌叉草蛉 *Pseudomallada wuchangana* (Yang & Wang, 1990)
厦门叉草蛉 *Pseudomallada xiamenana* (Yang & Yang, 1999)
杨氏叉草蛉 *Pseudomallada yangi* (Yang & Wang, 2005)
云南叉草蛉 *Pseudomallada yunnana* (Yang & Wang, 1994)
盂县叉草蛉 *Pseudomallada yuxianensis* (Bian & Li, 1992)
罗草蛉属 *Retipenna* Brooks, 1986
彩翼罗草蛉 *Retipenna callioptera* Yang & Yang, 1993
赵氏罗草蛉 *Retipenna chaoi* Yang & Yang, 1987
中华罗草蛉 *Retipenna chione* (Banks, 1942)
云南罗草蛉 *Retipenna dasyphlebia* (Mclachlan, 1894)
滇罗草蛉 *Retipenna diana* Yang & Wang, 1994
淡脉罗草蛉 *Retipenna grahami* (Banks, 1942)
广东罗草蛉 *Retipenna guangdongana* Yang & Yang, 1987
台湾罗草蛉 *Retipenna hasegawai* (Nakahara, 1955)
华氏罗草蛉 *Retipenna huai* Yang & Yang, 1987
紊脉罗草蛉 *Retipenna inordinata* (Yang, 1987)
瑕罗草蛉 *Retipenna maculosa* Yang & Wang, 1994
四川罗草蛉 *Retipenna sichuanica* Yang, Yang & Wang, 1992
小罗草蛉 *Retipenna parvula* Yang & Wang, 2005
饰草蛉属 *Semachrysa* Brooks, 1983
退色饰草蛉 *Semachrysa decorata* (Esben-Petersen, 1913)
广西饰草蛉 *Semachrysa guangxiensis* Yang & Yang, 1991
松村饰草蛉 *Semachrysa matsumurae* (Okamoto, 1914)
显脉饰草蛉 *Semachrysa phanera* (Yang, 1987)
多斑饰草蛉 *Semachrysa polystricta* Yang & Wang, 1994
延安饰草蛉 *Semachrysa yananica* Yang & Yang, 1989

长柄草蛉属 *Signochrysa* Brooks & Barnard, 1990
黑斑长柄草蛉 *Signochrysa ornatissima* (Nakahara, 1955)
俗草蛉属 *Suarius* Navás, 1914
雅俗草蛉 *Suarius celsus* Yang & Yang, 1999
戈壁俗草蛉 *Suarius gobiensis* (Tjeder, 1936)
海南俗草蛉 *Suarius hainanus* Yang & Yang, 1991
钩俗草蛉 *Suarius hamulatus* Yang & Yang, 1991
贺兰俗草蛉 *Suarius helana* (Yang, 1993)
华山俗草蛉 *Suarius huashanensis* Yang & Yang, 1989
蒙古俗草蛉 *Suarius mongolicus* (Tjeder, 1936)
南昌俗草蛉 *Suarius nanchanicus* (Navás, 1927)
端褐俗草蛉 *Suarius posticus* (Navás, 1936)
楔唇俗草蛉 *Suarius sphenochilus* Yang & Yang, 1991
三纹俗草蛉 *Suarius trilineatus* Yang, 1991
黄褐俗草蛉 *Suarius yasumatsui* (Kuwayama, 1962)
藏草蛉属 *Tibetochrysa* Yang, 1988
华藏草蛉 *Tibetochrysa sinica* Yang, 1988
多阶草蛉属 *Tumeochrysa* Needham, 1909
胡氏多阶草蛉 *Tumeochrysa hui* Yang, 1987
无斑多阶草蛉 *Tumeochrysa immaculata* (Navás, 1910)
台湾多阶草蛉 *Tumeochrysa issikii* (Kuwayama, 1961)
长柄多阶草蛉 *Tumeochrysa longiscape* Yang, 1987
林芝多阶草蛉 *Tumeochrysa nyingchiana* Yang, 1987
华多阶草蛉 *Tumeochrysa sinica* Yang, 1987
西藏多阶草蛉 *Tumeochrysa tibetana* Yang, 1987
云多阶草蛉 *Tumeochrysa yunica* Yang, 1986
黄草蛉属 *Xanthochrysa* Yang & Yang, 1991
海南黄草蛉 *Xanthochrysa hainana* Yang & Yang, 1991
云草蛉属 *Yunchrysopa* Yang & Wang, 1994
热带云草蛉 *Yunchrysopa tropica* Yang & Wang, 1994
幻草蛉亚科 Nothochrysinae Navás, 1910
幻草蛉属 *Nothochrysa* McLachlan, 1868
中华幻草蛉 *Nothochrysa sinica* Yang, 1986
华草蛉属 *Sinochrysa* Yang, 1992
横断华草蛉 *Sinochrysa hengduana* Yang, 1992
蛾蛉科 Ithonidae Newman, 1853
山蛉属 *Rapisma* McLachlan, 1866
长青山蛉 *Rapisma changqingense* Liu, 2018
集昆山蛉 *Rapisma chikuni* Liu, 2018
傣族山蛉 *Rapisma daianum* Yang, 1993

高黎贡山蛉 *Rapisma gaoligongense* Liu, Li & Yang, 2018
西藏山蛉 *Rapisma xizangense* Yang, 1993
炎黄山蛉 *Rapisma yanhuangi* Yang, 1993
蝶蛉科 Psychopsidae Handlirsch, 1906
巴蝶蛉属 *Balmes* Navás, 1910
滇缅巴蝶蛉 *Balmes birmanus* (McLachlan, 1891)
集昆巴蝶蛉 *Balmes chikuni* Wang, 2006
丽东巴蝶蛉 *Balmes formosus* (Kuwayama, 1927)
显赫巴蝶蛉 *Balmes notabilis* Navás, 1912
川贵巴蝶蛉 *Balmes terissinus* Navás, 1910
旌蛉科 Nemopteridae Burmeister, 1839
旌蛉属 *Nemopistha* Navás, 1910
中华旌蛉 *Nemopistha sinica* Yang, 1986
蚁蛉科 Myrmeleontidae Latreille, 1802
蚁蛉亚科 Myrmeleontinae Latreille, 1802
树蚁蛉族 Dendroleontini Banks, 1899
无距蚁蛉属 *Bankisus* Navás, 1912
无距蚁蛉 *Bankisus sparsus* Zhan & Wang, 2012
帛蚁蛉属 *Bullanga* Navás, 1917
币帛蚁蛉 *Bullanga binaria* Navás, 1917
长裳帛蚁蛉 *Bullanga florida* (Navás, 1913)
英帛蚁蛉 *Bullanga insolita* (Banks, 1940)
树蚁蛉属 *Dendroleon* Brauer, 1866
丽翅树蚁蛉 *Dendroleon callipterum* Wan & Wang, 2004
少纹树蚁蛉 *Dendroleon esbenpeterseni* Miller & Stange, 1999
镰翅树蚁蛉 *Dendroleon falcatus* Zhan & Wang, 2012
李氏树蚁蛉 *Dendroleon lii* Wan & Wang, 2004
长腿树蚁蛉 *Dendroleon longicruris* (Yang, 1986)
墨脱树蚁蛉 *Dendroleon motuoensis* Wang & Wang, 2008
褐纹树蚁蛉 *Dendroleon pantherinus* (Fabricius, 1787)
中华树蚁蛉 *Dendroleon similis* Esben-Petersen, 1923
扑树蚁蛉 *Dendroleon pupillaris* (Gerstaecker, 1893)
溪蚁蛉属 *Epacanthaclisis* Okamoto, 1910
隐纹溪蚁蛉 *Epacanthaclisis amydrovittata* Wan & Wang, 2010
班克溪蚁蛉 *Epacanthaclisis banksi* Krivokhatsky, 1998
巴塘溪蚁蛉 *Epacanthaclisis batangana* Yang, 1992
陆溪蚁蛉 *Epacanthaclisis continentalis* Esben-Petersen, 1935
多斑溪蚁蛉 *Epacanthaclisis maculosus* (Yang, 1986)
小斑溪蚁蛉 *Epacanthaclisis maculatus* (Yang, 1986)
闽溪蚁蛉 *Epacanthaclisis minanus* (Yang, 1999)

墨溪蚁蛉 *Epacanthaclisis moiwanus* (Okamoto, 1905)
宁陕溪蚁蛉 *Epacanthaclisis ningshanus* Wan & Wang, 2010
锦蚁蛉属 *Gatzara* Navás, 1915
角脉锦蚁蛉 *Gatzara angulineura* (Yang, 1987)
小华锦蚁蛉 *Gatzara decorilla* (Yang, 1997)
华美锦蚁蛉 *Gatzara decorosa* (Yang, 1988)
黑脉锦蚁蛉 *Gatzara nigrivena* Wang, 2012
丽纹锦蚁蛉 *Gatzara petrophila* Miller & Stange, 1999
琼花锦蚁蛉 *Gatzara qiongana* (Yang, 2002)
雅蚁蛉属 *Layahima* Navás, 1912
澜沧雅蚁蛉 *Layahima chiangi* Banks, 1941
美雅蚁蛉 *Layahima elegans* (Banks, 1937)
强雅蚁蛉 *Layahima validum* (Yang, 1997)
五指山雅蚁蛉 *Layahima wuzhishanus* (Yang, 2002)
杨雅蚁蛉 *Layahima yangi* Wan & Wang, 2006
棘蚁蛉族 Acanthaclisini Navás, 1912
棘蚁蛉属 *Acanthaclisis* Rambur, 1842
尾棘蚁蛉 *Acanthaclisis pallida* McLachlan, 1887
中大蚁蛉属 *Centroclisis* Navás, 1909
单中大蚁蛉 *Centroclisis negligens* (Navás, 1911)
亥蚁蛉属 *Heoclisis* Navás, 1923
中华亥蚁蛉 *Heoclisis sinensis* Navás, 1923
击大蚁蛉属 *Synclisis* Navás, 1919
追击大蚁蛉 *Synclisis japonica* (Hagen, 1866)
南击大蚁蛉 *Synclisis kawaii* (Nakahara, 1913)
硕蚁蛉属 *Stiphroneura* Gerstaecker, 1885
黎母硕蚁蛉 *Stiphroneura inclusa* (Walker, 1853)
蚁蛉族 Myrmeleontini Latreille, 1802
东蚁蛉属 *Euroleon* Esben-Petersen, 1919
朝鲜东蚁蛉 *Euroleon coreanus* (Okamoto, 1926)
黄体东蚁蛉 *Euroleon flavicorpus* Wang in Ao et al., 2009
小东蚁蛉 *Euroleon parvus* Hölzel, 1972
多斑东蚁蛉 *Euroleon polyspilus* (Gerstaecker, 1885)
肖东蚁蛉 *Euroleon sjostedti* Navás, 1928
哈蚁蛉属 *Hagenomyia* Banks, 1911
白斑蚁蛉 *Hagenomyia asakurae* (Okamoto, 1910)
窄翅哈蚁蛉 *Hagenomyia angustala* Bao & Wang, 2007
云痣哈蚁蛉 *Hagenomyia brunneipennis* Esben-Petersen, 1913
连脉哈蚁蛉 *Hagenomyia coalitus* (Yang, 1999)
连黑哈蚁蛉 *Hagenomyia conjuncta* Yang, 1999

褐胸哈蚁蛉 *Hagenomyia fuscithoraca* Yang, 1999

广西哈蚁蛉 *Hagenomyia guangxiensis* Bao & Wang, 2007

闪烁哈蚁蛉 *Hagenomyia micans* (McLachlan, 1875)

萨哈蚁蛉 *Hagenomyia sagax* (Walker, 1853)

苏哈蚁蛉 *Hagenomyia sumatrensis* (van der Weele, 1909)

蚁蛉属 *Myrmeleon* Linnaeus, 1767

双斑蚁蛉 *Myrmeleon bimaculatus* Yang, 1999

钩臀蚁蛉 *Myrmeleon bore* (Tjeder, 1941)

环蚁蛉 *Myrmeleon circulis* Bao & Wang, 2006

锈翅蚁蛉 *Myrmeleon ferrugineipennis* Bao & Wang, 2009

泛蚁蛉 *Myrmeleon formicarius* Linnaeus, 1767

棕蚁蛉 *Myrmeleon fuscus* Yang, 1999

浅蚁蛉 *Myrmeleon immanis* Walker, 1853

角蚁蛉 *Myrmeleon trigonois* Bao & Wang, 2006

狭翅蚁蛉 *Myrmeleon trivialis* Gerstaecker, 1885

克瑞蚁蛉 *Myrmeleon krempfi* Navás, 1923

内卡蚁蛉 *Myrmeleon nekkacus* Okamoto, 1934

苏勒蚁蛉 *Myrmeleon solers* Walker, 1853

褐跗蚁蛉 *Myrmeleon alticola* Miller & Stange, 1999

海氏蚁蛉 *Myrmeleon heppneri* Miller & Stange, 1999

胸纹蚁蛉 *Myrmeleon littoralis* Miller & Stange, 1999

臀脓蚁蛉 *Myrmeleon persimilis* Miller & Stange, 1999

沙井蚁蛉 *Myrmeleon punctinervis* Banks, 1937

台湾蚁蛉 *Myrmeleon taiwanensis* Miller & Stange, 1999

王氏蚁蛉 *Myrmeleon wangi* Miller & Stange, 1999

恩蚁蛉族 Nemoleontini Banks, 1911

平肘蚁蛉属 *Creoleon* Tillyard, 1918

埃及平肘蚁蛉 *Creoleon aegyptiacus* (Rambur, 1842)

闽平肘蚁蛉 *Creoleon cinnamomea* (Navás, 1913)

朴平肘蚁蛉 *Creoleon plumbeus* (Olivier, 1811)

波翅蚁蛉属 *Cymatala* Yang, 1986

浅波翅蚁蛉 *Cymatala pallora* Yang, 1986

次蚁蛉属 *Deutoleon* Navás, 1927

条斑次蚁蛉 *Deutoleon lineatus* (Fabricius, 1798)

图兰次蚁蛉 *Deutoleon turanicus* Navás, 1927

距蚁蛉属 *Distoleon* Banks, 1910

孪斑距蚁蛉 *Distoleon binatus* Yang, 1987

差翅距蚁蛉 *Distoleon bistrigatus* (Rambur, 1842)

多格距蚁蛉 *Distoleon cancellosus* Yang, 1987

考距蚁蛉 *Distoleon cornutus* (Navás, 1917)

迪距蚁蛉 *Distoleon dirus* (Walker, 1853)
毛距蚁蛉 *Distoleon formosanus* (Okamoto, 1910)
古距蚁蛉 *Distoleon guttulatus* (Navás, 1926)
粗腿蚁蛉 *Distoleon littolalis* Miller & Stange, 1999
黑斑距蚁蛉 *Distoleon nigricans* (Matsumura, 1905)
衬斑距蚁蛉 *Distoleon sambalpurensis* Ghosh, 1984
紊脉距蚁蛉 *Distoleon symphineurus* Yang, 1986
棋腹距蚁蛉 *Distoleon tesselatus* Yang, 1986
西藏距蚁蛉 *Distoleon tibetanus* Yang, 1988
云南距蚁蛉 *Distoleon yunnanus* Yang, 1986
臀蚁蛉属 *Distonemurus* Krivokhatsky, 1992
沙臀蚁蛉 *Distonemurus desertus* Krivokhatsky, 1992
纤蚁蛉属 *Glenurus* Hagen, 1866
微点纤蚁蛉 *Glenurus atomatus* Yang, 1986
棕边纤蚁蛉 *Glenurus fuscilomus* Yang, 1986
印蚁蛉属 *Indoleon* Banks, 1913
中印蚁蛉 *Indoleon tacitus* (Walker, 1853)
英蚁蛉属 *Indophanes* Banks, 1940
奥英蚁蛉 *Indophanes audax* (Walker, 1853)
中华英蚁蛉 *Indophanes sinensis* Banks, 1940
玛蚁蛉属 *Macronemurus* Costa, 1855
长毛玛蚁蛉 *Macronemurus longisetus* Yang, 1999
双蚁蛉属 *Mesonemurus* Navás, 1920
格双蚁蛉 *Mesonemurus guentheri* Hölzel, 1970
蒙双蚁蛉 *Mesonemurus mongolicus* Hölzel, 1970
白云蚁蛉属 *Paraglenurus* van der Weele, 1909
白云蚁蛉 *Paraglenurus japonicus* (McLachlan, 1867)
弯爪蚁蛉 *Paraglenurus littoralis* Miller & Stange, 1999
姬弯爪蚁蛉 *Paraglenurus lotzi* Miller & Stange, 1999
小白云蚁蛉 *Paraglenurus pumilus* (Yang, 1997)
巨弯爪蚁蛉 *Paraglenurus riparius* Miller & Stange, 1999
齿爪蚁蛉属 *Pseudoformicaleo* van der Weele, 1909
齿爪蚁蛉 *Pseudoformicaleo nubecula* (Gerstaecker, 1885)
淡齐脉蚁蛉 *Pseudoformicaleo pallidius* Yang, 1986
奇蚁蛉属 *Thaumatoleon* Esben-Petersen, 1921
华丽奇蚁蛉 *Thaumatoleon splendidus* Esben-Petersen, 1921
云蚁蛉属 *Yunleon* Yang, 1986
纹腹云蚁蛉 *Yunleon fluctosus* Yang, 1988
长腹云蚁蛉 *Yunleon longicorpus* Yang, 1986
囊蚁蛉族 Myrmecaelurini Esben-Petersen, 1918

阿蚁蛉属 *Aspoeckiana* Hölzel, 1972

乌拉尔阿蚁蛉 *Aspoeckiana uralensis* Hölzel, 1969

幻蚁蛉属 *Lopezus* Navás, 1913

飞幻蚁蛉 *Lopezus fedtschenkoi* (McLachlan, 1875)

蒙蚁蛉属 *Mongoleon* Hölzel, 1970

卡蒙蚁蛉 *Mongoleon kaszabi* Hölzel, 1970

中蒙蚁蛉 *Mongoleon modestus* Hölzel, 1970

毛蒙蚁蛉 *Mongoleon pilosus* Krivokhatsky, 1992

囊蚁蛉属 *Myrmecaelurus* Costa, 1855

大囊蚁蛉 *Myrmecaelurus major* McLachlan, 1875

萨囊蚁蛉 *Myrmecaelurus saevus* (Walker, 1853)

瓦囊蚁蛉 *Myrmecaelurus vaillanti* Navás, 1920

瑙蚁蛉属 *Nohoveus* Navás, 1918

黑瑙蚁蛉 *Nohoveus atrifrons* Hölzel, 1970

素瑙蚁蛉 *Nohoveus simplicis* (Krivokhatsky, 1992)

点斑瑙蚁蛉 *Nohoveus zigan* (Aspöck, Aspöck & Hölzel, 1980)

尼蚁蛉族 Nesoleontini Markl, 1954

多脉蚁蛉属 *Cueta* Navás, 1911

线斑多脉蚁蛉 *Cueta lineosa* (Rambur, 1842)

碎斑多脉蚁蛉 *Cueta plexiformia* Krivokhatsky, 1996

库氏多脉蚁蛉 *Cueta kurzi* (Navás, 1920)

须蚁蛉亚科 Palparinae Banks, 1911

须蚁蛉属 *Palpares* Rambur, 1842

曲缘须蚁蛉 *Palpares contrarius* (Walker, 1853)

蝶角蛉科 Ascalaphidae Lefèbvre, 1842

完眼蝶角蛉亚科 Haplogleniinae Newman, 1853

完眼蝶角蛉属 *Idricerus* McLachlan, 1871

银完眼蝶角蛉 *Idricerus decrepitus* (Walker, 1860)

素完眼蝶角蛉 *Idricerus sogdianus* McLachlan, 1875

湘完眼蝶角蛉 *Idricerus xianganus* Yang, 1992

韦氏完眼蝶角蛉 *Idricerus weelei* Navás, 1909

原完眼蝶角蛉属 *Protidricerus* van der Weele, 1908

宽原完眼蝶角蛉 *Protidricerus elwesii* (McLachlan, 1891)

原完眼蝶角蛉 *Protidricerus exilis* (McLachlan, 1894)

日原完眼蝶角蛉 *Protidricerus japonicus* (McLachlan, 1891)

菲律宾原完眼蝶角蛉 *Protidricerus philippinensis* Esben-Petersen, 1927

狭翅原完眼蝶角蛉 *Protidricerus steropterus* Wang & Yang, 2002

裂眼蝶角蛉亚科 Ascalaphinae Lefèbvre, 1842

锯角蝶角蛉属 *Acheron* Lefèbvre, 1842

锯角蝶角蛉 *Acheron trux* (Walker, 1853)

蝶角蛉属 *Ascalaphus* Fabricius, 1775

迪蝶角蛉 *Ascalaphus dicax* Walker, 1853

胸突蝶角蛉 *Ascalaphus placidus* (Gerstaecker, 1894)

脊蝶角蛉属 *Ascalohybris* Sziráki, 1998

币脊蝶角蛉 *Ascalohybris brisi* (Navás, 1930)

斯脊蝶角蛉 *Ascalohybris stenoptera* (Navás, 1927)

黄脊蝶角蛉 *Ascalohybris subjacens* (Walker, 1853)

浅边脊蝶角蛉 *Ascalohybris oberthuri* (Navás, 1923)

尾蝶角蛉属 *Bubopsis* McLachlan, 1898

叉尾蝶角蛉 *Bubopsis tancrei* van der Weele, 1908

丽蝶角蛉属 *Libelloides* Schäffer, 1763

斑翅丽蝶角蛉 *Libelloides macaronius* (Scopoli, 1763)

黄花丽蝶角蛉 *Libelloides sibiricus* (Eversmann, 1850)

玛蝶角蛉属 *Maezous* Ábrahám, 2008

短腹玛蝶角蛉 *Maezous formosanus* (Okamoto, 1910)

烟翅玛蝶角蛉 *Maezous fumialus* (Wang & Sun, 2008)

褐边玛蝶角蛉 *Maezous fuscimarginatus* (Wang & Sun, 2008)

尖峰岭玛蝶角蛉 *Maezous jianfenglinganus* (Yang & Wang, 2002)

狭翅玛蝶角蛉 *Maezous umbrosus* (Esben-Petersen, 1913)

尼蝶角蛉属 *Nicerus* Navás, 1912

格尼蝶角蛉 *Nicerus gervaisi* Navás, 1912

凸腋蝶角蛉属 *Nousera* Navás, 1923

凸腋蝶角蛉 *Nousera gibba* Navás, 1923

足翅蝶角蛉属 *Protacheron* van der Weele, 1908

菲律宾足翅蝶角蛉 *Protacheron philippinensis* (van der Weele, 1904)

苏蝶角蛉属 *Suphalomitus* van der Weele, 1908

凹腰苏蝶角蛉 *Suphalomitus excavatus* Yang, 1999

台斑苏蝶角蛉 *Suphalomitus formosanus* Esben-Petersen, 1913

黄斑苏蝶角蛉 *Suphalomitus lutemaculatus* Yang, 1992

黑唇苏蝶角蛉 *Suphalomitus nigrilabiatus* Yang, 1999

红斑苏蝶角蛉 *Suphalomitus rufimaculatus* Yang, 1986

2-a 阿氏脉齿蛉 *Nevromus aspoeck*（张巍巍　摄）

第二部分

广翅目 Megaloptera Latreille, 1802

【鉴别特征】 成虫小至大型。头大，多呈方形，前口式；口器咀嚼式，部分种类雄虫上颚极长；复眼大，半球形。翅宽大，膜质、透明或半透明，前后翅形相似，但后翅具发达的臀区；脉序复杂，呈网状，无缘饰。幼虫蛃型，头前口式，口器咀嚼式，上颚发达；腹部两侧具成对的气管鳃。

【生物学特性】 完全变态。生活史较长，完成一代一般需 1 年以上，最长可达 5 年。卵块产于水边石头、树干、叶片等物体上。幼虫孵化后很快落入或爬入水中，常生活于流水的石块下或池塘及静流的底层。幼虫广谱捕食性；蛹常见于水边的石块下或朽木树皮下。成虫白天停息在水边岩石或植物上，多数种类夜间活动，具趋光性。广翅目幼虫对水质变化敏感，可作为指示生物，用于水质监测；幼虫还可以作为淡水经济鱼类的饵料，并具有一定的药用价值。

【分类】 广翅目昆虫目前全世界已知 2 科 34 属 400 种，包括齿蛉、鱼蛉和泥蛉三大类群。我国种类丰富，已知 2 科 11 属 127 种，本图鉴收录 2 科 11 属 123 种。

中国广翅目 Megaloptera 分科检索表

1. 成虫具 3 单眼；足第 4 跗节圆柱形；具翅疤。幼虫腹部第 1 ~ 8 节具侧气管鳃，第 10 节特化为 1 对末端具爪的臀足 ………………………………………………… **齿蛉科 Corydalidae**

   成虫无单眼；足第 4 跗节近 2 叶状；无翅疤。幼虫腹部第 1 ~ 7 节具侧气管鳃，第 10 节延长为 1 尾丝 ……………………………………………………………… **泥蛉科 Sialidae**

一、齿蛉科 Corydalidae Leach, 1815

【鉴别特征】 成虫头部短粗或扁宽，头顶三角形或近方形。复眼大，呈半球形，明显突出。单眼 3 枚，近卵圆形。触角丝状、近锯齿状或栉状。唇基完整或中部凹缺。上唇三角形、卵圆形或长方形；上颚发达，内缘多具发达的齿；下颚须 4 ~ 5 节；下唇须多 3 ~ 4 节。前胸四边形，一般较头部细；中后胸粗壮。跗节 5 节，均为圆柱状。翅长卵圆形；径脉与中脉间具翅疤，前翅翅疤 3 个，后翅翅疤 2 个。雄虫腹部末端第 9 腹板发达；肛上板 1 对，发达；臀胝卵圆形、发达；第 10 生殖基节多发达。雌虫腹部末端生殖基节多具发达的侧骨片，端部多具细指状的生殖刺突。幼虫腹部第 1 ~ 8 节具 1 对侧气管鳃，末节具 1 对末端具爪的臀足。

【生物学特性】 幼虫水生，多生活于水质较好的溪流或浅河中，为捕食性；一般 2 ~ 5 年完成 1 代。成虫多栖息于水边植被上，飞翔能力较弱，一般不取食，具明显趋光性。部分类群具明显的雌雄二型。

【地理分布】 世界性分布。

【分类】 全世界已知 2 亚科 25 属约 315 种，我国已知 2 亚科 9 属 112 种，本图鉴收录 2 亚科 9 属 108 种。

中国齿蛉科 Corydalidae 分亚科检索表

1\. 成虫头部具复眼后侧片；雄虫臀胝位于第 9 背板与肛上板之间；第 9 生殖刺突发达。幼虫气管鳃腹面具毛簇；第 8 腹节气门无特化 ……………………………………………………………………………… **齿蛉亚科** Corydalinae

成虫头部无复眼后侧片；雄虫臀胝与肛上板愈合；第 9 生殖刺突退化。幼虫气管鳃腹面无毛簇；第 8 腹节气门特化，常延伸为呼吸管 ……………………………………………………………………… **鱼蛉亚科** Chauliodinae

齿蛉亚科 Corydalinae Leach, 1815

【鉴别特征】 头部短粗或扁宽，头顶近方形，具发达的复眼后侧片，并多具发达的复眼后侧缘齿。复眼大，呈半球形，明显突出。触角丝状或近锯齿状，30 ~ 85 节，一般长为头部和前胸的总和，但有时与体长近乎相等。唇基完整或中部凹缺。上唇三角形、卵圆形或长方形，多覆盖于上颚；上颚内缘具 3 枚明显突出的齿，为头部长的 1/2 ~ 3/4，但有时明显延长；下颚须多 5 节，有时 4 节；下唇须多 4 节，有时 3 节。翅长卵圆形；翅脉较复杂，RP + MA 脉 4 ~ 16 支，径横脉 3 ~ 14 支，MP 脉前支 2 ~ 9 支，MP 脉后支 1 ~ 4 支，CuA 脉 1 ~ 6 支，CuP 脉 1 支，A1 脉 2 ~ 3 支，A2 脉 2 支，A3 脉 1 支或多支。雄虫腹部末端第 9 背板宽，有时纵向分为左右对称的 2 片；第 9 腹板多宽阔，端缘隆突或凹缺；第 9 生殖刺突发达；臀胝位于第 9 背板与肛上板之间，而不与肛上板愈合；第 10 生殖刺突多发达。雌虫腹部末端第 9 生殖基节具发达的侧骨片，端部具生殖刺突；肛上板侧面观被臀胝分为背腹 2 叶。幼虫腹部气管鳃腹面具发达的毛簇。

【地理分布】 世界性分布。

【分类】 全世界已知 8 属约 175 种，我国已知 5 属 67 种，本图鉴收录 5 属 63 种。

中国齿蛉亚科 Corydalinae 分属检索表

1\. 前翅 A1 脉 3 支 ································ 2

前翅 A1 脉 2 支 ································ 3

2\. 翅前缘域透明或具褐色条纹；雄虫第 9 腹板端缘平截或凹缺 ················ **星齿蛉属 *Protohermes***

翅前缘域黑色，基部和中部几个前缘室乳白色；雄虫第 9 腹板端缘向后隆突 ············ **黑齿蛉属 *Neurhermes***

3\. 头顶具 1 对发达的齿状突；上颚明显雌雄异型；前翅前缘横脉多网状 ············ **巨齿蛉属 *Acanthacorydalis***

头顶无齿状突；雌雄上颚形状相同；前翅前缘横脉相互平行而非网状 ················ 4

4\. 雄虫第 9 腹板长于第 9 背板；第 10 生殖刺突弱骨化、指状，或退化消失 ················ **齿蛉属 *Neoneuromus***

雄虫第 9 腹板短于第 9 背板；第 10 生殖刺突强骨化 ················ **脉齿蛉属 *Nevromus***

（一）巨齿蛉属 *Acanthacorydalis* van der Weele, 1907

【鉴别特征】 体大型，全黑色或黑褐色，具黄色斑纹。头部大而扁宽，唇基前缘中央具 1 较深的半圆形凹缺。复眼后侧缘齿发达，头顶具 1 对齿状突起。雄虫上颚极发达，明显大于雌性，约等于头部及前胸的总长，其内缘基部具 1 枚大齿，端半部具 1 ~ 3 枚小齿。前翅前缘横脉多分叉或连接。雄虫腹部末端第 9 背板一般纵向分成左右对称的两片；第 9 腹板宽大于长，端缘两侧各具 1 个瓣状突起；肛上板棒状、略弯曲；第 10 生殖基节倒拱形，稍骨化，生殖刺突指状。

【地理分布】 主要分布于东洋界，但东方巨齿蛉 *Acanthacorydalis orientalis* 在古北界也有分布。

【分类】 目前全世界已知 8 种，我国已知 6 种，本图鉴收录 6 种。

中国巨齿蛉属 *Acanthacorydalis* 分种检索表

1\. 体呈黑褐色，头部和前胸无明显黄色斑 ················ 2

体不完全呈黑褐色，头部和前胸有明显黄色斑 ················ 3

2\. 前胸背板长明显大于宽，雄虫长为宽的 2 倍、雌虫为 1.5 倍；雄虫腹部末端第 9 背板背面观分成左右对称的两片，基缘呈 V 形凹缺 ················ **越中巨齿蛉 *Acanthacorydalis fruhstorferi***

前胸背板扁宽，雄虫长为宽的 1.4 倍、雌虫为 1.1 倍；雄虫腹部末端第 9 背板完整，不分成左右对称的两片，基缘呈弧形凹缺 ················ **中华巨齿蛉 *Acanthacorydalis sinensis***

3\. 单眼前后的斑纹愈合成 1 个大斑 ················ 4

单眼前后的黄色斑相互分离或单眼后无黄色斑 ················ 5

4\. 雄虫上颚内缘基齿发达，端半部具 3 枚小齿 ················ **云南巨齿蛉 *Acanthacorydalis yunnanensis***

雄虫上颚内缘基齿不发达，端半部具 2 枚小齿 ················ **属模巨齿蛉 *Acanthacorydalis asiatica***

5\. 单眼后无明显黄色斑；雄虫上颚内缘端半部仅具 1 枚小齿 ············ **单斑巨齿蛉 *Acanthacorydalis unimaculata***

单眼后具 2 个明显黄色斑；雄虫上颚内缘端半部具 2 枚小齿 ············ **东方巨齿蛉 *Acanthacorydalis orientalis***

注：黑齿蛉属于 2022 年被修订为星齿蛉属的异名，本图鉴中仍保留黑齿蛉属相关物种介绍。

1. 属模巨齿蛉 *Acanthacorydalis asiatica* (Wood-Mason, 1884)

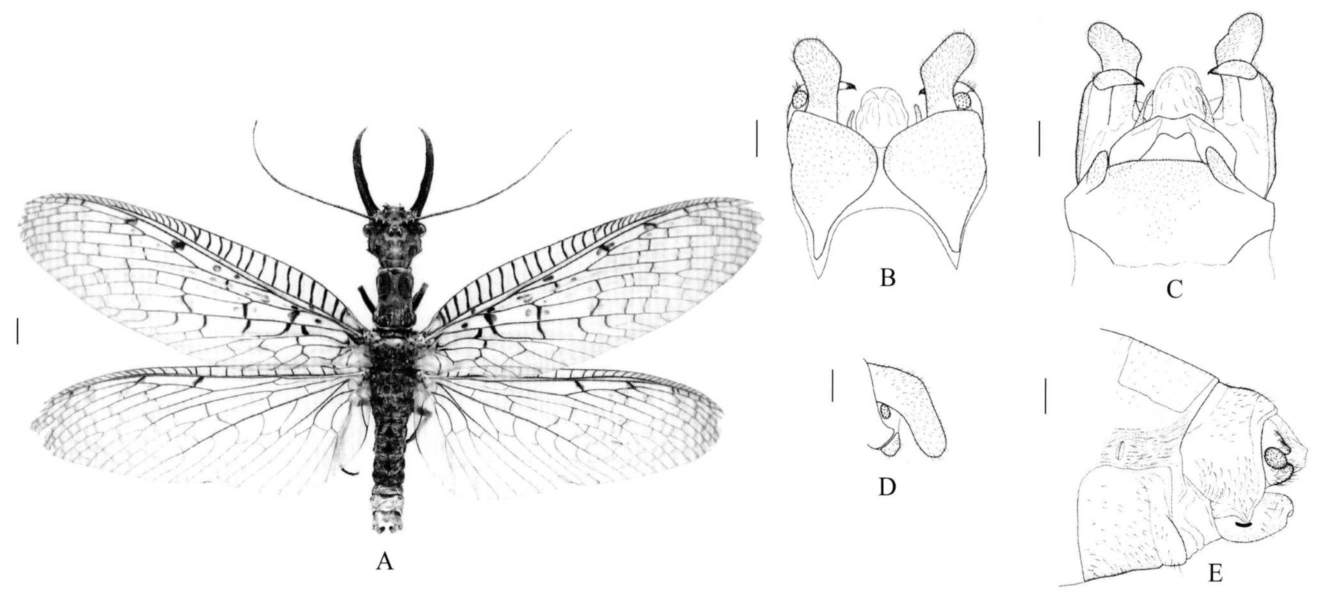

图 2-1-1 属模巨齿蛉 *Acanthacorydalis asiatica* 形态图
（标尺：A 为 5.0 mm，B ~ E 为 1.0 mm）
A. 成虫背面观 B. 雄虫外生殖器背面观 C. 雄虫外生殖器腹面观 D. 雄虫肛上板侧面观 E. 雌虫外生殖器侧面观

【测量】 雄虫体长 65.0 mm，前翅长 62.0 mm、后翅长 55.0 mm。

【形态特征】 头部赤褐色，唇基中部及侧缘、触角窝、单眼三角区、复眼后侧缘、头顶和后头两侧均为黑色；头顶中央被黑色斑包围的赤褐色区域呈山字形。雄虫上颚内缘具 3 枚齿，基齿短钝不发达，中齿和端齿短尖，有时中齿极小。前胸背板黑褐色，中斑基半部窄，端半部明显加宽、近三角形，末端分叉；中斑在背板中部与两侧缘的长钩状斑相连接。翅为极浅的烟褐色，在横脉处多具褐色斑，径横脉和前翅基半部横脉处的斑纹呈深褐色。翅脉深褐色。雄虫肛上板棒状，背面观端半部略膨大并向外弯曲，侧面观明显呈膝状弯曲；第 9 生殖刺突基粗端细，端半部不膨大，末端具骨化小爪；第 10 生殖基节拱形，基缘中央呈三角形突起，端缘微凹，两侧臂膨大；第 10 生殖刺突细长且略内弯，明显长于侧臂的 1/2。

【地理分布】 云南；印度。

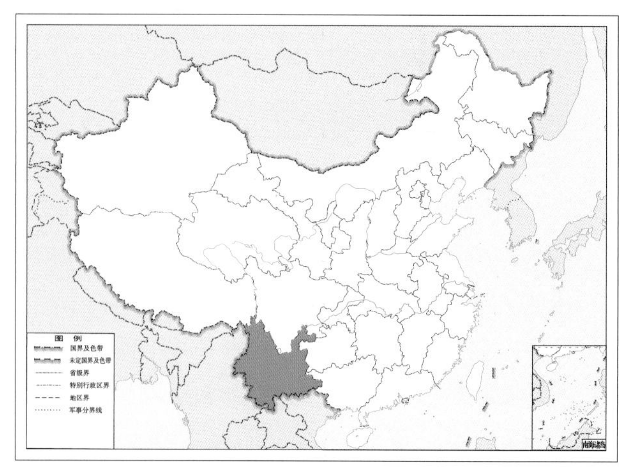

图 2-1-2 属模巨齿蛉 *Acanthacorydalis asiatica* 地理分布图

2. 越中巨齿蛉 *Acanthacorydalis fruhstorferi* van der Weele, 1907

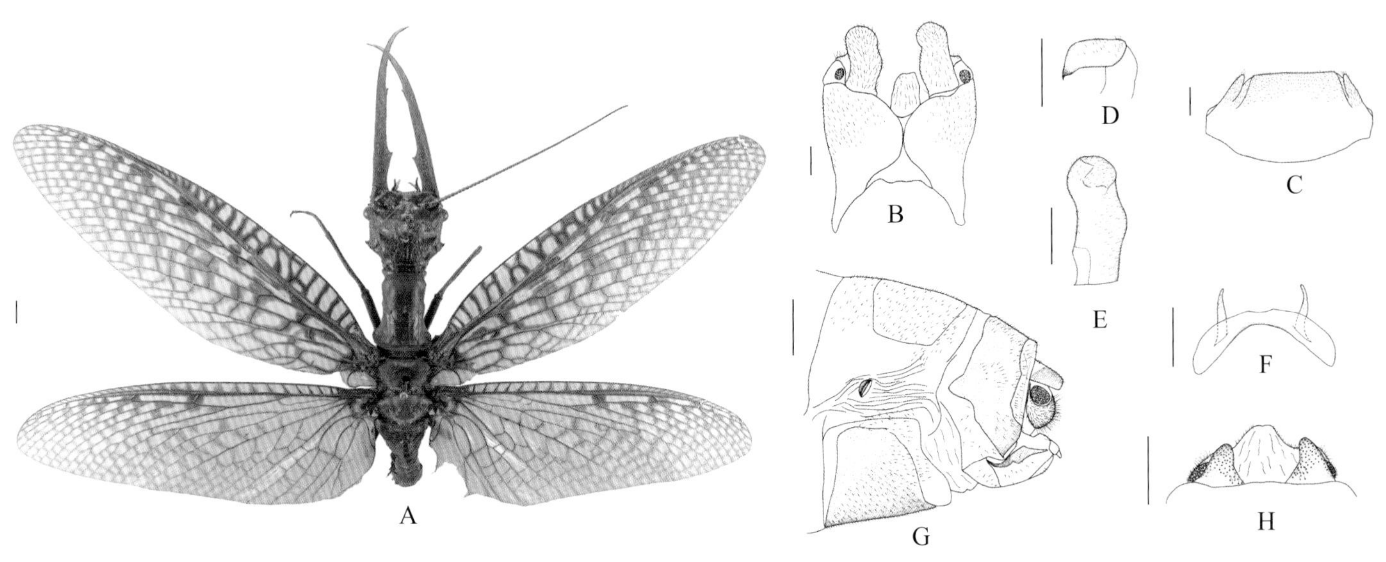

图 2-2-1　越中巨齿蛉 *Acanthacorydalis fruhstorferi* 形态图

（标尺：A 为 5.0 mm，B ~ H 为 1.0 mm）

A. 成虫背面观　B. 雄虫外生殖器背面观　C. 雄虫第 9 腹板腹面观　D. 雄虫第 9 生殖刺突腹面观　E. 雄虫肛上板腹面观　F. 雄虫第 10 生殖基节 + 第 10 生殖刺突腹面观　G. 雌虫外生殖器侧面观　H. 雌虫外生殖器背面观

【测量】 雄虫体长 90.0 ~ 105.0 mm，前翅长 75.0 ~ 95.0 mm、后翅长 68.0 ~ 80.0 mm。

【形态特征】 头部黑褐色。复眼褐色；单眼黄色，单眼前具 1 个不明显的红褐色或黄褐色斑。雄虫下颚外颚叶黄褐色；上颚极发达，其内缘具 3 枚齿，基齿发达、尖锐，中齿和端齿短尖。外咽片前端两侧向前呈刺状突伸。胸部黑褐色，前胸腹板除前后缘黑色外，其余均为红褐色或黄褐色。翅半透明，横脉两侧具明显褐色斑。翅脉褐色。腹部黑褐色，被暗黄色短毛。雄虫腹部末端背面观第 9 背板纵向分成左右对称的两片，基缘呈 V 形凹缺；第 9 腹板横宽，端缘平直或略向内凹，其瓣状突端部缩尖；肛上板棒状，端半部向外弯曲，末端内缘明显凹缺；第 9 生殖刺突短粗，中部不膨大，端部缩小并向内弯曲，末端具 1 个骨化小爪；第 10 生殖基节中部较宽，基缘略呈梯形凹缺，侧臂近基部缢缩，端缘微凹；第 10 生殖刺突约为侧臂长的 1/2。

【地理分布】 浙江、江西、湖南、贵州、云南、福建、广东、广西；越南。

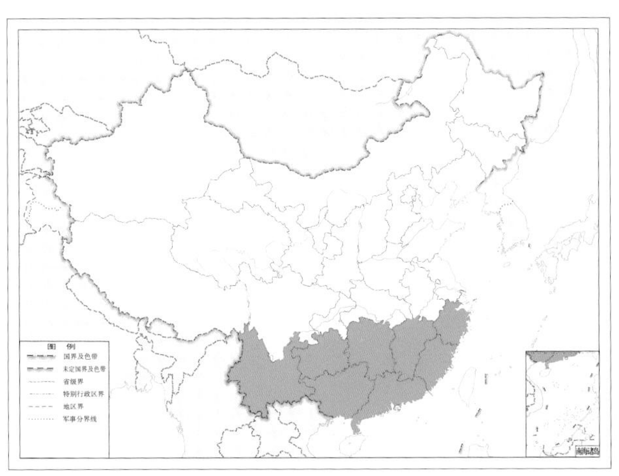

图 2-2-2　越中巨齿蛉 *Acanthacorydalis fruhstorferi* 地理分布图

3. 东方巨齿蛉 *Acanthacorydalis orientalis* (McLachlan, 1899)

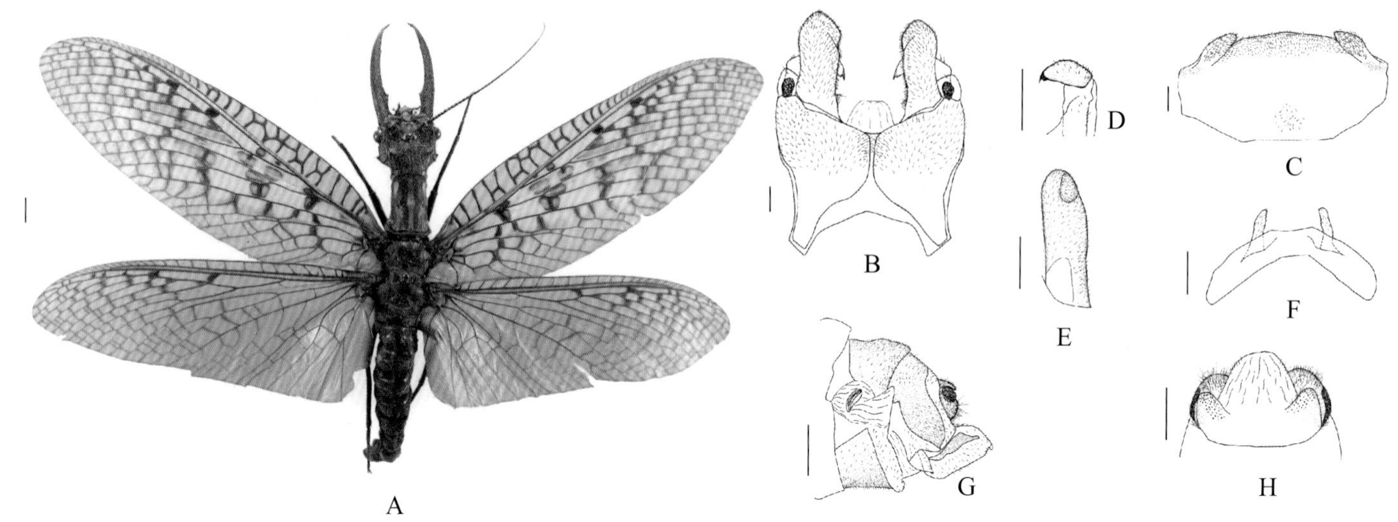

图 2-3-1 东方巨齿蛉 *Acanthacorydalis orientalis* 形态图

（标尺：A 为 5.0 mm，B ~ H 为 1.0 mm）

A. 成虫背面观 B. 雄虫外生殖器背面观 C. 雄虫第 9 腹板腹面观 D. 雄虫第 9 生殖刺突腹面观 E. 雄虫肛上板腹面观 F. 雄虫第 10 生殖基节 + 第 10 生殖刺突腹面观 G. 雌虫外生殖器侧面观 H. 雌虫外生殖器背面观

【测量】 雄虫体长 75.0 ~ 97.0 mm，前翅长 67.0 ~ 80.0 mm、后翅长 58.0 ~ 71.0 mm。

【形态特征】 头部黑褐色，而前侧角黄色；头顶具黄色网状纹；腹面黑色，也具黄色网状纹。复眼褐色；单眼黄色，中单眼前具 1 个黄斑，侧单眼后具 2 个黄斑。雄虫上颚极发达，内缘基齿发达、尖锐，中齿和端齿短尖。外咽片前端两侧向前呈刺状突伸。胸部黑褐色，前胸具若干黄色斑。前胸腹板近前缘及侧缘各有 2 个黄色小条斑；中胸前缘中央具 1 对卵形黄色斑，有时两斑愈合。翅浅烟褐色，前翅横脉两侧多具褐色斑。翅脉黑褐色。雄虫腹部末端第 9 背板纵向分为左右 2 片，基缘呈 V 形凹缺；第 9 腹板横宽，其瓣状突末端缩尖；肛上板棒状、略外弯，末端内缘略凹陷；第 9 生殖刺突极短粗，中部明显膨大，端部缩小且稍内弯，末端具 1 个骨化小爪；第 10 生殖基节基缘中央梯形凹缺，端缘中央略弧形浅凹；第 10 生殖刺突较短，约为侧臂长的 1/2。

【地理分布】 河北、天津、北京、山西、河南、陕西、甘肃、湖北、四川、重庆、云南。

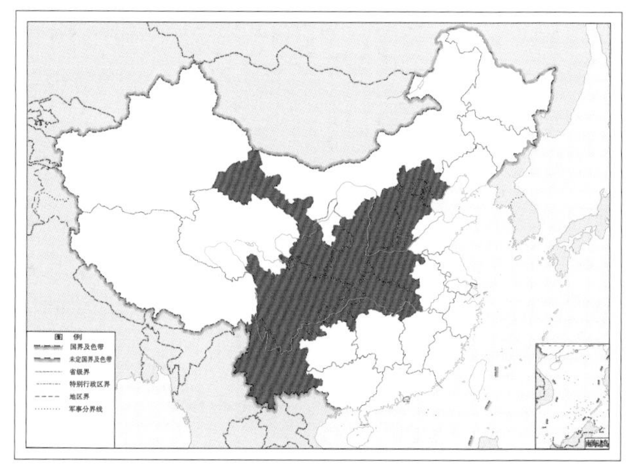

图 2-3-2 东方巨齿蛉 *Acanthacorydalis orientalis* 地理分布图

4. 中华巨齿蛉 *Acanthacorydalis sinensis* Yang & Yang, 1986

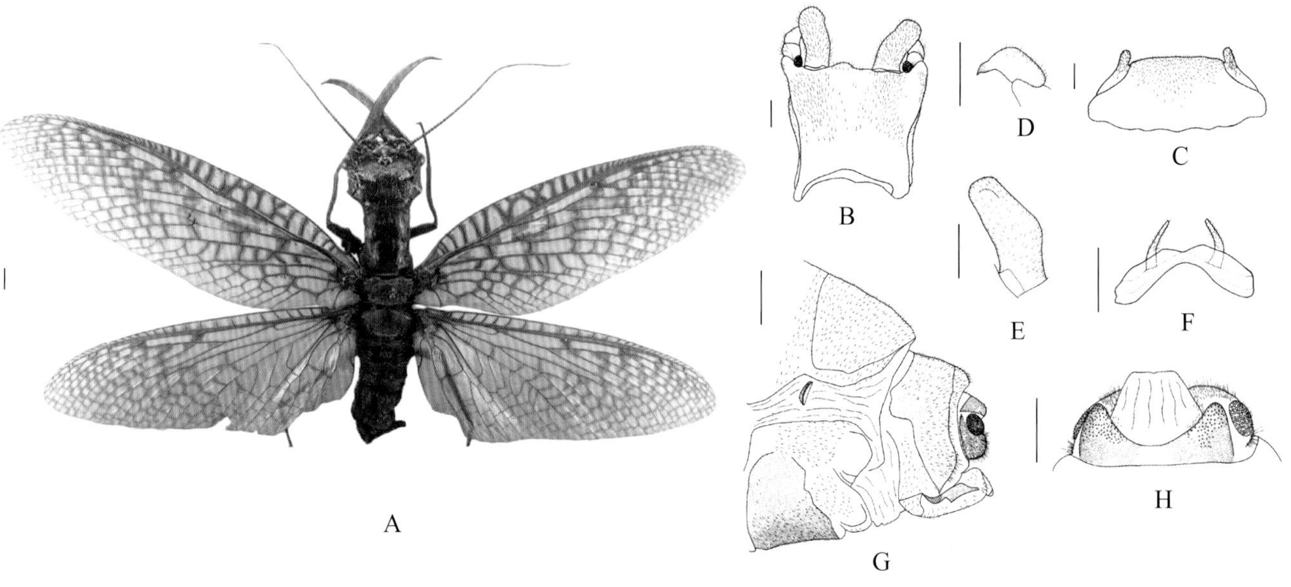

图 2-4-1 中华巨齿蛉 *Acanthacorydalis sinensis* 形态图

（标尺：A 为 5.0 mm，B ~ H 为 1.0 mm）

A. 成虫背面观 B. 雄虫外生殖器背面观 C. 雄虫第 9 腹板腹面观 D. 雄虫第 9 生殖刺突腹面观 E. 雄虫肛上板腹面观 F. 雄虫第 10 生殖基节 + 第 10 生殖刺突腹面观 G. 雌虫外生殖器侧面观 H. 雌虫外生殖器背面观

【测量】 雄虫体长 100.0 mm，前翅长 91.0 mm、后翅长 81.0 mm。

【形态特征】 头部大而扁宽，漆黑色，略带光泽。复眼暗黄褐色；单眼浅黄色，单眼前具 1 个不明显的红褐斑。雄虫上颚极发达，内缘基齿发达、尖锐，中齿和端齿短尖。外咽片前端两侧向前呈刺状突伸。胸部黑褐色，前胸背板深红褐色，有些个体在前缘两侧及两侧缘中央有细小的橙色斑。翅半透明，在横脉两侧有明显的深褐色斑，后翅基半部近乎无色透明。翅脉黑褐色。雄虫腹部末端第 9 背板完整，不分成左右对称的两片（此特征可能来自畸形个体），基缘略弧形凹缺；第 9 腹板横宽，其瓣状突端部钝圆；肛上板棒状，较短粗，端半部明显外弯，末端内缘略凹陷，腹面内侧具长的凹槽；第 9 生殖刺突短粗，中部不膨大，端部缩小并向内呈膝状弯曲，末端具 1 个骨化小爪；第 10 生殖基节基缘呈弧形凹缺，侧臂末端略缩小，端缘略弧形凹缺；第 10 生殖刺突长于侧臂的 1/2。

【地理分布】 贵州、广东、广西。

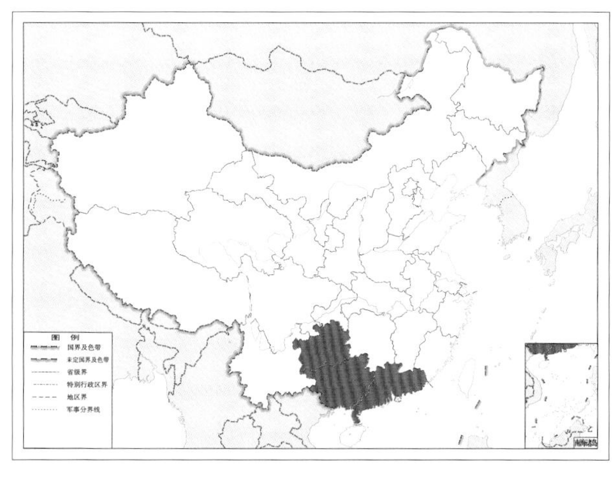

图 2-4-2 中华巨齿蛉 *Acanthacorydalis sinensis* 地理分布图

5. 单斑巨齿蛉 *Acanthacorydalis unimaculata* Yang & Yang, 1986

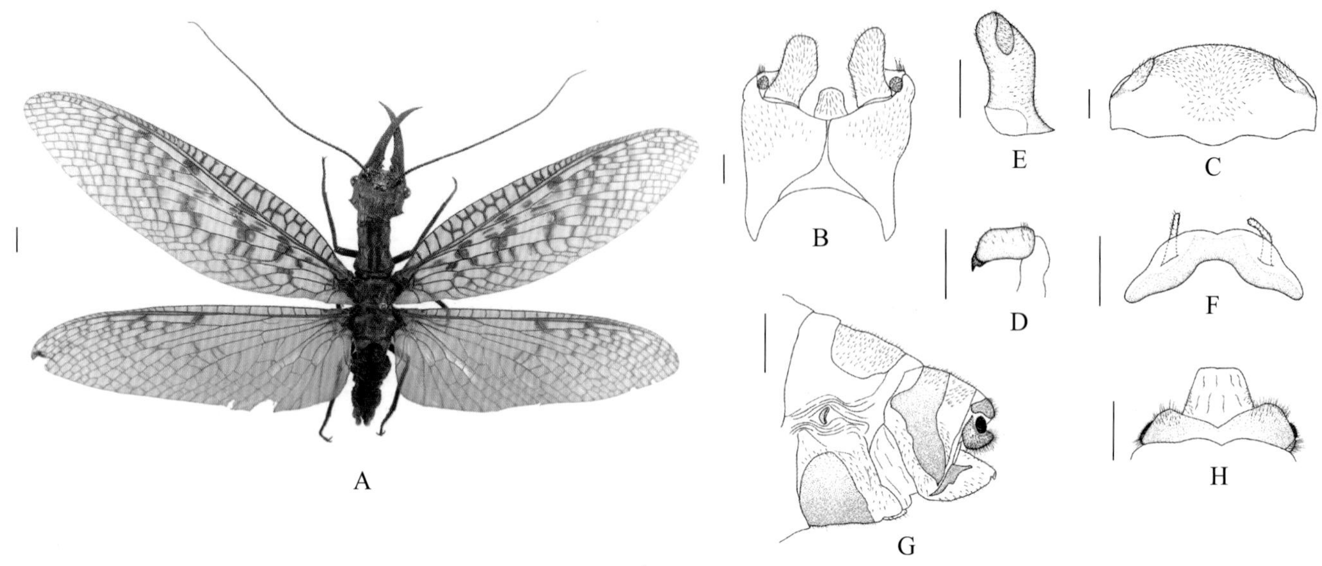

图 2-5-1 单斑巨齿蛉 *Acanthacorydalis unimaculata* 形态图

（标尺：A 为 5.0 mm，B ~ H 为 1.0 mm）

A. 成虫背面观 B. 雄虫外生殖器背面观 C. 雄虫第 9 腹板腹面观 D. 雄虫第 9 生殖刺突腹面观 E. 雄虫肛上板腹面观 F. 雄虫第 10 生殖基节 + 第 10 生殖刺突腹面观 G. 雌虫外生殖器侧面观 H. 雌虫外生殖器背面观

【测量】 雄虫体长 55.0 ~ 82.0 mm，前翅长 57.0 ~ 78.0 mm、后翅长 50.0 ~ 70.0 mm。

【形态特征】 头部黑褐色，头顶具黄色网状纹；腹面黑色，也具黄色网状纹。复眼褐色；单眼黄色，中单眼前具 1 个黄色斑，单眼后则无任何黄色斑，有些个体单眼后具很窄的红褐色或黄褐色区域，并向头部两侧缘延伸。后头黄色，具 3 个黑色斑，中斑细，两侧斑楔形。雄虫上颚极发达，内缘基齿发达、尖锐，端半部仅具 1 枚小短尖的端齿，而无中齿。外咽片前端两侧向前呈刺状突伸。前胸背板前缘两侧各具 1 个逗号状黄斑，其后紧接 1 条长钩状黄色斑，近侧缘还具 1 条纵带斑；近后侧缘处微隆起，黄色；中斑多呈楔形并伸达前缘，其基部两侧具 1 对三角形黄色斑；前胸腹板近前缘及侧缘各具 2 个黄色小条斑，后面还具 2 个近方形的大黄斑，与侧缘斑几乎愈合，该黄色斑在雄虫体上多扩展，甚至几乎使腹板全呈黄色。中胸前缘中央具 1 对卵形黄斑。翅烟褐色，横脉两侧有明显的褐色斑，后翅基半部近乎无色透明。翅脉黑褐色。雄虫腹部末端第 9 背板纵向分为左右 2 片，基缘呈 V 形凹缺；第 9 腹板横宽，其瓣状突末端缩尖；肛上板棒状，基半部较细，端半部加粗并明显外弯，末端内缘略凹陷；第 9 生殖刺突短粗，中部明显膨大，端部缩小且稍内弯，末端具 1 个骨化小爪；第 10 生殖基节基缘的中央半圆形凹缺，侧臂的端半部缩小，端缘中央微凹；第 10 生殖刺突较短，约为侧臂长的 1/2。

【地理分布】 安徽、浙江、江西、湖南、贵州、云南、福建、广东、广西；越南。

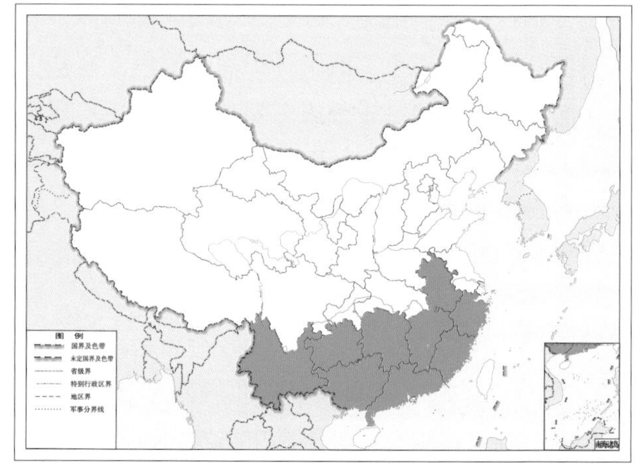

图 2-5-2 单斑巨齿蛉 *Acanthacorydalis unimaculata* 地理分布图

6. 云南巨齿蛉 *Acanthacorydalis yunnanensis* Yang & Yang, 1988

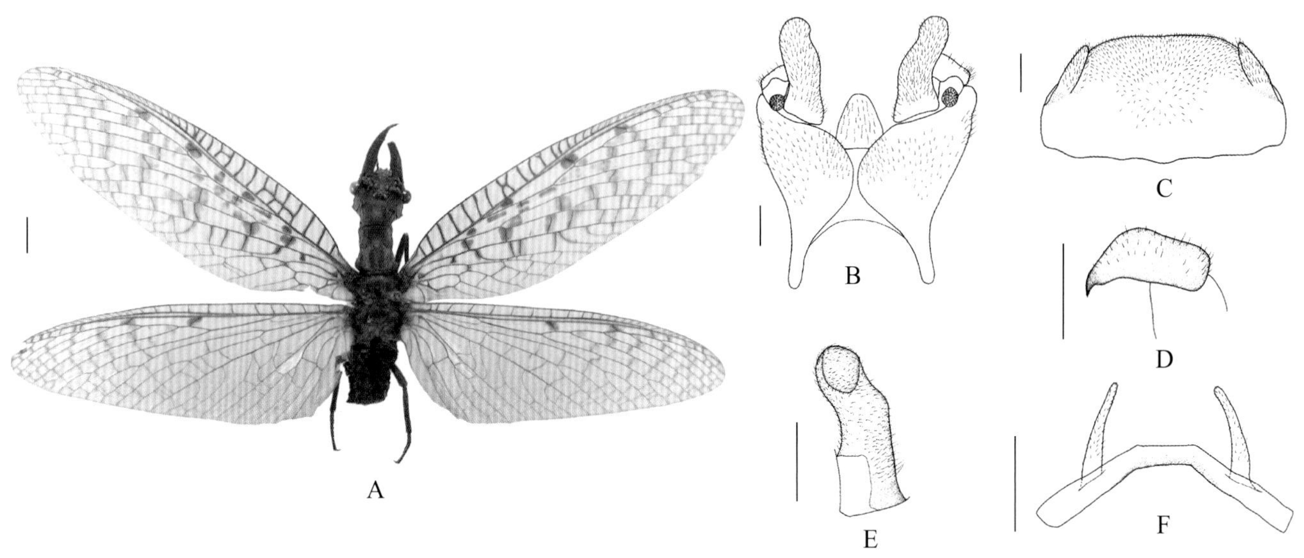

图 2-6-1 云南巨齿蛉 *Acanthacorydalis yunnanensis* 形态图
（标尺：A 为 5.0 mm，B ~ F 为 1.0 mm）
A. 成虫背面观 B. 雄虫外生殖器背面观 C. 雄虫第 9 腹板腹面观 D. 雄虫第 9 生殖刺突腹面观 E. 雄虫肛上板腹面观 F. 雄虫第 10 生殖基节 + 第 10 生殖刺突腹面观

【测量】 雄虫体长 48.0 mm，前翅长 57.0 mm、后翅长 51.0 mm。

【形态特征】 头部褐色，头顶具黄色网状纹；腹面黄色，近侧缘处各具 1 条褐色纵带斑。复眼褐色；单眼黄色，其内缘黑色，单眼前后的斑愈合，暗黄褐色、不显著。雄虫上颚发达，内缘基齿发达、尖锐，端半部具 3 枚小齿，中齿与端齿较大，其间的亚端齿微弱。外咽片前端两侧不向前突伸。前胸背板褐色，前缘两侧各具 1 个逗点状黄斑，其后紧接 1 条长钩状黄斑，近侧缘还具 1 条纵带斑；近后侧缘处微隆起，黄色；中斑伞形，仅伸至背板中部，其后缘两侧具 1 对三角形黄色斑；前胸腹板具 1 对暗黄色斑，并向中央扩展，其前缘和后缘褐色。中后胸中部褐色，两侧深黑色，中胸前缘中央具 1 对卵形黄色斑。翅透明，呈极浅的褐色，横脉两侧有不明显的褐色斑。翅脉浅褐色。雄虫腹部末端第 9 背板纵向分为左右 2 片，基缘呈 V 形凹缺；第 9 腹板横宽，端缘近乎平直，其瓣状突短小，末端缩尖；肛上板棒状，端半部渐细且明显外弯，末端内缘凹陷；第 9 生殖刺突较细长，中部较粗，端部细且稍向内弯，末端具 1 个骨化小爪；第 10 生殖基节基缘的中央略梯形凹缺，端缘中央略弧形浅凹；第 10 生殖刺突较长，长于侧臂的 1/2。

【地理分布】 云南。

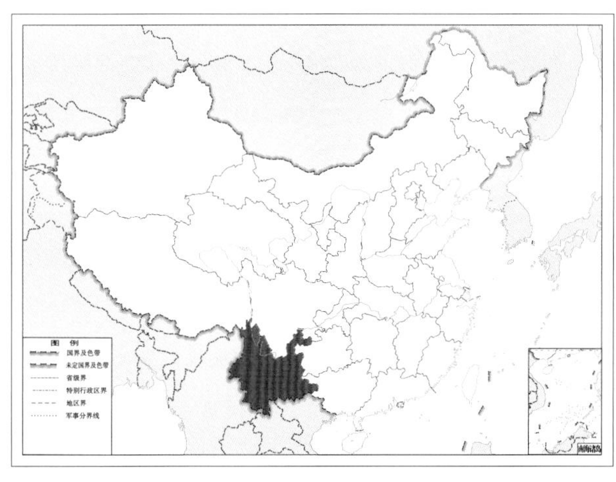

图 2-6-2 云南巨齿蛉 *Acanthacorydalis yunnanensis* 地理分布态图

（二）齿蛉属 *Neoneuromus* van der Weele, 1909

【鉴别特征】 体大型，黄褐色、红褐色或黑褐色。头部大而扁平，头顶明显方形，复眼后侧缘齿发达、刺状，头顶无齿状突起。雌雄上颚形状和大小相同，内缘具3枚齿。前胸长明显大于宽。翅大而狭长，端半部多褐色，横脉两侧多具褐色斑。后翅臀区翅面上被黄色或褐色短毛。雄虫腹部末端第9背板完整，基缘呈弧形凹缺，基部中央内陷，端缘中央具向两侧延伸的裂缝；第9腹板纵向延长，基部宽并向端部渐窄，端半部突伸在肛上板之间，末端平截或分叉；肛上板棒状，端半部明显膨大而内弯；第9生殖刺突呈细长的爪状，末端具1个内弯的骨化小爪；第10生殖基节基部宽且向端部缩小，基缘呈梯形或弧形凹缺，中部两侧多向后隆突，第10生殖刺突呈细长的指状，但有时完全消失；载肛突圆柱形，骨化较强。

【地理分布】 主要分布于东洋界，但个别种也分布于古北界南部。

【分类】 目前全世界已知13种，我国已知10种，本图鉴收录10种。

中国齿蛉属 *Neoneuromus* 分种检索表

1. 头部红褐色至黑褐色（如为黄褐色，则头顶具宽阔的黑色斑且前翅端半部明显加深）；前翅1mp-cua横脉处具1条深色斑纹 …… 2
   至少缺少以上特征之一 …… 5
2. 唇基黄褐色；雄虫第9腹板末端中央平截，两侧具短突 …… **截形齿蛉** ***Neoneuromus tonkinensis***
   唇基红褐色至黑褐色；雄虫第9腹板末端中央凹陷或中部平截而两侧无突起 …… 3
3. 雄虫第9腹板末端平截，两侧无突起；雄虫第10生殖刺突缺失 …… **属模齿蛉** ***Neoneuromus fenestralis***
   雄虫第9腹板末端凹陷；雄虫具第10生殖刺突 …… 4
4. 雄虫肛上板自基部1/4处膨大 …… **麦克齿蛉** ***Neoneuromus maclachlani***
   雄虫肛上板自中部膨大 …… **威利齿蛉** ***Neoneuromus vanderweelei***
5. 前翅1mp-cua横脉处具1条深色斑纹 …… 6
   前翅1mp-cua横脉处无深色斑纹 …… 7
6. 头部黄褐色，仅复眼后侧缘黑色；前胸背板两侧黑色斑在前半部常断开 …… **库曼齿蛉** ***Neoneuromus coomani***
   头部黄褐色，两侧常具宽阔黑色斑，但有时黑色斑退化；前胸背板两侧黑色斑在前半部不断开 …… **东方齿蛉** ***Neoneuromus orientalis***
7. 头部黄色至黄褐色，仅复眼后侧缘黑色；前胸背板两侧黑色斑常在前半部断开；前翅端半部微弱加深 …… 8
   头部黄色至红褐色，两侧常具宽阔黑色斑（如黑色斑退化，则前翅端半部褐色）；前胸背板两侧黑色斑在前半部不断开（如断开，则前翅端半部褐色）；前翅端半部常明显加深（如相对色浅，则头部两侧具宽阔黑色斑或黑色纵带） …… 9
8. 雄虫第9腹板端部与围肛片等宽；雄虫肛上板端半部明显膨大 …… **锡金齿蛉** ***Neoneuromus sikkimmensis***
   雄虫第9腹板端部略窄于围肛片；雄虫肛上板端部不膨大 …… **淡色齿蛉** ***Neoneuromus indistinctus***
9. 头部黄色至黄褐色，两侧具宽阔黑色斑或黑色纵带斑，黑色斑偶有缺失；雄虫第9腹板末端中央明显凹陷，两侧具短指状突；雄虫第10生殖基节与生殖刺突连接处较长，呈粗指状 …… **普通齿蛉** ***Neoneuromus ignobilis***
   头部黄褐色，两侧黑色斑退化，或头部红褐色，两侧具宽阔黑色斑；雄虫第9腹板末端中央凹陷，两侧突起宽圆；雄虫第10生殖基节与生殖刺突连接处较短，近三角形 …… **东华齿蛉** ***Neoneuromus similis***

7. 库曼齿蛉 *Neoneuromus coomani* Lestage, 1927

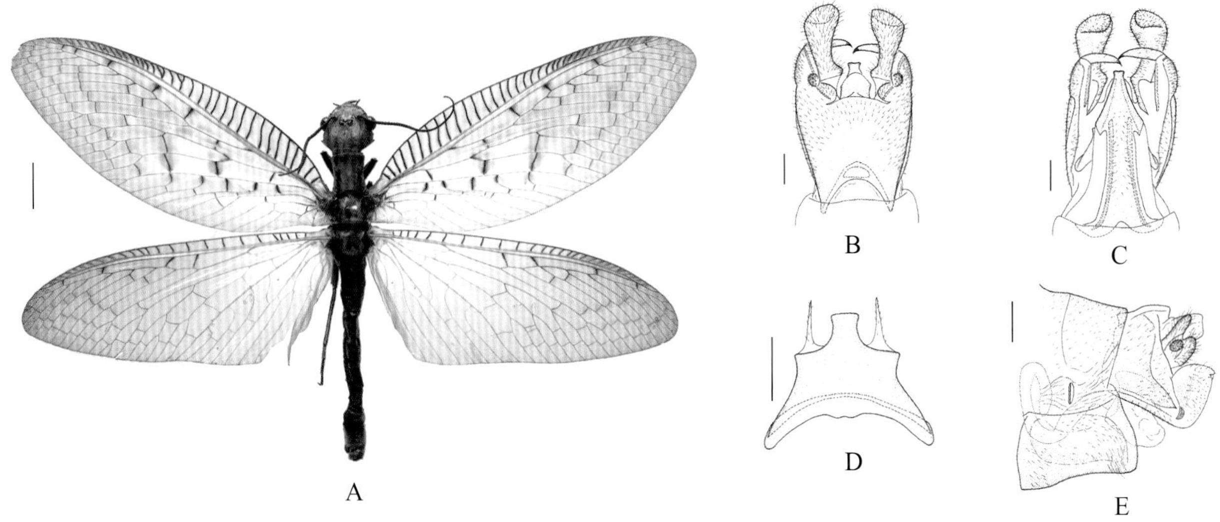

图 2-7-1 库曼齿蛉 *Neoneuromus coomani* 形态图

（标尺：A 为 5.0 mm，B ~ E 为 1.0 mm）

A. 成虫背面观 B. 雄虫外生殖器背面观 C. 雄虫外生殖器腹面观 D. 雄虫第 10 生殖基节 + 第 10 生殖刺突腹面观 E. 雌虫外生殖器侧面观

【测量】 雄虫体长 38.0 ~ 45.0 mm，前翅长 44.0 ~ 48.0 mm、后翅长 40.0 ~ 43.0 mm。

【形态特征】 头部黄色至黄褐色，仅复眼后侧缘黑色。复眼褐色；单眼黄色，其间黑色。口器黄褐色。上颚、下颚须端部 3 节及下唇须端部 3 节均黑色，而上颚端部及其内缘齿红褐色。前胸黄色至淡红褐色，前胸背板前端两侧各具 1 个短的黑色斑，后端两侧各具 1 条黑色纵带斑，有时两对斑纹相互连接愈合。中后胸黄色，其背板两侧各具 1 个褐色斑。前翅透明，端半部略带烟褐色，有时横脉处颜色较深，前翅 1mp-cua 横脉处通常具 1 条深色斑纹。后翅色浅，稍具烟褐色。翅脉黄色，端部颜色略深，除后翅臀区外，大多数横脉呈暗褐色。雄虫腹部黑褐色，雄虫腹部末端第 9 背板近梯形，基缘呈弧形凹缺；第 9 腹板狭窄细小，具 1 对狭窄的纵向内脊，末端非常窄且形成 1 对微弱的短而钝的突起；第 9 生殖刺突呈细长的爪状；第 10 生殖基节强骨化，两侧臂短而狭窄，端缘平直、两侧略向外延伸，中部两侧的突起短小近三角形；第 10 生殖刺突呈细长的指状。

【地理分布】 四川、云南；越南，老挝，泰国。

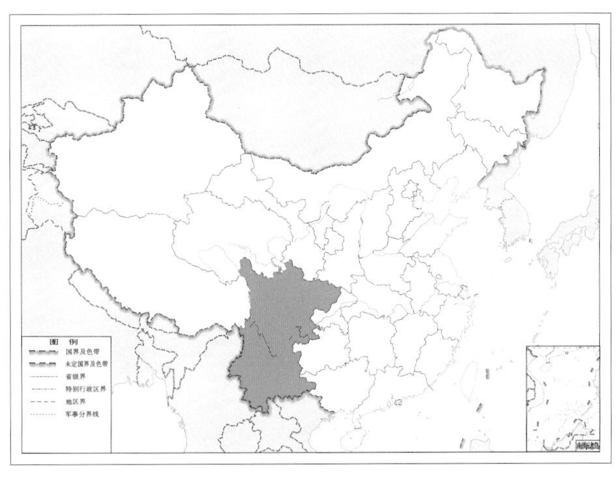

图 2-7-2 库曼齿蛉 *Neoneuromus coomani* 地理分布图

8. 属模齿蛉 *Neoneuromus fenestralis* (McLachlan, 1869)

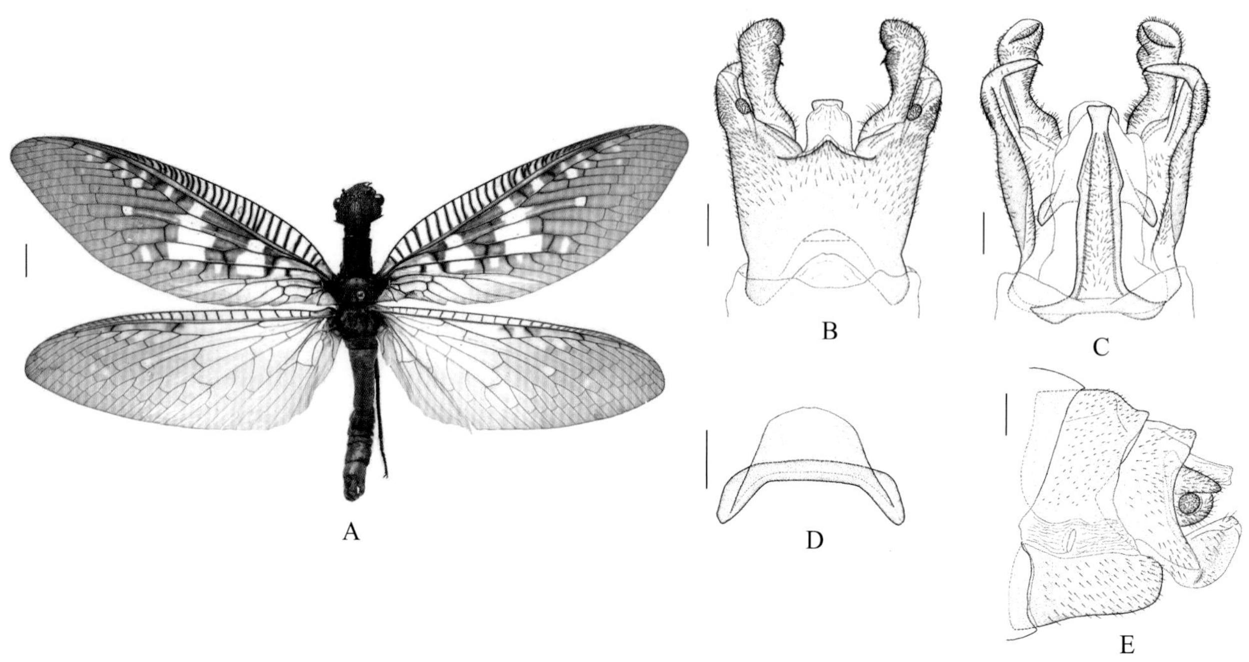

图 2-8-1 属模齿蛉 *Neoneuromus fenestralis* 形态图

（标尺：A 为 5.0 mm，B ~ E 为 1.0 mm）

A. 成虫背面观 B. 雄虫外生殖器背面观 C. 雄虫外生殖器腹面观 D. 雄虫第 10 生殖基节 + 第 10 生殖刺突腹面观 E. 雌虫外生殖器侧面观

【测量】 雄虫体长 50.0 ~ 54.0 mm，前翅长 51.0 ~ 55.0 mm、后翅长 47.0 ~ 48.0 mm。

【形态特征】 头部淡红褐色或黑褐色，唇基后外侧角黑色。复眼浅褐色；单眼黄色，其间黑色。口器黄褐色，唇基红褐色至黑褐色；上颚黑色，其端部及其内缘的齿红褐色。前胸淡红褐色，前胸背板两侧各具 1 条黑色纵带斑，有时前胸背板完全黑褐色。中后胸黄色至黄褐色，中胸背板颜色较深。前翅透明，前缘区横脉具褐色纵纹。后翅颜色较浅，翅端半部烟褐色。翅脉黄色，端部颜色略深，除后翅臀区外，大多数横脉呈暗褐色。雄虫腹部黑褐色，雄虫腹部末端第 9 背板近梯形，基缘呈弧形凹缺；第 9 腹板狭窄细小，具 1 对狭窄的纵向内脊，末端平截，两侧无突起；第 9 生殖刺突为细长的爪状；第 10 生殖基节仅具强骨化侧臂，中板宽、近梯形，微骨化，末端拱形；第 10 生殖刺突退化消失。

【地理分布】 云南；印度，缅甸。

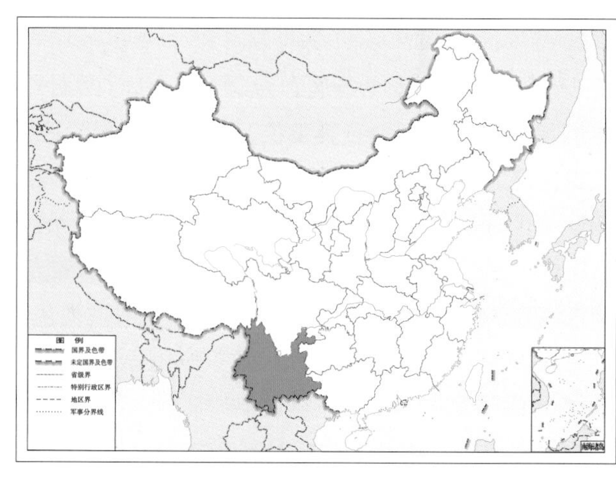

图 2-8-2 属模齿蛉 *Neoneuromus fenestralis* 地理分布图

9. 普通齿蛉 *Neoneuromus ignobilis* Navás, 1932

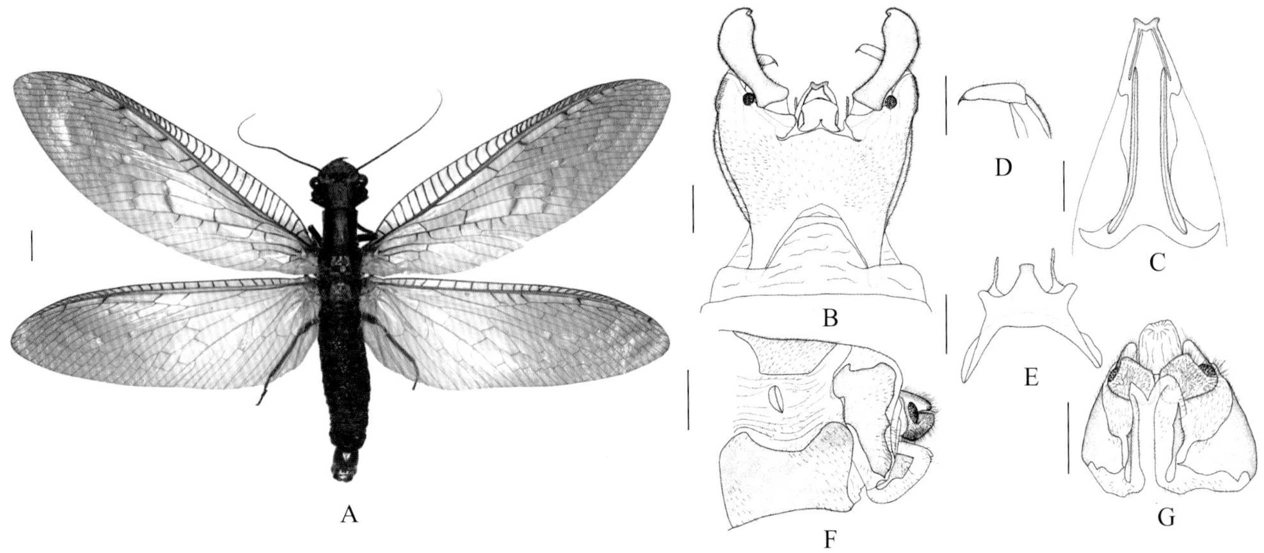

图 2-9-1　普通齿蛉 *Neoneuromus ignobilis* 形态图
（标尺：A 为 5.0 mm，B ~ G 为 1.0 mm）

A. 成虫背面观　B. 雄虫外生殖器背面观　C. 雄虫第 9 腹板腹面观　D. 雄虫第 9 生殖刺突腹面观
E. 雄虫第 10 生殖基节 + 第 10 生殖刺突腹面观　F. 雌虫外生殖器侧面观　G. 雌虫外生殖器腹面观

【测量】 雄虫体长 37.0 ~ 55.0 mm，前翅长 43.0 ~ 54.0 mm、后翅长 40.0 ~ 47.0 mm。

【形态特征】 头部黄褐色至褐色，复眼后侧区具 1 条宽的黑色纵带斑，有时纵带斑向两侧扩展以至整个头顶几乎为黑色。复眼褐色；单眼黄色，其间黑色，单眼前有横向扩展到触角基部的黑色斑。上颚、下颚须端部 3 节及下唇须端部 3 节均为黑色，上颚端部及其内缘的齿红褐色；下颚密被黄色的毛。外咽片前缘两侧黑色，略向前突伸。前胸长明显大于宽，两侧各具 1 条宽的黑色纵带斑；前胸腹板前缘黑色，两侧缘各具 2 个月牙形的小黑色斑。中后胸背板两侧和小盾片褐色。前翅端半部黄褐色或褐色而基半部几乎无色；后翅色浅，基半部完全透明，臀区翅面被黄色的短毛。翅脉黄色，横脉色深，特别是前缘横脉和径横脉为深褐色。雄虫腹部末端第 9 背板完整，基缘呈弧形凹缺；第 9 腹板末端中央深凹，明显分成 2 叉；肛上板棒状，端半部明显膨大，末端明显向内弯曲；第 9 生殖刺突呈细长的爪状，末端具 1 个内弯的骨化小爪；第 10 生殖基节两侧臂较长，腹面观基缘呈较深的弧形凹缺，端缘平直、两侧略向外延伸，中部两侧隆突发达，其上各具 1 个细长的指状第 10 生殖刺突。

【地理分布】 山西、陕西、安徽、浙江、江西、湖南、湖北、四川、重庆、贵州、福建、广东、广西；越南，老挝。

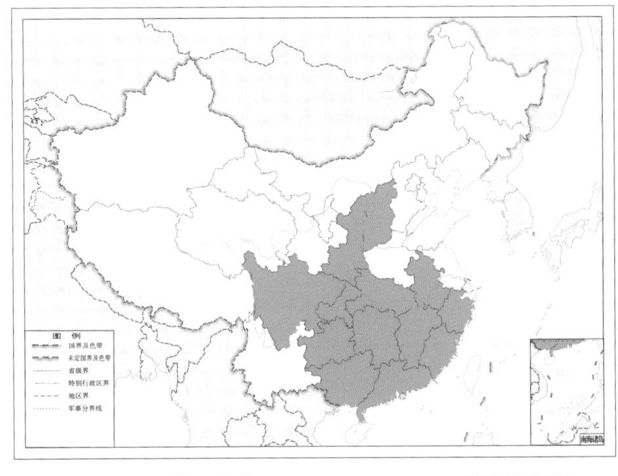

图 2-9-2　普通齿蛉 *Neoneuromus ignobilis* 地理分布图

10. 淡色齿蛉 *Neoneuromus indistinctus* Liu, Hayashi & Yang, 2018

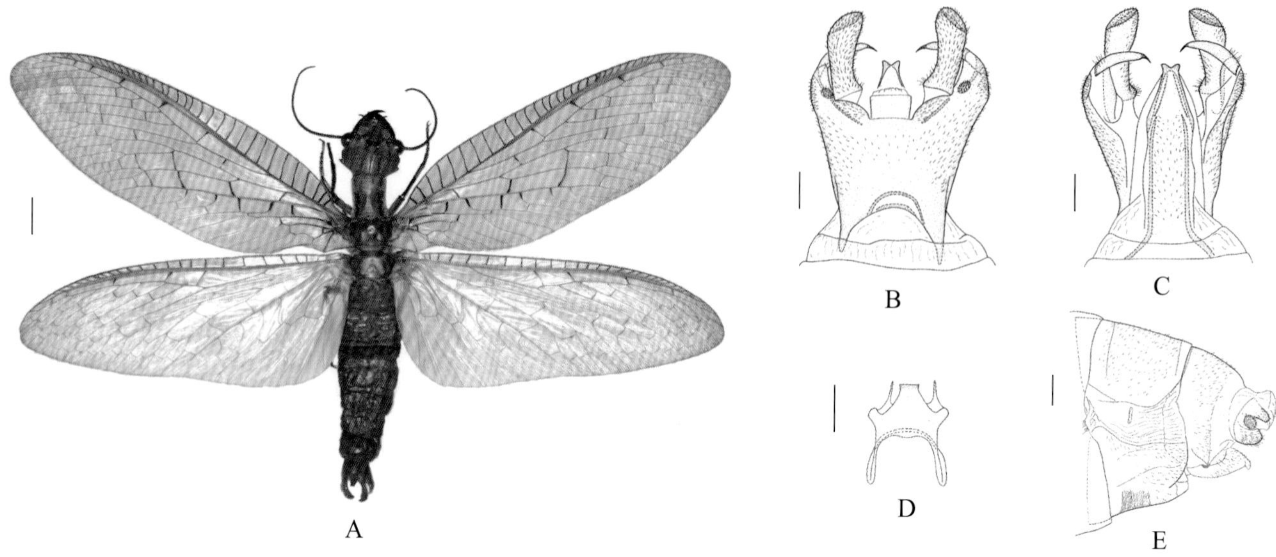

图 2-10-1 淡色齿蛉 *Neoneuromus indistinctus* 形态图

（标尺：A 为 5.0 mm，B ~ E 为 1.0 mm）

A. 成虫背面观 B. 雄虫外生殖器背面观 C. 雄虫外生殖器腹面观 D. 雄虫第 10 生殖基节 + 第 10 生殖刺突腹面观 E. 雌虫外生殖器侧面观

【测量】 雄虫体长 47.0 ~ 51.0 mm，前翅长 46.0 ~ 54.0 mm、后翅长 42.0 ~ 48.0 mm。

【形态特征】 头部黄色，仅复眼后侧缘黑色。复眼褐色；单眼黄色，其间黑色。口器黄褐色；上颚端部及下唇须端部 2 节或 3 节均黑色，而上颚黑色，端半部红褐色。前胸黄色，前胸背板前端两侧各具 1 条黑色纵带斑，有时黑色纵带斑前端断开，黑色纵带斑旁边各具 1 个黑色斑；中后胸黄色。前翅透明，端半部略带烟褐色，中部有近方形透明质区域，在 MP 和 CuA 脉之间的横脉上近缘有褐色斑，前翅 1mp-cua 横脉处无斑纹，但部分横脉较暗，包括 ra-rp、cua-cup、cup-1a 横脉，CuA 脉分支基部和 CuP 脉基部；后翅色浅，稍具烟褐色。除上述提到的深色脉，其余脉黄褐色。雄虫腹部黄褐色，侧面稍暗。雄虫腹部末端第 9 背板近梯形，基缘呈弧形凹缺；第 9 腹板狭窄细小，具 1 对狭窄的纵向内脊，顶端非常狭窄并形成 1 对明显的短指状突起；第 9 生殖刺突呈细长的爪状，末端具 1 个内弯的骨化小爪；第 10 生殖基节强骨化，两侧臂较长，端缘平直，具近梯形侧突；第 10 生殖刺突呈细长的指状。

【地理分布】 云南；老挝。

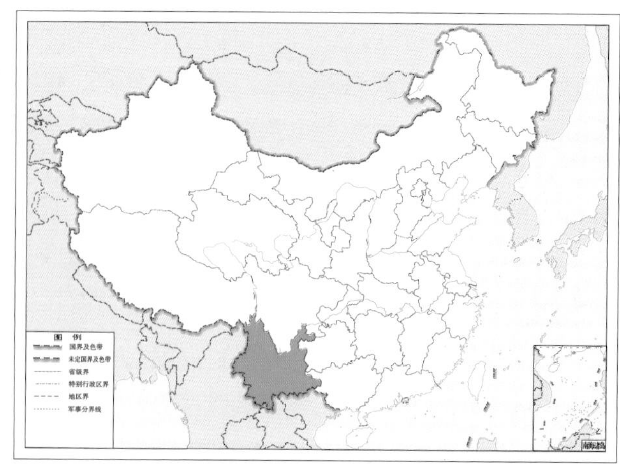

图 2-10-2 淡色齿蛉 *Neoneuromus indistinctus* 地理分布图

11. 麦克齿蛉 *Neoneuromus maclachlani* (van der Weele, 1907)

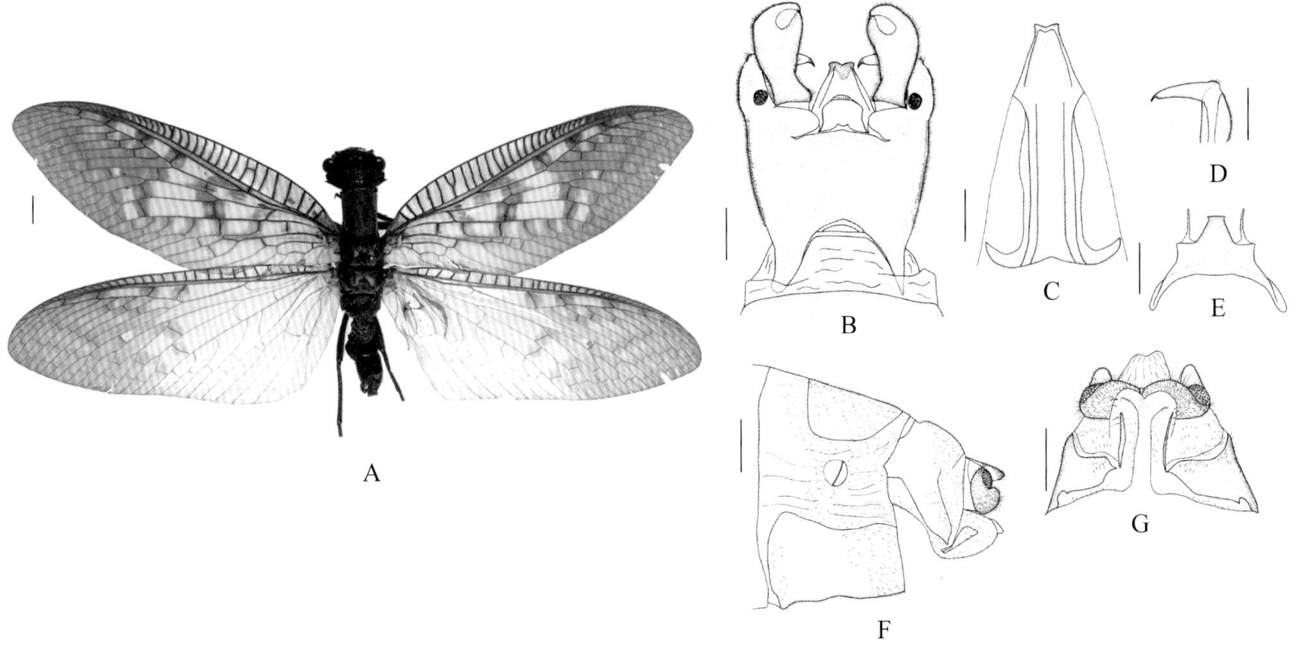

图 2-11-1　麦克齿蛉 *Neoneuromus maclachlani* 形态图

（标尺：A 为 5.0 mm，B ~ G 为 1.0 mm）

A. 成虫背面观　B. 雄虫外生殖器背面观　C. 雄虫第 9 腹板腹面观　D. 雄虫第 9 生殖刺突腹面观
E. 雄虫第 10 生殖基节 + 第 10 生殖刺突腹面观　F. 雌虫外生殖器侧面观　G. 雌虫外生殖器腹面观

【测量】 雄虫体长 47.0 ~ 65.0 mm，前翅长 54.0 ~ 57.0 mm、后翅长 50.0 ~ 52.0 mm。

【形态特征】 体红褐色或黑褐色。头部比胸部颜色略深，复眼后侧缘各具 1 条黑色纵带斑，有些个体因体色很深而使纵带斑不明显。复眼褐色；单眼黄色，其间黑色。口器黄褐色，但上颚、下颚须端部 3 节及下唇须端部 3 节均为黑色，上颚端部及其内缘的齿红褐色；下颚密被黄色短毛。外咽片前缘两侧黑色，略向前突伸。前胸腹板前缘一般呈黑色。前翅端半部几乎完全深烟褐色，基半部近无色透明，径横脉及径脉以下的横脉两侧有明显的褐色斑；后翅端半部完全烟褐色，基半部完全透明，臀区翅面被褐色短毛。翅脉褐色。雄虫腹部末端第 9 背板完整，基缘呈弧形凹缺；第 9 腹板末端中央略凹缺，形成 2 个钝圆的小突；肛上板棒状、较短粗，自基部 1/4 处膨大，末端略内弯；第 9 生殖刺突细长，末端具 1 个内弯的骨化小爪；第 10 生殖基节两侧臂较长，腹面观基缘呈弧形凹缺，端缘平直、两侧向外突出，中部两侧微弱隆突、近三角形，其上各具 1 个细长的指状第 10 生殖刺突。

【地理分布】 四川、重庆、贵州、云南、广西。

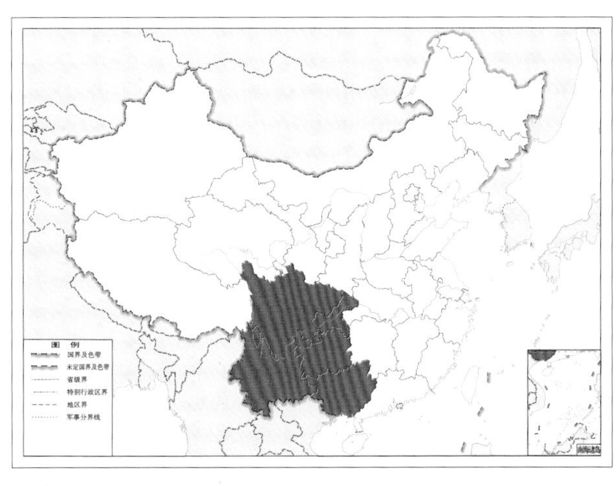

图 2-11-2　麦克齿蛉 *Neoneuromus maclachlani* 地理分布图

12. 东方齿蛉 *Neoneuromus orientalis* Liu & Yang, 2004

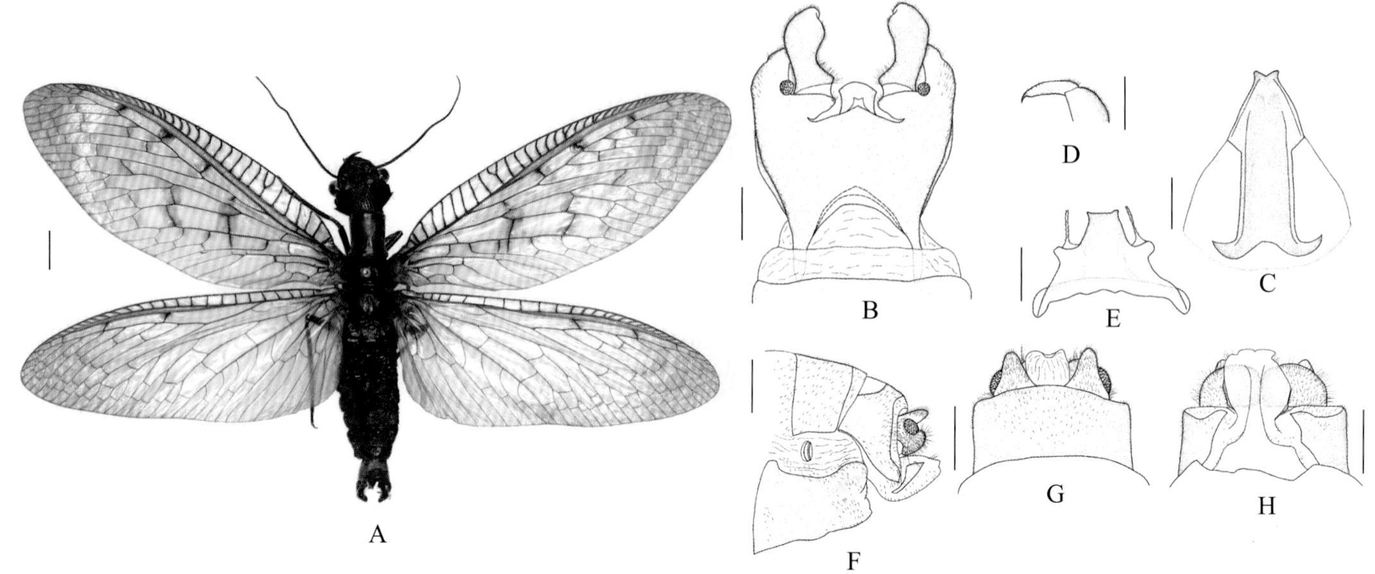

图 2-12-1 东方齿蛉 *Neoneuromus orientalis* 形态图

（标尺：A 为 5.0 mm，B ~ H 为 1.0 mm）

A. 成虫背面观 B. 雄虫外生殖器背面观 C. 雄虫第 9 腹板腹面观 D. 雄虫第 9 生殖刺突腹面观 E. 雄虫第 10 生殖基节 + 第 10 生殖刺突腹面观 F. 雌虫外生殖器侧面观 G. 雌虫外生殖器背面观 H. 雌虫外生殖器腹面观

【测量】 雄虫体长 35.0 ~ 55.0 mm，前翅长 40.0 ~ 50.0 mm、后翅长 40.0 ~ 43.0 mm。

【形态特征】 头部黄褐色，两侧常具宽阔黑色斑,有时退化；复眼后侧区具 1 条宽的黑色纵带斑，有时纵带斑向两侧扩展以至整个头顶几乎黑色。复眼褐色；单眼黄色，其间黑色。上颚端部及其内缘的齿为红褐色；下颚密被黄色的毛。外咽片前缘两侧黑色，略向前突伸。前胸背板两侧各具 1 条宽的黑色纵带斑；腹板前缘黑色，两侧缘各具 2 个月牙形的小黑色斑。前翅无色透明，仅顶角为极浅的褐色；除前缘横脉外，其余横脉两侧均有褐色斑，有时全翅的褐色斑退化消失。后翅无色，完全透明，臀区翅面被黄色短毛。翅脉黄褐色，前缘横脉和径横脉颜色较深。雄虫腹部末端第 9 背板完整，基缘呈弧形凹缺；第 9 腹板末端中央深凹，明显分成 2 叉；肛上板棒状，端半部明显膨大，末端略内弯；第 9 生殖刺突细长，末端具 1 个内弯的骨化小爪；第 10 生殖基节两侧臂较短，腹面观基缘呈梯形浅凹，端缘平直、两侧略向外延伸，中部两侧的突起短小但突出明显，其上的指状第 10 生殖刺突较短。

【地理分布】 安徽、浙江、江西、湖南、湖北、四川、贵州、云南、福建、广东、广西；越南。

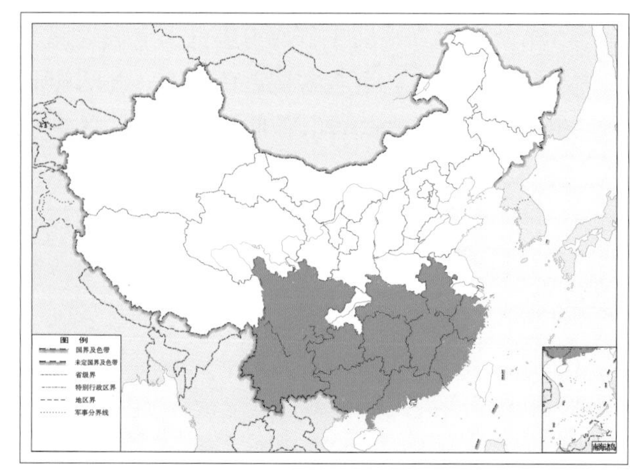

图 2-12-2 东方齿蛉 *Neoneuromus orientalis* 地理分布图

13. 锡金齿蛉 *Neoneuromus sikkimmensis* (van der Weele, 1907)

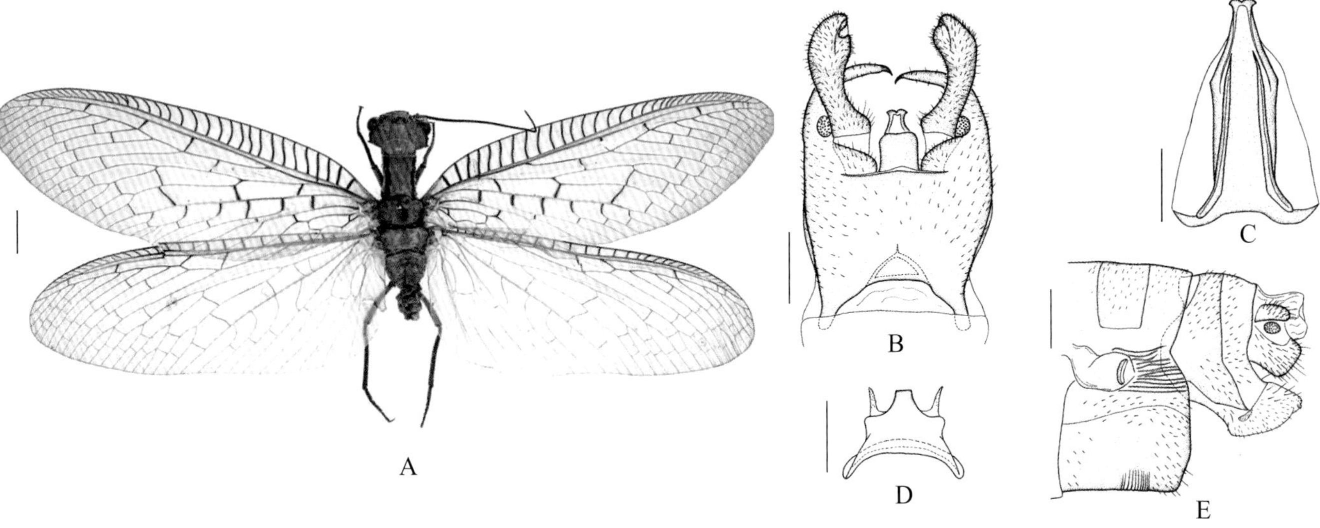

图 2-13-1 锡金齿蛉 *Neoneuromus sikkimmensis* 形态图

（标尺：A为 5.0 mm，B ~ E 为 1.0 mm）

A. 成虫背面观 B. 雄虫外生殖器背面观 C. 雄虫第 9 腹板腹面观
D. 雄虫第 10 生殖基节 + 第 10 生殖刺突腹面观 E. 雌虫外生殖器侧面观

【测量】 雄虫体长 30.0 ~ 35.0 mm，前翅长 42.0 ~ 46.0 mm、后翅长 39.0 ~ 41.0 mm。

【形态特征】 头部淡黄褐色；复眼后侧缘及唇基侧缘黑色。复眼褐色；单眼黄色，具黑色内缘。口器黄褐色，但上颚红褐色，下颚须端部 3 节及下唇须端部 3 节黑色。前胸背板近侧缘各具 2 对黑色斑，近前缘的 1 对较短，其外侧还具 1 个黑色小点斑，近后缘的 1 对较长，长约为前者的 3 倍。翅近乎无色透明，仅端域为极浅的褐色，前翅端半部横脉两侧多具浅褐色斑。翅脉淡黄色，但横脉大多黑褐色。雄虫腹部末端第 9 背板完整，基缘呈弧形凹缺；第 9 腹板端部细长，末端分叉；肛上板棒状，基半部细长，端半部明显膨大，末端明显内弯；第 9 生殖刺突细长，末端渐细并具 1 个内弯的骨化小爪；第 10 生殖基节两侧臂短且略弯，腹面观基缘呈浅的弧形凹缺，端缘平截，中部两侧的突起不发达，末端钝圆，其上的指状第 10 生殖刺突较短粗。

【地理分布】 云南；印度。

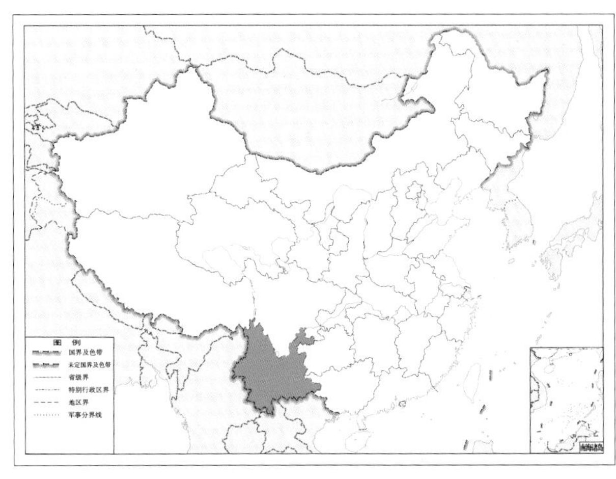

图 2-13-2 锡金齿蛉 *Neoneuromus sikkimmensis* 地理分布图

14. 东华齿蛉 *Neoneuromus similis* Liu, Hayashi & Yang, 2018

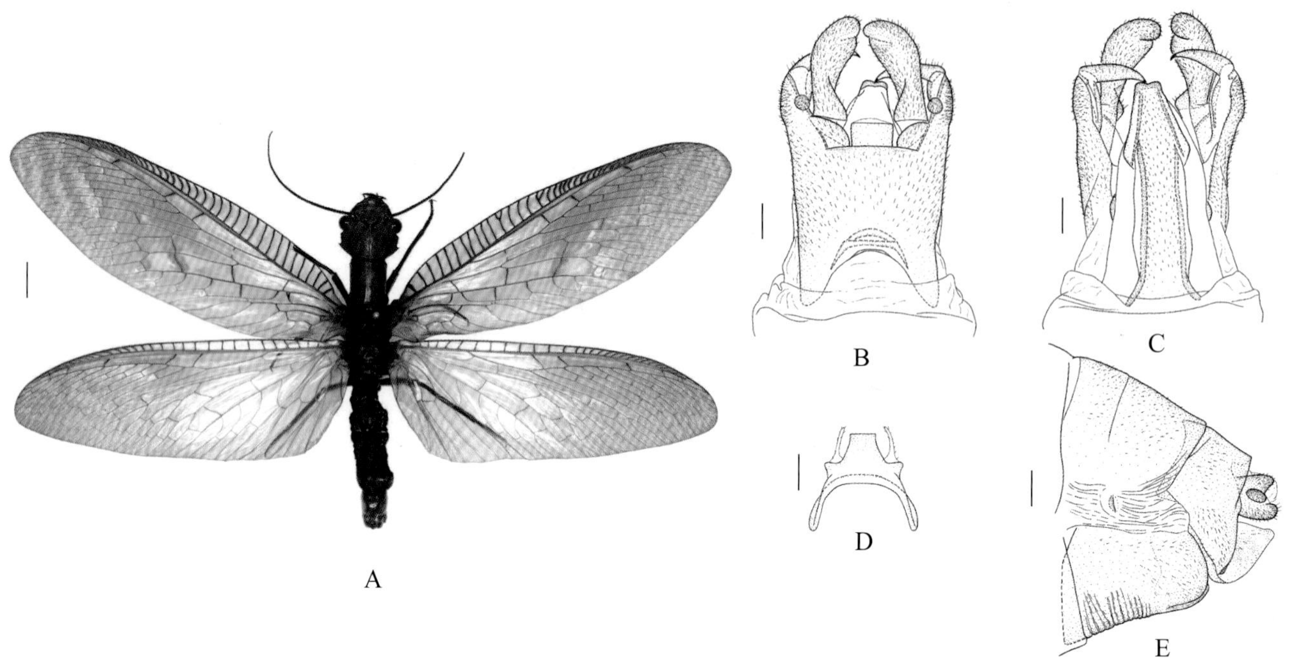

图 2-14-1 东华齿蛉 *Neoneuromus similis* 形态图

（标尺：A 为 5.0 mm，B ~ E 为 1.0 mm）

A. 成虫背面观 B. 雄虫外生殖器背面观 C. 雄虫外生殖器腹面观 D. 雄虫第 10 生殖基节 + 第 10 生殖刺突腹面观 E. 雌虫外生殖器侧面观

【测量】 雄虫体长 47.0 ~ 54.0 mm，前翅长 50.0 ~ 55.0 mm、后翅长 48.0 ~ 50.0 mm。

【形态特征】 头部黄褐色，后外侧具小黑色斑或深红褐斑，侧面具宽的黑色斑。复眼褐色；单眼黄色，其间黑色。上唇黄褐色；上颚黑色，端部及其内缘的齿为红褐色；下颚黄色，下唇黄褐色，下颚须及下唇须端部 3 节均为黑色。前胸黄褐色至深红褐色，前胸背板前缘黑色，前端两侧各具 1 条短的黑色纵带斑；中后胸褐色至深褐色，侧缘及盾片颜色更深。前翅透明，端半部略带烟褐色，中部具近方形透明区域，前翅 1mp-cua 横脉处无斑纹；后翅端半部烟褐色。翅脉浅褐色至暗褐色。腹部黑褐色。雄虫腹部末端第 9 背板近梯形，基缘呈弧形凹缺；第 9 腹板狭窄细小，具 1 对狭窄的纵向内脊，顶端非常狭窄并形成 1 对微弱的短而钝的突起；第 9 生殖刺突为细长的爪状；第 10 生殖基节具 1 对短的近三角形侧突；第 10 生殖刺突呈细长指状。

【地理分布】 陕西、安徽、江苏、浙江、江西、福建、广东。

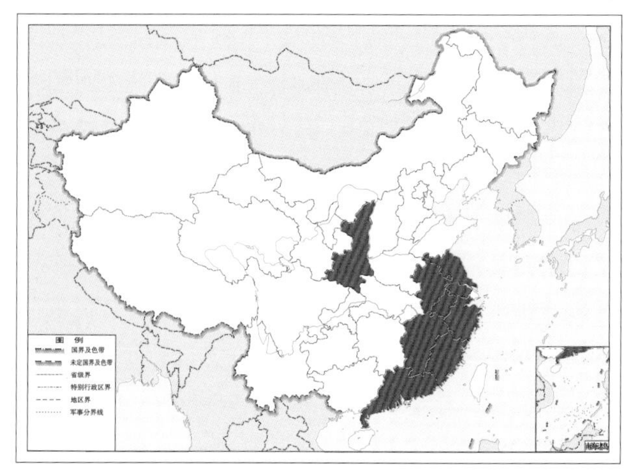

图 2-14-2 东华齿蛉 *Neoneuromus similis* 地理分布图

15. 截形齿蛉 *Neoneuromus tonkinensis* (van der Weele, 1907)

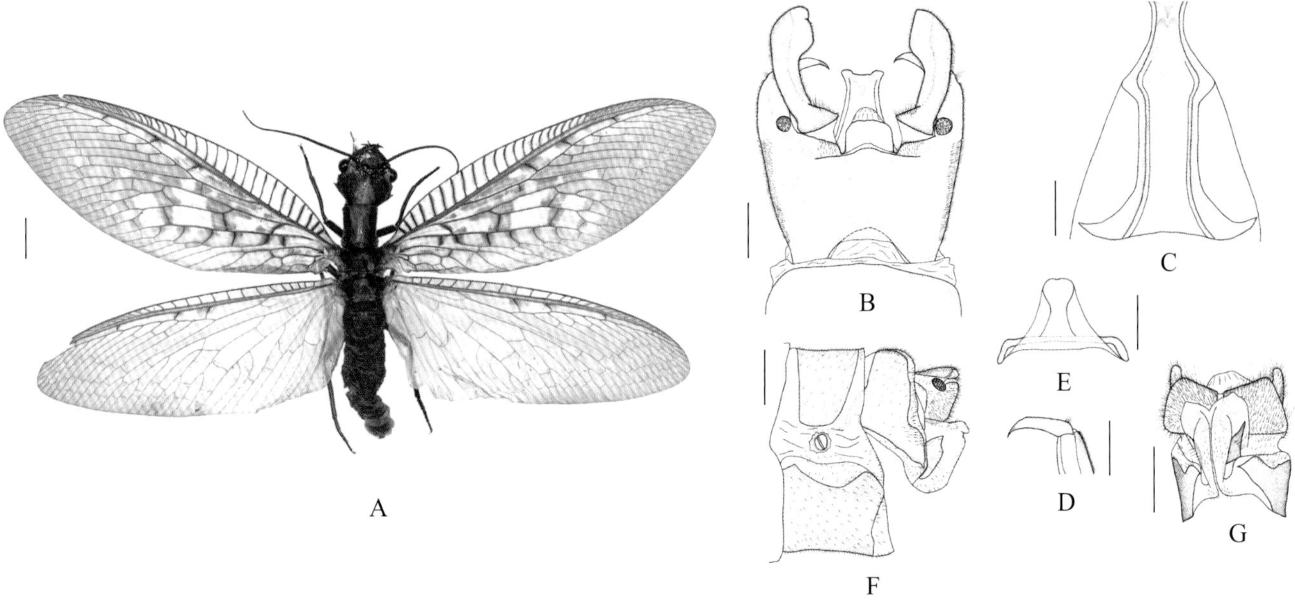

图 2-15-1　截形齿蛉 *Neoneuromus tonkinensis* 形态图
（标尺：A 为 5.0 mm，B ~ G 为 1.0 mm）
A. 成虫背面观　B. 雄虫外生殖器背面观　C. 雄虫第 9 腹板腹面观　D. 雄虫第 9 生殖刺突腹面观
E. 雄虫第 10 生殖基节 + 第 10 生殖刺突腹面观　F. 雌虫外生殖器侧面观　G. 雌虫外生殖器腹面观

【测量】 雄虫体长 35.0 ~ 45.0 mm，前翅长 44.0 ~ 46.0 mm、后翅长 39.0 ~ 41.0 mm。

【形态特征】 头部黑褐色；唇基黄褐色，具黑色侧缘；头腹面中部黄褐色，两侧红褐色。复眼浅褐色，单眼黄色。口器黄褐色，但上颚、下颚须端部 3 节及下唇须端部 3 节黑色，上颚端部及其内缘的齿红褐色；下颚颚叶密被黄色短毛。外咽片前缘两侧黑色，略向前突伸。胸部黑褐色。前翅端半部完全深褐色，而基半部几乎完全透明，径横脉及径脉以下的横脉两侧有明显的褐色斑；后翅较前翅略浅，端半部完全褐色，而基半部完全透明，臀区翅面密生黄色短毛。翅脉褐色，但前缘横脉、径横脉及翅基半部的横脉黑褐色。雄虫腹部末端第 9 背板完整，基缘呈弧形凹缺；第 9 腹板末端平截；肛上板棒状，基半部细长，端半部明显膨大，末端明显内弯；第 9 生殖刺突细长，末端渐细，具 1 个内弯的骨化小爪；第 10 生殖基节两侧臂短小并向前弯曲，腹面观基缘平直，中部两侧的隆突以及第 10 生殖刺突完全消失，末端钝圆且其中部微凹。

【地理分布】 广东、广西；越南。

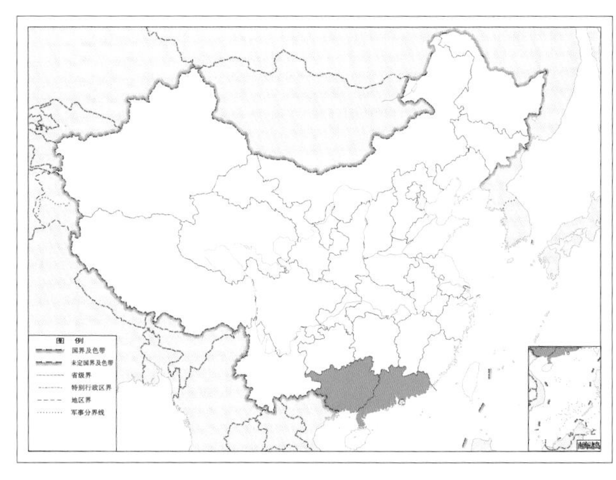

图 2-15-2　截形齿蛉 *Neoneuromus tonkinensis* 地理分布图

16. 威利齿蛉 *Neoneuromus vanderweelei* Liu, Hayashi & Yang, 2018

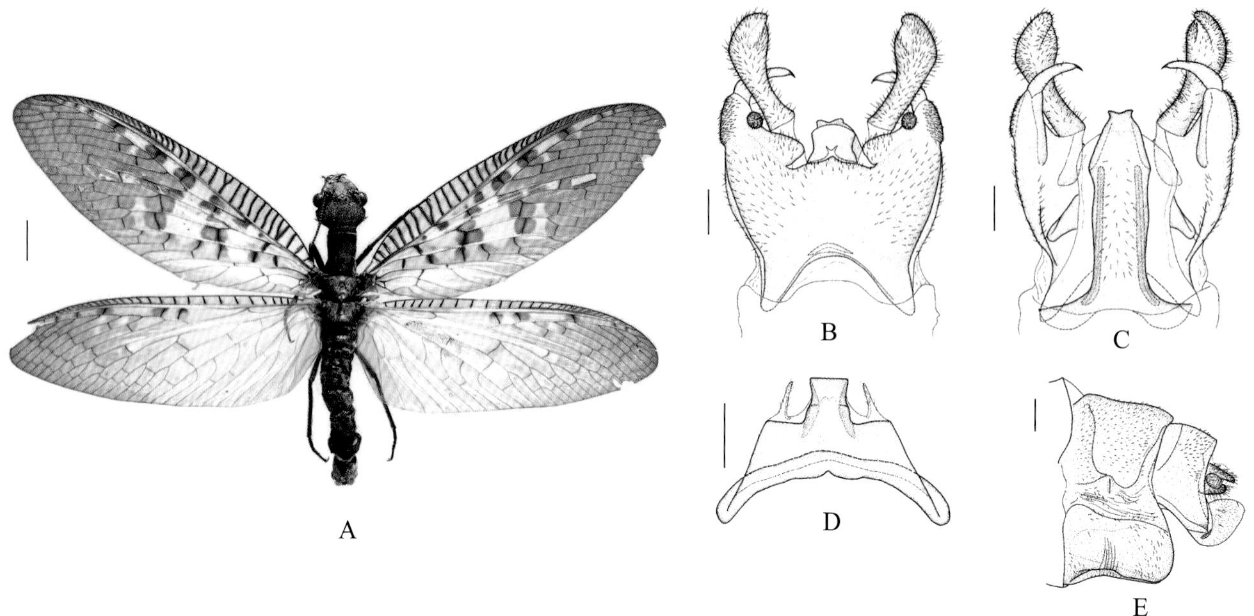

图 2-16-1 威利齿蛉 *Neoneuromus vanderweelei* 形态图

（标尺：A 为 5.0 mm，B ~ E 为 1.0 mm）

A. 成虫背面观 B. 雄虫外生殖器背面观 C. 雄虫外生殖器腹面观 D. 雄虫第 10 生殖基节 + 第 10 生殖刺突腹面观 E. 雌虫外生殖器侧面观

【测量】 雄虫体长 40.0 ~ 50.0 mm，前翅长 45.0 ~ 52.0 mm、后翅长 40.0 ~ 47.0 mm。

【形态特征】 头部完全红褐色或深褐色。复眼褐色；单眼黄色，其间黑色。上唇黄褐色；上颚黑色，端部及其内缘的齿红褐色；下颚黄色，下唇黄褐色，下颚须端部 3 节及下唇须端部 3 节均为黑色。前胸红褐色或深褐色，前胸背板如为红褐色，侧面则具 2 对黑色斑（前端 1 个黑色斑，后端 1 条黑色纵带斑）；中后胸褐色至深褐色，侧缘及盾片颜色更深。前翅透明，端半部为深褐色；后翅颜色较浅，但端半部为褐色，翅脉浅褐色，部分翅脉有暗褐色斑纹。雄虫腹部黑褐色，雄虫腹部末端第 9 背板近梯形，基缘呈弧形凹缺；第 9 腹板狭窄细小，具 1 对狭窄的纵向内脊，顶端非常狭窄并形成 1 对微弱的短而钝的突起；第 9 生殖刺突呈细长的爪状；第 10 生殖基节具 1 对短的近三角形侧突；第 10 生殖刺突呈细长的指状。

【地理分布】 云南、广西；越南。

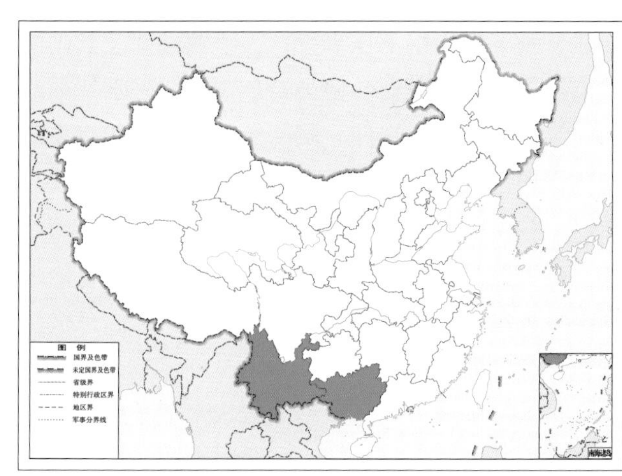

图 2-16-2 威利齿蛉 *Neoneuromus vanderweelei* 地理分布图

（三）黑齿蛉属 *Neurhermes* Navás, 1915

【鉴别特征】 体中型，黑色，前胸一般呈黄色。头部短粗，无复眼后侧缘齿；单眼小，球形突出。触角近锯齿状。唇基前缘中央无凹缺。上唇三角形。翅深灰黑色，具若干乳白色斑点。雄虫腹部末端第 9 背板短宽，基缘宽弧形凹缺；第 9 腹板短宽，具发达的中板；肛上板分为背腹两臂，背臂明显短于腹臂；第 9 生殖刺突细长，基半部粗且骨化较强，端半部明显变细、骨化较弱并向上弯曲；第 10 生殖基节拱形，第 10 生殖刺突呈细长的指状。

【地理分布】 仅分布于东洋界。

【分类】 目前全世界已知 7 种，我国已知 2 种，本图鉴收录 2 种。

中国黑齿蛉属 *Neurhermes* 分种检索表

1. 前胸背板中部具 2 个黑色小点斑；第 9 生殖刺突基半部和端半部之间呈钝角弯曲 ………………………………………………………… **塞利斯黑齿蛉 *Neurhermes selysi***

   前胸背板无任何黑色斑；第 9 生殖刺突基半部和端半部之间呈锐角弯曲 … **黄胸黑齿蛉 *Neurhermes tonkinensis***

17. 塞利斯黑齿蛉 *Neurhermes selysi* (van der Weele, 1909)

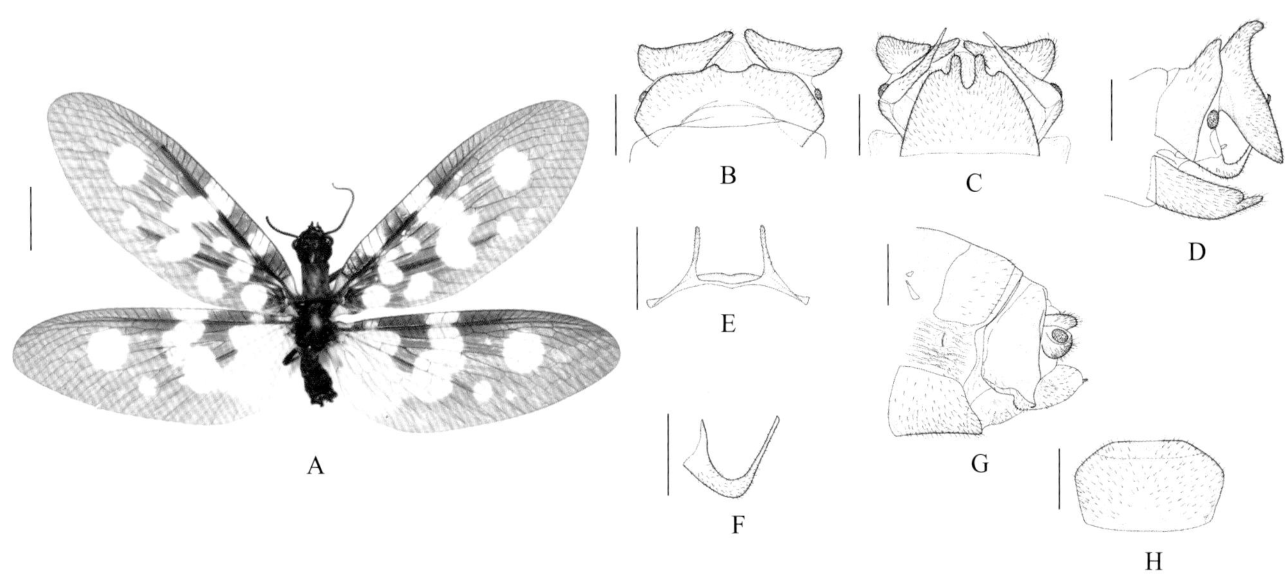

图 2-17-1 塞利斯黑齿蛉 *Neurhermes selysi* 形态图

（标尺：A 为 5.0 mm，B ~ H 为 1.0 mm）

A. 成虫背面观 B. 雄虫外生殖器背面观 C. 雄虫外生殖器腹面观 D. 雄虫外生殖器侧面观 E. 雄虫第 10 生殖基节 + 第 10 生殖刺突腹面观 F. 雄虫第 9 生殖刺突腹面观 G. 雌虫外生殖器侧面观 H. 雌虫第 8 生殖基节腹面观

【测量】 雄虫体长 24.0 mm，前翅长 30.0 mm、后翅长 27.0 mm。

【形态特征】 头部完全深黑色。复眼褐色，单眼黄色。口器黑色。前胸背板中部具 2 个黑色小点斑；中后胸深黑色。翅深灰黑色，具若干乳白色斑；前翅基部具 1 条不规则的连接翅前缘的纵带斑，其后端两侧各具 1 个略圆的斑，外侧近中部有 1 个较小的斑；前翅中部具 2 个较大的连接前缘的斑，内侧的斑在其后又与1个较大的近长椭圆形的斑连接；翅近端部 1/3 处具 1 个大圆斑。后翅与前翅斑型相似，但基部的斑相互之间更愈合、扩展，且与翅前后缘连接，并略向外延伸。翅脉黑褐色，但在乳白斑中则呈淡黄色。雄虫腹部末端第 9 背板基缘呈弧形凹缺；第 9 腹板残缺；肛上板背臂较窄并向腹面弯曲；第 9 生殖刺突基粗端细，基半部和端半部之间呈钝角弯曲；第 10 生殖基节端缘中央微凹，两侧各具 1 个相互远离且向端部渐细的指状第 10 生殖刺突。

【地理分布】 云南；印度，孟加拉国，缅甸。

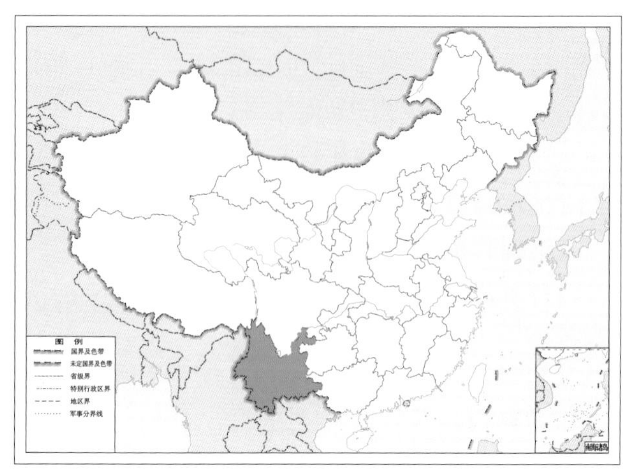

图 2-17-2 塞利斯黑齿蛉 *Neurhermes selysi* 地理分布图

18. 黄胸黑齿蛉 *Neurhermes tonkinensis* (van der Weele, 1909)

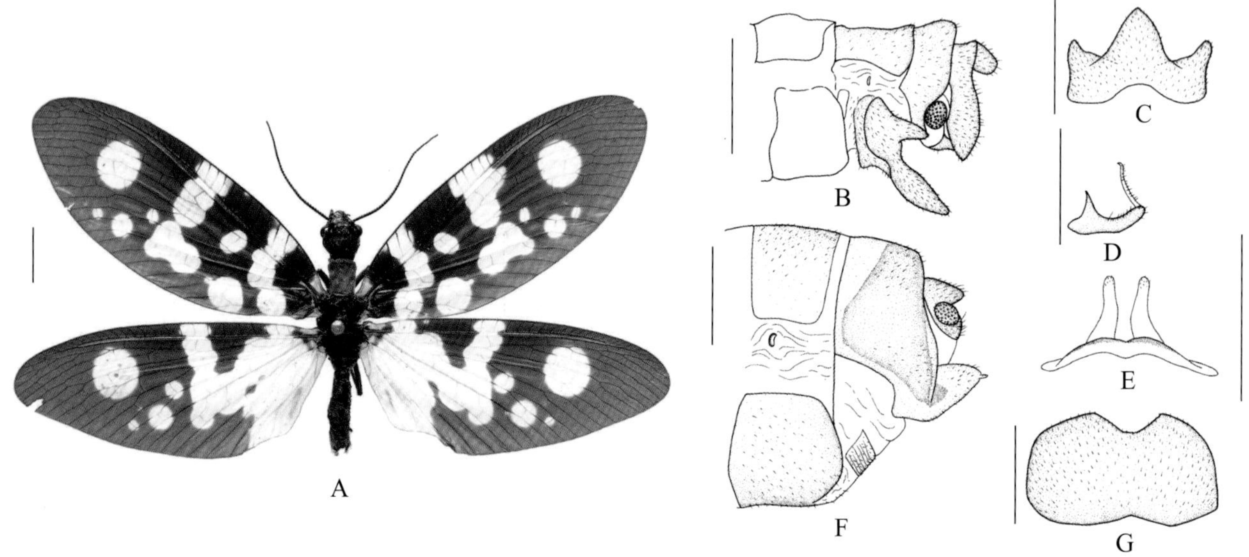

图 2-18-1 黄胸黑齿蛉 *Neurhermes tonkinensis* 形态图

（标尺：A 为 5.0 mm，B ~ G 为 1.0 mm）

A. 成虫背面观 B. 雄虫外生殖器侧面观 C. 雄虫第 9 腹板腹面观 D. 雄虫第 9 生殖刺突腹面观 E. 雄虫第 10 生殖基节 + 第 10 生殖刺突腹面观 F. 雌虫外生殖器侧面观 G. 雌虫第 8 生殖基节腹面观

【测量】 雄虫体长 22.0 ~ 23.0 mm，前翅长 30.0 ~ 32.0 mm、后翅长 28.0 ~ 30.0 mm。

【形态特征】 头部完全深黑色。复眼浅褐色，单眼淡黄色。触角近锯齿状，完全黑色。前翅基部数斑愈合成弧形带斑并连接翅前后缘，其外侧后方的圆斑与其略连接，甚至完全游离，外侧中部具 1 个略小的椭圆斑；前翅中部具 1 条连接前缘的纵条斑，靠后缘具 3 个近圆形斑，近端部者较小而圆；翅近端部 1/3 处具 1 个大圆斑。后翅斑型与前翅相似，但基半部的斑扩展成片，有时与中部的斑相互连接。翅脉黑褐色，但在乳白斑中则呈淡黄色。雄虫腹部末端第 9 背板基缘呈弧形凹缺；第 9 腹板基缘凹缺，端缘具 3 个峰突，中突最发达；肛上板上臂短粗，侧面观近方形，下臂较长，末端缩尖；第 9 生殖刺突基粗端细，基半部和端半部之间呈锐角弯曲；第 10 生殖基节端缘中央微凹，两侧各具 1 个相互靠近且向端部渐细的指状第 10 生殖刺突。

【地理分布】 贵州、云南、福建、广东、广西；越南，老挝，泰国。

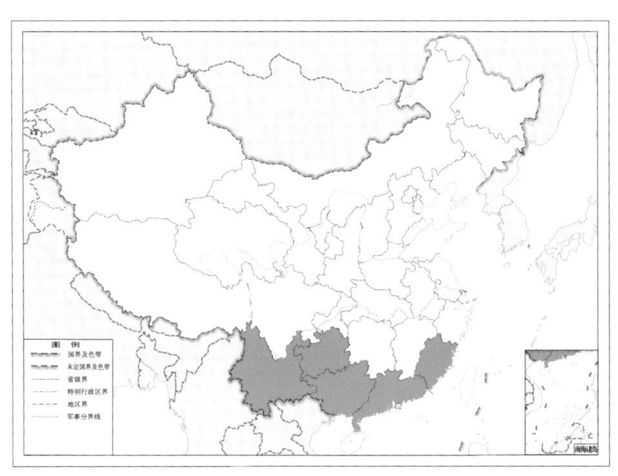

图 2-18-2 黄胸黑齿蛉 *Neurhermes tonkinensis* 地理分布图

（四）脉齿蛉属 *Nevromus* Rambur, 1842

【鉴别特征】 体中型，一般浅黄色。头部大而扁平，头顶明显方形，复眼后侧缘突短尖，但头顶无齿状突起。唇基前缘中央微凹。上唇长卵圆形，端缘中央微凹。翅大而狭长，无色透明，无斑纹；后翅臀区翅面被黄色或褐色短毛。雄虫腹部末端第 9 背板完整，基缘呈弧形凹缺，基部中央具内陷；第 9 腹板不发达，明显窄于第 8 生殖基节，近方形，端缘具凹缺；肛上板发达，长圆柱形或长带状；第 9 生殖刺突细长，末端具 1 个内弯的骨化小爪；第 10 生殖基节基部宽，端部缩小并具 1 对形状各异的突起。

【地理分布】 仅分布于东洋界。

【分类】 目前全世界已知 6 种，我国已知 3 种，本图鉴收录 3 种。

中国脉齿蛉属 *Nevromus* 分种检索表

1. 后头两侧具 1 对小黑色斑；前足胫节黑色，具黄色细纹；雄虫肛上板端部强烈缢缩、指状 ······················ 2

   后头两侧无黑色斑；前足胫节完全黑色；雄虫肛上板端部短，近三角形 ············ 印脉齿蛉 *Nevromus intimus*

2. 前胸背板黑色斑不纵向延伸；雄虫第 9 腹板后端突起向两侧强烈突伸；雄虫第 10 生殖基节后叶腹面观长宽近乎相等 ································ 阿氏脉齿蛉 *Nevromus aspoeck*

   前胸背板黑色斑纵向延伸；雄虫第 9 腹板后端突起向两侧微弱突伸；雄虫第 10 生殖基节后叶腹面观长大于宽 ································ 华脉齿蛉 *Nevromus exterior*

19. 阿氏脉齿蛉 *Nevromus aspoeck* Liu, Hayashi & Yang, 2012

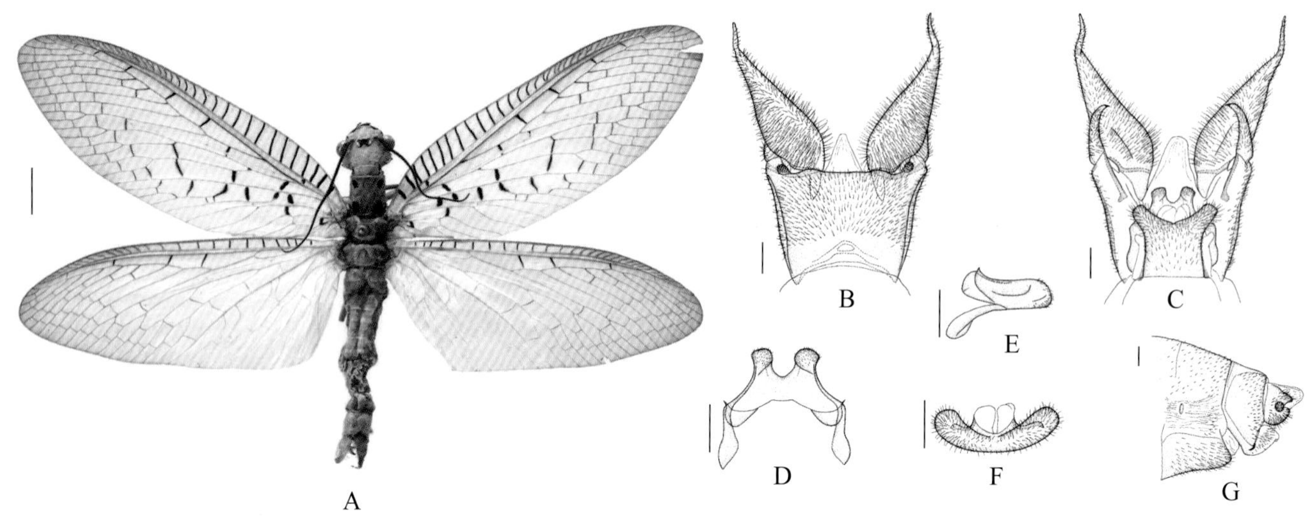

图 2-19-1 阿氏脉齿蛉 *Nevromus aspoeck* 形态图

（标尺：A 为 5.0 mm，B ~ G 为 1.0 mm）

A. 成虫背面观 B. 雄虫外生殖器背面观 C. 雄虫外生殖器腹面观 D. 雄虫第 10 生殖基节 + 第 10 生殖刺突腹面观 E. 雄虫第 10 生殖基节 + 第 10 生殖刺突侧面观 F. 雄虫第 9 腹板后面观 G. 雌虫外生殖器侧面观

【测量】 雄虫体长 45.0 ~ 50.0 mm，前翅长 39.0 ~ 41.0 mm、后翅长 36.0 ~ 37.0 mm。

【形态特征】 头黄色至黄褐色，额板后外侧角具 1 对黑斑，单眼三角区具 1 个黑色斑，后头两侧各具 1 个黑色斑，颈部腹面两侧各具 1 个小黑色斑。复眼褐色；单眼黄色，具黑色的内缘。胸部黄色至黄褐色，前胸背板侧缘具 2 对宽的黑色斑纹，没有纵向延伸。翅透明，具极浅的烟褐色；前翅基部分支及横脉间有黑色条纹；后翅前缘域的横脉及 RA 和 RP 脉间的横脉具黑色条纹。翅脉黄色，但部分翅脉黑色且具暗色条纹。雄虫腹部末端第 9 背板近梯形，基缘呈弧形凹缺，中间曲折具 1 个卵形凹缺；第 9 腹板近方形，比第 9 背板短小，端缘弧形凹缺明显，具 1 对钝尖突，非常突出且指向后外侧，后背部分中部具 1 对小的近三角形突起；第 9 生殖刺突呈细长的爪状，末端具短爪；肛上板叶状，略长于第 9 背板，沿着侧面逐渐增厚，顶端弯曲、变窄呈指状；第 10 生殖基节强骨化，侧支伸长，远端增大，端缘具 U 形凹缺，具 1 对宽而扁平的突起。

【地理分布】 云南；泰国。

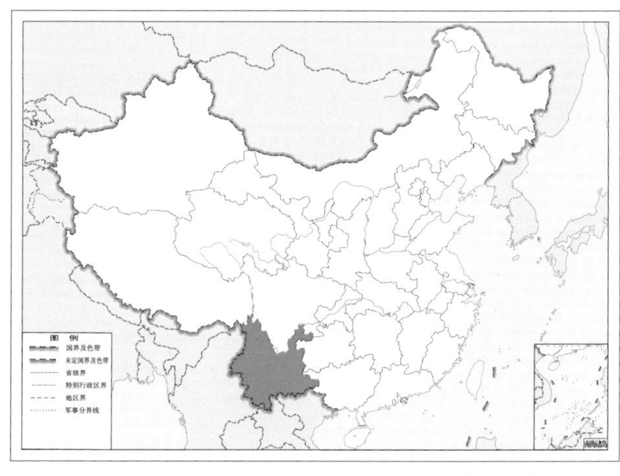

图 2-19-2 阿氏脉齿蛉 *Nevromus aspoeck* 地理分布图

20. 印脉齿蛉 *Nevromus intimus* (McLachlan, 1869)

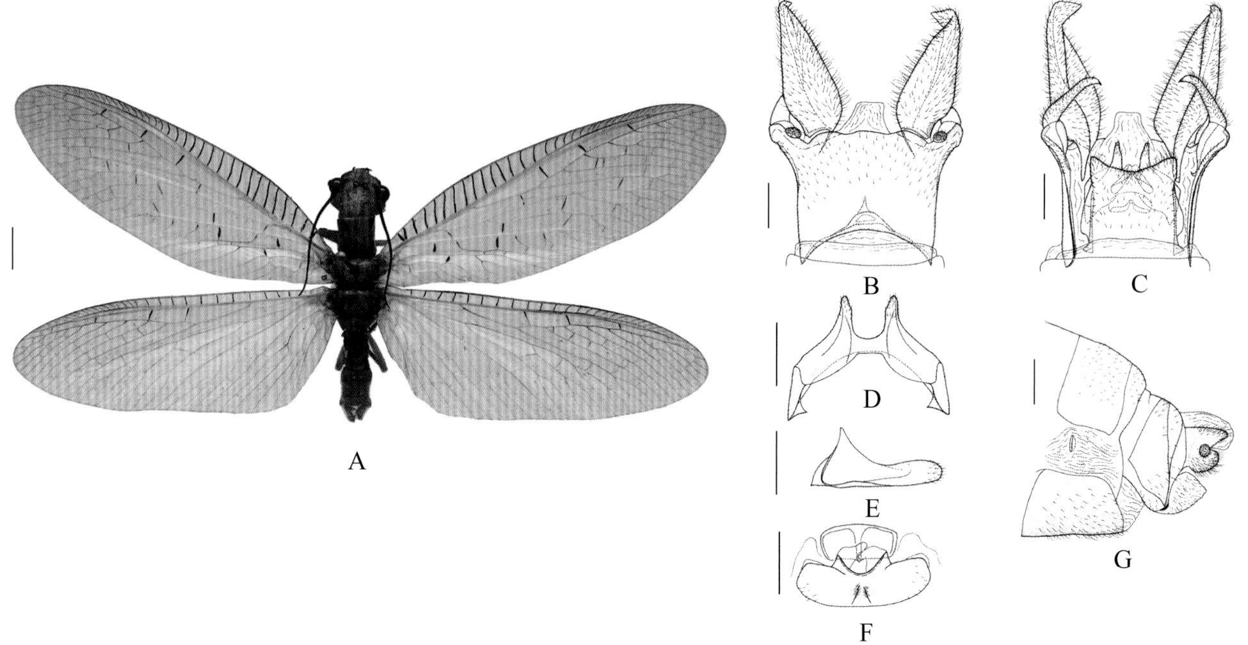

图 2-20-1 印脉齿蛉 *Nevromus intimus* 形态图

（标尺：A 为 5.0 mm，B ~ G 为 1.0 mm）

A. 成虫背面观 B. 雄虫外生殖器背面观 C. 雄虫外生殖器腹面观 D. 雄虫第 10 生殖基节 + 第 10 生殖刺突腹面观 E. 雄虫第 10 生殖基节 + 第 10 生殖刺突侧面观 F. 雄虫第 9 腹板后面观 G. 雌虫外生殖器侧面观

【测量】 雄虫体长 29.0 ~ 38.0 mm，前翅长 40.0 ~ 45.0 mm、后翅长 36.0 ~ 40.0 mm。

【形态特征】 头黄色至黄褐色，额板后外侧角具 1 对黑色斑，单眼三角区具 1 个黑色斑。复眼褐色；单眼黄色，具黑色的内缘。前胸背板两侧具 2 对近椭圆形黑色斑，后 1 对黑色斑比前 1 对黑色斑略大些，中胸、后胸黄色。翅透明，具极浅的烟褐色；前翅基部分支及横脉间有黑色条纹；后翅前缘域的横脉及 RA 和 RP 间的横脉具黑色条纹。翅脉黄色，但多数横脉黑色。雄虫腹部末端第 9 背板近梯形，基缘呈弧形凹缺，中间曲折具 1 个近椭圆形凹缺；第 9 腹板近方形，比第 9 背板短小，端缘呈弧形凹缺，具 1 对钝尖突，非常突出且指向后外侧，后背部分中部具 1 对小的近三角形突起；第 9 生殖刺突呈细长的爪状，末端具短爪；肛上板叶状，略长于第 9 背板，沿侧面逐渐增厚，顶端弯曲、变短，近三角形；第 10 生殖基节强骨化，侧支呈三角形突出，端缘具 U 形凹缺。

【地理分布】 云南；印度，尼泊尔，巴基斯坦，缅甸。

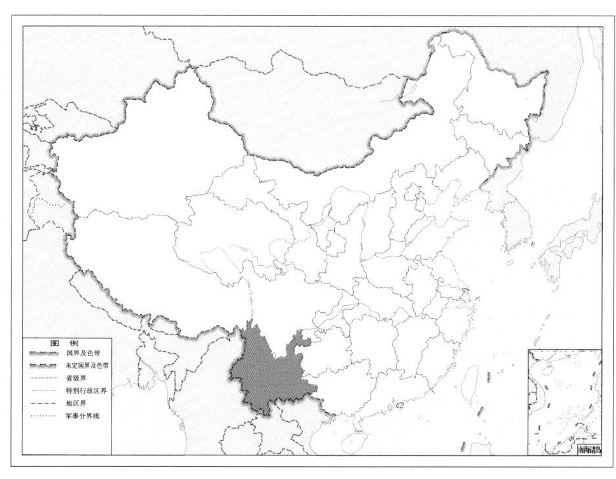

图 2-20-2 印脉齿蛉 *Nevromus intimus* 地理分布图

21. 华脉齿蛉 *Nevromus exterior* (Navás, 1927)

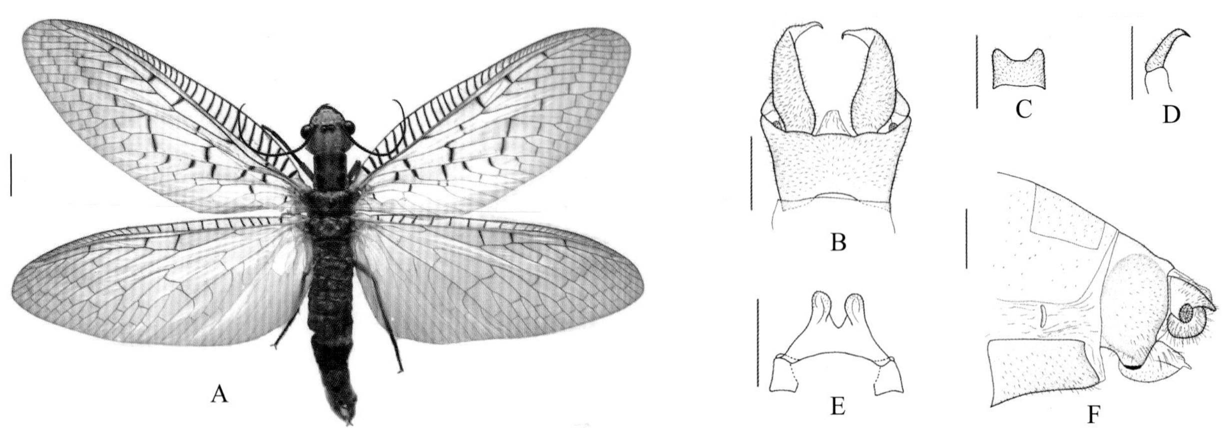

图 2-21-1 华脉齿蛉 *Nevromus exterior* 形态图

（标尺：A 为 5.0 mm，B ~ F 为 1.0 mm）

A. 成虫背面观 B. 雄虫外生殖器背面观 C. 雄虫第 9 腹板腹面观 D. 雄虫第 9 生殖刺突腹面观 E. 雄虫第 10 生殖基节 + 第 10 生殖刺突腹面观 F. 雌虫外生殖器侧面观

【测量】 雄虫体长 40.0 ~ 42.0 mm，前翅长 41.0 ~ 51.0 mm、后翅长 38.0 ~ 45.0 mm。

【形态特征】 头部浅黄色，无任何斑纹，复眼后侧缘齿短尖，后头两侧各具 1 个黑色斑。颈部腹面两侧各具 1 个小黑色斑。复眼褐色；单眼黄色，具黑色内缘。口器黄色，但上颚完全黑褐色。前胸长略大于宽，近侧缘各具 2 对黑色纵带斑。翅透明，仅端半部具极浅的烟褐色。翅脉浅褐色，但前缘横脉、径横脉及前翅基半部的横脉深褐色，且前翅径横脉及基半部的横脉有浅褐色斑。雄虫腹部末端第 9 背板基缘呈弧形浅凹；第 9 腹板短小，近方形，端缘弧形凹缺，其内面两侧具近三角形的脊；肛上板长带状，基部较宽，向端部缩尖；第 9 生殖刺突呈细长的爪状，向内弯曲；第 10 生殖基节强骨化，基部宽，端部缩小并具 1 对末端钝圆的突起。

【地理分布】 广西；越南，老挝。

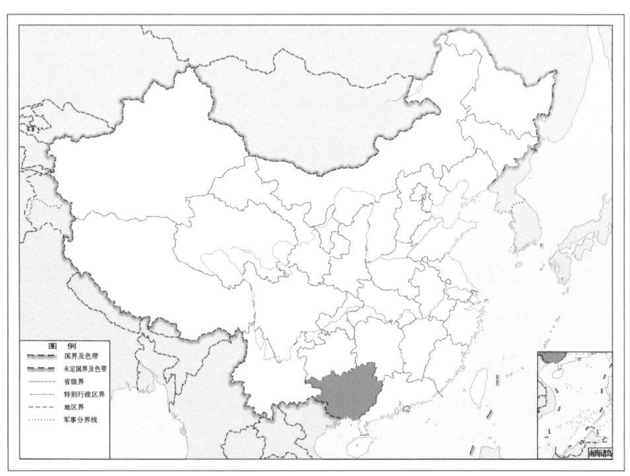

图 2-21-2 华脉齿蛉 *Nevromus exterior* 地理分布图

（五）星齿蛉属 *Protohermes* van der Weele, 1907

【鉴别特征】 体型中到大型，多浅黄色或黄褐色，但有时黑褐色。头部短粗，复眼后侧缘齿有或无。单眼球形突出，中单眼有时横长，侧单眼靠近或远离中单眼。触角近锯齿状，约为头部和前胸的总长。唇基前缘中央无凹缺；上唇近三角形。前胸长略大于宽，背板两侧具数量、形状各异的黑色斑或褐色斑。

翅大而狭长，浅烟褐色至黑褐色，多具淡黄色或乳白色的斑纹。雄虫腹部末端第 9 背板完整，基缘呈弧形凹缺；第 9 腹板多宽阔，端缘中央具 V 形或梯形凹缺，凹缺的宽窄深浅因种而异；肛上板形状变化很大，呈细指状、棒状、短圆柱状、扁平瓣状或长带状；第 9 生殖刺突爪状，多向内背侧弯曲，长短粗细因种而异；第 10 生殖基节一般呈拱形，有时具背向突伸的中突；第 10 生殖刺突指状或瘤状，有时则强烈膨大成梯形。

【地理分布】 仅限于东洋界和古北界分布，且绝大多数种类分布于东洋界，古北界仅分布 2 种。

【分类】 目前全世界已知 79 种，我国已知 46 种，本图鉴收录 42 种。我国星齿蛉属大部分物种根据外生殖器等特征被划归于 10 个种团（见分种检索表）。

中国星齿蛉属 *Protohermes* 分种检索表

1\. 前翅基部和中部具若干条乳白色或淡黄色斑纹，近端部 1/3 处多具 1 个乳白色或淡黄色圆斑 …… 2

前翅无任何浅色斑纹；如有，则仅为 3 个圆斑且位于径脉与中脉间的翅疤处 …… 31

2\. 上唇末端至上颚基部的距离约为复眼直径的 1/2 …… **异角星齿蛉种团 *Protohermes differentialis* group**，3

上唇末端至上颚基部的距离约等于复眼直径 …… 4

3\. 雄虫触角柄节强烈膨大，柄节和梗节密被长毛；肛上板短棒状，末端凹缺 …… **异角星齿蛉 *Protohermes differentialis***

雄虫触角基部不膨大且近乎裸露而无长毛；肛上板长棒状，末端无凹缺 …… **车八岭星齿蛉 *Protohermes chebalingensis***

4\. 侧单眼间距约等于触角基部间距；雄虫肛上板具 1 丛毛簇 …… 14

侧单眼间距小于触角基部间距；雄虫肛上板无毛簇 …… 5

5\. 雄虫肛上板腹面基部具 1 个向内突伸的突起 …… 6

雄虫肛上板腹面基部无向内突伸的突起 …… 9

6\. 雄虫肛上板呈长带状 …… **昌宁星齿蛉种团 *Protohermes changninganus* group**，7

雄虫肛上板呈扁平的瓣状 …… **阿萨姆星齿蛉种团 *Protohermes assamensis* group，阿萨姆星齿蛉 *Protohermes assamensis***

7\. 头顶两侧黑色斑宽阔，伸达复眼后侧片；足近乎完全黑褐色；雄虫第 9 腹板后侧突向两侧弧形弯曲 …… **弯角星齿蛉 *Protohermes curvicornis***

头顶两侧黑色斑较小，不伸达复眼后侧片；足至少在股节呈黄色或黄褐色；雄虫第 9 腹板后侧突不呈弧形弯曲 …… 8

8\. 前翅端部 1/3 处圆斑较大；足胫节大部呈黑褐色 …… **昌宁星齿蛉 *Protohermes changninganus***

前翅端部 1/3 处圆斑不明显；足胫节大部呈黄色或黄褐色 …… **淡云斑星齿蛉 *Protohermes subnubilus***

9\. 前翅前缘横脉间具褐斑 …… 10

前翅前缘横脉间无褐斑 …… **海南星齿蛉 *Protohermes hainanensis***

10\. 雄虫第 9 背板端侧角向外延伸成柄状 …… **广西星齿蛉种团 *Protohermes guangxiensis* group**，11

雄虫第 9 背板端侧角不向外延伸 …… 12

11\. 前胸背板两侧具 2 对宽阔黑色斑，且前后常连接；雄虫肛上板后面观近卵圆形，腹面观略内弯 …… **广西星齿蛉 *Protohermes guangxiensis***

前胸背板两侧具 2 对窄黑色斑，且前后远离；雄虫肛上板后面观圆形，腹面观明显内弯 …… **朱氏星齿蛉 *Protohermes zhuae***

12. 雄虫第 10 生殖基节端缘两侧的突起极发达、近梯形 … **黑色星齿蛉种团** ***Protohermes fruhstorferi*** **group**，13

雄虫第 10 生殖基节端缘两侧的突起不发达、呈小瘤突状 ……………………… **污星齿蛉** ***Protohermes infectus***

13. 头部和前胸背板完全呈黑色；雄虫第 9 腹板端缘两侧向后形成细长的突起 ……………………………………………………………………………………………… **黑色星齿蛉** ***Protohermes fruhstorferi***

头部和前胸背板黄褐色，具黑色斑；雄虫第 9 腹板端缘两侧突起较短、近三角形 ……………………………………………………………………………………… **沧源星齿蛉** ***Protohermes cangyuanensis***

14. 雄虫肛上板短柱状，末端凹缺 ………………………… **花边星齿蛉种团** ***Protohermes costalis*** **group**，15

雄虫肛上板棒状，末端不凹缺 ……………………………………………………………………… **炎黄星齿蛉种团** ***Protohermes xanthodes*** **group**，**炎黄星齿蛉** ***Protohermes xanthodes***

15. 前翅前缘域除基部 1 ~ 3 个前缘室内具明显褐斑外，其余完全无色透明 ……………………………………………………………………………… **基斑星齿蛉** ***Protohermes basimaculatus***

前翅前缘域完全透明或具大量褐色条斑 ……………………………………………………………… 16

16. 前胸背板完全黑褐色 ……………………………………………………… **黑胸星齿蛉** ***Protohermes niger***

前胸背板黄色或黄褐色，仅侧缘具黑色斑纹 ……………………………………………………… 17

17. 头顶两侧无任何黑色斑 ……………………………………………………………………… 18

头顶两侧有明显的黑色斑 ……………………………………………………………………… 22

18. 头部具复眼后侧缘齿 ………………………………………………… **多斑星齿蛉** ***Protohermes stigmosus***

头部无复眼后侧缘齿 ……………………………………………………………………………… 19

19. 中后足胫节完全黄色；雄虫第 9 腹板端缘平截 ………………… **云南星齿蛉** ***Protohermes yunnanensis***

中后足胫节端部黑褐色；雄虫第 9 腹板端缘梯形凹缺 ……………………………………………… 20

20. 前胸背板近侧缘的 2 个黑色斑相互靠近 ……………………………………………………… 21

前胸背板近侧缘的 2 个黑色斑相互远离 …………………………………… **李氏星齿蛉** ***Protohermes lii***

21. 雄虫第 9 腹板端缘呈深的梯形凹缺 ………………………………… **花边星齿蛉** ***Protohermes costalis***

雄虫第 9 腹板端缘呈极浅的梯形凹缺 ……………………………… **条斑星齿蛉** ***Protohermes striatulus***

22. 前胸背板两侧各具 1 对黑色斑 ……………………………………………………………… 23

前胸背板两侧各具 2 对黑色斑 ……………………………………………………………… 27

23. 前翅前缘横脉间无任何褐色斑 ……………………………………… **中华星齿蛉** ***Protohermes sinensis***

前翅前缘横脉间具明显褐色斑 ……………………………………………………………… 24

24. 前翅端部 1/3 处有大而圆的乳白色斑 ……………………………………………………… 25

前翅端部 1/3 处无任何斑点 ………………………………………… **古田星齿蛉** ***Protohermes gutianensis***

25. 头顶两侧各具 3 个黑色斑 ………………………………………………… **杨氏星齿蛉** ***Protohermes yangi***

头顶两侧各具 1 个大黑色斑 ……………………………………………………………… 26

26. 头部仅复眼后侧缘黑褐色，上颚端半部黑色 ……………………… **福建星齿蛉** ***Protohermes fujianensis***

头部侧缘全黑色，上颚黑色 ………………………………………… **湖南星齿蛉** ***Protohermes hunanensis***

27. 雄虫第 9 腹板端缘梯形凹缺 ……………………………………………………………… 28

雄虫第 9 腹板端缘 V 形凹缺 …………………………………………… **迷星齿蛉** ***Protohermes triangulatus***

28. 触角基部 2 节黄褐色；雄虫第 9 腹板端缘深凹 …………………………………………… 29

触角基部 2 节黑色；雄虫第 9 腹板端缘浅凹 ……………………………… **东方星齿蛉** ***Protohermes orientalis***

29\. 前翅端部 1/3 处无淡黄色圆斑 ········· **尖突星齿蛉** ***Protohermes acutatus***

前翅端部 1/3 处具 1 个淡黄色圆斑 ········· 30

30\. 前翅中部的淡黄斑相互连接；雄虫肛上板外端角明显向外突出 ········· **滇印星齿蛉** ***Protohermes arunachalensis***

前翅中部的淡黄斑相互完全游离；雄虫肛上板外端角不向外突出 ········· **滇蜀星齿蛉** ***Protohermes similis***

31\. 头顶具 3 对黑色斑；雄虫肛上板长带状 ········· **兴山星齿蛉种团** ***Protohermes xingshanensis*** **group**，32

头顶无任何黑色斑或仅具 1 对黑色斑；雄虫肛上板扁宽、瓣状 ········· 34

32\. 前胸背板的黑色斑分散为若干个小点状斑 ········· **墨脱星齿蛉** ***Protohermes motuoensis***

前胸背板黑色斑仅 1 对、宽纵带状 ········· 33

33\. 后头两侧各具 1 个黑色斑，中央无黑色斑；足胫节全黑色；雄虫第 9 腹板端缘 V 形凹缺 ········· **兴山星齿蛉** ***Protohermes xingshanensis***

后头两侧各具 1 个黑色斑，中央还具 1 对黑色斑；足胫节仅窄的基部黑色；雄虫第 9 腹板端缘方形凹缺 ········· **赫氏星齿蛉** ***Protohermes horni***

34\. 雄虫前胸背板宽于头部；前翅前缘横脉间具浅褐色条纹；雄虫肛上板腹面基部具 1 个指状突 ········· **宽胸星齿蛉** ***Protohermes latus***

雄虫前胸背板窄于头部；前翅前缘横脉间无任何斑纹；雄虫肛上板腹面无指状突 ········· 35

35\. 雄虫第 9 背板近六边形，肛上板末端钝圆 ········· **寡斑星齿蛉种团** ***Protohermes parcus*** **group**，40

雄虫第 9 背板近梯形，肛上板末端缩尖 ········· **大卫星齿蛉种团** ***Protohermes davidi*** **group**，36

36\. 雄虫第 9 腹板与第 9 背板 + 肛上板近乎等长；雄虫第 9 生殖刺突内缘具凹槽 ········· **全色星齿蛉** ***Protohermes concolorus***

雄虫第 9 腹板明显短于第 9 背板 + 肛上板；雄虫第 9 生殖刺突内缘无凹槽 ········· 37

37\. 前翅径脉与中脉间具 3 个暗黄色圆斑 ········· **双斑星齿蛉** ***Protohermes dimaculatus***

前翅无任何斑纹 ········· 38

38\. 头顶两侧具黑色钩状斑；雄虫肛上板长约为第 9 背板的 2.5 倍 ········· **大卫星齿蛉** ***Protohermes davidi***

头顶无任何黑色斑；雄虫肛上板略长于或短于第 9 背板 ········· 39

39\. 前胸背板斑纹不明显；雄虫第 9 腹板后缘 V 形凹缺；雄虫第 10 生殖刺突短指状 ········· **湖北星齿蛉** ***Protohermes hubeiensis***

前胸背板两侧具明显黑色纵斑；雄虫第 9 腹板后缘梯形凹缺；雄虫第 10 生殖刺突棒状 ········· **独龙星齿蛉** ***Protohermes dulongjiangensis***

40\. 前胸背板两侧具 1 对黑色纵斑；雄虫肛上板端半部内弯 ········· **黄脉星齿蛉** ***Protohermes flavinervus***

前胸背板斑纹离散为若干小斑；雄虫肛上板直伸，不内弯 ········· 41

41\. 足完全淡黄色；雄虫第 9 腹板两侧缘近乎平行；雄虫肛上板宽大于长 ········· **寡斑星齿蛉** ***Protohermes parcus***

足胫节端部和跗节褐色；雄虫第 9 腹板两侧缘向两侧倾斜；雄虫肛上板长大于宽 ········· **拟寡斑星齿蛉** ***Protohermes subparcus***

注：卡氏星齿蛉 *Protohermes cavaleriei*、报喜星齿蛉 *Protohermes festivus*、黄茎星齿蛉 *Protohermes flavipennis*、威利星齿蛉 *Protohermes weelei* 与检索表中部分种有同物异名（作者未发表资料），所以未编入本检索表。

22. 尖突星齿蛉 *Protohermes acutatus* Liu, Hayashi & Yang, 2007

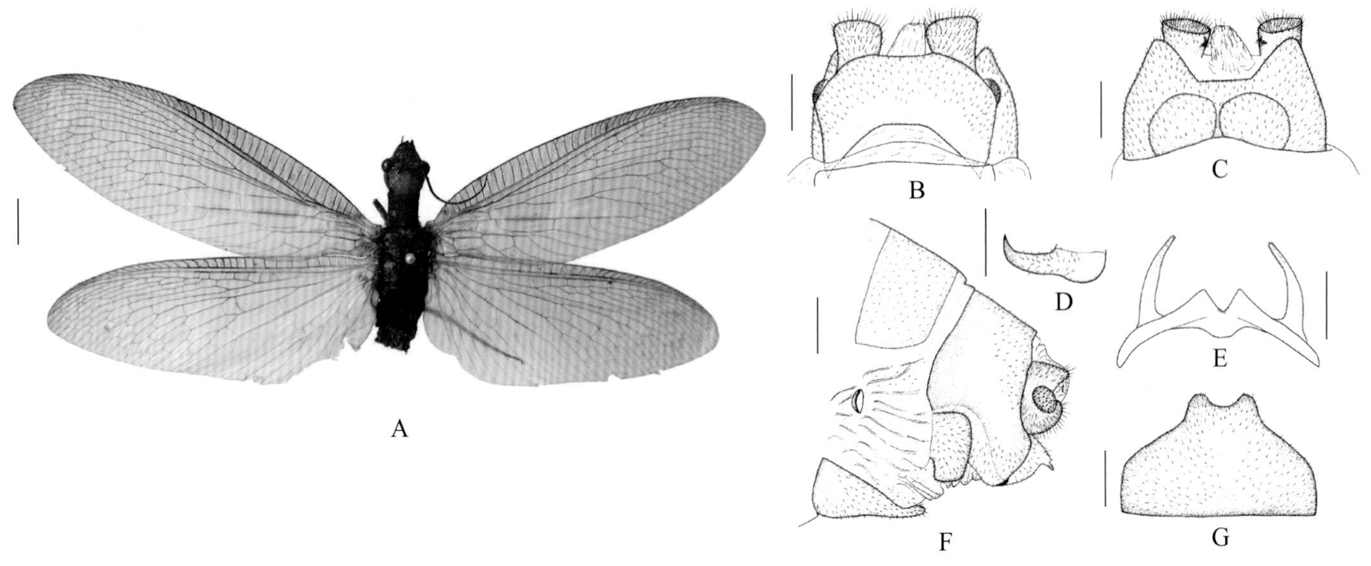

图 2-22-1 尖突星齿蛉 *Protohermes acutatus* 形态图

（标尺：A 为 5.0 mm，B ~ G 为 1.0 mm）

A. 成虫背面观 B. 雄虫外生殖器背面观 C. 雄虫外生殖器腹面观 D. 第 9 生殖刺突后面观
E. 雄虫第 10 生殖基节 + 第 10 生殖刺突腹面观 F. 雌虫外生殖器侧面观 G. 雌虫第 8 生殖基节腹面观

【测量】 雄虫体长 30.0 ~ 32.0 mm，前翅长 41.0 ~ 42.0 mm、后翅长 37.0 ~ 38.0 mm。

【形态特征】 头部黄褐色，头顶方形，无复眼后侧缘齿；头顶两侧各具 3 个褐斑或黑色斑。复眼褐色；单眼黄褐色，其内缘黑褐色，中单眼横长，侧单眼远离中单眼。前胸黄褐色，长略大于宽，背板两侧各具 2 条黑色纵带斑；中后胸淡黄色至黄褐色，背板两侧浅褐色。前翅透明，具极浅的烟褐色，前缘横脉间无明显褐色斑，翅基部具 1 个大淡黄斑，中部具 3 ~ 4 个淡黄斑，翅端部 1/3 处具 1 个极小的白色点斑；后翅较前翅色浅，端部 1/3 处具 1 个极小的白色点斑。翅脉黑褐色，但在淡黄斑中呈黄色。雄虫腹部末端第 9 背板近长方形，基缘梯形凹缺，端缘微凹；第 9 腹板宽阔，中部明显隆起，端缘梯形凹缺，两侧各形成 1 个末端钝圆的三角形突起；肛上板短柱状，外端角不突出，末端微凹且密生长毛，肛上板腹面内端角具 1 个小突，其上具 1 丛毛簇；第 9 生殖刺突具基粗端细略向内背侧弯曲的爪；第 10 生殖基节拱形，基缘背中突稍隆起，端缘中央具 1 个较大的 V 形凹缺，两侧各形成 1 个尖锐的三角形突起；第 10 生殖刺突指状，其端半部明显变细且向内弯曲。

【地理分布】 陕西、湖北、重庆。

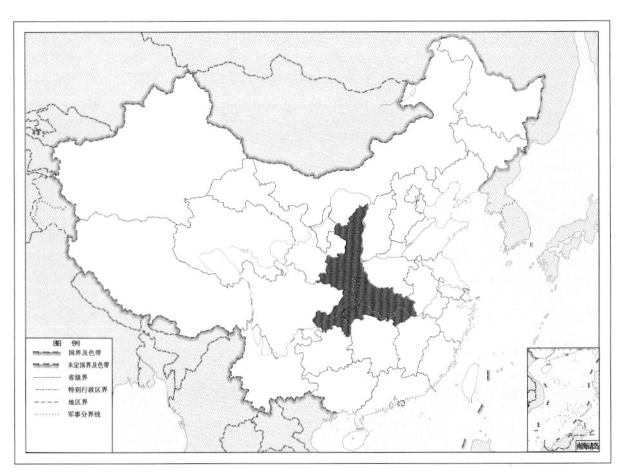

图 2-22-2 尖突星齿蛉 *Protohermes acutatus* 地理分布图

23. 滇印星齿蛉 *Protohermes arunachalensis* Ghosh, 1991

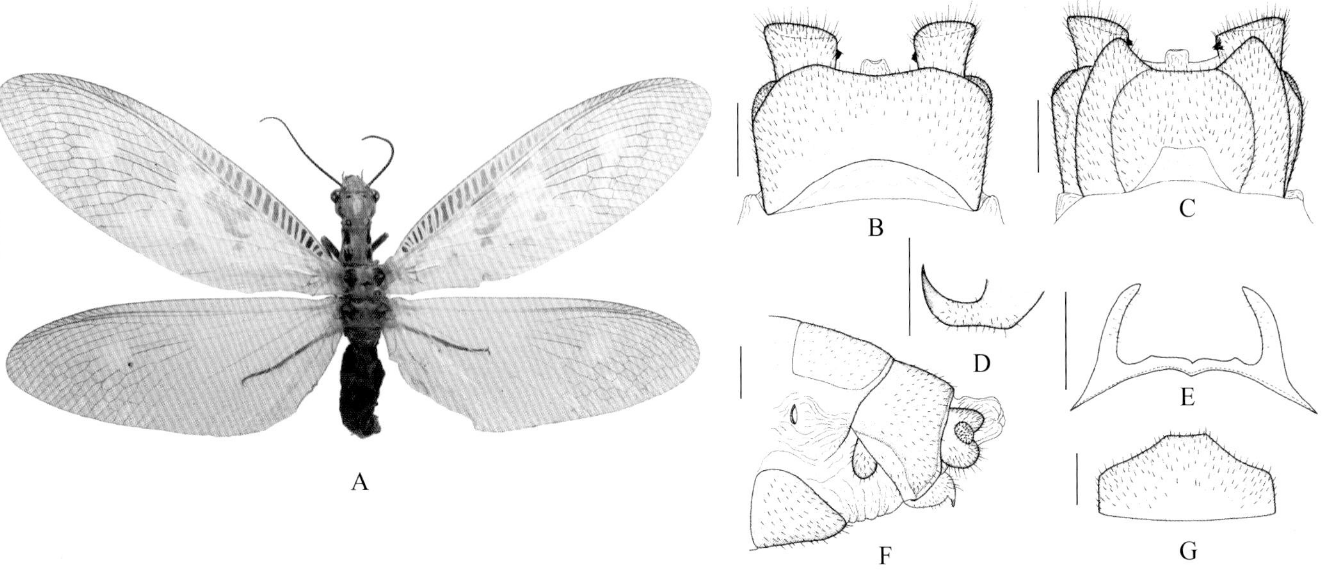

图 2-23-1　滇印星齿蛉 *Protohermes arunachalensis* 形态图

（标尺：A 为 5.0 mm，B ~ G 为 1.0 mm）

A. 成虫背面观　B. 雄虫外生殖器背面观　C. 雄虫外生殖器腹面观　D. 第 9 生殖刺突后面观　E. 雄虫第 10 生殖基节 + 第 10 生殖刺突腹面观　F. 雌虫外生殖器侧面观　G. 雌虫第 8 生殖基节腹面观

【测量】 雄虫体长 29.0 ~ 35.0 mm，前翅长 40.0 ~ 45.0 mm、后翅长 34.0 ~ 40.0 mm。

【形态特征】 头部黄色，头顶后侧缘各具 2 ~ 4 个黑色斑，其中后外侧斑近三角形；头顶方形，无复眼后侧缘齿。后头两侧各具 1 个黑色斑。复眼灰褐色；单眼黄色，其内缘黑色。口器黄色，但上颚端半部黑色。前胸背板近侧缘具 2 对相互靠近的大黑色斑，背板后侧角也为黑色；中后胸暗黄色，背板两侧褐色。前翅烟褐色，前缘横脉间具明显的褐色条斑，翅基部具 1 个近三角形大淡黄斑，中部具若干连接成片的淡黄色斑，近端部 1/3 处具 1 个淡黄色圆斑。后翅较前翅色浅，基半部无色透明，近端部 1/3 处具 1 个淡黄色圆斑。翅脉淡黄色，端半部黑褐色。雄虫腹部末端第 9 背板近长方形，基缘呈弧形凹缺，端缘微凹；第 9 腹板宽阔，中部明显隆起，侧缘弧形，端缘呈梯形凹缺，两侧各形成 1 个短钝的三角形突起；肛上板短柱状，外端角明显向外突出，肛上板腹面内端角略突出，其上具 1 丛毛簇；第 9 生殖刺突呈基粗端细的爪状，略向内背侧弯曲；第 10 生殖基节拱形，基缘背中突稍隆起，端缘中央具 1 个极小的凹缺；第 10 生殖刺突呈粗长的指状。

【地理分布】 云南；印度。

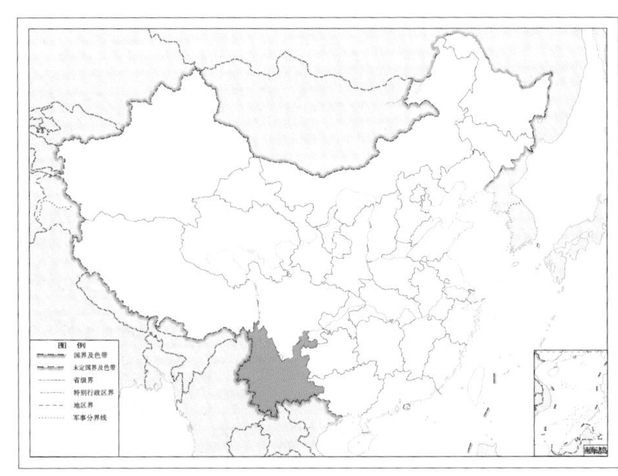

图 2-23-2　滇印星齿蛉 *Protohermes arunachalensis* 地理分布图

24. 阿萨姆星齿蛉 *Protohermes assamensis* Kimmins, 1948

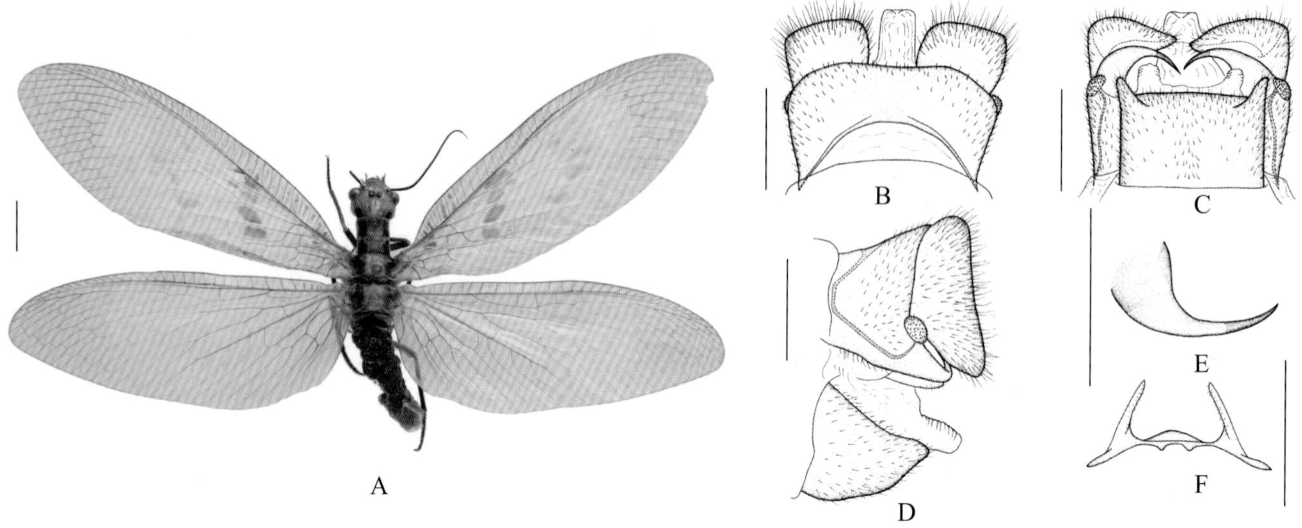

图 2-24-1 阿萨姆星齿蛉 *Protohermes assamensis* 形态图

（标尺：A 为 5.0 mm，B ~ F 为 1.0 mm）

A. 成虫背面观 B. 雄虫外生殖器背面观 C. 雄虫外生殖器腹面观 D. 雄虫外生殖器侧面观 E. 第 9 生殖刺突后面观 F. 雄虫第 10 生殖基节 + 第 10 生殖刺突腹面观

【测量】 雄虫体长 21.0 ~ 30.0 mm，前翅长 38.0 ~ 39.0 mm、后翅长 34.0 ~ 35.0 mm。

【形态特征】 头部暗黄褐色，头顶方形，无复眼后侧缘齿；头顶后侧缘各具 1 个近方形的黑色斑。复眼灰褐色；单眼黄色，其内缘黑色，侧单眼靠近中单眼。前胸背板近侧缘具 2 对近长方形的黑色斑；中后胸背板两侧略浅灰褐色。前翅透明、浅褐色；前缘室内具褐色条纹，且基部 4 个前缘室内的褐色斑颜色较深；翅基部具 1 个近三角形的大乳白斑；中部具 1 个近卵圆形的大乳白斑，其外侧斜向排列 3 个略小的乳白色圆斑。后翅近乎完全透明，仅端部略浅褐色，无任何斑纹。翅脉浅褐色，但后翅几乎淡黄色。雄虫腹部末端第 9 背板近长方形，基缘呈弧形凹缺，侧缘直，端缘近乎平截；第 9 腹板近长方形，中部隆突，端缘具浅而宽的梯形凹缺，两侧各形成 1 个近三角形的小突起；肛上板近长方形，略短于第 9 背板，宽略大于长，肛上板腹面外侧具 1 个大三角形突起，并向内突伸；第 9 生殖刺突呈爪状，基部粗，端半部细长而稍内弯；第 10 生殖基节拱形，基缘中部具 1 对短小的腹中突，背中突明显隆突；第 10 生殖刺突呈细长的指状且略向内突伸，其内侧被短毛。

【地理分布】 云南；印度。

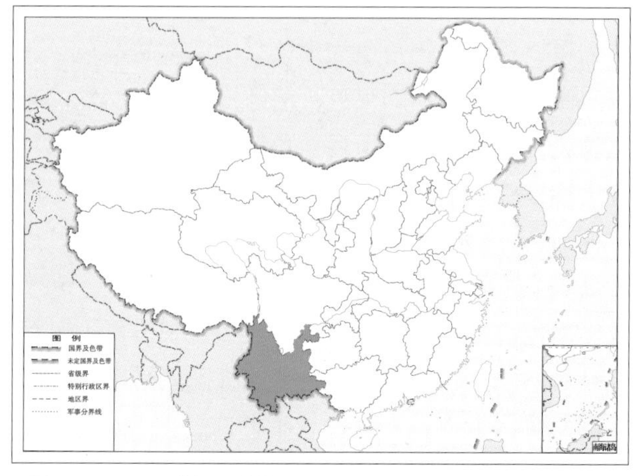

图 2-24-2 阿萨姆星齿蛉 *Protohermes assamensis* 地理分布图

25. 基斑星齿蛉 *Protohermes basimaculatus* Liu, Hayashi & Yang, 2007

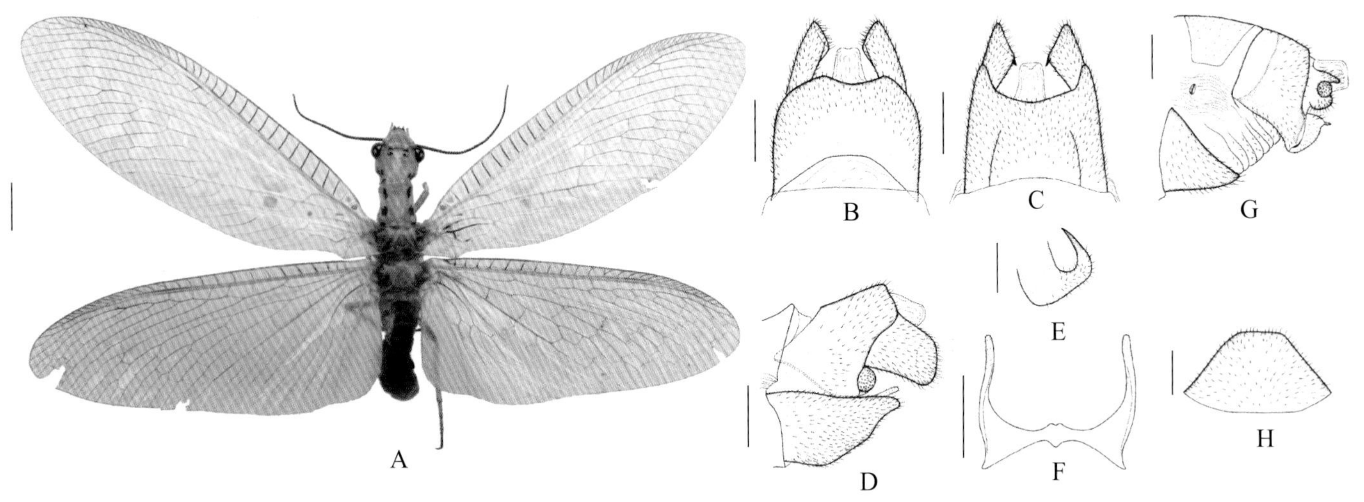

图 2-25-1 基斑星齿蛉 *Protohermes basimaculatus* 形态图
（标尺：A 为 5.0 mm，B ~ H 为 1.0 mm）

A. 成虫背面观 B. 雄虫外生殖器背面观 C. 雄虫外生殖器腹面观 D. 雄虫外生殖器侧面观 E. 第 9 生殖刺突后面观 F. 雄虫第 10 生殖基节 + 第 10 生殖刺突腹面观 G. 雌虫外生殖器侧面观 H. 雌虫第 8 生殖基节腹面观

【测量】 雄虫体长 25.0 ~ 32.0 mm，前翅长 37.0 ~ 40.0 mm、后翅长 34.0 ~ 35.0 mm。

【形态特征】 头部黄色，头顶后侧缘各具 2 个黑色斑，外侧斑近三角形而内侧斑近卵圆形；头顶方形，具短钝的复眼后侧缘齿。后头两侧各具 1 个黑色斑。复眼灰褐色；单眼黄色，其内缘黑色。口器黄色，但上颚端半部黑色。前胸背板近侧缘具 2 对相互远离的小黑色斑，其中后 1 对斑有时纵向分裂，背板后侧角黑色；中后胸暗黄褐色，背板两侧色略深。前翅具极浅的烟褐色，前缘域除基部 1 ~ 3 个前缘室内具明显褐色斑外均完全透明，翅基部具 1 个大淡黄色斑，中部具若干连接成片的淡黄斑，径横脉处也有若干小淡黄斑，近端部 1/3 处具 1 个淡黄色圆斑。后翅较前翅色浅，近端部 1/3 处具 1 个极不显著的淡黄色圆斑。翅脉淡黄色，在端域色略加深，但前缘横脉黑褐色。雄虫腹部末端第 9 背板近方形，基缘呈弧形凹缺，端缘呈弧形微凹；第 9 腹板宽阔，中部明显隆起，侧缘几乎相互平行，端缘具宽的 V 形凹缺，两侧各形成 1 个末端尖锐的三角形突起；肛上板呈短而侧扁的柱状，末端微凹且密生长毛，肛上板腹面内端角微隆，其上具 1 丛毛簇；第 9 生殖刺突呈基粗端细的爪状，向内背侧强烈弯曲；第 10 生殖基节拱形，基缘背中突稍隆起，端缘中央隆突并具 1 个小凹缺；第 10 生殖刺突长指状。

【地理分布】 云南。

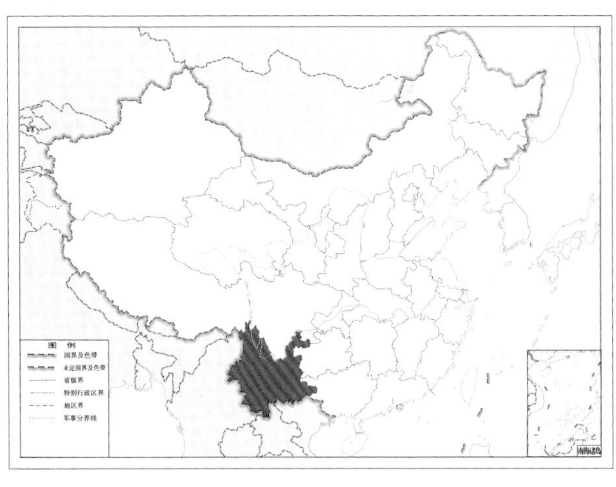

图 2-25-2 基斑星齿蛉 *Protohermes basimaculatus* 地理分布图

26. 沧源星齿蛉 *Protohermes cangyuanensis* Yang & Yang, 1988

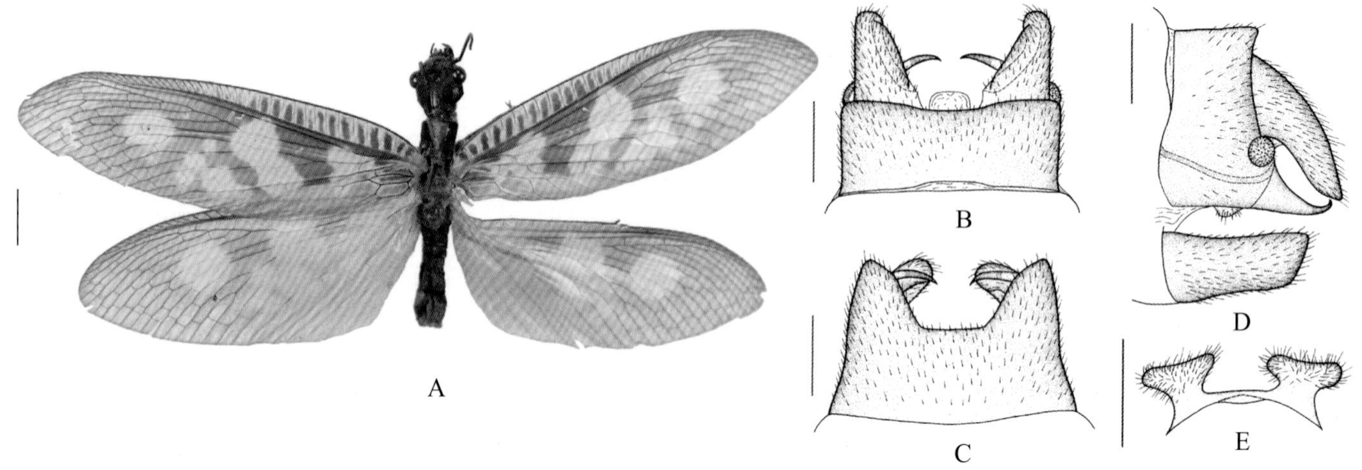

图 2-26-1 沧源星齿蛉 *Protohermes cangyuanensis* 形态图
（标尺：A 为 5.0 mm，B ~ E 为 1.0 mm）
A. 成虫背面观 B. 雄虫外生殖器背面观 C. 雄虫外生殖器腹面观 D. 雄虫外生殖器侧面观
E. 雄虫第 10 生殖基节 + 第 10 生殖刺突腹面观

【测量】 雄虫体长 31.0 ~ 32.0 mm，前翅长 33.0 ~ 35.0 mm、后翅长 31.0 ~ 32.0 mm。

【形态特征】 头部黄褐色；头顶两侧各具 1 个大黑色斑，中央还具 1 个深褐色斑；触角之间的区域呈浅黑色；头部腹面后侧角黑色；头顶方形，复眼后侧缘齿短尖。后头两侧各具 1 个大黑色斑，中央具 2 个小黑色斑。复眼褐色；单眼黄色，具黑色内缘，中单眼不横长，侧单眼靠近中单眼。前胸黄褐色，两侧各具1条宽的黑色纵带斑；中后胸黄色，两侧各具 1 对褐色斑。前翅灰褐色，前缘横脉间具褐色条纹，翅基部具 1 个乳白斑，中部内侧具 1 条大的乳白色带状斑、外侧具 2 ~ 3 个略连接的小斑，翅端部 1/3 处具 1 个乳白色大圆斑。后翅色浅，基半部几乎完全透明，中部具 1 个不明显的乳白色斑，端部 1/3 处具 1 个乳白色大圆斑。翅脉褐色，但在乳白斑内呈浅黄色，前缘横脉浅黄褐色。雄虫腹部末端第 9 背板近长方形，侧缘直，基缘和端缘中央微凹；第 9 腹板近长方形，端缘梯形凹缺，两侧各形成 1 个三角形突起；肛上板指状，内侧具 1 个纵向的凹槽，基部膨大，端半部明显缢缩；第 9 生殖刺突呈细长的爪状，末端略内弯；第 10 生殖基节基缘呈弧形，端缘平直；第 10 生殖刺突强烈膨大、近梯形。

【地理分布】 云南。

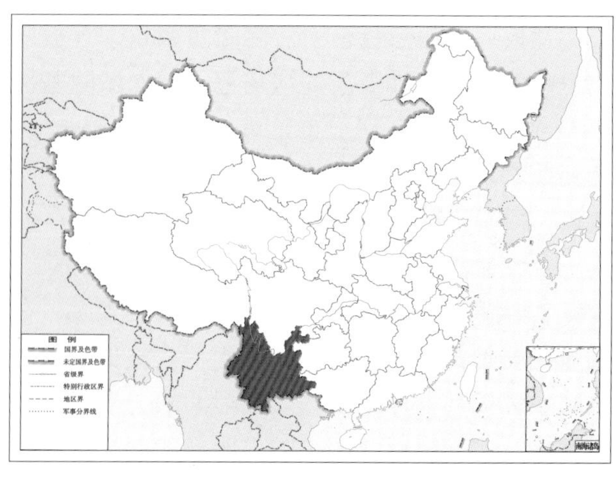

图 2-26-2 沧源星齿蛉 *Protohermes cangyuanensis* 地理分布图

27. 昌宁星齿蛉 *Protohermes changninganus* Yang & Yang, 1988

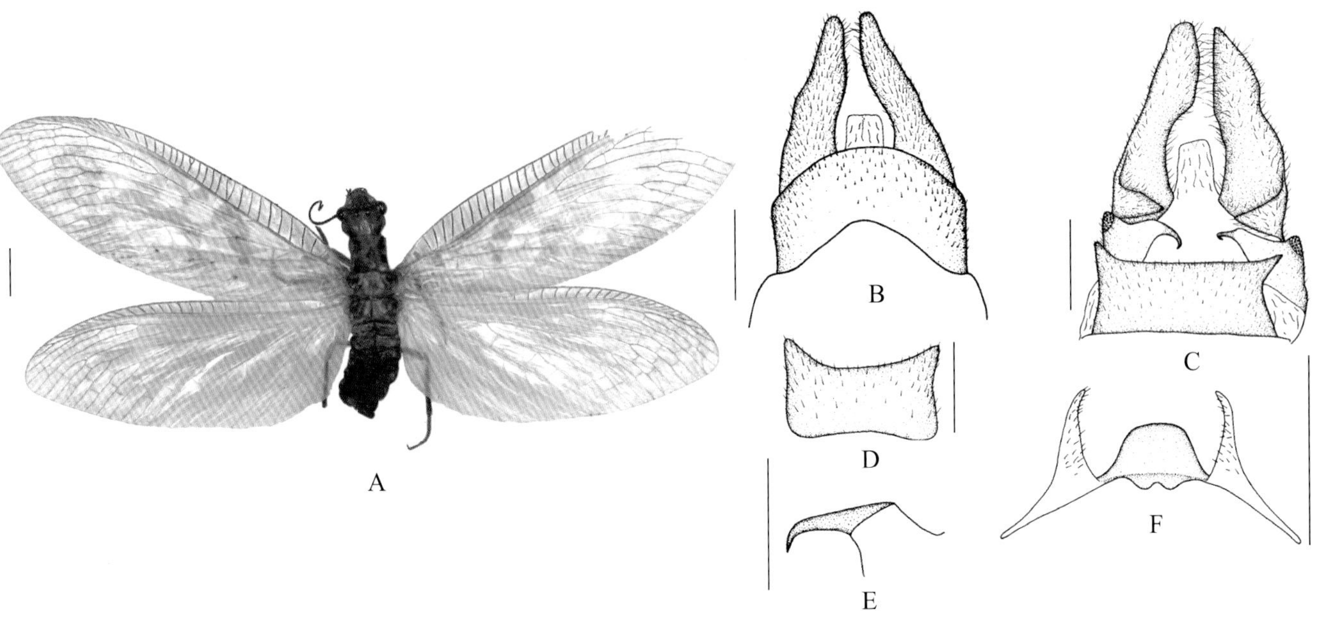

图 2-27-1　昌宁星齿蛉 *Protohermes changninganus* 形态图

（标尺：A 为 5.0 mm，B ~ F 为 1.0 mm）

A. 成虫背面观　B. 雄虫外生殖器背面观　C. 雄虫外生殖器腹面观　D. 雄虫第 9 腹板腹面观　E. 雄虫第 9 生殖刺突腹面观　F. 雄虫第 10 生殖基节 + 第 10 生殖刺突腹面观

【测量】 雄虫体长 30.0 mm，前翅长 40.0 mm、后翅长 36.0 mm。

【形态特征】 头部暗黄色；头顶方形，复眼后侧缘齿不明显；头顶后侧缘各具 1 对黑色斑。复眼褐色；单眼黄色，其内缘黑色，中单眼较横长，侧单眼靠近中单眼。前胸背板近侧缘具 2 对较宽的黑色斑，中后胸背板两侧各具 1 对褐色斑。前翅透明，呈极浅的褐色；前缘横脉具不明显的浅褐色条纹；翅基部具 1 个大乳白斑，中部具 4 ~ 5 个乳白斑，端部 1/3 处具 1 个乳白色圆斑。后翅色浅，端部 1/3 处具 1 个乳白色圆斑。翅脉浅褐色，但在乳白斑内呈浅黄色。雄虫腹部末端第 9 背板近长方形，基缘呈弧形凹缺，侧缘直，端缘弧形突出；第 9 腹板近长方形，端缘弧形浅凹，两侧各形成 1 个近三角形的小突起；肛上板很发达、长带状，长约为第 9 背板的 1.5 倍，基部宽且向端部渐细，末端钝圆，内缘明显呈波状弯曲且密被细长的柔毛，肛上板腹面凹陷，基侧角具 1 个近三角形并向内突伸的瓣状突起；第 9 生殖刺突呈爪状，末端强烈内弯；第 10 生殖基节拱形，端缘明显隆起；第 10 生殖刺突细长，其内侧被毛。

【地理分布】 云南。

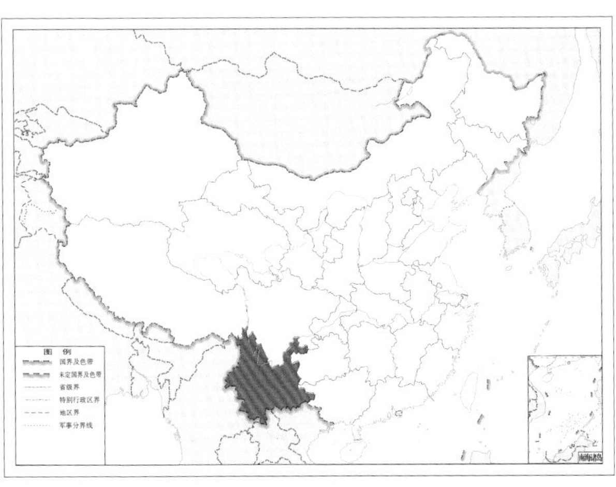

图 2-27-2　昌宁星齿蛉 *Protohermes changninganus* 地理分布图

28. 车八岭星齿蛉 *Protohermes chebalingensis* Liu & Yang, 2006

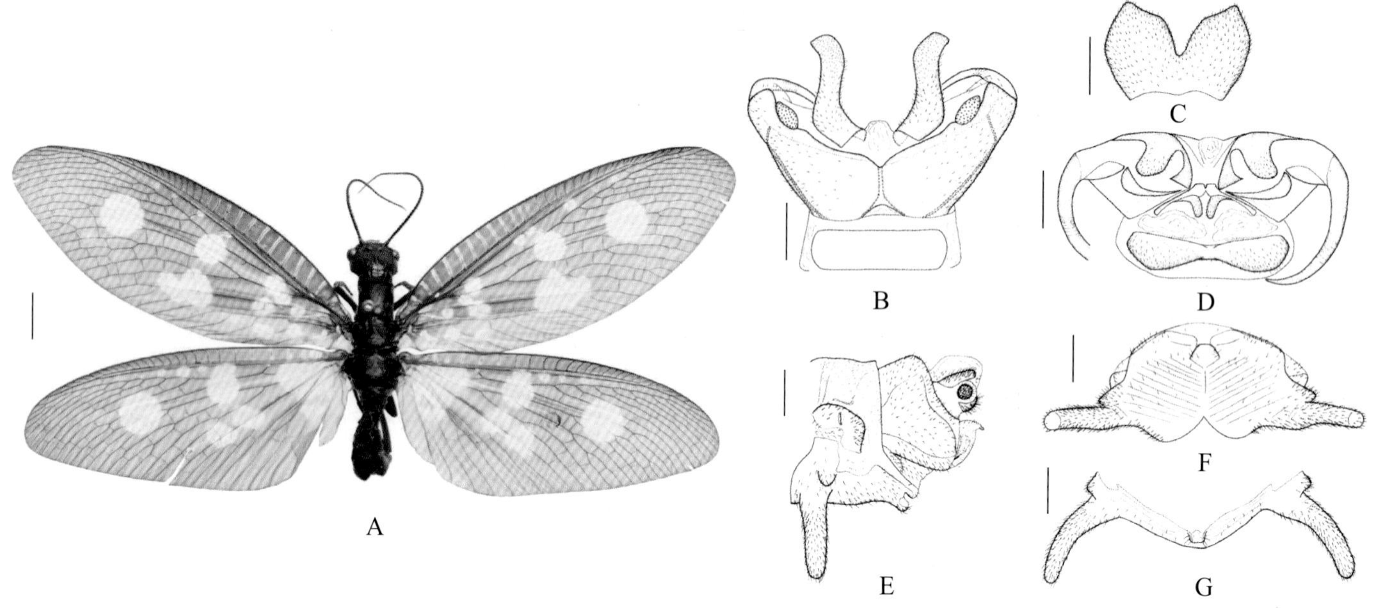

图 2-28-1 车八岭星齿蛉 *Protohermes chebalingensis* 形态图

（标尺：A 为 5.0 mm，B ~ G 为 1.0 mm）

A. 成虫背面观 B. 雄虫外生殖器背面观 C. 雄虫第 9 腹板腹面观 D. 雄虫外生殖器后面观 E. 雌虫外生殖器侧面观 F. 雌虫第 8 生殖基节腹面观 G. 雌虫第 8 生殖基节后面观

【测量】 雄虫体长 30.0 mm，前翅长 36.0 mm、后翅长 32.0 mm。

【形态特征】 头部完全黑色，略带光泽，头顶中央深褐色；无复眼后侧缘齿。复眼黑褐色；单眼暗黄色。前胸长宽近乎相等，黑褐色，背板中央及腹板深橙黄色；中后胸黑褐色，背板中央灰褐色。翅黑褐色。前翅基半部前缘横脉两侧具乳白色细纹；基部具 2 个略相连接的圆斑及 3 个小点斑；中部具 2 个圆斑，其后具 2 个相连接的斑；近端部 1/3 处具 1 个大圆斑。后翅基部完全乳白色；中部具 1 个圆斑及 1 个近三角形斑，其前后具若干小斑，并与之相连接；近端部 1/3 处具 1 个大圆斑。翅脉黑褐色，在乳白斑内则呈黄褐色。雄虫腹部末端第 9 背板近梯形，两侧强骨化并向后强烈突伸，基缘略凹缺，端缘深 V 形凹缺；第 9 腹板基缘中央隆突，端缘中央深 V 形凹缺；肛上板长棒状，末端不分叉；第 9 生殖刺突呈极发达的爪状，与肛上板约等长，向内背侧弯曲；第 10 生殖基节小，背中突近方形且中央凹缺；第 10 生殖刺突短粗，并向腹面弯曲。

【地理分布】 广东。

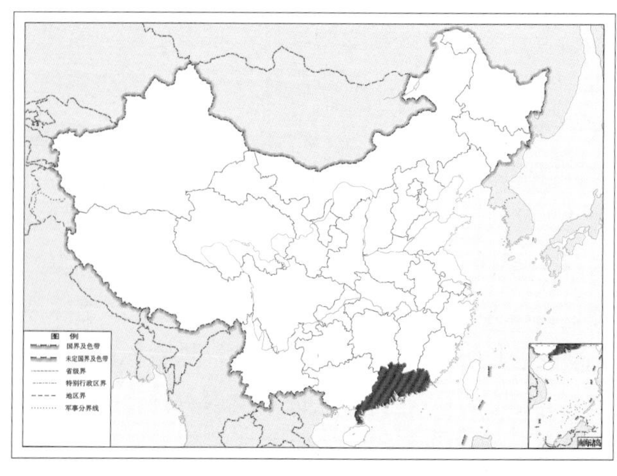

图 2-28-2 车八岭星齿蛉 *Protohermes chebalingensis* 地理分布图

29. 全色星齿蛉 *Protohermes concolorus* Yang & Yang, 1988

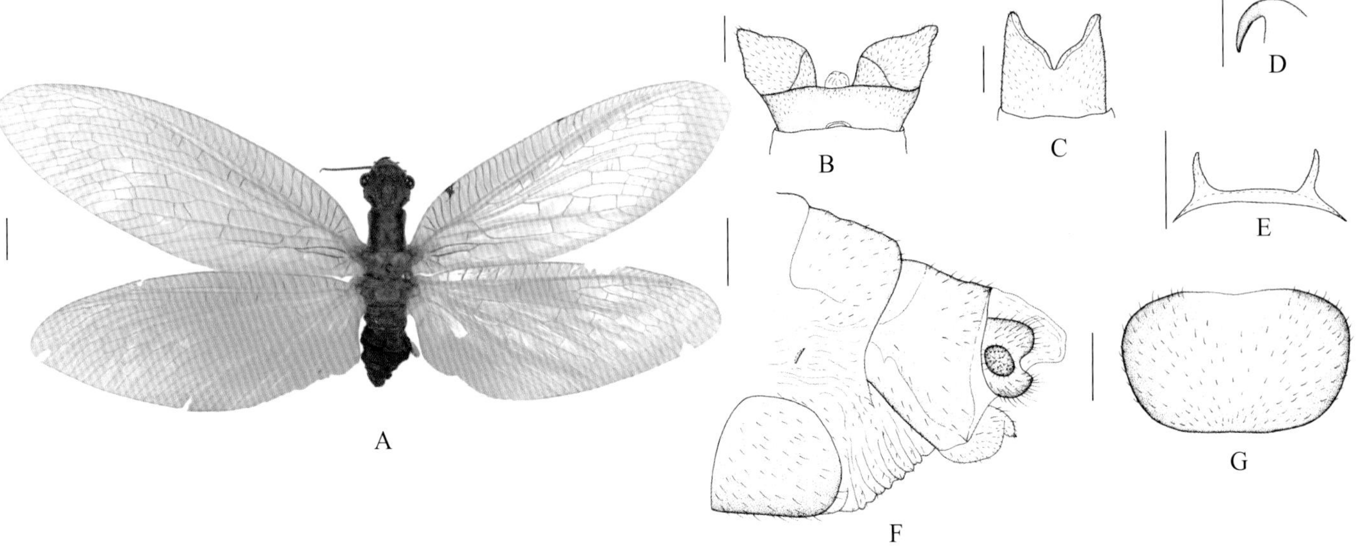

图 2-29-1 全色星齿蛉 *Protohermes concolorus* 形态图

（标尺：A 为 5.0 mm，B ~ G 为 1.0 mm）

A. 成虫背面观 B. 雄虫外生殖器背面观 C. 雄虫第 9 腹板腹面观 D. 雄虫第 9 生殖刺突腹面观
E. 雄虫第 10 生殖基节 + 第 10 生殖刺突腹面观 F. 雌虫外生殖器侧面观 G. 雌虫第 8 生殖基节腹面观

【测量】 雄虫体长 32.0 mm，前翅长 42.0 mm、后翅长 39.0 mm。

【形态特征】 头部黄色，头顶后侧缘各具 1 条黑色细钩状纹；头顶方形，复眼后侧缘齿短尖。复眼褐色；单眼黄色，其内缘浅黄褐色，侧单眼靠近中单眼。前胸背板两侧各具 1 条极不明显的浅褐色钩状纹，前侧角还各具 1 对不明显的小黑色斑；中后胸淡黄色。翅完全无色透明；翅脉浅黄色，前翅中部的横脉和臀脉基部浅褐色。雄虫腹部末端第 9 背板近梯形，基缘中央微凹，端缘平直；第 9 腹板侧缘直，近乎平行，端缘近 V 形凹缺，两侧各形成 1 个大三角形突起；肛上板呈扁平的瓣状，近菱形，末端钝圆，基部内背侧略隆起，并形成 1 个皱褶；第 9 生殖刺突呈爪状，基部粗，端半部缩小并向内强烈弯曲，内缘具 1 条长凹槽；第 10 生殖基节很小，基缘呈宽的梯形凹缺，背中突短而横宽，端缘近弧形隆起；第 10 生殖刺突呈细长的指状。

【地理分布】 云南。

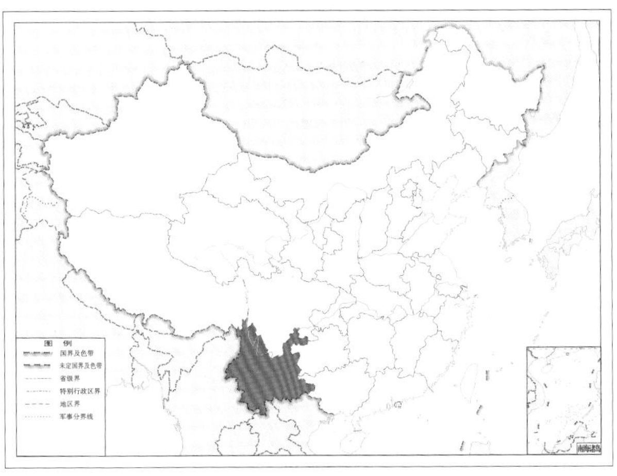

图 2-29-2 全色星齿蛉 *Protohermes concolorus* 地理分布图

30. 花边星齿蛉 *Protohermes costalis* (Walker, 1853)

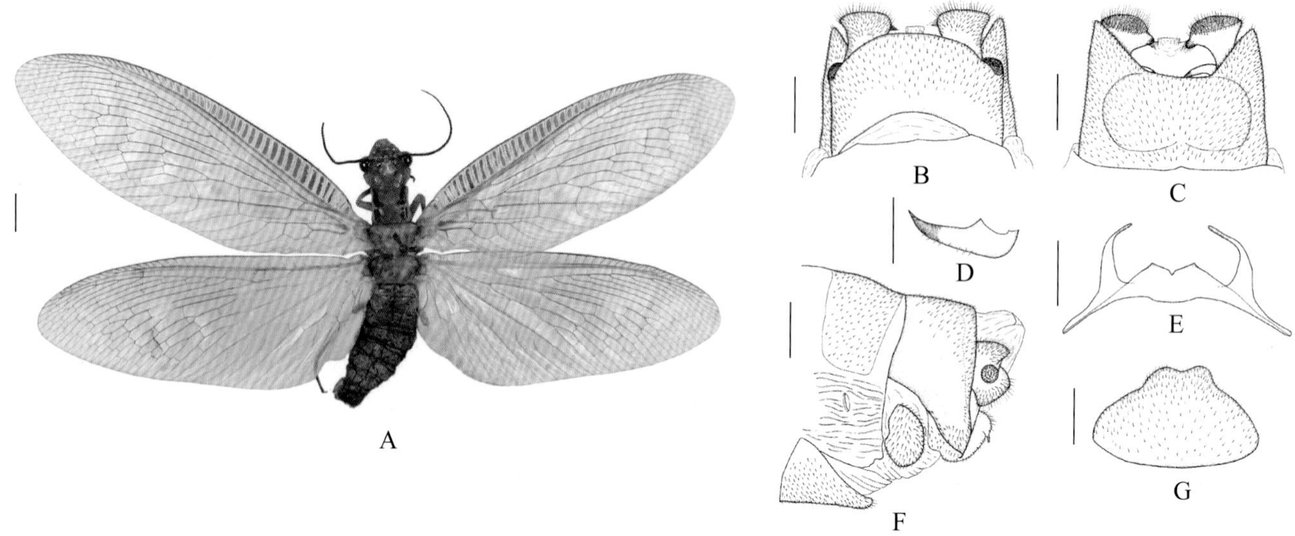

图 2-30-1 花边星齿蛉 *Protohermes costalis* 形态图

（标尺：A 为 5.0 mm，B ~ G 为 1.0 mm）

A. 成虫背面观 B. 雄虫外生殖器背面观 C. 雄虫外生殖器腹面观 D. 第 9 生殖刺突后面观 E. 雄虫第 10 生殖基节 + 第 10 生殖刺突腹面观 F. 雌虫外生殖器侧面观 G. 雌虫第 8 生殖基节腹面观

【测量】 雄虫体长 30.0 ~ 34.0 mm，前翅长 41.0 ~ 48.0 mm、后翅长 36.0 ~ 41.0 mm。

【形态特征】 头部黄褐色，无任何斑纹；头顶方形，无复眼后侧缘齿。复眼褐色；单眼黄色，其内缘黑色，中单眼横长，侧单眼远离中单眼。前胸背板近侧缘具 2 对黑色斑；中后胸背板两侧各具 1 对褐色斑。前翅半透明，浅灰褐色，前缘横脉间充满褐色斑，翅基部具 1 个大的淡黄斑，中部具 3 ~ 4 个多连接的淡黄色斑，近端部 1/3 处具 1 个淡黄色圆斑。后翅较前翅色浅，近端部 1/3 处具 1 个淡黄色圆斑。翅脉黄褐色，在淡黄斑中呈黄色。雄虫腹部末端第 9 背板近长方形，基缘呈弧形凹缺，端缘弧形隆突；第 9 腹板宽阔，中部明显隆起，侧缘几乎相互平行，端缘呈梯形凹缺，两侧各形成 1 个末端尖锐的三角形突起；肛上板短柱状，外端角略向外突伸，末端微凹且密生长毛，肛上板腹面内端角具 1 个近三角形小突，其上具 1 丛毛簇；第 9 生殖刺突具基粗端细略向内背侧弯曲的爪；第 10 生殖基节拱形，基缘背中突稍隆起，端缘中央具 1 个小的三角形凹缺并形成 1 对乳突状隆突；第 10 生殖刺突指状，其端半部明显变细且向内弯曲。

【地理分布】 河南、安徽、浙江、江西、湖南、湖北、贵州、云南、福建、台湾、广东、广西。

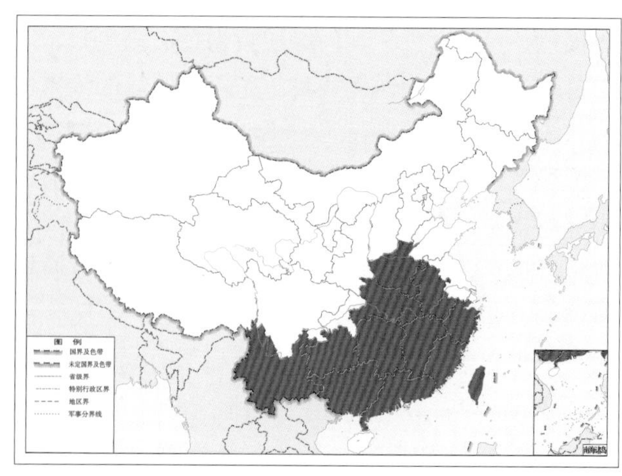

图 2-30-2 花边星齿蛉 *Protohermes costalis* 地理分布图

31. 弯角星齿蛉 *Protohermes curvicornis* Liu, Hayashi & Yang, 2013

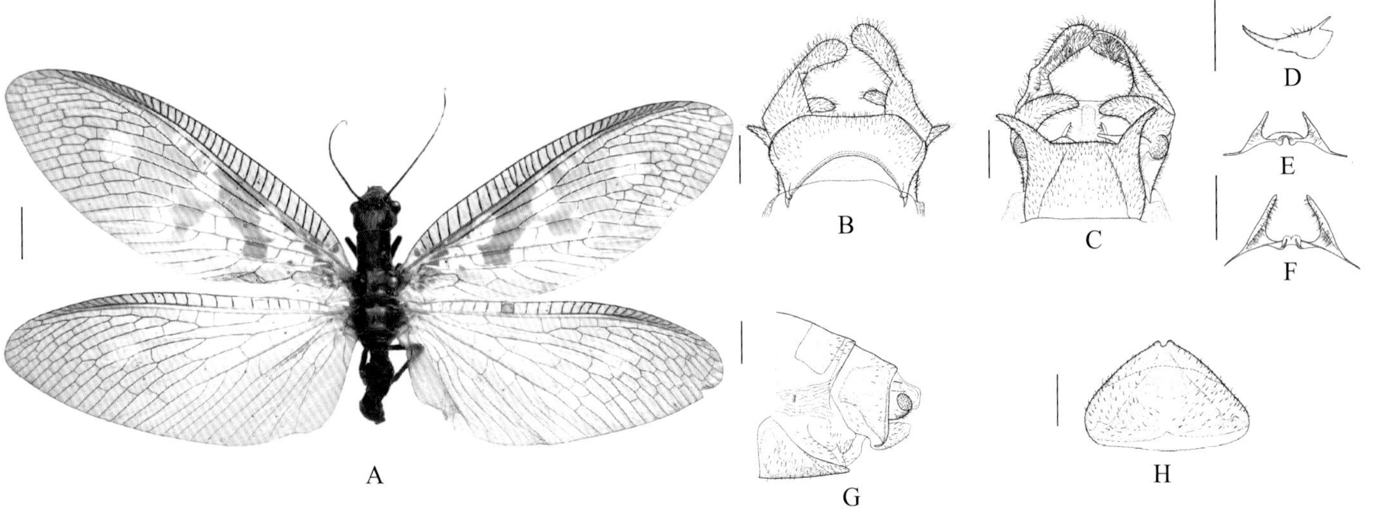

图 2-31-1 弯角星齿蛉 *Protohermes curvicornis* 形态图
（标尺：A 为 5.0 mm，B ~ H 为 1.0 mm）

A. 成虫背面观 B. 雄虫外生殖器背面观 C. 雄虫外生殖器腹面观 D. 雄虫第 9 生殖刺突腹面观 E. 雄虫第 10 生殖基节 + 第 10 生殖刺突后面观 F. 雄虫第 10 生殖基节 + 第 10 生殖刺突腹面观 G. 雌虫外生殖器侧面观 H. 雌虫第 8 生殖基节腹面观

【测量】 雄虫体长 25.0 ~ 26.0 mm，前翅长 38.0 ~ 39.0 mm、后翅长 35.0 ~ 36.0 mm。

【形态特征】 头黄褐色，头顶具 1 对长刀状的黑色斑纹；前额在单眼三角区前有时具有 1 个大黑色斑。复眼褐色；单眼黄色，其内缘黑色，侧单眼与中单眼稍微有些分离，此分离距离小于触角基部之间的距离。前胸黄褐色，前胸背板侧边缘具 2 对宽的黑色斑；前 1 对斑纹与后 1 对斑纹略微相连，中后胸稍长。翅烟褐色，有几处乳白色斑纹，前翅基部具 1 个近三角形斑纹，内侧有时具 2 ~ 4 个不规则相互连接的斑点，翅外缘 1/3 处具 1 个圆斑。后翅比前翅颜色稍暗，仅外缘有 1 个模糊的圆斑。翅脉大多黑褐色，白色斑纹上的翅脉及后翅部分翅脉淡黄色。雄虫腹部褐色，腹面微黄色；第 9 背板近方形，前缘具弧形凹缺，后缘平直；第 9 腹板近方形，与第 9 背板等长，中间膨大，后缘具 1 个梯形凹缺，形成 1 对细长指状突，侧缘弯曲；第 9 生殖刺突呈爪状，向背中线稍弯曲；肛上板长带状，基部具 1 个腹突；第 10 生殖基节拱形，背中突中等发达，腹内突成对，明显突出；第 10 生殖刺突指状，腹面刚毛密集。

【地理分布】 云南；印度。

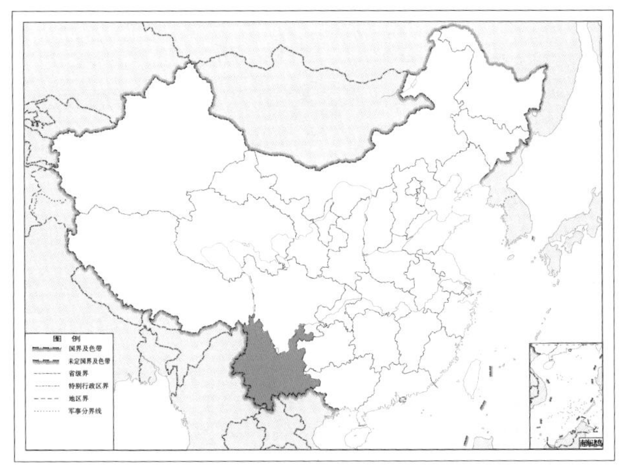

图 2-31-2 弯角星齿蛉 *Protohermes curvicornis* 地理分布图

32. 大卫星齿蛉 *Protohermes davidi* van der Weele, 1909

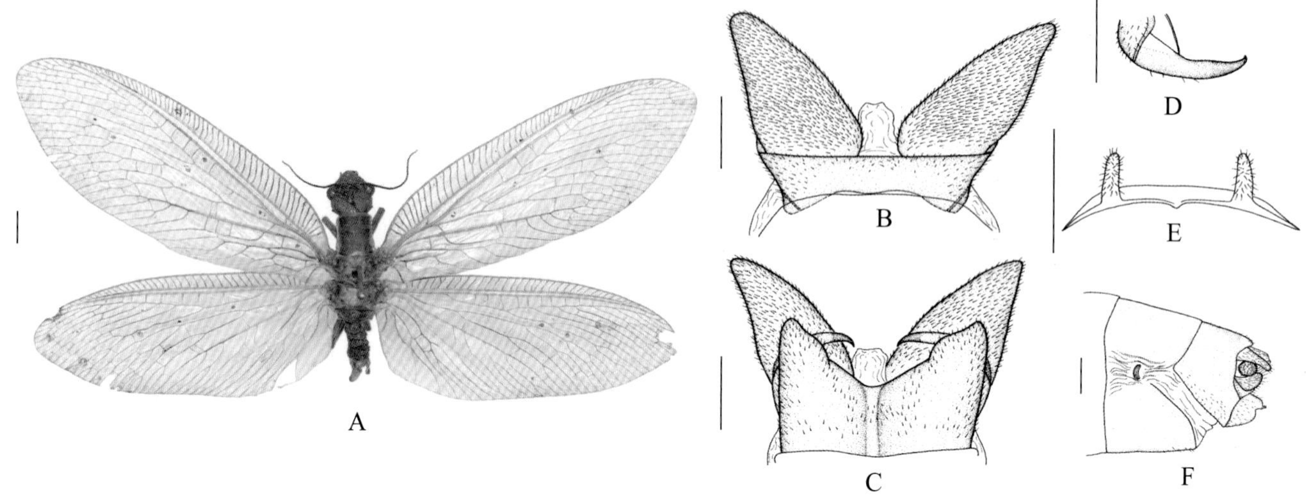

图 2-32-1　大卫星齿蛉 *Protohermes davidi* 形态图
（标尺：A 为 5.0 mm，B ~ F 为 1.0 mm）
A. 成虫背面观　B. 雄虫外生殖器背面观　C. 雄虫外生殖器腹面观　D. 雄虫第 9 生殖刺突腹面观　E. 雄虫第 10 生殖基节 + 第 10 生殖刺突腹面观　F. 雌虫外生殖器侧面观

【测量】 雄虫体长 45.0 mm，前翅长 55.0 mm、后翅长 47.0 mm。

【形态特征】 头部暗黄褐色，头顶后侧各具 1 条黑色钩状斑；头顶方形，复眼后侧缘齿发达。复眼褐色；单眼黄色，其内缘浅褐色，中单眼不明显横长，侧单眼靠近中单眼。前胸暗黄褐色，背板两侧各具 1 条黑色纵带斑；中后胸暗黄色，中胸背板两侧各具 1 个小褐色斑。翅无色透明；翅脉黄色，近翅边缘处呈浅黄褐色，仅臀脉基部浅褐色。雄虫腹部末端第 9 背板短宽，近梯形，端缘和侧缘直，基缘中央略微隆突；第 9 腹板宽阔，中部略向内凹缺，侧缘直，端缘 V 形凹缺，两侧各形成 1 个大三角形突起，且突起的末端略呈乳突状；肛上板呈扁平的瓣状，近柳叶状，长约为第 9 背板的 2.5 倍，末端钝圆；第 9 生殖刺突呈粗壮的爪状，末端略内弯。

【地理分布】 四川。

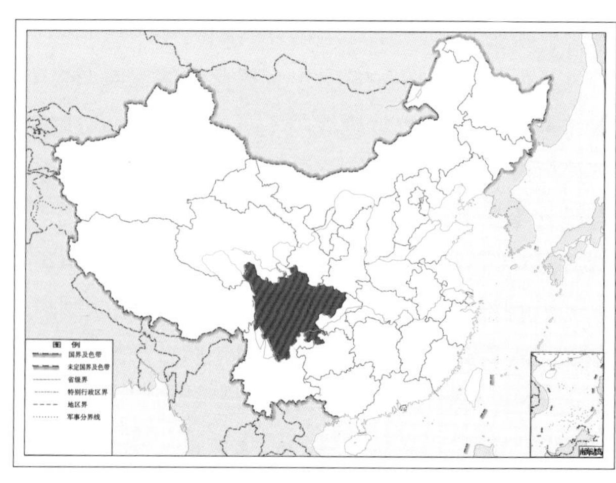

图 2-32-2　大卫星齿蛉 *Protohermes davidi* 地理分布图

33. 异角星齿蛉 *Protohermes differentialis* (Yang & Yang, 1986)

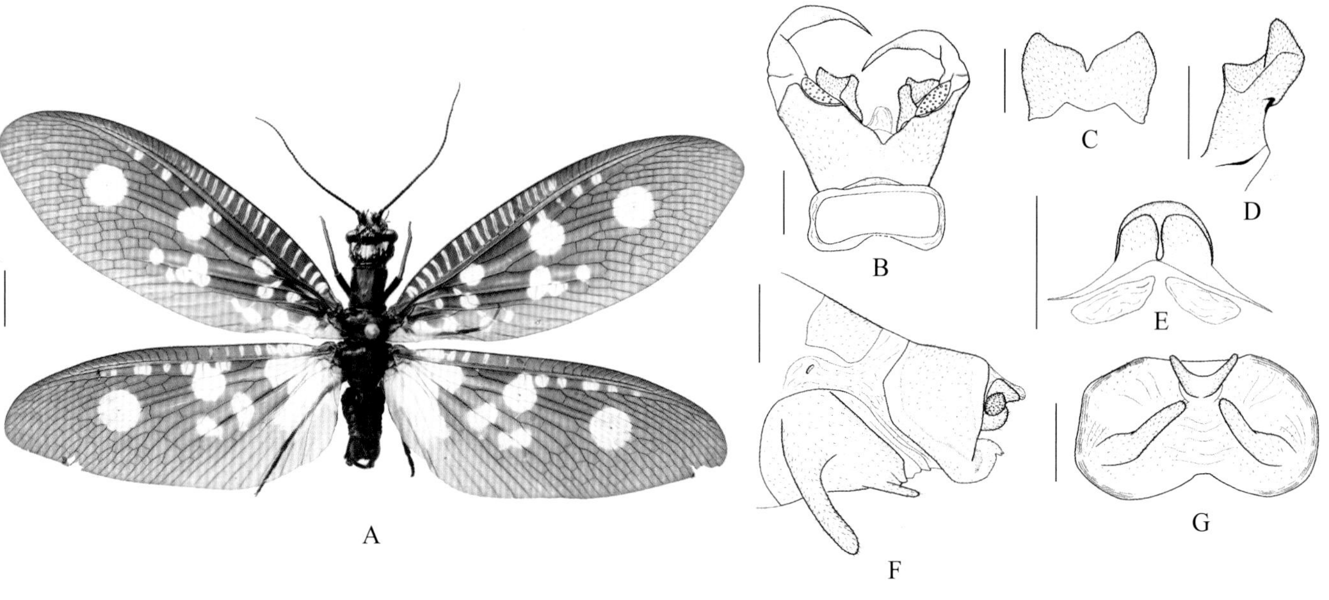

图 2-33-1 异角星齿蛉 *Protohermes differentialis* 形态图

（标尺：A 为 5.0 mm，B ~ G 为 1.0 mm）

A. 成虫背面观 B. 雄虫外生殖器背面观 C. 雄虫第 9 腹板腹面观 D. 肛上板腹面观 E. 雄虫第 10 生殖基节 + 第 10 生殖刺突腹面观 F. 雌虫外生殖器侧面观 G. 雌虫第 8 生殖基节腹面观

【测量】 雄虫体长 30.0 ~ 35.0 mm，前翅长 32.0 ~ 36.0 mm、后翅长 28.0 ~ 31.0 mm。

【形态特征】 头部完全黑色，略带光泽，额区明显隆起；头顶略呈方形，复眼后侧缘齿近乎消失。复眼浅褐色；单眼黄色。前胸橙黄色，前缘黑褐色，侧缘各具 1 条较宽的黑色纵带斑；中后胸黑褐色。翅黑褐色，具若干个乳白色斑。前翅基半部前缘横脉两侧具乳白色细纹，基部具 7 个小斑、接近翅后缘的 4 个斑稍连接，中部具 4 个斑、接近基部的 2 个斑较大，近端部 1/3 处具 1 个大圆斑。后翅基部完全乳白色，中部具 3 个略相接的近圆形斑，近端部 1/3 处具 1 个大圆斑。翅脉褐色，在乳白斑内则呈淡黄色，翅基半部的前缘横脉和少数径横脉也为淡黄色。雄虫腹部末端第 9 背板近梯形，两侧强骨化并向后强烈突伸，基缘略凹缺，端缘具深 V 形凹缺；第 9 腹板基缘中央隆突，端缘中央 V 形凹缺；肛上板短棒状，末端凹陷，外端角缩尖；第 9 生殖刺突呈极发达的爪状，长约为肛上板的 3 倍，向内背侧弯曲；第 10 生殖基节小，背中突舌形；第 10 生殖刺突短粗并向腹面弯曲。

【地理分布】 贵州、广东、广西；越南。

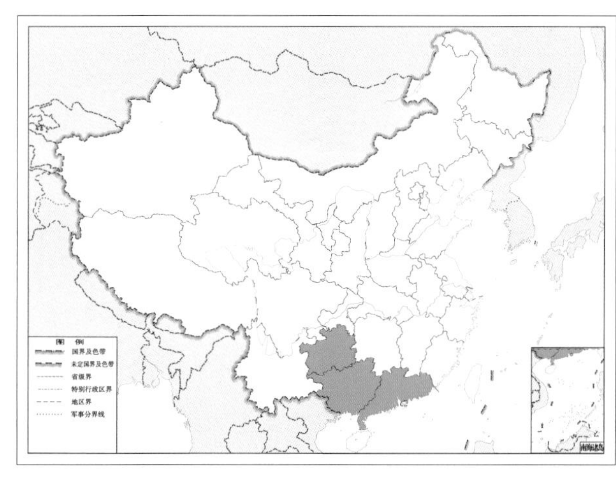

图 2-33-2 异角星齿蛉 *Protohermes differentialis* 地理分布图

34. 双斑星齿蛉 *Protohermes dimaculatus* Yang & Yang, 1988

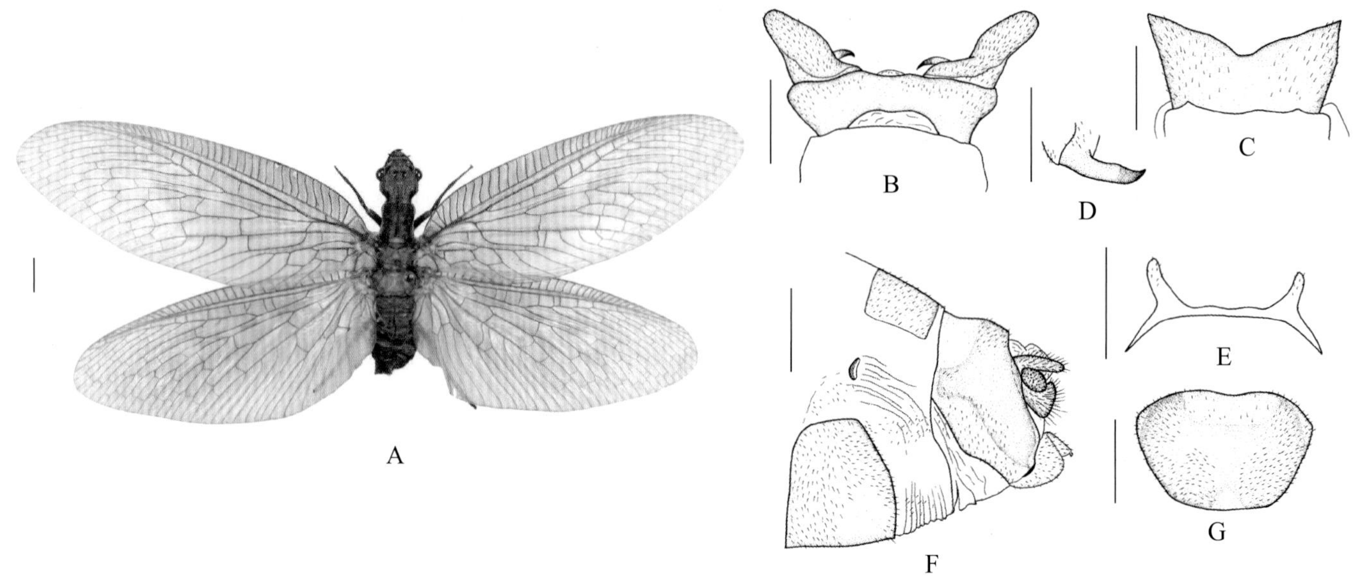

图 2-34-1 双斑星齿蛉 *Protohermes dimaculatus* 形态图

（标尺：A 为 5.0 mm，B ~ G 为 1.0 mm）

A. 成虫背面观 B. 雄虫外生殖器背面观 C. 雄虫第 9 腹板腹面观 D. 雄虫第 9 生殖刺突腹面观 E. 雄虫第 10 生殖基节 + 第 10 生殖刺突腹面观 F. 雌虫外生殖器侧面观 G. 雌虫第 8 生殖基节腹面观

【测量】 雄虫体长 35.0 ~ 42.0 mm，前翅长 49.0 ~ 54.0 mm、后翅长 44.0 ~ 46.0 mm。

【形态特征】 头部黄色；头顶后侧缘各具 1 个形状不规则的黑色斑；头顶方形，复眼后侧缘齿短尖。复眼褐色；单眼黄色，其内缘黑色，侧单眼靠近中单眼。前胸暗黄色，背板两侧各具 1 条宽的黑色纵带斑，前缘略带浅褐色，腹板黄色，前侧角各具 1 个小黑色斑；中后胸黄色，中胸背板前侧角浅褐色，前缘中央具 1 对三角形黑色斑。前翅半透明，浅褐色，径脉与中脉间具 3 个暗黄色圆斑；后翅浅褐色，径脉与中脉间具 4 个排成 1 排的淡色圆斑。翅脉完全浅褐色，翅基部的脉颜色略深而呈深褐色。雄虫腹部末端第 9 背板近梯形，基缘呈弧形凹缺，端缘微凹；第 9 腹板近梯形，端缘窄梯形凹缺并形成 1 对三角形突起；肛上板呈扁平的瓣状，基部宽而向端部缩小，略向外弯曲，末端钝圆；第 9 生殖刺突呈细长的爪状，末端略内弯；第 10 生殖基节基缘呈宽的弧形凹缺，端缘中央微凹；第 10 生殖刺突指状。

【地理分布】 贵州、云南。

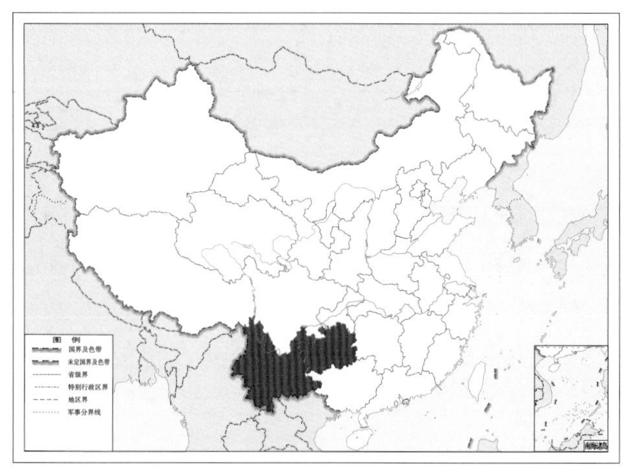

图 2-34-2 双斑星齿蛉 *Protohermes dimaculatus* 地理分布图

35. 独龙星齿蛉 *Protohermes dulongjiangensis* Liu, Hayashi & Yang, 2010

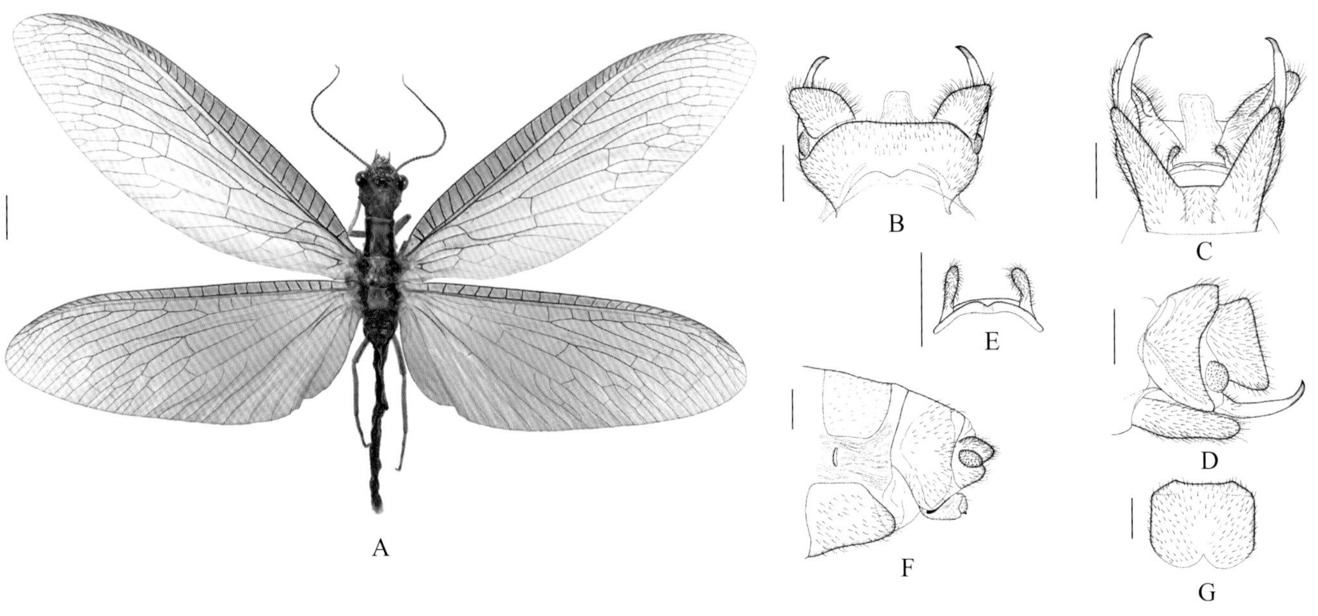

图 2-35-1　独龙星齿蛉 *Protohermes dulongjiangensis* 形态图

（标尺：A 为 5.0 mm，B ~ G 为 1.0 mm）

A. 成虫背面观　B. 雄虫外生殖器背面观　C. 雄虫外生殖器腹面观　D. 雄虫外生殖器侧面观　E. 雄虫第 10 生殖基节 + 第 10 生殖刺突腹面观　F. 雌虫外生殖器侧面观　G. 雌虫第 8 生殖基节腹面观

【测量】 雄虫体长 42.0 mm，前翅长 49.0 mm、后翅长 43.0 mm。

【形态特征】 头部黄褐色。复眼灰褐色；单眼黄色，其内缘黑色，侧单眼靠近中单眼。前胸黄色，背板两侧各具 1 条宽的黑色纵斑，背板中间颜色较暗；中胸和后胸呈淡黄色，每块背板侧面各具 1 对褐色斑。翅灰色，无斑，端部稍暗。翅脉黑褐色，臀脉颜色更暗。腹部红褐色，腹面微黄色。雄虫腹部末端第 9 背板近梯形，基缘呈弧形凹缺，但中央略隆起，端缘平直；第 9 腹板近梯形，略长于第 9 背板，侧缘斜直而端半部略内弯，端缘梯形凹缺，两侧各形成 1 片刀状瓣；第 9 生殖刺突细长、爪状，长约为第 9 背板的 1.5 倍，顶端稍弯曲；肛上板呈扁平的瓣状，略短于第 9 背板，后外侧角尖；第 10 生殖基节小，拱形，横脊中等发达，腹板侧后部具 1 个小的近三角形凹缺；第 10 生殖刺突棒状，稍膨大。

【地理分布】 云南。

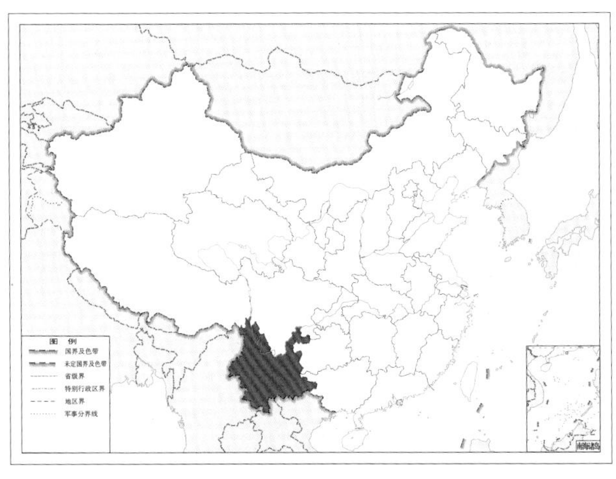

图 2-35-2　独龙星齿蛉 *Protohermes dulongjiangensis* 地理分布图

36. 黄脉星齿蛉 *Protohermes flavinervus* Liu, Hayashi & Yang, 2009

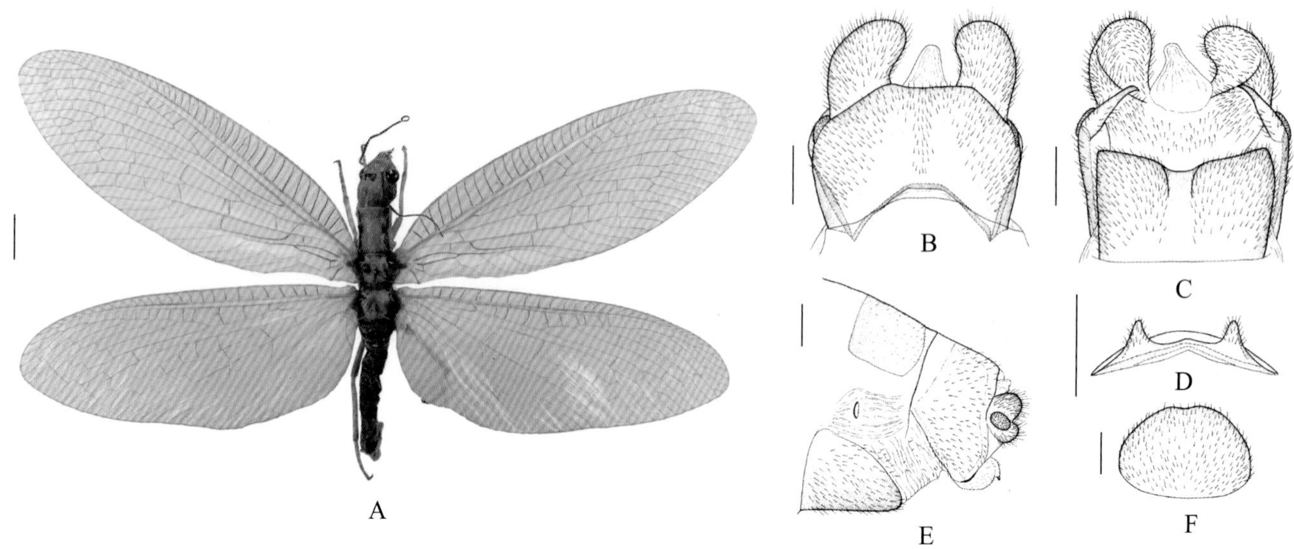

图 2-36-1 黄脉星齿蛉 *Protohermes flavinervus* 形态图

（标尺：A 为 5.0 mm，B ~ F 为 1.0 mm）

A. 成虫背面观 B. 雄虫外生殖器背面观 C. 雄虫外生殖器腹面观 D. 雄虫第 10 生殖基节 + 第 10 生殖刺突腹面观 E. 雌虫外生殖器侧面观 F. 雌虫第 8 生殖基节腹面观

【测量】 雄虫体长 34.0 ~ 39.0 mm，前翅长 41.0 ~ 45.0 mm、后翅长 37.0 ~ 39.0 mm。

【形态特征】 头部黄色。复眼深褐色；单眼黄色，其内缘黑色。前胸黄色，前胸背板侧面具 1 对黑色斑；中胸和后胸呈淡黄色，每块背板的外侧边缘具 1 对褐色斑。翅透明无斑，翅脉多数淡黄色，横脉通常带褐色或黑色。雄虫腹部末端第 9 背板宽阔，近六边形；第 9 腹板宽阔，近正方形，外边缘角具尖状突，后缘内侧有浅拱形凹缺，中部具 1 个深的缺刻；第 9 生殖刺突呈爪状，长约为第 9 背板的一半，端部稍弯曲；肛上板扁平，略短于第 9 背板，中间弧形弯曲，具钝尖；第 10 生殖基节小，背突中等发达，第 10 生殖刺突短锥状。

【地理分布】 云南。

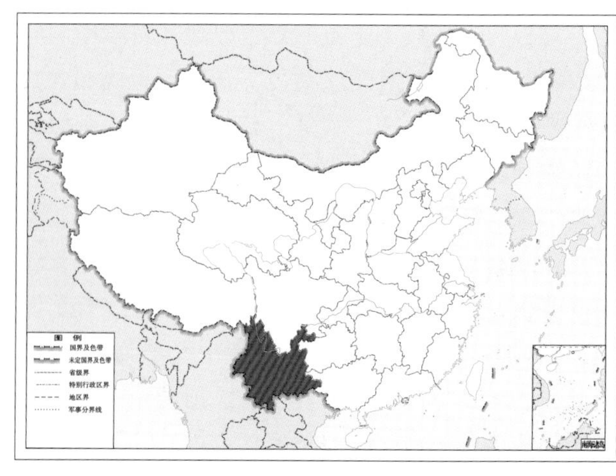

图 2-36-2 黄脉星齿蛉 *Protohermes flavinervus* 地理分布图

37. 黑色星齿蛉 *Protohermes fruhstorferi* (van der Weele, 1907)

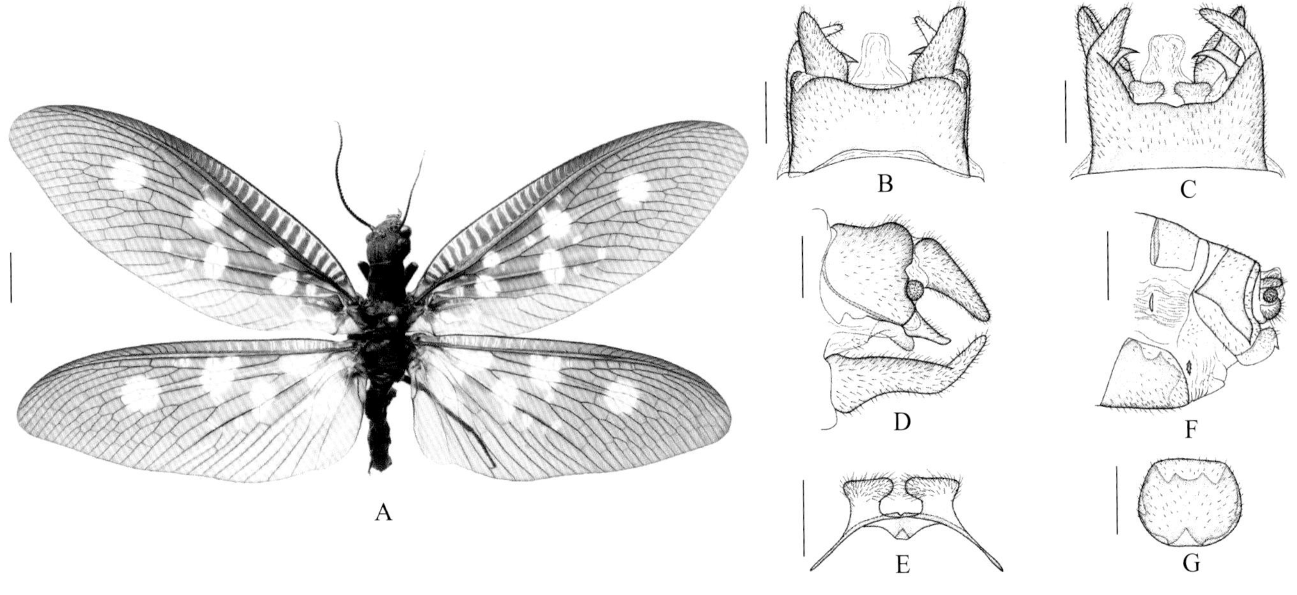

图 2-37-1　黑色星齿蛉 *Protohermes fruhstorferi* 形态图
（标尺：A 为 5.0 mm，B ~ G 为 1.0 mm）

A. 成虫背面观　B. 雄虫外生殖器背面观　C. 雄虫外生殖器腹面观　D. 雄虫外生殖器侧面观　E. 雄虫第 10 生殖基节 + 第 10 生殖刺突腹面观　F. 雌虫外生殖器腹面观　G. 雌虫第 8 生殖基节腹面观

【测量】 雄虫体长 26.0 ~ 28.0 mm，前翅长 38.0 ~ 39.0 mm、后翅长 34.0 ~ 35.0 mm。

【形态特征】 头部几乎完全黑色，仅唇基前缘为深橙黄色；头顶方形，复眼后侧缘齿短钝。复眼深褐色；单眼小，黄色，侧单眼远离中单眼。胸部黑色，但前胸腹面橙黄色。前翅浅黑色，前缘域基半部翅室内具黑褐色条纹，端半部完全黑褐色；翅基部具 4 ~ 6 个形状不规则的小乳白斑，中部具 1 个乳白色圆斑，其周围有若干细小的乳白斑，其后还有 3 个多连接的乳白斑，近端部 1/3 处具 1 个乳白色圆斑。后翅与前翅斑型相似，仅翅中部圆斑后的斑纹更加细小且分散。翅脉黑褐色，在乳白斑中为黄色。雄虫腹部末端第 9 背板近方形，基缘和端缘均浅凹；第 9 腹板宽阔，中部略隆起，端缘深梯形凹缺，两侧形成长带状突起，突起端半部向内背侧弯曲；第 9 生殖刺突呈细爪状，略内弯；肛上板与第 9 背板近乎等长，指状，斜向侧腹面突伸，内缘具 1 条纵向凹槽；第 10 生殖基节窄、弧形，侧臂长，端缘中部具 1 个小凹缺，背中突发达、近三角形且端部向背面弯折；第 10 生殖刺突强烈膨大，近梯形。

【地理分布】 广西；越南。

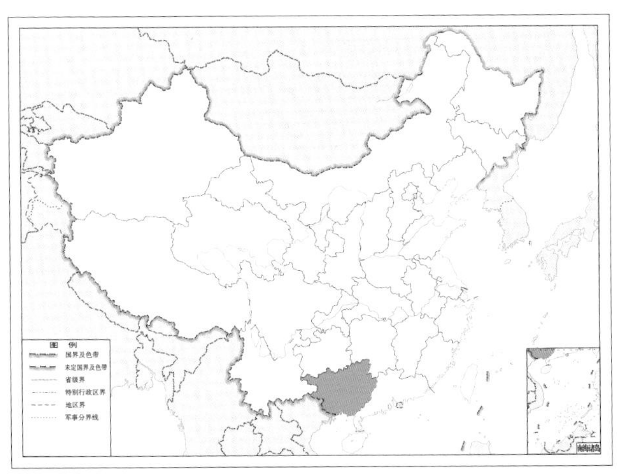

图 2-37-2　黑色星齿蛉 *Protohermes fruhstorferi* 地理分布图

38. 福建星齿蛉 *Protohermes fujianensis* Yang & Yang, 1999

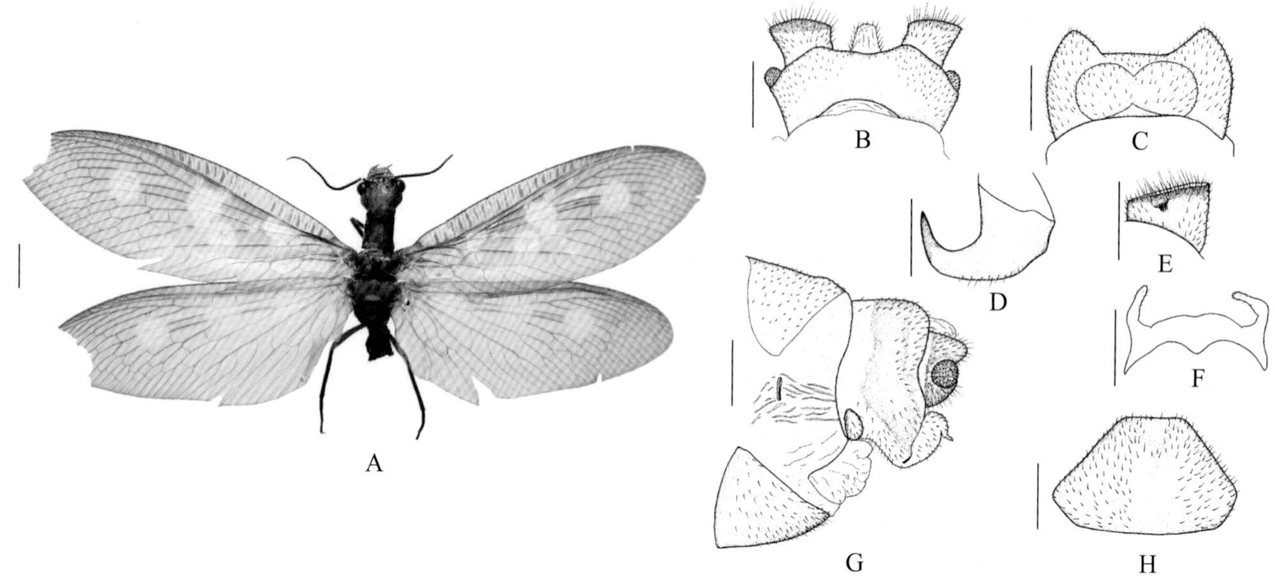

图 2-38-1　福建星齿蛉 *Protohermes fujianensis* 形态图

（标尺：A 为 5.0 mm，B ~ H 为 1.0 mm）

A. 成虫背面观　B. 雄虫外生殖器背面观　C. 雄虫第 9 腹板腹面观　D. 雄虫第 9 生殖刺突后面观　E. 雄虫肛上板腹面观　F. 雄虫第 10 生殖基节 + 第 10 生殖刺突腹面观　G. 雌虫外生殖器侧面观　H. 雌虫第 8 生殖基节腹面观

【测量】 雄虫体长 27.0 ~ 29.0 mm，前翅长 36.0 ~ 37.0 mm、后翅长 32.0 ~ 34.0 mm。

【形态特征】 头部浅黄褐色，复眼后侧区几乎全为黑褐色；头顶方形，无复眼后侧缘齿。后头两侧各具 1 个黑色斑。复眼褐色；单眼暗黄色，其内缘褐色。前胸暗黄色，长明显大于宽，背板两侧各具 1 条浅褐色纵带斑，有时此斑变窄并在中间略断开。中后胸黄色，无明显黑色斑。前翅灰褐色，除翅痣区外的前缘横脉间具褐色条纹，翅基部具 1 个乳白色圆斑，中部具 2 个较大的近圆形乳白斑、接近翅前缘的斑略向后延伸，端部 1/3 处具 1 个乳白色圆斑。后翅灰褐色，但基半部色较浅，近乎透明，翅基部、中部和端部 1/3 处各具 1 个乳白色圆斑。翅脉浅褐色，但前缘横脉、翅痣区以前的径横脉以及在乳白斑内的翅脉呈淡黄色。雄虫腹部末端第 9 背板近梯形，侧缘直，基缘呈弧形凹缺，端缘中央微凹；第 9 腹板宽大，中部明显隆起，侧缘弧形，端缘浅梯形凹缺，两侧各形成 1 个宽的三角形突起；肛上板短柱状，外端角明显向外突伸，末端略向内凹陷、其上密生长毛，肛上板腹面中央具 1 个不发达的小突，其上具 1 丛毛簇；第 9 生殖刺突呈爪状，基粗端细并向内背侧强烈弯曲；第 10 生殖基节拱形，基缘背中突近三角形，端缘略隆起，中央微凹；第 10 生殖刺突指状，端半部明显向内弯曲。

【地理分布】 福建。

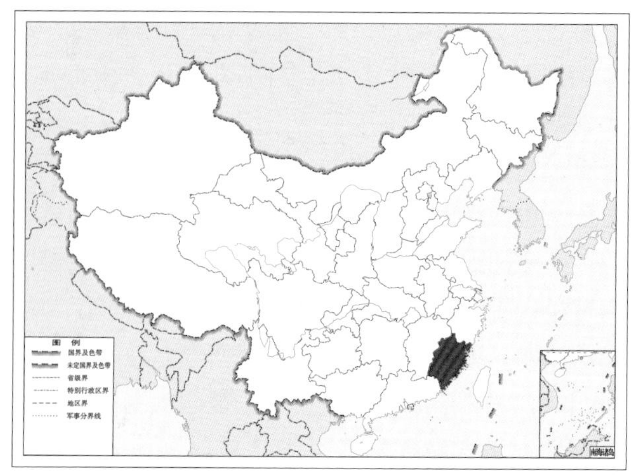

图 2-38-2　福建星齿蛉 *Protohermes fujianensis* 地理分布图

39. 广西星齿蛉 *Protohermes guangxiensis* Yang & Yang, 1986

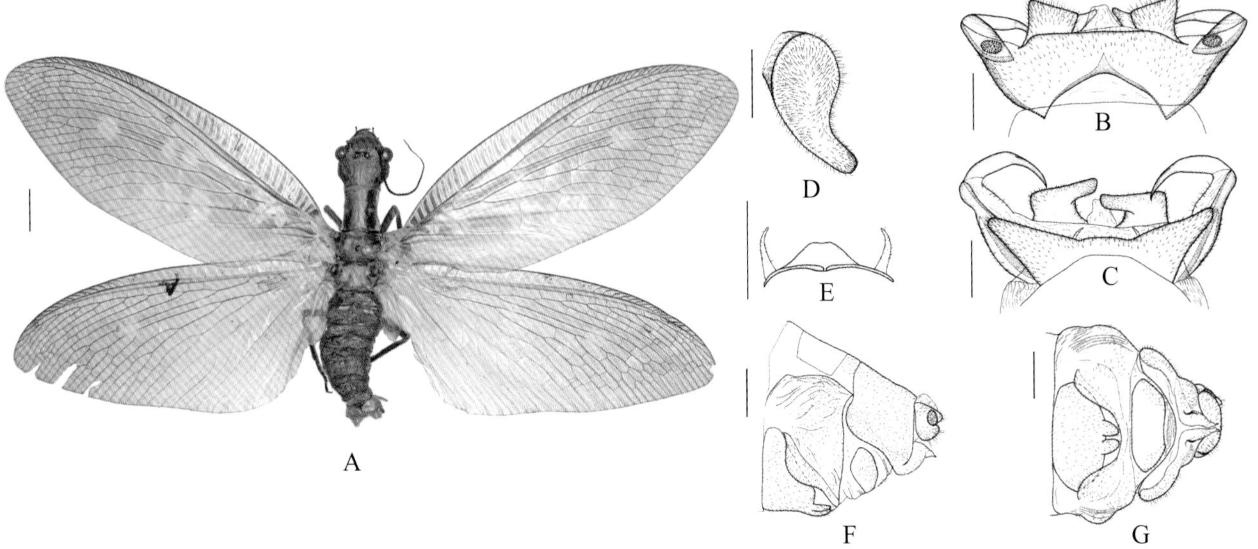

图 2-39-1 广西星齿蛉 *Protohermes guangxiensis* 形态图
（标尺：A 为 5.0 mm，B ~ G 为 1.0 mm）

A. 成虫背面观 B. 雄虫外生殖器背面观 C. 雄虫外生殖器腹面观 D. 雄虫肛上板后面观 E. 雄虫第 10 生殖基节 + 第 10 生殖刺突腹面观 F. 雌虫外生殖器侧面观 G. 雌虫外生殖器腹面观

【测量】 雄虫体长 35.0 ~ 38.0 mm，前翅长 40.0 ~ 43.0 mm、后翅长 37.0 ~ 38.0 mm。

【形态特征】 头部黄褐色；头顶两侧各具 3 个黑色斑，前外侧斑较大、方形，后外侧斑楔形，后内侧斑点状；头顶方形，无复眼后侧缘齿。后头两侧各具 1 个黑色斑。复眼暗黄褐色；单眼黄色，其内缘黑色；侧单眼靠近中单眼。胸部黄褐色，前胸背板两侧具宽阔黑色斑，在背板中部略连接；中后胸各具 1 对褐色斑。前翅半透明，呈浅灰褐色，前缘横脉间充满褐色斑，翅基部具 1 个较大的淡黄色斑，中部特别是横脉两侧具若干淡黄色斑，端部 1/3 处具 1 个淡黄色圆斑；翅脉浅褐色，但基半部的前缘横脉、淡黄斑内的翅脉、臀脉和轭脉均为淡黄色。后翅较前翅色浅，基半部无色透明，中部具 2 ~ 3 个淡黄斑，端部 1/3 处具 1 个淡黄色圆斑；翅脉淡黄色，但在端半部呈浅褐色。雄虫腹部末端第 9 背板基缘近弧形凹缺，端缘略隆突，端侧角向外延伸成柄状；第 9 腹板端缘近梯形浅凹，两侧各形成 1 个末端钝圆并明显向两侧突伸的三角形突起；肛上板背面观近四边形，腹面具 1 个内弯的指状突；第 9 生殖刺突细长且具内弯的爪，着生于第 9 背板端侧角延伸成的柄上；第 10 生殖基节拱形，背中突发达、近梯形；第 10 生殖刺突细指状，端部略向内弯曲。

【地理分布】 重庆、广东、广西。

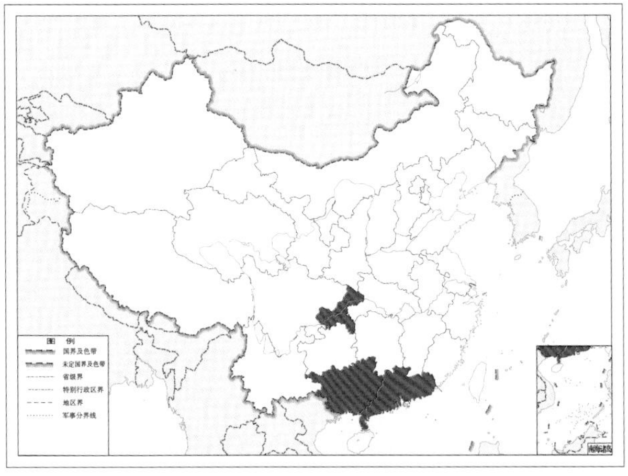

图 2-39-2 广西星齿蛉 *Protohermes guangxiensis* 地理分布图

40. 古田星齿蛉 *Protohermes gutianensis* Yang & Yang, 1995

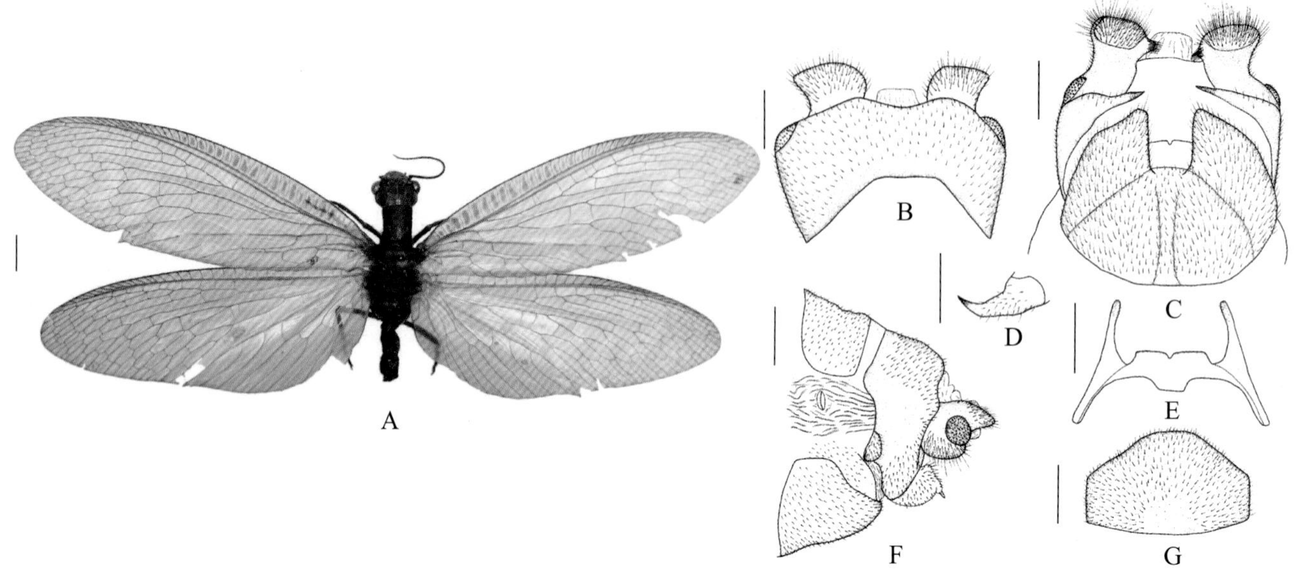

图 2-40-1　古田星齿蛉 *Protohermes gutianensis* 形态图
（标尺：A 为 5.0 mm，B ~ G 为 1.0 mm）
A. 成虫背面观　B. 雄虫外生殖器背面观　C. 雄虫外生殖器腹面观　D. 雄虫生殖刺突后面观　E. 雄虫第 10 生殖基节 + 第 10 生殖刺突腹面观　F. 雌虫外生殖器侧面观　G. 雌虫第 8 生殖基节腹面观

【测量】 雄虫体长 28.0 ~ 31.0 mm，前翅长 38.0 ~ 48.0 mm、后翅长 35.0 ~ 41.0 mm。

【形态特征】 头部黄褐色，复眼后侧缘黑色，有时头侧缘全为黑色，头顶两侧各具 1 对细长的黑色纵斑；头顶近方形，无复眼后侧缘齿。复眼黑色；单眼黄色，其内缘褐色，中单眼横长，侧单眼远离中单眼。前胸背板侧缘具 1 对较宽的黑色纵斑。中后胸黄色，背板前侧角各具 1 个褐色斑。前翅透明，浅烟褐色，前缘横脉间具褐色斑，翅基部具 1 个不明显的小淡黄斑，中部沿肘脉具 2 ~ 4 个淡黄斑，近端部 1/3 处无任何斑点。后翅较前翅色浅，基半部无色透明。翅脉浅褐色，但在淡黄斑内及后翅基部淡黄色。雄虫腹部末端第 9 背板近长方形，侧缘直，基缘呈梯形凹缺，端缘中央微凹；第 9 腹板宽大，近半圆形，中部明显隆起，端缘中央窄长方形深凹，两侧各形成 1 个较大的近三角形突起；肛上板短柱状，外端角明显向外突伸，末端内凹，其上密生长毛，肛上板腹面内侧近基部具 1 个小突，其上具 1 丛毛簇；第 9 生殖刺突爪状，基粗端细，略向内背侧弯曲；第 10 生殖基节拱形，基缘背中突梯形，端缘中央凹缺并形成 1 对近长方形的突起；第 10 生殖刺突呈细长的指状，末端被短毛。

【地理分布】 河南、甘肃、浙江、江西、湖南、四川、重庆、贵州、福建、广东、广西。

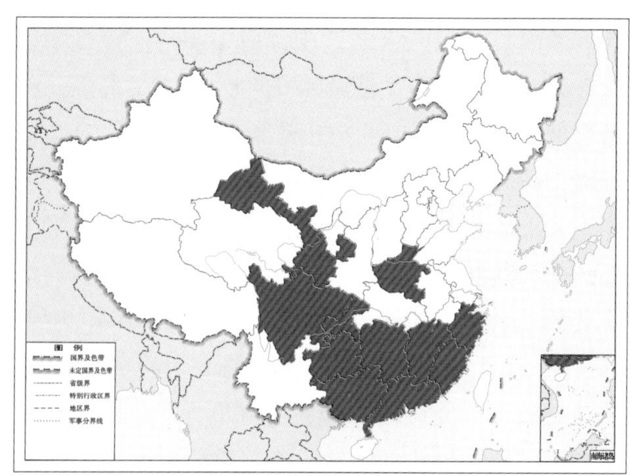

图 2-40-2　古田星齿蛉 *Protohermes gutianensis* 地理分布图

41. 海南星齿蛉 *Protohermes hainanensis* Yang & Yang, 1990

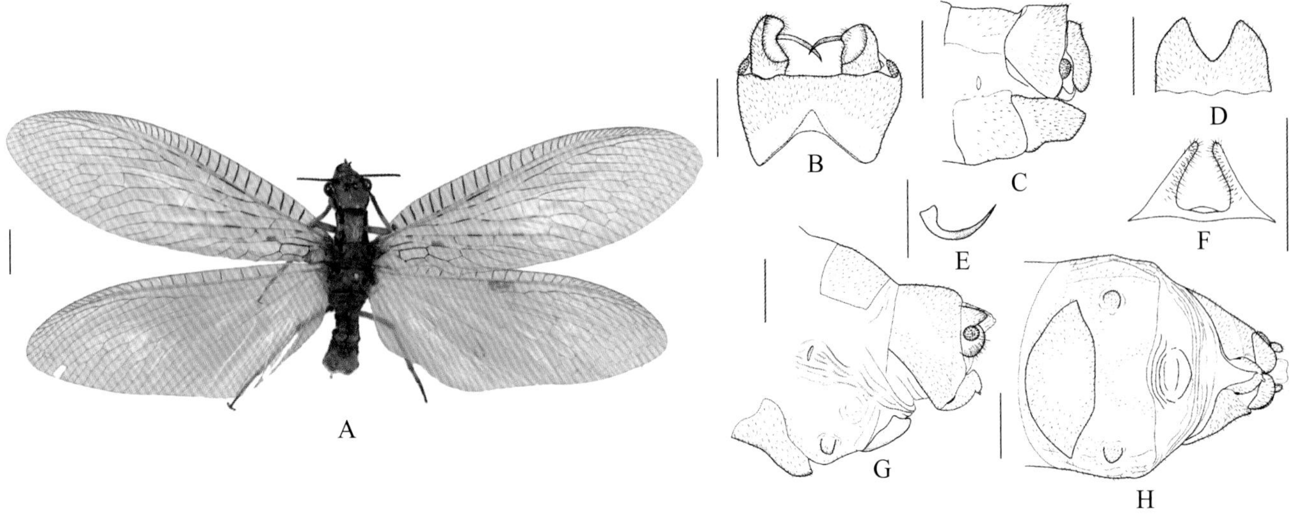

图 2-41-1　海南星齿蛉 *Protohermes hainanensis* 形态图

（标尺：A 为 5.0 mm，B ~ H 为 1.0 mm）

A. 成虫背面观　B. 雄虫外生殖器背面观　C. 雄虫外生殖器侧面观　D. 雄虫第 9 腹板腹面观　E. 雄虫第 9 生殖刺突腹面观　F. 雄虫第 10 生殖基节 + 第 10 生殖刺突腹面观　G. 雌虫外生殖器侧面观　H. 雌虫外生殖器腹面观

【测量】 雄虫体长 24.0 ~ 37.0 mm，前翅长 37.0 ~ 42.0 mm、后翅长 32.0 ~ 37.0 mm。

【形态特征】 头部黄色；头顶两侧各具 2 个黑色斑，外侧斑长条状，内侧斑小点状；头顶方形，无复眼后侧缘齿；后头两侧各具 1 个黑色斑。复眼褐色；单眼黄色，其内缘黑色，侧单眼靠近中单眼，中单眼不横长。前胸背板近侧缘具 2 对窄的黑色斑；中后胸背板各具 1 对黑色斑。前翅透明，呈极浅的烟褐色，翅基部具 1 个较大的不规则的淡黄斑，中部位于横脉处，具 10 个以上的淡黄斑，近端部 1/3 处具 1 个淡黄色圆斑；翅脉黑褐色，但翅端半部为浅褐色，而在淡黄色斑中则为浅黄色，因此在翅基半部的纵脉明显呈黑色与浅黄色相间排列。后翅色浅；翅脉浅黄色，但端半部为浅褐色。雄虫腹部末端第 9 背板近梯形，宽约为长的 1.5 倍，基缘深 V 形凹缺，端缘平直；第 9 腹板端缘中央呈较深的 V 形凹缺，两侧各形成 1 个三角形突起；肛上板粗指状，向腹面突伸，背面内侧明显凹陷，在凹陷的边缘密生长毛；左右生殖刺突在端部相互交叉，呈细长的刀状且内弯；第 10 生殖基节基缘中央略隆起，端缘略凹；第 10 生殖刺突呈细长的指状并明显内弯。

【地理分布】 海南。

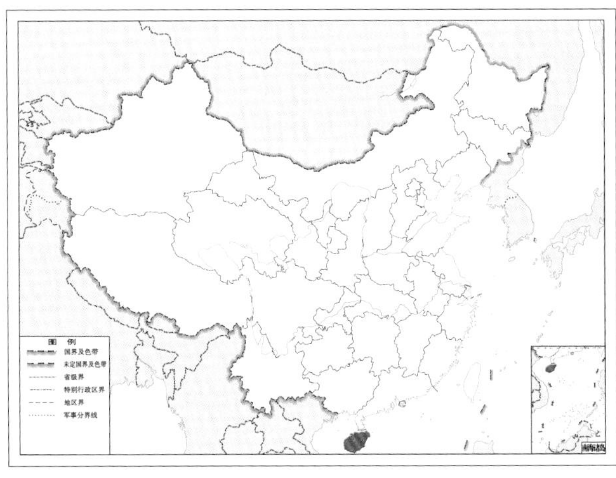

图 2-41-2　海南星齿蛉 *Protohermes hainanensis* 地理分布图

42. 赫氏星齿蛉 *Protohermes horni* Navás, 1932

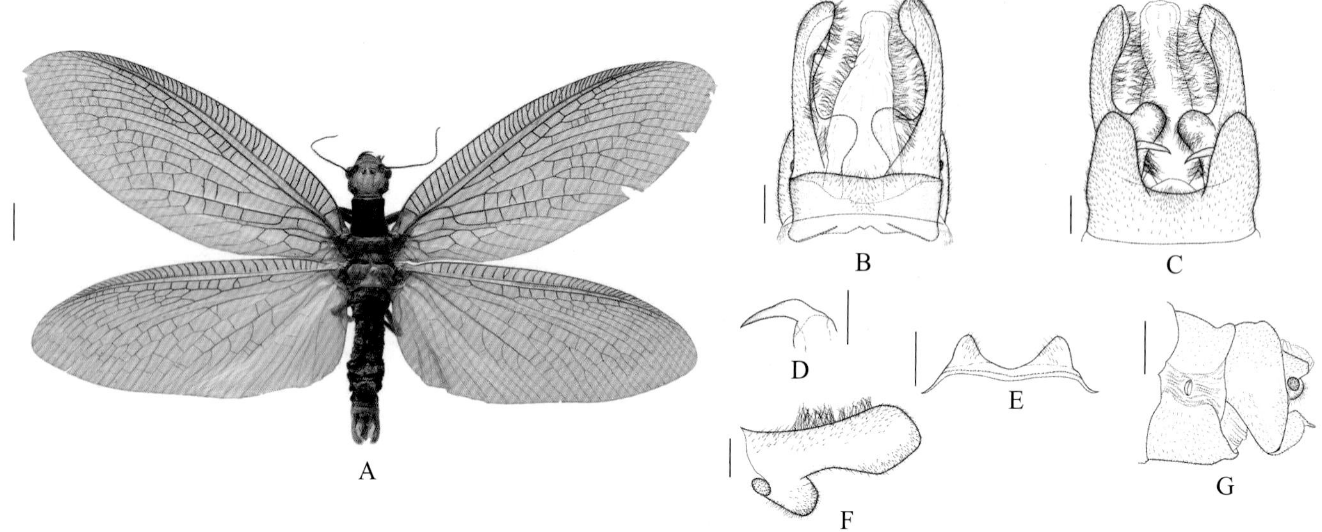

图 2-42-1 赫氏星齿蛉 *Protohermes horni* 形态图

（标尺：A 为 5.0 mm，B ~ G 为 1.0 mm）

A. 成虫背面观 B. 雄虫外生殖器背面观 C. 雄虫外生殖器腹面观 D. 雄虫第 9 生殖刺突腹面观 E. 雄虫第 10 生殖基节 + 第 10 生殖刺突腹面观 F. 雄虫肛上板侧面观 G. 雌虫外生殖器侧面观

【测量】 雄虫体长 36.0 ~ 45.0 mm，前翅长 50.0 ~ 57.0 mm、后翅长 44.0 ~ 51.0 mm。

【形态特征】 头黄褐色；头顶侧缘各具 4 个黑色斑，前外侧斑方形，前内侧斑呈极小的点状，后外侧斑三角形，后内侧斑近椭圆形；头顶方形，复眼后侧缘齿短尖。后唇基基侧角黑褐色，后头两侧各具 1 个大黑色斑，中央还具 2 个相对较小的圆形黑色斑。复眼灰褐色；单眼黄色，其内缘黑褐色。前胸背板黄褐色，侧缘各具 1 条黑色纵带斑；中后胸淡黄色，但背板两侧浅褐色。翅宽大，浅褐色，无任何淡色斑。翅脉浅褐色，但在基部呈淡黄色。雄虫腹部末端第 9 背板短、近长方形；第 9 腹板宽大，端缘近方形深凹且中央具 1 个膜质瓣状突，两侧形成宽大且末端钝圆的突起；第 9 生殖刺突呈短爪状；肛上板长约为第 9 背板的 3 倍，内缘密被须状长毛，腹面基部具 1 个短柱状突起，端部略内弯、侧面观膨大；第 10 生殖基节不发达，第 10 生殖刺突短锥状、末端钝圆；载肛突与肛上板近乎等长，腹面两侧密被须状长毛。

【地理分布】 四川、云南。

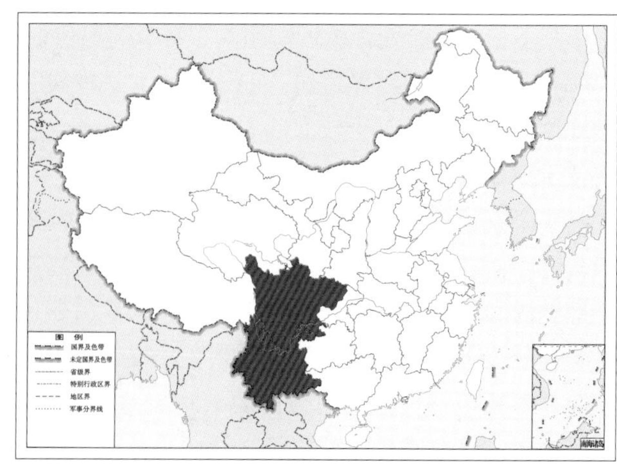

图 2-42-2 赫氏星齿蛉 *Protohermes horni* 地理分布图

43. 湖北星齿蛉 *Protohermes hubeiensis* Yang & Yang, 1992

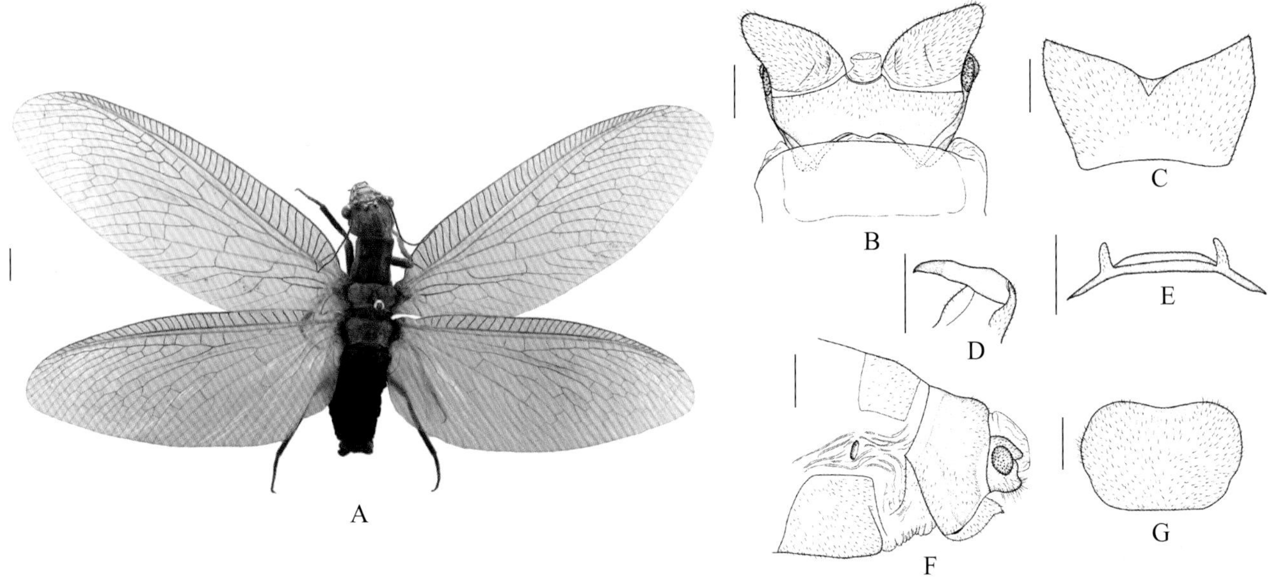

图 2-43-1　湖北星齿蛉 *Protohermes hubeiensis* 形态图

（标尺：A 为 5.0 mm，B ~ G 为 1.0 mm）

A. 成虫背面观　B. 雄虫外生殖器背面观　C. 雄虫第 9 腹板腹面观　D. 雄虫第 9 生殖刺突腹面观　E. 雄虫第 10 生殖基节 + 第 10 生殖刺突腹面观　F. 雌虫外生殖器侧面观　G. 雌虫第 8 生殖基节腹面观

【测量】 雄虫体长 41.0 ~ 42.0 mm，前翅长 50.0 ~ 57.0 mm、后翅长 45.0 ~ 50.0 mm。

【形态特征】 头部黄色，无任何黑色斑；头顶近方形，复眼后侧缘齿短钝。复眼褐色；单眼黄色，具黑色内缘，侧单眼靠近中单眼，中单眼不横长。前胸背板中央大部分深黄褐色，前缘两侧浅褐色，近侧缘后半部各具 1 条细长的褐色钩状纹；中后胸淡黄色，中胸前侧角各具 1 个小褐色斑。翅无色透明。翅脉暗黄色，端半部的纵脉颜色变深，且前缘脉、前缘横脉以及臀脉基部黑褐色。雄虫腹部末端第 9 背板近梯形，宽约为长的 4 倍，基缘呈弧形凹缺，但中央略隆起，端缘中央突出；第 9 腹板近梯形，侧缘斜直但端半部略内弯，端缘具浅的 V 形凹缺，两侧各形成 1 个末端缩尖的三角形突起；肛上板呈扁平的瓣状，近三角形，末端钝圆，背面基半部具 2 个皱褶；第 9 生殖刺突爪状，不明显弯曲；第 10 生殖基节拱形，基缘具宽梯形凹缺，背中突短而横宽；第 10 生殖刺突短指状且略内弯。

【地理分布】 陕西、湖北。

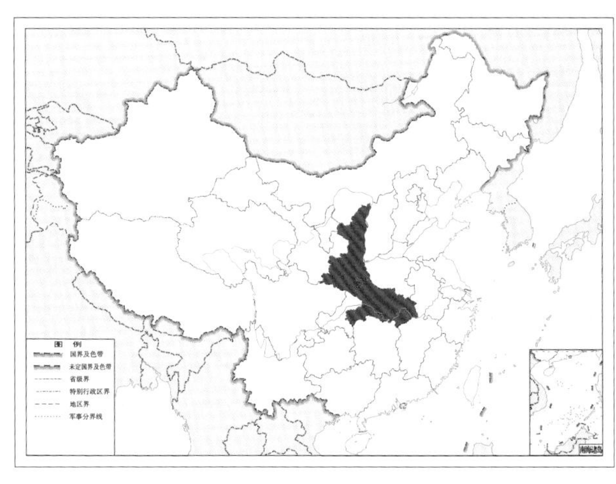

图 2-43-2　湖北星齿蛉 *Protohermes hubeiensis* 地理分布图

44. 湖南星齿蛉 *Protohermes hunanensis* Yang & Yang, 1992

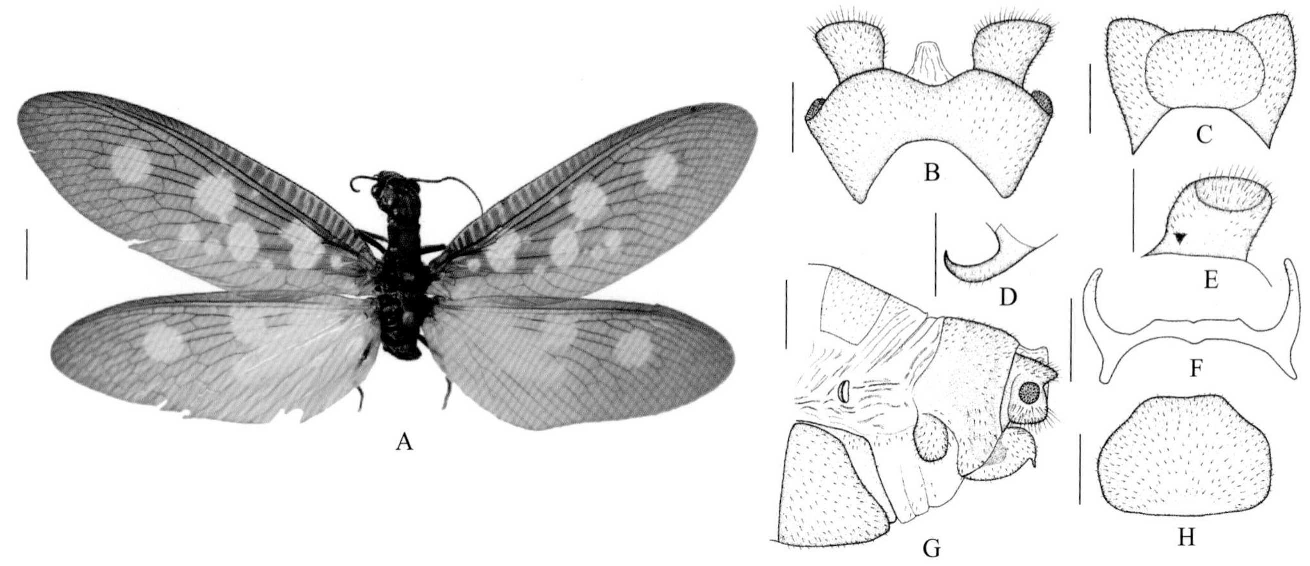

图 2-44-1 湖南星齿蛉 *Protohermes hunanensis* 形态图

（标尺：A 为 5.0 mm，B ~ H 为 1.0 mm）

A. 成虫背面观 B. 雄虫外生殖器背面观 C. 雄虫第 9 腹板腹面观 D. 雄虫第 9 生殖刺突后面观 E. 雄虫肛上板腹面观 F. 雄虫第 10 生殖基节 + 第 10 生殖刺突腹面观 G. 雌虫外生殖器侧面观 H. 雌虫第 8 生殖基节腹面观

【测量】 雄虫体长 33.0 ~ 35.0 mm，前翅长 35.0 ~ 37.0 mm、后翅长 32.0 ~ 33.0 mm。

【形态特征】 头部黄色，侧缘具较宽的黑色纵斑；头顶方形，无复眼后侧缘齿，后头两侧各具 1 个黑色斑。复眼褐色；单眼黄色，其内缘黑色，中单眼横长，侧单眼远离中单眼。前胸两侧各具 1 条黑色纵带斑；中后胸褐色，背板两侧各具 1 对黑色斑。前翅黑褐色，前缘横脉间具褐色条纹，翅基部具 2 个不等大的乳白斑，中部具 6 个乳白斑、其中 2 个较大，近端部 1/3 处具 1 个乳白色大圆斑。后翅黑褐色，但基半部近乎透明，翅中部和近端部 1/3 处各具 1 个乳白色圆斑。翅脉深褐色，在乳白斑内的翅脉及后翅基半部的翅脉淡黄色。雄虫腹部末端第 9 背板近梯形，基缘近梯形凹缺，端缘中央微凹；第 9 腹板宽大，中央明显隆起，端缘呈极浅的梯形凹缺，两侧各形成 1 个末端钝圆的近三角形突起；肛上板短柱状，外端角明显向外突伸，末端略向内凹陷、其上密生长毛，肛上板腹面内基角具 1 个不发达的小突，其上具 1 丛毛簇；第 9 生殖刺突爪状，基粗端缩并向内背侧强烈弯曲；第 10 生殖基节拱形，基缘背中突微隆，端缘中央微凹；第 10 生殖刺突指状，稍内弯。

【地理分布】 湖南、广东、广西。

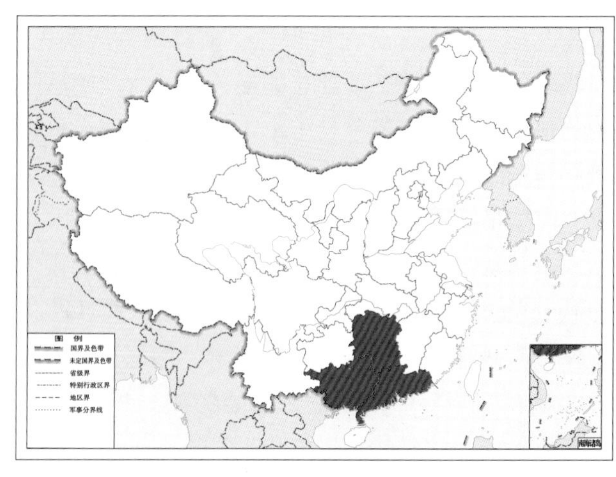

图 2-44-2 湖南星齿蛉 *Protohermes hunanensis* 地理分布图

45. 污星齿蛉 *Protohermes infectus* (McLachlan, 1869)

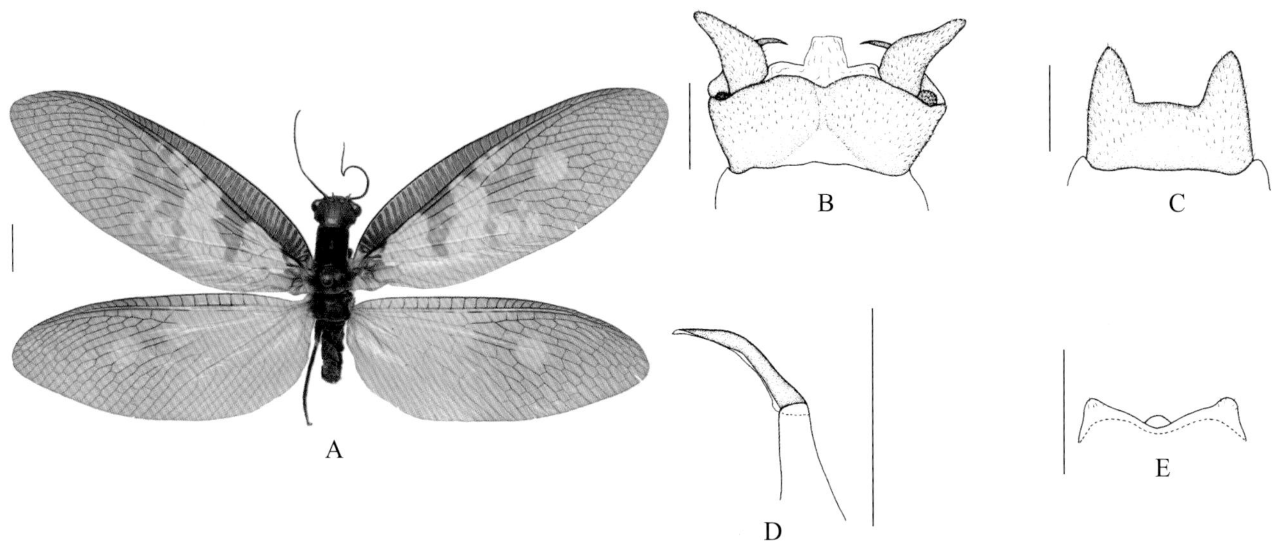

图 2-45-1 污星齿蛉 *Protohermes infectus* 形态图
（标尺：A 为 5.0 mm，B ~ E 为 1.0 mm）
A. 成虫背面观 B. 雄虫外生殖器背面观 C. 雄虫第 9 腹板腹面观 D. 雄虫第 9 生殖刺突腹面观
E. 雄虫第 10 生殖基节 + 第 10 生殖刺突腹面观

【测量】 雄虫体长 35.0 ~ 37.0 mm，前翅长 39.0 ~ 40.0 mm、后翅长 35.0 ~ 36.0 mm。

【形态特征】 头部黄褐色，头顶后侧各具 1 个不明显的黑色点状斑；头顶方形，复眼后侧缘齿微弱。复眼浅褐色，半球形突出；单眼黄色，侧单眼靠近中单眼，中单眼不横长。前胸背板两侧各具 1 条宽的黑色纵带斑，有时在中间略断开，腹板前侧角黑色；中后胸背板各具 1 对淡褐色斑。前翅半透明，略带褐色；前缘横脉间具不显著的淡褐色条斑，翅基部具 1 个淡黄色斑，中部具 3 个淡黄色斑，近端部 1/3 处具 1 个淡黄色圆斑；翅脉淡褐色，在黄色斑中则呈淡黄色，前缘横脉浅褐色。后翅较前翅色浅，中部具 1 个淡黄色斑，近端部 1/3 处具 1 个淡黄色圆斑；翅脉浅黄色，但在端半部呈浅褐色。雄虫腹部末端第 9 背板近梯形，侧缘斜直，端缘中央微凹，中部纵向区域骨化弱，此弱骨化区在基半部扩展为三角形；第 9 腹板近长方形，端缘呈深的梯形凹缺，两侧各形成 1 个尖锐的三角形突起；肛上板指状，向腹面突伸，基部宽而端部明显缩小，并略向外弯曲；第 9 生殖刺突呈细长的爪状，内缘具 1 条狭长的凹槽；第 10 生殖基节不发达；第 10 生殖刺突呈短小的瘤突状，其间浅凹。

【地理分布】 西藏；印度，缅甸。

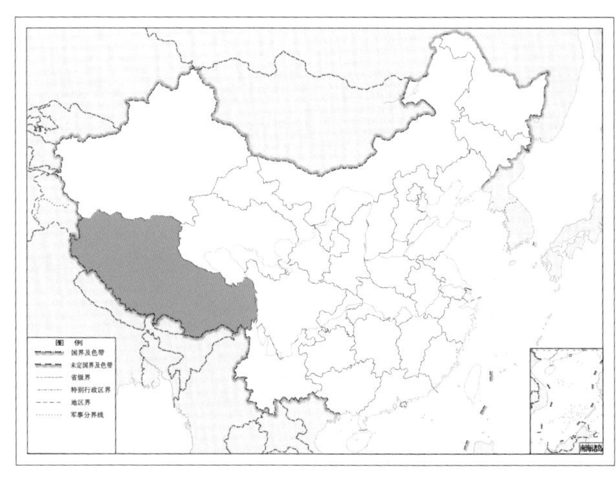

图 2-45-2 污星齿蛉 *Protohermes infectus* 地理分布图

46. 宽胸星齿蛉 *Protohermes latus* Liu & Yang, 2006

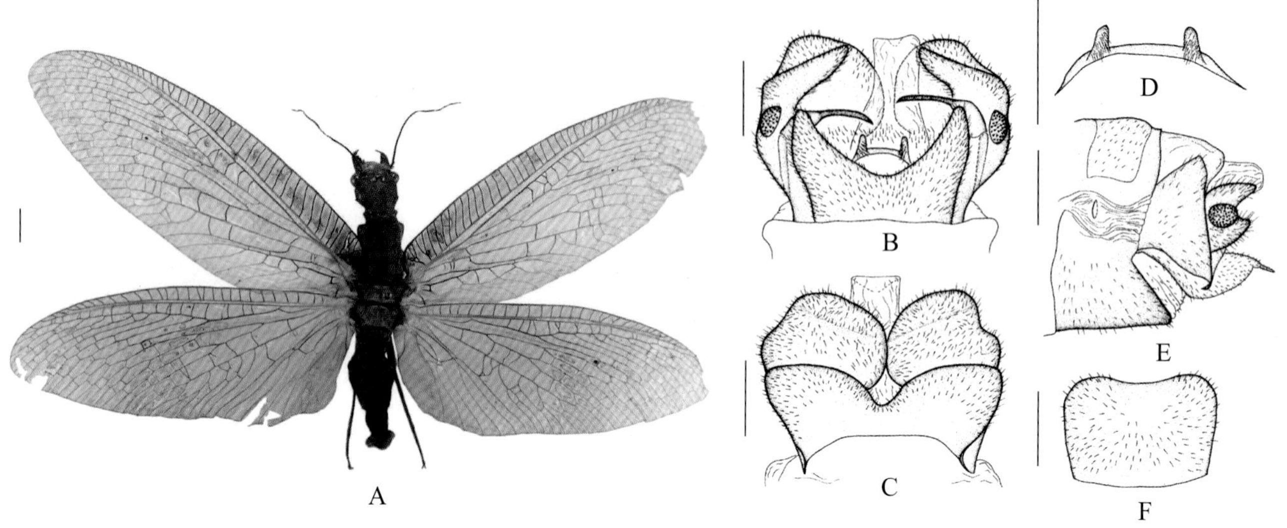

图 2-46-1 宽胸星齿蛉 *Protohermes latus* 形态图

（标尺：A 为 5.0 mm，B ~ F 为 1.0 mm）

A. 成虫背面观 B. 雄虫外生殖器腹面观 C. 雄虫外生殖器背面观 D. 雄虫第 10 生殖基节 + 第 10 生殖刺突腹面观 E. 雌虫外生殖器侧面观 F. 雌虫第 8 生殖基节腹面观

【测量】 雄虫体长 45.0 ~ 47.0 mm，前翅长 56.0 ~ 59.0 mm、后翅长 49.0 ~ 50.0 mm。

【形态特征】 头部黄褐色，无任何斑纹，仅复眼后侧区略深；头顶方形，复眼后侧缘齿尖锐。复眼浅褐色；单眼黄色，其内缘黑色，侧单眼靠近中单眼。前胸背板前缘及侧缘明显向外扩展，仅其中部宽度最窄；中后胸黄色，背板两侧略深。翅透明，呈极浅的灰褐色，除前翅前缘横脉间具不明显的浅褐色条纹外，无任何斑纹。翅脉黑褐色，前翅臀脉基部色更深，前缘脉、亚前缘脉及肘脉大部分黄色。雄虫腹部末端第 9 背板短宽，基缘呈宽的近梯形凹缺，端缘中部深凹；第 9 腹板较短小，端缘呈较深的弧形凹缺，两侧各形成 1 个细长且略内弯的突起；肛上板呈宽阔扁平的瓣状、近半圆形，基部明显加宽、外侧腹面具 1 个向内突伸的指状突，端部背面微凹；第 9 生殖刺突具基粗端细且内弯的爪，其强骨化的爪极细长；第 10 生殖基节极小、拱形；第 10 生殖刺突短指状，腹面被毛。

【地理分布】 西藏。

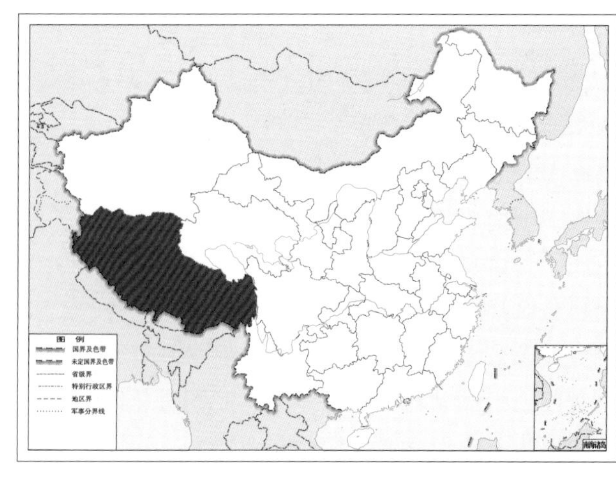

图 2-46-2 宽胸星齿蛉 *Protohermes latus* 地理分布图

47. 李氏星齿蛉 *Protohermes lii* Liu, Hayashi & Yang, 2007

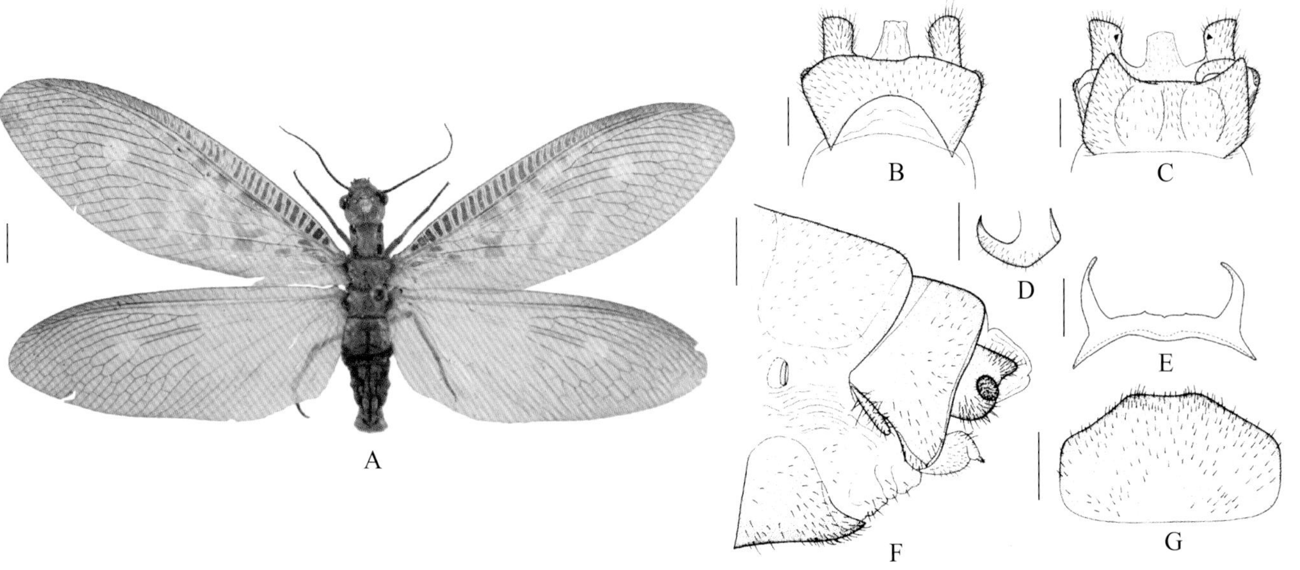

图 2-47-1　李氏星齿蛉 *Protohermes lii* 形态图

（标尺：A 为 5.0 mm，B ~ G 为 1.0 mm）

A. 成虫背面观　B. 雄虫外生殖器背面观　C. 雄虫外生殖器腹面观　D. 雄虫第 9 生殖刺突后面观　E. 雄虫第 10 生殖基节 + 第 10 生殖刺突腹面观　F. 雌虫外生殖器侧面观　G. 雌虫第 8 生殖基节腹面观

【测量】 雄虫体长 23.0 ~ 25.0 mm，前翅长 37.0 ~ 39.0 mm、后翅长 34.0 ~ 35.0 mm。

【形态特征】 头部黄色，无任何斑纹；头顶方形，无复眼后侧缘齿。复眼暗褐色；单眼黄色，其内缘黑色，中单眼横长，侧单眼远离中单眼。前胸背板近侧缘具 2 对较小且相互远离的黑色斑；中后胸暗黄色。前翅透明，具浅烟褐色，前缘横脉间充满褐色斑，翅基部具 1 个较大的淡黄色斑，中部具 3 个大致相连的大淡黄色斑，径横脉处具 5 ~ 7 个小淡黄色斑，翅端部 1/3 处具 1 个淡黄色圆斑。后翅基半部无色透明，翅中部和端部 1/3 处各具 1 个淡黄色圆斑。翅脉褐色，但在淡黄色斑中及后翅基部呈淡黄色。雄虫腹部末端第 9 背板近梯形，基缘呈弧形凹缺，端缘中央微凹；第 9 腹板宽阔，中部明显隆起，侧缘在近基部 1/4 处呈钝角弯折，端缘梯形凹缺，两侧各形成 1 个尖锐的三角形突起；肛上板短圆柱状，外端角略向外突伸，末端微凹且密生长毛，肛上板腹面内端角具 1 丛不明显突出的毛簇；第 9 生殖刺突爪状，基粗端细，略向内背侧弯曲；第 10 生殖基节拱形，基缘背中突稍隆起，端缘中央具 1 个很小的三角形缺刻，其两侧具 1 对短刺状突；第 10 生殖刺突呈内弯的指状，端半部明显变细。

【地理分布】 广西；越南。

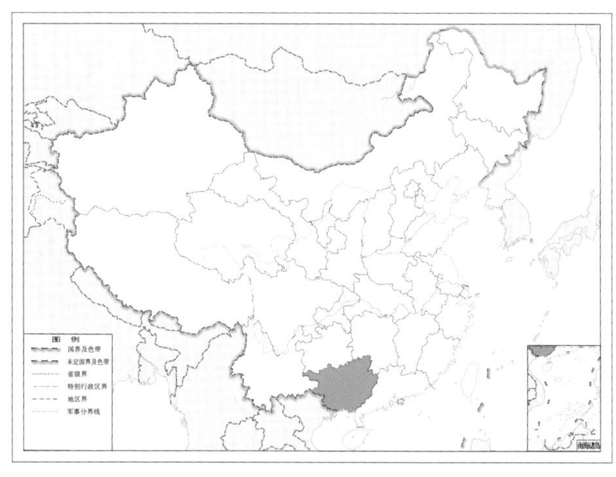

图 2-47-2　李氏星齿蛉 *Protohermes lii* 地理分布图

48. 墨脱星齿蛉 *Protohermes motuoensis* Liu & Yang, 2006

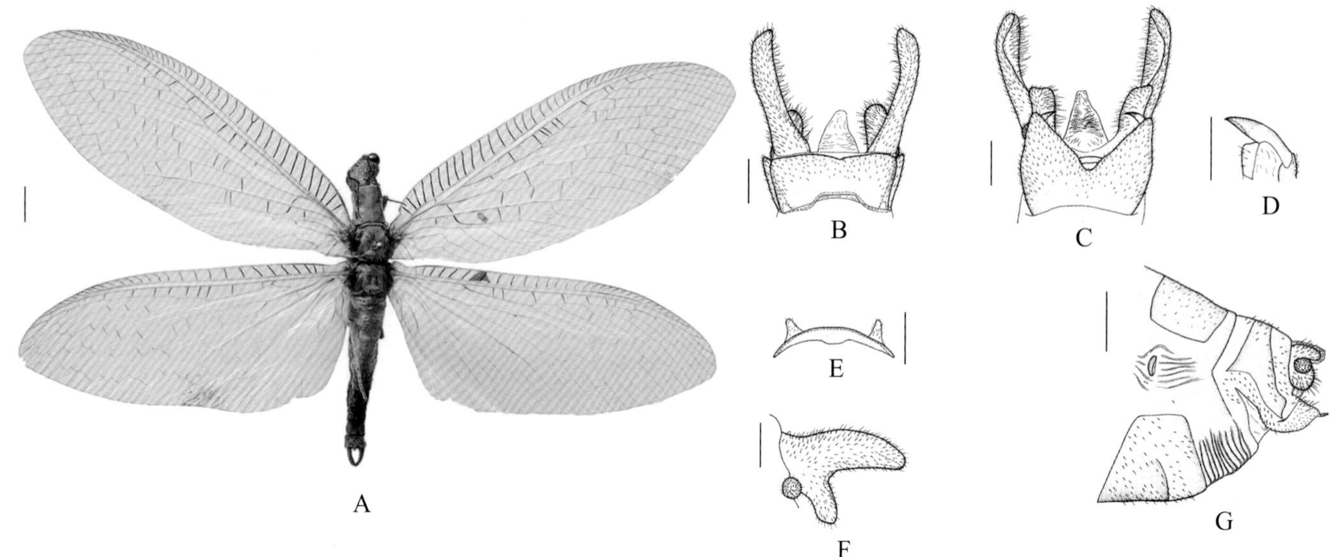

图 2-48-1 墨脱星齿蛉 *Protohermes motuoensis* 形态图

（标尺：A 为 5.0 mm，B ~ G 为 1.0 mm）

A. 成虫背面观 B. 雄虫外生殖器背面观 C. 雄虫外生殖器腹面观 D. 雄虫第 9 生殖刺突腹面观 E. 雄虫第 10 生殖基节 + 第 10 生殖刺突腹面观 F. 雄虫肛上板侧面观 G. 雌虫外生殖器侧面观

【测量】 雄虫体长 43.0 mm，前翅长 52.0 mm、后翅长 45.0 mm。

【形态特征】 头部黄色；头顶两侧各具 3 个相互远离的黑色斑，外侧 2 个斑较长，内侧斑呈小点状；头顶方形，复眼后侧缘齿短尖；后头背面具 4 个黑色斑，中部 1 对斑较小。复眼褐色；单眼黄色，其内缘黑色，侧单眼靠近中单眼。前胸背板近侧缘前半部具 1 对近 S 形的细黑色斑，且此斑中部有时中断，近侧缘后半部具 1 对黑色纵斑，后缘两侧具 1 对黑色横斑；中后胸暗黄色。翅完全无色透明，无任何斑纹；翅脉黄色，但横脉黑色。雄虫腹部末端第 9 背板近方形，基缘呈梯形凹缺，端缘 V 形浅凹；第 9 腹板短，与第 9 背板近乎等长，侧缘略呈弧形，端缘呈深 V 形凹缺，两侧各形成 1 个宽大的三角形突起；肛上板长带状，约为第 9 背板长的 2.5 倍，端部略向内弯曲，内侧纵向微凹并密被长毛，基部具 1 个向腹面突伸的近圆柱形突起；第 9 生殖刺突呈短爪状，内侧纵向凹陷；第 10 生殖基节小；第 10 生殖刺突呈短锥状，末端钝圆。

【地理分布】 西藏；巴基斯坦，不丹，尼泊尔。

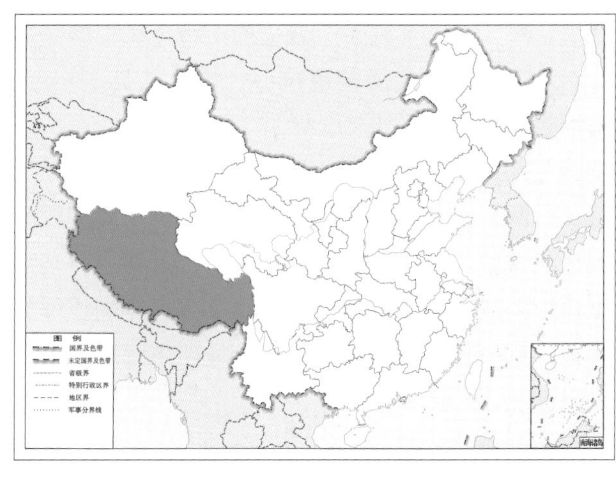

图 2-48-2 墨脱星齿蛉 *Protohermes motuoensis* 地理分布图

49. 黑胸星齿蛉 *Protohermes niger* Yang & Yang, 1988

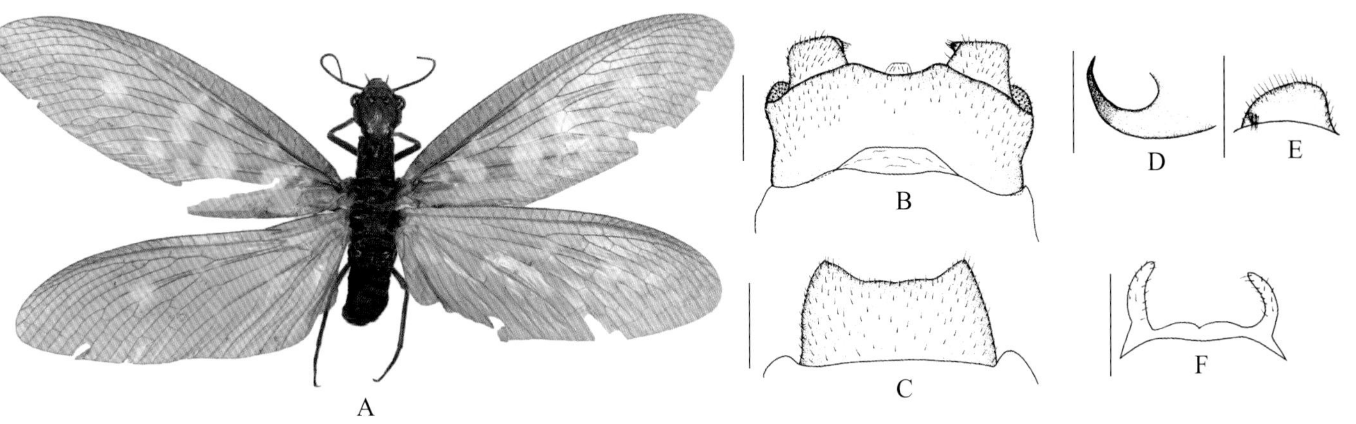

图 2-49-1 黑胸星齿蛉 *Protohermes niger* 形态图

（标尺：A 为 5.0 mm，B ~ F 为 1.0 mm）

A. 成虫背面观 B. 雄虫外生殖器背面观 C. 雄虫第 9 腹板腹面观 D. 雄虫第 9 生殖刺突后面观 E. 雄虫肛上板腹面观 F. 雄虫第 10 生殖基节 + 第 10 生殖刺突腹面观

【测量】 雄虫体长 27.0 ~ 28.0 mm，前翅长 35.0 ~ 36.0 mm、后翅长 32.0 ~ 33.0 mm。

【形态特征】 头部黄色或黄褐色，头顶两侧各具 1 个不规则的黑色斑，有时此斑相向延伸几乎使整个头顶呈黑褐色；头顶方形，具短钝的复眼后侧缘齿；后头两侧各具 1 个黑色斑。复眼褐色；单眼黄色，其内缘黑色，中单眼略横长，侧单眼远离中单眼。前胸完全黑褐色，背板近侧缘各具 1 条黄褐色小条斑和 1 条细钩状斑；中后胸黄褐色，各具 1 对褐色斑。前翅灰褐色，前缘横脉两侧无乳白色条纹，基部具 3 个小乳白色斑，其中间的斑斜长而两侧的斑呈点状且不显著，中部具数个小乳白色斑，几乎都位于横脉两侧，近端部 1/3 处具 1 个乳白色圆斑。后翅基部色浅，具 1 个不明显的乳白色圆斑，翅中部和近端部 1/3 处各具 1 个乳白色圆斑。翅脉黑褐色，但在乳白斑内呈浅黄色。雄虫腹部末端第 9 背板基缘呈梯形凹缺，端缘中央呈浅弧形凹缺；第 9 腹板近长方形，侧缘直，端侧角略突出，其间形成近梯形浅凹；肛上板短柱状，背面观近梯形，腹面内端角向内突伸，其上具 1 丛毛簇；第 9 生殖刺突爪状，基粗端细并向内背侧强烈弯曲；第 10 生殖基节窄带状，端缘中央具 1 个小 V 形凹缺；第 10 生殖刺突呈短指状，明显内弯。

【地理分布】 云南。

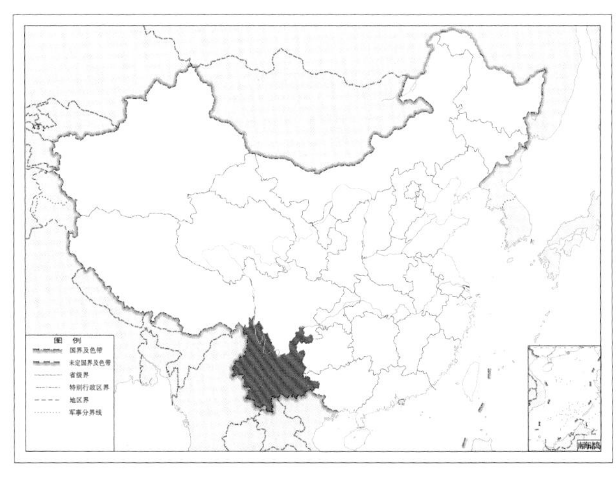

图 2-49-2 黑胸星齿蛉 *Protohermes niger* 地理分布图

50. 东方星齿蛉 *Protohermes orientalis* Liu, Hayashi & Yang, 2007

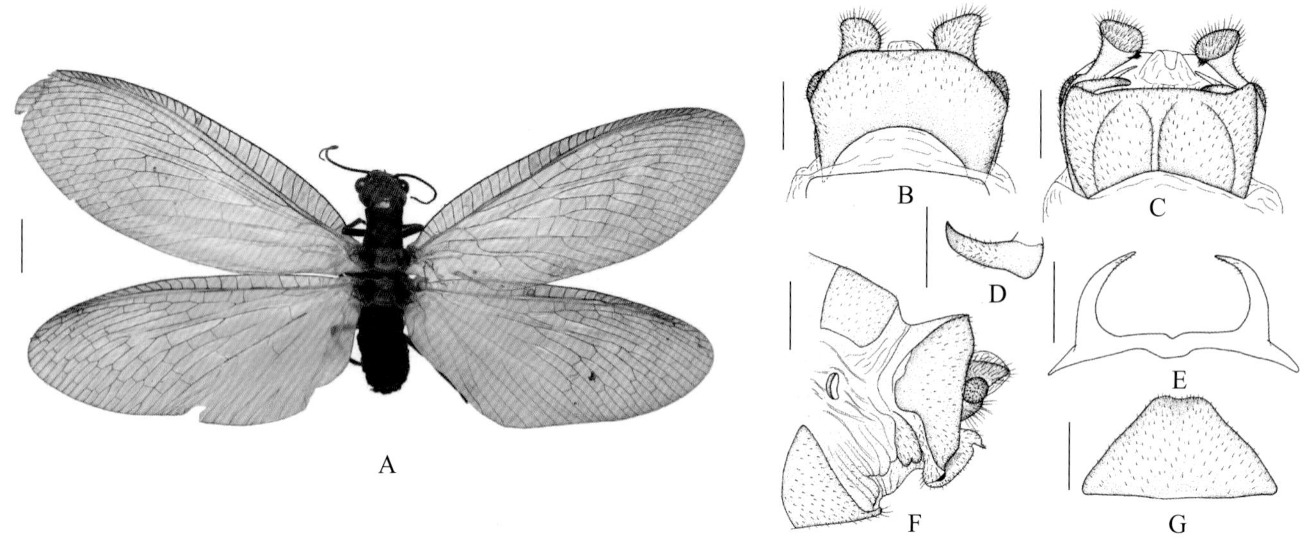

图 2-50-1 东方星齿蛉 *Protohermes orientalis* 形态图

（标尺：A 为 5.0 mm，B ~ G 为 1.0 mm）

A. 成虫背面观 B. 雄虫外生殖器背面观 C. 雄虫外生殖器腹面观 D. 雄虫第 9 生殖刺突后面观 E. 雄虫第 10 生殖基节 + 第 10 生殖刺突腹面观 F. 雌虫外生殖器侧面观 G. 雌虫第 8 生殖基节腹面观

【测量】 雄虫体长 25.0 ~ 32.0 mm，前翅长 31.0 ~ 39.0 mm、后翅长 30.0 ~ 31.0 mm。

【形态特征】 头部黄褐色；头顶两侧各具 3 个黑色斑，前面的斑较大、近方形，后面外侧的斑楔形，内侧的斑小点状；头顶方形，无复眼后侧缘齿。复眼褐色；单眼黄褐色，其内缘黑色，中单眼横长，侧单眼远离中单眼。前胸背板近侧缘各具 2 个黑色斑；中后胸黑褐色，仅背板中部暗黄色。前翅透明，浅褐色，前缘横脉间有浅褐色斑；翅基部具 1 个淡黄色斑，中部具 3 ~ 4 个淡黄色斑，近端部 1/3 处具 1 个淡黄色圆斑，但有时端斑消失。后翅较前翅色浅，基半部几乎无色透明，中部具 1 个淡黄斑，近端部 1/3 处具 1 个淡黄色圆斑。翅脉黑褐色，但在基部及淡黄斑中呈淡黄色。雄虫腹部末端第 9 背板近长方形，基缘呈弧形凹缺，端缘平直；第 9 腹板近长方形，中部明显隆起，端缘具极浅的梯形凹缺，两侧各形成 1 个末端钝圆的小三角形突起；肛上板短柱状，外端角略向外突伸，末端微凹且密生长毛，肛上板腹面内端角具 1 个不发达的小突，其上具 1 丛毛簇；第 9 生殖刺突具较短粗且略向内背侧弯曲的爪；第 10 生殖基节略呈拱形，基缘背中突稍隆起，端缘中央具 1 个小的三角形凹缺；第 10 生殖刺突指状，内弯且其末端明显变细。

【地理分布】 江西、福建、广西。

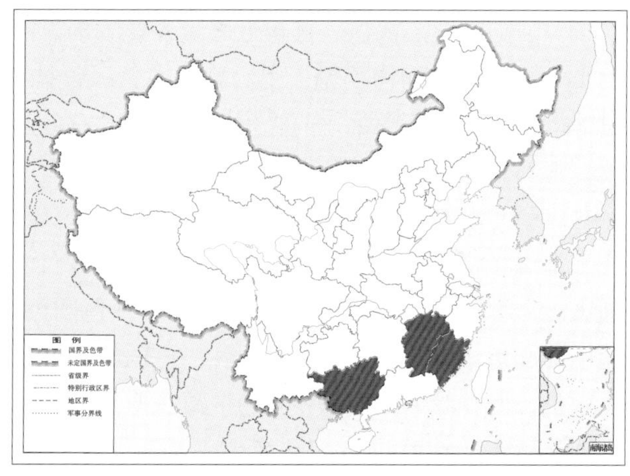

图 2-50-2 东方星齿蛉 *Protohermes orientalis* 地理分布图

51. 寡斑星齿蛉 *Protohermes parcus* Yang & Yang, 1988

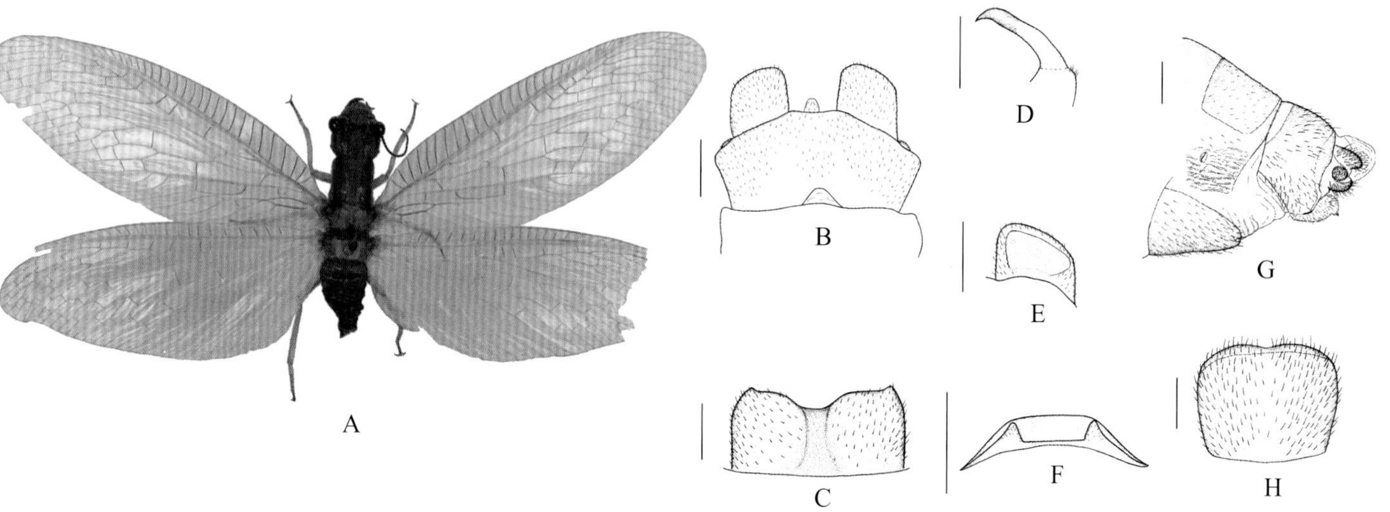

图 2-51-1　寡斑星齿蛉 *Protohermes parcus* 形态图

（标尺：A 为 5.0 mm，B ~ H 为 1.0 mm）

A. 成虫背面观　B. 雄虫外生殖器背面观　C. 雄虫第 9 腹板腹面观　D. 雄虫肛上板腹面观　E. 雄虫第 9 生殖刺突腹面观　F. 雄虫第 10 生殖基节 + 第 10 生殖刺突腹面观　G. 雌虫外生殖器侧面观　H. 雌虫第 8 生殖基节腹面观

【测量】 雄虫体长 30.0 mm，前翅长 39.0 mm、后翅长 35.0 mm。

【形态特征】 头部黄褐色，无任何黑色斑；头顶方形，复眼后侧缘齿短钝。复眼褐色；单眼黄褐色，其内缘褐色，侧单眼靠近中单眼。前胸背板前缘和后缘两侧各具 1 个黑色小点状斑，后缘点状斑前还具 1 条浅褐色的纵斑；中后胸浅黄色，无任何褐色斑。翅完全无色透明；翅脉浅黄色，前翅基半部横脉和臀脉基部浅褐色。雄虫腹部末端第 9 背板宽阔，宽约为长的 4 倍，基缘中央略呈 V 形凹缺，端缘略弧形隆起；第 9 腹板宽阔，两侧缘近乎平行，中部纵向凹缺，端缘浅弧形凹缺，侧端角缩尖；肛上板呈扁平的瓣状，略呈平行四边形，腹面中央凹陷；第 9 生殖刺突呈爪状，基部略粗，末端缩尖并向内弯曲；第 10 生殖基节带状，基缘微凹，背中突发达，近梯形；第 10 生殖刺突短锥状，被毛。

【地理分布】 云南。

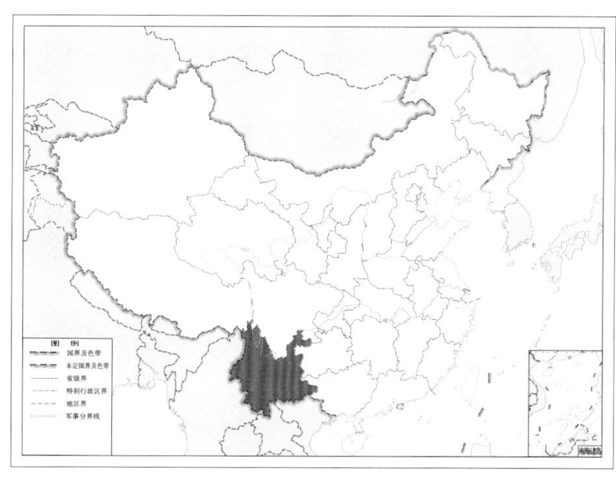

图 2-51-2　寡斑星齿蛉 *Protohermes parcus* 地理分布图

52. 滇蜀星齿蛉 *Protohermes similis* Yang & Yang, 1988

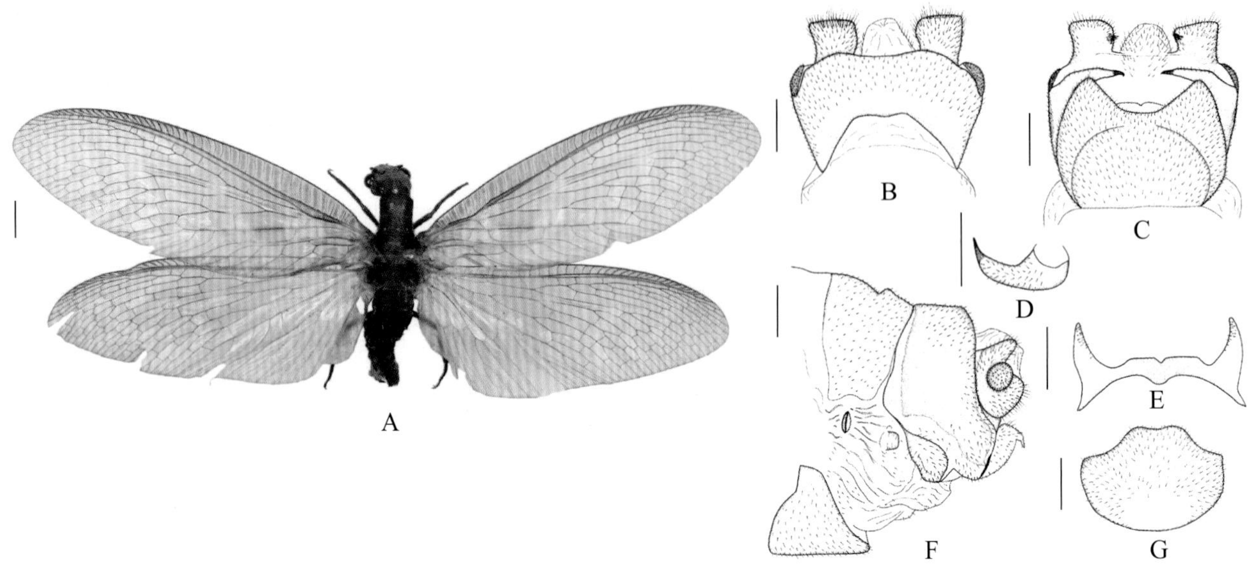

图 2-52-1 滇蜀星齿蛉 *Protohermes similis* 形态图

（标尺：A 为 5.0 mm，B ~ G 为 1.0 mm）

A. 成虫背面观 B. 雄虫外生殖器背面观 C. 雄虫外生殖器腹面观 D. 雄虫第 9 生殖刺突后面观 E. 雄虫第 10 生殖基节 + 第 10 生殖刺突腹面观 F. 雌虫外生殖器侧面观 G. 雌虫第 8 生殖基节腹面观

【测量】 雄虫体长 30.0 ~ 32.0 mm，前翅长 42.0 ~ 44.0 mm、后翅长 39.0 ~ 41.0 mm.

【形态特征】 头部暗黄褐色至红褐色，头顶两侧各具 3 个大体上愈合的黑色斑；头顶方形，无复眼后侧缘齿；后头两侧各具 1 个黑色斑。复眼褐色；单眼黄色，其内缘黑色。前胸背板近侧缘具 2 对较宽的黑褐色斑；中后胸背板两侧各具 1 对褐色斑。前翅半透明，浅灰褐色，前缘横脉间充满褐色斑，翅基部具 1 ~ 3 个不规则的黄斑，中部具 4 ~ 8 个黄色斑、其中 1 个较大，近端部 1/3 处具 1 个淡黄色圆斑。后翅较前翅色浅，前缘横脉间有极浅的褐色斑，翅中部和近端部 1/3 处各具 1 个淡黄色圆斑。翅脉浅褐色，但在黄斑内呈黄色，前缘横脉暗黄色。雄虫腹部末端第 9 背板近梯形，侧缘直，基缘中央梯形凹缺，端缘中央微凹；第 9 腹板宽阔，中部明显隆起，侧缘弧形，端缘中央呈较深的梯形凹缺，两侧各形成 1 个阔的三角形突起，其末端较钝圆；肛上板短柱状，背面观近方形，外端角不突出，末端微凹且密生长毛，肛上板腹面内端角具 1 个不发达的小突，其上具 1 丛毛簇；第 9 生殖刺突呈爪状，基粗端细，略向内背侧弯曲；第 10 生殖基节拱形，基缘背中突稍隆起，端缘中央微凹并形成 1 对近长方形的隆突；第 10 生殖刺突呈短粗的指状，端半部被毛且略内弯。

【地理分布】 四川、云南。

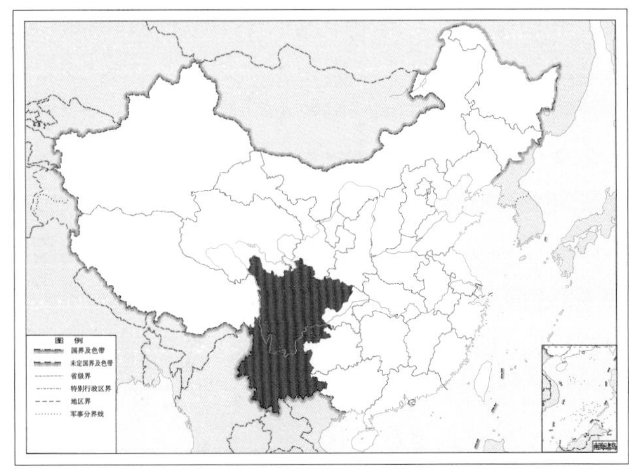

图 2-52-2 滇蜀星齿蛉 *Protohermes similis* 地理分布图

53. 中华星齿蛉 *Protohermes sinensis* Yang & Yang, 1992

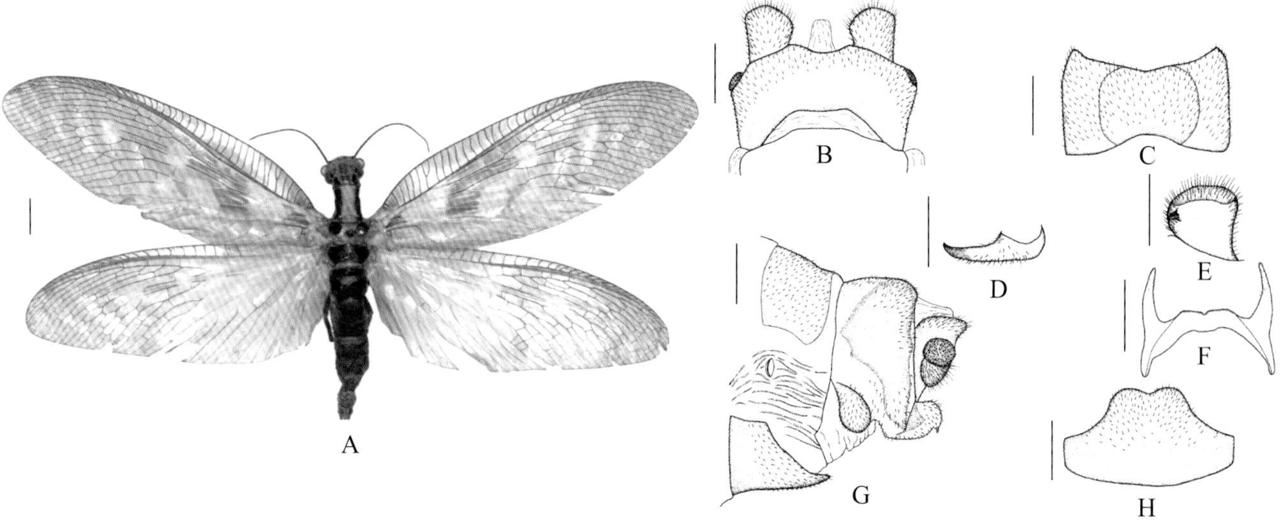

图 2-53-1 中华星齿蛉 *Protohermes sinensis* 形态图

（标尺：A 为 5.0 mm，B ~ H 为 1.0 mm）

A. 成虫背面观 B. 雄虫外生殖器背面观 C. 雄虫第 9 腹板腹面观 D. 雄虫第 9 生殖刺突后面观 E. 雄虫肛上板腹面观 F. 雄虫第 10 生殖基节 + 第 10 生殖刺突腹面观 G. 雌虫外生殖器侧面观 H. 雌虫第 8 生殖基节腹面观

【测量】 雄虫体长 20.0 ~ 25.0 mm，前翅长 35.0 ~ 37.0 mm、后翅长 31.0 ~ 33.0 mm。

【形态特征】 头部暗黄色至褐色，头顶两侧各具 3 个褐色或黑色斑，前面的斑较大、近方形，后面外侧的斑楔形，内侧的斑小点状；中单眼前还具 1 个褐色或黑色横斑；头顶方形，无复眼后侧缘齿。复眼褐色；单眼黄色，其内缘黑色。前胸背板近侧缘各具 1 条黑色纵带斑；中后胸背板两侧各具 1 对黑色斑。翅透明，呈浅褐色，翅基部具 1 个大而不规则的淡黄色斑，中部具 3 ~ 4 个近圆形的淡黄色斑，近端部 1/3 处具 1 个淡黄色圆斑；翅脉褐色，淡黄色斑中的翅脉呈黄色。后翅较前翅色浅，中部及近端部 1/3 处各具 1 个淡黄色圆斑；翅脉褐色，在淡黄色斑中的脉以及基部的中脉、肘脉、臀脉和轭脉呈黄色。雄虫腹部末端第 9 背板近长方形，侧缘直，基缘呈宽的梯形凹缺，端缘中央微凹；第 9 腹板近长方形，中部明显隆起，侧缘直，端缘呈宽而浅的 V 形凹缺；肛上板呈短柱状，端部略膨大，外端角不向外突伸，末端微凹且密被长毛，肛上板腹面内端角具 1 个不发达的小突，其上具 1 丛毛簇；第 9 生殖刺突呈爪状，基部粗且略向端部缩尖，略向内背侧弯曲；第 10 生殖基节拱形，基缘呈深梯形凹缺，但背中突略隆起，端缘中央微凹并形成 1 对不发达的隆突；第 10 生殖刺突呈细长的指状，其端半部被毛且略内弯。

【地理分布】 河南、上海、浙江、湖南。

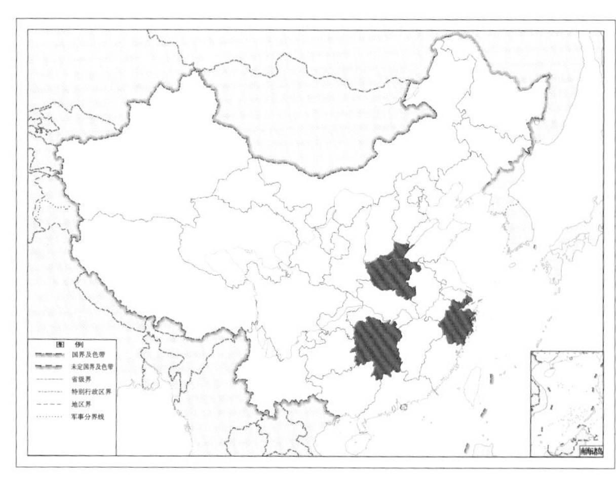

图 2-53-2 中华星齿蛉 *Protohermes sinensis* 地理分布图

54. 多斑星齿蛉 *Protohermes stigmosus* Liu, Hayashi & Yang, 2007

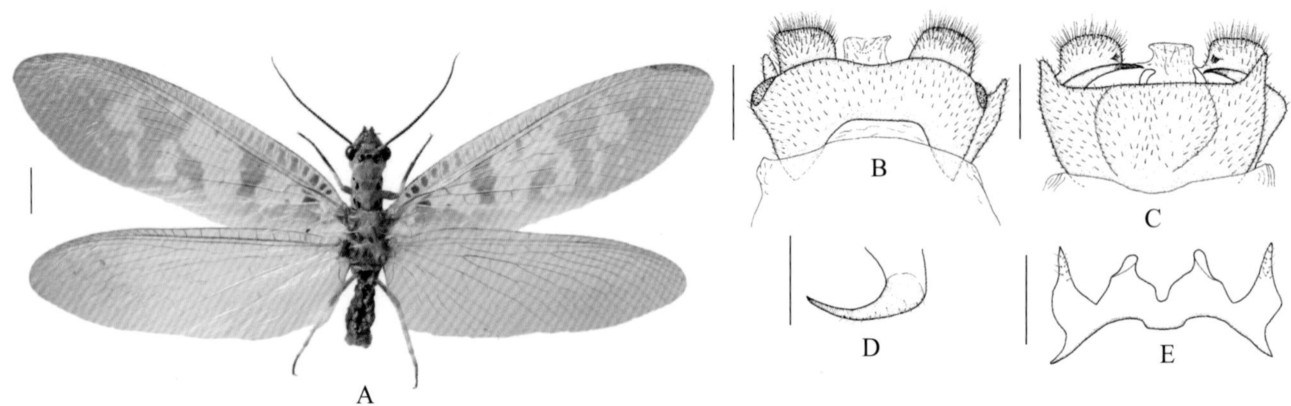

图 2-54-1 多斑星齿蛉 *Protohermes stigmosus* 形态图

（标尺：A 为 5.0 mm，B ~ E 为 1.0 mm）

A. 成虫背面观 B. 雄虫外生殖器背面观 C. 雄虫外生殖器腹面观 D. 雄虫第 9 生殖刺突后面观 E. 雄虫第 10 生殖基节 + 第 10 生殖刺突腹面观

【测量】 雄虫体长 25.0 mm，前翅长 38.0 mm、后翅长 35.0 mm。

【形态特征】 头部黄色，无任何斑纹；头顶近方形，复眼后侧缘齿短钝。复眼褐色；单眼黄褐色，其内缘黑色；中单眼横长，侧单眼远离中单眼。前胸背板前侧角各具 2 对黑色斑，外侧的斑呈点状，内侧的斑略狭长；背板后侧角各具 3 对黑色斑，其中前面的 2 对斑略狭长，后面的 1 对略横长。中后胸完全暗黄褐色。前翅浅灰褐色，且前缘横脉间具明显的灰褐色斑纹，但臀区完全无色透明，翅近基部具 1 个近三角形的白斑，中部具 1 个形状不规则的大白斑及 1 条较小的白色横斑，端部 1/3 处具 1 个白色圆斑，且其下方还具 1 条较细的白色横斑，端部横脉两侧具极小的白斑。后翅完全无色透明。翅脉淡黄色，但在前翅深色的区域及后翅端半部呈浅褐色。雄虫腹部末端第 9 背板短宽，基缘呈梯形凹缺，端缘微凹；第 9 腹板近长方形，中部略膨大，端缘呈宽而浅的梯形凹缺，两侧各形成 1 个短粗的指状突；肛上板呈短圆柱状，外端角不突出，末端略凹陷且密被长毛，肛上板腹面内端角具 1 个小突，其上具 1 丛黑色短毛簇；第 9 生殖刺突呈细长的爪状，略向内背侧弯曲；第 10 生殖基节拱形，基缘背中突明显隆起，端缘具 1 对较大的腹中突，且其末端明显缢缩成短指状；第 10 生殖刺突呈短指状，稍长于腹中突，其基部明显膨大而末端缩尖。

【地理分布】 云南。

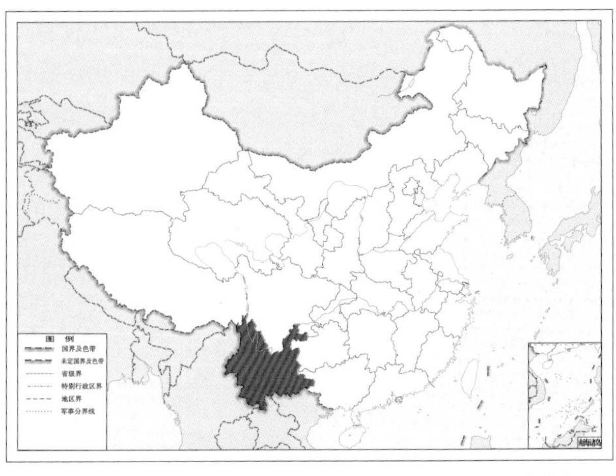

图 2-54-2 多斑星齿蛉 *Protohermes stigmosus* 地理分布图

55. 条斑星齿蛉 *Protohermes striatulus* Navás, 1926

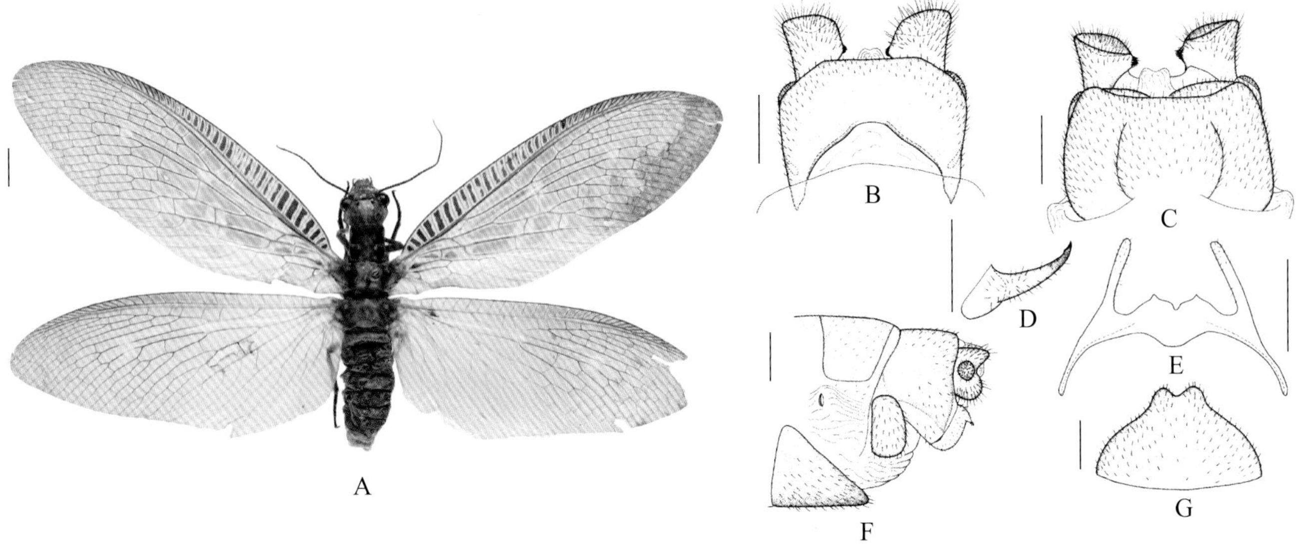

图 2-55-1　条斑星齿蛉 *Protohermes striatulus* 形态图
（标尺：A 为 5.0 mm，B ~ G 为 1.0 mm）

A. 成虫背面观　B. 雄虫外生殖器背面观　C. 雄虫外生殖器腹面观　D. 雄虫第 9 生殖刺突后面观　E. 雄虫第 10 生殖基节 + 第 10 生殖刺突腹面观　F. 雌虫外生殖器侧面观　G. 雌虫第 8 生殖基节腹面观

【测量】 雄虫体长 28.0 ~ 34.0 mm，前翅长 45.0 ~ 48.0 mm、后翅长 40.0 ~ 43.0 mm。

【形态特征】 头部黄色，无任何斑纹；头顶方形，无复眼后侧缘齿。复眼暗褐色；单眼黄色，其内缘黑色，中单眼横长，侧单眼远离中单眼。前胸背板近侧缘具 2 对较宽的黑色纵斑；中后胸黄褐色，背板两侧各具 1 对暗褐色斑。前翅半透明，浅灰褐色，前缘横脉间充满褐色斑；翅基部具 1 个较大的淡黄斑，中部具 3 ~ 4 个大致相连的淡黄斑，近端部 1/3 处具 1 个较小的淡黄色圆斑。后翅较前翅色浅，基半部无色透明，翅中部和近端部 1/3 处各具 1 个淡黄色圆斑。翅脉黑褐色，但在淡黄斑中呈黄色。雄虫腹部末端第 9 背板近长方形，基缘近梯形凹缺，端缘呈较宽的 V 形凹缺；第 9 腹板宽阔，中部明显隆起，侧缘略呈弧形，端缘呈极浅的梯形凹缺，两侧各形成 1 个短钝的三角形突起；肛上板短圆柱状，外端角略向外突伸，末端微凹且密生长毛，肛上板腹面内端角具 1 个较发达的小突，其上具 1 丛毛簇；第 9 生殖刺突基粗端细且具略向内背侧弯曲的爪；第 10 生殖基节呈拱形，基缘背中突稍隆起，端缘中央具 1 个小的三角形凹缺，其两侧略隆起；第 10 生殖刺突呈指状，细长且内弯。

【地理分布】 云南、广西；越南，缅甸。

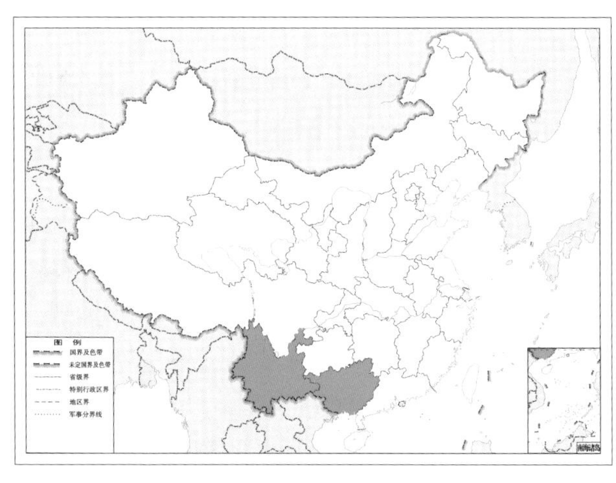

图 2-55-2　条斑星齿蛉 *Protohermes striatulus* 地理分布图

56. 拟寡斑星齿蛉 *Protohermes subparcus* Liu & Yang, 2006

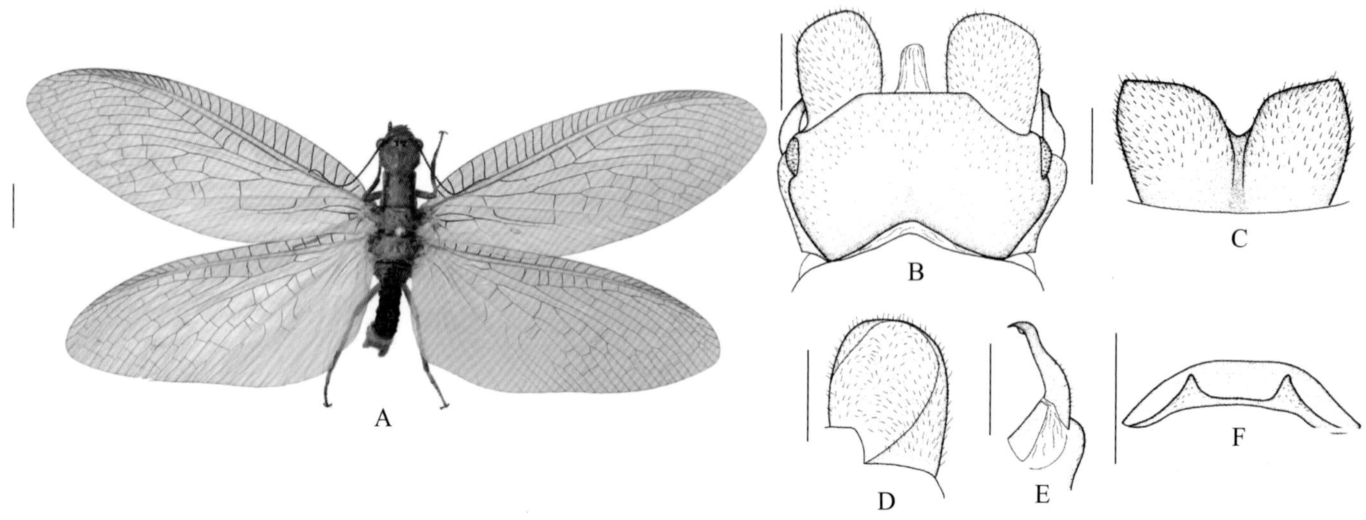

图 2-56-1 拟寡斑星齿蛉 *Protohermes subparcus* 形态图

（标尺：A 为 5.0 mm，B ~ F 为 1.0 mm）

A. 成虫背面观 B. 雄虫外生殖器背面观 C. 雄虫第 9 腹板腹面观 D. 雄虫肛上板腹面观 E. 雄虫第 9 生殖刺突腹面观 F. 雄虫第 10 生殖基节 + 第 10 生殖刺突腹面观

【测量】 雄虫体长 28.0 ~ 33.0 mm，前翅长 41.0 ~ 43.0 mm、后翅长 36.0 ~ 39.0 mm。

【形态特征】 头部黄色，无任何黑色斑；头顶方形，复眼后侧缘齿短钝。复眼褐色；单眼暗黄色，其内缘黑色，侧单眼靠近中单眼。前胸背板端半部近侧缘处各具 1 条黑色纵斑，此斑后端外侧具 1 条细长的黑色纵斑，并延伸至背板后缘，此纵斑内侧还具 1 条深褐色纵斑。中后胸淡黄色，但前侧角呈浅褐色。翅浅灰褐色，但臀区无色透明；翅脉黑褐色，但前缘脉和亚前缘脉浅黄褐色，肘脉大部和臀脉端半部淡黄色。雄虫腹部末端第 9 背板宽阔，基缘中央略 V 形凹缺，端缘平截；第 9 腹板宽阔，近长方形，侧缘直，中部纵向强烈弧形凹缺，端缘呈窄而深的弧形凹缺；肛上板呈扁平的瓣状，近长方形，边缘向腹面卷曲；第 9 生殖刺突呈爪状，基部略粗，末端缩尖而内弯；第 10 生殖基节呈带状，基缘微凹，背中突发达，近梯形；第 10 生殖刺突短锥状，被毛。

【地理分布】 云南。

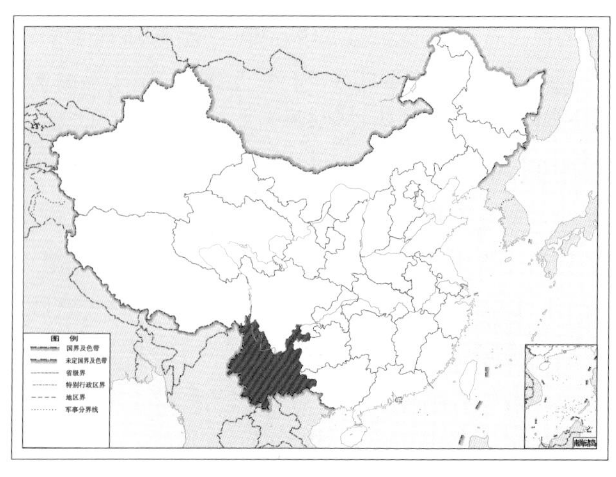

图 2-56-2 拟寡斑星齿蛉 *Protohermes subparcus* 地理分布图

57. 淡云斑星齿蛉 *Protohermes subnubilus* Kimmins, 1948

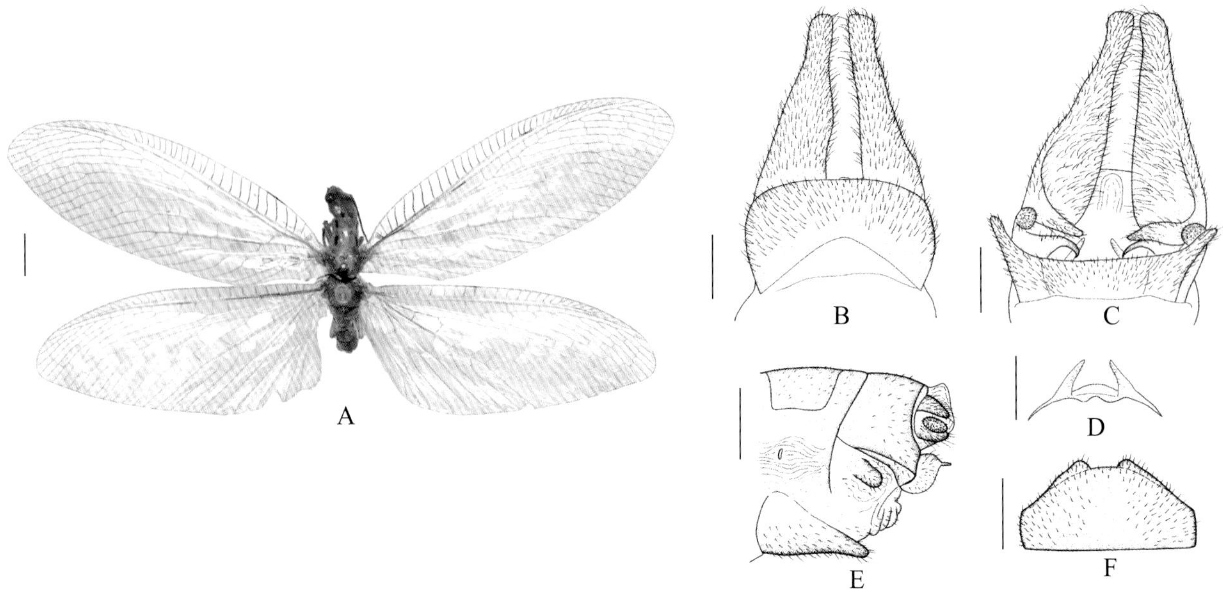

图 2-57-1　淡云斑星齿蛉 *Protohermes subnubilus* 形态图

（标尺：A 为 5.0 mm，B ~ F 为 1.0 mm）

A. 成虫背面观　B. 雄虫外生殖器背面观　C. 雄虫外生殖器腹面观　D. 雄虫第 10 生殖基节 + 第 10 生殖刺突腹面观　E. 雌虫外生殖器侧面观　F. 雌虫第 8 生殖基节腹面观

【测量】 雄虫体长 33.0 mm，前翅长 38.0 mm、后翅长 33.0 mm。

【形态特征】 头部黄色，头顶方形，无复眼后侧缘齿；头顶后侧缘各具 2 个黑色斑，外侧斑楔形，内侧斑小点状。复眼褐色；单眼黄色，其内缘黑色，中单眼较横长，侧单眼靠近中单眼。前胸背板近侧缘具 2 对狭长的黑色斑；中后胸无明显黑色斑。前翅透明，带极浅的烟褐色；基部 2 个前缘室内有淡褐斑，前缘横脉及径横脉两侧具不明显的乳白色条纹；翅基半部沿肘脉具数个相互连接的乳白色斑，端部 1/3 处具 1 个乳白色圆斑。后翅完全无色透明。翅脉黄色，端半部颜色略深，前缘横脉褐色。雄虫腹部末端第 9 背板近长方形，侧缘直，基缘略弧形凹缺，端缘略弧形突出；第 9 腹板近长方形，端缘呈宽梯形凹缺，两侧各形成 1 个向外侧延伸的细指状突起；肛上板很发达、长带状，长约为第 9 背板的 1.5 倍，基部膨大且渐向端部缩小，末端钝圆，内缘密生细长的柔毛，肛上板腹面凹陷，基侧角具 1 个向内突伸的近长三角形瓣状突起；第 9 生殖刺突呈爪状，末端略内弯；第 10 生殖基节呈长带状，基缘中央具 1 对钝圆的腹中突；第 10 生殖刺突呈细长的指状。

【地理分布】 云南；缅甸。

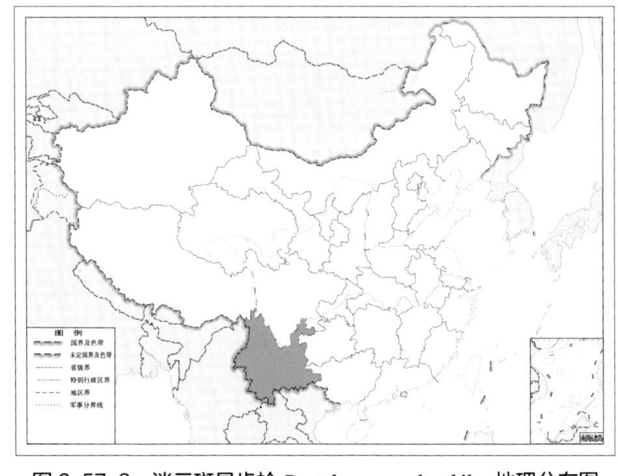

图 2-57-2　淡云斑星齿蛉 *Protohermes subnubilus* 地理分布图

58. 迷星齿蛉 *Protohermes triangulatus* Liu, Hayashi & Yang, 2007

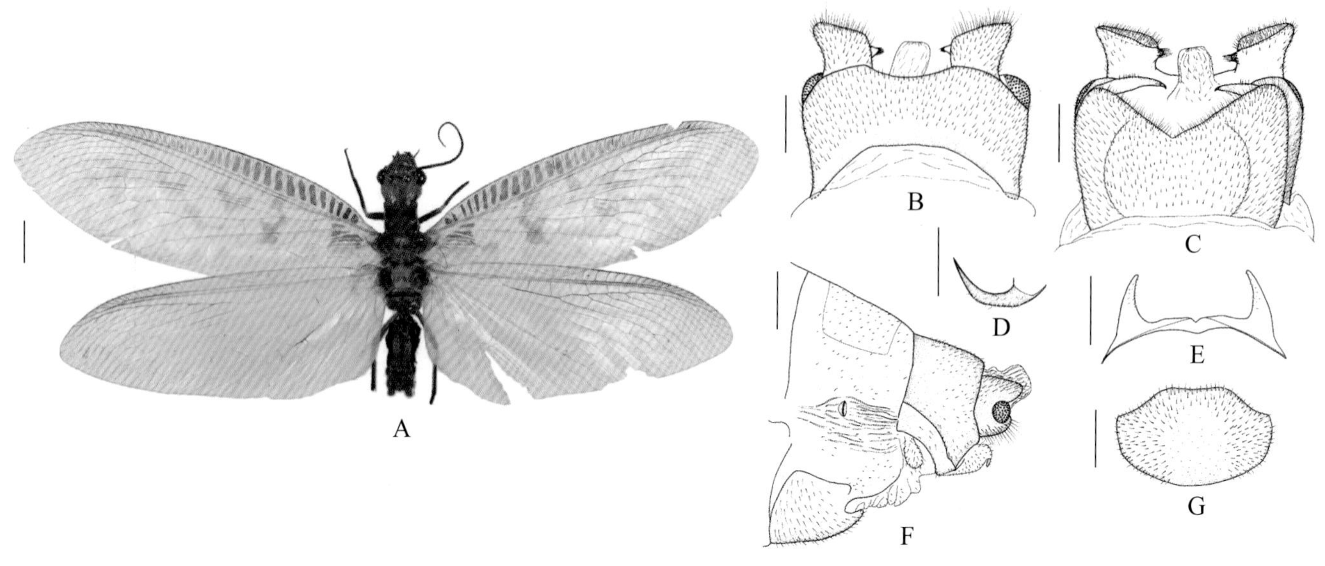

图 2-58-1 迷星齿蛉 *Protohermes triangulatus* 形态图

（标尺：A 为 5.0 mm，B ~ G 为 1.0 mm）

A. 成虫背面观 B. 雄虫外生殖器背面观 C. 雄虫外生殖器腹面观 D. 雄虫第 9 生殖刺突后面观 E. 雄虫第 10 生殖基节 + 第 10 生殖刺突腹面观 F. 雌虫外生殖器侧面观 G. 雌虫第 8 生殖基节腹面观

【测量】 雄虫体长 27.0 ~ 34.0 mm，前翅长 37.0 ~ 41.0 mm、后翅长 32.0 ~ 36.0 mm。

【形态特征】 头部浅黄色，头顶两侧多具 2 个小黑色斑，外侧斑楔形，内侧斑小点状，有时黑色斑完全消失；头顶方形，无复眼后侧缘齿。复眼褐色；单眼黄色，其内缘黑色，中单眼横长，侧单眼远离中单眼。前胸背板近侧缘具 2 对黑色斑；中后胸背板两侧各具 1 对浅褐色斑。前翅透明，略带浅褐色，前缘横脉间充满褐色斑，翅基部具 1 个大乳白斑，中部具 4 ~ 5 个多连接甚至愈合的乳白斑，近端部 1/3 处具 1 个乳白色圆斑；后翅近乎无色透明，端部 1/3 处具 1 个乳白色圆斑。翅脉黄褐色，但前缘横脉色略浅。雄虫腹部末端第 9 背板近长方形，基缘呈弧形凹缺，端缘中央微凹；第 9 腹板宽阔，中部明显隆起，两侧缘几乎平行，端缘呈 V 形凹缺，两侧各形成 1 个宽大而末端钝圆的突起；肛上板呈短柱状，外端角明显向外突伸，末端微凹且密生长毛，肛上板腹面内端角具 1 个发达的三角形小突，其上具 1 丛毛簇；第 9 生殖刺突呈爪状，细长，略向内背侧弯曲；第 10 生殖基节呈拱形，端缘中央具 1 个小三角形凹缺；第 10 生殖刺突呈较短的指状，略内弯。

【地理分布】 云南；越南，泰国。

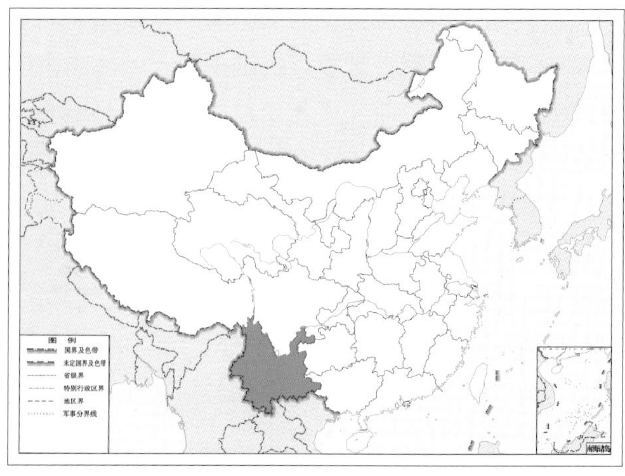

图 2-58-2 迷星齿蛉 *Protohermes triangulatus* 地理分布图

59. 炎黄星齿蛉 *Protohermes xanthodes* Navás, 1914

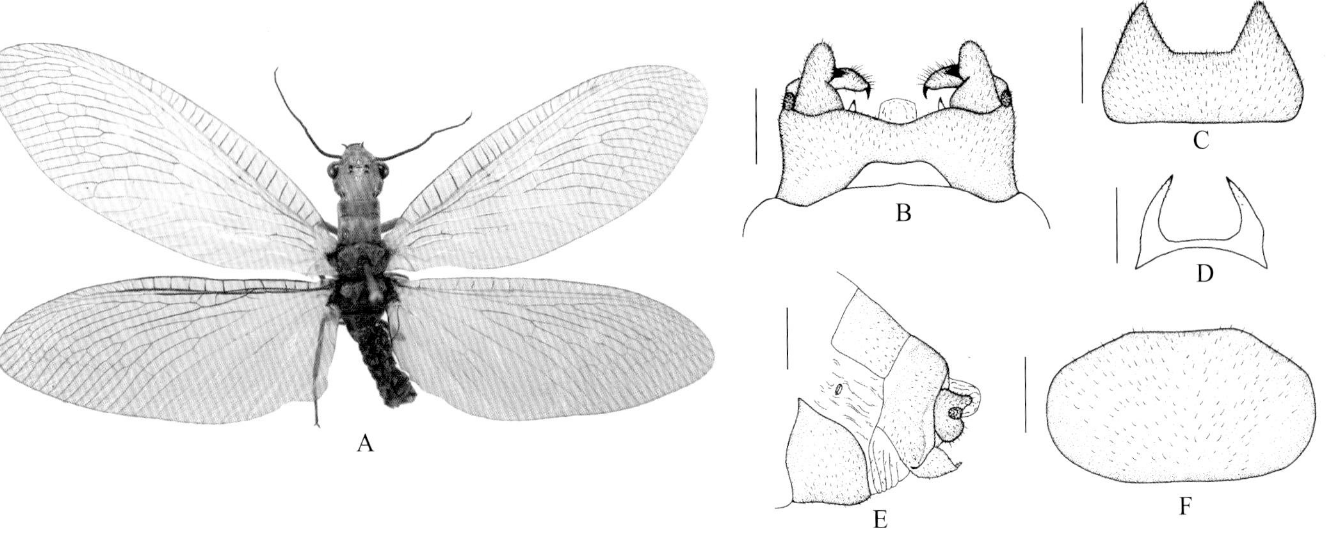

图 2-59-1　炎黄星齿蛉 *Protohermes xanthodes* 形态图
（标尺：A 为 5.0 mm，B ~ F 为 1.0 mm）
A. 成虫背面观　B. 雄虫外生殖器背面观　C. 雄虫第 9 腹板腹面观　D. 雄虫第 10 生殖基节 + 第 10 生殖刺突腹面观
E. 雌虫外生殖器侧面观　F. 雌虫第 8 生殖基节腹面观

【测量】 雄虫体长 33.0 ~ 35.0 mm，前翅长 37.0 ~ 42.0 mm、后翅长 32.0 ~ 37.0 mm。

【形态特征】 头部黄色或黄褐色；头顶两侧各具 3 个黑色斑，前面的斑大、近方形，后面外侧斑楔形，内侧斑小点状；头顶方形，复眼后侧缘齿短钝。复眼褐色；单眼黄色，其内缘黑色，中单眼横长，侧单眼远离中单眼。前胸背板近侧缘具 2 对黑色斑；中后胸背板两侧有时浅褐色。前翅呈极浅的烟褐色，但翅痣黄色，翅基部具 1 个淡黄斑，中部具 3 ~ 4 个淡黄色斑，近端部 1/3 处具 1 个淡黄色小圆斑；后翅基半部近乎无色透明，翅中部径脉与中脉间具 2 个淡黄斑。翅脉浅褐色，但在淡黄斑中的脉及后翅基半部的脉淡黄色，亚前缘脉和第 1 径脉有时呈黄色。雄虫腹部末端第 9 背板近长方形，基缘呈梯形凹缺，端缘中央微凹；第 9 腹板端缘呈梯形凹缺，两侧各形成 1 个末端尖锐的三角形突起；肛上板呈短棒状，基粗端细，中部内侧微凹，近端部内侧具 1 丛毛簇；第 9 生殖刺突背面观明显可见，较粗壮，末端具 1 个内弯的小爪；第 10 生殖基节拱形，基缘呈弧形；第 10 生殖刺突较骨化，指状而末端缩尖。

【地理分布】 辽宁、河北、北京、山西、山东、河南、陕西、甘肃、安徽、浙江、江西、湖南、湖北、四川、重庆、贵州、云南、广东、广西；朝鲜，韩国，俄罗斯。

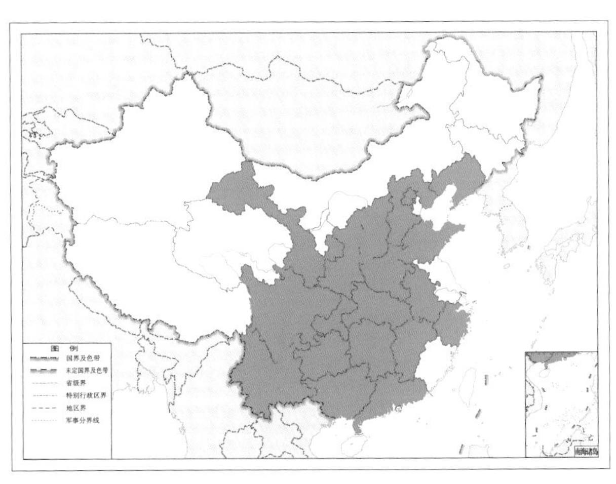

图 2-59-2　炎黄星齿蛉 *Protohermes xanthodes* 地理分布图

60. 兴山星齿蛉 *Protohermes xingshanensis* Liu & Yang, 2005

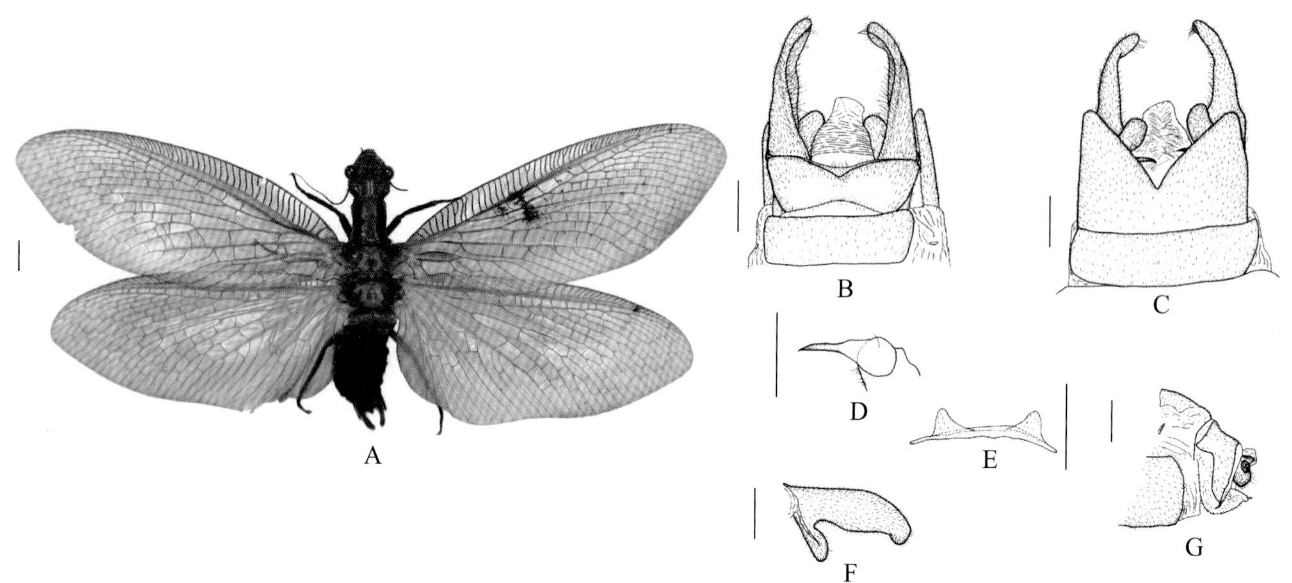

图 2-60-1 兴山星齿蛉 *Protohermes xingshanensis* 形态图
（标尺：A 为 5.0 mm，B ~ G 为 1.0 mm）

A. 成虫背面观 B. 雄虫外生殖器背面观 C. 雄虫外生殖器腹面观 D. 雄虫第 9 生殖刺突后面观 E. 雄虫第 10 生殖基节 + 第 10 生殖刺突腹面观 F. 雄虫肛上板侧面观 G. 雌虫外生殖器侧面观

【测量】 雄虫体长 40.0 ~ 44.0 mm，前翅长 56.0 ~ 57.0 mm、后翅长 50.0 ~ 51.0 mm。

【形态特征】 头部黄褐色；头顶两侧各具 3 个黑色斑，外侧的 2 个斑较大、近方形，内侧斑较小、椭圆形；头顶方形，复眼后侧缘齿短尖。复眼褐色；单眼黄色，其内缘黑色，中单眼略横长，侧单眼靠近中单眼。前胸背板近侧缘具 1 对黑色纵带斑；中后胸黄色，背板两侧各具 2 对褐色斑，内侧的斑较小、月牙形，外侧的斑较大、近圆形。翅宽阔，具极浅的褐色，无任何浅色斑。翅脉深褐色，但径脉的基部颜色较浅。雄虫腹部末端第 9 背板短宽，基缘浅凹，端缘呈 V 形凹缺；第 9 腹板宽大，两侧缘几乎平行，端缘呈深 V 形凹缺，两侧各形成 1 个宽大的三角形突起；肛上板呈长带状，长约为第 9 背板的 2 倍，基部粗且向端部逐渐变细，末端钝圆，内缘密生长毛且具 1 个长的凹槽，肛上板腹面基部外侧各具 1 个向内生长的近圆柱形突起；第 9 生殖刺突呈爪状，基部明显膨大，端部呈不明显弯曲；第 10 生殖基节呈窄带状，稍骨化；第 10 生殖刺突呈短锥状，末端钝圆。

【地理分布】 湖北、四川。

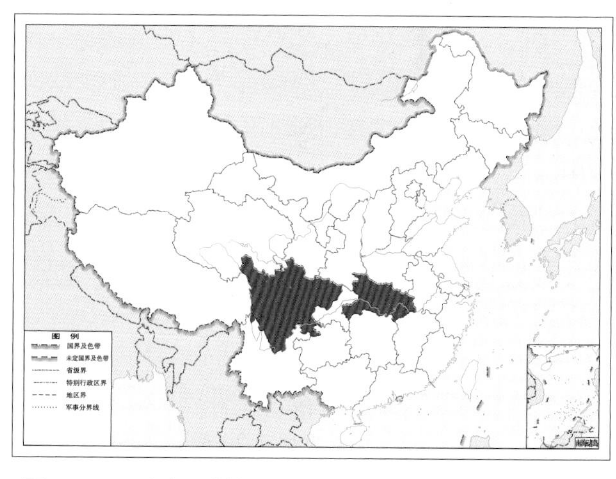

图 2-60-2 兴山星齿蛉 *Protohermes xingshanensis* 地理分布图

61. 杨氏星齿蛉 *Protohermes yangi* Liu, Hayashi & Yang, 2007

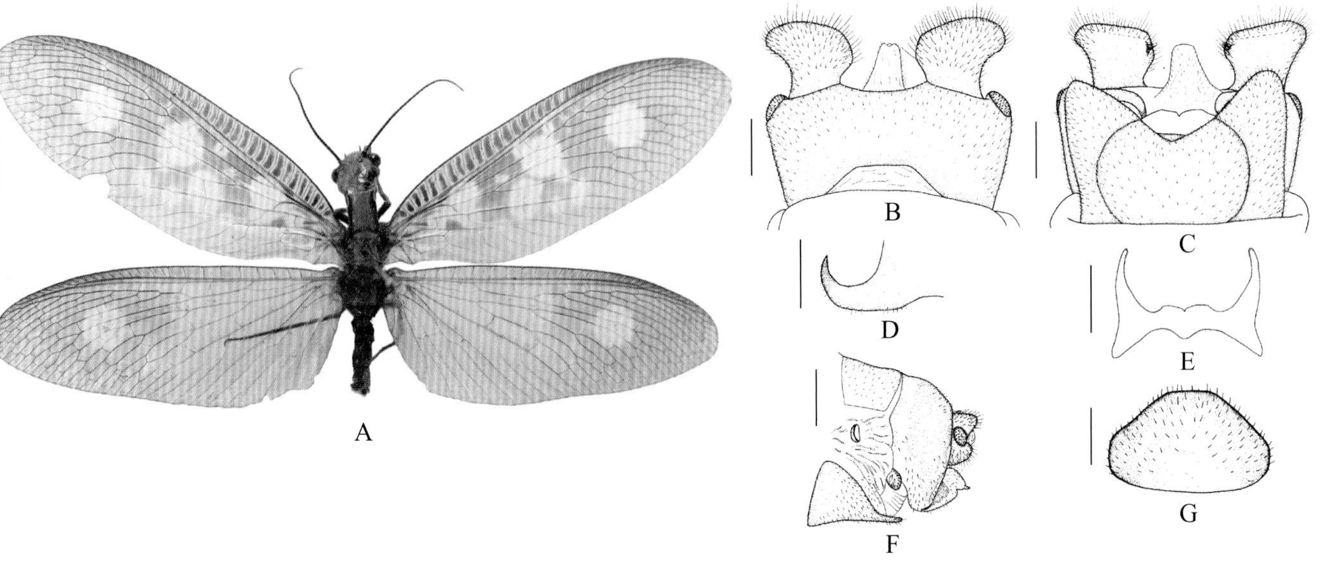

图 2-61-1　杨氏星齿蛉 *Protohermes yangi* 形态图

（标尺：A 为 5.0 mm，B ~ G 为 1.0 mm）

A. 成虫背面观　B. 雄虫外生殖器背面观　C. 雄虫外生殖器腹面观　D. 雄虫第 9 生殖刺突后面观　E. 雄虫第 10 生殖基节 + 第 10 生殖刺突腹面观　F. 雌虫外生殖器侧面观　G. 雌虫第 8 生殖基节腹面观

【测量】 雄虫体长 31.0 ~ 34.0 mm，前翅长 37.0 ~ 40.0 mm、后翅长 33.0 ~ 35.0 mm。

【形态特征】 头部黄褐色，头顶两侧各具 3 个黑色斑，外侧斑带状，内侧斑小点状；头顶方形，无复眼后侧缘齿。后头两侧黑色。复眼灰褐色；单眼黄色，其内缘黑色，中单眼横长，侧单眼远离中单眼。前胸背板两侧各具 1 条黑色纵带斑，有时在中部略断开；中后胸灰褐色，仅中胸背板中央暗黄色。前翅透明，浅烟褐色，前缘横脉间充满褐色斑，翅基部具 1 个近三角形的乳白色斑，中部具 2 个较大的乳白斑和 5 ~ 6 个小乳白色斑，近端部 1/3 处具 1 个大而圆的乳白斑。后翅基半部完全无色透明，端半部浅烟褐色，近端部 1/3 处具 1 个大而圆的乳白斑。翅脉黄褐色，但在端半部浅褐色。雄虫腹部末端第 9 背板近长方形，基缘呈梯形凹缺，端缘微凹；第 9 腹板宽阔，中部明显隆起，端缘呈较深的 V 形凹缺，两侧各形成 1 个末端钝圆的三角形突起；肛上板短柱状，外端角明显向外突伸，末端微凹且密生长毛，肛上板腹面内端角具 1 个不发达的小突起，其上具 1 丛毛簇；第 9 生殖刺突基粗端细且具明显向内背侧弯曲的爪；第 10 生殖基节拱形，基缘背中突稍隆起，端缘中央具 1 个细小的凹缺，其两侧稍隆起；第 10 生殖刺突指状，其端半部略内弯。

【地理分布】 贵州、广西；越南。

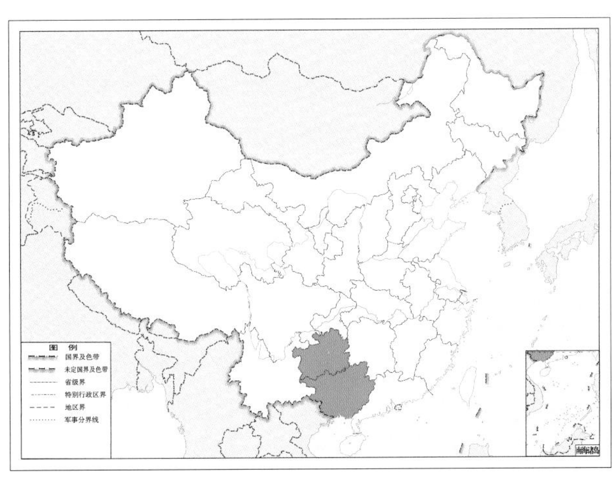

图 2-61-2　杨氏星齿蛉 *Protohermes yangi* 地理分布图

62. 云南星齿蛉 *Protohermes yunnanensis* Yang & Yang, 1988

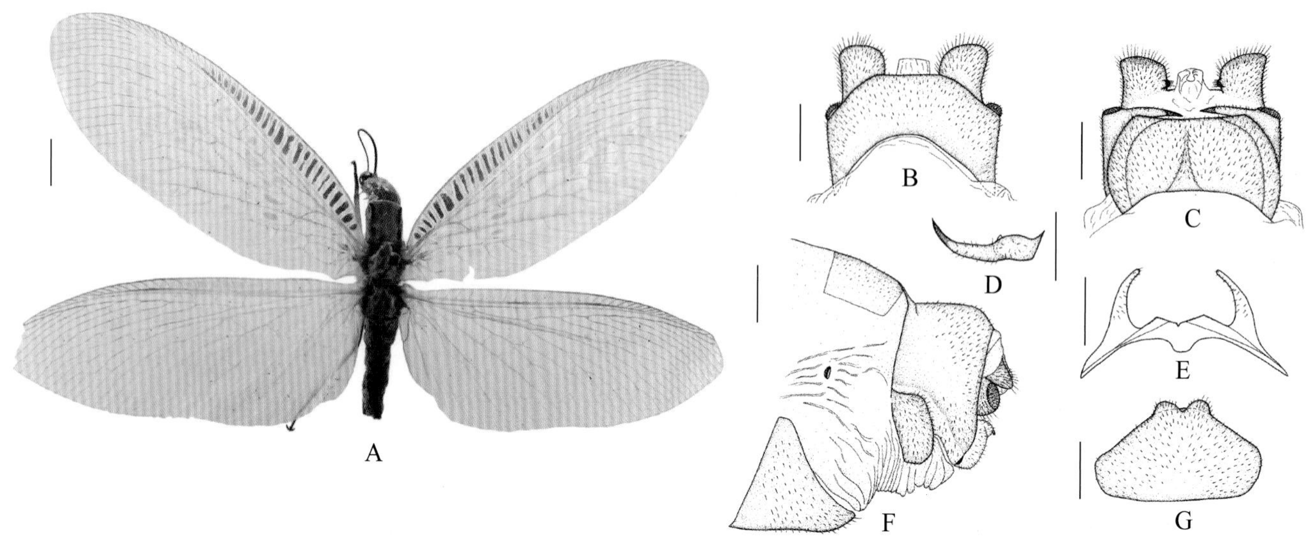

图 2-62-1　云南星齿蛉 *Protohermes yunnanensis* 形态图
（标尺：A 为 5.0 mm，B ~ G 为 1.0 mm）
A. 成虫背面观　B. 雄虫外生殖器背面观　C. 雄虫外生殖器腹面观　D. 雄虫第 9 生殖刺突后面观　E. 雄虫第 10 生殖基节 + 第 10 生殖刺突腹面观　F. 雌虫外生殖器侧面观　G. 雌虫第 8 生殖基节腹面观

【测量】 雄虫体长 30.0 ~ 31.0 mm，前翅长 31.0 ~ 39.0 mm、后翅长 35.0 ~ 36.0 mm。

【形态特征】 头部黄色，无任何斑纹；头顶方形，无复眼后侧缘齿。复眼褐色；单眼黄色，其内缘黑色，中单眼横长，侧单眼远离中单眼。前胸背板近侧缘具 2 对窄的黑色纵斑；中后胸背板前侧角浅褐色。前翅透明，为极浅的烟褐色，翅痣区浅黄褐色，前缘横脉间具浅褐色斑，翅基部具 1 个淡黄色斑，中部具 4 ~ 5 个相互连接的淡黄色斑，近端部 1/3 处具 1 个淡黄色圆斑。后翅几乎完全无色透明，仅翅痣区呈浅黄褐色。翅脉淡黄色，但臀脉基部和端半部的翅脉浅褐色。雄虫腹部末端第 9 背板近长方形，基缘呈弧形凹缺，端缘平直；第 9 腹板宽阔，中部明显隆起，侧缘弧形，基半部较宽而端半部略变窄，端缘平截；雄虫肛上板呈短柱状，外端角略向外突伸，末端微凹且密生长毛，肛上板腹面内端角具 1 个小突起，其上具 1 丛毛簇；第 9 生殖刺突呈爪状，较细长，略向内背侧弯曲；第 10 生殖基节呈拱形，基缘背中突明显隆起，端缘中央具 1 个细小的凹缺并形成 1 对乳突状突起；第 10 生殖刺突呈指状，端半部略变细且向内弯曲。

【地理分布】 四川、云南。

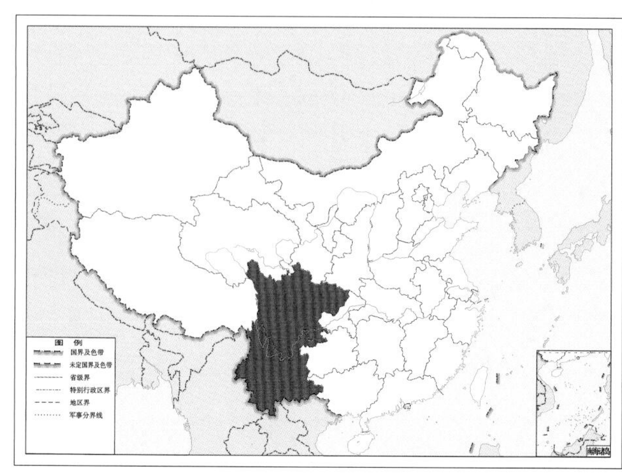

图 2-62-2　云南星齿蛉 *Protohermes yunnanensis* 地理分布图

63. 朱氏星齿蛉 *Protohermes zhuae* Liu, Hayashi & Yang, 2008

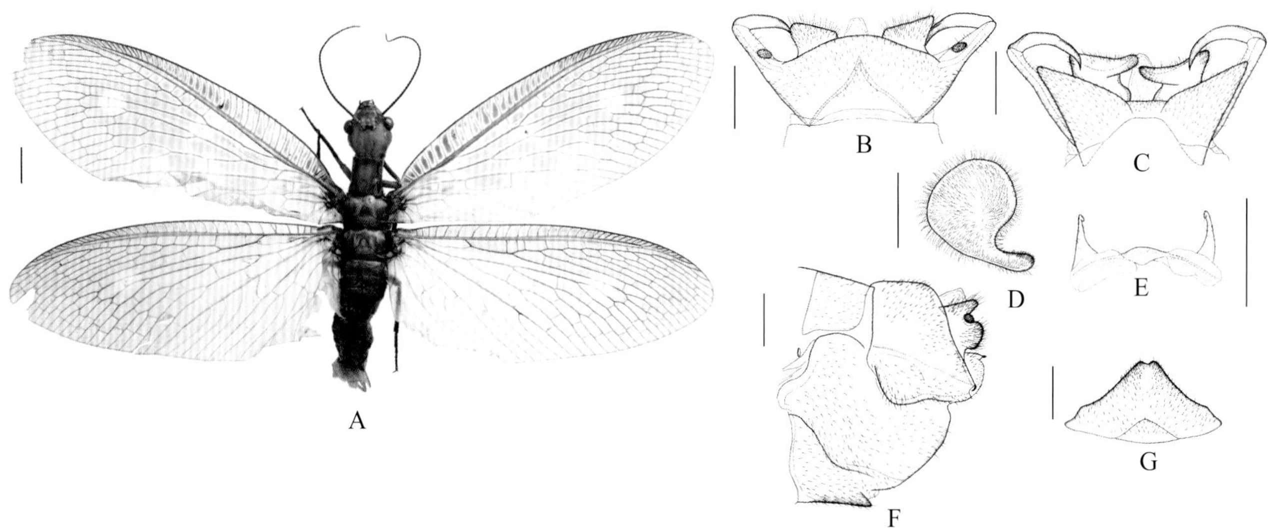

图 2-63-1　朱氏星齿蛉 *Protohermes zhuae* 形态图
（标尺：A 为 5.0 mm，B ~ G 为 1.0 mm）

A. 成虫背面观　B. 雄虫外生殖器背面观　C. 雄虫外生殖器腹面观　D. 雄虫肛上板后面观　E. 雄虫第 10 生殖基节 + 第 10 生殖刺突腹面观　F. 雌虫外生殖器侧面观　G. 雌虫第 8 生殖基节腹面观

【测量】 雄虫体长 31.0 ~ 34.0 mm，前翅长 45.0 ~ 47.0 mm、后翅长 40.0 ~ 43.0 mm。

【形态特征】 头部黄褐色，头顶大多无黑色斑点，有时会有 1 对小斑点；后头侧缘有 1 对黑色斑点。复眼褐色，单眼黄色，其内缘黑色。胸部黄褐色，前胸背板侧缘具 2 对狭窄而广泛分离的黑色斑，前 1 对斑有时侧弯；中胸和后胸偏浅褐色，中胸和后胸比前胸长得多。翅灰褐色，具几个淡黄色的斑点；前翅前缘横脉间具多条褐色条纹；前翅基部具 1 个不规则的斑点，中部有 4 ~ 7 个近椭圆形斑点，其中 2 ~ 3 个较大，外缘 1/3 处具 1 个圆斑。后翅颜色比前翅稍暗，后翅一半干净无斑点，外缘 1/3 处具 1 个圆斑。翅脉褐色；腹部褐色。雄虫腹部末端第 9 背板近梯形，基缘弧形凹缺，端缘微凹，中部呈 V 形，后端两侧向外突伸呈细长棒状；第 9 腹板较短，端缘具 1 个宽大的梯形凹缺，两侧各形成 1 个末端钝圆的三角形突起；第 9 生殖刺突呈爪状，端部向内弯曲；肛上板近圆柱形，较短，约为第 9 背板长的 1/2，后外侧顶角微凹，后面观一般呈逗号状，背板宽而圆，腹侧具 1 个长指状突，中间强烈弯曲，具短密刚毛；第 10 生殖基节拱形，背中突和腹内突不发达；第 10 生殖刺突呈细长指状，端部向腹部弯曲。

【地理分布】 浙江、福建。

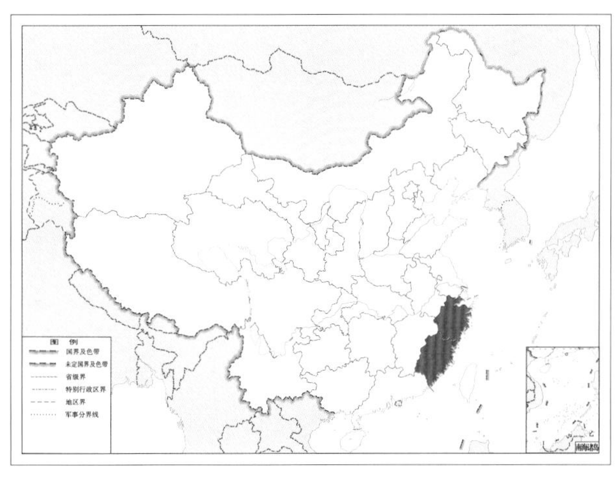

图 2-63-2　朱氏星齿蛉 *Protohermes zhuae* 地理分布图

鱼蛉亚科 Chauliodinae Newman, 1853

【鉴别特征】 头部短粗，头顶近三角形，无复眼后侧片和复眼后侧缘齿。复眼大，半球形，明显突出。触角丝状、近锯齿状或栉状，40 ~ 60 节，明显长于头部和前胸的总长，约为前翅长的 1/2 ~ 2/3。唇基完整，上唇卵圆形，覆盖于上颚；上颚约为头部长的 1/2，内缘具 3 枚小齿；下颚须 4 节；下唇须 3 节。翅长卵圆形。RP+MA 脉 4 支，但各分支端部常分叉；径横脉多 3 支，有时 4 支；MP 脉多为前后 2 支，但有时各支端部分叉；CuA 脉 2 支，CuP 脉 1 支；A1 脉 2 ~ 4 支，A2 脉 2 支，A3 脉 2 支。雄虫第 9 背板近方形或梯形，基缘平截或凹缺；肛上板发达，端部具特化的刺状毛或骨化小爪；第 9 生殖刺突退化；臀胝与肛上板愈合；第 10 生殖基节发达，中部多分叉，多无第 10 生殖刺突。雌虫臀胝与肛上板愈合。幼虫腹部气管鳃腹面无毛簇。

【地理分布】 世界性分布。

【分类】 目前全世界已知 17 属约 140 种，我国已知 4 属 45 种，本图鉴收录 4 属 45 种。

中国鱼蛉亚科 Chauliodinae 分属检索表

1. 前翅 A1 脉 3 ~ 4 支……………………………………………………… **臀鱼蛉属** ***Anachauliodes***
   前翅 A1 脉 2 支……………………………………………………………………………… 2
2. 雌虫触角栉状；前翅 A1 脉与 A2 脉间的横脉与 A2 脉的分支点或前支连接；雄虫第 10 生殖基节于近基部分叉
   ……………………………………………………………………… **栉鱼蛉属** ***Ctenochauliodes***
   雌虫触角近锯齿状；前翅 A1 脉与 A2 脉间的横脉与 A2 脉柄部连接；雄虫第 10 生殖基节不分叉 …………… 7
3. 前翅臀脉较平直而非波状；雄虫第 10 生殖基节外露 ……………………………… **斑鱼蛉属** ***Neochauliodes***
   前翅臀脉强烈波状弯曲；雄虫第 10 生殖基节包被于第 9 背板内，侧面观不可见 …… **准鱼蛉属** ***Parachauliodes***

（六）臀鱼蛉属 *Anachauliodes* Kimmins, 1954

【鉴别特征】 体中型，褐色。雄虫触角栉状，而雌虫近锯齿状，约等于前翅长的 1/3。上唇近卵圆形。翅狭长，长约为宽的 4 倍，翅浅烟褐色；前翅纵脉色特殊，呈黑白相间排列，翅面有时具深褐色斑纹，雄虫后翅基部无径中横脉。雄虫腹部末端第 9 背板较短宽，基缘呈弧形凹缺；第 9 腹板近半圆形，短于第 9 背板，端缘无膜质瓣；肛上板短粗，端缘凹缺形成背腹两叶，背叶很小、末端缢缩并具 3 ~ 4 枚小齿，腹叶扁宽且腹缘较直；第 10 生殖基节强骨化，侧臂长，基缘平直，中部背缘明显向上隆突而侧缘呈短刺状突伸，末端向下呈钩状弯曲。雌虫腹部末端第 8 生殖基节宽阔，端缘略向后突伸；肛上板基部宽，中部具 1 对明显突出的臀胝，肛上板于臀胝后强烈缢缩；第 9 生殖刺突消失。

【地理分布】 中国；印度，越南。

【分类】 目前世界已知 1 种，我国已知仅 1 种，本图鉴收录 1 种。

64. 莱博斯臀鱼蛉 *Anachauliodes laboissierei* (Navás, 1913)

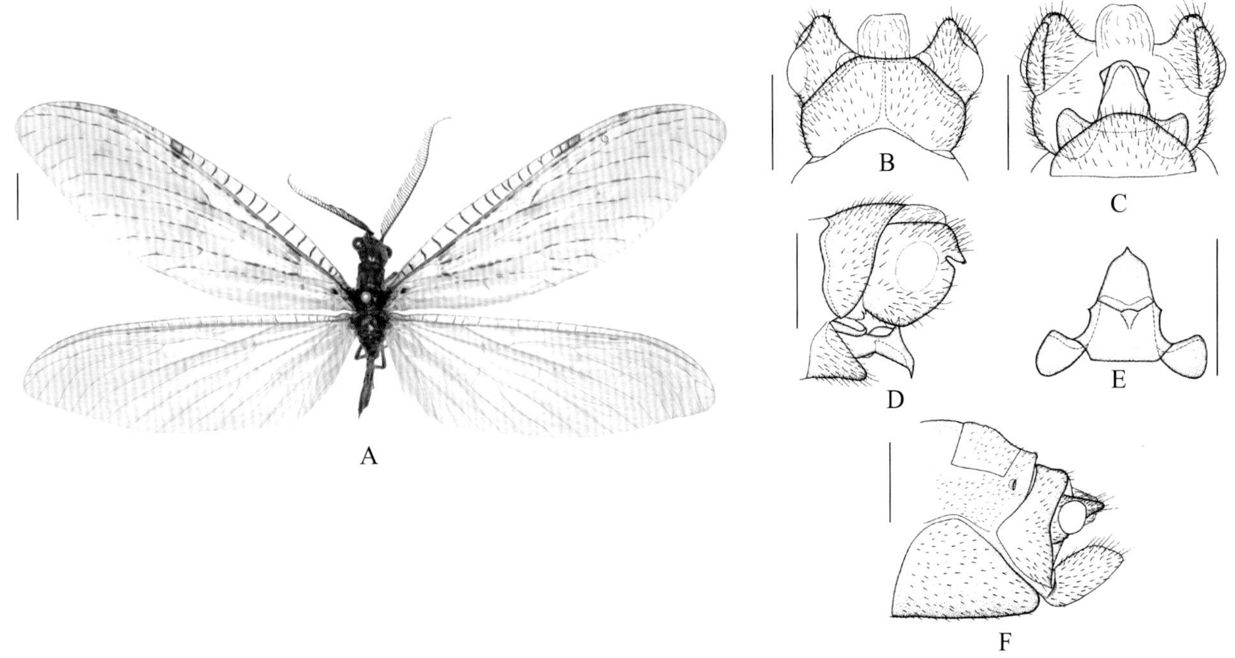

图 2-64-1　莱博斯臀鱼蛉 *Anachauliodes laboissierei* 形态图

（标尺：A 为 5.0 mm，B ~ F 为 1.0 mm）

A. 成虫背面观　B. 雄虫外生殖器背面观　C. 雄虫外生殖器腹面观　D. 雄虫外生殖器侧面观　E. 雄虫第 10 生殖基节 + 第 10 生殖刺突腹面观　F. 雌虫外生殖器侧面观

【测量】 雄虫体长 19.0 ~ 35.0 mm，前翅长 39.0 ~ 43.0 mm、后翅长 34.0 ~ 37.0 mm。

【形态特征】 头部褐色。胸部褐色；前胸背板近侧缘色略浅。足褐色，但股节暗黄色。翅浅烟褐色，前翅具大量浅褐色斑纹，且基半部斑纹色深，但有时褐色斑几乎完全消失。后翅色略浅，无任何斑纹。翅脉褐色，但前翅纵脉黑白二色相间排列，前缘横脉黑褐色。腹部褐色；雄虫腹部末端肛上板短粗，与第 9 背板近乎等长，端缘凹缺形成背腹 2 叶，背叶很小、末端钝圆且具 3 ~ 4 枚小齿，腹叶扁宽、腹缘较直；第 10 生殖基节强骨化，结构复杂，背缘中部向背面隆突，腹缘侧面观弧形，端部向腹面钩状弯曲。

【地理分布】 四川、重庆、贵州、云南、广西；越南，印度。

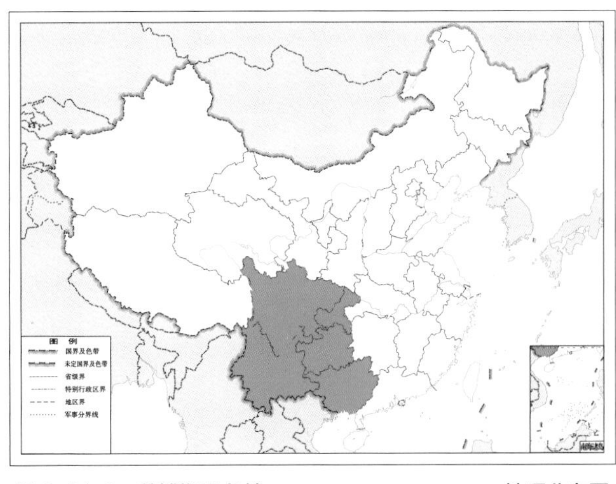

图 2-64-2　莱博斯臀鱼蛉 *Anachauliodes laboissierei* 地理分布图

（七）栉鱼蛉属 *Ctenochauliodes* van der Weele, 1909

【鉴别特征】 体型小至中型；体黄褐色至黑色。头部短粗，头顶近三角形；雌雄两性触角均为栉状。前胸近圆柱形，长宽近乎相等；中后胸较粗壮。翅较狭长，末端钝圆；翅透明或半透明，多具褐色斑。雄虫腹部末端第 9 背板近长方形，宽大于长，基缘呈弧形浅凹，侧面观腹部端角尖锐；第 9 腹板近半圆形，与第 9 背板近乎等长；肛上板短棒状，基部粗而端部明显缢缩，近端部腹面多具 1 个向内突伸的小突，或端部向腹面内侧弯曲；臀胝位于肛上板基部，大而明显突出；第 10 生殖基节强骨化，侧面观端半部略加宽，腹面观由近基部向端部分为左右 2 个形状不对称的突起。雌虫腹部末端第 8 生殖基节多呈长方形，端缘不突出；肛上板呈短棒状，基部宽大而端部强烈缢缩，并具明显突出的臀胝；第 9 生殖基节近三角形，末端缩尖；第 9 生殖刺突消失。

【地理分布】 中国；印度，越南。

【分类】 目前全世界已知 13 种，我国已知 12 种，本图鉴收录 12 种。

中国栉鱼蛉属 *Ctenochauliodes* 分种检索表

1. 翅灰褐色，无任何褐斑 ………………………… **灰翅栉鱼蛉** ***Ctenochauliodes griseus***
   翅透明或半透明，具明显的褐斑 ………………………… 2
2. 后翅具明显的黑褐斑 ………………………… 3
   后翅无明显斑纹 ………………………… 4
3. 雄虫肛上板端部内弯，形成 1 个近三角形突起；雄虫第 10 生殖基节侧面观端部钩状并向背上方弯曲 ………………………… **异斑栉鱼蛉** ***Ctenochauliodes abnormis***
   雄虫肛上板端部不内弯；雄虫第 10 生殖基节侧面观端部钝而非钩状，不向背上方弯曲 ………………………… **杨氏栉鱼蛉** ***Ctenochauliodes yangi***
4. 海南特有的岛屿型种；翅痣明显，褐色 ………………………… **点斑栉鱼蛉** ***Ctenochauliodes punctulatus***
   大陆型种；翅痣无色，不明显 ………………………… 5
5. 雄虫第 10 生殖基节端部不向背上方弯曲 ………………………… 6
   雄虫第 10 生殖基节端部向背上方弯曲 ………………………… 8
6. 前翅具许多浅褐色雾状斑；雄虫第 10 生殖基节左突端部无小刺突 ………………………… 7
   前翅仅在径脉与中脉间有 4 个褐色小点斑；雄虫第 10 生殖基节左突端部具 1 个小刺突 ………………………… **指突栉鱼蛉** ***Ctenochauliodes digitiformis***
7. 前翅基部具深色斑纹；雄虫第 10 生殖基节端部侧面观不向腹下方弯曲，腹面观加宽 ………………………… **箭突栉鱼蛉** ***Ctenochauliodes sagittiformis***
   前翅基部无色透明；雄虫第 10 生殖基节端部侧面观向腹下方弯曲，腹面观不加宽 ………………………… **属模栉鱼蛉** ***Ctenochauliodes nigrovenosus***
8. 前翅密布浅褐色小点斑 ………………………… 9
   前翅斑纹非点状，而呈雾状 ………………………… 10
9. 雄虫第 10 生殖基节腹面观左右两突起等长，且侧面观均向背上方弯曲 ……**碎斑栉鱼蛉** ***Ctenochauliodes similis***

雄虫第 10 生殖基节腹面观右侧突起明显长于左侧突起，且侧面观不向背上方弯曲 ……………………………… 多斑栉鱼蛉 *Ctenochauliodes stigmosus*

10. 雄虫第 10 生殖基节腹面观左右两侧突起等长 ………………………… 福建栉鱼蛉 *Ctenochauliodes fujianensis*

雄虫第 10 生殖基节腹面观右侧突起明显长于左侧突起 ……………………………………………………… 11

11. 雄虫第 10 生殖基节腹面观右侧突起长约为左侧突起的 2 倍 ……… 南方栉鱼蛉 *Ctenochauliodes meridionalis*

雄虫第 10 生殖基节腹面观右侧突起长不到左侧突起的 2 倍 ………… 长突栉鱼蛉 *Ctenochauliodes elongatus*

65. 异斑栉鱼蛉 *Ctenochauliodes abnormis* Yang & Yang, 1986

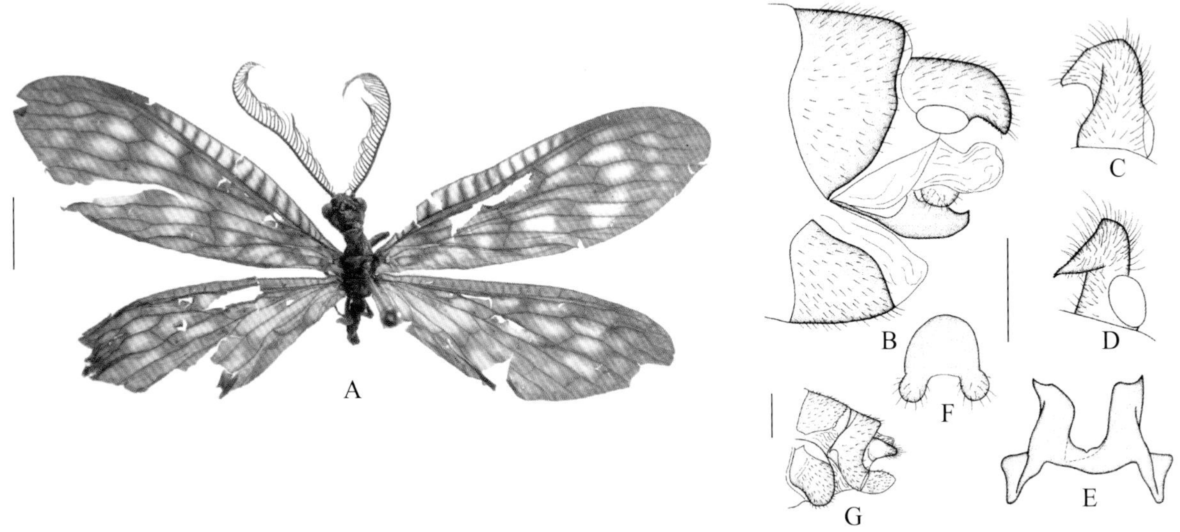

图 2-65-1　异斑栉鱼蛉 *Ctenochauliodes abnormis* 形态图

（标尺：A 为 5.0 mm，B ~ G 为 1.0 mm）

A. 成虫背面观　B. 雄虫外生殖器侧面观　C. 雄虫肛上板背面观　D. 雄虫肛上板腹面观　E. 雄虫第 10 生殖基节腹面观　F. 雄虫肛门腹面的骨片腹面观　G. 雌虫外生殖器侧面观

【测量】 雄虫体长 15.0 mm，前翅长 24.0 mm、后翅长 21.0 mm。

【形态特征】 头部完全黑褐色。复眼褐色；触角黑褐色；口器黑褐色。胸部黑褐色。足褐色，密被黄褐色短毛。翅半透明，具浅黑褐色斑；前翅前缘域基半部无色透明，端部完全浅黑褐色，基半部横脉两侧具黑褐色细纹；翅面各横脉两侧均具浅黑色斑纹，且常上下相连成不规则的窄带斑，翅端域完全黑褐色。后翅与前翅斑型相似，但翅基部近无色透明，前缘域几乎全浅黑色。翅脉黑褐色。腹部褐色；腹部末端第 9 背板基缘略弧形凹缺；第 9 腹板呈短宽的半圆形；肛上板基部较粗大，端部缢缩且向腹面弯曲，并向内侧扭曲为近三角形突起；第 10 生殖基节强骨化，近基部向端部分为相互远离的左右等长的 2 个突起，其末端呈钩状缢缩并向背面弯曲，左侧突起比右侧突起略宽且更向外弯曲；肛门腹面的骨片半圆形，基部两侧各具 1 个球状膨大的突起。

【地理分布】 广西；越南。

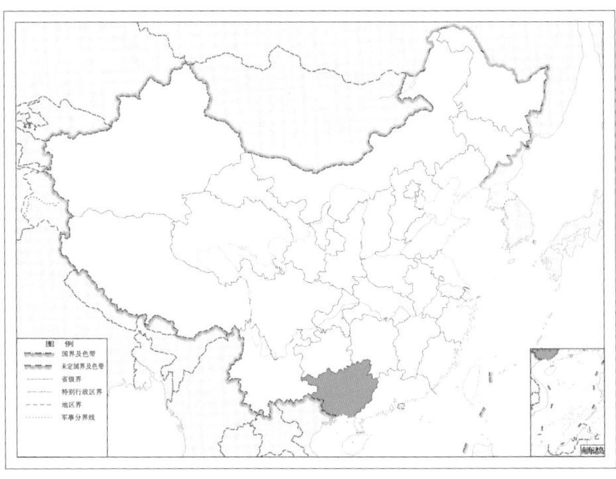

图 2-65-2　异斑栉鱼蛉 *Ctenochauliodes abnormis* 地理分布图

66. 指突栉鱼蛉 *Ctenochauliodes digitiformis* Liu & Yang, 2006

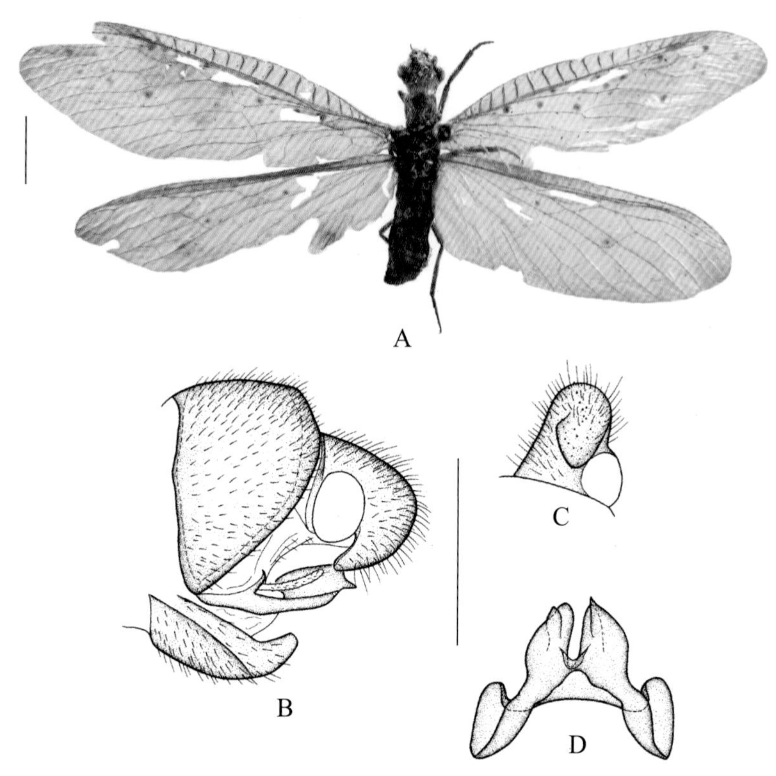

图 2-66-1　指突栉鱼蛉 *Ctenochauliodes digitiformis* 形态图

（标尺：A 为 5.0 mm，B ~ D 为 1.0 mm）

A. 成虫背面观　B. 雄虫外生殖器侧面观　C. 雄虫肛上板腹面观　D. 雄虫第 10 生殖基节腹面观

【测量】 雄虫体长 18.0 mm，前翅长 24.0 mm、后翅长 21.0 mm。

【形态特征】 头部黄褐色。复眼黑褐色；触角褐色；口器褐色，但上唇、下颚须和下唇须端部黑色。胸部浅褐色。足褐色，密被淡黄色短毛，但胫节端半部和跗节黑褐色。翅近无色透明，末端具极浅的褐色。前翅翅痣浅褐色，径脉和中脉间具 4 个褐色小点斑，径分脉间也具若干浅褐色小圆斑；后翅翅痣不明显，径脉与中脉间具 2 个黑褐色小圆斑。翅脉暗黄色，但前翅前缘横脉呈黑褐色。腹部黑褐色；腹部末端第 9 背板基缘浅弧形凹缺，端缘平直；第 9 腹板近半圆形；肛上板短，端半部略变细，向腹面强烈弯曲；第 10 生殖基节强骨化，近基部向端部分为左右相互靠近的 2 个近等长的突起，其端半部侧面观近方形，末端具 1 个短刺；肛门腹面骨片退化，但近第 10 生殖基节基部处具 1 对细长被毛的指状突。

【地理分布】 云南。

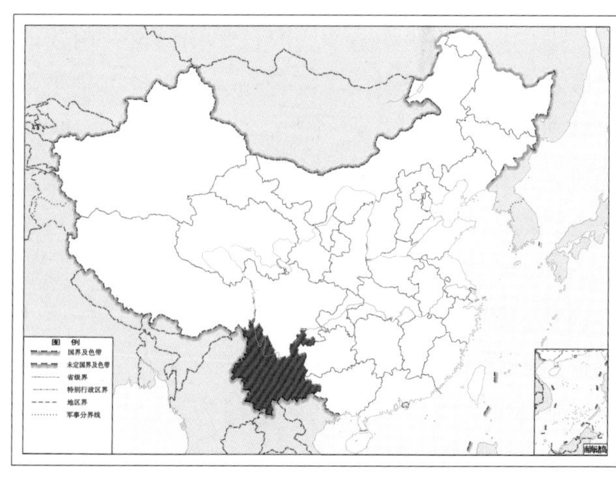

图 2-66-2　指突栉鱼蛉 *Ctenochauliodes digitiformis* 地理分布图

67. 长突栉鱼蛉 *Ctenochauliodes elongatus* Liu & Yang, 2006

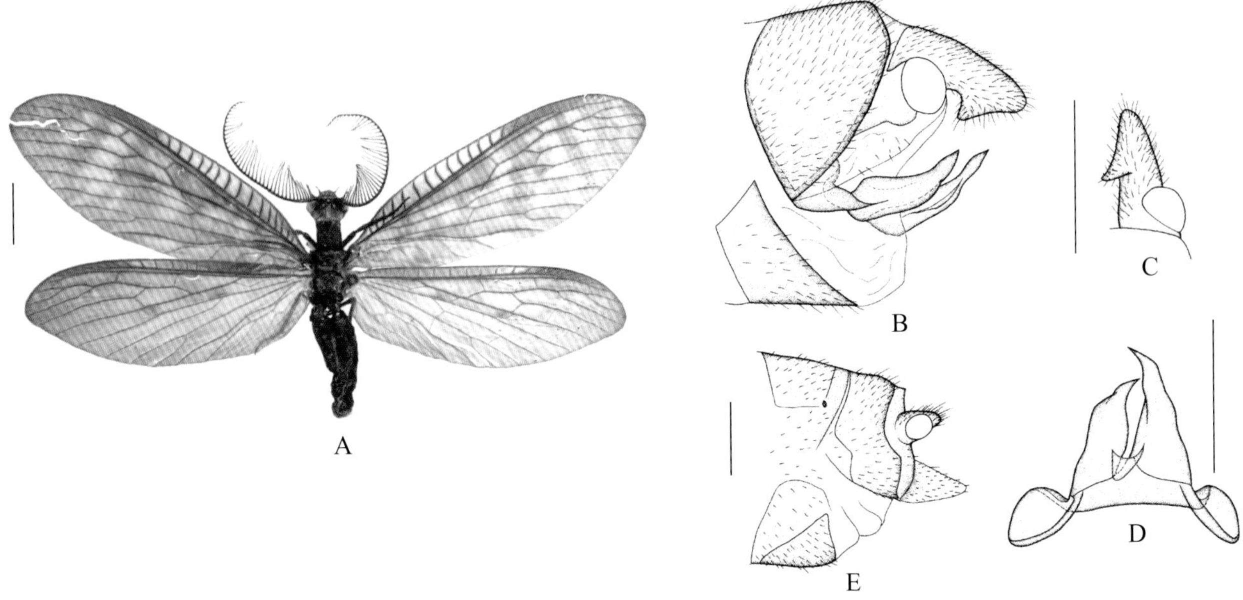

图 2-67-1　长突栉鱼蛉 *Ctenochauliodes elongatus* 形态图

（标尺：A 为 5.0 mm，B ~ E 为 1.0 mm）

A. 成虫背面观　B. 雄虫外生殖器侧面观　C. 雄虫肛上板腹面观　D. 雄虫第 10 生殖基节腹面观　E. 雌虫外生殖器侧面观

【测量】 雄虫体长 17.0 ~ 18.0 mm，前翅长 22.0 ~ 28.0 mm、后翅长 20.0 ~ 22.0 mm。

【形态特征】 头部端半部褐色，头顶暗黄色。复眼褐色；触角黑褐色；口器黑褐色，但上颚端半部红褐色。胸部深褐色。足褐色，密被暗黄色短毛。翅灰褐色，横脉两侧具许多浅褐色云状斑；前缘域端部及翅末端浅褐色。前翅斑纹多横向连接，并在近端部形成窄横带斑；后翅较前翅色浅，仅径脉和中脉间具 2 个浅褐色小圆斑。翅脉褐色。腹部褐色；腹部末端第 9 背板基缘呈弧形凹缺；第 9 腹板呈短宽的半圆形；肛上板呈棒状，向端部略变细，近端部具 1 个近三角形腹内突、略向内弯折；第 10 生殖基节强骨化，近基部向端部分为左右相互靠近的 2 个突起，其末端明显缢缩成长刺状，并略向内背侧弯曲；肛门腹面骨片退化。

【地理分布】 湖南。

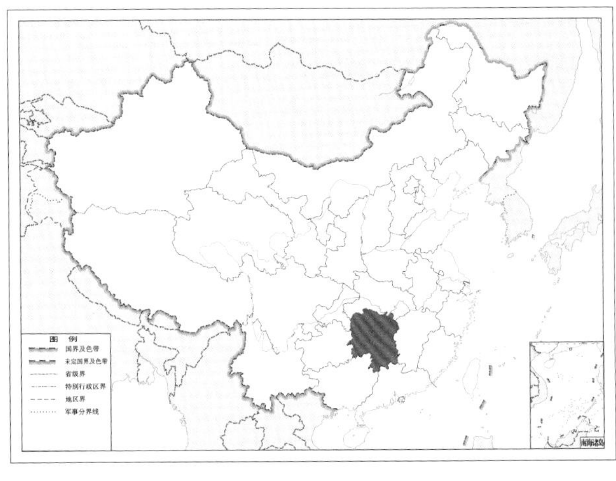

图 2-67-2　长突栉鱼蛉 *Ctenochauliodes elongatus* 地理分布图

68. 福建栉鱼蛉 *Ctenochauliodes fujianensis* Yang & Yang, 1999

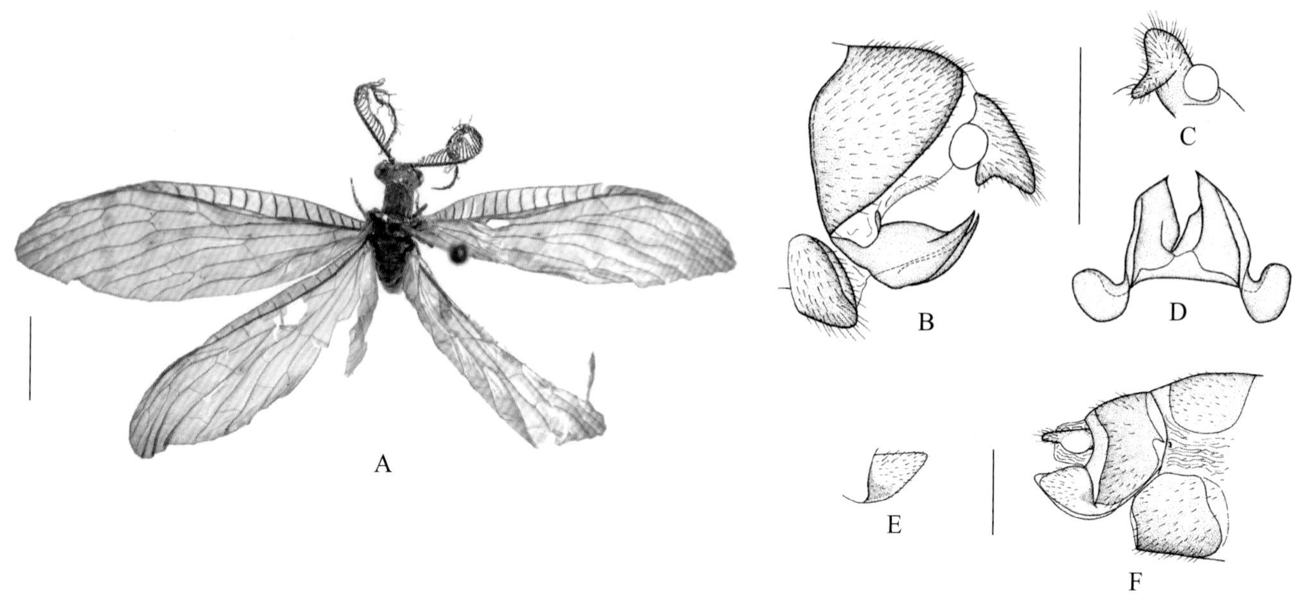

图 2-68-1 福建栉鱼蛉 *Ctenochauliodes fujianensis* 形态图
（标尺：A 为 5.0 mm，B ~ F 为 1.0 mm）

A. 成虫背面观 B. 雄虫外生殖器侧面观 C. 雄虫肛上板腹面观 D. 雄虫第 10 生殖基节腹面观
E. 雌虫第 9 生殖基节右叶侧面观 F. 雌虫外生殖器侧面观

【测量】 雄虫体长 12.0 mm, 前翅长 19.0 mm、后翅长 17.0 mm。

【形态特征】 头部黑褐色；唇基、复眼后侧缘及后头黄褐色。复眼褐色；触角黑褐色；口器黑色。胸部浅褐色，前胸背板前缘黑色。足深褐色，密被暗黄色短毛。翅近无色透明，具灰色斑，且末端也呈灰色。前翅端半部灰色斑大致形成 3 条窄的横带斑；后翅灰斑不明显。腹部浅褐色；雄虫腹部末端第 9 背板基缘呈弧形凹缺，端缘较直；第 9 腹板宽呈半圆形；肛上板呈短锥状，腹内突自腹缘中部伸出、略内弯；第 10 生殖基节强骨化，近基部向端部分为左右相互靠近的 2 个近等长的突起，其末端缢缩成刺状，右侧突起略内弯且自端部 1/3 处变细，左侧突起不内弯；肛门腹面骨片退化。

【地理分布】 福建。

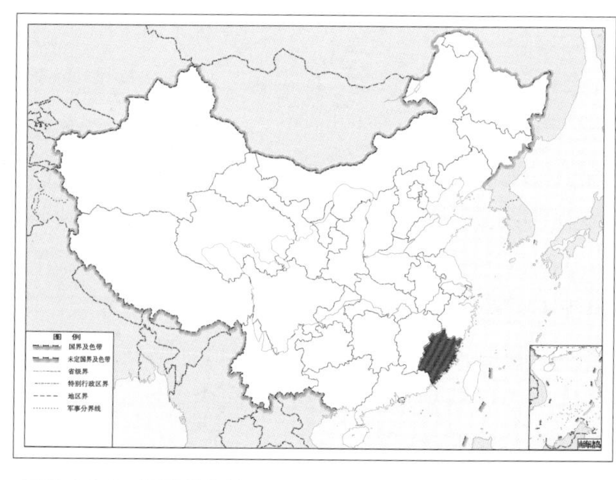

图 2-68-2 福建栉鱼蛉 *Ctenochauliodes fujianensis* 地理分布图

69. 灰翅栉鱼蛉 *Ctenochauliodes griseus* Yang & Yang, 1992

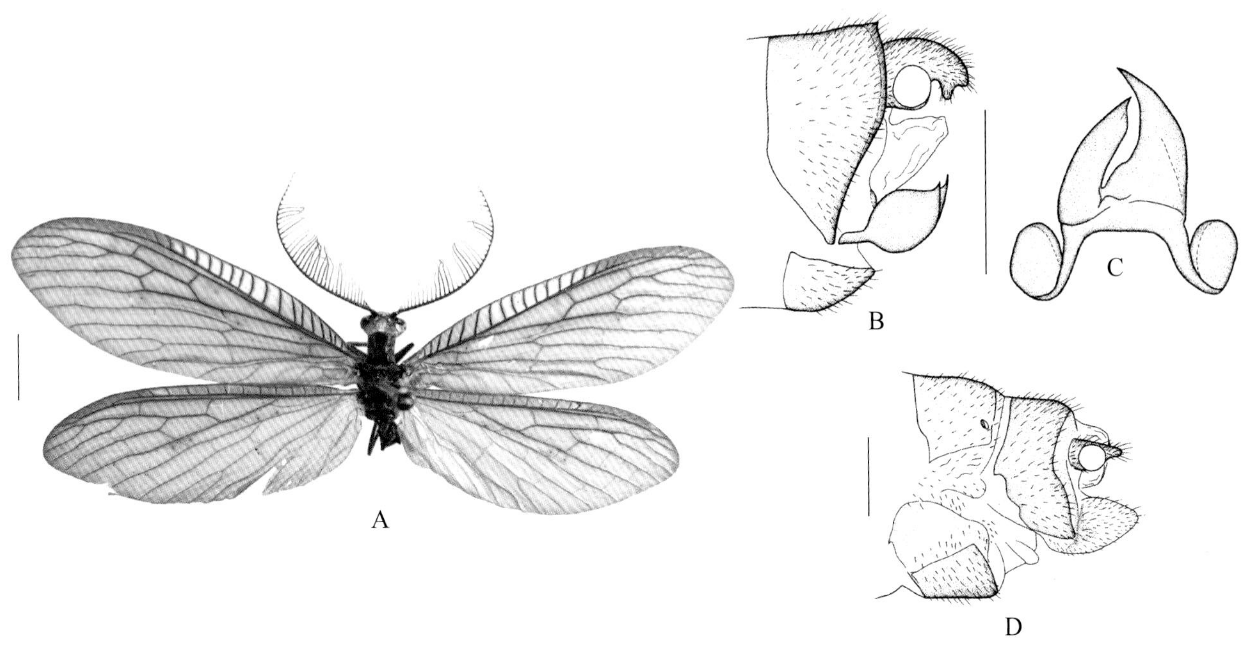

图 2-69-1 灰翅栉鱼蛉 *Ctenochauliodes griseus* 形态图

（标尺：A 为 5.0 mm，B ~ D 为 1.0 mm）

A. 成虫背面观 B. 雄虫外生殖器侧面观 C. 雄虫第 10 生殖基节腹面观 D. 雌虫外生殖器侧面观

【测量】 雄虫体长 14.0 mm，前翅长 25.0 mm、后翅长 21.0 mm。

【形态特征】 头部端半部褐色，而头顶橙黄色。复眼深褐色；触角黑色；口器黑褐色。胸部褐色，但前胸背板前缘黑色。足黑褐色，密被暗黄色短毛。翅灰褐色，半透明，无任何斑纹，但前翅前缘域中部近无色透明。翅脉深褐色。腹部深褐色；雄虫腹部末端第 9 背板基缘呈弧形凹缺；第 9 腹板长三角形；肛上板基部宽阔，而端半部明显缢缩；腹内突自近端部伸出并向内弯折；第 10 生殖基节强骨化，近基部向端部分为左右相互靠近的 2 个突起，其末端侧面观钩状并向背面弯曲，左侧突起短而内弯、末端缢缩成小刺突，右侧突起明显长于左侧突起、基部宽而渐向端部缢缩成长刺状。

【地理分布】 安徽、浙江。

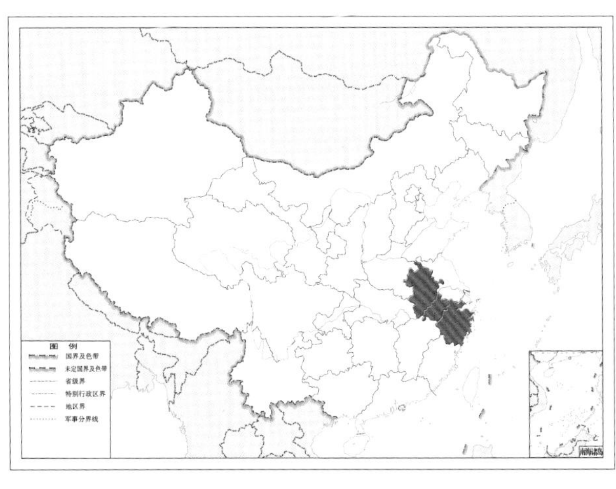

图 2-69-2 灰翅栉鱼蛉 *Ctenochauliodes griseus* 地理分布图

70. 南方栉鱼蛉 *Ctenochauliodes meridionalis* Yang & Yang, 1986

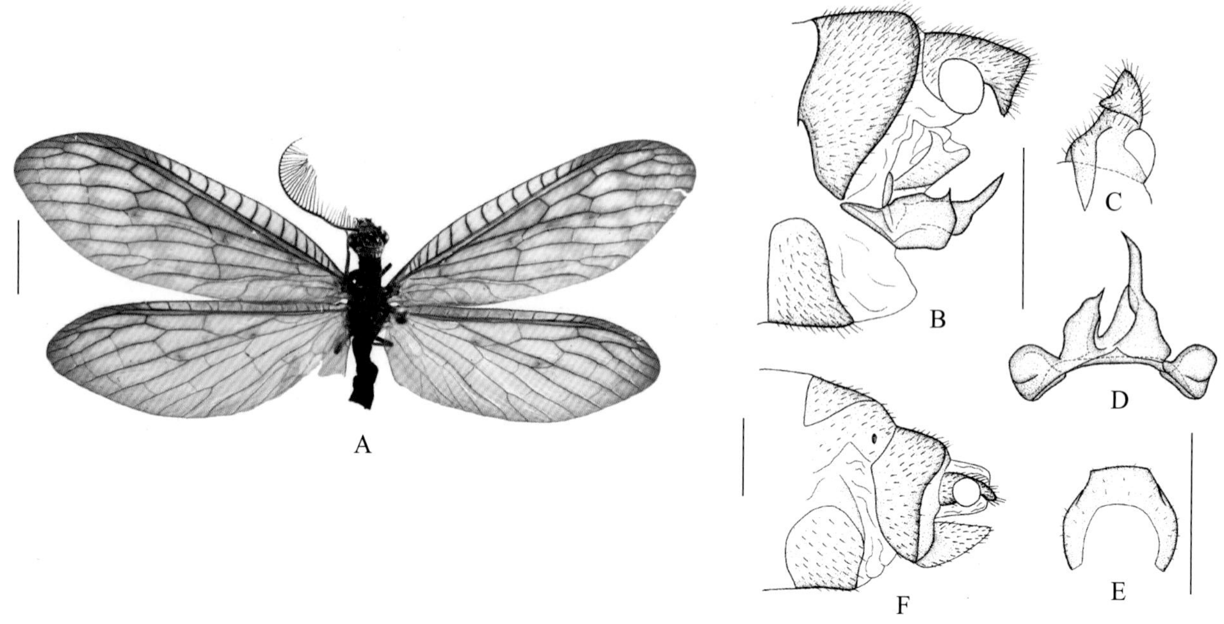

图 2-70-1 南方栉鱼蛉 *Ctenochauliodes meridionalis* 形态图

（标尺：A 为 5.0 mm，B ~ F 为 1.0 mm）

A. 成虫背面观 B. 雄虫外生殖器侧面观 C. 雄虫肛上板腹面观 D. 雄虫第 10 生殖基节腹面观 E. 雄虫肛门腹面骨片腹面观 F. 雌虫外生殖器侧面观

【测量】 雄虫体长 16.0 ~ 18.0 mm，前翅长 25.0 ~ 28.0 mm、后翅长 22.0 ~ 24.0 mm。

【形态特征】 头部端半部黑褐色，而头顶暗黄色。复眼褐色；触角黑褐色；口器黑褐色。胸部黑褐色，但中后胸背板中央略浅，灰褐色。足褐色，密被暗黄色短毛。翅无色透明，横脉两侧具许多浅褐色云状斑；前缘域端部及翅末端浅褐色。前翅的斑纹多横向连接，并在近端部形成窄横带斑；后翅较前翅色浅，无明显的褐色斑。翅脉黑褐色。腹部褐色；雄虫腹部末端第 9 背板基缘呈弧形凹缺；第 9 腹板呈短宽的半圆形；肛上板呈短锥状，侧面观端部明显缩小、下弯，并向内侧扭曲为近三角形突起；第 10 生殖基节强骨化，近基部向端部分为左右相互靠近的 2 个突起，左侧突起侧面观短宽、略内弯，其背缘端部具 1 个刺突，右侧突起长约为左侧突起的 2 倍，侧面观其端半部强烈缢缩成长刺状并斜向上弯曲；肛门腹面骨片稍骨化，腹面观呈拱形，端缘平截。

【地理分布】 广西。

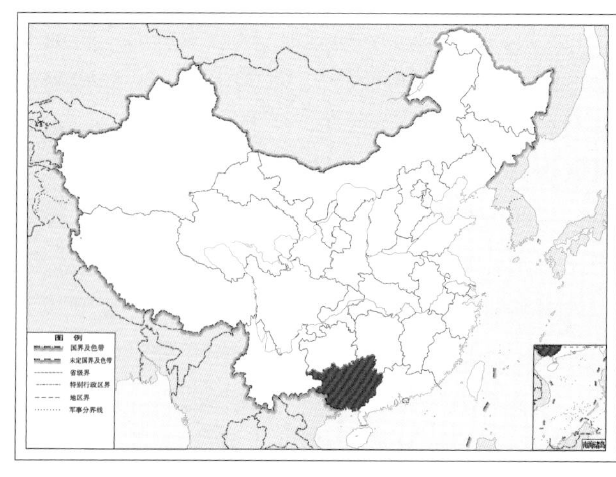

图 2-70-2 南方栉鱼蛉 *Ctenochauliodes meridionalis* 地理分布图

71. 属模栉鱼蛉 *Ctenochauliodes nigrovenosus* (van der Weele, 1907)

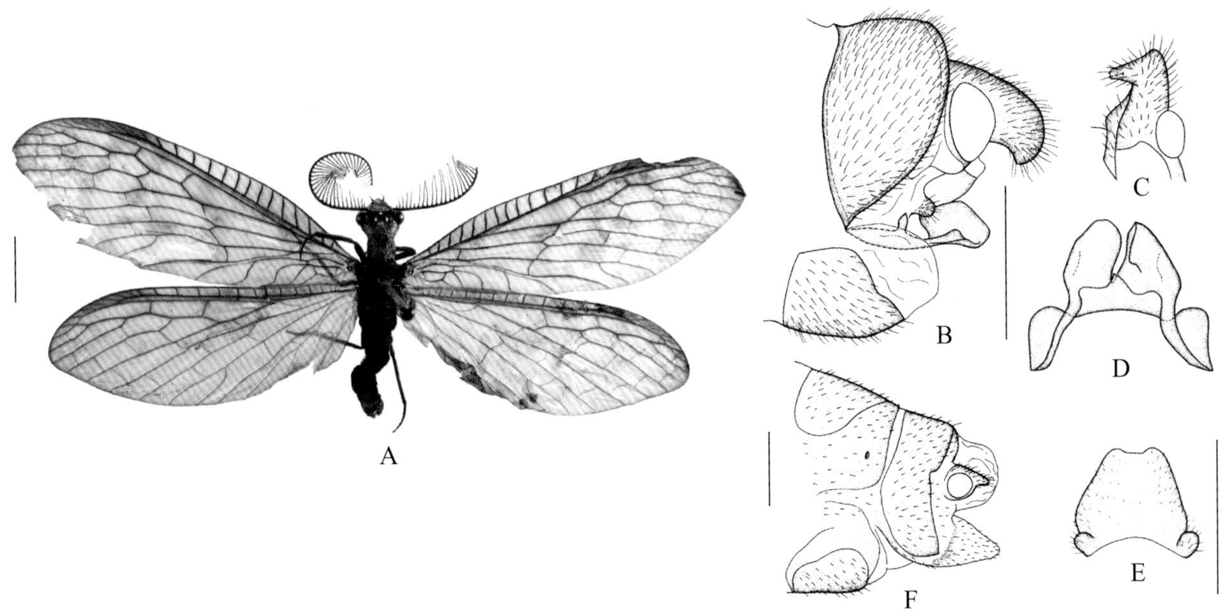

图 2-71-1　属模栉鱼蛉 *Ctenochauliodes nigrovenosus* 形态图
（标尺：A 为 5.0 mm，B ~ F 为 1.0 mm）

A. 成虫背面观　B. 雄虫外生殖器侧面观　C. 雄虫肛上板腹面观　D. 雄虫第 10 生殖基节腹面观　E. 雄虫肛门腹面骨片腹面观　F. 雌虫外生殖器侧面观

【测量】 雄虫体长 18.0 ~ 23.0 mm，前翅长 22.0 ~ 30.0 mm、后翅长 21.0 ~ 26.0 mm。

【形态特征】 头部黄褐色，而唇基区黑褐色。胸部深褐色。足褐色，但胫节端部和跗节黑褐色。翅无色透明，具许多浅褐色云状斑，多位于横脉两侧，但有时这些斑纹色加深，清晰明显；前缘域端部及翅末端浅褐色。前翅的斑纹多横向连接，并在端半部形成窄横带斑；后翅较前翅色浅，无明显斑纹，但前缘域完全浅褐色，有时沿 RP 脉分布若干散乱的浅褐色斑。翅脉黑褐色。腹部褐色；雄虫腹部末端第 9 背板基缘呈弧形凹缺；第 9 腹板为短宽的半圆形；肛上板棒状，基部宽，端半部明显缢缩并强烈向内弯折；第 10 生殖基节强骨化，近基部向端部分为相互靠近且左右等长的 2 个突起，其端半部宽阔并略向腹面弯曲，末端钝圆，腹面观基缘呈梯形凹缺，侧臂近三角形，左侧突起近长方形而右侧突起近三角形；肛门腹面骨片中度骨化，近梯形，末端微凹，基缘两侧各具 1 个短圆的小突起。雌性腹部末端肛上板短，端半部明显缢缩为指状；第 9 生殖基节近三角形，向后方突伸。

【地理分布】 湖北、四川、重庆、贵州、云南、广西；越南。

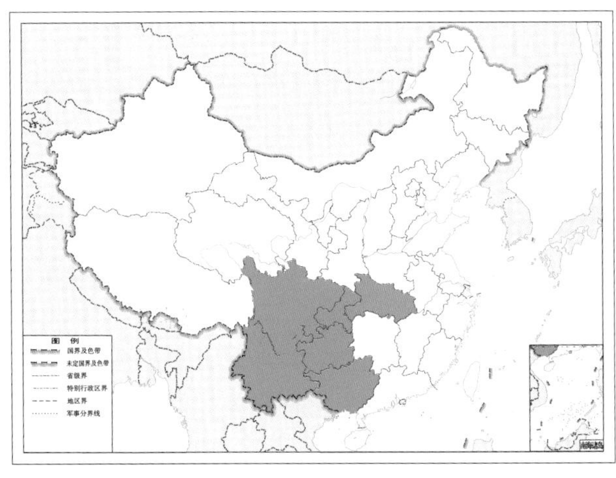

图 2-71-2　属模栉鱼蛉 *Ctenochauliodes nigrovenosus* 地理分布图

72. 点斑栉鱼蛉 *Ctenochauliodes punctulatus* Yang & Yang, 1990

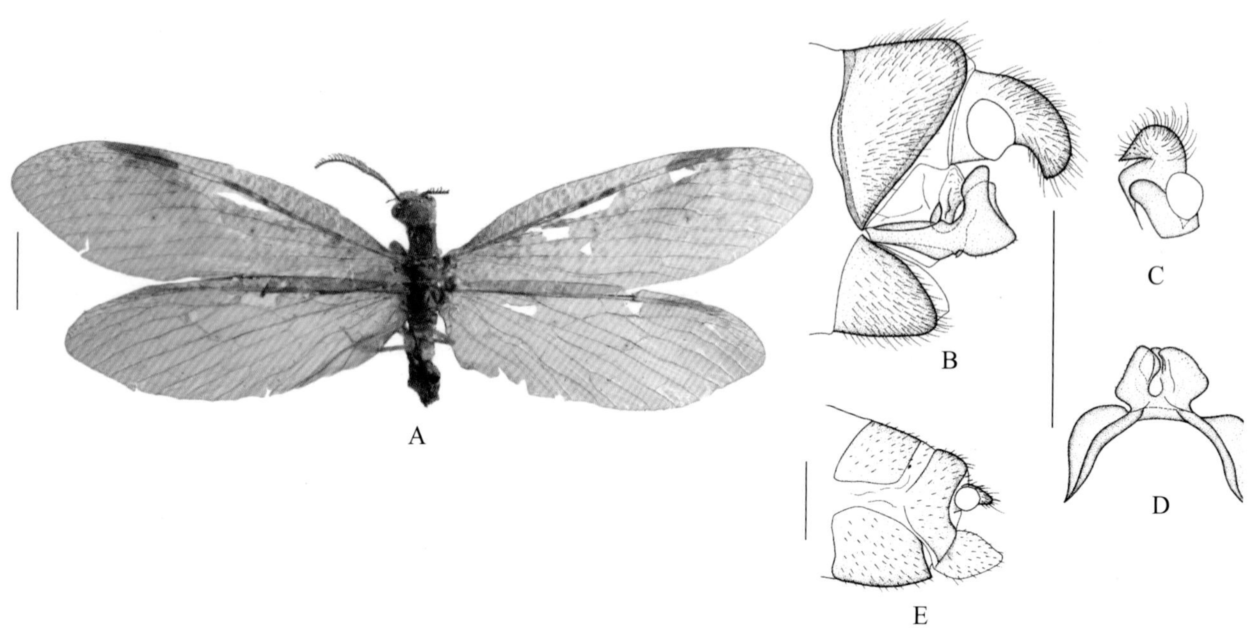

图 2-72-1 点斑栉鱼蛉 *Ctenochauliodes punctulatus* 形态图

（标尺：A 为 5.0 mm，B ~ E 为 1.0 mm）

A. 成虫背面观 B. 雄虫外生殖器侧面观 C. 雄虫肛上板腹面观 D. 雄虫第 10 生殖基节腹面观 E. 雌虫外生殖器侧面观

【测量】 雄虫体长 23.0 mm，前翅长 25.0 mm、后翅长 20.0 mm。

【形态特征】 头部浅灰褐色，但头顶黄褐色。复眼褐色；触角黑褐色；口器浅褐色；上颚黄色，但端半部浅红褐色。胸部浅褐色，但中后胸背板中央暗黄褐色。足黄色且密被黄色短毛，但胫节末端和跗节褐色。翅无色透明，前翅翅痣区明显、褐色，翅面沿纵脉密布大量浅褐色小点斑；后翅翅痣区较前翅短，翅面无任何褐色斑。腹部褐色；雄虫腹部末端第 9 背板基缘呈弧形凹缺；第 9 腹板呈短宽的半圆形；肛上板呈短棒状，基部宽，端半部明显缢缩且向腹面弯曲，并向内强烈弯折，腹面观肛上板基部内侧具 1 个末端钝圆的突起；第 10 生殖基节强骨化，近基部向端部分为左右相互靠近的 2 个近乎等长的突起，左右 2 个突起近基部略向外扩展，左侧突起末端近方形而右侧突起末端缩尖；肛门腹面骨片微弱骨化，并具 1 对短小的侧突。

【地理分布】 海南。

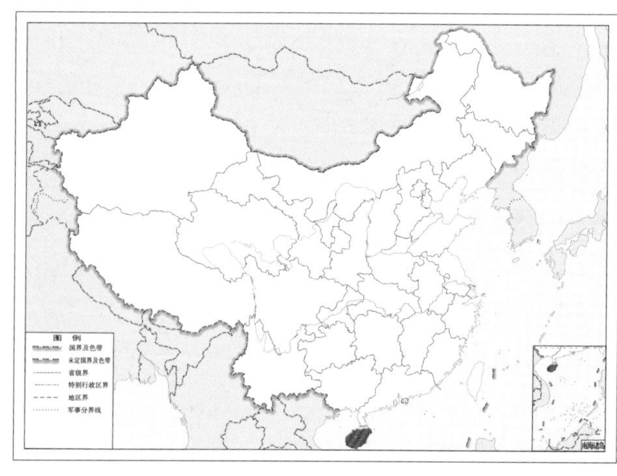

图 2-72-2 点斑栉鱼蛉 *Ctenochauliodes punctulatus* 地理分布图

73. 箭突栉鱼蛉 *Ctenochauliodes sagittiformis* Liu & Yang, 2006

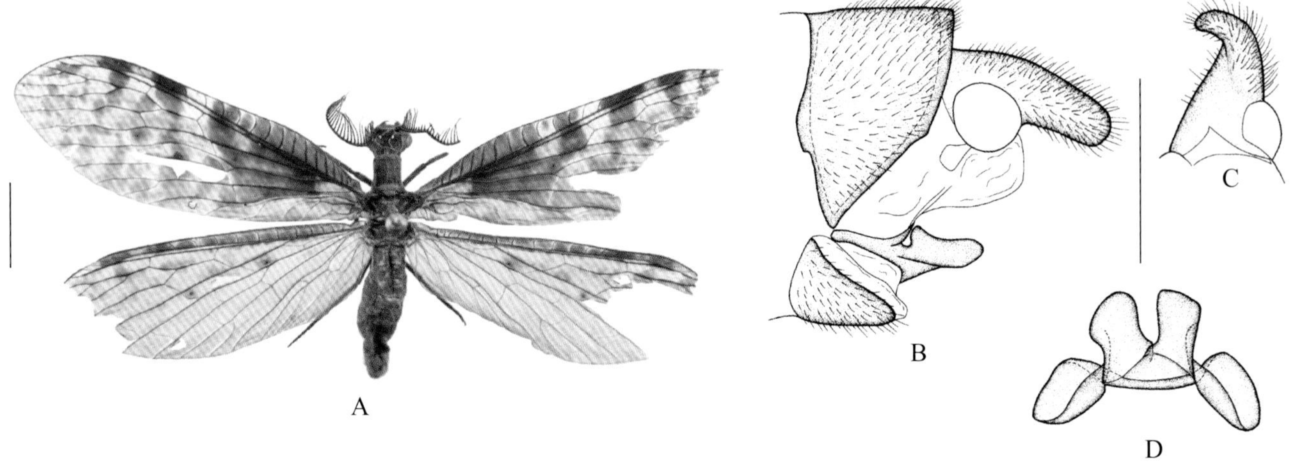

图 2-73-1　箭突栉鱼蛉 *Ctenochauliodes sagittiformis* 形态图
（标尺：A 为 5.0 mm，B ~ D 为 1.0 mm）
A. 成虫背面观　B. 雄虫外生殖器侧面观　C. 雄虫肛上板腹面观　D. 雄虫第 10 生殖基节腹面观

【测量】 雄虫体长 14.0 mm，前翅长 22.0 mm、后翅长 21.0 mm。

【形态特征】 头部黑褐色，但头顶浅褐色。复眼褐色；触角黑褐色；口器褐色。胸部黑褐色。足黄褐色，密被淡黄色短毛，但胫节端半部和跗节深褐色，爪暗红色。翅浅烟褐色。前翅前缘域浅褐色，但中部 4 ~ 5 个前缘室无色透明；翅面布满浅褐色污斑，且基半部色较深。后翅各前缘室内具浅褐斑，而翅面无明显斑纹。腹部黄褐色，背板两侧具黑色纵带斑；雄虫腹部末端第 9 背板基缘呈浅弧形凹缺，端缘平直；第 9 腹板近半圆形；肛上板较长，略向腹面弯曲，基部宽而端半部略变细，末端略向内扭曲；第 10 生殖基节强骨化，近基部向端部分为左右相互靠近的 2 个等长突起，左右 2 个突起端半部略加宽且左侧突起略宽于右侧突起；肛门腹面骨片退化。

【地理分布】 福建、广东。

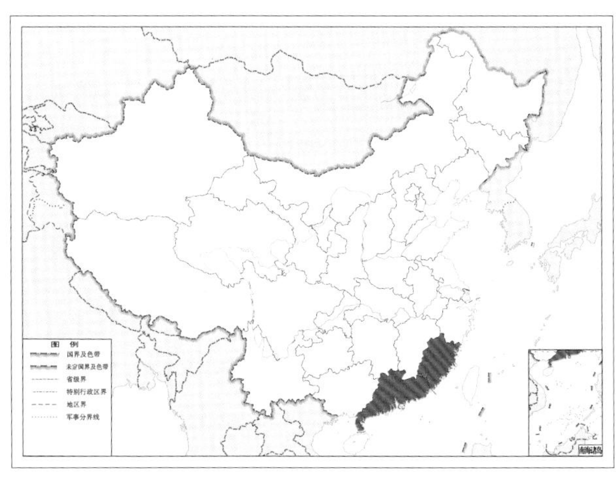

图 2-73-2　箭突栉鱼蛉 *Ctenochauliodes sagittiformis* 地理分布图

74. 碎斑栉鱼蛉 *Ctenochauliodes similis* Liu & Yang, 2006

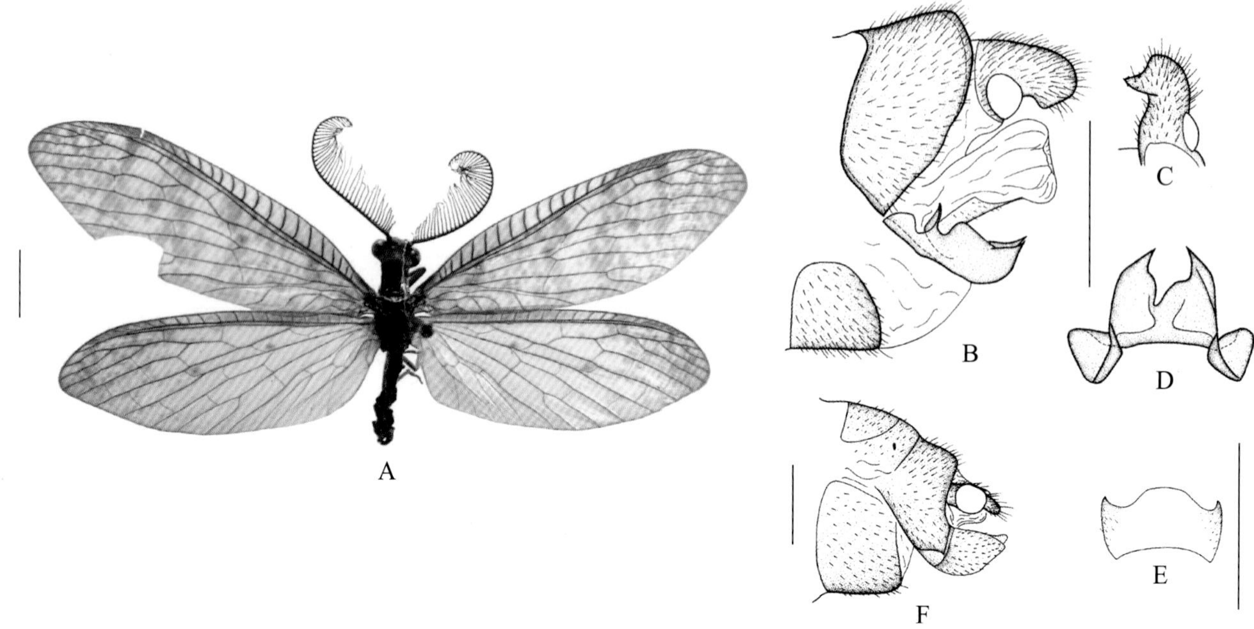

图 2-74-1 碎斑栉鱼蛉 *Ctenochauliodes similis* 形态图

（标尺：A 为 5.0 mm，B ~ F 为 1.0 mm）

A. 成虫背面观 B. 雄虫外生殖器侧面观 C. 雄虫肛上板腹面观 D. 雄虫第 10 生殖基节腹面观 E. 雄虫肛门腹面骨片腹面观 F. 雌虫外生殖器侧面观

【测量】 雄虫体长 18.0 ~ 23.0 mm，前翅长 24.0 ~ 28.0 mm、后翅长 21.0 ~ 25.0 mm。

【形态特征】 头部褐色，但头顶中央和唇基黄褐色。复眼褐色；触角黑褐色；口器黑褐色。胸部褐色。足黄褐色，密被暗黄色短毛，但胫节端部和跗节浅褐色。翅无色透明，具许多细小的浅褐斑；翅痣具极浅的褐色。前翅斑纹较密集，几乎布满整个翅面，但中部具 1 横带状透明无斑区域；后翅大部无任何斑纹，但前缘域几乎完全浅褐色，翅末端密布许多细小的浅褐色斑。腹部褐色；雄虫腹部末端第 9 背板基缘呈弧形凹缺；第 9 腹板呈短宽的半圆形；肛上板呈短棒状，基部宽，端半部明显缢缩且向腹面弯曲，近端部具 1 个明显向内弯折的近三角形腹内突；第 10 生殖基节强骨化，近基部向端部分为左右相互靠近的 2 个等长突起，其端半部侧面观宽阔，末端向背面弯曲并缢缩成刺状；肛门腹面骨片微弱骨化，呈三叶状，中间突起宽且末端钝圆，两侧突起细而尖。

【地理分布】 广东、广西。

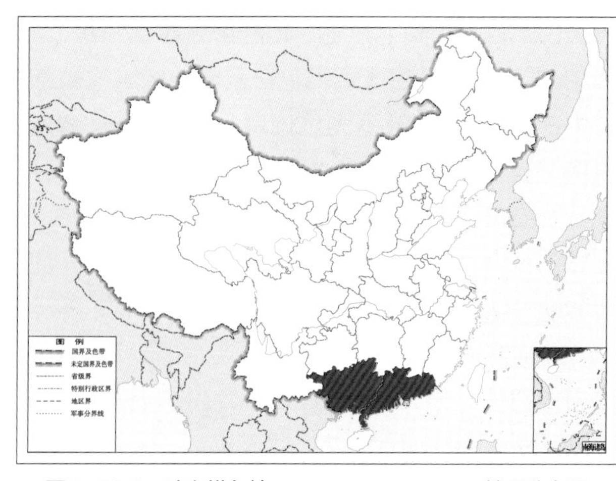

图 2-74-2 碎斑栉鱼蛉 *Ctenochauliodes similis* 地理分布图

75. 多斑栉鱼蛉 *Ctenochauliodes stigmosus* Liu, Hayashi & Yang, 2011

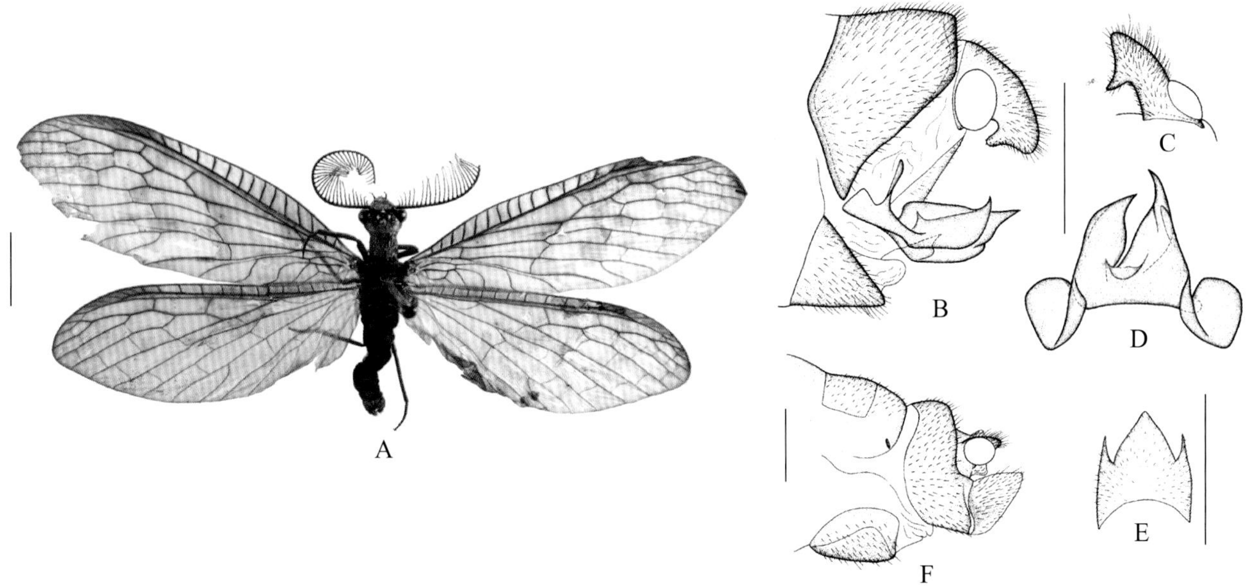

图 2-75-1 多斑栉鱼蛉 *Ctenochauliodes stigmosus* 形态图

（标尺：A 为 5.0 mm，B ~ F 为 1.0 mm）

A. 成虫背面观 B. 雄虫外生殖器侧面观 C. 雄虫肛上板腹面观 D. 雄虫第 10 生殖基节腹面观 E. 雄虫肛门腹面骨片腹面观 F. 雌虫外生殖器侧面观

【测量】 雄虫体长 18.0 ~ 21.0 mm，前翅长 26.0 ~ 27.0 mm、后翅长 23.0 ~ 24.0 mm。

【形态特征】 头部黄褐色，而额区浅褐色。胸部浅褐色。足黄褐色，但胫节端部和跗节浅褐色。翅无色透明，具许多浅褐色斑；翅痣及翅末端为极浅褐色。前翅斑纹较密集，并在端半部略相接形成窄横带斑；后翅大部无任何斑纹，但前缘域几乎完全浅褐色，翅末端具少量不明显的小点斑。翅脉浅黄褐色，但前翅前缘横脉黑褐色。腹部褐色；雄虫腹部末端第 9 背板基缘呈弧形凹缺；第 9 腹板呈短宽的半圆形；肛上板呈短棒状，基部宽，端半部明显缢缩且向腹面弯曲，近端部具 1 个近三角形腹内突起并略向内弯折；第 10 生殖基节强骨化，近基部向端部分为左右相互靠近的 2 个突起，侧面观其端半部宽阔，左侧突起末端呈钩状上弯，而右侧突起末端刺状并向正后方突伸，腹面观基缘梯形浅凹，侧臂近方形，左侧突起明显短于右侧突起；肛门腹面骨片中度骨化，呈三叶状，中突宽三角形，两侧突细而尖。雌虫腹部末端肛上板呈短锥状，末端钝圆；第 10 生殖基节近三角形，向斜上方突伸。

【地理分布】 广西。

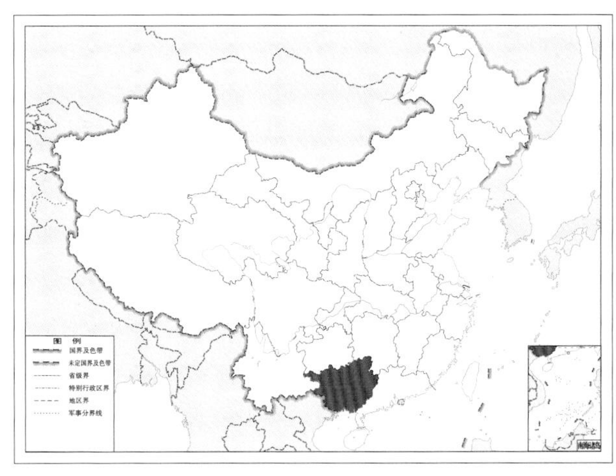

图 2-75-2 多斑栉鱼蛉 *Ctenochauliodes stigmosus* 地理分布图

76. 杨氏栉鱼蛉 *Ctenochauliodes yangi* Liu & Yang, 2006

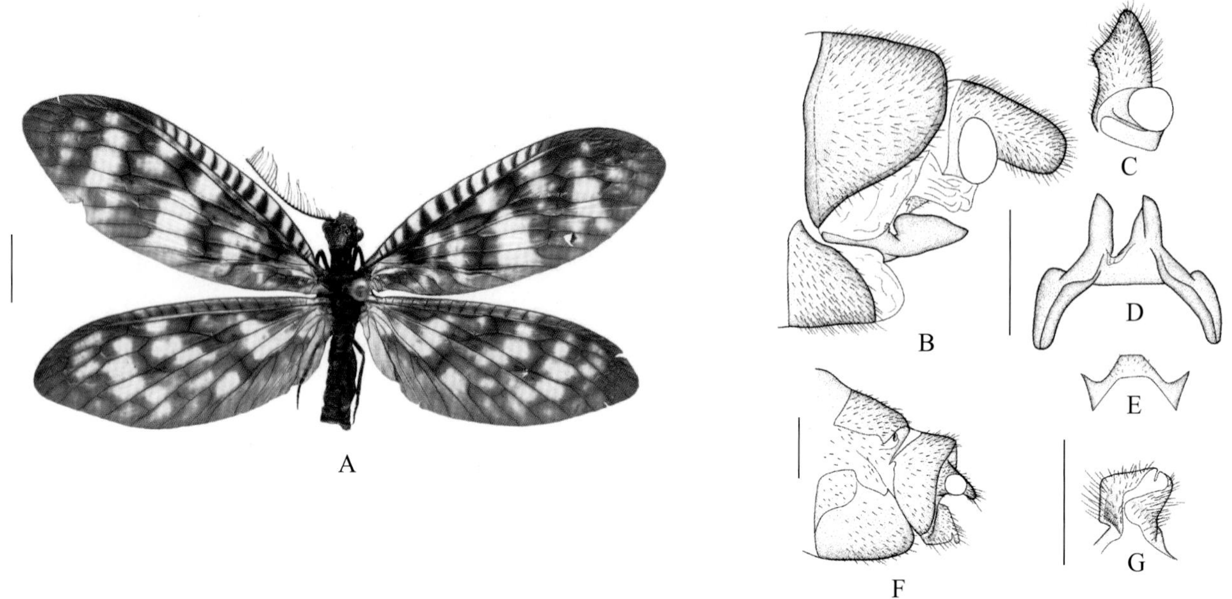

图 2-76-1 杨氏栉鱼蛉 *Ctenochauliodes yangi* 形态图
（标尺：A 为 5.0 mm，B ~ G 为 1.0 mm）
A. 成虫背面观 B. 雄虫外生殖器侧面观 C. 雄虫肛上板腹面观 D. 雄虫第 10 生殖基节腹面观 E. 雄虫肛门腹面骨片腹面观 F. 雌虫外生殖器侧面观 G. 雌虫第 9 生殖基节腹面观

【测量】 雄虫体长 19.0 ~ 21.0 mm，前翅长 25.0 ~ 27.0 mm、后翅长 22.0 ~ 25.0 mm。

【形态特征】 头部黑褐色。复眼褐色；触角黑褐色；口器黑褐色，但上颚端部红褐色。胸部黑褐色。足黑褐色，密被浅褐色短毛。翅半透明，具黑褐色斑，且翅末端黑褐色。前翅前缘域无色透明，但端部完全黑褐色，前缘横脉两侧具黑褐色细纹；翅面各横脉两侧具黑褐色斑纹，并横向连接成较宽的横带斑，基半部具 2 条横带斑，中部的横带斑呈 V 形，端部横带斑短而窄。后翅与前翅斑型相似，但翅基部横带斑较前翅宽，端半部 2 条横带斑较窄，近乎平行。腹部黑褐色；雄虫腹部末端第 9 背板基缘略弧形凹缺；第 9 腹板呈短宽的半圆形；肛上板基部较粗大，背缘直，端部明显缢缩，腹内突不发达、侧面观不可见；第 10 生殖基节强骨化，近基部向端部分为左右 2 个相互远离的等长突起，其末端略缢缩，侧面观端半部呈宽三角形，中部腹面具 1 个小三角形突起；肛门腹面的骨片稍骨化、拱形，基缘深梯形凹缺，端缘平截、两侧尖细地突出。

【地理分布】 广东、广西；越南。

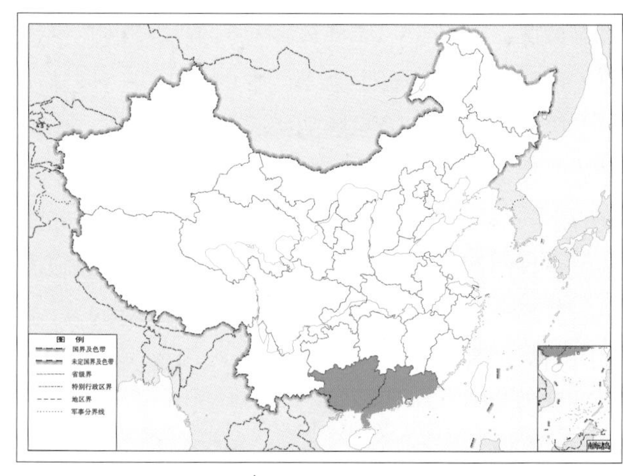

图 2-76-2 杨氏栉鱼蛉 *Ctenochauliodes yangi* 地理分布图

（八）斑鱼蛉属 *Neochauliodes* van der Weele, 1909

【鉴别特征】 中到大型；体长 15 ~ 50 mm，前翅长 25 ~ 68 mm、后翅长 23 ~ 61 mm。体黄色至黑色。头部短粗，头顶近三角形。复眼明显突出。触角一般短于前翅长的 1/2，雄虫为栉状，而雌虫为近锯齿状。翅透明或半透明，多具褐色斑，且于中部多连接形成横带斑，有时几乎完全黑褐色。雄虫腹部末端第 9 背板近长方形，基缘呈弧形凹缺；第 9 腹板骨化较弱，近半圆形，短于第 9 背板，端缘具 1 个近三角形膜质瓣；肛上板略短于第 9 背板，侧扁，近四边形，末端多膨大并具多列黑色刺状短毛；臀胝位于肛上板基部，不明显突出；第 10 生殖基节强骨化，结构简单，长约为第 9 背板与肛上板长度之和，端半部一般向背上方弯曲。

【地理分布】 分布于东洋界和古北界，但以东洋界种类最为丰富。

【分类】 目前全世界已知 48 种，我国已知 27 种，本图鉴收录 27 种。我国该属物种多属于中华斑鱼蛉种团，少数物种属于缘点斑鱼蛉种团（见分种检索表）。

中国斑鱼蛉属 *Neochauliodes* 分种检索表

1. 前翅 RP 脉后两支端部向后弯曲 ………… **中华斑鱼蛉种团 *Neochauliodes sinensis* group**，2

 前翅 RP 脉后两支近乎平直，端部不向后弯曲 ………… 22

2. 翅端域色深，多呈褐色 ………… 3

 翅端域无色透明，具少量褐色斑 ………… 9

3. 后翅基半部黑褐色 ………… 4

 后翅基半部无色透明 ………… 5

4. 前胸背板黑色，雄虫第 10 生殖基节侧面观末端尖锐 ………… **尖端斑鱼蛉 *Neochauliodes acutatus***

 前胸背板暗黄色，雄虫第 10 生殖基节侧面观末端钝圆 ………… **褐翅斑鱼蛉 *Neochauliodes fuscus***

5. 头部完全橙黄色 ………… **宽茎斑鱼蛉 *Neochauliodes latus***

 头部黑褐色 ………… 6

6. 前翅端半部透明区很大，近方形 ………… 7

 前翅端半部透明区域很小，并相互分离为若干小透明斑 ………… 8

7. 雄虫第 10 生殖基节宽大粗壮，侧面观末端钝圆 ………… **粗茎斑鱼蛉 *Neochauliodes robustus***

 雄虫第 10 生殖基节窄而细，侧面观末端缩尖 ………… **双色斑鱼蛉 *Neochauliodes koreanus***

8. 雄虫肛上板左右不对称，第 10 生殖基节末端平截 ………… **江西斑鱼蛉 *Neochauliodes jiangxiensis***

 雄虫肛上板左右对称，第 10 生殖基节末端钝圆 ………… **武鸣斑鱼蛉 *Neochauliodes wuminganus***

9. 头部完全橙黄色 ………… 10

 头部褐色或具褐色斑 ………… 14

10. 雄虫第 10 生殖基节侧面观端部膨大 ………… 11

 雄虫第 10 生殖基节侧面观端部不膨大 ………… 13

11. 雄虫肛上板上端角明显向后突伸；第 10 生殖基节较宽，长约为宽的 2.5 倍 ………… **台湾斑鱼蛉 *Neochauliodes formosanus***

 雄虫肛上板上端角不向后突伸；第 10 生殖基节较窄，长约为宽的 4 倍 ………… 12

12. 翅斑密集；雄虫第 10 生殖基节腹面观端侧缘不向外扩展 …………… **散斑鱼蛉** ***Neochauliodes punctatolosus***

翅斑极稀疏；雄虫第 10 生殖基节腹面观端侧缘向外扩展 …………………… **寡斑鱼蛉** ***Neochauliodes parcus***

13. 前翅密布小点斑；雄虫第 10 生殖基节侧面观向后微弱缢缩，末端短粗 … **迷斑鱼蛉** ***Neochauliodes confusus***

前翅褐色斑较大且较稀疏；雄虫第 10 生殖基节侧面观向后强烈缢缩，末端细长 …………………………… 14

14. 前翅中横带斑仅延伸至肘脉；雄虫第 10 生殖基节宽，末端微凹；雌虫第 9 生殖基节短宽 …………………………………………………… **南方斑鱼蛉** ***Neochauliodes meridionalis***

前翅中横带斑延伸至后缘；雄虫第 10 生殖基节极细长，末端无凹缺；雌虫第 9 生殖基节长 …………………………………………………… **广西斑鱼蛉** ***Neochauliodes guangxiensis***

15. 后翅中横带斑长，延伸至肘脉 …………………………………………… 16

后翅中横带斑短，仅延伸至中脉 …………………………………………… 18

16. 雌虫第 9 生殖基节末端钩状下弯 ………………………… **黑头斑鱼蛉** ***Neochauliodes nigris***

雌虫第 9 生殖基节末端非钩状 …………………………………………… 17

17. 前翅中横带斑分裂为若干点状斑；雄虫第 10 生殖基节腹面观端部强烈缢缩成指状 …………………………………………………… **指突斑鱼蛉** ***Neochauliodes digitiformis***

前翅中横带斑不分裂；雄虫第 10 生殖基节腹面观端部不缢缩成指状 …………………………… 19

18. 雄虫第 10 生殖基节侧面观中部明显膨大；雌虫生殖基节近长方形 ……… **中华斑鱼蛉** ***Neochauliodes sinensis***

雄虫第 10 生殖基节侧面观中部膨大不明显；雌虫生殖基节叶状，末端缩尖 …………………………………………………… **西华斑鱼蛉** ***Neochauliodes occidentalis***

19. 前翅中横带斑宽，不分裂 ………………………… **圆端斑鱼蛉** ***Neochauliodes rotundatus***

前翅中横带斑窄或横向分裂为 2 ~ 3 条窄横带斑 …………………………… 20

20. 前翅基半部密布小点斑 …………………………………………… 21

前翅基半部近乎无斑 ………………………… **小碎斑鱼蛉** ***Neochauliodes sparsus***

21. 后翅中横带斑纵向分裂为若干近方形斑；雄虫第 10 生殖基节腹面观呈舌形，端缘具 1 对短尖的齿 …………………………………………………… **双齿斑鱼蛉** ***Neochauliodes bicuspidatus***

后翅中横带斑不分裂；雄虫第 10 生殖基节腹面观近梯形，端缘微凹且无齿 …………………………………………………… **碎斑鱼蛉** ***Neochauliodes parasparsus***

22. 前翅基部密布小点斑 ……………… **缘点斑鱼蛉种团** ***Neochauliodes bowringi* group**，23

前翅基部无小点斑 …………………………………………… 26

23. 前翅前缘域基半部点斑多相互连接 ………………… **桂西斑鱼蛉** ***Neochauliodes guixianus***

前翅前缘域基半部点斑不相互连接 …………………………………………… 24

24. 后翅中横带斑宽 ………………………… **缘点斑鱼蛉** ***Neochauliodes bowringi***

后翅中横带斑退化消失 …………………………………………… 25

25. 翅端半部无任何斑纹；雄虫第 10 生殖基节腹面观末端平截 ……………… **基点斑鱼蛉** ***Neochauliodes moriutii***

翅端半部具大量小点斑；雄虫第 10 生殖基节腹面观末端缩尖 ……… **越南斑鱼蛉** ***Neochauliodes tonkinensis***

26. 后翅中横带斑宽；雄虫第 10 生殖基节近端部具 1 对向背上方伸的小突起 … **荫斑鱼蛉** ***Neochauliodes umbratus***

后翅中横带斑窄；雄虫第 10 生殖基节近端部无任何突起 ……………… **污翅斑鱼蛉** ***Neochauliodes fraternus***

77. 尖端斑鱼蛉 *Neochauliodes acutatus* Liu & Yang, 2005

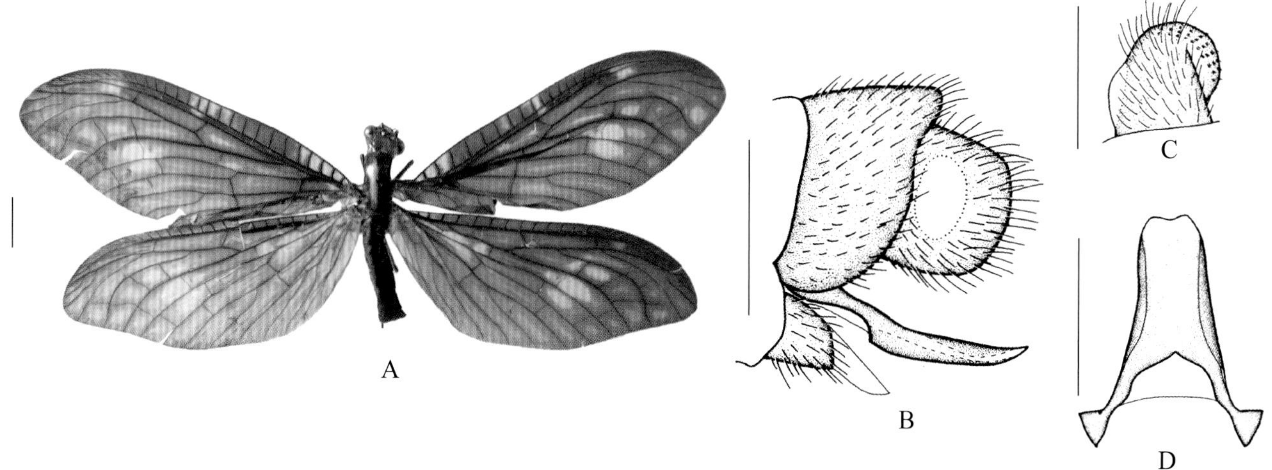

图 2-77-1　尖端斑鱼蛉 *Neochauliodes acutatus* 形态图

（标尺：A 为 5.0 mm，B ~ D 为 1.0 mm）

A. 成虫背面观　B. 雄虫外生殖器侧面观　C. 雄虫肛上板背面观　D. 雄虫第 10 生殖基节腹面观

【测量】　雄虫体长 18.0 ~ 24.0 mm，前翅长 30.0 ~ 33.0 mm、后翅长 27.0 ~ 30.0 mm。

【形态特征】　头部浅褐色，但头顶中央及两侧缘橙黄色。复眼黑褐色；触角黑褐色；口器黑褐色，但上颚浅褐色。胸部完全黑色。足黑褐色，密被黄褐色短毛，爪红褐色。翅黑褐色，翅痣不明显。前翅前缘域基部和中部 3 ~ 4 个翅室无色透明；翅近端部 1/3 处在中脉前后具 1 个小透明斑，端缘还具若干半透明斑；后翅前缘域完全黑褐色；翅基部和近端部 1/3 处各具 3 个透明斑，端缘还具若干半透明斑。腹部黑褐色；雄虫腹部末端肛上板侧面观近方形，端部较圆，背面观端部明显膨大、呈球形；第 10 生殖基节强骨化，腹面观近梯形，基缘呈弧形，端缘浅凹，侧面观呈细长刀形，末端尖锐。

【地理分布】　广西。

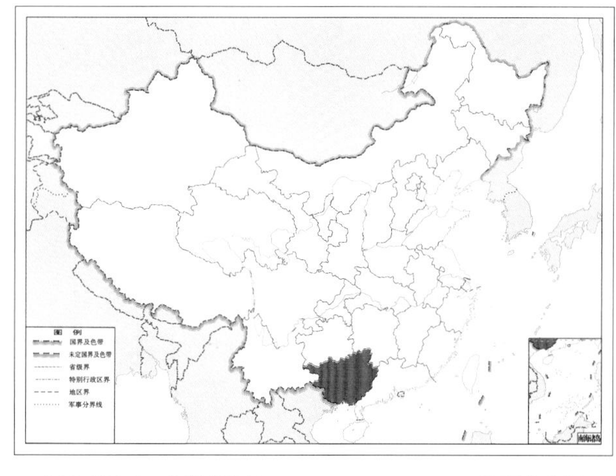

图 2-77-2　尖端斑鱼蛉 *Neochauliodes acutatus* 地理分布图

78. 双齿斑鱼蛉 *Neochauliodes bicuspidatus* Liu & Yang, 2006

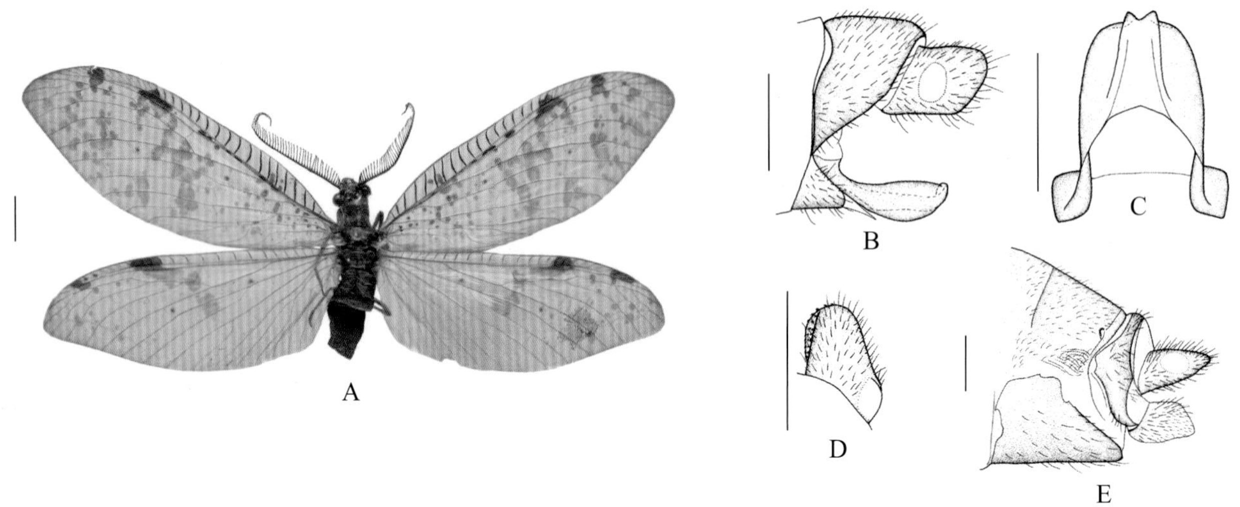

图 2-78-1 双齿斑鱼蛉 *Neochauliodes bicuspidatus* 形态图

（标尺：A 为 5.0 mm，B ~ E 为 1.0 mm）

A. 成虫背面观 B. 雄虫外生殖器侧面观 C. 雄虫第 10 生殖基节腹面观 D. 雄虫肛上板背面观 E. 雌虫外生殖器侧面观

【测量】 雄虫体长 22.0 ~ 30.0 mm，前翅长 31.0 ~ 37.0 mm、后翅长 29.0 ~ 33.0 mm。

【形态特征】 头部深褐色，头顶中央及两侧黄色。复眼黑褐色；触角黑褐色；口器深褐色，仅上颚端半部暗黄褐色。胸部褐色，仅前胸背板基半部中央和两侧略变浅、暗黄褐色。足褐色且密被褐色短毛，但股节黄褐色，爪红褐色。翅为极浅的烟褐色，具明显褐色斑纹；翅痣淡黄色。前翅翅痣两侧各具 1 个褐色斑，且内侧的斑较长；翅基部和端部具若干浅褐色小圆斑，端部的斑有时变大且相互连接；中横带斑纵向分裂为 3 条窄带斑，两侧斑连接翅前缘而中部斑与后缘连接。后翅与前翅斑型相似，但基半部无任何斑纹，中横带较前翅宽，仅 1 条，且在径脉与中脉间横向断开。腹部黑色。雄虫腹部末端肛上板侧面观近平行四边形，背端角钝圆，背面观端半部略膨大；第 10 生殖基节强骨化，侧面观呈勺形，中部明显膨大，腹面观呈宽大的舌形，基缘平直，端缘中央具 1 对短尖的小齿突。

【地理分布】 云南；越南。

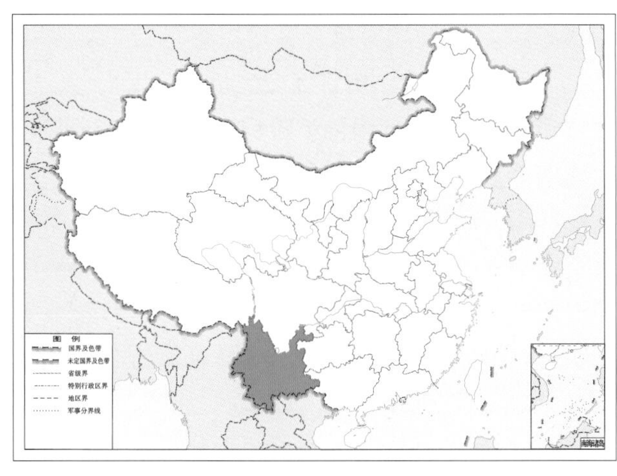

图 2-78-2 双齿斑鱼蛉 *Neochauliodes bicuspidatus* 地理分布图

79. 缘点斑鱼蛉 *Neochauliodes bowringi* (McLachlan, 1867)

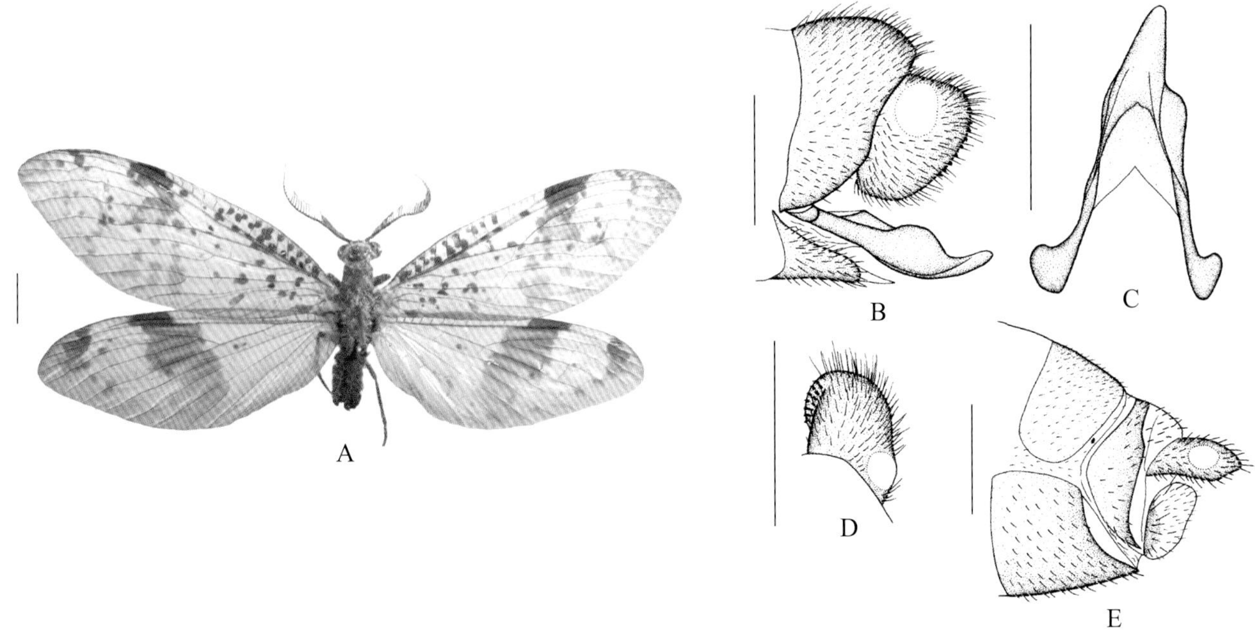

图 2-79-1　缘点斑鱼蛉 *Neochauliodes bowringi* 形态图

（标尺：A 为 5.0 mm，B ~ E 为 1.0 mm）

A. 成虫背面观　B. 雄虫外生殖器侧面观　C. 雄虫第 10 生殖基节腹面观　D. 雄虫肛上板背面观　E. 雌虫外生殖器侧面观

【测量】 雄虫体长 20.0 ~ 27.0 mm，前翅长 26.0 ~ 35.0 mm、后翅长 22.0 ~ 30.0 mm。

【形态特征】 头部深褐色，但唇基暗黄色。复眼褐色；触角黑色；口器暗黄色，但上颚末端黑褐色。胸部深褐色，但中后胸背板中央浅褐色。足深褐色，密被褐色短毛，爪红褐色。翅近无色透明，具明显褐色斑纹；翅痣淡黄色。前翅散布很多近圆形褐色斑点，并在前缘区基部最密集且颜色最深；翅痣两侧各具 1 个黑色斑，且内侧斑较长；中横带斑连接前缘并延伸至 R4 脉处。后翅与前翅斑型相似，但基半部无任何斑纹，中横带较前翅宽而长，连接翅的前后缘。腹部黑褐色；雄虫腹部末端肛上板侧面观近半圆形，背缘平直，腹缘弧形，背面观端半部略膨大；第 10 生殖基节强骨化，狭长，腹面观端半部明显缢缩并略向右弯曲，侧面观中部明显膨大，端部略向背面弯曲。

【地理分布】 陕西、江西、湖南、贵州、福建、广东、广西、海南、香港；越南。

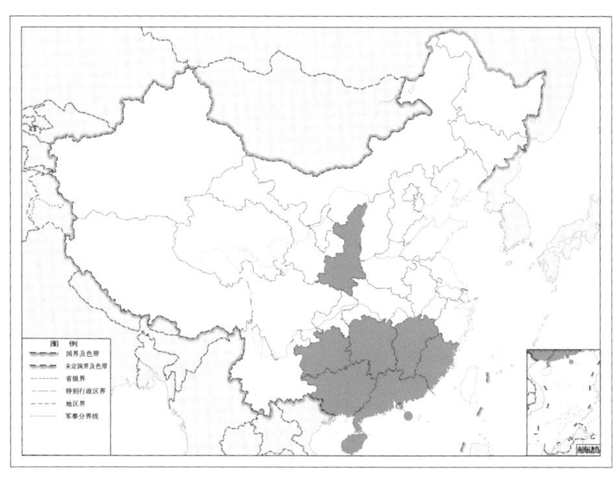

图 2-79-2　缘点斑鱼蛉 *Neochauliodes bowringi* 地理分布图

80. 迷斑鱼蛉 *Neochauliodes confusus* Liu, Hayashi & Yang, 2010

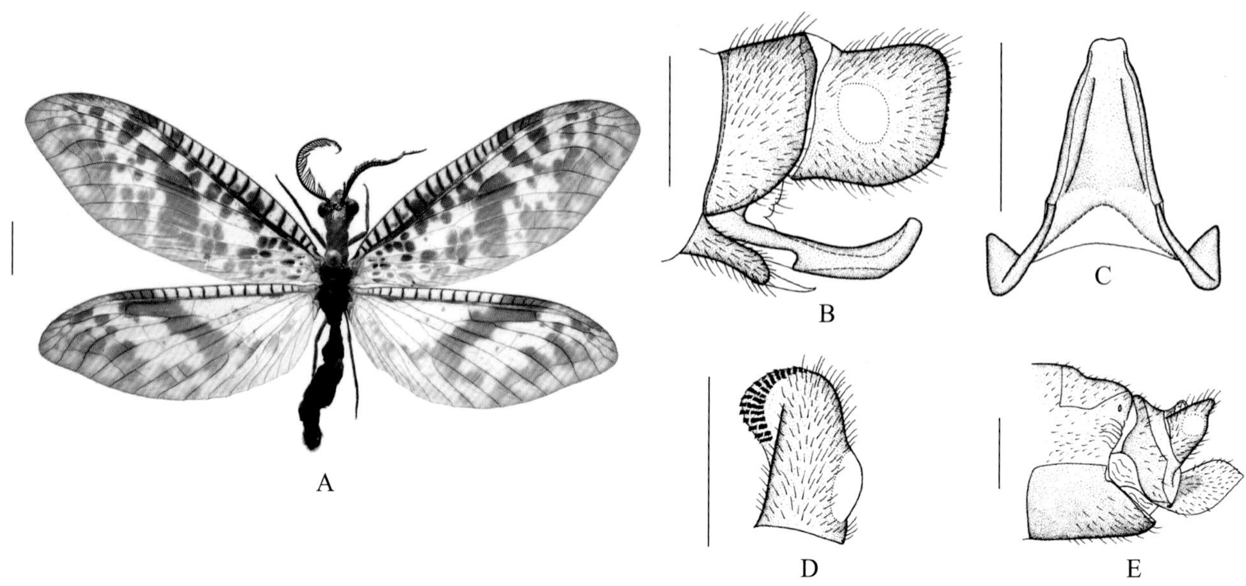

图 2-80-1 迷斑鱼蛉 *Neochauliodes confusus* 形态图

（标尺：A 为 5.0 mm，B ~ E 为 1.0 mm）

A. 成虫背面观 B. 雄虫外生殖器侧面观 C. 雄虫第 10 生殖基节腹面观 D. 雄虫肛上板背面观 E. 雌虫外生殖器侧面观

【测量】 雄虫体长 18.0 ~ 24.0 mm，前翅长 29.0 ~ 31.0 mm、后翅长 24.0 ~ 27.0 mm。

【形态特征】 头部橙黄色。前胸橙黄色；中后胸浅褐色，但背板两侧黑褐色。足浅褐色，但胫节和跗节黑褐色。前翅前缘域基部具 1 个小褐色斑，翅痣内侧具 1 短条斑；翅基部密布小点斑；中横带斑窄，连接前缘并伸达 CuP 脉，有时被纵脉分割成若干卵圆形斑；翅端部斑较小，多延纵脉分布。后翅与前翅斑型相似，但基半部无任何斑纹，中横带斑伸至 CuA 脉，端斑多纵向愈合。腹部黑褐色。雄虫腹部末端肛上板约为第 9 背板的 1.5 倍，侧面观近方形，端缘近乎平截，背面观端部球形膨大；第 10 生殖基节强骨化，腹面观近长三角形，基缘呈弧形凹缺，末端缢缩且端缘微凹，其侧面观较粗，端半部渐细并略向背面弯曲，末端钝圆。雌虫腹部末端第 9 生殖基节呈叶状，斜向背面突伸，末端缩尖。

【地理分布】 广西；越南。

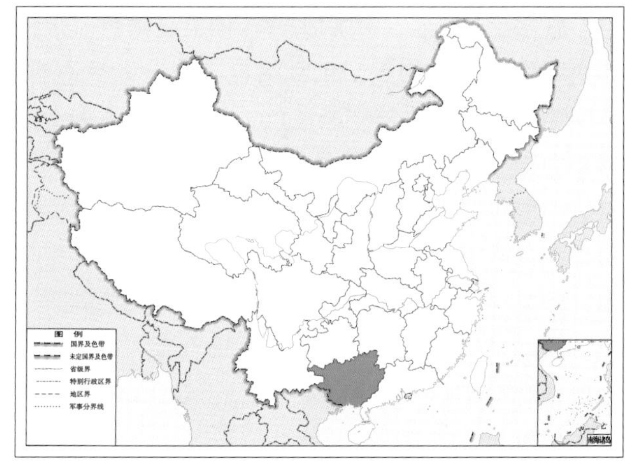

图 2-80-2 迷斑鱼蛉 *Neochauliodes confusus* 地理分布图

81. 指突斑鱼蛉 *Neochauliodes digitiformis* Liu & Yang, 2005

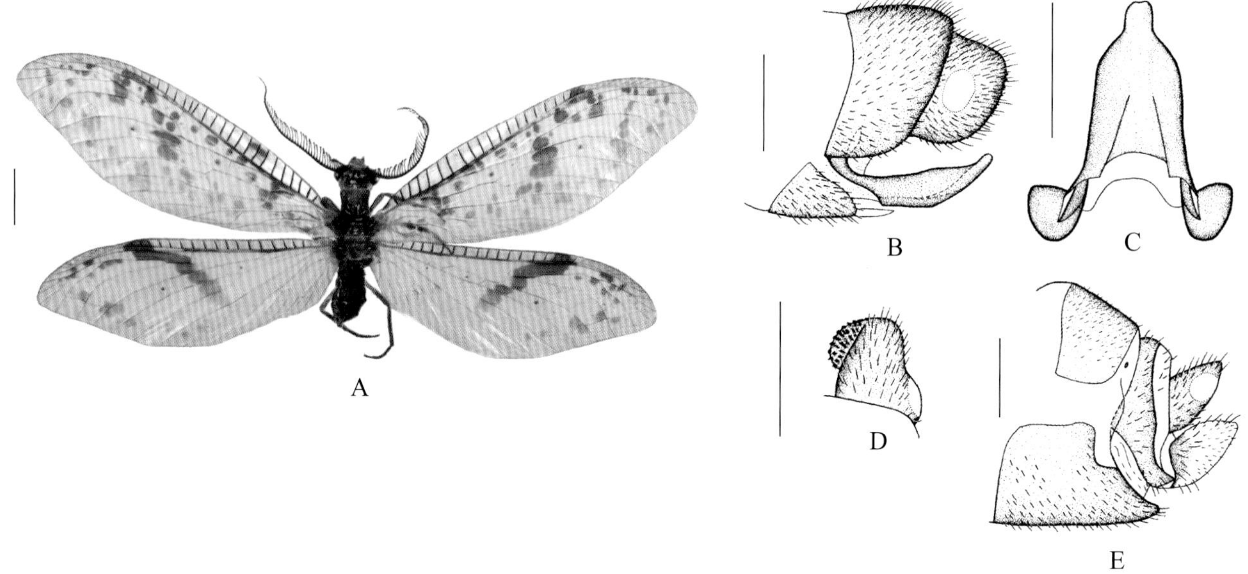

图 2-81-1　指突斑鱼蛉 *Neochauliodes digitiformis* 形态图

（标尺：A 为 5.0 mm，B ~ E 为 1.0 mm）

A. 成虫背面观　B. 雄虫外生殖器侧面观　C. 雄虫第 10 生殖基节腹面观　D. 雄虫肛上板背面观　E. 雌虫外生殖器侧面观

【测量】 雄虫体长 18.0 ~ 21.0 mm，前翅长 28.0 ~ 32.0 mm、后翅长 24.0 ~ 30.0 mm。

【形态特征】 头部黄褐色。复眼褐色；触角黑色，但柄节和梗节褐色。口器暗黄褐色，但上颚端半部红褐色，下颚须和下唇须端部黑色。前胸黄褐色，但背板两侧缘浅褐色；中后胸深褐色，但背板中央浅灰褐色。足暗黄褐色，密被淡黄色短毛，但胫节宽的端部和跗节褐色，爪红褐色。翅无色透明，具褐色斑。前翅前缘域近基部具 1 个褐色斑，翅痣较长、淡黄色，其内侧具 1 个较短的褐色斑；基部具数个褐色小点斑，中横带斑略分裂为若干个圆形或椭圆形的褐色斑，端部稀疏散布数个浅褐色斑。后翅斑型与前翅相似，但基半部完全无色透明，中横带斑窄、伸至肘脉，端部的褐色斑较前翅少。腹部黑褐色；雄虫腹部末端肛上板侧面观近长方形，背缘较平直而腹缘呈弧形，背面观宽的端部膨大、呈球形；第 10 生殖基节强骨化，腹面观基缘呈浅弧形凹缺，端部强烈缢缩成 1 个短而细的指状突，且末端微凹，侧面观较平直，中部宽而基部和端部窄，端部略向背上方弯曲，末端钝圆。

【地理分布】 河南。

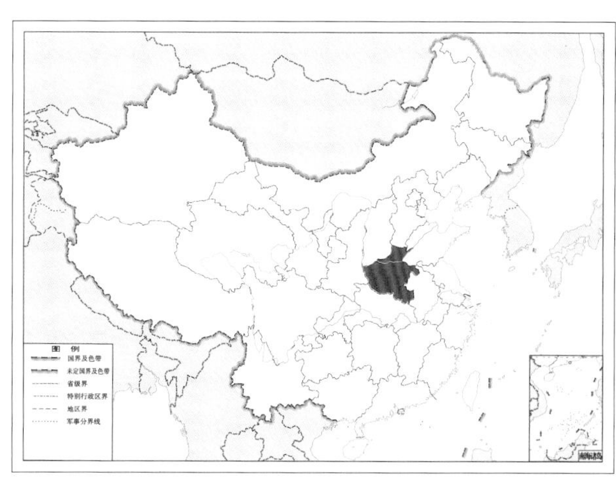

图 2-81-2　指突斑鱼蛉 *Neochauliodes digitiformis* 地理分布图

82. 台湾斑鱼蛉 *Neochauliodes formosanus* (Okamoto, 1910)

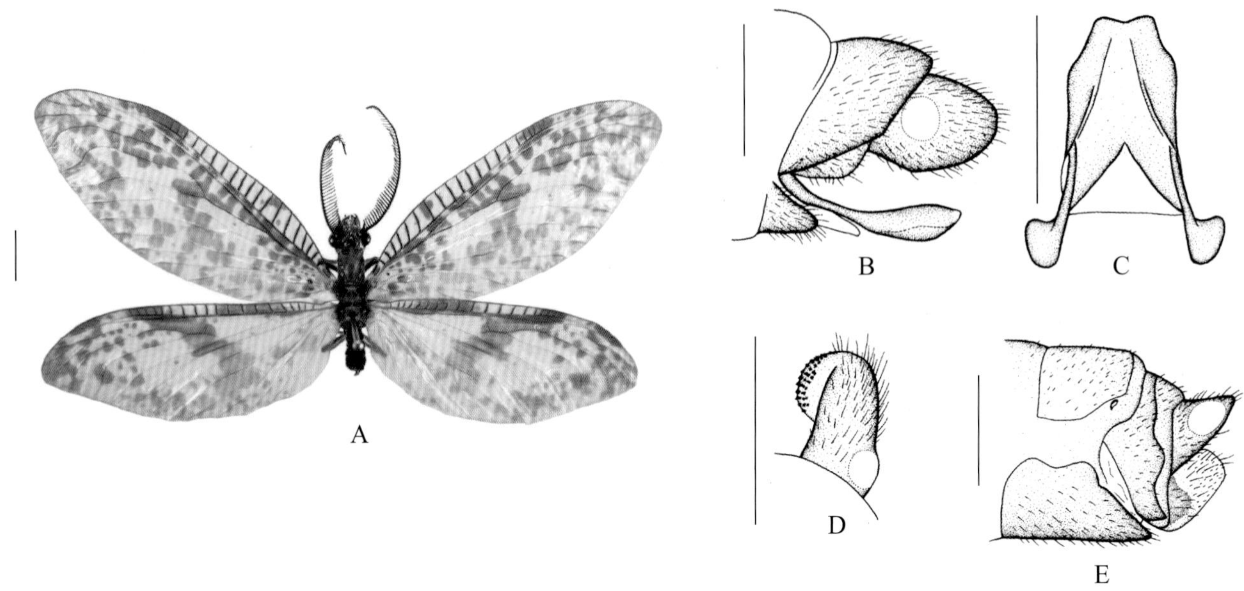

图 2-82-1 台湾斑鱼蛉 *Neochauliodes formosanus* 形态图

（标尺：A 为 5.0 mm，B ~ E 为 1.0 mm）

A. 成虫背面观 B. 雄虫外生殖器侧面观 C. 雄虫第 10 生殖基节腹面观 D. 雄虫肛上板背面观 E. 雌虫外生殖器侧面观

【测量】 雄虫体长 20.0 ~ 23.0 mm，前翅长 30.0 ~ 35.0 mm、后翅长 26.0 ~ 31.0 mm。

【形态特征】 头部橙黄色。复眼黑褐色；触角黑褐色；口器淡黄色，但上颚末端暗红色，下颚须和下唇须端部 3 节黑褐色。前胸橙黄色，但背板两侧略深；中后胸淡黄色，但背板两侧具深褐色斑。足黑褐色，密被暗黄色短毛，爪红褐色。翅无色透明，具大量褐色斑。前翅前缘域近基部具少量褐色斑，翅痣短、淡黄色，其内侧具 1 条较长的褐色斑，其外侧有时具 1 个褐色斑；翅基部、中部及端部具大量小点斑，中部的斑有时略连接为横带状，其两侧的区域完全透明无斑。后翅与前翅斑型相似，但前缘域基半部几乎完全褐色，翅基部完全透明无斑，中部的斑完全愈合为 1 条较宽并伸至肘脉的横带斑。腹部黑褐色，腹面色略浅，被暗黄色短毛；雄虫腹部末端肛上板侧面观近方形，背端角钝圆并明显向后突伸；背面观端半部呈球形膨大。第 10 生殖基节强骨化，基缘近 V 形凹缺，近端部两侧略向外扩展，端缘微凹；侧面观端半部明显膨大、近勺形，略向背上方弯曲。

【地理分布】 山东、青海、浙江、江西、湖南、重庆、云南、福建、台湾、广东、广西、海南、香港；日本，朝鲜，韩国，越南。

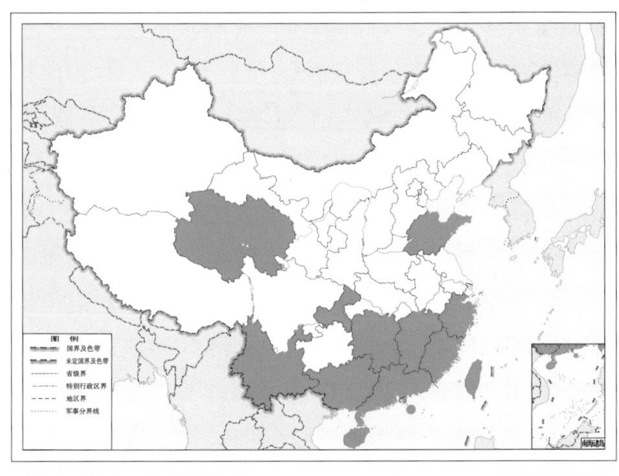

图 2-82-2 台湾斑鱼蛉 *Neochauliodes formosanus* 地理分布图

83. 污翅斑鱼蛉 *Neochauliodes fraternus* (McLachlan, 1869)

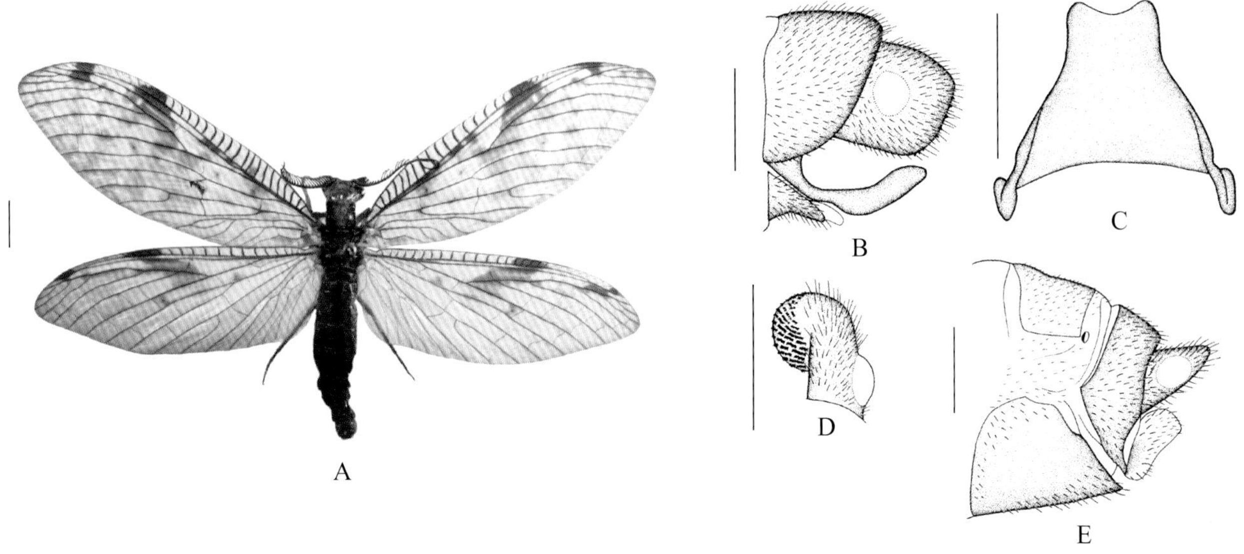

图 2-83-1　污翅斑鱼蛉 *Neochauliodes fraternus* 形态图

（标尺：A 为 5.0 mm，B ~ E 为 1.0 mm）

A. 成虫背面观　B. 雄虫外生殖器侧面观　C. 雄虫第 10 生殖基节腹面观　D. 雄虫肛上板背面观　E. 雌虫外生殖器侧面观

【测量】 雄虫体长 24.0 ~ 35.0 mm，前翅长 39.0 ~ 44.0 mm、后翅长 35.0 ~ 39.0 mm。

【形态特征】 头部黄褐色，单眼三角区及两侧单眼外侧区域多黑褐色。复眼黑褐色；触角黑色；口器黄褐色，但上颚端半部红褐色，下颚须和下唇须端部黑褐色。胸部深褐色至黑褐色，仅前胸背板中央具淡黄色纵带斑。足浅黄褐色至浅褐色，密被褐色短毛，但胫节和跗节色略变深，爪红褐色。翅无色透明，具浅褐色雾状斑纹；翅痣长，淡黄色。前翅翅痣内侧具 1 个褐色斑；翅基部在肘脉前具若干多连接的浅褐色斑，有时前缘区基部也具若干浅褐色斑；中横带斑连接前缘和后缘，一般呈雾状且横向分开，有时颜色加深且呈散点状；翅端部沿纵脉具若干浅褐色斑点。后翅与前翅斑型相似，但基部无任何斑纹，中横带斑仅伸至中脉。腹部黑褐色；雄虫腹部末端肛上板侧面观近方形，背面观端半部明显膨大、呈球形；第 10 生殖基节强骨化，扁宽，腹面观近梯形，末端略弧形凹缺，侧面观端半部明显膨大，略向背上方弯曲。

【地理分布】 山东、安徽、浙江、江西、湖南、湖北、四川、贵州、云南、福建、台湾、广东、广西、海南；越南。

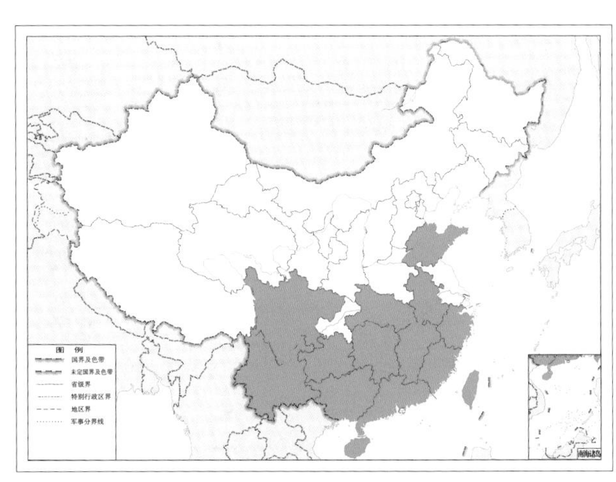

图 2-83-2　污翅斑鱼蛉 *Neochauliodes fraternus* 地理分布图

84. 褐翅斑鱼蛉 *Neochauliodes fuscus* Liu & Yang, 2005

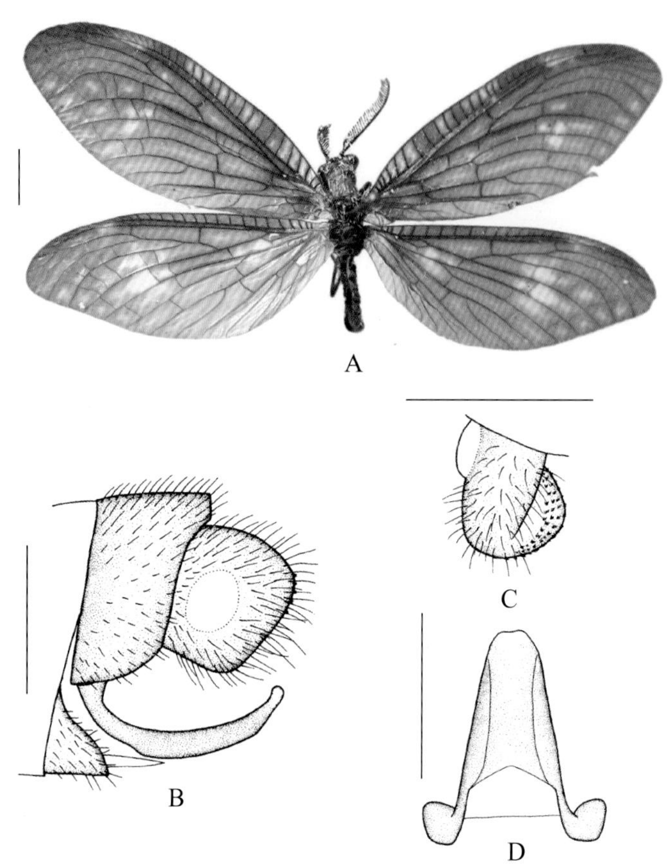

图 2-84-1 褐翅斑鱼蛉 *Neochauliodes fuscus* 形态图

（标尺：A 为 5.0 mm，B ~ D 为 1.0 mm）

A. 成虫背面观 B. 雄虫外生殖器侧面观 C. 雄虫肛上板背面观 D. 雄虫第 10 生殖基节腹面观

【测量】 雄虫体长 20.0 ~ 21.0 mm，前翅长 28.0 ~ 31.0 mm、后翅长 25.0 ~ 28.0 mm。

【形态特征】 头部褐色至黑色，头顶中央及两侧浅褐色。复眼黑褐色；触角黑褐色；口器黑褐色。前胸暗黄色，中后胸褐色，但背板两侧颜色加深。足褐色，密被褐色短毛，爪红褐色。翅深褐色；翅痣短，暗黄色。前翅前缘域基部、中部和端部若干翅室内具小透明斑；近端部 1/3 处在中脉前后具 2 ~ 3 个小透明斑，端缘各纵脉间还具若干半透明纵斑。后翅与前翅斑型相似，但前缘域完全深褐色。腹部黑褐色；雄虫腹部末端肛上板侧面观近方形，背缘长于腹缘，背面观端部明显膨大、呈球形；第 10 生殖基节强骨化，腹面观近梯形，端缘微凹，侧面观呈细长的拱形并向背面弯曲，末端钝圆。

【地理分布】 广西。

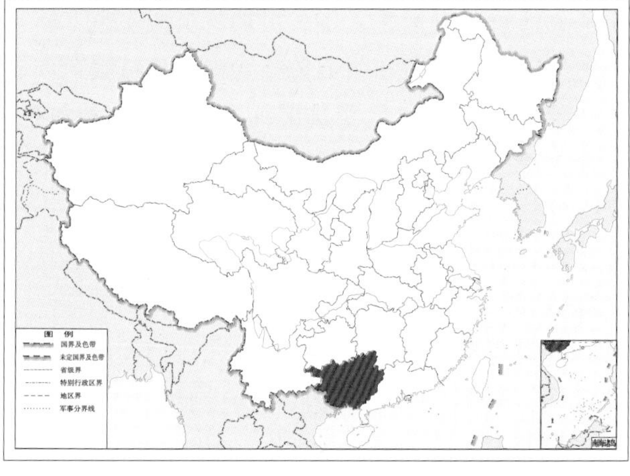

图 2-84-2 褐翅斑鱼蛉 *Neochauliodes fuscus* 地理分布图

85. 广西斑鱼蛉 *Neochauliodes guangxiensis* Yang & Yang, 1997

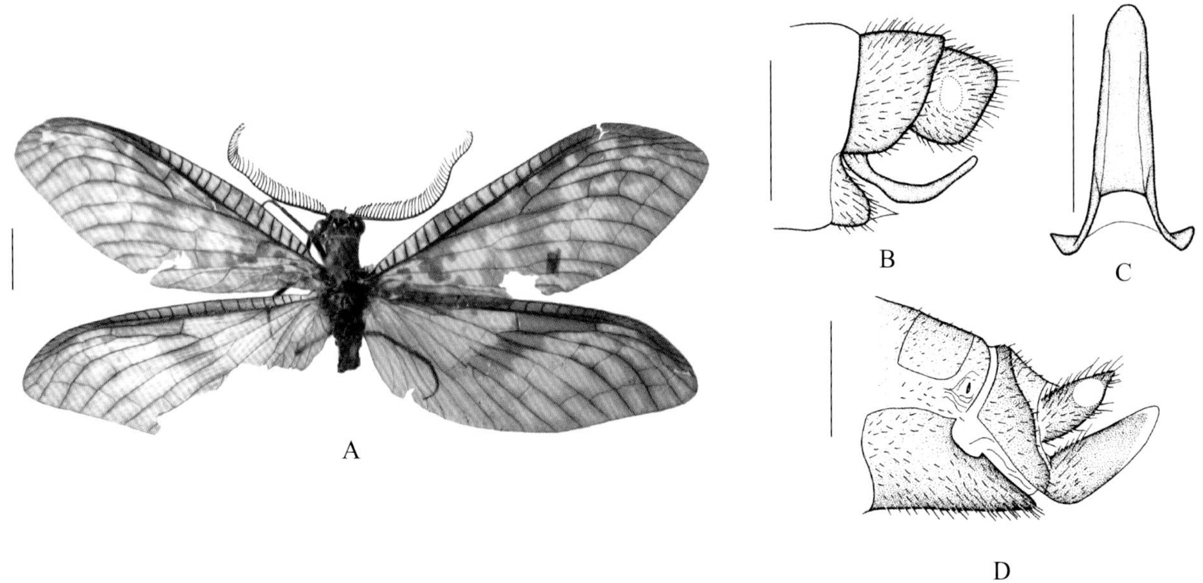

图 2-85-1　广西斑鱼蛉 *Neochauliodes guangxiensis* 形态图
（标尺：A 为 5.0 mm，B ~ D 为 1.0 mm）
A. 成虫背面观　B. 雄虫外生殖器侧面观　C. 雄虫第 10 生殖基节腹面观　D. 雌虫外生殖器侧面观

【测量】 雄虫体长 16.0 mm，前翅长 29.0 mm、后翅长 26.0 mm。

【形态特征】 头部橙黄色。复眼褐色；触角黑色；口器暗黄色，但上颚端部褐色，下唇须和下颚须黑褐色。前胸橙黄色；中后胸浅褐色，而背板两侧褐色。足褐色，密被暗黄褐色短毛，爪红褐色。翅透明，浅灰褐色，具明显褐色斑纹；翅痣不明显。前翅前缘域基半部透明，具污浊的浅褐斑，而端半部则完全褐色；基部具若干相互连接的褐色斑；中横带斑形状不规则，近前缘两侧还具若干小褐色斑；端半部沿纵脉具浅褐色纵带斑。后翅与前翅斑型相似，但前缘域完全褐色而基半部无色透明。腹部褐色；雄虫腹部末端肛上板侧面观近方形，端部较圆；第 10 生殖基节强骨化，细长，腹面观基部宽且向端部略缢缩，末端钝圆无凹缺，侧面观端半部明显向背面弯曲。

【地理分布】 贵州、广东、广西。

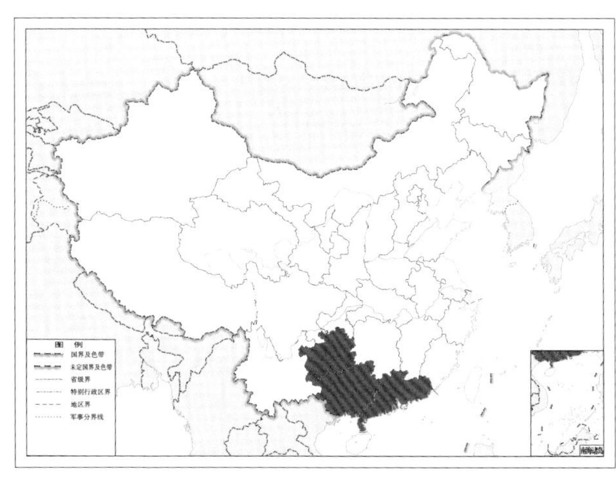

图 2-85-2　广西斑鱼蛉 *Neochauliodes guangxiensis* 地理分布图

86. 桂西斑鱼蛉 *Neochauliodes guixianus* Jiang, Wang & Liu, 2012

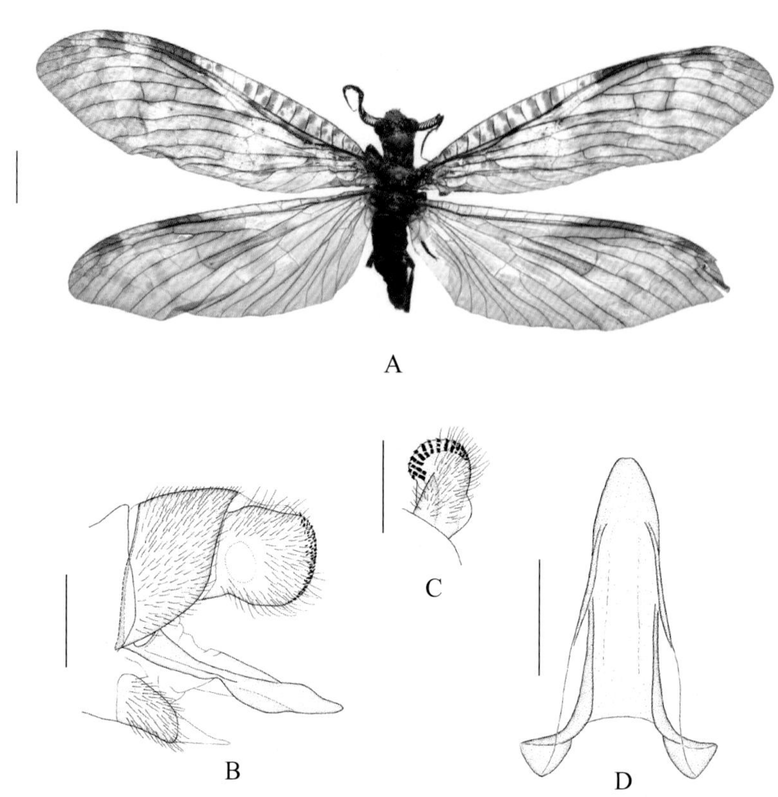

图 2-86-1 桂西斑鱼蛉 *Neochauliodes guixianus* 形态图

（标尺：A 为 5.0 mm，B ~ D 为 1.0 mm）

A. 成虫背面观 B. 雄虫外生殖器侧面观 C. 雄虫肛上板背面观 D. 雄虫第 10 生殖基节腹面观

【测量】 雄虫体长 21.0 mm，前翅长 32.0 ~ 38.0 mm、后翅长 29.0 ~ 34.0 mm。

【形态特征】 头部深褐色，但唇基后部黑色。胸部深褐色，前胸背板前端具 1 个三角形黄斑。足深褐色，股节背面具 1 条淡黄色纵带斑。翅透明，略呈烟褐色；翅痣白色。前翅前缘域基半部具若干褐色斑；翅痣两侧各具 1 个褐色斑，且内侧的斑较长；翅基部沿 RP+MA、MP 及 Cu 脉具若干褐色斑，翅端沿以上 3 条脉也具少量浅褐色斑，中横带斑宽阔、浅褐色，连接前缘并延伸至 Cu 脉处。后翅基半部无任何斑纹，中横带连接前缘并延伸至 MP 脉前支。腹部黑褐色；雄虫腹部末端肛上板侧面观近方形；第 10 生殖基节强骨化，狭长，腹面观呈剑状，侧面观直伸，中部加宽，端部腹面观缢缩，末端微凹。

【地理分布】 广西。

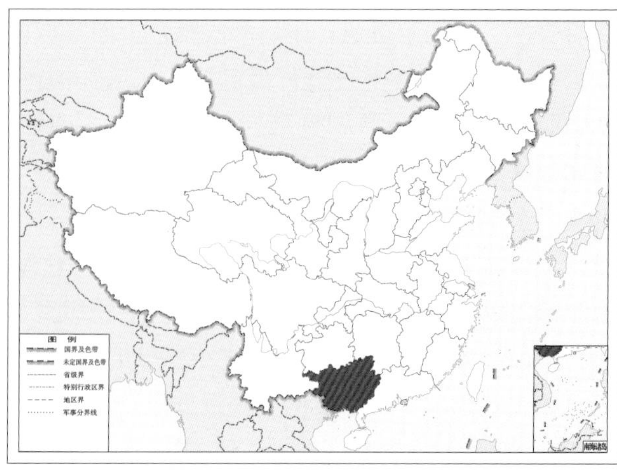

图 2-86-2 桂西斑鱼蛉 *Neochauliodes guixianus* 地理分布图

87. 江西斑鱼蛉 *Neochauliodes jiangxiensis* Yang & Yang, 1992

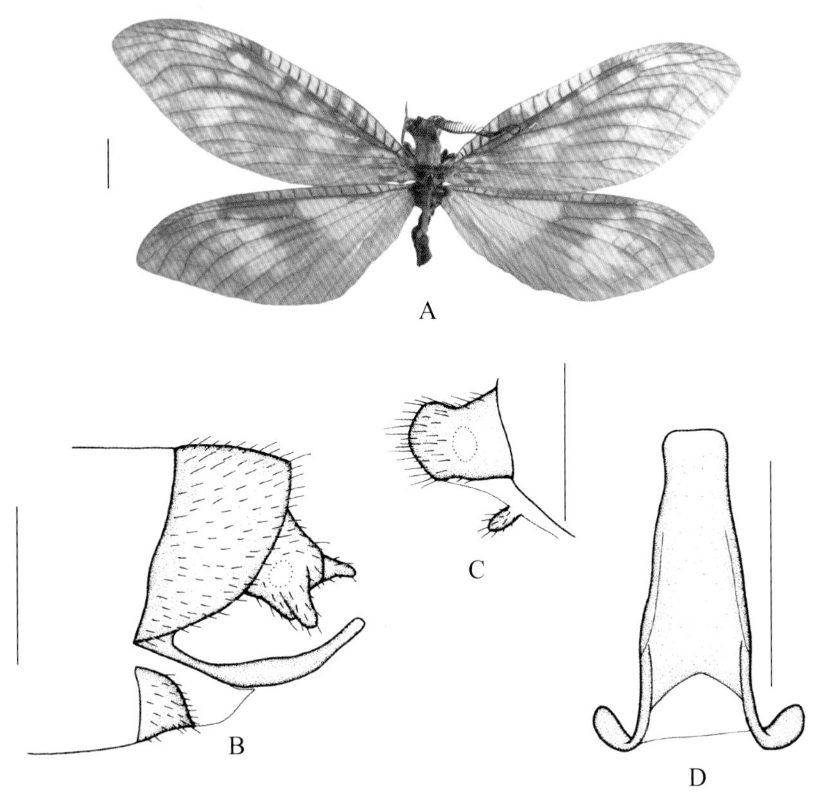

图 2-87-1　江西斑鱼蛉 *Neochauliodes jiangxiensis* 形态图

（标尺：A 为 5.0 mm，B ~ D 为 1.0 mm）

A. 成虫背面观　B. 雄虫外生殖器侧面观　C. 雄虫肛上板侧面观　D. 雄虫第 10 生殖基节腹面观

【测量】 雄虫体长 16.0 mm，前翅长 31.0 mm、后翅长 27.0 mm。

【形态特征】 头部淡黑褐色。复眼褐色；触角黑褐色；口器暗黄色。前胸暗黄色；中后胸褐色，但背板中央暗黄褐色。足浅褐色，密被暗黄色短毛，爪暗红色。翅浅灰褐色；翅痣长，淡黄色，其前后各具 1 褐色条斑。前翅前缘域近基部具 1 个较大的褐色斑；翅近基部 1/3 和近端部 1/3 处具若干点状透明斑。后翅前缘域完全褐色；翅基半部无色透明，近端部 1/3 处具 1 条较宽的透明横斑。腹部褐色；雄虫腹部末端肛上板左右不对称，左肛上板的端部具 2 个大小各异的指状突，右肛上板则无任何突起，但与下方连接的膜质区具 1 个小指状突；第 10 生殖基节强骨化，扁平且略上弯，腹面观呈细长的长方形，基缘呈 V 形凹缺，端缘平截。

【地理分布】 江西。

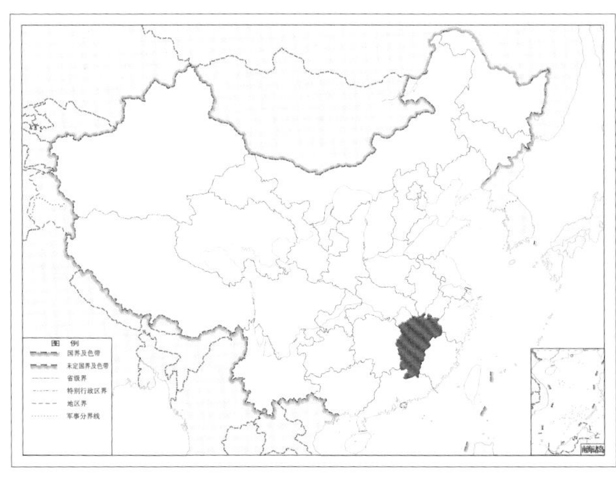

图 2-87-2　江西斑鱼蛉 *Neochauliodes jiangxiensis* 地理分布图

88. 双色斑鱼蛉 *Neochauliodes koreanus* van der Weele, 1909

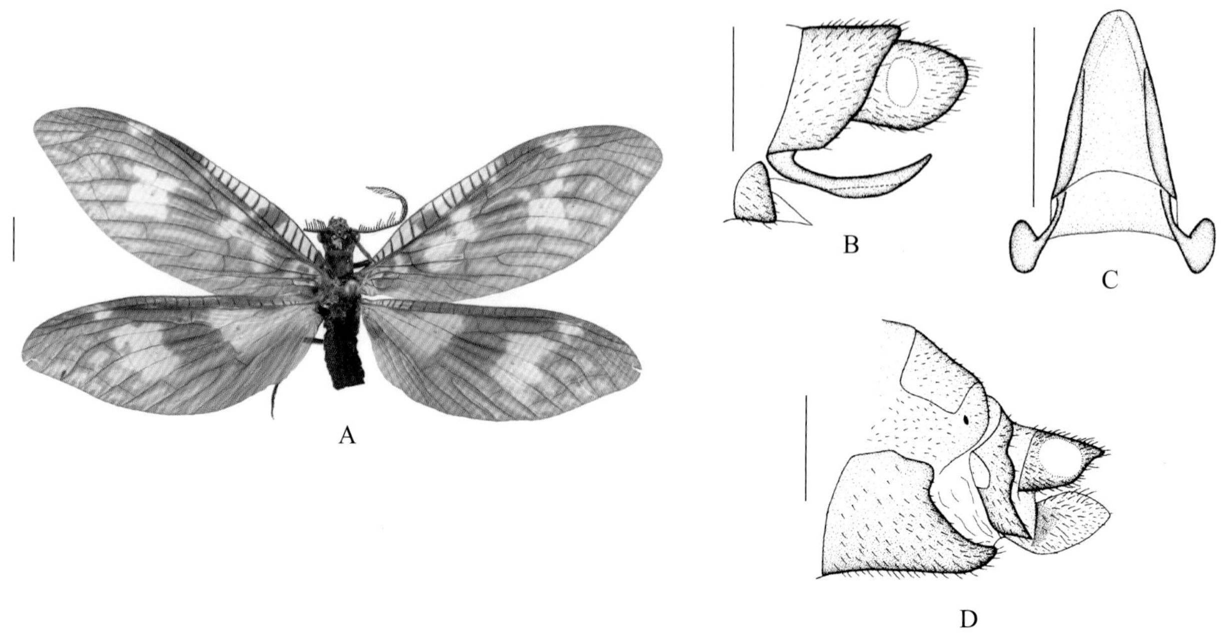

图 2-88-1 双色斑鱼蛉 *Neochauliodes koreanus* 形态图
（标尺：A 为 5.0 mm，B ~ D 为 1.0 mm）
A. 成虫背面观 B. 雄虫外生殖器侧面观 C. 雄虫第 10 生殖基节腹面观 D. 雌虫外生殖器侧面观

【测量】 雄虫体长 21.0 mm，前翅长 35.0 mm、后翅长 31.0 mm。

【形态特征】 头部褐色至黑褐色。复眼褐色；触角黑褐色；口器浅褐色。前胸暗黄色，背板两侧有时具褐色纵斑；中后胸黄褐色，背板两侧各具 1 个黑色斑。足暗褐色，密被黄褐色短毛，爪暗红色。翅黑褐色，具大透明斑。前翅翅痣短、暗黄色，其内外两侧各具 1 褐色条斑，前缘域近基部具 1 个褐色斑；翅近基部 1/3 处具 1 条纵向延长的透明斑，近端部 1/3 处具 1 个近方形的透明斑。后翅与前翅斑型相似。腹部褐色；雄虫腹部末端肛上板侧面观近方形，端缘较圆；第 10 生殖基节强骨化，腹面观呈细长的三角形，末端钝圆而不凹缺，第 10 生殖基节侧面观细长，略向背上方弯曲，中部略宽，末端缩尖。

【地理分布】 福建、广东、广西、香港；越南。

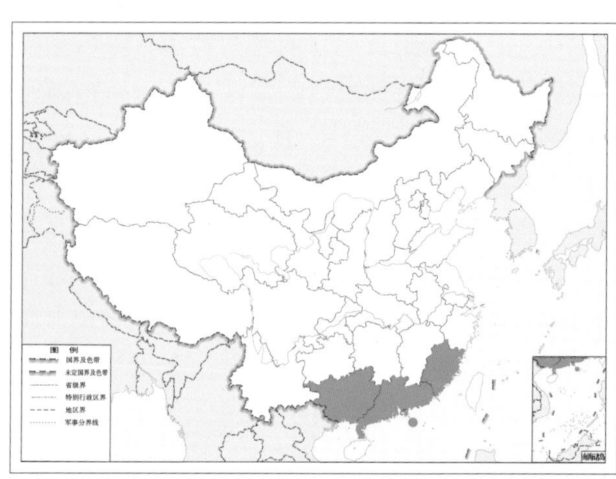

图 2-88-2 双色斑鱼蛉 *Neochauliodes koreanus* 地理分布图

89. 宽茎斑鱼蛉 *Neochauliodes latus* Yang, 2004

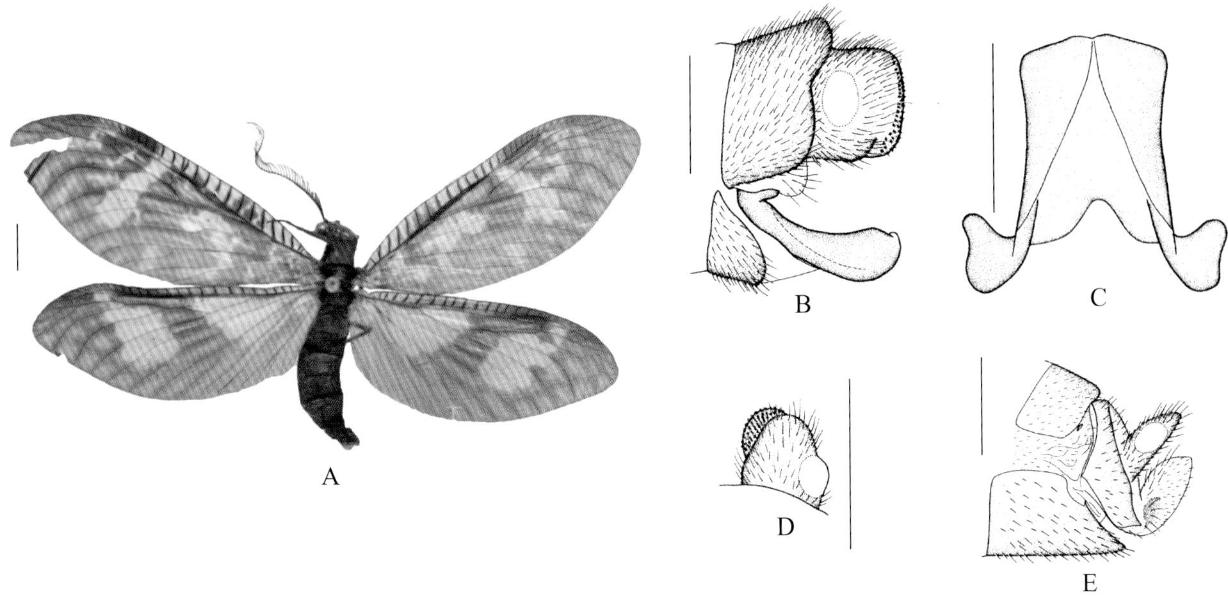

图 2-89-1 宽茎斑鱼蛉 *Neochauliodes latus* 形态图

（标尺：A 为 5.0 mm，B ~ E 为 1.0 mm）

A. 成虫背面观 B. 雄虫外生殖器侧面观 C. 雄虫第 10 生殖基节腹面观 D. 雄虫肛上板背面观 E. 雌虫外生殖器侧面观

【测量】 雄虫体长 23.0 ~ 27.0 mm，前翅长 34.0 ~ 36.0 mm、后翅长 31.0 ~ 33.0 mm。

【形态特征】 头部橙黄色。复眼暗褐色；触角黑色；口器黄色，但上颚端半部赤褐色，下颚须和下唇须端部黑色。前胸黄色；中后胸浅褐色，但背板两侧黑色。足褐色，密被黄褐色短毛，但跗节有时黑褐色，爪暗红色。翅灰褐色，具大透明斑；翅痣短，暗黄色。前翅前缘域基半部无色透明并具 2 ~ 3 个褐色斑，前缘域端半部灰褐色；翅近基部具 1 条不规则的透明纵斑，其内侧还具少量小透明斑；近端部 1/3 处具 1 条连接前缘的透明横斑，端缘沿纵脉具若干半透明斑。后翅与前翅斑型相似。腹部黑褐色。雄虫腹部末端肛上板侧面观近方形，背面观端部明显膨大、呈球形；第 10 生殖基节强骨化，腹面观近长方形，基缘呈弧形凹缺，端部两侧略向外扩展，侧面观端部钝圆且明显膨大。

【地理分布】 广西。

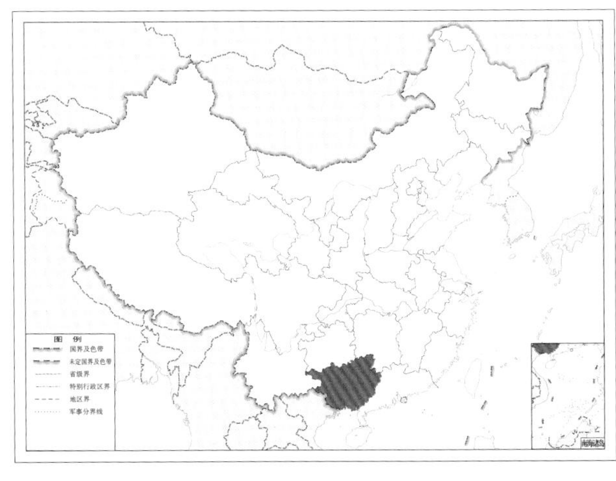

图 2-89-2 宽茎斑鱼蛉 *Neochauliodes latus* 地理分布图

90. 南方斑鱼蛉 *Neochauliodes meridionalis* van der Weele, 1909

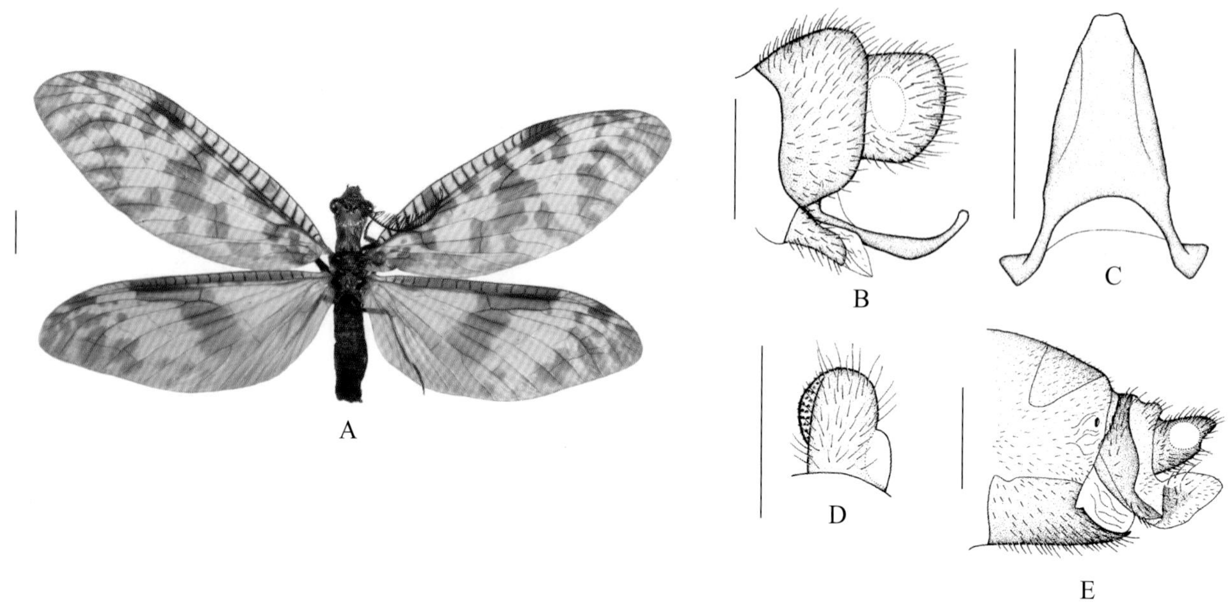

图 2-90-1 南方斑鱼蛉 *Neochauliodes meridionalis* 形态图

（标尺：A 为 5.0 mm，B ~ E 为 1.0 mm）

A. 成虫背面观 B. 雄虫外生殖器侧面观 C. 雄虫第 10 生殖基节腹面观 D. 雄虫肛上板背面观 E. 雌虫外生殖器侧面观

【测量】 雄虫体长 20.0 ~ 30.0 mm，前翅长 31.0 ~ 37.0 mm、后翅长 27.0 ~ 31.0 mm。

【形态特征】 头部黄色至暗黄褐色。复眼黑褐色；触角黑色；口器暗黄褐色，但下颚须和下唇须端半部黑色。前胸黄色；中后胸浅褐色，但背板两侧黑褐色。足黑褐色，密被浅褐色短毛，但转节浅褐色，爪暗红色。翅无色透明，具黑褐色斑；翅痣短，淡黄色。前翅前缘域近基部具 1 个褐色斑，翅痣两侧各具 1 个褐色斑且内侧的斑较长；翅基部具若干褐色斑；中横带斑从前缘延伸至肘脉，两侧各具 2 个较小的褐色斑；翅端部具若干相互连接的褐色斑。后翅与前翅斑型相似。腹部黑褐色；雄虫腹部末端肛上板侧面观近方形，端缘弧形，背面观端部明显膨大、呈球形；第 10 生殖基节强骨化，腹面观基缘呈弧形凹缺，基部宽且向端部变窄，末端明显缢缩且中央微凹，侧面观细长，基半部平直但在端部明显向背面弯曲，末端钝圆。

【地理分布】 云南、广东、广西、海南。

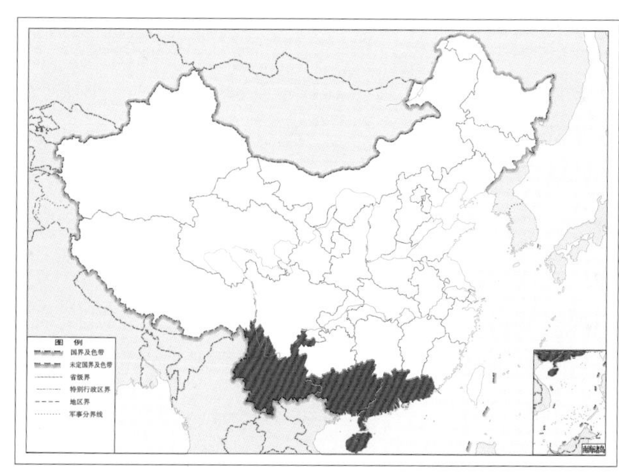

图 2-90-2 南方斑鱼蛉 *Neochauliodes meridionalis* 地理分布图

91. 基点斑鱼蛉 *Neochauliodes moriutii* Asahina, 1988

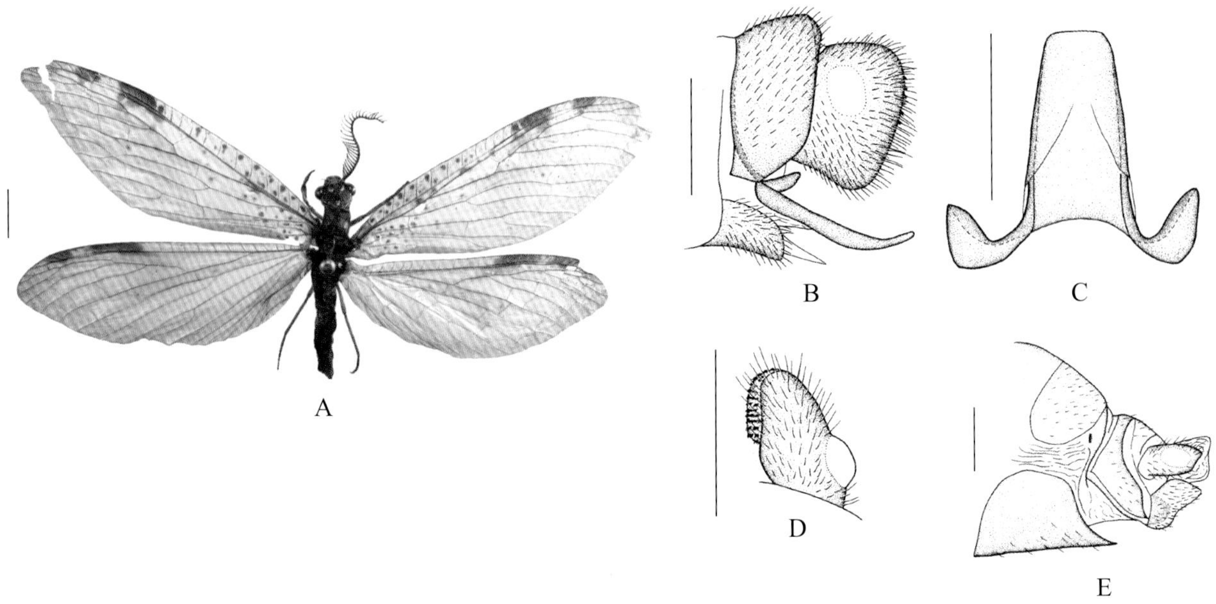

图 2-91-1 基点斑鱼蛉 *Neochauliodes moriutii* 形态图

（标尺：A 为 5.0 mm，B ~ E 为 1.0 mm）

A. 成虫背面观 B. 雄虫外生殖器侧面观 C. 雄虫第 10 生殖基节腹面观 D. 雄虫肛上板背面观 E. 雌虫外生殖器侧面观

【测量】 雄虫体长 22.0 ~ 25.0 mm，前翅长 31.0 ~ 34.0 mm、后翅长 28.0 ~ 30.0 mm。

【形态特征】 头部褐色至深褐色。复眼褐色；触角黑褐色；口器黑褐色，但上颚端半部红褐色。胸部褐色至深褐色。足浅黄色且密被黄褐色短毛，但股节窄的端部、胫节及跗节深褐色，爪红褐色。翅具极浅的褐色，翅痣淡黄色。前翅前缘域基半部具少量小点斑，翅痣两侧各具 1 个褐色斑且内侧的斑较宽，翅除基部具若干褐色斑外，其他区域无任何斑纹。后翅斑型与前翅相似，但基部无褐色斑。腹部黑褐色。雄虫腹部末端肛上板侧扁，侧面观近方形，端部略加宽，背面观端部略膨大；第 10 生殖基节扁平，强骨化，基缘呈弧形浅凹，侧臂明显向后突出且端部略变细，末端平截并略向背上方弯曲。

【地理分布】 云南；老挝，泰国。

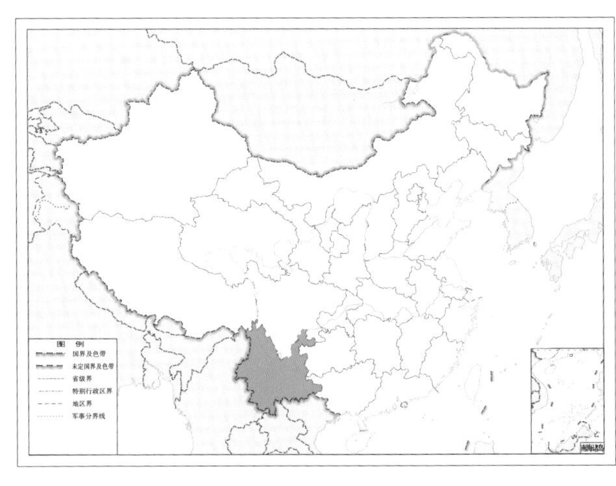

图 2-91-2 基点斑鱼蛉 *Neochauliodes moriutii* 地理分布图

92. 黑头斑鱼蛉 *Neochauliodes nigris* Liu & Yang, 2005

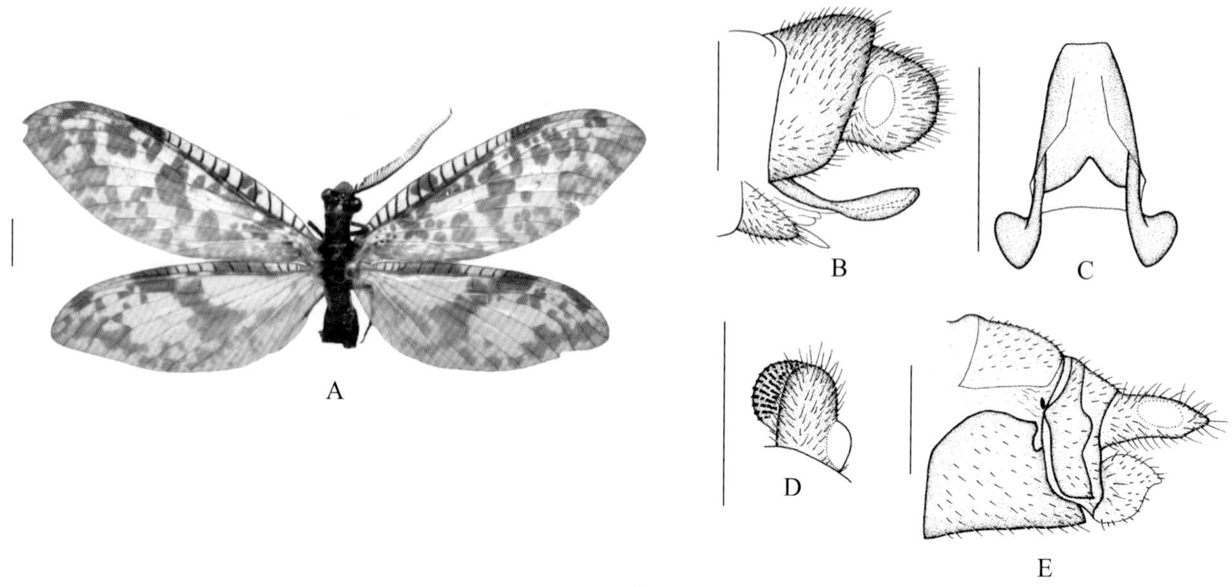

图 2-92-1 黑头斑鱼蛉 *Neochauliodes nigris* 形态图

（标尺：A 为 5.0 mm，B ~ E 为 1.0 mm）

A. 成虫背面观 B. 雄虫外生殖器侧面观 C. 雄虫第 10 生殖基节腹面观 D. 雄虫肛上板背面观 E. 雌虫外生殖器侧面观

【测量】 雄虫体长 17.0 ~ 22.0 mm，前翅长 31.0 ~ 32.0 mm、后翅长 28.0 ~ 30.0 mm。

【形态特征】 头部黑褐色或黑色，但唇基黄色。复眼黑褐色；触角黑褐色；口器黄色，但上颚端半部红褐色，下颚须和下唇须末端黑褐色。前胸黄褐色，近侧缘各具 1 条浅褐色至黑褐色的纵带斑；中后胸褐色至黑褐色，但背板中央黄褐色。足黄褐色至褐色，密被黄褐色短毛，但胫节和跗节黑褐色，爪暗红色。翅无色透明，具大量褐色斑；翅痣淡黄色。前翅前缘域近基部具 1 个褐色斑，翅痣两侧各具 1 褐色条斑，且内侧的斑较长；翅基部具许多小点斑及 3 ~ 4 个较大的褐色斑；中横带斑形状不规则，从前缘延伸至后缘；翅端半部沿纵脉具大量褐色斑，有时横向扩展相接形成 1 条横带斑。后翅与前翅斑型相似。腹部黑褐色；腹部末端肛上板侧面观近方形，端缘弧形，背面观端半部明显膨大、呈球形；第 10 生殖基节强骨化，腹面观基部宽且向端部略变窄，端缘近乎平截，侧面观勺状，端半部略膨大，末端钝。

【地理分布】 浙江、江西、湖南、贵州、福建、广东、广西；日本。

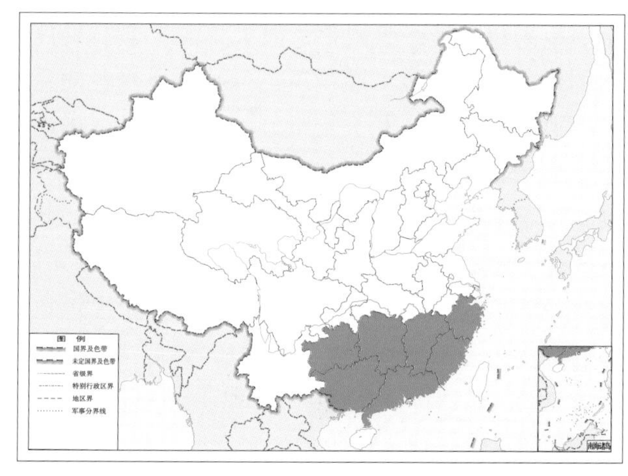

图 2-92-2 黑头斑鱼蛉 *Neochauliodes nigris* 地理分布图

93. 西华斑鱼蛉 *Neochauliodes occidentalis* van der Weele, 1909

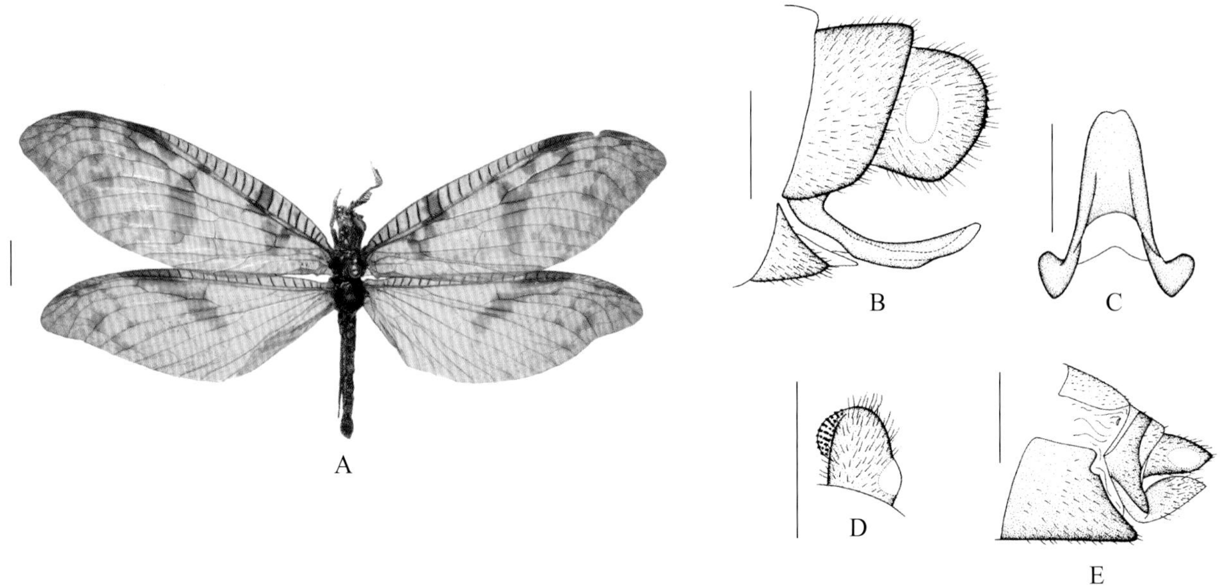

图 2-93-1　西华斑鱼蛉 *Neochauliodes occidentalis* 形态图

（标尺：A 为 5.0 mm，B ~ E 为 1.0 mm）

A. 成虫背面观　B. 雄虫外生殖器侧面观　C. 雄虫第 10 生殖基节腹面观　D. 雄虫肛上板背面观　E. 雌虫外生殖器侧面观

【测量】 雄虫体长 27.0 mm，前翅长 38.0 mm、后翅长 34.0 mm。

【形态特征】 头部黄褐色，单眼三角区外侧赤褐色。复眼褐色；触角黑褐色；口器浅褐色。前胸赤褐色，背板前缘具 1 个黄褐色的三角形浅色区；中后胸黑褐色。足黄褐色至褐色，密被淡黄色短毛，胫节和跗节色略深，爪暗红色。翅无色透明，具若干褐色斑；翅痣长、淡黄色，其内侧具 1 长条斑，其外侧具 1 短条斑或 1 ~ 2 个小点斑。前翅前缘域近基部 1/3 处具 1 个褐色斑；翅基部多具 3 个小点斑，中横带斑窄而长、连接前缘并伸达肘脉，翅端部沿纵脉零星散布若干浅褐色点状斑。后翅与前翅斑型相似，但基半部无任何斑纹。腹部黑褐色；雄虫腹部末端肛上板侧面观近方形，背端角较圆，背面观端半部略膨大；第 10 生殖基节强骨化，腹面观较细长且向端部渐细，基缘呈弧形凹缺，端缘微凹，侧面观细长且略向背面弯曲，中部略宽，末端缩尖。

【地理分布】 甘肃、四川。

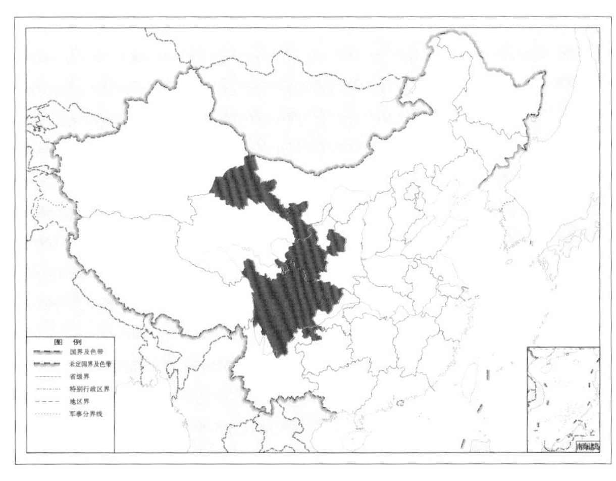

图 2-93-2　西华斑鱼蛉 *Neochauliodes occidentalis* 地理分布图

94. 碎斑鱼蛉 *Neochauliodes parasparsus* Liu & Yang, 2005

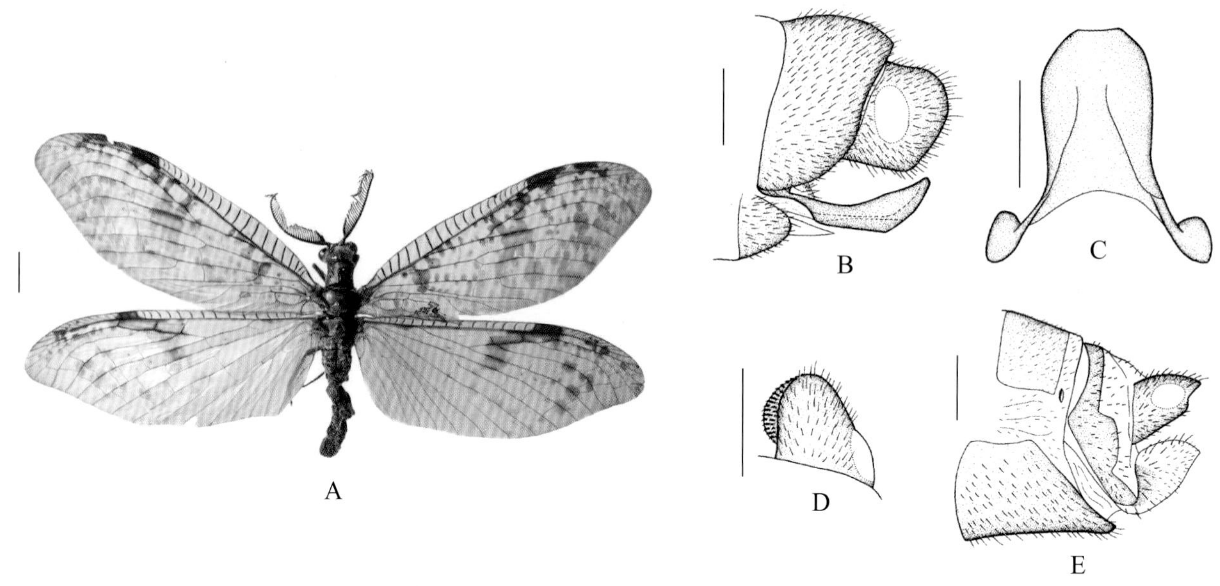

图 2-94-1 碎斑鱼蛉 *Neochauliodes parasparsus* 形态图

（标尺：A 为 5.0 mm，B ~ E 为 1.0 mm）

A. 成虫背面观 B. 雄虫外生殖器侧面观 C. 雄虫第 10 生殖基节腹面观 D. 雄虫肛上板背面观 E. 雌虫外生殖器侧面观

【测量】 雄虫体长 30.0 ~ 38.0 mm，前翅长 28.0 ~ 46.0 mm、后翅长 24.0 ~ 43.0 mm。

【形态特征】 头部暗黄色；额具黑褐色斑，并向头顶两侧扩展。复眼褐色；触角黑褐色；口器暗黄色，仅上颚端半部红褐色。前胸暗黄色，但背板大部分黑褐色，仅前缘和后缘暗黄色；中后胸浅褐色，但背板两侧深褐色。足暗黄褐色，密被黄色短毛，但胫节宽的端部和跗节黑褐色，爪红褐色。翅无色透明，具大量褐色碎斑。前翅前缘域近基部具 1 个浅褐色斑，但有时退化消失，翅痣内外各具 1 个褐色斑，内侧的斑较长，外侧的斑较短且有时分裂成几个小点斑；翅基部具大量浅褐色小点斑，中部具 2 ~ 3 条浅褐色窄横带斑，翅端部沿纵脉具大量浅褐色小点斑。后翅翅痣内外各具 1 个褐色斑，内侧的斑较长。腹部黑褐色；雄虫腹部末端肛上板侧面观近方形，背端角较圆，背面观宽的端部略膨大而不呈球形；第 10 生殖基节强骨化，腹面观近梯形，基缘浅弧形凹缺，端缘微凹，第 10 生殖基节侧面观呈刀状，略向背面弯曲，中部明显隆突。

【地理分布】 山西、河南、陕西、甘肃、湖南、湖北、四川。

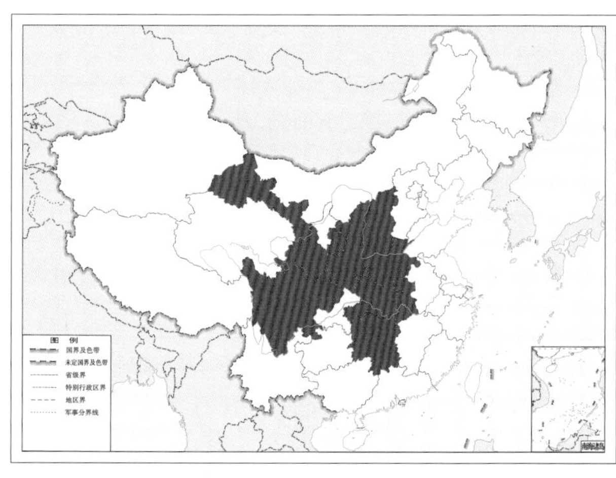

图 2-94-2 碎斑鱼蛉 *Neochauliodes parasparsus* 地理分布图

95. 寡斑鱼蛉 *Neochauliodes parcus* Liu & Yang, 2006

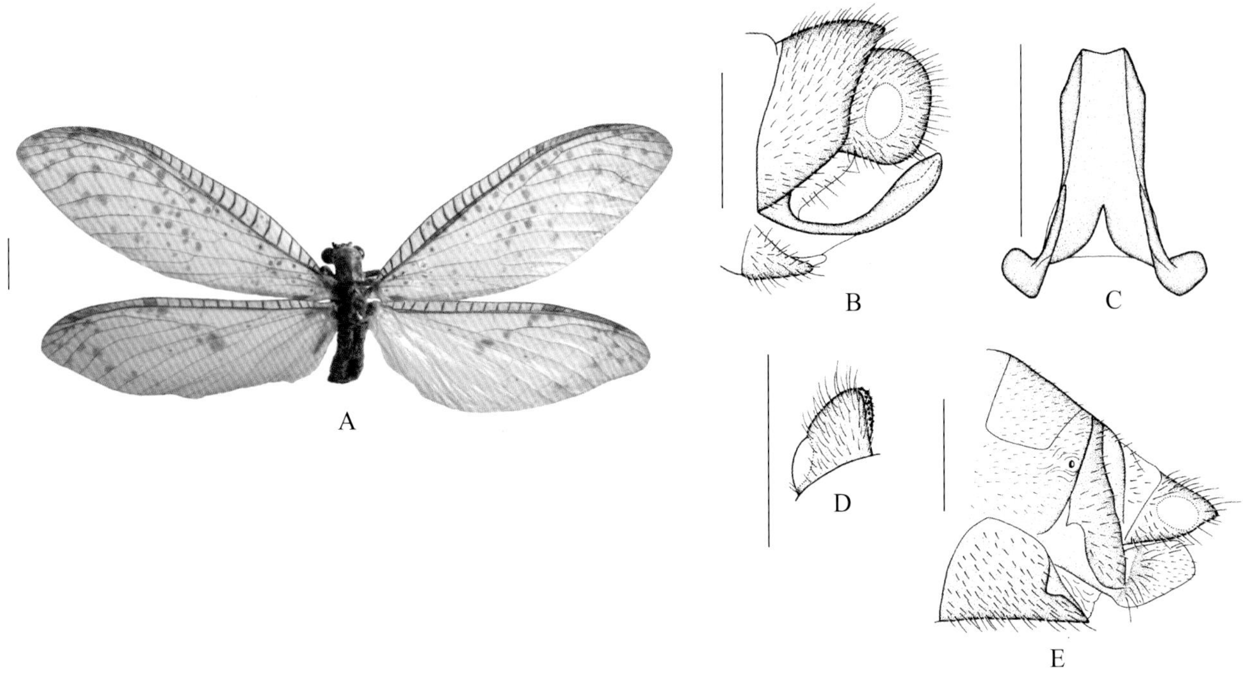

图 2-95-1　寡斑鱼蛉 *Neochauliodes parcus* 形态图

（标尺：A 为 5.0 mm，B ~ E 为 1.0 mm）

A. 成虫背面观　B. 雄虫外生殖器侧面观　C. 雄虫第 10 生殖基节腹面观　D. 雄虫肛上板背面观　E. 雌虫外生殖器侧面观

【测量】 雄虫体长 21.0 ~ 23.0 mm，前翅长 31.0 ~ 33.0 mm、后翅长 27.0 ~ 30.0 mm。

【形态特征】 头部橙黄色。复眼褐色；触角黑褐色；口器黄褐色，但下唇须和下颚须端部黑褐色。前胸橙黄色；中后胸深褐色，但背板中央暗黄褐色。足黄褐色至褐色，密被淡黄色短毛，但胫节和跗节黑褐色，爪暗红色。翅为极浅的褐色，具少量浅褐色小点斑；翅痣长，淡黄色，其前后具少量小点斑。前翅基部、中部和端部零星散布若干小点斑。后翅斑较前翅更少，中部具 1 ~ 5 个小点斑，端部斑少于 10 个。腹部黑褐色；雄虫腹部末端肛上板侧面观近方形，端部较圆，背面观端半部略膨大，而末端略缢缩；第 10 生殖基节强骨化，腹面观呈细长的长方形，基缘呈深 V 形凹缺，端侧缘略向外扩展，端缘微凹，侧面观细长且明显向背面弯曲，端部明显膨大。

【地理分布】 云南。

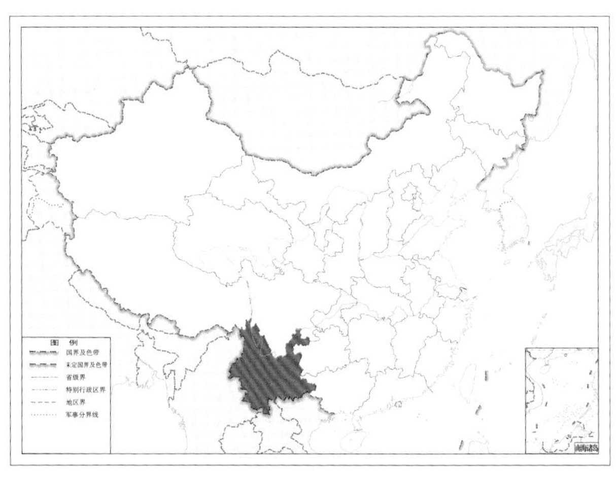

图 2-95-2　寡斑鱼蛉 *Neochauliodes parcus* 地理分布图

96. 散斑鱼蛉 *Neochauliodes punctatolosus* Liu & Yang, 2006

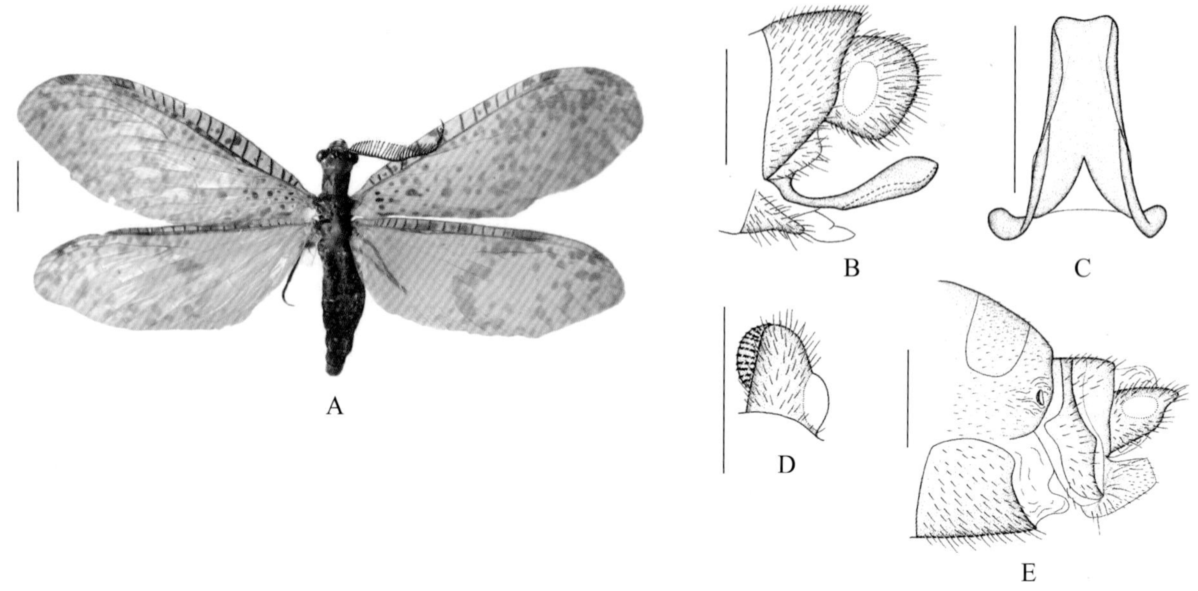

图 2-96-1 散斑鱼蛉 *Neochauliodes punctatolosus* 形态图

（标尺：A 为 5.0 mm，B ~ E 为 1.0 mm）

A. 成虫背面观 B. 雄虫外生殖器侧面观 C. 雄虫第 10 生殖基节腹面观 D. 雄虫肛上板背面观 E. 雌虫外生殖器侧面观

【测量】 雄虫体长 15.0 ~ 24.0 mm，前翅长 27.0 ~ 34.0 mm、后翅长 24.0 ~ 31.0 mm。

【形态特征】 头部橙黄色。复眼黑褐色；触角黑褐色；口器黄色，但上颚端半部红褐色，下唇须和下颚须端部黑色。前胸橙黄色；中后胸浅褐色，但背板中央暗黄褐色。足浅褐色，密被淡黄色短毛，但转节淡黄色，胫节和跗节黑褐色，爪红褐色。翅无色透明，具许多浅褐色小点斑；翅痣长，淡黄色。前翅前缘域基半部具许多浅褐色小点斑，翅痣两侧各具 1 个褐色斑且内侧的斑较长；翅面布满浅褐色小点斑，近基部 1/3 和近端部 1/3 处具 2 个完全无斑的透明区，但有时中部的小点斑相互连接为 1 条横带斑。后翅与前翅斑型相似，但基部无任何斑纹。腹部浅褐色。雄虫腹部末端肛上板侧面观近方形，端部较圆，背面观端半部明显膨大、呈球形；第 10 生殖基节强骨化，腹面观呈细长的长方形，基部略宽，基缘呈深 V 形凹缺，端缘微凹，侧面观细长且明显向背面弯曲，端部明显膨大。

【地理分布】 云南；越南，老挝，泰国。

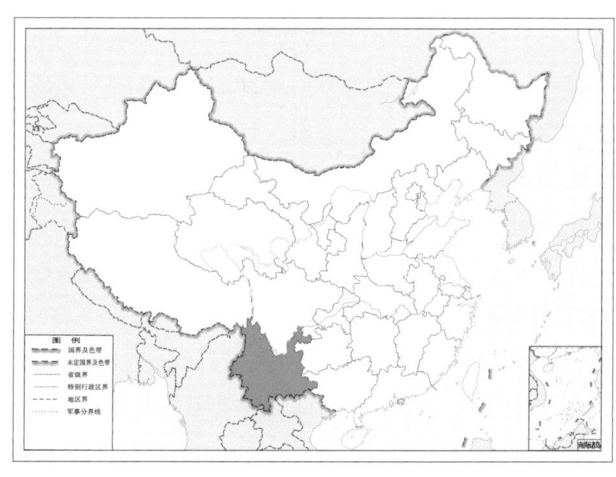

图 2-96-2 散斑鱼蛉 *Neochauliodes punctatolosus* 地理分布图

97. 粗茎斑鱼蛉 *Neochauliodes robustus* Liu, Hayashi & Yang, 2007

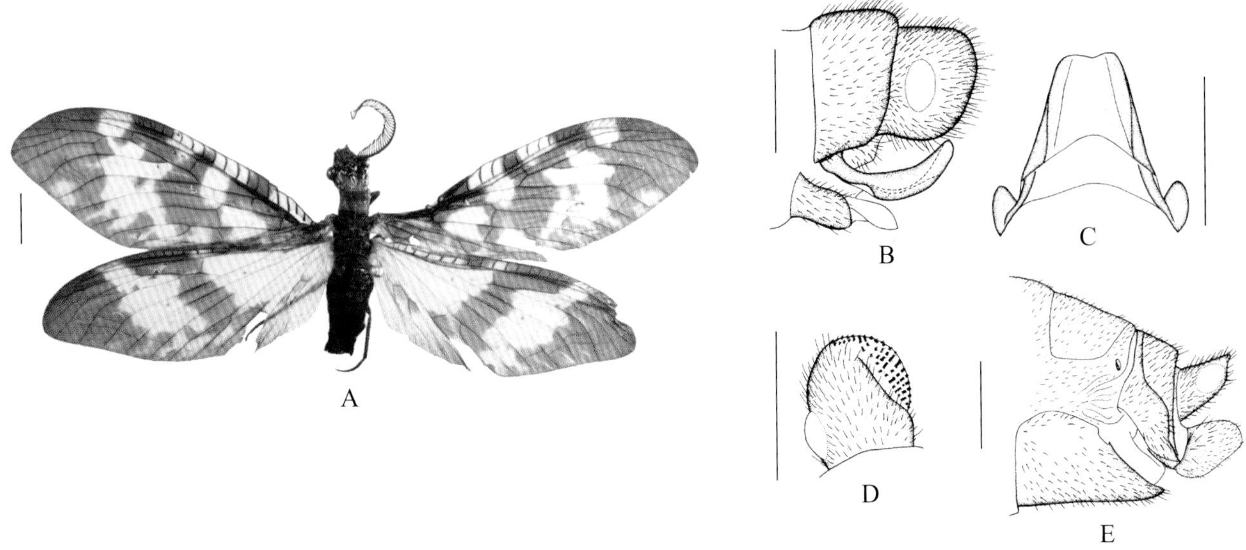

图 2-97-1　粗茎斑鱼蛉 *Neochauliodes robustus* 形态图

（标尺：A 为 5.0 mm，B ~ E 为 1.0 mm）

A. 成虫背面观　B. 雄虫外生殖器侧面观　C. 雄虫第 10 生殖基节腹面观　D. 雄虫肛上板背面观　E. 雌虫外生殖器侧面观

【测量】 雄虫体长 25.0 ~ 28.0 mm，前翅长 33.0 ~ 34.0 mm、后翅长 28.0 ~ 30.0 mm。

【形态特征】 头部黑褐色，但头顶中央和侧缘黄褐色。复眼褐色；触角黑色；口器黑褐色，但上颚端半部浅褐色。前胸暗黄褐色；中后胸浅褐色，但背板两侧黑色。足褐色，密被黄褐色短毛，爪暗红色。翅无色透明，具黑褐色斑；翅痣短，淡黄色。前翅前缘域从基部至端部具 4 个黑褐色斑；翅基部黑褐色，中横带斑较宽并连接翅前后缘，端部 1/3 完全黑褐色。后翅与前翅斑型相似，但基半部完全无色透明。腹部褐色；雄虫腹部末端肛上板粗壮，侧面观近方形，端部较圆，背面观宽的端部呈球形膨大；第 10 生殖基节强骨化、较短粗，侧面观明显向背面弯曲，端部略变细，腹面观呈宽阔的梯形，基缘呈较浅的 V 形凹缺，端缘中央微凹。

【地理分布】 四川、重庆。

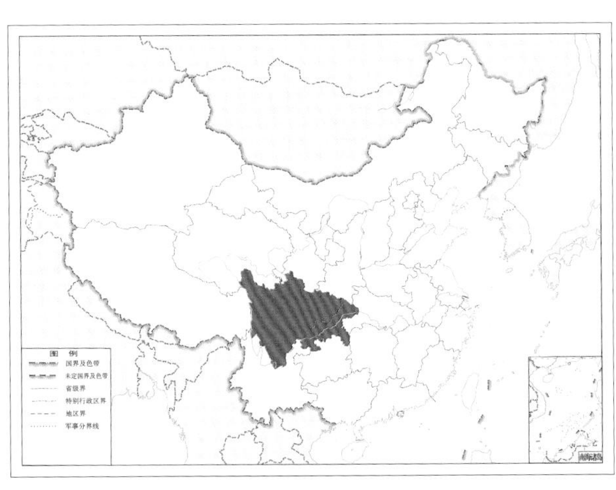

图 2-97-2　粗茎斑鱼蛉 *Neochauliodes robustus* 地理分布图

98. 圆端斑鱼蛉 *Neochauliodes rotundatus* Tjeder, 1937

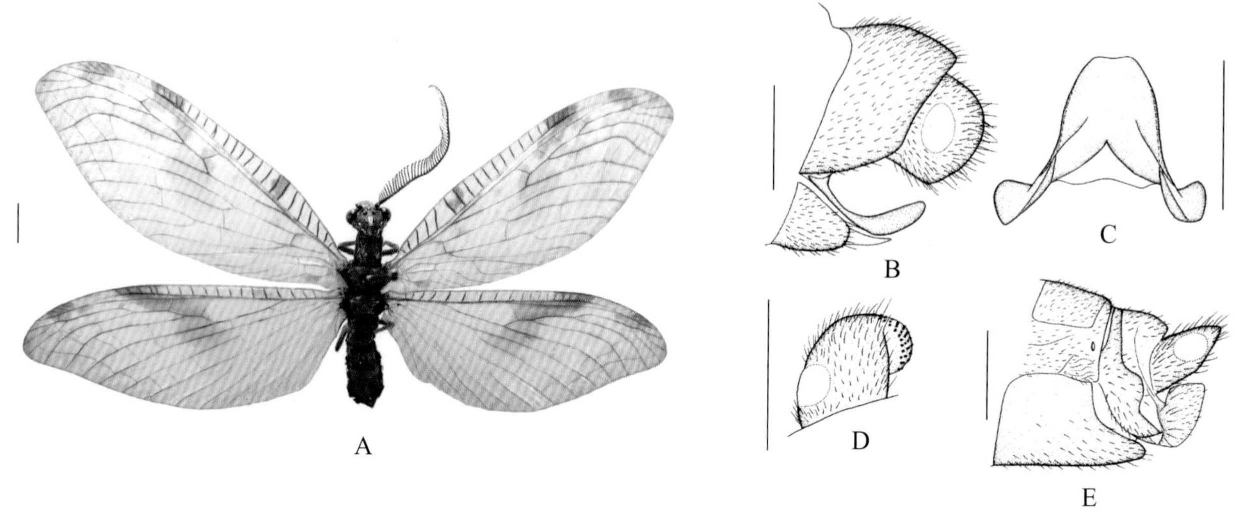

图 2-98-1 圆端斑鱼蛉 *Neochauliodes rotundatus* 形态图

（标尺：A 为 5.0 mm，B ~ E 为 1.0 mm）

A. 成虫背面观 B. 雄虫外生殖器侧面观 C. 雄虫第 10 生殖基节腹面观 D. 雄虫肛上板背面观 E. 雌虫外生殖器侧面观

【测量】 雄虫体长 17.0 ~ 31.0 mm，前翅长 35.0 ~ 39.0 mm、后翅长 31.0 ~ 35.0 mm。

【形态特征】 头部黄褐色至深褐色。复眼褐色；触角黑褐色；口器黄褐色，上颚有时浅褐色。前胸黄褐色，背板两侧各具 1 条深褐色纵斑；中后胸浅褐色，但背板两侧深褐色。足黑褐色，密被黄色短毛，但股节有时浅褐色，爪红褐色。翅无色透明，具若干个褐色斑；翅痣较短、淡黄色，其内外两侧各具 1 较短的条斑。前翅前缘域近基部具 1 个褐色斑；翅基部具少量小点斑，有时则完全无斑；中横带斑较宽，连接前缘并伸达中脉；翅端部的斑多相互连接，色很浅且有时近乎消失。后翅与前翅斑型相似，但基部无任何斑纹。腹部黑褐色。雄虫腹部末端肛上板侧面观近方形，端缘较圆，背面观端半部呈球形膨大；第 10 生殖基节强骨化，腹面观较宽、近舌形，基缘呈 V 形凹缺，端缘微凹，侧面观端部明显膨大并向背面弯曲。

【地理分布】 黑龙江、河北、北京、河南、陕西、甘肃、湖北、四川、重庆。

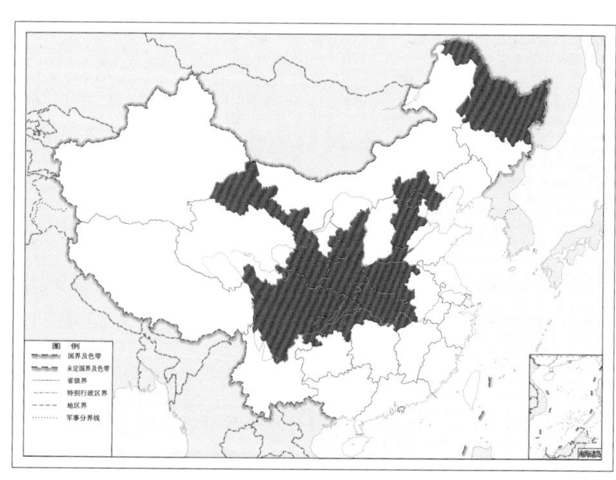

图 2-98-2 圆端斑鱼蛉 *Neochauliodes rotundatus* 地理分布图

99. 中华斑鱼蛉 *Neochauliodes sinensis* (Walker, 1853)

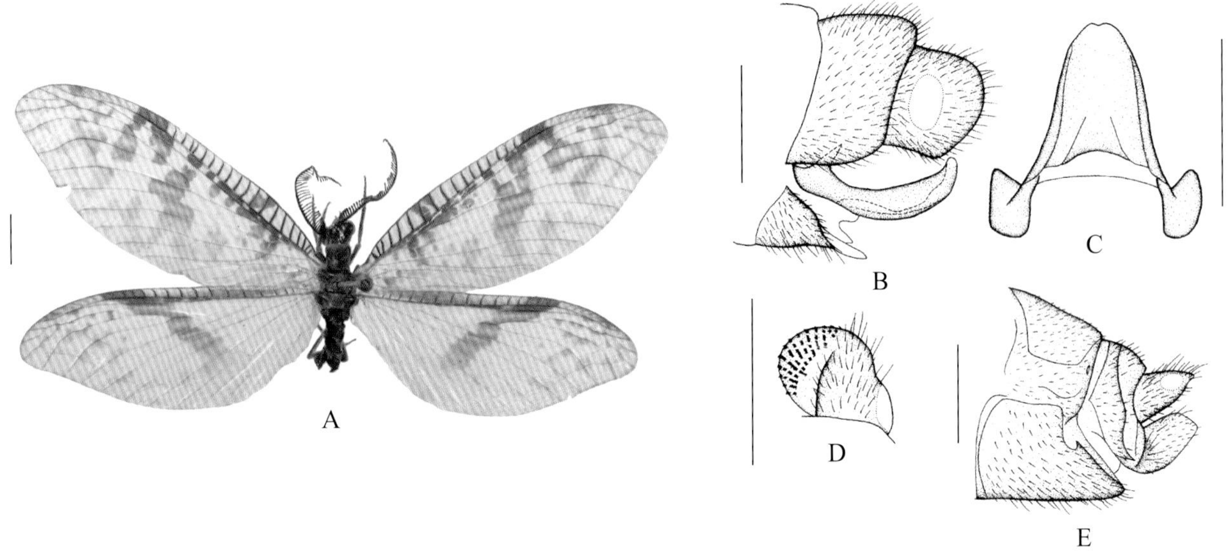

图 2-99-1　中华斑鱼蛉 *Neochauliodes sinensis* 形态图
（标尺：A 为 5.0 mm，B ~ E 为 1.0 mm）

A. 成虫背面观　B. 雄虫外生殖器侧面观　C. 雄虫第 10 生殖基节腹面观　D. 雄虫肛上板背面观　E. 雌虫外生殖器侧面观

【测量】 雄虫体长 19.0 ~ 34.0 mm，前翅长 25.0 ~ 37.0 mm、后翅长 23.0 ~ 32.0 mm。

【形态特征】 头部浅褐色至褐色。复眼褐色；触角黑褐色；口器黄褐色，但上颚端半部红褐色。前胸黄褐色，两侧多深褐色；中后胸深褐色，但背板中央暗黄褐色。足黑褐色，密被褐色短毛，有时基节、转节和股节色略浅，爪暗红色。翅无色透明，具若干褐色斑；翅痣长、淡黄色，其内侧具 1 较长的条斑而外侧多无斑。前翅前缘域基部具 1 个褐斑；翅基部具少量小点斑，有时略连接；中横带斑窄而长，连接前缘并伸达 A1 脉；翅端部的斑色较浅，多横向连接。后翅与前翅斑型相似，但基半部无任何斑纹，中横带斑伸至肘脉。腹部黑褐色；雄虫腹部末端肛上板侧面观近方形，背端角较圆，背面观端半部呈球形膨大；第 10 生殖基节强骨化，腹面观呈舌形、基宽端细，基缘浅弧形凹缺，端缘微凹，侧面观较粗，略向背面弯曲，中部较基半部略宽，末端缩尖。

【地理分布】 安徽、浙江、江西、湖南、湖北、贵州、福建、台湾、广东、广西。

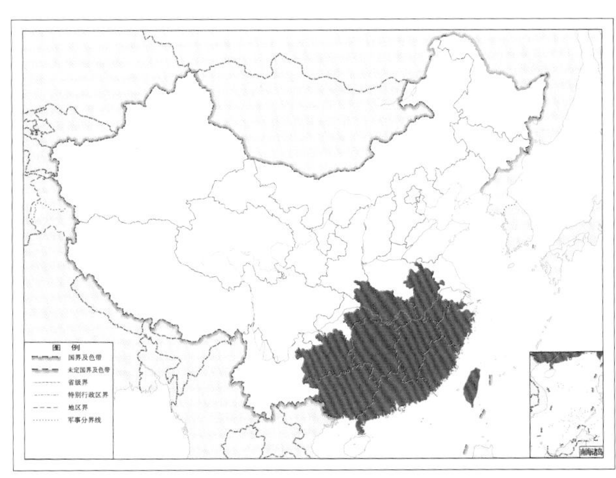

图 2-99-2　中华斑鱼蛉 *Neochauliodes sinensis* 地理分布图

100. 小碎斑鱼蛉 *Neochauliodes sparsus* Liu & Yang, 2005

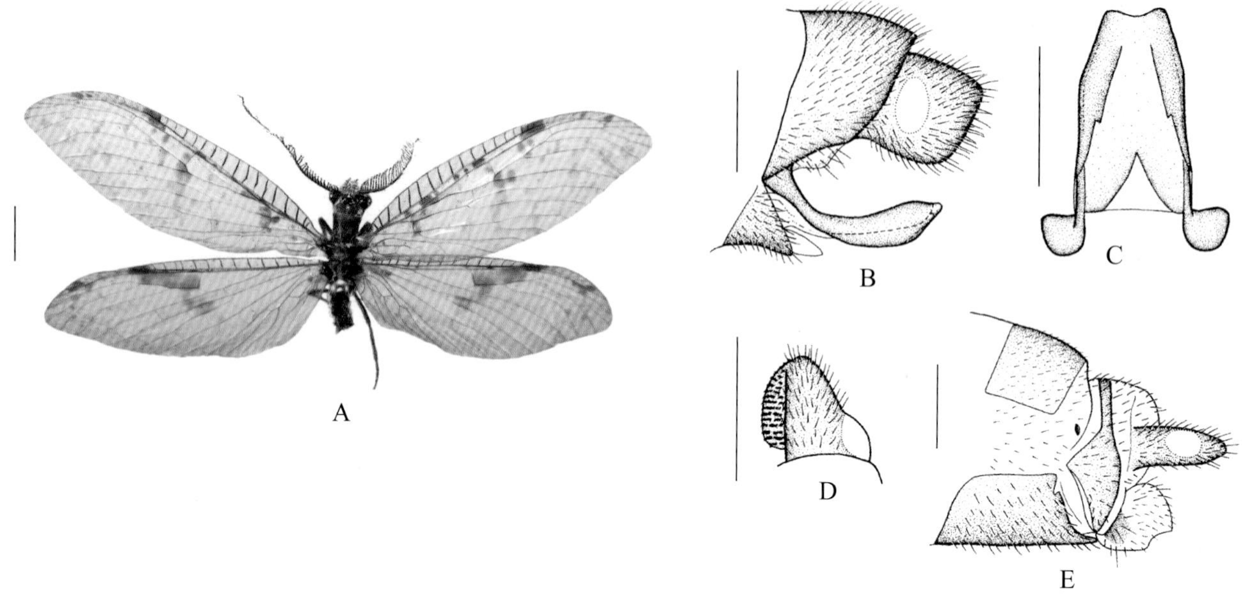

图 2-100-1 小碎斑鱼蛉 *Neochauliodes sparsus* 形态图

（标尺：A 为 5.0 mm，B ~ E 为 1.0 mm）

A. 成虫背面观 B. 雄虫外生殖器侧面观 C. 雄虫第 10 生殖基节腹面观 D. 雄虫肛上板背面观 E. 雌虫外生殖器侧面观

【测量】 雄虫体长 22.0 ~ 25.0 mm，前翅长 28.0 ~ 32.0 mm、后翅长 25.0 ~ 27.0 mm。

【形态特征】 头部黄褐色，头顶两侧略浅褐色。复眼黑褐色；触角黑色；口器黄褐色，仅上颚端半部浅褐色。前胸黄褐色，但背板大部浅褐色，仅端部具 1 个倒三角形黄斑；中后胸浅褐色，但背板两侧褐色。足黄色且密被黄色短毛，但胫节宽的端部和跗节浅褐色，爪暗红色。翅透明，呈极浅的灰褐色，具少量褐色斑。前翅翅痣内侧具 1 个褐色斑，外侧有时具 1 个褐色小点斑；翅基部具少量褐色碎斑，中部具 2 ~ 3 条短而细的褐色横斑，有时此斑分散成若干小碎斑，端部沿纵脉具若干褐色小点斑。后翅的褐色斑较前翅明显减少，中部具 1 条连接前缘的较细横斑，端部具少量褐色小点斑。腹部黑褐色。雄虫腹部末端肛上板侧面观近方形，腹端角圆，背面观端半部略膨大但不呈球形；第 10 生殖基节强骨化，腹面观近长方形，基缘 V 形凹缺，端部略缢缩，末端明显凹缺，侧面观端半部明显膨大，末端略缢缩。

【地理分布】 山东、河南、福建。

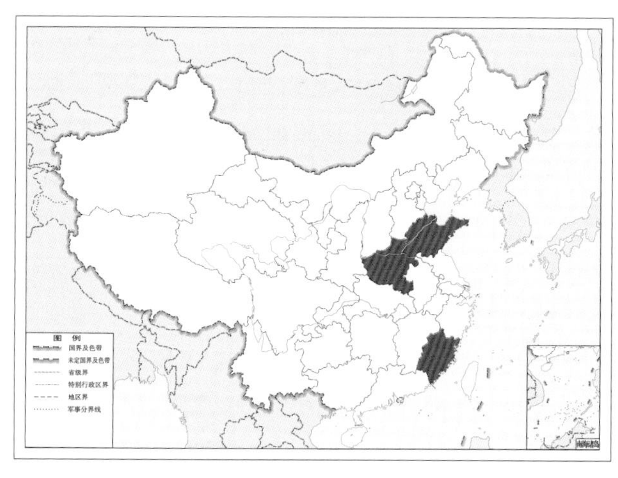

图 2-100-2 小碎斑鱼蛉 *Neochauliodes sparsus* 地理分布图

101. 越南斑鱼蛉 *Neochauliodes tonkinensis* (van der Weele, 1907)

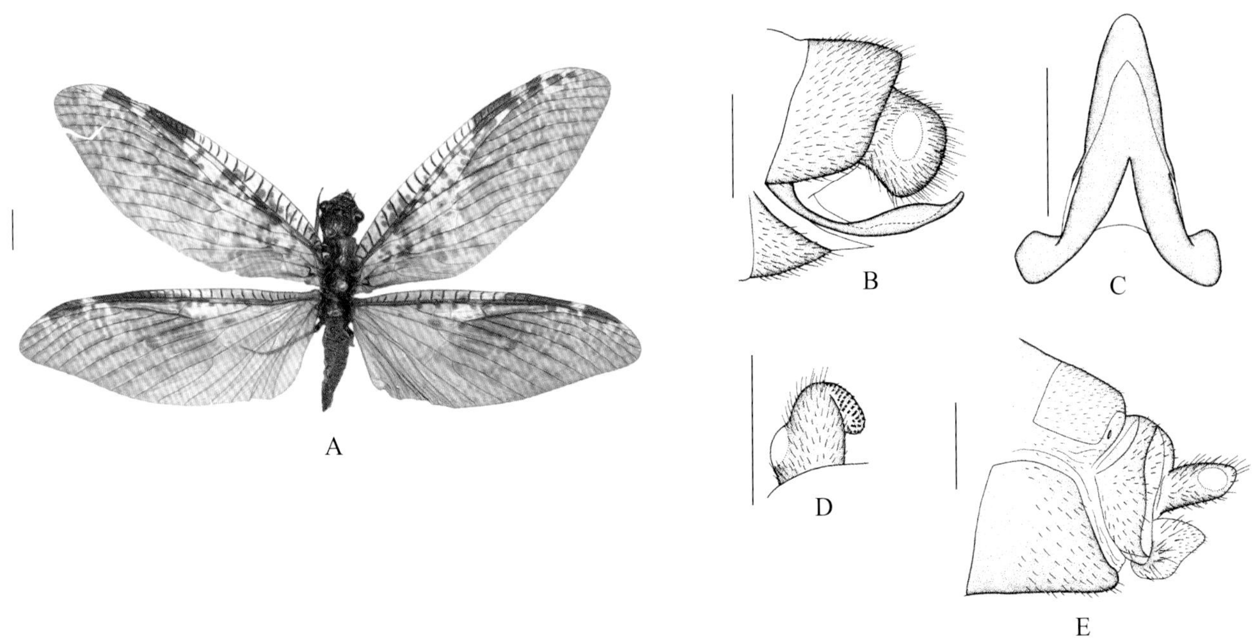

图 2-101-1　越南斑鱼蛉 *Neochauliodes tonkinensis* 形态图

（标尺：A 为 5.0 mm，B ~ E 为 1.0 mm）

A. 成虫背面观　B. 雄虫外生殖器侧面观　C. 雄虫第 10 生殖基节腹面观　D. 雄虫肛上板背面观　E. 雌虫外生殖器侧面观

【测量】 雄虫体长 26.0 ~ 28.0 mm，前翅长 36.0 ~ 38.0 mm、后翅长 32.0 ~ 35.0 mm。

【形态特征】 头部浅褐色至褐色，但前唇基淡黄色。前胸浅褐色至褐色，但近端缘具 1 个淡黄色的倒三角形斑。足褐色，但基节、转节和股节宽的基部黄褐色。翅无色透明，具浅褐色斑纹；翅痣短，淡黄色。前翅前缘域基半部各翅室内具许多褐色小点斑，翅痣两侧各具 1 个褐色斑，且内侧的斑较长；基部具许多褐色小点斑，端半部沿纵脉具许多浅褐色碎斑。后翅与前翅斑型相似，但基部无任何斑纹。腹部褐色。雄虫腹部末端肛上板侧面观近长方形，端部钝圆，背面观端半部略膨大；第 10 生殖基节强骨化，腹面观呈舌形，基缘呈深 V 形凹缺，侧面观中部略膨大，末端缢缩。雌虫腹部末端第 8 生殖基节侧面观近梯形，后端缘略向后突伸；肛上板近平行四边形，背端角突出；第 9 生殖基节叶状，向后端缢缩，末端钝。

【地理分布】 云南；越南，老挝，缅甸。

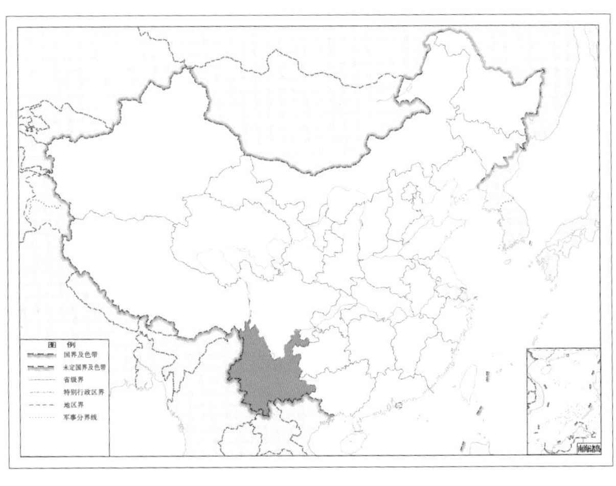

图 2-101-2　越南斑鱼蛉 *Neochauliodes tonkinensis* 地理分布图

102. 荫斑鱼蛉 *Neochauliodes umbratus* Kimmins, 1954

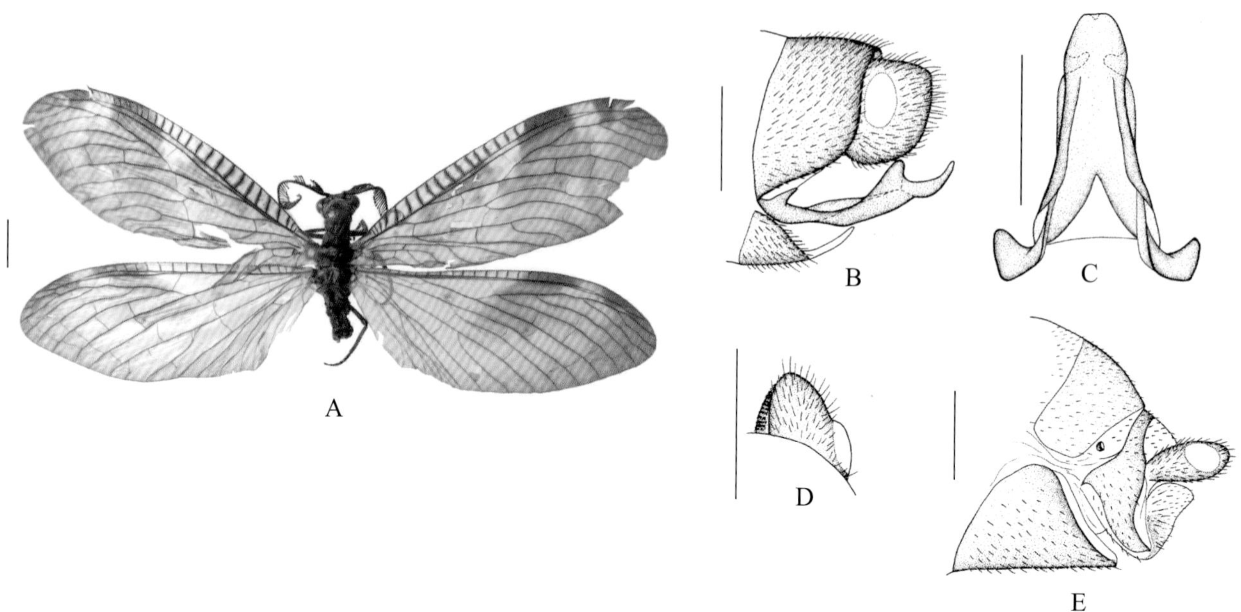

图 2-102-1 荫斑鱼蛉 *Neochauliodes umbratus* 形态图
（标尺：A 为 5.0 mm，B ~ E 为 1.0 mm）
A. 成虫背面观 B. 雄虫外生殖器侧面观 C. 雄虫第 10 生殖基节腹面观 D. 雄虫肛上板背面观 E. 雌虫外生殖器侧面观

【测量】 雄虫体长 18.0 mm，前翅长 33.0 mm、后翅长 29.0 mm。

【形态特征】 头部浅黑色，但头顶中央浅褐色而两侧深黑色；后头黄褐色。复眼褐色；触角黑褐色；口器暗黄褐色，但上颚、下颚须和下唇须褐色。前胸暗黄褐色或黑褐色，中后胸褐色至黑褐色。足褐色且密被褐色短毛，爪红褐色。翅无色透明，具明显褐色斑纹；翅痣短，淡黄色。前翅翅痣前后各具 1 褐色条斑；翅基部斑大，浅褐色；中斑和端斑相互连接成大片云雾状斑。后翅与前翅斑型相似，但基半部近乎无色透明，翅斑较前翅色浅。腹部褐色；雄虫腹部末端肛上板侧面观宽大于长，背缘平直，腹缘弧形，背面观端半部略膨大；第 10 生殖基节强骨化，腹面观基部宽且向端部略变窄，侧面观近基部纵向隆突，末端略上弯，近端部 1/3 处具 1 个向背上方突伸的短突。

【地理分布】 广东、广西；越南。

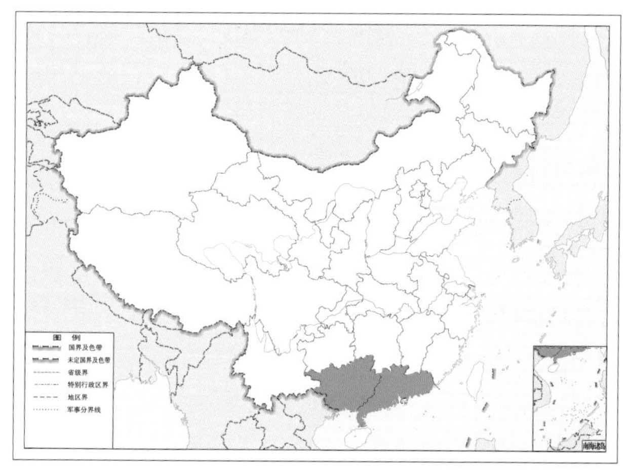

图 2-102-2 荫斑鱼蛉 *Neochauliodes umbratus* 地理分布图

103. 武鸣斑鱼蛉 *Neochauliodes wuminganus* Yang & Yang, 1986

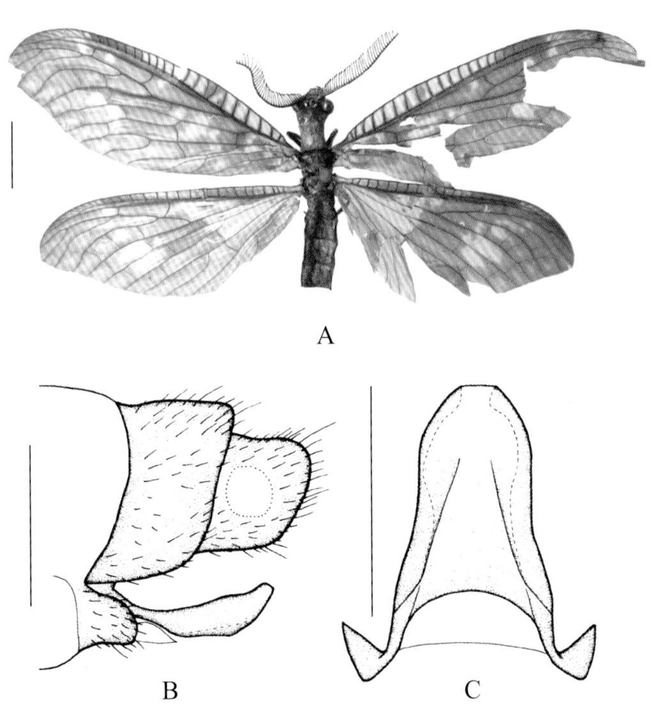

图 2-103-1　武鸣斑鱼蛉 *Neochauliodes wuminganus* 形态图
（标尺：A 为 5.0 mm，B ~ C 为 1.0 mm）
A. 成虫背面观　B. 雄虫外生殖器侧面观　C. 雄虫第 10 生殖基节腹面观

【测量】 雄虫体长 25.0 mm，前翅长 25.0 mm、后翅长 21.0 mm。

【形态特征】 头部褐色，但头顶中部具 1 条黄色纵斑，两侧具若干不明显的小黄斑；额黑褐色；前唇基淡黄色；复眼黑褐色；单眼黄色，其内缘黑色；触角黑色；口器暗黄色，但上颚、下唇须和下颚褐色。前胸黄色；中后胸灰褐色，但背板两侧各具 1 个黑褐色斑。足褐色，密被浅褐色短毛，爪红褐色。翅褐色，具若干透明斑；翅痣淡黄色。前翅前缘域基半部无色透明，基部 1/3 处具 1 个褐色斑，端半部则完全褐色，且基部 1/3 处、中部和端部 1/3 处的横脉两侧具若干小透明斑。后翅基部和端部 1/3 处各具 1 个大透明横斑。腹部浅褐色；雄虫腹部末端肛上板侧面观近方形，背端角较圆，端缘斜直；第 10 生殖基节强骨化，腹面观端部阔而圆，其两侧向内弯折，基缘呈弧形凹缺，第 10 生殖基节侧面观中部明显膨大而末端略变细。

【地理分布】 广西。

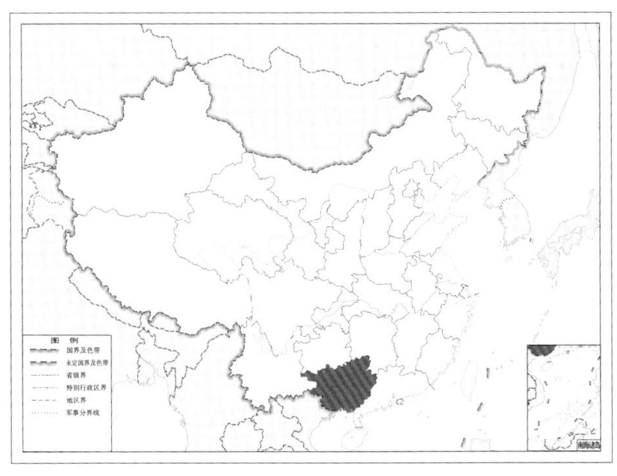

图 2-103-2　武鸣斑鱼蛉 *Neochauliodes wuminganus* 地理分布图

（九）准鱼蛉属 *Parachauliodes* van der Weele, 1909

【鉴别特征】 中到大型，体长 28.0 ~ 40.0 mm，前翅长 36.0 ~ 56.0 mm、后翅长 32.0 ~ 51.0 mm。体褐色或黑褐色。头部短粗，头顶近三角形。复眼明显突出。雄触角均为栉状或近锯齿状，雄虫触角约为前翅长的 1/2。上唇近卵圆形。前胸近圆柱形，长宽近乎相等；中后胸较粗壮。足除密被短毛外，还具若干长毛。翅狭长，长约为宽的 3.5 倍，末端钝圆或略后弯；翅透明或半透明，多具褐色斑，有时完全黑褐色。前翅 A1 脉后支明显呈波状，A2 脉 2 分支均明显呈波状，后翅基部 MA 脉长并通过一短分支与 MP 脉再次连接。雄虫腹部末端第 9 背板近方形，长宽约等长，基缘呈弧形凹缺；第 9 腹板骨化较弱，近半圆形，明显短于第 9 背板，端缘具 1 个近三角形膜质瓣；肛上板短于第 9 背板，侧扁，侧面观基缘宽约为第 9 背板宽的 2/3，内侧纵向深凹形成 2 叶，末端多膨大并具若干列黑色刺状短毛；臀胝位于肛上板基部，大但不明显突出；第 10 生殖基节强骨化，短于第 9 背板，几乎完全包被于第 9 背板内，基粗端细并向背上方弯曲，腹面观末端钝圆。雌虫腹部末端第 8 生殖基节近梯形，端缘一般向后突出；肛上板呈短棒状，背端角突出，臀胝不明显突出；第 9 生殖基节近梯形，末端缩尖；第 9 生殖刺突退化消失。

【地理分布】 分布于我国东南部及日本、韩国。

【分类】 目前全世界已知 11 种，我国已知 5 种，本图鉴收录 5 种。

中国准鱼蛉属 *Parachauliodes* 分种检索表

1. 雄虫触角近锯齿状；在中国大陆无分布 ……………… **暗色准鱼蛉 *Parachauliodes nebulosus***
   雄虫触角栉状；仅分布于中国大陆 ……………… 2
2. 体翅完全黑褐色 ……………… **福建准鱼蛉 *Parachauliodes fujianensis***
   体翅颜色较浅，不完全黑褐色 ……………… 3
3. 翅无明显褐色斑；雄虫第 10 生殖基节末端略加宽且端缘平截 ……………… **布氏准鱼蛉 *Parachauliodes buchi***
   翅具明显褐色斑；雄虫第 10 生殖基节末端缢缩且端缘钝圆 ……………… 4
4. 前翅褐色斑小点状；雄虫第 9 背板侧面观背端角明显向后突伸，第 10 生殖基节端半部变细且末端再次缢缩 ……………… **多斑准鱼蛉 *Parachauliodes maculosus***
   前翅褐色斑雾状；雄虫第 9 背板侧面观背端角不向后突伸，第 10 生殖基节端半部变细但末端不再次缢缩 ……………… **污翅准鱼蛉 *Parachauliodes squalidus***

104. 福建准鱼蛉 *Parachauliodes fujianensis* (Yang & Yang, 1999)

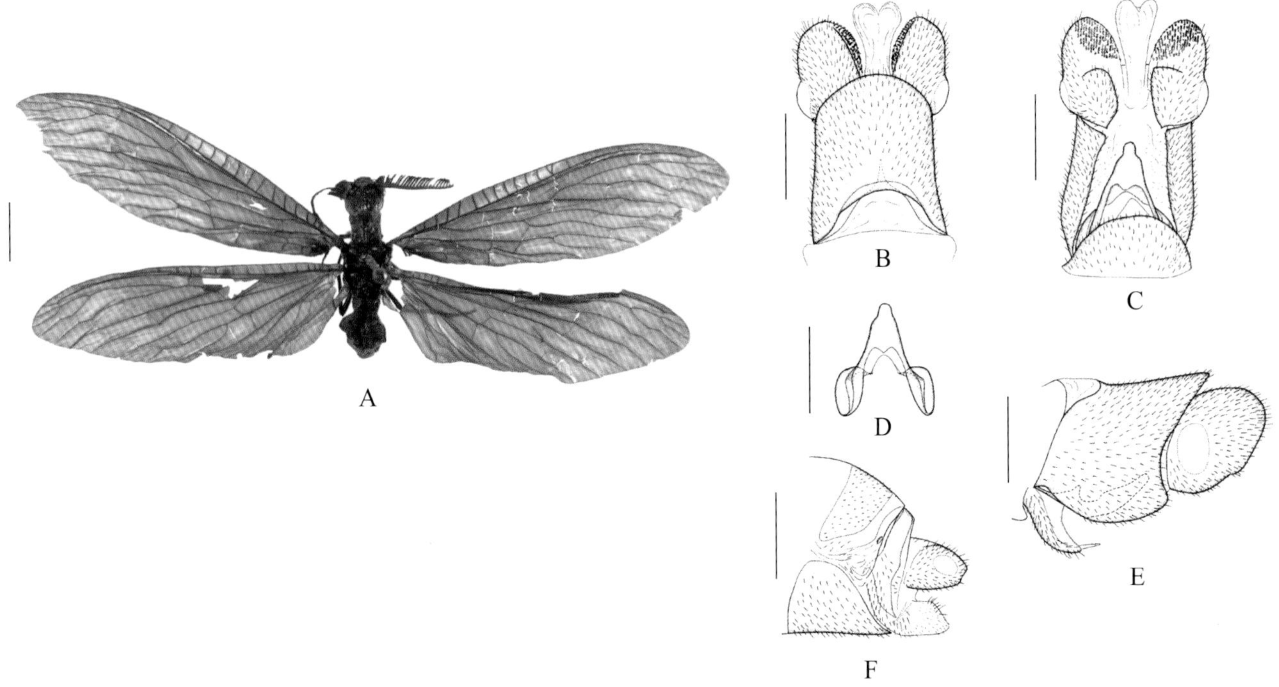

图 2-104-1　福建准鱼蛉 *Parachauliodes fujianensis* 形态图

（标尺：A 为 5.0 mm，B ~ F 为 1.0 mm）

A. 成虫背面观　B. 雄虫外生殖器背面观　C. 雄虫外生殖器腹面观　D. 雄虫第 10 生殖基节腹面观　E. 雄虫外生殖器侧面观　F. 雌虫外生殖器侧面观

【测量】 雄虫体长 20.0 ~ 24.0 mm，前翅长 28.0 ~ 29.0 mm、后翅长 26.0 ~ 27.0 mm。

【形态特征】 头部黄褐色，但额完全黑色，头顶两侧及后侧缘也为黑色。复眼褐色；触角黑色；口器黑褐色。胸部黑褐色。足褐色，密被暗黄色毛。翅狭长，黑褐色，端部颜色略变浅。腹部黑褐色。雄虫腹部末端第 9 背板端缘明显向后突伸；第 9 腹板半圆形，端缘中央具 1 个小三角形膜质瓣；肛上板侧扁，侧面观基缘斜而端缘弧形，腹面观中部内侧具 1 个浅横凹槽，端部内侧略膨大；第 10 生殖基节强骨化，向背面弯曲，基缘宽且弧形深凹，端半部略变窄，末端钝圆并明显缢缩。

【地理分布】 福建。

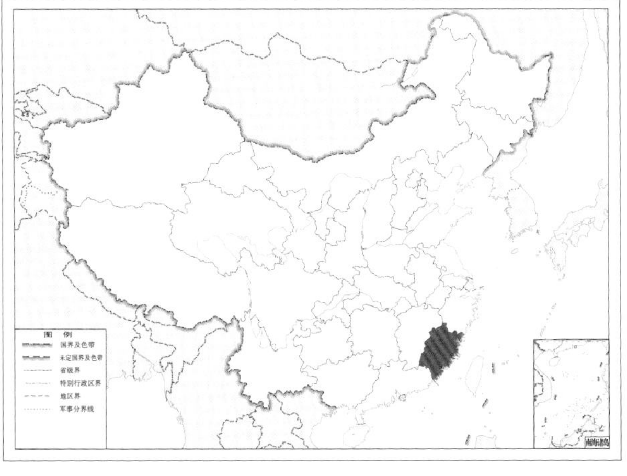

图 2-104-2　福建准鱼蛉 *Parachauliodes fujianensis* 地理分布图

105. 布氏准鱼蛉 *Parachauliodes buchi* Navás, 1924

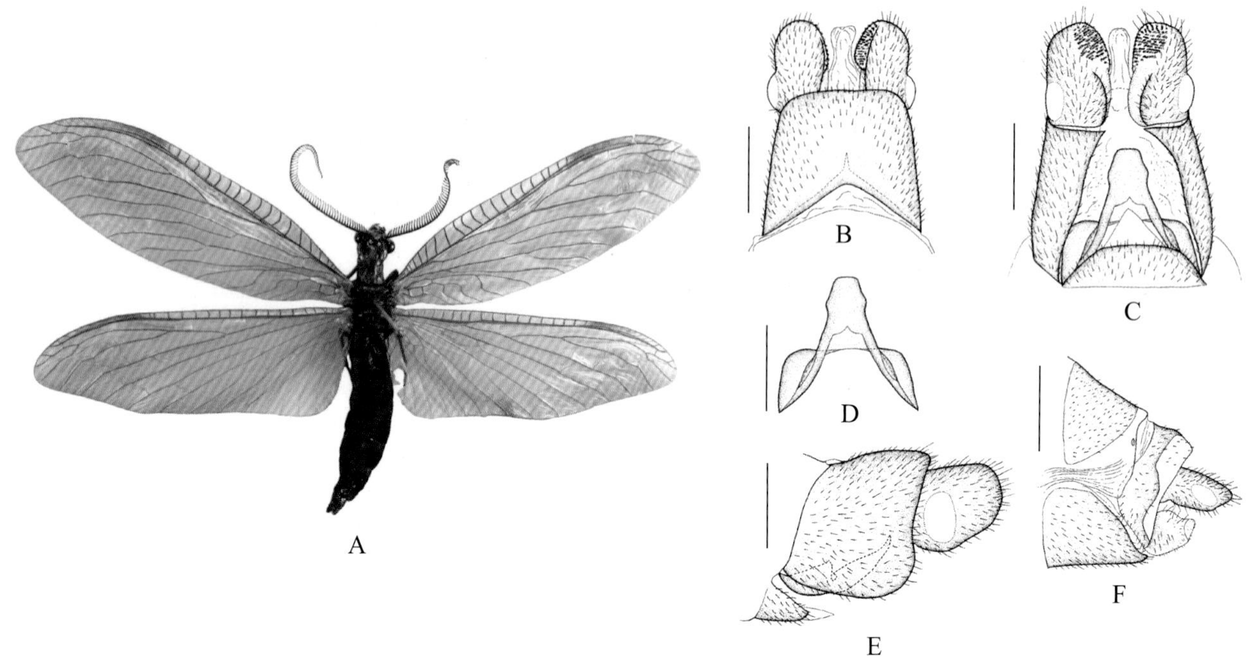

图 2-105-1　布氏准鱼蛉 ***Parachauliodes buchi*** 形态图

（标尺：A 为 5.0 mm，B ~ F 为 1.0 mm）

A. 成虫背面观　B. 雄虫外生殖器背面观　C. 雄虫外生殖器腹面观　D. 雄虫第 10 生殖基节腹面观　E. 雄虫外生殖器侧面观　F. 雌虫外生殖器侧面观

【测量】 雄虫体长 28.0 ~ 40.0 mm，前翅长 37.0 ~ 45.0 mm、后翅长 33.0 ~ 42.0 mm。

【形态特征】 头部黄褐色，但额完全黑褐色，头顶两侧及后侧缘也为黑褐色。复眼褐色；触角黑褐色；口器暗黄褐色。胸部浅褐色。足黄褐色，密被暗黄色毛，但胫节和跗节黑褐色，爪红褐色。翅狭长，浅灰褐色，无明显斑纹。腹部褐色；雄虫腹部末端第 9 背板侧面观近方形，腹端角圆，后缘近乎垂直；第 9 腹板呈半圆形，端缘中央具 1 个小三角形膜质瓣；肛上板侧扁，侧面观基半部宽而端半部明显缢缩，腹面观基半部内侧纵向浅凹，端半部内侧略膨大成球形；第 10 生殖基节强骨化，向背面弯曲，侧面观末端缩尖，腹面观基缘宽且呈梯形凹缺，端半部略变窄，近端部略向两侧膨大，末端平截。

【地理分布】 浙江。

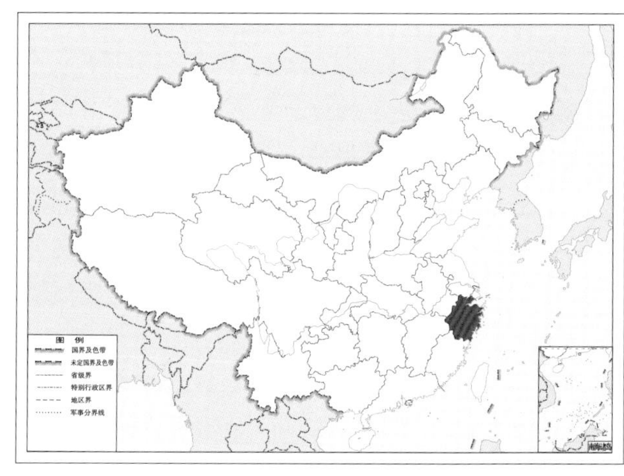

图 2-105-2　布氏准鱼蛉 ***Parachauliodes buchi*** 地理分布图

106. 多斑准鱼蛉 *Parachauliodes maculosus* (Liu & Yang, 2006)

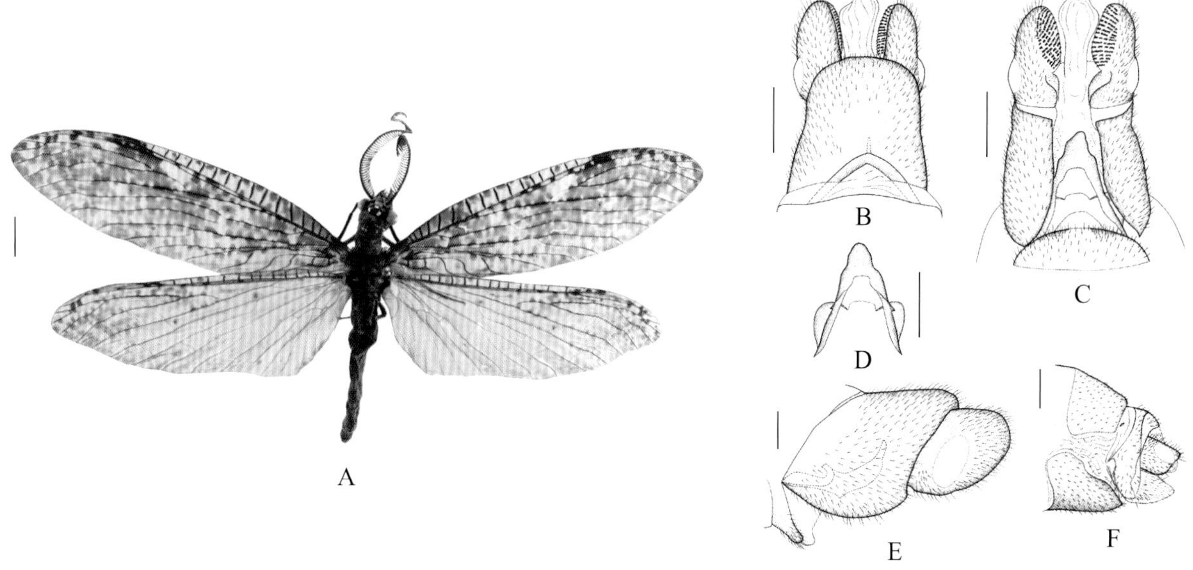

图 2-106-1　多斑准鱼蛉 *Parachauliodes maculosus* 形态图
（标尺：A 为 5.0 mm，B ~ F 为 1.0 mm）
A. 成虫背面观　B. 雄虫外生殖器背面观　C. 雄虫外生殖器腹面观　D. 雄虫第 10 生殖基节腹面观　E. 雄虫外生殖器侧面观　F. 雌虫外生殖器侧面观

【测量】 雄虫体长 40.0 ~ 45.0 mm，前翅长 40.0 ~ 43.0 mm、后翅长 36.0 ~ 39.0 mm。

【形态特征】 头部黄褐色，单眼三角区具 1 个大黑色斑，并向头顶两侧呈掌状扩展。复眼褐色；单眼淡黄色，具黑色内缘；触角黑褐色；口器黄褐色，但上颚端半部、下颚须及下唇须褐色。前胸灰褐色，背板中部两侧各具 1 个暗黄斑；中后胸黄褐色，但背板两侧褐色。足黄色，密被褐色毛，但胫节大部和跗节呈褐色，爪红褐色。翅透明，密布褐色小点斑；翅痣不明显。前翅前缘域基部褐色，翅痣内侧具 7 ~ 8 个黑褐色小点斑；翅面沿纵脉密布浅褐色小点斑，但近径分脉中部具 1 个近三角形透明无斑区，臀区也几乎无褐色斑。后翅近乎完全透明，仅端部具少量浅褐色小点斑。腹部灰褐色；雄虫腹部末端第 9 背板侧面观近平行四边形，背缘平直而腹缘弧形；第 9 腹板近半圆形，端缘中央具 1 个小三角形膜质瓣；肛上板侧扁，侧面观基半部宽而端半部略缢缩，端缘弧形，腹面观基部内侧具 1 个近 S 形凹槽；第 10 生殖基节强骨化，向背面弯曲，基缘宽且近梯形深凹，端半部明显变窄，末端钝圆且再次缢缩。

【地理分布】 贵州、广东、广西。

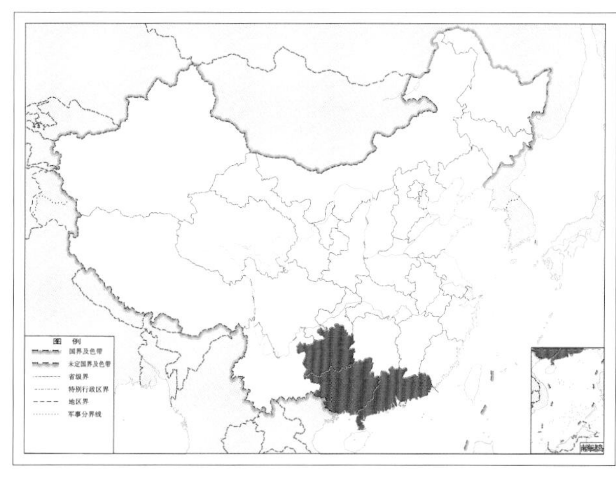

图 2-106-2　多斑准鱼蛉 *Parachauliodes maculosus* 地理分布图

107. 暗色准鱼蛉 *Parachauliodes nebulosus* (Okamoto, 1910)

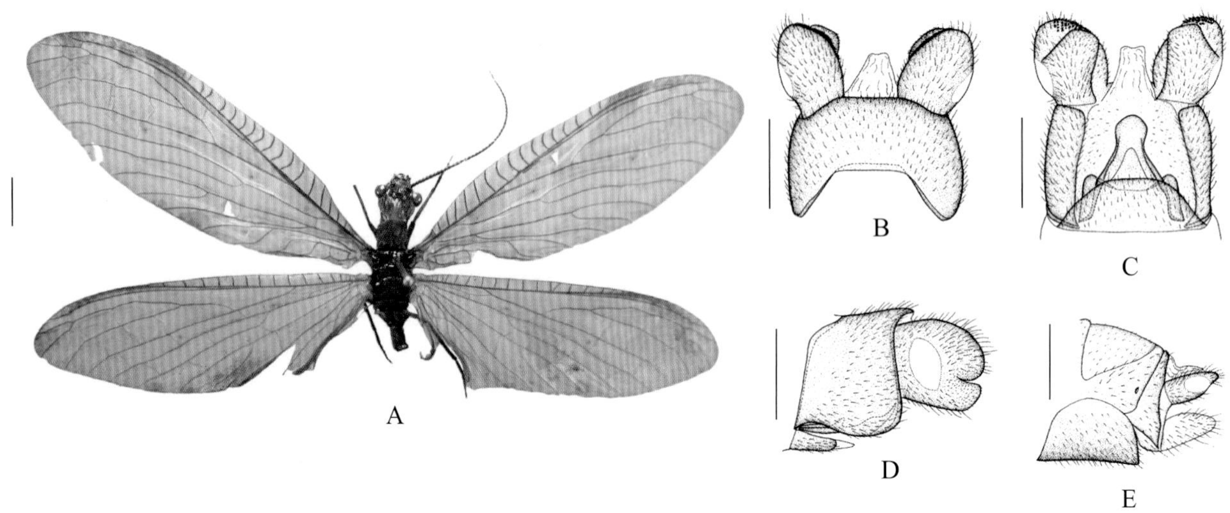

图 2-107-1　暗色准鱼蛉 *Parachauliodes nebulosus* 形态图

（标尺：A 为 5.0 mm，B ~ E 为 1.0 mm）

A. 成虫背面观　B. 雄虫外生殖器背面观　C. 雄虫外生殖器腹面观　D. 雄虫外生殖器侧面观　E. 雌虫外生殖器侧面观

【测量】 雄虫体长 30.0 mm，前翅长 36.0 mm、后翅长 32.0 mm。

【形态特征】 头部黄褐色，但额完全黑褐色，头顶两侧及后侧缘也为黑褐色。复眼褐色。触角黑褐色。口器黑褐色。前胸浅褐色而中后胸深褐色。足褐色，密被黄褐色毛，但胫节和跗节黑褐色，爪红褐色。翅狭长，几乎完全浅灰褐色，仅前翅前缘域中部和后翅前缘域基半部近乎无色，翅痣呈较深的褐色。腹部褐色；雄虫腹部末端第 9 背板侧面观近方形，基缘呈梯形凹缺，侧面观腹端角圆而背端角明显突出；第 9 腹板近半圆形，端缘中央具 1 个小三角形膜质瓣；肛上板侧扁，内侧凹陷形成背腹 2 叶，腹叶较背叶窄，末端略平且略向背面弯曲，被很短的细毛；第 10 生殖基节强骨化，向背面弯曲，侧面观中部略膨大而末端缩尖，腹面观基缘宽且呈梯形凹缺，中板近三角形而端部略膨大，末端钝圆。

【地理分布】 台湾；日本。

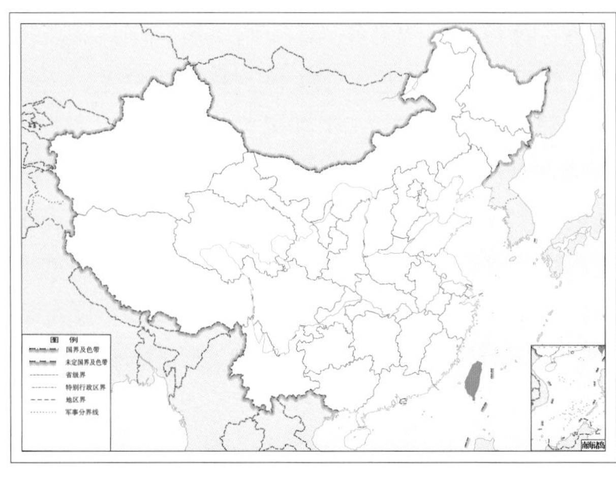

图 2-107-2　暗色准鱼蛉 *Parachauliodes nebulosus* 地理分布图

108. 污翅准鱼蛉 *Parachauliodes squalidus* (Liu & Yang, 2006)

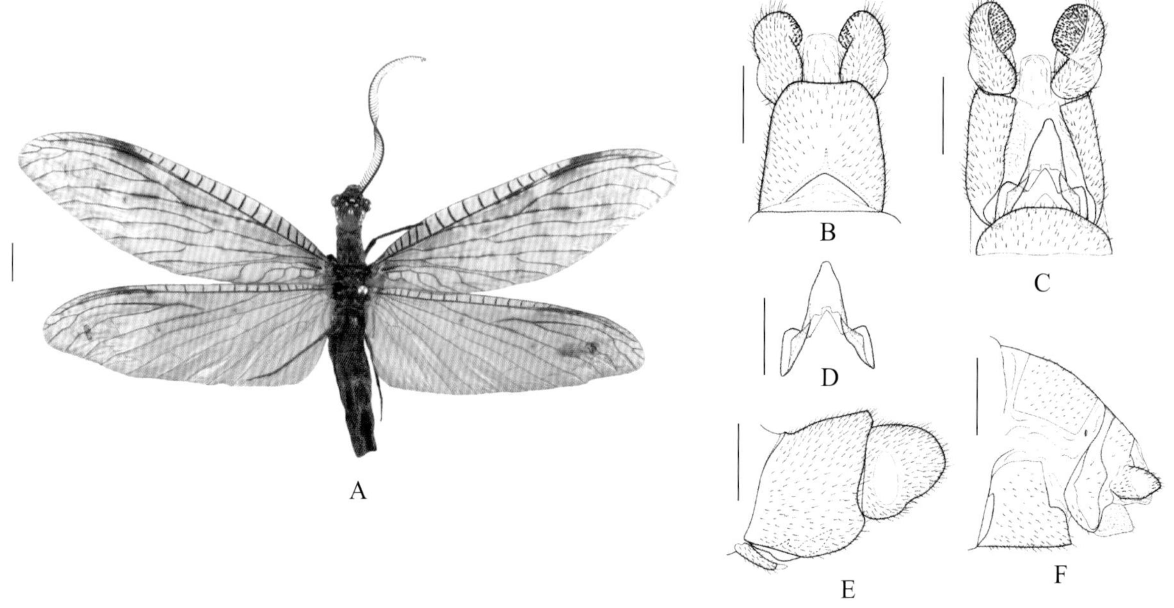

图 2-108-1 污翅准鱼蛉 *Parachauliodes squalidus* 形态图

（标尺：A 为 5.0 mm，B ~ F 为 1.0 mm）

A. 成虫背面观 B. 雄虫外生殖器背面观 C. 雄虫外生殖器腹面观 D. 雄虫第 10 生殖基节腹面观 E. 雄虫外生殖器侧面观 F. 雌虫外生殖器侧面观

【测量】 雄虫体长 30.0 ~ 38.0 mm，前翅长 36.0 ~ 43.0 mm、后翅长 31.0 ~ 39.0 mm。

【形态特征】 头部黄褐色，单眼间具黑褐色斑，并向头顶两侧呈掌状扩展；唇基褐色。复眼褐色；触角黑色；口器黑褐色。胸部浅褐色，但中后胸背板两侧黑褐色。足浅褐色且密被浅褐色毛，但胫节和跗节黑褐色，爪暗红色。翅透明，具浅褐色污斑；翅痣不明显。前翅前缘域基部浅褐色，翅痣内侧具 1 条黑褐色长斑；翅面沿纵脉散布许多浅褐色小点斑，RA 脉后具若干浅褐色的雾状斑。后翅近乎完全透明，仅翅痣内侧具 1 个浅黑色斑，端半部还有少量浅褐色小点斑。翅脉淡黄色，但前缘横脉及位于褐色斑中的横脉黑褐色。腹部褐色；雄虫腹部末端第 9 背板侧面观近方形，背端角不向后突伸，腹端角钝圆且略向后突伸；第 9 腹板近半圆形，端缘中央具 1 个小三角形膜质瓣；肛上板侧扁，侧面观基半部宽而端半部明显缢缩，端缘弧形，腹面观中部内侧具 1 个极浅的横向凹槽，端半部呈球形膨大；第 10 生殖基节强骨化，向背面弯曲，基缘宽且呈 V 形深凹，端半部略变细且末端钝圆。

【地理分布】 福建、广东。

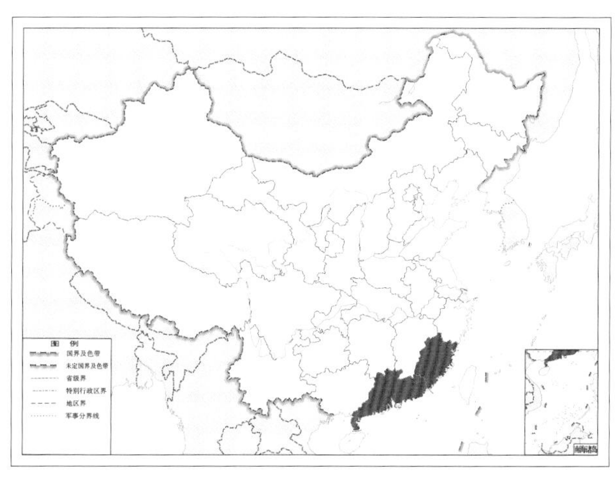

图 2-108-2 污翅准鱼蛉 *Parachauliodes squalidus* 地理分布图

二、泥蛉科 Sialidae Leach, 1815

【鉴别特征】 体小型，体翅多黑褐色。头部短粗，头顶近方形。复眼大，半球形，稍突出或明显突出。单眼退化消失。触角丝状，被短毛。唇基完整。上唇短宽，雄虫端缘微凹或纵向分为 2 叶；上颚短尖，内缘齿退化；下颚须 4 节；下唇须 3 节。前胸长方形，与头部近乎等宽；中后胸粗壮，不长于前胸。足第 4 跗节扩展成垫状，两侧骨化较强。翅卵圆形，无斑纹和翅疤。RP 脉 2 ~ 4 支，MA 脉 1 ~ 2 支；径横脉 3 支；MP 脉分前后 2 支，但有时各分支端部分叉，MP1 脉基半部细弱；CuA 脉 2 支，CuP 脉 1 支；A1 脉 1 支，A2 脉 2 支，A3 脉 2 支。雄虫第 9 背板短，基缘凹缺；第 9 腹板宽板状或窄带状；肛上板多愈合为 1 个围绕肛门的板，但有时仍分为 1 对；第 9 生殖基节多扁平；臀胝与肛上板愈合，不明显；第 11 生殖基节强骨化，中部纵向分开，基部宽，端部多呈爪状或刺状，有时具 1 对膜质侧突。雌虫腹部末端肛上板极短缩；臀胝与肛上板愈合，不明显；生殖基节末端钝圆，生殖刺突短而圆。幼虫腹部第 1 ~ 7 节具 1 对侧气管鳃，其腹面无毛簇，第 8 节无气管鳃，第 10 节特化为 1 条尾丝。

【生物学特性】 泥蛉多栖息于温带至亚热带的山地森林中，幼虫水生、为捕食性，多见于小型湖泊或池塘及水流缓慢的溪流中。

【地理分布】 世界性分布。

【分类】 目前全世界已知 8 属 78 种，我国已知 2 属 15 种，本图鉴收录 2 属 15 种。

中国泥蛉科 Sialidae 分属检索表

1. 雄虫上唇不为 2 叶状；RP 脉 2 支，MP2 脉 1 支；肛上板成对而不愈合 ························ **印泥蛉属 *Indosialis***

   雄虫上唇 2 叶状；RP 脉 3 支以上，MP2 脉 2 支；肛上板愈合为 1 个围绕肛门的板 ·················· **泥蛉属 *Sialis***

（一〇）印泥蛉属 *Indosialis* Lestage, 1927

【鉴别特征】 小型，体长 6.0 ~ 7.0 mm，前翅长 8.0 ~ 9.0 mm、后翅长 6.0 ~ 8.0 mm。体橙黄色至褐色，翅灰褐色。头部短宽，橙黄色，略带光泽，光滑而无隆起的斑。雄虫复眼明显突出。触角丝状。上唇短宽，端缘微凹。胸部橙黄色至灰褐色；前胸长方形；中后胸较粗壮。翅近卵圆形；前翅长约为宽的 3 倍，前缘域不明显加宽。前缘域基半部的前缘横脉 2 ~ 5 支，端半部前缘横脉近乎消失；RP 脉 2 支，MA 脉 2 支；径横脉 3 支；MP1 脉和 MP2 脉均为 1 支。雄虫腹部末端第 9 腹板宽阔，向后突伸；肛上板短，侧面观近三角形，末端略向内弯曲；第 9 生殖基节发达，明显向背面弯曲，末端钝圆；第 11 生殖基节强骨化，基部宽且扩展为板状，端部细长，纵向分为 2 叶并略向背面突伸。雌虫腹部末端第 7 腹板宽阔，端缘明显向后隆突；第 8 生殖基节分为 2 叶，端部向后突伸。

【地理分布】 分布于我国云南西双版纳、印度南部、越南南部、老挝、泰国、新加坡及马来西亚东部（加里曼丹岛）的原始热带雨林中。

【分类】 目前全世界已知 3 种，我国已知仅 1 种，本图鉴收录 1 种。

109. 版纳印泥蛉 *Indosialis bannaensis* Liu, Yang & Hayashi, 2006

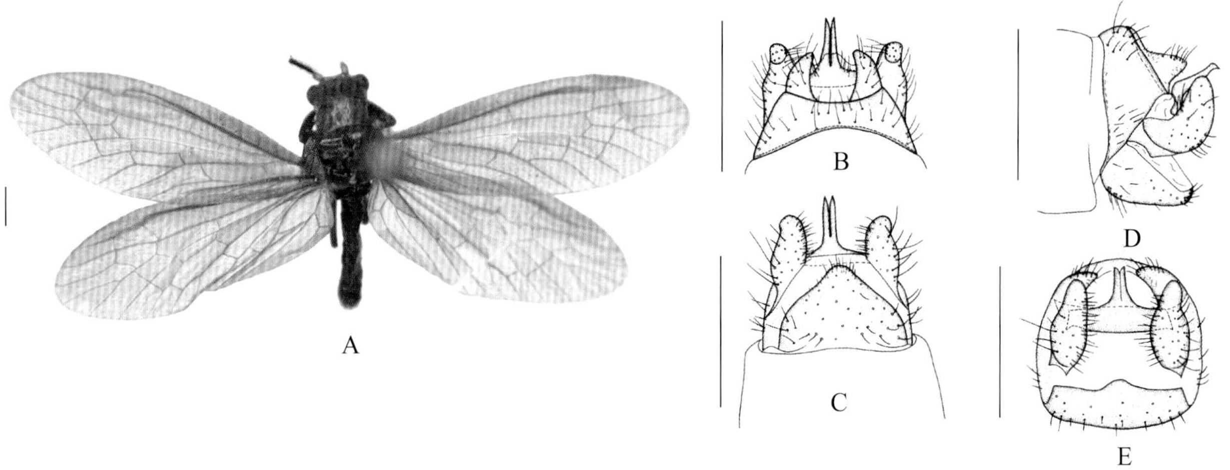

图 2-109-1　版纳印泥蛉 *Indosialis bannaensis* 形态图

（标尺：1.0 mm）

A. 成虫背面观　B. 雄虫外生殖器背面观　C. 雄虫外生殖器腹面观　D. 雄虫外生殖器侧面观　E. 雄虫外生殖器后面观

【测量】 雄虫体长 6.0 ~ 7.0 mm，前翅长 8.0 ~ 9.0 mm、后翅长 6.0 ~ 8.0 mm。

【形态特征】 头部橙黄色，复眼后侧缘略为灰褐色。复眼黑色；触角黑色，但柄节和梗节黄色。胸部橙黄色，但后胸背板两侧各具 1 个褐色斑。前中足黄色，但胫节和跗节黑色；后足褐色，但胫节和跗节黑色。翅浅灰褐色；翅脉浅褐色。腹部赤褐色。雄虫腹部末端第 9 腹板宽阔，端缘向后突伸、呈 V 形；肛上板短，侧面观近三角形，末端略内弯；第 9 生殖基节发达，明显向背面弯曲，末端钝圆；第 10 生殖基节强骨化，基部宽且扩展为板状，腹面观端部直、不向两侧弯曲，侧面观末端向腹面钩状弯曲。

【地理分布】 云南；越南，老挝，泰国。

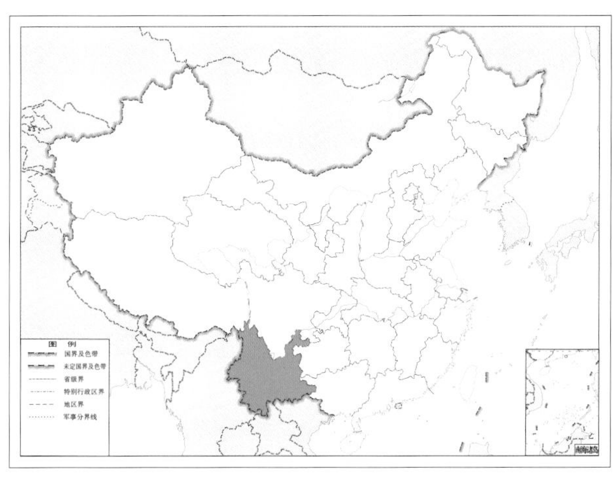

图 2-109-2　版纳印泥蛉 *Indosialis bannaensis* 地理分布图

（一一）泥蛉属 *Sialis* Latreille, 1802

【鉴别特征】 小型，体长 7.0 ~ 16.0 mm，前翅长 8.0 ~ 17.0 mm、后翅长 7.0 ~ 16.0 mm。体黑色，头部或前胸有时完全为黄褐色或橙黄色；翅灰褐色。头短宽，头顶多具隆起的黄褐斑。雄虫复眼不明显突出。触角丝状。雄虫上唇由基部分为 2 叶；雌虫上唇短宽，近长方形，端缘不凹缺。前胸长方形，宽约为长的 2 倍；中后胸较粗壮。翅近卵圆形；前翅长约为宽的 3 倍，前缘域近基部明显加宽。前缘域基半部横脉较密集，与 Sc 脉垂直或与 Sc 脉外侧成锐角；RP 脉一般 3 ~ 5 支且多分 4 支，但在原脉泥蛉 *Sialis primitivus* 中 RP 脉仅分 2 支；MA 脉 2 支；径横脉 3 条；MP1 脉 1 支，MP2 脉 2 支。雌雄外生殖器结构复杂多样，种间特化显著。

【地理分布】 主要分布于古北界和新北界，少数种类分布于东洋界。

【分类】 目前全世界已知 57 种，我国已知 14 种，本图鉴收录 14 种。

中国泥蛉属 *Sialis* 分种检索表

1. 前胸背板完全黑色 …… 2
   前胸背板黄褐色或橙黄色 …… 11
2. 雄虫复眼常明显隆突（如微弱隆突，则具后两条特征）；雄虫左上颚外缘在端齿前具 1 枚小副齿；雌虫第 8 生殖基节宽不超过长的 2 倍 …… 3
   雄虫复眼微弱隆突；雄虫左上颚外缘在端齿前无小副齿；雌虫第 8 生殖基节宽是长的 2.5 倍 …… 6
3. 雄虫复眼微弱隆突；雄虫第 9 腹板宽板状，至少长等于宽；雄虫第 11 生殖基节具 1 对细长的中突；雌虫第 8 生殖基节长宽相等 …… 4
   雄虫复眼明显隆突；雄虫第 9 腹板短、横宽，宽大于长的 2 倍；雄虫第 11 生殖基节具 1 对短中突；雌虫第 8 生殖基节宽是长的 2 倍 …… 5
4. 雄虫第 9 腹板后缘中部 V 形凹缺；雄虫肛上板略向后腹侧突伸 …… **昆明泥蛉 *Sialis kunmingensis***
   雄虫第 9 腹板后缘隆突；雄虫肛上板向后腹侧强烈突伸 …… **罗汉坝泥蛉 *Sialis luohanbaensis***
5. 分布于东亚及东南亚大陆 …… **久米泥蛉 *Sialis kumejimae***
   分布于东亚岛屿（中国台湾岛；琉球群岛、日本列岛） …… 6
6. 雄虫第 11 生殖基节中突相互靠近且垂直于基部突伸；雌虫第 8 生殖基节侧缘直，后缘中部微凹 …… **南方泥蛉 *Sialis australis***
   雄虫第 11 生殖基节中突短、碗状，两侧具垂直突伸的短刺状突；雌虫第 8 生殖基节侧缘弧形，后缘平截 …… **计云泥蛉 *Sialis jiyuni***
7. 雄虫第 9 背板背面观两侧近圆形膨大；雄虫肛上板与第 11 生殖基节紧密愈合 …… **纳氏泥蛉 *Sialis navasi***
   雄虫第 9 背板后缘隆突，两侧无明显膨大；雄虫肛上板与第 11 生殖基节分离 …… 8
8. 雄虫第 9 生殖基节侧面观近半圆形，长于第 9 背板；雄虫第 11 生殖基节呈极小的爪状，基部无特化结构 …… **古北泥蛉 *Sialis sibirica***
   雄虫第 9 生殖基节侧面观近方形，短于第 9 背板；雄虫第 11 生殖基节发达，基部向外侧翼状扩展 …… 9

9. 雄虫第 10 生殖基节中部无翼状扩展 ……………………………………………… 长刺泥蛉 *Sialis longidens*
   雄虫第 10 生殖基节中部翼状扩展 ……………………………………………………………………… 10
10. 雄虫肛上板端部较基部宽；雄虫第 11 生殖基节中部的翼状骨片短于基部的翼状骨片 ……………………… ……………………………………………………………………………… 河南泥蛉 *Sialis henanensis*
   雄虫肛上板端部较基部明显缢缩；雄虫第 11 生殖基节中部的翼状骨片长于基部的翼状骨片 ……………… ……………………………………………………………………………… 中华泥蛉 *Sialis sinensis*
11. RP 脉分 2 支 ……………………………………………………………… 原脉泥蛉 *Sialis primitivus*
   RP 脉分 3 ~ 5 支 ……………………………………………………………………………………… 12
12. 头部黄褐色而额唇基黑色；海南特有种 ……………………………… 尖峰泥蛉 *Sialis jianfengensis*
   头部完全黑色或橙黄色；大陆种 ……………………………………………………………………… 13
13. 雌雄两性头部均黑色；雄虫肛上板长；雄虫第 11 生殖基节中部向两侧扩展为近三角形的骨片；雌虫第 8 生殖基节近椭圆形 ……………………………………………………………… 优雅泥蛉 *Sialis elegans*
   雌雄两性头部颜色不同，雄虫黑色而雌虫橙黄色；雄虫肛上板很短；雄虫第 11 生殖基节中部向两侧扩展为近长方形骨片；雌虫第 8 生殖基节近长方形且基半部明显加宽 ……………… 异色泥蛉 *Sialis versicoloris*

110. 南方泥蛉 *Sialis australis* Liu, Hayashi & Yang, 2015

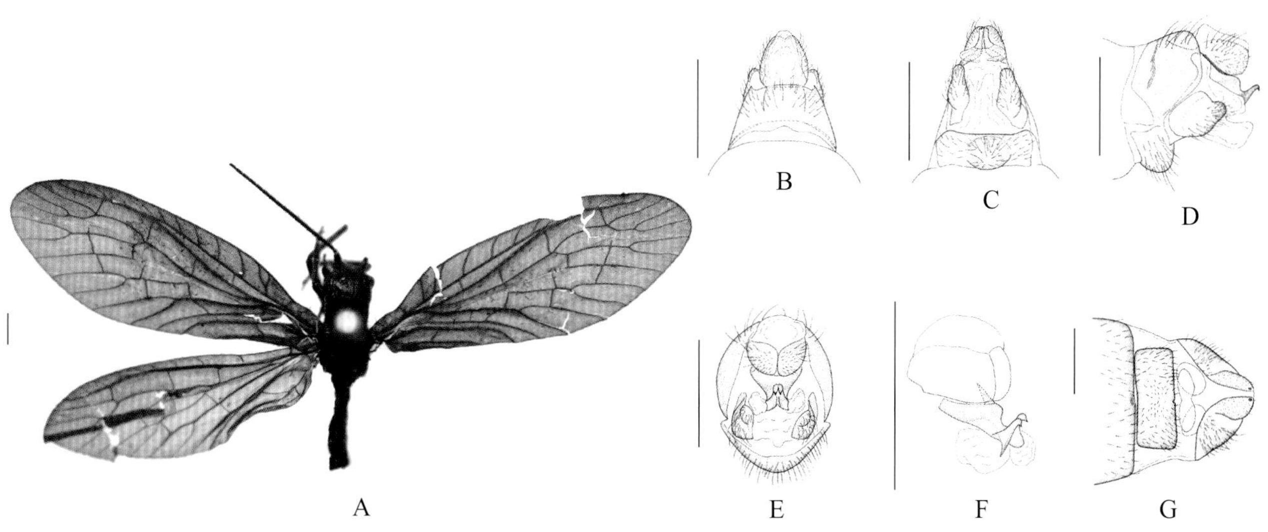

图 2-110-1　南方泥蛉 *Sialis australis* 形态图

（标尺：1.0 mm）

A. 成虫背面观　B. 雄虫外生殖器背面观　C. 雄虫外生殖器腹面观　D. 雄虫外生殖器侧面观　E. 雄虫外生殖器后面观　F. 雄虫第 11 生殖基节侧面观　G. 雌虫外生殖器腹面观

【测量】 雄虫体长 10.0 mm，前翅长 12.0 mm、后翅长 10.0 mm。

【形态特征】 头部完全黑色，无浅色斑纹。复眼黑色；触角黑色。胸部黑色。足黑色。翅褐色，后翅较前翅色浅；翅脉黑褐色。腹部黑褐色；雄虫腹部末端第 9 背板背面观近梯形，宽略大于长，前缘浅凹，后缘浅凹但中部微隆突；第 9 腹板短，腹面观近长方形，中部隆突；第 9 生殖基节呈瓣状，后半部略向背面弯曲，端部变窄、钝圆；肛上板粗壮，斜向腹面突伸，背部窄而向腹面加宽；第 11 生殖基节基部具 1 对宽阔、近梯形的骨化叶，其向前背侧延伸，端部具 1 对指状突，其基部近圆形扩展，端部爪状，其下具 1 对膜质囊。雌虫腹部末端第 8 生殖基节宽阔，近长方形。

【地理分布】 广西；越南。

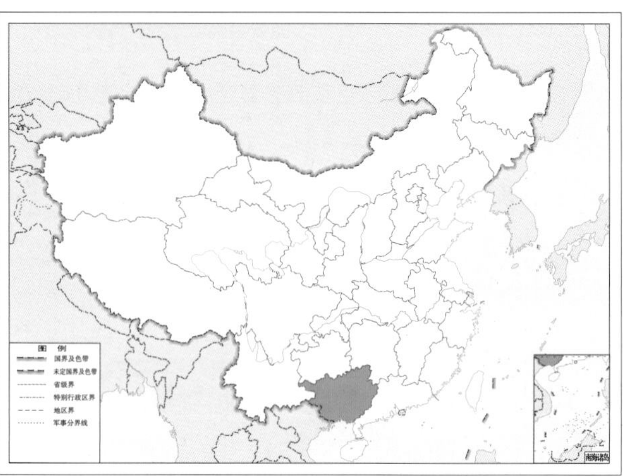

图 2-110-2 南方泥蛉 *Sialis australis* 地理分布图

111. 优雅泥蛉 *Sialis elegans* Liu & Yang, 2006

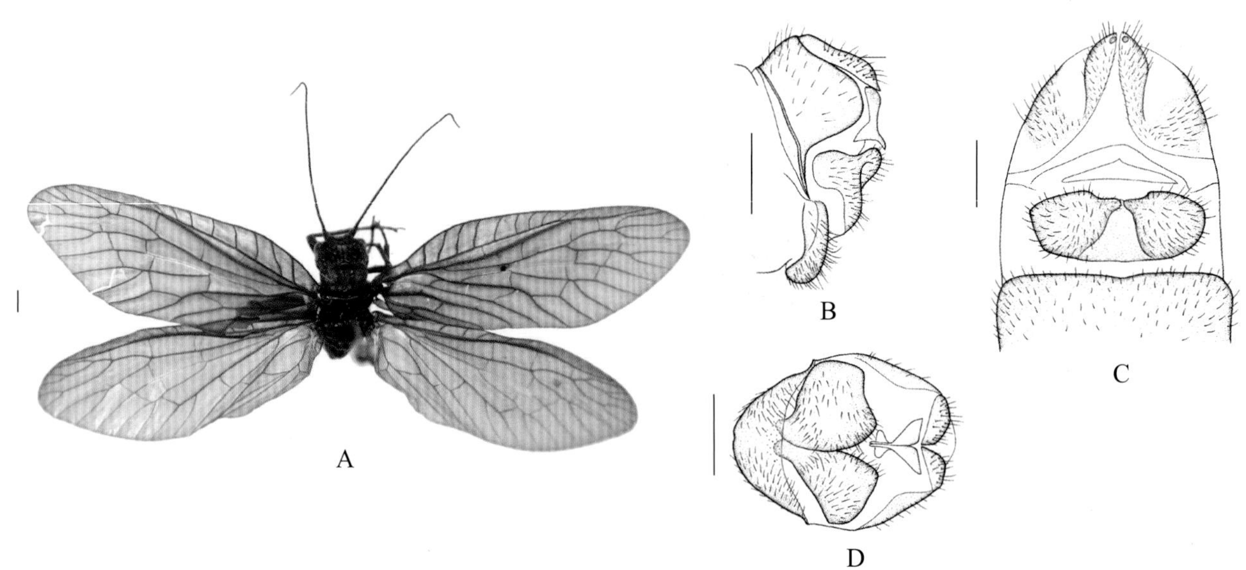

图 2-111-1 优雅泥蛉 *Sialis elegans* 形态图

（标尺：1.0 mm）

A. 成虫背面观 B. 雄虫外生殖器侧面观 C. 雌虫外生殖器腹面观 D. 雄虫外生殖器后面观

【测量】 雄虫体长 12.0 mm，前翅长 15.0 mm、后翅长 14.0 mm。

【形态特征】 头部黑色，头顶具若干条状或点状隆起，但其仍为黑色。复眼褐色；触角黑褐色。胸部黑色，但前胸背板橙黄色。足深褐色。翅浅褐色，仅前翅基半部色略加深；翅脉深褐色。腹部黑色。雄虫腹部末端第 9 腹板宽阔，垂直向腹面突伸，后面观近半圆形，端缘中央微凹；肛上板长，侧面观末端尖锐；第 11 生殖基节骨化，基部和中部向两侧扩展，形成 2 对近三角形的骨片，且近基部 1 对较大，端部呈细长的钩状、向后下方弯曲；第 9 生殖基节宽大，侧面观近 T 形，端半部明显向后突伸，后面观近方形，腹内端角明显突伸、略向内弯折。

【地理分布】 云南。

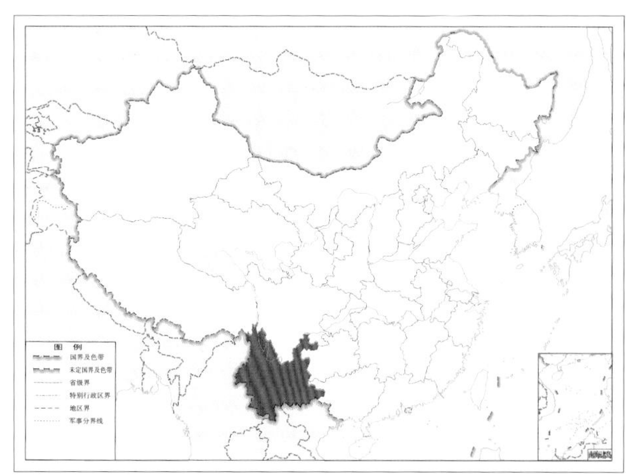

图 2-111-2　优雅泥蛉 *Sialis elegans* 地理分布图

112. 河南泥蛉 *Sialis henanensis* Liu & Yang, 2006

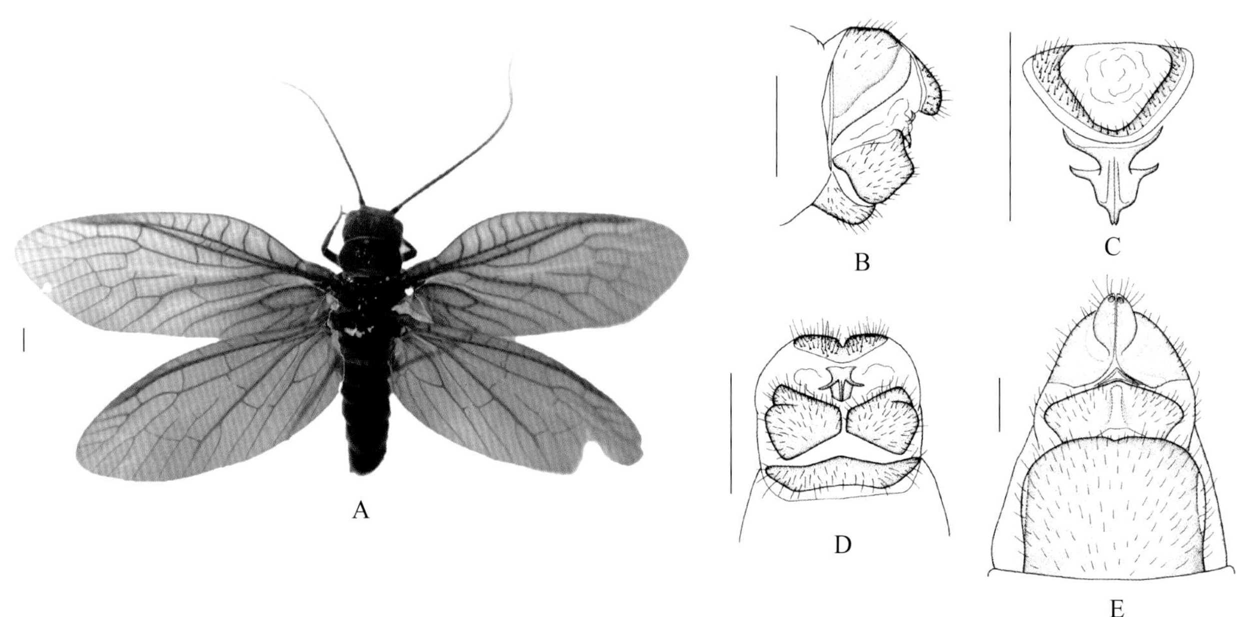

图 2-112-1　河南泥蛉 *Sialis henanensis* 形态图

（标尺：1.0 mm）

A. 成虫背面观　B. 雄虫外生殖器侧面观　C. 雄虫肛上板和第 11 生殖基节后面观　D. 雄虫外生殖器后面观　E. 雌虫外生殖器腹面观

【测量】 雄虫体长 12.0 mm，前翅长 12.0 mm、后翅长 11.0 mm。

【形态特征】 头部黑色，头顶中央具 1 对隆起的黄褐色纵斑，其两侧还具若干隆起的黄褐色点斑。触角及复眼深褐色。胸部黑色。足深褐色。翅浅褐色，后翅较前翅色浅；翅脉深褐色。腹部黑色。雄虫腹部末端第 9 腹板短、拱形，腹面观两侧略缢缩；肛上板短，侧面观向腹面逐渐变宽；第 11 生殖基节骨化，侧面观呈短小的爪状，后面观基部向两侧扩展并形成 1 对细长的骨片，中部向两侧翼状扩展形成 1 对骨片，但此骨片较基部骨片短宽，端半部宽阔，仅末端强烈缢缩形成爪状的突起；第 9 生殖基节侧面观近方形，略短于第 9 背板，背端角斜向背面突伸，腹面观近梯形，末端三角形突伸。

【地理分布】 河南、陕西。

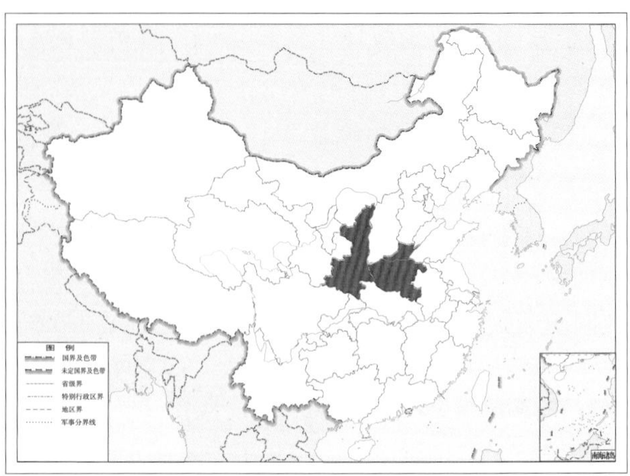

图 2-112-2 河南泥蛉 *Sialis henanensis* 地理分布图

113. 尖峰泥蛉 *Sialis jianfengensis* Yang, Yang & Hu, 2002

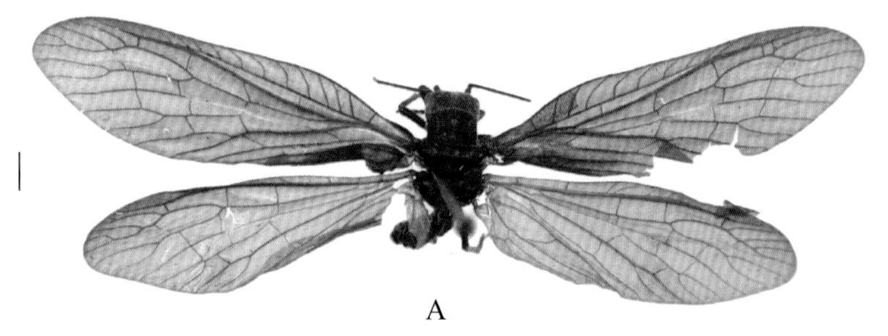

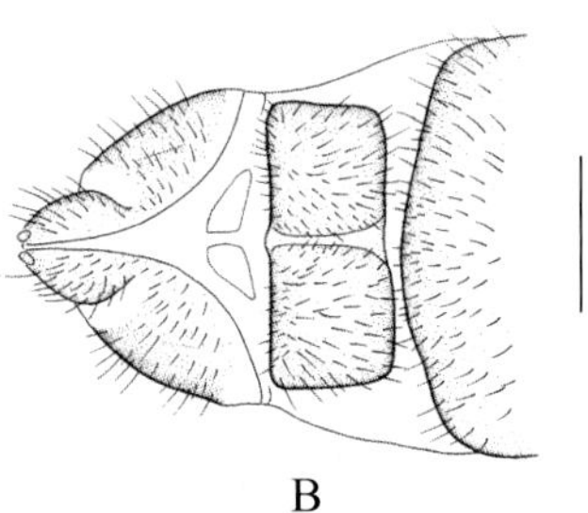

图 2-113-1 尖峰泥蛉 *Sialis jianfengensis* 形态图

（标尺：1.0 mm）

A. 成虫背面观 B. 雌虫外生殖器腹面观

【测量】 雌虫体长 8.0 ~ 14.0 mm，前翅长 14.0 ~ 18.0 mm、后翅长 13.0 ~ 16.0 mm。

【形态特征】 头部黄褐色，头顶具若干不明显的条状或点状隆起，额唇基黑色。复眼褐色；触角黑色。口器黑色。胸部黑色；前胸背板黄褐色而前缘黑褐色。足黑色。翅灰褐色，前翅基部色略加深；翅脉黑褐色。腹部黑色。雌虫腹部末端腹面观第 7 腹板端缘略隆突；第 8 生殖基节宽阔、呈长方形，中央具 1 个连接前后缘的窄弱骨化区。

【地理分布】 海南。

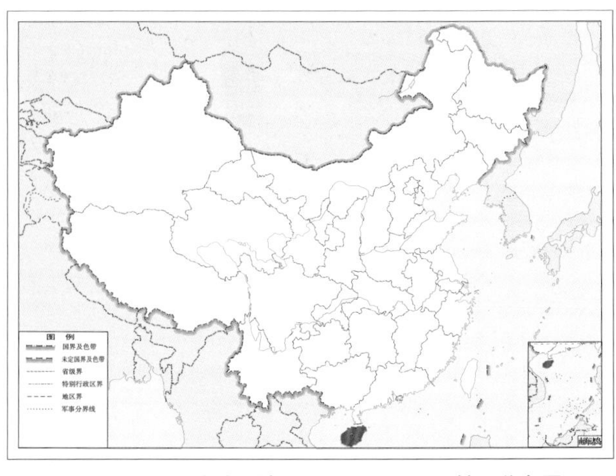

图 2-113-2 尖峰泥蛉 *Sialis jianfengensis* 地理分布图

114. 计云泥蛉 *Sialis jiyuni* Liu, Hayashi & Yang, 2015

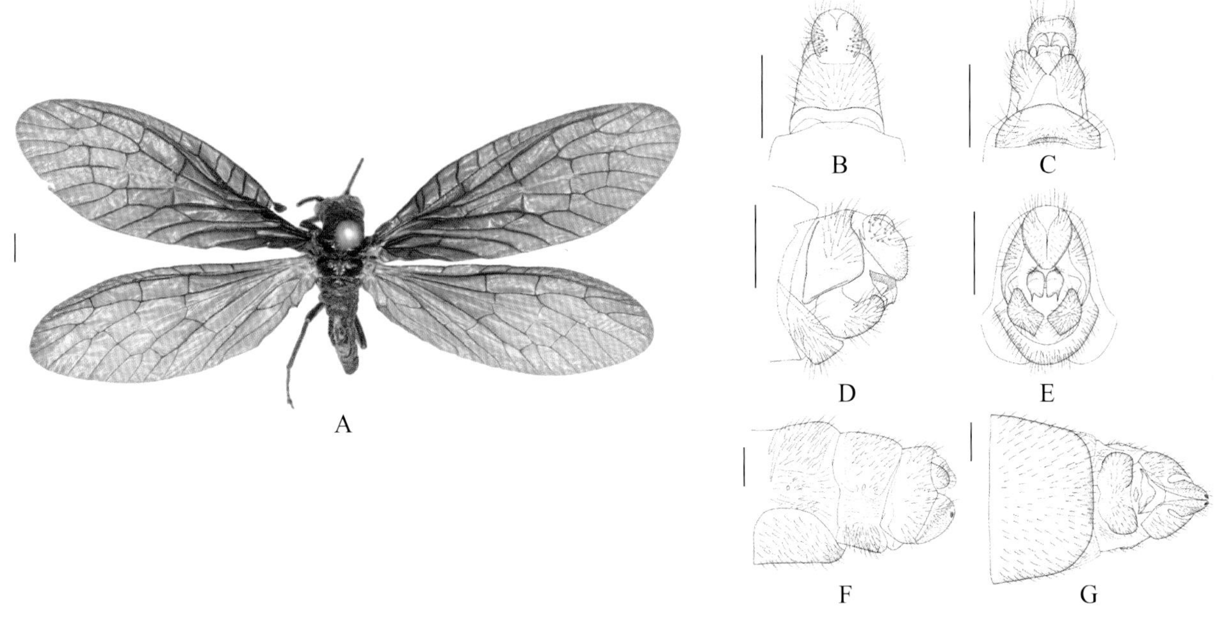

图 2-114-1　计云泥蛉 *Sialis jiyuni* 形态图

（标尺：1.0 mm）

A. 成虫背面观　B. 雄虫外生殖器背面观　C. 雄虫外生殖器腹面观　D. 雄虫外生殖器侧面观　E. 雄虫外生殖器后面观　F. 雌虫外生殖器侧面观　G. 雌虫外生殖器腹面观

【测量】 雄虫体长 7.0 ~ 12.0 mm，前翅长 10.0 ~ 14.0 mm、后翅长 9.0 ~ 13.0 mm。

【形态特征】 头部完全黑色，无浅色斑纹。复眼黑色；触角黑色。胸部黑色。足黑色。翅灰黑色，前翅基部色略深；翅脉黑褐色。腹部黑褐色；雄虫腹部末端第 9 背板背面观近梯形，长宽近乎相等，前缘浅凹但中部隆突，后缘浅梯形凹缺；第 9 腹板短，腹面观呈带状，腹面观后缘呈弧形凹缺；第 9 生殖基节呈瓣状，后半部略向背面弯曲，端部变窄、钝圆；肛上板粗壮，斜向腹面突伸，中部最宽并向端部略变窄；第 11 生殖基节基部具 1 对近三角形的骨化叶，其向前背侧延伸，端部具 1 对短的碗状突，两侧腹面各具 1 个短刺突。雌虫腹部末端第 8 生殖基节宽阔，近方形。

【地理分布】 四川。

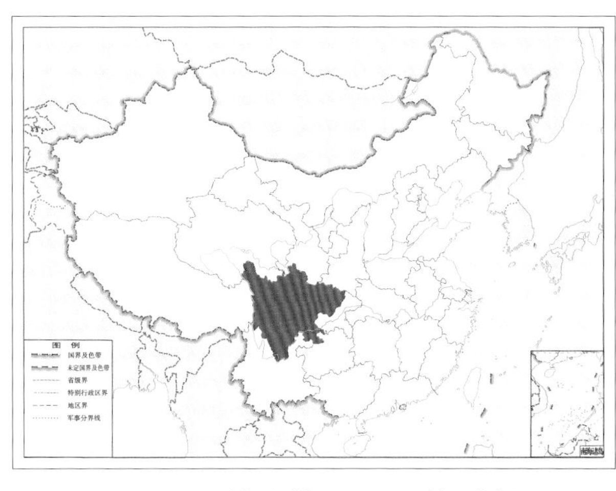

图 2-114-2　计云泥蛉 *Sialis jiyuni* 地理分布图

115. 久米泥蛉 *Sialis kumejimae* Okamoto, 1910

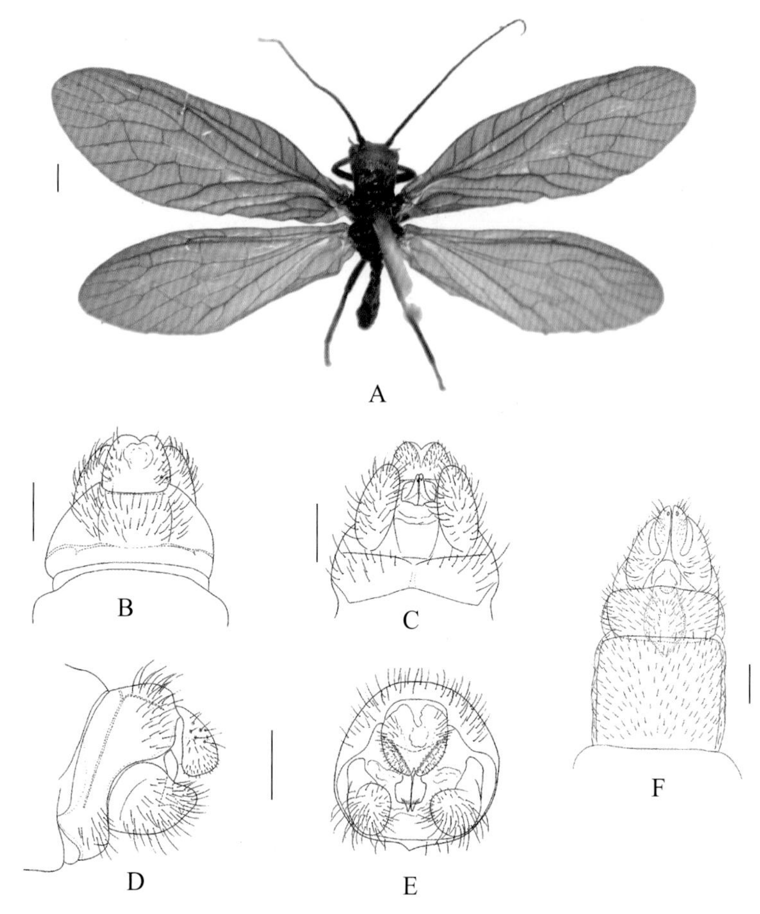

图 2-115-1 久米泥蛉 *Sialis kumejimae* 形态图

（标尺：1.0 mm）

A. 成虫背面观 B. 雄虫外生殖器背面观 C. 雄虫外生殖器腹面观 D. 雄虫外生殖器侧面观 E. 雄虫外生殖器后面观 F. 雌虫外生殖器腹面观

【测量】 雄虫体长 6.0 ~ 8.0 mm，前翅长 9.0 ~ 13.0 mm、后翅长 8.0 ~ 12.0 mm。

【形态特征】 头部完全黑色，无浅色斑纹。复眼黑色；触角黑色。胸部黑色。足黑色，密被褐色短毛。翅灰褐色，后翅较前翅色浅；翅脉浅褐色。腹部黑褐色；雄虫腹部末端第 9 腹板短宽，近长方形；肛上板短，侧面观近梯形；第 9 生殖基节发达、侧扁，基部宽而端部略细，末端钝圆；第 11 生殖基节强骨化、基宽端细，后面观基缘呈 V 形凹缺，端半部向后突伸、与基半部成直角，末端钩状。

【地理分布】 台湾；日本。

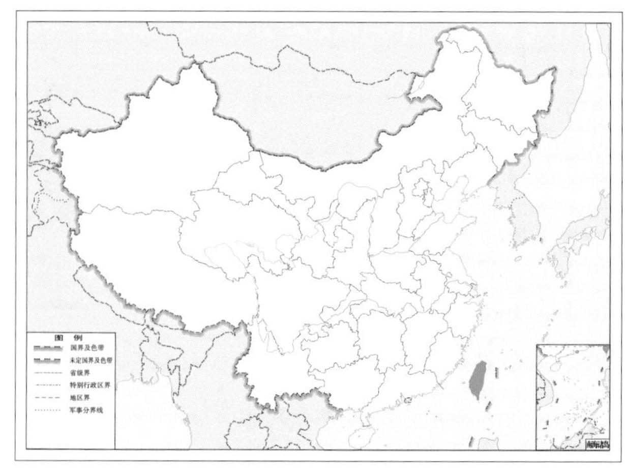

图 2-115-2 久米泥蛉 *Sialis kumejimae* 地理分布图

116. 昆明泥蛉 *Sialis kunmingensis* Liu & Yang, 2006

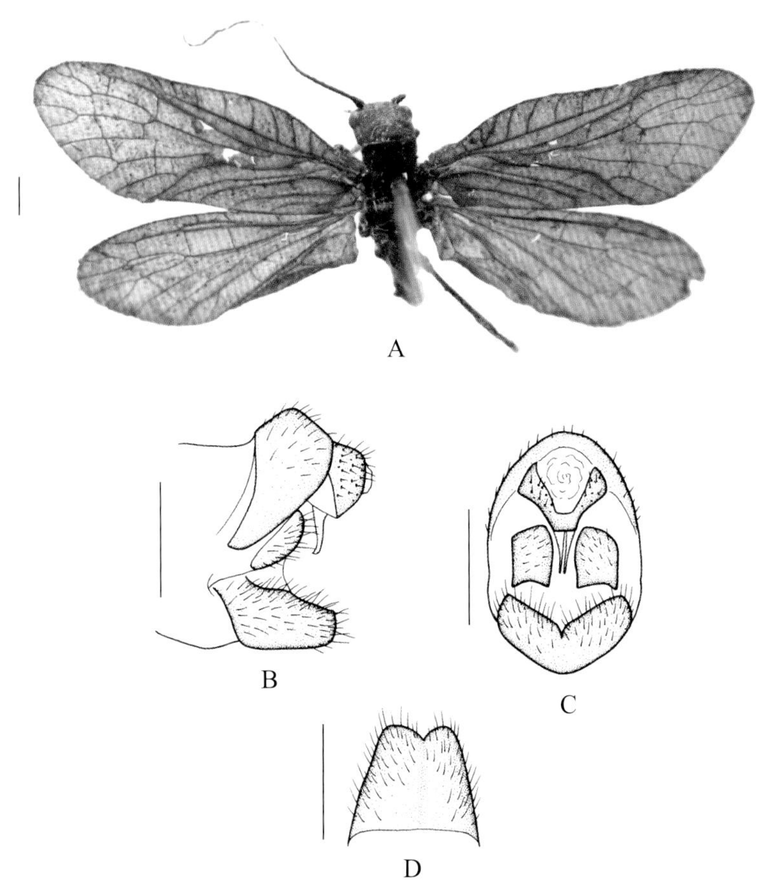

图 2-116-1　昆明泥蛉 *Sialis kunmingensis* 形态图

（标尺：1.0 mm）

A. 成虫背面观　B. 雄虫外生殖器侧面观　C. 雄虫外生殖器后面观　D. 雄虫第 9 腹板腹面观

【测量】 雄虫体长 6.0 mm，前翅长 10.0 mm、后翅长 8.0 mm。

【形态特征】 头部黑色，头顶具若干不明显条状或点状隆起，但其仍为黑色。复眼褐色；触角黑褐色。胸部黑色。足黑褐色。翅浅黑褐色，仅前翅基半部色略加深；翅脉黑褐色。腹部黑色；雄虫腹部末端第 9 腹板宽阔、长于第 9 背板，向后突伸，腹面观近梯形，端缘中央明显呈 V 形凹缺；肛上板短，侧面观近梯形；第 11 生殖基节骨化、细长，明显分为左右对称的 2 叶，端部略变细且垂直向腹面突伸，末端钩状；第 9 生殖基节小，短于第 9 背板，后面观近方形。

【地理分布】 云南。

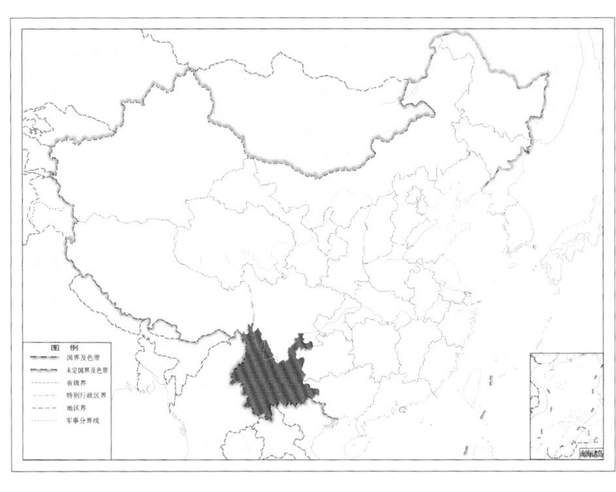

图 2-116-2　昆明泥蛉 *Sialis kunmingensis* 地理分布图

117. 长刺泥蛉 *Sialis longidens* Klingstedt, 1932

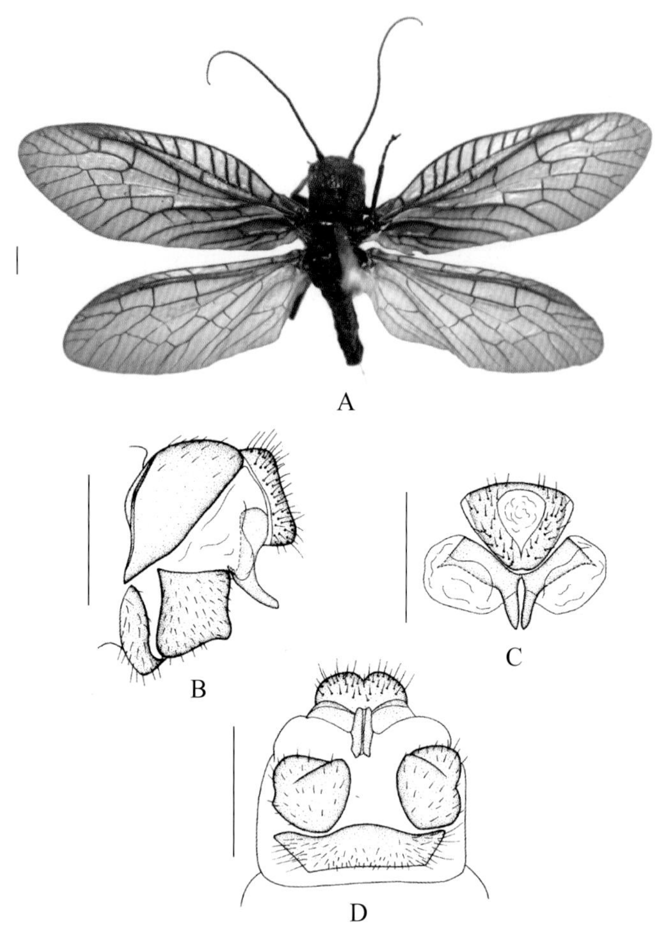

图 2-117-1 长刺泥蛉 *Sialis longidens* 形态图

（标尺：1.0 mm）

A. 成虫背面观 B. 雄虫外生殖器侧面观 C. 雄虫肛上板和第 11 生殖基节后面观 D. 雄虫外生殖器后面观

【测量】 雄虫体长 10.0 ~ 11.0 mm，前翅长 11.0 ~ 14.0 mm、后翅长 10.0 ~ 11.0 mm。

【形态特征】 头部黑色，但头顶中央具若干隆起的浅褐色条斑或点斑。触角及复眼黑褐色。胸部黑褐色。足褐色。翅浅褐色，仅前翅基部色略加深；翅脉褐色。腹部黑色；雄虫腹部末端第 9 腹板短，腹面观两侧略缢缩；肛上板短，侧面观近长方形，末端钝圆；第 11 生殖基节骨化，基半部向两侧翼状扩展，端半部向后下方突伸、长刺状，分为左右 2 叶；第 9 生殖基节侧面观近梯形，短于第 9 背板，腹端角略向后突伸，腹面观近方形，外缘中部略凹。

【地理分布】 黑龙江；日本，俄罗斯。

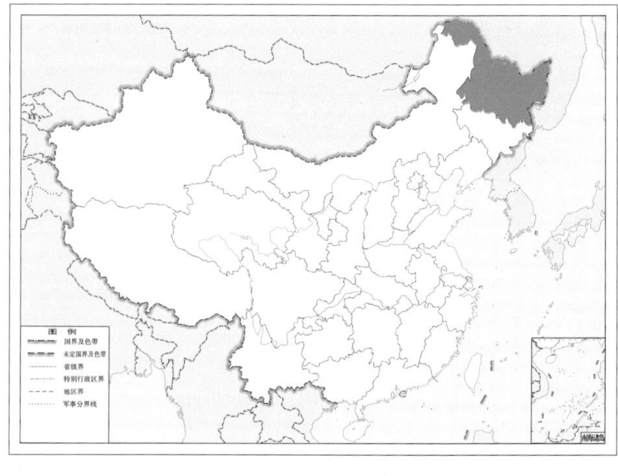

图 2-117-2 长刺泥蛉 *Sialis longidens* 地理分布图

118. 罗汉坝泥蛉 *Sialis luohanbaensis* Liu, Hayashi & Yang, 2012

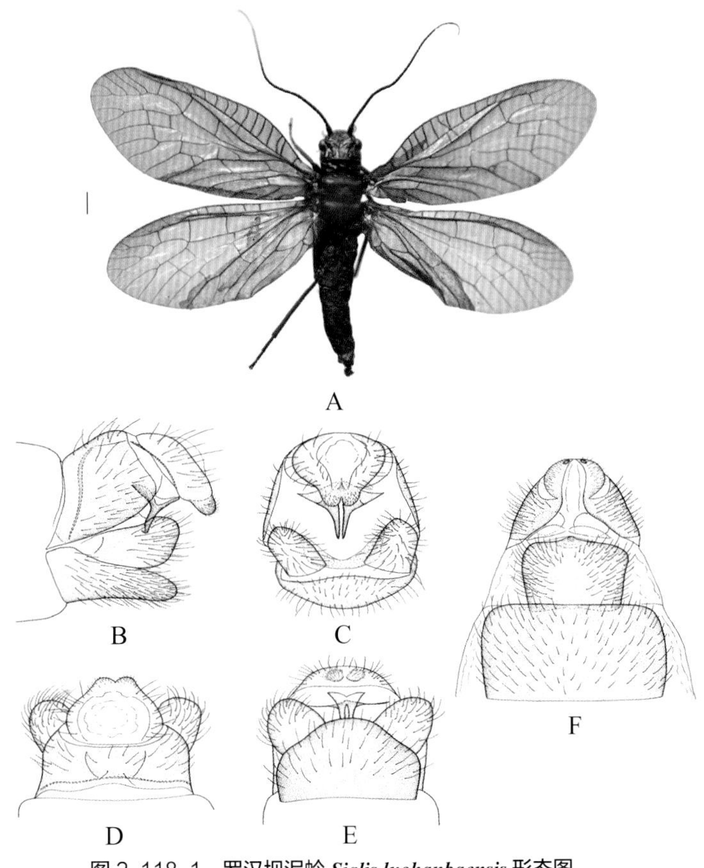

图 2-118-1 罗汉坝泥蛉 *Sialis luohanbaensis* 形态图

（标尺：1.0 mm）

A. 成虫背面观 B. 雄虫外生殖器侧面观 C. 雄虫外生殖器后面观 D. 雄虫外生殖器背面观 E. 雄虫外生殖器腹面观 F. 雌虫外生殖器腹面观

【测量】 雄虫体长 9.0 ~ 11.0 mm，前翅长 10.0 ~ 12.0 mm、后翅长 9.0 ~ 10.0 mm。

【形态特征】 头部完全黑色，无浅色斑纹。复眼黑色；触角黑色。胸部黑色。足黑色。翅灰黑色；翅脉灰褐色。腹部黑色。雄虫腹部末端第 9 背板宽约为长的 2.5 倍，背面观前缘中部浅凹，后缘明显呈弧形凹缺，中部略向背面隆突；第 9 腹板宽阔，略长于第 9 背板，侧面观近三角形，腹面观近五边形，后缘弧圆；第 9 生殖基节近卵形，后半部略向背面突出，其间具 1 个表面棘突的囊；肛上板斜向腹面突伸，端部具 1 对短瘤突状突起；第 11 生殖基节基部具 1 对向前背侧突伸的长骨化叶和 1 对向后背侧突伸的短骨化叶，端部具 1 对细长的刺状突，其向腹面突伸，末端钩状。雌虫腹部末端第 8 生殖基节宽阔，近方形。

【地理分布】 云南。

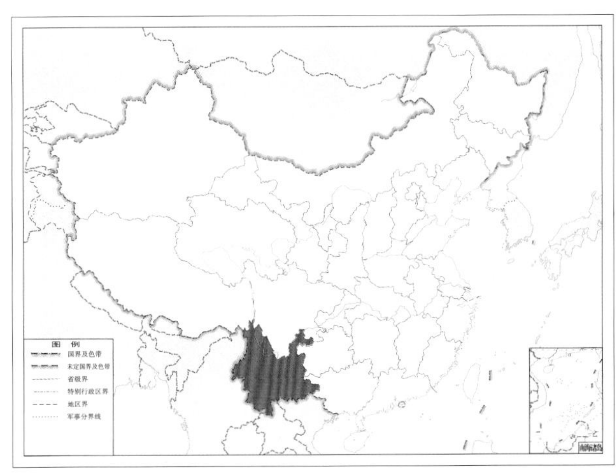

图 2-118-2 罗汉坝泥蛉 *Sialis luohanbaensis* 地理分布图

119. 纳氏泥蛉 *Sialis navasi* Liu, Hayashi & Yang, 2009

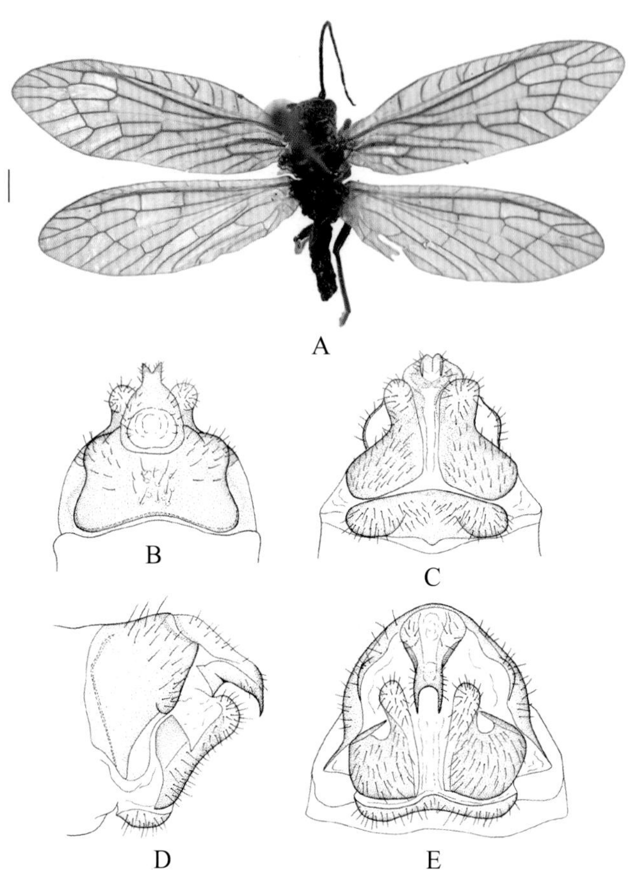

图 2-119-1 纳氏泥蛉 *Sialis navasi* 形态图

（标尺：1.0 mm）

A. 成虫背面观 B. 雄虫外生殖器背面观 C. 雄虫外生殖器腹面观 D. 雄虫外生殖器侧面观 E. 雄虫外生殖器后面观

【测量】 雄虫体长 6.0 ~ 7.0 mm，前翅长 8.0 ~ 9.0 mm、后翅长 7.0 ~ 8.0 mm。

【形态特征】 头部黑色，具少量黄褐色斑纹。复眼黑色；触角深褐色。胸部黑褐色，前胸背板具微弱的黄褐色斑纹。足深褐色。翅烟褐色；翅脉褐色。腹部黑色，两侧具红褐色斑纹；雄虫腹部末端第 9 背板宽约为长的 1.5 倍，前缘微凹，后缘明显呈弧形凹缺，后侧缘略膨大；第 9 腹板短，腹面观呈带状，中部略凹陷；第 9 生殖基节宽阔，端部明显缢缩为指状、弱骨化的突起；肛上板后部与第 11 生殖基节愈合；第 11 生殖基节窄，向后腹面突伸，端部具 1 对相互远离的刺状突。

【地理分布】 上海。

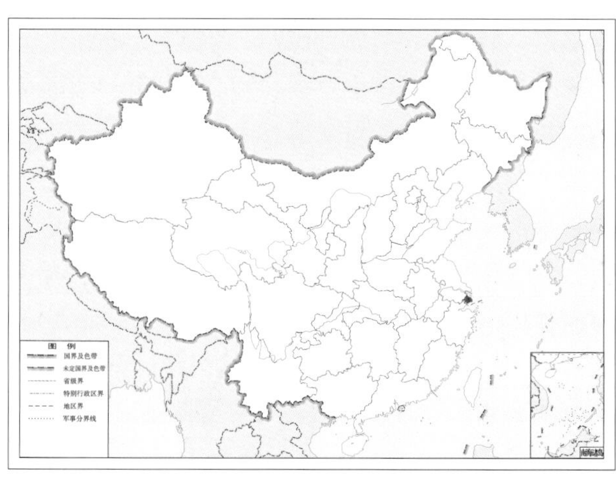

图 2-119-2 纳氏泥蛉 *Sialis navasi* 地理分布图

120. 原脉泥蛉 *Sialis primitivus* Liu, Hayashi & Yang, 2015

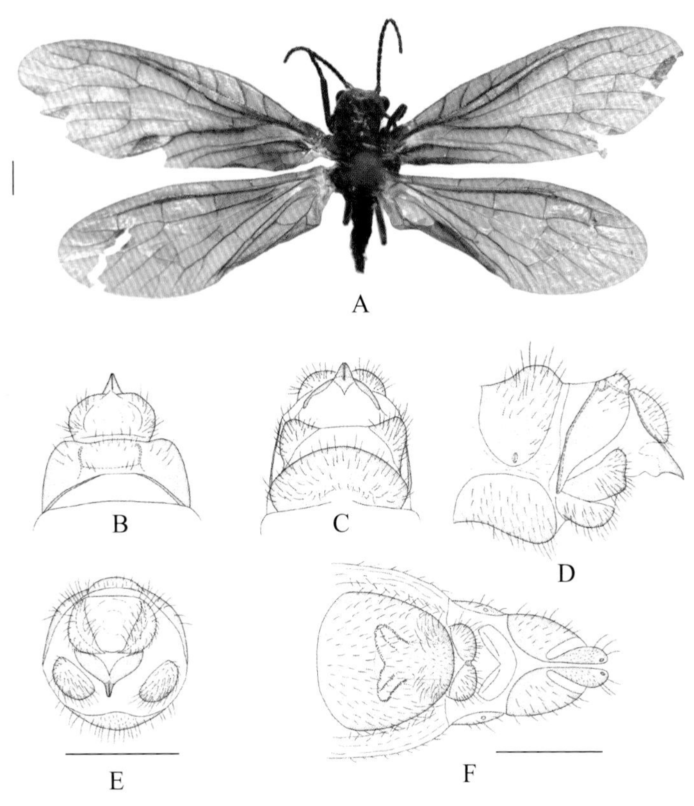

图 2-120-1　原脉泥蛉 *Sialis primitivus* 形态图

（标尺：1.0 mm）

A. 成虫背面观　B. 雄虫外生殖器背面观　C. 雄虫外生殖器腹面观　D. 雄虫外生殖器侧面观　E. 雄虫外生殖器后面观　F. 雌虫外生殖器腹面观

【测量】 雄虫体长 6.0 ~ 8.0 mm，前翅长 8.0 ~ 10.0 mm、后翅长 8.0 ~ 9.0 mm。

【形态特征】 头部橙黄色，唇基浅褐色。复眼褐色；触角黑褐色，但柄节和梗节黄褐色。前胸橙黄色；中后胸黄褐色。足黄褐色，但胫节和跗节黑褐色。翅浅黑褐色；翅脉褐色。腹部黑褐色。雄虫腹部末端第 9 背板宽约为长的 3 倍，前缘宽、呈弧形凹缺，后缘近乎平截；第 9 腹板短，腹面观后缘弧形隆突；第 9 生殖基节相互远离，近三角形；肛上板短，斜向腹面突伸；第 11 生殖基节基部具 1 对宽阔、叶状的骨化叶，端部具 1 对钩状突。雌虫腹部末端第 8 生殖基节短，中部缢缩，两侧近卵形。

【地理分布】 湖北。

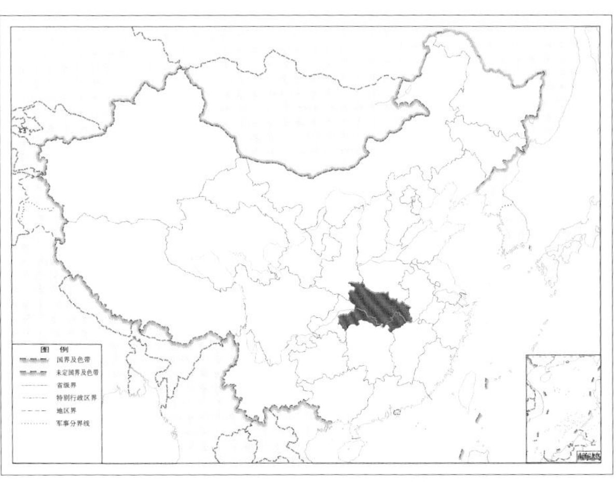

图 2-120-2　原脉泥蛉 *Sialis primitivus* 地理分布图

121. 古北泥蛉 *Sialis sibirica* McLachlan, 1872

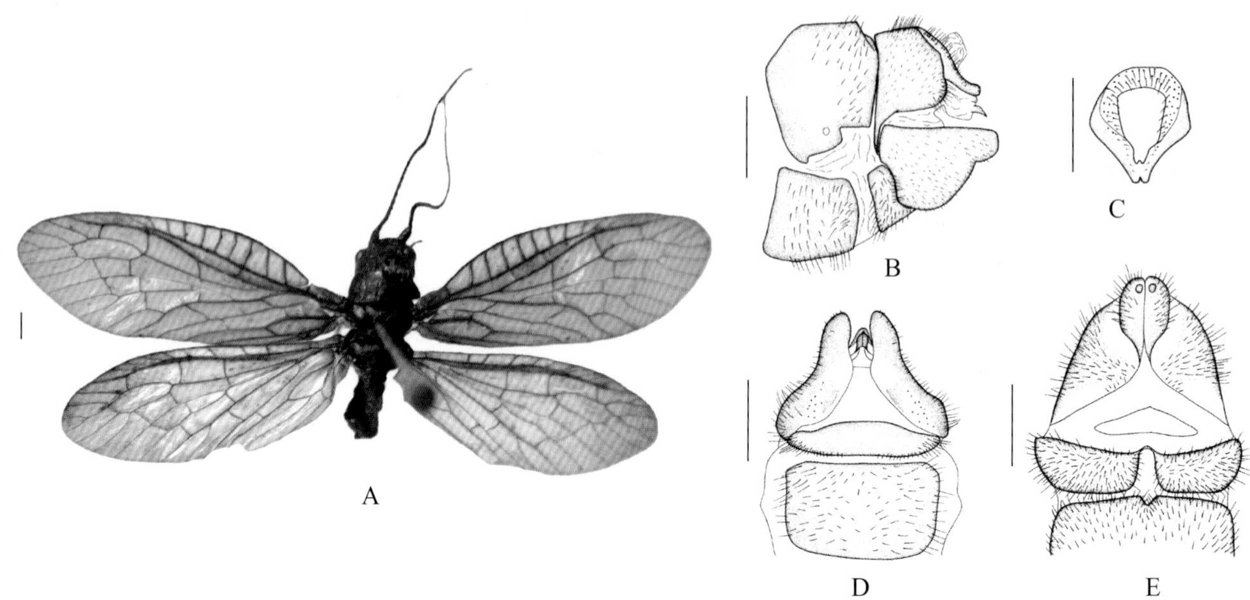

图 2-121-1 古北泥蛉 *Sialis sibirica* 形态图

（标尺：1.0 mm）

A. 成虫背面观 B. 雄虫外生殖器侧面观 C. 雄虫肛上板后面观 D. 雄虫外生殖器腹面观 E. 雌虫外生殖器腹面观

【测量】 雄虫体长 8.0 ~ 10.0 mm，前翅长 11.0 ~ 12.0 mm、后翅长 10.0 ~ 11.0 mm。

【形态特征】 头部黑色，但头顶中央具若干隆起的黄褐色纵斑或点斑。触角及复眼深褐色。胸部黑色。足深褐色。翅浅灰褐色；翅脉深褐色。腹部黑色。雄虫腹部末端第 9 腹板短、拱形，腹面观两侧略缢缩；肛上板窄，端半部向后突伸，末端略膨大；第 11 生殖基节呈极小的爪状，分为左右 2 片；第 9 生殖基节宽大，长于第 9 背板，侧面观近半圆形，末端强烈缢缩为近方形的小突。

【地理分布】 黑龙江、吉林、内蒙古、青海；日本，蒙古，俄罗斯，芬兰，挪威，瑞典。

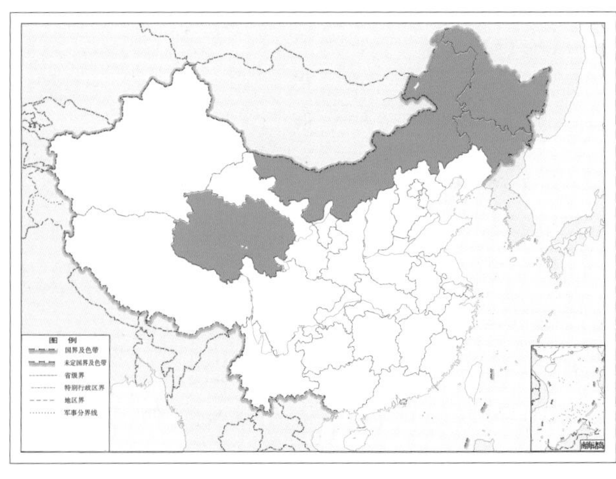

图 2-121-2 古北泥蛉 *Sialis sibirica* 地理分布图

122. 中华泥蛉 *Sialis sinensis* Banks, 1940

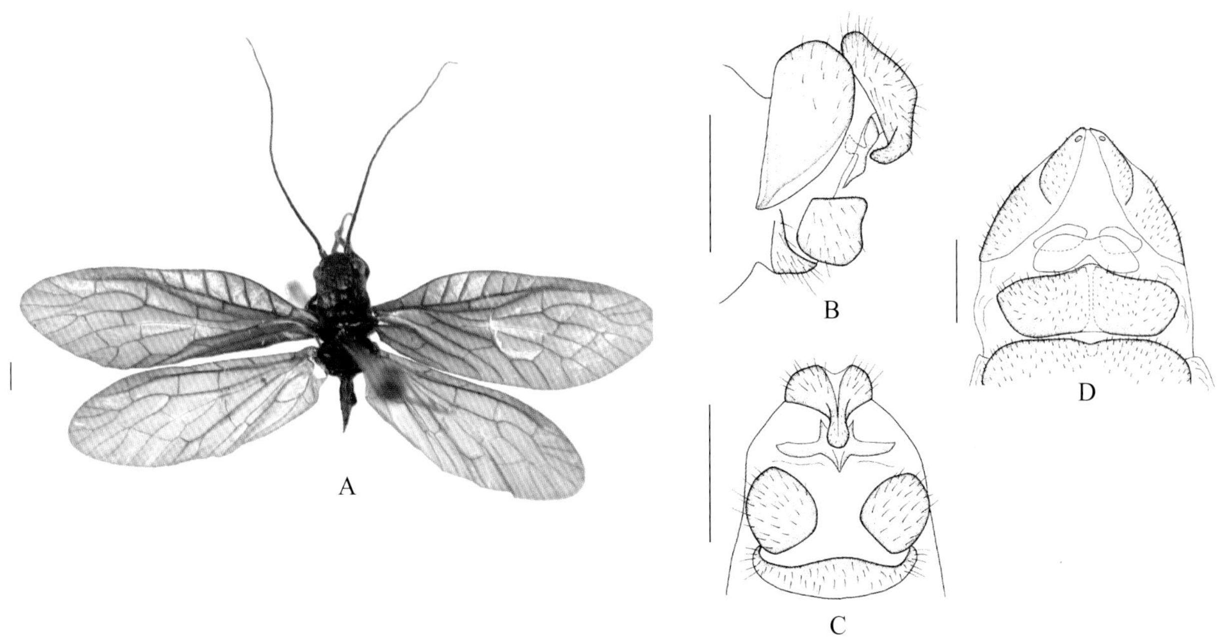

图 2-122-1　中华泥蛉 *Sialis sinensis* 形态图

（标尺：1.0 mm）

A. 成虫背面观　B. 雄虫外生殖器侧面观　C. 雄虫外生殖器腹面观　D. 雌虫外生殖器腹面观

【测量】 雄虫体长 7.0 ~ 11.0 mm，前翅长 8.0 ~ 13.0 mm、后翅长 7.0 ~ 11.0 mm。

【形态特征】 头部黑色，头顶具许多隆起的褐色条斑或点斑。触角及复眼黑褐色。胸部黑色。足深褐色。翅浅褐色，仅前翅基半部色略加深；翅脉深褐色。腹部黑色。雄虫腹部末端第 9 腹板短、拱形，腹面观两侧略缢缩；肛上板较长，中部较宽，末端强烈缢缩且略弯曲；第 11 生殖基节骨化，基部略向两侧扩展，中部向两侧翼状扩展为 1 对长骨片，端部尖锐的爪状、略内弯；第 9 生殖基节侧面观近方形，短于第 9 背板，背端角略向后突伸，腹面观近圆形。雌虫腹部末端第 7 腹板端缘中央具 U 形小缺刻；第 8 生殖基节近长方形，略窄于第 7 腹板，端缘中央略凸出，中部纵向浅凹。

【地理分布】 浙江、江西、四川、福建、台湾；日本。

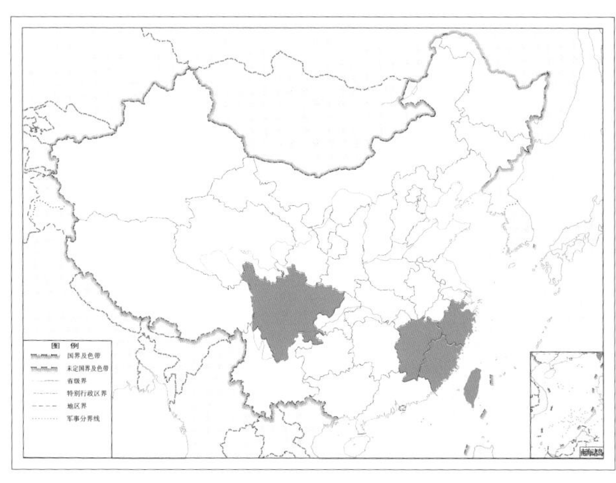

图 2-122-2　中华泥蛉 *Sialis sinensis* 地理分布图

123. 异色泥蛉 *Sialis versicoloris* Liu & Yang, 2006

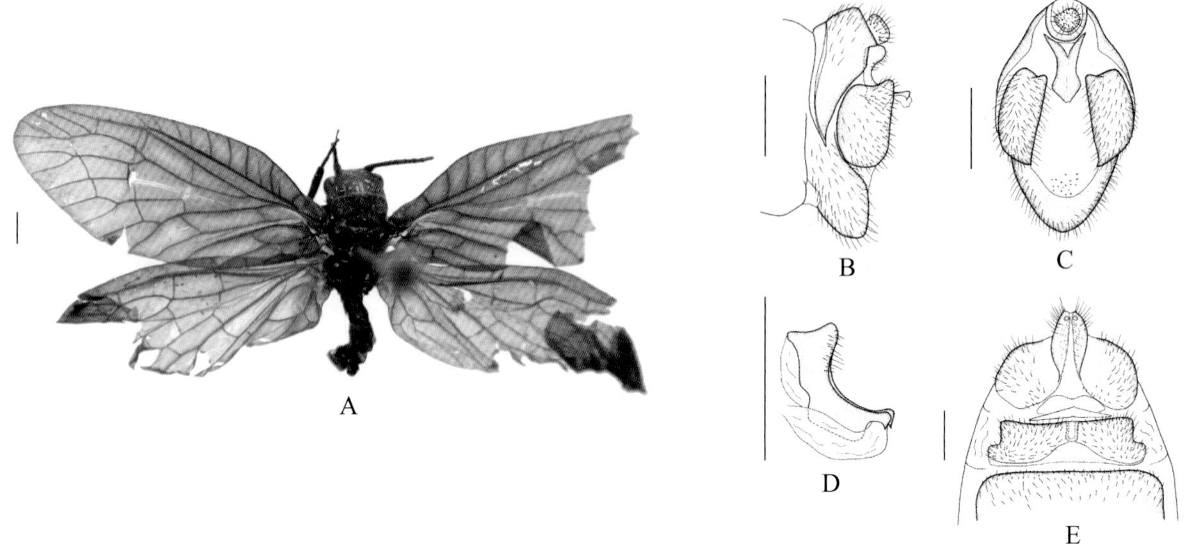

图 2-123-1 异色泥蛉 *Sialis versicoloris* 形态图
（标尺：1.0 mm）
A. 成虫背面观 B. 雄虫外生殖器侧面观 C. 雄虫外生殖器后面观 D. 雄虫第 11 生殖基节侧面观 E. 雌虫外生殖器腹面观

【测量】 雄虫体长 7.0 mm，前翅长 11.0 mm、后翅长 9.0 mm。

【形态特征】 头部黑色，但复眼后侧缘略橙黄色，头顶具若干条状或点状微弱隆起。复眼和触角黑褐色。胸部黑色，前胸背板橙黄色。足黑褐色。翅浅灰褐色，仅前翅基半部色略加深、浅褐色；翅脉深褐色。腹部黑褐色。雄虫腹部末端第 9 腹板宽阔，斜向腹面突伸，后面观近三角形，末端钝圆；肛上板微弱骨化，短缩，侧面观近方形；第 11 生殖基节骨化，后面观为 1 对分开的骨片，侧面观基部膨大而端半部明显向后弯曲，中部明显膨大、向两侧呈近长方形扩展，末端为 1 对略内弯的钩状突；第 9 生殖基节宽阔，侧面观宽大于长，背端角略向背面突伸。雌虫头部颜色与雄虫不同，呈橙黄色，但复眼、口器和触角黑色。雌虫腹部末端第 7 腹板端缘平截；第 8 生殖基节近长方形，略窄于第 7 腹板，基半部明显加宽，基缘中央近 V 形凹缺，端缘平截，其中央具 U 形凹缺。

【地理分布】 浙江。

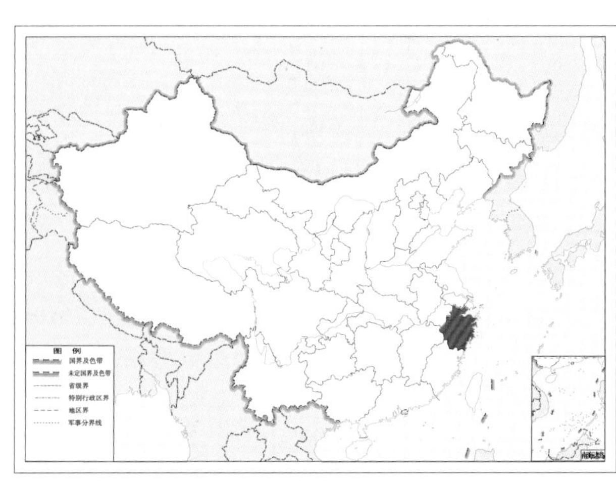

图 2-123-2 异色泥蛉 *Sialis versicoloris* 地理分布图

第三部分

蛇蛉目 Raphidioptera Navás, 1916

【鉴别特征】 成虫体细长，小至中型，多为褐色或黑色。头长，后部近方形或缢缩成三角形；触角丝状；咀嚼式口器；复眼大，单眼 3 个或无；前胸延长，呈颈状；前后翅相似，狭长，膜质、透明，翅脉网状，具发达翅痣，后翅无明显臀区；雄虫腹部末端第 9 背板与第 9 腹板多愈合，雌虫具细长的产卵器。幼虫狭长，无体壁外长物；头长而扁，前口式，咀嚼式口器。

【生物学特性】 成虫树栖，幼虫生活于树皮下或灌木附近的土壤表层。幼虫和成虫均为捕食性，以体壁柔软的节肢动物或花粉为食。蛇蛉目昆虫需要一段时间低温的刺激才能完成其生活周期。一般 1 ~ 3 年完成 1 代。

【地理分布】 现生蛇蛉目昆虫分布区域狭窄，仅限于北半球，主要分布于古北界和新北界。

【分类】 目前全世界已知 33 属约 248 种，我国已知 2 科 5 属 34 种，本图鉴收录 2 科 5 属 27 种。

中国蛇蛉目 Raphidioptera 分科检索表

1. 单眼 3 个；翅痣内具 RA 脉分支 ………………………………………… **蛇蛉科 Raphidiidae**

 无单眼；翅痣内 RA 脉分支缺失 ……………………………………… **盲蛇蛉科 Inocelliidae**

一、盲蛇蛉科 Inocelliidae Navás, 1913

【鉴别特征】 成虫单眼缺失。翅痣内 RA 脉分支缺失。

【生物学特性】 成虫树栖，幼虫生活于树皮下。成虫自然状态中的食性未知，肠道不含花粉，饲养条件下以节肢动物为食；幼虫为捕食性，以体壁柔软的节肢动物为食。

【分类】 目前全世界已知 7 属 42 种，我国已知 3 属 21 种，本图鉴收录 3 属 18 种。

中国盲蛇蛉科 Inocelliidae 分属检索表

1. 后翅 MA 脉基干存在，为 1 条倾斜的长纵脉 ………… **华盲蛇蛉属 *Sininocellia***

   后翅 MA 脉基干缺失 ………… 2

2. 雄虫第 9 生殖叶长钩状 ………… **异盲蛇蛉属 *Amurinocellia***

   雄虫第 9 生殖叶通常呈细长的叶状 ………… **盲蛇蛉属 *Inocellia***

（一）异盲蛇蛉属 *Amurinocellia* H. Aspöck & U. Aspöck, 1973

【鉴别特征】 成虫体黑褐色，胸部和腹部具黄色斑。触角和足着色浅，通常浅黄色或黄褐色。后翅 MA 脉基干缺失。雄虫第 9 生殖基节与第 9 背板近等长，背端角显著突出，腹部具 1 个指状突，内表面具 1 个长钩状的第 9 生殖叶；第 10 生殖基节复合体基部扁平，端部具 1 个细长钩状突；第 11 生殖基节相当小，弱骨化。雌虫第 7 腹板后缘略凹缺；第 8 背板后部向腹侧延伸；腹板膜质，几乎全部被背板覆盖；下生殖板缺失。

【地理分布】 中国；朝鲜，韩国，俄罗斯。

【分类】 目前全世界已知 8 种，我国已知 3 种，本图鉴收录 2 种。

中国异盲蛇蛉属 *Amurinocellia* 分种检索表

1. 生殖前节具三角形黄斑；雌虫第 8 背板腹端角显著突伸出 1 对尖锐指状突 ………… **南方异盲蛇蛉 *Amurinocellia australis***

   生殖前节具横带斑；雌虫第 8 背板腹端角微弱突伸出 1 对钝突 ………… 2

2. 雄虫第 10 生殖基节复合体基部未向腹面延伸；雌虫第 7 腹板端部中央具 1 个狭窄的切口 ………… **远东异盲蛇蛉 *Amurinocellia calida***

   雄虫第 10 生殖基节复合体基部显著向腹面延伸；雌虫第 7 腹板端部中央具 1 个宽阔的切口 ………… **中华异盲蛇蛉 *Amurinocellia sinica***

1. 南方异盲蛇蛉 *Amurinocellia australis* Liu, H. Aspöck, Yang & U. Aspöck, 2009

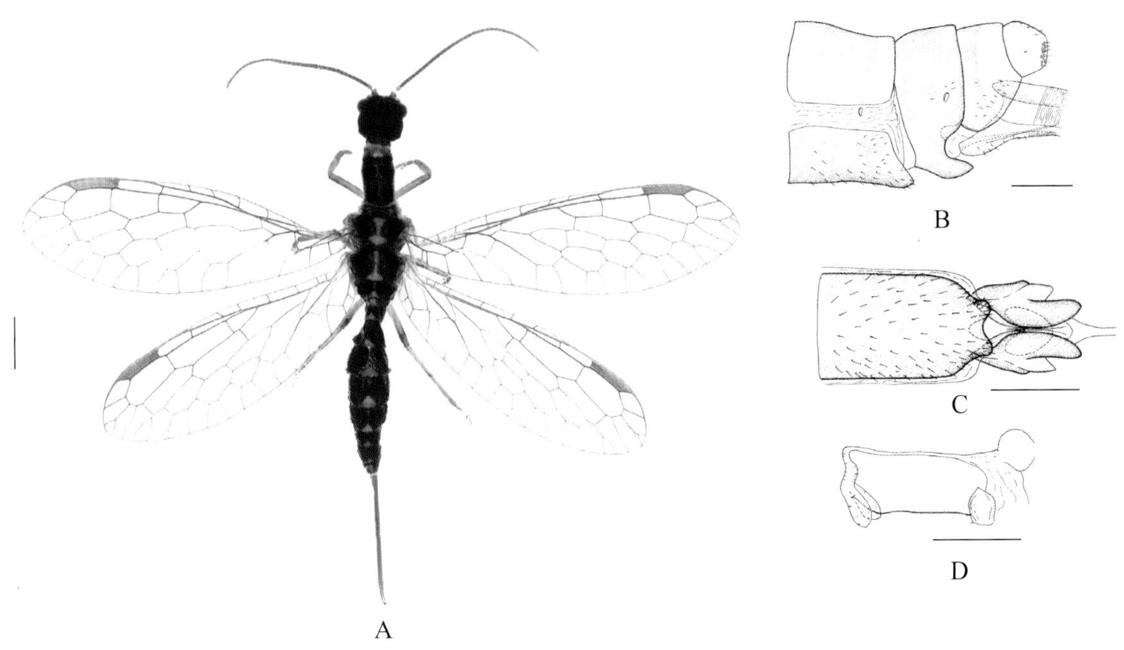

图 3-1-1　南方异盲蛇蛉 *Amurinocellia australis* 形态图
（标尺：A 为 1.0 mm，B ~ D 为 0.5 mm）
A. 成虫背面观　B. 雌虫外生殖器侧面观　C. 雌虫外生殖器腹面观　D. 交尾囊侧面观

【测量】 雌虫体长（不包括产卵器）10.9 mm，前翅长 8.9 mm、后翅长 8.1 mm。

【形态特征】 头部近长方形、黑色，唇基前部浅黄色。口器褐色。复眼黑褐色。围角片、柄节和梗节浅黄色，鞭节褐色。胸部黑褐色；前胸背板前缘黄色，前半部中央具 1 对向外弯曲的细钩状浅褐色斑；中后胸背板前部中央具 1 个黄色斑，该黄斑后部与黄色小盾片相连；中后胸两侧褐色。足黄色，被黄色短毛，基节褐色，股节端部和胫节中部着色深。腹部黑褐色，每节生殖前节背板端部都具 1 个三角形黄斑，腹板都具 1 条黄色狭窄的带斑。雌虫第 8 背板明显向腹面延伸，几乎包裹腹板，腹端角显著突伸出 1 对尖锐指状突。

【地理分布】 浙江。

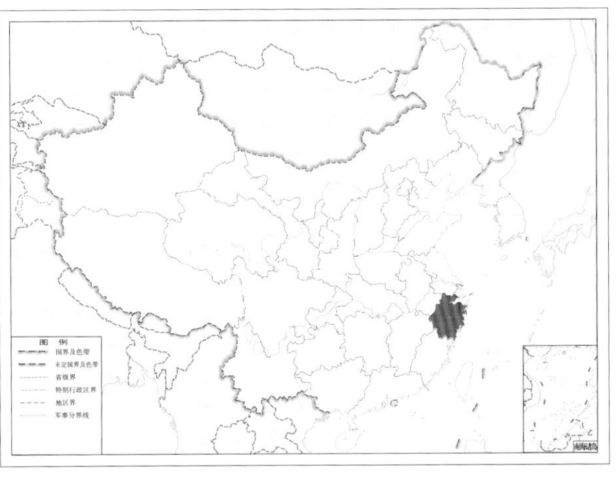

图 3-1-2　南方异盲蛇蛉 *Amurinocellia australis* 地理分布图

2. 中华异盲蛇蛉 *Amurinocellia sinica* Liu, H. Aspöck, Yang & U. Aspöck, 2009

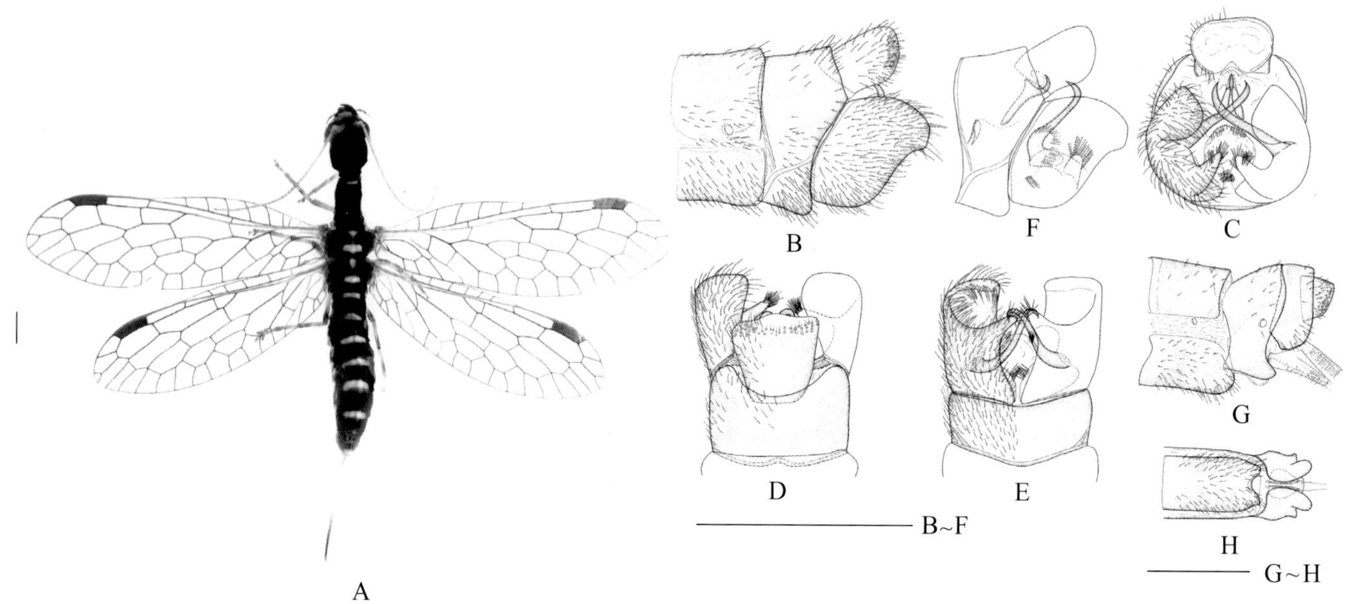

图 3-2-1 中华异盲蛇蛉 *Amurinocellia sinica* 形态图

（标尺：A 为 1.0 mm，B ~ H 为 0.5 mm）

A. 雄虫成虫背面观 B. 雄虫外生殖器侧面观 C. 雄虫外生殖器后面观 D. 雄虫外生殖器背面观 E. 雄虫外生殖器腹面观 F. 雄虫外生殖器内部结构侧面观 G. 雌虫外生殖器侧面观 H. 雌虫外生殖器腹面观

【测量】 雄虫体长 10.5 mm，前翅长 8.0 ~ 8.5 mm、后翅长 7.0 ~ 7.5 mm；雌虫体长（包括产卵器）15.0 mm、体长（不包括产卵器）11.0 mm，前翅长 10.0 mm、后翅长 8.5 mm。

【形态特征】 头部近长方形，黑色，唇基前部浅黄色。复眼黑褐色。围角片及触角均浅黄色。口器黄褐色；上颚黑褐色，端部赤褐色；下颚须向端部颜色渐深；下唇须黑褐色。胸部黑褐色；前胸背板前缘浅黄色；中后胸前部具 1 个中等大小的黄斑，小盾片上有 1 个横向黄斑；中后胸后端各有 1 个宽阔的黄斑。足黄色，被黄色毛，基节黑褐色，股节末端和胫节中部着色略深。腹部黑褐色，每节生殖前节具 1 条横向黄色条纹。第 9 生殖基节与第 9 背板近等长，背端角半圆形，第 9 生殖叶斜向背部突伸。雌虫肛上板及生殖器浅黄色。

【地理分布】 河南。

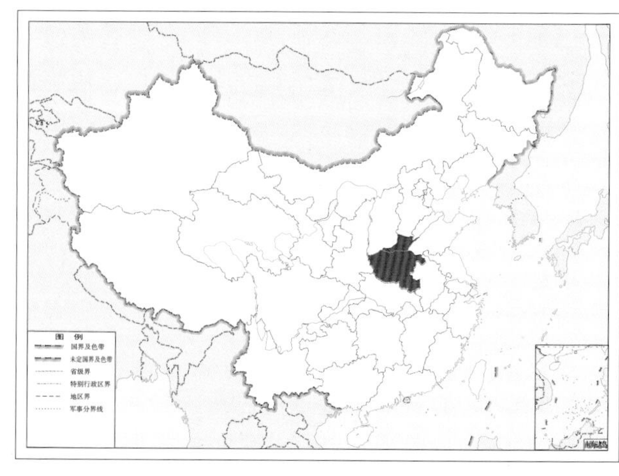

图 3-2-2 中华异盲蛇蛉 *Amurinocellia sinica* 地理分布图

（二）盲蛇蛉属 *Inocellia* Schneider, 1843

【鉴别特征】 成虫体通常黑褐色，胸部和腹部具黄色斑，有时头部具浅色斑。触角和足浅黄色或黄褐色。后翅 MA 脉基干缺失。雄虫第 9 生殖基节穹顶状，通常具毛簇；第 9 生殖刺突着生于第 9 生殖基节端部内侧；第 9 生殖叶 1 对，弱骨化，通常呈细长的叶状，两者中部相互靠近；第 10 生殖基节复合体不成对，基部扁平，端部具 1 个细长突；第 11 生殖基节通常壳状，有时后表面具突起；伪阳茎短小，多数具刺状毛或毛簇。

【地理分布】 欧洲（奥地利，捷克，俄罗斯欧洲部分，芬兰，德国，荷兰，波兰，瑞典）；亚洲（阿富汗，亚美尼亚，不丹，中国，印度，日本，蒙古，朝鲜，巴基斯坦，俄罗斯远东部分，泰国）。

【分类】 目前全世界已知 24 种，我国已知 16 种，本图鉴收录 14 种。

中国盲蛇蛉属 *Inocellia* 分种检索表（雄虫）

1. 翅无色透明 ……………………………………………………………… 2

   翅端部褐色 …………………………………………… 丽盲蛇蛉 ***Inocellia elegans***

2. 第 9 生殖基节长短于宽 ……………………………………………… 3

   第 9 生殖基节显著向后突伸，长略大于宽，或显著大于宽 ………………… 10

3. 第 11 生殖基节后缘具突起 1 个或 1 对 ……………………………… 4

   第 11 生殖基节无突起 ………………………………………………… 7

4. 第 11 生殖基节后缘具突起，2 裂 …………………………………… 6

   第 11 生殖基节后缘具突起 1 对，指状 ……………………………… 5

5. 第 9 生殖刺突指状，端生毛簇；第 11 生殖基节后面观腹部末端明显缢缩；伪阳茎具 2 对毛簇 ……………………………………………… 指突盲蛇蛉 ***Inocellia digitiformis***

   第 9 生殖刺突短瘤突状，端无毛簇；第 11 生殖基节后面观腹部末端不明显缢缩；伪阳茎仅具 1 对鬃 ……………………………………………… 西华盲蛇蛉 ***Inocellia occidentalis***

6. 第 9 生殖基节内侧具 1 个钝突 ……………………… 福建盲蛇蛉 ***Inocellia fujiana***

   第 9 生殖基节内侧具 1 个尖锐的长刺突 ……………… 荻原盲蛇蛉 ***Inocellia shinohara***

7. 伪阳茎侧背面近基部具突起 1 对 ……………………… 双突盲蛇蛉 ***Inocellia biprocessus***

   伪阳茎基部无突起 ……………………………………………………… 8

8. 在第 9 生殖刺突前，第 9 生殖基节具 1 丛毛簇 ………… 台湾盲蛇蛉 ***Inocellia taiwana***

   在第 9 生殖刺突前，第 9 生殖基节无毛簇；在第 9 生殖刺突后有时具 1 个小突 ………… 9

9. 第 11 生殖基节后面观近梯形，伪阳茎具 2 对毛簇 ……… 粗角盲蛇蛉 ***Inocellia crassicornis***

   第 11 生殖基节后面观近长方形，伪阳茎仅在背侧具 1 对毛簇 ……… 黑足盲蛇蛉 ***Inocellia nigra***

10. 第 9 生殖基节具指状、三角形或爪状的刺突 ………………………… 11

    第 9 生殖基节具相当小或扁平宽阔、向端部渐小且钝圆的刺突 ………………… 14

11. 第 9 生殖基节后面观腹面具 1 个圆瓣；第 11 生殖基节中部呈半球形，后缘无显著突起 ……………………………………………… 云南盲蛇蛉 ***Inocellia yunnanica***

    第 9 生殖基节后面观腹面无瓣；第 11 生殖基节中部具显著突起 ……………… 12

12. 第 9 生殖基节内侧第 9 生殖刺突前具 1 丛毛簇 …………………………………… **钩突盲蛇蛉** ***Inocellia hamata***

第 9 生殖基节后面观腹面无瓣；第 11 生殖基节中部显著突出 …………………………………………………… 13

13. 第 9 生殖基节具 1 个近三角形刺突，末端被数个小齿；第 11 生殖基节近背缘具 1 个 2 裂的突起，腹缘弧形凹缺 ……………………………………………………………………………………………………… **罕盲蛇蛉** ***Inocellia rara***

第 9 生殖基节具 1 个近爪状刺突，无小齿；第 11 生殖基节中后部具 1 个 2 裂的突起，腹缘不明显弧形凹缺 ……………………………………………………………………………………… **中华盲蛇蛉** ***Inocellia sinensis***

14. 第 9 生殖基节具小刺突，其内表面无刺状毛或点毛 ………………………………………………………………… 15

第 9 生殖基节具显著刺突、宽阔，其内表面密布小齿 …………………… **钝角盲蛇蛉** ***Inocellia obtusangularis***

15. 第 9 生殖基节侧面观顶点钝圆；第 11 生殖基节侧腹角突出 ……………… **海南盲蛇蛉** ***Inocellia hainanica***

第 9 生殖基节侧面观顶点尖锐；第 11 生殖基节中部突出 ………………………… **陈氏盲蛇蛉** ***Inocellia cheni***

3. 双突盲蛇蛉 *Inocellia biprocessus* Liu, H. Aspöck, Yang & U. Aspöck, 2010

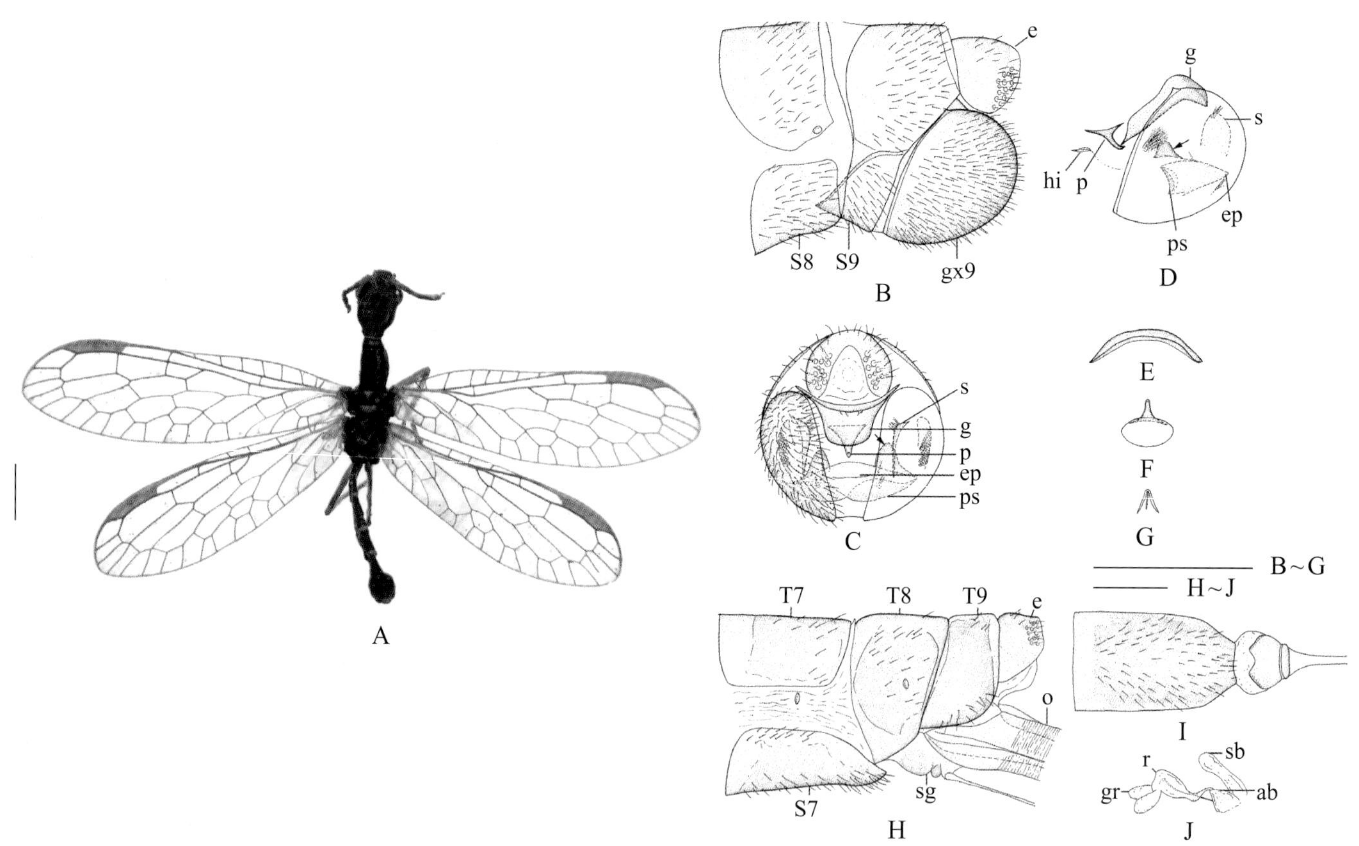

图 3-3-1 双突盲蛇蛉 *Inocellia biprocessus* 形态图

（标尺：A 为 1.0 mm，B ~ J 为 0.5 mm）

A. 成虫背面观 B. 雄虫外生殖器侧面观 C. 雄虫外生殖器后面观 D. 雄虫外生殖器内部结构侧面观 E. 第 11 生殖基节背面观 F. 雄虫第 10 生殖基节复合体背面观 G. 内生殖板侧面观 H. 雌虫外生殖器侧面观 I. 雌虫外生殖器腹面观 J. 交尾囊侧面观

图中字母表示：e. 肛上板 S7. 第 7 腹板 S8. 第 8 腹板 S9. 第 9 腹板 gx9. 第 9 生殖基节 g. 殖弧叶 s. 生殖刺突 hi. 内生殖板 p. 阳基侧突 ps. 伪生殖叶 ep. 伪阳茎 T7. 第 7 背板 T8. 第 8 背板 T9. 第 9 背板 o. 产卵器 sg. 下生殖板 sb. 交尾囊 r. 储精囊 gr. 受精囊腺 ab. 中交尾囊

【测量】 雄虫前翅长 6.0 ~ 8.0 mm；雌虫体长（包括产卵器）15.0 mm，前翅长 7.0 ~ 10.0 mm。

【形态特征】 头部近长方形、黑褐色，复眼后侧缘具 2 对浅褐色楔形斑，头顶中央具 1 对细长的赤褐色纵斑，其两侧具 2 个赤褐色小斑；唇基黄褐色。复眼灰褐色。围角片及触角均呈暗黄色。口器浅褐色。胸部黑褐色；中后胸背板中部暗黄色，小盾片后半部具 1 条黄色横斑。足黄色，被黄色毛，但基节浅褐色。翅无色透明，翅痣浅褐色，翅脉浅褐色。腹部背面黑褐色，腹面色略浅，背板各节后缘均具 1 条细长的黄色横斑；外生殖器黑褐色，但肛上板后缘黄色。雄虫第 9 生殖基节内侧具明显指状生殖刺突。第 11 生殖基节具 1 对指状突。雌虫腹部末端第 7 腹板侧面观近梯形，后缘明显向后隆突，腹面观后缘中央平截或微凹；下生殖板分为前后 2 片，前部宽阔，腹面观近六边形，前缘凹缺，后部短小，近椭圆形；肛上板短，宽略大于长，背端角向后突伸。

【地理分布】 山东。

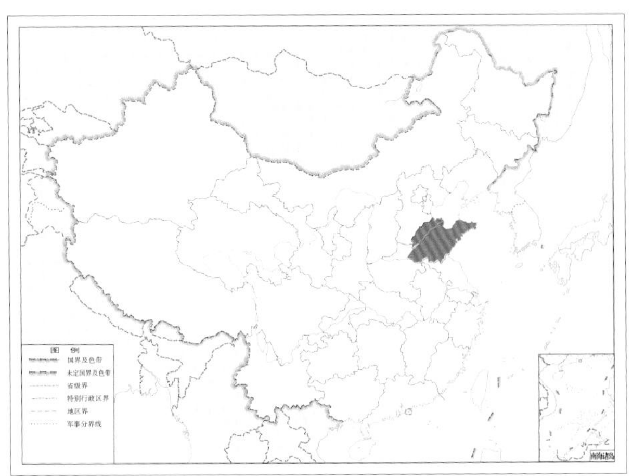

图 3-3-2　双突盲蛇蛉 *Inocellia biprocessus* 地理分布图

图 3-3-3　双突盲蛇蛉 *Inocellia biprocessus* 生态图（郑童　摄）

4. 陈氏盲蛇蛉 *Inocellia cheni* Liu, H. Aspöck, Yang & U. Aspöck, 2010

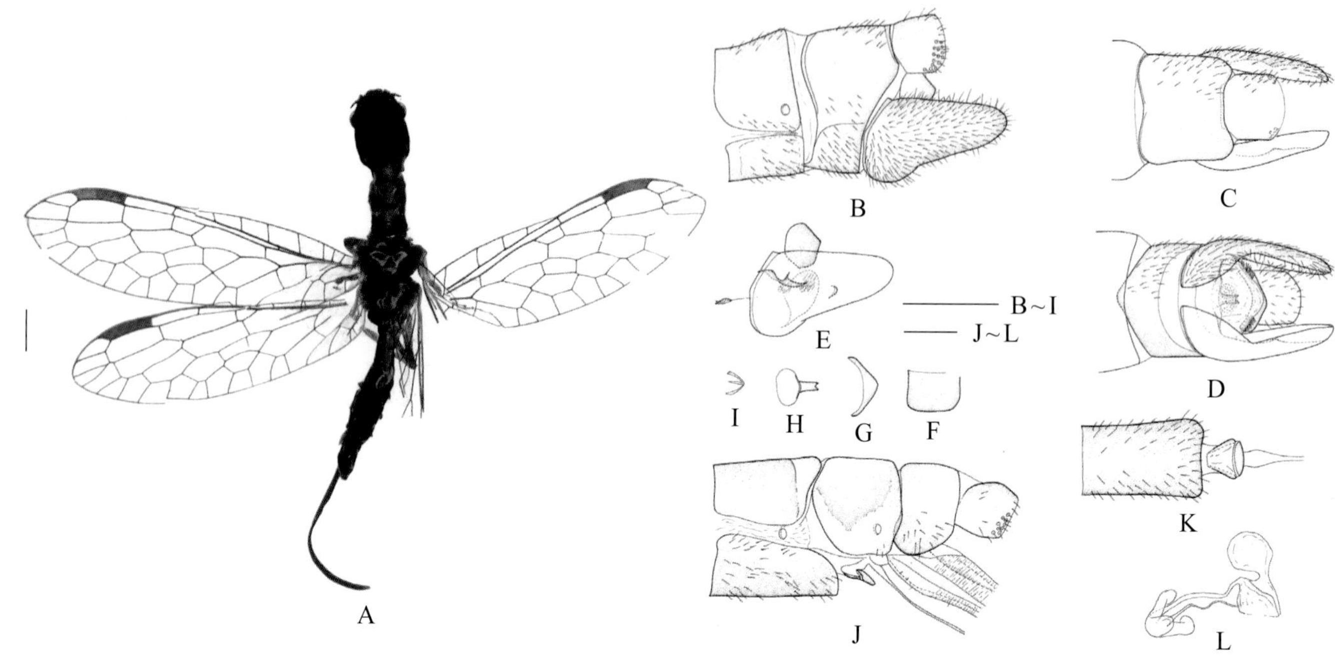

图 3-4-1 陈氏盲蛇蛉 *Inocellia cheni* 形态图

（标尺：A 为 1.0 mm，B ~ L 为 0.5 mm）

A. 雌虫成虫背面观 B. 雄虫外生殖器侧面观 C. 雄虫外生殖器背面观 D. 雄虫外生殖器腹面观 E. 雄虫外生殖器内部结构侧面观 F. 第 11 生殖基节后面观 G. 第 11 生殖基节背面观 H. 第 10 生殖基节复合体背面观 I. 内生殖板侧面观 J. 雌虫外生殖器侧面观 K. 雌虫外生殖器腹面观 L. 交尾囊侧面观

【测量】 雄虫前翅长 7.5 ~ 8.0 mm；雌虫前翅长 8.5 ~ 9.5 mm。

【形态特征】 雄虫头部近长方形、黑褐色，头顶两侧具 2 对不明显的赤褐色楔形斑，头顶中央具 1 对不明显的赤褐色纵斑，唇基黄褐色。复眼黑褐色。围角片、触角柄节和梗节黄褐色，鞭节由黄褐色渐变为黑色。口器褐色。胸部黑褐色。前胸背板后缘黄色，基半部中央具 1 对不明显的向外弯曲的黄褐色钩状斑；中后胸小盾片后半部具 1 条黄褐色横斑。足黄色，被黄褐色毛，胫节中部色略深。翅无色透明，翅痣褐色，翅脉深褐色。雄虫第 9 生殖基节延长。第 11 生殖基节端部无突起。雌虫体色与雄虫基本相同。头部的赤褐色斑较明显，头部腹面近后侧缘具若干赤褐色斑点。前胸背板具较明显的赤褐色斑纹，前半部中央具 1 对向外弯曲的钩状斑，两侧各具 1 个小圆斑，后半部中央具 1 条纵斑，该斑前部分裂成 2 个斜纵斑。腹部第 7 腹板侧面观近梯形，腹面观近长方形，后缘近乎平截；下生殖板分为前后两片，前部两侧略骨化，后部近椭圆形，两侧缩尖；肛上板近方形。

【地理分布】 云南、广西。

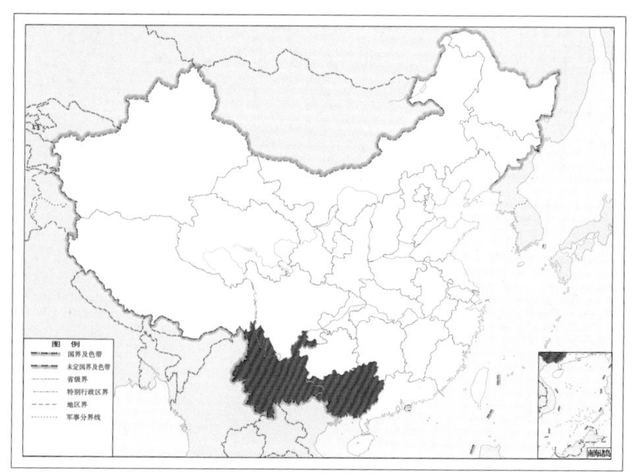

图 3-4-2 陈氏盲蛇蛉 *Inocellia cheni* 地理分布图

5. 粗角盲蛇蛉 *Inocellia crassicornis* (Schummel, 1832)

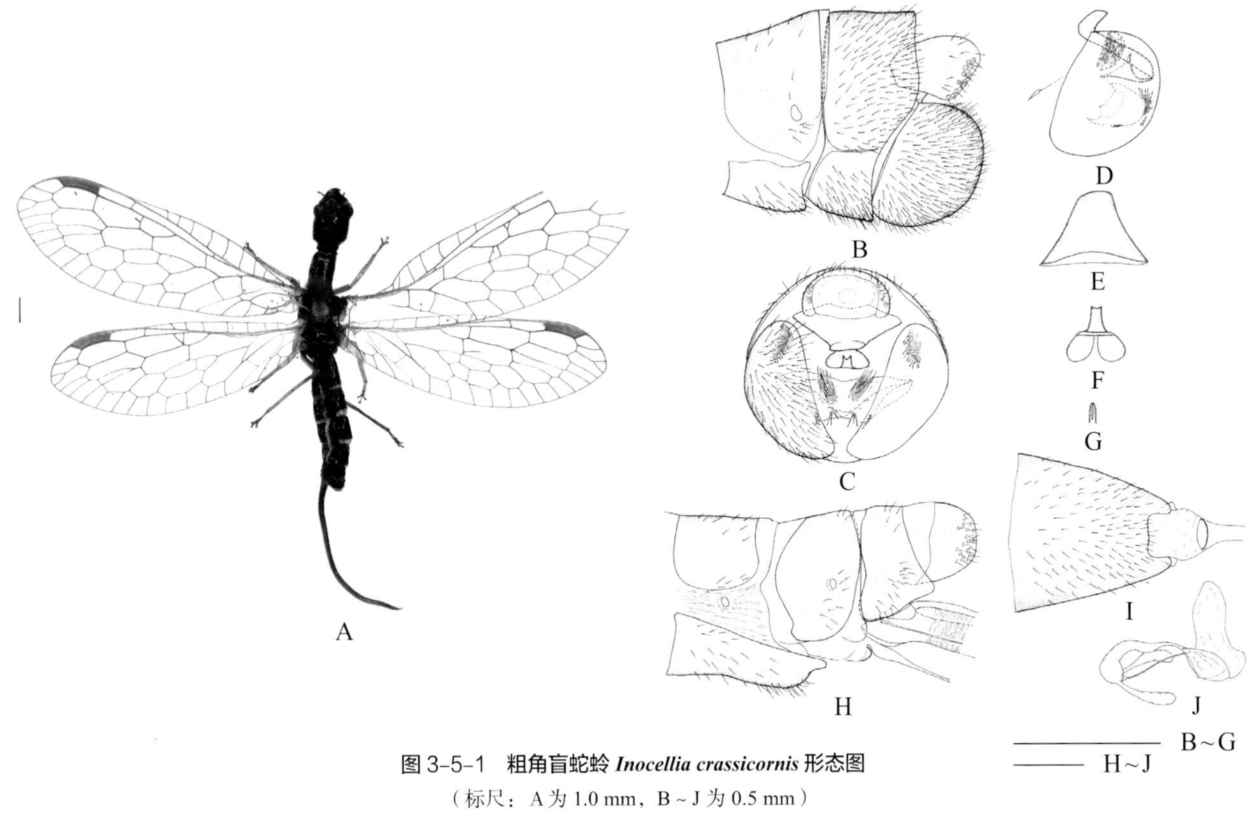

图 3-5-1　粗角盲蛇蛉 *Inocellia crassicornis* 形态图
（标尺：A 为 1.0 mm，B ~ J 为 0.5 mm）

A. 雌虫成虫背面观　B. 雄虫外生殖器侧面观　C. 雄虫外生殖器后面观　D. 雄虫外生殖器内部结构侧面观　E. 第 11 生殖基节背面观　F. 第 10 生殖基节复合体背面观　G. 内生殖板侧面观　H. 雌虫外生殖器侧面观　I. 雌虫外生殖器腹面观　J. 交尾囊侧面观

【测量】 雄虫前翅长 8.0 ~ 11.0 mm；雌虫前翅长 10.5 ~ 15.0 mm。

【形态特征】 头部近长方形、黑色，头顶中央具 1 对不显著的浅褐色长纵斑，唇基黑褐色。复眼黑褐色。围角片及触角均呈黄褐色。口器褐色。胸部黑褐色，前胸背板前半部中央具 1 对不显著的浅褐色细钩状斑；中后胸背板小盾片后半部具 1 条黄色横斑。足黄色，被黄色毛。翅无色透明，翅痣褐色，翅脉褐色。腹部背面黑褐色，腹面色略浅，各节后缘均具 1 条黄色横斑；外生殖器褐色，但肛上板呈黄色。第 9 生殖基节端部内面具 1 个指状突起，伪阳茎具 1 对毛簇。雌虫体色与雄虫基本相同。腹部末端第 7 腹板侧面观近梯形，向后延伸，腹面观近梯形，后缘中央方形凹缺，两侧各形成 1 个短指状突；下生殖板近椭圆形，两侧缩尖；肛上板近半圆形，宽略大于长。中交尾囊近三角形；受精囊管状；储精囊较长，末端具 1 对延伸的卵圆形受精囊腺。

【地理分布】 黑龙江、吉林；朝鲜，韩国，蒙古，俄罗斯，亚美尼亚，瑞典，德国，荷兰，奥地利，波兰，捷克，斯洛伐克。

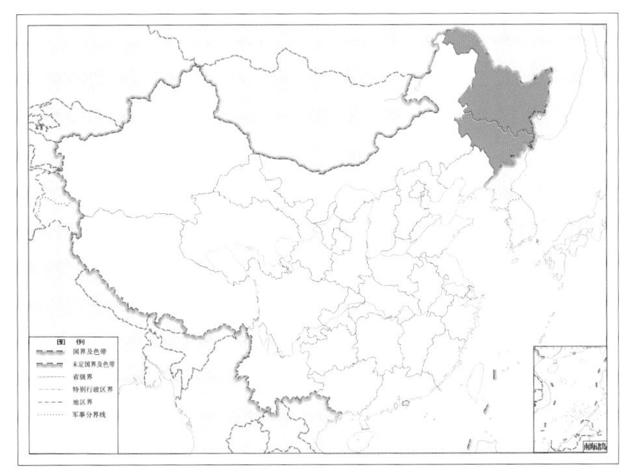

图 3-5-2　粗角盲蛇蛉 *Inocellia crassicornis* 地理分布图

6. 指突盲蛇蛉 *Inocellia digitiformis* Liu, H. Aspöck, Yang & U. Aspöck, 2010

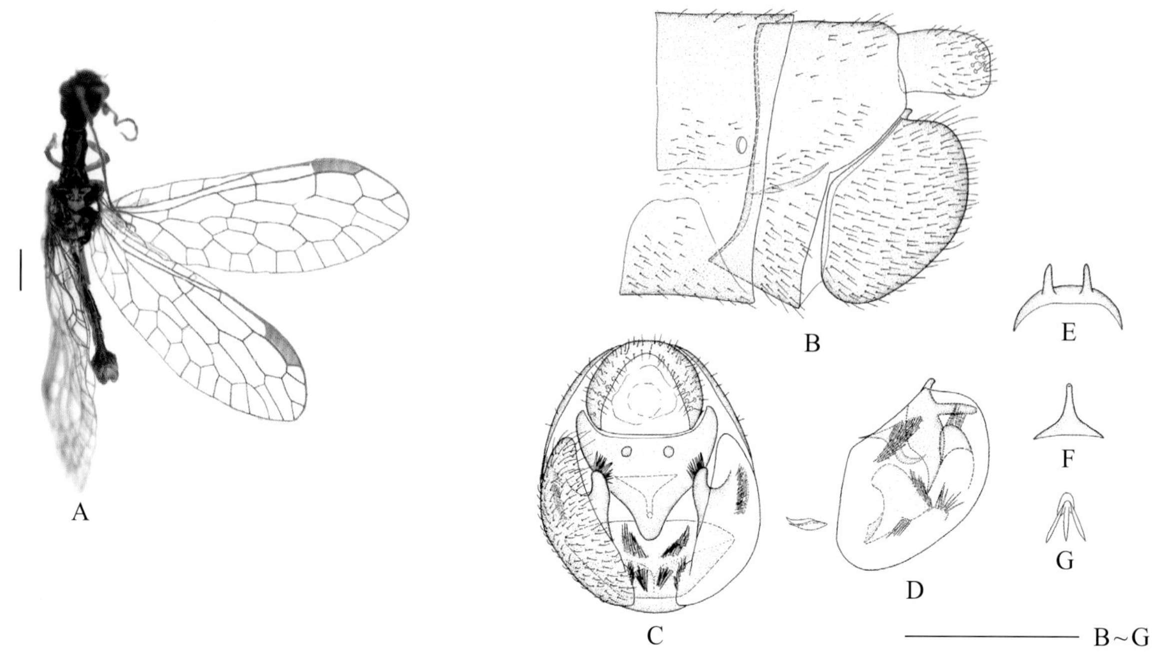

图 3-6-1 指突盲蛇蛉 *Inocellia digitiformis* 形态图

（标尺：A 为 1.0 mm，B ~ G 为 0.5 mm）

A. 成虫背面观 B. 雄虫外生殖器侧面观 C. 雄虫外生殖器后面观 D. 雄虫外生殖器内部结构侧面观 E. 第 11 生殖基节背面观 F. 第 10 生殖基节复合体背面观 G. 内生殖板侧面观

【测量】 雄虫体长 8.0 mm，前翅长 7.5 mm、后翅长 7.0 mm。

【形态特征】 头部近长方形、黑色，头顶色略浅且中央具 1 对不明显的暗黄褐色纵斑，唇基黄褐色而基半部褐色；复眼灰褐色；围角片及触角均呈黄色；口器黄褐色。胸部背面黑褐色，但腹面呈黄色；中后胸背板中部呈黄色。足黄色，被黄色毛。翅无色透明，翅痣浅烟褐色，翅脉浅褐色。腹部背面黑褐色，腹面浅褐色，后缘均为黄色；外生殖器黄色。第 9 生殖基节内侧具 1 个明显的指状生殖刺突。第 11 生殖基节具 1 对指状突。雌虫未知。

【地理分布】 四川。

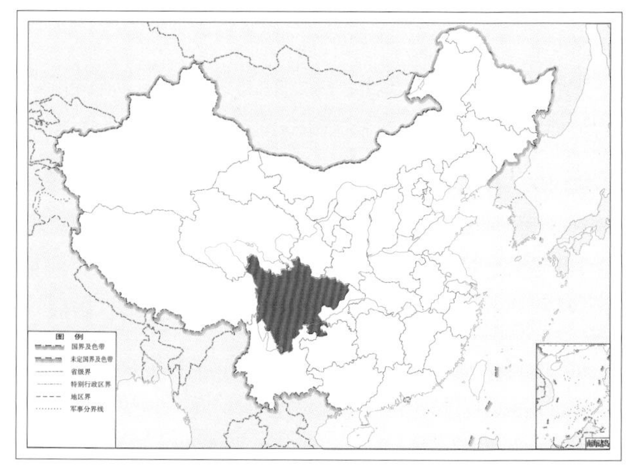

图 3-6-2 指突盲蛇蛉 *Inocellia digitiformis* 地理分布图

7. 丽盲蛇蛉 *Inocellia elegans* Liu, H. Aspöck, Yang & U. Aspöck, 2009

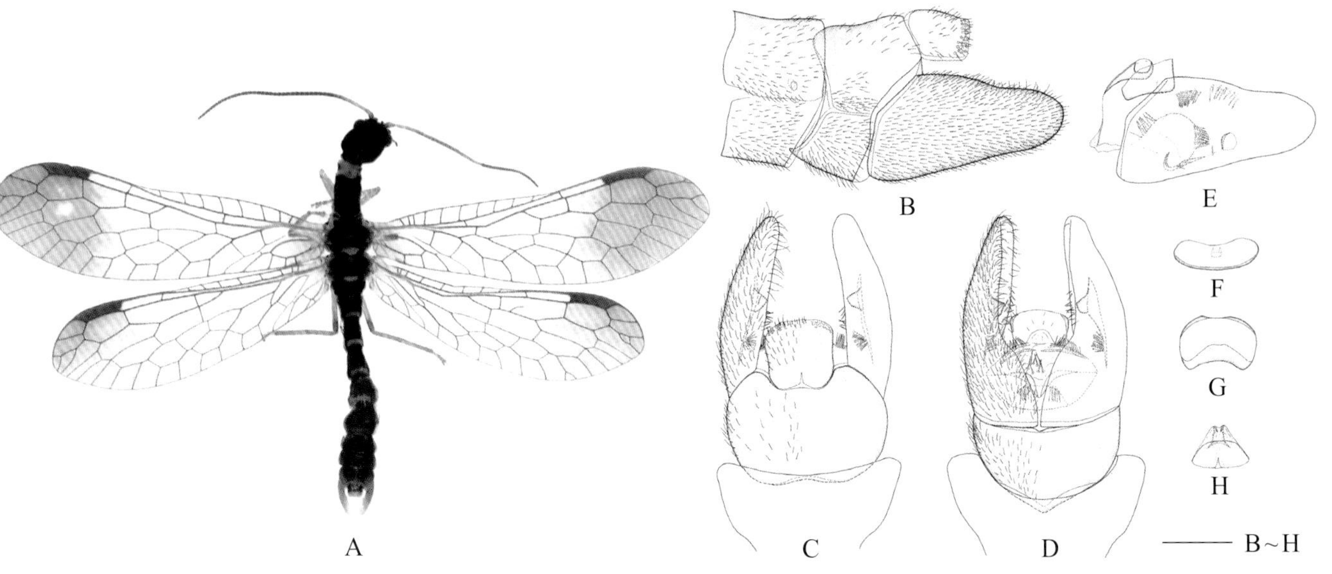

图 3-7-1　丽盲蛇蛉 *Inocellia elegans* 形态图
（标尺：A 为 1.0 mm，B ~ H 为 0.5 mm）
A. 成虫背面观　B. 雄虫外生殖器侧面观　C. 雄虫外生殖器背面观　D. 雄虫外生殖器腹面观　E. 雄虫外生殖器内部结构侧面观　F. 第 11 生殖基节背面观　G. 第 10 生殖基节复合体背面观　H. 内生殖板侧面观

【测量】 雄虫体长 14.0 mm，前翅长 13.0 mm、后翅长 11.5 mm。

【形态特征】 头部近长方形、黑色，唇基浅褐色，头顶中央具 1 对黄棕色条纹。复眼黑褐色。围角片褐色，柄节和梗节浅黄色，鞭节褐色，但基部第 7 ~ 8 节浅黄色。口器赤褐色，上颚暗褐色。胸部黑褐色，前胸背板前缘黄色，中后胸背板小盾片后缘各具 1 条黄色横斑。足黄色，被褐色刚毛，基节褐色，胫节端部色略深。翅无色透明，翅端 1/3 褐色，翅痣和翅脉褐色，RP 脉末端分 4 支。腹部背面黑褐色，腹面色较浅；生殖前节除了第 1 节背板整体黑褐色，第 2 ~ 6 节每节后缘都具 1 条黄色横条带；外生殖器暗黄色，肛上板后缘浅黄色；腹部第 5 节后变大，第 5 ~ 8 节每节近梯形，后缘较宽；腹部末端第 9 背板背面观近圆形，前缘中部锯齿状，后缘中部近梯形；生殖基节壳状，但极度延长，几乎是第 9 背板的 2 倍；伪阳茎短且阔，近基部背面具 1 对向背面生长的毛簇，中部腹面被 8 根粗壮的刺状毛，近端部两侧骨化且被 1 对毛簇。雌虫未知。

【地理分布】 贵州、重庆。

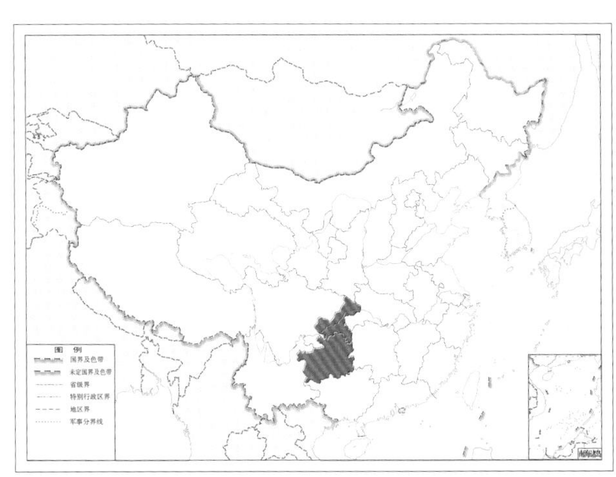

图 3-7-2　丽盲蛇蛉 *Inocellia elegans* 地理分布图

8. 福建盲蛇蛉 *Inocellia fujiana* Yang, 1999

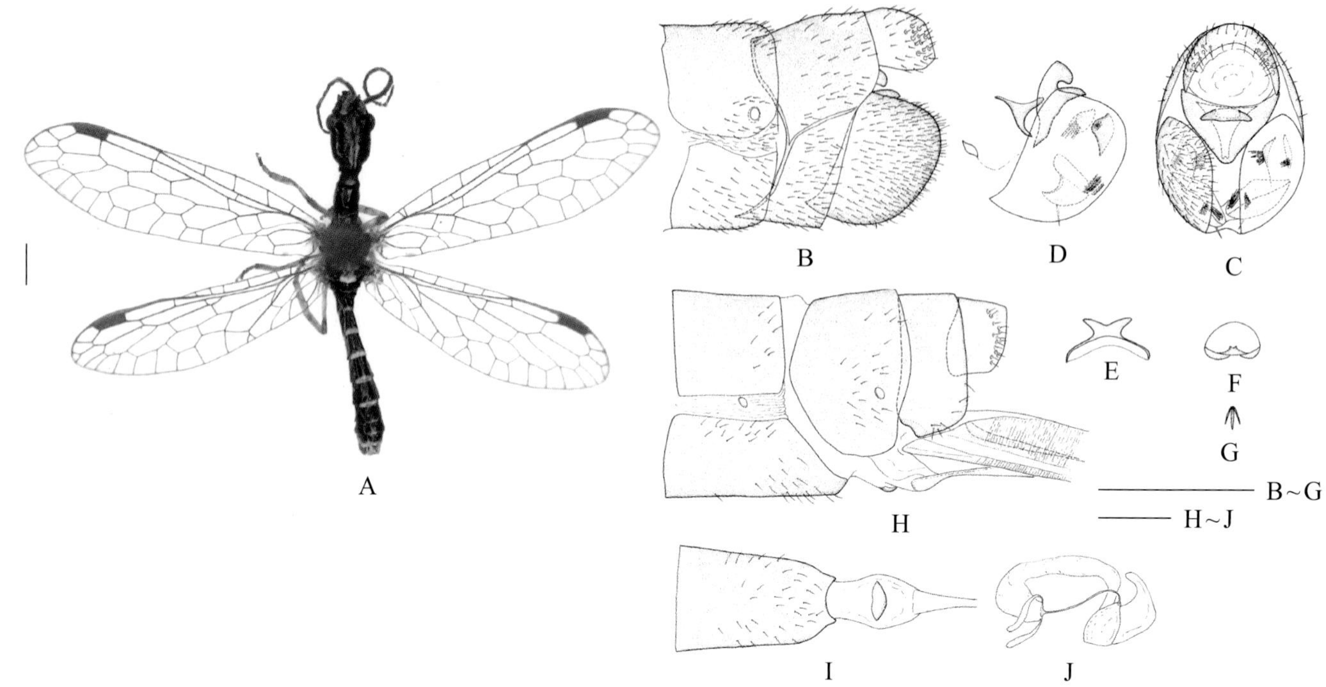

图 3-8-1 福建盲蛇蛉 *Inocellia fujiana* 形态图

（标尺：A 为 1.0 mm，B～J 为 0.5 mm）

A. 成虫背面观 B. 雄虫外生殖器侧面观 C. 雄虫外生殖器后面观 D. 雄虫外生殖器内部结构侧面观 E. 第 11 生殖基节背面观 F. 第 10 生殖基节复合体背面观 G. 内生殖板侧面观 H. 雌虫外生殖器侧面观 I. 雌虫外生殖器腹面观 J. 交尾囊侧面观

【测量】 雄虫体长 6.5～8.0 mm，前翅长 7.5～8.0 mm、后翅长 6.0～6.5 mm；雌虫体长 10.0～13.0 mm，前翅长 9.0～12.0 mm、后翅长 7.0～10.0 mm。

【形态特征】 头部近长方形、黑色，头顶两侧各具 1 对浅褐色的楔形斑，头顶中央具 1 对浅褐色长纵斑，唇基黄褐色。复眼黑褐色。围角片及触角均呈黄褐色。口器黄褐色。胸部黑褐色，前胸背板端半部中央具 1 对向外弯曲的浅褐色细钩状斑；中后胸背板中部色浅，小盾片后半部均具 1 条黄色横斑。足黄色，被黄色毛。翅无色透明，翅痣褐色，翅脉浅褐色。腹部背面黑褐色，腹面色略浅，各节后缘均具 1 条黄色横斑；外生殖器褐色，但肛上板呈黄色。第 9 生殖基节壳状，近半圆形，长略大于宽，内侧背端角处具 1 个钝突，被 1 丛毛簇。第 11 生殖基节发达，侧面观近 F 形，后面观近三角形，近背端具 1 对向外分叉的突起。雌虫体色与雄虫基本相同。腹部末端第 7 腹板侧面观近梯形，后缘明显向后隆突，腹面观后缘中央呈弧形凹缺，两侧各形成 1 个小三角形突起；下生殖板近椭圆形，两侧缩尖，后缘中央微凹；肛上板近方形，宽略大于长。

【地理分布】 北京、山西、河南、陕西、福建。

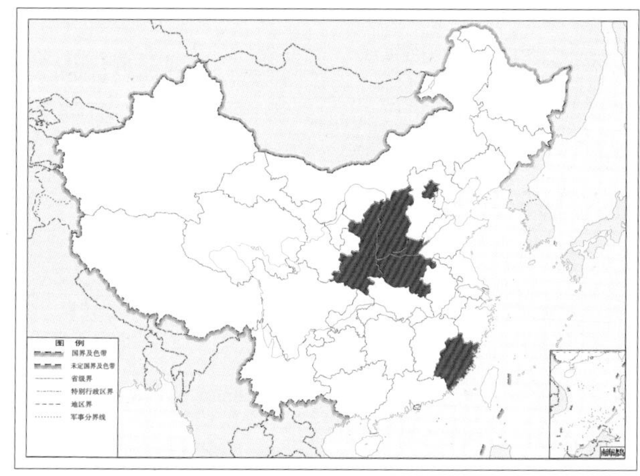

图 3-8-2 福建盲蛇蛉 *Inocellia fujiana* 地理分布图

9. 海南盲蛇蛉 *Inocellia hainanica* Liu, H. Aspöck, Bi & U. Aspöck, 2013

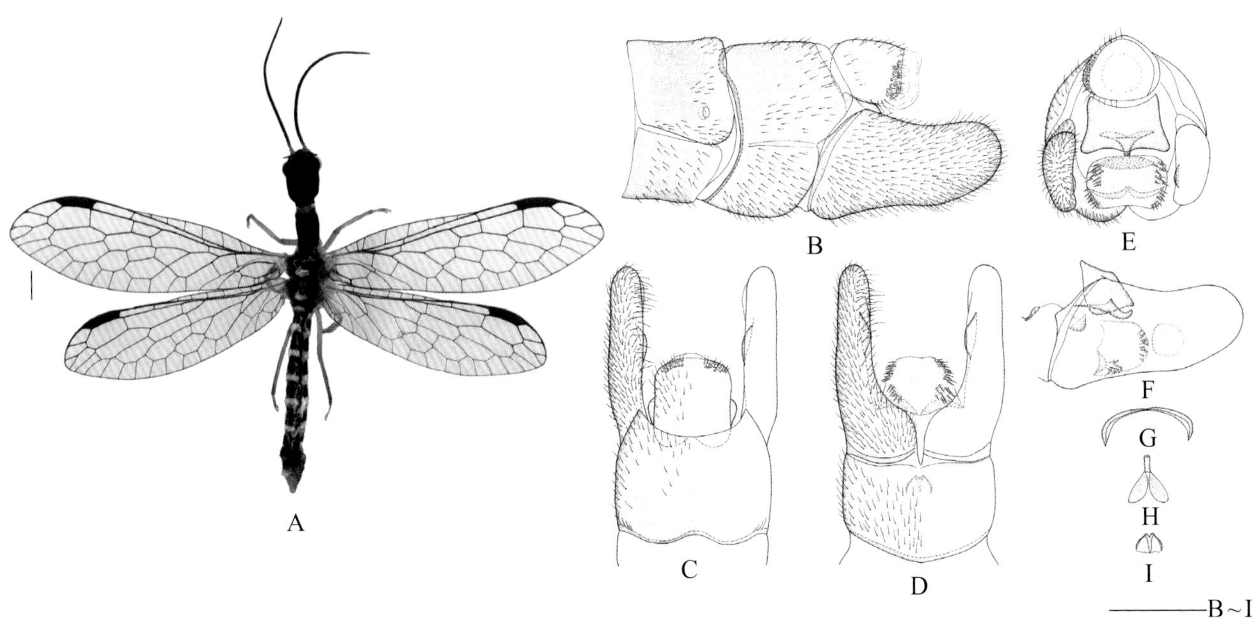

图 3-9-1　海南盲蛇蛉 *Inocellia hainanica* 雄虫形态图
（标尺：A 为 1.0 mm，B～I 为 0.5 mm）

A. 成虫背面观　B. 雄虫外生殖器侧面观　C. 雄虫外生殖器背面观　D. 雄虫外生殖器腹面观　E. 雄虫外生殖器后面观　F. 雄虫外生殖器内部结构侧面观　G. 第 11 生殖基节背面观　H. 第 10 生殖基节复合体背面观　I. 内生殖板侧面观

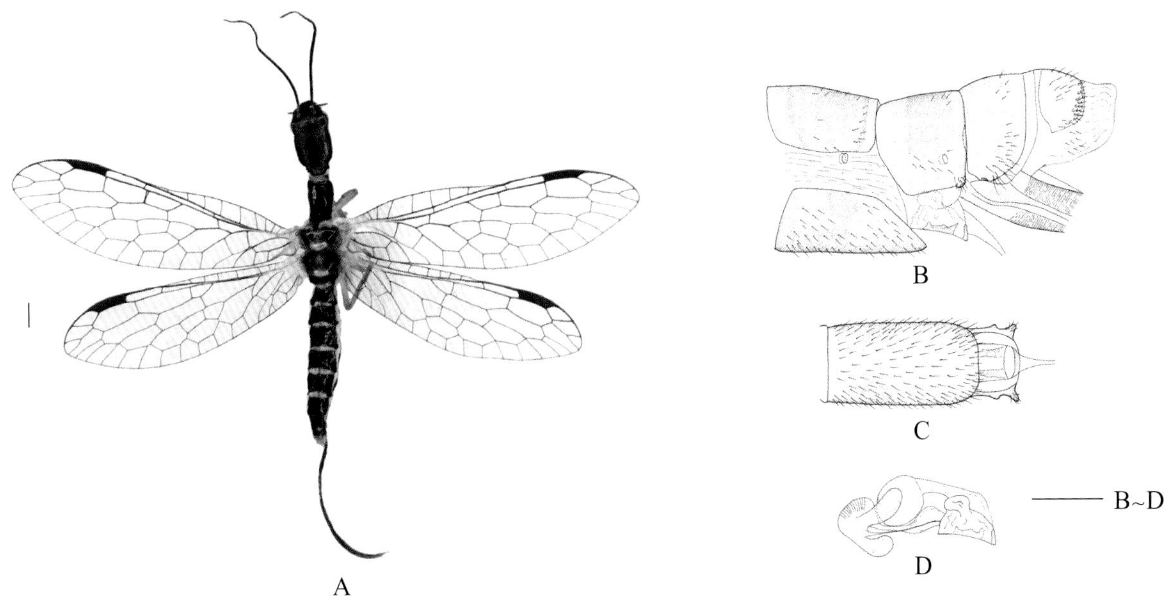

图 3-9-2　海南盲蛇蛉 *Inocellia hainanica* 雌虫形态图
（标尺：A 为 1.0 mm，B～D 为 0.5 mm）

A. 成虫背面观　B. 雌虫外生殖器侧面观　C. 雌虫外生殖器腹面观　D. 交尾囊侧面观

【测量】 雄虫体长 11.0 mm，前翅长 10.0 mm、后翅长 8.0 mm；雌虫体长（不包括产卵器）13.0 ~ 15.0 mm、体长（包括产卵器）18.0 ~ 22.0 mm，前翅长 12.0 ~ 14.5 mm、后翅长 10.0 ~ 12.0 mm。

【形态特征】 头部近方形，黑色，唇基黄褐色。围角片、柄节、梗节和鞭节第 1 节黄色，其余鞭节褐色。口器赤褐色。胸部背面黑褐色，小盾片黄色，中后胸小盾片前有 1 个黄色斑。胸部腹面大部分黄色，侧面观中后胸被褐色斑。足黄色，被褐色短毛。翅无色透明，翅痣暗赤褐色，翅脉暗褐色。RP 脉翅缘分为 3 支。腹部背面黑色，第 1~6 节后缘被 1 条狭窄的黄色横条纹，腹面黄色，第 2 ~ 7 节中部具 1 条较宽的褐色斑；第 9 生殖基节发达，极度延长，生殖刺突钝圆。第 11 生殖基节盾状，后面观近梯形，侧腹角隆突。雌虫体色与雄虫相似。第 8 背板腹端角具 1 个卵圆形突，受精囊球形膨大。

【地理分布】 海南。

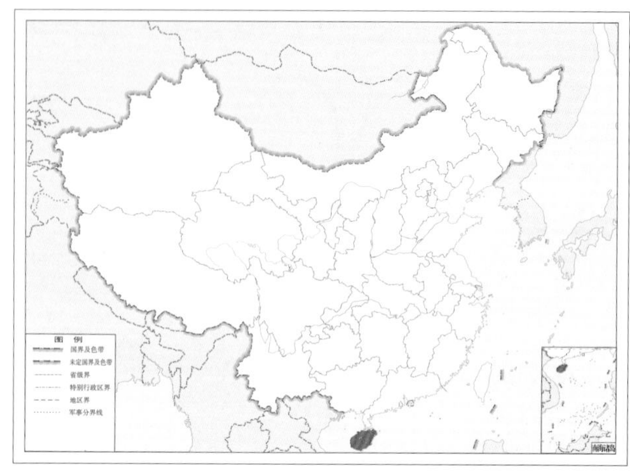

图 3-9-3 海南盲蛇蛉 *Inocellia hainanica* 地理分布图

图 3-9-4 海南盲蛇蛉 *Inocellia hainanica* 生态图（毕文煊 摄）

10. 钩突盲蛇蛉 *Inocellia hamata* Liu, H. Aspöck, Yang & U. Aspöck, 2010

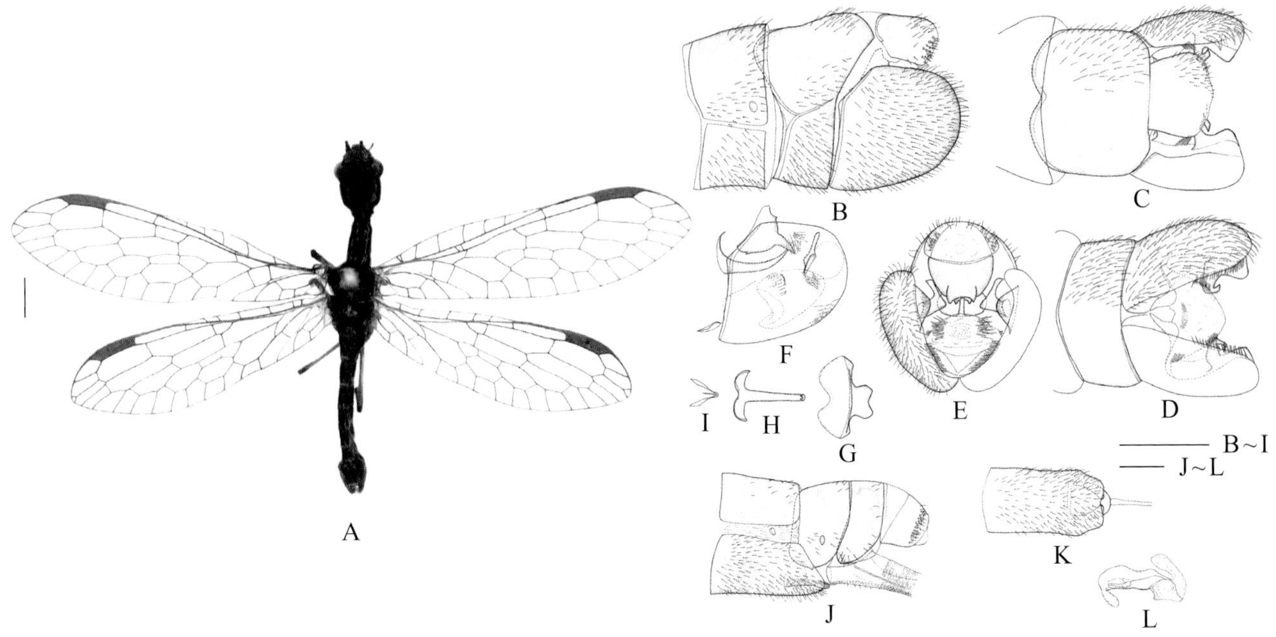

图 3-10-1　钩突盲蛇蛉 *Inocellia hamata* 形态图
（标尺：A 为 1.0 mm，B ~ L 为 0.5 mm）

A. 雌虫成虫背面观　B. 雄虫外生殖器侧面观　C. 雄虫外生殖器背面观　D. 雄虫外生殖器腹面观　E. 雄虫外生殖器后面观　F. 雄虫外生殖器内部结构侧面观　G. 第 11 生殖基节背面观　H. 第 10 生殖基节复合体背面观　I. 内生殖板侧面观　J. 雌虫外生殖器侧面观　K. 雌虫外生殖器腹面观　L. 交尾囊侧面观

【测量】 雄虫体长 8.0 ~ 11.0 mm，前翅长 8.5 ~ 9.0 mm、后翅长 7.5 ~ 8.0 mm；雌虫前翅长 12.0 mm、后翅长 10.5 mm。

【形态特征】 头部近长方形、黑褐色，额和头顶之间的区域略凹陷；复眼后侧缘具 2 对暗赤褐色的楔形斑，头顶中央具 1 对暗赤褐色的长纵斑，唇基褐色。复眼黑褐色。围角片及触角柄节、梗节暗黄色，鞭节褐色。口器褐色。胸部黑褐色，中后胸小盾片呈黄色。足黄色，被黄褐色毛，胫节端部有时呈黑色。翅无色透明，翅痣褐色，翅脉深褐色。腹部黑褐色，各节后缘均具 1 条黄色横斑。第 9 生殖基节壳状，第 9 生殖刺突钩状，位于第 9 生殖基节内侧；第 9 生殖基节内侧生殖刺突前，背面具 1 丛毛簇，腹面具 1 排刺状毛；第 9 生殖刺突基部具 1 个膝状弯曲的钩状突，钩状突中部内侧密布细小的齿。雌虫体色与雄虫相似。腹部末端第 7 腹板侧面观近梯形，后缘明显向后隆突，腹面观后缘中央微凹；下生殖板较发达，向后略变窄，近后端强烈缢缩，前缘平截，后缘弧形；肛上板短，宽略大于长，侧面观向后略变窄。

【地理分布】 湖北。

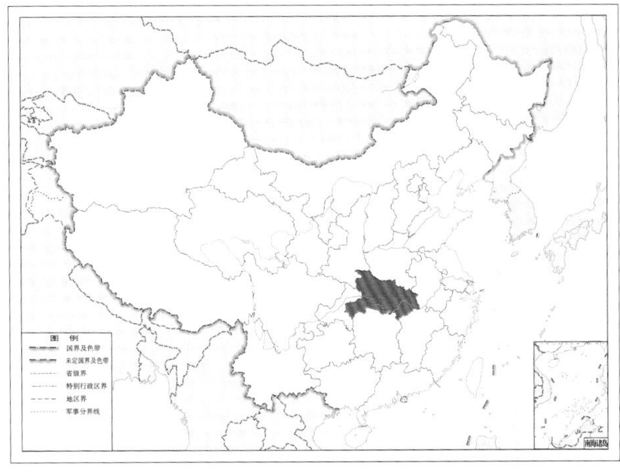

图 3-10-2　钩突盲蛇蛉 *Inocellia hamata* 地理分布图

11. 黑足盲蛇蛉 *Inocellia nigra* Liu, H. Aspöck, Zhang & U. Aspöck, 2012

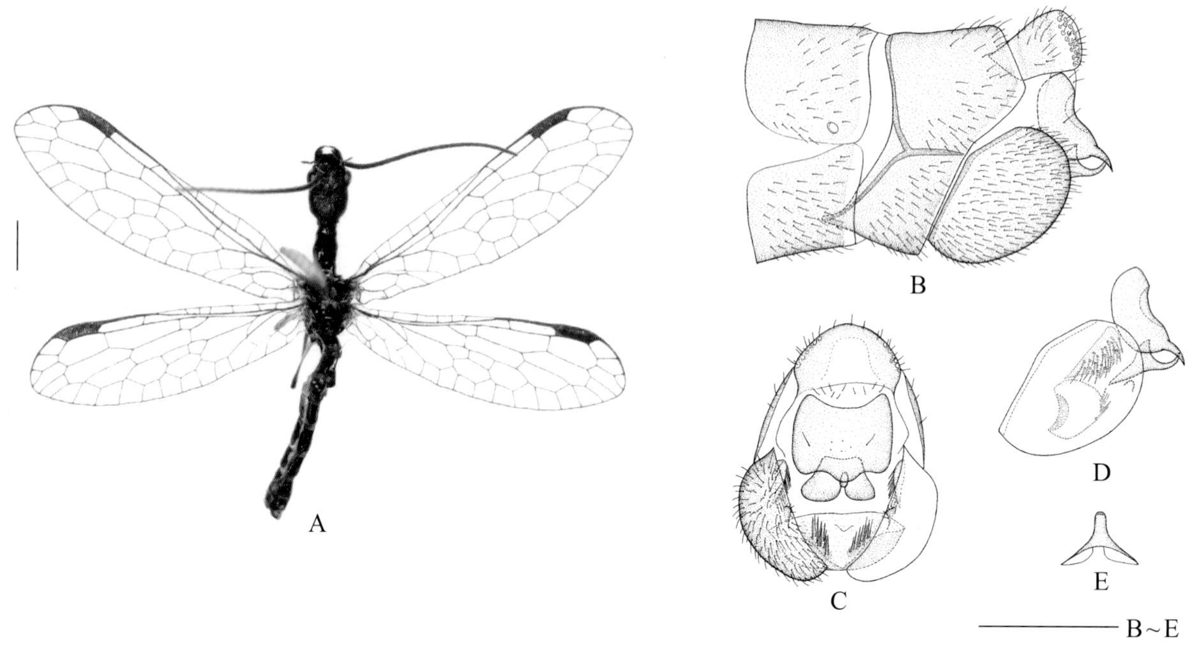

图 3-11-1 黑足盲蛇蛉 *Inocellia nigra* 形态图

（标尺：A 为 1.0 mm，B ~ E 为 0.5 mm）

A. 成虫背面观 B. 雄虫外生殖器侧面观 C. 雄虫外生殖器后面观 D. 雄虫外生殖器内部结构侧面观 E. 第 11 生殖基节背面观

【测量】 雄虫体长 7.7 ~ 8.3 mm，前翅长 6.7 ~ 7.7 mm、后翅长 5.6 ~ 6.6 mm。

【形态特征】 头近方形、全黑色；围角片和触角黑褐色；口器黑色，上颚端部赤褐色。胸部黑色，足黑褐色，被褐色刚毛，基节、转节和股节基部黄色。翅无色透明，翅痣褐色，翅脉深褐色，RP 脉翅缘分为 3 支。腹部黑褐色，每节生殖前节背板中部均有 1 个小黄斑，每节生殖前节腹板后缘黄色。外生殖器整体黑褐色。第 9 生殖刺突短小，圆锥状。第 11 生殖基节近长方形，腹侧中部延伸出 1 个近三角形瓣。伪阳茎短，端部中央被 1 对向背面生长的毛簇。雌虫未知。

【地理分布】 云南。

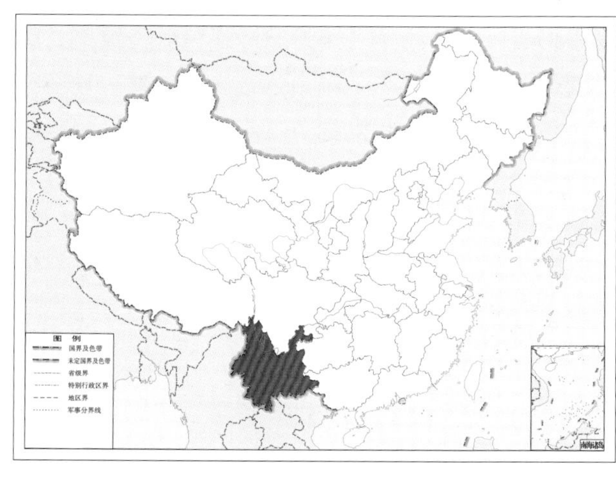

图 3-11-2 黑足盲蛇蛉 *Inocellia nigra* 地理分布图

12. 钝角盲蛇蛉 *Inocellia obtusangularis* Liu, H. Aspöck, Yang & U. Aspöck, 2010

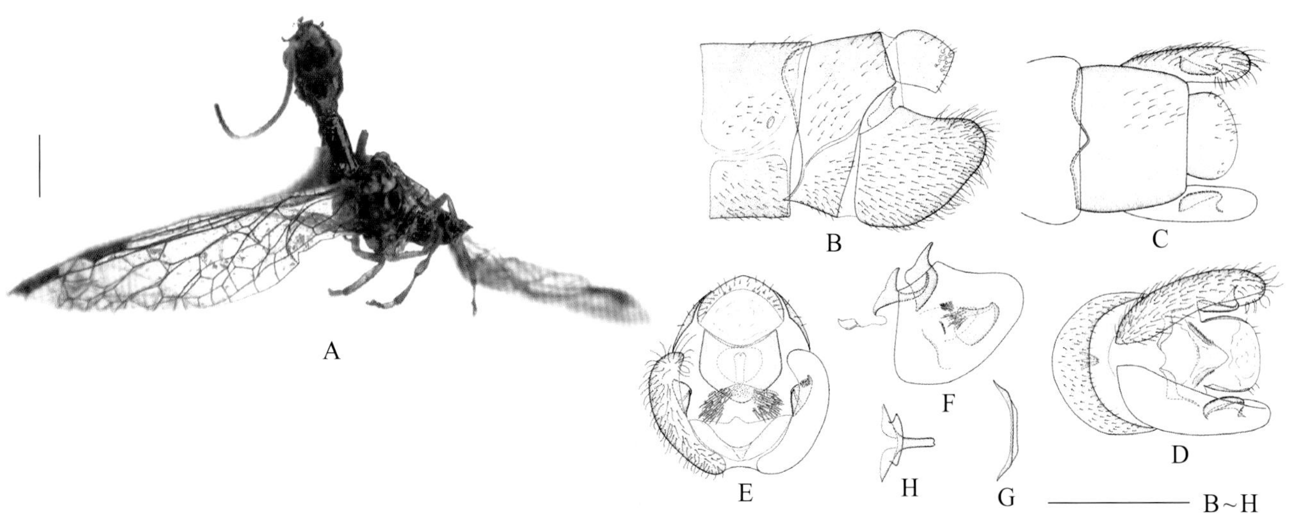

图 3-12-1　钝角盲蛇蛉 *Inocellia obtusangularis* 形态图
（标尺：A 为 1.0 mm，B ~ H 为 0.5 mm）
A. 成虫背面观　B. 雄虫外生殖器侧面观　C. 雄虫外生殖器背面观　D. 雄虫外生殖器腹面观　E. 雄虫外生殖器后面观　F. 雄虫外生殖器内部结构侧面观　G. 第 11 生殖基节背面观　H. 第 10 生殖基节复合体背面观

【测量】 雄虫体长 5.5 mm，前翅长 6.5 mm、后翅长 5.0 mm。

【形态特征】 头部近长方形、黑褐色；额和头顶之间的区域略凹陷，头顶两侧各具 1 对暗赤褐色楔形斑，头顶中部具 1 对暗赤褐色长纵斑，唇基两侧呈黄褐色。复眼灰褐色。围角片及触角柄节、梗节呈黄色，鞭节褐色。口器深褐色。胸部黑褐色，中后胸小盾片中部具 1 条黄色横斑。足黄色，被黄褐色毛。翅无色透明，翅痣褐色，翅脉黑褐色。腹部背面黑褐色，腹面两侧各具 1 个暗黄色斑；外生殖器浅黄色。第 9 生殖基节壳状，长略大于宽，侧面观端部钝圆；刺突近三角形、近第 9 生殖基节内端角，腹面后缘密布细小的齿，刺突内侧前半部被 1 丛毛簇；第 11 生殖基节壳状，后面观背缘略凹；伪阳茎短，两侧弱骨化区被 1 丛毛簇。雌虫未知。

【地理分布】 四川。

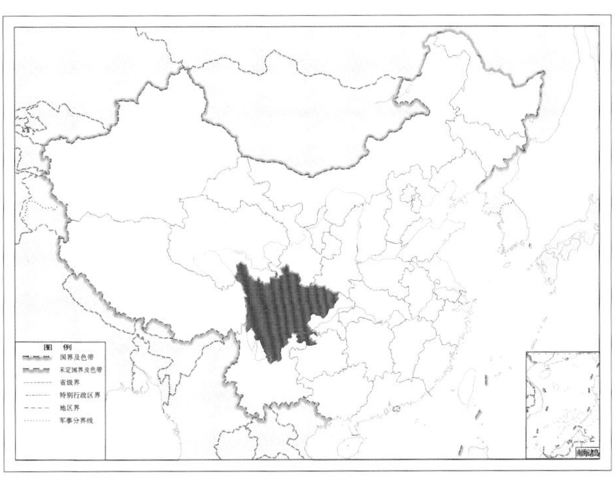

图 3-12-2　钝角盲蛇蛉 *Inocellia obtusangularis* 地理分布图

13. 西华盲蛇蛉 *Inocellia occidentalis* Liu, Lyu, H. Aspöck & U. Aspöck, 2018

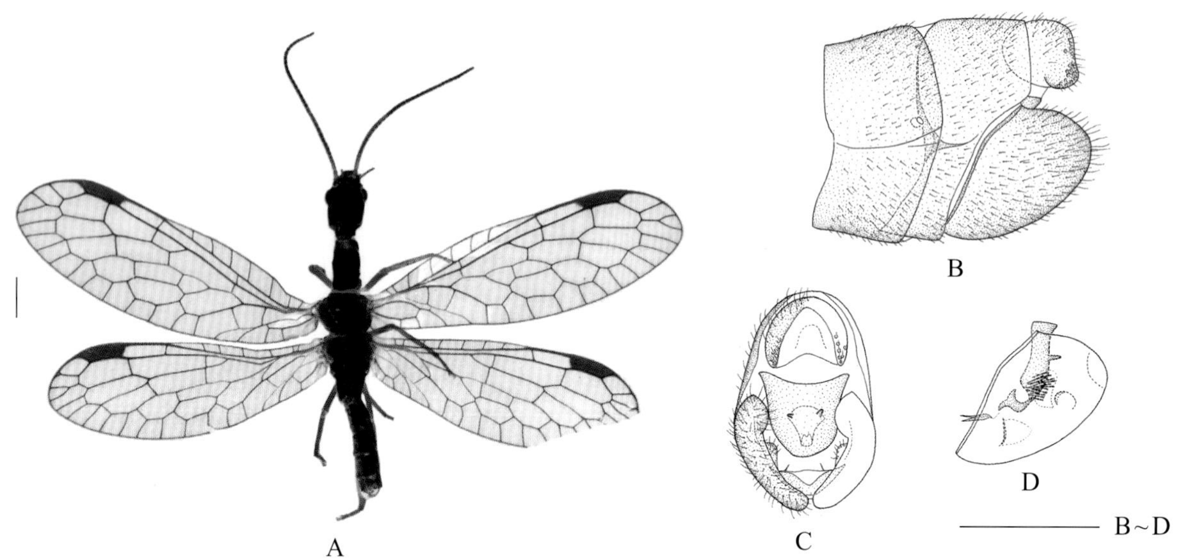

图 3-13-1 西华盲蛇蛉 *Inocellia occidentalis* 形态图

（标尺：A 为 1.0 mm，B ~ D 为 0.5 mm）

A. 成虫背面观 B. 雄虫外生殖器侧面观 C. 雄虫外生殖器后面观 D. 雄虫外生殖器内部结构侧面观

【测量】 雄虫前翅长 8.2 mm。

【形态特征】 头部近长方形、黑色，唇基红褐色，头顶中部具 1 对不明显的黄褐色带状斑，两侧具宽褐色斑，围角片淡黄色，触角柄节、梗节、鞭节基部 4 节黄色，触角其余部分淡褐色。口器黑褐色，下颚须淡黄褐色。胸部黑褐色；前胸背板前缘黄色，中后胸小盾片各具 1 个小黄斑，后胸背板前半部黄色。足黄色，密被黄色短毛。翅无色透明，翅痣和翅脉褐色。腹部背板黑褐色，腹板浅褐色，生殖前节每节背板和腹板后缘均具 1 条狭窄的黄色横斑；第 11 生殖基节中部具 1 对指状突起；第 9 生殖刺突略发达，伪阳茎点毛退化。雌虫未知。

【地理分布】 四川。

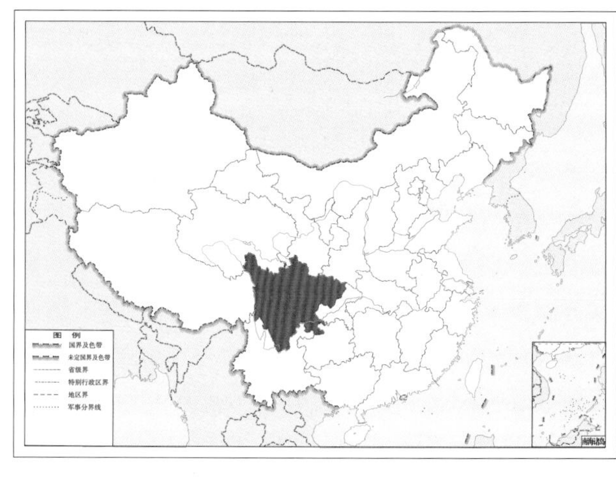

图 3-13-2 西华盲蛇蛉 *Inocellia occidentalis* 地理分布图

14. 罕盲蛇蛉 *Inocellia rara* Liu, H. Aspöck & U. Aspöck, 2014

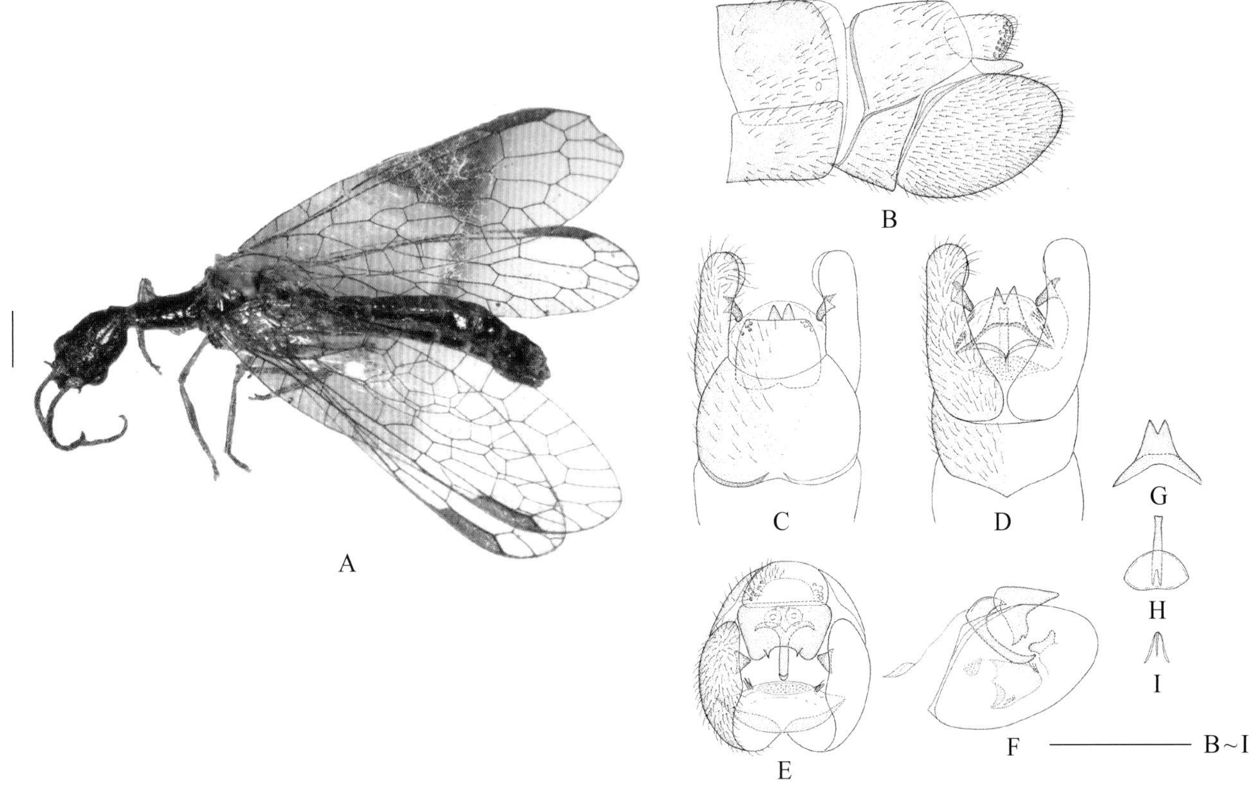

图 3-14-1　罕盲蛇蛉 *Inocellia rara* 形态图

（标尺：A 为 1.0 mm，B ~ I 为 0.5 mm）

A. 成虫背面观　B. 雄虫外生殖器侧面观　C. 雄虫外生殖器背面观　D. 雄虫外生殖器腹面观　E. 雄虫外生殖器后面观　F. 雄虫外生殖器内部结构侧面观　G. 第 11 生殖基节背面观　H. 第 10 生殖基节复合体背面观　I. 内生殖板侧面观

【测量】 雄虫前翅长 7.8 mm。

【形态特征】 头部近长方形，头顶中部具 1 对黄褐色纵条带，唇基赤褐色。围角片黄褐色，柄节、梗节和鞭节基部 4 节黄褐色，触角其他部分褐色。口器赤褐色。胸部黑色，前后胸小盾片前中部各具 1 个黄褐色斑。足黄褐色，胫节色略深，被黄色毛。翅无色透明，翅痣浅褐色，翅脉褐色，近翅缘处 RP 脉分为 3 支。雄虫第 9 生殖基节壳状，长略大于基部宽，具近三角形刺突；刺突末端钝圆，被 1 个不明显齿状突；第 11 生殖基节后面观侧缘呈弧形凹缺，背面观端部具 1 个 2 裂的突起。雌虫未知。

【地理分布】 台湾。

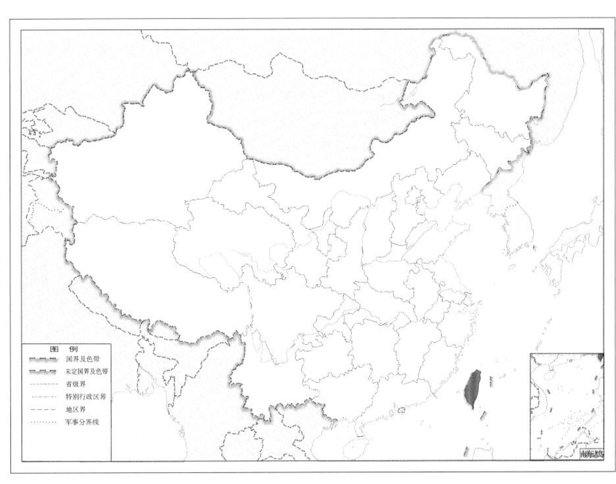

图 3-14-2　罕盲蛇蛉 *Inocellia rara* 地理分布图

15. 中华盲蛇蛉 *Inocellia sinensis* Navás, 1936

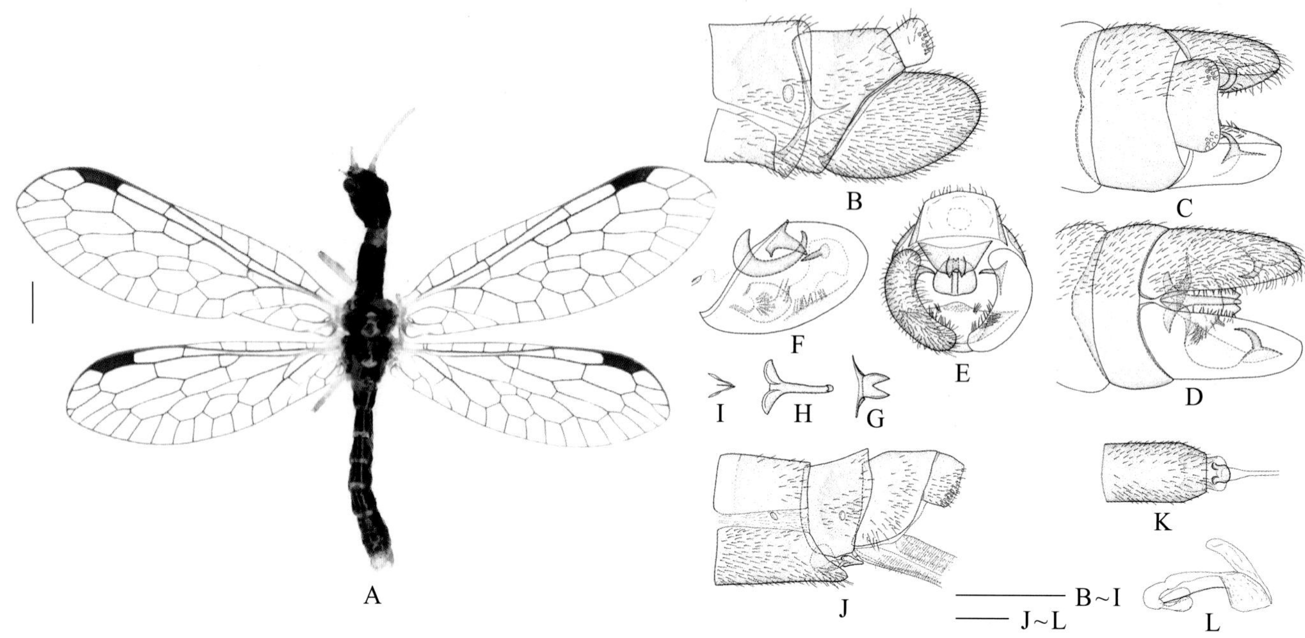

图 3-15-1 中华盲蛇蛉 *Inocellia sinensis* 形态图

（标尺：A 为 1.0 mm，B ~ L 为 0.5 mm）

A. 成虫背面观 B. 雄虫外生殖器侧面观 C. 雄虫外生殖器背面观 D. 雄虫外生殖器腹面观 E. 雄虫外生殖器后面观 F. 雄虫外生殖器内部结构侧面观 G. 第 11 生殖基节背面观 H. 第 10 生殖基节复合体背面观 I. 内生殖板侧面观 J. 雌虫外生殖器侧面观 K. 雌虫外生殖器腹面观 L. 交尾囊侧面观

【测量】 雄虫体长 9.5 mm，前翅长 7.5 ~ 8.5 mm、后翅长 6.5 ~ 7.0 mm。

【形态特征】 头部近长方形、黑色，唇基黄色。围角片和触角浅黄色。口器浅黄色，上颚深褐色。胸部黑色，中后胸黑褐色，中后胸黄色小盾片前半部具 1 个黄斑，中后胸外侧浅黄色。足浅黄色，被黄褐色刚毛，股节端部和胫节整体颜色略深。翅无色透明，翅痣褐色，翅脉褐色，纵脉基部除前翅臀脉外均为浅黄色，RP 脉前支端部 3 分叉。腹部黑褐色，腹面色略浅，生殖基节前节各节后缘均具黄色横斑；生殖节浅黄色，第 9 背板褐色。雄虫第 9 生殖基节末端第 9 生殖刺突近爪状；愈合的第 10 生殖基节复合体基部扁平，后部边缘略弯曲，侧面观末端可见 1 个细长的突起，突起略向背侧弯曲，顶点 2 分叉；第 11 生殖基节较小，后面观近梯形，中后部具 1 个 2 裂的突起，侧面观具 1 对小齿状突。雌虫第 7 腹板侧面观近梯形，向后略变窄，后缘平截；愈合的第 8 生殖基节（下生殖板）侧面观扁平，前半部侧面观具宽阔的弱骨化区域，背向，后部箭头形，侧面观前部宽阔，侧面中部骨化，后部中央强骨化成头盔状；肛上板侧面观呈长方形；中交尾囊近三角形，交尾囊管状；储精囊短小，端部具 1 对卵圆形的受精囊腺。

【地理分布】 台湾。

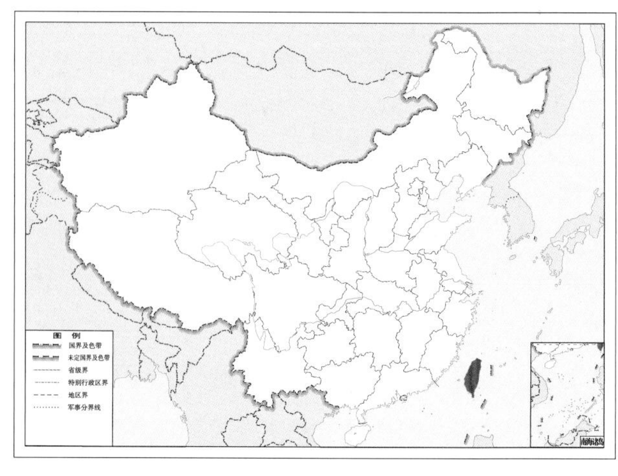

图 3-15-2 中华盲蛇蛉 *Inocellia sinensis* 地理分布图

图 3-15-3　中华盲蛇蛉 *Inocellia sinensis* 生态图（余之舟　摄）

16. 云南盲蛇蛉 *Inocellia yunnanica* Liu, H. Aspöck, Zhang & U. Aspöck, 2012

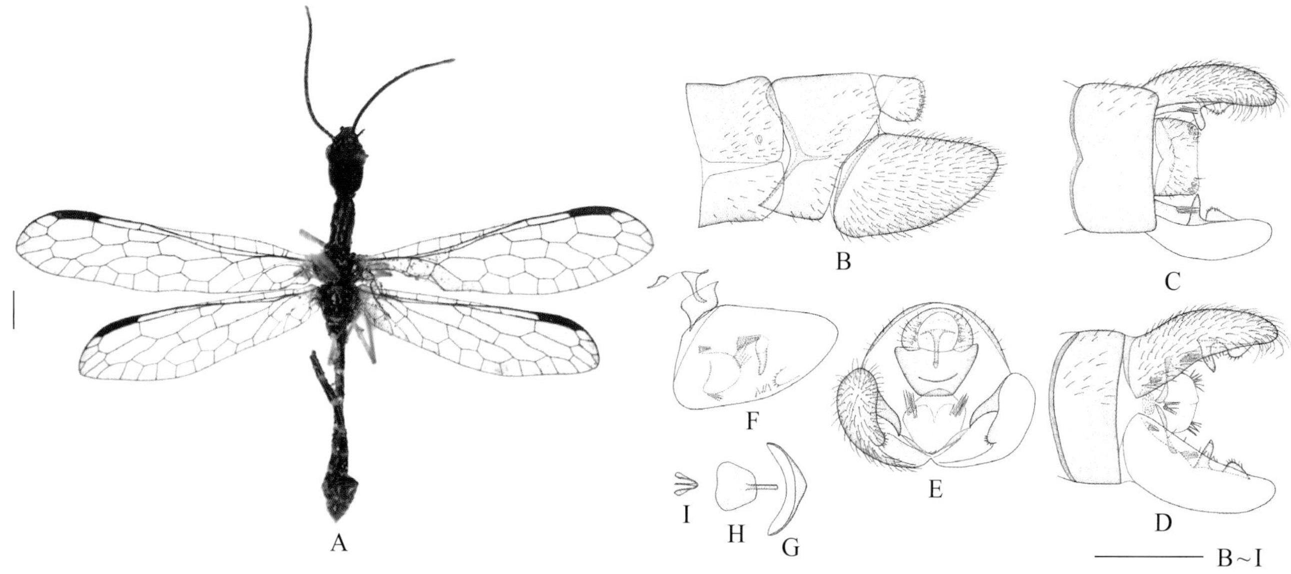

图 3-16-1　云南盲蛇蛉 *Inocellia yunnanica* 形态图
（标尺：A 为 1.0 mm，B ~ I 为 0.5 mm）

A. 成虫背面观　B. 雄虫外生殖器侧面观　C. 雄虫外生殖器背面观　D. 雄虫外生殖器腹面观　E. 雄虫外生殖器后面观　F. 雄虫外生殖器内部结构侧面观　G. 第 11 生殖基节背面观　H. 第 10 生殖基节复合体背面观　I. 内生殖板侧面观

【测量】 雄虫体长 10.0 mm，前翅长 8.2 mm、后翅长 6.6 mm；雌虫前翅长 13.3 mm，后翅长 11.5 mm。

【形态特征】 头部近方形，整体黑色。围角片及触角黑褐色。口器黑色，上颚端半部赤褐色。胸部黑色。足黄色，密被黄色短毛。翅无色透明，翅痣黑褐色，翅脉黑褐色；RP 脉端部 1 个分支为 2 分叉，1 个分支为单支。腹部黑褐色，腹板颜色略浅，生殖前节各节间膜黄色，生殖基节整体黄色。腹部生殖前节背面黑褐色，被黄色横条带。雄虫第 9 生殖基节延长；第 9 生殖刺突呈典型的爪状，第 9 生殖刺突端部腹面具 1 个近三角形叶状结构。雌虫第 8 背板端部腹面具 1 个钝圆突。

【地理分布】 云南。

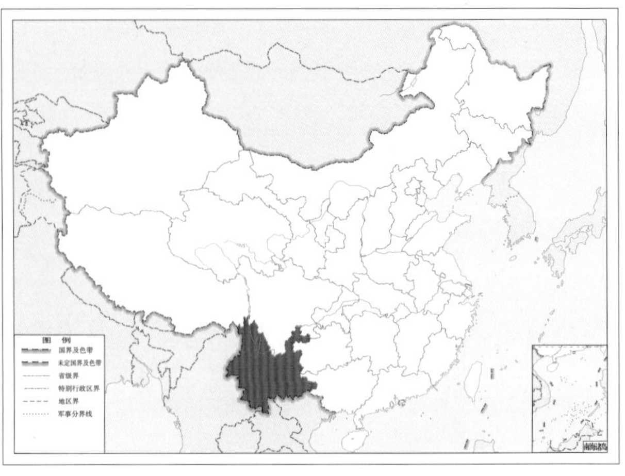

图 3-16-2 云南盲蛇蛉 *Inocellia yunnanica* 地理分布图

（三）华盲蛇蛉属 *Sininocellia* Yang, 1985

【鉴别特征】 体大型。成虫体黑褐色，头部、胸部和腹部具复杂的褐色或黄色斑。前翅亚前缘域中部具 1 个淡黄色小斑，RP 脉分支之间具 1 条横脉；后翅 MA 脉基干为 1 条倾斜的长纵脉。雄虫腹部第 8～9 节极度膨大；第 9 生殖基节壳状，长约等于宽，长于第 9 背板，端部内表面具 1 个略突出的第 9 生殖刺突，第 9 生殖刺突具大量毛簇；第 9 生殖叶呈细长的叶状；第 10 生殖基节复合体基部扁平，端部具 1 个细长的锄状突；第 11 生殖基节盾状，强骨化，中部具细长突；伪阳茎背基部具 1 个强骨化的骨片。

【地理分布】 河南、陕西、福建、广东。

【分类】 目前全世界已知 2 种，我国已知 2 种，本图鉴收录 2 种。

中国华盲蛇蛉属 *Sininocellia* 分种检索表

1. 腹部背面红褐色，具黄色中纵带；雌虫交尾囊具膜质板 ……………………… **集昆华盲蛇蛉** ***Sininocellia chikun***

   腹部黄色，两侧具 2 对 Z 形弯折的红褐色纵斑；雌虫交尾囊具 1 个强骨化骨片 …………………………………………………………………………………… **硕华盲蛇蛉** ***Sininocellia gigantos***

17. 集昆华盲蛇蛉 *Sininocellia chikun* Liu, H. Aspöck, Zhan & U. Aspöck, 2012

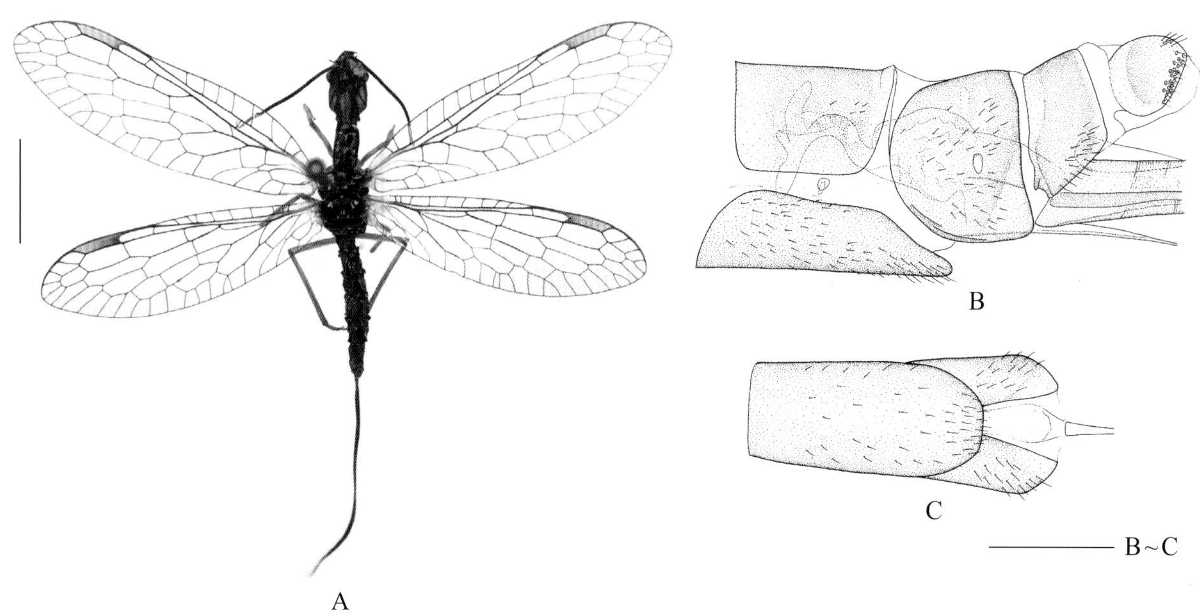

图 3-17-1　集昆华盲蛇蛉 *Sininocellia chikun* 形态图
（标尺：A 为 1.0 mm，B ~ C 为 0.5 mm）
A. 成虫背面观　B. 雌虫外生殖器侧面观　C. 雌虫外生殖器腹面观

【测量】 雌虫体长（包括产卵器）28.7 ~ 32.0 mm、体长（不包括产卵器）16.7 ~ 20.0 mm，前翅长 17.7 ~ 18.0 mm、后翅长 15.0 ~ 15.1 mm。

【形态特征】 头部近长方形，向后略变宽，黑褐色；唇基褐色，前部黄色，额区具 1 个黄色小斑点，头顶具 4 对黄斑，两侧的 3 对黄斑分别为近三角形、带状和小卵圆形，中部的 1 对黄斑向后头扩展；后头两侧具 1 对黄斑。围角片、触角柄节和梗节黄褐色，鞭节黑褐色。口器赤褐色。胸部黑褐色；前胸背板黑色，侧缘黄色，中央具黄色条带，形成心形；中后胸背板黑色，前部中央具 1 个较小的黄斑。足黄色，密被淡黄色短毛。翅无色透明，基部黄色，亚前缘域具 1 个黄斑，翅痣黄褐色，翅脉黑褐色；RP 脉端部具 4 ~ 5 分支。腹部背板红褐色，腹板淡黄色，每节背板中央具 1 条显著黄色条斑，每节生殖前节背板后缘具 1 对黄色小斑点。

【地理分布】 河南、陕西。

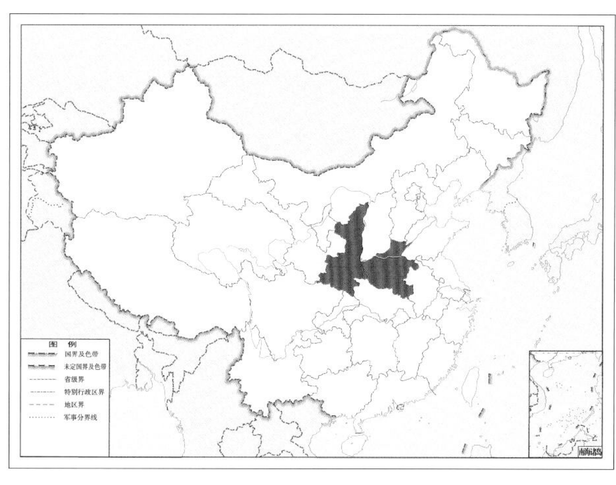

图 3-17-2　集昆华盲蛇蛉 *Sininocellia chikun* 地理分布图

18. 硕华盲蛇蛉 *Sininocellia gigantos* Yang, 1985

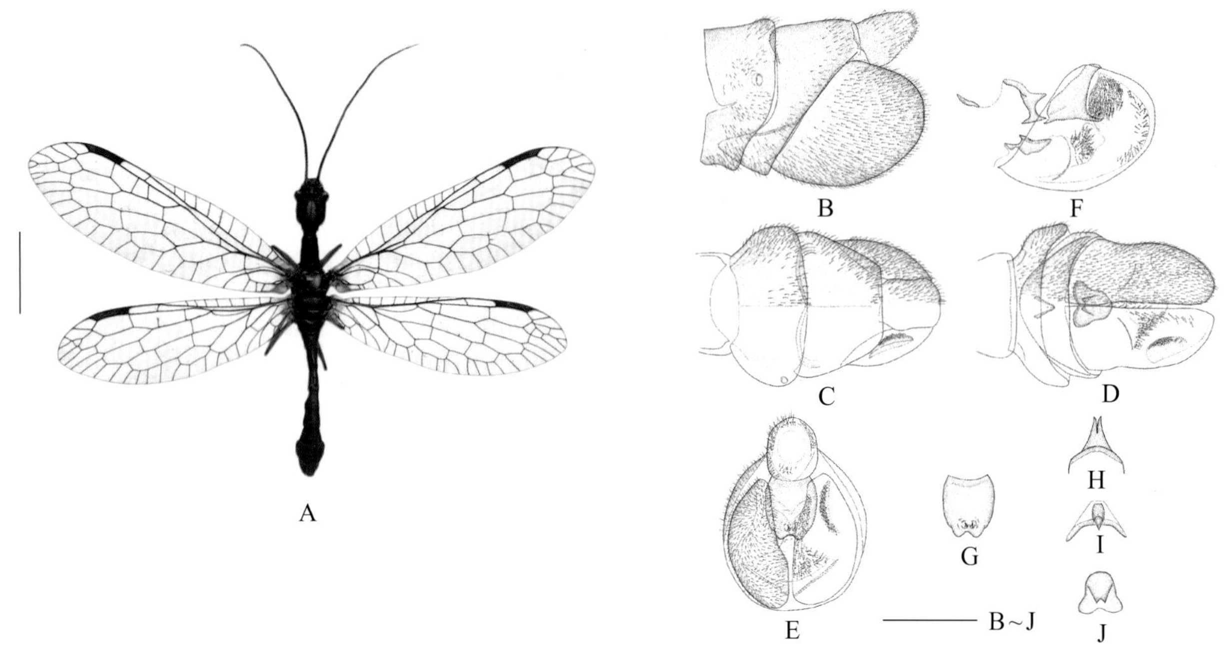

图 3-18-1 硕华盲蛇蛉 *Sininocellia gigantos* 形态图

（标尺：A 为 1.0 mm，B ~ J 为 0.5 mm）

A. 雄虫成虫背面观 B. 雄虫外生殖器侧面观 C. 雄虫外生殖器背面观 D. 雄虫外生殖器腹面观 E. 雄虫外生殖器后面观 F. 雄虫外生殖器内部结构侧面观 G. 雄虫第 11 生殖基节后面观 H. 雄虫第 11 生殖基节背面观 I. 雄虫第 10 生殖基节复合体背面观 J. 内生殖板侧面观

【测量】 雄虫体长 17.5 mm，前翅长 16.8 mm、后翅长 14.5 mm。

【形态特征】 头部近长方形，向后略宽，黑褐色，唇基黄色，额区具 1 个小黄斑，头顶具 4 对黄斑，两侧 3 对，分别为近三角形、带状和小卵圆形，中央 1 对向后头延伸，腹面两侧具数个大黄斑，黄斑具黑色网格线，后头两侧具黄斑。围角片、触角柄节、梗节和鞭节基部 4 节黄褐色，触角其他部分黑褐色。口器黄色，上唇、上颚端半部、下颚须和下唇须黑褐色。胸部黄色；前胸背板黑色，侧缘黄色，中央具黄色条带，形成心形；中后胸背板两侧具 1 对宽阔的赤褐色斑。足黄褐色，密被黄色短毛。翅无色透明，基部黄色，亚前缘域具 1 个黄斑；翅痣黑褐色，翅脉黑褐色；RP 脉端部具 4 ~ 6 分支。头部和前胸背板黑褐色，被复杂黄斑。腹部黄色，被赤褐色纵条纹，背面观之字形。雄虫第 9 生殖基节壳状，长与宽近等长，内侧具 1 个宽阔的、略突出的刺突；第 11 生殖基节盾状，中央具 1 对刺状突；第 10 生殖基节复合体端部具 1 个锄状突；伪阳茎基部背面具 1 个强骨化骨片。雌虫交尾囊具 1 个强骨化骨片。

【地理分布】 福建、广东。

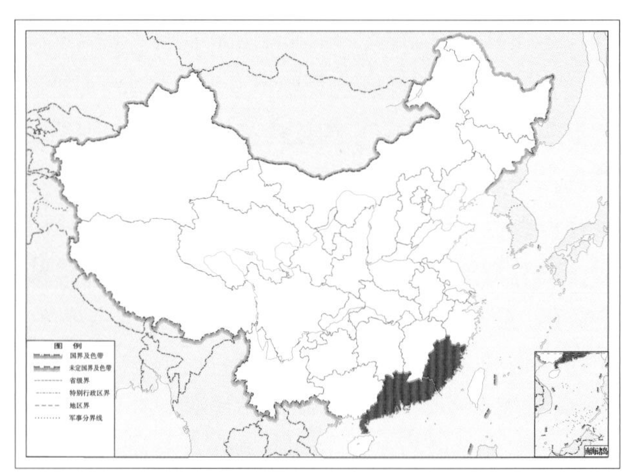

图 3-18-2 硕华盲蛇蛉 *Sininocellia gigantos* 地理分布图

二、蛇蛉科 Raphidiidae Latreille, 1810

【鉴别特征】 成虫具3个单眼。翅痣内具RA细脉。

【生物学特性】 成虫树栖。大部分种幼虫生活于土壤表层，特别是灌木附近的碎石中，有些甚至分布于岩石裂缝中；少数种幼虫可能在树皮下生活。成虫主要以昆虫为食，也取食其他节肢动物和花粉，喜取食蚜虫和其他胸喙亚目昆虫。

【地理分布】 分布于北半球。

【分类】 目前全世界已知26属206种，我国已知2属13种，本图鉴收录2属9种。

中国蛇蛉科 Raphidiidae 分属检索表

1. 雄虫第10生殖基节复合体缺失；肛上板基部膜质 ………………………… **蒙蛇蛉属 *Mongoloraphidia***

   雄虫第10生殖基节复合体略发达；肛上板为骨化结构、宽阔，后部显著加宽，显著向后延伸 ……………………………………………… **黄痣蛇蛉属 *Xanthostigma***

（四）蒙蛇蛉属 *Mongoloraphidia* H. Aspöck & U. Aspöck, 1968

【鉴别特征】 雄虫第10生殖基节复合体缺失；肛上板基部膜质。

【生物学特性】 同蛇蛉科生物学特性。

【地理分布】 中亚，东亚。

【分类】 目前全世界已知60余种，我国已知11种，本图鉴收录7种。

中国蒙蛇蛉属 *Mongoloraphidia* 分种检索表（雄虫）

1. 中国大陆种 ……………………………………… 4

   中国台湾种 ……………………………………… 2

2. 第9生殖叶后部具1对侧向弯曲的突起 ……………… **弯突蒙蛇蛉 *Mongoloraphidia* (*Formosoraphidia*) *curvata***

   第9生殖叶后部末端平直 ……………………………………… 3

3. 第9生殖叶具侧突 ……………… **台湾蒙蛇蛉 *Mongoloraphidia* (*Formosoraphidia*) *taiwanica***

   第9生殖叶无侧突 ……………… **独雄蒙蛇蛉 *Mongoloraphidia* (*Formosoraphidia*) *caelebs***

4. 前胸背板黑褐色，第9生殖刺突具2分叉 ……………… **奇刺蒙蛇蛉 *Mongoloraphidia abnormis***

   前胸背板褐色，第9生殖刺突不分叉 ……………………………………… 5

5. 第9生殖叶侧面观后部呈半球形；肛上板腹端角突出；伪阳茎基部具1对骨片 ………………

······ 六盘山蒙蛇蛉 *Mongoloraphidia liupanshanica*

第 9 生殖叶侧面观后部扁平；肛上板腹端角不突出；伪阳茎基部骨片缺失 ······ 6

6. 第 9 生殖叶细长，后部不显著膨大 ······ 林氏蒙蛇蛉 *Mongoloraphidia lini*

第 9 生殖叶明显加宽或膨大 ······ 7

7. 第 9 生殖基节顶端突起明显长于第 9 生殖刺突，长约为后者的 2 倍 ······ 杨氏蒙蛇蛉 *Mongoloraphidia yangi*

第 9 生殖基节顶端突起略短于第 9 生殖刺突，或与第 9 生殖刺突近等长，长最多不超过后者的 1.5 倍 ······ 7

8. 第 9 生殖叶腹面观略向后加宽，末端平截，外侧角具 1 个球形突起 ······ 西岳蒙蛇蛉 *Mongoloraphidia xiyue*

第 9 生殖叶腹面观后部明显膨大，呈心形或三角形，末端缩尖 ······ 9

9. 第 9 生殖叶腹面观后部呈心形 ······ 双千蒙蛇蛉 *Mongoloraphidia duomilia*

第 9 生殖叶腹面观后部近三角形 ······ 三角蒙蛇蛉 *Mongoloraphidia triangulata*

中国蒙蛇蛉属 *Mongoloraphidia* 分种检索表（雌虫）

1. 中国大陆种 ······ 5

中国台湾种 ······ 2

2. 第 8 背板前部具延长突起，第 7 ~ 8 节间膜前缘拱形 ······

······ 宝岛蒙蛇蛉 *Mongoloraphidia* (*Formosoraphidia*) *formosana*

第 8 背板前部凸状，但不呈突起状，第 7 ~ 8 节间膜前缘不呈拱形 ······ 3

3. 受精囊腺主干短于受精囊腺 ······ 弯突蒙蛇蛉 *Mongoloraphidia* (*Formosoraphidia*) *curvata*

受精囊腺主干长于受精囊腺 ······ 4

4. 第 7 腹板后半部凸，与前半部近等长 ······ 独雄蒙蛇蛉 *Mongoloraphidia* (*Formosoraphidia*) *caelebs*

第 7 腹板后半部凸，约为前半部长的 1/3 ······ 台湾蒙蛇蛉 *Mongoloraphidia* (*Formosoraphidia*) *taiwanica*

5. 第 8 背板前缘不突出 ······ 六盘山蒙蛇蛉 *Mongoloraphidia liupanshanica*

第 8 背板前缘突出 ······ 6

6. 中交尾囊侧面具 1 对骨化突 ······ 7

中交尾囊侧面无骨化突 ······ 西岳蒙蛇蛉 *Mongoloraphidia xiyue*

7. 第 7 腹板侧面观不明显向后突伸；第 8 背板前缘突与前缘成直角 ······ 双千蒙蛇蛉 *Mongoloraphidia duomilia*

第 7 腹板侧面观不明显向后突伸；第 8 背板前缘突与前缘不成直角 ······

······ 三角蒙蛇蛉 *Mongoloraphidia triangulata*

19. 奇刺蒙蛇蛉 *Mongoloraphidia abnormis* Liu, H. Aspöck, Yang & U. Aspöck, 2010

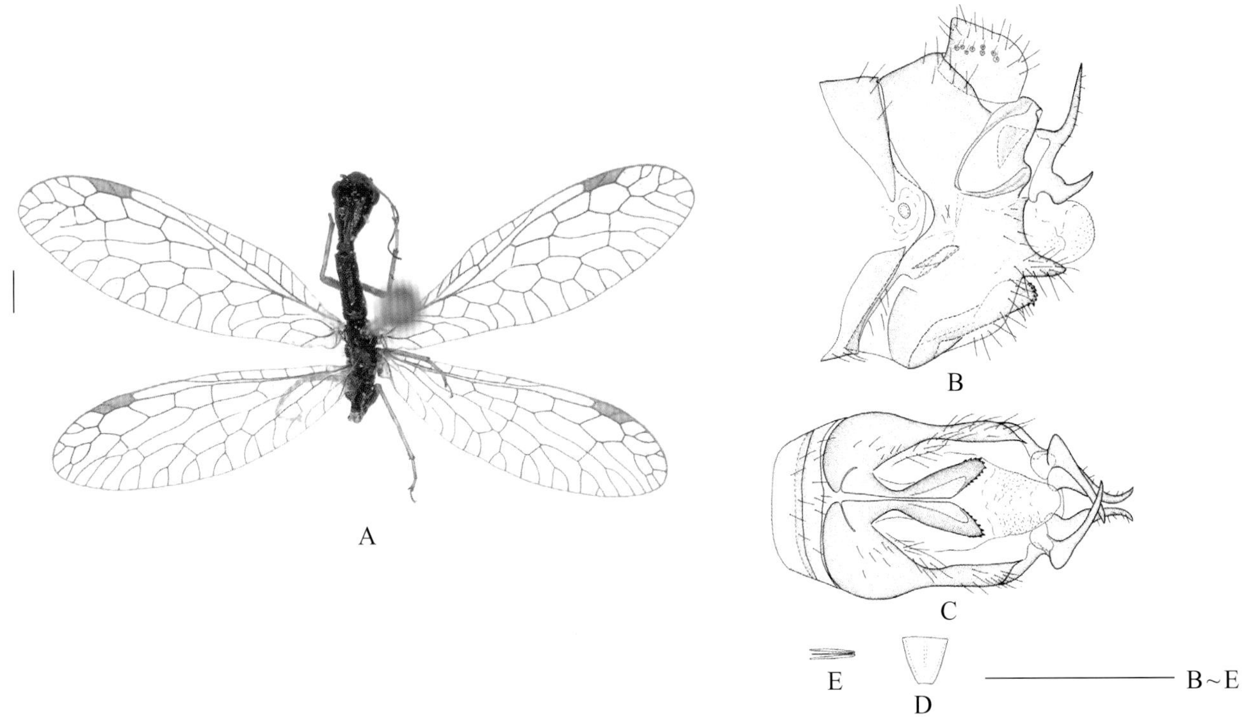

图 3-19-1　奇刺蒙蛇蛉 *Mongoloraphidia abnormis* 形态图

（标尺：A 为 1.0 mm，B ~ E 为 0.5 mm）

A. 成虫背面观　B. 雄虫外生殖器侧面观　C. 雄虫外生殖器腹面观　D. 第 11 生殖基节背面观　E. 内生殖板侧面观

【测量】 雄虫体长 7.1 mm，前翅长 8.3 mm、后翅长 7.9 mm。

【形态特征】 头部延长，后部缢缩，纯黑色。复眼黑褐色。围角片黑色，触角黄色，柄节、鞭节端半部褐色。口器黑色；上颚黄色，末端赤褐色。前胸背板细长，黑褐色。中后胸纯黑色。足黄色，被黄色短毛，中后足基节黑褐色。翅无色透明；翅痣窄，长约为宽的 4 倍，前翅翅痣中部具 RA 脉分支，后翅翅痣末端 1/3 处具 1 条横脉，纯褐色；翅脉褐色；RP 脉前端 2 分支，2 分支末端为单支。腹部黑色，每节生殖前节背板和腹板分别具 1 对黄色色带。生殖节纯黑色；雄虫第 9 生殖叶呈心形，刺突 2 裂。雌虫未知。

【地理分布】 吉林。

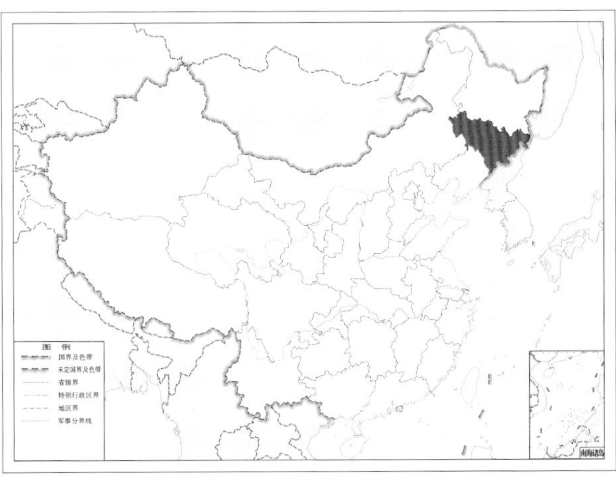

图 3-19-2　奇刺蒙蛇蛉 *Mongoloraphidia abnormis* 地理分布图

20. 弯突蒙蛇蛉 *Mongoloraphidia* (*Formosoraphidia*) *curvata* Liu, H. Aspöck, Hayashi & U. Aspöck, 2010

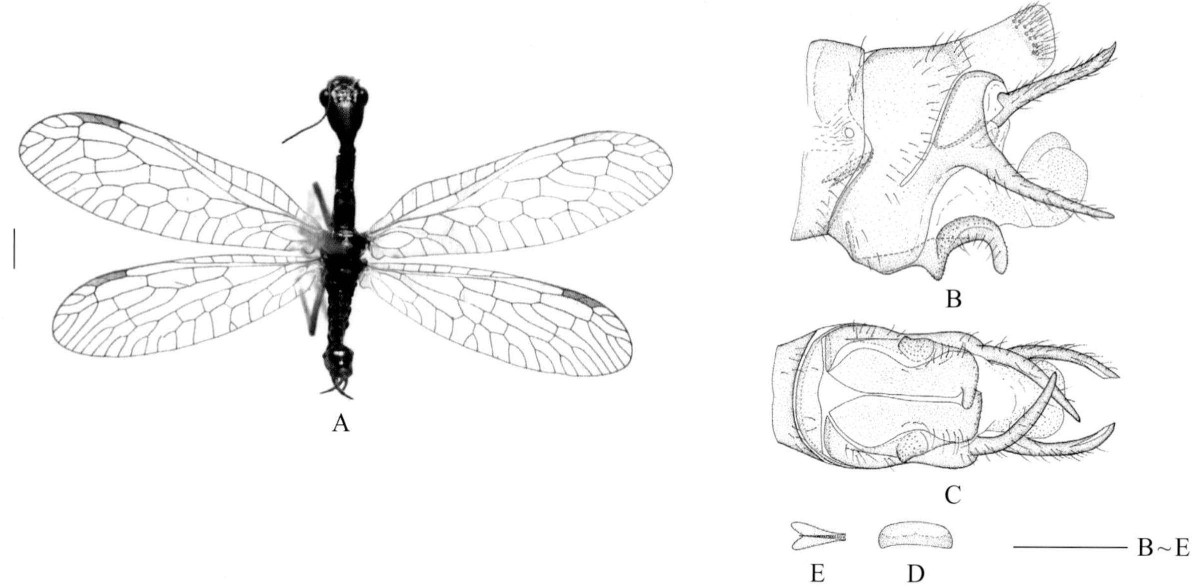

图 3-20-1 弯突蒙蛇蛉 *Mongoloraphidia* (*Formosoraphidia*) *curvata* 形态图
（标尺：A 为 1.0 mm，B ~ E 为 0.5 mm）

A. 成虫背面观 B. 雄虫外生殖器侧面观 C. 雄虫外生殖器腹面观 D. 雄虫第 11 生殖基节背面观 E. 内生殖板侧面观

【测量】 雄虫体长 8.5 mm，前翅长 8.3 mm、后翅长 7.2 mm；雌虫体长（不包括产卵器）9.4 mm、体长（包括产卵器）12.9 mm，前翅长 8.7 mm、后翅长 7.5 mm。

【形态特征】 头延长，后部缢缩，黑色；唇基赤褐色，边缘浅黄色。围角片黑色，触角褐色。口器黑色，上颚黄色，近端部 1/3 赤褐色。前胸背板细长、褐色，侧缘浅黄色，前半部中央具 1 黄色条带，后半部具 3 黄色条带，中间的条带位置更靠近后部；中后胸黑色，每节背板前部中央具 1 个近三角形黄色斑，小盾片黄色。足黄色，被褐色短毛。翅膜质、透明，翅痣狭窄，长约为宽的 4 倍，黄褐色；翅脉褐色，RA 脉黄色；RP 脉前支端部 4 分叉，3 支为单支，1 支为 2 分叉；后翅 MA 脉基干看似 1 条横脉。腹部黑褐色；各节生殖前节背板侧后缘黄色，前部中央和后部中央各具 1 个黄斑，各节腹板后缘具 1 条狭窄的黄色横斑；生殖节黄色。第 9 生殖叶后部具 1 对侧向弯曲的突起。雌虫第 8 背板前部凸，但不呈突起，第 7 ~ 8 节间膜前缘不呈拱形，受精囊腺主干短于受精囊腺。

【地理分布】 台湾。

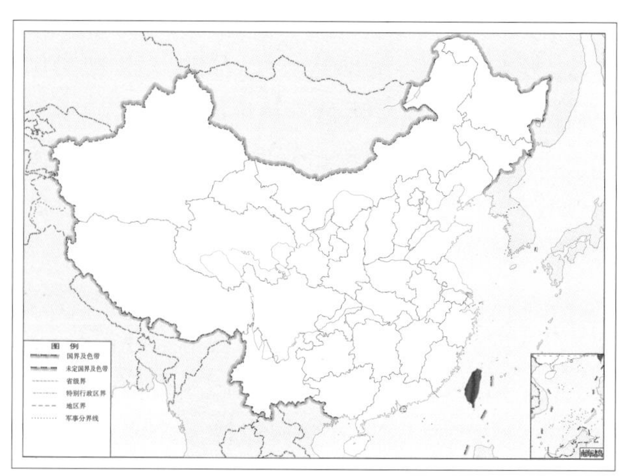

图 3-20-2 弯突蒙蛇蛉 *Mongoloraphidia* (*Formosoraphidia*) *curvata* 地理分布图

21. 双千蒙蛇蛉 *Mongoloraphidia duomilia* (Yang, 1998)

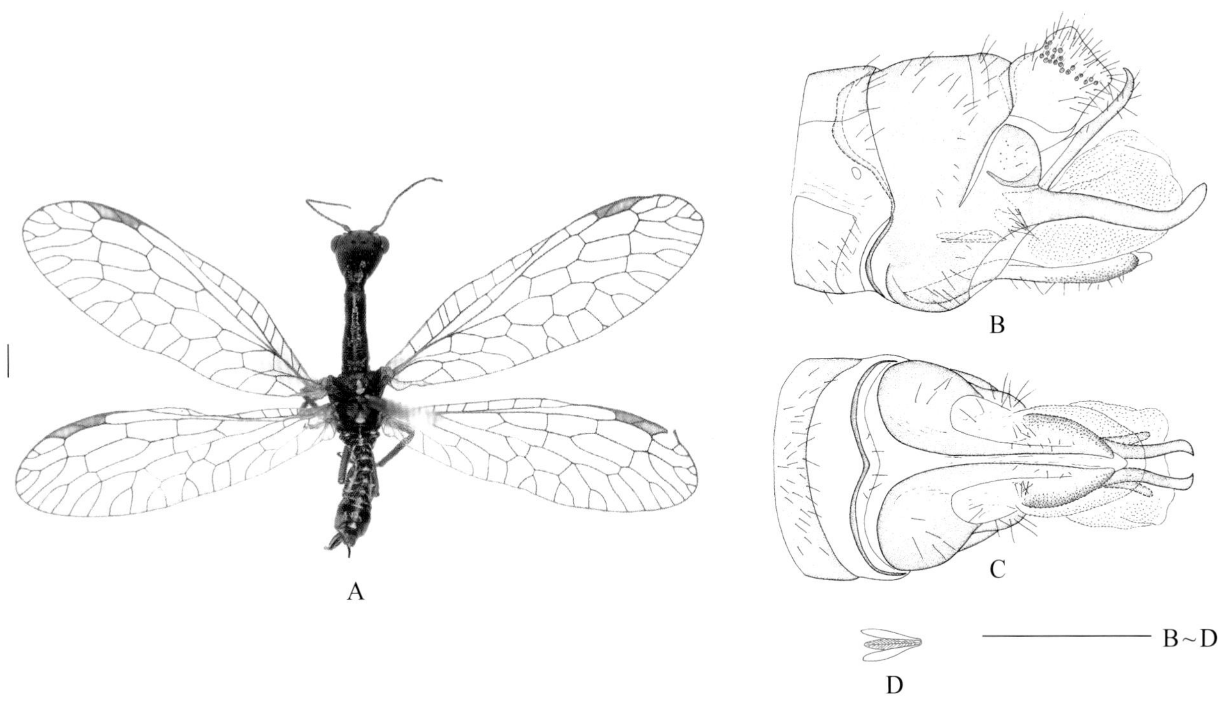

图 3-21-1　双千蒙蛇蛉 *Mongoloraphidia duomilia* 形态图

（标尺：A 为 1.0 mm，B ~ D 为 0.5 mm）

A. 成虫背面观　B. 雄虫外生殖器侧面观　C. 雄虫外生殖器腹面观　D. 内生殖板侧面观

【测量】 雄虫体长 9.0 ~ 10.3 mm，前翅长 8.0 ~ 9.3 mm、后翅长 7.4 ~ 8.2 mm；雌虫体长（不包括产卵器）9.9 ~ 11.6 mm、体长（包括产卵器）15.3 ~ 17.2 mm，前翅长 8.1 ~ 9.0 mm、后翅长 7.0 ~ 8.8 mm。

【形态特征】 体黑色，具黄斑。头黑色，触角黑褐色、基部黄褐色，上颚红褐色、具 3 齿，上唇和唇基黄色。前胸背板暗褐色，具黄褐色纹；中后胸黑色，小盾片黄色。足黄色，跗节端部较暗。翅无色透明；翅痣淡褐色，内具 1 条横脉，近端部；翅脉黑色，基部黄褐色；前翅 RP 脉分 9 ~ 10 支。雄虫第 9 生殖节具极度延长的臂状突；第 9 生殖刺突细长；第 9 生殖叶箭状，后部不分叉，中部膜质。腹部黑色，背中和两侧具黄色纵带斑，腹板各节后缘具宽窄不等的横带。雌虫第 7 ~ 8 体节节间膜延伸至第 7 腹板后部的 1/3 处；交尾囊侧面具较长的急剧变细的骨化边缘。

【地理分布】 河北、山西、河南、陕西、甘肃。

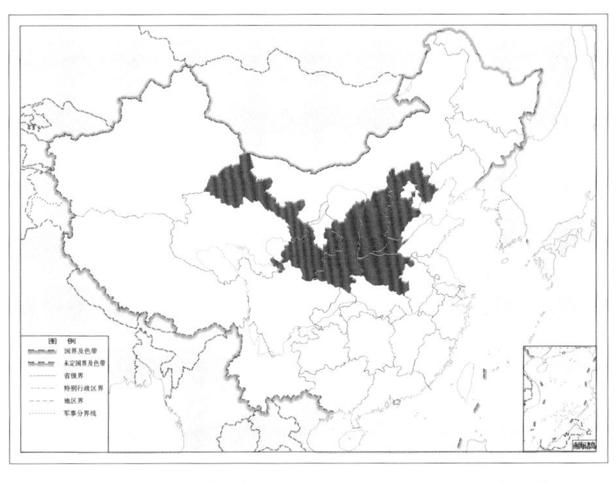

图 3-21-2　双千蒙蛇蛉 *Mongoloraphidia duomilia* 地理分布图

22. 林氏蒙蛇蛉 *Mongoloraphidia lini* Liu, Lyu, H. Aspöck & U. Aspöck, 2018

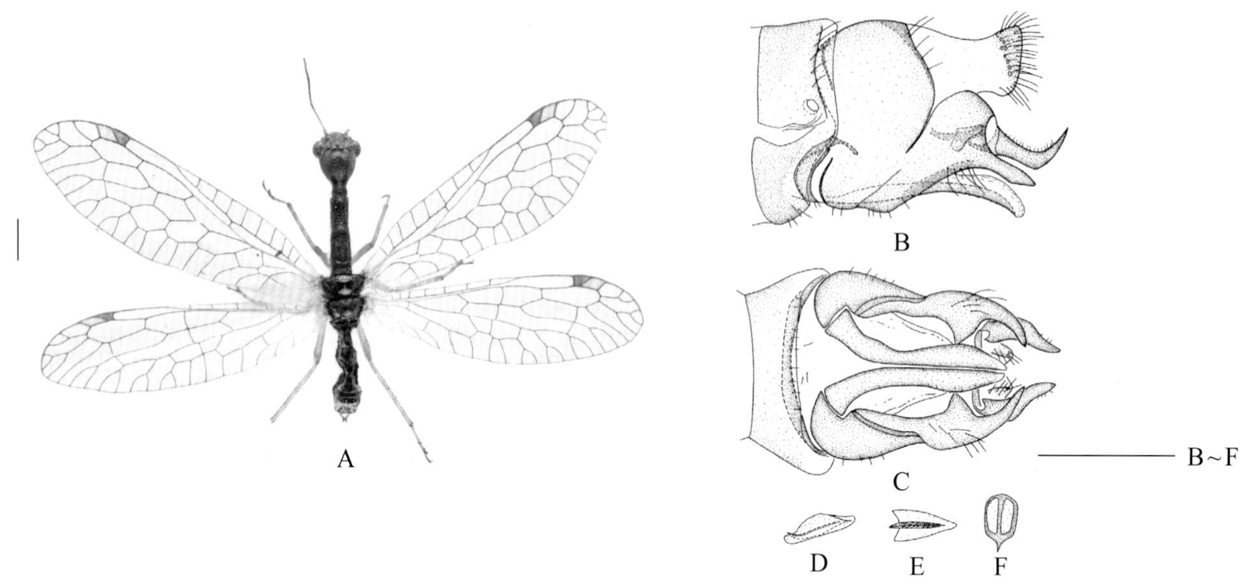

图 3-22-1 林氏蒙蛇蛉 *Mongoloraphidia lini* 形态图

（标尺：A 为 1.0 mm，B ~ F 为 0.5 mm）

A. 成虫背面观 B. 雄虫外生殖器侧面观 C. 雄虫外生殖器腹面观 D. 内生殖板侧面观 E. 内生殖板腹面观 F. 第 11 生殖基节后面观

【测量】 雄虫体长 8.0 mm，前翅长 8.0 mm、后翅长 7.2 mm。

【形态特征】 头部卵圆形，后部缢缩，整体黑色，唇基红褐色。复眼淡灰黑色。围角片黑色，触角黄色，鞭节端半部黑褐色。口器黄色，上颚端半部、下颚须和下唇须深褐色。前胸背板细长，浅褐色；前半部中央具 1 条黄褐色纵斑，沿两侧向后部延伸，后半部具 3 条黄褐色纵斑。中后胸黑色，中胸前盾片和小盾片黄色，后胸仅小盾片黄色。足黄色，密被黑褐色短毛，跗节 3 ~ 5 节略黑。翅无色透明，翅痣短，长约为宽的 2.5 倍，翅痣中部具 1 条横脉，翅痣基半部浅褐色，翅痣端半部浅黄色；翅脉黑褐色，前翅 C 脉和 R 脉基半部及后翅多数纵脉的基半部黄色。前翅 RP 脉前支 3 分叉，其中 2 ~ 3 支末端分叉；后翅 RP 脉前分支的其中 1 支单支，另一支末端分叉。腹部黑色，生殖前节两侧具 1 对黄色条斑；各节腹板后缘具 1 条黄色横条带；生殖节浅黄褐色，除第 9 生殖基节外均为褐色。雄虫第 9 生殖基节具 1 个爪状突，爪状突的长接近第 9 生殖刺突；第 9 生殖刺突向背中部强烈弯曲；第 9 生殖叶具 1 对细长的叶。

【地理分布】 四川。

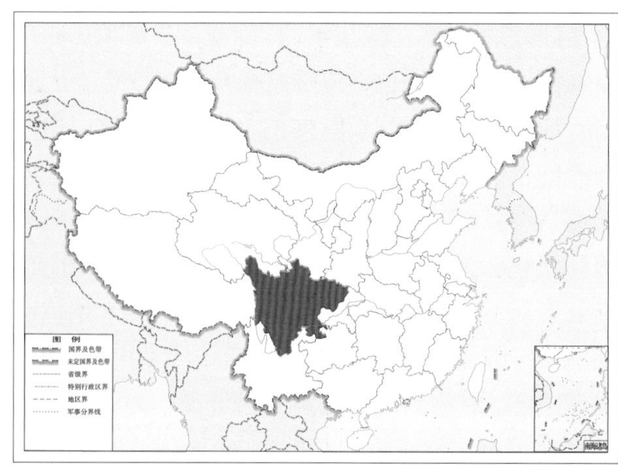

图 3-22-2 林氏蒙蛇蛉 *Mongoloraphidia lini* 地理分布图

23. 六盘山蒙蛇蛉 *Mongoloraphidia liupanshanica* Liu, H. Aspöck, Yang & U. Aspöck, 2010

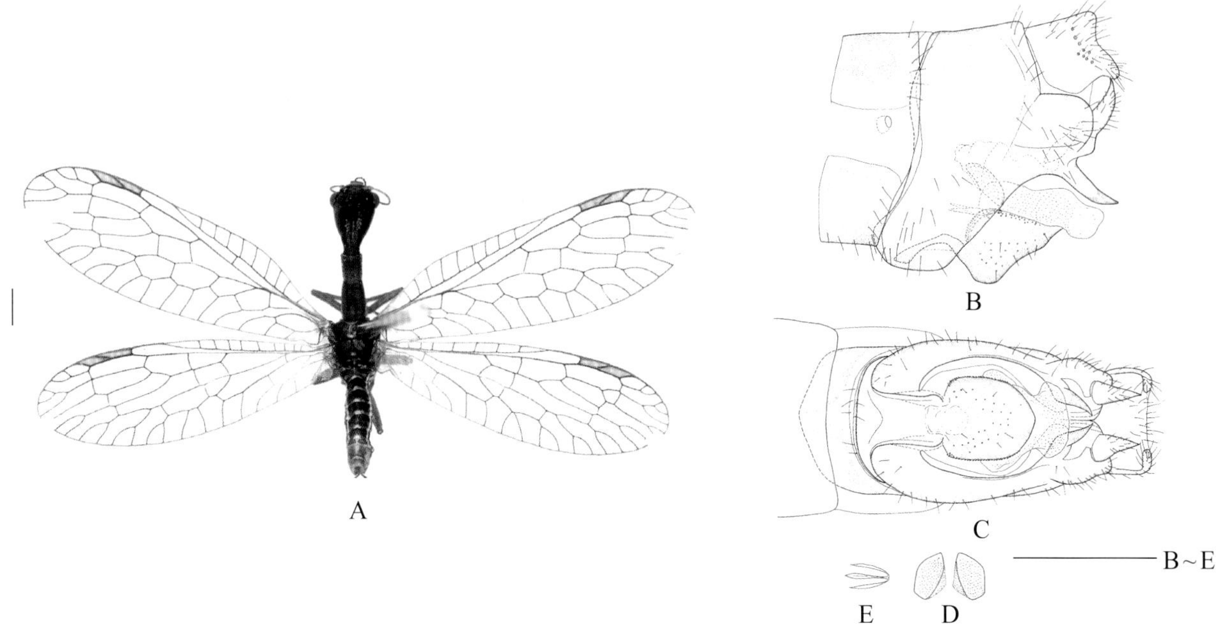

图 3-23-1　六盘山蒙蛇蛉 *Mongoloraphidia liupanshanica* 形态图

（标尺：A 为 1.0 mm，B ~ E 为 0.5 mm）

A. 成虫背面观　B. 雄虫外生殖器侧面观　C. 雄虫外生殖器腹面观　D. 第 11 生殖基节背面观　E. 内生殖板侧面观

【测量】 雄虫体长 9.4 ~ 10.6 mm，前翅长 8.5 ~ 9.5 mm、后翅长 7.1 ~ 8.8 mm。

【形态特征】 体黑褐色，前胸背板和腹部具黄色斑。头部延伸，后部渐窄，黑色，唇基褐色，具黄色前缘；复眼黑褐色；围角片黑色；触角柄节、梗节黄色，鞭节基部到端部由黑色向褐色渐变；口器褐色，上唇和上颚基半部黄色。前胸背板较细长、呈褐色，边缘黄色，后半部具黄色斑。中后胸黑褐色；中胸背板前部中央具近三角形黄褐斑，小盾片中部黄色；后胸背板小盾片中央黄色；后侧片、下前侧片、上前侧片和基腹片间的关节具黄色条带。足黄色，被黑色短毛，中后足基节黑褐色。翅无色透明；翅痣狭窄，长约为宽的 6 倍，中部具 1 条横脉；翅脉黑褐色，前翅 C 脉和 R 脉基半部及后翅多数纵脉基部黄色；RP 脉前支 2 分叉，1 支 3 分叉，1 支单支。腹部黑褐色，侧面略浅；生殖前节各节侧面具 1 对黄色条带；每节背板具 1 个小黄斑，侧面具 1 对黄色条带，每节腹板后部具 1 条横向黄色斑。雄虫肛上板后部向腹面突伸；第 9 生殖叶短小，后部呈盾状，相当深；伪阳茎基部具 1 对粗糙的骨片。

【地理分布】 宁夏。

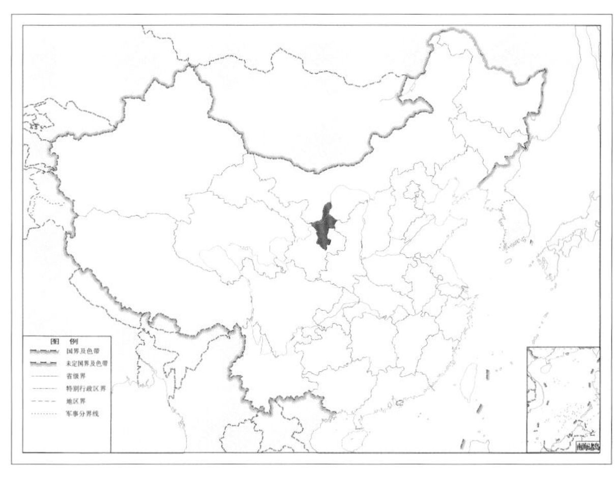

图 3-23-2　六盘山蒙蛇蛉 *Mongoloraphidia liupanshanica* 地理分布图

24. 三角蒙蛇蛉 *Mongoloraphidia triangulata* Liu, Lyu, H. Aspöck & U. Aspöck, 2018

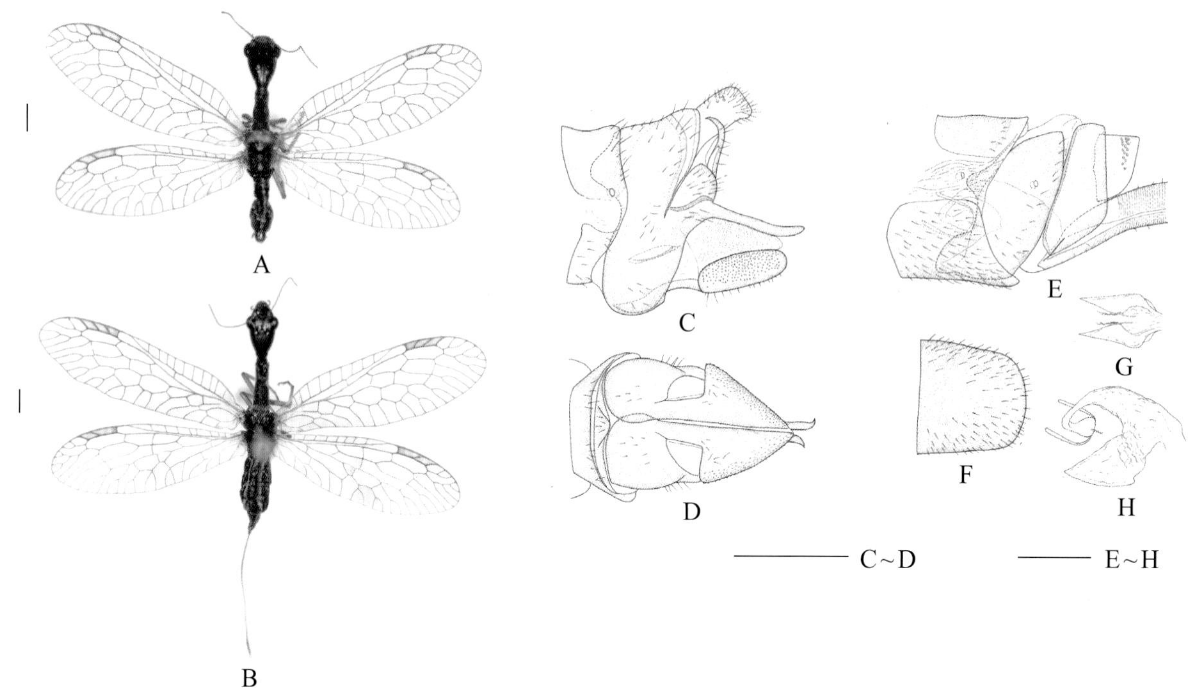

图 3-24-1 三角蒙蛇蛉 *Mongoloraphidia triangulata* 形态图

（标尺：A ~ B 为 1.0 mm，C ~ H 为 0.5 mm）

A. 雄虫成虫背面观 B. 雌虫成虫背面观 C. 雄虫外生殖器侧面观 D. 雄虫外生殖器腹面观 E. 雌虫外生殖器侧面观 F. 雌虫第 7 腹板腹面观 G. 中交尾囊背面观 H. 交尾囊侧面观

【测量】 雄虫体长 8.7 mm，前翅长 8.8 ~ 9.2 mm、后翅长 7.7 ~ 8.0 mm；雌虫体长（包括产卵器）16.7 ~ 17.0 mm、体长（不包括产卵器）10.8 ~ 11.3 mm，前翅长 10.7 ~ 11.1 mm、后翅长 9.2 ~ 9.7 mm。

【形态特征】 体黑褐色。头部卵圆形，后部略缢缩，黑色，头顶中部和两侧具 3 条赤褐色纵斑，唇基赤褐色。复眼灰黑色。围角片黄褐色；触角黄色，鞭节端半部颜色逐渐加深。口器黄色，上颚端半部、下颚须末端 2 节和整个下唇须赤褐色。前胸背板细长、赤褐色，后半部具 3 条褐色纵斑；中后胸黑褐色，中胸前盾片和小盾片黄色，后胸仅小盾片黄色。足浅黄褐色，密被黑褐色短毛。翅无色透明；翅痣狭窄，长约为宽的 4 倍，末端 1/3 处具 1 条横脉；翅痣浅黄褐色，与翅痣后第 1 个翅室近等长。翅脉黑褐色，前翅 C 脉和 R 脉基半部及后翅多数纵脉基部黄色；前后翅 RP 脉前分支具 1 个单支和 1 个 2 分叉或 3 分叉的分支。腹部黑褐色；生殖前节各节两侧均具 1 对黄色条斑，背板中部具 1 条斑，腹板后缘具 1 条黄色横斑；生殖节黑褐色，第 9 背板和肛上板大面积黄色。腹部背侧具 1 显著黄色条带，生殖前节两侧具 1 对黄色条带。雄虫第 9 生殖叶（下瓣）后部膨大，近三角形。

【地理分布】 河南。

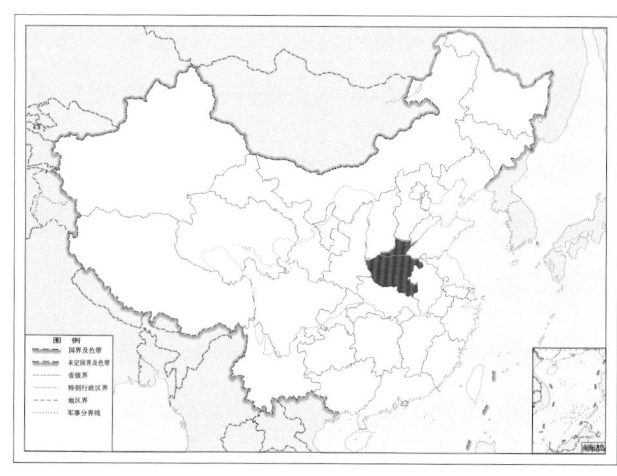

图 3-24-2 三角蒙蛇蛉 *Mongoloraphidia triangulata* 地理分布图

25. 杨氏蒙蛇蛉 *Mongoloraphidia yangi* Liu, H. Aspöck, Yang & U. Aspöck, 2010

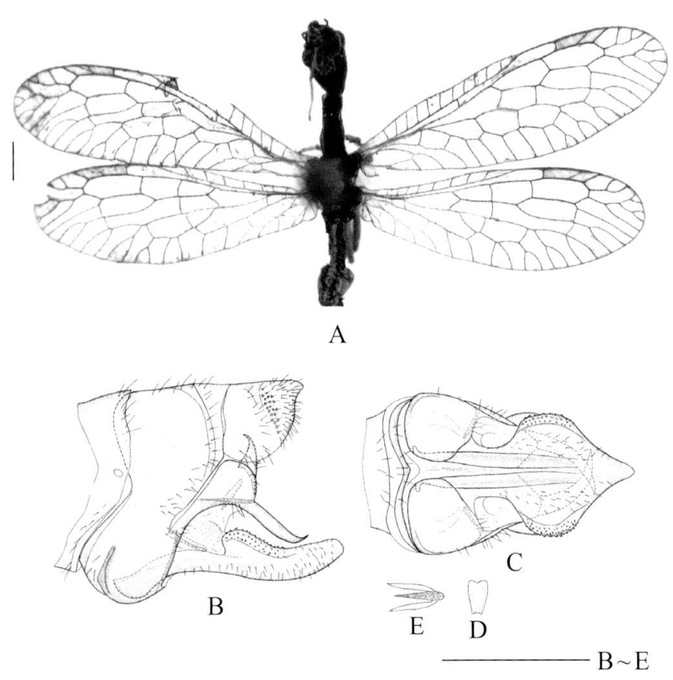

图 3-25-1 杨氏蒙蛇蛉 *Mongoloraphidia yangi* 形态图

（标尺：A 为 1.0 mm，B ~ E 为 0.5 mm）

A. 成虫背面观 B. 雄虫外生殖器侧面观 C. 雄虫外生殖器腹面观 D. 第 11 生殖基节背面观 E. 内生殖板侧面观

【测量】 雄虫体长 8.3 mm，前翅长 8.1 mm、后翅长 7.3 mm。

【形态特征】 头部卵圆形，后部略缢缩，黑色，头顶中部具 1 对赤褐色条斑，两侧具 1 对不明显的褐色条斑，唇基褐色。复眼黑褐色。围角片黑色；触角黄色，鞭节基部到端部颜色逐渐加深至褐色。口器褐色，上颚基半部黄色。前胸背板较细长、褐色，中部具不明显的黑色条斑，后缘具 1 个黄色斑点；中后胸黑褐色，中胸背板前部中央具 1 个近三角形黄色斑，小盾片中部黄色；后胸小盾片中部黄色。足黄色，密被黑褐色短毛，中后足基节黑褐色。翅无色透明；翅痣狭窄，长约为宽的 5 倍，近端部 1/3 处具 1 条横脉，翅痣整体淡黄色；翅脉褐色，前翅 C 脉和 R 脉基半部及后翅多数纵脉基部黄色；RP 脉端部 2 分支为 2 分叉，2 分支为单支。腹部黑褐色；生殖前节各节两侧均具 1 对黄色条斑，每节背板中央具 1 黄色条斑，每节腹板两侧具 1 对黄色条斑；腹部生殖前节各节背板具显著黄色条纹。雄虫第 9 生殖叶发达，侧缘膨大，后部扩展，呈一心形骨片。

【地理分布】 湖北。

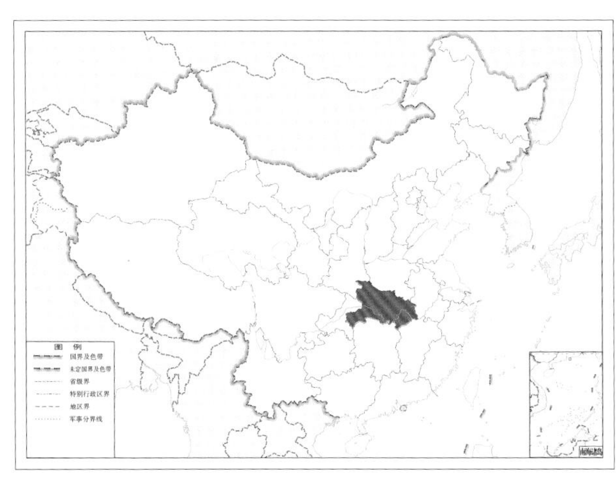

图 3-25-2 杨氏蒙蛇蛉 *Mongoloraphidia yangi* 地理分布图

（五）黄痣蛇蛉属 *Xanthostigma* Navás, 1909

【鉴别特征】 雄虫第 10 生殖基节复合体略发达；肛上板为骨化结构、宽阔，后部显著加宽，显著向后延伸。

【生物学特性】 同蛇蛉科生物学特性。

【地理分布】 广泛分布于古北界。

【分类】 目前全世界已知 5 种，我国已知 2 种，本图鉴收录 2 种。

中国黄痣蛇蛉属 *Xanthostigma* 分种检索表

1. 雄虫第 9 生殖基节腹缘光滑；第 9 生殖叶后缘狭窄、似刀状；第 10 生殖基节复合体狭窄，密布小齿；第 11 生殖基节缺失 ………… **戈壁黄痣蛇蛉 *Xanthostigma gobicola***

   雄虫第 9 生殖基节具 1 排小齿；第 9 生殖叶后缘加宽，顶端钝圆；第 10 生殖基节复合体短宽，无齿；第 11 生殖基节存在，细长 ………… **黄痣蛇蛉 *Xanthostigma xanthostigma***

26. 戈壁黄痣蛇蛉 *Xanthostigma gobicola* U. Aspöck & H. Aspöck, 1990

图 3-26-1 戈壁黄痣蛇蛉 *Xanthostigma gobicola* 生态图（刘星月 摄）

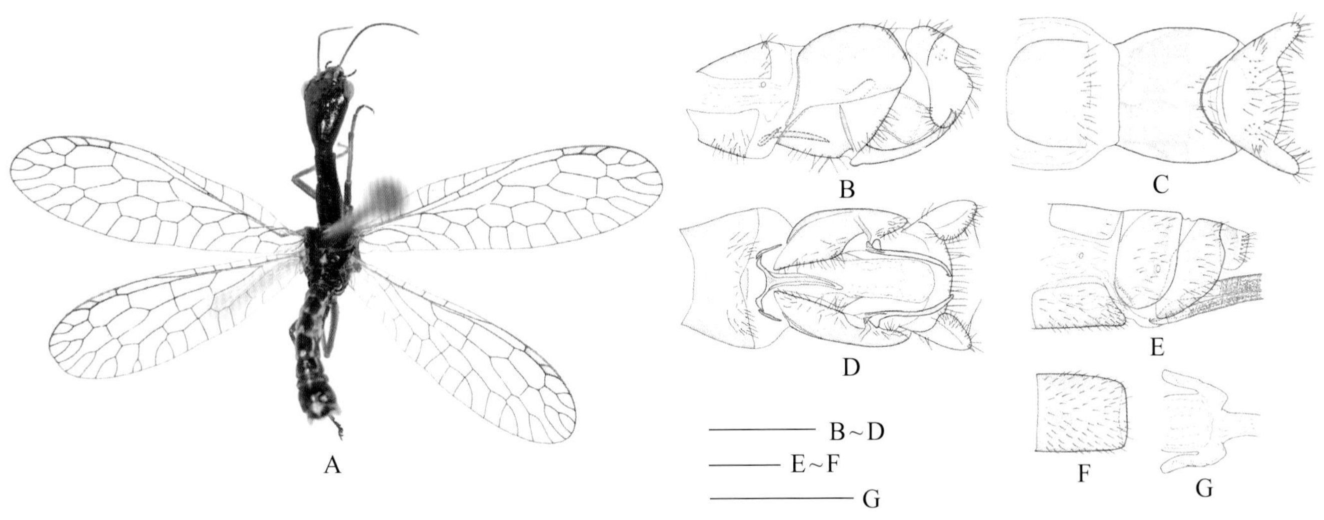

图 3-26-2　戈壁黄痣蛇蛉 *Xanthostigma gobicola* 形态图

（标尺：A 为 1.0 mm，B ~ G 为 0.5 mm）

A. 成虫背面观　B. 雄虫外生殖器侧面观　C. 雄虫外生殖器腹面观　D. 雌虫外生殖器腹面观　E. 雌虫外生殖器侧面观　F. 雌虫第 7 腹板腹面观　G. 交尾囊侧面观

【测量】 雄虫体长 8.1 ~ 9.8 mm，前翅长 6.9 ~ 7.2 mm、后翅长 6.2 ~ 6.6 mm；雌虫体长（包括产卵器）11.6 ~ 14.6 mm、体长（不包括产卵器）8.1 ~ 11.4 mm，前翅长 7.7 ~ 8.9 mm、后翅长 7.1 ~ 7.9 mm。

【形态特征】 头部卵圆形，后部略缢缩，黑色，略带绿色；头顶中部和两侧具 3 条不明显的赤褐色纵条纹，唇基浅褐色，中部具 1 个三角形黄斑。复眼灰褐色。围角片黄色；触角柄节、梗节黄色，鞭节 6 ~ 8 节黄色，其他节浅褐色。口器黄色，上颚端半部浅褐色，下颚须和下唇须黑褐色。前胸背板较细长、黑褐色，前半部和后半部分别具 1 条黄褐色条纹，后半部近侧缘具 1 对黄色纵条纹；中后胸黑褐色，中胸背板前缘中央具 1 个近三角形黄色斑，小盾片黄色；后胸小盾片黄色。足黄色，密被褐色短毛，跗节末端 2 节褐色。翅无色透明；翅痣浅黄色，中部具 RA 脉分支；翅脉黑褐色，C 脉和 R 脉基半部黄色；RP 脉端部 3 分叉。腹部黑褐色；生殖前节各节背板两侧均具 1 对黄色条纹，中部具 1 黄色条纹，每节腹板后缘具 1 个横向黄色斑；生殖节黑褐色，第 9 背板后中部和侧缘具黄色斑，肛上板两侧具黄色斑。雄虫第 9 生殖基节腹缘光滑；第 9 生殖叶前缘向两侧延伸成弓形，后缘狭窄、似刀状；第 10 生殖基节复合体为 1 个狭窄骨片，密布小齿；第 11 生殖基节缺失。雌虫第 7 腹板侧面观近梯形，腹面观呈矩形，后缘平截；侧面观第 8 背板前缘平截，后缘拱形；下生殖板不可见；侧面观肛上板矩形，宽略大于长；中交尾囊多褶，两侧具 1 对细长叶，通过宽阔的结构与交尾囊连接；交尾囊延伸至第 7 体节，前部缢缩；储精囊略短于受精囊，末端膨大；受精囊腺的每条短丝末端具 2 个膨大的球。

【地理分布】 内蒙古、河北、北京、山西、河南、陕西；蒙古。

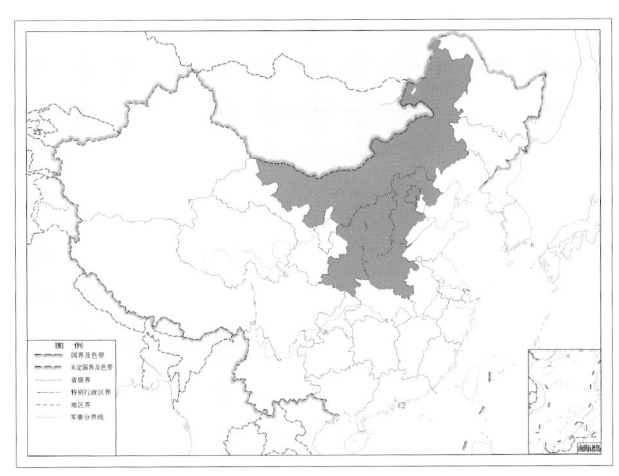

图 3-26-3　戈壁黄痣蛇蛉 *Xanthostigma gobicola* 地理分布图

27. 黄痣蛇蛉 *Xanthostigma xanthostigma* (Schummel, 1832)

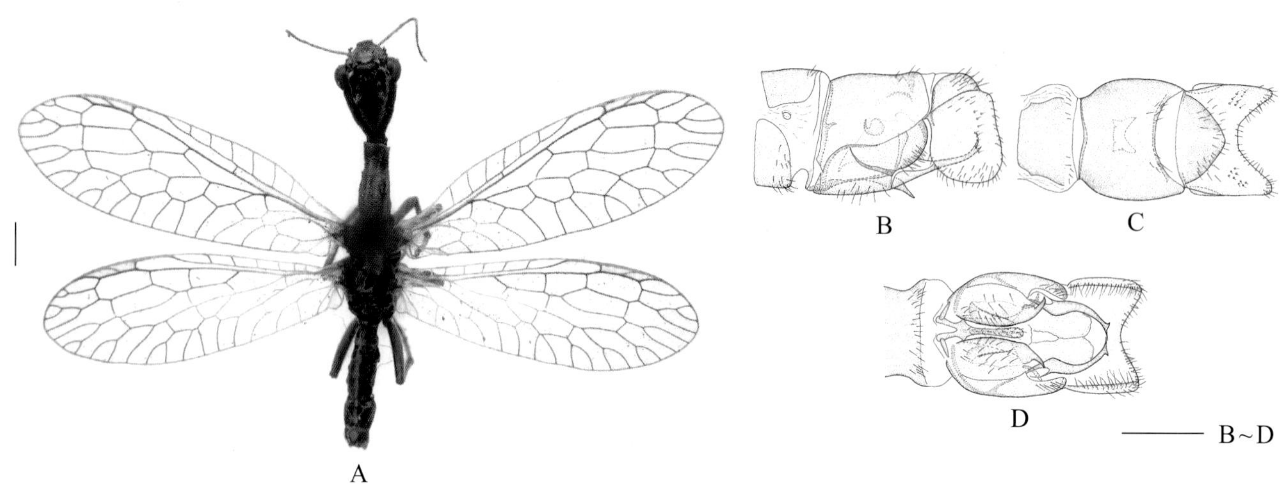

图 3-27-1 黄痣蛇蛉 *Xanthostigma xanthostigma* 形态图

（标尺：A 为 1.0 mm，B ~ D 为 0.5 mm）

A. 成虫背面观 B. 雄虫外生殖器侧面观 C. 雄虫外生殖器背面观 D. 雌虫外生殖器侧面观

【测量】 雄虫体长 9.6 mm，前翅长 8.0 mm、后翅长 7.4 mm。

【形态特征】 头部卵圆形，后部略缢缩，黑色，略带绿色；头顶中部具 1 不明显的赤褐色纵条纹，唇基黄色。复眼灰褐色。围角片黄色；触角黄色，鞭节端半部浅褐色。口器黄色，上颚端半部赤褐色。前胸背板较细长、黄色，两侧具 1 对黄褐色条纹；中后胸黑褐色，中胸背板中部黄色；后胸小盾片黄色。足黄色，密被黄色长毛和褐色短毛。翅无色透明；翅痣浅黄色，中部具 RA 脉分支；翅脉褐色，纵脉基半部黄色；RP 脉端部 3 分叉。腹部黑褐色；生殖前节各节背板两侧均具 1 对黄色条纹，中部具 1 黄色条纹，第 4 ~ 6 节背板黄斑较宽；每节腹板后缘浅黄色；第 6 ~ 8 节腹板几乎整体黄色；生殖节黑褐色，第 9 背板和肛上板两侧具黄色斑。雄虫第 9 生殖基节具 1 排小齿，腹缘具 1 个侧向弯曲的爪状突；第 9 生殖叶前缘呈深 V 形凹缺，后缘加宽，顶端钝圆；第 10 生殖基节复合体愈合为 1 个短宽的骨片，侧面观呈逗点状；第 11 生殖基节存在，为 1 对细长的侧向弯曲的骨片。

【地理分布】 新疆；伊朗，蒙古，奥地利，保加利亚，克罗地亚，捷克，丹麦，芬兰，德国，匈牙利，列支敦士登，摩尔多瓦，荷兰，挪威，波兰，英国，斯洛伐克，斯洛文尼亚，罗马尼亚，俄罗斯，瑞士。

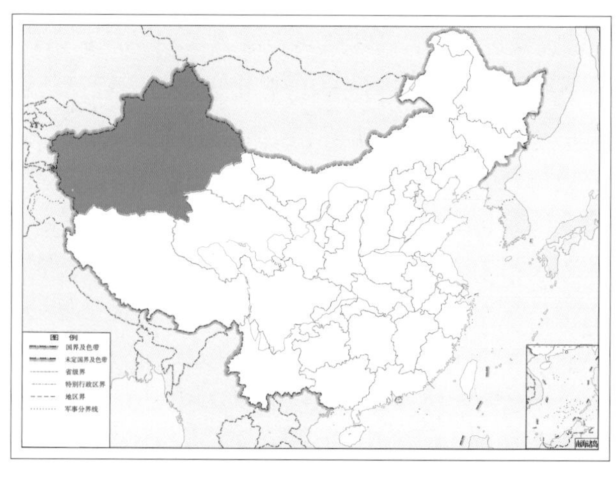

图 3-27-2 黄痣蛇蛉 *Xanthostigma xanthostigma* 地理分布图

第四部分

脉翅目 Neuroptera Linnaeus, 1758

【鉴别特征】 成虫口器位于头部下方，为咀嚼式口器；触角长；复眼发达。前胸明显，中后胸相似；具有两对大小、形状和翅脉均相似的膜质翅，纵脉多分支，横脉很多，使翅脉呈网状，翅脉在翅缘2分叉。足的跗节5节，爪成对。腹部10节，腹末无尾须，外生殖器显著。

【生物学特性】 完全变态。卵多为长卵形，有的具长卵柄（如草蛉等）。幼虫蛃型，头部具长镰刀状上颚，幼虫为捕吸式口器，一侧的上颚和下颚左右嵌合成端部尖锐的长管，用以捕获猎物并吮吸其体液。胸足发达但无腹足。幼虫多数陆生，少数水生。幼虫一般3～5龄，老熟幼虫在丝质茧内化蛹，蛹为强颚离蛹。成虫、幼虫均为捕食性，可以捕食蚜虫、叶螨、介壳虫、粉虱等害虫，是重要的天敌昆虫类群。

【地理分布】 世界各大洲。

【分类】 目前全世界已知15科605属5 816种，我国已知14科128属776种，本图鉴收录14科112属575种。

中国脉翅目 Neuroptera 分科检索表

1. 体翅覆白粉，翅脉简单，无前缘横脉列和翅痣 ························ **粉蛉科 Coniopterygidae**
   体翅无白粉，翅脉复杂，有前缘横脉列和翅痣 ························ 2
2. 翅有2个翅疤，通常在R与M脉之间，位于翅基和翅中部 ························ 3
   翅无翅疤（或仅R与M脉间基部有） ························ 6

3. 头部有 3 个单眼 …………………………………………………………… 溪蛉科 **Osmylidae**
头部无单眼 …………………………………………………………………………… 4
4. 触角雄虫栉状，雌虫线状；雌虫产卵器呈细长的针状，从腹部末端弯在背上 ………………
…………………………………………………………………………… 栉角蛉科 **Dilaridae**
触角无性二型现象；雌虫产卵器呈粗短瓣状 ……………………………………………… 5
5. 触角短于翅长的 1/5，翅横脉极多，前后翅均有肩迴脉，大型种 ………… 蛾蛉科 **Ithonidae**
触角长于翅长的 1/3，翅横脉很少，前后翅均无肩迴脉，中小型种 ……泽蛉科 **Nevrorthidae**
6. 触角末端膨大；若不膨大，则后翅狭长如带 ……………………………………………… 7
触角线状或念珠状，后翅非带状 ……………………………………………………………… 9
7. 触角末端膨大，后翅非带状 ………………………………………………………………… 8
触角末端不膨大，后翅极狭长呈带状 …………………………………… 旌蛉科 **Nemopteridae**
8. 触角末端逐渐膨大成棒状，翅痣下方具狭长的翅室 ……………… 蚁蛉科 **Myrmeleontidae**
触角末端突然膨大成球杆状，翅痣下方无狭长的翅室 ………………蝶角蛉科 **Ascalaphidae**
9. 前足为捕捉足 …………………………………………………………… 螳蛉科 **Mantispidae**
前足非捕捉足 ……………………………………………………………………………10
10. 翅径脉 RP 脉至少有 2 条直接与 R 脉相连 ……………………………… 褐蛉科 **Hemerobiidae**
翅径脉 RP 脉只有 1 条直接与 R 脉相连，然后再行分支 ……………………………………11
11. 前翅宽大，呈阔三角形；翅由 Sc、RA 及 RP 脉 3 条脉平行形成 1 条中肋 …………………
……………………………………………………………………………蝶蛉科 **Psychopsidae**
前翅狭长，无中肋结构 ………………………………………………………………………12
12. 触角柄节狭长，长明显大于宽，前翅前缘横脉列多有分叉 ……………鳞蛉科 **Berothidae**
触角柄节长与宽约相等，前翅前缘横脉列简单，不分叉 ……………………………………13
13. 小型昆虫（翅长 <10 mm）；翅脉简单，横脉较少 ……………………… 水蛉科 **Sisyridae**
中型昆虫（翅长 10 ~ 30 mm）；横脉较多，形成大量方形翅室 ……… 草蛉科 **Chrysopidae**

4-a 西藏优螳蛉 ***Eumantispa tibetana***（计云　摄）

一、粉蛉科 Coniopterygidae Burmeister, 1839

【鉴别特征】 小型昆虫,体长仅 2.0 ~ 3.0 mm,翅展 3.0 ~ 5.0 mm；体及翅均覆灰白色蜡粉。翅脉简单，无前缘横脉列，前缘包括肩横脉（h）在内，只有 1 ~ 2 条前缘横脉，纵脉数目也大大少于脉翅目其他类群，纵脉一般仅有 8 ~ 10 条，而且到翅缘不再分成小叉。因此，粉蛉在脉翅目中个体最小，形态最为特殊，极易与脉翅目其他科昆虫相区别。

【生物学特性】 完全变态。①卵：长卵形，长 0.5 mm 左右，白色、黄色、橙色或粉色。卵壳表面粗糙，具有蜂窝状的花纹和微小突起，这是产卵前卵泡细胞留下的痕迹。卵孔位于卵顶端的圆锥形突起上。雌虫一般将卵产在植物叶子的边缘或下面，卵期为 6 ~ 21 d。②幼虫：幼虫多分为 3 龄，但彩角异粉蛉 *Heteroconis picticornis* 的幼虫期有 4 龄，共 16 ~ 32 d。初孵幼虫很小，体长不到 1.0 mm，身体除了红色的眼外，其余均为无色透明，但开始取食后，透过体壁可见到消化道。其 3 龄幼虫体长 1.5 ~ 2.0 mm，为纺锤形，胸部最宽。一般灰白色，常具各种不规则色斑。③蛹：末龄幼虫的马氏管分泌白色的丝作茧，幼虫侧卧于茧中，体弯曲呈 C 形，静止不动，进入前蛹期或预蛹期，彩角异粉蛉 *Heteroconis picticornis* 前蛹期为 5 ~ 8 d。经过短暂的预蛹期后化蛹，茧一般为双层白色，卵圆形，长 4.0 ~ 5.0 mm，宽 2.5 ~ 3.0 mm。蛹为离蛹。蛹体初为乳白色，后变成黑褐色，在胸腹部具有不规则的斑点。头部和腹部的端部几节向腹面弯曲。退化的触角半透明，弯曲至翅上。成虫复眼已发育完全，通常在化蛹的 1 ~ 2 d 内变黑，为蛹体上最先变黑的部分。口器以下颚最为特殊，比成虫还要发达，尖而坚硬，通常具齿，在成虫羽化时具有撕破茧的作用。翅贴在体侧。足卷曲在胸下，腹部的表面具有刺和脊以帮助成虫羽化。蛹在羽化前开始活动，足也可以自由活动；在成虫羽化前，蛹体从茧中钻出一半。④成虫：成虫即将羽化时，用上颚把茧咬个不规则的洞后爬出，这时的成虫为灰白色，约 48 h 后开始由蜡腺分泌蜡质白粉，并用足将其涂抹到全身，直到完全覆盖身体和翅，这时的粉蛉才完全呈现出成虫独有的特征。成虫羽化时，体内的卵尚未发育成熟，多数种类需要几天补充营养来完成卵的发育。雌虫与雄虫交配后，一天内即可产卵，且多在夜间进行。雌虫日平均产卵量为 5 ~ 10 粒，最高可达 20 粒，1 只雌成虫一生可产卵近百粒。

粉蛉完成一代的时间一般为 16 ~ 69 d，也有的种类寿命较长，彩角异粉蛉成虫的寿命为 49 ~ 63 d，从卵到成虫死亡时间为 92 ~ 131 d。不同地区，粉蛉一年中发生的代数也不同，一般为 2 ~ 3 代。由于卵期较长、孵化时间不统一以及第一代茧中有的蛹当年不羽化，在越冬后到翌年春天才羽化，所以具有一定的世代重叠。幼虫以预蛹的形式在茧中越冬，到翌年春季才化蛹、羽化。

【地理分布】 世界各大洲。

【分类】 目前全世界已知 3 亚科 25 属 578 种，我国已知 2 亚科 11 属 71 种，本图鉴收录 2 亚科 11 属 51 种。

中国粉蛉科 Coniopterygidae 分亚科检索表

1. 腹部有数对腹囊；前翅中部有 2 条径中横脉，后翅 RP 脉在翅基与 RA 脉分开；下颚的外颚叶 3 节 ··· 囊粉蛉亚科 Aleuropteryginae
2. 腹部无腹囊；前翅中部有 1 条径中横脉，后翅 RP 脉与 RA 脉分开处不靠近翅基；下颚的外颚叶 1 节 ··· 粉蛉亚科 Coniopteryginae

囊粉蛉亚科 Aleuropteryginae Enderlein, 1905

【鉴别特征】 成虫头侧面观高明显大于宽，外颚叶 3 节。前翅有 2 条径中横脉 r-m，M 脉在翅中部有 2 根刚毛（中脉鬃），其基部的翅脉多呈瘤状突起，且刚毛中间的翅脉常变得狭细。多数类群的后翅 CuA 脉的大部分与 MA 脉靠近，以至于两者之间无可见的翅膜，径中横脉位于径横脉的内侧，分别与 RP 和 M 脉的主干相连；如果 M 脉分叉，则与 M 脉的前支相连。腹部的第 3 ~ 6 节腹板上具有成对的腹囊；蜡腺在第 1 ~ 8 节背板上呈狭带状分布，在腹板上则环绕在腹囊的周围；第 8 节同前 7 节一样，具有 1 对气门。雄虫腹部第 9 节骨化强，特化成雄虫外生殖器。

幼虫触角较短，与下唇须近等长。上、下颚细长，至少大半部分突出于上唇以外。

【地理分布】 世界各大洲。

【分类】 全世界已知 3 族 14 属（其中包括 3 个化石属），我国已知 6 属 22 种，本图鉴收录 6 属 14 种。

中国囊粉蛉亚科 Aleuropteryginae 分属检索表

1. 后翅的径横脉 r 连在 RP 脉主干或分支处 ·· 2
   后翅的径横脉 r 连在 RP 脉的前支上 ·· 4
2. 前后翅 M 脉均分叉，其前支 MA 脉与 RP 脉后支愈合或由横脉相连 ························ 3
   前后翅 M 脉均不分叉，否则前翅的 M 脉前支 MA 脉不与 RP 脉后支相连 ··············· 曲粉蛉属 *Coniocompsa*
3. 触角 21 ~ 27 节，雄虫梗节具 1 根腹刺，中脉鬃不生于瘤状突起上 ······················· 囊粉蛉属 *Aleuropteryx*
   触角 17 ~ 18 节，雄虫梗节无刺，中脉鬃生于明显的瘤状突起上 ························· 异粉蛉属 *Heteroconis*
4. 触角柄节长至少是宽的 3 倍 ·· 瑕粉蛉属 *Spiloconis*
   触角柄节长仅稍大于宽 ·· 5
5. 后翅 M 脉与 CuA 脉自翅基起有长距离的靠近，且两脉之间无翅膜分隔，后在翅中部分开，并由 1 条短小横脉相连 ·· 隐粉蛉属 *Cryptoscenea*
   后翅 M 脉与 CuA 脉自翅基起虽有一段彼此靠近，但两脉之间有翅膜，分开处也无横脉 ·· 卷粉蛉属 *Helicoconis*

（一）囊粉蛉属 *Aleuropteryx* Löw, 1885

【鉴别特征】 雄虫触角梗节在腹面具有 1 个显著的刺突，雌虫触角则无。前翅 M 脉上的 2 条脉鬃不明显生于瘤上，RP 脉后支由横脉或直接相连，其前支 MA 脉与径分脉的后支相连，后翅径横脉 r 连接在径分脉 RP 的主干上。头壳和下颚须、下唇须通常黑色或黑褐色。触角长，21 ~ 27 节，色单一，柄节粗大，长可达宽的两倍多。前、后翅均宽大而相似，长是宽的两倍多，有时前翅上具褐色斑。前后翅的缘毛均很短。腹部灰色，骨化弱，背板和腹板难以区分。雌雄两性的第 3 ~ 6 节有明显的腹囊，有时第 2 节也有。雄虫外生殖器骨化强，而且多内陷。雌虫外生殖器骨化弱。肛上板通常不明显，生殖侧突愈合成 1 个骨化的腹板，交配囊骨化明显，但在种内形状差异较大。

【地理分布】 古北界、新北界、非洲界及新热带界的北部。

【分类】 目前全世界已知 42 种，我国已知仅 1 种，本图鉴收录 1 种。

1. 中国囊粉蛉 *Aleuropteryx sinica* Liu & Yang, 2003

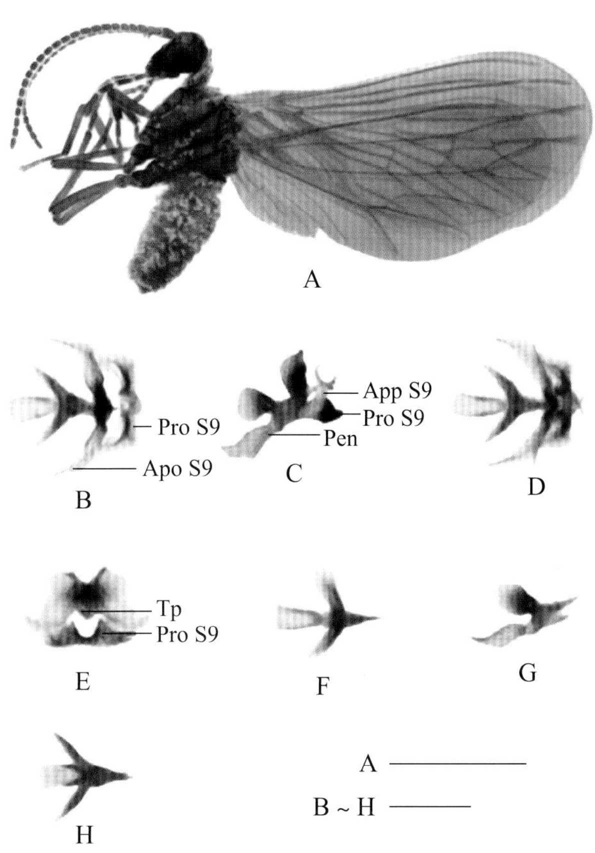

图 4-1-1 中国囊粉蛉 *Aleuropteryx sinica* 形态图

（标尺：A 为 1 mm，B ~ H 为 0.15 mm）

A. 成虫侧面观 B. 生殖器背面观 C. 雄虫外生殖器侧面观 D. 雄虫外生殖器腹面观 E. 雄虫外生殖器后面观 F. 阳茎背面观 G. 阳茎侧面观 H. 阳茎腹面观

图中字母表示：Pro S9. 第 9 腹板后突 Apo S9. 第 9 腹板前突 App S9. 第 9 腹板背突 Pen. 阳茎 Tp. 横板

【测量】 雄虫体长 2.6 mm；前翅长 2.8 mm、宽 1.2 mm，后翅长 2.5 mm、宽 1.0 mm。

【形态特征】 头部暗褐色。触角 25 节，长 1.4 mm，黄褐色，梗节近端部腹面有 1 个明显的刺突。下颚须和下唇须均为黄褐色。胸部褐色，背斑深褐色。足淡褐色。翅浸于乙醇溶液后为淡褐色，无翅斑。大部分横脉（除 m-cu 横脉的后半段外）和横脉状的 Sc2 脉、R4+5 脉基部的一小段纵脉均透明，其余各脉均为褐色。腹部暗褐色，腹囊 4 对。雄虫外生殖器黄褐色，肛上板骨化弱，表面具皱褶，其他结构缩在体内，呈深褐色。第 9 腹板呈环状，背面具有深的凹刻，第 9 腹板后突端部具有 2 个分别向上和向后的指状突起，后面观呈 U 形。在第 9 腹板和其后突之间有 1 个长形突起，端部具有 2 对向后的指状突起，背面的 1 对向内且较长，腹面的1对外伸、较短且端部各生有 1 根长毛，在第 9 腹板背突中部的背方还有 1 对从第 9 腹板发出的突起。第 9 腹板无横板。阳茎端插入第 9 腹板的环内，末端形成 1 个长的背中突和 2 个短的腹侧突。雌虫交配囊骨化强，呈深褐色，侧面观略呈豆荚状。

【地理分布】 北京。

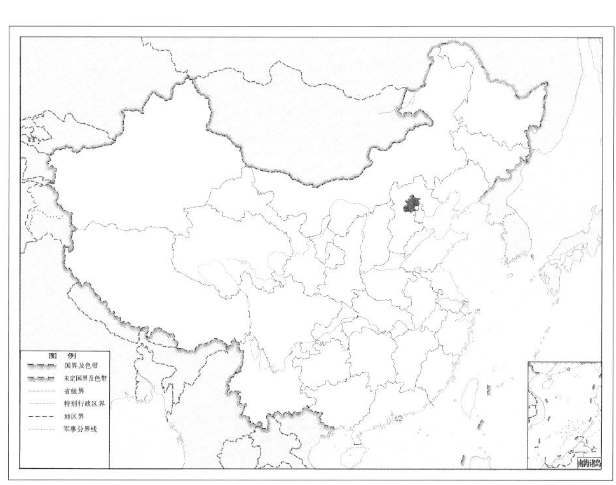

图 4-1-2 中国囊粉蛉 *Aleuropteryx sinica* 地理分布图

（二）异粉蛉属 *Heteroconis* Enderlein, 1905

【鉴别特征】 雄虫头部额区常具有角状或指状突起，触角多为 18 节并呈深浅两色。前翅中脉鬃生于瘤上。脉序与囊粉蛉相似。复眼中等大小，雌雄两性等大。触角 18 节（个别种类 17 节）。中、后胸多具明显背斑。翅无斑（亚洲种类）或有斑（澳大利亚种类）。前翅长是宽的 2.5 倍。缘毛较前翅略长，且前缘脉 C 的基部具有短毛。腹部灰色，骨化很弱，背板和腹板的界限不明显。第 3 ~ 6 节有明显的腹囊，有时第 2 节也可看到。蜡腺在第 3 ~ 8 节的背板上排列成 1 条狭窄的横带，同时也环绕在腹囊周围。雄虫外生殖器骨化较强。雌虫外生殖器骨化弱，背面与雄虫相近。第 9 节背板和肛上板愈合成 1 个狭窄的膜质结构，第 10 节腹板也为膜质，位于肛门的下面。仅侧生殖突和受精囊骨化。

【地理分布】 中国；澳大利亚和东南亚地区。

【分类】 目前全世界已知 59 种，我国已知 7 种，本图鉴收录 3 种。

中国异粉蛉属 *Heteroconis* 分种检索表（雄虫）

1. 头部额区两触角间或触角上方具有突起 …… 2
   头部额区无突起 …… 6
2. 头部额区在触角上方具有 1 对角突或在触角间具有 1 个鼻状或指状突起 …… 3
   头部不仅在触角上方具有 1 对角突，而且在触角间还有 1 个指状突起 …… **三突异粉蛉 *Heteroconis tricornis***
3. 头部额区在触角上方具有 1 对角状突起 …… 4
   头部额区在触角间具有 1 个鼻状或指状突起 …… 5
4. 触角基部数节和末节色淡，中部十几节色深；触角柄节背面凹陷，雄虫外生殖器具 1 对分离的腹突 …… **锐角异粉蛉 *Heteroconis terminalis***
   触角基部几节色淡，其余十余节色深；雄虫外生殖器的腹突仅基部分离，其余大部分愈合 …… **海南异粉蛉 *Heteroconis hainanica***
5. 头部额区在两触角间有 1 个鼻状突起；触角基部 8 节和端部 2 节色淡，中部 8 节色深 …… **暗翅异粉蛉 *Heteroconis electrina***
   头部额区在两触角间有 1 个长指状突起；触角基部第 1 ~ 3 节或第 1 ~ 4 节和末节色淡，中部 14 节或 13 节色深 …… **独角异粉蛉 *Heteroconis unicornis***
6. 触角第 1 ~ 5 节和第 11、12 节色浅，其余节色深；第 9 腹板具腹突 …… **黑须异粉蛉 *Heteroconis nigripalpis***
   触角第 1 ~ 8 节和第 11、12 节色浅，其余节色深；第 9 腹板无腹突 …… **彩角异粉蛉 *Heteroconis picticornis***

2. 锐角异粉蛉 *Heteroconis terminalis* (Banks, 1913)

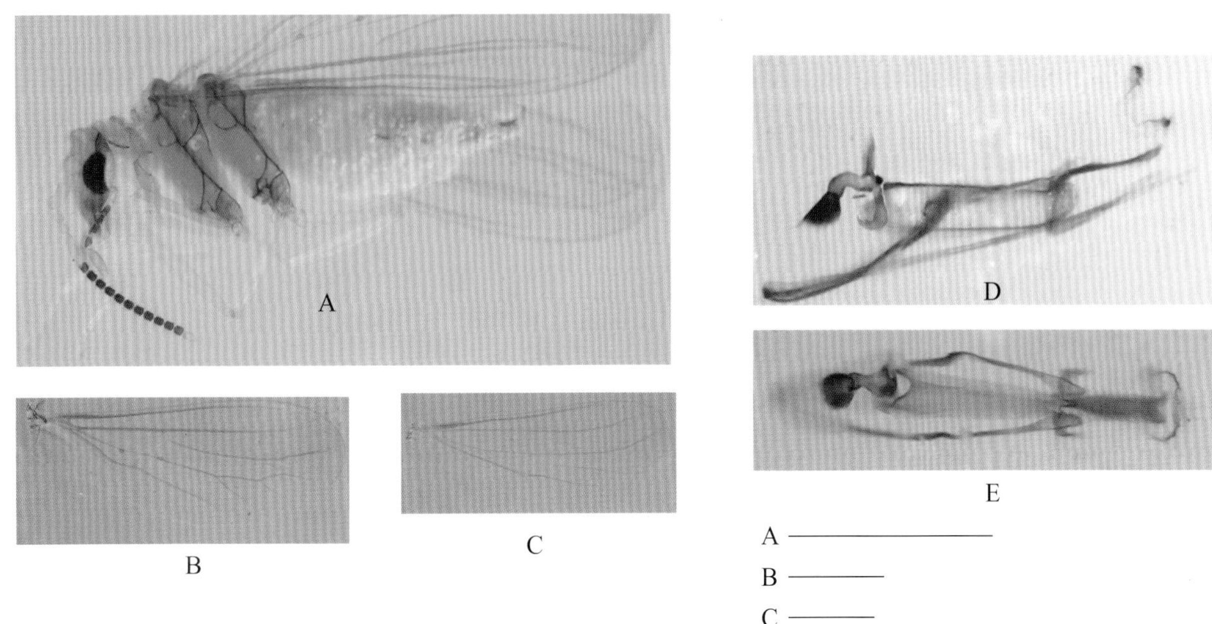

图 4-2-1　锐角异粉蛉 *Heteroconis terminalis* 形态图

（标尺：A 为 0.1 mm，B ~ D 为 0.05 mm）

A. 雄成虫头部侧面观　B. 雄虫腹部末端侧面观　C. 雄虫外生殖器腹面观　D. 雌虫腹部末端侧面观

【测量】 体长 1.6 ~ 2.3 mm，前翅长 2.2 ~ 2.5 mm、后翅长 2.0 ~ 2.2 mm。

【形态特征】 头褐色。复眼黑色。触角 18 节，长 1.2 ~ 1.4 mm，基部 6 ~ 8 节及末节色淡，为黄褐色，其余中部十几节黑褐色。触角柄节非常粗大，长是最宽处的 3 倍。胸部褐色，中后胸背板有明显的褐斑。翅淡烟色。腹部色淡，腹囊 4 对，位于第 4 ~ 7 节。雄虫外生殖器多陷入腹内，甚至前伸至第 3 腹节。第 9 腹板细长，并向后背方延伸，形成环状结构，腹突 1 对，细长。针突位于阳茎的后下方，为长囊状，长是宽的 3 倍，并生有短粗的刚毛，端部密被细的长毛。下生殖板消失。阳茎位于针突的前背方，基半部呈喇叭状，端半部为弯曲的管，近端部有 1 对伸向后背方的背突。雌虫外生殖器简单，只有交配囊骨化成细管状，基部向后上方弯曲，端部略膨大。

【地理分布】 广西（凭祥）、海南（儋州、万宁兴隆、乐东尖峰岭）、云南（勐海）；印度。

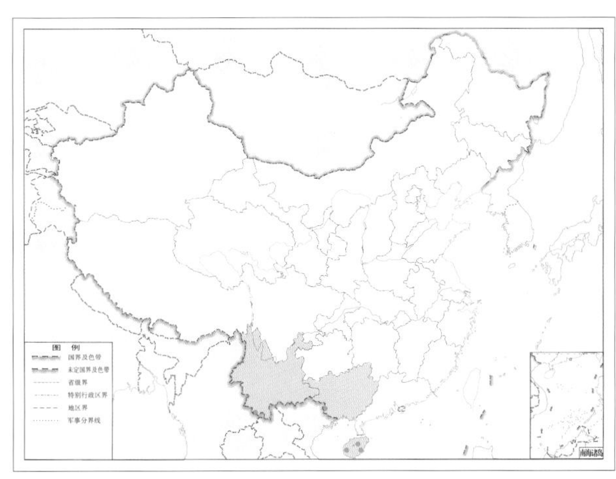

图 4-2-2　锐角异粉蛉 *Heteroconis terminalis* 地理分布图

3. 黑须异粉蛉 *Heteroconis nigripalpis* Meinander, 1972

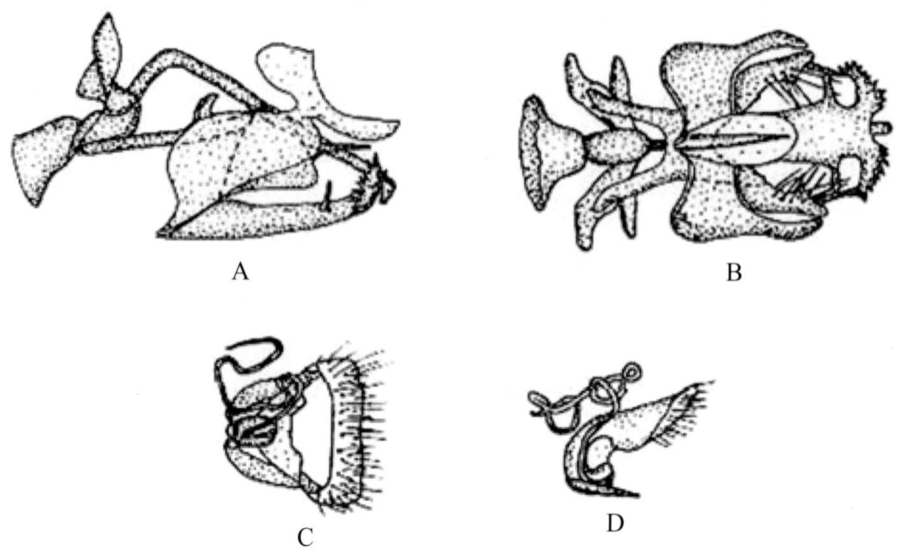

图 4-3-1 黑须异粉蛉 *Heteroconis nigripalpis* 形态图（仿 Meinander，1972）
A. 雄虫外生殖器侧面观 B. 雄虫外生殖器腹面观 C. 雌虫外生殖器侧面观 D. 雌虫外生殖器腹面观

【测量】 前翅长 2.8 mm，后翅长 2.5 mm。

【形态特征】 雄虫触角间无角状突起。触角长 1.2 mm，第 1 ~ 5 节和第 11、12 节淡褐色，其他节深褐色。柄节长是宽的 3 倍，背面无凹陷；梗节长是宽的 1.5 倍。前翅淡褐色，沿着翅脉具有 1 条透明的长带。雄虫外生殖器第 9 腹板宽，背方与骨化很强的第 10 腹板相连。第 10 腹板分为两叶，彼此接近并由 1 个宽大的腹桥相连。下生殖板每边具有 1 个狭长的尾突。腹突狭长，具有 2 根侧刺，端部分叉，形成 2 个指突。阳茎的侧突分成背部和腹部两部分，尾端为 1 个长管。阳茎的腹面是 1 个狭长的结构，具有 2 个杆，中部由 1 个骨化膜相连，膜的中央具有 1 个尾突。雌虫未知。

【地理分布】 台湾。

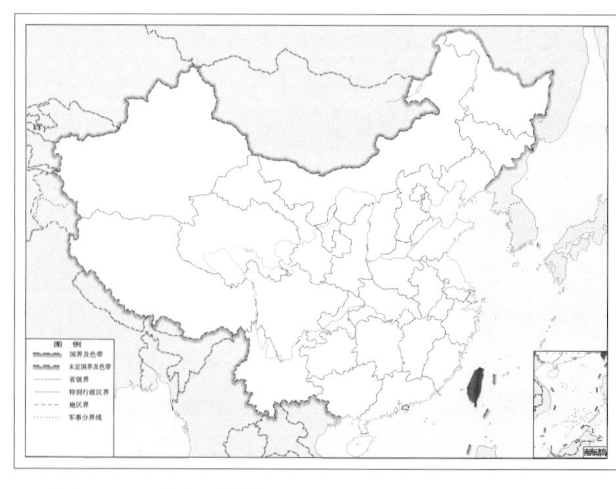

图 4-3-2 黑须异粉蛉 *Heteroconis nigripalpis* 地理分布图

4. 彩角异粉蛉 *Heteroconis picticornis* (Banks, 1939)

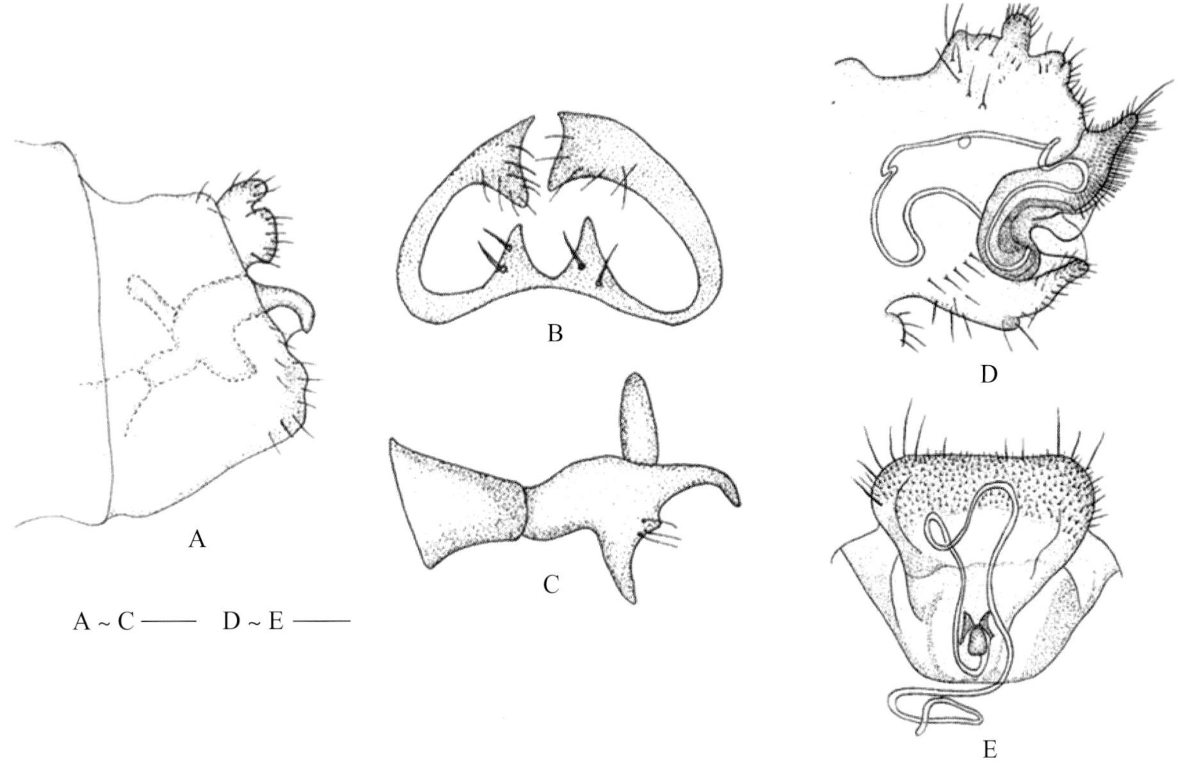

图 4-4-1　彩角异粉蛉 *Heteroconis picticornis* 形态图

（标尺：A ~ C 为 0.04 mm，D ~ E 为 0.02 mm）

A. 雄虫腹部末端侧面观　B. 雄虫外生殖器腹面观　C. 雄虫外生殖器侧面观　D. 雌虫腹部末端侧面观　E. 雌虫外生殖器腹面观

【测量】 体长 2.0~2.5 mm，前翅长 1.9~2.6 mm、后翅长 1.7 ~ 2.4 mm。

【形态特征】 头褐色。额区正常，无突起。触角间的不骨化区向下延伸。触角长 1.1 mm，第 1 ~ 8 节和第 11、12 节淡褐色，第 9、10 节和端部 6 节深褐色。柄节长是宽的 3 倍，背方无下凹；梗节长是宽的 2 倍。胸部褐色，背斑。翅烟色透明。横脉 r 位于 Sc 脉分叉处或略前，并连在 RP 脉分叉或其附近。前翅的 R 脉后支与 MA 脉之间有 1 条横脉。腹部灰褐色。第 9 腹板宽，弯曲成钩状，无腹突。下生殖板突出，具有 2 个侧突，各生有 2 根侧刚毛。无针突。阳茎基半部喇叭状，端半部管状，末端略弯，1 对背突向上。雌虫第 8 节很宽。侧生殖突愈合成 1 个骨片。受精囊骨化。

【地理分布】 广西（百色、凭祥）、海南（文昌清澜港、儋州、万宁、乐东尖峰岭）、云南（景洪市普文镇）、香港。

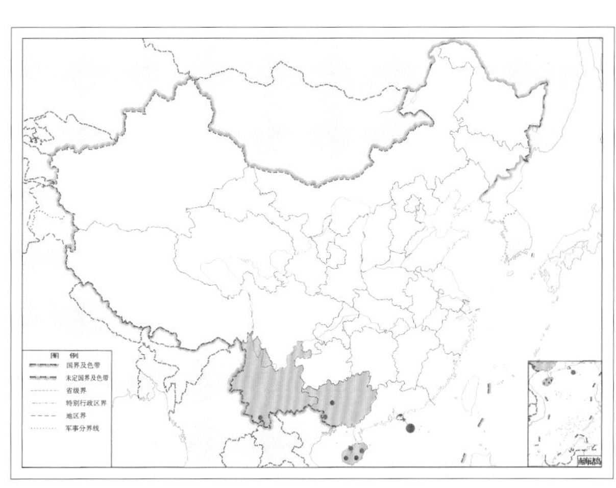

图 4-4-2　彩角异粉蛉 *Heteroconis picticornis* 地理分布图

（三）曲粉蛉属 *Coniocompsa* Enderlein, 1905

【鉴别特征】 雄虫复眼大于雌虫。触角短，16 ~ 21 节，柄节和梗节长略大于宽，鞭节各节宽大于长，基部和端部各具 1 圈毛。翅狭长，前翅具有斑纹。亚前缘脉较粗，在横脉 r 处或其前分支。亚缘室在 R 脉分支处加宽。径脉 RA 在 RP 脉分支前多平直。M 脉基部纤细，并与 R 脉有一段接近，中脉鬃细长，生于明显的脉鬃瘤上。多数种类 M 脉不分支。Cu 脉分支处较其他属更远离翅基。前后翅后缘缘毛长。腹部灰色，除腹部末端外，大部分骨化很弱。蜡腺在背板上呈窄条状分布，在腹板上分布在腹囊的周围。此属雄虫外生殖器极为相似，肛上板在多数种类中骨化弱，第 9 腹板外露且骨化强。内部结构由阳茎和 1 对阳基侧突组成。阳茎为一囊状，后部上弯并渐尖，端部开口。阳基侧突前端连在阳茎基部，向后延伸形成 1 个支撑阳茎的狭桥，端部与 1 对铗状的针突相连。针突具内外 2 支。雌虫外生殖器骨化弱，每个侧生殖突均生有 1 对弯曲的长毛。交配囊不明显。

【地理分布】 中国；东洋界、非洲界。

【分类】 目前全世界已知 24 种，我国已知 11 种，本图鉴收录 7 种。

中国曲粉蛉属 *Coniocompsa* 分种检索表（雄虫）

1. 前后翅 M 脉均分叉或至少后翅 M 脉分叉 ………… 2
   前后翅 M 脉均不分叉 ………… 6
2. 仅后翅 M 脉分叉，前翅 M 脉不分叉 ………… **龙栖曲粉蛉** ***Coniocompsa longqishana***
   前后翅 M 脉均分叉 ………… 3
3. 第 9 腹板侧面观近方形 ………… **中叉曲粉蛉** ***Coniocompsa furcata***
   第 9 腹板侧面观呈心形 ………… 4
4. 阳茎不向背方延伸；针突的内支明显短于阳基侧突，仅为其长的 2/3 …… **截叉曲粉蛉** ***Coniocompsa truncata***
   阳茎向背方延伸呈管状；针突的内支与阳基侧突近等长 ………… 5
5. 翅斑稀疏，且翅端部的斑彼此远离；阳茎端垂直上弯，上弯部分明显长于阳茎基部宽 ………… **李氏曲粉蛉** ***Coniocompsa lii***
   翅斑大而密，且翅端部的斑相互靠近或相连；阳茎端垂直上弯，但上弯部分与阳茎基部宽近相等 ………… **川贵曲粉蛉** ***Coniocompsa chuanguiana***
6. 前翅 Sc2 横脉状部分两侧的翅斑呈八字形 ………… **奇斑曲粉蛉** ***Coniocompsa spectabilis***
   前翅 Sc2 横脉状部分两侧的翅斑呈椭圆形 ………… 7
7. 针突外支近端部扭曲上弯 ………… **后斑曲粉蛉** ***Coniocompsa postmaculata***
   针突外支平滑，不扭曲 ………… 8
8. 阳基侧突基部粗大，阳茎背缘中部具明显突起 ………… **多斑曲粉蛉** ***Coniocompsa polymaculata***
   阳基侧突基部尖细，阳茎背缘中部无明显突起 ………… 9
9. 阳茎具明显背凹 ………… **铗曲粉蛉** ***Coniocompsa forticata***
   阳茎无明显背凹 ………… 10
10. 第 9 腹板侧面观高是宽的 2 倍 ………… **丽曲粉蛉** ***Coniocompsa elegansis***
    第 9 腹板侧面观高与宽近相等 ………… **福建曲粉蛉** ***Coniocompsa fujianana***

5. 丽曲粉蛉 *Coniocompsa elegansis* Liu & Yang, 2002

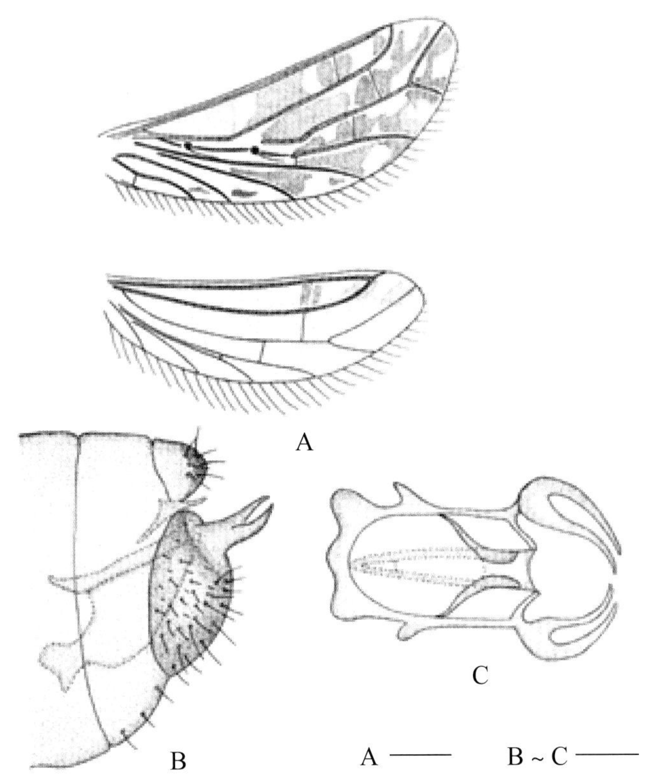

图 4-5-1 丽曲粉蛉 *Coniocompsa elegansis* 形态图
（标尺：A 为 0.4 mm，B ~ C 为 0.04 mm）
A. 翅 B. 雄虫腹部末端侧面观 C. 雄虫外生殖器背面观

【测量】 体长 1.8 ~ 2.0 mm，前翅长 2.3 mm、后翅长 2.0 mm。

【形态特征】 头褐色。触角褐色，16 节，长 1.0 ~ 1.2 mm，基部鞭节宽略大于长。下颚须、下唇须黄褐色。胸部中后胸各具 1 对背斑，侧板除前侧片为淡黄色外，其余褐色。足黄褐色。前后翅 M 脉单一。前翅 *Sc* 室基部和中部、*RA* 室基部及各纵脉端部、横脉周围均具彼此靠近或相连的深色大褐色斑，且褐色斑与透明区相间排列、对比明显。后翅大部分区域呈烟色，在横脉状的 Sc2 脉基部两侧、Sc2 与 RA 脉端部合并后上弯且与 Sc1 脉汇合处、R2+3 脉的端部各有 1 个小褐色斑，3 个斑之间有 2 个半月形透明斑，后者更明显。沿纵脉具有透明带。翅后缘具长的缘毛。雄虫外生殖器肛上板骨化弱，第 9 腹板侧面观高为宽的 2 倍。阳茎囊状，无明显背凹，近基部处缢缩成结状。阳基侧突细长。针突内、外支等长，均细长而弯曲，明显短于阳基侧突，外支无背齿。

【地理分布】 海南（万宁）。

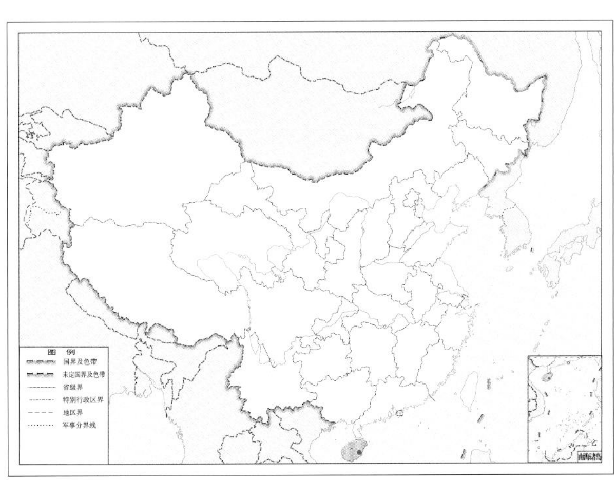

图 4-5-2 丽曲粉蛉 *Coniocompsa elegansis* 地理分布图

6. 龙栖曲粉蛉 *Coniocompsa longqishana* Yang & Liu, 1993

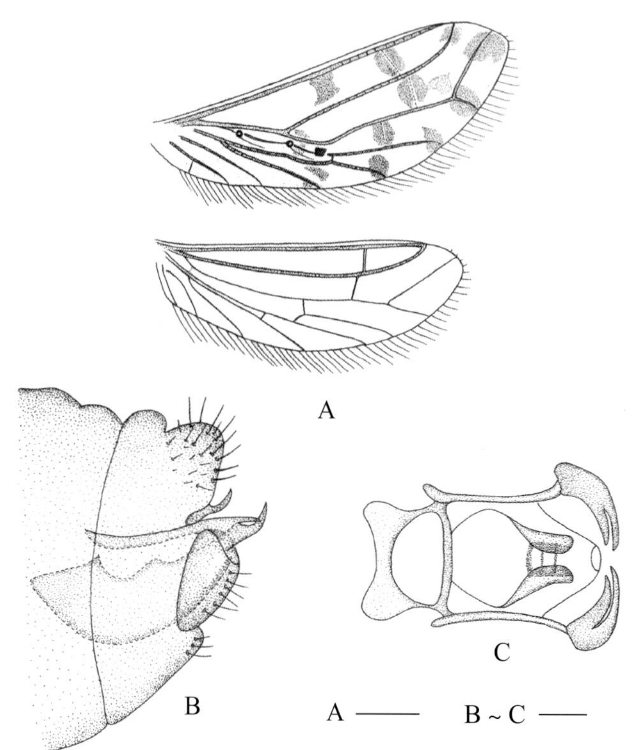

图 4-6-1 龙栖曲粉蛉 *Coniocompsa longqishana* 形态图
（标尺：A 为 0.3 mm，B ~ C 为 0.03 mm）
A. 翅 B. 雄虫腹部末端侧面观 C. 雄虫外生殖器背面观

【测量】 体长 1.6 ~ 2.3 mm。

【形态特征】 头褐色。触角褐色，基半部色略淡，长 0.8 ~ 1.0 mm，雄虫 22 或 23 节，雌虫 19 或 20 节。下颚须、下唇须黄褐色。胸部褐色。足褐色。翅除去蜡粉后无色透明。前翅翅斑稀疏，*Sc* 室中部、纵脉端部、Sc2 脉基部及横脉周围有深色斑，多彼此相距较远；M 脉的中部、第 2 脉鬃瘤的后面有 1 个近方形的小黑色斑。前翅 M 脉不分叉，但后翅 M 脉分叉。前翅 Sc2 与 RA 脉汇合处上弯，与 Sc1 脉在端部接触。CuA 脉呈波浪状弯曲。后翅无明显色斑。腹部褐色。雄虫外生殖器肛上板骨化弱，第 9 腹板侧面观高是宽的 2 倍，阳茎侧面观呈弯曲的囊状，基部背方下凹，后有 1 个突起。阳基侧突细长，明显长于针突的外支。针突外支无背齿，明显长于内支且端部上弯，内支平直、端部尖细。

【地理分布】 福建（将乐）、广西（桂林临桂）。

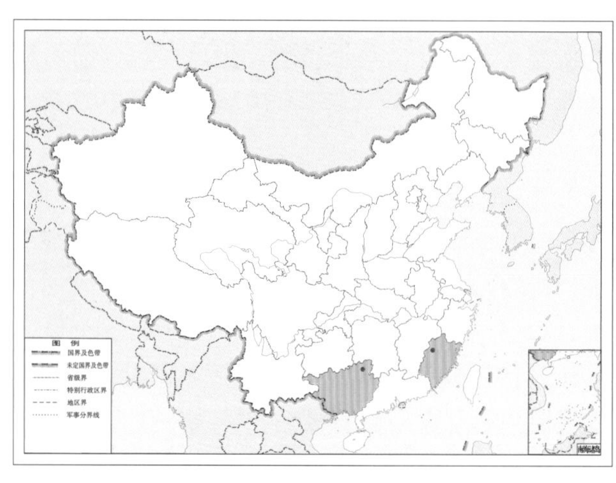

图 4-6-2 龙栖曲粉蛉 *Coniocompsa longqishana* 地理分布图

7. 铗曲粉蛉 *Coniocompsa forticata* Yang & Liu, 1999

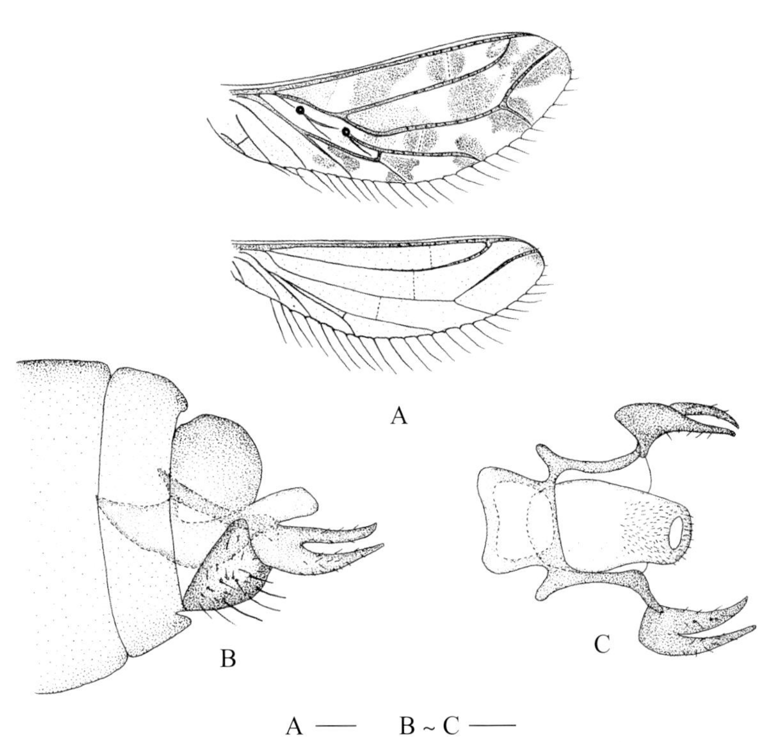

图 4-7-1　铗曲粉蛉 *Coniocompsa forticata* 形态图
（标尺：A 为 0.2 mm，B ~ C 为 0.03 mm）
A. 翅　B. 雄虫腹部末端侧面观　C. 雄虫外生殖器背面观

【测量】 体长 1.8 mm；前翅长 1.9 mm、宽 0.6 mm，后翅长 1.6 mm、宽 0.5 mm。

【形态特征】 头部褐色。复眼黑色。触角褐色，21 节，长 0.9 mm，鞭节中部各节明显较其他种扁宽，宽是长的 2.5 倍，而且各节之间间距大，等于或略大于各节长。胸部褐色，中后胸背板各有 1 对黑色斑。足黄褐色。翅烟色透明，前翅顶角圆钝，除 *Sc* 室基部、中部及 *RA* 室基部外，在 Sc2 脉基部、RA 到 CuA 脉的纵脉端部及近横脉周围也有褐色斑。前后翅 M 脉均不分叉。后翅淡褐色，仅在 RA 脉及 R2+3 脉端部有小褐色斑。腹部黄褐色。雄虫外生殖器肛上板骨化弱，第 9 腹板侧面观高是宽的近 2 倍。阳茎具明显背凹，近端部向后背方斜伸的部分细长，开口于腹部末端中部。阳基侧突与针突等长，针突内、外支均细长，形成铗状结构，外支无背齿。雌虫未明。

【地理分布】 福建（沙县）。

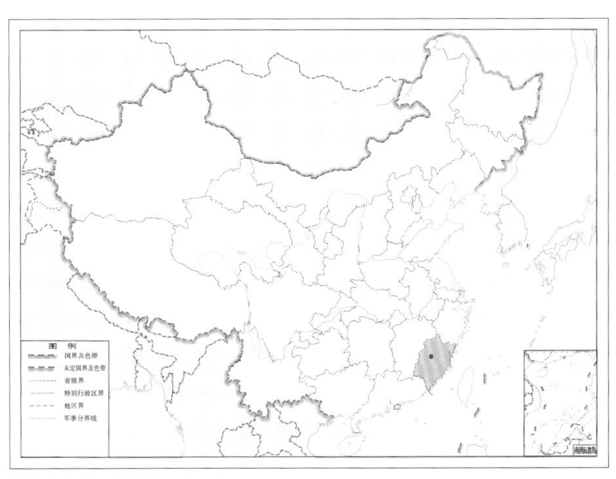

图 4-7-2　铗曲粉蛉 *Coniocompsa forticata* 地理分布图

8. 福建曲粉蛉 *Coniocompsa fujianana* Yang & Liu, 1999

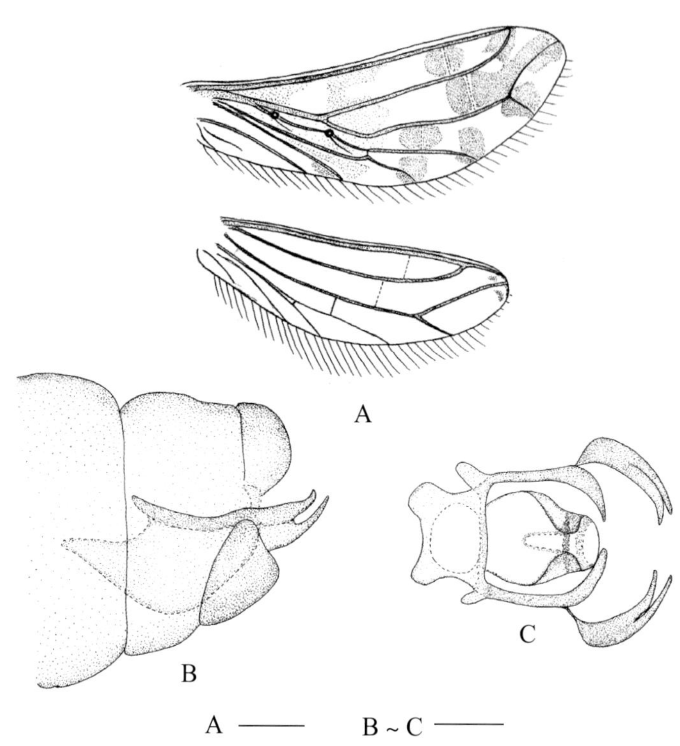

图 4-8-1 福建曲粉蛉 *Coniocompsa fujianana* 形态图
（标尺：A 为 0.4 mm，B ~ C 为 0.04 mm）
A. 翅　B. 雄虫腹部末端侧面观　C. 雄虫外生殖器背面观

【测量】 体长 1.9 ~ 2.1 mm；前翅长 1.8 ~ 2.1 mm、宽 0.7 mm，后翅长 1.6 ~ 1.9 mm、宽 0.6 ~ 0.7 mm。

【形态特征】 头部褐色。复眼黑色，雄虫明显比雌虫大。触角褐色，雄虫 19 节或 20 节，长 1.0 mm，鞭节宽是长的 2 倍；雌虫 17 节或 18 节，长 0.8 mm，鞭节宽仅略大于长。胸部褐色。足黄褐色。前翅淡烟色透明，M 脉不分叉。前翅 *Sc* 室基部和中部、*RA* 室的基部以及 Sc2 脉的基部、其他纵脉端部、各横脉周围均具有褐色斑，且翅顶角附近的褐色斑彼此相连。后翅烟色透明，R2+3 脉的端部具有很小的褐色斑。腹部黄褐色。雄虫外生殖器肛上板骨化弱，第 9 腹板侧面观高与宽近相等。阳茎无明显背凹，端部具有 1 个半月形骨片。阳基侧突明显长于针突的内支和外支。针突内支端部略向背方弯曲，外支细长，略长于内支，无背齿。

【地理分布】 福建（厦门、福州）。

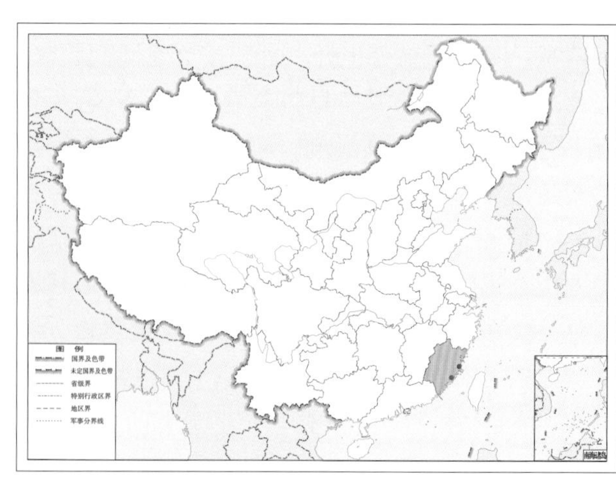

图 4-8-2 福建曲粉蛉 *Coniocompsa fujianana* 地理分布图

9. 后斑曲粉蛉 *Coniocompsa postmaculata* Yang, 1964

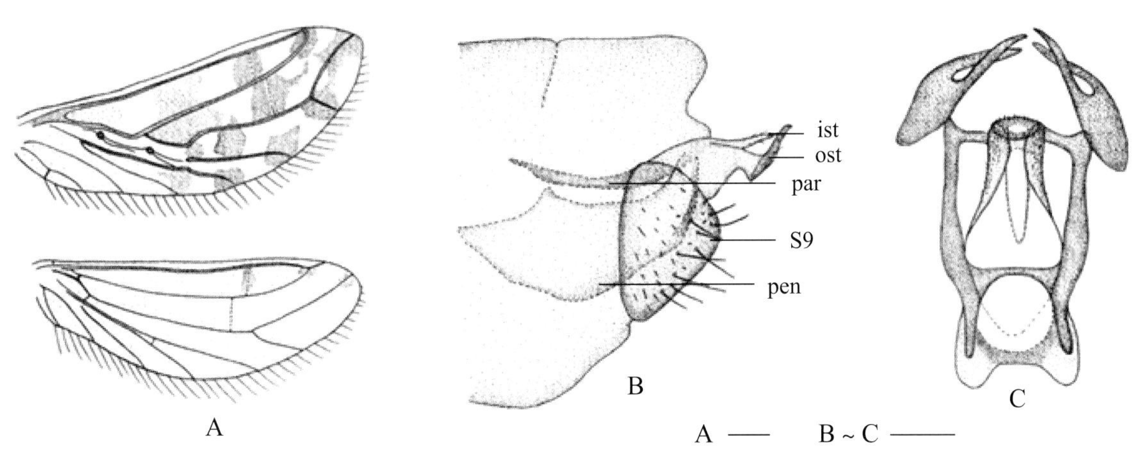

图 4-9-1 后斑曲粉蛉 *Coniocompsa postmaculata* 形态图
（标尺：A 为 0.35 mm，B ~ C 为 0.05 mm）
A. 翅 B. 雄虫腹部末端侧面观 C. 雄虫外生殖器背面观
图中字母表示：ist. 针突内支 ost. 针突外支 pen. 阳茎 par. 阳基侧突 S9. 第 9 腹板

【测量】 体长 2.5 mm，前翅长 3.1 mm、后翅长 2.7 mm。

【形态特征】 头红褐色。复眼黑色。触角长 0.8 mm，16 节，黄褐色。下颚须和下唇须黄褐色。胸部黄褐色，中、后胸背板各有 1 对褐色斑。前翅 *Sc* 室基部、中部和 *RA* 室基部有大褐色斑，纵脉 Sc2 的基部与端部、R2+3、R4+5、M、CuA、CuP 脉的端部以及横脉 r、r-m 和 m-cu 的周围有明显褐色斑，M 脉以下的各室呈淡褐色。翅脉褐色，横脉颜色很浅。M 脉单一，在两脉鬃之间及其后一段细而弯曲，上面的 2 个脉鬃瘤大而色深。Cu 脉的分叉处与 M 和 R 脉连接处几乎平行，CuA 脉呈波浪状弯曲。后翅大部分呈淡褐色，沿纵脉上下透明， Sc2 脉的基部、端部和 R2+3 脉的端部有褐色斑，M 脉单一。腹部灰黄色，杂有褐纹，腹囊以第 3、第 4 腹节上的大而明显，突出成圆锥形。雄虫外生殖器肛上板骨化弱，生有长毛，第 9 腹板褐色，骨化强，短而宽。阳茎基部宽大，背缘中部略下凹，端部上弯、渐细，密生短毛。针突的外支短于阳基侧突，但明显长于内支，近端部扭曲而上弯，无背齿。

【地理分布】 江苏（宜兴）、浙江（杭州、安吉）、福建（南平建阳、德化）。

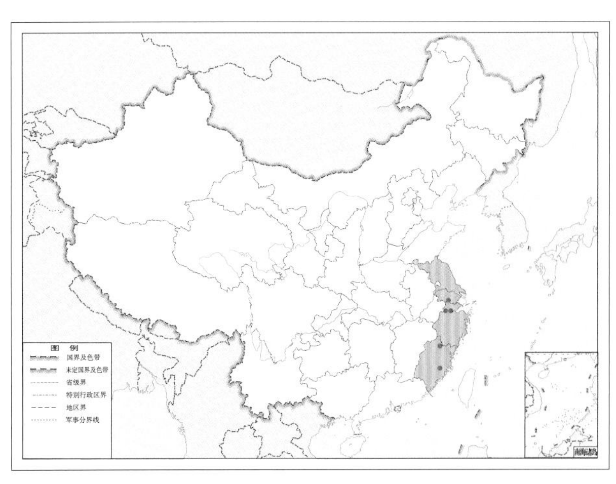

图 4-9-2 后斑曲粉蛉 *Coniocompsa postmaculata* 地理分布图

10. 中叉曲粉蛉 *Coniocompsa furcata* Banks, 1937

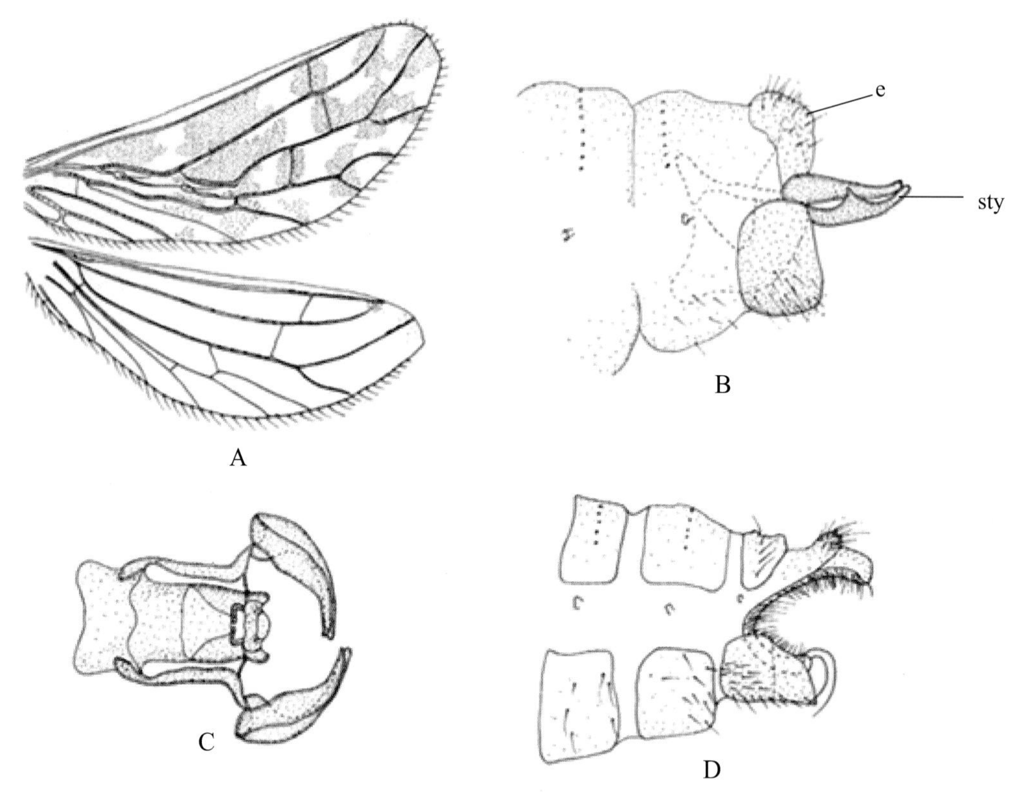

图 4-10-1 中叉曲粉蛉 *Coniocompsa furcata* 形态图（仿 Meinander, 1972）
A. 翅 B. 雄虫腹部末端侧面观 C. 雄虫外生殖器背面观 D. 雌虫腹部末端侧面观
图中字母表示：e. 肛上板 sty. 针突

【形态特征】 头深黑褐色。复眼雄虫明显大于雌虫。触角 19 节，长 0.9 mm，红褐色，雄虫的鞭节各节宽是长的 2 倍多，雌虫宽仅略大于长。下颚须和下唇须黑褐色。胸部黑褐色。翅透明，顶角圆钝。*Sc* 室的基部、中部和 *RA* 室的基部具有大的翅斑，此外在 Sc2 脉的基部、各纵脉的端部及各横脉的周围均有翅斑，且翅端的翅斑彼此相连。前后翅的 M 脉均分叉。前翅的 Sc2 脉端部上弯，但不与 Sc1 脉的端部接触。M 脉在两脉鬃之间、纤细，CuA 脉基部呈波状弯曲。足黄褐色。雄虫外生殖器肛上板骨化弱，第 9 腹板侧面观近方形，高略大于宽，背缘弯曲。阳茎背缘深凹。阳基侧突基部膨大，与针突等长。针突外支中部具有 1 个背突。雌虫外生殖器骨化弱。侧生殖突分离。

【地理分布】 台湾。

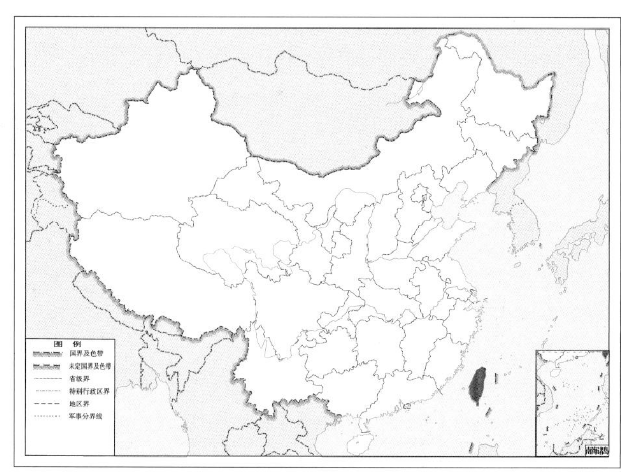

图 4-10-2 中叉曲粉蛉 *Coniocompsa furcata* 地理分布图

11. 截叉曲粉蛉 *Coniocompsa truncata* Yang & Liu, 1999

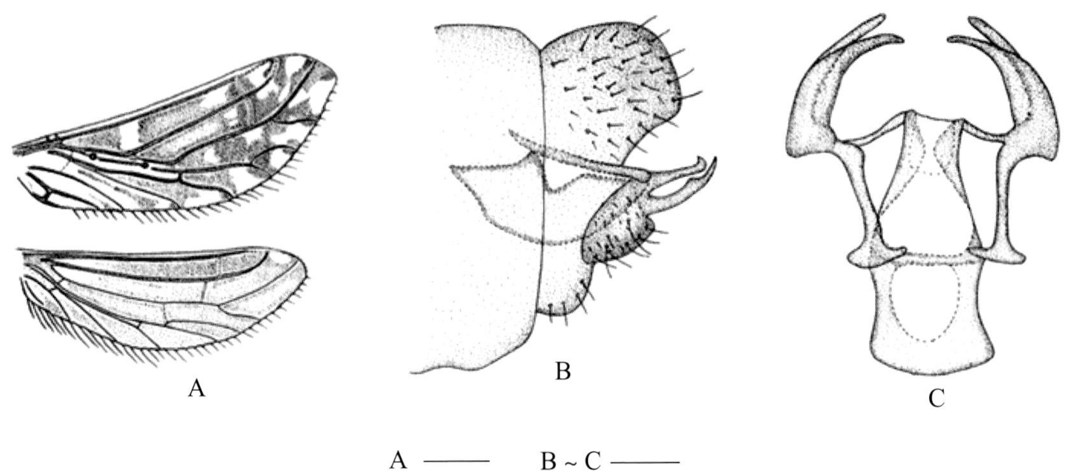

图 4-11-1 截叉曲粉蛉 *Coniocompsa truncata* 形态图

（标尺：A 为 0.4 mm，B ~ C 为 0.04 mm）

A. 翅 B. 雄虫腹部末端侧面观 C. 雄虫外生殖器背面观

【测量】 雄虫体长 2.0 mm，前翅长 2.2~2.8 mm、后翅长 1.9 ~ 2.2 mm；雌虫体长 2.8 mm。

【形态特征】 头部黄褐色。复眼黑色。触角褐色，雄虫 21 节，雌虫 18 ~ 19 节，雌虫明显比雄虫短小。下颚须、下唇须黄褐色。胸部褐色，中后胸背板黑褐色。前翅顶角斜截。褐色斑大而密且多彼此相连，烟色翅上散布许多透明斑。翅脉大部分褐色，M 脉分叉，脉鬃瘤明显，两脉鬃瘤间的 M 脉纤细，不弯曲，CuA 脉弯曲、呈波浪状。后翅大部分为淡烟色，翅缘及翅脉的两侧均有透明边，近顶角处在 RA 与 RP 脉前支间有明显的半圆形透明白色斑，M 脉分叉，横脉 r-m 连在 M 脉的前支 MA 脉的基部。足黄褐色。腹部淡黄褐色。雄虫外生殖器肛上板骨化弱，第 9 腹板侧面观呈心形。阳茎长袋状，具明显背凹。阳基侧突明显长于针突。针突外支中后部具有背齿，内支端部呈钩状向上弯曲，长为阳基侧突的 2/3。

【地理分布】 福建（德化）、广东（始兴）、广西（凭祥）。

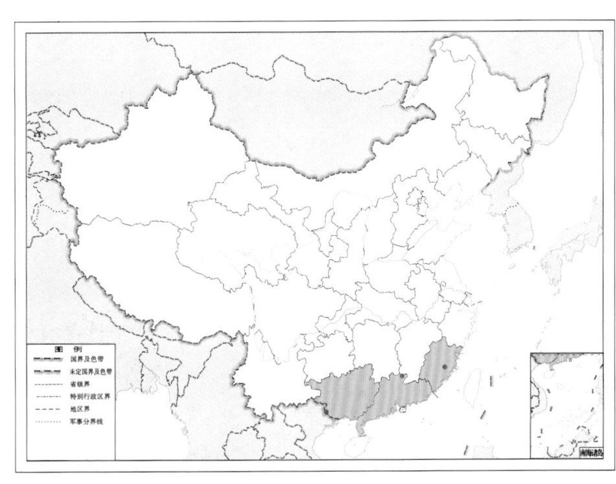

图 4-11-2 截叉曲粉蛉 *Coniocompsa truncata* 地理分布图

（四）隐粉蛉属 *Cryptoscenea* Enderlein, 1914

【鉴别特征】 复眼很小。触角颜色单一，25 ~ 39 节，多数种类无毛。下颚须细长。前后翅均无斑。前翅长是宽的 2.5 ~ 3.0 倍；肩横脉不明显，M 脉上无中脉鬃和脉鬃瘤，r-m 与 m-cu 横脉、M 脉上下相连，非常靠近。后翅长略小于宽的 3 倍；无肩横脉；CuA 脉的大半段与 M 脉靠近，两者间甚至无翅膜，多数种类在分开前由 1 条短小横脉相连。腹部灰色，骨化较弱。雄虫第 3 ~ 7 节和雌虫的第 3 ~ 6 节具有腹囊。第 2 ~ 8 节背板上的蜡腺呈窄带状分布，在腹板上围绕在腹囊的周围。雄虫外生殖器骨化弱，第 9 背板、第 9 腹板和第 10 背板愈合成 1 个环状的骨化结构，称为肛上板。生殖基节为位于肛上板的后腹面的 1 对侧板，没有愈合成下生殖板。针突与肛上板或生殖基节相连。阳茎基部分叉，端部愈合，开口于背面。阳基侧突简单，为 1 对细长的杆。雌虫腹部末端骨化弱。肛上板发达，有的种类第 9 腹板骨化，具 1 对侧生殖突，交配囊多数骨化。

【地理分布】 中国；澳大利亚，新几内亚岛，越南，也门和坦桑尼亚。

【分类】 目前全世界已知 12 种，我国已知仅 1 种，本图鉴收录 1 种。

12. 东方隐粉蛉 *Cryptoscenea orientalis* Yang & Liu, 1993

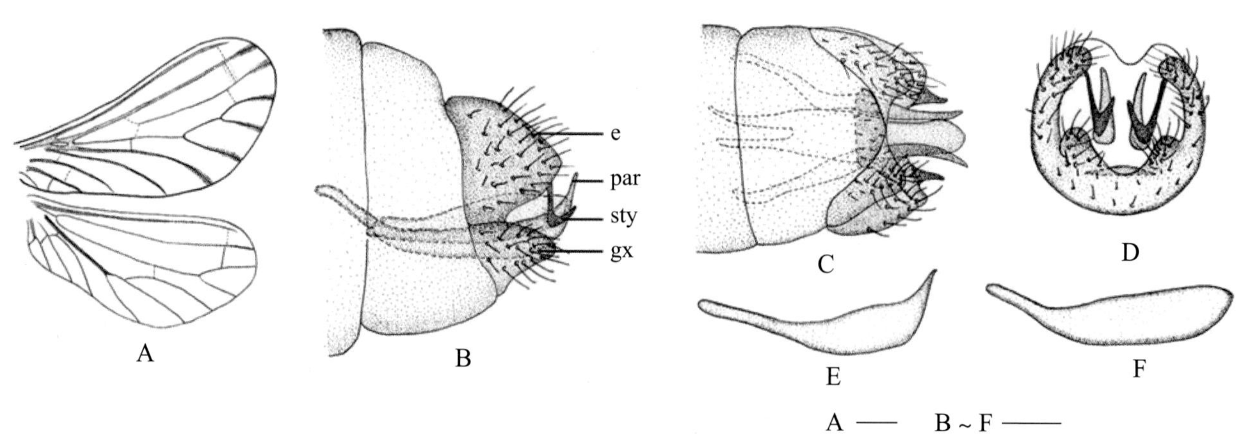

图 4-12-1　东方隐粉蛉 *Cryptoscenea orientalis* 形态图

（标尺：A 为 0.25 mm，B ~ F 为 0.05 mm）

A. 翅　B. 雄虫腹部末端侧面观　C. 雄虫腹部末端腹面观　D. 雄虫腹部末端后面观　E. 阳基侧突侧面观　F. 阳茎侧面观

图中字母表示：e. 肛上板　par. 阳基侧突　sty. 针突　gx. 生殖基节

【测量】 体长约 2.0 mm，前翅长 1.6~1.8 mm、后翅长 1.4 ~ 1.7 mm。

【形态特征】 头褐色。复眼黑色。触角约为前翅长的一半，23 节，柄节端部显著膨大，触角颜色不一。下颚须、下唇须褐色。胸部黄褐色或褐色，前胸较长、梯形，具深色纵纹；中后胸背板具 1 对大褐斑。翅浸于乙醇溶液后透明，略带淡烟色；翅脉黄褐色。前后翅形状相近，翅基狭而渐宽，翅端较圆。前翅外缘沿 RP 脉前支、RP 脉后支及 MA、MP、CuA 各脉端部有明显的黄褐色狭斑；横脉状的 Sc2 与 r 上下几乎连成直线，前者透明，后者两侧具黄褐色边纹；R2+3 脉基部一小段透明，M 脉上没有中脉鬃；两条 Cu 脉和两条 A 脉均粗大，端部渐细。后翅横脉状的 Sc2 和 r 情况与前翅相同，CuA 与 M 脉由翅基至中部有一半靠近且平行，分开处无横脉；CuP 及 A 脉较细。足褐色。腹部黄褐色，腹囊锥突状。雄虫腹部末端背面具发达的肛上板（e），上生长毛；针突（sty）呈钩状；其腹面是 1 对乳突状的生殖基节（gx）。阳基侧突（par）侧面观呈船形，基部细长如杆，中部膨大，端部上弯而尖细。阳茎宽大，基部分叉。雌虫腹部末端骨化弱，结构也很简单。

【地理分布】 广西（上思、凭祥夏石、宁明）、海南（琼山、乐东尖峰岭、儋州）、贵州（罗甸）。

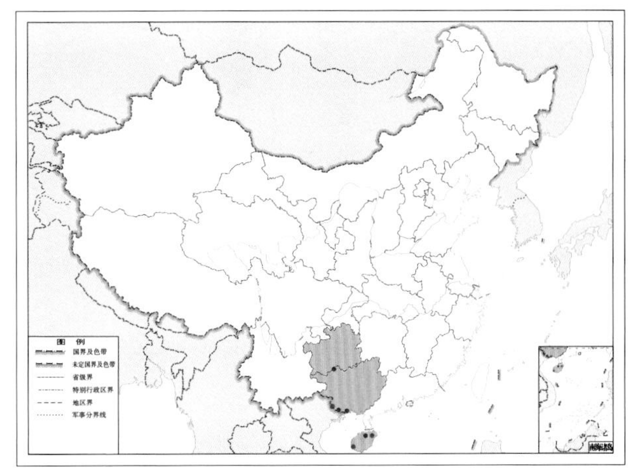

图 4-12-2　东方隐粉蛉 *Cryptoscenea orientalis* 地理分布图

（五）卷粉蛉属 *Helicoconis* Enderlein, 1905

【鉴别特征】 复眼较小。触角 22 ~ 33 节，无成圈排列的毛。下颚须细长。胸部具明显背斑。前后翅无斑，缘毛短。前翅长是宽的 2.5 倍；纵脉 Sc 近翅端分叉；中脉 M 具有 2 条中脉鬃，其着生处不明显增厚，在两中脉鬃间变细；肩横脉 2 条。后翅长是宽的 2 ~ 2.5 倍，M 与 CuA 脉长距离靠近但两脉之间有明显的翅膜。臀区发达。腹部灰色，骨化弱。腹囊一般位于第 3 ~ 7 节（雄虫）或第 3 ~ 6 节（雌虫）。蜡腺在第 2 ~ 8 节背板上形成很宽的横带，在腹板上环绕着腹囊。雄虫外生殖器骨化强，第 9 节的背板和腹板形成 1 个封闭的环。来自第 10 背板的肛上板具有发达的腹突，与阳茎和阳基侧突相接。肛上板的腹面是 1 对爪状的针突，其端部经常分叉。第 9 腹板在针突的腹面有 1 对小型附突（appendages），骨化弱并生有长毛。阳茎由 2 根杆组成，一般前端分离、后端愈合。阳基侧突在多数种类向上弯曲。雌虫腹部第 7 ~ 8 节背板常部分骨化。雌虫外生殖器骨化弱。第 9 背板狭窄，有时端部骨化并与肛上板愈合，侧生殖突发达而分离，腹面被第 9 腹板所支撑，交配囊骨化。

【地理分布】 主要分布于古北界和新北界，少数种类分布于非洲。

【分类】 目前全世界已知 27 种，我国已知仅 1 种，本图鉴收录 1 种。

13. 污褐卷粉蛉 *Helicoconis* (*Helicoconis*) *lutea* (Wallengren, 1871)

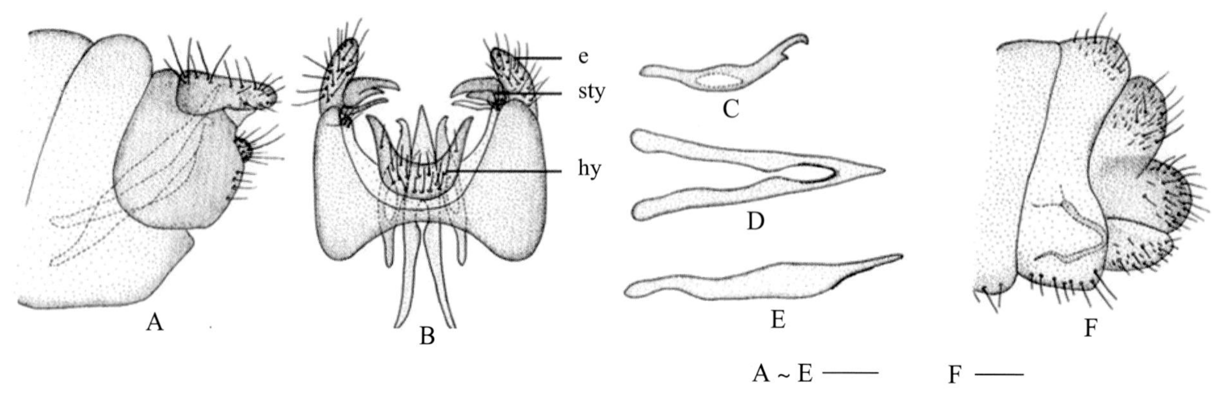

图 4-13-1 污褐卷粉蛉 *Helicoconis* (*Helicoconis*) *lutea* 形态图

（标尺：0.08 mm）

A. 雄虫腹部末端侧面观 B. 雄虫腹部末端腹面观 C. 阳基侧突侧面观 D. 阳茎腹面观 E. 阳茎侧面观 F. 雌虫腹部末端侧面观

图中字母表示：e. 肛上板 sty. 针突 hy. 下生殖板

【测量】 体长 2.6~4.1 mm，前翅长 3.0~4.1 mm、后翅长 2.8 ~ 3.5 mm。

【形态特征】 雌虫明显比雄虫体长。头深褐色，额区具明显不硬化区域，中央具 1 个不规则褐色斑。复眼黑色。触角 24 ~ 27 节，褐色细长。下颚须、下唇须均细长，褐色。胸部淡褐色，中后胸背板具褐斑。翅淡褐色，翅脉黄褐色。前翅有 2 条明显的肩横脉，横脉状的 Sc2 透明，与 r 脉靠近；M 脉中部具 2 条很细的脉鬃，其间的 M 脉变细，位于两脉鬃中央，上下连着 2 条横脉 r-m 与 m-cu。后翅 Sc2 与 r 脉靠近，MA 脉基部和横脉 m-cu、cu-a 等均透明而不明显。足细长，褐色。腹部深褐色。雄虫外生殖器第 9 背板背方很窄，肛上板为 1 个向内的宽大突起，针突明显分叉，并具 1 个向内细长的突起。第 9 腹板上的突起很小，长等于宽。阳茎端部愈合。阳基侧突端部向外下方弯曲，近端部有 1 个小腹突。下生殖板腹面具长毛。

【地理分布】 北京、山西（太原、浑源恒山、忻州五台山）、安徽（黄山）、四川（九寨沟）、陕西（华山、甘泉、西安）、甘肃（临潭、成县、迭部、文县）、宁夏（固原六盘山、泾源）；蒙古，俄罗斯，欧洲北部和中部。

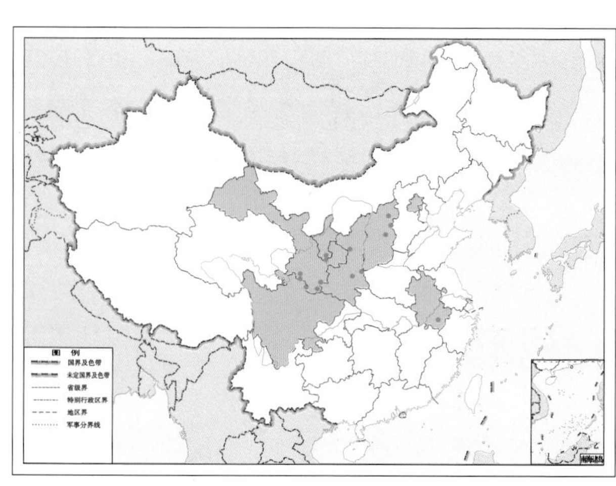

图 4-13-2 污褐卷粉蛉 *Helicoconis* (*Helicoconis*) *lutea* 地理分布图

（六）瑕粉蛉属 *Spiloconis* Enderlein, 1907

【鉴别特征】 复眼小。触角 23 ~ 33 节，柄节和梗节延长，柄节长是宽的 3 ~ 4 倍，梗节长是宽的 2.5 ~ 3 倍，没有成圈排列的毛。多数种类触角具有明暗两种颜色。胸部具明显背斑。前翅狭长，长是宽的 3 倍；具有 2 条肩横脉；具 2 条中脉鬃,但脉鬃瘤无或不明显。后翅长近于宽的 3 倍；有 2 条肩横脉，后翅 M 与 CuA 脉靠近，两脉间有翅膜，分开处常有短横脉相连。腹部骨化弱。雄虫第 3 ~ 7 节、雌虫第 3 ~ 6 节具有腹囊。蜡腺分布在第 2 ~ 8 节，在背板上呈 1 条窄带，在腹板上环绕在腹囊的周围。雄虫外生殖器骨化强，多内陷。第 9 节变异很大，一般第 9 背板位于背方、两肛上板之间，腹板位于腹面，为向上弯曲的弓形骨片，并与第 9 背板以膜相连，有时第 9 节的背板与腹板愈合且骨化很强。阳茎由 1 对细长的杆组成，其端部愈合成 1 个渐细的管。阳基侧突位于阳茎的背方，端部愈合。雌虫外生殖器骨化很弱，第 9 背板与肛上板愈合，1 对侧生殖突多少有些愈合，第 9 腹板位于侧生殖突腹面。

【地理分布】 中国；东南亚地区，澳大利亚和斐济。

【分类】 目前全世界已知 8 种，我国已知仅 1 种，本图鉴收录 1 种。

14. 六斑瑕粉蛉 *Spiloconis sexguttata* Enderlein, 1907

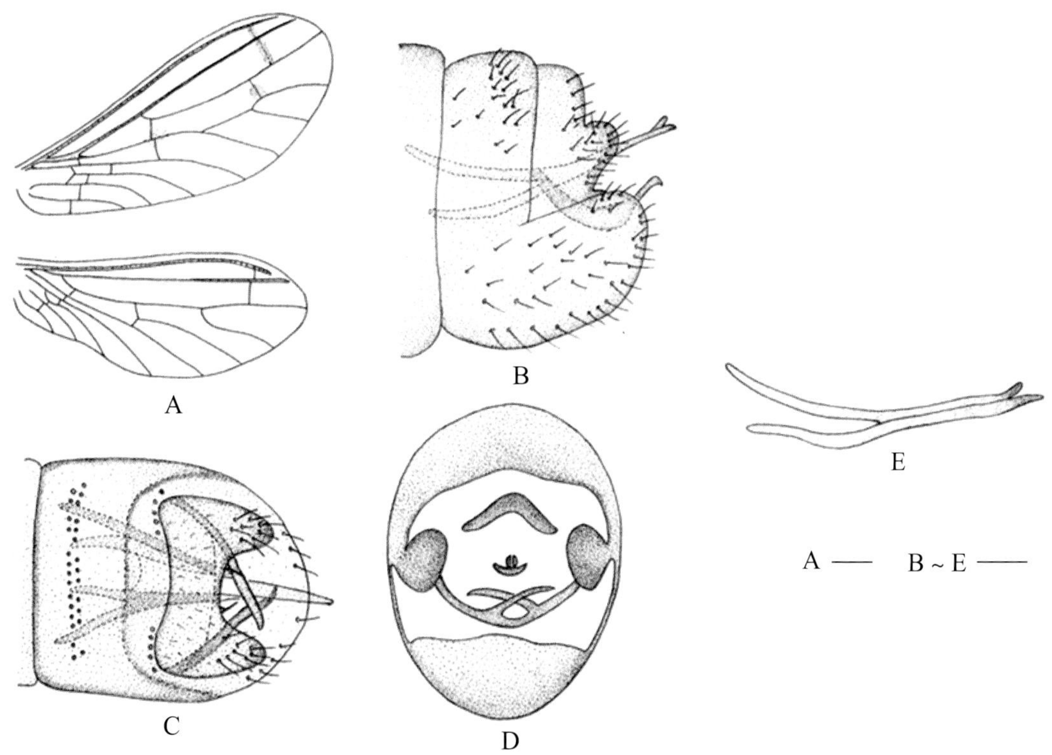

图 4-14-1　六斑瑕粉蛉 *Spiloconis sexguttata* 形态图

（标尺：A 为 0.4 mm，B ~ E 为 0.05 mm）

A. 翅　B. 雄虫腹部末端侧面观　C. 雄虫腹部末端腹面观　D. 雄虫腹部末端后面观　E. 阳茎和阳基侧突侧面观

【测量】 前翅长 2.6 ~ 3.4 mm，后翅长 2.2 ~ 3.0 mm。

【形态特征】 头棕褐色。复眼黑色。下颚须、下唇须棕褐色，末节色淡。触角 23 ~ 25 节，长 1.5 mm。胸部具有明显的黑色背斑。前翅具有 3 个明显色斑：一是在横脉状 Sc2 基部和其后的 r 横脉周围；二是在 R4+5 脉基部与 r-m 横脉周围；三是在两中脉鬃之间及上下 2 条横脉周围。后翅在 Sc2 和 r 横脉附近色略深。雄虫外生殖器第 9 腹板特化成简单而细小的弓形骨片，后缘具 1 对小突起。肛上板很小。阳茎由 1 对细长的杆组成，其端部的 3/4 愈合。阳基侧突细长，端部与阳茎并行。雌虫外生殖器侧生殖突骨化强，其腹面由 1 个骨化的结构相连。

【地理分布】 北京、安徽（黄山）、江西（庐山）、广西（田林、乐业花坪）、海南（万宁）、重庆（南川）、贵州（荔波、贵阳）、甘肃（迭部）、香港、台湾；日本。

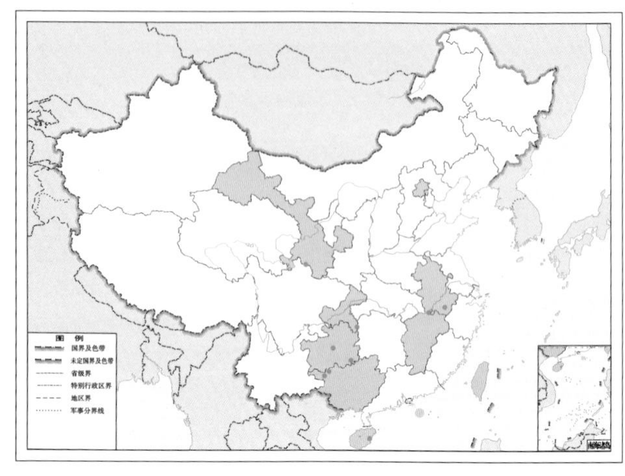

图 4-14-2　六斑瑕粉蛉 *Spiloconis sexguttata* 地理分布图

粉蛉亚科 Coniopteryginae Enderlein, 1905

【鉴别特征】 成虫头侧面观多高或近于宽，外颚叶 1 节。前翅只有 1 条径中横脉 r-m，*Nimboa* 属 RP 脉不分支，中脉 M 上无中脉鬃。后翅大小、形状与前翅相似，但蜡粉蛉属 *Conwentzia* 的后翅多退化，后翅为正常大小时，CuA 不与 MA 脉靠近，R 脉在翅中或略靠前处分成 RA 和 RP 脉两支（*Nimboa* 属的 RP 脉不分支），径中横脉位于径横脉的内侧，且前多在 RP 脉分支点附近与其后支 R4+5 脉相连、后与 M 脉的前支 MA 脉相连（如 M 脉分叉）。粉蛉属 *Coniopteryx* 的 M 脉不分支。腹部无腹囊。蜡腺在第 1 ~ 8 节的背板上呈宽带状分布，在腹板上则分布在两侧。第 8 节骨化弱，无气门。除 *Neosemidalis* 和半粉蛉属 *Hemisemidalis* 的雄虫外，腹部第 9 背板和第 10 背板愈合。幼虫触角较长，为下唇须的 2 倍。上、下颚细长，为上唇所覆盖。

【地理分布】 世界各大洲。

【分类】 此亚科分为 2 族 11 属（其中 1 个化石属），我国有 2 族 5 属，它们是粉蛉族的粉蛉属 *Coniopteryx*、匣粉蛉属 *Thecosemidalis* 和蜡粉蛉族的蜡粉蛉属 *Conwentzia*、重粉蛉属 *Semidalis* 和半粉蛉属 *Hemisemidalis*。

目前全世界已知 9 属 370 种，我国已知 5 属 49 种，本图鉴收录 5 属 37 种。

中国粉蛉亚科 Coniopteryginae 分属检索表

1. 后翅 M 脉不分支 …………………………………… **粉蛉属 *Coniopteryx***
   后翅 M 脉分支 …………………………………… 2
2. 前后翅的 m-cu 横脉均斜向连在 M 脉的后支或分支处 ………………… **重粉蛉属 *Semidalis***

至少前翅的 m-cu 横脉与纵脉垂直，并常连在 M 脉的主干上 …… 3

3. 后翅多退化，仅为前翅长的一半或更短。前后翅（若后翅正常）RP 脉在翅中部从 R 脉中分出 …… 蚍粉蛉属 *Conwentzia*

后翅正常，前后翅 RP 脉在翅中前从 R 脉中分出 …… 4

4. 雄虫的下生殖板与第 9 腹板愈合成特殊的宽大匣状结构；雌虫第 7、第 8 节正常，均骨化弱 …… 匣粉蛉属 *Thecosemidalis*

雄虫外生殖器无上述匣状结构；雌虫第 7、第 8 节的前缘在背面、侧面骨化，并在侧中部向后延伸至这两节后缘 …… 半粉蛉属 *Hemisemidalis*

（七）粉蛉属 *Coniopteryx* Curtis, 1834

【鉴别特征】 触角 20 ~ 38 节，雄虫的触角明显比雌虫短粗。触角窝之间有一横行的未骨化区域，其下方的额区高度骨化，某些种类具有指状、钩状突起。下颚须细长。胸部具有明显的 2 对背斑。翅无斑，缘毛无或很短。前翅长是宽的 2.5 倍，无明显的肩横脉，RP 脉在翅基部分出，M 脉分支；后翅比前翅狭长，长是宽的 3 倍，RP 脉分支，但 M 脉不分支。前足股节具有短粗而弯曲的毛。腹部灰色，骨化很弱。前 7 节具有蜡腺且呈宽带状分布在背板和腹板两侧。第 8 节骨化弱。雄虫外生殖器结构：肛上板位于腹部末端背向，骨化弱，生有长毛；肛上板的下面是 1 对殖弧叶，针突从殖弧叶的基部或中部伸出，端部常分成内外 2 支；阳茎由 1 个或 1 对骨化的杆组成。上述结构是此属种类鉴定的重要特征。雌虫外生殖器骨化弱。第 9 背板狭窄，向下延伸，其腹面的 1 个横板为第 9 腹板，肛上板常并入第 9 背板，肛门下面常有 1 个横板为第 10 腹板，其腹面两侧为 1 对骨化的侧生殖突。

【地理分布】 世界各地均有分布。

【分类】 目前全世界已知 231 种，我国已知 31 种，本图鉴收录 24 种。

中国粉蛉属 *Coniopteryx* 分种检索表（雄虫）

1. 针突从殖弧叶腹面中部发出，雄虫触角不比雌虫明显短粗 …… 2

针突从殖弧叶腹面端部发出，雄虫触角比雌虫触角明显短粗 …… 5

2. 下生殖板侧面观中部突出，高仅略大于宽 …… 3

下生殖板侧面观中部无明显突出，高为宽的 2 倍多 …… 4

3. 下生殖板的尾突愈合成 1 个中部宽大的突起，阳基侧突端部分支 …… 蒙干粉蛉 ***Coniopteryx* (*Xeroconiopteryx*) *mongolica***

下生殖板无明显的尾突，阳基侧突的端部生有 1 个端背齿 …… 闽干粉蛉 ***Coniopteryx* (*Xeroconiopteryx*) *minana***

4. 下生殖板前缘内脊在腹面连续 …… 爪干粉蛉 ***Coniopteryx* (*Xeroconiopteryx*) *unguigonarcuata***

下生殖板前缘内脊在腹面中断 …… 琼干粉蛉 ***Coniopteryx* (*Xeroconiopteryx*) *qiongana***

5. 触角上有各种指状或刺状突起 …… 6

触角正常，无明显的指状和刺状突起 …… 8

6. 触角上只有 1 个长刺状突起 …… 单刺粉蛉 ***Coniopteryx* (*Coniopteryx*) *unispinalis***

触角上有 2 个指状或长刺状突起 …… 7

7. 触角上的长刺或指突位于触角基部的第 1、第 2 鞭节 …… 双刺粉蛉 ***Coniopteryx* (*Coniopteryx*) *bispinalis***

触角上的 2 个长刺状突起，位于第 7、第 8 鞭节 …… 突角粉蛉 ***Coniopteryx* (*Coniopteryx*) *gibberosa***

8. 下生殖板侧面观时，前缘中部向前弯曲成弧形 …… 9
下生殖板侧面观时，前缘平直，不呈弧形弯曲 …… 11
9. 下生殖板后面观时，从中端缺刻的底部生有 1 对向上的突起 …… **双峰粉蛉 *Coniopteryx* (*Coniopteryx*) *praecisa***
下生殖板后面观时，中端缺刻的底部无明显向上的突起 …… 10
10. 阳基侧突近端部背方的片状结构近三角形，其腹侧后下角形成细长的突起 …… **突额粉蛉 *Coniopteryx* (*Coniopteryx*) *protrufrons***
阳基侧突近端部背方无细长突起的片状结构 …… **指额粉蛉 *Coniopteryx* (*Coniopteryx*) *dactylifrons***
11. 触角末节端部具有 1 根弯曲粗壮的爪状刚毛 …… **爪角粉蛉 *Coniopteryx* (*Coniopteryx*) *prehensilis***
触角末节无爪状刚毛 …… 12
12. 阳基侧突的端部具有背端突 …… 13
阳基侧突的端部无背端突 …… 17
13. 下生殖板沿中端缺刻的两侧向前突出成宽大的翼状横板 …… **翼突粉蛉 *Coniopteryx* (*Coniopteryx*) *alifera***
下生殖板沿中端缺刻的两侧无翼状突起 …… 14
14. 阳基侧突背端突细长，明显长于腹突 …… 15
阳基侧突背端突很小，明显小于腹突 …… 16
15. 下生殖板中端缺刻腹面观呈 V 形，阳基侧突端部明显下弯 …… **圣洁粉蛉 *Coniopteryx* (*Coniopteryx*) *pygmaea***
下生殖板中端缺刻腹面观呈 U 形，阳基侧突端部不明显下弯 …… **武夷粉蛉 *Coniopteryx* (*Coniopteryx*) *wuyishana***
16. 下生殖板中端缺刻呈 V 形，无腹突，触角基部鞭节宽是长的 2 ~ 3 倍 …… **奇突粉蛉 *Coniopteryx* (*Coniopteryx*) *miraparameris***
下生殖板中端缺刻呈 U 形，有腹突，触角基部鞭节长是宽的 1.5 倍 …… **扁角粉蛉 *Coniopteryx* (*Coniopteryx*) *compressa***
17. 阳基侧突端部向下弯曲 …… 18
阳基侧突端部向上弯曲 …… 20
18. 阳基侧突端部向下方或后下方弯曲 …… 19
阳基侧突下弯后向后平伸 …… **周氏粉蛉 *Coniopteryx* (*Coniopteryx*) *choui***
19. 阳基侧突近端部向后下方斜弯 …… **岛粉蛉 *Coniopteryx* (*Coniopteryx*) *insularis***
阳基侧突近端部垂直下弯 …… **阿氏粉蛉 *Coniopteryx* (*Coniopteryx*) *aspoecki***
20. 下生殖板中端缺刻腹面观呈 V 形 …… 21
下生殖板中端缺刻腹面观呈 U 形 …… 23
21. 阳基侧突端部垂直上弯，呈明显的细钩，细钩长是宽的数倍 …… **曲角粉蛉 *Coniopteryx* (*Coniopteryx*) *crispicornis***
阳基侧突端部向斜上方弯曲，呈很小向上的突起 …… 22
22. 下生殖板的中端缺刻很浅，不到下生殖板宽的一半 …… **广西粉蛉 *Coniopteryx* (*Coniopteryx*) *guangxiana***
下生殖板的中端缺刻较深，达下生殖板宽的一半 …… **斜突粉蛉 *Coniopteryx* (*Coniopteryx*) *plagiotropa***
23. 阳基侧突与针突的内支接触后明显弯曲并增粗 …… **淡粉蛉 *Coniopteryx* (*Coniopteryx*) *pallescens***
阳基侧突与针突的内支接触后不明显弯曲，也不增粗 …… **疑粉蛉 *Coniopteryx* (*Coniopteryx*) *ambigua***

注：腹粉蛉 *Coniopteryx* (*Coniopteryx*) *abdominalis* Okamoto, 1905 因标本缺失未能编入本检索表。另外，南宁粉蛉 *Coniopteryx* (*Coniopteryx*) *nanningana* Liu & Yang, 1994 已发现是奇突粉蛉 *Coniopteryx* (*Coniopteryx*) *miraparameris* Liu & Yang, 1994 的异名、北方粉蛉 *Coniopteryx* (*Coniopteryx*) *arctica* Liu & Yang, 1998 是阿氏粉蛉 *Coniopteryx* (*Coniopteryx*) *aspoecki* Kis, 1967 的异名、宽带粉蛉 *Coniopteryx* (*Coniopteryx*) *vittiformis* Liu & Yang, 1998 是周氏粉蛉 *Coniopteryx* (*Coniopteryx*) *choui* Liu & Yang, 1998 的异名（均待发表），故未编入本检索表。

15. 蒙干粉蛉 *Coniopteryx* (*Xeroconiopteryx*) *mongolica* Meinander, 1969

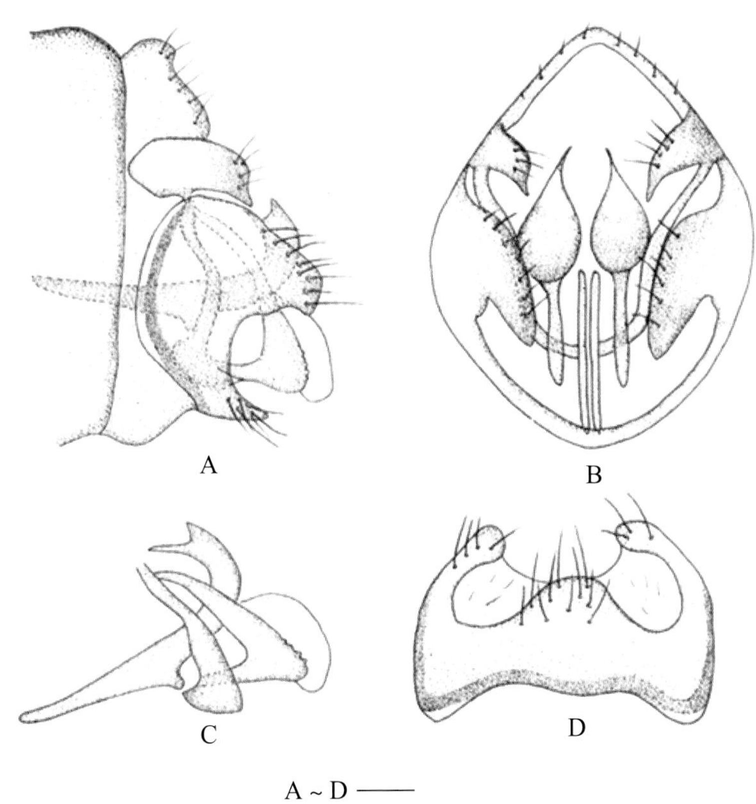

图 4-15-1　蒙干粉蛉 *Coniopteryx* (*Xeroconiopteryx*) *mongolica* 形态图

（标尺：0.04 mm）

A. 雄虫腹部末端侧面观　B. 雄虫腹部末端后面观　C. 雄虫外生殖器侧面观　D. 雄虫下生殖板腹面观

【测量】 前翅长 1.9 ~ 2.3 mm、宽 0.7 ~ 0.9 mm，后翅长 1.6 ~ 2.0 mm、宽 0.6 ~ 0.8 mm。

【形态特征】 头部褐色。触角 25 ~ 27 节，棕褐色，长 1.5 ~ 1.7 mm；梗节无鳞状毛，分布在各鞭节的端部，各鞭节除散生的普通毛外还具长刚毛。下颚须、下唇须褐色。胸部黑褐色，背斑可见，较模糊。翅色淡。腹部褐色。雄虫外生殖器下生殖板侧面观宽几乎等于高，前缘内脊腹面连续，侧突宽大而平截，宽达下生殖板高之半，尾突愈合成 1 个腹突，侧面观尖长，腹面观宽而圆钝。殖弧叶小，端部钩状。针突不分叉，带状，在阳基侧突下形成弓形结构。针突的尾部两侧各生有 1 个弯曲的骨片，分别与针突背面和阳基侧突腹突相连。阳基侧突端部上弯且分支，具明显腹突。阳茎长而骨化，由 2 条平行的杆组成。

【地理分布】 北京、宁夏（银川）；蒙古。

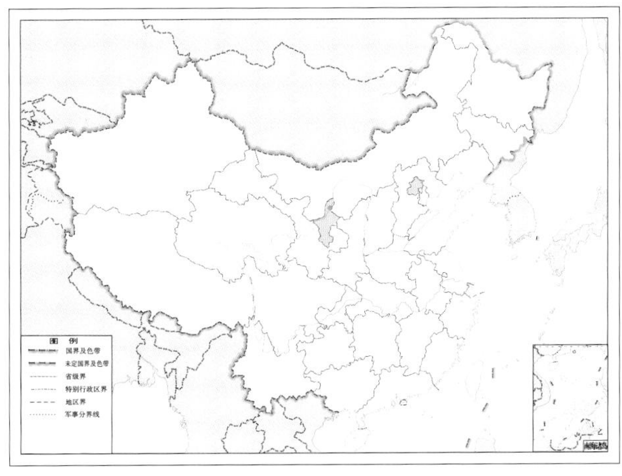

图 4-15-2　蒙干粉蛉 *Coniopteryx* (*Xeroconiopteryx*) *mongolica* 地理分布图

16. 爪干粉蛉 *Coniopteryx* (*Xeroconiopteryx*) *unguigonarcuata* H. Aspöck & U. Aspöck, 1968

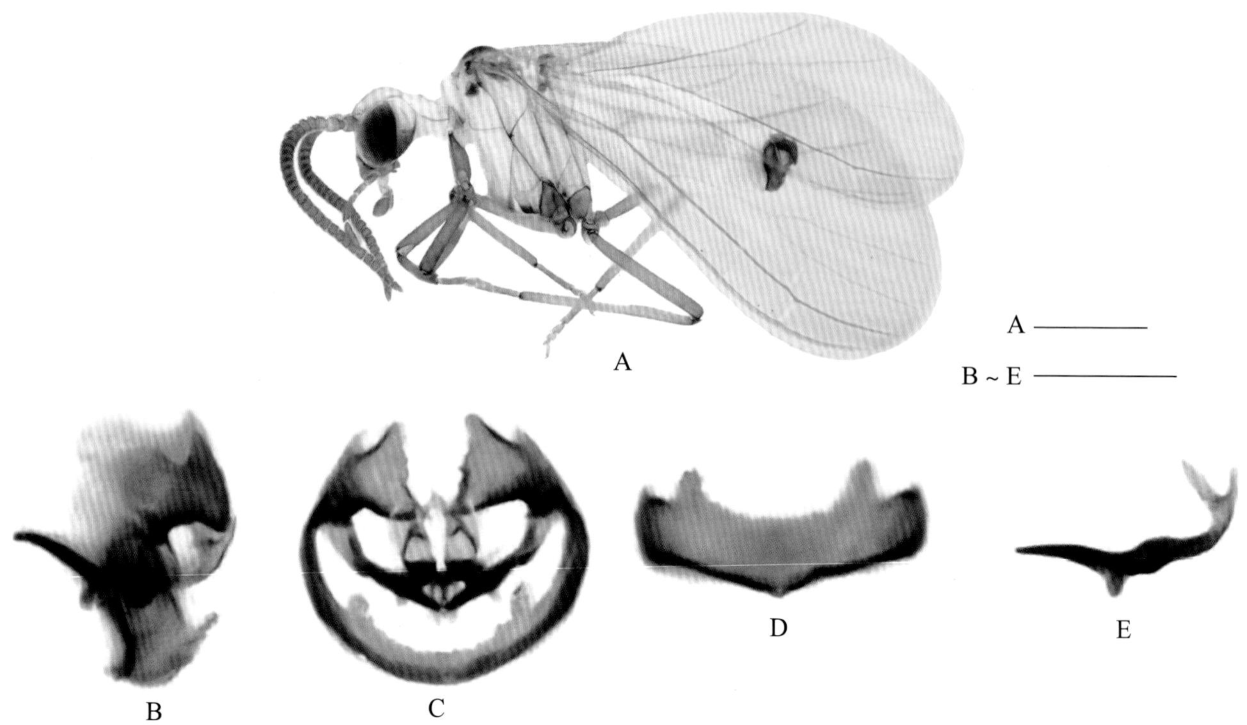

图 4-16-1 爪干粉蛉 *Coniopteryx* (*Xeroconiopteryx*) *unguigonarcuata* 形态图

（标尺：A 为 0.5 mm，B ~ E 为 0.15 mm）

A. 成虫侧面观 B. 雄虫外生殖器侧面观 C. 雄虫外生殖器后面观 D. 下生殖板腹面观 E. 阳基侧突侧面观

【测量】 体长 1.0 ~ 2.0 mm，前翅长 2.3 ~ 2.6 mm、宽 1.0 ~ 1.3 mm，后翅长 1.8 ~ 2.1 mm、宽 0.9 ~ 1.1 mm。

【形态特征】 头部褐色，额区正常。复眼黑色。触角 26 ~ 29 节，褐色，细长丝状，柄节短细，鞭节长而粗，鳞状毛位于梗节和各鞭节的端部，厚密，普通毛排成 2 圈，具有长刚毛。下颚须、下唇须褐色。胸部褐色，具深褐色背斑。翅烟色透明。足褐色。腹部褐色。雄虫外生殖器下生殖板侧面观高是宽的 2 倍，前缘内脊在腹面连续，侧突和尾突不明显，中端缺刻很小。殖弧叶宽大，端部尖细，呈爪状。针突不分叉，狭带状，在阳基侧突腹面形成 1 个弓形结构。阳基侧突狭长，腹突明显，端部上弯而分叉，其前支细长。阳茎由 2 个杆组成。

【地理分布】 北京、宁夏（银川、同心）；蒙古。

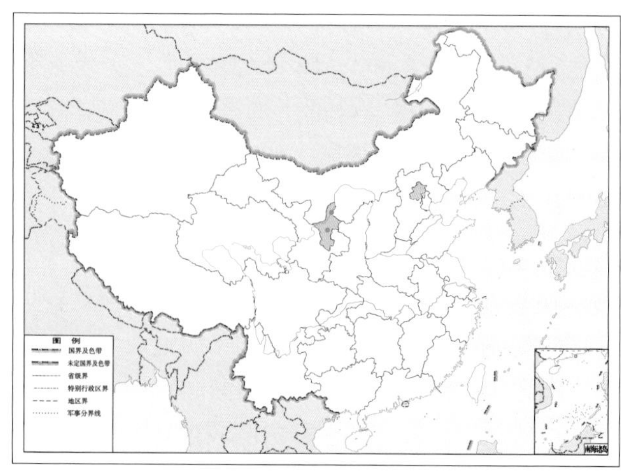

图 4-16-2 爪干粉蛉 *Coniopteryx* (*Xeroconiopteryx*) *unguigonarcuata* 地理分布图

17. 琼干粉蛉 *Coniopteryx* (*Xeroconiopteryx*) *qiongana* Liu & Yang, 2002

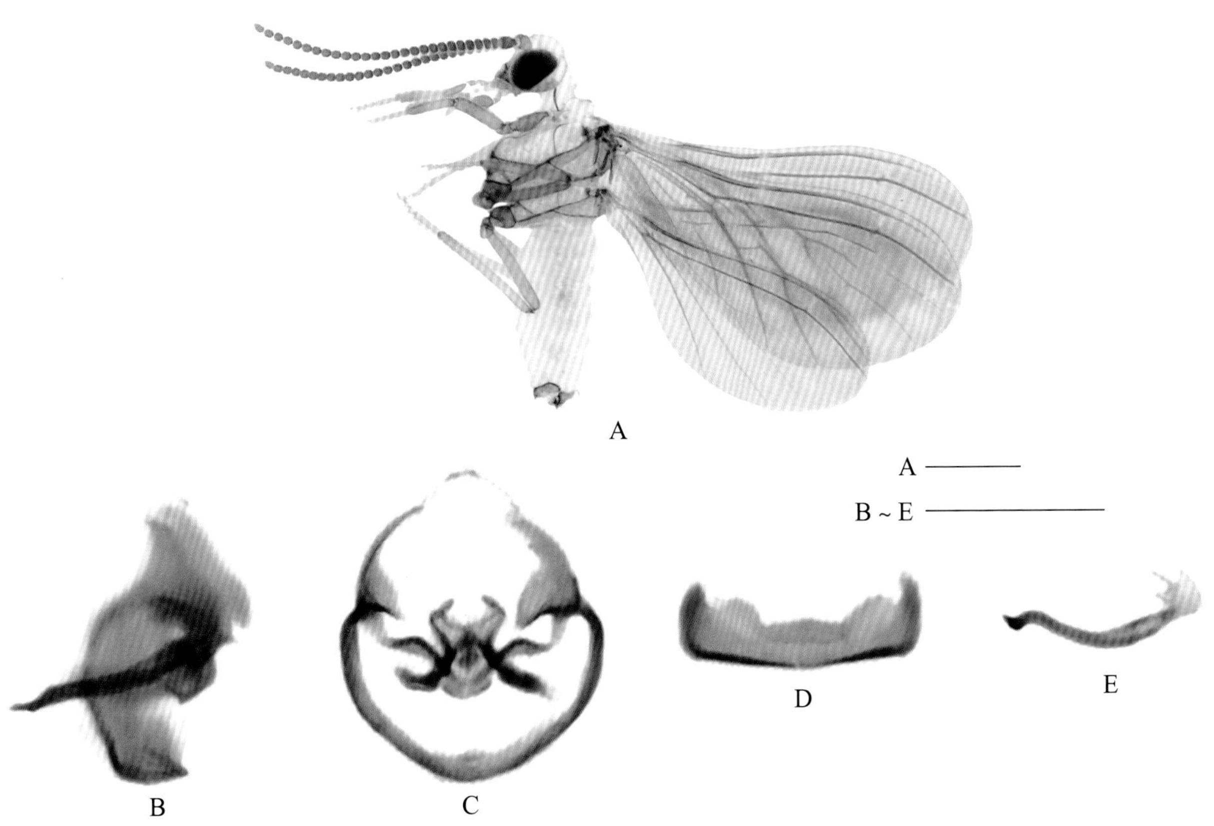

图 4-17-1　琼干粉蛉 *Coniopteryx* (*Xeroconiopteryx*) *qiongana* 形态图
（标尺：A 为 0.5 mm，B ~ E 为 0.15 mm）
A. 成虫侧面观　B. 雄虫外生殖器侧面观　C. 雄虫外生殖器后面观　D. 下生殖板腹面观　E. 阳基侧突侧面观

【测量】 雄虫体长 1.5 mm，前翅长 2.5 mm、宽 1.2 mm，后翅长 2.0 mm、宽 0.7 mm。

【形态特征】 头部黄褐色，额区正常。复眼大。触角褐色，27 节，细长丝状，长 1.2 mm；梗节和鞭节无鳞状毛，普通毛较稀疏地排成 2 圈，具长刚毛。下颚须、下唇须褐色。胸部褐色，2 对背斑不明显。翅淡烟色透明。足黄褐色。腹部褐色。雄虫外生殖器下生殖板侧面观高是宽的 3 倍，前缘内脊在腹面中断，侧突、尾突均不明显，无中端缺刻。殖弧叶宽大，针突不分叉。阳基侧突细长，末端向上弯曲，有很小的端背齿。阳茎由 1 对细长的杆组成。雌虫未知。

【地理分布】 海南（乐东尖峰岭）、广东（广州）。

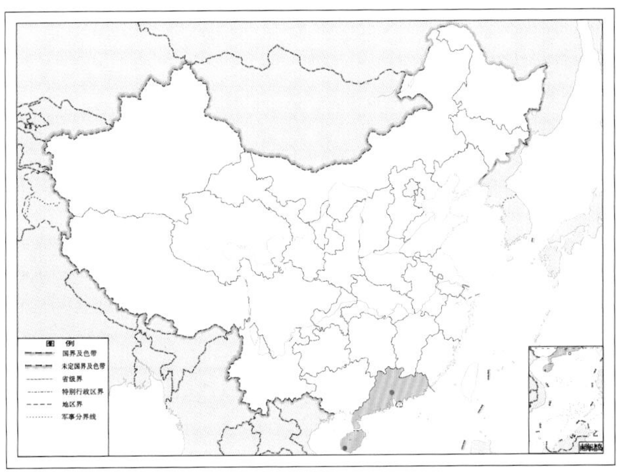

图 4-17-2　琼干粉蛉 *Coniopteryx* (*Xeroconiopteryx*) *qiongana* 地理分布图

18. 闽干粉蛉 *Coniopteryx* (*Xeroconiopteryx*) *minana* Yang & Liu, 1999

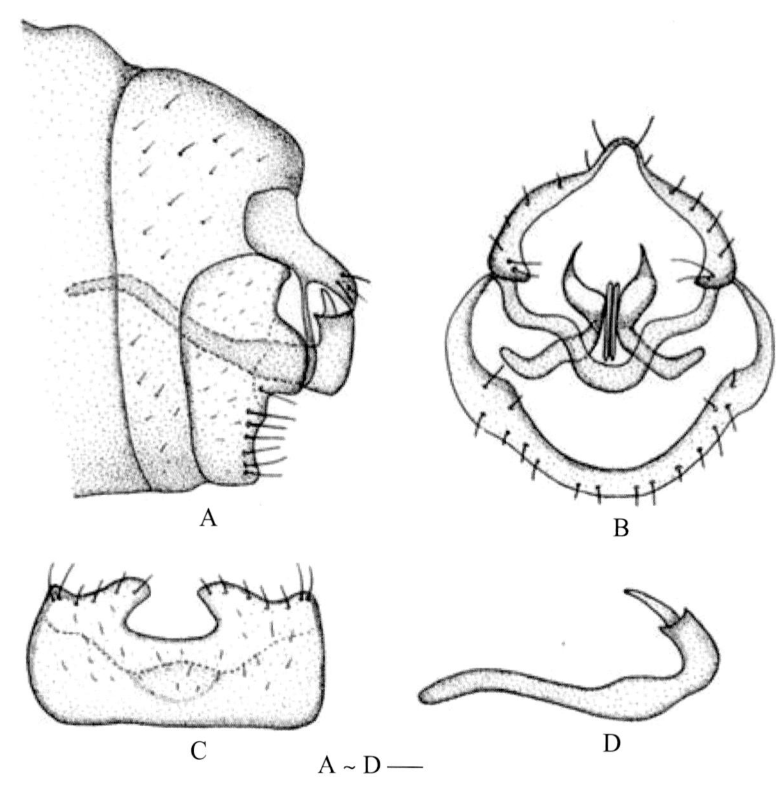

图 4-18-1 闽干粉蛉 *Coniopteryx* (*Xeroconiopteryx*) *minana* 形态图

（标尺：0.01 mm）

A. 雄虫腹部末端侧面观 B. 雄虫腹部末端后面观 C. 雄虫下生殖板腹面观 D. 雄虫阳基侧突侧面观

【测量】 雄虫体长 1.6 mm，前翅长 2.9 mm、宽 1.0 mm，后翅长 1.5 mm、宽 0.6 mm。

【形态特征】 头部淡褐色，复眼深褐色。额区和下颚须、下唇须正常。触角黄褐色，27 节，长 1.3 mm；鳞状毛位于鞭节端部，普通毛在其下排成 2 圈，具长刚毛。胸部褐色；背斑不明显，颜色仅比周围色略深。翅淡烟色透明，翅脉淡褐色。足褐色。腹部黄褐色。雄虫外生殖器下生殖板侧面观高是宽的 2 倍，中部宽大，侧突圆钝，无明显尾突，无中端缺刻。殖弧叶狭长，针突不分叉。阳基侧突端部上弯，末端生有 1 个向上的端背齿。

【地理分布】 福建（厦门）。

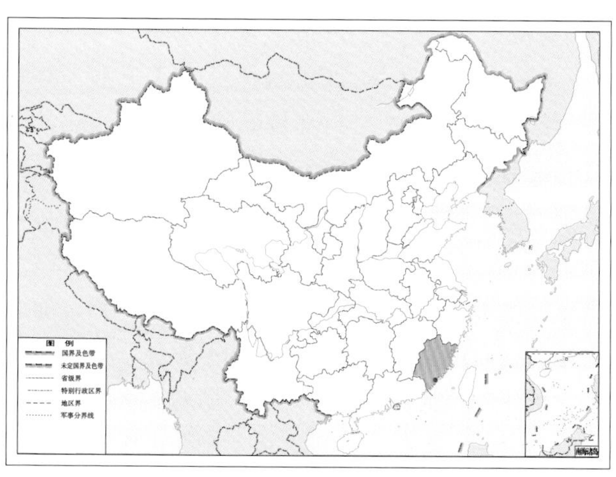

图 4-18-2 闽干粉蛉 *Coniopteryx* (*Xeroconiopteryx*) *minana* 地理分布图

19. 阿氏粉蛉 *Coniopteryx* (*Coniopteryx*) *aspoecki* Kis, 1967

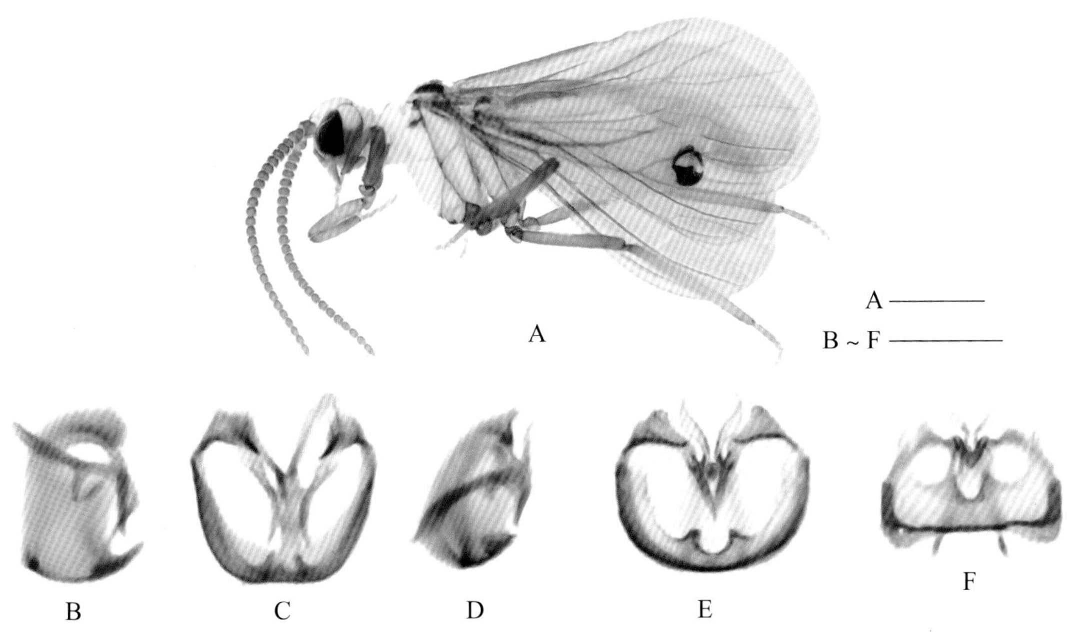

图 4-19-1　阿氏粉蛉 *Coniopteryx* (*Coniopteryx*) *aspoecki* 形态图
（标尺：A 为 0.5 mm，B ~ F 为 0.15 mm）
A. 成虫侧面观　B. 雄虫外生殖器侧面观　C. 雄虫生殖器后面观

【测量】 前翅长 2.1 ~ 2.5 mm、宽 0.9 ~ 1.1 mm，后翅长 1.7 ~ 2.1 mm、宽 0.7 ~ 0.9 mm。

【形态特征】 头部黄褐色。额区正常。触角黑褐色，26 ~ 30 节，鳞状毛分布在梗节和各鞭节的端部，非常厚密，普通毛排成 2 圈，各鞭节上还有长刚毛。下颚须、下唇须褐色。胸部黄褐色，具黑褐色背斑。翅淡褐色。腹部褐色。雄虫外生殖器下生殖板侧面观高近等于宽，前缘平直，中部不明显前突呈弧形，前缘内脊在腹面连续，尾突细长，侧面观尖而腹面观圆钝，中端缺刻腹面观呈 U 形，底部中央具有 1 个向上的脊，后面观呈突起状。殖弧叶端部很宽。针突分叉，外支后伸而内支前伸。阳基侧突细长，在中部靠后有 1 个明显的腹突，端部向下弯曲。阳茎骨化，由 2 个杆组成。

【地理分布】 北京、河北（北戴河、昌黎、涿州、承德）、天津（蓟州）、山西（清徐）、内蒙古（包头市土默特右旗）、吉林（通化）、上海、浙江（杭州、舟山普陀山、临安天目山）、河南（新乡）、贵州（贵阳）、陕西（眉县秦岭、富县清泉沟）、甘肃（宕昌、甘谷、临夏、文县）、宁夏（同心）；蒙古，罗马尼亚，奥地利。

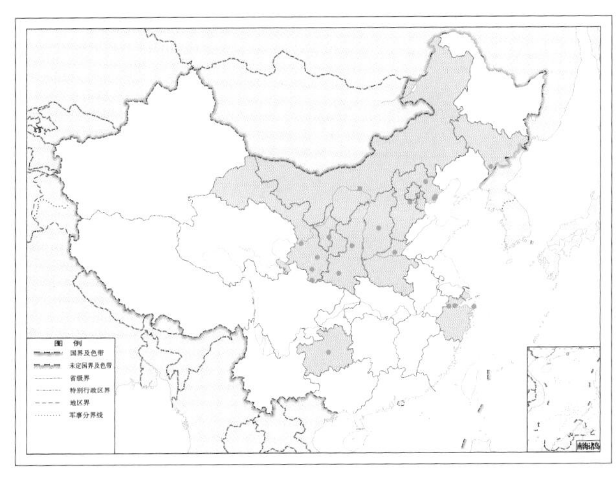

图 4-19-2　阿氏粉蛉 *Coniopteryx* (*Coniopteryx*) *aspoecki* 地理分布图

20. 圣洁粉蛉 *Coniopteryx* (*Coniopteryx*) *pygmaea* Enderlein, 1906

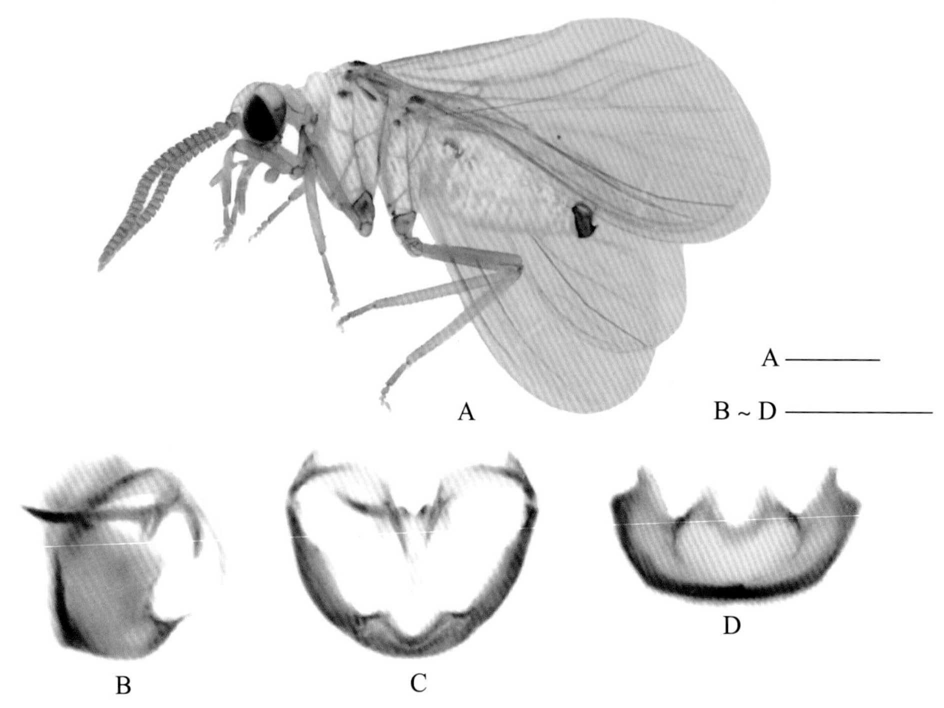

图 4-20-1 圣洁粉蛉 *Coniopteryx* (*Coniopteryx*) *pygmaea* 形态图

（标尺：A 为 0.5 mm，B ~ D 为 0.15 mm）

A. 成虫侧面观 B. 雄虫外生殖器侧面观 C. 雄虫外生殖器后面观 D. 下生殖板腹面观

【测量】 体长 2.1 mm，前翅长 1.7 ~ 2.7 mm、宽 0.8 ~ 1.5 mm，后翅长 1.3 ~ 2.2 mm、宽 0.5 ~ 1.1 mm。

【形态特征】 头部深褐色。额区、下颚须和下唇须正常。触角褐色，23 ~ 30 节，长 1.0 ~ 1.7 mm；雄虫触角梗节的全部和鞭节的端部具有鳞状毛，普通毛排成 2 圈；近端部的一些鞭节具长刚毛。胸部深褐色，具黑色背斑。翅几乎透明。腹部褐色。雄虫外生殖器下生殖板侧面观高等于宽，前缘平直，中部不明显前突呈弧形，前缘内脊在腹面连续，侧突明显而尖，尾突侧面观尖细，腹面观呈三角形，中端缺刻腹面观呈 V 形。殖弧叶宽大，针突分叉，内支、外支均细长。阳基侧突细长，端部下弯，背端突细长，阳基侧突的近中部还有 1 个明显的腹突。

【地理分布】 北京、河北（昌黎、兴隆）、山西（清徐、沁水、太原市区）、内蒙古（乌拉特前旗、准格尔旗、正镶白旗）、辽宁（鞍山、沈阳）、浙江（庆元）、陕西（眉县秦岭）、甘肃（榆中、夏河、迭部、宕昌）、宁夏（银川）；欧洲，亚洲的北部（俄罗斯、乌克兰、蒙古）和中东地区。

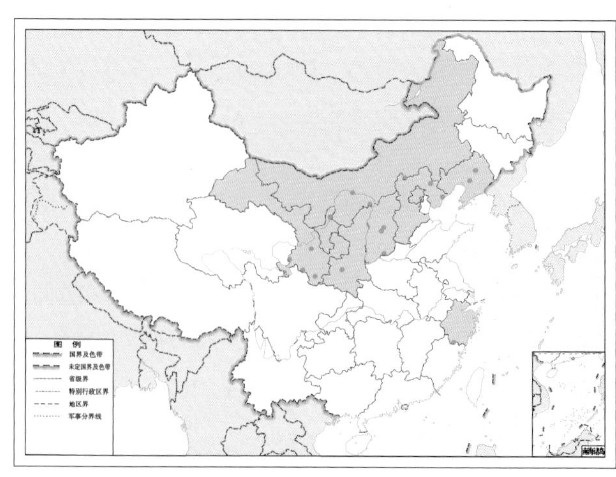

图 4-20-2 圣洁粉蛉 *Coniopteryx* (*Coniopteryx*) *pygmaea* 地理分布图

21. 斜突粉蛉 *Coniopteryx* (*Coniopteryx*) *plagiotropa* Liu & Yang, 1997

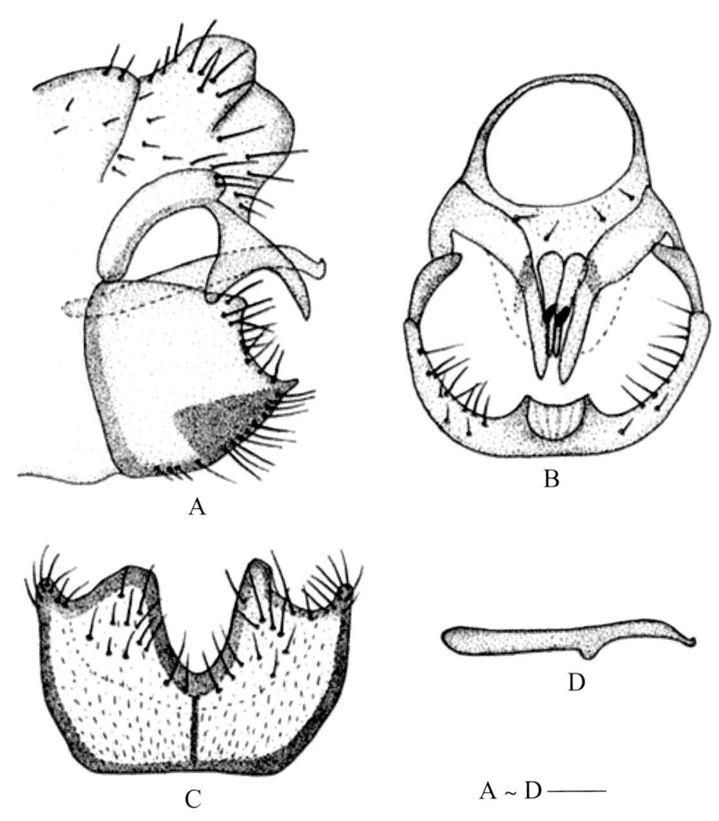

图 4-21-1　斜突粉蛉 *Coniopteryx* (*Coniopteryx*) *plagiotropa* 形态图

（标尺：0.04 mm）

A. 雄虫腹部末端侧面观　B. 雄虫腹部末端后面观　C. 雄虫下生殖板腹面观　D. 雄虫阳基侧突侧面观

【测量】 体长 1.6 ~ 2.0 mm，前翅长 2.2 ~ 2.8 mm、宽 1.0 ~ 1.3 mm，后翅长 1.8 ~ 2.4 mm、宽 0.8 ~ 1.0 mm。

【形态特征】 头部淡褐色，额区正常。复眼褐色。雄虫触角 25 或 26 节，雌虫触角 28 或 29 节，黄褐色，短粗，长 1.3 mm；鳞状毛位于各鞭节的端部，长毛排成 2 圈，其间具长刚毛。下唇须、下颚须淡褐色。胸部淡褐色，具 2 对褐色斑。翅淡烟色透明。足淡褐色。腹部黄白色。雄虫外生殖器下生殖板侧面观高近等于宽，前缘平直，中部不明显前突呈弧形，前缘内脊在腹面连续，侧面观侧突与尾突短尖，中端缺刻腹面观近 V 形，深达下生殖板宽之半，其底部与下生殖板前缘之间有纵脊。殖弧叶宽大，近三角形。针突分叉。阳基侧突细长，近中部具 1 个腹突，端部形成很小且明显短于腹突的上弯钩。

【地理分布】 北京、湖北（兴山）、陕西（甘泉）、甘肃（文县）。

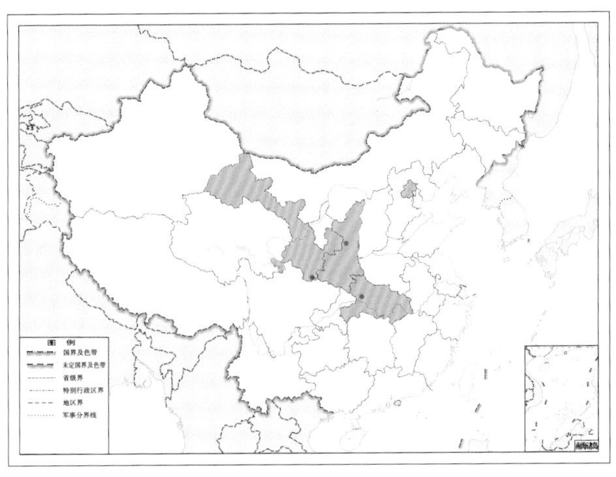

图 4-21-2　斜突粉蛉 *Coniopteryx* (*Coniopteryx*) *plagiotropa* 地理分布图

22. 疑粉蛉 *Coniopteryx* (*Coniopteryx*) *ambigua* Withycombe, 1925

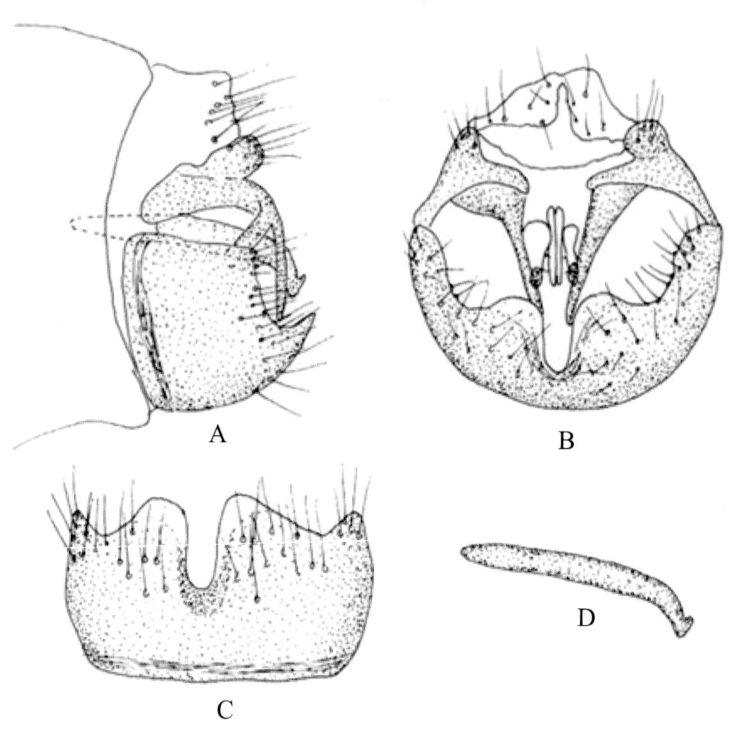

图 4-22-1 疑粉蛉 *Coniopteryx* (*Coniopteryx*) *ambigua* 形态图（仿 Meinander, 1990）
A. 雄虫腹部末端侧面观 B. 雄虫腹部末端后面观 C. 雄虫下生殖板腹面观 D. 雄虫阳基侧突侧面观

【测量】 前翅长 1.7 ~ 2.0 mm、宽 2.6 ~ 2.8 mm，后翅长 1.4 ~ 1.6 mm、宽 2.0 ~ 2.2 mm。

【形态特征】 头部黄褐色，额区正常。触角 21 ~ 31 节；厚密的鳞状毛位于梗节、鞭节的端部，普通毛排成 2 圈，鞭节上无长刚毛。胸部褐色，具明显的深褐色背斑。翅几乎透明。雄虫外生殖器下生殖板侧面观高与宽近等，前缘平直，不明显前弯呈弧形，侧突不明显，尾突长而尖，中端缺刻腹面观呈深 U 形。殖弧叶宽大，针突分叉，外支略向内弯曲。阳基侧突为简单的杆状，端部略上弯，阳茎为单一的杆。

【地理分布】 中国；印度，斯里兰卡，马来西亚。此种原产于印度南部和斯里兰卡，Meinander（1990）记载中国也有分布，但未注明标本出处，在我们的收藏中，尚未发现属于该种的标本。

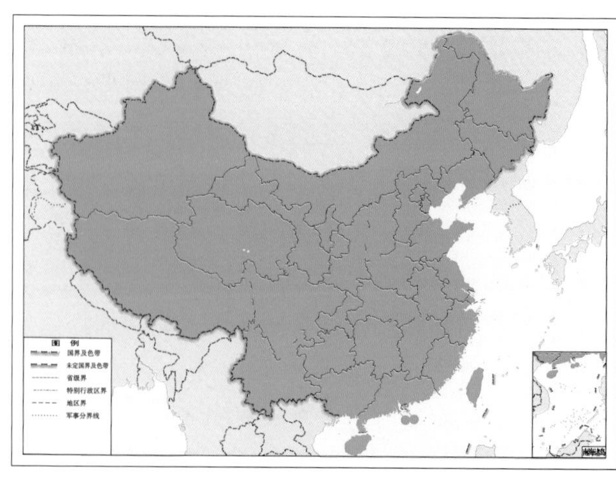

图 4-22-2 疑粉蛉 *Coniopteryx* (*Coniopteryx*) *ambigua* 地理分布图

23. 周氏粉蛉 *Coniopteryx* (*Coniopteryx*) *choui* Liu & Yang, 1998

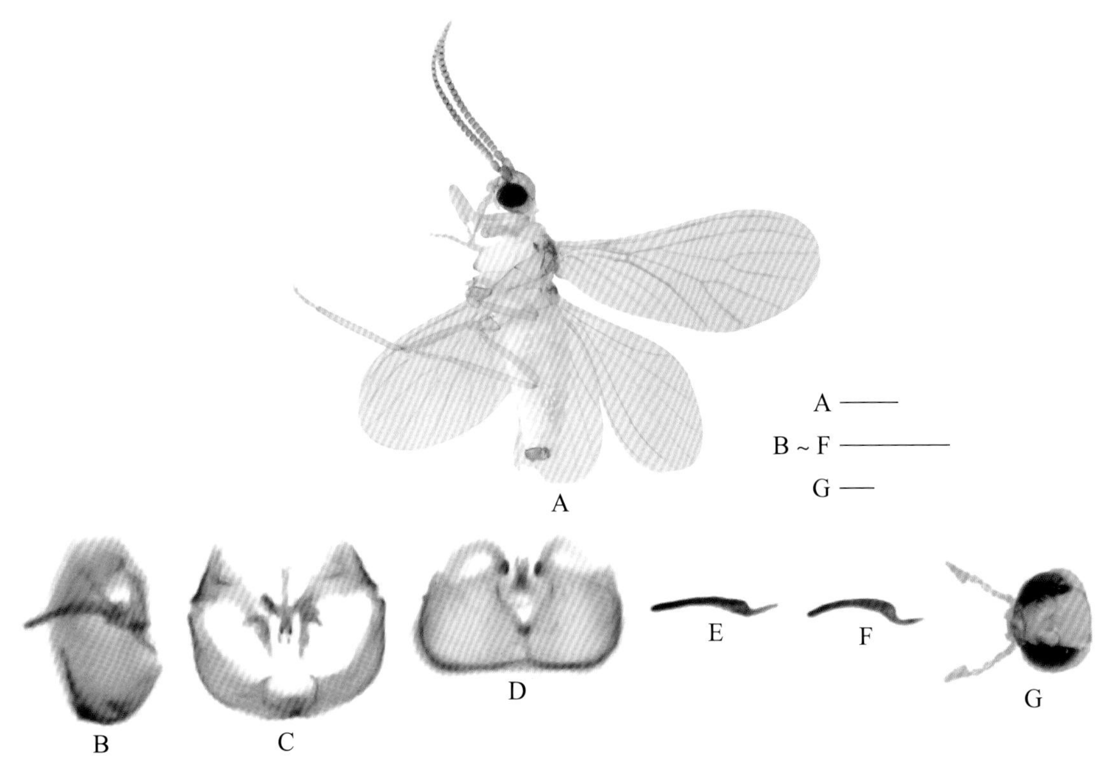

图 4-23-1　周氏粉蛉 *Coniopteryx* (*Coniopteryx*) *choui* 形态图
（标尺：A 为 0.5 mm，B ~ G 为 0.15 mm）
A. 成虫侧面观　B. 雄虫外生殖器侧面观　C. 雄虫外生殖器后面观　D. 下生殖板腹面观　E ~ F. 阳基侧突侧面观　G. 雄虫头部

【测量】 体长 1.6 ~ 1.8 mm，前翅长 2.6 mm、宽 1.1 mm，后翅长 2.1 mm、宽 0.7 mm。

【形态特征】 头部褐色，额区正常。触角淡褐色，24 ~ 28 节，在近基部下弯，长 1.0 ~ 1.2 mm；雄虫触角短粗，鳞状毛分布在触角鞭节的顶端，普通毛排成 2 圈，具长刚毛。下颚须、下唇须淡褐色，正常。胸部褐色，背斑不明显，仅比周围颜色略深。翅淡烟色透明。腹部淡黄色。雄虫外生殖器下生殖板侧面观高大于宽，前缘平直，中部不明显前突呈弧形，前缘内脊在腹面连续，侧突圆钝，尾突侧面观很小但后面观细长，中端缺刻腹面观呈 V 形，其底部与下生殖板前缘之间无纵脊。殖弧叶宽大，近三角形。针突分叉，外支宽大，中部宽为内支的 2 倍多，端部向后弯曲。阳基侧突近端部下弯平伸向后方。阳茎为 1 对细长的杆。

【地理分布】 吉林（通化）、浙江（杭州、舟山）、山东（莱阳）、贵州（惠水）、陕西（甘泉、潼关华山）、甘肃（天水）。

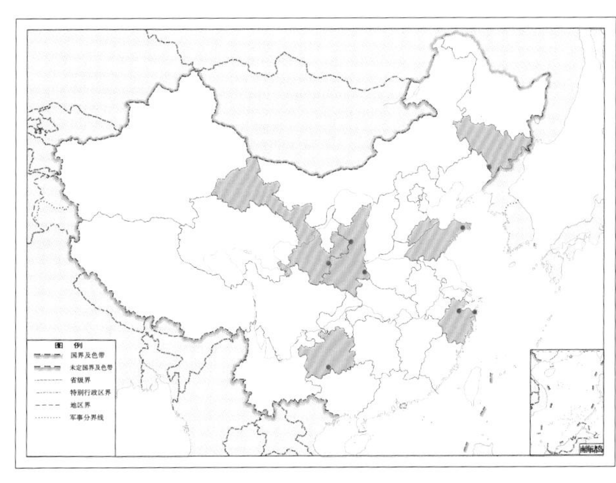

图 4-23-2　周氏粉蛉 *Coniopteryx* (*Coniopteryx*) *choui* 地理分布图

24. 突额粉蛉 *Coniopteryx* (*Coniopteryx*) *protrufrons* Yang & Liu, 1999

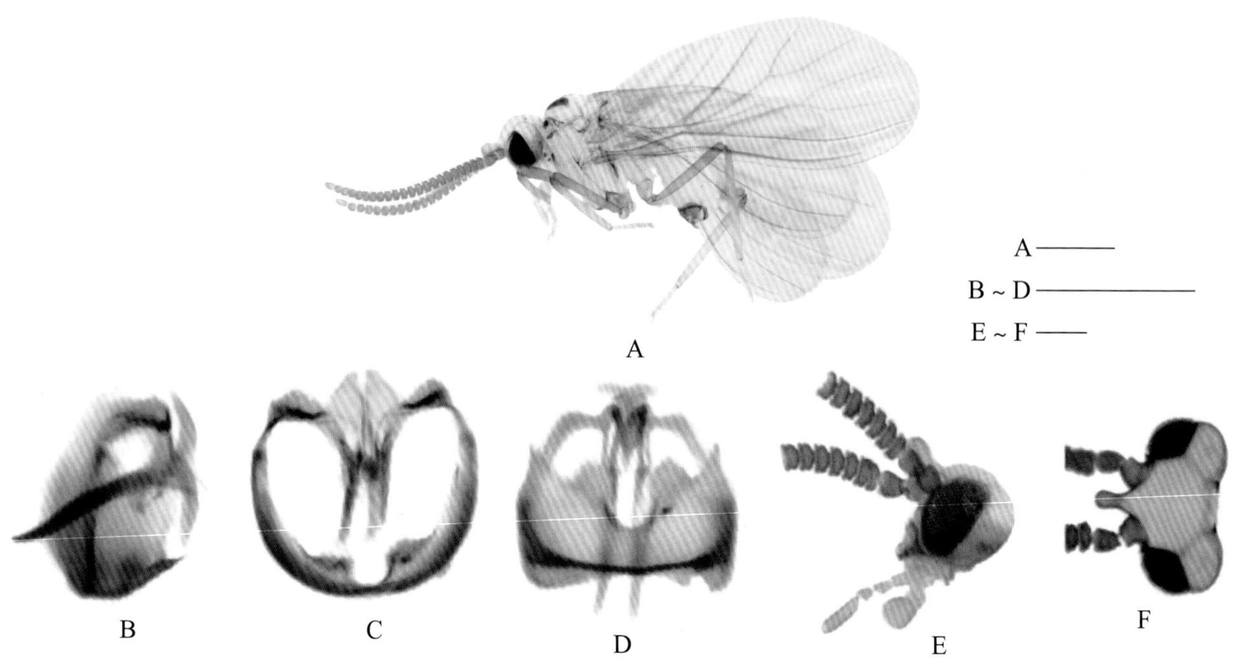

图 4-24-1 突额粉蛉 *Coniopteryx* (*Coniopteryx*) *protrufrons* 形态图

（标尺：A 为 0.5 mm，B ~ F 为 0.15 mm）

A. 成虫侧面观 B. 雄虫外生殖器侧面观 C. 雄虫外生殖器后面观 D. 下生殖板腹面观 E. 雄虫头部侧面观 D. 雄虫头部背面观

【测量】 体长 2.0 ~ 2.2 mm，前翅长 2.0 mm、宽 0.8 ~ 0.9 mm，后翅长 1.4 ~ 1.6 mm、宽 0.6 mm。

【形态特征】 头部黄褐色，雄虫额区多具 1 个指状突起。复眼大，褐色。触角褐色，24 ~ 25 节，长 1.0 ~ 1.4 mm；鳞状毛位于各鞭节的端部，普通毛排成 3 圈，无长刚毛。下颚须、下唇须淡褐色。胸部淡褐色，背部有 2 对明显的黑斑。翅均烟色透明。腹部黄褐色。雄虫外生殖器下生殖板前缘前突呈弧形，前缘内脊在腹面连续，侧面观高略大于宽，侧突明显，圆钝；尾突尖细；中端缺刻腹面观近 U 形，其底部与下生殖板前缘之间无前伸的内脊。殖弧叶基部窄、端部宽，端部有数根长毛。针突分叉，内、外支均细长而前伸。阳基侧突细长，端部形成向下弯曲的端突，近端部有 1 个很小的腹突，端突的背方和腹突之间有 1 个特殊的近三角形结构，其后缘背侧生有微毛，腹侧形成伸向后下方的尖细突起，与阳基侧突的端部接近。阳茎为 1 对平行而纤细的杆。

【地理分布】 福建（厦门）、海南（乐东尖峰岭、琼山）。

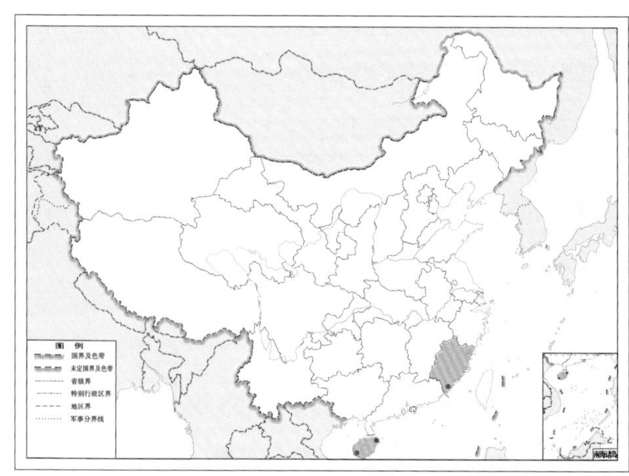

图 4-24-2 突额粉蛉 *Coniopteryx* (*Coniopteryx*) *protrufrons* 地理分布图

25. 指额粉蛉 *Coniopteryx* (*Coniopteryx*) *dactylifrons* Yang & Liu, 1999

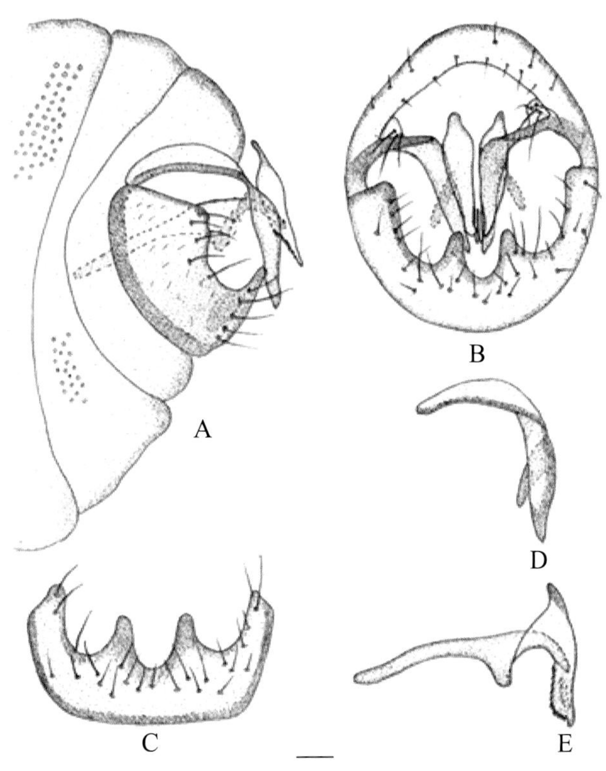

图 4-25-1　指额粉蛉 *Coniopteryx* (*Coniopteryx*) *dactylifrons* 形态图
（标尺：0.03 mm）
A. 雄虫腹部末端侧面观　B. 雄虫腹部末端后面观　C. 雄虫下生殖板腹面观　D. 雄虫殖弧叶和针突侧面观
E. 雄虫阳基侧突侧面观

【测量】 体长 1.5 ~ 2.2 mm，前翅长 2.0 ~ 2.1 mm、宽 0.9 ~ 1.0 mm，后翅长 1.5 ~ 1.7 mm、宽 0.6 mm。

【形态特征】 头部褐色。复眼大，雄虫额区两触角间常具有 1 个指状突起。触角 25 或 26 节，长 0.9 ~ 1.1 mm；鳞状毛排列在各鞭节顶端，普通毛排成 2 圈，具长刚毛。下颚须、下唇须正常，褐色。胸部褐色，背部有 2 对明显的黑褐色背斑。翅烟色透明。足基节、转节、股节褐色，胫节、跗节淡褐色。腹部黄褐色。雄虫外生殖器下生殖板侧面观高与宽近相等，前缘前突呈弧形，前缘内脊在腹面连续，侧面观高明显大于宽，侧突圆钝，尾突细长，中端缺刻腹面观呈 U 形。殖弧叶细长，两端窄、中部宽，端部具数根长毛。针突分叉，外支宽大，内支细小。阳基侧突细长，端部下弯形成端突，近端部有 1 个明显腹突，几乎与端突等长，在腹突和端突之间有 1 个狭长结构，其端部下缘具微毛。阳茎由 2 个细长的杆组成。

【地理分布】 浙江（庆元）、福建（德化）。

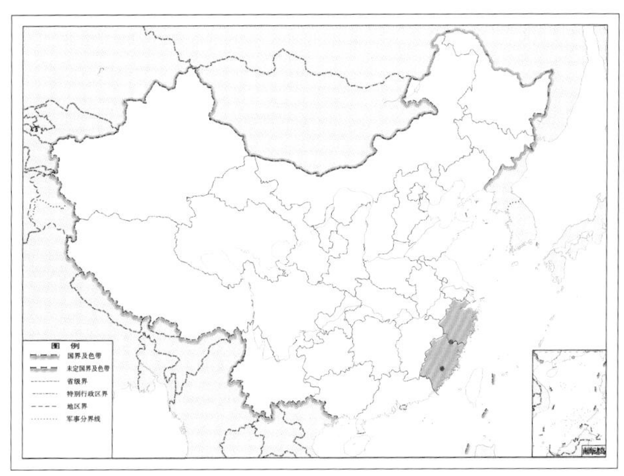

图 4-25-2　指额粉蛉 *Coniopteryx* (*Coniopteryx*) *dactylifrons* 地理分布图

26. 突角粉蛉 *Coniopteryx (Coniopteryx) gibberosa* Yang & Liu, 1994

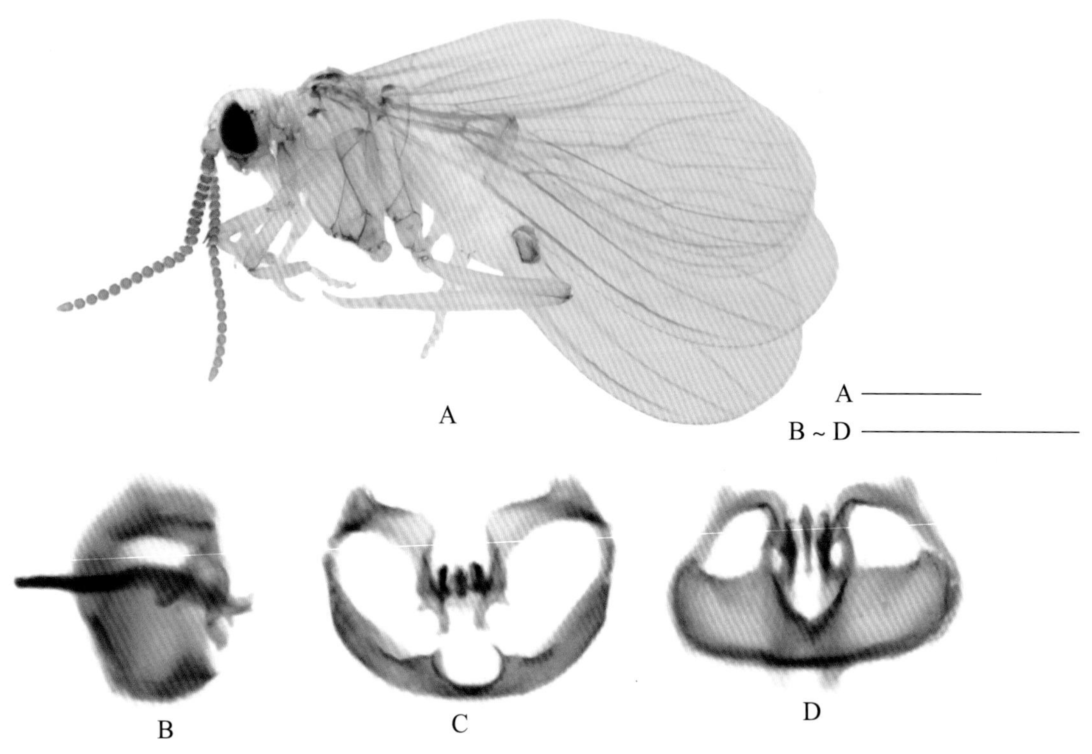

图 4-26-1 突角粉蛉 *Coniopteryx (Coniopteryx) gibberosa* 形态图
（标尺：A 为 0.5 mm，B ~ D 为 0.15 mm）
A. 成虫侧面观 B. 雄虫外生殖器侧面观 C. 雄虫外生殖器后面观 D. 下生殖板腹面观

【测量】 体长 2.6 ~ 2.8 mm，前翅长 1.7 ~ 2.0 mm、宽 0.8 ~ 0.9 mm，后翅长 1.5 mm、宽 0.5 ~ 0.7 mm。

【形态特征】 头部褐色，额区正常。触角 21 ~ 23 节，长 0.9 ~ 1.0 mm；雄虫触角除柄节黄色外，其余均褐色。多数标本第 7、8 鞭节各有 1 个刺状突起，以后的第 5 ~ 6 节均向同侧略突出；鳞状毛分布在各鞭节端部，普通毛排成 2 圈，无长刚毛。下颚须、下唇须褐色。胸部黄褐色，具 2 对明显的背斑。翅淡烟色透明。足淡褐色。腹部淡褐色。雄虫外生殖器下生殖板侧面观高大于宽，前缘平直或略弯曲成弧形，前缘内脊在腹面变细或中断，侧面观高略大于宽，侧突不明显，尾突短尖，中端缺刻腹面观呈 U 形，其底部与下生殖板前缘之间有或无纵脊。殖弧叶细长，针突分叉且内、外支均细长，外支除近端部有 1 个向前的小指突外，末端前弯成小钩状。阳基侧突细长，末端尖细并向后上方弯曲，在中部靠后及端部各有 1 个小的腹突。阳茎由 2 个杆组成。

【地理分布】 广西（凭祥）、海南（乐东尖峰岭）、云南（元江）。

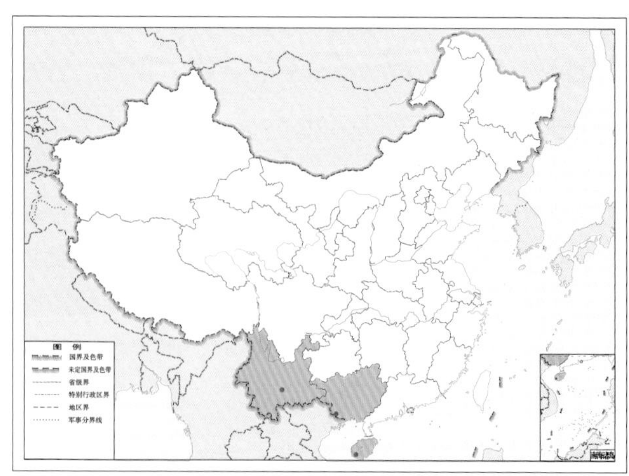

图 4-26-2 突角粉蛉 *Coniopteryx (Coniopteryx) gibberosa* 地理分布图

27. 扁角粉蛉 *Coniopteryx* (*Coniopteryx*) *compressa* Yang & Liu, 1999

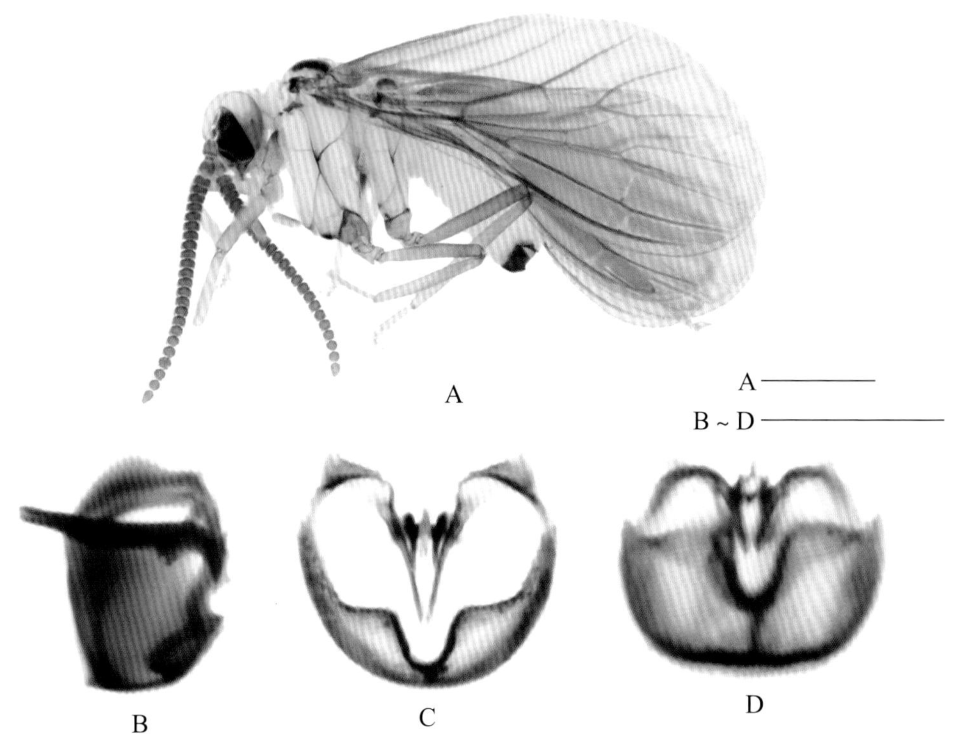

图 4-27-1 扁角粉蛉 *Coniopteryx* (*Coniopteryx*) *compressa* 形态图
（标尺：A 为 0.5 mm，B ~ D 为 0.15 mm）
A. 成虫侧面观 B. 雄虫外生殖器侧面观 C. 雄虫外生殖器后面观 D. 下生殖板腹面观

【测量】 体长 1.0 ~ 2.0 mm，前翅长 1.7 ~ 1.9 mm、宽 0.7 ~ 0.9 mm，后翅长 1.3 ~ 1.6 mm、宽 0.5 ~ 0.6 mm。

【形态特征】 头部淡褐色，复眼黑褐色，额区正常。触角 23 ~ 26 节，长 1.0 mm；鳞状毛分布在各鞭节的端部，长毛排成 2 圈，无长刚毛。下颚须基部 4 节淡褐色，端节褐色、细长；下唇须褐色。胸部淡褐色，具明显的褐色背斑。翅淡烟色透明。腹部黄褐色。雄虫外生殖器下生殖板侧面观高大于宽，前缘平直，中部不明显前突呈弧形，前缘内脊在腹面连续，侧突圆钝，尾突短尖，中端缺刻腹面观呈 U 形，伸达下生殖板宽的一半，其底部至下生殖板前缘无纵脊。殖弧叶宽大，针突分叉，两支均细长，外支端部后缘呈细锯齿状。阳基侧突细长，端部下弯，近末端具 1 个很小的背突，在下弯前还有 1 个很小的腹突。阳茎由 1 对细长的杆组成。

【地理分布】 福建（厦门、福州）。

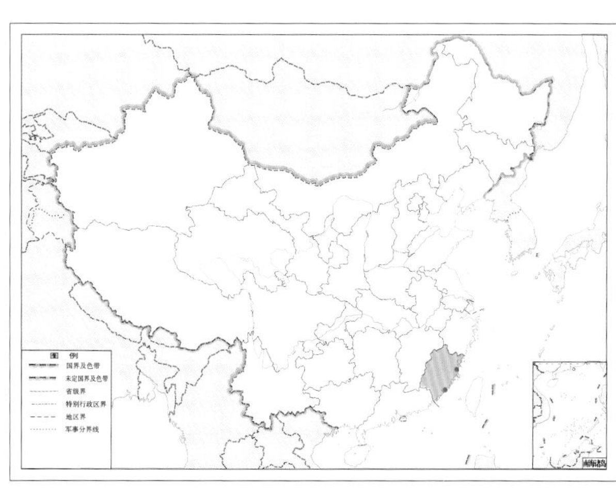

图 4-27-2 扁角粉蛉 *Coniopteryx* (*Coniopteryx*) *compressa* 地理分布图

28. 双刺粉蛉 *Coniopteryx* (*Coniopteryx*) *bispinalis* Liu & Yang, 1993

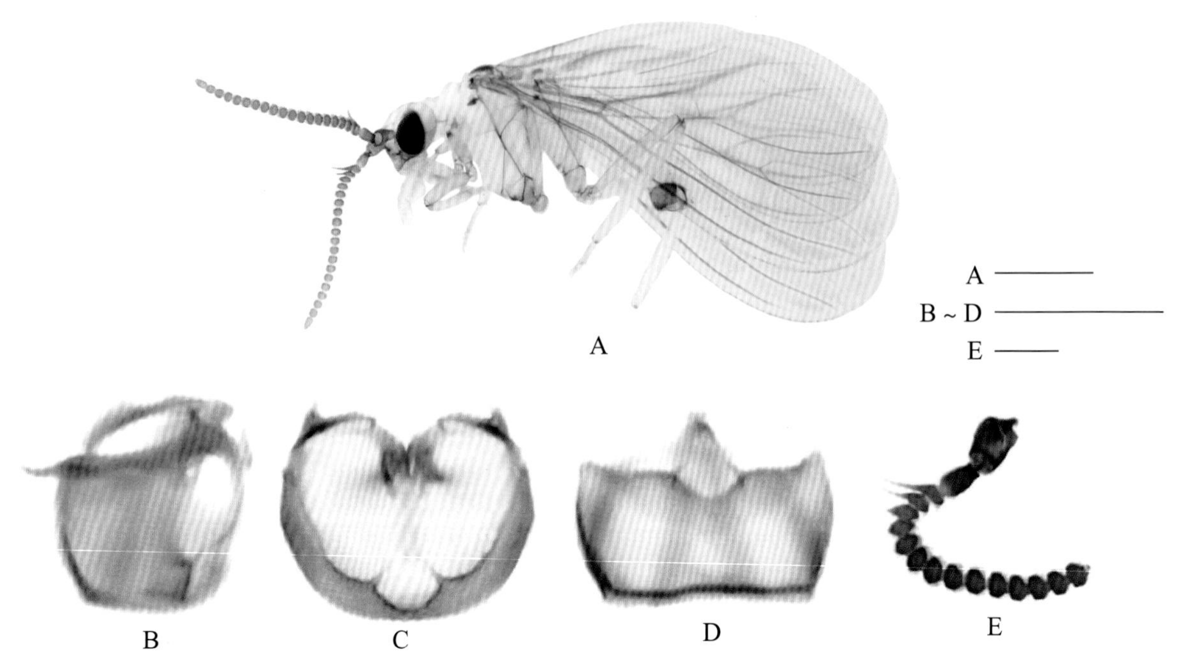

图 4-28-1 双刺粉蛉 *Coniopteryx* (*Coniopteryx*) *bispinalis* 形态图

（标尺：A 为 0.5 mm，B ~ E 为 0.15 mm）

A. 成虫侧面观 B. 雄虫外生殖器侧面观 C. 雄虫外生殖器后面观 D. 下生殖板腹面观 E. 触角

【测量】 体长 1.1~2.1 mm，前翅长 2.0~2.2 mm、宽 0.9 mm，后翅长 1.7 mm、宽 0.6 ~ 0.7 mm。

【形态特征】 头部淡褐色，额区正常。复眼大而呈黑色。触角褐色，22 或 23 节，长 0.8 ~ 1.0 mm；第 1、2 鞭节上各有 1 个向上的长刺状突起且端部具 2 根鳞状毛，第 3 节向同侧略突出；鳞状毛位于鞭节第 3 节以后的各节端部，普通毛排列不规则，具长刚毛。下唇须、下颚须正常，黄褐色。胸部黄褐色，具明显背斑。翅淡烟色透明。足黄褐色。腹部黄色。雄虫外生殖器下生殖板侧面观近方形，长与宽相等，前缘平直，中部不明显前突呈弧形，前缘内脊在腹面连续，侧突圆钝、尾突向内，故侧面观很小甚至看不到，但后面观尖细，中端缺刻腹面观呈 V 形，浅而宽，宽是深的 2 倍。殖弧叶基部狭长，背缘基部生有数根长毛。针突分叉，两支均细长而前弯。阳基侧突细长，腹突小，端部向下弯曲，并具垂直向上的指状端突，上生有微毛。

【地理分布】 广西（龙胜）、贵州（荔波）、云南（景洪、瑞丽、墨江县通关镇、元江、盈江县户撒乡、普洱市思茅区、景洪市普文镇）；越南。

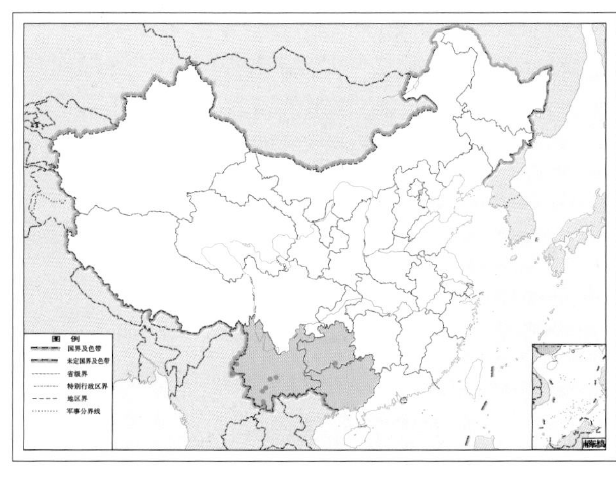

图 4-28-2 双刺粉蛉 *Coniopteryx* (*Coniopteryx*) *bispinalis* 地理分布图

29. 单刺粉蛉 *Coniopteryx* (*Coniopteryx*) *unispinalis* Liu & Yang, 1994

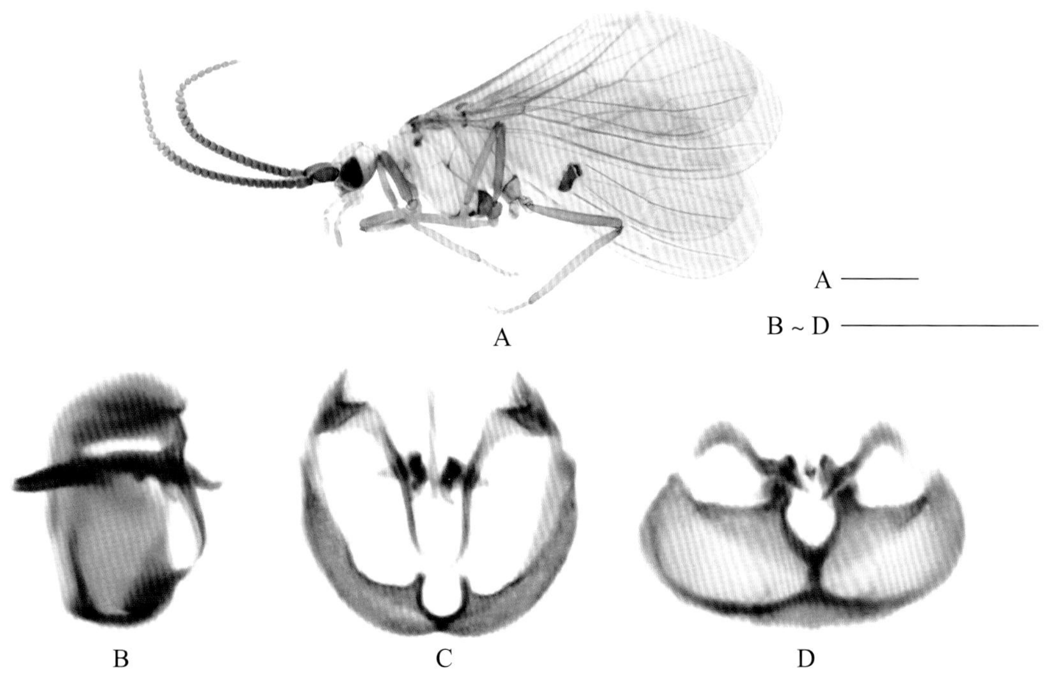

图 4-29-1 单刺粉蛉 *Coniopteryx* (*Coniopteryx*) *unispinalis* 形态图
（标尺：A 为 0.5 mm，B ~ D 为 0.15 mm）
A. 成虫侧面观 B. 雄虫外生殖器侧面观 C. 雄虫外生殖器后面观 D. 下生殖板腹面观

【测量】 体长 1.6~1.9 mm，前翅长 2.5~2.8 mm、宽 0.8 mm，后翅长 1.3 ~ 1.5 mm、宽 0.6 mm。

【形态特征】 头部褐色，额区正常。复眼大而呈黑色。触角 25 ~ 31 节，细长丝状，长 1.1 mm；除端部 10 节色略浅外，其余均为褐色；在鞭节第 12 节、13 节或 14 节上生有 1 根长刺，显微镜下观察实为 1 簇（3 ~ 4 根）长刚毛；鳞状毛散生于梗节上及鞭节端部，普通毛排成 2 圈且稀疏，具长刚毛。下颚须、下唇须褐色。胸部褐色，具明显深褐色背斑。翅烟色透明。足褐色。腹部黄褐色。雄虫外生殖器下生殖板侧面观高大于宽，近方形，前缘平直，中部不明显前突呈弧形，前缘内脊在腹面连续；侧突圆钝、不明显，尾突侧面观短钝，腹面观指状；中端缺刻腹面观较浅，不达下生殖板宽的一半，底部略尖，其与下生殖板前缘之间无纵脊。殖弧叶宽大，背缘中部隆起。针突分叉，两支均细长。阳基侧突细长如杆，近端部背缘略膨大，端部略上弯。在近端部的 1/4 处具有 1 个短小腹突。

【地理分布】 广西（凭祥）。

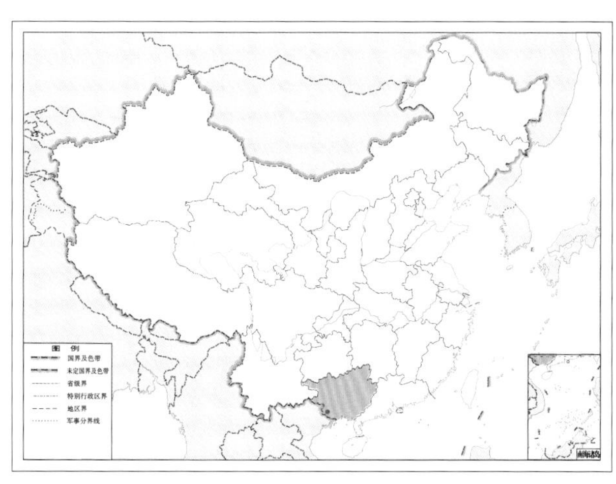

图 4-29-2 单刺粉蛉 *Coniopteryx* (*Coniopteryx*) *unispinalis* 地理分布图

30. 奇突粉蛉 *Coniopteryx* (*Coniopteryx*) *miraparameris* Liu & Yang, 1994

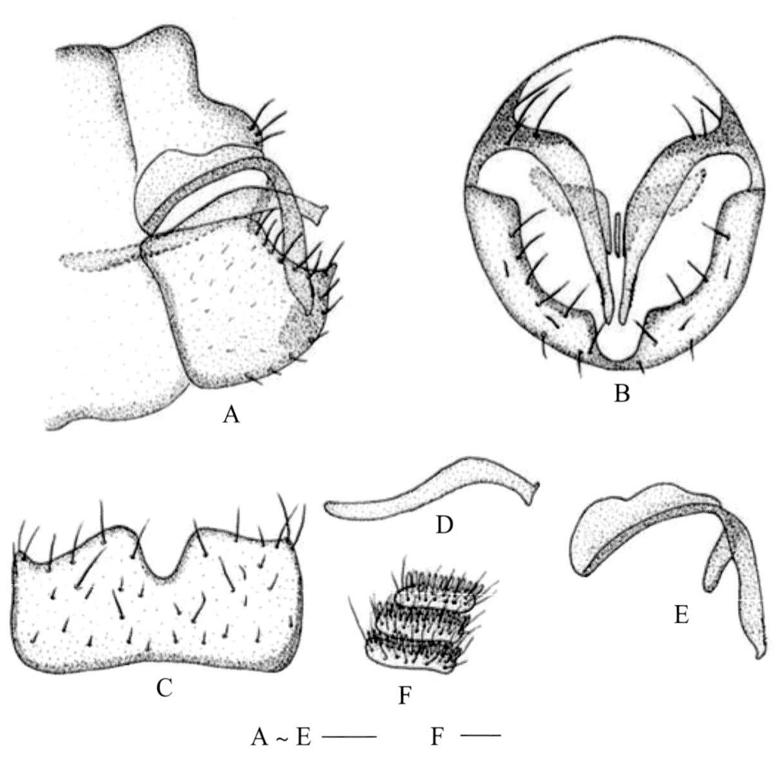

图 4-30-1 奇突粉蛉 *Coniopteryx* (*Coniopteryx*) *miraparameris* 形态图

（标尺：A ~ E 为 0.03 mm，F 为 0.04 mm）

A. 雄虫腹部末端侧面观 B. 雄虫腹部末端后面观 C. 雄虫下生殖板腹面观 D. 雄虫阳基侧突侧面观 E. 雄虫殖弧叶和针突侧面观 F. 雄虫触角鞭节第 8 ~ 10 节

【测量】 体长 1.3~1.8 mm，前翅长 1.7~1.9 mm、宽 0.8 mm，后翅长 1.4 ~ 1.7 mm、宽 0.6 mm。

【形态特征】 头部黄褐色，额区正常。复眼大而呈黑色。触角褐色，24 或 25 节，长 0.9~1.1 mm，短粗，从基部 1/3 处向下弯曲；鞭节扁宽，基部 10 节宽是长的 2 ~ 3 倍，以后逐渐变细，只有近端部的 3 ~ 4 节长等于宽；鳞状毛排列在梗节、鞭节的顶端；普通毛排成 2 圈，具长刚毛。下颚须、下唇须淡黄色。胸部黄褐色，具 2 对明显的深褐色背斑。翅烟色透明。足淡褐色。腹部淡黄色。雄虫外生殖器殖弧叶小，针突分叉，外支端部后缘具微毛，呈细锯齿状。下生殖板侧面观高近等于宽，前缘内脊在腹面连续，前缘平直，中部不明显前突呈弧形，侧突不明显，尾突短尖，中端缺刻腹面观呈 V 形。阳基侧突细长，后部向下弯曲，端部具很小的背端突。

【地理分布】 广西（南宁、凭祥市夏石镇）。

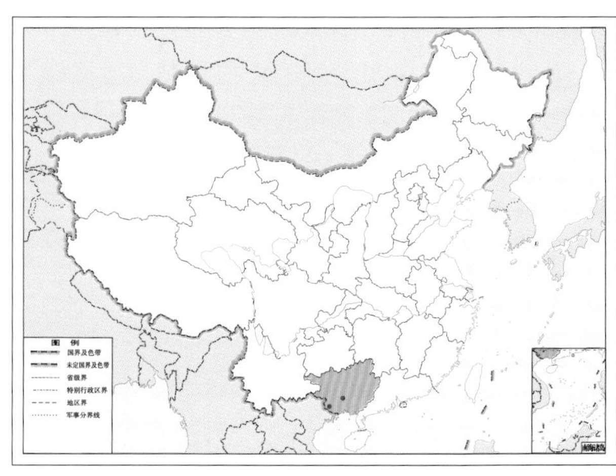

图 4-30-2 奇突粉蛉 *Coniopteryx* (*Coniopteryx*) *miraparameris* 地理分布图

31. 翼突粉蛉 *Coniopteryx* (*Coniopteryx*) *alifera* Yang & Liu, 1994

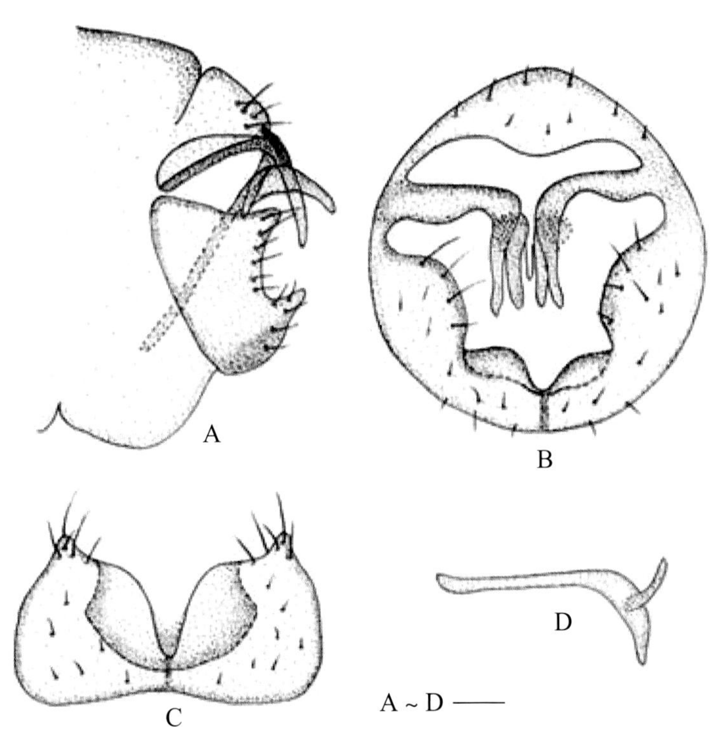

图 4-31-1　翼突粉蛉 *Coniopteryx* (*Coniopteryx*) *alifera* 形态图
（标尺：0.02 mm）
A. 雄虫腹部末端侧面观　B. 雄虫腹部末端后面观　C. 雄虫下生殖板腹面观　D. 雄虫阳基侧突侧面观

【测量】 雄虫体长 1.4 mm，前翅长 1.7 mm、宽 0.8 mm，后翅长 1.2 mm、宽 0.5 mm。

【形态特征】 头部黄褐色，额区正常。复眼黑褐色。触角黄褐色，细长丝状，29 节，长 1.4 mm；鳞状毛散生在梗节上，在各鞭节上浓密地分布在顶端，普通毛排成 2 圈，较稀疏，具长刚毛。下颚须、下唇须褐色。胸部黄褐色；背斑褐色，仅比周围体色略深。足黄褐色。翅淡烟色透明。腹部黄褐色。雄虫外生殖器淡褐色，下生殖板侧面观高大于宽，前缘平直，中部不前突、呈弧形，前缘内脊在腹面连续，侧突明显，尾突侧面观长、腹面观圆钝、不突出，中端缺刻腹面观呈 V 形，从其侧缘向两侧突出形成 1 对翼状横板，中端缺刻底部与下生殖板前缘之间具纵脊。殖弧叶狭窄，针突分叉，两支均较短。阳基侧突末端向下弯曲，近端部具 1 个端背齿。雌虫未知。

【地理分布】 广西（凭祥）。

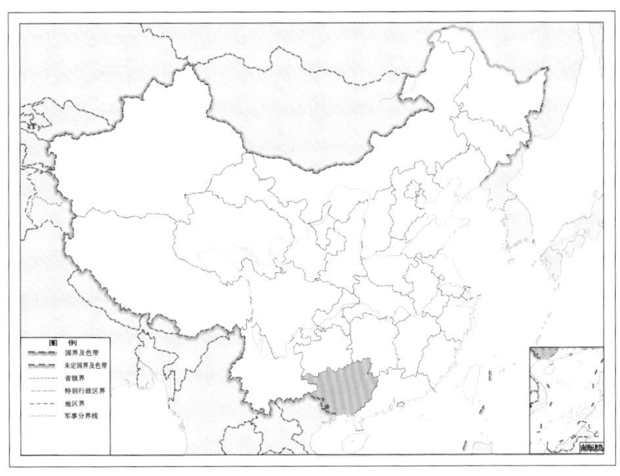

图 4-31-2　翼突粉蛉 *Coniopteryx* (*Coniopteryx*) *alifera* 地理分布图

32. 爪角粉蛉 *Coniopteryx* (*Coniopteryx*) *prehensilis* Murphy & Lee, 1971

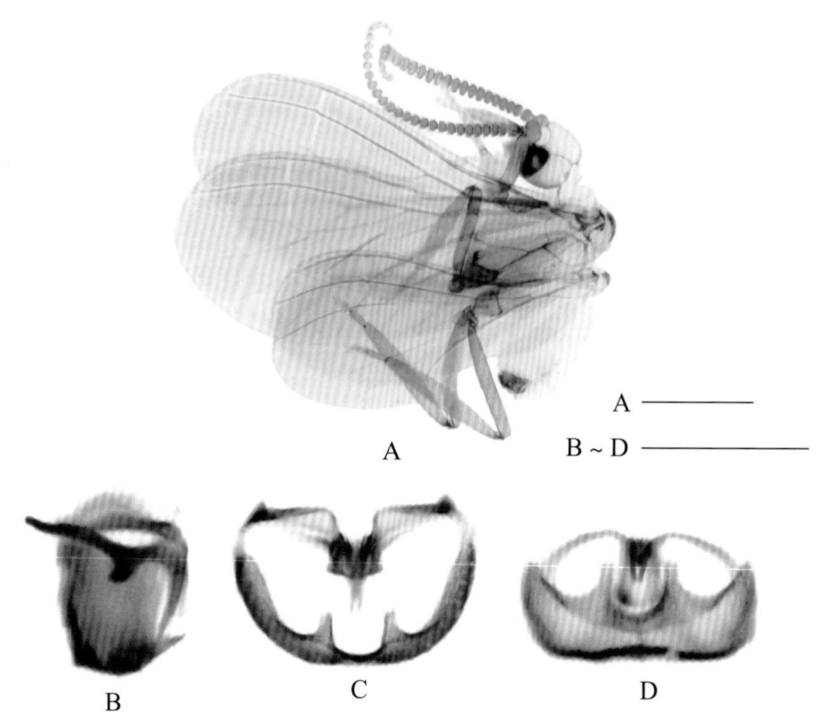

图 4-32-1 爪角粉蛉 *Coniopteryx* (*Coniopteryx*) *prehensilis* 形态图

（标尺：A 为 0.5 mm，B ~ D 为 0.15 mm）

A. 成虫侧面观 B. 雄虫外生殖器侧面观 C. 雄虫外生殖器后面观 D. 下生殖板腹面观

【测量】 前翅长 1.8~2.0 mm、宽 0.7~0.8 mm，后翅长 1.3 ~ 1.8 mm、宽 0.7 ~ 0.9 mm。

【形态特征】 头部褐色。复眼褐色。额区和下颚须、下唇须正常。触角褐色，28 ~ 31 节，长 1.2 ~ 1.4 mm；鞭节末端具有 1 根弯曲粗壮的爪状刚毛。鳞状毛位于梗节和大部分鞭节端部，但端部 6 节无，普通毛排成 2 圈，端部 13 节具有 1 或 2 根刚毛。胸部黄色，具深色背斑。翅色淡。足褐色。腹部褐色。雄虫外生殖器下生殖板侧面观高等于宽，前缘平直，中部不明显前突呈弧形，前缘内脊在腹面连续，侧突形成下生殖板的端背角，不明显突出，尾突长而尖，但后面观圆钝，中端缺刻腹面观呈 U 形，不伸达下生殖板宽度的一半。殖弧叶因与肛上板愈合而不明显，针突分叉，阳基侧突细长，端部向下弯曲，末端略上弯成小钩状，在中部靠后有 1 个小的腹突。阳茎为 1 个杆或无。

【地理分布】 浙江（杭州、西天目山）、福建（德化）、江西（南昌）、广西（凭祥）、四川（峨眉山、都江堰青城山）、云南（勐腊）、陕西（镇巴）；印度，新加坡。

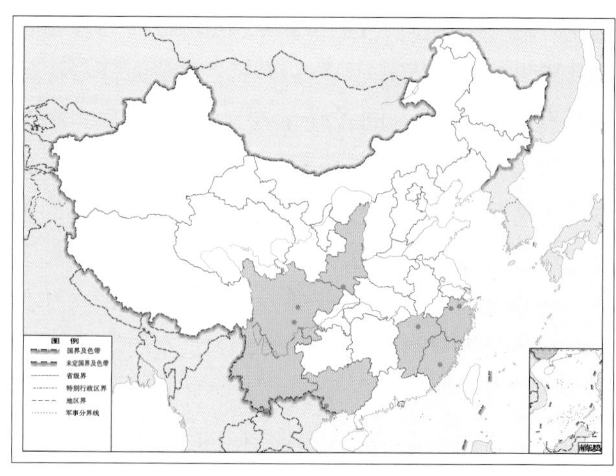

图 4-32-2 爪角粉蛉 *Coniopteryx* (*Coniopteryx*) *prehensilis* 地理分布图

33. 双峰粉蛉 *Coniopteryx* (*Coniopteryx*) *praecisa* Yang & Liu, 1994

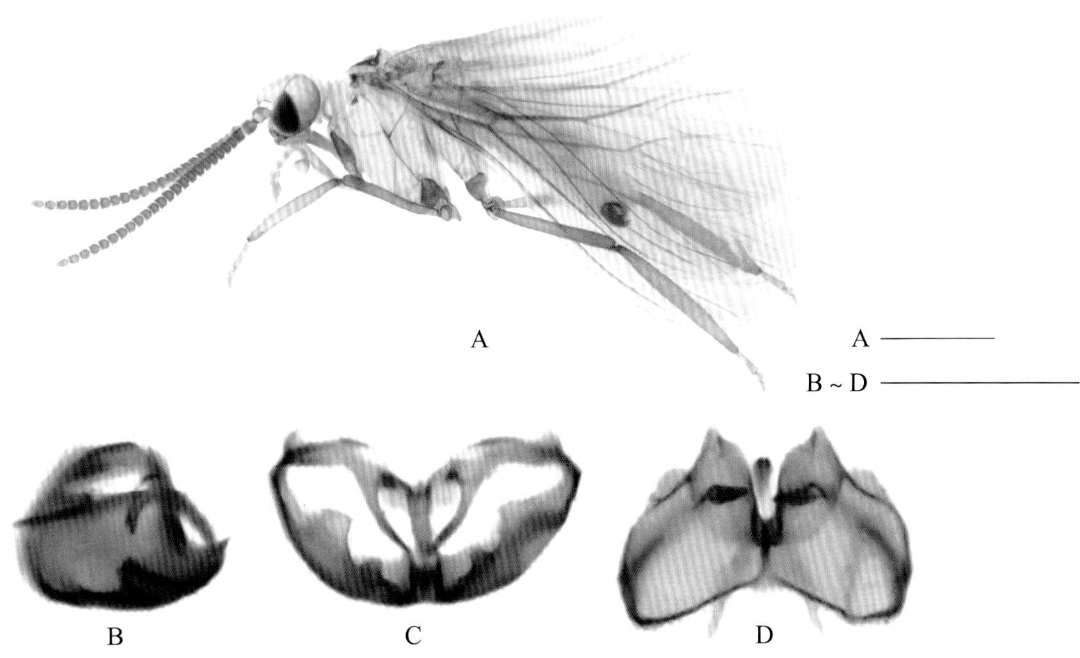

图 4-33-1　双峰粉蛉 *Coniopteryx* (*Coniopteryx*) *praecisa* 形态图

（标尺：A 为 0.5 mm，B ~ D 为 0.15 mm）

A. 成虫侧面观　B. 雄虫外生殖器侧面观　C. 雄虫外生殖器后面观　D. 下生殖板腹面观

【测量】 体长 1.5~2.2 mm，前翅长 1.7~2.5 mm、宽 0.9 ~ 1.0 mm，后翅长 1.3 ~ 1.6 mm、宽 0.6 mm。

【形态特征】 头部褐色，额区正常。复眼黑色。触角褐色，23 或 25 节，长 1.0 mm；柄节、梗节粗大，长与宽相等；鳞状毛散生在梗节上，在鞭节上位于各节的顶端，普通毛不成圈状排列，具长刚毛。下颚须、下唇须褐色。胸部褐色，具 2 对明显的背斑。翅烟色透明。足褐色。腹部淡褐色。雄虫外生殖器下生殖板侧面观宽是高的 1.5 ~ 2 倍，前缘中部向前弯曲成弧形，前缘内脊在腹面连续，侧突、尾突均细长而尖，中端缺刻腹面观呈 V 形，其侧缘向前形成狭长的突起。中端缺刻底部与下生殖板前缘的纵脊在中部形成 1 对向上的突起。殖弧叶侧面观近三角形，针突分叉。阳基侧突细长，近中部有 1 个小的腹突，端部向下弯曲。

【地理分布】 广西（凭祥市夏石镇）、云南（景洪市普文镇、瑞丽）。

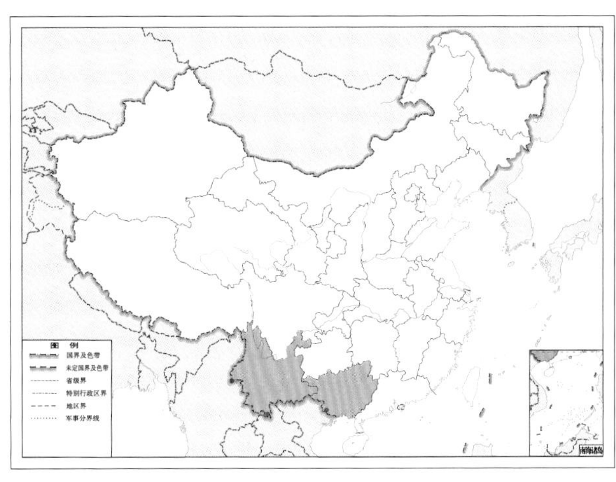

图 4-33-2　双峰粉蛉 *Coniopteryx* (*Coniopteryx*) *praecisa* 地理分布图

34. 曲角粉蛉 *Coniopteryx* (*Coniopteryx*) *crispicornis* Liu & Yang, 1994

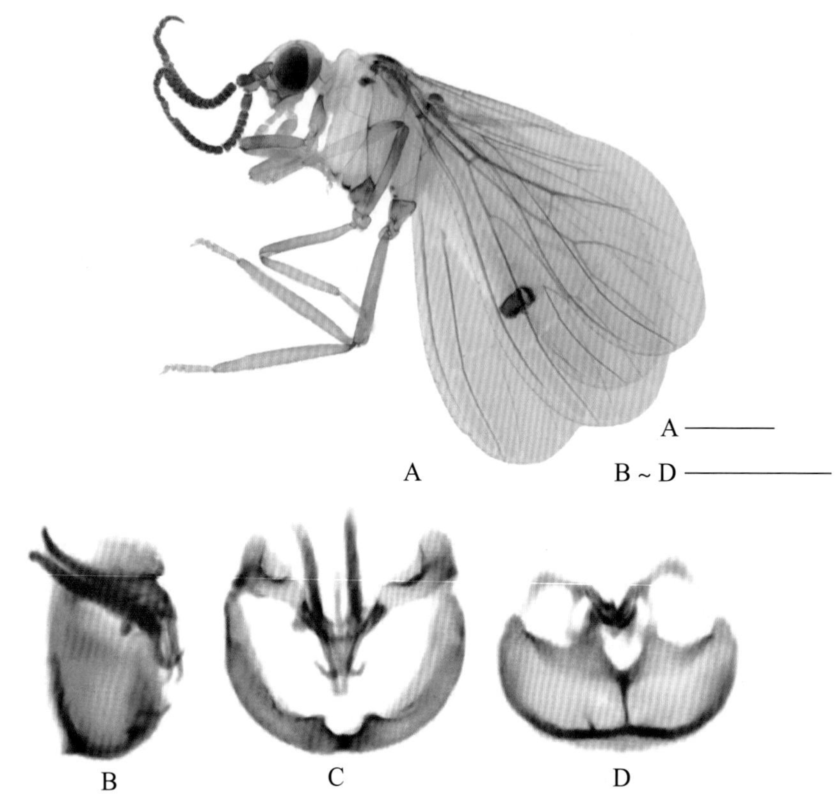

图 4-34-1　曲角粉蛉 *Coniopteryx* (*Coniopteryx*) *crispicornis* 形态图
（标尺：A 为 0.5 mm，B ~ D 为 0.15 mm）
A. 成虫侧面观　B. 雄虫外生殖器侧面观　C. 雄虫外生殖器后面观　D. 下生殖板腹面观

【测量】 体长 1.4~2.0 mm，前翅长 1.6~2.3 mm、宽 0.8 ~ 1.1 mm，后翅长 1.5 ~ 2.0 mm、宽 0.6 ~ 0.7 mm。

【形态特征】 头部褐色，额区正常。复眼大。触角褐色，26 ~ 30 节，长 1.0 ~ 1.3 mm；鳞状毛散生于梗节上，在鞭节上位于各节顶端，普通毛散生，除基部几节外，均具长刚毛。下唇须、下颚须黄褐色。胸部黄褐色，具明显背斑。翅烟色透明。腹部黄褐色。雄虫外生殖器下生殖板侧面观高大于宽，前缘平直，中部不明显前突呈弧形，前缘内脊在腹面连续，侧突不明显，尾突短小而尖，但后面观圆钝，中端缺刻腹面观呈 V 形，较浅，不到下生殖板宽的一半，从其底部至下生殖板前缘有 1 条纵脊。殖弧叶宽大，针突分叉。阳基侧突末端形成明显向上的细钩，钩长是宽的数倍。

【地理分布】 江苏（宜兴）、广西（凭祥）、云南（瑞丽）。

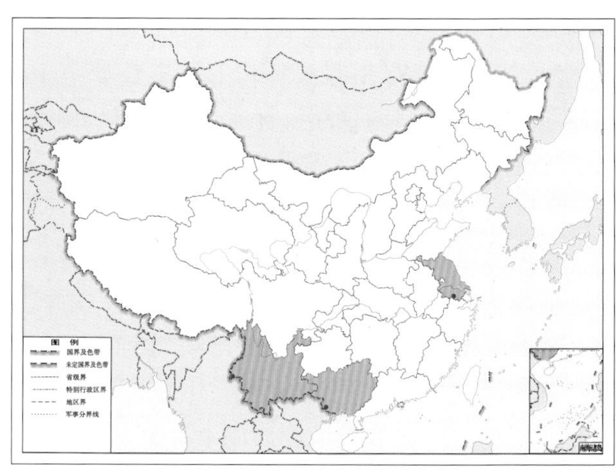

图 4-34-2　曲角粉蛉 *Coniopteryx* (*Coniopteryx*) *crispicornis* 地理分布图

35. 广西粉蛉 *Coniopteryx* (*Coniopteryx*) *guangxiana* Liu & Yang, 1994

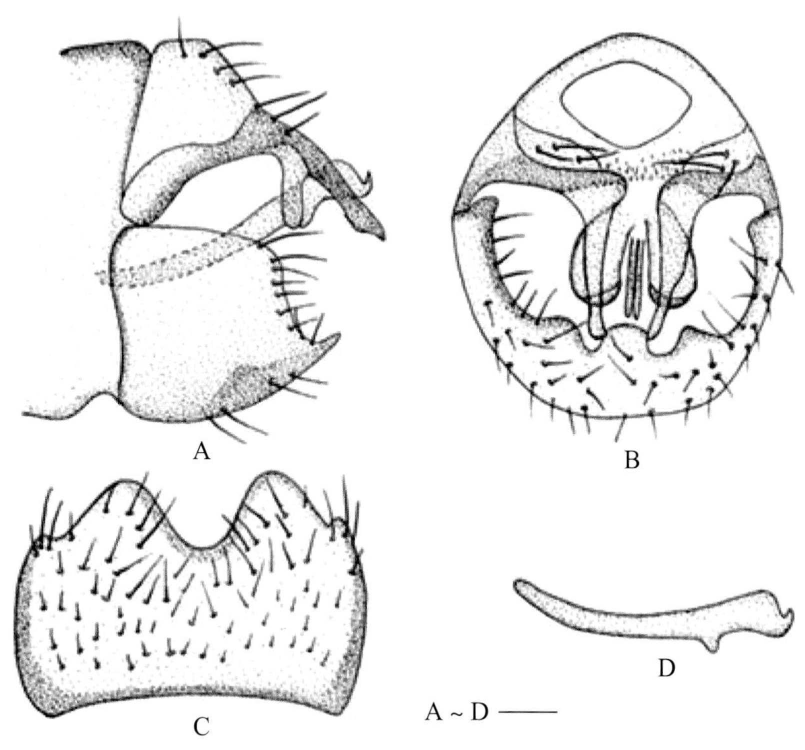

图 4-35-1 广西粉蛉 *Coniopteryx* (*Coniopteryx*) *guangxiana* 形态图

（标尺：0.02 mm）

A. 雄虫腹部末端侧面观 B. 雄虫腹部末端后面观 C. 雄虫下生殖板腹面观 D. 雄虫阳基侧突侧面观

【测量】 体长 1.1 ~ 1.3 mm，前翅长 1.9 mm、宽 0.9 mm，后翅长 1.0 mm、宽 0.6 mm。

【形态特征】 头部黄褐色，额区正常。复眼黑褐色。触角褐色，24 ~ 26 节，鳞状毛位于各鞭节的端部，普通毛很长、排成 2 圈，具长刚毛。下唇须、下颚须褐色。胸部褐色，具 2 对明显背斑。翅烟色透明。足黄褐色。腹部黄色。雄虫外生殖器下生殖板侧面观宽略大于高，前缘平直，中部不明显前突呈弧形，前缘内脊在腹面连续，侧突不明显，尾突短尖，但后面观圆钝，中端缺刻腹面观呈 U 或 V 形，不达下生殖板宽度的一半，其底部与下生殖板前缘之间无纵脊，但沿中端缺刻边缘有 1 条向上的内脊，后面观呈从中端缺刻底部向上的突起。殖弧叶狭窄，针突分叉，外支后伸，其端部前缘具微毛。阳基侧突细长，腹突较小，端部略膨大并上弯成小钩。

【地理分布】 广西（田林）、贵州（铜仁梵净山）。

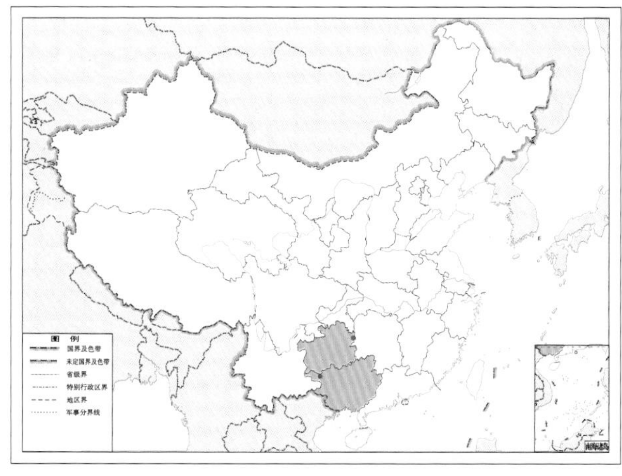

图 4-35-2 广西粉蛉 *Coniopteryx* (*Coniopteryx*) *guangxiana* 地理分布图

36. 武夷粉蛉 *Coniopteryx* (*Coniopteryx*) *wuyishana* Yang & Liu, 1999

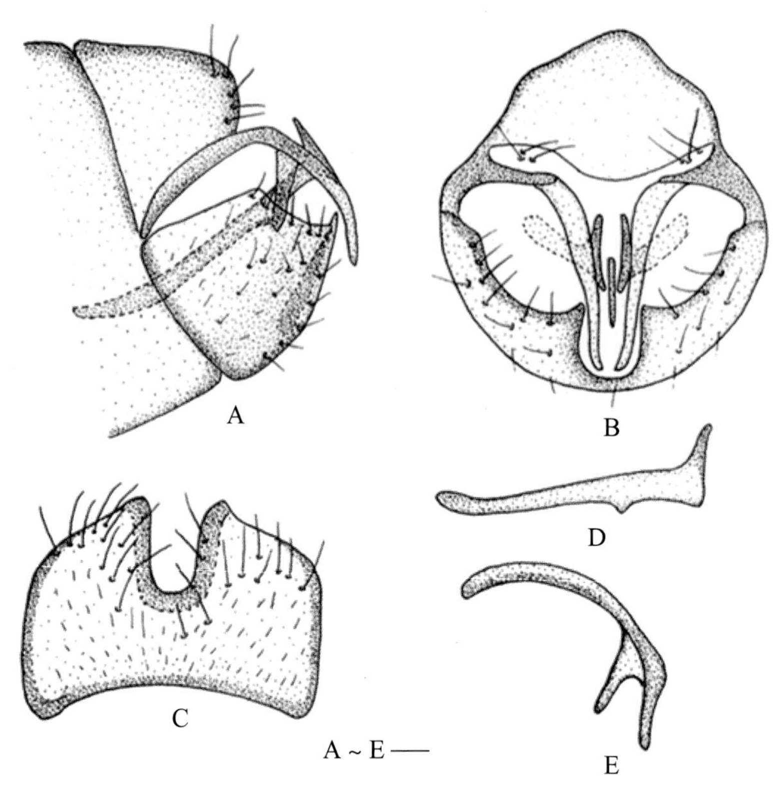

图 4-36-1 武夷粉蛉 *Coniopteryx* (*Coniopteryx*) *wuyishana* 形态图

（标尺：0.02 mm）

A. 雄虫腹部末端侧面观 B. 雄虫腹部末端后面观 C. 雄虫下生殖板腹面观 D. 雄虫阳基侧突侧面观 E. 雄虫针突侧面观

【测量】 雄虫体长 2.6 mm，前翅长 1.9 mm、宽 1.1 mm，后翅长 2.5 mm、宽 0.7 mm。

【形态特征】 头部淡褐色，额区正常。复眼褐色。触角淡褐色，24 节，短粗，长 0.8 mm；触角在基部 1/3 处向下弯曲；鳞状毛位于梗节和各鞭节端部，普通毛在各节基部排成 1 圈，具长刚毛。下颚须、下唇须淡褐色。胸部褐色，具明显背斑。翅淡烟色透明。足除跗节外，均为淡黄色。腹部黄色。雄虫外生殖器下生殖板侧面观宽略大于高，前缘平直，中部不明显前突呈弧形，前缘内脊在腹面连续，侧突圆钝、不明显突出，尾突短尖，中端缺刻腹面观呈 U 形，伸达下生殖板宽的一半，其底部与下生殖板前缘之间无纵脊。殖弧叶与肛上板愈合而不显，针突分叉，两支均细长。阳基侧突主干平直，端部形成垂直向上的背突，近端部 1/3 处具有 1 个很小的腹突。雌虫未知。

【地理分布】 福建（建阳）。

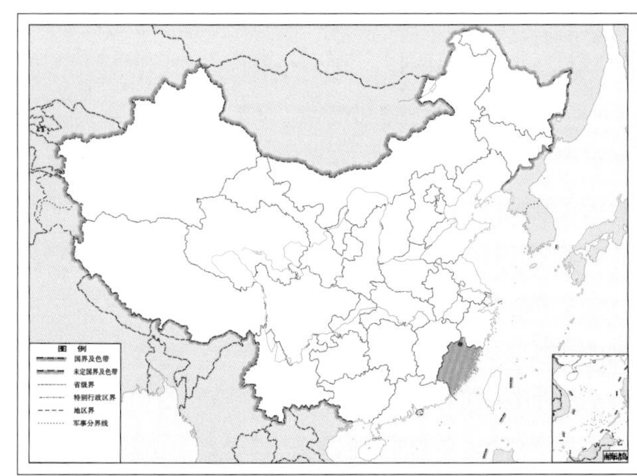

图 4-36-2 武夷粉蛉 *Coniopteryx* (*Coniopteryx*) *wuyishana* 地理分布图

37. 岛粉蛉 *Coniopteryx* (*Coniopteryx*) *insularis* Meinander, 1972

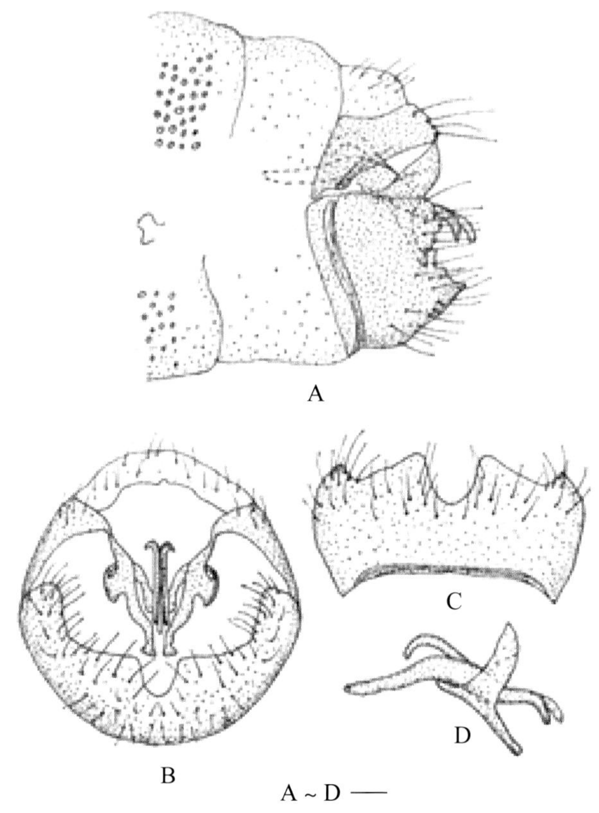

图 4-37-1　岛粉蛉 *Coniopteryx* (*Coniopteryx*) *insularis* 形态图（仿 Meinander, 1972）

（标尺：0.03 mm）

A. 雄虫腹部末端侧面观　B. 雄虫腹部末端后面观　C. 雄虫下生殖板腹面观　D. 雄虫外生殖器侧面观

【测量】 雄虫前翅长 2.1 ~ 2.7 mm，后翅长 1.8 ~ 2.2 mm。

【形态特征】 头部褐色。额区和下颚须、下唇须正常。触角褐色，27 ~ 30 节；基部鞭节宽是长的 1.5 倍；鳞状毛厚密地分布在梗节和鞭节端部，长毛排成 2 圈，无明显的刚毛。胸部褐色，具黑褐色背斑。翅淡褐色，几乎透明。雄虫外生殖器殖弧叶宽，针突基部宽、分叉，外支端部略膨大。下生殖板侧面观高等于宽，前缘平直，中部不明显前突呈弧形，前缘内脊在腹面连续，侧突粗大，尾突不突出，中端缺刻腹面观呈圆形。阳茎几乎与阳基侧突等长，基部分叉。雌虫未知。

【地理分布】 台湾；日本，越南。

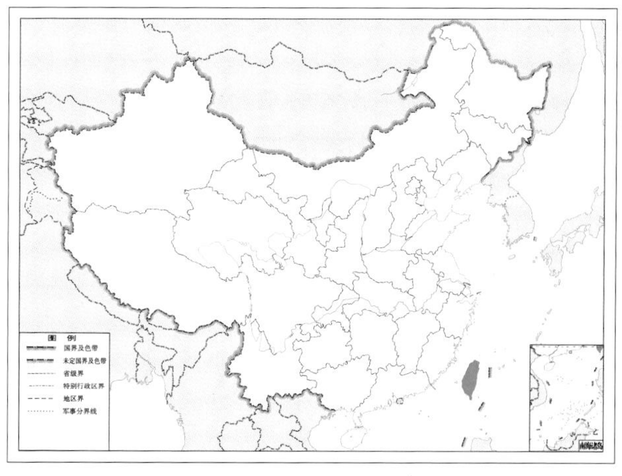

图 4-37-2　岛粉蛉 *Coniopteryx* (*Coniopteryx*) *insularis* 地理分布图

38. 淡粉蛉 *Coniopteryx* (*Coniopteryx*) *pallescens* Meinander, 1972

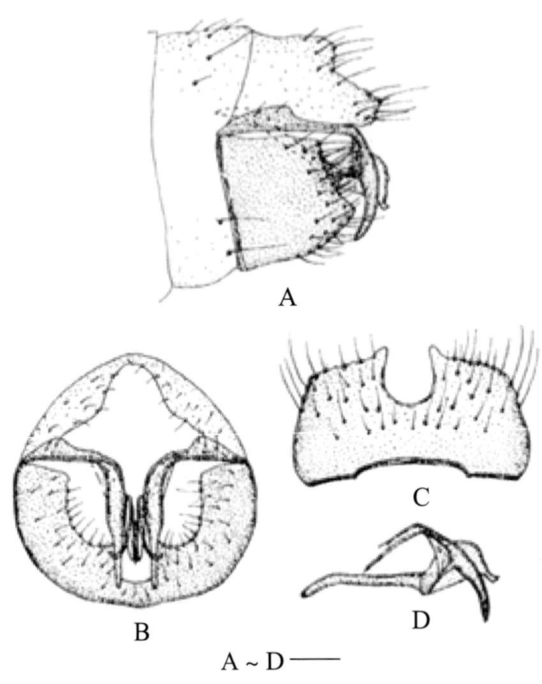

图 4-38-1 淡粉蛉 *Coniopteryx* (*Coniopteryx*) *pallescens* 形态图（仿 Meinander, 1972）
（标尺：0.04 mm）
A. 雄虫腹部末端侧面观 B. 雄虫腹部末端后面观 C. 雄虫下生殖板腹面观 D. 雄虫外生殖器侧面观

【测量】 前翅长 2.0 mm，后翅长 1.6 mm。

【形态特征】 头部淡黄色。额区和下颚须、下唇须正常。触角褐色，24 节；基部鞭节宽是长的 2 倍；鳞状毛厚密地分布在梗节和鞭节端部；长毛排成 2 圈，至少近端部鞭节具有长刚毛。胸部黄色，具有褐色背斑。翅几乎透明。雄虫外生殖器下生殖板侧面观高等于宽，前缘平直，中部不明显前突呈弧形，前缘内脊在腹面连续。侧突圆钝，形成下生殖板的背后角，尾突小，中端缺刻腹面观呈 U 形。殖弧叶宽，针突分叉，但分支处较近腹面，外支略内弯。阳基侧突无明显腹突，端部有 1 个小的腹沟。阳茎无骨化。雌虫未知。

【地理分布】 台湾；越南。

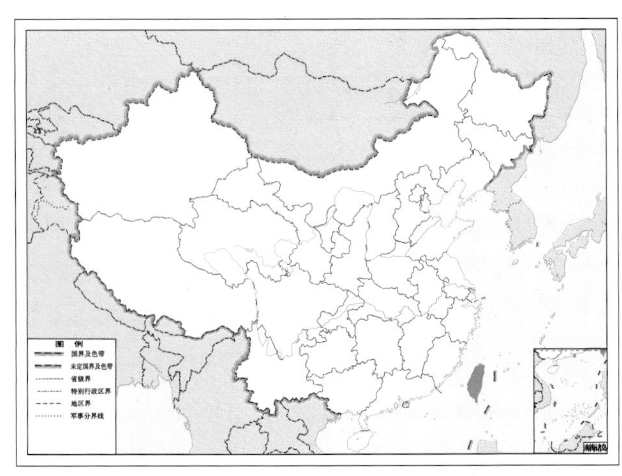

图 4-38-2 淡粉蛉 *Coniopteryx* (*Coniopteryx*) *pallescens* 地理分布图

（八）匣粉蛉属 *Thecosemidalis* Meinander, 1972

【鉴别特征】 额区在触角窝之间有 1 个未骨化区，不向下延伸。触角 37 节，上面的毛排成规则的 2 圈，没有鳞状毛。下颚须细长。胸部无明显背斑。前足股节具有粗而弯曲的短毛。前后翅色淡，无斑，缘毛很短。前翅无明显的肩横脉；横脉状的 Sc2 脉在 r 横脉外侧与 RA 脉相连；RP 与 M 脉均分叉；RP 脉在翅中前从 R 脉分出；r 横脉与 RP 脉连在其分支处；m-cu 横脉连在 M 脉的主干且与分支点较远，并与两脉垂直；CuP 与 A1 脉之间只在翅基处有 1 条横脉，A2 脉与翅后缘之间无横脉。后翅肩横脉 1 条，但不清晰；RP 脉和 M 脉分叉；除了横脉状的 Sc2 脉和 r-m 横脉外，没有其他横脉。腹部蜡腺在第 2 ~ 7 节背板上排成不规则的三横排，而在腹板两侧呈狭条状。雄虫外生殖器骨化强，且部分缩入第 8 节。第 9 背板消失，所以腹部末端的背侧只有很小的、骨化弱的肛上板，其下面是第 9 腹板和下生殖板愈合成的特殊的、宽大的匣状结构。针突从肛上板的端部腹面伸出，殖弧叶并入肛上板。阳基侧突简单。阳茎骨化，由 2 个杆组成。

【地理分布】 世界各地均有分布。

【分类】 目前全世界已知 2 种，我国已知仅 1 种，本图鉴收录 1 种。

39. 杨氏匣粉蛉 *Thecosemidalis yangi* Liu, 1995

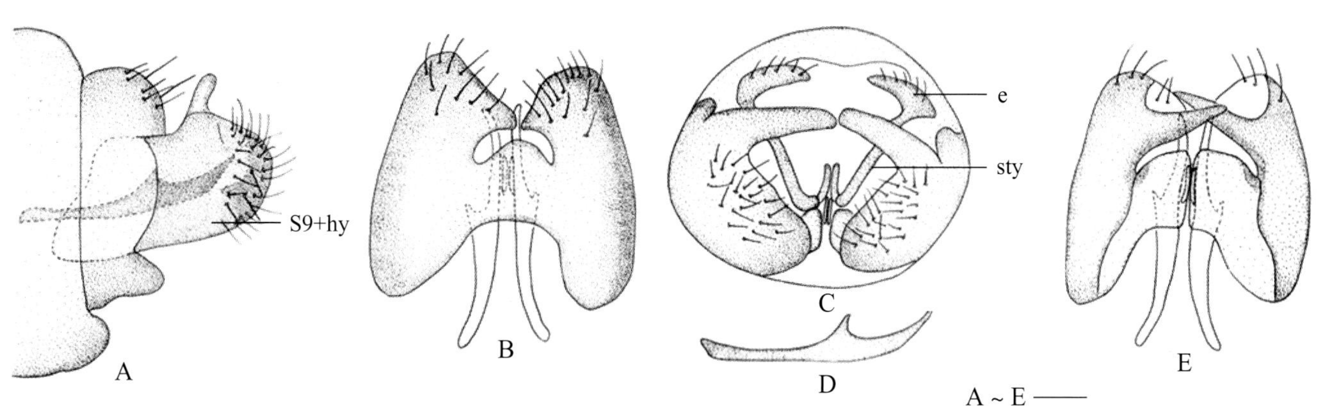

图 4-39-1 杨氏匣粉蛉 *Thecosemidalis yangi* 形态图

（标尺：0.04 mm）

A. 雄虫腹部末端侧面观 B. 雄虫腹部末端腹面观 C. 雄虫腹部末端后面观 D. 雄虫阳基侧突侧面观 E. 雄虫腹部末端背面观

图中字母表示：S9. 第 9 腹板 hy. 下生殖板 e. 肛上板 sty. 针突

【测量】 成虫体长 1.9 mm，前翅长 2.5 mm、宽 0.9 mm，后翅长 2.1 mm、宽 0.8 mm。

【形态特征】 头部褐色，长椭圆形。复眼黑色但不很大。触角褐色，37 ~ 40 节，长 1.6 ~ 1.8 mm，呈细长丝状。下颚须和下唇须褐色。胸部褐色，背斑不明显。足褐色。翅烟色透明。前后翅翅脉相似，r 横脉在 RP 脉分支点内侧，两者靠近；R4+5 脉不分叉；CuP 脉达翅缘。后翅也有 m-cua 横脉。前后翅 Sc2 脉和横脉 r、r-m 透明。腹部褐色。雄虫外生殖器深褐色，第 9 腹板和下生殖板愈合形成的匣状结构，侧面观近长方形，长是高的 1.5 ~ 2 倍，背方有 1 对向内的长而尖的背突，腹面观下生殖板两侧叶的前缘及后缘的内角很尖。针突从骨化很弱的肛上板发出。阳基侧突基部和端部均上弯，但端部细长而尖，在中部靠后还有 1 个细长的背突。阳茎由 1 对骨化的杆组成。

【地理分布】 甘肃（张掖）、新疆（策勒、疏附、于田、疏勒、莎车、喀什、皮山、和田、伊宁、吐鲁番）。

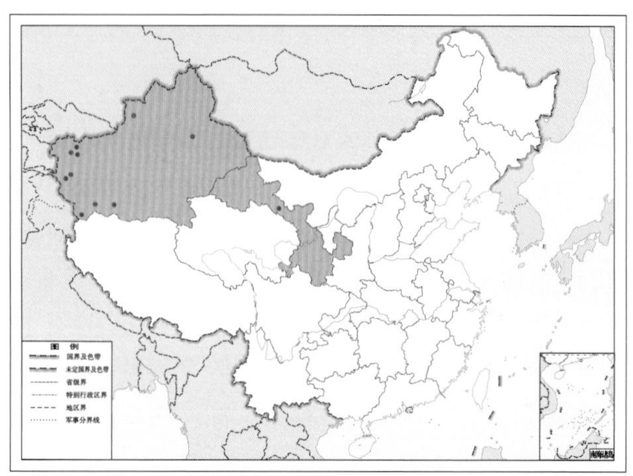

图 4-39-2 杨氏匣粉蛉 *Thecosemidalis yangi* 地理分布图

（九）半粉蛉属 *Hemisemidalis* Meinander, 1972

【鉴别特征】 雄虫复眼明显大于雌虫，额区在触角间和下方有 1 个未骨化的膜质区。触角 30 ~ 40 节，色单一，柄节长等于宽，梗节长略大于宽，鞭节各节的毛排成 2 圈，无鳞状毛。下颚须细长。前后翅色淡，翅脉相似，RP 和 M 脉均分支；只有 1 条肩横脉，横脉状的 Sc2 脉在横脉 r 的外侧，与 RA 脉相连，r 横脉与 RP 脉连在其分叉处，RP 脉在翅中前从 R 脉中分出，m-cu 横脉连在 M 脉主干上，至少前翅的 m-cu 横脉与上下两脉垂直。缘毛无或很短。腹部灰色，蜡腺在背板和腹板上呈宽带状分布。雄虫外生殖器骨化强，第 9 节背板和腹板愈合，前缘被 1 条内脊加强；肛上板骨化，基部并入第 9 节；针突从第 9 节后缘中部发出，伸向后方，从针突沿第 9 节后缘到肛上板内缘也有 1 条内脊；下生殖板为第 9 节腹面向后的突起，与第 9 节无明显界限；阳基侧突很短，端部有膜相连；阳茎短小。雌虫外生殖器骨化弱，第 7、第 8 节前缘的背面和侧面骨化，并在侧中部向后延伸至此两节的后缘，此两节背方还有 1 条内脊；肛上板很小，侧生殖突愈合成 1 块生有很多毛的横板，第 9 腹板左右分离，上生有端部弯曲的长毛。

【地理分布】 中国；古北界南部和非洲南部。

【分类】 目前全世界已知 6 种，我国已知 1 种，本图鉴收录 1 种。

40. 中华半粉蛉 *Hemisemidalis sinensis* Liu, 1995

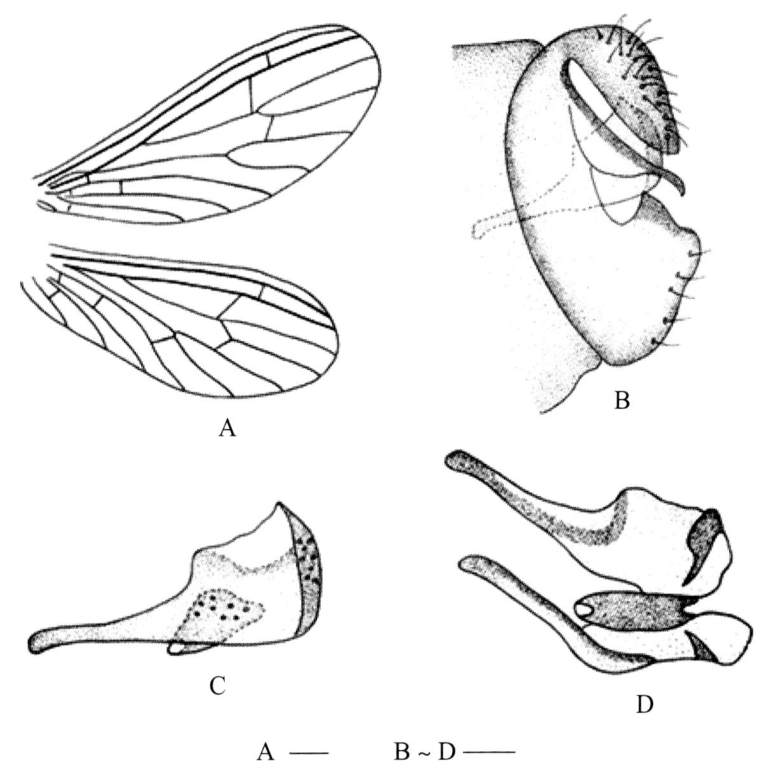

图 4-40-1 中华半粉蛉 *Hemisemidalis sinensis* 形态图

（标尺：A 为 0.3 mm，B ~ D 为 0.04 mm）

A. 翅 B. 雄虫腹部末端侧面观 C. 雄虫外生殖器侧面观 D. 雄虫外生殖器腹面观

【测量】 雄虫体长 2.5 mm，前翅长 3.1 mm、宽 1.5 mm，后翅长 2.6 mm、宽 1.1 mm。

【形态特征】 头部褐色，椭圆形。复眼大而突出。触角黄褐色，41 节，长 3.3 mm，鞭节基部几节长略大于宽，端部 10 余节长是宽的 2 倍。下唇须、下颚须黄褐色。胸部褐色，背斑不明显。翅淡烟色透明。足细长，基节、转节和股节褐色，胫节和跗节均为淡褐色。腹部淡黄色。雄虫外生殖器肛上板宽大。针突细长且伸向后下方。下生殖板短于第 9 节的腹面，端部平截。阳基侧突端部膨大，后缘生有微毛。阳茎囊状腹面观长为宽的 2.5 倍。雌虫未知。

【地理分布】 新疆（策勒）。

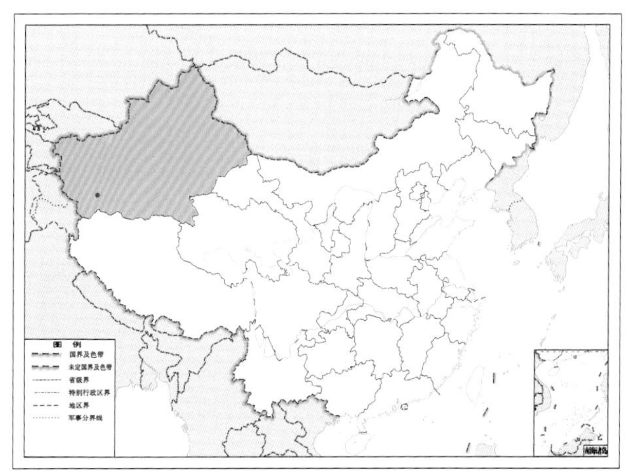

图 4-40-2 中华半粉蛉 *Hemisemidalis sinensis* 地理分布图

（一〇）蜡粉蛉属 *Conwentzia* Enderlein, 1905

【鉴别特征】 头部侧面观高等于宽。额区在触角间有 1 个未骨化的膜质区，不向下延伸。触角 30 ~ 57 节，鞭节上的毛不成圈排列，无鳞状毛。下颚须细长。胸部色单一，无明显的背斑。前翅长是宽的 2.5 倍，无斑，有明显的翅痣；翅基有 2 条肩横脉；RP 和 M 脉均分支；RP 脉在翅中部从 R 脉分出；横脉 r 和 m-cu 的位置种内差异很大。后翅多退化，等于或短于前翅长的一半；退化的后翅翅脉也退化，一般 Sc 脉端部与 RA 脉愈合；RP 脉和 M 脉不分叉；Cu 脉和 A 脉消失。翅前缘具有短缘毛。中、后足细长。腹部灰色、骨化弱；蜡腺分布在第 1 ~ 7 节，背板上的蜡腺带明显大于腹板两侧。雄虫外生殖器骨化强。第 9 节的背板和腹板愈合。肛上板基部并入第 9 节，端部形成 1 个大型的指状外突（outer processes），后面观其内下角常具有 1 个向内的、端部多分叉的突起（腹内突）；下生殖板与第 9 节在腹面愈合，针突从下生殖板的背方伸出；阳基侧突简单，具 1 个端背齿；阳茎位于阳基侧突之间，但多数种类消失。雌虫外生殖器骨化弱，结构简单。肛上板发达，并入第 9 背板；第 9 腹板退化；侧生殖突很小，位于肛上板的腹面。

【地理分布】 我国南方；古北界和新北界大部分地区、印度以及非洲。

【分类】 目前全世界已知 14 种，我国已知 4 种，本图鉴收录 4 种。

中国蜡粉蛉属 *Conwentzia* 分种检索表

1. 后翅 Sc 与 RA 脉在端部汇合，中后足胫节细长，中部不显著膨大 ········ **直胫蜡粉蛉** ***Conwentzia orthotibia***
   后翅 Sc 与 RA 脉在端部不汇合，中后足胫节中部膨大，呈纺锤形 ········ 2
2. R 脉分为 RA 与 RP 脉两支，后翅 Sc 与 RA 脉间的横脉与该两脉垂直 ········ **中华蜡粉蛉** ***Conwentzia sinica***
   R 脉不分支，Sc 与 R 脉间的横脉倾斜 ········ 3
3. 后翅 Sc 与 R 脉间的横脉长与该两脉端部距离等长 ········ **中越蜡粉蛉** ***Conwentzia fraternalis***
   后翅 Sc 与 R 脉间的横脉长于该两脉端部距离 ········ **云贵蜡粉蛉** ***Conwentzia nietoi***

41. 中华啮粉蛉 *Conwentzia sinica* Yang, 1974

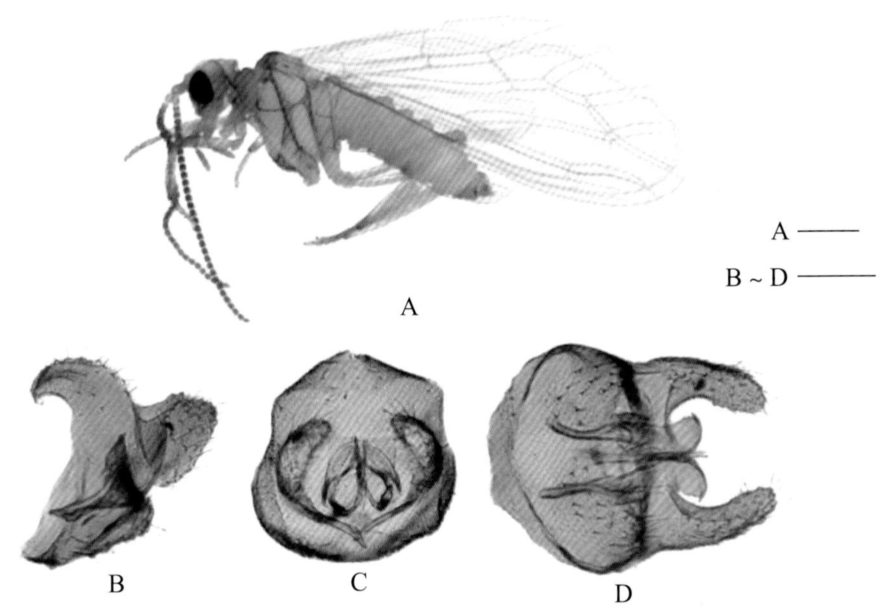

图 4-41-1　中华啮粉蛉 *Conwentzia sinica* 形态图

（标尺：A 为 0.5 mm，B ~ D 为 0.15 mm）

A. 成虫侧面观　B. 雄虫外生殖器侧面观　C. 雄虫外生殖器后面观　D. 雄虫外生殖器腹面观

【测量】 体长 3.0 mm，前翅长 2.5 ~ 3.4 mm、后翅长 1.0 ~ 1.6 mm。

【形态特征】 头部黄褐色。触角 31 ~ 36 节，基部 2 节色淡，柄节粗大，梗节圆筒形，鞭节褐色。下颚须和下唇须黄褐色，背面较深。胸部褐色。前翅横脉状的 Sc2 脉位于横脉 r 的内侧，无色透明，r 横脉大部分透明，后端一小段褐色；从 CuP 脉开始，以下的脉均无色透明而不显著。后翅短小，与前翅的比例为 1 : 2.1，Sc 脉粗壮，Sc 与 RA 脉间的横脉与前后两脉垂直；RP 脉和 M 脉单一，其间由横脉 r-m 连接，CuA 脉达翅缘，与 CuP 脉之间有横脉；Sc 与 RA 脉大部分褐色，端部无色透明。足淡黄褐色，中、后足胫节中部粗大，两端略带褐色，跗节褐色 5 节。腹部褐色。雄虫外生殖器肛上板外突后缘倾斜，宽大于长，其腹内突细小，端部不分叉；针突细长，腹面观端部略呈钩状。阳基侧突较短，基半部细而端半部膨大，末端上弯。阳茎细长而直，基部膨大。雌虫腹部末端肛上板褐色，略呈半圆形，其腹缘完整，无内凹的缺刻，刚毛稀疏，每侧仅 20 余根。

【地理分布】 河北（兴隆雾灵山）、山西（浑源、文水）、辽宁（鞍山）、吉林（蛟河）、江苏（宜兴）、浙江（杭州）、福建（武夷山）、广东（广州）、广西（宁明）、云南（梁河、瑞丽、宾川）、陕西（周至、眉县秦岭、太白太白山、华阴华山、西安）、甘肃（文县）。

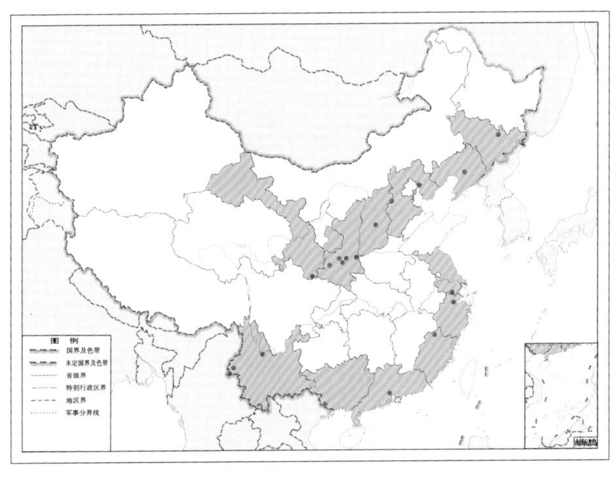

图 4-41-2　中华啮粉蛉 *Conwentzia sinica* 地理分布图

42. 中越蜡粉蛉 *Conwentzia fraternalis* Yang, 1974

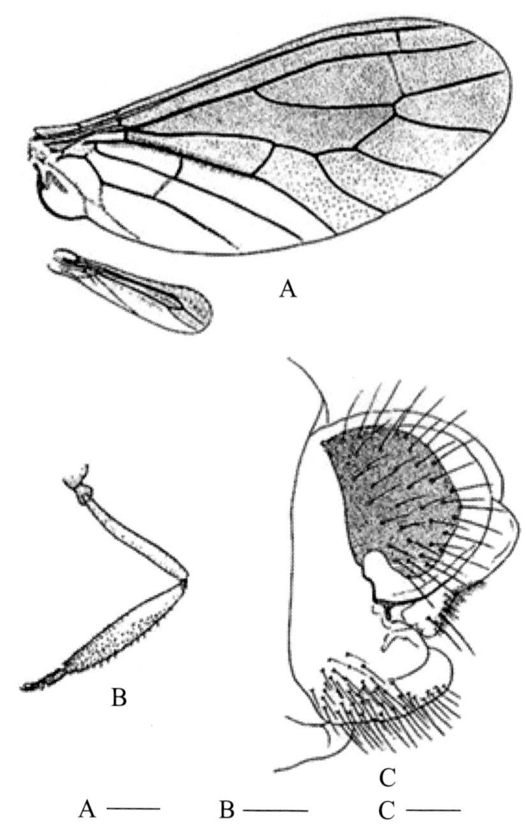

图 4-42-1 中越蜡粉蛉 *Conwentzia fraternalis* 形态图
（标尺：A 为 0.3 mm，B 为 0.02 mm，C 为 0.04 mm）
A. 翅 B. 后足 C. 雄虫腹部末端侧面观

【测量】 体长 3.2 mm，前翅长 2.9 mm、后翅长 1.0 mm。

【形态特征】 头部黄褐色。触角褐色，36 节。下颚须和下唇须淡黄褐色。前翅前半部烟色，翅脉大部黄褐色；横脉状的 Sc2 脉位于横脉 r 的外侧，上半段黄褐色，下半段无色透明；横脉 r 无色透明，连接在 R2+3 脉上；r-m 横脉与 R4+5 脉相连；cu 与 cu-a 横脉邻近，后者透明；A2 脉无色且不明显。后翅极小，与前翅比例仅为 1∶2.9；前半段烟色；Sc 脉粗壮，R 脉在其下平行而逐渐宽阔，Sc 与 R 脉间的横脉倾斜，其长与 Sc、R 两脉端部距离等长，R 与 M 脉均单一，无横脉 r-m；Cu 脉短小，不达翅缘。足黄褐色，但中足和后足股节基半部和胫节的大部分淡黄褐色；中后足中部很粗大。雌虫腹部末端肛上板黄褐色，腹缘在基部具宽大凹缺，所以“尾巴”很细；肛上板上的刚毛有 30 余根。雄虫未知。

【地理分布】 广西（凭祥）。

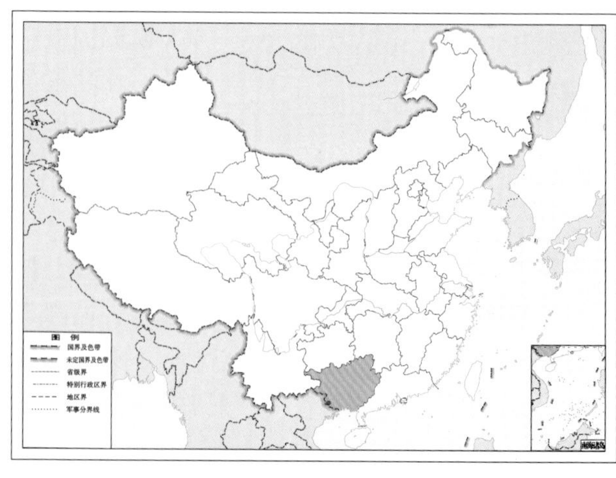

图 4-42-2 中越蜡粉蛉 *Conwentzia fraternalis* 地理分布图

43. 直胫啮粉蛉 *Conwentzia orthotibia* Yang, 1974

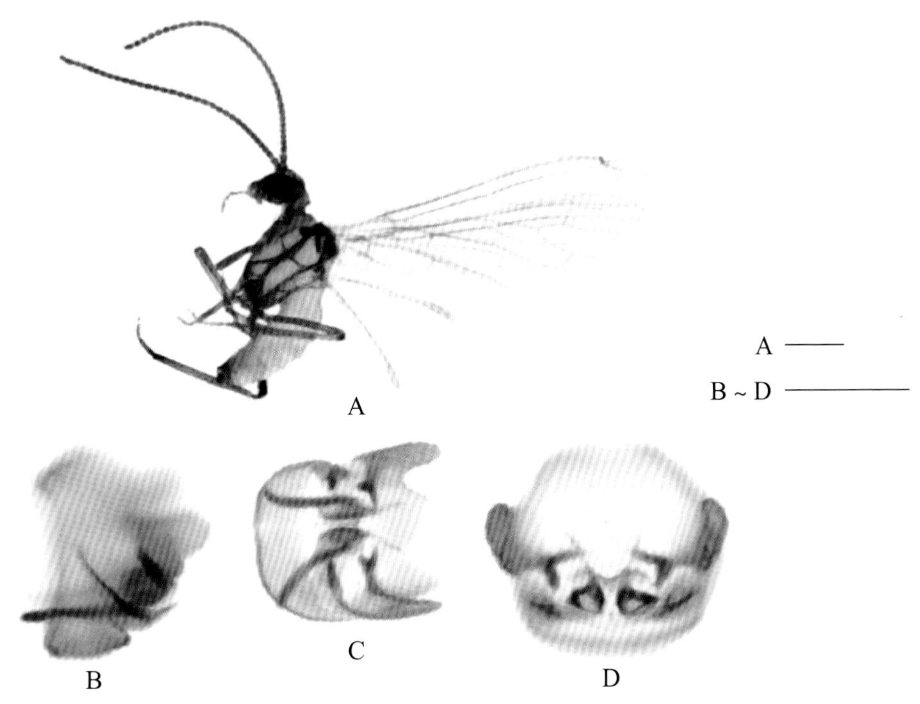

图 4-43-1 直胫啮粉蛉 *Conwentzia orthotibia* 形态图
（标尺：A 为 0.5 mm，B ~ D 为 0.15 mm）
A. 成虫侧面观 B. 雄虫外生殖器侧面观 C. 雄虫外生殖器后面观 D. 雄虫外生殖器腹面观

【测量】 体长 2.5 ~ 2.8 mm，前翅长 3.1 ~ 3.5 mm、后翅长 1.3 ~ 1.4 mm。

【形态特征】 头部褐色。触角全部褐色，雄虫 36 ~ 37 节，雌虫 32 ~ 34 节。下颚须和下唇须褐色。足全部褐色；中后足的胫节中部不显著膨大，大致呈直筒形。前翅大部分烟褐色，翅脉除横脉状的 Sc2 脉基部和横脉 r 外，其余各脉均为褐色；Sc2 脉从 Sc 脉分出处位于横脉 r 的外侧，无色透明，r 横脉则大部透明，上端 1/3 为褐色，横脉 r-m 连在 R4+5 脉上。后翅小，与前翅比例为 1∶2.4，Sc 脉单一且与 RA 脉于近翅端处合成 1 条；Cu 脉短小，不达翅缘。雄虫腹部末端深褐色，雄虫外生殖器肛上板外突指状，长略大于宽，其腹内突细长，端部分叉，背支长于腹支；针突端部侧面观呈钩状，腹面观平直；阳基侧突细长，基部略上弯。雌虫腹部末端肛上板深褐色，腹缘近中部凹缺，腹缘基部具宽大的“尾巴”，每侧有刚毛 40 余根。

【地理分布】 河北（兴隆雾灵山）、山西（关帝山）、吉林（蛟河、抚松）、黑龙江（哈尔滨、牡丹江）、河南（白云山）、湖北（兴山）、重庆（巫山）、四川（都江堰）、云南（腾冲、昆明）、西藏（拉萨）、甘肃（武都、卓尼县麻路镇）、青海（西宁）、宁夏（泾源）、新疆（天池）。

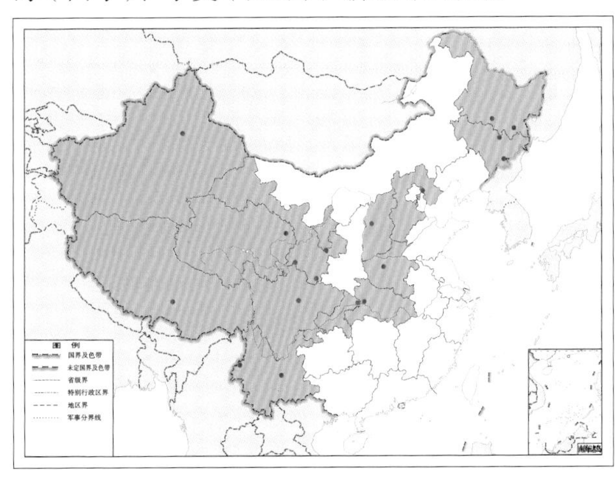

图 4-43-2 直胫啮粉蛉 *Conwentzia orthotibia* 地理分布图

44. 云贵蜡粉蛉 *Conwentzia nietoi* Monserrat, 1982

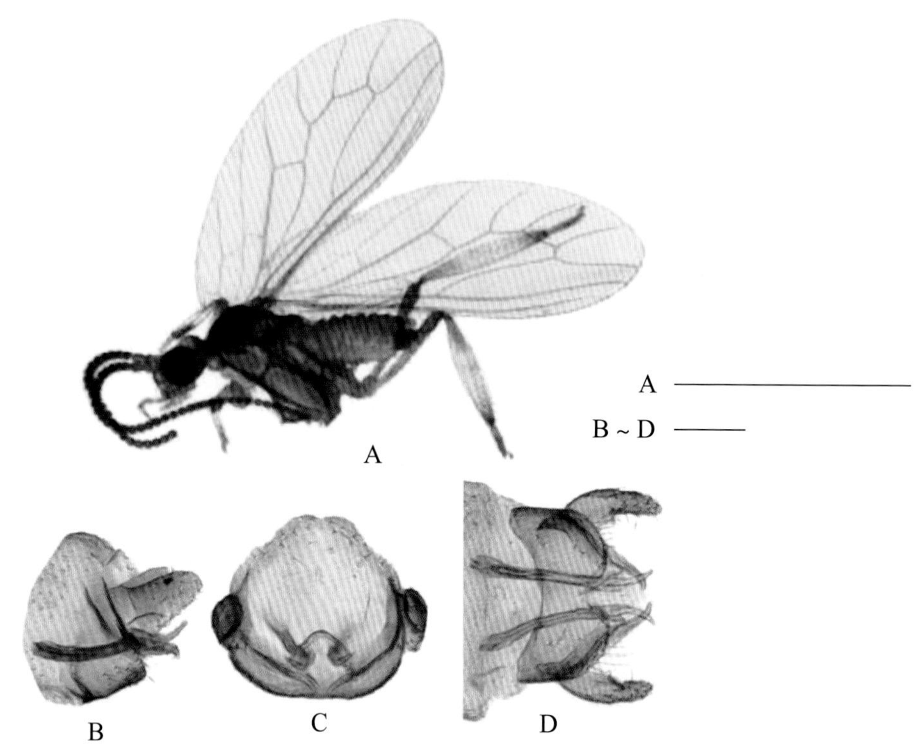

图 4-44-1 云贵蜡粉蛉 *Conwentzia nietoi* 形态图

（标尺：A 为 1 mm，B ~ D 为 0.15 mm）

A. 成虫侧面观 B. 雄虫外生殖器侧面观 C. 雄虫外生殖器后面观 D. 雄虫外生殖器腹面观

【测量】 体长 1.5 ~ 1.9 mm，前翅长 2.5 mm、宽 0.9 mm，后翅长 1.0 mm、宽 0.2 mm。

【形态特征】 头部褐色。触角除某些标本柄节、梗节色略淡外，其余均为深褐色。胸部黄褐色。翅烟色透明。前翅横脉状的 Sc2 脉位于横脉 r 的外侧，横脉 r 连在 R2+3 脉上，横脉 r-m 与 R4+5 脉相连。后翅短小，与前翅比例为 1∶2.5，Sc 脉粗壮，Sc 与 R 脉间的横脉倾斜，且长于 Sc 与 R 两脉端部距离；R 与 M 脉均单一，无 r-m 横脉。股节、胫节中部黄褐色；后足胫节中部粗大。雄虫外生殖器肛上板外突指状，长大于宽，其腹内突不明显，也无分叉。针突细长，端部下弯成钩状。阳基侧突细长，端部略向上弯曲，近端部有 1 个小的指状背突。雌虫腹部末端肛上板半圆形。其腹缘基部无明显凹缺。肛外板毛 30 ~ 40 根。

【地理分布】 广西（临桂）、四川（峨眉山）、贵州（贵阳、荔波）、云南（景洪）。

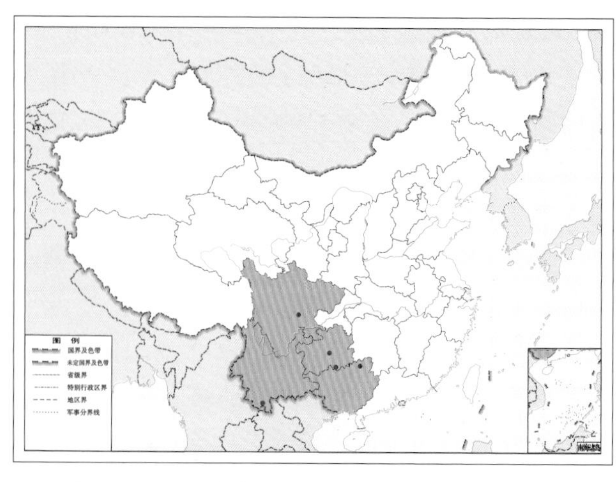

图 4-44-2 云贵蜡粉蛉 *Conwentzia nietoi* 地理分布图

(一一)重粉蛉属 *Semidalis* Enderlein, 1905

【鉴别特征】 额区在触角间有 1 个未骨化区，不向下延伸。触角多 30 节左右，鞭节上的毛规则地排成 2 圈，没有鳞状毛。下颚须细长。前翅长是宽的 2 倍；肩横脉一般 1 条；R 脉在翅中部前分为 RA 脉与 RP 脉；RP 脉与 M 脉均分叉；横脉 r 的位置种内差异很大；m-cu 横脉两条，端部 1 条倾斜，一般连在 M 脉的后支 M3+4 脉上，缘毛无或很短。后翅脉序与前翅相似，只有翅前缘的基部具缘毛。腹部灰色，骨化很弱，前 7 节具有蜡腺。雄虫外生殖器骨化强。第 9 节背板和腹板愈合，前缘被 1 条内脊加强。肛上板基部与第 9 节愈合，腹面有 1 个大型的外突，其背后角常向内突起。下生殖板发达，但有时完全并入第 9 腹板，其背面常形成向后的长刺，又称尾刺。在下生殖板的背面有时还有 1 个骨化很弱的骨片，向前斜伸向阳基侧突的腹面。阳基侧突简单，背面常生有 1 到数个钩状突起。阳茎位于阳基侧突之间，为 1 个或 1 对细长的杆，但有时消失。雌虫外生殖器结构简单，一般很难鉴定到种。肛上板发达，一般骨化强。侧生殖突色深而且多毛。第 9 腹板退化且为膜质。交配囊位于两侧生殖突之间，色淡而骨化弱。

【地理分布】 中国；亚洲、欧洲、非洲、北美洲和南美洲。

【分类】 目前全世界已知 73 种，我国已知 11 种，本图鉴收录 7 种。

中国重粉蛉属 *Semidalis* 分种检索表（雄虫）

1. 针突从第 9 节和肛上板之间伸出，肛上板外突近三角形 ······ 2
   第 9 节和肛上板之间无向下伸出的针突，肛上板外突指状；若不呈指状，小钩则愈合成 Y 形 ······ 3
2. 阳基侧突近末端有一明显的腹突 ······ **直角重粉蛉 *Semidalis rectangula***
   阳基侧突近末端无腹突 ······ **马氏重粉蛉 *Semidalis macleodi***
3. 小钩分离 ······ 4
   小钩愈合 ······ 6
4. 小钩侧面观腹面不分叉 ······ 5
   小钩侧面观腹面分叉 ······ **锚突重粉蛉 *Semidalis anchoroides***
5. 第 10 腹板明显，阳基侧突的 2 个背突形状相似，大小有时不同，端部长于近中部的背突 ······ **广重粉蛉 *Semidalis aleyrodiformis***
   无第 10 腹板，阳基侧突的 2 个背突形状不同，端部的短粗，近中部的细长 ······ **大青山重粉蛉 *Semidalis daqingshana***
6. 下生殖板形成长刺，小钩愈合成板状 ······ 7
   下生殖板不形成长刺，小钩愈合成 Y 形 ······ **丫重粉蛉 *Semidalis ypsilon***
7. 下生殖板端部长刺 1 个 ······ **一角重粉蛉 *Semidalis unicornis***
   下生殖板端部长刺 1 对 ······ **双角重粉蛉 *Semidalis bicornis***

注：现已发现三峡重粉蛉 *Semidalis sanxiana* Liu & Yang，1997 是马氏重粉蛉 *Semidalis macleodi* Meinander，1972 的异名、双突重粉蛉 *Semidalis biprojecta* Yang & Liu，1994 是锚突重粉蛉 *Semidalis anchoroides* Liu & Yang，1993 的异名（均待发表），故三峡重粉蛉 *Semidalis sanxiana* Liu & Yang，1997 和双突重粉蛉 *Semidalis biprojecta* Yang & Liu，1994 未编入本检索表。

45. 直角重粉蛉 *Semidalis rectangula* Yang & Liu, 1994

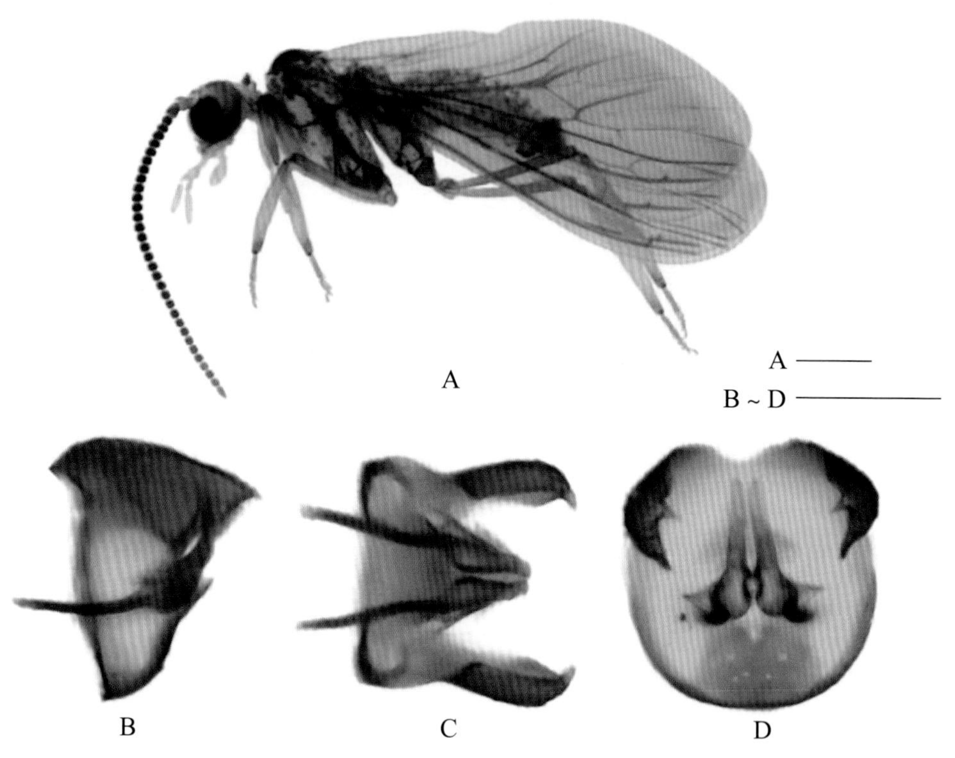

图 4-45-1 直角重粉蛉 *Semidalis rectangula* 形态图

（标尺：A 为 0.5 mm，B ~ D 为 0.15 mm）

A. 成虫侧面观 B. 雄虫外生殖器侧面观 C. 雄虫外生殖器腹面观 D. 雄虫外生殖器后面观

【测量】 雄虫体长 1.6~2.7 mm，前翅长 2.8 mm、宽 0.9 ~ 1.1 mm，后翅长 2.1 mm、宽 0.7 ~ 1.0 mm。

【形态特征】 头部褐色。触角 32 ~ 34 节，长 1.6 ~ 12.4 mm，除柄节褐色外均为深褐色。下唇须、下颚须淡褐色。胸部褐色。足褐色，中、后足细长。腹部黄褐色。雄虫外生殖器肛上板宽大，外突近三角形，其后缘平截且背后角向内突出，针突为肛上板后缘的小突起；下生殖板侧面观端部平截且具 2 个侧角，前者细长，后者短钝，后面观背缘略凹；阳基侧突细长，端半部垂直上弯，形成 1 个细长的腹突。无小钩。

【地理分布】 广西（凭祥、上思）、云南（景洪）。

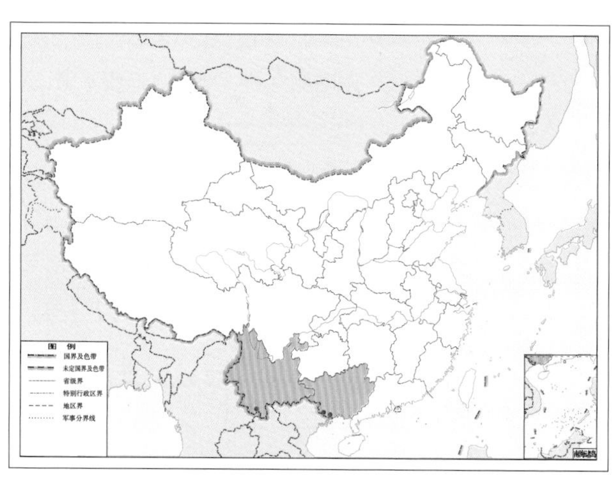

图 4-45-2 直角重粉蛉 *Semidalis rectangula* 地理分布图

46. 马氏重粉蛉 *Semidalis macleodi* Meinander, 1972

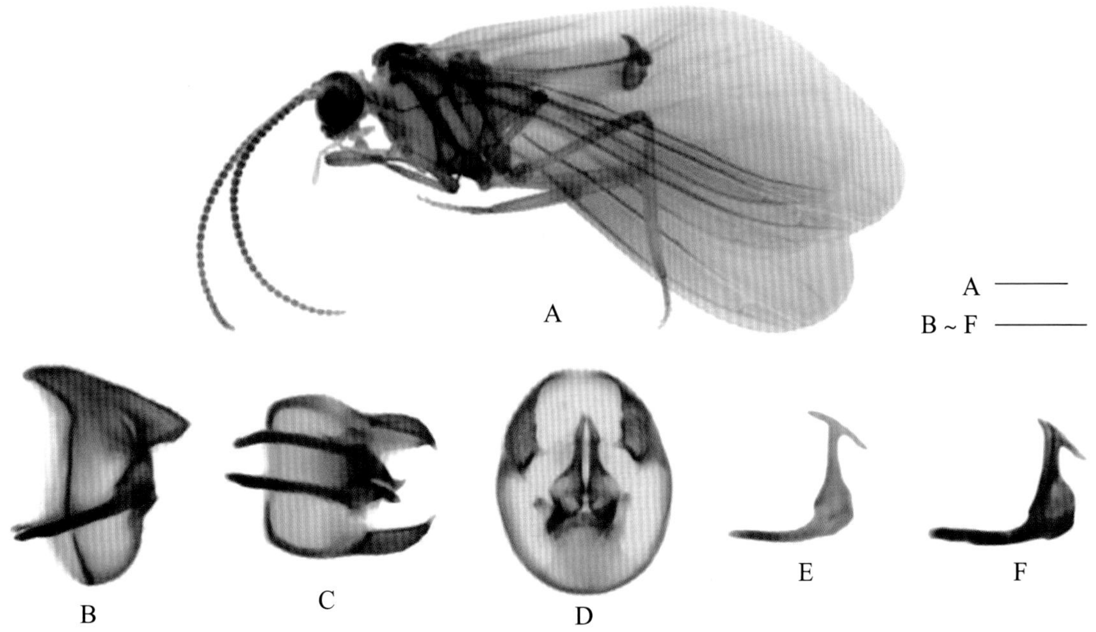

图 4-46-1　马氏重粉蛉 *Semidalis macleodi* 形态图
（标尺：A 为 0.5 mm，B ~ F 为 0.15 mm）
A. 成虫侧面观　B. 雄虫外生殖器侧面观　C. 雄虫外生殖器腹面观　D. 雄虫外生殖器后面观　E ~ F. 阳基侧突侧面观

【测量】 体长 1.9 ~ 2.3 mm，前翅长 2.8 ~ 3.5 mm、宽 1.5 ~ 1.7 mm，后翅长 2.2 ~ 2.5 mm、宽 1.2 ~ 1.4 mm。

【形态特征】 头部褐色。复眼深褐色，雄虫较雌虫大，雄虫肾形，而雌虫近半球形。触角 29 ~ 31 节，柄节和梗节淡黄色，鞭节黑褐色，雄虫各鞭节宽略大于长，雌虫则长是宽的 2 ~ 3 倍。下颚须和下唇须黄褐色。胸部黑褐色。翅淡烟色。足褐色，但各节端部色略深，股节和胫节多毛。雄虫腹部末端深褐色。雄虫外生殖器肛上板侧面观三角形，背后角向内尖细。针突从肛上板与第 9 节之间斜伸向后下方并在肛上板腹缘中部形成 1 个小突起。下生殖板端部平截，形成 2 个尖侧角。阳基侧突的基半部细长，中部膨大后上弯且变细，近末端有腹突，但大小不等。没有小钩。

【地理分布】 浙江（临安天目山）、安徽（黄山）、湖北（神农架）、广东（始兴）、广西（兴安猫儿山）、四川（峨眉山、都江堰青城山、乐山）、贵州（铜仁梵净山）、云南（昆明）、台湾。

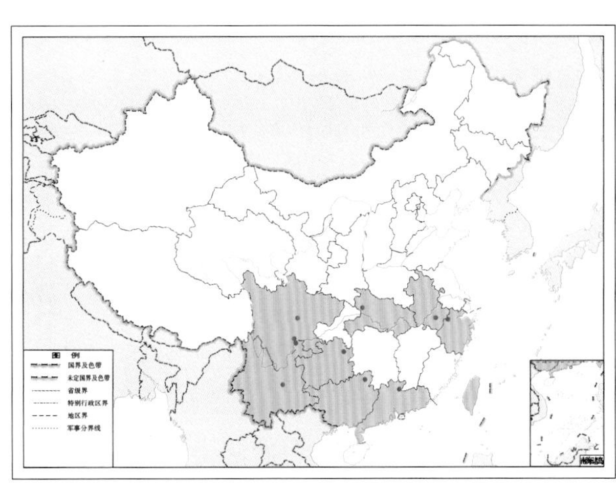

图 4-46-2　马氏重粉蛉 *Semidalis macleodi* 地理分布图

47. 广重粉蛉 *Semidalis aleyrodiformis* (Stephens, 1836)

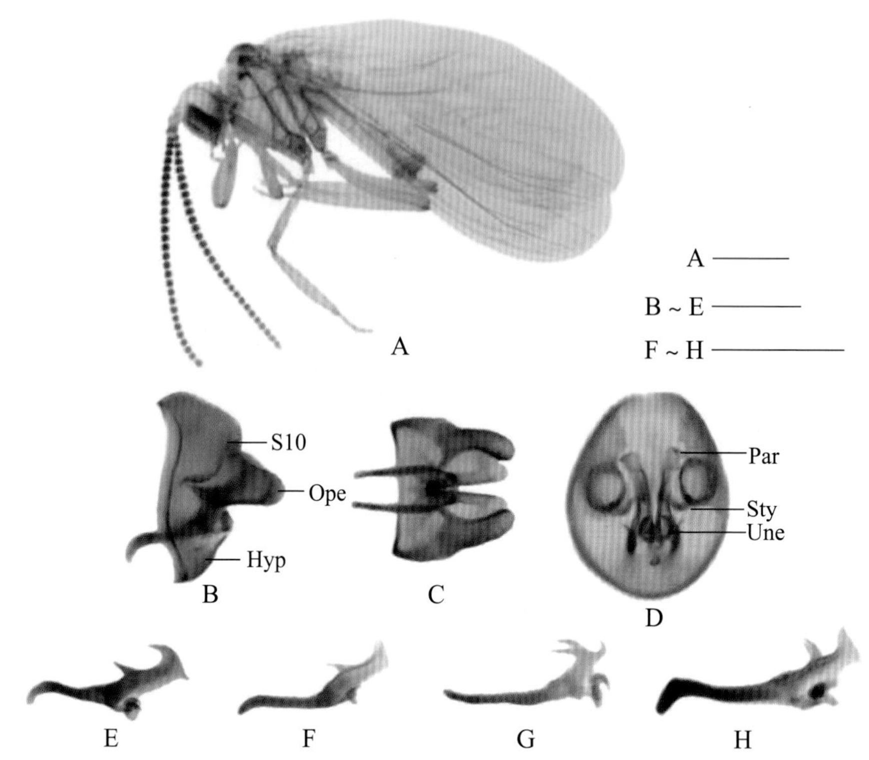

图 4-47-1 广重粉蛉 *Semidalis aleyrodiformis* 形态图

（标尺：A 为 0.5 mm，B ~ H 为 0.15 mm）

A. 成虫侧面观 B. 雄虫外生殖器侧面观 C. 雄虫外生殖器腹面观 D. 雄虫外生殖器后面观 E ~ H. 阳基侧突侧面观

图中字母表示：S10. 第 10 腹板 Ope. 臀板外突 Par. 阳基侧突 Sty. 针突 Unc. 小钩 Hyp. 下生殖板

【测量】 体长 2.0~3.1 mm，前翅长 2.1~3.9 mm、后翅长 1.7 ~ 3.2 mm。

【形态特征】 头部褐色。触角黑褐色，25~33 节，雄虫鞭节除基部几节外，长略大于宽。胸部褐色，具有大的黑褐色背斑。翅烟色几乎透明。腹部褐色。雄虫外生殖器深褐色，肛上板外突细长，呈指状，长明显大于宽，其内角的突起背面观三角形。下生殖板侧面观短小。阳基侧突具有 2 个尖的背突，1 个位于近中部，另 1 个位于端部，端部背突多大于中部背突。小钩小，爪状。

【地理分布】 北京、天津、河北、山西、内蒙古、辽宁、吉林、上海、江苏、浙江、安徽、福建、江西、山东、河南、湖北、广东、广西、海南、重庆、四川、贵州、云南、西藏、陕西、甘肃、宁夏、新疆、香港；日本，印度，泰国，尼泊尔，哈萨克斯坦，欧洲大部分国家和地区。

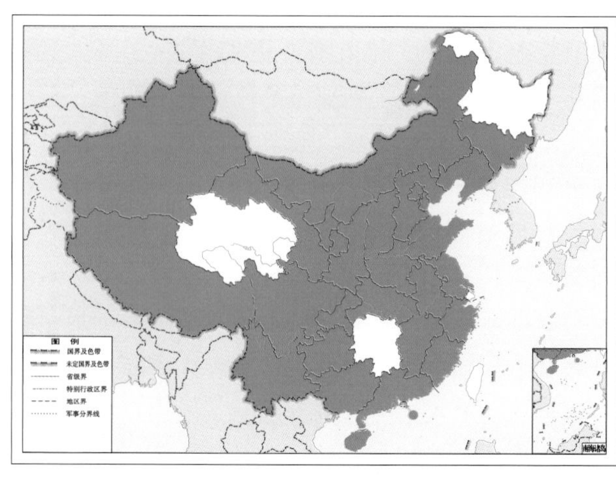

图 4-47-2 广重粉蛉 *Semidalis aleyrodiformis* 地理分布图

48. 大青山重粉蛉 *Semidalis daqingshana* Liu & Yang, 1994

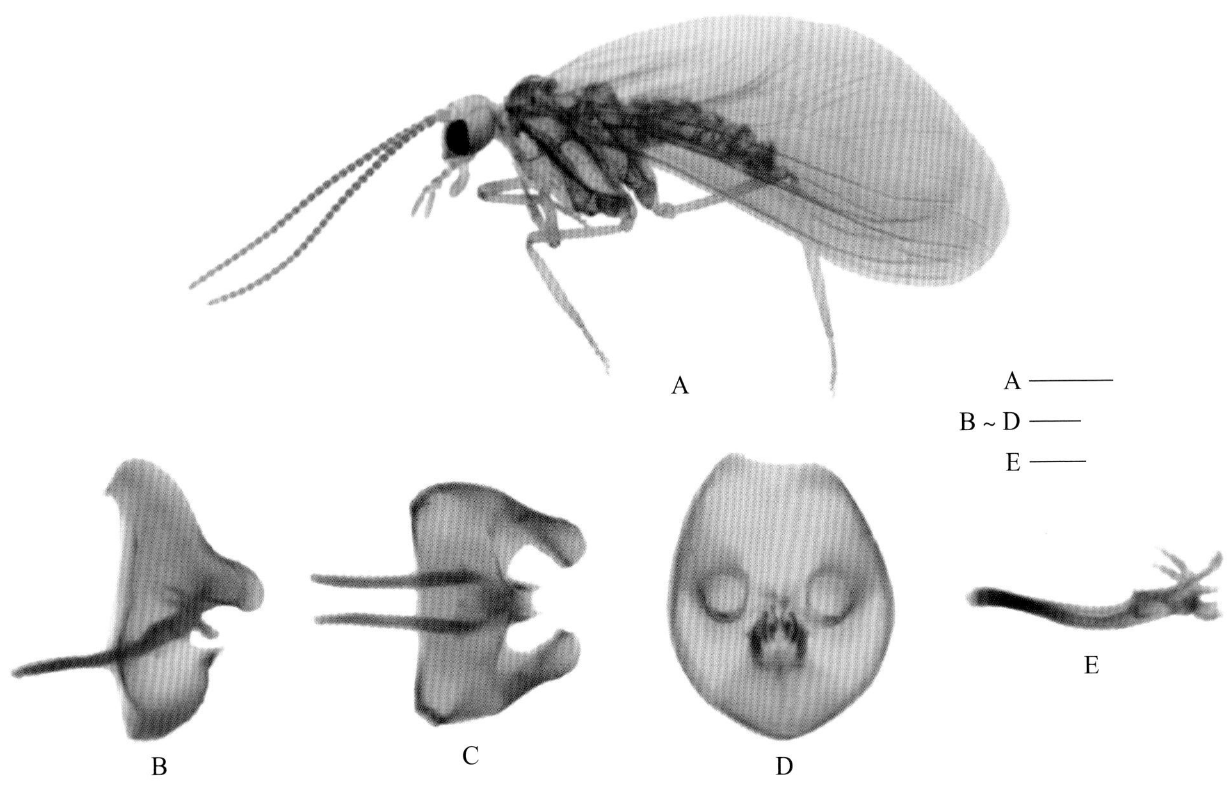

图 4-48-1　大青山重粉蛉 *Semidalis daqingshana* 形态图

（标尺：A 为 0.5 mm，B ~ E 为 0.05 mm）

A. 成虫侧面观　B. 雄虫外生殖器侧面观　C. 雄虫外生殖器腹面观　D. 雄虫外生殖器后面观　E. 阳基侧突侧面观

【测量】 体长 1.9 mm，前翅长 2.2 mm、宽 0.8 mm，后翅长 1.8 mm、宽 0.8 mm。

【形态特征】 头部褐色。触角 28 节，长 1.8mm，丝状，柄节和梗节淡褐色，鞭节深褐色。下颚须、下唇须黄褐色。胸部褐色。翅淡烟色透明。足淡褐色。腹部黄褐色。雄虫外生殖器肛上板外突指状，长是宽的 1.5 ~ 2 倍。下生殖板侧面观短小。阳基侧突末端向上弯曲，形成 1 个短粗的背突，在其前还有 1 个细长、弯曲的指状背突，长是另 1 个背突的 2 倍多。小钩弯曲成 C 形。

【地理分布】 广西（凭祥）、云南（昆明）。

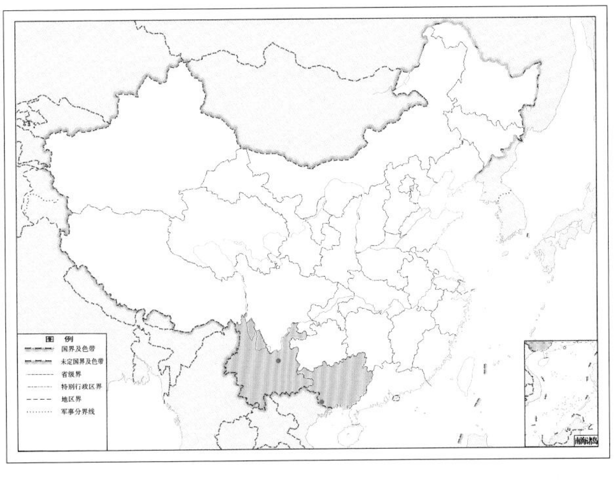

图 4-48-2　大青山重粉蛉 *Semidalis daqingshana* 地理分布图

49. 锚突重粉蛉 *Semidalis anchoroides* Liu & Yang, 1993

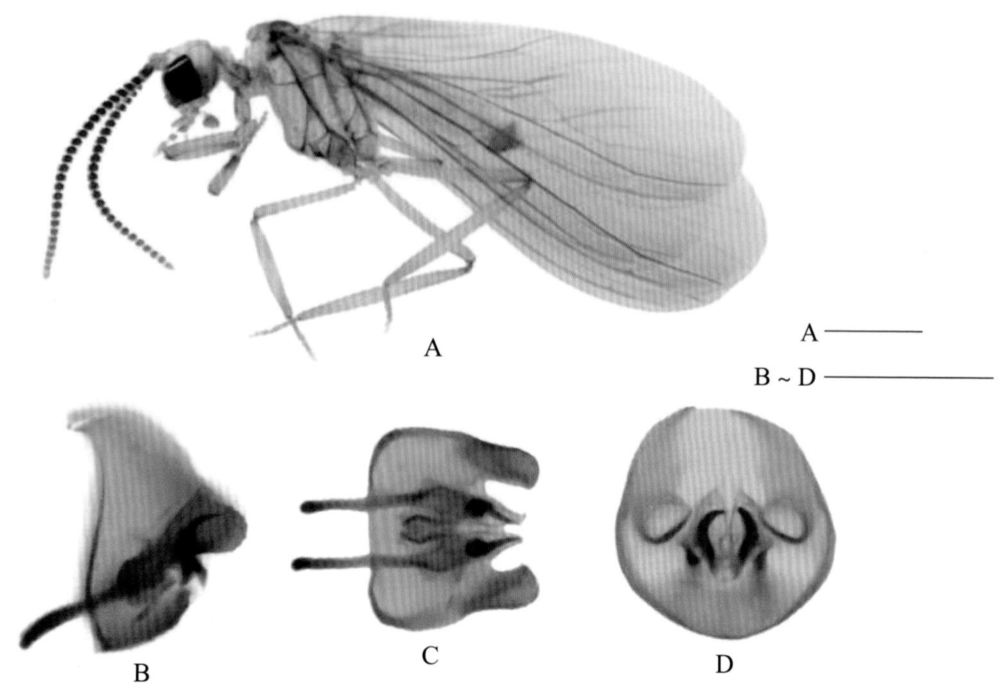

图 4-49-1 锚突重粉蛉 *Semidalis anchoroides* 形态图

（标尺：A 为 0.5 mm，B ~ D 为 0.15 mm）

A. 成虫侧面观 B. 雄虫外生殖器侧面观 C. 雄虫外生殖器腹面观 D. 雄虫外生殖器后面观

【测量】 体长 1.4 ~ 1.9 mm，前翅长 2.8 ~ 3.0 mm、宽 1.0 ~ 1.1 mm，后翅长 2.2 ~ 2.4 mm、宽 0.8 ~ 1.0 mm

【形态特征】 头部深褐色。复眼黑色。触角 27 ~ 32 节，长 1.4 ~ 1.8 mm；除柄节、梗节及鞭节端部几节颜色略浅外，均为黑褐色。下颚须、下唇须深褐色。胸部深褐色。翅烟色透明。足除基节为深褐色外，其余均为褐色，胫节长而粗壮。腹部黄褐色。雄虫外生殖器肛上板外突呈指状，但较短小，长近等于宽。下生殖板侧面观短小，后面观中部下凹，两侧具 1 个短钝的侧突。阳基侧突端部向背方弯曲。两侧小钩不愈合，下端分叉成锚状。此种与广重粉蛉 *Semidalis aleyrodiformis* 近似，具成对的小钩，属 *Semidalis meridionalis* group，但肛上板外突很小，小钩腹部末端分叉成锚状。

【地理分布】 广西（凭祥）、贵州（荔波）、云南（瑞丽、陇川）。

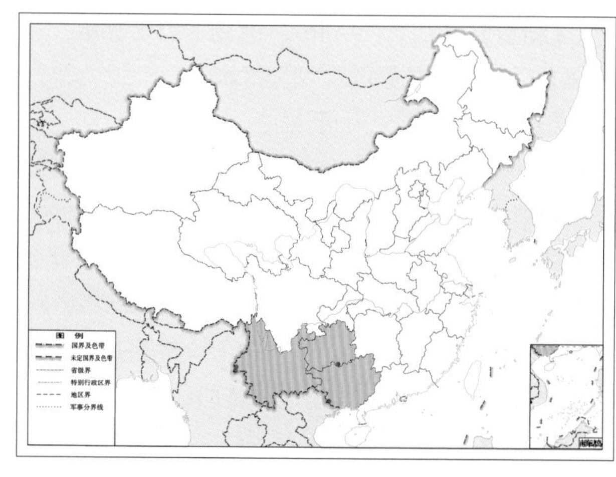

图 4-49-2 锚突重粉蛉 *Semidalis anchoroides* 地理分布图

50. 一角重粉蛉 *Semidalis unicornis* Meinander, 1972

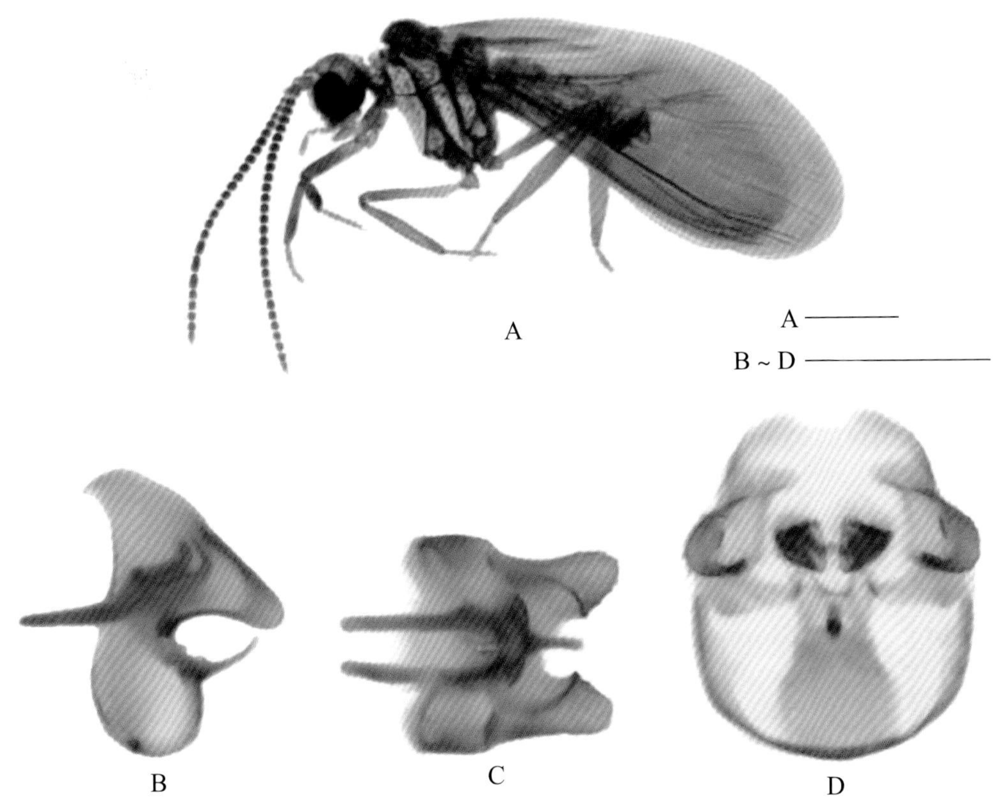

图 4-50-1　一角重粉蛉 *Semidalis unicornis* 形态图
（标尺：A 为 0.5 mm，B ~ D 为 0.15 mm）
A. 成虫侧面观　B. 雄虫外生殖器侧面观　C. 雄虫外生殖器腹面观　D. 雄虫外生殖器后面观

【测量】 体长 1.8~2.1 mm，前翅长 2.4~2.9 mm、后翅长 1.8 ~ 2.9 mm。

【形态特征】 头部深褐色。触角长 1.3 ~ 2.0 mm，27 ~ 32 节，柄节和梗节淡黄色，鞭节褐色。胸部褐色，背斑不明显。雄虫外生殖器肛上板外突指状，长为宽的 1.5 倍，下生殖板的尾端形成 1 个细长的大刺。阳基侧突基部细长，端半部膨大，近端部有 1 个指状背突，阳基侧突末端向上弯曲成钩状。小钩愈合，侧面观后弯，后面观呈 1 个背缘略凹的横板。

【地理分布】 浙江（杭州）、福建（德化、福州、厦门、仙游、将乐）、广东（广州）、广西（凭祥、桂林、百色、宁明）、海南（儋州）、四川（都江堰青城山）、云南（景洪）、台湾；马来西亚，蒙古。

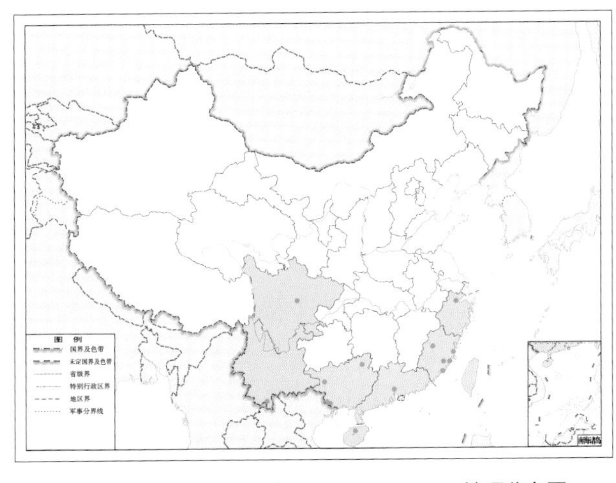

图 4-50-2　一角重粉蛉 *Semidalis unicornis* 地理分布图

51. 双角重粉蛉 *Semidalis bicornis* Liu & Yang, 1993

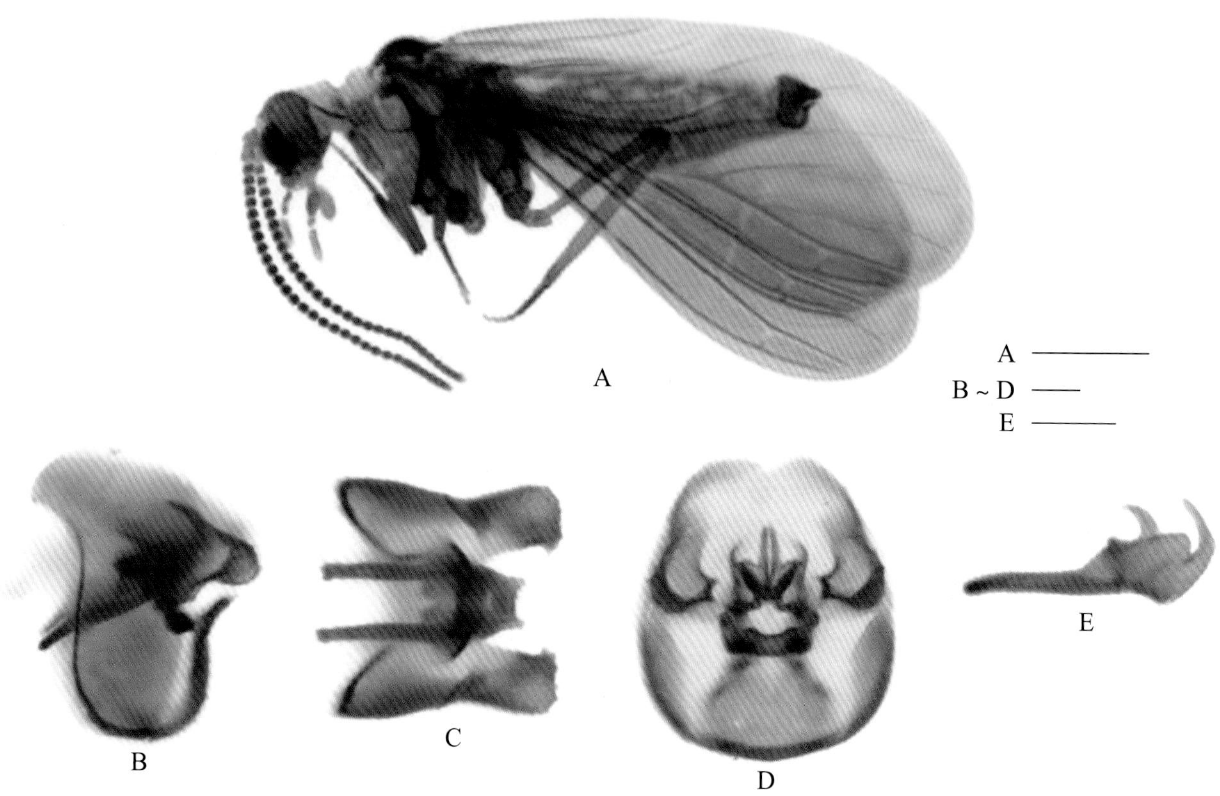

图 4-51-1 双角重粉蛉 *Semidalis bicornis* 形态图

（标尺：A 为 0.5 mm，B ~ E 为 0.05 mm）

A. 成虫侧面观 B. 雄虫外生殖器侧面观 C. 雄虫外生殖器腹面观 D. 雄虫外生殖器后面观 E. 阳基侧突侧面观

【测量】 体长 1.8 ~ 2.6 mm，前翅长 2.8 ~ 3.2 mm、宽 1.0 ~ 1.5 mm，后翅长 2.0 ~ 2.7 mm、宽 1.0 mm。

【形态特征】 头部褐色。复眼黑褐色。触角褐色，31 或 32 节，长 1.5 ~ 2.2 mm。下唇须、下颚须褐色。胸部褐色。翅淡烟色透明。足褐色、细长。腹部黄褐色，具不规则的深褐色斑纹。雄虫外生殖器肛上板外突指状、长近等于宽，下生殖板尾部形成 1 对细长尾刺。两侧的小钩愈合，侧面观短而弯曲。阳基侧突基部细长，端半部膨大，端部向前上方弯曲、呈钩状，其前生有 2 个背突，近中部的 1 个较小，近端部的 1 个较大，呈齿状。

【地理分布】 四川（广元、乐山）、贵州（安顺、贵阳）、云南（宾川、昆明）、西藏（林芝）。

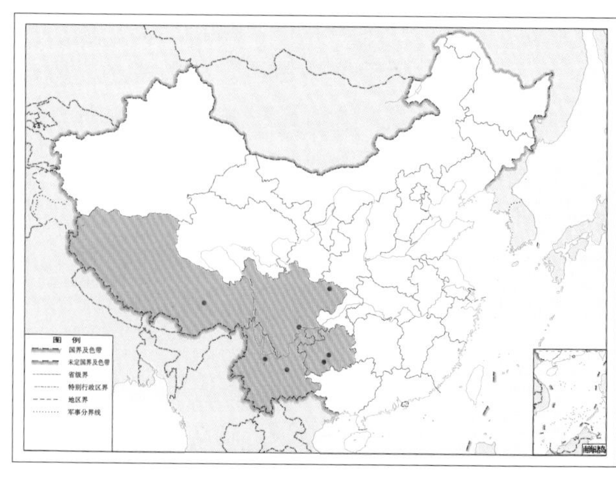

图 4-51-2 双角重粉蛉 *Semidalis bicornis* 地理分布图

二、泽蛉科 Nevrorthidae Zwick, 1967

【鉴别特征】 体中小型，纤细，黄色或黄褐色。头部无单眼，触角念珠状；翅具翅疤和缘饰，翅脉分支较少，前缘横脉多在前缘分叉，无肩迴脉，RP 脉仅 1 支从 R 脉分出，阶脉 2 组，CuA 脉长距离与翅后缘平行。幼虫水生，体狭长，上颚与头长几乎相等，末端内弯，内缘无齿；前胸明显窄于头宽，腹部无气管鳃。

【生物学特性】 幼虫栖息于山涧细流下的水潭中，为捕食性。

【地理分布】 间断分布于西欧、东亚及澳大利亚。

【分类】 目前全世界已知 4 属 15 种，我国已知 2 属 7 种，本图鉴收录 2 属 7 种。

中国泽蛉科 Nevrorthidae 分属检索表

1. 翅面略加厚，似革质 …… 华泽蛉属 *Sinoneurorthus*
   翅面薄而透明 …… 汉泽蛉属 *Nipponeurorthus*

（一二）汉泽蛉属 *Nipponeurorthus* Nakahara, 1958

【鉴别特征】 成虫体较小，雄虫前翅 6.0 ~ 10.0 mm。虫体一般黄色。前翅常透明或浅黄褐色，部分种具有褐斑。前缘横脉大多具至少 1 个分叉横脉，后翅 MA 与 MP 脉前支在外阶脉外侧分叉。雄虫第 9 腹板短，不向后延伸成柄状；第 11 生殖刺突小，并向后分 2 叉。雌虫愈合的第 8 生殖基节宽阔，约为第 8 背板的 2 倍长；第 9 生殖基节叶状或球棒状；交尾囊呈明显骨化结构。

【地理分布】 中国；日本。

【分类】 目前全世界已知 9 种，我国已知 6 种，本图鉴收录 6 种。

中国汉泽蛉属 *Nipponeurorthus* 分种检索表

1. 前翅端缘具 1 条褐斑带 …… 2
   前翅端缘无斑 …… 5
2. 雄虫第 9 生殖基节分 2 叉 …… 叉突汉泽蛉 *Nipponeurorthus furcatus*
   雄虫第 9 生殖基节不分叉 …… 3
3. 雄虫肛上板后侧具 1 对指状突起；雄虫第 10 生殖基节复合体端部细长 …… 4
   雄虫肛上板后侧无明显突起；雄虫第 10 生殖基节复合体端部短小 … 带斑汉泽蛉 *Nipponeurorthus fasciatus*
4. 前翅端部纵脉分叉处多具褐色斑；雄虫第 10 生殖基节复合体端部交叉 …… 大明山汉泽蛉 *Nipponeurorthus damingshanicus*
   前翅端部纵脉分叉处无褐色斑；雄虫第 10 生殖基节复合体端部相接但不交叉 …… 天目汉泽蛉 *Nipponeurorthus tianmushanus*
5. 雄虫第 9 生殖基节端部分叉 …… 美脉汉泽蛉 *Nipponeurorthus multilineatus*
   雄虫第 9 生殖基节端部不分叉 …… 秦汉泽蛉 *Nipponeurorthus qinicus*

52. 大明山汉泽蛉 *Nipponeurorthus damingshanicus* Liu, H. Aspöck & U. Aspöck, 2014

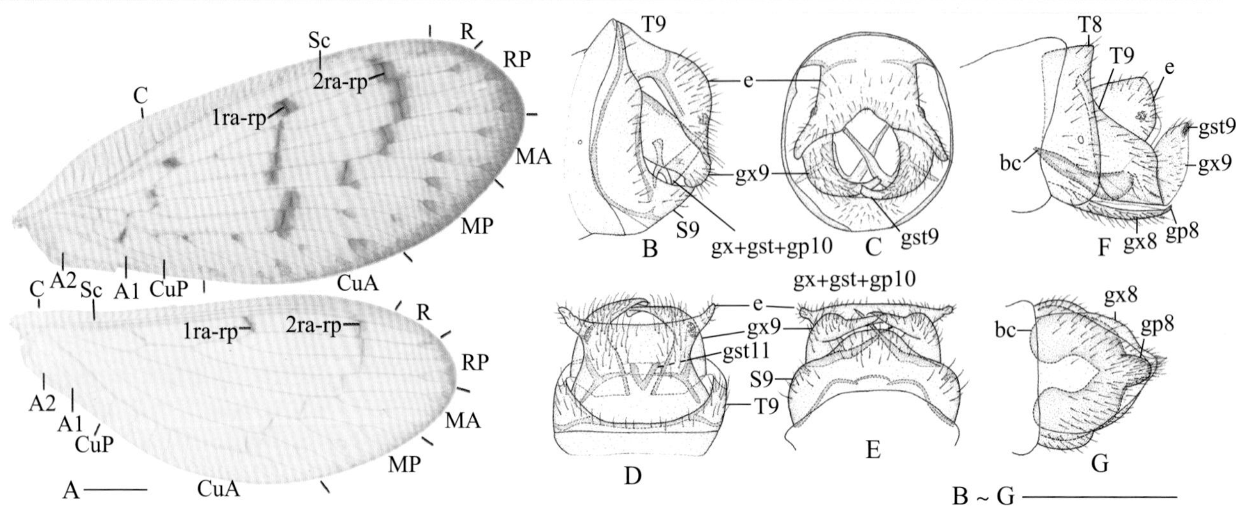

A 图 4-52-1 大明山汉泽蛉 *Nipponeurorthus damingshanicus* 形态图

（标尺：A 为 1.0 mm，B ~ G 为 0.5 mm）

A. 翅 B. 雄虫外生殖器侧面观 C. 雄虫外生殖器后面观 D. 雄虫外生殖器背面观 E. 雄虫外生殖器腹面观 F. 雌虫外生殖器侧面观 G. 雌虫外生殖器腹面观

图中字母表示：C. 前缘脉 Sc. 亚前缘脉 R. 径脉 RP. 径分脉 MA. 前中脉 MP. 后中脉 CuA. 前肘脉 CuP. 后肘脉 A1. 第 1 臀脉 A2. 第 2 臀脉 1ra-rp. 第 1 径横脉 2ra-rp. 第 2 径横脉 T9. 第 9 背板 e. 肛上板 gx9. 第 9 生殖基节 T8. 第 8 背板 gx+gst+gp10. 第 10 生殖基节 + 生殖刺突 + 伪阳茎 S9. 第 9 腹板 gst9. 第 9 生殖刺突 gp8. 第 8 伪阳茎 gx8. 第 8 生殖基节 gst11. 第 11 生殖刺突 bc. 交尾囊

【测量】 雄虫体长约 4.5 mm，前翅长 7.7 mm、后翅长 7.1 mm；雌虫体长约 5.3 ~ 5.6 mm，前翅长 8.1 ~ 8.2 mm、后翅长 7.1 ~ 7.3 mm。

【形态特征】 头部浅黄色。复眼黑褐色；触角浅黄色；口器黄色，上颚末端色略深，为浅褐色。胸部黄色，具浅褐色毛。足黄色被浅褐色毛，基节、转节和股节颜色略浅。翅椭圆形，浅黄褐色，翅痣区域略呈奶黄色。前翅端缘褐色，横脉 1ra-rp 和阶横脉上均有明显的褐斑；少数个体在纵脉端部分叉处具褐斑，无褐斑的翅脉为黄褐色。后翅较前翅色浅，翅缘色加深，翅脉浅黄色，横脉 1ra-rp 和 2ra-rp 褐色。腹部黄色，背面红褐色。雄虫腹部末端第 9 背板和第 9 腹板愈合成环状结构，第 9 背板背面观前端平截，后端凹陷；第 9 腹板后缘中央具 1 个突起；第 9 生殖基节基半部粗壮，近端半部强烈弯曲，在内表面具有多毛的瘤突。肛上板宽阔，指向后腹侧，后缘中部内凹，侧面观中部略呈圆弧状，后侧具 1 对指状突起。第 10 生殖基节复合体基部宽阔，具逐渐变细的背叶和细长的腹叶，端部细长叶片状，且在中部交叉。第 11 生殖基节不明显，第 11 生殖突向后侧分叉。雌虫腹部末端第 8 背板较小，向腹部末端延长，腹部末端侧面观钝圆。愈合的第 8 生殖基节长约为第 8 背板的 2 倍，呈宽阔的片状结构，端部略微骨化；第 8 生殖突近三角形，侧缘骨化明显。第 9 背板背面观狭长，但腹面观宽阔，内部具 1 个短脊。肛上板短，侧面观近梯形。交尾囊为 1 个较大的弓状骨片，与第 8 生殖基节等长。

【地理分布】 广西。

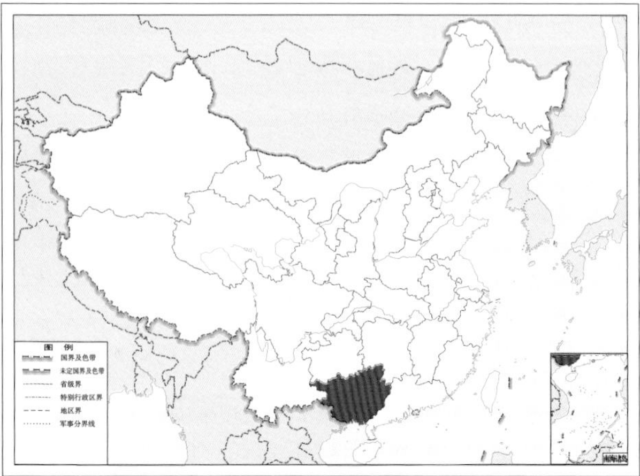

图 4-52-2 大明山汉泽蛉 *Nipponeurorthus damingshanicus* 地理分布图

53. 带斑汉泽蛉 *Nipponeurorthus fasciatus* Nakahara, 1958

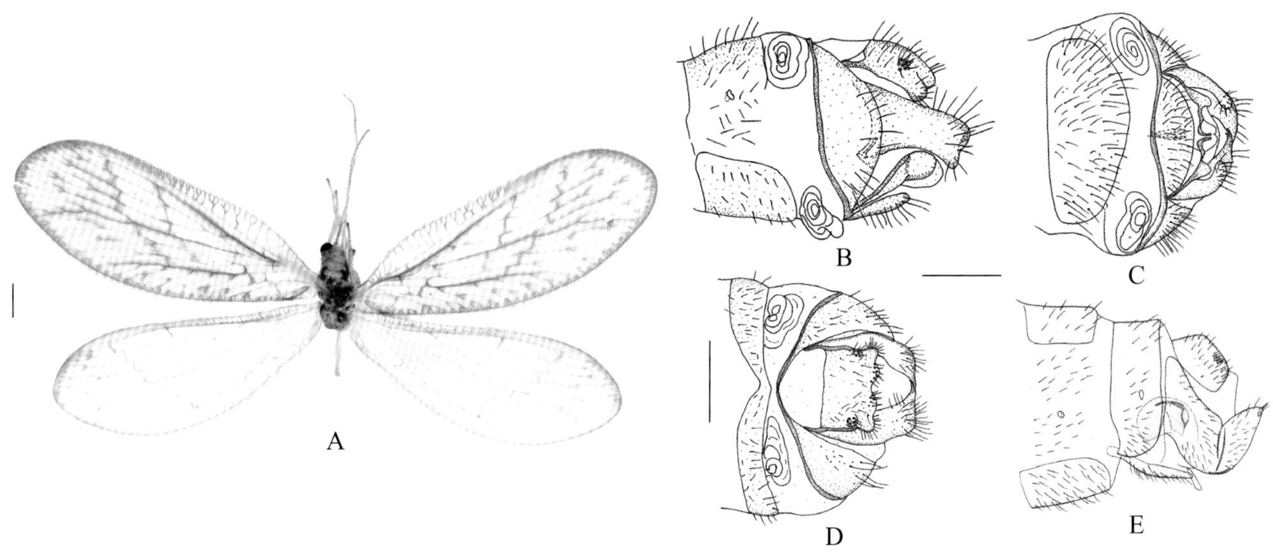

图 4-53-1 带斑汉泽蛉 *Nipponeurorthus fasciatus* 形态图

（标尺：A 为 1.0 mm，B ~ E 为 0.5 mm）

A. 成虫背面观 B. 雄虫外生殖器侧面观 C. 雄虫外生殖器腹面观 D. 雄虫外生殖器背面观 E. 雌虫外生殖器侧面观

【测量】 雄虫前翅长 7.6 ~ 7.7 mm，后翅长 6.7 ~ 7.2 mm；雌虫前翅长 11.7 mm，后翅长 10.8 mm。

【形态特征】 头部黄色，触角黄色。口器黄色，上颚末端浅褐色。胸部黄色，前胸背板侧缘色略深，中胸背板和后胸背板侧面具有 1 对褐斑。足黄色，第 5 跗分节色略深。翅浅黄褐色，翅痣浅褐色；前翅外缘和后缘褐色，横脉 1ra-rp 和阶脉处具浅褐色斑，大多数纵脉分支处也具有浅褐色斑。具深褐斑的翅脉呈黄褐色。后翅较前翅色浅，外缘褐色。翅脉黄褐色，横脉 1ra-rp，2ra-rp 和阶脉褐色。腹部黄色，背板呈浅红褐色。雄虫腹部末端第 9 生殖基节基半部粗壮，内表面具有 1 个多毛的小瘤突；端半部强烈弯曲，具有 1 片钝叶；第 9 生殖突刺状，端部具有 1 个不明显的突起。肛上板宽阔，指向后腹侧，后缘略微内凹。第 10 生殖基节复合体端部极小，侧臂明显长于端部突起。第 11 生殖基节为 1 个横向的带状骨片；第 11 生殖突后缘分叉。雌虫腹部末端第 8 生殖基节约为第 8 背板的 1.5 倍长，为片状。第 8 生殖突近梯形，侧缘骨化明显。交尾囊为近球形的囊状结构，约与第 8 背板等长；基部有骨化，侧面具有 1 对膜质的凸叶，端部变尖，指向腹面。

【地理分布】 台湾。

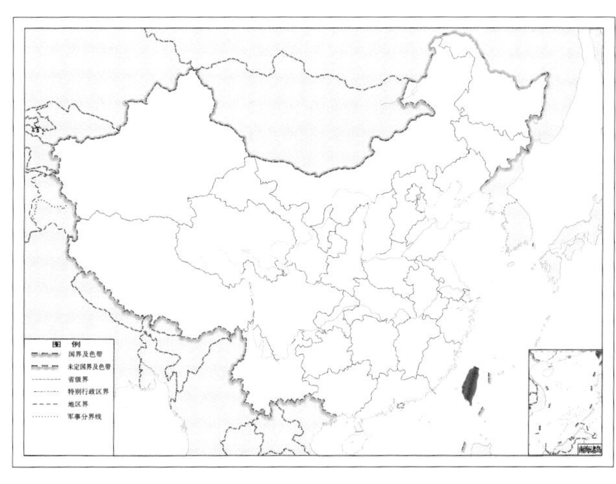

图 4-53-2 带斑汉泽蛉 *Nipponeurorthus fasciatus* 地理分布图

54. 叉突汉泽蛉 *Nipponeurorthus furcatus* Liu, H. Aspöck & U. Aspöck, 2014

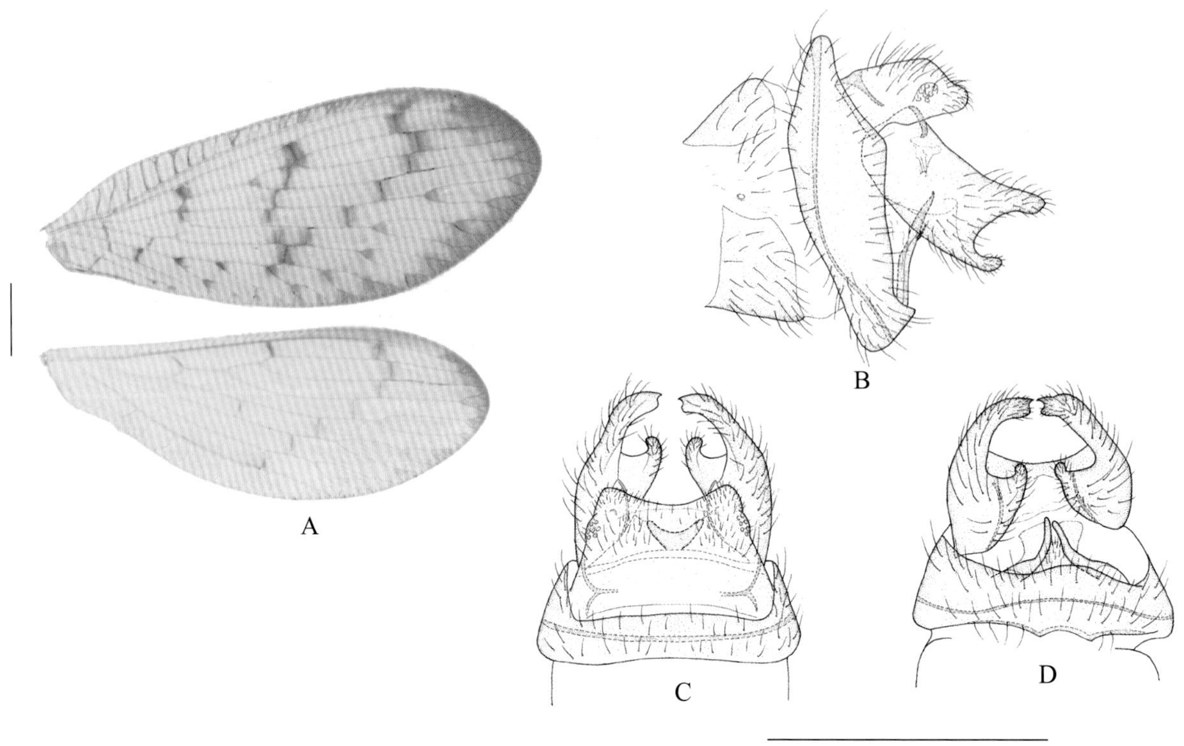

图 4-54-1 叉突汉泽蛉 *Nipponeurorthus furcatus* 形态图
（标尺：A 为 1.0 mm，B ~ D 为 0.5 mm）
A. 翅 B. 雄虫外生殖器侧面观 C. 雄虫外生殖器背面观 D. 雄虫外生殖器腹面观

【测量】 雄虫体长约 4.0 mm，前翅长 7.1 ~ 7.4 mm、后翅长 6.5 ~ 6.9 mm。

【形态特征】 头部黄色，复眼黑褐色，触角黄色。口器黄色，上颚末端色略深，为浅褐色。胸部黄色，具黄色毛；足黄色；被浅黄色毛。翅椭圆形，浅黄褐色，翅痣黄褐色。前翅端缘褐色，1ra-rp 和阶横脉上具明显棕色斑；少数个体在纵脉端部分叉处具明显褐色斑，无褐色斑的翅脉为黄褐色。后翅比前翅色浅，翅缘色加深，翅脉浅黄色，横脉 1ra-rp 和 2ra-rp 褐色。腹部黄色。雄虫腹部末端第 9 背板和第 9 腹板愈合成环状结构，第 9 背板腹面观前端平截，后端宽阔且向内凹陷；第 9 腹板后缘中央微突出；第 9 生殖基节基半部粗壮，近端半部强烈弯曲，腹面具 1 个与第 9 生殖基节分离的曲状小叶，内表面具 1 个多毛瘤突。肛上板宽阔，指向后腹侧，腹面观近梯形，后缘中部略微内凹。第 10 生殖基节复合体基部粗壮，端部具有 1 个尖细的突起。第 11 生殖基节为 1 个横向的条带状骨化结构；第 11 生殖突为 1 个向后分支的骨片结构。

【地理分布】 云南。

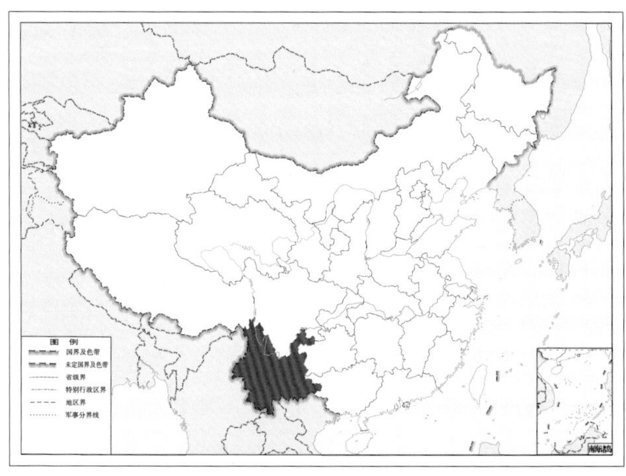

图 4-54-2 叉突汉泽蛉 *Nipponeurorthus furcatus* 地理分布图

55. 美脉汉泽蛉 *Nipponeurorthus multilineatus* Nakahara, 1966

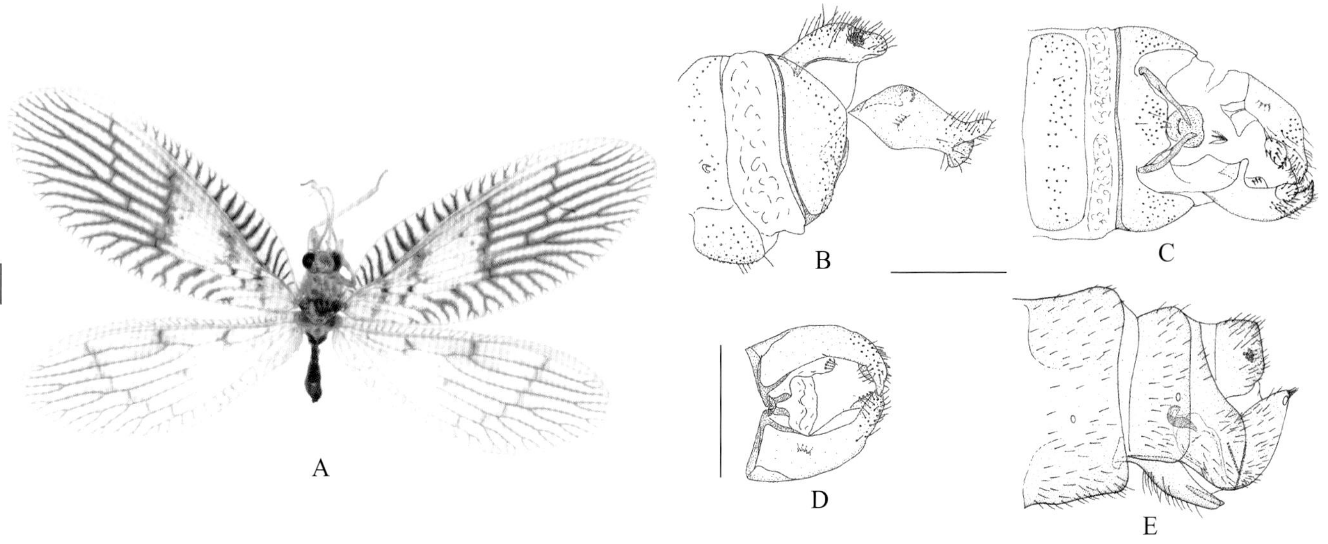

图 4-55-1　美脉汉泽蛉 *Nipponeurorthus multilineatus* 形态图
（标尺：A 为 1.0 mm，B ~ E 为 0.5 mm）
A. 成虫背面观　B. 雄虫外生殖器侧面观　C. 雄虫外生殖器腹面观　D. 雄虫外生殖器背面观　E. 雌虫外生殖器侧面观

【测量】 雄虫前翅长 8.3 ~ 8.9 mm，后翅长 7.2 ~ 7.6 mm；雌虫前翅长 9.7 ~ 9.9 mm，后翅长 8.3 ~ 8.8 mm。

【形态特征】 头部黄色，触角黄色。口器黄色，上颚末端浅褐色。前胸黄色，中胸和后胸浅褐色。足黄色。翅近透明，翅痣浅黄色。前翅第 1 阶脉后的纵脉，CuA、CuP、A1 的分支脉和大多数翅痣外的横脉都具有褐色条斑。后翅仅在横脉 1ra-rp 和 2ra-rp 有浅褐色条斑。前翅翅脉黑褐色，后翅翅脉浅褐色，但翅痣区的前缘横脉和基半部的纵脉呈黄色。腹部黄色，背面略带紫褐色。雄虫腹部末端第 9 生殖基节基半部粗壮，内表面具有 1 个多毛小瘤突；端半部强烈弯曲，腹面具 1 片近三角形的叶；第 9 生殖突刺状且不分叉。肛上板宽阔，指向腹后侧，后缘略微内凹。第 10 生殖节复合体为 1 对长直叶，指向背后侧。第 11 生殖基节为 1 个横向的带状骨片；第 11 生殖突向后分叉。雌虫腹部末端第 8 生殖基节约为第 8 背板的 1.5 倍长，呈片状。第 8 生殖突近三角形，侧缘骨化明显。交尾囊囊状，腹面观近矩形，约与第 8 背板等长；端部内侧具有 1 个卵形的骨化结构，侧面观端部向腹面弯曲。

【地理分布】 台湾。

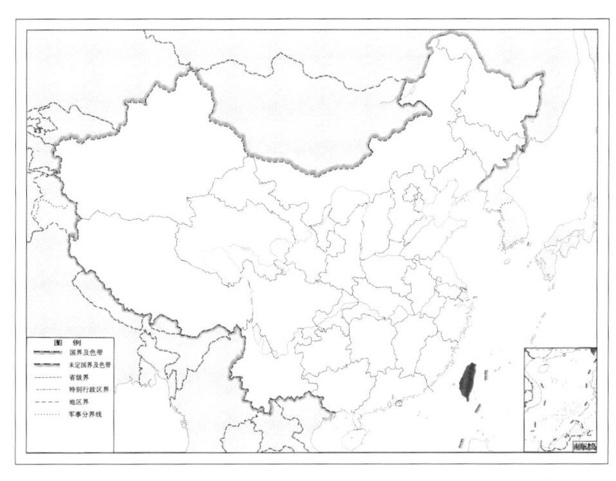

图 4-55-2　美脉汉泽蛉 *Nipponeurorthus multilineatus* 地理分布图

56. 秦汉泽蛉 *Nipponeurorthus qinicus* Yang, 1998

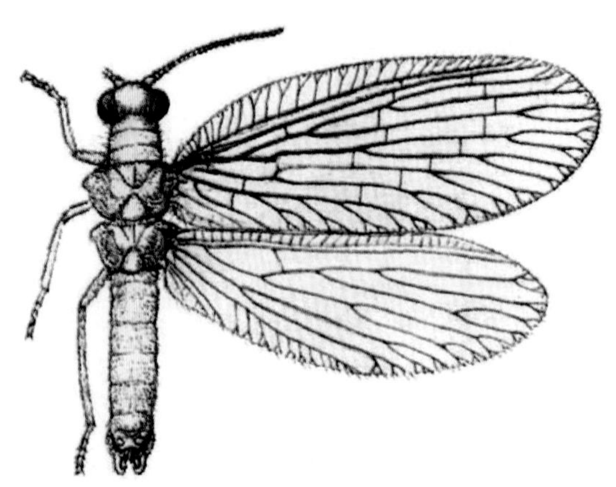

图 4-56-1 秦汉泽蛉 *Nipponeurorthus qinicus* 成虫背面观

【形态特征】 体黄色，无斑。头部黄色。足黄色，仅跗节末端稍暗。翅透明，无斑纹。前翅脉暗褐色，仅基部及 MP 脉前翅基部为黄色；阶脉内组 5 段，外组 8 段，RP 脉分 4 条，第 1 条在外阶脉组以内分叉。后翅基部的脉黄色，端半部暗褐色；RP 脉第 1 条在外阶脉组以内分叉，CuA 脉与后缘长距离平行。雄虫腹部末端粗大，肛上板为 1 个近梯形骨片，臀胝隆突；第 9 生殖基节端部钩状；第 10 生殖基节复合体端部亦为钩状。

【地理分布】 陕西。

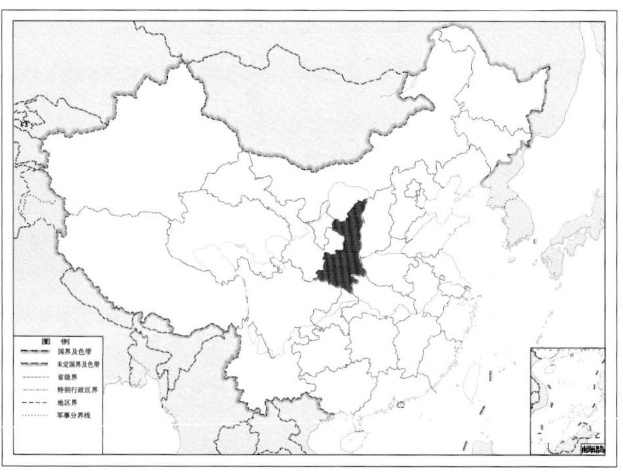

图 4-56-2 秦汉泽蛉 *Nipponeurorthus qinicus* 地理分布图

57. 天目汉泽蛉 *Nipponeurorthus tianmushanus* Yang & Gao, 2001

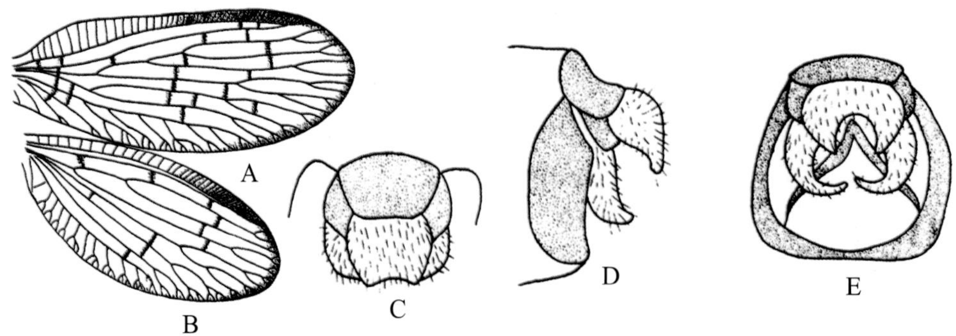

图 4-57-1 天目汉泽蛉 *Nipponeurorthus tianmushanus* 形态图

A. 前翅 B. 后翅 C. 头部正面观 D. 雄虫外生殖器侧面观 E. 雄虫外生殖器后面观

【测量】 雄虫体长约 7.0 mm，前翅长 8.0 mm、后翅长 7.0 mm。

【形态特征】 体黄褐色，无斑纹，体被黄色细毛。头部复眼黑色，触角念珠状，黄褐色但末端数节渐变为深褐色。前胸横宽、翅透明、淡橙褐色，翅痣和翅脉淡褐色；前翅宽为长的 1/3，后翅宽为长的 1/2；前翅从翅痣沿翅端至肘脉端有淡褐色缘斑，横脉处也呈淡褐色，阶脉 2 组，内组 5 段，外组 8 段，径分脉 RP 3 支；后翅横脉较少，肘脉与翅后缘长距离平行。雄虫腹部末端较粗，肛上板端缘凹缺，第 9 生殖基节基部粗而端部细且向内钩弯，第 10 生殖基节具 1 对细长的骨片，且端部相接。

【地理分布】 浙江。

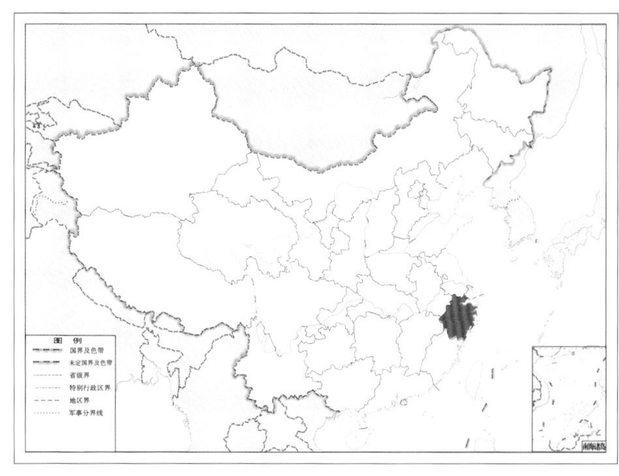

图 4-57-2 天目汉泽蛉 *Nipponeurorthus tianmushanus* 地理分布图

（一三）华泽蛉属 *Sinoneurorthus* Liu, H. Aspöck & U. Aspöck, 2012

【鉴别特征】 成虫体长中等大小，橘红色；雌虫前翅约 12.0 ~ 13.0 mm，翅略呈革质，烟褐色。纵脉分叉多，翅端部具很多小 2 分叉或 3 分叉。雌虫愈合的第 8 生殖基节呈平且圆的板状；第 9 生殖基节呈狭长的叶状，第 9 生殖突卵圆形；交尾囊骨化明显。

【地理分布】 云南。

【分类】 目前全世界已知 1 种，我国已知仅 1 种，本图鉴收录 1 种。

58. 云南华泽蛉 *Sinoneurorthus yunnanicus* Liu, H. Aspöck & U. Aspöck, 2012

图 4-58-1 云南华泽蛉 *Sinoneurorthus yunnanicus* 生态图（李虎 摄）

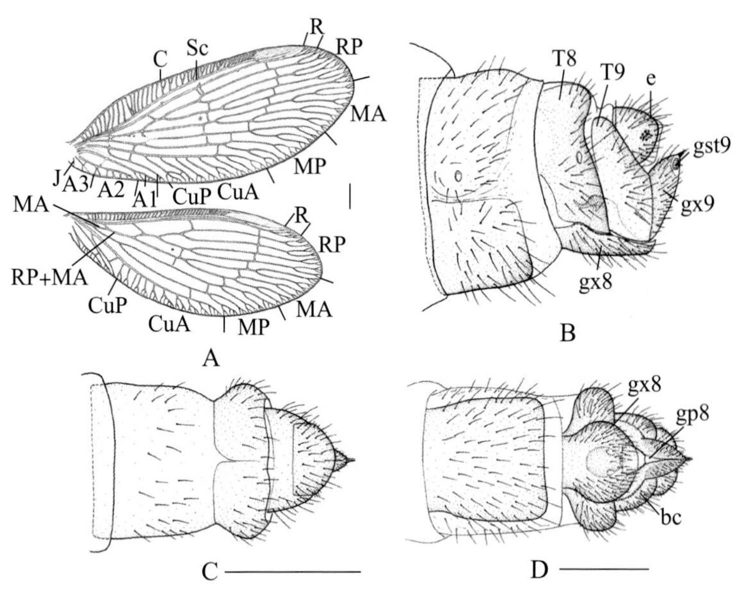

图 4-58-2 云南华泽蛉 *Sinoneurorthus yunnanicus* 形态图

（标尺：A 为 1.0 mm，B ~ D 为 0.5 mm）

A. 翅 B. 雌虫外生殖器侧面观 C. 雌虫外生殖器背面观 D. 雌虫外生殖器腹面观

图中字母表示：C. 前缘脉 Sc. 亚前缘脉 R. 径脉 RP. 径分脉 MA. 前中脉 MP. 后中脉 CuA. 前肘脉 CuP. 后肘脉 J. 轭脉 A1. 第 1 臀脉 A2. 第 2 臀脉 A3. 第 3 臀脉 T8. 第 8 背板 T9. 第 9 背板 e. 肛上板 gx8. 第 8 生殖基节 gx9. 第 9 生殖基节 gst9. 第 9 生殖刺突 gp8. 第 8 生殖叶 bc. 交尾囊

【测量】 雌虫体长 6.9 mm，前翅长 12.6 mm、后翅长 11.0 mm。

【形态特征】 头部橘红色略有光泽。触角黑褐色，柄节和梗节浅黄褐色，鞭节基部两小节橘色。口器橘色。胸部橘红色，略有光泽。足橘色。翅烟褐色，略微革质；翅脉黑褐色，C 脉基半部和纵脉的基部色极浅。翅痣色极深；RP 脉基部 2 分支均在近翅长 1/2 处再分 2 支；主分支脉均再分 2 支，端部有 8 ~ 10 个小 2 分叉或 3 分叉。前翅 MA 与 RP 脉在基部愈合；MP 脉基部分 2 支，每分支在前翅端部 1/3 处、后翅端部 1/4 处再分 2 支，端部分 8 ~ 10 个小 2 分叉或 3 分叉。CuA 脉在前翅分 7 ~ 8 支，端部分 10 个小 2 分叉或 3 分叉；在后翅分 11 ~ 13 支，端部分 14 ~ 15 个小 2 分叉或小 3 分叉。CuP 脉端部分 1 个小 2 分叉；A1 脉在前翅端部分 4 ~ 5 支，后翅分 3 支；A2 脉前翅分 7 支，后翅分 6 ~ 8 支；A3 脉不分支。腹部橘红色。雌虫腹部末端愈合的第 8 生殖基节约为第 8 体节的 2 倍长，呈圆片状。第 8 生殖刺突近梯形，侧缘骨化明显。交尾囊为 1 个卵形骨化结构，具 1 对圆锥形突起，指向腹部末端。

【地理分布】 云南。

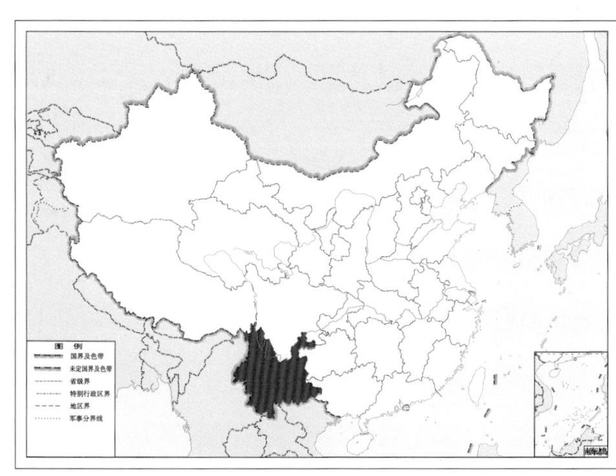

图 4-58-3 云南华泽蛉 *Sinoneurorthus yunnanicus* 地理分布图

三、水蛉科 Sisyridae Banks, 1905

【鉴别特征】 水蛉体型较小，头部背面较平，触角念珠状，柄节粗长；口器的下颚须 5 节，下唇须 3 节，其端节均大且呈刀状。前胸短阔，中后胸粗大，具很发达的小盾片；足狭长而简单，前足的基节较长。翅两对相似，长卵形，翅脉的翅缘具大毛，翅膜上覆微毛，翅外缘具缘饰，翅痣处较粗糙而痣脉不明显；RP 脉一般分 4 条，后 2 条间有 1 条横脉，阶脉很少或仅有 1 组。腹部大部分呈膜质，背板和腹板均小而分离；腹气门 8 对位于侧膜上，雌虫第 8 背板大而长或与腹板相连，腹部末端肛上板上有陷毛丛。雄性外生殖器特殊，殖弧叶外露于背面；1 对抱器和阳基侧突与其愈合。雌虫第 9 背板分为左右两大侧片，腹部末端由 1 对愈合的生殖突形成产卵器，末端尖突或钩弯。

【生物学特性】 水蛉的幼虫寄生于淡水海绵体内，生活习性非常特殊；成虫多见于幼虫生境周边，如河流、池塘附近的植被上。

【地理分布】 世界性广布。

【分类】 目前全世界已知 4 属 76 种，我国已知 2 属 6 种，本图鉴收录 2 属 6 种。

中国水蛉科 Sisyridae 分属检索表

1. 前后翅均有 1 组明显阶脉 ………………………………………… 阶水蛉属 *Sisyrina*
   前后翅均无阶脉 ………………………………………………………… 水蛉属 *Sisyra*

（一四）水蛉属 *Sisyra* Burmeister, 1839

【鉴别特征】 触角有明显的颜色变化，呈棕色和黄色。下唇须末节长是宽的 2 倍且呈斧状。前翅无阶脉，RP 脉具 2 个分支。

【地理分布】 世界性广布。

【分类】 目前全世界已知 49 种，我国已知 5 种，本图鉴收录 5 种。

中国水蛉属 *Sisyra* 分种检索表

1. 分布于云南 ………………………………………………………… 云水蛉 *Sisyra yunana*
   分布于中国东南沿海岛屿 ……………………………………………………… 2
2. 分布于舟山 ………………………………………………………… 曙光水蛉 *Sisyra aurorae*
   分布于海南 ………………………………………………………………………… 3
3. 雌虫第 9 生殖基节末端呈直角弯曲 ………………………………… 弯突水蛉 *Sisyra curvata*

雌虫第 9 生殖基节末端略弯曲 ………………………………………………………………………… 4

4. 雄虫第 9 生殖基节端部齿突较短 ……………………………………………… 海南水蛉 *Sisyra hainana*

雄虫第 9 生殖基节端部齿突长而尖 ……………………………………………… 畸脉水蛉 *Sisyra nervata*

59. 曙光水蛉 *Sisyra aurorae* Navás, 1933

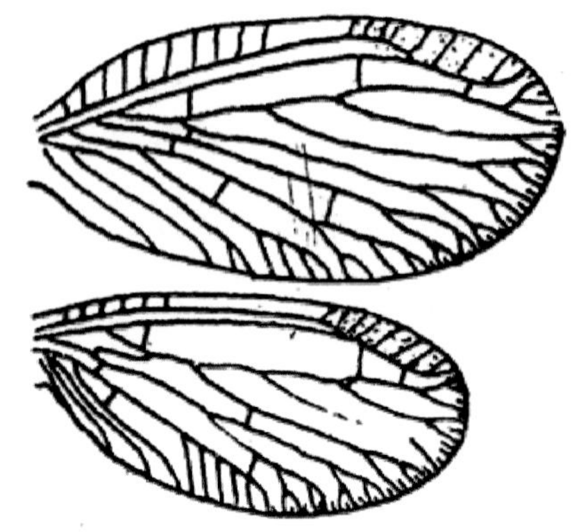

图 4-59-1 曙光水蛉 *Sisyra aurorae* 形态图（成虫前后翅）

【形态特征】 虫体具暗黄色毛。头部色深，具浅黄色毛。复眼黑褐色。下唇须浅黄色。足黄色具黄毛。翅椭圆形。

【地理分布】 浙江。

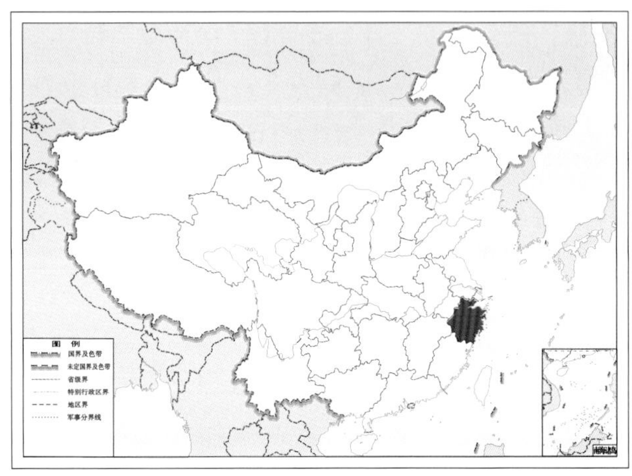

图 4-59-2 曙光水蛉 *Sisyra aurorae* 地理分布图

60. 弯突水蛉 *Sisyra curvata* Yang & Gao, 2002

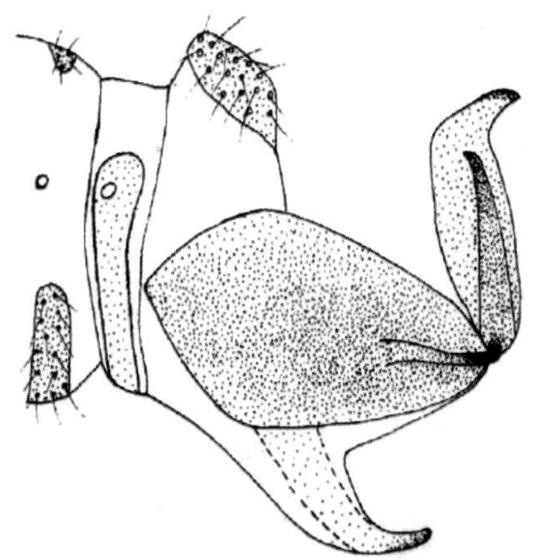

图 4-60-1 弯突水蛉 *Sisyra curvata* 形态图（雌虫外生殖器侧面观）

【测量】 雄虫体长 6.0 mm。

【形态特征】 体黄褐色。雌虫腹部末端第 9 背板顶端向后弯曲，明显呈钩状。第 9 腹板腹面突伸的瓣状物也弯突，略呈钩状。

【地理分布】 海南。

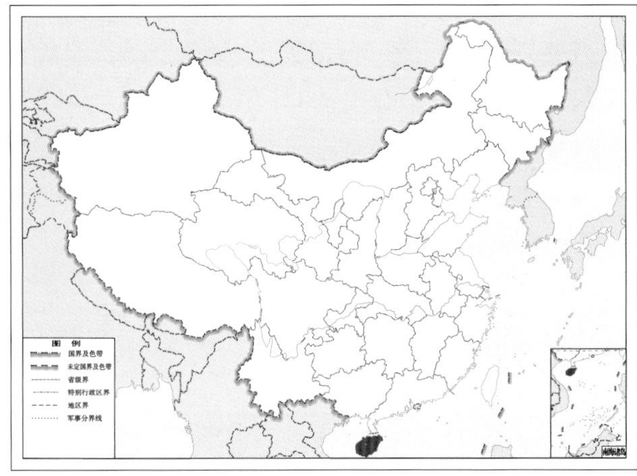

图 4-60-2 弯突水蛉 *Sisyra curvata* 地理分布图

61. 海南水蛉 *Sisyra hainana* Yang & Gao, 2002

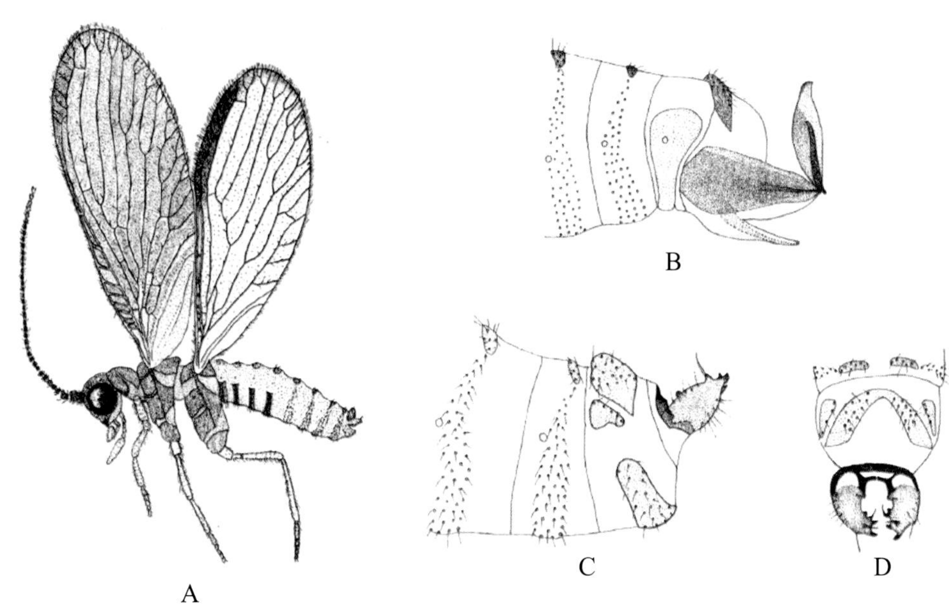

图 4-61-1　海南水蛉 *Sisyra hainana* 形态图

A. 雄虫整体观　B. 雌虫外生殖器侧面观　C. 雄虫外生殖器侧面观　D. 雄虫外生殖器背面观

【测量】 雄虫体长 3.0~3.5 mm，前翅长 4.0 mm。

【形态特征】 头部褐色，头基缘至头顶有深色纵条纹；触角细长，36 ~ 40 节，基部 2 节褐色，鞭节浅褐，端部的节渐淡呈黄白色，刚毛除柄节上不规则外，其余各节均呈两轮；下颚须 5 节，末节膨大而端部渐狭似粗棒状，长为前 4 节总长的 2/3，具茸毛；下唇须 3 节，末节膨大成三角形，基部宽呈斧状。足淡褐色，基节褐色；前足基节细长，为股节的 2/3 长；中后足基节短粗，为股节的 1/3 长。翅膜浅褐色,翅脉和翅痣褐色。前翅前缘横脉较粗。腹部大部分为膜质，各节的腹板均大于背板，前 2 ~ 5 节腹板较骨化并有深色条纹，第 6 节以后的腹板骨化弱且只有明显的毛簇，经过气门而到达背板处。雄虫腹部末端第 8 背板背中分开，第 9 背板断开，伸在肛上板下方，每侧各 1 片；肛上板拱弯，中央较窄，两侧各有陷毛丛；抱握器骨化，具长刚毛和 6 个齿状突起；抱器基部有骨化的阳基侧突连接。雌性生殖节第 8 背板在背中断开，在侧面为包括气门在内的两大骨化片，并在腹中愈合；第 8 生殖基节突伸 1 个瓣状结构；第 9 生殖基节端部略弯曲；肛上板为完整的 1 块，中间窄而两侧宽并各有 1 组陷毛丛。

【地理分布】 海南。

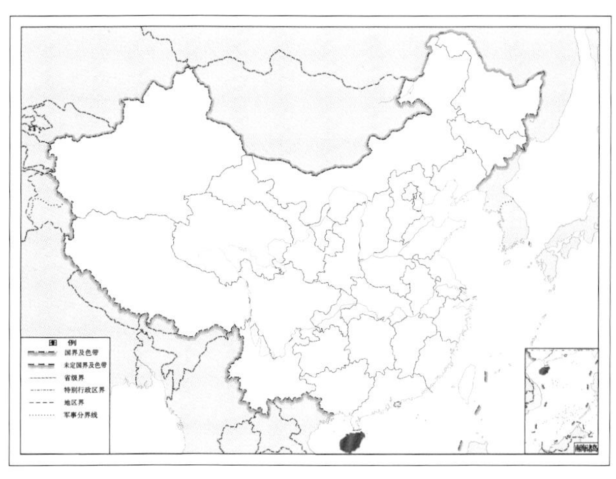

图 4-61-2　海南水蛉 *Sisyra hainana* 地理分布图

62. 畸脉水蛉 *Sisyra nervata* Yang & Gao, 2002

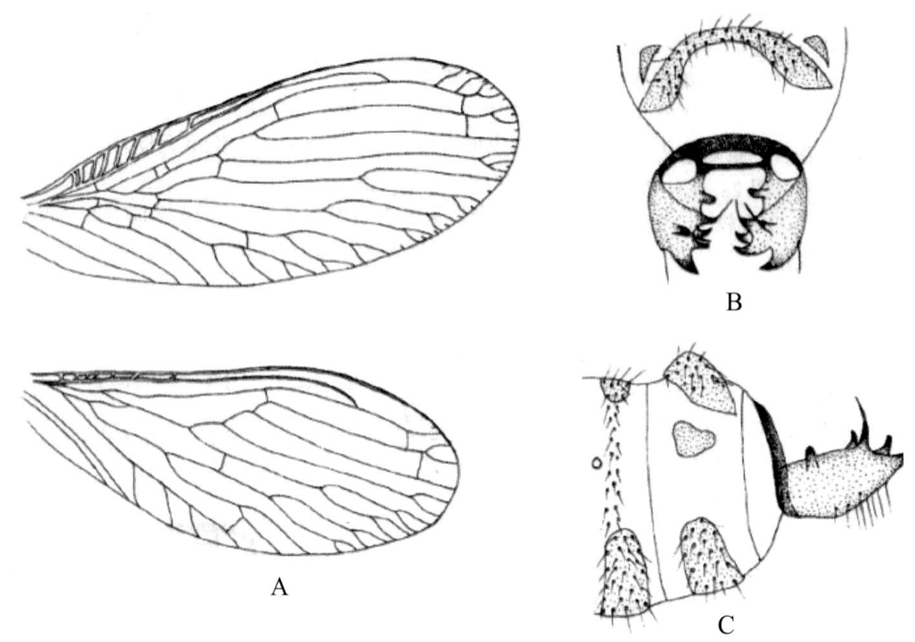

图 4-62-1 畸脉水蛉 *Sisyra nervata* 形态图

A. 翅 B. 雄虫外生殖器背面观 C. 雄虫外生殖器侧面观

【测量】 雄虫体长 5.0 mm。

【形态特征】 头淡褐色，触角 38 ~ 40 节，柄节和梗节褐色，鞭节颜色逐渐变浅，至 20 节几乎呈黄白色，然后又变深至浅褐色，下颚须末节的顶节较尖，末端较平直。翅左右脉序不对称，左前角 RA 与 R2 脉之间有 2 条横脉，在端部横脉的下方，R2 与 R3 脉之间有 1 条横脉，R3 脉在翅缘不分叉，R2 脉侧分叉。另一前翅在 RA 与 RP 脉间有 1 条横脉，R2 脉在翅缘不分叉。左后翅 R3 脉在翅缘不分叉，R2 与 R3 脉间有 1 条横脉；右后翅 R3 脉在翅缘则分叉。翅缘及翅脉上毛均少。雄虫腹部末端抱器具 6 个长且尖的齿突。

【地理分布】 海南。

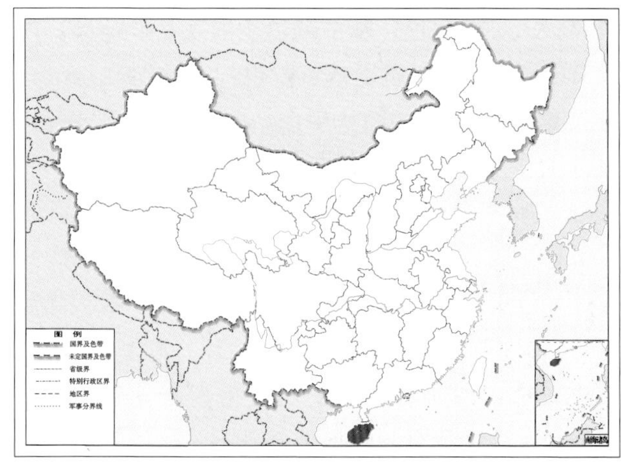

图 4-62-2 畸脉水蛉 *Sisyra nervata* 地理分布图

63. 云水蛉 *Sisyra yunana* Yang, 1986

图 4-63-1　云水蛉 *Sisyra yunana* 形态图（成虫侧面观）

【测量】 雌虫体长 4.0 mm，前翅长 4.5 mm、后翅长 4.0 mm。

【形态特征】 头部黄褐色，头顶平。复眼黑色；下颚须褐色，5 节，端节扁宽而甚长；触角稍短于前翅，呈念珠状，鞭节大部分黑色，末端 5 节褐色，中间有 8 节呈白色；触角明显分为深浅 3 段。前胸褐色，中后胸黄色。足黄色，前足胫节以下，中后足胫节的大半均为褐色。前翅较宽，淡烟色，向端部较深，半透明；翅脉黄褐色，前缘横脉列仅达翅中部，10 条均不交叉；RP 脉分 4 条，r 横脉仅 3 条，R4 与 R5 间横脉连在 R4 脉的起点。后翅较淡而透明，RP 脉分 4 条，横脉很少，Cu 脉与翅后缘平行。腹部背板和腹板淡褐色，第 9 腹板侧面观呈矩形，长大于宽；生殖节褐色，第 9 生殖基节狭长而末端尖弯。

【地理分布】 云南。

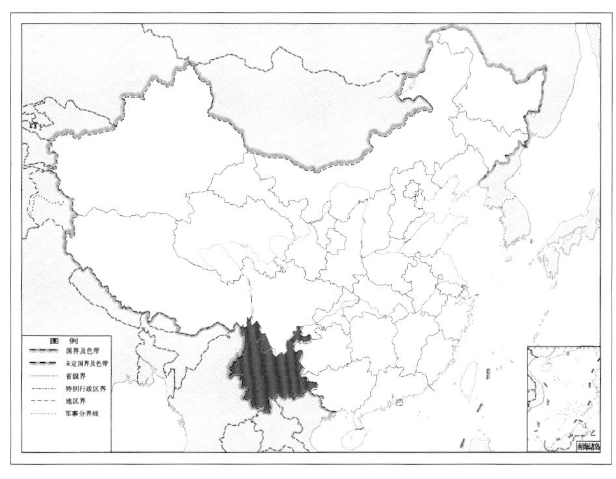

图 4-63-2　云水蛉 *Sisyra yunana* 地理分布图

（一五）阶水蛉属 *Sisyrina* Banks, 1939

【鉴别特征】 前后翅均具 1 组阶脉。

【地理分布】 中国；印度，澳大利亚。

【分类】 目前全世界已知 3 种，我国已知仅 1 种，本图鉴收录 1 种。

64. 琼阶水蛉 *Sisyrina qiong* Yang & Gao, 2002

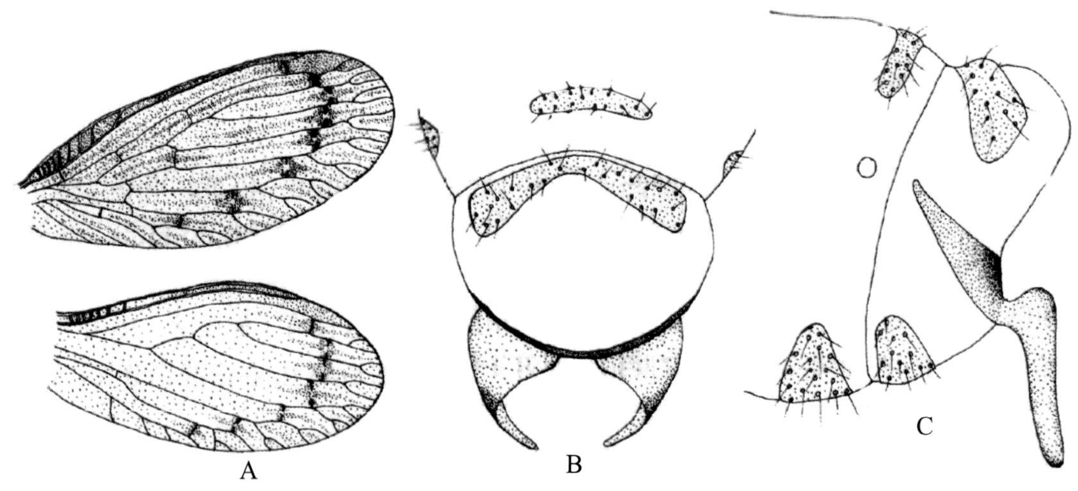

图 4-64-1 琼阶水蛉 *Sisyrina qiong* 形态图

A. 翅 B. 雄虫外生殖器背面观 C. 雄虫外生殖器侧面观

【测量】 雄虫体长约 4.0 mm。

【形态特征】 头部浅褐色。复眼颜色略深；下颚须末节端部较平直，似菜刀状。翅的颜色深浅不一，前翅略深，Sc 脉末端伸到前缘，与翅外缘平行，有 1 组完整的阶脉，阶脉褐色且两侧有暗斑，阶脉共 8 条，第 2 ~ 7 条脉的中间透明似断开；翅缘和脉上的毛均稀少，翅后缘较长而多，翅的缘饰弱而不显。后翅色浅，近乎透明，1 组阶脉有 7 条，第 2 ~ 6 条的中间亦透明。雄虫腹部末端结构简单，抱器呈铗状。

【地理分布】 海南。

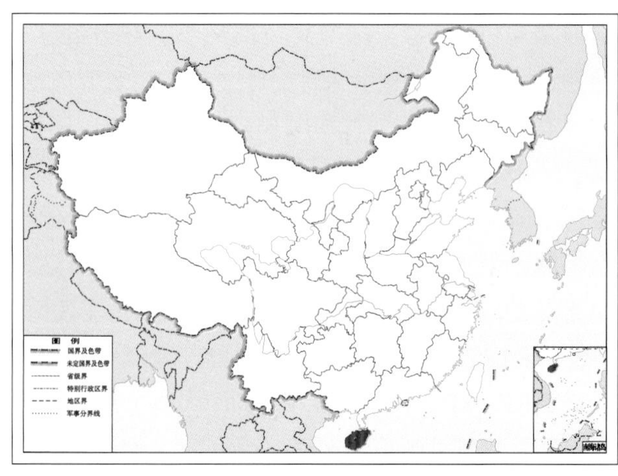

图 4-64-2 琼阶水蛉 *Sisyrina qiong* 地理分布图

四、溪蛉科 Osmylidae Leach, 1815

【鉴别特征】 成虫体褐色至深褐色，触角长度一般不超过前翅长（伽溪蛉亚科 Gumillinae 昆虫触角长度超过前翅长）；头顶具有 3 个明显单眼（伽溪蛉亚科 Gumillinae 昆虫单眼缺失）；前后翅大小相近，翅边缘具缘饰，翅基部、中部各有 1 个翅疤（nygma）；前翅 Sc 与 RA 脉末端愈合并伸至翅前缘；RP 脉形成多条平行分支，各分支由多条径分横脉相连；溪蛉外生殖器保留了脉翅目原始的特征，雄虫殖弧叶外露，雌虫第 9 生殖基节呈长瓣状，端部具指状生殖刺突。幼虫蛃型，口器捕吸式，中胸、腹部第 1 ~ 8 节两侧具 1 对气孔，末端具 1 对臀足。

【生物学特性】 幼虫半水生，多生活于水质较好的溪边；为捕食性，一年 1 代，以 2 或 3 龄幼虫越冬。成虫喜阴凉潮湿，多栖息于溪边的灌木、乔木，白天较少活动，多停歇于叶背面；具趋光性。

【地理分布】 除新北界外，全世界其他区均有分布。

【分类】 目前全世界已知现生类群 8 亚科 30 属 200 余种，我国已知 3 亚科 12 属 60 种，本图鉴收录 3 亚科 9 属 45 种。

中国溪蛉科 Osmylidae 分亚科检索表

1. 前翅前缘横脉分叉 ………………………………………… **溪蛉亚科 Osmylinae**
   前翅前缘横脉不分叉 ………………………………………… 2
2. 前翅径分横脉简单，除阶脉外，径分横脉一般只有 3 ~ 4 条 ……………… **少脉溪蛉亚科 Protosmylinae**
   前翅径分横脉多条，除阶脉外，径分横脉多于 4 条 ……………… **瑕溪蛉亚科 Spilosmylinae**

溪蛉亚科 Osmylinae Krüger, 1913

【鉴别特征】 体大型。头部一般为褐色至暗褐色，触角黑色，不超过前翅长的 1/2。前翅一般宽阔，翅脉褐色，部分外缘分布大量褐色碎斑；翅痣颜色较浅，一般为褐色至浅褐色；翅疤通常褐色；翅脉复杂，前缘横脉末端分叉，部分属的横脉由短脉相连；sc-ra 横脉 1 条，靠近翅基部；1ra-rp 横脉多，形成大量方形翅室；RP 脉分支多条，一般超过 10 条；径分横脉稠密，通常形成 1 ~ 2 组阶脉；MA 与 RP 脉分离点靠近翅基部，MP 脉分支靠近 MA 脉起点，2 分支近等长；CuP 脉形成大量梳状分支，通常各分支间有短脉相连；A1 脉发达，形成梳状分支；A2 脉形成少量梳状分支；A3 脉退化，仅末端分支。后翅通常透明无斑，翅痣浅黄色；前缘横脉部分分叉；MA 脉基部完整，呈 S 形弯曲；MP2 脉分支间距略微加宽；CuP 脉长，形成大量栉状分支。雄虫臭腺发达，第 9 背板一般具明显背突；殖弧叶发达，末端骨化强烈。

【生物学特性】 成虫多生活于溪流边的植被上，可捕食蚜虫、介壳虫、螨等小型节肢动物，另外当食物稀缺时也可取食花粉。幼虫半水生，野外可捕食水生的双翅目幼虫。

【地理分布】 古北界、东洋界。

【分类】 目前全世界已知 6 属 39 种，我国已知 5 属 22 种，本图鉴收录 4 属 19 种。

中国溪蛉亚科 Osmylinae 分属检索表

1. 前翅径分横脉稀少，除阶脉外只有少量横脉存在 ······ **华溪蛉属 *Sinosmylus***
   前翅径分横脉多，除阶脉外仍有大量横脉存在 ······ 2
2. 前翅前缘横脉间具短脉相连 ······ **丰溪蛉属 *Plethosmylus***
   前翅前缘横脉间无短脉相连 ······ 3
3. 前翅径分横脉至少形成 2 组阶脉，雌虫第 9 生殖基节指状 ······ **溪蛉属 *Osmylus***
   前翅径分横脉至多形成 1 组阶脉，雌虫第 9 生殖基节舟状 ······ **近溪蛉属 *Parosmylus***

（一六）溪蛉属 *Osmylus* Latreille, 1802

【鉴别特征】 体中至大型。头部暗褐色，生有深色刚毛；复眼灰黑色至褐色；单眼黄色，基部黑色；触角黑色至褐色，柄节、梗节黑色，不超过翅长的一半；额区深色，唇基颜色稍浅；下颚须以及下唇须暗褐色。前胸长大于宽，通常暗褐色至黑褐色，生有深色刚毛；中后胸颜色与前胸相近，中部颜色稍浅，两侧颜色较深。足褐色，刚毛深褐色，爪深褐色，内侧具有小齿。前翅宽大，翅外缘生有大量棕褐色翅斑；翅痣棕褐色，翅疤褐色，生有浅色晕斑；翅脉棕褐色；前缘域略宽，前缘横脉稠密，末端分叉；Sc 与 RA 脉间距略宽，sc-ra 横脉 1 条，靠近翅基部；RP 脉分支数目较多，一般为 14 ~ 16 条，末端分支略呈 S 形弯曲；径分横脉复杂，一般形成 2 组完整的阶脉；MP 脉分支靠近翅基部，两分支近等长；Cu 脉两分支等长。后翅翅形与前翅相近，略小，膜区透明无斑，仅翅痣和翅疤明显；前缘横脉分叉；MA 脉基部完整，呈 S 形弯曲；MP 脉两分支间距略微扩张；CuP 脉较长，略短于 CuA 脉，形成大量栉状分支。雄虫性信息素腺位于第 8 背板下，第 9 背板狭长，背侧一般生有各式角突；肛上板较小，近锥形，瘤突呈乳状，臀胝圆形；殖弧叶发达，末端骨化强烈，成为完整骨片，通常为锥形或者三角形，生有大量刚毛，其余部分骨化较弱，近膜质；殖弓杆较小，末端略膨大；阳基侧突简单，中部弯曲，基部略宽，末端较少被膜包被。雌虫第 8 背板宽大，腹板退化；第 9 背板狭长，腹侧通常生有乳突；肛上板较小，近锥形，臀胝圆形；第 9 生殖基节较宽大，与产卵瓣部分愈合；产卵瓣较长，基部略宽；刺突较长；受精囊简单，通常为棒状或者球形。

【地理分布】 古北界、东洋界、非洲界。

【分类】 目前全世界已知 20 种，中国已知 13 种，本图鉴收录 11 种。

中国溪蛉属 *Osmylus* 分种检索表

1. 前翅膜区透明光亮，翅脉颜色不均匀 ······ **亮翅溪蛉 *Osmylus lucalatus***
   前翅膜区透明，膜区颜色暗淡，翅脉颜色均一 ······ 2

2. 前翅翅斑集中，翅上外缘分布有大量棕褐色翅斑；雌虫受精囊结构复杂 ………………………………………… **大溪蛉 *Osmylus megistus***

前翅翅斑分布零散，翅斑零星分布于翅面；雌虫受精囊结构简单 ……………………… 3

3. 第 9 背板背突较短，不明显，或雌虫受精囊柱形 ……………………… 4

第 9 背板背突明显，或雌虫受精囊卵圆形 ……………………… 8

4. 雄虫殖弧叶末端扁平，不突伸 ……………………… **偶瘤溪蛉 *Osmylus fuberosus***

雄虫殖弧叶末端呈三角形骨片 ……………………… 5

5. 雄虫殖弧叶末端锥形突出，腹侧形成 1 对膜质腹突；受精囊短棒状 ……………………… **双角溪蛉 *Osmylus biangulus***

雄虫殖弧叶末端突出不明显，腹侧没有突起 ……………………… 6

6. 殖弧叶末端突出不明显，雌虫受精囊略微弯曲 ……………………… **错那溪蛉 *Osmylus conanus***

殖弧叶末端瘤状突起 ……………………… **西藏溪蛉 *Osmylus xizangensis***

7. 体型较小，前翅一般不超过 25 mm ……………………… **小溪蛉 *Osmylus minisculus***

体型较大，前翅一般大于 25 mm ……………………… 8

8. 雄虫第 9 背板背突极长 ……………………… 9

雄虫第 9 背板背突略短 ……………………… 11

9. 雄虫第 9 背板背突粗壮，柱状 ……………………… **粗角溪蛉 *Osmylus pachycaudatus***

雄虫第 9 背板背突狭长，锥形 ……………………… **双突溪蛉 *Osmylus bipapillatus***

10. 雌虫产卵瓣狭长，近指状 ……………………… **细缘溪蛉 *Osmylus angustimarginatus***

雌虫产卵瓣中间略宽，近纺锤形 ……………………… **武夷山溪蛉 *Osmylus wuyishanus***

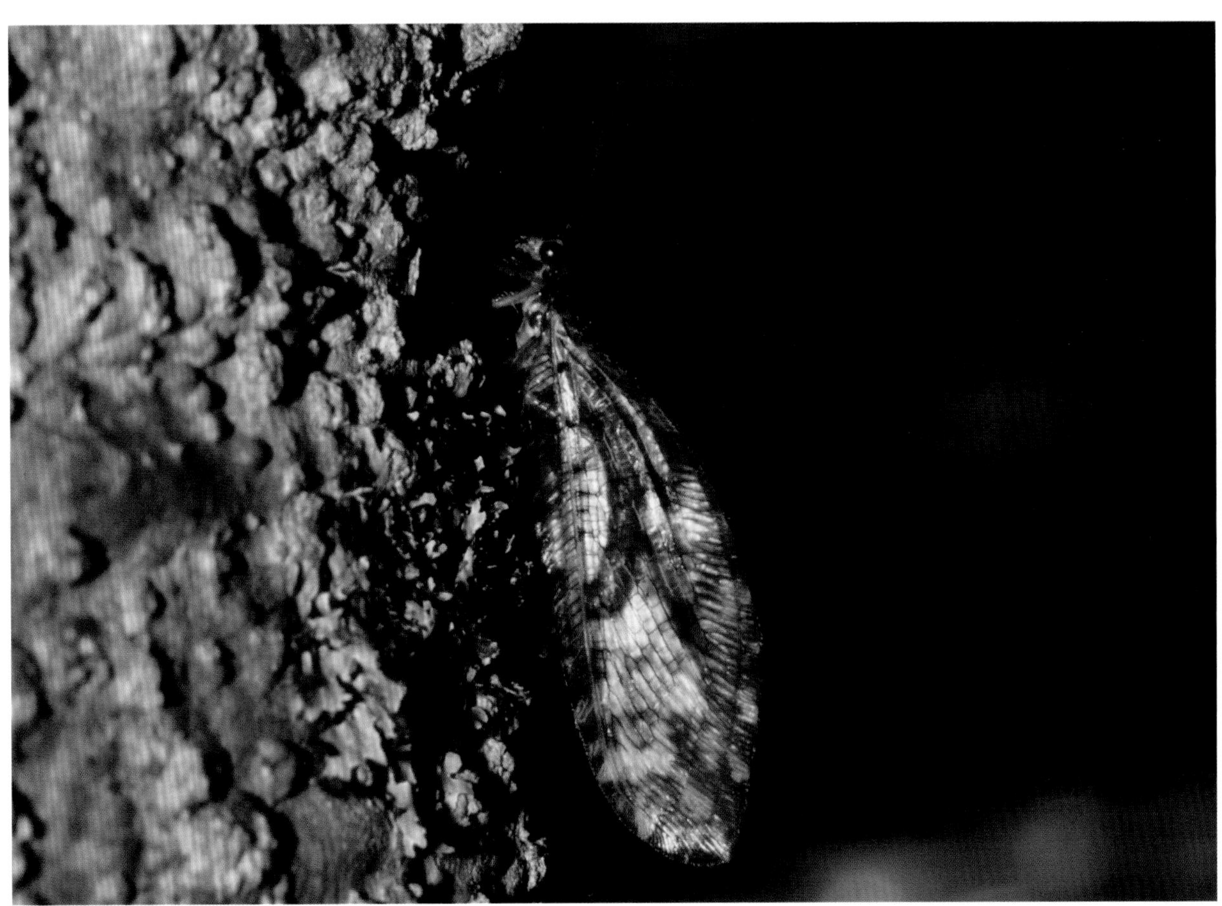

4–b 溪蛉 *Osmylus* sp.（刘星月　摄）

65. 双角溪蛉 *Osmylus biangulus* Wang & Liu, 2010

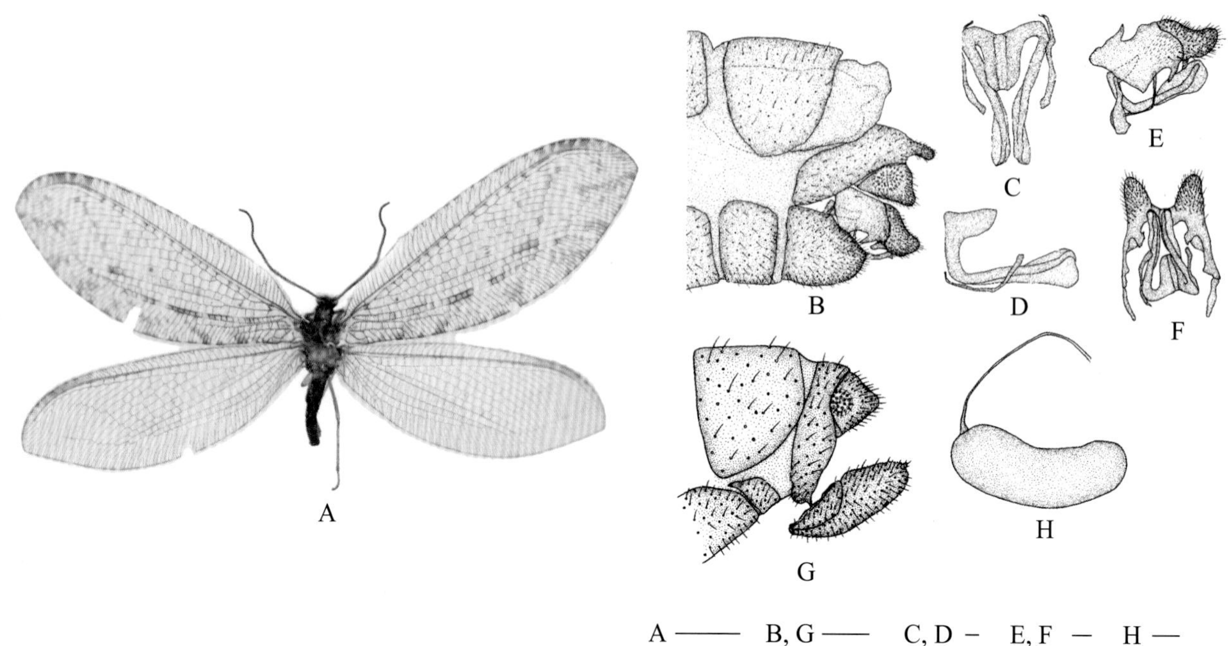

图 4-65-1 双角溪蛉 *Osmylus biangulus* 形态图

（标尺：A 为 5.0 mm，B, G 为 0.5 mm，C, D, H 为 0.1 mm，E, F 为 0.2 mm）

A. 成虫背面观 B. 雄虫生殖节侧面观 C. 阳基侧突背面观 D. 阳基侧突侧面观 E. 雄虫外生殖器侧面观 F. 雄虫外生殖器腹面观 G. 雌虫生殖节侧面观 H. 受精囊

【形态特征】 体中至大型。头部暗褐色；复眼褐色，单眼灰色，单眼三角区黑色；触角深褐色，生有褐色刚毛；额黑色，上唇褐色。前胸黑色，生有深色刚毛；中后胸深色，刚毛黄色。足褐色，生有黄色刚毛，爪深褐色。前翅较宽阔，翅外缘分布有褐翅斑，膜区淡灰色；翅痣褐色，翅疤深色明显；翅脉棕褐色；ra-rp 横脉基部覆有深色翅斑，Cu 脉区分布有深色翅斑；RP 脉分支 15 ~ 17 条，阶脉 2 组；MP 脉分支点位于 MA 与 RP 脉第 1 分支之间；A1 脉较短，不超过 CuP 脉长的一半。后翅透明无斑，翅痣黄褐色，翅疤褐色；MP 脉区域略微扩张。雄虫第 9 背板狭长，背部形成 1 个指状突；殖弧叶末端锥形突出，腹侧形成 2 个尖状腹突；阳基侧突基部宽大，末端细长，被膜包被，侧面杆状骨片弯曲。雌虫第 8 腹板近梯形；第 9 背板狭长，生有 1 个向后的腹突；肛上板近锥形，臀胝圆形；第 9 生殖基节三角形，与产卵瓣区分明显；产卵瓣较短，基部略膨大；刺突较短，锥形；受精囊短棒状，略微弯曲。

【地理分布】 河南。

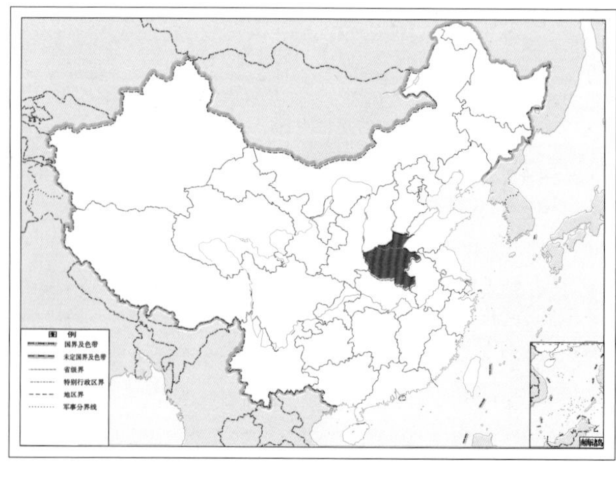

图 4-65-2 双角溪蛉 *Osmylus biangulus* 地理分布图

66. 双突溪蛉 *Osmylus bipapillatus* Wang & Liu, 2010

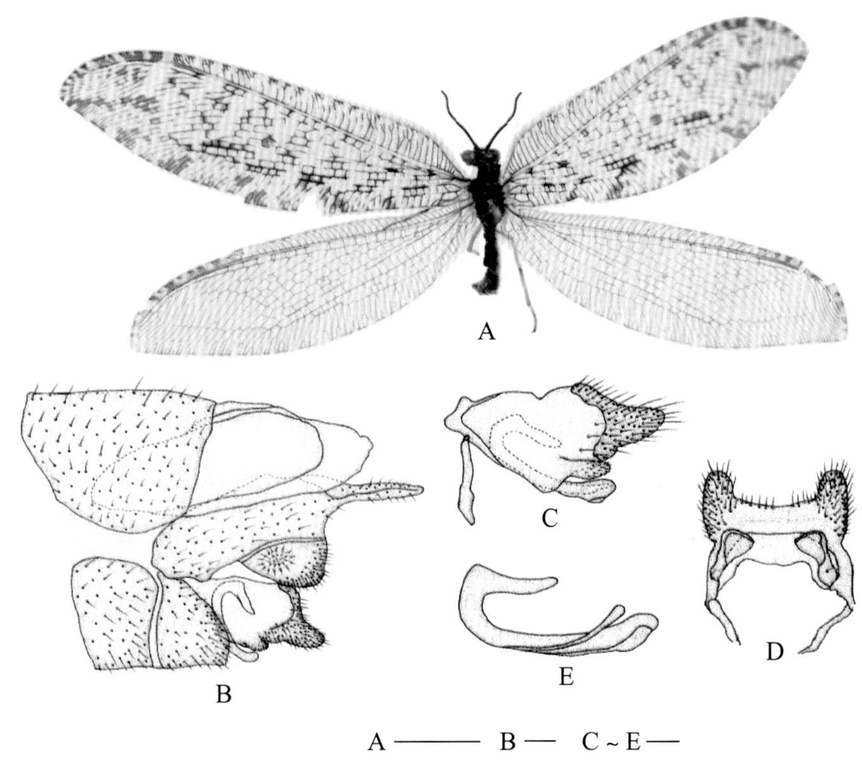

图 4-66-1　双突溪蛉 *Osmylus bipapillatus* 形态图

（标尺：A 为 5.0 mm，B 为 0.25 mm，C ~ E 为 0.2 mm）

A. 成虫背面观　B. 雄虫生殖节侧面观　C. 雄虫外生殖器侧面观　D. 雄虫外生殖器腹面观　E. 阳基侧突侧面观

【形态特征】 体大型。头部黑色；复眼灰黑色，单眼黄白色，基部黑色；触角暗褐色；额区黑色，上唇褐色，唇基黑色。前胸黑色，生有黄色刚毛；中后胸暗褐色，刚毛褐色。足黄色，生有长刚毛，爪深褐色。前翅较宽阔，膜区透明，分布有褐色翅斑；翅痣黄褐色，翅斑浅褐色；翅脉褐色；RP 脉分支 12 ~ 14 条，径分横脉形成两组完整阶脉，外阶脉覆有深色翅斑；A1 脉较长，超过 CuP 脉长度的一半，A1 脉各分支间由短脉相连。后翅透明无斑，翅痣浅黄色，翅疤褐色；MP 脉区域近中部略微扩张；Cu 脉略微弯曲。雄虫第 9 背板宽大，背突长，近锥形，腹板近梯形；肛上板近三角形，臀胝大圆形，下位；殖弧叶末端形成 1 个锥形突起，腹侧膜质区域形成 1 个瘤状突起；殖弓杆狭长；阳基侧突弯曲，基部狭长，末端略粗；侧面观连接的杆状骨片略微弯曲。

【地理分布】 河南、陕西。

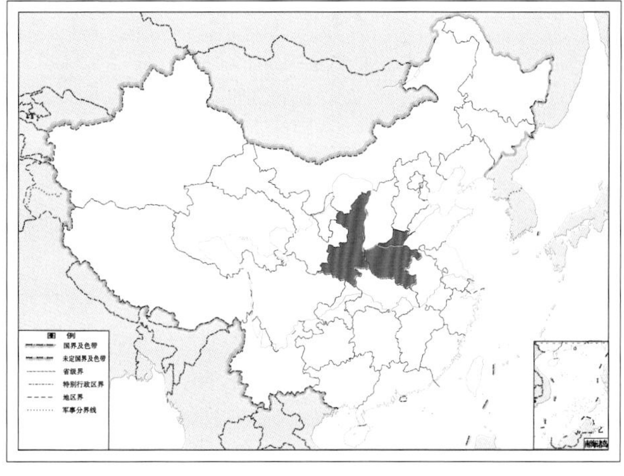

图 4-66-2　双突溪蛉 *Osmylus bipapillatus* 地理分布图

图 4-66-3 双突溪蛉 ***Osmylus bipapillatus*** 生态图（徐晗 摄）

67. 错那溪蛉 *Osmylus conanus* Yang, 1987

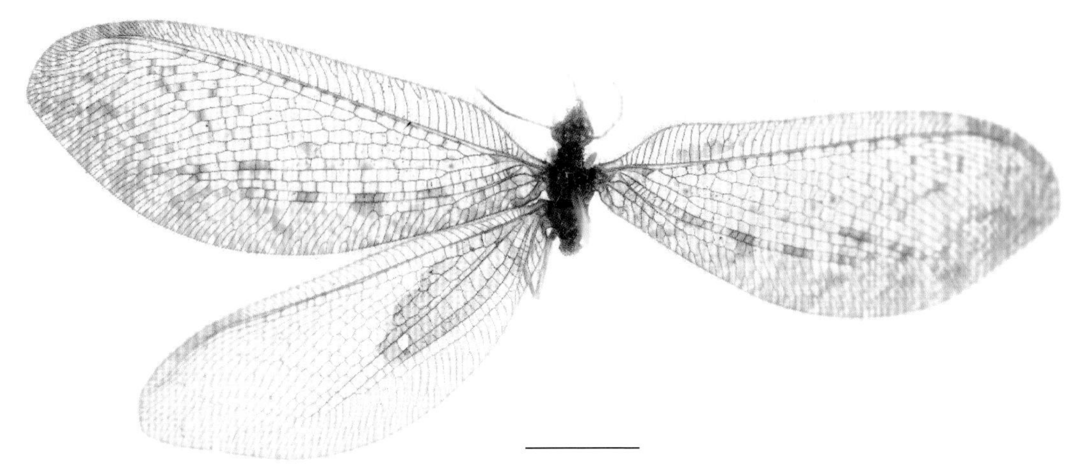

图 4-67-1　错那溪蛉 *Osmylus conanus* 形态图
（标尺：5.0 mm）

【形态特征】 体型中等。头部黄褐色，头顶褐色；复眼黑褐色，单眼深色；触角暗褐色；额以及唇基黄褐色。前胸暗褐色，后缘略宽于前缘，刚毛黄色；中后胸暗褐色，两侧深色，刚毛褐色。足黄色，刚毛黄色，爪深褐色。前翅翅端略微窄，膜区呈污白色，翅斑颜色稍浅，零散分布；翅痣深褐色，翅疤浅褐色；翅脉褐色，部分横脉覆有深色晕斑；ra-rp 横脉覆有晕斑；RP 脉分支 10 ~ 12 条，部分分支形成较为复杂的次生分支；阶脉两组，内阶脉覆有晕斑；MP 与 MA 间基部横脉 3 条；A1 脉较短，约为 CuP 脉长的一半。雄虫第 9 背板狭长，背部略微突出，腹板近三角形；肛上板较小，近锥形，臀胝椭圆形；殖弧叶末端略微突出，腹侧膜质部分凹陷；殖弓杆狭长；阳基侧突变化不大，基部略微膨大。雌虫第 8 腹板近方形；第 9 背板中部略微膨大；肛上板近三角形，臀胝圆形；第 9 生殖基节与产卵瓣愈合成完整骨片；产卵瓣近指状，中间部分略微膨大；刺突较长，锥形；受精囊简单，短棒状，略微弯曲。

【地理分布】 西藏。

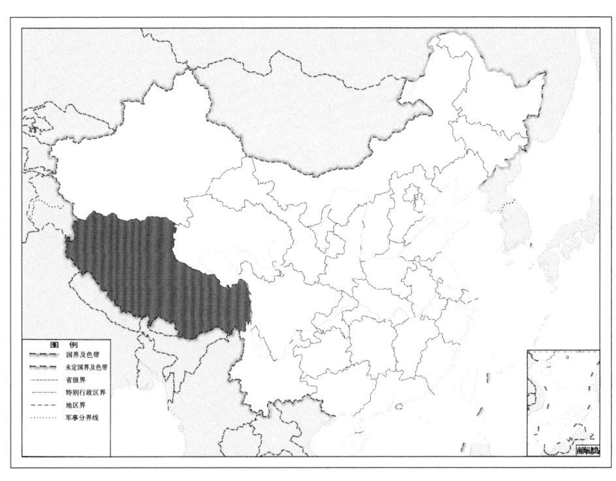

图 4-67-2　错那溪蛉 *Osmylus conanus* 地理分布图

68. 偶瘤溪蛉 *Osmylus fuberosus* Yang, 1997

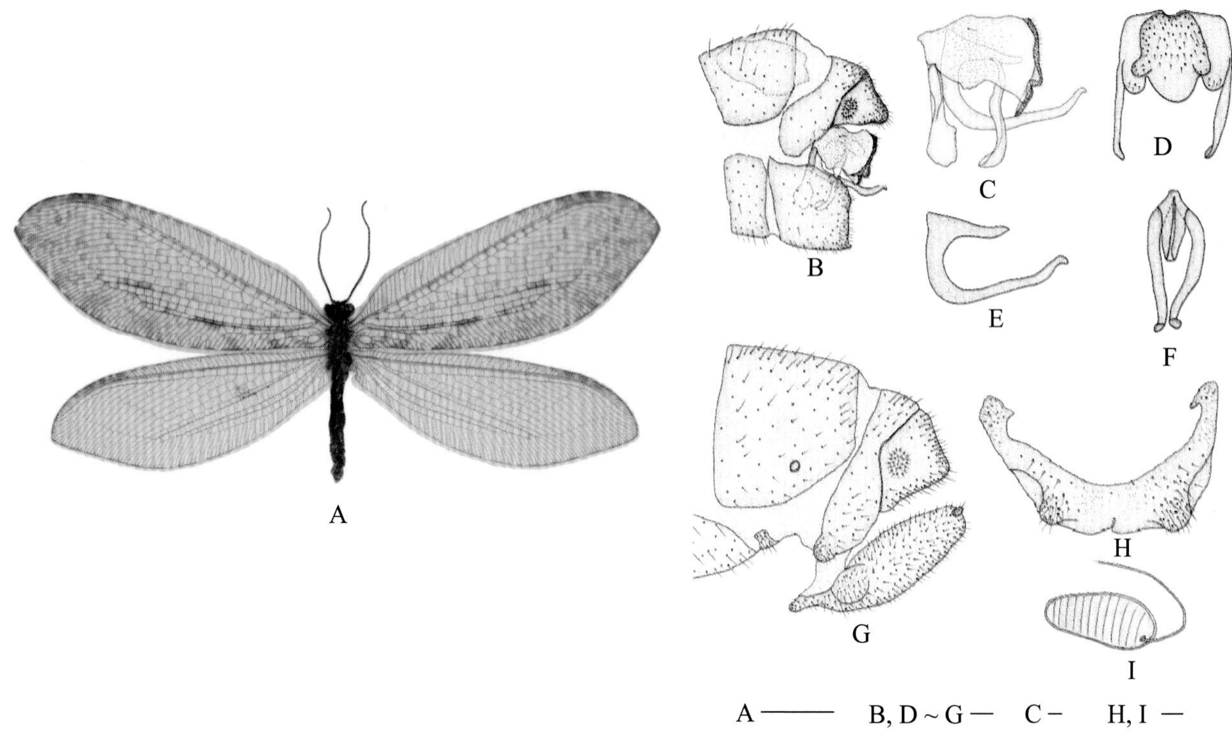

图 4-68-1 偶瘤溪蛉 *Osmylus fuberosus* 形态图

（标尺：A 为 5.0 mm，B、D ~ G 为 0.2 mm，C、H、I 为 0.1 mm）

A. 成虫背面观 B. 雄虫生殖节侧面观 C. 雄虫外生殖器侧面观 D. 雄虫外生殖器背面观 E. 阳基侧突侧面观 F. 阳基侧突背面观 G. 雌虫生殖节侧面观 H. 雌虫第 8 腹板腹面观 I. 受精囊

【形态特征】 体中至大型。头部黑褐色；复眼黑色，单眼黄色；触角黑褐色，柄节、梗节黑色；额深褐色，唇基褐色。前胸黑褐色，后缘略宽于前缘，生有深色刚毛；中后胸深色，中间部分褐色。足暗褐色，爪深色。前翅端部略宽，翅斑零星分布，颜色褐色至深色；翅痣黄褐色，翅疤褐色；翅脉棕褐色，部分横脉覆有深色翅斑；RP 脉分支 13 ~ 14 条，径分横脉形成两组阶脉，内阶脉覆有深色晕斑；A1 脉较长，超过 CuP 脉长的一半。后翅透明无斑，翅痣浅黄色，翅疤褐色；MP 脉两分支间距扩张明显。雄虫第 9 背板略微收缩，腹板近方形；肛上板三角形，臀胝椭圆形下位；殖弧叶末端扁平，末端下方形成 1 个明显瘤突，端部腹侧突出；殖弓杆末端急剧膨大；阳基侧突基部锥形，末端狭长，侧面连有 1 个粗壮的骨片。雌虫第 8 腹板退化，狭小；第 9 背板收缩明显，腹侧生有 1 个明显瘤突；肛上板三角形，臀胝圆形中位；第 9 生殖基节与产卵瓣愈合；产卵瓣纺锤形，基部生有 1 个瘤状突；刺突粗短，锥形；受精囊棒状。

【地理分布】 湖北、重庆。

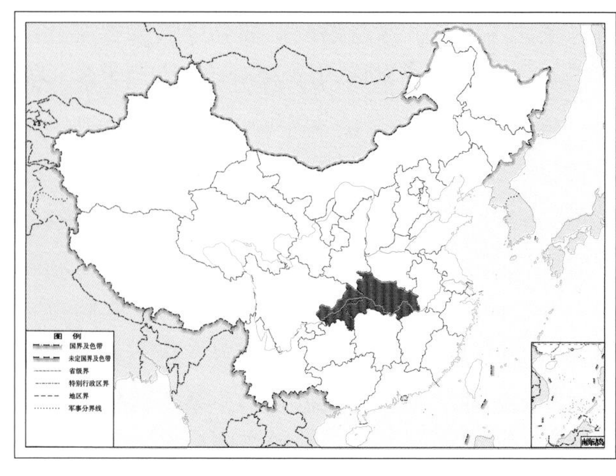

图 4-68-2 偶瘤溪蛉 *Osmylus fuberosus* 地理分布图

69. 亮翅溪蛉 *Osmylus lucalatus* Wang & Liu, 2010

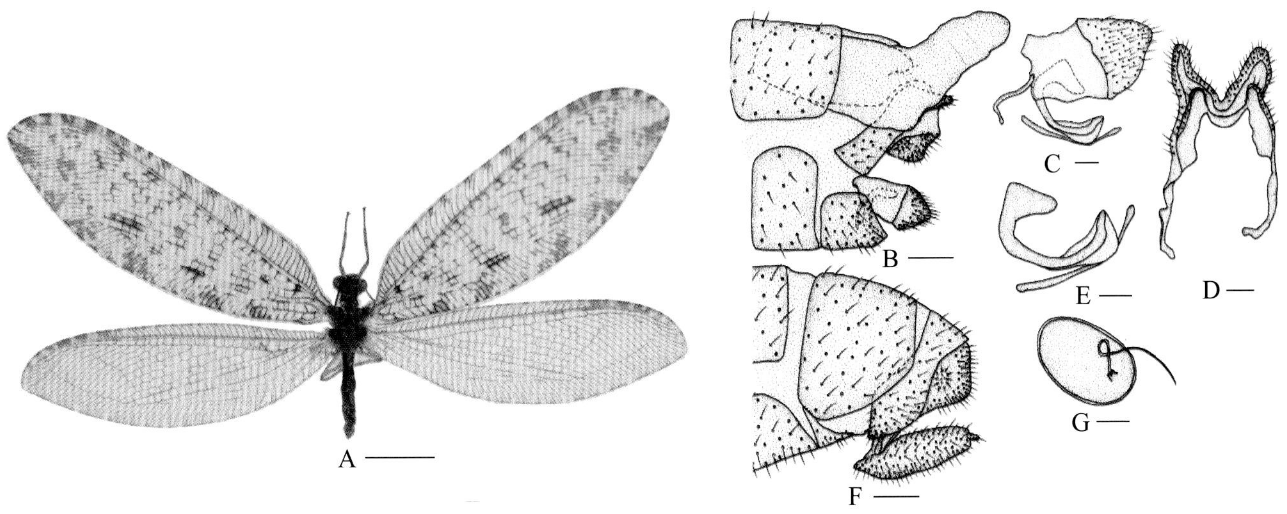

图 4-69-1　亮翅溪蛉 *Osmylus lucalatus* 形态图

（标尺：A 为 5.0 mm，B、F 为 0.5 mm，C ~ E、G 为 0.2 mm）

A. 成虫背面观　B. 雄虫生殖节侧面观　C. 雄虫外生殖器侧面观　D. 雄虫外生殖器背面观　E. 阳基侧突侧面观　F. 雌虫生殖节侧面观　G. 受精囊

【形态特征】 体中大型。头部暗褐色，后缘具1条深色斑纹；复眼黑色，单眼黄色；触角暗褐色；额区具1条深色条斑；上唇褐色。前胸黑褐色，刚毛黄色；中后胸褐色，中间背板颜色较浅，两侧较深。足黄色，爪褐色。前翅较为狭长，膜区无色，翅上分布有大量褐色翅斑；翅痣褐色，翅疤浅褐色；翅前缘分布大量深色翅斑；翅脉褐色，部分纵脉颜色稍浅，形成明显深浅相间；RP 脉分支 11 ~ 13 条，径分横脉形成两组完整阶脉；MP 脉分支点与 MA 脉自 RP 脉分离点接近；A1 脉较短，不超过 CuP 脉长度的一半。后翅透明无斑，翅痣褐色；MP 脉区域近中部略微扩张。雄虫第 9 背板背部略微突起；肛上板小，三角形，臀胝椭圆形，下位；殖弧叶末端骨化较强，呈完整的三角形骨片；殖弓杆狭长；阳基侧突基部膨大，较短，末端细长；侧面连接的杆状骨片狭长，略微弯曲。雌虫第 8 腹板退化，近三角形；第 9 背板狭长，中部略微收缩，腹侧呈锥形；肛上板近椭圆形，臀胝圆形；第 9 生殖基节与产卵瓣愈合；产卵瓣指状；刺突较长，指状；受精囊卵圆形。

【地理分布】 河南。

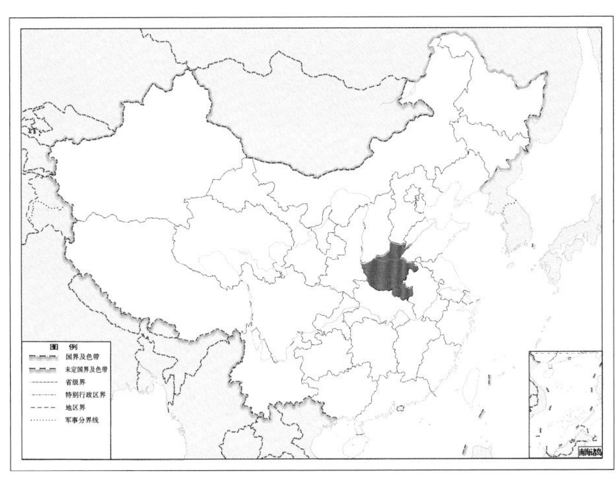

图 4-69-2　亮翅溪蛉 *Osmylus lucalatus* 地理分布图

70. 大溪蛉 *Osmylus megistus* Yang, 1987

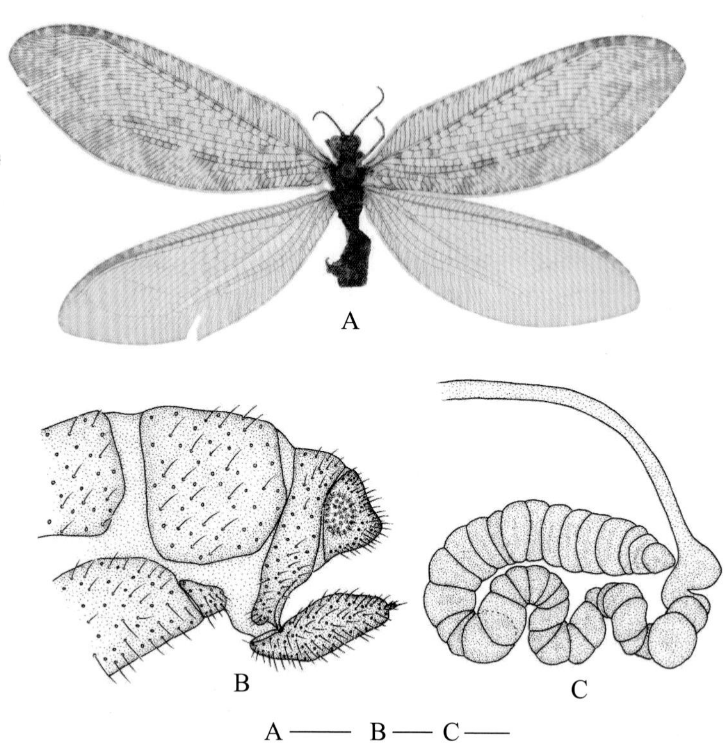

图 4-70-1 大溪蛉 *Osmylus megistus* 形态图
（标尺：A 为 5.0 mm，B 为 0.5 mm，C 为 0.1 mm）
A. 成虫背面观 B. 雌虫生殖节侧面观 C. 受精囊

【形态特征】 体大型。头部暗褐色；复眼灰黑色，略带绿色；触角黑褐色，柄节、梗节黑色；额区暗褐色，唇基和上唇褐色。前胸长略大于宽，暗褐色，生有褐色刚毛；中后胸黑色，中部褐色，两侧深色。足黄色，生有褐色刚毛，爪深褐色。前翅宽阔，膜区透明无斑，翅上外缘分布有大量深褐色翅斑；翅痣深褐色，翅疤褐色；翅脉棕褐色；翅前缘分布有大量深色翅斑；ra-rp 横脉覆有深色晕斑；RP 脉分支 15 ~ 16 条，径分横脉形成两组完整阶脉，外阶脉覆有深色晕斑；MP 脉分支点略远离翅基部，末端生有棕褐色翅斑；Cu 脉区分布有棕褐色翅斑。后翅略小，透明无斑，仅翅痣深色；MP 脉间距于翅基部处略宽阔。雌虫第 8 腹板退化，形成三角形骨片，端部颜色稍深；第 9 背板狭长，靠近基部处略微膨大，腹侧生有 1 个瘤状突起；肛上板三角形，臀胝椭圆形；第 9 生殖基节深色，与产卵瓣愈合；产卵瓣纺锤形；刺突狭长，指状；受精囊结构复杂。

【地理分布】 西藏。

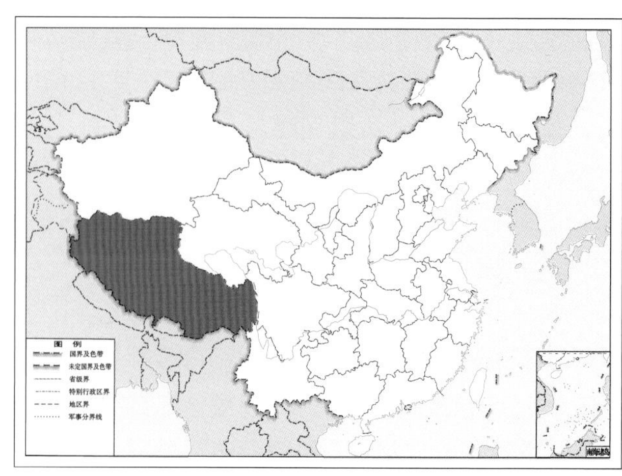

图 4-70-2 大溪蛉 *Osmylus megistus* 地理分布图

71. 小溪蛉 *Osmylus miniscululus* Yang, 1987

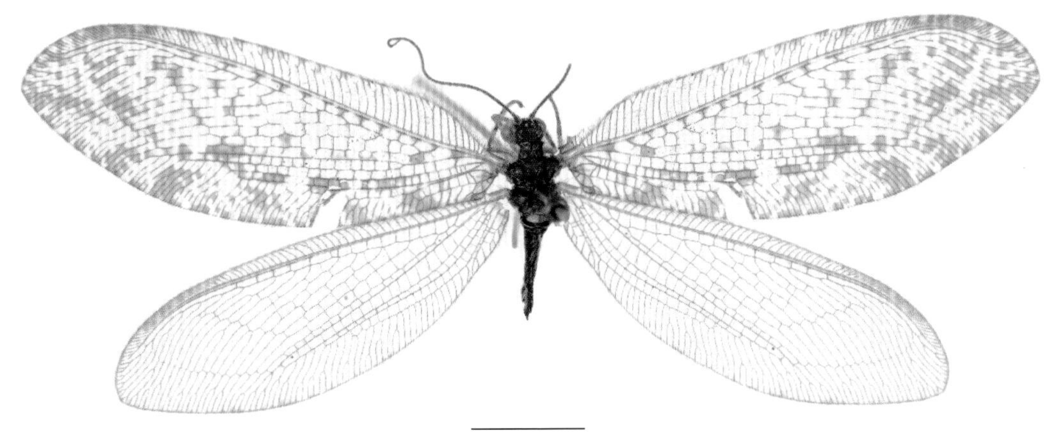

图 4-71-1 小溪蛉 *Osmylus miniscululus* 形态图
（标尺：5.0 mm）

【形态特征】 体较小。头部暗褐色；复眼灰黑色，单眼黑色；触角暗褐色，柄节、梗节深褐色；头顶至触角下方暗褐色；唇基褐色。前胸长大于宽，后缘略宽于前缘，背板黑褐色，中部颜色稍浅；中后胸黑褐色，颜色稍浅。足黄色，刚毛黄色，爪深褐色。前翅略宽阔，膜区翅斑较少，零散分布，颜色褐色；翅痣黄色，翅疤褐色；ra-rp 横脉基部覆有深色翅斑；RP 脉分支 12 ~ 13 条，径分横脉形成两组完整阶脉；MP 脉分支点位于 MA 与 RP 脉第 1 分支之间；A1 脉较长，超过 CuP 脉长的一半，形成大量栉状分支。后翅透明无斑，翅痣浅黄色，翅疤浅色。雌虫第 8 腹板退化；第 9 背板中部略微膨大；肛上板三角形，臀胝圆形；第 9 生殖基节与产卵瓣愈合；产卵瓣近锥形；刺突狭长；受精囊梨形。

【地理分布】 西藏。

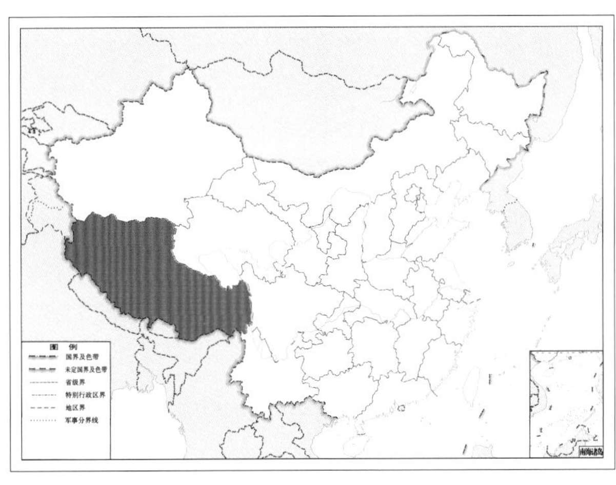

图 4-71-2 小溪蛉 *Osmylus miniscululus* 地理分布图

72. 粗角溪蛉 *Osmylus pachycaudatus* Wang & Liu, 2010

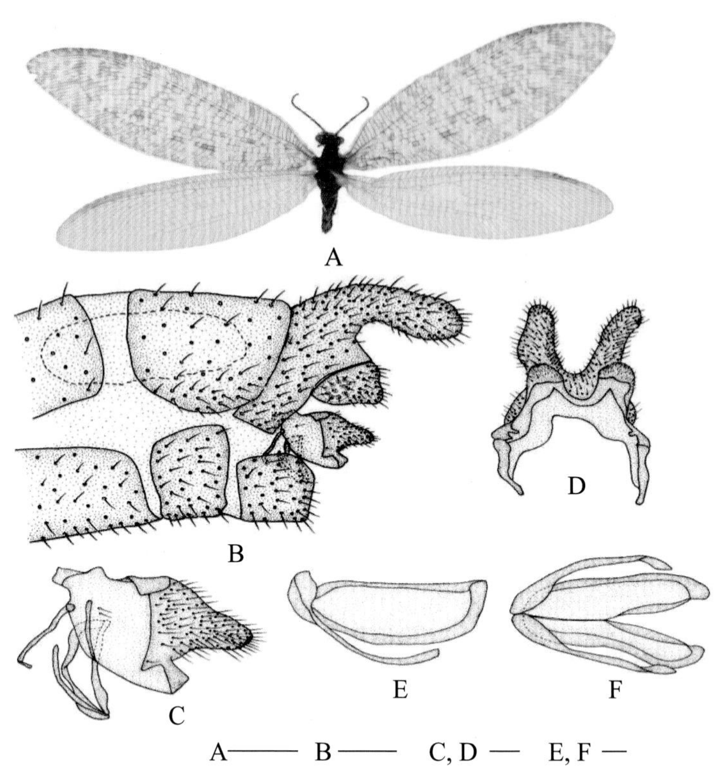

图 4-72-1 粗角溪蛉 *Osmylus pachycaudatus* 形态图

（标尺：A 为 5.0 mm，B 为 0.5 mm，C、D 为 0.2 mm，E、F 为 0.1 mm）

A. 成虫背面观 B. 雄虫生殖节侧面观 C. 雄虫外生殖器侧面观 D. 雄虫外生殖器背面观 E. 阳基侧突侧面观 F. 阳基侧突背面观

【形态特征】 体大型。头部红褐色；复眼灰色，单眼黄白色，单眼三角区黑色；触角暗褐色；额区深褐色，两触角间有1条黑色条斑；上唇褐色。前胸褐色，后缘浅色，生有黄色刚毛；中后胸生有长的黄色刚毛。足黄色，生有褐色刚毛，爪深褐色。前翅宽阔，膜区无色透明，分布有少量褐色翅斑；翅痣深褐色，翅疤褐色；翅脉深褐色；RP 脉分支 16 ~ 17 条，径分横脉形成两组完整阶脉；Cu 脉区间分布有深色翅斑，CuP 脉各分支间由短脉相连；A1 脉较短，不超过 CuP 脉长的一半。后翅透明无斑，翅痣黄褐色，翅疤浅色；MP 脉区间略微扩张。雄虫第 9 背板狭长，背部形成 1 个粗壮的柱状突起，腹板方形；肛上板小，瘤突明显，臀胝圆形下位；殖弧叶末端形成锥形突起，腹部略微向前突伸；殖弓杆狭长，基部呈直角弯曲；阳基侧突形状特殊，弓形；1 对阳基侧突背侧愈合；侧面观连接的杆状骨片基部膨大，与阳基侧突相连。

【地理分布】 河南。

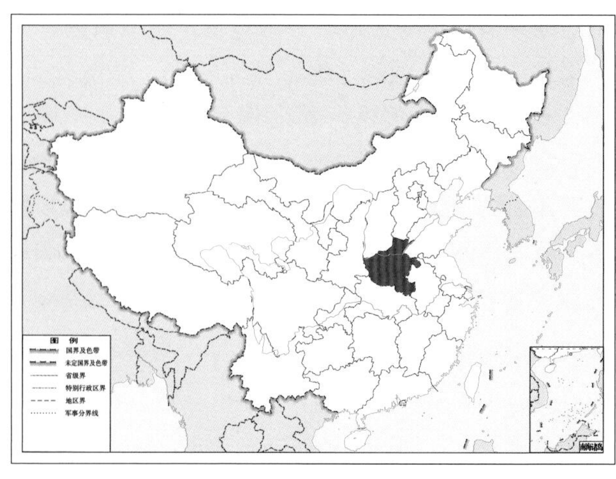

图 4-72-2 粗角溪蛉 *Osmylus pachycaudatus* 地理分布图

73. 武夷山溪蛉 *Osmylus wuyishanus* Yang, 1999

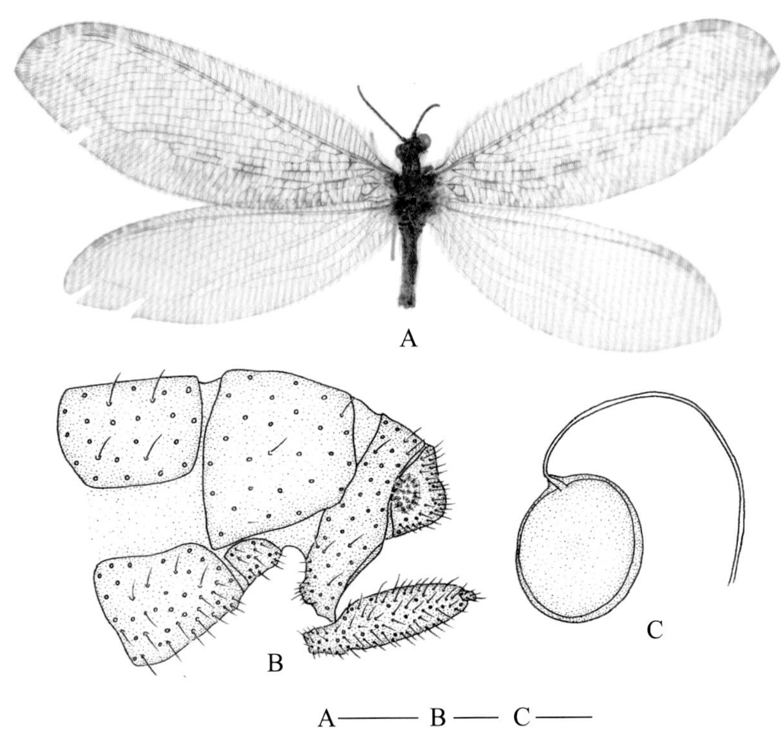

图 4-73-1　武夷山溪蛉 *Osmylus wuyishanus* 形态图

（标尺：A 为 5.0 mm，B 为 0.5 mm，C 为 0.1 mm）

A. 成虫背面观　B. 雌虫生殖节侧面观　C. 受精囊

【形态特征】 体大型。头部黄褐色；复眼灰色，单眼三角区黑褐色；触角黑褐色，柄节、梗节黑色。前胸黑褐色，长大于宽，生有褐色刚毛；中后胸暗褐色，夹杂部分深色斑纹，刚毛黄色。足黄色，爪深色。前翅狭长，翅斑浅褐色，零散分布；翅痣深褐色，翅疤浅褐色；翅脉棕褐色；RP 脉分支 12 ~ 13 条，仅形成简单的末端分支；阶脉两组，外阶脉覆有深色晕斑；径中横脉 3 ~ 4 条；A1 脉略长，超过 CuP 脉长度的一半。后翅透明无斑，翅痣浅褐色；翅斑浅色；MP 脉间距略微扩张。雄虫第 9 背板背侧略微突出；肛上板三角形，臀胝圆形下位；殖弧叶末端近三角形。雌虫第 8 腹板近方形；第 9 背板狭长，腹部形成 1 对瘤突；肛上板三角形，臀胝圆形中位；第 9 生殖基节产卵瓣愈合成完整骨片；产卵瓣近纺锤形，刺突锥形；受精囊简单，卵圆形。

【地理分布】 福建。

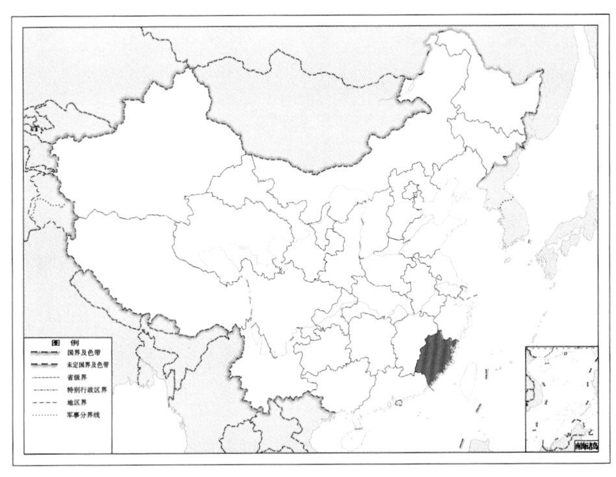

图 4-73-2　武夷山溪蛉 *Osmylus wuyishanus* 地理分布图

74. 西藏溪蛉 *Osmylus xizangensis* Yang, 1988

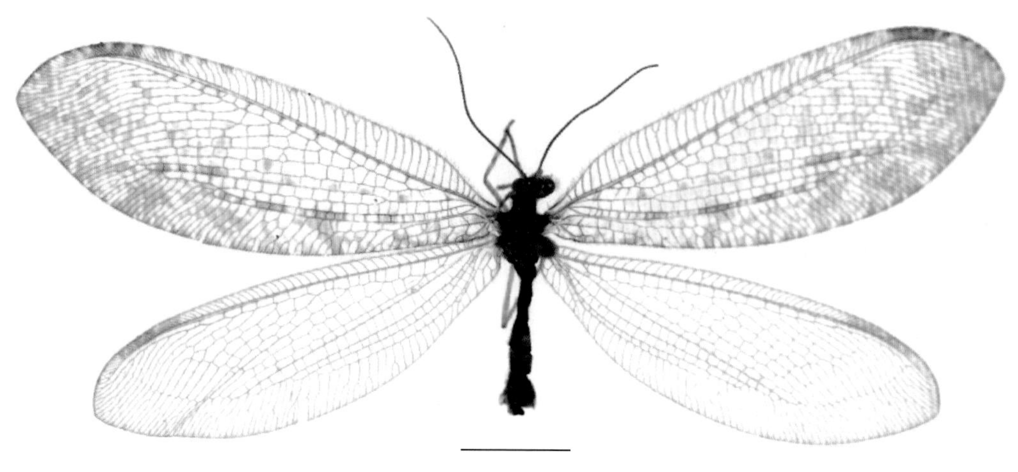

图 4-74-1 西藏溪蛉 *Osmylus xizangensis* 形态图
（标尺：5.0 mm）

【形态特征】 体型中等。头部黄褐色，头顶深色；复眼黑色，单眼黄色；触角黑褐色，柄节、梗节颜色较深。前胸暗褐色，生有黄色刚毛，后缘略宽于前缘；中后胸颜色稍浅，生有黑色斑纹。足浅黄色，爪深色。前翅宽阔，分布有大量浅褐色翅斑；翅痣褐色，翅疤浅褐色；翅脉褐色；ra-rp 横脉基部覆有晕斑；RP 脉分支 14 ~ 15 条，阶脉两组；MP 与 MA 脉间基部横脉较多，4 ~ 5 条；Cu 脉区间分布有深色翅斑。后翅透明无斑，翅痣浅黄色；MP 脉两分支间距扩张不明显。雄虫第 9 背板中间略微收缩，背侧略尖，腹板近三角形；肛上板圆锥形，臀胝圆形；殖弧叶末端骨化，形成 1 个瘤状突起；阳基侧突侧面观弯曲，基部较长、呈刀形，末端细长、由膜包被。

【地理分布】 西藏。

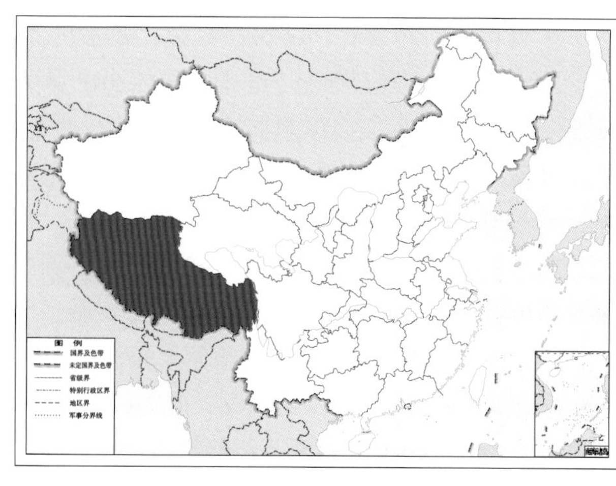

图 4-74-2 西藏溪蛉 *Osmylus xizangensis* 地理分布图

75. 细缘溪蛉 *Osmylus angustimarginatus* Xu, Wang & Liu, 2016

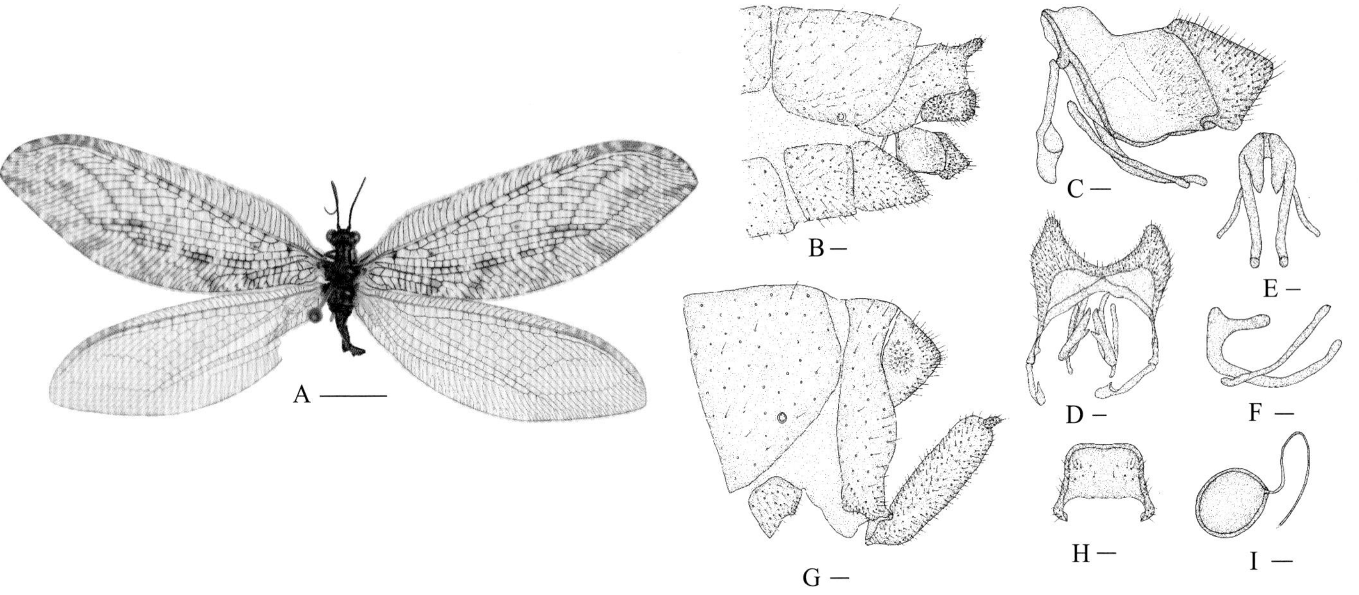

图 4-75-1　细缘溪蛉 *Osmylus angustimarginatus* 形态图
（标尺：A 为 5.0 mm，B、G、H 为 0.2 mm，C ~ F、I 为 0.1 mm）
A. 成虫背面观　B. 雄虫生殖节侧面观　C. 雄虫外生殖器侧面观　D. 雄虫外生殖器腹面观　E. 阳基侧突背面观
F. 阳基侧突侧面观　G. 雌虫生殖节侧面观　H. 雌虫第 8 腹板腹面观　I. 受精囊

【形态特征】 体型中等。头部黄褐色，刚毛深色；复眼灰色，带有金属光泽；单眼浅黄色，单眼三角区暗褐色；额区黑色，上唇黄色。前胸深褐色，刚毛黄色；中后胸暗褐色，背板上分布有黑色条斑。足黄色，刚毛短，爪深褐色。前翅狭长，膜区无色透明，分布有大量褐色翅斑；翅痣褐色，翅疤浅褐色；翅脉棕褐色，部分翅脉覆有深色翅斑；RP 脉分支 13 ~ 14 条，径分横脉形成 2 ~ 3 组完整阶脉；CuP 脉部分分支由短脉相连，A1 脉接近 CuP 脉长的一半。后翅透明无斑，翅痣浅褐色；Cu 脉 2 分支略微弯曲。雄虫第 9 背板宽大，背侧中央生有 1 个指状突起，腹板近梯形；殖弧叶末端为三角形骨片，锥形突出，腹侧边缘杆状骨化。雌虫第 9 生殖基节与产卵瓣愈合；产卵瓣指状，较长；刺突长，锥形；受精囊近圆形。

【地理分布】 重庆。

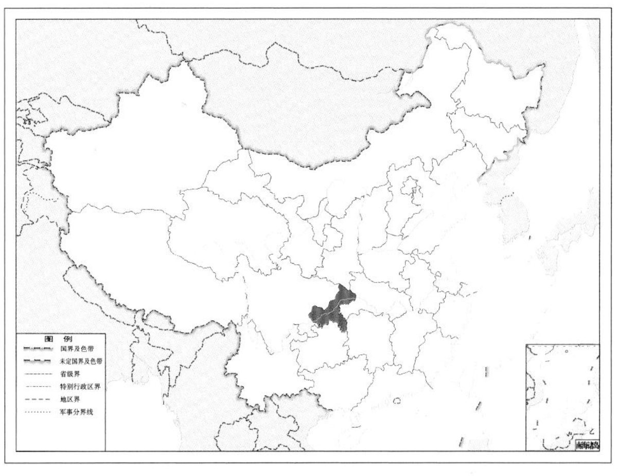

图 4-75-2　细缘溪蛉 *Osmylus angustimarginatus* 地理分布图

（一七）近溪蛉属 *Parosmylus* Needham, 1909

【鉴别特征】 体大型，复眼灰黑色，单眼黄色至深色；胸部褐色至暗褐色，前胸长大于宽，前缘窄、后缘较宽，呈梯形；中后胸褐色至深褐色，生有黄色刚毛。足黄色，生有褐色刚毛；爪褐色，内侧具齿。前翅宽大，密布大量零散的棕褐色翅斑，翅脉褐色至棕褐色；翅痣、翅疤褐色，明显；外阶脉覆有晕斑；sc-ra 横脉 1 条，靠近翅基部；ra-rp 横脉多，形成许多小翅室，最后 1 条横脉远离 RA 和 RP 脉末端；RP 脉分支多条，一般 13 ~ 15 条；径分横脉多条，复杂，只形成 1 组完整的外阶脉；MP 脉分支近等长，仅末端 2 叉分支；Cu 脉于翅基部分支，CuA 脉略长于 CuP 脉，CuP 脉形成大量栉状分支，各分支由短脉相连；A1 臀脉发达，形成末端栉状分支，各分支由横脉相连。后翅透明无斑，翅痣浅黄色，翅疤褐色；前缘横脉部分分叉；MA 脉基部发育完好，呈 S 形弯曲；MP 脉两分支间距略微扩张；CuA 脉略长于 CuP 脉，CuP 脉形成大量栉状分支；A1 脉和 A2 脉基部形成 1 个翅室。雄虫第 9 背板背突生有突起；肛上板小，瘤突明显，臀胝大，下位；殖弧叶末端宽大，骨化强烈，一般形成 2 ~ 3 个骨化突起，其上生有浓密刚毛，其余部分骨化较弱；殖弓杆细长，与殖弧叶相连；阳基侧突简单，基部相连，侧面观弯曲呈 C 形，末端由膜包被，与溪蛉属相似；下殖弓特化呈杆状，与阳基侧突相连。雌虫第 8 腹板较明显，近方形；肛上板小，近锥形，臀胝圆形，中位；第 9 生殖基节狭长，与产卵瓣部分愈合；产卵瓣呈舟形，中部弯曲，刺突长，近棒状；受精囊简单，通常为椭圆形或柱形。

【地理分布】 古北界、东洋界。

【分类】 目前全世界已知 8 种，中国已知 5 种，本图鉴收录 5 种。

中国近溪蛉属 *Parosmylus* 分种检索表

1. 径分横脉排列不规则，不形成阶脉 ………………………………**六盘山近溪蛉 *Parosmylus liupanshanensis***
   径分横脉排列规则，形成阶脉 ……………………………………………………………………………… 2
2. 前翅宽阔，膜区浅黄色，分布大量褐色翅斑 ……………………………**粗角近溪蛉 *Parosmylus brevicornis***
   前翅狭长，膜区无色，分布少量翅斑 ………………………………………………………………………… 3
3. 前翅 CuP 脉各分支间无横脉相连 ………………………………………**亚东近溪蛉 *Parosmylus yadonganus***
   前翅 CuP 脉各分支间具大量横脉 …………………………………………………………………………… 4
4. 前翅膜区暗，A2 脉各分支间具横脉 ……………………………………………**西藏近溪蛉 *Parosmylus tibetanus***
   前翅膜区具金属光泽，A2 脉各分支间无横脉 ………………………………………**江巴近溪蛉 *Parosmylus jombai***

76. 粗角近溪蛉 *Parosmylus brevicornis* Wang & Liu, 2009

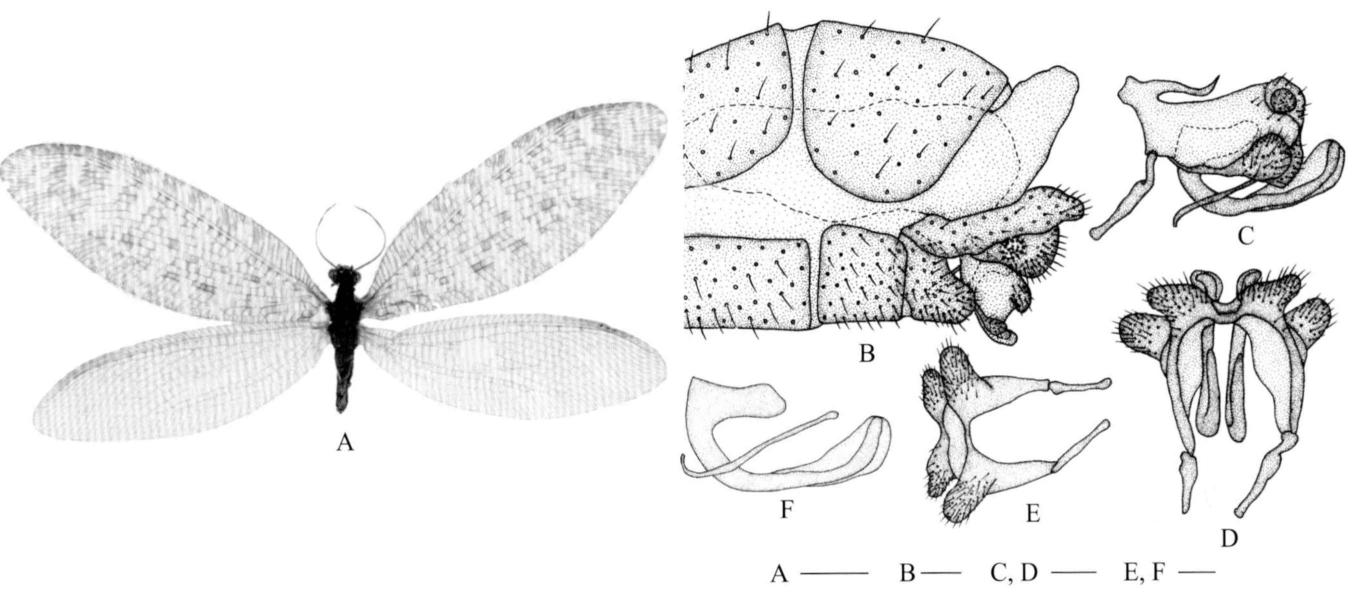

图 4-76-1　粗角近溪蛉 *Parosmylus brevicornis* 形态图

（标尺：A 为 5.0 mm，B 为 0.5 mm，C ~ F 为 0.2 mm）

A. 成虫背面观　B. 雄虫生殖节侧面观　C. 雄虫外生殖器侧面观　D. 雄虫外生殖器腹面观　E. 雄虫殖弧叶腹面观　F. 阳基侧突侧面观

【形态特征】 体大型。头顶黑色；复眼灰褐色，单眼灰色；触角柄节黑色；额区黑色，上唇深褐色；下颚须和下唇须深色。前胸长大于宽，两侧生有黄色长刚毛；中胸黑色，前盾片褐色，边缘形成 1 个 V 形褐斑；后胸深褐色，小盾片暗褐色。足黄色，刚毛短；爪褐色，生有小齿。前翅宽阔，密布大量零散的褐色翅斑；翅痣褐色，部分浅色；前缘区分布大量褐色碎斑；前缘横脉分叉；ra-rp 横脉浓密，部分覆有晕斑；RP 脉分支 14 ~ 15 支，第 1 分支位于翅的 1/3 处；MP 脉分支与 MA、RP 脉分离点相对，两分支近等长；CuP 脉各分支部分由横脉相连；A1 脉各分支无横脉相连。后翅透明无斑，翅痣浅褐色；MA 脉基部完整；MP 脉两分支略微扩张。雄虫第 9 背板背部骨化延伸出 1 个瘤突；肛上板小，三角形，臀胝圆形，中位；殖弧叶末端上下两端骨化强烈，上端形成 1 个向外伸的瘤突，下端形成 1 个上翻的腹突；基部为 1 个细长的膜质背突；阳基侧突基部略宽大。雌虫未知。

【地理分布】 甘肃。

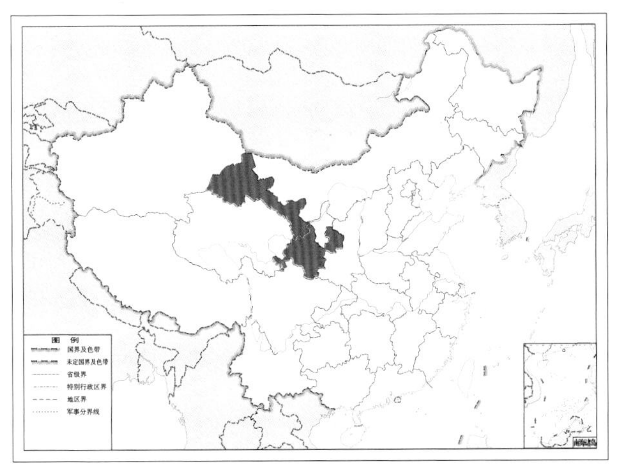

图 4-76-2　粗角近溪蛉 *Parosmylus brevicornis* 地理分布图

77. 江巴近溪蛉 *Parosmylus jombai* Yang, 1987

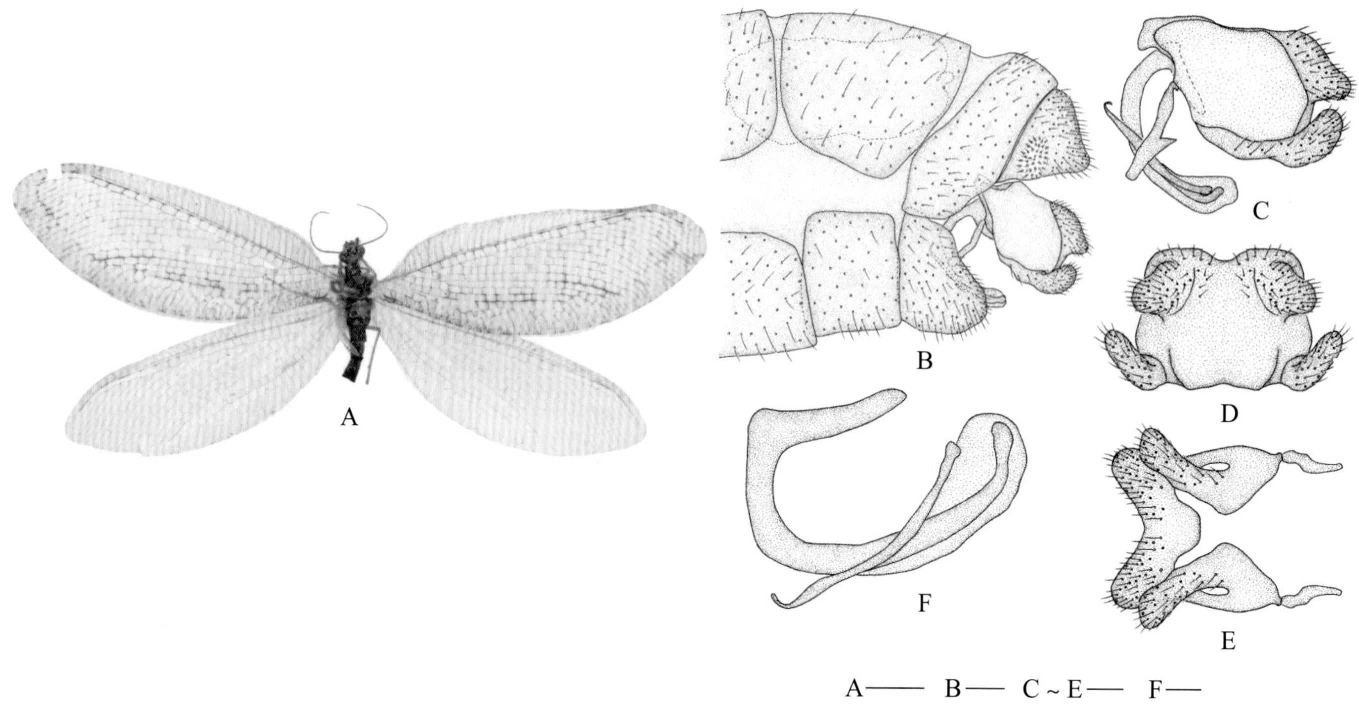

图 4-77-1 江巴近溪蛉 *Parosmylus jombai* 形态图

（标尺：A 为 5.0 mm，B 为 0.25 mm，C ~ E 为 0.2 mm，F 为 0.1 mm）

A. 成虫背面观 B. 雄虫生殖节侧面观 C. 雄虫外生殖器侧面观 D. 雄虫殖弧叶后面观 E. 雄虫殖弧叶腹面观 F. 阳基侧突侧面观

【形态特征】 体大型。头顶黑褐色，后缘黄褐色；复眼有金属光泽，单眼黑褐色；触角黄褐色，基部暗褐色；额区以及上唇暗褐色；下颚须、下唇须暗褐色。前胸近梯形，后缘略宽，黑色，密布黄色刚毛；中胸暗褐色，生有黄色刚毛；后胸暗褐色，小盾片黄色。足黄色，生有褐色刚毛；爪褐色。前翅宽大，翅上分布大量棕褐色翅斑；翅脉颜色深浅斑驳，部分翅脉覆有晕斑；翅痣褐色，中间部分浅色；前缘横脉末端分叉；ra-rp 横脉多条，基部覆有晕斑；RP 脉分支 12 ~ 13 支；MP 脉分支点位于 MA 脉分离点和 RP 脉第 1 分支点之间；CuP 脉形成大量栉状分支，各分支由横脉相连；A1 脉、A2 脉各分支之间无横脉相连。后翅透明无斑，翅痣浅黄色；MA 脉基部完整；MP 脉两分支间距略宽。雄虫肛上板呈乳突状，臀胝椭圆形，下位；殖弧叶末端骨化，形成略向下的瘤突，腹侧骨化较强，形成向上翻起的腹突；阳基侧突基部细长，末端由膜包被。雌虫未知。

【地理分布】 西藏。

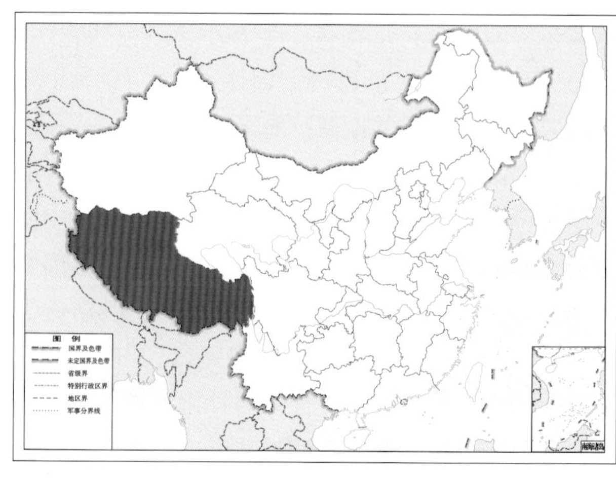

图 4-77-2 江巴近溪蛉 *Parosmylus jombai* 地理分布图

78. 六盘山近溪蛉 *Parosmylus liupanshanensis* Wang & Liu, 2009

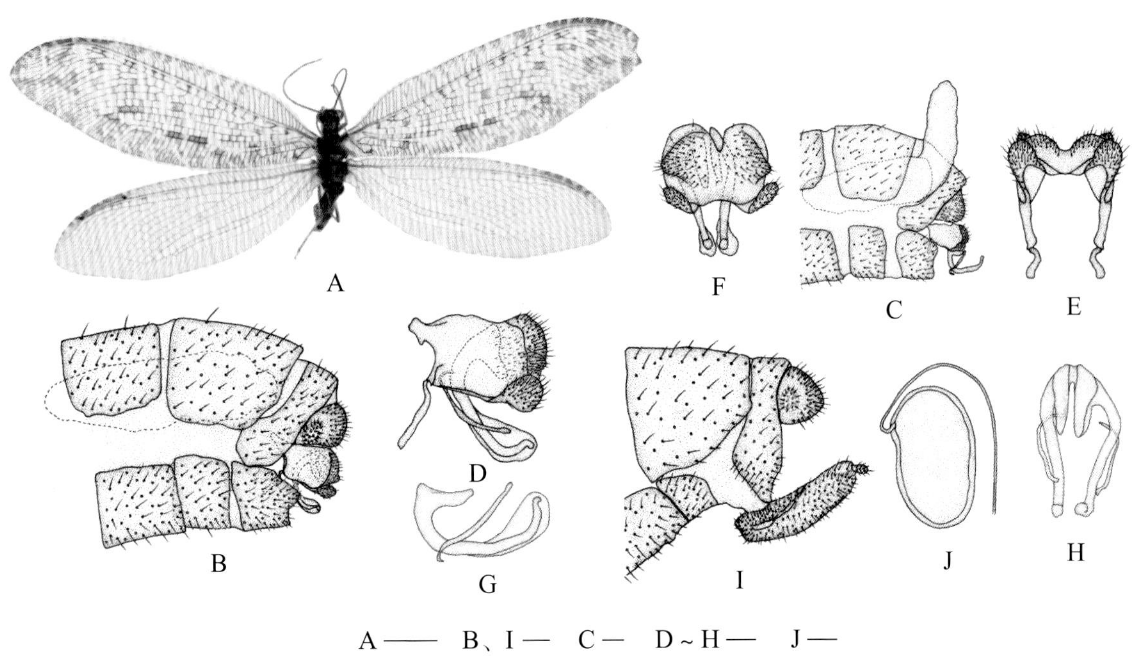

图 4-78-1　六盘山近溪蛉 *Parosmylus liupanshanensis* 形态图

（标尺：A 为 5.0 mm，B、C、I 为 0.5 mm，D ~ H 为 0.2 mm，J 为 0.1 mm）

A. 成虫背面观　B. 雄虫生殖节侧面观　C. 伸出雄虫体节的性信息素腺　D. 雄虫外生殖器侧面观　E. 雄虫外生殖器背面观　F. 殖弧叶后面观　G. 阳基侧突侧面观　H. 阳基侧突背面观　I. 雌虫生殖节侧面观　J. 受精囊

【形态特征】 体大型。头顶黑色；复眼灰色，单眼黄色；触角黑色，鞭节第 1 节长，触角窝黄色；额区暗褐色；上唇褐色，下颚须和下唇须褐色。前胸黑色，长略大于宽，前缘略宽；中胸生有黄色刚毛，小盾片黄色；后胸暗褐色，两侧黑色。足黄色，径节末端有两个褐色端距；爪深褐色，内侧生有小齿。前翅宽阔，膜区透明，零散分布大量褐翅斑；翅痣中间黄色，两侧褐色；翅疤明显，深褐色；翅脉棕色；前缘横脉末端分叉；ra-rp 横脉数量多，部分横脉覆有晕斑；RP 脉分支 13 ~ 14 支，第 1 分支和第 2 分支部分愈合；MP 脉分支点靠近 MA 与 RP 脉的分离点，两分支近等长；CuP 脉生有许多栉状分支，部分分支由横脉相连；A1 脉较短，形成 5 条栉状分支，各分支由横脉相连。后翅与前翅相近，但透明无斑；前缘横脉不分叉；翅痣浅色不清楚；MA 脉基部完整。雄虫第 9 背板狭长，背部没有变化；肛上板小，近三角形，臀胝椭圆形下位；殖弧叶末端骨化较强，近中部形成瘤突，腹部骨化强，形成 1 个向上翻起的腹突。雌虫第 8 腹板近方形；第 9 背板狭长；肛上板近三角形，臀胝椭圆形，中位；第 9 生殖基节狭长，与产卵瓣部分愈合；产卵瓣略微弯曲；刺突球棒状。

【地理分布】 宁夏。

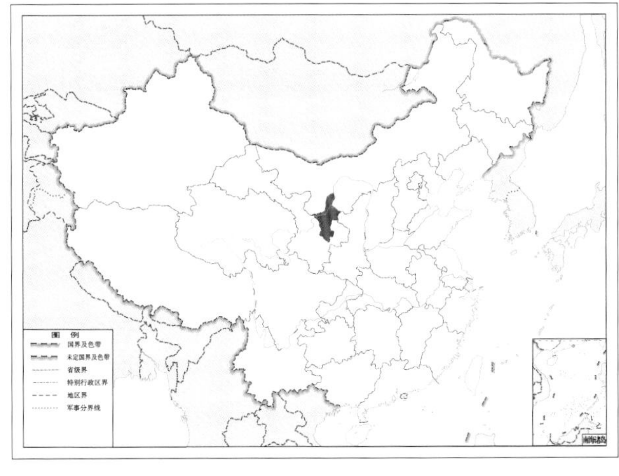

图 4-78-2　六盘山近溪蛉 *Parosmylus liupanshanensis* 地理分布图

79. 西藏近溪蛉 *Parosmylus tibetanus* Yang, 1987

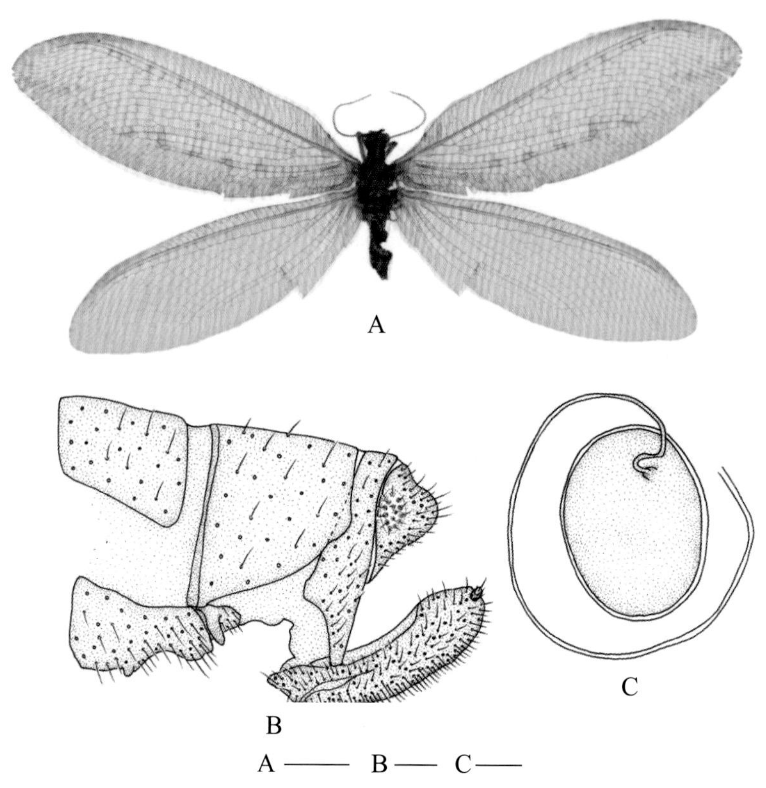

图 4-79-1 西藏近溪蛉 *Parosmylus tibetanus* 形态图
（标尺：A 为 5.0 mm，B 为 0.5 mm，C 为 0.1 mm）
A. 成虫背面观 B. 雌虫生殖节侧面观 C. 受精囊

【形态特征】 体大型。头顶黑褐色；复眼灰黑色，单眼黄色；触角黑褐色，基部黑色；额区黑褐色，上唇黄色；下颚须和下唇须黄色。前胸黑褐色，中部具 1 条黄色纵带，两侧生有刚毛；中胸黄褐色，两侧黑褐色；后胸暗褐色，小盾片黄色。足黄色，爪深褐色，前翅宽阔，翅上分布零星浅褐色翅斑，翅脉褐色；翅痣浅黄色，翅疤浅色；前缘横脉末端呈二分叉；sc-ra 横脉靠近翅基部；RP 脉分支 12 支；MP 脉分支点靠近 MA 与 RP 脉分离点；CuP 脉形成大量栉状分支，各分支由横脉相连；A1 脉、A2 脉均形成复杂末端分支，各分支由横脉相连。后翅透明无斑，翅痣浅黄色；MA 脉发育完整。雄虫第 9 背板狭长，背部没有突起；殖弧叶端部骨化，突伸明显，形成 1 个明显突起，腹侧向上伸出 1 个明显的腹突。雌虫第 8 背板梯形；第 8 腹板退化，形成 1 个指状腹突；第 9 背板下端尖细；肛上板瘤突明显；产卵瓣弯曲呈舟形，刺突粗短；受精囊椭圆形。

【地理分布】 西藏。

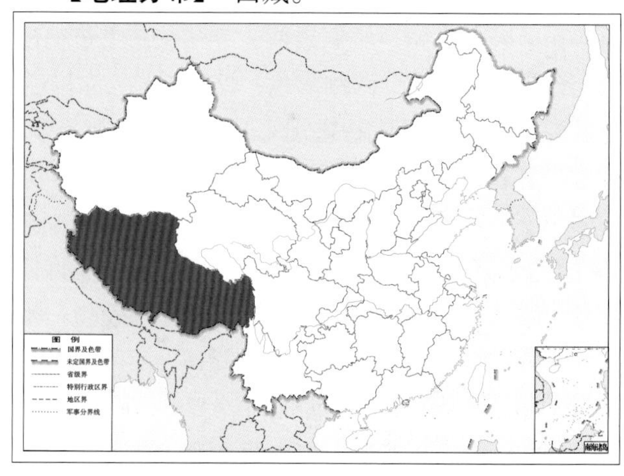

图 4-79-2 西藏近溪蛉 *Parosmylus tibetanus* 地理分布图

80. 亚东近溪蛉 *Parosmylus yadonganus* Yang, 1987

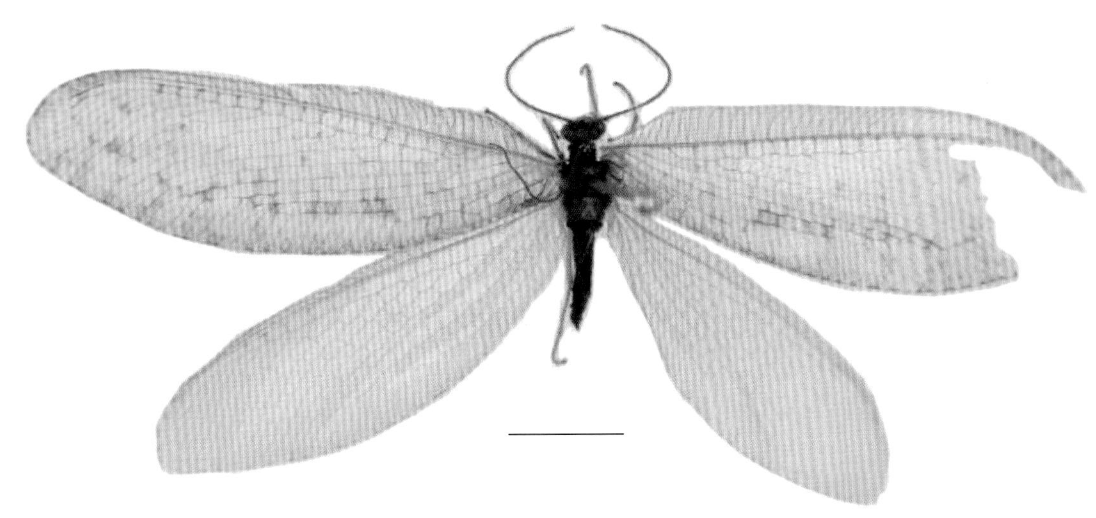

图 4-80-1　亚东近溪蛉 *Parosmylus yadonganus* 成虫
（标尺：5.0 mm）

【形态特征】 体型中等。头顶黑褐色；复眼灰褐色，单眼黄色；触角黑褐色，生有黄色刚毛；额区黑褐色，上唇黄褐色；下颚须和下唇须黄褐色。前胸黑色，具黄色刚毛；中胸黑褐色，具刚毛黄色；后胸褐色，小盾片黄色。足黄色，具褐色刚毛；爪褐色，内侧有小齿。前翅狭长，分布大量浅褐色翅斑,多集中在翅基部及外缘；翅脉黄色；翅痣褐色，翅疤浅褐色；前缘横脉末端分叉，ra-rp 横脉多条；RP 脉分支 9 条，第 1 分支和第 2 分支合并；MP 脉分支位于 MA 与 RP 脉分离点内侧，两分支等长；A1 脉发育完整，形成栉状分支，各分支由横脉相连。后翅透明无斑，翅痣浅褐色；翅斑褐色，不明显；前缘横脉部分分叉；MA 脉基部发育完整，呈 S 形弯曲。雄虫第 9 背板背部略微突出；肛上板小；殖弧叶末端骨化，腹侧形成向上 1 个腹突。雌虫第 8 腹板近方形；产卵瓣弯曲明显；刺突柱状；受精囊简单，卵圆形。

【地理分布】 西藏。

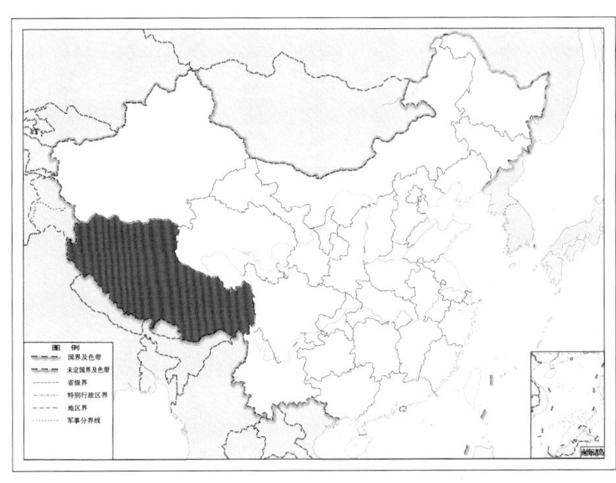

图 4-80-2　亚东近溪蛉 *Parosmylus yadonganus* 地理分布图

（一八）丰溪蛉属 *Plethosmylus* Krüger, 1913

【鉴别特征】 体大型。头部一般为黄色至褐色；复眼黑色，有金属光泽，单眼褐色；触角短于前翅长的一半，黑色，生有褐色刚毛。胸部黄色至暗褐色；前胸长略大于宽，生有黄色刚毛；中后胸瘤突颜色较深，一般为暗褐色，刚毛黄色。足黄色，刚毛褐色；爪深褐色，内侧有小齿。翅痣浅黄色，翅疤褐色明显；前缘横脉末端分叉，横脉之间有短脉相连；sc-ra 横脉 1 条，靠近翅基部；ra-rp 横脉浓密；RP 脉分支多，一般超过 10 条；径分横脉多，至少形成两组阶脉；MA 与 RP 脉分离点靠近翅基部；MP 脉分叉靠近翅基部，且两分支近等长；CuP、A1 脉形成多条栉状分支，各分支间由短脉相连。后翅与前翅相近，除浅色翅痣外无斑；前缘横脉部分分叉；MA 脉基部呈 S 形弯曲；MP 脉两分支略宽，CuP 脉较长，近基部处有明显弯曲。雄虫具性信息素腺，第 9 背板背部常具角突；肛上板小，近锥形，臀胝椭圆形；殖弧叶末端骨化，末端背部形成 1 个骨化的突起，生有大量长刚毛，腹部有 1 个向上半骨化的锥形腹突，其上生有大量浓密的短毛；基部呈杆状骨化，殖弓杆细长；阳基侧突呈 C 形弯曲。雌虫第 8 背板背部隆起，整个腹部末端向下弯曲；第 7 腹板与第 8 腹板相连，前端通常有 1 对腹突；第 8 腹板侧面观狭长，与背部后缘相连；第 9 背板狭长，末端通常形成 1 个锥形瘤突，腹部变窄；肛上板锥形；第 9 生殖基节发育完好，形成 1 个锥形突起，与产卵瓣愈合；产卵瓣基部略膨大；刺突长，近锥形。

【地理分布】 古北界、东洋界。

【分类】 目前全世界已知 4 种，中国已知 2 种，本图鉴收录 2 种。

中国丰溪蛉属 *Plethosmylus* 分种检索表

1. 前翅外缘具深棕色翅斑 ······ **细点丰溪蛉 *Plethosmylus atomatus***
   前翅透明，翅斑极少 ······ **浙丰溪蛉 *Plethosmylus zheanus***

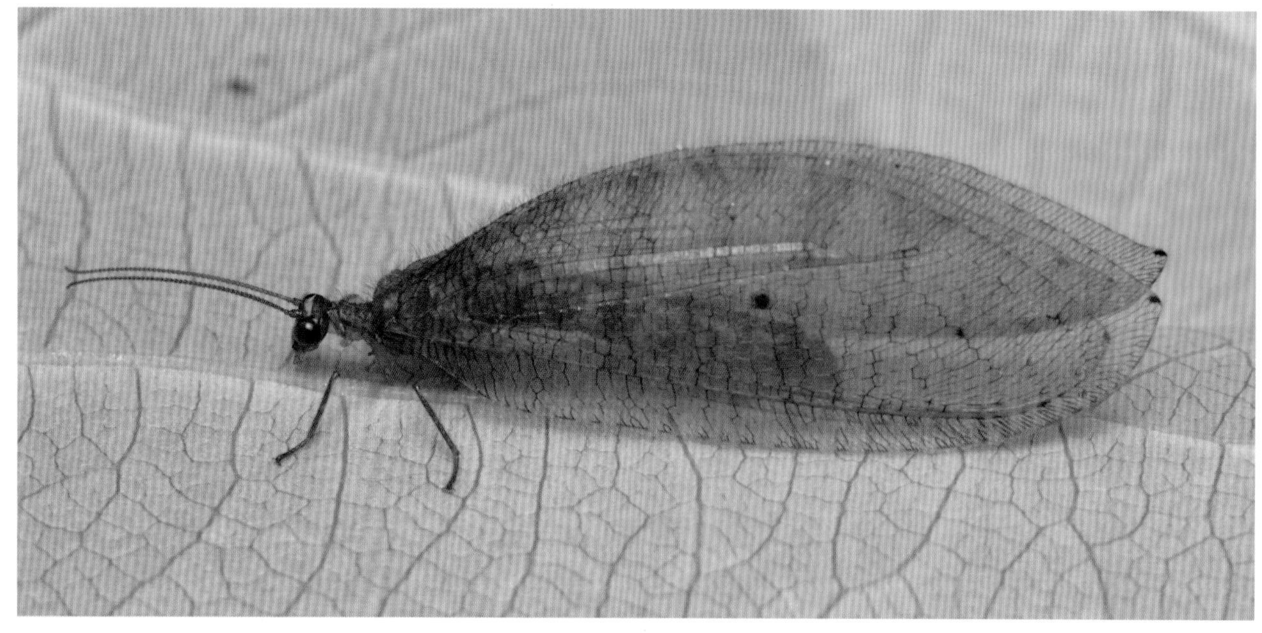

4-c **细点丰溪蛉** ***Plethosmylus atomatus***（郑昱辰 摄）

81. 细点丰溪蛉 *Plethosmylus atomatus* Yang, 1988

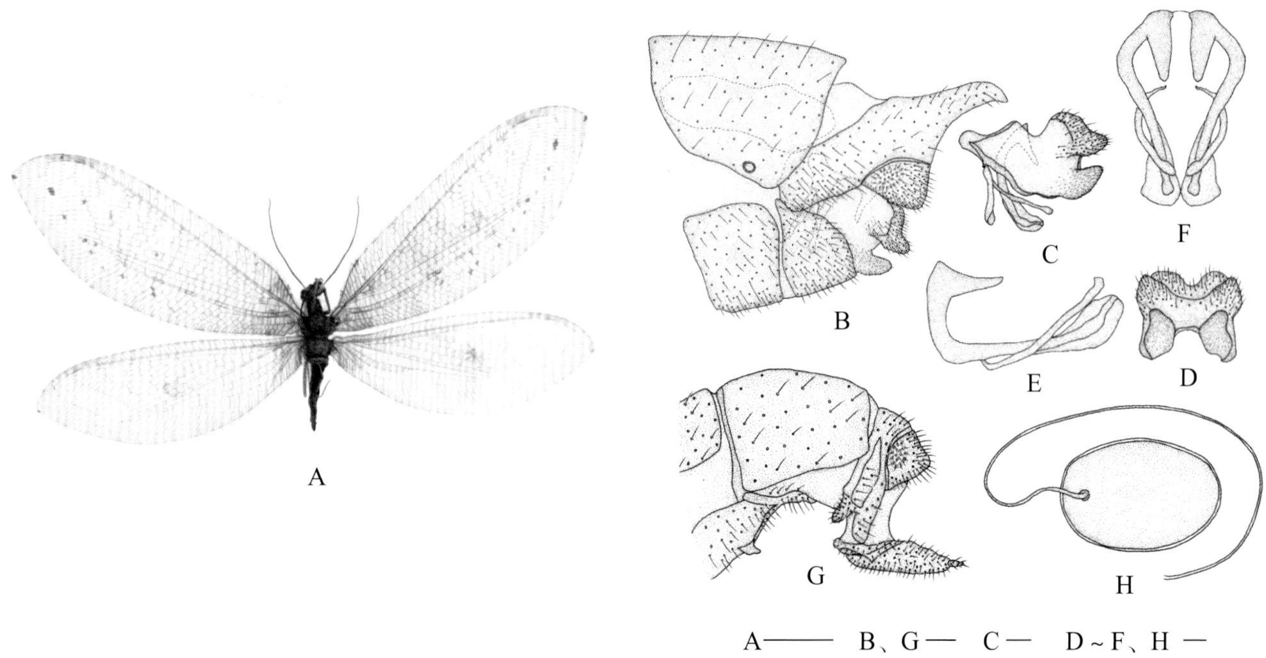

图 4-81-1　细点丰溪蛉 *Plethosmylus atomatus* 形态图

（标尺：A 为 5.0 mm，B、G 为 0.25 mm，C 为 0.2 mm，D ~ F、H 为 0.1 mm）

A. 成虫背面观　B. 雄虫生殖节侧面观　C. 雄虫外生殖器侧面观　D. 雄虫外生殖器腹面观　E. 阳基侧突侧面观　F. 阳基侧突背面观　G. 雌虫生殖节侧面观　H. 受精囊

【形态特征】 体大型。头部暗褐色，头顶褐色；复眼黑色，单眼黑褐色；触角暗褐色，基部黑色，不长于前翅的一半。胸部黑色，前胸长大于宽，两侧生有黄色长刚毛；中后胸暗褐色，中胸背板分布有黑色斑块。足褐色，刚毛黄色；爪深褐色。前翅宽阔，污白色，前翅外缘分布有少量深棕色翅斑；翅痣浅黄色，翅疤褐色；RP 脉分支 14 ~ 15 条，末端分支略呈 Z 形弯曲；径分横脉稠密，形成 3 组完整的阶脉；CuP 脉形成多条栉状分支，各分支间由多条短脉相连；A1 脉形成 5 ~ 6 条栉状分支，各分支由横脉相连；A2 脉与翅后缘间形成两列翅室。后翅宽阔，径分横脉形成两组阶脉。雄虫第 9 背板生有明显的长角突；殖弧叶末端骨化，上端形成 1 个骨化瘤突，下端为 1 个半骨化的腹突；阳基侧突侧面观呈 C 形。雌虫第 7 腹板近中部具 1 个锥形腹突；第 8 腹板相当宽大；第 9 背板下端变狭长，形成 1 个明显的指状腹突；产卵瓣基部略膨大，近指状；刺突长，近锥形；受精囊卵圆形。

【地理分布】 西藏。

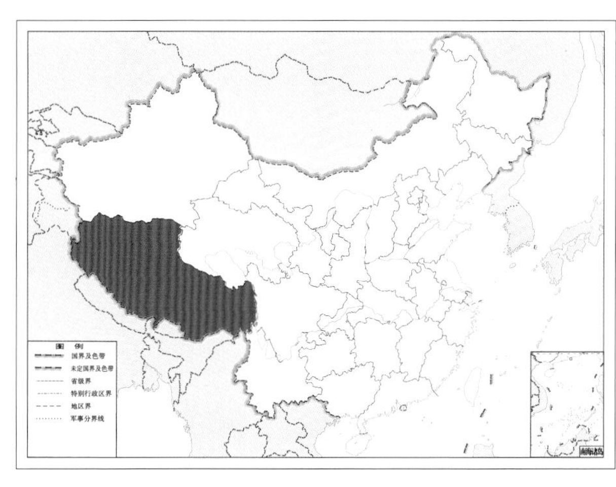

图 4-81-2　细点丰溪蛉 *Plethosmylus atomatus* 地理分布图

82. 浙丰溪蛉 *Plethosmylus zheanus* Yang & Liu, 2001

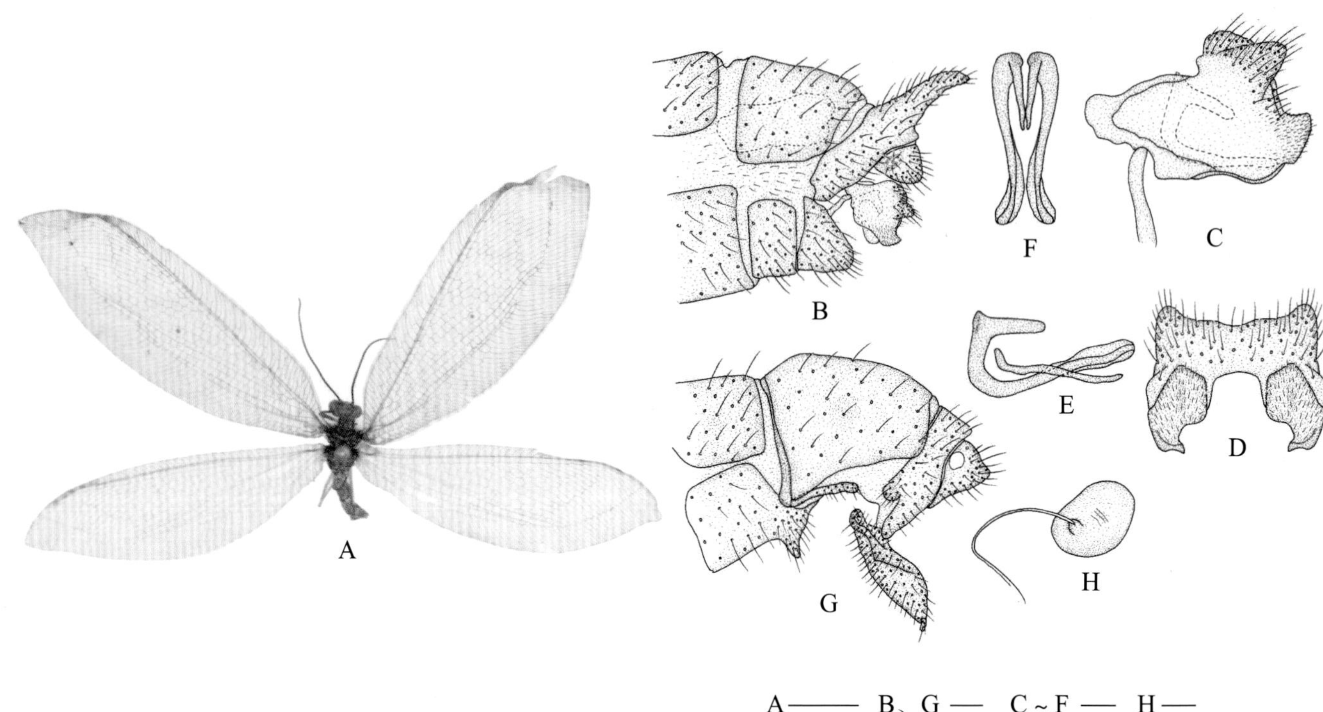

图 4-82-1 浙丰溪蛉 *Plethosmylus zheanus* 形态图

（标尺：A 为 5.0 mm，B、G 为 0.5 mm，C ~ F 为 0.2 mm，H 为 0.1 mm）

A. 成虫背面观 B. 雄虫生殖节侧面观 C. 雄虫外生殖器侧面观 D. 雄虫外生殖器腹面观 E. 阳基侧突侧面观 F. 阳基侧突背面观 G. 雌虫生殖节侧面观 H. 受精囊

【形态特征】 体中至大型。头部黄褐色；复眼黑色，单眼黄褐色；触角黑色，刚毛黄色。前胸黄褐色至暗褐色，刚毛黄色；中后胸黑褐色，中胸前缘黑色。足黄色，刚毛褐色。前翅较狭长，膜区颜色明亮；翅上翅斑极少，仅外阶脉处覆有 3 ~ 4 个零星碎斑；翅痣浅褐色，翅疤褐色明显，位于翅中部；前缘横脉间部分由短脉相连；RP 脉分支 14 ~ 15 条；径分横脉仅形成两组完整阶脉；CuP 脉各分支由少量短脉相连；A1 脉较长，形成 7 ~ 8 条栉状分支。雄虫第 9 背板背突较细长；肛上板小，近锥形；殖弧叶末端骨化，中部形成 1 个锥形瘤突，腹部向上生出 1 个半骨化的锥形腹突；阳基侧突略狭长；雌虫第 7 腹板形成 1 个明显锥形腹突，第 8 腹板狭长；第 9 背板狭长，腹突略小；第 9 生殖基节略突出，与产卵瓣愈合；产卵瓣和受精囊没有变化。

【地理分布】 浙江、湖北。

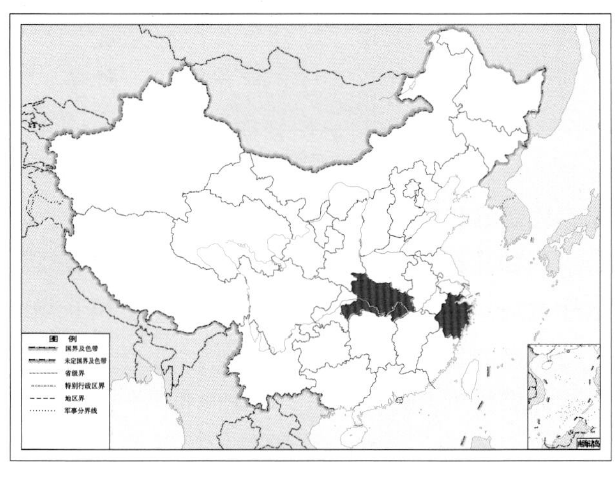

图 4-82-2 浙丰溪蛉 *Plethosmylus zheanus* 地理分布图

（一九）华溪蛉属 *Sinosmylus* Yang, 1992

【鉴别特征】 体大型。前翅外缘密布大量不规则的褐色翅斑；前缘横脉末端分叉；ra-rp 横脉少，仅 5 条，靠近翅基部横脉缺失，形成 1 个大的翅室；RP 脉分支多，13 ~ 14 支；径分横脉少，仅形成两组阶脉；MA 脉于近中部分叉，MA1 与 RP 脉第 1 分支部分愈合；MP 脉横脉退化，仅余 2 条；MP 与 Cu 脉之间横脉发育完整；Cu 脉基部横脉缺失，形成 1 个大的翅室。后翅前缘横脉部分分叉，ra-rp 横脉少，靠近翅基部退化；后翅除阶脉外横脉几乎退化，仅零星分布于 Cu 脉区域。雌虫生殖器结构与溪蛉属相似，肛上板小，瘤突明显；产卵瓣指状；受精囊简单，呈长椭圆形。

【地理分布】 东洋界。

【分类】 目前全世界已知 1 种，中国已知仅 1 种，本图鉴收录 1 种。

83. 横断华溪蛉 *Sinosmylus hengduanus* Yang, 1992

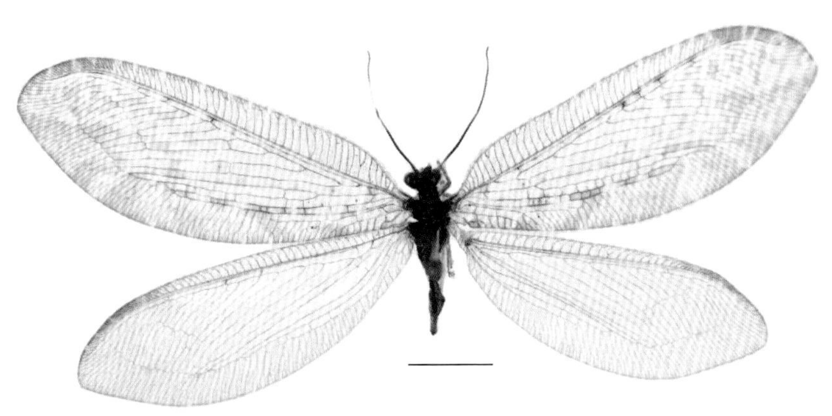

图 4-83-1　横断华溪蛉 *Sinosmylus hengduanus* 成虫
（标尺：5.0 mm）

【形态特征】 体型较大。头顶黑褐色；复眼黑褐色，单眼黑色，生有黄色刚毛；触角暗褐色，较短，生有黑色刚毛；额区深褐色，两侧颊区黄色；上唇暗褐色，下颚须和下唇须深褐色。胸部暗褐色；前胸长小于宽，两侧生有褐色长刚毛；中后胸小盾片发达，生有黄色刚毛。足黄色，生有褐色刚毛；爪褐色，内侧具有小齿。前翅宽，外缘密布浅褐色翅斑，翅脉褐色；翅痣深褐色，翅疤褐色；Cu 脉分布不规则的褐色翅斑；前缘横脉末端分叉；ra-rp 横脉 4 条，靠近翅基部的横脉缺失；RP 脉分支 13 ~ 14 条，径分横脉少，仅形成两组阶脉；MA 脉近翅中部分叉，MA1 与 RP 脉第 1 分支合并；

mp1-mp2 之间横脉只有 2 条，形成大的翅室；MP 与 Cu 脉之间横脉密集，但靠近翅基部横脉缺失；Cu 脉于翅基部分支，靠近翅基部的横脉缺失，形成 1 个大翅室。后翅透明无斑，仅翅痣明显；前缘横脉部分末端分叉；ra-rp 横脉 5 条，近翅基部的横脉缺失，形成 1 个大翅室；MA 脉基部完整，呈 S 形弯曲；MA 与 RP 脉的第 1 个分支在末端部分合并；后翅除两组阶脉外，其他横脉缺失；仅 Cu 脉间分布少许横脉。雌虫第 8 腹板退化，近方形；肛上板小，瘤突明显，臀胝圆形；产卵瓣指状，刺突长；受精囊简单，呈长椭圆形。

【地理分布】 云南。

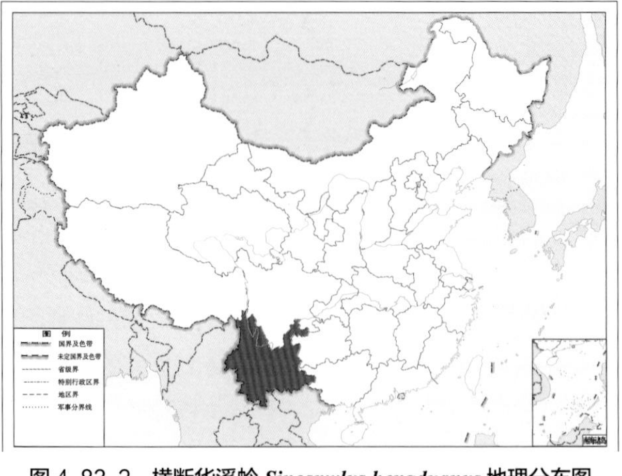

图 4-83-2　横断华溪蛉 *Sinosmylus hengduanus* 地理分布图

少脉溪蛉亚科 Protosmylinae Krüger, 1913

【鉴别特征】 体中小型。翅略宽，翅脉简化。前翅膜区透明，一般无色，并具少量翅斑，翅痣一般为黄色至褐色，较明显；翅疤颜色较浅；翅脉颜色褐色至深色，翅脉上分布有大量刚毛；前缘域通常基部略宽，前缘横脉简单不分叉，且翅痣处横脉相对清晰；sc-ra 横脉 1 条，靠近翅基部；ra-rp 横脉相对较少，通常 7 ~ 9 条，不超过 10 条；RP 脉分支一般不超过 10 条，径分横脉数量较少，排列整齐，一般形成 2 ~ 3 组阶脉，除阶脉外，径分横脉数量 3 ~ 4 条；径分区翅室通常呈规则的长方形；MP 脉分支靠近翅基部，且 MP 横脉数量较少，一般为 3 ~ 5 条。后翅通常透明无斑，翅痣浅黄色；MA 脉基部发育完好，部分类群退化;CuA 脉长，末端呈栉状分支；CuP 脉短，倾斜至翅后缘，单支。雄虫殖弧叶侧面观呈弓形，边缘骨化，末端略微向上突起；阳基侧突侧面观弯曲，基部指状，末端膨大，内侧骨片高于外侧；阳基侧突背面观呈舟形。雌虫第 8 腹板小，侧面观呈指状；第 9 生殖基节狭长，与产卵瓣分离；受精囊简单，中部弯曲呈 n 形。

【生物学特性】 未知。

【地理分布】 古北界、东洋界、新热带界。

【分类】 目前全世界已知 4 属 21 种，中国已知 3 属 15 种，本图鉴收录 3 属 10 种。

中国少脉溪蛉亚科 Protosmylinae 分属检索表

1. 翅脉粗壮，前翅 mp1-mp2 横脉不超过 4 条 ………… **异溪蛉属 *Heterosmylus***
   翅脉细软，前翅 ma1-mp2 横脉 5 条 ………… 1
2. 前翅 MA 脉分支点位置相对于 RP 基部第 1 分支分支点靠近基部或相齐；前翅前缘区域基部宽阔，基部 6 ~ 7 条横脉近辐射状排列 ………… **曲溪蛉属 *Gryposmylus***
   前翅 MA 脉分支点位置相对于 RP 基部第 1 分支分支点靠近翅端部；前翅前缘区域基部窄，基部 4 ~ 5 条横脉近辐射状排列 ………… **离溪蛉属 *Lysmus***

（二〇）离溪蛉属 *Lysmus* Navás, 1911

【鉴别特征】 体中小型。前翅翅脉密布褐色刚毛，膜区翅斑稀少；翅痣浅褐色至黄色，翅疤浅色不清楚；前缘横脉简单、不分叉，且翅痣处横脉较稀疏；sc-ra 横脉 1 条，靠近翅基部；ra-rp 横脉多条；RP 分支 7 ~ 8 条，不超过 10 条；径分横脉较少，形成 2 ~ 3 组完整阶脉；MP 脉分叉点位于 MA 与 RP 脉第 1 分支间；mp1-mp2 之间横脉较多。后翅与前翅相近，翅痣浅色；MA 脉基部退化；MP 脉两分支平行，不扩张；CuP 脉短，单支。雄虫第 9 背板狭长，肛上板近方形，瘤突不明显，臀胝小；殖弧叶侧面观弓形，边缘杆状骨化，末端一般骨化较强；殖弓内突呈臂状弯曲，末端叶状突起；殖弓杆发达，呈托盘状；阳基侧突侧 C 形弯曲，基部细长，末端膨大，内侧骨片明显高于外侧，背面观阳基侧突呈舟形；下殖弓叉形。雌虫第 8 背板宽大，腹板退化，侧面观呈指状突起；第 9 背板狭长，肛上板近梯形，臀胝圆形至椭圆形；第 9 生殖基节狭长，与产卵瓣愈合；产卵瓣近指状，刺突长；受精囊侧面观弯曲，基部膨大。

【地理分布】 古北界、东洋界。

【分类】 目前全世界已知 9 种，中国已知 6 种，本图鉴收录 3 种。

中国离溪蛉属 *Lysmus* 分种检索表

1\. 前翅除翅痣外都分布有明显的褐斑 …………………… **庆元离溪蛉 *Lysmus qingyuanus***

前翅除翅痣外几乎无斑 …………………… 2

2\. 前翅膜区暗淡，翅脉上密布长刚毛且分布有毛点 …………………… **藏离溪蛉 *Lysmus zanganus***

前翅膜区明亮，翅上刚毛相对较稀，CuP 脉末端形成 1 个褐色翅斑 …………………… **胜利离溪蛉 *Lysmus victus***

84. 庆元离溪蛉 *Lysmus qingyuanus* Yang, 1995

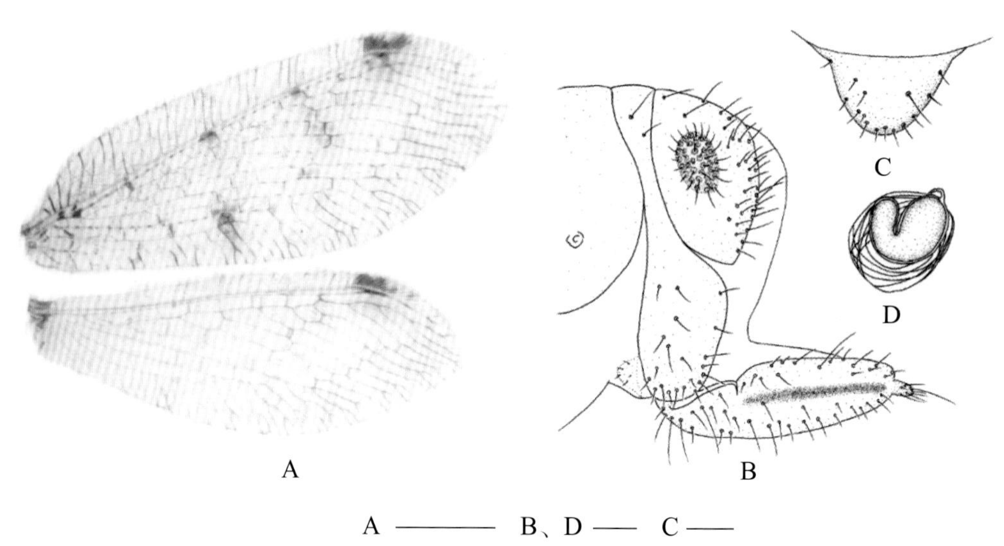

图 4-84-1 庆元离溪蛉 *Lysmus qingyuanus* 形态图
（标尺：A 为 5.0 mm，B、D 为 0.2 mm，C 为 0.1 mm）
A. 翅 B. 雌虫生殖节侧面观 C. 雌虫第 8 腹板腹面观 D. 受精囊

【形态特征】 体中小型。头顶两复眼间具 2 个褐色小斑；复眼棕绿色、带光泽，单眼基部褐色；触角柄节、梗节浅灰色，鞭节黄色。胸部黄色；前胸背板两侧具灰黑色斑纹；中胸前缘具 2 个浅褐色小圆斑；后胸中央具灰黑色斑纹。翅透明，膜区分布有少量翅斑，翅脉淡褐色，刚毛发达；翅痣褐色，翅疤不清楚；RA 与 RP 脉间分布 3 ~ 4 个褐色翅斑；CuP 脉末端分布有深色不规则翅斑；前翅 RP 脉分支 11 条，形成两组完整阶脉。后翅透明无斑，翅痣褐色清楚；MA 脉基部退化。雌虫第 8 腹板侧面观呈指状，略弯曲；第 9 背板狭长；肛上板近方形，臀胝中下位；第 9 生殖基节侧面观近三角形，与产卵瓣明显分开；产卵瓣指状；刺突柱形；受精囊变化不大，基部膨大部分明显长于端部。

【地理分布】 浙江。

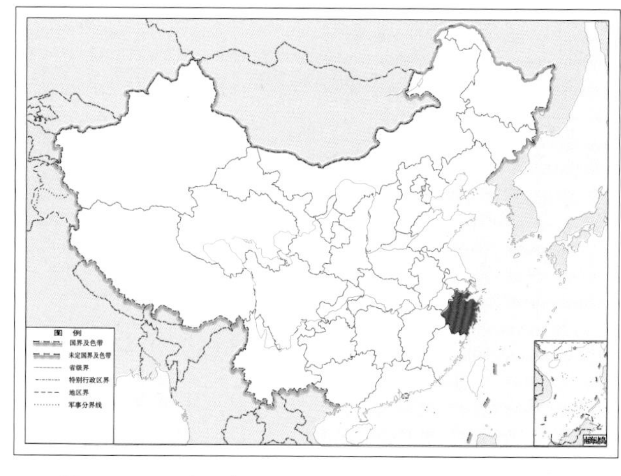

图 4-84-2 庆元离溪蛉 *Lysmus qingyuanus* 地理分布图

85. 胜利离溪蛉 *Lysmus victus* Yang, 1997

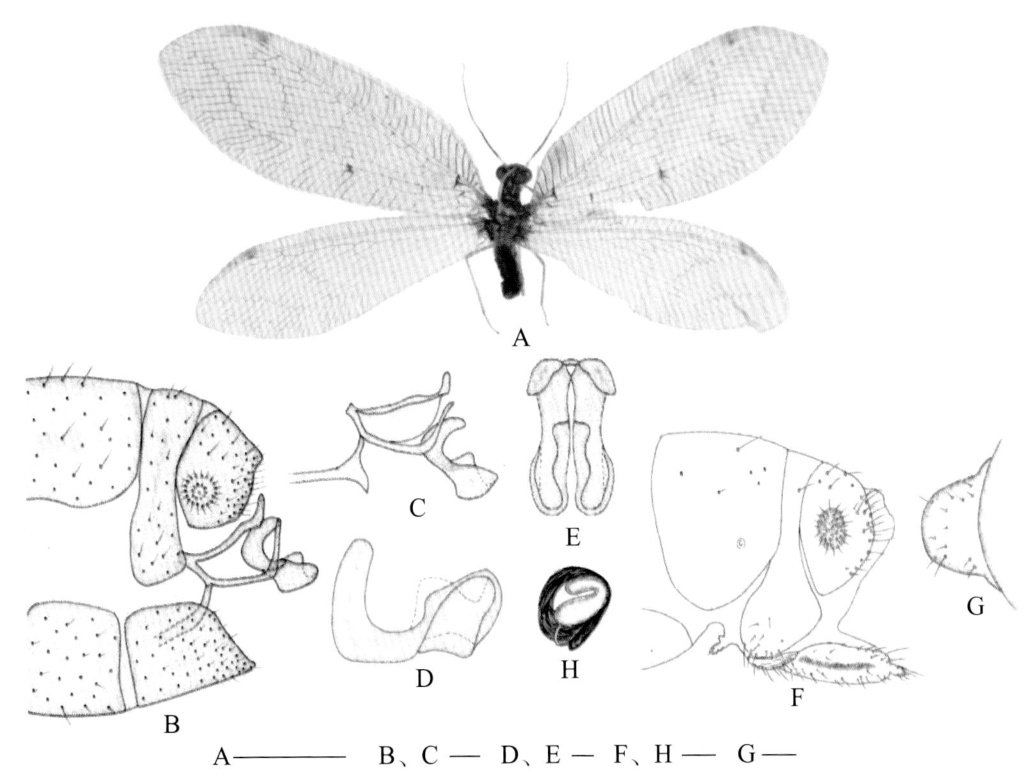

图 4-85-1 胜利离溪蛉 *Lysmus victus* 形态图

（标尺：A 为 5.0 mm，B、C、F、H 为 0.2 mm，D、E、G 为 0.1 mm）

A. 成虫背面观 B. 雄虫生殖节侧面观 C. 雄虫外生殖器侧面观 D. 阳基侧突侧面观 E. 阳基侧突背面观 F. 雌虫生殖节侧面观 G. 雌虫第 8 腹板腹面观 H. 受精囊

【形态特征】 体中小型。头部褐色至暗褐色；复眼黑色；触角黄色至褐色，基部深色。胸部褐色至黑色，前胸长略大于宽，中后胸变化较小。足黄色至褐色，刚毛黄色；爪褐色，内侧有小齿。翅上除翅痣外几乎无斑，翅脉浅色；内阶脉处覆有浅色斑，不明显；CuP 脉末端有 1 个明显的褐斑；翅疤不明显；ra-rp 横脉多条，RP 脉分支 9～10 条；径分横脉形成 3 组完整阶脉；mp1-mp2 横脉 5 条。后翅透明无斑，CuP 脉单支。雄虫殖弧叶末端形成 1 个指状背突，殖弓内突臂状弯曲，末端叶状突出不明显；阳基侧突侧面观呈 C 形弯曲，基部指状，略膨大，末端膨大，近三角形。雌虫第 8 腹板退化，侧面观近指状；第 9 背板狭长，肛上板近梯形，臀胝中位；第 9 生殖基节狭长，与产卵瓣不愈合，明显分离；产卵瓣指状，中间有 1 条深色纵带，刺突指状；受精囊弯曲，基部膨大。

【地理分布】 浙江、湖南、湖北、贵州、河北、陕西、甘肃。

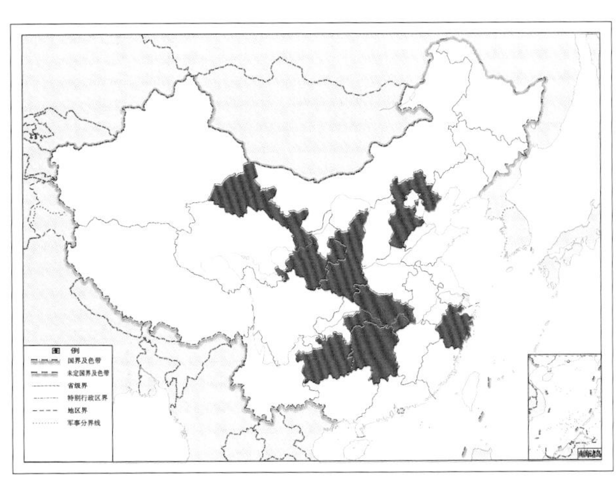

图 4-85-2 胜利离溪蛉 *Lysmus victus* 地理分布图

86. 藏离溪蛉 *Lysmus zanganus* Yang, 1988

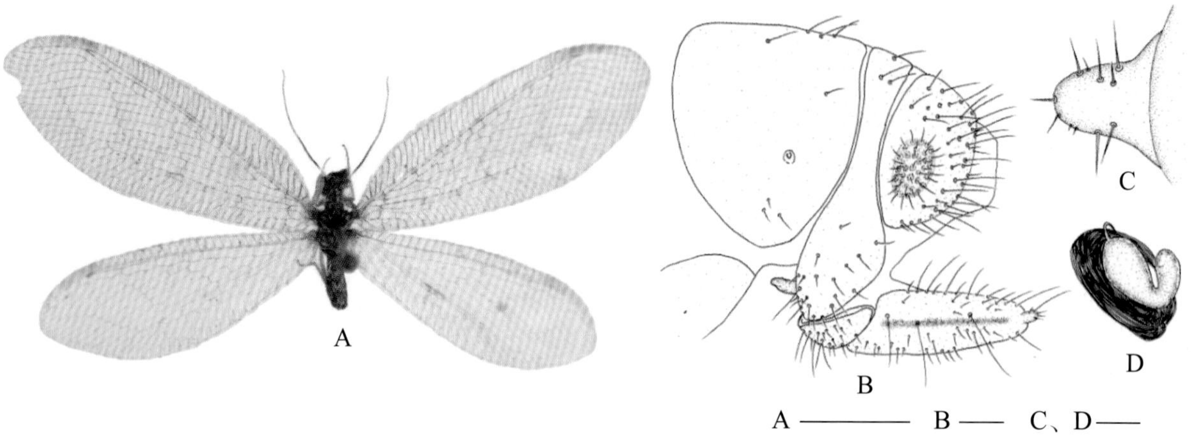

图 4-86-1 藏离溪蛉 *Lysmus zanganus* 形态图

（标尺：A 为 5.0 mm，B 为 0.2 mm，C、D 为 0.1 mm）

A. 成虫背面观 B. 雌虫生殖节侧面观 C. 雌虫第 8 腹板腹面观 D. 受精囊

【形态特征】 体中小型。头部暗褐色，生有黄色刚毛；复眼褐色；触角黄色，柄节、梗节深褐色。胸部暗褐色，前胸两侧分布有 1 条黑色条斑；中后胸黑褐色，刚毛黄色。足褐色，刚毛颜色较深，爪深褐色，内侧有小齿。前翅略狭长，膜区颜色暗淡，翅上除翅痣外无斑，翅脉褐色，呈深浅相间；Cu 脉间末端横脉颜色略深；RP 脉分支 8 ~ 9 条，阶脉 3 组；A1 脉发达，形成 4 ~ 5 条栉状分支。后翅透明无斑，MA 脉基部形成 1 个短刺状脉。雌虫第 9 背板狭长，腹侧略膨大；肛上板近椭圆形，臀胝中位；第 9 生殖基节狭长；产卵瓣指状；刺突近锥形；受精囊基部膨大，略长于端部。

【地理分布】 西藏。

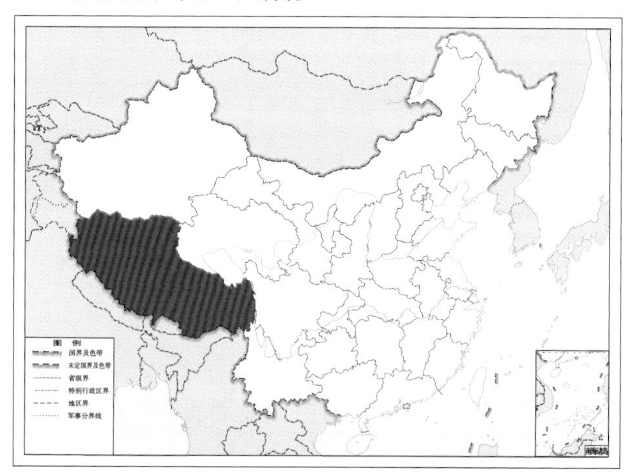

图 4-86-2 藏离溪蛉 *Lysmus zanganus* 地理分布图

（二一）曲溪蛉属 *Gryposmylus* Krüger, 1913

【鉴别特征】 触角短于前翅，翅长卵圆形，膜区透明，常具不规则翅斑，前翅前缘区基部宽阔，且基部 6 ~ 7 条前缘横脉呈辐射状排列，1 条 sc-ra 横脉位于翅基部，RP 脉形成 6 ~ 7 条分支；MA 脉分支点靠近 RP 脉第 1 分支的起点；前翅 MP 脉分支位于 MA 与 RP 脉分支点的内侧，径分横脉排列规则，形成 2 组阶脉；Cu 脉分支靠近翅基部，CuA 脉末端形成栉状分支，CuP 脉长度超过 CuA 脉的一半。后翅与前翅脉序相似。

【地理分布】 东洋界。

【分类】 目前全世界已知 2 种，中国已知 1 种，本图鉴收录 1 种。

87. 佩尼曲溪蛉 *Gryposmylus pennyi* Winterton & Wang, 2016

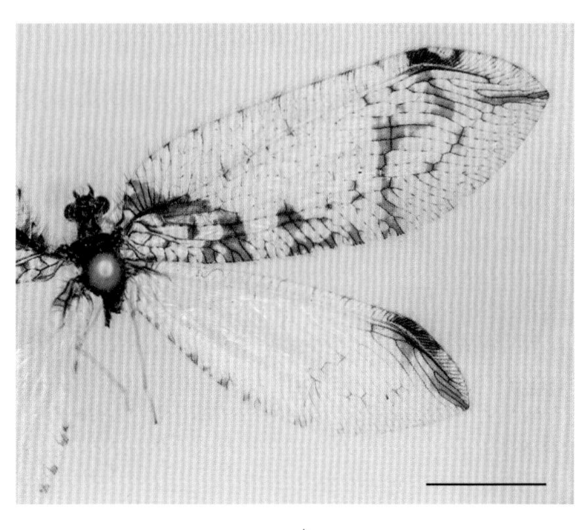

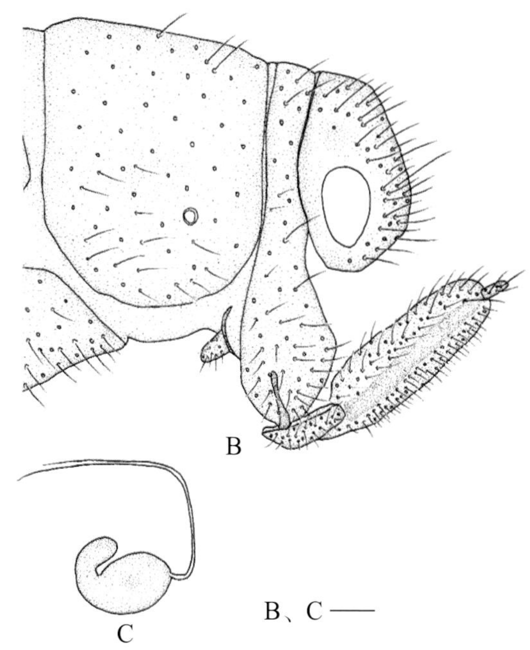

图 4-87-1　佩尼曲溪蛉 *Gryposmylus pennyi* 形态图
（标尺：A 为 5.0 mm，B、C 为 0.2 mm）
A. 成虫背面观　B. 雌虫生殖节侧面观　C. 受精囊

【形态特征】 体型略大。头部黑褐色；复眼黑色，单眼黄色，生有褐色长刚毛；触角残缺，柄节、梗节暗褐色。前胸黄褐色，两侧生有黑色纵带；中后胸黑褐色，生有黄色刚毛。足黄色，刚毛颜色稍深；爪褐色，内侧有小齿。前翅狭长，分布有大量深褐翅斑，翅脉浅褐色，生有明显的点毛；翅痣棕褐色，顶点处有 1 条褐色纵带；内阶脉覆有 1 条褐色横带，翅后缘分布有深色翅斑；翅基部覆有棕褐色翅斑；前缘域基部明显加宽，肩脉简单，略向后弯曲；RP 脉分支 7 ~ 8 条，形成 2 组完整阶脉；mp1-mp2 横脉 5 条。后翅斑较少，翅痣深褐色，自翅痣至顶点处覆有深色翅斑；翅后缘分布有浅色翅斑；MA 脉基部退化。雌虫第 8 腹板退化，侧面观近指状；第 9 背板狭长；肛上板近梯形，臀胝近中位；第 9 生殖基节狭长，与产卵瓣明显分开；产卵瓣指状，刺突长柱形；受精囊没有变化，中部弯曲，基部略长于端部。

【地理分布】 云南。

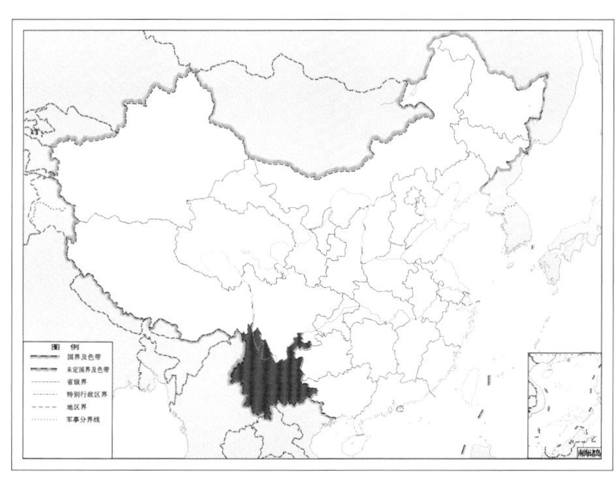

图 4-87-2　佩尼曲溪蛉 *Gryposmylus pennyi* 地理分布图

（二二）异溪蛉属 *Heterosmylus* Krüger, 1913

【鉴别特征】 前胸黑色，长大于宽，生有黄色刚毛；中后胸黑褐色，刚毛长。足黄色，生有褐色短刚毛；爪褐色。翅较宽，翅脉粗壮，常具有少量色斑；翅痣颜色深，褐色至深褐色，中间颜色稍浅；翅疤浅色，不明显；前翅前缘横脉简单，末端不分叉；1 条 sc-ra 横脉位于翅基部；RP 脉略微远离翅基部，形成 8 ~ 10 条分支；径分横脉较少，排列规则，一般形成 3 组阶脉；MP 脉分支位于 MA 与 RP 脉分离点的内侧，mp1-mp2 横脉一般不超过 4 条，与阶脉数相近；Cu 脉分支靠近翅基部，CuA 脉较长，末端形成栉状分支，CuP 脉超过 CuA 脉的一半。后翅与前翅大小相近。雄虫殖弧叶弓形，边缘骨化呈杆状，末端通常骨化较强，形成 1 个明显杆状突起；殖弓内突弯曲，末端略微膨大；殖弓杆发达，呈托盘状；阳基侧突侧面观呈 C 形弯曲，末端膨大，背面观呈勺状，基部相连；下殖弓叉状。雌虫第 8 背板发达，近方形，腹板退化，与第 9 背板相连；第 9 背板条形；肛上板近五边形；产卵瓣狭长，指状；刺突乳突状；受精囊通常呈圆柱状，中部对称弯曲。

【地理分布】 东洋界。

【分类】 目前全世界已知 10 种，中国已知 8 种，本图鉴收录 6 种。

中国异溪蛉属 *Heterosmylus* 分种检索表

1. 前翅具大量翅斑；前胸及后胸无斑 …… 2
   前翅具少量翅斑；前胸中间具 2 个黄色窄条斑，后胸前缘具 2 个棕色斑 …… **卧龙异溪蛉 *Heterosmylus wolonganus***
2. RP 脉分支多于 11 条 …… 3
   RP 脉分支少于 11 条 …… 4
3. 前翅具 1 条从翅痣斜向外缘的棕色条斑，Cu 脉具 4 个棕斑；前胸具 2 个暗黄色纵斑 …… **斜纹异溪蛉 *Heterosmylus limulus***
   前翅无斑纹，前胸深褐色，前缘有 2 条黄色纵带；中后胸黑色；RP 脉具 14 ~ 17 分支；Cu 脉具 3 ~ 4 个黄斑；殖弧叶端部向上弯曲 …… **云南异溪蛉 *Heterosmylus yunnanus***
4. 前翅黄色，内外阶脉有 1 个深褐色斑；前胸中间具 1 条深褐色纵斑 …… **淡黄异溪蛉 *Heterosmylus flavidus***
   前翅透明，阶脉无斑；前胸具 2 条纵斑 …… 5
5. 阳基侧突背面观短、宽大且扁；肛上板侧面观无突起；2 条黄色纵条斑存在于前胸至中胸，中胸小盾片亮黄色，后胸中间具 1 条黄色条斑 …… **曲阶异溪蛉 *Heterosmylus curvagradatus***
   阳基侧突背面观长且突出；肛上板侧面观具 1 个圆锥状背突；前胸中间具 2 条黑褐色窄纵斑 …… **神农异溪蛉 *Heterosmylus shennonganus***

注：台湾异溪蛉 *Heterosmylus primus* 和樟木异溪蛉 *Heterosmylus zhamanus* 因标本缺失，未编入本检索表。

88. 曲阶异溪蛉 *Heterosmylus curvagradatus* Yang, 1999

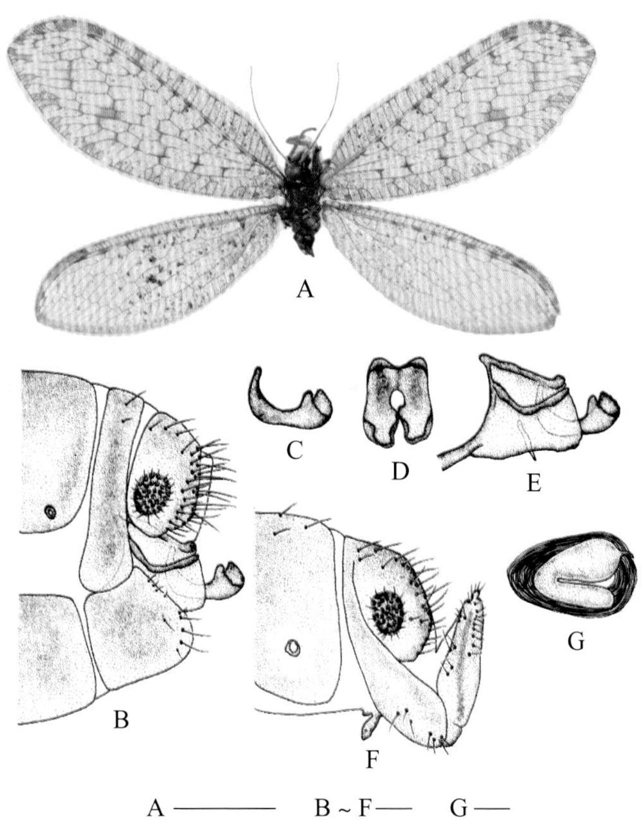

图 4-88-1　曲阶异溪蛉 *Heterosmylus curvagradatus* 形态图

（标尺：A 为 5.0 mm，B ~ F 为 0.2 mm，G 为 0.1 mm）

A. 成虫背面观　B. 雄虫生殖节侧面观　C. 阳基侧突侧面观　D. 阳基侧突背面观　E. 雄虫外生殖器侧面观　F. 雌虫生殖节侧面观　G. 受精囊

【形态特征】 头顶亮黄色，中部具 1 个褐色圆斑，触角上方具 1 条灰黄色宽横带。额区亮黄色，仅在触角下方具 1 条黑褐色纵斑纹。胸部黑褐色；两条亮黄色纵带从前胸背板前缘延续至中胸背板；中胸后缘小盾片均亮黄色；后胸背板中部具 1 条黄色宽纵带。翅前缘域近顶点处分布有深色翅斑；Sc 与 RA 脉之间分布有深褐色翅斑，与 ra-rp 横脉相对应；阶脉覆有深色晕斑；mp1-mp2、cua-cup 横脉均覆有晕斑；RP 脉分支 7 ~ 8 条。后翅无明显翅斑。雄虫肛上板近五边形，臀胝圆形，下位；殖弧叶边缘骨化较强，末端略微向上弯曲；殖弓内突臂状弯曲，末端略微膨大；殖弓杆较长；阳基侧突侧面观弯曲，基部细长，中部略微收缩，末端平整，膨大；阳基侧突背面观勺形。雌虫第 9 生殖基节与产卵瓣愈合，产卵瓣指状，基部略微膨大。

【地理分布】 福建。

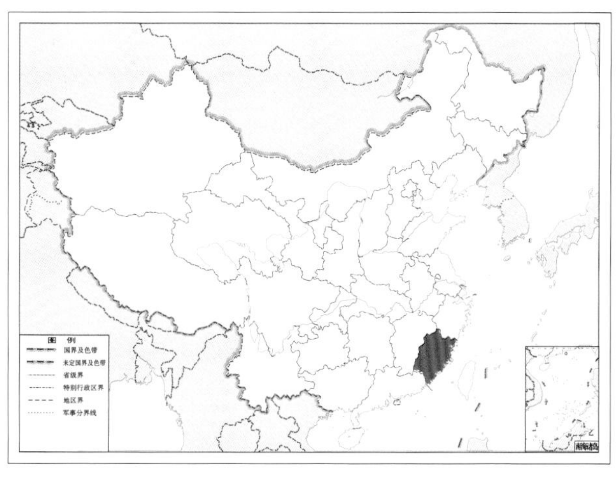

图 4-88-2　曲阶异溪蛉 *Heterosmylus curvagradatus* 地理分布图

89. 淡黄异溪蛉 *Heterosmylus flavidus* Yang, 1992

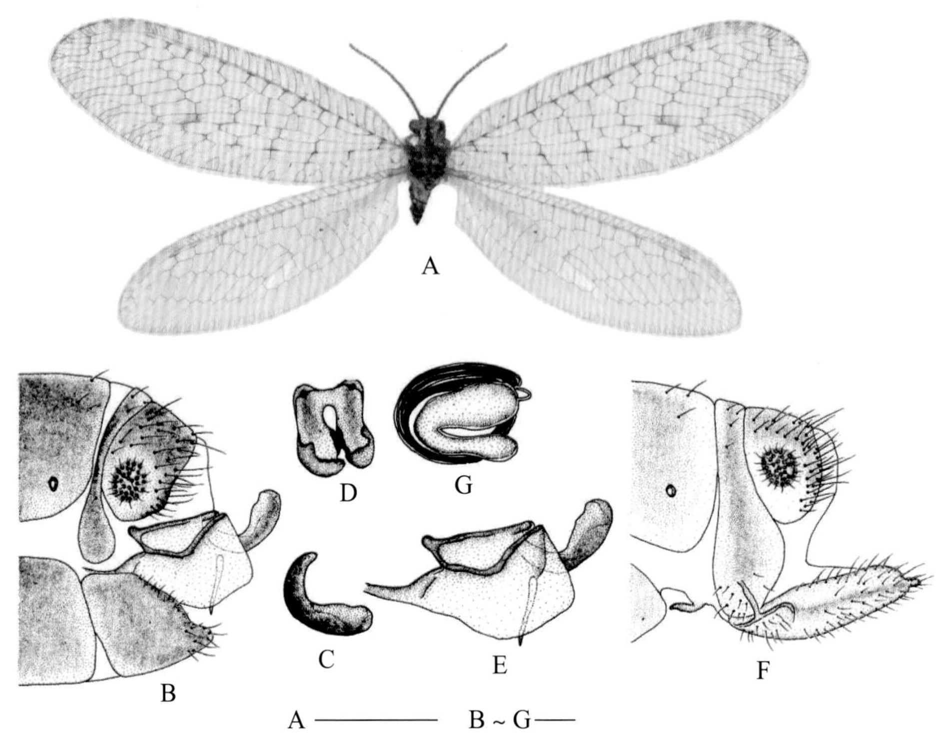

图 4-89-1 淡黄异溪蛉 *Heterosmylus flavidus* 形态图

（标尺：A 为 5.0 mm，B ~ F 为 0.2 mm，G 为 0.1 mm）

A. 成虫背面观 B. 雄虫生殖节侧面观 C. 阳基侧突侧面观 D. 阳基侧突背面观 E. 雄虫外生殖器侧面观 F. 雌虫生殖节侧面观 G. 受精囊

【形态特征】 头顶暗褐色，额区黄色；复眼褐色，分布许多深色小斑；触角深褐色，柄节黄色。前翅膜区浅黄色，分布有深褐斑；翅脉深色粗壮，生有大量褐色刚毛；翅痣褐色，中间部分黄色；翅斑浅色；RA 脉分布有深褐色斑，颜色深浅相间；内外阶脉有 1 个深褐色斑；前缘横脉偶有分叉；RP 脉分支较少，一般为 6 ~ 7 条，阶脉 3 组；mp1-mp2 横脉 4 条,形成 4 个近五边形的翅室。后翅膜区透明无色，翅痣浅色；Sc 与 RA 脉之间分布许多褐色碎斑；MA 脉基部完整，略呈 S 形弯曲。雄虫第 9 背板狭长；肛上板近五边形，瘤突不明显，臀胝圆形，下位；殖弧叶弓形，端部平，没有特化；殖弓内突弓形弯曲，末端尖细；殖弓杆膨大；阳基侧突侧面观略微弯曲，基部指状，中部粗壮，末端略微膨大；背面观基部相连，近勺状。雌虫第 8 腹板呈指状；肛上板近椭圆形，臀胝圆形，中位；第 9 生殖基节与产卵瓣部分合并；产卵瓣柱形；刺突较长，指状；受精囊中部弯曲。

【地理分布】 云南。

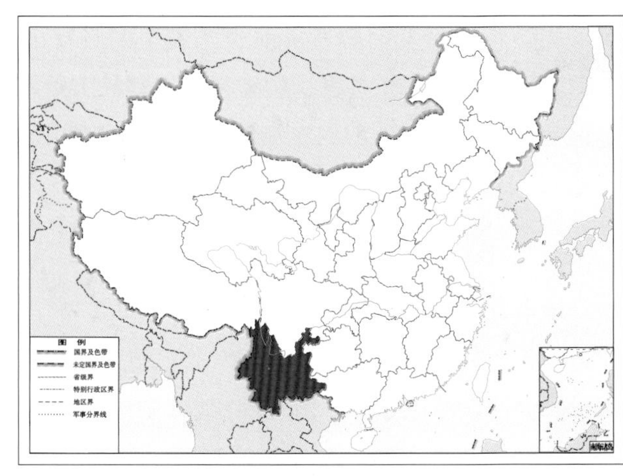

图 4-89-2 淡黄异溪蛉 *Heterosmylus flavidus* 地理分布图

90. 斜纹异溪蛉 *Heterosmylus limulus* Yang, 1987

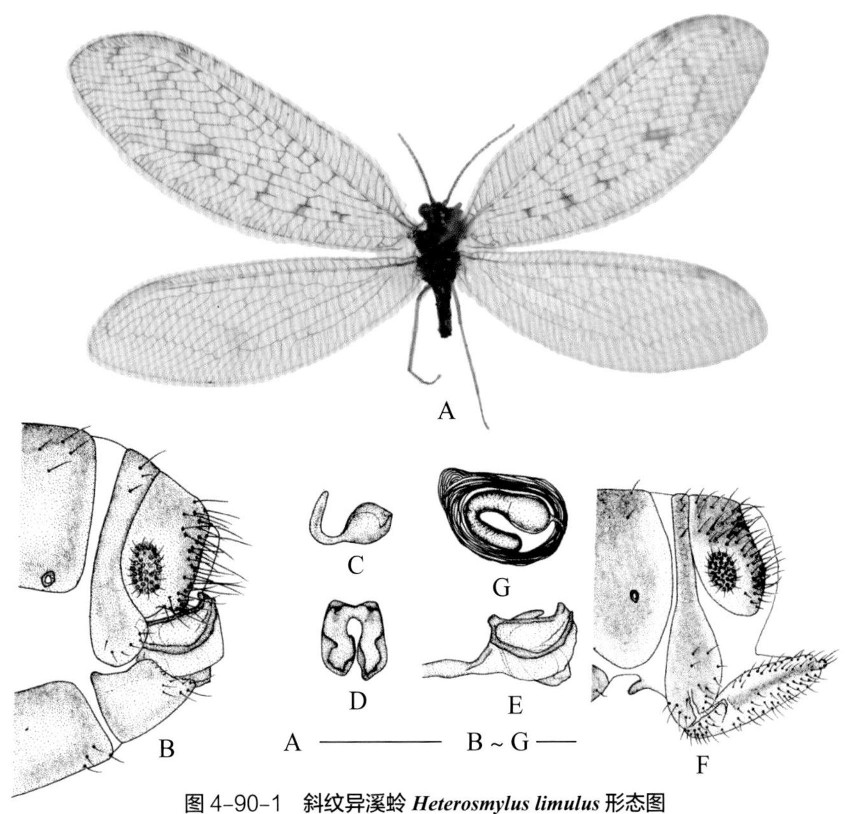

图 4-90-1 斜纹异溪蛉 *Heterosmylus limulus* 形态图

（标尺：A 为 5.0 mm，B ~ F 为 0.2 mm，G 为 0.1 mm）

A. 成虫背面观 B. 雄虫生殖节侧面观 C. 阳基侧突侧面观 D. 阳基侧突背面观 E. 雄虫外生殖器侧面观 F. 雌虫生殖节侧面观 G. 受精囊

【形态特征】 头顶深褐色，额区黄色；复眼灰黑色；触角褐色，基部环绕 1 条黄色条斑；单眼黄色；下颚须和下唇须深褐色。胸深褐色，前胸具 2 个暗黄色纵斑；中胸前缘褐色，生有黑色刚毛。翅脉上生成大量深色刚毛；翅痣褐色，翅斑浅褐色；前缘脉覆有深色晕斑；ra-rp 横脉基部覆有晕斑；自翅痣下方发出 1 条深色横带；外阶脉覆有深色翅斑；cua-cup 横脉以及 mp1-mp2 横脉均被褐斑覆盖；翅的外缘分布浅褐色不连续的斑；RP 脉分支 10 条，形成 2 组完整阶脉。后翅透明无斑，翅痣浅黄色，RA 脉呈深浅相间；MA 脉基部发育完好。雄虫殖弧叶端部略上翻；殖弓内突臂状弯曲；殖弓杆较长；阳基侧突侧面观呈 C 形，基部细长，端部膨大，中间部分略微收缩；背面观阳基侧突呈勺形，端部略尖。雌虫第 8 腹板退化，指状；肛上板近椭圆形，臀胝圆形，近下位；第 9 生殖基节与产卵瓣部分合并，产卵瓣纺锤形；刺突较短；受精囊弯曲。

【地理分布】 西藏。

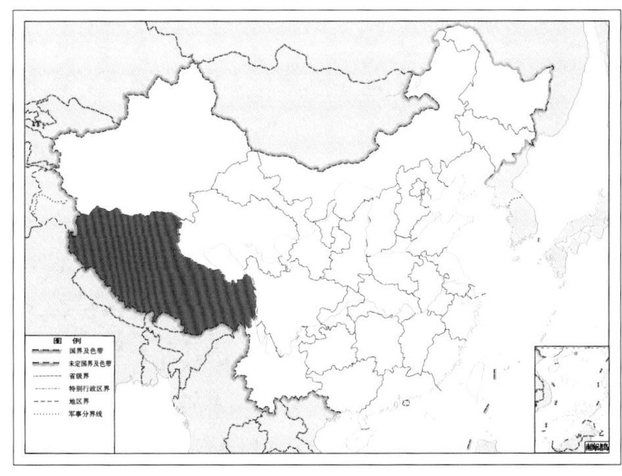

图 4-90-2 斜纹异溪蛉 *Heterosmylus limulus* 地理分布图

91. 神农异溪蛉 *Heterosmylus shennonganus* Yang, 1997

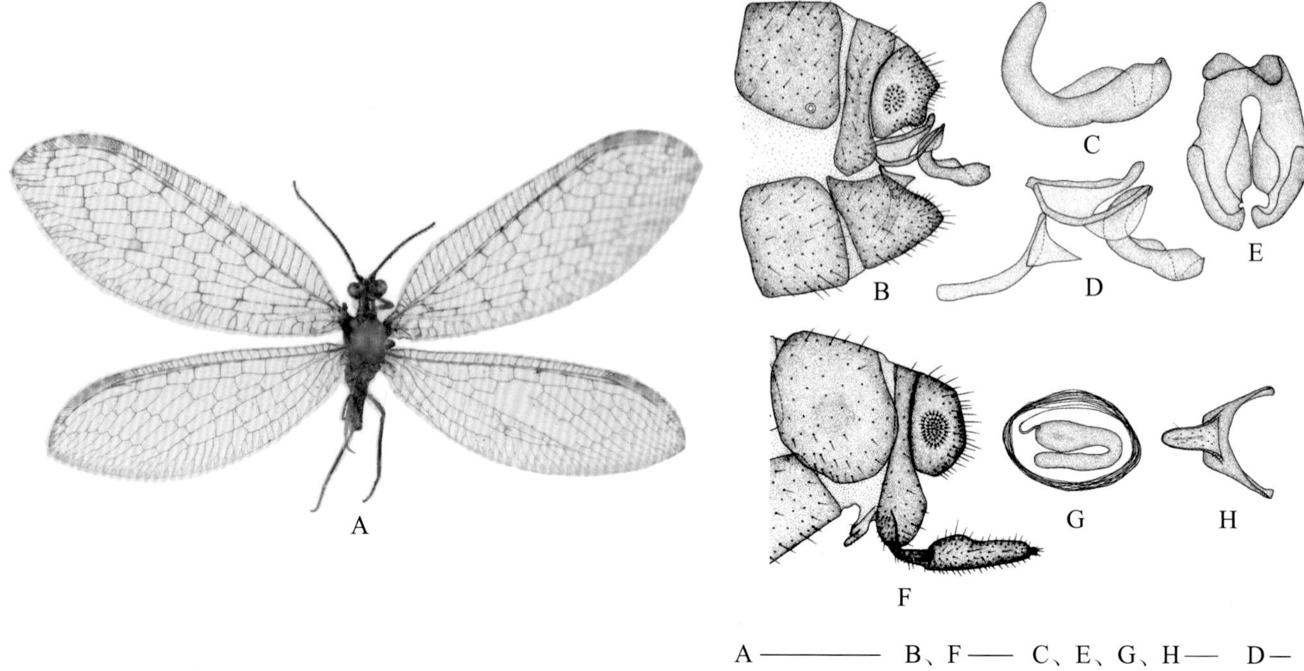

图 4-91-1 神农异溪蛉 *Heterosmylus shennonganus* 形态图

（标尺：A 为 5.0 mm，B、F 为 0.2 mm，C ~ E、G、H 为 0.1 mm）

A. 成虫背面观 B. 雄虫生殖节侧面观 C. 阳基侧突侧面观 D. 雄虫外生殖器侧面观 E. 阳基侧突背面观 F. 雌虫生殖节侧面观 G. 受精囊 H. 雌虫第 8 腹板腹面观

【形态特征】 头顶有 1 条褐色横带；额黄色，两侧褐色；复眼亮黑色，触角黑褐色，单眼大而突出；下颚须和下唇须褐色。胸部黑色；前胸中部有 2 条狭长黑褐色的纵带；中胸生有黑色刚毛。前翅分布有棕色翅斑，翅脉棕褐色，密布深色刚毛；翅痣棕褐色，中间黄色；翅斑浅褐色；前缘域分布有 3 ~ 4 条棕色翅斑；ra-rp 横脉覆有晕斑；MP、Cu 脉均有晕斑；翅外缘有零散分布浅色翅斑；RP 脉分支 7 ~ 8 条，阶脉 2 组；mp1-mp2 横脉 4 条，形成 4 个多边形翅室；CuA 脉长于 CuP 脉，末端形成复杂的栉状分支。后翅斑较少，翅痣浅褐色，中间部分黄色；Sc 脉与 RA 脉之间分布深色翅斑；MA 脉基部发育完好。雄虫肛上板背部有 1 个角突，瘤突突伸明显，臀胝椭圆形，中位；殖弧叶末端骨化较强，形成 1 个指状突；殖弓内突成臂状弯曲，末端为叶状突起；阳基侧突粗壮，基部指状弯曲，略细，末端略膨大，内叶稍高于外叶，背面观末端呈锥形。雌虫第 8 腹板呈指状，肛上板近五边形，臀胝大，近中位；第 9 生殖基节与产卵瓣愈合，产卵瓣近指状，近基部膨大；刺突指状；受精囊中部弯曲。

【地理分布】 湖北、重庆、河南、陕西。

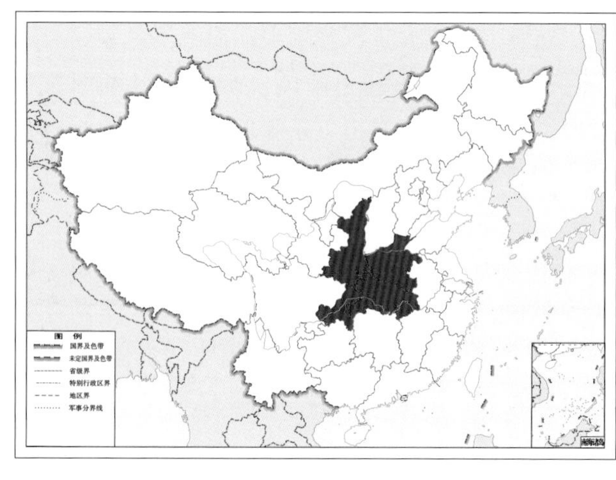

图 4-91-2 神农异溪蛉 *Heterosmylus shennonganus* 地理分布图

92. 卧龙异溪蛉 *Heterosmylus wolonganus* Yang, 1992

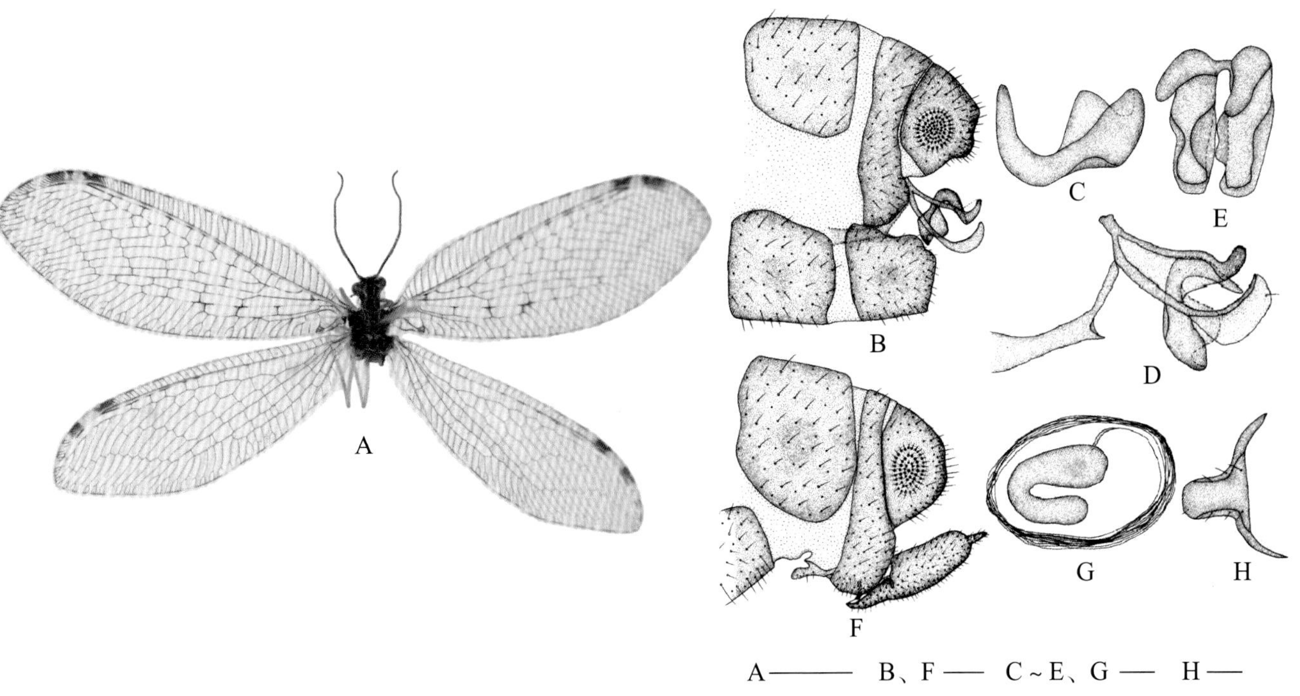

图 4-92-1　卧龙异溪蛉 *Heterosmylus wolonganus* 形态图

（标尺：A 为 5.0 mm，B、F 为 0.2 mm，C ~ E、G、H 为 0.1 mm）

A. 成虫背面观　B. 雄虫生殖节侧面观　C. 阳基侧突侧面观　D. 雄虫外生殖器侧面观　E. 阳基侧突背面观　F. 雌虫生殖节侧面观　G. 受精囊　H. 雌虫第 8 腹板腹面观

【形态特征】 头部深褐色，额黄色，靠近触角处有 1 个深色斑；复眼黑褐色，触角深色，单眼褐色；下颚须和下唇须黄褐色。翅痣深褐色，中间浅色；翅疤不明显；RA 脉深浅相间；RP 脉分支 9 条，阶脉 2 组；mp1-mp2 之间横脉 4 条，形成多个不规则的翅室。后翅与前翅相似，翅痣明显，中间黄色、两边褐色；MA 脉基部退化，不明显，仅余 1 个浅色痕迹。雄虫肛上板宽大，瘤突明显，臀胝圆形，中位；殖弧叶端部骨化较强，形成 1 个向上弯曲的突起；殖弓内突臂状弯曲，末端片状突伸；殖弓杆长，与殖弧叶相连；阳基侧突侧面观钩形弯曲，基部近指状，略尖，末端膨大，内侧骨片明显高于外侧；背面观阳基侧突呈船形。雌虫第 8 腹板退化，腹面观宽阔；肛上板梯形，臀胝大，椭圆形；第 9 生殖基节与产卵瓣愈合，产卵瓣柱形；刺突长，近锥形。

【地理分布】 四川、陕西、河南、甘肃。

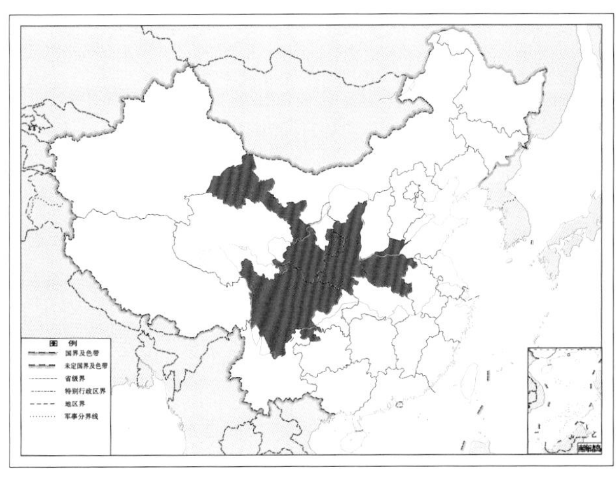

图 4-92-2　卧龙异溪蛉 *Heterosmylus wolonganus* 地理分布图

93. 云南异溪蛉 *Heterosmylus yunnanus* Yang, 1986

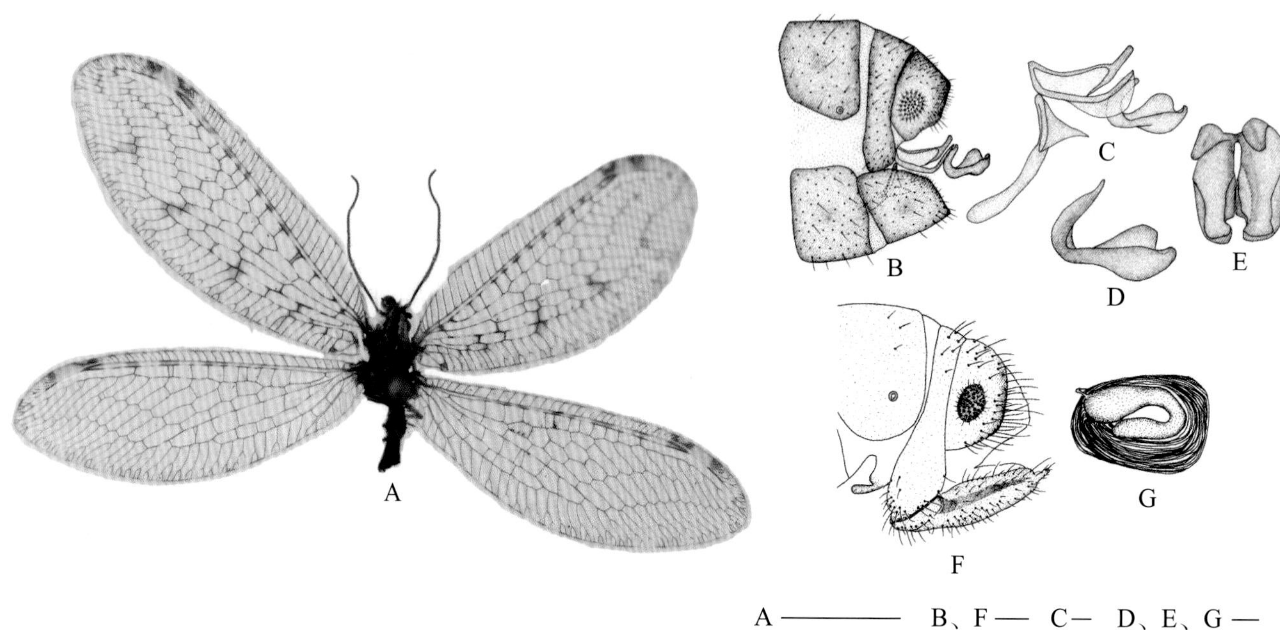

图 4-93-1 云南异溪蛉 *Heterosmylus yunnanus* 形态图

（标尺：A 为 5.0 mm，B、C、F 为 0.2 mm，D、E、G 为 0.1 mm）

A. 成虫背面观 B. 雄虫生殖节侧面观 C. 雄虫外生殖器侧面观 D. 阳基侧突侧面观 E. 阳基侧突背面观 F. 雌虫生殖节侧面观 G. 受精囊

【形态特征】 头顶黑褐色，额亮黄色；复眼灰黑色；触角黑色；单眼黄色，基部黑色；下颚须和下唇须深褐色。前胸深褐色，前缘有 2 条黄色纵带；中胸中部有 2 个黄色斑。Sc 与 RA 脉之间略宽，分布许多深色褐斑，与 ra-rp 横脉相对应；阶脉覆有晕斑；翅外缘有 4 个深色不规则褐斑；MA 与 RP 脉分离点略远离翅基部；RP 脉分支 14 ~ 17 条，形成 2 组阶脉；mp1-mp2 之间有 3 条横脉，翅室呈五边形。后翅与前翅相似，前缘域略窄；翅痣浅褐色，Sc 与 RA 脉之间有许多深褐色斑。雄性殖弧叶边缘骨化，末端形成 1 个明显骨化的指状突，殖弓内突弯曲，末端形成 1 个叶状突；殖弓杆长，末端托盘状，一端与殖弧叶相连；阳基侧突侧面观呈 C 形，基部尖细，末端膨大呈勺形，内侧骨片高于外侧；背面观呈舟形。雌虫第 9 生殖基节狭长，产卵瓣纺锤状，刺突长，近指状。

【地理分布】 云南、西藏。

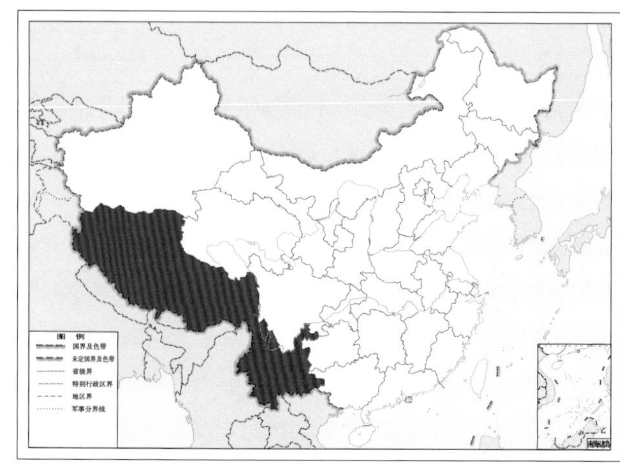

图 4-93-2 云南异溪蛉 *Heterosmylus yunnanus* 地理分布图

瑕溪蛉亚科 Spilosmylinae Krüger, 1913

【鉴别特征】 体型中等。翅狭长，翅脉较为复杂。前翅通常透明无斑，但是在窗溪蛉属 *Thyridosmylus* 中前翅分布有大量翅斑，翅痣黄色至褐色，翅疤颜色褐色至浅褐色，多数横脉覆有大量晕斑；翅脉褐色，生有大量刚毛；前缘横脉数目较多，末端简单不分叉；Sc 与 RA 脉间距略宽，sc-ra 横脉单支，靠近翅基部；RP 脉第 1 分支靠近翅基部，但是虹溪蛉属 *Thaumatosmylus* 及瑕溪蛉属 *Spilosmylus* 部分种的 RP 脉第 1 分支靠近翅中部；RP 脉分支多条，一般为 10 条左右；径分横脉多条，一般至少形成 1 组完整的阶脉；MA 与 RP 脉分离点靠近翅基部；MP 脉分支点靠近翅基部，两分支近等长；MP 与 Cu 脉之间横脉多条，基部横脉在瑕溪蛉属及窗溪蛉属 *Thyridosmylus* 中缺失形成 1 个巨大的翅室，而虹溪蛉属昆虫基部 mp-cu 横脉完整；Cu 脉于翅基部分支，CuA 脉略长于 CuP 脉，CuP 脉形成大量栉状分支。后翅与前翅相近，一般透明无斑；翅痣浅色；前缘域狭窄，横脉简单；MA 基部一般有 1 条刺状短脉；MP 2 脉分支略扩张，MP 2 脉基部有 1 条刺状短脉；CuA 脉较长，形成大量栉状分支，CuP 脉短单支。雄虫无臭腺，殖弧叶窄，侧面观弓形、无刚毛，下殖弓存在；雌虫第 8 腹板小，第 9 生殖基节狭长，在窗溪蛉属 *Thyridosmylus* 和虹溪蛉属 *Thaumatosmylus* 部分种类中与产卵瓣愈合，受精囊形状变化大。

【生物学特性】 目前仅知 *Spilosmylus flavicornis* 幼虫为半水生习性，其他种类生物学习性未知。

【地理分布】 东洋界、非洲界。

【分类】 目前全世界已知 3 属 137 种，中国已知 3 属 23 种，本图鉴收录 2 属 16 种。

中国瑕溪蛉亚科 Spilosmylinae 分属检索表

1. 前翅 M 与 Cu 间横脉超过 1 条 ………………………… **虹溪蛉属 *Thaumatosmylus***
   前翅 M 与 Cu 间横脉只有 1 条 ………………………… 2
2. 前翅布大量翅斑 ………………………… **窗溪蛉属 *Thyridosmylus***
   前翅除后缘具圆形翅斑外无其他翅斑 ………………………… **瑕溪蛉属 *Spilosmylus***

（二三）窗溪蛉属 *Thyridosmylus* Krüger, 1913

【鉴别特征】 头部褐色至黑褐色。胸部黑褐色，前胸长大于宽，两侧生有长刚毛；中后胸粗壮，深褐色，前缘有两个黑色瘤突，盾片发达。足黄色，生有褐色刚毛；胫节端部生有 1 个端刺，跗节 5 节；爪深褐色，内侧具有小齿。前翅多分布有深色翅斑，一般在外阶脉外缘形成 1 个透明的窗斑；MP 与 Cu 脉间基部 1 条横脉缺失，形成 1 个大的翅室。后翅一般透明无斑；翅痣浅黄色，翅疤褐色；MA 脉基部完整；MP2 脉基部生有 1 个短的基刺。雄虫肛上板生有 1 个背中突，臀胝圆形；生殖器略外露，殖弧叶弓形，边缘骨化，端部有 1 个向上的背突。雌虫第 9 生殖基节指状，末端连接乳突状生殖刺突；肛上板近锥形，臀胝发达；受精囊通常简单，卵圆形。

【地理分布】 东洋界。

【分类】 目前全世界已知 19 种，中国已知 13 种，本图鉴收录 13 种。

中国窗溪蛉属 *Thyridosmulus* 分种检索表

1. 前翅外阶脉处有明显的窗斑 ·· 2
 前翅外阶脉处没有窗斑 ·· 5
2. 前翅密布浅色零散碎斑，翅脉浅褐色；雄虫殖弧叶端部强骨化，形成 1 个扁平骨片；雌虫受精囊杆状 ······ ·· 淡斑窗溪蛉 *Thyridosmylus pallidius*
 前翅分布深褐色斑，翅脉褐色 ·· 3
3. 前翅翅脉没有晕斑，翅边缘分布有棕色斑；雄虫殖弧叶端部有 1 个锥形的背突；雌虫受精囊由 2 个梨形囊组成 ·· 墨脱窗溪蛉 *Thyridosmylus medoganus*
 前翅翅脉部分横脉生有晕斑 ·· 4
4. 前翅密布棕色条带，翅痣浅色，不明显 ··························· 三带窗溪蛉 *Thyridosmylus trifasciatus*
 前翅生有明显的褐色碎斑，翅痣明显；雌虫受精囊由 6 ~ 7 个囊组成 ·· 茂兰窗溪蛉 *Thyridosmylus maolanus*
5. 前翅膜区黄色或褐色，分布深色翅斑 ·· 6
 前翅膜区无色透明 ·· 9
6. 前翅翅脉密布大量黑色毛点 ·· 7
 前翅翅脉没有毛点 ·· 8
7. 前翅翅基部分布大量深色翅斑；雌虫受精囊由 5 ~ 6 个囊组成 ·· 近朗氏窗溪蛉 *Thyridosmylus paralangii*
 前翅翅基部没有翅斑；雌虫受精囊由 8 ~ 9 个腺体组成 ······························ 朗氏窗溪蛉 *Thyridosmylus langii*
8. 前翅狭长，密布深褐色斑；膜区颜色较深，与翅斑颜色接近；雄虫阳基侧突粗壮；雌虫受精囊由两个大小不同的球体组成 ·· 棕色窗溪蛉 *Thyridosmylus fuscus*
 前翅膜区黄色，翅斑深色；膜区与翅斑颜色有明显差异；雌虫受精囊呈简单杆状 ·· 三丫窗溪蛉 *Thyridosmylus triypsiloneurus*
9. 前翅外阶脉处只形成 1 个透明窗斑 ·· 10
 前翅外阶脉内外两侧各有 1 个透明窗斑 ·· 11
10. 前翅膜区边缘形成大块深色翅斑，阶脉 2 ~ 3 组；受精囊简单，呈指状 ·· 小窗溪蛉 *Thyridosmylus perspicillaris minor*
 前翅膜区形成浅褐色翅斑，阶脉 4 ~ 5 组 ······························ 丽窗溪蛉 *Thyridosmylus pulchrus*
11. 前翅前缘域有 3 ~ 4 条深色条斑 ·· 12
 前翅前缘域没有条斑；近顶点处有 1 个褐色纵带；受精囊由两个球状腺体组成 ·· 三斑窗溪蛉 *Thyridosmylus trimaculatus*
12. 前翅分布大量零散翅斑；雄虫第 9 背板上刺突生有小齿；雌虫受精囊由单一腺体组成，中部弯曲 ·· 多刺窗溪蛉 *Thyridosmylus polyacanthus*
 前翅有大量深色褐斑，受精囊由 2 个腺体组成 ······························ 黔窗溪蛉 *Thyridosmylus qianus*

94. 棕色窗溪蛉 *Thyridosmylus fuscus* Yang, 1999

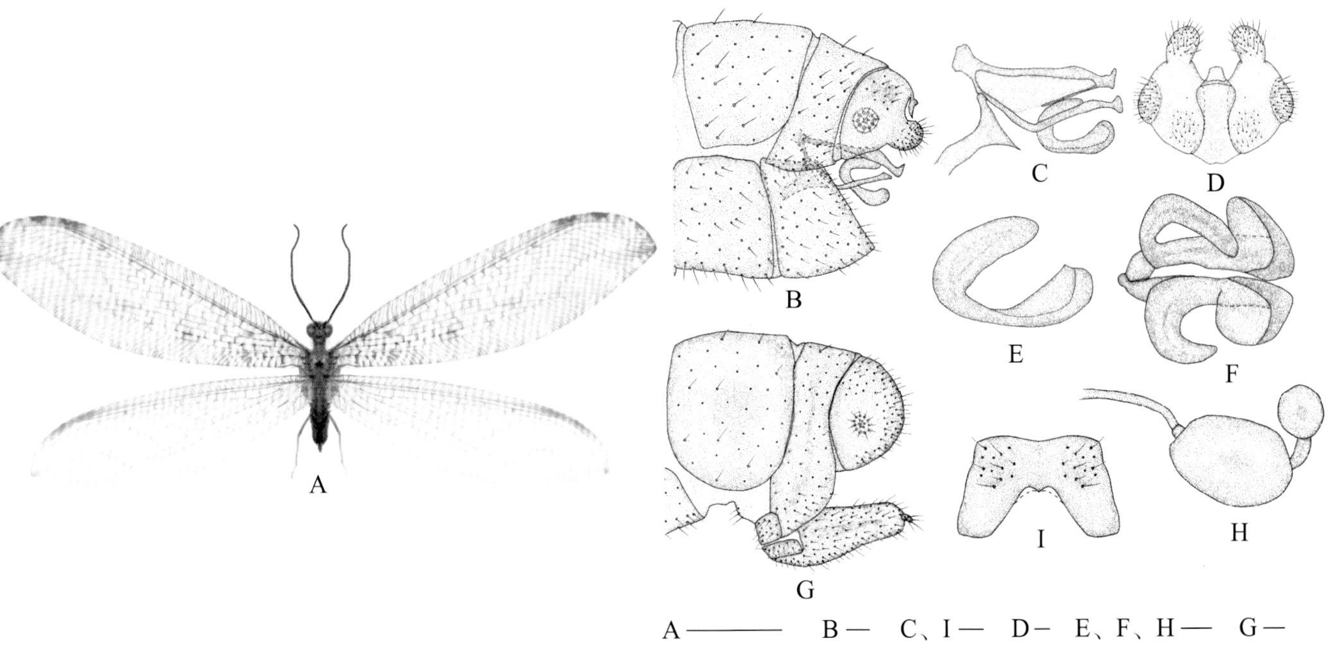

图 4-94-1　棕色窗溪蛉 *Thyridosmylus fuscus* 形态图

（标尺：A 为 5.0 mm，B、G 为 0.2 mm，C、D、I 为 0.1 mm，E、F、H 为 0.05 mm）

A. 成虫背面观　B. 雄虫生殖节侧面观　C. 雄虫外生殖器侧面观　D. 肛上板背面观　E. 阳基侧突侧面观　F. 阳基侧突背面观　G. 雌虫生殖节侧面观　H. 受精囊　I. 雌虫第 8 腹板腹面观

【形态特征】 体型中等。头部深褐色；复眼黑褐色；触角黄色，柄节褐色，刚毛褐色；上唇深褐色，下唇须褐色，端部黑褐色。前胸背板黑褐色，生有黄色刚毛；中胸背板前缘两侧有 1 对黑色瘤突，生有棕褐色刚毛。足黄色，胫节基部有 1 个褐色短刺；爪深褐色。前翅翅斑丰富，膜区黄褐色，翅脉褐色，粗壮；翅痣深褐色，中部为黄色，翅疤褐色；ra-rp 横脉及外阶脉覆有晕斑，翅外缘为黄褐色连续斑块；cua-cup 横脉覆有晕斑；A2 脉长于 A1 脉的一半，末端为 4 ~ 5 条分支；A3 脉单支。后翅淡烟色、无斑，翅脉褐色；翅痣、翅疤深褐色；翅脉与前翅相近。雄虫第 9 背板粗短，腹板近方形；肛上板小，臀胝圆形下位，瘤突突出；中突侧面观背部形成脊状突起。雌虫受精囊由两个大小不等的球体组成，中间由 1 个短管相连。

【地理分布】 浙江、福建、广西。

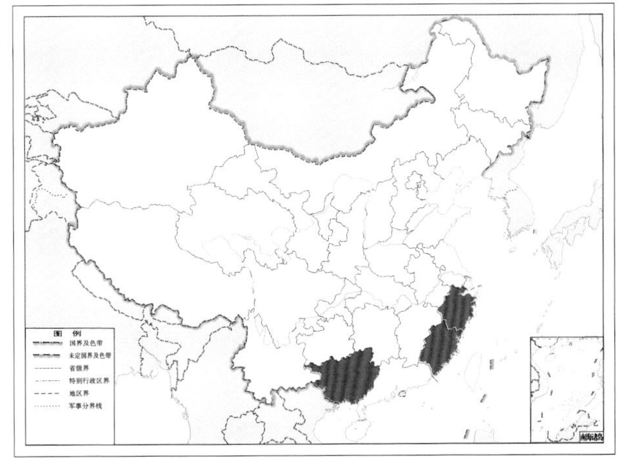

图 4-94-2　棕色窗溪蛉 *Thyridosmylus fuscus* 地理分布图

95. 朗氏窗溪蛉 *Thyridosmylus langii* (McLachlan, 1870)

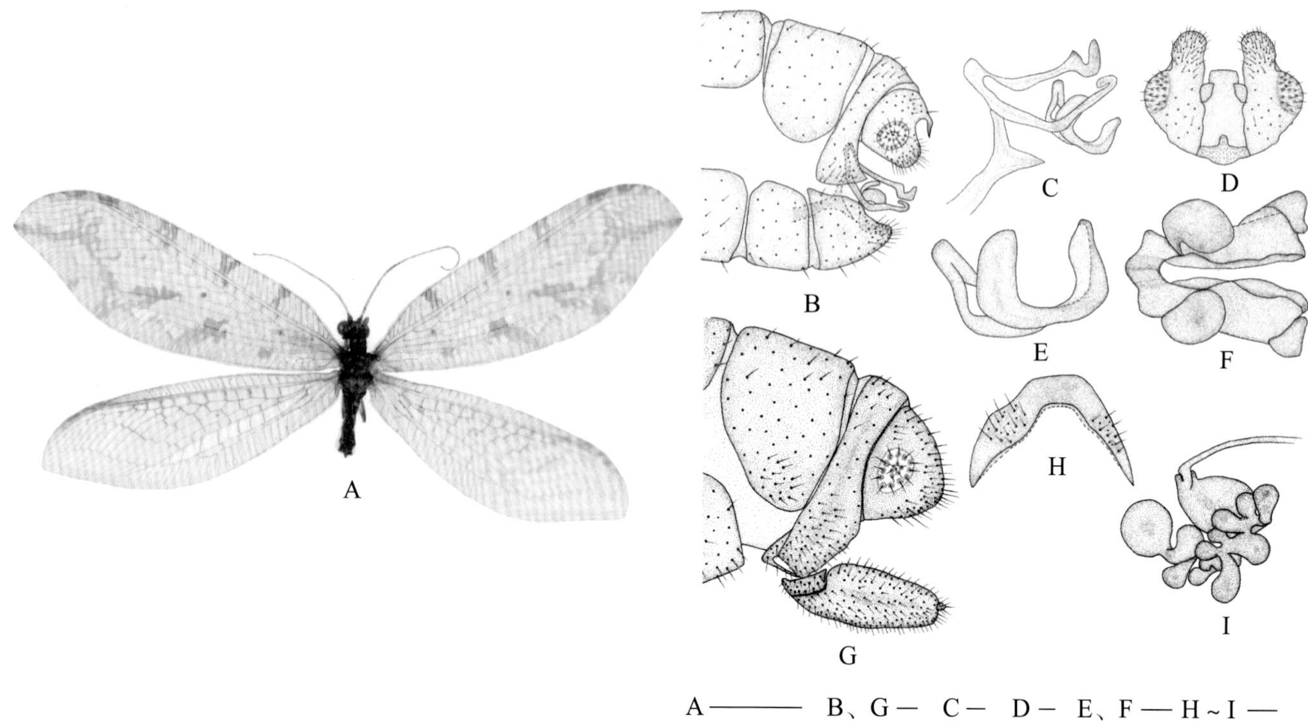

图 4-95-1 朗氏窗溪蛉 *Thyridosmylus langii* 形态图

（标尺：A 为 5.0 mm，B、G 为 0.2 mm，C、D、H、I 为 0.1 mm，E、F 为 0.05 mm）

A. 成虫背面观 B. 雄虫生殖节侧面观 C. 雄虫外生殖器侧面观 D. 肛上板背面观 E. 阳基侧突侧面观 F. 阳基侧突背面观 G. 雌虫生殖节侧面观 H. 雌虫第 8 腹板腹面观 I. 受精囊

【形态特征】 头顶有 1 个深褐色瘤突；复眼灰褐色，分布黑色斑点；触角黄色，柄节褐色，生有黄色刚毛。胸部黑褐色，生有黄色刚毛；前胸背板生有暗褐色刚毛；中胸背板前缘生有 1 对瘤突。足黄色，生有褐色刚毛；爪褐色。前翅狭长，侧缘略微凹陷；翅覆有褐色翅斑，膜区黄色，翅外缘无深色褐斑分布，翅脉褐色，生有深色毛点；翅痣褐色，中间黄色，翅疤深褐色；前缘区分布 3 个不规则的褐斑；外阶脉由深褐色斑覆盖，外缘形成 1 个透明窗斑。雄虫肛上板背中突突伸明显；殖弧叶侧面观弓形，端部形成 1 个向上弯曲的突起；阳基侧突侧面观呈 U 形弯曲，基部膨大。雌虫第 8 腹板退化，腹面观马鞍形；受精囊由多个囊组成。

【地理分布】 西藏、云南；印度。

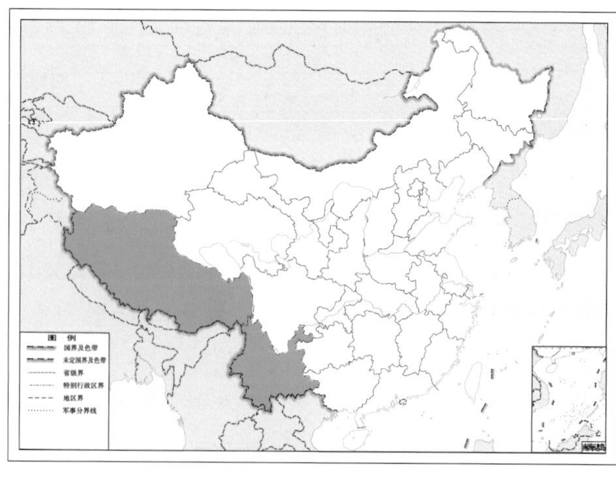

图 4-95-2 朗氏窗溪蛉 *Thyridosmylus langii* 地理分布图

96. 茂兰窗溪蛉 *Thyridosmylus maolanus* Yang, 1993

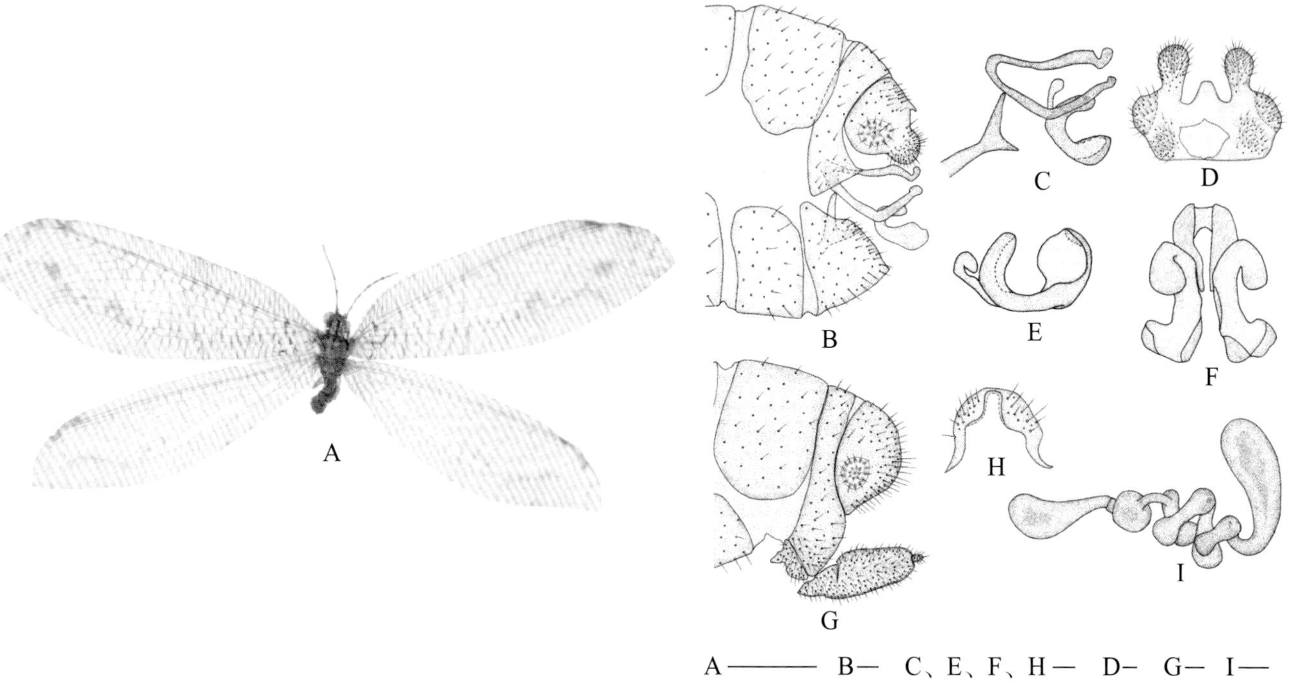

图 4-96-1 茂兰窗溪蛉 *Thyridosmylus maolanus* 形态图

（标尺：A 为 5.0 mm，B、C、G 为 0.2 mm，D ~ F、H 为 0.1 mm，I 为 0.05 mm）

A. 成虫背面观 B. 雄虫生殖节侧面观 C. 雄虫外生殖器侧面观 D. 肛上板背面观 E. 阳基侧突侧面观 F. 阳基侧突背面观 G. 雌虫生殖节侧面观 H. 雌虫第 8 腹板腹面观 I. 受精囊

【形态特征】 体型中等。头顶生有褐色瘤突；复眼灰褐色，之间有 1 条黑褐色沟；前额有 3 条褐色条斑；上唇须褐色至黄色；下唇须深褐色。前胸背板中部有 1 条黑褐色纵带，两侧各有 1 条褐色条带，刚毛黑褐色，分布于背板两侧；中胸背板前缘为 1 对深褐色的瘤突；后胸背板小盾片褐色，前缘为 1 对褐色瘤突。足黄色，爪褐色。前翅多分布棕褐色零散的条斑，翅脉褐色，多覆有晕斑；翅痣深褐色，中间浅黄色，翅疤褐色较小；Sc 与 RA 脉之间密布大量零散褐斑，ra-rp 横脉多条，覆有晕斑；外阶脉覆深色条形褐斑；MP 与 Cu 脉之间分布许多似横脉状褐斑；cua-cup 横脉覆有晕斑。前缘横脉简单不分叉，RP 脉分支 10 ~ 11 条，阶脉多组；MP 脉分叉点位于 MA 与 RP 脉分离点内侧。后翅透明，斑较少，翅脉褐色。雄虫肛上板背突侧面观陷于肛上板之间，基部形成 1 条角状脊；殖弧叶端部形成 1 个钝角突。雌虫第 8 腹板侧面观具 1 个锥形突起；受精囊由多个囊组成，两端囊棒形。

【地理分布】 贵州、四川。

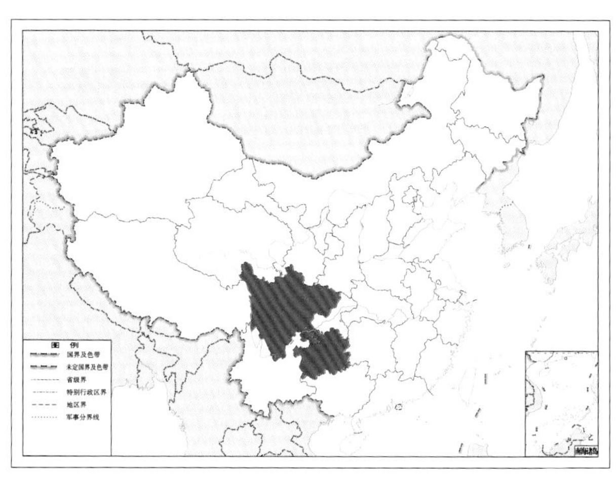

图 4-96-2 茂兰窗溪蛉 *Thyridosmylus maolanus* 地理分布图

97. 墨脱窗溪蛉 *Thyridosmylus medoganus* Yang, 1988

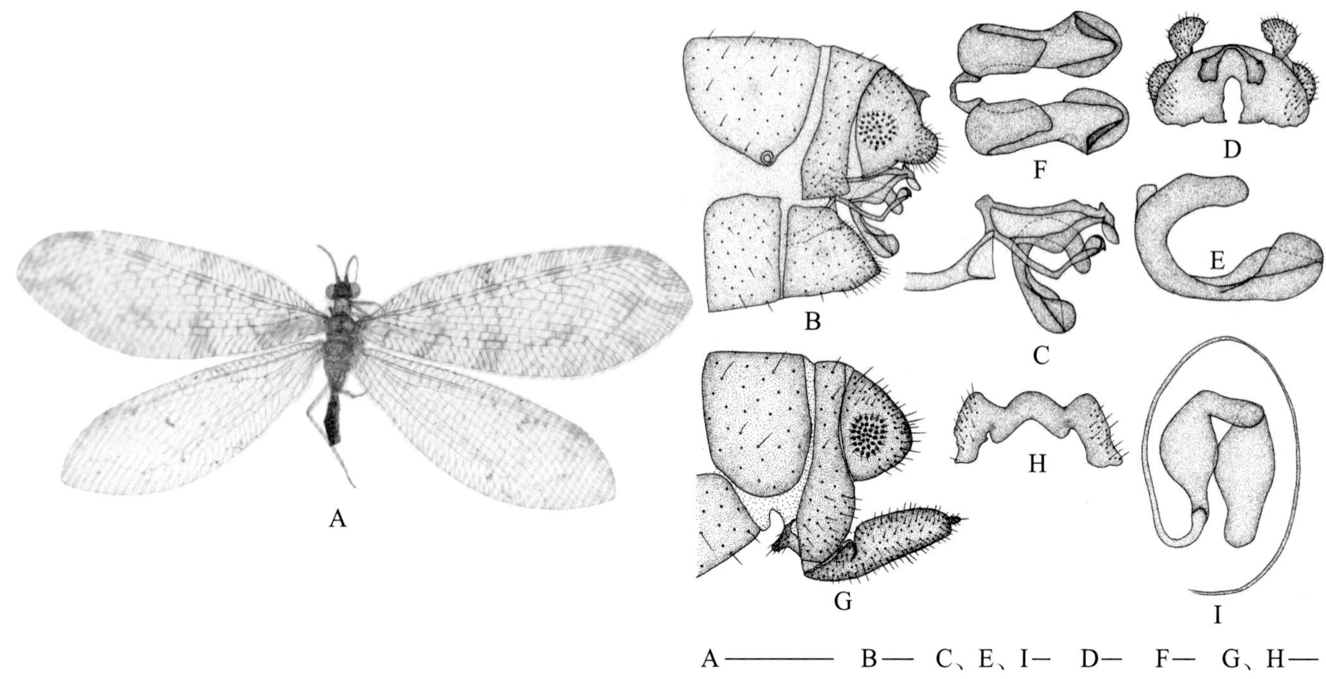

图 4-97-1 墨脱窗溪蛉 *Thyridosmylus medoganus* 形态图

（标尺：A 为 5.0 mm，B、G 为 0.2 mm，C、E、F、I 为 0.05 mm，D、H 为 0.01 mm）

A. 成虫背面观 B. 雄虫生殖节侧面观 C. 雄虫外生殖器侧面观 D. 肛上板背面观 E. 阳基侧突侧面观 F. 阳基侧突背面观 G. 雌虫生殖节侧面观 H. 雌虫第 8 腹板腹面观 I. 受精囊

【形态特征】 体型略小。头顶黑褐色，额褐色；复眼灰色，复眼生有褐色斑块，单眼褐色；触角黑色，鞭节褐色；上唇须褐色，下唇须及下颚须深褐色。前胸深色，生有黑色长刚毛；中胸黄色，生有黑色刚毛；后胸深色，生有黄色刚毛。足黄色，生有深褐色刚毛。前翅生有棕褐色翅斑，翅脉褐色；翅痣棕褐色，中间部分黄色，翅疤褐色；前缘区生有 3 ~ 4 条条形翅斑，Sc 与 RA 脉之间分布深色褐斑，部分与前缘区的翅斑相连；翅外缘分布大量零散的深色翅斑，外阶脉覆有 1 个大褐色斑。前缘横脉简单不分叉，RP 脉分支 11 条，阶脉 2 ~ 3 组；MP 脉分叉靠近 MA 与 RP 脉分离点。雄虫殖弧叶边缘骨化强烈，端部形成 1 个向上角状突起，向下形成 1 个宽大角突，侧缘中部骨化强烈。雌虫受精囊由 2 个梨形囊组成。

【地理分布】 西藏。

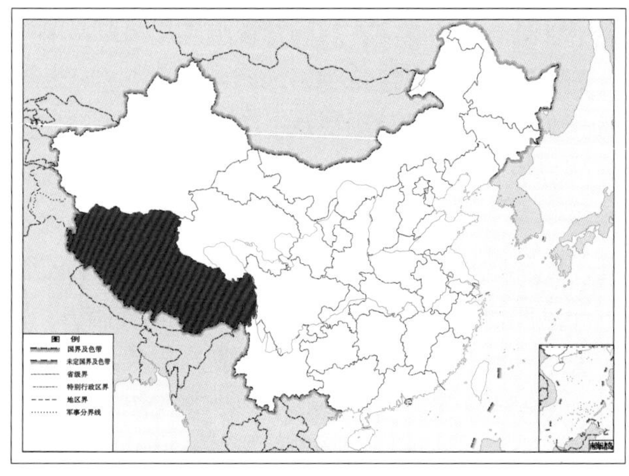

图 4-97-2 墨脱窗溪蛉 *Thyridosmylus medoganus* 地理分布图

98. 小窗溪蛉 *Thyridosmylus perspicillaris minor* Kimmins, 1942

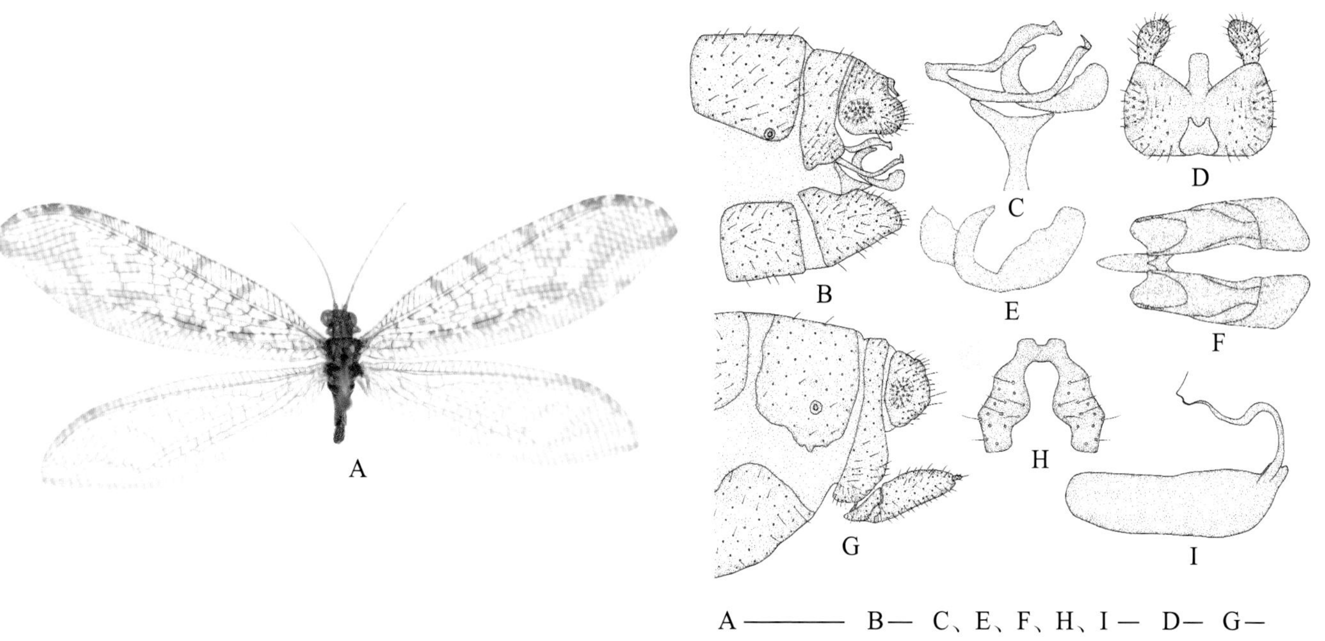

图 4-98-1　小窗溪蛉 *Thyridosmylus perspicillaris minor* 形态图

（标尺：A 为 5.0 mm，B、G 为 0.2 mm，C ~ F、H、I 为 0.1 mm）

A. 成虫背面观　B. 雄虫生殖节侧面观　C. 雄虫外生殖器侧面观　D. 肛上板背面观　E. 阳基侧突侧面观　F. 阳基侧突背面观　G. 雌虫生殖节侧面观　H. 雌虫第 8 腹板腹面观　I. 受精囊

【形态特征】 头部黑褐色，头顶褐色；复眼黑褐色；触角黄色，生有褐色刚毛，柄节深褐色；上唇须褐色，生有 1 条深色条斑；下颚须褐色、3 节，下唇须深褐色、4 节。前胸背板黑褐色，密布深色刚毛；中后胸前缘各有 1 对瘤突，密布黄色刚毛。足褐色，爪深褐色。前翅密布深色翅斑，前缘横脉区具 3 ~ 4 条深色纵带，ra-rp 横脉覆有晕斑；翅外缘覆有成片棕色翅斑，外阶脉处有 3 ~ 4 个透明小斑组成的窗斑。腹部黑褐色，生有褐色刚毛。雄虫殖弧叶侧面观边缘骨化成杆状，背侧近端部隆起，中部膜质部分不明显；殖弓内突向上弯曲，端部呈尖的钩状突起；殖弓杆宽大，呈托盘状；阳基侧突侧面观呈 C 形弯曲，基部尖细，端部膨大，基部由半骨化的骨片相连。雌虫第 8 背板宽大，腹板小，靠近第 9 背板，腹面观 V 形；受精囊简单，呈指状。

【地理分布】 云南、西藏。

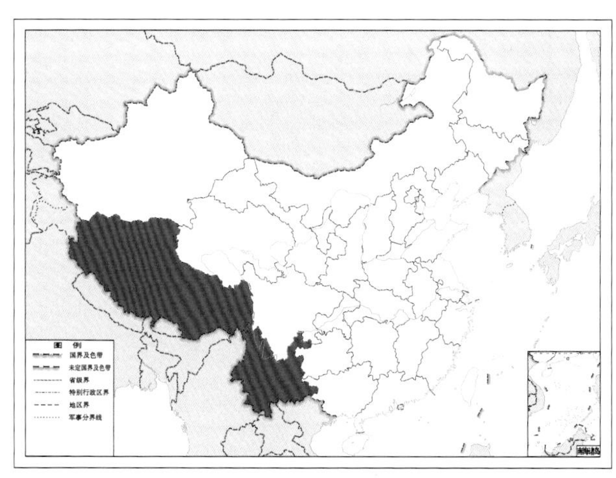

图 4-98-2　小窗溪蛉 *Thyridosmylus perspicillaris minor* 地理分布图

99. 淡斑窗溪蛉 *Thyridosmylus pallidius* Yang, 2002

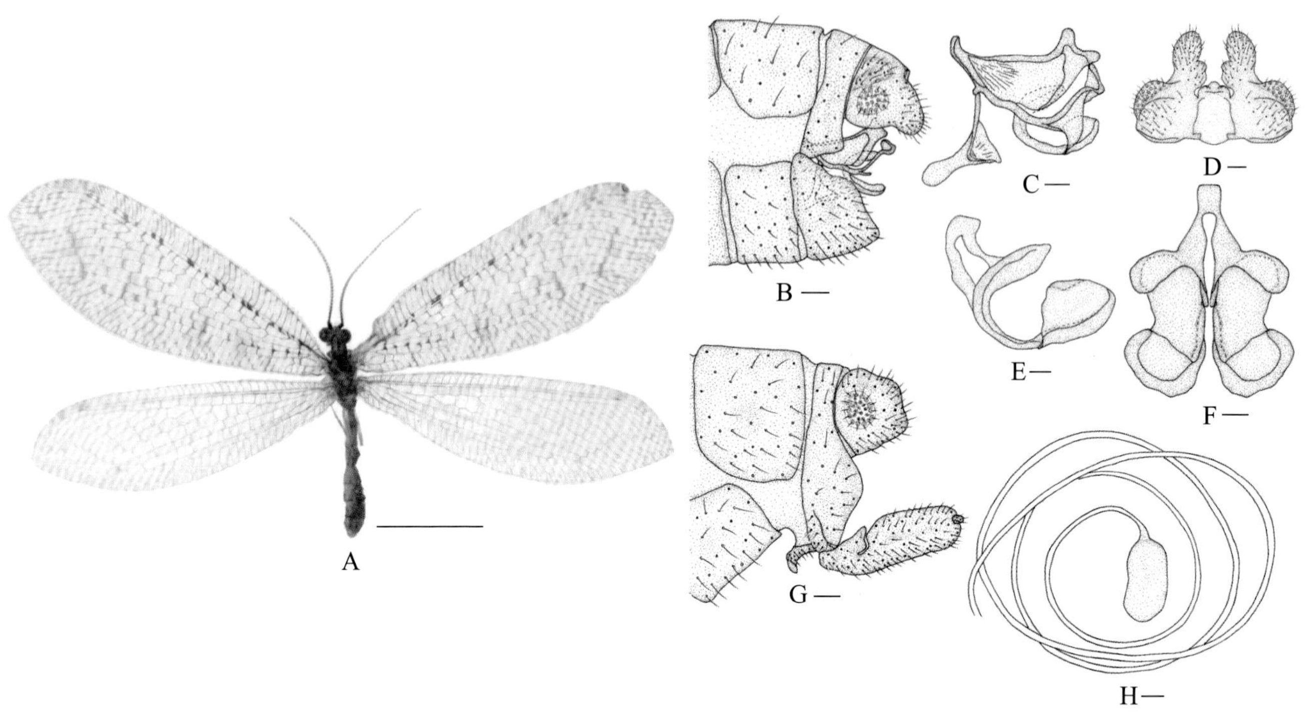

图 4-99-1 淡斑窗溪蛉 *Thyridosmylus pallidius* 形态图

（标尺：A 为 5.0 mm，B、G 为 0.2 mm，C、D 为 0.1 mm，E、F、H 为 0.05 mm）

A. 成虫背面观 B. 雄虫生殖节侧面观 C. 雄虫外生殖器侧面观 D. 肛上板背面观 E. 阳基侧突侧面观 F. 阳基侧突背面观 G. 雌虫生殖节侧面观 H. 受精囊

【形态特征】 体型中等。头部褐色；复眼黑色；触角黄色，柄节深褐色、鞭节褐色；单眼黄色。前胸深褐色，生有褐色长刚毛；中后胸褐色，生有黄色刚毛。足黄色，爪褐色。前翅分布大量零散褐斑，膜区透明，翅脉浅褐色；翅痣浅褐色，翅疤淡褐色不明显；前缘区分布大量不连续的淡褐色条斑，Sc 与 RA 脉之间分布大量似横脉的深褐色斑；外阶脉覆有浅色晕斑，翅外缘多分布零散褐色斑。雄虫肛上板背突侧面观向下弯曲；殖弧叶侧面观具 2 个突起；阳基侧突侧面观弯曲，由 1 个宽大骨片相连。雌虫受精囊粗短，呈杆状。

【地理分布】 海南。

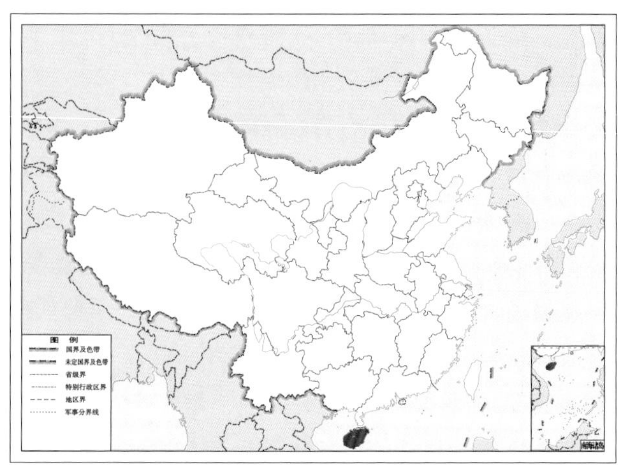

图 4-99-2 淡斑窗溪蛉 *Thyridosmylus pallidius* 地理分布图

100. 近朗氏窗溪蛉 *Thyridosmylus paralangii* Wang, Winterton & Liu, 2011

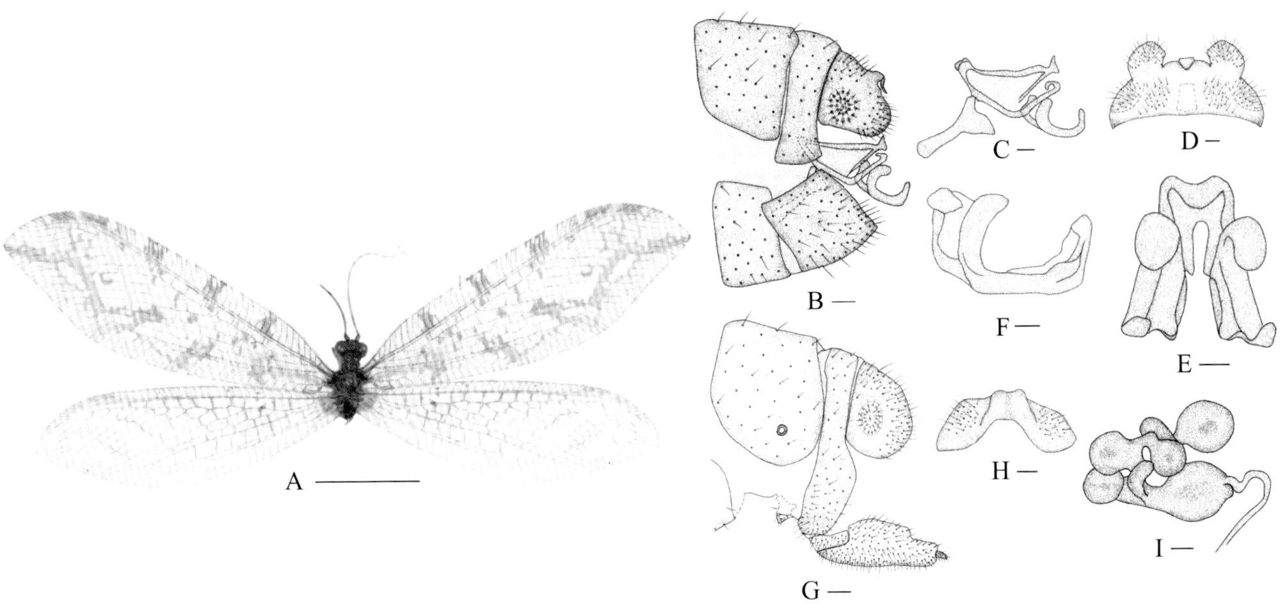

图 4-100-1 近朗氏窗溪蛉 *Thyridosmylus paralangii* 形态图

（标尺：A 为 5.0 mm，B、C、G 为 0.2 mm，D ~ F、H 为 0.1 mm，I 为 0.05 mm）

A. 成虫背面观 B. 雄虫生殖节侧面观 C. 雄虫外生殖器侧面观 D. 肛上板背面观 E. 阳基侧突背面观 F. 阳基侧突侧面观 G. 雌虫生殖节侧面观 H. 雌虫第 8 腹板腹面观 I. 受精囊

【形态特征】 体型中等。头部红褐色；复眼灰黑色，单眼灰色；触角暗褐色，生有黄色刚毛。下唇须暗褐色。前胸黑色，生有黄色刚毛；中后胸暗褐色，刚毛黄色。足浅黄色，生有褐色刚毛；爪深褐色。前翅狭长，膜区黄色，分布大量褐色翅斑，翅脉褐色，生有深色毛簇；翅痣深褐色，中间黄色，翅疤深褐色；前缘区分布 3 个近条形的褐斑；外阶脉覆有深褐色斑，自顶点 1 条深褐色斑与外阶脉相交；翅膜区生有大量零散的深色翅斑；两条倾斜平行的深色条斑自外缘向前缘发出。雄虫肛上板背突侧面观狭长；殖弧叶侧面观弓形，端部生有三角形向上突起，膜质部分明显；阳基侧突侧面观呈 C 形，两端向上弯曲，背面观基部膨大并向下弯曲。雌虫第 8 腹板腹面观呈鞍形；受精囊由多个囊组成。

【地理分布】 广西。

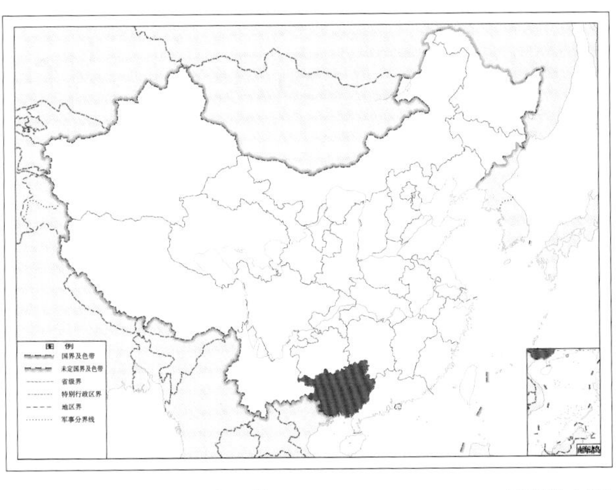

图 4-100-2 近朗氏窗溪蛉 *Thyridosmylus paralangii* 地理分布图

101. 多刺窗溪蛉 *Thyridosmylus polyacanthus* Wang, Du & Liu, 2008

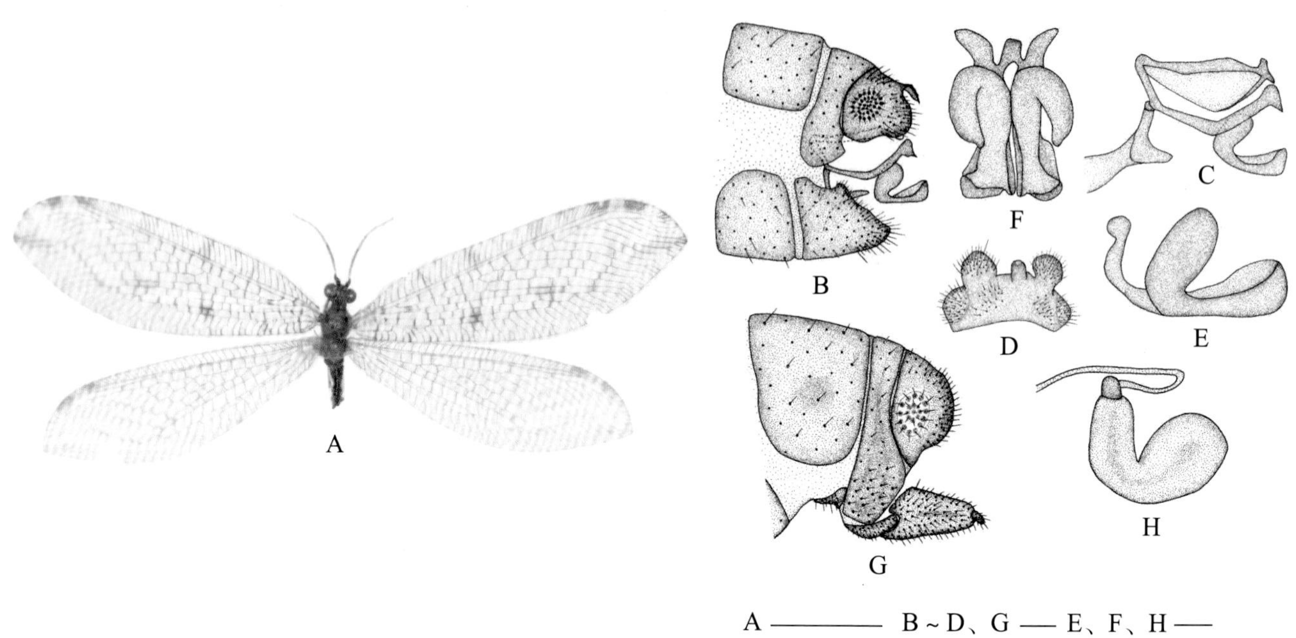

图 4-101-1 多刺窗溪蛉 *Thyridosmylus polyacanthus* 形态图

（标尺：A 为 5.0 mm，B ~ D、G 为 0.2 mm，E、F、H 为 0.1 mm）

A. 成虫背面观 B. 雄虫生殖节侧面观 C. 雄虫外生殖器侧面观 D. 肛上板背面观 E. 阳基侧突侧面观 F. 阳基侧突背面观 G. 雌虫生殖节侧面观 H. 受精囊

【形态特征】 体型中等。头顶褐色，后缘生有1条黄色条斑；额黄色，生有3条黄色纵带；复眼灰黑色，单眼黑色；触角短，褐色，柄节膨大，生有黄色刚毛；上唇须有1个V形黑斑；下颚须和下唇须深色。前胸深褐色，生有黄色刚毛；中后胸褐色，生有黄色长刚毛。足黄色，胫节端部有1个短刺。前缘域有3 ~ 4条深色条斑；翅痣深色，中间部分浅黄色；翅斑深褐色；外阶脉覆有晕斑，外缘密布浅色翅斑；MP与Cu脉基部有5 ~ 7条似横脉条斑。MA与RP脉分离点略远离翅基部，RP脉第1分支点约在前翅的1/3处；RP脉分支11条，阶脉2 ~ 3组。雄虫第9背板狭长，腹板近三角形；肛上板较小，臀胝发达，圆形、中位、瘤突发达，背突侧面观明显，背侧生有细小锯齿。殖弧叶弓形，边缘骨化，其余部分膜质化；端部形成1个角状突起；殖弓内突弯曲，端部略宽，形成1个锥形突起；殖弓杆托盘状，一端与殖弧叶相连。阳基侧突侧面观弯曲，基部粗大呈指状，端部成勺状，基部连有1个膜质的长柄。

【地理分布】 广西。

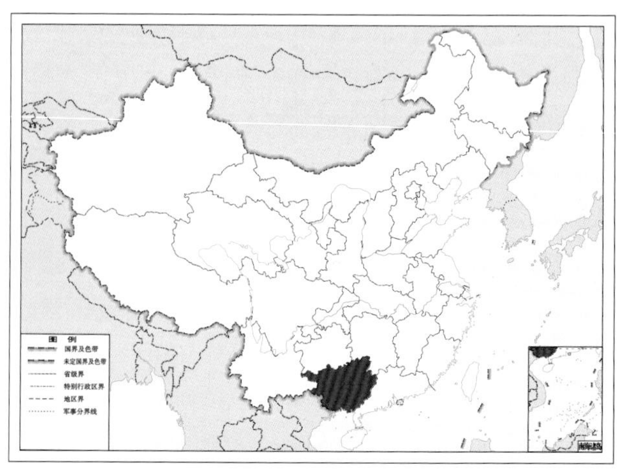

图 4-101-2 多刺窗溪蛉 *Thyridosmylus polyacanthus* 地理分布图

102. 丽窗溪蛉 *Thyridosmylus pulchrus* Yang, 1988

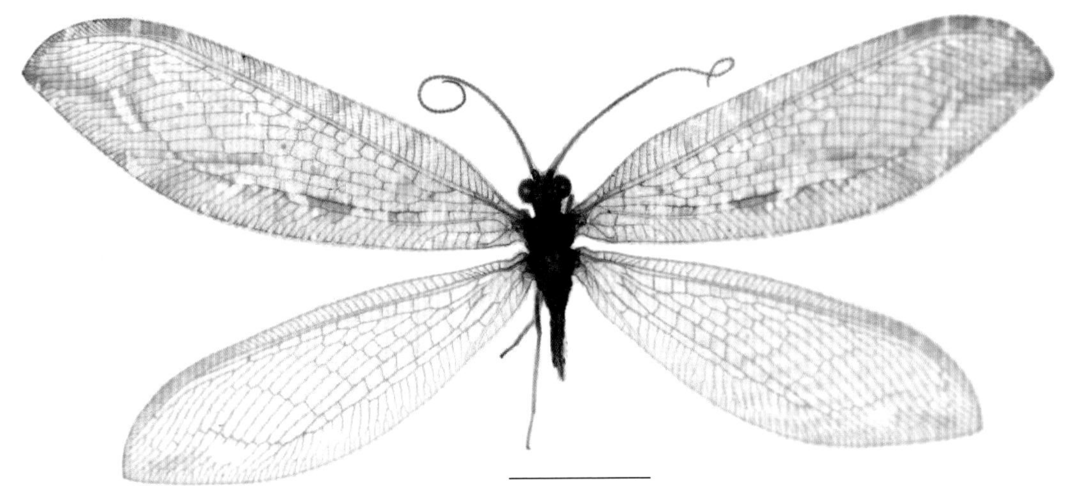

图 4-102-1　丽窗溪蛉 *Thyridosmylus pulchrus* 成虫
（标尺：5.0 mm）

【形态特征】 头顶暗褐色；复眼灰黑色，单眼深色；触角线状，约为前翅长的一半，柄节、梗节褐色，鞭节黄色；上唇暗褐色，下唇须黑褐色，末节黄色。前胸长约等于宽，生有黄色刚毛；中后胸黑褐色。足黄色，各跗节端部有 1 个短刺，爪褐色，内侧生有小齿。前缘区分布浅褐色斑，ra-rp 横脉基部覆有晕斑；阶脉 4 ~ 5 组，外阶脉覆有晕斑，外缘形成 1 个透明窗斑；自翅顶点形成 1 个深褐色斑，与阶脉相交；Cu 脉分布深褐色斑。

【地理分布】 西藏。

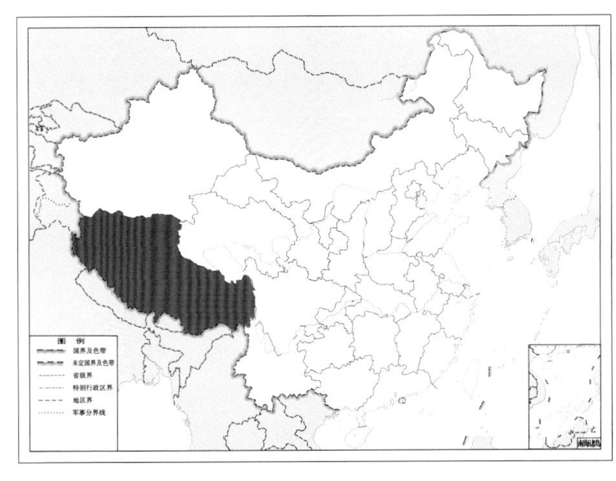

图 4-102-2　丽窗溪蛉 *Thyridosmylus pulchrus* 地理分布图

103. 黔窗溪蛉 *Thyridosmylus qianus* Yang, 1993

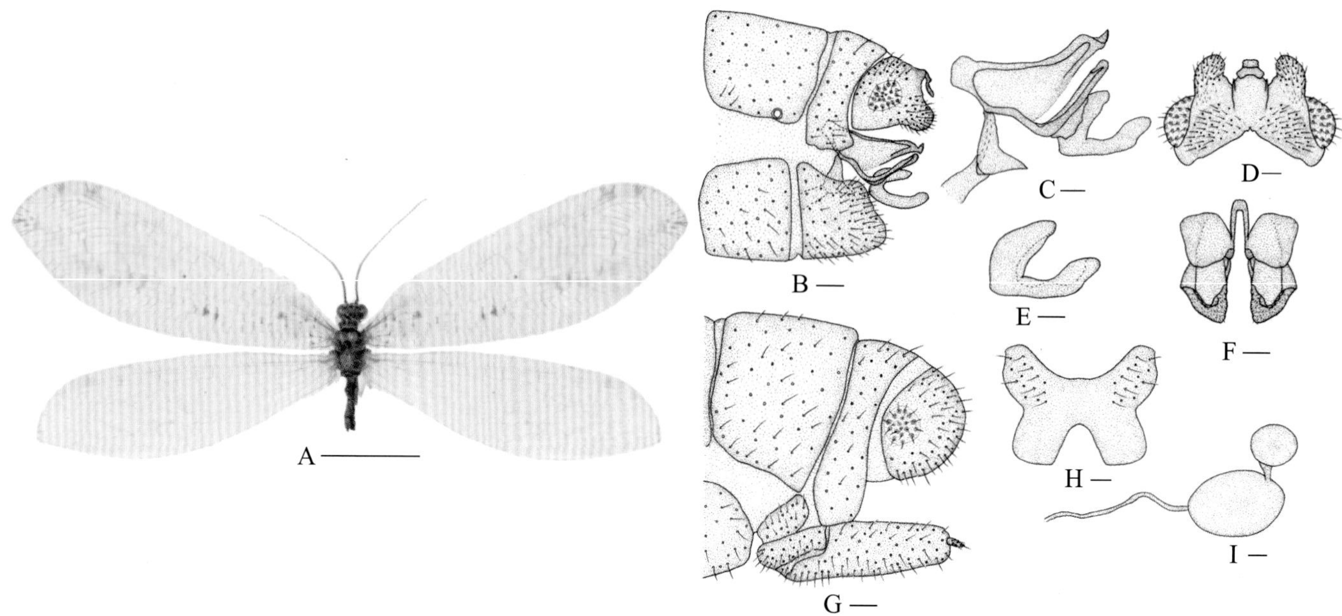

图 4-103-1 黔窗溪蛉 *Thyridosmylus qianus* 形态图

（标尺：A 为 5.0 mm，B、G 为 0.2 mm，C ~ F 为 0.1 mm，H、I 为 0.05 mm）

A. 成虫背面观 B. 雄虫生殖节侧面观 C. 雄虫外生殖器侧面观 D. 肛上板背面观 E. 阳基侧突侧面观 F. 阳基侧突背面观 G. 雌虫生殖节侧面观 H. 雌虫第 8 腹板腹面观 I. 受精囊

【形态特征】 体型中等。头部黄褐色，头顶分布 3 组黑褐色的横带；复眼黑褐色；触角丝状，长度小于前翅长的一半，柄节红褐色；下唇须暗褐色。胸部黄褐色，生有黄色刚毛；前胸较短，分布 4 条黑褐色的横带；中后胸两侧各有 1 个黑色瘤突。足黄褐色，生有褐色刚毛；爪深褐色。前翅密布深色碎斑，膜区无色；阶脉 2 组，外阶脉处形成 1 个大的透明窗斑；翅基部分布深色似横脉的小斑，Cu 脉中部分布 1 个深色的褐色斑；前翅外缘分布浅色斑块。翅脉黄色，前缘横脉不分叉，颜色深浅相间。雄虫殖弧叶侧面观为三角形，边缘骨化成明显杆状，端部形成 1 个三角形背突，其余部分膜质；殖弓内突向上弯曲，骨化明显；殖弓杆宽大，呈托盘状，一端与殖弧叶相连；阳基侧突侧面观呈 C 状弯曲。雌虫第 8 背板呈方形，宽大；腹板退化，腹面观呈鞍状；受精囊由 2 个大小不等圆球组成，中间由短的膜质软管相连。

【地理分布】 福建、浙江、湖北、重庆、贵州、山东。

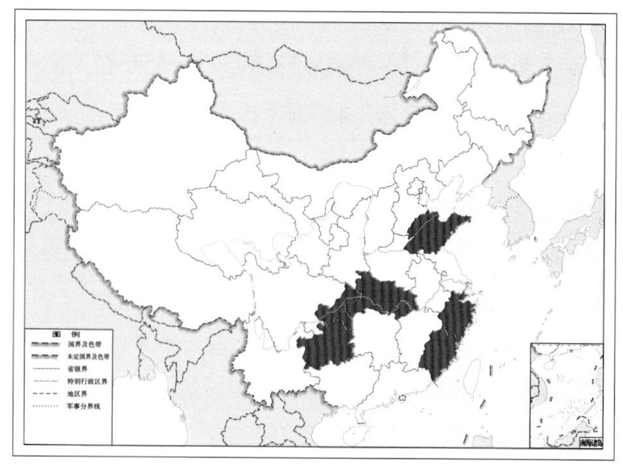

图 4-103-2 黔窗溪蛉 *Thyridosmylus qianus* 地理分布图

104. 三带窗溪蛉 *Thyridosmylus trifasciatus* Yang, 1993

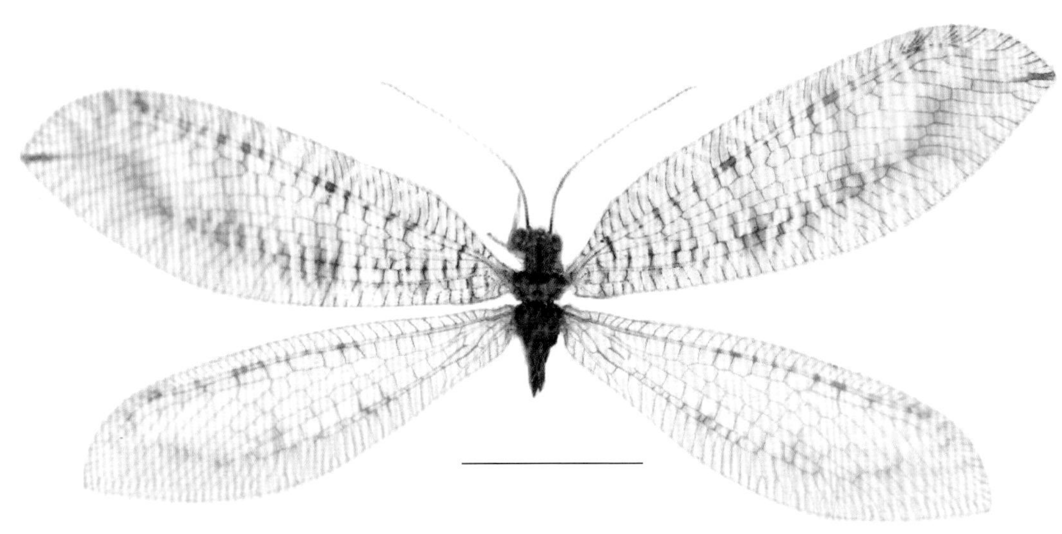

图 4-104-1　三带窗溪蛉 *Thyridosmylus trifasciatus* 形态图（成虫背面观）
（标尺：5.0 mm）

【形态特征】 头顶暗褐色；复眼灰黑色；单眼黄色，着生褐色长刚毛；触角柄节、梗节褐色，鞭节黄色，刚毛褐色，长度超过翅长的一半；前额黄色，上唇须暗褐色，基部有 1 条黑色横带，下唇须黄褐色。前胸长大于宽，生有黑色刚毛；中后胸褐色，刚毛黑色；足黄色，爪褐色。前翅较小，分布大量深色条斑，膜区透明，翅脉褐色。前缘区分布大量浅色条带，并由 Sc 与 RA 脉之间分布的大量深色斑点相连；外阶脉被深色翅斑覆盖；大量深色的条形褐斑分布于 MP 和 Cu 脉之间。前缘横脉简单，RP 脉分支 8 条。腹部末端遗失，生殖器未知。

【地理分布】 贵州。

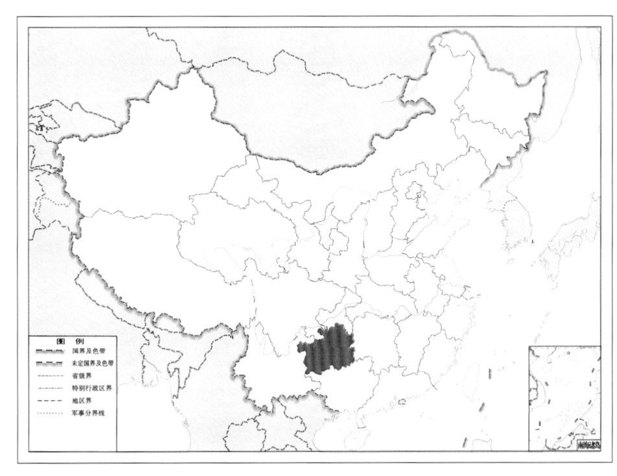

图 4-104-2　三带窗溪蛉 *Thyridosmylus trifasciatus* 地理分布图

105. 三斑窗溪蛉 *Thyridosmylus trimaculatus* Wang, Du & Liu, 2008

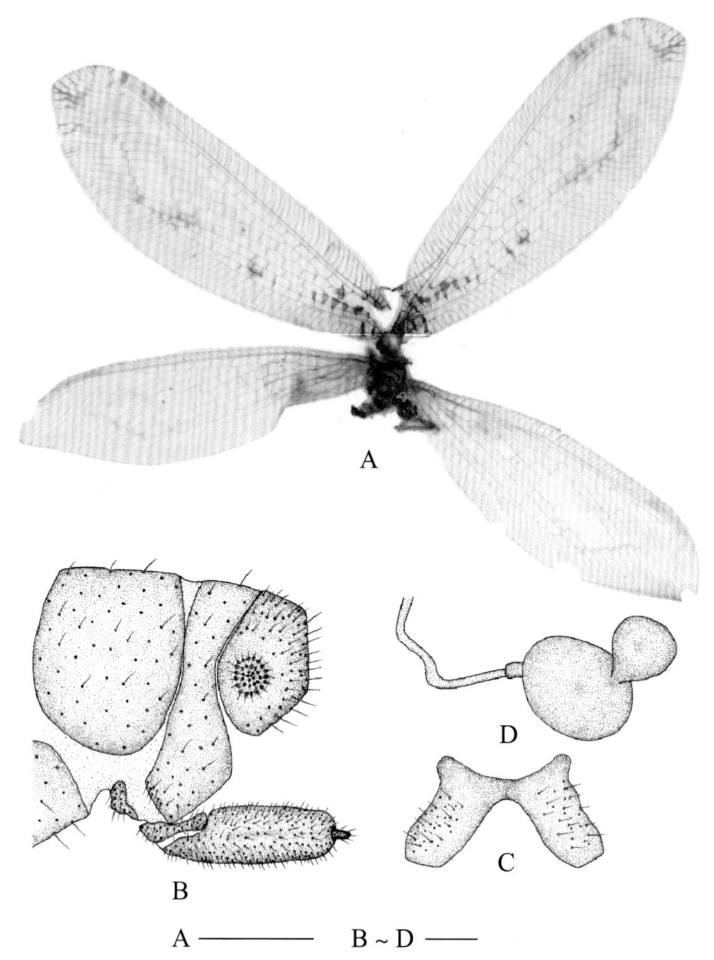

图 4-105-1 三斑窗溪蛉 *Thyridosmylus trimaculatus* 形态图

（标尺：A 为 5.0 mm，B 为 0.2 mm，C、D 为 0.1 mm）

A. 成虫背面观 B. 雌虫性生殖节侧面观 C. 雌虫第 8 腹板腹面观 D. 受精囊

【形态特征】 触角黄色，柄节膨大褐色，刚毛黄色；复眼灰褐色，单眼黄白色，三角形排列；头顶中央有 1 条褐色条带，两侧各有 1 个圆形褐斑；前额两侧各有深褐色圆斑；上唇中央有 1 个黑色圆斑，下唇须深褐色。前胸背板黄褐色，生有暗褐色刚毛，背板分布 5 个褐色斑，呈 X 形排列；中胸背板暗褐色，生有褐色刚毛，背板前缘生有 1 条深色条带。

【地理分布】 广西。

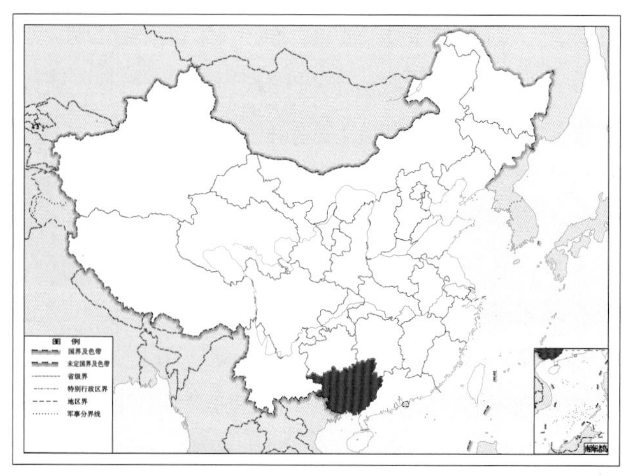

图 4-105-2 三斑窗溪蛉 *Thyridosmylus trimaculatus* 地理分布图

106. 三丫窗溪蛉 *Thyridosmylus triypsiloneurus* Yang, 1995

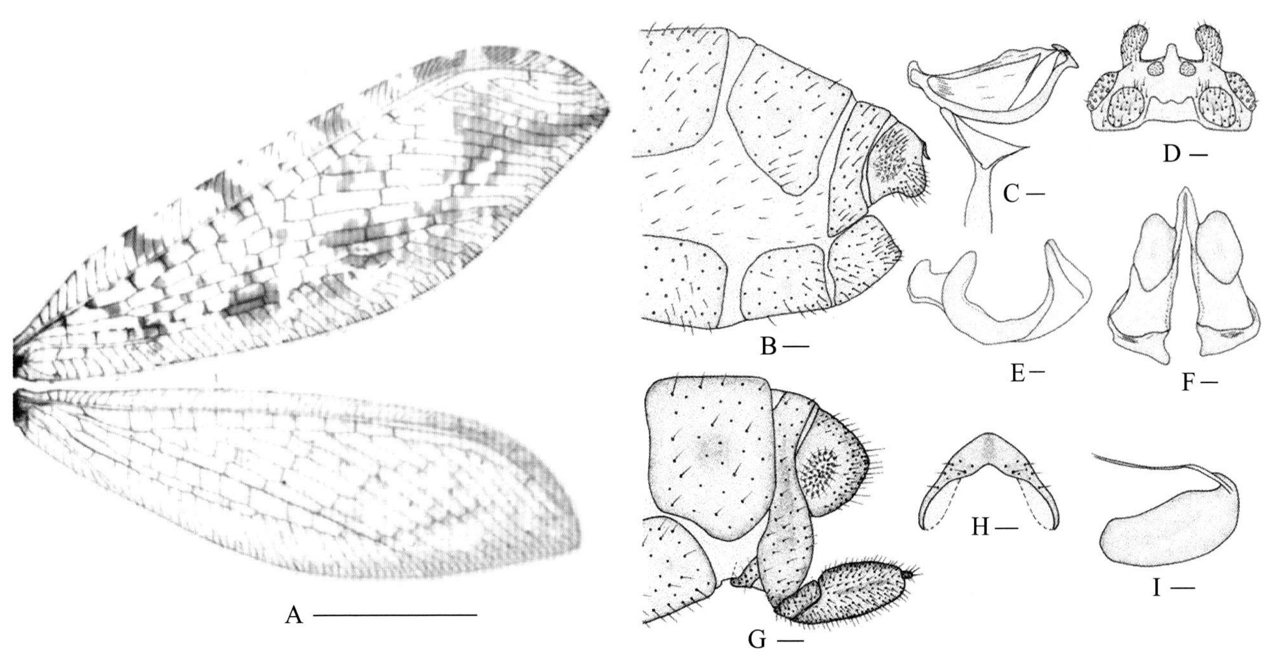

图 4-106-1　三丫窗溪蛉 *Thyridosmylus triypsiloneurus* 形态图

（标尺：A 为 5.0 mm，B、G 为 0.2 mm，C、D、H 为 0.1 mm，E、F、I 为 0.05 mm）

A. 翅　B. 雄虫生殖节侧面观　C. 雄虫外生殖器侧面观　D. 肛上板背面观　E. 阳基侧突侧面观　F. 阳基侧突背面观　G. 雌虫生殖节侧面观　H. 雌虫第 8 腹板腹面观　I. 受精囊

【形态特征】 头部黑褐色，触角黄色，生有褐色刚毛。前翅分布大量深色翅斑，膜区黄色，翅脉褐色清楚；前缘横脉区分布带形褐斑，ra-rp 横脉覆有晕斑；翅的外缘多分布褐色翅斑，Cu 脉分布深色翅斑。前缘横脉简单，RP 脉分支 11 ~ 12 条，MP 脉分叉靠近 MA 与 RP 脉分离点，阶脉 2 组。雄虫第 9 背板狭长略微向后弯曲，腹板近方形；肛上板小，近圆形、中位，瘤突粗大，背突侧面观角状；殖弧叶边缘骨化成杆状，上端部分隆起，端部形成以向上的角状突起，其余部分膜质。雌虫产卵瓣粗短近指状，刺突较短；受精囊简单，由 1 个长柱形腺体组成。

【地理分布】 广西、福建、浙江、湖南、湖北。

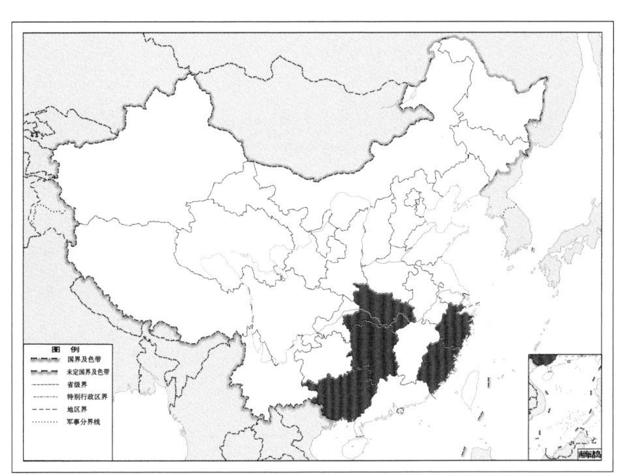

图 4-106-2　三丫窗溪蛉 *Thyridosmylus triypsiloneurus* 地理分布图

（二四）虹溪蛉属 *Thaumatosmylus* Krüger, 1913

【鉴别特征】 成虫体中型。翅较宽阔，膜区一般无色透明，分布少量褐色或棕色碎斑；翅痣褐色，中间黄色；翅斑褐色，不明显；前缘横脉列简单，少有分叉；RP 脉分支较多，一般不少于 10 条；径分横脉复杂，至少形成 1 组完整的外阶脉；MP 与 Cu 脉之间基部横脉完整，至少形成 2 个方形翅室。后翅一般透明无斑，翅室浅褐色，部分种零星分布少量褐色斑；MA 脉基部完整，MP2 脉基部生有 1 个短脉。雄虫肛上板背部生有 1 个明显指状突；殖弧叶边缘骨化较强，末端骨化较强，形成 1 个明显的向上弯曲的突起。雌虫第 9 背板狭长，第 9 生殖基节近三角形，与产卵瓣明显分离；产卵瓣纺锤形；刺突粗短；受精囊简单且呈囊状。

【地理分布】 东洋界。

【分类】 目前全世界已知 11 种，中国已知 4 种，本图鉴收录 3 种。

中国虹溪蛉属 *Thaumatosmylus* 分种检索表

1. 翅大型，翅明显宽阔 ………… **海南虹溪蛉 *Thaumatosmylus hainanus***
   翅中型，翅狭长 ………… 2
2. 雌虫受精囊呈杆状，连有细长导管 ………… **浙虹溪蛉 *Thaumatosmylus zheanus***
   雌虫受精囊长，导管退化 ………… 3
3. 后翅几乎无斑 ………… **小点虹溪蛉 *Thaumatosmylus punctulosus***
   前翅具明显翅斑 ………… **三角虹溪蛉 *Thaumatosmylus tricornus***

4-d 虹溪蛉 *Thaumatosmylus* sp. （王建赟　摄）

107. 海南虹溪蛉 *Thaumatosmylus hainanus* Yang, 2002

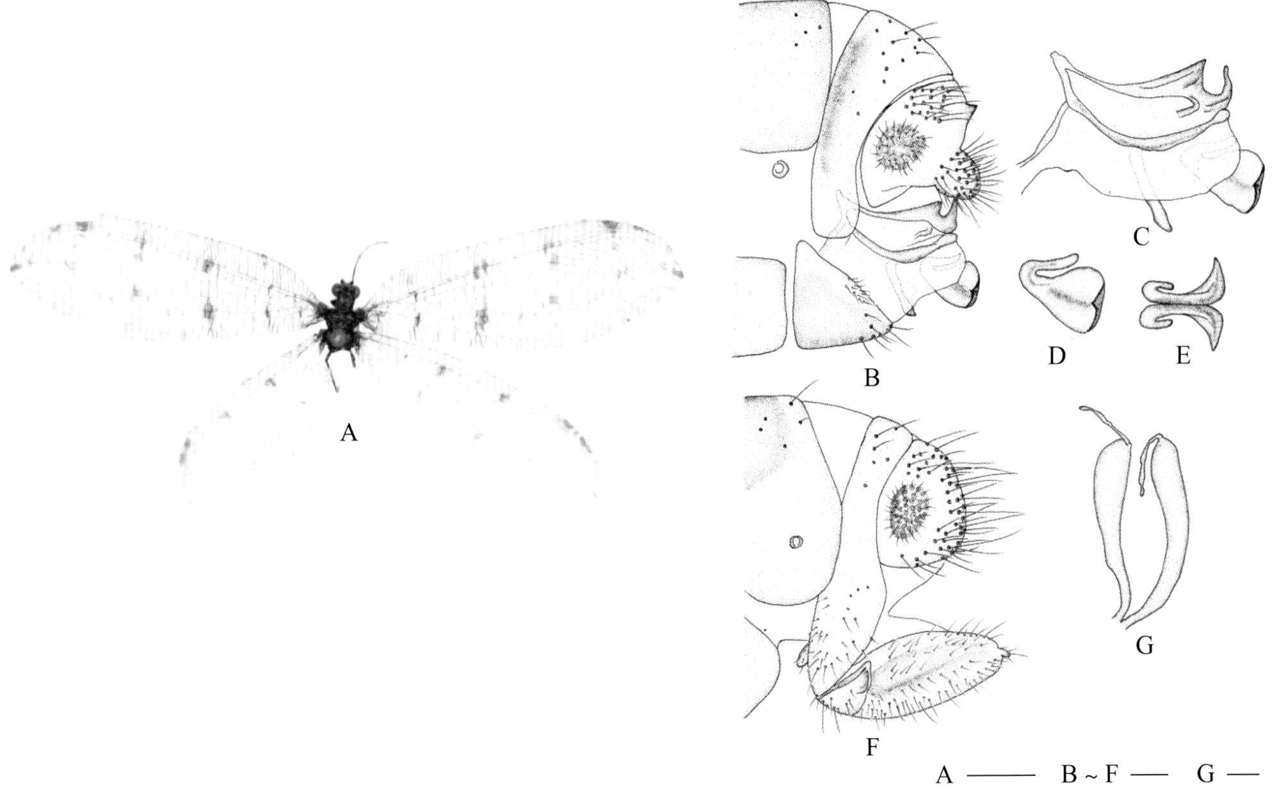

图 4-107-1　海南虹溪蛉 *Thaumatosmylus hainanus* 形态图

（标尺：A 为 5.0 mm，B ~ F 为 0.2 mm，G 为 0.05 mm）

A. 成虫背面观　B. 雄虫生殖节侧面观　C. 雄虫外生殖器侧面观　D. 阳基侧突侧面观　E. 阳基侧突背面观　F. 雌虫生殖节侧面观　G. 受精囊

【形态特征】 体大型。头部额区褐色、无斑；单眼基部暗黄色，复眼褐色；触角基部两节褐色，其余均呈土黄色。胸部黄色；前胸背板中央具 1 条褐色细纵纹，两侧密生黑色刚毛；中胸背板前缘及两侧具黑褐色斑，生有黑色刚毛；后胸暗褐色。前翅宽阔，翅上分布 4 组对称的褐色翅斑；翅脉褐色；翅痣褐色，中部黄色；翅疤浅色，不明显；RP 脉分支 11 ~ 12 条；径分横脉复杂，形成 1 组完整外阶脉；径前中横脉 3 ~ 4 条；MP 脉分支位于 MA 脉分离点内侧。雄虫肛上板发达，背突明显，殖弧叶弓形，末端骨化较强，形成 1 个向上的突起；阳基侧突基部细，末端膨大。雌虫第 9 生殖基节侧面观较宽大；产卵瓣近纺锤形；刺突粗短，锥形；受精囊呈长棒状，末端膨大。

【地理分布】 海南。

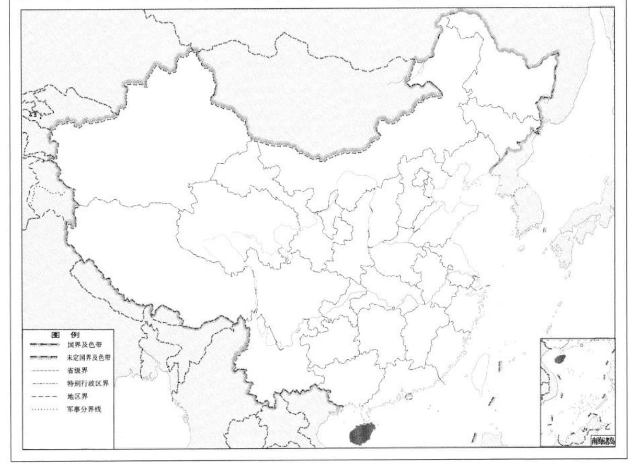

图 4-107-2　海南虹溪蛉 *Thaumatosmylus hainanus* 地理分布图

108. 小点虹溪蛉 *Thaumatosmylus punctulosus* Yang, 1999

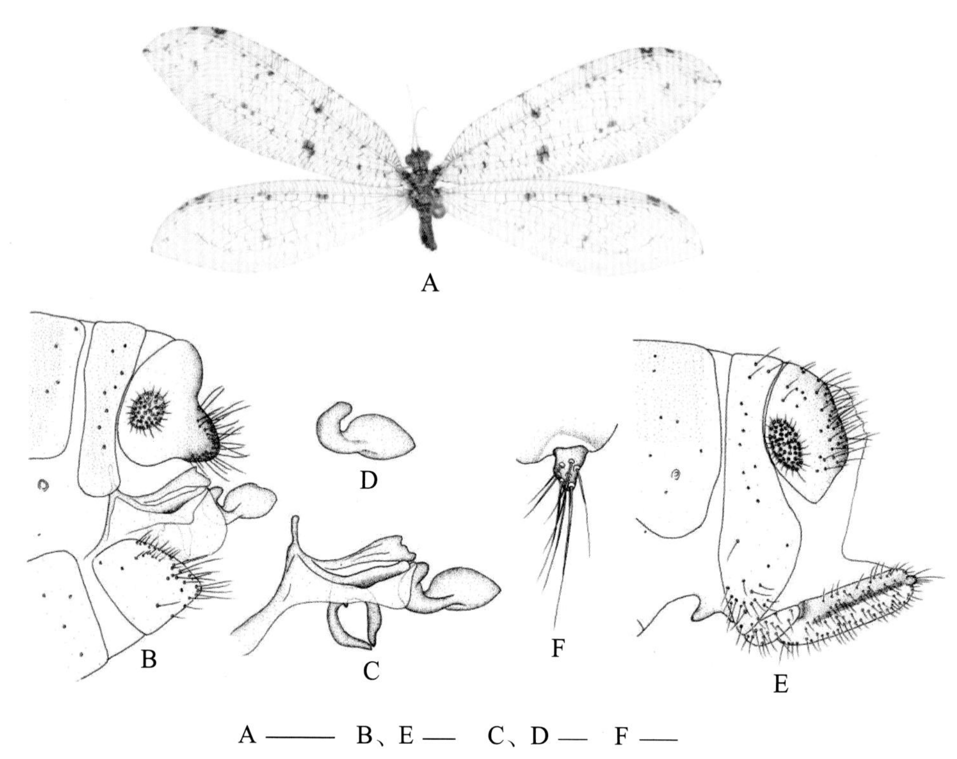

图 4-108-1 小点虹溪蛉 *Thaumatosmylus punctulosus* 形态图

（标尺：A 为 5.0 mm，B ~ E 为 0.2 mm，F 为 0.05 mm）

A. 成虫背面观 B. 雄虫生殖节侧面观 C. 雄虫外生殖器侧面观 D. 阳基侧突侧面观 E. 雌虫生殖节侧面观 F. 生殖刺突

【形态特征】 体型中等偏大。头顶为褐色；复眼黑褐色；触角均呈黄色；单眼基部淡黄色；额区黄色，由复眼向内两触角下方各具 1 个黑斑，唇基上方具 1 个黑褐色斑点。中胸背板前缘及两侧上边具黑褐色斑；后胸后缘具 2 个黑褐色斑。翅略狭长，膜区分布少量褐斑，且翅斑零散；ra-rp 横脉覆有褐色翅斑；CuP 脉区分布 2 个深色翅斑；RP 脉分支 10 ~ 11 条，径分横脉复杂，仅形成 1 组完整外阶脉；径前中横脉 3 ~ 4 条；MP 脉分支位于 MA 与 RP 脉分离点内侧。雄虫殖弧叶末端骨化较强，阳基侧突基部尖细，末端膨大向外明显翻起。雌虫第 9 生殖基节侧面狭长，产卵瓣近指状，中部略微加宽；刺突粗短，近锥形。

【地理分布】 福建、河南。

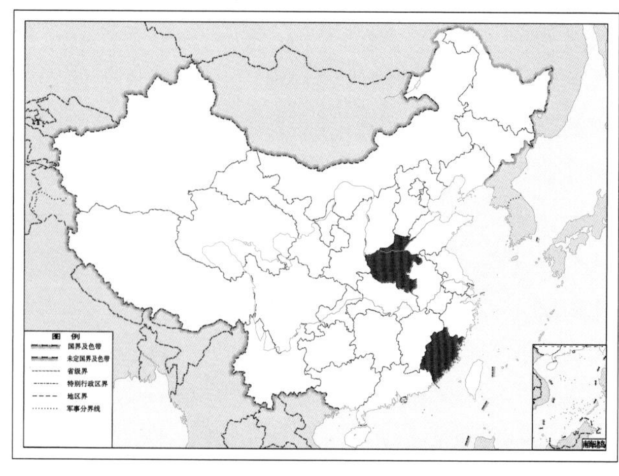

图 4-108-2 小点虹溪蛉 *Thaumatosmylus punctulosus* 地理分布图

109. 浙虹溪蛉 *Thaumatosmylus zheanus* Yang & Liu, 2001

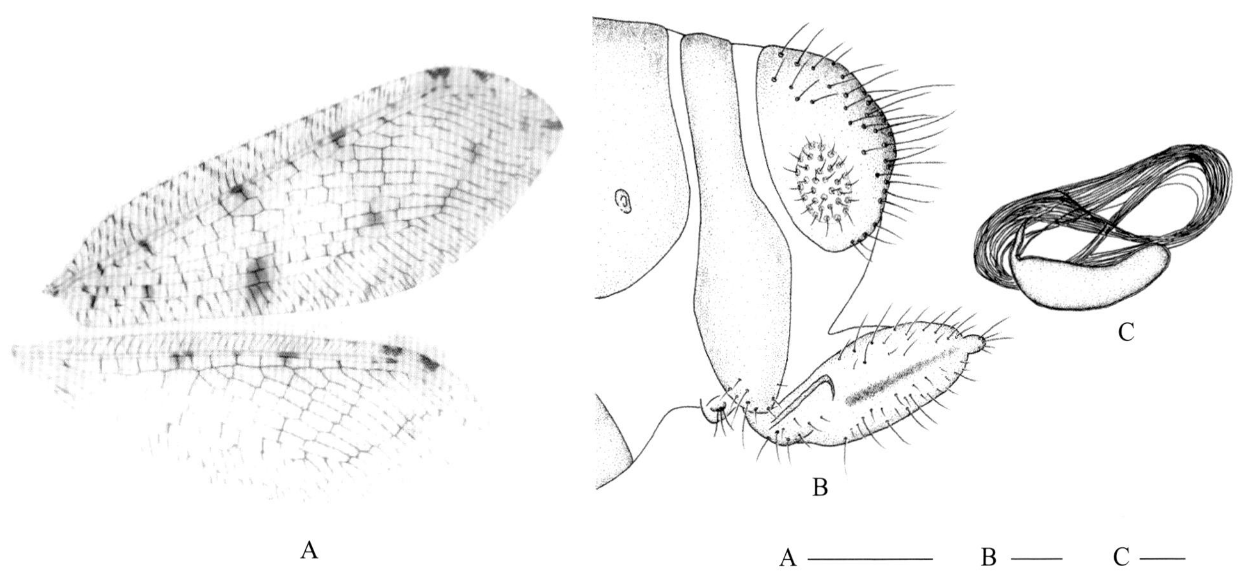

图 4-109-1 浙虹溪蛉 *Thaumatosmylus zheanus* 形态图
（标尺：A 为 5.0 mm，B 为 0.2 mm，C 为 0.1 mm）
A. 翅 B. 雌虫生殖节侧面观 C. 受精囊

【形态特征】 体色污黄稍具黑褐斑纹；头部仅单眼后方有褐纹，前胸背板稍有褐纹，中后胸背板上有钩形褐纹，胸部侧板上仅有 1 个褐色斑；翅略宽阔，翅上零星分布有褐色翅斑，翅脉褐色，部分浅色，呈深浅相间；cua-cup 间横脉及 MA 与 MP 脉末端分布有少量深色翅斑；RP 脉分支 10 ~ 11 条，径分横脉只形成 1 组完整阶脉；径前中横脉 2 条。雌虫受精囊形状特殊，与其他种明显不同，具 1 个柱状腺体，基部连有细长导管。

【地理分布】 浙江。

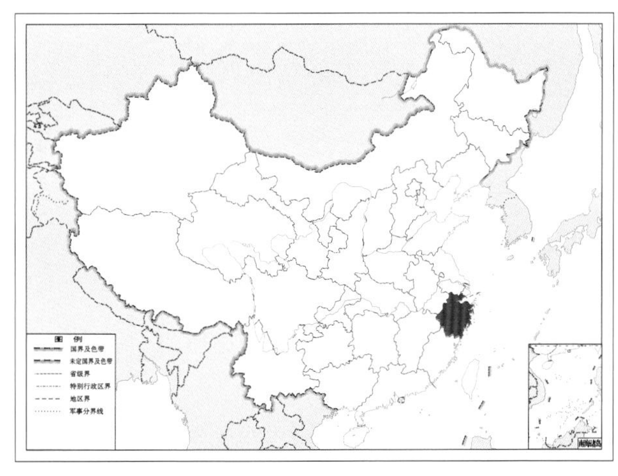

图 4-109-2 浙虹溪蛉 *Thaumatosmylus zheanus* 地理分布图

五、栉角蛉科 Dilaridae Newman, 1853

【鉴别特征】 体中小型，纤细，黄褐色。头部具 3 个单眼状瘤突，触角雌雄二型，雄为栉状或粗线状，雌为细线状；翅具翅疤和缘饰，前缘横脉多不分叉，无肩迴脉，RP 脉仅 1 支从 R 脉分出。雌产卵器极度延长，弯于腹部末端背面。幼虫体狭长，头部和胸部近乎等宽，腹节长多大于宽；上颚与触角和下唇须长度相似，刺状直伸。

【生物学特性】 卵为长圆形，底端圆形，上方具 1 个蘑菇状的似卵孔突出物。幼虫陆生，常见于林木树皮下或朽木中捕食小虫，其他生物学特性已知甚少，生活史长，栉角蛉亚科 Dilarinae 的幼虫生活在潮湿的土壤中，以土壤中的节肢动物或死亡的幼虫为食。成虫具有明显雌雄二型现象，具有趋弱光性。

【地理分布】 除澳洲界外均有分布。

【分类】 目前全世界已知 4 属 102 种，中国已知 2 属 33 种，本图鉴收录 2 属 32 种。

中国栉角蛉科 Dilaridae 分属检索表

1\. 雄虫触角粗线状；前翅 MA 脉从 Rs 脉分出，亚前缘区无横脉 ································ **鳞栉角蛉属 *Berothella***

雄虫触角单栉状；前翅 MA 脉从 R 脉主支分出，亚前缘区有横脉 ····································· **栉角蛉属 *Dilar***

（二五）鳞栉角蛉属 *Berothella* Banks, 1934

【鉴别特征】 虫体、足及翅面被有长毛。前翅 Sc 与 R 脉在翅疤外侧具 1 条横脉连接；R 与 RP 脉间一般具 3 条横脉，RP 脉具 4 条分支；M 与 R 脉不相接；中脉、臀脉和肘脉在翅基部具明显的弯曲。腹部无明显可见的生殖基节。

【地理分布】 东洋界。

【分类】 目前全世界已知 3 种，中国已知仅 1 种，本图鉴收录 1 种。

110. 丽鳞栉角蛉 *Berothella pretiosa* Banks, 1939

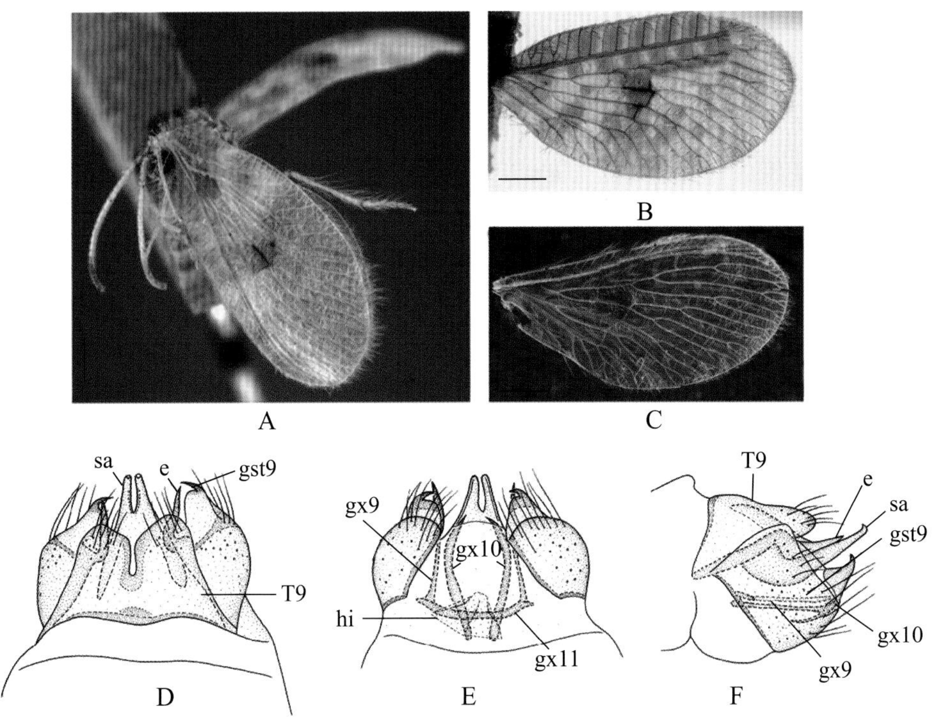

图 4-110-1 丽鳞栉角蛉 *Berothella pretiosa* 形态图

（标尺：A ~ C 为 1.0 mm，D ~ F 为 0.5 mm）

A. 成虫侧面观 B. 前翅 C. 后翅 D. 雄虫外生殖器背面观 E. 雄虫外生殖器腹面观 F. 雄虫外生殖器侧面观

图中字母表示：e. 肛上板 sa. 上肛上板 T9. 第 9 背板 gst9. 第 9 生殖刺突 gx9. 第 9 生殖基节 gx10. 第 10 生殖基节 gx11. 第 11 生殖基节 hi. 内生殖板

【测量】 雄虫前翅长 7.0 mm，后翅长 6.0 mm。

【形态特征】 头部浅黄褐色；触角粗，线状，柄节和梗节黄褐色，鞭节黄色，靠近端部的鞭小节褐色；口器黄色。前胸背板黄色，前缘和侧缘具有 2 对多毛的浅黄色瘤突；中胸和后胸黄褐色，具长毛。足浅黄色，具有略呈白色的长毛；股节和胫节的接缝处、胫节和第 1 跗分节的接缝处、端部 4 跗分节为浅红褐色。翅透明，略呈浅烟褐色，密布浅褐色斑纹。前翅翅疤 3 个；后翅淡黄色，斑型不明显，翅疤仅 1 个。前翅 R 至 CuP 脉间具缘饰；RP 脉主支 4 条；MA 脉在基部与 R 脉愈合，无连接 MP 脉的横脉状分支；MP 脉主支 2 条。后翅 R 至 CuP 脉间具缘饰；RP 脉主支 4 条；MA 与 RP 脉在基部具较短的愈合。雄虫腹部末端第 9 背板的半背片端部具有 1 根长刺，近侧面具有 1 个近四边形的瓣，瓣的后缘具有 1 个明显的钩状突起；成对的第 10 生殖基节细长，成角度的向前内弯，并且基部与第 11 生殖基节的侧端分离；上肛上板后缘明显内凹。

【地理分布】 海南。

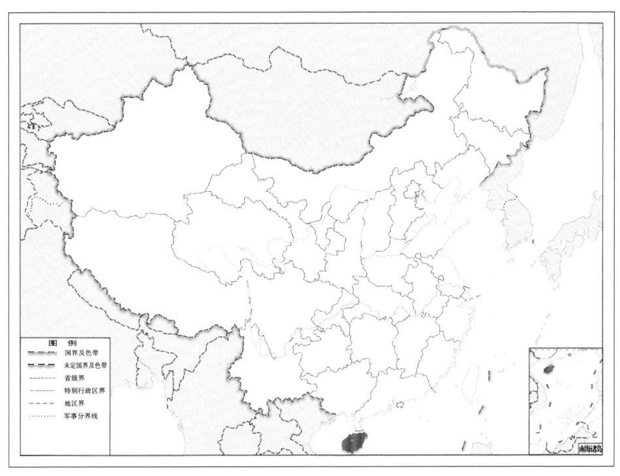

图 4-110-2 丽鳞栉角蛉 *Berothella pretiosa* 地理分布图

（二六）栉角蛉属 *Dilar* Rambur, 1838

【鉴别特征】 雄虫中等大小，体长 3.0 ~ 8.0 mm；雌虫略大，体长 5.0 ~ 10.0 mm。雄虫触角栉状。翅宽阔，一般密布褐色斑纹；R 与 RP 脉间多于 5 条横脉，MA 脉在翅基部与 R 脉有较短愈合，与 MP 脉的横脉无连接；MP 脉主支 2 条；前翅翅疤 2 ~ 3 个，后翅翅疤 1 个；前翅一般在 R 至 CuP 脉间具缘饰，后翅一般在 R 至 CuP 脉间具缘饰。雄虫第 9 背板背面观前缘一般浅弧形凹缺，后缘 V 形或 U 形凹缺，末端钝圆且密被长毛，第 9 腹板一般明显短于第 9 背板；肛上板高度特化；生殖基节包括 1 对骨化较强的第 9 生殖基节、1 对第 10 生殖基节，以及横梁状的殖弧叶；内生殖板一般呈梯形，两侧略呈弧形。雌虫第 9 背板一般较狭长，侧面观斜向腹面延伸；受精囊长管状，弯曲；肛上板较小，卵圆形。

【地理分布】 古北界、东洋界。

【分类】 目前全世界已知 73 种，中国已知 32 种，本图鉴收录 31 种。

中国栉角蛉属 *Dilar* 分种检索表（雄虫）

1. 前翅深褐色，翅斑大多互相融合，翅疤外侧的无斑区不明显 …… 2
   前翅浅黄色，翅斑分散分布，翅疤外侧具明显的无斑区 …… 3
2. 第 9 生殖基节细长，末端呈膨大的爪状 …… **山地栉角蛉 *Dilar montanus***
   第 9 生殖基节强烈弯曲，末端呈细长的爪状 …… **深斑栉角蛉 *Dilar spectabilis***
3. 第 9 背板背面观具背突 …… 4
   第 9 背板背面观不具背突 …… 10
4. 前翅具很多分散的、不规则分布的小褐色斑 …… 5
   前翅具很多条带状斑，呈弧形排列 …… 7
5. 肛上板背面观末端具 1 对爪状、向腹面弯曲的骨化物 …… 6
   肛上板背面观末端具 1 对近三角形、扁平的骨化物 …… **独龙江栉角蛉 *Dilar dulongjiangensis***
6. 第 10 生殖基节细长，殖弧叶背面观细横梁状 …… **尺栉角蛉 *Dilar geometroides***
   第 10 生殖基节极短，殖弧叶背面观两端延伸出 1 对细长的骨化物 …… **汉氏栉角蛉 *Dilar harmandi***
7. 第 10 生殖基节内弯，基部狭窄 …… 8
   第 10 生殖基节细长，基部强烈弯曲 …… 9
8. 第 10 生殖基节背面观中间膨大，末端刺状 …… **西藏栉角蛉 *Dilar tibetanus***
   第 10 生殖基节背面观中间不膨大，末端平截 …… **广西栉角蛉 *Dilar guangxiensis***
9. 肛上板背面观末端具 3 对长度不等的尖状突起 …… **杨氏栉角蛉 *Dilar yangi***
   肛上板背面观末端具 2 对长度近等的向两侧弯曲的爪状突起 …… **海岛栉角蛉 *Dilar insularis***
10. 第 9 生殖基节后端分叉 …… 11
    第 9 生殖基节后端不分叉 …… 18
11. 第 9 生殖基节末端分叉 …… 12
    第 9 生殖基节在中部开始分叉 …… 15
12. 殖弧叶近 W 形，中部向后突起 …… **广翅栉角蛉 *Dilar megalopterus***
    殖弧叶细长，近 U 形 …… 13

13. 第 10 生殖基节细长，长度约为第 9 生殖基节的 2 倍 ……………………………………………………… 14
    第 10 生殖基节内弯，略长于第 9 生殖基节 …………………………………………………… 李氏栉角蛉 *Dilar lii*
14. 肛上板背面观近半圆形，末端具 1 对半圆形的片状突起 ……………………………… 太白栉角蛉 *Dilar taibaishanus*
    肛上板背面观近梯形，末端具锯齿状突起 ………………………………………… 猫儿山栉角蛉 *Dilar maoershanensis*
15. 第 10 生殖基节侧面观具 1 个突起，延伸至第 9 生殖基节 ………………………………………………… 16
    第 10 生殖基节侧面观不具任何突起，延伸至第 9 生殖基节 ……………………… 二叉栉角蛉 *Dilar bifurcatus*
16. 第 10 生殖基节长度约为第 9 生殖基节的 2 倍 …………………………………………………………………… 17
    第 10 生殖基节中部强烈弯曲，略长于第 9 生殖基节 ……………………………… 狭翅栉角蛉 *Dilar stenopterus*
17. 肛上板背面观末端锯齿状，第 10 生殖基节略内弯 ……………………………… 车八岭栉角蛉 *Dilar chebalingensis*
    肛上板背面观末端中间具 1 个强骨化的分叉突起，第 10 生殖基节向外弯曲 … 台湾栉角蛉 *Dilar taiwanensis*
18. 第 9 生殖基节强烈膨大，膨大部分多于 2/3 ……………………………………………………………………… 19
    第 9 生殖基节膨大部分不超过 1/2 ………………………………………………………………………………… 22
19. 殖弧叶 W 形，中部向后突起 ……………………………………………………………………………………… 20
    殖弧叶细横梁状，两端略弯曲 ……………………………………………………………………………………… 21
20. 肛上板背面视背面骨片末端具 1 对向腹面弯曲的爪状突起 ……………………… 东川栉角蛉 *Dilar dongchuanus*
    肛上板背面视背面骨片末端平截，中部锯齿状 ……………………………………… 云南栉角蛉 *Dilar yunnanus*
21. 第 9 生殖基节近三角形，远短于第 10 生殖基节 ………………………………………… 中华栉角蛉 *Dilar sinicus*
    第 9 生殖基节近壳状，几乎等长于第 10 生殖基节 ……………………………………… 多斑栉角蛉 *Dilar maculosus*
22. 第 10 生殖基节细长，近中部分叉 ………………………………………………………………………………… 23
    第 10 生殖基节不分叉 …………………………………………………………………………………………… 24
23. 前翅具许多不规则分布的褐色斑；肛上板背面观末端具 1 对分叉的爪状突起 ……… 奇异栉角蛉 *Dilar nobilis*
    前翅近透明，无明显的褐色斑；肛上板背面观末端具 1 对不分叉的爪状突起 … 丽江栉角蛉 *Dilar lijiangensis*
24. 第 10 生殖基节细长，长度约为第 9 生殖基节的 2 倍，末端刺状 ………………………………………… 25
    第 10 生殖基节长度与第 9 生殖基节近相等 ……………………………………………………………………… 27
25. 殖弧叶近 V 形，两端分叉，与第 9 生殖基节相接 ……………………………… 北方栉角蛉 *Dilar septentrionalis*
    殖弧叶细横梁状，两端不分叉 ……………………………………………………………………………………… 26
26. 前翅密布褐色小斑，肛上板背面观末端具 1 对较短的扁平突起 …………………… 长矛栉角蛉 *Dilar hastatus*
    前翅布有许多条带状斑纹，肛上板背面观具 1 对较小的爪状突起 ………………… 长刺栉角蛉 *Dilar longidens*
27. 殖弧叶两端强烈膨大 ……………………………………………………………………… 天目栉角蛉 *Dilar tianmuanus*
    殖弧叶两端不膨大 ………………………………………………………………………………………………… 28
28. 前翅近透明，无明显的褐色斑 ……………………………………………………………… 灰栉角蛉 *Dilar pallidus*
    前翅黄褐色，具不同形状的褐色斑 ………………………………………………………………………………… 29
29. 肛上板背面观末端具 1 对角状突起，中部具 1 个近矩形的骨化物 ……………… 角突栉角蛉 *Dilar cornutus*
    肛上板背面观末端具 1 对近半圆形的突起，末端锯齿状 ……………………………… 武夷栉角蛉 *Dilar wuyianus*

注：丽栉角蛉 *Dilar formosanus*、江苏栉角蛉 *Dilar subdolus* 因无检视标本，所以未编入检索表。

111. 二叉栉角蛉 *Dilar bifurcatus* Zhang, Liu, H. Aspöck & U. Aspöck, 2015

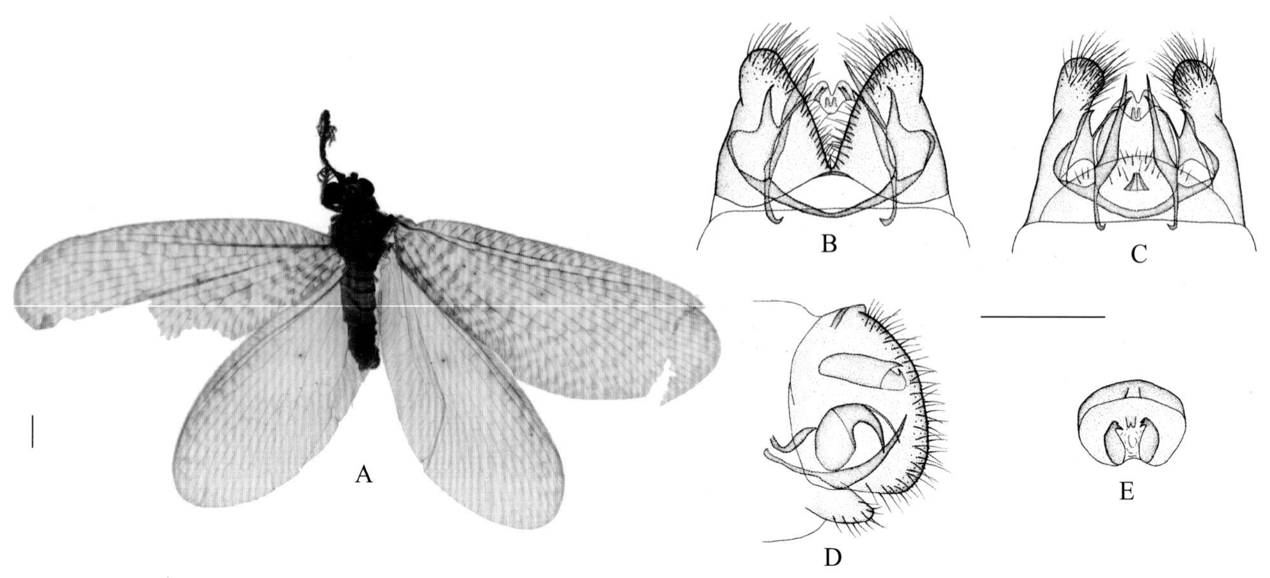

图 4-111-1 二叉栉角蛉 *Dilar bifurcatus* 形态图
（标尺：A 为 1.0 mm，B ~ E 为 0.5 mm）
A. 成虫背面观 B. 雄虫外生殖器背面观 C. 雄虫外生殖器腹面观 D. 雄虫外生殖器侧面观 E. 雄虫肛上板后面观

【测量】 雄虫体长 5.3 mm，前翅长 10.1 mm，后翅长 8.9 mm。

【形态特征】 头部浅黄褐色；触角浅黄褐色，梗节具褐色环纹，鞭节基部第 1 节分支短齿状。前胸浅黄色，前胸背板近六边形。翅透明，略呈浅烟褐色，密布浅褐色斑纹。前翅翅疤 3 个；后翅淡黄色，斑型不明显，翅疤仅 1 个。前翅 R 至 CuP 脉间具缘饰；RP 脉主支 4 条；MA 脉在基部与 R 脉愈合，无连接 MP 脉的横脉状分支；MP 脉主支 2 条；后翅 R 至 CuP 脉间具缘饰；RP 脉主支 4 条；MA 与 RP 脉在基部具较短的愈合。雄虫腹部末端第 9 腹板明显短于第 9 背板，后缘弧形隆突；肛上板背面观近半圆形，末端具 1 对半圆形的片状突起，其下方具 1 对分叉的爪状突起及 1 对骨化较弱的短指状突起；第 9 生殖基节基部膨大，其后为骨化强烈的叉状；第 10 生殖基节较细长，基部呈钩状，明显长于第 9 生殖基节，殖弧叶横梁状，其两端膨大，与第 9 生殖基节基部相接；内生殖板梯形，两侧弧形。

【地理分布】 江西。

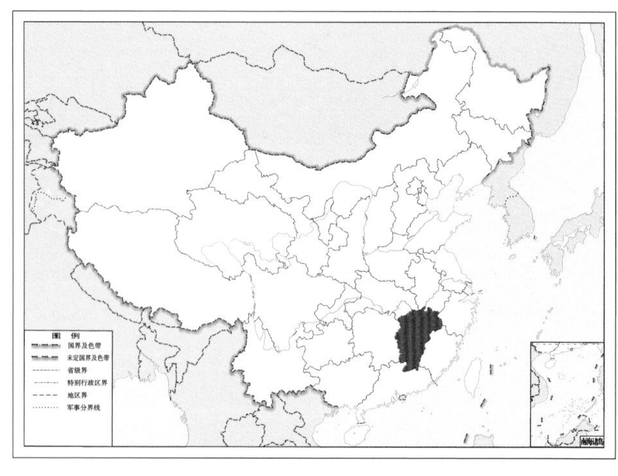

图 4-111-2 二叉栉角蛉 *Dilar bifurcatus* 地理分布图

112. 车八岭栉角蛉 *Dilar chebalingensis* Zhang, Liu, H. Aspöck & U. Aspöck, 2015

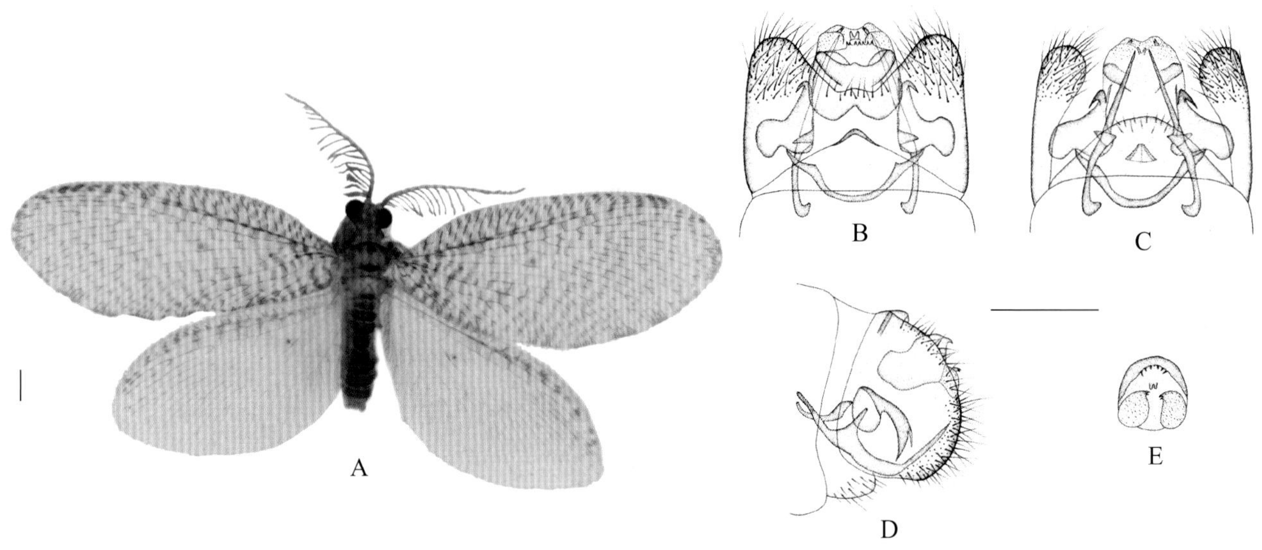

图 4-112-1　车八岭栉角蛉 *Dilar chebalingensis* 形态图
（标尺：A 为 1.0 mm，B ~ E 为 0.5 mm）
A. 成虫背面观　B. 雄虫外生殖器背面观　C. 雄虫外生殖器腹面观　D. 雄虫外生殖器侧面观　E. 雄虫肛上板后面观

【测量】 雄虫体长 4.2 ~ 7.3 mm，前翅长 6.7 ~ 11.7 mm，后翅长 5.8 ~ 10.3 mm。

【形态特征】 头部浅黄褐色；触角浅黄褐色，25 节，梗节具褐色环纹，鞭节基部第 1 节分支短齿状。前胸背板中央具 1 对卵圆形黄色斑；翅透明，略呈浅烟褐色，密布浅褐色斑纹。前翅翅疤 2 个，后翅翅疤仅 1 个。前翅 R 至 CuP 脉间具缘饰；Sc 与 R 脉在翅痣区略相接；RP 脉主支 5 或 6 条；MA 脉在基部与 R 脉愈合，无连接 MP 脉的横脉状分支；MP 脉主支 2 条；中部具 2 组阶脉。雄虫第 9 腹板后缘弧形隆突；肛上板背面观近梯形，末端具 1 对短宽的片状突起，其上方具 1 对分叉的爪状突起、1 对骨化较弱的短指状突起及 1 个后缘呈锯齿状的骨化物；第 9 生殖基节基部呈膨大的囊状，端部背面观向下弯曲，呈分叉的爪状；第 10 生殖基节长刺状，明显长于第 9 生殖基节；殖弧叶细横梁状，近 U 形，其两端与第 9 生殖基节基部相接；内生殖板近梯形，两侧弧形。

【地理分布】 湖南、广东。

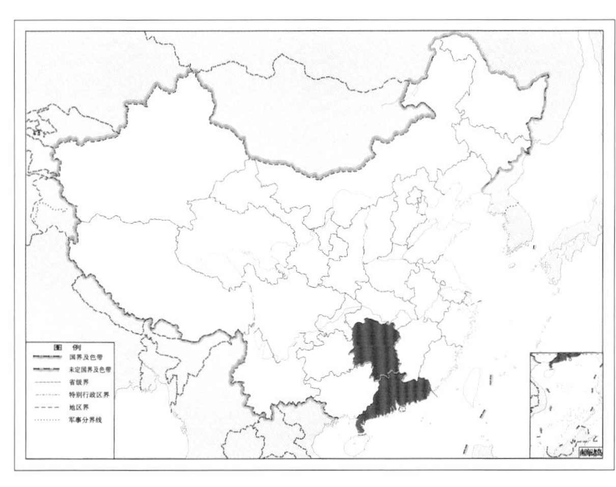

图 4-112-2　车八岭栉角蛉 *Dilar chebalingensis* 地理分布图

113. 角突栉角蛉 *Dilar cornutus* Zhang, Liu, H. Aspöck & U. Aspöck, 2015

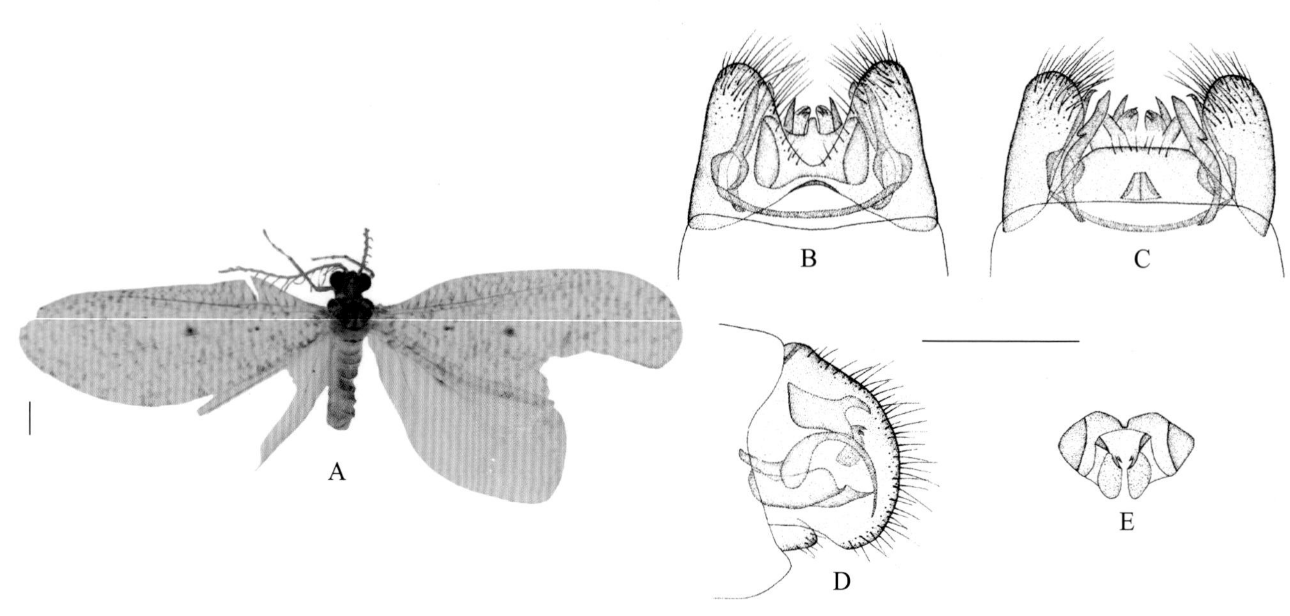

图 4-113-1 角突栉角蛉 *Dilar cornutus* 形态图

（标尺：A 为 1.0 mm，B ~ E 为 0.5 mm）

A. 成虫背面观 B. 雄虫外生殖器背面观 C. 雄虫外生殖器腹面观 D. 雄虫外生殖器侧面观 E. 雄虫肛上板后面观

【测量】 雄虫体长 5.4 mm，前翅长 9.8 mm，后翅长 7.8 mm。

【形态特征】 头部浅黄褐色；触角浅黄褐色，梗节具褐色环纹。前胸背板浅黄褐色，中央具 1 对卵圆形黄色斑。翅透明，略呈浅黄色，密布浅褐色斑纹。前翅翅疤 2 个，中部翅疤外侧具 1 个无斑区；后翅透明，斑型不明显，翅疤仅 1 个。前翅 R 至 CuP 脉间具缘饰；前缘域基半部具少量分叉的横脉；亚前缘脉末端具少量分支；Sc 与 R 脉在翅痣区略相接；RP 脉主支 4 条；MA 脉在基部与 R 脉愈合，无连接 MP 脉的横脉状分支；MP 脉主支 2 条。后翅 R 至 CuP 脉间具缘饰；RP 脉主支 4 条；MA 与 RP 脉在基部具较短的愈合。雄虫第 9 腹板后缘平截；肛上板背面观末端具 1 对角状突起，中部具 1 个近矩形突起，其下方具 1 对长圆形片状突起及 1 对分叉的爪状突起；第 9 生殖基节基部呈较宽的勺状，末端爪状；第 10 生殖基节细长，基部内弯，末端平截，近中部与第 9 生殖基节相接；殖弧叶细横梁状，其两端与第 9 生殖基节基部相接；内生殖板近梯形，两侧弧形。

【地理分布】 云南。

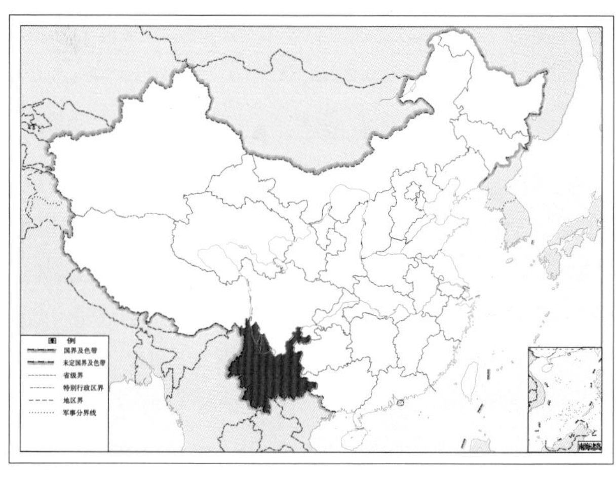

图 4-113-2 角突栉角蛉 *Dilar cornutus* 地理分布图

114. 东川栉角蛉 *Dilar dongchuanus* Yang, 1986

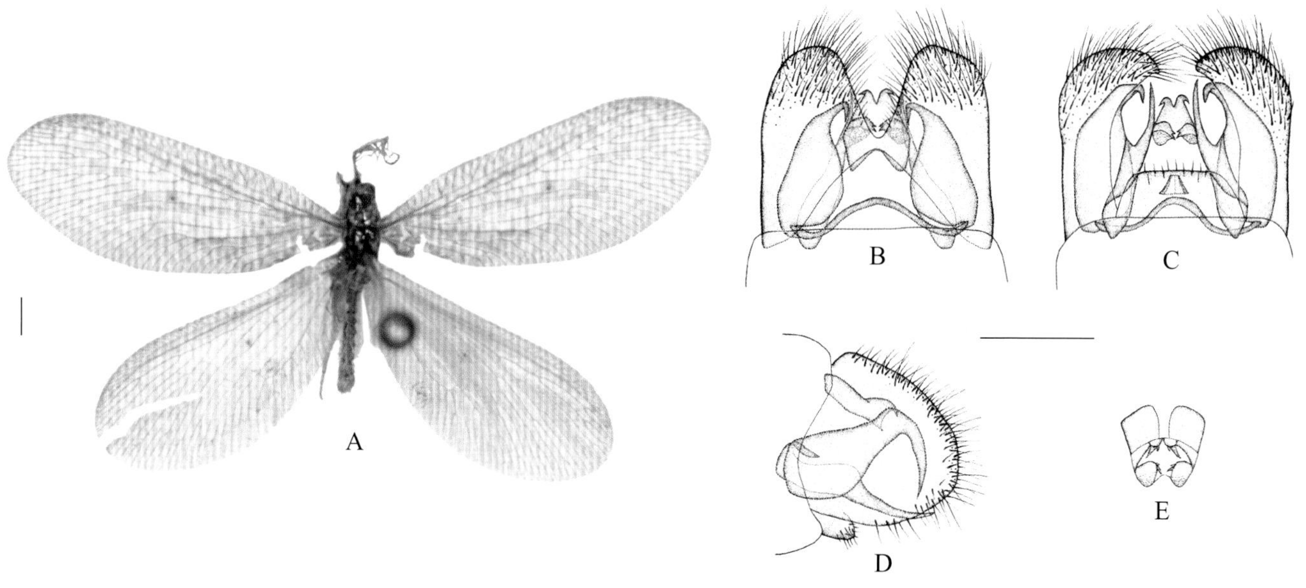

图 4-114-1　东川栉角蛉 *Dilar dongchuanus* 形态图
（标尺：A 为 1.0 mm，B ~ E 为 0.5 mm）
A. 成虫背面观　B. 雄虫外生殖器背面观　C. 雄虫外生殖器腹面观　D. 雄虫外生殖器侧面观　E. 雄虫肛上板后面观

【测量】 雄虫体长 6.0 mm，前翅长 10.2 mm，后翅长 8.4 mm。

【形态特征】 头部黄褐色；触角浅黄褐色，梗节具褐色环纹。前胸背板黄褐色，中央具 1 对卵圆形黄色斑。翅透明，呈浅烟褐色，密布浅褐色斑纹。前翅翅疤 2 个；后翅淡黄色，斑型不明显，翅疤仅 1 个。前翅 R 至 CuP 脉间具缘饰；亚前缘脉末端具少量分支；RP 脉主支 5 条；MA 脉在基部与 R 脉愈合，无连接 MP 脉的横脉状分支；MP 脉主支 2 条；中部具 2 组阶脉。后翅 R 至 CuP 脉间具缘饰；RP 脉主支 5 条；MA 与 RP 脉在基部具较短的愈合。雄虫腹部末端第 9 背板后缘弧形；肛上板背面观背面骨片末端具 1 对向下弯曲的爪状突起，其下方近中部具 1 对分叉的爪状突起；第 9 生殖基节基部膨大，端部爪状，向腹面弯曲；第 10 生殖基节较细长，近中部与第 9 生殖基节相连接，端部长刺状；殖弧叶细梁状，弯曲，近 W 形，其两端与第 9 生殖基节基部相接；内生殖板近梯形，两侧弧形。

【地理分布】 云南。

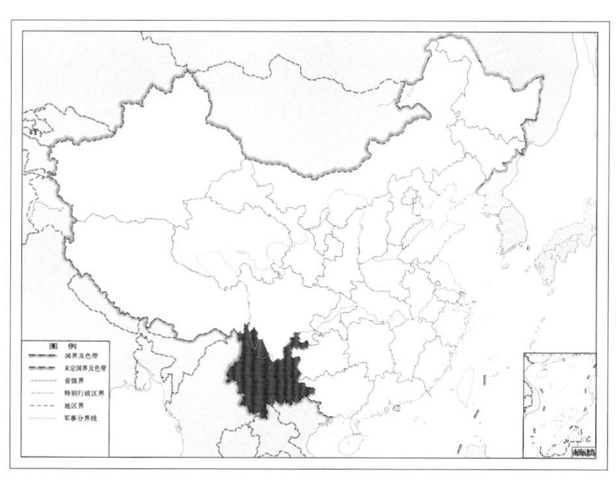

图 4-114-2　东川栉角蛉 *Dilar dongchuanus* 地理分布图

115. 独龙江栉角蛉 *Dilar dulongjiangensis* Zhang, Liu, H. Aspöck & U. Aspöck, 2015

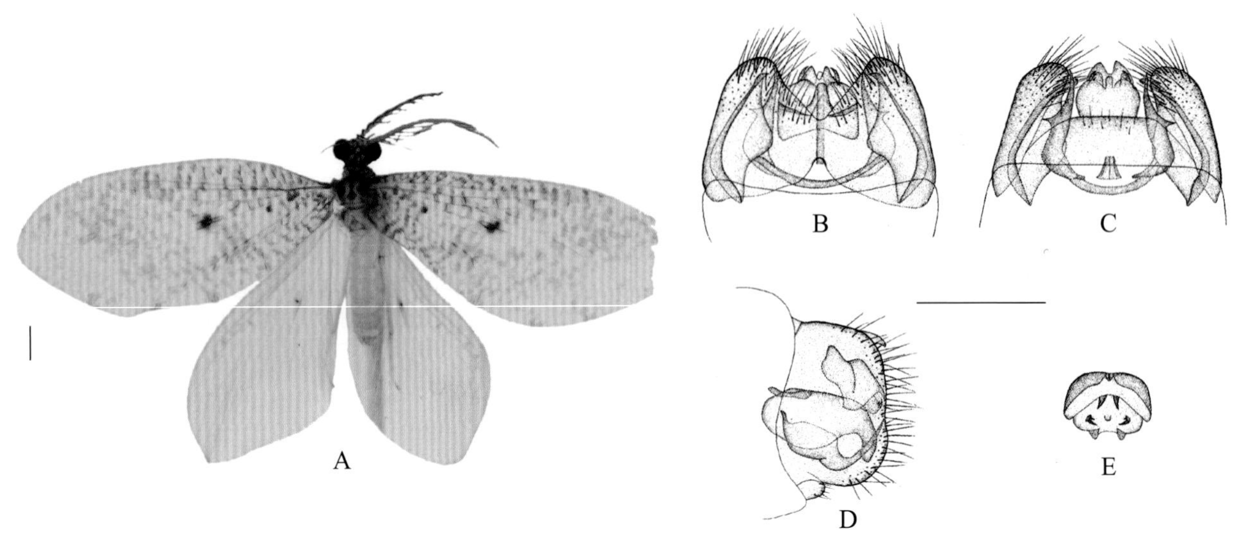

图 4-115-1 独龙江栉角蛉 *Dilar dulongjiangensis* 形态图
（标尺：A 为 1.0 mm，B ~ E 为 0.5 mm）
A. 成虫背面观 B. 雄虫外生殖器背面观 C. 雄虫外生殖器腹面观 D. 雄虫外生殖器侧面观 E. 雄虫肛上板后面观

【测量】 雄虫体长 6.0 mm，前翅长 10.2 mm，后翅长 8.5 mm。

【形态特征】 头部黄褐色；触角浅黄褐色，梗节具褐色环纹。前胸背板中央具 1 对卵圆形黄色斑。翅长，透明，密布浅褐色斑纹。前翅密布形状不规则的浅褐色斑，翅疤 3 个；后翅翅疤仅 1 个。前翅 R 至 CuP 脉间具缘饰；Sc 与 R 脉在翅痣区略相接；RP 脉主支 4 条；MA 脉在基部与 R 脉愈合，无连接 MP 脉的横脉状分支；MP 脉主支 2 条；中部具 1 组阶脉，颜色浅而不明显。后翅 R 至 CuP 脉间具缘饰；RP 脉主支 4 条；MA 与 RP 脉在基部具较短的愈合。雄虫第 9 腹板明显短于第 9 背板，后缘弧形隆突；肛上板背面观末端具 1 对近三角形的片状突起，其下方具 1 对分叉的爪状突起及 1 个骨化较弱的粗指状突起；殖弧叶第 9 生殖基节复合体，第 9 生殖基节呈膨大的囊状，末端变细，近爪状；第 10 生殖基节基部内弯，端部长刺状，近中部延伸出 1 个尖状物与第 9 生殖基节相接；殖弧叶细横梁状，其两端与第 9 生殖基节基部相接；内生殖板窄梯形，两侧弧形。

【地理分布】 云南。

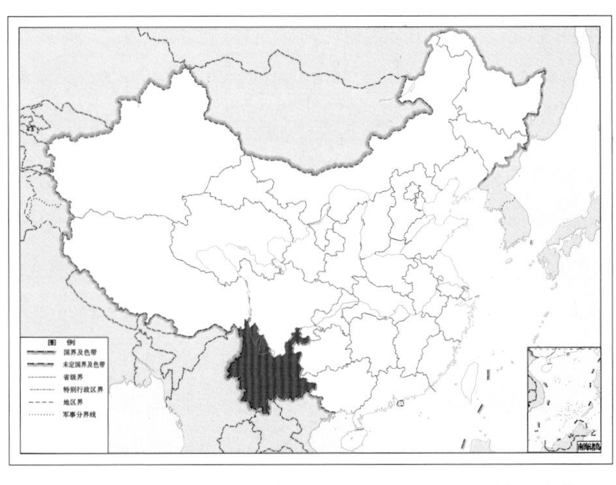

图 4-115-2 独龙江栉角蛉 *Dilar dulongjiangensis* 地理分布图

116. 丽栉角蛉 *Dilar formosanus* Okamoto & Kuwayama, 1920

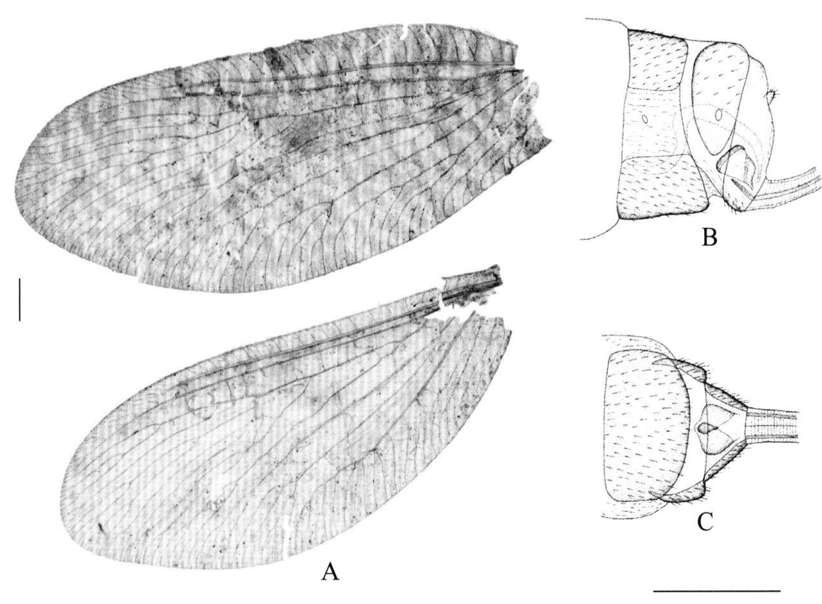

图 4-116-1　丽栉角蛉 *Dilar formosanus* 形态图
（标尺：A 为 1.0 mm，B、C 为 0.5 mm）
A. 翅　B. 雌虫外生殖器侧面观　C. 雌虫外生殖器腹面观

【测量】 雌虫体长 8.5 mm，前翅长 14.0 mm，后翅长 12.0 mm。

【形态特征】 头部黄褐色；触角浅黄褐色，线状。前胸背板深褐色，具 8 个被有长毛的黄色毛瘤。翅透明，略呈浅褐色，密布浅褐色斑纹。前翅翅疤 2 个；后翅浅黄褐色，翅疤仅 1 个。Sc 和 R 脉间具 13 条横脉；R 与 RP 脉间具 12 条横脉；RP 脉主支 5 条；MA 脉在基部与 R 脉愈合，无连接 MP 脉的横脉状分支；MP 脉主支 2 条。后翅 RP 脉主支 6 条；MA 与 RP 脉在基部具较短的愈合。雌虫腹部黄色，1 ~ 8 节背面略呈褐色。产卵器黄褐色，明显长于腹部。腹部末端第 7 腹板侧面观近梯形，腹面观近矩形，后缘平截；第 8 腹节腹面膜质，着生 1 个前端骨化、后端膜质的囊状物；第 9 背板侧面观狭窄，斜向腹面延伸；肛上板卵圆形；受精囊长管状，近中部弯曲。

【地理分布】 台湾。

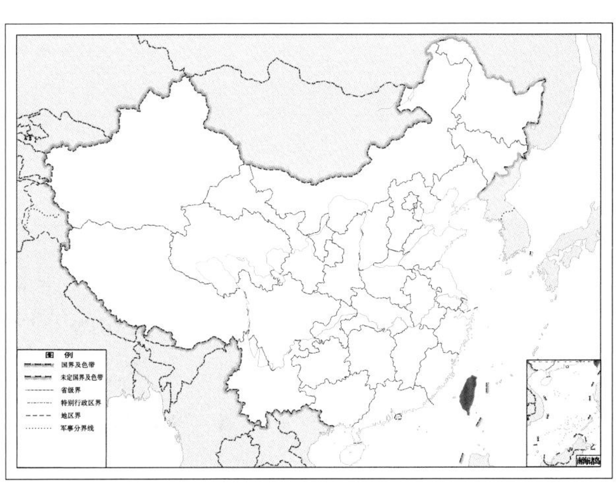

图 4-116-2　丽栉角蛉 *Dilar formosanus* 地理分布图

117. 尺栉角蛉 *Dilar geometroides* H. Aspöck & U. Aspöck, 1968

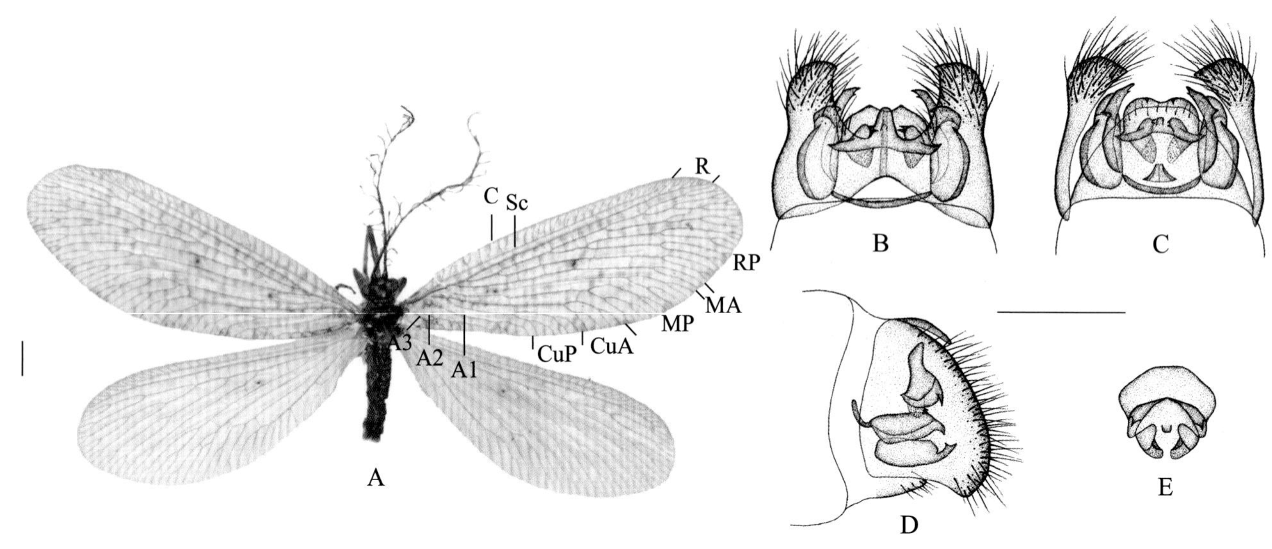

图 4-117-1 尺栉角蛉 *Dilar geometroides* 形态图

（标尺：A 为 1.0 mm，B ~ E 为 0.5 mm）

A. 成虫背面观 B. 雄虫外生殖器背面观 C. 雄虫外生殖器腹面观 D. 雄虫外生殖器侧面观 E. 雄虫肛上板后面观

图中字母表示：C. 前缘脉 Sc. 亚前缘脉 R. 径脉 RP. 径分脉 MA. 前中脉 MP. 后中脉 CuA. 前肘脉 CuP. 后肘脉 A1. 第 1 臀脉 A2. 第 2 臀脉 A3. 第 3 臀脉

【测量】 雄虫体长 4.0 ~ 7.0 mm，前翅长 10.0 ~ 12.0 mm，后翅长 8.0 ~ 10.0 mm。

【形态特征】 头部褐色；触角黄褐色，梗节具褐色环纹；鞭节基部第 1 节分支短齿状。前胸背板褐色，中央具 1 对卵圆形黄色斑。翅透明，略呈淡烟色，密布褐色斑纹。前翅中部翅疤外侧具 1 个无斑区，翅疤 2 个；后翅淡黄色，翅疤仅 1 个。前翅 R 至 CuP 脉间具缘饰；Sc 与 R 脉在翅痣区略相接；RP 脉主支 4 条；MA 脉在基部与 R 脉愈合，无连接 MP 脉的横脉状分支；MP 脉主支 2 条；中部具 2 组阶脉。后翅 R 至 CuP 脉间具缘饰；RP 脉主支 4 条；MA 与 RP 脉在基部具较短的愈合。雄虫第 9 腹板发达，略短于第 9 背板，后缘弧形隆突；肛上板背面观末端具 1 对向下弯曲的爪状突起，其下方具 1 对分叉的爪状突起及 1 对骨化较弱的粗指状突起；第 9 生殖基节呈膨大的囊状，端部近爪状；第 10 生殖基节较细长，内弯，端部呈分叉的爪状，近中部与第 9 生殖基节相接；殖弧叶细横梁状，其两端与第 9 生殖基节基部相接；内生殖板近梯形，两侧弧形。

【地理分布】 西藏；尼泊尔。

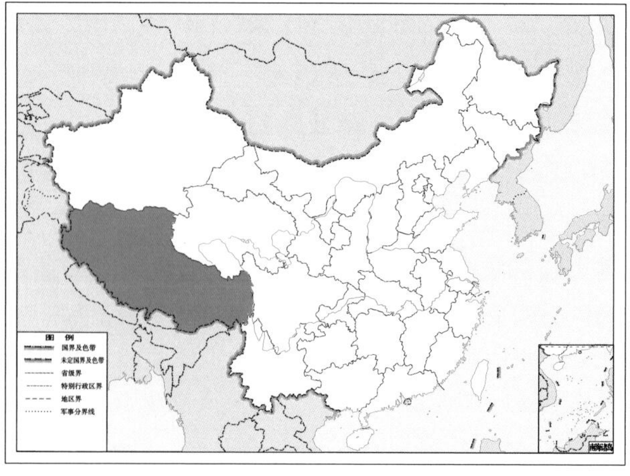

图 4-117-2 尺栉角蛉 *Dilar geometroides* 地理分布图

118. 广西栉角蛉 *Dilar guangxiensis* Zhang, Liu, H. Aspöck & U. Aspöck, 2015

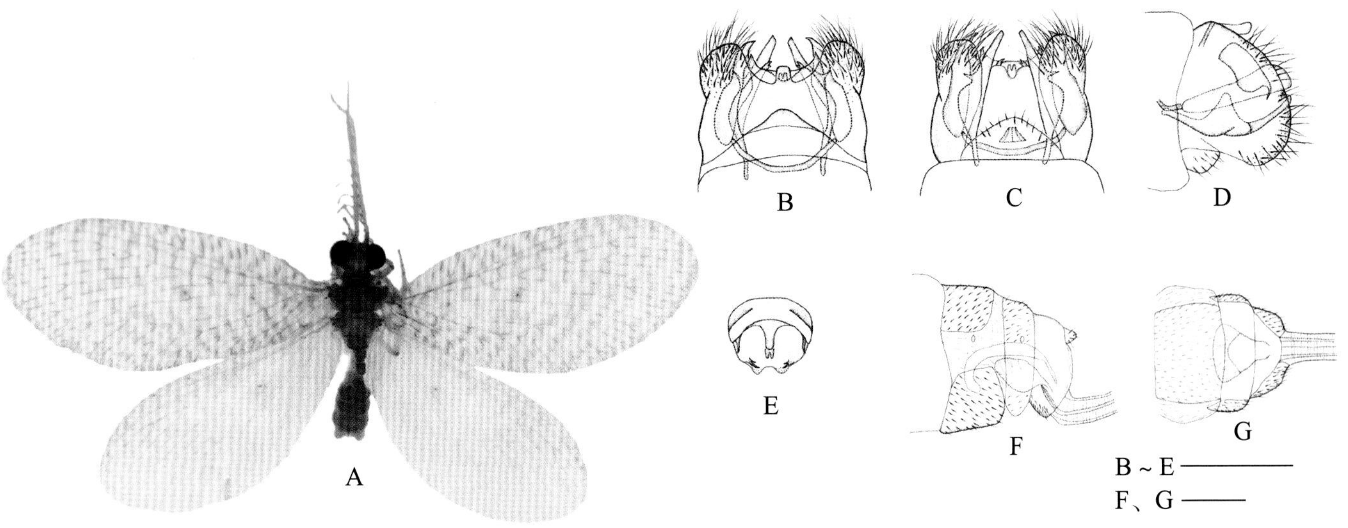

图 4-118-1　广西栉角蛉 *Dilar guangxiensis* 形态图
（标尺：A 为 1.0 mm，B ~ G 为 0.5 mm）
A. 成虫背面观　B. 雄虫外生殖器背面观　C. 雄虫外生殖器腹面观　D. 雄虫外生殖器侧面观　E. 雄虫肛上板后面观
F. 雌虫外生殖器侧面观　G. 雌虫外生殖器腹面观

【测量】 体长 2.7 ~ 4.4 mm，前翅长 6.2 ~ 7.2 mm，后翅长 5.0 ~ 5.6 mm。

【形态特征】 头部浅黄褐色；触角浅黄褐色，梗节具褐色环纹，鞭节基部第 1 节分支短齿状。前胸背板中央具 1 对卵圆形黄色斑。翅略呈浅烟褐色，密布浅褐色斑纹。前翅中部翅疤外侧具 1 个无斑区，翅疤 2 个；后翅淡黄色，翅疤仅 1 个。脉浅褐色，横脉较纵脉色浅。前翅 R 至 CuP 脉间具缘饰；前缘域基半部具少量分叉的横脉；亚前缘脉末端具少量分支；RP 脉主支 5 条；MA 脉在基部与 R 脉愈合，无连接 MP 脉的横脉状分支；MP 脉主支 2 条；中部具 2 组阶脉。后翅 R 至 CuP 脉间具缘饰；RP 脉主支 4 条；MA 与 RP 脉在基部具较短的愈合。雄虫第 9 腹板后缘弧形隆突；肛上板背面观近方形，末端两侧边具有 1 对角状突起，其下方具 1 对分叉的爪状突起及 1 对骨化较弱的短指状突起；第 9 生殖基节基部较膨大，其后变细、略弯曲；第 10 生殖基节向内弯曲，基部较细，末端平截，略长于第 9 生殖基节；殖弧叶细横梁状，其两端与第 9 生殖基节基部相接；内生殖板近梯形，两侧弧形。雌虫腹部末端第 7 腹板侧面观近梯形，腹面观近矩形，后缘平截；第 8 腹节腹面膜质，具 1 个近椭圆状的生殖基节；肛上板卵圆形；受精囊长管状，弯曲。

【地理分布】 贵州、广西。

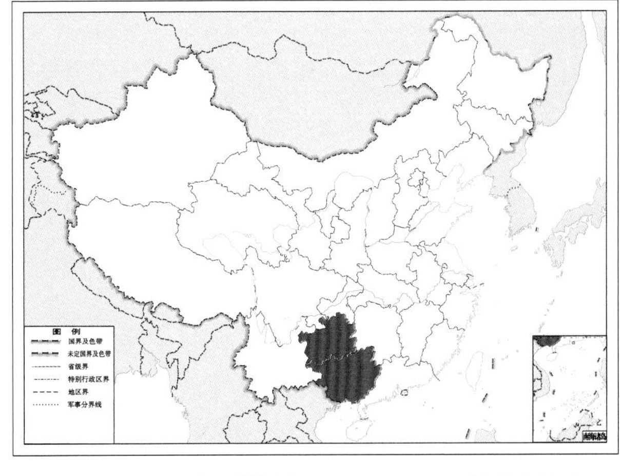

图 4-118-2　广西栉角蛉 *Dilar guangxiensis* 地理分布图

119. 汉氏栉角蛉 *Dilar harmandi* (Navás, 1909)

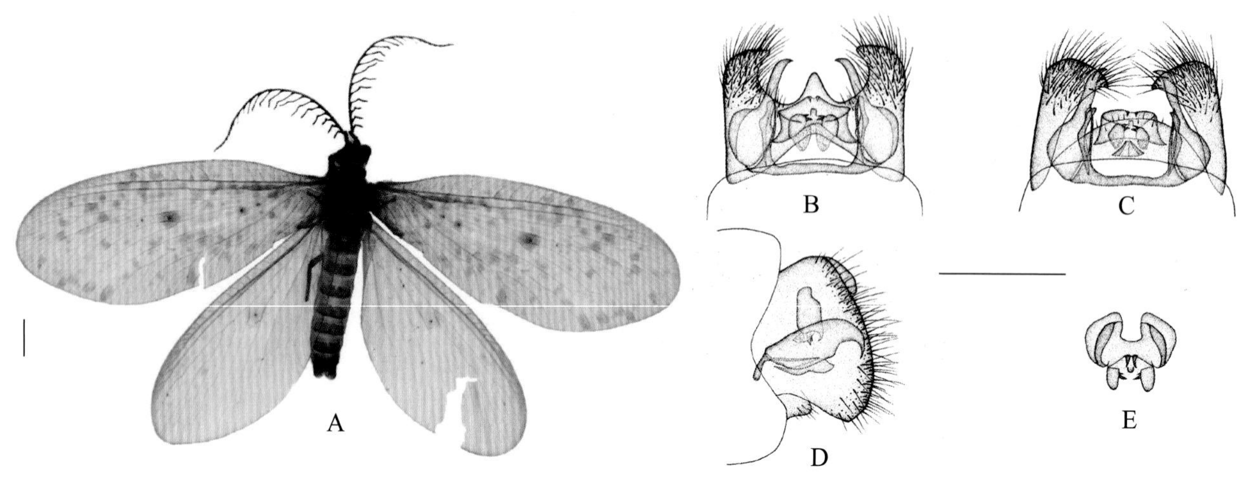

图 4-119-1　汉氏栉角蛉 *Dilar harmandi* 形态图

（标尺：B ~ E 为 0.5 mm）

A. 成虫背面观　B. 雄虫外生殖器背面观　C. 雄虫外生殖器腹面观　D. 雄虫外生殖器侧面观　E. 雄虫肛上板后面观

【测量】 雄虫体长 4.0 ~ 7.0 mm，前翅长 7.0 ~ 10.0 mm，后翅长 6.0 ~ 8.5 mm。

【形态特征】 头部褐色；触角深褐色，梗节具褐色环纹，鞭节基部第 1 节分支短齿状。前胸背板深褐色，中央具 1 对卵圆形黄色斑。翅污黄色，具少量不规则分布的褐色小斑。前翅零散布有形状不规则的褐色小斑，多集中在亚前缘脉和径脉之间，中部翅疤周围具 1 个大褐色斑；翅疤 3 个。后翅浅烟褐色，中部内侧具 1 个翅疤。翅脉褐色，横脉较纵脉色浅。前翅 R 至 CuP 脉间具缘饰；Sc 脉与 R 脉在翅痣区略相接；RP 脉主支 3 条；MA 脉在基部与 R 脉愈合，无连接 MP 脉的横脉状分支；MP 脉主支 2 条；中部具 2 组阶脉。后翅 R 至 CuP 脉间具缘饰；RP 脉主支 4 条；MA 与 RP 脉在基部具较短的愈合。雄虫第 9 腹板后缘弧形隆突；肛上板背面观末端具 1 对向下弯曲的爪状突起，其下方具 1 对分叉的爪状突起及 1 对骨化较弱的粗指状突起；第 9 生殖基节基部呈宽勺状，其后变细，端部近爪状；第 10 生殖基节严重退化，近细杆状，明显短于第 9 生殖基节；殖弧叶横梁状，其两端延伸出 1 对长刺状骨化物与第 9 生殖基节基部相接；内生殖板近梯形，两侧弧形。

【地理分布】 西藏；印度，尼泊尔，不丹。

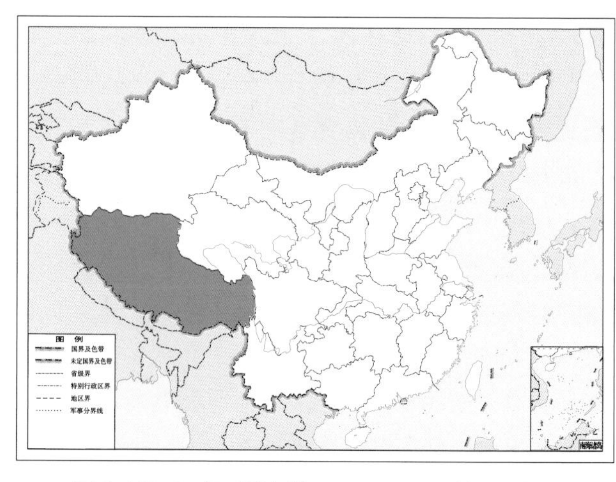

图 4-119-2　汉氏栉角蛉 *Dilar harmandi* 地理分布图

120. 长矛栉角蛉 *Dilar hastatus* Zhang, Liu, H. Aspöck & U. Aspöck, 2014

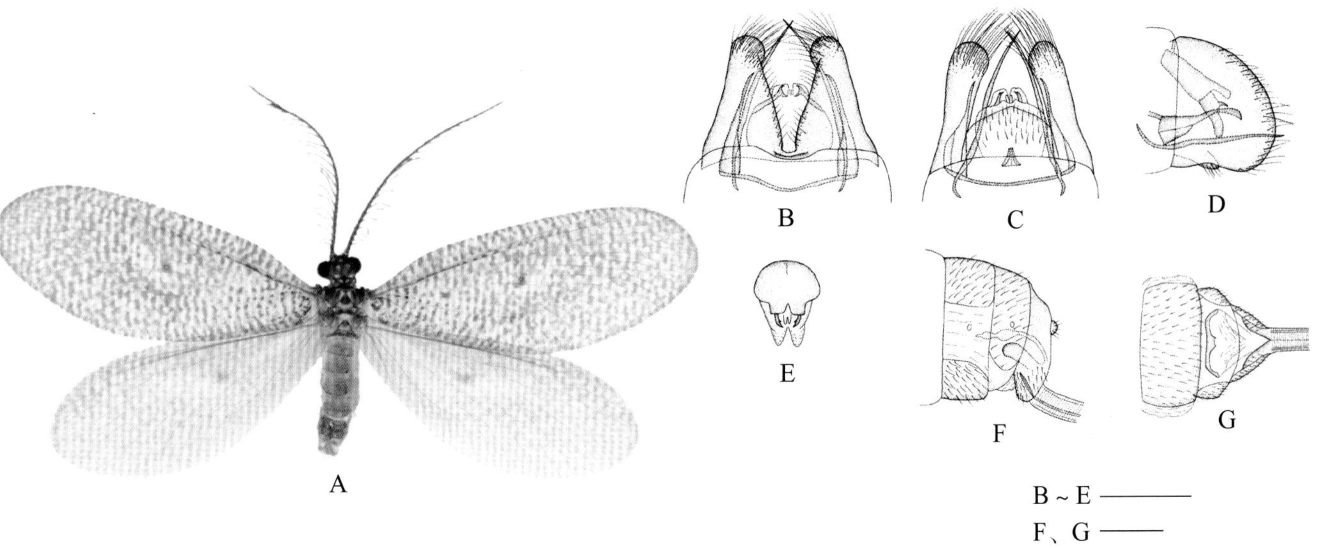

图 4-120-1　长矛栉角蛉 *Dilar hastatus* 形态图

（标尺：A 为 1.0 mm，B ~ G 为 0.5 mm）

A. 成虫背面观　B. 雄虫外生殖器背面观　C. 雄虫外生殖器腹面观　D. 雄虫外生殖器侧面观　E. 雄虫肛上板后面观　F. 雌虫外生殖器侧面观　G. 雌虫外生殖器腹面观

【测量】 体长 5.3 ~ 6.2 mm，前翅长 11.9 ~ 12.3 mm，后翅长 9.5 ~ 10.5 mm。

【形态特征】 头部浅黄褐色；触角浅黄褐色，梗节具褐色环纹，鞭节基部第 1 节分支短齿状。前胸背板中央具 1 对卵圆形黄色斑。翅透明，略呈浅烟褐色，密布浅褐色斑纹。前翅中部翅疤外侧具 1 个无斑区；翅疤 3 个；后翅淡黄色，翅疤仅 1 个。翅脉浅黄色，横脉较纵脉色浅。前翅 R 至 CuP 脉间具缘饰；Sc 与 R 脉在翅痣区略相接；RP 脉主支 6 条；MA 脉在基部与 R 脉愈合，无连接 MP 脉的横脉状分支；MP 脉主支 2 条；中部具 2 组阶脉，色浅而不明显。后翅 R 至 CuP 脉间具缘饰；RP 脉主支 6 条；MA 与 RP 脉在基部具较短的愈合。雄虫腹部末端第 9 背板背面观前缘宽弧形凹缺，后缘深 V 形凹缺，两侧形成 1 对宽的近三角形半背片；肛上板背面观近梯形，末端具 1 对短宽且后缘锯齿状的片状突起，其下方具 1 对分叉的爪状突起及 1 对骨化较弱的短指状突起；第 9 生殖基节基部呈较宽的勺状，其后细长、略弯曲，末端内弯、爪状；第 10 生殖基节长刺状，明显长于第 9 生殖基节；殖弧叶细横梁状，其两端与第 9 生殖基节基部相接；内生殖板窄梯形，两侧弧形。雌虫腹部末端第 7 腹板侧面观近梯形，腹面观近方形，后缘平截；第 8 腹节腹面膜质，具 1 个倒山字形的生殖基节；第 9 背板侧面观斜向腹面延伸；肛上板卵圆形；受精囊长管状，端部呈葫芦形膨大。

【地理分布】 河北、北京。

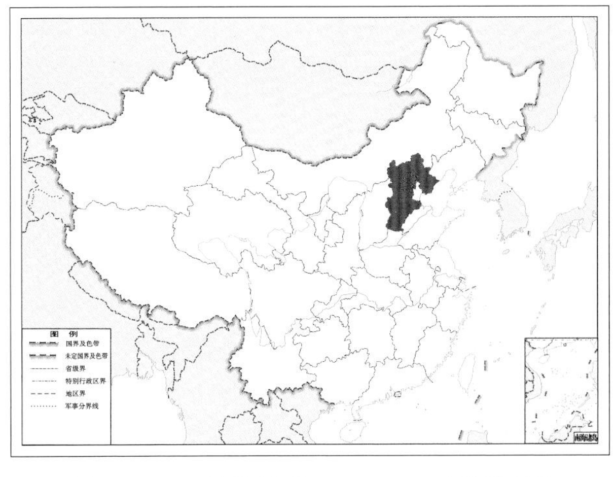

图 4-120-2　长矛栉角蛉 *Dilar hastatus* 地理分布图

121. 海岛栉角蛉 *Dilar insularis* Zhang, Liu & U. Aspöck, 2014

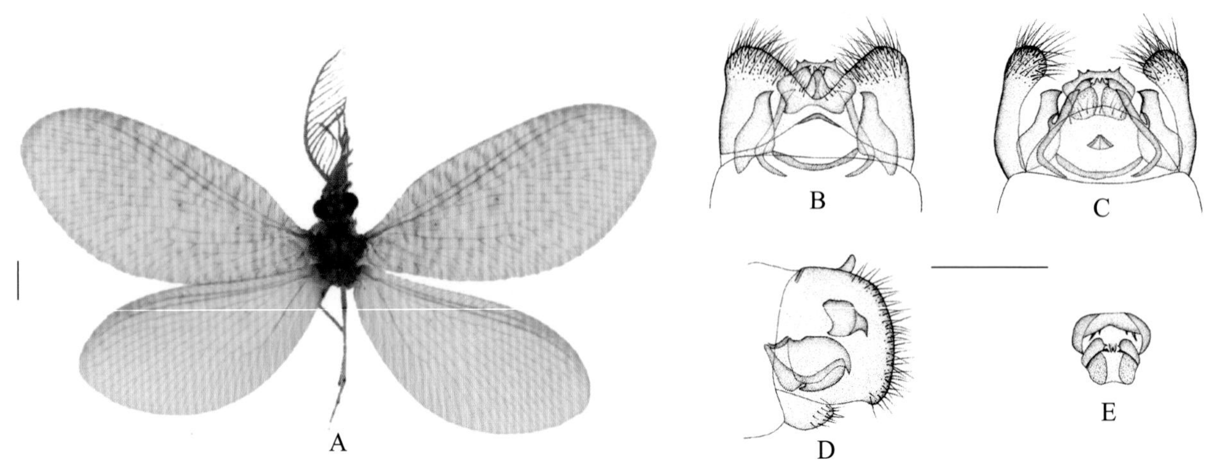

图 4-121-1 海岛栉角蛉 *Dilar insularis* 形态图
（标尺：A 为 1.0 mm，B ~ E 为 0.5 mm）
A. 成虫背面观 B. 雄虫外生殖器背面观 C. 雄虫外生殖器腹面观 D. 雄虫外生殖器侧面观 E. 雄虫肛上板后面观

【测量】 雄虫体长 3.7 ~ 5.5 mm，前翅长 6.0 ~ 8.9 mm，后翅长 5.2 ~ 7.5 mm。

【形态特征】 头部黄褐色；触角浅黄褐色，梗节具褐色环纹，鞭节基部第 1 节分支短齿状。前胸背板近六边形，中央具 1 对卵圆形黄色斑。翅略呈浅黄褐色，密布浅褐色斑纹。前翅中部翅疤外侧具 1 个无斑区，翅疤 2 个；后翅淡黄色，翅疤仅 1 个。脉浅褐色，横脉较纵脉色浅。前翅 R 至 CuP 脉间具缘饰；Sc 与 R 脉在翅痣区略相接；RP 脉主支 4 ~ 5 条；MA 脉在基部与 R 脉愈合，无连接 MP 脉的横脉状分支；MP 脉主支 2 条；中部具 2 组阶脉。后翅 R 至 CuP 脉间具缘饰；RP 脉主支 4 条；MA 与 RP 脉在基部具较短的愈合。雄虫腹部末端第 9 背板背面观前缘弧形凹缺，后缘近 V 形凹缺，中部具 1 个近长椭圆形的背突，两侧形成 1 对宽的近三角形半背片，其后端钝圆且密被长毛，后缘弧形；肛上板背面观末端平截，具 2 对钩状突起弯向腹面，其下方具 2 对爪状突起及 1 对骨化较弱的短指状突起；第 9 生殖基节基部膨大，末端爪状；第 10 生殖基节近基部呈角状弯曲，其后细长，向内弯曲，近中部延伸出 1 个骨化物与第 9 生殖基节相接；殖弧叶细横梁状，其两端与第 9 生殖基节基部相接；内生殖板近三角形，两侧弧形。

【地理分布】 台湾、海南。

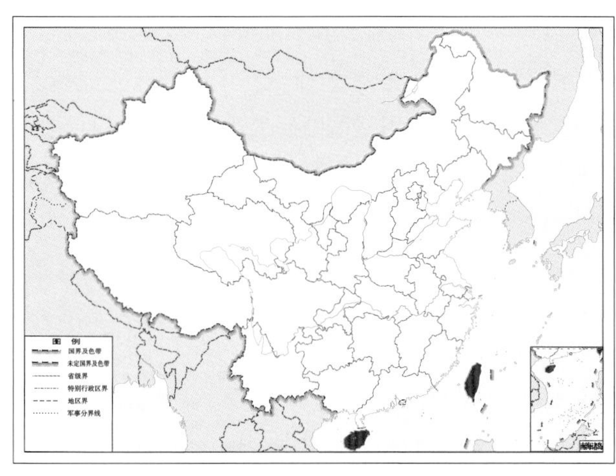

图 4-121-2 海岛栉角蛉 *Dilar insularis* 地理分布图

122. 李氏栉角蛉 *Dilar lii* Zhang, Liu, H. Aspöck & U. Aspöck, 2015

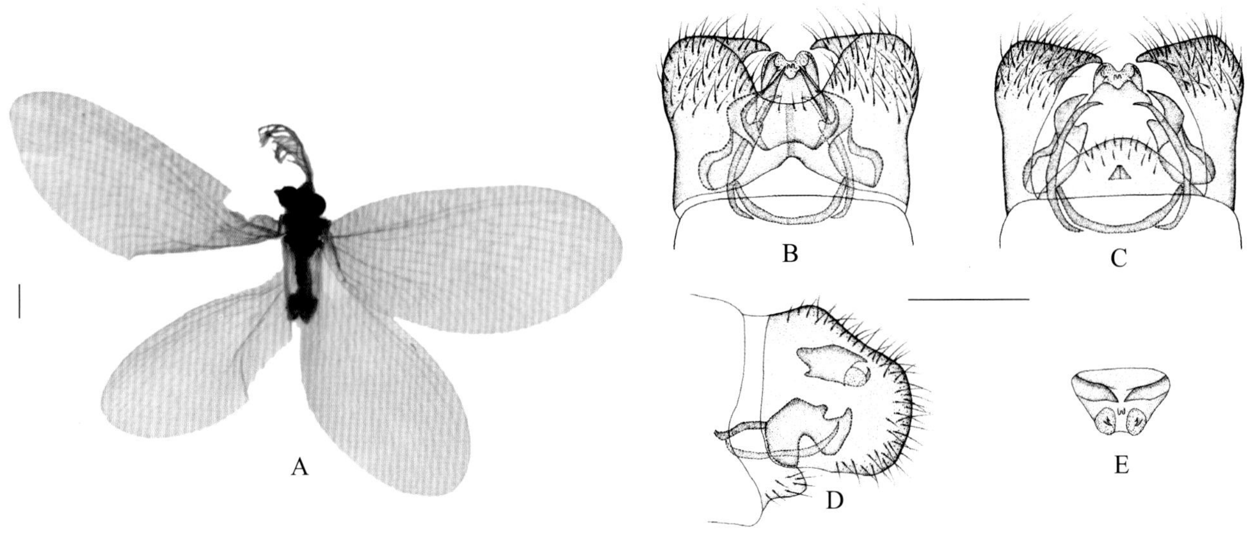

图 4-122-1 李氏栉角蛉 *Dilar lii* 形态图

（标尺：A 为 1.0 mm，B ~ E 为 0.5 mm）

A. 成虫背面观 B. 雄虫外生殖器背面观 C. 雄虫外生殖器腹面观 D. 雄虫外生殖器侧面观 E. 雄虫肛上板后面观

【测量】 雄虫体长 3.1 mm，前翅长 6.7 mm，后翅长 5.8 mm。

【形态特征】 头部黄褐色；触角浅黄褐色，24 节，梗节具褐色环纹，鞭节基部第 1 节分支短齿状。前胸背板近六边形，中央具 1 对卵圆形黄色斑。前翅斑型不明显，翅疤 2 个，颜色浅而不明显；后翅翅疤仅 1 个。翅脉浅黄色，横脉较纵脉色浅。前翅 R 至 CuP 脉间具缘饰；RP 脉主支 5 条；MA 脉在基部与 R 脉愈合，无连接 MP 脉的横脉状分支；MP 脉主支 2 条；中部具 2 组阶脉，色浅而不明显。后翅 R 至 CuP 脉间具缘饰；RP 脉主支 4 条；MA 与 RP 脉在基部具较短的愈合。雄虫腹部末端第 9 背板宽大，背面观前缘弧形凹缺，后缘浅 U 形凹缺，两侧形成 1 对宽的近梯形半背片，腹面观末端近宽镰刀状，其后端密被长毛，后缘弧形；肛上板背面观具 1 对从两侧延伸出的长刺状突起，末端具 1 对近半圆形片状突起，其上方具 1 对分叉的爪状突起及 1 对骨化较弱的短指状突起；第 9 生殖基节较膨大，末端呈分叉的爪状；第 10 生殖基节基部内弯、其后细长，端部略弯曲；殖弧叶细横梁状，略呈浅 U 形，其两端与第 9 生殖基节基部相接；内生殖板窄梯形，两侧弧形。

【地理分布】 广西。

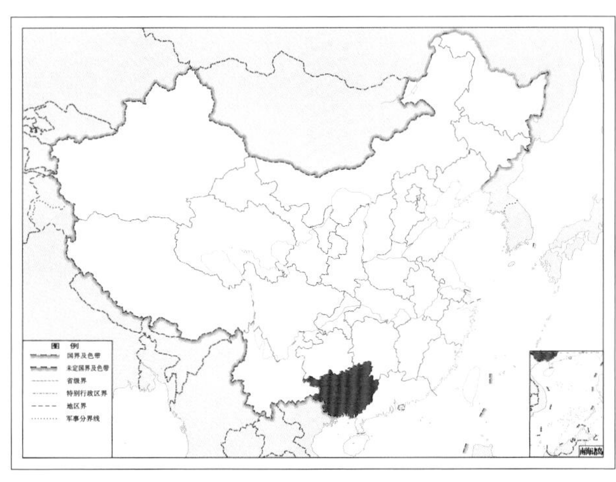

图 4-122-2 李氏栉角蛉 *Dilar lii* 地理分布图

123. 丽江栉角蛉 *Dilar lijiangensis* Zhang, Liu, H. Aspöck & U. Aspöck, 2015

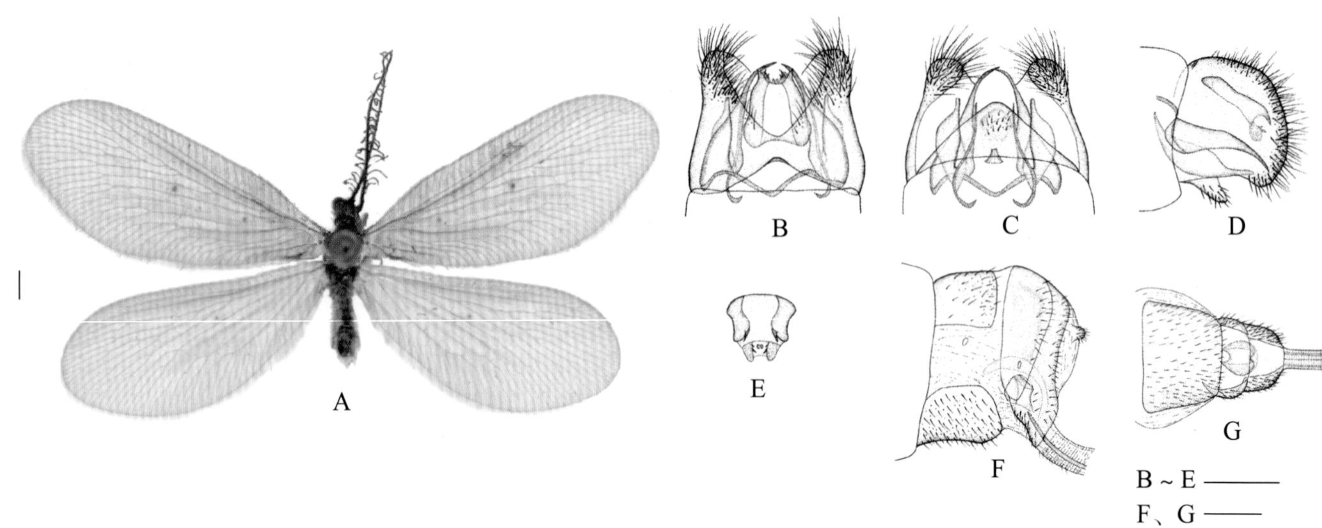

图 4-123-1 丽江栉角蛉 *Dilar lijiangensis* 形态图

（标尺：A 为 1.0 mm，B ~ G 为 0.5 mm）

A. 成虫背面观 B. 雄虫外生殖器背面观 C. 雄虫外生殖器腹面观 D. 雄虫外生殖器侧面观 E. 雄虫肛上板后面观 F. 雌虫外生殖器侧面观 G. 雌虫外生殖器腹面观

【测量】 体长 5.8 ~ 8.0 mm，前翅长 11.2 ~ 14.8 mm，后翅长 10.1 ~ 12.8 mm。

【形态特征】 头部黄褐色；触角深褐色，梗节具褐色环纹，鞭节基部第 1 节分支短齿状。前胸背板黄褐色，中央具 1 对卵圆形黄色斑。前翅浅烟褐色，翅疤 2 个；后翅淡黄色，翅疤仅 1 个。翅脉浅褐色。前翅 R 至 CuP 脉间具缘饰；Sc 与 R 脉在翅痣区略相接；RP 脉主支 5 条；MA 脉在基部与 R 脉愈合，无连接 MP 脉的横脉状分支；MP 脉主支 2 条；中部具 2 组阶脉。后翅 R 至 CuP 脉间具缘饰；RP 脉主支 5 条；MA 与 RP 脉在基部具较短的愈合。雄虫腹部末端第 9 背板背面观前缘弧形凹缺，后缘近 V 形凹缺，两侧形成 1 对宽的半背片，其后端钝圆且密被长毛；第 9 腹板后缘弧形隆突；肛上板背面观末端具 1 对大的爪状突起，其下方具 1 对分叉的爪状突起及 1 对骨化较弱的短指状突起；第 9 生殖基节基部膨大，其后变细，末端内弯、爪状；第 10 生殖基节长刺状，基部内弯，近基部延伸出 1 个膨大的不规则状骨化物与第 9 生殖基节相接；殖弧叶呈弯曲的细梁状，其两端与第 9 生殖基节基部相接；内生殖板窄梯形，两侧弧形。雌虫腹部末端第 7 腹板侧面观近梯形，腹面观近梯形，后缘平截；第 8 腹节腹面膜质，具 1 个侧面观近囊状的生殖基节；受精囊长管状，略弯曲；肛上板卵圆形。

【地理分布】 云南。

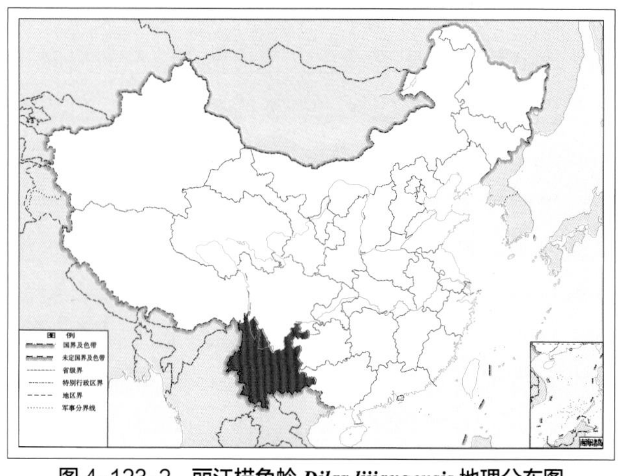

图 4-123-2 丽江栉角蛉 *Dilar lijiangensis* 地理分布图

124. 长刺栉角蛉 *Dilar longidens* Zhang, Liu, H. Aspöck & U. Aspöck, 2015

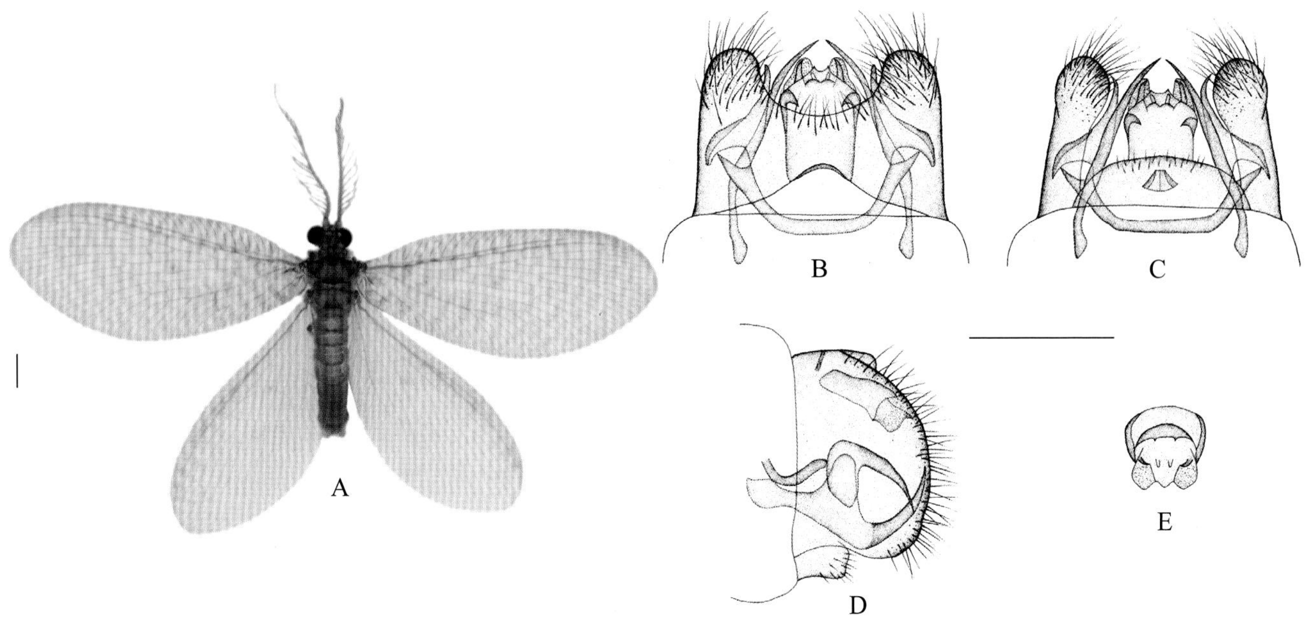

图 4-124-1　长刺栉角蛉 *Dilar longidens* 形态图
（标尺：A 为 1.0 mm，B ~ E 为 0.5 mm）
A. 成虫背面观　B. 雄虫外生殖器背面观　C. 雄虫外生殖器腹面观　D. 雄虫外生殖器侧面观　E. 雄虫肛上板后面观

【测量】 雄虫体长 6.0 ~ 6.8 mm；前翅长 8.9 ~ 9.8 mm，后翅长 7.6 ~ 8.2 mm。

【形态特征】 头部浅黄褐色；触角浅黄褐色，梗节具褐色环纹，鞭节基部第 1 节分支短齿状。前胸背板近六边形，中央具 1 对卵圆形黄色斑。足浅黄褐色，股节末端黑褐色。翅略呈浅烟褐色，密布浅褐色斑纹。前翅中部翅疤外侧具 1 个无斑区，翅疤 2 个；后翅淡黄色，翅疤仅 1 个。翅脉浅黄色，横脉较纵脉色浅。前翅 R 至 CuP 脉间具缘饰；RP 脉主支 5 条；MA 脉在基部与 R 脉愈合，无连接 MP 脉的横脉状分支；MP 脉主支 2 条；中部具 2 组阶脉。后翅 R 至 CuP 脉间具缘饰；RP 脉主支 5 条；MA 与 RP 脉在基部具较短的愈合。雄虫腹部末端第 9 背板背面观前缘弧形凹缺，后缘浅 U 形凹缺，两侧形成 1 对宽的近梯形半背片，其后端钝圆且密被长毛；肛上板背面观近凸字形，两侧具 1 对爪状骨化物，末端具 1 对半圆形片状突起，其上方具 1 对爪状突起及 1 对骨化较弱的短指状突起；第 9 生殖基节背面观基部膨大，其后变细，末端向下弯曲、爪状；第 10 生殖基节长刺状，向内弯曲，近中部与第 9 生殖基节相接，明显长于第 9 生殖基节；殖弧叶细梁状，略呈 U 形，末端与第 9 生殖基节相接；内生殖板梯形，两侧弧形。

【地理分布】 广西。

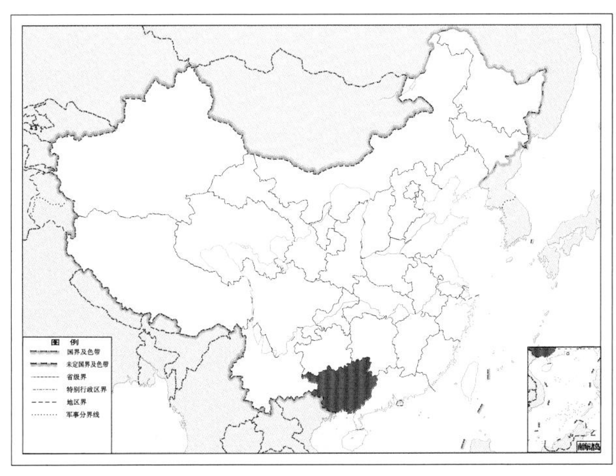

图 4-124-2　长刺栉角蛉 *Dilar longidens* 地理分布图

125. 多斑栉角蛉 *Dilar maculosus* Zhang, Liu, H. Aspöck & U. Aspöck, 2015

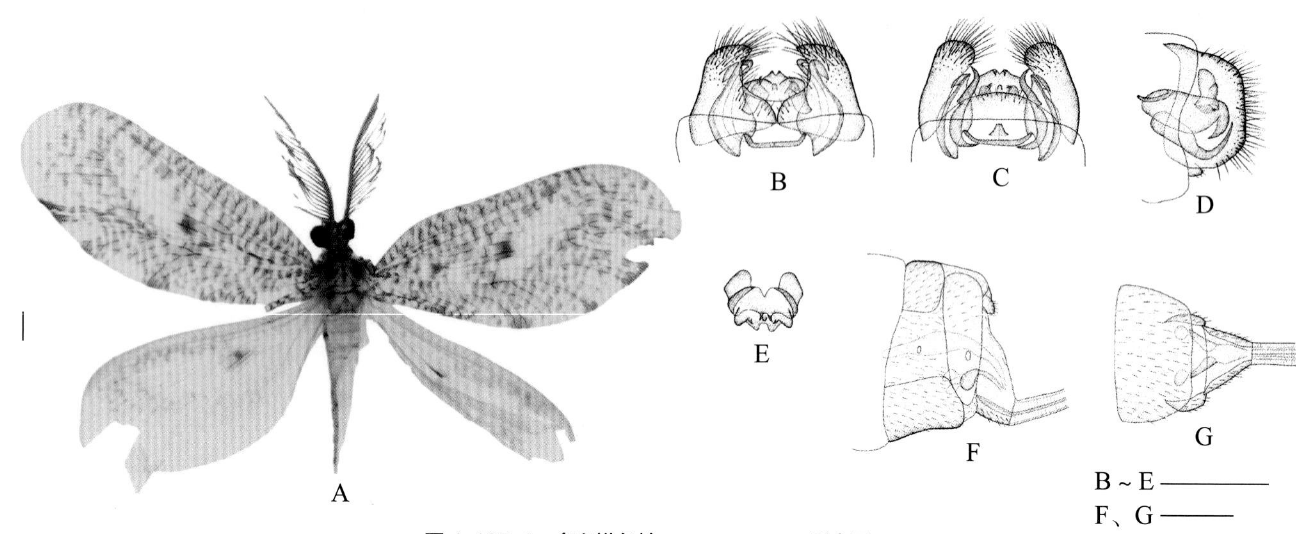

图 4-125-1 多斑栉角蛉 *Dilar maculosus* 形态图

（标尺：A 为 1.0 mm，B ~ G 为 0.5 mm）

A. 成虫背面观 B. 雄虫外生殖器背面观 C. 雄虫外生殖器腹面观 D. 雄虫外生殖器侧面观 E. 雄虫肛上板后面观 F. 雌虫外生殖器侧面观 G. 雌虫外生殖器腹面观

【测量】 体长 5.6 ~ 7.0 mm，前翅长 10.8 ~ 12.8 mm，后翅长 8.4 ~ 10.5 mm。

【形态特征】 头部浅黄褐色；触角浅黄褐色，梗节具褐色环纹，鞭节基部第 1 节分支短齿状。前胸背板近六边形，中央具 1 对卵圆形黄色斑；中胸背板小盾片前半部褐色，其两侧各具 1 条深褐色斜条斑。翅略呈浅黄色，前翅中部和基部翅疤外侧各具 1 个较大无斑区；翅疤 2 个，周围具明显的深褐色边。后翅淡黄色，翅疤仅 1 个。前翅 R 至 CuP 脉间具缘饰；Sc 与 R 脉在翅痣区略相接；MA 脉在基部与 R 脉愈合，无连接 MP 脉的横脉状分支；MP 脉主支 2 条；中部具 2 组阶脉。后翅 R 至 CuP 脉间具缘饰；RP 脉主支 5 条；MA 与 RP 脉在基部具较短的愈合。雄虫腹部末端第 9 背板背面观前缘浅弧形凹缺，后缘近 U 形凹缺，两侧形成 1 对宽的半背片，其后端钝圆且密被长毛；肛上板背面观末端具 1 对向下弯曲的爪状突起，其下方具 1 对分叉的爪状突起及 1 个骨化较弱的粗指状突起；第 9 生殖基节基部膨大，端部呈刀状弯向外侧；第 10 生殖基节细长，基部内弯，端部爪状，近中部与第 9 生殖基节相接；殖弧叶细横梁状，其两端与第 9 生殖基节基部相接；内生殖板近梯形，两侧弧形。雌虫腹部末端第 7 腹板侧面观近梯形，腹面观近梯形，后缘平截；第 8 腹节腹面膜质，着生 1 个前端骨化、后端膜质的囊状物；第 9 背板侧面观狭窄；肛上板卵圆形；受精囊长管状，略弯曲。

【地理分布】 云南。

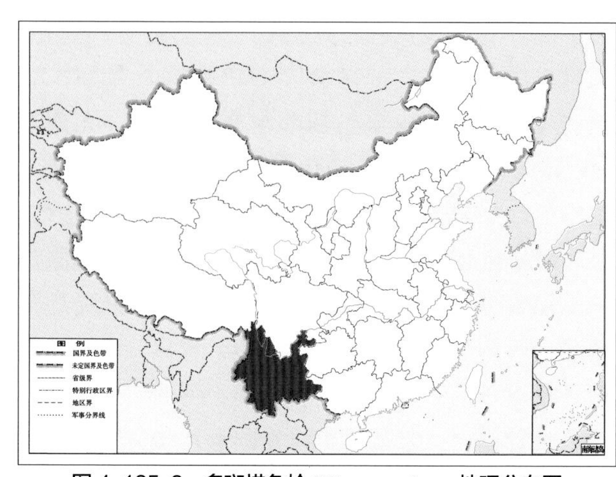

图 4-125-2 多斑栉角蛉 *Dilar maculosus* 地理分布图

126. 猫儿山栉角蛉 *Dilar maoershanensis* Zhang, Liu, H. Aspöck & U. Aspöck, 2015

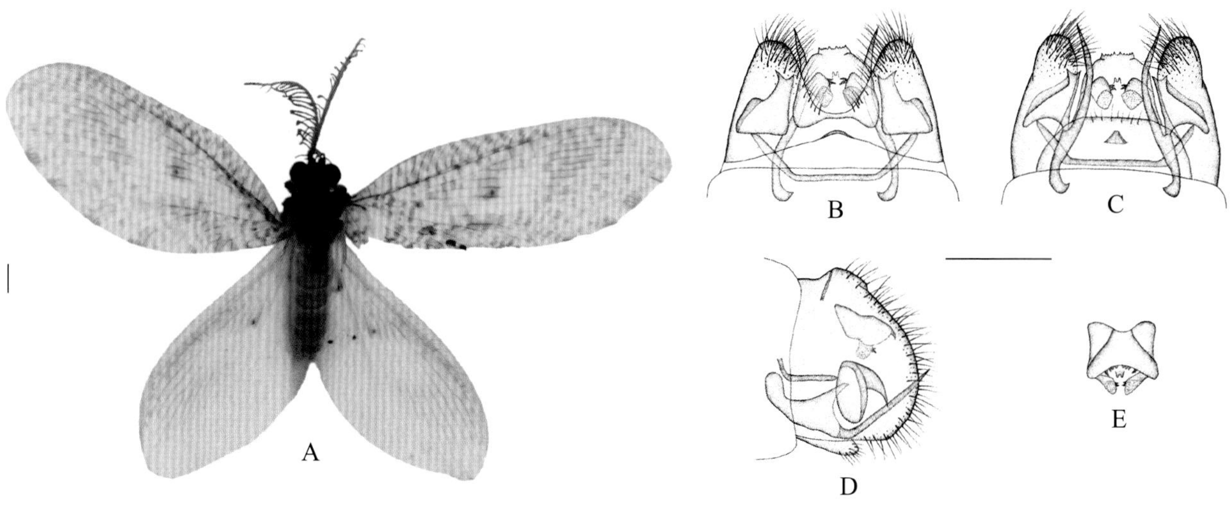

图 4-126-1　猫儿山栉角蛉 *Dilar maoershanensis* 形态图

（标尺：A 为 1.0 mm，B ~ E 为 0.5 mm）

A. 成虫背面观　B. 雄虫外生殖器背面观　C. 雄虫外生殖器腹面观　D. 雄虫外生殖器侧面观　E. 雄虫肛上板后面观

【测量】 雄虫体长 6.8 mm，前翅长 10.7 mm，后翅长 8.9 mm。

【形态特征】 头部浅黄褐色；触角浅黄褐色，梗节具褐色环纹，鞭节基部第 1 节分支短齿状。前胸背板近六边形，中央具 1 对卵圆形黄色斑。足浅黄褐色，股节末端黑褐色。翅略呈浅烟褐色，密布浅褐色斑纹；前翅中部翅疤外侧和内侧均具 1 个无斑区，翅疤 2 个；后翅淡黄色，翅疤仅 1 个。翅脉浅黄色，横脉较纵脉色浅。前翅 R 至 CuP 脉间具缘饰；RP 脉主支 5 条；MA 脉在基部与 R 脉愈合，无连接 MP 脉的横脉状分支；MP 脉主支 2 条；中部具 2 组阶脉。后翅 R 至 CuP 脉间具缘饰；RP 脉主支 5 条；MA 与 RP 脉在基部具较短的愈合。雄虫腹部末端第 9 背板背面观前缘浅弧形凹缺，后缘深 V 形凹缺，中部较窄，两侧形成 1 对近三角形半背片，其后端钝圆且密被长毛，后缘弧形；肛上板背面观近梯形，末端具锯齿状的突起，其下方具 1 对片状突起、1 对分叉的爪状突起及 1 对骨化较弱的短指状突起；第 9 生殖基节背面观基部膨大，末端为骨化强烈的短叉状；第 10 生殖基节长刺状，基部内弯，近基部与第 9 生殖基节相接，明显长于第 9 生殖基节；殖弧叶细梁状，略呈 U 形，末端与第 9 生殖基节相接；内生殖板梯形，两侧弧形。

【地理分布】 广西。

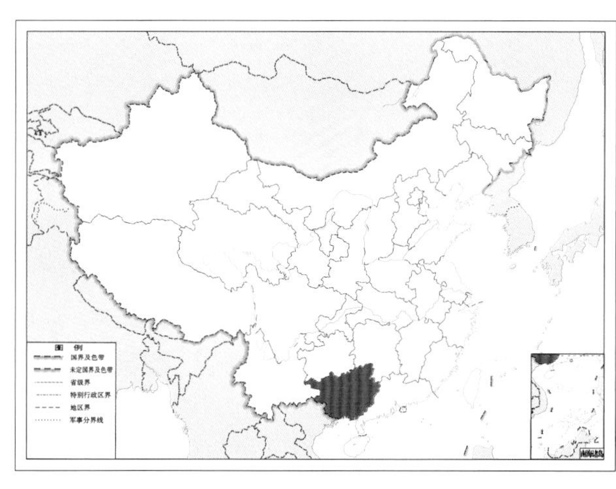

图 4-126-2　猫儿山栉角蛉 *Dilar maoershanensis* 地理分布图

127. 广翅栉角蛉 *Dilar megalopterus* Yang, 1986

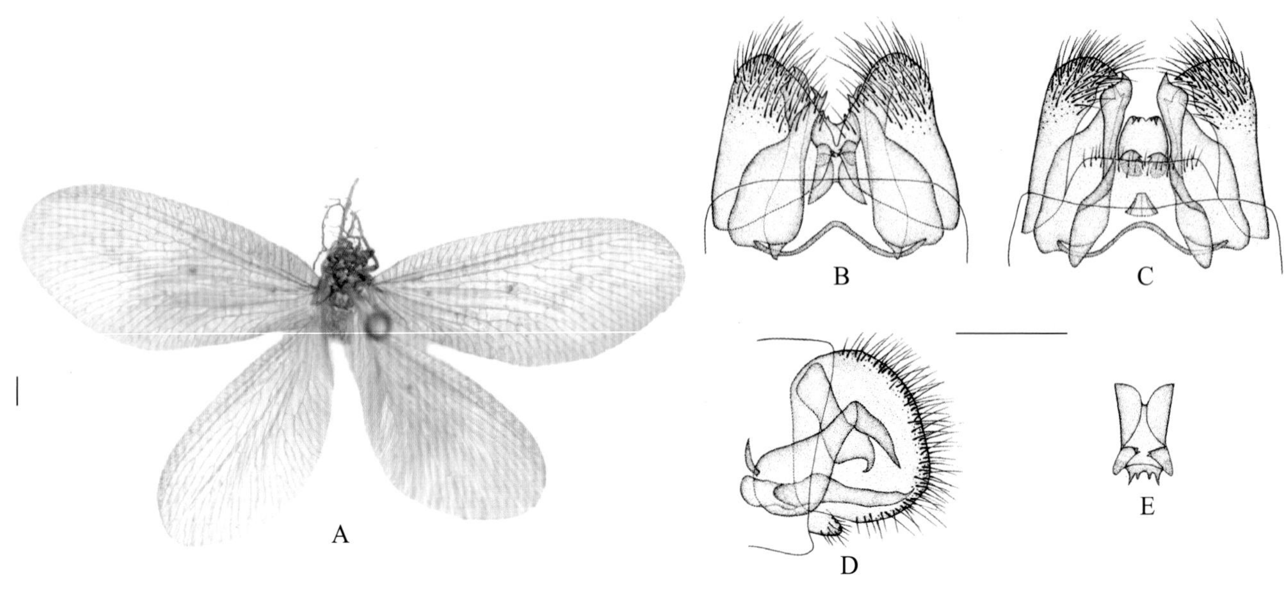

图 4-127-1 广翅栉角蛉 *Dilar megalopterus* 形态图

（标尺：A 为 1.0 mm，B ~ E 为 0.5 mm）

A. 成虫背面观 B. 雄虫外生殖器背面观 C. 雄虫外生殖器腹面观 D. 雄虫外生殖器侧面观 E. 雄虫肛上板后面观

【测量】 雄虫体长 5.2 ~ 6.6 mm，前翅长 12.8 ~ 15.8 mm，后翅长 10.5 ~ 12.9 mm。

【形态特征】 头部黄褐色；触角浅黄褐色，梗节具褐色环纹，鞭节基部第 1 节分支短齿状。前胸背板黄褐色，中央具 1 对卵圆形黄色斑。翅透明，略呈浅烟褐色，布有浅褐色斑纹。前翅具形状不规则的浅褐色斑，小且分散，翅疤 2 个；后翅淡黄色，翅疤仅 1 个。翅脉浅褐色。前翅 R 至 CuP 脉间具缘饰；RP 脉主支 4 条；MA 脉在基部与 R 脉愈合，无连接 MP 脉的横脉状分支；MP 脉主支 2 条；中部具 2 组阶脉。后翅 R 至 CuP 脉间具缘饰；RP 脉主支 4 条；MA 与 RP 脉在基部具较短的愈合。雄虫腹部末端第 9 背板背面观前缘弧形凹缺，后缘深 V 形凹缺，中部窄，两侧形成 1 对近梯形半背片，其后端钝圆且密被长毛；肛上板背面观末端具 1 对向下弯曲的爪状突起及 1 对短指状突起，其下方近中部具 1 对分叉的爪状突起；第 9 生殖基节基部膨大，端部呈分叉的爪状；第 10 生殖基节细直，端部稍膨大，具 1 个爪状突起，略长于第 9 生殖基节；殖弧叶细梁状，弯曲，近 W 形，其两端与第 9 生殖基节基部相接；内生殖板近梯形，两侧弧形。

【地理分布】 云南。

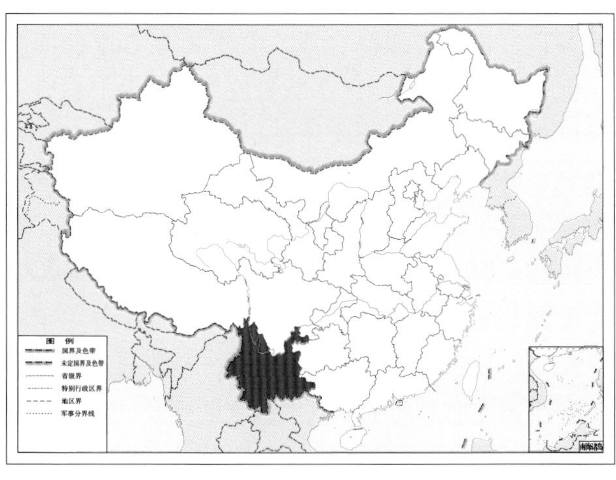

图 4-127-2 广翅栉角蛉 *Dilar megalopterus* 地理分布图

128. 山地栉角蛉 *Dilar montanus* Yang, 1992

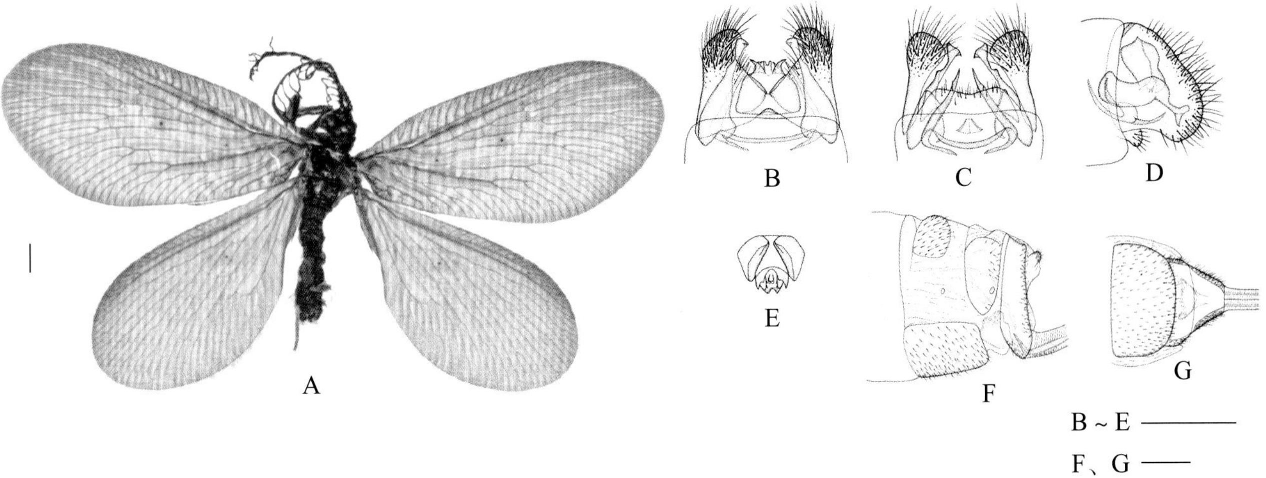

图 4-128-1 山地栉角蛉 *Dilar montanus* 形态图

（标尺：A 为 1.0 mm，B ~ G 为 0.5 mm）

A. 成虫背面观 B. 雄虫外生殖器背面观 C. 雄虫外生殖器腹面观 D. 雄虫外生殖器侧面观 E. 雄虫肛上板后面观 F. 雌虫外生殖器侧面观 G. 雌虫外生殖器腹面观

【测量】 雄虫体长 4.0 ~ 5.3 mm，前翅长 6.7 ~ 8.0 mm，后翅长 5.5 ~ 6.9 mm；雌虫体长 5.9 ~ 7.0 mm，前翅长 10.8 ~ 12.4 mm，后翅长 9.0 ~ 11.0 mm。

【形态特征】 头部深褐色；触角深褐色，梗节具褐色环纹，鞭节基部第 1 节分支短齿状。前胸背板中央具 1 对卵圆形黄色斑。翅烟褐色，密布深褐色斑纹；前翅近深褐色，翅疤 2 个；后翅淡褐色，翅疤仅 1 个。翅脉褐色。前翅 R 至 CuP 脉间具缘饰；Sc 与 R 脉在翅痣区略相接；RP 脉主支 4 条；MA 脉在基部与 R 脉愈合，无连接 MP 脉的横脉状分支；MP 脉主支 2 条；中部具 2 组阶脉。后翅 R 至 CuP 脉间具缘饰；RP 脉主支 4 条；MA 与 RP 脉在基部具较短的愈合。雄虫腹部末端第 9 背板背面观前缘弧形凹缺，后缘近 V 形凹缺，两侧形成 1 对宽的半背片，其后端钝圆且密被长毛，后缘弧形；肛上板背面观近梯形，末端具 1 对大的爪状突起，其下方具 1 对分叉的爪状突起及 1 对骨化较弱的短指状突起；第 9 生殖基节基部膨大，其后变细，末端呈膨大的爪状；第 10 生殖基节长刺状，略短于第 9 生殖基节，基部呈角状弯曲，近中部延伸出 1 个近三角形骨化物与第 9 生殖基节相接；殖弧叶细横梁状，其两端与第 9 生殖基节基部相接；内生殖板窄梯形，两侧弧形。雌虫腹部末端第 7 腹板侧面观近梯形，腹面观近梯形，后缘平截；第 8 腹节腹面膜质，着生 1 个腹面观前缘膜质的近梯形骨化物；第 9 背板侧面观狭窄；肛上板卵圆形；受精囊长管状，略弯曲。

【地理分布】 四川、云南。

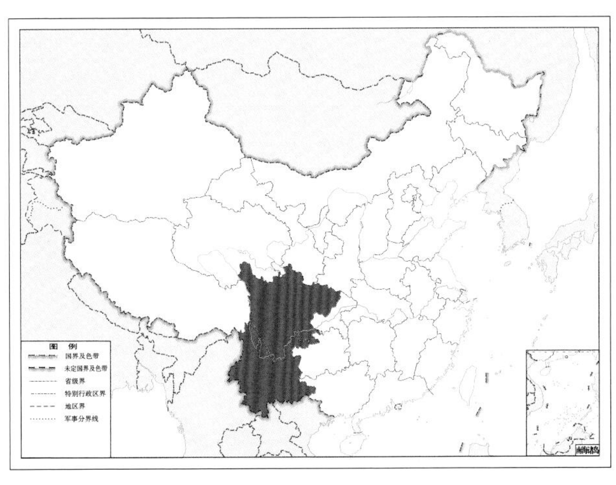

图 4-128-2 山地栉角蛉 *Dilar montanus* 地理分布图

129. 奇异栉角蛉 *Dilar nobilis* Zhang, Liu, H. Aspöck & U. Aspöck, 2015

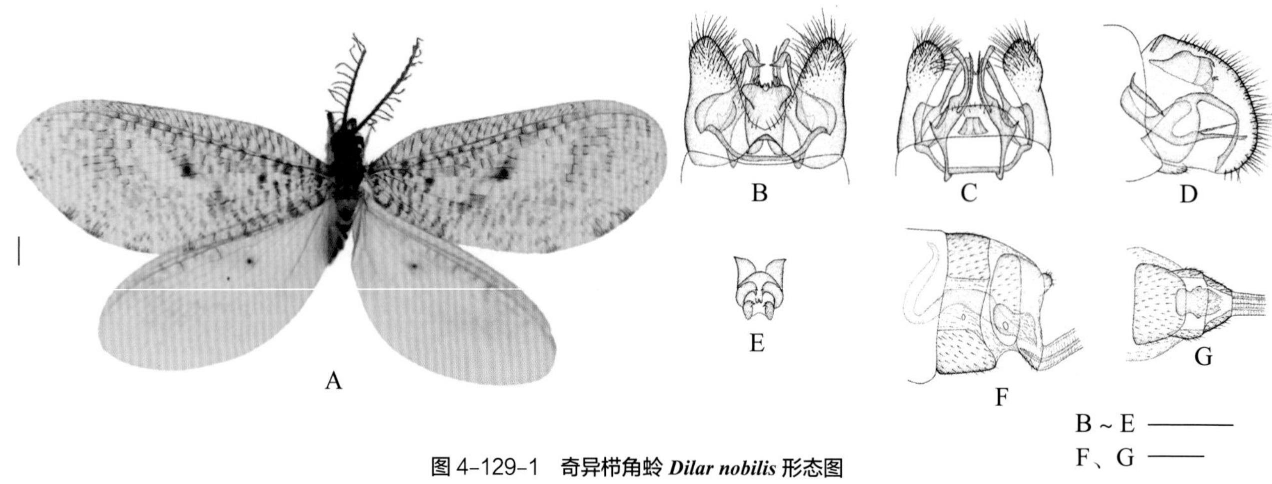

图 4-129-1 奇异栉角蛉 *Dilar nobilis* 形态图

（标尺：A 为 1.0 mm，B ~ G 为 0.5 mm）

A. 成虫背面观 B. 雄虫外生殖器背面观 C. 雄虫外生殖器腹面观 D. 雄虫外生殖器侧面观 E. 雄虫肛上板后面观 F. 雌虫外生殖器侧面观 G. 雌虫外生殖器腹面观

【测量】 雄虫体长 6.2 mm，前翅长 10.7 mm，后翅长 8.9 mm；雌虫体长 7.4 mm，前翅长 11.2 mm，后翅长 9.1 mm。

【形态特征】 头部黄褐色；触角褐色，梗节具褐色环纹，鞭节基部第 1 节分支短齿状。前胸浅黄褐色，前胸背板近六边形，中央具 1 对卵圆形黄色斑。足浅黄色，股节末端黑褐色。翅略呈浅黄褐色，前翅中部和基部翅疤外侧各具 1 个较大无斑区，翅疤 2 个，周围具明显的深褐色边；后翅淡黄色，翅疤仅 1 个。翅脉浅褐色。前翅 R 至 CuP 脉间具缘饰；Sc 与 R 脉在翅痣区略相接；RP 脉主支 5 条；MA 脉在基部与 R 脉愈合，无连接 MP 脉的横脉状分支；MP 脉主支 2 条；中部具 2 组阶脉。后翅 R 至 CuP 脉间具缘饰；RP 脉主支 5 条；MA 与 RP 脉在基部具较短的愈合。雄虫腹部末端第 9 背板背面观前缘弧形凹缺，后缘深 V 形凹缺，两侧形成 1 对宽的近三角形半背片，其后端钝圆且密被长毛；肛上板背面观末端具 1 对分叉的爪状突起，其下方具 1 对爪状突起及 1 对骨化较弱的短指状突起；第 9 生殖基节基部呈较宽的勺状，其后细长，端部强烈弯曲，末端矛尖状；第 10 生殖基节细长，基部内弯，近中部分为两叉，向外弯曲；殖弧叶细横梁状，近 U 形，其两端与第 9 生殖基节基部相接；内生殖板近梯形，两侧弧形。雌虫腹部末端第 7 腹板侧面观近梯形，腹面观近梯形，后缘平截；第 8 腹节腹面膜质，着生 1 个前端骨化、后端膜质的囊状物；第 9 背板侧面观狭窄；肛上板卵圆形；受精囊长管状，弯曲。

【地理分布】 云南。

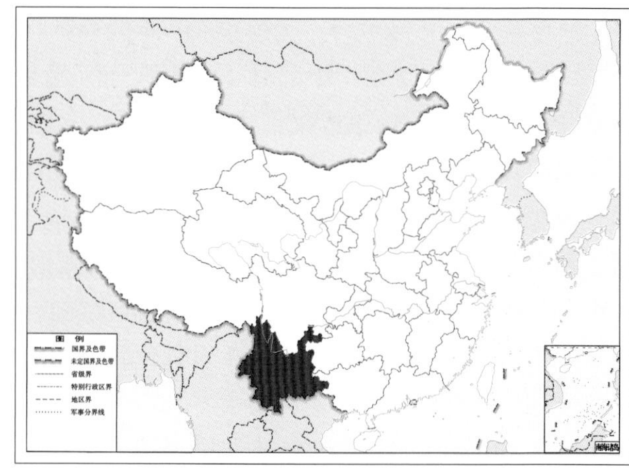

图 4-129-2 奇异栉角蛉 *Dilar nobilis* 地理分布图

130. 灰栉角蛉 *Dilar pallidus* Nakahara, 1955

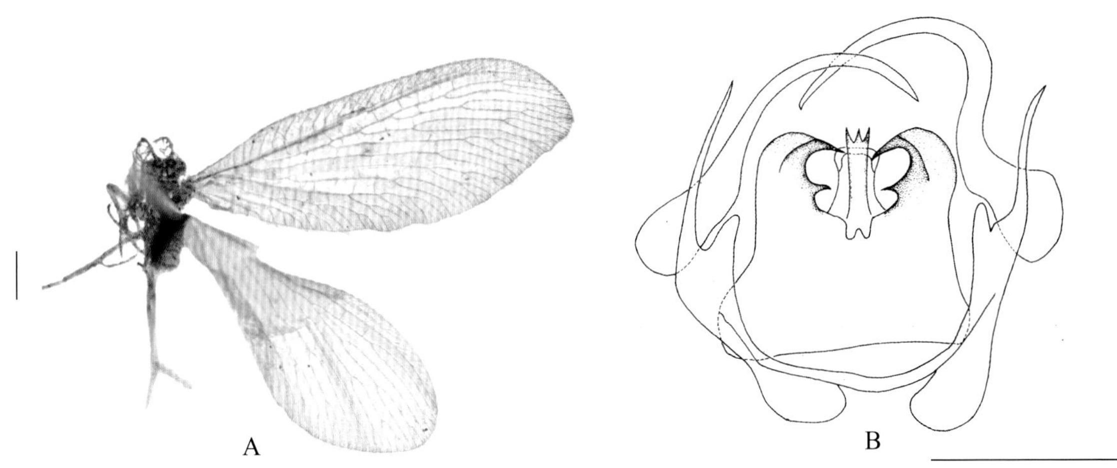

图 4-130-1　灰栉角蛉 *Dilar pallidus* 形态图
（标尺：A 为 1.0 mm，B 为 0.5 mm）
A. 成虫背面观　B. 雄虫外生殖器腹面观

【测量】 雄虫体长 3.5 mm，前翅长 10.5 mm，后翅长 8.5 mm。

【形态特征】 头部浅黄褐色；触角浅黄褐色，梗节具褐色环纹，鞭节基部第 1 节分支短齿状。前胸背板近六边形，中央具 1 对卵圆形黄色斑。足浅黄褐色，股节末端黑褐色。翅略呈浅烟褐色。前翅近透明，无明显的褐色斑，中部翅疤外侧具 1 个无斑区，翅疤 2 个；后翅翅疤仅 1 个。翅脉浅褐色。前翅 R 至 CuP 脉间具缘饰；Sc 与 R 脉在翅痣区略相接；RP 脉主支 4 条；MA 脉在基部与 R 脉愈合，无连接 MP 脉的横脉状分支；MP 脉主支 2 条；中部具 1 组阶脉。后翅 R 至 CuP 脉间具缘饰；RP 脉主支 3 条；MA 与 RP 脉在基部具较短的愈合。雄虫肛上板背面观末端具 1 个近矩形突起，末端分 3 叉，强烈骨化，腹面具 1 对分叉的爪状突起及 1 对骨化较弱的指状突起；第 9 生殖基节基部呈较宽的勺状，其后细长，内弯；第 10 生殖基节基部内弯，末端刺状，近中部延伸出 1 个骨化物与第 9 生殖基节相接；殖弧叶横梁状，其两端与第 9 生殖基节基部相接；内生殖板近梯形，两侧弧形。

【地理分布】 台湾。

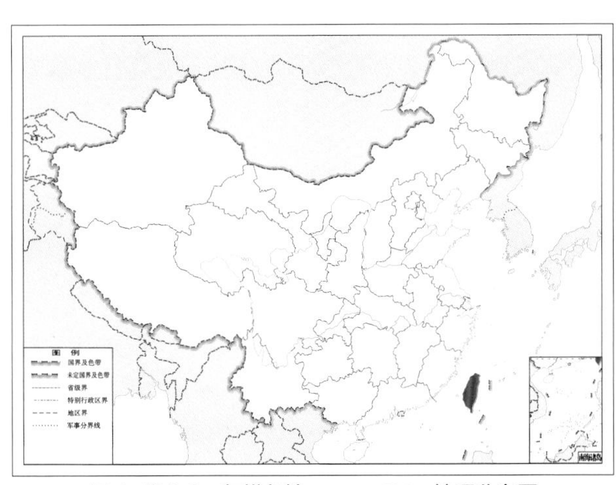

图 4-130-2　灰栉角蛉 *Dilar pallidus* 地理分布图

131. 北方栉角蛉 *Dilar septentrionalis* Navás, 1912

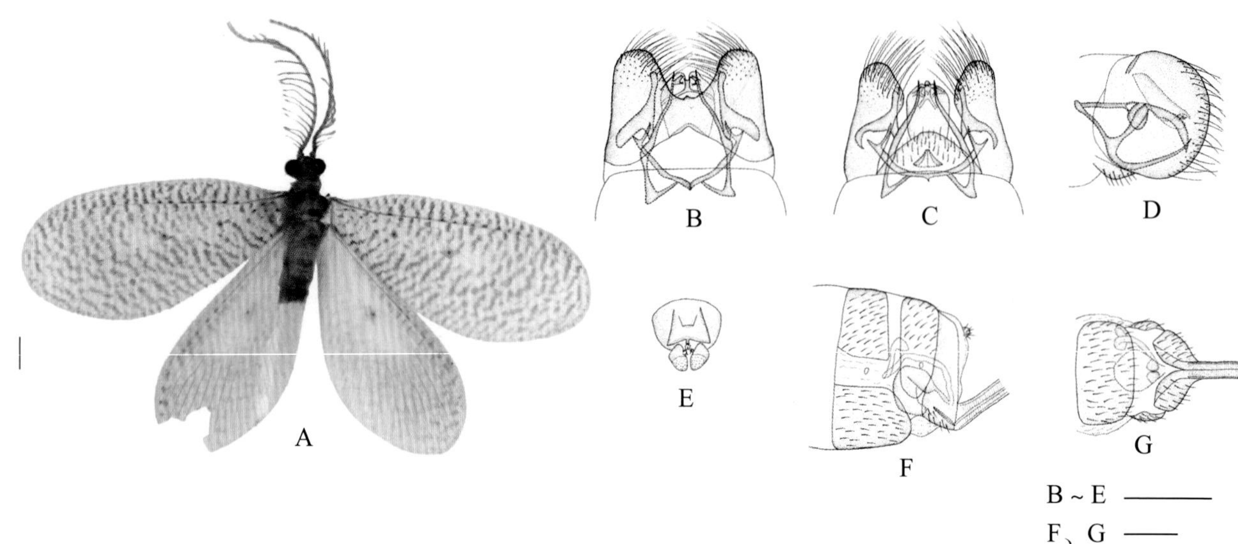

图 4-131-1 北方栉角蛉 *Dilar septentrionalis* 形态图

（标尺：A 为 1.0 mm，B ~ G 为 0.5 mm）

A. 成虫背面观 B. 雄虫外生殖器背面观 C. 雄虫外生殖器腹面观 D. 雄虫外生殖器侧面观 E. 雄虫肛上板后面观 F. 雌虫外生殖器侧面观 G. 雌虫外生殖器腹面观

【测量】 雄虫体长 4.0 ~ 5.6 mm，前翅长 8.1 ~ 8.9 mm，后翅长 6.9 ~ 7.8 mm；雌虫体长 5.4 ~ 6.2 mm，前翅长 10.9 ~ 12.3 mm，后翅长 9.1 ~ 10.5 mm。

【形态特征】 头部浅黄褐色；触角浅黄褐色，鞭节基部第 1 节分支短齿状。胸部浅黄褐色。足浅黄褐色，股节末端黑褐色。翅略呈浅烟褐色，密布浅褐色斑纹。前翅密布形状不规则的浅褐色斑，中部翅疤外侧具 1 个无斑区，翅疤 2 个；后翅较前翅色浅，翅疤仅 1 个。翅脉浅黄色，横脉较纵脉色浅。前翅 R 至 CuP 脉间具缘饰；RP 脉主支 4 条；MA 脉在基部与 R 脉愈合，无连接 MP 脉的横脉状分支；MP 脉主支 2 条；中部具 2 组阶脉，色浅而不明显。后翅 R 至 CuP 脉间具缘饰；RP 脉主支 5 条；MA 与 RP 脉在基部具较短的愈合。雄虫腹部末端第 9 背板背面观前缘弧形凹缺，后端钝圆且密被长毛；第 9 腹板近等长于第 9 背板，后缘略呈弧形；肛上板背面观近矩形，末端具 1 对短宽的片状突起，其下方具 1 对分叉的爪状突起、1 对骨化较弱的短指状突起及 1 个骨化较强的末端锯齿状的矩形突起；第 9 生殖基节背面观基部膨大，末端呈爪状、向下弯曲；第 10 生殖基节长刺状，基部弯曲与殖弧叶相接，明显长于第 9 生殖基节；殖弧叶细梁状，近 V 形，两端分叉，与第 9 生殖基节相接；内生殖板窄梯形，两侧弧形。雌虫腹部末端第 7 腹板侧面观近梯形，腹面观近矩形，后缘平截；第 8 腹节腹面膜质，具 1 个囊状的生殖基节；第 9 背板侧面观近矩形；肛上板卵圆形；受精囊长管状，端部呈葫芦形膨大。

【地理分布】 吉林、辽宁；俄罗斯，韩国。

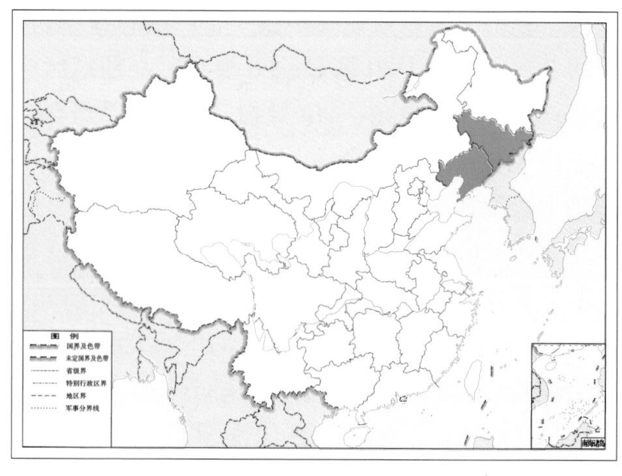

图 4-131-2 北方栉角蛉 *Dilar septentrionalis* 地理分布图

132. 中华栉角蛉 *Dilar sinicus* Nakahara, 1957

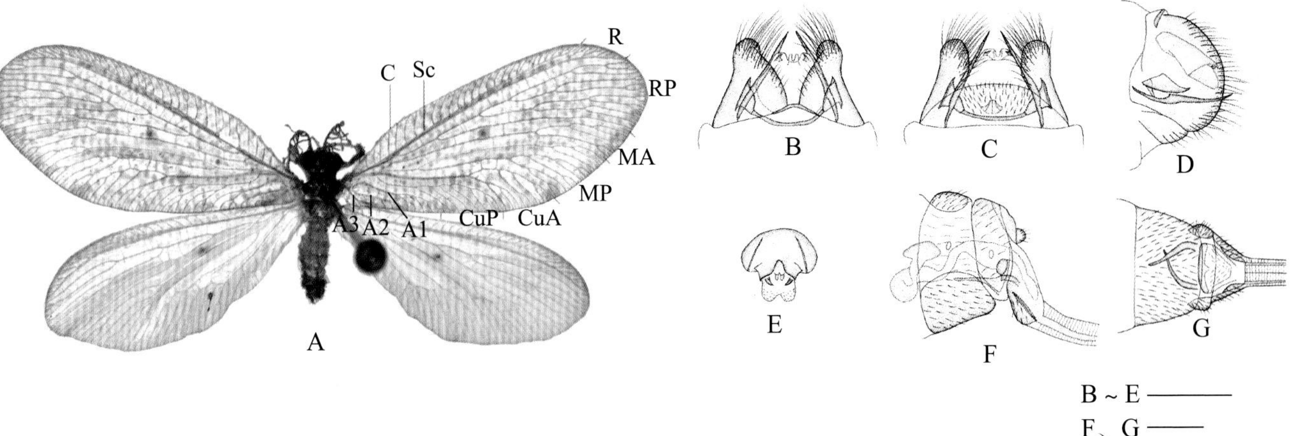

图 4-132-1 中华栉角蛉 *Dilar sinicus* 形态图

（标尺：A 为 1.0 mm，B ~ G 为 0.5 mm）

A. 成虫背面观 B. 雄虫外生殖器背面观 C. 雄虫外生殖器腹面观 D. 雄虫外生殖器侧面观 E. 雄虫肛上板后面观 F. 雌虫外生殖器侧面观 G. 雌虫外生殖器腹面观

图中字母表示：C. 前缘脉 Sc. 亚前缘脉 R. 径脉 RP. 径分脉 MA. 前中脉 MP. 后中脉 CuA. 前肘脉 CuP. 后肘脉 A1. 第 1 臀脉 A2. 第 2 臀脉 A3. 第 3 臀脉

【测量】 雄虫体长 4.1 ~ 6.2 mm，前翅长 8.4 ~ 11.1 mm，后翅长 7.2 ~ 9.5 mm；雌虫体长 4.0 mm，前翅长 8.9 mm，后翅长 8.2 mm。

【形态特征】 头部黄褐色；触角浅黄褐色，鞭节基部第 1 节分支短齿状，端部 7 节无分支。胸部黄褐色，前胸背板近六边形，中央具 1 对近卵圆形的黄色斑；小盾片前半部褐色，其两侧各具 1 条深褐色斜条斑。足浅黄褐色，股节末端黑褐色。翅略呈浅烟褐色，密布浅褐色斑纹。前翅密布形状不规则的浅褐色斑，基部斑纹色略深，翅疤 3 个；后翅与前翅斑型近，但较前翅色浅，翅疤仅 1 个。翅脉浅黄色，横脉较纵脉色浅。前翅 R 至 CuP 脉间具缘饰；RP 脉主支 5 条；MA 脉在基部与 R 脉愈合，无连接 MP 脉的横脉状分支；MP 脉主支 2 条；中部具 2 组阶脉。后翅 R 至 CuP 脉间具缘饰；RP 脉主支 5 条；MA 与 RP 脉在基部愈合。雄虫腹部末端第 9 背板背面观前缘浅弧形凹缺，其后端钝圆且密被长毛；肛上板背面观近梯形，末端具 1 对短宽的片状突起，其下方具 1 对分叉的爪状突起及 1 对骨化较弱的短指状突起；第 9 生殖基节近三角形；第 10 生殖基节长刺状，基部内弯、爪状，明显长于第 9 生殖基节；殖弧叶细横梁状，其两端与第 9 生殖基节基部相接；内生殖板近乎扇形。雌虫腹部末端第 7 腹板侧面观近方形，腹面观长方形；第 8 腹节侧面观近梯形，着生 1 对镰刀状的骨化物；第 9 背板侧面观斜向腹面延伸；肛上板卵圆形；受精囊长管状，弯曲，端部膨大。

【地理分布】 内蒙古、河北、山西、陕西、甘肃。

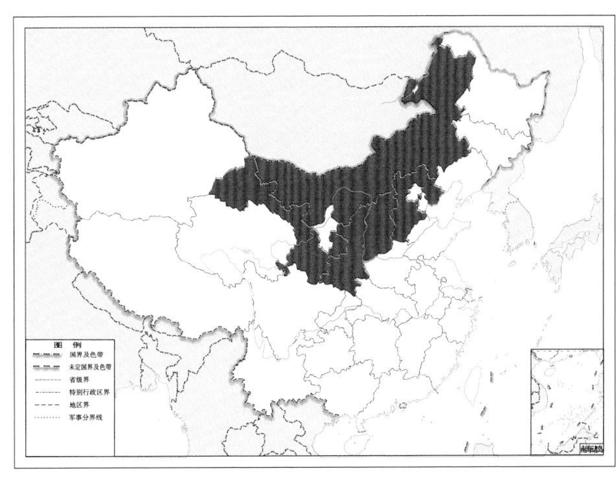

图 4-132-2 中华栉角蛉 *Dilar sinicus* 地理分布图

133. 深斑栉角蛉 *Dilar spectabilis* Zhang, Liu, H. Aspöck & U. Aspöck, 2014

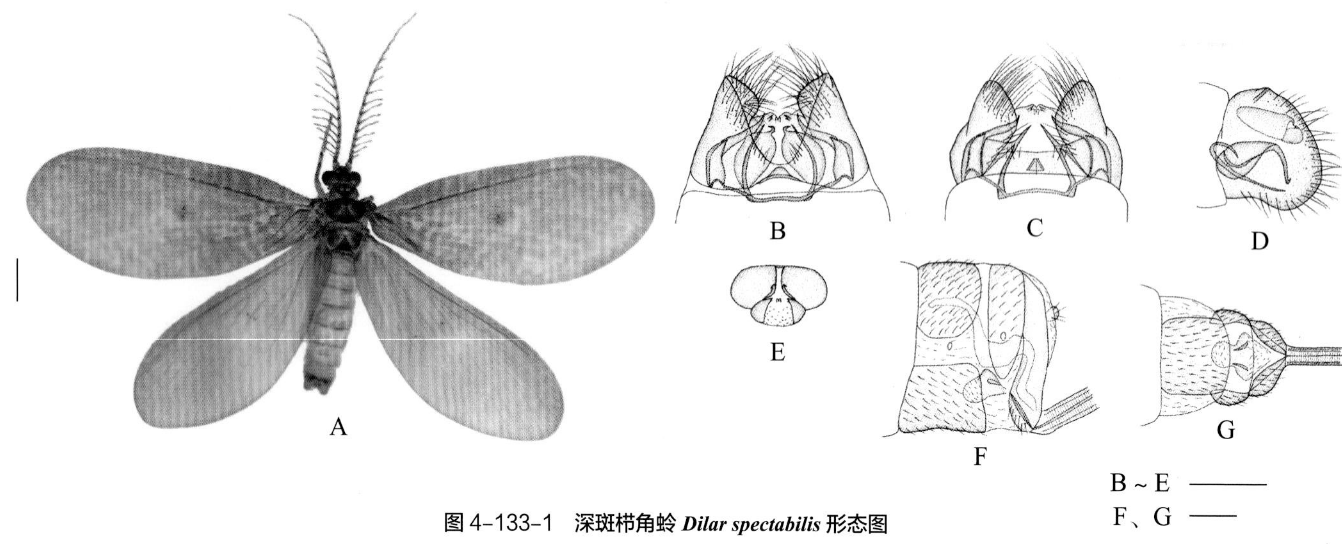

图 4-133-1 深斑栉角蛉 *Dilar spectabilis* 形态图
（标尺：A 为 1.0 mm，B ~ G 为 0.5 mm）
A. 成虫背面观 B. 雄虫外生殖器背面观 C. 雄虫外生殖器腹面观 D. 雄虫外生殖器侧面观 E. 雄虫肛上板后面观
F. 雌虫外生殖器侧面观 G. 雌虫外生殖器腹面观

【测量】 雄虫体长 5.0 ~ 6.1 mm，前翅长 7.6 ~ 8.2 mm，后翅长 6.6~7.3 mm；雌虫体长 6.0~6.7 mm，前翅长 10.6 ~ 11.8 mm，后翅长 9.2 ~ 10.7 mm。

【形态特征】 头部深黄褐色；触角浅黄色，每个鞭小节的基部加深为黑褐色，梗节具褐色环纹；鞭节基部第 1 节分支短齿状，端部 7 节无分支。胸部浅黄褐色，前胸背板近六边形，中央具 1 对卵圆形黄色斑；中胸背板中间具 1 条淡黄色 X 形条斑。翅深烟褐色，密布褐色斑纹。前翅密布形状不规则的褐色斑，基部斑纹色略深，翅疤 4 个；后翅与前翅斑型近，但较前翅色浅，翅疤仅 1 个。翅脉浅黄色，横脉较纵脉色浅。前翅 R 至 MP 脉间具缘饰；RP 脉主支 4 条；MA 脉在基部与 R 脉愈合，具连接 MP 脉的横脉状分支；MP 脉主支 2 条。后翅 R 至 MP 脉间具缘饰；RP 脉主支 5 条；MA 与 RP 脉在基部具较长的愈合。雄虫腹部末端第 9 背板背面观前缘略呈弧形，其后端钝圆且密被长毛；第 9 腹板明显短于第 9 背板；肛上板背面观近梯形，中间具 1 对弯钩状突起，末端具 1 对短宽的片状突起，其下方具 1 对分叉的爪状突起及 1 对骨化较弱的短指状突起；第 9 生殖基节基部膨大，骨化较强，其后变细、弯曲，末端爪状；第 10 生殖基节长刺状，略短于第 9 生殖基节，基部与殖弧叶相接，近前端延伸出 1 个近三角形骨化物与第 9 生殖基节相接；殖弧叶细横梁状，其两端与第 9 生殖基节基部相接；内生殖板窄梯形，两侧弧形。雌虫腹部末端第 8 腹节着生 1 个前端膜质、后端稍骨化的囊状物；第 9 背板侧面观狭窄；肛上板卵圆形；受精囊长管状，弯曲，基部膨大，端部较细。

【地理分布】 河南、陕西、宁夏、甘肃。

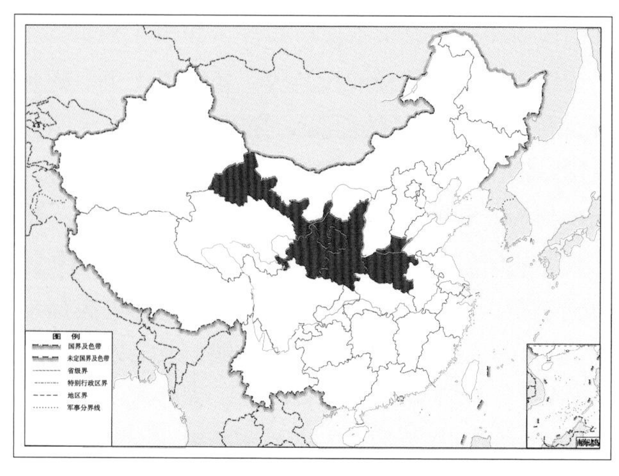

图 4-133-2 深斑栉角蛉 *Dilar spectabilis* 地理分布图

134. 狭翅栉角蛉 *Dilar stenopterus* Yang, 1999

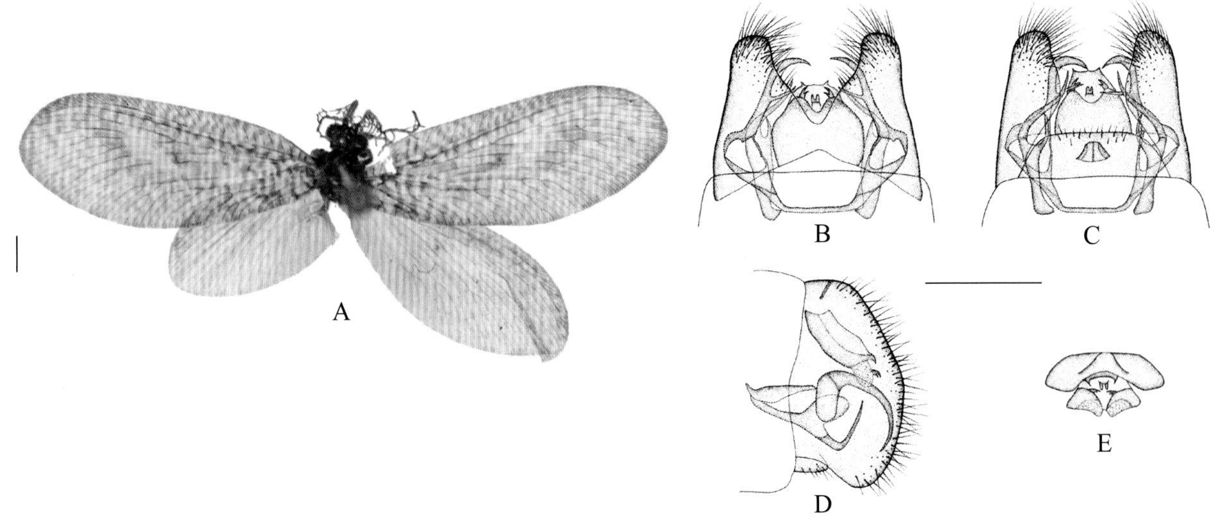

图 4-134-1 狭翅栉角蛉 *Dilar stenopterus* 形态图

（标尺：A 为 1.0 mm，B ~ E 为 0.5 mm）

A. 成虫背面观 B. 雄虫外生殖器背面观 C. 雄虫外生殖器腹面观 D. 雄虫外生殖器侧面观 E. 雄虫肛上板后面观

【测量】 雄虫体长 4.4 mm，前翅长 9.5 mm，后翅长 8.2 mm。

【形态特征】 头部黄褐色；触角浅黄褐色，梗节具褐色环纹；鞭节基部第 1 节分支短齿状，中间各节具较长分支。胸部浅黄褐色，前胸背板近六边形，中央具 1 对卵圆形黄色斑。足浅黄褐色，股节末端黑褐色。翅略呈浅烟褐色，密布褐色斑纹。前翅密布形状不规则的浅褐色斑，基部斑纹色略深，翅疤2个；后翅淡黄色，斑型不明显，翅疤仅1个。翅脉浅褐色。前翅 R 至 CuP 脉间具缘饰；RP 脉主支 5 条；MA 脉在基部与 R 脉愈合，无连接 MP 脉的横脉状分支；MP 脉主支 2 条；中部具 2 组阶脉。后翅 R 至 CuP 脉间具缘饰；RP 脉主支 4 条；MA 与 RP 脉在基部具较短的愈合。雄虫腹部末端第 9 背板背面观前缘弧形凹缺，两侧形成 1 对近梯形半背片，其后端钝圆且密被长毛；肛上板背面观末端平截，具 1 对短爪状突起，其下方具 1 对分叉的爪状突起及 1 对骨化较弱的短指状突起；第 9 生殖基节基部较膨大，分 2 叉，端部呈分叉的爪状；第 10 生殖基节内弯，中部延伸出 1 个骨化物与第 9 生殖基节相接；殖弧叶细横梁状，两端分叉，近 U 形，其两端与第 9 生殖基节基部相接；内生殖板近梯形，两侧弧形。

【地理分布】 福建。

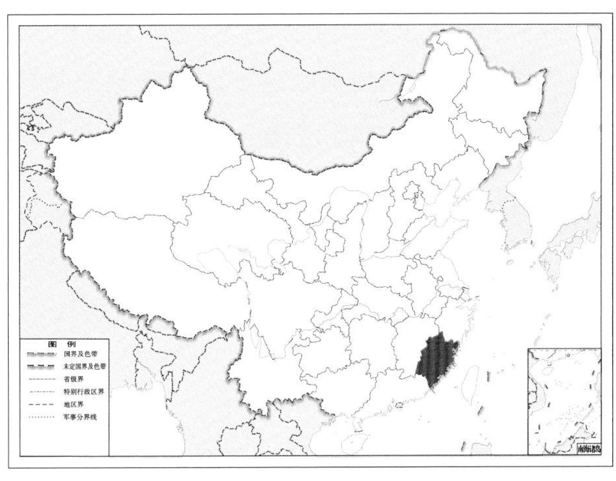

图 4-134-2 狭翅栉角蛉 *Dilar stenopterus* 地理分布图

135. 太白栉角蛉 *Dilar taibaishanus* Zhang, Liu, H. Aspöck & U. Aspöck, 2014

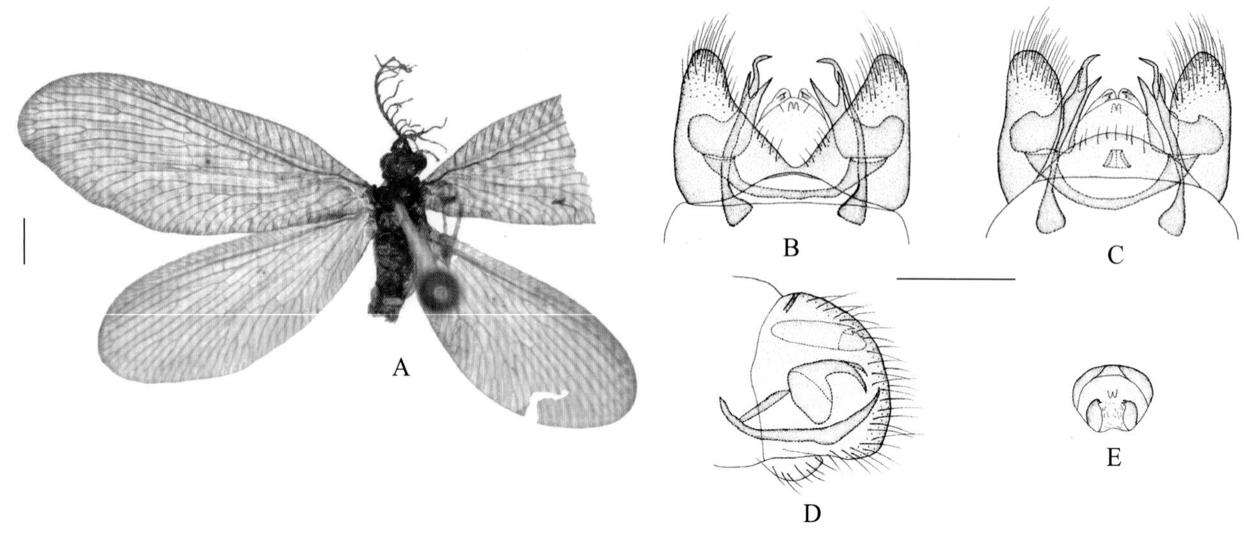

图 4-135-1　太白栉角蛉 *Dilar taibaishanus* 形态图

（标尺：A 为 1.0 mm，B ~ E 为 0.5 mm）

A. 成虫背面观　B. 雄虫外生殖器背面观　C. 雄虫外生殖器腹面观　D. 雄虫外生殖器侧面观　E. 雄虫肛上板后面观

【测量】 雄虫体长 4.1 mm，前翅长 8.2 mm，后翅长 6.9 mm。

【形态特征】 头部黄褐色；触角浅黄褐色，鞭节基部第 1 节分支短齿状，其余各节具较长分支。胸部黄褐色，前胸背板深褐色，中央具 1 对卵圆形的黄色斑。翅略呈浅黄褐色，密布浅褐色斑纹。前翅密布形状不规则的浅褐色斑，基部斑纹色略深，翅疤 3 个；后翅浅黄褐色，斑型不明显，翅疤仅 1 个。翅脉浅黄褐色，横脉较纵脉色浅。前翅 R 至 CuP 脉间具缘饰；RP 脉主支 4 条；MA 脉在基部与 R 脉愈合，无连接 MP 脉的横脉状分支；MP 脉主支 2 条；中部具 2 组阶脉。后翅 R 至 CuP 脉间具缘饰；RP 脉主支 3 条；MA 与 RP 脉在基部具较短的愈合。雄虫腹部末端第 9 背板背面观前缘浅弧形凹缺，两侧形成 1 对宽的近三角形半背片，其后端钝圆且密被长毛；第 9 腹板明显短于第 9 背板；肛上板背面观近半圆形，末端具 1 对半圆形的片状突起，其下方具 1 对分叉的爪状突起及 1 对骨化较弱的短指状突起；第 9 生殖基节基部呈膨大的囊状，其后为骨化强烈的叉状；第 10 生殖基节较细长，基部和末端呈钩状，明显长于第 9 生殖基节，殖弧叶横梁状，其两端膨大，与第 9 生殖基节基部相接；内生殖板梯形，两侧弧形。

【地理分布】 陕西。

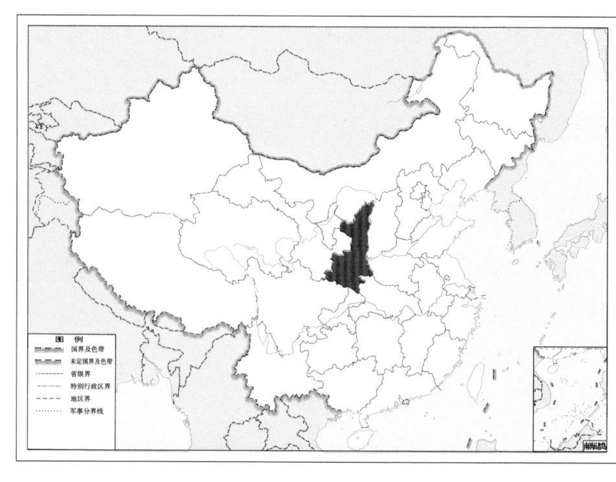

图 4-135-2　太白栉角蛉 *Dilar taibaishanus* 地理分布图

136. 台湾栉角蛉 *Dilar taiwanensis* Banks, 1937

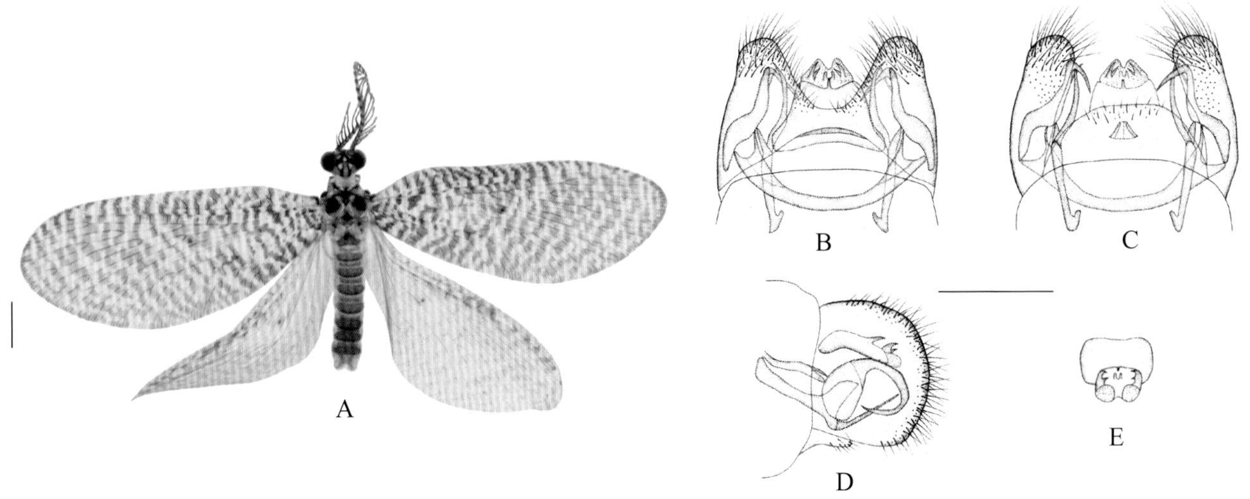

图 4-136-1　台湾栉角蛉 *Dilar taiwanensis* 形态图

（标尺：A 为 1.0 mm，B ~ E 为 0.5 mm）

A. 成虫背面观　B. 雄虫外生殖器背面观　C. 雄虫外生殖器腹面观　D. 雄虫外生殖器侧面观　E. 雄虫肛上板后面观

【测量】 雄虫体长 3.4 ~ 6.6 mm，前翅长 6.4 ~ 9.2 mm，后翅长 5.5 ~ 7.7 mm；雌虫体长 6.3 mm，前翅长 12.5 mm，后翅长 11.5 mm。

【形态特征】 头部浅黄褐色；触角浅黄褐色，梗节具褐色环纹；鞭节基部第 1 节分支短齿状，端部 8 节无分支。胸部浅黄褐色，前胸背板近六边形，中央具 1 对卵圆形黄色斑。翅略呈浅烟褐色，密布褐色斑纹。前翅密布形状不规则的褐色斑，基部和前缘域斑纹色加深，翅疤 2 个；后翅淡黄色，斑型不明显，翅疤仅 1 个。翅脉浅褐色。前翅 R 至 CuP 脉间具缘饰；Sc 与 R 脉在翅痣区略相接；RP 脉主支 5 条；MA 脉在基部与 R 脉愈合，无连接 MP 脉的横脉状分支；MP 脉主支 2 条；中部具 1 组阶脉。后翅 R 至 CuP 脉间具缘饰；RP 脉主支 4 条；MA 与 RP 脉在基部具较短的愈合。雄虫腹部末端第 9 背板背面观前缘弧形凹缺，后缘近 U 形凹缺，两侧形成 1 对近梯形半背片，其后端钝圆且密被长毛；第 9 腹板明显短于第 9 背板；肛上板背面骨片末端平截，中间具 1 个强骨化的分叉突起，腹面观具 1 对短宽的片状突起，其上方具 1 对分叉的爪状突起、1 对骨化较弱的短指状突起；第 9 生殖基节基部呈较宽的勺状，其后细长，角状弯曲，近端部延伸出 1 个短的细分支，末端呈爪状；第 10 生殖基节长刺状，明显长于第 9 生殖基节，基部内弯，端部略向外弯曲，近中部延伸出 1 个骨化物与第 9 生殖基节相接；殖弧叶横梁状，其两端膨大，分为 2 叉，与第 9 生殖基节基部相接；内生殖板近梯形，两侧弧形。雌虫腹部末端第 8 腹节腹面膜质，具 1 个侧面观近囊状的生殖基节；第 9 背板侧面观斜向腹面延伸；肛上板卵圆形；受精囊长管状，弯曲。

【地理分布】 台湾；日本。

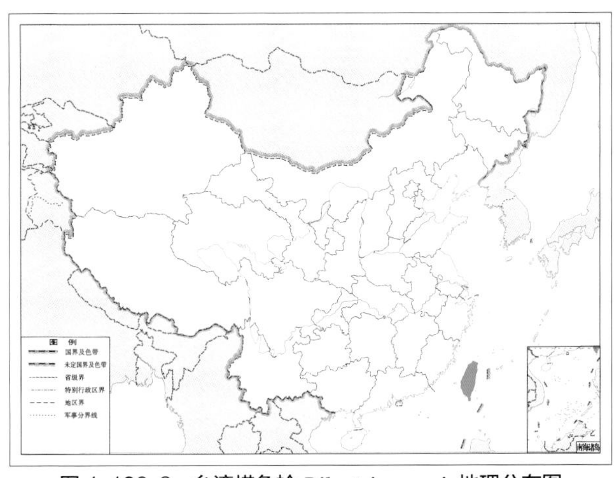

图 4-136-2　台湾栉角蛉 *Dilar taiwanensis* 地理分布图

137. 天目栉角蛉 *Dilar tianmuanus* Yang, 2001

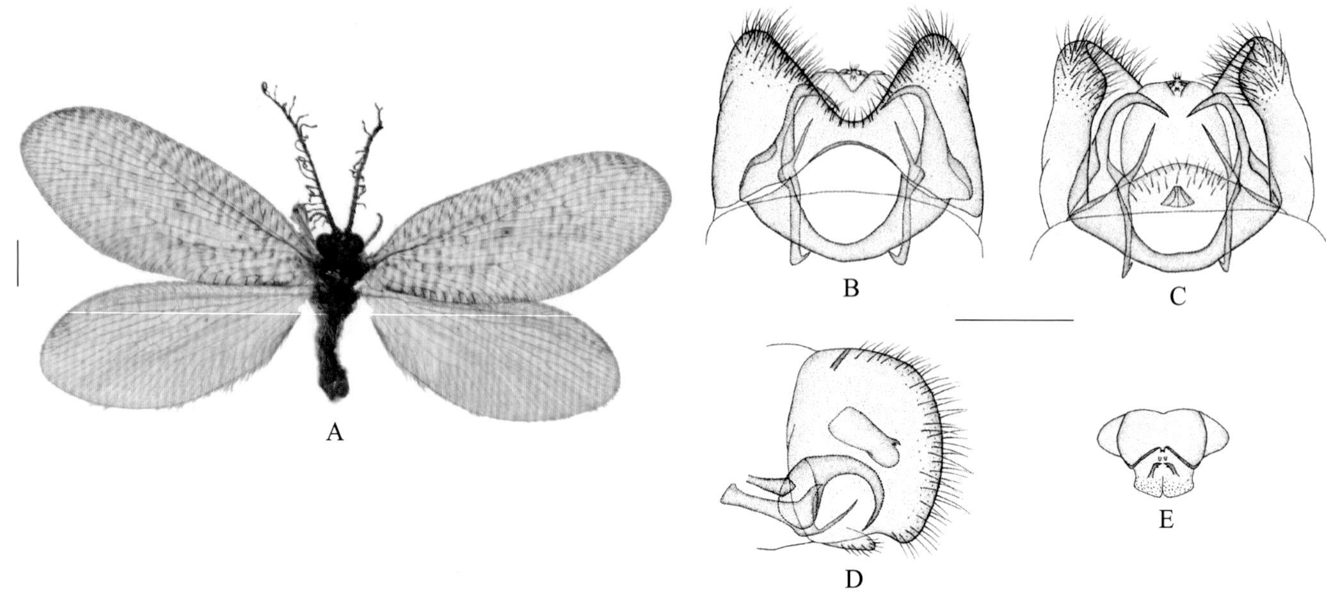

图 4-137-1 天目栉角蛉 *Dilar tianmuanus* 形态图

（标尺：A 为 1.0 mm，B ~ E 为 0.5 mm）

A. 成虫背面观 B. 雄虫外生殖器背面观 C. 雄虫外生殖器腹面观 D. 雄虫外生殖器侧面观 E. 雄虫肛上板后面观

【测量】 雄虫体长 5.9 mm，前翅长 9.8 mm，后翅长 7.8 mm。

【形态特征】 头部黄褐色；触角浅黄褐色，梗节具褐色环纹；鞭节基部第 1 节分支短齿状，端部 6 节无分支，其余各节具较长分支。胸部黄褐色，前胸背板近六边形，小盾片后半部深褐色，其两侧各具 1 个深褐色斜条斑。翅烟褐色，密布褐色斑纹。前翅密布形状不规则的褐色斑，基部及前缘域斑纹色略深，翅疤 3 个；后翅浅黄褐色，斑型不明显，翅疤仅 1 个。翅脉浅黄色，横脉较纵脉色略深。前翅 R 至 CuP 脉间具缘饰；Sc 与 R 脉在翅痣区略相接；RP 脉主支 5 条；MA 脉在基部与 R 脉愈合，无连接 MP 脉的横脉状分支；MP 脉主支 2 条；中部具 2 组阶脉。后翅 R 至 CuP 脉间具缘饰；RP 脉主支 5 条；MA 与 RP 脉在基部具较短的愈合。雄虫腹部末端第 9 背板背面观前缘浅弧形凹缺，两侧形成 1 对宽的近三角形半背片，其后端钝圆且密被长毛；肛上板背面观近梯形，末端具 1 对半圆形的片状突起，其下方具 1 对分叉的爪状突起、1 对骨化较弱的短指状突起及 1 个骨化较强的末端锯齿状的矩形突起；第 9 生殖基节基部呈膨大的囊状，末端爪状、呈角状弯曲；第 10 生殖基节较细长，基部钩状，末端长刺状，近中部延伸出 1 个骨化物与第 9 生殖基节相接，明显短于第 9 生殖基节；殖弧叶横梁状，近 U 形，其两端膨大，与第 9 生殖基节基部相接；内生殖板梯形，两侧弧形。

【地理分布】 江苏、浙江。

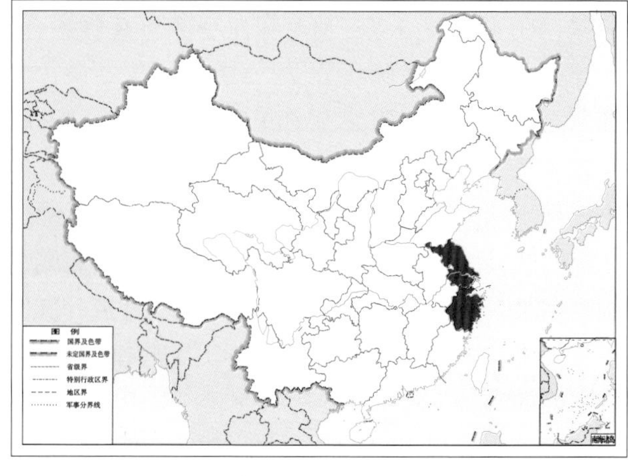

图 4-137-2 天目栉角蛉 *Dilar tianmuanus* 地理分布图

138. 西藏栉角蛉 *Dilar tibetanus* Yang, 1987

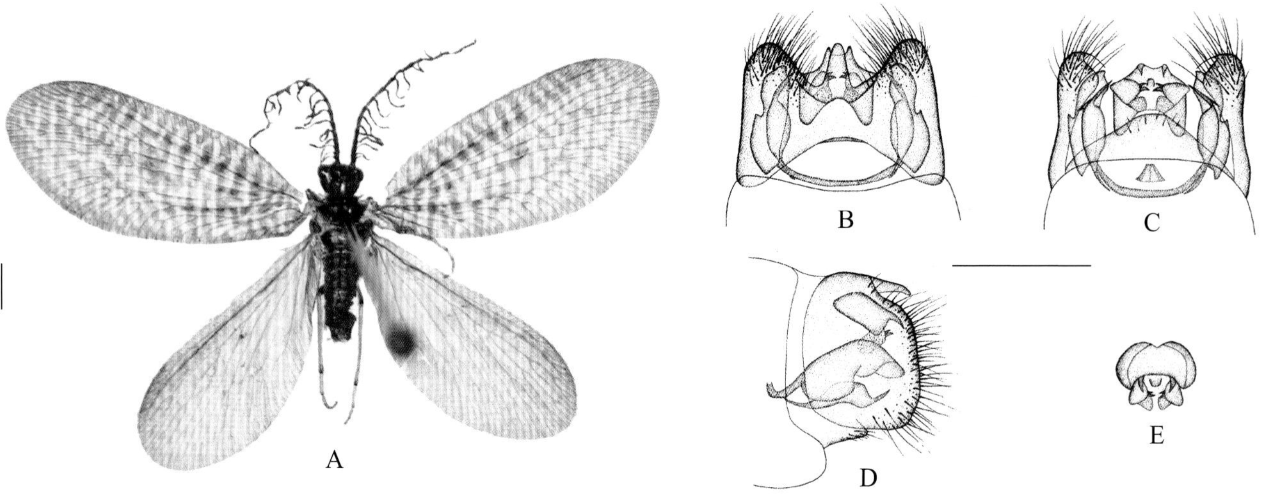

图 4-138-1 西藏栉角蛉 *Dilar tibetanus* 形态图

（标尺：A 为 1.0 mm，B ~ E 为 0.5 mm）

A. 成虫背面观 B. 雄虫外生殖器背面观 C. 雄虫外生殖器腹面观 D. 雄虫外生殖器侧面观 E. 雄虫肛上板后面观

【测量】 雄虫体长 2.8 ~ 4.5 mm，前翅长 5.0 ~ 8.0 mm，后翅长 4.2 ~ 7.0 mm。

【形态特征】 头部深褐色；触角黄褐色，梗节具褐色环纹；鞭节基部第 1 节分支短齿状，端部 8 节无分支。胸部浅黄褐色，前胸背板褐色，中央具 1 对卵圆形黄色斑。翅略呈淡烟色，密布深褐色条状斑纹。前翅密布条带状的深褐色斑，基部斑纹色略深，呈横向弧形排列，中部翅疤周围具 1 个大褐色斑，翅疤 3 个；后翅淡褐色，斑型不明显，翅疤仅 1 个。翅脉浅褐色。前翅 R 至 CuP 脉间具缘饰；Sc 与 R 脉在翅痣区略相接；RP 脉主支 3 条；MA 脉在基部与 R 脉愈合，无连接 MP 脉的横脉状分支；MP 脉主支 2 条；中部具 2 组阶脉，色浅而不明显。后翅 R 至 CuP 脉间具缘饰；RP 脉主支 4 条；MA 与 RP 脉在基部具较短的愈合。雄虫腹部末端第 9 背板背面观中间具 1 个长背突，两侧形成 1 对宽的半背片，其后端钝圆且密被长毛；第 9 腹板明显短于第 9 背板；肛上板背面观末端具 1 对向下弯曲的爪状突起，其下方具 1 对分叉的爪状突起及 1 对骨化较弱的粗指状突起；第 9 生殖基节较膨大，端部钝圆；第 10 生殖基节基部和端部细长，中间部分膨大；殖弧叶细横梁状，其两端与第 9 生殖基节基部相接；内生殖板近梯形，两侧弧形。

【地理分布】 西藏。

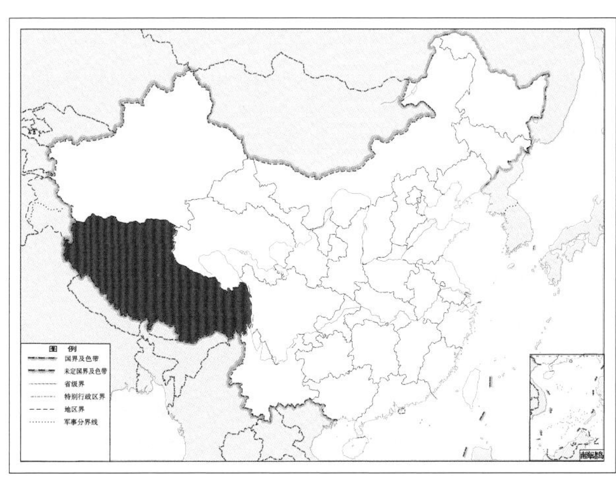

图 4-138-2 西藏栉角蛉 *Dilar tibetanus* 地理分布图

139. 武夷栉角蛉 *Dilar wuyianus* Yang, 1999

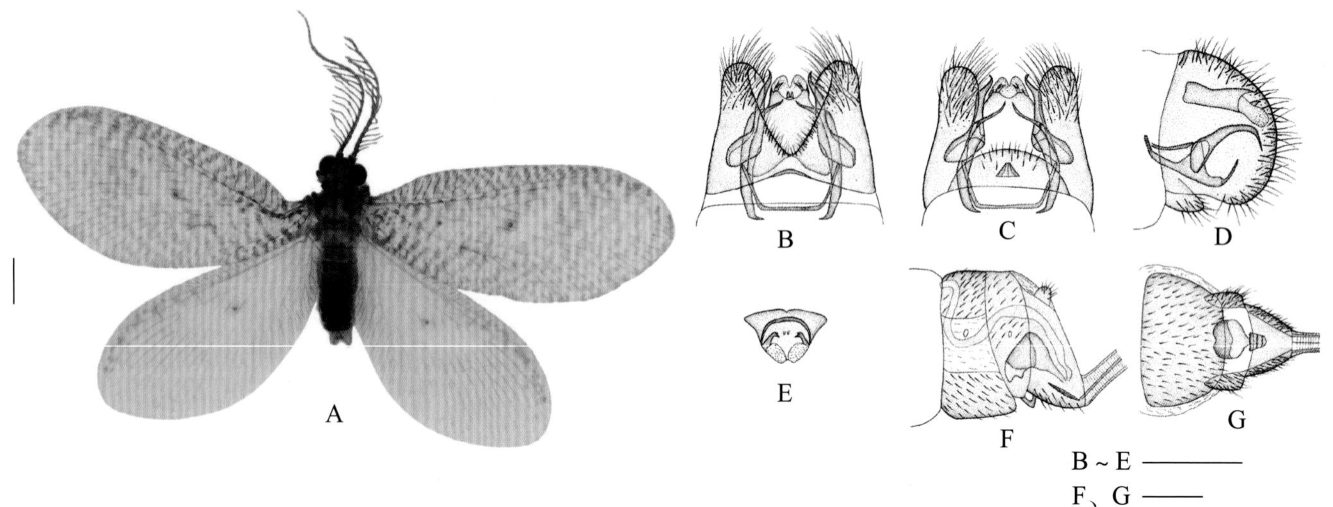

图 4-139-1 武夷栉角蛉 *Dilar wuyianus* 形态图

（标尺：A 为 1.0 mm，B ~ G 为 0.5 mm）

A. 成虫背面观 B. 雄虫外生殖器背面观 C. 雄虫外生殖器腹面观 D. 雄虫外生殖器侧面观 E. 雄虫肛上板后面观 F. 雌虫外生殖器侧面观 G. 雌虫外生殖器腹面观

【测量】 雄虫体长 5.5 mm，前翅长 9.6 mm，后翅长 7.9 mm；雌虫体长 6.5 mm，前翅长 12.1 mm，后翅长 10.5 mm。

【形态特征】 头部浅黄褐色；触角浅黄褐色，梗节具褐色环纹；鞭节基部第 1 节分支短齿状，端部 8 节无分支。前胸浅黄色，前胸背板近六边形，中央具 1 对卵圆形黄色斑。翅长，略呈浅烟褐色，密布浅褐色斑纹。前翅密布形状不规则的浅褐色斑，基部斑纹色略深，翅疤 2 个；后翅淡黄色，斑型不明显，翅疤仅 1 个。翅脉浅黄色，横脉较纵脉色浅。前翅 R 至 CuP 脉间具缘饰；RP 脉主支 5 条；MA 脉在基部与 R 脉愈合；MP 脉主支 2 条；中部具 2 组阶脉，色浅而不明显。后翅 R 至 CuP 脉间具缘饰；MA 与 RP 脉在基部具较短的愈合。雄虫腹部末端第 9 背板背面观前缘浅弧形凹缺，后缘深 V 形凹缺，两侧形成 1 对近三角形半背片，其后端钝圆且密被长毛；第 9 腹板明显短于第 9 背板；肛上板背面观末端具 1 对短宽的近半圆形片状突起，其上方具 1 对分叉的爪状突起及 1 对骨化较弱的短指状突起；第 9 生殖基节背面观基部膨大，其后变细，末端呈爪状；第 10 生殖基节基部和端部弯曲，近前端与第 9 生殖基节相接，且突然变细为长刺状，略长于第 9 生殖基节；殖弧叶细梁状，略呈 U 形，末端与第 9 生殖基节相接；内生殖板梯形，两侧弧形。雌虫腹部末端第 7 腹板侧面观近梯形，腹面观近梯形，后缘平截；第 8 腹节腹面膜质，具 1 个近椭圆形的生殖基节；第 9 背板侧面观斜向腹面延伸；肛上板卵圆形；受精囊长管状，弯曲；下生殖板近梯形。

【地理分布】 福建。

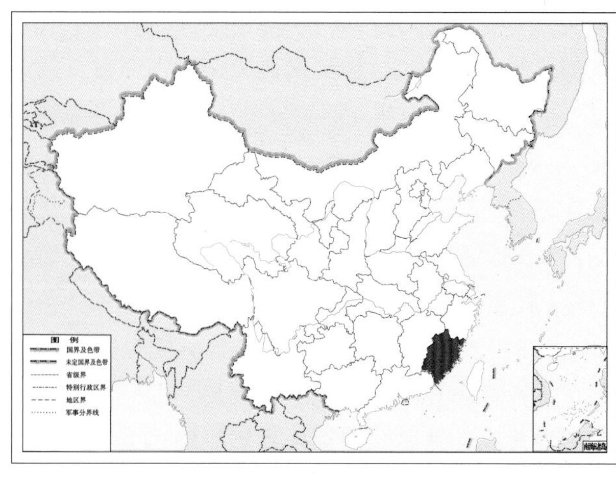

图 4-139-2 武夷栉角蛉 *Dilar wuyianus* 地理分布图

140. 杨氏栉角蛉 *Dilar yangi* Zhang, Liu, H. Aspöck & U. Aspöck, 2015

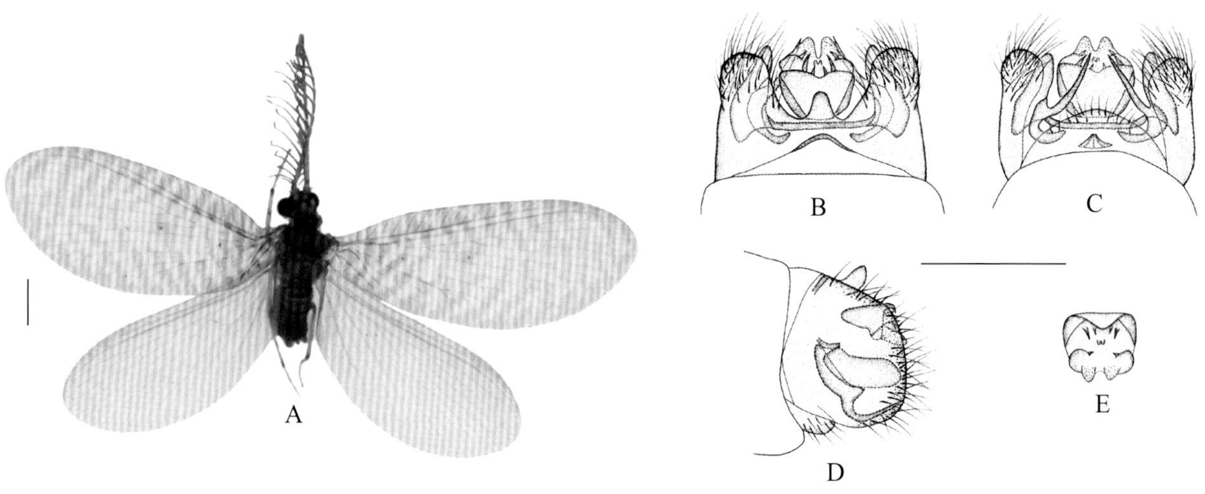

图 4-140-1　杨氏栉角蛉 *Dilar yangi* 形态图

（标尺：A 为 1.0 mm，B ~ E 为 0.5 mm）

A. 成虫背面观　B. 雄虫外生殖器背面观　C. 雄虫外生殖器腹面观　D. 雄虫外生殖器侧面观　E. 雄虫肛上板后面观

【测量】 雄虫体长 3.1 ~ 5.7 mm，前翅长 6.0 ~ 6.9 mm，后翅长 5.1 ~ 6.1 mm。

【形态特征】 头部黄褐色；触角黄褐色，梗节具褐色环纹；鞭节基部第 1 节分支短齿状，端部 8 节无分支，其余各节具较长分支。胸部浅黄褐色，前胸背板近六边形，中央具 1 对卵圆形黄色斑。翅略呈浅烟褐色，密布深褐色斑纹。前翅密布条带状深褐色斑，翅疤 2 个；后翅淡黄色，斑型不明显，翅疤仅 1 个。脉浅黄色，横脉较纵脉色浅。前翅 R 至 CuP 脉间具缘饰；MA 脉在基部与 R 脉愈合，无连接 MP 脉的横脉状分支；MP 脉主支 2 条；中部具 2 组阶脉，色浅而不明显。后翅 R 至 CuP 脉间具缘饰；RP 脉主支 4 条；MA 与 RP 脉在基部具较短的愈合。雄虫腹部末端第 9 背板背面观中部具 1 个长矩形突起，两侧形成 1 对近梯形半背片，其后端钝圆且密被长毛；第 9 腹板明显短于第 9 背板；肛上板背面观末端具 1 对近半圆形的片状突起，其上方具 3 对尖状突起及 1 对骨化较弱的短指状突起；第 9 生殖基节基部呈较宽的勺状，末端略细、钝圆；第 10 生殖基节基部内弯，其后长刺状，近基部与第 9 生殖基节愈合；殖弧叶细横梁状，其两端与第 9 生殖基节基部相接；内生殖板窄梯形，两侧弧形。

【地理分布】 广西。

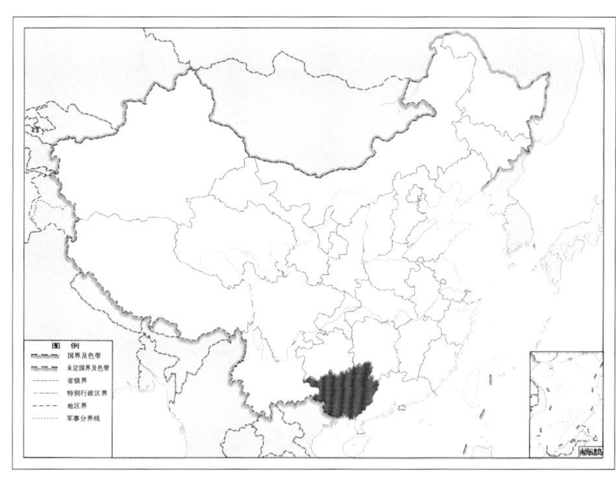

图 4-140-2　杨氏栉角蛉 *Dilar yangi* 地理分布图

141. 云南栉角蛉 *Dilar yunnanus* Yang, 1986

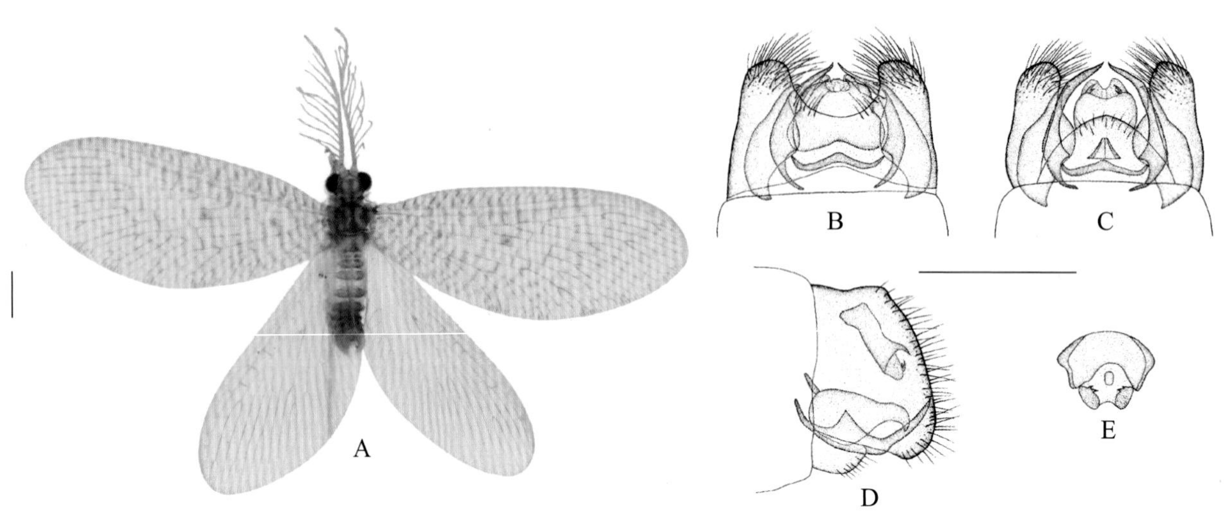

图 4-141-1 云南栉角蛉 *Dilar yunnanus* 形态图
（标尺：A 为 1.0 mm，B ~ E 为 0.5 mm）
A. 成虫背面观 B. 雄虫外生殖器背面观 C. 雄虫外生殖器腹面观 D. 雄虫外生殖器侧面观 E. 雄虫肛上板后面观

【测量】 雄虫体长 3.5 ~ 4.0 mm，前翅长 7.0 ~ 7.4 mm，后翅长 5.8 ~ 6.3 mm。

【形态特征】 头部浅黄褐色；触角浅黄褐色，梗节具褐色环纹；鞭节基部第 1 节分支短齿状，端部 7 节无分支，其余各节具较长分支。胸部浅黄色，前胸背板近六边形，中央具 1 对卵圆形黄色斑。翅略呈浅黄色，布有浅黄褐色斑纹。前翅布有条带状的浅褐色斑，基部斑纹色略深，翅疤 2 个；后翅淡黄色，斑型不明显，翅疤仅 1 个。脉浅褐色，横脉较纵脉色深。前翅 R 至 CuP 脉间具缘饰；RP 脉主支 4 条；MA 脉在基部与 R 脉愈合，无连接 MP 脉的横脉状分支；MP 脉主支 2 条；中部具 2 组阶脉。后翅 R 至 CuP 脉间具缘饰；RP 脉主支 4 条；MA 与 RP 脉在基部具较短的愈合。雄虫腹部末端第 9 背板背面观前缘弧形凹缺，后缘近 U 形凹缺，两侧形成 1 对宽的近梯形半背片，其后端钝圆且密被长毛；第 9 腹板明显短于第 9 背板；肛上板背面观背面骨片末端平截，中部锯齿状；腹面具 1 对短宽近半圆形的片状突起，其上方具 1 对分叉的爪状突起及 1 个骨化较弱的粗指状突起；第 9 生殖基节呈膨大的囊状，末端变细，近爪状；第 10 生殖基节细长，内弯，近基部与第 9 生殖基节相接；殖弧叶细横梁状，其两端与第 9 生殖基节基部相接；内生殖板窄梯形，两侧弧形。

【地理分布】 云南。

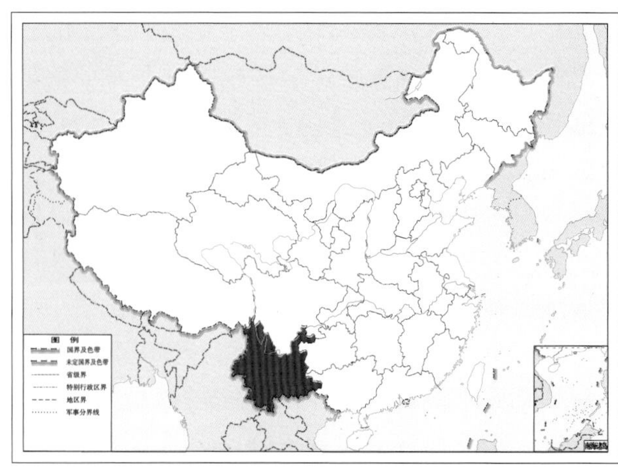

图 4-141-2 云南栉角蛉 *Dilar yunnanus* 地理分布图

六、鳞蛉科 Berothidae Handlirsch, 1906

【鉴别特征】 体小中型。体表被毛。头近前口式，触角线状，柄节较长。大多数属种的前翅为狭长钩状；翅基部常被鳞片状的毛，翅具缘饰；后翅肘脉 Cu 靠近翅后缘。雌虫腹部末端具 1 对细长的产卵瓣下瓣。

【生物学特性】 目前已知等鳞蛉属 *Isoscelipteron* 等 6 属幼虫特异性捕食白蚁。成虫多为树栖，少数栖息于灌木上；杂食性，取食花粉、菌丝、其他昆虫；具有趋光性。

【地理分布】 世界性分布。

【分类】 目前全世界已知 25 属 115 种，我国已知 2 属 13 种，本图鉴收录 2 属 12 种。

中国鳞蛉科 Berothidae 分属检索表

1. 前翅近钩状，翅后缘近端部内凹，与外缘形成钝角，翅痣加深；雄虫第 10 生殖基节复合体拱状 ……………… 鳞蛉属 *Berotha*

   前翅钩状，翅后缘近端部强烈内凹，与外缘形成尖角，翅痣不明显；雄虫第 10 生殖基节复合体弹簧状 ……… 等鳞蛉属 *Isoscelipteron*

（二七）鳞蛉属 *Berotha* Walker, 1860

【鉴别特征】 体中小型。头部触角线状，柄节较长，长为宽的 3 ~ 5 倍。前翅翅面略窄，翅后缘近端部内凹，与外缘形成钝角，近钩状，翅痣明显。雄虫第 9 背板和肛上板愈合；第 9 腹板一般退化，短于第 8 腹板或特化成 1 对向后延伸的瓣状结构；第 9 生殖基节钩状，背侧弯曲；第 10 生殖基节复合体形成 1 束拱状结构；第 11 生殖基节常呈弓状，骨化程度较高。雌虫腹部末端具有 1 对细长的产卵瓣下瓣。

【地理分布】 分布于东洋界。

【分类】 目前全世界已知 12 种，我国已知 7 种，本图鉴收录 7 种。

中国鳞蛉属 *Berotha* 分种检索表

1. 雄虫第 10 生殖基节复合体较小且不明显 ……………… 台湾鳞蛉 *Berotha taiwanica*

   雄虫第 10 生殖基节复合体呈明显拱状，近基部延伸至第 7 体节、第 8 体节或第 9 体节 ……………… 2

2. 雄虫第 8 腹板后缘中部具 1 个指状突起；第 9 腹板成对，特化成向后延伸的瓣状结构；第 10 生殖基节复合体较大，近基部延伸至第 7 体节 ……………… 3

   雄虫第 8 腹板后缘较为平直；第 9 腹板不成对；第 10 生殖基节复合体近基部延伸至第 8 体节或第 9 体节 … 4

3. 雄虫第 9 生殖基节侧面观腹部末端近直角 ……………………………………………… **周尧鳞蛉 *Berotha chouioi***

雄虫第 9 生殖基节侧面观腹部末端弧形 ……………………………………………… **斯佩塔鳞蛉 *Berotha spetana***

4. 雄虫第 9 腹板侧面观端部逐渐变细 ……………………………………………… **八闽鳞蛉 *Berotha baminana***

雄虫第 9 腹板侧面观端部不变细 ……………………………………………… 5

5. 雄虫第 9 背板和肛上板侧面观后背端近直角 ……………………………………………… **浙江鳞蛉 *Berotha zhejiangana***

雄虫第 9 背板和肛上板侧面观后背端弧形 ……………………………………………… 6

6. 雄虫第 9 腹板后缘平截 ……………………………………………… **版纳鳞蛉 *Berotha bannana***

雄虫第 9 腹板后缘内凹 ……………………………………………… **广东鳞蛉 *Berotha guangdongana***

142. 八闽鳞蛉 *Berotha baminana* Yang & Liu, 1999

图 4-142-1 八闽鳞蛉 *Berotha baminana* 成虫背面观
（标尺：5.0 mm）

【测量】 雄虫体长 5.0 ~ 7.0 mm，前翅长 11.0 ~ 12.0 mm，后翅长 9.0 ~ 12.0 mm。

【形态特征】 头部黄褐色；触角黄色，念珠状，多毛，柄节粗长，长约为宽的 4 倍。胸部黄褐色，有黑褐色小斑点及长毛；足污黄色，多小黑褐色斑点，以胫节上最多。翅透明，略呈淡烟色，翅脉上多毛并有间断的褐色点，横脉褐色；前翅翅端斜截，外缘凹入，呈钩状，径分脉 RP 分支 6 条，径横脉 R 有 3 条；后翅较前翅褐色点少。腹部褐色，背板上具淡色横线。雄虫腹部末端第 9 腹板侧面观端部逐渐变细，内生殖板小，呈三角形。

【地理分布】 福建。

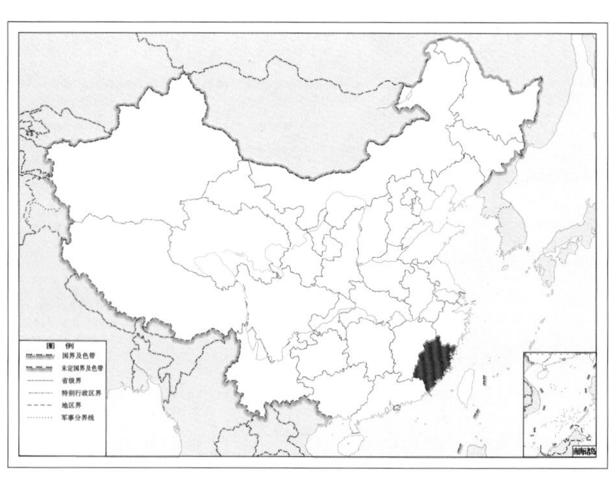

图 4-142-2 八闽鳞蛉 *Berotha baminana* 地理分布图

143. 版纳鳞蛉 *Berotha bannana* (Yang, 1986)

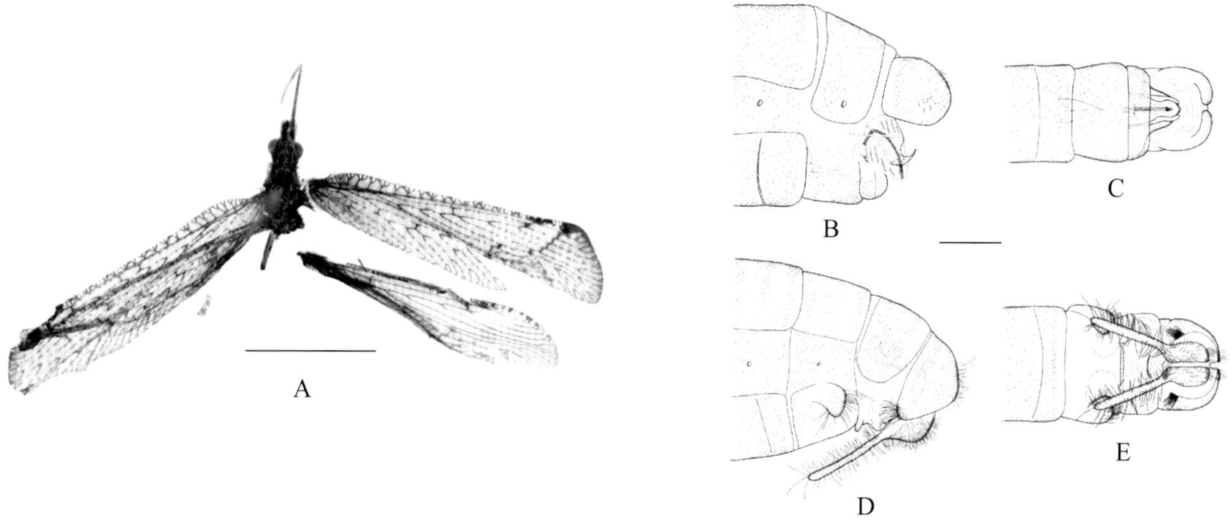

图 4-143-1　版纳鳞蛉 *Berotha bannana* 形态图

（标尺：A 为 5.0 mm，B ~ E 为 0.5 mm）

A. 成虫背面观　B. 雄虫外生殖器侧面观　C. 雄虫外生殖器腹面观　D. 雌虫外生殖器侧面观　E. 雌虫外生殖器腹面观

【测量】 雌虫体长 6.7 mm，前翅长 9.0 mm，后翅长 7.1 mm。

【形态特征】 头部浅黄色，头顶具黑褐色斑点；触角浅黄色，被黄色毛；柄节和梗节上具黑褐色斑点，毛较鞭节色深且长；柄节粗长，长宽比约为 5 : 1。胸部浅黄色，有黑褐色斑点，背面毛浅黄色，腹面毛深褐色；前胸背板近长方形，具密集的黑褐色斑点；足浅黄色，具黑褐色斑点，毛浅褐色，但基节上密生深褐色长毛。翅透明，略呈淡烟褐色，端缘色加深；前翅翅端斜截，外缘凹入，呈钩状；翅痣狭长，褐色，中间有 1 块透明区，近端部色浅；纵脉浅黄色，有褐色点间隔，分支处色深，端缘脉色变浅，横脉褐色。后翅翅痣不明显，较前翅色浅。雄虫腹部末端第 9 背板侧面观近半圆形，后缘弧形；第 9 腹板明显短于第 9 背板，腹面观后缘较为平直；第 9 生殖基节钩状，末端变细，向背侧弯曲；第 11 生殖基节骨化较强，腹面观呈拱形；第 10 生殖基节复合体（阳基侧叶生殖弧复合体）较小，由 1 个骨化较强的囊状物和 1 束毛形成拱状结构；内生殖板较小，近三角形，两侧弧形。雌虫腹部末端第 7 生殖基节骨化较强，近椭圆形，略向内弯曲；第 7 生殖突近圆盘形；第 8 生殖基节骨化较强，侧面观杆状，腹面观弧形内凹；第 8 生殖突短小，骨化较强；第 9 背板侧面观腹部末端变细密被长毛，后缘弧形密被长毛；受精囊骨化较强，近钟形，与细长松散盘绕的交尾囊相接；产卵瓣下瓣着生长毛，腹面观长度约为第 9 生殖基节的 1.5 倍。

【地理分布】 云南。

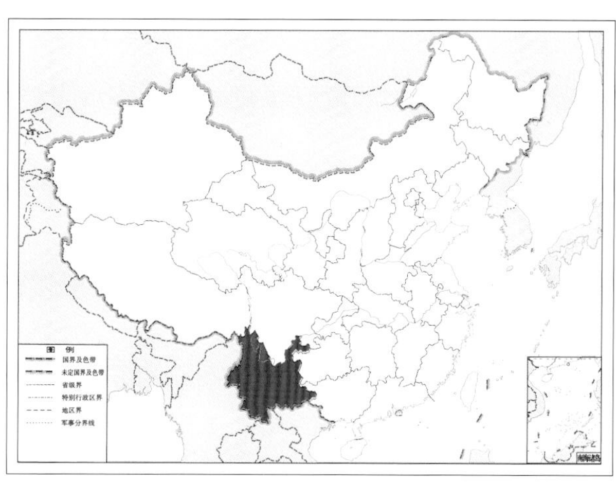

图 4-143-2　版纳鳞蛉 *Berotha bannana* 地理分布图

144. 周尧鳞蛉 *Berotha chouioi* Yang & Liu, 2002

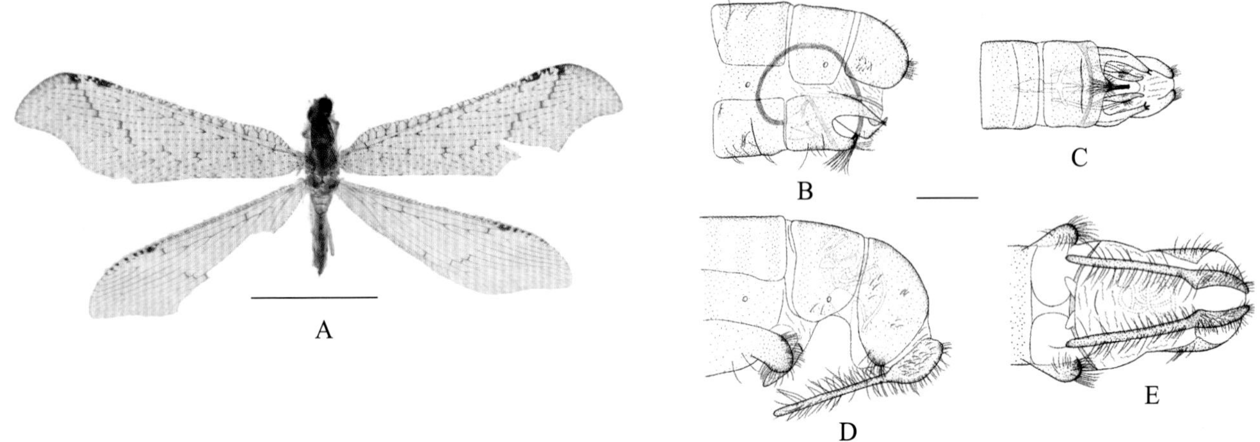

图 4-144-1 周尧鳞蛉 *Berotha chouioi* 形态图

（标尺：A 为 5.0 mm，B ~ E 为 0.5 mm）

A. 成虫背面观 B. 雄虫外生殖器侧面观 C. 雄虫外生殖器腹面观 D. 雌虫外生殖器侧面观 E. 雌虫外生殖器腹面观

【测量】 雄虫体长 6.0 ~ 7.0 mm，前翅长 9.2 ~ 10.5 mm，后翅长 8.0 ~ 10.0 mm；雌虫体长 7.8 mm，前翅长 11.8 mm，后翅长 10.5 mm。

【形态特征】 头部浅黄色，具黑褐色斑点，头顶毛黄色，但额区和唇区毛深褐色。复眼黑褐色，一些种带有金属光泽。触角浅黄色，被黄色毛，但柄节和梗节上背面毛黄色，腹面毛黑褐色，毛长于鞭节；柄节粗长，长宽比约为 5∶1。胸部浅黄色，腹面具黑褐色毛；前胸背板近梯形，前胸背板和中胸背板具黑褐色斑点；一些种前胸背板延长，盖住头部后缘。足浅黄色，毛浅褐色，胫节和跗节上密生黑褐色斑点。翅透明，略呈淡烟黄色，端缘和横脉处色加深；前翅翅端斜截，外缘凹入，呈钩状；翅痣狭长，红褐色，中间有 1 块透明区；纵脉浅黄色，有褐色点间隔，分支处色深，横脉褐色。后翅较前翅色浅，纵脉浅褐色，横脉深褐色。雄虫腹部末端第 8 腹板腹面观后缘中部具 1 个指状突起；第 9 背板侧面观似扇形，腹缘平直，后缘弧形；臀胝不明显；第 9 腹板形成 1 对向后延伸的瓣状结构，且末端形成多枚小齿，侧面观呈钩状，弯向腹面；第 9 生殖基节侧面观钩状，末端细长，弯向背侧；第 10 生殖基节复合体（阳基侧叶生殖弧复合体）由 1 个膨大的骨化较强的囊状物和 1 束长弓状的 7 ~ 8 根毛组成；第 11 生殖基节杆状、较长，基部伸至第 8 体节；内生殖板近三角形，两侧弧形。雌虫腹部末端第 7 生殖基节骨化较强，近椭圆形。第 8 生殖基节侧面观近三角形，端部逐渐变细，末端微内弯，腹面观呈 1 对近月牙形突起；第 8 生殖突腹面观前缘膜质较平直，后缘骨化呈凹形；第 9 背板侧面观腹缘略变细，着生长毛；受精囊骨化较强，卵圆形，与细长松散盘绕的交尾囊相接；产卵瓣下瓣着生长毛，腹面观长度约为第 9 生殖基节的 4 倍。

【地理分布】 海南。

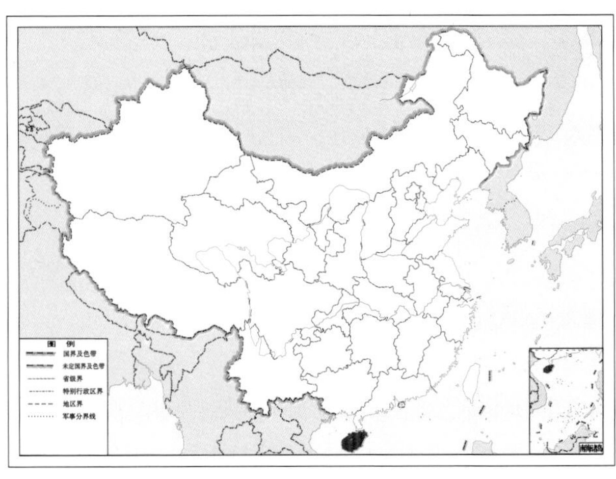

图 4-144-2 周尧鳞蛉 *Berotha chouioi* 地理分布图

145. 广东鳞蛉 *Berotha guangdongana* Li, H. Aspöck, U. Aspöck & Liu, 2018

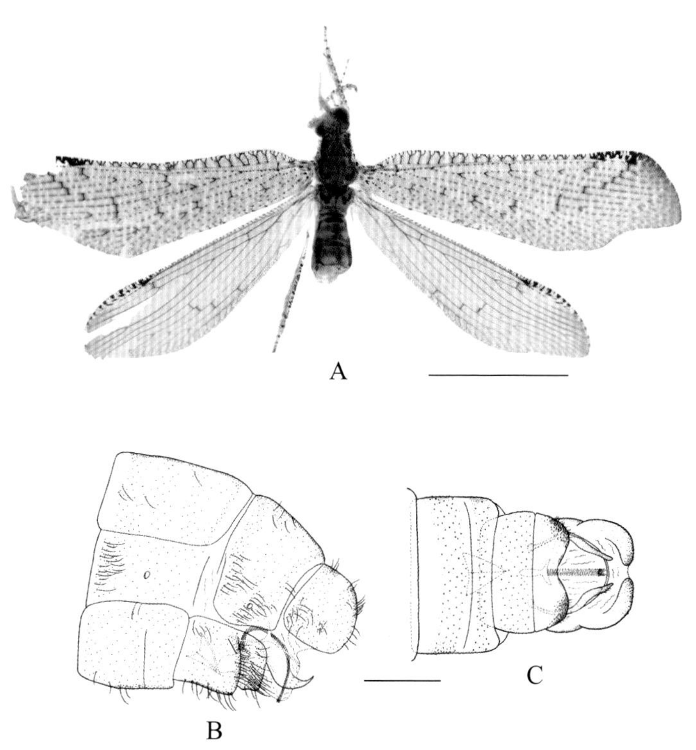

图 4-145-1　广东鳞蛉 *Berotha guangdongana* 形态图
（标尺：A 为 5.0 mm，B ~ C 为 0.5 mm）
A. 成虫背面观　B. 雄虫外生殖器侧面观　C. 雄虫外生殖器腹面观

【测量】 雄虫体长 8.2 mm，前翅长 12.0 mm，后翅长 10.5 mm。

【形态特征】 头部浅黄色，具黑褐色斑点。复眼黑褐色。触角浅黄色，被黄色毛，但柄节和梗节上毛黄褐色；柄节粗长，长宽比约为 5∶1。胸部浅黄色，具黑褐色斑点，背面毛黄色，腹面毛黑褐色，前胸背板具密集的黑褐色斑点，中胸背板和后胸背板黄色，中胸背板中部具黑褐色斑点。足浅黄色，具黑褐色斑点，毛褐色。翅透明，略呈淡烟褐色，端缘和横脉处色加深；前翅翅端斜截，外缘凹入，呈钩状；翅痣狭长，红褐色，中间有 1 块透明区；纵脉浅黄色，有褐色点间隔，横脉褐色。后翅较前翅色浅。雄虫腹部末端第 9 背板侧面观近四方形；臀胝不明显；第 9 腹板短，腹面观后缘明显内凹；第 9 生殖基节成对，基部杆状，端部呈钩状；第 10 生殖基节复合体（阳基侧叶生殖弧复合体）由 1 个膨大的骨化较强的囊状物和 1 束长弓状的多根毛组成；第 11 生殖基节拱形。内生殖板近三角形，两侧弧形。

【地理分布】 广东。

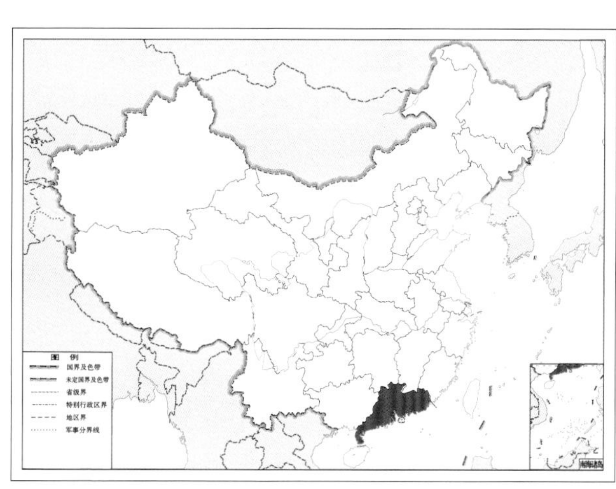

图 4-145-2　广东鳞蛉 *Berotha guangdongana* 地理分布图

146. 斯佩塔鳞蛉 *Berotha spetana* U. Aspöck, Liu & H. Aspöck, 2013

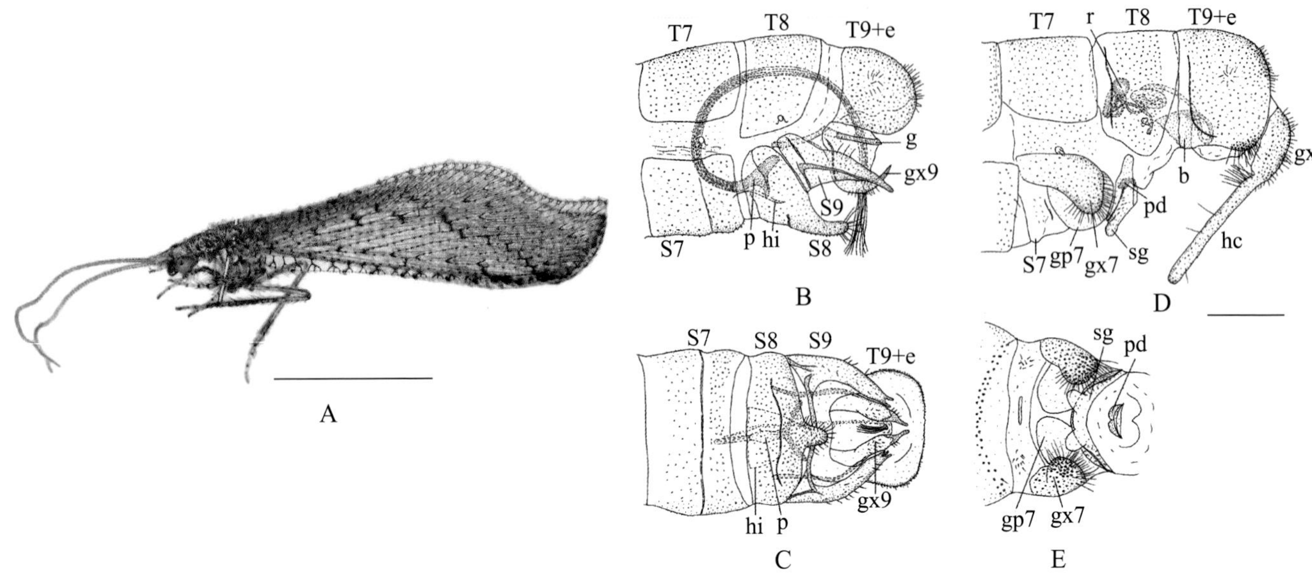

图 4–146–1 斯佩塔鳞蛉 *Berotha spetana* 形态图

（标尺：A 为 5.0 mm，B ~ E 为 0.5 mm）

A. 成虫侧面观 B. 雄虫外生殖器侧面观 C. 雄虫外生殖器腹面观 D. 雌虫外生殖器侧面观 E. 雌虫外生殖器腹面观

图中字母表示：T7. 第 7 背板 T8. 第 8 背板 T9+e. 第 9 背板 + 肛上板 gp7. 第 7 生殖叶 gx7. 第 7 生殖基节 gp8. 第 8 生殖叶 gx9. 第 9 生殖基节 gx10. 第 10 生殖基节 gx11. 第 11 生殖基节 S7. 第 7 腹板 S8. 第 8 腹板 S9. 第 9 腹板 hi. 内生殖板 r. 储精囊 b. 交尾囊 hc. 产卵瓣下瓣 sg. 内生殖板

【测量】 雄虫前翅长 11.0 ~ 12.0 mm，雌虫前翅长 12.0 ~ 12.5 mm。

【形态特征】 头部黄色，具红褐色小点；触角黄色，多黄毛，柄节粗长，具红褐色小圆点，长度为鞭小节的 7 ~ 8 倍。前胸背板黄色，具红褐色小点，多毛，中间具 1 个淡褐色斑。翅透明，略呈淡黄色；前翅端部斜突成钝圆的锐角，外缘中部凹入；翅痣上具红褐色小点，中间有 1 个透明区域；纵脉淡黄色具淡褐色小点，横脉浅褐色。后翅翅痣不明显，纵脉淡黄色。雄虫腹部末端第 8 腹板腹面观后缘中间具 1 个指状突起；第 9 背板侧面观贝壳状，臀胝不明显；第 9 腹板侧面观近三角形，骨片较强，腹面观呈 1 对末端分叉的爪状结构，由 1 个骨化较强的细棒状结构相连，末端爪状结构分多齿；第 9 生殖基节钩状，弯向背侧；第 10 生殖基节复合体（阳基侧叶生殖弧复合体）由 1 个膨大的骨化较强的囊状物和 1 束长弓状的毛组成，近基部延伸至第 7 体节；第 11 生殖基节弓状，和第 9 生殖基节愈合，基部伸至第 8 体节；内生殖板大。雌虫腹部末端第 7 生殖基节骨化较强，半圆状，第 7 生殖突骨化近圆盘形；第 8 生殖基节侧面观脊状，腹面观前缘具 1 对半圆形突起；第 9 背板宽阔后缘弧形；受精囊骨化较强，球状，与细长松散盘绕的交尾囊相接。

【地理分布】 台湾。

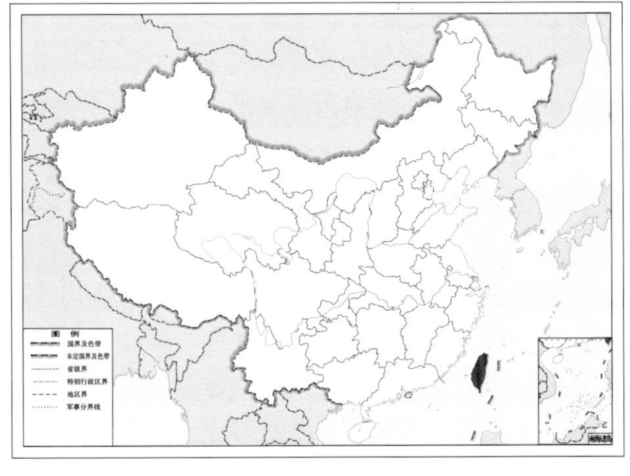

图 4–146–2 斯佩塔鳞蛉 *Berotha spetana* 地理分布图

147. 台湾鳞蛉 *Berotha taiwanica* U. Aspöck, Liu & H. Aspöck, 2013

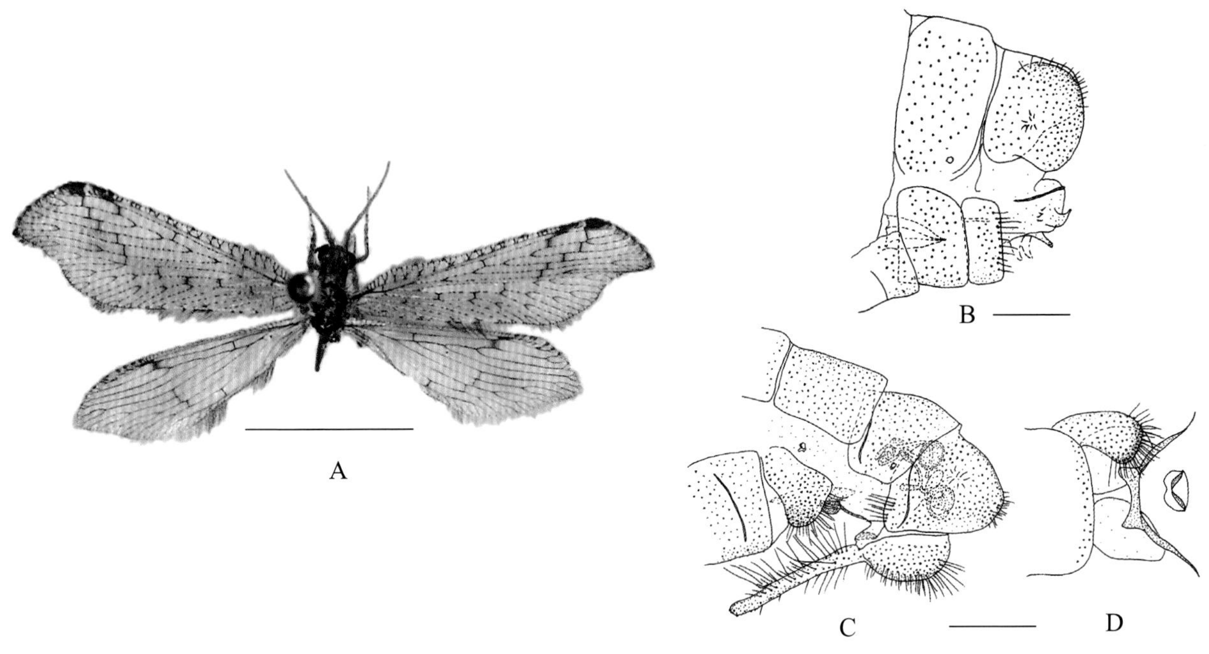

图 4-147-1　台湾鳞蛉 *Berotha taiwanica* 形态图

（标尺：A 为 5.0 mm，B ~ D 为 0.5 mm）

A. 成虫背面观　B. 雄虫外生殖器侧面观　C. 雌虫外生殖器侧面观　D. 雌虫外生殖器腹面观

【测量】 雄虫前翅长 9.0 mm，雌虫前翅长 9.0 ~ 9.2 mm。

【形态特征】 头部黄色，具红褐色圆斑；触角淡黄色，多毛，柄节具红褐色圆斑。胸部黄色，具红褐色圆斑，但前胸背板中间无圆斑；前胸背板背端被黄毛，腹部末端毛色褐色。翅透明，略呈淡黄色；前翅翅端斜突成钝圆的锐角，外缘中部凹入；翅痣红褐色，中部有 1 个透明区域；纵脉淡黄色，具淡褐色圆点，横脉褐色。后翅翅痣不明显，横脉红褐色但纵脉淡黄色。雄虫腹部末端第 9 背板侧面观腹缘和后缘平直；臀胝不明显；第 9 生殖基节呈小钩状；第 10 生殖基节复合体（阳基侧叶生殖弧复合体）小而不明显，由 1 束毛组成；第 11 生殖基节骨化较强，呈弓状；内生殖板大，近三角形。雌虫腹部末端第 7 生殖基节骨化较强，近半圆形；愈合的第 8 生殖基节侧面观呈条带状，腹面观近 1 对弯钩形；第 8 生殖突较小，骨化强；第 9 背板腹缘逐渐变细；受精囊骨化较强，球状，与细长松散盘绕的交尾囊相接。

【地理分布】 台湾。

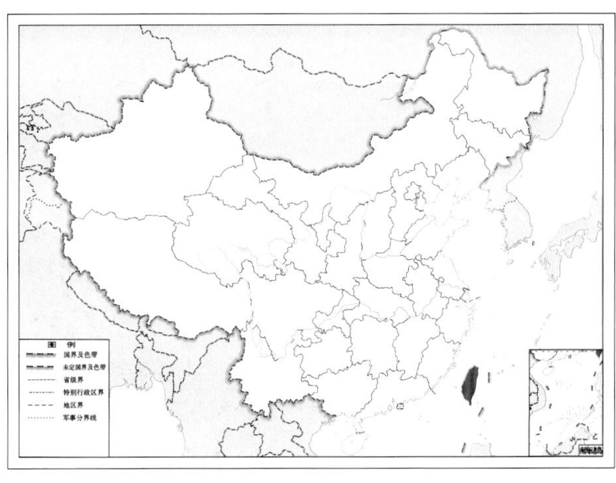

图 4-147-2　台湾鳞蛉 *Berotha taiwanica* 地理分布图

148. 浙江鳞蛉 *Berotha zhejiangana* Yang & Liu, 1995

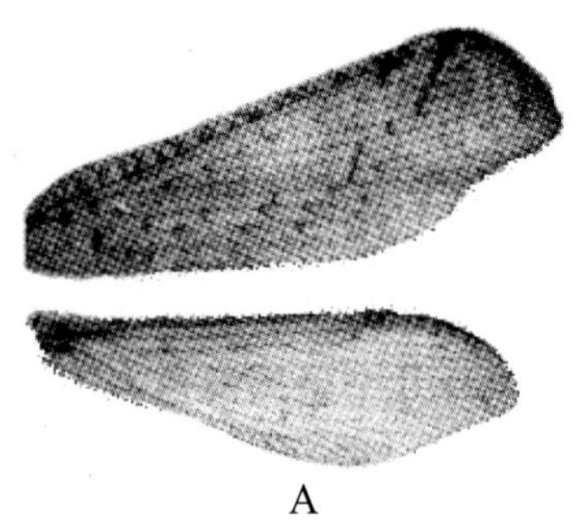

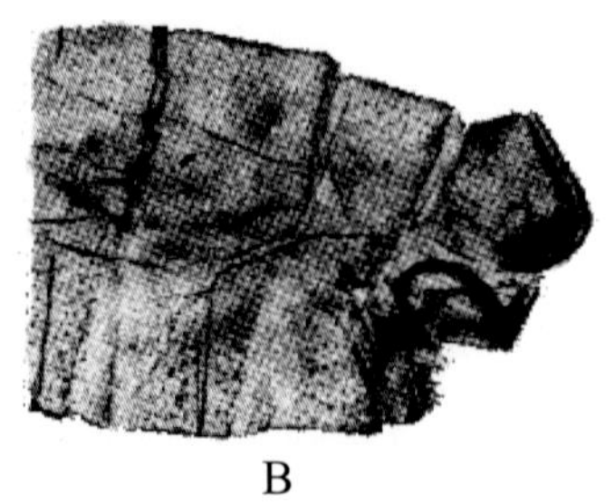

图 4-148-1 浙江鳞蛉 *Berotha zhejiangana* 形态图
A. 翅 B. 雄虫外生殖器侧面观

【测量】 雄虫体长 7.0~9.0 mm，前翅长 11.0 mm，后翅长 10.0 mm。

【形态特征】 头部黄褐色，头顶较平，密布褐色圆点及刚毛，头腹面具长毛。触角细长，念珠状，柄节极粗长，长为宽的 3 倍多并具长毛。胸部黄褐色，背板密布褐色斑且多毛，前胸腹面密生黑色长毛。翅狭长且透明，略带淡烟色；前翅翅端斜突成钝圆的锐角，外缘中部凹入；纵脉淡色且具间断的褐色点及毛，横脉褐色，前缘横脉列褐色，脉多分叉；翅痣红褐色；RP 脉有 7 条分支，与 RA 及 M 脉分叉平行。后翅较前翅透明且少斑，RP 脉分 7 支；Cu 脉与翅后缘有长距离平行且靠近。腹部背面淡褐色而腹面黄褐色，均多圆斑及毛；第 9 背板和肛上板侧面观后背端近直角；内生殖板极短小。

【地理分布】 浙江。

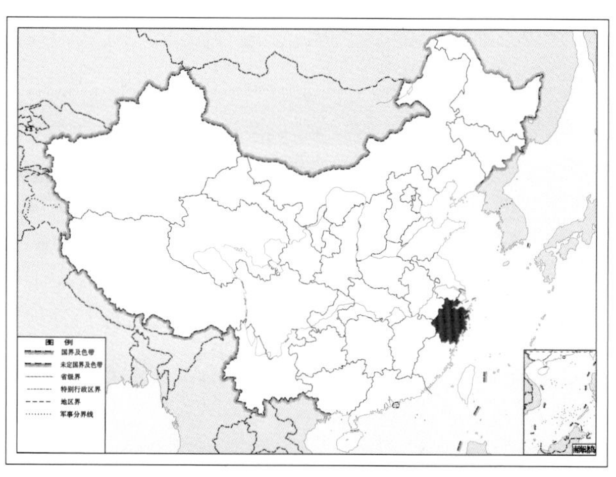

图 4-148-2 浙江鳞蛉 *Berotha zhejiangana* 地理分布图

（二八）等鳞蛉属 *Isoscelipteron* Costa, 1863

【鉴别特征】 体中小型。头部触角线状，柄节较长，长为宽的 3 ~ 5 倍。前翅翅面较宽大，翅后缘近端部内凹，与外缘形成尖角，钩状，翅痣不明显。雄虫第 9 背板和肛上板愈合；第 9 腹板一般退化，短于第 8 腹板；第 9 生殖基节钩状，腹侧弯曲；第 10 生殖基节复合体为弹簧状结构；第 11 生殖基节骨化程度较高。雌虫腹部末端具有 1 对细长的产卵瓣下瓣。

【地理分布】 主要分布于古北界、东洋界，少数分布在澳洲界。

【分类】 目前全世界已知 15 种，我国已知 6 种，本图鉴收录 5 种。

中国等鳞蛉属 *Isoscelipteron* 分种检索表

1. 雄虫第 9 背板和肛上板腹后端具 1 个短小圆突 ……………………………… 栉形等鳞蛉 *Isoscelipteron pectinatum*

　雄虫第 9 背板和肛上板腹后端无突起 ………………………………………………………………………………… 2

2. 雄虫第 9 背板和肛上板侧面观腹后端略微延长且逐渐变细 ……………………………………………………… 3

　雄虫第 9 背板和肛上板侧面观腹后端不延长且不变细 …………………………………………………………… 4

3. 雄虫第 9 背板和肛上板后背部侧面观为弧形 ………………………………… 台湾等鳞蛉 *Isoscelipteron formosense*

　雄虫第 9 背板和肛上板后背部侧面观近直角 ……………………………… 尖尾等鳞蛉 *Isoscelipteron acuticaudatum*

4. 雄虫第 9 背板和肛上板后缘较平直；第 11 生殖基节中部较窄 ………………… 优等鳞蛉 *Isoscelipteron eucallum*

　雄虫第 9 背板和肛上板后缘弧形；第 11 生殖基节中部骨化程度高，呈圆环形 ……………………………………

　……………………………………………………………………………………… 喜网等鳞蛉 *Isoscelipteron dictyophilum*

149. 尖尾等鳞蛉 *Isoscelipteron acuticaudatum* Li, H. Aspöck, U. Aspöck & Liu, 2018

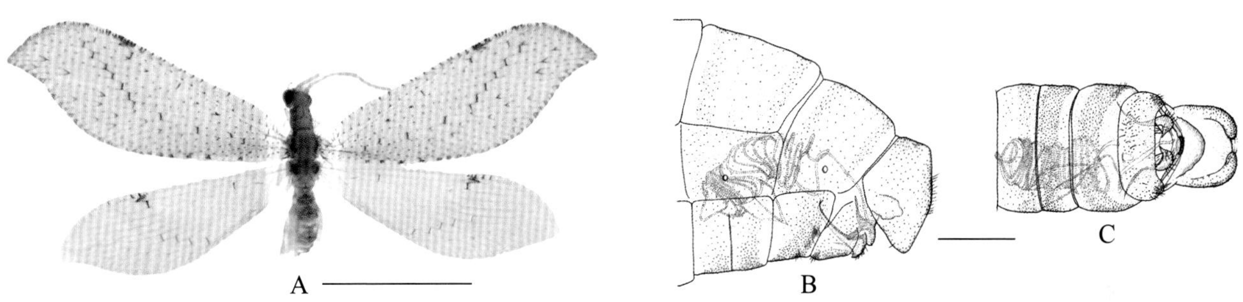

图 4-149-1　尖尾等鳞蛉 *Isoscelipteron acuticaudatum* 形态图

（标尺：A 为 5.0 mm，B、C 为 0.5 mm）

A. 成虫背面观　B. 雄虫外生殖器侧面观　C. 雄虫外生殖器腹面观

【测量】 雄虫体长 7.0 ~ 7.5 mm，前翅长 9.0 ~ 10.0 mm，后翅长 7.0 ~ 10.0 mm。

【形态特征】 头部黄褐色，被黄毛，但额区和唇区毛色较深；复眼黑褐色；触角细长，具浅黄色多毛，柄节上毛略长且色深，柄节长宽比约为 3∶1。胸部浅褐色，被浅黄色毛，腹面毛色深；前胸背板浅褐色，两侧具黑褐色斑点；中胸背板和后胸背板浅褐色，中胸背板中部具少量褐色斑，后胸背板无。足浅黄色，具浅褐色毛；胫节和跗节上具黑褐色斑点，前足股节具少量淡褐色斑，后足股节基部具 1 个较大褐色点。翅略呈烟褐色，前翅后

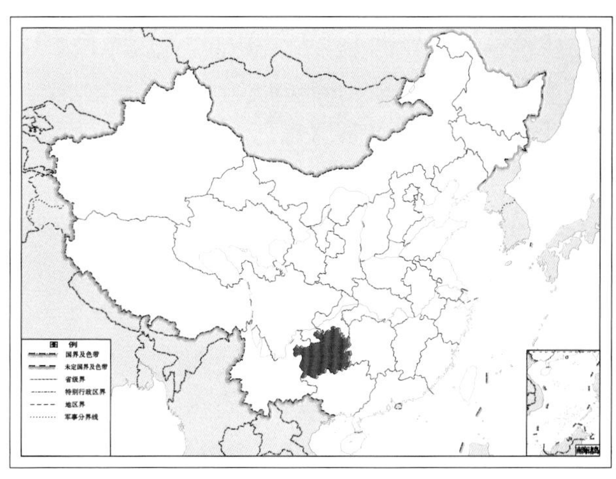

图 4-149-2　尖尾等鳞蛉 *Isoscelipteron acuticaudatum* 地理分布图

缘颜色加深；前翅狭长而端部斜截尖突呈钩状，外缘弧凹；翅痣褐色不明显；纵脉浅黄色，具间断的褐色小点，横脉褐色。后翅较前翅色浅。雄虫腹部末端第 9 背板和肛上板侧面观后背部近直角，后缘端部略微延长且变窄；第 9 腹板短于第 8 腹板，后缘略微内凹；阳基腹突膜质，短杆状，末端略微变细；第 9 生殖基节成对，末端尖细呈钩状；第 10 生殖基节复合体（阳基侧叶生殖弧复合体）为弹簧状细丝，且有薄膜相连；第 11 生殖基节侧面观近杆状，腹面观中间具 1 个圆环状瓣。内生殖板较大，近三角形，两侧弧形。

【地理分布】 贵州。

150. 喜网等鳞蛉 *Isoscelipteron dictyophilum* Yang & Liu, 1995

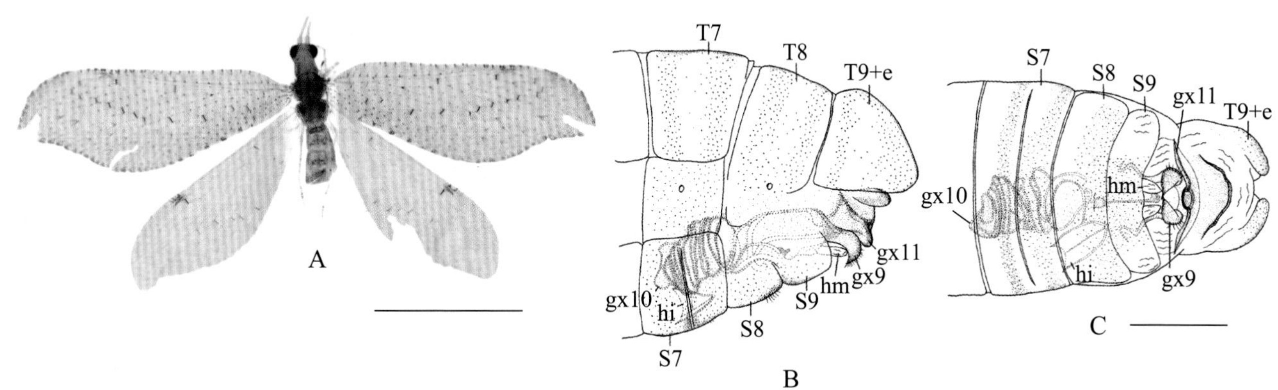

图 4-150-1 喜网等鳞蛉 *Isoscelipteron dictyophilum* 形态图

（标尺：A 为 5.0 mm，B、C 为 0.5 mm）

A. 成虫背面观 B. 雄虫外生殖器侧面观 C. 雄虫外生殖器腹面观

图中的字母表示：T7. 第 7 背板 T8. 第 8 背板 T9+e. 第 9 背板 + 肛上板 gx9. 第 9 生殖基节 gx10. 第 10 生殖基节 gx11. 第 11 生殖基节 hi. 内生殖板 hm. 伪阳茎侧叶 S7. 第 7 腹板 S8. 第 8 腹板 S9. 第 9 腹板

【测量】 雄虫体长 7.0 ~ 10.0 mm，前翅长 9.0 ~ 11.0 mm，后翅长 7.0 ~ 9.0 mm。

【形态特征】 头部黄褐色，被黄毛，但额区和唇区毛色较深；复眼黑褐色；触角细长，具浅黄色多毛，柄节上毛略长且腹面色深，柄节长宽比约为 3 : 1。胸部浅褐色，被浅黄色毛，腹面毛色深；前胸背板浅褐色，两侧具黑褐色斑点；中胸背板中部具少量褐色斑，后胸背板无。足浅黄色，具浅褐色毛；胫节和跗节上具黑褐色斑点，前足股节具少量淡褐色斑，后足股节基部具 1 个较大褐色点。翅略呈烟黄色，前翅后缘颜色加深；前翅狭长而端部斜

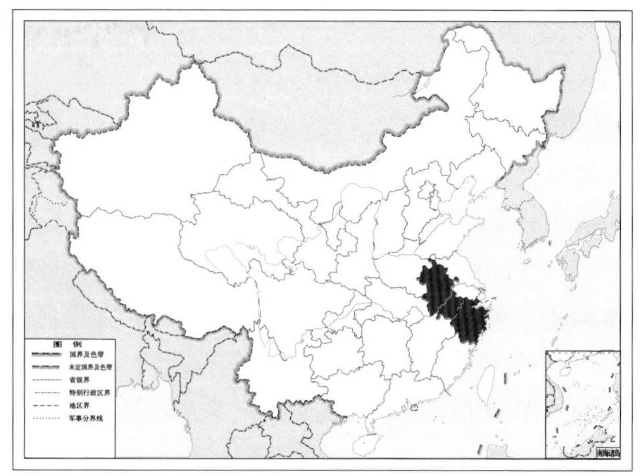

图 4-150-2 喜网等鳞蛉 *Isoscelipteron dictyophilum* 地理分布图

截尖突呈钩状，外缘弧凹；翅痣褐色不明显，有些种翅痣区具少量红褐色点，RP 脉分 7 支，阶脉 8 支；纵脉浅黄色，具间断的褐色小点，横脉褐色。雄虫腹部末端第 9 背板和肛上板侧面观近半圆形，腹缘平直，后缘弧形；第 9 腹板短于第 9 背板，后缘略弧形隆突；阳基腹突膜质，短杆状，末端略微变细；第 9 生殖基节成对，腹面观基部较细，其后向内弯曲，中间膨大，末端尖细；第 10 生殖基节复合体（阳基侧叶生殖弧复合体）为弹簧状细丝，且有薄膜相连；第 11 生殖基节成对，中间呈 1 个圆环状骨片结构，腹面观呈杆状，中间略膨大，其后内弯，末端钝圆；内生殖板近钟形，两侧弧形。

【地理分布】 安徽、浙江。

151. 优等鳞蛉 *Isoscelipteron eucallum* Yang & Liu, 1999

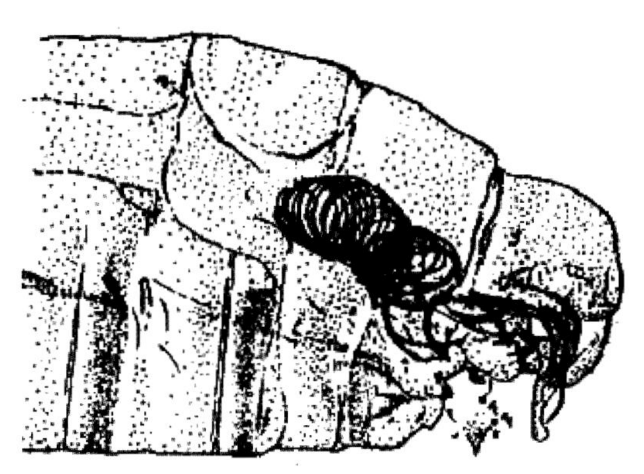

图 4-151-1　优等鳞蛉 *Isoscelipteron eucallum* 雄虫外生殖器侧面观

【测量】 雄虫体长 8.0 mm，前翅长 11.0 mm，后翅长 9.0 mm。

【形态特征】 头部黄褐色，多毛；上唇具 1 个大褐色斑。触角褐色，线状，柄节粗大，长为宽的 2 倍。胸部黄褐色而少斑，前胸梯形，背板具 2 条横沟。足黄色，多毛，胫节上具许多小褐色点。翅透明，略呈淡烟褐色，前翅端部弧弯而突出成尖，外缘略凹入；纵脉黄褐色，有间断的小褐色点，横脉褐色。径分脉 RP 分 6 支，径横脉 R 为 3 支。后翅较前翅色淡，脉黄褐色。腹部褐色多毛。雄虫腹部末端侧面观第 9 背板和肛上板后缘平直，与背线形成角度；第 10 生殖基节复合体（阳基侧叶生殖弧复合体）为弹簧状细丝，有薄膜相连，约 15 环。

【地理分布】 福建。

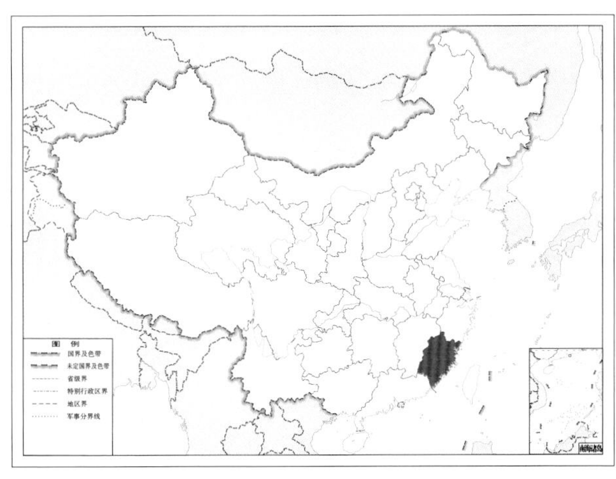

图 4-151-2　优等鳞蛉 *Isoscelipteron eucallum* 地理分布图

152. 台湾等鳞蛉 *Isoscelipteron formosense* (Krüger, 1922)

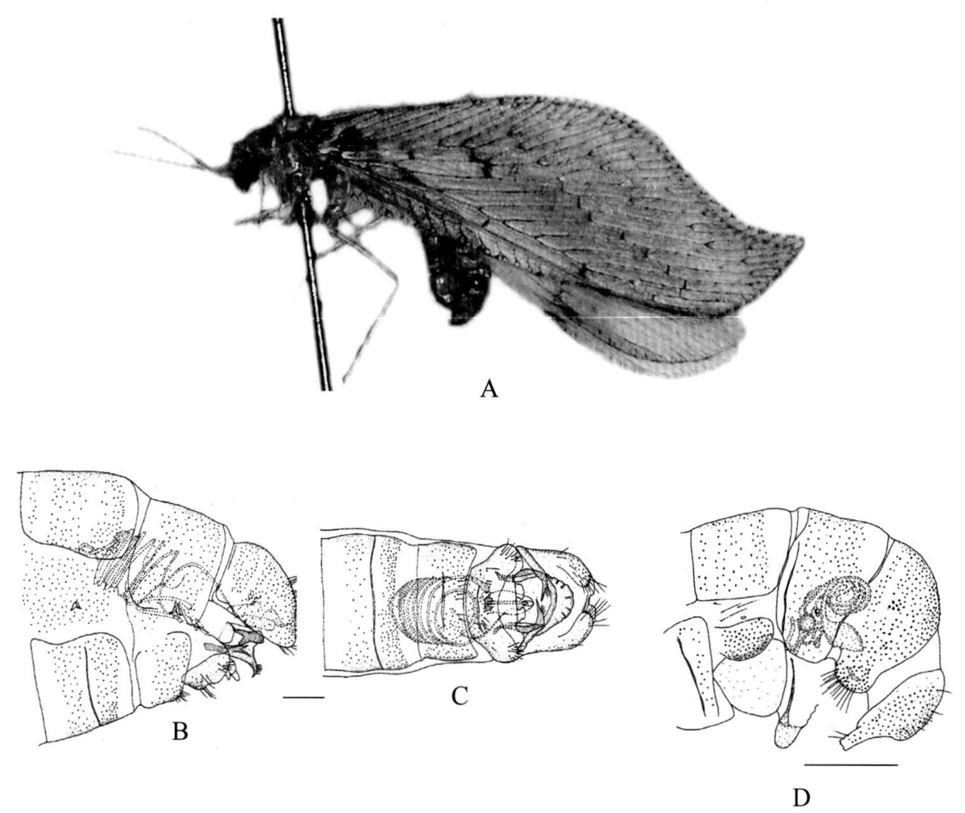

图 4-152-1 台湾等鳞蛉 *Isoscelipteron formosense* 形态图
（标尺：B、C 为 0.25 mm，D 为 0.5 mm）
A. 成虫侧面观 B. 雄虫外生殖器侧面观 C. 雄虫外生殖器腹面观 D. 雌虫外生殖器侧面观

【测量】 雄虫前翅长 12.2 mm。

【形态特征】 触角柄节相对较短，约为 3 倍鞭小节长。前翅端部弧弯而突出成尖，外缘凹入；翅痣加深，纵脉黄色，有间断的小褐色点；后翅脉为浅黄色。雄虫腹部末端第 9 背板和肛上板腹后端略微延长且逐渐变细，雌虫未知。

【地理分布】 台湾。

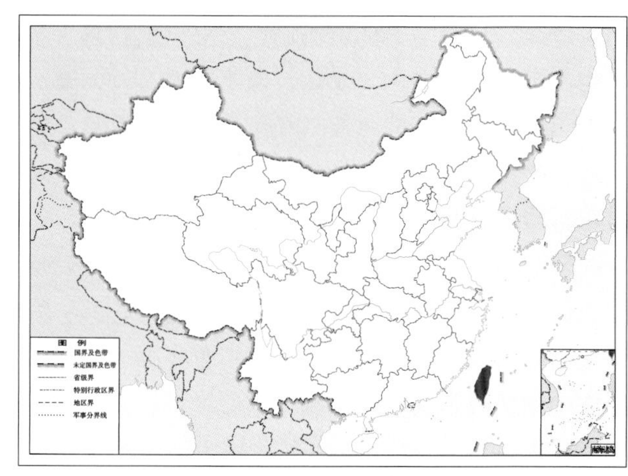

图 4-152-2 台湾等鳞蛉 *Isoscelipteron formosense* 地理分布图

153. 栉形等鳞蛉 *Isoscelipteron pectinatum* (Navás, 1905)

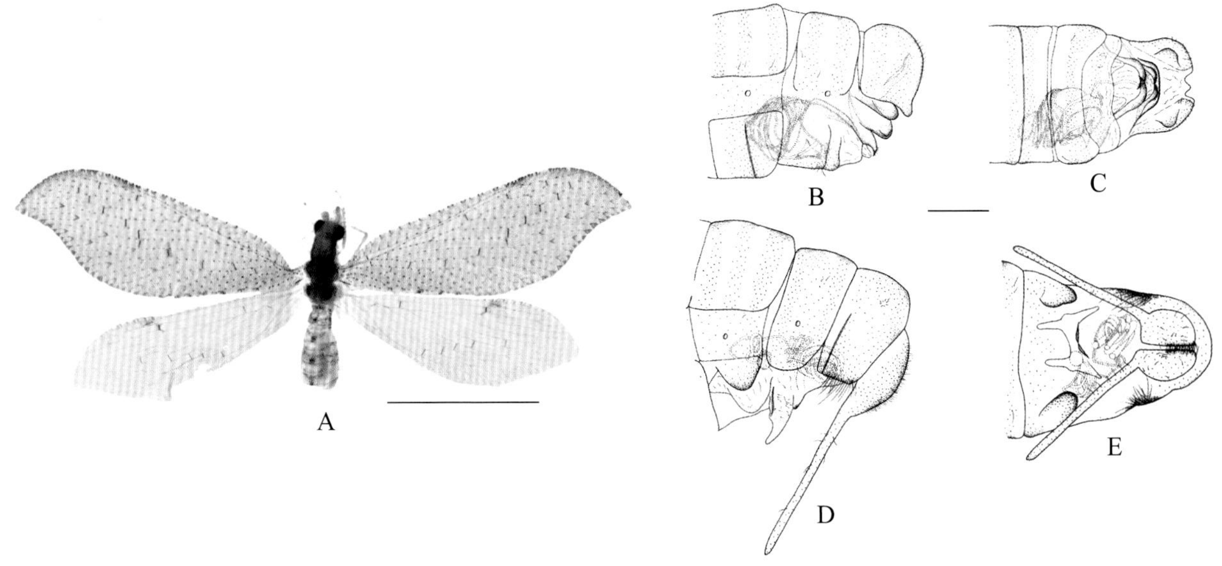

图 4-153-1　栉形等鳞蛉 *Isoscelipteron pectinatum* 形态图
（标尺：A 为 5.0 mm，B ~ E 为 0.5 mm）
A. 成虫背面观　B. 雄虫外生殖器侧面观　C. 雄虫外生殖器腹面观　D. 雌虫外生殖器侧面观　E. 雌虫外生殖器腹面观

【测量】 雄虫体长 9.0 mm，前翅长 12.5 ~ 13.5 mm，后翅长 10.5 ~ 11.5 mm；雌虫体长 6.6 mm，前翅长 11.0 ~ 13.0 mm，后翅长 10.0 ~ 11.5 mm。

【形态特征】 头部浅黄色，被浅黄色毛。复眼黑褐色。触角念珠状，多毛，且柄节毛长于梗节和鞭节；柄节长度为鞭小节长的 5 ~ 6 倍。胸部浅黄色，多毛，两侧色略深，具红褐色圆点。足浅黄色，胫节上具黑褐色圆点，毛色加深。翅透明，略呈烟褐色，端部色渐浅；多毛，内缘毛色较深；前翅狭长而端部斜截尖突呈钩状，外缘弧凹；纵脉和阶脉上具灰褐色的小点；翅痣狭长浅黄色，具褐色斑点。后翅较前翅色浅；纵脉浅黄色具间断的小褐色点；横脉黑褐色。雄虫腹部末端第 9 背板侧面观后端半圆形且被短毛，后下侧具 1 个小的钝突；臀胝退化；第 9 腹板略短于第 8 腹板，后缘弧形凹缺。阳基腹突膜质，杆状；第 9 生殖基节成对，呈弯钩状；第 10 生殖基节复合体（阳基侧叶生殖弧复合体）为弹簧状细丝，且有薄膜相连，约 13 环，前端延伸至第 7 体节；愈合的第 11 生殖基节背面观拱形，末端变细呈钩状；内生殖板近三角形，两侧弧形。雌虫腹部末端第 7 生殖基节呈半圆形骨片；第 8 生殖基节为 1 对膜质指状突起，指向前腹部末端；第 8 生殖突为 1 个细小的骨片；第 9 背板与第 8 背板约等长，侧面观腹部末端被长毛；第 9 生殖基节腹面观呈半圆形；产卵瓣下瓣侧面观约为第 9 生殖基节的 3 倍长；受精囊呈球状，与细长盘绕的交尾囊相接。

【地理分布】 山东、浙江、上海、四川、贵州。

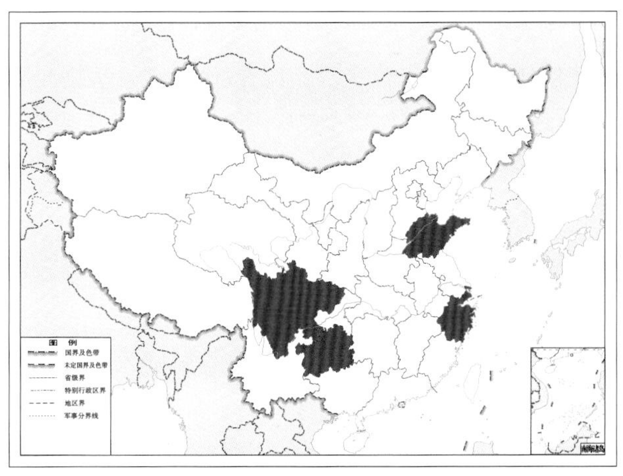

图 4-153-2　栉形等鳞蛉 *Isoscelipteron pectinatum* 地理分布图

七、螳蛉科 Mantispidae Leach, 1815

【鉴别特征】 成虫头部一般黄褐色，呈三角形。复眼半球形凸出，位于头部两侧。单眼退化。口器为下口式。触角通常较短，线状、念珠状或栉角状。前胸伸长，长大于宽，可分为膨大和长管两部分。捕捉式前足似螳螂。翅膜质，透明或有褐色斑，翅痣一般为细长或短宽的三角形。腹部圆筒形，短于翅长，雌虫腹部常比雄虫粗壮。

【生物学特性】 幼虫为寄生性，具 3 个龄期。1 龄幼虫活动能力强，一旦离开卵壳，便迅速寻找蜘蛛寄生，在蜘蛛卵囊内蜕皮进入 2 龄。2 龄、3 龄幼虫蛴螬型，足明显退化，活动能力减弱。老熟幼虫化蛹于茧中，茧一般为双层，蛹为离蛹。成虫多生活在乔木、灌木上，且多在树冠的上层。

【地理分布】 世界性分布。

【分类】 目前全世界已知 4 亚科 50 属约 400 种，我国已知 2 亚科 9 属 40 种，本图鉴收录 2 亚科 8 属 21 种。

中国螳蛉科 Mantispidae 分亚科检索表

1. 前足基节在距基部 1/4 ~ 1/3 处具 1 条横沟，股节侧扁，胫节跗节长度之和短于股节，跗节第 1 节长等于后 4 节之和，末端仅具 1 对不分叉的爪，无爪垫；中胸盾片前缘两侧具 1 对突起；前翅 R 与 MP 脉基部融合，分叉点远离 1m-cu 横脉；后翅无 A3 臀脉……………………………………………………………… **螳蛉亚科 Mantispinae**

   前足基节无横沟，股节膨大，不侧扁，胫节跗节长度之和等于股节，跗节第 1 节较后 4 节长度之和短，末端具 1 对分叉或不分叉的爪，具爪垫；中胸盾片前缘两侧不具突起；前翅 MP 脉在靠近 1m-cu 横脉处与 R 脉分离，后翅具 A3 臀脉……………………………………………………………………………… **卓螳蛉亚科 Drepanicinae**

卓螳蛉亚科 Drepanicinae Enderlein, 1910

【鉴别特征】 头部近三角形，头顶隆起，具头盖缝；复眼大，半球形，明显突出；触角短，线状；后头区宽大。前足股节不向两侧压扁，其长度与胫节跗节之和近相等，主刺长；前足跗节 5 节，末端具 1 对分叉或不分叉的爪，具爪垫；胫节内侧除基部外具 1 列短粗的倒刺状刚毛；中胸盾片前缘两侧圆滑，不具突起；前翅 Sc 脉在末端与 R 脉融合或通过 1 条短横脉与 R 脉连接；前翅 MP 脉在靠近 1m-cu 横脉处与 R 脉分离，A2 臀脉和 A3 臀脉基部不融合，阶脉 1 ~ 2 组，偶有 3 组；后翅具 A3 臀脉。雄虫伪阳茎短，不呈发条状卷曲。雌虫肛上板具臀胝。

【地理分布】 新热带界、澳洲界和东洋界。

【分类】 目前世界已知40种，我国已知1属1种，本图鉴收录1属1种。

（二九）异螳蛉属 *Allomantispa* Liu,Wu,Winterton & Ohl, 2015

【鉴别特征】 体大型，黑褐色。头顶隆起，中央具1条明显的头冠缝；触角线状，柄节、梗节膨大。雄虫前胸膨大部分具2对前背突；雌虫仅1对，背板具黑褐色长刚毛，毛瘤显著。前足跗节具1对2分叉的爪；翅长椭圆形，宽阔，前缘域膨大，具散碎褐色斑，翅脉颜色为黑褐色与黄白色相间；前翅具2组阶脉，翅痣与R脉之间具1条短横脉；第9腹板末端中央具1个巨大突起。雌虫第7腹板与第8生殖突基节愈合，不具囊套。

【地理分布】 东洋界：缅甸北部、中国西藏南部。

【分类】 目前世界已知2种，我国已知1种，本图鉴收录1种。

154. 西藏异螳蛉 *Allomantispa tibetana* Liu, Wu & Winterton, 2015

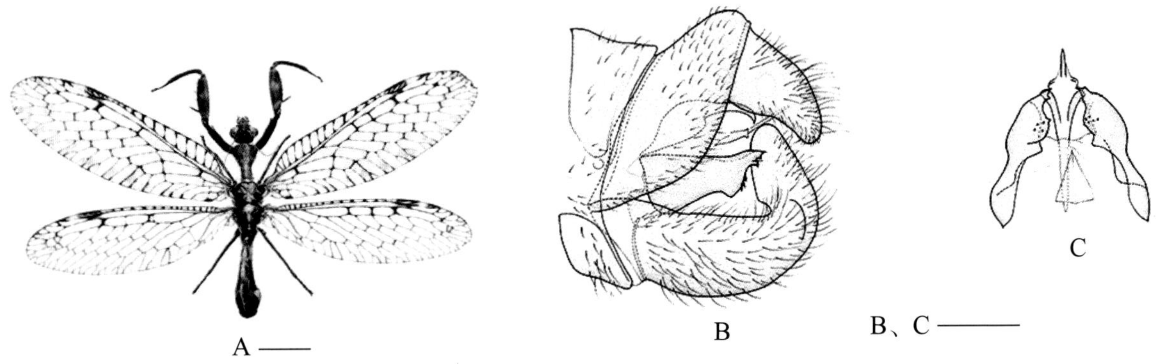

图4-154-1 西藏异螳蛉 *Allomantispa tibetana* 形态图

（标尺：A为5.0 mm，B、C为1.0 mm）

A. 成虫 B. 雄虫腹部末端侧面观 C. 雄虫外生殖器腹面观

【测量】 雄虫体长20.6 mm，前翅长24.0 mm、前翅宽7.5 mm。

【形态特征】 头部黑褐色，具头顶微隆起，中央具1条明显的头冠缝。触角黑褐色，线状，柄节、梗节膨大。前胸背面黄色，腹面黑褐色，膨大部分具2对前背突，靠前的1对前背突密被黑色长刚毛。

中后胸盾片大部分黑色，边缘具黄色条带；中后胸小胸盾片中央具黄色条带，侧板大部分黑色具黄色横向条斑。前足股节外侧黄色，具2个大的黑褐色斑，内侧褐色；中后足黑褐色、黄色相间；翅脉颜色为黑褐色、黄白色相间，翅痣黑褐色与白色相间，翅痣与R脉间具1条短横脉；前后翅具散碎褐色斑，大部分分布于阶脉和翅后缘纵脉之间；RP径分脉6条。雄虫外生殖器第9腹板后缘中央具1个巨大突起。雌虫第7腹板与第8生殖突基节融合，不具囊套。

【地理分布】 西藏。

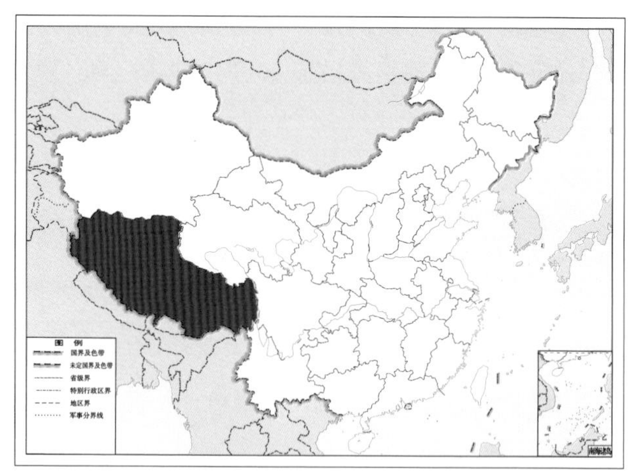

图 4-154-2 西藏异螳蛉 *Allomantispa tibetana* 地理分布图

螳蛉亚科 Mantispinae Leach, 1815

【鉴别特征】 头部近三角形，头顶扁平或微隆起，头盖缝有或无；复眼大，半球形，明显突出，有些具金属光泽；触角短，线状、念珠状或栉角状，后头区宽大；前足股节两侧压扁，其长度较胫节跗节之和短，主刺长；前足跗节5节，第1节长度约为后4节长度之和，末端仅具1个不分叉的爪，无爪垫；胫节内侧不具1列短粗的倒刺状刚毛；中胸盾片前缘两侧突起；翅狭长椭圆形，翅痣狭长；前翅R脉与MP脉基部融合，分叉点远离1m-cu横脉，阶脉1组；后翅无A3臀脉；雄虫伪阳茎短，不呈发条状卷曲。雌虫肛上板一般不具臀胝，内侧具1对刺瘤。

【地理分布】 世界性分布。

【分类】 目前全世界已知300多种，我国已知9属40种，本图鉴收录7属20种。

螳蛉亚科 Mantispinae 分属检索表

1. 前翅 *RA* 径室数≥4个……………………………………………… **优螳蛉属 *Eumantispa***

前翅 *RA* 径室数3个……………………………………………………………… 2

2. 前翅A2臀脉端部具分支……………………………………………… **梯螳蛉属 *Euclimacia***

前翅A2臀脉端部无分支……………………………………………………………… 3

3. 前胸侧面观弓形，背板中部具1个明显突起 ……………………………… **瘤螳蛉属 *Tuberonotha***

前胸侧面观平直，不呈弓形，背板中部无明显突起 …………………………………… 4

4. 触角鞭节较扁平，宽约为长的2倍，节间极短 ……………………… **澳蜂螳蛉属 *Austroclimaciella***

触角鞭节近球形，节间明显 ……………………………………………………………… 5

5. 前胸长管状部分背板密布细长刚毛；雄虫肛上板尾突细长，超出腹板后缘 ……………… **东螳蛉属 *Orientispa***

前胸长管状部分背板具短刚毛；雄虫肛上板尾突不明显，或者很短不超出腹板后缘 ……………… 6

6. 体大部分黑色；头顶黑色；前胸背板具稀疏而细短的黑色刚毛；雄虫伪阳茎呈箭矢形，微露 ………………

……………………………………………………………………………………………… 矢螳蛉属 *Sagittalata*

体多黄色和褐色；头顶大部分黄色具黑色或褐色斑；前胸背板表面光滑仅具稀疏的短绒毛，或表面粗糙具稀疏而粗短的黑色刚毛；雄虫伪阳茎细长，外露明显 ……………………………………………… 螳蛉属 *Mantispa*

（三〇）澳蜂螳蛉属 *Austroclimaciella* Handschin, 1961

【鉴别特征】 体中小型，外型似胡蜂。多数种的头部具 3 条黑色横带，分别位于唇基、触角基部和头顶后缘，部分种类仅在唇基和触角基部具黑带；触角后缘多具扁平瘤突。触角短粗，鞭节扁平。前胸粗壮延长，背板具稀疏的黄色刚毛，基部无明显突起；膨大部分中央具 1 条宽的黄色横带；长管状部分具 1 列环沟，前背突明显，后缘具 1 个环突和 1 个小瘤突。翅狭长，柳叶形；从翅基部沿 Sc 和 R 脉至端部具连续或间断的色斑；翅痣狭长，三角形；后翅色斑似前翅，Cu 与 A 脉远离，之间具 1 条长横脉。雄虫腹部末端肛上板圆突，内侧刺瘤密布短粗黑刺。

【地理分布】 古北界和东洋界：日本至印度东北，菲律宾，印度尼西亚。

【分类】 目前全世界已知 8 种 1 亚种，我国已知 6 种，本图鉴收录 2 种。

中国澳蜂螳蛉属 *Austroclimaciella* 分种检索表

1. 前胸长管状部分褐色，后胸大部分褐色 …………………………………………………………… 2

   前胸长管状部分黑色或黑褐色，后胸大部分黑色 ……………………………………………… 5

2. 头部具 3 条黑色横带，分别位于唇基、触角基部和头顶后缘 ………………………………… 3

   头部具 2 条黑色横带，分别位于唇基和触角基部，头顶后缘无黑带 … 韦氏澳蜂螳蛉 *Austroclimaciella weelei*

3. 前翅 3 个 *RA* 径室具褐色斑 ………………………………………………………………………… 4

   前翅 3 个 *RA* 径室大部分无色斑，仅在 2 条径室横脉周围具窄的褐色斑；翅端部色斑仅占 1 个 RP 闭室 ………
   ……………………………………………………… 四瘤澳蜂螳蛉 *Austroclimaciella quadrituberculata*

4. 前翅 3 个 *RA* 径室具褐色斑 …………………………………… 褐缘澳蜂螳蛉 *Austroclimaciella habutsuella*

   前翅 3 个 *RA* 径室具浅褐色斑 ………………………………… 吕宋澳蜂螳蛉 *Austroclimaciella luzonica*

5. 体小型，体长和前翅 ≤ 10 mm，前翅色斑在翅中部超过 *RA* 径室后缘，RP 径分脉 5 ~ 6 条 …………………
   ……………………………………………………………… 小褐澳蜂螳蛉 *Austroclimaciella subfusca*

   体中型，体长和前翅 ≥ 15 mm，前翅色斑在翅中部不超过 *RA* 径室，RP 径分脉 9 ~ 11 条 ……………………
   ……………………………………………………………… 拉氏澳蜂螳蛉 *Austroclimaciella lacolombierei*

155. 小褐澳蜂螳蛉 *Austroclimaciella subfusca* (Nakahara, 1912)

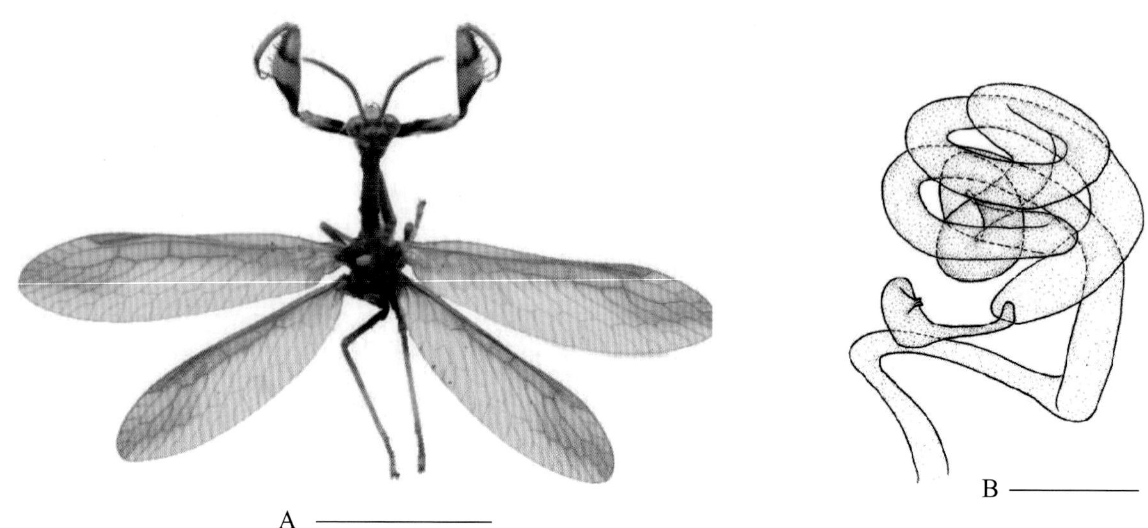

图 4-155-1 小褐澳蜂螳蛉 *Austroclimaciella subfusca* 形态图
（标尺：A 为 5.0 mm，B 为 0.5 mm）
A. 成虫 B. 雌虫受精囊

【测量】 雌虫体长 9.2 mm，前翅长 9.5 mm、前翅宽 2.5 mm。

【形态特征】 头部黄色，具 3 条黑色横带。触角柄节黄色，梗节黄褐色，鞭节大部分褐色。前胸膨大部分中央黄色带前后缘黑色；长管状部分黑色，具 5 个环沟。中后胸盾片大部分黑色，侧板大部分黑色。翅脉褐色，翅痣橙黄色。前翅前侧具大而连续的浅褐色斑，色斑在中部甚至超过 *RA* 径室后缘；RP 径分脉 5 ~ 6 条。雄虫外生殖器第 9 背板大部分黑色，中央具黄色斑；肛上板和生殖突基节黑褐色；受精囊弯曲复杂，受精囊管细长，末端密布短绒毛。

【地理分布】 福建；印度尼西亚（松八岛）。

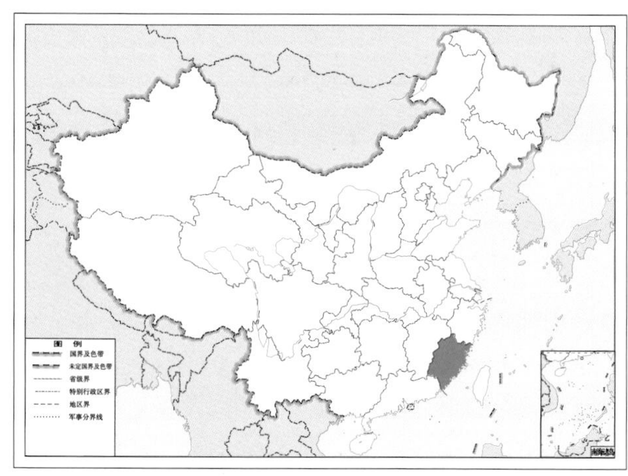

图 4-155-2 小褐澳蜂螳蛉 *Austroclimaciella subfusca* 地理分布图

156. 韦氏澳蜂螳蛉 *Austroclimaciella weelei* Handschin, 1961

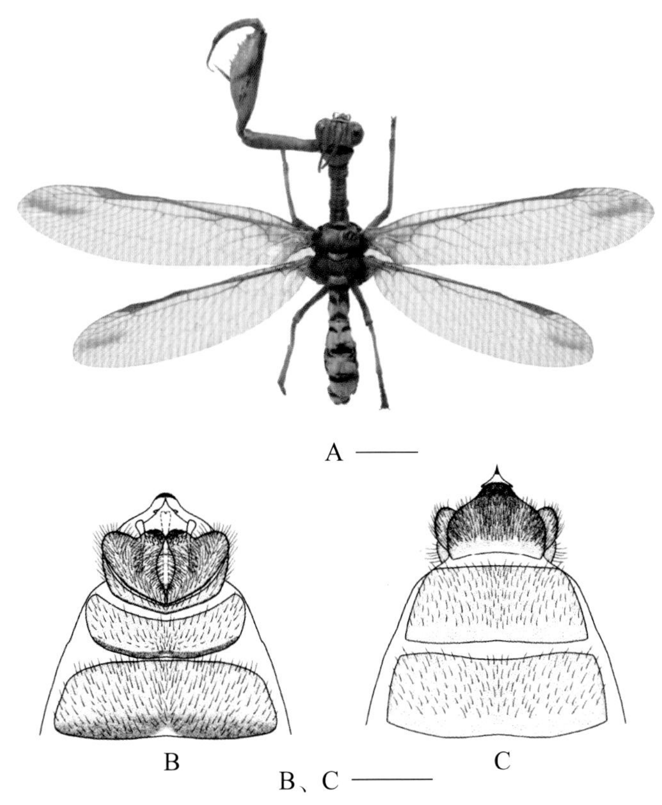

图 4-156-1　韦氏澳蜂螳蛉 *Austroclimaciella weelei* 形态图

（标尺：A 为 5.0 mm，B、C 为 1.0 mm）

A. 成虫　B. 雄虫腹部末端背面观　C. 雄虫腹部末端腹面观

【测量】 雄虫体长 17.5 mm，前翅长 17.5 mm、前翅宽 4.3 mm。

【形态特征】 头部大部分黄色，仅在唇基和触角基部各具 1 条黑色横带，头顶后缘无黑带。触角柄节黄褐色，鞭节浅褐色。前胸膨大部分中央黄色带，前后缘黑色；长管状部分褐色，具 6 ~ 7 个环沟。中胸前盾片大部分黄色，前缘具极窄的黑边；中后胸侧板大部分黄色，中胸侧板前缘具黑边，后胸后上侧片及中缝黑色。翅脉大部分褐色，前翅纵脉基部黄色；前翅翅痣端部红褐色，基部黄褐色，后翅翅痣红褐色。雄虫外生殖器第 9 背板和肛上板黄色；第 9 腹板褐色；中突粗壮，两侧骨化膜极窄；殖弧叶两臂短，向外侧伸展。

【地理分布】 福建；印度尼西亚（松八岛）。

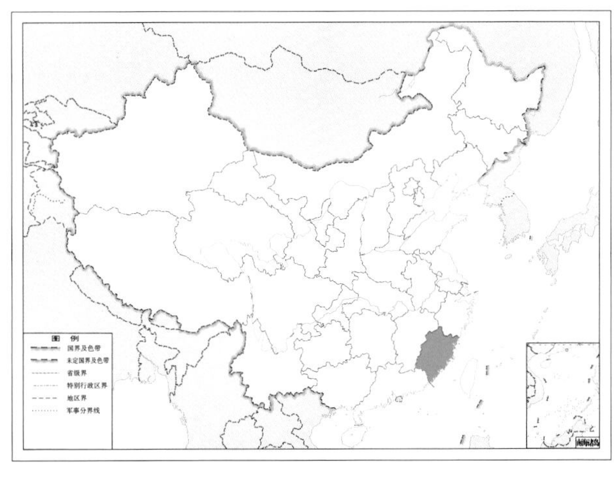

图 4-156-2　韦氏澳蜂螳蛉 *Austroclimaciella weelei* 地理分布图

（三一）梯螳蛉属 *Euclimacia* Enderlein, 1910

【鉴别特征】 体中到大型，拟态胡蜂。头顶触角后缘具 1 个扁平小瘤突，远低于复眼上缘；触角短粗，鞭节极扁平。前胸短粗，长度短于触角；膨大部分约占整个前胸的 1/2。前胸背部及两侧密布黄褐色或褐色刚毛。翅狭长柳叶形，具 3 个狭长 *RA* 径室；翅痣狭长三角形；翅上具大面积色斑。雄虫腹部末端圆突，尾突不超过腹板后缘，内侧刺瘤密布短粗黑刺。

【地理分布】 古北界、东洋界、澳洲界：印度北部到澳大利亚北部。

【分类】 目前全世界已知约 32 种，我国已知 3 种，本图鉴收录 2 种。

中国梯螳蛉属 *Euclimacia* 分种检索表

1. 体大部黄色 ………………………………………………………………… **黄头梯螳蛉 *Euclimacia fusca***
   体大部褐色或红褐色 ……………………………………………………… **铜头梯螳蛉 *Euclimacia badia***

注：拟蜂梯螳蛉 ***Euclimacia vespiformis*** 因标本缺失而未被编入本检索表。

157. 铜头梯螳蛉 *Euclimacia badia* Okamoto, 1910

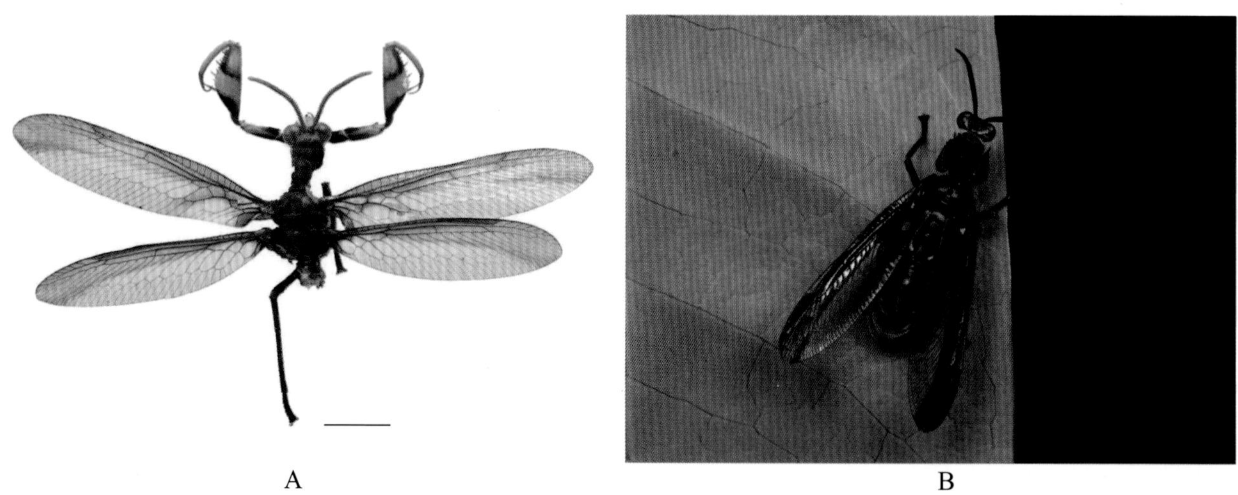

图 4-157-1 铜头梯螳蛉 *Euclimacia badia* 成虫图（标尺：5.0 mm）
A. 标本图 B. 生态图 （郑昱辰 摄）

【测量】 雄虫体长 20.0 mm，前翅长 22.0 mm、前翅宽 4.9 mm。

【形态特征】 头部大部分红褐色，触角基部和头顶后缘各具 1 条黑色横带；触角 40 节，基部 2 节褐色，鞭节大部分黑色。前胸大部分红褐色，前背突周围无黑色带；膨大部分前缘具模糊的黑色边，前背基黑色。前足基节沟内侧红褐色，外侧黑色，基节端部红褐色；股节大部分红褐色，外侧在中央和主刺基部各具 1 个小的黑色斑，内侧中央具 1 个黑色斑。雄虫外生殖器第 9 背板、肛上板及第 9 腹板褐色。

【地理分布】 台湾、广西；日本。

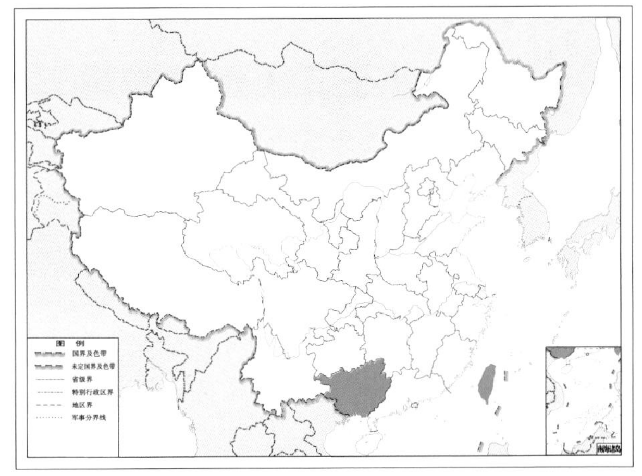

图 4-157-2　铜头梯螳蛉 *Euclimacia badia* 地理分布图

158. 黄头梯螳蛉 *Euclimacia fusca* Stitz, 1913

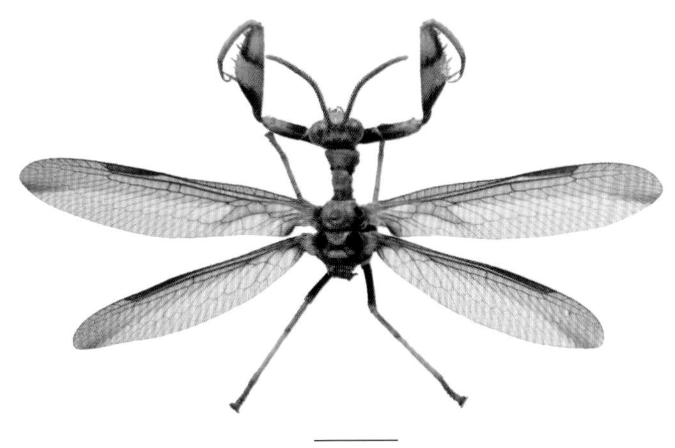

图 4-158-1　黄头梯螳蛉 *Euclimacia fusca* 成虫图（标尺：5.0 mm）

【测量】 雄虫体长 16.0 mm，前翅长 18.0 mm、前翅宽 4.0 mm。

【形态特征】 头部大部分黄色，触角基部具 1 条褐色横带，头顶后缘具 1 条黑褐色横带。触角 45 节，柄节和梗节深褐色，鞭节黄褐色。前胸大部分黄色，前背突前侧无黑色带；膨大部分基部具 1 个黑色小瘤突，侧面具黑褐色斑。前足基节大部分黑色，基节缝黄色，端部具 1 个狭长三角形黄色斑；股节外侧大部分黄色，基部具 1 个椭圆形黑色斑，中央具 1 条黑褐色横带。雄虫外生殖器第 9 背板、肛上板黄褐色；第 9 腹板褐色。

【地理分布】 海南、台湾；日本。

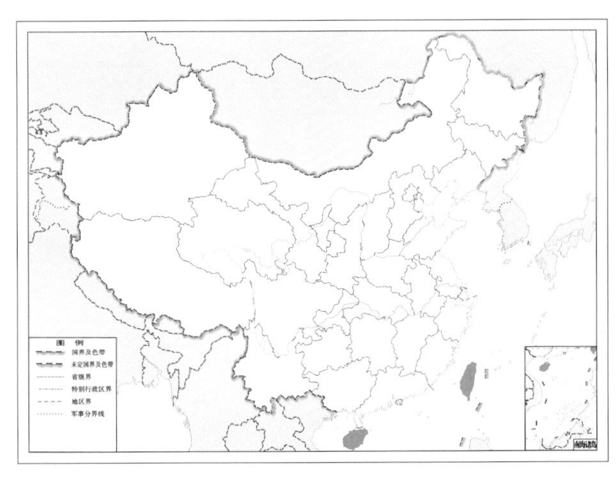

图 4-158-2　黄头梯螳蛉 *Euclimacia fusca* 地理分布图

（三二）优螳蛉属 *Eumantispa* Okamoto, 1910

【鉴别特征】 体中到大型，体色大部分为黄色、褐色及红褐色，具黑色斑，部分种前胸整体黑色。触角典型念珠状，鞭节褐色。前胸细长，具1列环沟，10个左右；前胸背板表面光滑，无明显刚毛。前后翅相似，后翅稍短，狭长柳叶形；翅痣红褐色，狭长三角形；前翅径室数目4～8个，中间径室呈规则的四边形；后翅Cu与A脉间具1条长横脉。腹部肛上板的尾突明显，但较短，不超过腹板后缘，内侧基部刺瘤上密生短粗的黑刺。

【地理分布】 古北界和东洋界：俄罗斯远东、日本、中国、北印度；新澳区：新几内亚。

【分类】 目前全世界已知约12种，我国已知5种，本图鉴收录4种。

中国优螳蛉属 *Eumantispa* 分种检索表

1. 前胸长管状部分黄色 ………………………………………… 2

   前胸长管状部分黑褐色 …………………… **褐颈优螳蛉 *Eumantispa fuscicolla***

2. 前胸膨大部分具心形褐色斑；头顶后缘具褐色斑纹 ……………………… 3

   前胸膨大部分黄色；头顶后缘无斑纹 …………………… **西藏优螳蛉 *Eumantispa tibetana***

3. 前足基节黄色；股节褐色，无黑色斑 …………………… **汉优螳蛉 *Eumantispa harmandi***

   前足基节中部黑色，两端黄色；雄虫股节内侧具四边形黑色斑，雌虫股节内侧在主刺基部具1条短的黑色带 …………………… **拟汉优螳蛉 *Eumantispa pseudoharmandi***

注：台湾优螳蛉 *Eumantispa taiwanensis* 因标本缺失而未被编入检索表。

159. 褐颈优螳蛉 *Eumantispa fuscicolla* Yang, 1992

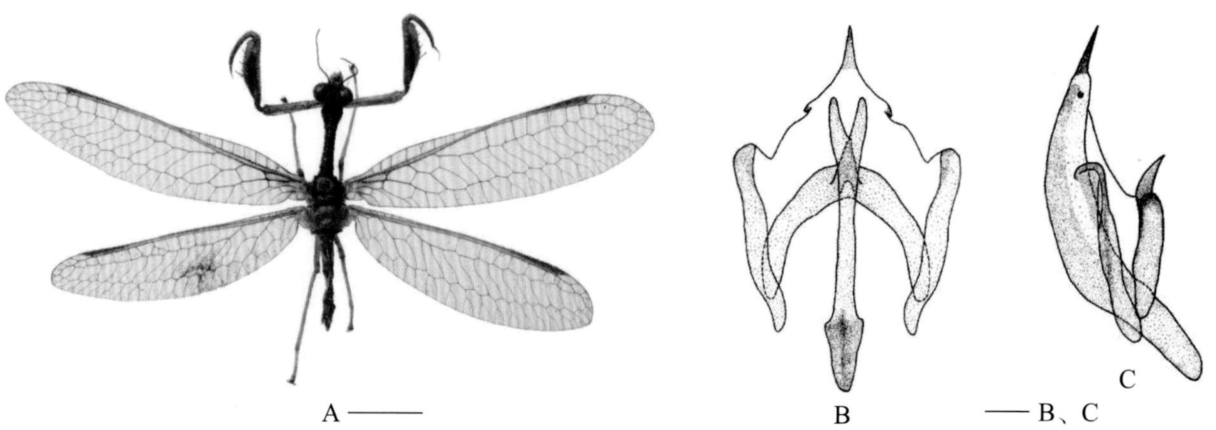

图 4-159-1 褐颈优螳蛉 *Eumantispa fuscicolla* 形态图

（标尺：A为5.0 mm，B、C为1.0 mm）

A. 成虫 B. 雄虫外生殖器腹面观 C. 雄虫外生殖器侧面观

【测量】 雄虫体长 14.0 ~ 18.0 mm，前翅长 15.5 ~ 20.0 mm、前翅宽 4.2 ~ 5.4 mm。

【形态特征】 头大部分黄色。触角基部具 1 个大的黑色斑，头顶后缘中央具 1 个褐色斑；触角 30 ~ 34 节。前胸背面黑褐色，长管部分具 10 余个环沟；前背基黑褐色。前足基节黄色；转节、股节及胫节黄褐色。翅大部分透明，仅最基部具浅黄褐色斑；翅痣红褐色。雄虫外生殖器第 9 背板和肛上板黄色；第 9 腹板黄褐色；伪阳茎细长，下侧伪阳茎膜两侧有 1 对小的骨片；中突短长。

【地理分布】 云南。

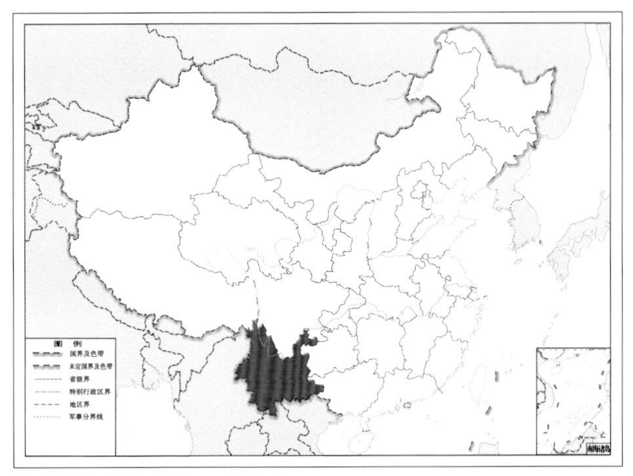

图 4-159-2　褐颈优螳蛉 *Eumantispa fuscicolla* 地理分布图

160. 汉优螳蛉 *Eumantispa harmandi* (Navás, 1909)

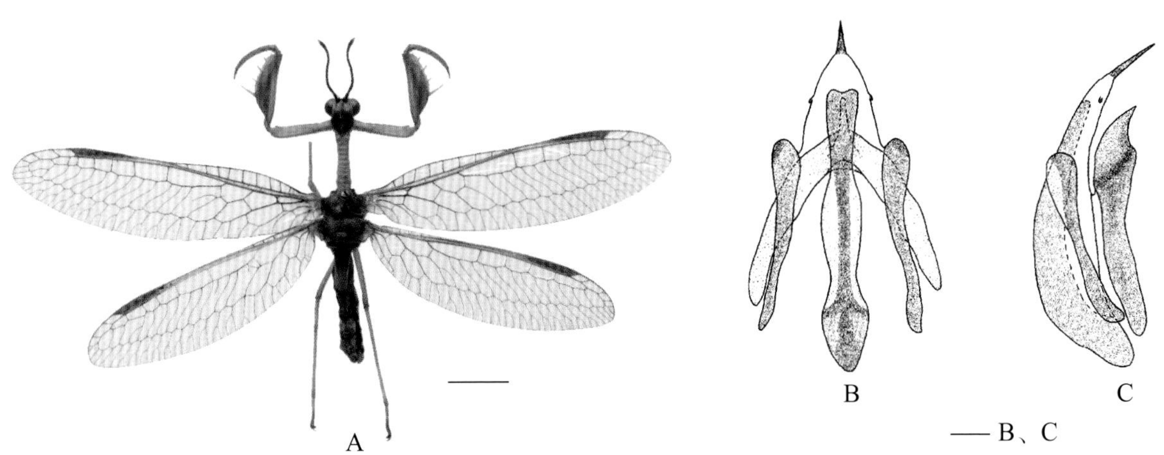

图 4-160-1　汉优螳蛉 *Eumantispa harmandi* 形态图

（标尺：A 为 5.0 mm，B、C 为 0.1 mm）

A. 成虫　B. 雄虫外生殖器腹面观　C. 雄虫外生殖器侧面观

【测量】 雄虫体长 13.5 ~ 17.0 mm，前翅长 14.0 ~ 18.0 mm、前翅宽 3.8 ~ 4.8 mm。

【形态特征】 头大部分黄色，触角基部具黑褐色大斑，头顶后缘中央具 1 个黑褐色斑。触角 30 ~ 34 节。前胸膨大部分褐色，具心形褐色斑；长管部分黄色，具大约 10 个环沟；前背基褐色。前足大部分黄色，基部具黑褐色带；中后足大部分黄色，基节基部黑褐色。翅大部分透明，仅最基部具浅黄褐色斑；翅痣红褐色。雄虫外生殖器第 9 背板和肛上板黄色；第 9 腹板黄褐色；伪阳茎细长，下侧的伪阳茎膜两侧具 1 对对称的小骨片；中突细长，殖

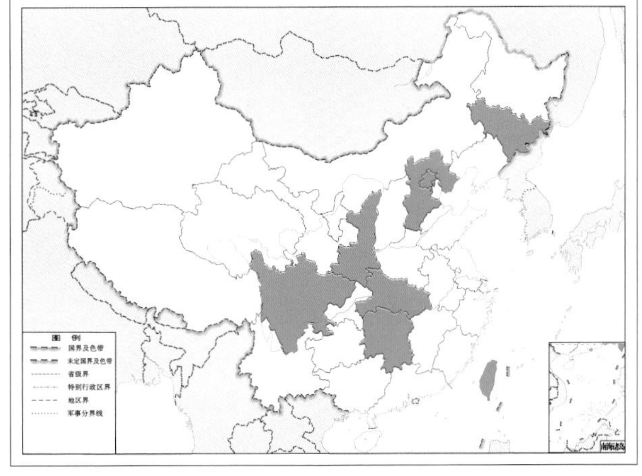

图 4-160-2　汉优螳蛉 *Eumantispa harmandi* 地理分布图

弧叶腹面观呈三角形。

【地理分布】 吉林、河北、北京、陕西、四川、湖北、湖南、台湾；俄罗斯（远东、西伯利亚），日本，越南。

161. 拟汉优螳蛉 *Eumantispa pseudoharmandi* Yang & Liu, 2010

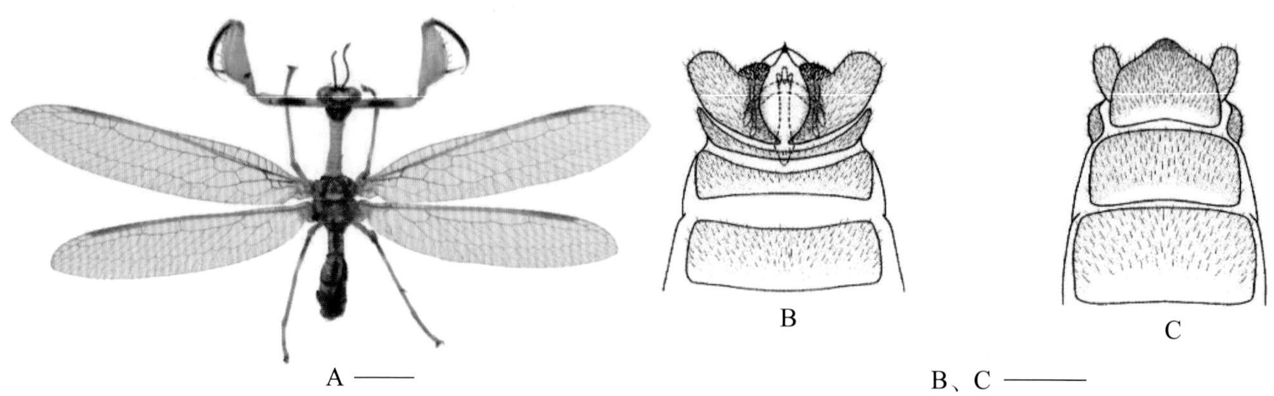

图 4-161-1 拟汉优螳蛉 *Eumantispa pseudoharmandi* 形态图

（标尺：A 为 5.0 mm，B、C 为 0.5 mm）

A. 成虫 B. 雄虫腹部末端背面观 C. 雄虫腹部末端腹面观

【测量】 雄虫体长 15.0 ~ 17.5 mm，前翅长 16.0 ~ 18.0 mm、前翅宽 4.3 ~ 4.5 mm。

【形态特征】 头大部分黄色，触角基部具 1 条黑色横带，头顶后缘具黑褐色横带；触角 34 ~ 38 节。前胸膨大部分褐色，具心形褐色斑；长管部分黄色，具大约 10 个环沟；前背基黄色。前足基节中部黑褐色，两端黄色。翅大部分透明，仅最基部具浅黄褐色斑；翅痣端部大部分红褐色，基部黄褐色。雄虫外生殖器第 9 背板和肛上板黄色；第 9 腹板黄褐色；伪阳茎细短，下侧的伪阳茎膜上小骨片不明显；中突短粗，殖弧叶腹面观呈拱形，中叶较长。

【地理分布】 福建。

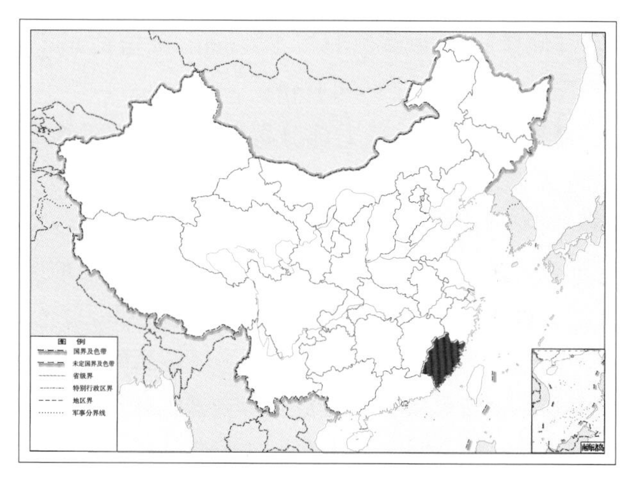

图 4-161-2 拟汉优螳蛉 *Eumantispa pseudoharmandi* 地理分布图

162. 西藏优螳蛉 *Eumantispa tibetana* Yang, 1988

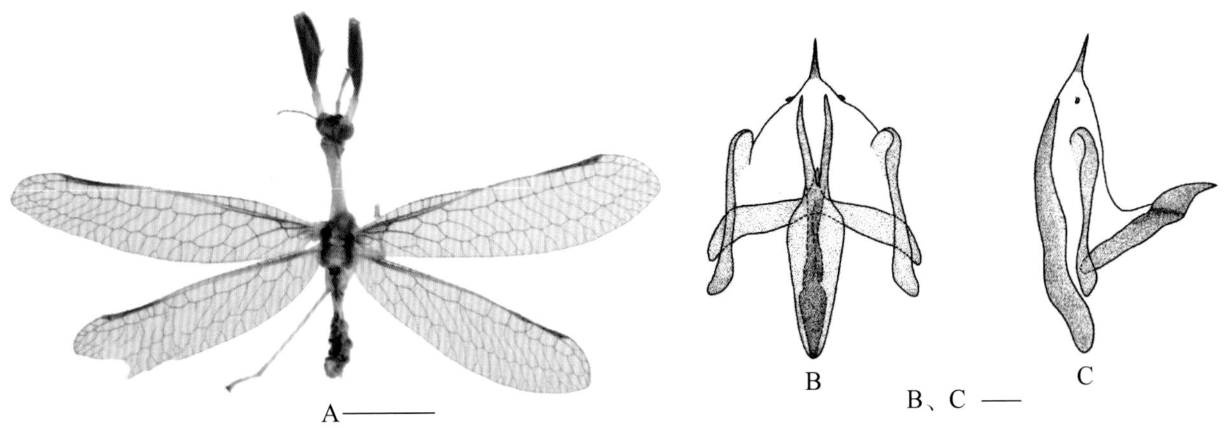

图 4-162-1　西藏优螳蛉 *Eumantispa tibetana* 形态图
（标尺：A 为 5.0 mm，B、C 为 0.1 mm）
A. 成虫　B. 雄虫外生殖器腹面观　C. 雄虫外生殖器侧面观

【测量】 雄虫体长 14.0~16.0 mm，前翅长 15.0~18.5 mm、前翅宽 3.8 ~ 4.8 mm。

【形态特征】 头大部分黄色，触角基部至头前区具 1 个大的黑色斑，头顶黄色无斑；触角 30 ~ 32 节。前胸整体黄色，长管部分黄色，环沟数不到 10 个；前背基骨片后缘黑褐色。前足基节黄色，转节黄褐色。翅大部分透明，仅最基部具浅黄褐色斑；翅痣端部大部分红褐色，基部黄褐色。雄虫外生殖器第 9 背板和肛上板黄色；第 9 腹板黄褐色；伪阳茎细长，下侧伪阳茎膜两侧 1 对对称的小骨片；中突长，殖弧叶两臂向外伸展，近平直。

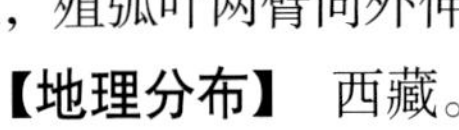
【地理分布】 西藏。

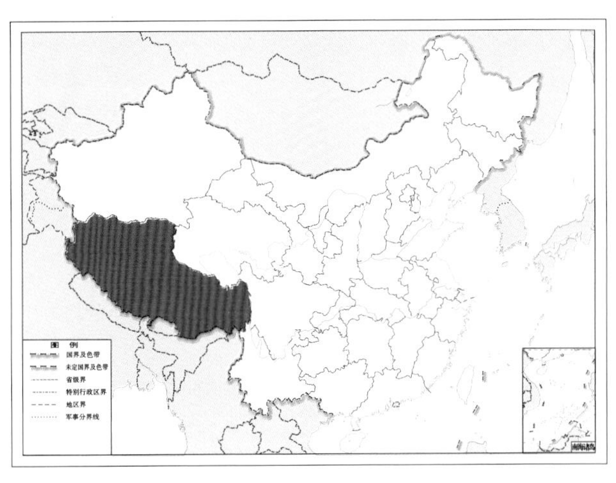

图 4-162-2　西藏优螳蛉 *Eumantispa tibetana* 地理分布图

（三三）螳蛉属 *Mantispa* Illiger, 1798

【鉴别特征】 体中小型。头部大而扁宽，唇基前缘中央具 1 个较深的半圆形凹缺。前胸细长；一部分种前胸背板具细而短的绒毛；一部分种前胸背板具短粗的黑色刚毛，长短不均；另一部分种前胸整体密布不规则的小瘤突，瘤突上具短粗的黑色刚毛。后翅 Cu 脉弯向 A 脉，二者之间具 1 条极短的横脉。雄虫外生殖器伪阳茎细长、外露明显，下具 1 对明显的小骨片；肛上板圆突，无明显的尾突，不超过腹板后缘。

【地理分布】 除了澳大利亚大陆的各地理区系。

【分类】 目前全世界已知约 123 种，我国已知 10 种，本图鉴收录 3 种。

中国螳蛉属 *Mantispa* 分种检索表

1. 翅痣呈宽大的三角形，且前缘突出；雄虫腹部末端肛上板的尾突明显，稍微超出腹板后缘 ………………………………………………………………………………………… 斯提利亚螳蛉 ***Mantispa styriaca***

   翅痣呈狭长的三角形，前缘不突出；雄虫腹部末端肛上板不超过腹板后缘，无明显的尾突 ………………… 2

2. 前胸膨大部分中央具 1 条宽的横带，前后缘黑褐色，中部宽、两端窄；长管状部分中央具 1 条长而宽的黄色纵带，两侧无黄色带 ……………………………………………………… 印度螳蛉 ***Mantispa indica***

   前胸膨大部分具 1 对椭圆形黄色斑，中央分开或接合；长管状部分中央具 1 条极窄的黄色纵带，两侧前背突后缘各具 1 条细长的黄色纵带 ……………………………………………… 日本螳蛉 ***Mantispa japonica***

注：阿紫螳蛉 *Mantispa azihuna*、艾氏螳蛉 *Mantispa aphavexelte*、宽痣螳蛉 *Mantispa brevistigma*、丽螳蛉 *Mantispa deliciosa*、汉螳蛉 *Mantispa mandarina*、辐翅螳蛉 *Mantispa radialis*、长胸螳蛉 *Mantispa transversa* 因标本缺失而未被编入本检索表。

163. 印度螳蛉 *Mantispa indica* Westwood, 1852

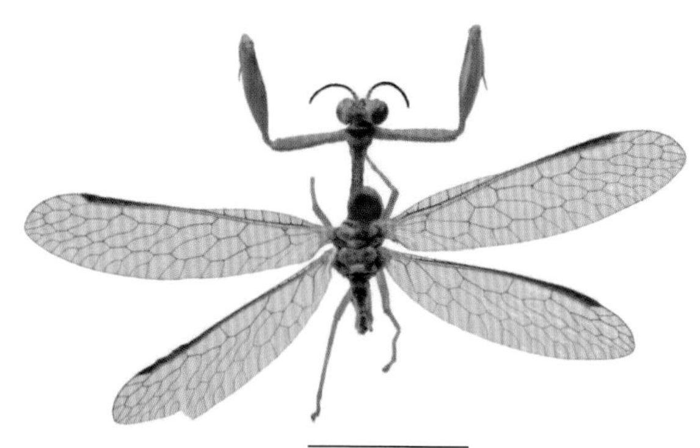

图 4-163-1 印度螳蛉 *Mantispa indica* 成虫图
（标尺：5.0 mm）

【测量】 雄虫体长 10.5 ~ 12.0 mm，前翅长 10.0 ~ 12.5 mm、前翅宽 2.5 ~ 3.0 mm。

【形态特征】 头部大部分黄色，头顶瘤突明显，黑色，头顶后缘具 1 条短的褐色横带。触角柄节大部分黄色，梗节基部黄色，鞭节黑色。前胸膨大部分中央具 1 条宽的横带，前后缘黑褐色；长管状部分背面黄色，腹面黑褐色；前背基黑褐色。翅痣狭长，前缘不突出。雄虫腹部末端肛上板不超出腹板末缘，无明显的尾突。伪阳茎下侧膜上无明显的小骨片；殖弧叶的中叶短粗。

【地理分布】 河南、贵州、云南、湖北、上海、台湾、广西、海南；尼泊尔，斯里兰卡。

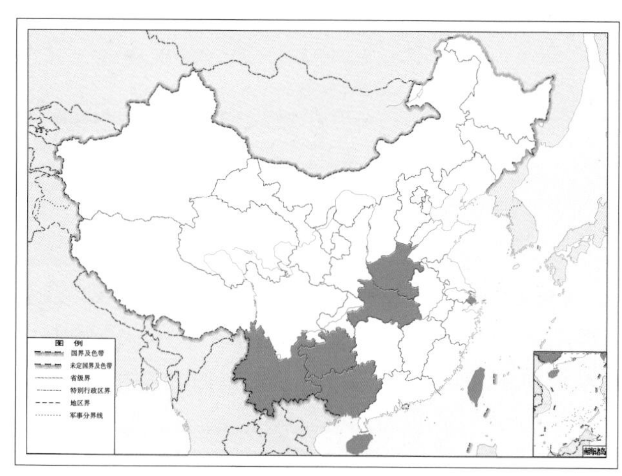

图 4-163-2 印度螳蛉 *Mantispa indica* 地理分布图

164. 日本螳蛉 *Mantispa japonica* McLachlan, 1875

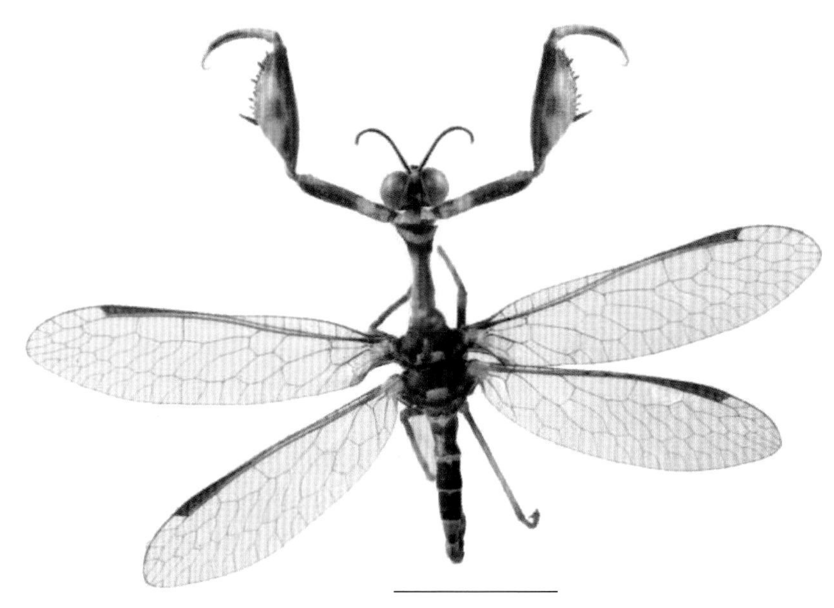

图 4-164-1　日本螳蛉 *Mantispa japonica* 成虫图
（标尺：5.0 mm）

【测量】 雄虫体长 11.0 ~ 13.0 mm，前翅长 12.0 ~ 14.0 mm、前翅宽 3.0 ~ 3.5 mm。

【形态特征】 头部大部分黄色，头顶瘤突具黑色斑；触角柄节黄色，梗节前侧基部黄色，鞭节黑褐色。前胸大部分黑色，膨大部分具 1 条椭圆形黄色斑，中央接合或具 1 条极窄的黑色纵带；长管状部分背板中央具 1 条极窄的黄色纵带；前背基黑色。翅痣狭长，红褐色。雄虫腹部末端肛上板不超出腹板末缘，无明显的尾突。伪阳茎下侧膜上无明显的小骨片；殖弧叶的中叶短粗。

【地理分布】 黑龙江、吉林、辽宁、贵州、湖北、安徽、浙江；日本，韩国，俄罗斯远东地区。

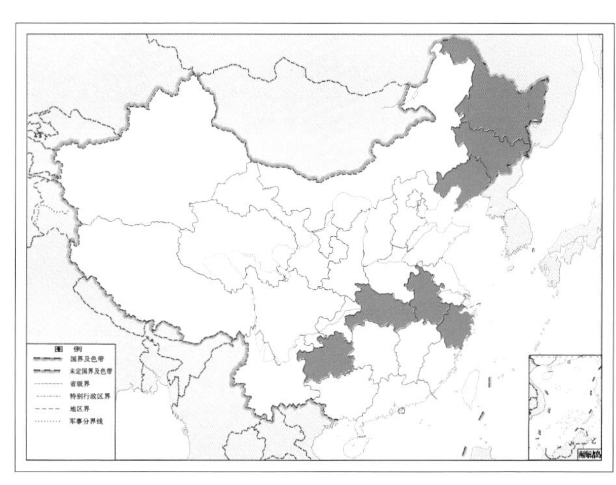

图 4-164-2　日本螳蛉 *Mantispa japonica* 地理分布图

165. 斯提利亚螳蛉 *Mantispa styriaca* (Poda, 1761)

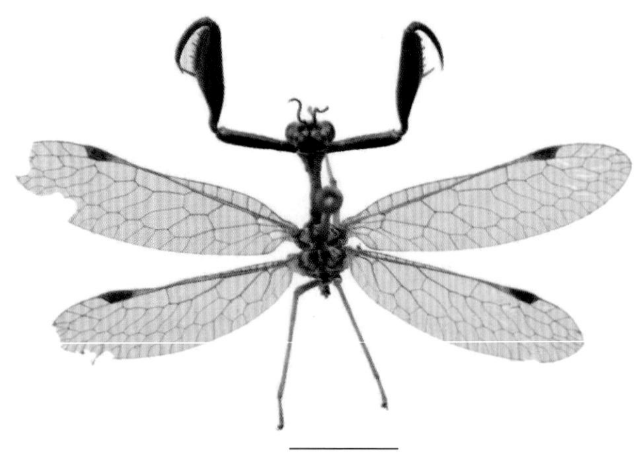

图 4-165-1 斯提利亚螳蛉 *Mantispa styriaca* 成虫图
（标尺：5.0 mm）

【测量】 雄虫体长 11.5～16.0 mm，前翅长 11.5～16.0 mm、前翅宽 3.0 ~ 4.0 mm。

【形态特征】 头顶大部分黑褐色，近后缘具 1 对三角形小黄色斑；触角柄节黄色，梗节基部黄色，上缘褐色，鞭节基部褐色，端部黑褐色。前胸前侧大部分黄褐色，后侧褐色至黑褐色，膨大部分中央具 1 条窄的黑色纵带。翅痣宽三角形，前缘突出。雄虫腹部末端肛上板的尾突明显，稍微超出腹板后缘；伪阳茎下侧膜上具 1 对细长的小骨片；殖弧叶的中叶较细长。

【地理分布】 河北、北京、山西、陕西、宁夏、甘肃。

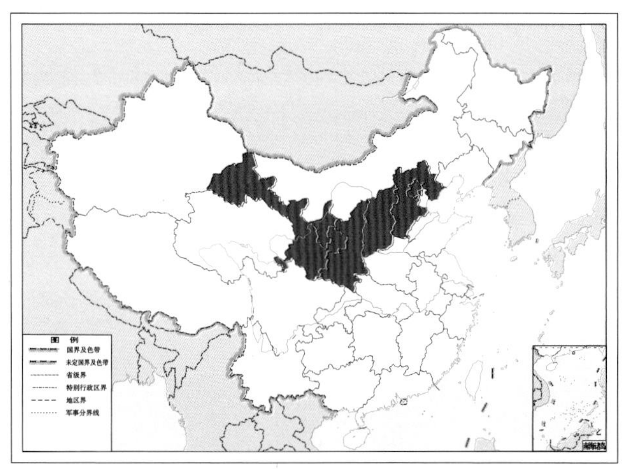

图 4-165-2 斯提利亚螳蛉 *Mantispa styriaca* 地理分布图

（三四）东螳蛉属 *Orientispa* Poivre, 1984

【鉴别特征】 体中小型，体色多为黑色或褐色，具黄色斑。头部黄色，头前区中央具褐色纵带；头顶具黑色斑或褐色斑。触角后侧瘤突明显，大多数种不超过复眼上缘；触角柄节和梗节黄色，鞭节黑色或褐色。前胸笔直细长，膨大部分占整个前胸长的 1/5 ~ 1/4；前背突明显；长管状部分背板密布细长的黄色或黄褐色刚毛，刚毛基部具明显的突起。翅近梭形，大部分透明；翅痣三角形或狭长三角形，前缘不突出。雄虫腹部末端肛上板尾突明显，肛上板内侧的刺瘤密生短粗的黑色刺。

【地理分布】 中国古北界和东洋界；日本到斯里兰卡、印度尼西亚。

【分类】 目前全世界已知约 11 种，我国已知 9 种，本图鉴收录 5 种。

中国东螳蛉属 *Orientispa* 分种检索表

1. 前胸膨大部分具 2 个近圆形或三角形的大的黄色斑 …… 2

   前胸膨大部分无斑或在两侧各具 1 个钩状黄色斑 …… 5

2. 前胸膨大部分的黄色斑独立，近圆形或三角形 …… 3

   前胸膨大部分的黄色斑近三角形，与长管状部分的黄色纵带相接 …… **黄基东螳蛉 *Orientispa flavacoxa***

3. 中胸前盾片和盾片密布黑色小碎斑 …… 4

   中胸前盾片和盾片无黑色小碎斑 …… **龙岩东螳蛉 *Orientispa longyana***

4. 前胸长管状部分无黄色纵带 …… **福建东螳蛉 *Orientispa fujiana***

   前胸长管状部分具 1 对短的黄色纵带 …… **小东螳蛉 *Orientispa pusilla***

5. 中胸前盾片黄色 …… 6

   中胸前盾片大部分黑色 …… **眉斑东螳蛉 *Orientispa ophryuta***

6. 头顶具模糊的大褐色斑；中后胸盾片大部分黄色，仅在中胸盾片前缘前盾沟具 1 条黑色带 …… **黄背东螳蛉 *Orientispa xuthoraca***

   头顶大部分黄色，后缘具 1 条模糊的褐色带；中后胸盾片大部分黑褐色，中央具 1 个大黄色斑 …… **半黑东螳蛉 *Orientispa semifurva***

注：皇冠东螳蛉 *Orientispa coronata*、黑基东螳蛉 *Orientispa nigricoxa* 因标本缺失而未被编入本检索表。

4-e 黄基东螳蛉 *Orientispa flavacoxa* 生态图（郑昱辰　摄）

166. 黄基东螳蛉 *Orientispa flavacoxa* Yang, 1999

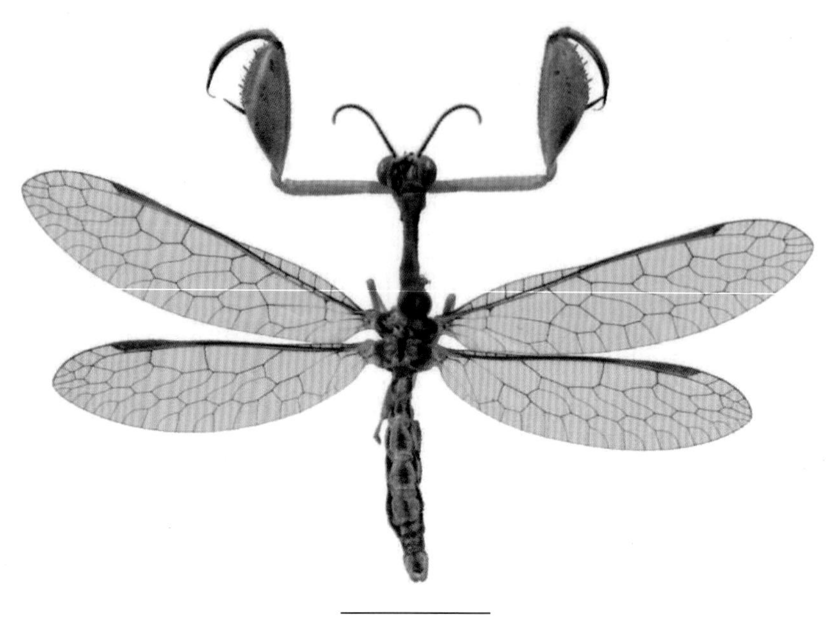

图 4-166-1　黄基东螳蛉 ***Orientispa flavacoxa*** 成虫图
（标尺：5.0 mm）

【测量】 雄虫体长 10.0 ~ 17.0 mm，前翅长 9.0 ~ 14.0 mm、前翅宽 2.5 ~ 3.8 mm。

【形态特征】 头部大部分黄色，触角后侧瘤突黑褐色，后侧具模糊的大褐色斑；头前区中央具 1 条连续的黑色纵带。触角 28 ~ 31 节，柄节大部分黄色，后侧上缘褐色，梗节前侧黄色，后侧褐色，鞭节黑褐色或黑色。前胸大部分褐色，膨大部分具 1 对黄色斑；前背基黄褐色。翅脉大部分黑褐色，翅痣浅褐色至褐色，后缘黄色。腹部大部分黑褐色，中央具黑褐色纵带。雄虫外生殖器第 9 背板黄色；肛上板黄色，尾突内弯；第 9 腹板黄褐色；伪阳茎细长；中突细长，基部稍膨大；殖弧叶两臂呈钳状，中叶粗大，向后突出。

【地理分布】 四川、贵州、湖北、湖南、安徽、浙江、江西、福建、台湾、广西。

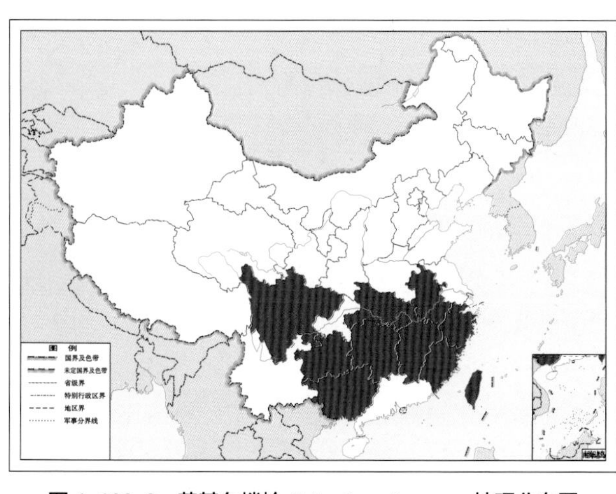

图 4-166-2　黄基东螳蛉 ***Orientispa flavacoxa*** 地理分布图

167. 福建东螳蛉 *Orientispa fujiana* Yang, 1999

图 4-167-1　福建东螳蛉 *Orientispa fujiana* 成虫图
（标尺：5.0 mm）

【测量】 雄虫体长 12.0 mm，前翅长 10.5 mm、后翅长 8.5 mm。

【形态特征】 头部大部分黄色，头顶瘤突褐色，后侧具淡褐色模糊的弧形带斑；头前区中央的黑色纵带在唇基向两侧扩展成横斑。触角 28 节，柄节和梗节前侧黄色，后侧褐色，鞭节黑褐色。前胸膨大部分褐色，具 1 对三角形黄色斑；长管状部分大部分黄褐色；前背突至中部背板黄色。翅脉大部分黑褐色，翅痣细长三角形，端部黑褐色，后缘黄色。腹部大部分黄褐色，第 9 背板、肛上板及第 9 腹板黄褐色；伪阳茎发达端部突出较长；殖弧叶与阳基侧突褐色，骨化明显。

【地理分布】 福建。

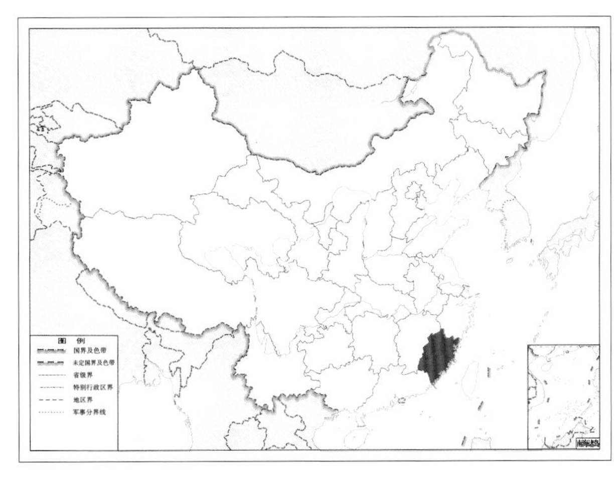

图 4-167-2　福建东螳蛉 *Orientispa fujiana* 地理分布图

168. 眉斑东螳蛉 *Orientispa ophryuta* Yang, 1999

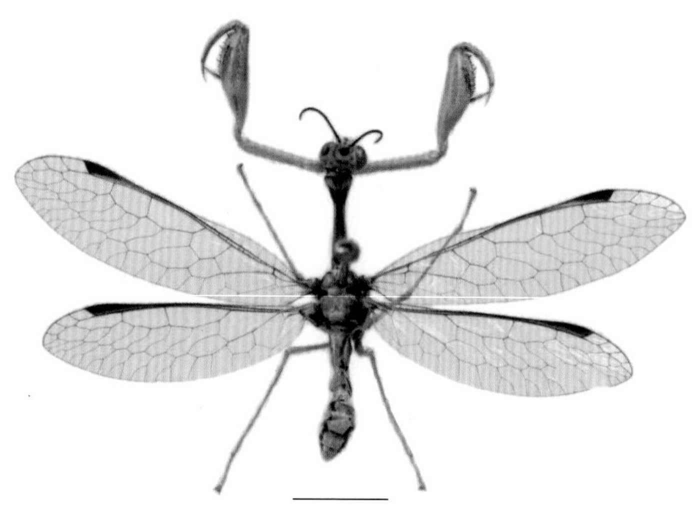

图 4-168-1 眉斑东螳蛉 *Orientispa ophryuta* 成虫图
（标尺：5.0 mm）

【测量】 雄虫体长 14.0 ~ 18.5 mm，前翅长 12.0 ~ 16.0 mm、前翅宽 3.5 ~ 4.2 mm。

【形态特征】 头部大部分黄色，头顶瘤突具 1 个大的黑色菱形斑，后侧具 1 对黑色眉状斑；头前区中央的黑色纵带断续状，不达头顶。触角 28 ~ 32 节，柄节和梗节前侧黄色，后侧褐色，鞭节黑色。前胸大部分黑色；膨大部分中央具 1 条窄的黄色纵带，两侧具对称的钩状黄色斑；长管状部分侧面各具 1 条窄的黄色带；前背基黑色。翅脉大部分黑褐色，翅痣黑色，呈狭长三角形。腹部较长，超过翅后缘。雄虫外生殖器第 9 背板和肛上板大部分黄色；第 9 腹板褐色；中突细长，前端具明显的分叉，基部具对称向外侧延伸的小骨片；殖弧叶的中叶粗大，向后突出。

【地理分布】 四川、贵州、湖北、安徽、浙江、福建。

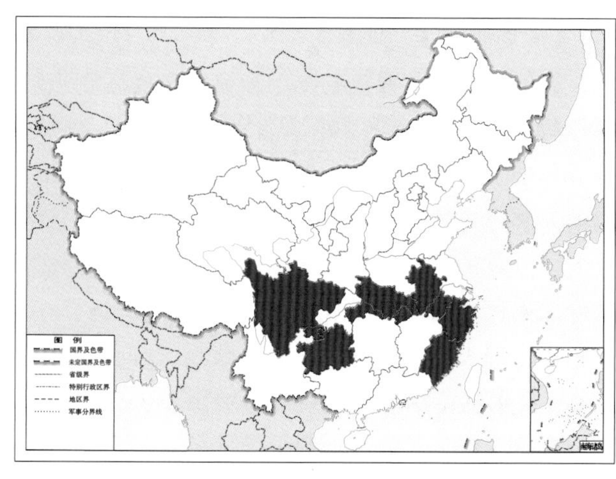

图 4-168-2 眉斑东螳蛉 *Orientispa ophryuta* 地理分布图

169. 小东螳蛉 *Orientispa pusilla* Yang, 1999

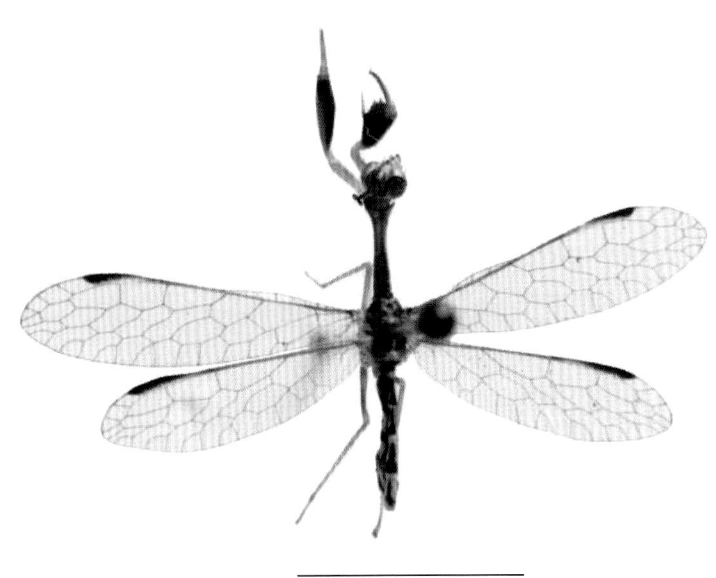

图 4-169-1 小东螳蛉 *Orientispa pusilla* 成虫图
（标尺：5.0 mm）

【测量】 雄虫体长 8.0 mm，前翅长 7.0 mm，后翅长 6.0 mm。

【形态特征】 头部大部分黄色，头顶瘤突褐色，略高于两侧复眼上缘，后侧具浅褐色环带，与中央的褐色纵带围成 2 个对称的小黄色斑。触角 25 节，柄节和梗节前侧黄色，后侧褐色，鞭节黑褐色。前胸大部分褐色，膨大部分具 1 对三角形黄色斑，腹面前侧黄色；前背突后侧具 1 对短的黄色纵带。翅脉大部分黑褐色，翅痣大部分黑褐色，后缘黄色。腹部背板大部分黄色。雄虫外生殖器第 9 背板、肛上板及第 9 腹板黄褐色；中突细长，前端具明显分叉，基部稍粗。

【地理分布】 福建。

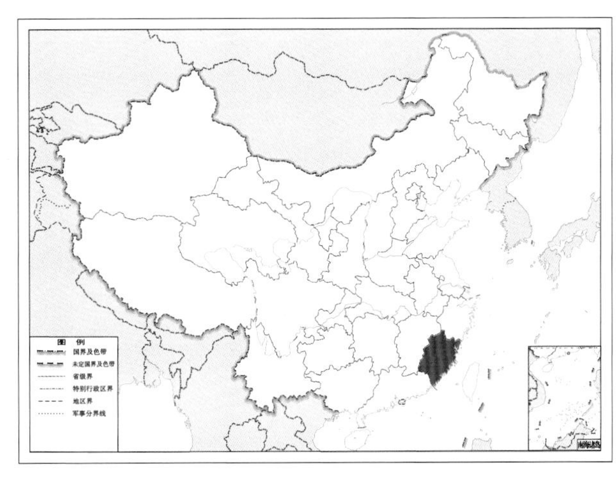

图 4-169-2 小东螳蛉 *Orientispa pusilla* 地理分布图

170. 黄背东螳蛉 *Orientispa xuthoraca* Yang, 1999

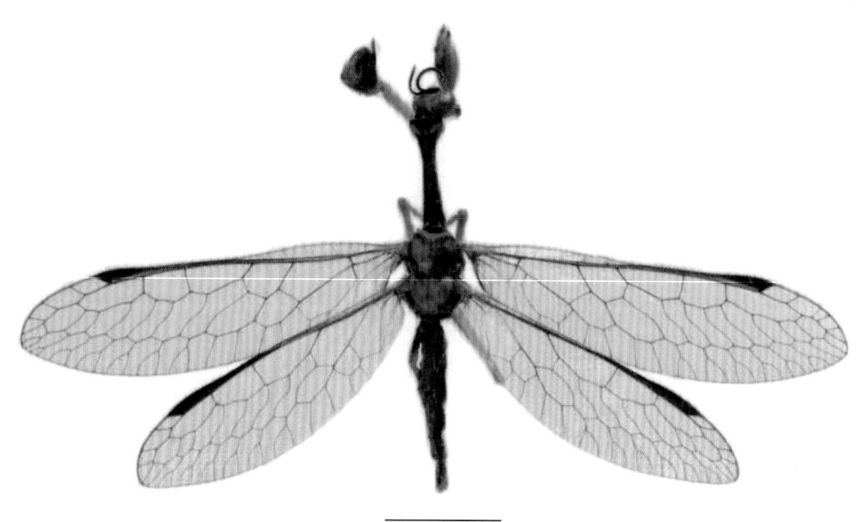

图 4-170-1 黄背东螳蛉 *Orientispa xuthoraca* 成虫图
（标尺：5.0 mm）

【测量】 雌虫体长 15.0 mm，前翅长 16.0 mm，后翅长 14.0 mm。

【形态特征】 头部大部分黄色，头顶的瘤突具黑色斑，后侧具模糊的弧形褐色带；头前区中央的黑褐色纵带断续状。触角 29 ~ 31 节，柄节大部分黄色，后侧上缘黑褐色，梗节前侧黄色，后侧褐色，鞭节黑色。前胸大部分黑色，膨大部分中央具 1 条窄的黄色纵带，两侧具对称钩状黄色斑；长管状部分侧面各具 1 条细长的黄色带；前背基黑色。翅脉大部分黑褐色，翅痣狭长三角形；前翅翅痣大部分黑褐色，基部后缘黄色，后翅翅痣黑褐色。腹部背板大部分黄色，具黑色斑；末端肛上板黄色。腹板大部分黑褐色，后缘黄色。

【地理分布】 福建。

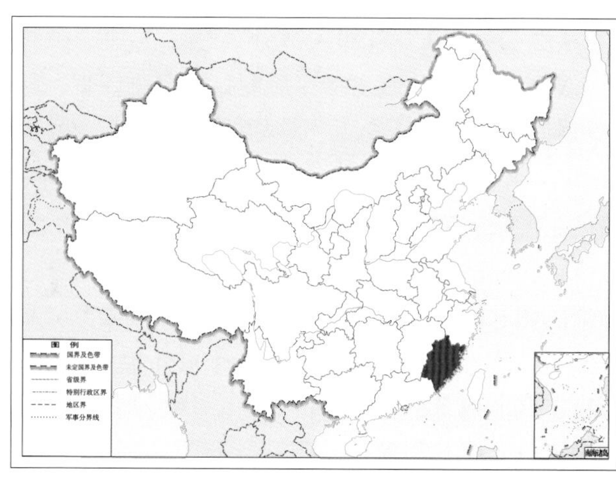

图 4-170-2 黄背东螳蛉 *Orientispa xuthoraca* 地理分布图

（三五）矢螳蛉属 *Sagittalata* Handschin, 1959

【鉴别特征】 体中小型，体大部分黑色，具黄色斑或褐色斑。头顶具 1 个扁平的瘤突，不高于两侧复眼上缘；触角典型念珠状，鞭节黑色。前胸细长，长管状部分无明显环沟，前胸背板具细短的黑色或褐色刚毛，稀疏且分布不均。翅梭形，除翅痣区无色斑，后翅比前翅稍短，基部稍宽；翅痣深褐色至黑色，狭长三角形；后翅 Cu 脉弯向 A 脉，之间具极短的横脉或者短距离接合后分开。腹部末端肛上板尾突短，内侧刺瘤密布短粗黑刺；伪阳茎微露，末端呈箭矢状。

【地理分布】 古北界和东洋界：中国；非洲界：象牙海岸至乌干达。

【分类】 目前全世界已知约 10 种，我国已知 3 种，本图鉴收录 3 种。

中国矢螳蛉属 *Sagittalata* 分种检索表

1. 中后胸背板和侧板黑色 ………………………………………………………… 2

　中胸小盾片黄色、具黑色斑，后胸小盾片褐色、具黑色斑；侧板前侧片黑色，后侧片黄色 ……………………………………………………………… **亚矢螳蛉** ***Sagittalata asiatica***

2. 中后足爪尖具 4 个齿；前翅 A2 脉仅基部 1/2 黄色；后翅 A 脉在 Cu 脉接合部位有一半无色透明 ……………………………………………………………… **豫黑矢螳蛉** ***Sagittalata yuata***

　中后足爪尖具 3 个齿；前翅 A2 脉大部分黄色；后翅 A 脉仅在 Cu 脉接合部位无色透明 ……………………………………………………………… **黑矢螳蛉** ***Sagittalata ata***

171. 亚矢螳蛉 *Sagittalata asiatica* Yang, 1999

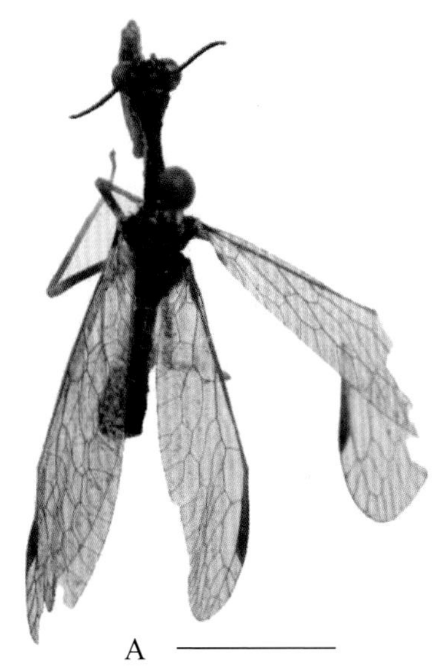

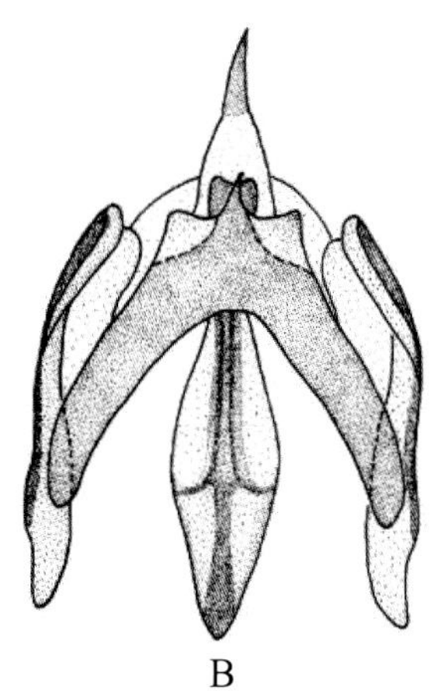

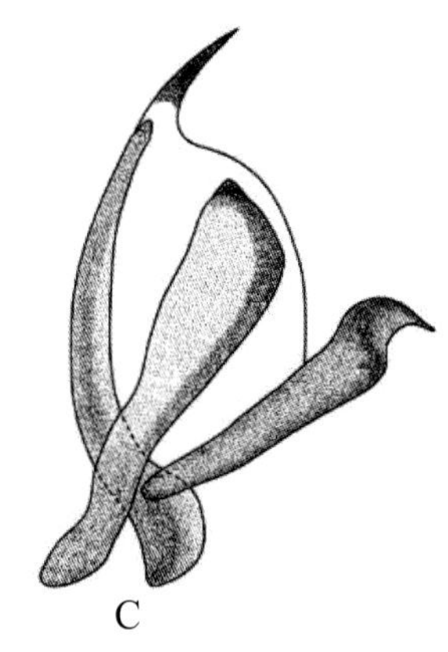

图 4-171-1　亚矢螳蛉 *Sagittalata asiatica* 形态图

（标尺：A 为 5.0 mm，B、C 为 0.1 mm）

A. 成虫　B. 雄虫外生殖器背面观　C. 雄虫外生殖器侧面观

【测量】 雄虫体长 13.0 mm，前翅长 12.0 mm、前翅宽 3.2 mm。

【形态特征】 头部大部分黑色，触角 28 节，柄节黄色，梗节褐色，鞭节黑色。前胸大部分黑色，膨大部分两侧和腹面黄色；中胸小盾片黄色、具黑色斑，后胸小盾片褐色、具黑色斑；侧板前侧片黑色，后侧片黄色。中后足爪尖深褐色，具 4 齿。翅脉大部分深褐色，但前翅 Cu 和 A2 脉的基部黄色，翅痣深褐色，后翅 A 与 Cu 脉接合的部位色浅透明。

【地理分布】 福建。

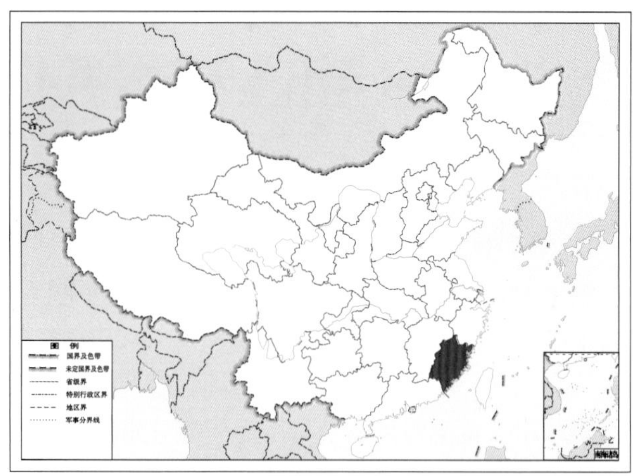

图 4-171-2 亚矢螳蛉 *Sagittalata asiatica* 地理分布图

172. 黑矢螳蛉 *Sagittalata ata* Yang, 1999

图 4-172-1 黑矢螳蛉 *Sagittalata ata* 成虫图
（标尺：5.0 mm）

【测量】 雌虫体长 9.0 mm，前翅长 10.0 mm、前翅宽 3.0 mm。

【形态特征】 头部大部分黑色，触角 27 ~ 28 节，柄节黄色，梗节褐色，鞭节黑色。前胸大部分黑色，膨大部分两侧和腹面浅褐色；中后胸背板和侧板黑色。中后足爪尖深褐色，具 3 个齿。翅脉大部分深褐色，但前翅 A2 脉大部分黄色，翅痣深褐色，后翅 A 与 Cu 脉接合部位无色透明。

【地理分布】 福建。

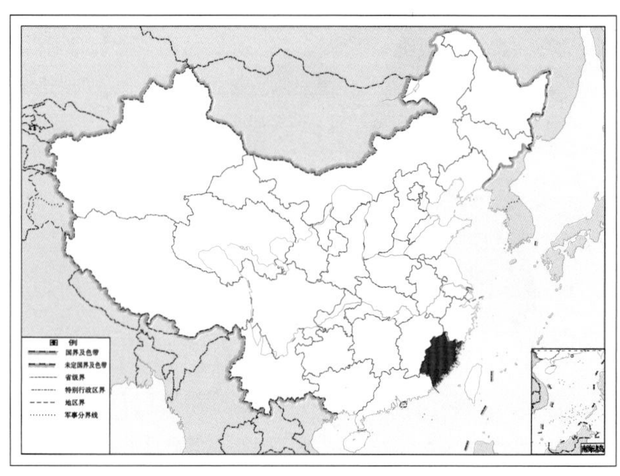

图 4-172-2 黑矢螳蛉 *Sagittalata ata* 地理分布图

173. 豫黑矢螳蛉 *Sagittalata yuata* Yang & Peng, 1998

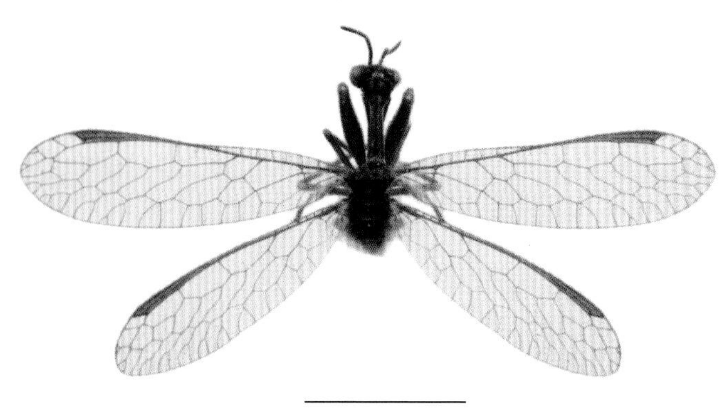

图 4-173-1　豫黑矢螳蛉 *Sagittalata yuata* 成虫图
（标尺：5.0 mm）

【测量】 雌虫体长 10.0 mm，前翅长 10.0 ~ 12.0 mm、前翅宽 3.0 ~ 3.2 mm。

【形态特征】 头部大部分黑色，触角 26 ~ 28 节，柄节黄色，梗节褐色，鞭节黑色。前胸大部分黑色，膨大部分两侧和腹面浅褐色；中后胸背板和侧板黑色。中后足爪尖深褐色，具 4 个齿。翅脉大部分深褐色，但前翅 A2 脉仅基部 1/2 黄色，翅痣深褐色，后翅 A 与 Cu 脉接合的部位有一半无色透明。

【地理分布】 河南。

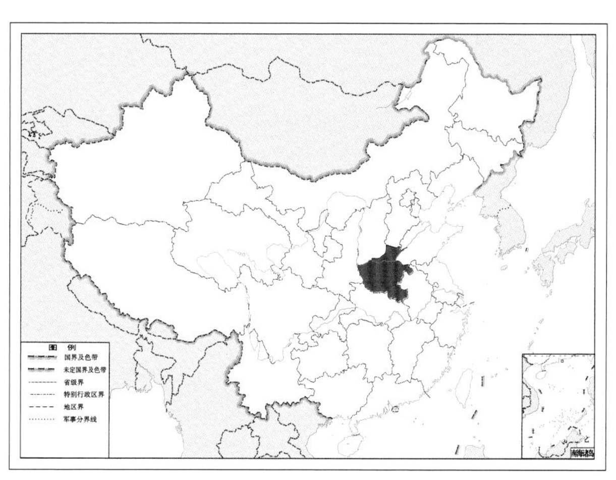

图 4-173-2　豫黑矢螳蛉 *Sagittalata yuata* 地理分布图

（三六）瘤螳蛉属 *Tuberonotha* Handschin, 1961

【鉴别特征】 体中到大型，外形似胡蜂。头部黄色，具 3 条黑色或褐色横带，分别位于唇基、触角基部和头顶后缘；头顶平滑无瘤突。触角短粗，短于前胸，鞭节扁平。前胸粗壮，中部突起，侧面观弓形，前胸背板密布横皱，前背突明显，后缘具 1 个大环突。翅狭长，柳叶形；翅痣狭长，三角形。前翅基部至前缘区具褐色斑。后翅似前翅，但基部色斑缩小，Cu 与 A 脉远离，之间具 1 条长横脉。

【地理分布】 古北界、东洋界和澳洲界：中国，日本，印度，澳大利亚。

【分类】 目前全世界已知约 6 种，我国已知仅 1 种，本图鉴收录 1 种。

174. 华瘤螳蛉 *Tuberonotha sinica* (Yang, 1999)

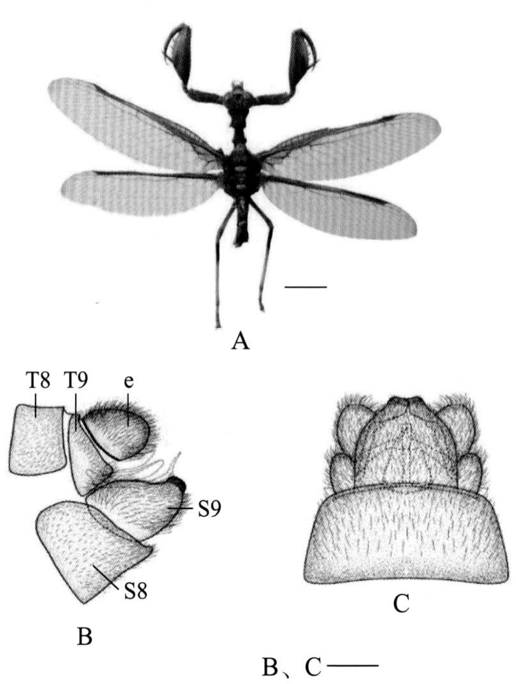

图 4-174-1 华瘤螳蛉 *Tuberonotha sinica* 形态图

（标尺：A 为 5.0 mm，B、C 为 0.1 mm）

A. 成虫 B. 雄虫腹部末端侧面观 C. 雄虫腹部末端腹面观

图中字母表示：T8. 第 8 背板 T9. 第 9 背板 e. 肛上板 S8. 第 8 腹板 S9. 第 9 腹板

【测量】 雄虫体长 12.5 ~ 25.5 mm，前翅长 15.5 ~ 26.0 mm、前翅宽 3.7 ~ 5.8 mm。

【形态特征】 头部大部分黄色，具 3 条黑色横带。触角短粗，32 ~ 39 节，除端部黄褐色外，大部分褐色。上颚深褐色，上唇浅褐色，下颚须和下唇须浅褐色。前胸粗壮，大部分褐色，膨大部分褐色至深褐色，约占整个前胸的 1/4，基部小突起明显，黄褐色；前胸背板具黄色刚毛。中胸前盾片褐色，前盾沟前半清晰，后半闭合；中胸盾片中央褐色，外侧深褐色；后胸盾片中央浅褐色。翅脉褐色；翅痣浅褐色至褐色。前翅基部至前缘区大部分具褐色斑，前缘顶角具浅褐色斑。雄虫外生殖器第 9 背板和肛上板黄色；第 9 腹板黑褐色；伪阳茎膜具 1 对对称的小骨片；中突中部细长，两侧具对称的骨化膜；殖弧叶两臂向外伸展，腹面观呈拱形。

【地理分布】 云南、福建、广西、海南。

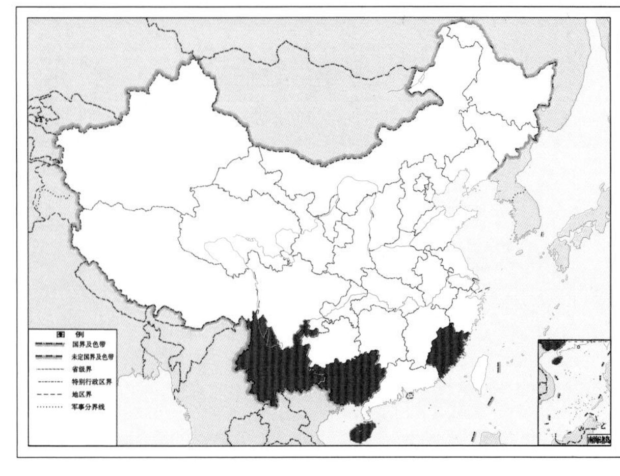

图 4-174-2 华瘤螳蛉 *Tuberonotha sinica* 地理分布图

八、褐蛉科 Hemerobiidae Leach, 1815

【鉴别特征】 成虫体小型至中型，一般黄褐色，少数种绿色。触角念珠状，下颚须 5 节，下唇须 3 节，端节长而末端变细。前胸短阔，两侧多具叶突。中胸粗大，小盾片大，后胸小盾片小。足细长，胫节具有小锯齿，跗节 5 节。翅型多样，卵形或狭长，多具褐色斑，翅缘具有缘饰，翅脉上生有长毛。RP 脉至少 2 条，一般为 3 ~ 4 条，多则超过 10 条，直接从 R 脉上分出；其间相连的横脉呈阶梯状，故称为阶脉，阶脉 1 ~ 5 组不等；前翅前缘横脉列分叉，有的种类在之间另有短横脉相连，肩横脉简单或向翅基弯回并分叉（称肩迴脉），用来分亚科。腹部末端肛上板发达，上有陷毛丛；雄虫肛上板常具各种突起，其形状是种类鉴别的重要特征；外生殖器由殖弧叶、阳基侧突及内生殖板组成。雌虫腹部末端较简单，亚生殖板的有无及形状是种类鉴别的重要依据。

【生物学特性】 褐蛉科 Hemerobiidae 属于完全变态类昆虫，其发育经历卵、幼虫、蛹和成虫 4 个阶段。幼虫与草蛉幼虫很接近，都是身体向内弯曲，下颚不发达，前跗节 2 个爪，触角和唇须较发达。但是相对于草蛉幼虫：褐蛉幼虫头小，颚短且硬；体毛少，且毛的变化少；胸部和腹部无具刚毛的小瘤；腹部前 3 节大小相等；2 龄和 3 龄幼虫无长筒形中垫。幼虫一般有 3 个龄期，3 个龄期的褐蛉幼虫都是活跃的捕食者，可以捕食很多种类的害虫，如蚜虫、螨类、介壳虫、木虱及其他小型的软体昆虫等的卵和成虫。

成虫通常是在黄昏或夜间活动，飞翔较低，具有趋光性和假死性。成虫休息时，头向下弯曲，触角向下，位于足之间，沿着胸部中央直伸后方，翅呈屋脊状覆盖在身体上面。在许多环境中，如森林、种植园、果园中，均能发现褐蛉。

【地理分布】 世界性分布。

【分类】 目前全世界已知 11 亚科 28 属 600 余种，我国已知 7 亚科 11 属 125 种，本图鉴收录 6 亚科 10 属 101 种。

中国褐蛉科 Hemerobiidae 分亚科检索表

1. 雄虫殖弧叶具有 1 个突出的生殖小孔片，或颏区具有 1 条由小刻点组成的条带 …… **钩褐蛉亚科 Drepanacrinae**
   雄虫殖弧叶无生殖小孔片，颏区无由小刻点组成的条带 …… 2
2. 上唇的内唇表面具有 2 排纵向排列的横向纵带 …… **广褐蛉亚科 Megalominae**
   上唇的内唇表面无纵带 …… 3
3. 前翅 RP 脉 2 支 …… 4
   前翅 RP 脉至少 3 支 …… 5
4. 雄虫殖弧叶具有 1 个假殖弧叶（pseudomediuncus） …… **益蛉亚科 Sympherobiinae**
   雄虫殖弧叶正常 …… **绿褐蛉亚科 Notiobiellinae**
5. 前翅具有 1cua-cup 横脉 …… 6
   前翅无 1cua-cup 横脉 …… **褐蛉亚科 Hemerobiinae**

6. 体大型，前翅具肩迴脉，且具 2sc-r 横脉 ………………………………………… **钩翅褐蛉亚科 Drepanepteryginae**

体小型至中型，前翅无肩迴脉（如果有，则无 2sc-r 横脉）…………………………… **脉褐蛉亚科 Microminae**

钩翅褐蛉亚科 Drepanepteryginae Krüger, 1922

【鉴别特征】 此亚科体大型。主要识别特征为前翅肩区宽，具肩迴脉，且肩脉多分叉；具有 2sc-r、2im 和 1cua-cup 横脉；RP 脉 4 ~ 12 支。下颚须第 5 节和下唇须第 3 节无亚节。

【地理分布】 世界性分布。

【分类】 目前全世界已知 3 属约 39 种，我国已知 2 属 27 种，本图鉴收录 2 属 22 种。

中国钩翅褐蛉亚科 Drepanepteryginae 分属检索表

1. 前翅前缘横脉列之间短横脉数≥ 5 ……………………………………………… **钩翅褐蛉属 *Drepanepteryx***

前翅前缘横脉列之间短横脉数＜ 5 ………………………………………………… **脉线蛉属 *Neuronema***

（三七）脉线蛉属 *Neuronema* McLachlan, 1869

【鉴别特征】 触角 60 余节。前足胫节基部和端部背面各具 1 个颜色深浅不同的褐色斑，胫节细长，跗节 5 节。前翅前缘具 1 条透明印痕，后缘中央多具 1 个透明斑。RP 脉 4 ~ 7 支，pre-3ir1 1 支以上。前翅多 3 组阶脉（前缘阶脉除外），少数 4 组。此属阶脉比较特殊，外阶脉组和中阶脉组末端仅达 CuA 脉而未达翅后缘，且位于其下面的阶脉组（杨集昆先生称之为肘阶脉）位置不固定，有时上接外阶脉组、有时上接中阶脉组或位于两者之间或位于内阶脉组内侧。在此属中，外阶脉组和中阶脉组的横脉数，不包括肘阶脉。后翅沿前缘和阶脉组多具褐色条带。雄虫第 9 节侧背板向下延伸，末端略向后弯，腹板发达，向后延伸。殖弧叶中央具 1 个殖弧中突，两侧有时具成对的殖弧后突。阳极侧突不成对，大部分愈合，阳侧突基为 1 条扁的脊突；阳侧突端分为两叶，即端叶；背面具向背侧斜伸的阳侧突翼，并常具 1 对角状或刺状的阳侧突角，即背叶。雌虫亚生殖板中叶或圆或长，大多数顶端具缺口，两侧具发达程度不一的亚生殖板翼，亚生殖板基部常呈瘤状或指状突。

【地理分布】 中国；俄罗斯、日本、印度和尼泊尔。

【分类】 目前全世界已知约 31 种，我国已知 26 种，本图鉴收录 21 种。

中国脉线蛉属 *Neuronema* 分种检索表（雄虫）

1. 前翅中阶脉组以内颜色较深，形成明显的暗色区域 ……………………………………………… 2

前翅中阶脉组左右两侧颜色相同 ……………………………………………………………… 8

2. 前翅中阶脉组的颜色明显深于两侧 ……………………………… **多斑脉线蛉 *Neuronema maculosum***

前翅中阶脉组的颜色未深于两侧 ……………………………………………………………… 3

3. 肛上板后下角具有延伸物 …… 4
肛上板后下角无延伸物 …… 5
4. 肛上板后下角延伸物呈角状突，端部尖细，向内弯曲；殖弧后突成对，向背面弯曲 …… 条纹脉线蛉 ***Neuronema striatum***
肛上板侧面观下缘近基部具 1 个圆形透明斑；无殖弧后突 …… Y 形脉线蛉 ***Neuronema ypsilum***
5. 殖弧中突顶端具有钩突 …… 6
殖弧中突顶端无钩突 …… 7
6. 阳基侧突背叶侧面观浑圆卷曲，密布小刺；殖弧后突长圆形 …… 林芝华脉线蛉 ***Neuronema nyingchianum***
阳基侧突背叶宽大，外侧上翘如耳状；殖弧后突短小，不易看出 …… 中华脉线蛉 ***Neuronema sinense***
7. 1 对殖弧后突长且顶端弯钩状 …… 云华脉线蛉 ***Neuronema yunicum***
1 对殖弧后突细小呈长圆形 …… 陕华脉线蛉 ***Neuronema simile***
8. 肛上板后下角具有延伸物 …… 9
肛上板后下角无延伸物 …… 13
9. 前翅密布大小不等的褐色斑 …… 10
前翅均一无斑 …… 12
10. 阳基侧突端叶端部向两侧弯曲 …… 11
阳基侧突端叶端部未向两侧弯曲 …… 峨眉脉线蛉 ***Neuronema omeishanum***
11. 阳基侧突端叶端部向两侧弯曲，呈镰刀状；肛上板延伸物顶端具有小齿，不超过 5 枚 …… 那氏脉线蛉 ***Neuronema navasi***
阳基侧突端叶端部向两侧弯曲，呈片状；肛上板延伸物顶端具有小齿，超过 5 枚 …… 灌县脉线蛉 ***Neuronema pielinum***
12. 肛上板后下角延伸物为臂状突出物 …… 黑点脉线蛉 ***Neuronema unipunctum***
肛上板后下无臂状延伸物，仅具齿状突出 …… 壁氏脉线蛉 ***Neuronema kwanshiense***
13. 肛上板后缘具 2 根长刚毛 …… 丽江脉线蛉 ***Neuronema lianum***
肛上板后缘无刚毛 …… 14
14. 肛上板侧面观，后上角延伸 …… 15
肛上板侧面观，后上角无延伸物 …… 16
15. 肛上板侧面观，顶端伸长呈长臂状；殖弧中突尖而具钩突 …… 墨脱脉线蛉 ***Neuronema medogense***
肛上板侧面观，顶端伸长，稍长于下缘；殖弧中突狭长，基部具有 2 对粗壮的刺突 …… 黄氏脉线蛉 ***Neuronema huangi***
16. 无殖弧中突 …… 薄叶脉线蛉 ***Neuronema laminatum***
殖弧中突膨大 …… 17
17. 殖弧后突成对存在，背向弯曲 …… 18
无殖弧后突 …… 属模脉线蛉 ***Neuronema decisum***
18. 阳基侧突端叶端部尖细；背叶向外翻转不相互交叉 …… 痣斑脉线蛉 ***Neuronema albostigma***
阳基侧突端叶端部呈方形；背叶向内翻转相互交叉 …… 梵净脉线蛉 ***Neuronema fanjingshanum***

中国脉线蛉属 *Neuronema* 分种检索表（雌虫）

1. 前翅中阶脉组以内颜色较深，形成明显的暗色区域 …… 2
   前翅中阶脉组左右两侧颜色相同 …… 9
2. 前翅中阶脉组的颜色明显深于两侧 …… **多斑脉线蛉 *Neuronema maculosum***
   前翅中阶脉组的颜色未深于两侧 …… 3
3. 亚生殖板具有后殖突 …… 4
   亚生殖板无后殖突 …… 7
4. 后殖突位于亚生殖板中部 …… **中华脉线蛉 *Neuronema sinense***
   后殖突位于亚生殖板两缘非中部 …… 5
5. 后殖突位于亚生殖板端部 …… **Y 形脉线蛉 *Neuronema ypsilum***
   后殖突位于亚生殖板基部 …… 6
6. 亚生殖板翼从亚生殖板基部伸出且细小 …… **条纹脉线蛉 *Neuronema striatum***
   亚生殖板翼从亚生殖板中部伸出且宽大 …… **林芝华脉线蛉 *Neuronema nyingchianum***
7. 亚生殖板腹面观端部具 1 个缺口 …… 8
   亚生殖板腹面观端部无缺口 …… **细颈华脉线蛉 *Neuronema angusticollum***
8. 亚生殖板中叶很大，基部两侧缘各具 1 个球面突起 …… **韩氏华脉线蛉 *Neuronema hani***
   亚生殖板中叶较小，基部无突起 …… **樟木华脉线蛉 *Neuronema zhamanum***
9. 前翅后缘三角斑不明显 …… **异斑脉线蛉 *Neuronema heterodelta***
   前翅后缘三角斑明显 …… 10
10. 亚生殖板具有前殖突 …… 11
    亚生殖板无前殖突 …… 14
11. 亚生殖板腹面观端部具 1 个缺口 …… **那氏脉线蛉 *Neuronema navasi***
    亚生殖板腹面观端部无缺口 …… 12
12. 前殖突位于亚生殖板基部 …… **雅江华脉线蛉 *Neuronema yajianganum***
    前殖突位于亚生殖板中部 …… 13
13. 亚生殖板翼浑圆粗壮，亚生殖板基部具有 1 对指状突 …… **峨眉脉线蛉 *Neuronema omeishanum***
    亚生殖板翼宽大，亚生殖板基部无突起 …… **陕华脉线蛉 *Neuronema simile***
14. 亚生殖板翼宽大显著 …… 15
    亚生殖板翼小，不明显，甚至不存在 …… 16
15. 亚生殖板翼从亚生殖板中部伸出且亚生殖板基部具 2 个球面突 …… **薄叶脉线蛉 *Neuronema laminatum***
    亚生殖板翼从亚生殖板基部伸出且亚生殖板基部无突起 …… **墨脱脉线蛉 *Neuronema medogense***
16. 存在亚生殖板翼 …… 17
    无亚生殖板翼 …… **黑点脉线蛉 *Neuronema unipunctum***
17. 亚生殖板基部具 1 个球面突，顶部凹刻小 …… **璧氏脉线蛉 *Neuronema kwanshiense***
    亚生殖板基部无球面突，顶部凹刻明显 …… **白斑脉线蛉 *Neuronema albadelta***

注：检索表中仅缺少中国已知种类中印度脉线蛉 *Neuronema indicum* Navás, 1928，因为 Navás 发表新种时的原始描述简单而后续文献中未见详细描述，所以未能编入此检索表。

175. 白斑脉线蛉 *Neuronema albadelta* Yang, 1964

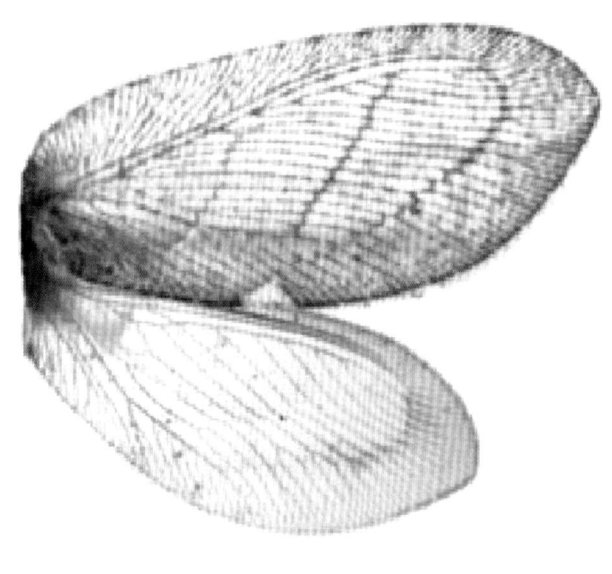

图 4-175-1 白斑脉线蛉 *Neuronema albadelta* 成虫图（前后翅）
（标尺：5.0 mm）

【测量】 雌虫前翅长 10.3 mm、前翅宽 4.7 mm，后翅长 9.0 mm、后翅宽 3.9 mm。

【形态特征】 头部黄褐色。头顶靠近触角基部各具 1 条浅褐色条，呈八字形；复眼浅褐色；触角窝黄褐色，柄节黄褐色，内侧浅褐色，鞭节褐色，每节长大于宽，密布褐色长毛；额区中央基部具 1 个浅褐色斑。前胸背板黄褐色，中央褐色，两侧缘各具 1 个瘤状突起，密布褐色长毛。中胸背板褐色。后胸背板黄褐色。足黄褐色，密布长短不一的黄色长毛。胫节基部和端部斑不明显，跗节端部褐色。前翅褐色，阶脉色深，后缘具 1 个三角形透明斑。后翅透明，翅缘色深。腹部黄褐色，节间处色深，腹部末端残缺。根据杨集昆先生（1964）的描述，雌虫亚生殖板顶端具宽的缺口，亚生殖板基部的 2 叶敞开宽阔。

【地理分布】 浙江（天目山）。

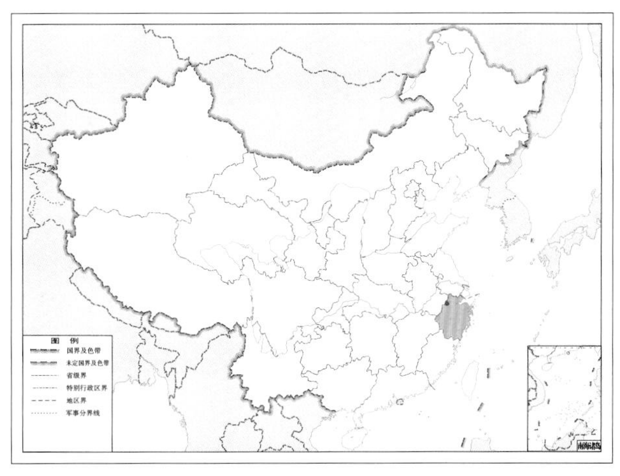

图 4-175-2 白斑脉线蛉 *Neuronema albadelta* 地理分布图

176. 细颈华脉线蛉 *Neuronema angusticollum* (Yang, 1997)

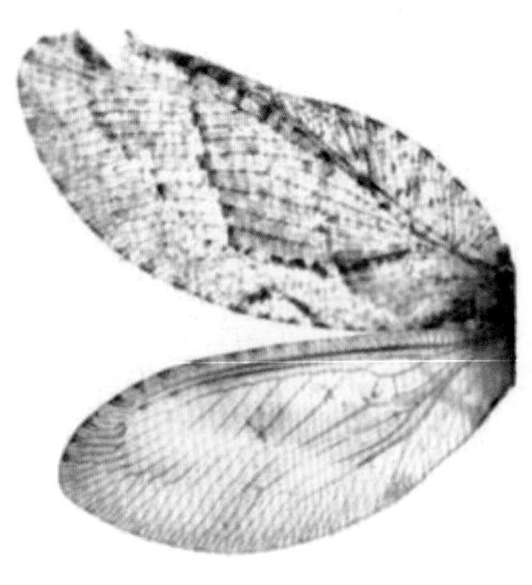

图 4-176-1 细颈华脉线蛉 *Neuronema angusticollum* 成虫图（前后翅）
（标尺：4.5 mm）

【测量】 雌虫前翅长 13.0 mm、前翅宽 5.8 mm，后翅长 11.0 mm、后翅宽 5.1 mm。

【形态特征】 头部黄褐色。头顶基部褐色，靠近触角基部各具 1 褐色条，呈八字形；复眼红褐色，散布稀疏黑褐色斑；触角窝黄褐色，柄节黄褐色，内侧褐色，梗节和鞭节褐色，密布褐色长毛；额区基部褐色；唇基具 2 个大的暗褐色斑；下颚须和下唇须褐色，末端 1 节基部色深。前胸背板暗褐色，中央具 1 条黄褐色纵带；两侧缘各具 1 个瘤状突起，密布褐色长毛。中胸背板褐色，前盾片黑褐色。后胸背板暗褐色。足黄褐色，密布黄色毛。前足和中足股节褐色，胫节基部和端部各具 1 个黑褐色斑，跗节端部褐色。后足胫节褐色，其余斑不明显。前翅烟色半透明，中阶脉组以内色深；外阶脉组端部褐色，但阶脉透明，中阶脉组和内阶脉组褐色。后缘具 1 个宽的三角形透明斑，边缘褐色，下缘具 2 个小的褐色斑。后翅透明，前缘散布稀疏的褐色斑；内阶脉组内侧褐色，沿外阶脉组具 1 条褐色纵带，外阶脉组前 5 段透明。腹部暗褐色，腹部末端残缺。根据杨集昆先生（1997）的描述，雌虫腹部末端肛上板侧面观短阔，端缘微凹；亚生殖板圆头细颈，中突顶端无缺口，亚生殖板翼细长，向两侧斜向伸展。

【地理分布】 湖北（神农架）。

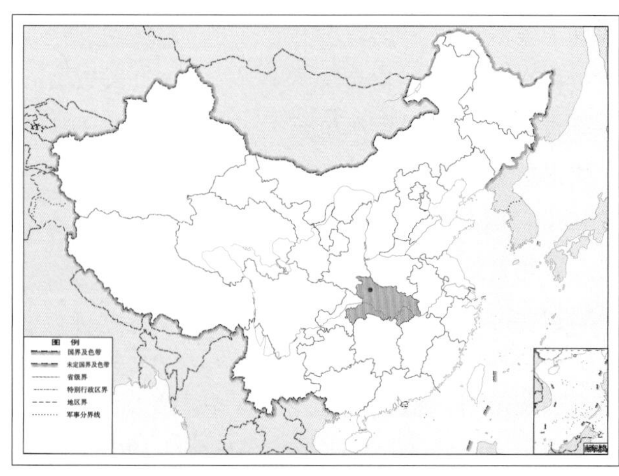

图 4-176-2 细颈华脉线蛉 *Neuronema angusticollum* 地理分布图

177. 属模脉线蛉 *Neuronema decisum* (Walker, 1860)

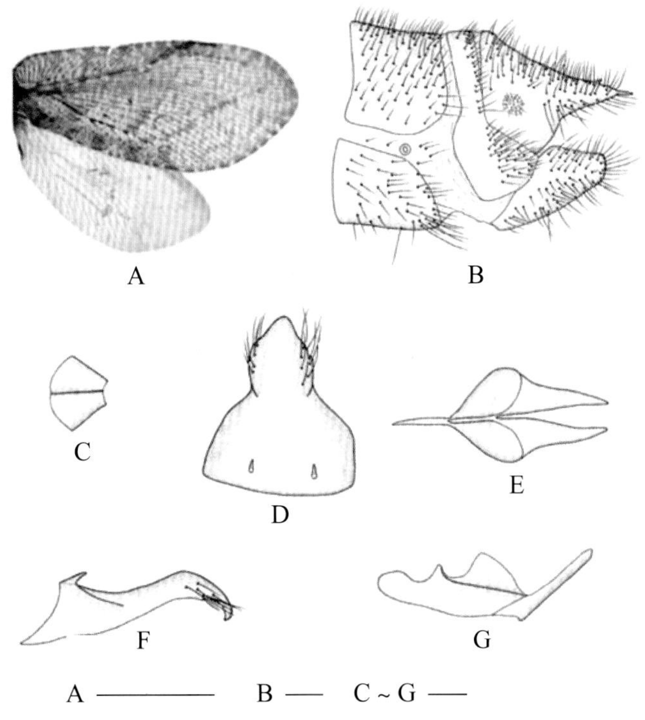

图 4-177-1　属模脉线蛉 *Neuronema decisum* 形态图

（标尺：A 为 5.0 mm，B 为 0.2 mm，C ~ G 为 0.1 mm）

A. 翅　B. 雄虫腹部末端侧面观　C. 雄虫内生殖板背面观　D. 雄虫殖弧叶背面观　E. 阳基侧突背面观　F. 雄虫殖弧叶侧面观　G. 雄虫阳基侧突侧面观

【测量】 雄虫体长 10.4 mm，前翅长 12.0 mm、前翅宽 5.6 mm，后翅长 10.5 mm、后翅宽 5.0 mm。

【形态特征】 头部黄褐色。头顶基部褐色，生有数根褐色长毛；复眼褐色，密布大小不等的黑色斑；触角多毛，每节宽大于长；额区中央具 1 个褐色斑；上唇褐色；下颚须和下唇须末端 1 节基部褐色。胸部褐色。前胸背板密布大小不等的深褐色斑和褐色长毛，两侧缘各具 1 个瘤状突起。后胸背板基部深褐色。足黄褐色，多毛。前足和中足胫节基部和端部的背面各具 1 个浅褐色斑。前翅灰色，密布大小不等的浅褐色斑，外阶脉组和中阶脉组色深。后翅灰白色，Cu 脉色深。腹部褐色。雄虫腹部末端肛上板长三角形，后缘细长，末端具 1 个细刺，背缘具 1 个向内的黑色刺突。殖弧中突膨大，向下弯曲，端部两侧缘具一些长毛，背面基部具 1 对向上直伸的刺突。阳基侧突端叶细长，端部尖细；背叶椭圆形，侧面观近三角形。内生殖板较宽，近扇形。

【地理分布】 西藏（樟木）；印度。

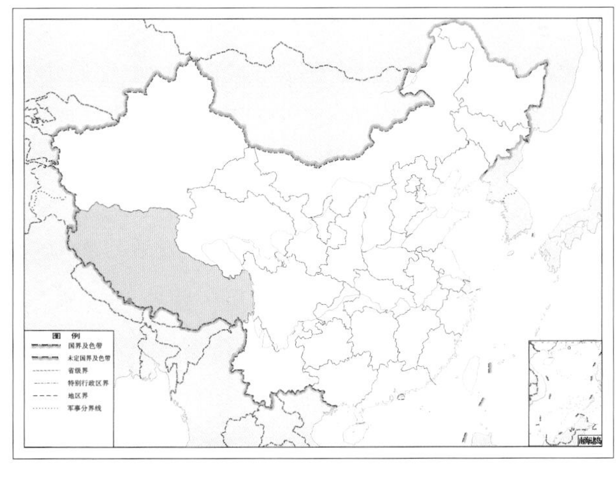

图 4-177-2　属模脉线蛉 *Neuronema decisum* 地理分布图

178. 梵净脉线蛉 *Neuronema fanjingshanum* Yan & Liu, 2006

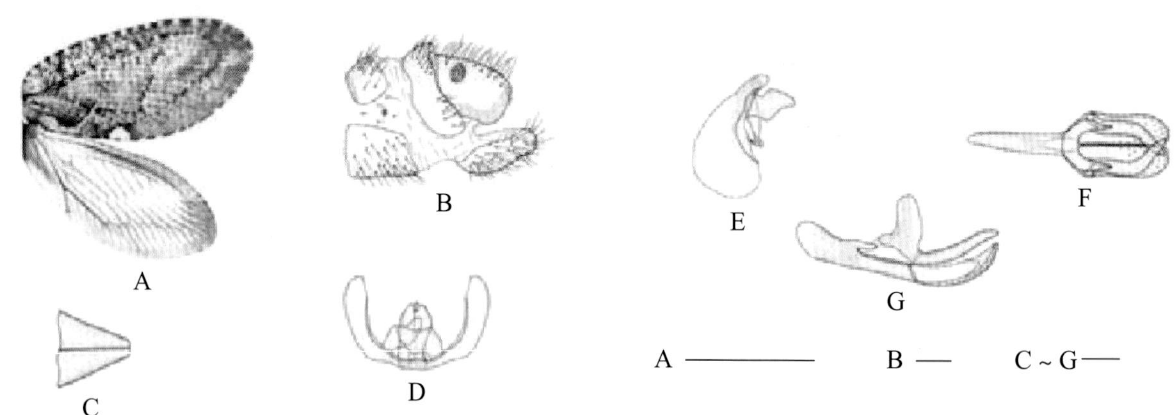

图 4-178-1 梵净脉线蛉 *Neuronema fanjingshanum* 形态图

（标尺：A 为 5.5 mm，B 为 0.2 mm，C ~ G 为 0.1 mm）

A. 翅 B. 雄虫腹部末端侧面观 C. 雄虫内生殖板背面观 D. 雄虫殖弧叶背面观 E. 雄虫殖弧叶侧面观 F. 雄虫阳基侧突背面观 G. 雄虫阳基侧突侧面观

【测量】 雄虫体长 7.0 mm，前翅长 10.0 mm、前翅宽 4.3 mm，后翅长 9.0 mm、后翅宽 3.8 mm。

【形态特征】 头部黄褐色。头顶基部中央具 2 个对称的褐色斑，靠近复眼具 2 个褐色斜带，呈八字形；复眼灰褐色，密布深褐色斑；触角窝黄褐色，周围褐色，柄节黄褐色，内侧褐色，梗节和鞭节黄褐色或基半褐色，密布黄色或褐色毛，每节长大于宽；额区基部和两侧褐色；唇基具 2 个对称的圆形褐色斑，生有数根黄色或褐色长毛；上唇基部褐色；下颚须第 3、第 4 节背面浅褐色，末端第 1 节基部褐色，下唇须第 2 节端部和第 3 节基部褐色。胸部褐色。 前胸背板中央具 2 排对称的黑褐色斑，每排 3 个，纵行排列，两侧缘各具 1 个大的和 1 个小的瘤状突起，密布黄色或褐色长毛。中胸背板前盾片黑褐色，盾片中央黑褐色，两侧黄褐色，小盾片褐色，密布黄色和褐色毛。后胸背板盾片深褐色，小盾片基部具 2 个对称的深褐色斑。足黄褐色，密布黄色毛。前足基节端部深褐色，股节基部褐色，胫节基部和端部背面各具 1 个黑褐色斑，跗节和爪褐色，第5节深褐色。中足胫节基部和端部各具1个褐色斑，余同前足。后足股节基部具 1 个黑褐色环，胫节基部和端部各具 1 个浅褐色斑，余同前足。前翅暗褐色略带黑色，密布大小不一的灰褐色斑。后翅透明，沿内阶脉组和外阶脉组各具 1 条褐色纵带；大部分脉色淡，但 Cu 脉色深；外阶脉组前 3 段和内阶脉组透明。腹部背面褐色，腹面深褐色。雄虫腹部末端肛上板侧面观端部圆钝，后缘具 1 个向内折入的小三角形突起和 2 枚小齿，陷毛簇位于基部，但靠近背缘。殖弧叶中突下垂，端部具 1 个弯曲的钩突；后突 1 对，且向内侧弯曲，内侧缘具数枚小齿。阳基侧突基部窄，端叶端部呈方形，粗大而圆钝，在基部分开，具稀疏的小齿；背叶细长，向内侧弯曲，端部尖细。内生殖板梯形。第 9 背板长形，腹板稍长于肛上板。

【地理分布】 贵州（梵净山）。

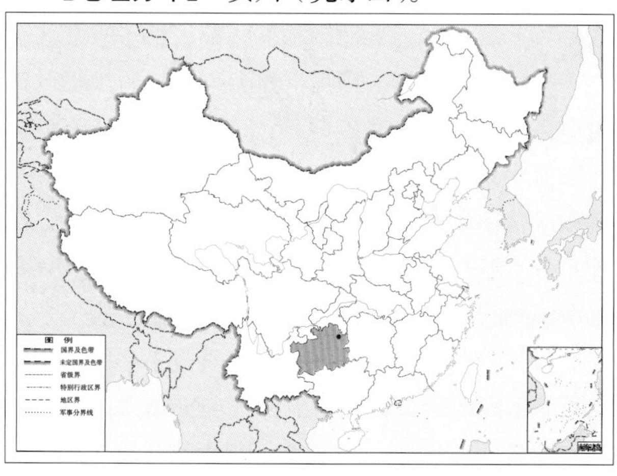

图 4-178-2 梵净脉线蛉 *Neuronema fanjingshanum* 地理分布图

179. 韩氏华脉线蛉 *Neuronema hani* (Yang, 1988)

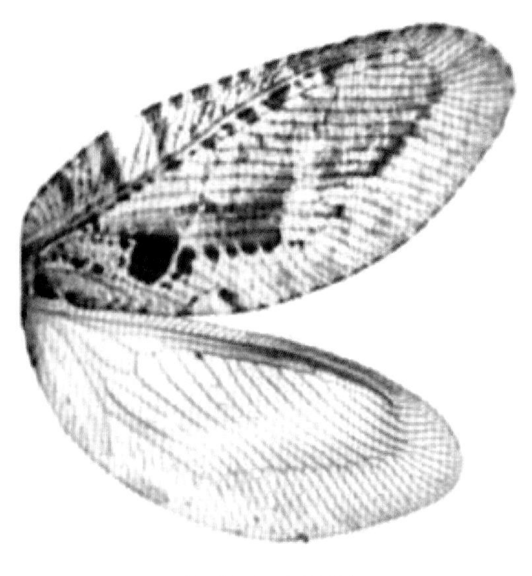

图 4-179-1　韩氏华脉线蛉 *Neuronema hani* 成虫图（前后翅）
（标尺：5.0 mm）

【测量】 雌虫前翅长 16.0 ~ 17.0 mm、前翅宽 6.0 ~ 6.5 mm，后翅长 14.0 ~ 15.0 mm、后翅宽 4.8 ~ 5.5 mm。

【形态特征】 头部褐色。头顶深褐色；复眼密布小黑褐色点；触角窝黄褐色，周围褐色，柄节和梗节黄褐色，内侧褐色，鞭节褐色，密布褐色毛；额区中央黄色。前胸背板黑褐色，两侧缘各具 1 个瘤状突起，密布褐色长毛。中胸背板褐色，前盾片密布暗褐色斑，基部具 2 个对称的圆形暗褐色斑，盾片密布暗褐色斑。后胸背板暗褐色，端部色浅。足黄褐色。胫节褐色斑不明显。前翅烟色，具明显的褐色斑；中阶脉组内侧色深，基半具 1 个大的褐色斑，外阶脉组端半部褐色。后翅烟色，内阶脉组内侧褐色，沿外阶脉组具 1 条褐色纵带。腹部黄褐色，腹部末端残缺。根据杨集昆先生（1988）的描述，雌虫腹部末端肛上板侧面观宽大，端部圆突。亚生殖板发达，腹面观中突很宽，顶端具 1 个暗褐色斑块，侧翼从基部向外斜展。

【地理分布】 西藏（墨脱）。

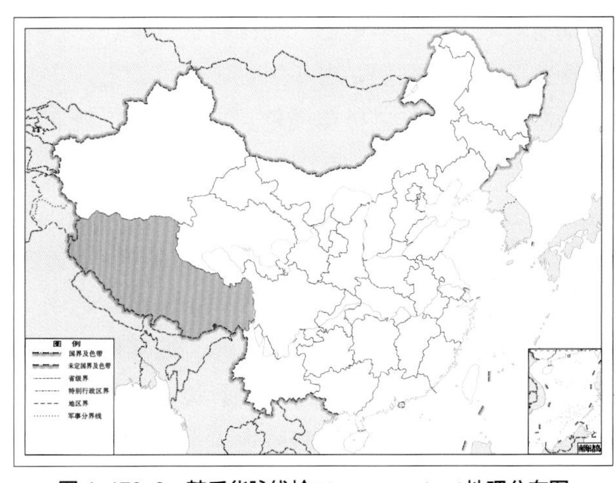

图 4-179-2　韩氏华脉线蛉 *Neuronema hani* 地理分布图

180. 黄氏脉线蛉 *Neuronema huangi* Yang, 1981

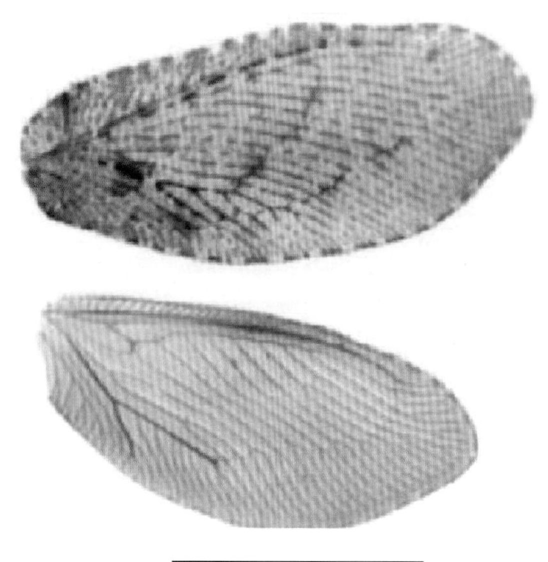

图 4-180-1 黄氏脉线蛉 *Neuronema huangi* 成虫图（前后翅）
（标尺：5.0 mm）

【测量】 雄虫前翅长 10.2 mm、前翅宽 5.0 mm，后翅长 9.0 mm、后翅宽 4.2 mm。

【形态特征】 头部黄褐色。触角褐色，每节端部具褐色环，宽大于长，密布褐色长毛；下颚须和下唇须末端 1 节基部褐色。前胸背板黑褐色，两侧缘各具 1 个瘤状突起，密布黑色和褐色长毛。中胸背板黑褐色。后胸背板黄褐色。足黄褐色，密布黄色毛。前足及中足基部和端部各具 1 个黑褐色板，跗节褐色，端部色深。后足无斑。前翅浅褐色，翅缘具黑白相间的斑纹。后翅透明，前缘和 Cu 脉色深。腹部褐色，腹部末端残缺。根据杨集昆先生（1981）的描述，雄虫肛上板弓形，端部突出 2 个小刺。殖弧中突狭长，端部两侧具齿突和刚毛，基部具 2 对粗壮的刺突。阳极侧突大部分愈合，仅端部一小段分开，腹面扩展成脊。

【地理分布】 西藏（错那）。

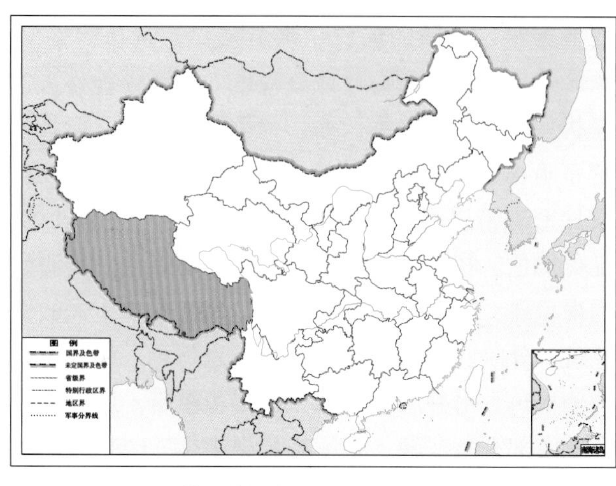

图 4-180-2 黄氏脉线蛉 *Neuronema huangi* 地理分布图

181. 灌县脉线蛉 *Neuronema pielinum* (Navás, 1936)

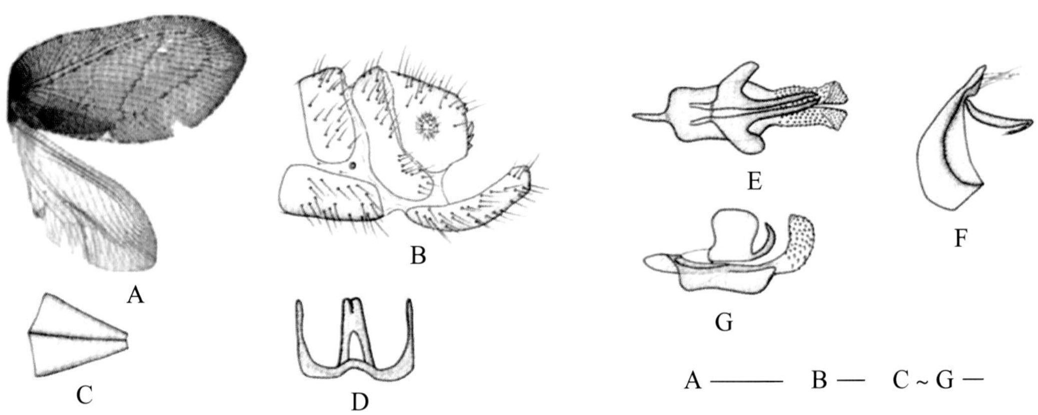

图 4-181-1　灌县脉线蛉 *Neuronema pielinum* 形态图

（标尺：A 为 5.5 mm，B 为 0.2 mm，C ~ G 为 0.1 mm）

A. 翅　B. 雄虫腹部末端侧面观　C. 雄虫内生殖板背面观　D. 雄虫殖弧叶背面观　E. 雄虫阳基侧突背面观　F. 雄虫殖弧叶侧面观　G. 雄虫阳基侧突侧面观

【测量】 雄虫体长 11.0 mm，前翅长 16.0 mm、前翅宽 6.7 mm，后翅长 14.0 mm、后翅宽 6.0 mm。

【形态特征】 头部黄褐色。头顶褐色；复眼灰褐色，散布稀疏褐色条斑；触角窝黄褐色，周围褐色，柄节黄褐色，内侧褐色，梗节褐色，鞭节基半褐色，密布褐色毛，每节宽大于长，端半黄褐色，密布黄色长毛，每节长大于宽；额区右半褐色，左半黄褐色；下颚须末端 1 节黑褐色，下唇须第 2 节端部和第 3 节基部褐色。前胸背板褐色；两侧缘各具 1 个瘤状突起，密布褐色长毛。中胸背板褐色，生有稀疏褐色毛。后胸背板黄褐色，基部两侧各具 1 个圆形褐色斑。足黄褐色，爪褐色，密布黄色毛。前足和中足股节浅褐色，胫节基部和端部各具 1 个褐色斑。前翅褐色，翅脉密布小的深褐色斑，翅缘和 R 脉的褐色斑较深，沿外阶脉组和中阶脉组的斑点深褐色，后缘具 1 个三角形透明斑，外阶脉组 7 ~ 8 段深褐色，其余透明，内阶脉组下方具 1 条透明带。后翅浅褐，翅缘散布稀疏褐色斑。腹部褐色。雄虫腹部末端肛上板近正方形，背缘向下倾斜，后缘具几枚小齿突，下角突伸成角，角向内弯曲成钩，端部分 3 齿。殖弧中突舌状，端部凹入而成中突一脊，无殖弧后突。阳基侧突端叶长方形而端部呈三角形，背叶细长。内生殖板狭长，呈三角形。

【地理分布】 重庆（万州）。

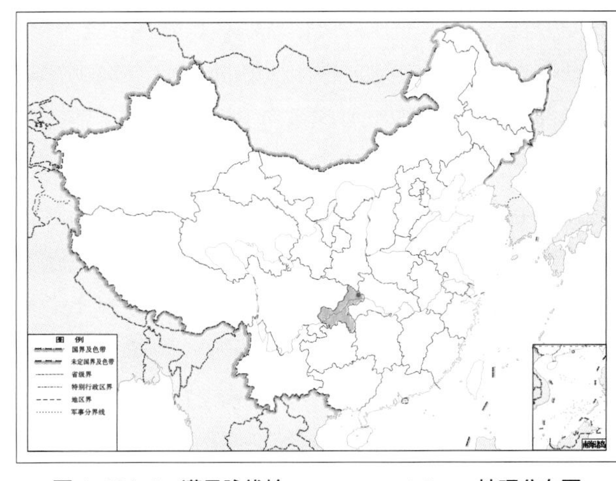

图 4-181-2　灌县脉线蛉 *Neuronema pielinum* 地理分布图

182. 薄叶脉线蛉 *Neuronema laminatum* Tjeder, 1936

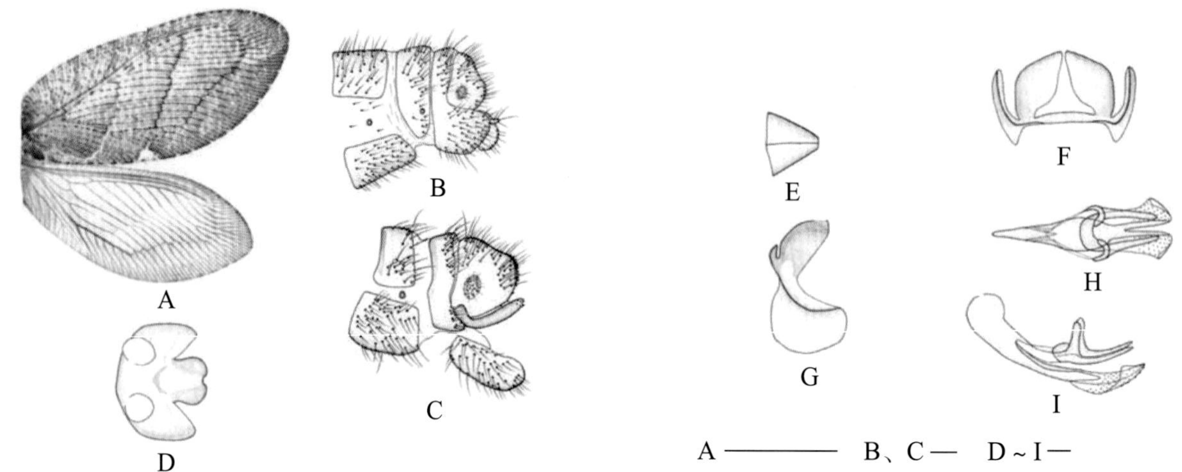

图 4-182-1 薄叶脉线蛉 *Neuronema laminatum* 形态图

（标尺：A 为 4.5 mm，B、C 为 0.2 mm，D ~ I 为 0.1 mm）

A. 翅 B. 雌虫腹部末端侧面观 C. 雄虫腹部末端侧面观 D. 雄虫亚生殖板腹面观 E. 雄虫内生殖板背面观 F. 雄虫殖弧叶背面观 G. 雄虫殖弧叶侧面观 H. 雄虫阳基侧突背面观 I. 雄虫阳基侧突侧面观

【测量】 雄虫体长 8.0 ~ 9.0 mm，前翅长 10.0 ~ 11.5 mm、前翅宽 5.0 ~ 5.5 mm，后翅长 9.0 ~ 10.5 mm、后翅宽 4.0 ~ 5.0 mm；雌虫体长 8.0 ~ 9.5 mm，前翅长 10.0 ~ 12.0 mm、前翅宽 4.5 ~ 5.5 mm，后翅长 9.0 ~ 10.5 mm、后翅宽 4.0 ~ 5.0 mm。

【形态特征】 头部黄褐色。头顶基部具 2 个褐色斑；复眼黑褐色，凹凸不平；触角窝黄褐色，周围褐色，柄节黄褐色，内侧褐色，鞭节基半褐色，每节宽大于长，端半黄褐色，每节长大于宽；额区具 1 个褐色斑，呈人字形；唇基黑褐色；上唇褐色；下颚须和下唇须末端 1 节基部褐色。胸部黄褐色。前胸背板基部和端部褐色，两侧各具 1 条褐色纵条纹，散布一些大小不等的褐色斑；宽大于长，两侧缘各具 1 个瘤状突起，密布褐色毛。中胸背板盾片褐色，其基部各具 1 ~ 2 个黄褐色圆环斑。足黄褐色，前足和中足胫节基部和端部背面各具 1 个褐色斑，跗节端部色深。密布长短不一的黄色毛。前翅黄褐色，阶脉褐色，后缘中央具 1 个三角形透明斑。后翅透明，Cu 脉端半色深，沿两组阶脉具淡褐色带。腹部黄褐色。雄虫肛上板瓢形，后缘具小齿，下角凹入伸出 1 个长臂，臂狭长而直，端部具小齿。殖弧后突大，呈叶片状。阳基侧突的阳侧突基末端或尖或圆，端叶端部呈斜截锐角或直角，背叶细长，端部较细。内生殖板三角形。雌虫腹部末端肛上板近三角形。亚生殖板大型，亚生殖板翼宽大，亚生殖板基部为 1 对卵形球面突。

【地理分布】 北京、四川、湖北、甘肃、湖南、陕西、山西、福建、吉林、内蒙古、黑龙江、辽宁、广西、宁夏、河北、河南、安徽；俄罗斯。

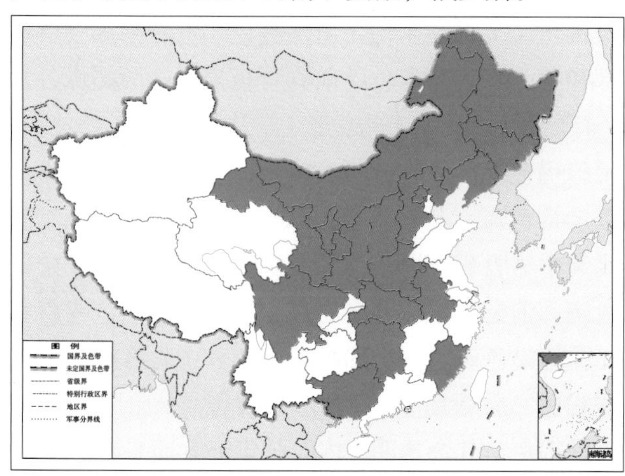

图 4-182-2 薄叶脉线蛉 *Neuronema laminatum* 地理分布图

183. 丽江脉线蛉 *Neuronema lianum* Yang, 1986

图 4-183-1　丽江脉线蛉 *Neuronema lianum* 成虫图（前后翅）
（标尺：4.5 mm）

【测量】　雄虫前翅长 11.7 mm、前翅宽 5.0 mm，后翅长 10.3 mm、后翅宽 4.5 mm。

【形态特征】　头部黄褐色。头顶基部具 2 个对称褐色斑，靠近触角基部各具 1 个半圆形褐色环；复眼红褐色，散布大的褐色斑；触角窝黄褐色，柄节黄褐色，内侧褐色，鞭节褐色，每节宽大于长，密布褐色长毛；额区中央基部具 1 个褐色斑，下方连接 2 条对称的纵褐色带；唇基具 2 条黑褐色斑；上唇中央褐色；下颚须和下唇须末端 1 节基部褐色。胸部棕褐色。前胸背板密布大小不等的暗褐色斑；两侧缘各具 1 个瘤状突起，生有黑褐色长毛。中胸背板和后胸背板散布大的褐色斑。足黄褐色，跗节褐色，密布长短不一的黄褐色毛。前足和中足基节褐色，胫节基部和端部各具 1 个黑褐色斑。前翅黄褐色，密布小褐色斑，外阶脉组和中阶脉组色深。后翅略淡。腹部黄褐色，背板褐色，腹部末端残缺。根据杨集昆先生（1986）的描述，雄虫腹部末端肛上板狭长，末端背侧具有 2 根粗而长的刺状刚毛，肛上板的侧腹面突伸 1 个卵形骨化片。第 9 腹板向后延伸很长，末端也具 1 对刺状长刚毛。殖弧中突极狭长，端部尖并略向下弯，无殖弧后突。

【地理分布】　云南（丽江市）。

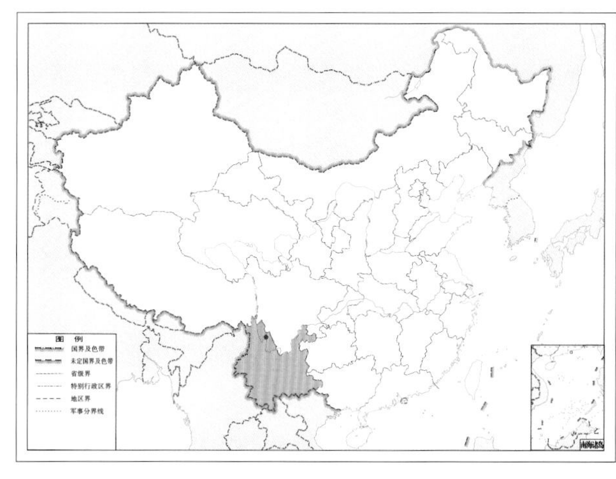

图 4-183-2　丽江脉线蛉 *Neuronema lianum* 地理分布图

184. 多斑脉线蛉 *Neuronema maculosum* Zhao, Yan & Liu, 2013

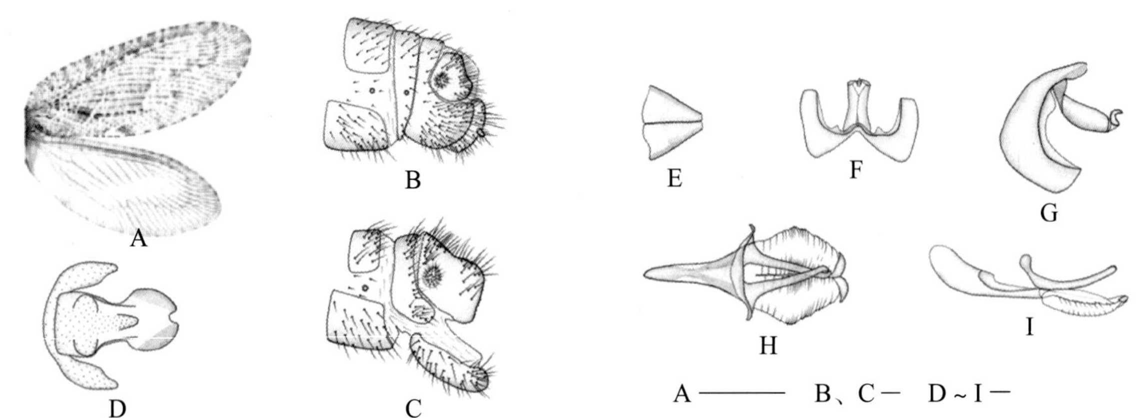

图 4-184-1 多斑脉线蛉 *Neuronema maculosum* 形态图
（标尺：A 为 4.5 mm，B、C 为 0.2 mm，D ~ I 为 0.1 mm）
A. 翅 B. 雌虫腹部末端侧面观 C. 雄虫腹部末端侧面观 D. 雌虫亚生殖板腹面观 E. 雄虫内生殖板背面观 F. 雄虫殖弧叶背面观 G. 雄虫殖弧叶侧面观 H. 雄虫阳基侧突背面观 I. 雄虫阳基侧突侧面观

【测量】 雄虫体长 7.2 ~ 9.0 mm，前翅长 12.5 ~ 14.5 mm、前翅宽 5.5 ~ 6.0 mm，后翅长 10.0 ~ 13.0 mm、后翅宽 4.4 ~ 5.1 mm。

【形态特征】 头部黄褐色。头顶具 6 个对称的褐色斑（中央 2 大，基部 4 小），靠近触角基部具 2 条褐色条带，呈八字形；复眼灰褐色，密布黑褐色斑；触角窝黄褐色，周围褐色，柄节和梗节黄褐色，内侧褐色，鞭节基部褐色，端部黄褐色，每节宽大于长，密布黄色长毛；额区基部褐色；唇基具 2 个对称的大圆形褐色斑；上唇基部褐色，唇基和上唇生有数根长毛；下颚须和下唇须末端 1 节基部褐色。前胸背板褐色，中央具 1 条黄褐色纵条带，两侧缘各具 1 个瘤状突起，密布褐色长毛。中胸背板黄褐色，前盾片褐色，中央具 2 个深褐色斑，盾片两侧褐色，内侧各具 1 个褐色斑。后胸背板黑褐色。足黄褐色，密布长短不一的黄色毛。前足和中足基节和股节端部浅褐色，胫节基部和端部的背面各具 1 个褐色斑，跗节端部褐色。前翅浅褐色，密布小褐色斑，翅缘、R 及 CuA 脉上的翅斑颜色较明显；内阶脉组内侧颜色较深，密布小碎斑，CuA 脉分支处具 1 个长方形褐色斑；后缘具 1 个透明斑，外侧具 1 个小的褐色斑，外阶脉组、中阶脉组、内阶脉组及肘阶脉组均透明。后翅浅褐色，内阶脉组内侧褐色，沿外阶脉组具宽的褐色纵带；外阶脉组和内阶脉组透明。腹部黄褐色。雄虫腹部末端肛上板近正方形，背缘内凹，后缘具一些小齿。殖弧中突细长，中央向上突起，端部具 1 个向下弯曲的钩突；殖弧后突较小，近三角形。内生殖板梯形。雌虫腹部末端肛上板近梯形。亚生殖板腹面观端部具 1 个内凹的缺口；前生殖突位于中央；亚生殖板翼斜向上伸展，呈圆锥形；基部两侧各具 1 个半圆形突起。

【地理分布】 甘肃（迭部）、四川［宣汉县南坪镇］。

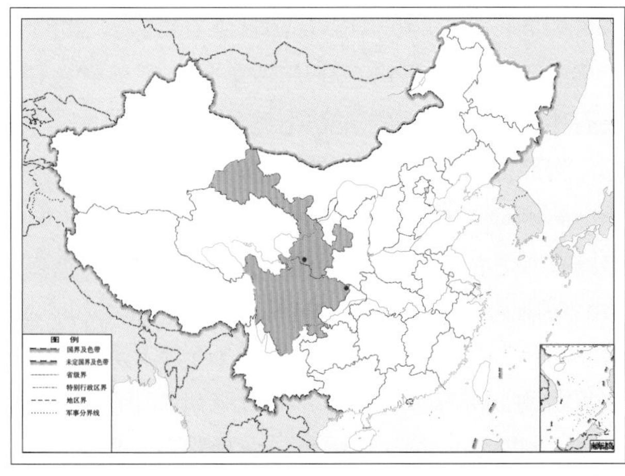

图 4-184-2 多斑脉线蛉 *Neuronema maculosum* 地理分布图

185. 墨脱脉线蛉 *Neuronema medogense* Yang, 1988

图 4-185-1　墨脱脉线蛉 *Neuronema medogense* 成虫图（前后翅）
（标尺：5.0 mm）

【测量】 雄虫前翅长 10.0 ~ 13.0 mm、前翅宽 5.0 ~ 6.2 mm，后翅长 8.0 ~ 11.0 mm、后翅宽 4.2 ~ 5.3 mm；雌虫前翅长 13.2 mm、前翅宽 6.1 mm，后翅长 11.0 mm、后翅宽 5.2 mm。

【形态特征】 头部褐色。头顶中央基部具 2 个对称的黑褐色斑；复眼黑褐色；触角窝、柄节和梗节黄褐色，鞭节褐色，每节宽大于长，密布褐色长毛。前胸背板暗褐色，散布小褐色斑；背板梯形，基部窄，端部宽，两侧缘各具 1 个瘤状突起，密布褐色长毛。中胸背板暗褐色，端部色浅。后胸背板黄褐色。足黄褐色，密布长短不一的黄色毛。前足和中足胫节基部和端部各具 1 个黑褐色斑。前翅暗褐色，阶脉色深；翅缘具间隔均匀的黄褐色斑；外阶脉组前 7 段透明。后翅略淡。腹部黄褐色，腹部末端残缺。根据杨集昆先生（1988）的描述，雄虫肛上板侧面观呈三角形，顶端突伸呈长臂状并有双刺。殖弧中突尖而钩弯，下方具 1 个长而尖的刺突。阳极侧突大部分愈合，端叶上翘。雌虫腹部末端肛上板侧面观呈卵形。亚生殖板中突圆形，顶端具凹缺，亚生殖板翼宽大，向两侧斜伸，无殖弧后突。

【地理分布】 西藏（墨脱）。

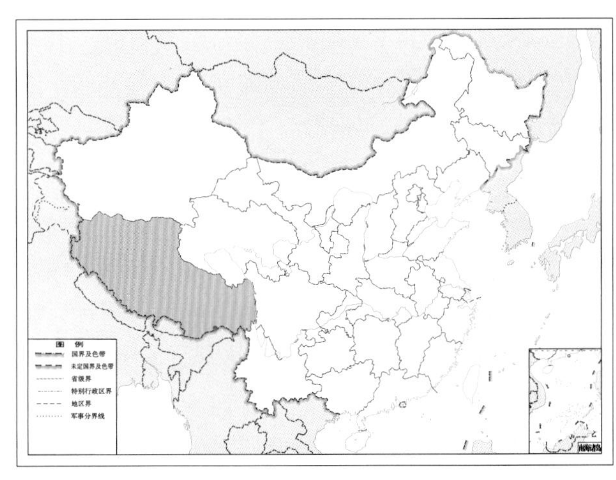

图 4-185-2　墨脱脉线蛉 *Neuronema medogense* 地理分布图

186. 那氏脉线蛉 *Neuronema navasi* Kimmins, 1943

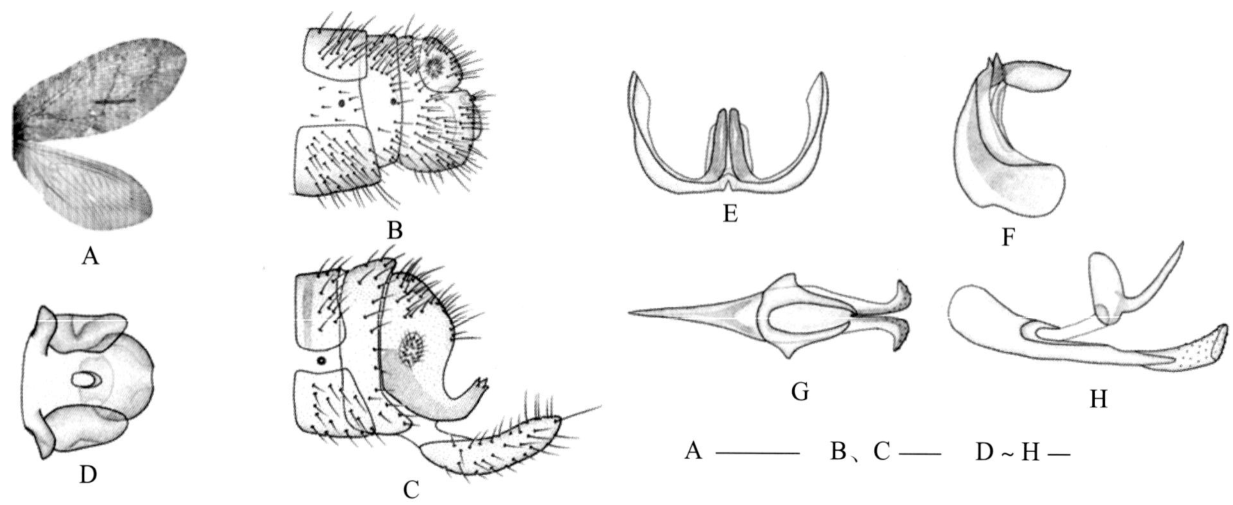

图 4–186–1 那氏脉线蛉 *Neuronema navasi* 形态图

（标尺：A 为 4.5 mm，B、C 为 0.2 mm，D ~ H 为 0.1 mm）

A. 翅 B. 雌虫腹部末端侧面观 C. 雄虫腹部末端侧面观 D. 雌虫亚生殖板腹面观 E. 雄虫殖弧叶背面观 F. 雄虫殖弧叶侧面观 G. 雄虫阳基侧突背面观 H. 雄虫阳基侧突侧面观

【测量】 雄虫体长 10.0 mm，前翅长 10.4 mm、前翅宽 4.7 mm，后翅长 9.4 mm、后翅宽 4.4 mm。

【形态特征】 头部黄褐色。触角基半褐色，端半黄褐色，每节宽大于长；下颚须和下唇须末端 1 节基部褐色。胸部褐色。前胸背板基部色深，宽大于长，两侧缘各具 1 个瘤状突起。足黄褐色，胫节细长，前足和中足胫节基部和端部背面各具 1 个褐色斑。前翅黄褐色，外组 7 ~ 12 段和中组褐色；后缘具 1 个三角形透明斑，外组前 6 段透明，内组下方具 1 条透明带。后翅黄褐色，Cu 脉褐色，沿外阶脉组端部和内阶脉组内侧各具 1 条褐色纵带，内阶脉组透明。腹部黄褐色。雄虫肛上板长方形，后缘端部具 1 个细长突起，端部具 5 个小刺突。殖弧中突细长，下垂；后突较宽，侧面观上缘凹凸不平，端部稍尖。阳基侧突基部狭窄，端叶端部向两侧弯曲，呈镰刀形；背叶细长，端部尖细，向内弯曲。雌虫肛上板近三角形。亚生殖板腹面观端部具 1 个缺口；前殖突位于亚生殖板中央；亚生殖板翼椭圆形，略向内凹；基部具 1 对向两侧扩展的突起。

【地理分布】 湖北、台湾。

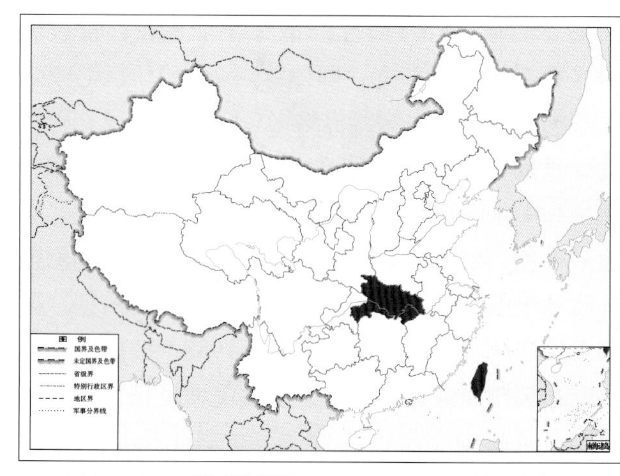

图 4–186–2 那氏脉线蛉 *Neuronema navasi* 地理分布图

187. 林芝华脉线蛉 *Neuronema nyingchianum* (Yang, 1981)

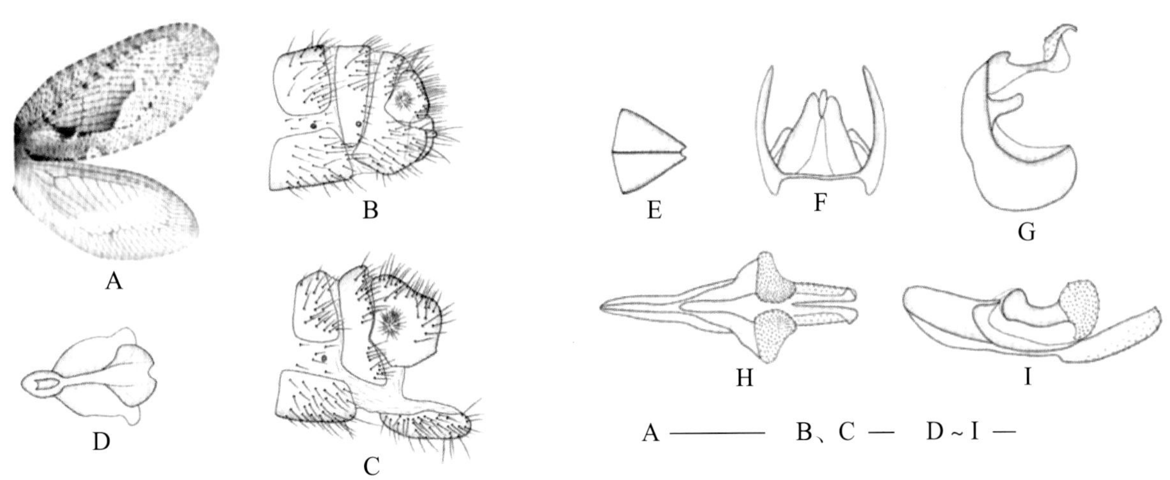

图 4-187-1　林芝华脉线蛉 *Neuronema nyingchianum* 形态图
（标尺：A 为 4.5 mm，B、C 为 0.2 mm，D ~ I 为 0.1 mm）
A. 翅　B. 雌虫腹部末端侧面观　C. 雄虫腹部末端侧面观　D. 亚生殖板腹面观　E. 内生殖板背面观　F. 殖弧叶背面观　G. 殖弧叶侧面观　H. 阳基侧突背面观　I. 阳基侧突侧面观

【测量】 雄虫体长 7.0 ~ 10.0 mm，前翅长 12.0 ~ 13.5 mm、前翅宽 5.5 ~ 5.6 mm，后翅长 10.5 ~ 12.0 mm、后翅宽 4.3 ~ 5.0 mm；雌虫体长 9.0 mm，前翅长 13.5 mm、前翅宽 5.5 mm，后翅长 12.3 mm、后翅宽 5.0 mm。

【形态特征】 头部黄褐色。头顶基部褐色，生有数根褐色长毛；复眼灰褐色，散布稀疏的黑色斑；触角窝黄色，周围褐色，柄节黄褐色，内侧褐色，鞭节浅褐色，每节宽大于长；额区褐色，中央具 1 个黄褐色斑；下颚须第 4 节和第 5 节基部褐色，下唇须末端 1 节基部褐色。前胸背板黑褐色，两侧缘各具 1 个瘤状突起，密布长短不一的褐色毛。中胸背板黑褐色，前盾片具 2 个对称的黑色斑。后胸背板褐色，中央具深褐色条带，两侧各具 1 个深褐色斑。足黄褐色，多毛。前足基节和股节褐色，胫节基部和端部的背面各具 1 个褐色斑，跗节末端 1 节褐色。中足基节和胫节无斑，余同前足。后足胫节基部和端部的背面各具 1 个浅褐色斑，余同中足。前翅灰色，中阶脉组以内黑灰色，呈明显的暗色区，且较均一无碎斑，暗色区外侧具白边。后翅透明，前缘具斑点，内阶脉组内侧色深。腹部深褐色。雄虫腹部末端肛上板短宽，背面基部突出。殖弧叶较窄而弧弯，殖弧中突下垂，端部具 1 个向下弯曲的钩突；殖弧后突短呈长圆形。阳基侧突基部窄，端叶狭长；背叶侧面观浑圆卷曲，密布小刺。雌虫腹部末端肛上板短而高，背面突出。亚生殖板腹面观狭长，端部具 1 个半圆形缺口；后殖突位于亚生殖板基部；亚生殖板翼由中叶的中部向前斜展。

【地理分布】 西藏（林芝）。

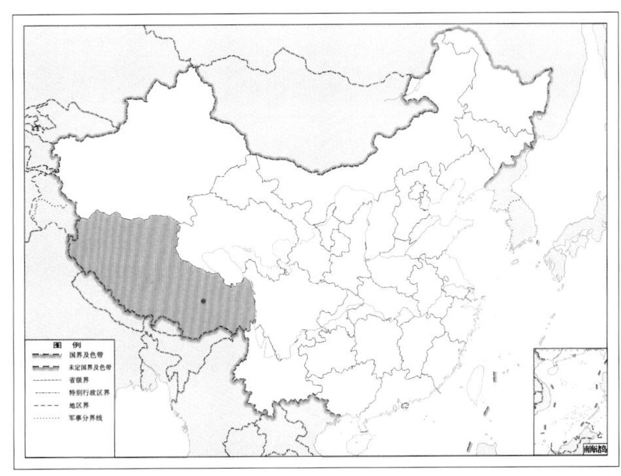

图 4-187-2　林芝华脉线蛉 *Neuronema nyingchianum* 地理分布图

188. 壁氏脉线蛉 *Neuronema kwanshiense* Kimmis, 1943

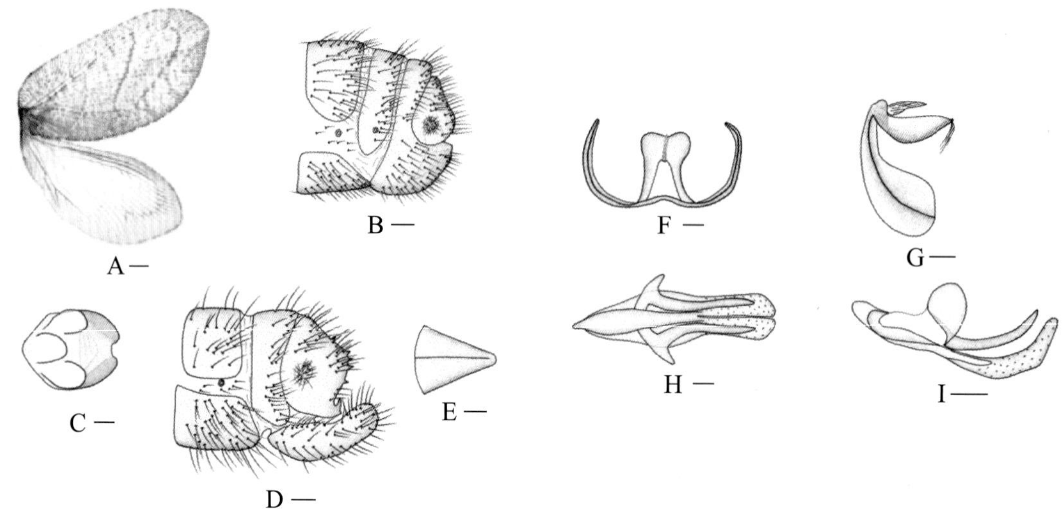

图 4-188-1 壁氏脉线蛉 *Neuronema kwanshiense* 形态图

（标尺：A、C、E ~ I 为 0.1 mm，B、D 为 0.2 mm）

A. 翅 B. 雌虫腹部末端侧面观 C. 亚生殖板腹面观 D. 雄虫腹部末端侧面观 E. 内生殖板背面观 F. 殖弧叶背面观 G. 殖弧叶侧面观 H. 阳基侧突背面观 I. 阳基侧突侧面观

【测量】 雄虫体长 9.0 mm，前翅长 10.0 mm、前翅宽 4.5 mm，后翅长 9.0 mm、后翅宽 4.2 mm，雌虫体长 9.0 mm，前翅长 10.0 mm、前翅宽 5.0 mm，后翅长 9.0 mm、后翅宽 4.0 mm。

【形态特征】 头部黄褐色。头顶基部褐色；复眼散布稀疏的大的黑色斑；触角窝及周围浅褐色，柄节黄褐色，内侧褐色，梗节褐色，鞭节基半褐色，每节宽大于长，端半黄褐色，每节长大于宽，密布黄色和褐色长毛；额区基部浅褐色；下颚须和下唇须末端 1 节基部褐色。胸部褐色。前胸背板宽大于长，两侧缘各具 1 个瘤状突起，密布长毛。足黄褐色，前足和中足股节端部背面浅褐色，胫节基部和端部背面各具 1 个浅褐色斑。后足胫节斑不明显，余同前足。密布长短不一的黄色毛。前翅黄褐色略带灰色，翅脉及阶脉褐色，但外阶脉组前 8 段透明，后半段色较深，后缘无透明斑。后翅透明，CuA 脉分支处颜色较深，外阶脉组端部褐色带明显。腹部黄褐色。雄虫腹部末端肛上板后下无臂状延伸物，角向内弯曲成钩，端部分 2 齿。殖弧中突舌状，端部凹入而中突一脊，无殖弧后突。阳基侧突端叶长方形而端部呈斜截锐角，背叶细长。内生殖板狭长，呈三角形。雌虫腹部末端肛上板略呈三角形。亚生殖板腹面观端部具半圆形缺口，亚生殖板翼很小，仅突出呈耳状，基部具 1 个球面突，顶部凹刻小。

【地理分布】 江西、贵州、四川、陕西。

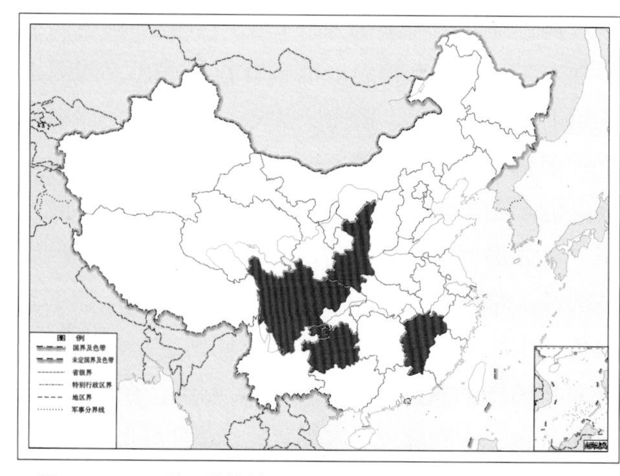

图 4-188-2 壁氏脉线蛉 *Neuronema kwanshiense* 地理分布图

189. 陕华脉线蛉 *Neuronema simile* Banks, 1940

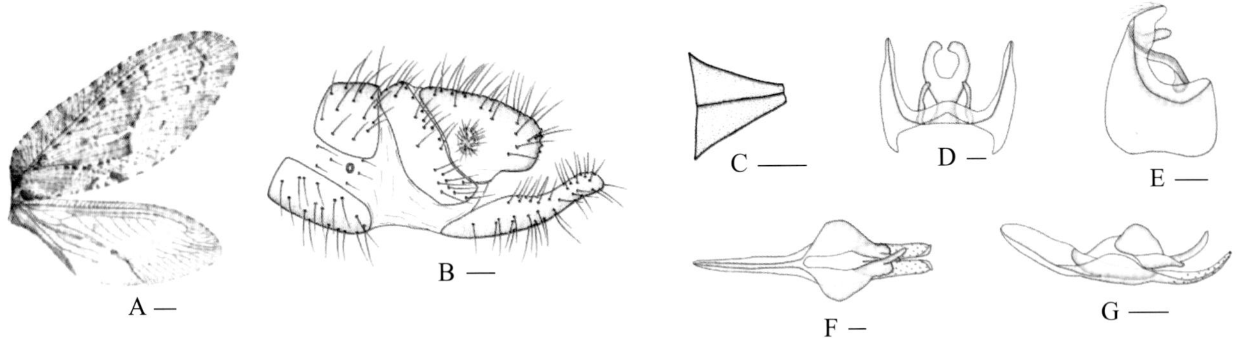

图 4-189-1 陕华脉线蛉 *Neuronema simile* 形态图

（标尺：A、C、E ~ G 为 0.1 mm，B、D 为 0.2 mm）

A. 翅 B. 雄虫腹部末端侧面观 C. 内生殖板背面观 D. 殖弧叶背面观 E. 殖弧叶侧面观 F. 阳基侧突背面观 G. 阳基侧突侧面观

【测量】 雄虫体长 9.0 mm，前翅长 13.0 mm、前翅宽 6.0 mm，后翅长 9.8 mm、后翅宽 5.0 mm。

【形态特征】 头部黄褐色。头顶褐色，生有稀疏的黄色长毛，靠近触角各具 1 个深褐色条纹，呈八字形；复眼浅褐色，散布数个褐色斑；触角窝黄褐色，周围褐色，柄节黄褐色，内侧褐色，鞭节褐色，基半每节宽大于长，端半长大于宽，密布褐色毛；额区基部褐色；唇基中央具褐色横带；下颚须第 3 节端部和第 4 节基部褐色，下唇须第 3 节基部褐色。胸部黑褐色。前胸背板基部中央具 1 条短褐色纵带，两侧缘各具 1 个瘤状突起，生有稀疏的黄色长毛。中胸背板前盾片具 2 个对称的小黑色斑，小盾片及其周围黄褐色。足黄褐色，密布长短不一的黄色毛。前足和中足胫节基部和端部背面各具 1 块黑褐斑，跗节端部褐色。前翅棕褐色，密布大小不等的褐色斑，翅缘及 R 脉上的褐色斑色深，中阶脉组以内为暗色区，密布碎斑，后缘具 1 个三角形透明斑，两侧缘褐色，外侧尤为明显，后缘亦具褐色点。后翅透明，前缘和内阶脉组以内为褐色，翅缘和外阶脉组端半附近亦为褐色。腹部褐色。雄虫腹部末端肛上板无角突，长大于高，后缘具几枚小齿，纤毛簇位于肛上板中央而靠近基部；第 9 腹板长形，约为肛上板长的 2 倍。殖弧中突发达，长而略弯，背面观如钳状，侧面观呈 S 形，殖弧后突细小。阳基侧突端叶细长而末端内侧向外弯曲；背叶细长，基部宽大，边缘凹凸不平。内生殖板梯形。

【地理分布】 四川（丹巴、松潘）、陕西。

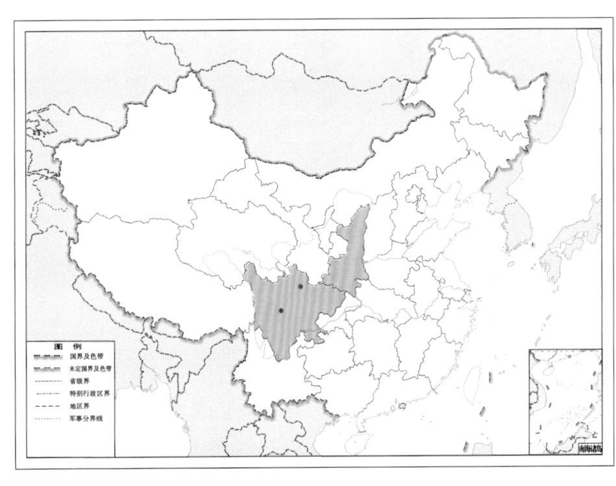

图 4-189-2 陕华脉线蛉 *Neuronema simile* 地理分布图

190. 中华脉线蛉 *Neuronema sinense* Tjeder, 1936

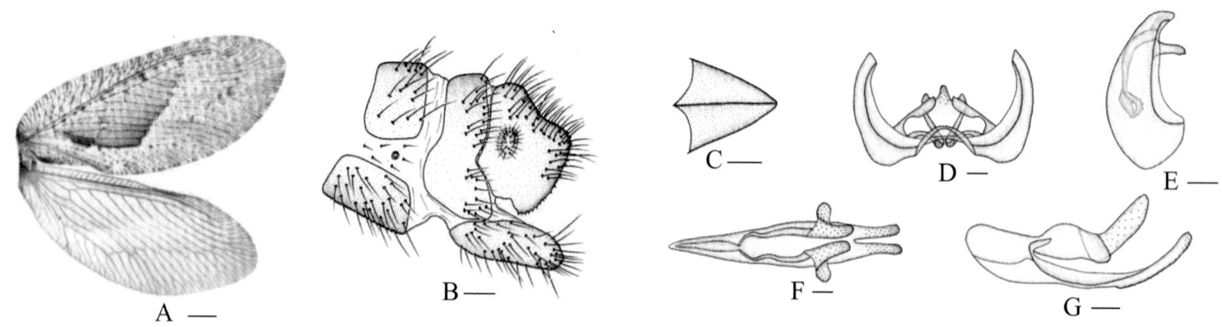

图 4-190-1 中华脉线蛉 *Neuronema sinense* 形态图
（标尺：A、C ~ G 为 0.1 mm，B 为 0.2 mm）
A. 翅 B. 雄虫腹部末端侧面观 C. 内生殖板背面观 D. 殖弧叶背面观 E. 殖弧叶侧面观 F. 阳基侧突背面观 G. 阳基侧突侧面观

【测量】 雄虫体长 7.0 mm，前翅长 12.5 ~ 13.0 mm、前翅宽 5.0 ~ 6.0 mm，后翅长 10.5 ~ 11.5 mm、后翅宽 4.2 ~ 5.0 mm。

【形态特征】 头部黄褐色。头顶中央靠近基部具 2 个褐色斑；复眼黄褐色，密布黑褐色斑；触角窝黄褐色，周围褐色，柄节黄褐色，内侧褐色，梗节黄褐色，鞭节浅褐色，每节长大于宽，密布褐色长毛；额区褐色，中央具 1 个三角形黄褐色斑；唇基褐色；上唇生有数根黄色长毛；下颚须第 4 节基部和端部褐色，下唇须末端 1 节基部褐色。前胸背板褐色，长稍大于宽，两侧缘各具 1 个瘤状突起，密布褐色长毛。中胸背板褐色，前盾片色深，具 2 个对称的黑褐色斑。后胸背板黄褐色，中央具 1 条褐色纵条带，两侧各具 1 个圆形褐色斑。足黄褐色，密布黄色毛。前足和中足基节和股节连接处褐色，胫节基部和端部背面各具 1 个褐色斑，跗节端部褐色。后足无斑。前翅浅褐色，密布小褐色斑，翅脉上褐色斑较深，翅基、CuA 脉及内阶脉组形成 1 个大三角形褐色斑，后缘基部具 1 条褐色横带，中央具 1 个半圆形透明斑。后翅浅褐色，CuA 脉色深，内阶脉组内侧褐色，沿外阶脉组具 1 条褐色宽带。RP 脉分 9 ~ 10 支；M 脉 2 支，基部分支；Cu 脉翅中分支，CuA 脉左翅 6 支，右翅 7 支；外组 11 ~ 12 段；内组 6 ~ 8 段。腹部褐色。雄虫腹部肛上板背缘内凹，后缘具几个齿突，下缘上凹。殖弧中突较宽，两侧细长，中央具 1 向下弯曲的钩突，生有几枚小齿；殖弧后突稍短，呈刀状。阳基侧突端叶长方形，端部圆，密生小齿，两叶分支点位于端部 1/4 处；背叶宽大。内生殖板三角形，基部边缘内凹。

【地理分布】 甘肃（卓尼）、四川（汶川卧龙）、陕西（太白山）、西藏。

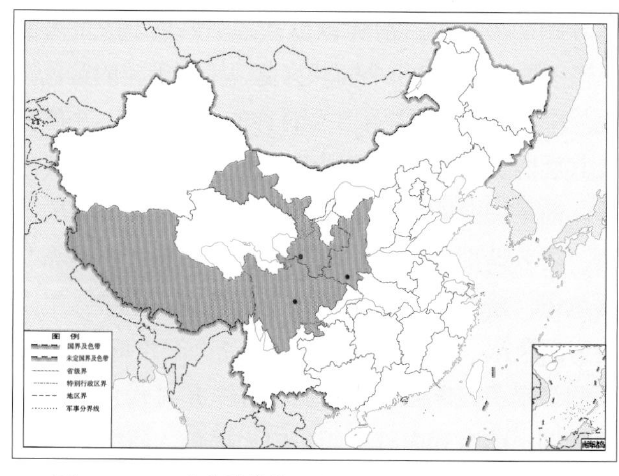

图 4-190-2 中华脉线蛉 *Neuronema sinense* 地理分布图

191. 条纹脉线蛉 *Neuronema striatum* Yan & Liu, 2006

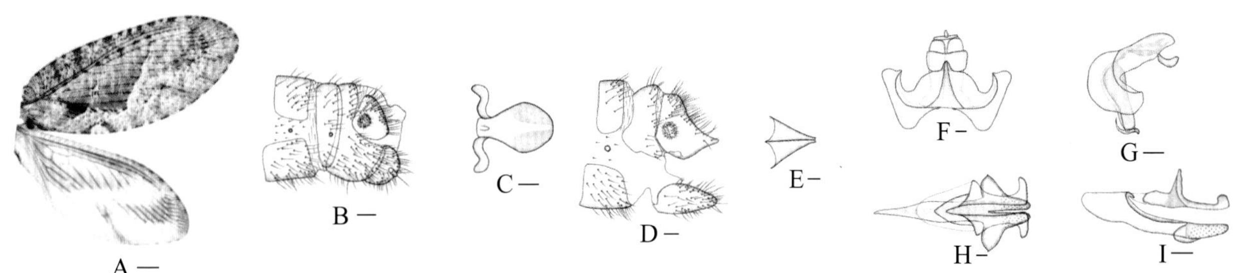

图 4-191-1 条纹脉线蛉 *Neuronema striatum* 形态图

（标尺：A、C、E ~ I 为 0.1 mm，B、D 为 0.2 mm）

A. 翅 B. 雌虫腹部末端侧面观 C. 亚生殖板腹面观 D. 雄虫腹部末端侧面观 E. 内生殖板背面观 F. 殖弧叶背面观 G. 殖弧叶侧面观 H. 阳基侧突背面观 I. 阳基侧突侧面观

【测量】 雄虫体长 10.0 mm，前翅长 12.0 mm、前翅宽 5.0 mm，后翅长 9.5 mm、后翅宽 4.8 mm；雌虫体长 9.0 ~ 11.0 mm，前翅长 10.3 ~ 15.0 mm，前翅宽 5.0 ~ 7.0 mm，后翅长 9.4 ~ 12.0 mm、后翅宽 4.7 ~ 5.0 mm。

【形态特征】 头顶褐色，密布大小不等的小黑色斑和黄色长毛；复眼灰黑色，少数右复眼下方靠近头顶具 1 个圆形黑褐色斑；触角窝黄褐色，周围深褐色，柄节褐色，内侧深褐色，梗节深褐色，鞭节基半褐色，每节宽大于长，端半黄褐色，每节长大于宽；额区基部和两侧深褐色；唇基具 2 个对称的圆形褐色斑，生有数根黄褐色长毛；上唇褐色；下颚须前 3 节端部、第 4 节和第 5 节基部褐色，下唇须第 2 节端部和第 5 节基部褐色，余为黄褐色。前胸背板褐色，密布小黑色斑，两侧黑褐色，宽大于长，两侧缘各具 1 个瘤状突起，密布黑色或黄色长毛。中胸背板褐色，前盾片黑色；盾片和小盾片具大小不等的黑色斑，并生有稀疏的黄色长毛。后胸背板黑色。足黄褐色，密布长短不一的黄色毛。前足和中足基节浅褐色，股节背面褐色，胫节基部和端部背面各具 1 个黑褐色斑，跗节前 4 节端部和第 5 节褐色，小距和爪褐色。后足胫节无斑，余同前足。前翅暗褐色略带黑色，密布大小不等的黑色斑，其中翅缘、前缘域及 R 脉上的黑色斑大而显著；翅基到中阶脉组形成 1 个大三角形黑褐色斑。后翅透明，沿前缘端部和外缘散布一些不连续的小黑色斑。腹部基部 2 节褐色，其余黑褐色。雄虫腹部末端肛上板侧面观梯形，后缘呈角突状，下缘近端部具 1 个向内折入的三角形突起。殖弧中突下垂，端部具 1 个向下弯曲的钩突；后突 1 对，向背面弯曲。阳基侧突基部窄，端叶呈三角形且端部圆形，生有稀疏小齿，基部侧缘具 1 枚小齿突；背叶呈镰刀状，端部向外弯曲，后缘具数枚小齿。内生殖板三角形。第 9 背板梯形，腹板长形，未明显超过肛上板。雌虫腹部末端肛上板略呈三角形。亚生殖板中突圆形，无缺口；亚生殖板翼细长而弯曲，向两侧下方斜伸。

【地理分布】 四川（康定）。

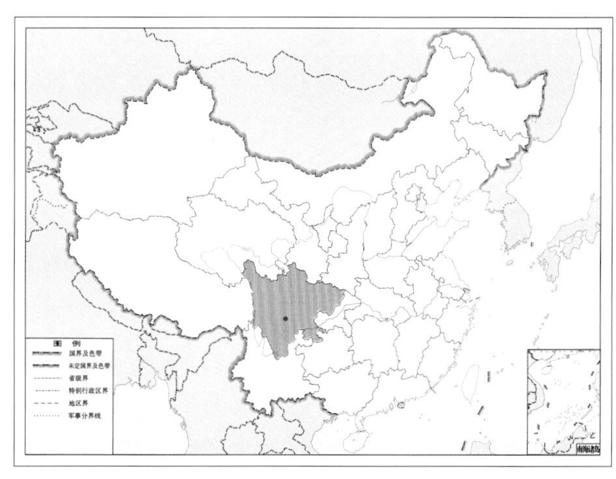

图 4-191-2 条纹脉线蛉 *Neuronema striatum* 地理分布图

192. 黑点脉线蛉 *Neuronema unipunctum* Yang, 1964

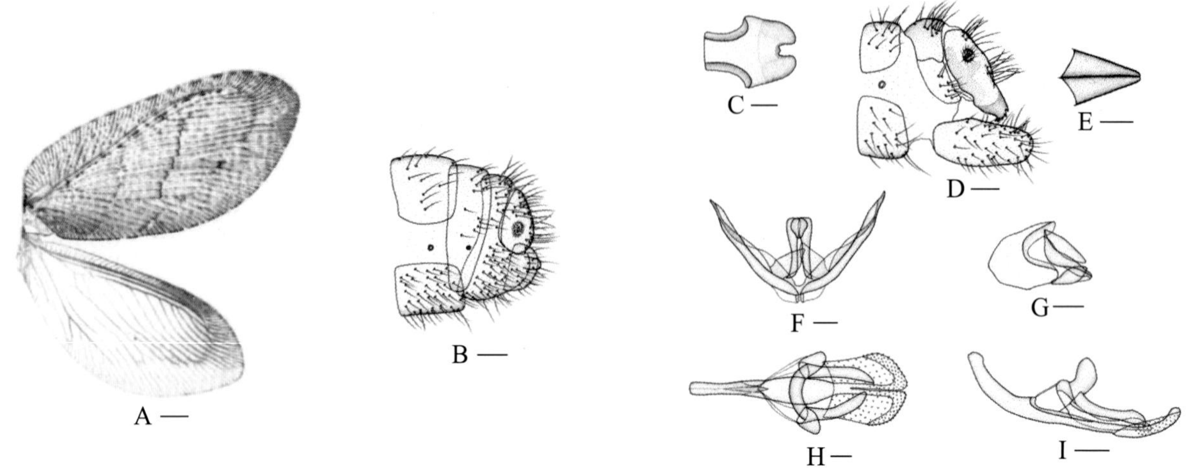

图 4-192-1 黑点脉线蛉 *Neuronema unipunctum* 形态图

（标尺：A、C、E ~ I 为 0.1 mm，B、D 为 0.2 mm）

A. 翅 B. 雌虫腹部末端侧面观 C. 亚生殖板腹面观 D. 雄虫腹部末端侧面观 E. 内生殖板背面观 F. 殖弧叶背面观 G. 殖弧叶侧面观 H. 阳基侧突背面观 I. 阳基侧突侧面观

【测量】 雄虫体长 9.3 ~ 12.0 mm，前翅长 9.0 ~ 10.0 mm、前翅宽 4.4~5.2 mm，后翅长 8.0~9.1 mm、后翅宽 3.7 ~ 4.8 mm；雌虫体长 9.5 ~ 12.0 mm，前翅长 10.0 ~ 1.1 mm、前翅宽 5.0 ~ 5.5 mm，后翅长 9.0 ~ 10.0 mm、后翅宽 4.0 ~ 4.6 mm。

【形态特征】 头部黄褐色。头顶具 2 个褐色斑，密布褐色毛；复眼黑褐色；触角窝黄褐色，周围褐色，柄节黄褐色，内侧褐色，鞭节褐色，每节从基部到端部逐渐由宽大于长变为长大于宽，密布褐色长毛；上唇褐色；下颚须和下唇须末端 1 节基部褐色。胸部黄褐色，背板中央具 1 条褐色纵条带。前胸背板与头顶连接处，具 2 ~ 3 个褐色斑，两侧缘各具 1 个瘤状突起，密布长短不一的褐色毛。中胸和后胸侧板褐色。足黄色，前足和中足胫节基部和端部背面各具 1 个浅褐色斑。密布长短不一的黄色毛。前翅黄褐色，翅脉密布黑褐色斑，R 脉上的斑点较深；外阶脉组和中阶脉组仅端半呈褐色，其余阶脉色淡而不明显，4r-m 横脉为褐色；后缘具 1 个三角形透明斑。后翅透明，前缘端半和外阶脉组端半周围褐色，内阶脉组内侧褐色带较浅。腹部黄褐色。雄虫肛上板三角形，后下角延伸物为臂状突出物，末端具 5 枚小齿。殖弧中突较长，端部具向下的突起；殖弧后突内侧弧形，外侧缘基部内凹，端部稍尖。阳基侧突端叶长方形而端部弧形；背叶细长，向内弯曲。内生殖板三角形。雌虫腹部末端卵形，亚生殖板腹面观，端部具宽的缺口，基部较细。

【地理分布】 浙江、福建、广西、湖北、江西。

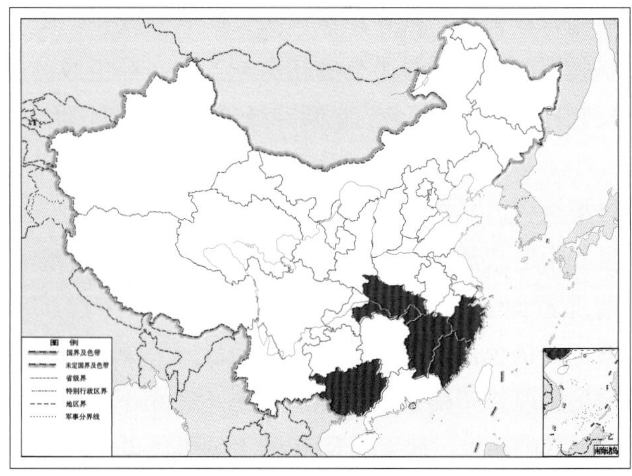

图 4-192-2 黑点脉线蛉 *Neuronema unipunctum* 地理分布图

193. 雅江华脉线蛉 *Neuronema yajianganum* (Yang, 1992)

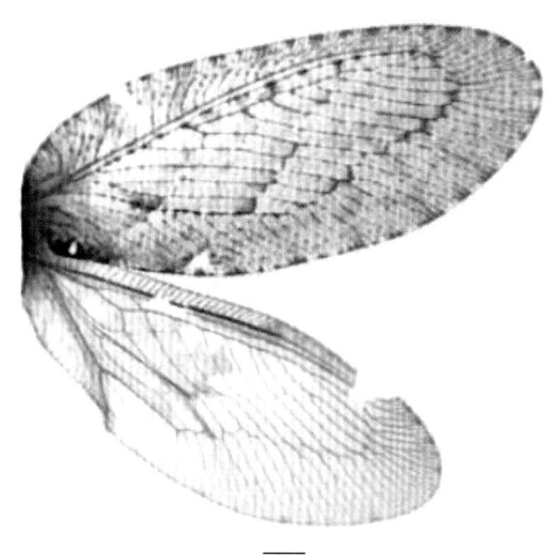

图 4-193-1　雅江华脉线蛉 *Neuronema yajianganum* 成虫图（前后翅）
（标尺：0.1 mm）

【测量】 雌虫前翅长 15.0 mm、前翅宽 6.2 mm，后翅长 13.5 mm、后翅宽 5.8 mm。

【形态特征】 头部黑褐色。复眼密布小黑色斑；触角窝黄褐色，柄节、梗节和鞭节暗褐色，节间具褐色环；唇基黄褐色；下颚须和下唇须黄褐色。前胸背板和中胸背板黑褐色。后胸背板褐色，中央具 1 条黑褐色纵带。足部黄褐色。前足胫节基部和端部各具 1 个黑褐色斑，跗节端部深褐色。中足基节暗褐色，股节背面褐色，胫节基部和端部各具 1 个黑褐色斑。后足胫节斑不明显，跗节褐色。前翅烟色，翅脉呈褐色虚线状，外阶脉组和中阶脉组褐色；翅缘具均匀排列的褐色斑。后翅略淡，翅缘散布稀疏褐色斑。腹部褐色，腹部末端残缺。根据杨集昆先生（1992）的描述，其雌虫腹部末端肛上板近三角形。亚生殖板中突顶端具 1 个缺口，前殖突位于亚生殖板基部，亚生殖板翼向两侧弯曲扩展。

【地理分布】 四川（雅江）。

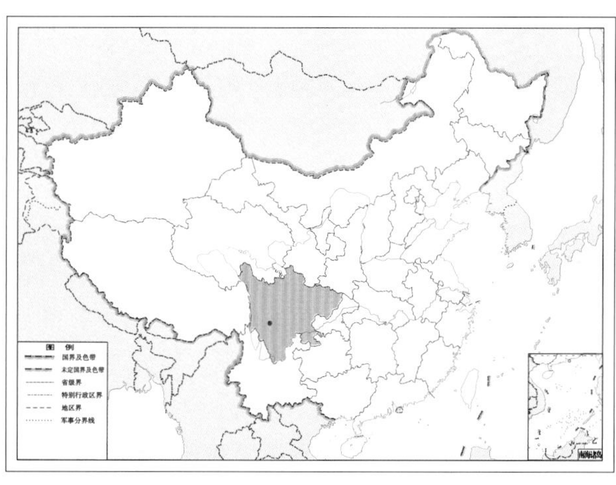

图 4-193-2　雅江华脉线蛉 *Neuronema yajianganum* 地理分布图

194. Y 形脉线蛉 *Neuronema ypsilum* Zhao, Yan & Liu, 2013

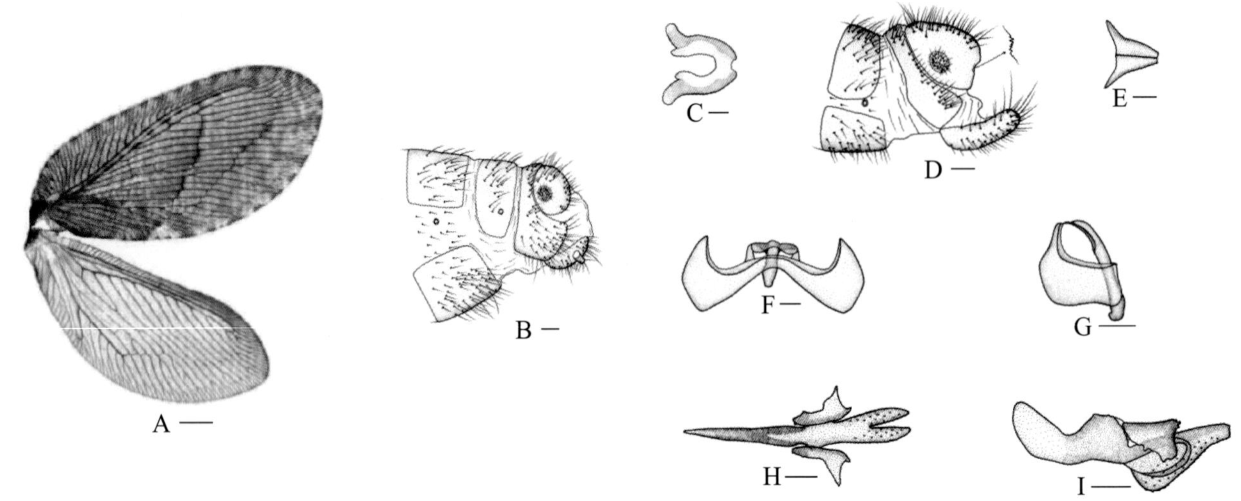

图 4-194-1 Y 形脉线蛉 *Neuronema ypsilum* 形态图

（标尺：A、C、E ~ I 为 0.1 mm，B、D 为 0.2 mm）

A. 翅 B. 雌虫腹部末端侧面观 C. 亚生殖板腹面观 D. 雄虫腹部末端侧面观 E. 内生殖板背面观 F. 殖弧叶背面观 G. 殖弧叶侧面观 H. 阳基侧突背面观 I. 阳基侧突侧面观

【测量】 雄虫体长 8.0 mm，前翅长 10.5 mm、前翅宽 5.2 mm，后翅长 9.5 mm、后翅宽 4.5 mm；雌虫体长 10.0 mm，前翅长 11.0 mm、前翅宽 5.3 mm，后翅长 10.0 mm、后翅宽 4.6 mm。

【形态特征】 头黄褐色。头顶靠近触角具 2 个褐色斑；复眼黑色，凹凸不平；触角黄褐色，密布长短不一的黄色毛；额区和唇基两侧褐色；下颚须和下唇须末端 1 节基部褐色。胸部褐色。前胸背板基部具 2 个黑褐色斑；两侧缘各具 2 个瘤状突起，密布褐色长毛。中胸背板盾片色深。足黄褐色，密布黄色毛。前足和中足胫节背面基部和端部各具 1 个褐色斑。前翅褐色，翅缘具均匀白色斑。后翅褐色。RP 脉分 10 ~ 11 支，M 脉 2 支，翅基分叉；CuA 脉 8 ~ 9 支，翅中分支，CuP 脉简单不分支；外组 14 ~ 15 段，内组 6 段。腹部褐色。雄虫腹部末端肛上板斜三角形，后缘具几个向内折入的齿突。殖弧中突细长，下垂，端部略向下弯曲，无殖弧后突。阳基侧突基部狭窄，端叶粗短，在近端部 1/4 处分开，呈 Y 形，端部较细，生有数个小齿突；背叶基部较细，端部内侧具 1 个小突起，外侧具 1 个三角形突起，侧缘基部凹凸不平。内生殖板梯形，两侧较长。雌虫腹部末端肛上板椭圆形。亚生殖板翼短小，向两侧斜下方扩展。

【地理分布】 北京（门头沟）、陕西（甘泉）。

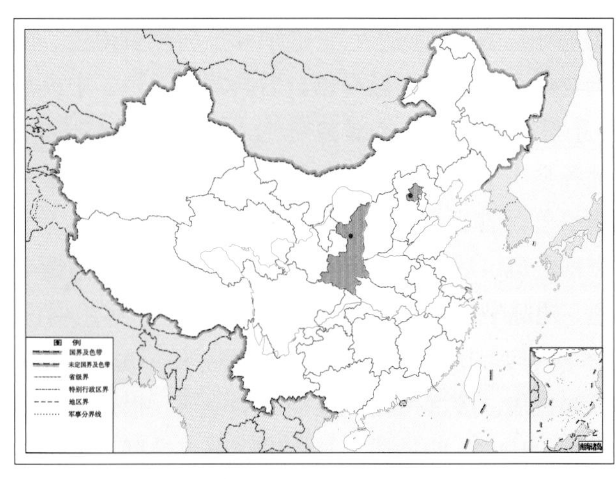

图 4-194-2 Y 形脉线蛉 *Neuronema ypsilum* 地理分布图

195. 樟木华脉线蛉 *Neuronema zhamanum* (Yang, 1981)

图 4-195-1　樟木华脉线蛉 *Neuronema zhamanum* 成虫图（前后翅）
（标尺: 0.1 mm）

【测量】 雌虫前翅长 13.0 mm、前翅宽 5.3 mm，后翅长 11.0 mm、后翅宽 4.0 mm。

【形态特征】 头部黄褐色。头顶基部褐色，靠近触角基部各具 1 个半圆形褐环，呈八字形；复眼密布小黑点；触角窝黄褐色，其余褐色，每节宽大于长，密布褐色毛。前胸背板密布大小不一的褐色斑，两侧缘各具 1 个瘤状突起，密布褐色毛。中胸背板密布褐色斑。后胸背板黄褐色，两侧褐色。足淡黄褐色，褐色斑不明显。前翅淡褐色，密布雀斑；CuA 脉分支处具 1 个大的长方形褐色斑；外阶脉组上半部褐色，中阶脉组下半部内侧具一些较明显的褐色斑；后缘具 1 个半圆形透明斑，边缘褐色。后翅透明，内阶脉组内侧淡褐色，沿外阶脉组具 1 条很窄的淡褐色带。腹部黄褐色，腹部末端残缺。根据杨集昆先生（1981）的描述，雌虫腹部末端肛上板较长。亚生殖板中叶极宽大近圆形，亚生殖板基部很小，侧翼向上扩展也较小。

【地理分布】 西藏（聂拉木樟木）。

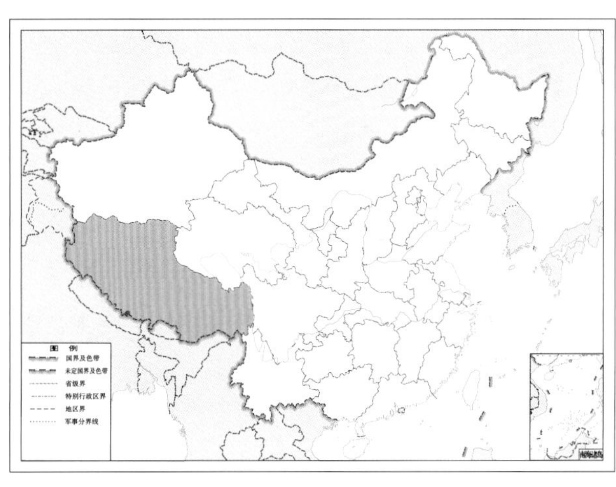

图 4-195-2　樟木华脉线蛉 *Neuronema zhamanum* 地理分布图

（三八）钩翅褐蛉属 *Drepanepteryx* Leach, 1815

【鉴别特征】 前翅前缘域宽，具肩迴脉，基部具一系列短横脉，一般 5 段以上，形成一组前缘阶脉。RP 脉 8 ~ 13 支，所有 RP 脉从 R 脉到翅缘方向近平行。后翅 CuP 脉非常发达，多分支。阶脉 3 组（前缘阶脉除外）。雌虫生殖突基节上的刺突消失。雄虫肛上板无任何突起。

【地理分布】 欧亚大陆。

【分类】 目前全世界已知约 9 种，其中化石 2 种。我国已知仅 1 种，本图鉴收录 1 种。

196. 钩翅褐蛉 *Drepanepteryx phalaenoides* (Linnaeus, 1758)

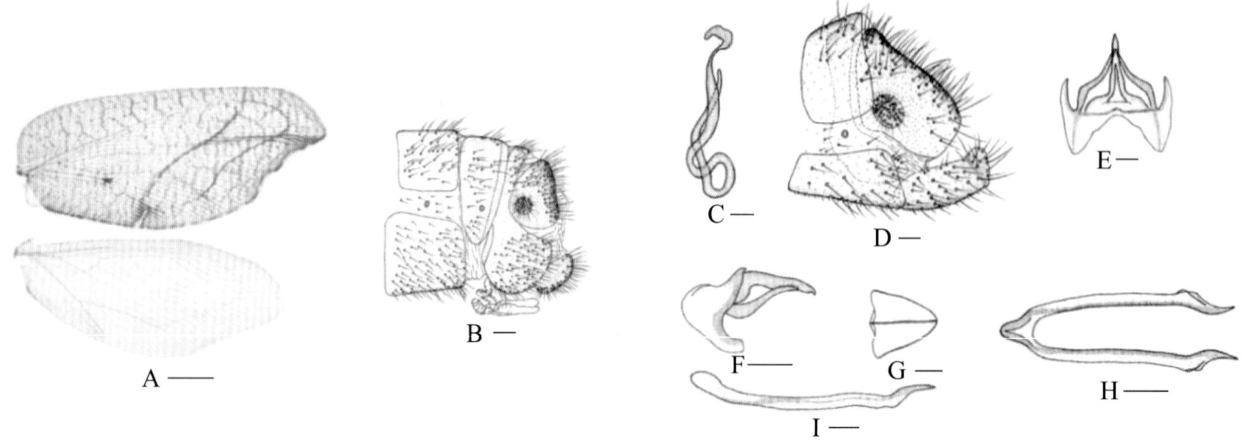

图 4-196-1　钩翅褐蛉 *Drepanepteryx phalaenoides* 形态图

（标尺：A 为 1.0 mm，B、D、F ~ I 为 0.2 mm，C、E 为 0.1 mm）

A. 翅　B. 雌虫腹部末端侧面观　C. 受精囊　D. 雄虫腹部末端侧面观　E. 雄虫殖弧叶背面观　F. 雄虫殖弧叶侧面观　G. 雄虫内生殖板背面观　H. 阳基侧突背面观　I. 阳基侧突侧面观

【测量】 雄虫体长 8.0 mm，前翅长 13.5 mm、宽 5.5 mm，后翅长 11.0 mm、宽 5.0 mm；雌虫体长 8.0 ~ 12.5 mm，前翅长 13.4 ~ 6.0 mm、宽 5.8 ~ 7.0 mm；后翅长 11.5 ~ 13.7 mm、宽 5.0 ~ 6.0 mm。

【形态特征】 头顶暗褐色，有些标本具 1 个小的黑褐色斑或基部色深；复眼黑色发亮，内下方各具 1 个小黑色斑；触角暗褐色，密布褐色毛，近基部 1/5 段每节宽大于长，其余长大于宽，末端 1 节近圆锥形；额区沿触角基部各具 1 条黄褐色纵带和 3 个黑褐色斑；唇基黑褐色或具 1 个黑色斑，生有数根长毛；上唇深褐色或黑褐色；颊区褐色，具 1 个小黑色斑或纵褐色带。前胸背板褐色到黑褐色，中央具 1 个黄褐色斑；宽稍大于长，两侧缘各具 1 个瘤状突起，密布褐色或黑色长毛。中胸背板褐色到黑褐色，端部中央具 1 个大的黑色斑，两侧各具 2 个小黑色斑；前盾片黄褐色。后胸背板黄褐色到暗褐色，基部色深，或具 1 ~ 2 个小黑色斑；盾片色深；小盾片瘤状突起，密布短褐色毛。少数标本胸部背板中央黄褐色，两侧褐色。足黄褐色，每节端部色深。密布长短不一的黄褐色毛。前翅钩状，外缘具 2 个凹入部分，浅褐色，密布由许多褐色点组成弯曲的、纵向斜条纹。后翅透明，翅痣不明显，Cu 脉色深，后缘具 1 个褐色斑。腹部黄褐色或暗褐色。雄虫腹部末端肛上板长方形，背缘端部稍低。殖弧中突基部半圆形，其余细长；殖弧后突细长，向上弯曲；阳基侧突在基部分为细长的两部分，端部弧形，尖细；内生殖板近三角形。雌虫腹部末端肛上板三角形；受精囊细长，端部稍微膨大。

【地理分布】 黑龙江、吉林、北京、陕西；俄罗斯，日本，瑞士，瑞典，挪威，丹麦，德国。

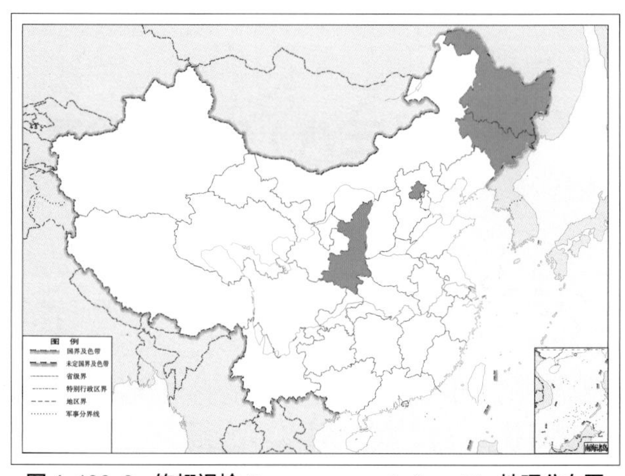

图 4-196-2　钩翅褐蛉 *Drepanepteryx phalaenoides* 地理分布图

褐蛉亚科 Hemerobiinae Latreille, 1802

【鉴别特征】 前翅 2sc-r 及 1cua-cup 横脉缺失，4r-m 横脉存在，RP 脉 3 ~ 5 支；雌虫腹部末端无刺突。
【地理分布】 世界性分布。
【分类】 目前全世界已知 4 属约 241 种，我国已知 2 属 41 种，本图鉴收录 2 属 36 种。

中国褐蛉亚科 *Hemerobiinae* 分属检索表

1. 唇基有 1 个长的刚毛；横脉 2r-m 缺失，或者存在，位置在 2m-cu 横脉的近端 …………… **褐蛉属 *Hemerobius***
   唇基没有长的刚毛；横脉 2r-m 位置在 2m-cu 横脉的远端 ……………………………………**丛褐蛉属 *Wesmaelius***

（三九）褐蛉属 *Hemerobius* Linnaeus, 1758

【鉴别特征】 触角超过 50 节；唇基上具明显的刚毛；前翅具肩迴脉 h，RP 脉 3 ~ 5 支，2r-m 横脉缺失或者位于 2m-cu 横脉内侧，更靠近翅基部，CuP 脉简单无分支；雄虫阳基侧突左右完全分离，殖弧叶的殖弧拱处连接的透明膜状结构表面具数量不等的长毛或是刚毛状小刺突。雌虫腹部末端无刺突，亚生殖板的有无及形状是属内种间的重要区别特征。
【地理分布】 除南极洲外均有分布。
【分类】 目前全世界已知约 172 种，我国已知 26 种，本图鉴收录 22 种。

中国褐蛉属 *Hemerobius* 分种检索表（雄虫）

1. 前翅 1m-cu 横脉处具斑点 …………………………………………………………………………… 2
   前翅 1m-cu 横脉处无斑点 ……………………………………………………………………………13
2. 前翅无 1r-m 横脉 …………………………………………………………… **缘布褐蛉 *Hemerobius marginatus***
   前翅具 1r-m 横脉 …………………………………………………………………………………… 3
3. 前翅 1r-m 横脉位于 RA 脉上 ……………………………………………………………………… 4
   前翅 1r-m 横脉位于 R 脉，未在 RA 脉上 ………………………………………………………… 9
4. 后翅 ra-rp 横脉 2 支 …………………………………………………… **亚三角褐蛉 *Hemerobius subtriangulus***
   后翅 ra-rp 横脉 3 支 ………………………………………………………………………………… 5
5. 触角基节、柄节黑色，明显深于鞭节；前翅臀区暗褐色与 m-cu 处深色斑形成 1 个大的三角形斑 ………………
   ………………………………………………………………………………… **黑三角褐蛉 *Hemerobius atriangulus***
   触角褐色均一；前翅臀区无三角形大斑 ……………………………………………………………… 6
6. 前翅臀区具圆形褐色斑 …………………………………………………………… **甘肃褐蛉 *Hemerobius hedini***
   前翅臀区无圆形褐色斑 ……………………………………………………………………………… 7

7. 头部褐色均一，无明显加深 ……………………………………………………黑体褐蛉 ***Hemerobius atrocorpus***

头部褐色颜色不均一 …………………………………………………………………………………………… 8

8. 头部褐色，唇基黑褐色加深 …………………………………………………… 黑额褐蛉 ***Hemerobius atrifrons***

头部黄褐色，唇基及上唇浅于周围 ………………………………………… 横断褐蛉 ***Hemerobius hengduanus***

9. 后翅 ra-rp 横脉 1 支 ………………………………………………………………淡脉褐蛉 ***Hemerobius hyalinus***

后翅 ra-rp 横脉 2 支 ……………………………………………………………………………………………10

10. 前翅具明显褐色带 ……………………………………………………………黑褐蛉 ***Hemerobius nigricornis***

前翅无明显褐色带 ………………………………………………………………………………………………11

11. 腹部背腹板与侧膜颜色一致；殖弧叶的殖弧中突上弯 ……………………… 印度褐蛉 ***Hemerobius indicus***

腹部背腹板色深于侧膜；殖弧叶的殖弧中突下弯 ………………………………………………………………12

12. 肛上板侧后角末端为粗壮棒状突，近内侧具 1 个刺突；侧前角长度未深达侧后角的 1/2 ………………………

…………………………………………………………………………………… 全北褐蛉 ***Hemerobius humuli***

肛上板侧后角末端为 2 个粗壮的大刺；侧前角长度超过侧后角的 1/2 ……… 日本褐蛉 ***Hemerobius japonicus***

13. 前翅 1r-m 横脉位于翅基，远离 RA 脉 ……………………………………………………………………14

前翅 1r-m 横脉近 RA 脉或在 RA 脉上………………………………………………………………………17

14. 前翅具明显条带，明暗相间 ……………………………………………………………………………………15

前翅无明显条带，翅面颜色均一 ……………………………………………………………………………16

15. 前翅沿 RP 脉及 M 脉具 2 条亮带，纵脉均匀褐色加深形成线状；肛上板侧前角膨大成粗棒状，明显超过侧后角 …………………………………………………………………………… 三带褐蛉 ***Hemerobius ternarius***

前翅沿 M 脉具 1 条亮带，纵脉无均匀加深；肛上板无明显特化的侧前角 …………………………………

…………………………………………………………………………………哈曼褐蛉 ***Hemerobius harmandinus***

16. 头部黄褐色，沿复眼后方两颊至上颚具褐色带；前翅翅面较透明，无矢状纹……双刺褐蛉 ***Hemerobius bispinus***

头部褐色均一；前翅翅面均一，具明显矢状纹 ……………………………………埃褐蛉 ***Hemerobius exoterus***

17. 前翅 1r-m 横脉靠近 RA 脉基部 ……………………………………………………波褐蛉 ***Hemerobius poppii***

前翅 1r-m 横脉位于 RA 脉………………………………………………………………………………………18

18. 前翅钩状且具明显褐色带 …………………………………………………… 黄镰褐蛉 ***Hemerobius flaveolus***

前翅椭圆形，无明显褐色带 ……………………………………………………………………………………19

19. 肛上板后伸特化成长棒装，近端部 1/3 处具 1 个大刺 ……………………… 双芒康褐蛉 ***Hemerobius chiangi***

肛上板后伸如象鼻，末端内侧具 1 个小刺 ………………………………… 长翅褐蛉 ***Hemerobius longialatus***

中国褐蛉属 *Hemerobius* 分种检索表（雌虫）

1. 前翅 1m-cu 横脉处具斑点 …………………………………………………………………………………… 2

前翅 1m-cu 横脉处无斑点 ……………………………………………………………………………………16

2. 前翅无 1r-m 横脉 ……………………………………………………………… 缘布褐蛉 ***Hemerobius marginatus***

前翅具 1r-m 横脉 …………………………………………………………………………………………………… 3

3. 前翅 1r-m 横脉位于 RA 脉上 ………………………………………………………………………………… 4

前翅 1r-m 横脉位于 R 脉，未在 RA 脉上 ……………………………………………………………………10

4. 后翅 ra-rp 横脉 2 支 …………………………………………………… 亚三角褐蛉 ***Hemerobius subtriangulus***

后翅 ra-rp 横脉 3 支 ……………………………………………………………………………………… 5

5. 触角基节、柄节黑色，明显深于鞭节；前翅臀区暗褐色与 m-cu 横脉处深斑形成 1 个大的三角形斑 ……………………………………………………………………………… 黑三角褐蛉 ***Hemerobius atriangulus***

触角褐色均一；前翅臀区无三角形大斑 ……………………………………………………………… 6

6. 前翅臀区具圆形褐色斑 ………………………………………………………… 甘肃褐蛉 ***Hemerobius hedini***

前翅臀区无圆形褐色斑 ……………………………………………………………………………… 7

7. 头部褐色均一，无明显加深 ……………………………………………… 灰翅褐蛉 ***Hemerobius spodipennis***

头部褐色颜色不均一 ………………………………………………………………………………… 8

8. 前翅密布小斑点，具明显斜纹 ………………………………………… 南峰褐蛉 ***Hemerobius namjagbarwanus***

前翅无密布斑点，无明显斜纹 ……………………………………………………………………… 9

9. 头部褐色，唇基黑褐色加深 ……………………………………………… 黑额褐蛉 ***Hemerobius atrifrons***

头部黄褐色，唇基及上唇浅于周围 ……………………………………… 横断褐蛉 ***Hemerobius hengduanus***

10. 后翅 ra-rp 横脉 1 支 ……………………………………………………… 淡脉褐蛉 ***Hemerobius hyalinus***

后翅 ra-rp 横脉 2 支 ……………………………………………………………………………… 11

11. 前翅具明显褐色带 ………………………………………………………………………………… 12

前翅无明显褐色带 …………………………………………………………………………………… 14

12. 前翅沿外阶脉组具明显褐色带 …………………………………………………………………… 13

前翅沿内阶脉组具明显褐色带 ………………………………………………… 寡汉褐蛉 ***Hemerobius grahami***

13. 前翅翅面中部具明显灰褐色波状纹；雌虫亚生殖板两侧缘无明显刚毛簇 ……………… 李氏褐蛉 ***Hemerobius lii***

前翅翅面无灰褐色波状纹；雌虫亚生殖板两侧缘具明显长毛 …………… 狭翅褐蛉 ***Hemerobius angustipennis***

14. 腹部背腹板颜色均一；第 8 腹板腹面左右裂开 …………………………… 印度褐蛉 ***Hemerobius indicus***

腹部背腹板色深于侧膜；第 8 腹板背腹面均愈合 ………………………………………………… 15

15. 亚生殖板缺失 ……………………………………………………………… 全北褐蛉 ***Hemerobius humuli***

亚生殖板水滴形 …………………………………………………………… 日本褐蛉 ***Hemerobius japonicus***

16. 前翅 1r-m 横脉位于翅基，远离 RA 脉 …………………………………………………………… 17

前翅 1r-m 横脉近 RA 脉或在 RA 脉上 …………………………………………………………… 21

17. 前翅具明显条带，明暗相间 ……………………………………………………………………… 18

前翅无明显条带，翅面颜色均一 …………………………………………………………………… 19

18. 前翅沿 RP 脉及 M 脉具 2 条亮带，纵脉均匀褐色加深形成线状；亚生殖板后缘中央前凹明显 ……………………………………………………………………………… 三带褐蛉 ***Hemerobius ternarius***

前翅沿 M 脉具 1 条亮带，纵脉无均匀加深；亚生殖板前缘中央微凹 ……哈曼褐蛉 ***Hemerobius harmandinus***

19. 前翅翅面均一，具明显矢状纹 …………………………………………… 埃褐蛉 ***Hemerobius exoterus***

前翅翅面较透明，无矢状纹 ………………………………………………………………………… 20

20. 前翅纵脉黄褐色透明具浅褐色间隔；腹部末端无亚生殖板 ……………… 双刺褐蛉 ***Hemerobius bispinus***

前翅纵脉黄褐色无透明间隔；腹部末端具亚生殖板 ……………………… 大雪山褐蛉 ***Hemerobius daxueshanus***

21. 前翅椭圆形，顶角非钩状，1r-m 横脉靠近 RA 脉基部 ……………………… 波褐蛉 ***Hemerobius poppii***

前翅顶角钩状，1r-m 横脉位于 RA 脉 ………………………………………… 黄镰褐蛉 ***Hemerobius flaveolus***

197. 狭翅褐蛉 *Hemerobius angustipennis* Yang, 1992

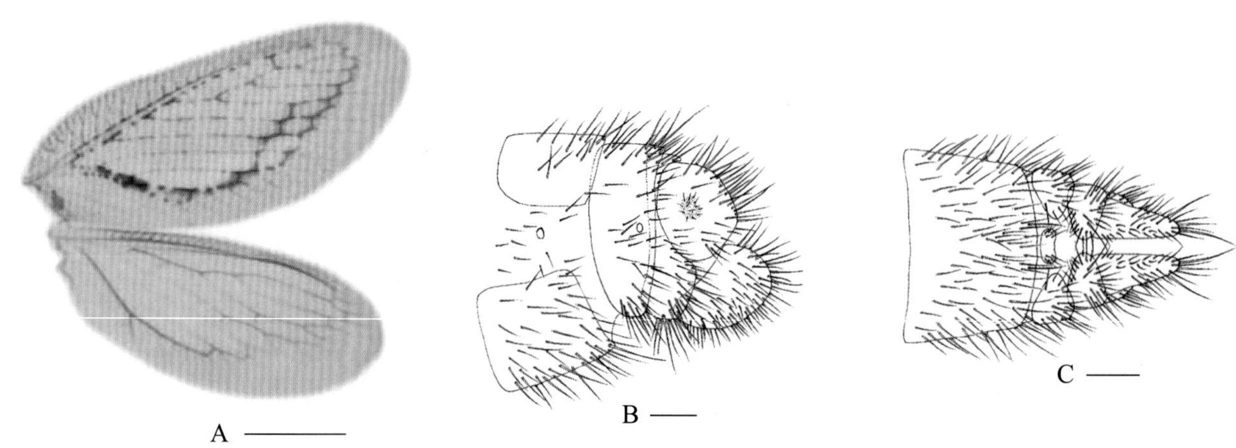

图 4-197-1 狭翅褐蛉 *Hemerobius angustipennis* 形态图
（标尺：A 为 2.0 mm，B、C 为 0.2 mm）
A. 翅 B. 雌虫腹部末端侧面观 C. 雌虫腹部末端腹面观

【测量】 雌虫体长 5.6 mm，前翅长 7.2 mm、前翅宽 2.8 mm，后翅长 6.2 mm、后翅宽 2.3 mm。

【形态特征】 头部呈黄褐色，复眼后方沿两颊至上颚具褐色带，下唇须及下颚须褐色，末节深褐色明显加深。触角超过 50 节，黄褐色，柄节外缘具浅褐色细纹。复眼灰褐色，具金属光泽。胸部黄褐色，沿胸部背板两侧缘具明显褐色纵带。足浅褐色，跗节末端褐色加深。前翅椭圆形，顶角钝圆。翅面黄褐色，沿 M 与 CuA 脉之间及沿阶脉具明显褐色带；翅脉纵脉黄褐色，不均匀分布褐色间隔，Sc 与 R 脉基部尤其明显加深，横脉褐色。后翅椭圆形，顶角微钝圆。翅面黄褐色透明，无明显斑点；翅脉褐色，RA 与 M 脉基部至中部透明无色。腹部黄褐色，背腹板深于侧膜。雌虫第 8 背板、腹板愈合，侧面观呈梯形，左右两侧腹面未愈合。第 9 腹板宽阔，侧面观近半圆形，后缘明显超过肛上板后缘。亚生殖板腹面观近长方形骨片，前缘中央微凹，两侧缘具长毛。

【地理分布】 四川、湖北。

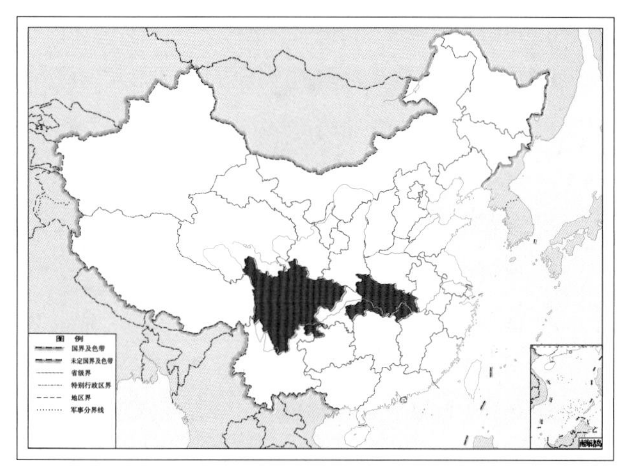

图 4-197-2 狭翅褐蛉 *Hemerobius angustipennis* 地理分布图

198. 黑额褐蛉 *Hemerobius atrifrons* McLachlan, 1868

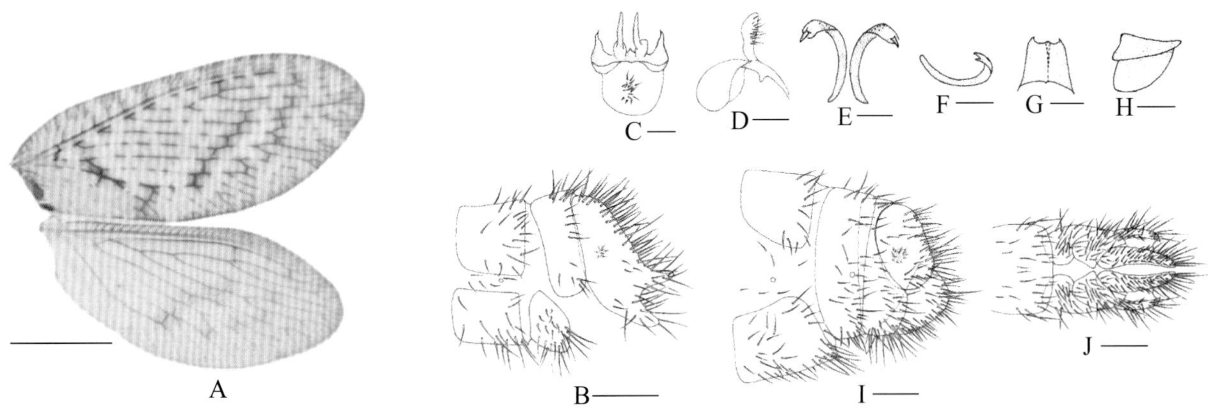

图 4-198-1 黑额褐蛉 *Hemerobius atrifrons* 形态图

（标尺：A 为 2.0 mm，B、I、J 为 0.2 mm，C ~ H 为 0.1 mm）

A. 翅 B. 雄虫腹部末端侧面观 C. 雄虫殖弧叶背面观 D. 雄虫殖弧叶侧面观 E. 雄虫阳基侧突背面观 F. 雄虫阳基侧突侧面观 G. 雄虫内生殖板背面观 H. 雄虫内生殖板侧面观 I. 雌虫腹部末端侧面观 J. 雌虫腹部末端腹面观

【测量】 体长 4.2 ~ 5.2 mm，前翅长 6.3 ~ 7.8 mm、前翅宽 2.4 ~ 3.2 mm，后翅长 5.6 ~ 7.1 mm、后翅宽 2.2 ~ 3.0 mm。

【形态特征】 头部呈褐色，前方整体较深，唇基黑褐色加深。触角超过 60 节，褐色。复眼褐色，具暗红色金属光泽。胸部黄褐色，沿胸部背板两侧缘具明显深褐色纵带，尤其中胸背板处，前后缘具深褐色斑点。足褐色，跗节末端深褐色，深于其他各节。前翅椭圆形，翅面黄褐色，密布褐色横纹，沿阶脉组处最明显及完整，1m-cu 横脉处及其周围相连纵脉处具明显褐色斑；翅脉纵脉黄褐色，位于褐色纹内的皆为深褐色加深，横脉均为深褐色加深。后翅椭圆形，翅面黄褐色较透明，沿阶脉具不明显浅褐色带，前缘及外缘微深于中部；翅脉褐色，M 脉基部及 A 脉与 J 脉色浅。腹部黄褐色，背板与腹板明显深于侧膜。雄虫肛上板侧后角后伸，基部粗壮，端部渐细，侧前角后伸粗壮成棒状，长度超过侧后角的 1/2。殖弧叶的殖弧中突呈 1 对明显的刺状突结构，彼此相互远离，基部膨大成圆盘状，中央具粗壮刺状突；半殖弧叶膨大，侧面观近水滴形；殖弧拱处透明膜表面具十多根长刚毛。阳基侧突简单，左右完全分离。内生殖板发达，背面观近梯形。雌虫第 9 背板侧面观后缘背部至中部前凹明显，腹缘微膨大成弧状，第 9 腹板宽大，明显超过肛上板后缘；无亚生殖板。

【地理分布】 河北、山西、北京、吉林、内蒙古、宁夏；日本，俄罗斯，英国，奥地利。

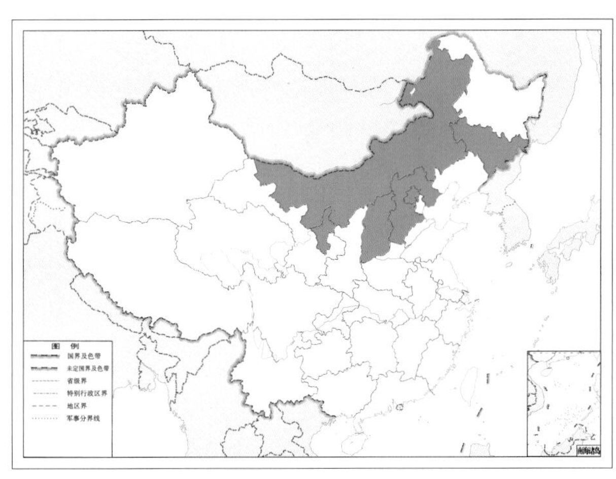

图 4-198-2 黑额褐蛉 *Hemerobius atrifrons* 地理分布图

199. 黑体褐蛉 *Hemerobius atrocorpus* Yang, 1997

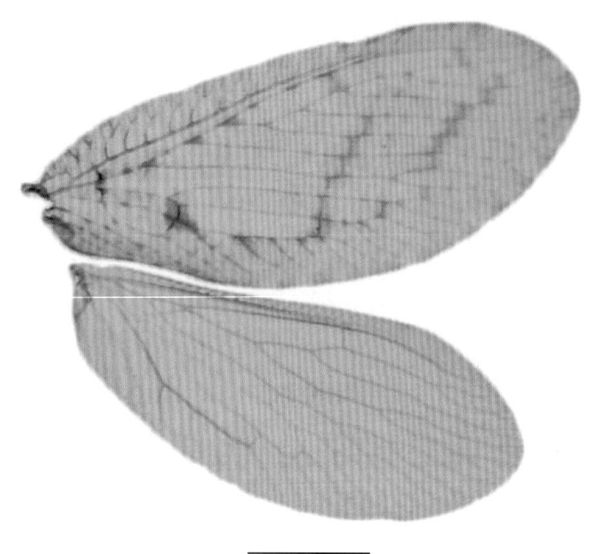

图 4-199-1 黑体褐蛉 *Hemerobius atrocorpus* 成虫图（前后翅）
（标尺：2.0 mm）

【测量】 雄虫体长 7.0 mm，前翅长 8.3 mm、前翅宽 3.6 mm，后翅长 7.6 mm、后翅宽 2.8 mm。

【形态特征】 头部褐色均一，无明显加深。复眼黑色。胸部黄褐色，胸部背板中央具浅色纵带。足黄褐色，无斑。前翅椭圆形，顶角钝圆。翅面黄褐色，透明，沿阶脉具明显褐色带，沿 R 脉具不连续圆形褐色斑，沿 CuA 脉具褐色斑，尤其 1m-cu 横脉处具不规则大褐色斑；翅脉纵脉黄褐色，横脉浅褐色。后翅椭圆形，顶角钝圆。翅面黄褐色，透明无斑；翅脉浅褐色，Cu 脉微深。腹部黄褐色颜色均一。雄虫第 9 背板细长，侧后角微尖，伸向后方，第 9 腹板侧面观形状不规则，侧面观腹缘弧形；肛上板基部宽大，中部至端部渐细，向后延伸形成臂状突，末端特化成钩状突且向内弯曲，近端部 1/4 处具明显刺状突。

【地理分布】 湖北。

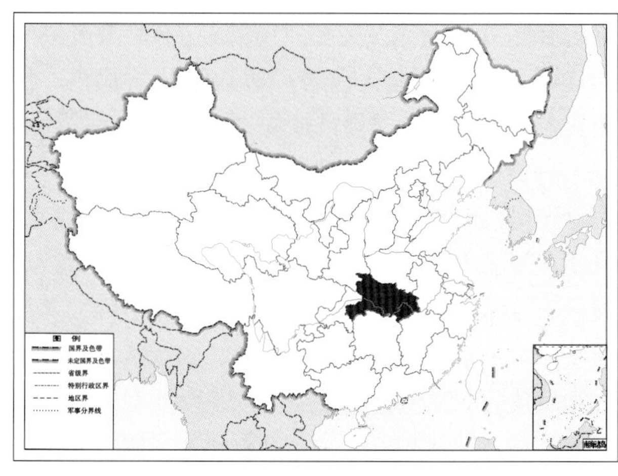

图 4-199-2 黑体褐蛉 *Hemerobius atrocorpus* 地理分布图

200. 双刺褐蛉 *Hemerobius bispinus* Banks, 1940

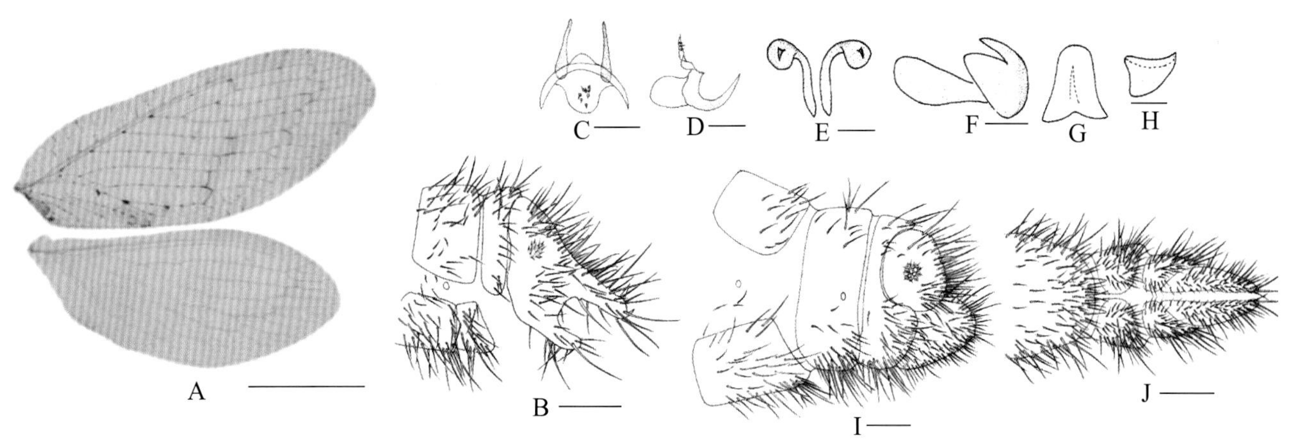

图 4-200-1　双刺褐蛉 *Hemerobius bispinus* 形态图

（标尺：A 为 2.0 mm，B、I、J 为 0.2 mm，C ~ H 为 0.1 mm）

A. 翅　B. 雄虫腹部末端侧面观　C. 雄虫殖弧叶背面观　D. 雄虫殖弧叶侧面观　E. 雄虫阳基侧突背面观　F. 雄虫阳基侧突侧面观　G. 雄虫内生殖板背面观　H. 雄虫内生殖板侧面观　I. 雌虫腹部末端侧面观　J. 雌虫腹部末端腹面观

【测 量】 体长 5.5 ~ 6.5 mm，前翅长 5.6 ~ 8.1 mm、前翅宽 2.6 ~ 3.1 mm，后翅长 5.2 ~ 7.0 mm、后翅宽 2.2 ~ 2.8 mm。

【形态特征】 头部黄褐色，沿复眼后方两颊至上颚具褐色带。触角超过 60 节，黄褐色。复眼灰褐色，具金属光泽。胸部浅褐色，沿胸部背板两侧缘具褐色纵带。足黄褐色，无明显斑点。前翅椭圆形，翅面浅黄褐色，无明显斑点；翅脉纵脉黄褐色透明，间距浅褐色间隔，尤其 RP 在 R 脉上的起点处，1m-cu 横脉在 Cu 脉的连接处及 CuA 脉的分叉点处呈褐色加深，横脉黄褐色。后翅椭圆形，翅面浅黄色透明，无明显斑点；翅脉浅黄褐色。腹部浅黄褐色，背板褐色明显深于其他。雄虫第 9 背板较窄，侧面观近长方形，后缘背侧微隆；第 9 腹板较小，侧面观近梯形。肛上板侧后角粗壮发达，末端具 2 个大刺，侧前角基部宽大，端部呈棒状后伸，长度超过侧后角的 1/2，臀胝不明显。殖弧叶的殖弧中突呈 1 对大的刺状突出结构，彼此相互远离，向上弯曲成钩状，基部圆钝，端部尖细；半殖弧叶较小；殖弧拱处透明膜表面具 6 ~ 9 个刚毛状小刺突，前方连接较小膜状结构，背面观近三角形。雌虫肛上板卵圆形，臀胝明显，位于中央，无亚生殖板。

【地理分布】 河北、河南、山西、陕西、广西、新疆、甘肃、北京、内蒙古、宁夏、四川、西藏、湖北。

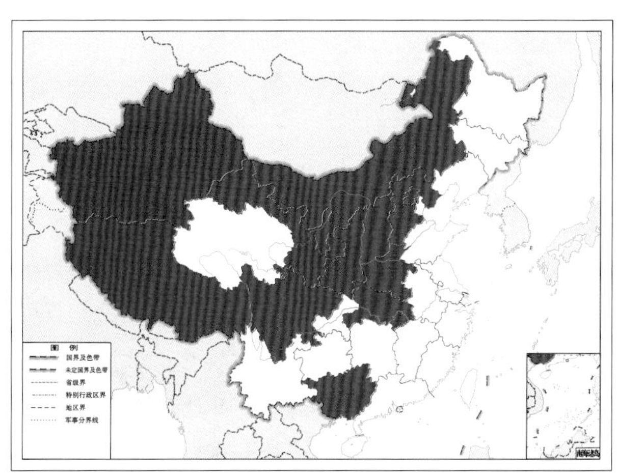

图 4-200-2　双刺褐蛉 *Hemerobius bispinus* 地理分布图

201. 双芒康褐蛉 *Hemerobius chiangi* Banks, 1940

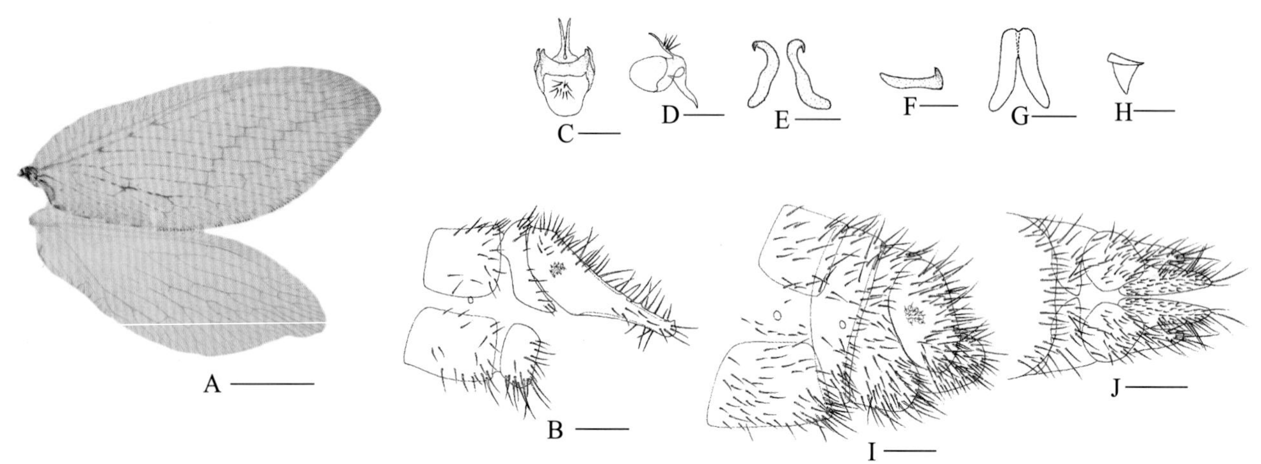

图 4-201-1 双芒康褐蛉 *Hemerobius chiangi* 形态图

（标尺：A 为 2.0 mm，B、I、J 为 0.2 mm，C ~ H 为 0.1 mm）

A. 翅 B. 雄虫腹部末端侧面观 C. 雄虫殖弧叶背面观 D. 雄虫殖弧叶侧面观 E. 雄虫阳基侧突背面观 F. 雄虫阳基侧突侧面观 G. 雄虫内生殖板背面观 H. 雄虫内生殖板侧面观 I. 雌虫腹部末端侧面观 J. 雌虫腹部末端腹面观

【测量】 体长 4.1 ~ 6.2 mm，前翅长 8.0 ~ 9.3 mm、前翅宽 3.6 ~ 4.0 mm，后翅长 7.6 ~ 8.5 mm、后翅宽 2.9 ~ 3.3 mm。

【形态特征】 头部黄褐色，复眼后方沿两颊至上颚具褐色带，触角黄褐色，柄节及梗节外缘具纵褐色纹，超过 50 节。复眼黑色，具暗红色金属光泽。胸部黄褐色，背板中央具浅黄色纵带。足黄褐色，无明显斑点。前翅椭圆形，顶角微尖。翅面浅黄褐色，透明，无明显斑点；翅脉纵脉浅黄褐色，间具浅褐色间隔。后翅椭圆形，顶角微尖。翅面浅黄褐色，透明无斑；翅脉浅褐色较透明。腹部黄褐色，背腹板颜色均一，多毛。雄虫第 9 背板较小，侧面观时侧缘向后延伸，末端微尖；第 9 腹板侧面观近正方形。肛上板侧面观基部膨大，侧后角特化成棒状，伸向后方，末端钝圆且侧上角微尖，近端部 1/3 处具 1 根明显的大长刺；臀胝明显。殖弧叶的殖弧中突呈 1 对明显的刺状突结构，基部略膨大，近基部 1/5 处至端部尖细；半殖弧叶膨大；殖弧拱处透明膜表面具十余根长刚毛。雌虫肛上板侧面观近卵圆形；臀胝明显，位于中央近前缘，无亚生殖板。

【地理分布】 四川、山西、甘肃、内蒙古、宁夏、西藏；尼泊尔。

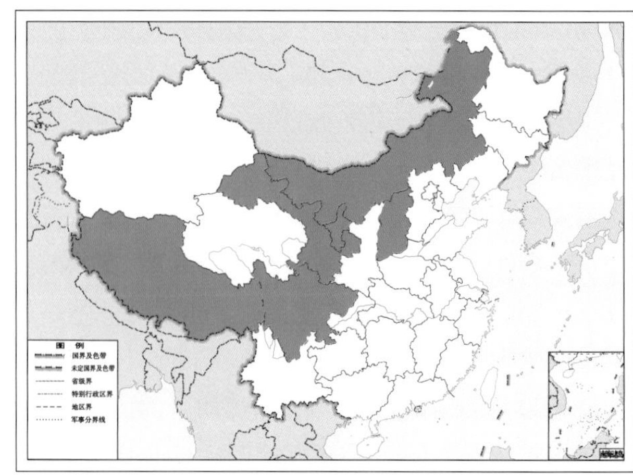

图 4-201-2 双芒康褐蛉 *Hemerobius chiangi* 地理分布图

202. 埃褐蛉 *Hemerobius exoterus* Navás, 1936

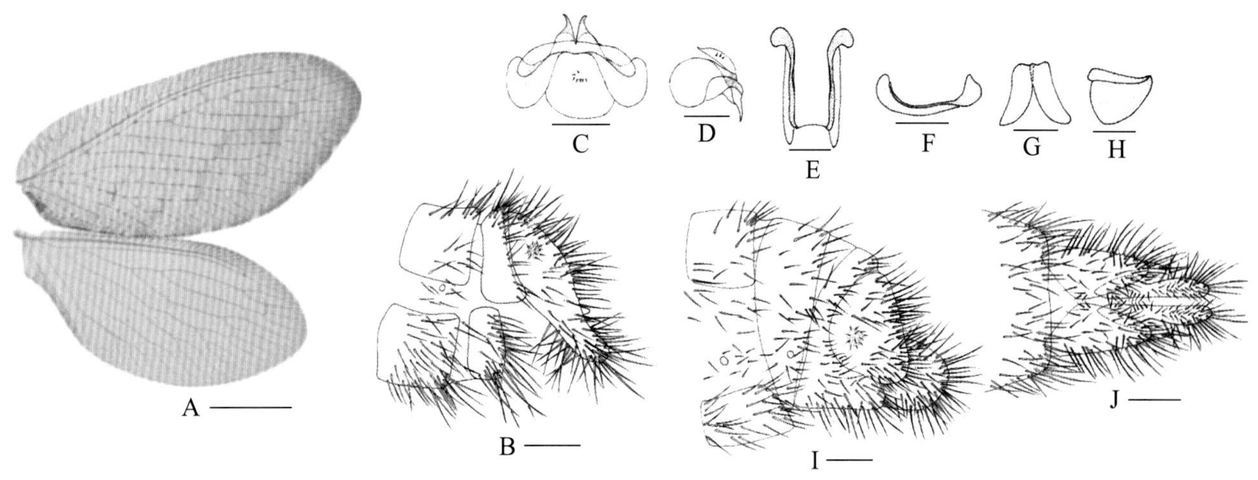

图 4-202-1 埃褐蛉 *Hemerobius exoterus* 形态图

（标尺：A 为 2.0 mm，B、I、J 为 0.2 mm，C ~ H 为 0.1 mm）

A. 翅 B. 雄虫腹部末端侧面观 C. 雄虫殖弧叶背面观 D. 雄虫殖弧叶侧面观 E. 雄虫阳基侧突背面观 F. 雄虫阳基侧突侧面观 G. 雄虫内生殖板背面观 H. 雄虫内生殖板侧面观 I. 雌虫腹部末端侧面观 J. 雌虫腹部末端腹面观

【测量】 体长 4.4 ~ 5.6 mm，前翅长 6.8 ~ 8.4 mm、前翅宽 3.2 ~ 4.7 mm，后翅长 6.1 ~ 7.2 mm、后翅宽 2.8 ~ 3.3 mm。

【形态特征】 头部呈褐色，两颊至上颚明显深褐色加深，上颚尤其明显，下唇须及下颚须褐色，末节深褐色加深。触角褐色，超过 55 节。复眼深褐色，具暗红色金属光泽。胸黄褐色，背板两侧缘具褐色细纵纹，后胸背板盾片褐色。足褐色，跗节末端深褐色加深。前翅椭圆形，翅面浅褐色，翅缘色深于内部，尤其外缘及后缘，翅面具黄褐色矢状纹，翅基部尤其明显；翅脉褐色，间具浅褐色间隔。后翅椭圆形，翅面黄褐色，透明无斑，翅痣较前翅明显；翅脉褐色。腹部褐色，背腹板颜色均一，多毛。雄虫第 9 背板侧面观腹部末端钝圆，微宽于背端。臀胝明显。殖弧中突基部粗壮，至端部渐细，末端尖细如钩，背面观向两侧微弯；半殖弧叶膨大；殖弧拱处透明膜表面具 6 ~ 8 根小刺。雌虫第 9 背板侧面观前缘弧形，后缘背端至中部前凹明显；第 9 腹板宽大，明显超过肛上板后缘；无亚生殖板。

【地理分布】 四川、河北、河南、山西、陕西、新疆、甘肃、北京、内蒙古、吉林、宁夏、西藏、云南、江西、福建；俄罗斯，墨西哥。

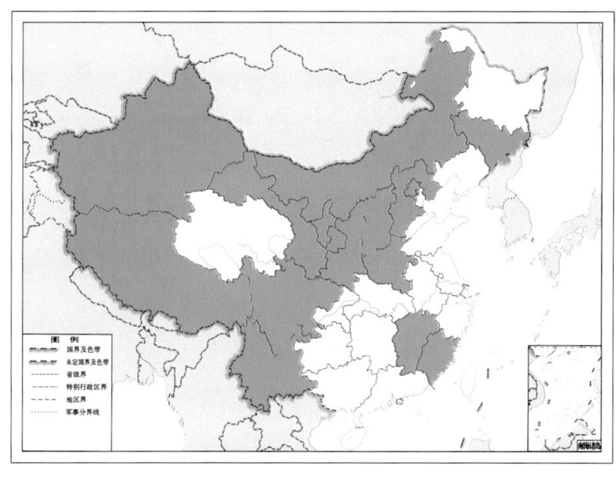

图 4-202-2 埃褐蛉 *Hemerobius exoterus* 地理分布图

203. 黄镰褐蛉 *Hemerobius flaveolus* (Banks, 1940)

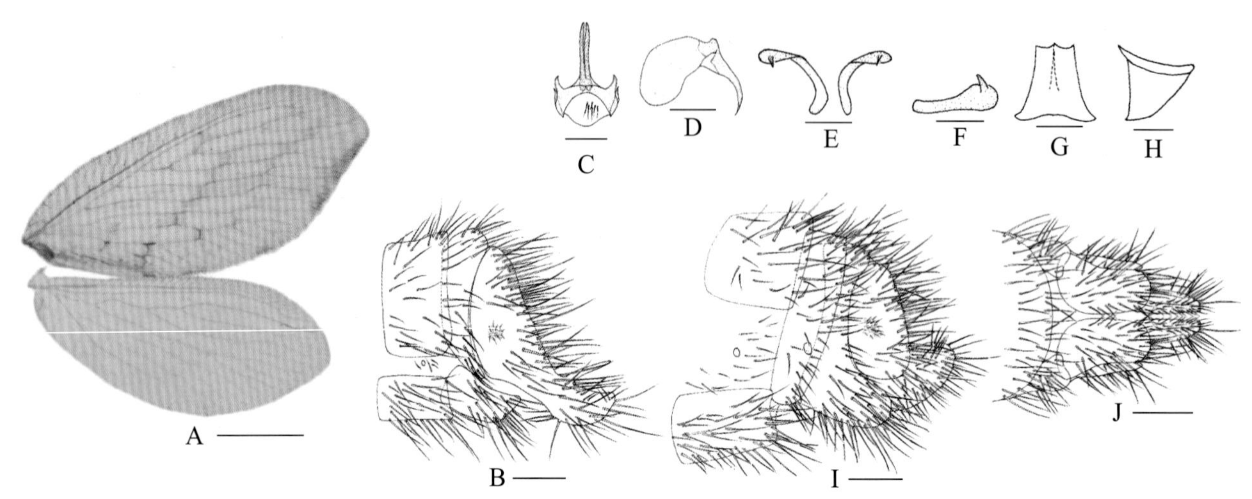

图 4-203-1 黄镰褐蛉 *Hemerobius flaveolus* 形态图

（标尺：A 为 2.0 mm，B、I、J 为 0.2 mm，C ~ H 为 0.1 mm）

A. 翅 B. 雄虫腹部末端侧面观 C. 雄虫殖弧叶背面观 D. 雄虫殖弧叶侧面观 E. 雄虫阳基侧突背面观 F. 雄虫阳基侧突侧面观 G. 雄虫内生殖板背面观 H. 雄虫内生殖板侧面观 I. 雌虫腹部末端侧面观 J. 雌虫腹部末端腹面观

【测量】 体长 5.1 ~ 6.6 mm，前翅长 8.2 ~ 8.8 mm、前翅宽 3.3 ~ 3.8 mm，后翅长 7.1 ~ 7.8 mm、后翅宽 3.1 ~ 3.4 mm。

【形态特征】 头部黄褐色，复眼后方沿两颊至上颚具褐色带，下唇须及下颚须褐色。触角黄褐色，超过 65 节。复眼黑褐色，具暗红色金属光泽。胸部黄褐色，背板两侧缘具褐色细纵纹，中胸、后胸背板盾片具圆形褐色斑。足黄褐色，跗节末端褐色加深，后足胫节端部具椭圆形褐色斑。前翅细长椭圆形，顶角呈钩状；翅面浅黄褐色，沿阶脉及两阶脉中部之间具灰褐色条带，沿翅后缘及侧缘侧角凹陷处具明显褐色带；翅脉纵脉黄褐色，横脉浅褐色。后翅椭圆形，顶角钝圆；翅面浅黄褐色，透明无斑；翅脉浅黄色。腹部黄褐色，背板微深于腹板，多毛。雄虫第 9 腹板侧面观近长方形。肛上板侧面观基部膨大。殖弧叶的殖弧中突呈 1 对明显的刺突，基部微宽，其余尖细；半殖弧叶膨大，侧面观形状不规则；殖弧拱处透明膜表面具 5 ~ 7 根长刚毛。雌虫第 9 背板侧面观后缘背部至中部前凹明显，腹缘膨大；无亚生殖板。

【地理分布】 四川、河北、北京、青海、宁夏、西藏；尼泊尔。

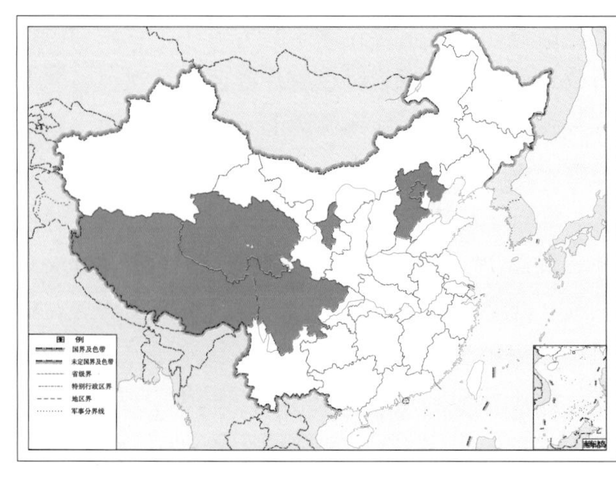

图 4-203-2 黄镰褐蛉 *Hemerobius flaveolus* 地理分布图

204. 寡汉褐蛉 *Hemerobius grahami* Banks, 1940

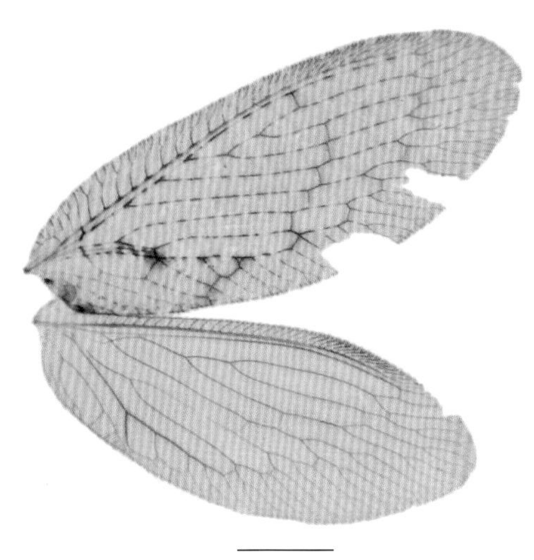

图 4-204-1 寡汉褐蛉 *Hemerobius grahami* 成虫图（前后翅）
（标尺：1.0 mm）

【测量】 体长 6.6 mm，前翅长 9.1 mm、前翅宽 3.4 mm，后翅长 7.9 mm、后翅宽 3.2 mm。

【形态特征】 头部深褐色，头顶后方中央具浅黄色细纵纹，触角后方各具 1 个近菱形浅黄色亮斑，下唇须及下颚须浅褐色，末节褐色加深。触角褐色，柄节深褐色，总长超过 55 节。复眼黑色，具金属光泽。前胸背板黄褐色，中央具浅色纵带；中后胸背板深褐色。足黄褐色，胫节端部具褐色环纹，跗节末端褐色加深。前翅椭圆形，顶角钝圆；翅面黄褐色，1m-cu 横脉处具圆形褐色斑，沿阶脉具不明显褐色带，沿内阶脉近翅后缘处较明显；翅脉纵脉褐色，均匀分布无色透明间隔，横脉褐色。后翅椭圆形，侧角微钝；翅面浅褐色，透明无斑。腹部黄褐色，背板、腹板褐色明显深于侧膜，多毛。雄虫第 9 背板侧面观后缘背部至中部前凹明显，腹缘微膨大；第 9 腹板十分宽大，侧面观近半圆形，明显超过肛上板后缘。肛上板侧面观卵圆形，肛上胝明显，位于中央。亚生殖板发达，腹面观近细长三角形，基部中央前凹，端部微钝圆。

【地理分布】 四川、宁夏。

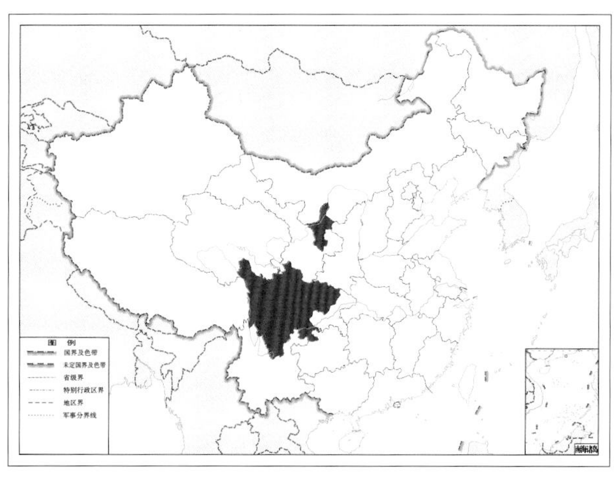

图 4-204-2 寡汉褐蛉 *Hemerobius grahami* 地理分布图

205. 哈曼褐蛉 *Hemerobius harmandinus* Navás, 1910

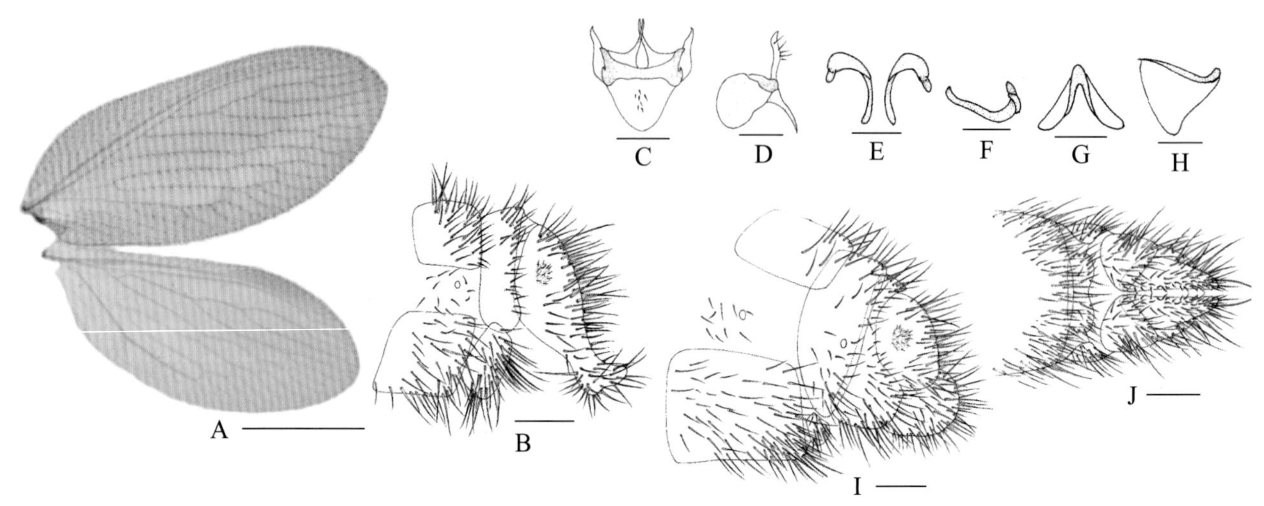

图 4-205-1 哈曼褐蛉 *Hemerobius harmandinus* 形态图

（标尺：A 为 2.0 mm，B、I、J 为 0.2 mm，C ~ H 为 0.1 mm）

A. 翅 B. 雄虫腹部末端侧面观 C. 雄虫殖弧叶背面观 D. 雄虫殖弧叶侧面观 E. 雄虫阳基侧突背面观 F. 雄虫阳基侧突侧面观 G. 雄虫内生殖板背面观 H. 雄虫内生殖板侧面观 I. 雌虫腹部末端侧面观 J. 雌虫腹部末端腹面观

【测量】 体长 4.5 ~ 6.1 mm，前翅长 5.2 ~ 6.9 mm、前翅宽 2.2 ~ 2.9 mm，后翅长 4.3 ~ 6.2 mm、后翅宽 1.9 ~ 2.3 mm。

【形态特征】 头部褐色，上唇浅于周围，下唇须及下颚须黄褐色，末节褐色加深。触角褐色，超过 65 节。复眼红褐色，具金属光泽。胸部黄褐色，均一。足黄褐色，无斑，跗节末端微深。前翅细长，顶角微尖，翅面黄褐色，沿 RA 脉及 M 脉之间，自基部至翅外缘具明显透明亮带，R3 脉前缘及相邻亚前缘域至翅外缘具不明显透明亮带；翅脉纵脉黄褐色，均匀密布褐色小圆点呈线状，横脉浅黄色透明。后翅细长，顶角微尖，翅面浅黄色透明。腹部黄褐色，颜色均一，多毛。雄虫第 9 背板侧面观长方形，侧缘弧形；第 9 腹板宽大，侧面观近长方形。肛上板基部宽大，近端部微缢缩，末端膨大成粗壮钩突；臀胝明显，侧面观位于中上部。殖弧叶的殖弧中突呈 1 对刺状突结构，基部宽阔，中部至端部尖细，侧面观钩状下弯明显；半殖弧叶膨大，侧面观形状不规则；殖弧拱处透明膜表面具 6 ~ 10 根短刚毛。雌虫第 8 背板与腹板愈合，左右两侧腹面未愈合，侧面观宽大，侧缘明显弧形。亚生殖板发达呈板状，腹面观前缘中部微凹，两端微膨，多具长刚毛。

【地理分布】 云南、四川、河北、河南、甘肃、湖北、湖南、广西、江西、浙江、江苏、上海、福建；日本。

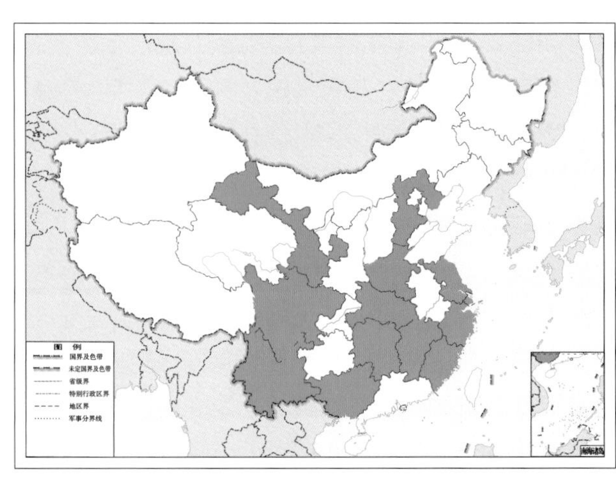

图 4-205-2 哈曼褐蛉 *Hemerobius harmandinus* 地理分布图

206. 甘肃褐蛉 *Hemerobius hedini* Tjeder, 1936

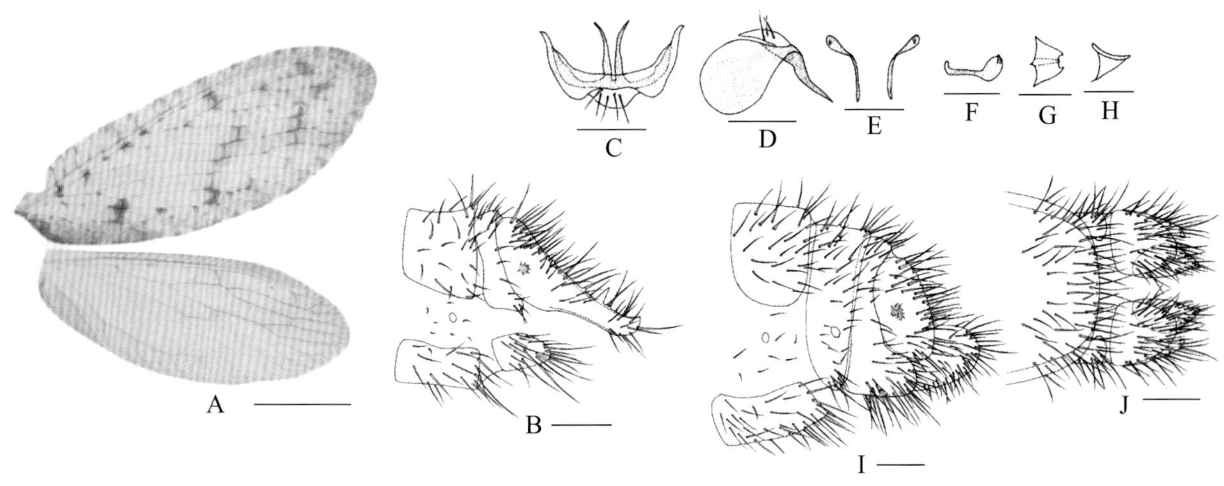

图 4-206-1　甘肃褐蛉 *Hemerobius hedini* 形态图

（标尺：A 为 2.0 mm，B、I、J 为 0.2 mm，C ~ H 为 0.1 mm）

A. 翅　B. 雄虫腹部末端侧面观　C. 雄虫殖弧叶背面观　D. 雄虫殖弧叶侧面观　E. 雄虫阳基侧突背面观　F. 雄虫阳基侧突侧面观　G. 雄虫内生殖板背面观　H. 雄虫内生殖板侧面观　I. 雌虫腹部末端侧面观　J. 雌虫腹部末端腹面观

【测量】 雄虫体长 6.0 ~ 7.1 mm，前翅长 7.3 ~ 8.9 mm、前翅宽 2.6~3.2 mm，后翅长 5.9~7.6 mm、后翅宽 2.0 ~ 2.8 mm。

【形态特征】 头部浅褐色，唇基、上唇及上颚浅黄褐色略浅于周围，头顶后方中央具十字形浅色亮纹，下唇须及下颚须褐色。触角褐色，超过 60 节，柄节背面具褐色斑。复眼黑色，具金属光泽。胸部褐色，前中胸背板中央具不明显浅色纵纹。足黄褐色，前中足胫节基部与端部各具 1 个椭圆形褐色斑。前翅细长较窄，顶角圆钝。翅面黄褐色，沿阶脉、外缘及后缘具明显褐色带，沿前缘具间断褐色带，沿 R 脉及 CuA 脉具圆形褐色斑，尤其是 1sc-r 及 1m-cu 横脉处较明显；翅脉纵脉褐色，具浅黄褐色间隔，横脉褐色。后翅细长较窄，顶角钝圆；翅面浅褐色，透明无斑。腹部褐色，背板、腹板明显深于侧膜。雄虫第 9 背板侧面观前缘中部微凹，侧缘微后伸；第 9 腹板侧面观近梯形。殖弧叶的殖弧中突呈 1 对细长刺状突结构，弯向外侧相互分离；半殖弧叶膨大，侧面观近水滴形；殖弧拱处透明膜表面具 4 ~ 6 根长刚毛。雌虫第 8 背板与腹板愈合，背缘明显宽于腹缘，侧面观近梯形；无亚生殖板。

【地理分布】 甘肃、青海。

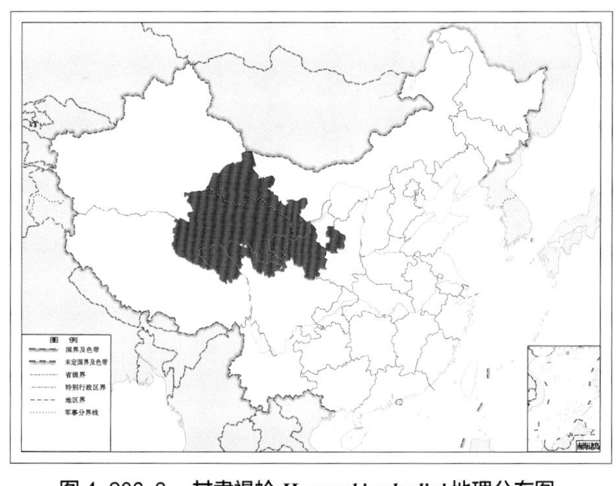

图 4-206-2　甘肃褐蛉 *Hemerobius hedini* 地理分布图

207. 横断褐蛉 *Hemerobius hengduanus* Yang, 1981

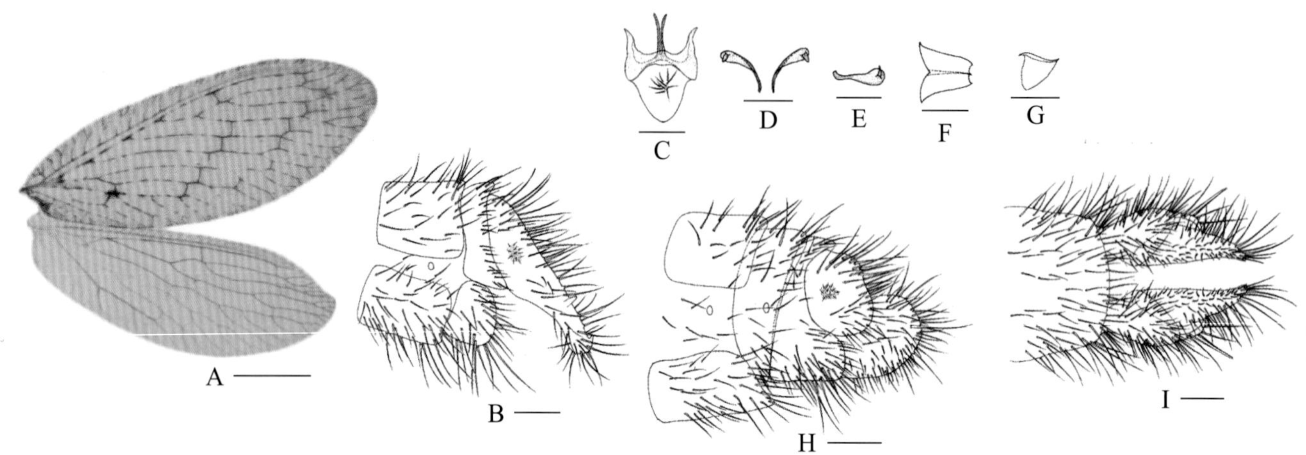

图 4-207-1 横断褐蛉 *Hemerobius hengduanus* 形态图

（标尺：A 为 2.0 mm，B、H、I 为 0.2 mm，C ~ G 为 0.1 mm）

A. 翅 B. 雄虫腹部末端侧面观 C. 雄虫殖弧叶背面观 D. 雄虫殖弧叶侧面观 E. 雄虫阳基侧突背面观 F. 雄虫阳基侧突侧面观 G. 雄虫内生殖板背面观 H. 雄虫内生殖板侧面观 I. 雌虫腹部末端侧面观 J. 雌虫腹部末端腹面观

【测量】 体长 5.4 ~ 6.2 mm，前翅长 8.6 ~ 10.1 mm、前翅宽 2.9 ~ 3.4 mm，后翅长 7.2 ~ 8.4 mm、后翅宽 2.7 ~ 3.1 mm。

【形态特征】 头部黄褐色，唇基、上唇色浅于周围，复眼后方沿两颊至上颚具褐色带，下唇须及下颚须褐色，头顶后方具 2 对褐色斑，近触角窝处的 1 对呈三角形，另 1 对近椭圆形。触角黄褐色，柄节梗节微深，总长超过 55 节。复眼黑色，具金属光泽。胸部褐色，背板中央具浅色纵带，中后胸背板盾片褐色，后胸尤其明显。足黄褐色，前中足胫节基部与端部各具 1 个梭形褐色斑，后足胫节端部具 1 个不规则褐色斑。前翅椭圆形，顶角圆钝；翅面浅褐色，1m-cu 横脉与 Cu 脉相连处具圆形小褐色斑；翅脉纵脉褐色，偶具浅色间隔，R 脉与 Cu 脉尤其明显，横脉褐色。后翅椭圆形，顶角钝圆；翅面浅褐色均一，无斑点；翅脉褐色，Cu 脉加深。腹部黄褐色，背板、腹板微深于侧膜，多毛。雄虫第 9 背板侧面观前缘中部微前凸，侧缘弧形；第 9 腹板侧面观近正方形。肛上板侧面观基部膨大，中部至端部渐细，末端成钩状；臀胝明显。殖弧叶的殖弧中突呈 1 对粗壮刺状突结构，基部微宽，端部钩状微向外弯曲；半殖弧叶膨大，侧面观形状不规则；殖弧拱处透明膜表面具 3 ~ 5 根长刚毛。雌虫第 8 背板与腹板愈合，左右两侧腹面未愈合，背缘明显宽于腹缘，侧面观近梯形。无亚生殖板。

【地理分布】 宁夏、西藏。

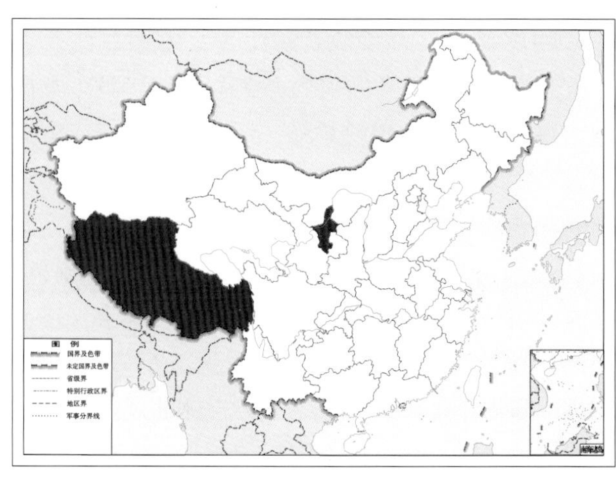

图 4-207-2 横断褐蛉 *Hemerobius hengduanus* 地理分布图

208. 全北褐蛉 *Hemerobius humuli* Linnaeus, 1758

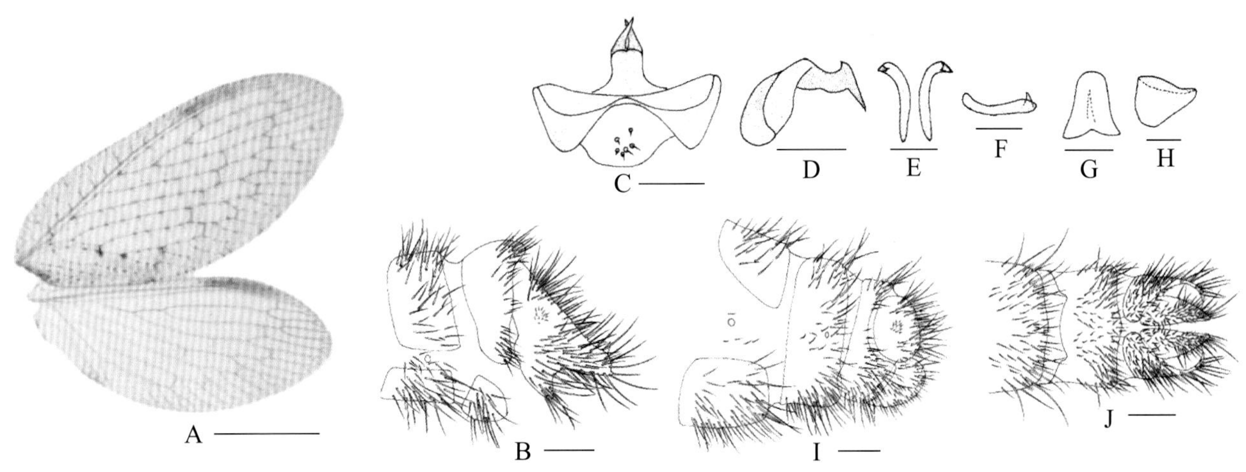

图 4-208-1　全北褐蛉 *Hemerobius humuli* 形态图

（标尺：A 为 2.0 mm，B、I、J 为 0.2 mm，C ~ H 为 0.1 mm）

A. 翅　B. 雄虫腹部末端侧面观　C. 雄虫殖弧叶背面观　D. 雄虫殖弧叶侧面观　E. 雄虫阳基侧突背面观　F. 雄虫阳基侧突侧面观　G. 雄虫内生殖板背面观　H. 雄虫内生殖板侧面观　I. 雌虫腹部末端侧面观　J. 雌虫腹部末端腹面观

【测量】 体长 5.0~6.2 mm，前翅长 6.6~7.5 mm、前翅宽 2.6 ~ 3.2 mm，后翅长 5.6 ~ 6.2 mm、后翅宽 2.2 ~ 2.8 mm。

【形态特征】 头部黄褐色，复眼后方沿两颊至上颚具褐色带，下唇须及下颚须褐色。触角超过 55 节，黄褐色，鞭节末端略浅于其他部分。复眼灰褐色，具彩色金属光泽。胸部浅褐色，沿胸部背板两侧缘具褐色纵带，前方与头部后方褐色带相连。足黄褐色，后足胫节端部具梭形褐色斑。前翅椭圆形，顶角钝圆；翅面黄褐色，具不明显的浅黄褐色矢状纹，翅痣褐色明显，1m-cu 横脉处及 CuA 脉第 1 分叉处具褐色小圆斑；翅脉纵脉黄褐色，间距明显褐色间隔，横脉除最下方内阶脉组透明外，其余均为褐色。后翅椭圆形，顶角钝圆；翅面浅黄色透明，无明显斑点，翅痣黄褐色明显；翅脉浅褐色。腹部黄褐色，背板与腹板褐色明显深于侧膜，多毛。雄虫第 9 背板形状不规则，后缘背侧隆起微后伸，沿后缘多具长毛；第 9 腹板较小，侧面观近半圆形。肛上板侧后角粗壮发达，末端具 1 个刺突，侧前角下伸，长度未达侧后角的 1/2；臀胝不明显。殖弧叶的殖弧中突呈 1 对刺状突结构，顶端相互交叉；半殖弧叶膨大；殖弧拱处透明膜表面具 4 ~ 7 个刚毛状小刺突。雌虫第 8 背板与腹板愈合，十分宽大，尤其腹面观宽大呈板状，侧面观呈长方形；无亚生殖板。

【地理分布】 辽宁、吉林、黑龙江、内蒙古、河北、北京、河南、山西、陕西、广西、新疆、甘肃、宁夏、四川、贵州、云南、西藏、湖北、江西、江苏、浙江、福建；日本，印度，俄罗斯，北美洲，非洲。

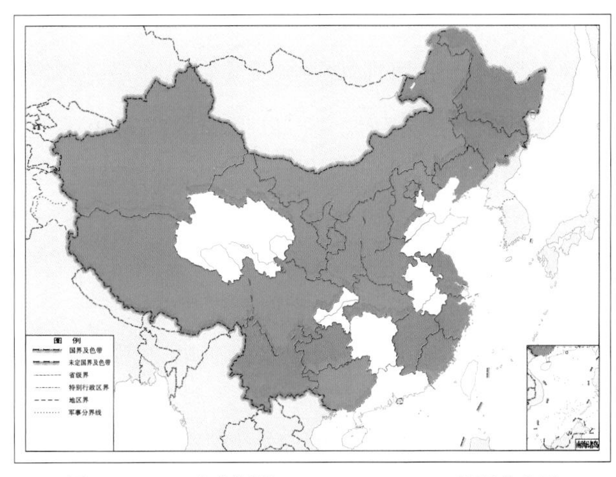

图 4-208-2　全北褐蛉 *Hemerobius humuli* 地理分布图

209. 淡脉褐蛉 *Hemerobius hyalinus* Nakahara, 1966

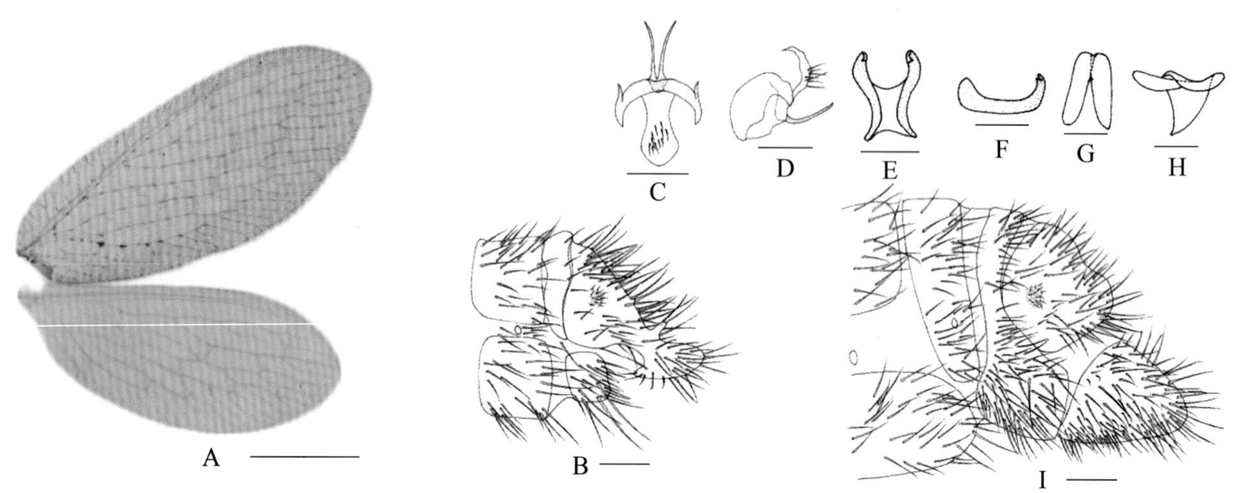

图 4-209-1 淡脉褐蛉 *Hemerobius hyalinus* 形态图

（标尺：A 为 2.0 mm，B、I 为 0.2 mm，C ~ H 为 0.1 mm）

A. 翅 B. 雄虫腹部末端侧面观 C. 雄虫殖弧叶背面观 D. 雄虫殖弧叶侧面观 E. 雄虫阳基侧突背面观 F. 雄虫阳基侧突侧面观 G. 雄虫内生殖板背面观 H. 雄虫内生殖板侧面观 I. 雌虫腹部末端侧面观

【测量】 体长 5.2 ~ 6.0 mm，前翅长 6.8 ~ 8.2 mm、前翅宽 2.7 ~ 3.5 mm，后翅长 5.7 ~ 6.8 mm、后翅宽 2.3 ~ 2.9 mm。

【形态特征】 头部黄褐色，复眼后方沿两颊至上颚具褐色带，上颚基部尤其明显，下唇须及下颚须黄褐色。触角超过 60 节，黄褐色。复眼红褐色，具金属光泽。胸部黄褐色，前胸背板沿两侧缘具褐色细纵纹，中后胸背板盾片各具圆形褐色斑。足黄褐色，跗节末端 2 ~ 3 节褐色加深。前翅椭圆形，顶角微圆；翅面浅黄褐色透明，具不明显的灰色矢状纹，沿 CuA 脉具圆形小褐色斑，尤其是在 1m-cu 横脉连接处较明显；翅脉纵脉浅黄色透明，间距黄褐色间隔，横脉黄褐色。后翅椭圆形，顶角微圆；翅面浅黄褐色，透明无斑；翅脉浅黄褐色透明。腹部黄褐色，颜色均一，多毛。雄虫第 9 背板侧面观形状不规则，侧缘尖细，明显窄于背缘，前缘中央微凹；第 9 腹板侧面观近正方形。肛上板基部宽大，中部缢缩明显，端部膨大成盘状，背缘中部缢缩处具 1 个明显刺突；臀胝明显。殖弧叶的殖弧中突呈 1 对细长的刺状突结构，相互分离，弯向外侧，侧面观呈长钩状上弯；半殖弧叶膨大，侧面观形状不规则；殖弧拱处透明膜表面具十余根长毛。雌虫第 8 背板与腹板愈合，侧面观呈梯形；无亚生殖板。

【地理分布】 河北、北京、河南、山西、陕西、新疆、甘肃、内蒙古、吉林、宁夏、西藏、四川、云南、江西、福建；俄罗斯，墨西哥。

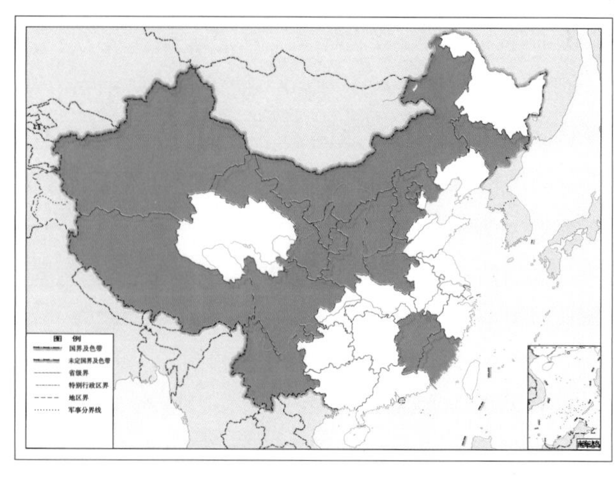

图 4-209-2 淡脉褐蛉 *Hemerobius hyalinus* 地理分布图

210. 印度褐蛉 *Hemerobius indicus* Kimmins, 1938

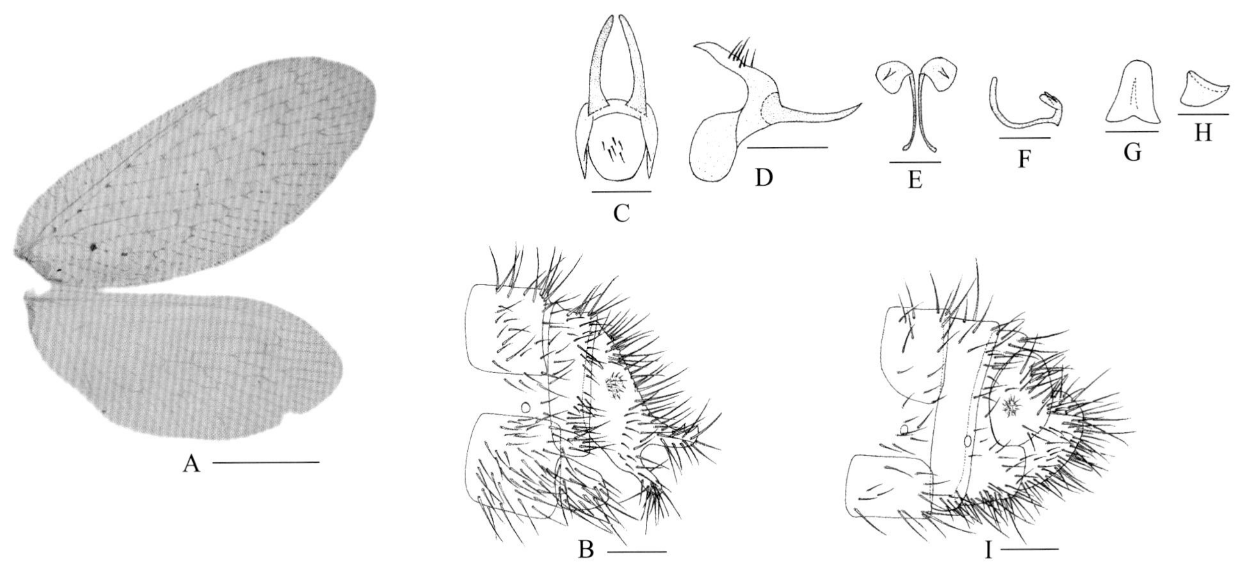

图 4-210-1　印度褐蛉 *Hemerobius indicus* 形态图

（标尺：A 为 2.0 mm，B、I 为 0.2 mm，C ~ H 为 0.1 mm）

A. 翅　B. 雄虫腹部末端侧面观　C. 雄虫殖弧叶背面观　D. 雄虫殖弧叶侧面观　E. 雄虫阳基侧突背面观　F. 雄虫阳基侧突侧面观　G. 雄虫内生殖板背面观　H. 雄虫内生殖板侧面观　I. 雌虫腹部末端侧面观

【测量】 体长 4.4 ~ 6.5 mm，前翅长 7.2 ~ 8.0 mm、前翅宽 2.8 ~ 3.1 mm，后翅长 6.2 ~ 6.9 mm、后翅宽 2.2 ~ 2.8 mm。

【形态特征】 头部黄褐色，复眼后方沿两颊至上颚具褐色带，下唇须及下颚须黄褐色，末节褐色加深。触角浅黄褐色，超过 60 节。复眼灰褐色，具红色金属光泽。胸部黄褐色，背板中央具浅色纵带。足黄褐色，跗节末端褐色加深，胫节膨大明显成梭形。前翅椭圆形。翅面浅黄褐色透明，具不明显矢状纹，1m-cu 横脉处具褐色小圆斑；翅脉纵脉浅黄褐色透明，间距黄褐色间隔，RP 脉起始位置及 CuA 脉分叉点处褐色明显，横脉黄褐色。后翅椭圆形；翅面浅黄褐色，透明无斑；翅脉纵脉浅黄褐色，R 脉与 M 脉基部色浅，几乎无色，横脉浅褐色。腹部黄褐色，颜色均一，多毛。雄虫第 9 背板侧面观长方形；第 9 腹板侧面观近梯形。肛上板侧后角粗壮后伸，末端具 2 个分叉、呈 2 个大的刺突，侧前角下伸成棒状，长度超过侧后角的 1/2；臀胝明显。殖弧叶的殖弧中突呈 1 对粗壮的刺突，背面观二者端部内弯，侧面观微上弯呈钩状；半殖弧叶较小，侧面观呈水滴状；殖弧拱处透明膜表面具 5 ~ 7 根长毛。雌虫第 8 背板腹面左右裂开，侧面观近长方形；亚生殖板椭圆形。

【地理分布】 云南、台湾；印度。

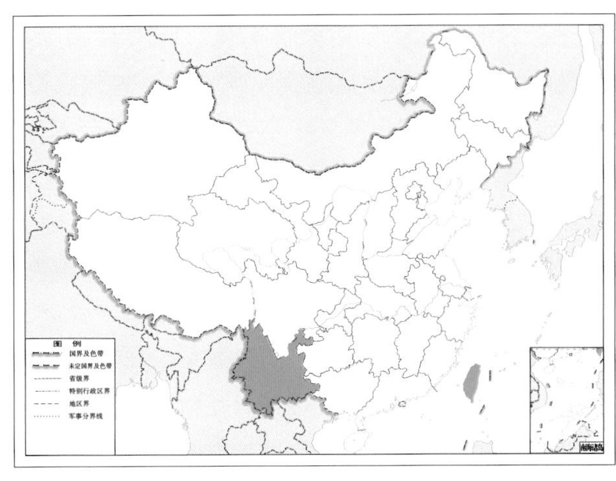

图 4-210-2　印度褐蛉 *Hemerobius indicus* 地理分布图

211. 日本褐蛉 *Hemerobius japonicus* Nakahara, 1915

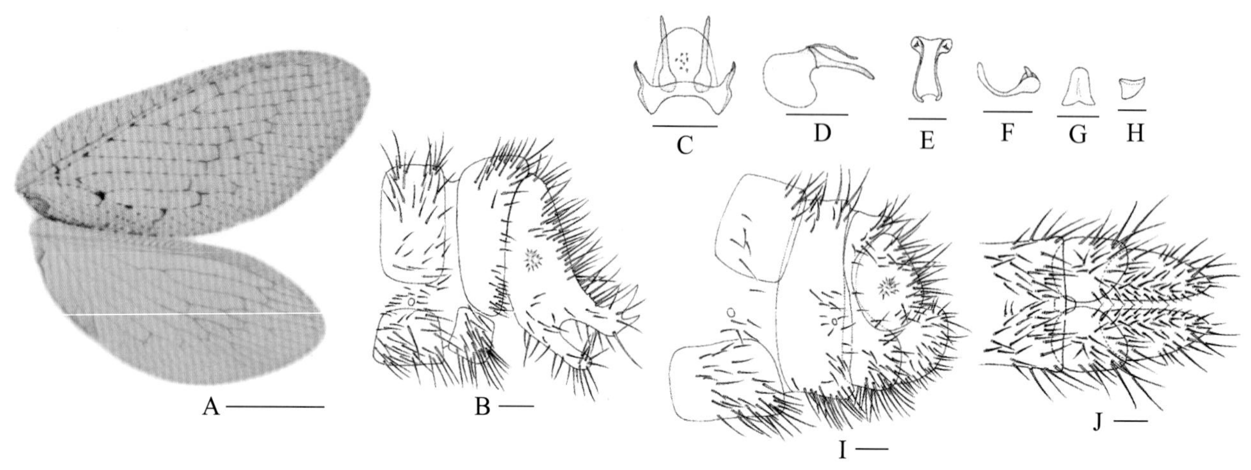

图 4-211-1 日本褐蛉 *Hemerobius japonicus* 形态图

（标尺：A 为 2.0 mm，B、I、J 为 0.2 mm，C ~ H 为 0.1 mm）

A. 翅 B. 雄虫腹部末端侧面观 C. 雄虫殖弧叶背面观 D. 雄虫殖弧叶侧面观 E. 雄虫阳基侧突背面观 F. 雄虫阳基侧突侧面观 G. 雄虫内生殖板背面观 H. 雄虫内生殖板侧面观 I. 雌虫腹部末端侧面观 J. 雌虫腹部末端腹面观

【测量】 体长 5.0 ~ 6.2 mm，前翅长 6.5 ~ 7.9 mm、前翅宽 3.0 ~ 3.4 mm，后翅长 6.2 ~ 7.0 mm、后翅宽 2.6 ~ 2.9 mm。

【形态特征】 头部呈黄褐色，复眼后方沿两颊至上颚具褐色带，下唇须及下颚须黄褐色，末节褐色加深。触角超过 65 节，黄褐色。复眼灰褐色，具金属光泽。胸部浅褐色，沿胸部背板两侧缘具褐色纵带，中胸背板处较细。足黄褐色，无斑。前翅椭圆形，顶角微尖；翅面黄褐色，具不明显浅灰褐色矢状纹，外缘及后缘浅褐色微深于其他部分，1m-cu 横脉处具不规则形状小褐色斑；翅脉纵脉黄褐色，具褐色间隔，尤其 RP 脉起点处及分叉处明显，横脉均为褐色。后翅椭圆形，顶角微尖；翅面黄褐色透明，无明显斑点；纵脉浅褐色，横脉褐色。腹部黄褐色，背板、腹板深于侧膜，多毛。雄虫第 9 背板后缘背侧微微隆起，侧缘弧形；第 9 腹板较小，侧面观近菱形。肛上板侧后角粗壮后伸，末端特化成 2 个大的刺状突，侧前角下伸成棒状，长度超过侧后角的 1/2；臀胝不明显。殖弧叶的殖弧中突呈 1 对细长的针突，背面观基部 1/4 为圆形；半殖弧叶膨大；殖弧拱处透明膜表面具 5 ~ 8 个刚毛状小刺突。雌虫第 8 背板与腹板愈合，侧面观呈长方形，腹面也愈合；亚生殖板小，水滴形。

【地理分布】 河南、山西、陕西、新疆、甘肃、安徽、北京、内蒙古、宁夏、四川、贵州、云南、西藏、湖北、江西、浙江；日本。

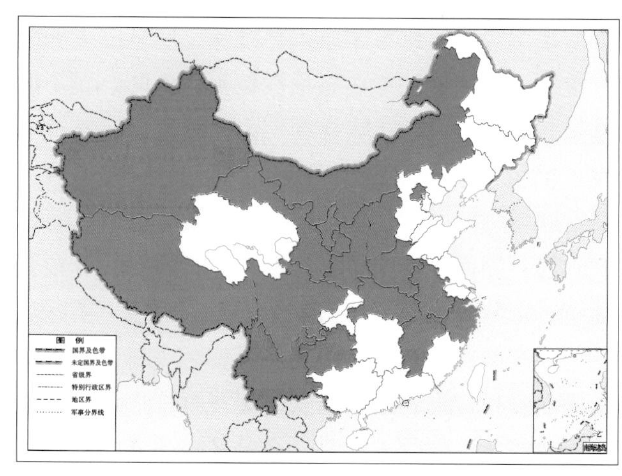

图 4-211-2 日本褐蛉 *Hemerobius japonicus* 地理分布图

212. 李氏褐蛉 *Hemerobius lii* Yang, 1981

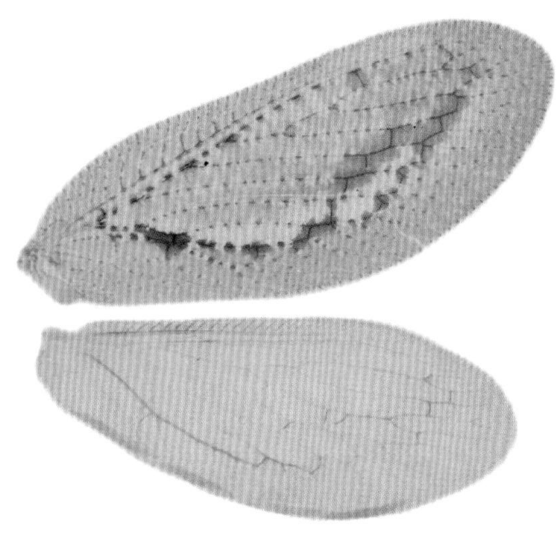

图 4-212-1　李氏褐蛉 *Hemerobius lii* 成虫图（前后翅）
（标尺：1.0 mm）

【测量】 体长 6.0 mm，前翅长 8.2 mm、前翅宽 3.1 mm，后翅长 7.1 mm、后翅宽 2.7 mm。

【形态特征】 头部呈黄褐色，复眼后方沿两颊至上颚具褐色带，下唇须及下颚须黄褐色，末节褐色加深。触角黄褐色，过 60 节。复眼红褐色，具金属光泽。胸部黄褐色，胸部背板两侧缘具不明显褐色带。足黄褐色，无斑。前翅椭圆形，顶角微钝；翅面黄褐色，沿 Cu 脉及 2 组阶脉具较连续的褐色带，沿 R 脉具不连续的小褐色点，翅缘处均一黄褐色，内侧较透明具灰褐色矢状纹；翅脉纵脉黄褐色，不均匀间隔褐色小圆点，横脉褐色较明显。后翅椭圆形，顶角微钝；翅面黄褐色，透明无斑。腹部黄褐色，颜色均一，多毛。

【地理分布】 西藏。

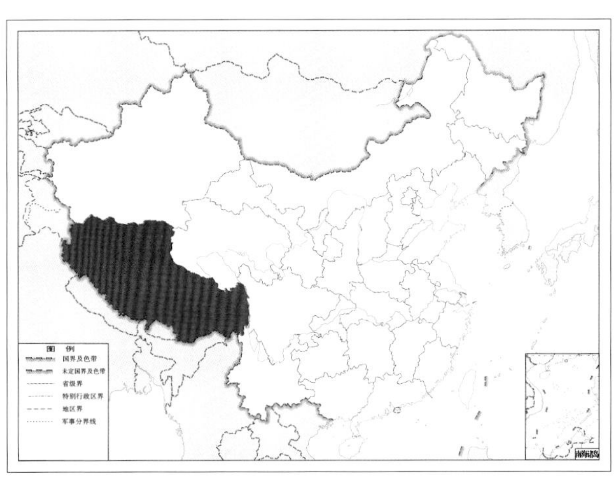

图 4-212-2　李氏褐蛉 *Hemerobius lii* 地理分布图

213. 长翅褐蛉 *Hemerobius longialatus* Yang, 1987

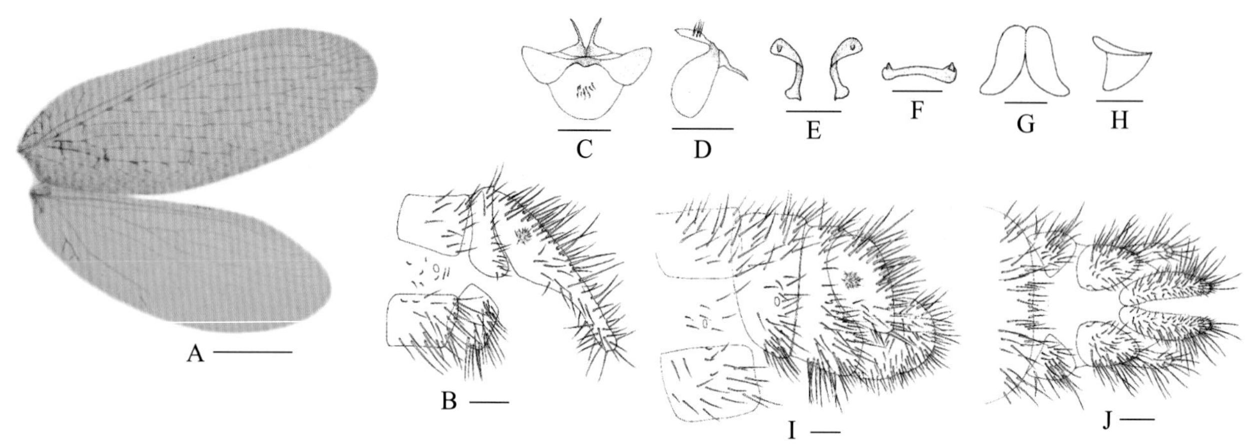

图 4-213-1 长翅褐蛉 *Hemerobius longialatus* 形态图

（标尺：A 为 2.0 mm，B、I、J 为 0.2 mm，C ~ H 为 0.1 mm）

A. 翅 B. 雄虫腹部末端侧面观 C. 雄虫殖弧叶背面观 D. 雄虫殖弧叶侧面观 E. 雄虫阳基侧突背面观 F. 雄虫阳基侧突侧面观 G. 雄虫内生殖板背面观 H. 雄虫内生殖板侧面观 I. 雌虫腹部末端侧面观 J. 雌虫腹部末端腹面观

【测量】 雄虫体长 5.6 ~ 7.4 mm，前翅长 8.8 ~ 10.8 mm、前翅宽 2.8 ~ 3.9 mm，后翅长 7.9 ~ 9.3 mm、后翅宽 2.4 ~ 3.4 mm。

【形态特征】 头部黄褐色，复眼后方沿两颊至上颚具褐色带，下唇须及下颚须褐色。触角黄褐色，超过 50 节。复眼黑褐色，具金属光泽。胸部黄褐色，前胸背板两侧缘具褐色细纵纹。足黄褐色，无斑，跗节末端微深。前翅细长，顶角圆钝；翅面较透明，密布浅黄褐色波状纹，CuA 脉连接 1m-cu 横脉处偶具褐色斑；翅脉纵脉浅黄褐色，间距浅褐色间隔，RP 脉起点及 CuA 脉分叉处尤其明显，横脉浅褐色。后翅细长，顶角微钝；翅面浅褐色，透明无斑；纵脉黄褐色，横脉浅黄色较透明。腹部黄褐色，颜色均一，多毛。雄虫第 9 背板侧面观中部较窄，侧缘膨大；第 9 腹板侧面观菱形。肛上板基部宽大，端部后伸如象鼻，末端钝圆，内侧面具 1 个小刺，近端部 1/3 处具 1 个尖锐的刺状突；臀胝明显。殖弧叶的殖弧中突呈 1 对刺状突结构，基部膨大，中部至端部十分尖细，侧面观钩状下弯；半殖弧叶膨大，侧面观近水滴形；殖弧拱处透明膜表面具 10 根短刚毛。雌虫外第 8 背板与腹板愈合，左右两侧腹面未愈合，侧面观宽大，侧缘弧形；无亚生殖板。

【地理分布】 新疆、西藏。

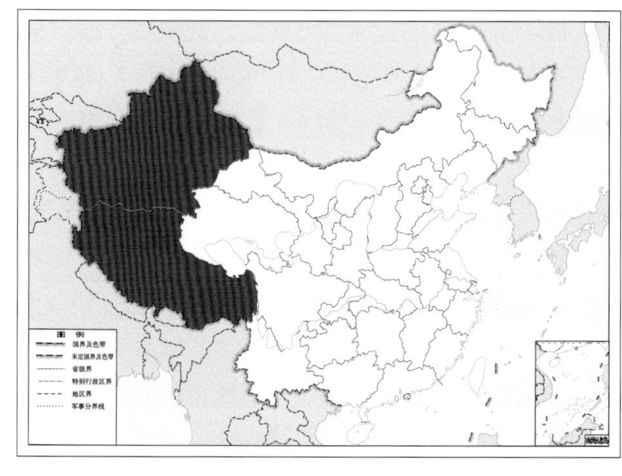

图 4-213-2 长翅褐蛉 *Hemerobius longialatus* 地理分布图

214. 缘布褐蛉 *Hemerobius marginatus* Stephens, 1836

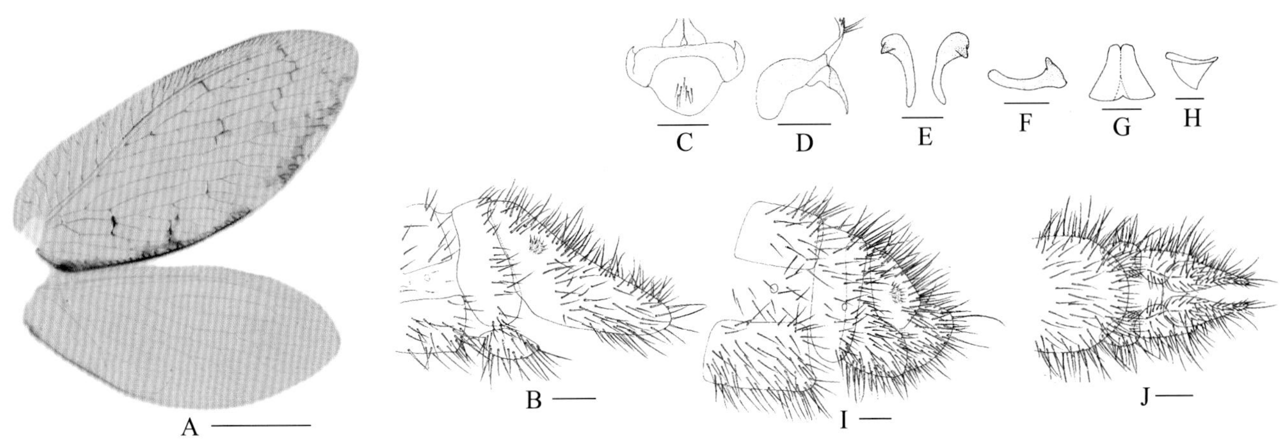

图 4-214-1 缘布褐蛉 *Hemerobius marginatus* 形态图

（标尺：A 为 2.0 mm，B、I、J 为 0.2 mm，C ~ H 为 0.1 mm）

A. 翅 B. 雄虫腹部末端侧面观 C. 雄虫殖弧叶背面观 D. 雄虫殖弧叶侧面观 E. 雄虫阳基侧突背面观 F. 雄虫阳基侧突侧面观 G. 雄虫内生殖板背面观 H. 雄虫内生殖板侧面观 I. 雌虫腹部末端侧面观 J. 雌虫腹部末端腹面观

【测量】 体长 5.4 ~ 7.0 mm，前翅长 7.2 ~ 8.8 mm、前翅宽 3.0 ~ 3.6 mm，后翅长 6.2 ~ 7.6 mm、后翅宽 2.2 ~ 3.2 mm。

【形态特征】 头部浅黄色，复眼后方沿两颊至上颚具褐色带，下唇须及下颚须褐色，末节微加深。触角长，超过 65 节，浅黄色，端部微加深。复眼红褐色，具金属光泽。胸部浅黄色，前胸背板两侧缘具褐色纵纹，后胸背板左右盾片具圆形小褐色斑。足浅黄色，无斑，跗节末端微深。前翅椭圆形，顶角微尖；翅面浅黄色，透明，沿后缘及侧后缘具灰褐色窄条带，Cu 脉与 1m-cu 横脉连接处具小圆斑；翅脉纵脉浅黄色透明，极少具灰褐色间隔，横脉，近前缘 3 ~ 6 段阶脉灰褐色，其余均浅黄色透明。后翅椭圆形，顶角微尖；翅面浅黄色透明，后缘基部至中部具褐色细纹；翅脉浅黄色透明。腹部浅黄色，颜色均一，多毛。雄虫第 9 腹板较小，侧面观近菱形。肛上板十分粗壮，基部宽大，侧后角后伸特化成宽大板状，且内侧面密布粗壮刚毛；臀胝明显。殖弧叶的殖弧中突呈 1 对粗壮的刺状突结构，基部膨大，中部至端部尖细，侧面观钩状下弯；半殖弧叶膨大，侧面观前缘中部微凹；殖弧拱处透明膜表面具 7 ~ 10 根长刚毛。雌虫第 8 背板与腹板愈合，背缘微宽于腹缘，侧面观呈梯形；无亚生殖板。

【地理分布】 河北、北京、河南、山西、新疆、甘肃、内蒙古、宁夏；英国。

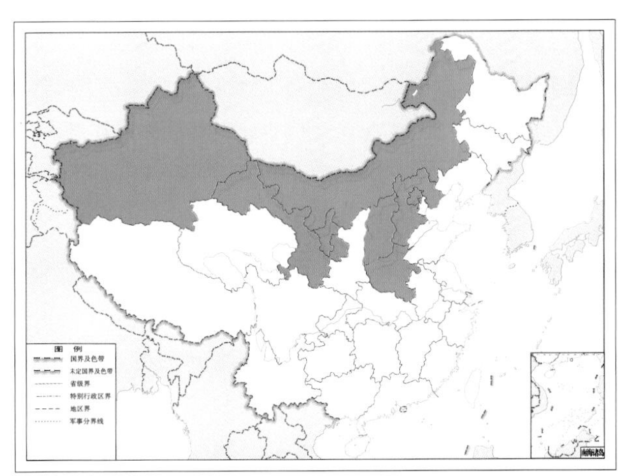

图 4-214-2 缘布褐蛉 *Hemerobius marginatus* 地理分布图

215. 黑褐蛉 *Hemerobius nigricornis* Nakahara, 1915

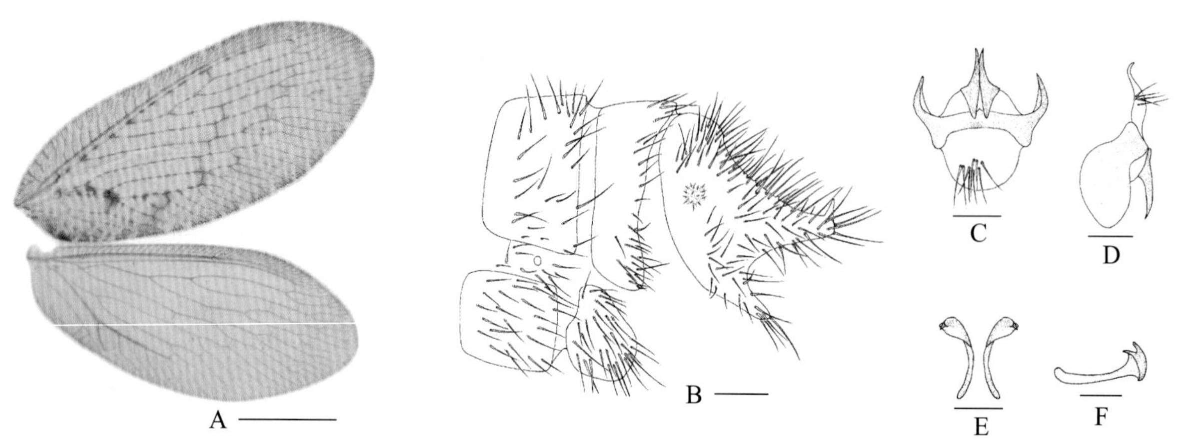

图 4-215-1 黑褐蛉 *Hemerobius nigricornis* 形态图

（标尺：A 为 2.0 mm，B 为 0.2 mm，C ~ F 为 0.1 mm）

A. 翅 B. 雄虫腹部末端侧面观 C. 雄虫殖弧叶背面观 D. 雄虫殖弧叶侧面观 E. 雄虫阳基侧突背面观 F. 雄虫阳基侧突侧面观

【测量】 体长 5.6 mm，前翅长 9.2 mm、前翅宽 3.8 mm，后翅长 7.9 mm、后翅宽 3.4 mm。

【形态特征】 头部褐色，上唇微浅于周围，头顶中央具浅亮纵带，下唇须及下颚须黄褐色，末节褐色加深。触角柄节、梗节褐色，深于鞭节，超过 55 节。复眼黑褐色，具金属光泽。胸部褐色，前胸背板中央具浅色纵带。足黄褐色，无斑，跗节末端微深。前翅椭圆形，侧角微钝；翅面黄褐色，沿 R 脉具不明显小圆斑，沿 M 与 Cu 脉之间，自基部起具小褐色斑，在 1m-cu 横脉处具明显褐色圆斑，沿肘阶脉及前翅后缘基部具褐色条带；翅脉纵脉褐色，偶具黄褐色间隔，横脉褐色。后翅椭圆形，侧角微钝；翅面黄褐色，透明无斑；翅脉浅褐色，Sc 与 Cu 脉加深。腹部黄褐色，背板、腹板深于侧膜，多毛。雄虫第 9 背板侧面观背缘宽于腹缘；第 9 腹板侧面观形状不规则。肛上板侧后角粗壮发达，末端上翘 1 个大刺，侧前角下伸，长度未达侧后角的 1/2；臀胝明显，毛簇数为 13 ~ 15。殖弧叶的殖弧中突呈 1 对特殊的刺状突结构，基部尖细，中部宽大，至端部渐细，侧面观钩状下弯明显；半殖弧叶膨大；殖弧拱处透明膜表面具长刚毛簇。

【地理分布】 台湾、西藏；日本。

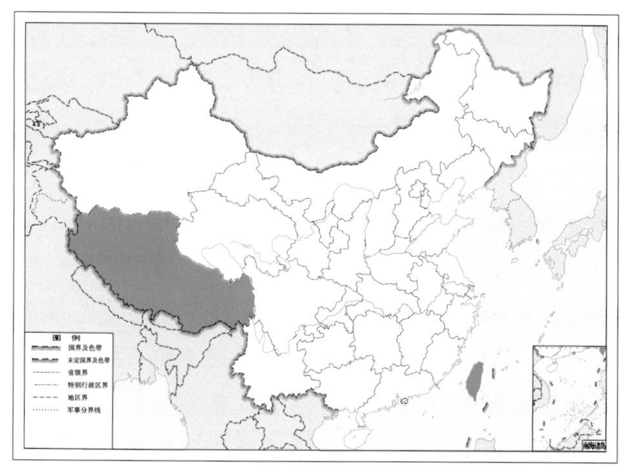

图 4-215-2 黑褐蛉 *Hemerobius nigricornis* 地理分布图

216. 波褐蛉 *Hemerobius poppii* Esben-Petersen, 1921

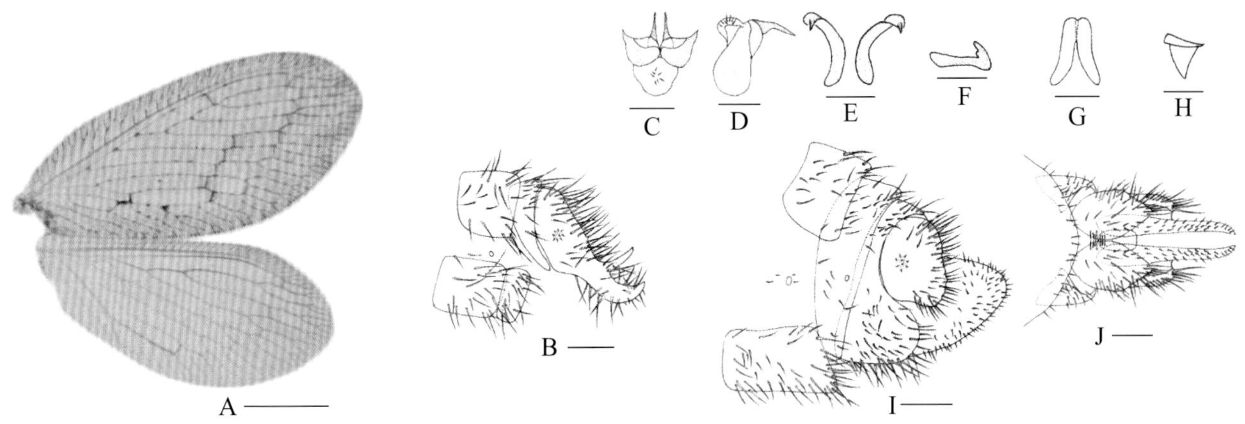

图 4-216-1 波褐蛉 *Hemerobius poppii* 形态图

（标尺：A 为 2.0 mm，B、I、J 为 0.2 mm，C ~ H 为 0.1 mm）

A. 翅 B. 雄虫腹部末端侧面观 C. 雄虫殖弧叶背面观 D. 雄虫殖弧叶侧面观 E. 雄虫阳基侧突背面观 F. 雄虫阳基侧突侧面观 G. 雄虫内生殖板背面观 H. 雄虫内生殖板侧面观 I. 雌虫腹部末端侧面观 J. 雌虫腹部末端腹面观

【测量】 体长 4.2~5.2 mm，前翅长 6.3~7.8 mm、前翅宽 2.4 ~ 3.2 mm，后翅长 5.6 ~ 7.1 mm、后翅宽 2.2 ~ 3.0 mm。

【形态特征】 头部黄褐色，复眼上方触角后方具半月形细褐色纹，触角窝前缘具半月形褐色纹，两颊端部至上颚基部及端部褐色加深，下唇须及下颚须黄褐色，末节褐色加深。触角长，超过 70 节，褐色。复眼褐色，具金属光泽。胸部黄褐色，前胸背板两侧缘具褐色碎斑，后胸背板左右盾片具褐色斑。足黄褐色，无明显斑点。中后足股节圆柱形。前翅椭圆形，顶角钝圆；翅面黄褐色，透明，具不明显浅褐色矢状纹，沿阶脉具浅褐色带，翅缘明显深于翅中部。后翅椭圆形，顶角钝圆；翅面浅黄褐色，透明无斑，翅缘明显深于翅中部；翅脉黄褐色，RA 与 M 脉基部色浅较透明。腹部黄褐色，背板与腹板褐色深于侧膜，多毛。雄虫第 9 背板侧面观近三角形，背缘较侧缘宽大，中部至侧缘渐细；第 9 腹板较小，侧面观近长方形。肛上板侧面观形状不规则，侧后角膨大后伸，末端特化成粗壮的钩状结构，且内侧面密布粗壮刚毛，近端部 1/4 至 1/3 处具 1 根明显的长刺；臀胝明显，毛簇数为 8 ~ 11。殖弧叶的殖弧中突呈 1 对明显的刺状突结构，基部膨大，中部至端部尖细；半殖弧叶膨大，侧面观近水滴形；殖弧拱处透明膜表面具 6 ~ 8 根长刚毛。雌虫第 8 背板与腹板愈合，背缘明显宽于腹缘，侧面观呈梯形；亚生殖板发达，呈长方形。

【地理分布】 新疆。

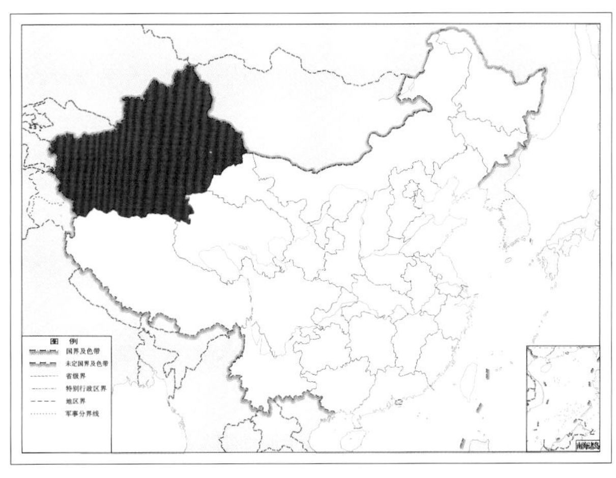

图 4-216-2 波褐蛉 *Hemerobius poppii* 地理分布图

217. 亚三角褐蛉 *Hemerobius subtriangulus* Yang, 1987

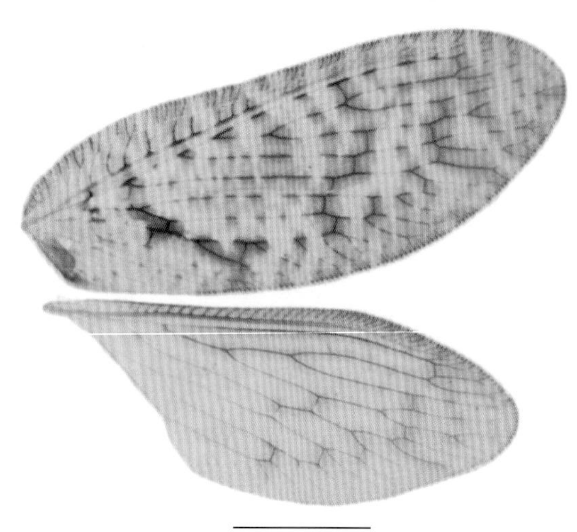

图 4-217-1 亚三角褐蛉 *Hemerobius subtriangulus* 成虫图（前后翅）
（标尺：2.0 mm）

【测量】 体长 6.6~6.8 mm，前翅长 8.0~8.3 mm、前翅宽 2.9 ~ 3.1 mm，后翅长 6.8 ~ 7.1 mm、后翅宽 2.6 ~ 2.8 mm。

【形态特征】 头部前方深褐色，两颊褐色微浅，头顶至头部后方黄褐色浅于周围。下唇须及下颚须黄褐色，末节褐色加深。触角黄褐色，鞭节中部至端部褐色加深，总长超过 55 节。复眼黑色，具金属光泽。胸部黄褐色，背板两侧缘具深褐色纵带，中央具浅色纵带。足黄褐色，无斑，跗节末端深褐色加深。前翅细长，顶角微尖；翅面黄褐色多斑，自翅基至翅端横向具十几条近平行的褐色带，非均匀排布，沿 Cu 脉具纵向褐色带；翅脉纵脉褐色，偶具浅色间隔，横脉褐色。后翅椭圆，顶角微钝；翅面黄褐色透明，翅脉褐色，RA、M 及 Cu 脉基部至中部透明无色。腹部黄褐色，背板、腹板深褐色明显加深，多毛。雄虫第 9 背板侧后角微尖，第 9 腹板形状不规则。肛上板侧面观近菱形后伸，末端膨大上折呈三角形，内侧面具粗壮的刚毛簇，近端部 2/3 处具 1 根明显的内弯的粗刺。雌虫第 8 背板与腹板愈合，左右两侧腹面愈合，侧面观宽大近长方形。亚生殖板发达，具 1 对近卵圆形骨片，腹部末端一侧边缘骨化明显。

【地理分布】 西藏、北京。

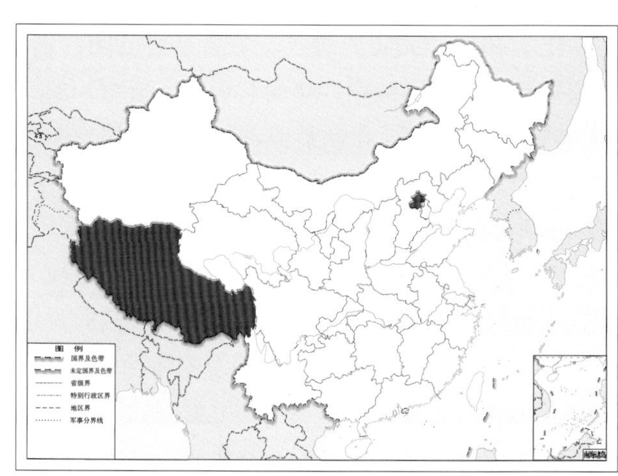

图 4-217-2 亚三角褐蛉 *Hemerobius subtriangulus* 地理分布图

218. 三带褐蛉 *Hemerobius ternarius* Yang, 1987

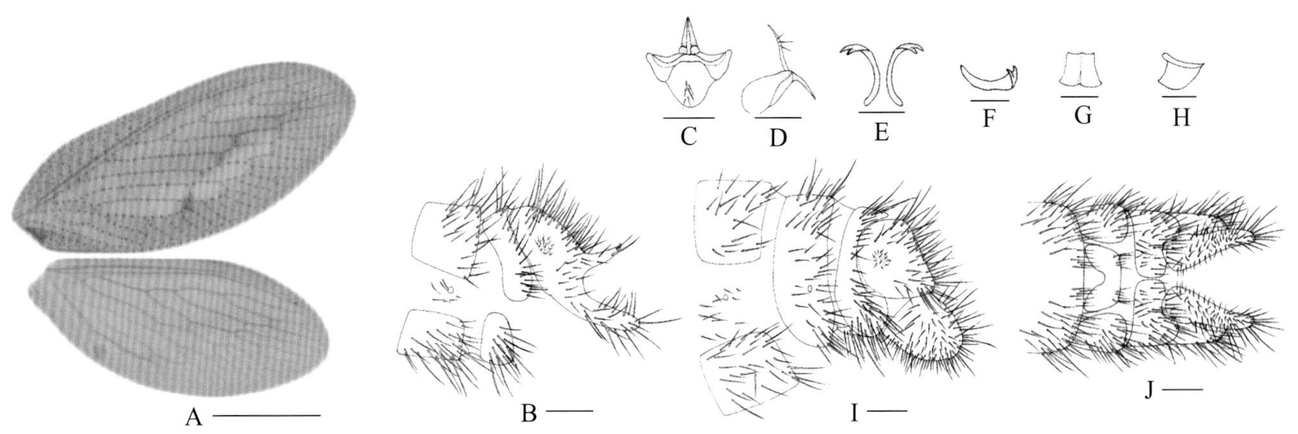

图 4-218-1　三带褐蛉 *Hemerobius ternarius* 形态图

（标尺：A 为 2.0 mm，B、I、J 为 0.2 mm，C ~ H 为 0.1 mm）

A. 翅　B. 雄虫腹部末端侧面观　C. 雄虫殖弧叶背面观　D. 雄虫殖弧叶侧面观　E. 雄虫阳基侧突背面观　F. 雄虫阳基侧突侧面观　G. 雄虫内生殖板背面观　H. 雄虫内生殖板侧面观　I. 雌虫腹部末端侧面观　J. 雌虫腹部末端腹面观

【测量】 体长 4.7 ~ 5.6 mm，前翅长 6.9 ~ 7.5 mm、前翅宽 2.8 ~ 3.0 mm，后翅长 5.8 ~ 6.8 mm、后翅宽 2.2 ~ 2.5 mm。

【形态特征】 头部深褐色，仅头顶黄褐色浅于周围，头部后方中央具浅色纵带，下唇须及下颚须褐色。触角褐色，超过 65 节。复眼红褐色，具金属光泽。胸部黄褐色，前胸背板中央具浅色纵带。足黄褐色，无斑，跗节末端微深。前翅细长型，侧角微钝；翅面黄褐色较透明，无明显斑点，沿前缘及后缘具明显的棕色宽条带，中部沿 RP 脉具红棕色纵带；翅脉纵脉浅黄褐色，均匀密布褐色间隔呈线状，横脉浅褐色。后翅椭圆形，侧角微钝；翅面浅黄褐色，透明无斑；翅脉浅褐色，M 脉微浅于其他各脉。腹部黄褐色，颜色均一，多毛。雄虫第 9 背板侧面观呈长条状，侧缘弧状；第 9 腹板侧面观近梯形，侧缘弧状。肛上板侧后角特化成粗壮刺状突结构，基部粗壮，端部尖细上翘，末端呈小钩状；侧前角后伸呈粗棒状，末端钝圆，长度明显超过侧后角；臀胝明显。殖弧叶的殖弧中突呈 1 对粗壮的刺状突结构，基部膨大成圆弧状，中部至端部渐细，侧面观钩状下弯；半殖弧叶侧面观近梨形，侧缘弧状；殖弧拱处透明膜表面具 5 ~ 9 根长刚毛。雌虫第 8 背板与腹板愈合，左右两侧腹面未愈合，侧面观宽大，侧缘弧形。亚生殖板发达，腹面观宽大呈板状，前缘平直，后缘中部前凹明显，两侧前角各具 6 ~ 9 根长刚毛。

【地理分布】 西藏、广西、云南。

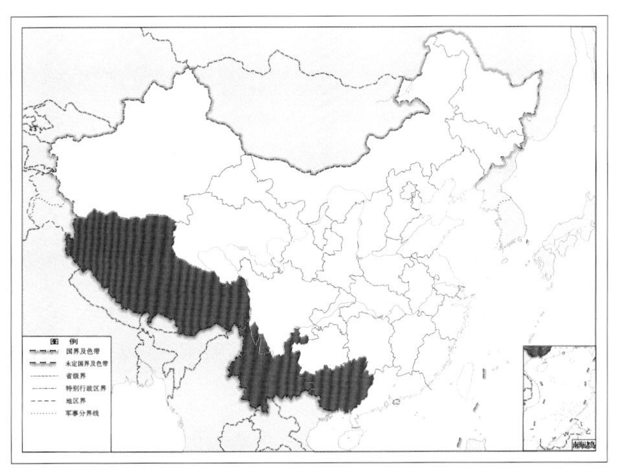

图 4-218-2　三带褐蛉 *Hemerobius ternarius* 地理分布图

（四〇）丛褐蛉属 *Wesmaelius* Krüger, 1922

【鉴别特征】 触角超过 50 节；前翅具肩迴脉 h，2sc-r 横脉缺失，RP 脉 3 ~ 6 支，2r-m 横脉存在，与 2m-cu 横脉相连或是位于其外侧，更靠近翅端部；后翅外阶脉组至少 3 支横脉。雄虫阳基侧突左右不完全分离，肛上板侧角特化成不同结构，是属内种间重要的鉴别特征。雌虫腹部末端无刺突，亚生殖板的有无及结构是属内种间的重要区别特征。

【地理分布】 广泛分布于新北界、旧热带界、古北界及东洋界，大部分的种类分布于新北界与古北界。

【分类】 目前全世界已知约 65 种，我国已知 15 种，本图鉴收录 14 种。

中国丛褐蛉属 *Wesmaelius* 分种检索表（雄虫）

1. 前翅径脉 RA 与 R2 脉之间有基横脉相连；后翅基部的径横脉 ra-rp 连接在 R 与 RP 脉第一分支之后 ……………………………………………… **亚洲丛褐蛉 *Wesmaelius asiaticus***
   前翅径脉 RA 与 R2 脉之间无基横脉相连；后翅基部的径横脉 ra-rp 连接在 R 与 RP 脉第一分支之前 ……… 2
2. 体淡黄褐色，头部与前胸均无黑褐色斑点 ……………… **那氏齐褐蛉 *Wesmaelius navasi***
   体黄褐色至黑褐色，头部或者前胸具有黑褐色斑点 ……………… 3
3. 头部在触角之下全为黑褐色 ……………… 4
   头部在触角之下不全为黑褐色 ……………… 8
4. 后翅 R 与 RP 脉之间具 3 条 ra-rp 径横脉 ……………… **异脉齐褐蛉 *Wesmaelius trivenulatus***
   后翅 R 与 RP 脉之间具 1 ~ 2 条 ra-rp 径横脉 ……………… 5
5. 前翅 3 组阶脉 ……………… **韩氏齐褐蛉 *Wesmaelius hani***
   前翅 4 组阶脉 ……………… 6
6. 前翅翅面色浅，无明显矢状纹 ……………… **尖顶齐褐蛉 *Wesmaelius nervosus***
   前翅翅面色深，具明显矢状纹 ……………… 7
7. 触角柄节与梗节未深于鞭节；前翅沿阶脉具明显褐色带；后翅 R 与 RP 脉之间具 2 条 ra-rp 径横脉 ……………… **贝加尔齐褐蛉 *Wesmaelius baikalensis***
8. 前翅 3 组阶脉 ……………… **北齐褐蛉 *Wesmaelius conspurcatus***
   前翅 4 组阶脉 ……………… 9
9. 前胸背板后缘中央具一 V 形褐色斑；前翅肘阶脉透明不明显 ……………… **奎塔齐褐蛉 *Wesmaelius quettanus***
   前胸背板后缘中央无 V 形褐色斑；前翅肘阶脉明显 ……………… 10
10. 前翅沿中阶脉组具褐色条带 ……………… 11
    前翅沿中阶脉组无褐色条带 ……………… **贺兰丛褐蛉 *Wesmaelius helanensis***
11. 前翅沿肘阶脉组具褐色条带；第 8 背板侧后角向下延伸包住气门 ……………… **双钩齐褐蛉 *Wesmaelius bihamitus***
    前翅沿肘阶脉组无褐色条带，具褐色碎斑；第 8 背板侧后角膨大但并未包住气门 ……………… **疏附齐褐蛉 *Wesmaelius sufuensis***

中国丛褐蛉属 *Wesmaelius* 分种检索表（雌虫）

1. 前翅径脉 RA 与 R2 脉之间有基横脉相连；后翅基部的径横脉 ra-rp 连接在 R 与 RP 脉第 1 分支之后 ………………………………………………………………………………………… 亚洲丛褐蛉 ***Wesmaelius asiaticus***

前翅径脉 RA 与 R2 脉之间无基横脉相连；后翅基部的径横脉 ra-rp 连接在 R 与 RP 脉第 1 分支之前 ……… 2

2. 体淡黄褐色，头部与前胸均无黑褐色斑点 …………………………………………………… 3

体黄褐色至黑褐色，头部或者前胸具有黑褐色斑点 ………………………………………… 4

3. 前胸背板两侧具褐色纵带；前翅翅脉除 3m-cu 横脉外，均呈黄褐色，不均一，具透明间隔 ………………………………………………………………………………………… 托峰齐褐蛉 ***Wesmaelius tuofenganus***

前胸背板两侧无褐色纵带；前翅翅脉除 3m-cu 横脉外，均呈浅黄褐色，均一 …那氏齐褐蛉 ***Wesmaelius navasi***

4. 头部在触角之下全为黑褐色 ………………………………………………………………… 5

头部在触角之下不全为黑褐色 ……………………………………………………………… 10

5. 后翅 R 与 RP 脉之间具 3 条 ra-rp 径横脉 ………………………… 异脉齐褐蛉 ***Wesmaelius trivenulatus***

后翅 R 与 RP 脉之间具 1 ~ 2 条 ra-rp 径横脉 ………………………………………………… 6

6. 前翅 3 组阶脉 ……………………………………………………………………………… 7

前翅 4 组阶脉 ……………………………………………………………………………… 8

7. 前翅翅面无斑点 ……………………………………………………… 韩氏齐褐蛉 ***Wesmaelius hani***

前翅沿阶脉具浅褐色带 ………………………………………………… 环丛褐蛉 ***Wesmaelius vaillanti***

8. 前翅翅面色浅，无加深区域或矢状纹 ……………………………… 尖顶齐褐蛉 ***Wesmaelius nervosus***

前翅翅面色深，具明显加深区域或矢状纹 …………………………………………………… 9

9. 前翅 Cu 脉至翅后缘颜色加深；亚生殖板呈长条状，两侧翼膨大、呈水滴形，长度超出亚生殖板顶端………… ………………………………………………………………………… 雾灵齐褐蛉 ***Wesmaelius ulingensis***

前翅 Cu 脉至翅后缘颜色未加深；亚生殖板呈板状，两侧翼较小、呈三角形，长度未超出亚生殖板顶端……… ………………………………………………………………………… 贝加尔齐褐蛉 ***Wesmaelius baikalensis***

10. 前翅 3 组阶脉 ……………………………………………… 北齐褐蛉 ***Wesmaelius conspurcatus***

前翅 4 组阶脉 ……………………………………………………………………………… 11

11. 前胸背板后缘中央具一 V 形褐色斑…………………………… 奎塔齐褐蛉 ***Wesmaelius quettanus***

前胸背板后缘中央无 V 形褐色斑……………………………………………………………… 12

12. 前翅肘阶脉透明不明显 ………………………………… 广钩齐褐蛉 ***Wesmaelius subnebulosus***

前翅肘阶脉明显 …………………………………………………………………………… 13

13. 前翅沿中阶脉组具褐色条带 ………………………………… 双钩齐褐蛉 ***Wesmaelius bihamitus***

前翅沿中阶脉组无褐色条带 ………………………………… 贺兰丛褐蛉 ***Wesmaelius helanensis***

219. 亚洲丛褐蛉 *Wesmaelius asiaticus* Yang, 1980

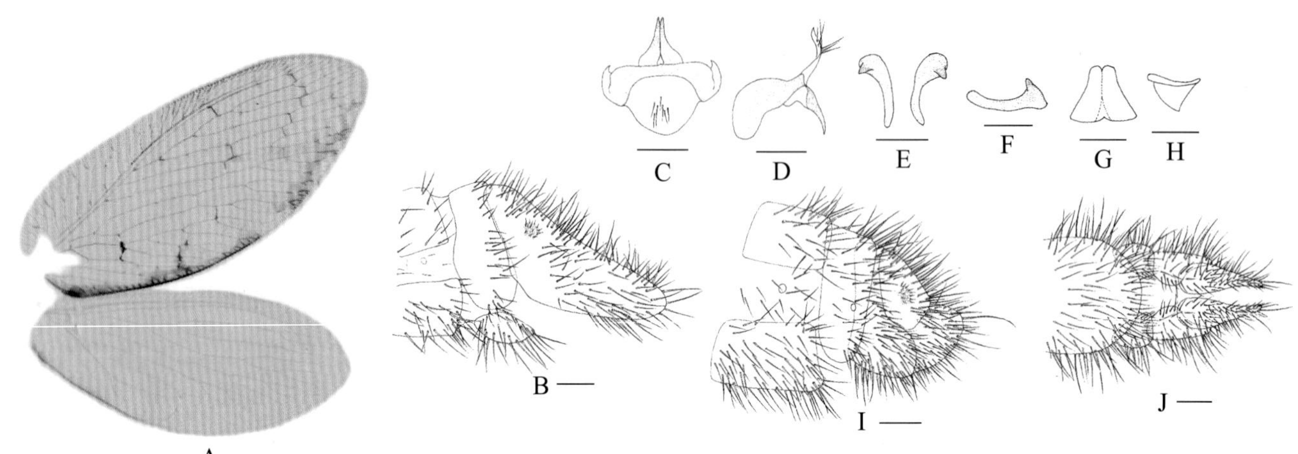

图 4-219-1 亚洲丛褐蛉 *Wesmaelius asiaticus* 形态图

（标尺：A 为 2.0 mm，B、I、J 为 0.2 mm，C ~ H 为 0.1 mm）

A. 翅 B. 雄虫腹部末端侧面观 C. 雄虫殖弧叶背面观 D. 雄虫殖弧叶侧面观 E. 雄虫阳基侧突背面观 F. 雄虫阳基侧突侧面观 G. 雄虫内生殖板背面观 H. 雌虫内生殖板侧面观 I. 雌虫腹部末端侧面观 J. 雌虫腹部末端腹面观

【测量】 体长 5.3 ~ 7.2 mm，前翅长 9.0 ~ 9.9 mm、前翅宽 3.8 ~ 5.0 mm，后翅长 7.9 ~ 9.1 mm、后翅宽 3.2 ~ 4.2 mm。

【形态特征】 头部呈褐色，头部前方均为深褐色，头顶后方浅褐色；触角超过 50 节，呈黄褐色，柄节色深呈褐色；复眼深色具金属光泽。下颚须和下唇须褐色，末节为黑色。胸部黄褐色，前、中胸背板两侧缘具粗壮褐色纵带，中央具不明显浅褐色纵带；后胸背板盾片呈深褐色。足黄褐色，前中足胫节基部与端部各具 1 个褐色斑，跗节末端明显深于其他部分。前翅椭圆形，翅面呈褐色，沿翅缘尤其中后缘具透明亮斑，沿 4 组阶脉组均具褐色条纹；翅脉黄褐色，除阶脉外均具透明间隔。后翅长椭圆形，翅面黄褐色，透明均一，无斑；翅脉黄褐色，仅 M 脉前支的中部有一小段为透明无色，近 1 个小亮斑。腹部黄褐色，背板与腹板呈褐色，明显深于侧膜，密布褐色毛。雄虫第 9 背板侧面观近梯形，背半部后缘前凹，侧后缘微凸；肛上板侧面观近三角形，侧后角内折形成粗壮臂，末端平齐，密布小刺，下侧角形成粗壮钩；臀胝明显。殖弧中突基部粗壮，至端部渐细，末端钩状，微微下弯，半殖弧叶中，内半殖弧叶透明无色，外半殖弧叶骨化明显，殖弧侧突明显，形成尖细的长钩状突出，伸出于第 9 体节后方。雌虫第 8 背板宽大，包围气门，侧缘深达体腹缘。亚生殖板宽大呈板状，端部窄于基部，末端中央具微凸，两侧翼着生于端部，呈椭圆形，末端尖细。

【地理分布】 河北、新疆、山西、吉林、黑龙江；俄罗斯。

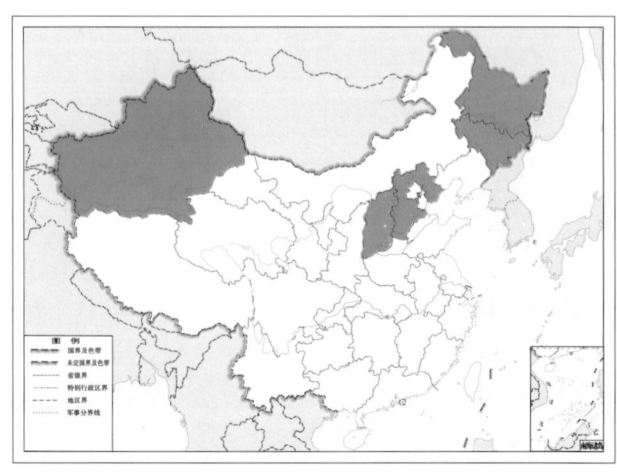

图 4-219-2 亚洲丛褐蛉 *Wesmaelius asiaticus* 地理分布图

220. 贝加尔齐褐蛉 *Wesmaelius baikalensis* (Navás, 1929)

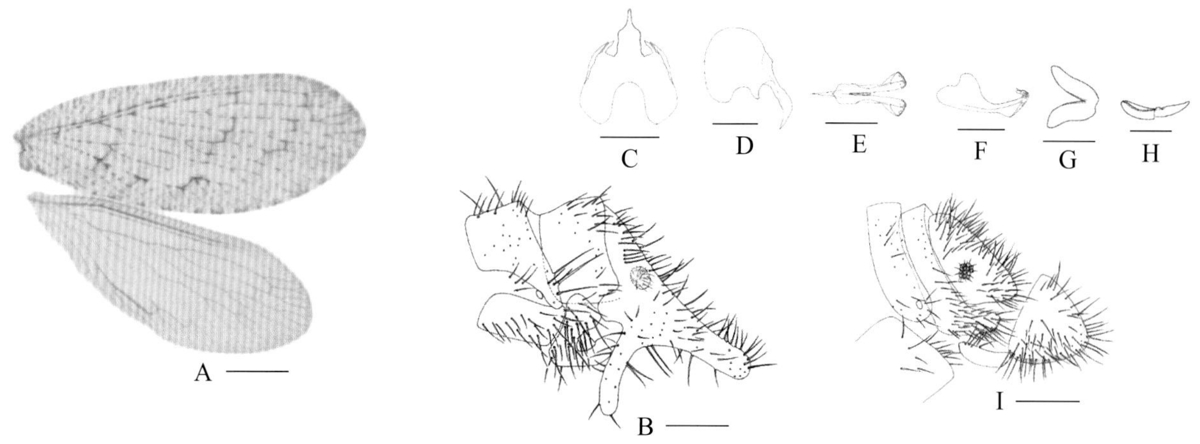

图 4-220-1 贝加尔齐褐蛉 *Wesmaelius baikalensis* 形态图
（标尺：A 为 1.0 mm，B、I 为 0.2 mm，C ~ H 为 0.1 mm）
A. 翅 B. 雄虫腹部末端侧面观 C. 雄虫殖弧叶背面观 D. 雄虫殖弧叶侧面观 E. 雄虫阳基侧突背面观 F. 雄虫阳基侧突侧面观 G. 雄虫内生殖板背面观 H. 雄虫内生殖板侧面观 I. 雌虫腹部末端侧面观

【测量】 体长 5.3 ~ 6.1 mm，前翅长 6.8 ~ 7.9 mm、前翅宽 2.7 ~ 3.1 mm，后翅长 5.7 ~ 6.9 mm、后翅宽 2.3 ~ 2.6 mm。

【形态特征】 头部黄褐色，前方呈褐色，头顶两触角内侧各具 1 个近卵圆形褐色斑；复眼与触角窝交界处各具 1 个近三角形褐色斑；头顶后部中央具 1 条细长褐色纵带。触角长，超过 50 节，呈黄褐色，柄节与梗节未深于鞭节，呈浅褐色，柄节内侧具不明显近圆形斑点；复眼大呈黑色。下颚须和下唇须褐色。胸部黄褐色，两侧缘各具 1 条褐色纵带，前中胸背板尤其明显，前胸背板中央具褐色细纵纹，与头顶后部中央纵纹相连；后胸背板盾片左右各具 1 个圆形褐色大斑。足浅黄褐色，前中足胫节端部各具 1 个褐色斑，跗节末节颜色深于其他部分；后足股节端部具 1 个不明显褐色斑。前翅近卵圆形，翅面浅黄褐色，透明不均一，沿阶脉具明显褐色带，翅面具灰褐色矢状纹，翅脉土黄色，具无规律的透明间隔。后翅翅面浅黄褐色，透明均一，翅脉浅黄色。腹部黄褐色，背腹板颜色均一，密布褐色长毛。雄虫第 9 背板侧面观长方形，前后缘长于侧缘，后缘与肛上板相连，第 9 腹板两侧基部愈合，端部裂开分成左右两部分；肛上板前缘中下部具一半圆形突出，与第 9 背板愈合，侧前角特化成粗壮的钩状臂且末端较尖锐具 4 ~ 5 个锯齿状小刺，左右相互交叉，侧后角后伸成柱状，后缘微内卷，臀胝明显。殖弧叶中突基部较粗至端部渐细，下弯成钩状，后突背面观近三角形。雌虫第 8 背板细长，侧缘微凸。亚生殖板发达，呈板状，顶端具明显凹陷，两侧翼较小，近三角形，末端尖细，长度未超出亚生殖板顶端。

【地理分布】 新疆；俄罗斯东部。

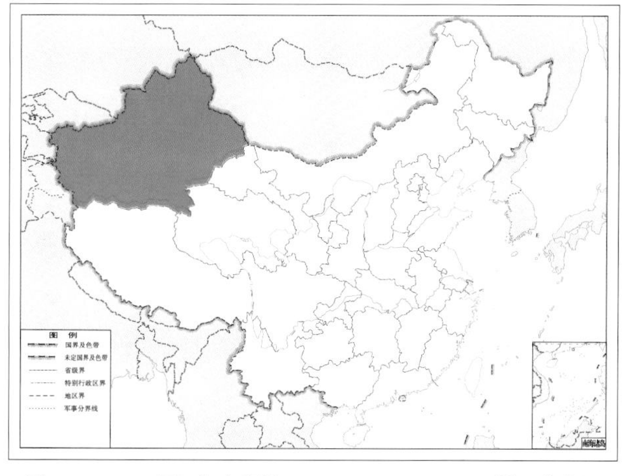

图 4-220-2 贝加尔齐褐蛉 *Wesmaelius baikalensis* 地理分布图

221. 双钩齐褐蛉 *Wesmaelius bihamitus* (Yang, 1980)

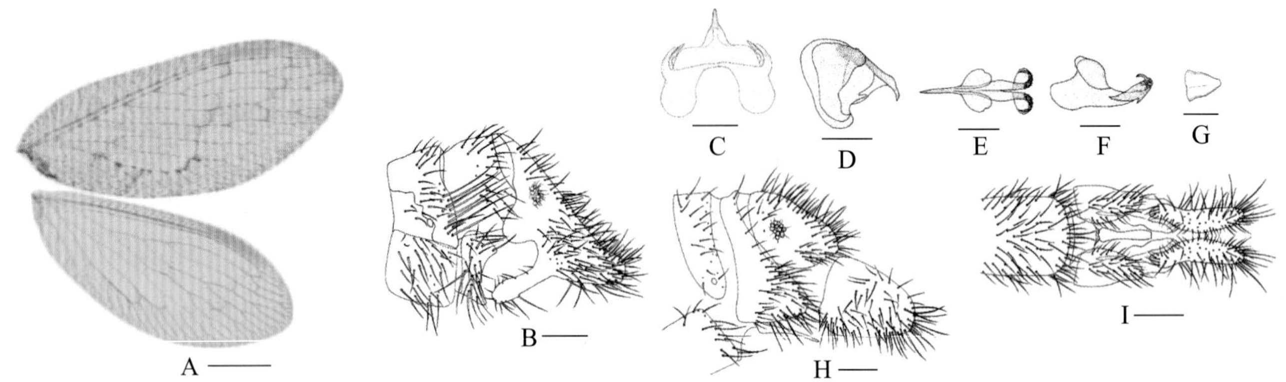

图 4-221-1 双钩齐褐蛉 *Wesmaelius bihamitus* 形态图

（标尺：A 为 1.0 mm，B、H、I 为 0.2 mm，C ~ G 为 0.1 mm）

A. 翅 B. 雄虫腹部末端侧面观 C. 雄虫殖弧叶背面观 D. 雄虫殖弧叶侧面观 E. 雄虫阳基侧突背面观 F. 雄虫阳基侧突侧面观 G. 雄虫内生殖板背面观 H. 雌虫腹部末端侧面观 I. 雌虫腹部末端腹面观

【测量】 体长 5.3 ~ 6.8 mm，前翅长 7.3 ~ 8.5 mm、前翅宽 3.2 ~ 3.4 mm，后翅长 6.3 ~ 7.7 mm、后翅宽 2.7 ~ 3.1 mm。

【形态特征】 头部黄褐色，左右额区各具近卵圆形褐色斑，唇基浅褐色深于上唇；头顶后方中央具较细褐色纵纹,左右具不规则碎褐色斑；触角长，超过 60 节，呈黄褐色，鞭节末端几节微加深；复眼深色具金属光泽。下颚须和下唇须褐色。胸部黄褐色，背板左右侧缘各具褐色纵纹，十分明显，贯穿整个胸部背板；前胸背板中央具较细褐色纵纹，几乎与头部后方细纵纹相连；后胸背板盾片具圆形大的褐色斑。足浅黄褐色，前中足胫节基部与端部各具 1 个褐色斑；后足胫节端部具 1 个不明显褐色斑。前翅卵圆形，较狭长，顶角微尖；前翅翅面呈浅黄褐色，透明，密布灰褐色矢状纹，沿阶脉组及 CuA 脉至翅后缘颜色更深；翅脉浅褐色，具小段透明间隔，阶脉皆为褐色。后翅椭圆形，较狭长，顶角微尖；翅面呈浅黄褐色，透明均一，无斑；翅脉浅黄褐色，内阶脉组浅色透明。腹部黄褐色，背板与腹板深于侧膜；密布黄褐色毛。雄虫第 9 背板侧面观长方形，侧后缘与肛上板愈合；第 9 腹板较窄，明显小于第 9 背板；肛上板侧面观近三角形，侧前角特化成粗壮的长臂，左右交叉，末端成尖锐钩状，且表面具 1 排小齿，侧后角圆钝，向后延伸，臀胝明显。殖弧中突基部宽阔，端部渐细，下弯成钩状；殖弧后突较小，近三角形。雌虫第 9 背板侧面观近梯形，侧角均微微膨大。亚生殖板特殊，极窄呈条形，顶端中央微凹，1 对侧翼狭长呈条状且基部与亚生殖板分开，主体仅由膜相连。

【地理分布】 河北、北京、天津、宁夏、陕西、山西、甘肃、四川、西藏、内蒙古、新疆。

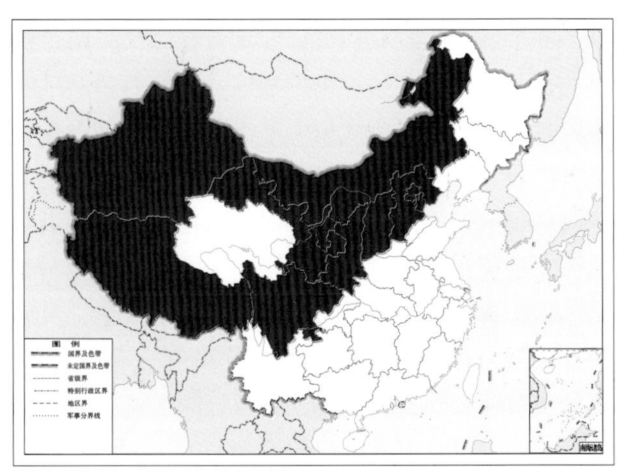

图 4-221-2 双钩齐褐蛉 *Wesmaelius bihamitus* 地理分布图

222. 北齐褐蛉 *Wesmaelius conspurcatus* (McLachlan, 1875)

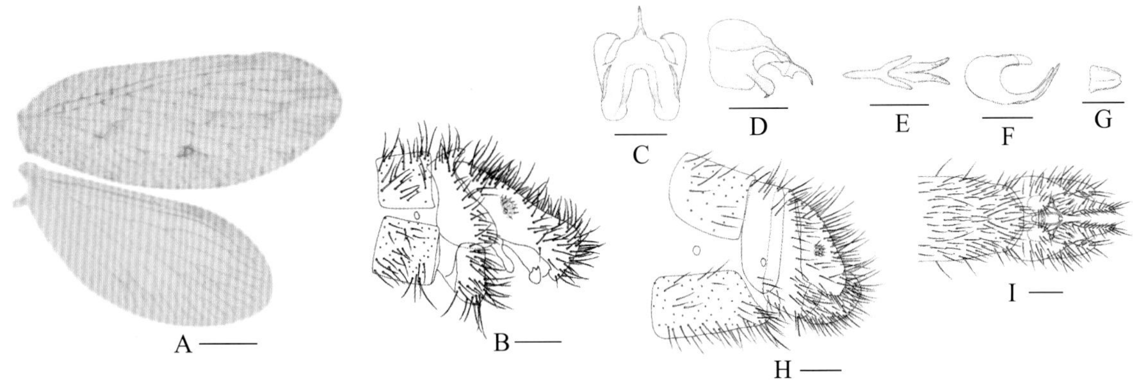

图 4-222-1 北齐褐蛉 *Wesmaelius conspurcatus* 形态图

（标尺：A 为 1.0 mm，B、H、I 为 0.2 mm，C ~ G 为 0.1 mm）

A. 翅 B. 雄虫腹部末端侧面观 C. 雄虫殖弧叶背面观 D. 雄虫殖弧叶侧面观 E. 雄虫阳基侧突背面观 F. 雄虫阳基侧突侧面观 G. 雄虫内生殖板背面观 H. 雌虫腹部末端侧面观 I. 雌虫腹部末端腹面观

【测量】 体长 5.3 ~ 6.2 mm，前翅长 6.2 ~ 7.4 mm、前翅宽 2.8 ~ 2.9 mm，后翅长 5.2 ~ 6.6 mm、后翅宽 2.2 ~ 2.6 mm。

【形态特征】 雄虫头部黄褐色，唇基上方深褐色深于其他部分，上唇黄褐色未加深，触角前缘褐色斑点，头顶两触角间具三角形褐色斑，头部后方中央均具褐色细纵纹；触角 50 节以上，黄褐色，柄节梗节色深于鞭节；复眼大呈黑色，具有金属光泽。下颚须和下唇须黄褐色。胸部黄褐色，前胸背板两侧缘各具 1 条褐色细纵带，中央具褐色纵纹，与头部后方纵纹几乎相连；中胸背板两侧缘各具 1 条褐色细纵带；后胸背板左右盾片色深，明显深于其他部分。足黄褐色，前中足股节端部具 1 个褐色斑，胫节基部及端部各具 1 个褐色斑；后足股节及胫节的端部各具 1 个褐色斑。前翅呈椭圆形较狭长，翅面呈浅黄褐色，透明，多具碎斑，翅面具不规则灰色矢状纹，沿外缘具 4 个褐色纵条斑，特别是 3m-cu 横脉处及 RA 与 R2 脉之间自中阶脉至外缘处，形成明显大的褐色斑；翅脉浅黄色透明，具不规则间隔稀疏的褐色点，横脉两侧多有褐色边。后翅浅黄褐色透明无斑，翅痣明显，翅脉浅黄色透明，中阶脉组至外缘之间纵脉浅褐色深于其他脉，内阶脉组无色透明。腹部黄褐色，背板与腹板呈褐色明显深于侧膜，且背板侧缘倾斜非平直；密布褐色长毛。雄虫第 9 背板后缘中部前凹，侧后角钝圆向后伸；第 9 腹板侧面观后缘具上翘的后角，近三角形；肛上板侧面观狭长，侧后角内卷，形成粗壮臂状突，末端钝平具小齿，臀胝明显；殖弧叶中突基部宽，自基部 1/3 处至端部尖细，末端呈钩状微下弯，侧叶较小，背面观隐藏于后突之下，殖弧后突较粗壮，背面观向内微弯，末端尖细。雌虫第 8 背板侧面观较长，包围气门；亚生殖板发达，基部弧形，两侧角微微侧突，顶端渐细，中央微凹，侧翼宽大，近卵圆形。

【地理分布】 北京、青海、宁夏、甘肃、内蒙古、新疆；欧洲。

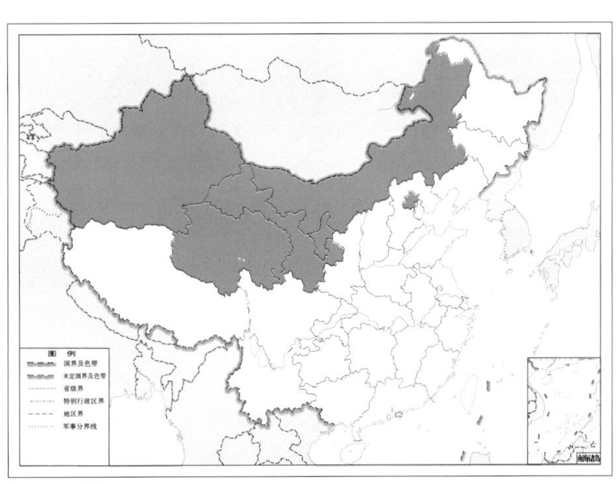

图 4-222-2 北齐褐蛉 *Wesmaelius conspurcatus* 地理分布图

223. 韩氏齐褐蛉 *Wesmaelius hani* (Yang, 1985)

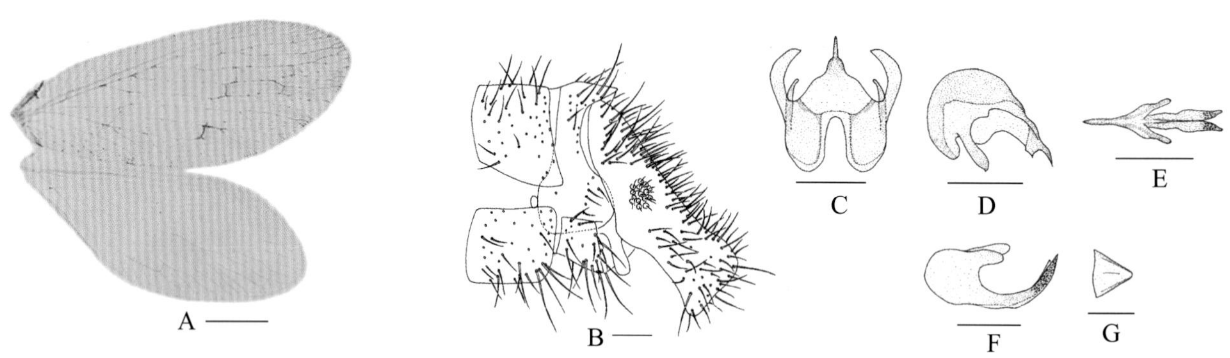

图 4-223-1 韩氏齐褐蛉 *Wesmaelius hani* 形态图

（标尺：A 为 1.0 mm，B 为 0.2 mm，C ~ G 为 0.1 mm）

A. 翅 B. 雄虫腹部末端侧面观 C. 雄虫殖弧叶背面观 D. 雄虫殖弧叶侧面观 E. 雄虫阳基侧突背面观 F. 雄虫阳基侧突侧面观 G. 雄虫内生殖板背面观

【测量】 体长 5.3 ~ 5.5 mm，前翅长 7.2 ~ 7.5 mm、前翅宽 2.9 ~ 3.2 mm，后翅长 6.3 ~ 6.6 mm、后翅宽 2.3 ~ 2.5 mm。

【形态特征】 头部黄褐色，触角前方全部为深褐色加深。触角黄褐色，柄节腹面颜色加深，鞭节末端几节略深于其他各节，超过 50 节；复眼大呈黑色，具金属光泽。胸部黄褐色，前胸背板无斑点；中后胸背板左右盾片颜色加深呈浅褐色。足黄褐色，无斑，跗节末节颜色微深于其他部分。前翅卵圆形，顶角微尖；翅面浅黄褐色，透明均一，无斑；翅脉浅黄色透明，仅 3m-cu 横脉及两端相连纵脉处呈褐色，明显深于其他各脉。后翅卵圆形，顶角微尖；翅面浅黄色，透明均一，无斑；翅脉浅黄色透明。腹部黄褐色，背腹板颜色深于侧膜，且背板侧缘均倾斜。雄虫第 9 背板后缘中央前凹，侧缘卵圆形膨大。肛上板发达，向后下方膨大伸长，长度超过第 9 腹板，侧后角内翻，伸出臂状突，末端钝圆，具 1 圈小齿。臀胝明显。殖弧中突基部粗，中部至端部尖细，下弯呈钩状；外半殖弧叶侧缘微尖，背面观藏于殖弧侧突之下，殖弧侧突呈伸长臂状，末端微尖成小钩弯向内侧。雌虫第 8 背板细长，侧缘微凸。亚生殖板发达，呈卵圆形，基部宽大且中央具凹陷，顶端中央具微小凹陷，两侧翼膨大，近三角形，末端尖细，长度超出亚生殖板顶端。

【地理分布】 新疆、青海。

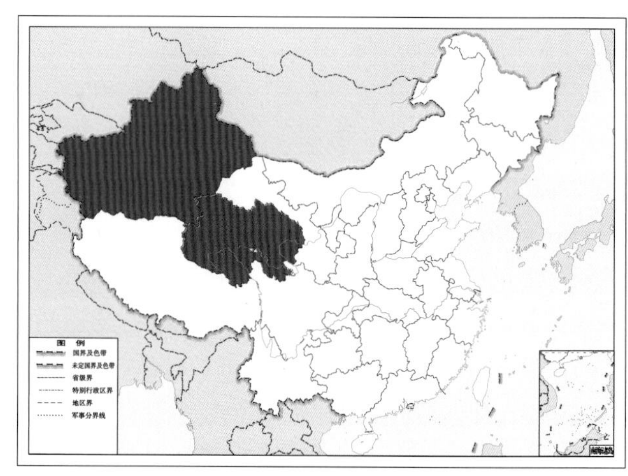

图 4-223-2 韩氏齐褐蛉 *Wesmaelius hani* 地理分布图

224. 贺兰丛褐蛉 *Wesmaelius helanensis* Tian & Liu, 2011

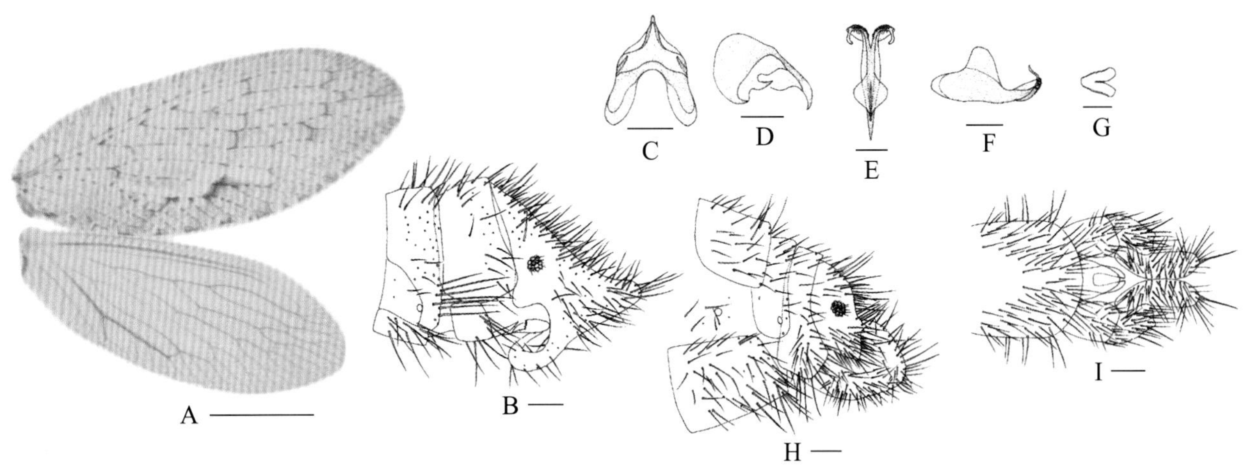

图 4-224-1　贺兰丛褐蛉 *Wesmaelius helanensis* 形态图

（标尺：A 为 2.0 mm，B、H、I 为 0.2 mm，C ~ G 为 0.1 mm）

A. 翅　B. 雄虫腹部末端侧面观　C. 雄虫殖弧叶背面观　D. 雄虫殖弧叶侧面观　E. 雄虫阳基侧突背面观　F. 雄虫阳基侧突侧面观　G. 雄虫内生殖板背面观　H. 雌虫腹部末端侧面观　I. 雌虫腹部末端腹面观

【测量】 体长 4.8 ~ 6.4 mm，前翅长 7.4 ~ 8.4 mm、前翅宽 3.0 ~ 4.2 mm，后翅长 6.6 ~ 7.3 mm、后翅宽 2.2 ~ 4.0 mm。

【形态特征】 头部黄褐色，仅额区深褐色加深，头部后方中央具椭圆形浅褐色斑。触角黄褐色，柄节腹面加深呈褐色，超过 50 节；复眼大呈黑色，具金属光泽。胸部黄褐色，胸部背板左右各具褐色粗纵带，前中胸背板中央具褐色细纵纹。足黄褐色，胫节基部及端部各具 1 个褐色斑。前翅椭圆形，顶角较尖；翅面黄褐色，较透明，具不均匀矢状纹，翅缘偶具浅褐色斑；翅脉黄褐色，具透明间隔。后翅椭圆形，顶角较尖；翅面浅黄褐色，透明均一，无斑；翅脉浅褐色透明，Cu 脉颜色加深。腹部黄褐色，背板与腹板呈深褐色，明显深于侧膜。雄虫第 9 背板侧面观呈长方形，第 9 腹板较小。肛上板侧面观近三角形，侧前角发达，特化成细长臂，左右向内交叉呈钩状，末端呈钩状，臀胝明显。殖弧中突基部粗壮，末端渐细，微微下弯呈钩状；后突呈小钩状，较短，上弯。雌虫第 8 背板细长，侧面观近长方形。亚生殖板发达呈板状，基部宽大，至端部渐细，顶端较平，两侧翼细长，末端较尖，长度超出亚生殖板顶端。

【地理分布】 内蒙古、青海、甘肃、新疆。

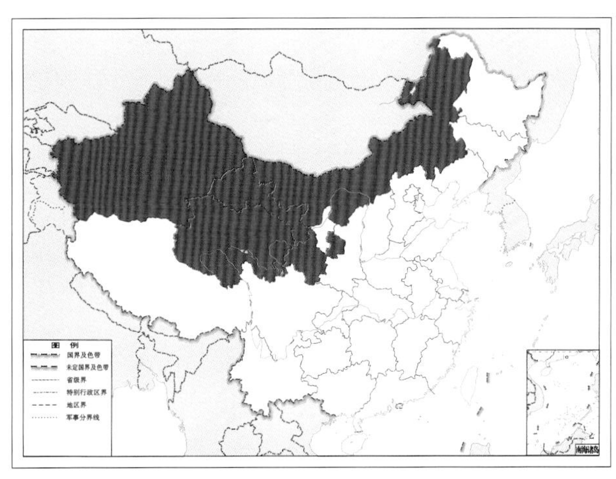

图 4-224-2　贺兰丛褐蛉 *Wesmaelius helanensis* 地理分布图

225. 那氏齐褐蛉 *Wesmaelius navasi* (Andréu, 1911)

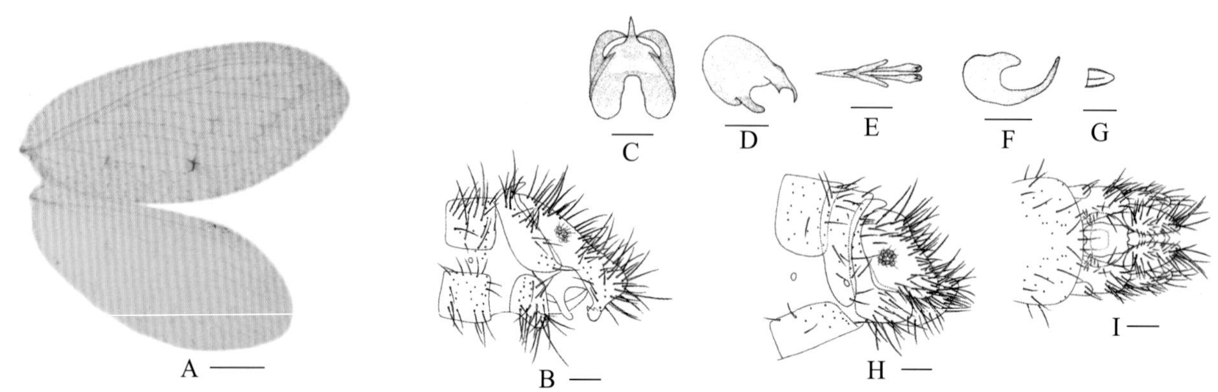

图 4-225-1 那氏齐褐蛉 *Wesmaelius navasi* 形态图

（标尺：A 为 1.0 mm，B、H、I 为 0.2 mm，C ~ G 为 0.1 mm）

A. 翅 B. 雄虫腹部末端侧面观 C. 雄虫殖弧叶背面观 D. 雄虫殖弧叶侧面观 E. 雄虫阳基侧突背面观 F. 雄虫阳基侧突侧面观 G. 雄虫内生殖板背面观 H. 雌虫腹部末端侧面观 I. 雌虫腹部末端腹面观

【测量】 体长 5.0 ~ 5.9 mm，前翅长 6.3 ~ 7.2 mm、前翅宽 3.0 ~ 3.8 mm，后翅长 5.8 ~ 6.2 mm、后翅宽 2.4 ~ 2.8 mm。

【形态特征】 头部黄褐色，无加深区域。触角黄褐色，超过 50 节；复眼大呈黑色，具金属光泽。胸部黄褐色，前胸背板无斑点；中后胸背板左右盾片颜色加深呈浅褐色。足黄褐色，无斑，跗节末节色微深于其他部分。前翅卵圆形，顶角微尖；翅面浅黄褐色，透明均一，无斑；翅脉浅黄色透明，仅 3m-cu 横脉及两端相连纵脉处呈褐色，明显深于其他各脉。后翅卵圆形，顶角微尖；翅面浅黄色，透明均一，无斑；翅脉浅黄色透明。腹部黄褐色，颜色均一。雄虫第 9 背板大部分与肛上板愈合，侧面观后缘背部向前微凹，背部后缘角状突出明显。肛上板发达，向后下方膨大，侧下角发达，特化臂状钩突，弯向内侧，较短，左右未相互交叉，末端密布小齿，臀胝明显。殖弧中突基部较粗，端部尖细，下弯呈钩状；侧叶较小，背面观隐藏于后突之下；殖弧后突较粗壮，背面观向内弯曲，末端尖细。雌虫第 8 背板细长，侧缘微凸。亚生殖板发达，呈卵圆形，基部宽大且中央具凹陷，顶端中央具微小凹陷，两侧翼膨大，近三角形，末端尖细，长度超出亚生殖板顶端。

【地理分布】 内蒙古、湖北、宁夏、新疆；西班牙。

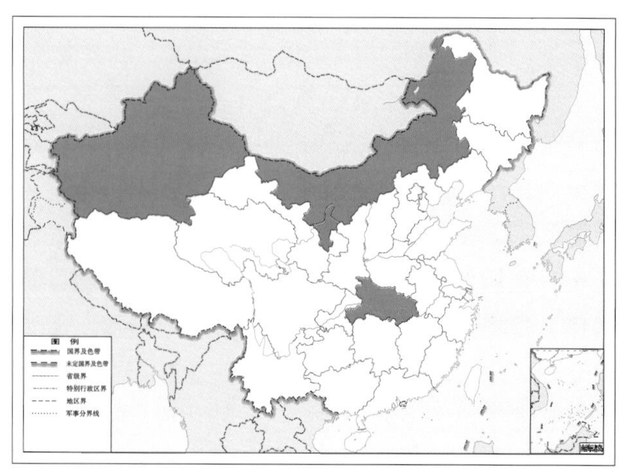

图 4-225-2 那氏齐褐蛉 *Wesmaelius navasi* 地理分布图

226. 尖顶齐褐蛉 *Wesmaelius nervosus* (Fabricius, 1793)

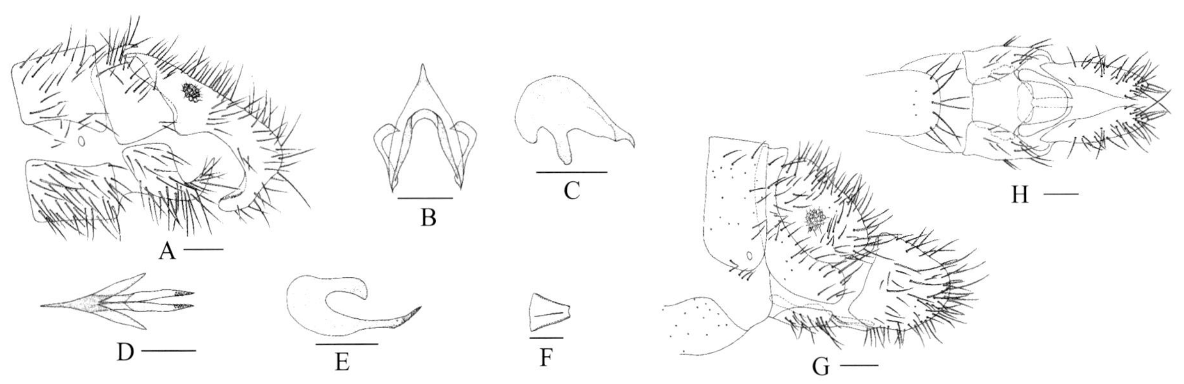

图 4-226-1　尖顶齐褐蛉 *Wesmaelius nervosus* 形态图

（标尺：A、G、H 为 1.0 mm，B ~ F 为 0.2 mm）

A. 雄虫腹部末端侧面观　B. 雄虫殖弧叶背面观　C. 雄虫殖弧叶侧面观　D. 雄虫阳基侧突背面观　E. 雄虫阳基侧突侧面观　F. 雄虫内生殖板背面观　G. 雌虫腹部末端侧面观　H. 雌虫腹部末端腹面观

【测量】 体长 5.3 ~ 6.3 mm，前翅长 6.8 ~ 7.9 mm、前翅宽 2.7 ~ 3.1 mm，后翅长 5.7 ~ 6.9 mm、后翅宽 2.3 ~ 2.6 mm。

【形态特征】 头部黄褐色，头顶触角窝中部至前方均为深褐色，触角长，超过 60 节，呈黄褐色，柄节腹面呈褐色深于其他部分；复眼大，呈黑色。胸部土黄褐色，左右两侧缘具褐色纵带，中部具宽的污黄色纵带。足浅黄褐色，前中足胫节端部各具 1 个褐色斑。前翅卵圆形，外缘微尖，翅面浅黄褐色，透明较均一，仅肘阶脉及中阶脉组近翅后缘处具褐色斑点；翅脉黄褐色具褐色间隔，阶脉褐色。后翅卵圆形，浅黄褐色，透明均一，翅脉浅黄色，部分内阶脉组透明无色。腹部黄褐色，密布褐色毛。雄虫第 9 背板侧面观长方形，前后缘长于侧缘，后缘与肛上板相连，第 9 腹板两侧基部愈合，端部裂开分成左右 2 个部分；肛上板前缘中下部具一半圆形突出，与第 9 背板愈合，侧前角特化成粗壮的钩状臂且末端较尖锐具 4 ~ 5 个锯齿状小刺，左右相互交叉，侧后角后伸成柱状，后缘微内卷，臀胝明显；殖弧叶中突基部较粗至端部渐细，下弯成钩状，后突背面观近三角形。雌虫第 8 腹节气门位于背板之上，背板侧面观长方形，前缘明显长于侧缘，第 8 腹板较小不明显；亚生殖板发达，基部宽大且较平，两侧缘中部具微微上翻的小突出，端部近卵圆形，1 对侧翼近三角形，端部尖锐且长度超过亚生殖板。

【地理分布】 辽宁、河北、西藏、甘肃、内蒙古；法国。

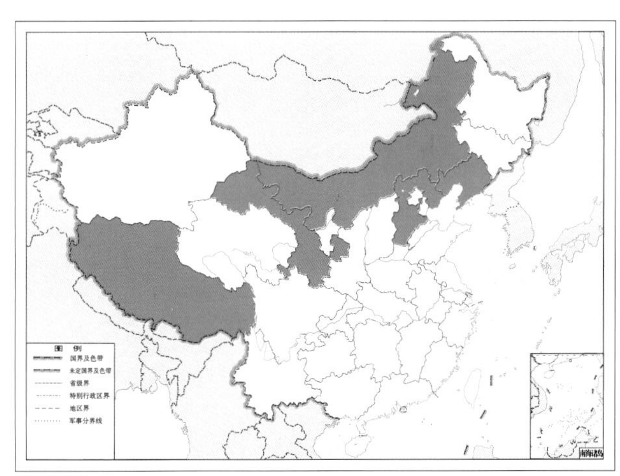

图 4-226-2　尖顶齐褐蛉 *Wesmaelius nervosus* 地理分布图

227. 奎塔齐褐蛉 *Wesmaelius quettanus* (Navás, 1931)

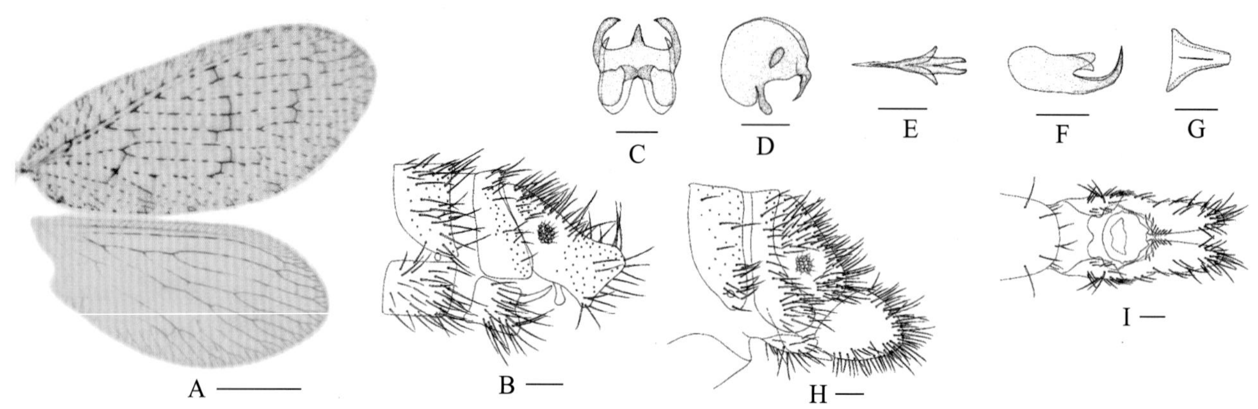

图 4-227-1 奎塔齐褐蛉 *Wesmaelius quettanus* 形态图

（标尺：A 为 2.0 mm，B、H、I 为 0.2 mm，C ~ G 为 0.1 mm）

A. 翅 B. 雄虫腹部末端侧面观 C. 雄虫殖弧叶背面观 D. 雄虫殖弧叶侧面观 E. 雄虫阳基侧突背面观 F. 雄虫阳基侧突侧面观 G. 雄虫内生殖板背面观 H. 雌虫腹部末端侧面观 I. 雌虫腹部末端腹面观

【测量】 体长 7.8 mm，前翅长 6.8 ~ 7.9 mm、前翅宽 2.7 ~ 3.1 mm，后翅长 5.7 ~ 6.9 mm、后翅宽 2.3 ~ 2.6 mm。

【形态特征】 头部黄褐色，头部前侧呈褐色，仅上唇色浅呈黄褐色，头顶至头后缘呈浅褐色。触角长，超过 65 节，呈黄褐色，柄节呈褐色明显深于其他各节；复眼大呈黑色，具金属光泽。胸部黄褐色，前胸背板两侧缘各具 1 个三角形褐色斑，中央具 1 个倒人字形褐色斑；中胸背板左右盾片几乎全部为褐色，前盾片前缘具 1 条褐色横纹；后胸背板左右盾片全部为褐色。足浅黄褐色，跗节末节色微深于其他部分。前翅基部至端部近等宽呈卵圆形，翅面浅黄褐色，透明均一，无明显褐色斑；翅脉黄褐色，具透明间隔。后翅椭圆形，浅黄褐色透明均一，翅脉浅黄色不均一。腹部背板与腹板呈褐色，明显深于侧膜；密布褐色毛。雄虫第 9 背板侧面观侧后缘向后微凸；肛上板发达，向后下方膨大，臀胝明显。殖弧叶特殊，左右殖弧侧叶近中央各具 1 个近圆锥形内凹筒状结构；殖弧中突向下弯曲呈钩状；无殖弧后突。雌虫第 8 背板细长，侧缘微凸。亚生殖板发达，基部宽大中央具凹陷，顶端中央具微小凹陷，中部宽大，尤其侧面观下凸极为明显，两侧翼末端渐细，侧缘中部具微微上翻的近半圆形突出。

【地理分布】 内蒙古、宁夏、甘肃、海南；巴基斯坦。

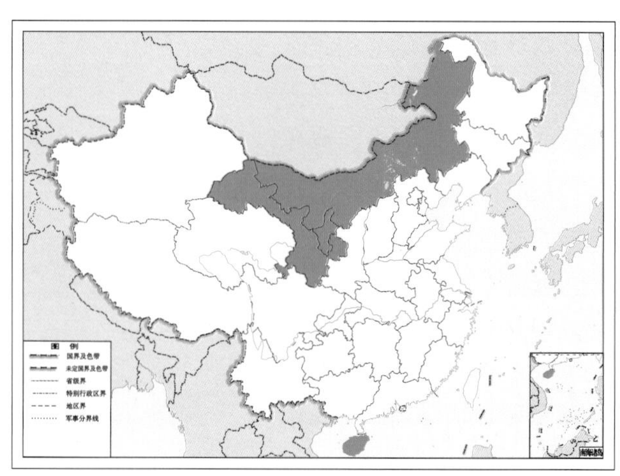

图 4-227-2 奎塔齐褐蛉 *Wesmaelius quettanus* 地理分布图

228. 广钩齐褐蛉 *Wesmaelius subnebulosus* (Stephens, 1836)

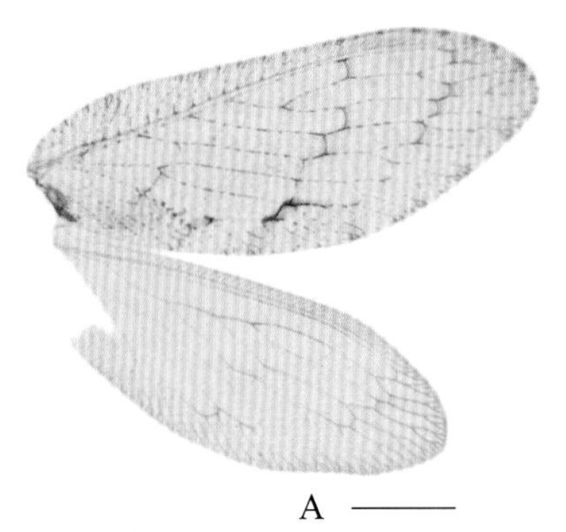

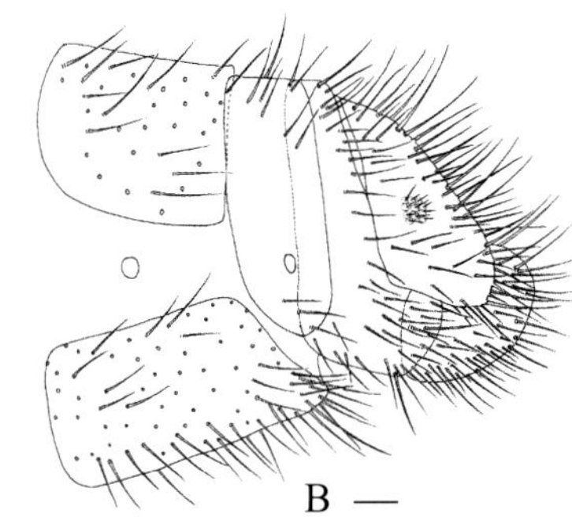

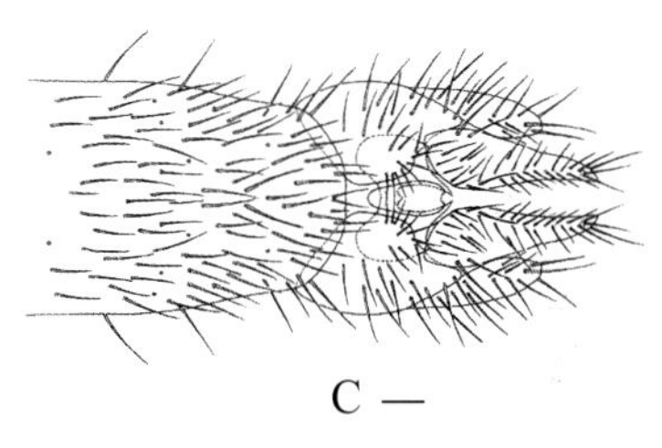

图 4-228-1 广钩齐褐蛉 *Wesmaelius subnebulosus* 形态图
（标尺：A 为 2.0 mm，B、C 为 0.2 mm）
A. 翅 B. 雌虫腹部末端侧面观 C. 雌虫腹部末端腹面观

【测量】 体长 5.8 mm，前翅长 10.3 mm、前翅宽 4.0 mm，后翅长 9.1 mm、后翅宽 3.3 mm。

【形态特征】 头部黄褐色，头部前方除两颊外均褐色加深，头顶后方具粗壮长刚毛，且毛孔褐色明显。触角黄褐色，超过 50 节，柄节腹面具浅褐色斑；复眼大呈黑色，具金属光泽。胸部黄褐色，背板左右两侧具明显褐色纵纹，贯穿整个胸部背板；前胸背板前缘中央具褐色细纵纹。足黄褐色，前中足胫节基端部各具 1 个褐色圆斑，跗节末节色微深于其他部分。前翅椭圆形，顶角尖；翅面黄褐色，较透明，具不规则矢状纹，翅缘处具不规则间隔的褐色斑，沿阶脉具浅褐色条带，中阶脉组及肘阶脉组尤其明显。后翅椭圆形，顶角微尖；翅面浅黄褐色，透明均一，无斑；翅脉浅黄色，基部较透，近翅缘处颜色加深。腹部黄褐色，背腹板明显深于侧膜。雌虫第 8 背板细长，侧缘微凸。亚生殖板发达，呈椭圆长条状，基部微窄，端部微膨，且端部中央具微凹，两侧翼膨大，近三角形，基部膨大成弧，端部渐细成钩状，长度超出亚生殖板顶端。

【地理分布】 新疆。

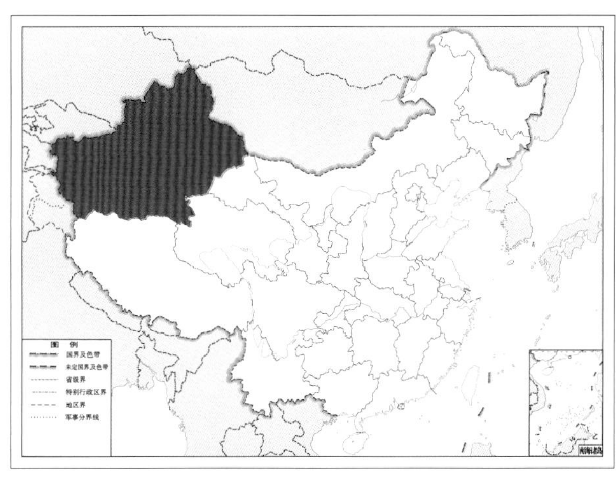

图 4-228-2 广钩齐褐蛉 *Wesmaelius subnebulosus* 地理分布图

229. 疏附齐褐蛉 *Wesmaelius sufuensis* Tjeder, 1968

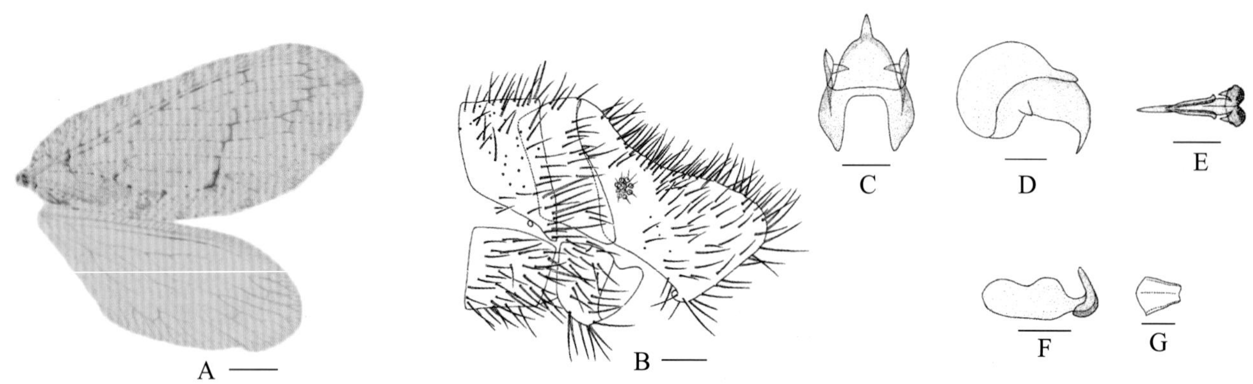

图 4-229-1 疏附齐褐蛉 *Wesmaelius sufuensis* 形态图
（标尺：A 为 1.0 mm，B 为 0.2 mm，C ~ G 为 0.1 mm）
A. 翅 B. 雄虫腹部末端侧面观 C. 雄虫殖弧叶背面观 D. 雄虫殖弧叶侧面观 E. 雄虫阳基侧突背面观 F. 雄虫阳基侧突侧面观 G. 雄虫内生殖板背面观

【测量】 体长 6.1 mm，前翅长 8.0 mm、前翅宽 3.0 mm，后翅长 6.3 mm、后翅宽 2.6 mm。

【形态特征】 头部黄褐色，颊区及头顶黄色，前额、唇基、上唇较深呈褐色；触角黄褐色，超过 50 节；复眼黑色具金属光泽。胸部黄褐色，背板两侧缘具褐色纵带。足浅黄褐色，前中足胫节基部与端部各具 1 个褐色斑。前翅卵圆形，基部窄于外缘；翅面浅黄褐色透明，具灰色矢状纹，沿中阶脉组及上半段的外阶脉组具带状褐色纹；翅脉透明具黄褐色间隔，尤其脉交界处多为褐色，内阶脉组，中阶脉组及上半部的外阶脉组呈褐色。后翅卵圆形，顶角圆钝；翅面呈浅黄色，透明均一，无斑；翅脉浅黄褐色，靠近内阶脉组处的径脉无色透明。腹部黄褐色均一，密布黄褐色毛。雄虫第 9 背板侧面观长方形，后缘中部与肛上板愈合；肛上板后角膨大，后缘内卷，侧前角特化成臂，左右交叉，臂内面自 1/2 处至末端具 1 排刺，臂末端平钝，具 1 排小刺，最下方 1 个大刺，臀胝明显。殖弧中突基部至中部宽阔，端部近 1/4 处尖细，下弯成钩；殖弧后突极小，透明近三角形，内折不明显。

【地理分布】 甘肃、新疆；哈萨克斯坦，塔吉克斯坦。

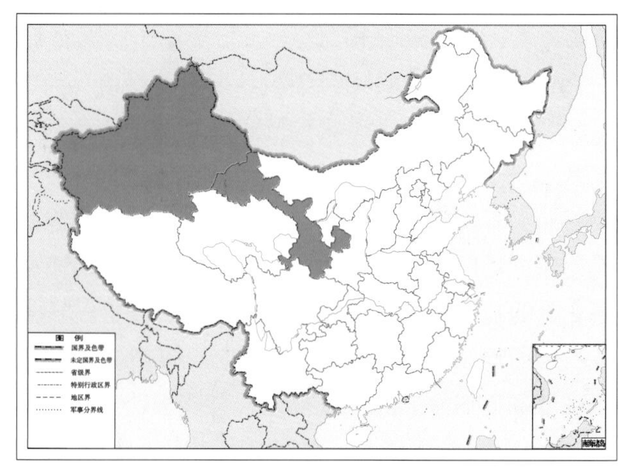

图 4-229-2 疏附齐褐蛉 *Wesmaelius sufuensis* 地理分布图

230. 异脉齐褐蛉 *Wesmaelius trivenulatus* (Yang, 1980)

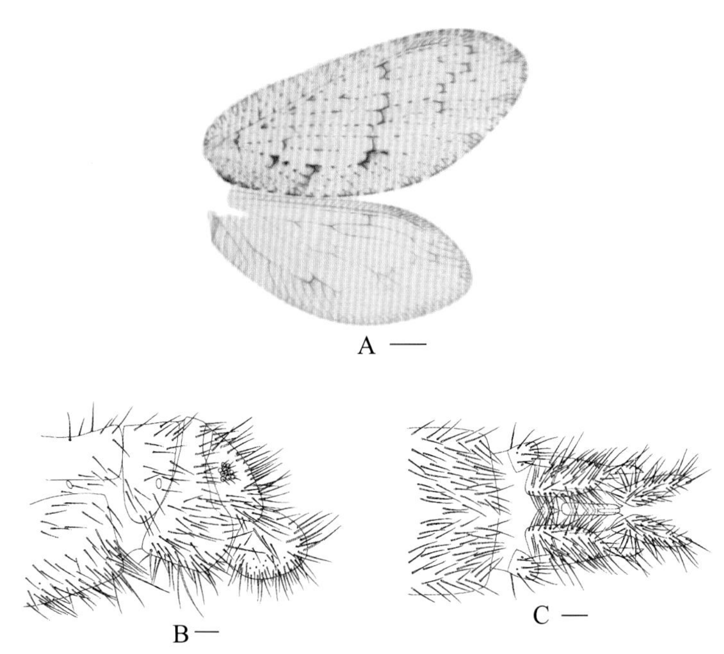

图 4-230-1　异脉齐褐蛉 *Wesmaelius trivenulatus* 形态图
（标尺：A 为 2.0 mm，B、C 为 0.2 mm）
A. 翅　B. 雌虫腹部末端侧面观　C. 雌虫腹部末端腹面观

【测量】 体长 5.6~9.0 mm，前翅长 8.2~10.5 mm、前翅宽 4.1 ~ 4.3 mm，后翅长 7.1 ~ 8.5 mm、后翅宽 2.9 ~ 3.8 mm。

【形态特征】 头部黄褐色，触角前方区域全部为深褐色加深。触角黄褐色，鞭节深于柄节梗节，标本破损节数不详；复眼大，呈黑色，具金属光泽。胸部黄褐色，前中胸背板两侧具褐色纵带，前胸背板中央具褐色纵纹；后胸背板左右盾片均褐色加深。足黄褐色，前中足胫节基部与端部各具 1 个褐色斑。前翅椭圆形，顶角微尖；翅面黄褐色，较透明，非均一，具不均匀浅褐色矢状纹，Cu 脉至翅后缘区域较深，沿 4 组阶脉具褐色带，RP 脉在 R 脉上的起点处具小褐色斑；翅脉褐色具透明间隔，阶脉褐色。后翅椭圆形，顶角微尖；翅面浅黄色，透明均一，无斑。腹部黄褐色，颜色均一，多毛。雌虫第 9 背板背端较窄，腹部末端膨大，后缘后突；第 9 腹板侧面观近半圆形，后缘明显超出肛上板；肛上板侧面观呈不规则形状，近卵圆形，臀胝较明显；亚生殖板细长呈条状，两侧翼膨大发达，近菱形，基部及端部均尖细，长度超出亚生殖板。

【地理分布】 四川、云南、西藏。

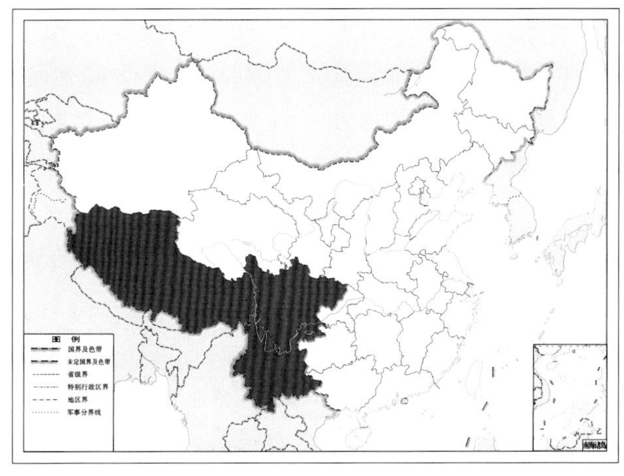

图 4-230-2　异脉齐褐蛉 *Wesmaelius trivenulatus* 地理分布图

231. 托峰齐褐蛉 *Wesmaelius tuofenganus* (Yang, 1985)

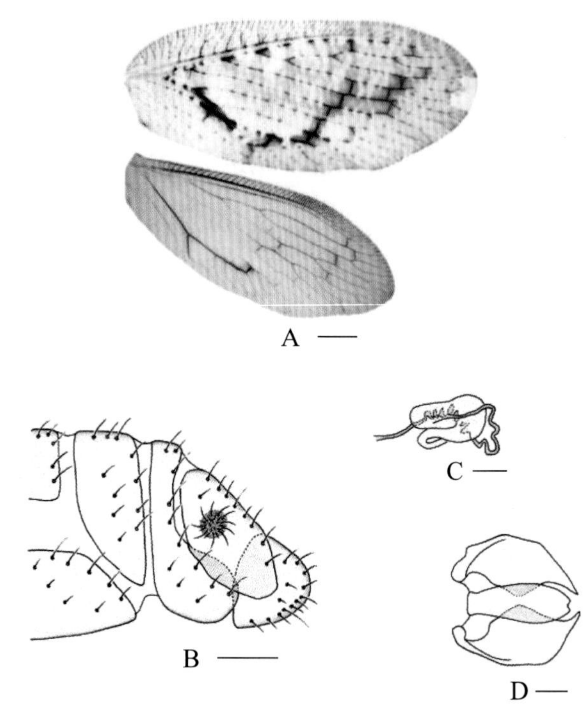

图 4-231-1 托峰齐褐蛉 *Wesmaelius tuofenganus* 形态图
（标尺：A 为 1.0 mm，B 为 0.2 mm，C、D 为 0.1 mm）
A. 翅 B. 雌虫腹部末端侧面观 C. 受精囊 D. 雌虫亚生殖板腹面观

【测量】 体长 4.5 mm，前翅长 6.6 ~ 6.8 mm、前翅宽 3.0 ~ 3.2 mm，后翅长 6.2 ~ 6.3 mm、后翅宽 2.3 ~ 2.4 mm。

【形态特征】 头部黄褐色，无深色斑点。触角黄褐色，超过 50 节；复眼大呈黑色，具金属光泽。胸部黄褐色，胸部背板两侧具褐色纵带。足黄褐色，无斑，跗节末节色微深于其他部分。前翅卵圆形；翅面浅黄褐色，透明，翅缘微深；翅脉黄褐色，具透明间隔，3m-cu 横脉色深于其他横脉。后翅卵圆形；翅面浅黄色，透明均一，无斑；翅脉黄褐色，颜色均一。腹部浅褐色，颜色均一。雌虫第 9 腹板较短且圆凸，第 9 背板下方宽阔包向腹面有内折部分；亚生殖板狭长，顶端具有浅凹刻；两侧的 1 对后殖突则很大，端部尖而基部卷折。

【地理分布】 新疆。

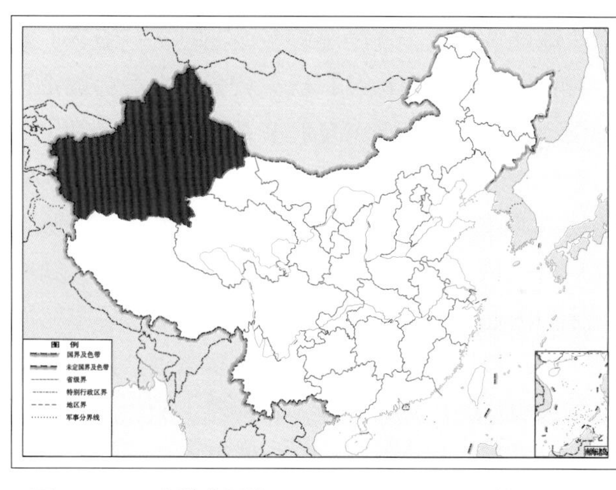

图 4-231-2 托峰齐褐蛉 *Wesmaelius tuofenganus* 地理分布图

232. 雾灵齐褐蛉 *Wesmaelius ulingensis* (Yang, 1980)

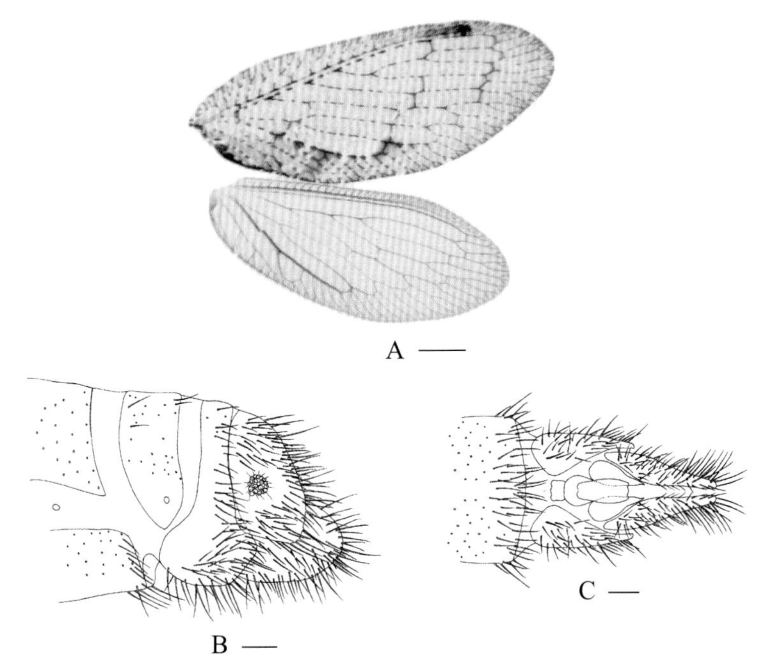

图 4-232-1　雾灵齐褐蛉 *Wesmaelius ulingensis* 形态图
（标尺：A 为 1.0 mm，B、C 为 0.2 mm）
A. 翅　B. 雌虫腹部末端侧面观　C. 雌虫腹部末端腹面观

【测量】 体长 5.3~6.8 mm，前翅长 7.3~8.5 mm、前翅宽 3.2 ~ 3.4 mm，后翅长 6.3 ~ 7.7 mm、后翅宽 2.7 ~ 3.1 mm。

【形态特征】 头部黄褐色，额区触角前方，左右各具近卵圆形褐色斑，唇基浅褐色深于上唇；头顶后方中央具较细褐色纵纹，左右具不规则碎褐色斑；触角长，超过 60 节，呈黄褐色，鞭节末端几节颜色微微加深；复眼深色具金属光泽。胸部黄褐色，背板左右侧缘各具褐色纵纹，十分明显，贯穿整个胸部背板，尤其后胸背板，盾片具圆形大褐色斑；前胸背板中央具较细褐色纵纹，几乎与头部后方细纵纹相连。足浅黄褐色，前中足胫节基部与端部各具 1 个褐色斑；后足胫节端部具 1 个不明显褐色斑。前翅椭圆形，较狭长，顶角微尖；翅面黄褐色，密布黄褐色矢状纹，沿中、外阶脉具褐色条纹，CuA 脉至翅后缘区域呈褐色；翅脉褐色，具小段透明间隔，阶脉均为褐色。后翅椭圆形；翅面呈黄褐色，透明均一，无斑；翅脉浅褐色，颜色均一，Cu 脉加粗，颜色深于其他各脉。腹部深褐色，均一。雌虫第 8 背板侧缘微尖；第 9 背板腹部末端膨大，前后侧角均微微凸出；第 9 腹板宽阔，长度超出肛上板后缘；肛上板卵圆形，臀胝明显。亚生殖板特殊，呈长条状，顶端中央微凹，基部膨大，1 对侧翼呈水滴状，末端尖细。

【地理分布】 河北、宁夏、云南、西藏。

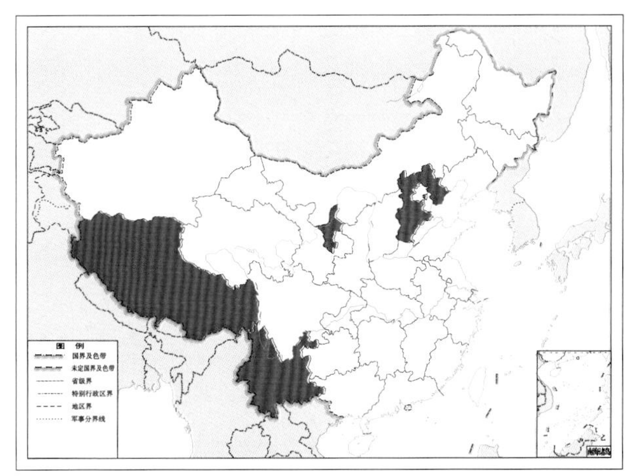

图 4-232-2　雾灵齐褐蛉 *Wesmaelius ulingensis* 地理分布图

绿褐蛉亚科 Notiobiellinae Nakahara, 1960

【鉴别特征】 前翅 4r-m、4im、4m-cu 横脉缺失，2sc-r 横脉一般情况下存在，若缺失，则肩区 trichoseores 同样缺失（多出现在寡脉褐蛉属 *Zachobiella* 中），或者是翅痣对应处的亚前缘域区域窄于同一位置的亚前缘脉（多出现在绿褐蛉属 *Notiobiella* 中），RP 脉 2 支。

【地理分布】 世界性分布，主要位于美洲中南部，非洲，亚洲东南部，澳大利亚及太平洋的西南群岛。

【分类】 目前全世界已知 4 属约 86 种，我国已知 3 属 19 种，本图鉴收录 3 属 16 种。

中国绿褐蛉亚科 *Notiobiellnae* 分属检索表

1. 翅为绿色，CuP 脉在 cua-cup 横脉处分叉 ………… **绿褐蛉属 *Notiobiella***
   翅为褐色、黄褐色等，CuP 脉简单，不分叉 ………… 2
2. 前翅前缘具肩迴脉 ………… **蔷褐蛉属 *Psectra***
   前翅前缘无肩迴脉 ………… **寡脉褐蛉属 *Zachobiella***

（四一）绿褐蛉属 *Notiobiella* Banks, 1909

【鉴别特征】 体绿色，触角超过 40 节；头部唇基中侧部刚毛存在；前翅亚前缘域的宽度不宽于相邻的亚前缘脉，尤其是翅痣对应位置，但有的种类亚前缘域在 1sc-r 横脉处微加宽，RP 脉 2 支，RA 脉分叉较晚，至少在主脉 1/3 处之后，CuP 脉分叉较早，在 2cua-cup 横脉前方。雄虫腹部末端肛上板侧后角特化程度较高，是属内种间的重要鉴别特征，殖弧叶下方与阳基侧突上方之间具膜质的、管状外翻结构，表面多具小刺，为本属特有，大部分种类的此膜状结构与殖弧叶相连更为紧密。雌虫腹部末端具有刺突，亚生殖板的有无及形状是属内种间的重要区别特征。

【地理分布】 广泛分布于新热带界、旧热带界、东洋界及澳洲界。

【分类】 目前全世界已知 49 种，我国已知 10 种，本图鉴收录 8 种。

中国绿褐蛉属 *Notiobiella* 分种检索表

1. 前翅径横脉 r1-r2 处具斑点 ………… 2
   前翅径横脉 r1-r2 处无斑点 ………… 5
2. 前翅基部前缘横脉分叉处具斑 ………… 3
   前翅基部前缘横脉分叉处无斑 ………… 4
3. 前翅仅基部两支前缘横脉分叉处具褐色斑；横脉仅 r1-r2 及肘横脉具小褐色斑 ………… **亚星绿褐蛉 *Notiobiella substellata***
   前翅所有前缘横脉分叉处均具褐色斑；横脉均具小褐色斑 ………… **星绿褐蛉 *Notiobiella stellata***

4. 前翅从翅基至端部具平行于阶脉的 2 条褐色带 ……………………………… 淡绿褐蛉 ***Notiobiella subolivacea***
   前翅无平行于阶脉的褐色带 ………………………………………………………… 三峡绿褐蛉 ***Notiobiella sanxiana***
5. 前翅径脉分叉处具斑 …………………………………………………………………………………………………… 6
   前翅径脉分叉处无斑 …………………………………………………………………………………………………… 7
6. 前翅基部前缘横脉之间具 3 ~ 5 个灰褐色圆斑 ………………………………… 海南绿褐蛉 ***Notiobiella hainana***
   前翅基部前缘横脉之间无灰褐色圆斑 ………………………………………………… 丽绿褐蛉 ***Notiobiella gloriosa***
7. 前后翅翅痣均明显呈红色 ……………………………………………………………… 黄绿褐蛉 ***Notiobiella ochracea***
   前后翅翅痣未明显呈红色 ……………………………………………………………………………………………… 8
8. 前胸背板两侧缘各具 1 个瘤状突起 ………………………………………………… 荔枝绿褐蛉 ***Notiobiella lichicola***
   前胸背板两侧缘无瘤状突起 …………………………………………………………… 翅痣绿褐蛉 ***Notiobiella pterostigma***

注：名录中的单点绿褐蛉 *Notiobiella unipuncta* Yang, 1999 已作为三峡绿褐蛉 *Notiobiella sanxiana* Yang, 1997 的异名，故未编入本检索表。

233. 海南绿褐蛉 *Notiobiella hainana* Yang & Liu, 2002

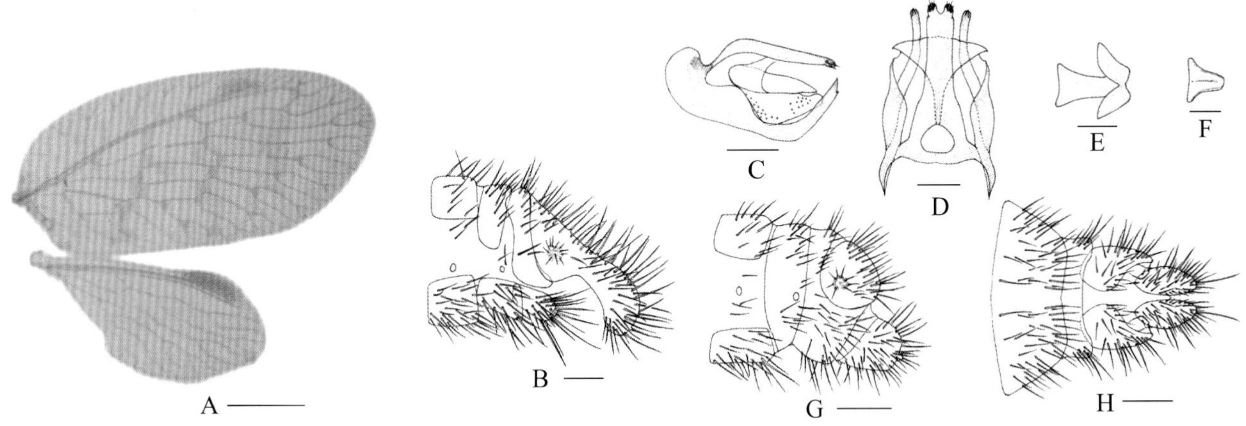

图 4-233-1 海南绿褐蛉 *Notiobiella hainana* 形态图

（标尺：A 为 1.0 mm，B、G、H 为 0.2 mm，C ~ F 为 0.1 mm）

A. 翅 B. 雄虫腹部末端侧面观 C. 雄虫殖弧叶、阳基侧突侧面观 D. 雄虫殖弧叶背面观 E. 雄虫阳基侧突背面观 F. 雄虫内生殖板背面观 G. 雌虫腹部末端侧面观 H. 雌虫腹部末端腹面观

【测量】 体长 3.8 ~ 4.6 mm，前翅长 4.4 ~ 5.0 mm、前翅宽 2.2 ~ 2.7 mm，后翅长 3.1 ~ 3.8 mm、后翅宽 1.3 ~ 1.8 mm。

【形态特征】 头部浅黄褐色，沿复眼后方至两颊及上颚呈褐色，下颚须及下唇须黄褐色，末节褐色加深。触角浅黄褐色，鞭节后半段颜色明显深于前半段，超过 45 节；复眼大，呈黑色，具金属光泽。胸部浅黄褐色，胸部背板中央具浅色纵带。足浅黄褐色，无斑。后足股节膨大。前翅椭圆形；翅面浅黄褐色，较透明，沿阶脉具不规则灰褐色纹及纵脉分叉处具浅褐色斑，前缘域 1 列浅褐色圆斑；翅脉浅黄色，透明。后翅椭圆形；翅面浅黄褐色，透明均一，无斑；翅脉浅黄褐色，透明，多毛。腹部浅黄褐色，背板与腹板颜色相同，多具毛。雄虫第 9 背板侧缘微突，侧面观近梯形，第 9 腹板较小，侧面观近正方形。肛上板发达，背侧缘具成排的长刚毛，下缘近基部具 1 个向内的齿突，肛上板后部向后下方膨大，末端渐尖，臀胝明显。殖弧叶与阳基侧突基部相连，殖弧叶殖弧中突明显，俯视端部中央具凹刻，端部下连膜状结构，膜表面多具小刺；阳基侧突两侧分离，端叶末端具上翘的钩状突，背叶近三角形；内生殖板背面观近梯形。雌虫第 8 背板与腹板愈合，侧面观近长方形。第 9 背板侧面观背缘较窄，侧缘膨大，后缘角微突。第 9 腹板发达，侧面观近半圆形，后缘明显超出肛上板，且刺突存在。肛上板侧面观卵圆形，臀胝明显，毛簇为 8 ~ 10 丛。亚生殖板骨化较弱，呈椭圆形。

【地理分布】 海南、云南、台湾。

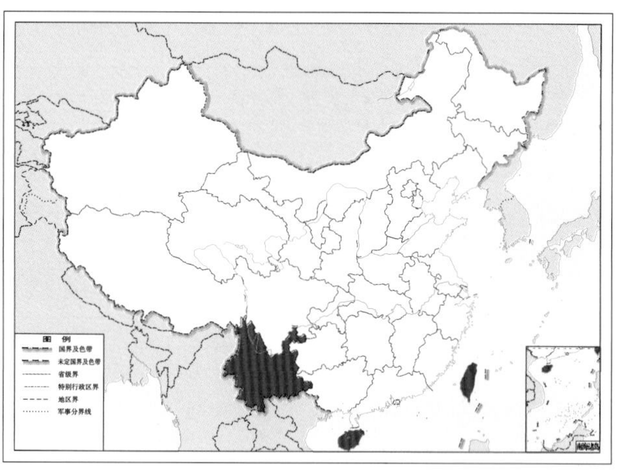

图 4-233-2 海南绿褐蛉 *Notiobiella hainana* 地理分布图

234. 荔枝绿褐蛉 *Notiobiella lichicola* Yang & Liu, 2002

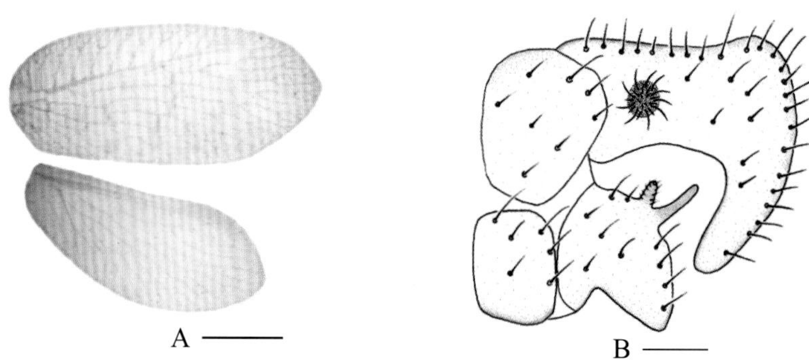

图 4-234-1 荔枝绿褐蛉 *Notiobiella lichicola* 形态图

（标尺：A 为 1.0 mm，B 为 0.2 mm）

A. 翅 B. 雄虫腹部末端侧面观

【测量】 体长 4.5 mm，前翅长 5.5 mm、前翅宽 2.6 mm，后翅长 3.8 mm、后翅宽 1.7 mm。

【形态特征】 头部黄褐色，沿两颊至上颚褐色加深，下颚须及下唇须黄褐色。触角黄褐色，不全，超过 45 节；复眼黑褐色，具金属光泽。胸部黄褐色，无明显斑点。足黄褐色，无斑，中、后足胫节膨大。前翅椭圆形；翅面黄褐色，无明显斑点；翅脉黄褐色，较透明。前缘域基部明显宽于端部，翅痣透明，肩迴脉存在，前缘横脉列近翅缘处分叉。后翅椭圆形；翅面浅黄褐色，透明，无斑；翅脉浅黄色，透明。腹部黄褐色，颜色均一。雄虫第 9 背板侧面观较窄，后缘中部微后突；第 9 腹板较大，侧面观形状不规则。肛上板发达，基部宽阔，中部微缢缩，端部膨大，背缘平直，后侧角特化成粗壮下伸的臂状突，末端钝圆，边缘具成排的长刚毛。

【地理分布】 海南。

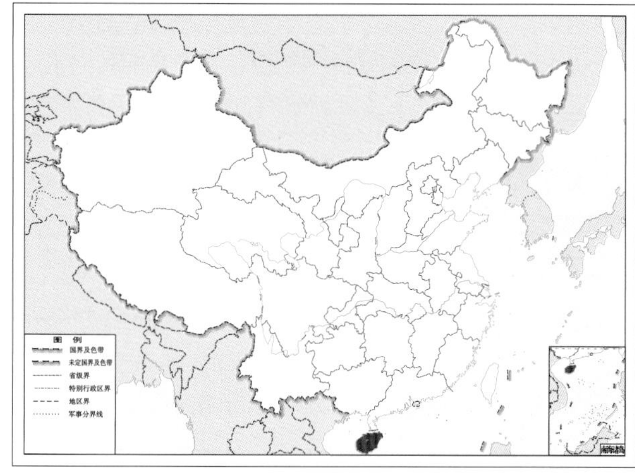

图 4-234-2 荔枝绿褐蛉 *Notiobiella lichicola* 地理分布图

235. 黄绿褐蛉 *Notiobiella ochracea* Nakahara, 1966

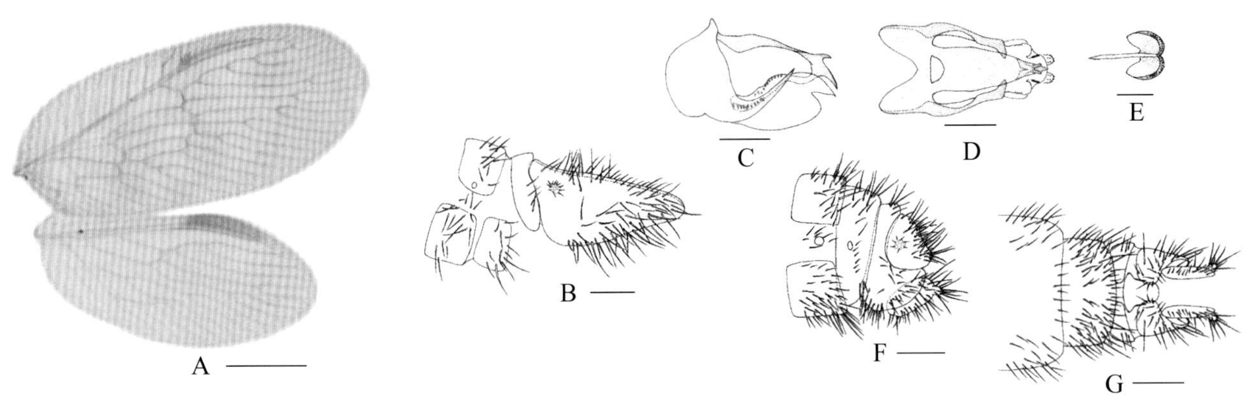

图 4-235-1 黄绿褐蛉 *Notiobiella ochracea* 形态图

（标尺：A 为 1.0 mm，B、F、G 为 0.2 mm，C ~ E 为 0.1 mm）

A. 翅 B. 雄虫腹部末端侧面观 C. 雄虫殖弧叶、阳基侧突侧面观 D. 雄虫殖弧叶背面观 E. 雄虫阳基侧突背面观 F. 雌虫腹部末端侧面观 G. 雌虫腹部末端腹面观

【测量】 体长 5.7~6.2 mm，前翅长 4.6~5.6 mm、前翅宽 1.8 ~ 2.3 mm，后翅长 3.8 ~ 4.4 mm、后翅宽 1.7 ~ 1.9 mm。

【形态特征】 头部黄褐色，头部后方两触角窝后方之间具三角形褐色斑，复眼后方沿两颊呈褐色，下颚须及下唇须褐色。触角黄褐色，超过 50 节；复眼红褐色，具金属光泽。胸部黄褐色，前胸背板狭长，长度至少为宽度的 2 倍，前缘窄于后缘，且两侧多具长毛。足黄褐色，无斑。前翅椭圆形；翅面黄褐色，沿阶脉组及左右内外平行共具 3 条灰褐色条带；翅脉黄褐色，横脉褐色微深于其他各脉。后翅椭圆形；翅面黄褐色，透明，无斑，翅痣红褐色，明显；翅脉黄褐色，透明。腹部黄褐色，颜色均一。多具毛。雄虫第 9 背板侧面观呈方形，侧缘微凸，第 9 腹板侧面观长方形。肛上板发达，侧面观近三角形，近基部宽大，中部最宽，端部后伸渐细，背缘微内折；臀胝明显，毛簇数为 8。殖弧叶殖弧中突基部宽大，外殖弧拱与内殖弧拱之间形成空隙，端部渐细呈钩状下弯，近端部左右具 1 对大刺，中突腹面近端部下连折叠膜状结构，表面密布小刺外半殖弧叶端部均特化呈明显刺状突且上弯成钩状。雌虫第 8 背板与腹板愈合，侧面观近梯形，背半部宽阔，腹半部渐窄。亚生殖板骨化较弱，端部弧状，基部侧角微尖，伸向两侧。

【地理分布】 台湾；日本。

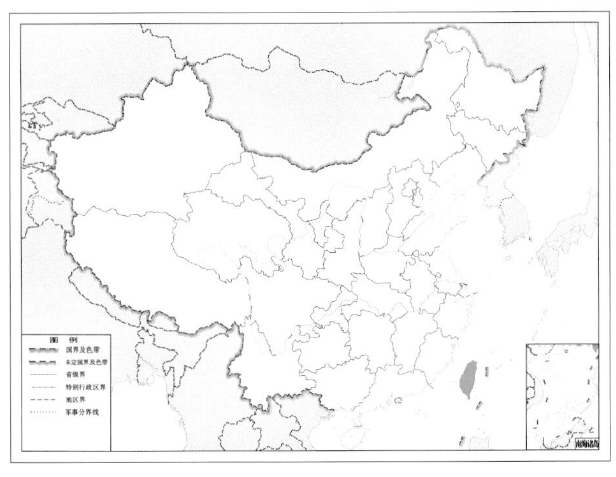

图 4-235-2 黄绿褐蛉 *Notiobiella ochracea* 地理分布图

236. 翅痣绿褐蛉 *Notiobiella pterostigma* Yang & Liu, 2001

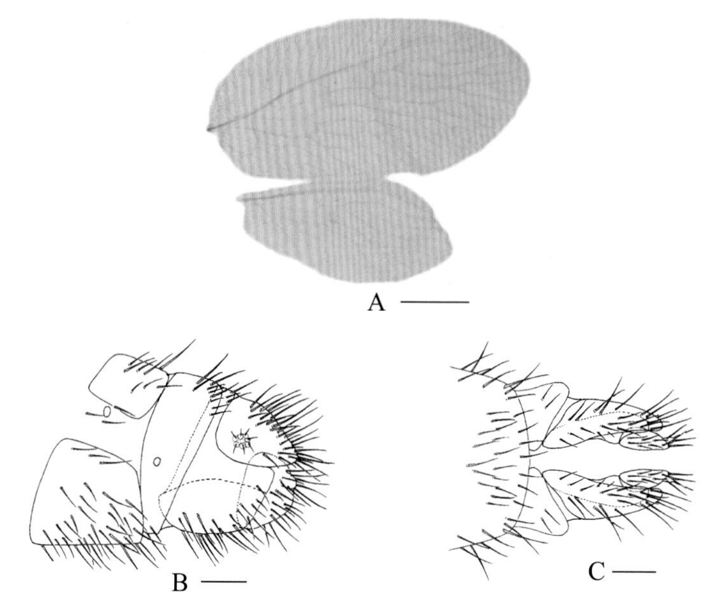

图 4-236-1 翅痣绿褐蛉 *Notiobiella pterostigma* 形态图

（标尺：A 为 1.0 mm，B、C 为 0.2 mm）

A. 翅 B. 雌虫腹部末端侧面观 C. 雌虫腹部末端腹面观

【测量】 体长 3.9 mm，前翅长 5.2 m、前翅宽 2.6 mm，后翅长 3.8 mm、后翅宽 1.7 mm。

【形态特征】 头部黄褐色，头部复眼后方沿两颊至上颚呈褐色，上颚末端深褐色深于周围；下颚须及下唇须褐色。触角黄褐色，超过 40 节；复眼红褐色，具金属光泽。胸部黄褐色，两侧缘多具长毛。足黄褐色，跗节末端微深于其他部分。前翅卵圆形；翅面浅黄褐色，透明，无斑；翅脉浅黄褐色，透明；前缘域基部明显宽于端部，肩迴脉存在，前缘横脉列近翅缘处分叉。后翅卵圆形；翅面浅黄色，透明，无斑；翅脉浅黄色，透明。腹部黄褐色，颜色均一。多具毛。雌虫第 8 背板与腹板愈合，侧面观近梯形，背半部明显宽阔，腹半部渐窄。第 9 背板侧面观背缘较窄，侧缘膨大，侧面观近 L 形，侧缘内折，上翻明显，侧缘与第 9 腹板以薄膜相连。第 9 腹板部分隐于第 9 背板内部，侧面观近卵圆形，后缘近与肛上板后缘平齐，且刺突存在。肛上板侧面观近梯形，侧后角明显后突，臀胝明显。无亚生殖板。

【地理分布】 浙江。

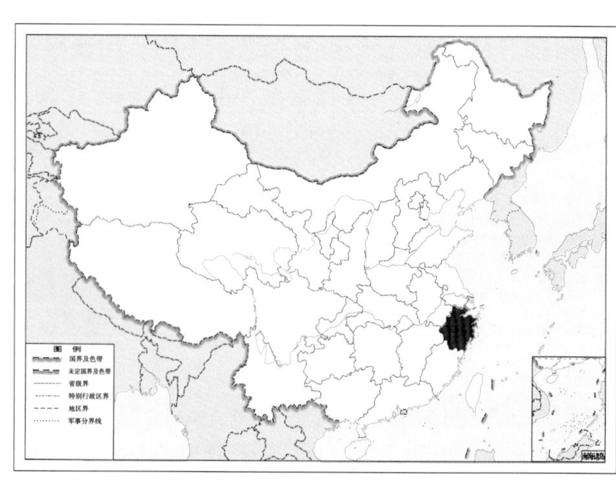

图 4-236-2 翅痣绿褐蛉 *Notiobiella pterostigma* 地理分布图

237. 三峡绿褐蛉 *Notiobiella sanxiana* Yang, 1997

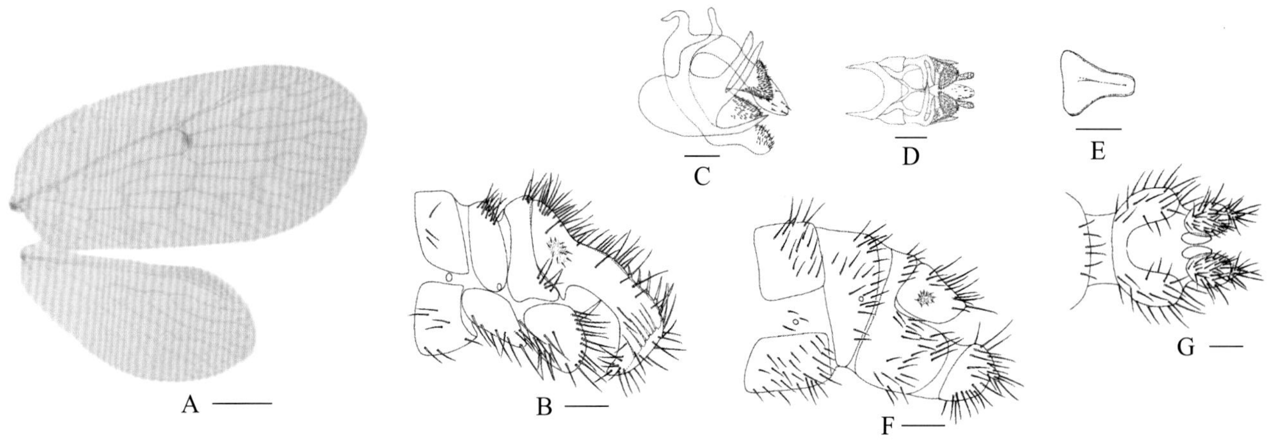

图 4-237-1 三峡绿褐蛉 *Notiobiella sanxiana* 形态图
（标尺：A 为 1.0 mm，B、F、G 为 0.2 mm，C ~ E 为 0.1 mm）
A. 翅 B. 雄虫腹部末端侧面观 C. 雄虫殖弧叶、阳基侧突侧面观 D. 雄虫殖弧叶、阳基侧突背面观 E. 雄虫内生殖板背面观 F. 雌虫腹部末端侧面观 G. 雌虫腹部末端腹面观

【测量】 体长 3.2~3.5 mm，前翅长 5.6~6.5 mm、前翅宽 2.4 ~ 2.7 mm，后翅长 3.8 ~ 4.1 mm、后翅宽 1.6 ~ 1.9 mm。

【形态特征】 头部浅黄色，沿复眼后方至两颊及上颚呈黄褐色，下颚须及下唇须褐色。触角黄褐色，超过 40 节；复眼大，呈黑色，具金属光泽。胸部浅黄褐色，胸部背板无明显色带。足浅黄褐色，无斑。后足股节膨大呈梭形。前翅椭圆形；翅面浅黄褐色，透明，在 r1-r2 横脉处具褐色小斑点；翅脉浅黄色，透明，横脉浅褐色，深于其他各脉。后翅椭圆形；翅面浅黄褐色，透明均一，无斑；翅脉浅黄褐色，透明。腹部浅黄褐色，颜色均一。多具毛。雄虫第 9 背板侧前较微突，侧后角明显后伸，第 9 腹板宽阔发达，侧面观近卵圆形。肛上板发达，侧前角靠近第 9 背板处下伸三角形角突，后部膨大下伸，超出第 9 腹板，边缘内卷，且具长刚毛列；背侧缘内侧自基部至端部具成排的长刚毛，中部至端部具粗壮刺状突；臀胝明显。殖弧叶与阳基侧突基部相连，殖弧叶殖弧中突基部纤细呈柄状，端部膨大，背面观呈椭圆形，表面具有粗壮的短刺，侧连膜状结构，表面密布短毛。雌虫第 8 背板与腹板愈合，侧面观近梯形。亚生殖板骨化较弱，呈 1 对近椭圆形骨化条。

【地理分布】 湖北、福建、江苏、江西、安徽。

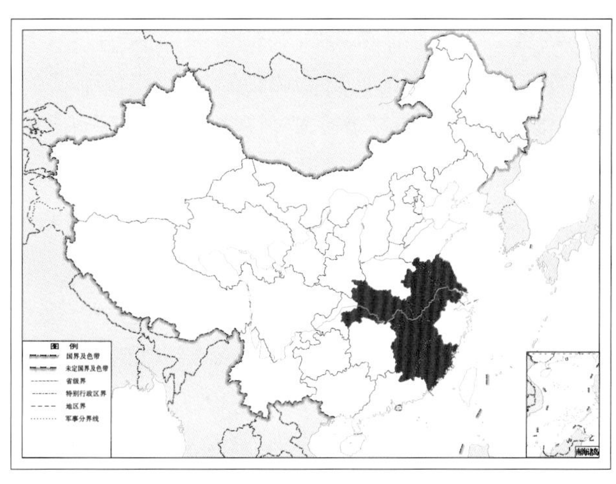

图 4-237-2 三峡绿褐蛉 *Notiobiella sanxiana* 地理分布图

238. 星绿褐蛉 *Notiobiella stellata* Nakahara, 1966

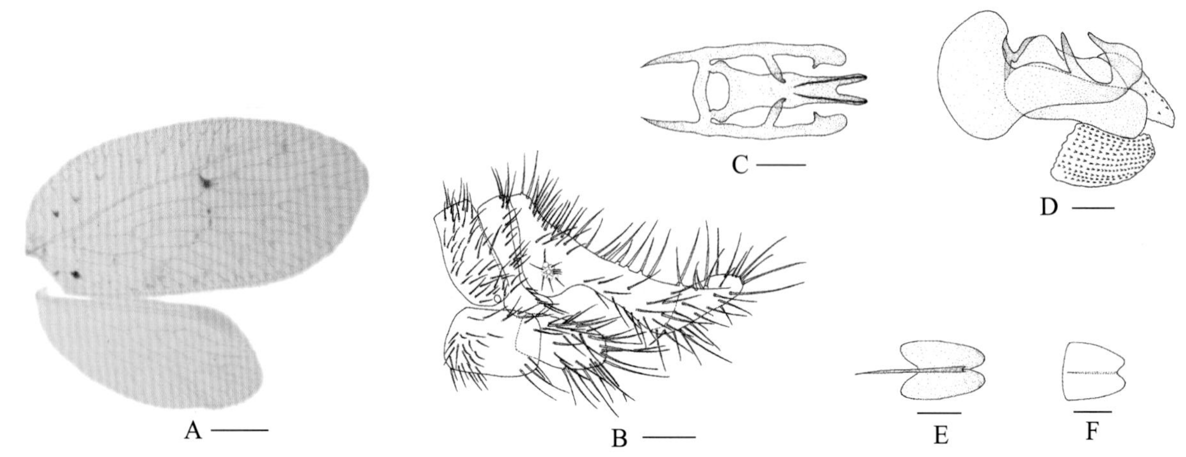

图 4-238-1 星绿褐蛉 *Notiobiella stellata* 形态图

（标尺：A 为 1.0 mm，B、E、F 为 0.2 mm，C、D 为 0.1 mm）

A. 翅 B. 雄虫腹部末端侧面观 C. 雄虫殖弧叶背面观 D. 雄虫殖弧叶、阳基侧突侧面观 E. 雄虫阳基侧突背面观 F. 雄虫内生殖板背面观

【测量】 体长 5.7 mm，前翅长 6.2 mm、前翅宽 3.9 mm，后翅长 4.2 mm、后翅宽 1.8 mm。

【形态特征】 头部黄褐色，复眼后方具明显三角形褐色斑，两颊及上颚端部呈褐色，下颚须及下唇须褐色。触角黄褐色，超过 50 节；复眼黑色，具金属光泽。胸部黄褐色，前胸背板两侧具褐色条带；中胸背板前缘及两侧缘具褐色细纹。足黄褐色，无斑。前翅卵圆形；翅面浅黄褐色，透明，RP 脉分叉处具三角形褐色斑，尤其基部 2 ~ 3 支的前缘横脉列分叉处，褐色斑明显；横脉处均具浅褐色斑，r1-r2 与 1a-j 横脉处尤其明显。翅脉纵脉浅黄褐色透明，横脉浅褐色明显加深。后翅卵圆形；翅面浅黄色，透明均一，无斑，翅痣明显；翅脉浅黄褐色，透明。腹部黄褐色，颜色均一，多具毛。雄虫第 9 背板较小，侧后角微微后伸；第 9 腹板宽大，侧面观长方形。肛上板发达，近基部处较狭窄，端部后伸逐渐膨大，末端向内侧上翻；臀胝明显。殖弧中突基部宽大，端部渐细，背面观呈 2 个钩突状，外殖弧拱与内殖弧拱之间形成空隙，外半殖弧叶中部与端部均特化呈明显刺状突，中部刺状突左右交叉，端部较小，上翘，未交叉；下连膜状结构，表面密布小刺。

【地理分布】 台湾；日本。

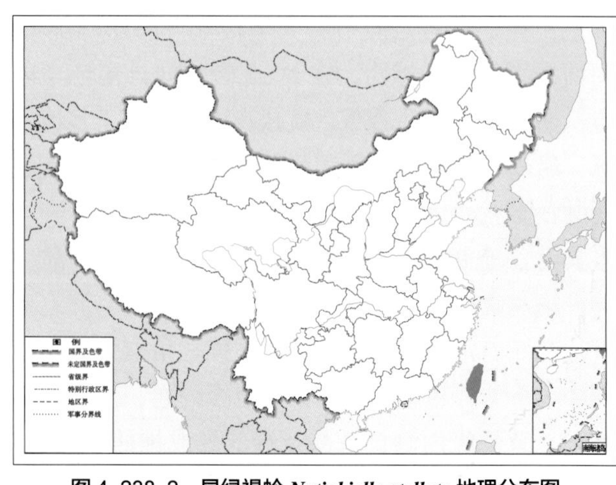

图 4-238-2 星绿褐蛉 *Notiobiella stellata* 地理分布图

239. 亚星绿褐蛉 *Notiobiella substellata* Yang, 1999

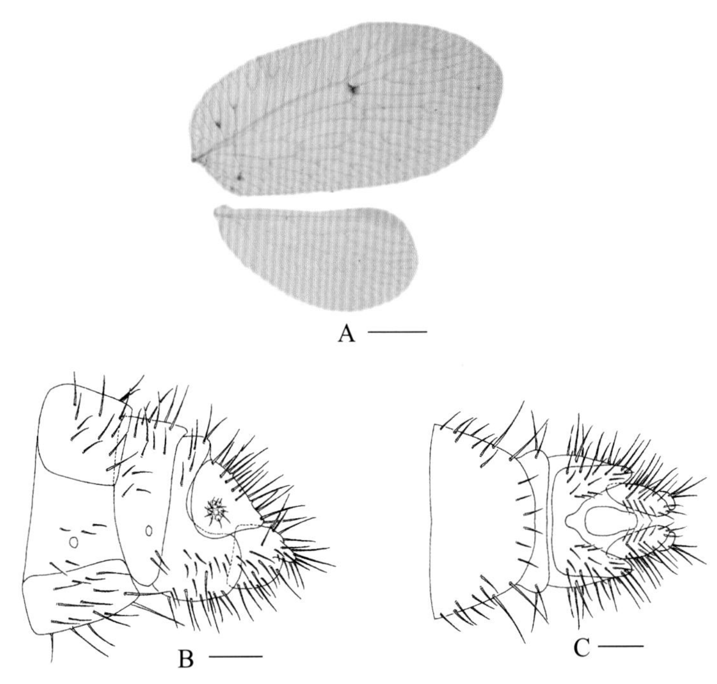

图 4-239-1 亚星绿褐蛉 *Notiobiella substellata* 形态图

（标尺：A 为 1.0 mm，B、C 为 0.2 mm）

A. 翅 B. 雌虫腹部末端侧面观 C. 雌虫腹部末端腹面观

【测量】 体长 3.8 ~ 6.0 mm，前翅长 5.2 ~ 6.2 mm、前翅宽 2.8 ~ 3.3 mm，后翅长 3.2 ~ 4.6 mm、后翅宽 1.7 ~ 2.2 mm。

【形态特征】 头部黄褐色，沿复眼后方至两颊及上颚呈褐色，下颚须及下唇须褐色。触角黄褐色，超过 50 节；复眼大，呈红色，具金属光泽。胸部黄褐色，胸部背板无明显色带。足黄褐色，无明显斑点。前翅椭圆形；翅面浅黄褐色，透明，前缘横脉列第 2 ~ 3 支分叉处，横脉仅 r1-r2 及肘横脉具小褐色斑；翅脉浅黄色，透明。后翅椭圆形；翅面浅黄褐色，透明均一，无斑，翅痣加厚明显；翅脉浅黄褐色，透明。腹部浅黄褐色，多具毛。雄虫第 9 背板侧面观细长，第 9 腹板宽大；肛上板宽大，极其发达，后缘膨大。雌虫第 8 背板与腹板愈合，侧面观近梯形，背半部宽阔，腹半部渐窄。亚生殖板骨化较弱，近长方形板状结构。

【地理分布】 福建、浙江、广西。

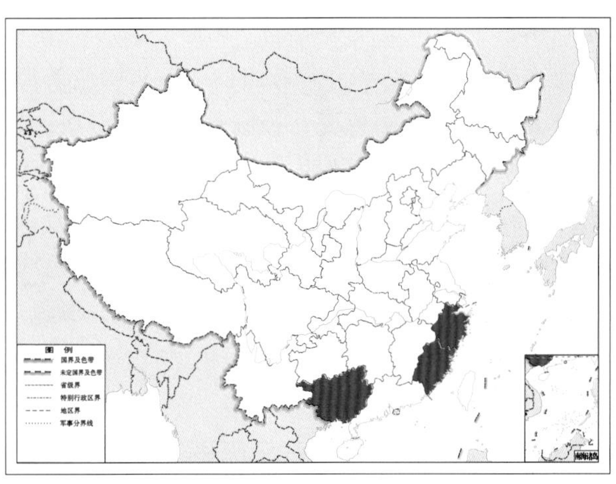

图 4-239-2 亚星绿褐蛉 *Notiobiella substellata* 地理分布图

240. 淡绿褐蛉 *Notiobiella subolivacea* Nakahara, 1915

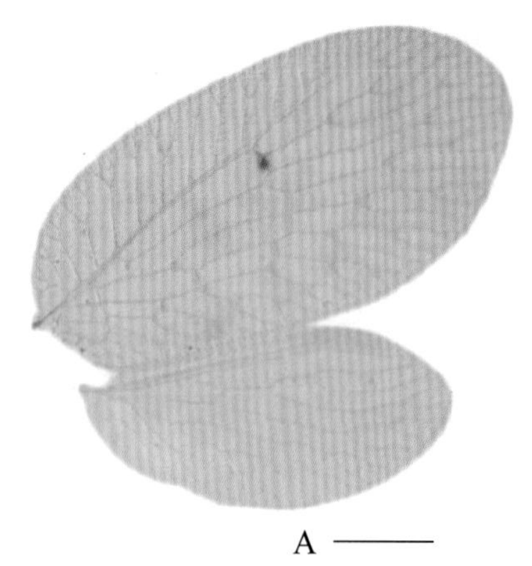

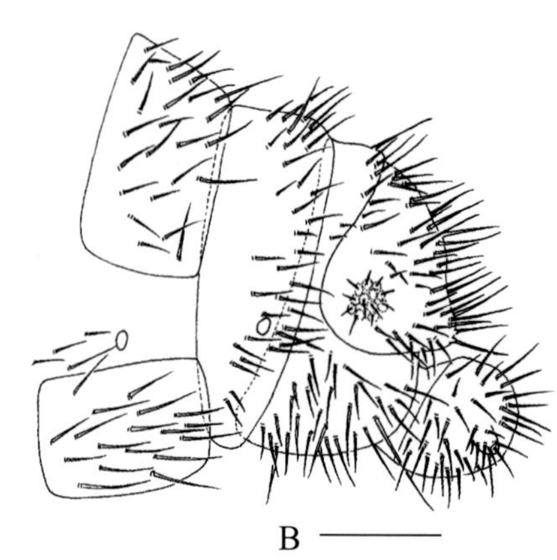

图 4-240-1 淡绿褐蛉 *Notiobiella subolivacea* 形态图
（标尺：A 为 1.0 mm，B 为 0.2 mm）
A. 翅 B. 雌虫腹部末端侧面观

【测量】 体长 4.8 mm，前翅长 5.5 mm、前翅宽 2.3 mm，后翅长 3.9 mm、后翅宽 1.8 mm。

【形态特征】 头部黄褐色，头部后方沿复眼至两颊及上颚呈褐色，下颚须及下唇须褐色。触角黄褐色，末端 3 ~ 5 节褐色加深，超过 45 节；复眼红褐色，具金属光泽。胸部黄褐色，前胸背板两侧缘具褐色纵纹。足浅黄褐色，无斑。前翅卵圆形；翅面浅黄褐色，具平行阶脉组的 2 条灰褐色条带，r1-r2 横脉处具小褐色斑，径脉分叉处微具斑；翅脉黄褐色。前缘域基部明显宽于端部，翅痣色浅，不明显，肩迴脉存在，前缘横脉列近翅缘处分叉。后翅卵圆形；翅面黄褐色，透明，无斑，翅痣色浅，不明显；翅脉浅黄色，透明。腹部黄褐色，颜色均一，多具毛。雌虫第 8 背板与腹板愈合，侧面观近梯形，背半部宽阔，腹半部渐窄。第 9 背板侧面观背缘较窄，侧缘膨大，后缘未深达肛上板后缘。第 9 腹板侧面观半圆形，后缘明显超出肛上板后缘，且刺突存在。肛上板侧后角明显后凸，臀胝明显。亚生殖板缺失。

【地理分布】 台湾；日本。

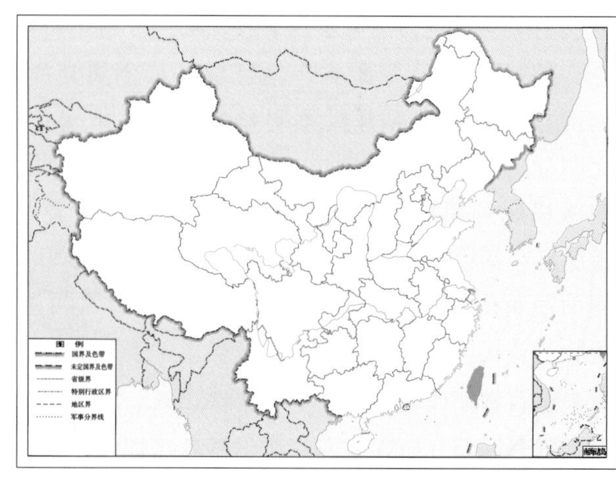

图 4-240-2 淡绿褐蛉 *Notiobiella subolivacea* 地理分布图

（四二）寡脉褐蛉属 *Zachobiella* Banks, 1920

【鉴别特征】 体型中小型，触角超过 50 节；前翅无肩迥脉，前缘横脉列十分简单无分叉；RP 脉 2 支，4r-m、4rim、4m-cu 及 4ir1 横脉均缺失。雄虫第 8 背板背缘偶具特化；第 9 背板侧角延伸特化具突起，不同种间特化程度不同；第 9 腹板缺失；肛上板特化程度高，是属内种间重要的鉴别特征。雌虫腹部末端无刺突，亚生殖板缺失。

【地理分布】 仅亚洲西南部及澳大利亚有分布。

【分类】 目前全世界已知 9 种，我国已知 4 种，本图鉴收录 4 种。

中国寡脉褐蛉属 *Zachobiella* 分种检索表

1. 前翅纵脉分叉处具三角形深褐色斑 ………… 2
   前翅纵脉分叉处无三角形深褐色斑 ………… 3
2. 前翅 3ir1 横脉位于 R2 脉分叉前方 ………… **亚缘寡脉褐蛉 *Zachobiella submarginata***
   前翅 3ir1 横脉位于 R2 脉分叉后方 ………… **云南寡脉褐蛉 *Zachobiella yunanica***
3. 前翅 3ir1 横脉位于 R2 脉分叉前方 ………… **条斑寡脉褐蛉 *Zachobiella striata***
   前翅 3ir1 横脉位于 R2 脉分叉后方 ………… **海南寡脉褐蛉 *Zachobiella hainanensis***

海南寡脉褐蛉 *Zachobiella hainanensis*（陆千乐　摄）

241. 海南寡脉褐蛉 *Zachobiella hainanensis* Banks, 1939

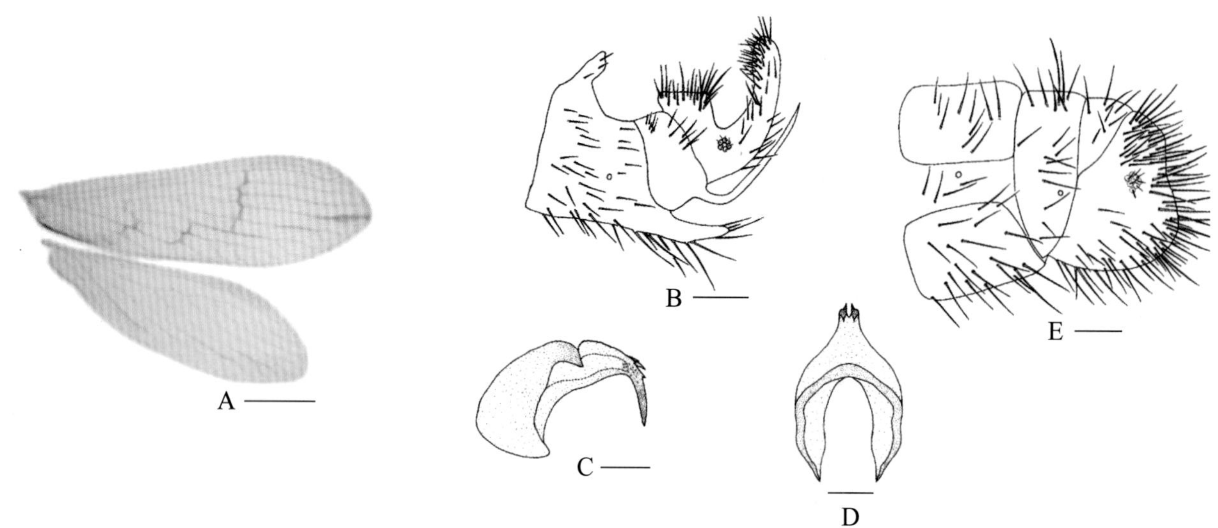

图 4-241-1 海南寡脉褐蛉 *Zachobiella hainanensis* 形态图
（标尺：A 为 1.0 mm，B、E 为 0.2 mm，C、D 为 0.1 mm）
A. 翅 B. 雄虫腹部末端侧面观 C. 雄虫殖弧叶侧面观 D. 雄虫殖弧叶背面观 E. 雌虫腹部末端侧面观

【测量】 体长 2.8~4.3 mm，前翅长 3.2~4.9 mm、前翅宽 1.2 ~ 1.4 mm，后翅长 3.5 ~ 4.2 mm、后翅宽 1.1 ~ 1.3 mm。

【形态特征】 头部黄褐色，无加深区域。触角黄褐色，超过 55 节，鞭节末端十几节颜色明显浅于其他各节；复眼黑色，具金属光泽。胸部黄褐色，前胸背板盾片边缘具褐色条纹，中后胸背板盾片褐色。足部黄褐色，无斑。前翅细长，顶角尖；翅面浅黄色，透明，沿阶脉具褐色带，沿 MA 及 RA 脉两分支后半部纵脉具褐色带，尤其 RA 脉上方分支靠近翅缘处具明显带状褐色纹，翅后缘基部沿翅缘具褐色带；翅脉多具短褐色毛，横脉中阶脉褐色，其余均无色透明，纵脉均浅色透明。后翅细长，顶角尖；翅面浅黄色，透明，无明显褐色带；翅脉多具短褐色毛，浅黄色透明。腹部黄褐色，背板、腹板深于侧膜，多具毛。雄虫第 9 背板背部下凹，腹部侧后角特化成细长后伸的长刺状突，伸向后上方。肛上板背面较平，多具毛，侧后角特化成粗壮臂，上弯成钩状，表面密布毛，臀胝不明显。殖弧叶、殖弧中突成粗壮钩突，基部粗壮，端部渐细，近端部表面具 4 ~ 5 个大刺，周围密布小刺。雌虫第 8 背板侧缘微凸，无亚生殖板。

【地理分布】 海南、云南。

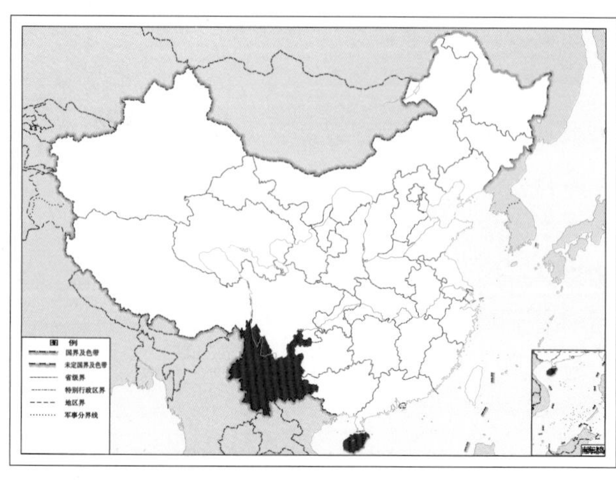

图 4-241-2 海南寡脉褐蛉 *Zachobiella hainanensis* 地理分布图

242. 条斑寡脉褐蛉 *Zachobiella striata* Nakahara, 1966

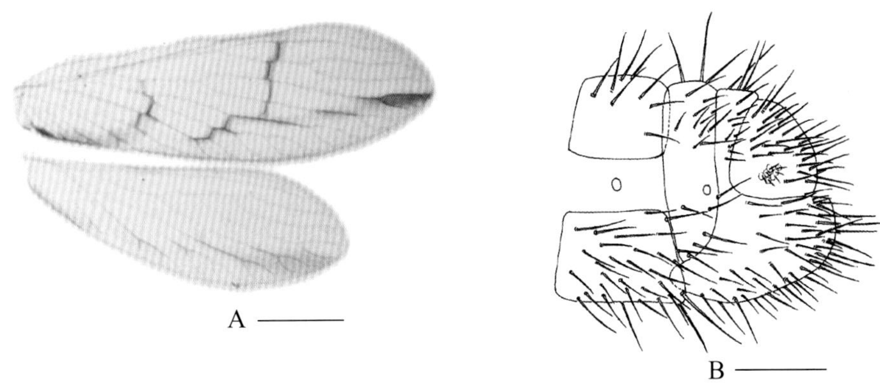

图 4-242-1　条斑寡脉褐蛉 *Zachobiella striata* 形态图
（标尺：A 为 1.0 mm，B 为 0.2 mm）
A. 翅　B. 雌虫腹部末端侧面观

【测量】 体长 3.2~5.7 mm，前翅长 4.5~5.7 mm、前翅宽 1.5 ~ 1.8 mm，后翅长 3.6 ~ 4.6 mm、后翅宽 1.2 ~ 1.5 mm。

【形态特征】 头部黄褐色，无加深区域，上颚褐色，深于头部其他部位。触角黄褐色，超过 60 节，鞭节末端十几节颜色明显浅于其他各节；复眼黑色，具金属光泽。胸部黄褐色，沿胸部背板中央具浅色纵带。足黄褐色，无斑，跗节末节色深于其他部分。前翅细长，顶角尖；翅面浅黄色，透明，沿阶脉具褐色带，沿 MA 及 RA 脉两分支后半部纵脉具褐色带，尤其 RA 脉上方分支靠近翅缘处具明显椭圆形褐色斑，后缘基部沿翅缘具褐色带；翅脉多具短褐色毛，横脉均褐色，除 RA 脉第 1 分叉后与 R 脉之间短横脉无色透明，纵脉均浅色透明。后翅细长，顶角尖；翅面浅黄色，透明，沿 RA 及 M 脉后缘具浅褐色带；翅脉多具短褐色毛，浅黄色透明，横脉略深。腹部黄褐色，背腹板深于侧膜，多具毛。雌虫第 8 背板侧缘微凸。第 9 背板近 L 形，侧缘前角微微前凸，后角膨大伸向后方，长度超过肛上板后缘。肛上板近 1/4 圆，后缘弧形，臀胝不明显，毛簇数为 7 ~ 8。无亚生殖板。

【地理分布】 海南、云南、台湾。

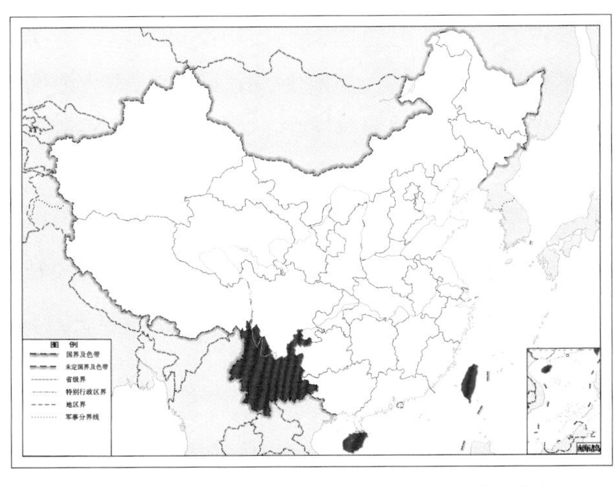

图 4-242-2　条斑寡脉褐蛉 *Zachobiella striata* 地理分布图

243. 云南寡脉褐蛉 *Zachobiella yunanica* Zhao, Yan & Liu, 2015

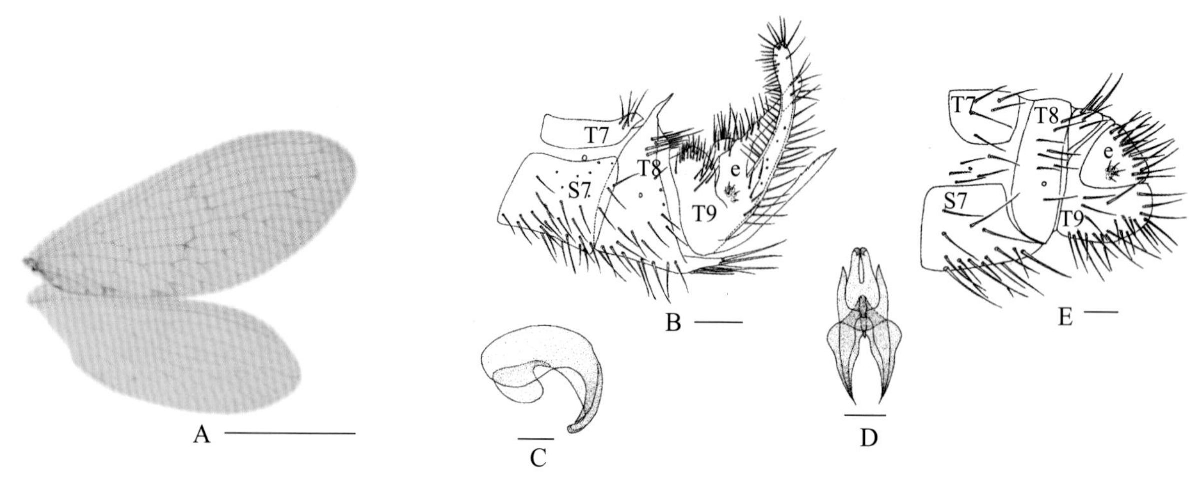

图 4-243-1　云南寡脉褐蛉 *Zachobiella yunanica* 形态图

（标尺：A 为 1.0 mm，B、E 为 0.2 mm，C、D 为 0.1 mm）

A. 翅　B. 雄虫腹部末端侧面观　C. 雄虫殖弧叶侧面观　D. 雄虫殖弧叶背面观　E. 雌虫腹部末端侧面观

图中字母表示：T7. 第 7 背板　T8. 第 8 背板　T9. 第 9 背板　S7. 第 7 腹板　e. 肛上板

【测量】 体长 4.0 ~ 5.3 mm，前翅长 5.4 ~ 6.0 mm、前翅宽 2.1 ~ 2.2 mm，后翅长 4.4 ~ 4.7 mm、后翅宽 1.7 ~ 1.9 mm。

【形态特征】 头部黄褐色，沿复眼后方至两颊及上颚具褐色条带，下颚须及下唇须褐色。触角黄褐色，超过 50 节；复眼黑色，具金属光泽。胸部黄褐色，沿胸部背板左右两侧具明显褐色纵带。足黄褐色，无斑。前翅椭圆形；翅面黄褐色，透明，外侧纵脉分叉处具三角形斑点；翅脉黄褐色透明，横脉褐色加深。后翅椭圆形；翅面浅黄色，透明，无斑；翅脉多具短褐色毛，浅黄色，透明。腹部黄褐色，颜色均一，多具毛。雄虫第 9 背板背面具短毛簇，侧后角特化成细长后伸的刀状突出，伸向后上方，端部近 1/3 边缘呈锯齿状。肛上板背面微凸且表面密布短毛，后缘背角与腹角均特化呈长臂状，表面多具毛，尤其侧后角长臂更粗壮且明显上弯，臀胝明显，毛簇数为 6 ~ 7 丛。殖弧叶、殖弧中突形成 2 个并排向下的弯钩，表面光滑无刺；外半殖弧叶特化呈明显刺状突；两侧半殖弧叶中部相连成桥。雌虫第 8 背板侧缘微凸。第 9 背板裂成两部分，上方近三角形，下方腹部末端膨大，后缘长度超出肛上板后缘。肛上板侧面观近三角形，臀胝不明显，毛簇数为 5。无亚生殖板。

【地理分布】 云南。

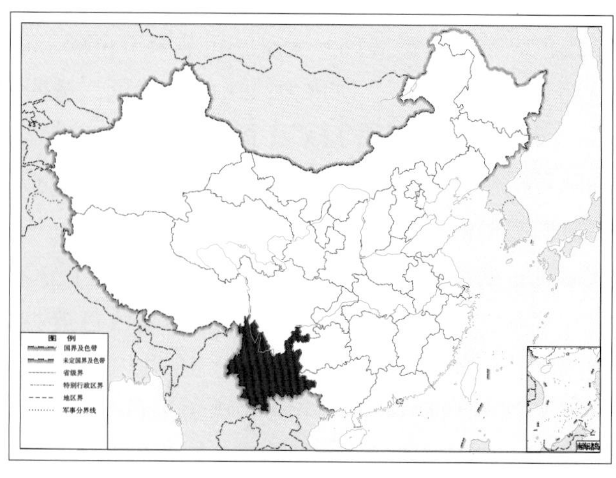

图 4-243-2　云南寡脉褐蛉 *Zachobiella yunanica* 地理分布图

244. 亚缘寡脉褐蛉 *Zachobiella submarginata* Esben-Petersen, 1929

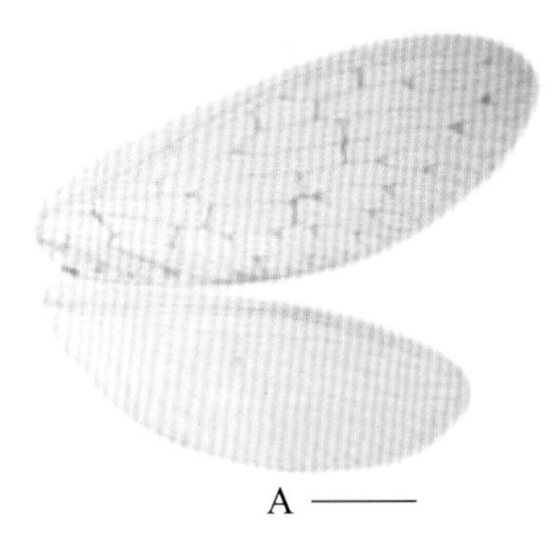

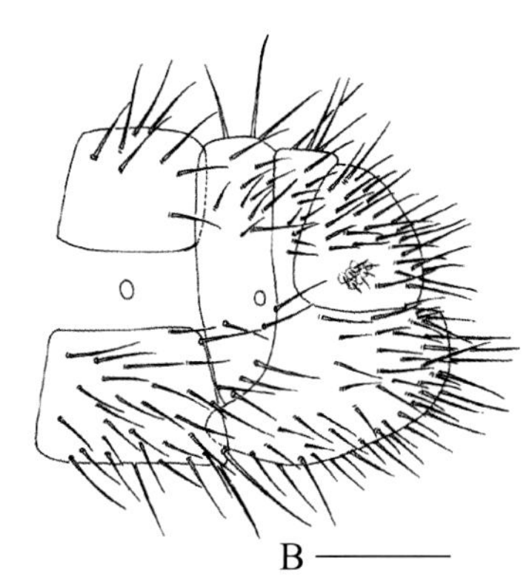

图 4-244-1　亚缘寡脉褐蛉 *Zachobiella submarginata* 形态图
（标尺：A 为 1.0 mm，B 为 0.2 mm）
A. 翅　B. 雌虫腹部末端侧面观

【测量】 体长 4.2 ~ 5.0 mm，前翅长 5.5 ~ 5.9 mm、前翅宽 1.9 ~ 2.2 mm，后翅长 4.0 ~ 4.8 mm、后翅宽 1.5 ~ 1.8 mm。

【形态特征】 头部黄褐色，自复眼后方沿复眼、两颊至唇基具褐色条带，下颚须、下唇须均为褐色；触角黄褐色，超过 50 节；复眼黑色，具金属光泽。胸部黄褐色，沿胸部背板两侧具褐色纵纹，与头部后方褐色带相连。足黄褐色，无斑。前翅椭圆形；翅面浅黄色，透明，从翅基沿后缘具浅褐色条带，径脉分叉处具三角形小褐色斑，CuP 脉分叉处具褐色斑；翅脉黄褐色透明，径脉分叉处及横脉褐色加深。后翅椭圆形；翅面浅黄色，透明；翅脉浅黄色透明。腹部黄褐色，颜色均一，多毛。雌虫第 8 背板侧缘微凸。第 9 背板背端较窄，腹部末端膨大，侧面观后缘背侧前凹形呈明显缺口，腹缘后侧超出肛上板后缘。肛上板侧面观近三角形，臀胝不明显，毛簇数为 6 ~ 7。无亚生殖板。

【地理分布】 云南、广西；澳大利亚。

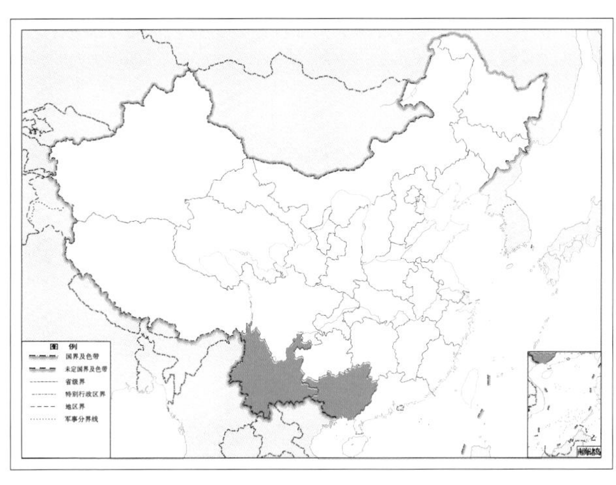

图 4-244-2　亚缘寡脉褐蛉 *Zachobiella submarginata* 地理分布图

（四三）啬褐蛉属 *Psectra* Hagen, 1866

【鉴别特征】 体型较小种类，触角超过 45 节；前翅具肩迴脉，其上仅有 1 ~ 2 支前缘横脉列并且十分简单，有时候缺失；2sc-r 横脉存在，RP 脉 2 支，4r-m、4rim、4m-cu 及 4ir1 横脉均缺失，CuP 脉分叉晚于 2cua-cup 横脉。雄虫第 9 背板侧后角或肛上板后角延伸特化具突起且末端具 1 排刚毛，是属内种间重要的鉴别特征；殖弧叶简单，阳基侧突端部具 1 对弯曲的、骨化程度稍弱的骨片（有的种类在中部愈合）。雌虫腹部末端无刺突，亚生殖板缺失。

【地理分布】 仅亚洲及澳大利亚有分布。

【分类】 目前全世界已知 26 种，我国已知 5 种，本图鉴收录 4 种。

中国啬褐蛉属 *Psectra* 分种检索表

1. 前翅外阶脉组上方及下方各具 1 个褐色圆形大斑 ……………………………………装饰啬褐蛉 *Psectra decorata*
   前翅外阶脉组上无明显褐色圆斑 …………………………………………………………………………………… 2
2. 触角颜色均一，无褐色条纹；前翅前缘域基部未明显宽于端部 ……………………… 双翅啬褐蛉 *Psectra diptera*
   触角颜色不均一或具有褐色条纹；前翅前缘域基部明显宽于端部 ………………………………………………… 3
3. 触角无褐色条纹，鞭节基部约 10 节呈褐色，明显深于其他各节；前翅具 2 条 r1-r2 短横脉 ……………………
   ……………………………………………………………………………………………… 暹罗啬褐蛉 *Psectra siamica*
   触角具褐色条纹；前翅具 1 条 r1-r2 短横脉 ………………………………………………………………………… 4
4. 触角沿柄节、梗节及基部 4 ~ 5 节鞭节的内侧具褐色条纹；头部沿复眼具 1 条褐色带 ………………………………
   …………………………………………………………………………………………………… 玉女啬褐蛉 *Psectra yunu*
   触角沿柄节、梗节的后侧及基部 10 节鞭节的前侧具褐色条纹；头部沿复眼具 2 条褐色带 ……………………………
   …………………………………………………………………………………………………… 阴啬褐蛉 *Psectra iniqua*

245. 双翅啬褐蛉 *Psectra diptera* (Burmeister, 1839)

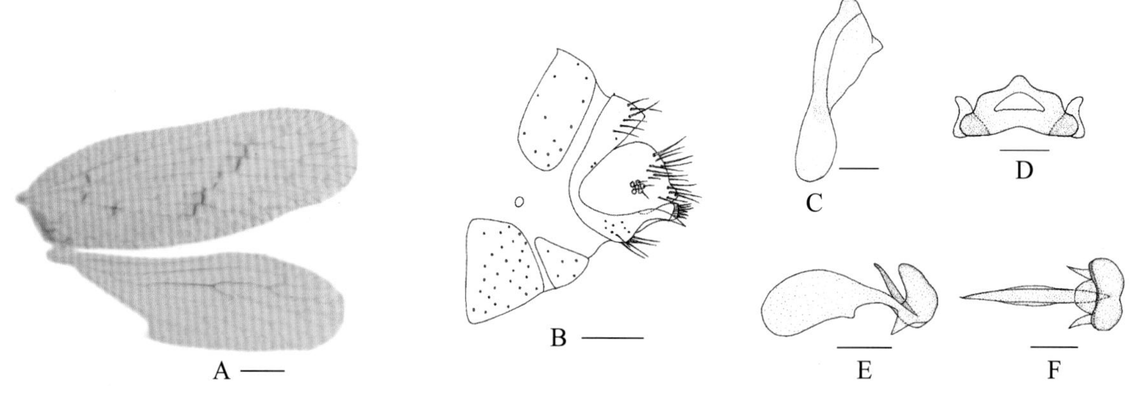

图 4-245-1 双翅啬褐蛉 *Psectra diptera* 形态图

（标尺：A 为 1.0 mm，B 为 0.2 mm，C ~ F 为 0.1 mm）

A. 翅 B. 雄虫腹部末端侧面观 C. 雄虫殖弧叶侧面观 D. 雄虫殖弧叶背面观 E. 雄虫阳基侧突侧面观 F. 雄虫阳基侧突背面观

【测量】 体长 3.0 ~ 4.6 mm，前翅长 3.7 ~ 5.1 mm、前翅宽 1.1 ~ 1.8 mm，后翅长 2.7 ~ 4.3 mm、后翅宽 0.8 ~ 1.5 mm。

【形态特征】 头部褐色，上唇色浅具亮斑，头部后方中央具浅色条带，下颚须及下唇须褐色。触角褐色均一，约 50 节，柄节明显大于其他各节；复眼黑色，具金属光泽。胸部褐色，背板中央具浅色纵带，与头部后方纵带相连。足黄褐色，无斑。前翅椭圆形；翅面呈不均匀的浅黄褐色，较透明；翅脉黄褐色具褐色间隔，横脉褐色明显深于周围纵脉。后翅椭圆形；翅面浅黄色，透明，无斑；翅脉浅褐色，R 脉微深于其他各脉，多具短褐色毛。腹部黄褐色，颜色均一，多具毛。雄虫第 9 背板背部微微隆起，侧后角侧面观特化呈粗壮弯钩状，末端尖锐。肛上板侧面观近卵圆形，后角微凸，侧缘臂状突末端圆钝，具 1 排粗壮刺，臀胝较小，毛簇 5 ~ 6 丛。殖弧叶简单，殖弧中突存在呈拱状，中央顶端前凸，殖弧中突与殖弧拱之间具三角形间隔，内半殖弧叶背面观近三角形，侧面观近棒状；阳基侧突端叶上卷，两侧缘向侧下方伸出近三角形突状物，中央具舌状骨片。

【地理分布】 黑龙江、河北；日本，德国，罗马尼亚，加拿大。

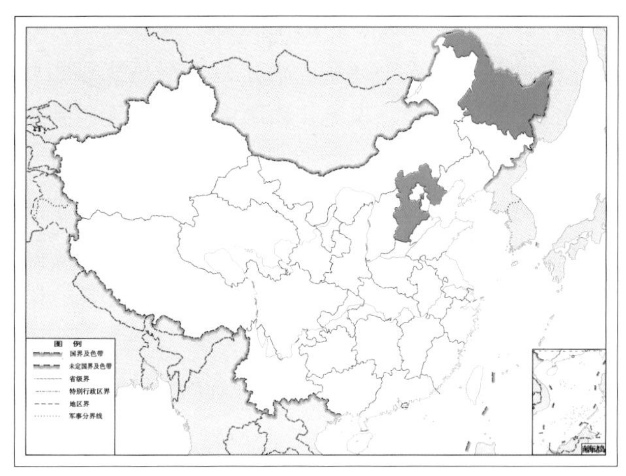

图 4-245-2　双翅啬褐蛉 *Psectra diptera* 地理分布图

246. 阴啬褐蛉 *Psectra iniqua* (Hagen, 1859)

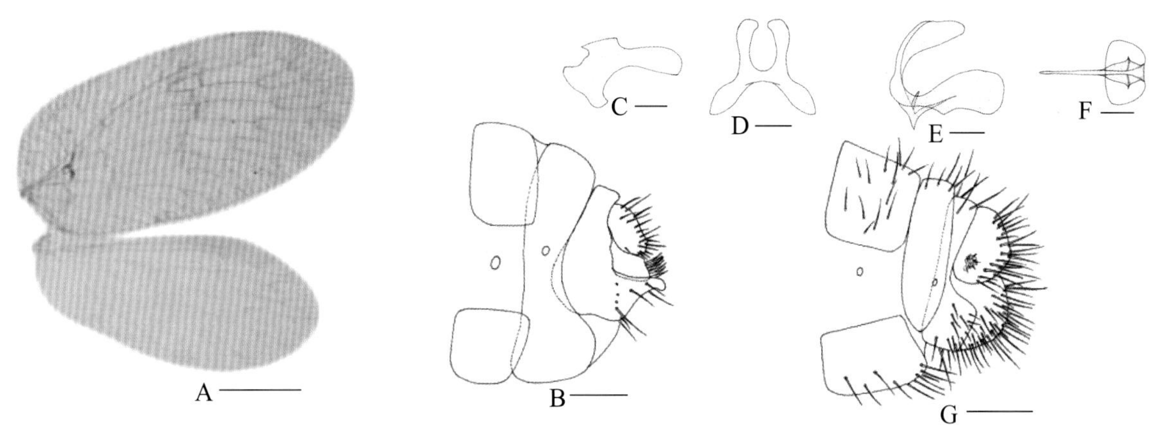

图 4-246-1　阴啬褐蛉 *Psectra iniqua* 形态图

（标尺：A 为 1.0 mm，B、G 为 0.2 mm，C ~ F 为 0.1 mm）

A. 翅　B. 雄虫腹部末端侧面观　C. 雄虫殖弧叶侧面观　D. 雄虫殖弧叶背面观　E. 雄虫阳基侧突侧面观　F. 雄虫阳基侧突背面观　G. 雌虫腹部末端侧面观

【测量】 体长 4.2 ~ 5.6 mm，前翅长 4.0 ~ 5.6 mm、前翅宽 1.7 ~ 2.8 mm，后翅长 3.1 ~ 5.0 mm、后翅宽 1.0 ~ 1.9 mm。

【形态特征】 头部黄褐色，复眼前方两颊至上唇具 2 条褐色条带，复眼后下方至头部后缘具褐色细纹，头顶左右触角窝后方均具有半月形褐色斑，下颚须及下唇须褐色。触角黄褐色，约 40 节，沿柄节、梗节后侧缘具褐色带，鞭节基部约 10 节左右，正面具褐色条带；复眼灰色，具金属光泽。胸部黄褐色，前胸背板盾片深于其他部位，中胸背板前后缘深于其他部位，后胸背板盾片左右各具褐色圆斑，小盾片褐色深于其他部位。足黄褐色，中足股节中部具 2 条褐色环纹。前翅椭圆形；翅面呈不均匀的浅黄褐色，较透明，沿 1sc-r 至 1m-cu 横脉处具细褐色纹，沿外阶脉组具不明显浅褐色细纹；翅脉黄褐色具透明间隔，多具黄褐色毛，除内阶脉组外，其余横脉均微深于周围纵脉。后翅椭圆形；翅面浅黄色，透明，无斑；翅脉浅黄褐色，多具短褐色毛。腹部黄褐色，颜色均一，多具毛。雄虫第 9 背板背部微微隆起，侧后角侧面观特化成近三角形锥状后突，末端圆钝；肛上板侧面观卵圆形，较小，侧缘臂状突大小同肛上板，且末端具 1 排粗壮长刺，臀胝不明显，未见。殖弧叶简单，无殖弧中突，外半殖弧叶发达，背面观末端膨大圆钝，内半殖弧叶呈柄状；阳基侧突端叶上翻，两侧向侧上方扩展。雌虫第 8 背板侧缘微凸，侧缘伸至第 7 腹板；无亚生殖板。

【地理分布】 云南、福建、台湾、广西、广东、海南、浙江；日本，泰国，印度尼西亚，斯里兰卡，印度。

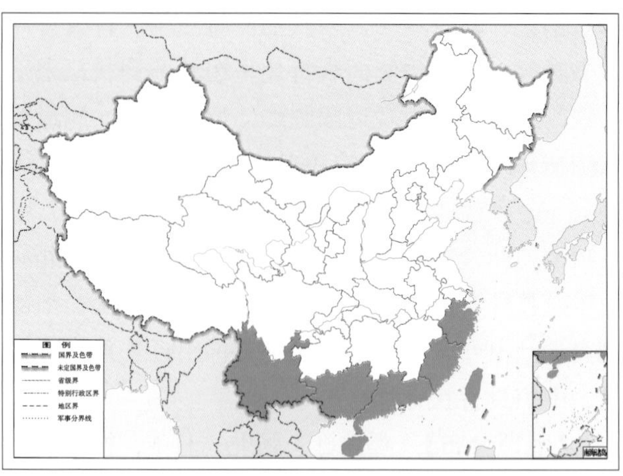

图 4-246-2 阴啬褐蛉 *Psectra iniqua* 地理分布图

247. 暹罗啬褐蛉 *Psectra siamica* Nakahara & Kuwayama, 1960

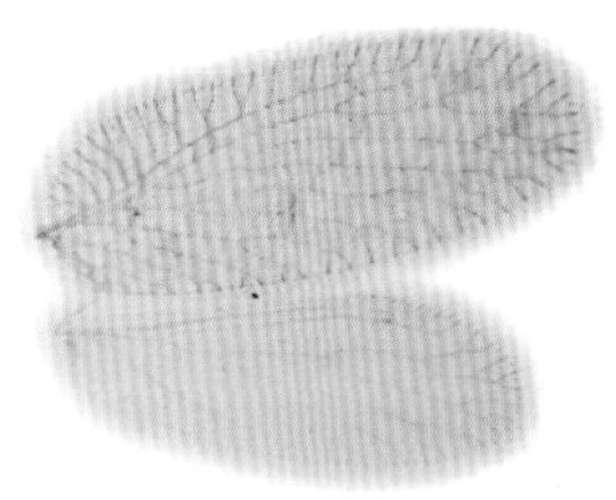

图 4-247-1 暹罗啬褐蛉 *Psectra siamica* 成虫图（前后翅）
（标尺：1.0 mm）

【测量】 体长 3.0 ~ 4.2 mm，前翅长 3.6 ~ 4.4 mm、前翅宽 1.3 ~ 1.7 mm，后翅长 3.1 ~ 3.8 mm、后翅宽 1.1 ~ 1.5 mm。

【形态特征】 头部黄褐色，触角窝前缘及两窝之间具褐色斑点，复眼后方沿颊部至上颚具褐色带，沿额颊沟、额唇基沟及颊唇沟具褐色条纹，下颚须及下唇须均褐色；触角黄褐色，鞭节基部约 10 节呈褐色，明显深于其他各节；复眼黑色，具金属光泽。胸部黄褐色，后胸背板盾片左右具褐色斑。足黄褐色，无斑。前翅椭圆形；翅面黄褐色呈不均匀的波状纹，无明显深斑；翅脉浅黄褐色，较透明。前缘域基部明显宽于端部；肩迴脉存在，前缘横脉列均较简单。sc-r 3 支，RP 脉分为 2 支，各自再分叉为 2 支；M 脉 2 支，均较简单；横脉 2r-m 与 2m-cu 均位于 M 主脉分叉之后；Cu 脉 2 支，CuA 脉 2 支，CuP 脉较简单；阶脉两组，外组 6 ~ 7 段，内组 2 ~ 3 段。后翅椭圆形；翅面浅黄色，透明，无斑；翅脉浅黄色，较透明。RP 脉分为 4 支，无 ra-rp；M 脉 2 支，均简单；Cu 脉 2 支，均简单；阶脉一组，仅 r-m 1 支，位于 M 脉分叉后。腹部黄褐色。

【地理分布】 广西；泰国，新加坡。

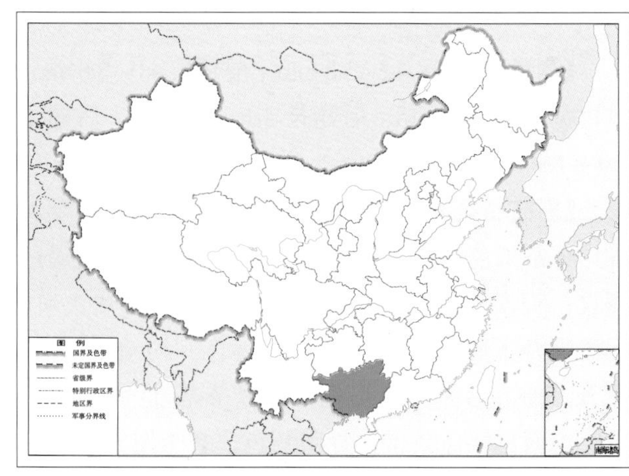

图 4-247-2 暹罗啬褐蛉 *Psectra siamica* 地理分布图

248. 玉女啬褐蛉 *Psectra yunu* Yang, 1981

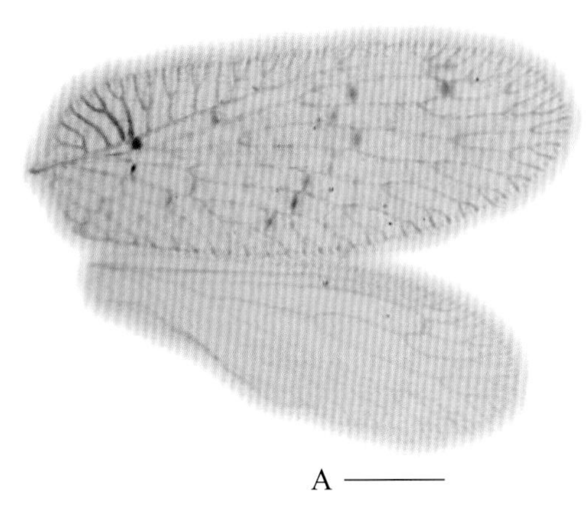

图 4–248–1　玉女啬褐蛉 *Psectra yunu* 形态图

（标尺：A 为 1.0 mm，B 为 0.2 mm）

A. 翅　B. 雌虫腹部末端侧面观

【测量】 体长 2.9 ~ 4.0 mm，前翅长 5.0 ~ 5.5 mm、前翅宽 1.8 ~ 2.0 mm，后翅长 4.1 ~ 4.5 mm、后翅宽 1.5 ~ 1.7 mm。

【形态特征】 头部黄褐色，复眼后方沿复眼至两颊及上颚具褐色条带，下颚须及下唇须褐色。触角黄褐色，超过 45 节，柄节长方形，明显大于其他各节，沿柄节、梗节及基部的 4 ~ 5 节鞭节的内侧具褐色条带；复眼黑色。胸部黄褐色，沿胸部背板左右两侧具明显褐色纵带。足黄褐色，无斑。前翅卵圆形；翅面黄褐色不均匀，在 1sc-r 横脉处、Sc 与 R 脉近翅缘处及阶脉处均具有不明显褐色斑；翅脉黄褐色具透明间隔，沿翅脉多具黄褐色毛。后翅卵圆形；翅面浅黄色，透明，无斑；翅脉多具短褐色毛，浅黄色透明，ra-rp 短横脉微深于其他横脉。腹部褐色，颜色均一，多具毛。雌虫第 8 背板侧缘微凸，长度明显超过第 7 背板。第 9 背板背半部侧面观较窄，腹半部膨大，后缘平直；第 9 腹板宽大，近半圆形，后缘长度超出肛上板后缘。肛上板侧面观近三角形，臀胝不明显，毛簇 4 ~ 5 丛。无亚生殖板。

【地理分布】 福建、浙江。

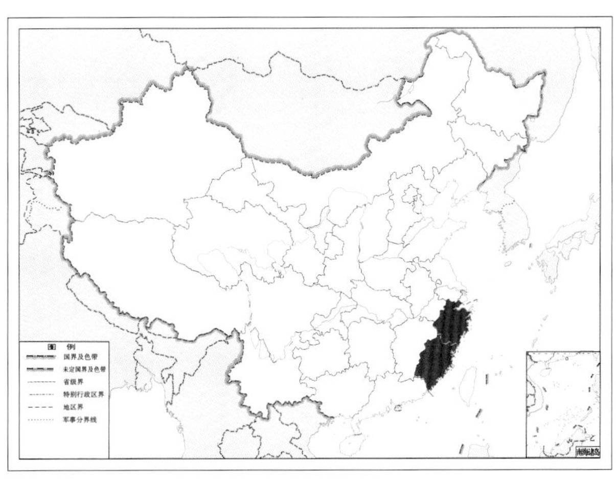

图 4–248–2　玉女啬褐蛉 *Psectra yunu* 地理分布图

益蛉亚科 Sympherobiinae Comstock, 1918

【鉴别特征】 体型较小；前翅肩区缘饰明显，2sc-r、4r-m 横脉缺失，RP 脉 2 支，益蛉属 *Sympherobius* 中少数种类 3 支；雄虫第 9 背板侧缘后角特化出较细的膜质边缘的管状物，殖弧叶具假殖弧中突。

【地理分布】 主要位于美洲、非洲、欧洲和亚洲，澳大利亚、印度等绝大部分及东南亚热带地区鲜有出现。

【分类】 目前全世界已知 3 属约 69 种，我国已知 1 属 7 种，本图鉴收录 1 属 6 种。

（四四）益蛉属 *Sympherobius* Banks, 1904

【鉴别特征】 小型种类，触角超过 50 节；前翅肩区缘饰明显，肩迴脉存在；2sc-r、4m-cu 及 4im 横脉缺失，RP 脉 2 支（少数欧亚种类 3 支），CuP 脉分叉较晚，晚于 2cua-cup 横脉；外阶脉组至少 3 支短横脉。雄虫腹部末端肛上板具数量不定的刺状突，刺突的数量及相对位置是属内种间的重要鉴别特征，殖弧叶中假殖弧中突明显分为 2 叉；雌虫腹部末端具有刺突。

【地理分布】 广泛分布于新北界与新热带界的温带及热带地区，古北界与东洋界；澳洲界，印度及东南亚的热带地区未发现。

【分类】 目前全世界已知 60 种，我国已知 7 种，本图鉴收录 6 种。

中国益蛉属 *Sympherobius* 分种检索表

1. 前翅翅面颜色均一，无斑点 ………… 2
   前翅翅面颜色非均一，具斑点 ………… 3
2. 头呈黄褐色，头顶略浅，两颊微深 ………… **云杉益蛉 *Sympherobius piceaticus***
   头呈深褐色，无明显斑点 ………… **东北益蛉 *Sympherobius manchuricus***
3. 雄虫腹部末端肛上板具 2 根刺状突 ………… **武夷益蛉 *Sympherobius wuyianus***
   雄虫腹部末端肛上板具至少 3 根刺状突 ………… 4
4. 雄虫腹部末端肛上板具 4 根刺状突 ………… **海南益蛉 *Sympherobius hainanus***
   雄虫腹部末端肛上板具 3 根刺状突 ………… 5
5. 前翅密布小碎斑；雄虫腹部末端肛上板后缘背侧刺状突明显大于另外 2 个；阳基侧突无背叶 ………… 6
   前翅未见密集的小碎斑；雄虫腹部末端肛上板后缘背侧刺状突未大于另外 2 个；阳基侧突背叶向外翻卷 ………… **托木尔益蛉 *Sympherobius tuomurensis***
6. 头部黄褐色，后缘具褐色横纹；雄虫腹部末端肛上板后缘中部刺状突明显大于下方刺状突 ………… **卫松益蛉 *Sympherobius tessellatus***
   头部褐色，无斑纹；雄虫腹部末端肛上板后缘中部刺状突明显小于下方刺状突 ………… **云松益蛉 *Sympherobius yunpinus***

249. 东北益蛉 *Sympherobius manchuricus* Nakahara, 1960

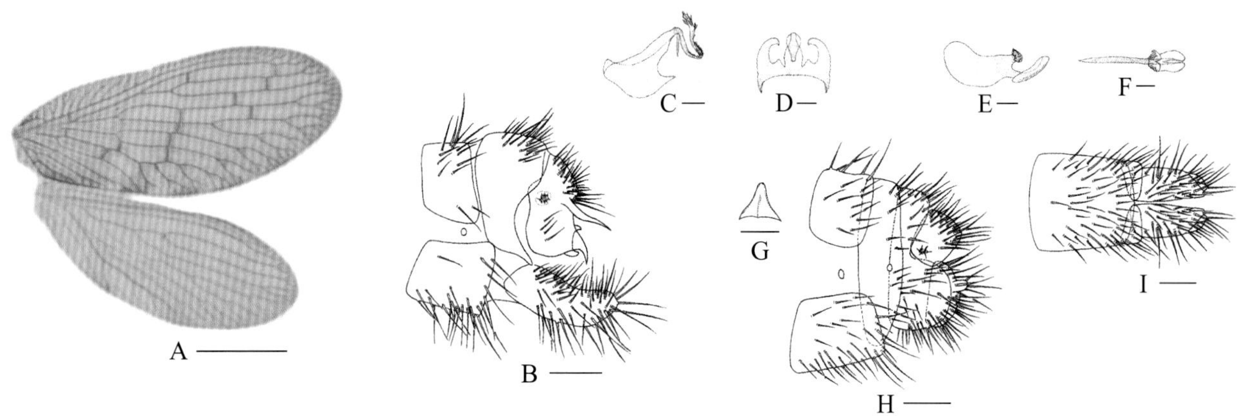

图 4-249-1　东北益蛉 *Sympherobius manchuricus* 形态图

（标尺：A 为 2.0 mm，B、H、I 为 0.2 mm，C ~ G 为 0.1 mm）

A. 翅　B. 雄虫腹部末端侧面观　C. 雄虫殖弧叶侧面观　D. 雄虫殖弧叶背面观　E. 雄虫阳基侧突侧面观　F. 雄虫阳基侧突背面观　G. 雄虫内生殖板背面观　H. 雌虫腹部末端侧面观　I. 雌虫腹部末端腹面观

【测量】 体长 3.1 ~ 4.5 mm，前翅长 3.7 ~ 5.1 mm、前翅宽 1.4 ~ 2.1 mm，后翅长 3.8 ~ 4.6 mm、后翅宽 1.6 ~ 1.9 mm。

【形态特征】 头部深褐色，无明显斑点。触角褐色，超过 50 节；复眼黑色。胸部褐色，背板中央具不明显浅色亮带。足黄褐色，无明显斑点。前翅椭圆形；翅面基本呈均一的浅褐色，仅在横脉处微具褐色斑、后缘间断分布有亮斑；翅脉褐色。后翅椭圆形；翅面褐色，透明均一，无斑；翅脉浅褐色，横脉无色透明。腹部黄褐色，颜色均一，多具毛。雄虫第 9 背板侧面观背缘宽大，中部处后缘前凹，腹缘呈尖细钩状后突；第 9 腹板左右愈合在一起，基部宽大，端部圆钝。肛上板侧面观不规则形状，背缘多具毛，后缘上部具粗壮的刺状后突，微微上折伸向后方；肛上板侧后角特化成粗壮钩突，基部粗壮，端部尖细，弯向内下方；肛上板的内侧钩状突端部分 2 叉，彼此远离；臀胝不明显，毛簇 5 ~ 7 丛。殖弧叶的假殖弧中突表面密布小刺，端部表面密布长刚毛，回折上翻；外半殖弧叶膨大，侧前缘呈尖锐刺状，殖弧拱下方具较透明近方形膜状结构，侧面观近条状。阳基侧突基部愈合，长度约为端叶的 2 倍，端叶自基部 1/3 处左右相互分离，背叶端部向外翻卷，表面具小刺；内生殖板背面观近梯形。雌虫第 8 背板侧面观近梯形，背缘平直，腹缘弧状。第 9 背板宽大，侧面观近 L 形。第 9 腹板侧面观半圆形，大部分隐于第 9 背板内侧，刺突存在。肛上板侧面观近方形，臀胝不明显，毛簇 4 ~ 5 丛。无亚生殖板。

【地理分布】 辽宁、内蒙古、北京、河北、甘肃、青海、湖北、陕西、福建；蒙古，俄罗斯。

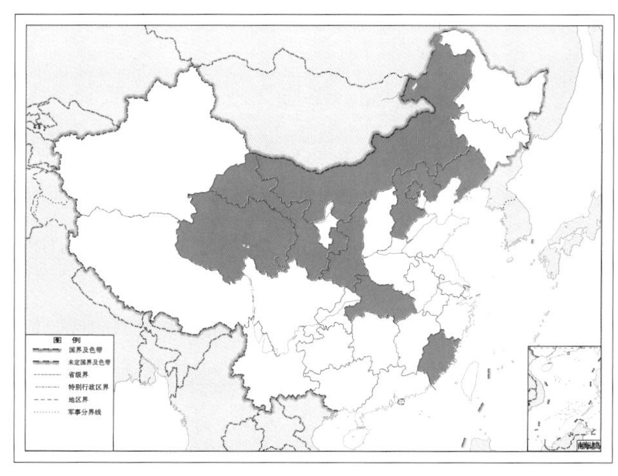

图 4-249-2　东北益蛉 *Sympherobius manchuricus* 地理分布图

250. 云杉益蛉 *Sympherobius piceaticus* Yang & Yan, 1990

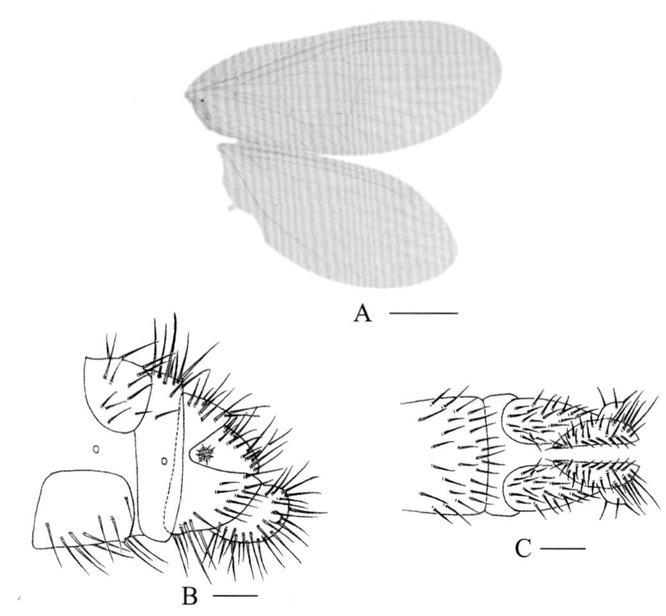

图 4-250-1 云杉益蛉 *Sympherobius piceaticus* 形态图

（标尺：A 为 1.0 mm，B、C 为 0.1 mm）

A. 翅 B. 雌虫腹部末端侧面观 C. 雌虫腹部末端腹面观

【测量】 体长 3.1 ~ 4.8 mm，前翅长 4.0 ~ 5.1 mm、前翅宽 1.5 ~ 2.1 mm，后翅长 3.8 ~ 4.4 mm、后翅宽 1.2 ~ 1.7 mm。

【形态特征】 头部黄褐色，头顶略浅，两颊微深。触角黄褐色，超过 45 节；复眼黑褐色。胸部黄褐色，无明显斑点。足黄褐色，无明显斑点。前翅椭圆形；翅面黄褐色均一，无明显斑点；翅脉黄褐色。前缘横脉在肩迴脉上 2 ~ 3 支，均简单，其余近翅缘处分叉；Sc-r 横脉 1 支，位于基部，RP 分为 2 支，再分叉为 2 支，r2-r 横脉 2 支；M 脉基部分叉为 2 支，均简单，r-m 横脉位于 M 脉与 RP 脉分叉后方，m-cu 横脉 3 支；CuA 脉 4 支，CuP 脉简单，无 2cua-cup 横脉；阶脉 3 组，外组 4 段，中组 4 段，内组 2 段。后翅椭圆形；翅面浅黄褐色，透明均一，无斑；翅脉黄褐色。RP 脉分为 4 支，r2-r 存在，位于基部；M 脉 2 支，均简单；CuA 脉 3 ~ 4 支，CuP 脉简单；阶脉 1 组，2 段。腹部黄褐色，背板与腹板褐色深于侧膜，多具毛。雌虫第 8 背板侧面观近长方形。第 9 背板宽大，后缘中央前凹明显；第 9 腹板膨大，明显超出肛上板后缘，刺突存在；肛上板侧面观近三角形，臀胝不明显，毛簇 4 ~ 5 丛。无亚生殖板。

【地理分布】 内蒙古。

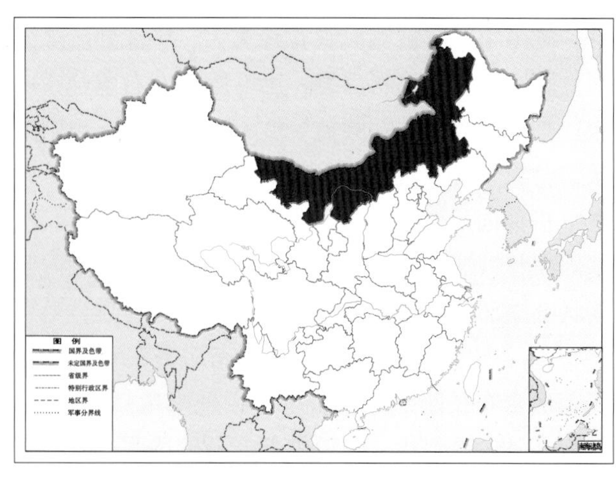

图 4-250-2 云杉益蛉 *Sympherobius piceaticus* 地理分布图

251. 卫松益蛉 *Sympherobius tessellatus* Nakahara, 1915

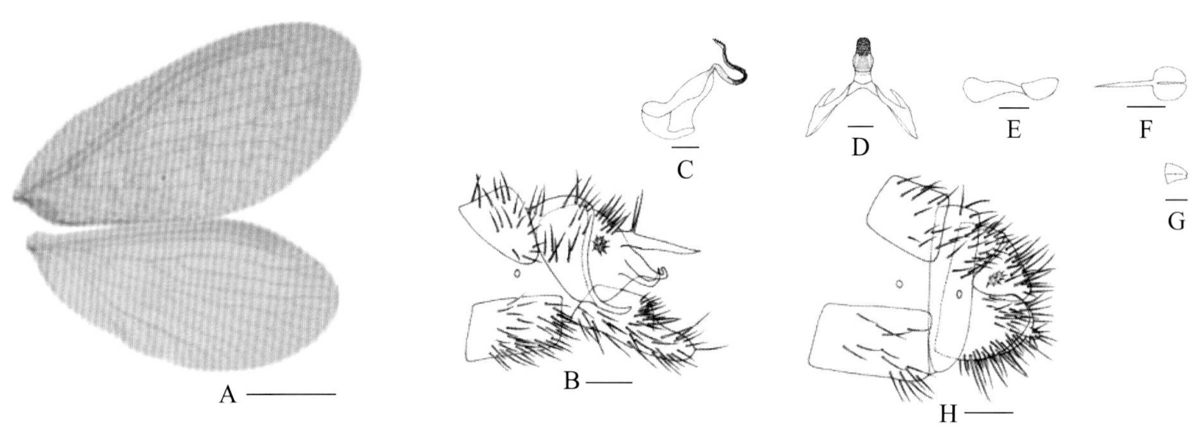

图 4-251-1 卫松益蛉 *Sympherobius tessellatus* 形态图

（标尺：A 为 1.0 mm，B、H 为 0.2 mm，C ~ G 为 0.1 mm）

A. 翅 B. 雄虫腹部末端侧面观 C. 雄虫殖弧叶侧面观 D. 雄虫殖弧叶背面观 E. 雄虫阳基侧突侧面观 F. 雄虫阳基侧突背面观 G. 雄虫内生殖板背面观 H. 雌虫腹部末端侧面观

【测量】 体长 3.7~4.3 mm，前翅长 4.9~5.3 mm、前翅宽 2.0 ~ 2.3 mm，后翅长 4.2 ~ 4.8 mm、后翅宽 1.8 ~ 2.0 mm。

【形态特征】 头部黄褐色，头部后缘具褐色横纹，两触角间至头部前方全为褐色，深于头部后方。触角黄褐色，柄节、梗节及鞭节基部十几节褐色偏深，超过 50 节；复眼灰褐色。胸部黄褐色，前胸背板宽度大于长度，具褐色碎斑，中后胸背板褐色。足黄褐色，股节端部及跗节微深。前翅椭圆形；翅面黄褐色，均匀密布灰褐色斑点与透明斑点；翅脉黄褐色，偶具透明斑点。后翅椭圆形；翅面黄褐色，透明均一，无斑；翅脉黄褐色，横脉无色透明。腹部浅黄褐色，颜色均一，多具毛。雄虫第 9 背板背缘宽大，腹缘渐细，侧后角形成尖细的钩状后突；第 9 腹板左右愈合在一起，基部宽大，端部渐窄。肛上板侧面观半圆形，后缘中部具粗壮刺状后突，平直后伸，基部具垂直上伸粗壮刚毛 2 根，肛上板侧后角特化出 2 根钩状突，交叉内折；臀胝明显，毛簇 8 ~ 11 丛。殖弧叶的假殖弧中突从中部至端部表面密布小刺，回折上翻；外半殖弧叶侧缘端部渐细呈钩状。雌虫第 8 背板侧面观近梯形，背缘宽大，腹缘渐细。第 9 背板宽大，侧面观近 L 形；第 9 腹板侧面观近半圆形，大部分隐于第 9 背板内，刺突存在。肛上板侧面观近半圆形，臀胝明显，毛簇 10 ~ 12 丛。无亚生殖板。

【地理分布】 辽宁、北京、山东、新疆、甘肃、湖北、江西、江苏、浙江、福建；日本，朝鲜。

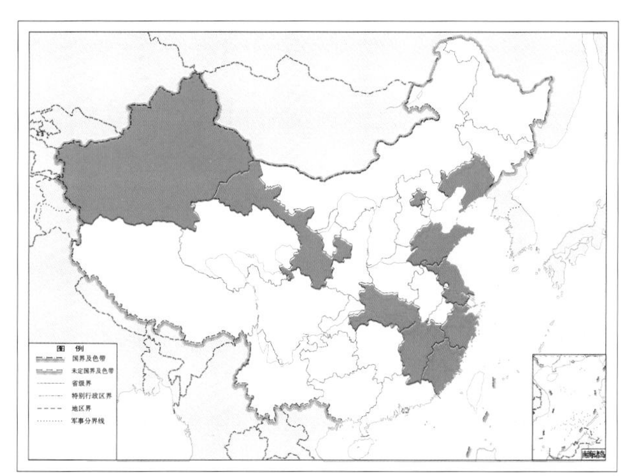

图 4-251-2 卫松益蛉 *Sympherobius tessellatus* 地理分布图

252. 托木尔益蛉 *Sympherobius tuomurensis* Yang, 1985

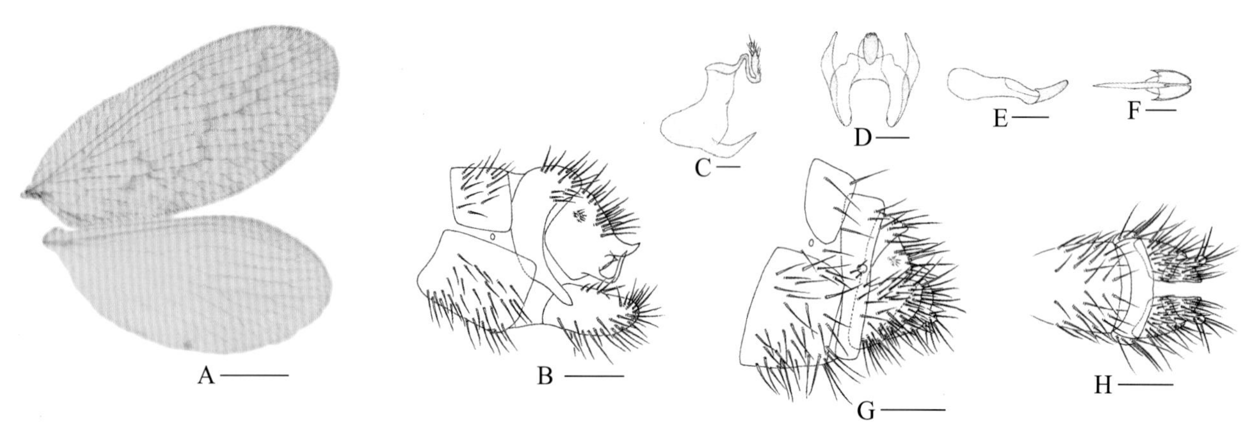

图 4-252-1 托木尔益蛉 *Sympherobius tuomurensis* 形态图

（标尺：A 为 1.0 mm，B、G、H 为 0.2 mm，C ~ F 为 0.1 mm）

A. 翅 B. 雄虫腹部末端侧面观 C. 雄虫殖弧叶侧面观 D. 雄虫殖弧叶背面观 E. 雄虫阳基侧突侧面观 F. 雄虫阳基侧突背面观 G. 雌虫腹部末端侧面观 H. 雌虫腹部末端腹面观

【测量】 体长 3.8~5.2 mm，前翅长 4.6~5.2 mm、前翅宽 1.8 ~ 2.1 mm，后翅长 3.8 ~ 4.8 mm、后翅宽 1.4 ~ 1.8 mm。

【形态特征】 头部呈褐色，无明显斑点。触角黄褐色，超过 45 节；复眼黑色。胸部褐色，胸部背板侧缘微深于中央。足黄褐色，无明显斑点。前翅椭圆形；翅面黄褐色，较透明，密布浅褐色碎斑；翅脉褐色。后翅椭圆形；翅面黄褐色，透明均一，无斑；翅脉褐色，无横脉。腹部黄褐色，颜色均一，多具毛。雄虫第 9 背板侧面观背缘宽大，中部处后缘前凹，腹缘呈尖细钩状后突，伸达第 9 腹板；第 9 腹板左右愈合在一起，基部宽大，端部圆钝。肛上板侧面观不规则形状，前缘微凸，背缘多具毛，后缘上部具粗壮的刺状后突，微微上折伸向后方；肛上板侧后角特化成粗壮钩突，基部粗壮，端部尖细，弯向内上方；其内侧钩状突端部分 2 叉，彼此远离；臀胝不明显，毛簇 5 ~ 7 丛。殖弧叶的假殖弧中突表面密布小刺，端部表面密布长刚毛，回折上翻；外半殖弧叶膨大，侧前缘呈尖锐刺状，殖弧拱下方具较透明近方形膜状结构，侧面观近条状。雌虫第 8 背板侧面观长方形，侧缘平直。第 9 背板背腹部末端宽阔，中部较窄。第 9 腹板侧面观半圆形，大部分隐于第 9 背板内侧，刺突存在。肛上板侧面观三角形，臀胝不明显，毛簇 4 ~ 5 丛。亚生殖板小，水滴形，基部微尖，端部圆钝。

【地理分布】 新疆。

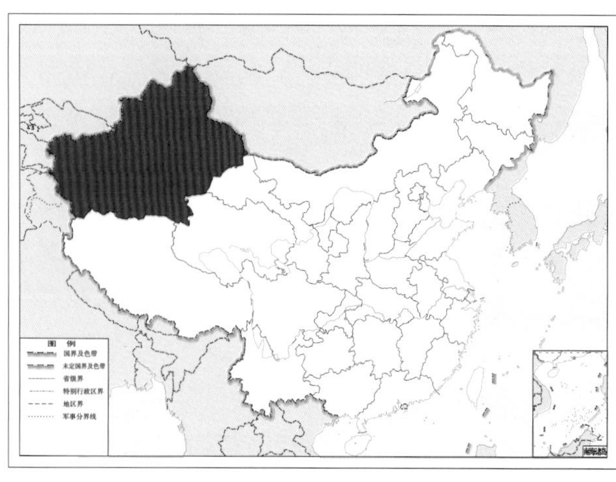

图 4-252-2 托木尔益蛉 *Sympherobius tuomurensis* 地理分布图

253. 武夷益蛉 *Sympherobius wuyianus* Yang, 1981

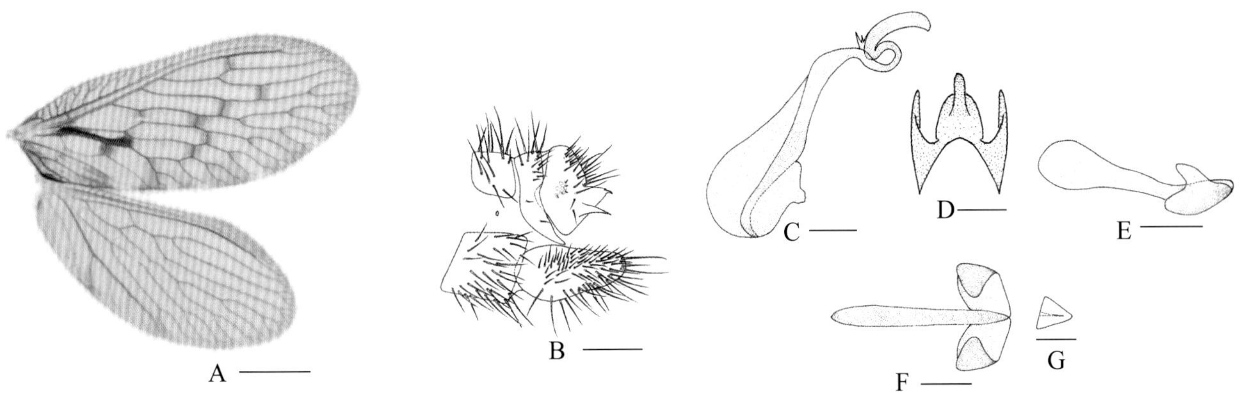

图 4-253-1　武夷益蛉 *Sympherobius wuyianus* 形态图
（标尺：A 为 1.0 mm，B 为 0.2 mm，C ~ G 为 0.1 mm）
A. 翅　B. 雄虫腹部末端侧面观　C. 雄虫殖弧叶侧面观　D. 雄虫殖弧叶背面观　E. 雄虫阳基侧突侧面观　F. 雄虫阳基侧突背面观　G. 雄虫内生殖板背面观

【测量】 体长 4.2~4.4 mm，前翅长 4.3~4.9 mm、前翅宽 1.7 ~ 1.9 mm，后翅长 3.8 ~ 4.1 mm、后翅宽 1.5 ~ 1.7 mm。

【形态特征】 头部深褐色，下颚须与下唇须褐色略浅于其他。触角褐色，柄节黑褐色，鞭节端部浅于其他部位，超过 55 节；复眼黑色。胸部黄褐色，胸部背板黑褐色加深。足黄褐色，前足胫节具条形褐色斑。前翅椭圆形；翅面浅褐色，M 脉与 Cu 脉之间自基部至 1m-cu 横脉处具长条褐色斑，沿阶脉处具近圆形褐色斑，纵脉外缘分叉处具不规则浅褐色斑；翅脉褐色。后翅椭圆形；翅面浅褐色，透明均一，无斑；翅脉褐色，横脉透明。腹部褐色，颜色均一，多具毛。雄虫第 9 背板侧缘渐尖后伸；第 9 腹板左右愈合在一起，宽阔膨大，侧面观水滴形。肛上板侧面观近卵圆形，背缘多具毛，后缘中部及下部特化成 2 个粗大的刺状突出，臀胝明显，毛簇 7 ~ 9 丛。殖弧叶的假殖弧中突表面较光滑，回折后前伸；外半殖弧叶细长，侧前缘呈钝状微突。阳基侧突基部愈合，长度约为端叶的 3 倍，端叶自端部 1/4 处左右相互分离，背叶侧缘向上内卷。内生殖板近三角形。

【地理分布】 福建、云南。

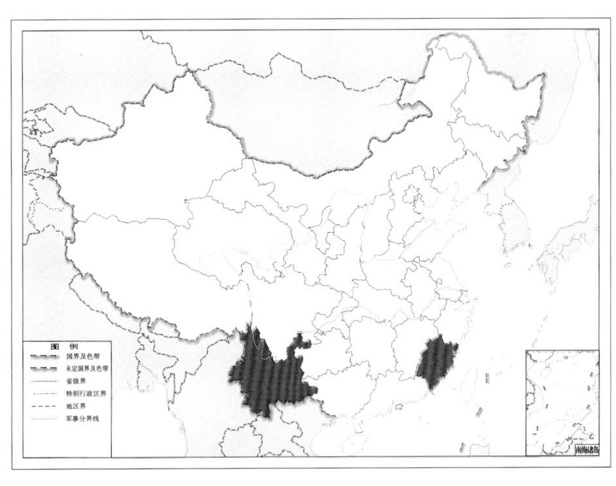

图 4-253-2　武夷益蛉 *Sympherobius wuyianus* 地理分布图

254. 云松益蛉 *Sympherobius yunpinus* Yang, 1986

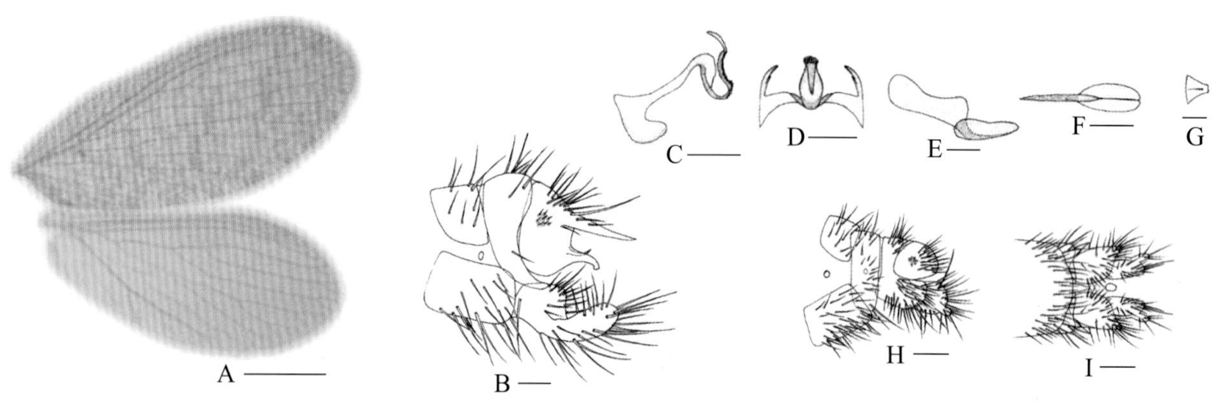

图 4-254-1 云松益蛉 *Sympherobius yunpinus* 形态图
（标尺：A 为 2.0 mm，B、H、I 为 0.2 mm，C ~ G 为 0.1 mm）
A. 翅 B. 雄虫腹部末端侧面观 C. 雄虫殖弧叶侧面观 D. 雄虫殖弧叶背面观 E. 雄虫阳基侧突侧面观 F. 雄虫阳基侧突背面观 G. 雄虫内生殖板背面观 H. 雌虫腹部末端侧面观 I. 雌虫腹部末端腹面观

【测量】 体长 2.5~4.0 mm，前翅长 3.1~4.3 mm、前翅宽 1.2 ~ 1.8 mm，后翅长 2.6 ~ 3.7 mm、后翅宽 1.1 ~ 1.7 mm。

【形态特征】 头部褐色，无明显斑点。触角黄褐色，柄节、梗节及鞭节基部约 10 节呈褐色，微深于其他部位，超过 45 节；复眼灰褐色。胸部黄褐色，无明显斑点。足淡黄褐色，跗节色微深。前翅椭圆形；翅面浅黄色，密布灰褐色小碎斑；翅脉褐色。后翅椭圆形；翅面浅黄色，透明均一，无斑；翅脉浅褐色，横脉无色透明。腹部黄褐色，颜色均一，多具毛。雄虫第 9 背板侧面观背缘宽大，中部至腹缘渐细，末端成尖细的钩状后突；第 9 腹板左右愈合在一起，基部宽大，侧面观呈方形，端部圆钝。肛上板侧面观卵圆形，后缘上部具粗壮的刺状后突，平直后伸，其基部周围及基部至中部表面具粗壮刚毛；肛上板侧后角特化成粗壮钩突，弯向内下方；其内侧具较小的尖锐钩状突，弯向内侧；臀胝明显，毛簇 7 ~ 9 丛。殖弧叶的假殖弧中突从中部至端部表面密布小刺，回折上翻；外半殖弧叶侧缘近 L 形。雌虫第 8 背板侧面观近梯形，背缘平直，腹缘弧状。第 9 背板宽大，侧面观近 L 形；第 9 腹板膨大，明显超出肛上板后缘，刺突存在。肛上板侧面观近圆形，臀胝较明显，毛簇 7 ~ 9 丛。亚生殖板圆形，较小。

【地理分布】 河北、北京、宁夏、甘肃、内蒙古、云南、福建。

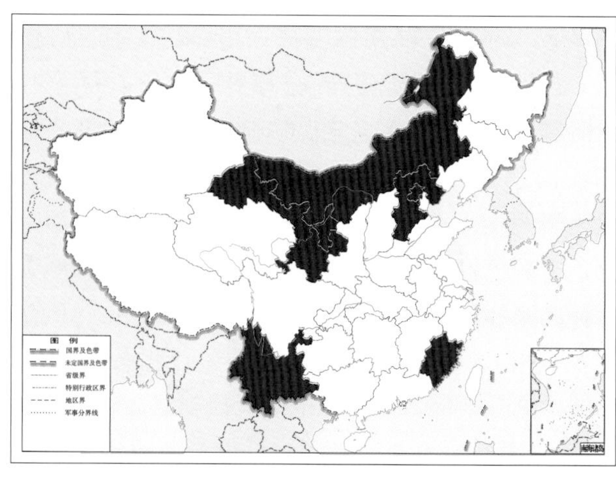

图 4-254-2 云松益蛉 *Sympherobius yunpinus* 地理分布图

广褐蛉亚科 Megalominae Krüger, 1922

【鉴别特征】 翅展 15 mm 左右；体黑褐色，头部颜色稍淡，前翅有许多各种形状的黑褐色斑纹。成虫具有趋光性。前翅长 8.0 mm，后翅长 7.0 mm。头部黄褐色，触角基部 2 节黄褐，鞭节残缺，胸背黑褐色；足黄褐色，后足胫节色淡。前翅短阔，前缘域宽，RP 脉 6 支，末支再分为 3 条（左翅为 7 支而末支仅为 2 支）；阶脉 2 组，外组 12 段，内组 9 段，中脉分为 2 条；翅具鲜明的褐色斑，翅基至内阶脉间为 1 个三角形大斑，再向翅尖延伸 1 条褐色带；前缘有一系列短横脉，后缘由许多淡褐色碎斑组成斜纹，此外还散有一些小的黑色点。

【地理分布】 世界性分布。

【分类】 目前全世界已知 1 属约 42 种，我国已知 1 属 6 种，本图鉴收录 1 属 2 种。

（四五）广褐蛉属 *Megalomus* Rambur, 1842

【鉴别特征】 上唇基有 2 列横纹；前后翅均宽广，前缘域宽大，内有 1 条完整的印痕，无短横脉相连；RP 脉 4 ~ 7 支，阶脉一般 2 组。雄虫肛上板有 1 对延伸的突起。

【地理分布】 北美和南美大陆，欧洲，北非，亚洲大部分地区。

【分类】 目前全世界已知 42 种，我国已知 6 种，本图鉴收录 2 种。

中国广褐蛉属 *Megalomus* 分种检索表（雄虫）

1. 前胸背板两侧缘具 1 对瘤状突起 ………… 2
   前胸背板无瘤状突起 ………… 5
2. 前翅 RP 脉多达 7 支………… 云南广褐蛉 ***Megalomus yunnanus***
   前翅 RP 脉少于 7 支………… 3
3. 前胸背板深褐色，无明显斑点 ………… 西藏广褐蛉 ***Megalomus tibetanus***
   前胸背板具明显黑色斑 ………… 4
4. 雄虫肛上板延伸的长突末端尖细且向上弯曲呈弯钩状 ………… 勺突广褐蛉 ***Megalomus arytaenoideus***
   雄虫肛上板延伸的长突末端圆钝且不向上弯曲 ………… 若象广褐蛉 ***Megalomus elephiscus***
5. 前翅 RP 脉多达 7 支………… 友谊广褐蛉 ***Megalomus fraternus***
   前翅 RP 脉少于 7 支………… 台湾广褐蛉 ***Megalomus formosanus***

255. 若象广褐蛉 *Megalomus elephiscus* Yang, 1997

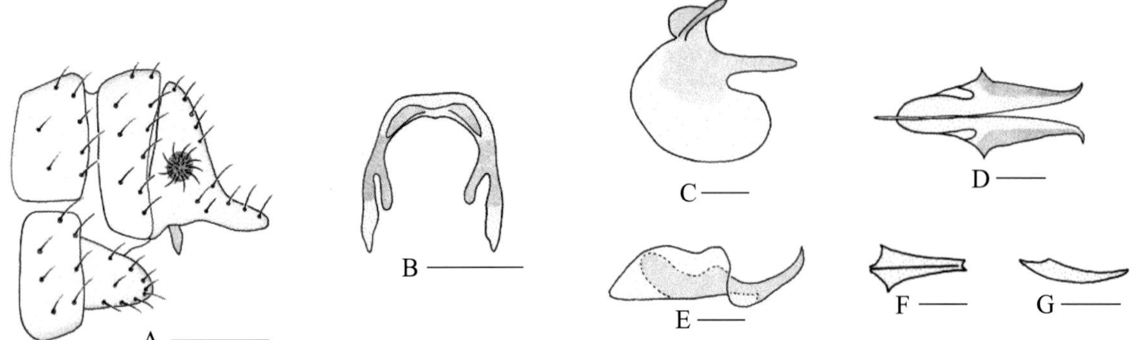

图 4-255-1 若象广褐蛉 *Megalomus elephiscus* 形态图

（标尺：A 为 0.2 mm，B ~ G 为 0.1 mm）

A. 雄虫腹部末端侧面观 B. 雄虫殖弧叶背面观 C. 雄虫殖弧叶侧面观 D. 雄虫阳基侧突背面观 E. 雄虫阳基侧突侧面观 F. 雄虫内生殖板背面观 G. 雄虫内生殖板侧面观

【测量】 体长 6.0 mm，前翅长 8.0 mm，后翅长 7.0 mm。

【形态特征】 头部黄褐色。头顶靠近触角具 2 个褐色斑；复眼黑色，凹凸不平；触角黄褐色，密布长短不一的黄色毛；额区和唇基两侧褐色；下颚须和下唇须末端 1 节基部褐色。胸部褐色；前胸背板基部具 2 个黑褐色斑；两侧缘各具 2 个瘤状突起,密布褐色长毛；中胸背板盾片色深。足黄褐色，密布黄色毛。前足和中足胫节背面基部和端部各具 1 个褐色斑。前翅极宽广，前后缘几乎平行；呈深褐色，密布褐色斑和波状纹，沿翅缘分布一些小的褐色点，在外阶脉组的前缘端有 1 个长条形的深褐色斑；纵脉呈褐色，上面有一些深褐色的断点，而使纵脉呈黑白相间的点线。后翅呈暗褐色，有不太明显的暗纹和少量褐色斑，前缘颜色较深，而后缘颜色浅；翅脉除了前缘部分呈黑褐色以外，其余均色浅呈褐色。雄虫第 8 背板和腹板均狭长，而边缘平直呈矩形，第 9 背板较窄呈片状，肛上板下角向后延伸，长度较长，似大象的鼻子，故命名；殖弧叶背面观细长且向内弯曲呈 C 形，侧突 1 对细长，伸出半露于肛上板下方，内突也 1 对，长条状但长度短于侧突，向内部斜伸；阳基侧突狭长，背叶背面观分为 2 片，呈长条状，其末端尖细且向外弯曲呈钩状；内生殖板呈梯形，腹部末端有 1 个 V 形缺刻。

【地理分布】 四川。

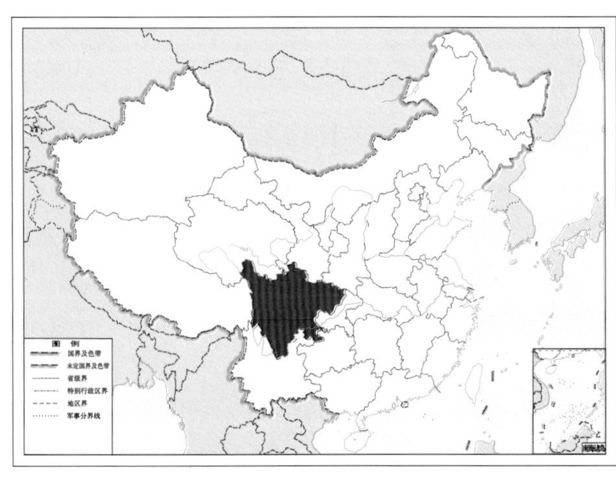

图 4-255-2 若象广褐蛉 *Megalomus elephiscus* 地理分布图

256. 友谊广褐蛉 *Megalomus fraternus* Yang & Liu, 2001

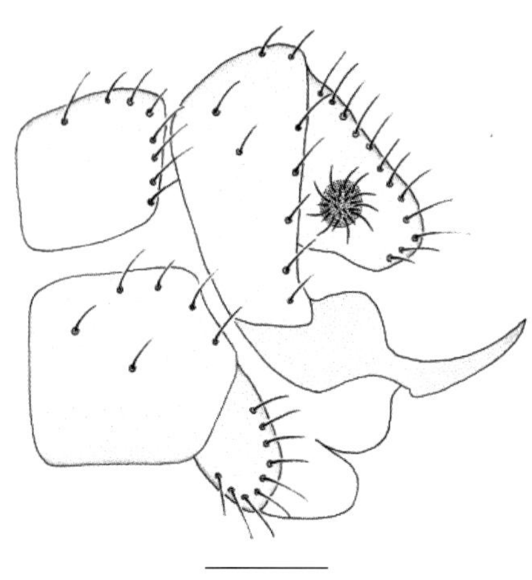

图 4-256-1 友谊广褐蛉 *Megalomus fraternus* 形态图（雄虫腹部末端侧面观）
（标尺：0.2 mm）

【测量】 体长 5.0 mm，前翅长 9.0 mm、前翅宽 4.0 mm，后翅长 8.0 mm、后翅宽 3.0 mm。

【形态特征】 头部黄褐色。头顶具 2 个褐色斑，密布褐色毛；复眼黑褐色；触角窝黄褐色，周围褐色，柄节黄褐色，内侧褐色，鞭节褐色，每节从基部到端部逐渐由宽大于长变为长大于宽，密布褐色长毛；上唇褐色；下颚须和下唇须末端 1 节基部褐色。胸部黄褐色，密布长短不一的褐色毛。前胸背板与头顶连接处，具 2 ~ 3 个褐色斑，中央具 1 条褐色纵条带。足黄色，前足和中足胫节基部和端部背面各具 1 个浅褐色斑，密布长短不一的黄色毛。前翅透明，略带淡烟色，翅前缘域宽，有印痕，前缘横脉列多分叉；RP 脉有 7 支，末支分为 2 支，阶脉 2 组，内组 9 段，除第 6、第 7 段两端透明以外均深褐色，外阶脉组 10 段，仅上面 3 段褐色，余均透明；翅中部有明显的褐色斑。后翅大部分透明，RP 脉分为 6 支。雄虫第 8 背板和腹板具宽短呈矩形；第 9 背板前后缘都向后倾斜，而成不规则的四边形；第 9 腹板极短小呈扁椭圆形；肛上板较小呈扁椭圆形，端部略尖细；阳基侧突在肛上板以下伸出腹部，端部长而渐细且上弯呈钩状；殖弧叶复杂，有 1 对直而斜伸的内突和向上弯折的钩突。

【地理分布】 浙江。

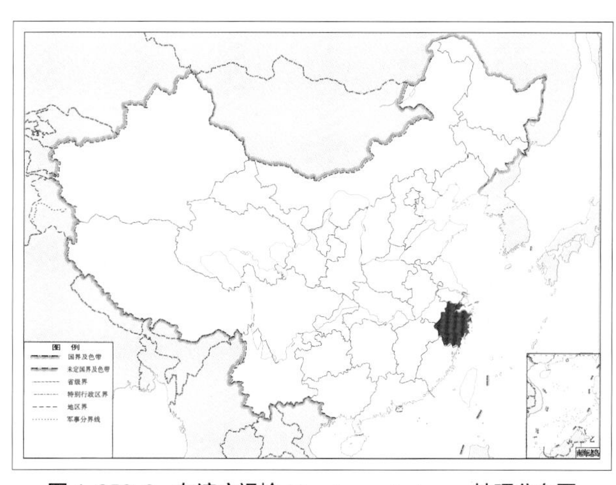

图 4-256-2 友谊广褐蛉 *Megalomus fraternus* 地理分布图

脉褐蛉亚科 Microminae Krüger, 1922

【鉴别特征】 前翅 RP 脉 4～10 支（极少种类 3 支），2m-cu 横脉缺失，1cua-cup 横脉存在；第 9 背板背面矢状分裂，每侧与相邻肛上板边缘融合。

【地理分布】 世界性分布。

【分类】 目前全世界已知 4 属约 114 种，我国已知 1 属 23 种，本图鉴收录 1 属 19 种。

（四六）脉褐蛉属 *Micromus* Rambur, 1842

【鉴别特征】 触角超过 50 节；前翅肩区狭窄，翅脉较简单，缺少缘饰；RP 脉 3～7 支，sc-r 横脉 1 支或缺失，2sc-r 与 2m-cu 横脉缺失，具有 1cua-cup 横脉和 2cua-cup 横脉，MP 脉与 CuA 脉愈合或之间以短横脉相连，阶脉一般为 2 组，少数种类 3 组；后翅一般色浅，翅斑较少，MP 脉与 CuA 脉愈合或之间以短横脉相连。雄虫第 9 背板与肛上板部分愈合，其愈合程度，前、后侧角的特化程度及肛上板侧后角的特化结构都是属内种间的重要区分特征；殖弧叶中突发达，后突的有无种间存在差异；阳基侧突较简单，左右非完全分离。雌虫腹部末端无刺突，亚生殖板的有无及形状是属内种间的重要区别特征。

【地理分布】 世界性分布，广布于古北界、东洋界、澳洲界及新北界，尤其新北界种类丰富。

【分类】 目前全世界已知 89 种，我国已知 23 种，本图鉴收录 19 种。

中国脉褐蛉属 *Micromus* 分种检索表（雄虫）

1. 前翅基部前缘横脉列之间具有短横脉 ………… 2

   前翅基部前缘横脉列之间无短横脉相连 ………… 5

2. M 主脉分叉点位于 RP 脉在 R 脉上的起始位置之前，阶脉 2 组 ………… **天目连脉褐蛉** ***Micromus tianmuanus***

   M 主脉分叉点位于 RP 脉在 R 脉上的起始位置之后，阶脉 3 组 ………… 3

3. 前翅翅面具明显的斑点，且翅脉密布褐色毛 ………… 4

   前翅翅面无明显的斑点，且翅脉稀疏无毛 ………… **淡异脉褐蛉** ***Micromus pallidius***

4. 前翅整个翅面均为规则的波状纹，外阶脉组上方 3～4 段处为褐色斑点；殖弧叶中突基部表面无刺，端部渐细呈尖锐钩状下弯 ………… **藏异脉褐蛉** ***Micromus yunnanus***

   前翅整个翅面均为无规则的波状纹，仅沿外阶脉组为无规律的灰色条纹，外阶脉组处无褐色斑点；殖弧叶中突基部密布小刺，端部渐细末端圆钝下弯 ………… **多毛脉褐蛉** ***Micromus setulosus***

5. 前翅 2 组阶脉 ………… 6

   前翅 3 组阶脉 ………… 13

6. 前翅 CuA 脉与 MP 脉愈合 ………… 7

前翅 CuA 脉与 MP 脉未愈合 …… 9

7. 前翅 CuA 脉在与 MP 脉愈合前分支 …… 8

前翅 CuA 脉在与 MP 脉愈合后分支 …… 稚脉褐蛉 ***Micromus minusculus***

8. 后翅 CuA 脉与 MP 脉愈合 …… 瑕脉褐蛉 ***Micromus calidus***

后翅 CuA 脉与 MP 脉未愈合 …… 角纹脉褐蛉 ***Micromus angulatus***

9. 后翅 CuA 脉与 MP 脉愈合 …… 颇丽脉褐蛉 ***Micromus perelegans***

后翅 CuA 脉与 MP 脉未愈合 …… 10

10. 前后翅翅痣红色 …… 赵氏脉褐蛉 ***Micromus zhaoi***

前后翅翅痣非红色 …… 11

11. 前翅 CuA 脉在 CuA 与 MP 脉之间的短横脉之前分叉 …… 12

前翅 CuA 脉在 CuA 与 MP 脉之间的短横脉之后分叉 …… 印度脉褐蛉 ***Micromus kapuri***

12. 肛上板侧后角末端平钝，非尖细，具小齿 …… 梯阶脉褐蛉 ***Micromus timidus***

肛上板侧后角末端尖细，无小齿 …… 多支脉褐蛉 ***Micromus ramosus***

13. 前翅 CuA 脉与 MP 脉未愈合 …… 奇斑脉褐蛉 ***Micromus mirimaculatus***

前翅 CuA 脉与 MP 脉愈合 …… 14

14. 前翅 CuA 脉在与 MP 脉愈合后分支 …… 点线脉褐蛉 ***Micromus linearis***

前翅 CuA 脉在与 MP 脉愈合前分支 …… 15

15. 后翅 CuA 脉与 MP 脉愈合 …… 16

后翅 CuA 脉与 MP 脉未愈合 …… 17

16. 第 9 腹板明显长于肛上板；肛上板侧后角突出物长，向下弯曲成钩状 …… 农脉褐蛉 ***Micromus paganus***

第 9 腹板明显短于肛上板；肛上板侧后角突出物短，向上弯曲成刺状 …… 花斑脉褐蛉 ***Micromus variegatus***

17. 前翅 RP 脉至少 6 支 …… 密斑脉褐蛉 ***Micromus densimaculosus***

前翅 RP 脉少于 6 支 …… 18

18. 头顶具 4 个大褐色斑 …… 密点脉褐蛉 ***Micromus myriostictus***

头顶无褐色斑 …… 乙果脉褐蛉 ***Micromus igorotus***

中国脉褐蛉属 *Micromus* 分种检索表（雌虫）

1. 前翅基部前缘横脉列之间具有短横脉 …… 2

前翅基部前缘横脉列之间无短横脉相连 …… 4

2. M 主脉分叉点位于 RP 脉在 R 脉上的起始位置之前，阶脉 2 组 …… 天目连脉褐蛉 ***Micromus tianmuanus***

主脉分叉晚于 RP 脉在 R 脉上的起始位置之后，阶脉 3 组 …… 3

3. 前翅翅面具明显的斑点，且翅脉密布褐色毛 …… 藏异脉褐蛉 ***Micromus yunnanus***

前翅翅面无明显的斑点，且翅脉稀疏无毛 …… 淡异脉褐蛉 ***Micromus pallidius***

4. 前翅 2 组阶脉 …… 5

前翅 3 组阶脉 …… 11

5. 前翅 CuA 脉与 MP 脉愈合 …… 6

前翅 CuA 脉与 MP 脉未愈合 ………………………………………… 7

6. 前翅 CuA 脉先分叉再与 MP 脉愈合；后翅 CuA 脉与 MP 脉未愈合 …………… **角纹脉褐蛉 *Micromus angulatus***

前翅 CuA 脉未分叉即与 MP 脉愈合；后翅 CuA 脉与 MP 脉愈合 ……………… **稚脉褐蛉 *Micromus minusculus***

7. 后翅 CuA 脉与 MP 脉愈合 ……………………………………… **颇丽脉褐蛉 *Micromus perelegans***

后翅 CuA 脉与 MP 脉未愈合 ………………………………………… 8

8. 前后翅痣红色 ……………………………………………… **赵氏脉褐蛉 *Micromus zhaoi***

前后翅翅痣非红色 ………………………………………………… 9

9. 第 9 背板后缘具尖锐刺状突 …………………………………………… 10

第 9 背板后缘无尖锐刺状突 ……………………………………… **多支脉褐蛉 *Micromus ramosus***

10. 第 9 背板腹缘尖锐，侧后角超过肛上板后缘 ……………………… **梯阶脉褐蛉 *Micromus timidus***

第 9 背板腹缘钝圆，侧后角未达肛上板后缘 ……………………… **日本脉褐蛉 *Micromus numerosus***

11. 前翅 CuA 脉与 MP 脉未愈合……………………………… **奇斑脉褐蛉 *Micromus mirimaculatus***

前翅 CuA 脉与 MP 脉愈合 …………………………………………… 12

12. 前翅 CuA 脉在与 MP 脉愈合后分支 ……………………………………… 13

前翅 CuA 脉在与 MP 脉愈合前分支 ……………………………………… 14

13. 头顶具有 2 个褐色斑 ……………………………………… **点线脉褐蛉 *Micromus linearis***

头顶横列 4 个褐色斑 ………………………………………… **小脉褐蛉 *Micromus pumilus***

14. 后翅 CuA 脉与 MP 脉愈合 …………………………………………… 15

后翅 CuA 脉与 MP 脉未愈合 ………………………………………… 16

15. 具明显亚生殖板 ……………………………………………… **农脉褐蛉 *Micromus paganus***

无明显亚生殖板 ……………………………………………… **花斑脉褐蛉 *Micromus variegatus***

16. 前翅 RP 脉至少 6 支 ……………………………………… **密斑脉褐蛉 *Micromus densimaculosus***

前翅 RP 脉少于 6 支 ……………………………………………… 17

17. 头顶触角后方无颜色加深；前翅外阶脉组整齐排列 ………………… **细纹脉褐蛉 *Micromus striolatus***

头顶触角后方颜色加深；前翅外阶脉组非整齐排列 …………………… **乙果脉褐蛉 *Micromus igorotus***

注：本雌雄检索表中仅缺少名录中的台湾脉褐蛉 *Micromus formosanus* (Krüger, 1922)。因 Krüger 发表新种时的文献只有一个种名的记录，并没有相关描述，后续也无相关文献进行补充描述，故该种未编入本检索表。

257. 角纹脉褐蛉 *Micromus angulatus* (Stephens, 1836)

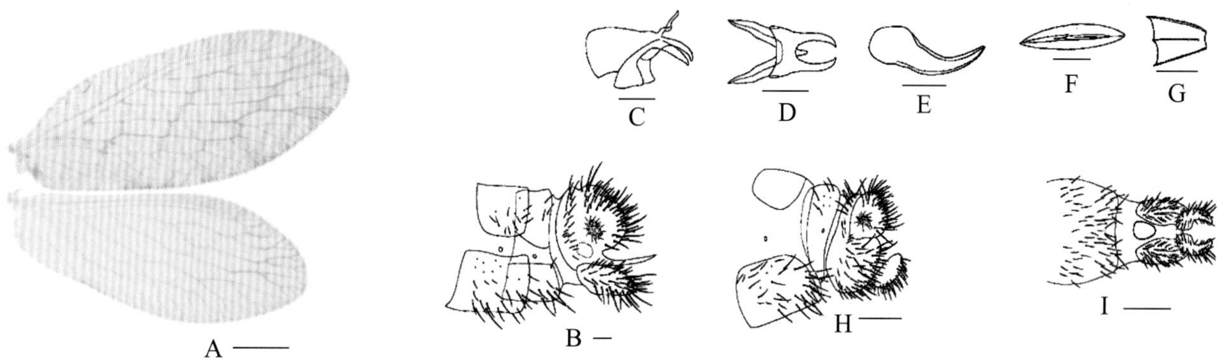

图 4-257-1　角纹脉褐蛉 *Micromus angulatus* 形态图
（标尺：A、B 为 1.0 mm，C ~ G 为 0.1 mm，H、I 为 0.2 mm）
A. 翅　B. 雄虫腹部末端侧面观　C. 雄虫殖弧叶侧面观　D. 雄虫殖弧叶背面观　E. 雄虫阳基侧突侧面观　F. 雄虫阳基侧突背面观　G. 雄虫内生殖板背面观　H. 雌虫腹部末端侧面观　I. 雌虫腹部末端腹面观

【测量】 体长 3.8~7.0 mm，前翅长 5.9~7.1 mm、前翅宽 2.2 ~ 3.0 mm，后翅长 4.3 ~ 6.3 mm、后翅宽 1.8 ~ 2.6 mm。

【形态特征】 头部灰褐色。头顶稀疏生有长毛；两复眼之间，具有 2 道粗而且色深的黑色斑纹，触角窝呈浅黄色，周围颜色较深，额及唇基浅黄色，额颊沟、颊下沟、额唇基沟及前幕骨陷呈深褐色，额颊沟及前幕骨陷均呈黑色。触角超过 55 节，呈浅褐色。胸部背板呈浅黄褐色且前中胸背板稀疏生有少量长刚毛，而后胸背板无刚毛；各胸背板横沟呈明显褐色；中后胸的盾片两侧各有 1 个近圆形的褐色斑。足黄褐色，无明显斑点。前翅椭圆形，翅面密布大小不等的褐色斑和黄褐色波状纹；翅脉呈黄褐色，阶脉较透亮，外阶脉组尤其明显。后翅椭圆形，翅面浅黄褐色，透明无斑；翅脉黄褐色。腹部黄褐色，背板、腹板颜色深于侧膜，各节中间均有 1 个黑色的环纹。雄虫第 9 背板狭长，与肛上板愈合完全，肛上板呈椭圆形，侧缘后方向后延伸出 1 个细长的长臂，末端尖细侧面观呈刀片状，臀胝明显，毛簇 9 ~ 15 丛；第 9 腹板侧面观呈卵圆形，密布褐色长毛，长于肛上板，短于肛上板延伸的长臂；殖弧叶无殖弧中突，殖弧后突左右呈末端渐细的钩状结构，侧叶前缘方形结构。雌虫第 8 背板细窄，亚生殖板腹面观端部渐细，基部圆钝，呈水滴形。

【地理分布】 河北、北京、内蒙古、宁夏、陕西、河南、湖北、浙江、云南、台湾；日本，英国。

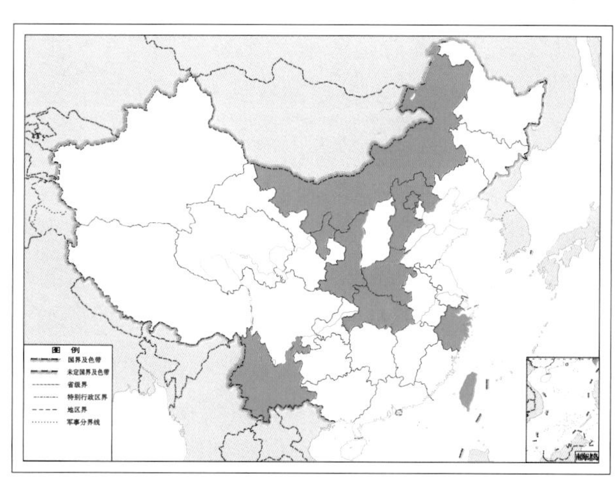

图 4-257-2　角纹脉褐蛉 *Micromus angulatus* 地理分布图

258. 密斑脉褐蛉 *Micromus densimaculosus* Yang & Liu, 1995

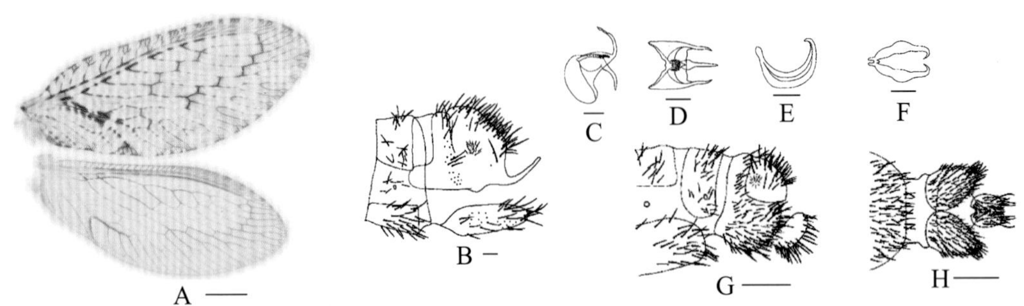

图 4-258-1　密斑脉褐蛉 *Micromus densimaculosus* 形态图

（标尺：A 为 1.0 mm，C ~ F 为 0.1 mm，B、G、H 为 0.2 mm）

A. 翅　B. 雄虫腹部末端侧面观　C. 雄虫殖弧叶侧面观　D. 雄虫殖弧叶背面观　E. 雄虫阳基侧突侧面观　F. 雄虫阳基侧突背面观　G. 雌虫腹部末端侧面观　H. 雌虫腹部末端腹面观

【测量】 体长 5.0 ~ 6.5 mm，前翅长 6.8 ~ 7.6 mm、前翅宽 2.8 ~ 3.2 mm，后翅长 5.7 ~ 6.4 mm、后翅宽 2.0 ~ 3.1 mm。

【形态特征】 头部黄褐色。头顶沿触角窝后缘为 1 对大的黑色斑，头后缘具 1 对斜的黑色斑，2 对黑色斑之间有 1 对褐色横斑，头后方两侧具细黑边，前幕骨陷黑色，向下沿额唇基沟具褐色线；触角超过 50 节，柄节、梗节褐色，鞭节土黄色，每 1 节端部深于基部；复眼黑褐色。胸部褐色；前胸背板前部具 1 对褐色点，侧缘呈褐色角突，其后下方具大褐色斑；中胸前缘中央具 1 对褐色横斑，盾片两侧从内向外各具一大褐色斑，小盾片前缘具 1 对毗连的小褐色点，后缘两侧角各具 1 个近方形大的褐色斑；后胸斑纹相似但多愈合。足黄褐色，斑点较多，尤其前足。前足基节端部具 1 个褐色斑；股节基部、中部及端部各具 1 个褐色斑；胫节基部、中部及端部各具 1 个褐色斑。中足股节中部具有 1 个褐色斑点，端部具 1 个浅褐色斑点；胫节基部、中部及端部各具 1 个褐色斑。后足斑点色浅不明显。前翅长椭圆形；翅面色深呈褐色，密布大小不一的褐色斑和波状纹，沿阶脉组具不连续褐色带，M 脉自基部至主脉分叉点与 Cu 脉之间形成不规则深褐色大斑点；翅脉纵脉呈褐色，中间不规则间断呈无色透明状，横脉褐色加深。后翅长椭圆形，翅面黄褐色，仅前缘翅痣处具有单个小褐色点；翅脉褐色，仅中阶脉组与外阶脉组之间色浅透明，因此形成斜状亮带，Cu 脉褐色深于周围翅脉。腹部浅褐色，颜色均一。雄虫第 9 背板侧缘前角圆钝突出，深入第 8 背板中；肛上板背部前缘微隆起，侧面观形状不规则，后缘微凸，侧后角呈渐细的斜向上弯曲的长臂，渐细但末端圆钝，上表面边缘非光滑微凹凸不平，臀胝较明显，毛簇 18 ~ 20 丛；第 9 腹板宽大，超出肛上板后缘。殖弧中突侧面观细长，且端部向下弯曲呈钩状，中突基部背脊处突出长的粗刺，且表面密布小刺，殖弧后突 1 对，背面观细长且末端尖细。雌虫第 8 背板侧面观呈长方形；亚生殖板宽大且色暗呈褐色，后缘平直，前缘圆钝，端部中央具微微的 V 形缺口。

【地理分布】 浙江。

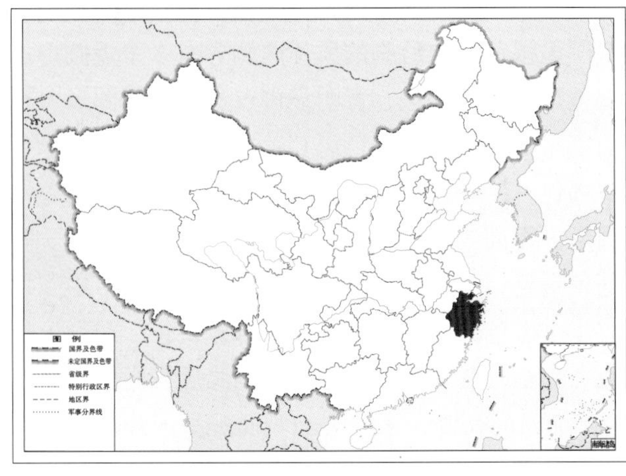

图 4-258-2　密斑脉褐蛉 *Micromus densimaculosus* 地理分布图

259. 印度脉褐蛉 *Micromus kapuri* (Nakahara, 1971)

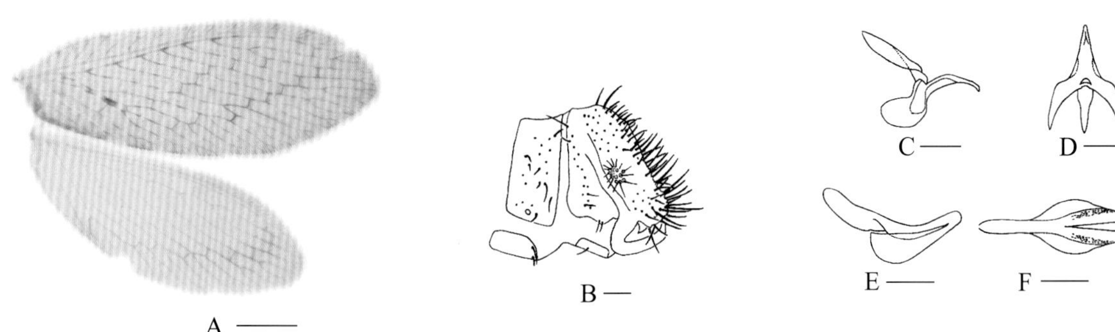

图 4-259-1　印度脉褐蛉 *Micromus kapuri* 形态图

（标尺：A 为 2.0 mm，B 为 0.2 mm，C ~ F 为 0.1 mm）

A. 翅　B. 雄虫腹部末端侧面观　C. 雄虫殖弧叶侧面观　D. 雄虫殖弧叶背面观　E. 雄虫阳基侧突侧面观　F. 雄虫阳基侧突背面观

【测量】 体长 4.3 ~ 5.5 mm，前翅长 5.3 ~ 6.1 mm、前翅宽 2.1 ~ 2.2 mm，后翅长 4.7 ~ 5.0 mm、后翅宽 1.8 ~ 1.9 mm。

【形态特征】 头部浅黄色。头顶后部两触角窝后缘及中间区域形成大的三角形褐色区域，且具 9 ~ 10 根褐色长毛，再后方平行排列 3 条褐色纵纹，中央条纹加粗；头部前方无斑，上颚褐色交叉；触角超过 60 节，黄褐色，柄节梗节侧缘褐色加深，鞭节末端渐深。复眼黑褐色，具金属光泽。胸部黄褐色，前胸背板四周具褐色长毛，盾片中央后缘左右各具 1 个半球形小圆突，中后胸背板中央具宽的浅色纵带，无毛，仅中胸背板前盾片具短褐色毛。足呈黄褐色，无斑，后足胫节明显膨大。前翅椭圆形，中部加宽，顶角钝圆；翅面浅黄褐色透明，外缘具不明显明暗相间的褐色纹，M 主脉分叉点与 CuA 脉之间具 1 个近椭圆形小褐色斑；翅脉纵脉黄褐色，不均匀分布褐色间隔，RP 脉在 R 脉上的起始位置及与外阶脉相连处加深明显，横脉褐色，外阶脉深褐色，加深。后翅椭圆形，顶角钝圆；翅面浅黄色，透明，无明显斑点，翅痣处模糊不清；翅脉浅黄色，较透明，外阶脉组褐色加深。腹部黄褐色，颜色均一，多毛。雄虫第 9 背板侧面观狭长，近三角形，前缘平直，后缘与肛上板愈合，侧缘微凸，非平直；肛上板侧面观后侧角后突微膨大，且边缘具明显齿状突，前侧下角延伸成粗壮臂状钩突结构，向内弯曲左右相互交叉，末端形成大小不一的 2 个钩状结构，臀胝大且明显，毛簇 11 ~ 13 丛；殖弧叶殖弧中突狭长，伸出肛上板之外，基部较粗，中部至端部渐细，末端具 1 个微微向下弯曲的小钩，侧叶发达膨大。

【地理分布】 云南、福建、海南；印度。

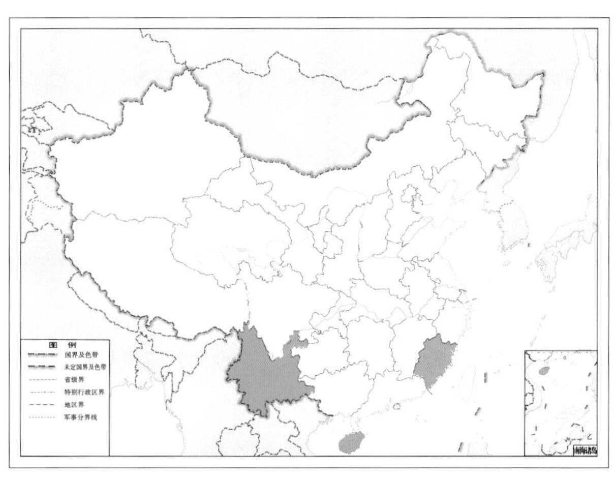

图 4-259-2　印度脉褐蛉 *Micromus kapuri* 地理分布图

260. 点线脉褐蛉 *Micromus linearis* Hagen, 1858

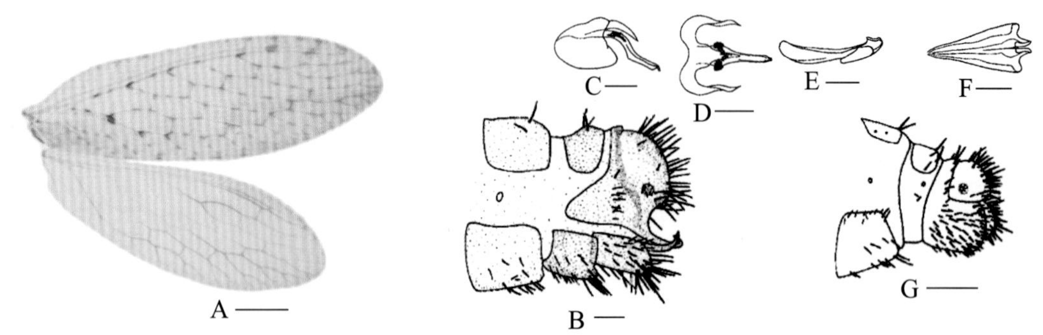

图 4-260-1 点线脉褐蛉 *Micromus linearis* 形态图

（标尺：A、B 为 1.0 mm，C ~ F 为 0.1 mm，G 为 0.2 mm）

A. 翅 B. 雄虫腹部末端侧面观 C. 雄虫殖弧叶侧面观 D. 雄虫殖弧叶背面观 E. 雄虫阳基侧突侧面观 F. 雄虫阳基侧突背面观 G. 雌虫腹部末端侧面观

【测量】 体长 6.1 ~ 6.5 mm，前翅长 6.1 ~ 7.1 mm、前翅宽 2.1 ~ 2.5 mm，后翅长 5.5 ~ 6.2 mm、后翅宽 1.7 ~ 2.1 mm。

【形态特征】 头部黄褐色。头顶复眼后缘各具有 1 个三角形褐色斑，触角窝前缘有 1 条细的弧形黑纹，前幕骨陷黑色明显。触角黄褐色，鞭节末端色深，长度超过 55 节；上颚交叉呈褐色。复眼黑褐色。胸部呈黄褐色；前胸背板两侧缘具褐色纵纹，中部具向内尖突的褐色区域；中后胸背板盾片两侧各有 1 个明显的圆形褐色斑。足呈浅黄褐色，跗节末节加深。前翅狭长；翅面透亮黄褐色，近后缘 Cu 脉至后缘区域形成烟褐色的条带，翅痣处具有 2 ~ 3 对褐色斑，M 脉第 1 个分叉点与 Cu 脉间具有 1 个褐色斑点。后翅狭长；翅面黄褐色透明，前缘近端部 Sc 脉与 R 脉之间有 1 段褐色区域；翅脉黄褐色，纵脉大部分透明无色，阶脉大部分呈黑褐色，其附近的纵脉也成黑色相连，因此后翅中央部分色淡而透明，上下两部分呈褐色的枝状脉。腹部黄褐色，每腹节腹板边缘褐色加深。雄虫第 9 背板与肛上板愈合，前侧角前凸明显，深入第 8 背板中，近三角形，末端渐细；侧后角伸长特化呈末端尖细的钩状，长度超出第 9 腹板，两侧钩状臂伸长向内弯曲交叉。肛上板椭圆形，臀胝不明显，毛簇 5 ~ 7 丛。殖弧叶中殖弧中突细长，基部宽阔且上表面具有密集的小刺，基部至端部渐细，顶端具有钩状突；无殖弧后突；新殖弧叶存在，并特化成向下的钩状结构；殖弧侧膜较发达，位于新殖弧叶及中突周围，与侧叶相连；内殖弧叶几乎全部透明无色。雌虫第 8 背板侧面观正方形，无亚生殖板。

【地理分布】 内蒙古、甘肃、宁夏、陕西、河南、湖北、湖南、云南、贵州、四川、重庆、西藏、江西、浙江、福建、台湾、广西；斯里兰卡，日本，俄罗斯。

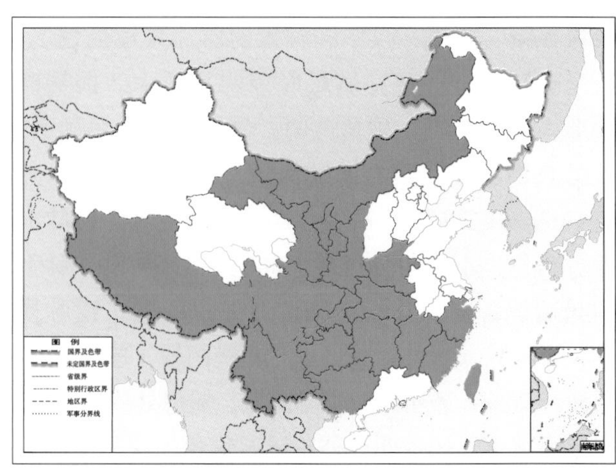

图 4-260-2 点线脉褐蛉 *Micromus linearis* 地理分布图

261. 稚脉褐蛉 *Micromus minusculus* Monserrat, 1993

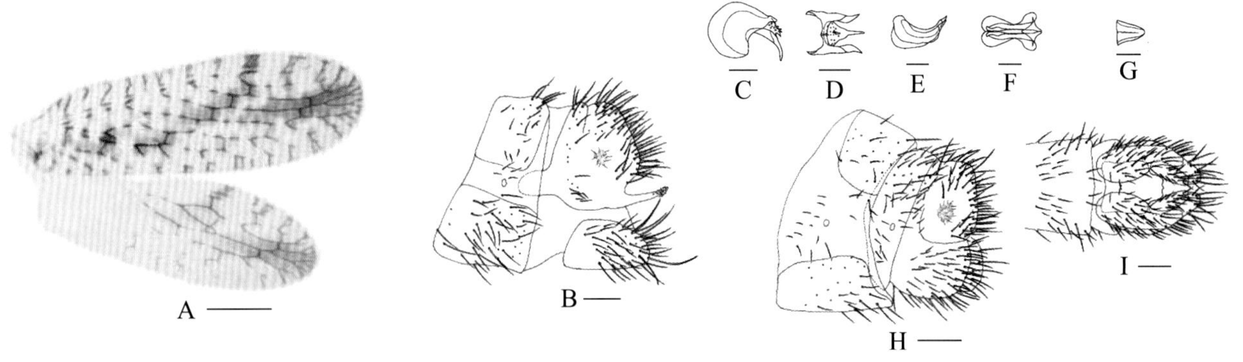

图 4-261-1 稚脉褐蛉 *Micromus minusculus* 形态图

（标尺：A 为 1.0 mm，B、H、I 为 0.2 mm，C ~ G 为 0.1 mm）

A. 翅 B. 雄虫腹部末端侧面观 C. 雄虫殖弧叶侧面观 D. 雄虫殖弧叶背面观 E. 雄虫阳基侧突侧面观 F. 雄虫阳基侧突背面观 G. 雄虫内生殖板背面观 H. 雌虫腹部末端侧面观 I. 雌虫腹部末端腹面观

【测量】 体长 4.0 ~ 4.3 mm，前翅长 5.4 ~ 5.8 mm、前翅宽 2.7 ~ 2.9 mm，后翅长 4.3 ~ 4.7 mm、后翅宽 1.4 ~ 1.5 mm。

【形态特征】 头部触角前方全部呈褐色，头顶触角窝至后部为黄褐色，触角窝后缘具 1 圈新月形褐色纹，两侧后方各具 1 个近矩形褐色斑，再外侧各具 1 个近三角形褐色斑；触角超过 50 节，黄褐色；复眼黑褐色。胸部褐色，密布大小相连的褐色斑，背板中央具 1 条浅色纵纹；中胸背板盾片黄褐色，浅于周围。足黄褐色，胫节中部膨大，跗节末端褐色加深。前翅卵圆形；翅面浅褐色，密布大大小小的褐色斑，自翅基至翅缘具与阶脉组近平行的多条褐色条带，尤其在内外阶脉组处褐色条带明显，以及 RP 脉在内外阶脉组之间的区域呈褐色；翅脉浅褐色，褐色斑处褐色加深。后翅卵圆形；翅面浅褐色较透明，沿内外阶脉组及其中间 RP 脉区域色深形成褐色带，其余部分颜色较浅，几乎透明。腹部暗褐色。背板与腹板明显深于侧膜，尤其第 9 背板，第 9 腹板及肛上板明显色深。雄虫第 9 背板前缘侧角向前倾斜并延伸到第 8 腹节中；肛上板呈椭圆形，后缘呈圆弧状，侧后角向后延伸成 1 条细长的臂，末端尖细且向上弯曲呈钩状，末端密布小刺，臀胝较明显，毛簇 10 ~ 12 丛；第 9 腹板宽阔，微超出肛上板后缘。殖弧叶宽大发达，殖弧中突基部宽阔，中央密布 10 余根较大的刺，端部渐细，末端呈钩状下弯，外殖弧叶侧叶宽大呈卵圆形，背部中央具 1 个舌状凸起，背面观呈长方形，末端钝平具小齿；阳基侧突端叶于近端部 1/3 处相互分离，顶端成锥状上翘且向外翻卷，基部 2/3 愈合；内生殖板背面观近梯形，两侧缘微微下卷。雌虫第 8 背板侧面观背端宽大，腹部末端较窄，侧面观近三角形。亚生殖板宽大发达，顶端中部突出，中央微具有凹刻，后缘较平直。

【地理分布】 西藏。

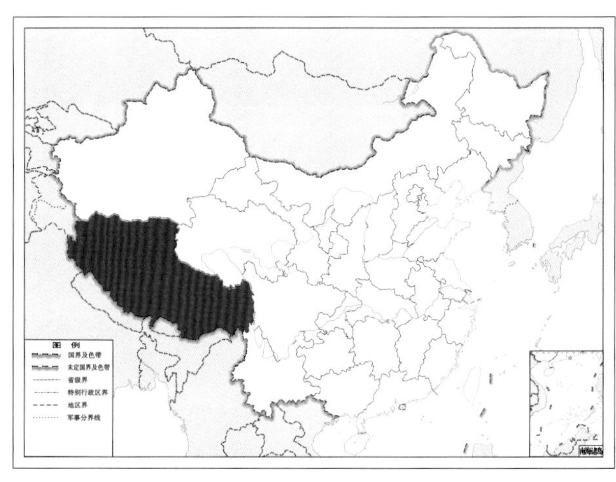

图 4-261-2 稚脉褐蛉 *Micromus minusculus* 地理分布图

262. 奇斑脉褐蛉 *Micromus mirimaculatus* Yang & Liu, 1995

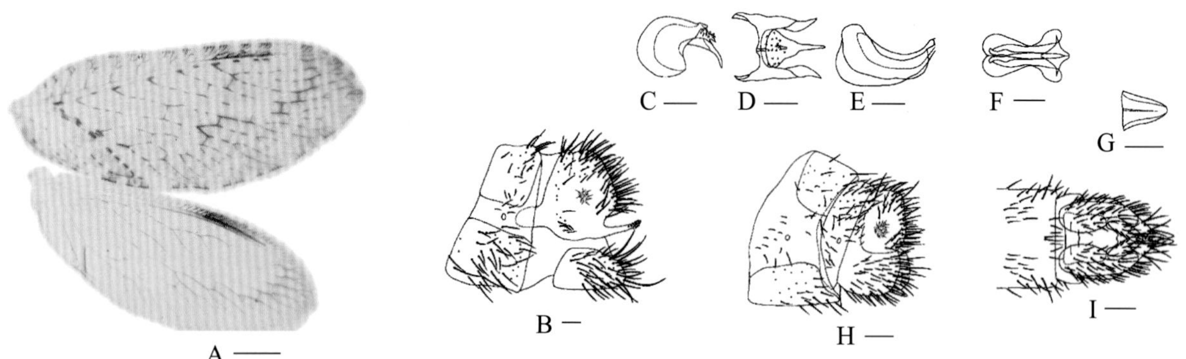

图 4-262-1 奇斑脉褐蛉 *Micromus mirimaculatus* 形态图

（标尺：A、B 为 1.0 mm，C ~ G 为 0.1 mm，H、I 为 0.2 mm）

A. 翅 B. 雄虫腹部末端侧面观 C. 雄虫殖弧叶侧面观 D. 雄虫殖弧叶背面观 E. 雄虫阳基侧突侧面观 F. 雄虫阳基侧突背面观 G. 雄虫内生殖板背面观 H. 雌虫腹部末端侧面观 I. 雌虫腹部末端腹面观

【测量】 体长 5.2 ~ 6.5 mm，前翅长 7.0 ~ 8.4 mm、前翅宽 2.6 ~ 3.3 mm，后翅长 6.1 ~ 7.7 mm、后翅宽 2.1 ~ 3.2 mm。

【形态特征】 头部呈黄褐色。头顶沿触角窝后缘为1对新月形黑色斑，后缘具1对近矩形黑色斑，头部后缘两侧具细黑色边缘；额及唇基浅黄色，前幕骨陷黑色，向下沿额唇基沟具褐色线。触角超过 55 节，黄褐色，柄节、梗节褐色加深；复眼黑色。前胸背板近中央左右两侧各具有 1 条褐色纵纹，与头顶后方斑点近在 1 条直线上，中后胸也各具 2 条褐色纵纹，除此之外，中胸背板盾片左右两侧各具 1 个褐色大圆斑；后胸斑纹相似但多愈合。足黄褐色，多褐色斑，以股节与胫节最显著，在两端及中部各具 1 个褐色斑。前翅椭圆形，翅面黄褐色，不均匀分布灰褐色波状纹，沿外阶脉组及 Cu 脉具不连续褐色带；翅脉纵脉浅褐色，具不均匀分布的褐色间隔，尤其 RP 脉在 R 脉上的起始位置及沿 Cu 脉褐色加深明显，横脉浅褐色，外阶脉组褐色加深。后翅椭圆形，翅面黄褐色透明，外阶脉组至外缘之间区域深于其他部位，无明显褐色斑。腹部黄褐色，颜色均一。雄虫第 9 背板大部分与肛上板愈合，背部较窄，前缘侧角具圆钝突出，伸入第 8 背板；第 9 腹板狭长近矩形，宽度长于肛上板但短于其下角延伸的长臂；肛上板侧面观呈椭圆形，后侧角特化成 1 条长臂且微上翘，末端密布小刺，臀胝明显，毛簇 12 ~ 15 丛。殖弧叶中突发达，基部宽大具有稀疏的小刺，近中央处具 1 个较大的刺，中突顶端尖细呈钩状微微下弯，侧叶宽大，无殖弧后突。雌虫第 8 背板侧面观较窄近三角形。亚生殖板宽大发达，顶端具近半圆形凸出，顶端中央微微具有凹刻，侧翼宽广，后缘较平直。

【地理分布】 浙江、福建、广东、云南、台湾。

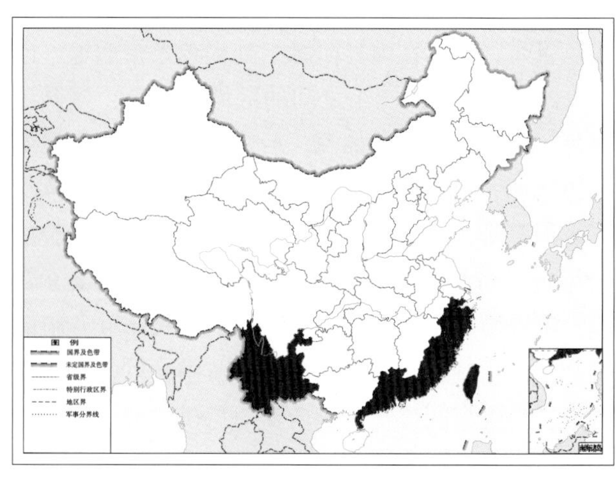

图 4-262-2 奇斑脉褐蛉 *Micromus mirimaculatus* 地理分布图

263. 密点脉褐蛉 *Micromus myriostictus* Yang, 1988

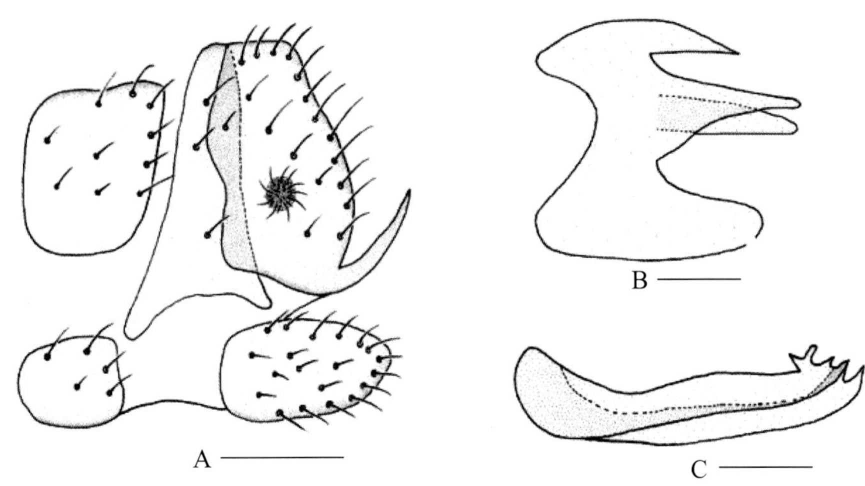

图 4-263-1　密点脉褐蛉 *Micromus myriostictus* 形态图
（标尺：A 为 0.2 mm，B、C 为 0.1 mm）
A. 雄虫腹部末端侧面观　B. 雄虫殖弧叶侧面观　C. 雄虫阳基侧突侧面观

【测量】 体长约 4.0 mm，前翅长约 7.0 mm，后翅长约 6.1 mm、后翅宽 1.9 mm。

【形态特征】 头部呈黄褐色。头顶具 4 块大的褐色斑且排成 1 横排，唇基褐色深于周围，额区具 1 对褐色斑；触角不全，黄褐色；复眼黑褐色。胸部黄褐色，胸背背板左右具褐色纵带。足黄褐色，胫节端部具褐色斑，跗节末端褐色加深。前翅狭长，前后缘几乎平行，顶角钝圆；翅面浅黄色透明，沿纵脉具明显的褐色斑列，前缘及阶脉组处尤其明显。翅脉浅黄褐色，具褐色间隔，阶脉褐色加深。后翅狭长，顶角钝圆；翅面浅黄色透明，沿 RP 脉中部至翅外缘具明显褐色带，翅脉浅黄褐色透明。腹部褐色，颜色均一。雄虫第 9 背板侧前角前凸深入第 8 腹节；第 9 腹板宽大，超过肛上板后缘；肛上板侧后角特化成粗壮的钩状突，末端尖细且上弯，臀胝位于中央且明显。殖弧叶宽大，殖弧中突基部宽大，中部至端部尖细，无殖弧后突。阳基侧突端叶末端具刺状突，且微上翘。

【地理分布】 西藏。

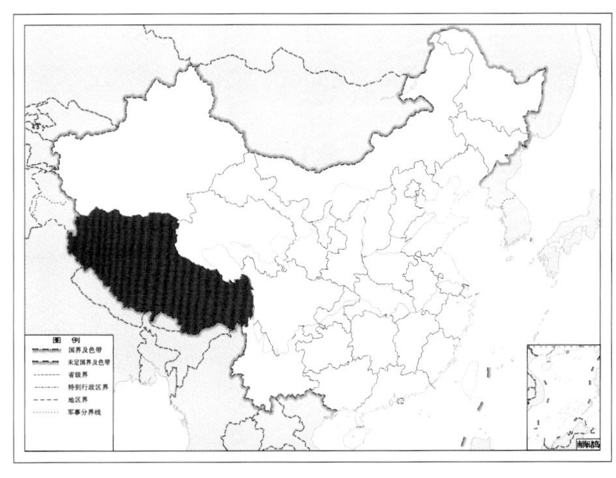

图 4-263-2　密点脉褐蛉 *Micromus myriostictus* 地理分布图

264. 农脉褐蛉 *Micromus paganus* (Linnaeus, 1767)

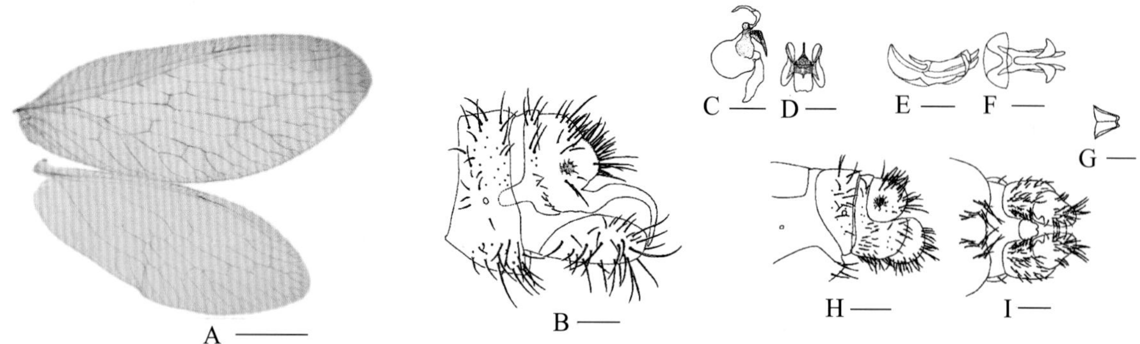

图 4-264-1 农脉褐蛉 *Micromus paganus* 形态图

（标尺：A 为 2.0 mm，B、H、I 为 0.2 mm，C ~ G 为 0.1 mm）

A. 翅 B. 雄虫腹部末端侧面观 C. 雄虫殖弧叶侧面观 D. 雄虫殖弧叶背面观 E. 雄虫阳基侧突侧面观 F. 雄虫阳基侧突背面观 G. 雄虫内生殖板背面观 H. 雌虫腹部末端侧面观 I. 雌虫腹部末端腹面观

【测量】 体长 5.5 ~ 9.0 mm，前翅长 10.0 ~ 11.2 mm、前翅宽 3.2 ~ 4.4 mm，后翅长 7.5 ~ 9.4 mm、后翅宽 2.2 ~ 3.8 mm。

【形态特征】 头部黄褐色，无明显加深区域。触角长，超过 60 节，呈黄褐色，基节膨大。复眼黑褐色，具金属光泽。胸部黄褐色。背板中央具 1 条浅纵带。足浅黄色，各足跗节末端均微深呈黄褐色。前足胫节末端膨大，色深于基部；后足胫节细长。前翅细长，顶角微尖。翅面浅黄色透明，前后缘偶具分散的小褐色斑；翅脉纵脉浅褐色，偶具褐色间隔，横脉褐色。后翅椭圆，顶角微尖。翅面浅黄褐色，透明，无斑；纵脉和内阶脉组色浅几乎透明，仅 Sc 脉呈黄褐色，外阶脉组色深呈褐色。腹部黄褐色，背板、腹板明显深于侧膜。雄虫第 9 背板与肛上板愈合，前缘侧下角呈圆柱状钝突伸入第 8 背板；肛上板呈近半圆形，后侧角向后延伸成长臂，基部粗壮，端部尖细并向下弯曲呈钩状，超过第 9 腹板，且后侧外缘具微凹刻，臀胝明显；第 9 腹板宽大，明显超过肛上板后缘。殖弧叶背部上方殖弧侧膜发达，殖弧中突发达，基部较宽且至中部表面具较多发达的小刺呈褐色，末端渐细下折呈钩状，殖弧后突短小，末端弯曲呈钩状，侧叶侧前角内翻。雌虫第 8 背板背端宽大，腹部末端较窄，侧面观近梯形。亚生殖板近椭圆形，顶端中央具凹刻，两侧缘近中央具微微凹刻。

【地理分布】 黑龙江、吉林、河北、北京、山西、内蒙古、甘肃、新疆、云南、四川、湖北、湖南、广西；瑞典。

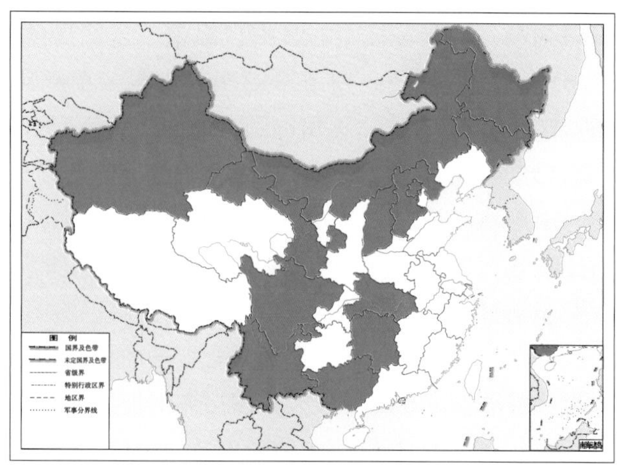

图 4-264-2 农脉褐蛉 *Micromus paganus* 地理分布图

265. 淡异脉褐蛉 *Micromus pallidius* (Yang, 1987)

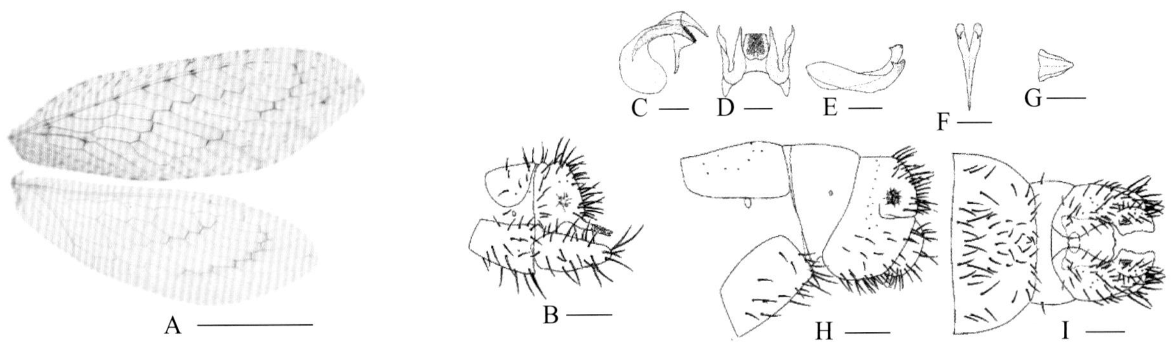

图 4-265-1 淡异脉褐蛉 *Micromus pallidius* 形态图

（标尺：A 为 3.0 mm，B、H、I 为 0.2 mm，C ~ G 为 0.1 mm）

A. 翅 B. 雄虫腹部末端侧面观 C. 雄虫殖弧叶侧面观 D. 雄虫殖弧叶背面观 E. 雄虫阳基侧突侧面观 F. 雄虫阳基侧突背面观 G. 雄虫内生殖板背面观 H. 雌虫腹部末端侧面观 I. 雌虫腹部末端腹面观

【测量】 体长 6.3 ~ 6.5 mm，前翅长 8.0 ~ 9.6 mm、前翅宽 2.7 ~ 3.3 mm，后翅长 7.1 ~ 8.6 mm、后翅宽 2.5 ~ 3.0 mm。

【形态特征】 头部浅黄褐色。头顶两触角窝间近三角形区域具褐色粗壮刚毛，近头部后缘具稀疏褐色长毛；额颊沟、额唇基沟及颊下沟明显呈褐色。下颚须 5 节，下唇须 3 节，均末节基部外缘呈浅褐色深于周围；触角长，超过 60 节，黄褐色；复眼黑褐色。胸部黄褐色，无明显斑点。前胸背板及中胸前盾片密布粗壮短褐色毛，后胸背板无毛。足黄褐色，跗节末端均微深于其他部位；前足、中足胫节各具 2 个褐色斑。前翅狭长，顶角微尖。翅面黄褐色较透明，密布灰色波状纹；翅脉呈黄褐色，RP 脉在 R 脉上的起点位置及中、外阶脉组较深呈褐色；基部前缘横脉列间具 5 ~ 6 条短横脉相连。后翅狭长，顶角微尖。翅面浅黄褐色透明，无斑，翅脉黄褐色，仅中阶脉组上半段与外阶脉组呈较明显的褐色。腹部黄褐色，颜色均一，多毛。雄虫第 9 背板与肛上板愈合完全，背侧较狭窄且微微隆起，肛上板侧面观近卵圆形，后缘较直，侧后角特化成渐细的尖锐刺突，长度伸达第 9 腹板末端，且刺突中部至末端表面具微刺，臀胝较明显，毛簇 7 ~ 9 丛；第 9 腹板宽大，明显超过肛上板后缘。殖弧叶后突发达，末端尖细状覆盖于中突上方；中突基部宽阔且表面多具小刺，至中部渐细且突然下折，末端具钝状下弯小钩，殖弧叶顶部无薄膜结构。雌虫第 8 背板背面宽阔，腹面较窄，侧面观近三角形。亚生殖板宽大，基部较平顶端圆钝中央微具凹刻，末端圆钝，两侧叶发达宽阔。

【地理分布】 西藏、贵州。

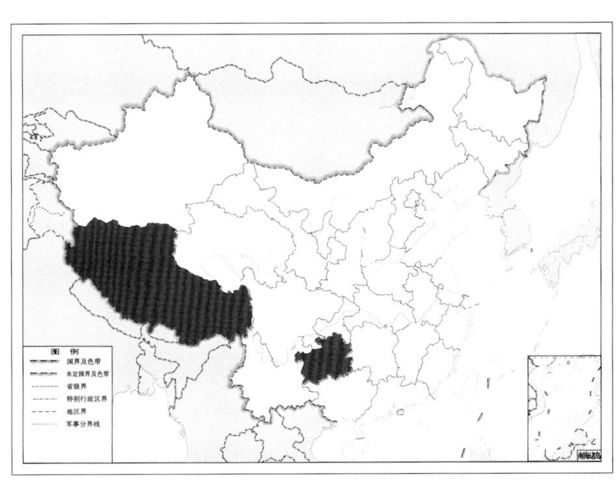

图 4-265-2 淡异脉褐蛉 *Micromus pallidius* 地理分布图

266. 颀丽脉褐蛉 *Micromus perelegans* Tjeder, 1936

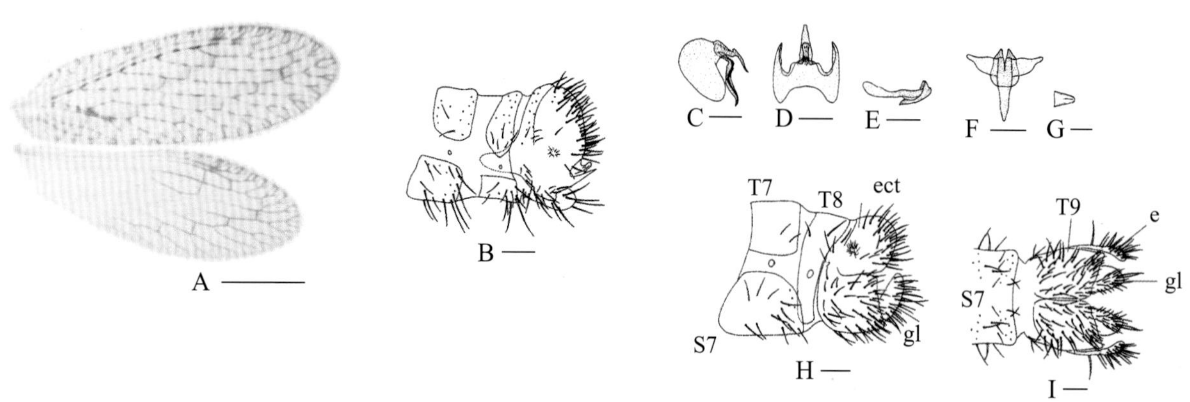

图 4-266-1 颀丽脉褐蛉 *Micromus perelegans* 形态图
（标尺：A 为 2.0 mm，B、H、I 为 0.2 mm，C ~ G 为 0.1 mm）
A. 翅 B. 雄虫腹部末端侧面观 C. 雄虫殖弧叶侧面观 D. 雄虫殖弧叶背面观 E. 雄虫阳基侧突侧面观 F. 雄虫阳基侧突背面观 G. 雄虫内生殖板背面观 H. 雌虫腹部末端侧面观 I. 雌虫腹部末端腹面观
图中的字母表示：T7. 第 7 背板 T8. 第 8 背板 T9. 第 9 背板 S7. 第 7 腹板 e. 肛上板 gl. 侧生殖突

【测量】 体长 3.1 ~ 4.3 mm，前翅长 5.9 ~ 6.2 mm、前翅宽 1.9 ~ 2.3 mm，后翅长 4.9 ~ 5.8 mm、后翅宽 1.7 ~ 2.8 mm。

【形态特征】 头部浅褐色。头顶黄褐色，触角窝具褐色环纹，触角后方具 1 对三角形褐色斑，额区褐色加深，头部前方除额颊沟、额唇基沟及颊下沟外均较浅。触角较长，超过 60 节，黄褐色，末端几节褐色加深。复眼黑褐色，具金属光泽。胸部黄褐色，背板中央具浅色纵带。足黄褐色，跗节末端加深，股节具 2 个不明显褐色斑。前翅椭圆形，翅面浅黄褐色较透明，沿阶脉具不明显灰褐色条带，Cu 脉与 M 脉之间自 M 脉分叉处至 2cua-cup 横脉处具 1 条细条状褐色斑；翅脉纵脉黄褐色，不均匀密布褐色间隔，横脉褐色。后翅椭圆形，翅面淡黄色透明，无明显斑点；翅脉基部至中部透明无色，中部至端部褐色加深。腹部黄褐色，背板、腹板颜色深于侧膜，腹节前 4 节具褐色环纹。雄虫第 9 腹板与肛上板部分愈合，侧前角前凸明显，超过第 8 腹节，侧角微凸下伸，肛上板侧面观卵圆形，侧后角特化成尖锐刺状突，左右相互交叉，臀胝不明显，毛簇 12 ~ 13 丛。殖弧叶中突基部宽广具长刺，中突下弯渐细，端部钩状下弯，外殖弧叶背侧中央具臂状突出，末端平钝具齿状突，两侧微具卵圆形突出。雌虫第 8 背板背缘微宽与腹缘，侧面观梯形；无亚生殖板。

【地理分布】 新疆、甘肃、宁夏、陕西、湖北、浙江。

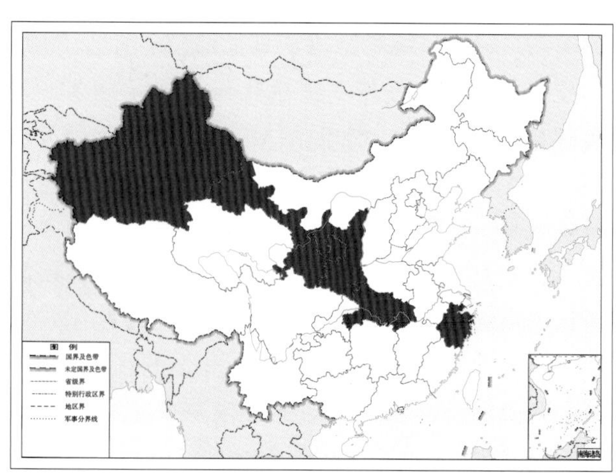

图 4-266-2 颀丽脉褐蛉 *Micromus perelegans* 地理分布图

267. 小脉褐蛉 *Micromus pumilus* Yang, 1987

图 4-267-1　小脉褐蛉 *Micromus pumilus* 成虫图（前后翅）
（标尺：1.0 mm）

【测量】 体长 4.0 mm，前翅长 5.9 mm、前翅宽 2.0 mm，后翅长 4.8 mm、后翅宽 1.7 mm。

【形态特征】 头部黄褐色，头顶具 4 个褐色斑，触角窝后缘具半月形褐色纹，触角前方近额区具褐色斑。触角不全，黄褐色，柄节具褐色斑；复眼黑褐色。胸部黄褐色，前胸背板褐色加深，中胸、后胸背板盾片左右各具 1 个圆形大的褐色斑。足黄褐色，无明显斑点。前翅椭圆形，侧角钝圆。翅面浅黄褐色较透明，翅痣处具成对的圆形小的褐色斑；翅脉纵脉黄褐色，具不均匀分布的褐色间隔，横脉褐色。后翅椭圆，侧角钝圆。翅面浅黄褐色均一，无明显斑点，翅脉浅黄褐色，基部至中部色浅较透明，中部至端部褐色加深，内阶脉组色浅较透，外阶脉组褐色加深。腹部褐色，均一。雌虫第 9 背板前缘中部前凸，腹部末端膨大，后缘平直；肛上板侧面观形状不规则，前缘微凸，后缘中部后突；无亚生殖板。

【地理分布】 西藏。

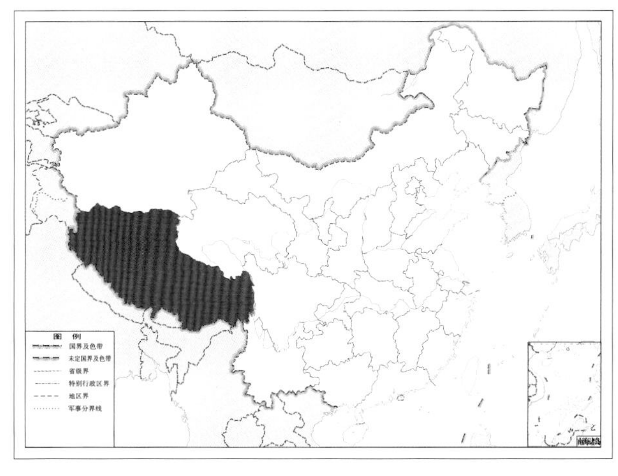

图 4-267-2　小脉褐蛉 *Micromus pumilus* 地理分布图

268. 多支脉褐蛉 *Micromus ramosus* Navás, 1934

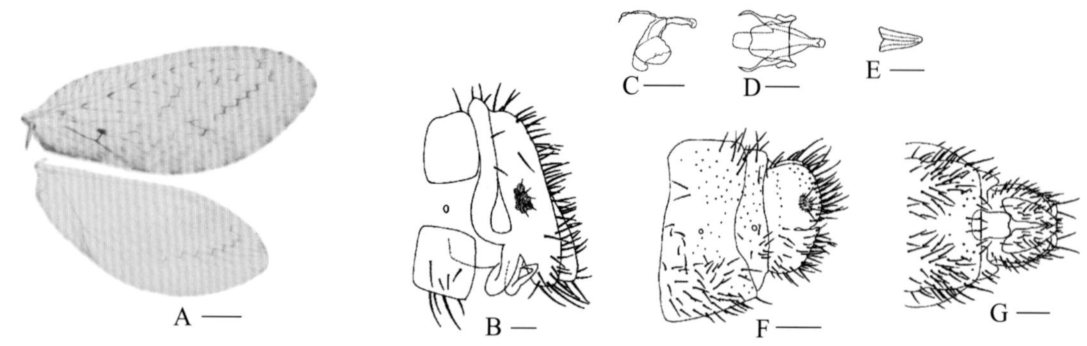

图 4-268-1 多支脉褐蛉 *Micromus ramosus* 形态图

（标尺：A 为 1.0 mm，C ~ E 为 0.1 mm，F、G 为 0.2 mm）

A. 翅 B. 雄虫腹部末端侧面观 C. 雄虫殖弧叶侧面观 D. 雄虫殖弧叶背面观 E. 雄虫内生殖板背面观 F. 雌虫腹部末端侧面观 G. 雌虫腹部末端腹面观

【测量】 体长 5.1 ~ 8.0 mm，前翅长 7.2 ~ 7.9 mm，前翅宽 2.8 ~ 3.4 mm；后翅长 6.0 ~ 7.2 mm，后翅宽 2.3 ~ 2.9 mm。

【形态特征】 头部呈黄褐色。头顶呈浅褐色，具 3 条褐色纵纹，两侧较深，触角窝后缘具褐色环纹，蜕裂线、前幕骨陷及颊下沟均呈褐色；下颚须与下唇须均为黄褐色，上颚交叉呈褐色。触角较长，超过 60 节，梗节、柄节呈褐色，鞭节黄褐色。复眼黑褐色，具金属光泽。前胸黄褐色，周缘密布黄褐色长毛，前后缘及中央分界线呈深褐色；中后胸呈浅黄褐色，盾片左右两侧缘各具 1 个近圆形褐色斑。足黄褐色，无斑点。前翅椭圆形，翅面黄褐色，翅外缘及臀区色加深，沿翅外缘及后缘具浅褐色不规则斑点，Cu 脉与 M 脉之间于 2cua-cup 横脉处具 1 个方形小褐色斑。后翅椭圆形，翅面淡黄色，透明，翅脉浅黄褐色较透明，外阶脉组及 Cu 脉呈黄褐色深于其他各脉。腹部呈黄褐色，颜色均一。雄虫第 9 背板狭长近长三角形，与肛上板愈合背面微微隆起，第 9 腹板短小；肛上板侧面观细长，后侧角下伸超过第 9 腹板，末端钝圆，侧前角延伸成细长臂状钩突，向内弯曲左右相互交叉，末端呈尖钩状，臀胝明显，毛簇 10 ~ 12 丛。殖弧叶殖弧中突狭长，末端钝圆，微下弯；无殖弧后突；侧叶膨大，形状不规则。内生殖板背面观近三角形。雌虫第 8 背板较狭窄。亚生殖板宽大，近长方形，顶端微微具凹刻。

【地理分布】 黑龙江、云南、河南、浙江、福建、广西。

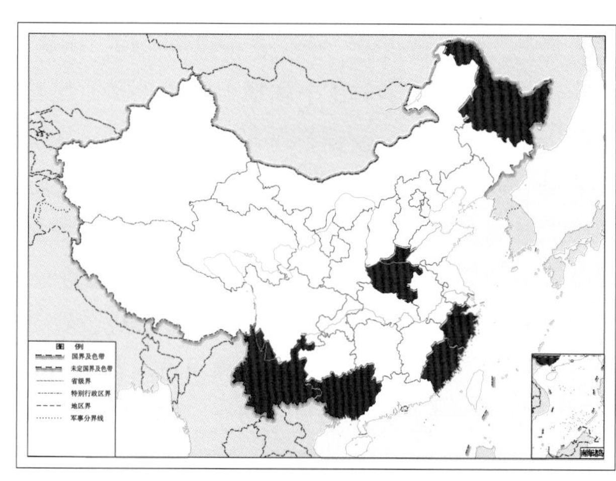

图 4-268-2 多支脉褐蛉 *Micromus ramosus* 地理分布图

269. 多毛脉褐蛉 *Micromus setulosus* Zhao, Tian & Liu, 2014

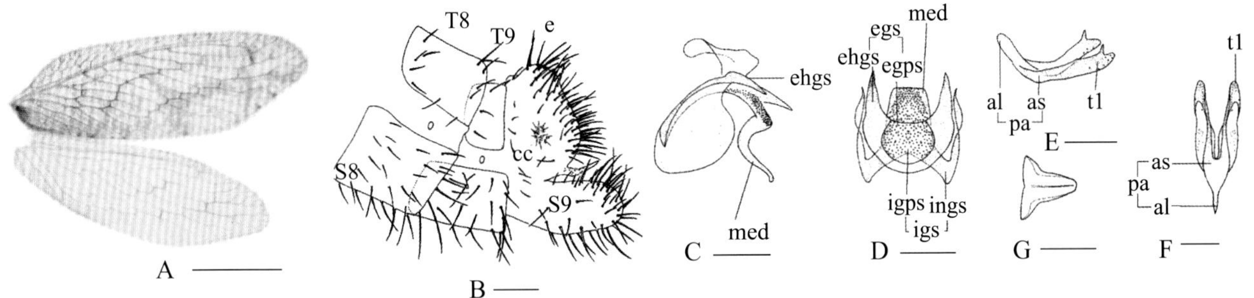

图 4-269-1　多毛脉褐蛉 *Micromus setulosus* 形态图

（标尺：A 为 3.0 mm，B 为 0.2 mm，C ~ G 为 0.1 mm）

A. 翅　B. 雄虫腹部末端侧面观　C. 雄虫殖弧叶侧面观　D. 雄虫殖弧叶背面观　E. 雄虫阳基侧突侧面观　F. 雄虫阳基侧突背面观　G. 雄虫内生殖板背面观

图中的字母表示：T8. 第 8 背板　T9. 第 9 背板　e. 肛上板　cc. 臀胝　S8. 第 8 腹板　S9. 第 9 腹板　egs. 外殖弧突　med. 殖弧中突　ehgs. 外半殖弧叶　egps. 外殖弧拱　igps. 内殖弧拱　ihgs. 内半殖弧叶　igs. 内殖弧叶　al. 阳基突片　as. 阳基突轴　pa. 阳基侧突　tl. 端叶

【测量】 体长 5.2 mm，前翅长 8.1 mm、前翅宽 2.8 mm，后翅长 7.0 mm、后翅宽 2.4 mm。

【形态特征】 头部黄褐色，头顶两触角窝间及其后部及复眼后部均具黄褐色粗壮长毛，近头部后缘具稀疏褐色长毛；额颊沟、额唇基沟及颊下沟褐色加深；下颚须 5 节，下唇须 3 节均呈黄褐色。触角 57 节，黄褐色，柄节及鞭节末端 10 节左右呈褐色，略深于其他各节，密布浅黄褐色毛。复眼黑褐色，具金属光泽。胸部黄褐色。前胸、中胸背板密布粗壮短褐色毛；后胸背板无毛但色略深于前中背板。足黄褐色，前、后足胫节各具 2 个浅褐色斑点。前翅狭长；翅面浅黄褐色，沿 3 组阶脉形成黄褐色条带，Cu 脉至翅后缘形成黄褐色区域；翅缘及翅脉密布褐色粗壮短毛，翅脉呈黄褐色，3 组阶脉呈褐色，略深于其他脉。后翅狭长；翅面黄褐色，透明无斑；翅脉黄褐色，中、外阶脉组上方几段呈浅褐色略深的斑。腹部黄褐色，颜色均一，多毛。雄虫第 9 背板与肛上板愈合，后缘顶端微微隆起，侧后缘伸出直钩状突出，长度超过肛上板但未超过第 9 腹板，末端尖细，基部至中部表面具小刺突，臀胝较明显；第 9 腹板宽阔发达，明显超过肛上板后缘；殖弧叶发达，后突呈三角形尖锐突出于中突上方，背面中央具透明发达膜状结构；中突基部较宽，基部至中央部分表面密布小刺，至中央处弧状下折伸向前方，渐细，末端具向下微弯的钝状小钩结构。

【地理分布】 宁夏。

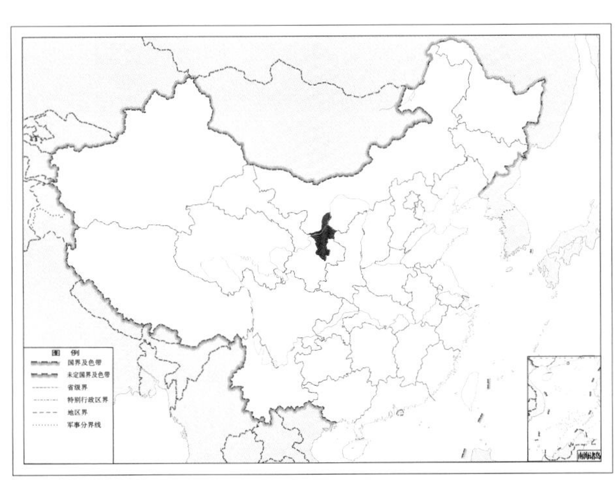

图 4-269-2　多毛脉褐蛉 *Micromus setulosus* 地理分布图

270. 细纹脉褐蛉 *Micromus striolatus* Yang, 1997

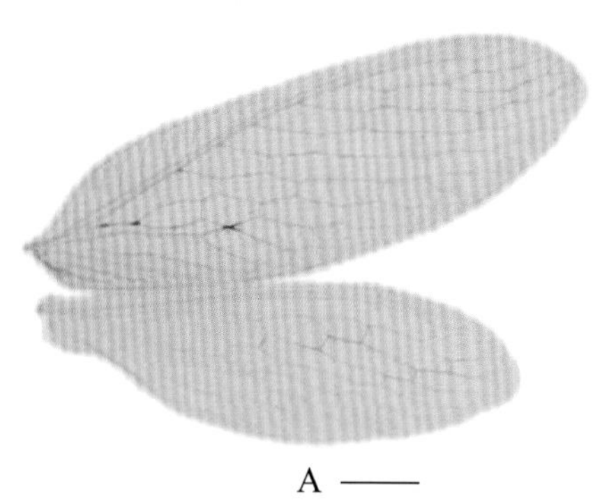

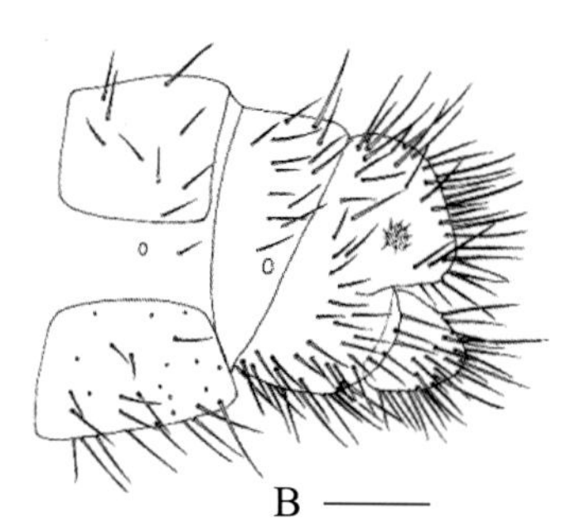

图 4-270-1 细纹脉褐蛉 *Micromus striolatus* 形态图
（标尺：A 为 3.0 mm，B 为 2.0 mm）
A. 翅 B. 雌虫外生殖器侧面观

【测量】 体长 4.4 ~ 5.1 mm，前翅长 7.0 ~ 7.8 mm、前翅宽 1.9 ~ 2.2 mm，后翅长 6.2 ~ 6.5 mm、后翅宽 1.6 ~ 1.9 mm。

【形态特征】 头部黄褐色。触角窝后部之间具 6 ~ 9 根粗壮褐色长毛，复眼后方具不明显三角形褐色斑，前方额唇基沟褐色加深；下颚须与下唇须均为黄褐色，侧缘具褐色细纹。触角较长，超过 65 节，黄褐色。复眼黑色，具金属光泽。胸部浅黄褐色，背板中央浅于两侧缘；前胸背板侧后角及后缘具粗壮长毛，中胸、后胸背板少毛，左右盾片微加深。足部黄褐色，无斑点，跗节末节深于其他部位。前翅细长，翅面浅黄色，无明显褐色斑，翅脉浅黄色较透明，RP 脉在 R 脉上的起始位置、M 主脉分叉处及 M 与 Cu 脉之间处褐色加深。后翅细长，翅面淡黄色，透明，无斑点，翅脉浅黄褐色较透明，外阶脉组及其外侧相连纵脉、R 脉及最末 1 支 RP 脉浅褐色加深。腹部呈黄褐色，颜色均一，前 4 节腹节具褐色环纹。雌虫第 7 背板、腹板宽大，侧面观呈方形。第 8 背板背缘较宽，腹缘较狭窄，侧面观近三角形。第 9 背板与肛上板愈合，腹部末端微膨大，后圆弧状；肛上板形状不规则，侧后角后突，臀胝明显。

【地理分布】 四川。

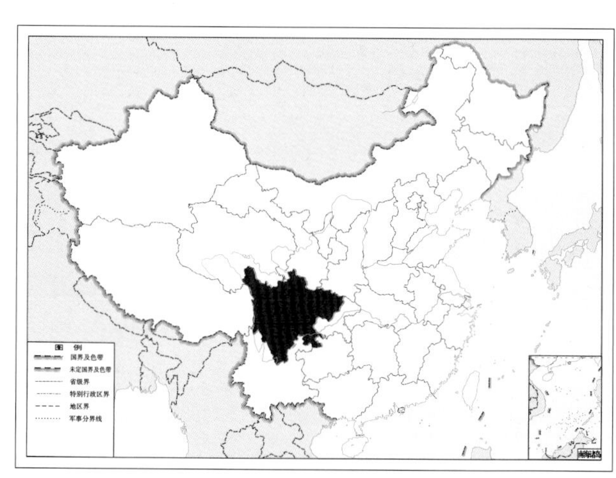

图 4-270-2 细纹脉褐蛉 *Micromus striolatus* 地理分布图

271. 梯阶脉褐蛉 *Micromus timidus* Hagen, 1853

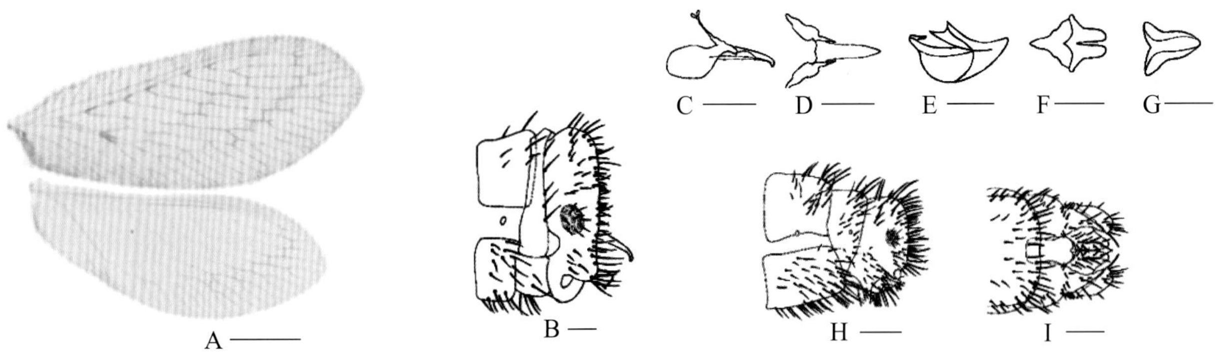

图 4-271-1 梯阶脉褐蛉 *Micromus timidus* 形态图

（标尺：A、B 为 1.0 mm，C ~ G 为 0.1 mm，H、I 为 0.2 mm）

A. 翅 B. 雄虫腹部末端侧面观 C. 雄虫殖弧叶侧面观 D. 雄虫殖弧叶背面观 E. 雄虫阳基侧突侧面观 F. 雄虫阳基侧突背面观 G. 雄虫内生殖板背面观 H. 雌虫腹部末端侧面观 I. 雌虫腹部末端腹面观

【测量】 体长 4.9 ~ 5.3 mm，前翅长 4.5 ~ 5.8 mm、前翅宽 1.9 ~ 2.3 mm，后翅长 4.5 ~ 4.9 mm、后翅宽 1.6 ~ 2.2 mm。

【形态特征】 头部黄褐色。头顶加深呈褐色，触角窝外缘具 1 个褐色环纹；前幕骨陷与颊下沟，均呈褐色；触角超过 60 节，黄褐色，柄节、梗节褐色加深。复眼深褐色。前胸黄褐色，密布黄褐色长毛，背板前缘具 1 个深褐色环纹；中后胸呈浅黄褐色，盾片左右各具 1 个圆形褐色斑。足深褐色。前翅椭圆形；翅面浅褐色透明，近臀区黄褐色加深，外缘较浅透明，M 主脉分叉点与 CuA 脉之间具 1 个椭圆形小褐色斑；翅脉纵脉浅黄，不均匀分布褐色间隔，RP 脉在 R 脉上的起始位置及与阶脉相连处加深明显，横脉褐色，阶脉深褐加深。后翅椭圆形；翅面浅黄色透明，无明显斑点；纵脉浅黄色，透明，但在与外阶脉组连接的地方，颜色加深呈褐色，横脉内阶脉组黄褐色，透明，外阶脉组褐色。腹部黄褐色，颜色均一。雄虫第 9 背板侧面观狭长，近长方形，与肛上板愈合背面微微隆起，侧后角微后突；肛上板侧面观后缘较直，后侧角未超过第 9 腹板，前侧下角延伸成细长臂状钩突，向内弯曲左右相互交叉，末端平钝具 1 排齿状突，臀胝大且明显；殖弧叶殖弧中突狭长，伸出肛上板之外，末端渐细，端部具 1 个微微向下弯曲的小钩，殖弧后突细长呈长三角形；阳基侧突简单，端叶近圆锥体，左右两侧近端部 1/3 至 1/2 处左右分离，末端圆钝微上翘；无背叶。内生殖板背面观近三角形，侧缘向下翻卷。雌虫第 8 背板侧面观背缘宽大腹缘较窄；亚生殖板宽大，近长方形，顶端及两侧中央微具凹刻。

【地理分布】 黑龙江、云南、河南、浙江、福建、台湾、广西、广东、海南；日本，印度，法国，大洋洲。

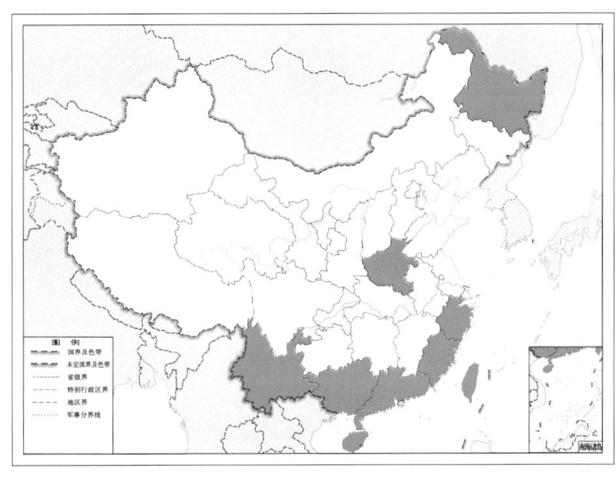

图 4-271-2 梯阶脉褐蛉 *Micromus timidus* 地理分布图

272. 天目连脉褐蛉 *Micromus tianmuanus* (Yang & Liu, 2001)

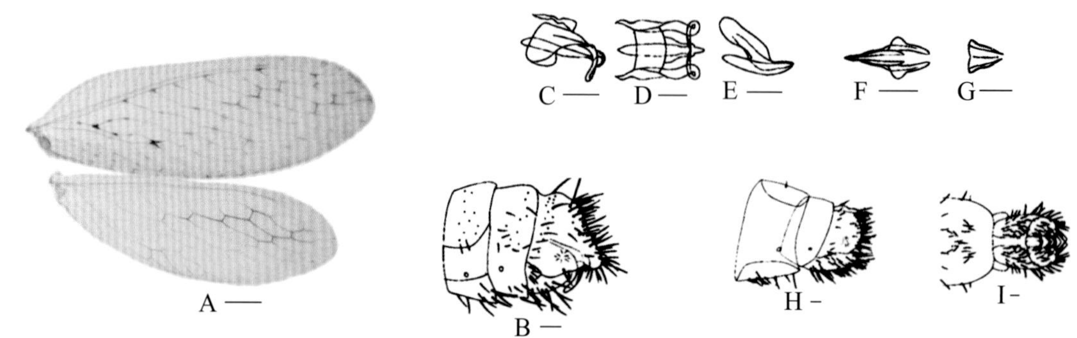

图 4-272-1 天目连脉褐蛉 *Micromus tianmuanus* 形态图

（标尺：A、B 为 1.0 mm，C ~ G 为 0.1 mm，H、I 为 0.2 mm ）

A. 翅 B. 雄虫腹部末端侧面观 C. 雄虫殖弧叶侧面观 D. 雄虫殖弧叶背面观 E. 雄虫阳基侧突侧面观 F. 雄虫阳基侧突背面观 G. 雄虫内生殖板背面观 H. 雌虫腹部末端侧面观 I. 雌虫腹部末端腹面观

【测量】 体长 6.3 ~ 6.4 mm，前翅 8.5 ~ 10.3 mm，前翅宽 2.9 ~ 3.3 mm，后翅长 8.5 ~ 9.0 mm、后翅宽 2.8 ~ 3.1 mm。

【形态特征】 头部浅黄褐色。头顶两触角窝前缘呈褐色，额唇基沟至上方触角处区域颜色微深于周围，颈部侧前角褐色明显。触角长，超过 60 节，黄褐色；复眼黑褐色，具金属光泽。胸部浅黄褐色；后胸背板盾片左右各具 1 个近圆形褐色斑。足黄褐色，无斑。跗节末端均加深。前翅狭长，顶角微钝；翅面浅黄褐色较透明，CuP 脉至后缘区域色微深于其他部位，翅脉呈黄褐色透明，RP 脉在 R 脉上起点、M 主脉分叉处、CuA 脉与 MP 脉愈合处及上方几段内外阶脉呈褐色，内外阶脉组之间平行具 1 段褐色小段带。后翅狭长，顶角微钝；翅面浅黄褐色，透明无斑，翅脉浅黄褐色，仅中阶脉组与外阶脉组的上方几段及之间纵脉呈褐色，颜色明显深于其他地方。腹部黄褐色，颜色均一。雄虫第 9 背板与肛上板愈合完全，侧面观呈三角形，肛上板后缘侧下角呈柱状突出且向内翻卷，端部突出但无长臂，臀胝明显。第 9 腹板较小，仅达肛上板长度的 1/2 处，且被肛上板侧缘覆盖；殖弧叶发达，中突基部宽广，背端具发达透明薄膜，顶端具发达钩状突，伸出肛上板外，且钩突基部表面具小刺；殖弧后突发达前伸特化呈钩状，前伸下弯且左右相互交叉，伸出肛上板外，钩突末端边缘呈锯齿状，且表面稀疏具小刺。雌虫第 8 背板背面宽阔，腹面较窄，侧面观近三角形。亚生殖板较小，中部呈卵圆形，顶端圆钝微凸，基部微膨大。

【地理分布】 浙江、贵州、四川、重庆、河南、湖北。

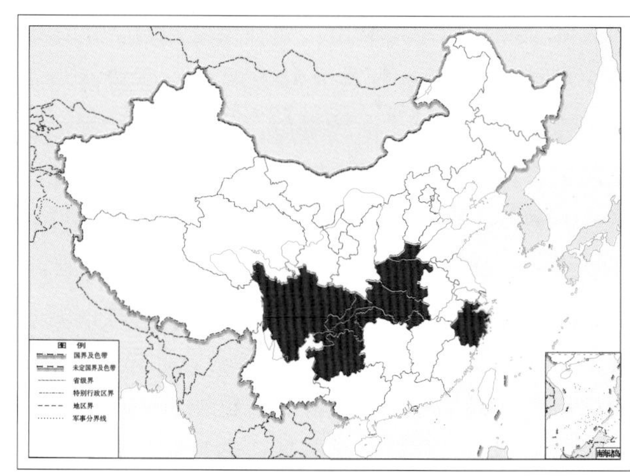

图 4-272-2 天目连脉褐蛉 *Micromus tianmuanus* 地理分布图

273. 花斑脉褐蛉 *Micromus variegatus* (Fabricius, 1793)

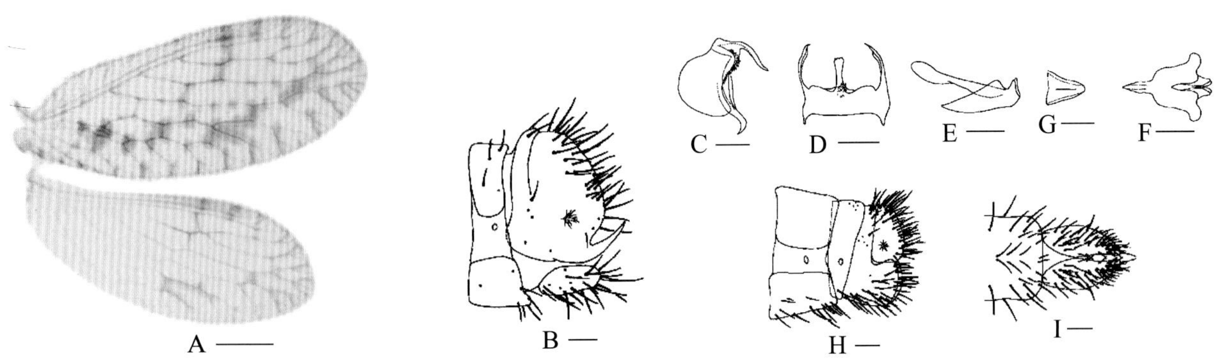

图 4-273-1　花斑脉褐蛉 *Micromus variegatus* 形态图

（标尺：A、B 为 1.0 mm，C ~ G 为 0.1 mm，H、I 为 0.2 mm）

A. 翅　B. 雄虫腹部末端侧面观　C. 雄虫殖弧叶侧面观　D. 雄虫殖弧叶背面观　E. 雄虫阳基侧突侧面观　F. 雄虫阳基侧突背面观　G. 雄虫内生殖板背面观　H. 雌虫腹部末端侧面观　I. 雌虫腹部末端腹面观

【测量】 体长 3.5~4.5 mm，前翅长 5.2~6.5 mm、前翅宽 1.9 ~ 2.7 mm，后翅长 5.1 ~ 5.8 mm、后翅宽 1.8 ~ 2.4 mm。

【形态特征】 头部黄褐色。头顶色浅呈现淡黄色，复眼后侧各有 1 个褐色近长方形纵斑，触角窝周围具 1 圈深褐色环纹；额部加深呈深褐色，额唇基沟、额颊沟及颊下沟均呈深褐色，两侧前幕骨陷明显呈深褐色。触角浅黄褐色，超过 55 节。复眼黑色。胸部黄褐色；前胸背板前缘具 1 对浅褐色的小斑，腹板侧后缘两侧各具 1 个褐色斑；中后胸颜色较深，呈深褐色，背板中央具有 1 条浅黄褐色纵带。足浅黄褐色，前、中足胫节近基部外侧各具 1 个近圆形小的褐色斑。翅前后狭长，翅面浅黄色，密布大小不等的褐色斑。后翅沿翅前缘、翅外缘及 3im 横脉处具 3 个大的褐色斑；翅脉均呈淡褐色。腹部黄褐色，背板、腹板颜色深于侧膜，第 1 ~ 4 腹节腹板中央具 1 个褐色环纹。雄虫第 9 背板前侧角膨大微前凸呈弧形，后缘与肛上板愈合，侧后角延长特化成粗壮的针状突，末端渐细，向上弯曲，肛上板呈椭圆形，臀胝较明显。殖弧叶中突发达伸向下方，基部宽广且密布小刺，末端尖细，形成下弯伸向后侧的钩状结构；无殖弧后突；外殖弧叶侧叶宽大近卵圆形，中部发达，向上突起形成前伸出的臂状结构，末端钝平且具小齿。内生殖板背面观三角形。雌虫第 8 背板宽大，侧面观近梯形；第 9 背板背半部细长，腹半部宽大，向后扩展近 b 形，与部分肛上板愈合；肛上板侧面观近卵圆形，臀胝明显，毛簇 8 ~ 9 丛；无亚生殖板。

【地理分布】 陕西、四川、河南、湖北、浙江；日本，英国，加拿大。

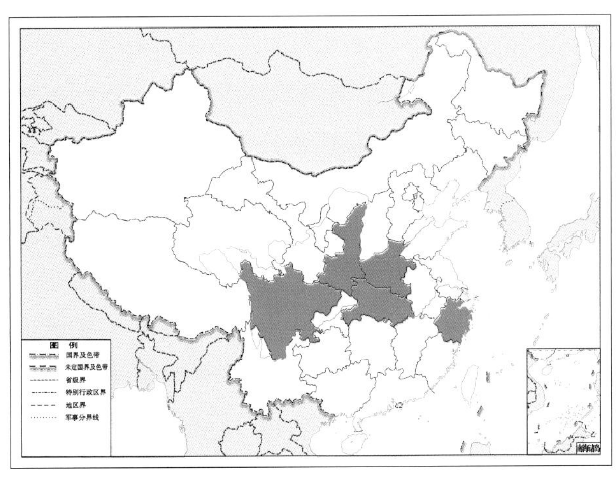

图 4-273-2　花斑脉褐蛉 *Micromus variegatus* 地理分布图

274. 藏异脉褐蛉 *Micromus yunnanus* (Navás, 1923)

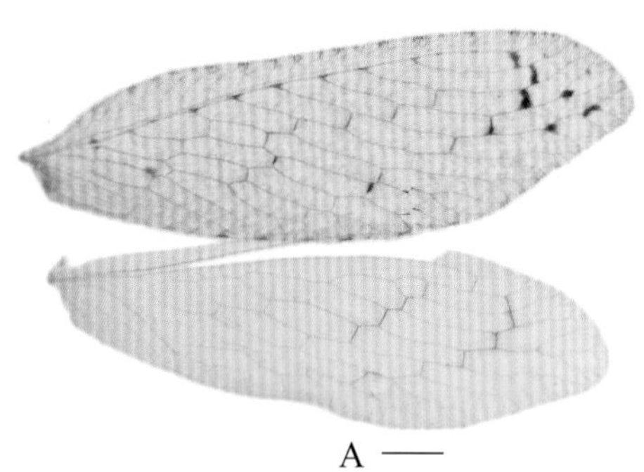

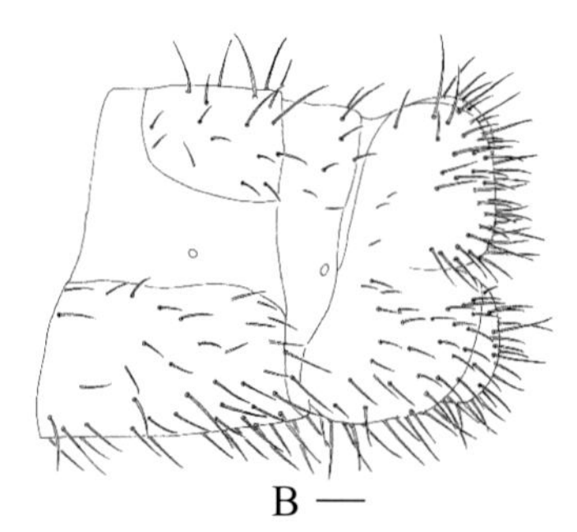

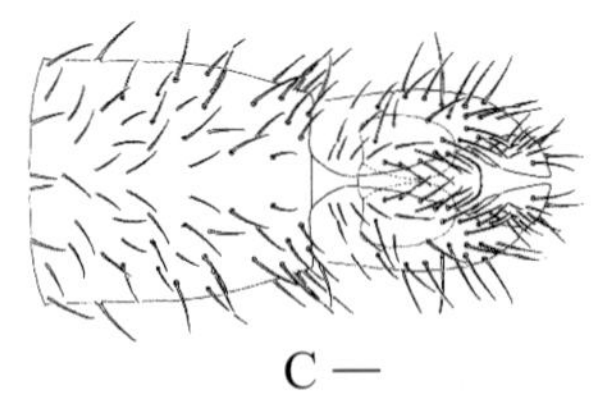

图 4-274-1　藏异脉褐蛉 *Micromus yunnanus* 形态图
（标尺：A 为 1.0 mm，B、C 为 2.0 mm）
A. 翅　B. 雌虫腹部末端侧面观　C. 雌虫腹部末端腹面观

【测量】 体长 5.9 ~ 6.2 mm，前翅长 9.8 ~ 11.1 mm、前翅宽 3.1 ~ 3.4 mm，后翅长 8.9 ~ 10.2 mm、后翅宽 2.9 ~ 3.1 mm。

【形态特征】 头部浅褐色。头顶两触角窝间及其后部与复眼后部均具黄褐色粗壮长毛，近头部后缘具稀疏褐色长毛；额颊沟、额唇基沟及颊下沟明显呈褐色，且具 8 ~ 10 根细长刚毛。触角超过 60 节，黄褐色，柄节略深于其他各节；复眼较大，呈黑褐色。胸部土褐色。前、中胸背板及后胸小盾片密布粗壮短褐色毛。足黄褐色，跗节末端明显微深于其他部位，前、中足胫节各具 2 个近椭圆形褐色斑。前翅狭长，顶角突出，后缘外侧近翅端处微凹，呈微钩状。翅面黄褐色，较透明，具灰褐色矢状纹，呈黄褐色，较透明，翅面无毛、具灰色波状纹，在外阶脉组上方 4 ~ 5 段处各有 1 个褐色斑点，以及外侧具 3 个褐色小斑点，cua-cup 横脉处具 1 个圆形小的褐色斑；翅脉黄褐色，RP 脉在 R 脉上的起始位置及内外阶脉组，呈褐色，深于周围区域。后翅狭长，顶角也略突出，后缘外侧微凹。翅面黄褐色，透明，无斑，沿中、外阶脉组形成灰色暗带，翅脉黄褐色，中、外阶脉组及 Cu 脉主脉呈褐色，明显深于其他翅脉。雌虫第 7 背板、腹板宽大，侧面观方形；第 8 背板背面宽于腹面，侧面观近梯形；第 9 背板与肛上板愈合，背面部分侧面观近卵圆形，后缘较直，与腹半部分后缘近在一条直线上，臀胝不明显；第 9 腹板侧面观微突出，略超肛上板；亚生殖板发达宽大，中部顶端圆弧状突出，两侧叶发达宽阔呈卵圆形。

【地理分布】 云南、四川、西藏、台湾。

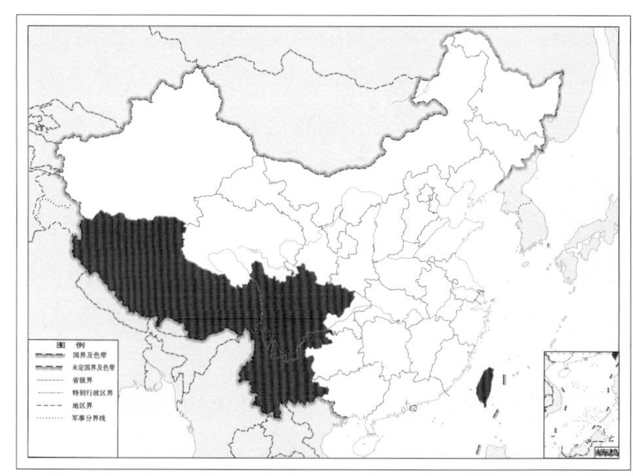

图 4-274-2　藏异脉褐蛉 *Micromus yunnanus* 地理分布图

275. 赵氏脉褐蛉 *Micromus zhaoi* Yang, 1987

图 4-275-1　赵氏脉褐蛉 *Micromus zhaoi* 成虫图
（标尺：2.0 mm）

【测量】 体长 5.9 ~ 6.6 mm，前翅长 8.9 ~ 11.1 mm、前翅宽 2.9 ~ 3.1 mm，后翅长 8.2 ~ 10.2 mm、后翅宽 2.7 ~ 2.9 mm。

【形态特征】 头部深褐色，无明显斑点。触角不全，黄褐色；复眼黑褐色。胸部褐色，中央具不明显浅色纵带。足黄褐色，无明显斑点。前翅椭圆形，侧角微尖；翅面黄褐色均一，均匀分布灰褐色矢状纹，翅痣暗红色；翅脉褐色均一。后翅椭圆，侧角微尖；翅面黄褐色均一，翅痣暗红色，翅脉浅褐色均一。腹部褐色均一。雄虫第 9 背板前侧角微凸呈弧状，肛上板卵圆形，侧后角特化成细长钩状突；第 9 腹板宽大，明显超出肛上板后缘。雌虫第 7 背板、腹板宽大，侧面观呈方形；第 8 背板细长，侧缘微凸。第 9 背板背端细长，腹部末端膨大后伸，近 L 形；肛上板侧面观形状不规则，后缘中部后突；亚生殖板发达细长，深达第 9 背板后缘，顶端圆钝且色深。

【地理分布】 西藏。

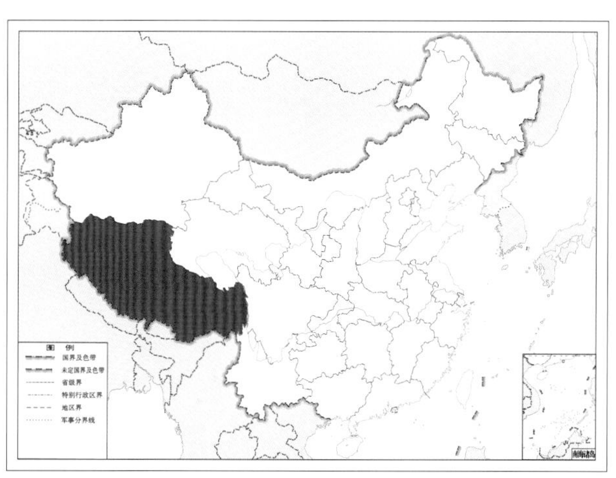

图 4-275-2　赵氏脉褐蛉 *Micromus zhaoi* 地理分布图

九、草蛉科 Chrysopidae Schneider, 1851

【鉴别特征】 头顶隆突，复眼发达，具金属光泽；额与唇基区分开，头部多有斑纹；触角呈丝状，多节，其长度与前翅相比，常作为分属特征之一；口器为咀嚼式，上颚对称或不对称。前胸一般与头等宽或窄于头部；两侧平行，其背面颜色、斑纹等多作为分类特征；前胸背板多为两边平行或基部宽、端部窄；中胸最宽，被中纵沟分为两半，具前盾片和小盾片；后胸背板窄于中胸，无前盾片。足细长，跗节 5 节，爪的形态有基部弯曲或不弯曲。前后翅膜质透明，个别属的昆虫翅面具斑纹；翅脉类型、颜色是重要的分类特征。腹部一般为 9 节，雌雄可以通过腹部末端来识别。雄虫第 9 背板与第 10 背板愈合形成肛上板，两侧上方中央部（或偏中部）各有 1 个臀胝，臀胝上有毛。雄虫外生殖器结构复杂，不同属的差异很大。雌虫腹部背面除肛上板外为 8 节，一般变化不大；腹面只有 7 节腹板，末端是肛上板，肛上板外侧是侧生殖突，呈瓣状。在分类上，由于雌虫的形态差异小，所以难以区分归属。

【生物学特征】 大多数草蛉都要经过交尾才能产卵，有的种类虽然不经交尾就可产卵，但产卵量明显很低，且卵不能孵化。当雌虫要产卵时，总在同一个地方环绕飞行，腹部不停地上下摆动，当腹部末端接触到寄主表面时，便可看到 1 块明胶状物体黏附其上，然后雌虫慢慢抬起腹部，大约角度为 80°，就可看到 1 条细丝的形成，这便是卵柄，卵便产于其顶端。卵在孵化过程中，颜色由绿色变为灰白色，最后变为灰色，在头孔处裂缝，头先出壳。成虫开始产卵后，一般每天都在产，在死亡的前 1 天还可产卵。不同种类产卵历期差异较大。每头雌虫的产卵量与营养、发育、环境皆具有密切关系。营养不良，发育不好，产卵量就低；环境温度过高或过低，湿度太低会出现抱卵不产的现象。

初孵幼虫在卵壳上要静伏几小时，然后顺卵柄下爬，去寻找一些适宜的材料，特别是碎片，包括卵壳、卵柄在内，背于身上，接着便开始捕食，寻找猎物。幼虫阶段有 3 个龄期，不同温度下，各个龄期的发育历期不同。如普通草蛉 *Chrysoperla carnea*，在 20℃时，1 龄 4.4 d，2 龄 3.7 d，3 龄 6.7 d；25 ℃时，1 龄 4.2 d，2 龄 3.0 d，3 龄 7.5 d。草蛉幼虫是吮吸式口器，它由上、下颚组成食物道，外部形态如针管头，可直接插入被捕食者体内，吸吮其体液。幼虫的取食范围很广，如蓟马、叶蝉、介壳虫、蚜虫、飞虱，以及鳞翅目、双翅目、膜翅目等的幼虫，也可取食叶螨及其他小型动物。当食物缺乏时，幼虫互相残杀。

老熟幼虫最后以丝做茧，然后在其中化蛹，3 个龄期阶段，幼虫身上都负有碎片物，主要是为了保护自己不被捕食或寄生。当老熟幼虫完成了做茧后，这个时候叫前蛹期，幼虫在茧内以 C 形弯曲，然后身体逐渐变为乳黄色，脱去身上的毛。前蛹期一般需要 7～20 d，不同种类表现有差异，温度的影响比较显著。羽化前期，茧上出现一些黑褐色的圆斑，多在羽化孔处，这时蛹也由乳黄色变为绿色，茧两侧各有 1 个黑色斑，蛹在茧内频繁活动。

成虫在羽化时，用上颚在头孔处把茧割破后破茧而出，先是原地爬动，然后离开茧做长距离爬动，寻找可以抓握的支持物，头开始上抬（这个阶段对它来说很关键，如果找不到抓握的东西，它便可能丧失运动的能力）然后开始展翅。展翅前，第 3 对足先独立行动，这样以便于寻找合适的地方倒悬休息。翅在半小时内就可以完全展开。翅展开后，便开始排泄幼虫在化蛹前积贮于中肠内的物质。刚羽化的成虫，性腺未发育成熟，不能交尾。性腺的发育，需要补充营养，因此，刚羽化的成虫，无论雌雄，都要去觅食，促进性成熟。从羽化到性成熟除与食物有关外，也受温度、湿度、光照等影响。草蛉在交尾前普遍存在着不停地振动腹部的现象，这是求偶的最基本方式。也有的通过发音器发出声音或通过释放性激素等方式求偶。草蛉的成虫白天与晚上均有活动行为。春、秋季节多在早、晚较温暖时活动较盛，中午阳光强烈时静伏于阴凉的地方或叶背面。一般皆具有趋光性，晚间可以灯诱。成虫一般与幼虫一样，为肉食性。成虫有发达的上颚，为咀嚼式口器。在捕食时，用上颚和前足捕捉和咀嚼食物。

草蛉具有越冬习性，只有温、寒带地区的种类具有该习性，它可以通过不同虫态越冬：一是以成虫越冬（通草蛉属 *Chrysoperla* 的种类）；二是以幼虫越冬（*Dichochrysa* 属的种类）；三是以前蛹期（草蛉属 *Chrysopa* 的种类）或蛹期（*Hypochrysodes* 属的种类）在茧内越冬。幼虫多以 2 ~ 3 龄虫态越冬，成虫越冬时并非完全不动，外界温度一旦适宜，它便立即恢复活动。越冬虫态体色多数变红，有的形成红色斑纹。草蛉普遍存在着滞育现象，但是，不同种类其滞育发生于不同发育阶段。日本通草蛉 *Chrysoperla nipponensis* 生活史见图 4–f。

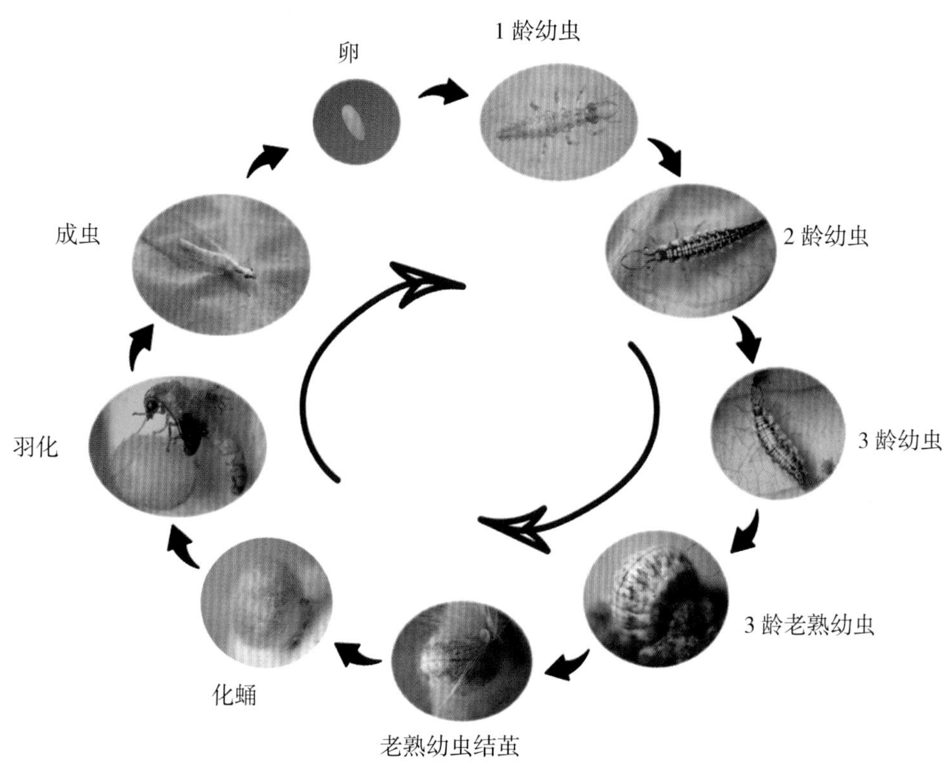

图 4–f 日本通草蛉 *Chrysoperla nipponensis* 生活史

【地理分布】 世界性分布。

【分类】 草蛉科下分网蛉亚科 Apochrysinae、草蛉亚科 Chrysopinae、幻草蛉亚科 Nothochrysinae 3 个亚科，是脉翅目中较大的科。草蛉科全世界已知 80 余属约 3 433 种，中国已知 3 亚科 27 属 250 种，本图鉴收录 3 亚科 22 属 174 种。

中国草蛉科 Chrysopidae 分亚科检索表

1. 翅极其宽大，无内中室 ………… **网蛉亚科 Apochrysinae**

   翅正常，有内中室 ………… 2

2. 触角每节具有 4 个毛圈，内中室呈三角形或四边形 ………… **草蛉亚科 Chrysopinae**

   触角每节具有 5 ~ 6 个毛圈，内中室呈三角形或四边形 ………… **幻草蛉亚科 Nothochrysinae**

网蛉亚科 Apochrysinae Handlirsch, 1908

【鉴别特征】 大型种类。头顶宽阔，唇基须短；触角长，长于前翅，鞭节各节宽是长的3倍，每节具有5个毛圈。具有宽阔的翅，前翅非常宽大，Sc脉、R脉间基部无翅脉，无内中室。雌虫第8、9腹板愈合。

【地理分布】 非洲界、古北界（东部）、新北界、东洋界、澳洲界。

【分类】 目前全世界已知6属26种，中国已知仅1属1种，本图鉴收录1属1种。

（四七）网草蛉属 *Apochrysa* Navás, 1913

【鉴别特征】 体型大。头部较宽大；上颚发达且不对称；颚、唇须端部横切；触角长于前翅，第1节长明显大于宽。胸部长，前胸两侧常具红色斑。后足胫节端部黑色；爪基部弯曲。前翅宽大，无翅痣；前翅前缘区横脉列发达；后径脉（RP脉二径分脉，Rs脉）自基部分支；阶脉多列；Psm-Psc横脉相距较近，端部相连，并与外阶脉相接。后翅明显窄于前翅，阶脉2列。腹部长，肛上板外侧圆，内侧呈V形凹入，臀胝位于下部。雄虫外生殖器中，殖弧叶中部直，两端膨大上翘；亚生殖板端部双叶状。雌虫第7腹板宽大，贮精囊宽大，导卵管细长、弯曲。

【地理分布】 中国；日本。

【分类】 目前全世界已知10种，中国已知仅1种，本图鉴收录1种。

276. 松村网草蛉 *Apochrysa matsumurae* (Okamoto, 1912)

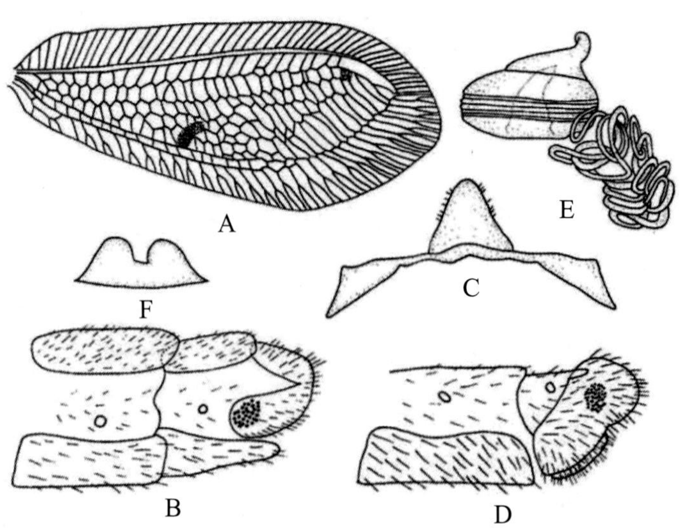

图4-276-1 松村网草蛉 *Apochrysa matsumurae* 形态图

A. 前翅 B. 雄虫腹部末端侧面观 C. 雄虫外生殖器 D. 雌虫腹部末端侧面观 E. 贮精囊 F. 亚生殖板

【测量】 雌虫前翅长 22.0 ~ 26.0 mm。

【形态特征】 头部黄绿色；触角柄节黄绿色，外部两侧有粉红色条带，梗节赭黄色，外部两侧有黑褐色斑，鞭节赭黄色，接近基部的两侧红褐色。前胸背板中纵带不明显，两边缘粉红色；胸部背面观黄绿色，腹面观浅绿色。足浅黄色，胫节的端部和整个跗节黄色，爪褐色。翅的端部稍锐或稍圆，翅脉浅绿色，无翅痣，具灰褐色斑点或晕斑，但有时也可能褪色或消失；前翅径横脉的基部、Cu1-Cu2 横脉和后翅的 Psc-Cu1 横脉为黑色。腹部背面观浅黄绿色，腹面观浅绿色，刚毛黑褐色。雄虫的殖弧叶窄，伪阳茎短，背面观呈亚三角状，在显微镜下能看见腹部末端的刚毛。

【地理分布】 贵州、浙江、福建、海南、台湾；日本。

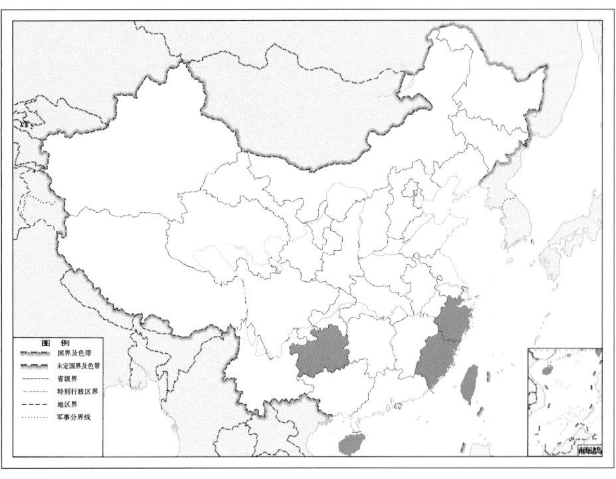

图 4-276-2 松村网草蛉 *Apochrysa matsumurae* 地理分布图

草蛉亚科 Chrysopinae Schneider, 1851

【鉴别特征】 小型至大型种类。头部横宽，触角每节具有 4 个毛圈；前翅具有鼓膜器，M 脉在前翅分叉，具有三角形或者四边形内中室，阶脉 2 ~ 4 组，前翅的轭叶缺或者不明显。

【地理分布】 世界性分布。

【分类】 目前全世界已知 60 多属 3 329 种，中国已知 24 属 232 种，本图鉴收录 20 属 172 种。

中国草蛉亚科 Chrysopinae 分属检索表

1. 前翅前缘区宽大 ······ 2
   前翅前缘区窄小 ······ 4
2. Sc 脉与 R 脉间在翅痣下具 1 ~ 2 条横脉 ······ 绢草蛉属 *Ankylopteryx*
   Sc 脉与 R 脉间在翅痣下具 3 ~ 4 条横脉或更多 ······ 3
3. 触角短于前翅；雄虫腹部第 8+9 腹板末端细长，并具突起 ······ 罗草蛉属 *Retipenna*
   触角长于或等于前翅；雄虫腹部第 8+9 腹板末端正常 ······ 饰草蛉属 *Semachrysa*
4. 雄虫腹部第 8、9 腹板分开 ······ 5
   雄虫腹部第 8、9 腹板愈合 ······ 10
5. 雄虫肛上板及第 9 腹板末端均呈钩状 ······ 6
   非上特征 ······ 7
6. 前翅阶脉 2 组 ······ 尼草蛉属 *Nineta*
   前翅阶脉多组 ······ 多阶草蛉属 *Tumeochrysa*
7. 雄虫肛上板从背面分开，侧面向下延伸；第 8、9 腹板窄长，两侧有附肢状突起 ······ 边草蛉属 *Brinckochrysa*
   肛上板在背面愈合 ······ 8

8. 前翅脉近方形 C1 脉大于 C2 脉 …………………………………………………… 草蛉属 *Chrysopa*

前翅脉梯形 C1 脉小于 C2 脉 ………………………………………………………………………… 9

9. 雄虫肛上板半圆形；雄虫外生殖器内突为条状或三角形 …………………… 齿草蛉属 *Odontochrysa*

雄虫肛上板非半圆形；雄虫外生殖器内突 Y 形 ……………………………… 波草蛉属 *Plesiochrysa*

10. 前翅内中室四边形 ………………………………………………………………………………… 11

前翅内中室呈三角形 ………………………………………………………………………………… 13

11. 阶脉 3 组 ………………………………………………………………………… 藏草蛉属 *Tibetochrysa*

阶脉 2 组 ………………………………………………………………………………………………… 12

12. 内中室短小；雄虫外生殖器缺生殖侧突；雌虫第 7 腹板后缘向后伸突 ………… 扇草蛉属 *Evanochrysa*

内中室长；雄虫外生殖器具生殖侧突；雌虫第 7 腹板后缘内缩 …………………… 意草蛉属 *Italochrysa*

13. 肛上板黄色；第 9 背板与肛上板明显分开；前翅多斑 ………………………… 黄草蛉属 *Xanthochrysa*

肛上板非黄色；第 9 背板与肛上板愈合 ………………………………………………………… 14

14. 雄虫肛上板向后延长成棒状 ………………………………………………………… 尾草蛉属 *Chrysocerca*

雄虫肛上板正常 ………………………………………………………………………………………… 15

15. 阶脉 3 组 ………………………………………………………………………… 三阶草蛉属 *Chrysopidia*

阶脉 2 组 ………………………………………………………………………………………………… 16

16. 雄虫腹部末端具瘤状突起 ………………………………………………………………………… 17

雄虫腹部末端不具瘤状突起 ………………………………………………………………………… 19

17. 雄虫肛上板三角形，雄虫外生殖器无殖弧梁；内突发达，在中突下愈合 ………… 长柄草蛉属 *Signochrysa*

雄虫肛上板非三角形，雄虫外生殖器具殖弧梁；内突不愈合 ……………………………………… 18

18. 前翅 m2 脉是 m1 脉长的 2 倍；雄虫外生殖器无殖下片 …………………… 通草蛉属 *Chrysoperla*

前翅 m2 脉稍长于 m1 脉，但小于其 2 倍；雄虫外生殖器具殖下片 ……………… 玛草蛉属 *Mallada*

19. 翅面上多有褐色斑纹或横脉周围有褐色晕斑 ……………………………………………………… 20

翅面上无斑 ………………………………………………………………………………………………… 21

20. 爪基部弯曲；雄虫肛上板向后端呈角状延伸 ………………………………… 璃草蛉属 *Glenochrysa*

爪基部不弯曲；雄虫肛上板正常 ………………………………………………………… 俗草蛉属 *Suarius*

21. 触角长于前翅 ………………………………………………………………………………………… 22

触角等于或短于前翅 ………………………………………………………………………………… 23

22. 上颚对称；雄虫外生殖器无殖下片 …………………………………………… 云草蛉属 *Yunchrysopa*

上颚不对称；雄虫外生殖器具殖下片 ………………………………………… 叉草蛉属 *Pseudomallada*

23. 中突短宽，端部呈三齿状 ……………………………………………………… 喜马草蛉属 *Himalochrysa*

中突短粗，方形或圆形 …………………………………………………………… 线草蛉属 *Cunctochrysa*

（四八）绢草蛉属 *Ankylopteryx* Brauer, 1864

【鉴别特征】 体型小型到中型。头顶隆突，复眼发达；触角约与前翅等长，鞭节长是宽的 3 ~ 4 倍，每节具有毛圈。前胸背板窄，一些种类具斑。足细长，爪基部弯曲。前翅宽大，特别是前缘区在基部很宽大；Sc 脉、R 脉相距很近，在翅痣后明显分开；RP 脉分叉靠近翅基部；Psm 脉在基部波曲，其后较平直；内中室很小或缺少；阶脉 2 组，外阶脉与 Psm 脉端部相接；Cu1 脉短于 Cu2 脉；后翅窄小。雄虫第 8、9 腹板愈合，第 9 背板与肛上板愈合；雄虫外生殖器缺殖弧梁、殖下片和中突；殖弧叶长，弧状弯曲，内突发达，端部愈合；有伪阳茎。雌虫第 7 腹板后缘无特化结构，亚生殖板分为 2 叶，贮精囊宽大，膜突小或缺少，腹痕不明显，导卵管较长。

【地理分布】 东洋界、澳洲界、非洲界。

【分类】 目前全世界已知 108 种，中国已知 10 种，本图鉴收录 1 种。

中国绢草蛉属 *Ankylopteryx* 分种检索表

1. 前翅无内中室；头上无斑 …… **缺室绢草蛉 *Ankylopteryx* (*Sencera*) *exquisita***
   前翅具内中室；头上有斑 …… 2
2. 足上无任何黑色斑纹 …… 3
   足上有黑色斑 …… 4
3. 胸部背面具黑褐色斑 …… **西藏绢草蛉 *Ankylopteryx* (*Ankylopteryx*) *tibetana***
   胸部背面无黑褐色斑 …… **黑痣绢草蛉 *Ankylopteryx* (*Ankylopteryx*) *gracilis***
4. 前足胫节具 1 个黑色斑 …… 5
   前、中足胫节具黑色斑 …… 6
5. 触角第 1、2 节外侧各具 1 个红色斑 …… **海南绢草蛉 *Ankylopteryx* (*Ankylopteryx*) *laticosta***
   触角基节外侧无斑 …… **曲脉绢草蛉 *Ankylopteryx* (*Ankylopteryx*) *fraterna***
6. 中胸小盾片有 1 个箭形黄色斑 …… **大斑绢草蛉 *Ankylopteryx* (*Ankylopteryx*) *magnimaculata***
   非上述特征 …… 7
7. 前后翅有 8 个大的黑色斑 …… **八斑绢草蛉 *Ankylopteryx* (*Ankylopteryx*) *octopunctata***
   前后翅上无黑色斑 …… **李氏绢草蛉 *Ankylopteryx* (*Ankylopteryx*) *lii***

注：台湾绢草蛉 *Ankylopteryx* (*Ankylopteryx*) *doleschalii* 及四斑绢草蛉 *Ankylopteryx* (*Ankylopteryx*) *quadrimaculata* 因未见到标本，故未包括在本检索表中。

277. 八斑绢草蛉 *Ankylopteryx* (*Ankylopteryx*) *octopunctata* (Fabricius, 1793)

图 4-277-1 八斑绢草蛉 *Ankylopteryx* (*Ankylopteryx*) *octopunctata* 生态图 （李元胜 摄）

【测量】 体长 8.0 ~ 9.0 mm，前翅长 12.0 ~ 13.0 mm，后翅长 10.0 ~ 11.0 mm。

【形态特征】 体黄绿色。头部黄绿色，具颊斑；颚唇须黄绿色；触角黄褐色，约与前翅等长，第 1 节膨大，第 2 节黄绿色。前胸背板前缘两侧各有 1 个黑褐色斑，中胸背板有 1 对大的黑色斑。足黄绿色，跗节末端黑褐色；前、中足的中央各有 1 个明显的黑点。前翅极宽，翅脉大多黄绿色，仅在前缘横脉列和径横脉的端部为黑色，翅痣黄绿色，具 3 个黑褐色斑，分别在翅痣内侧、翅后缘基部靠近 Cu2 脉末端处和内阶脉组的最下端处；后翅则仅在翅痣旁有 1 个黑褐色斑点；此外，在横脉、阶脉和翅缘各脉的分叉处常有淡褐色的斑纹。

【地理分布】 云南、四川、湖南、江西、福建、台湾、广西、广东、海南；印度，斯里兰卡，菲律宾，印度尼西亚。

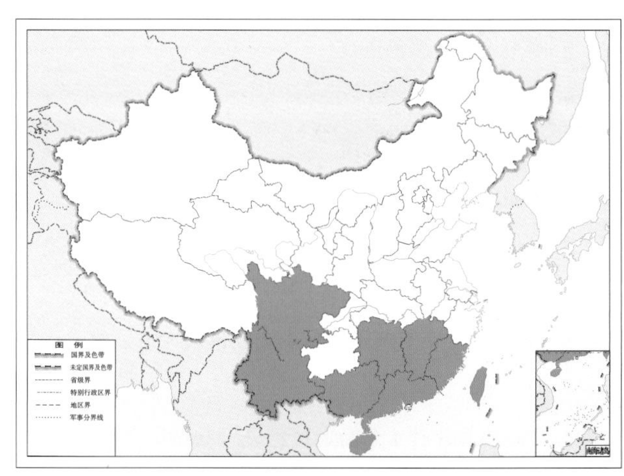

图 4-277-2 八斑绢草蛉 *Ankylopteryx* (*Ankylopteryx*) *octopunctata* 地理分布图

（四九）边草蛉属 *Brinckochrysa* Tjeder, 1966

【鉴别特征】 体长 7.0 ~ 11.7 mm，前翅长 9.8 ~ 15.0 mm，后翅长 8.5 ~ 13.7 mm。头有斑或无斑，颚唇须几乎无斑。触角稍长于前翅。胸、腹部很少有斑。翅狭长，翅脉与草蛉属 *Chrysopa* 相似。爪基部膨胀，强烈弯曲。雄虫肛上板背面分开，端部延伸成钩状，基腹缘扩展内弯盖在第 9 腹板基部。雌虫肛上板背面愈合，第 7 腹板的后缘斜切，肛上板的下部稍长于第 7 腹板的下缘。

【地理分布】 东洋界（印度、密克罗尼西亚）；古北界（中国、日本、阿富汗、西班牙、埃及）；非洲界（南非、刚果、莫桑比克）。

【分类】 目前全世界已知 38 种，中国已知 5 种，本图鉴收录 5 种。

中国边草蛉属 *Brinckochrysa* 分种检索表

1. 头部黄色，触角下有 3 个三角形红色斑分布在同一条横线上 ………………… 秉氏边草蛉 *Brinckochrysa zina*
   头部黄色或黄褐色，触角下无三角形的红色斑 ……………………………………………………………… 2
2. 前胸背板近前缘处有 1 对黑色斑，两侧有不规则黑色斑 ……………………膨板边草蛉 *Brinckochrysa turgidua*
   前胸背板无黑色斑 ……………………………………………………………………………………………… 3
3. 后胸背板及腹部第 1、2 节背板常有褐色斑，前翅 Cu 脉黑色 ……………… 琼边草蛉 *Brinckochrysa qiongana*
   后胸背板及腹部无褐色斑，前翅 Cu 脉绿色或褐色 …………………………………………………………… 4
4. 前翅外阶脉褐色，内阶脉绿色 ……………………………………………… 莲座边草蛉 *Brinckochrysa rosulata*
   所有脉皆绿色 ……………………………………………………………………… 桂边草蛉 *Brinckochrysa guiana*

278. 桂边草蛉 *Brinckochrysa guiana* Dong, Yang & Yang, 2003

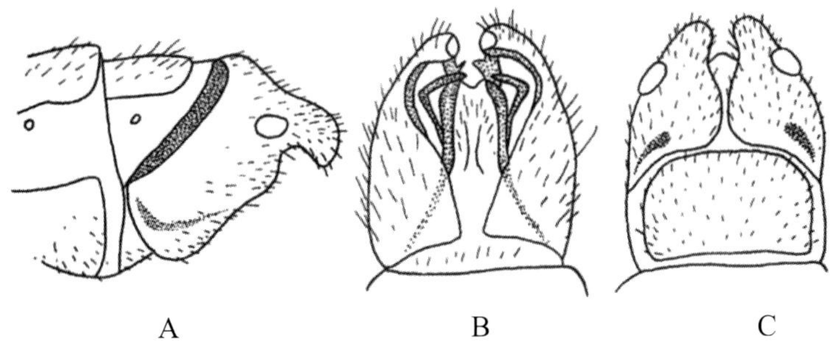

图 4-278-1 桂边草蛉 *Brinckochrysa guiana* 形态图

A. 雄虫腹部末端侧面观 B. 雄虫腹部末端腹面观 C. 雄虫腹部末端背面观

【测量】 雄虫体长 7.0 mm，前翅长 9.8 mm，后翅长 8.5 mm。

【形态特征】 体绿色。头部黄色,有橙黄色斑。胸、腹背面中央具黄色纵带；后胸和腹基部无褐色斑，前胸两侧及足上的毛均非黑色。翅透明，脉全为绿色，阶脉前翅内 / 外为 5/6。腹部末端肛上板由背面分开成 2 部分，肛上板上的毛与腹部其他节上的毛均为白色，肛上板侧面观端部突伸的钩向下弯，裙边三角形，只有 1 条狭窄的褐色边，而无尖突的硬片；第 9 腹板狭长，表皮内突近端部呈角状向外明显突出，末端中部下陷，两端呈小扇状。

【地理分布】 广西。

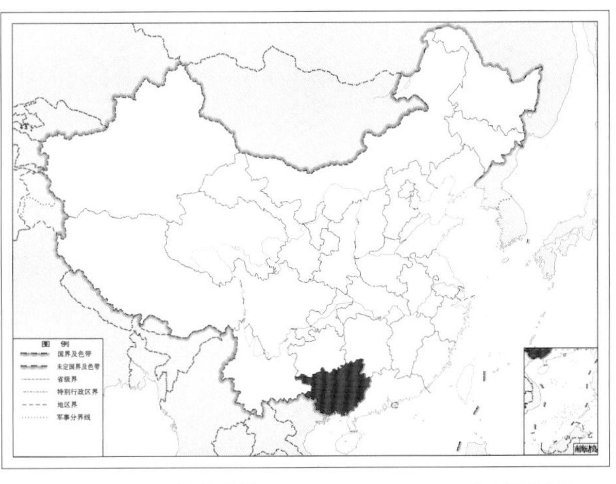

图 4-278-2 桂边草蛉 *Brinckochrysa guiana* 地理分布图

279. 琼边草蛉 *Brinckochrysa qiongana* Yang, 2002

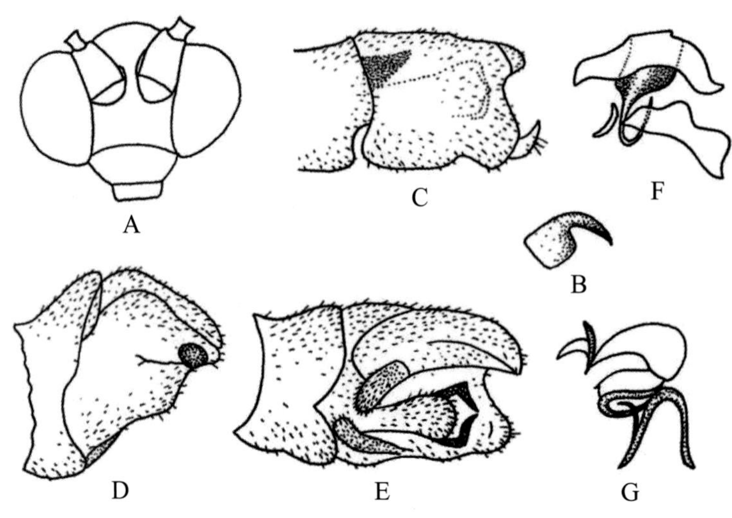

图 4-279-1 琼边草蛉 *Brinckochrysa qiongana* 形态图

A. 头 B. 爪 C. 雄虫腹部末端背面观 D. 雄虫腹部末端侧面观 E. 雄虫腹部末端腹面观 F. 雄虫外生殖器斜背面观 G. 雄虫外生殖器侧面观

【测量】 雄虫体长 9.0 mm，前翅长 12.0 mm，后翅长 10.5 mm。

【形态特征】 头部黄色，无黑色斑，头顶有 1 个大的橙黄色三角斑；额及唇基橙黄色，下颚须 3 ~ 5 节、下唇须端节皆黑褐色；触角长于前翅，黄褐色，向端部颜色渐深，第 1 节外侧有橙黄色斑。胸、腹背中有黄色纵带；前胸背板两侧疏生黑色刚毛；后胸盾片和第 1、2 腹节在黄色带两侧均有褐色斑（也有无褐色斑的现象）。足绿色，足上的刚毛黑色。前翅阶脉内 / 外：左翅为 6/7，右翅为 7/8；后翅阶脉内 / 外：左翅为 5/6，右翅为 6/6。腹部末端背面观肛上板完全分开，上生黑色刚毛，肛上板两侧向下扩展的裙状部分很大，裙边尖突，并有 1 个大块的褐色硬化的近似棒状的骨片，向基部则为弧形的薄边；第 9 腹板的末端为圆弧形。雄虫外生殖器的殖弧叶中部宽阔，两臂宽短，内突与伪阳茎愈合，伪阳茎细长向后弯曲。

【地理分布】 广西、海南。

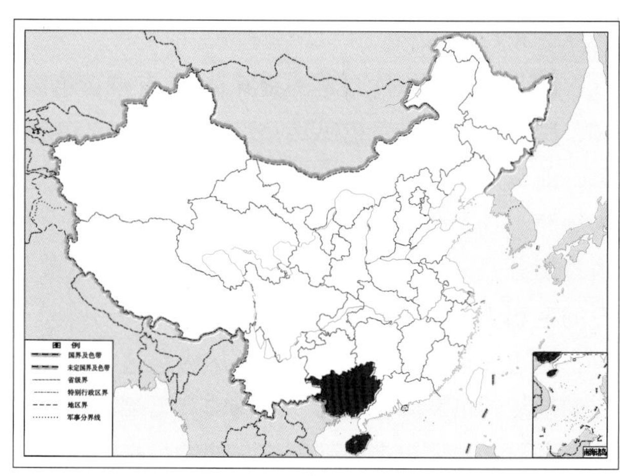

图 4-279-2 琼边草蛉 *Brinckochrysa qiongana* 地理分布图

280. 莲座边草蛉 *Brinckochrysa rosulata* Yang & Yang, 2002

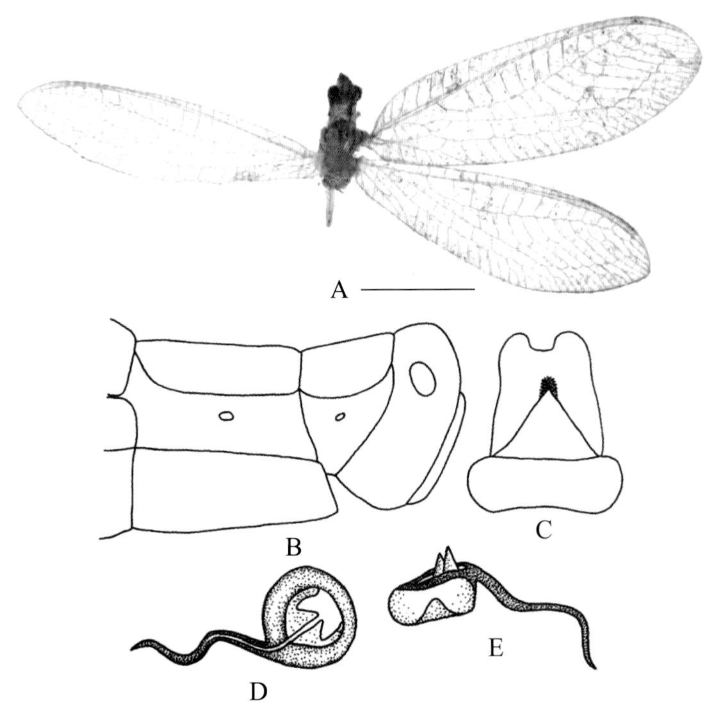

图 4-280-1 莲座边草蛉 *Brinckochrysa rosulata* 形态图

（标尺：A 为 5.0 mm）

A. 成虫 B. 雌虫腹部末端侧面观 C. 亚生殖板 D. 贮精囊背面观 E. 贮精囊侧面观

【测量】 雌虫体长 11.7 mm，前翅长 15.0 mm，后翅长 14.4 mm。

【形态特征】 头部黄褐色，无斑；触角第 1 节黄褐色，内侧有黑色带，第 2 节黑褐色，鞭节褐色。胸背中央黄褐色，边缘黄绿色。足黄绿色，跗节及爪褐色，爪基部弯曲。前翅翅痣黄绿色；前缘横脉列 19 条，第 6 ~ 11 条褐色，余皆绿色；sc-r 间的横脉绿色；径横脉 13 条，近 R 脉半端褐色；RP 脉分支 13 条，绿色；Psm-Psc 间横脉 9 条，除第 9 条为黑色外，余皆绿色；内中室呈三角形，r-m 横脉位于其上；Cu 脉绿色；阶脉内组绿色，外组黑色，内 / 外为 8/8。雌虫腹部背板黄色，腹板黄褐色，腹部末端第 7 背板明显大于第 8 背板，第 7 腹板的上缘平直，后缘斜切状；肛上板宽大，呈弧形弯曲；亚生殖板下端分叉，呈倒 V 形，亚生殖板下有 1 个长方形的骨片；贮精囊的膜突很短，陷入囊内，近导卵管基部的膜突向上延伸成角状突出，囊的上部边缘有黑褐色的环状带，在导卵管基部加宽，腹痕明显。

【地理分布】 海南。

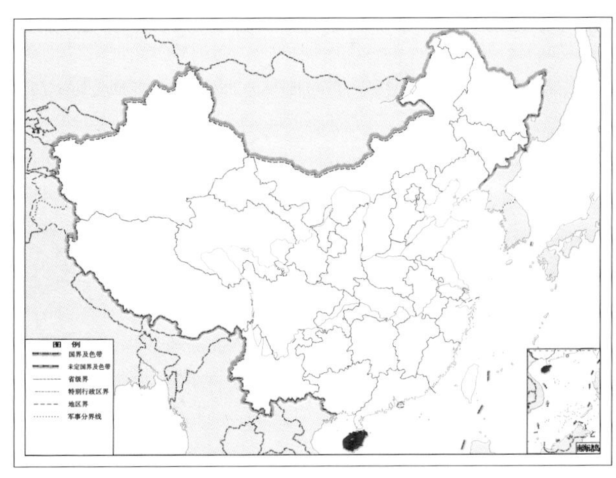

图 4-280-2 莲座边草蛉 *Brinckochrysa rosulata* 地理分布图

281. 膨板边草蛉 *Brinckochrysa turgidua* (Yang & Wang, 1990)

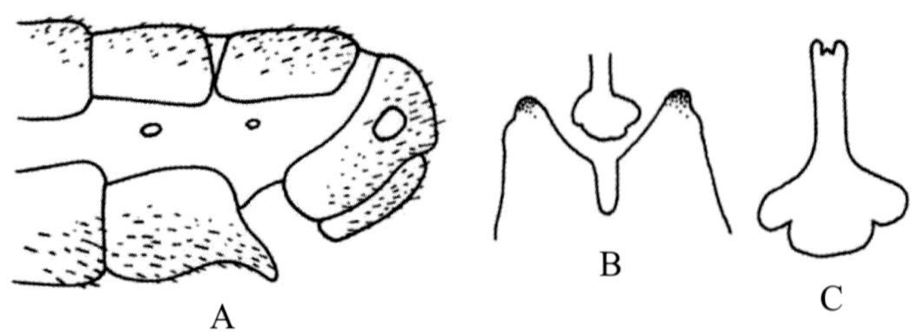

图 4-281-1 膨板边草蛉 *Brinckochrysa turgidua* 形态图

A. 雌虫腹部末端侧面观 B、C. 亚生殖板

【测量】 体长 9.0 mm，前翅长 13.0 mm，后翅长 11.0 mm。

【形态特征】 头部黄色，额大部分红色，颚唇须褐色，触角黄褐色。前胸背板宽大于长，中部黄绿色，两侧黄褐色，近前缘处有 1 对黑色斑，横沟两端及背板两侧有不规则的黑色斑；中后胸背板黄色，两侧黄绿色。足浅黄褐色，胫节端部及跗节褐色，爪基部弯曲。前翅前缘横脉列 19 条，径横脉 15 条，RP 脉分支 14 条，Psm 脉平直，内中室呈三角形，Psm-Psc 间横脉 6 条，阶脉 2 组，内组第 1 条阶脉与 RP 脉分支相连，而不直接连在 Psm 脉上，内 / 外为 9/10。腹部黄色，第 7 背板与第 8 背板约等长；第 7 腹板短，侧面观后侧下方骨化突起，腹面观中部呈 Y 形裂刻，端部乳头状；亚生殖板端部极小，中部细长，两侧平行，基部膨大，呈葫芦形，分成不明显的 4 瓣。

【地理分布】 湖北。

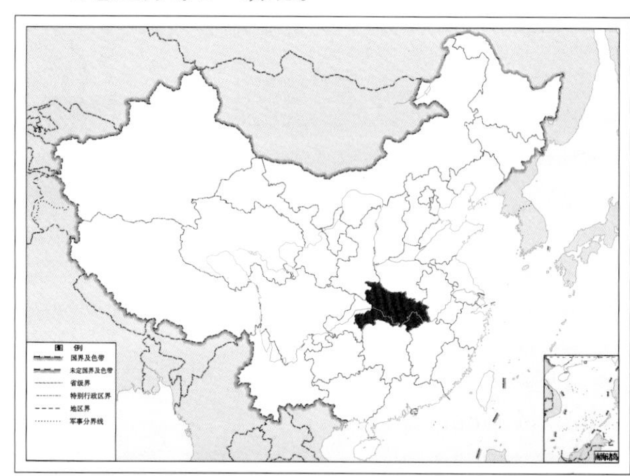

图 4-281-2 膨板边草蛉 *Brinckochrysa turgidua* 地理分布图

282. 秉氏边草蛉 *Brinckochrysa zina* (Navás, 1933)

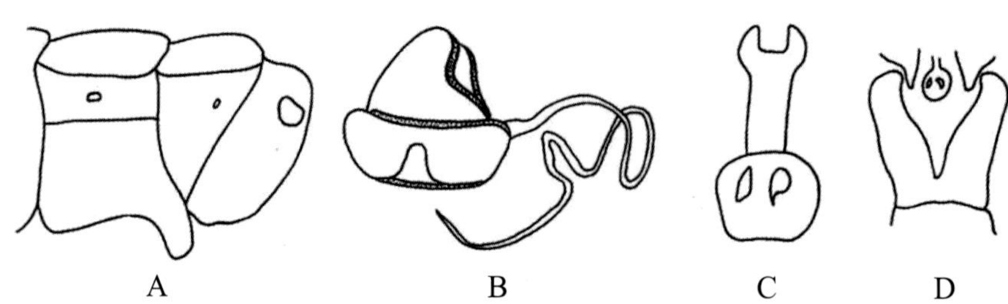

图 4-282-1 秉氏边草蛉 *Brinckochrysa zina* 形态图

A. 雌虫腹部末端侧面观 B. 贮精囊侧面观 C、D. 亚生殖板

【测量】 体长 8.0 mm，前翅长 11.0 mm，后翅长 10.0 ~ 11.0 mm。

【形态特征】 头部黄色，额区及唇基红色，在触角下一横线上有3个三角形红色斑，上颚须黄色；触角除第 1、2 节黄色外，余皆黄褐色。前胸背板两侧褐色，具长毛；胸背中央为黄色纵带。前翅前缘横脉列 20 条，绿色；径横脉 13 条，第 1 条黑色，第 2 条两端黑色，中间绿色；RP 脉分支 12 条，第 1 ~ 2 条黑褐色，余皆绿色；Psm-Psc 间横脉 8 条，绿色，内中室呈三角形，r-m 横脉位于其外；阶脉绿色，内 / 外为 5/8。腹部两侧黄褐色，第 8、9 背板加上肛上板褐色；第 7 腹板腹面两侧各具 1 个突起，腹面观第 7 腹板分叉状；亚生殖板具长柄，贮精囊的导卵管细长。

【地理分布】 湖北、江苏、浙江。

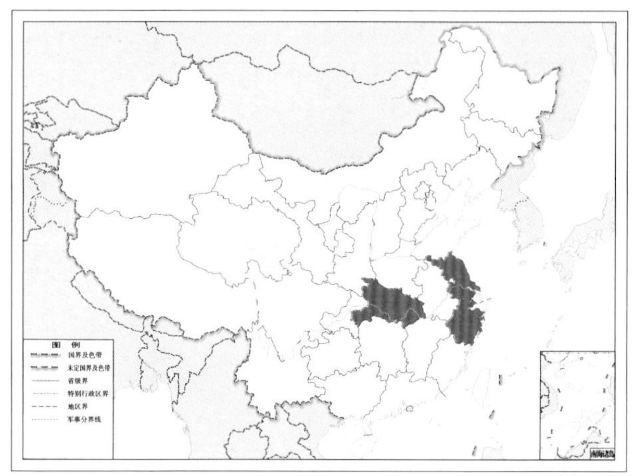

图 4-282-2 秉氏边草蛉 *Brinckochrysa zina* 地理分布图

（五〇）尾草蛉属 *Chrysocerca* Weele, 1909

【鉴别特征】 头、胸、足及翅的特征相似于草蛉属 *Chrysopa*，翅脉也属草蛉属 *Chrysopa* 类型，触角长于前翅。腹部细长，气门小。雄虫第 9 背板与肛上板完全愈合，肛上板延长，向后突伸 1 个细长而稍有弯曲的构造；第 8、9 腹板愈合成 1 个长形构造，但其间有明显的缝。雄虫外生殖器无殖弧梁，殖弧叶分成 1 对侧片，无内突，中突很长，其基部位于殖弧叶之间并以膜质与之相连；有 1 对基部愈合的阳基侧突（Parameres），阳基侧突的两端是 1 块紧密相连的端部具齿的骨片，位于殖弧叶之下但不与之愈合；无伪阳茎及殖下片；生殖囊简单，很长，生有很多生殖刚毛；下生殖板小，亚三角形。雌虫第 7 腹板端部圆而无缺刻，第 9 背板与肛上板每边愈合，但其间一部分有明显的缝；亚生殖板连着 1 个大而骨化的构造，其侧部向背面突伸于第 7 腹板后缘与第 8 背板下缘之间，其状为圆形突起被节间膜所覆盖；贮精囊圆盒状，骨化较强，具有膜突与腹痕。

【地理分布】 云南、台湾；爪哇岛、帝汶岛、乌干达、新几内亚岛。

【分类】 目前全世界已知 9 种，中国已知 2 种，本图鉴收录 2 种。

中国尾草蛉属 *Chrysocerca* 分种检索表

1. 触角鞭节淡黄色；前翅前缘横脉列两端褐色，中间绿色 ……………………红肩尾草蛉 *Chrysocerca formosana*

 触角鞭节由淡黄褐色至褐色；前翅前缘横脉列浅绿色 …………………………瑞丽尾草蛉 *Chrysocerca ruiliana*

283. 红肩尾草蛉 *Chrysocerca formosana* (Okamoto, 1914)

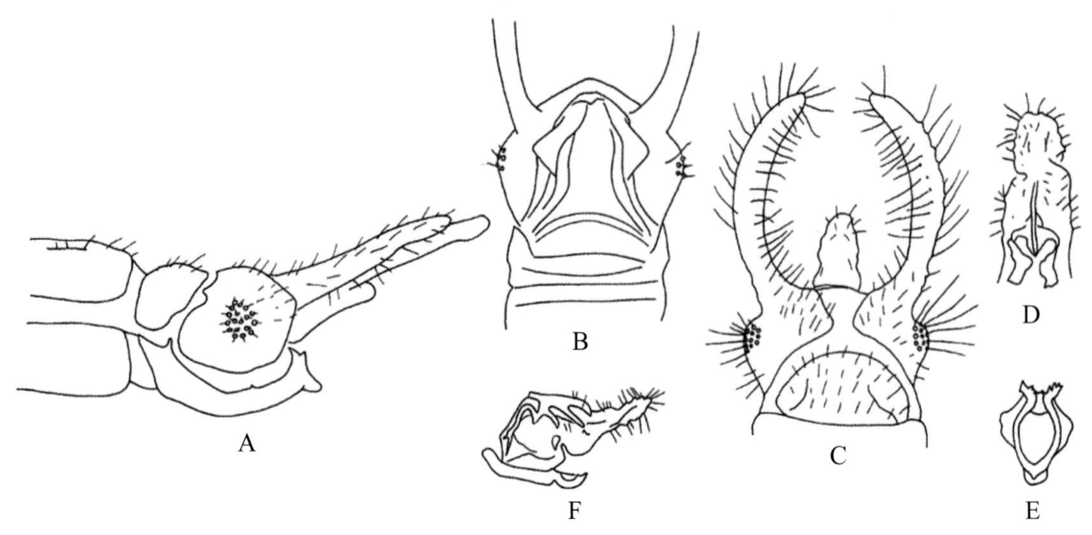

图 4-283-1 红肩尾草蛉 *Chrysocerca formosana* 形态图

A. 雄虫腹部末端侧面观 B. 雄虫腹部末端上部背面观 C. 雄虫腹部末端背面观 D. 雄虫外生殖器 E. 殖弧叶 F. 阳基侧突

【测量】 雄虫（干制）体长 7.2 mm，前翅长 10.0 mm，后翅长 7.0 mm。

【形态特征】 头淡黄色；在复眼和触角间有 1 条红色斑纹，与红色角下斑相连，沿额唇基沟有 1 条横的红色条纹，其上有 2 条垂直的红色条斑与角下斑相连，两颊也各有 1 条红色条斑与额唇基沟的红色条斑相连，另外还各有 1 个黑色斑；颚唇须淡黄色；触角第 1 节两侧有红色纵带，第 2 节至鞭节淡黄色。前胸背板两边缘淡褐色，中为绿色，在基部有 1 条横沟；中后胸背板绿色，中胸盾片上有褐色斑。足淡绿色，径节端部及跗节、爪黄褐色。前翅翅基部红色，边缘及翅脉上整个布有较长的褐色毛，C 脉基部有褐色斑，Cu 脉及 A 脉的基部呈褐色斑；前翅前缘横脉列 20 条，两端褐色；翅痣黄绿色，内有透明脉；sc-r 间横脉绿色，径横脉 8（左翅）或 9（右翅）条，近 R 脉端褐色；RP 脉分支 10 条，第 1、2 条黑色，3 ~ 6 条近 Psm 脉端褐色；Psm-Psc 间横脉 8 条，第 2、8 条为黑褐色；内中室呈三角形，r-m 横脉位于其上；Cu2 脉黑褐色；阶脉黑褐色，内阶脉多深绿色，内 / 外：左翅为 4/5，右翅为 3/5。第 9 背板与肛上板完全愈合，肛上板后上方有 1 个延长的突起构造，末端稍带弯曲；第 8、9 腹板愈合，但有分界缝，第 9 腹板末端加宽，向外延伸成角状突。雄虫的殖弧叶 2 瓣，各呈 V 形，中突基部呈三角形，中部两侧向外呈齿状突，末端尖细；阳基侧突较细，呈椭圆形弯曲，中部呈角状突，两端部向外撇开，内缘有短齿。

【地理分布】 云南、贵州、四川、福建、台湾、广西、广东、海南。

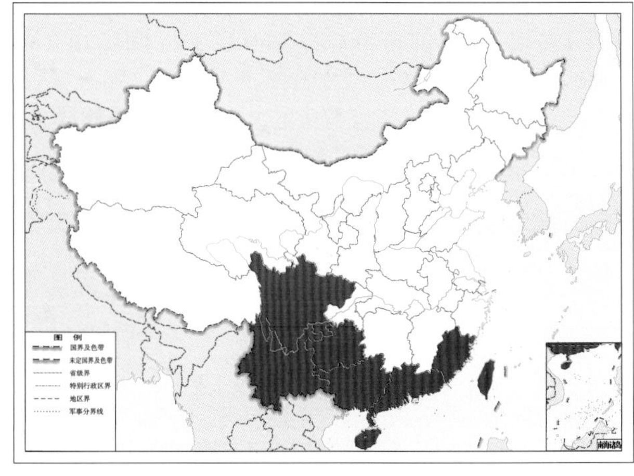

图 4-283-2 红肩尾草蛉 *Chrysocerca formosana* 地理分布图

284. 瑞丽尾草蛉 *Chrysocerca ruiliana* Yang & Wang, 1994

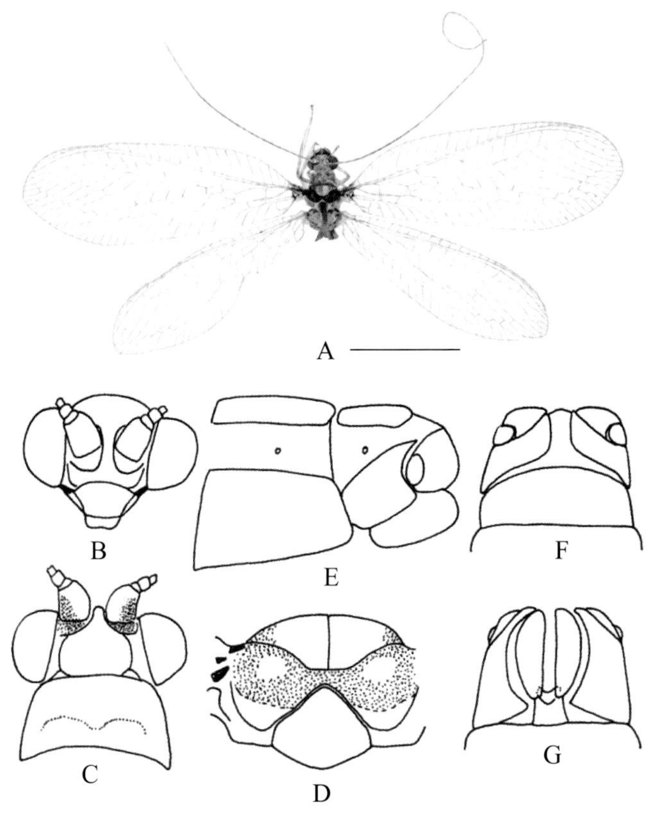

图 4-284-1 瑞丽尾草蛉 *Chrysocerca ruiliana* 形态图

（标尺：A 为 5.0 mm）

A. 成虫 B、C. 头 D. 中胸背板 E. 雌虫腹部末端侧面观 F. 雌虫腹部末端背面观 G. 雌虫腹部末端腹面观

【测量】 雌虫（干制）体长 6.5 mm，前翅长 12.5 mm，后翅长 10.0 mm。

【形态特征】 头顶至触角间黄色，唇基及额区暗红色，除黑褐色的唇基斑外，颊区其他部位暗红色；颚唇须浅黄褐色。胸部背板黄色，中胸盾片红褐色；前胸背板具明显的中横沟。足黄绿色，跗节黄褐色，爪褐色，基部弯曲。前翅翅基背面红褐色，前缘横脉列 21 条，翅痣透明，内有小横脉，径横脉 11 条，均浅绿色；RP 脉分支 11 条，第 1～4 条端部褐色，余皆浅绿色；Psm-Psc 间横脉 6 条，第 1～5 条浅绿色，第 6 条为褐色；内中室呈三角形，r-m 横脉位于其上；阶脉 2 组，第 1 内阶脉和全部外阶脉黑色，余皆浅绿色。腹部第 8 背板约为第 7 背板长的 2/3，第 9 背板与肛上板愈合，但有明显的分界缝；亚生殖板扁心形；贮精囊膜突窄而长；腹痕深凹。

【地理分布】 云南。

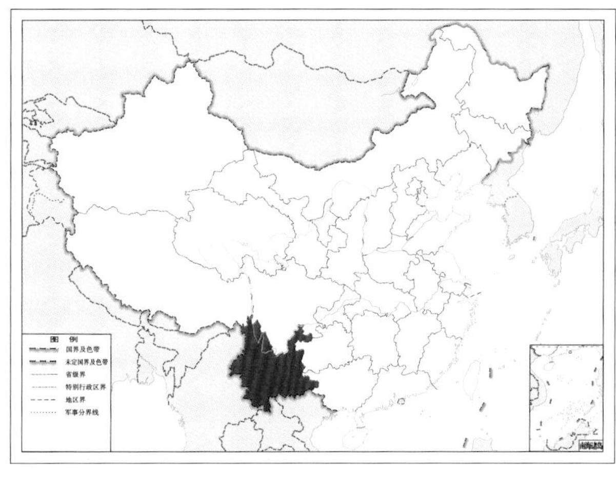

图 4-284-2 瑞丽尾草蛉 *Chrysocerca ruiliana* 地理分布图

（五一）草蛉属 *Chrysopa* Leach, 1815

【鉴别特征】 头部多具斑纹；触角短于前翅，第2节多为褐色或黑褐色。雄虫第8、9腹板明显分开，肛上板外缘光滑，内缘中部凹陷，把肛上板分成两部分；第9腹板末端一般具生殖脊。雄虫外生殖器简单，具殖弧叶、内突及伪阳茎，在殖弧叶下是1对生殖囊，每个囊上具生殖毛。背面观殖弧叶的中部上缘无齿、加宽，下缘多有齿；内突多为近似三角形骨片，顶端较细长，有时弯曲。

【地理分布】 古北界、东洋界、新北界，以古北界最为丰富。

【分类】 目前全世界已知307种，中国已知37种，本图鉴收录24种。

中国草蛉属 *Chrysopa* 分种检索表

1. 前翅外阶脉黄绿色，内阶脉黑色 ························ **奇缘草蛉** ***Chrysopa magica***
   非上述特征 ························ 2
2. 前翅阶脉中间黑色，两端绿色 ························ **大草蛉** ***Chrysopa pallens***
   非上述特征 ························ 3
3. 前翅阶脉黑色 ························ 4
   前翅阶脉绿色 ························ 11
4. 后翅阶脉全部黑色 ························ 6
   后翅阶脉绿色或部分绿色 ························ 5
5. 后翅内、外阶脉均绿色 ························ **张氏草蛉** ***Chrysopa* (*Euryloba*) *zhangi***
   后翅内阶脉黑色，外阶脉绿色 ························ **藏大草蛉** ***Chrysopa zangda***
6. 头顶具4个黑色斑，额区为X形斑纹 ························ **多斑草蛉** ***Chrysopa intima***
   头上无X形黑色斑 ························ 7
7. 前翅径横脉1～4条全部黑色，余近R脉端黑色 ························ **平大草蛉** ***Chrysopa flata***
   前翅径横脉全部黑褐色 ························ 8
8. 头部无斑 ························ **玉草蛉** ***Chrysopa jaspida***
   头部具黑色斑 ························ 9
9. 头部仅具1对颊斑 ························ **拱大草蛉** ***Chrysopa fornicata***
   头部具2对以上的斑 ························ 10
10. 触角第2节黄褐色 ························ **内蒙古大草蛉** ***Chrysopa neimengana***
    触角第2节黑色 ························ **黑腹草蛉** ***Chrysopa perla***
11. 前翅前缘横脉列全部绿色 ························ 12
    前翅前缘横脉列非全部绿色 ························ 16
12. 前翅径横脉全部绿色 ························ 13
    前翅径横脉近R脉端褐色 ························ **甘肃草蛉** ***Chrysopa kansuensis***
13. 中、后胸背板具黑褐色的斑 ························ **弧斑草蛉** ***Chrysopa abbreviata***
    中、后胸背板无斑 ························ 14

14. 无头顶斑，触角第 2 节黑褐色 ……突瘤草蛉 *Chrysopa strumata*
头顶具斑，触角第 2 节非黑色 ……15
15. 头顶斑长条形 ……饰带草蛉 *Chrysopa infulata*
头顶斑圆形 ……逗草蛉 *Chrysopa commata*
16. 前翅前缘横脉列全部黑色 ……17
前翅前缘横脉列非全部黑色 ……19
17. 径横脉近 R 脉端黑色……18
径横脉黑色 ……彩面草蛉 *Chrysopa pictifacialis*
18. 颚唇须完全黑色 ……丽草蛉 *Chrysopa formosa*
颚唇须部分黄色 ……卓草蛉 *Chrysopa eximia*
19. 前翅前缘横脉列近 Sc 脉端黑色 ……22
非上述特征 ……20
20. 前翅前缘横脉列由全部黑色到端部逐渐变为全部绿色 ……闽大草蛉 *Chrysopa minda*
前翅前缘横脉列由部分黑色到端部逐渐变为全部黑色 ……21
21. 颚唇须皆黄色 ……阿勒泰草蛉 *Chrysopa altaica*
颚唇须皆黑褐色 ……兜草蛉 *Chrysopa calathina*
22. 径横脉绿色 ……胡氏草蛉 *Chrysopa hummeli*
径横脉近 R 脉端黑色……23
23. Psm-Psc 间横脉全部绿色 ……褐角草蛉 *Chrysopa chemoensis*
Psm-Psc 间横脉部分或全部黑色 ……24
24. 颚唇须全部黑色 ……结草蛉 *Chrysopa perplexa*
颚唇须部分黄色 ……叶色草蛉 *Chrysopa phyllochroma*

4-g 草蛉 *Chrysopa* sp.（李元胜 摄）

285. 弧斑草蛉 *Chrysopa abbreviata* Curtis, 1834

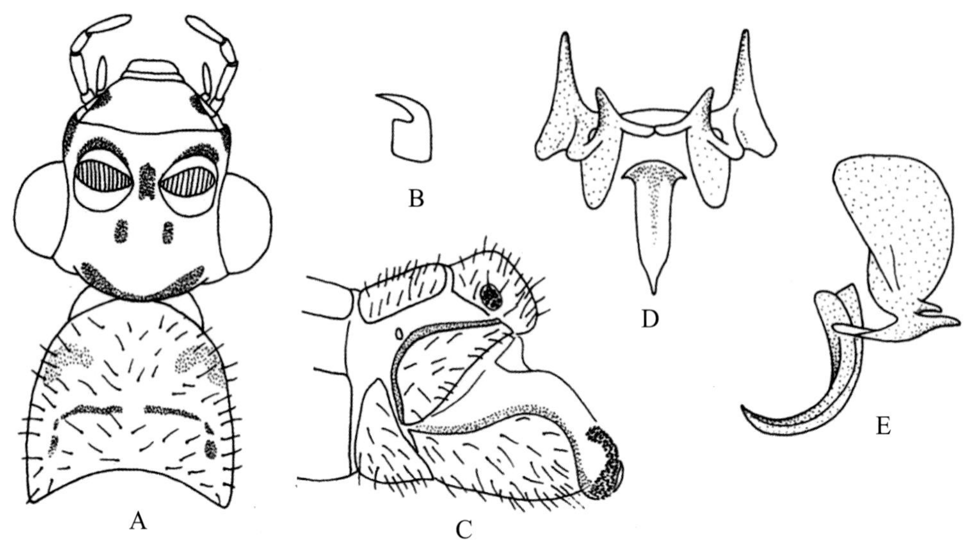

图 4-285-1 弧斑草蛉 *Chrysopa abbreviata* 形态图

A. 头及前胸背板 B. 爪 C. 雄虫腹部末端侧面观 D. 雄虫外生殖器腹面观 E. 雄虫外生殖器侧面观

【测量】 体长 8.0 ~ 10.0 mm，前翅长 9.5 ~ 13.0 mm，后翅长 8.0 ~ 11.0 mm。

【形态特征】 头部具颊斑、唇基斑、角下斑、中斑和头顶斑，后头具 1 条黑色弧形条纹；颚唇须黑褐色；触角短于前翅，第 1 节外侧具黑色斑，第 2 节黑色，鞭节浅褐色，到端部逐渐变深。前胸背板中、后部具 1 个倒 U 形黑色斑纹；前胸腹面在两基节间黑色；中、后胸背面两侧具黑褐色斑，侧面、腹面有黑色条纹。足绿色，跗节褐色，爪基部弯曲。前翅短宽，前缘横脉列 24 条，绿色；径横脉 11 条，RP 分支 13 条，皆绿色；Psm-Psc 间横脉 9 条；内中室呈三角形，r-m 横脉位于其上；阶脉绿色，内 / 外为 10/7；后翅与前翅相似，前缘横脉列 15 ~ 19 条，黑色；阶脉绿色，内 / 外为 6/7。

【地理分布】 内蒙古、新疆；蒙古，中亚，欧洲。

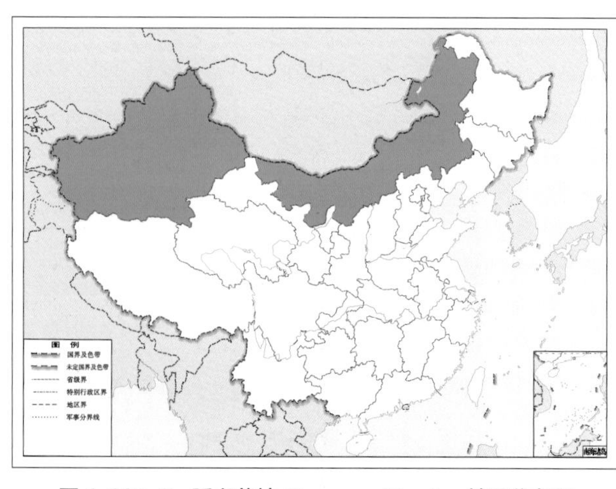

图 4-285-2 弧斑草蛉 *Chrysopa abbreviata* 地理分布图

286. 阿勒泰草蛉 *Chrysopa altaica* Hölzel, 1967

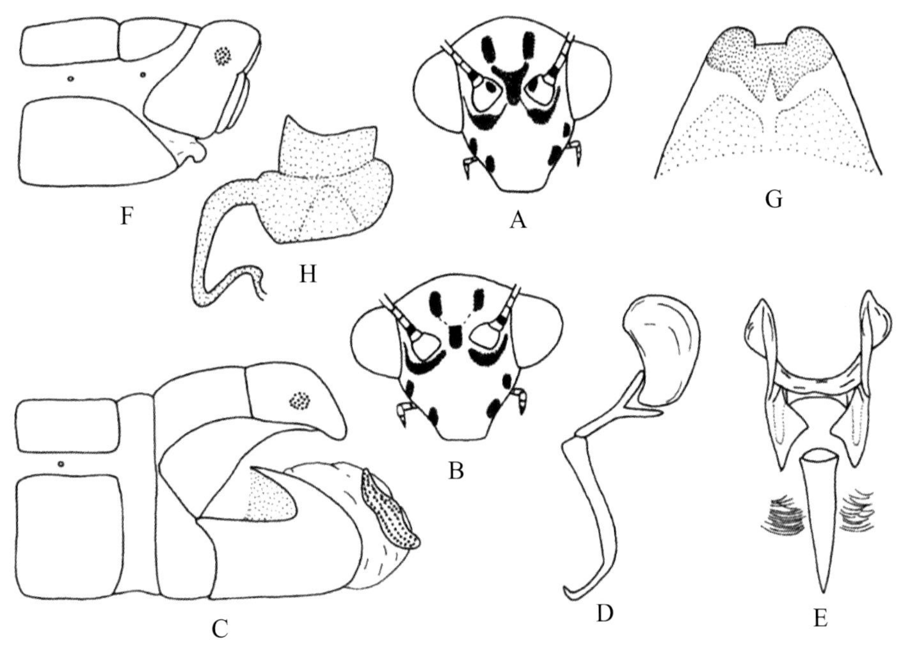

图 4-286-1 阿勒泰草蛉 *Chrysopa altaica* 形态图

A、B. 头 C. 雄虫腹部末端侧面观 D. 雄虫外生殖器侧面观 E. 雄虫外生殖器背面观 F. 雌虫腹部末端侧面观 G. 亚生殖板 H. 贮精囊

【测量】 体长 10.0 mm，前翅长 12.0 mm，后翅长 11.0 mm。

【形态特征】 体黄绿色。头部具 9 个斑：1 对大的头顶斑、中斑、角下斑、颊斑及 1 个唇基斑；颚唇须黄色，背面及端节黑色；触角第 1 节黄色，第 2 节黑色，鞭节褐色。前胸背板两侧有棕色斑纹，中胸前盾片及盾片靠近前翅的基部有黑色斑，后胸盾片近翅基亦具黑色斑。足黄色，爪基部弯曲。前翅前缘区横脉由绿色逐渐向翅痣处变黑，纵脉绿色；sc-r 间的横脉黑色；径横脉近 RP 脉端黑色；Psm-Psc 间横脉黑色；阶脉绿色，内 / 外：右翅为 7/4，左翅为 9/5。后翅前缘横脉列黑色，径横脉近 RP 脉端黑色；阶脉绿色。腹部侧面具黑色带。

【地理分布】 内蒙古、新疆；蒙古，俄罗斯。

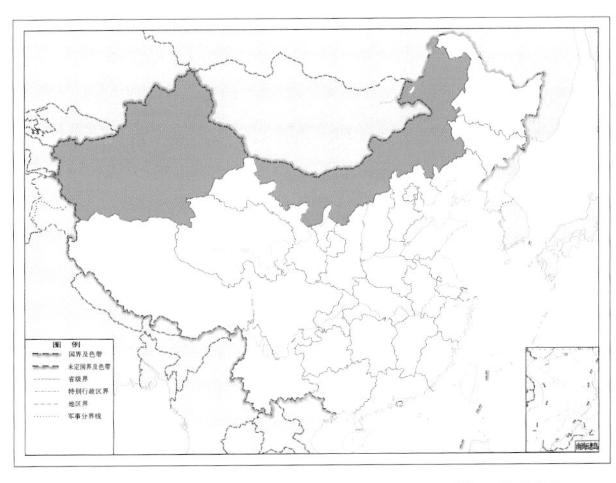

图 4-286-2 阿勒泰草蛉 *Chrysopa altaica* 地理分布图

287. 兜草蛉 *Chrysopa calathina* Yang & Yang, 1989

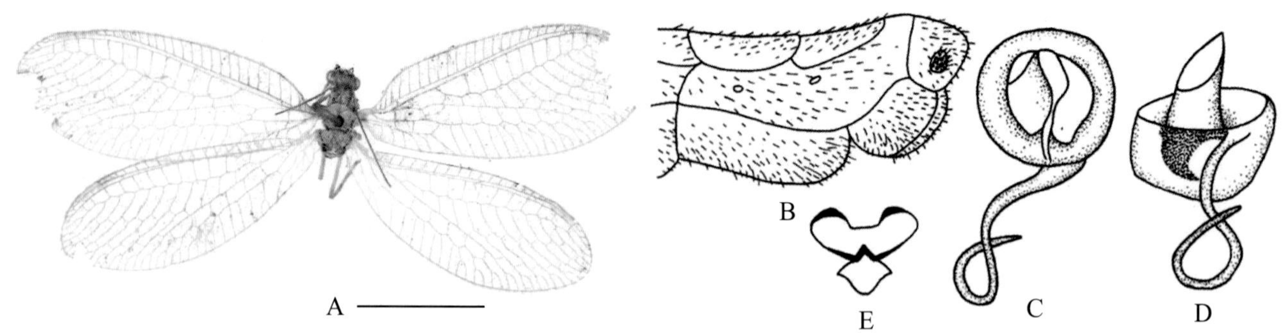

图 4-287-1 兜草蛉 *Chrysopa calathina* 形态图
（标尺：A 为 5.0 mm）
A. 成虫 B. 雌虫腹部末端侧面观 C. 贮精囊背面观 D. 贮精囊侧面观 E. 亚生殖板

【测量】 雌虫体长 8.0 mm，前翅长 11.6 mm，后翅长 11.0 mm。

【形态特征】 头部淡黄色，有 9 个黑色斑：头顶斑、角下斑、颊斑及唇基斑各 1 对，还有 1 个中斑；触角第 1 节黄褐色，第 2 节黑色，鞭节褐色；下颚须及下唇须皆黑褐色。前胸背板淡黄绿色，整个背板布满黑色刚毛；中后胸背板黄绿色。腹部背板黄色，腹板淡黄褐色，整个腹部密布褐色长毛。足黄绿色，跗节褐色，两侧具黑色刺，前跗节黑色，爪褐色，基部弯曲。前翅翅痣黄色，内有脉；前缘横脉列 24 条，近 Sc 脉端半黑色，逐渐向翅痣处全变为黑色；sc-r 间近翅基的横脉黑色，翅端的褐色；径横脉 12 条，近 R 脉端黑褐色，第 12 条黑色；RP 脉分支 13 条，绿色；Psm-Psc 间横脉 8 条，第 1、2 条黑色，其他的绿色；内中室呈三角形，r-m 横脉位于其上；Cu1 脉及 Cu2 脉黑色，Cu3 脉绿色；阶脉绿色，内 / 外为 8/7；后翅前缘横脉列 21 条，黑色，径横脉 11 条，近 R 端黑色；阶脉绿色，内 / 外为 7/8。腹部末端第 7 背板长于第 8 背板；肛上板上端近椭圆，下端近方形；亚生殖板如新月形，顶端两侧有骨化带，底端有 1 条 W 形骨化带，下边有 1 个棱形骨片；贮精囊膜突柱状，顶端斜切，囊的顶端凹陷；导卵管的基部较粗。

【地理分布】 陕西。

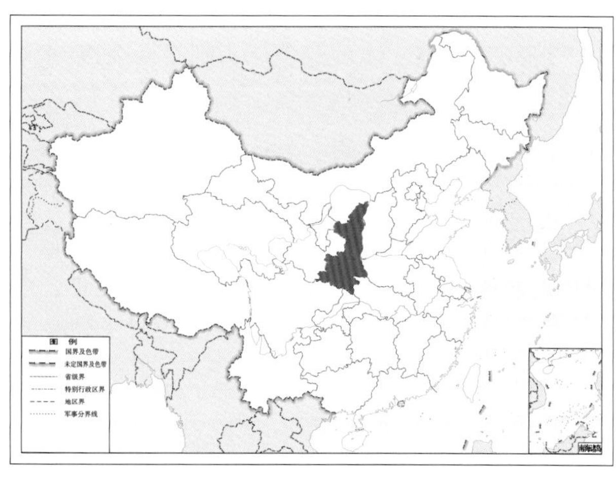

图 4-287-2 兜草蛉 *Chrysopa calathina* 地理分布图

288. 褐角草蛉 *Chrysopa chemoensis* (Navás, 1936)

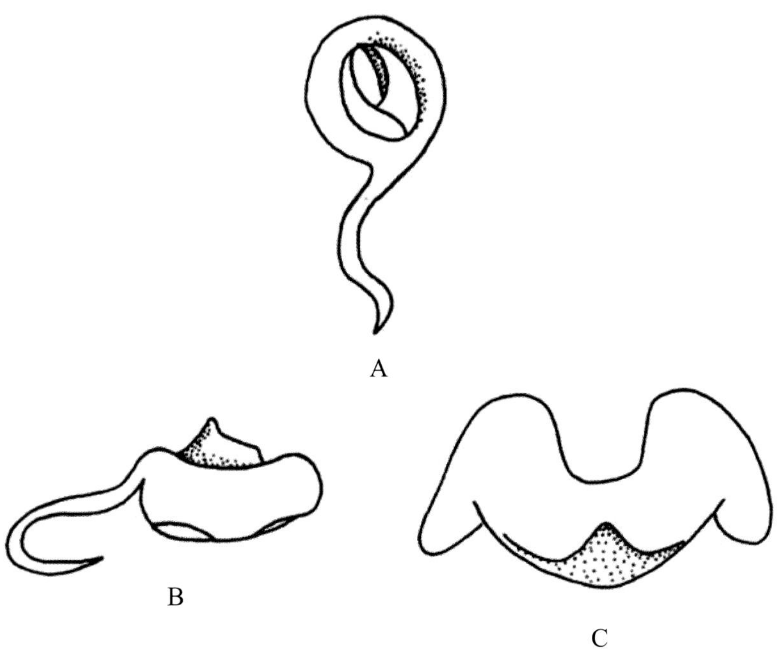

图 4-288-1 褐角草蛉 *Chrysopa chemoensis* 形态图
A. 贮精囊背面观 B. 贮精囊侧面观 C. 亚生殖板

【测量】 体长 11.0 mm，前翅长 12.0 mm，后翅残缺。

【形态特征】 头部黄色，有黑褐色头顶斑、颊斑及唇基斑。触角第 1 节黄色，第 2 节黑褐色，余褐色。前胸背板黄褐色，两侧有黑色刚毛。前翅前缘横脉列 28 条，近 Sc 脉端褐色；径横脉 11 条，近 R 脉端褐色；RP 脉分支 11 条，绿色；Psm-Psc 间横脉 8 条，绿色；内中室呈三角形，r-m 横脉位于其上；阶脉绿色，内 / 外：左翅为 6/6，右翅为 7/7。后翅残缺。腹部末端黄褐色，具黑色刚毛。

【地理分布】 江苏。

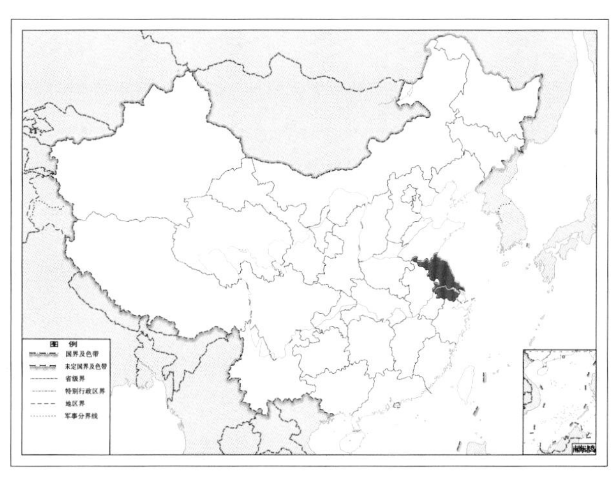

图 4-288-2 褐角草蛉 *Chrysopa chemoensis* 地理分布图

289. 逗草蛉 *Chrysopa commata* Kis & Újhelyi, 1965

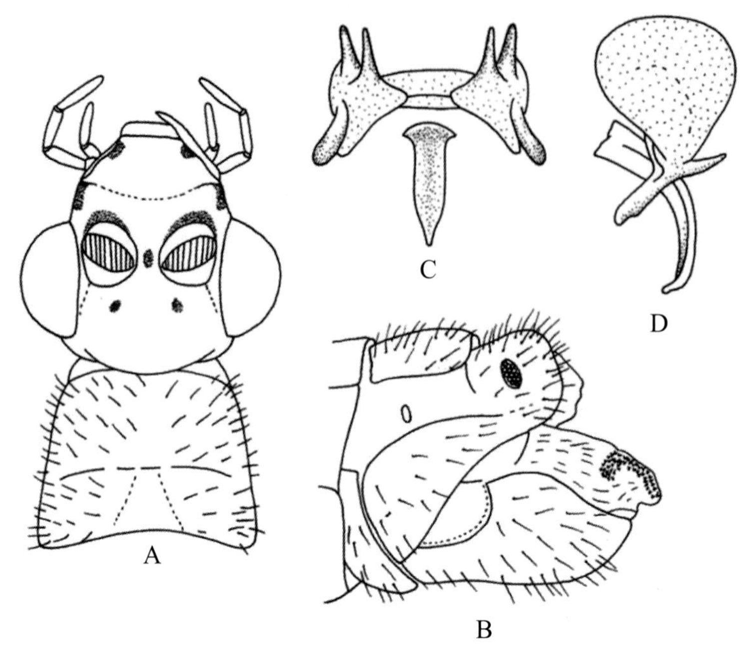

图 4-289-1 逗草蛉 *Chrysopa commata* 形态图

A. 头及前胸背板 B. 雄虫腹部末端侧面观 C. 雄虫外生殖器腹面观 D. 雄虫外生殖器侧面观

【测量】 体长 7.0 ~ 10.1 mm，前翅长 9.4 ~ 13.2 mm，后翅长 8.8 ~ 11.7 mm。

【形态特征】 头浅绿色，具头顶斑、角下斑、中斑、唇基斑及颊斑；头顶斑后面偶有 2 个更小的斑可与头顶斑形成 1 条纵带；后头部很少有斑点；触角黄褐色，柄节内侧具 1 个黑色斑，向着触角端部颜色逐渐加深。前胸背板绿色，宽稍大于长，两侧各具 1 个不甚明显的褐色斑；后胸背板浅绿色，中部区域偏黄色。前足基部有黑色条斑，足的跗节褐色，爪简单。翅脉浅绿色，前缘横脉列 22 条，径横脉 12 条，RP 脉分支 9 条，内中室呈三角形，r-m 横脉位于其上，Psm-Psc 间横脉 6 条，阶脉内 / 外为 6/7。腹部绿色。雄虫生殖脊发达，形成 2 个新月形；殖弧叶宽大，内突端部细圆，基部稍呈长三角形；伪阳茎侧面观稍弯曲，接近端部呈弧形，从尾部看，中部宽阔。

【地理分布】 内蒙古；俄罗斯。

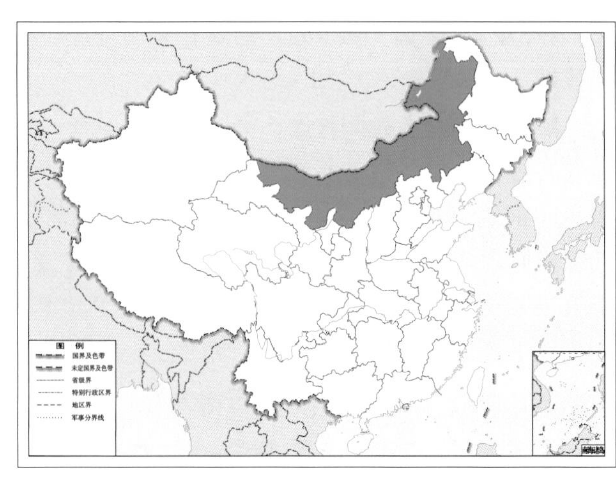

图 4-289-2 逗草蛉 *Chrysopa commata* 地理分布图

290. 卓草蛉 *Chrysopa eximia* Yang & Yang, 1999

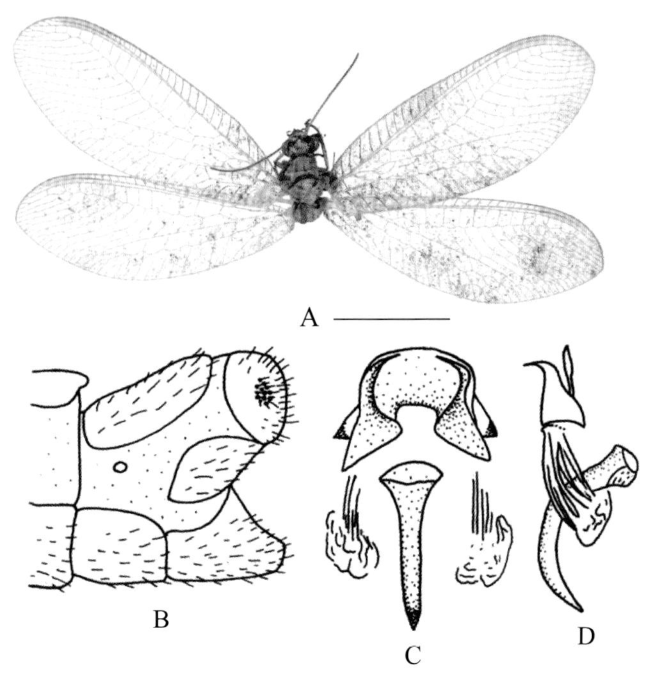

图 4-290-1 卓草蛉 *Chrysopa eximia* 形态图
（标尺：A 为 5.0 mm）
A. 成虫 B. 雄虫腹部末端侧面观 C. 雄虫外生殖器腹面观 D. 雄虫外生殖器侧面观

【测量】 雄虫（干制）体长 13.0 mm，前翅长 13.0 mm，后翅长 12.5 mm。

【形态特征】 头部黄色，具 7 个黑色斑，分别为中斑、角下斑、颊斑及唇基斑。触角柄节黄色，梗节黑褐色，鞭节褐色。前胸背板两侧有褐色斑，背中具黄色带，背板近基部具 1 条横沟，沟下中纵线凹陷，横沟两端有 Λ 形黑色斑，中线中部有 1 条黑色纹。中胸盾片前缘两侧具黑色条纹，后胸盾片两侧具黑色斑。腹部背板具黄色纵带，腹板黄褐色，腹侧褐色。足绿褐色，生黑毛；跗节及爪褐色，爪基部弯曲。前翅翅脉大部分绿色，翅痣透明，痣内无脉；前缘横脉列 28 条，前 14 条黑褐色，第 15 条以后渐淡至全绿；sc-r 横脉近翅基者黑色，翅痣下为绿色；径横脉 14 条，近 R 脉端黑褐色；RP 脉的基部黑褐色，RP 脉分支 14 条，仅第 1、2 条黑色；内中室呈三角形，r-m 横脉位于其上，Cu 脉黑褐色；阶脉全部绿色，内 / 外：左翅为 8/9，右翅为 8/10。第 9 腹板短阔向背面尖突成角；肛上板近似卵形；殖弧叶短宽，侧叶具钩突；伪阳茎发达，基部扩展而顶端尖侧面观弯成钩状。

【地理分布】 福建。

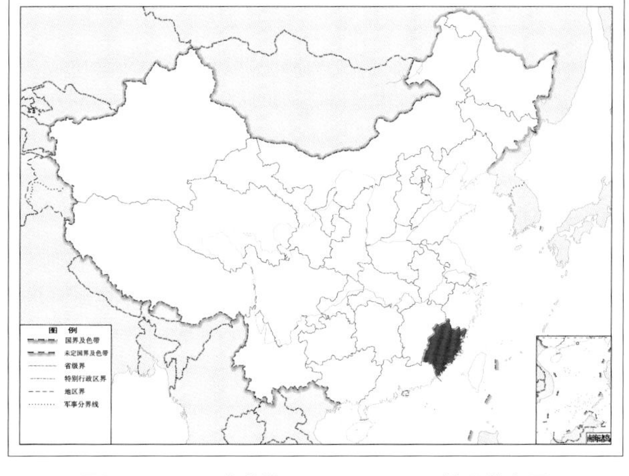

图 4-290-2 卓草蛉 *Chrysopa eximia* 地理分布图

291. 平大草蛉 *Chrysopa flata* Yang & Yang, 1999

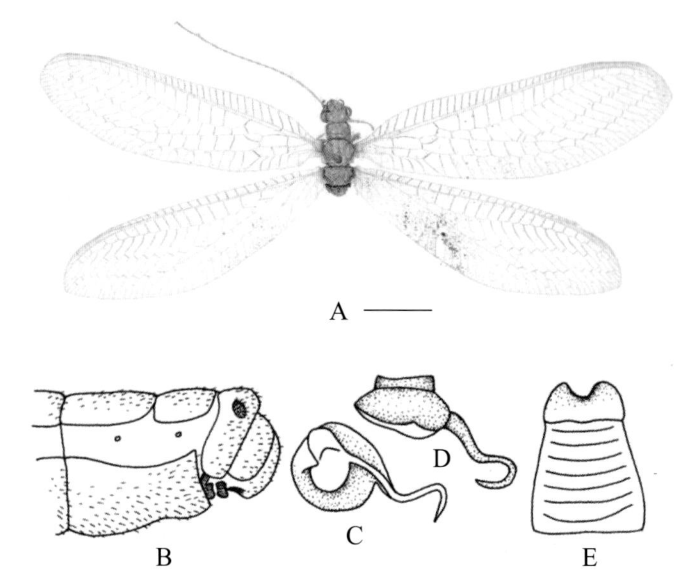

图 4-291-1 平大草蛉 *Chrysopa flata* 形态图

（标尺：A 为 5.0 mm）

A. 成虫 B. 雌虫腹部末端侧面观 C. 贮精囊斜背面观 D. 贮精囊侧面观 E. 亚生殖板

【测量】 雌虫（干制）体长 14.0 mm，前翅长 21.0 mm，后翅长 19.0 mm。

【形态特征】 头部黄褐色，具有明显的黑色斑，分别为角下斑、颊斑和唇基斑。触角黄褐色，长达前翅的翅痣处。前胸背板具黄色带，两边缘近平行、近基部有 1 条横沟，沟下中纵线凹陷。前翅透明，翅痣淡绿色，痣内有透明脉。足黄绿色，跗节及爪黄褐色，被灰色长毛，爪基部弯曲。前翅前缘横脉列 30 条，除第 1 条为绿色外，余皆黑褐色；sc-r 横脉近翅基者黑色，翅痣下的绿色。RP 脉的基部黑色，径横脉 17 条，第 1～4 条黑色，从第 5 条开始近 R 脉端黑色，逐渐到端部完全变绿；Psm-Psc 间横脉 9 条，第 1～8 条黑褐色，第 9 条为绿色，近 Psc 脉端黑色；内中室呈三角形，r-m 横脉位于其上；Psc 脉的分脉部分黑色；Cu 脉黑色；A 脉黑色；阶脉黑色，内 / 外为 11/12。腹部褐色，被灰色长毛；腹背板第 8 节小于第 7 节；肛上板内缘顶端向里突伸，生殖刺突外露部分宽度大于肛上板；亚生殖板有 1 个囊状物，其上有许多皱褶；贮精囊底部边缘凹陷，膜突短粗，顶端平直。

【地理分布】 福建。

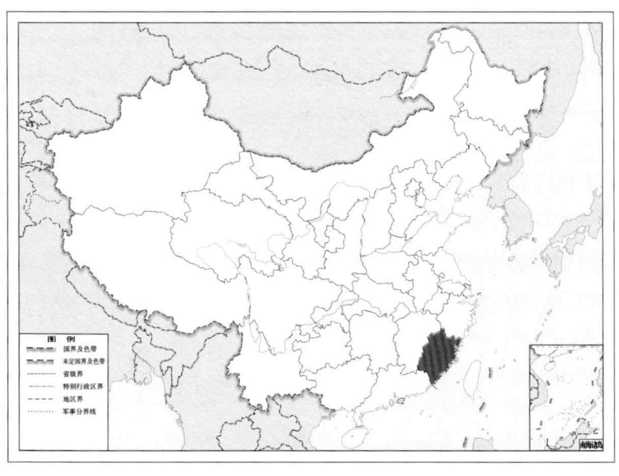

图 4-291-2 平大草蛉 *Chrysopa flata* 地理分布图

292. 丽草蛉 *Chrysopa formosa* Brauer, 1850

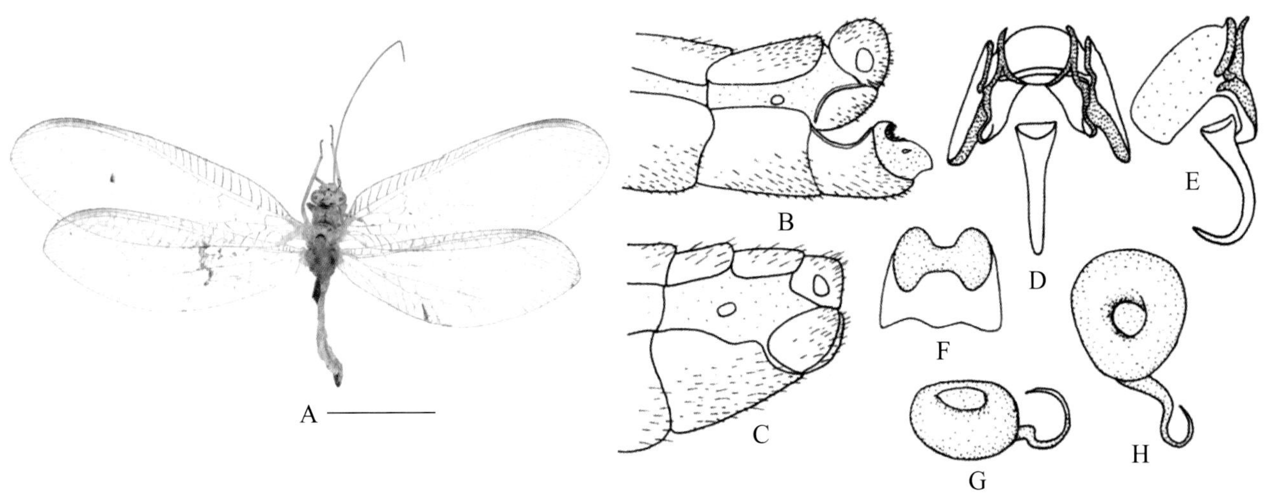

图 4-292-1 丽草蛉 *Chrysopa formosa* 形态图

（标尺：A 为 5.0 mm）

A. 成虫 B. 雄虫腹部末端腹面观 C. 雌虫腹部末端侧面观 D. 雄虫外生殖器背面观 E. 雄虫外生殖器侧面观 F. 亚生殖板 G. 贮精囊侧面观 H. 贮精囊背面观

【测量】 体长 8.0 ~ 11.0 mm，前翅长 13.0 ~ 15.0 mm，后翅长 11.0 ~ 13.0 mm。

【形态特征】 头部绿色，具 9 个黑褐色斑；触角第 1 节绿色，第 2 节黑褐色，鞭节褐色。前胸背板绿色，两侧有褐色斑和黑色刚毛，基部有 1 条横沟，不达侧缘，横沟两端有 V 形黑色斑；中、后胸背板绿色，盾片后缘两侧近翅基处分别具 1 个褐色斑。足绿色，胫端、跗节及爪褐色，爪基部弯曲。腹部绿褐色，背面具灰色毛，腹面多为黑色刚毛。前翅翅痣浅绿色，内无脉，前缘横脉列 19 条，黑褐色；径横脉 11 条，近 R 脉端褐色；RP 脉分支 12 条，第 1、2 条褐色，第 3、4 条近 Psm 脉端褐色，余皆为绿色；Psm-Psc 间横脉 8 条，第 1、2、8 条褐色，第 3 ~ 6 条两端褐色，中间绿色，第 7 条全绿色；内中室呈三角形，r-m 横脉位于其上；阶脉绿色，内 / 外为 5/7。雄虫生殖器殖弧叶侧叶较长，内突发达；伪阳茎长，基部宽大。雌虫腹部第 7、8 背板约等长；贮精囊膜突不发达；亚生殖板上、下均具凹洼，下部较上部宽大。

【地理分布】 黑龙江、吉林、辽宁、河北、北京、山西、山东、内蒙古、新疆、青海、甘肃、宁夏、陕西、云南、贵州、四川、西藏、河南、湖北、湖南、江西、安徽、江苏、浙江、福建、广东；蒙古，俄罗斯，朝鲜，日本。

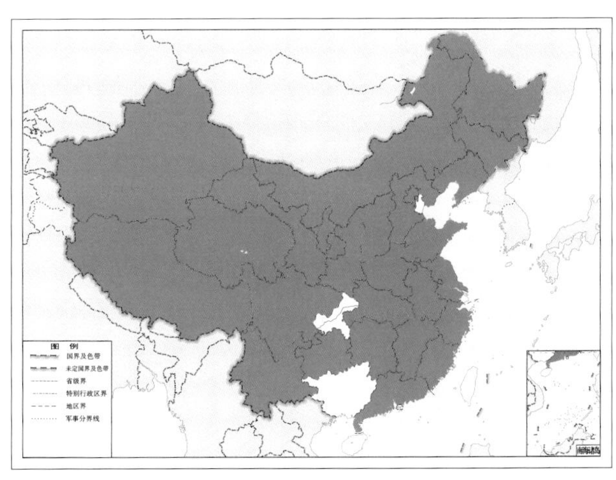

图 4-292-2 丽草蛉 *Chrysopa formosa* 地理分布图

293. 拱大草蛉 *Chrysopa fornicata* Yang & Yang, 1990

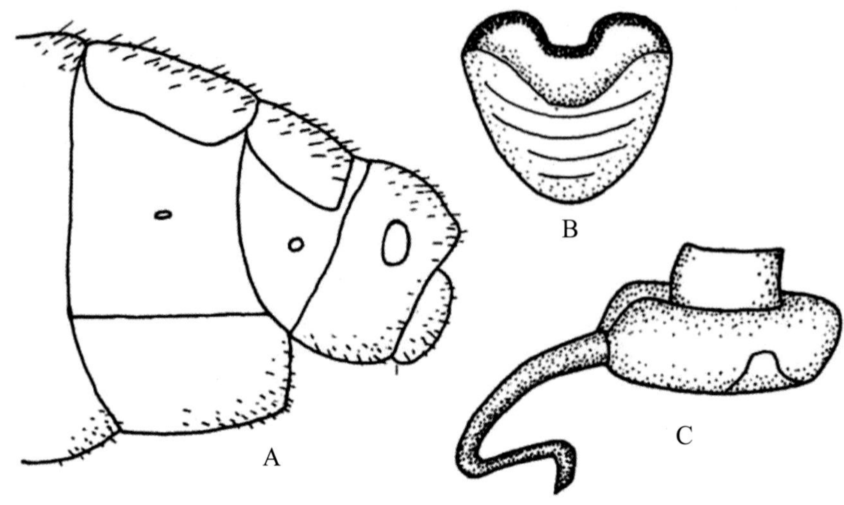

图 4-293-1 拱大草蛉 *Chrysopa fornicata* 形态图

A. 雌虫腹部末端侧面观 B. 亚生殖板 C. 贮精囊

【测量】 雌虫体长 12.0 mm，前翅长 15.0 mm，后翅长 12.0 mm。

【形态特征】 头部黄褐色，具 1 对颊斑；触角第 1 节黄褐色，第 2 节黄绿色，鞭节黄褐色。胸背中央为黄色纵带，前胸背板两侧绿色，长有黑色刚毛，且有 1 对浅褐色斑位于两侧中部之前。爪褐色，基部弯曲。前翅前缘横脉列黑色，21 条；sc-r 间的横脉黑褐色；径横脉褐色；RP 脉分支第 1、2 条褐色，第 3 ~ 6 条中间绿色，两端褐色，其余近 RP 脉端褐色；Psm-Psc 间横脉两端褐色；Psc 脉分支及 Cu 脉黑褐色；阶脉褐色，内 / 外为 7/9。腹部黄绿色，第 9 腹板长是第 8 腹板的 2 倍；亚生殖板上缘有 1 条骨化较深的窄带，下端为 1 个弧状突；贮精囊的膜突柱状，顶端斜切，腹痕明显。

【地理分布】 内蒙古。

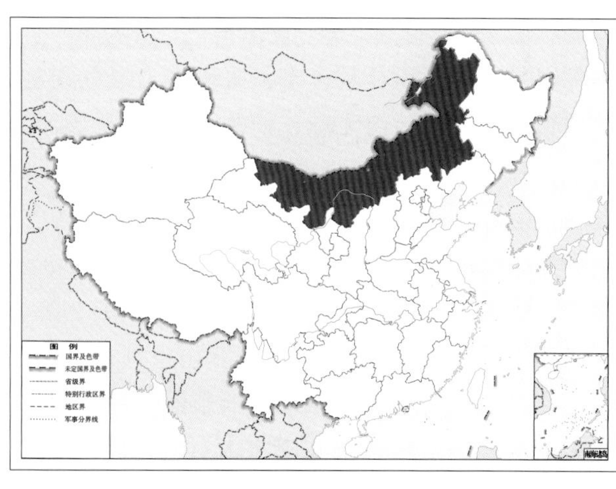

图 4-293-2 拱大草蛉 *Chrysopa fornicata* 地理分布图

294. 胡氏草蛉 *Chrysopa hummeli* Tjeder, 1936

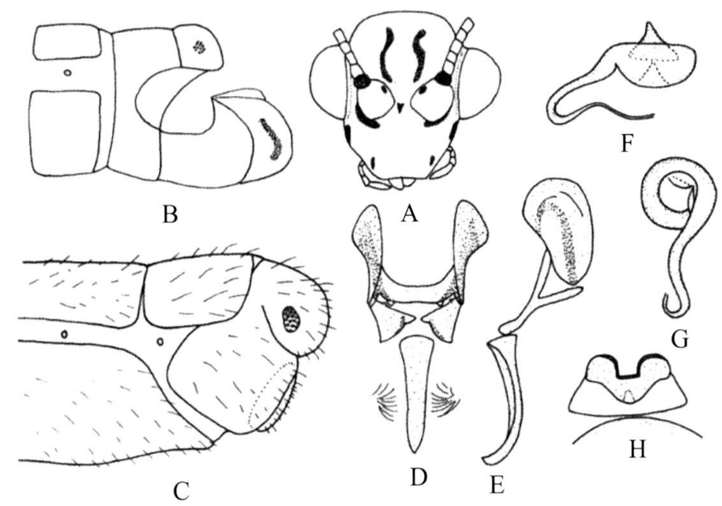

图 4-294-1 胡氏草蛉 *Chrysopa hummeli* 形态图

A. 头 B. 雄虫腹部末端侧面观 C. 雌虫腹部末端侧面观 D. 雄虫外生殖器背面观 E. 雄虫外生殖器侧面观 F. 贮精囊侧面观 G. 贮精囊背面观 H. 亚生殖板

【测量】 体长 8.0 mm，前翅长 11.0 mm，后翅长 10.0 mm。

【形态特征】 头部黄绿色，具 9 个黑色斑纹，分别为头顶斑、角下斑、颊斑、唇基斑和中斑；触角黑褐色，长达翅痣处，第 1 节黄绿色，内侧具 1 小黑色斑，第 2 节黑色。前胸背板绿色，侧缘具黑色斑纹；中、后胸背板绿色。足绿色，跗节浅黄色。前翅前缘横脉列近 Sc 脉端褐色，近翅基的一些横脉黑色；阶脉绿色，内 / 外：左翅为 6/7，右翅为 5/6。腹部绿色，雌虫第 7 腹板很长，前端突出。

【地理分布】 内蒙古、新疆；蒙古，俄罗斯。

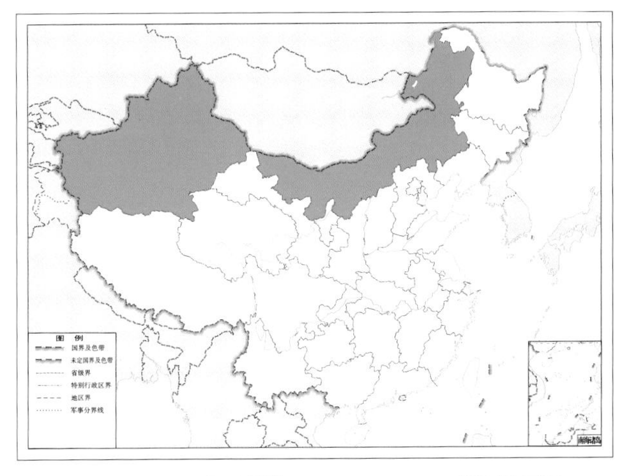

图 4-294-2 胡氏草蛉 *Chrysopa hummeli* 地理分布图

295. 饰带草蛉 *Chrysopa infulata* Yang & Yang, 1990

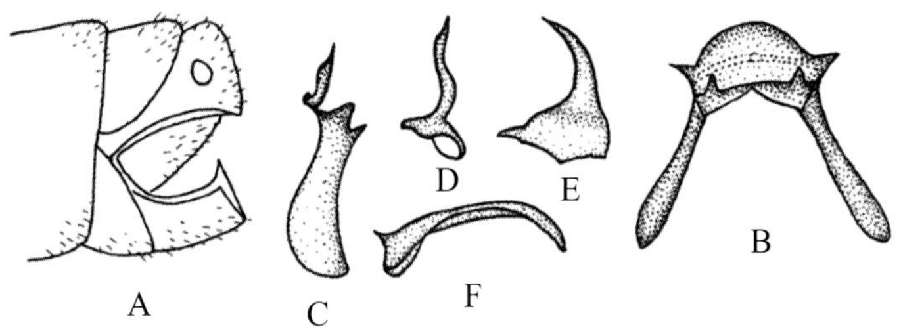

图 4-295-1 饰带草蛉 *Chrysopa infulata* 形态图

A. 雄虫腹部末端侧面观 B. 雄虫外生殖器背面观 C. 雄虫外生殖器侧面观 D、E. 内突 F. 伪阳茎

【测量】 雄虫体长 9.0 mm，前翅长 11.0 mm，后翅长 10.0 mm。

【形态特征】 头黄褐色，具红褐色的颊斑和唇基斑，1 个位于两触角间偏唇基的斑，1 对褐色条斑位于头顶；触角淡黄褐色，第 1 节宽大于长，内侧有黑褐色斑。前胸背板布满黑色刚毛，后缘两侧角各具 1 个褐色斑；中后胸背板黄绿色，有较细、短的黑色刚毛。爪浅褐色，基部不弯曲。前后翅的脉粗壮，黄色，前翅前缘横脉列 11 条，径横脉 11 条，阶脉内 / 外为 4/6。雄虫外生殖器的殖弧叶中部在上端膨大，下端上翘，中部向里凹，两侧各具 1 个齿；内突下端宽大，内侧末端尖锐。

【地理分布】 内蒙古。

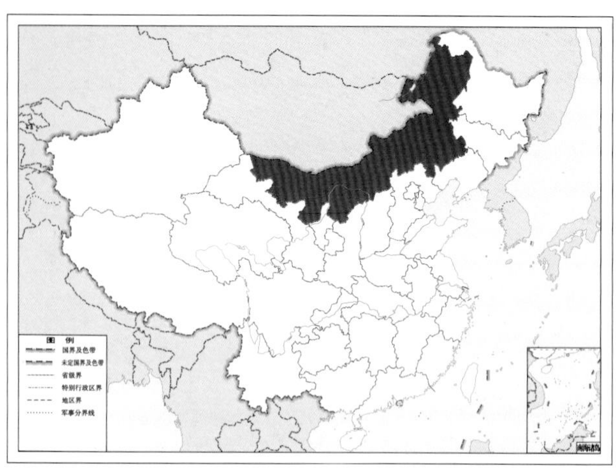

图 4-295-2 饰带草蛉 *Chrysopa infulata* 地理分布图

296. 多斑草蛉 *Chrysopa intima* McLachlan, 1893

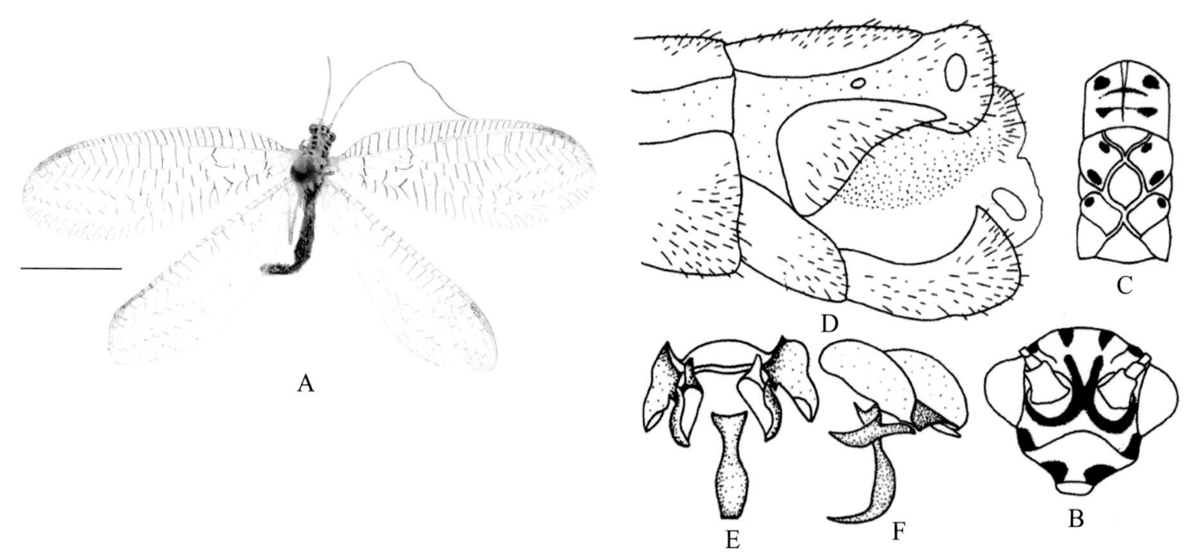

图 4-296-1 多斑草蛉 *Chrysopa intima* 形态图

（标尺：A 为 5.0 mm）

A. 成虫 B. 头 C. 胸部背板 D. 雄虫腹部末端侧面观 E. 雄虫外生殖器背面观 F. 雄虫外生殖器侧面观

【测量】 体长 11.0 mm，前翅长 13.5 mm，后翅长 12.0 mm。

【形态特征】 头部黄色，在头顶后缘排成 1 排的 4 个斑，角上斑及角下斑、角间斑形成 X 形黑褐色斑，颊斑黑褐色，条状，唇基斑黑褐色，几成半圆形；颚唇须黑褐色；触角第 1 节黄色，第 2 节褐色。前胸背板中间黄绿色，两边绿色，两侧各有 2 个较大的近三角形褐色斑，基部的 1/3 处有 1 条横沟，横沟下背板中线凹陷；中胸背板黄绿色，前盾片前端有 2 个黑褐色斑，盾片共有 6 个斑，分布于盾片前缘、翅基及盾片后缘；后胸背板黄绿色，盾片背面有不明显的褐色斑，盾片两侧靠近翅基部各有 1 个黑褐色斑；中后胸腹板有黑褐色斑。前翅前缘横脉列黑褐色，翅痣前为 24 条，翅痣淡黄色，内无脉；sc-r 之间近翅基的脉深褐色，端部近翅痣下为淡褐色；径横脉 13 条，黑褐色；RP 脉分支 12 条，近 RP 脉的绝大部分为黑褐色，在 RP-Psm 之间的横脉全为褐色；Psm-Psc 之间横脉 8 条，褐色；内中室呈三角形，r-m 横脉位于其上。腹部第 2 ~ 6 节腹面及侧面，以及 4 ~ 6 节背板黑褐色。

【地理分布】 黑龙江、吉林、辽宁、山西、内蒙古、甘肃、陕西、云南、四川、湖北；俄罗斯，朝鲜，日本。

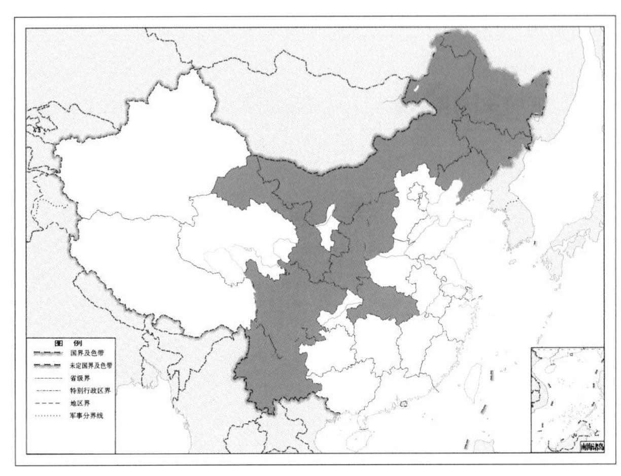

图 4-296-2 多斑草蛉 *Chrysopa intima* 地理分布图

297. 玉草蛉 *Chrysopa jaspida* Yang & Yang, 1990

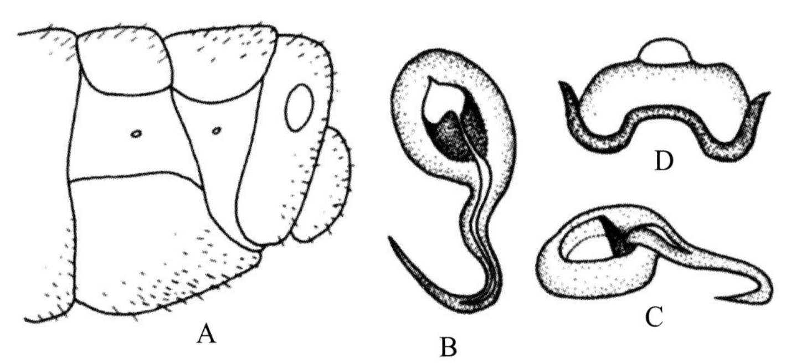

图 4-297-1 玉草蛉 *Chrysopa jaspida* 形态图

A. 雌虫腹部末端侧面观 B. 贮精囊背面观 C. 贮精囊侧面观 D. 亚生殖板

【测量】 雌虫体长 9.0 mm，前翅长 13.0 mm，后翅长 11.0 mm。

【形态特征】 头部黄绿色，无斑；触角第 1、2 节黄绿色，鞭节黄褐色，第 1 节长宽几乎相等。胸腹背面为黄色纵带；前胸背板两侧绿色，具黑色刚毛，中、后胸颜色同前胸。爪褐色，基部弯曲。前翅前缘横脉列 20 条，褐色；翅痣很窄，黄绿色；sc-r 间横脉褐色；径横脉 14 条，褐色；RP 脉分支 14 条，第 1 ~ 4 条褐色，第 5 ~ 6 条中间绿色，两端褐色，余近 RP 脉端褐色；Psm-Psc 间横脉 9 条，皆褐色；内中室呈三角形，r-m 横脉位于其上；Psc 脉分支、A 脉分支、Cu 脉及阶脉褐色，阶脉内 / 外为 8/9。腹部末端第 8 背板长于第 7 背板；肛上板近方形；亚生殖板上缘有 1 条内骨化带，两端外伸，下端较平直，中部有 1 个瘤状骨片与其连接；贮精囊的囊体近导卵管端厚，膜突斜切。

【地理分布】 内蒙古。

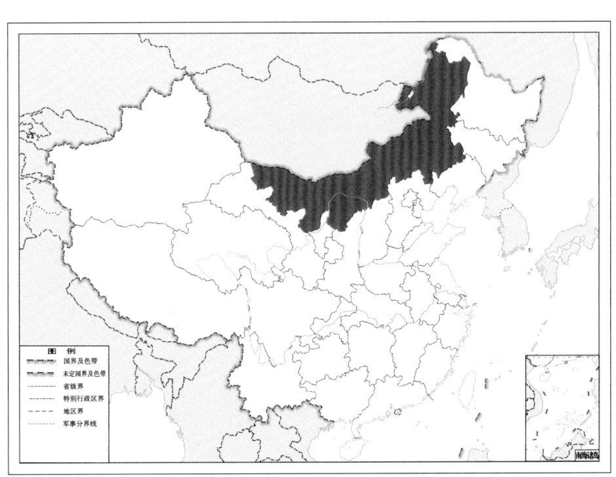

图 4-297-2 玉草蛉 *Chrysopa jaspida* 地理分布图

298. 甘肃草蛉 *Chrysopa kansuensis* Tjeder, 1936

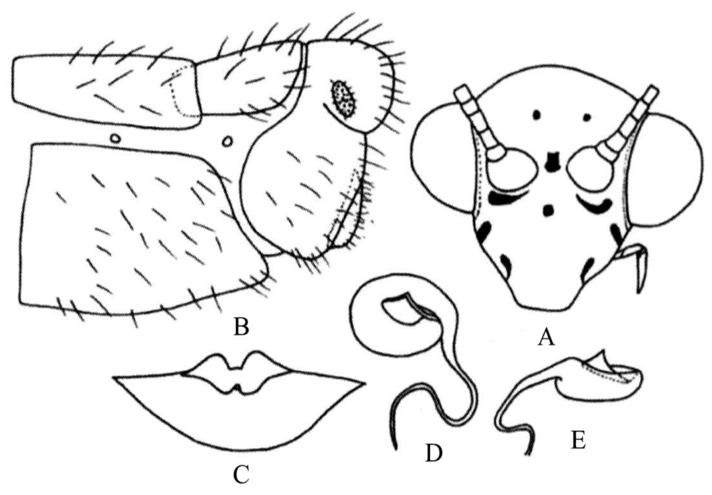

图 4-298-1 甘肃草蛉 *Chrysopa kansuensis* 形态图

A. 头 B. 雌虫腹部末端侧面观 C. 亚生殖板 D. 贮精囊背面观 E. 贮精囊侧面观

【测量】 体长 11.0 mm，前翅长 15.5 mm，后翅长 14.0 mm。

【形态特征】 头部具头顶斑、中斑、角下斑、颊斑及唇基斑，在角下斑之间是 1 个圆形小黑色斑；颚唇须黄色；触角黄色，第 2 节黑色，鞭节黄褐色。前胸背板绿色，中部具 1 条短的黑色横纹；中、后胸绿色。足绿色，跗节褐色，爪基部弯曲。前翅长，纵脉绿色；前缘横脉列绿色；径横脉近 R 脉端黑色；阶脉绿色，内 / 外为 8/9。腹部绿色。

【地理分布】 甘肃。

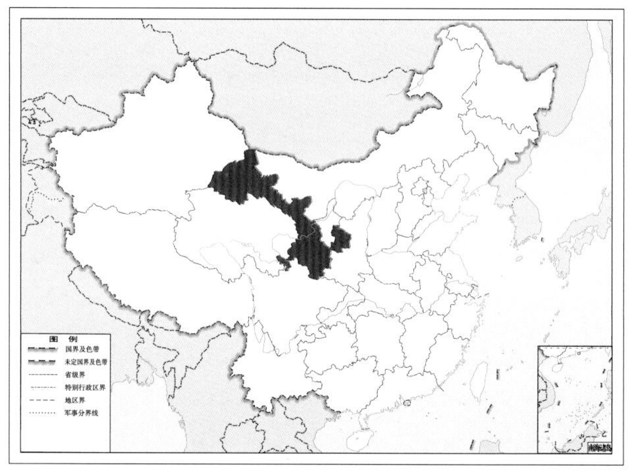

图 4-298-2 甘肃草蛉 *Chrysopa kansuensis* 地理分布图

299. 奇缘草蛉 *Chrysopa magica* Yang, 1990

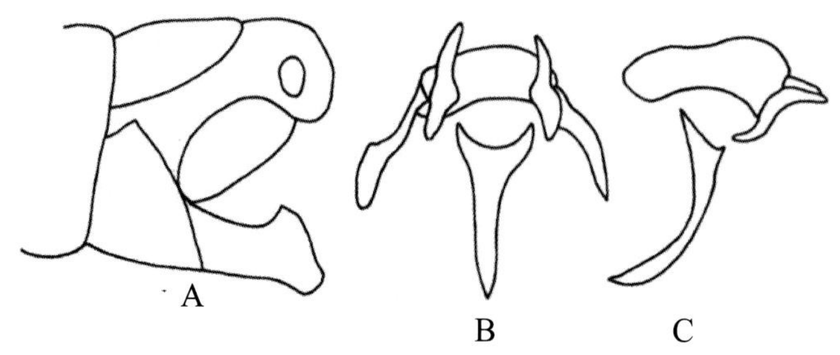

图 4-299-1 奇缘草蛉 *Chrysopa magica* 形态图

A. 雄虫腹部末端侧面观 B. 雄虫外生殖器背面观 C. 雄虫外生殖器侧面观

【测量】 体长 10.0 mm，前翅长 10.5 mm，后翅长 9.5 mm。

【形态特征】 头顶橘红色，颚唇基黄色；头上有颊斑、唇基斑、角下斑、中斑及头顶斑；触角第 2 节黑色，其余黄色。前胸背板黄色，端部两侧各有 1 个浅黑色斑，基部两侧各有 2 个小褐色斑；胸腹背面具黄色纵带。前翅前缘横脉列 14 条，两端黑色、中间绿色；径横脉近 R 脉端黑色；RP 脉分支第 1 ~ 2 条为黑色；Psm-Psc 间横脉第 2 条为黑色；内中室呈三角形，r-m 横脉位于其上；Cu 脉及 A 脉的分支黑色；阶脉内侧有 1 行黑色斑，外侧的绿色斑，内 / 外：左翅为 3/5，右翅为 4/6。

【地理分布】 内蒙古。

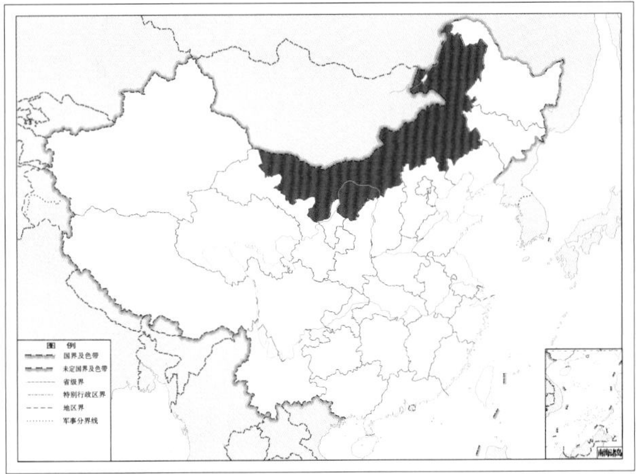

图 4-299-2 奇缘草蛉 *Chrysopa magica* 地理分布图

300. 闽大草蛉 *Chrysopa minda* Yang & Yang, 1999

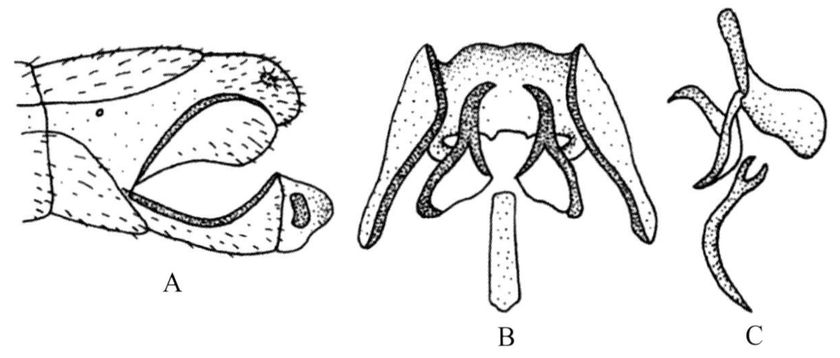

图 4-300-1 闽大草蛉 *Chrysopa minda* 形态图

A. 雄虫腹部末端侧面观 B. 雄虫外生殖器背面观 C. 雄虫外生殖器侧面观

【测量】 雄虫体长 14.2 mm，前翅长 17.0 mm，后翅长 15.0 mm。

【形态特征】 头部黄绿色，有黑褐色的角下斑和唇基斑；颚须第 2 ~ 3 节黑褐色，其余皆黄色；触角黄绿色，鞭节缺损，第 1 节宽大于长。胸部背中具黄色带，两边黄绿色；足绿褐色，股节端部、跗节及爪褐色，爪基部弯曲。前翅透明，翅脉大部分绿色，翅痣黄绿色，痣内有透明脉；前缘横脉列 26 条，第 1 条绿色，第 2 ~ 11 条黑色，第 12 ~ 25 条近 C 脉端褐色，逐渐变为绿色；径横脉 16 条，绿色；RP 脉的分支 17 条，第 1 ~ 3 条黑色，余皆绿色；Psm-Psc 间横脉 9 条，第 1、2 条近 Psm 脉

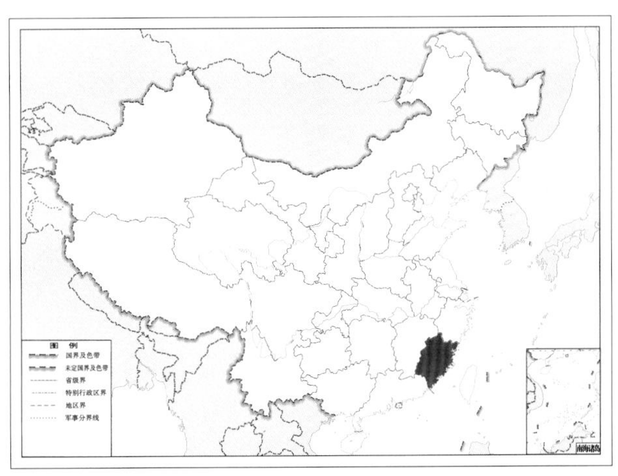

图 4-300-2 闽大草蛉 *Chrysopa minda* 地理分布图

端黑色，余皆绿色；Cu1 脉、Cu2 脉黑色，Cu3 脉中间黑色两端绿色；A1a 脉、A1b 脉及 A2a 脉黑色；内中室呈三角形，r-m 横脉位于其上；阶脉绿色，内 / 外：左翅为 9/10，右翅为 10/10。腹部黄褐色，布褐色毛，腹部末端侧面观，第 8 腹板短小，第 9 腹板则狭长。

【地理分布】 福建。

301. 内蒙古大草蛉 *Chrysopa neimengana* Yang & Yang, 1990

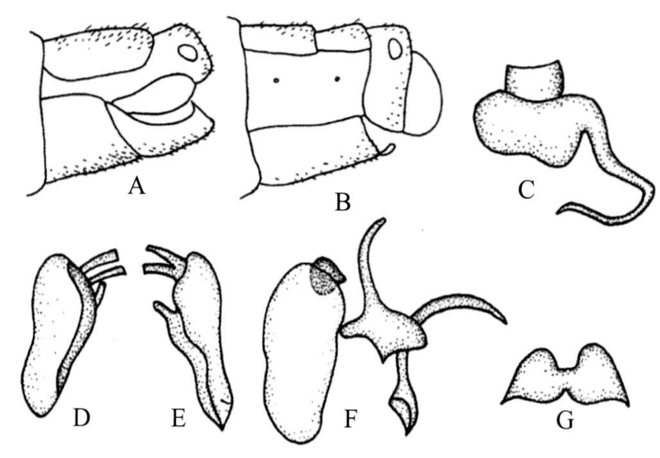

图 4-301-1 内蒙古大草蛉 *Chrysopa neimengana* 形态图

A. 雄虫腹部末端侧面观 B. 雌虫腹部末端侧面观 C. 贮精囊 D、E. 殖弧叶 F. 雄虫外生殖器侧面观 G. 亚生殖板

【测量】 体长 12.0 ~ 13.0 mm，前翅长 15.0 ~ 16.0 mm，后翅长 12.0 ~ 13.0 mm。

【形态特征】 头部黄色，有黑褐色的颊斑、唇基斑、中斑及角下斑；触角第 1 节黄绿色，第 2 节及鞭节黄褐色。胸背中央具黄色纵带；前胸背板布满黑色刚毛，两侧绿褐色，基部有 1 条横沟，不达及两边，沟的两端各有 1 个褐色斑；中后胸背板两侧黄绿色，间有灰色刚毛和黑色刚毛。爪褐色，基部弯曲。前翅前缘横脉列 27 条，黑色；翅痣浅绿色，内有透明脉；sc-r 间近翅基的脉褐色，翅端的绿色；径横脉 14 条，黑色；RP 脉分支 14 条，翅基的几条黑色，余近 RP 脉半端黑色；Psm-Psc 间横脉 9 条，黑色；内中室呈三角形，r-m 横脉位于其上；Psc 脉分支、A 脉分支及阶脉黑色，阶脉内 / 外：左翅为 8/8，右翅为 8/9。腹部黄褐色，布满黑色刚毛；雄虫外生殖器的殖弧叶两端膨大，中部细条状与两端相连，两端内侧后缘向上有 1 个乳突；内突下方平直，上端细长弯曲。雌虫亚生殖板底缘中部三角状凹刻，两侧向下突出；贮精囊膜突柱状，囊体圆盘状。

【地理分布】 内蒙古。

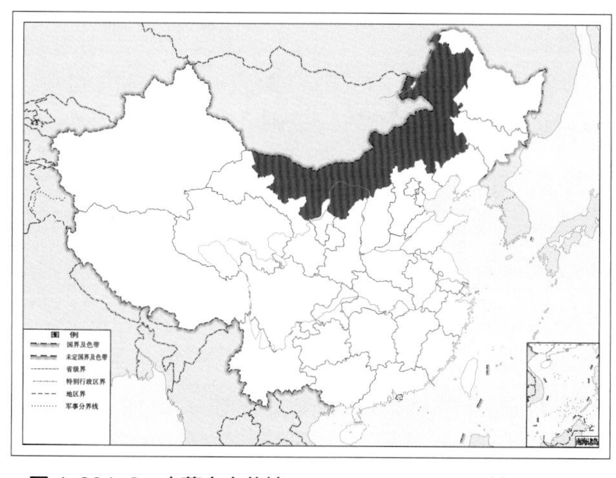

图 4-301-2 内蒙古大草蛉 *Chrysopa neimengana* 地理分布图

302. 大草蛉 *Chrysopa pallens* (Rambur, 1838)

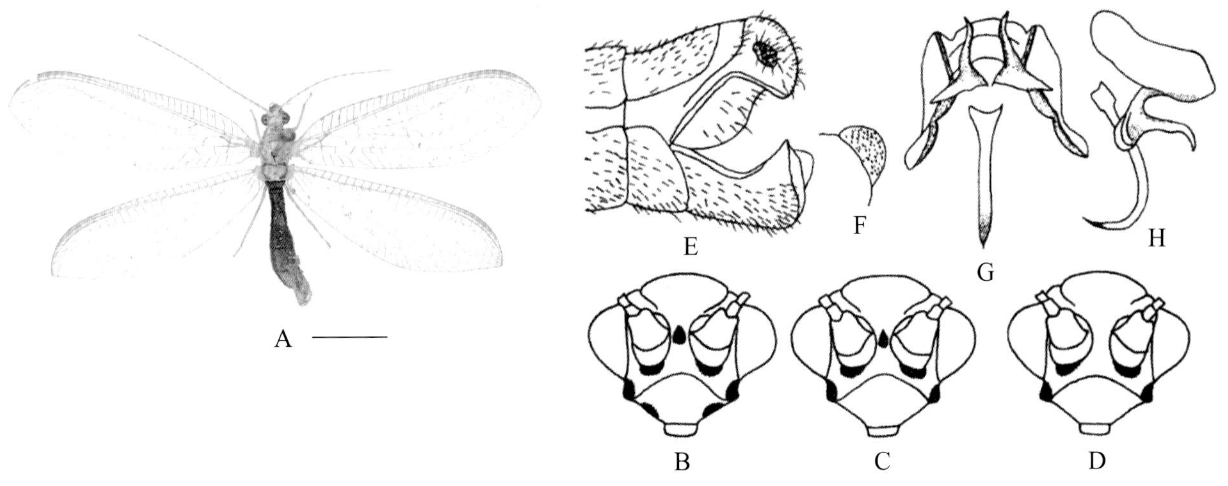

图 4-302-1 大草蛉 *Chrysopa pallens* 形态图

（标尺：A 为 5.0 mm）

A. 成虫 B ~ D. 头 E. 雄虫腹部末端腹面观 F. 生殖毛 G. 雄虫外生殖器背面观 H. 雄虫外生殖器侧面观

【测量】 体长 11.0 ~ 14.0 mm，前翅长 15.0 ~ 18.0 mm，后翅长 12.0 ~ 17.0 mm。

【形态特征】 头部黄色，一般为 7 个斑，也有 5 个斑等；触角基部 2 节黄色，鞭节浅褐色。前胸背两侧绿色，中央具黄色纵带，两侧绿色，基部有 1 条不达及侧缘的横沟。足黄绿色，胫端及跗节黄褐色，爪褐色，基部弯曲。前翅翅痣淡黄色，内有绿色脉；前缘横脉列在痣前为 30 条，黑色；径横脉 16 条，第 1 ~ 4 条部分黑色，其余皆绿色；RP 脉分支 18 条，近 Psm 脉端褐色；Psm-Psc 间横脉 9 条，翅基的 2 条暗黑色，其余皆为绿色；内中室呈三角形，r-m 横脉位于其上；阶脉中间黑色，两端绿色，内 / 外：左翅为 10/12，右翅为 10/11。腹部黄绿色，具灰色长毛。雄虫第 8 腹板很小，几乎为第 9 腹板的 1/2。

【地理分布】 黑龙江、吉林、辽宁、河北、北京、山西、山东、内蒙古、新疆、甘肃、宁夏、陕西、云南、贵州、四川、河南、湖北、湖南、江西、安徽、江苏、浙江、福建、广西、广东、海南、台湾；俄罗斯（西伯利亚），日本，朝鲜。

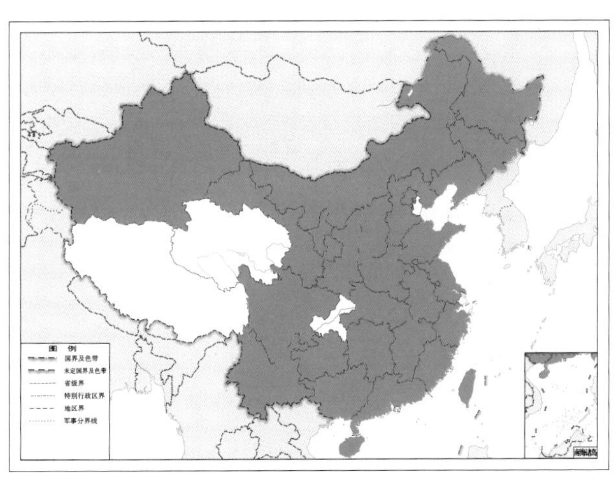

图 4-302-2 大草蛉 *Chrysopa pallens* 地理分布图

303. 黑腹草蛉 *Chrysopa perla* (Linnaeus, 1758)

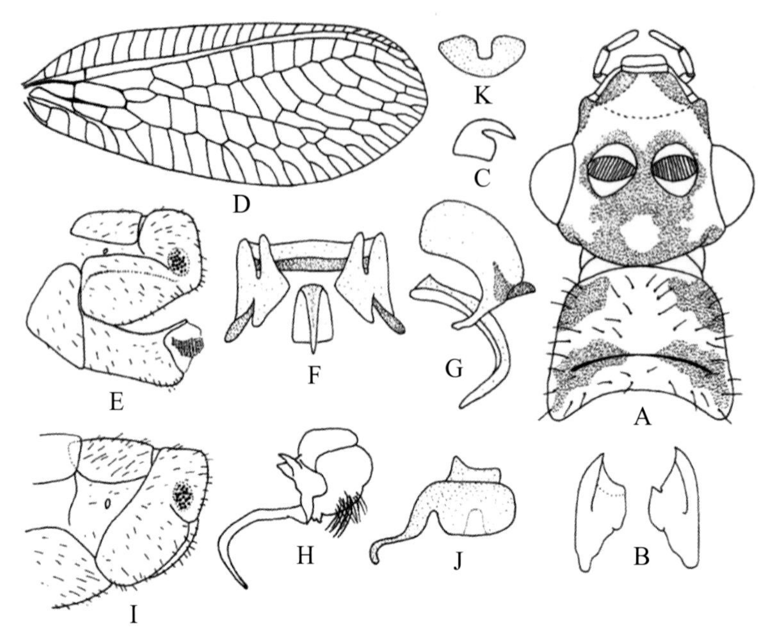

图 4-303-1 黑腹草蛉 *Chrysopa perla* 形态图

A. 头及前胸背板 B. 上颚 C. 爪 D. 前翅 E. 雄虫腹部末端侧面观 F. 雄虫外生殖器背面观 G、H. 雄虫外生殖器侧面观 I. 雌虫腹部末端侧面观 J. 贮精囊 K. 亚生殖板

【测量】 体长 8.5 ~ 12.0 mm，前翅长 12.0 ~ 16.0 mm，后翅长 11.0 ~ 14.0 mm。

【形态特征】 头部黄绿色，具颊斑和唇基斑，在后头之上与头顶之间具 1 条半弧形黑色条纹，与触角周围及头顶的黑色斑连在一起；头的腹面具 1 个大的黑色斑；触角达前翅翅痣,第 1 节外侧黑色，第 2 节黑色，鞭节浅褐色，到端部逐渐加深。中、后胸黄绿色，背面、侧面、腹面有黑色斑。足深绿色，具密集的黑色短毛，跗节褐色，爪基部弯曲。前翅宽大，前缘横脉列 23 ~ 27 条，黑色；径横脉 12 条，RP 脉分支 12 条；Psm-Psc 间横脉 9 条；阶脉黑色，内 / 外为 6/7；内中室椭圆形，r-m 横脉位于其上。腹部灰绿色，腹面几乎完全黑色。

【地理分布】 西藏；欧洲，俄罗斯远东地区，日本。

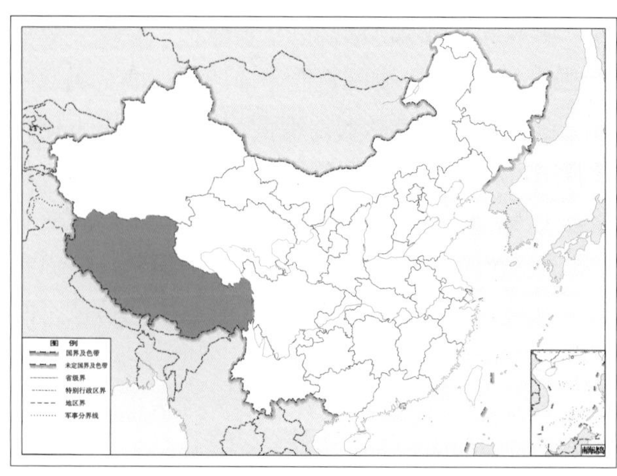

图 4-303-2 黑腹草蛉 *Chrysopa perla* 地理分布图

304. 结草蛉 *Chrysopa perplexa* McLachlan, 1887

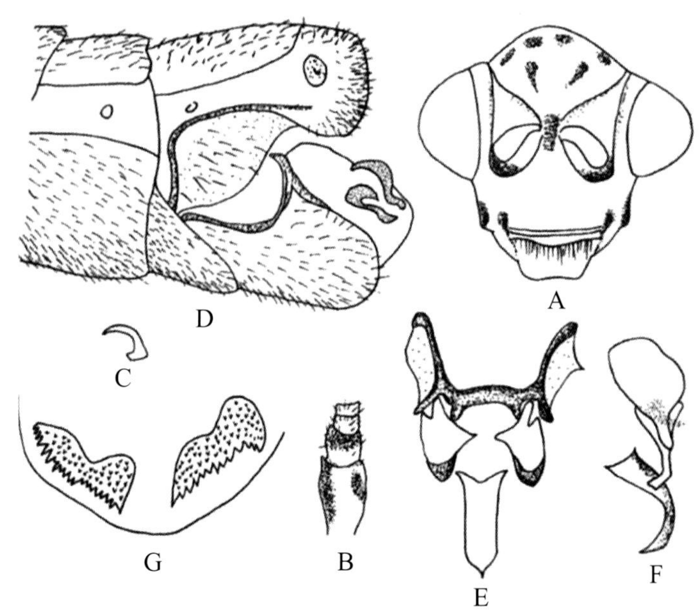

图 4-304-1 结草蛉 *Chrysopa perplexa* 形态图

A. 头 B. 触角 C. 爪 D. 雄虫腹部末端侧面观 E. 雄虫外生殖器背面观 F. 雄虫外生殖器侧面观 G. 生殖毛

【测量】 体长 10.0 mm，前翅长 13.0 mm，后翅长 12.0 mm。

【形态特征】 头部绿色，头上具 13 个黑色斑，头顶上有 4 个斑排成 1 行，其前有 2 个呈条状斑，中斑方形，角下斑新月形，颊斑半圆形，唇基斑条状；触角第 1 节黄绿色，侧背面有褐色斑，第 2 节黑褐色，其余各节浅褐色。前胸背板绿色，基部下有 1 条横沟，横沟的两端具不明显的褐色斑，侧缘长有黑色刚毛；中胸背板绿色，前盾片两侧基部各有 1 个黑褐色斑，盾片两侧前缘及后缘靠近翅的基部各有 1 个黑褐色斑；后胸背板绿色，在盾片前缘顶端各有 1 个黑褐色小斑。足绿色，跗节及爪褐色，爪简单，基部不弯曲。前翅翅痣黄绿色，内有绿色脉；前缘横脉列 23 条，近 Sc 脉端褐色；sc-r 间近翅基的脉黑色；径横脉 11 条，近 R 脉端褐色；RP 脉分支 10 条，绿色；Psm-Psc 间横脉 8 条，第 1～2 条褐色，其他为绿色；内中室呈三角形，r-m 横脉位于其上；腹部黄绿色，具灰色纤毛。

【地理分布】 黑龙江、山东、内蒙古、四川；朝鲜。

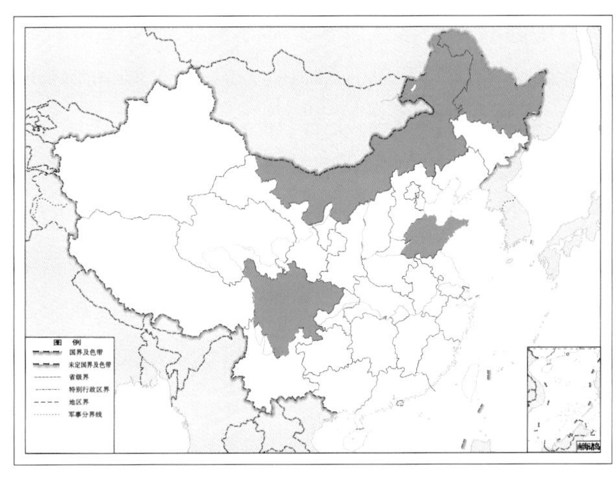

图 4-304-2 结草蛉 *Chrysopa perplexa* 地理分布图

305. 叶色草蛉 *Chrysopa phyllochroma* Wesmael, 1841

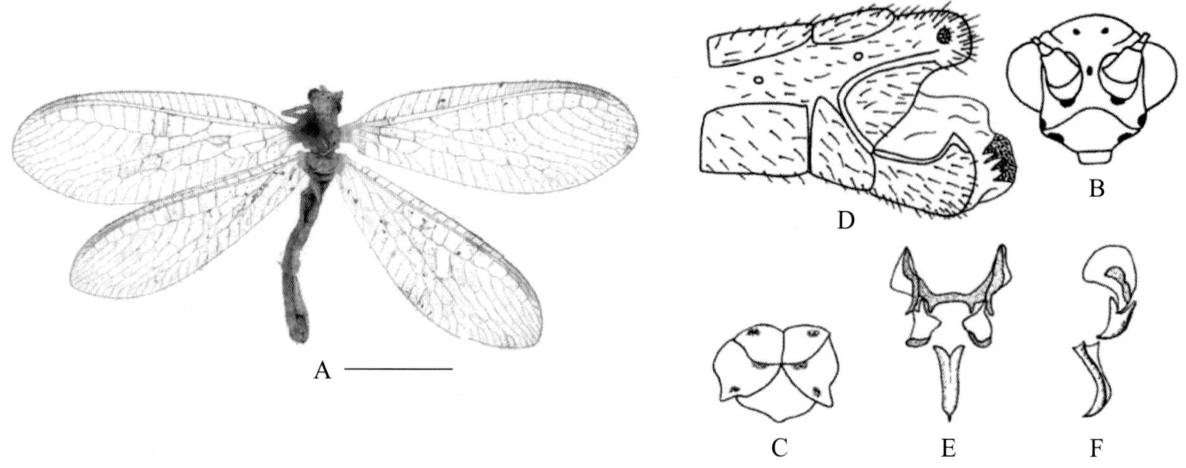

图 4-305-1 叶色草蛉 *Chrysopa phyllochroma* 形态图
（标尺：A 为 5.0 mm）
A. 成虫 B. 头 C. 中胸背板 D. 雄虫腹部末端侧面观 E. 雄虫外生殖器背面观 F. 雄虫外生殖器侧面观

【测量】 体长 8.0 ~ 10.0 mm，前翅长 12.0 ~ 14.0 mm，后翅长 10.0 ~ 12.0 mm。

【形态特征】 头部绿色，具 9 个黑褐色斑，头顶具 2 个近似椭圆形的斑，中斑近似长方形，两角下斑新月形，两颊斑近似圆形，唇基斑条状；触角第 1 节绿色，第 2 节黑褐色，鞭节黄褐色，端部颜色加深，触角长达及前翅翅痣前缘。前胸背板宽大于长，淡黄绿色，侧缘为绿色，有不同的褐色斑点，背板四周都长有黑色刚毛，以两侧为多；腹板黄绿色，中央有 1 条黑色纵带，达及前足基节基部；中部背板中部为淡绿色，小盾片前后缘各具 1 个圆形黑褐色斑；后胸和中胸颜色相同，长有灰白色毛；后胸盾片前缘两侧各有 1 条黑褐色斑纹。足从基节到股节为绿色，基节、转节上长有灰色的毛，而股节到跗节上皆为黑色刚毛，胫节基部绿色，端节绿褐色，跗节及爪黄褐色，爪简单，基部不弯曲。前翅翅痣淡黄绿色，内有绿色的脉；翅面及翅缘有黑褐色的毛，前缘横脉列在翅痣前 26 条，基部为褐色，到端部逐渐变绿色；径横脉 12 条，近 R 脉端端部褐色，第 10 ~ 12 条几乎全为褐色；RP 脉分支 13 条，近 RP 脉一端稍有褐色；内中室呈三角形，r-m 横脉位于其上；Psm-Psc 间横脉 8 条，第 1 条近 Psm 中部为褐色；阶脉绿色，内 / 外：左翅为 8/8，右翅为 6/7。腹部绿色，密生黑色毛。

【地理分布】 黑龙江、吉林、辽宁、河北、北京、山西、山东、内蒙古、新疆、甘肃、宁夏、陕西、四川、西藏、河南、湖北、湖南、安徽、江苏、浙江、福建；朝鲜，日本，俄罗斯。

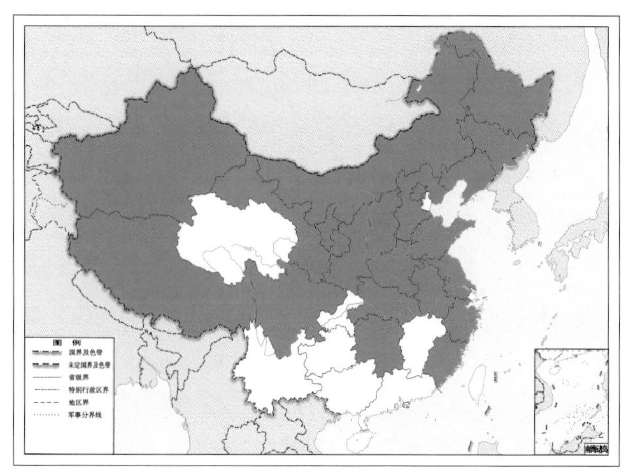

图 4-305-2 叶色草蛉 *Chrysopa phyllochroma* 地理分布图

306. 突瘤草蛉 *Chrysopa strumata* Yang & Yang, 1990

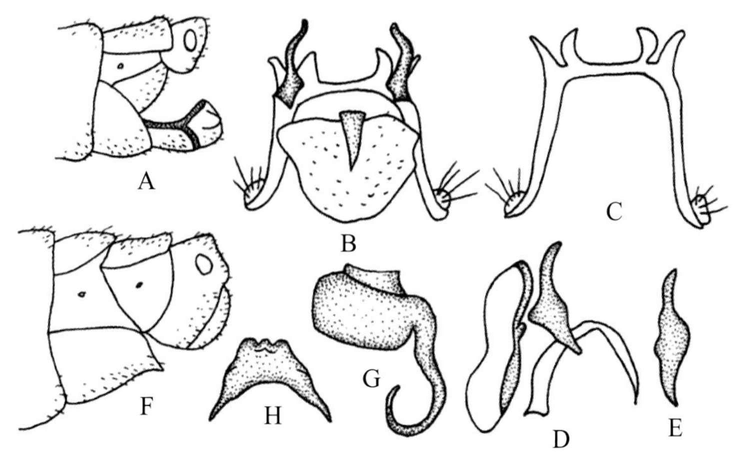

图 4-306-1 突瘤草蛉 *Chrysopa strumata* 形态图

A. 雄虫腹部末端侧面观 B. 雄虫外生殖器侧面观 C. 殖弧叶 D. 雌虫外生殖器侧面观 E. 内突 F. 雌虫腹部末端侧面观 G. 贮精囊 H. 亚生殖板

【测量】 雄虫体长 9.0 mm，前翅长 11.0 mm，后翅长 10.0 mm。

【形态特征】 头部黄绿色，具颊斑、唇基斑和中斑；触角第 1 节绿色，长宽约相等，第 2 节黑褐色，鞭节褐色。前胸背板黄绿色，有不规则的褐色斑，两侧具浓密粗刚毛，有较深的中纵沟及横沟。爪褐色，基部不弯曲。前翅前缘横脉列 25 条，径横脉 14 条，Psm-Psc 间横脉 8 条；阶脉内 / 外为 6/7；内中室呈三角形，r-m 横脉位于其上；所有纵、横脉皆绿色。雄虫腹部第 8 腹板宽大，第 9 腹板很小，后缘及上缘有骨化带；殖弧叶顶端平直，上有 2 个叶突，两角有突起，末端外侧各有 1 个毛瘤；内突两端细，中间粗。雌虫腹部末端第 7、8 腹板长度约相等。

【地理分布】 内蒙古。

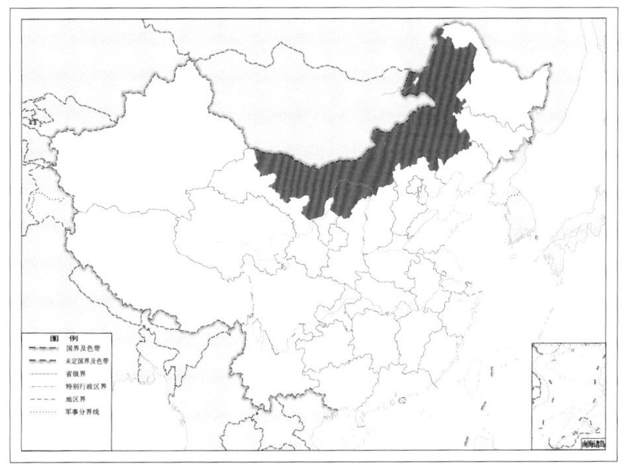

图 4-306-2 突瘤草蛉 *Chrysopa strumata* 地理分布图

307. 藏大草蛉 *Chrysopa zangda* Yang, 1987

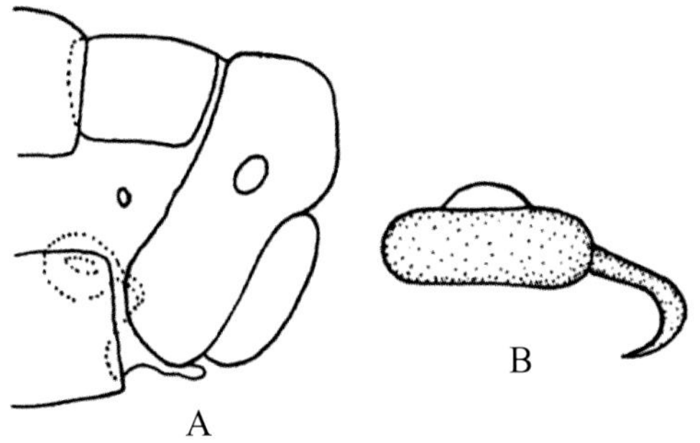

图 4-307-1 藏大草蛉 *Chrysopa zangda* 形态图

A. 雌虫腹部末端侧面观 B. 贮精囊

【测量】 体长 13.0 mm，前翅长 19.0 ~ 20.0 mm，后翅长 17.0 ~ 18.0 mm。

【形态特征】 头部黄色，无斑纹；触角黄色。胸部两侧平行，黄绿色，背中黄色，无斑纹。足黄绿色，跗节淡黄褐色，爪褐色。前翅翅痣黄绿色，脉淡绿色，仅少数脉为黑色，前缘横脉列至翅痣前有 26 ~ 28 条，基部数条的上端黑色；RP 脉分支 17 ~ 18 条，Psm-Psc 间横脉 9 条，RP 脉基部及内中室上下的横脉及 Cu 脉近后缘的 3 条脉为黑色；阶脉黑色，内 / 外为 9 ~ 10/10 ~ 12。腹部黄绿色，雌虫腹部末端侧面观肛上板狭长而顶突出成角；亚生殖板突伸肛上板外，中突宽；贮精囊圆形、背突小。

【地理分布】 西藏。

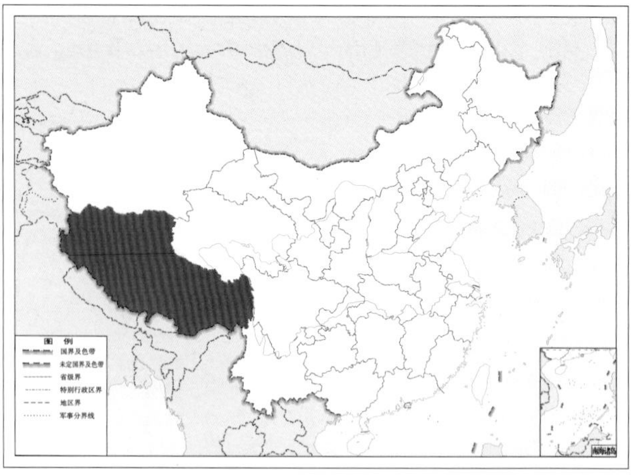

图 4-307-2 藏大草蛉 *Chrysopa zangda* 地理分布图

308. 张氏草蛉 *Chrysopa* (*Euryloba*) *zhangi* Yang, 1991

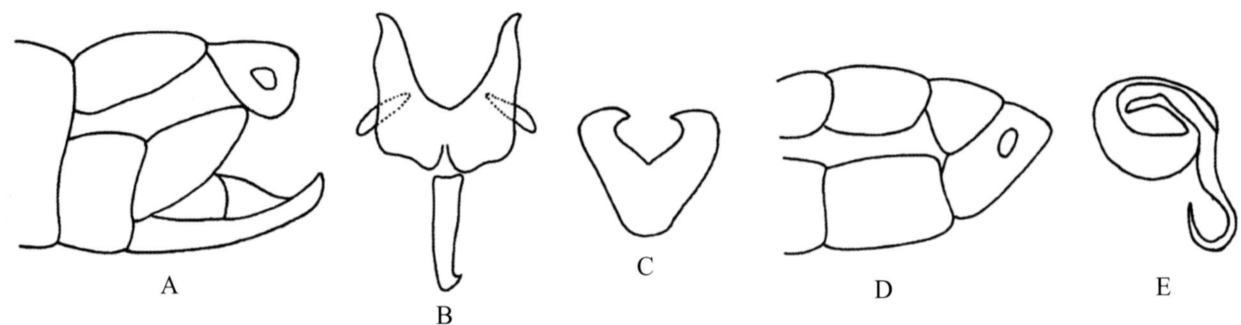

图 4-308-1 张氏草蛉 *Chrysopa* (*Euryloba*) *zhangi* 形态图

A. 雄虫腹部末端侧面观 B. 雄虫外生殖器侧面观 C. 亚生殖板 D. 雌虫腹部末端侧面观 E. 贮精囊

【测量】 雄虫（干制）体长 6.0 ~ 6.2 mm，前翅长 6.6 ~ 7.0 mm，后翅长 5.6 ~ 6.4 mm。

【形态特征】 头部黄绿色，无斑；触角与前翅等长或更长，浅黄色。胸背板中央为黄色纵带，两侧绿色；前胸背板两侧有黑褐色刚毛，基部有 1 条横沟，沟前中央有 1 个小瘤突。前翅翅痣黄绿色、内有脉；所有横脉皆黑色，纵脉绿色；前缘横脉列 19 条，Psm-Psc 间横脉 8 条，第 2 ~ 6 条中间绿色两端褐色；内中室呈三角形，r-m 横脉位于其上；阶脉黑色，内 / 外为 6/7。雄虫腹部末端第 8 腹板大，侧面观方形；第 9 腹板细长。雌虫腹部末端第 7 腹板短于第 8+9 背板；肛上板长方形。

【地理分布】 新疆。

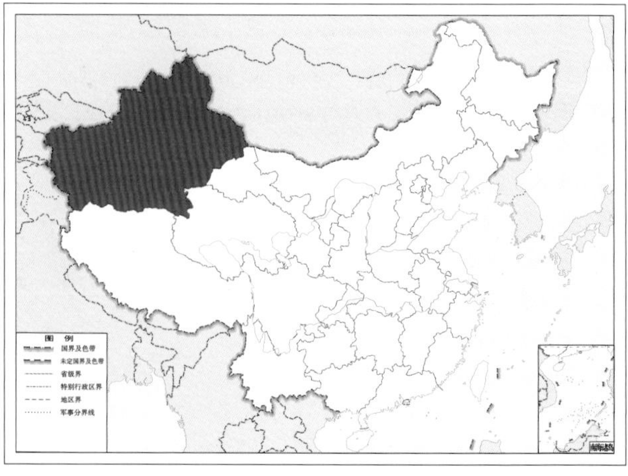

图 4-308-2 张氏草蛉 *Chrysopa* (*Euryloba*) *zhangi* 地理分布图

（五二）通草蛉属 *Chrysoperla* Steinmann, 1964

【鉴别特征】 头部一般具颊斑和唇基斑，有的种类无斑；上颚不对称，左上颚基部具齿；触角每节具4个毛圈，长度短于前翅，鞭节各节长是宽的2～3倍。胸背中央具黄色或白色纵带，有的种类两侧具红色斑。前翅透明、无斑；内中室窄小，r-m横脉一般位于其端部或外侧。足细长无斑，爪附齿式。腹部背面中央多具黄色纵带。雄虫第8、9腹板愈合，端部呈瘤突状缢缩；外生殖器具殖弧梁，无伪阳茎和殖下片；殖弧叶具1对内突和1个中突；雌虫亚生殖板端部双叶状，基部凹洼或伸长成柄状，贮精囊囊体较扁，腹痕明显，膜突不甚长。

【地理分布】 古北界、东洋界、新北界、新热带界。

【分类】 目前全世界已知169种，中国已知16种、1亚种，本图鉴收录16种。

中国通草蛉属 *Chrysoperla* 分种检索表

1. 前后翅阶脉整个绿色 ······ 2
  前后翅阶脉非整个绿色 ······ 7
2. 触角间具X或Y形黑色斑 ······ 3
  触角间无X或Y形黑色斑 ······ 4
3. 触角黑褐色，唇基及上唇非黑色 ······ **叉通草蛉 *Chrysoperla furcifera***
  触角非黑褐色，唇基及上唇黑色 ······ **松氏通草蛉 *Chrysoperla savioi***
4. 前胸背板两侧绿色 ······ 5
  前胸背板两侧褐色 ······ 6
5. 胸背两侧无明显的黑色刚毛，r-m横脉位于内中室之外 ······ **普通草蛉 *Chrysoperla carnea***
  胸背两侧有明显的黑色刚毛，r-m横脉位于内中室之上 ······ **小齿通草蛉 *Chrysoperla annae***
6. 前翅整个脉黄绿色 ······ **藏通草蛉 *Chrysoperla xizangana***
  前翅前缘横脉列近Sc脉端稍有褐色；Cu脉第1、2条褐色，第3条近Psc端褐色 ······
  ······ **榆林通草蛉 *Chrysoperla yulinica***
7. 前翅阶脉黑色，后翅阶脉绿色 ······ 8
  前后翅阶脉均绿色 ······ 9
8. 头部无斑；前翅前缘横脉列黄色 ······ **单通草蛉 *Chrysoperla sola***
  头部具斑；前翅前缘横脉列近Sc脉端褐色 ······ **长尾通草蛉 *Chrysoperla longicaudata***
9. 头上无斑 ······ 10
  头上具斑 ······ 11
10. 前翅前缘横脉列及径横脉皆绿色 ······ **雅通草蛉 *Chrysoperla bellatula***
  前翅前缘横脉列及径横脉部分脉为中间绿色两端褐色 ······ **海南通草蛉 *Chrysoperla hainanica***
11. 前翅径横脉中间绿色两端褐色 ······ 12
  前翅径横脉近R脉端黑色 ······ **突通草蛉 *Chrysoperla thelephora***

12. 前翅 Psm-Psc 第 1、2、8 条脉褐色或黑褐色，其余中间绿色两端褐色 ……………………………… 13
前翅 Psm-Psc 第 1、2、8 条脉黑褐色，其余皆黄绿色 ………………………………………………… 14
13. 后翅后径脉的分支绿色 …………………………………………………… **优脉通草蛉 *Chrysoperla euneura***
后翅后径脉的分支近 RP 脉端褐色 ………………………………… **日本通草蛉 *Chrysoperla nipponensis***
14. 前翅 Psm-Psc 第 3 ~ 7 条脉全部绿色 ………………………………… **舟山通草蛉 *Chrysoperla chusanina***
前翅 Psm-Psc 第 3 ~ 7 条脉近 Psc 脉端褐色 …………………………… **秦通草蛉 *Chrysoperla qinlingensis***

注：日本通草蛉江苏亚种 *Chrysoperla nipponensis adaptata* Yang & Yang, 1990 不在该检索表内。

309. 小齿通草蛉 *Chrysoperla annae* Brooks, 1994

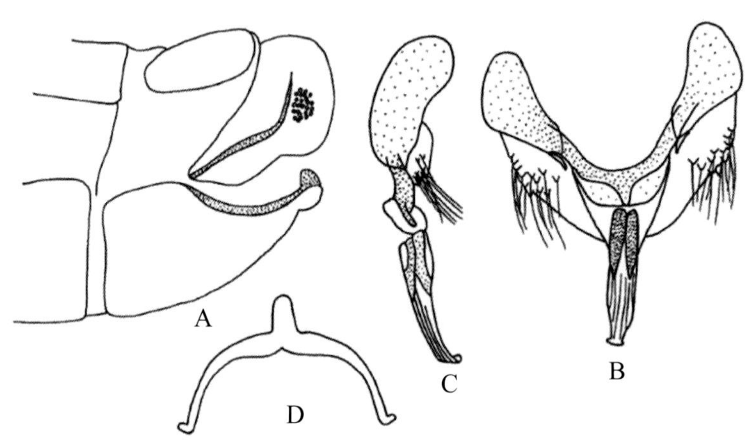

图 4-309-1 小齿通草蛉 *Chrysoperla annae* 形态图

A. 雄虫腹部末端侧面观 B. 雄虫外生殖器背面观 C. 雄虫外生殖器侧面观 D. 殖弧梁

【测量】 雄虫前翅长 13.5 mm。

【形态特征】 头部具红褐色的颊斑和唇基斑；额缝红色；触角短于前翅。前胸背板中央具黄色纵带，两侧具黑色短毛。前翅翅痣内有明显的脉，翅脉均为绿色，前缘横脉列 25 条，径横脉 11 条，RP 脉分支 13 条；Psm-Psc 间横脉 8 条；内中室呈三角形，r-m 横脉位于其顶不远；阶脉内 / 外为 6 ~ 7/7 ~ 9。雄虫腹部末端第 9 背板短小，第 8+9 腹板末端腹面观较宽，侧面观端部瘤突较小。

【地理分布】 西藏；缅甸。

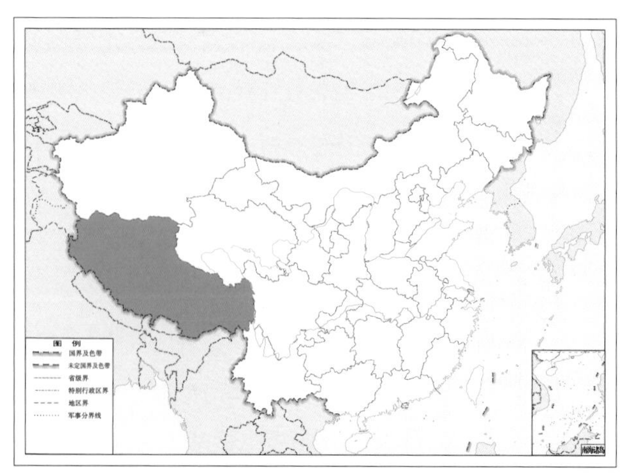

图 4-309-2 小齿通草蛉 *Chrysoperla annae* 地理分布图

310. 雅通草蛉 *Chrysoperla bellatula* Yang & Yang, 1992

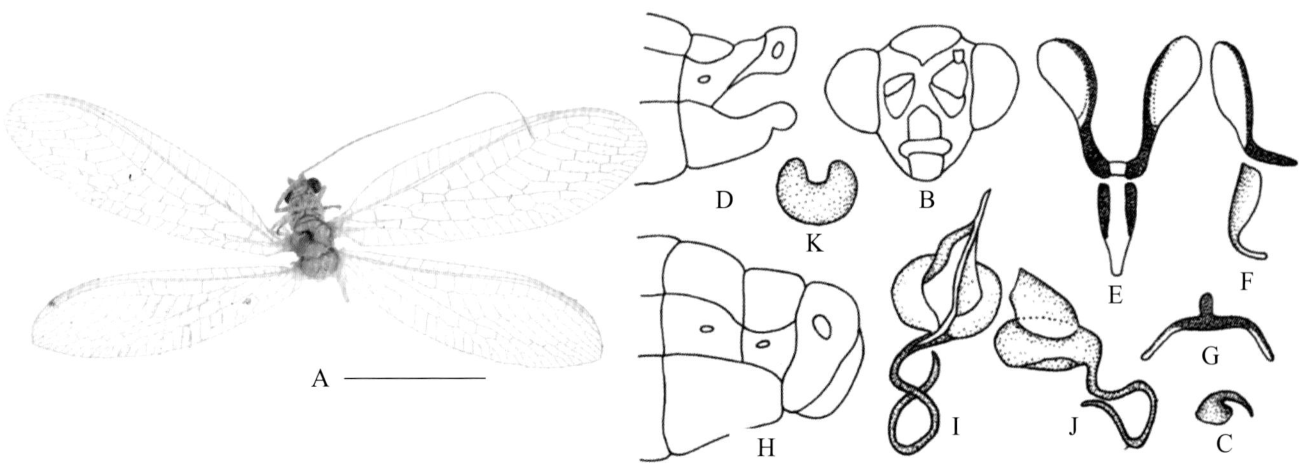

图 4-310-1 雅通草蛉 *Chrysoperla bellatula* 形态图

（标尺：A 为 5.0 mm）

A. 成虫 B. 头 C. 爪 D. 雄虫腹部末端侧面观 E. 雄虫外生殖器背面观 F. 雄虫外生殖器侧面观 G. 殖弧梁 H. 雌虫腹部末端侧面观 I. 贮精囊背面观 J. 贮精囊侧面观 K. 亚生殖板

【测量】 雄虫（干制）体长 8.7 mm，前翅长 11.3 mm，后翅长 8.3 mm。

【形态特征】 头部黄色，无斑；触角第 1 节黄色，第 2 节及鞭节黄褐色。胸背中央具黄色纵带，两侧黄绿色，具灰色毛。足黄绿色，跗节及爪黄褐色，爪基部弯曲。前翅翅痣浅黄色，前缘横脉列 24 条，绿色，亚前缘区间近翅基的横脉褐色，翅端的绿色；径横脉 12 条，绿色；RP 脉的分支 12 条，第 1 条为黑色，第 2 ~ 4 条近 Psm 脉端褐色，其余皆绿色；Psm-Psc 间横脉 8 条，第 2、8 条黑色，其余皆绿色；肘脉黑色；内中室呈三角形，r-m 横脉位于其上；阶脉黑色，内 / 外为 7/9。腹部背板黄色，腹板黄褐色，具灰色毛。雄虫外生殖器的殖弧叶两端膨大，近中部收缩，在中部向外突出，使中间背面观好像多了 1 个小骨片；中突基部宽大，端部尖细，两边有较深的骨化带；殖弧梁中突长，两端较细。雌虫触角长超过翅痣，但短于前翅；腹部第 7 背板大于第 8 背板；肛上板上端粗、下端细；亚生殖板顶端两叶稍尖，外侧圆滑，底边稍平；贮精囊膜突台体，稍弯曲，囊盘扁平。

【地理分布】 海南。

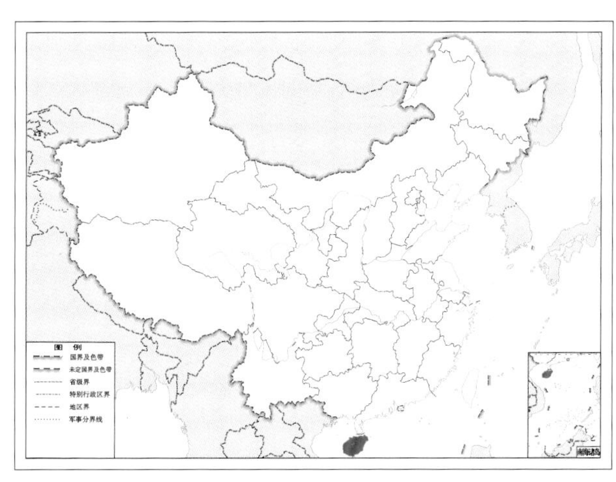

图 4-310-2 雅通草蛉 *Chrysoperla bellatula* 地理分布图

311. 普通草蛉 *Chrysoperla carnea* (Stephens, 1836)

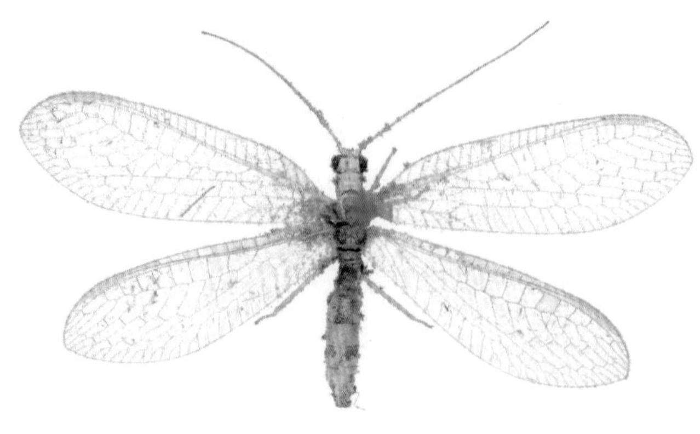

A

图 4-311-1 普通草蛉 *Chrysoperla carnea* 成虫图

（标尺：A 为 5.0 mm）

【测量】 体长 10.0 ~ 12.0 mm，前翅长 9.0 ~ 14.0 mm，后翅长 7.0 ~ 12.0 mm。

【形态特征】 头部具颊斑和唇基斑；触角黄绿色，短于前翅。胸背板两侧绿色，中央具黄色纵带。前翅翅痣黄绿色，透明，无脉，前缘横脉列 28 条，径横脉 12 条，RP 脉 13 条，Psm-Psc 间横脉 8 条；内中室呈三角形，r-m 横脉位于其外；阶脉绿色，内 / 外为 6/8；Cu 脉褐色。腹部背面具黄色纵带，两侧绿色，腹面黄绿色。

【地理分布】 河北、北京、山西、陕西、河南、山东、内蒙古、新疆、云南、四川、湖北、安徽、上海、广西、广东；古北界。

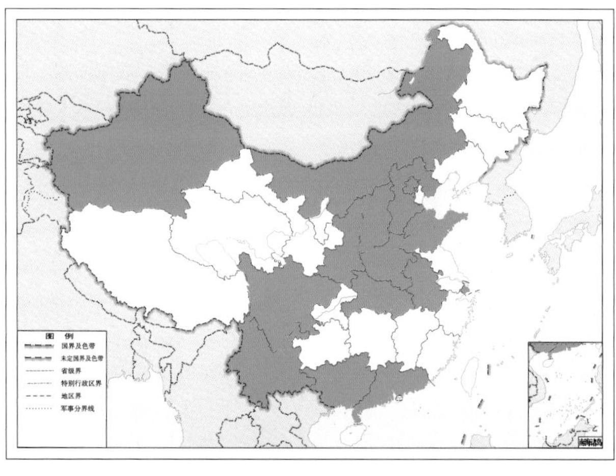

图 4-311-2 普通草蛉 *Chrysoperla carnea* 地理分布图

312. 舟山通草蛉 *Chrysoperla chusanina* (Navás, 1933)

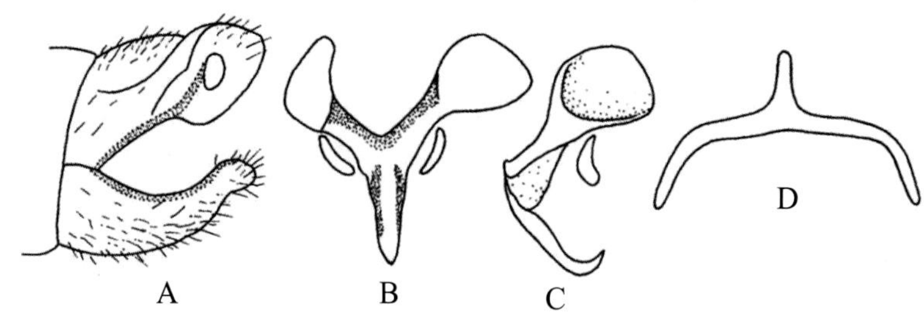

图 4-312-1 舟山通草蛉 *Chrysoperla chusanina* 形态图

A. 雄虫腹部末端侧面观 B. 雄虫外生殖器背面观 C. 雄虫外生殖器侧面观 D. 殖弧梁

【形态特征】 头部具明显的颊斑和唇基斑；触角黄褐色。胸背中央具黄色纵带；前胸背板两侧褐色，中、后胸背板两侧黄绿色。前翅前缘横脉列 20 ~ 22 条，近 Sc 脉端褐色，sc-r 间横脉浅褐色；径横脉 11 条，两端褐色，中间黄绿色；RP 脉分支 11 条，第 1 条褐色，第 2 ~ 5 条近 Psm 脉端褐色；Psm-Psc 间横脉 8 条，第 1、2、8 条为褐色，其余皆黄绿色；内中室呈三角形，r-m 横脉位于其顶端之外；阶脉黑色，内 / 外为 4/6；Cu 脉黑褐色。

【地理分布】 浙江。

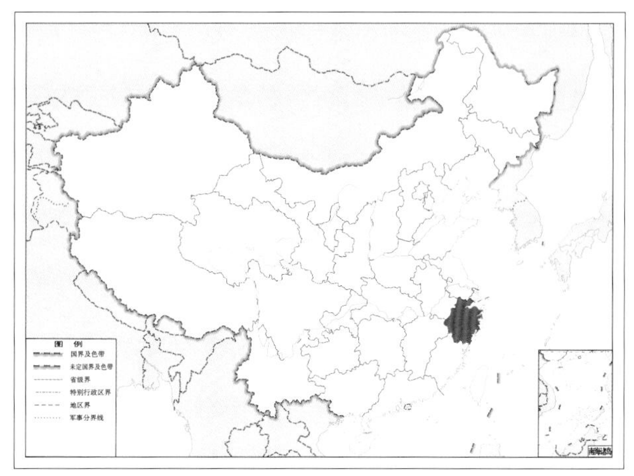

图 4-312-2 舟山通草蛉 *Chrysoperla chusanina* 地理分布图

313. 优脉通草蛉 *Chrysoperla euneura* Yang & Yang, 1993

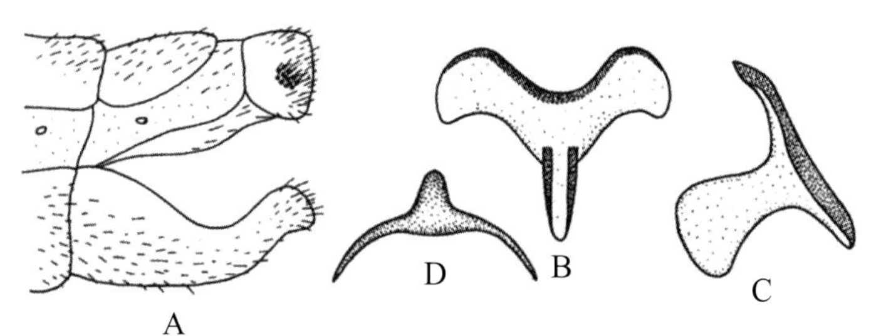

图 4-313-1 优脉通草蛉 *Chrysoperla euneura* 形态图

A. 雄虫腹部末端侧面观 B. 雄虫外生殖器背面观 C. 雄虫外生殖器侧面观 D. 殖弧梁

【测量】 雄虫体长 6.0 mm，前翅长 10.1 mm，后翅长 8.0 mm。

【形态特征】 头部黄色，两颊及触角与复眼间有褐色斑纹；颊斑及唇基斑黑褐色，以条状相连；触角第 1、2 节黄褐色，鞭节端部黑褐色。胸背两侧暗绿色，中央具黄色纵带。足黄绿色，跗节及爪褐色，爪基部弯曲。前翅翅痣黄绿色，透明，痣内无脉；前缘横脉列 19 条，近 Sc 脉端褐色；sc-r 间的横脉淡绿色；径横脉 9 条，中间绿色，两端褐色，第 9 条全褐色；RP 脉分支 10 条，第 1、3 条褐色，第 2、4、5 条近 Psm 脉端褐色，其余皆绿色；Psm-Psc 间横脉 8 条脉，第 1、2、7、8 条为黑褐色，第 3 ~ 6 条中间绿色，两端褐色；内中室呈三角形，r-m 横脉位于其外；Cu 脉黑色；阶脉黑色，内 / 外为 5/6。腹部末端侧面观，肛上板近方形，第 8、9 腹板愈合，末端呈瘤状突。雄虫外生殖器殖弧叶两端及中间皆膨大，中突的两边骨化明显；殖弧梁中间厚，两端细。

【地理分布】 贵州、福建。

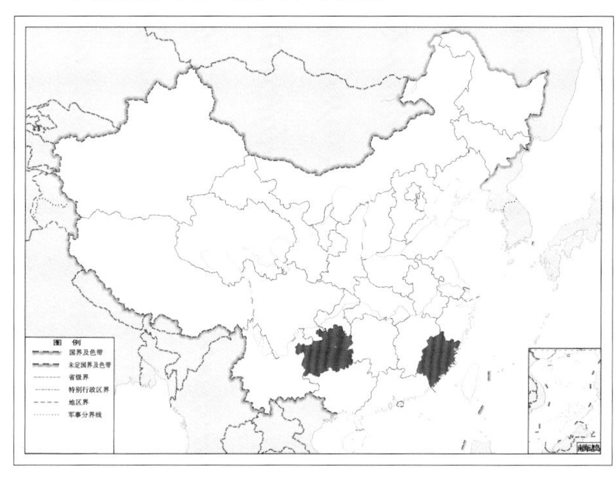

图 4-313-2 优脉通草蛉 *Chrysoperla euneura* 地理分布图

314. 叉通草蛉 *Chrysoperla furcifera* (Okamoto, 1914)

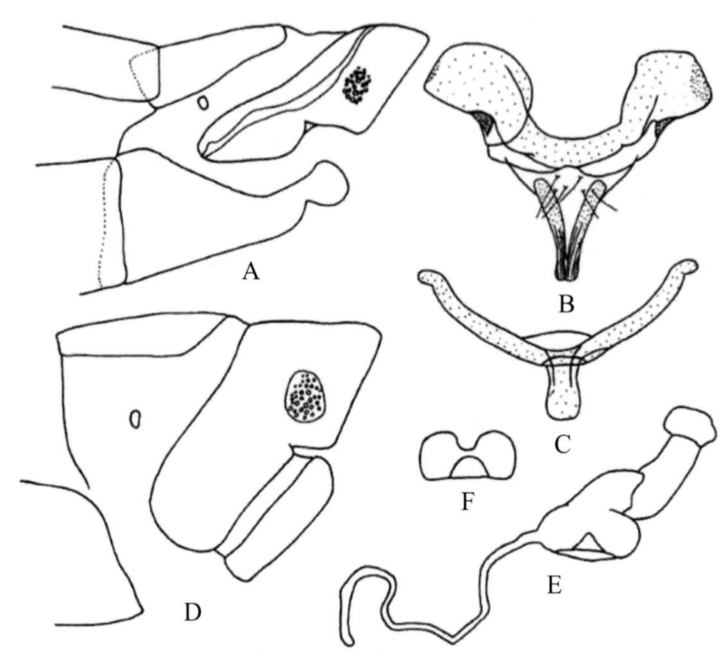

图 4-314-1 叉通草蛉 *Chrysoperla furcifera* 形态图

A. 雄虫腹部末端侧面观 B. 雄虫外生殖器背面观 C. 殖弧梁 D. 雌虫腹部末端侧面观 E. 贮精囊 F. 亚生殖板

【测量】 体长 9.0 ~ 11.0 mm，前翅长 11.0 ~ 14.0 mm，后翅长 10.0 ~ 12.5 mm。

【形态特征】 头部乳黄色或黄绿色，头顶两侧及通过触角间至触角下，形成 X 形黑色斑纹，颜唇基区黄褐色或黄绿色，具颊斑和唇基斑；有的个体 X 形斑褐色；下颚须第 1、2 节黄褐色，3 ~ 5 节黑色；下唇须第 1 节黄褐色，第 2、3 节黑褐色。触角第 1 节外侧具黑色纵带，内侧具黑褐色圆斑，第 2 节黑褐色，鞭节由褐色至深褐色。胸部背面深绿色至暗绿色，腹面黄绿色或绿色；前胸背板前缘侧角各具 1 个褐色或黑褐色的斑。翅窄细，所有纵、横脉均深绿色或暗绿色；r-m 横脉位于内中室的端部或外侧；前翅阶脉内 / 外为 6/9，后翅为 5/8；雌虫前翅阶脉内 / 外为 8 ~ 9/9 ~ 10，后翅为 7 ~ 10/8 ~ 10。腹部背面黄绿色或暗绿色，侧面和腹面浅绿色或黄绿色。足黄绿色，跗节褐色，爪简单。

【地理分布】 云南、四川、台湾；日本，东南亚。

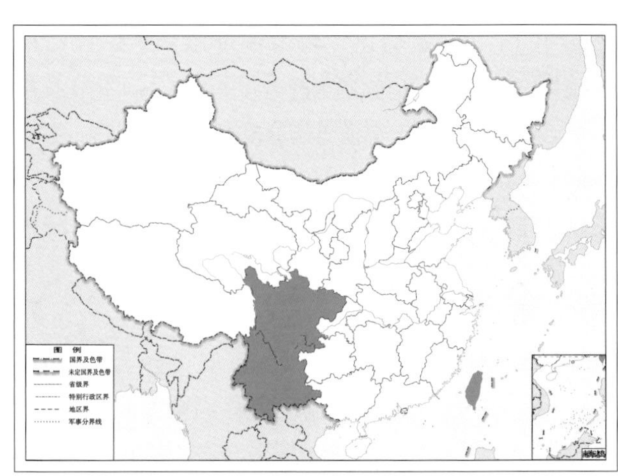

图 4-314-2 叉通草蛉 *Chrysoperla furcifera* 地理分布图

315. 海南通草蛉 *Chrysoperla hainanica* Yang & Yang, 1992

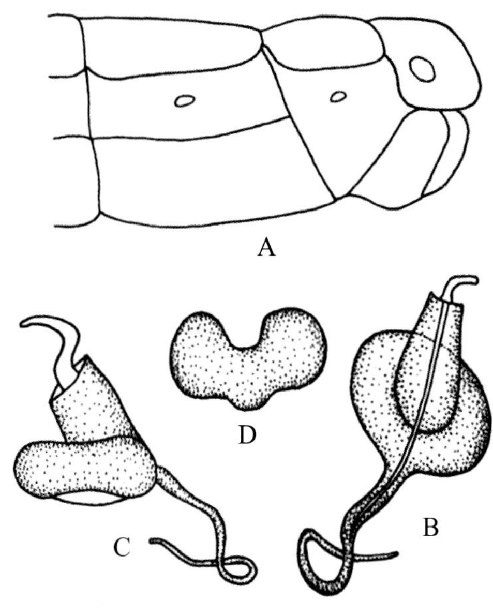

图 4-315-1 海南通草蛉 *Chrysoperla hainanica* 形态图
A. 雌虫腹部末端侧面观 B. 贮精囊背面观 C. 贮精囊侧面观 D. 亚生殖板

【测量】 雌虫（干制）体长 7.3 mm，前翅长 10.8 mm，后翅长 9.7 mm。

【形态特征】 头顶及颜面黄色，其他部位黄褐色，无斑；沿颚颊沟有浅褐色斑纹。胸背板两边绿色，中央为黄色纵带；前胸背板近顶角处黄褐色，具中横脊。足黄绿色，爪黄褐色，基部弯曲。前翅翅痣浅黄色；前缘横脉列 20 条，第 1、2 条绿色，第 3、4 条近前缘脉 C 端褐色，第 5 ~ 10 条两端褐色，中部绿色，第 11 ~ 20 条近亚前缘脉 Sc 端褐色；前翅前缘横脉及径横脉部分脉中间绿色两端褐色；径横脉 11 条，第 8 ~ 11 条褐色，其余皆中间绿色，两端褐色；RP 脉分支 11 条，第 1、2 条黑色，第 3 ~ 6 条中部绿色，两端褐色，其余近 RP 脉端褐色；伪中脉及伪肘脉间横脉 8 条，第 1 条绿色，第 2、7、8 条褐色，余皆中部绿色；内中室呈三角形，r-m 横脉位于其顶端；Cu1 脉、Cu3 脉绿色，Cu2 脉褐色；阶脉黑色，内 / 外为 6/7。雌虫腹部背板黄色；腹板黄褐色，具灰色毛；第 7 背板长度是第 8 背板的 2 倍，第 7 腹板的后缘斜切；肛上板近方形；亚生殖板扁宽，底部中央突出；贮精囊膜突柱状。

【地理分布】 海南。

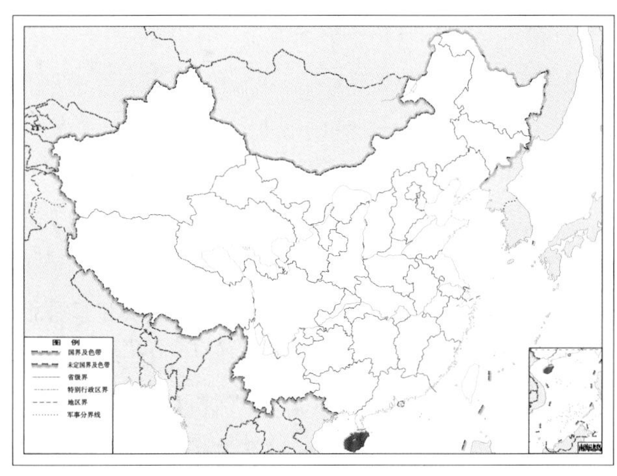

图 4-315-2 海南通草蛉 *Chrysoperla hainanica* 地理分布图

316. 长尾通草蛉 *Chrysoperla longicaudata* Yang & Yang, 1992

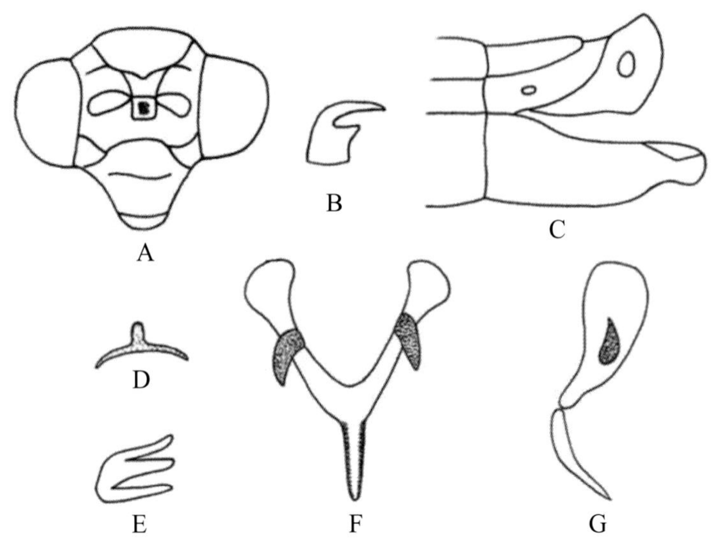

图 4-316-1 长尾通草蛉 *Chrysoperla longicaudata* 形态图

A. 头 B. 爪 C. 雄虫腹部末端侧面观 D. 雄虫外生殖器背面观 E. 雄虫外生殖器侧面观 F. 殖弧梁 G. 殖下片

【测量】 雄虫（浸泡）体长 5.7 mm，前翅长 8.7 mm，后翅长 7.3 mm。

【形态特征】 头部黄褐色，有中斑、颊斑和唇基斑；触角第 1 节黄褐色，外侧有黑褐色条斑，第 2 节褐色，鞭节深褐色。前胸背板中为淡黄色，两边黄褐色，基部有横沟，向两后角延伸；中、后胸中部黄色，两边黄褐色。足黄褐色，爪褐色，基部弯曲。前翅前缘横脉列 18 条，近 Sc 脉端褐色；亚前缘区间横脉绿色；径横脉 9 条，黄褐色；RP 脉分支 9 条，第 1 ~ 3 条近伪中脉 Psm 脉端褐色；伪中、肘脉间的脉 8 条，黄绿色；Cu1 脉及 Cu2 脉褐色，Cu3 脉黄绿色；内中室呈三角形，r-m 横脉位于其上；阶脉浅黑色，内 / 外为 3/4。腹部第 8+9 腹板比肛上板长许多，因此叫长尾通草蛉。雄虫外生殖器的殖弧叶整个较细；中突基部稍粗，向后弯曲；内突基部宽而端部尖；殖弧梁短小；下生殖板成叉状分开。

【地理分布】 广东。

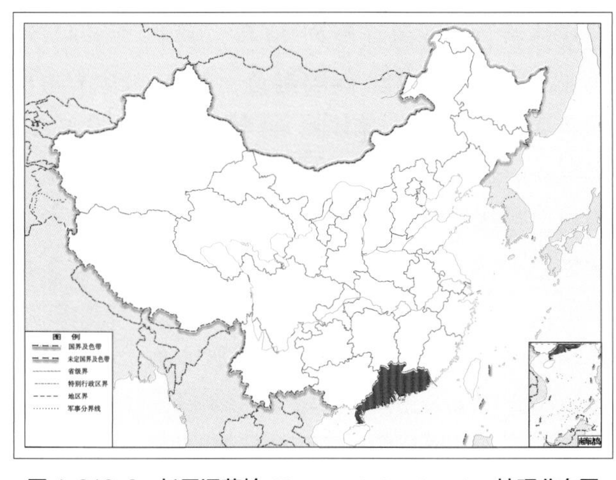

图 4-316-2 长尾通草蛉 *Chrysoperla longicaudata* 地理分布图

317. 日本通草蛉 *Chrysoperla nipponensis* (Okamoto, 1914)

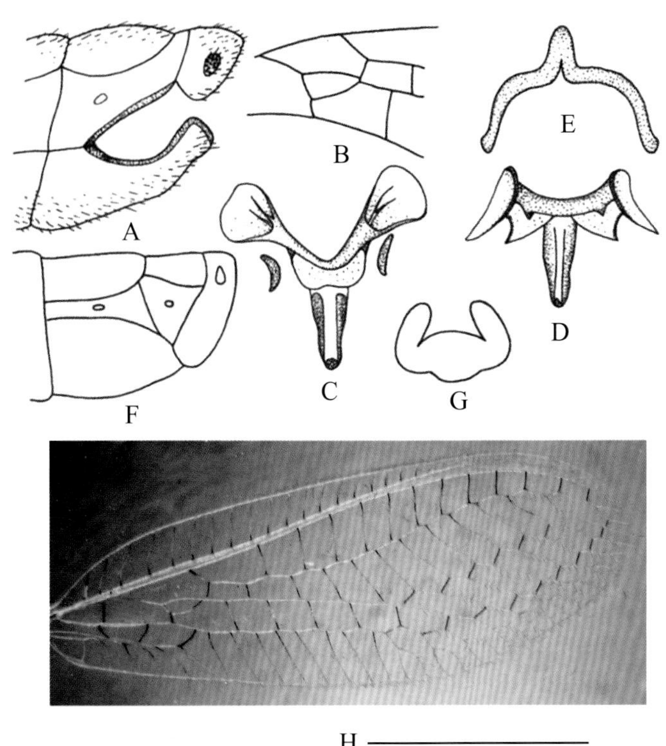

图 4-317-1 日本通草蛉 *Chrysoperla nipponensis* 形态图

（标尺：H 为 5.0 mm）

A. 雄虫腹部末端侧面观 B. 内中室 C、D. 雄虫外生殖器 E. 殖弧梁 F. 雌虫腹部末端侧面观 G. 亚生殖板 H. 前翅

【测量】 体长 9.5 ~ 10.0 mm，前翅长 12.0 ~ 14.0 mm，后翅长 11.0 ~ 13.0 mm。

【形态特征】 头部黄色，具黑褐色颊斑和唇基斑；触角第 1、2 节黄色，鞭节黄褐色。胸背板、腹背板中央具黄色纵带；前胸背板两侧边缘褐色。足黄绿色，具褐色毛；径节、跗节及爪褐色，爪基部弯曲。前翅前缘横脉列 22 条，近 Sc 脉端褐色；径横脉 11 条，第 1 ~ 8 条中间绿色，两端褐色，第 9 ~ 11 条褐色；RP 脉分支 11 条，第 1、2 条褐色，第 3 ~ 5 条中间绿色，两端褐色，其余近 RP 脉端褐色；Psm-Psc 间横脉 8 条，第 1、2、8 条褐色，其余皆浅绿色；内中室呈三角形，r-m 横脉位于其外；Cu 脉褐色；阶脉褐色或黑色，内 / 外：左翅为 5/7，右翅为 6/8。腹部背面为黄色纵带，两侧绿色；腹面浅黄色，具灰色毛。

【地理分布】 黑龙江、吉林、辽宁、河北、北京、山西、山东、内蒙古、甘肃、陕西、云南、贵州、四川、江苏、浙江、福建、广西、广东、海南；蒙古，俄罗斯，朝鲜，日本，菲律宾。

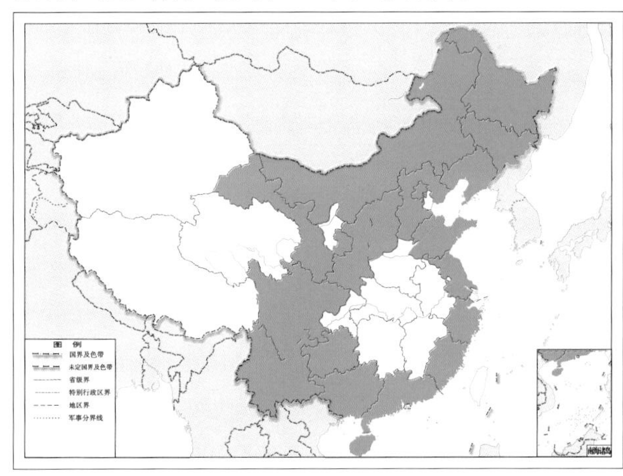

图 4-317-2 日本通草蛉 *Chrysoperla nipponensis* 地理分布图

318. 日本通草蛉江苏亚种 *Chrysoperla nipponensis adaptata* Yang & Yang, 1990

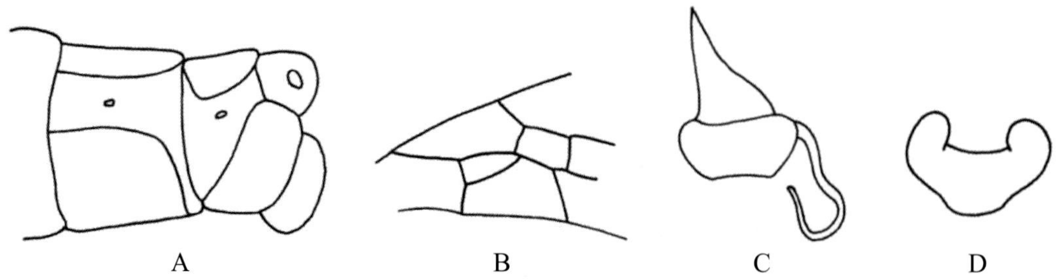

图 4-318-1 日本通草蛉江苏亚种 *Chrysoperla nipponensis adaptata* 形态图

A. 雌虫腹部末端侧面观 B. 内中室 C. 贮精囊 D. 亚生殖板

【测量】 雌虫（干制）体长 11.0 mm，前翅长 14.0 mm，后翅长 12.0 mm。

【形态特征】 头部无斑。胸部背面具有黄色纵带，前胸背板两侧褐色，中后胸为绿色。前后翅的脉皆绿色；前翅前缘横脉列 20 条，RP 脉分支 12 条；内中室呈三角形，r-m 横脉位于其外。腹部黄褐色，具黄色中纵带；第 7 背板是第 8 背板长的 2 倍。

【地理分布】 江苏。

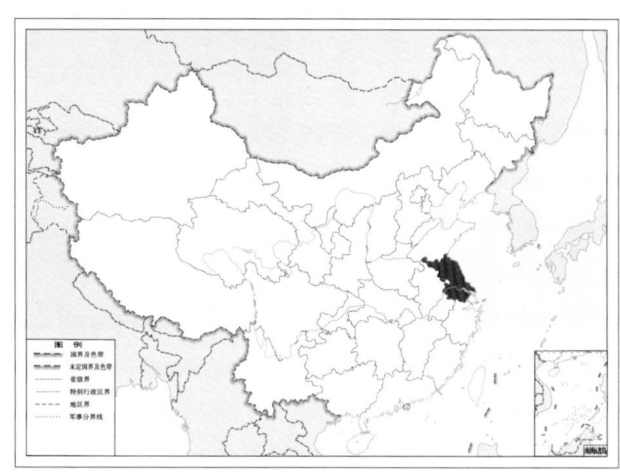

图 4-318-2 日本通草蛉江苏亚种 *Chrysoperla nipponensis adaptata* 地理分布图

319. 秦通草蛉 *Chrysoperla qinlingensis* Yang & Yang, 1989

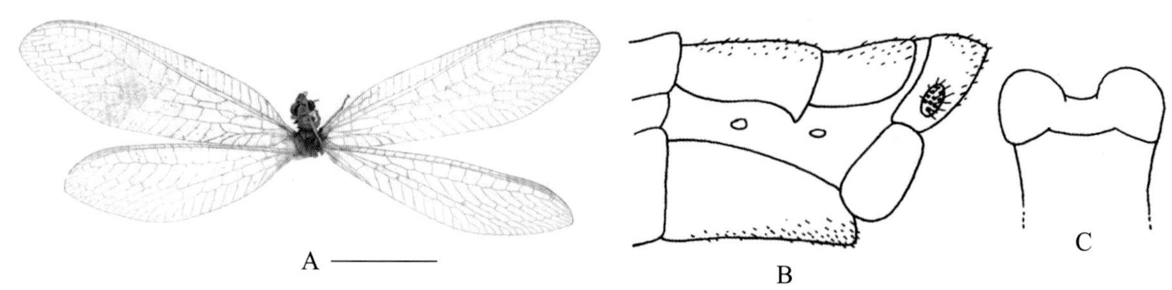

图 4-319-1 秦通草蛉 *Chrysoperla qinlingensis* 形态图

（标尺：A 为 5.0 mm）

A. 成虫 B. 雌虫腹部末端侧面观 C. 亚生殖板

【测量】 雌虫（干制）体长 10.6 mm，前翅长 13.4 mm，后翅长 13.1 mm。

【形态特征】 头部黄褐色，具黑色颊斑及唇基斑；触角第 1 节黄褐色，第 2 节黄色，鞭节基部黄色，端部黄褐色。胸部背面具有黄色纵带，前胸背板两边褐色，具灰色毛，有中纵脊；中后胸两边黄褐色。足黄绿色，具褐色毛，跗节黄褐色，爪褐色，基部弯曲。前翅翅痣黄绿色，内无脉；前缘横脉列 29 条，近 Sc 脉端黑褐色；sc-r 间近翅基的横脉褐色，翅端的透明；横脉 11 条，第 1 ~ 9 条中段绿色，第 10 ~ 11 条黑褐色；RP 脉分支 13 条，第 1、2 条黑褐色，第 3 ~ 5 条浅绿色，其余皆绿色；Psm-Psc 间横脉 8 条，第 1、2、8 条黑褐色，其余近 Psc 脉端褐色；内中室呈三角形，r-m 脉位于其外；Cu 脉褐色；阶脉黑色，内 / 外为 7/8。腹部背板、腹板皆黄褐色，具灰色毛；腹部末端向后上方倾斜，背板 7 大于背板 8，第 7 腹板的上缘呈抛物线形，肛上板细长；亚生殖板底缘由于向内凹陷分三部分，下边连 1 块很长的骨化较弱的骨板。

【地理分布】 陕西。

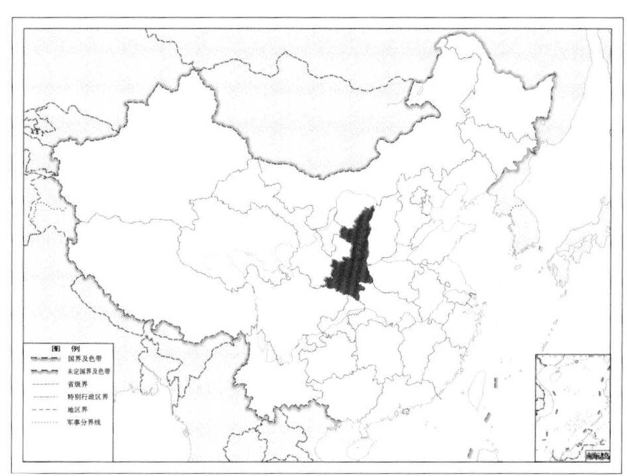

图 4-319-2 秦通草蛉 *Chrysoperla qinlingensis* 地理分布图

320. 松氏通草蛉 *Chrysoperla savioi* (Navás, 1933)

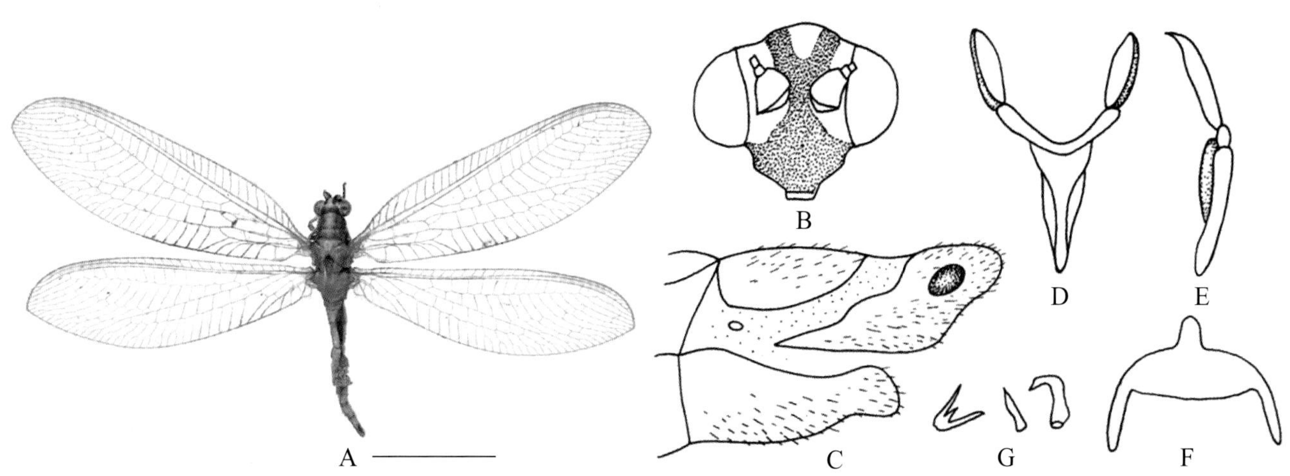

图 4-320-1 松氏通草蛉 *Chrysoperla savioi* 形态图

（标尺：A 为 5.0 mm）

A. 成虫 B. 头 C. 雄虫腹部末端侧面观 D. 雄虫外生殖器背面观 E. 雄虫外生殖器侧面观 F. 殖弧梁 G. 殖下片

【测量】 体长 10.0 ~ 12.0 mm，前翅长 11.0 ~ 15.0 mm，后翅长 9.0 ~ 13.0 mm。

【形态特征】 体绿色，头部鲜黄色；触角间向上伸至头顶中央有 1 个 Y 形大的黑色斑，下端与额唇基的三角形大的黑色斑相接；触角约与前翅等长，第 1 节较宽扁、黄色，内外两侧各具 1 个黑色纵条斑，第 2 节褐色，其余为淡褐色。胸部背面中央具黄色纵带，两侧暗绿色。翅透明，翅脉皆绿色，翅痣绿色，内中室呈三角形，r-m 横脉位于其外。腹部黄绿色，密生短黑毛；雄虫腹部末端第 9 腹板短小呈瘤状。雄虫的殖弧叶两端稍膨大，边缘向内弯折；中突基部粗，到端部变细；内突退化；殖弧梁中部膨宽。

【地理分布】 河北、北京、云南、贵州、湖北、湖南、安徽、江西、浙江、福建、台湾、广西、广东、香港。

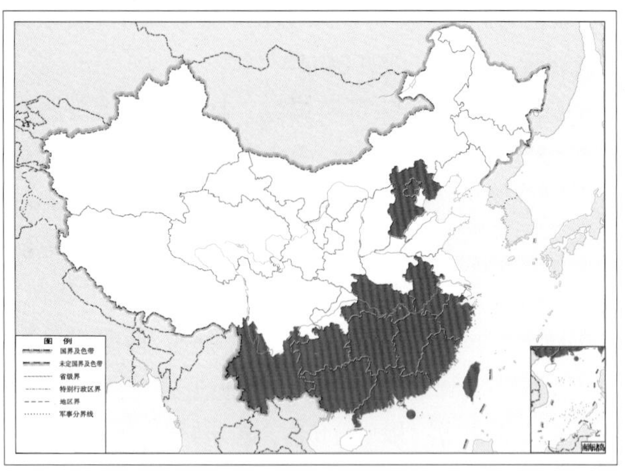

图 4-320-2 松氏通草蛉 *Chrysoperla savioi* 地理分布图

321. 单通草蛉 *Chrysoperla sola* Yang & Yang, 1992

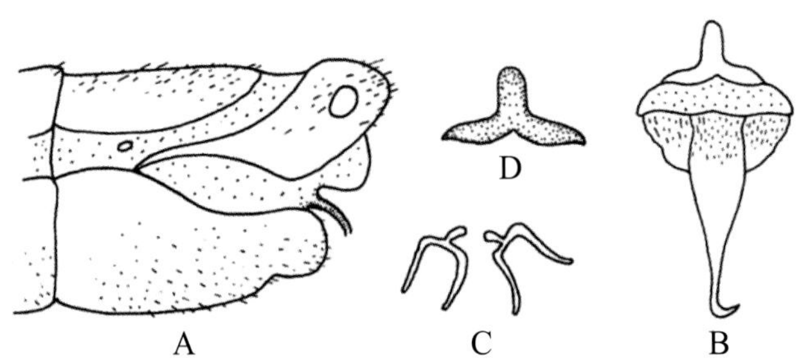

图 4-321-1 单通草蛉 *Chrysoperla sola* 形态图

A. 雄虫腹部末端侧面观 B. 雄虫外生殖器 C. 殖下片 D. 殖弧梁

【测量】 雄虫（浸泡）体长 9.7 mm，前翅长 12.7 mm，后翅长 11.2 mm。

【形态特征】 头部黄褐色，无斑；触角第 1、2 节黄色，鞭节由基部的黄绿色到端部逐渐变为黄褐色。胸背中央淡黄色，两边黄褐色，前胸背板两侧有褐色毛。足黄绿色，爪褐色，基部弯曲。前翅翅痣淡黄色，翅脉具褐色长毛；前缘横脉列 19 条，黄色；亚前缘横脉黄色；径横脉 11 条，黄色；RP 脉分支 12 条，第 1 ~ 3 条褐色，第 4、5 条近伪中脉端褐色，余黄绿色；Psm-Psc 间横脉 9 条，第 2 条浅褐色，第 9 条褐色，其余为黄色；内中室呈三角形，r-m 横脉位于其上；Cu2 脉褐色，Cu3 脉近伪肘脉端褐色；阶脉褐色，内 / 外为 7/9。腹部背板淡黄色，腹板黄色；雄虫腹部末端肛上板上端近方形，向内变细；第 8+9 腹板末端瘤突大而显著。

【地理分布】 广东。

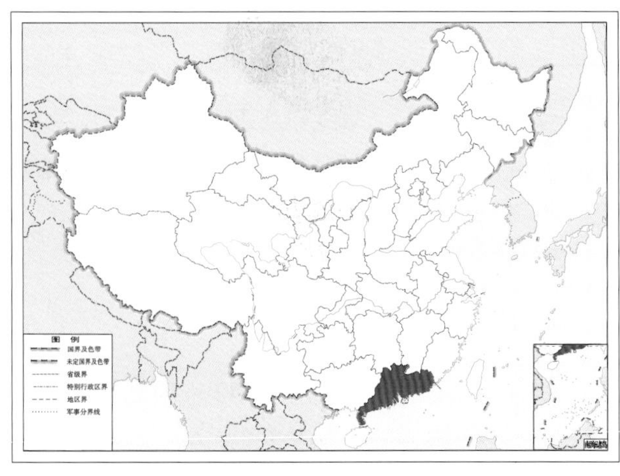

图 4-321-2 单通草蛉 *Chrysoperla sola* 地理分布图

322. 突通草蛉 *Chrysoperla thelephora* Yang & Yang, 1989

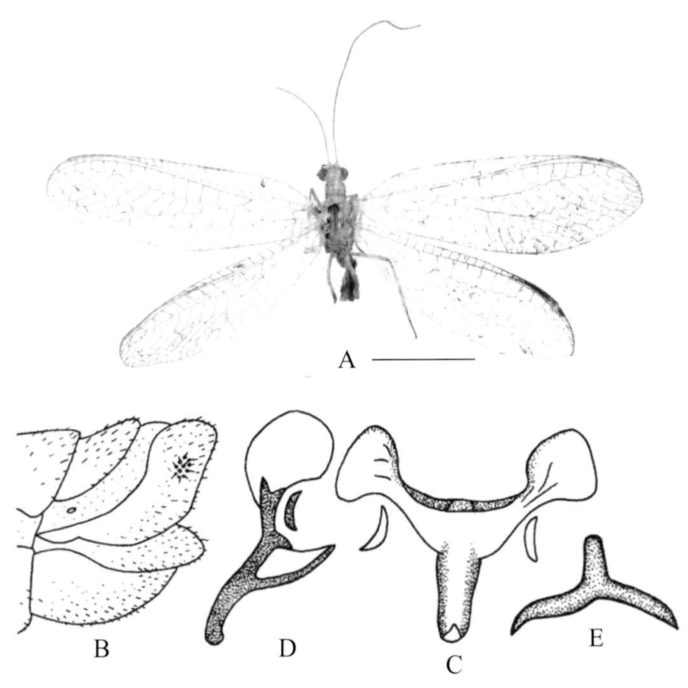

图 4-322-1 突通草蛉 *Chrysoperla thelephora* 形态图

（标尺：A 为 5.0 mm）

A. 成虫 B. 雄虫腹部末端侧面观 C. 雄虫外生殖器背面观 D. 雄虫外生殖器侧面观 E. 殖弧梁

【测量】 雄虫（干制）体长 8.4 mm，前翅长 13.5 mm，后翅长 12.9 mm。

【形态特征】 头部黄色，具颊斑和唇基斑；触角黄色，鞭节黄褐色。胸背中央为黄色；前胸背板两侧黑褐色，有中横脊，脊下为中纵沟；中后胸背板两侧黄绿色。足黄褐色，有黑色毛，跗节及爪褐色，爪基部弯曲。前翅翅痣淡色；前缘横脉列 24 条，近 Sc 脉端褐色；sc-r 间近翅基横脉黑色；径横脉 12 条，近 R 脉端黑色；RP 脉分支 13 条，第 1、2 条黑色，第 3 ~ 13 条近 RP 脉端褐色；Psm-Psc 间横脉 8 条，第 1、2、8 条黑色，其余近 Psc 脉端黑褐色；内中室呈三角形，r-m 横脉位于其外；Cu 脉黑褐色；阶脉黑色，内 / 外：左翅为 6/7，右翅为 6/8；腹部背板黄色，腹板灰黄色，整个腹部密布黑色毛；腹部末端第 8 背板较小，但第 8 腹板及第 9 腹板皆较大，二者明显分开；肛上板几乎与第 8 背板宽相等，较长。雄虫外生殖器的殖弧叶中部边缘有 1 个突起，中突较粗，内突细长弯曲；殖弧梁中突较长，两臂短粗。

【地理分布】 陕西。

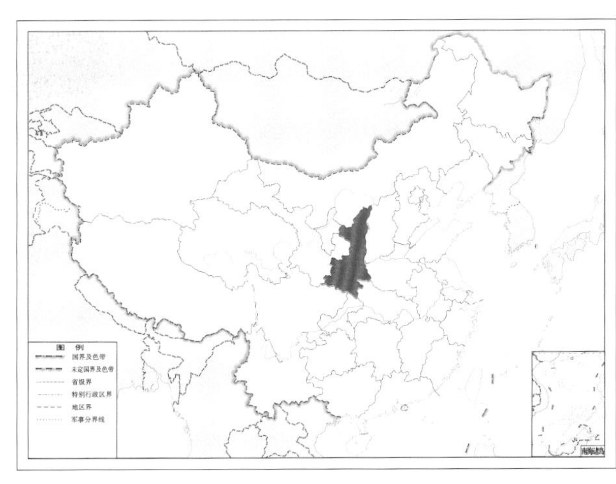

图 4-322-2 突通草蛉 *Chrysoperla thelephora* 地理分布图

323. 藏通草蛉 *Chrysoperla xizangana* (Yang, 1988)

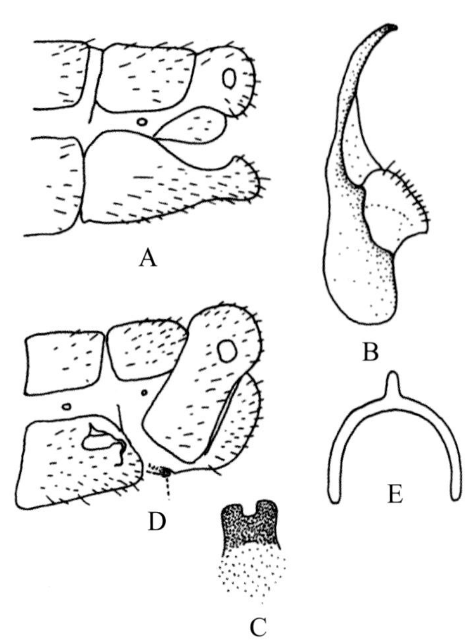

图 4–323–1 藏通草蛉 *Chrysoperla xizangana* 形态图

A. 雄虫腹部末端侧面观 B. 雄虫外生殖器侧面观 C. 殖弧梁 D. 雌虫腹部末端侧面观 E. 亚生殖板

【测量】 体长 7.0 ~ 8.0 mm，前翅长 12.0 ~ 14.0 mm，后翅长 10.0 ~ 12.0 mm。

【形态特征】 头部黄色，两颊各具 1 个大的矩形黑色斑，与唇基的褐色纹连接；触角长达前翅翅痣处，基部 2 节黄色，鞭节黄褐色。胸部和腹部背面具黄色纵带，两侧褐色；前胸前侧角斜截，背中具明显横凹陷。足污黄色，被短黑毛，跗节褐色。前翅翅脉黄绿色，被黑色长毛，翅痣黄绿色；前翅前缘横脉至翅痣前 23 ~ 25 条；径横脉 12 条，RP 脉分支 11 条；内中室呈三角形，r-m 横脉位于其顶端；中横脉 6 条；阶脉 2 组，内 / 外为 7/8。腹部背侧具褐色纹，腹面密被白毛；雄虫腹部末端被黑色刚毛，肛上板端部圆，臀胝椭圆形，具 20 根左右刚毛；第 8+9 腹板侧面观长三角形，端部上翘，具乳状突；殖弧梁呈均匀的半环，中央具 1 个直的顶突；殖弧叶的中突长而直伸，侧叶狭长而渐宽，形状简单。雌虫腹部末端侧面观，肛上板斜向条形；亚生殖板突出，腹面观骨化部分呈凹字形；贮精囊扁圆，膜突斜切状。

【地理分布】 西藏。

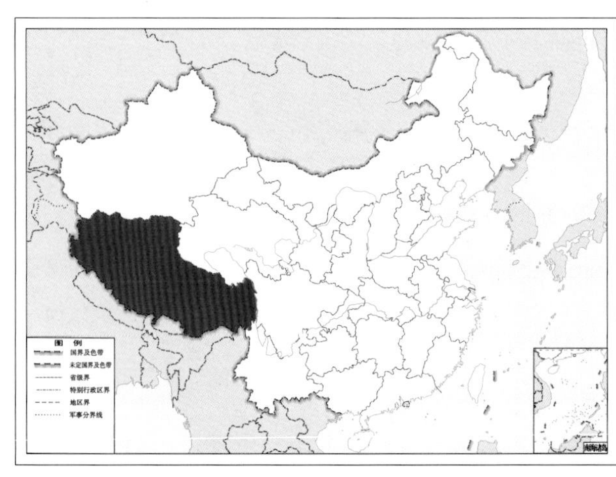

图 4–323–2 藏通草蛉 *Chrysoperla xizangana* 地理分布图

324. 榆林通草蛉 *Chrysoperla yulinica* Yang & Yang, 1989

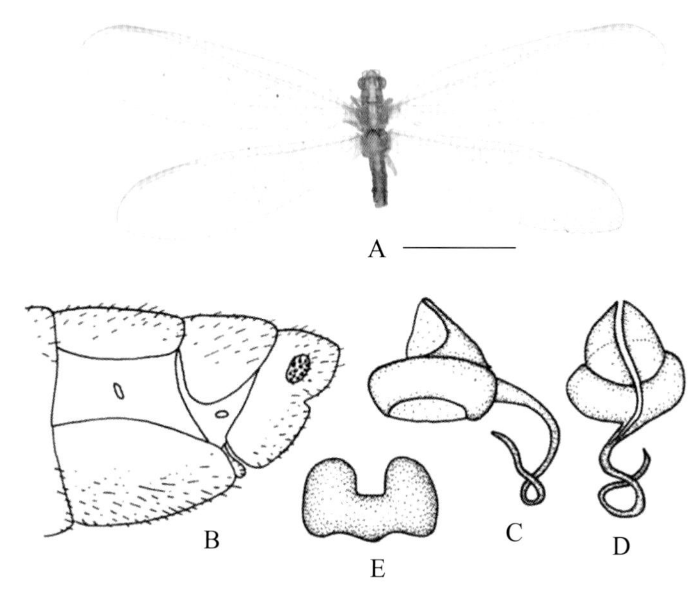

图 4-324-1 榆林通草蛉 *Chrysoperla yulinica* 形态图

（标尺：A 为 5.0 mm）

A. 成虫 B. 雌虫腹部末端侧面观 C. 贮精囊侧面观 D. 贮精囊背面观 E. 亚生殖板

【测量】 雌虫（干制）体长 8.2 mm，前翅长 12.7 mm，后翅长 11.3 mm。

【形态特征】 头顶黄色，具 2 条褐色斑纹，额颊沟褐色，上唇及唇基两侧红色，颊斑红褐色；下颚须的第 1 节与其他各节背面为褐色，腹面黄绿色，第 5 节端半部褐色；触角第 1 节的背面及内侧、第 2 节皆红色或者红褐色。前胸背板有 1 条中横脊，脊下中纵线凹陷，在中横脊两端侧后向各有 1 条黄色条斑；腹背中央具黄色纵带，两侧褐色。足黄绿色，布褐色毛，跗节黄褐色，爪褐色，基部不弯曲。前翅翅痣黄褐色；前缘横脉列 20 条，黄绿色，近 Sc 脉端稍有褐色；径横脉，11 条，近 R 脉端稍有褐色；RP 脉分支 10 条，绿色；Psm-Psc 间横脉 8 条，绿色；内中室呈三角形，r-m 横脉位于其外；阶脉黄绿色，内 / 外：左翅为 6/7，右翅为 5/6；Cu 脉第 1、2 条褐色，第 3 条近 Psc 脉端褐色。腹部除第 1、2 节的背腹面为黄色外，余皆褐色；腹部末端第 8 背板宽短，小于第 7 背板。雌虫亚生殖板底缘向内凹陷，中部突起；贮精囊的膜突顶端尖，垂直于贮精囊有 1 个大的开口。

【地理分布】 陕西。

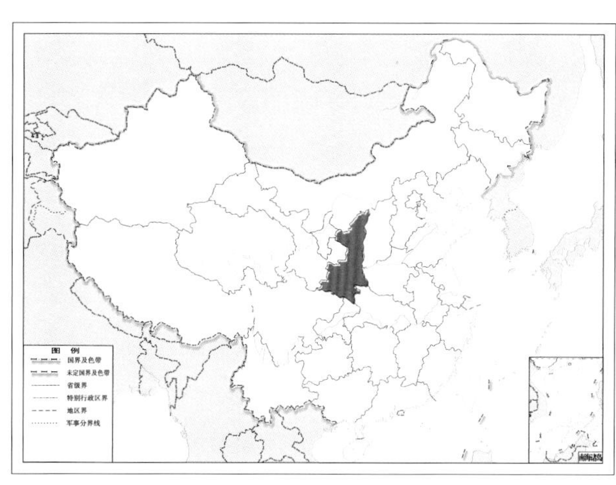

图 4-324-2 榆林通草蛉 *Chrysoperla yulinica* 地理分布图

（五三）三阶草蛉属 *Chrysopidia* Navás, 1910

【鉴别特征】 体小型至中等。前翅长 15.0 ~ 22.0 mm，后翅长 13.0 ~ 16.0 mm。头部上颚不对称，左侧内缘具小齿；触角约与前翅等长，柄节圆，长大于宽，梗节短，鞭节各亚节短，具短毛。前翅前缘区适宽，亚前缘基横脉 1 条；内中室小，卵圆形或三角形，r-m 横脉位于其内侧；阶脉 3 组；后翅翅缰不发达，M 脉与 R 脉基部有一短段愈合，阶脉 3 组。腹部细长，第 9 背板与肛上板完全愈合；雄虫第 8、9 腹板完全愈合，细长；肛上板近似三角形；中突与殖弧叶或与内突相连；殖弧叶背观，多宽大呈 U 形，具 1 对内突（常不很明显）；下生殖板平，三角形，具隆脊；生殖囊上具生殖毛；殖弧梁与殖下片不存在（*Chrysopidia* 亚属）或存在（*Anachrysa* 亚属）。雌虫第 7 腹板无生殖前节；亚生殖板基部膜质，端部骨化，具深凹；贮精囊膜突及腹痕明显。

【地理分布】 主要分布在喜马拉雅山附近及中国云南、四川等地。

【分类】 目前全世界已知 61 种，中国已知 13 种，本图鉴收录 9 种。

中国三阶草蛉属 *Chrysopidia* 分种检索表

1. 前翅在翅痣的内侧具黑色斑，有许多脉为黑色且具褐色纹，翅后缘在内中室下方有 1 条黑色角纹 ……………………………… **角纹三阶草蛉 *Chrysopidia* (*Anachrysa*) *elegans***

　非上述特征 …………………………………… 2

2. 头部无斑 …………………………………… 3

　头部有斑 …………………………………… 9

3. 前翅前缘中部缢缩，缘脉膨大 …………………………………… 4

　非上述特征 …………………………………… 5

4. 头部、触角黄色，下颚须褐色；翅脉绿色，阶脉褐色；内突发达，在端部分叉 ……………………………… **畸缘三阶草蛉 *Chrysopidia* (*Chrysopidia*) *remanei***

　头部、触角黄绿色，下颚须黄色；前翅翅脉均为黄绿色；内突扁长，端部弯曲 ……………………………… **中华三阶草蛉 *Chrysopidia* (*Chrysopidia*) *sinica***

5. 前胸背板具红色斑点 …………………………………… 6

　前胸背板不具红色斑点 …………………………………… 7

6. 中胸背板前缘两侧具 1 对红色斑点；触角柄节外侧及基部有红色狭带 ……………………………… **红斑三阶草蛉 *Chrysopidia* (*Chrysopidia*) *fuscata***

　前胸背板中横沟前具 1 对红色斑点；触角柄节外侧及基部无红色狭带 ……………………………… **胸斑三阶草蛉 *Chrysopidia* (*Chrysopidia*) *regulata***

7. 触角黄色；前胸背板两侧黄褐色；前翅前缘横脉列 23 条，Psm-Psc 间横脉 9 条，翅痣不透明 ……………………………… **黄带三阶草蛉 *Chrysopidia* (*Chrysopidia*) *flavilineata***

　触角第 1、2 节黄色，鞭节黄褐色 …………………………………… 8

8. 胸背板两侧黄褐色；前翅前缘横脉列 16 条，后翅前缘横脉列褐色 ……………………………… **宽柄三阶草蛉 *Chrysopidia* (*Chrysopidia*) *platypa***

胸背板两侧黄绿色；前翅前缘横脉列 34 ~ 36 条，后翅前缘横脉列绿色 ……………………………………………………………………………… **杨氏三阶草蛉 *Chrysopidia* (*Chrysopidia*) *yangi***

9\. 头部具 1 对不相连的黑色颊斑 ……………………………………………………………… 10

头部具 1 对相连的颊斑和唇基斑 ……………………………………………………………… 11

10\. 触角浅褐色；前翅前缘横脉列及径横脉褐色，后径脉第 1 ~ 3 条端部、3 ~ 6 条两端及 7 ~ 11 条褐色，阶脉黑褐色；前胸背板两侧绿色 …………………………**神农三阶草蛉 *Chrysopidia* (*Chrysopidia*) *shennongana***

触角黄色；前翅前缘横脉列、径横脉近 R 脉端及后径脉 1 ~ 5 条端部褐色，其余皆绿色，阶脉褐色；前胸背板两端两侧各具 1 个褐色斑 …………………………………… **赵氏三阶草蛉 *Chrysopidia* (*Chrysopidia*) *zhaoi***

11\. 触角基节外具红褐色狭带，中横沟前具红褐色斑 1 对 ……………………………………… 12

非上述特征 …………………………………………………… **褐斑三阶草蛉 *Chrysopidia* (*Chrysopidia*) *holzeli***

12\. 头部黄绿色，前翅前缘横脉列 23 条，第 2 ~ 15 条褐色，其余皆浅绿色，阶脉浅绿色，前翅翅痣不具褐色大斑，中横沟后侧缘有褐色斑 1 对 ……………………………… **广西三阶草蛉 *Chrysopidia* (*Chrysopidia*) *trigonia***

头部黄色，前翅前缘横脉列 20 条，第 1 ~ 16 条褐色，第 17 ~ 20 条黄色，阶脉浅黄褐色，前翅翅痣具红褐色大斑 1 个 ………………………………………………… **湘三阶草蛉 *Chrysopidia* (*Chrysopidia*) *xiangana***

325. 角纹三阶草蛉 *Chrysopidia* (*Anachrysa*) *elegans* Hölzel, 1973

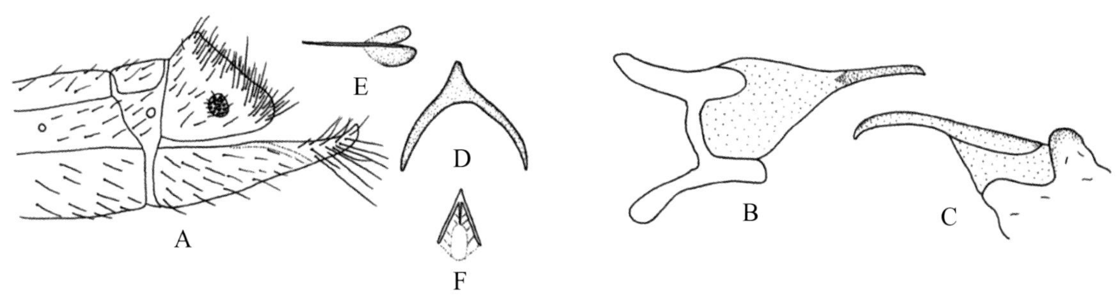

图 4-325-1 角纹三阶草蛉 *Chrysopidia* (*Anachrysa*) *elegans* 形态图

A. 雄虫腹部末端侧面观 B. 雄虫外生殖器背面观 C. 雄虫外生殖器侧面观 D. 殖弧梁 E. 殖下片 F. 下生殖板

【测量】 雄虫体长 12.0 mm，前翅长 17.0 mm，后翅长 15.0 mm。

【形态特征】 前翅翅痣内侧具黑色斑，多数翅脉为黑色并具褐色纹，内中室下方有 1 个黑色角纹，前翅阶脉内 / 中 / 外：左翅为 9/7/11，右翅为 9/6/11，内、中阶脉组褐色；后翅阶脉为 8/4/10。雄虫肛上板上端后侧与外侧部突伸成角状；第 8+9 腹板中部无凹陷；殖弧叶骨化弱，内突不明显，中突基部宽，端部细。

【地理分布】 西藏；尼泊尔。

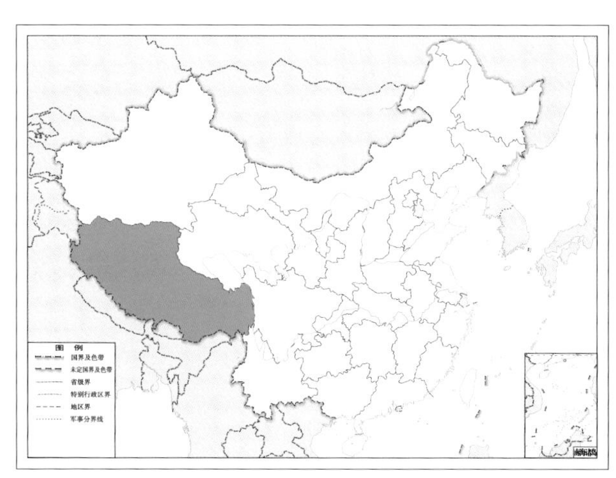

图 4-325-2 角纹三阶草蛉 *Chrysopidia* (*Anachrysa*) *elegans* 地理分布图

326. 黄带三阶草蛉 *Chrysopidia* (*Chrysopidia*) *flavilineata* Yang & Wang, 1994

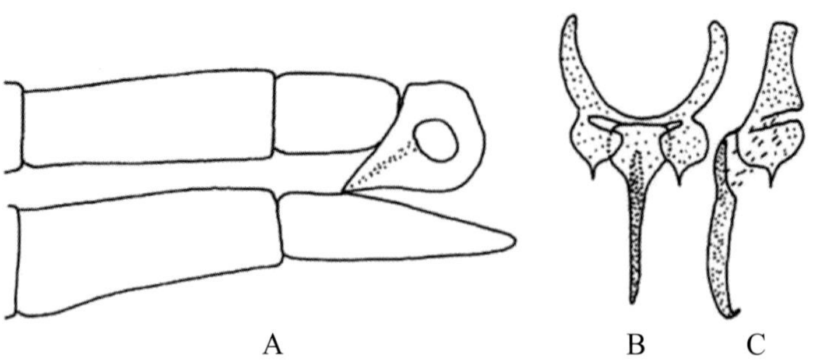

图 4-326-1 黄带三阶草蛉 *Chrysopidia* (*Chrysopidia*) *flavilineata* 形态图
A. 雄虫腹部末端侧面观 B. 雄虫外生殖器背面观 C. 雄虫外生殖器侧面观

【测量】 雄虫体长 11.0 mm，前翅长 15.0 mm，后翅长 13.0 mm。

【形态特征】 头部浅黄褐色，无斑；头顶鲜黄色；触角黄色，基节长大于宽。胸部背板中央具黄色纵带，中纵带两侧黄褐色，前胸背板具中横沟，中后胸背板两侧暗绿色。腹部背板黄色，腹板黄褐色。足淡黄绿色，爪褐色。前翅前缘区宽大，翅脉黄绿色，具短毛，翅痣不透明；前缘横脉列 23 条，径横脉 14 条，第 4～10 条呈 S 形；RP 脉分支 14 条，Psm-Psc 间横脉 9 条；内中室呈三角形，r-m 横脉位于端部不远；阶脉内组 8 条，外组 7 条，两组间具 1～2 组不等，（右）近内组 3 段，近外组 4 段，（左）近内组 3 段，近外组 2～4 段。腹部末端第 8 背板不足第 7 背板长的 1/2；肛上板下端约为上端长的 2 倍，内侧向前向下倾斜；臀胝较大，呈椭圆形，位置偏中，向后斜躺，表皮内突达臀胝下；第 8+9 腹板完全愈合，侧观呈楔形。

【地理分布】 云南。

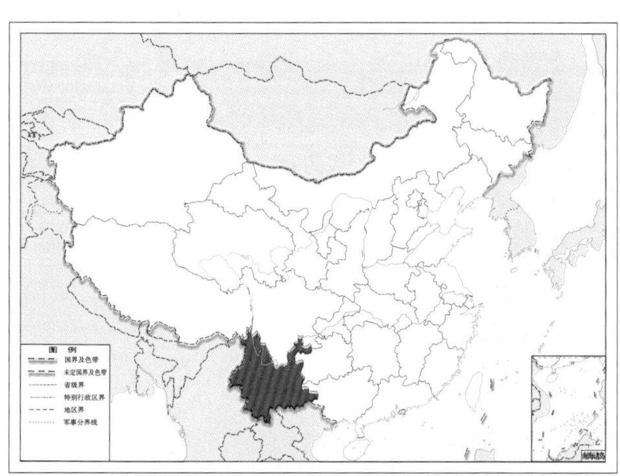

图 4-326-2 黄带三阶草蛉 *Chrysopidia* (*Chrysopidia*) *flavilineata* 地理分布图

327. 褐斑三阶草蛉 *Chrysopidia* (*Chrysopidia*) *holzeli* Wang & Yang, 1992

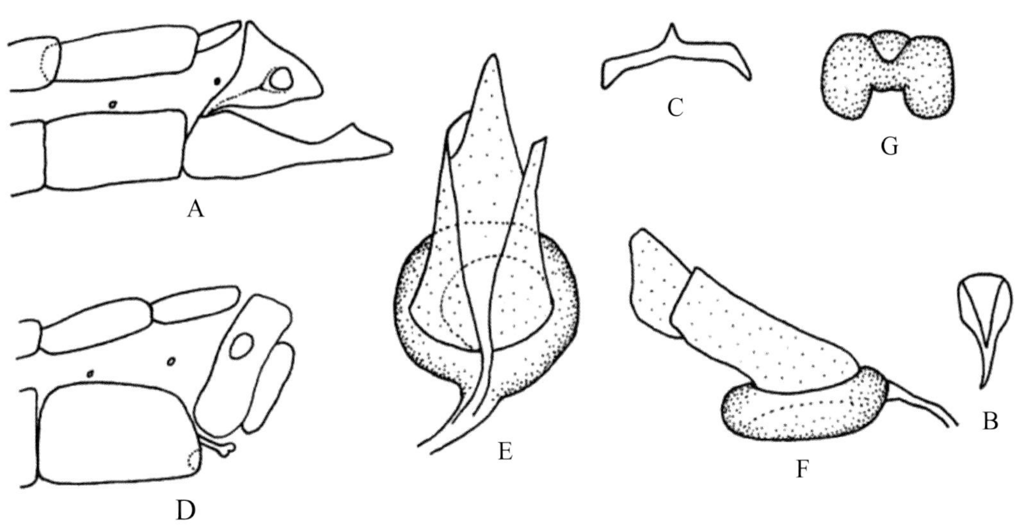

图 4-327-1 褐斑三阶草蛉 *Chrysopidia* (*Chrysopidia*) *holzeli* 形态图

A. 雄虫腹部末端侧面观 B. 雄虫外生殖器 C. 殖弧梁 D. 雌虫腹部末端侧面观 E. 贮精囊背面观 F. 贮精囊侧面观 G. 亚生殖板

【测量】 体长 11.0 mm，前翅长 16.0 mm，后翅长 14.0 mm。

【形态特征】 头部黄色，具黑色颊斑和唇基斑，连成带状；触角鞭节基部至端部颜色逐渐变褐色，各亚节长大于宽，具 4 圈褐色短毛。前胸背板黄色，中后胸背板鲜黄色。足黄绿色，爪基部弯曲，褐色。腹部黄绿色。前翅前缘横脉列 21 条，褐色；径横脉 13 条，浅绿色，第 1 ~ 4 条具浅褐色晕斑；RP 脉分支 13 条，Psm-Psc 间横脉 8 条，具不太明显的浅褐色晕斑；内中室呈三角形，在 Cu2 脉分支处具 1 个三角形褐色斑；阶脉 3 组，绿色，内 / 中 / 外：左翅为 7/4/7，右翅为 8/3/6；臀脉具褐色晕斑。腹部末端第 8 背板短小，约为第 7 背板长的 1/3 和宽的 1/3；第 8、9 腹板愈合；肛上板亚三角形。

【地理分布】 湖南。

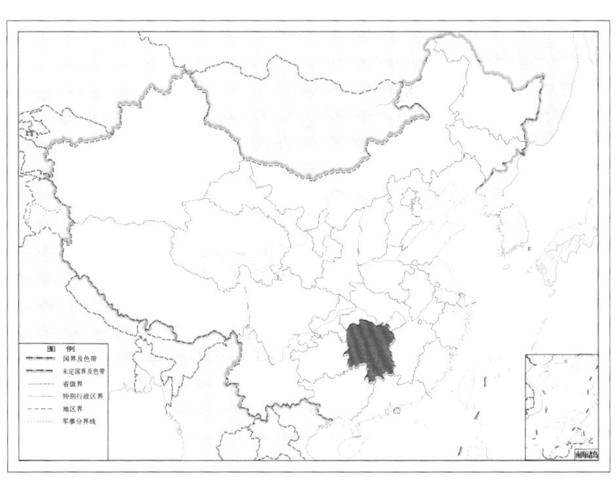

图 4-327-2 褐斑三阶草蛉 *Chrysopidia* (*Chrysopidia*) *holzeli* 地理分布图

328. 畸缘三阶草蛉 *Chrysopidia* (*Chrysopidia*) *remanei* Hölzel, 1973

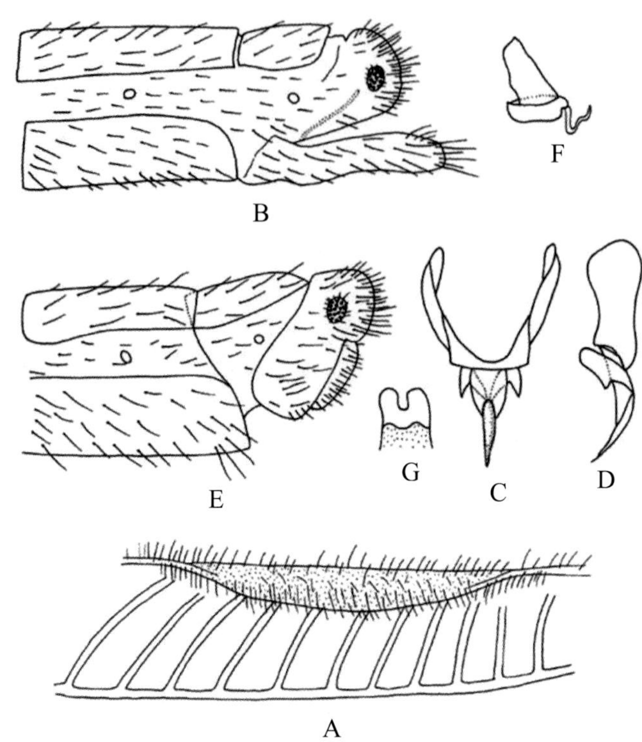

图 4-328-1 畸缘三阶草蛉 *Chrysopidia* (*Chrysopidia*) *remanei* 形态图

A. 前翅 C 脉膨大 B. 雄虫腹部末端侧面观 C. 雄虫外生殖器背面观 D. 雄虫外生殖器侧面观 E. 雌虫腹部末端侧面观 F. 贮精囊 G. 亚生殖板

【测量】 体长 12.0 mm，前翅长 15.0 ~ 17.0 mm，后翅长 14.0 ~ 16.0 mm。

【形态特征】 头部黄色；触角短于前翅，黄色。胸部中央具黄色纵带，两侧黄绿色，前胸背板两侧具褐色纹。腹部褐色。前翅翅痣褐色，翅脉绿色，阶脉褐色；前缘脉在中部之前有 1 个膨大且向下弯折的黄褐色区域，具长毛。

【地理分布】 西藏、湖北；尼泊尔。

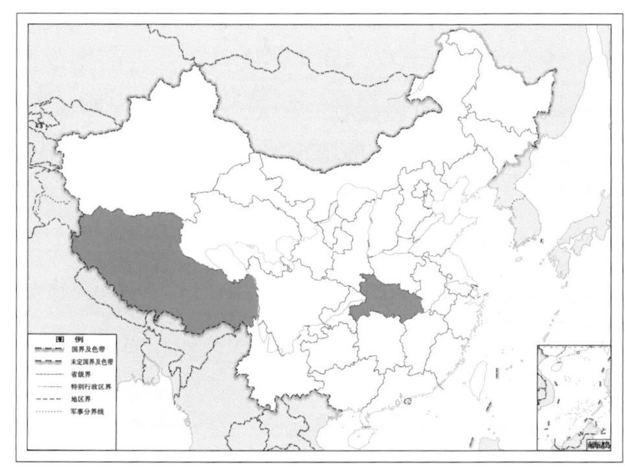

图 4-328-2 畸缘三阶草蛉 *Chrysopidia* (*Chrysopidia*) *remanei* 地理分布图

329. 神农三阶草蛉 *Chrysopidia* (*Chrysopidia*) *shennongana* Yang & Wang, 1990

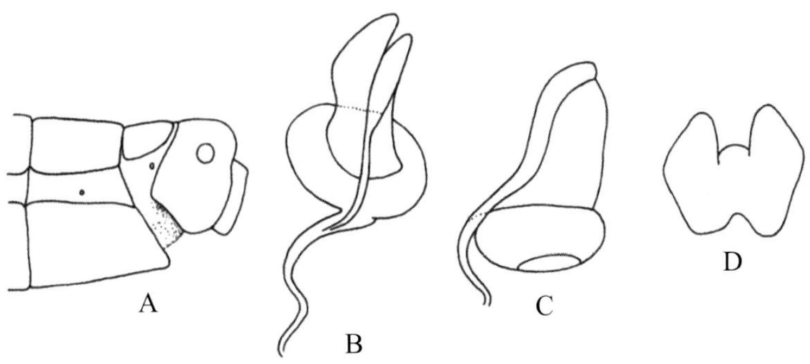

图 4-329-1 神农三阶草蛉 *Chrysopidia* (*Chrysopidia*) *shennongana* 形态图

A. 雌虫腹部末端侧面观 B. 贮精囊背面观 C. 贮精囊侧面观 D. 亚生殖板

【测量】 体长 11.0 mm，前翅长 16.5 mm，后翅长 15.0 mm。

【形态特征】 头部黄色，具 1 对黑色颊斑；触角浅褐色。胸部背板中央具黄色纵带，前胸背板两侧绿色，具 2 对褐色斑；腹部黄色。足浅黄褐色，爪褐色。前翅翅痣浅褐色，纵脉绿色，前缘区横脉列及径横脉褐色；RP 脉分支 13 条，第 1 ~ 3 条端部、第 3 ~ 6 条两端及第 7 ~ 13 条基部褐色；阶脉黑褐色。雌虫第 7 背板是第 8 背板长的 2 倍；亚生殖板基部在中央部位内凹；贮精囊囊体扁，膜突较高，端部分开。

【地理分布】 湖北。

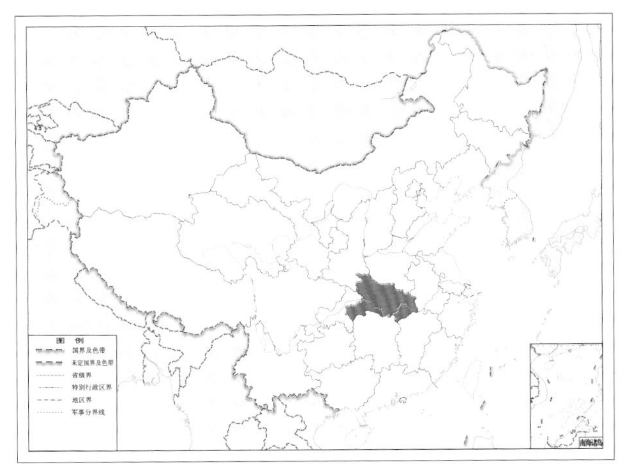

图 4-329-2 神农三阶草蛉 *Chrysopidia* (*Chrysopidia*) *shennongana* 地理分布图

330. 中华三阶草蛉 *Chrysopidia* (*Chrysopidia*) *sinica* Yang & Wang, 1990

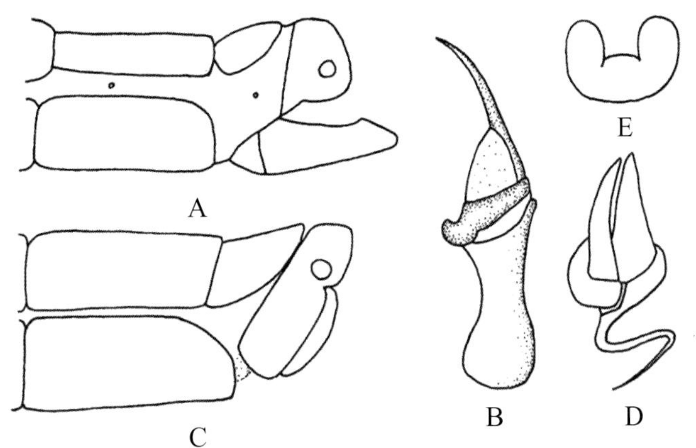

图 4-330-1 中华三阶草蛉 *Chrysopidia* (*Chrysopidia*) *sinica* 形态图

A. 雄虫腹部末端侧面观 B. 雄虫外生殖器侧面观 C. 雌虫腹部末端侧面观 D. 贮精囊 E. 亚生殖板

【测量】 体长 10.0 ~ 11.0 mm，前翅长 15.0 ~ 18.0 mm，后翅长 14.0 ~ 16.0 mm。

【形态特征】 头部黄绿色，无斑；触角黄绿色。胸部背板中央具黄色纵带，前胸背板两侧浅黄褐色。足黄绿色，股节外侧颜色较深。腹部背板黄色，腹板黄褐色。前翅翅脉黄绿色，翅痣明显，前缘脉在中部之前有 1 个黄褐色膨大区，具较密的毛；前缘区横脉 29 条；径横脉右翅 15 条，左翅 16 条，右翅第 6 ~ 14 条或左翅第 7 ~ 15 条弯曲成 S 形；RP 脉分支 16 条；内中室呈三角形，Psm 脉平直，Psm-Psc 间横脉 9 条；阶脉 3 组，内 / 中 / 外：左翅为 10/9/10，右翅为 9/8/9。雄虫殖弧叶中部细、弯折，两臂宽大，内突扁长，端部弯曲，中突锥状；雌虫亚生殖板基部圆滑，上端凹刻较深；贮精囊囊突扁宽，膜突高隆，三角状。

【地理分布】 甘肃、湖北。

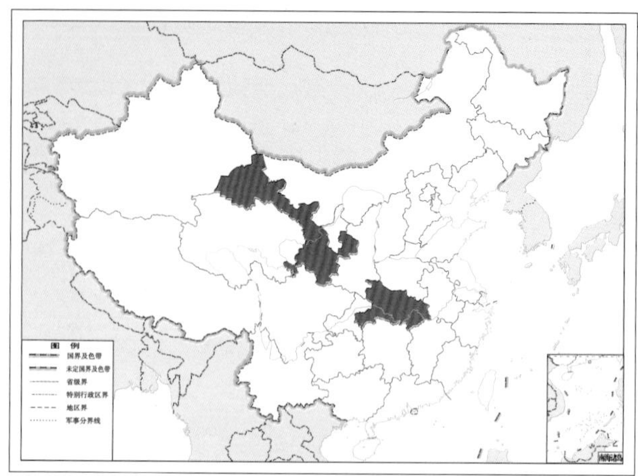

图 4-330-2 中华三阶草蛉 *Chrysopidia* (*Chrysopidia*) *sinica* 地理分布图

331. 广西三阶草蛉 *Chrysopidia* (*Chrysopidia*) *trigonia* Yang & Wang, 2005

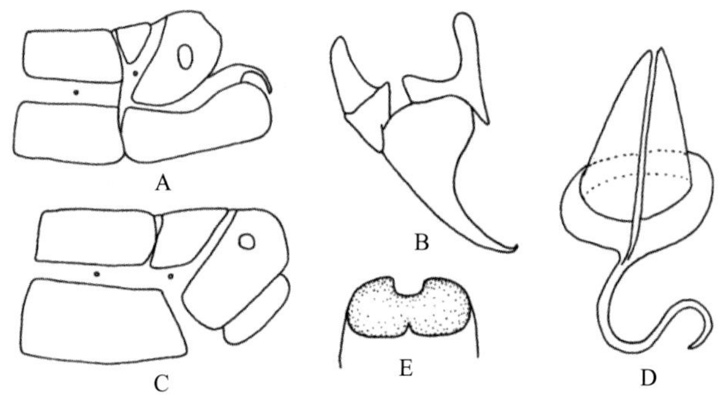

图 4-331-1 广西三阶草蛉 *Chrysopidia* (*Chrysopidia*) *trigonia* 形态图

A. 雄虫腹部末端侧面观 B. 雄虫外生殖器侧面观 C. 雌虫腹部末端侧面观 D. 贮精囊 E. 亚生殖板

【测量】 雄虫体长 10.5 mm，前翅长 17.0 mm，后翅长 15.0 mm。

【形态特征】 头部黄绿色，具相连的黑色颊斑与唇基斑；触角基部 2 节鲜红绿色，外侧具红褐色带，鞭节基部至端部由黄绿色至黄褐色，具短毛。胸部黄绿色，前胸背板两侧前端具褐色斑，中横沟前具 1 对红褐色斑，沟后侧缘为 1 对褐色斑。足浅黄绿色，端跗节浅黄褐色。腹部黄绿色。前翅翅痣明显，浅褐色；前缘区横脉列 23 条，第 2 ~ 15 条褐色，其余皆浅绿色；Psm-Psc 间横脉 8 条，径横脉 14 条，阶脉内 / 中 / 外：左翅为 9 ~ 10/5/9，右翅为 10/6/9；Cu1 脉、Cu2 脉褐色，端部肘室基部为褐色角纹，余横脉皆浅绿色，具浅褐色晕斑。腹部第 8 背板短、窄，肛上板很大，肛上胝居中；第 8、9 腹板愈合，端部与基部等宽，中部稍凹。

【地理分布】 广西。

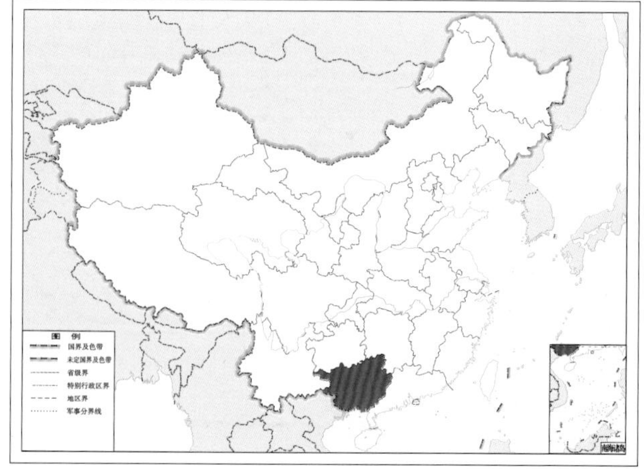

图 4-331-2 广西三阶草蛉 *Chrysopidia* (*Chrysopidia*) *trigonia* 地理分布图

332. 湘三阶草蛉 *Chrysopidia* (*Chrysopidia*) *xiangana* Wang & Yang, 1992

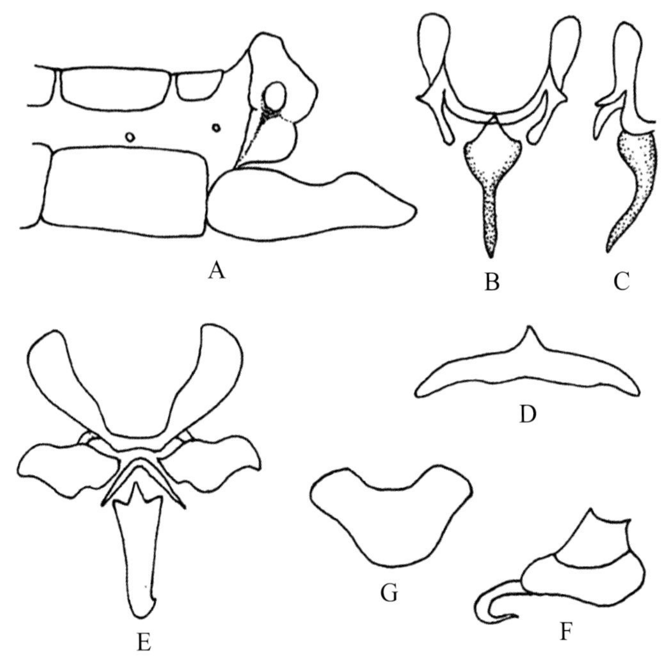

图 4-332-1 湘三阶草蛉 *Chrysopidia* (*Chrysopidia*) *xiangana* 形态图

A. 雄虫腹部末端侧面观 B. 雄虫外生殖器背面观 C. 雄虫外生殖器侧面观 D. 殖弧梁 E. 雌虫外生殖器 F. 贮精囊 G. 亚生殖板

【测量】 雄虫体长 10.0 mm，前翅长 15.0 mm，后翅长 13.0 mm；雌虫体长 11.5 mm，前翅长 17.0 mm，后翅长 15.0 mm。

【形态特征】 头部黄色，具相连的黑褐色颊斑与唇基斑，颊斑长方形，唇基斑细长条状；触角黄色，柄节外侧具红褐色狭带，基节长大于宽。胸部背板中央具黄色纵带，两侧绿色，前胸背板中横沟前两侧具 1 对红褐色斑纹。足浅黄绿色，跗节浅黄褐色，爪褐色。腹部背板绿色，侧面灰褐色。前翅翅痣明显，具 1 个红褐色大斑；前缘横脉列 20 条，第 1 ~ 16 条褐色，第 17 ~ 20 条黄色；除前缘区外，所有横脉、RP 脉分支和 Psc 脉分支皆具浅褐色晕斑；径横脉 14 条，浅黄褐色；RP 脉分支 13 条，第 1 ~ 6 条端部褐色，其余皆绿色；Psm-Psc 间横脉 8 条，绿色；阶脉 3 组，浅黄褐色，内 / 中 / 外为 9/5/8。腹部第 8 背板极短，肛上板上端短，下端中部凹陷，前半部膨大，内侧向前下方延长，表皮内突粗而明显，至臀胝处分 3 支，1 支达内侧，1 支绕臀胝前方，1 支达下端凹陷处；第 8、9 腹板完全愈合，侧面观中部凹，后端呈三角形。

【地理分布】 湖北、湖南。

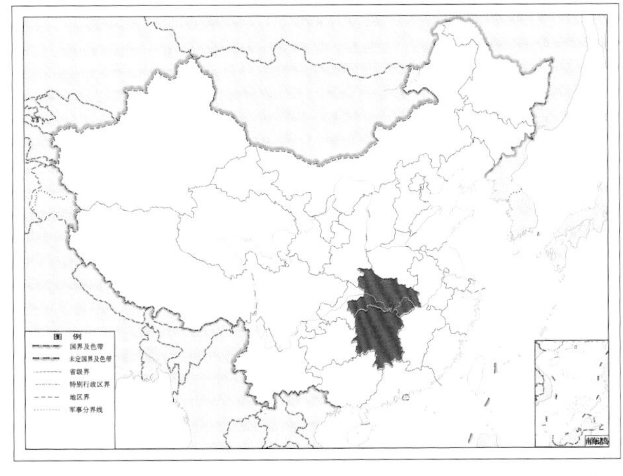

图 4-332-2 湘三阶草蛉 *Chrysopidia* (*Chrysopidia*) *xiangana* 地理分布图

333. 赵氏三阶草蛉 *Chrysopidia* (*Chrysopidia*) *zhaoi* Yang & Wang, 1990

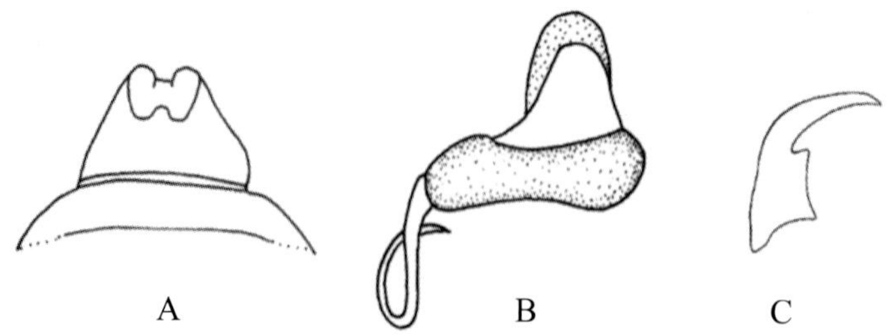

图 4-333-1 赵氏三阶草蛉 *Chrysopidia* (*Chrysopidia*) *zhaoi* 形态图
A. 亚生殖板 B. 贮精囊侧面观 C. 爪

【测量】 体长 9.5 mm，前翅长 15.0 mm，后翅长 13.0 mm。

【形态特征】 头部黄色，具 1 对黑色颊斑；触角黄色，基部 2 节膨大，鞭节细长。前胸背板黄色，前半部每侧有 1 个褐色斑，前角圆钝，两侧平行，后缘强烈前凹，近后缘处有深凹的横沟；中后胸背板绿色，具黄色中纵带，侧板黄色。足黄色，股节端部与胫节基部黄褐色，爪黑褐色，扁宽，利齿弯曲成直角。腹部背板黄色，腹板黄褐色。前翅翅痣狭长，不透明；前缘区横脉列至痣前 24 ~ 25 条；亚前缘区基横脉 1 条，褐色；径横脉 13 条，近 R 脉端或多或少褐色，近 RP 脉端绿色；RP 脉基段褐色，分支 12 条，第 1 ~ 5 条端部褐色，其余皆绿色；Psm 脉平直，端部向下折；内中室呈三角形，Psc 脉中部下凹；Psm-Psc 间横脉 7 条，第 1 ~ 6 条绿色，第 7 条褐色；肘横脉（Cu）2 条，褐色；阶脉 3 组，褐色，内 / 中 / 外：左翅为 6/4/8，右翅为 7/3/7，内阶脉不与 Psm 脉直接相连，Psm 脉、RP 脉分支与内阶脉间形成小翅室 2 个。腹部末端侧面观第 7 背板约为第 8 背板的 1.5 倍长；肛上板侧后方缢缩，外侧中部内凹，臀胝较大，侧生殖突短而宽。

【地理分布】 湖北。

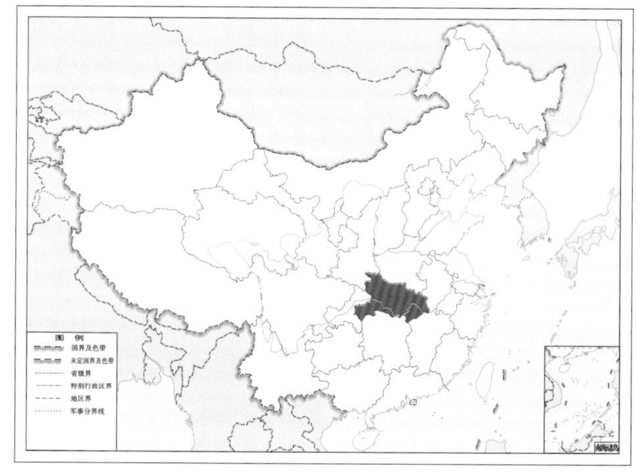

图 4-333-2 赵氏三阶草蛉 *Chrysopidia* (*Chrysopidia*) *zhaoi* 地理分布图

（五四）线草蛉属 *Cunctochrysa* Hölzel, 1970

【鉴别特征】 触角短于前翅，脉与玛草蛉属 *Mallada* 同。雄虫腹部第 8、9 腹板完全愈合；殖弧叶两端膨大，近中部缩细；内突宽大，多有卷褶；中突短粗，方形或圆形；有殖弧梁及殖下片。雌虫腹部末端与玛草蛉属 *Mallada* 相同。

【地理分布】 古北界、东洋界。

【分类】 目前全世界已知 33 种，中国已知 4 种，本图鉴收录 4 种。

中国线草蛉属 *Cunctochrysa* 分种检索表

1. 胸腹背面为白色纵带 …………………………………………… 白线草蛉 ***Cunctochrysa albolineata***
   非上述特征 ………………………………………………………………………… 2
2. 头部具黑褐色的颊斑和唇基斑 ……………………………………………………… 3
   头部黄色，无斑；前翅前缘横脉列两端褐色，中间绿色 ……………… 玉龙线草蛉 ***Cunctochrysa yulongshana***
3. 前翅前缘横脉列近 Sc 脉端褐色 ……………………………………… 蜀线草蛉 ***Cunctochrysa shuenica***
   前翅前缘横脉第 1 ~ 2 条绿色，第 3 条近 C 端褐色 ……………………… 中华线草蛉 ***Cunctochrysa sinica***

334. 白线草蛉 *Cunctochrysa albolineata* (Killington, 1935)

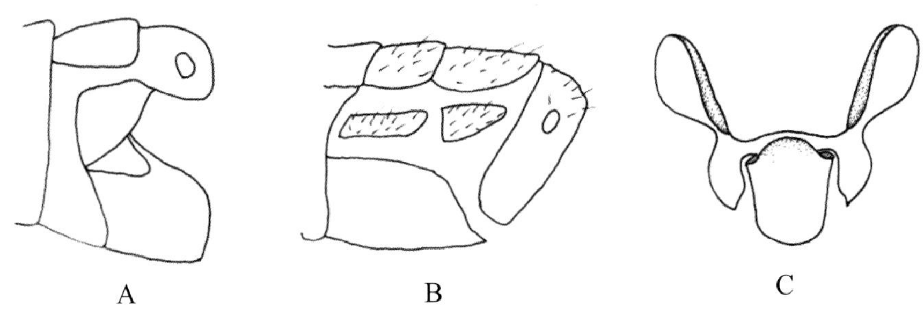

图 4-334-1 白线草蛉 *Cunctochrysa albolineata* 形态图

A. 雄虫腹部末端侧面观 B. 雌虫腹部末端侧面观 C. 雄虫外生殖器

【测量】 体长 10.0 mm，前翅长 12.0 ~ 15.0 mm，后翅长 10.0 ~ 13.0 mm。

【形态特征】 头部绿色，具黑色颊斑和唇基斑；触角较前翅为短，第 1、2 节淡绿色，其余淡黄褐色。胸、腹背面为白色纵带，前胸上多为黑色毛，中后胸则多为白色毛。足淡绿色，跗节淡褐色。翅透明，翅痣明显；内中室卵圆形，r-m 横脉位于其上；Psm-Psc 间横脉绿色；阶脉黑色。

【地理分布】 北京、山西、陕西、云南、贵州、四川、西藏、湖北、江西、福建；俄罗斯。

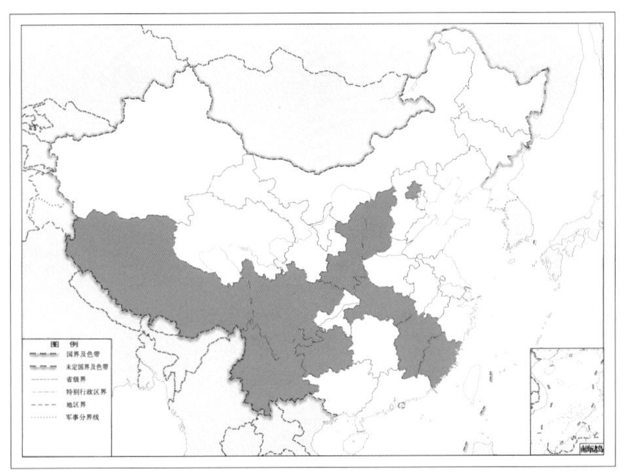

图 4-334-2 白线草蛉 *Cunctochrysa albolineata* 地理分布图

335. 蜀线草蛉 *Cunctochrysa shuenica* Yang, Yang & Wang, 1992

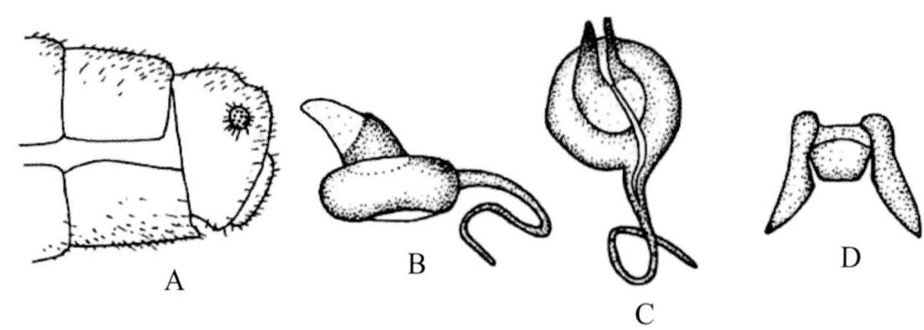

图 4-335-1 蜀线草蛉 *Cunctochrysa shuenica* 形态图

A. 雌虫腹部末端侧面观 B. 贮精囊背面观 C. 贮精囊侧面观 D. 殖弧梁

【测量】 雄虫（干制）体长 10.9 mm，前翅长 15.3 mm，后翅长 14.5 mm。

【形态特征】 头部浅黄褐色，具小的黑色颊斑及唇基斑；触角短于前翅，黄褐色。前胸背板黄褐色，有不规则的黄色斑纹，基部明显宽于端部，在基部有 1 道横沟，沟前是 1 条横脊；中后胸背板黄褐色，亦具不规则的黄色斑。足绿褐色，具褐色毛，跗节第 2 节起至爪褐色。腹部背板、腹板皆黄褐色。前翅翅痣淡绿色，透明，内无脉；前缘横脉列 27 条，近 Sc 脉端褐色；sc-r 间横脉绿色；径横脉 16 条，近 R 脉端褐色；RP 脉分支 16 条，绿色；Psm-Psc 间横脉 10 条，第 2 条灰色；内中室呈三角形，r-m 横脉位于其上；Cu2 脉黑色；阶脉绿色，内 / 外为 10/10。腹部末端肛上板宽大，方形，臀胝大，位于其中部；第 8+9 腹板末端细长，超过腹部末端。

【地理分布】 四川。

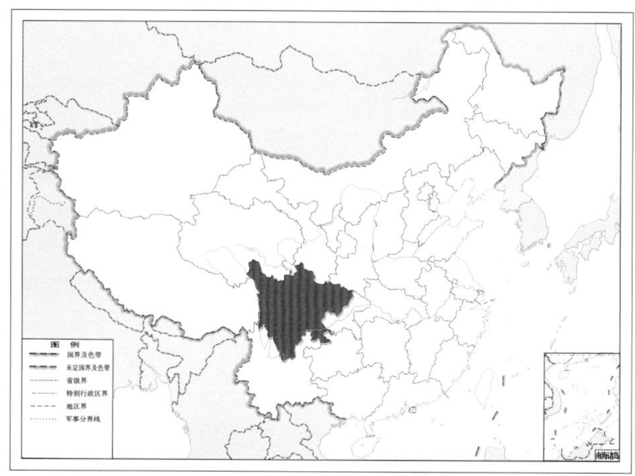

图 4-335-2 蜀线草蛉 *Cunctochrysa shuenica* 地理分布图

336. 中华线草蛉 *Cunctochrysa sinica* Yang & Yang, 1989

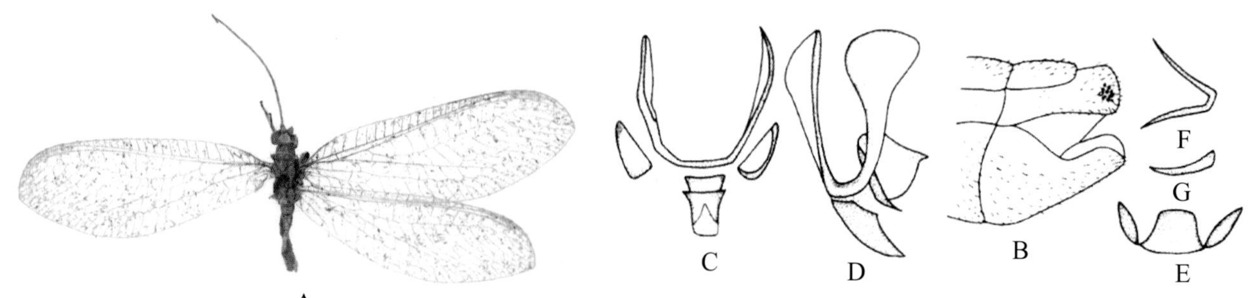

图 4-336-1 中华线草蛉 *Cunctochrysa sinica* 形态图

（标尺：A 为 5.0 mm）

A. 成虫 B. 雄虫腹部末端侧面观 C. 雄虫外生殖器背面观 D. 雄虫外生殖器侧面观 E. 殖下片 F. 下生殖板背面观 G. 下生殖板侧面观

【测量】 雄虫（干制）体长 8.8 mm，前翅长 13.9 mm，后翅长 11.7 mm，触角长 13.8 mm。

【形态特征】 头部黄色，具颊斑及唇基斑；触角第 1 节黄色，第 2 节及鞭节浅黄褐色。胸部背面中央为黄色，前胸背板两边褐色，有中横脊；中后胸两边黄绿色。足绿褐色，跗节及爪褐色。腹部背板及腹板皆黄褐色。前翅翅痣绿色，内有脉；前缘横脉列 23 条，第 1 ~ 2 条绿色，第 3 条近 C 脉端褐色，其余褐色；sc-r 近翅基部横脉黑色，端部绿色；径横脉 13 条，近 R 脉端褐色；RP 脉分支 14 条，绿色；内中室呈三角形，r-m 横脉位于其上；Psm-Psc 间横脉 8 条，除第 1 条为褐色外，其余皆绿色；Cu1 脉绿色，Cu2 脉及 Cu3 脉黑色；阶脉绿色，内 / 外为 8/9。腹部末端第 8+9 腹板基部很大，上缘弯曲；肛上板骨化不太明显。

【地理分布】 陕西。

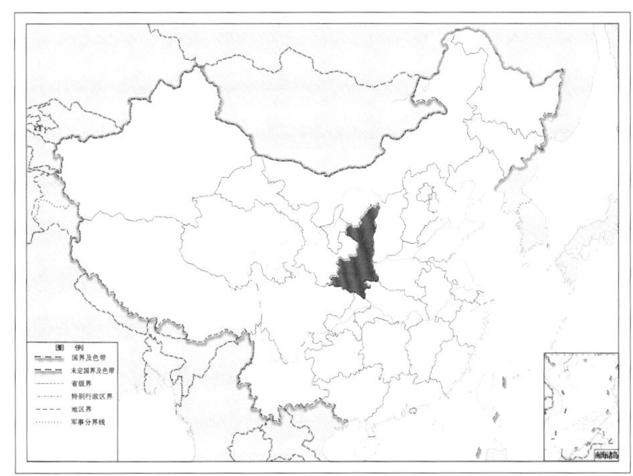

图 4-336-2 中华线草蛉 *Cunctochrysa sinica* 地理分布图

337. 玉龙线草蛉 *Cunctochrysa yulongshana* Yang, Yang & Wang, 1992

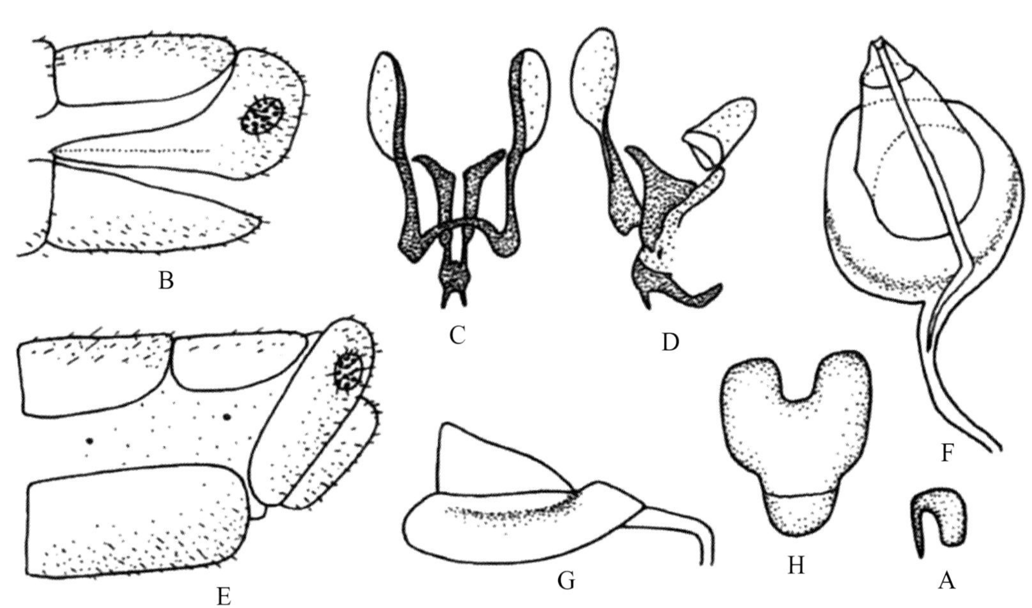

图 4-337-1 玉龙线草蛉 *Cunctochrysa yulongshana* 形态图

A. 爪 B. 雄虫腹部末端侧面观 C. 雄虫外生殖器背面观 D. 雄虫外生殖器侧面观 E. 雌虫腹部末端侧面观 F. 贮精囊背面观 G. 贮精囊侧面观 H. 亚生殖板

【测量】 雌虫（干制）体长 9.8 mm，前翅长 16.4 mm，后翅长 13.6 mm。

【形态特征】 头部黄色，无斑；触角第 1 节长大于宽，第 1、2 节黄色，鞭节浅黄褐色。胸背面中央为黄色纵带，前胸背板长明显大于宽，前中部有宽的中纵脊，中纵脊两侧有褐色条纹，中部有1道横沟，背板两侧缘具浅褐色条纹；中后胸两侧绿色。足绿褐色，具褐色毛，跗节黄褐色，爪褐色。腹部背板具黄色纵带，腹板乳黄色。前翅翅痣浅绿色，内有透明脉；前缘横脉列24条，两端褐色，中段绿色；sc-r间横脉灰色；径横脉15条，中段绿色，两端褐色；RP脉分支15条，第1条褐色，第2～7条中段绿色，两端褐色，其余近RP脉端褐色；Psm-Psc间横脉10条，第1、2、10条褐色，其余中段绿色；内中室呈三角形，r-m横脉位于其上；Cu2脉褐色，Cu1脉及Cu3脉稍带褐色；阶脉3组，褐色，内/中/外：左翅为8/4/8，右翅为8/3/8。腹部末端第7背板与第8背板几乎等长；第7腹板上下边缘平行，后缘外突；肛上板长方形，生殖侧突明显外露；亚生殖板两侧钝圆，下端带柄；贮精囊囊体在导卵管的基部外突，导卵管较短，膜突基部内侧弯曲。

【地理分布】 云南。

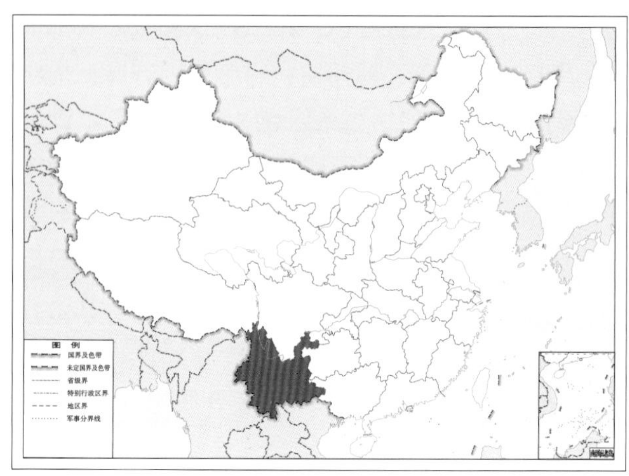

图4-337-2 玉龙线草蛉 *Cunctochrysa yulongshana* 地理分布图

（五五）璃草蛉属 *Glenochrysa* Esben-Petersen, 1920

【鉴别特征】 翅脉多有晕斑，翅痣及翅面上也多有斑，翅痣内及其后达翅端的翅脉明显，较长；翅面多有金属光泽，但个别种类也有例外。腹部气门小，但是气门腔很大，在浸泡下，腹部可以通过侧膜看到大的囊；腹部末端肛上板后缘向外突，内缘向里延伸；腹部第8、9腹板愈合，有1组强大的生殖脊，末端下端有弯曲的钩状突。雄虫无殖弧梁，殖弧叶具1对不愈合的内突及1个中突，中突较粗大，有殖下片。雌虫腹部气门腔正常，生殖器特征属于草蛉属 *Chrysopa* 类型。

【地理分布】 古北界、东洋界、非洲界、澳洲界。

【分类】 目前全世界已知43种，中国已知2种，本图鉴收录1种。

中国璃草蛉属 *Glenochrysa* 分种检索表

1. 前、中胸背面各具2对褐色斑，爪基部弯曲 ······························ **广州璃草蛉 *Glenochrysa guangzhouensis***
   前、中胸背面各具1对黑褐色斑，爪基部不弯曲 ·································· **灿璃草蛉 *Glenochrysa splendia***

338. 广州璃草蛉 *Glenochrysa guangzhouensis* Yang & Yang, 1991

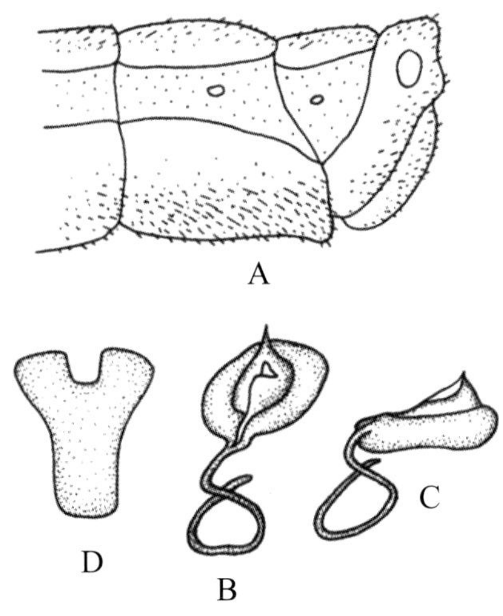

图 4-338-1 广州璃草蛉 *Glenochrysa guangzhouensis* 形态图
A. 雌虫腹部末端侧面观 B. 贮精囊背面观 C. 贮精囊侧面观 D. 亚生殖板

【测量】 雌虫（浸泡）体长 6.3 mm，前翅长 10.3 mm，后翅长 8.3 mm。

【形态特征】 头顶浅黄色，额两侧具褐色斑纹与复眼下斑、中斑、唇基斑皆相连；触角第 1 节黄色，外侧黑褐色，第 2 节黑褐色，鞭节黄褐色。前胸背板两侧基部及中部各有 1 个褐色斑，中部的较大，端部中央与后头的连接处有 1 个小的三角形褐色斑；中胸前盾片的基部及盾片两侧为相连的褐色斑；后胸盾片上各有 1 个大的褐色斑。足淡黄色，跗节及爪褐色，爪基部弯曲。腹部背面黄色，但第 2 ~ 4 节背板有黑褐色斑，腹板黄褐色。前翅翅痣乳黄色，具褐色斑；前缘横脉列 19 条，褐色；径横脉及径分横脉皆 10 条，RP 脉的基部有 1 个褐色斑；Psm-Psc 间横脉 9 条，第 1 ~ 2 条褐色，其余皆绿色；Cu 脉褐色，Cu3 脉基部有斑；阶脉绿色，内 / 外为 4/7 ；以上所有横脉（除 Psm-Psc 间第 1、2 条横脉外）皆有黄褐色晕斑；内中室呈三角形，r-m 横脉位于其上；前翅中部偏端侧有 1 个大的黄色斑。腹部末端上端肛上板较突出，第 7 背板大于第 8 背板。雌虫亚生殖板顶端两叶外侧倾斜，顶端钝圆，缺口较小；贮精囊扁宽，膜突顶端尖，成斜切状。

【地理分布】 江西、广西、广东。

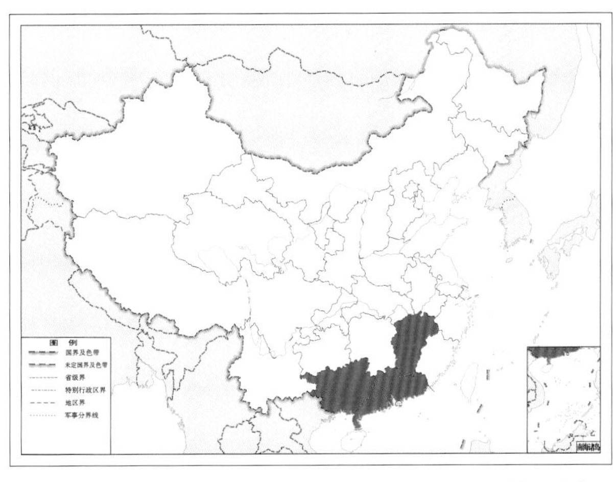

图 4-338-2 广州璃草蛉 *Glenochrysa guangzhouensis* 地理分布图

（五六）喜马草蛉属 *Himalochrysa* Hölzel, 1973

【鉴别特征】 体型中等大小。头顶隆起，具黑色或红色颊斑；上颚宽大，不对称；触角短于前翅，鞭部各节长是宽的 2 倍，每节具 4 个毛圈。前胸背板两侧红褐色，中胸背板具斑。爪基部弯曲。前翅同玛草蛉属 *Mallada*，具 2 组阶脉及内中室；M 脉及 C 脉基部多膨大。腹部细长，毛稀；雄虫第 8、9 腹板愈合；外生殖器复杂，具殖下片；殖弧叶两臂宽、长，中部突出，向两侧延伸成片状，内突不发达，中叶短宽，端部呈三齿状。雌虫贮精囊囊体不甚宽厚，但膜突发达，导卵管长、弯曲；亚生殖板端部双叶状，基部具柄。

【地理分布】 中国；尼泊尔。

【分类】 目前全世界已知 7 种，中国已知仅 1 种，本图鉴收录 1 种。

339. 中华喜马草蛉 *Himalochrysa chinica* Yang, 1987

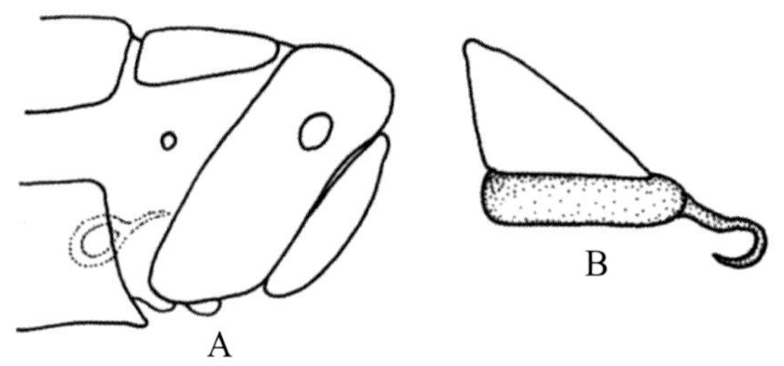

图 4-339-1 中华喜马草蛉 *Himalochrysa chinica* 形态图

A. 雌虫腹部末端侧面观 B. 贮精囊

【测量】 体长 11.0 mm，前翅长 17.0 mm，后翅长 15.0 mm。

【形态特征】 头部黄绿色，无斑纹；触角和头顶黄色。胸部黄绿色，背面有黄白色背中纵带。足淡黄绿色，跗节淡黄褐色，爪褐色。腹部黄绿色。翅狭长，透明，翅痣黄绿色，脉全部淡绿色，无黑色部分；前翅前缘横脉列至痣前有 34 ~ 35 条，径横脉 18 ~ 19 条，RP 脉分支 19 ~ 20 条，Psm-Psc 间横脉列 10 条；内中室长三角形；阶脉多组，内组 14 段、外组 11 段均齐整，其间则有不规则的 1 ~ 3 段不等，在阶脉上略带灰色晕斑。雌虫腹部末端侧面观亚生殖板不达肛上板端，中突端短阔；贮精囊上下等圆，背突斜伸三角形。

【地理分布】 西藏。

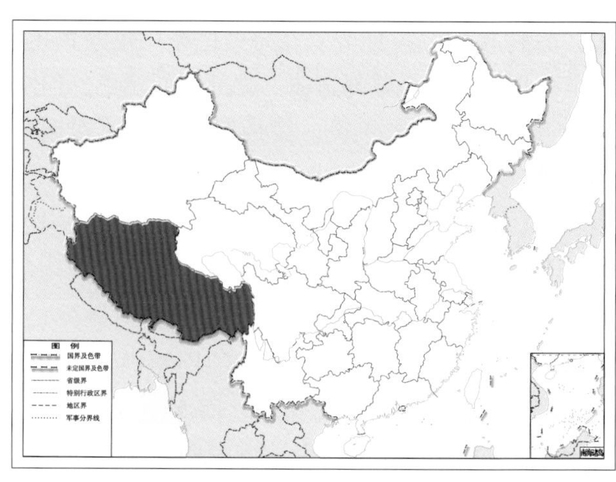

图 4-339-2 中华喜马草蛉 *Himalochrysa chinica* 地理分布图

（五七）意草蛉属 *Italochrysa* Principi, 1946

【鉴别特征】 体大型。头短宽，头上各种沟较明显；上颚发达，不对称；触角约与前翅等长，鞭部各节长宽约相等，具 4 个毛圈。前胸背板宽大，胸背毛较少，但在一些种类中具斑纹。足无斑，但在一些种类中胫节上具褐色环；爪基部弯曲。翅窄长，前缘区窄，Sc、R 脉明显分开；RP 脉波曲；内中室四边形；阶脉 2 组。腹部较粗，密被短毛。雄虫第 8、9 腹板愈合，短小。侧面观呈三角形；雌虫第 7 腹板宽大，端部侧下方内凹，使多数种类亚生殖板显露。雄虫外生殖器缺殖弧梁、殖下片、中叶和内突，中突宽大，端部具钩；殖弧叶宽短；具 1 对生殖侧突。雌虫亚生殖板端部双叶状；贮精囊囊体小，腹痕深，膜突发达。

【地理分布】 古北界、东洋界、非洲界和澳洲界。

【分类】 目前全世界已知 169 种，中国已知 27 种，本图鉴收录 21 种。

中国意草蛉属 *Italochrysa* 分种检索表

1. 胸部背面无任何斑纹 ………… 2
   胸部背面具斑纹 ………… 14
2. 前翅长超过 25 mm ………… 3
   前翅长不超过 25 mm ………… 8
3. 跗节黑褐色 ………… 4
   跗节非黑褐色 ………… **黄足意草蛉 *Italochrysa albescens***
4. 前翅阶脉黑色 ………… 5
   前翅阶脉绿色 ………… 6
5. 前翅径横脉黑褐色 ………… **武陵意草蛉 *Italochrysa wulingshana***
   前翅径横脉近 RA 脉端黄绿色 ………… **短角意草蛉 *Italochrysa brevicornis***
6. 触角第 1 ~ 3 节基部橙黄色，其余黑色 ………… **迪庆意草蛉 *Italochrysa deqenana***
   触角第 1、2 节黄色 ………… 7
7. 殖弧叶中部中央凹洼，阳茎侧突左侧外缘 3 齿且分开 ………… **永胜意草蛉 *Italochrysa yongshengana***
   殖弧叶中部中央平直，阳茎侧突左侧外缘 4 齿，前 3 齿与第 4 齿分开 ………… **北京意草蛉 *Italochrysa beijingana***
8. 中后胸背板具黄色或黄白色纵带 ………… 9
   中后胸背板无黄色或黄白色纵带 ………… 11
9. 前翅翅基横脉有褐色晕斑，翅下具黑褐色狭带 ………… **天目意草蛉 *Italochrysa tianmushana***
   前翅翅基横脉无褐色晕斑 ………… 10
10. 股节端部背面具 1 个三角形褐色斑 ………… **泸定意草蛉 *Italochrysa ludingana***
    股节端部背面无三角形褐色斑 ………… **云南意草蛉 *Italochrysa yunnanica***
11. 翅脉全部黄色 ………… **黄翅意草蛉 *Italochrysa oberthuri***
    翅脉部分黑色或黑褐色 ………… 12
12. 前胸背板两侧具宽的褐色纵带 ………… **长突意草蛉 *Italochrysa longa***

前胸背板两侧无褐色纵带 …… 13

13. 前翅前缘横脉列完全黑褐色 …… **锡金意草蛉 *Italochrysa stitzi***

前翅前缘横脉列仅基部 10 条左右黑褐色 …… **叉突意草蛉 *Italochrysa furcata***

14. 前翅长超过 25 mm …… 15

前翅长不超过 25 mm …… 23

15. 中胸有黑色斑 …… 16

中、后胸及腹部黄色无斑 …… 17

16. 仅中胸前盾片上有 1 对三角形大的褐色斑，盾片在翅基处各有 1 个小黑点 …… **龙陵意草蛉 *Italochrysa longlingana***

非上述特征 …… 18

17. 前翅无晕斑，前缘横脉列 28 条 …… **黄意草蛉 *Italochrysa xanthosoma***

前翅有晕斑，前缘横脉列 22 条 …… **晕翅意草蛉 *Italochrysa psaroala***

18. 中、后胸均具 3 对黑色斑，腹部具点状黑色斑 …… **豹斑意草蛉 *Italochrysa pardalina***

仅中胸具黑色斑 …… 19

19. 前翅前缘横脉列基部第 2 ~ 15 条具褐色晕斑 …… **鼓囊意草蛉 *Italochrysa tympaniformis***

前翅前缘横脉列无褐色晕斑 …… 20

20. 前翅前缘横脉列第 1 ~ 18 条中间黄色，两端褐色 …… 21

前翅前缘横脉列第 1 ~ 14 条弯曲，黑色 …… 22

21. 后翅内阶脉部分绿色，外阶脉褐色 …… **桂意草蛉 *Italochrysa guiana***

后翅阶脉完全褐色 …… **东方意草蛉 *Italochrysa orientalis***

22. 前翅前缘在翅基处具 1 条黑色斑 …… **武夷意草蛉 *Italochrysa wuyishana***

前翅前缘在翅基处无黑色条纹 …… **巨意草蛉 *Italochrysa megista***

23. 腹部各节基本黑色，后缘黄色 …… **日意草蛉 *Italochrysa japonica***

非上述特征 …… 24

24. 前胸背板棕褐色，具横条纹 …… **横纹意草蛉 *Italochrysa modesta***

前胸背板具黑褐色斑，足的股节基部黑色 …… **红痣意草蛉 *Italochrysa uchidae***

注：江南意草蛉 *Italochrysa aequalis* (Walker, 1853) 未包含在内。

340. 北京意草蛉 *Italochrysa beijingana* Yang & Wang, 2005

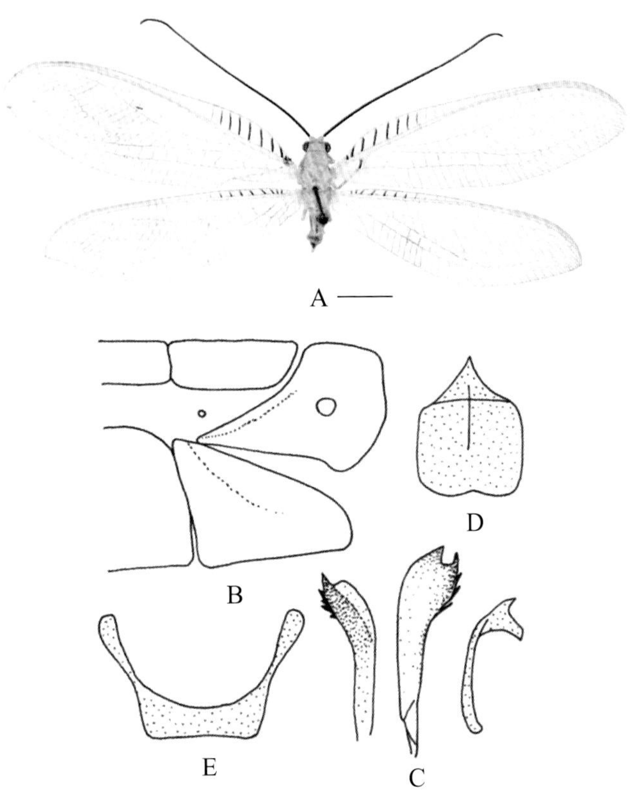

图 4-340-1 北京意草蛉 *Italochrysa beijingana* 形态图

（标尺：A 为 5.0 mm）

A. 成虫 B. 雄虫腹部末端侧面观 C. 阳基侧突 D. 中突 E. 殖弧梁

【测量】 雄虫体长 13.5 mm，前翅长 28.0 mm，后翅长 26.0 mm。

【形态特征】 头部鲜黄色；触角柄节与梗节鲜黄色，鞭节基半部黑色，端半部黑褐色。胸部背面鲜黄色，前胸背板宽大于长，中横沟明显；中后胸侧板黄色。足黄色，密生褐色短毛，跗节黑褐色，爪长，基部弯曲，褐色。除前翅前缘区第 1 ~ 8 条横脉和后翅前缘第 2 ~ 9 条（右翅）或第 1 ~ 8 条（左翅）横脉黑色且粗大外，其余所有纵横脉皆浅绿色；前翅翅痣不透明，前缘横脉列 25 条，径横脉 23 条达翅缘，RP 脉分支 2 条，Psm-Psc 间横脉 11 条，内中室四边形，阶脉内 / 外：左翅为 14/14，右翅为 15/14。腹部背板、腹板均为黄色；腹部末端肛上板完整，下端相当长，臀胝小，居中，近内侧具深色表皮内突；第 8+9 腹板完全愈合，基部宽，中央向后缩，两侧前伸成锐角，后缘弧形。

【地理分布】 北京、天津。

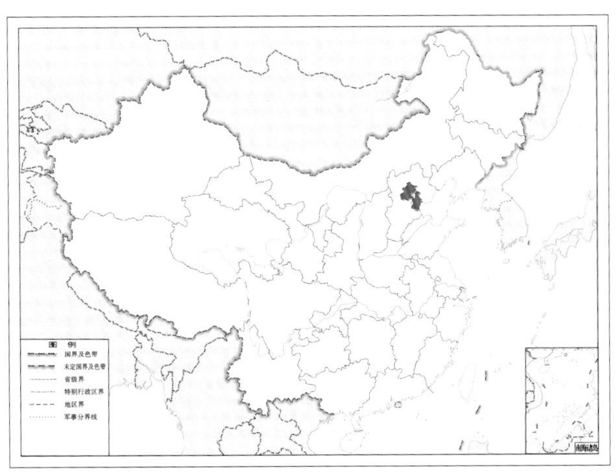

图 4-340-2 北京意草蛉 *Italochrysa beijingana* 地理分布图

341. 短角意草蛉 *Italochrysa brevicornis* Yang, Yang & Li, 2005

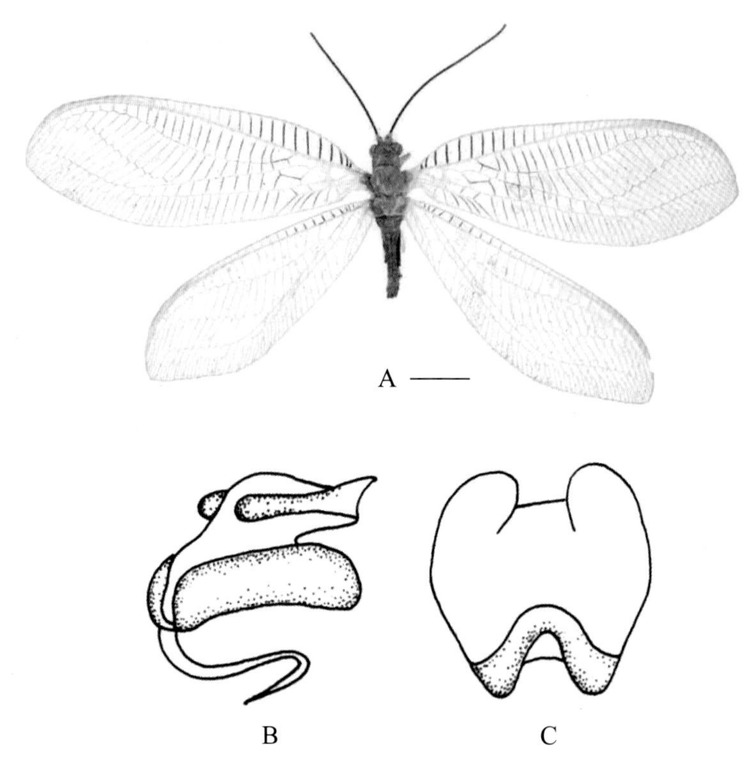

图 4-341-1 短角意草蛉 *Italochrysa brevicornis* 形态图
（标尺：A 为 5.0 mm）
A. 成虫 B. 贮精囊 C. 亚生殖板

【测量】 雌虫体长 15.0 ~ 16.0 mm，前翅长 28.0 ~ 30.0 mm，后翅长 25.0 ~ 27.0 mm。

【形态特征】 头部黄褐色，无斑；触角不超过前翅长的 1/2，基部两节黄色，鞭节黑色。前胸背板黄褐色，两侧接近平行，中后胸背板中央黄色，两侧偏绿。足黄色，跗节及爪黑褐色。腹部黄褐色。前翅翅痣内无斑；前缘横脉列 27 条，第 1 ~ 13 条黑色，其余皆绿色；径横脉黑色，近 RA 脉端黄绿色；RP 脉分支第 1 ~ 10 条黑色，其余近 RP 脉端褐色；Psm-Psc 间横脉 13 条，第 3 ~ 13 条黑褐色；内中室呈四边形；阶脉黑色，内 / 外：左翅为 14/13，右翅为 15/15。

【地理分布】 湖北、四川、陕西、甘肃。

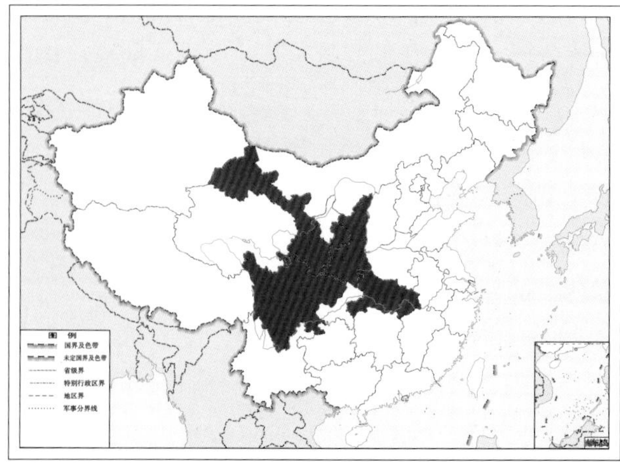

图 4-341-2 短角意草蛉 *Italochrysa brevicornis* 地理分布图

342. 迪庆意草蛉 *Italochrysa deqenana* Yang, 1986

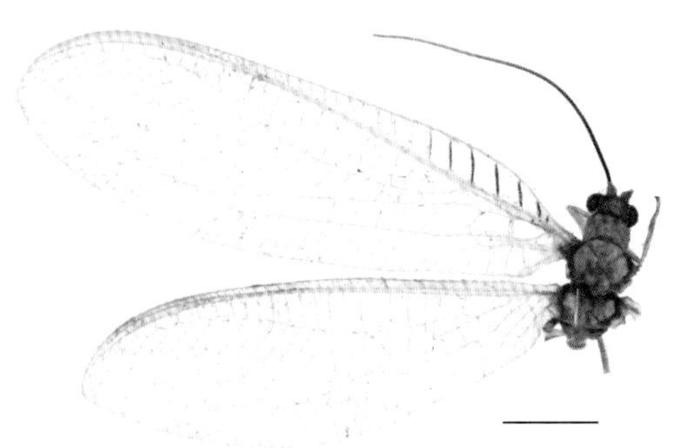

图 4-342-1 迪庆意草蛉 *Italochrysa deqenana* 成虫图
（标尺：5.0 mm）

【测量】 雌虫（干制）体长约 15.0 mm，前翅长 30.0 mm，后翅长 27.0 mm。

【形态特征】 头部污黄色，无斑纹；触角第 1～3 节基部橙黄色，鞭节黑色，中部以后渐呈暗色。胸部污黄色，无明显斑纹。足黄色，胫节末端及跗节淡褐色，爪褐色。腹部污黄色，无明显的斑纹，腹板也无褐色部分。翅透明，翅痣黄褐色，狭长；翅脉黄白色，仅前缘横脉最基部的 7 条为黑色，其余各脉包括 2 组阶脉均为淡色。

【地理分布】 云南。

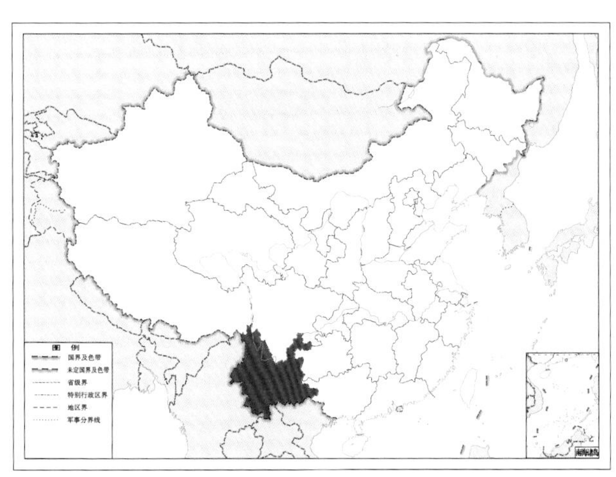

图 4-342-2 迪庆意草蛉 *Italochrysa deqenana* 地理分布图

343. 叉突意草蛉 *Italochrysa furcata* Yang, 1999

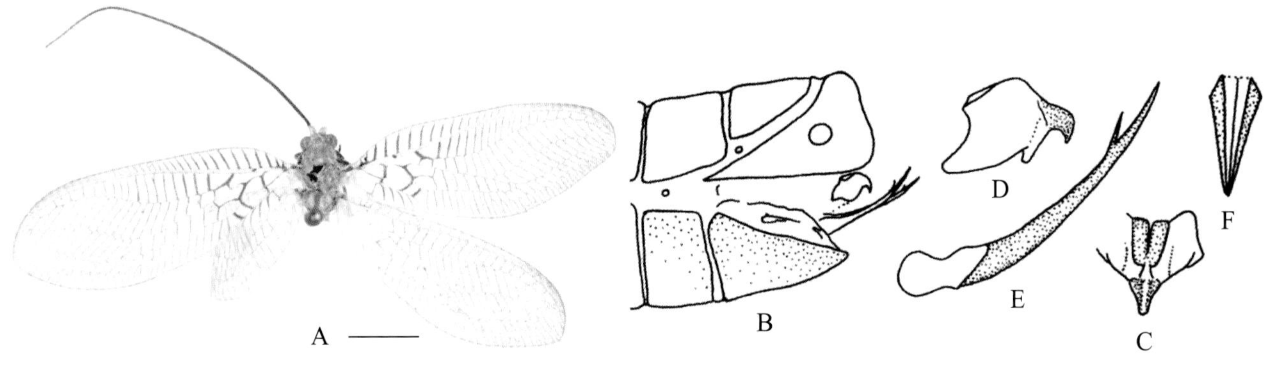

图 4-343-1 叉突意草蛉 *Italochrysa furcata* 形态图
（标尺：A 为 5.0 mm）
A. 成虫 B. 雄虫腹部末端侧面观 C. 雄虫外生殖器背面观 D. 雄虫外生殖器侧面观 E. 阳基侧突 F. 下生殖板

【测量】 雄虫体长 11.0 mm，前翅长 21.0 mm，后翅长 18.0 mm。

【形态特征】 头部黄色，无斑纹；触角与前翅约等长，除基部 2 节橙黄色外，鞭节均呈黑色。前胸黄褐色，宽大于长；中后胸全为黄褐色。足基节与股节黄色，胫节与跗节均为黑色，爪暗褐色。腹部黄褐色，背板和腹板褐色。前翅翅痣灰黄色，不太明显，翅脉黄褐色；前缘横脉列 21 ~ 24 条不等，其中自基部起有 10 多条黑色具褐色翅晕；径横脉 18 ~ 20 条，基部 4 ~ 5 条黑色具褐色翅晕；后径脉基段、内中室的 M2 脉及其下方相连的短横脉、中肘横脉 m-r 与 Cu2 脉基部、2 条肘横脉均为黑色具褐色晕影，臀脉 A2 则仍为黄色，仅端部褐色；阶脉内 / 外为 12/11 ~ 12 条。雄虫腹部末端肛上板端部突出，臀胝近中部；第 9 腹板三角形且色暗褐；阳基侧突极发达，1 对伸出呈叉状；殖弧叶侧面观中突呈短粗的钩状，背面观中部为 1 对略分开的骨片，侧叶扩展。

【地理分布】 福建。

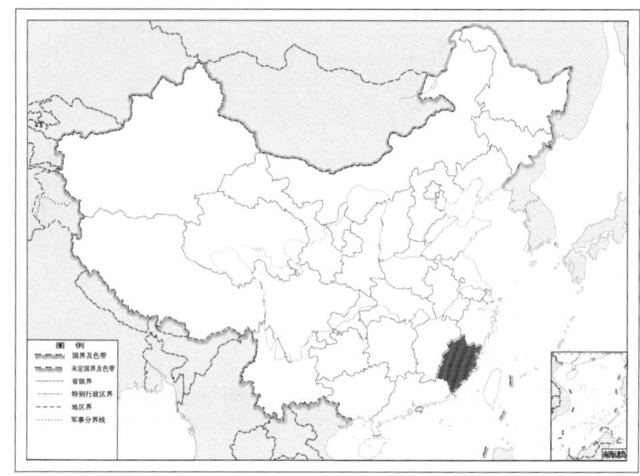

图 4-343-2 叉突意草蛉 *Italochrysa furcata* 地理分布图

344. 桂意草蛉 *Italochrysa guiana* Yang & Wang, 2005

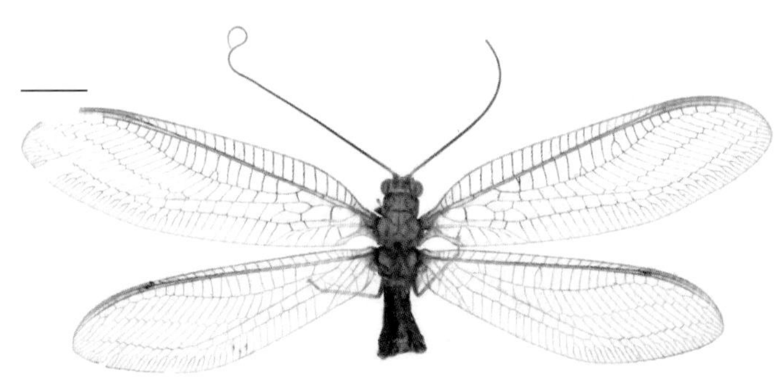

图 4-344-1 桂意草蛉 *Italochrysa guiana* 成虫图

（标尺：5.0 mm）

【测量】 雄虫体长 17.0 mm，前翅长 27.0 mm，后翅长 25.0 mm。

【形态特征】 头部黄褐色；触角基部 2 节黄褐色，梗节长大于宽，中间缢缩，似为 2 节，鞭节基部至端部颜色由黄绿色逐渐加深至褐色，具黑褐色短毛。胸部背板中央为鲜黄色纵带，两侧暗绿色；前胸背板中央有纵沟，前缘侧角和中横沟后具黑褐色斑；中后胸侧板黄色。足黄绿色，爪褐色。腹部背板黄色，腹板黄褐色。前翅翅痣黄色，痣内亚前缘区有 6 ~ 7 条小横脉，痣外翅缘有横脉；前缘横脉列 26 条，第 1 ~ 18 条中部黄色，两端褐色，其余黄色；径横脉 19（右翅）或 20（左翅）条，褐色；RP 脉分支 21 条，第 1、2 条褐色，第 3 ~ 5 条两端褐色，第 6 ~ 20 条基部、内阶脉前后和近翅缘分叉基部褐色，余黄绿色；M-Cu 横脉第 1、2 条褐色，右翅 M-Cu 脉与 Psm-Psc 脉间有 1 条横脉；Psm-Psc 间横脉 10 条，第 1 ~ 8 条两端褐色，中间黄绿色，第 9、10 条褐色；内中室呈四边形，r-m 横脉居中；阶脉褐色，内 / 外：左翅为 16/14，右翅为 16/13；后翅前缘横脉列、径横脉黄色，Rs 脉分支、Rsm-Psc 间横脉绿色，阶脉 2 组，内 / 外：左翅为 16/14，右翅为 15/13，内组 1 ~ 7 条绿色，其余褐色，外阶脉褐色。Cu 横脉及 Psc 分支基部褐色。腹部末端肛上板内侧与下端向前伸，臀胝偏下；第 8+9 腹板比第 7 腹板窄，侧面观基部宽约为长的 1/2。

【地理分布】 广西。

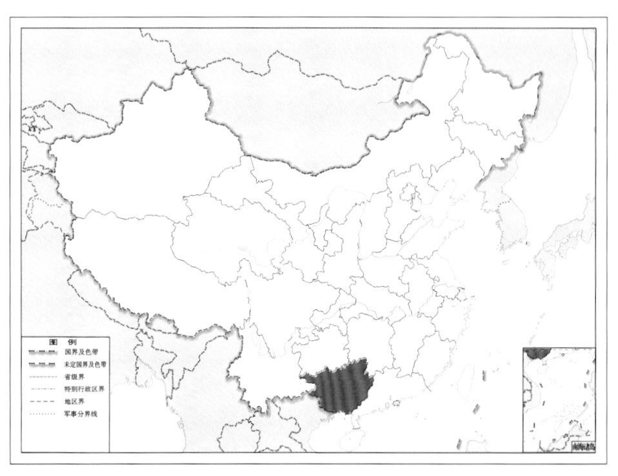

图 4-344-2 桂意草蛉 *Italochrysa guiana* 地理分布图

345. 日意草蛉 *Italochrysa japonica* (McLachlan, 1875)

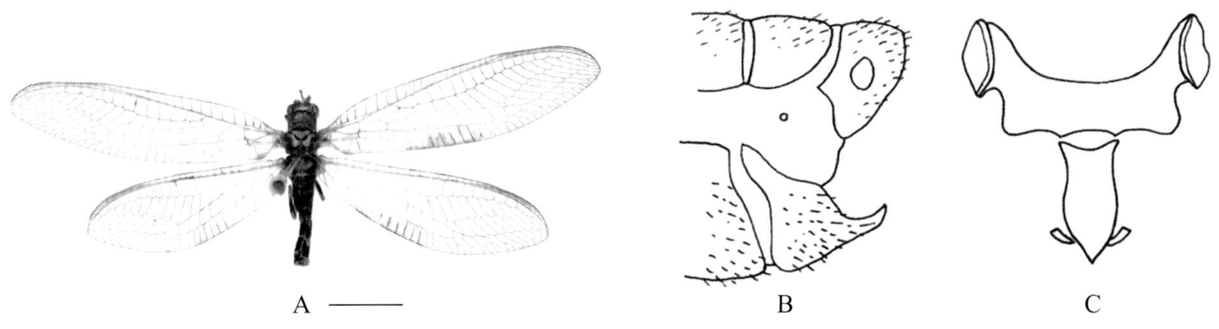

图 4-345-1 日意草蛉 *Italochrysa japonica* 形态图

（标尺：A 为 5.0 mm）

A. 成虫 B. 雄虫腹部末端侧面观 C. 雄虫外生殖器

【测量】 体长 11.0 ~ 13.0 mm，前翅长 18.0 ~ 20.0 mm，后翅长 16.0 ~ 17.0 mm。

【形态特征】 体黄色，头部黄褐色，无斑；触角第 1、2 节黄色，鞭节黑褐色。前胸背板黄白色，两侧红褐色，中、后胸背板黄白色，背、腹板均有明显的黑色斑。腹部各节基本黑色，后缘黄色。翅透明，翅脉大部分黄色，翅痣暗褐色。雄虫腹部末端腹板侧面观近三角形。

【地理分布】 甘肃、云南、贵州、湖北、湖南、江西、安徽、江苏、浙江、福建、台湾、广西、海南。

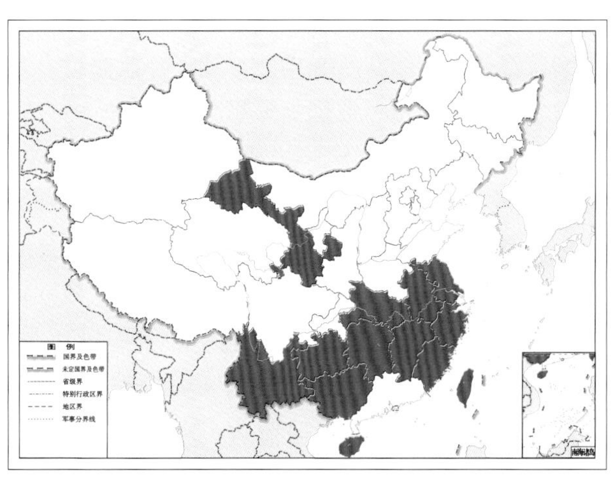

图 4-345-2 日意草蛉 *Italochrysa japonica* 地理分布图

346. 长突意草蛉 *Italochrysa longa* Yang & Wang, 2005

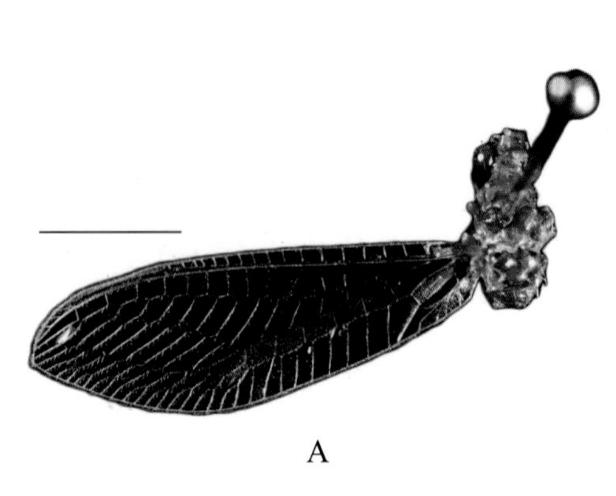

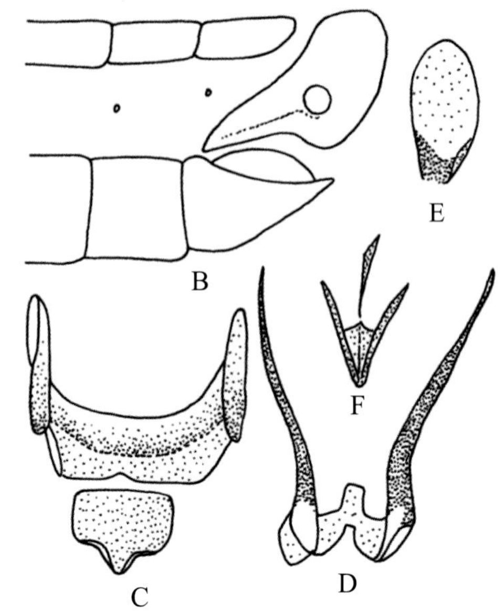

图 4-346-1 长突意草蛉 *Italochrysa longa* 形态图

（标尺：A 为 5.0 mm）

A. 成虫头、胸及前翅 B. 雄虫腹部末端侧面观 C. 雄虫外生殖器 D. 阳基侧突 E. 殖弧叶端部侧面观 F. 下生殖板（引自李艳磊）

【测量】 雄虫体长 11.0 mm，前翅长 15.0 ~ 17.0 mm，后翅长 14.0 ~ 16.0 mm。

【形态特征】 头部黄色，无斑；触角基部 2 节黄色，鞭节黄褐色，具黑褐色短毛。胸部中央为黄色纵带；前胸背板两侧褐色，中横沟两侧褐色；中后胸背板盾片前缘与后缘褐色，其余皆黄褐色。足鲜黄色，胫节与跗节被褐色短毛，爪基部弯曲，褐色。前翅前缘横脉列 19 ~ 20 条，第 1 ~ 14 条褐色，其余近 Sc 脉端褐色；亚前缘基横脉、RP 脉基段、内中室基段、M-Cu 横脉、Cu 脉基段及 Cu1、Cu2 横脉稍粗大，褐色，两侧有阴影；径横脉 13 ~ 14 条，RP 脉分支 12 ~ 13 条；Psm-Psc 间横脉 7 条，均浅褐色；阶脉褐色，内 / 外为 8 ~ 9/7 ~ 9；后翅前缘横脉列 17 ~ 18 条，阶脉内 / 外为 6 ~ 7/7 ~ 8。腹部末端第 8 背板约与第 7 背板等长；肛上板下端中部内凹，向前与内侧伸长角状，外侧弧形，臀胝小，表皮内突发达；第 8+9 腹板完全愈合，基部宽，端部窄，侧面观略为三角形，两侧瓣新月形。

【地理分布】 海南。

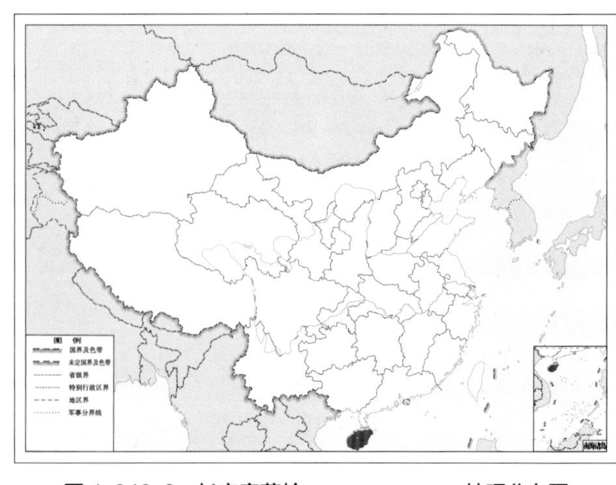

图 4-346-2 长突意草蛉 *Italochrysa longa* 地理分布图

347. 龙陵意草蛉 *Italochrysa longlingana* Yang, 1986

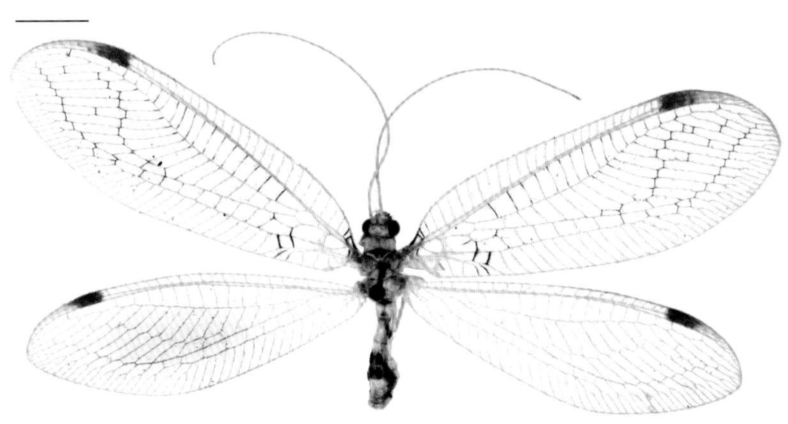

图 4-347-1 龙陵意草蛉 *Italochrysa longlingana* 成虫图
（标尺：5.0 mm）

【测量】 雌虫（干制）体长约 14.0 mm，前翅长 26.0 mm，后翅长 24.0 mm。

【形态特征】 头部黄色，无明显斑纹；触角长达前翅痣，黄褐色。胸部黄色，仅中胸前盾片上有 1 对三角形大的褐色斑，盾片在翅基处各有 1 个小黑点。爪褐色。腹部污黄色，背板第 1 节中央有 1 条横的褐色斑，第 4 与第 5 节有 2 对八字形黑色斑，腹板第 3 节两侧各具 1 个圆斑。前翅前缘基部及 3 条横脉黑褐色，2 组阶脉均为黑褐色；RP 脉分支与阶脉连接处，RP 脉分支的基部及与 r 横脉相连处也有一小段褐色，2 条 Cu 横脉为黑色并有褐色边，其下方的 A 脉 2 分支为褐色，还有翅外缘各脉的缘叉处也有褐色纹。

【地理分布】 云南。

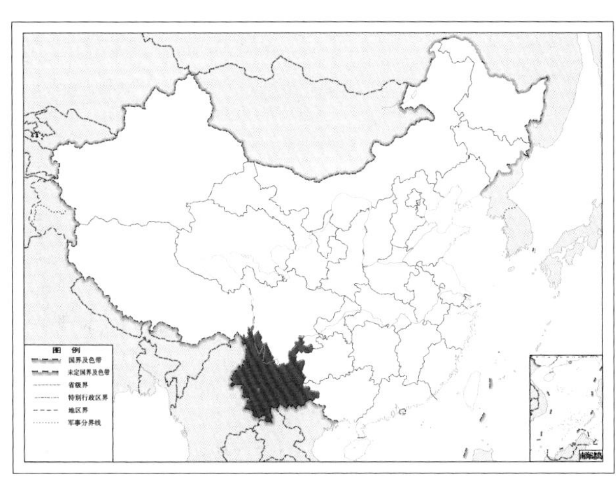

图 4-347-2 龙陵意草蛉 *Italochrysa longlingana* 地理分布图

348. 泸定意草蛉 *Italochrysa ludingana* Yang, Yang & Wang, 1992

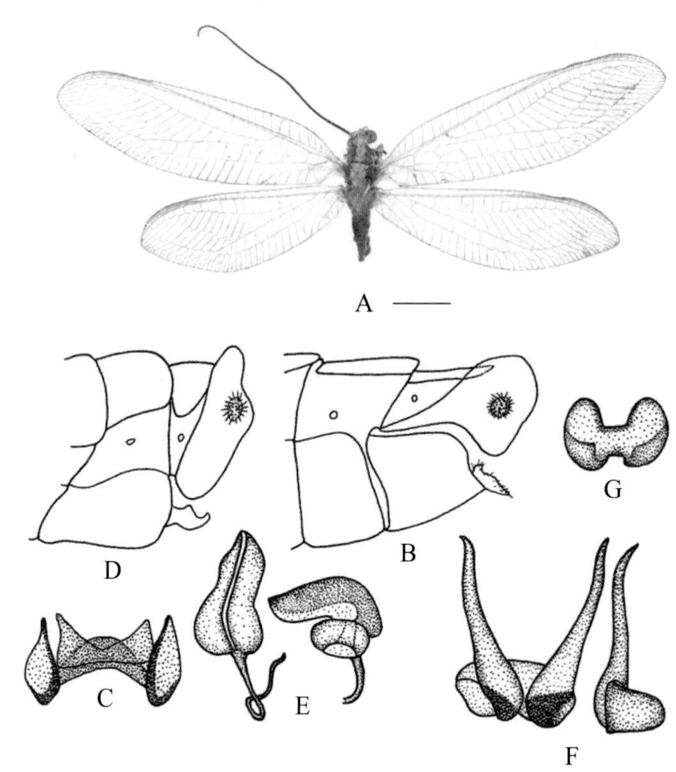

图 4-348-1 泸定意草蛉 *Italochrysa ludingana* 形态图
（标尺：A 为 5.0 mm）
A. 成虫 B. 雄虫腹部末端侧面观 C. 雄虫外生殖器 D. 雌虫腹部末端侧面观 E. 贮精囊 F. 阳基侧突 G. 亚生殖板

【测量】 雄虫（干制）体长 14.0 ~ 16.0 mm，前翅长 23.0 ~ 26.0 mm，后翅长 20.0 ~ 22.0 mm。

【形态特征】 头部无斑；触角第 1、2 节皆黄褐色，鞭节黑色。前胸背板端部斜切，两侧红色宽纵带，中为黄色纵带；中后胸同前胸。足绿褐色，跗节及爪褐色，爪基部弯曲，3 对足股节背面近端部为褐色斑。腹部背、腹板皆黄褐色。前翅翅痣褐色，内有透明脉；前翅前缘横脉列 27 条，第 2 ~ 8 条近 Sc 脉半端褐色，其余皆黄褐色；径横脉 16 条，绿色；RP 脉分支 18 条，绿褐色；Psm-Psc 间横脉 10 条，绿褐色；内中室呈四边形；Cu1-Cu3 脉绿色；阶脉黄褐色，内 / 外为 10/12。腹部末端第 8 背板窄细；肛上板末端近方形，内侧底缘向内延伸；第 8+9 腹板近似方形。

【地理分布】 云南、四川。

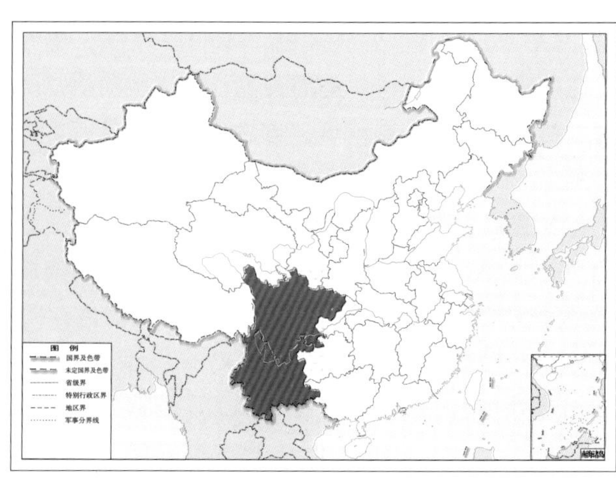

图 4-348-2 泸定意草蛉 *Italochrysa ludingana* 地理分布图

349. 巨意草蛉 *Italochrysa megista* Wang & Yang, 1992

图 4-349-1 巨意草蛉 *Italochrysa megista* 成虫图
（标尺：5.0 mm）

【测量】 体长 20.0 ~ 22.0 mm，前翅长 30.0 ~ 37.0 mm，后翅长 20.0 ~ 22.0 mm。

【形态特征】 头部橙色，无斑；触角柄节与梗节膨大，黄色，鞭节黑褐色；头顶黄绿色。前胸背板中央纵带橙黄色，两侧灰褐色，前缘、中横沟、后缘两侧各具 1 对黑色斑；中后胸背中带鲜黄色，两侧暗黄色，侧板黄绿色。足黄绿色，股节被黄绿色短毛，胫节与跗节被褐色短毛，爪基部弯曲，黑褐色。腹部黄褐色，肛上板外侧第 8+9 腹板鲜黄色。前翅翅痣浅黄色，不透明；前缘横脉列 22 条，第 1 ~ 14 条黑色，第 15 ~ 18 条近 Sc 脉端黑褐色，余黄绿色；亚前缘基横脉黑色，径横脉 22 条，RP 脉分支 22 条，RP 脉主干基段及中间不连续小段黑色，其余黄绿色；RP 脉分支第 1 条全部、第 2 ~ 8 条两端及阶脉前后小段和近翅缘分叉基部黑色，其余透明，黄绿色；Psm-Psc 间横脉 10 条，第 8 ~ 10 条黑色，其下方的 Psc 脉分支近翅缘的分叉基部亦黑色；第 1 条 M-Cu 横脉粗大，黑色；内中室呈四边形，r-m 横脉黑色，位于其上约 1/2 处；肘横脉及臀脉部分黑色；阶脉黑色，内 / 外：左翅为 15 ~ 16/14 ~ 15，右翅为 14 ~ 16/13 ~ 17。雄虫腹部末端臀胝明显，鲜黄色，表皮内突靠肛上板内侧，至臀腮前分叉；第 8+9 腹板愈合，比第 7 腹板窄，侧面观呈三角形，两侧具膜质侧瓣，超过末端长，端部向上突起。雌虫腹部第 8 背板约与第 7 背板等长，但前者宽仅为后者的 1/2；肛上板较大，臀胝居中偏内侧；第 7 腹板末端弧形。

【地理分布】 湖南、江西、福建、广东。

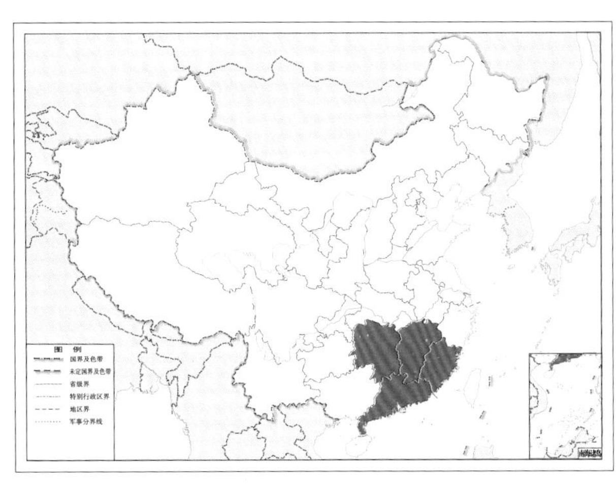

图 4-349-2 巨意草蛉 *Italochrysa megista* 地理分布图

350. 东方意草蛉 *Italochrysa orientalis* Yang & Wang, 1999

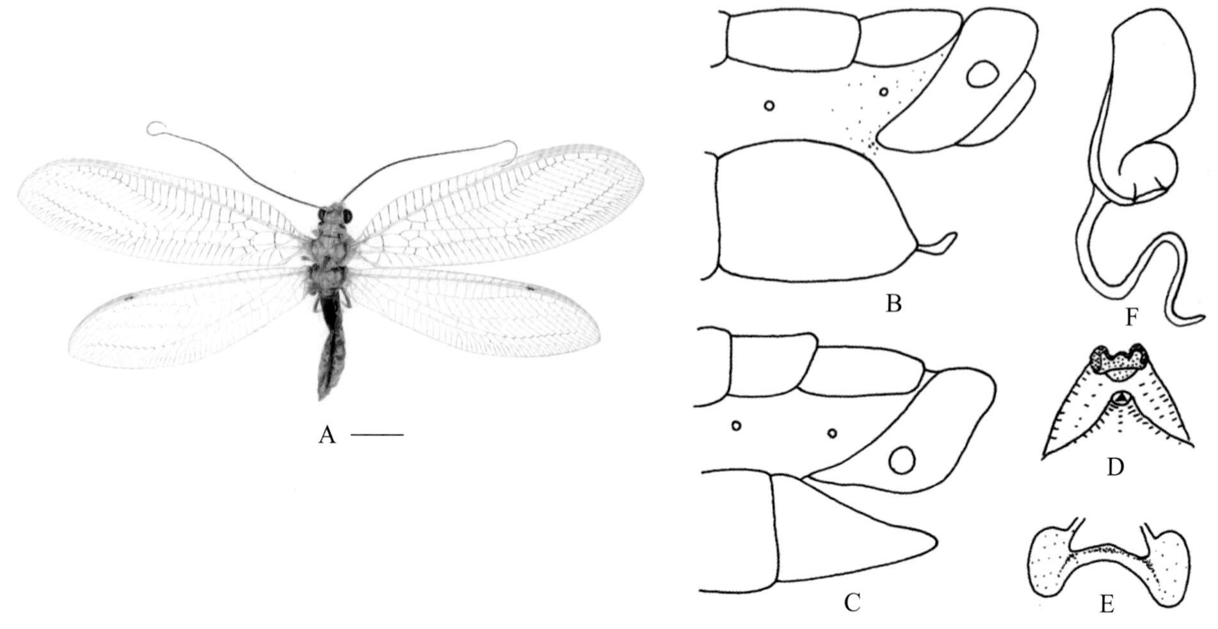

图 4-350-1 东方意草蛉 *Italochrysa orientalis* 形态图

（标尺：A 为 5.0 mm）

A. 成虫 B. 雌虫腹部末端侧面观 C. 雄虫腹部末端侧面观 D. 亚生殖板 E. 直爪叶 F. 贮精囊

【测量】 雄虫体长 18.0 ~ 19.0 mm，前翅长 27.0 ~ 28.0 mm，后翅长 24.0 ~ 25.0 mm。

【形态特征】 头部亮黄褐色，无斑。触角柄节与梗节亮黄褐色；鞭节各亚节末端黄色，其余黑褐色，具环形黑褐色短毛；第 1 亚节很长，短毛 5 圈；第 2 亚节极短，短毛 2 圈；第 3 ~ 11 亚节具短毛 3 圈，其余各具短毛 4 圈。胸部背板中央具鲜黄色纵带；前胸背板宽大于长，前缘侧角具 1 对大的黑褐色斑，中横沟后两侧各具 2 个斑，内斑较粗，弯曲，外斑细，皆黑褐色；中后胸背板两侧黄褐色，侧板黄色。足淡黄色，爪褐色。腹部背板亮黄色，腹板黄色。前翅翅痣黄褐色，内有小横脉；前缘横脉列 24 条，第 1 ~ 15 条两端黑褐色，中间淡黄褐色，余皆黄褐色；径横脉 21 条，褐色；RP 脉分支 21 条，第 1 ~ 4 条褐色，第 5 ~ 6 条两端、第 7 ~ 21 条基部、阶脉前后及近翅缘的分叉大部分褐色，其余黄色；M-Cu 横脉粗大；Psm-Psc 间横脉 10 条，褐色，部分中段黄色；Psc 脉分支基部褐色；翅端与后缘黄色；内中室呈四边形，r-m 横脉位于其上，褐色；阶脉褐色，内 / 外：左翅为 15/13，右翅为 15/12。

【地理分布】 云南、福建、广西、广东、海南。

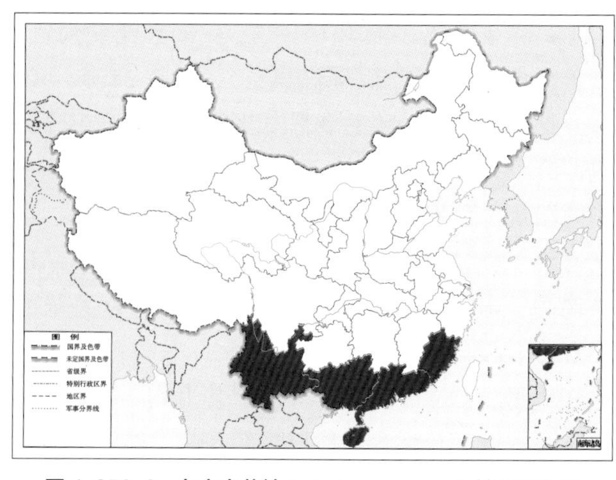

图 4-350-2 东方意草蛉 *Italochrysa orientalis* 地理分布图

351. 豹斑意草蛉 *Italochrysa pardalina* Yang & Wang, 1999

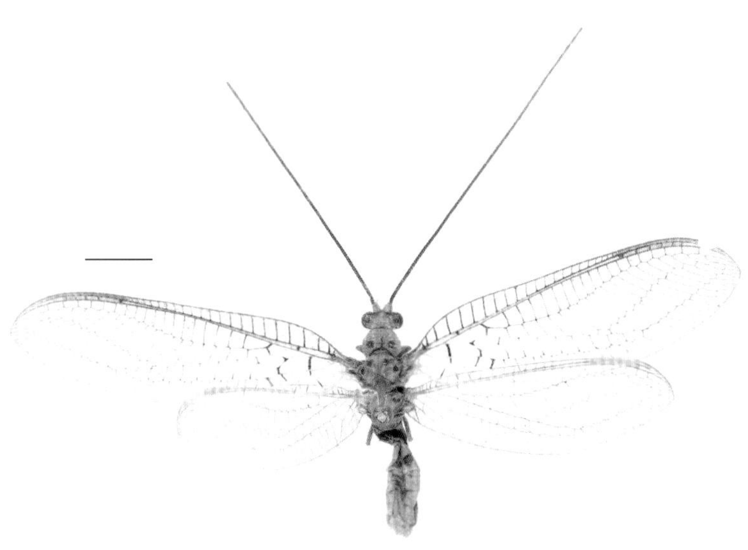

图 4-351-1 豹斑意草蛉 *Italochrysa pardalina* 成虫图
（标尺：5.0 mm）

【测量】 雄虫体长 15.0 mm，前翅长 24.0 ~ 27.0 mm，后翅长 22.0 ~ 24.0 mm。

【形态特征】 头部黄色，无斑；触角稍长于前翅，柄节黄色，梗节短，外侧褐色，鞭节基部至端部颜色由黑色至黑褐色。前胸背板黄色，中横沟两端具 1 对黑色大斑；中后胸背板中纵带鲜黄色，两侧黄褐色；中胸背板盾片与盾间沟上各具 1 对黑色斑，大小相近；后胸背板盾片具 2 对黑色斑，内斑三角形，比外斑大，外斑圆形；中后胸侧板黄色；足黄色，爪褐色。腹部背板皆黄色，第 3 ~ 8 节背板两侧各具 1 个黑色斑。前翅翅痣明显，痣内亚前缘区有长条形褐色斑；翅基前缘有 1 个黑色斑，亚前缘基横脉、RP 脉基段 1 ~ 6 条、RP 脉分支全部与其余分支基部至外阶脉间褐色，外阶脉至翅缘间 RP 脉分支及分叉黄褐色。r-m 横脉、M-Cu 横脉的第 1 ~ 2 条、Cu2 脉基段及 Cu1、Cu2 横脉粗大，黑褐色，两边具褐色阴影；纵脉黑褐色；前缘横脉列 20 条，第 1 ~ 14 条黑褐色，其余基部黑褐色，端部黄褐色；径横脉 18 条，Psm-Psc 间横脉 8（左）或 9（右）条，阶脉内 / 外：左翅为 12/14，右翅为 12/13。后翅径横脉两端、RP 脉分支基部、阶脉褐色，其余淡黄褐色，阶脉内 / 外为 12/12。

【地理分布】 贵州、福建、广西、广东。

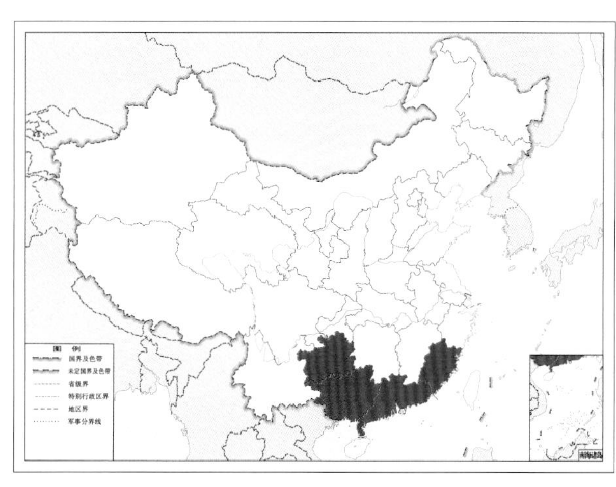

图 4-351-2 豹斑意草蛉 *Italochrysa pardalina* 地理分布图

352. 晕翅意草蛉 *Italochrysa psaroala* Li, Yang & Wang, 2008

图 4-352-1 晕翅意草蛉 *Italochrysa psaroala* 成虫图
（标尺：5.0 mm）

【测量】 雌虫体长 18.0 mm，前翅长 29.0 mm，后翅长 25.0 mm。

【形态特征】 头橙色，与前胸背板等宽；触角长不超过翅痣，柄节和梗节橙色，鞭节黑色。前胸背板橙色，宽大于长，中央有 1 条纵沟，两侧各具 1 个黑色圆斑；中后胸橙色，侧板黄白色。爪褐色；腹部黑褐色，肛上板橙黄色。前翅翅痣内横脉明显，痣外有横脉；翅脉多为黑褐色，前缘横脉列 22 条，第 1 ~ 15 条横脉黑色，第 16 条横脉近 Sc 脉端褐色，R 脉端黄绿色，其余横脉黄绿色；径横脉 20 条；RP 脉分支 21 条，第 1 ~ 6 条黑色，有褐色晕斑，第 7 ~ 19 条两端黑褐色；Psm-Psc 间横脉 8 条，黑褐色，第 1、2 条有晕斑；内中室呈四边形，有黑色晕斑；阶脉 2 组，黑色；后翅无黑色晕斑，前缘横脉列 21 条，阶脉黑褐色，Psm-Psc 间横脉 9 条，第 8、9 条横脉黑褐色。

【地理分布】 广西。

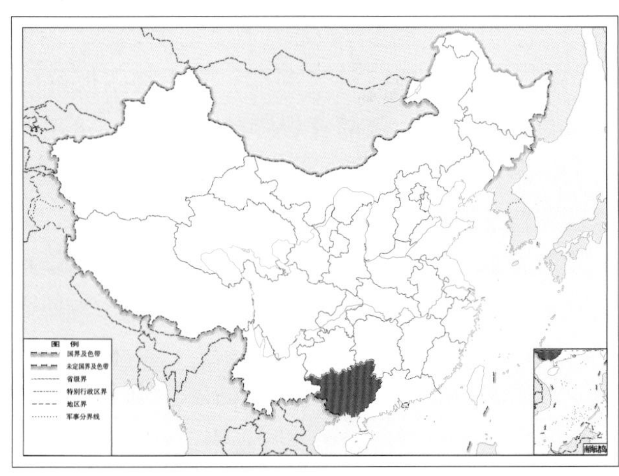

图 4-352-2 晕翅意草蛉 *Italochrysa psaroala* 地理分布图

353. 锡金意草蛉 *Italochrysa stitzi* (Navás, 1925)

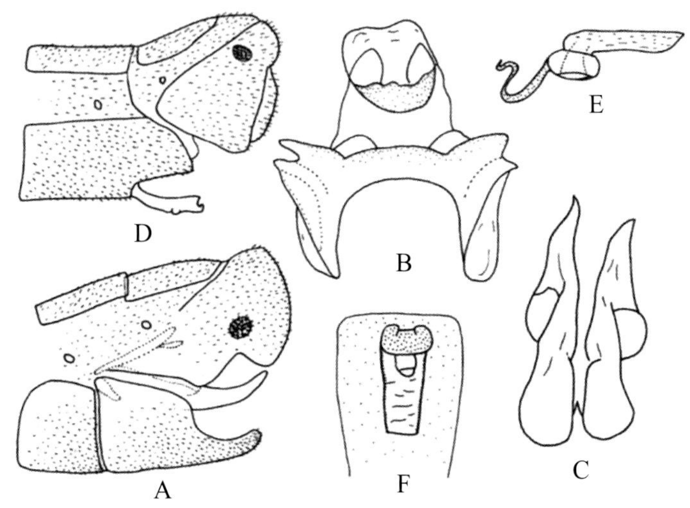

图 4-353-1 锡金意草蛉 *Italochrysa stitzi* 形态图

A. 雄虫腹部末端侧面观 B. 雄虫外生殖器 C. 阳基侧突 D. 雌虫腹部末端侧面观 E. 贮精囊 F. 亚生殖板

【测量】 体长 12.0 ~ 13.0 mm，前翅长 24.0 ~ 25.0 mm，后翅长 20.0 ~ 22.0 mm。

【形态特征】 体橙黄色；头部黄色，颚唇须棕黄色；触角柄节黄色，梗节和鞭节漆黑色。前胸背板金黄色，前窄后宽，成梯形状；胸部背板无斑。足黄色，跗节棕色。腹部褐色。前翅顶端尖锐，前缘横脉列黑褐色；RP 脉基部第 1 ~ 2 条、内中室基部与端部脉、Cu 脉及 *dc* 室端部黑色呈斑状；阶脉内 / 外为 10/10 或 11/11。

【地理分布】 西藏。

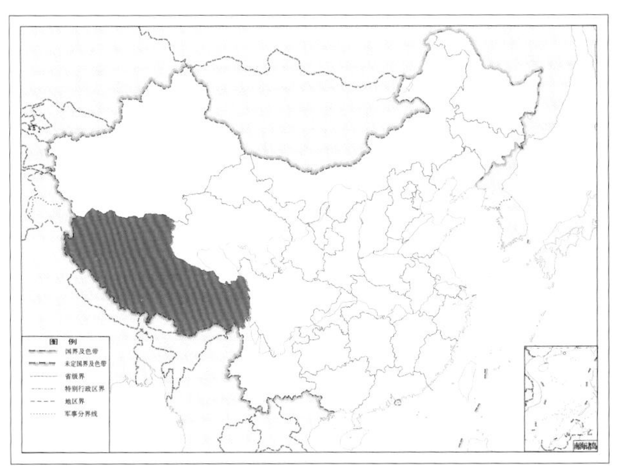

图 4-353-2 锡金意草蛉 *Italochrysa stitzi* 地理分布图

354. 天目意草蛉 *Italochrysa tianmushana* Yang & Wang, 2005

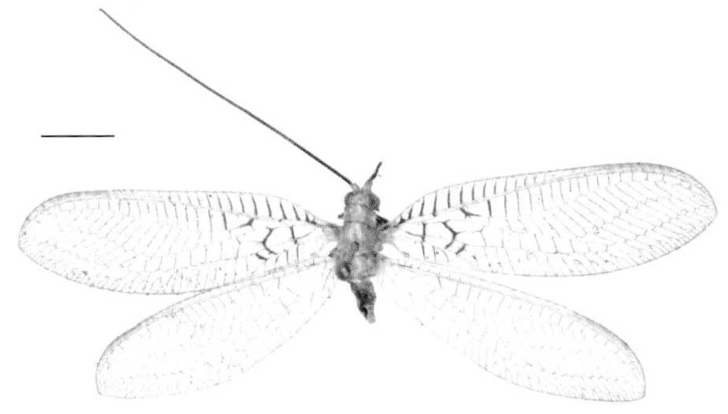

图 4-354-1 天目意草蛉 *Italochrysa tianmushana* 成虫图

（标尺：5.0 mm）

【测量】 体长 10.0 ~ 12.0 mm，前翅长 19.0 ~ 24.0 mm，后翅长 16.0 ~ 22.0 mm。

【形态特征】 头部黄色；下颚须基部 2 节黄色，端部 3 节浅黑褐色，下唇须端节浅黑褐色。胸部背板中央具黄白色纵带，两侧浅红褐色，侧板黄绿色；中后足基部至翅下各有 1 条黑褐色狭带，中胸侧板前侧片前半部及腹板前缘两侧黑褐色。足基节外侧褐色，股节黄绿色，胫节、跗节和爪黑色。雄虫腹部前 3 节背板中央具黄白色纵带，其余背板与腹板黄褐色；肛上板鲜黄色；第 8+9 腹板完全愈合，基部色浅，端部黑褐色，侧面观呈直角等腰三角形，两侧瓣黄色，窄长。前翅翅痣黄绿色，不透明；前缘横脉列 22 条，第 1 ~ 12 条褐色，两侧褐色阴影，其余黄绿色，RP 脉基段、第 1 径横脉、第 1、2 M-Cu 横脉、内中室基段、Cu2 脉基段及 Cu1、Cu2 横脉粗大，褐色并具阴影；径横脉 18 条，褐色；RP 脉分支 17 条，浅褐色；Psm-Psc 间横脉 9 条，浅褐色；阶脉褐色，内 / 外：左翅为 11/11，右翅为 10/11；翅基 R+M 脉周围具褐色晕斑。

【地理分布】 浙江。

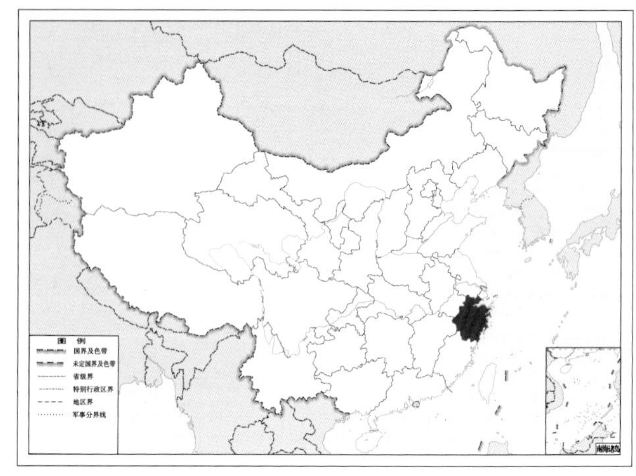

图 4-354-2 天目意草蛉 *Italochrysa tianmushana* 地理分布图

355. 鼓囊意草蛉 *Italochrysa tympaniformis* Yang & Wang, 2005

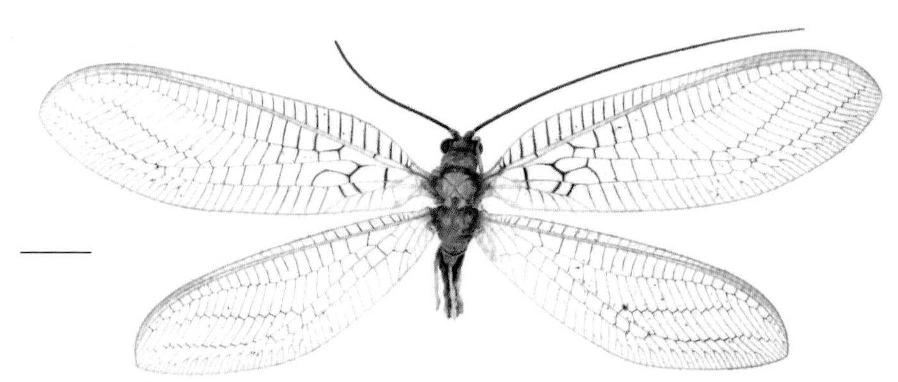

图 4-355-1 鼓囊意草蛉 *Italochrysa tympaniformis* 成虫图

（标尺：5.0 mm）

【测量】 雌虫体长 16.0 mm，前翅长 28.0 mm，后翅长 26.0 mm。

【形态特征】 头部黄色；唇基及上唇红褐色，头顶黄褐色，颚唇须黄色，末端褐色；触角约与前翅等长或稍长，柄节与梗节黄色，鞭节基部黑褐色，逐渐变浅，端部褐色。前胸背板黄色，中间沟与前缘间具 1 对褐色斑；中后胸背板中纵带鲜黄色，两侧暗黄色，侧板黄色。足的胫节与跗节具褐色短毛，爪褐色。腹部背、腹板黄绿色至黄色，第 1 ~ 3 节较暗。前翅翅痣浅黄褐色，痣内小横脉明显；前缘横脉列 27 条，第 1 条褐色，第 2 ~ 15 条具褐色晕斑，第 16、17 条近 Sc 脉端褐色，其余皆黄绿色；亚前缘基横脉黑褐色，径横脉 22 条，褐色至黑褐色，第 1 ~ 3 条具黑褐色晕斑；RP 脉分支 21 条，第 1 ~ 4 条褐色，第 5 ~ 7 条两端褐色，其余基部褐色；Psm-Psc 间横脉 10 条，褐色，第 1、2 条 M-Cu 横脉，Cu 横脉及内中室基段、下端和端脉均具黑褐色晕斑；阶脉黑褐色，内 / 外：左翅为 15/14，右翅为 14/14；内中室呈四边形，r-m 横脉位于其上，具黑褐色晕斑。腹部末端第 8 背板与第 7 背板约等长；肛上板内、外侧几平行，上、下端弧形，臀胝偏上。

【地理分布】 安徽。

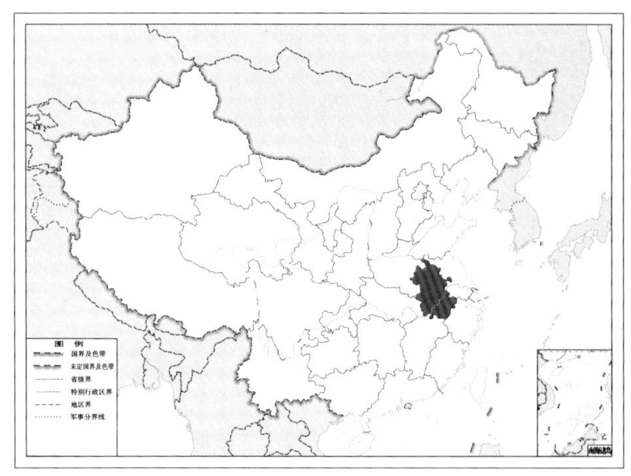

图 4–355–2 鼓囊意草蛉 *Italochrysa tympaniformis* 地理分布图

356. 红痣意草蛉 *Italochrysa uchidae* (Kuwayama, 1927)

图 4–356–1 红痣意草蛉 *Italochrysa uchidae* 成虫图

（标尺：5.0 mm）

【测量】 体长 14.0 ~ 16.0 mm，前翅长 23.0 ~ 26.0 mm，后翅长 22.0 ~ 25.0 mm。

【形态特征】 体褐色；头部红褐色；触角明显长于前翅，柄节和梗节黄褐色，鞭节深褐色。前胸背板两侧平行，黄绿色，具黑褐色斑纹。足黄绿色，股节基部黑色，跗节黄褐色，爪黑褐色。腹部褐色。前翅狭长，翅痣长，红褐色；前缘横脉列 24 ~ 26 条，基部第 8 ~ 12 条黑褐色，其余皆黄褐色；径横脉 22 ~ 24 条，仅 R 脉及 RP 脉基部及第 1、2 节横脉黑色；RP 脉分支 23 ~ 25 条，黄褐色；Psm 脉基部稍弯曲，Psc 脉直，Psm-Psc 间横脉 11 条，第 1、2 条黑色，且具晕斑；内中室呈四边形；阶脉 2 组，黑褐色，内 / 外为 12/12；Cu1-Cu3 脉黑褐色，带晕斑。

【地理分布】 云南、贵州、江西、浙江、福建、台湾、广西、海南。

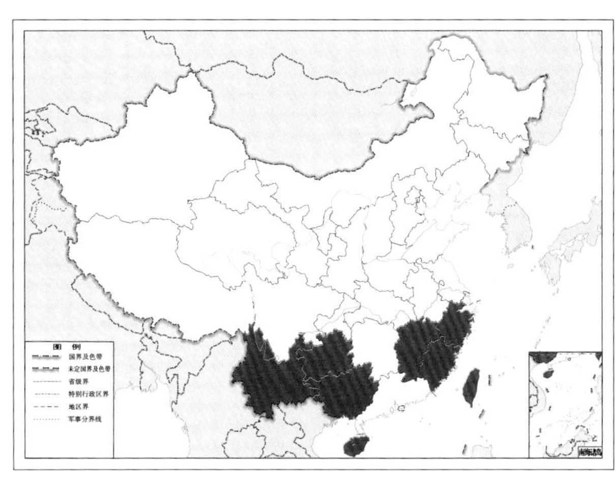

图 4–356–2 红痣意草蛉 *Italochrysa uchidae* 地理分布图

357. 武陵意草蛉 *Italochrysa wulingshana* Wang & Yang, 1992

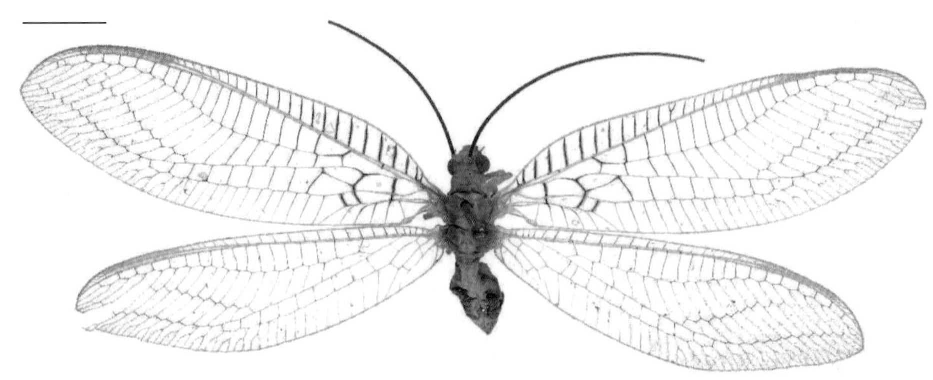

图 4-357-1 武陵意草蛉 *Italochrysa wulingshana* 成虫图

（标尺：5.0 mm）

【测量】 体长 14.0 mm，前翅长 26.0 mm，后翅长 24.0 mm。

【形态特征】 头部橙色；头顶后方突起，扁桃形，青绿色，内有 1 条横沟；触角柄节与梗节橙红色，柄长大于宽，鞭节黑色，具黑色短毛。前胸背板暗黄褐色，宽大于长，横沟 2 条，将背板近三等分；中后胸背板中央纵带黄绿色，两侧暗黄褐色，侧板褐色。足黄绿色，股节被浅黄色短毛，胫节与跗节被褐色短毛，爪基部弯曲，褐色。腹部黄褐色。翅强壮，宽大。前翅翅痣黄褐色，不透明；前缘横脉列 26 条，第 1～18 条黑褐色，第 1～13 条两侧黑褐色带阴影，第 19～21 条基部褐色，端部黄色，第 22～26 条黄绿色；亚前缘基横脉黑褐色；径横脉 22 条，黑褐色；RP 脉基段黑褐色，其余黄绿色；RP 脉分支 21 条，第 1～7 条黑褐色，第 8～21 条基部、阶脉附近和近翅缘小分叉基部黑褐色；第 1、2 条 M-Cu 横脉粗大，黑色；内中室呈三角形，基端粗大，黑色，下端细；Psm-Psc 间横脉 10 条，黑褐色；内中室下方 2 条肘脉和 Cu1 脉基段粗大，黑色，Cu2 脉和 Psc 脉分支基部黑褐色，端部黄绿色；阶脉黑色，内 / 外为 13/13；基部 R+M 脉主干背面黑褐色。

【地理分布】 陕西、贵州、湖北、湖南、安徽、浙江。

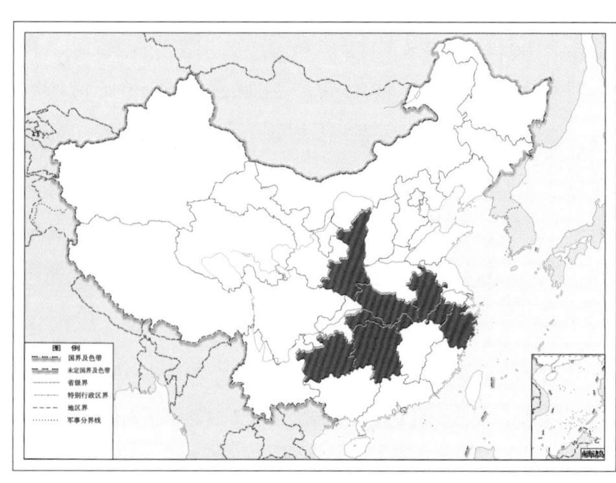

图 4-357-2 武陵意草蛉 *Italochrysa wulingshana* 地理分布图

358. 武夷意草蛉 *Italochrysa wuyishana* Yang, 1999

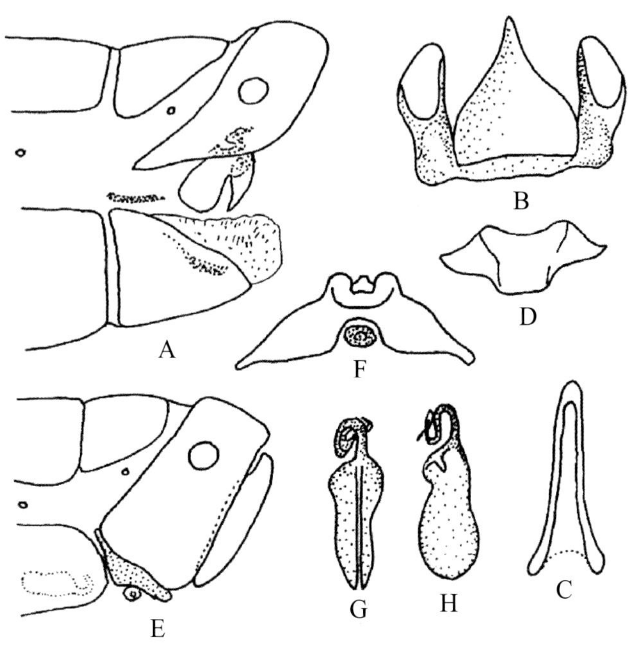

图 4-358-1 武夷意草蛉 *Italochrysa wuyishana* 形态图

A. 雄虫腹部末端侧面观 B. 雄虫外生殖器 C. 阳基侧突 D. 殖下片 E. 雌虫腹部末端侧面观 F. 亚生殖板 G、H. 贮精囊

【测量】 体长 20.0 ~ 25.0 mm，前翅长 27.0 ~ 32.0 mm，后翅长 25.0 ~ 30.0 mm。

【形态特征】 头部黄色，无斑；下颚须及下唇须黄色；触角短，约为前翅长的 2/3，柄节与梗节黄色，鞭节黑色。前胸背板宽大于长，黄色，两侧各具 3 个大黑斑；中胸与后胸全部为黄色，无任何黑斑。足黄色，爪褐色。翅强壮，透明，具虹彩；翅痣黄色，不显著；纵脉大多呈黄色，横脉则大部分为黑色，深浅分明；前翅前缘在翅基具 1 条黑色斑，前缘横脉列有个别呈叉状，至翅痣前约 26 条、基部第 15、16 条为黑色；径横脉列约 23 条均为黑色；RP 有脉分支 21 ~ 26 条不等，基部及与阶脉相连处为黑色，翅外缘分叉处亦呈黑色；阶脉黑色，内 / 外为 15 ~ 17/14 ~ 16；翅基的横脉及中脉分叉处等亦为黑色。腹部黄色，背板两侧各具明显的黑色斑列，基部 2 节各具 1 对黑斑，第 3 ~ 8 节则各有 3 对黑斑。雄虫腹端渐细，略上翘；臀板斜突，臀胝位于中部；殖弧叶宽大具扩展的侧叶，中突极发达但色淡，其端部渐尖，侧面观呈钩状；殖弧梁较粗，下生殖板狭长，阳基侧突不明显。雌虫腹部末端侧面观，臀板上窄下宽，臀胝偏上；亚生殖板宽大，紧贴于臀板下缘；贮精囊暗褐色，腹面观纵裂，侧面观腹痕深。

【地理分布】 陕西、贵州、湖北、湖南、安徽、浙江。

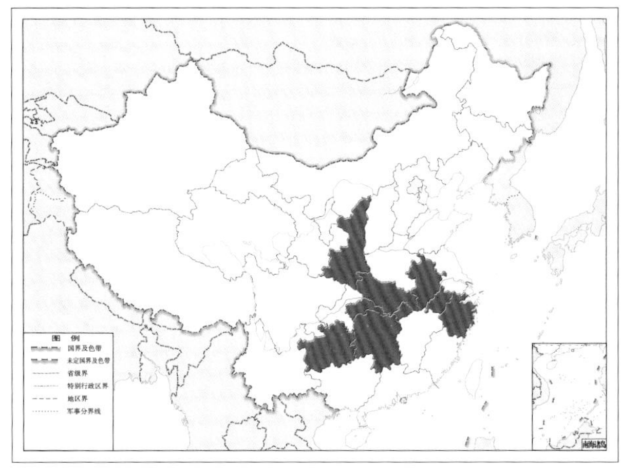

图 4-358-2 武夷意草蛉 *Italochrysa wuyishana* 地理分布图

359. 黄意草蛉 *Italochrysa xanthosoma* Li, Yang & Wang, 2008

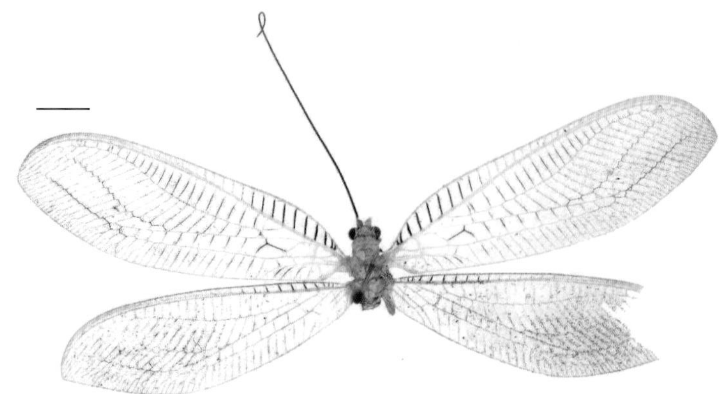

图 4-359-1 黄意草蛉 *Italochrysa xanthosoma* 成虫图
（标尺：5.0 mm）

【测量】 雌虫体长 19.0 mm，前翅长 32.0 mm，后翅长 27.0 mm。

【形态特征】 头部黄色，触角长超过翅痣，柄节、梗节黄色，鞭节黑褐色。前胸背板黄色，具有 1 条横沟，横沟下有 1 条纵沟，延伸至背板亮色处，呈人字形。足黄白色，爪黑色，胫节具黑色短毛，跗节黑色。腹部浅黄色。前翅黄绿色，宽大，翅痣透明；前缘横脉列 28 条，第 1 ~ 9 条黑褐色，第 10 条黑色，其余为黄绿色，亚前缘横脉位于翅基；径横脉 25 条，第 1 ~ 5 条中间为黑褐色，Psm-Psc 间横脉 9 条，第 1 ~ 7 条近 Psm 脉端浅褐色，近 Psc 脉端黄绿色，内中室呈四边形，阶脉 2 组黑褐色。雌虫第 8 背板小，肛上板形状不规则，亚生殖板以膜质柄与之相连。

【地理分布】 湖北。

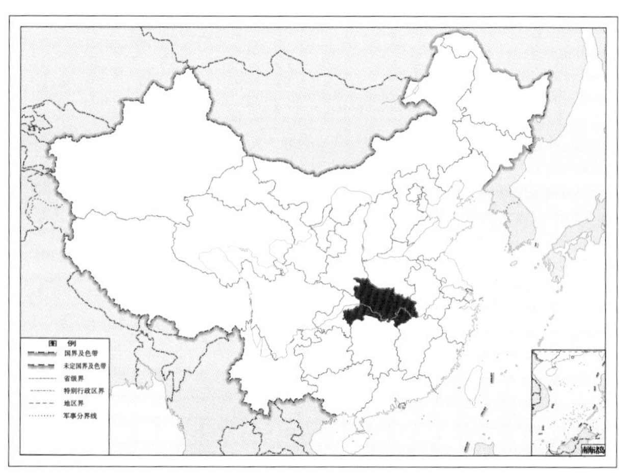

图 4-359-2 黄意草蛉 *Italochrysa xanthosoma* 地理分布图

360. 云南意草蛉 *Italochrysa yunnanica* Yang, 1986

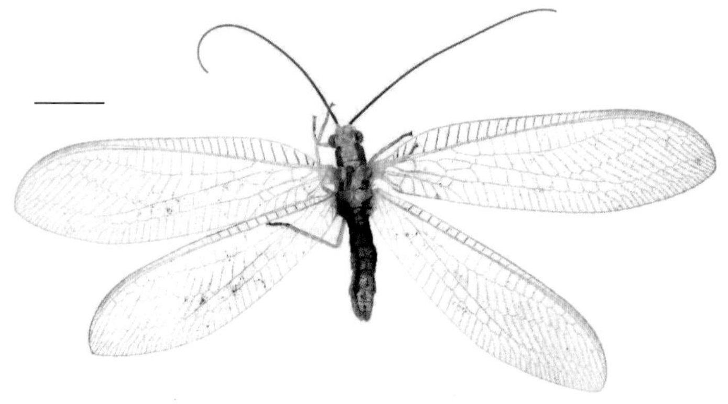

图 4-360-1 云南意草蛉 *Italochrysa yunnanica* 成虫图
（标尺：5.0 mm）

【测量】 雌虫（干制）黄白色大型种，体长 13.0 ~ 15.0 mm，前翅长 22.0 ~ 24.0 mm，后翅长 20.0 ~ 22.0 mm。

【形态特征】 头部黄色，无斑；触角长达前翅的翅痣处，基部 2 节橙黄色，鞭节全部黑褐色。前胸黄白色，两侧具红色宽边，有的标本不明显，中后胸背中部黄白色，两侧黄褐色。足黄色，胫节末端及跗节淡褐色，爪暗褐色。腹部黄白色，背板两侧缘带褐色，腹板第 1 ~ 7 节均呈褐色。翅狭长，透明，翅痣色淡而细长；前翅前缘脉列大多数黑褐色，后翅则仅基半的前缘横脉黑褐色，其他均为淡黄褐色，有些略深。

【地理分布】 云南。

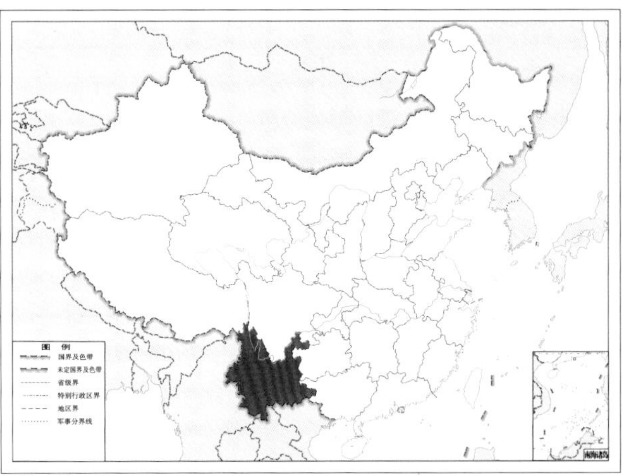

图 4-360-2 云南意草蛉 *Italochrysa yunnanica* 地理分布图

（五八）玛草蛉属 *Mallada* Navás, 1925

【鉴别特征】 上颚不对称，左上颚具齿；体背多具黄色纵带；前翅内阶脉末端位于后径脉的分支上，伪中脉不包括很多横脉。雄虫腹部第 8、9 腹板愈合，末端上方有向内弯的瘤突或棒突；肛上板狭长，臀胝巨大，位置偏中；外生殖器具殖弧叶、中突、殖弧梁及殖下片，殖弧叶中部呈方形或多边形，内突很退化。雌虫的亚生殖板及贮精囊与草蛉属 *Chrysopa* 差别不甚大。

【地理分布】 东洋界、澳洲界。

【分类】 目前全世界已知 139 种，中国已知 12 种，本图鉴收录 11 种。

中国玛草蛉属 *Mallada* 分种检索表

1. 头部具斑 ······ 2
   头部无斑 ······ 8
2. 仅唇基和上唇具黑色斑，其他部位无斑 ······ 乌唇玛草蛉 *Mallada nigrilabrum*
   非上述特征 ······ 3
3. 只具唇基斑；前翅前缘横脉列两端绿色，中部褐色 ······ 杨氏玛草蛉 *Mallada yangae*
   头部具颊斑和唇基斑 ······ 4
4. 前翅所有纵、横脉皆绿色 ······ 5
   前翅部分翅脉黑色或黑褐色 ······ 6
5. 雄虫腹部末端腹板上方为瘤状突 ······ 亚非玛草蛉 *Mallada desjardinsi*
   雄虫腹部末端腹板上方为棒状突 ······ 曲梁玛草蛉 *Mallada camptotropus*
6. 阶脉绿色 ······ 南宁玛草蛉 *Mallada nanningensis*
   阶脉褐色 ······ 7
7. 前后翅的 RP 脉基部褐色 ······ 绿玛草蛉 *Mallada viridianus*
   前后翅的 RP 脉基部绿色 ······ 等叶玛草蛉 *Mallada isophyllus*

8. 阶脉绿色 …… 弯玛草蛉 ***Mallada incurvus***

阶脉褐色 …… 9

9. 前翅 sc-r 间脉近基部的褐色，端部的绿色 …… 黄玛草蛉 ***Mallada basalis***

前翅 sc-r 间的横脉全部绿色 …… 10

10. 头部具黄色斑，前胸背板无斑 …… 黄斑玛草蛉 ***Mallada flavimaculus***

头部无黄色斑，前胸背板两侧具褐色纵纹 …… 棒玛草蛉 ***Mallada clavatus***

4–h 玛草蛉 *Mallada* sp.（张巍巍 摄）

361. 黄玛草蛉 *Mallada basalis* (Walker, 1853)

图 4-361-1 黄玛草蛉 *Mallada basalis* 形态图

A. 头部 B. 前翅 C. 雄虫腹部末端侧面观 D. 雄虫外生殖器 E. 爪 F. 中突 G. 殖弧梁 H. 殖下片 I. 雌虫腹部末端侧面观 J. 贮精囊 K. 亚生殖板

【测量】 体长 6.0~7.0 mm，前翅长 9.0~11.0 mm，后翅长 8.0 ~ 9.5 mm。

【形态特征】 头部乳白色至乳黄色，无明显的黑色斑；下颚须外侧黑褐色；触角基部 2 节乳黄色，鞭节黄褐色至褐色，胸背中央具黄色纵带。腹部背面具黄色纵带，侧面、腹面黄绿色。前翅前缘横脉列 16 ~ 18 条，绿色，有的个体近两端褐色；sc-r 间近基部的横脉褐色，端部的绿色；径横脉 10 条，绿色； RP 脉分支 12 条，近 RP 脉端褐色；Psm-Psc 间横脉 8 条， 绿色；内中室呈三角形，r-m 横脉位于其端部不远或端部；阶脉褐色，个别脉绿色，内 / 外为 6/7。

【地理分布】 台湾。

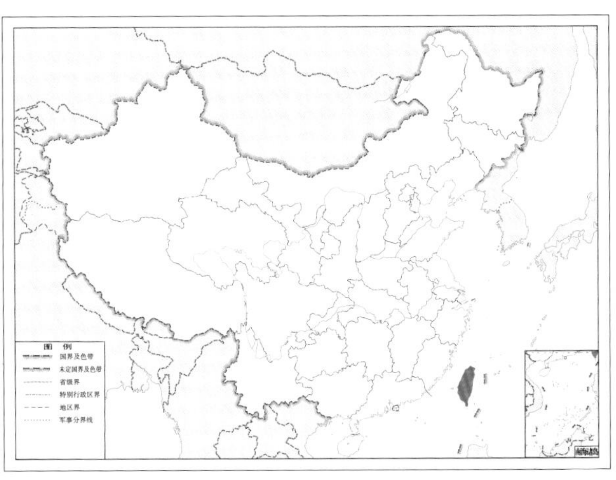

图 4-361-2 黄玛草蛉 *Mallada basalis* 地理分布图

362. 亚非玛草蛉 *Mallada desjardinsi* (Navás, 1911)

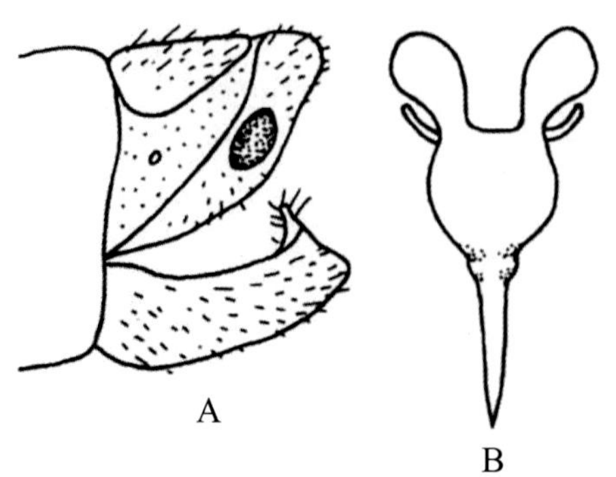

图 4-362-1 亚非玛草蛉 *Mallada desjardinsi* 形态图

A. 雄虫腹部末端侧面观 B. 雄虫外生殖器

【测量】 体长 8.0~9.0 mm，前翅长 9.0~12.0 mm，后翅长 8.0 ~ 11.0 mm。

【形态特征】 体绿色；头部黄绿色，具黑色颊斑和唇基斑；下颚须 3 ~ 4 节黑褐色；触角长于前翅，黄褐色，基部两节颜色浅。足绿色，跗节黄色。胸部及腹部背面黄色纵带，两侧绿色。腹部具白色短毛。翅透明，脉皆绿色。前翅翅痣狭长，前缘横脉列 20 ~ 22 条，径横脉列 13 ~ 15 条；RP 脉分支 14 ~ 16 条，Psm-Psc 间横脉 8 条；阶脉内 / 外为 6/8，r-m 横脉位于内中室之外。雄虫腹部末端肛上板狭长，臀胝大，位置偏中。

【地理分布】 陕西、云南、贵州、四川、湖北、湖南、江西、浙江、福建、台湾、广西、广东、海南；东洋界、非洲界。

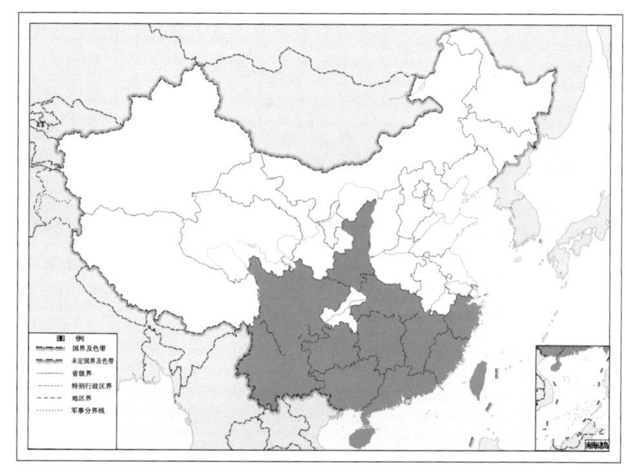

图 4-362-2 亚非玛草蛉 *Mallada desjardinsi* 地理分布图

363. 曲梁玛草蛉 *Mallada camptotropus* Yang & Jiang, 1998

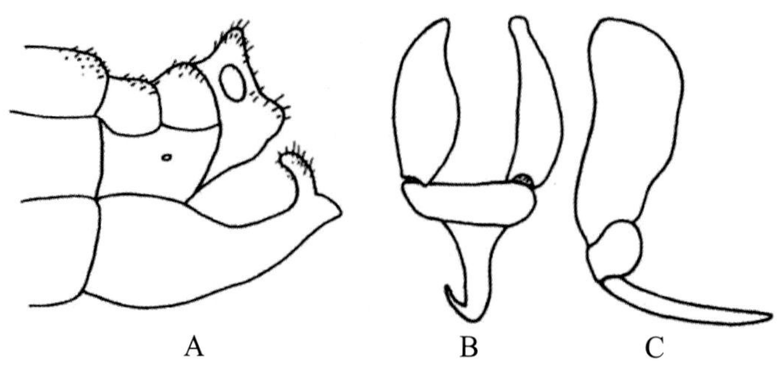

图 4-363-1 曲梁玛草蛉 *Mallada camptotropus* 形态图

A. 雄虫腹部末端侧面观 B. 雄虫外生殖器正面观 C. 雄虫外生殖器侧面观

【测量】 体长 9.0 mm，前翅长 13.0 ~ 15.0 mm，后翅长 11.0 ~ 13.0 mm。

【形态特征】 体黄色；头部黄褐色，有黑色颊斑和唇基斑；触角超过翅长。腹部具灰白色毛。翅黄白色，前翅前缘横脉列 26 ~ 30 条；径横脉 13 条，RP 脉分支 2 ~ 13 条；内中室呈三角形，r-m 横脉位于其顶端；Psm-Psc 间横脉 10 条；阶脉内 / 外：左翅为 7/8，右翅为 8/9。后翅前缘横脉列 20 条；径横脉 13 条；阶脉内 / 外：左翅为 6/8，右翅为 5/7。雄虫外生殖器殖弧梁弯曲，殖弧叶中部窄长，侧叶宽大，伪阳茎约与侧叶等长。

【地理分布】 广西。

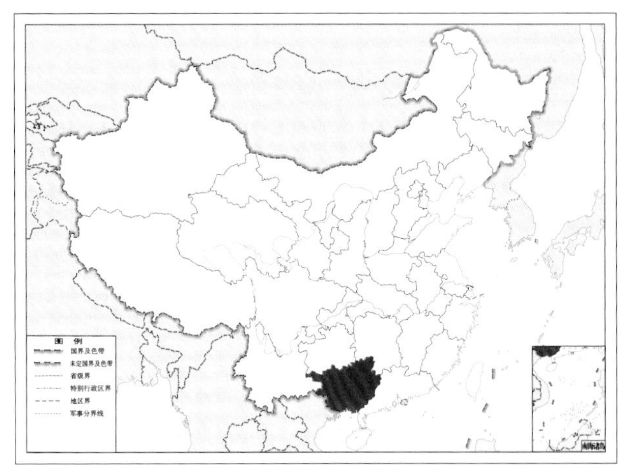

图 4-363-2 曲梁玛草蛉 *Mallada camptotropus* 地理分布图

364. 棒玛草蛉 *Mallada clavatus* Yang & Yang, 1991

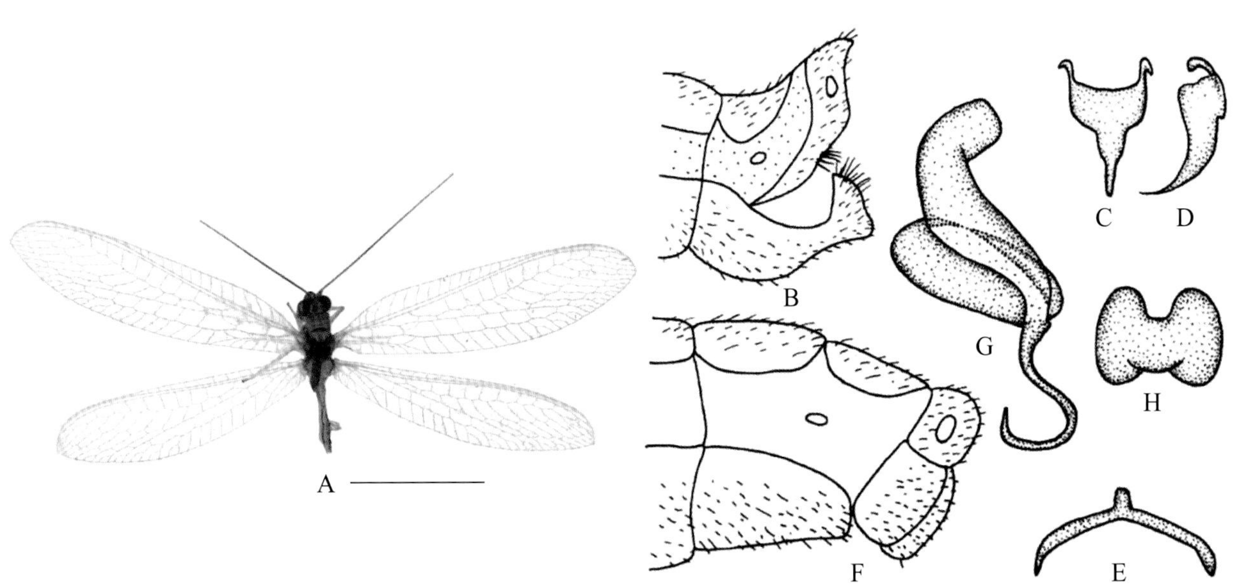

图 4-364-1 棒玛草蛉 *Mallada clavatus* 形态图

（标尺：A 为 5.0 mm）

A. 成虫 B. 雄虫腹部末端侧面观 C. 雄虫外生殖器背面观 D. 雄虫外生殖器侧面观 E. 殖弧梁 F. 雌虫腹部末端侧面观 G. 贮精囊 H. 亚生殖板

【测量】 雄虫（干制）体长 8.0 mm，前翅长 11.2 mm，后翅长 10.2 mm。

【形态特征】 头部黄褐色，无斑，头顶隆起；触角黄褐色。胸背中央具黄色纵带，前胸背板基部具 1 条横沟，两侧为褐色纵带；中后胸两侧黄绿色。足淡黄绿色，跗节黄褐色，爪褐色，基部弯曲。腹部背面为黄色纵带，腹板黄色，具灰色毛。前翅翅痣黄绿色；前缘横脉列 20 条，暗黑色；sc-r 间近翅基的及翅端的横脉皆绿色；径横脉 11 条，灰黑色；RP 脉分支 12 条，第 1～4 条灰色，其余近 Psm 脉端灰色；Psm-Psc 间横脉 8 条，灰色；Cu 脉灰色；阶脉灰色，内 / 外为 6/7；内中室呈三角形，r-m 横脉位于其上。雄虫腹部末端肛上板细长，第 8、9 腹板愈合，末端背面为 1 个向内弯折的棒状突起；雌虫腹部第 7 背板大于第 8 背板，第 7 腹板上缘近末端向上弯，臀板近长方形。

【地理分布】 广西。

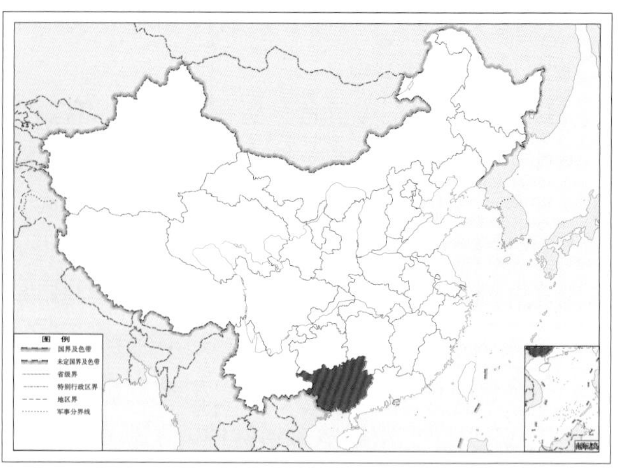

图 4-364-2 棒玛草蛉 *Mallada clavatus* 地理分布图

365. 黄斑玛草蛉 *Mallada flavimaculus* Yang & Yang, 1991

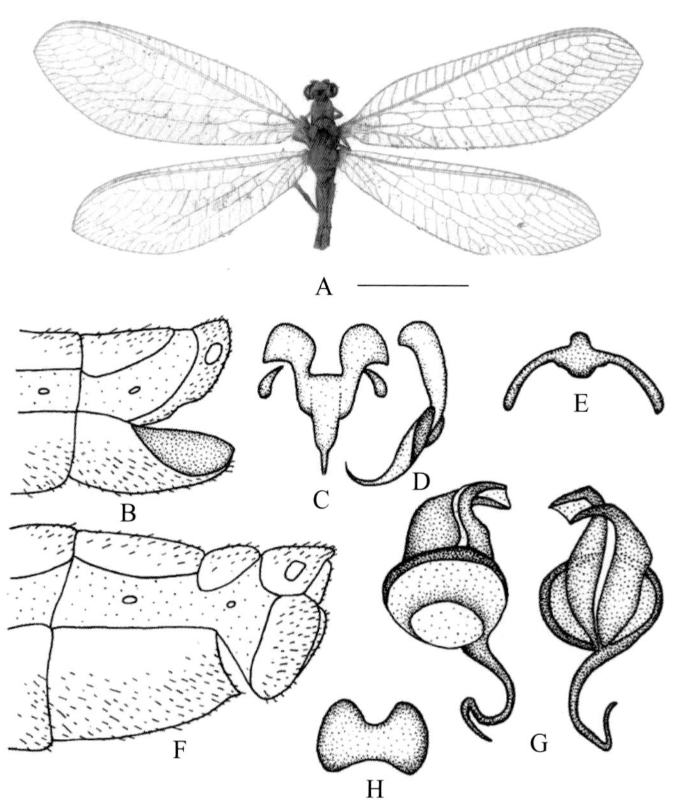

图 4-365-1 黄斑玛草蛉 *Mallada flavimaculus* 形态图

（标尺：A 为 5.0 mm）

A. 成虫 B. 雄虫腹部末端侧面观 C. 雄虫外生殖器背面观 D. 雄虫外生殖器侧面观 E. 殖弧梁 F. 雌虫腹部末端侧面观 G. 贮精囊 H. 亚生殖板

【测量】 雄虫（干制）体长 10.1 mm，前翅长 12.5 mm，后翅长 11.0 mm，触角长 9.3 mm。

【形态特征】 头顶黄色，颜面黄褐色，沿触角间达及唇基上成人字形黄色斑；触角黄褐色。胸部背板中央具黄色纵带，前胸背板两侧褐色，密布白色毛；中、后胸背板两侧偏绿色。足黄绿色，胫节端部、跗节及爪褐色，爪基部弯曲。前翅翅痣为透明的淡绿色，内无脉；前缘横脉列 22 条，绿色；sc-r 间横脉绿色；径横脉 12 条，黄褐色；RP 脉分支 13 条，黄色；Psm-Psc 间横脉 8 条，第 1、2 条颜色较深；Cu2 脉暗褐色；内中室呈三角形，r-m 横脉位于其顶端；阶脉暗黑色，内 / 外：左翅为 7/8，右翅为 7/7；整个翅面上的毛黑色。

【地理分布】 广西。

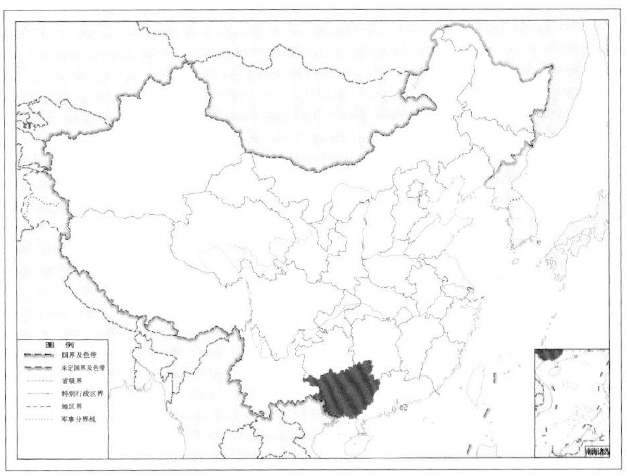

图 4-365-2 黄斑玛草蛉 *Mallada flavimaculus* 地理分布图

366. 弯玛草蛉 *Mallada incurvus* Yang & Yang, 1991

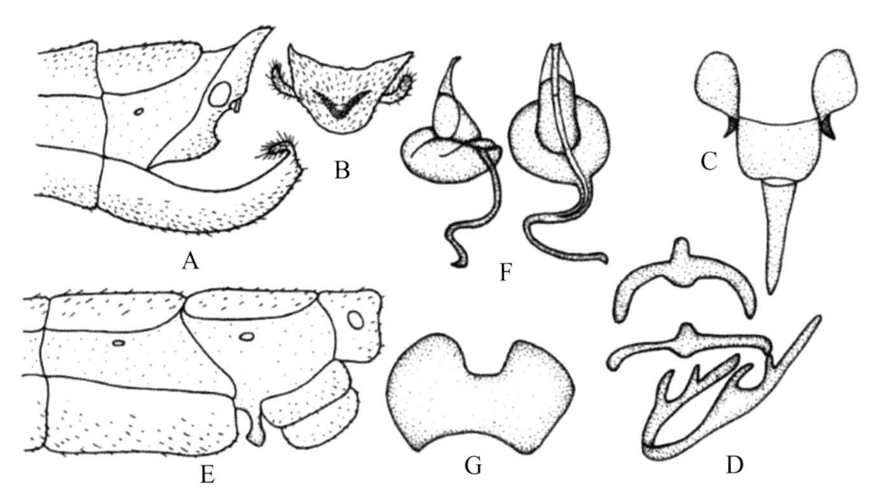

图 4-366-1 弯玛草蛉 *Mallada incurvus* 形态图

A. 雄虫腹部末端侧面观 B. 雄虫腹部末端后缘 C. 雄虫外生殖器 D. 殖弧梁 E. 雌虫腹部末端侧面观 F. 贮精囊 G. 亚生殖板

【测量】 雄虫（浸泡）体长 7.5 mm，前翅长 10.5 mm，后翅长 9.3 mm。

【形态特征】 头部黄色无斑；下颚须第 3 ~ 5 节及下唇须第 2、3 节黄褐色；触角第 1、2 节黄色，其余皆黄褐色。胸背中央为黄色纵带，两侧黄褐色，具褐色毛。足黄绿色，爪褐色，基部弯曲。腹部背板黄色，边缘黑褐色；腹板淡黄绿色。前翅较细长，端部呈尖角；前翅前缘横脉列 18 条，绿色；

sc-r 间横脉、径横脉及阶脉皆绿色；RP 脉分支 11 条，第 1 条褐色，余皆绿色；Psm-Psc 间横脉 8 条，第 1 条浅褐色，其余皆绿色；内中室呈三角形，r-m 横脉位于其外；阶脉内 / 外为 7/8。雄虫腹部末端肛上板窄长，臀胝较大，位于近中部，外侧中部凹陷；第 8+9 腹板末端上方呈内弯的棒突，其上长有褐色长毛。雌虫腹部末端第 7 背板与第 8 背板等长，第 7 腹板细长；肛上板上、下端分开，生殖侧突明显；腹部背板黄色，边缘黑褐色；腹板淡黄绿色。

【地理分布】 广东、海南。

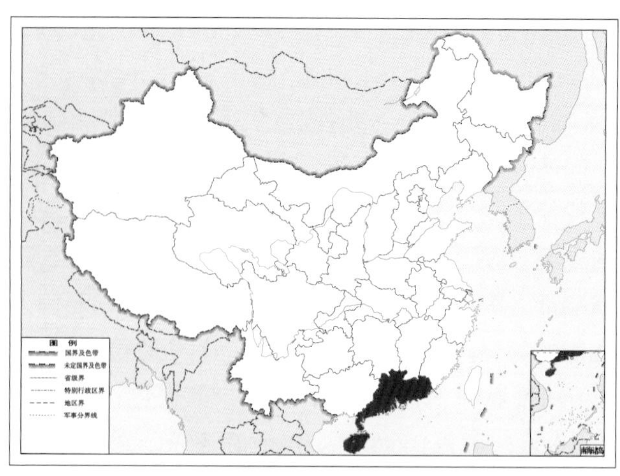

图 4-366-2 弯玛草蛉 *Mallada incurvus* 地理分布图

367. 等叶玛草蛉 *Mallada isophyllus* Yang & Yang, 1991

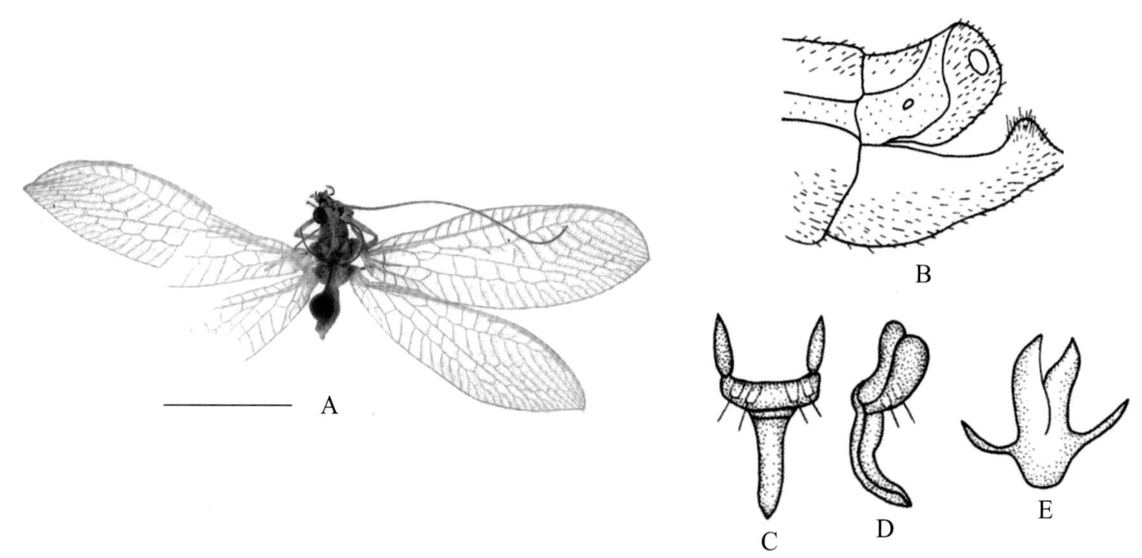

图 4-367-1 等叶玛草蛉 *Mallada isophyllus* 形态图

（标尺：A 为 5.0 mm）

A. 成虫 B. 雄虫腹部末端侧面观 C. 雄虫外生殖器背面观 D. 雄虫外生殖器侧面观 E. 殖下片

【测量】 雄虫（干制）体长 7.6 mm，前翅长 11.3 mm，后翅长 10.1 mm。

【形态特征】 头部黄色，颜面中部沿触角间有纵隆脊，具黑褐色颊斑和唇基斑，唇基斑较大；从触角下至唇基斑与颊斑之间各具 1 个新月形浅斑；触角长于前翅，第 1 节宽大于长，黄色，其余皆黄褐色。胸背中央为黄色纵带，前胸背板两侧偏褐色，中部有 1 条横沟，中、后胸背板两侧偏绿色。足黄色，胫节及跗节上有黑色刚毛，爪褐色，基部弯曲。腹部背板黄色，腹板第 1 ~ 3 节黄色，第 4

节至末端褐色。前翅翅痣黄绿色，透明；前缘横脉列 18 条，绿色；sc-r 间近翅基的横脉褐色，翅端的黄绿色；径横脉 12 条，绿色；RP 脉分支 12 条，第 1 ~ 2 条褐色，其余皆绿色；Psm-Psc 间横脉 8 条，第 1 条中部为褐色，两端绿色，其余皆绿色；Cu 脉褐色；阶脉褐色，内 / 外：左翅为 5/6，右翅为 5/7；内中室呈三角形，r-m 横脉位于其顶端。腹部末端侧面观肛上板近似蝌蚪状，第 8+9 腹板长度超过肛上板较多。

【地理分布】 广西。

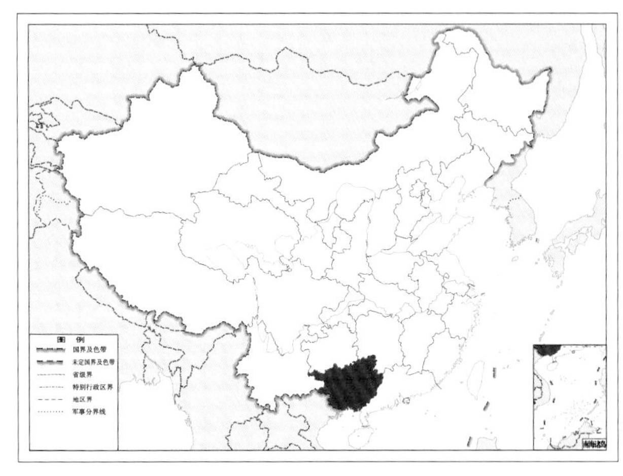

图 4-367-2 等叶玛草蛉 *Mallada isophyllus* 地理分布图

368. 南宁玛草蛉 *Mallada nanningensis* Yang & Yang, 1991

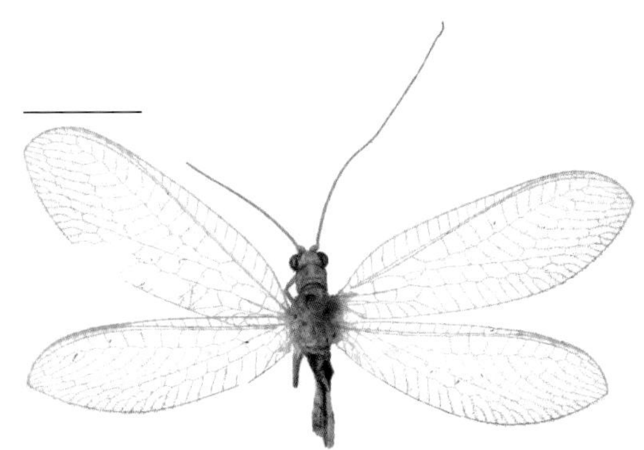

图 4-368-1 南宁玛草蛉 *Mallada nanningensis* 成虫图

（标尺：5.0 mm）

【测量】 雄虫（干制）体长 8.6 mm，前翅长 12.8 mm，后翅长 10.0 mm。

【形态特征】 头部淡黄色，头顶稍隆起，有黑褐色条形颊斑及近方形唇基斑；下颚须第 3 ~ 5 节背面黑褐色，下唇须淡黄色；触角第 1、2 节淡黄色，鞭节黄褐色，近端部褐色。胸部背板中央具黄色纵带，前胸背板边缘褐色，基部具 1 条横沟，沟下中纵线凹陷；中、后胸两侧绿色。足淡黄色，被灰色毛，胫节端部及跗节黄褐色，布褐色毛；爪褐色，基部弯曲。腹部淡黄色，布灰色毛，第 9 背板短宽。前翅翅痣淡黄色，内无脉；前缘横脉列 19 条，绿色；sc-r 间横脉绿色，胫横脉及 RP 脉分支皆 12 条，绿色；Psm-Psc 间横脉 8 条，绿色；内中室呈三角形，r-m 横脉位于其外；Cu1 脉及 Cu2 脉褐色；阶脉暗绿色，内 / 外：左翅为 6/8，右翅为 7/8；翅面及边缘布黑色毛。

【地理分布】 广西。

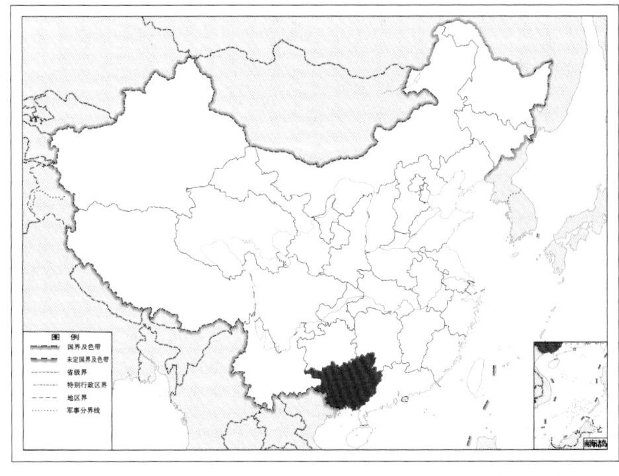

图 4-368-2 南宁玛草蛉 *Mallada nanningensis* 地理分布图

369. 乌唇玛草蛉 *Mallada nigrilabrum* Yang & Yang, 1991

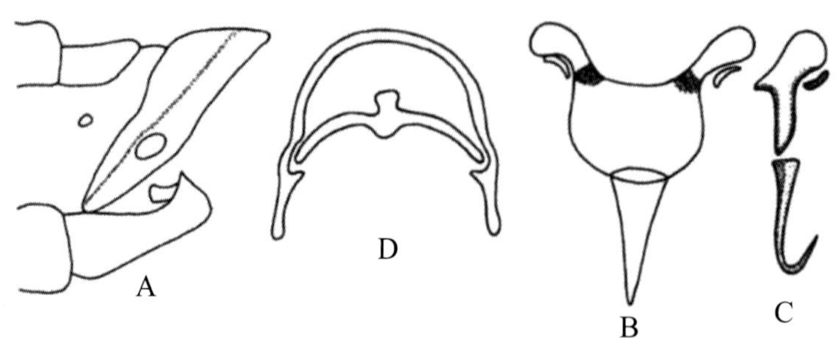

图 4-369-1 乌唇玛草蛉 *Mallada nigrilabrum* 形态图

A. 雄虫腹部末端侧面观 B. 雄虫外生殖器背面观 C. 雄虫外生殖器腹面观 D. 殖弧梁

【测量】 雄虫（浸泡）体长 9.3 mm，前翅长 10.7 mm，后翅长 9.7 mm。

【形态特征】 头部黄色，上唇中部及唇基乌黑色，额唇基亦乌色；触角第 1、2 节黄色，其余褐色。胸背中央为乳白色纵带，两侧浅黄褐色。足黄色，具褐色毛；爪褐色，基部弯曲。腹部背板、腹板皆黄色。翅膜质透明，前、后翅的纵脉、横脉皆绿色；前翅翅痣透明；前缘横脉列 20 条；sc-r 间横脉浅褐色；径横脉 12 条，RP 脉分支 11 条，Psm-Psc 间横脉 8 条；内中室呈三角形，r-m 横脉位于其顶角；阶脉内 / 外为 7/8。

【地理分布】 海南。

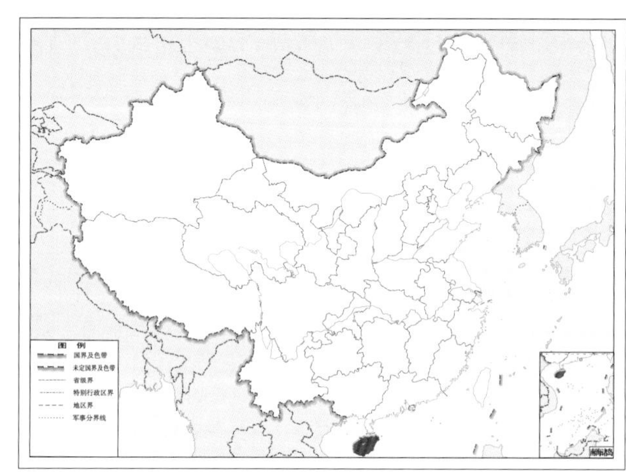

图 4-369-2 乌唇玛草蛉 *Mallada nigrilabrum* 地理分布图

370. 绿玛草蛉 *Mallada viridianus* Yang, Yang & Wang, 1999

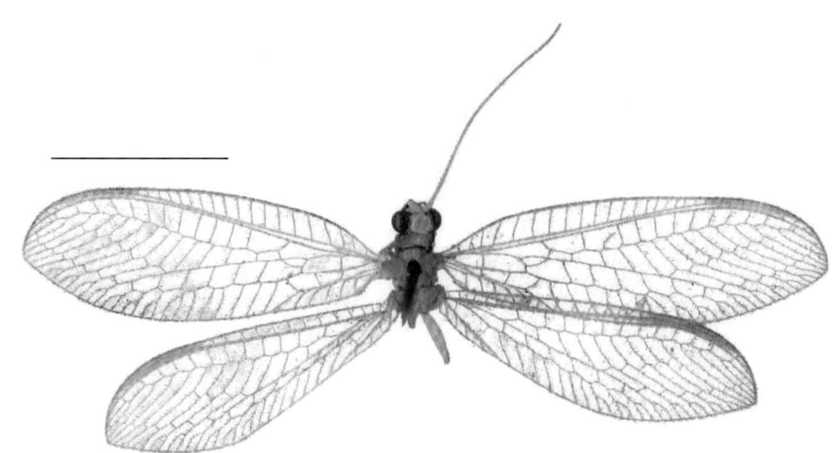

图 4-370-1 绿玛草蛉 *Mallada viridianus* 成虫图

（标尺：5.0 mm）

【测量】 雄虫（干制）体长 6.7 mm，前翅长 10.0 mm，后翅长 9.5 mm，触角长 11.0 mm。

【形态特征】 头部黄色，头顶隆起，有黑褐色的颊斑和唇基斑；下颚须第 3、4 节黑褐色，其余皆黄褐色；触角第 1、2 节黄色，余为黄褐色。胸部背板中央具黄色纵带，两侧褐色，具灰色毛。足黄绿色，跗节黄褐色，爪褐色，基部弯曲。腹部背板黄色，腹板淡黄色。前翅前缘横脉列 21 条，黄色；径横脉 13 条，第 1 条褐色，其余皆为黄色；RP 脉基部褐色，分支 12 条，第 1 条褐色，其余皆为黄色；Psm-Psc 间横脉 8 条，第 1、2、8 条褐色，其余皆为黄色；内中室呈三角形，r-m 横脉位于其上；Cu 脉黑褐色；阶脉褐色，内 / 外为 7/9。雄虫外生殖器的殖弧叶中部为长方形，有 4 根生殖刚毛，每侧各 2 根；中针细长；殖下片中部两叶大小及长短相差甚大；殖弧梁成 Λ 形，中央两侧有瘤状突起。

【地理分布】 福建。

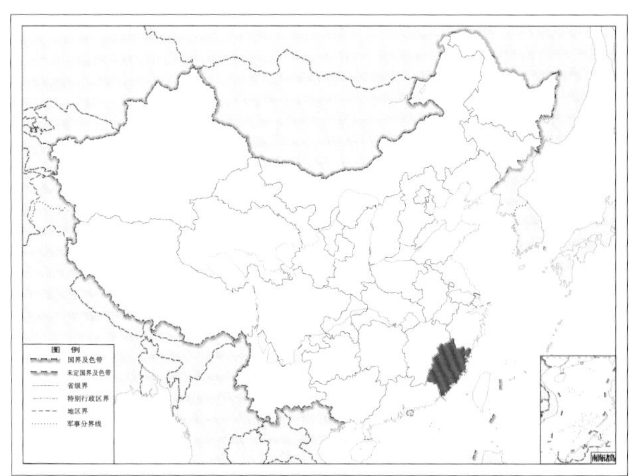

图 4-370-2 绿玛草蛉 *Mallada viridianus* 地理分布图

371. 杨氏玛草蛉 *Mallada yangae* Yang & Yang, 1991

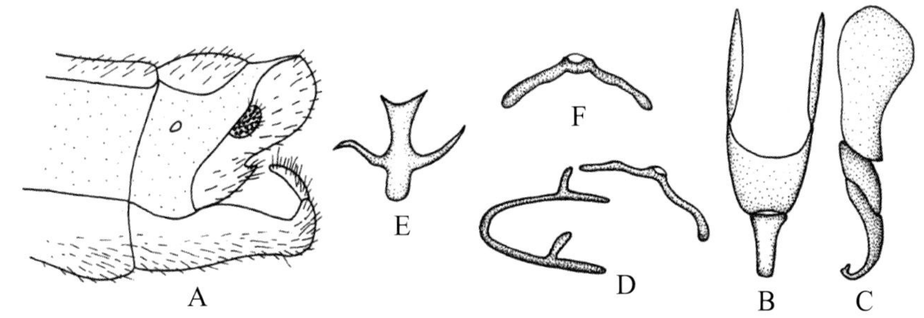

图 4-371-1 杨氏玛草蛉 *Mallada yangae* 形态图

A. 雄虫腹部末端侧面观 B. 雄虫外生殖器背面观 C. 雄虫外生殖器侧面观 D. 殖弧梁侧面观 E. 殖下片 F. 殖弧梁背面观

【测量】 雄虫（浸泡）体长 8.8 mm，前翅长 9.0 mm，后翅长 8.0 mm。

【形态特征】 头部黄色，仅具唇基斑；下颚须第 3 ~ 5 节背面及下唇须皆黄褐色；触角第 1、2 节淡黄色，其余淡黄褐色。胸背中央具黄色纵带，两侧淡黄绿色，具褐色毛。足黄绿色，跗节黄褐色，爪褐色，基部弯曲。腹部背面中央为黄色纵带，侧面黄褐色。前翅翅痣黄色，厚窄；前缘横脉列 14 条，两端绿色，中部褐色；sc-r 间近翅基的横脉褐色，翅端的绿色；径横脉 10 条，两端绿色，中部黑色；RP 脉分支 9 条，第 1 条褐色，第 2 条近 Psm 脉端的褐色，余皆绿色；Psm-Psc 间横脉 8 条，第 1、2、8 条褐色，其余皆绿色；Cu 脉褐色；内中室呈三角形，r-m 横脉位于其上；阶脉褐色，内 / 外为 5/5。

【地理分布】 海南。

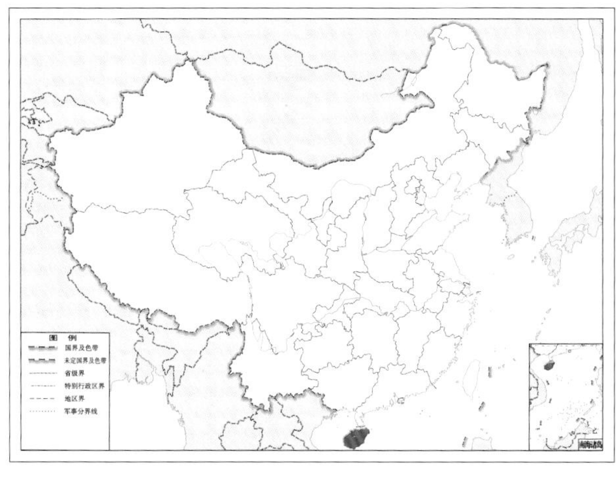

图 4-371-2 杨氏玛草蛉 *Mallada yangae* 地理分布图

（五九）尼草蛉属 *Nineta* Navás, 1912

【鉴别特征】 体大型。头部一般无斑，上颚不对称；触角短于前翅，第 1 节长大于宽；前胸背板较宽，常具褐色或红色斑、带，中、后胸背板不具斑纹；足上具黑色短毛，爪基部弯曲。前翅前缘区窄，Sc 脉及 R 脉明显分开，阶脉 2 组，im 室短，卵圆形或三角形。腹部细长，雄虫肛上板背面愈合，端部弯钩状，臀胝发达；第 8、9 腹板不愈合，第 9 腹板延长，端部向上弯曲，并具长毛。雄虫外生殖器缺殖弧梁和殖下片；雌虫外生殖器亚生殖板端部双叶状，贮精囊扁，膜突及导卵管长。

【地理分布】 分布于古北界和新北界，其中以古北界为主。

【分类】 目前全世界已知 55 种，中国已知 5 种，本图鉴收录 3 种。

中国尼草蛉属 *Nineta* 分种检索表

1. 头上有 1 个长的黑色斑；外阶脉凸显 ………… **凸脉尼草蛉** ***Nineta dolichoptera***
   头上无斑；外阶脉不凸显 ………… 2
2. 触角黄色 ………… **黄角尼草蛉** ***Nineta grandis***
   触角黄褐色 ………… 3
3. 阶脉绿色 ………… **玉带尼草蛉** ***Nineta vittata***
   阶脉褐色或非完全绿色 ………… 4
4. 阶脉内组褐色，外组绿色 ………… **多尼草蛉** ***Nineta abunda***
   阶脉完全褐色 ………… **陕西尼草蛉** ***Nineta shaanxiensis***

372. 多尼草蛉 *Nineta abunda* Yang & Yang, 1989

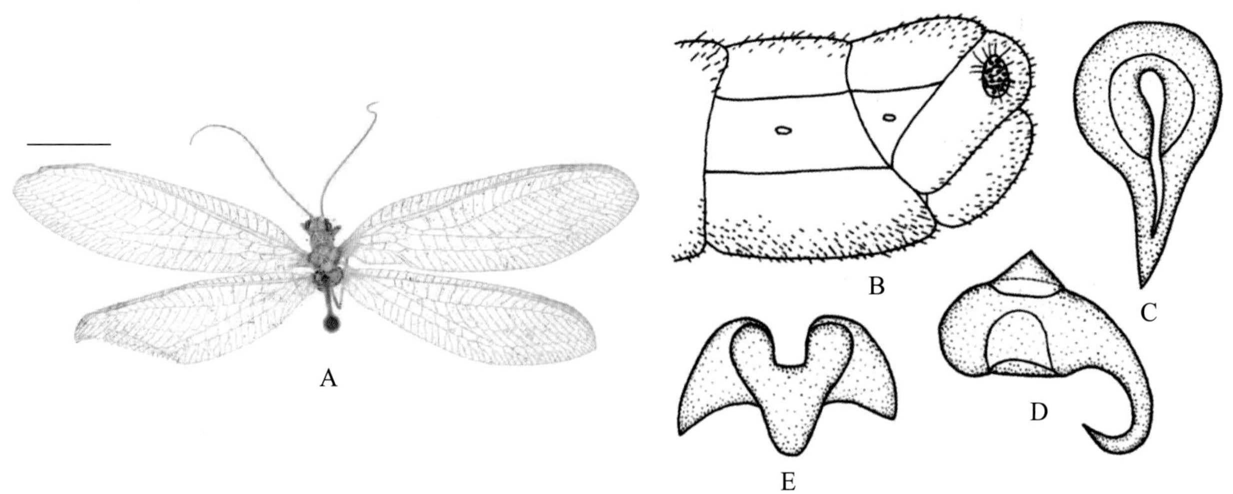

图 4-372-1 多尼草蛉 *Nineta abunda* 形态图

（标尺：A 为 5.0 mm）

A. 成虫 B. 雌虫腹部末端侧面观 C. 贮精囊背面观 D. 贮精囊侧面观 E. 亚生殖板

【测量】 雌虫（浸泡）体长 13.5 mm，前翅长 18.3 mm，后翅长 16.8 mm。

【形态特征】 头部黄褐色，无斑；上颚黑褐色，下颚须及下唇须皆黄色；触角浅黄褐色，第 1 节长稍大于宽。胸背黄褐色，前胸背板前缘两侧向侧上方突起。足浅黄褐色，有褐色毛，爪褐色，基部弯曲。腹部背板、腹板皆黄色，布浅褐色毛。前翅翅痣较长，淡黄色；亚前缘区近基部较宽，前缘横脉列 32 条，第 4 ~ 17 条近 C 脉半端褐色，其余皆绿色；径横脉 15 条，黄色；RP 脉分支 15 条，黄色；Psm-Psc 间横脉 10 条，除第 1、2 条颜色较深外，余皆黄色；内中室呈三角形，r-m 横脉位于其上；Cu3 脉及分支、Al 脉的 1 条分支褐色，从整体上看，似为 1 个褐色斑；阶脉内组褐色，外组绿色，内 / 外：左翅为 8/10，右翅为 8/9。

【地理分布】 陕西。

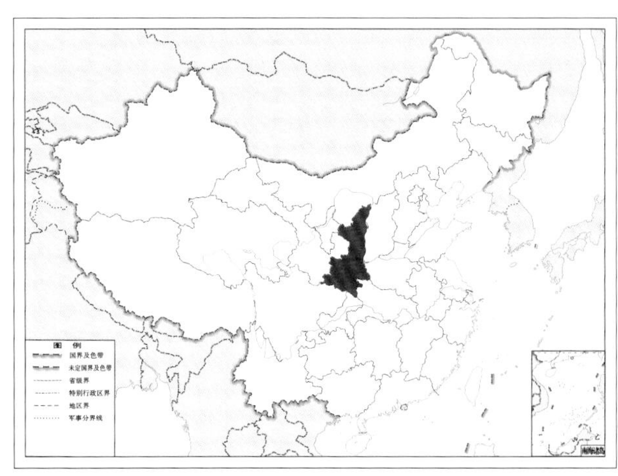

图 4-372-2 多尼草蛉 *Nineta abunda* 地理分布图

373. 陕西尼草蛉 *Nineta shaanxiensis* Yang & Yang, 1989

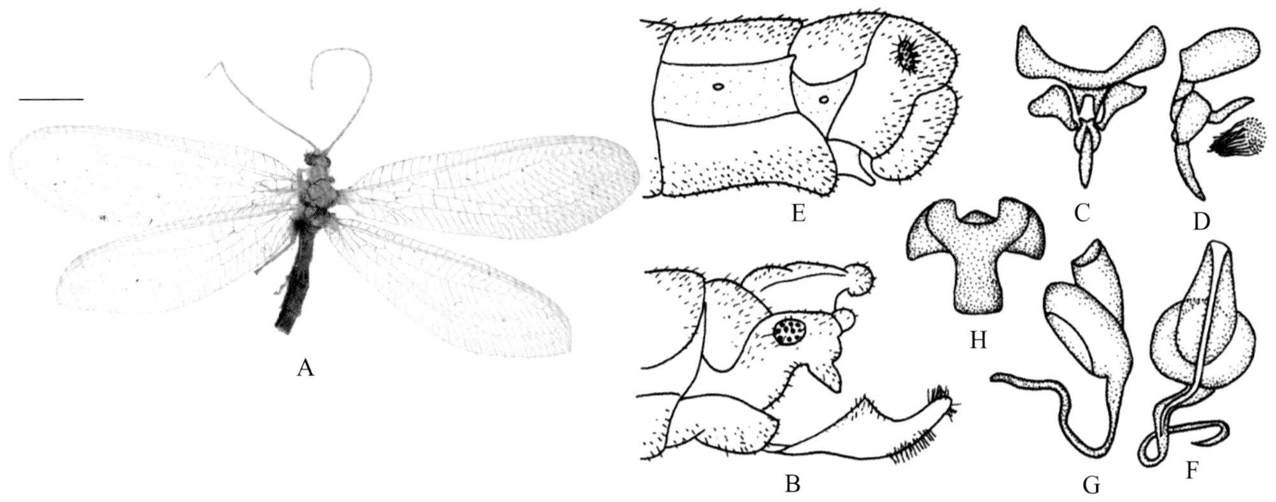

图 4-373-1 陕西尼草蛉 *Nineta shaanxiensis* 形态图

（标尺：A 为 5.0 mm）

A. 成虫 B. 雄虫腹部末端侧面观 C. 雄虫外生殖器腹面观 D. 雄虫外生殖器侧面观 E. 雌虫腹部末端侧面观 F. 贮精囊背面观 G. 贮精囊侧面观 H. 亚生殖板

【测量】 雄虫（干制）体长 16.0 mm，前翅长 23.0 mm，后翅长 21.0 mm。

【形态特征】 头部浅黄褐色，无斑；下颚须第 5 节末端黑褐色，下唇须黄色，上颚黑褐色；触角第 1 节长大于宽，第 1、2 节黄色，鞭节浅黄褐色。前胸背板中央具黄色纵带，两侧绿色，具中横脊；中后胸两侧黄绿色。足淡黄绿色，跗节黄褐色，末端及爪褐色，爪基部弯曲。腹部背板、腹板皆黄褐色，布灰色长毛。前翅翅痣绿褐色，内有脉；前缘横脉列 35 条，暗褐色；径横脉 20 条，除第 1 条绿褐色外，其余皆绿色；RP 脉分支 19 条，第 1、2 条褐色，第 3 ~ 5 条近 Psm 脉端的褐色，其余皆黄绿色；Psm-Psc 间横脉 12 条，第 2、12 条褐色，其余皆黄绿色；内中室呈三角形，r-m 横脉位于其上；Cu 脉褐色；阶脉褐色，内 / 外为 13/12。腹部末端第 8 背板宽短，第 8 腹板较长，近基部有槽；第 9 腹板末端有一排长毛，中部向内成三角形突起；肛上板下缘成倒 V 形，外缘成波线状。

【地理分布】 陕西。

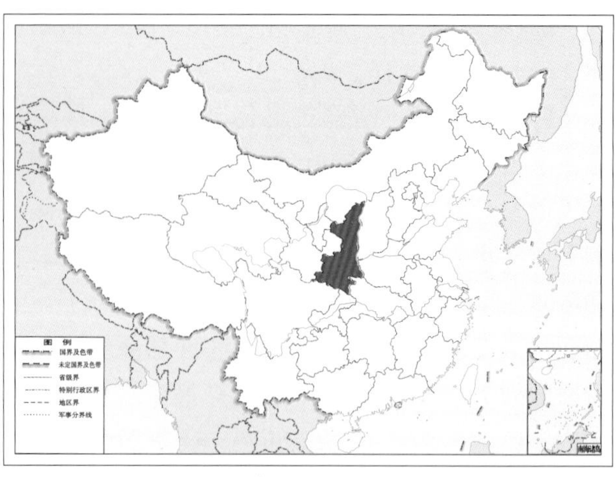

图 4-373-2 陕西尼草蛉 *Nineta shaanxiensis* 地理分布图

374. 玉带尼草蛉 *Nineta vittata* (Wesmael, 1841)

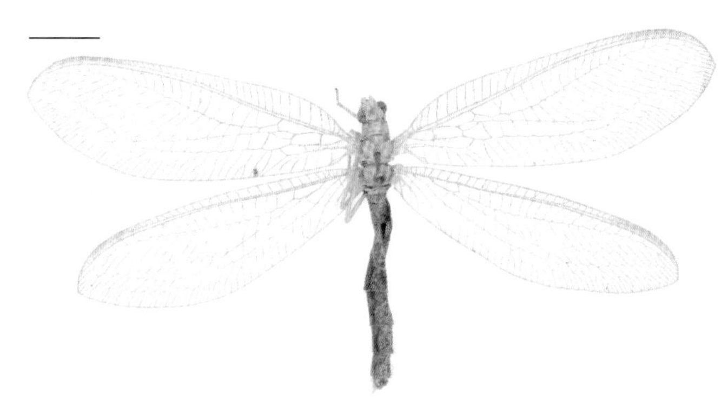

图 4-374-1 玉带尼草蛉 *Nineta vittata* 成虫图

（标尺：5.0 mm）

【测量】 体长 17.0 ~ 20.0 mm，前翅长 22.0 ~ 24.0 mm，后翅长 20.0 ~ 22.0 mm。

【形态特征】 头部黄色，无斑；触角第 1 节黄色，长为宽的 2 倍，其余各节黄褐色。胸背中央具黄色纵带，两侧绿色。腹部浅褐色，有灰色毛。前翅翅痣黄绿色，内有绿色脉；前缘横脉列 41 条，暗褐色至绿色；径横脉第 1、2 节中部及 RP 脉第 1 分脉褐色；Psm-Psc 间横脉 13 条，第 3 条褐色；阶脉绿色。后翅前缘横脉列 26 条，由褐色至绿色；径横脉、阶脉等均为绿色。

【地理分布】 黑龙江、内蒙古、宁夏、陕西、四川、湖北、湖南、台湾；朝鲜，日本，俄罗斯。

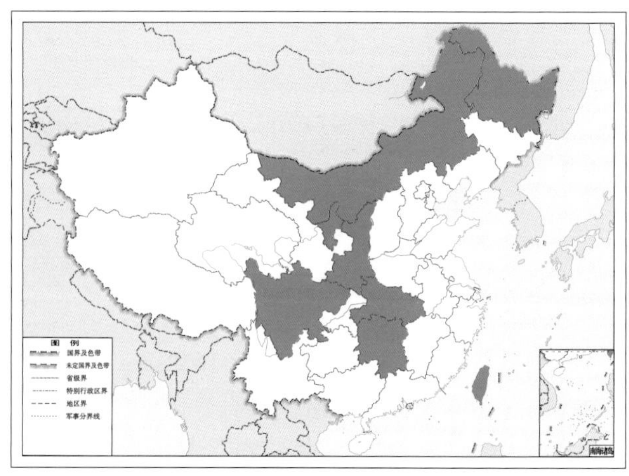

图 4-374-2 玉带尼草蛉 *Nineta vittata* 地理分布图

（六〇）齿草蛉属 *Odontochrysa* Yang & Yang, 1991

【鉴别特征】 上颚不对称，右上颚具明显的齿；触角短于前翅或约等长。脉序与草蛉属 *Chrysopa* 相似。雄虫腹部末端肛上板极大，呈半圆形；第 8 腹板大多数多边形，第 9 腹板狭长；殖弧叶两臂弯曲，中部平直，其上方有 1 对齿突，内突为条状或三角形；伪阳茎的基部宽大，端部细长，一般长于殖弧叶的 2 倍，伪阳茎基部下方具发达的生殖毛丛；无殖弧梁及殖下片。雌虫腹部末端第 8 背板很小，第 7 背板为其长的 3 倍多；第 7 腹板狭长，上缘波曲；肛上板侧面观其上端窄而下端圆阔似卵形；亚生殖板下端连一小一大的骨片，两侧波曲。

【地理分布】 东洋界、古北界。

【分类】 目前全世界已知 1 种，中国已知 1 种，本图鉴收录 1 种。

375. 海南齿草蛉 *Odontochrysa hainana* Yang & Yang, 1991

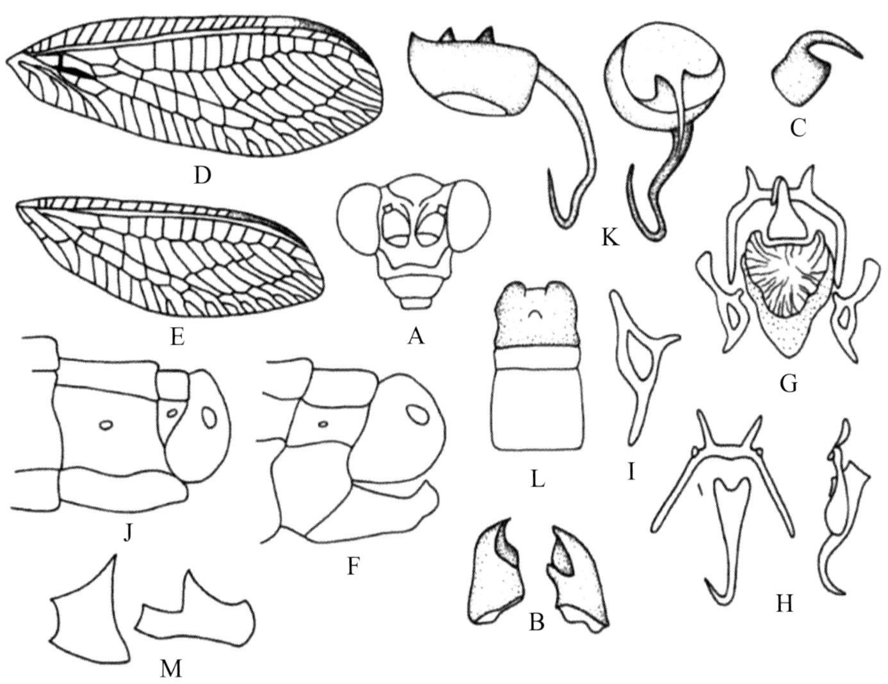

图 4-375-1 海南齿草蛉 *Odontochrysa hainana* 形态图

A. 头部 B. 上颚 C. 爪 D. 前翅 E. 后翅 F. 雌虫腹部末端侧面观 G、H. 雄虫外生殖器 I. 内突 J. 雌虫腹部末端侧面观 K. 贮精囊 L. 亚生殖板 M. 雄虫第 8、9 腹板

【测量】 雄虫（浸泡）体长 11.3 mm，前翅长 13.3 mm，后翅长 12.3 mm，触角长 12.7 mm。

【形态特征】 头部黄褐色，无斑；下颚须和下唇须均为黄褐色；触角基部 2 节黄褐色，鞭节黑褐色，各节短粗；上颚不对称。胸部背面中央具黄色纵带，两边黄绿色。足绿褐色，爪褐色，基部弯曲。腹部背板黄色，腹板褐色。前翅前缘横脉列 15 条，绿色。sc-r 间横脉浅黄褐色，第 8 ~ 14 条为绿色；RP 脉分支 14 条，第 1、2 条褐色，其余皆绿色；Psm-Psc 间横脉 8 条，第 1 条中段褐色，两端绿色，第 3 条近 Psm 脉端褐色，第 2 条褐色，其余皆绿色；Cu 脉绿色；内中室呈三角形，r-m 横脉位于其上；阶脉灰色，内 / 外为 7/10。后翅前缘横脉列 13 条，绿色；径横脉 10 条，绿色；阶脉灰色，内 / 外为 6/9。

【地理分布】 广东、海南。

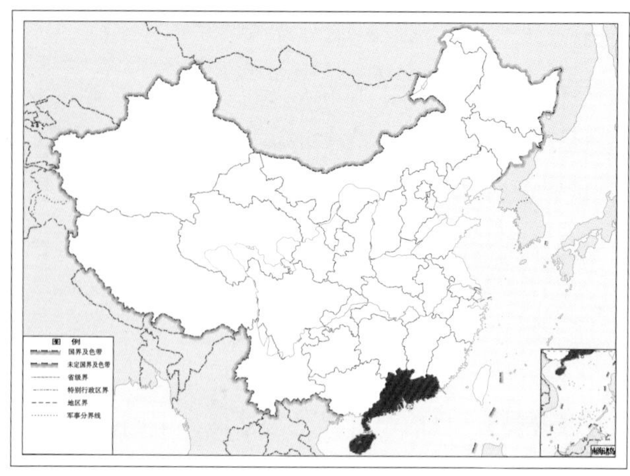

图 4-375-2 海南齿草蛉 *Odontochrysa hainana* 地理分布图

（六一）波草蛉属 *Plesiochrysa* Adams, 1982

【鉴别特征】 上颚不对称，左颚具齿；触角长于前翅。翅脉同草蛉属 *Chrysopa*。雄虫肛上板分两部分，下端部分向体内侧扩大；第 8、9 腹板愈合，但外侧可以看到合缝或 1 排毛。雄虫有殖弧梁、殖弧叶、伪阳茎及 Y 形内突；生殖毛发达，位于生殖囊末端，无殖下片及生殖脊；殖弧叶中部与两端以膜质相连，分为 3 部分，中部内侧有 1 对齿。雌虫肛上板为一整块，亚生殖板有宽的骨化侧臂，贮精囊的膜突短，腹痕明显，导卵管基部粗大。

【地理分布】 东洋界、澳洲界、新热带界。

【分类】 目前全世界已知 68 种，中国已知 5 种，本图鉴收录 2 种。

中国波草蛉属 *Plesiochrysa* 分种检索表

1. 阶脉灰黑色至黑色 ······ 2
   阶脉绿色 ······ 4
2. 触角黑褐色 ······ **黑角波草蛉 *Plesiochrysa ruficeps ruficeps***
   触角黄绿色 ······ 3
3. 头部具黑色唇基斑；前胸背板两侧具红褐色带 ······ **单斑波草蛉 *Plesiochrysa marcida***
   头部无斑；前胸背板中部两侧各具 1 个小黑点 ······ **小斑波草蛉 *Plesiochrysa eudora***
4. 前翅所有纵、横脉黄绿色 ······ **墨绿波草蛉 *Plesiochrysa remota***
   前翅部分横脉褐色 ······ **辐毛波草蛉 *Plesiochrysa floccose***

376. 辐毛波草蛉 *Plesiochrysa floccose* Yang & Yang, 1991

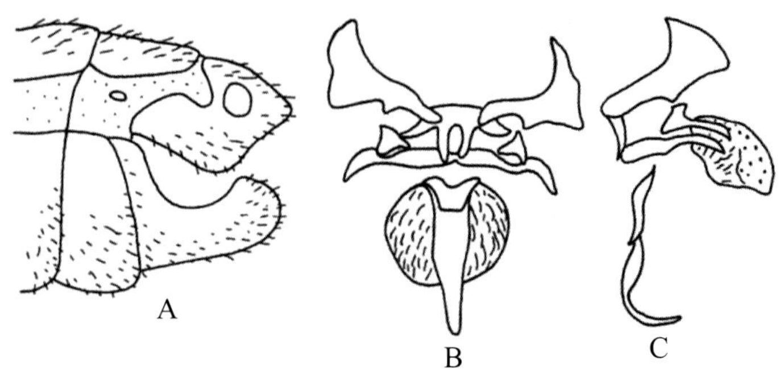

图 4-376-1 辐毛波草蛉 *Plesiochrysa floccose* 形态图

A. 雄虫腹部末端侧面观 B. 雄虫外生殖器背面观 C. 雄虫外生殖器侧面观

【测量】 雄虫（浸泡）体长 12.3 mm，前翅长 15.7 mm，后翅长 13.7 mm。

【形态特征】 头部黄褐色，头顶隆起，头上无斑；颚唇须末端褐色；触角第 1、2 节黄褐色，第 2 节中部缢缩，鞭节深褐色，各节短粗。胸背中央具黄色纵带，两侧褐色。足黄褐色，爪褐色，基部弯曲。 腹部黄色，末节褐色。前翅前缘横脉列 20 条，近亚前缘脉端在生活期可能是褐色；亚前缘区间近翅基的横脉褐色，翅端的绿色；径横脉 13 条，第 1 ~ 3 条近 R 脉端褐色，其余皆绿色；RP 脉分支 14 条，第 2 ~ 5 条近伪中脉 Psm 半端褐色，其余皆绿色；内中室呈三角形，r-m 横脉位于其上；阶脉绿色，内 / 外为 2/11。后翅前缘横脉列 13 条，黄色；径横脉 14 条，与阶脉皆绿色；阶脉内 / 外为 6/8。

【地理分布】 海南。

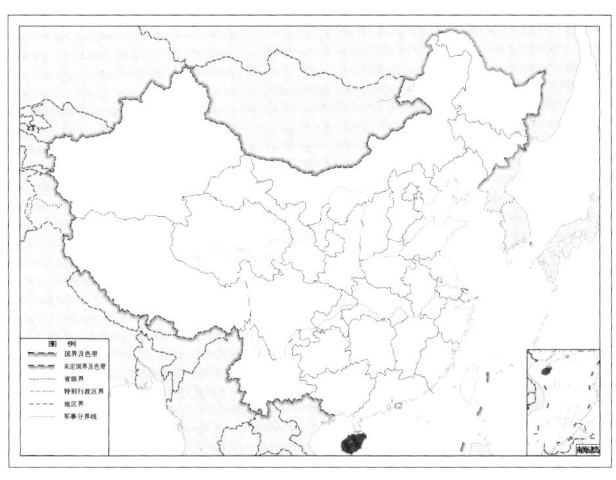

图 4-376-2 辐毛波草蛉 *Plesiochrysa floccose* 地理分布图

377. 墨绿波草蛉 *Plesiochrysa remota* (Walker, 1853)

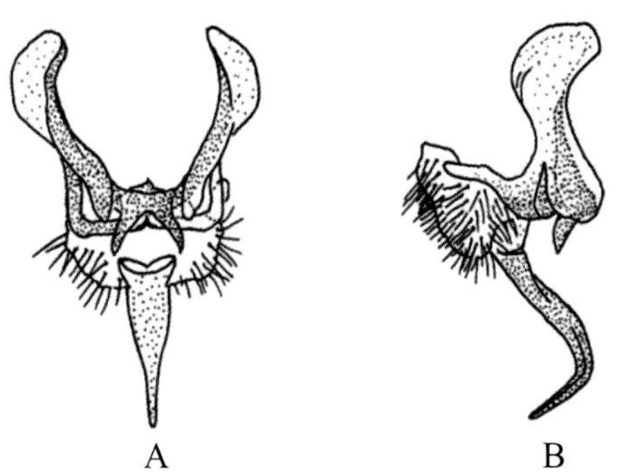

图 4-377-1 墨绿波草蛉 *Plesiochrysa remota* 形态图

A. 雄虫外生殖器背面观 B. 雄虫外生殖器侧面观

【测量】 体长 10.0 ~ 12.0 mm，前翅长 15.0 ~ 17.0 mm，后翅长 13.0 ~ 16.0 mm。

【形态特征】 头部黄绿色，无任何斑纹；触角第 1 节长宽近相等。前胸背板中央无黄色纵带。爪褐色。腹部黄绿色。前翅较圆，所有纵、横脉皆黄绿色；内中室卵形，r-m 横脉位于其上；阶脉内 / 外为 6 ~ 8/10 ~ 11。后翅翅脉颜色同前翅，阶脉内 / 外为 6 ~ 7/9 ~ 10。臀板宽大，侧面观中部具 1 条膜质狭缝；第 8、9 腹板明显分开，第 9 腹板窄长，弯曲。

【地理分布】 台湾；日本，密克罗尼西亚联邦，美国。

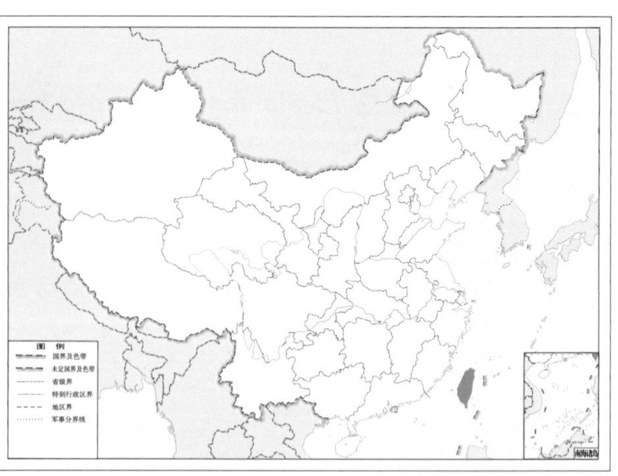

图 4-377-2 墨绿波草蛉 *Plesiochrysa remota* 地理分布图

（六二）叉草蛉属 *Pseudomallada* Tsukaguchi, 1995

【鉴别特征】 头部多为 2 对斑，颊斑及唇基斑；触角一般长于或等长于前翅，也有短于前翅的。翅脉同玛草蛉属 *Mallada*。雄虫第 8、9 腹板愈合，末端上方无任何突起；肛上板圆形，呈蝌蚪状，臀胝位置偏上。雄虫外生殖器除殖弧叶、伪阳茎外，还有殖弧梁、殖下片、生殖板；殖弧叶中部细窄，多呈角状或平直；殖下片形状多样，但并无似玛草蛉属 *Mallada* 那样的殖下片；伪阳茎多为叉状或短针状，皆以膜质与殖弧叶相连。雌虫腹部末端肛上板成一整块，稍倾斜，下端不超过第 7 腹板的底缘；贮精囊膜突多较长；亚生殖板形状多样。

【地理分布】 古北界、东洋界、澳洲界、新北界、非洲界。

【分类】 目前全世界已知 680 种，中国已知 64 种，本图鉴收录 62 种。

中国叉草蛉属 *Pseudomallada* 分种检索表

1. 头部无斑 …… 2
   头部有斑 …… 18
2. 前翅前缘横脉列全部绿色 …… 3
   前翅前缘横脉列部分绿色或黑色 …… 11
3. 前翅外阶脉全部或部分黑色，内阶脉绿色 …… 4
   非上特征 …… 5
4. 触角约与前翅等长，前缘横脉 21 条 …… **黑阶叉草蛉 *Pseudomallada gradata***
   触角约长于前翅，前缘横脉 19 条 …… **三齿叉草蛉 *Pseudomallada tridentata***
5. 前翅阶脉全部黑色 …… 6
   前翅阶脉全部绿色 …… 8
6. 前翅径横脉褐色 …… **退色叉草蛉 *Pseudomallada decolor***
   前翅径横脉绿色或部分绿色 …… 7
7. 前翅径横脉绿色 …… **厦门叉草蛉 *Pseudomallada xiamenana***

前翅径横脉近 R 脉端褐色 …………………………………………………… 粗脉叉草蛉 ***Pseudomallada estriata***

8. 胸部背面有黄色纵带 ……………………………………………………………………………………………… 9

胸部背面无黄色纵带 …………………………………………………………………………………………… 10

9. 颚、唇须黄褐色 ………………………………………………………………… 震旦叉草蛉 ***Pseudomallada heudei***

颚、唇须黄色或黄绿色 ……………………………………………………………………………………… 11

10. 翅痣有 3 条横脉，阶脉内 / 外为 5/6……………………………………… 云南叉草蛉 ***Pseudomallada yunnana***

翅痣无横脉，阶脉内 / 外为 3/6……………………………………………… 弧胸叉草蛉 ***Pseudomallada arcuatus***

11. 额区及触角间具红色斑纹 ……………………………………… 红面叉草蛉 ***Pseudomallada flammefrontata***

额区及触角间无红色斑纹 ……………………………………………… 墨脱叉草蛉 ***Pseudomallada medogana***

12. 前翅前缘横脉列近 Sc 脉端褐色 ……………………………………………… 康叉草蛉 ***Pseudomallada sana***

非上特征 …… 13

13. 前翅前缘横脉列全部黑褐色 …………………………………………………………………………………… 14

前翅前缘横脉列中部数条黑褐色，其余皆绿色 ………………………………………………………………… 15

14. 后翅径横脉近 R 脉端为浅褐色……………………………………………… 跃叉草蛉 ***Pseudomallada ignea***

后翅径横脉近 RP 脉端褐色 ………………………………………… 江苏叉草蛉 ***Pseudomallada kiangsuensis***

15. 触角第 2 节黑褐色 …………………………………………………… 黑角叉草蛉 ***Pseudomallada nigricornuta***

触角第 2 节非黑色 ……………………………………………………………………………………………… 16

16. 前翅内、外阶脉皆黑褐色 …………………………………………………… 亮叉草蛉 ***Pseudomallada diaphana***

前翅内阶脉绿色或部分绿色，外阶脉褐色 …………………………………………………………………… 17

17 前翅内阶脉中间黑色，两端绿色 ………………………………………… 无斑叉草蛉 ***Pseudomallada epunctata***

前翅内阶脉完全绿色 ……………………………………………………………………………………………… 18

18. 下颚须第 4、5 节背面黑色 ………………………………………… 短唇叉草蛉 ***Pseudomallada brachychela***

下颚须整个黄褐色 ……………………………………………………… 梵净叉草蛉 ***Pseudomallada fanjingana***

19. 胸部背板中央具黄色纵带 ……………………………………………………………………………………… 20

胸部背板中央无黄色纵带 ……………………………………………………………………………………… 38

20. 胸部侧缘具灰褐色或白色长毛 ………………………………………………………………………………… 21

胸部无上述之毛 …………………………………………………………………………………………………… 28

21. 前翅前缘横脉列全部黑色 ……………………………………………………………………………………… 22

非上特征 …… 24

22. 前翅径横脉近 R 脉端褐色…………………………………… 龙王山叉草蛉 ***Pseudomallada longwangshana***

前翅径横脉全部黑褐色 …………………………………………………………………………………………… 23

23. 腹部第 8+9 腹板宽大，且长于腹部末端…………………………… 钳形叉草蛉 ***Pseudomallada forcipata***

腹部第 8+9 腹板窄小，且短于腹部末端…………………………… 冠叉草蛉 ***Pseudomallada lophophora***

24. 前翅径横脉全部黑褐色 …………………………………………………………………………………………… 25

非上特征 …… 26

25. 颚、唇须整个黄色 …………………………………………… 窄带叉草蛉 ***Pseudomallada angustivittata***

颚、唇须末 2 节黑色，其余皆黄色 ………………………………………… 赵氏叉草蛉 ***Pseudomallada chaoi***

26. 下唇须黄色 …………………………………………………………… 异色叉草蛉 ***Pseudomallada allochroma***

下唇须褐色或部分褐色 ……………………………………………………………………………………27
27. 下唇须全部褐色 ……………………………………………………………**优模叉草蛉 *Pseudomallada eumorpha***
下唇须仅第 3 节黑色 …………………………………………………………………**和叉草蛉 *Pseudomallada hespera***
28. 前翅前缘横脉列全部褐色 ………………………………………………………………………………29
非上特征 …………………………………………………………………………………………………33
29. 前翅前缘横脉列中部绿色，两端褐色 ……………………………… **春叉草蛉 *Pseudomallada verna***
前翅前缘横脉列全部褐色 …………………………………………………………………………………30
30. 颚唇须黄褐色 ……………………………………………………………**钩叉草蛉 *Pseudomallada ancistroidea***
非上特征 …………………………………………………………………………………………………31
31. 颚唇须淡黄色 ………………………………………………………… **台湾叉草蛉 *Pseudomallada formosana***
颚唇须黑色或部分黑色 ……………………………………………………………………………………32
32. 颚唇须全部黑色 ……………………………………………………… **褐脉叉草蛉 *Pseudomallada fuscineura***
颚唇须仅端节黑褐色，其余部分黄色 ………………………………**截角叉草蛉 *Pseudomallada truncatata***
33. 前翅径横脉绿色 …………………………………………………………………………………………34
前翅径横脉部分褐色 ………………………………………………………………………………………36
34. 前翅阶脉黑褐色 ……………………………………………………………… **郑氏叉草蛉 *Pseudomallada pieli***
前翅阶脉绿色 ……………………………………………………………………………………………35
35. 下颚须背面褐色 ……………………………………………………**白面叉草蛉 *Pseudomallada albofrontata***
下颚须基节黄褐色，末节黑褐色 ……………………………………………… **鄂叉草蛉 *Pseudomallada hubeiana***
36. 前翅径横脉中段绿色，两端褐色 ……………………………………… **海南叉草蛉 *Pseudomallada hainana***
非上特征 …………………………………………………………………………………………………37
37. 前翅径横脉近 RP 脉端褐色，其余皆绿色 ………………………… **王氏叉草蛉 *Pseudomallada wangi***
前翅径横脉近 R 脉端褐色，其余皆绿色 …………………………**间绿叉草蛉 *Pseudomallada mediata***
38. 胸部有斑 …………………………………………………………………………………………………39
胸部无斑 …………………………………………………………………………………………………49
39. 前翅前缘横脉列部分褐色 …………………………………………………………………………………40
前翅前缘横脉列全部黑褐色 ………………………………………………………………………………42
40. 头部具中斑 ……………………………………………………… **九寨叉草蛉 *Pseudomallada jiuzhaigouana***
头部无中斑 ………………………………………………………………………………………………41
41. 阶脉浅棕色，内 / 外为 4/8……………………………………………**长毛叉草蛉 *Pseudomallada pilinota***
阶脉绿色，内 / 外为 5/6………………………………………………… **显沟叉草蛉 *Pseudomallada phantosula***
42. 颚唇须部分黑褐色 …………………………………………………………………………………………43
颚唇须全部黑褐色 …………………………………………………………………………………………45
43. 头部具中斑 ………………………………………………………………**弓弧叉草蛉 *Pseudomallada prasina***
头部无中斑 ………………………………………………………………………………………………44
44. 头部具颊斑和唇基斑 ………………………………………… **芒康叉草蛉 *Pseudomallada mangkangensis***
头部无唇基斑 ……………………………………………………… **武昌叉草蛉 *Pseudomallada wuchangana***
45. 头部具中斑 ………………………………………………………………………………………………46

头部无中斑 ……………………………………………………………………………………………………47

46. 腹部第 8+9 腹板向上弯折 …………………………………… 马尔康叉草蛉 ***Pseudomallada barkamana***

腹部第 8+9 腹板正常 ……………………………………………………………鲁叉草蛉 ***Pseudomallada cognatella***

47. 足黄色，布有褐色毛 ………………………………………………… 秦岭叉草蛉 ***Pseudomallada qinlingensis***

足黄色，无褐色毛 ……………………………………………………………………………………………48

48. 后胸小盾片无褐色斑 ………………………………………………………杨氏叉草蛉 ***Pseudomallada yangi***

中、后胸小盾片具褐色斑 ……………………………………………………心叉草蛉 ***Pseudomallada cordata***

49. 前翅前缘横脉列部分黑褐色 ……………………………………………………………………………50

前翅前缘横脉列全部黑褐色 ……………………………………………………………………………51

50. 阶脉黄绿色，内 / 外左翅为 6/8…………………………………… 脊背叉草蛉 ***Pseudomallada carinata***

阶脉中间绿色，两端褐色，内 / 外左翅为 3/5…………………… 顶斑叉草蛉 ***Pseudomallada flavinotala***

51. 前翅径横脉黄绿色或部分黑褐色 ………………………………………………………………………52

前翅径横脉全部黑褐色 …………………………………………………………………………………56

52. 前翅径横脉黄绿色 ……………………………………………………………………………………53

前翅径横脉部分黑褐色 …………………………………………………………………………………54

53. 头顶隆突 ………………………………………………………………… 槽叉草蛉 ***Pseudomallada alviolata***

头顶平坦 ………………………………………………………………… 角斑叉草蛉 ***Pseudomallada triangularis***

54. 头部仅具颊斑和唇基斑，不具中斑 ……………………………………唇斑叉草蛉 ***Pseudomallada vitticlypea***

头部具中斑 ………………………………………………………………………………………………55

55. 下唇须全部黑褐色 ……………………………………………………………香叉草蛉 ***Pseudomallada aromatica***

下唇须第 3 节黑色 …………………………………………………………… 周氏叉草蛉 ***Pseudomallada choui***

56. 前翅 Psm-Psc 间横脉部分黑褐色 ………………………………………………………………………57

前翅 Psm-Psc 间横脉全部黑褐色 ………………………………………………………………………59

57. 颚唇须黄色 ……………………………………………………………… 曲叉草蛉 ***Pseudomallada flexuosa***

颚唇须黑褐色 ……………………………………………………………………………………………58

58. 前胸背板上布有灰色毛 ………………………………………………… 李氏叉草蛉 ***Pseudomallada lii***

前胸背板上无灰色毛 ……………………………………………………… 德钦叉草蛉 ***Pseudomallada deqenana***

59. 颚唇须黄绿色 …………………………………………………… 青城叉草蛉 ***Pseudomallada qingchengshana***

颚唇须黑色或部分黑色 …………………………………………………………………………………60

60. 下颚须黑色，节间黄褐色；下唇须基部 2 节褐色，端节黑色 ………… 重斑叉草蛉 ***Pseudomallada illota***

颚唇须全部黑色 …………………………………………………………………………………………61

61. 头部仅具颊斑和唇基斑 ………………………………………………… 乔氏叉草蛉 ***Pseudomallada joannisi***

头部不具中斑 ……………………………………………………………………………………………62

62. 头部具中斑 …………………………………………………………… 麻唇叉草蛉 ***Pseudomallada punctilabris***

头部不具中斑 ……………………………………………………………………………………………63

63. 头部具角下斑 …………………………………………………………… 盂县叉草蛉 ***Pseudomallada yuxianensis***

头部仅具颊斑、唇基斑和颊上斑 ……………………………………… 华山叉草蛉 ***Pseudomallada huashanensis***

378. 白面叉草蛉 *Pseudomallada albofrontata* (Yang & Yang, 1999)

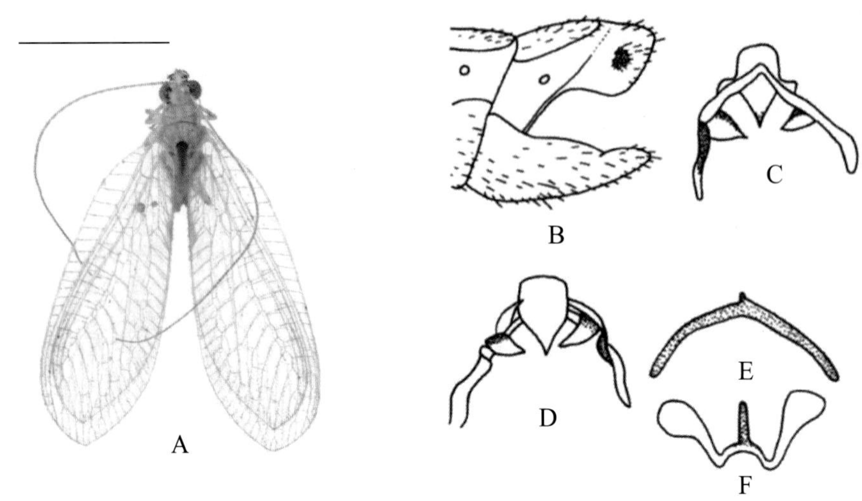

图 4-378-1 白面叉草蛉 *Pseudomallada albofrontata* 形态图

（标尺：A 为 5.0 mm）

A. 成虫 B. 雄虫腹部末端侧面观 C. 雄虫外生殖器背面观 D. 雄虫外生殖器腹面观 E. 殖弧梁 F. 殖下片

【测量】 雄虫（干制）体长约 8.0 mm，前翅长 10.0 mm，后翅长 9.3 mm。

【形态特征】 头部黄色，头顶隆突；颜面乳白色，具黑褐色颊斑和唇基斑；在额颊沟、唇基沟、复眼和触角间及触角下有红色条纹；触角第 1 节黄色，其外侧第 2 节皆红色，鞭节深褐色。胸背中央具黄色纵带。前胸背板角和后头具红色斑纹，侧缘红褐色；中后胸背板两侧淡黄色。足黄褐色，爪褐色，基部弯曲。腹部背面为黄色纵带，腹面黄褐色，有灰色长毛。前翅翅痣黄绿色；前缘横脉列 20 条，近 Sc 脉端略带褐色；sc-r 间近翅基的横脉褐色，翅端的绿色；径横脉 10 条，绿色；RP 脉分支 9 条，第 1、2 条为绿褐色，其余皆为绿色；Psm-Psc 间横脉 8 条，绿色；内中室呈三角形，r-m 横脉位于其上；Cu2 脉褐色，Cu1 脉、Cu3 脉及阶脉绿色，阶脉内 / 外为 4/5。

【地理分布】 福建。

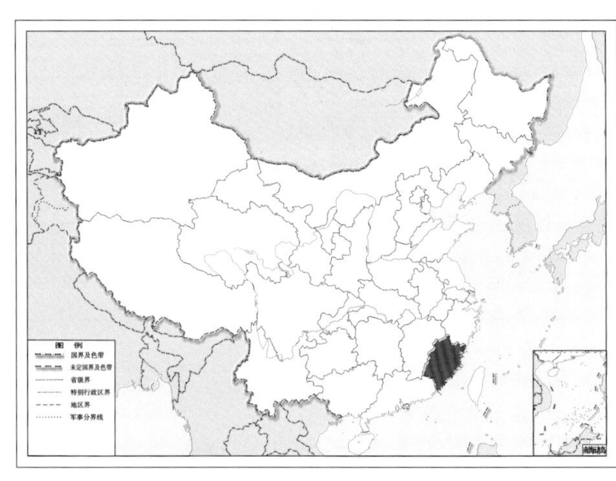

图 4-378-2 白面叉草蛉 *Pseudomallada albofrontata* 地理分布图

379. 异色叉草蛉 *Pseudomallada allochroma* (Yang & Yang, 1999)

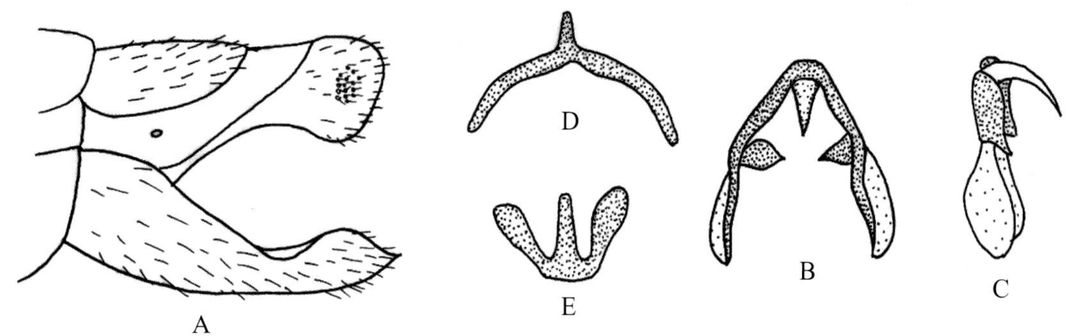

图 4-379-1 异色叉草蛉 *Pseudomallada allochroma* 形态图

A. 雄虫腹部末端侧面观 B. 雄虫外生殖器腹面观 C. 雄虫外生殖器侧面观 D. 殖弧梁 E. 殖下片

【测量】 雄虫（干制）体长约 6.5 mm，前翅长 l0.0 mm，后翅长 8.0 mm。

【形态特征】 头部黄色，头上有 2 对小的黑褐色颊斑及唇基斑；在额颊沟、颊下沟及触角下有相连的红色斑纹，与上唇中央八字红色斑纹相连；在触角与复眼间也有红色斑；触角第 1 节外侧有红褐色条纹，第 2 节红色。胸部背板中央具黄色纵带，前胸背板两侧褐色，外侧具灰色长毛，中央有 1 条横脊；中后胸两侧浅褐色。足黄绿色，跗节及爪黄褐色，爪基部弯曲。腹部背面为黄色纵带，腹面及侧面黄褐色。前翅膜质透明，翅痣淡黄色，痣内无脉；前缘横脉列 19 条，第 1 ~ 16 条两端褐色，中间为绿色，第 17 ~ 19 条黑褐色；sc-r 间的所有横脉黑褐色；径横脉 9 条，第 1 ~ 6 条近 R 脉端褐色，第 7 条近 R 脉半端黑褐色，第 8、9 条黑褐色；RP 脉分支 10 条，除第 1、2 条为灰黑色外，其余皆为绿色；Psm-Psc 间横脉 8 条，仅第 8 条黑色；内中室呈三角形，r-m 横脉位于其上；Cu1 脉、Cu3 脉绿色，Cu2 脉褐色；阶脉黑色，内 / 外：左翅为 4/5，右翅为 3/5。后翅前缘横脉列 14 条，第 1 ~ 11 条近 Sc 脉端黑色，第 12 ~ 14 条黑色；径横脉 8 条，暗绿色；阶脉黑色，内 / 外为 3/4。

【地理分布】 福建。

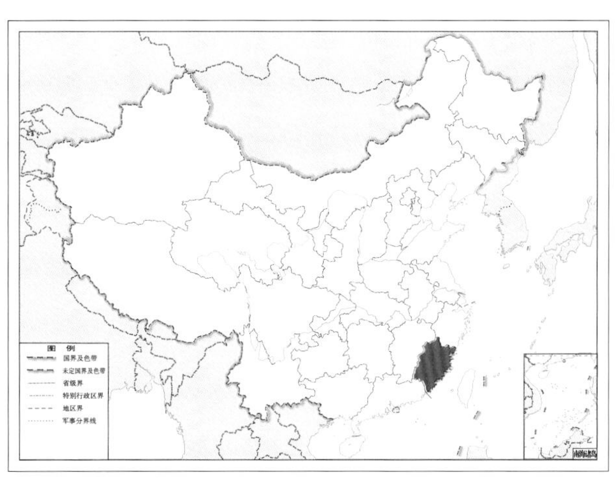

图 4-379-2 异色叉草蛉 *Pseudomallada allochroma* 地理分布图

380. 槽叉草蛉 *Pseudomallada alviolata* (Yang & Yang, 1990)

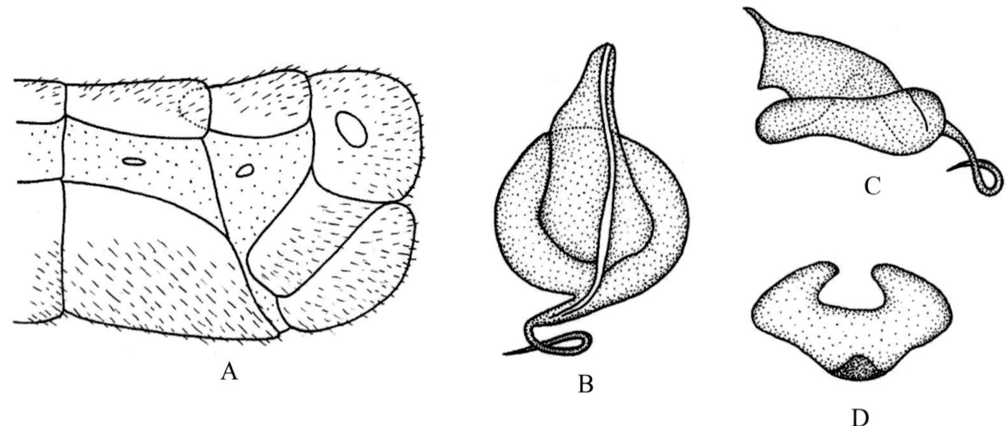

图 4-380-1 槽叉草蛉 *Pseudomallada alviolata* 形态图
A. 雄虫腹部末端侧面观 B. 贮精囊背面观 C. 贮精囊侧面观 D. 亚生殖板

【测量】 雌虫（干制）体长 10.7 mm，前翅长 17.5 mm，后翅长 17.3 mm。

【形态特征】 头部黄褐色，头顶隆突，有褐色的颊斑和唇基斑；唇基褐色，沿额唇基沟有褐色窄带，上唇端部浅褐色；下颚须及下唇须的第 3 节黑色；触角第 1 节黄色，外侧褐色，第 2 节黑褐色，鞭节褐色。前胸背板中部黄色，两边褐色，具灰色毛，两前角黑褐色，基部有 1 条横脊；中、后胸中部黄褐色，中胸边缘黄绿色，后胸边缘黑褐色。足黄褐色， 跗节及爪褐色，爪基部弯曲。腹部背板黄色，腹板褐色，具灰色毛。前后翅皆膜质透明，各条纵脉皆绿色，各条横脉上皆有黄褐色的晕斑；前翅翅痣黄褐色；前缘横脉列 23 条，黑色；径横脉 12 条，绿色；RP 脉分支 11 条，第 1 条为灰色，其余为绿色；Psm-Psc 间横脉 9 条，第 1 条为褐色，其余为绿色；内中室呈三角形，r-m 横脉位于其上；阶脉绿色，内 / 外为 7/6。后翅前缘横脉列 17 条，黑色；径横脉 11 条，褐色；阶脉绿色，内 / 外为 7/6。

【地理分布】 内蒙古、宁夏、四川、海南。

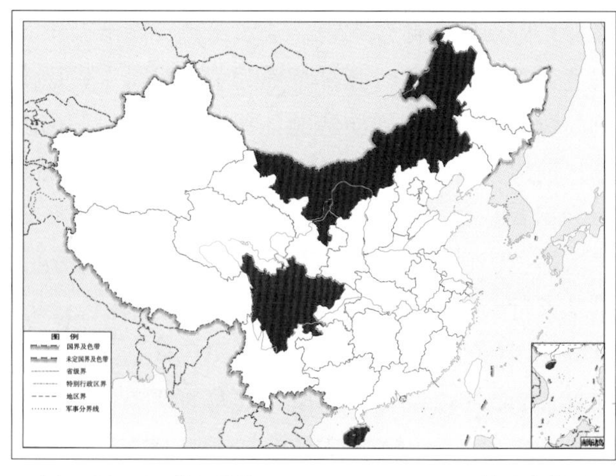

图 4-380-2 槽叉草蛉 *Pseudomallada alviolata* 地理分布图

381. 钩叉草蛉 *Pseudomallada ancistroidea* (Yang & Yang, 1990)

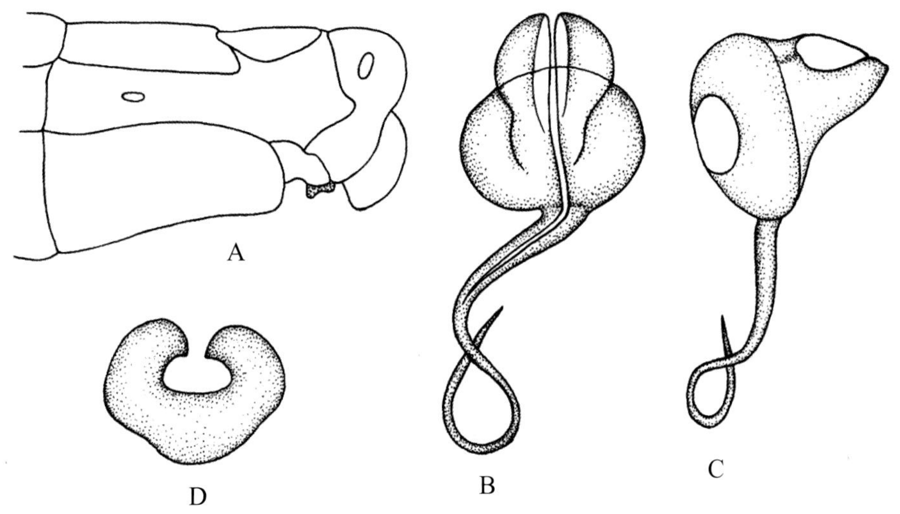

图 4-381-1 钩叉草蛉 *Pseudomallada ancistroidea* 形态图

A. 雌虫腹部末端侧面观 B. 贮精囊背面观 C. 贮精囊侧面观 D. 亚生殖板

【测量】 雌虫（干制）体长 10.8 mm，前翅长 12.4 mm，后翅长 11.3 mm。

【形态特征】 头部淡黄色，具 1 对大的黑褐色颊斑，颚唇须黄褐色；触角黄褐色。前胸背板中央具黄色纵带，两侧绿褐色；中后胸背板中间黄绿色，两侧绿色。足基节至股节黄褐色，胫节黄绿色，跗节及爪黄褐色，爪基部弯曲。前翅翅痣黄绿色；前缘横脉列 25 条，黑褐色；sc-r 间近翅基的横脉黑褐色；径横脉 13 条，黑褐色；RP 脉分支 13 条，第 1 ~ 4 条黑褐色，第 5、6 条两端黑褐色，其余近 RP 脉端黑褐色；Psm-Psc 间横脉 9 条，黑褐色；Cu 脉黑褐色，A1 脉及 A2 脉的两个分支亦黑褐色；内中室呈三角形，r-m 横脉位于其上；阶脉黑褐色，内 / 外：左翅为 8/8，右翅为 7/7。后翅前缘横脉列 19 条，黑褐色；径横脉 11 条，近 R 脉端黑褐色。

【地理分布】 广西。

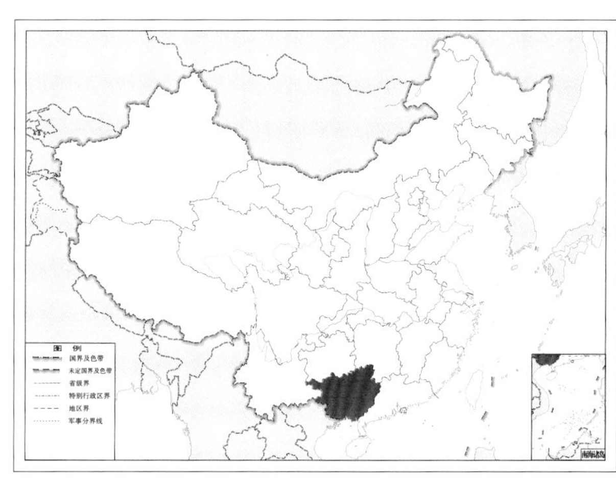

图 4-381-2 钩叉草蛉 *Pseudomallada ancistroidea* 地理分布图

382. 窄带叉草蛉 *Pseudomallada angustivittata* (Dong, Cui & Yang, 2004)

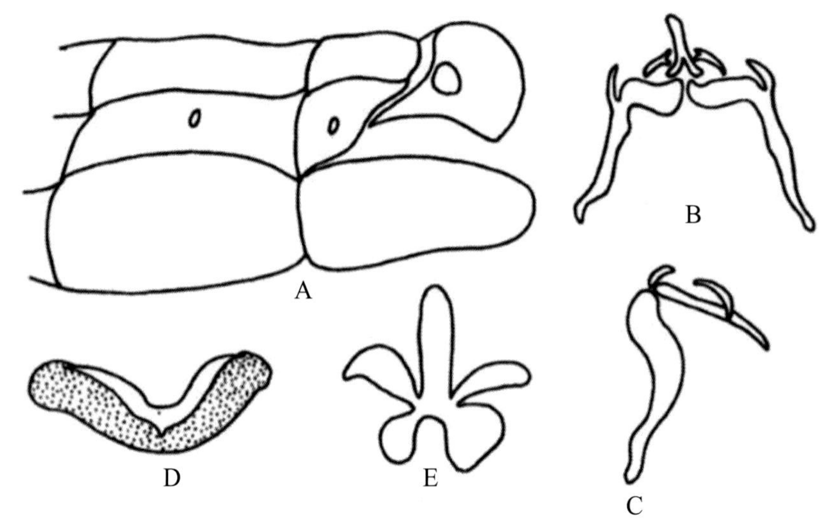

图 4-382-1 窄带叉草蛉 *Pseudomallada angustivittata* 形态图

A. 雌虫腹部末端侧面观 B. 雄虫外生殖器腹面观 C. 雄虫外生殖器侧面观 D. 殖弧梁 E. 殖下片

【测量】 雄虫（干制）体长 11.0 ~ 12.0 mm，前翅长 13.0 ~ 14.0 mm，后翅长 12.0 ~ 13.0 mm。

【形态特征】 头部黄色，具 1 对小方形黑褐色颊斑，无唇基斑；触角第 1 节膨大，长宽约相等，第 2 节和鞭节黄色，到端部颜色逐渐加深。前胸背板中央具黄色纵带，其余部分及侧缘绿色，被白色细长绒毛，两前角呈截状。足黄色，爪褐色，基部强烈弯曲。腹部背面具黄色中纵带，腹面黄褐色，侧缘绿色；前翅宽大，纵脉黄绿色，横脉大部分褐色。前翅翅痣黄色，内无脉；前缘横脉列 22 条，第 1 条黄绿色，第 2 ~ 19 条褐色，第 20 ~ 22 条黄褐色；径横脉 13 条，褐色；RP 脉分支 9 条，基部褐色，其余部分黄绿色；Psm-Psc 间横脉 6 条，褐色；Cu 脉褐色；阶脉褐色，内 / 外：左翅为 5/7，右翅为 4/8。后翅前缘横脉列 13 条，浅褐色；径横脉 12 条，黄绿色；RP 脉分支 8 条，黄绿色；阶脉浅褐色，内 / 外为 4/6。

【地理分布】 贵州、四川、河南、江西、福建、广西。

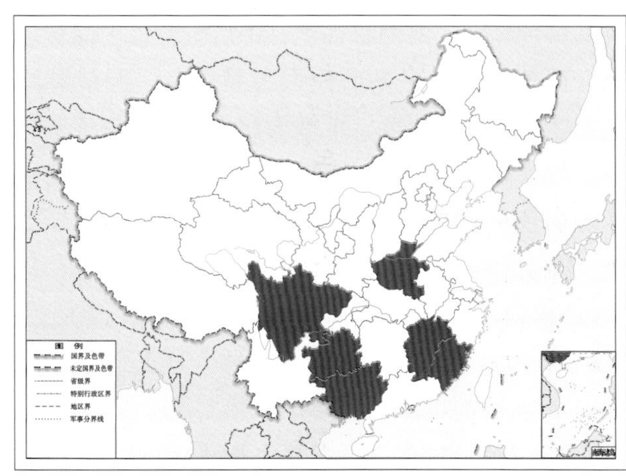

图 4-382-2 窄带叉草蛉 *Pseudomallada angustivittata* 地理分布图

383. 弧胸叉草蛉 *Pseudomallada arcuatus* (Dong, Cui & Yang, 2004)

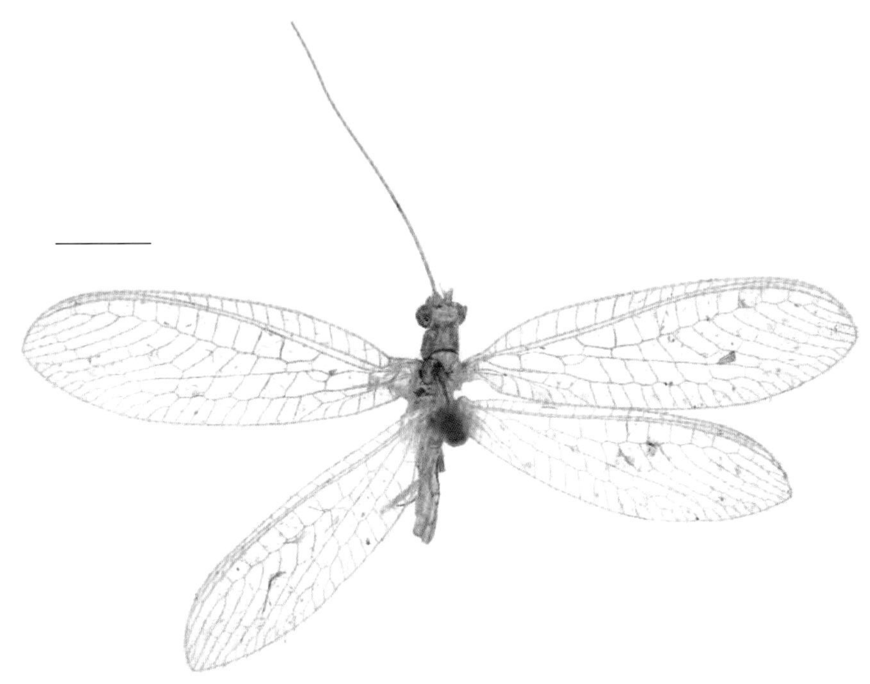

图 4-383-1 弧胸叉草蛉 *Pseudomallada arcuatus* 成虫图
（标尺：5.0 mm）

【测量】 雄成虫（干标本），体长 10 ~ 12 mm，前翅长 11 ~ 12 mm，后翅长 9 ~ 10 mm。

【形态特征】 头部黄色，头顶突出，无颊斑，触须为黄色；触角长于前翅，柄节黄色、膨大，稍长于宽或等宽，鞭节从基部到端部为黄色到棕色。前胸背板黄绿色，宽长于长；中后胸背腹面都为绿色。腹部黄绿色。足绿色，爪棕色。前翅，除了 Cu2 脉为棕色外，所有翅脉呈黄绿色；翅痣黄色，无横脉；前缘横脉列 15 条，径横脉 10 条，后径脉 10 条，Psm-Psc 间横脉 8 条，内中室三角形，r-m 横脉位于其上，阶脉（内 / 外）为 3/6。后翅翅脉绿色，前缘横脉列 12 条，径横脉 10 条，后径脉 9 条，阶脉（内 / 外）为 2/4（左后翅）、2/5（右后翅）。腹部第 7 背板约是第 8 背板长的 3 倍。

【地理分布】 云南。

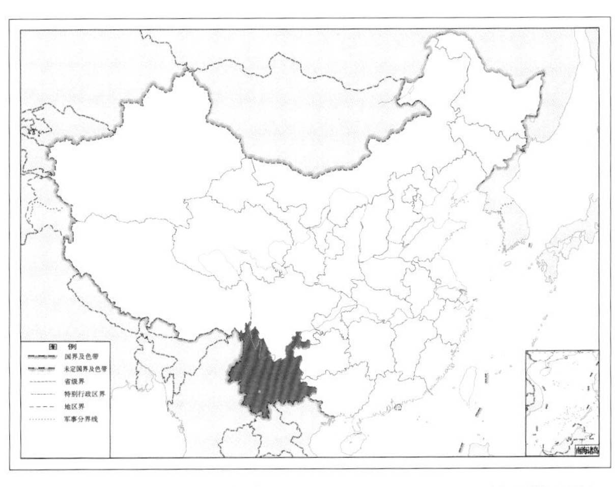

图 4-383-2 弧胸叉草蛉 *Pseudomallada arcuatus* 地理分布图

384. 香叉草蛉 *Pseudomallada aromatica* (Yang & Yang, 1989)

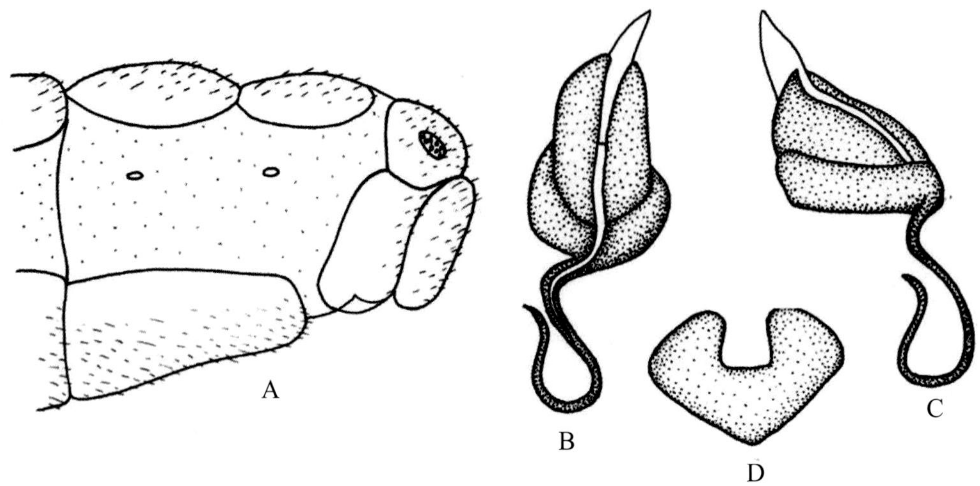

图 4-384-1 香叉草蛉 *Pseudomallada aromatica* 形态图

A. 雌虫腹部末端侧面观 B. 贮精囊背面观 C. 贮精囊侧面观 D. 亚生殖板

【测量】 雌虫（干制）体长 10.4 mm，前翅长 13.2 mm，后翅长 12.6 mm，触角长 11.6 mm。

【形态特征】 头部褐色，颜面上有 2 道褐色纵条斑，具中斑；下颚须第 5 节黑色，下唇须黑褐色；触角第 1、2 节淡黄褐色，第 1 节背面有褐色斑，鞭节黄褐色。前胸背板黄褐色，两边深褐色，有中横脊，脊下中纵线凹陷；中后胸背板中央具黄色条带，两边黄褐色。足褐色，跗节及爪黑褐色，爪基部弯曲。腹部背面黄褐色，腹面黑褐色。前翅翅痣黄绿色；前缘横脉列 22 条，黑褐色；sc-r 间近翅基的横脉黑色，翅端的绿色；径横脉 12 条，第 1～5 条浅绿色，第 6～9 条近 R 脉端褐色；第 10、11 条褐色，第 12 条绿色；RP 脉分支 12 条，第 1、2 条褐色，余皆绿色；Psm-Psc 间横脉 8 条，第 1、2 条黑褐色，第 3～6 条浅绿色，第 7、8 条绿色；Cu 脉黑褐色，Psc 各分横脉基部皆褐色；阶脉灰黑色，内 / 外：左翅为 5/7，右翅为 4/7；内中室呈三角形，r-m 横脉位于其上。

【地理分布】 陕西。

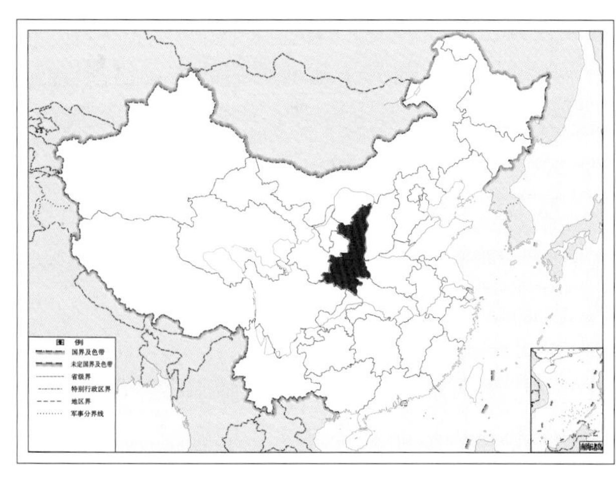

图 4-384-2 香叉草蛉 *Pseudomallada aromatica* 地理分布图

385. 马尔康叉草蛉 *Pseudomallada barkamana* (Yang, Yang & Wang, 1992)

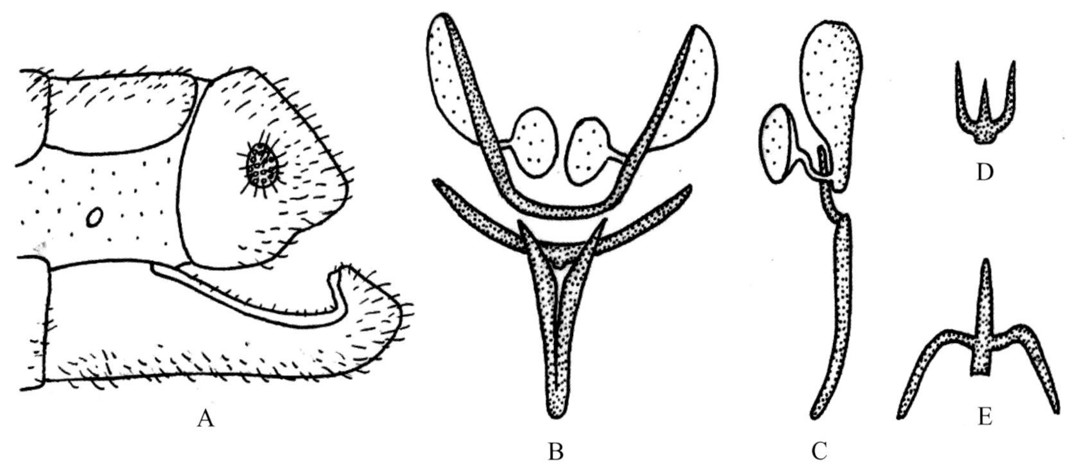

图 4-385-1 马尔康叉草蛉 *Pseudomallada barkamana* 形态图

A. 雄虫腹部末端侧面观 B. 雄虫外生殖器背面观 C. 雄虫外生殖器侧面观 D. 下生殖板 E. 殖弧梁

【测量】 雄虫（干制）体长 9.0 mm，前翅长 14.0 mm，后翅长 13.0 mm。

【形态特征】 头部黄绿色，有黑褐色的颊斑、唇基斑、颊上斑、中斑；上唇及颚唇须黑褐色；触角短于前翅，第 1、2 节黄色，鞭节浅黄褐色。前胸背板宽明显大于长，中间黄绿色，两侧绿色，端部两侧角各有 1 个褐色斑；中后胸绿色。足黄绿色，具褐色毛，跗节黄褐色，爪褐色，基部弯曲。腹部背板、腹板皆黄绿色。前翅翅痣黄绿色，内有绿色脉；前缘横脉列 26 条，黑色；sc-r 间近翅基的横脉黑色，翅端的绿色；径横脉 14 条，黑褐色；RP 脉基部褐色，分支 14 条，第 1、2 条黑褐色，第 3 ~ 6 条中段绿色，两端褐色，余近 RP 脉端褐色；Psm-Psc 间横脉 10 条，黑褐色；内中室呈三角形，下端 1 条脉为褐色，r-m 横脉位于内中室上；Cu1-Cu3 脉，A1 脉、A2 脉及 Psc 分脉基部皆褐色；阶脉黑褐色，内 / 外为 8/8。

【地理分布】 云南、四川。

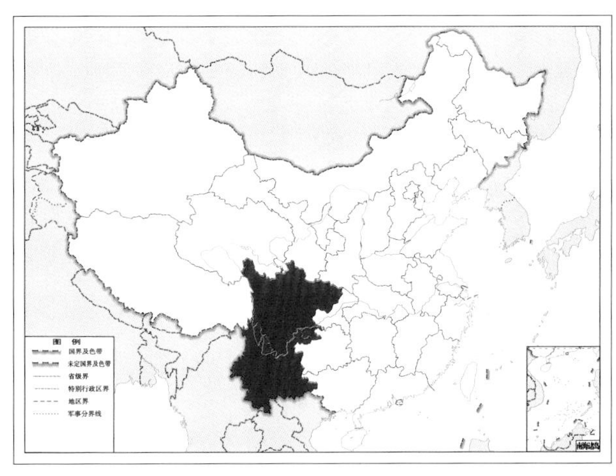

图 4-385-2 马尔康叉草蛉 *Pseudomallada barkamana* 地理分布图

386. 短唇叉草蛉 *Pseudomallada brachychela* (Yang & Yang, 1999)

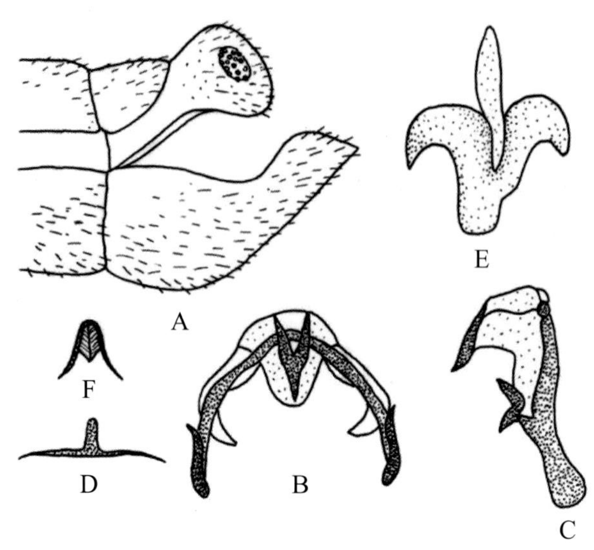

图 4-386-1 短唇叉草蛉 *Pseudomallada brachychela* 形态图

A. 雄虫腹部末端侧面观 B. 雄虫外生殖器背面观 C. 雄虫外生殖器侧面观 D. 殖弧梁 E. 殖下片 F. 下生殖板

【测量】 雄虫（干制）体长 8.0 mm，前翅长 13.6 mm，后翅长 11.6 mm。

【形态特征】 头部黄褐色，无斑；下颚须第 4、5 节背面黑色，其余与下唇须皆黄色；触角黄褐色，第 1 节外侧有褐色条斑，第 2 节黑褐色。前胸背板中央黄色，两侧褐色，布灰色毛；中后胸深褐色。足黄绿色，跗节及爪褐色，爪基部弯曲。前翅翅痣淡黄绿色，痣内有透明脉；前缘横脉列 21 条，第 5～11 条中间黑色，两端绿色，其余皆为绿色；sc-r 间横脉近翅基者近 R 脉端褐色，翅端的绿色；径横脉 12 条，第 1～5 条绿色，第 6～12 条黑色；RP 脉基部黑色，其分支 11 条，第 1 条黑色，第 5～7 条近 RP 脉半端黑褐色，余皆绿色；Psm-Psc 间横脉 9 条，第 1、2、9 条为黑褐色，其余皆为绿色；内中室呈三角形，r-m 横脉位于其顶端但不超过；Cu1 脉绿色，Cu2-Cu3 脉黑色；阶脉内组绿色、外组褐色，内 / 外：左翅为 6/7，右翅为 5/7。后翅前缘横脉列 16 条，第 6～11 条黑褐色，其余皆为绿色；径横脉 10 条，第 5～8 条褐色，其余皆为绿色；阶脉绿色，内 / 外为 4/5。

【地理分布】 福建、广西。

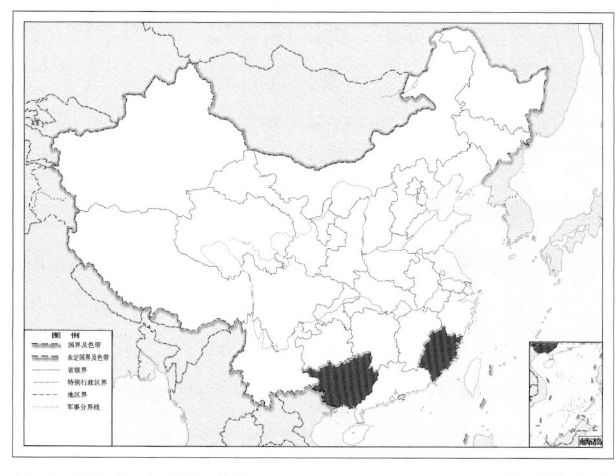

图 4-386-2 短唇叉草蛉 *Pseudomallada brachychela* 地理分布图

387. 脊背叉草蛉 *Pseudomallada carinata* (Dong, Cui & Yang, 2004)

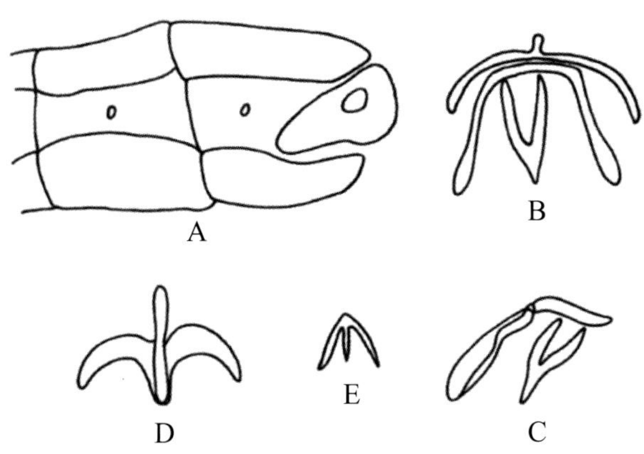

图 4-387-1 脊背叉草蛉 *Pseudomallada carinata* 形态图

A. 雄虫腹部末端侧面观 B. 雄虫外生殖器和殖弧梁腹面观 C. 雄虫外生殖器和殖弧梁侧面观 D. 殖下片 E. 下生殖板

【测量】 雄虫（干制）体长 10.0 mm，前翅长 15.0 mm，后翅长 14.0 mm。

【形态特征】 头部黄色，颜面具 1 对黑色的方形颊斑（较大）和条形唇基斑（伸至复眼处与条状的唇基斑相连）；颚唇须皆黑色，但各节相接处黄色；触角第 1 节膨大，黄色，长大于宽，第 2 节和鞭节黄色，端部颜色逐渐加深。前胸整体黄色，前胸背板宽阔，中部隆突，呈山脊状，后缘前凹；中、后胸黄绿色。足黄色，爪褐色，基部膨胀且强烈弯曲。前翅宽大，翅脉上被浅褐色的长绒毛；前缘横脉列 23 条，第 1 条黄绿色，第 2 条两端褐色，中间绿色，第 3 ~ 20 条浅褐色，第 21 ~ 23 条黄色；径横脉 12 条，近 R 脉端褐色；RP 脉分支 10 条，黄绿色；Psm-Psc 间横脉 5 条，第 1、2 条近 Psm 脉端褐色，其余黄绿色；内中室呈三角形，黄绿色，r-m 横脉位于其上，褐色；Cu 脉褐色；阶脉黄绿色，内 / 外：左翅为 6/8，右翅为 6/7。后翅前缘横脉列 18 条，浅褐色；径横脉 10 条，近 R 脉半端浅褐色；RP 脉分支 8 条，黄绿色；阶脉黄绿色，内 / 外为 4/6。

【地理分布】 甘肃、陕西。

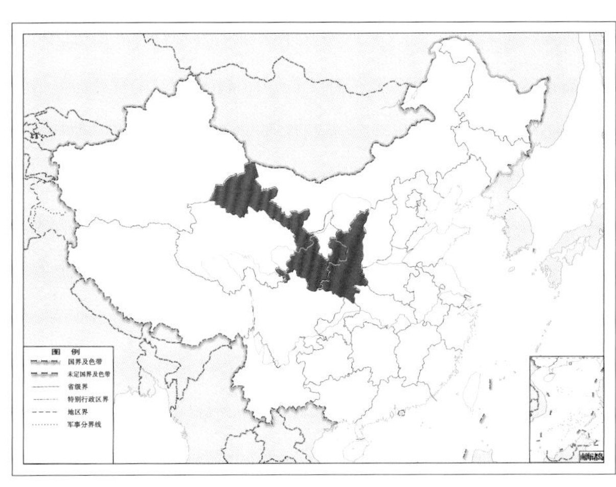

图 4-387-2 脊背叉草蛉 *Pseudomallada carinata* 地理分布图

388. 赵氏叉草蛉 *Pseudomallada chaoi* (Yang & Yang, 1999)

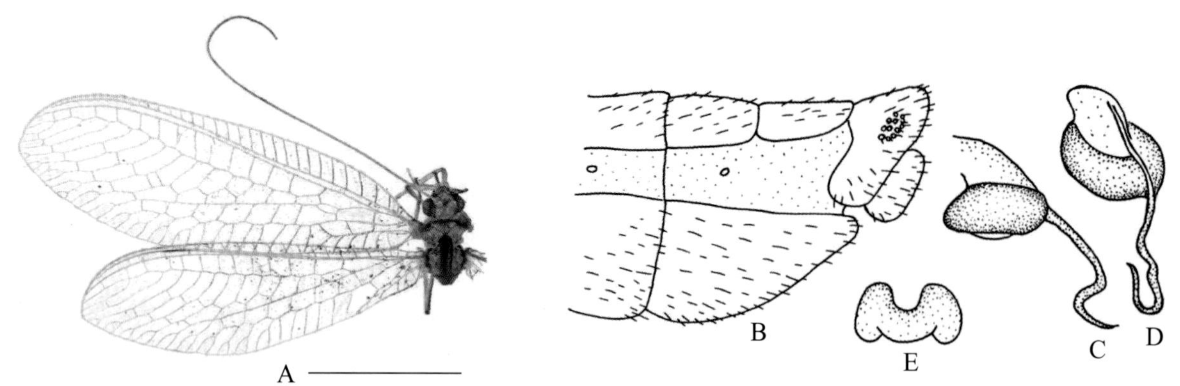

图 4-388-1 赵氏叉草蛉 *Pseudomallada chaoi* 形态图
（标尺：A 为 5.0 mm）
A. 成虫 B. 雌虫腹部末端侧面观 C. 贮精囊侧面观 D. 贮精囊斜背面观 E. 亚生殖板

【测量】 雌虫（干制）体长 10.8 mm，前翅长 13.2 mm，后翅长 11.1 mm。

【形态特征】 头部黄色，有 1 对黑色颊斑；触角长超过前翅翅痣，黄色，端部颜色较深。胸背中央具黄色纵带；前胸背板两侧偏褐色，具较长的灰白色毛，基部有 1 条横沟，沟下中纵线凹陷；中后胸背板两侧绿色，盾片两侧的侧后缘各有 1 条纵的褐色条纹。足绿褐色，基节及爪褐色，爪基部弯曲，股节上的灰毛很长。前翅翅痣黄色，痣内有透明脉；前缘横脉列 25 条，深褐色，第 19 ~ 25 条近 Sc 脉半端褐色；sc-r 间的横脉近翅基者黑褐色，翅端的绿色；径横脉 13 条，深褐色；RP 脉基部深褐色，其分支 14 条，近 RP 脉端深褐色，而第 1 ~ 3 条全深褐色；Psm-Psc 间横脉 9 条，第 1、3、8、9 条深褐色，其余近 Psc 脉端深褐色；内中室呈三角形，r-m 横脉位于其上；Cu 脉深褐色，Al 脉、A2 脉的分支及阶脉皆深褐色；阶脉内 / 外为 7/8。后翅前缘横脉列 19 条，褐色；径横脉 12 条，近 R 脉端褐色；RP 脉基部深褐色；阶脉黑褐色，内 / 外为 5/6。

【地理分布】 福建。

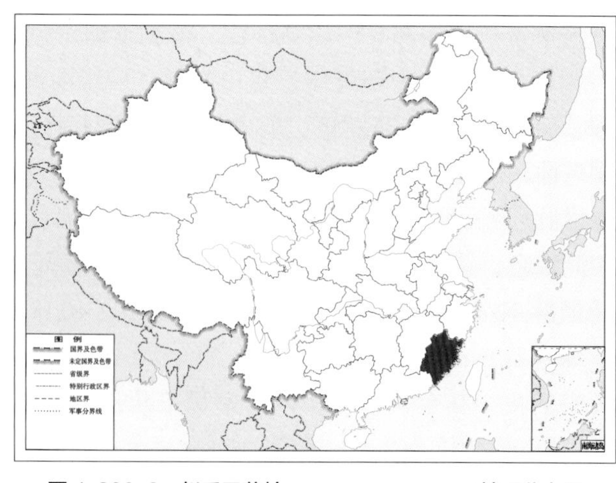

图 4-388-2 赵氏叉草蛉 *Pseudomallada chaoi* 地理分布图

389. 周氏叉草蛉 *Pseudomallada choui* (Yang & Yang, 1989)

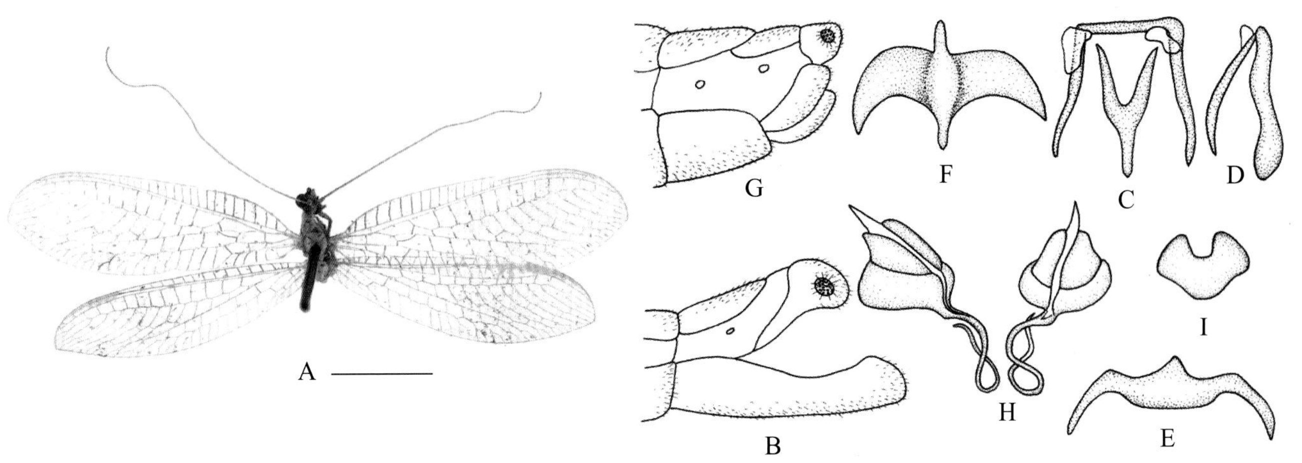

图 4-389-1 周氏叉草蛉 *Pseudomallada choui* 形态图

（标尺：A 为 5.0 mm）

A. 成虫 B. 雄虫腹部末端侧面观 C. 雄虫外生殖器背面观 D. 雄虫外生殖器侧面观 E. 殖弧梁 F. 殖下片 G. 雌虫腹部末端侧面观 H. 贮精囊 I. 亚生殖板

【测量】 雌虫（干制）体长 9.8 mm，前翅长 14.3 mm，后翅长 12.8 mm，触角 11.2 mm。

【形态特征】 头部黄色，有黑褐色的颊斑、唇基斑及中斑；下颚须第 3 ~ 5 节、下唇须第 3 节皆黑色；触角第 1、2 节黄褐色，鞭节黑褐色。前胸背板淡黄色，基部有 1 条横沟；中后胸淡黄褐色。足褐色，跗节及爪深褐色，爪基部弯曲。腹部背板、腹板皆黄色，整个腹部布灰色毛。前翅翅痣黄绿色，内有脉；前横脉列 24 条，黑色；sc-r 间近翅基的横脉黑色，端部的绿色；径横脉 13 条，中段绿色，两端黑色；RP 脉分支 14 条，第 1、2 条褐色，第 3、4 条近 Psm 脉端褐色，其余皆为绿色；Psm-Psc 间横脉 9 条，第 1、2、9 条黑色，第 3 ~ 5 条两端黑色，中部绿色，第 6 ~ 8 条近 Psm 脉端褐色；Cu 脉黑色；阶脉黑色，内 / 外：左翅为 7/8，右翅为 5/8；内中室呈三角形，r-m 横脉位于其上。

【地理分布】 黑龙江、甘肃、陕西、云南、湖北。

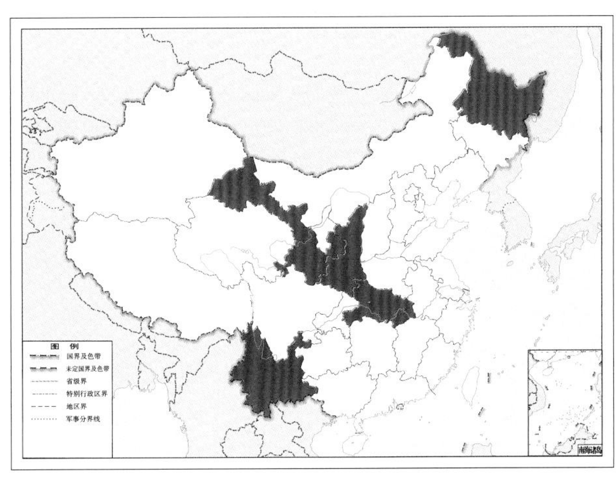

图 4-389-2 周氏叉草蛉 *Pseudomallada choui* 地理分布图

390. 鲁叉草蛉 *Pseudomallada cognatella* (Okamoto, 1914)

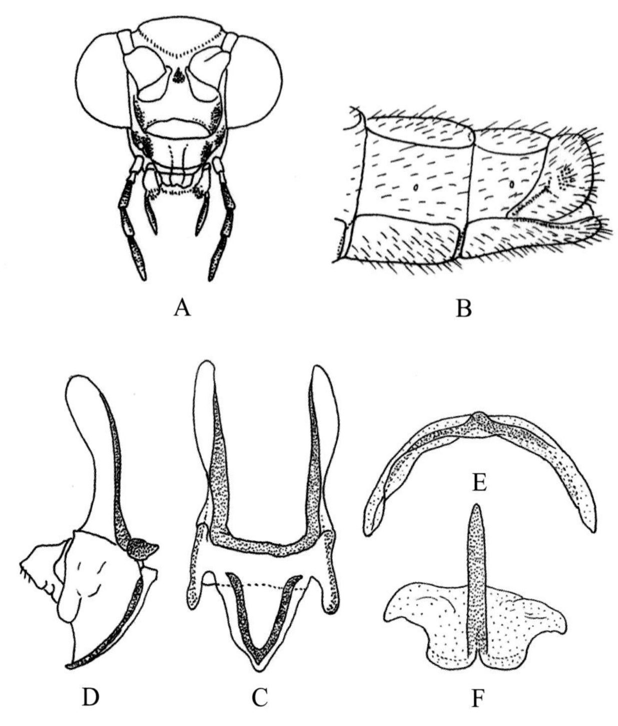

图 4-390-1 鲁叉草蛉 *Pseudomallada cognatella* 形态图

A. 头部 B. 雄虫腹部末端侧面观 C. 雄虫外生殖器背面观 D. 雄虫外生殖器侧面观 E. 殖弧梁 F. 殖下片

【测量】 体长 8.0 ~ 10.0 mm，前翅长 10.0 ~ 14.5 mm，后翅长 8.0 ~ 12.0 mm。

【形态特征】 头部淡黄色，颊斑、唇基斑和触角之间的斑皆为黑褐色，颊斑与唇基斑相连；额的两侧具红褐色或黑褐色斑，有时不明显或褪色；眼后部具黑褐色斑；下颚须、下唇须黑褐色，基部淡黄色；触角柄节、梗节淡黄色，其两侧皆有红褐色斑点，鞭节淡赭色。胸部背面黄绿色，腹面淡黄色，整体无斑；前胸背板长与宽相等，通常两侧微染红褐色。足几乎全部淡黄色，跗节浅褐色，爪褐色，强烈弯曲，基部膨大成矩形。腹部背面淡绿色，腹面淡黄色。 翅脉淡绿色，但在以下很多区域为黑色，包括前缘横脉列、sc-r 间横脉、径横脉、RP 脉的基部、RP 脉分支的基部、阶脉、Psm-Psc 横脉、Cu2 脉分叉处、Cu1-Cu2 横脉和两个翅的边缘部分、前翅中后部的边缘分支处；前翅阶脉内 / 外为 5 ~ 8/6 ~ 7，后翅阶脉内 / 外为 4 ~ 7/5 ~ 7。雄虫第 9 腹板的表皮内突直，无尾疣；第 8、9 腹板愈合，端部稍圆，具不明显的突起。

【地理分布】 山东、台湾；日本。

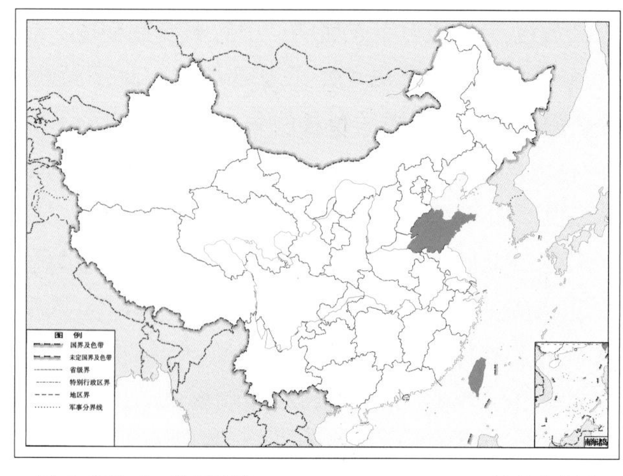

图 4-390-2 鲁叉草蛉 *Pseudomallada cognatella* 地理分布图

391. 心叉草蛉 *Pseudomallada cordata* (Wang & Yang, 1992)

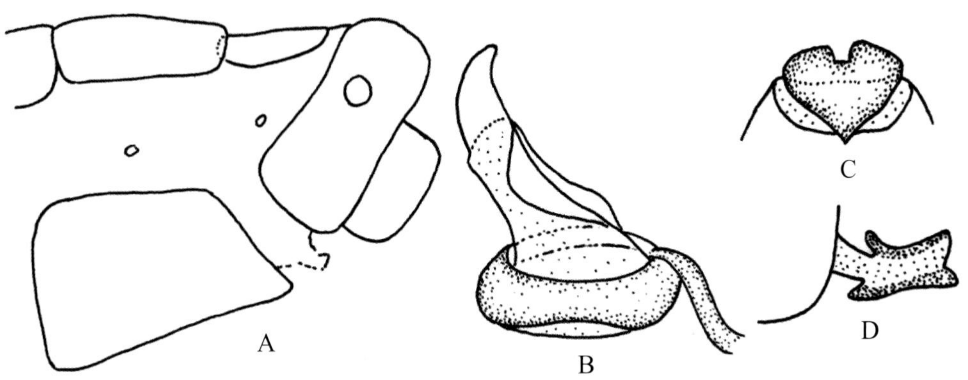

图 4-391-1 心叉草蛉 *Pseudomallada cordata* 形态图

A. 雌虫腹部末端侧面观 B. 贮精囊侧面观 C. 亚生殖板背面观 D. 亚生殖板侧面观

【测量】 雌虫体长 11.0 mm，前翅长 17.0 mm，后翅长 15.0 mm。

【形态特征】 头部黄色，额两侧红褐色，颊斑与唇基斑各 1 对，黑褐色，长条形，分别相连；下颚须及下唇须黑褐色；触角基部 2 节膨大，红褐色，其余皆为细长，黄色。前胸背板黄色，两侧黄褐色，中横沟偏后，后缘前凹；中后胸背板黄绿色，两侧盾片具不规则褐色斑，侧板黄褐色。足黄色，跗节黄褐色，爪褐色。腹部黄褐色。前翅翅痣不透明，黄绿色；前缘横脉列 25 条，褐色；径横脉 12 条，褐色；RP 脉分支 12 条，第 1 ~ 3 条褐色，第 4 ~ 6 条端部褐色，其余皆为绿色；Psm-Psc 间横脉 8 条，第 1 ~ 7 条浅褐色，第 8 条褐色，Psc 脉主干绿色，分支绿色有褐色边，Cu 脉褐色；内中室呈三角形，r-m 横脉位于其上；阶脉内 / 外：左翅为 8/7，右翅为 7/8，褐色。后翅前缘横脉列 21 条，褐色；径横脉 11 条，褐色；RP 脉基部褐色，端部绿色，Psm-Psc 间横脉绿色；阶脉褐色，内 / 外：左翅为 6/8，右翅为 6/7。

【地理分布】 贵州、湖南。

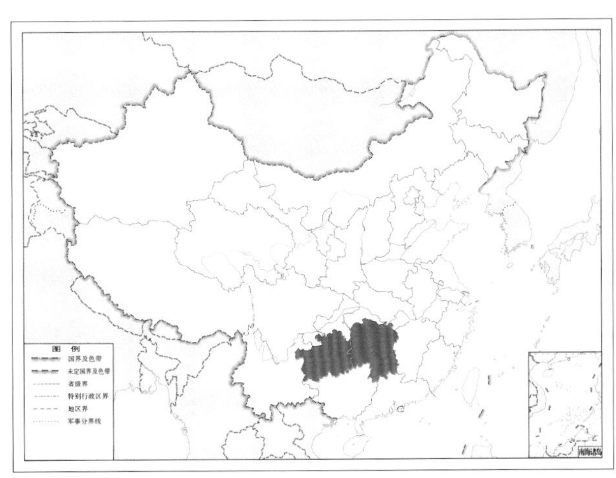

图 4-391-2 心叉草蛉 *Pseudomallada cordata* 地理分布图

392. 退色叉草蛉 *Pseudomallada decolor* (Navás, 1936)

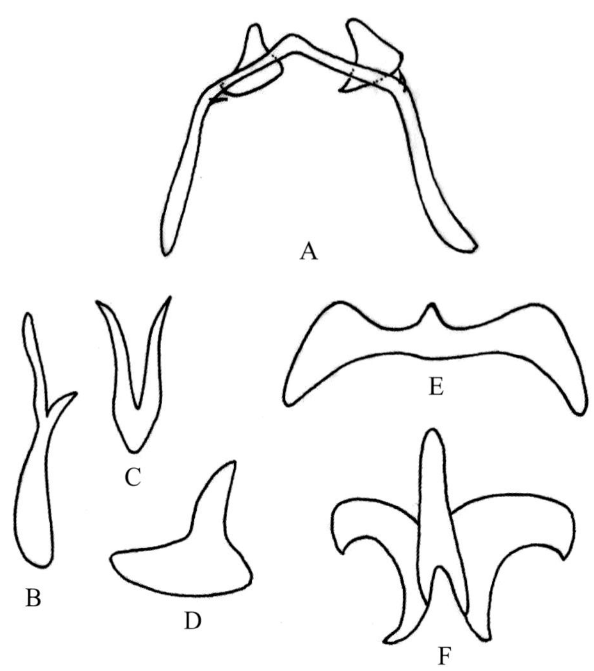

图 4-392-1 退色叉草蛉 *Pseudomallada decolor* 形态图

A. 雄虫外生殖器背面观 B. 雄虫外生殖器侧面观 C. 中突 D. 内突 E. 殖弧梁 F. 殖下片

【测量】 雄虫体长 8.0 mm，前翅长 11.0 mm，后翅长 10.0 mm。

【形态特征】 头部黄色，无斑；触角是前翅长的 4/5，黄色，到端部逐渐变为绿色。胸部背面具明显黄色纵带，一直延伸至腹部背面。前翅纵脉绿色；前缘横脉列绿色，25 条；径横脉褐色；RP 脉基部褐色，11 条；阶脉褐色，内 / 外：左翅为 4/6，右翅为 5/5。后翅前缘脉、径横脉和阶脉皆为褐色；阶脉内 / 外：左翅为 4/4，右翅为 3/5。腹部背面在黄色纵带两侧为黄褐色，第 8、9 腹板愈合。雄虫外生殖器殖弧叶弯曲，中部突出，中突叉状，内突发达；殖弧梁两端在弯折处膨大；下生殖板发达，不对称。

【地理分布】 江苏。

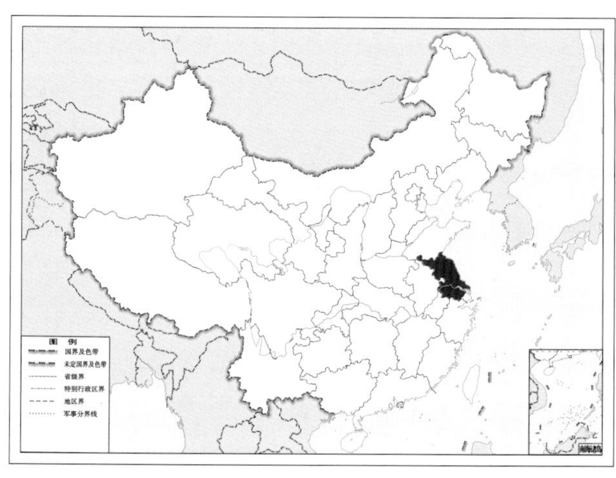

图 4-392-2 退色叉草蛉 *Pseudomallada decolor* 地理分布图

393. 德钦叉草蛉 *Pseudomallada deqenana* (Yang, Yang & Wang, 1992)

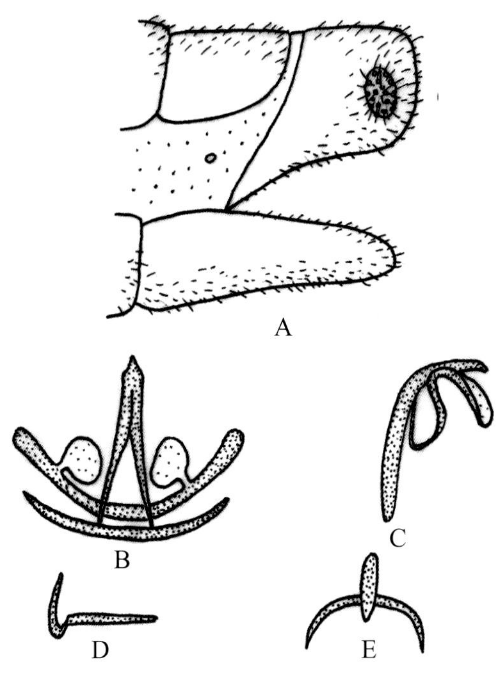

图 4-393-1 德钦叉草蛉 *Pseudomallada deqenana* 形态图

A. 雄虫腹部末端侧面观 B. 雄虫外生殖器腹面观 C. 雄虫外生殖器侧面观 D. 殖弧梁侧面观 E. 殖弧梁背面观

【测量】 雄虫（干制）体长 8.5 mm，前翅长 11.5 mm，后翅长 11.0 mm。

【形态特征】 头部黄色，隆起，有褐色颊斑、唇基斑，在唇基之上两侧各有 1 个褐色弧状斑；颚唇须黑褐色；触角第 1、2 节黄色，第 1 节外侧有褐色条斑，鞭节缺损。前胸背板绿褐色，宽是长的 2 倍多，端部两侧角褐色；中后胸背板中部黄色，两侧黄绿色。足黄绿色，具褐色毛，跗节黄褐色，爪褐色，基部弯曲。腹部背板、腹板皆黄色。前翅翅痣黄绿色，透明，内无脉；前缘横脉列 21 条，黑褐色；sc-r 间近翅基的横脉褐色，翅端的绿色；径横脉褐色，12 条；RP 脉分支 11 条，第 1 ~ 3 条褐色，第 4 ~ 6 条中段绿色，两端褐色，其余近 RP 脉端褐色；Psm-Psc 间横脉 9 条，第 1 ~ 3 条、9 条褐色，其余中段绿色；Cu 脉、Psc 分脉基部、Al 脉、A2 脉、阶脉皆黑褐色；阶脉内 / 外为 5/6。

【地理分布】 云南。

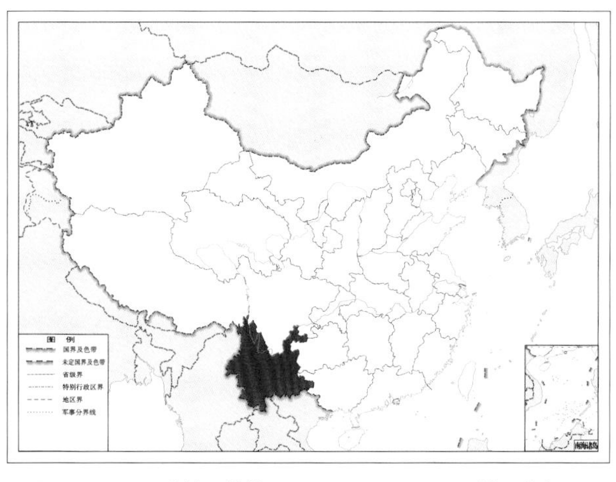

图 4-393-2 德钦叉草蛉 *Pseudomallada deqenana* 地理分布图

394. 亮叉草蛉 *Pseudomallada diaphana* (Yang & Yang, 1999)

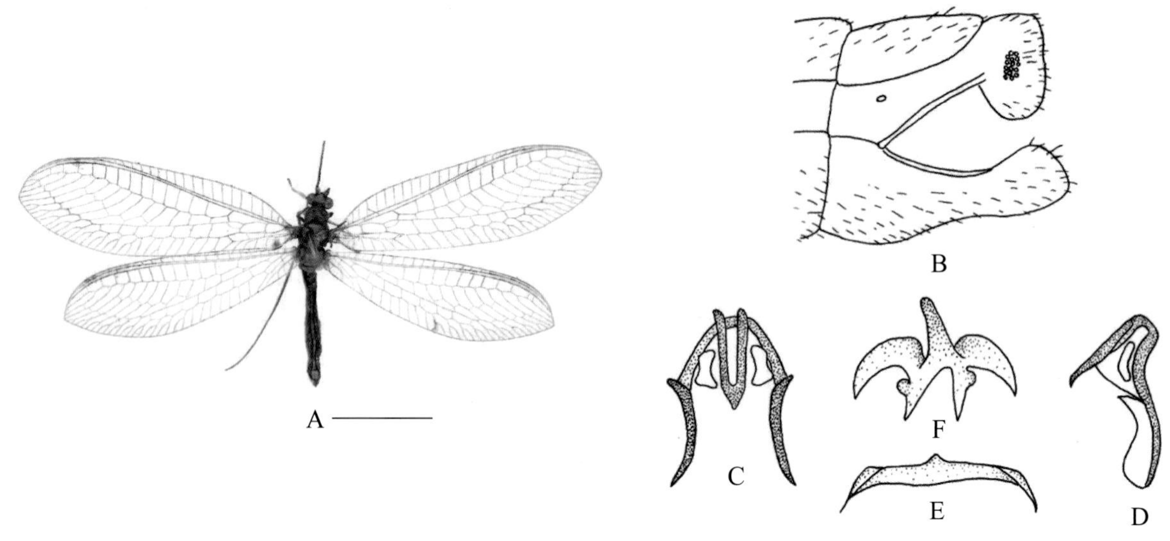

图 4-394-1 亮叉草蛉 *Pseudomallada diaphana* 形态图

（标尺：A 为 5.0 mm）

A. 成虫 B. 雄虫腹部末端侧面观 C. 雄虫外生殖器背面观 D. 雄虫外生殖器侧面观 E. 殖弧梁 F. 殖下片

【测量】 雄虫（干制）体长 9.0 mm，前翅长 13.5 mm，后翅长 11.5 mm。

【形态特征】 头部黄褐色，无斑；颚须及唇须皆黑褐色；触角第 1、2 节黄褐色，外侧有黑褐色条斑，鞭节深褐色。胸部背板中央具黄色纵带；前胸背板两边缘深褐色，具灰色细长毛；中后胸两边缘绿色。足黄绿色，爪褐色，基部弯曲。腹部背板、腹板黄褐色，密布灰色长毛。前翅前缘横脉列 18 条，第 4 ~ 11 条中间黑色，两端绿褐色，其余皆为绿色；翅痣淡绿色，痣内有透明脉；sc-r 间的横脉近翅基者黑色，翅端者绿色；径横脉 11 条，第 1 条中部稍有褐色，第 5 ~ 9 条黑褐色，第 10、11 条浅褐色；RP 脉的基部黑褐色，其分支 12 条，第 1、6 条黑褐色，第 5、7、8 条近 RP 脉的端半部褐色；Psm-Psc 间横脉 9 条，第 1、2、8、9 条黑褐色，其余皆为绿色；内中室呈三角形，r-m 横脉位于其上；Cu1 脉绿色，Cu2-Cu3 脉黑褐色；阶脉黑褐色，内 / 外：左翅为 5/6，右翅为 4/6。后翅前缘横脉列 16 条，第 4 ~ 8 条褐色，其余皆为绿色或浅褐色；径横脉 10 条，第 1 ~ 3 条绿色，第 4 ~ 8 条黑褐色，第 9、10 条淡褐色；阶脉褐色，内 / 外：左翅为 4/5，右翅为 3/5。

【地理分布】 云南、福建。

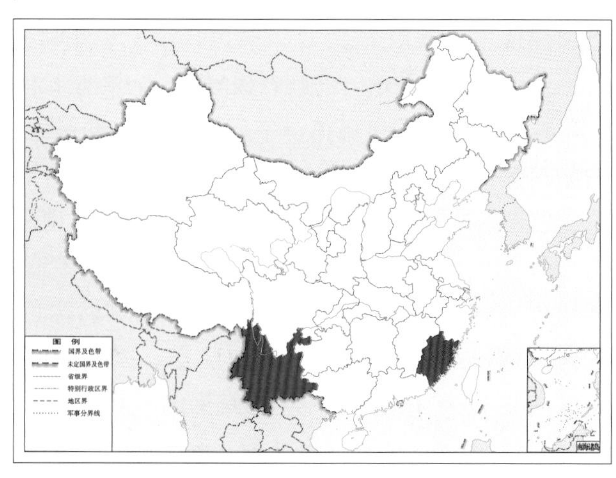

图 4-394-2 亮叉草蛉 *Pseudomallada diaphana* 地理分布图

395. 无斑叉草蛉 *Pseudomallada epunctata* (Yang & Yang, 1990)

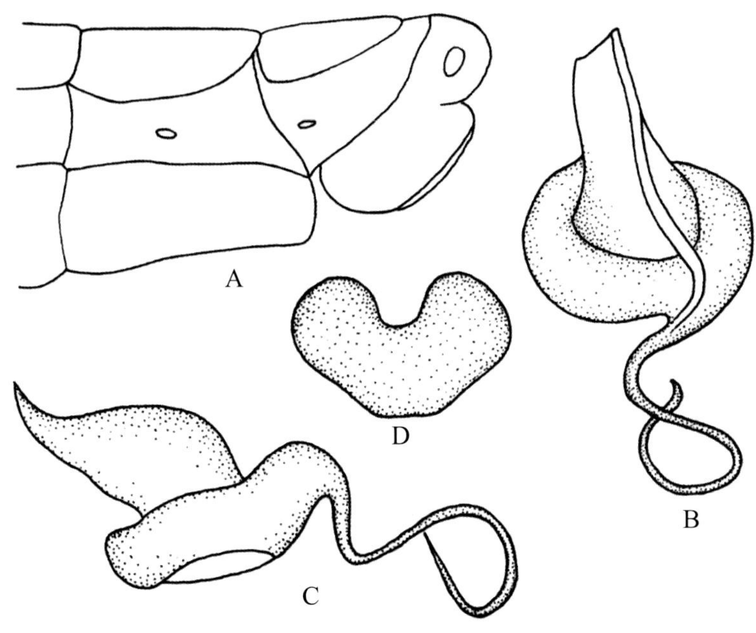

图 4-395-1 无斑叉草蛉 *Pseudomallada epunctata* 形态图
A. 雌虫腹部末端侧面观 B. 贮精囊背面观 C. 贮精囊侧面观 D. 亚生殖板

【测量】 雌虫（干制）体长 8.8 mm，前翅长 10.4 mm，后翅长 10.2 mm。

【形态特征】 头部淡黄色，颜面无斑；下颚须 4 ~ 5 节深褐色，下唇须淡黄色；触角浅褐色。胸部背板中央为黄色纵带，前胸背板两边褐色，有灰色长毛，中、后胸侧缘绿色。足淡黄绿色，胫节端部黄褐色，跗节两侧各有 1 排褐色刺，爪褐色，基部弯曲。腹部背面为黄色纵带，腹面黄色，整个腹部被灰色毛。前翅翅痣淡黄绿色，透明，内无脉；前缘横脉列 21 条，第 3 ~ 11 条黑褐色；sc-r 间近翅基的横脉黑褐色；径横脉 11 条，第 2 ~ 9 条黑褐色；RP 脉分支 12 条，第 1 ~ 4 条黑褐色，第 5 ~ 8 条近 RP 脉端黑褐色；Psm-Psc 间横脉 9 条，第 1 ~ 3、9 条黑褐色，其余皆中间黑色，两端绿色；Cu 脉黑褐色；内中室呈三角形，r-m 横脉位于其上；外阶脉黑色，内阶脉中间黑色，两端绿色，内 / 外：左翅为 6/6，右翅为 5/6。

【地理分布】 广西。

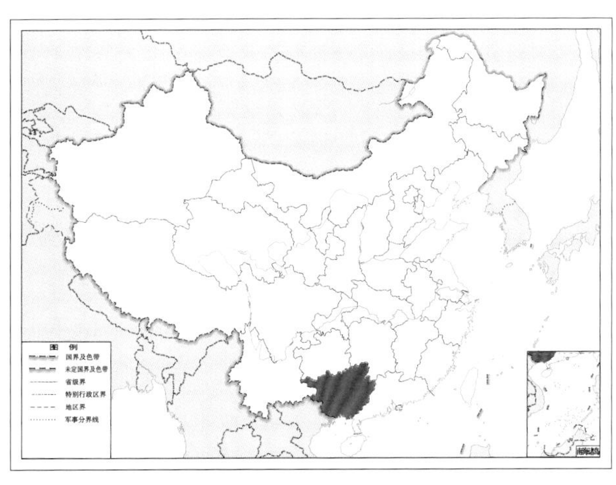

图 4-395-2 无斑叉草蛉 *Pseudomallada epunctata* 地理分布图

396. 粗脉叉草蛉 *Pseudomallada estriata* (Yang & Yang, 1999)

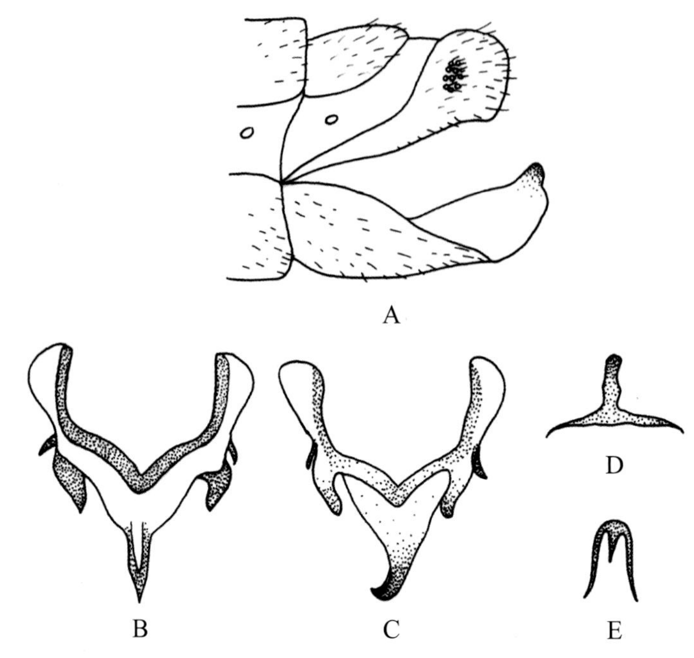

图 4-396-1 粗脉叉草蛉 *Pseudomallada estriata* 形态图

A. 雄虫腹部末端侧面观 B. 雄虫外生殖器腹面观 C. 雄虫外生殖器背面观 D. 殖弧梁 E. 下生殖板

【测量】 雄虫（干制）体长 7.6 mm，前翅长 10.4 mm，后翅长 8.8 mm。

【形态特征】 头部黄色，无斑；触角第 1 节黄色，其余为绿褐色。前胸背板淡黄色，基部有 1 条横沟，沟下的中纵线也凹陷成沟，两侧线中部外突；中后胸背板中央具黄色纵带，两侧绿色，整个胸部布满灰色长毛。足黄绿色，跗节及爪褐色，爪基部弯曲。腹部背面为“黄珠”状的带，腹面黄褐色。前翅翅痣黄绿色，痣内有透明脉；前缘横脉列 12 条，绿色；R、RP、Psm、Psc 各纵脉皆绿色，近翅基部皆发生明显膨大；sc-r 间横脉绿色；径横脉 10 条，近 R 脉端偏褐色；RP 脉分支 10 条，第 1～3 条褐色，其余皆为绿色；Psm-Psc 间横脉 8 条脉，第 2、8 条为褐色；内中室近椭圆形，r-m 横脉位于其上；Cu 脉褐色；阶脉黑褐色，内 / 外：左翅为 4/6，右翅为 4/5。腹部末端侧面观，肛上板如蝌蚪状；第 8+9 腹板长度是第 8 背板的 2.5 倍，其末端有 1 个瘤状突起。

【地理分布】 云南、福建、湖北、海南。

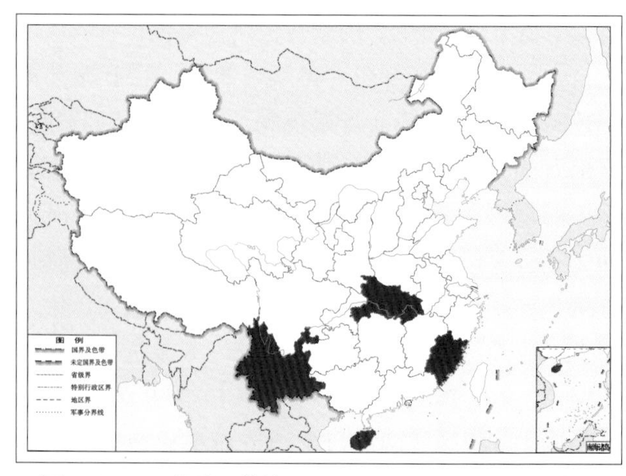

图 4-396-2 粗脉叉草蛉 *Pseudomallada estriata* 地理分布图

397. 优模叉草蛉 *Pseudomallada eumorpha* (Yang & Yang, 1999)

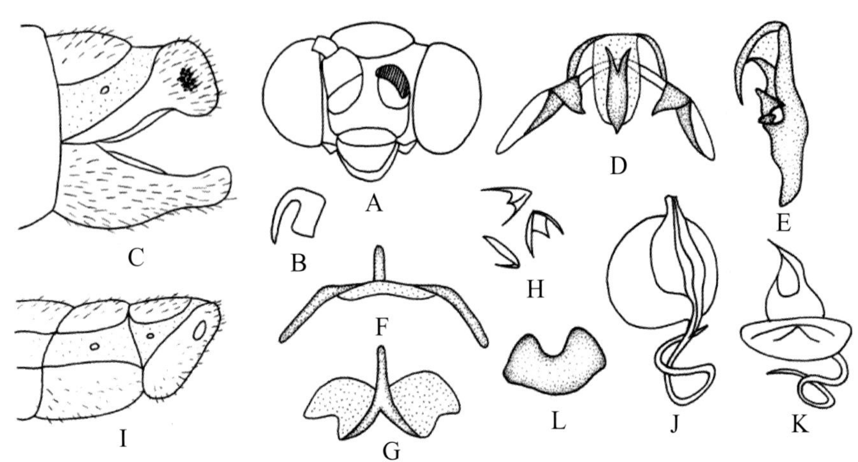

图 4-397-1 优模叉草蛉 *Pseudomallada eumorpha* 形态图

A. 头 B. 爪 C. 雄虫腹部末端侧面观 D. 雄虫外生殖器背面观 E. 雄虫外生殖器侧面观 F. 殖弧梁 G. 殖下片 H. 下生殖板 I. 雌虫腹部末端侧面观 J. 贮精囊背面观 K. 贮精囊侧面观 L. 亚生殖板

【测量】 雄虫（干制）体长 6.5 ~ 7.8 mm，前翅长 9.8 ~ 11.0 mm，后翅长 8.6 ~ 9.8 mm。

【形态特征】 头部暗黄色,具黑褐色的颊斑（颊斑很大，周围红色）和唇基斑（唇基斑小，边缘也具红色），头顶隆起，沿角下及额唇基沟有红色斑纹；触角第 1 节外侧褐色，第 2 节褐色，鞭节黄褐色。前胸背板褐色，基部明显宽于端部，基部有 1 条横沟，沟下的中纵线凹陷；中后胸背板具黄色纵带，两侧绿色，布灰色毛。足黄绿色，胫节末端黄褐色，爪褐色，基部弯曲。前翅翅痣黄绿色，透明，内无脉；前缘横脉列 16 条，中段绿色，两端褐色；sc-r 间近翅基的横脉褐色，翅端的绿色；径横脉 8 条，近 R 脉端褐色；RP 脉分支 10 条，绿色；Psm-Psc 间横脉 8 条，第 1、8 条黑褐色，其余皆为绿色；Cu 脉第 1、2 条褐色，第 3 条绿色；内中室呈三角形，r-m 横脉位于其上；阶脉黑褐色，内 / 外为 4/5。后翅前缘横脉列 14 条，中段绿色，两端褐色；径横脉 7 条，绿色；阶脉黑褐色，内 / 外为 3/4。雄虫腹部末端肛上板蝌蚪状，上端尖细，下端粗宽；第 8+9 腹板基部宽，端部细。第 7 背板略长于第 8 背板。

【地理分布】 福建、广西。

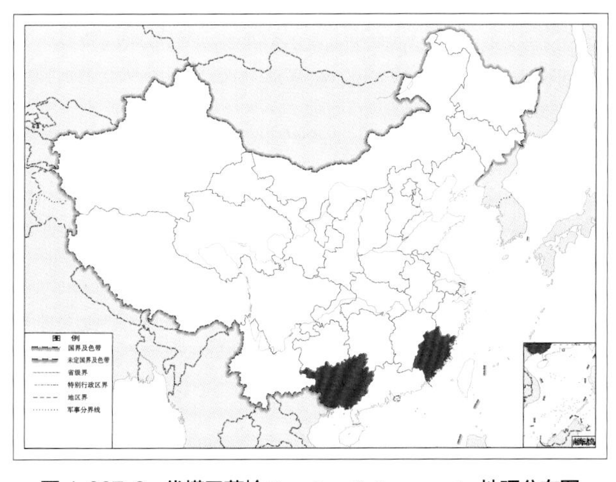

图 4-397-2 优模叉草蛉 *Pseudomallada eumorpha* 地理分布图

398. 梵净叉草蛉 *Pseudomallada fanjingana* (Yang & Wang, 1988)

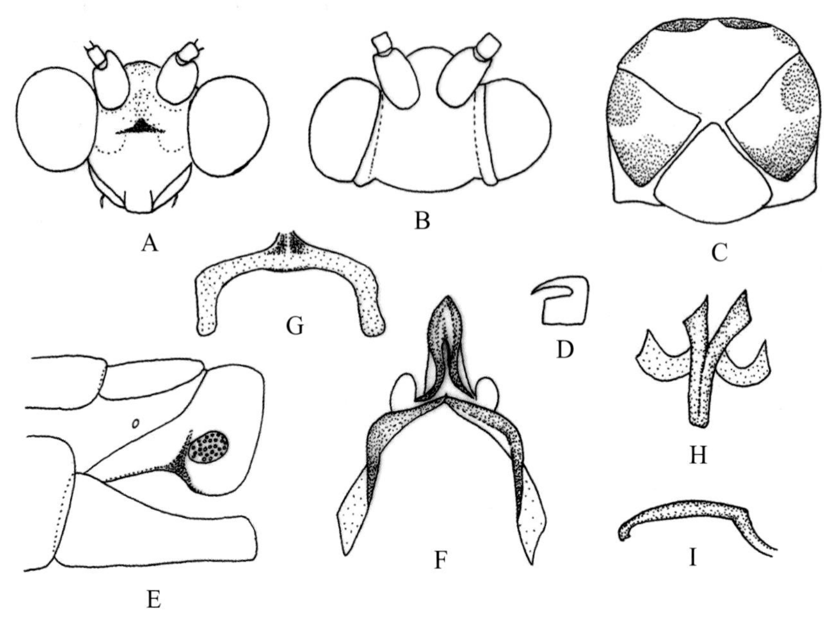

图 4-398-1 梵净叉草蛉 *Pseudomallada fanjingana* 形态图

A. 头部正面观 B. 头部背面观 C. 中胸背板 D. 爪 E. 雄虫腹部末端侧面观 F. 雄虫外生殖器背面观 G. 殖弧梁 H. 殖下片 I. 中突侧面观

【测量】 雄虫体长 11.0 mm，前翅长 15.5 mm，后翅长 13.5 mm。

【形态特征】 头部黄褐色，头顶及额区黄色；颚唇须黄褐色；触角基部 2 节外侧黑褐色，其余皆为黄褐色。胸背中央具黄色纵带，两侧黄绿色。足浅绿色，胫节端部及跗节黄褐色；中后足基节、转节及股节基部黑褐色；爪基部弯曲。腹部背面黄绿色，每节端部黑褐色。前翅宽大，翅痣不明显；前缘横脉列 22 条，第 4 ~ 11 条黑褐色，其余皆为浅绿色；径横脉 13 条，第 5 ~ 11 条黑褐色；RP 脉分支 13 条，第 1 ~ 5 条分支及第 6 条基部黑褐色；Psm-Psc 间横脉 7 条，中间黑褐色，两端绿色；阶脉内为绿色，外为黑褐色，内 / 外为 6/8。雄虫外生殖器殖弧叶中部断裂，内突椭圆形，中突基部分叉，端部膨大；殖弧梁两臂弯曲，膨粗；殖下片发达。

【地理分布】 贵州。

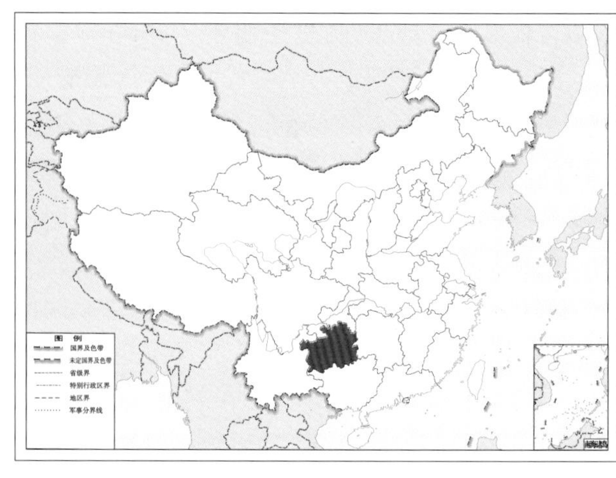

图 4-398-2 梵净叉草蛉 *Pseudomallada fanjingana* 地理分布图

399. 红面叉草蛉 *Pseudomallada flammefrontata* (Yang & Yang, 1999)

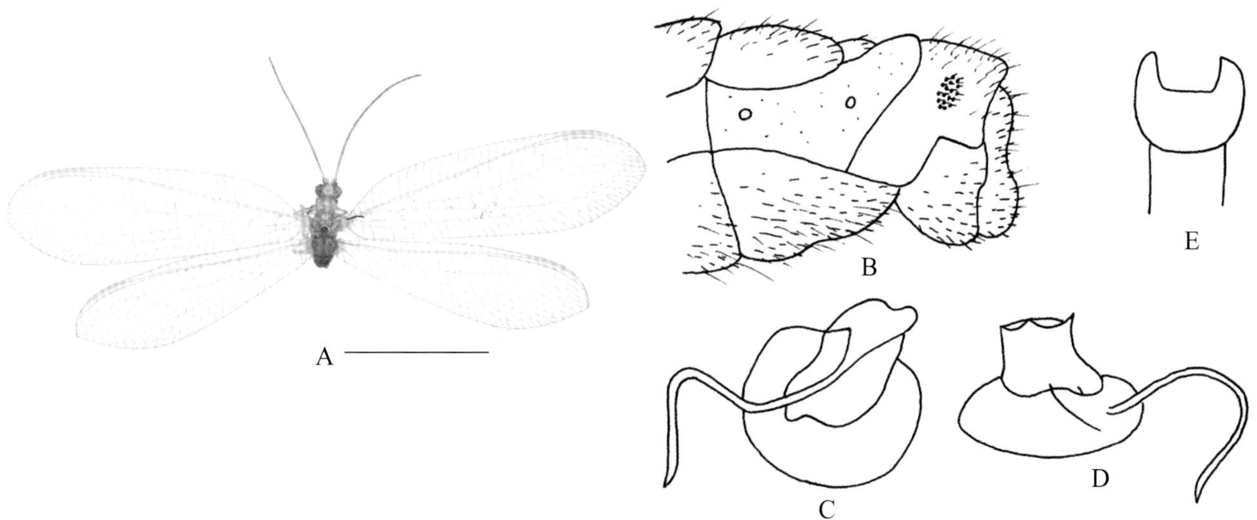

图 4-399-1 红面叉草蛉 *Pseudomallada flammefrontata* 形态图
（标尺：A 为 5.0 mm）
A. 成虫 B. 雌虫腹部末端侧面观 C. 贮精囊斜背面观 D. 贮精囊侧面观 E. 亚生殖板

【测量】 雌虫（干制）体长 8.0 mm，前翅长 10.3 mm，后翅长 9.2 mm，触角长 10.4 mm。

【形态特征】 头部黄色，无斑；颚唇须黄色；触角第 1、2 节黄色（第 1 节外侧有红色斑），鞭节黄褐色；触角窝顶端边缘有红色条纹。前胸背板中央具宽的黄色纵带，两侧绿色，具褐色毛，后端有灰色长毛；中后胸中央具窄的黄色纵带，两侧绿色。足黄绿色，跗节黄褐色，爪褐色，基部弯曲。腹部背板上具黄色纵带，腹板淡黄褐色，布灰色毛。前翅翅痣淡黄色，透明；前缘横脉列 15 条，绿色；sc-r 间横脉近翅基者浅褐色，翅端的绿色；径横脉 12 条，RP 脉分支 12 条，皆绿色；Psm-Psc 间横脉 8 条，第 1、2 条浅褐色，第 3 ~ 8 条绿色；内中室呈三角形，r-m 位于其上；Cu1-Cu2 脉褐色，Cu3 脉绿色；阶脉绿色，内 / 外为 6/7。后翅前缘横脉列 13 条，径横脉 10 条，皆绿色；阶脉绿色，内 / 外为 5/6。雌虫腹部末端肛上板外缘上部外突，生殖侧突在肛上板侧下方外突，第 8 背板很小。

【地理分布】 甘肃、陕西、云南、福建。

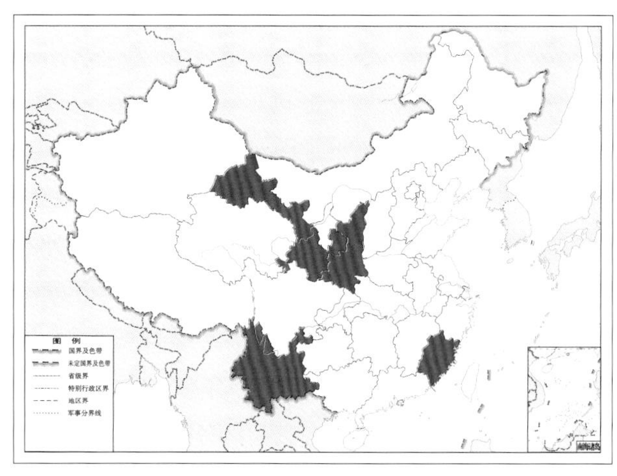

图 4-399-2 红面叉草蛉 *Pseudomallada flammefrontata* 地理分布图

400. 顶斑叉草蛉 *Pseudomallada flavinotala* (Dong, Cui & Yang, 2004)

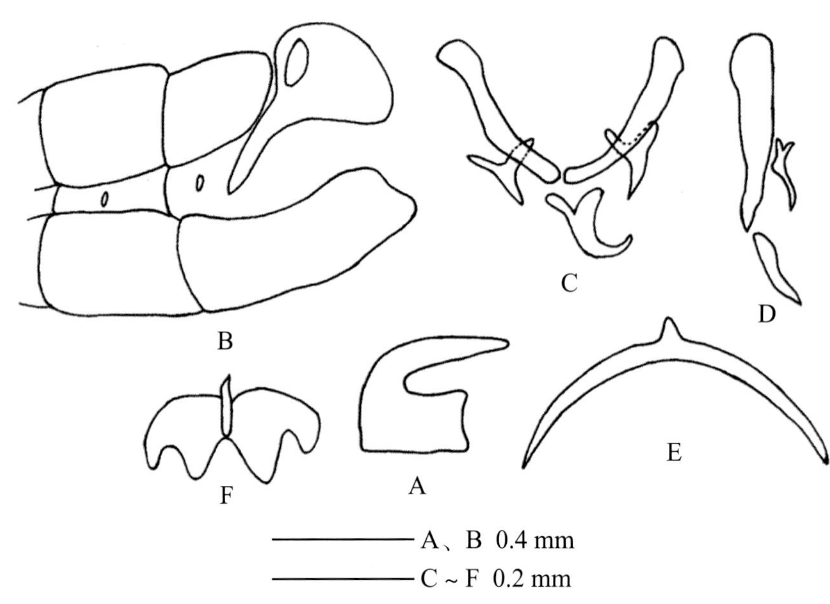

图 4-400-1 顶斑叉草蛉 *Pseudomallada flavinotala* 形态图

A. 爪 B. 雄虫腹部末端侧面观 C. 雄虫外生殖器背面观 D. 雄虫外生殖器侧面观 E. 殖弧梁 F. 殖下片

【测量】 雄虫体长 7 ~ 8 mm，前翅长 11 ~ 12 mm，后翅长 9 ~ 10 mm。

【形态特征】 头部黄色，额两侧红褐色，颊具 2 个小的长方形的红色或黑棕色的纵斑；触角下方具 2 个长条状红色横斑与颊斑相连；唇基具有 2 条倒 V 形红色斑纹，该斑有或缺失；下颚须第 1 ~ 2 节黄色，第 3 ~ 4 节背面棕色，第 5 节棕色；下唇须黄色；触角浅棕色至深棕色。前胸背板黄色，长大于宽；中胸和后胸的背面、腹面观黄绿色。足黄色，爪基部膨大，明显弯曲。前翅覆盖棕色软毛；前缘横脉列 16 条，中间绿色两端褐色；R-RP 横脉 9 条，黄绿色；RP 脉分支 8 条，黄绿色；Psm-Psc 间横脉 6 条，黄绿色；内中室三角形，r-m 横脉位于其上；阶脉中间绿色两端褐色，内 / 外：左翅为 3/5，右翅为 3/6。后翅前缘横脉列 14 条，近 Sc 脉端褐色；R-RP 横脉 8 条，近 R 脉端褐色；RP 脉分支 6 条，黄绿色；Psm-Psc 间横脉 4 条，黄绿色；阶脉褐色，内 / 外为 2/4。腹部黄棕色，第 7 背板和第 8 背板等长。

【地理分布】 福建、贵州。

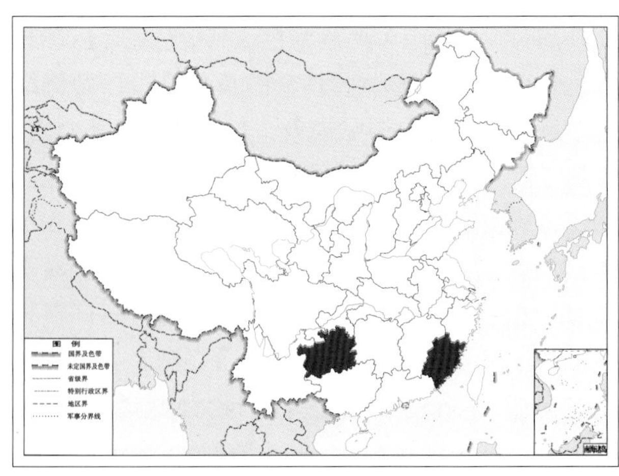

图 4-400-2 顶斑叉草蛉 *Pseudomallada flavinotala* 地理分布图

401. 曲叉草蛉 *Pseudomallada flexuosa* (Yang & Yang, 1990)

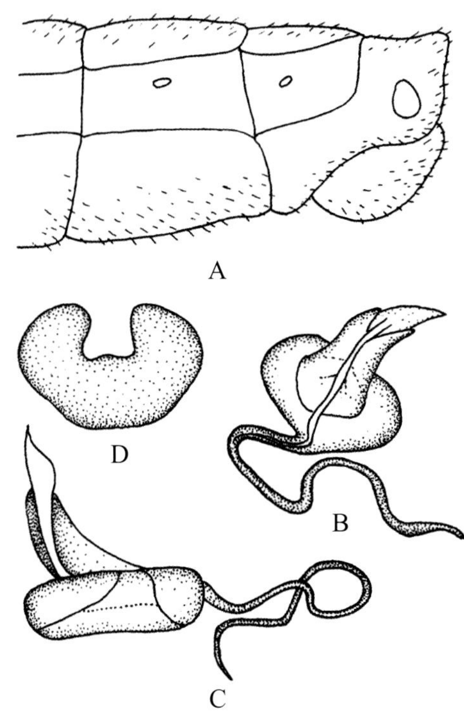

图 4-401-1 曲叉草蛉 *Pseudomallada flexuosa* 形态图

A. 雌虫腹部末端侧面观 B. 贮精囊背面观 C. 贮精囊侧面观 D. 亚生殖板

【测量】 雌虫（浸泡）体长 10.0 mm，前翅长 13.2 mm，后翅长 11.5 mm。

【形态特征】 头部黄色，只具颊斑；颚唇须黄色；触角第 1、2 节黄色，鞭节黄褐色。胸背中央淡黄色，两侧淡黄褐色。足黄色，具褐色毛，爪褐色，基部弯曲。腹部背板、腹板皆黄褐色。前翅前缘横脉列 20 条，第 1、20 条绿色，第 2 ~ 19 条黑褐色；sc-r 间近翅基的横脉黑褐色，翅端的黄绿色；径横脉 12 条，黑褐色；RP 脉分支 12 条，第 1 ~ 4 条黑褐色，第 5 ~ 11 条近 RP 脉端黑色，第 12 条绿色；Psm-Psc 间横脉 9 条，第 1、2、9 条黑褐色，第 3 ~ 5 条中段绿色，第 6 ~ 8 条近 Psm 脉端黑褐色；内中室呈三角形，r-m 横脉位于其上；Cu 脉及阶脉皆黑褐色，内 / 外为 6/7。后翅前缘横脉列 16 条，第 1、15、16 条绿色，其余黑褐色；径横脉 10 条，近 R 脉端黑褐色，RP 脉基部黑褐色；阶脉褐色，内 / 外为 4/6。

【地理分布】 四川、福建、广东。

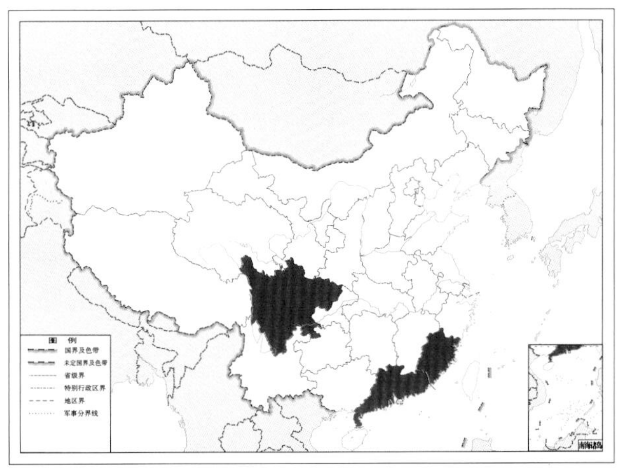

图 4-401-2 曲叉草蛉 *Pseudomallada flexuosa* 地理分布图

402. 钳形叉草蛉 *Pseudomallada forcipata* (Yang & Yang, 1993)

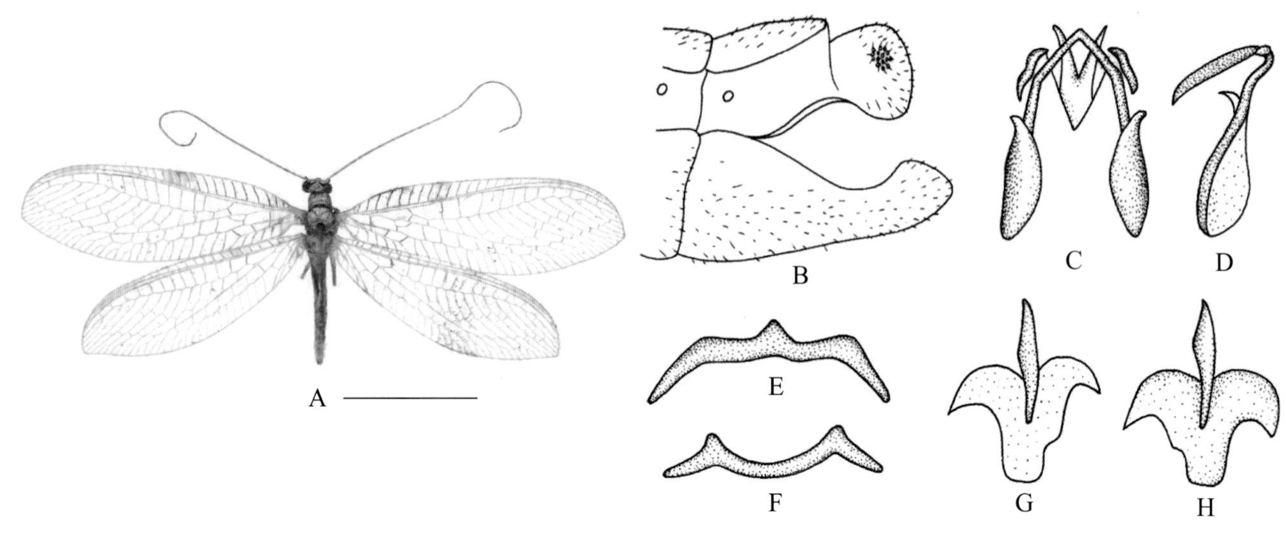

图 4-402-1 钳形叉草蛉 *Pseudomallada forcipata* 形态图
(标尺：A 为 5.0 mm)
A. 成虫 B. 雄虫腹部末端侧面观 C. 雄虫外生殖器腹面观 D. 雄虫外生殖器侧面观
E、F. 殖弧梁 G、H. 殖下片

【测量】 雄虫（干制）体长 8.8 mm，前翅长 11.3 mm，后翅长 10.5 mm。

【形态特征】 头部黄褐色，头顶隆起，只有 1 对黑褐色颊斑；下颚须第 3 ~ 5 节及下唇须第 3 节的背面黑褐色；触角长于前翅，黄褐色。胸部背板中央具黄色纵带，两侧褐色；前胸背板两侧外缘具灰色长毛。足整个为黄褐色，爪基部弯曲。前翅透明，翅痣黄绿色，透明，内有脉；前缘横脉列 21 条，黑褐色；sc-r 间近翅基的横脉黑色，翅端的内侧 2 条近 R 脉端黑色，其余皆为绿色；径横脉 12 条，黑褐色，近 RP 脉端稍有绿色；RP 脉分支 13 条，第 1、2 条黑褐色，第 3、4 条近 Psm 脉端黑褐色，余皆绿色；Psm-Psc 间横脉 9 条，黑褐色；Cu 脉黑褐色；Al、A2 及 Psc 的分脉达翅缘处皆黑褐色；阶脉黑褐色，内 / 外：左翅为 7/6，右翅为 6/7。后翅前缘横脉列 18 条，黑褐色；径横脉 12 条，与阶脉皆黑褐色，阶脉内 / 外：左翅为 5/5，右翅为 5/7。

【地理分布】 贵州、福建。

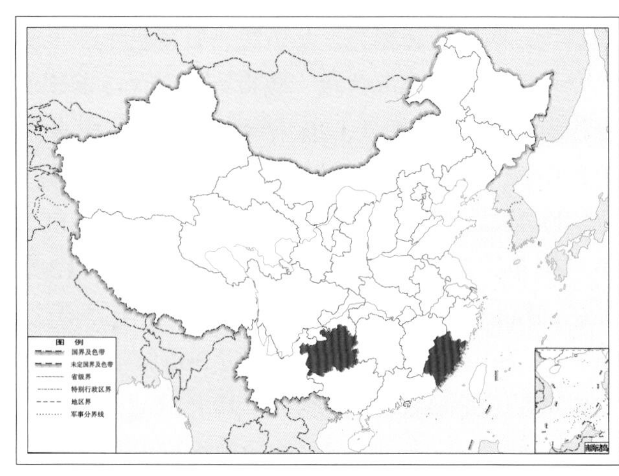

图 4-402-2 钳形叉草蛉 *Pseudomallada forcipata* 地理分布图

403. 台湾叉草蛉 *Pseudomallada formosana* (Matsumura, 1910)

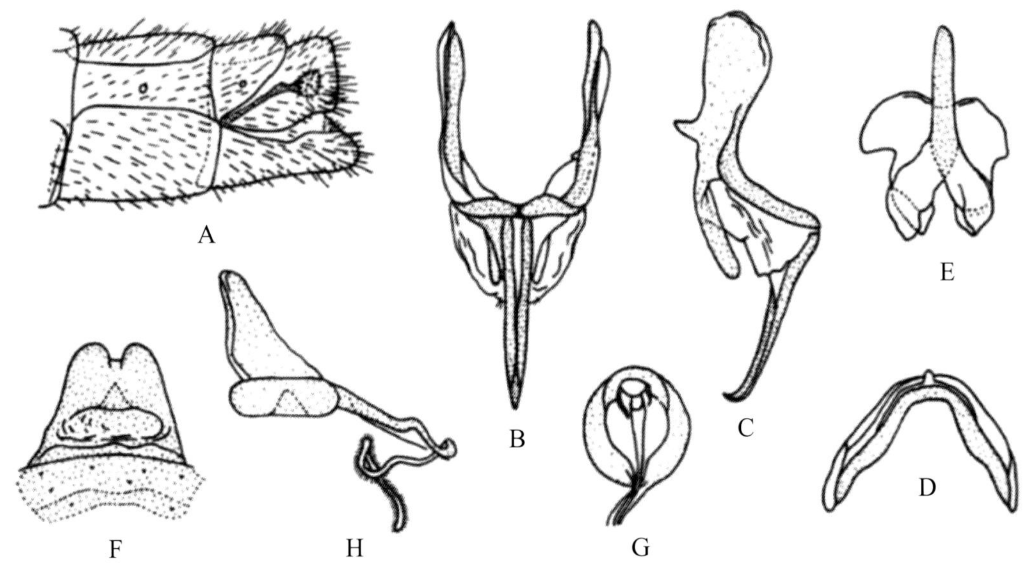

图 4-403-1 台湾叉草蛉 *Pseudomallada formosana* 形态图

A. 雄虫腹部末端侧面观 B. 雄虫外生殖器腹面观 C. 雄虫外生殖器侧面观 D. 殖弧梁 E. 殖下片 F. 亚生殖板 G. 贮精囊腹面观 H. 贮精囊侧面观

【测量】 体长 9.0 ~ 11.0 mm，前翅长 11.5 ~ 15.5 mm，后翅长 11.0 ~ 13.0 mm。

【形态特征】 体小型至中型。头部背面几乎全部淡黄色，具方形黑褐色颊斑伸至眼处；触角间、额区、唇基和眼后区域皆无斑；触角无斑，柄节和梗节淡黄色，鞭节淡赭色；颈部淡绿色，两侧具红褐色至黑褐色斑点。胸部背面淡黄绿色，腹面淡黄色至黄色，背中具黄色纵带；前胸背板长等于宽，有时为淡褐色。足淡黄色至黄绿色，跗节淡赭色；爪褐色，强烈弯曲，基部膨大或方形。腹部背面黄绿色，腹面淡黄色；背面中纵线淡黄色。翅脉大部分淡绿色，以下翅脉为黑褐色：前缘横脉列、径横脉、RP 脉的基部、Psm-Psc 横脉、Cu1-Cu2 横脉、阶脉、前翅中后部边缘分叉处的基部；阶脉内 / 外：前翅为 5 ~ 8/6 ~ 8，后翅为 4 ~ 6/5 ~ 7。雄虫第 8、9 腹板愈合，腹面观有时其端部逐渐变细。

【地理分布】 台湾；日本。

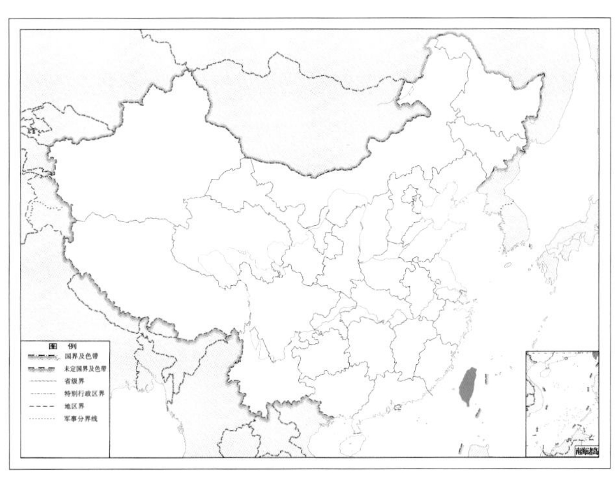

图 4-403-2 台湾叉草蛉 *Pseudomallada formosana* 地理分布图

404. 褐脉叉草蛉 *Pseudomallada fuscineura* (Yang, Yang & Wang, 1992)

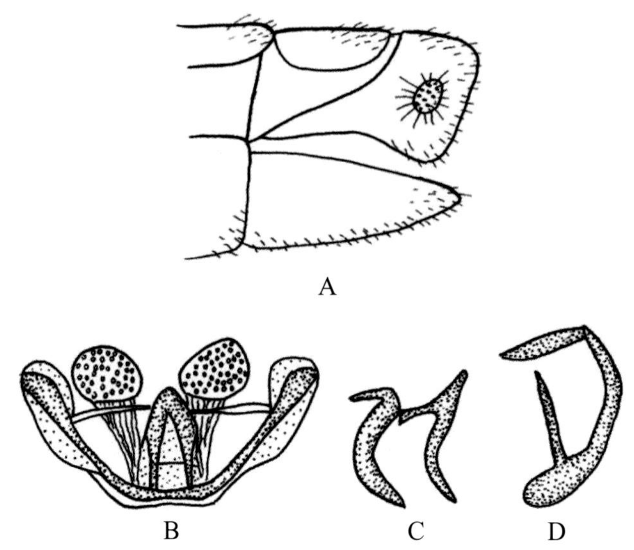

图 4-404-1 褐脉叉草蛉 *Pseudomallada fuscineura* 形态图

A. 雄虫腹部末端侧面观 B. 雄虫外生殖器腹面观 C. 殖下片腹面观 D. 殖下片侧面观

【测量】 雄虫（干制）体长 5.0 mm，前翅长 10.0 mm，后翅长 9.6 mm。

【形态特征】 头部黄色，头顶稍隆起，有黑褐色的颊斑、唇基斑及浅褐色中斑；颚唇须黑色；触角第 1 节明显长大于宽，整个黄色。前胸背板中央为黄色纵带，两侧为褐色纵带；中后胸黄色，中胸盾片向两侧呈角状突伸出，褐色。足黄绿色，胫节、跗节及爪黄褐色，爪基部弯曲。腹部背板为黄色纵带，腹板黄褐色。前后翅皆狭窄，所有纵、横脉皆褐色，翅痣黄绿色；前翅前缘横脉列 15 条，径横脉 9 条；RP 脉分支 10 条，Psm-Psc 间横脉 8 条；内中室呈三角形，r-m 横脉位于其上；阶脉内 / 外：左翅为 3/5，右翅为 3/6。后翅前缘横脉列 14 条，径横脉 8 条；阶脉内 / 外：左翅为 3/4，右翅为 3/5。腹部末端第 8+9 腹板末端尖；肛上板近方形，内侧底缘向内延伸。

【地理分布】 四川。

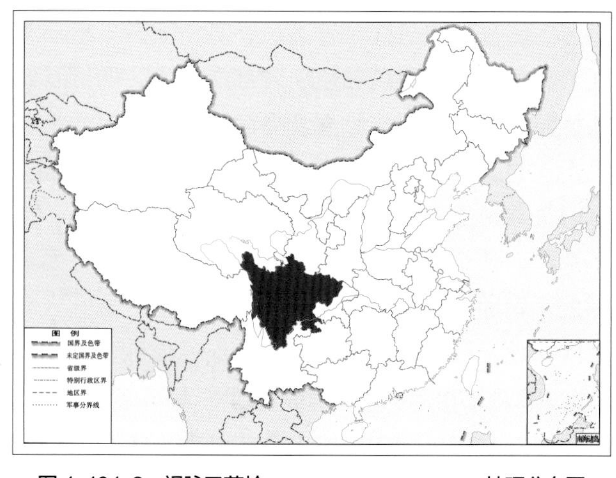

图 4-404-2 褐脉叉草蛉 *Pseudomallada fuscineura* 地理分布图

405. 黑阶叉草蛉 *Pseudomallada gradata* (Yang & Yang, 1993)

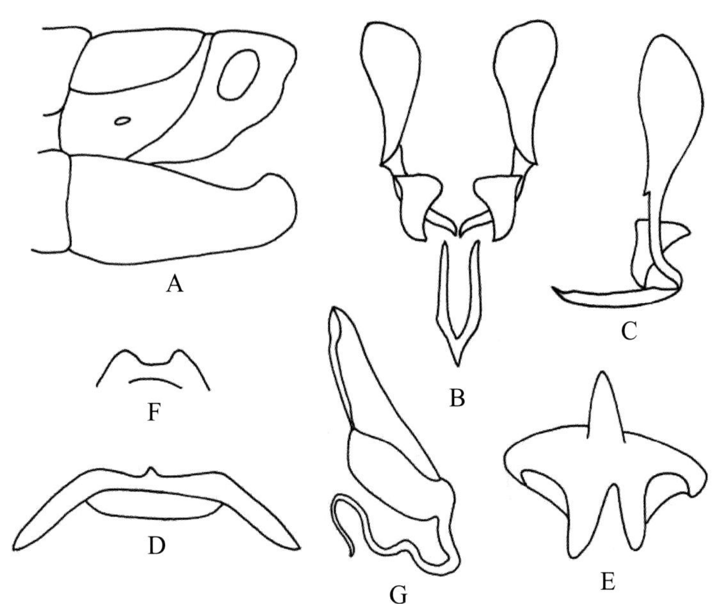

图 4-405-1 黑阶叉草蛉 *Pseudomallada gradata* 形态图

A. 雄虫腹部末端侧面观 B. 雄虫外生殖器背面观 C. 雄虫外生殖器侧面观 D. 殖弧梁 E. 殖下片 F. 亚生殖板 G. 贮精囊

【测量】 雄虫（干制）体长 9.0 mm，前翅长 11.0 mm，后翅长 10.0 mm。

【形态特征】 头部黄色，头顶隆突，颚唇须黄褐色；触角约与前翅等长，第 1 节黄色，其余浅黄褐色。胸部背面具黄色纵带，两侧黄绿色。足黄绿色；前跗节黄褐色，爪基部弯曲。腹部黄褐色，具较长的灰白色毛。前翅除外阶脉及 Psm-Psc 间最外 1 条脉黑褐色外，其余皆为绿色；翅痣黄褐色，透明，内有脉；前缘横脉列 21 条，径横脉 12 条，RP 脉分支 12 条；内中室呈三角形，r-m 横脉位于其中部；Psm-Psc 间横脉 9 条；阶脉内 / 外：左翅为 6/7，右翅为 5/7。后翅前缘横脉列 15 条，径横脉 11 条；阶脉内 / 外为 3/5。腹部末端侧面观，第 8+9 腹板端部稍向上弯，臀胝较大。

【地理分布】 贵州。

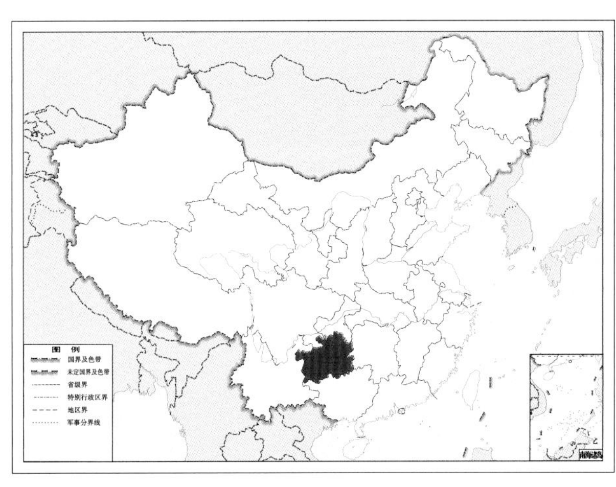

图 4-405-2 黑阶叉草蛉 *Pseudomallada gradata* 地理分布图

406. 海南叉草蛉 *Pseudomallada hainana* (Yang & Yang, 1990)

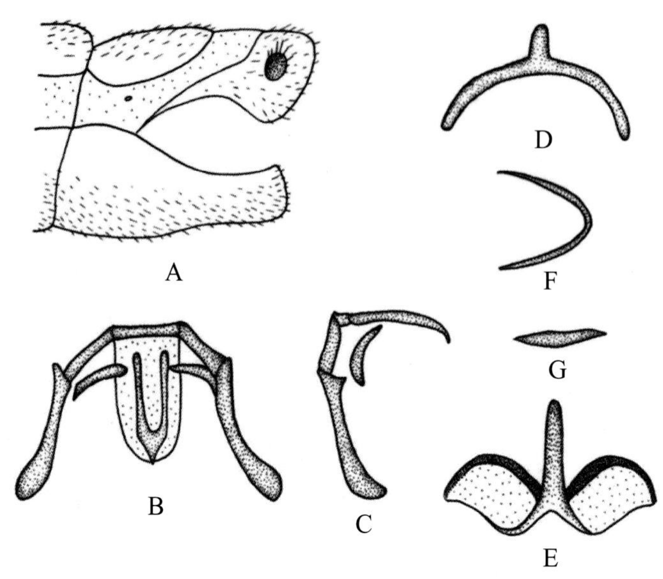

图 4-406-1 海南叉草蛉 *Pseudomallada hainana* 形态图

A. 雄虫腹部末端侧面观 B. 雄虫外生殖器背面观 C. 雄虫外生殖器侧面观 D. 殖弧梁 E. 殖下片 F. 下生殖板

【测量】 雄虫（干制）体长 6.3 mm，前翅长 8.5 mm，后翅长 7.3 mm。

【形态特征】 头部黄色，有颊斑及唇基斑；下颚须第 1 ~ 3 节背面、第 4 节、第 5 节及下唇须第 3 节末端黑色；触角第 1、2 节黄色，鞭节浅黄褐色。胸部背板中央具黄色纵带，两边黄褐色。足黄褐色，跗节黄褐色，爪褐色，基部弯曲。前翅前缘横脉列 18 条，第 1、2 条近 C 脉端褐色，其余中段绿色；sc-r 间近翅基的横脉褐色，翅端的绿色；径横脉 8 条，中段绿色；RP 脉分支 8 条，第 1 ~ 4 条中间绿色，余近 Psc 脉端褐色；Psm-Psc 间横脉第 1、2 条褐色，其余中部绿色；内中室呈三角形，r-m 横脉位于其上；Cu 脉褐色；阶脉褐色，内 / 外为 4/4。后翅前缘横脉列褐色，径横脉 7 条，与阶脉皆褐色；阶脉内 / 外为 5/4。

【地理分布】 云南、四川、河南、湖北、海南。

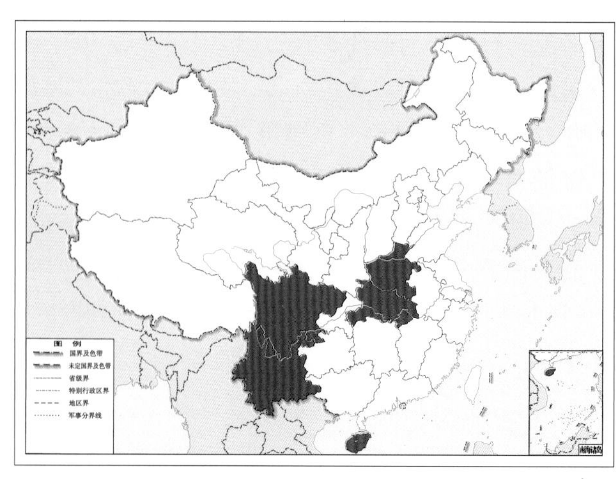

图 4-406-2 海南叉草蛉 *Pseudomallada hainana* 地理分布图

407. 和叉草蛉 *Pseudomallada hespera* (Yang & Yang, 1990)

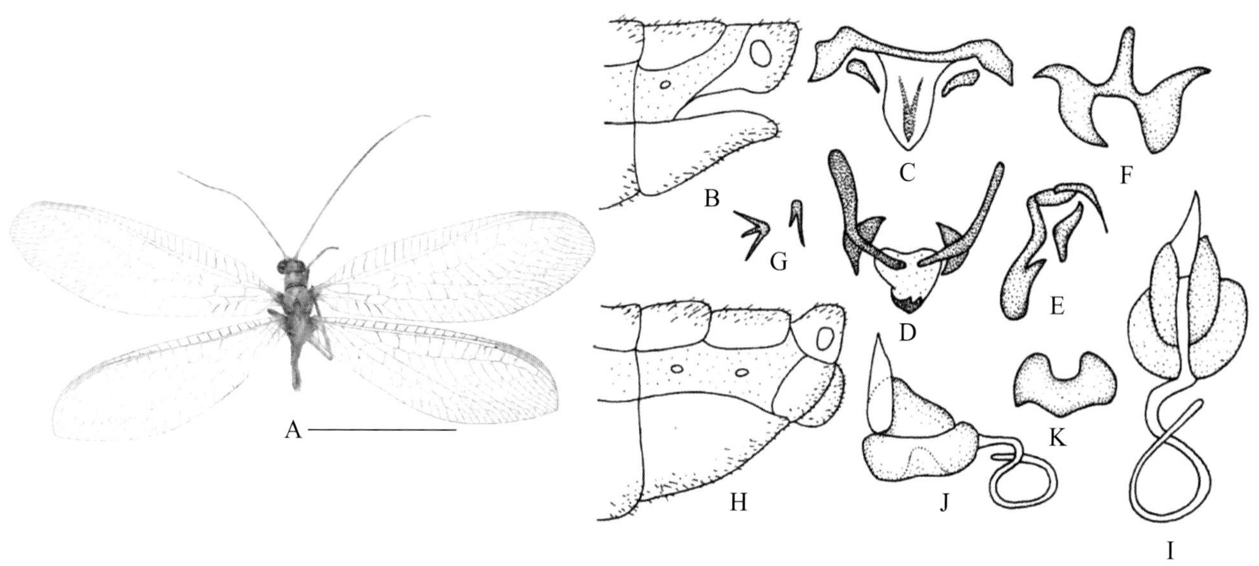

图 4-407-1 和叉草蛉 *Pseudomallada hespera* 形态图

（标尺：A 为 5.0 mm）

A. 成虫 B. 雄虫腹部末端侧面观 C、D. 雄虫外生殖器背面观 E. 雄虫外生殖器侧面观 F. 殖下片
G. 下生殖板 H. 雌虫腹部末端侧面观 I. 贮精囊背面观 J. 贮精囊侧面观 K. 亚生殖板

【测量】 雄虫（浸泡）体长 7.3 mm，前翅长 9.3 mm，后翅长 8.0 mm，触角长 11.0 mm。

【形态特征】 头部黄色，额部乳白色，具颊斑和唇基斑；下颚须第 3 ~ 5 节、下唇须第 3 节黑色；触角第 1 节黄褐色，外侧有褐色条斑，第 2 节褐色，鞭节浅黄褐色。胸部背板中央具黄色纵带，两侧浅黄褐色，具褐色毛。足黄绿色，爪黄褐色，基部弯曲。腹部背板为黄色纵带，腹板乳白色。前翅翅面多褐色毛，翅痣黄色；前缘横脉列 16 条，近 Sc 脉端褐色；径横脉 9 条，近 R 脉端褐色；RP 脉分支 10 条，第 1、2 条灰黑色，第 3、4 条近 Psm 脉端褐色，其余皆为绿色；Psm-Psc 间横脉 8 条，第 8 条灰黑色；内中室呈三角形，r-m 横脉位于其上；Cu2 脉黑色，Cu1、Cu3 脉绿色；阶脉灰黑色，内 / 外为 5/5。后翅前缘横脉列褐色，12 条；径横脉 7 条，近 R 脉端褐色；阶脉黑色，内 / 外为 2/4。

【地理分布】 四川、广东、海南。

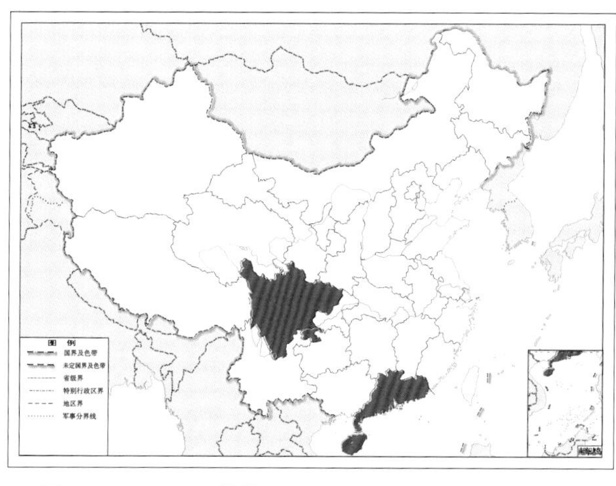

图 4-407-2 和叉草蛉 *Pseudomallada hespera* 地理分布图

408. 震旦叉草蛉 *Pseudomallada heudei* (Navás, 1934)

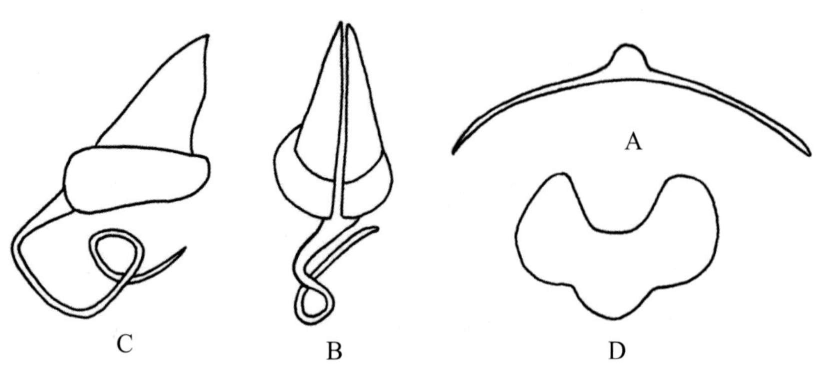

图 4-408-1 震旦叉草蛉 *Pseudomallada heudei* 形态图

A. 殖弧梁 B. 贮精囊背面观 C. 贮精囊侧面观 D. 亚生殖板

【测量】 雌虫体长 10.0 mm，前翅长 13.0 mm，后翅长 11.0 mm。

【形态特征】 头部黄色，无斑；颚、唇须黄褐色；触角黄绿色。腹部背面中央具 1 条黄色纵带，侧缘黄褐色。翅透明，前后翅纵脉和横脉皆黄色；前缘横脉列 24 条，径横脉 12 条，RP 脉分支 12 条；内中室呈三角形，r-m 横脉位于其上；阶脉内 / 外：左翅为 6/8，右翅为 6/7。后翅前缘横脉列 16 条，阶脉内 / 外：左翅为 4/6，右翅为 4/7。腹部第 7 腹板端部有 1 个乳突。

【地理分布】 陕西、云南、江苏、海南。

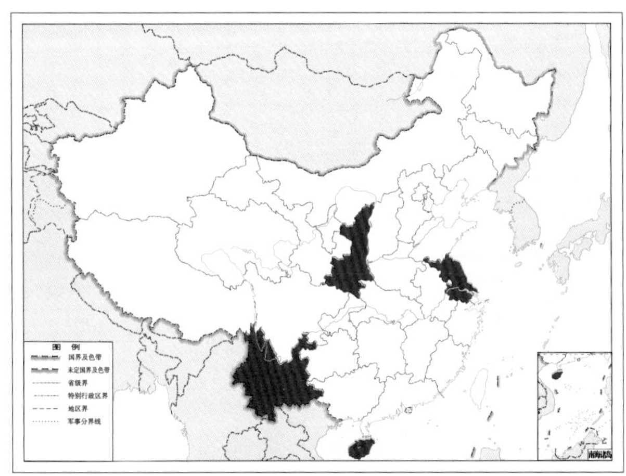

图 4-408-2 震旦叉草蛉 *Pseudomallada heudei* 地理分布图

409. 华山叉草蛉 *Pseudomallada huashanensis* (Yang & Yang, 1989)

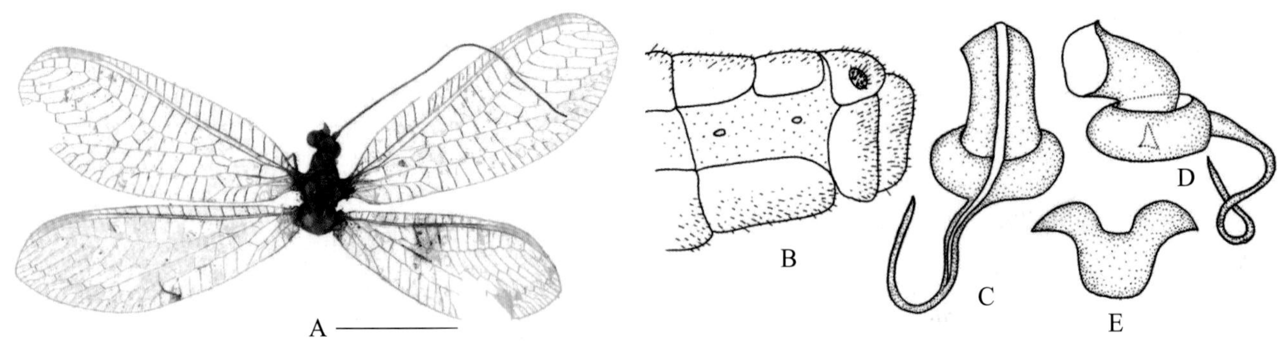

图 4-409-1 华山叉草蛉 *Pseudomallada huashanensis* 形态图

（标尺：A 为 5.0 mm）

A. 成虫 B. 雌虫腹部末端侧面观 C. 贮精囊背面观 D. 贮精囊侧面观 E. 亚生殖板

【测量】 雌虫（干制）体长 8.1 mm，前翅长 12.1 mm，后翅长 10.1 mm。

【形态特征】 头部褐色，具颊斑、唇基斑及颊上斑；颚、唇须黑褐色；触角第 1、2 节黄褐色，鞭节深褐色。前胸背板中部黄色，两边缘深褐色，基部有横沟；中胸背板黄褐色，后胸淡黄褐色。足黄褐色，爪基部弯曲。腹部背板黄褐色，腹板绿褐色。前翅翅痣黄色；前缘横脉列 22 条，黑色；sc-r 间近翅基的横脉黑色，翅端的绿色；径横脉 13 条，黑色；RP 脉分支 12 条，第 1 ~ 5 条黑色，其余近 RP 脉端黑褐色；Psm-Psc 间横脉 9 条，黑色；Cu 脉黑色；阶脉黑色，内 / 外为 7/7；内中室呈三角形，r-m 横脉位于其上。后翅前缘横脉列 17 条，黑色；径横脉 12 条，近 R 脉端黑色；阶脉褐色，内 / 外为 5/7。雌虫腹部末端第 7 背板大于第 8 背板，第 7 腹板近方形，肛上板上端似为三角形，下端内缘弧形，外缘近似直线，生殖侧突明显。

【地理分布】 甘肃、陕西。

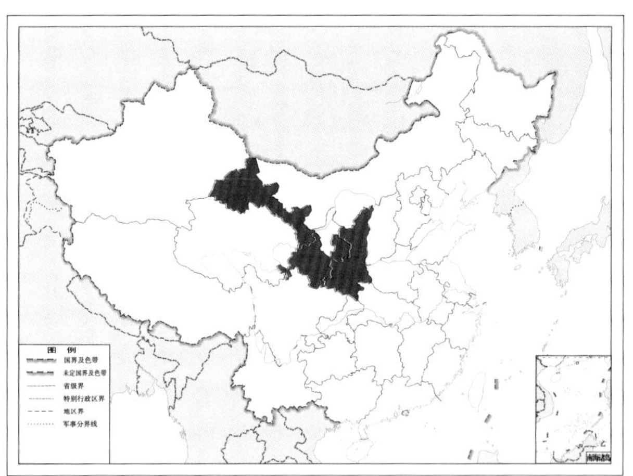

图 4-409-2 华山叉草蛉 *Pseudomallada huashanensis* 地理分布图

410. 鄂叉草蛉 *Pseudomallada hubeiana* (Yang & Wang, 1990)

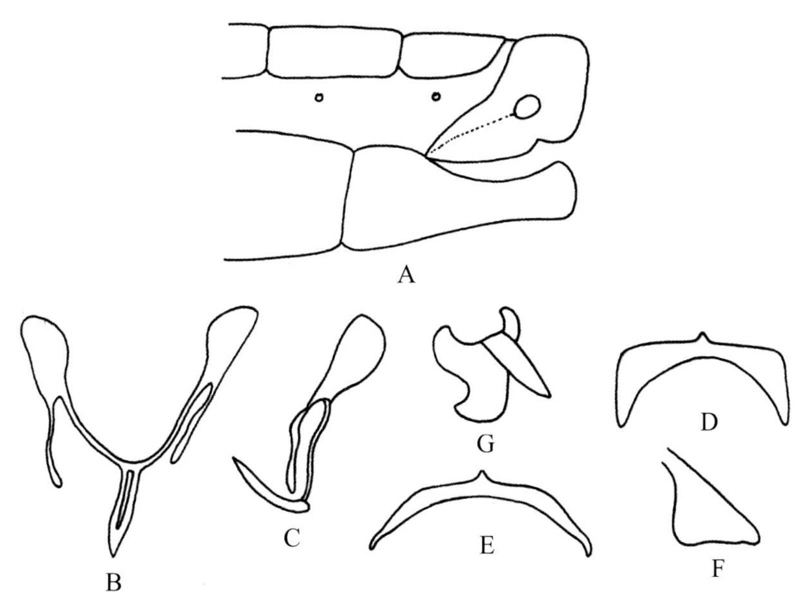

图 4-410-1 鄂叉草蛉 *Pseudomallada hubeiana* 形态图

A. 雄虫腹部末端侧面观 B. 雄虫外生殖器背面观 C. 雄虫外生殖器侧面观 D、E. 殖弧梁 F. 殖弧梁末端侧面观 G. 殖下片

【测量】 雄虫体长 8.0 mm，前翅长 12.0 mm，触角长 10.5 mm。

【形态特征】 头部黄色，具 1 对黑色颊斑；下颚须、下唇须基部黄褐色，末节黑褐色；触角黄色，基节膨大，长等于宽，鞭节细长。胸部中央具黄色纵带，其余黄绿色；前胸背板两侧褐色，中间有深凹横沟，至前缘间有 1 对褐色斑，后缘前凹呈弧形。足黄色，具黄褐色绒毛，跗节端部及爪褐色；前足基节细长；爪基部长方形，利齿基部弯曲。腹部背板黄色，腹板黄褐色。前翅翅痣不明显，除 M-Psc 横脉浅褐色外，其余脉绿色；前翅前缘横脉列 24 条，亚前缘区基横脉 1 条，端横脉 6 条；r-rp 间横脉 13 条，RP 脉分支 13 条，Psm 脉平直，Psm-Psc 间横脉 7 条；阶脉 2 组，2 组间近内阶脉处有 2 ~ 3 条不规则排列的横脉，内阶脉不与 Psm 脉直接相连，与 RP 脉分支及 Psm 脉间形成 2 个小翅室，内 / 外：左翅为 8/8，右翅为 9/8。

【地理分布】 陕西、云南、湖北。

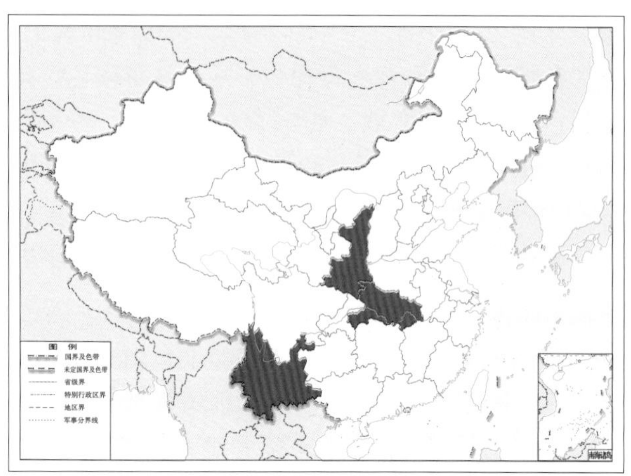

图 4-410-2 鄂叉草蛉 *Pseudomallada hubeiana* 地理分布图

411. 跃叉草蛉 *Pseudomallada ignea* (Yang & Yang, 1990)

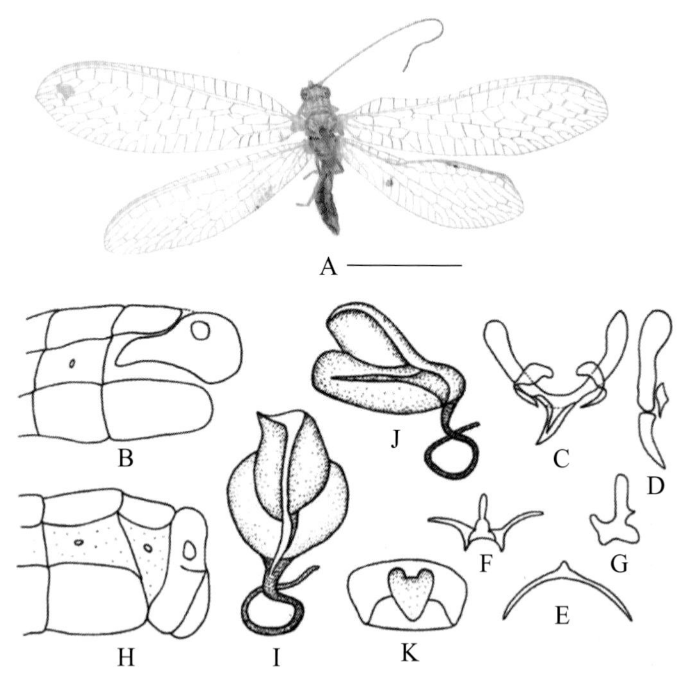

图 4-411-1 跃叉草蛉 *Pseudomallada ignea* 形态图

（标尺：A 为 5.0 mm）

A. 成虫 B. 雄虫腹部末端侧面观 C. 雄虫外生殖器背面观 D. 雄虫外生殖器侧面观 E. 殖弧梁 F. 殖下片 G. 内突 H. 雌虫腹部末端侧面观 I. 贮精囊斜背面观 J. 贮精囊侧面观 K. 亚生殖板

【测量】 雄虫（干制）体长 7.0 mm，前翅长 12.0 mm，后翅长 11.0 mm。

【形态特征】 头部黄色，头顶隆突，颜面无斑，颚唇须黄色；触角第 1 节膨大，黄色，鞭节黄色，到端部颜色逐渐加深。前胸背板黄色，前窄后宽，呈梯形，两侧缘黄色；中、后胸背板黄色，两侧缘黄绿色。足黄色，爪浅褐色，基部弯曲。前翅纵脉黄色，横脉除了 RP 脉分支的端半部黄色外，其余皆为褐色；前缘横脉列 17 条，径横脉 10 条，RP 脉分支 7 条；内中室呈三角形，r-m 位于其上；Psm-Psc 间横脉 6 条，阶脉内 / 外为 3/6。后翅前缘横脉列 12 条，褐色；径横脉 9 条，近 R 脉半端浅褐色；RP 脉分支 6 条，黄色；Psm-Psc 间横脉 4 条，黄色；阶脉内 / 外为 2/5，浅褐色。

【地理分布】 陕西、云南、海南。

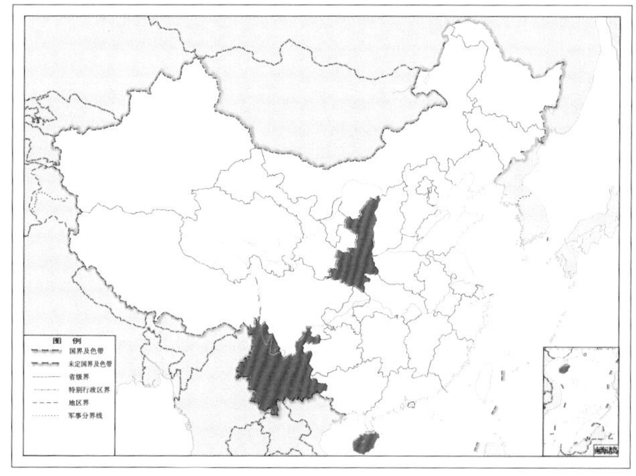

图 4-411-2 跃叉草蛉 *Pseudomallada ignea* 地理分布图

412. 重斑叉草蛉 *Pseudomallada illota* (Navás, 1908)

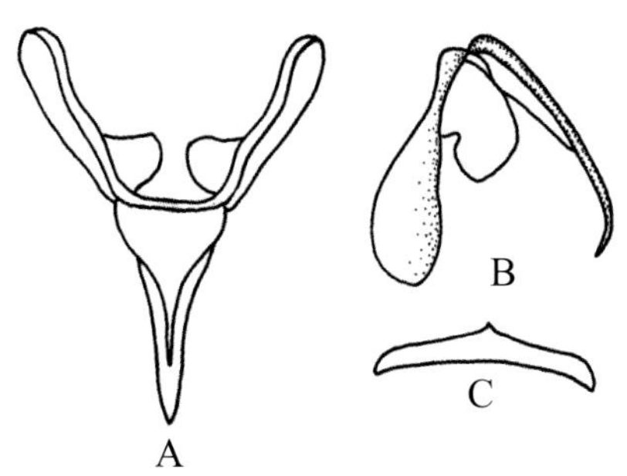

图 4-412-1 重斑叉草蛉 *Pseudomallada illota* 形态图

A. 雄虫外生殖器背面观 B. 雄虫外生殖器侧面观 C. 殖弧梁

【测量】 体长 9.0 ~ 10.0 mm，前翅长 13.0 ~ 15.0 mm，后翅长 12.0 ~ 13.0 mm。

【形态特征】 头部浅黄绿色，具黑褐色的条状颊斑和唇基斑及褐色的颚颊斑；下颚须黑色，节间黄褐色；下唇须基部 2 节褐色，端节黑色；触角黄色。胸部背板黄绿色；前胸背板黄褐色，基部不远处有 1 道横沟。足黄绿色，后足胫端外侧黄褐色；爪基部弯曲。腹部黄绿色。前翅横脉皆黑褐色；前缘横脉列 21 条，径横脉 12 条；RP 脉分支 12 条，第 1 ~ 4 条分支全部及其余分支基部黑褐色，其余皆为绿色；Psm-Psc 间横脉 7 条，内中室呈三角形；阶脉内 / 外为 6/6。后翅纵脉全为绿色；前缘横脉列、亚前缘基横脉及阶脉黑褐色；阶脉内 / 外为 6/7。雄虫第 8+9 腹板长于背面，端部弯曲。

【地理分布】 北京、甘肃、陕西、四川、河南、湖北。

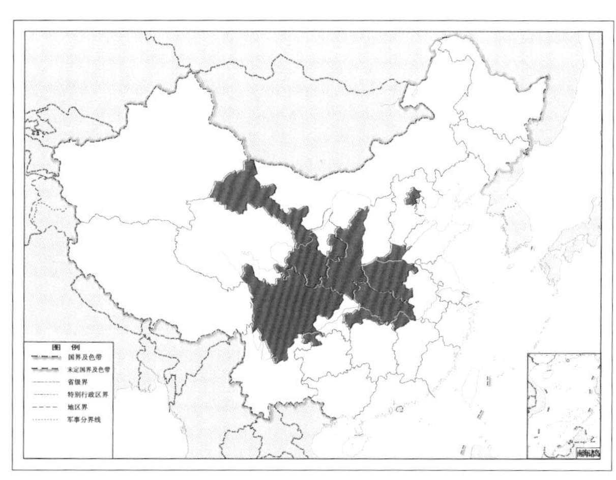

图 4-412-2 重斑叉草蛉 *Pseudomallada illota* 地理分布图

413. 九寨叉草蛉 *Pseudomallada jiuzhaigouana* (Yang & Wang, 2005)

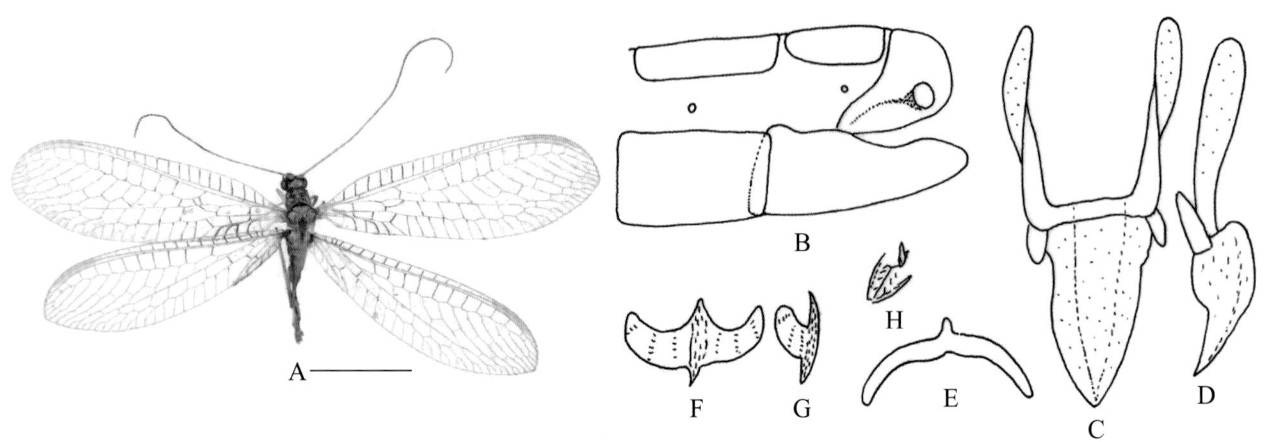

图 4-413-1 九寨叉草蛉 *Pseudomallada jiuzhaigouana* 形态图

（标尺：A 为 5.0 mm）

A. 成虫 B. 雄虫腹部末端侧面观 C. 雄虫外生殖器腹面观 D. 雄虫外生殖器侧面观 E. 殖弧梁 F. 殖下片背面观 G. 殖下片侧面观 H. 下生殖板

【测量】 雄虫体长 9.5 mm，前翅长 13.5 mm。

【形态特征】 头部黄色，具 1 对褐色长条形颊斑和唇基斑，1 个触角间三角形褐色斑，1 对上唇两侧基部浅褐色小圆斑；颚须、唇须黑褐色；触角黄色，基部 2 节膨大。前胸背板黄褐色，前后缘弧形，几平行，中央具 1 对黑褐色圆斑；中后胸背板绿色。足绿色，跗节黄褐色，爪褐色；腹部 1～3 节背板绿色，其余黄色，腹板黄褐色。前翅纵脉绿色，翅痣浅绿色，内具小脉；前缘横脉列 21 条，第 1～11 条褐色，其余近前缘绿色，近 Sc 脉端褐色；径横脉 11 条，第 1～6 条两端黑褐色，中段绿色，具褐色晕斑，第 7～11 条近 R 脉端绿色，近 RP 脉端褐色，RP 脉分支 10 条，第 1 条全部与第 2～4 条端部褐色，其余皆绿色；Psm 脉平直，端部向后折，与向前折的 Psc 脉靠近，使第 6 条 Psm-Psc 横脉不足第 1～5 条的 1/4，第 1～3 条两端与第 6 条的全部褐色，其余皆绿色；阶脉 2 组，内 / 外：左翅为 6/7，右翅为 4/7，左翅第 1～4 条内阶脉中间绿色，两端褐色，第 5～6 条绿色，外阶脉第 1 条全部与第 2 条基部褐色，其余皆绿色，右翅内阶脉第 1 条全部与第 2～4 条基部浅褐色，其余皆绿色，外阶脉绿色。后翅前缘横脉列 16 条，第 1～12 条褐色，余皆绿色；径横脉 10 条，RP 脉基段与第 1～7 条径横脉褐色，第 8～9 条近 R 脉端褐色，近 RP 脉端绿色，第 10 条绿色，阶脉绿色，内 / 外为 4/6，Psm-Psc 间横脉 6 条，第 1 条全部及第 2 条两端褐色，其余皆绿色，Cu 横脉及 1～3 条 Psc 脉分支基部褐色。

【地理分布】 四川、河南。

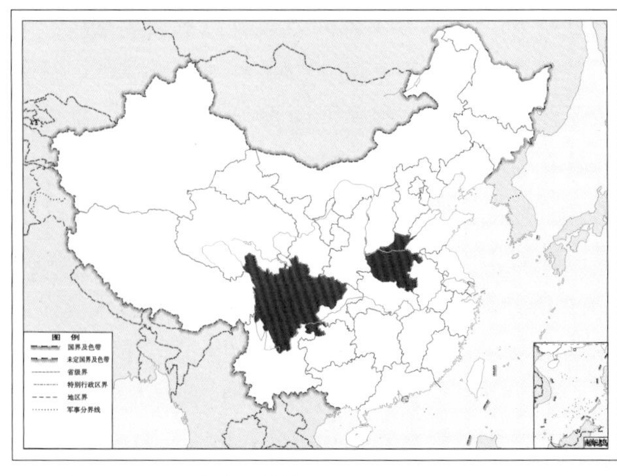

图 4-413-2 九寨叉草蛉 *Pseudomallada jiuzhaigouana* 地理分布图

414. 乔氏叉草蛉 *Pseudomallada joannisi* (Navás, 1910)

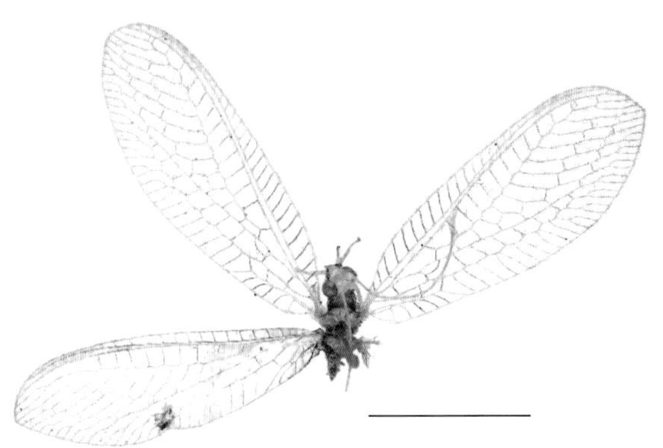

图 4-414-1 乔氏叉草蛉 *Pseudomallada joannisi* 成虫图
（标尺：5.0 mm）

【测量】 体长 7.0 mm，前翅长 10.5 mm，后翅长 9.4 mm。

【形态特征】 头部有黑色颊斑和唇基斑；触角黄色，端部棕色。前胸背板前部两侧呈不明显截状，中后部两侧缘平行，棕褐色。足黄绿色，圆柱状。腹部背面有黄绿色带，腹节靠后部有带状刻纹。前翅前缘脉、肘横脉和中脉棕褐色，翅痣网状，缘饰草绿色；阶脉内 / 外为 5/7。后翅阶脉内 / 外为 4/5。

【地理分布】 山西、江西、江苏、上海。

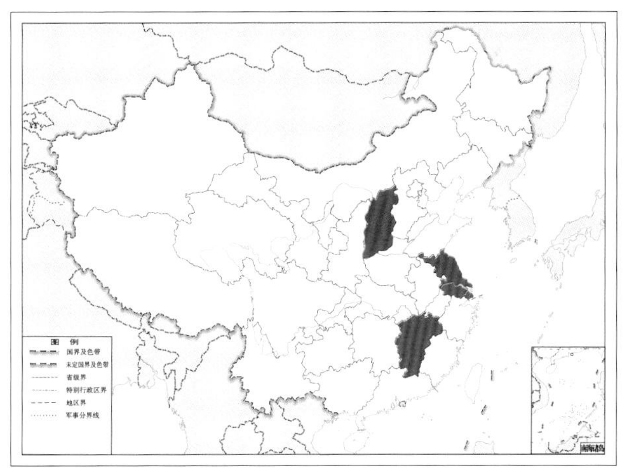

图 4-414-2 乔氏叉草蛉 *Pseudomallada joannisi* 地理分布图

415. 江苏叉草蛉 *Pseudomallada kiangsuensis* (Navás, 1934)

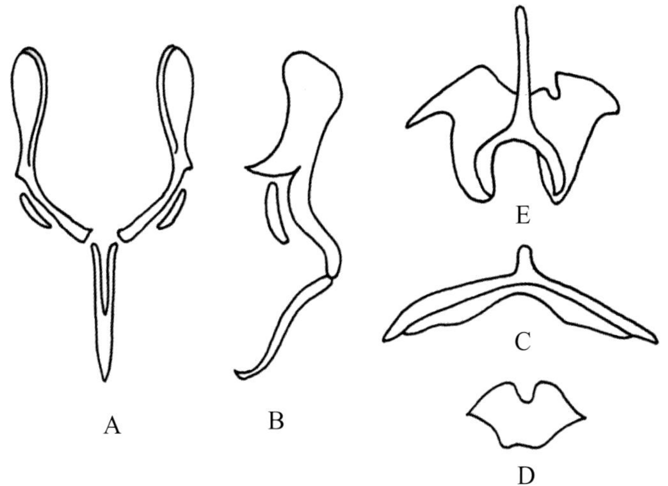

图 4-415-1 江苏叉草蛉 *Pseudomallada kiangsuensis* 形态图
A. 雄虫外生殖器背面观 B. 雄虫外生殖器侧面观 C. 殖弧梁 D. 亚生殖板 E. 殖下片

【测量】 体长 9.0 ~ 10.0 mm，前翅长 12.0 ~ 14.0 mm，后翅长 10.0 ~ 11.0 mm。

【形态特征】 头部黄色，无斑；触角黄色，中部至端部黄褐色。胸、腹背面具黄色纵带，胸部两侧黄褐色。前翅纵脉绿色，所有的横脉均黑褐色；前缘横脉列 19 条，RP 脉分支 11 条，阶脉内 / 外为 3/5。后翅前缘横脉列褐色，径横脉第 1、2 条褐色，其余近 RP 脉端褐色，阶脉黄褐色，左翅为 3/4，右翅为 3/3。雄虫外生殖器殖弧叶细，中部角状弯折，端叶小，内突棒状弯曲，中突基部分叉较小，不超过中部；殖弧梁纤细，梁突发达，梁下为片状骨片延伸；殖下片中部为 1 个倒 Y 形隆突，其所连接的骨片极不对称。

【地理分布】 云南、四川、湖北、江苏、广西。

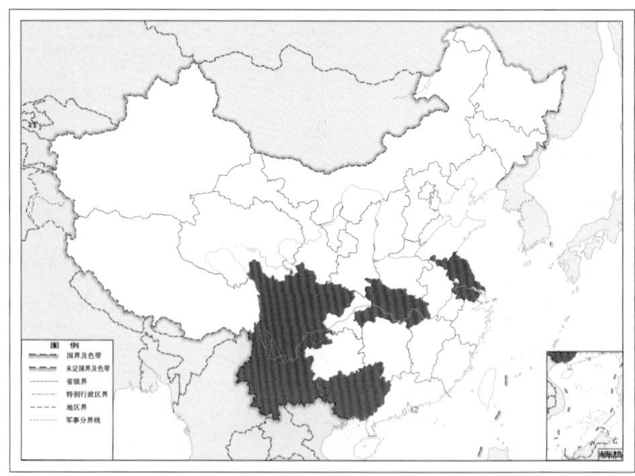

图 4-415-2 江苏叉草蛉 *Pseudomallada kiangsuensis* 地理分布图

416. 李氏叉草蛉 *Pseudomallada lii* (Yang & Yang, 1999)

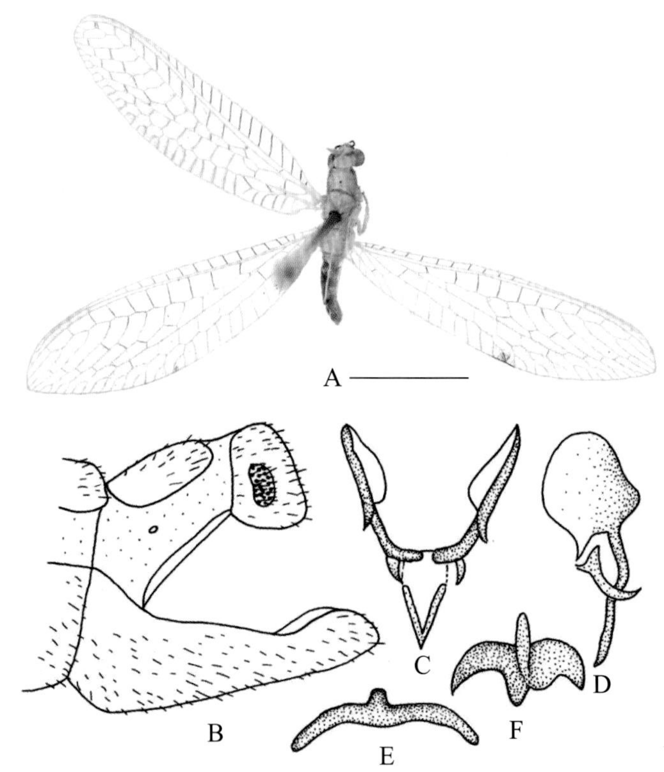

图 4-416-1 李氏叉草蛉 *Pseudomallada lii* 形态图

（标尺：A 为 5.0 mm）

A. 成虫 B. 雄虫腹部末端侧面观 C. 雄虫外生殖器背面观 D. 雄虫外生殖器侧面观 E. 殖弧梁 F. 殖下片

【测量】 雄虫（干制）体长 8.0 mm，前翅长 12.8 mm，后翅长 11.6 mm。

【形态特征】 头部黄色，额及唇基乳白色，颊斑及唇基斑褐色，沿额颊沟及额唇基沟有红色条纹；触角第 1 节黄色，外侧有红色条纹，第 2 节黄褐色，鞭节黄绿色。胸部背板中央黄色；前胸背板侧缘褐色，基部有横沟，背板上布灰色毛；中后胸两侧缘偏绿色。足黄绿色，跗节黄褐色，爪褐色，基部弯曲。腹部背板黄色，腹板黄褐色，布灰色毛。前翅翅痣淡黄色，透明；前缘横脉列 20 条，黑色；sc-r 间横脉近翅基的黑褐色，翅痣下的第 1 条褐色，其余皆绿色；径横脉 11 条，黑色；RP 脉基部黑褐色，其分支 11 条，第 1 ~ 3 条黑色，第 4 条近 Psm 脉端黑色，其余皆绿色；Psm-Psc 间横脉 9 条，第 1、2、9 条黑褐色，其余皆近 Psm 脉半端黑褐色；内中室呈三角形，r-m 横脉位于其上；Cu 脉黑褐色，Psc 的分脉翅缘处皆黑褐色，A1、A2 脉的分叉皆褐色；阶脉黑色，内 / 外为 5/6。

【地理分布】 福建。

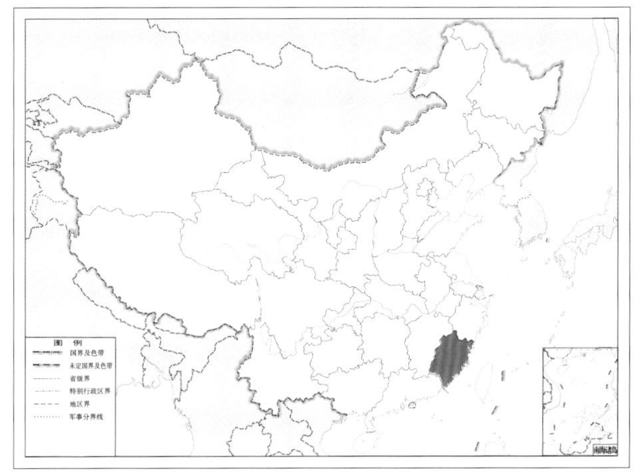

图 4-416-2 李氏叉草蛉 *Pseudomallada lii* 地理分布图

417. 龙王山叉草蛉 *Pseudomallada longwangshana* (Yang, 1998)

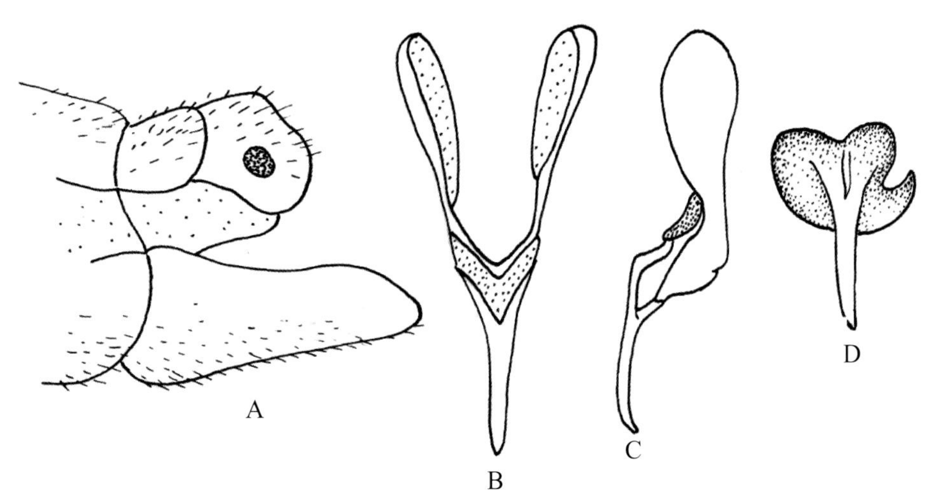

图 4-417-1 龙王山叉草蛉 *Pseudomallada longwangshana* 形态图

A. 雄虫腹部末端侧面观 B. 雄虫外生殖器背面观 C. 雄虫外生殖器侧面观 D. 殖下片

【测量】 体长 9.0 ~ 10.0 mm，前翅长 14.0 ~ 15.0 mm，后翅长 12.0 ~ 14.0 mm。

【形态特征】 头部黄色，额区乳白色，仅头部具大的黑色颊斑；触角第 1、2 节乳黄色，其余皆为黄褐色。前胸背板中央具黄色纵带，两侧绿色各具 2 个红褐色浅斑，具细长乳白色毛；中、后胸背板中央黄色，两侧黄褐色。前翅翅痣黄绿色。前翅前缘横脉列 27 ~ 30 条，第 1 条、翅痣前后各横脉黄色或透明，其余黑褐色；径横脉近 R 脉端褐色；RP 脉分支 11 条，第 1 条脉黑褐色，第 2 ~ 6 条近 Psm 脉端黑色，其余皆为绿色；内中室呈三角形，r-m 横脉位于其顶端内侧；Psm-Psc 间横脉 9 条，第 1、2、9 条褐色，其余近 Psm 脉端褐色；阶脉 2 组，褐色带晕斑；Cu 脉黑褐色，其他纵、横脉皆绿色。后翅前缘横脉列、径横脉、阶脉及 Cu 脉皆褐色，RP 脉分支近 RP 脉端褐色，其余皆为绿色。腹部背面中央为黄色纵带，两侧绿色，腹面黄褐色。

【地理分布】 贵州、浙江。

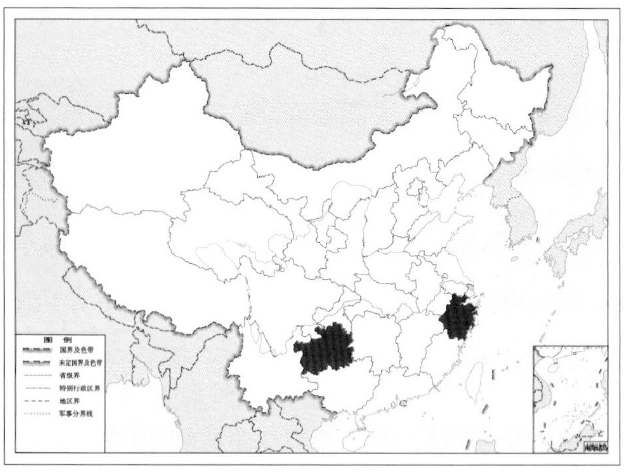

图 4-417-2 龙王山叉草蛉 *Pseudomallada longwangshana* 地理分布图

418. 冠叉草蛉 *Pseudomallada lophophora* (Yang & Yang, 1990)

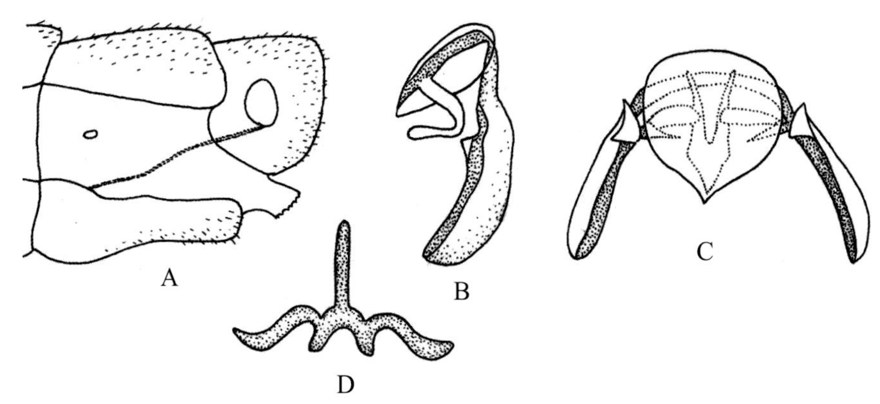

图 4-418-1 冠叉草蛉 *Pseudomallada lophophora* 形态图

A. 雄虫腹部末端侧面观 B. 雄虫外生殖器侧面观 C. 雄虫外生殖器腹面观 D. 殖下片

【测量】 雄虫（干制）体长 7.0 mm，前翅长 10.5 mm，后翅长 9.3 mm。

【形态特征】 头部黄色，头顶隆起具红色颊斑，额颊沟也具红色斑纹；触角第 1、2 节黄褐色，第 1 节侧浅褐色，鞭节黄褐色，具黑褐色毛。胸背中央具黄色纵带，两侧黄褐色，具灰色毛。足黄绿色，第 5 跗节及爪黑褐色，爪基部弯曲，每对足的胫节中部偏股节端各有 1 道缢痕。腹部背板具黄色纵带，腹板黄褐色，具灰色毛。前翅翅痣淡黄色；前缘横脉列灰黑色，20 条；sc-r 间横脉黄绿色；径横脉 11 条，灰黑色；RP 脉分支 11 条，第 1 ~ 5 条灰黑色，其余近半端灰黑色；Psm-Psc 间横脉 8 条，黑色；内中室呈三角形，r-m 横脉位于其上；Cu1-Cu2 脉灰黑色，Cu3 脉黄褐色；阶脉灰黑色，内 / 外为 5/6。后翅前缘横脉列 15 条，与径脉皆灰黑色；阶脉黄绿色，内 / 外为 4/6。

【地理分布】 云南、湖北、上海、海南。

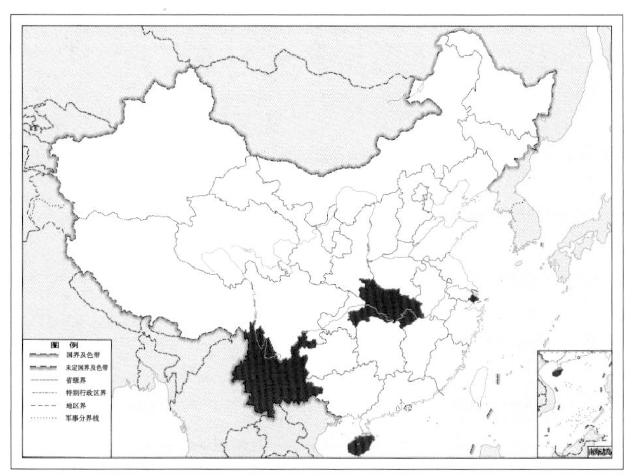

图 4-418-2 冠叉草蛉 *Pseudomallada lophophora* 地理分布图

419. 芒康叉草蛉 *Pseudomallada mangkangensis* (Dong, Cui & Yang, 2004)

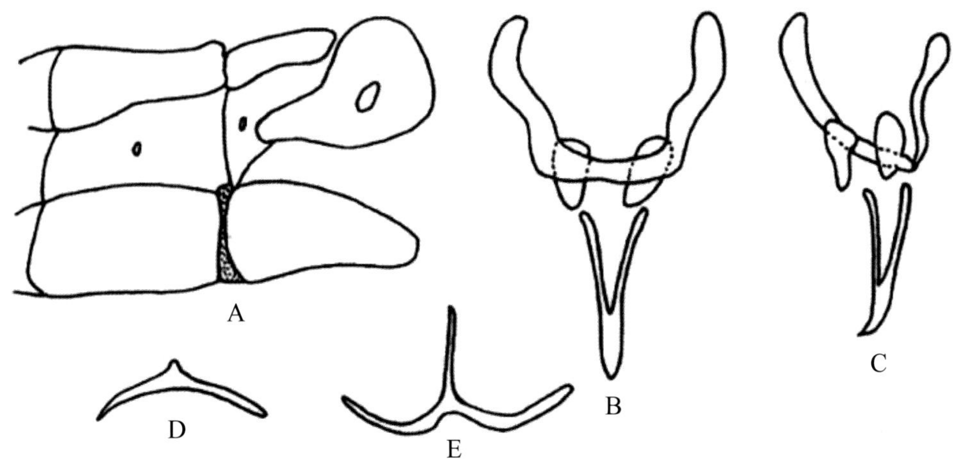

图 4-419-1 芒康叉草蛉 *Pseudomallada mangkangensis* 形态图

A. 雄虫腹部末端侧面观 B. 雄虫外生殖器背面观 C. 雄虫外生殖器侧面观 D. 殖弧梁 E. 殖下片

【测量】 雄虫（干制）体长 8.0 mm，前翅长 13.0 mm，后翅长 12.0 mm。

【形态特征】 头部黄色，具黑色大的方形颊斑和条状唇基斑（与颊斑相连）；触角第 1 节膨大，长大于宽，第 2 节至鞭节黄色，但到端部颜色逐渐加深。前胸背板黄色，被白色长毛，侧板微染红褐色，后半部分有 1 条粗的横脊，之后紧接 1 条细的横沟，之后再接 1 条短的黄色中纵带与后缘相连；中胸背板黄色，后胸背板黄绿色。足黄色，爪褐色，基部弯曲。腹部背面黄色，侧缘和腹面黄绿色。前翅宽大，纵脉黄色，横脉大部分淡褐色，翅痣黄色，内有 3 条黄色横脉；前缘横脉列 21 条，褐色；径横脉 11 条，褐色；RP 脉分支 10 条，近基半部褐色，端半部黄色；内中室呈三角形，r-m 横脉位于其上，褐色；Psm-Psc 间横脉 6 条，褐色；阶脉淡褐色，内 / 外为 4/7。后翅前缘横脉列 16 条，浅褐色；径横脉 9 条，浅褐色，从 R 脉端到 RP 脉端颜色逐渐变淡；RP 脉分支 7 条，基部褐色，其余部分黄色；阶脉浅褐色，内 / 外为 4/6。

【地理分布】 西藏。

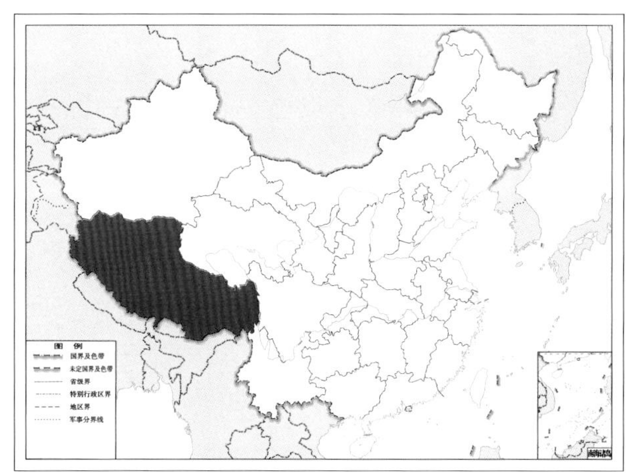

图 4-419-2 芒康叉草蛉 *Pseudomallada mangkangensis* 地理分布图

420. 间绿叉草蛉 *Pseudomallada mediata* (Yang & Yang, 1993)

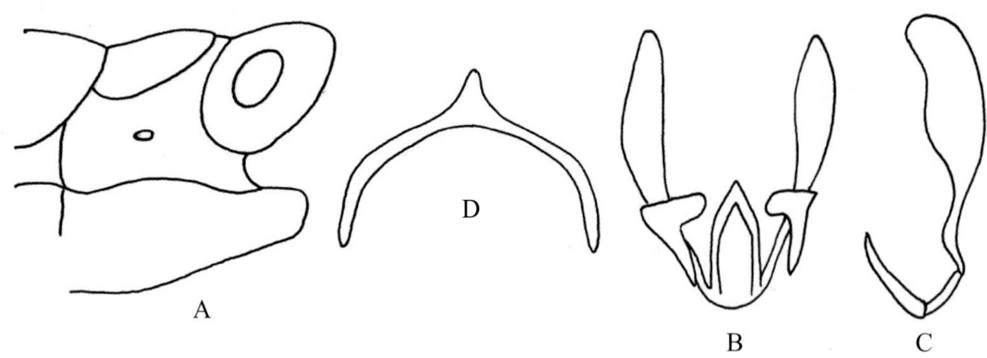

图 4-420-1 间绿叉草蛉 *Pseudomallada mediata* 形态图

A. 雄虫腹部末端侧面观 B. 雄虫外生殖器背面观 C. 雄虫外生殖器侧面观 D. 殖弧梁

【测量】 雄虫（干制）体长 6.0 mm，前翅长 11.0 mm，后翅长 9.0 mm。

【形态特征】 头部黄色，具黑色颊斑及唇基斑；下颚须及下唇须的端节黑褐色；触角褐色，稍短于前翅。胸和腹部背面中央具较宽的黄色纵带，胸部两侧黄绿色。足黄色，跗节黑褐色，爪基部弯曲。腹部两侧及腹面黄褐色。前翅翅痣透明，内无脉；前缘横脉列 28 条，两端褐色，中部绿色；sc-r 间近翅基的横脉黑褐色，翅端的透明；径横脉 10 条，近 R 脉端褐色；RP 脉分支 11 条，基部及第 1、2 条分支黑褐色，第 3～5 条端部褐色，其余皆绿色；Psm-Psc 间横脉 8 条，第 8 条黑褐色；内中室呈三角形，r-m 横脉位于其上；Cu1、Cu2 脉黑褐色，Cu3 脉基部黑褐色；阶脉两端绿色，中部黑褐色，内 / 外为 4/6。后翅前缘横脉列 14 条，黑褐色；径横脉 8 条，近 R 脉端黑褐色；阶脉绿色，内 / 外：左翅为 3/4，右翅为 3/5。

【地理分布】 陕西、贵州、西藏。

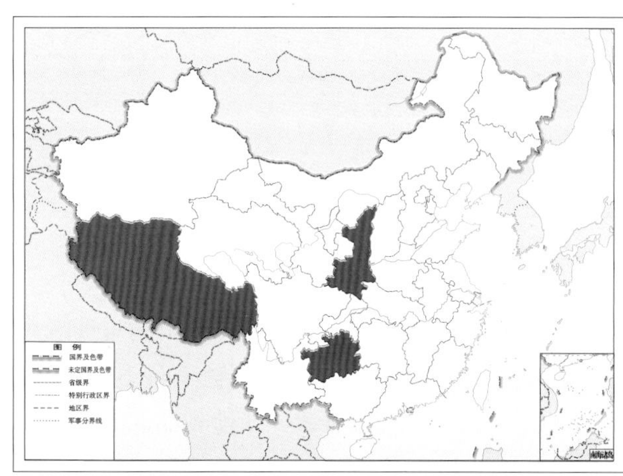

图 4-420-2 间绿叉草蛉 *Pseudomallada mediata* 地理分布图

421. 墨脱叉草蛉 *Pseudomallada medogana* (Yang, 1988)

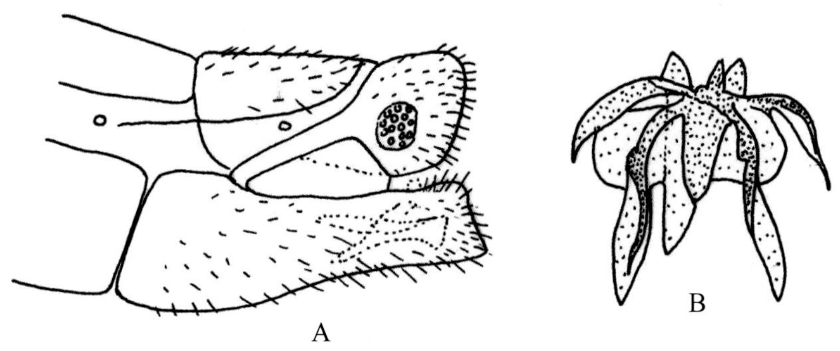

图 4-421-1 墨脱叉草蛉 *Pseudomallada medogana* 形态图

A. 雄虫腹部末端侧面观 B. 雄虫外生殖器

【测量】 体长 7.0 mm，前翅长 11.0 mm，后翅长 9.0 mm。

【形态特征】 体黄绿色，头部无任何黑色斑；触角黄色，长度短于前翅。胸和腹背面中央具完整的乳黄色纵带。足与体色相同，仅跗节末端及爪呈暗褐色。翅透明，无斑纹，翅痣暗色，翅脉黄绿色；前翅前缘横脉至翅痣前为 18 ~ 20 条，径横脉 11 ~ 12 条，后径脉 12 条；阶脉 2 组，内 / 外：左翅为 6/7，右翅为 5/7；后翅后径脉 9 ~ 10 条，阶脉内 / 外为 4/6。

【地理分布】 西藏。

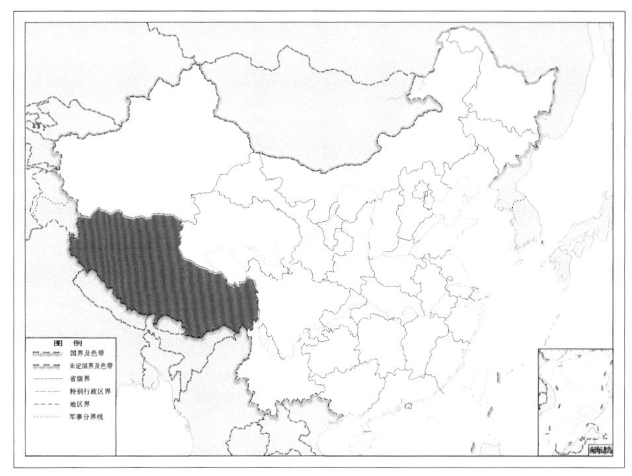

图 4-421-2 墨脱叉草蛉 *Pseudomallada medogana* 地理分布图

422. 黑角叉草蛉 *Pseudomallada nigricornuta* (Yang & Yang, 1990)

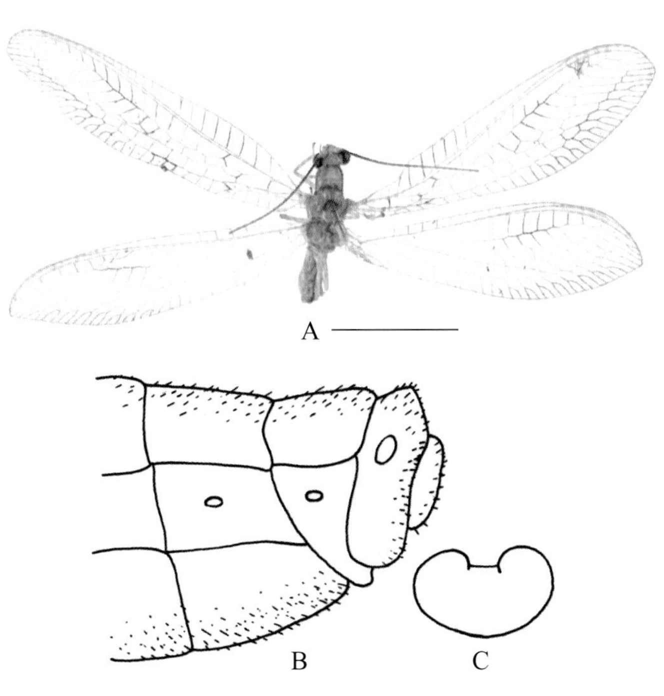

图 4-422-1 黑角叉草蛉 *Pseudomallada nigricornuta* 形态图

（标尺：A 为 5.0 mm）

A. 成虫 B. 雌虫腹部末端侧面观 C. 亚生殖板

【测量】 雌虫（干制）体长 8.7 mm，前翅长 13.1 mm，后翅长 11.5 mm。

【形态特征】 头部黄绿色，无斑；触角第 1 节黄褐色，外侧有褐色条斑，第 2 节及鞭节黑褐色。胸部背板中央具黄色纵带，边缘绿色，前胸背板边缘后半部分褐色。足黄绿色，跗节黄褐色，爪褐色，基部弯曲。腹部背板黄色，腹板黄褐色，具灰色毛。前翅翅痣淡绿色；前缘横脉列 21 条，第 5 ~ 9 条黑色，第 1、10、11 条近 C 脉端黑色，其余皆绿色；sc-r 间近翅基的横脉褐色，翅端的绿色；径横脉 13 条，第 3、4 条黑色，但近 RP 脉端绿色，第 6 ~ 13 条全部黑色，其余皆绿色；RP 脉分支 13 条，第 1

条为黑色，第 5 ~ 10 条近 RP 脉端黑色，其余皆绿色；Psm-Psc 间横脉 10 条，第 1、2、9、10 条黑色，第 5 条近 Psc 脉端黑色，其余皆绿色；内中室呈三角形，r-m 横脉位于其上；Cu1 脉绿色，Cu2、Cu3 脉黑色；阶脉外组黑色，内组 1 ~ 3 条黑色，其余皆绿色，内 / 外为 7/7。后翅前缘横脉列 16 条，第 6 ~ 10 条黑色，其余皆绿色；径横脉 11 条，第 5 ~ 10 条黑色，其余皆绿色；阶脉绿色，内 / 外为 5/6。

【地理分布】 海南。

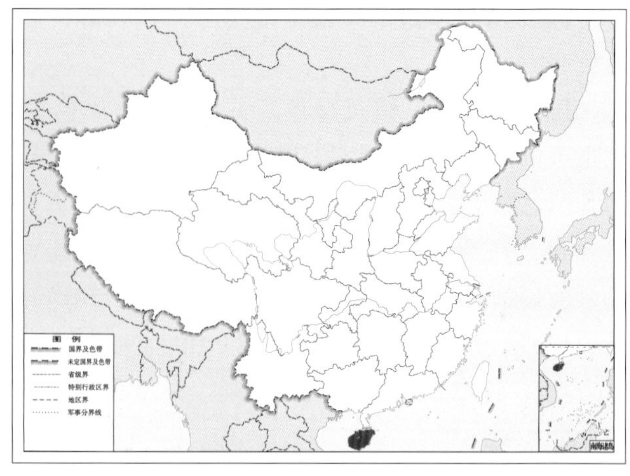

图 4–422–2　黑角叉草蛉 *Pseudomallada nigricornuta* 地理分布图

423. 显沟叉草蛉 *Pseudomallada phantosula* (Yang & Yang, 1990)

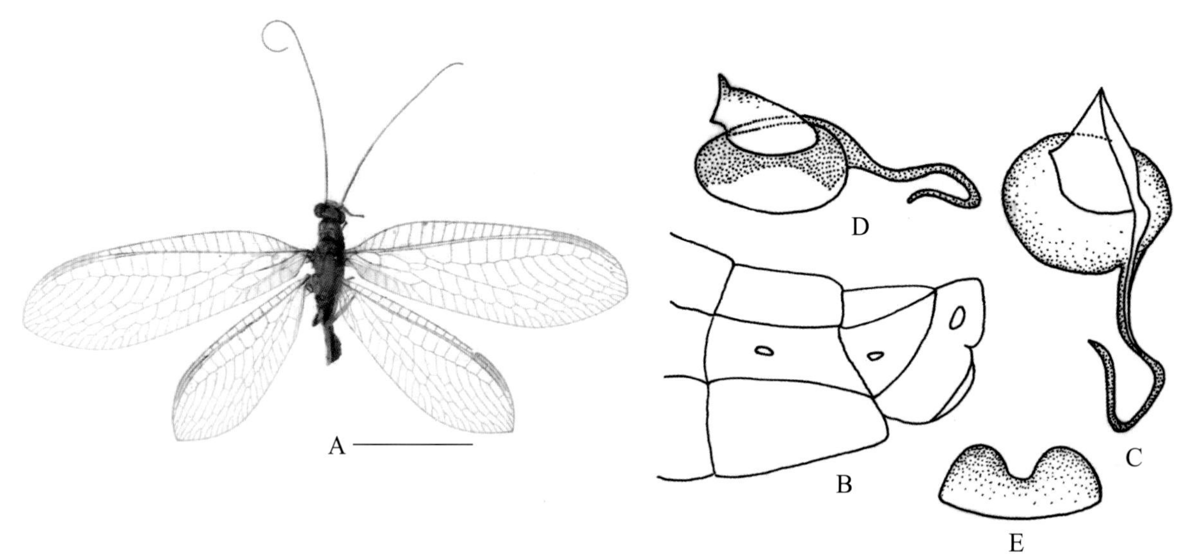

图 4–423–1　显沟叉草蛉 *Pseudomallada phantosula* 形态图

(标尺：A 为 5.0 mm)

A. 成虫　B. 雌虫腹部末端侧面观　C. 贮精囊背面观　D. 贮精囊侧面观　E. 亚生殖板

【测量】 雌虫（干制）体长 8.8 mm，前翅长 12.0 mm，后翅长 9.6 mm，触角长 11.6 mm。

【形态特征】 头部黄褐色，具黑褐色颊斑和唇基斑；额颊沟、额唇基沟、上唇沟、围眼沟、口前沟皆很明显，除围眼沟红色外，其余皆深红色；触角窝褐色，触角第 1 节黄褐色，外侧具深红色纵带，第 2 节浅红褐色，鞭节由黄褐色到褐色。胸部背板中央黄褐色，两侧褐色；前胸背板基部有 1 对褐色斑。足黄褐色，跗节及爪褐色，爪基部弯曲，膨大。腹部背板黄色，腹板黄褐色。前翅翅痣透明，黄绿色；前缘横脉列 22 条，两端褐色，中间绿色；翅基部及肩片黑褐色；sc-r 间近翅基的横脉黑褐色；径横脉 11 条，两端褐色；RP 脉分支 11 条，第 1、2 条黑褐色，其余近 RP 脉端褐色；Psm-Psc 间横脉 8 条，皆绿色，第 1 条明显膨大；内中室呈三角形，r-m 横脉位于其上；阶脉绿色，内 / 外为 5/6。后翅前缘横脉列 15 条，径横脉 8 条，皆绿色；阶脉绿色，内 / 外：左翅为 3/5，右翅为 4/5。

【地理分布】 广西。

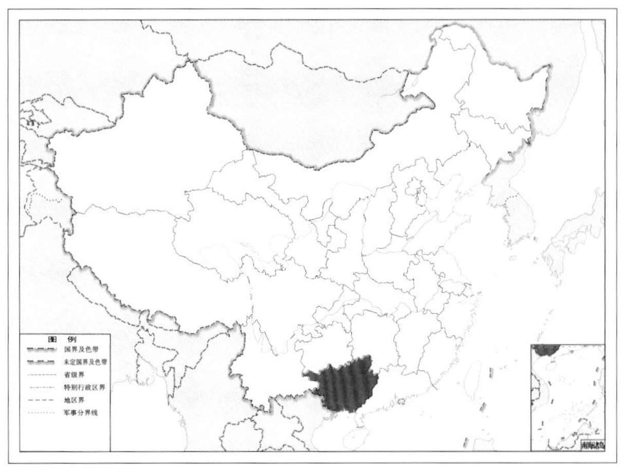

图 4-423-2 显沟叉草蛉 *Pseudomallada phantosula* 地理分布图

424. 长毛叉草蛉 *Pseudomallada pilinota* (Dong, Li, Cui & Yang, 2004)

图 4-424-1 长毛叉草蛉 *Pseudomallada pilinota* 成虫图

（标尺：5.0 mm）

【形态特征】 头部黄色，具有黑色颊斑。前胸背板黄色，两侧具有红斑，中、后胸整个黄色，足黄色。前翅覆长的棕色毛，翅痣透明黄色无横脉；前缘横脉列 23 条，第 1～13 条棕色，第 14～23 条黄绿色；径横脉 13 条，第 1～4 条近 R 脉端褐色，第 5～13 条整个黄色；RP 脉分支 11 条，黄绿色，Psm-Psc 间横脉 6 条，黄色；内中室三角形，r-m 横脉位于其上，阶脉浅棕色，内 / 外为 4/8；后翅前缘横脉列 15 条，浅褐色，径横脉 12 条，RP 脉分支 11 条，黄绿色，Psm-Psc 间横脉 5 条，黄绿色，阶脉浅棕色，内 / 外为 4/6。

【地理分布】 贵州、福建。

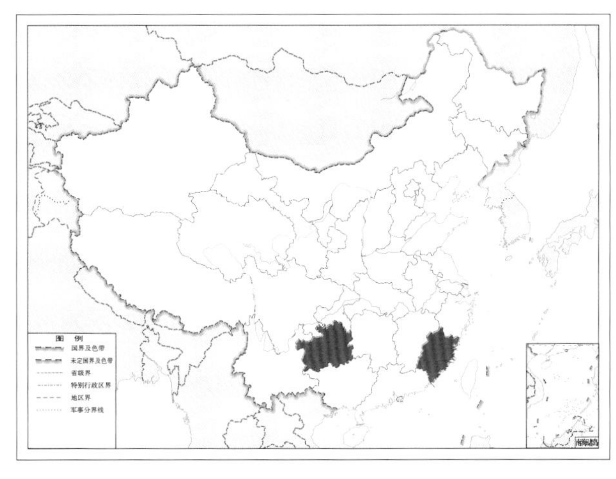

图 4-424-2 长毛叉草蛉 *Pseudomallada pilinota* 地理分布图

425. 弓弧叉草蛉 *Pseudomallada prasina* (Burmeister, 1839)

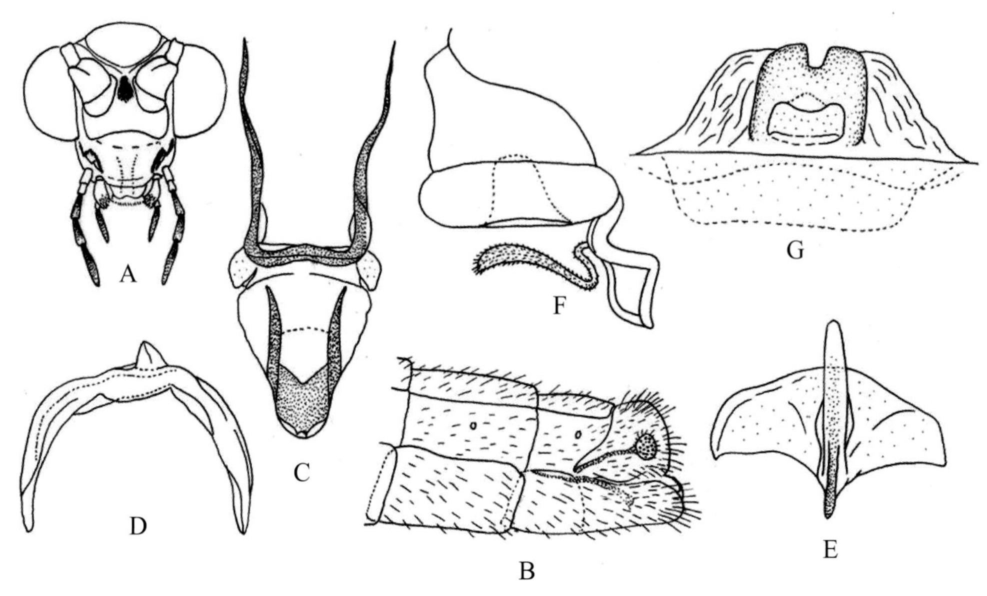

图 4-425-1 弓弧叉草蛉 *Pseudomallada prasina* 形态图

A. 头 B. 雄虫腹部末端侧面观 C. 雄虫外生殖器 D. 殖弧梁 E. 殖下片 F. 贮精囊 G. 亚生殖板

【测量】 体长 11.0 ~ 13.0 mm，前翅长 13.0 ~ 18.0 mm，后翅长 12.0 ~ 16.0 mm。

【形态特征】 体小型至中型。头部几乎全为黄绿色，具黑褐色斑点，两触角间有斑点，额区无斑点，颊斑狭小，从侧面观近似三角形或矩形状，伸至眼处，或与眼部分离，但与唇基斑相连接；眼后部区域无斑；下颚须、下唇须除基部淡黄色外，其余部分皆黑褐色；触角短于前翅，不超过翅痣顶端，柄节和梗节黄绿色，鞭节淡赭色；颈部两侧具黑褐色斑点。胸部几乎完全淡绿色，具明显淡褐色斑点，背面无中纵带。足半透明，淡黄色，跗节淡赭色，爪淡褐色，强烈弯曲，在基部膨大成矩形。腹部淡黄绿色；第 2 腹节有发音板状的锉形结构，刚毛黑褐色，但在光照下经常褪色或无色。翅脉黄绿色，但在以下几个部位为黑色：前缘横脉列、sc-r 横脉的基部和端部、径横脉、RP 脉的基部及分支脉的部分或全部、RP 脉至阶脉分支的基部、阶脉、Psm-Psc 横脉的部分或全部、前翅中后部边缘分支的端部；雄虫阶脉内 / 外：前翅为 4 ~ 6/7 ~ 9，后翅为 4 ~ 6/7 ~ 8，雌虫阶脉内 / 外：前翅为 6 ~ 8/7 ~ 10，后翅为 5 ~ 7/7 ~ 10。

【地理分布】 黑龙江；日本，朝鲜，俄罗斯。

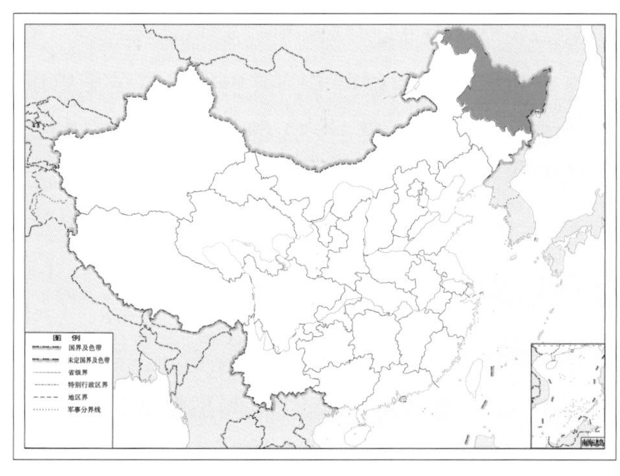

图 4-425-2 弓弧叉草蛉 *Pseudomallada prasina* 地理分布图

426. 青城叉草蛉 *Pseudomallada qingchengshana* (Yang, Yang & Wang, 1992)

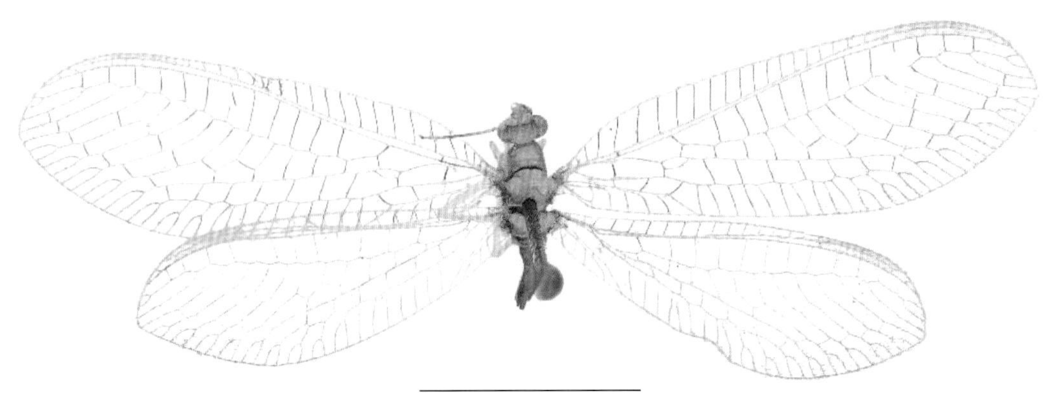

图 4-426-1 青城叉草蛉 *Pseudomallada qingchengshana* 成虫图
（标尺：5.0 mm）

【测量】 雄虫（干制）体长 7.0 mm，前翅长 11.0 mm，后翅长 9.5 mm。

【形态特征】 头部黄绿色，具 1 对条状褐色颊斑；颚唇须黄绿色；触角绿色，长约为前翅的 4/5。前胸背板宽明显大于长，背中央黄绿色，两边绿色，平行，侧缘具短毛；中后胸较前胸宽，黄色。足股节黄色，胫节、跗节绿色，爪黄绿色，基部弯曲。腹部背板具黄色中纵带，侧板褐色，具灰色毛。前翅翅痣淡绿色；前缘横脉列 24 条，褐色；sc-r 间近翅基的横脉褐色，翅端的浅绿色；径横脉 11 ~ 12 条，深褐色；RP 脉分支 13 条，第 1 ~ 4 条褐色，第 5 ~ 10 条绿色，或基部褐色；Psm-Psc 间横脉 9 条，褐色；Cu 脉褐色；内中室呈三角形，r-m 横脉位于其外；阶脉褐色，内 / 外：左翅为 5/6，右翅为 6/7。后翅前缘横脉列 16 ~ 17 条，褐色；径横脉 9 条，绿色；阶脉绿色，内 / 外为 5/6。腹部末端第 7、8 背板约等长，第 8 背板似三角形；第 8+9 腹板愈合，窄细；肛上板近似方形，下端后缘向里延伸。

【地理分布】 云南、四川。

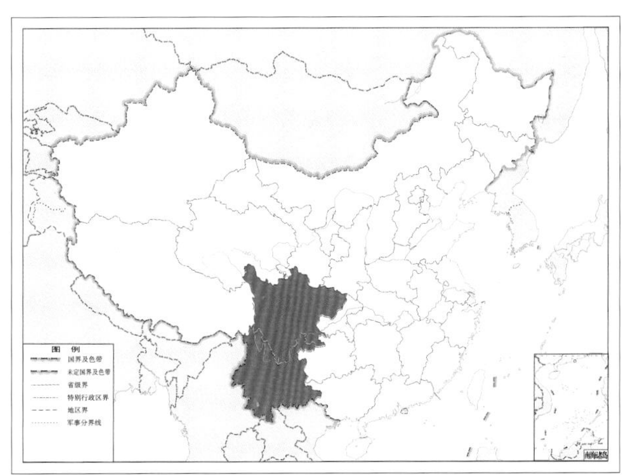

图 4-426-2 青城叉草蛉 *Pseudomallada qingchengshana* 地理分布图

427. 秦岭叉草蛉 *Pseudomallada qinlingensis* (Yang & Yang, 1989)

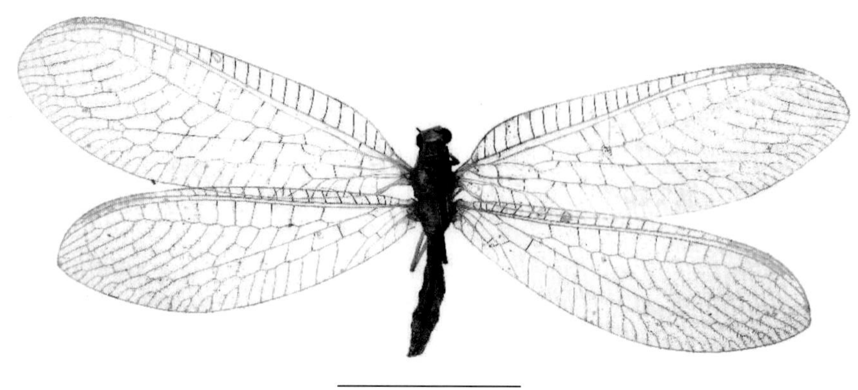

图 4-427-1 秦岭叉草蛉 *Pseudomallada qinlingensis* 成虫图
（标尺：5.0 mm）

【测量】 雄虫（浸泡）体长 8.0 mm，前翅长 11.2 mm，后翅长 10.4 mm，触角长约 8.0 mm。

【形态特征】 头部黄色，具黑色颊斑及唇基斑，且连成一线；颚唇须黑褐色；触角第 1、2 节黄色，鞭节黄褐色。胸部背板黄色，前胸背板两侧红褐色。足黄色，布褐色毛，跗节黄褐色，爪褐色，基部弯曲。腹部背板 1～4 节黄褐色，其他节褐色，腹板褐色。前翅翅痣淡黄绿色；前缘横脉列 18 条，褐色；sc-r 间近翅基的横脉褐色，翅端的浅褐色；径横脉 11 条，褐色；RP 脉分支 11 条，褐色，RP 脉基部亦褐色；Psm-Psc 间横脉 9 条，褐色；内中室呈三角形，r-m 横脉位于其上；Cu 脉及 Al 脉与 A2 脉的分支、Psc 脉的分脉皆褐色；阶脉褐色，内 / 外：左翅为 6/6，右翅为 7/6。后翅前缘横脉列 16 条，褐色；径横脉 12 条，褐色；阶脉外组褐色，内组绿色，内 / 外：左翅为 4/6，右翅为 5/6。

【地理分布】 甘肃、陕西、安徽、四川、湖北。

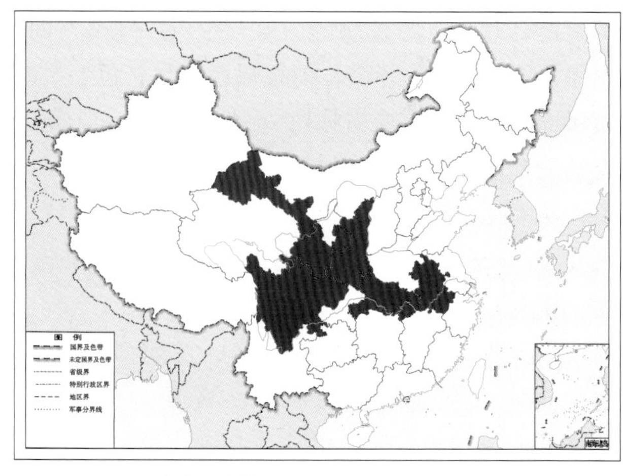

图 4-427-2 秦岭叉草蛉 *Pseudomallada qinlingensis* 地理分布图

428. 康叉草蛉 *Pseudomallada sana* (Yang & Yang, 1990)

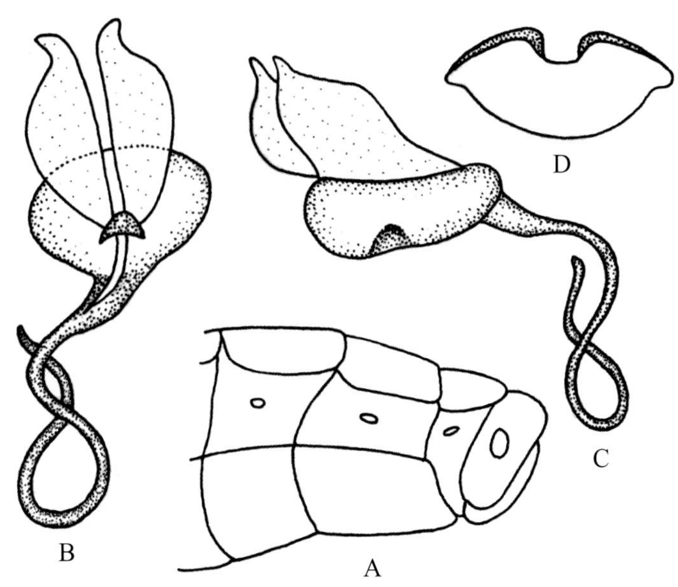

图 4-428-1 康叉草蛉 *Pseudomallada sana* 形态图

A. 雌虫腹部末端侧面观 B. 贮精囊背面观 C. 贮精囊侧面观 D. 亚生殖板

【测量】 雌虫（干制）体长 7.3 mm，前翅长 12.0 mm，后翅长 11.3 mm。

【形态特征】 头部黄色，头顶隆突，上颚黑色；颚唇须黄色；触角第 1 节黄色，第 2 节及鞭节黄褐色。胸部背板中央为黄色纵带，两侧黄褐色；前胸背板基部有横脊。足黄褐色，爪褐色，基部弯曲。腹部背板、腹板皆黄褐色，具灰色毛。前翅翅痣黄褐色；前缘横脉列 18 条，近 Sc 脉端褐色；sc-r 间近翅基的横脉褐色，翅端的绿色；径横脉 11 条，绿色；RP 脉分支 11 条，第 1 条褐色，第 2 ~ 5 条近端褐色，其余皆绿色；Psm-Psc 间横脉 8 条，第 2 条为褐色，其余皆绿色；内中室呈三角形，r-m 横脉位于其上；Cu1 脉中部褐色，两端绿色，Cu2 脉及 Cu3 脉褐色；阶脉绿色，内 / 外为 3/7。后翅前缘横脉列 15 条，径横脉 12 条，与阶脉皆绿色，阶脉内 / 外为 3/5。

【地理分布】 四川、广东。

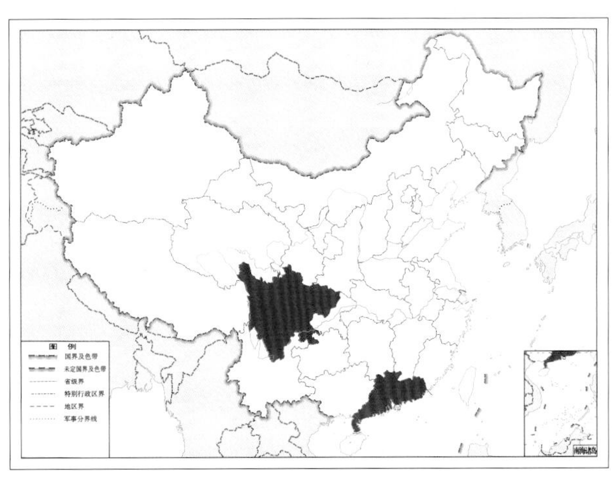

图 4-428-2 康叉草蛉 *Pseudomallada sana* 地理分布图

429. 角斑叉草蛉 *Pseudomallada triangularis* (Yang & Wang, 1994)

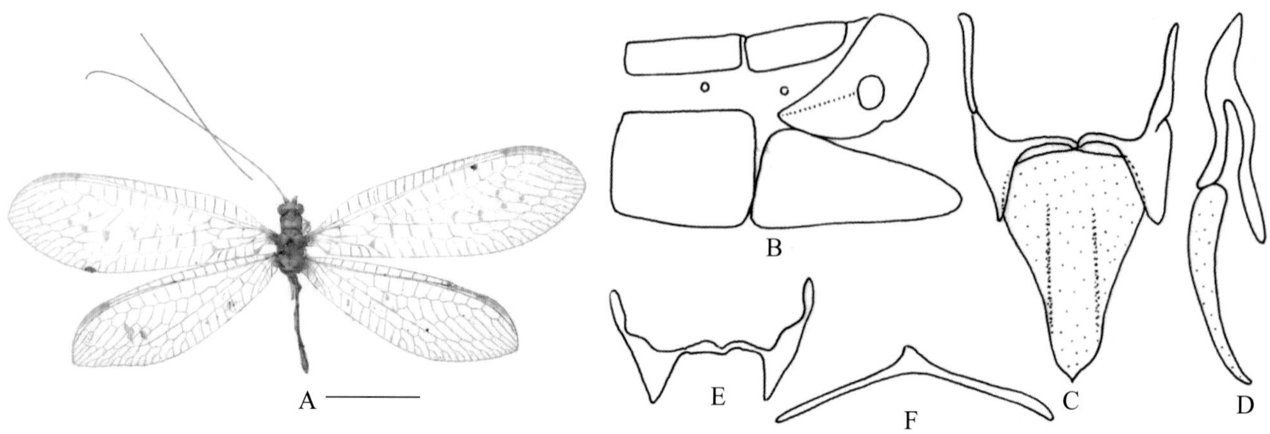

图 4-429-1 角斑叉草蛉 *Pseudomallada triangularis* 形态图

(标尺：A 为 5.0 mm)

A. 成虫 B. 雄虫腹部末端侧面观 C. 雄虫外生殖器背面观 D. 雄虫外生殖器侧面观 E. 殖下片 F. 殖弧梁

【测量】 雄虫体长 7.0 mm，前翅长 14.0 mm。

【形态特征】 头部黄色，具 3 对褐色斑，额颊斑与唇基斑长条形，颊斑较宽，与唇基斑相连；下唇须黄褐色，末节褐色，下颚须长，基部 2 节黄褐色，端部 3 节黑褐色；触角细长（比前翅长），黄褐色，基部 2 节膨大，外侧有红褐色狭带。前胸背板长大于宽，黄褐色，两侧缘褐色。中后胸背板黄色，盾片后半部黄褐色。足黄绿色，跗节端部黄褐色，爪基部不宽，利齿长。腹部背板黄色，腹板黄褐色。前翅纵脉黄绿色，翅痣浅褐色，翅痣基部具 1 个不规则褐色斑，端肘室基部具 1 个三角形褐色斑；前缘横脉列 17 条，第 1～3 条黄绿色，其余褐色；sc-r 间基部横脉褐色；径横脉、RP 脉分支、Psm-Psc 横脉和阶脉黄绿色，具褐色阴影；径横脉 11 条，RP 脉分支 10 条，Psm-Psc 横脉 7 条；阶脉 2 组，内 / 外：左翅为 5/5，右翅为 5/6；内中室呈三角形，r-m 横脉位于其上；Cu2、Cu3 横脉褐色。后翅除前缘横脉列黄褐色外，其余为黄绿色，无阴影；前缘横脉列 17 条，径横脉 9 条，阶脉内 / 外为 4/5；翅痣不透明，具 1 个褐色斑。

【地理分布】 云南。

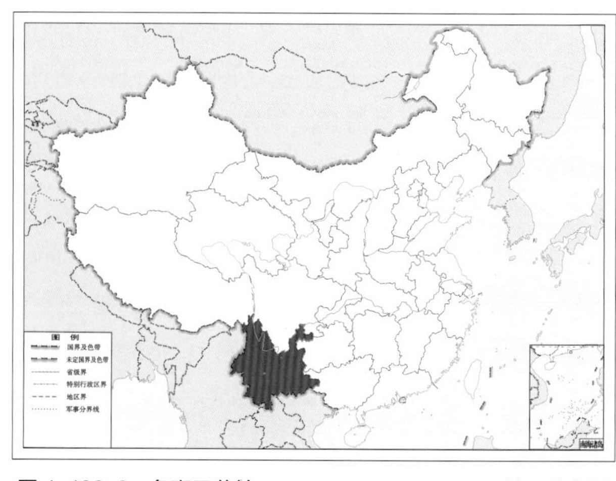

图 4-429-2 角斑叉草蛉 *Pseudomallada triangularis* 地理分布图

430. 三齿叉草蛉 *Pseudomallada tridentata* (Yang & Yang, 1990)

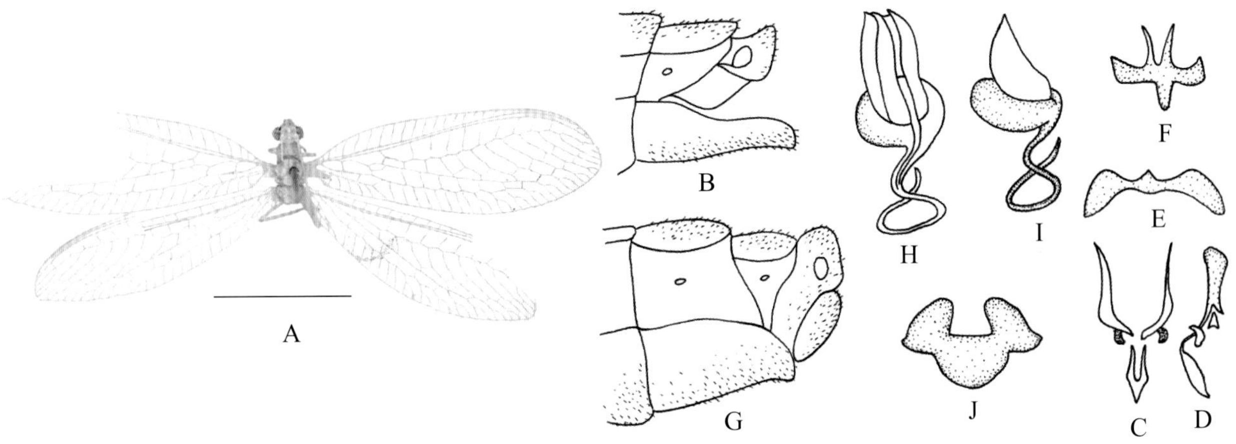

图 4-430-1 三齿叉草蛉 *Pseudomallada tridentata* 形态图

(标尺：A 为 5.0 mm)

A. 成虫 B. 雄虫腹部末端侧面观 C. 雄虫外生殖器背面观 D. 雄虫外生殖器侧面观 E. 殖弧梁 F. 殖下片 G. 雌虫腹部末端侧面观 H. 贮精囊腹面观 I. 贮精囊侧面观 J. 亚生殖板

【测量】 雄虫（浸泡）体长 8.3 mm，前翅长 10.7 mm，后翅长 9.9 mm。

【形态特征】 头部黄色，颜面无斑；触角长于前翅，第 1、2 节黄色，鞭节由黄色至黄褐色。胸部背板中央为黄色纵带，两侧黄褐色。足黄绿色，跗节末端黄褐色，爪褐色，基部弯曲。腹部背板黄色，腹板黄褐色。前翅前缘横脉列 19 条，径横脉 13 条，皆绿色；sc-r 间横脉绿色；RP 脉分支 12 条，第 1 条褐色，其余皆绿色；Psm-Psc 间横脉 9 条，第 1、8 条褐色，其余皆绿色；内中室呈三角形，r-m 横脉位于其上；Cu2 脉褐色，其余皆绿色；阶脉内组绿色，外组从 Psm 脉数，第 1～3 条黑色，其余皆绿色；内 / 外为 5/6。后翅前缘横脉列 15 条，径横脉 11 条，皆绿色；阶脉绿色，内 / 外为 4/5。雌虫：前翅前缘横脉列 19 条，径横脉 13 条，RP 脉分支 12 条，Psm-Psc 间横脉 9 条，阶脉内 / 外为 6/7；后翅前缘横脉列 15 条，径横脉 11 条，阶脉内 / 外为 5/7。

【地理分布】 云南、海南。

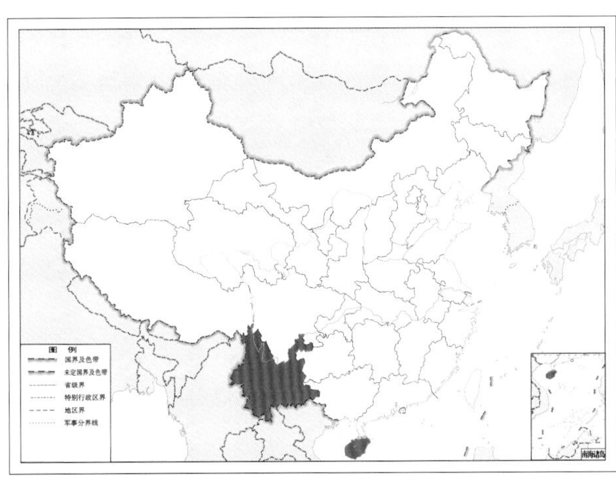

图 4-430-2 三齿叉草蛉 *Pseudomallada tridentata* 地理分布图

431. 截角叉草蛉 *Pseudomallada truncatata* (Yang, Yang & Li, 2005)

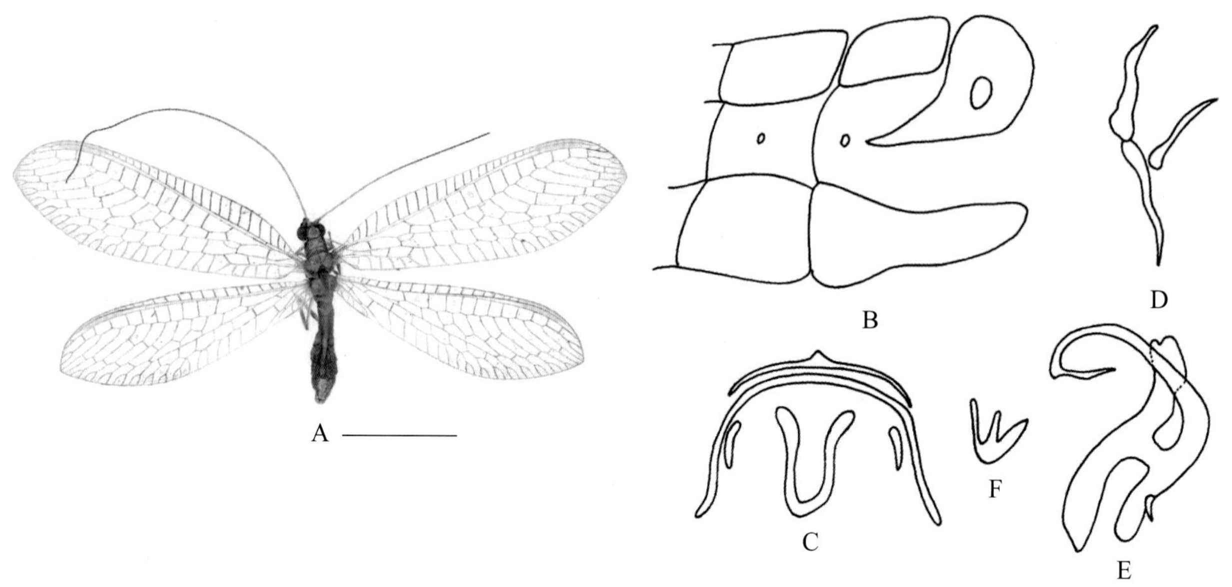

图 4-431-1 截角叉草蛉 *Pseudomallada truncatata* 形态图

(标尺：A 为 5.0 mm)

A. 成虫 B. 雄虫腹部末端侧面观 C. 雄虫外生殖器背面观 D. 雄虫外生殖器侧面观 E. 殖下片 F. 下生殖板

【测量】 雄虫（干制）体长 7.0 mm，前翅长 13.0 mm，后翅长 11.0 mm。

【形态特征】 头部黄色，面部具较大的黑褐色方形颊斑；下颚须及下唇须的端节黑褐色，其余部分黄色；触角第 1 节膨大，长宽约相等，黄色，鞭节黄色，但到端部略显黄褐色。胸背中央具黄色纵带，两侧绿色及大片红色斑；前胸背板宽大于长，两前角呈截状，前端的 2/3 部分具 1 条中纵脊。足黄褐色，爪黄褐色，基部弯曲。腹部具狭窄的黄色中纵带，两侧缘黄褐色。前翅纵脉绿色，横脉大部分褐色；翅痣黄绿色，内有 2 条绿色脉；前缘横脉列 19 条，第 1 条绿色，第 2 条近 C 脉端褐色，第 3 ~ 19 条褐色；径横脉 12 条，褐色；RP 脉分支 9 条，褐色；Psm-Psc 间横脉 7 条，褐色；内中室呈三角形，褐色，r-m 脉位于其上，褐色；Cu 脉褐色；阶脉褐色，内 / 外：左翅为 3/7，右翅为 3/6。后翅前缘横脉列 15 条，第 1 ~ 3 条黄色，第 4 ~ 15 条褐色；翅痣黄褐色，内无脉；径横脉 11 条，褐色；RP 脉分支 9 条，黄绿色；阶脉绿色，内 / 外为 3/5。

【地理分布】 四川。

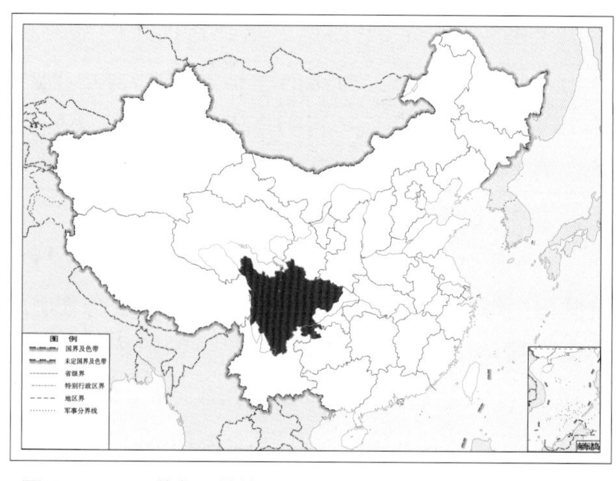

图 4-431-2 截角叉草蛉 *Pseudomallada truncatata* 地理分布图

432. 春叉草蛉 *Pseudomallada verna* (Yang & Yang, 1989)

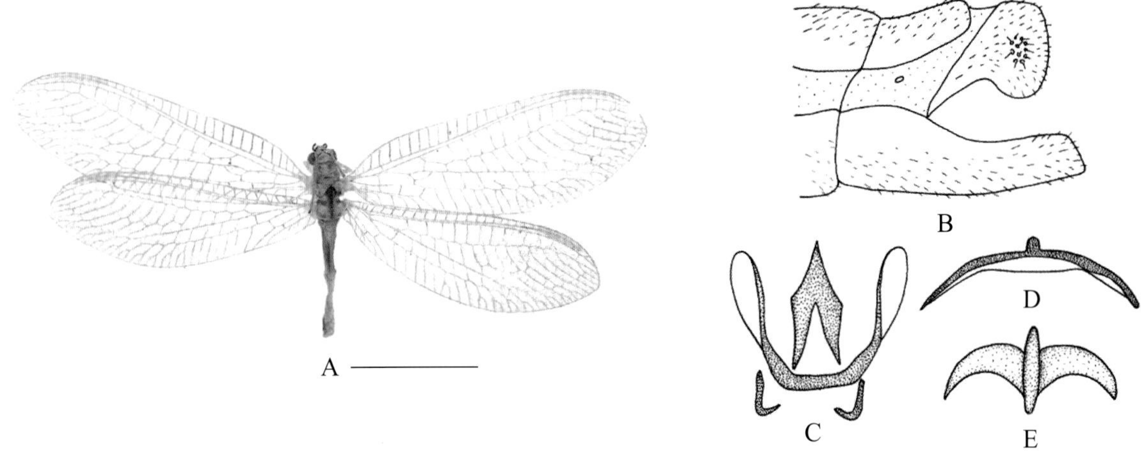

图 4-432-1 春叉草蛉 *Pseudomallada verna* 形态图

（标尺：A 为 5.0 mm）

A. 成虫 B. 雄虫腹部末端侧面观 C. 雄虫外生殖器背面观 D. 殖弧梁 E. 殖下片

【测量】 雄虫（干制）体长 8.6 mm，前翅长 12.4 mm，后翅长 12.0 mm。

【形态特征】 头部黄褐色，具中斑、颊斑及唇基斑；颚唇须皆黑色；触角第 1、2 节黄色，鞭节淡黄褐色。胸部背板中央具黄色纵带，前胸背板近前缘有 1 条横脊，两边缘淡黄褐色；中后胸两边缘黄绿色。足黄绿色，跗节及爪黄褐色，爪基部弯曲。腹部背板黄色，腹板黄褐色。前翅翅痣黄色；前缘横脉列 24 条，黑褐色；sc-r 间近翅基的横脉黑褐色，翅端的褐色；径横脉 11 条，两端褐色，中部绿色，第 9 ~ 11 条黑褐色；RP 脉分支 12 条，第 1、2 条褐色，第 3、4 条近 Psm 脉端褐色，其余皆绿色；Psm-Psc 间横脉 8 条，第 1、2、8 条黑褐色，其余中部为绿色；Cu 脉黑褐色；阶脉黑褐色，内 / 外为 4/7；内中室呈三角形，r-m 横脉位于其上。后翅前缘横脉列 18 条，黑褐色；径横脉 10 条，黑褐色；阶脉黑褐色，内 / 外为 6/6。腹部末端第 8+9 腹板长于背末端；肛上板外侧圆形，内缘直，底部尖。

【地理分布】 甘肃、陕西、云南。

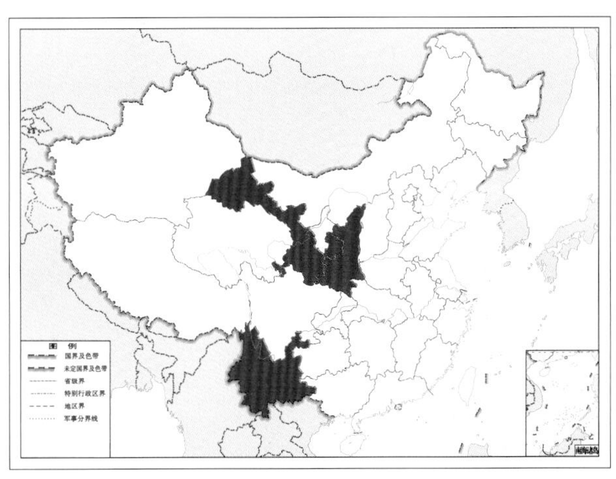

图 4-432-2 春叉草蛉 *Pseudomallada verna* 地理分布图

433. 唇斑叉草蛉 *Pseudomallada vitticlypea* (Yang & Wang, 1990)

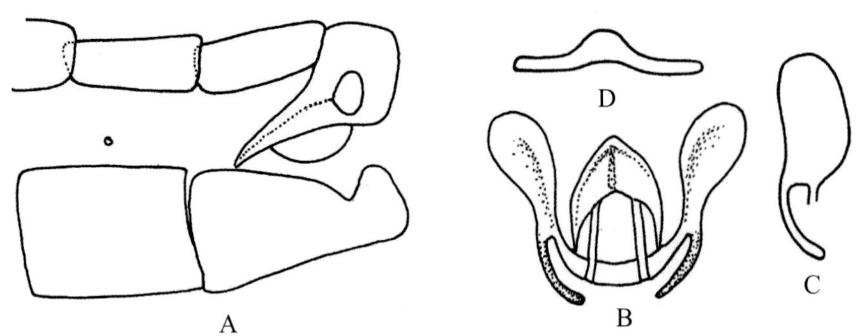

图 4-433-1 唇斑叉草蛉 *Pseudomallada vitticlypea* 形态图

A. 雄虫腹部末端侧面观 B. 雄虫外生殖器 C. 殖弧叶侧面观 D. 殖弧梁

【测量】 体长 6.5 ~ 7.5 mm，前翅长 12.0 ~ 13.0 mm，后翅长 11.0 ~ 12.0 mm。

【形态特征】 头部黄色，具黑褐色颊斑和唇基斑；颚唇须黑褐色；触角稍短于前翅。前胸背板浅黄褐色，中后胸背板黄色。足黄绿色，股节外侧黄褐色，爪褐色。腹部黄色。前翅翅痣不明显，纵脉黄绿色，横脉及 RP 脉分支部分黄褐色；前缘横脉列 20 条，径横脉 13 条，RP 脉分支 10 ~ 11 条，Psm-Psc 间横脉 7 条；阶脉内 / 外：左翅为 6/7，右翅为 7/5。后翅前缘横脉 17 条，阶脉内 / 外：左翅为 7/6，右翅为 5/5。第 7、8 背板约等长。

【地理分布】 湖北。

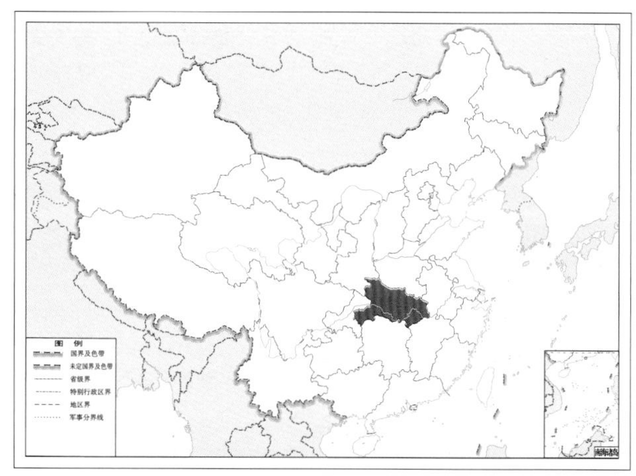

图 4-433-2 唇斑叉草蛉 *Pseudomallada vitticlypea* 地理分布图

434. 王氏叉草蛉 *Pseudomallada wangi* (Yang, Yang & Wang, 1992)

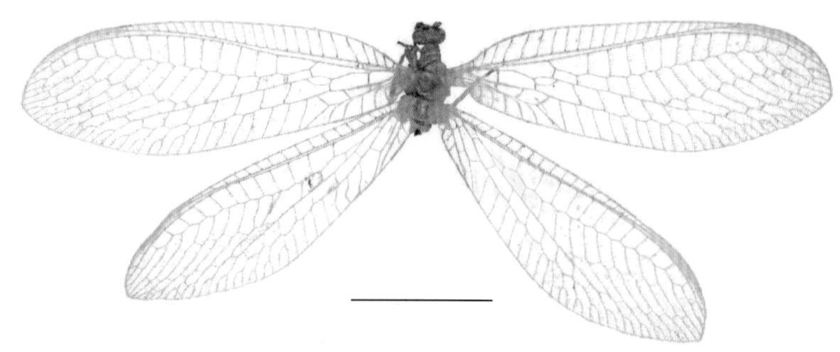

图 4-434-1 王氏叉草蛉 *Pseudomallada wangi* 成虫图

（标尺：5.0 mm）

【测量】 雄虫（干制）体长 8.5 mm，前翅长 13.7 mm，后翅长 12.5 mm。

【形态特征】 头部黄色，具黑色颊斑、唇基斑及中斑；颚唇须黑色；触角短于前翅，第 1、2 节黄色，鞭节浅黄褐色。胸背中央为黄色纵带，两侧黄褐色；前胸背板基部明显宽于端部。足黄绿色，具褐色毛，跗节黄褐色，爪褐色，基部弯曲。腹部背板、腹板皆黄绿色，具灰色长毛。前翅前缘横脉列 26 条，近 Sc 端稍有褐色；sc-r 间近翅基的横脉灰色，翅端的绿色；径横脉 12 条，近 RP 脉端褐色；RP 脉分支 12 条，第 1 ~ 5 条近 Psm 脉端带有褐色；Psm-Psc 间横脉 9 条，第 1、2 条灰色，Cu1-Cu2 脉褐色；内中室呈三角形，r-m 横脉位于其上；阶脉绿色，内 / 外为 7/7。后翅前缘横脉列 21 条，褐色；径横脉 12 条，黄绿色；阶脉绿色，内 / 外为 6/7。

【地理分布】 四川。

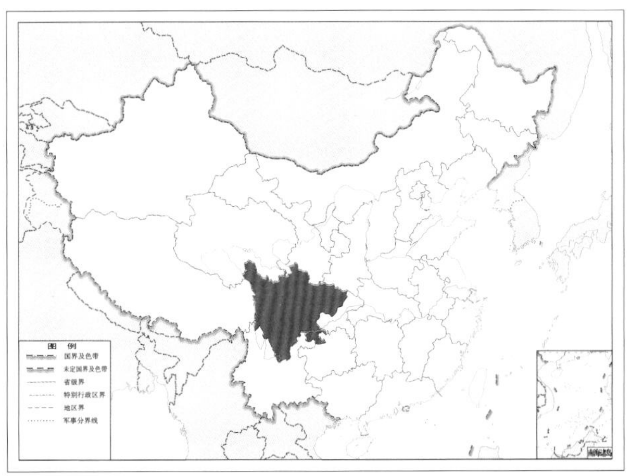

图 4-434-2 王氏叉草蛉 *Pseudomallada wangi* 地理分布图

435. 武昌叉草蛉 *Pseudomallada wuchangana* (Yang & Wang, 1990)

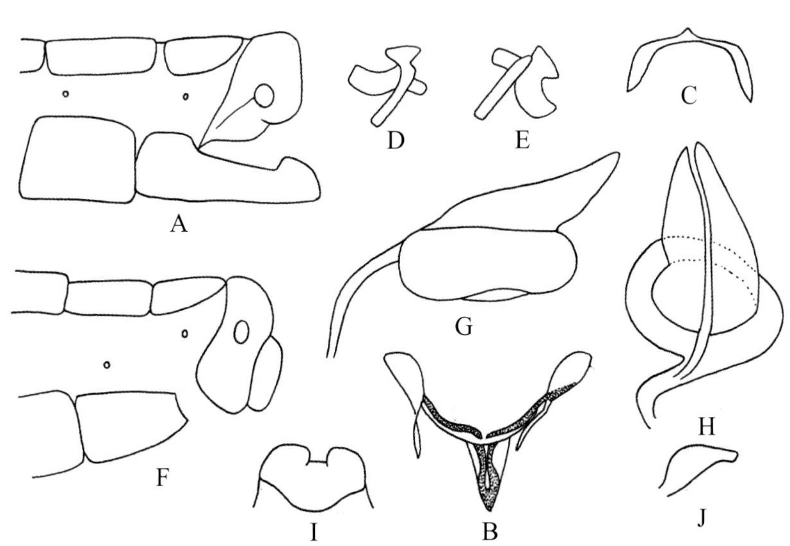

图 4-435-1 武昌叉草蛉 *Pseudomallada wuchangana* 形态图

A. 雄虫腹部末端侧面观 B. 雄虫外生殖器 C. 殖弧梁 D、E. 殖下片 F. 雌虫腹部末端侧面观 G. 贮精囊侧面观 H. 贮精囊背面观 I. 亚生殖板 J. 殖弧梁末端侧面观

【测量】 体长 7.0 ~ 9.0 mm，前翅长 12.0 ~ 14.0 mm，后翅长 11.0 ~ 12.0 mm。

【形态特征】 头部黄褐色，具黑褐色颊斑；颚唇须半节黑色；触角红褐色。胸部墨绿色，前胸背板中间有横沟，两侧红褐色。足黄褐色，前中足股节外侧、前足胫节末端、中后足胫节基部、各足转节及跗节均为褐色，爪基部膨大，端部弯曲。腹部黄褐色。翅长卵形，翅痣不透明；前翅前缘横脉列23条，褐色；径横脉13条，基部褐色，端部绿色；RP脉基段褐色，分支13条，绿色；Psm-Psc间横脉7条，绿色；阶脉褐色，内/外为8/8。后翅阶脉褐色，内/外：左翅为6/6，右翅为5/6。

【地理分布】 湖北。

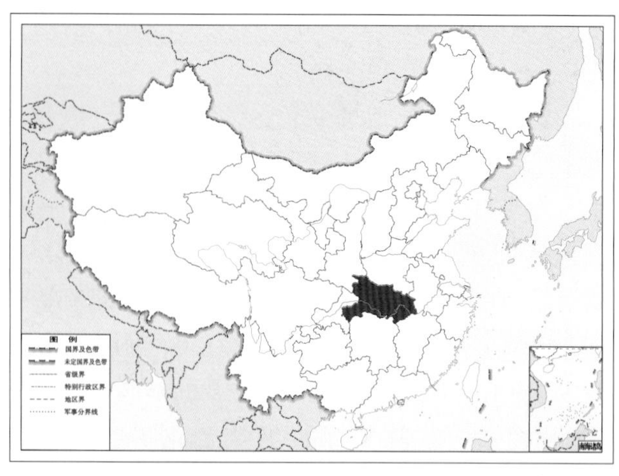

图4-435-2 武昌叉草蛉 *Pseudomallada wuchangana* 地理分布图

436. 厦门叉草蛉 *Pseudomallada xiamenana* (Yang & Yang, 1999)

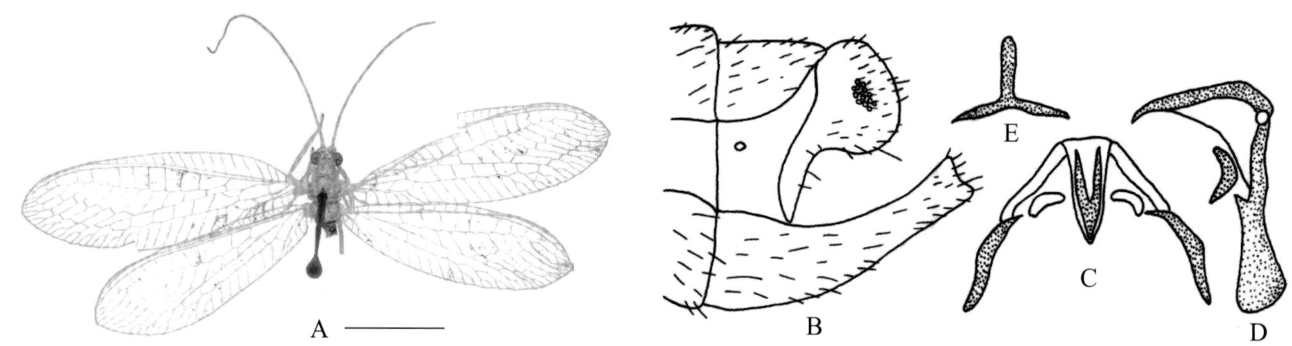

图4-436-1 厦门叉草蛉 *Pseudomallada xiamenana* 形态图

（标尺：A为5.0 mm）

A. 成虫 B. 雄虫腹部末端侧面观 C. 雄虫外生殖器背面观 D. 雄虫外生殖器侧面观 E. 殖弧梁

【测量】 雌虫（干制）体长11.0 mm，前翅长14.0 mm，后翅长12.0 mm。

【形态特征】 头部黄褐色，无斑；触角黄褐色，鞭节末端褐色。胸背中央具黄色纵带；前胸背板边缘黄褐色，基宽大于端宽，基部有1条横沟，沟的两端折向斜后方，沟下的中纵线凹陷；中后胸的两侧绿褐色，整个胸部具灰色毛。足黄绿色，胫节端部、跗节及爪黄褐色，爪基部弯曲。腹部背板黄色，腹板黄褐色，侧面褐色，布灰色长毛。前翅翅痣淡绿色，透明，痣内无脉；前缘横脉列18条，绿色；sc-r间横脉绿色；径横脉12条，绿色；RP脉的分支12条，绿色；Psm-Psc间横脉8条，第1～7条绿色，第8条为黑褐色；内中室呈三角形，r-m横脉位于其上；Cu2脉褐色，Cu1-Cu3脉绿色；阶脉黑褐色，内/外两组：左翅为6/7，右翅为6/7。后翅前缘横脉列16条，绿色；径横脉10条，绿色；阶脉黑褐色，内/外：左翅为4/6，右翅为5/7。

【地理分布】 云南、福建。

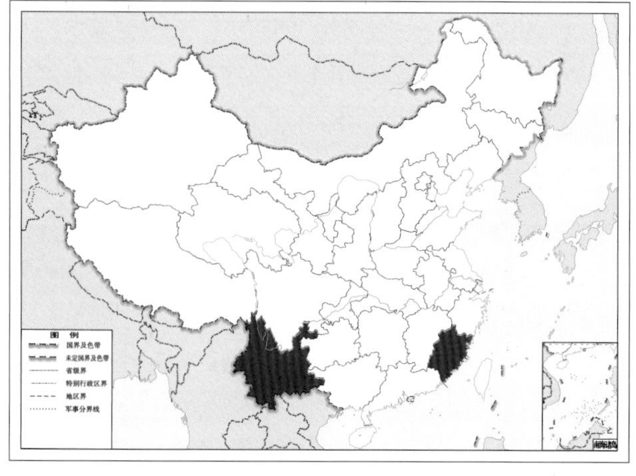

图4-436-2 厦门叉草蛉 *Pseudomallada xiamenana* 地理分布图

437. 杨氏叉草蛉 *Pseudomallada yangi* (Yang & Wang, 2005)

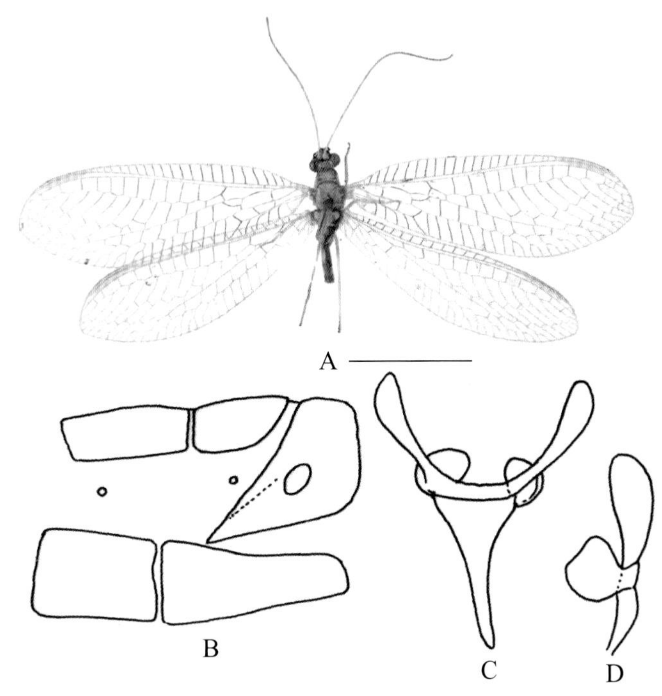

图 4-437-1 杨氏叉草蛉 *Pseudomallada yangi* 形态图
（标尺：A 为 5.0 mm）
A. 成虫 B. 雄虫腹部末端侧面观 C. 雄虫外生殖器背面观 D. 雄虫外生殖器侧面观

【测量】 雄虫体长 7.5 mm，前翅长 12.0 mm，后翅长 10.5 mm。

【形态特征】 头部黄绿色，具褐色斑；额颊斑细长，颊斑与唇基斑条状相连；上唇大部分褐色，正中小部分黄绿色，下颚须及下唇须黑褐色；触角黄色，基部 2 节外侧褐色。前胸背板宽大于长，前缘浅褐色，中间黄色，两侧具褐色纵带，后缘前凹，中横沟偏后；中胸背板中间黄绿色，两侧盾片浅褐色；后胸背板绿色。足黄绿色，跗节黄褐色，爪褐色。腹部黄色。前翅翅痣绿色，不透明；前缘横脉列 21 条，褐色；sc-r 间横脉褐色，径横脉 11 条，第 1 ~ 8 条褐色，第 9 ~ 11 条浅褐色，Sc 脉分支 10 条，Sc 脉基段及第 1 ~ 3 条分支褐色，第 4 条两端褐色，中间绿色，第 5 ~ 10 条基部褐色，端部绿色；Psm 脉平直，基部褐色，其余皆绿色，Psm-Psc 间横脉 7 条，褐色，Psc 脉主干绿色，分支褐色；肘脉及分支均为褐色；阶脉浅褐色，内 / 外：左翅为 6/6，右翅为 6/7；内中室呈三角形，r-m 横脉位于其上，近端部脉褐色。后翅前缘横脉列 17 条，褐色；径横脉 11 条，近 Sc 脉端很小段绿色，其余褐色；阶脉浅褐色，内 / 外为 5/7。

【地理分布】 四川。

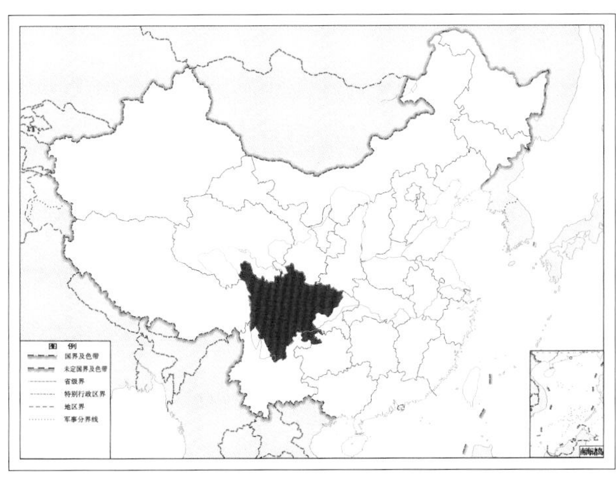

图 4-437-2 杨氏叉草蛉 *Pseudomallada yangi* 地理分布图

438. 云南叉草蛉 *Pseudomallada yunnana* (Yang & Wang, 1994)

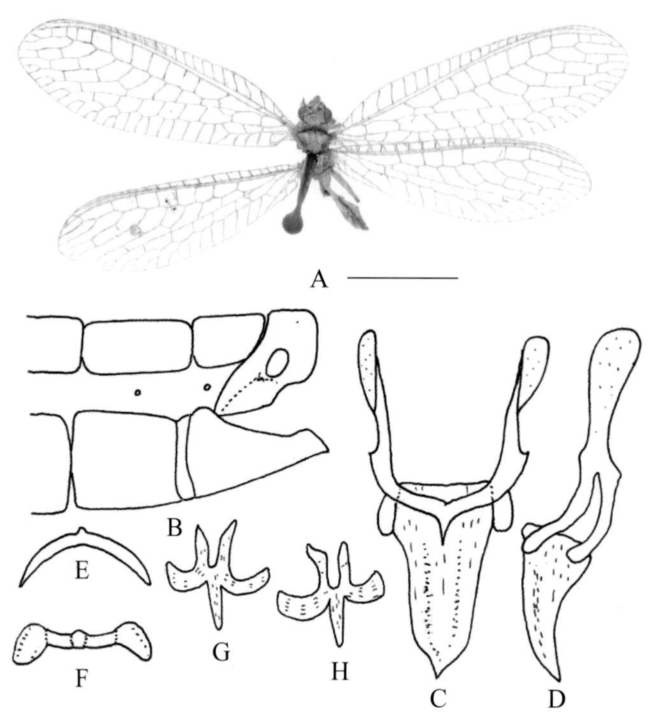

图 4-438-1 云南叉草蛉 *Pseudomallada yunnana* 形态图

(标尺：A 为 5.0 mm)

A. 成虫 B. 雄虫腹部末端侧面观 C. 雄虫外生殖器背面观 D. 雄虫外生殖器侧面观 E、F. 殖弧梁 G、H. 殖下片

【测量】 雄虫体长 9.0 mm，前翅长 13.0 mm，后翅长 12.0 mm。

【形态特征】 头部黄色，唇基较长，下颚须及下唇须黄褐色；触角基部 2 节，第 1 节外侧端半部和第 2 节外侧红褐色，鞭节细长，褐色。前胸背板宽大于长，红褐色；中后胸背板黄色，侧腹板黄褐色。足黄色，胫节端部与跗节黄褐色，爪褐色。腹部黄褐色。前翅翅痣透明，绿色，痣内 3 条横脉；前缘横脉列 18 条，径横脉 11 条，Sc 脉分支 11 条，Psm-Psc 横脉 7 条，阶脉内 / 外为 5/6；内中室呈三角形，r-m 横脉位于其上，靠端部；除第 7 条 Psm-Psc 横脉和第 1 ~ 3 条阶脉黄褐色外，其余皆绿色。后翅翅脉绿色，前缘横脉列 18 条，阶脉内 / 外为 4/5。

【地理分布】 云南、福建。

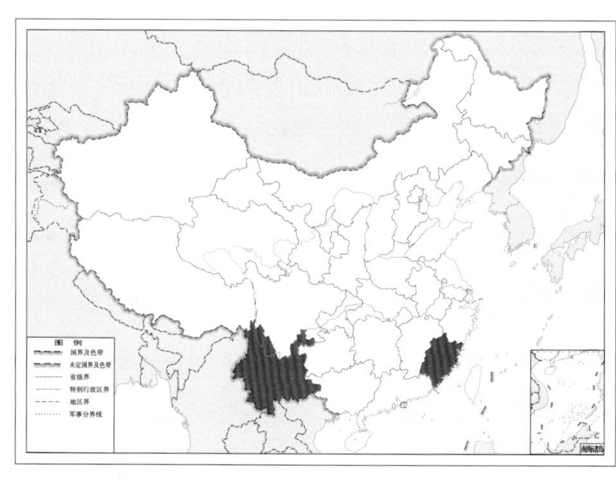

图 4-438-2 云南叉草蛉 *Pseudomallada yunnana* 地理分布图

439. 盂县叉草蛉 *Pseudomallada yuxianensis* (Bian & Li, 1992)

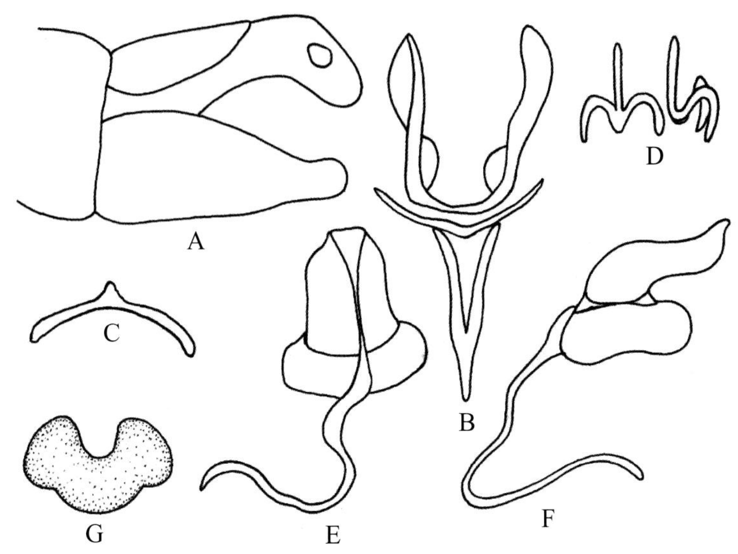

图 4-439-1 盂县叉草蛉 *Pseudomallada yuxianensis* 形态图

A. 雄虫腹部末端侧面观 B. 雄虫外生殖器背面观 C. 殖弧梁 D. 殖下片 E. 贮精囊背面观 F. 贮精囊侧面观 G. 亚生殖板

【测量】 雄虫（干制）体长 9.0 ~ 10.0 mm，前翅长 12.0 ~ 13.0 mm，后翅长 10.5 ~ 12.0 mm。

【形态特征】 头部黄绿色或黄色，额唇须黑褐色，具颊斑、唇基斑、角下斑，颊斑和唇基斑均很大，角下斑几乎平行于颊斑；触角短于前翅，黄色，到端部逐渐变为褐色。胸部背面绿色。腹部背面绿色，腹面黄绿色，被灰色毛。前翅所有的横脉及分脉、阶脉皆为黑褐色，纵脉绿色；翅痣绿色；前缘横脉列 18 条，径横脉 12 条，伪中脉和伪肘脉间 9 条，内、外阶脉各 7 条。后翅前缘横脉列 15 条，褐色；径横脉 11 条，褐色，靠近后径脉端色浅；内、外阶脉各 5 条，褐色。雄虫腹部末端第 8+9 腹板愈合，基部宽大，端部细长，末端稍有缢缩；第 8 背板长度约为第 8+9 腹板长的一半；肛上板末端向斜后方延伸；殖弧叶呈“U”形，端部宽阔，外缘内折，中部细窄，内突方形。

【地理分布】 山西。

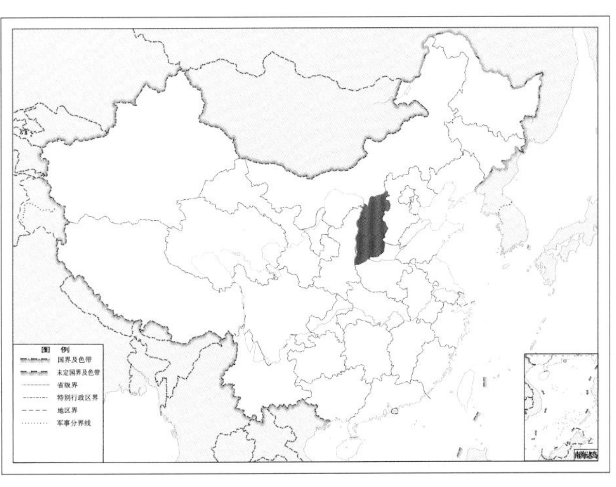

图 4-439-2 盂县叉草蛉 *Pseudomallada yuxianensis* 地理分布图

（六三）罗草蛉属 *Retipenna* Brooks, 1986

【鉴别特征】 体型中等大小，体色多为绿色。头短，具大的复眼和短颊，头顶稍凸起，上颊、后额和额沟明显；下颚轴节 2 节，茎节伸长，外颚叶基部宽，外颚叶长，端部平截，外缘具 1 个小的乳突；内颚叶长，端部稍尖，具毛簇；下颚须 5 节，端节细长，第 1 节和第 2 节短，第 2 节末端有 1 圈刚毛；下唇亚额长几为宽的 2 倍，额很窄，前额长而纤细；唇舌基部窄，逐渐变宽，端部平截，具腹中沟；下唇须 3 节，第 1 节短，第 3 节纤细呈锥状，端部延长，上唇边缘齿状；上颚无齿，对称，弯曲延长。前翅长 15.0 ~ 21.0 mm，触角比前翅短，柄节长大于宽，内侧稍膨大，梗节长宽约等，鞭节大多数小节长为宽的 3 倍，每小节具 4 圈黑色同心环短毛。前胸背板宽稍大于长，具浅色长毛。足长具浅色毛，爪基部膨大。前翅长，通常宽大，前缘区基部窄，亚前缘基横脉位于 Cu1-Cu2 横脉的顶端，内中室小，卵圆形；中室 m1 脉短于 m2 脉，肘室 Cu1 脉短于肘室 Cu2 脉；阶脉 2 组；RP 波曲状，后翅宽，基部具小翅缰；阶脉 2 组。

【地理分布】 东洋界。

【分类】 目前全世界已知 22 种，中国已知 13 种，本图鉴收录 3 种。

中国罗草蛉属 *Retipenna* 分种检索表

1. 头部具黑褐色斑 …… 2
   头部无斑 …… 5
2. 前翅后缘不远处具 1 个黑褐色圆斑 …… 3
   前翅后缘无任何斑纹 …… 4
3. 前翅前缘横脉列中部数条脉全为黑色 …… **广东罗草蛉** ***Retipenna guangdongana***
   前翅前缘横脉列近基部 9 ~ 10 条脉上半端黑色 …… **紊脉罗草蛉** ***Retipenna inordinata***
4. 后翅阶脉内列褐色，外列绿色 …… **华氏罗草蛉** ***Retipenna huai***
   后翅阶脉全为黑色 …… **赵氏罗草蛉** ***Retipenna chaoi***
5. 前后翅纵、横脉皆黑褐色 …… **彩翼罗草蛉** ***Retipenna callioptera***
   非上述特征 …… 6
6. 内阶脉黑色具黑色斑 …… **台湾罗草蛉** ***Retipenna hasegawai***
   非上述特征 …… 7
7. 前翅内阶脉完全黑色，外阶脉绿色 …… 8
   非上述特征 …… 9
8. 前翅臀脉上具 1 个小的黑褐色斑 …… **中华罗草蛉** ***Retipenna chione***
   前翅肘脉上具 1 个小的黑褐色斑 …… **云南罗草蛉** ***Retipenna dasyphlebia***
9. 前翅内阶脉中间褐色，两端绿色 …… 10
   前翅阶脉完全绿色 …… 11
10. 胸部背面有黑褐色斑 …… **瑕罗草蛉** ***Retipenna maculosa***
    胸部背面无斑 …… **滇罗草蛉** ***Retipenna diana***

11. 前翅在 A1 脉和 Cu 脉之间有 1 个黑褐色小圆斑 ……………………………… 淡脉罗草蛉 *Retipenna grahami*

前翅无黑褐色小圆斑 ……………………………………………………………………………………………… 12

12. 前翅前缘横脉列褐色 ………………………………………………………………………………… 小罗草蛉 *Retipenna parvula*

前翅前缘横脉列绿色 ………………………………………………………………………… 四川罗草蛉 *Retipenna sichuanica*

440. 彩翼罗草蛉 *Retipenna callioptera* Yang & Yang, 1993

图 4-440-1 彩翼罗草蛉 *Retipenna callioptera* 成虫图
（标尺：5.0 mm）

【测量】 体长 10.0 ~ 12.0 mm，前翅长 16.0 ~ 17.0 mm，后翅长 13.0 ~ 14.0 mm。

【形态特征】 头部黄色，头顶隆起，无斑；颚唇须皆黄褐色；触角黄色，到端部逐渐变为褐色，短于前翅。胸部中央具黄色纵带，两侧黄褐色；前胸背板宽为长的 1.5 倍。足黄褐色，爪基部弯曲。腹部黄褐色。前翅基部黄色，除此外，所有的纵、横脉皆黑褐色；离基部不远的横脉具黑褐色晕斑；翅痣黄褐色，内无脉；前缘横脉列 18 条，径横脉 8 条，RP 脉分支 11 条；内中室呈三角形，r-m 横脉位于其上；Psm-Psc 间横脉 8 条；阶脉内 / 外为 5/6。后翅基部同前翅，纵、横脉皆黑褐色；前缘横脉列 18 条；径横脉 9 条；阶脉内 / 外：左翅为 4/6，右翅为 4/5。雄虫腹部末端肛上板接近圆形，第 8+9 腹板末端背面具 1 个小的指状突。

【地理分布】 贵州。

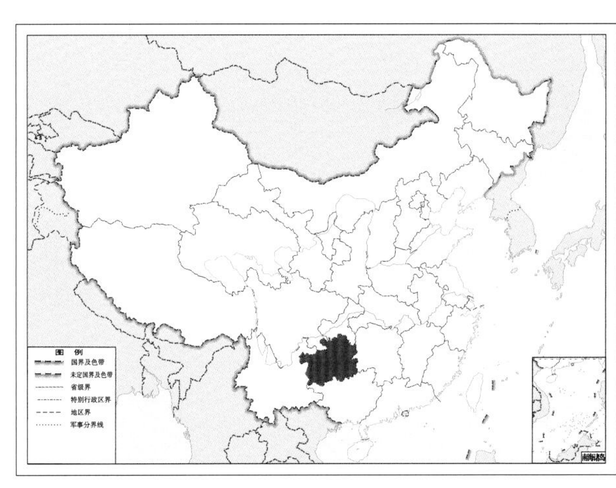

图 4-440-2 彩翼罗草蛉 *Retipenna callioptera* 地理分布图

441. 广东罗草蛉 *Retipenna guangdongana* Yang & Yang, 1987

图 4-441-1 广东罗草蛉 *Retipenna guangdongana* 形态图

A. 头 B. 爪

【测量】 雄虫（干制）体长 9.0 mm，前翅长 13.3 mm，后翅长 11.3 mm，触角长 10.7 mm。

【形态特征】 头部黄色，头顶稍隆起，具黑色颊斑及唇基斑，后头有褐色弧状纹；下颚须的 3 ~ 5 节黑色，下唇须黄色；触角第 1 节黄色，第 2 节黑褐色，鞭节黄褐色。胸背中央具黄色纵带，两侧黄褐色或绿褐色。足黄褐色，爪褐色，基部弯曲。腹部背板黄色，腹板黑褐色。前翅翅痣黄色；前缘横脉列 21 条，第 1、2 条黄色，第 3 条近 Sc 脉端绿色，第 4 ~ 12 条黑色，其余皆绿色；sc-r 间横脉黄色；径横脉 11 条，第 1、7 ~ 11 条黑色，其余皆绿色；Psm-Psc 间横脉 9 条，第 2、8、9 条黑色，其余近 Psc 脉端绿色；Cu 脉褐色，Cu 脉处有褐色斑；内中室呈三角形，r-m 横脉位于其上；阶脉黑色，内 / 外为 6/6。后翅前缘横脉列 14 条，第 1 ~ 4 条绿色，其余皆黑褐色；径横脉 11 条，黑色；阶脉黑色，内 / 外为 5/6。腹部末端第 8+9 腹板末端上边有小瘤突，肛上板圆形。

【地理分布】 海南。

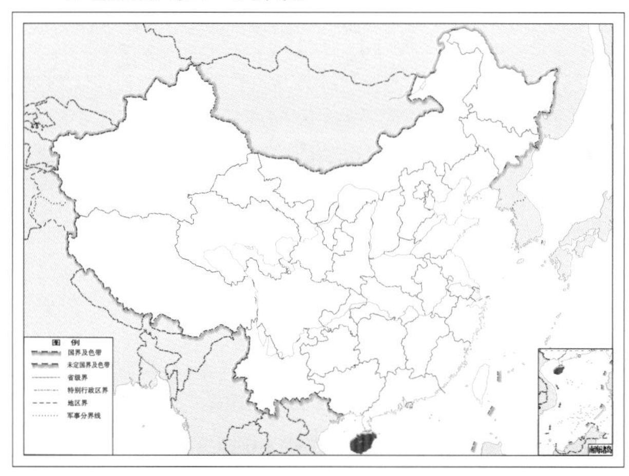

图 4-441-2 广东罗草蛉 *Retipenna guangdongana* 地理分布图

442. 华氏罗草蛉 *Retipenna huai* Yang & Yang, 1987

图 4-442-1 华氏罗草蛉 *Retipenna huai* 形态图

A. 头 B. 爪

【测量】 雌虫（干制）体长 8.0 mm，前翅长 14.6 mm，后翅长 14.0 mm。

【形态特征】 头部乳白色，具颊斑及唇基斑，头顶两侧近复眼基部各有 1 个黑褐色斑；上颚黑褐色；下颚须及下唇须皆黄色；触角第 1 节乳白色，第 2 节黑褐色，鞭节黄色。胸背中央具黄色纵带，两边黄褐色。爪褐色，基部弯曲。腹部背板黄色，腹板绿色，布灰褐色毛。前翅翅痣黄色；前缘横脉列 17 条，第 1 ~ 3、10 ~ 17 条绿色，第 4、5 条近 Sc 脉端绿色，第 6 ~ 9 条黑色；sc-r 间横脉绿色，径横脉 11 条，第 1 ~ 6 条绿色，第 7 ~ 11 条黑褐色；RP 脉分支 13 条，第 1 条近 R 脉端褐色，第 2 ~ 6 条绿色，第 7 ~ 9 条中部褐色，第 10 ~ 13 条黑褐色；Psm-Psc 间横脉 9 条，第 2、9 条黑褐色，其余皆绿色；Cu1、Cu2 脉绿色，Cu3 脉褐色；内中室呈三角形，r-m 横脉位于其上；阶脉黑色，内 / 外为 7/8。后翅前缘横脉列 17 条，第 1 ~ 5、15 ~ 17 条黄绿色，其余皆黑色；径横脉 12 条，第 1、10 ~ 12 条褐色，其余皆绿色；阶脉内列褐色，外列绿色，内 / 外为 6/7。腹部末端第 7 背板明显大于第 8 背板，第 7 腹板近方形，肛上板外缘下侧向外突，内缘略弯曲。

【地理分布】 海南。

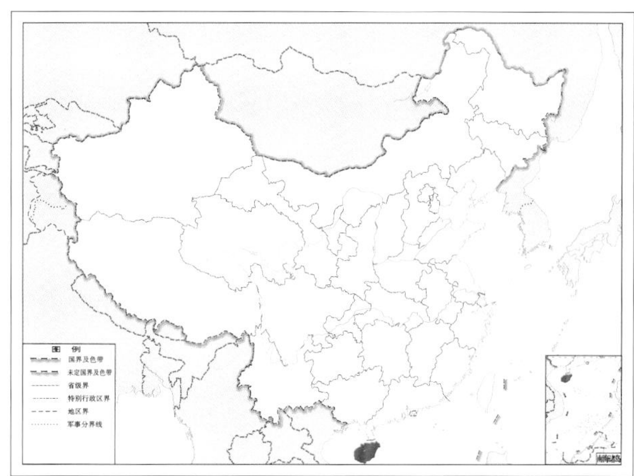

图 4-442-2 华氏罗草蛉 *Retipenna huai* 地理分布图

（六四）饰草蛉属 *Semachrysa* Brooks, 1983

【鉴别特征】 小型种类，前翅长 7.0 ~ 13.0 mm。上唇小，边缘平直，褐色或黑色；颊具黑褐色斑，斑常与唇基侧缘和额相连，但总是中心部位无斑，大多数种类触角下方具 1 对黑色斑点，其间还有 1 个黑色斑；眼眶具黑色斑，下颚须末节常具褐色带，唇舌端部圆；触角绿色，与前翅等长或长于前翅，柄节宽大，长约为梗节的 3 倍，梗节与鞭节各小节约等长。前胸背板无斑，宽大于长，前角不呈锥形；中胸背板多具褐色斑。足短，无斑，爪基部稍膨大或简单。前翅基部和前缘脉基部 1/4 褐色，前缘区基部稍膨大，Sc 脉与 R 脉相距很近，翅痣内亚前缘区端部具 3 ~ 4 条横脉，内中室卵圆形，RP 脉波曲状；后翅具翅缰但不明显。腹部绿色，通常无斑，雄虫外生殖器具中突，基部 2 叉，端部愈合呈锥状，生殖囊简单，中突下方通常具 2 对长生殖毛，无殖弧梁及殖下片。雌虫贮精囊圆，导精管简单或卷曲，腹突一般较长，腹痕明显。

【地理分布】 中国南部；斯里兰卡、印度、马来西亚、印度尼西亚、澳大利亚。

【分类】 目前全世界已知 30 种，中国已知 6 种，本图鉴收录 2 种。

中国饰草蛉属 *Semachrysa* 分种检索表

1. 胸部背面无斑 ………………………………………… 2
   胸部背面具黑色斑 ………………………………………… 3
2. 前后翅阶脉黑色 ………………………………………… 显脉饰草蛉 *Semachrysa phanera*
   前后翅阶脉绿色 ………………………………………… 延安饰草蛉 *Semachrysa yananica*

3. 前翅前缘横脉列除第 1 条黑色外，其余皆两端黑色，中间绿色 ………… **广西饰草蛉 *Semachrysa guangxiensis***
非上所述 ……………………………………………………………………………………………………… 4
4. 前翅前缘横脉列除基部第 1、2 节黑色外，其余皆基部黑色，端部绿色 …… **多斑饰草蛉 *Semachrysa polystricta***
非上所述 ……………………………………………………………………………………………………… 5
5. 前翅 r-m 横脉具黑色斑 ……………………………………………………**退色饰草蛉 *Semachrysa decorata***
前翅外阶脉基部第 1 条脉具黑色斑 ………………………………………… **松村饰草蛉 *Semachrysa matsumurae***

443. 松村饰草蛉 *Semachrysa matsumurae* (Okamoto, 1914)

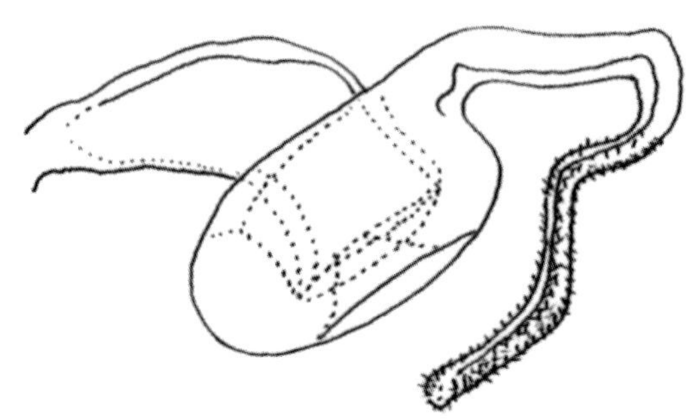

图 4-443-1 松村饰草蛉 *Semachrysa matsumurae* 贮精囊图

【测量】 体长 6.5 ~ 7.5 mm，前翅长 11.0 ~ 12.5 mm，后翅长 9.5 ~ 11.5 mm。

【形态特征】 头部乳白色或黄绿色；上唇黑色，具黑褐色颊斑、唇基斑、角下斑，额区中部有 1 个小的方形斑；颚唇须黄褐色；触角稍长于前翅，第 1、2 节外侧黑褐色。胸部背板中央黄绿色，中胸小盾片具 1 对小的黑色斑，背板两侧前缘黑色。腹部背面黄绿色，腹面黄褐色。前翅前缘横脉列 23 条，第 1 ~ 3 条黑色，其余皆黄绿色；径横脉 10 条，黄绿色；RP 脉分支 11 条，第 1 ~ 4 条具黑褐色晕斑，其余皆黄绿色；Psm-Psc 间横脉 7 条，具晕斑；内中室呈三角形，r-m 横脉位于其中部；除外阶脉基部第 1 条脉具黑褐色斑外，其余皆黄绿色，内 / 外为 7/8；Cu3 脉具黑色斑；后缘中部数条脉具褐色晕斑。后翅翅脉黄褐色，无斑。

【地理分布】 福建、台湾、广东、海南；日本，印度。

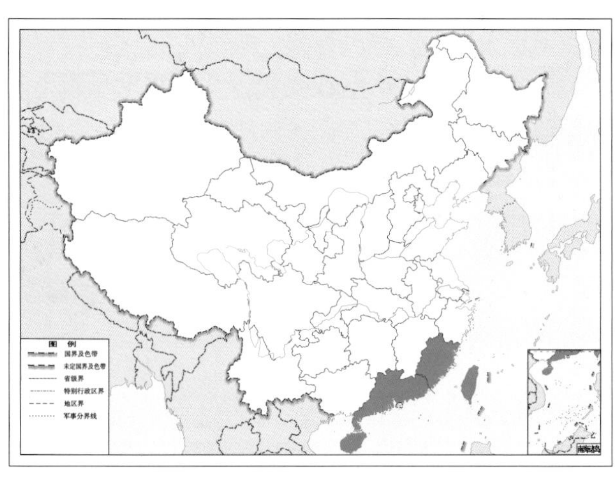

图 4-443-2 松村饰草蛉 *Semachrysa matsumurae* 地理分布图

444. 显脉饰草蛉 *Semachrysa phanera* (Yang, 1987)

图 4-444-1 显脉饰草蛉 *Semachrysa phanera* 成虫图
（标尺：5.0 mm）

【测量】 体长 11.0 mm，前翅长 17.0 mm，后翅长 16.0 mm。

【形态特征】 头部黄色，无任何斑纹；触角黄色。胸部黄绿色，无斑纹，前胸两侧平行而后缘稍窄。足黄褐色，跗节末端及爪褐色。腹部黄绿色略带褐色。前翅翅痣黄绿色，脉淡绿色，但有多处为黑褐色；前缘横脉列至痣前为 24 ~ 25 条，大多数为黑色；RP 脉分支 14 条，RP 脉基部及 r-m 脉黑色，基部分支与伪中脉接连部分也为黑色；r 横脉列 13 ~ 14 条，其上半或全部黑色；阶脉外组 10 段，内组 7 ~ 8 段，均为黑色，内组的两侧淡褐色形成很浅的暗带，中肘横脉列 7 条，大部分黑色；内中室的下缘和相连的横脉及下方的几条脉均为黑色，在 Cu 脉上并形成 1 个三角形褐色斑。后翅前缘横脉列大部分黑色，r 横脉近翅痣者黑色；2 组阶脉均为黑色，外组 8 ~ 9 段，内组 7 段；RP 脉分支 13 ~ 14 条。雌虫腹部末端侧面观肛上板矩形，顶圆而下端突伸；亚生殖板不达肛上板端，中突宽阔；贮精囊圆形，背突半圆形。

【地理分布】 西藏。

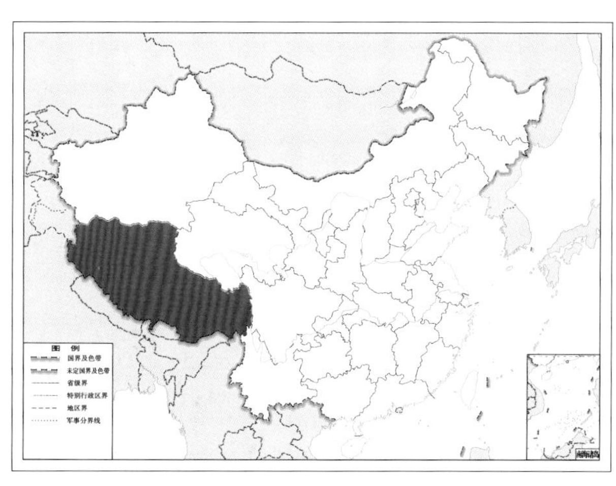

图 4-444-2 显脉饰草蛉 *Semachrysa phanera* 地理分布图

（六五）俗草蛉属 *Suarius* Navás, 1914

【鉴别特征】 触角第 1 节长大于宽。成虫翅脉有两种类型：一类是脉稍带弯曲，横脉减少，达翅缘的各分脉几乎不分叉；另一类型是伪中脉 Psm 直线型，横脉不明显减少，达翅缘的各分脉有分叉。前翅径脉 R 粗大，是其主要特征之一；后翅 R 脉上具 1 层如鳞片状的厚毛。雄虫腹部第 8、9 腹板完全愈合，外生殖器有两种类型：一类是内突在背面不愈合，中突末端带齿；另一类是内突在背面愈合，中突短，末端尖细。无殖弧梁及殖下片；殖弧叶门字形，上端有 2 齿；中突端部有 2 ~ 3 齿，尖锐或钝，但很短；内突发达，形状多样。雌虫肛上板为一整块，亚生殖板宽阔，下端具柄，或具向下端延伸的各种形态。

【地理分布】 亚洲、欧洲、非洲、北美洲。

【分类】 目前全世界已知 72 种，中国已知 12 种，本图鉴收录 2 种。

中国俗草蛉属 *Suarius* 分种检索表

1. 头上具黑色或褐色斑纹 ………… 2
   头上无斑纹 ………… 10
2. 触角第 2 节黑色 ………… 3
   触角第 2 节黄褐色 ………… 4
3. 前胸背板具 4 个黑色斑 ………… **黄褐俗草蛉 *Suarius yasumatsui***
   前胸背板无黑色斑 ………… **贺兰俗草蛉 *Suarius helana***
4. 头部触角间具中斑 ………… 5
   头部触角间无中斑 ………… 8
5. 前翅阶脉黄褐色 ………… **蒙古俗草蛉 *Suarius mongolicus***
   前翅阶脉黑褐色 ………… 6
6. 前胸背板具 3 条褐色纵带 ………… **三纹俗草蛉 *Suarius trilineatus***
   前胸背板中部无褐色纵带 ………… 7
7. 中胸盾片近翅基有 1 个大的褐色斑 ………… **海南俗草蛉 *Suarius hainanus***
   中胸盾片近翅基无斑 ………… **南昌俗草蛉 *Suarius nanchanicus***
8. 阶脉黄色 ………… **华山俗草蛉 *Suarius huashanensis***
   阶脉黑色 ………… 9
9. 前翅前缘横脉列两端黑色，中间绿色 ………… **戈壁俗草蛉 *Suarius gobiensis***
   前翅前缘横脉列黑褐色 ………… **雅俗草蛉 *Suarius celsus***
10. 前翅前缘横脉列绿色 ………… **钩俗草蛉 *Suarius hamulatus***
    前翅前缘横脉列部分黑褐色 ………… 11
11. 前翅前缘横脉列近 Sc 脉端褐色 ………… **端褐俗草蛉 *Suarius posticus***
    前翅前缘横脉列中间绿色，两端黑色 ………… **楔唇俗草蛉 *Suarius sphenochilus***

445. 雅俗草蛉 *Suarius celsus* Yang & Yang, 1999

图 4-445-1 雅俗草蛉 *Suarius celsus* 成虫图
（标尺：5.0 mm）

【形态特征】 头部与触角皆黄褐色，头上具黑褐色颊斑及唇基斑。胸背中央具黄色纵带；前胸背板两侧褐色，基部明显宽于端部，中部有 1 条横脊，其后为 1 条横沟，沟下为 1 条短中沟，整个前胸背板被灰色毛；中后胸背板两侧绿色。足黄绿色，胫节端半部及跗节、爪皆褐色，爪基部弯曲。腹部背面有黄色纵带，腹面及侧板黑褐色，被灰色毛。前翅翅痣透明，黄绿色，痣内无脉；前缘横脉列 24 条，黑褐色；sc-r 间近翅基的脉黑褐色，翅端的绿色；径横脉 12 条，第 1、2、7 ~ 12 条黑褐色，其余近 R 脉半端皆为黑褐色；RP 脉分支 13 条，第 1、2 条黑褐色，第 3、4 条近 Psm 脉端黑褐色，其余皆绿色，但两端黑褐色；内中室呈三角形，r-m 横脉位于其上；Cu 脉及阶脉黑褐色，阶脉内 / 外为 7/8。后翅前缘横脉列 19 条，径横脉 11 条，皆黑褐色；阶脉外组绿色，内组黑褐色，内 / 外：左翅为 6/7，右翅为 7/7。腹部末端第 7 背板是第 8 背板长的 2.5 倍，第 7 腹板内缘圆弧状，后缘有齿状突。

【地理分布】 福建。

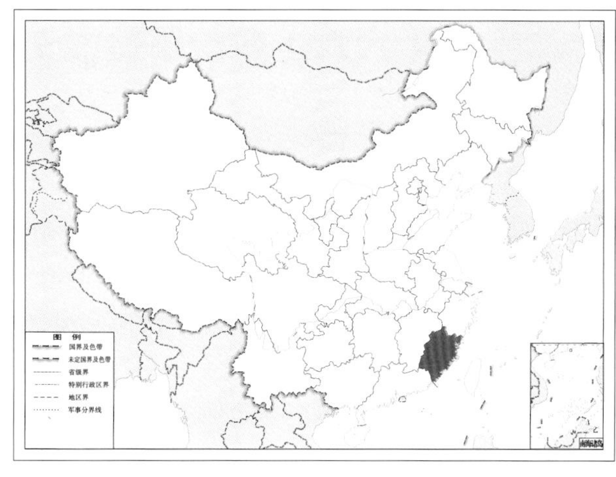

图 4-445-2 雅俗草蛉 *Suarius celsus* 地理分布图

446. 钩俗草蛉 *Suarius hamulatus* Yang & Yang, 1991

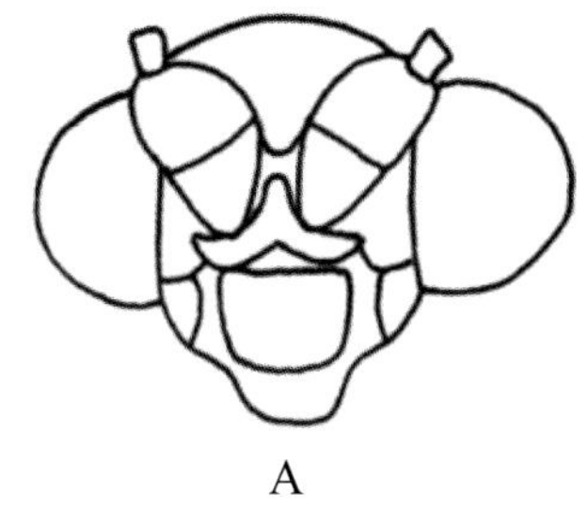

A

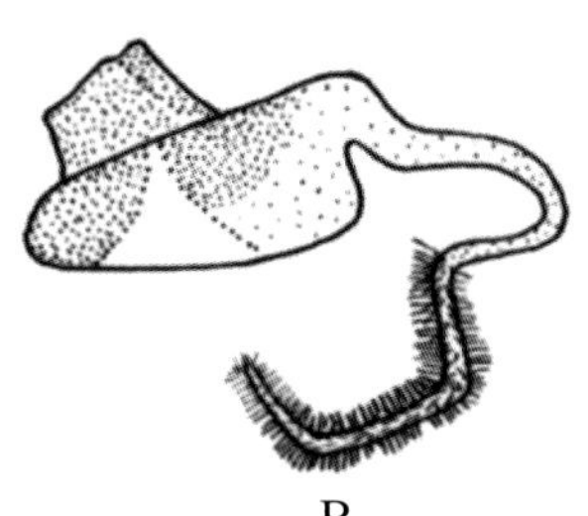

B

图 4-446-1 钩俗草蛉 *Suarius hamulatus* 形态图
A. 头 B. 贮精囊

【测量】 雌虫（干制）体长 6.7 mm，前翅长 9.3 mm，后翅长 8.0 mm，触角长 10.7 mm。

【形态特征】 头部黄色，无斑；颚唇须黄色；触角第 1、2 节黄色，其余浅黄色。胸部背板整个黄色，边缘稍带褐色。足黄绿色，跗节黄褐色，爪褐色，基部弯曲。前翅翅痣淡黄色；前缘横脉列 18 条，绿色；亚前缘区近翅基的横脉灰色，翅端的绿色；径横脉 8 条，绿色；RP 脉分支 9 条，第 1 条褐色，其余皆绿色；Psm-Psc 间横脉 8 条，第 1、2、8 条灰褐色，其余皆绿色；Cu 脉褐色；内中室呈三角形，r-m 横脉位于其顶端；阶脉褐色，内 / 外为 4/5。后翅前缘横脉列 14 条，暗绿色；径横脉及阶脉皆暗绿色，阶脉内 / 外为 4/4。腹部第 7、8 背板皆很短，总长不超过肛上板长；第 7 腹板后缘斜切。贮精囊囊体中部稍凹下，膜突顶端平切，斜向一侧。

【地理分布】 海南。

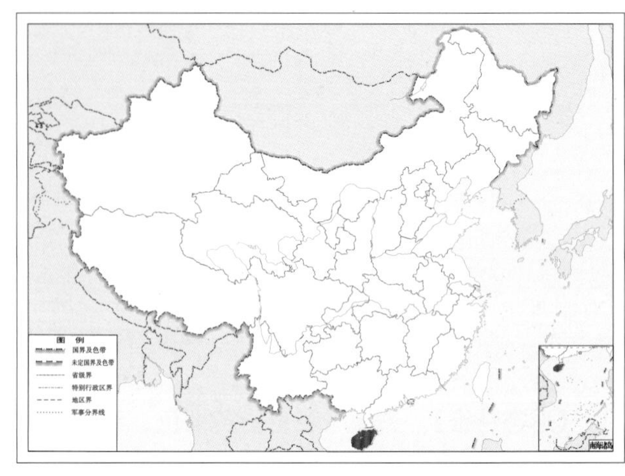

图 4-446-2 钩俗草蛉 *Suarius hamulatus* 地理分布图

（六六）多阶草蛉属 *Tumeochrysa* Needham, 1909

【鉴别特征】 大型种类，前翅长 20.0 ~ 25.0 mm。头部无斑；触角短于前翅。胸部背面及足多无斑纹，爪基部弯曲。前翅窄长；前缘区宽，横脉密；翅痣透明，其内具横脉；Sc 脉、R 脉明显分开；阶脉多组，不甚规律，内阶脉不及 Psm 脉，外阶脉与 Psm 脉端部相接；内中室呈三角形；Psm-Psc 间横脉 15 条以上，除前缘区横脉及臀脉外，其他达翅缘的脉均分叉，后缘 3 组阶脉。腹部无斑，第 7、8 背板具较长的竖立的毛。雄虫第 9 背板与肛上板愈合，第 9 腹板较长，端部弯曲，末端呈瘤状突。雄虫外生殖器中缺殖弧梁及殖下片，殖弧叶呈 U 形弯曲，中部为角状突出；内突发达，宽大呈片状。

【地理分布】 中国；印度、尼泊尔。

【分类】 目前全世界已知 17 种，中国已知 8 种，本图鉴收录 3 种。

中国多阶草蛉属 *Tumeochrysa* 分种检索表

1. 胸部背面具黑褐色斑纹 ························ 2
   胸部背面无黑褐色斑纹 ························ 3
2. 仅前胸背板两侧各有 1 个小黑点 ························ **胡氏多阶草蛉 *Tumeochrysa hui***
   中、后胸背面均有黑色斑纹 ························ **西藏多阶草蛉 *Tumeochrysa tibetana***
3. 前、后翅阶脉很整齐，前翅 4 组、后翅 3 组 ························ **台湾多阶草蛉 *Tumeochrysa issikii***
   前、后翅阶脉不整齐 ························ 4
4. 雄虫第 9 腹板短，端部不弯曲，末端不膨大 ························ **林芝多阶草蛉 *Tumeochrysa nyingchiana***
   雄虫第 9 腹板长，端部弯曲，末端膨大 ························ 5

5. 触角第 1 节两侧具褐色条纹 ………………………………………………… **云多阶草蛉 *Tumeochrysa yunica***
   触角第 1 节两侧无褐色条纹 ……………………………………………………………………………… 6
6. 前翅横脉皆绿色 ………………………………………………………… **无斑多阶草蛉 *Tumeochrysa immaculata***
   前翅横脉部分黑色 ………………………………………………………………………………………… 7
7. 胸背中央为黄色纵带；触角第 1 节外侧无瘤突 ……………………… **长柄多阶草蛉 *Tumeochrysa longiscape***
   胸背整个绿色；触角第 1 节外侧有瘤突 ……………………………………… **华多阶草蛉 *Tumeochrysa sinica***

447. 长柄多阶草蛉 *Tumeochrysa longiscape* Yang, 1987

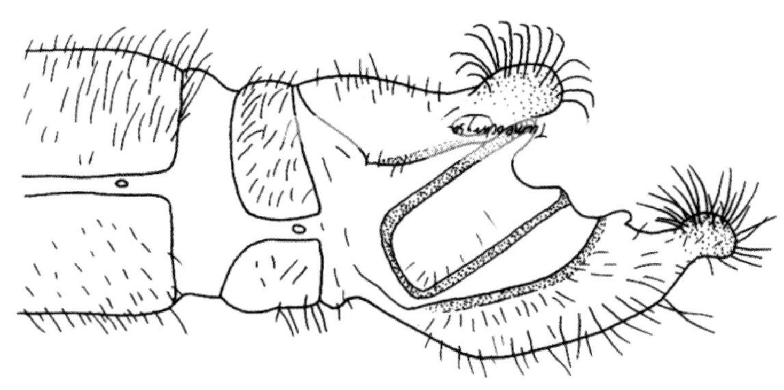

图 4-447-1 长柄多阶草蛉 *Tumeochrysa longiscape* 雄虫腹部末端图

【测量】 体长 17.0 ~ 21.0 mm，前翅长 22.0 ~ 25.0 mm，后翅长 19.0 ~ 24.0 mm。

【形态特征】 头部黄色，无斑纹，有些在后头具 1 个三角形红褐色大斑；触角黄色，柄节极长，约为其宽的 3 倍，长筒形，中部略细；颚唇须黄褐色。胸部黄绿色，具黄色背中纵带；前胸梯形，前端较窄。足黄绿色，跗节淡黄褐色，爪褐色。前翅翅痣黄绿色，脉淡绿色，部分横脉黑色；前缘横脉列至痣前为 33 ~ 35 条，后径脉 22 ~ 23 条（个别为 25 条），R 横脉列 22 ~ 25 条；内中室呈三角形，个别呈四边形，中肘横脉列 13 ~ 14 条；阶脉多组，内组 15 ~ 17 段，外组 10 ~ 13 段，二者之间有 2 ~ 3 组不规则的阶脉。腹部黄绿色带褐色。雄虫腹部末端侧面观，肛上板宽大，表皮内突呈 U 形，上下 2 条平形，端部的瘤突密生长而弯的粗毛；第 9 腹板狭长，端部上翘具瘤突并密生长粗毛。

【地理分布】 西藏。

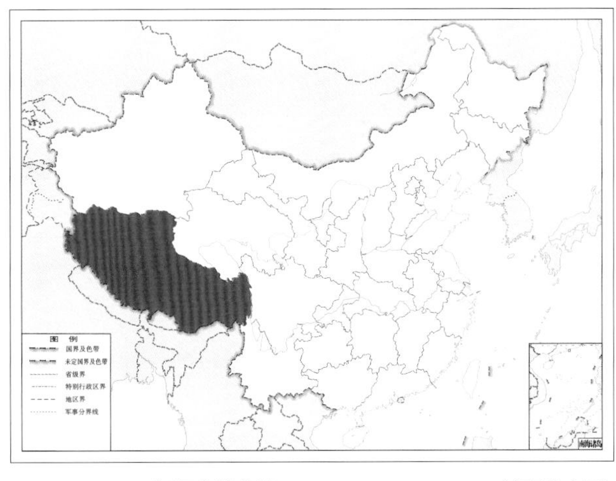

图 4-447-2 长柄多阶草蛉 *Tumeochrysa longiscape* 地理分布图

448. 林芝多阶草蛉 *Tumeochrysa nyingchiana* Yang, 1987

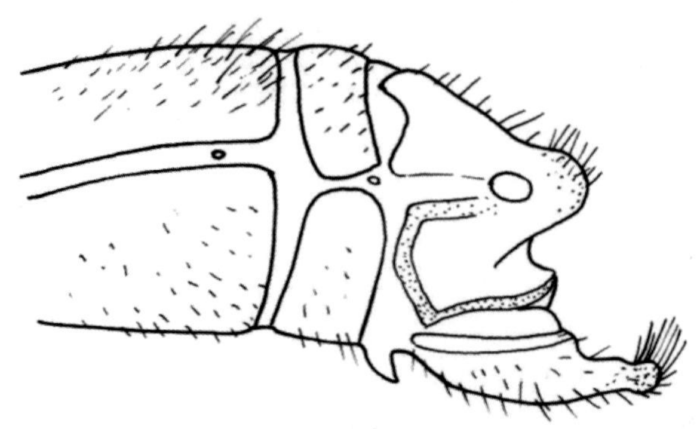

图 4–448–1 林芝多阶草蛉 *Tumeochrysa nyingchiana* 雄虫腹部末端图

【测量】 体长 12.0 ~ 16.0 mm，前翅长 21.0 ~ 22.0 mm，后翅长 18.0 ~ 19.0 mm。

【形态特征】 一般特征与长柄多阶草蛉非常相似，体色更绿，触角的柄节也很长，但中部不细而较均匀。前翅痣前的前缘横脉列 34 ~ 36 条，RP 脉分支 21 ~ 22 条，r 横脉列 21 ~ 22 条，中肘横脉列 12 ~ 14 条，阶脉多组。主要区别为腹部末端形状，雄虫腹部末端侧面观肛上板宽大，表皮内突的上条短而直，下条则长而弯折，二者由 1 个弧形条相连，连接处突出成角；肛上板瘤突上的粗毛稀疏且较短，其内侧的毛较多且倒向；第 9 腹板较短，端部直，密生长毛。

【地理分布】 西藏。

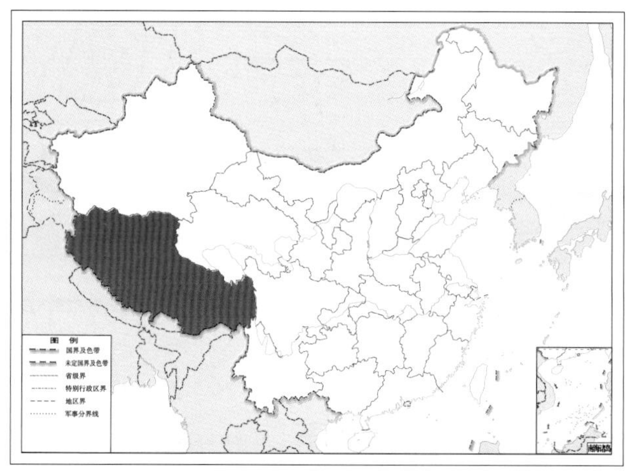

图 4–448–2 林芝多阶草蛉 *Tumeochrysa nyingchiana* 地理分布图

449. 华多阶草蛉 *Tumeochrysa sinica* Yang, 1987

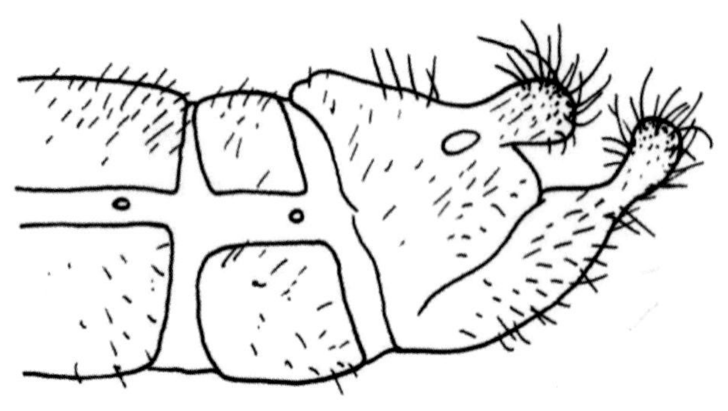

图 4–449–1 华多阶草蛉 *Tumeochrysa sinica* 雄虫腹部末端图

【测量】 体长 14.0 ~ 15.0 mm，前翅长 20.0 ~ 21.0 mm，后翅长 18.0 mm。

【形态特征】 头部绿色，头顶至后头具 1 个大的三角形黄褐色斑；颚唇须黄褐色；触角黄色，柄节粗大与头背面等长，形状与胡氏多阶草蛉相似但外侧有瘤突；胸背绿色，前胸背中及中胸前盾片均为黄色。足淡绿色，跗节黄褐色，爪褐色。腹部黄绿色微带褐色。翅狭长，透明，痣黄绿色，脉绿色，少数脉上为黑色；前翅前缘横脉列至痣前 33 ~ 35 条，RP 脉分支 22 条，R 横脉列 22 ~ 23 条，中肘横脉列 13 ~ 14 条；阶脉 3 组，内组 13 ~ 16 段，中组 9 ~ 13 段，外组 11 ~ 12 段，较其他种显为齐整。雄虫腹部末端侧面观肛上板宽大，瘤突略呈钩状，端生长毛，表皮内突不明显；第 9 腹板长而端部具细颈的瘤突，密生长毛。

【地理分布】 西藏。

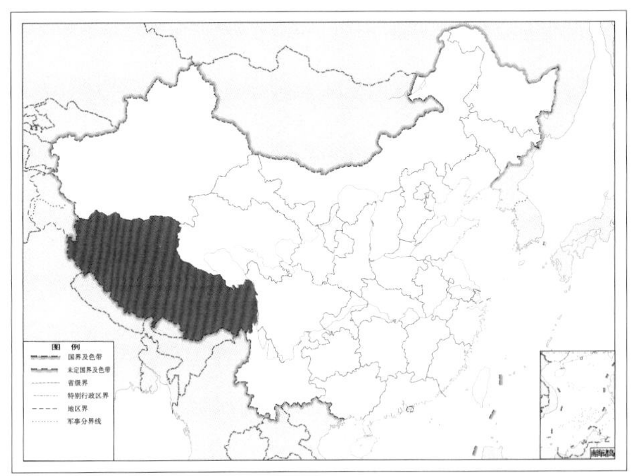

图 4-449-2 华多阶草蛉 *Tumeochrysa sinica* 地理分布图

（六七）云草蛉属 *Yunchrysopa* Yang & Wang, 1994

【鉴别特征】 头部无斑；上颚基本对称；触角约为前翅长的 1.6 倍，柄节长大于宽，梗节中部缢缩。前胸背板长宽近等。爪附齿式。前翅翅痣透明，内有脉，阶脉 2 组，内中室呈三角形；后翅阶脉 2 组。雄虫肛上板蝌蚪状，第 8、9 腹板完全愈合；雄虫外生殖器无殖弧梁、殖下片，殖弧叶 U 形，内部两侧各有 1 个明显突起；伪阳茎背面观基部窄长，近棱形，末端分 3 叶，中叶较大，侧面观其基部、端部均扁宽。雌虫第 7 背板大于第 8 背板，第 8 腹板宽大；雌虫外生殖器中亚生殖板基柄长，端部 2 叶，中部具突起；贮精囊囊体扁，具腹痕；膜突基部较窄，端部侧面观横切状。

【地理分布】 中国。

【分类】 目前全世界已知 1 种，中国已知 1 种，本图鉴收录 1 种。

450. 热带云草蛉 *Yunchrysopa tropica* Yang & Wang, 1994

图 4-450-1 热带云草蛉 *Yunchrysopa tropica* 形态图

（标尺：5.0 mm）

【测量】 体长 8.0 ~ 10.0 mm；雄虫前翅长 12.0 ~ 16.0 mm，后翅长 13.0 ~ 15.0 mm；雌虫前翅长 16.0 ~ 26.0 mm，后翅长 15.0 ~ 24.0 mm；触角长 25.0 ~ 26.0 mm。

【形态特征】 头部黄色，无斑；颚唇须及触角均黄色，触角基节长大于宽。胸部背板黄绿色，前胸背板侧缘中部各具 1 个黑褐色圆斑；中后胸侧、腹板乳黄色。足黄绿色，爪基部弯曲。腹板黄褐色，肛上板黄绿色。前翅前缘横脉列 18 条，绿色；径横脉 11 条，第 1、6 ~ 8 条黑褐色，其余皆绿色；RP 脉基部褐色，分支 13 条，绿色；Psm-Psc 间横脉 7 条，第 7 条褐色；阶脉除外组从近 Psm 脉起第 1 ~ 4 条黑色外，其余皆绿色，内 / 外：左翅为 5/7，右翅为 5/6。雄虫第 8 背板长是第 7 背板的 1/2；雌虫第 8 背板是第 7 背板长的 3/5。

【地理分布】 云南。

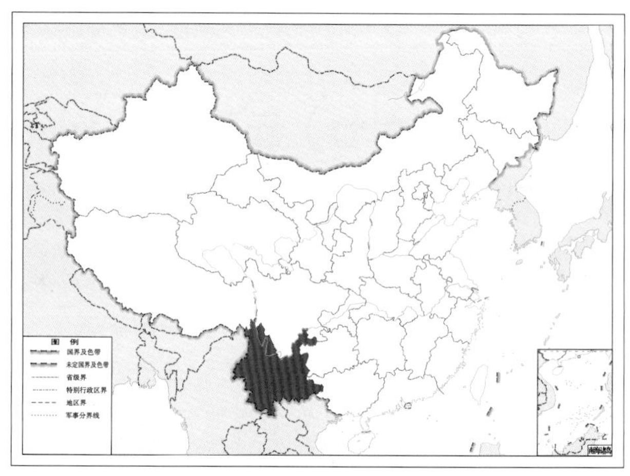

图 4-450-2 热带云草蛉 *Yunchrysopa tropica* 地理分布图

幻草蛉亚科 Nothochrysinae Navás, 1910

【鉴别特征】 体小型至大型，头窄长；触角短于前翅，鞭节各节长为宽的 2 倍多，每节毛圈 5 ~ 6 个。爪基部不弯曲。前翅窄长，前缘区窄，内中室形状多变，Psm 脉短，与内阶脉愈合，轭叶宽大。雄虫腹部第 8、9 节愈合，雌虫肛上板不与第 9 背板愈合。

【地理分布】 非洲界、古北区界（西部）、新北界（西部）、澳洲界。

【分类】 目前全世界已知 14 属 39 种，中国已知 2 属 2 种，本图鉴收录 1 属 1 种。

中国幻草蛉亚科 Nothochrysinae 分属检索表

1. 前翅阶脉内组与 Psm 脉相接 …………………… 幻草蛉属 *Nothochrysa*

   前翅阶脉内组不与 Psm 脉相接 …………………… 华草蛉属 *Sinochrysa*

（六八）幻草蛉属 *Nothochrysa* McLachlan, 1868

【鉴别特征】 小型至大型种类。头窄长，复眼小；触角短于前翅，鞭节各节长为宽的 2 倍多，每节毛圈 5 ~ 6 个。爪基部不弯曲。前翅窄长，前缘区窄；内中室形状多变；Psm 脉短，与内阶脉愈合；阶脉 2 组或 3 组，少数为多组；轭叶宽大。腹部较短粗，雄虫第 8、9 腹板愈合，雌虫肛上板不与第 9 背板愈合。雄虫外生殖器缺殖弧梁、殖下片及生殖毛，殖弧叶及内突发达。雌虫亚生殖板与草蛉亚科 Chrysopinae 昆虫接近，但贮精囊膜突极短。

【地理分布】 非洲界、古北界（西部）、新北界（西部）、澳洲界。

【分类】 目前全世界已知 5 种，中国已知仅 1 种，本图鉴收录 1 种。

451. 中华幻草蛉 *Nothochrysa sinica* Yang, 1986

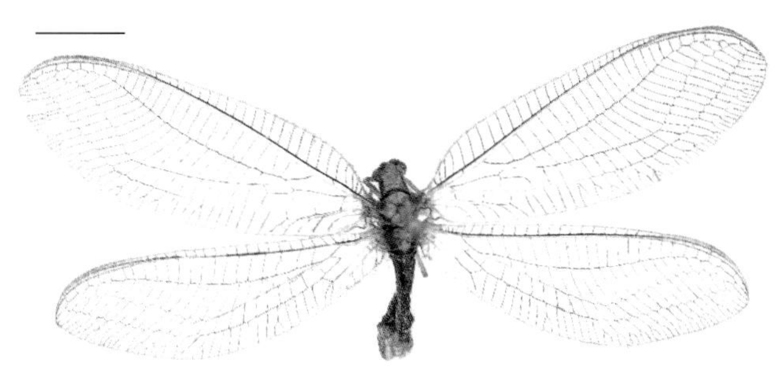

图 4-451-1　中华幻草蛉 *Nothochrysa sinica* 成虫图

（标尺：5.0 mm）

【测量】 体长 12.0 ~ 14.0 mm，前翅长 20.0 ~ 23.0 mm，后翅长 20.0 ~ 21.0 mm。

【形态特征】 头部橙黄色，无斑；触角是前翅长的 2/3，第 1、2 节橙黄色，其余黑褐色。前胸背板两侧各具 1 条纵斑纹，中、后胸盾片两侧各具 1 个黑色斑。前翅翅痣狭长，除纵脉多为黄绿色外，横脉均黑色；Psc 脉基半端及 A1、A2 脉的一部分为黄褐色；内中室呈四边形，有的个体为三角形，阶脉 2 组。后翅脉的颜色基本与前翅同。足黄褐色，跗节褐色。腹部黑褐色，第 7 背板长于第 8 背板。雌虫亚生殖板底缘平直，顶端具宽大的凹刻；贮精囊囊体扁窄，膜突小，半圆形。

【地理分布】 甘肃、宁夏、陕西、湖北。

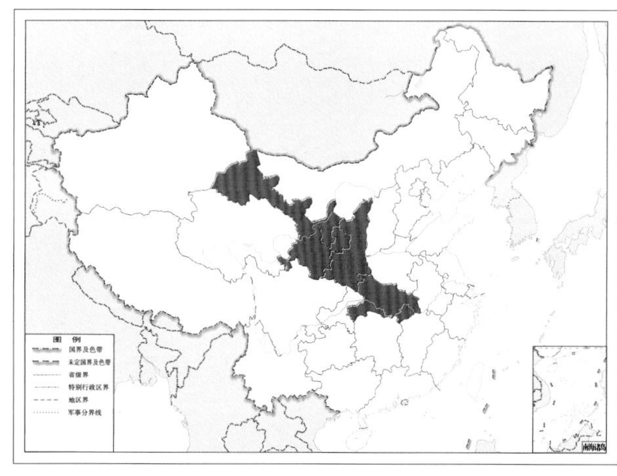

图 4-451-2　中华幻草蛉 *Nothochrysa sinica* 地理分布图

一〇、蛾蛉科 Ithonidae Newman, 1853

【鉴别特征】 体中大型，粗壮。头部常缩进前胸，背面观大部分被前胸遮盖；触角念珠状或近锯齿状。翅宽阔，多具翅疤；前翅肩迴脉发达，后翅臀区较宽阔。

【生物学特征】 蛾蛉幼虫蛴螬型，生活于靠近高大乔木植物根系附近的土壤中，可能为植食性。成虫飞翔能力较弱，具有趋光性。少数物种具有明显雌雄二型现象，雄虫体色灰暗而雌虫体翅为嫩绿色。

【地理分布】 间断分布于亚洲东南部、澳大利亚及美洲。

【分类】 目前全世界已知 7 属 39 种，中国已知 1 属 6 种，本图鉴收录 1 属 6 种。

（六九）山蛉属 *Rapisma* McLachlan, 1866

【鉴别特征】 体中大型。头部部分缩进前胸，头顶半球形；唇基突出，近长角形；上颚短且宽；触角念珠状，但有时锯齿状，触角长短于前翅；复眼球形，复眼最大直径和两复眼间的间距长度比（EI 值）为 0.7 ~ 1.1；无单眼。胸部粗壮，前胸宽阔近盾形。足多毛，胫节无端距；前跗节的爪基部宽阔，内侧具有 1 个不明显的突起，前跗节无中垫。翅宽阔，前翅和后翅在 RP+MA 脉基部和 MP 脉之间均具 1 个翅疤；仅前翅前缘具缘饰（trichosors）。腹部粗壮，生殖节明显短于生殖前节。雄虫外生殖器第 9 背板宽大于长；第 9 生殖基节、第 11 生殖刺突和第 11 生殖基节连接成 1 个复合体；第 9 生殖基节成对，具 1 个宽叶和 1 个窄的侧臂，与第 11 生殖基节端部在侧面连接；第 11 生殖基节呈圆弧形；第 11 生殖刺突与第 11 生殖基节在后内侧愈合；内生殖板较小，不明显。雌虫外生殖器第 8 生殖基节和第 8 生殖叶愈合，后缘延长，端部内凹；第 9 生殖基节为短小的瓣状，端部连接极小的第 9 生殖刺突；第 9 生殖叶成对，一般位于第 8 生殖基节后侧和第 9 生殖基节下侧；肛上板背面观不成对，侧面具臀胝；交尾囊中间连接平直的输卵管，前端连接受精囊；受精囊由 2 个管道结构组成，末端具有一大一小的卵形囊。

【地理分布】 东洋界，主要分布于东南亚。

【分类】 目前全世界已知 21 种，中国已知 6 种，本图鉴收录 6 种。

中国山蛉属 *Rapisma* 分种检索表

1. 触角极短，短于前翅的 1/5，念珠状；雄虫外生殖器第 9 生殖基节近球形，后腹端不分裂 ······················· 2

   触角较长，长于前翅的 1/5，锯齿状；雄虫外生殖器第 9 生殖基节分 2 叶，后腹端被许多短毛 ················· 4

2. 雄虫虫体和前翅浅褐色，但雌虫浅绿色；雄虫外生殖器第 11 生殖基节背面观向后外侧延长 ·······················

………………………………………………………………………………………… 西藏山蛉 ***Rapisma xizangense***

雌、雄虫体和前翅均为浅绿色；雄虫外生殖器第 11 生殖基节背面观不向后外侧延长 ……………………… 3

3. 雄虫头部中间无深色斑；雄虫外生殖器第 11 生殖基节前端明显内凹，中部形成近圆形的凹口；雄虫外生殖器第 11 生殖刺突不向后外侧突出；雌虫外生殖器第 8 生殖基节和第 8 生殖叶近梯形，两者横向连接缝不明显 ……………………………………………………………………………………… 长青山蛉 ***Rapisma changqingense***

雄虫头部中间具深色斑；雄虫外生殖器第 11 生殖基节前端有 1 个近梯形切口，但中部无明显凹口；雄虫外生殖器第 11 生殖刺突向后外侧突出；雌虫外生殖器第 8 生殖基节和第 8 生殖叶近五边形，两者横向连接缝明显，近拱形 …………………………………………………………………………… 炎黄山蛉 ***Rapisma yanhuangi***

4. 触角长度约为前翅的 1/3，锯齿状 ……………………………………………………………………………… 5

触角长度约为前翅的 1/2，锯齿状 …………………………………………… 高黎贡山蛉 ***Rapisma gaoligongense***

5. 雄虫头部中间无深色斑；雄虫外生殖器第 9 生殖基节后内侧具前端弯曲的叶 …… 傣族山蛉 ***Rapisma daianum***

雄虫头部具深色斑；雄虫外生殖器第 9 生殖基节后内侧具叶，但前端不弯曲 …… 集昆山蛉 ***Rapisma chikuni***

452. 长青山蛉 *Rapisma changqingense* Liu, 2018

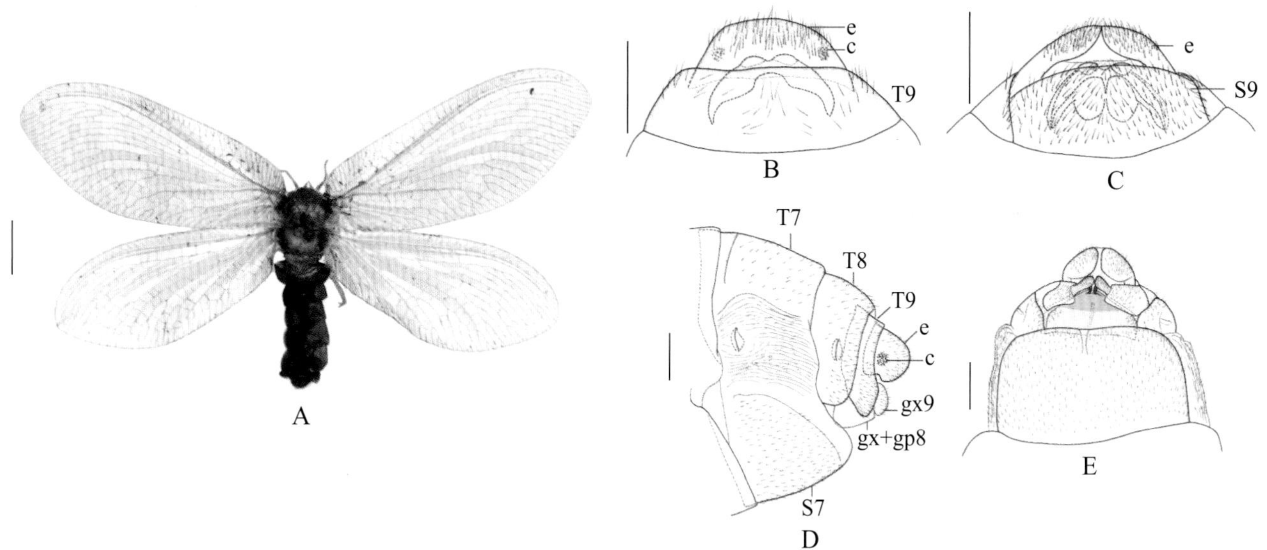

图 4-452-1　长青山蛉 ***Rapisma changqingense*** 形态图

（标尺：A 为 5.0 mm，B ~ E 为 1.0 mm）

A. 成虫背面观　B. 雄虫外生殖器背面观　C. 雄虫外生殖器腹面观　D. 雌虫外生殖器侧面观　E. 雌虫外生殖器腹面观

e. 肛上板　c. 臀胝　T7. 第 7 背板　T8. 第 8 背板　T9. 第 9 背板　S7. 第 7 腹板　S9. 第 9 腹板

gx9. 第 9 生殖基节　gx+gp8. 第 8 生殖基节 + 生殖叶

【测量】 雄虫体长 18.0 mm，前翅长 25.0 mm，后翅长 21.7 mm；雌虫体长 24.8 mm，前翅长 32.0 mm，后翅长 28.9 mm。

【形态特征】 头部浅黄绿色，近半球形，大部分缩进前胸。复眼深褐色，EI 值为 0.68，复眼周围具有 1 条深褐色窄条斑，略微延伸到头顶；触角浅黄色，念珠状，长约 4.0 mm；上颚端部黑色。胸部浅绿色，中胸和后胸颜色浅于前胸，无明显斑纹。足浅黄色，前跗节的爪红褐色，基部略微延长。前翅浅绿色，无缘饰；翅基部在RP+MA脉和MP脉之间具有1个近白色的翅疤，RP脉分支8条。后翅较前翅色浅，基部具1个翅疤，RP脉分支7条。腹部黄绿色，背板和生殖节褐色。雄虫外生殖器第9背板近梯形，多短毛；第9腹板短于第9背板，宽约为第9背板的2倍，前缘微凸。肛上板短且窄于第9背板，腹面形成1对卵圆形叶；第9生殖基节成对，无毛，每对具1个宽的梯形叶和1个拱形侧臂；愈合的第11生殖基节拱形，前端内凹，在中部具1个约半圆形的凹口，背面观后缘微凸；第11生殖刺突具有1对背叶和1个单独的腹叶，背叶钝圆，腹叶扁平，端部具有1簇长毛。雌虫外生殖器第7腹板大，后内侧具有1条窄沟；第8生殖基节和第8生殖叶愈合，近梯形，端部形成凹口，具1对指状突起，中部具不明显的指突；第9生殖基节侧面观近半圆形，端部连接第9生殖突；第9生殖突成对，小且呈卵圆形，位于第8生殖基节后侧和第9生殖基节下侧；肛上板侧面观近半圆形。

【地理分布】 陕西。

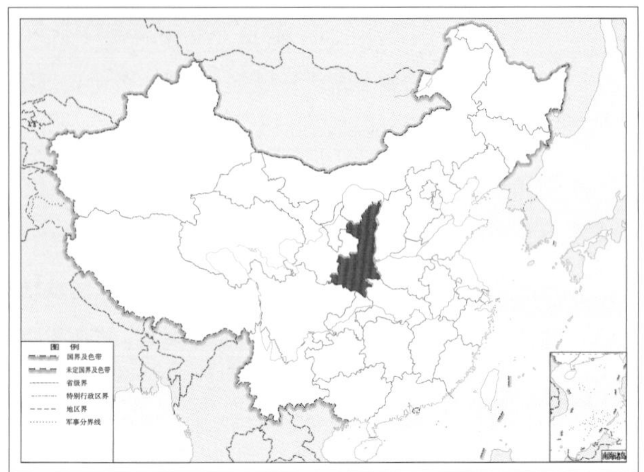

图 4-452-2 长青山蛉 *Rapisma changqingense* 地理分布图

图 4-452-3 长青山蛉 *Rapisma changqingense*（郑昱辰 摄）

453. 集昆山蛉 *Rapisma chikuni* Liu, 2018

图 4-453-1 集昆山蛉 *Rapisma chikuni* 形态图
（标尺：A 为 5.0 mm，B、C 为 1.0 mm）
A. 成虫背面观 B. 雄虫外生殖器背面观 C. 雄虫外生殖器腹面观
e. 肛上板 c. 臀胝 T9. 第 9 背板 S9. 第 9 腹板

【测量】 雄虫体长 14.5 mm，前翅长 26.6 mm，后翅长 23.0 mm。

【形态特征】 头部浅黄色，近半球形，部分缩进前胸；头顶前端和额均具 1 条横向的黑褐色条斑；复眼深褐色，EI 值为 0.84；触角浅黄色，锯齿状，长 8.5 mm，基部 2 个鞭小节和端部 1/4 的鞭节颜色较深；上颚端部黑色。前胸和中胸浅绿色，后胸浅黄色；前胸背板前端具有 1 对近三角形的黑褐色斑，后端外侧具 1 对卵圆形的黑褐色斑；中胸背板和后胸背板两侧均具有 1 对大的和 1 对点状的黑褐色斑纹。足浅黄色，前跗节的爪红褐色，基部略微延长。前翅浅绿色，具稀少的灰褐色斑，仅前缘具有缘饰；翅基部在 RP+MA 脉和 MP 脉之间具有 1 个黑色翅疤，RP 脉分支 7 条。后翅较前翅色浅，基部具 1 个翅疤，RP 脉分支 4 条。腹部棕色，背板和生殖节黄绿色。雄虫外生殖器第 9 腹板近梯形，后缘微凹；第 9 生殖基节成对，具许多短毛，每对具 1 个粗叶，粗叶侧面具 1 个指状突起，背面具 1 个小叶和 1 个拱形的短臂；愈合的第 11 生殖基节拱形，背面观近圆形，前内侧明显内凹，形成 1 对宽阔的叶，叶在端侧具有 1 对变细的副分支条；第 11 生殖刺突愈合，近梯形，腹面具 1 对钝突；下生殖板大，近箭状，具侧叶。

【地理分布】 云南。

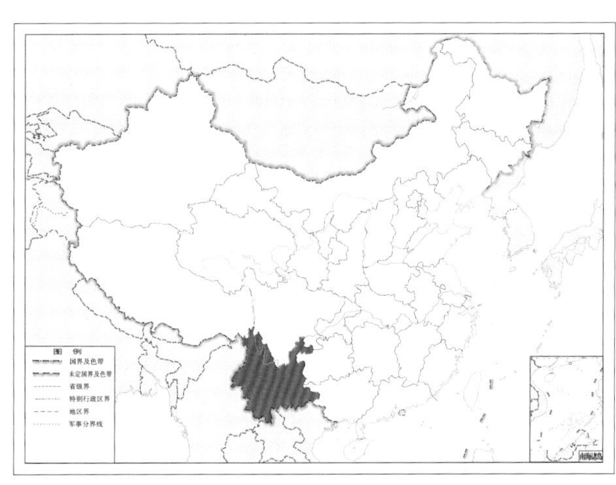

图 4-453-2 集昆山蛉 *Rapisma chikuni* 地理分布图

454. 傣族山蛉 *Rapisma daianum* Yang, 1993

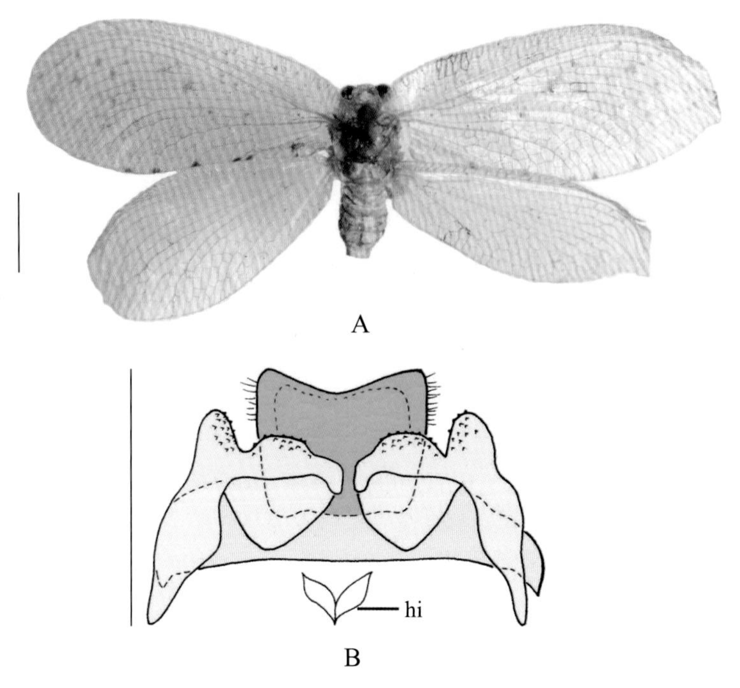

图 4-454-1 傣族山蛉 *Rapisma daianum* 形态图
（标尺：A 为 5.0 mm，B 为 1.0 mm）
A. 成虫背面观 B. 雄虫生殖骨片复合体腹面观 hi. 内生殖板

【测量】 雄虫体长 18.0 mm，前翅长 22.0 mm，后翅长 20.0 mm。

【形态特征】 头部浅黄色，近半球形，部分缩进前胸；复眼深褐色，EI 值为 1.00，沿复眼内侧前半部分具 1 条窄的黑褐色条斑；触角黄褐色至棕色，锯齿状；上颚端部黑色。胸部浅黄色；中胸背板和后胸背板两侧均具有 1 对灰褐色斑纹。足浅黄色，前跗节的爪红褐色，基部略微延长。前翅浅黄色，具稀少的灰褐色斑；无缘饰。翅基部在 RP+MA 脉和 MP 脉之间具有 1 个黑色翅疤，RP 脉分支 6 条；后翅较前翅色浅，基部具 1 个浅黄色翅疤，RP 脉分支 3 条。腹部浅黄色，侧面褐色。雄虫外生殖器第 9 生殖基节成对，具许多短毛，每对具 1 个在端部弯曲的指状叶，侧面具 1 个粗的锥形突起，背面具 1 个宽叶和 1 个弧形短臂；第 11 生殖刺突愈合，近正方形，具短毛，后侧具 1 个 V 形切口，形成 1 对近三角形的裂片；愈合的第 11 生殖基节拱形，前端微内切但前缘平截；下生殖板大，近箭状，具侧叶。

【地理分布】 云南。

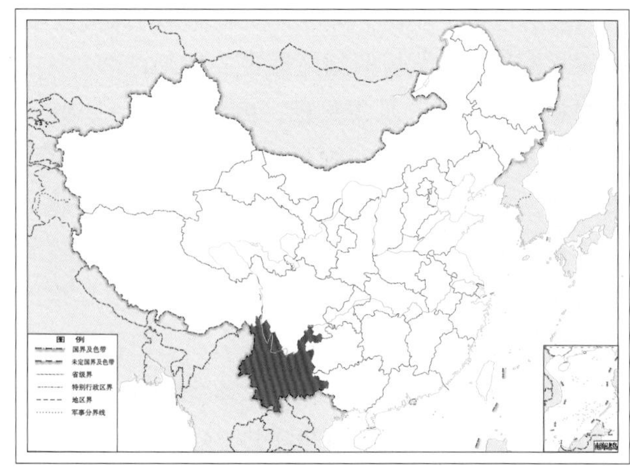

图 4-454-2 傣族山蛉 *Rapisma daianum* 地理分布图

455. 高黎贡山蛉 *Rapisma gaoligongense* Liu, Li & Yang, 2018

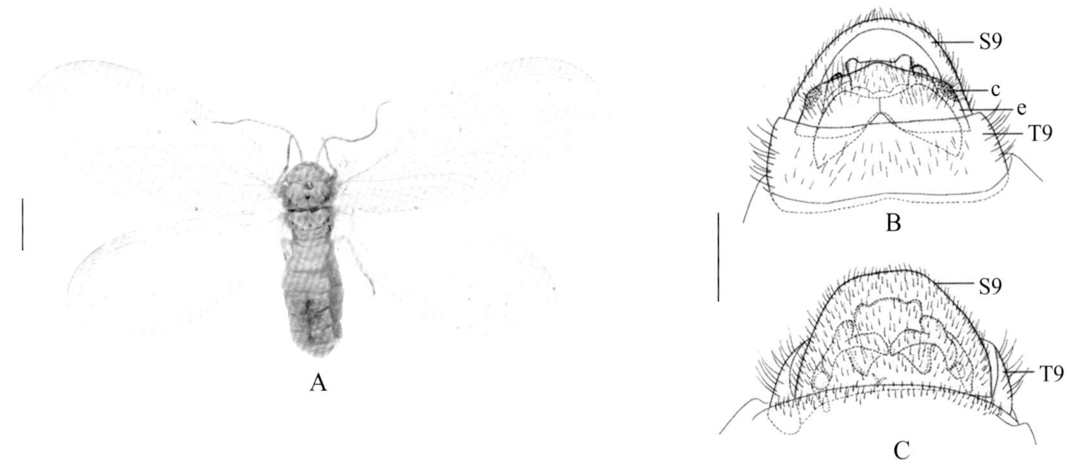

图 4-455-1 高黎贡山蛉 *Rapisma gaoligongense* 形态图

（标尺：A 为 5.0 mm，B、C 为 1.0 mm）

A. 成虫背面观 B. 雄虫外生殖器背面观 C. 雄虫外生殖器腹面观

c. 臀胝 e. 肛上板 S9. 第 9 腹板 T9. 第 9 背板

【测量】 雄虫体长 16.7 ~ 20.0 mm，前翅长 27.2 ~ 27.6 mm，后翅长 23.5 ~ 24.2 mm。

【形态特征】 头部浅黄色，近半球形，大部分缩进前胸；复眼深褐色，EI 值为 0.80 ~ 0.88，复眼周围有 1 条窄的黑色条斑；触角锯齿状，长 12.3 ~ 13.1 mm，鞭节端半部的颜色略深；上颚端部黑色。胸部浅黄色；中胸背板和后胸背板的盾片在侧缘均具有 2 对灰色斑，小盾片上具有 1 个浅灰色斑。足浅黄色，前跗节的爪红褐色，基部略微延长。前翅黄绿色，横脉上具一些小灰色斑，仅前缘具缘饰。翅基部在 RP+MA 脉和 MP 脉之间具有 1 个灰色翅疤，RP 脉分支 8 ~ 10 条。后翅较前翅色浅，基部具 1 个灰色翅疤，RP 脉分支 5 ~ 6 条。腹部浅黄色。雄虫外生殖器第 9 背板近三角形；第 9 腹板约和第 9 背板等长，但窄于第 9 背板，近梯形；肛上板略短且窄于第 9 背板，背面观中间微突；第 9 生殖基节成对，具很多短毛，每对生殖基节具 1 个香蕉状叶，其侧面具 1 个短卵圆形突起，背侧具 1 个扁平的近三角形叶和 1 个微曲的弧形短臂；愈合的第 11 生殖基节拱形，背面观前内侧明显内凹，形成 1 对宽阔的叶，后内侧微凹；第 11 生殖刺突愈合，近正方形，侧缘具 1 对钝突；内生殖板极小，箭状。

【地理分布】 云南。

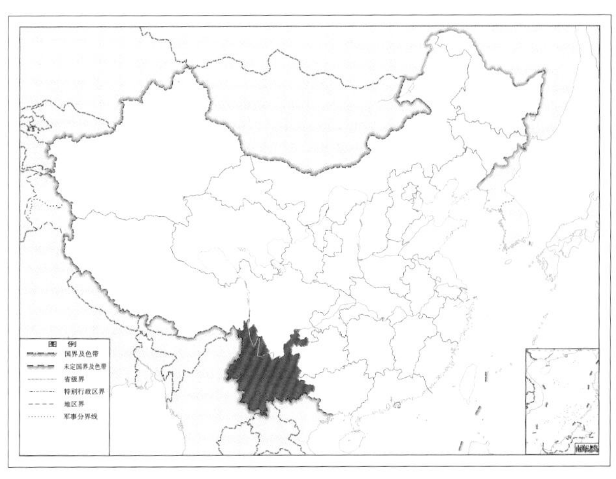

图 4-455-2 高黎贡山蛉 *Rapisma gaoligongense* 地理分布图

456. 西藏山蛉 *Rapisma xizangense* Yang, 1993

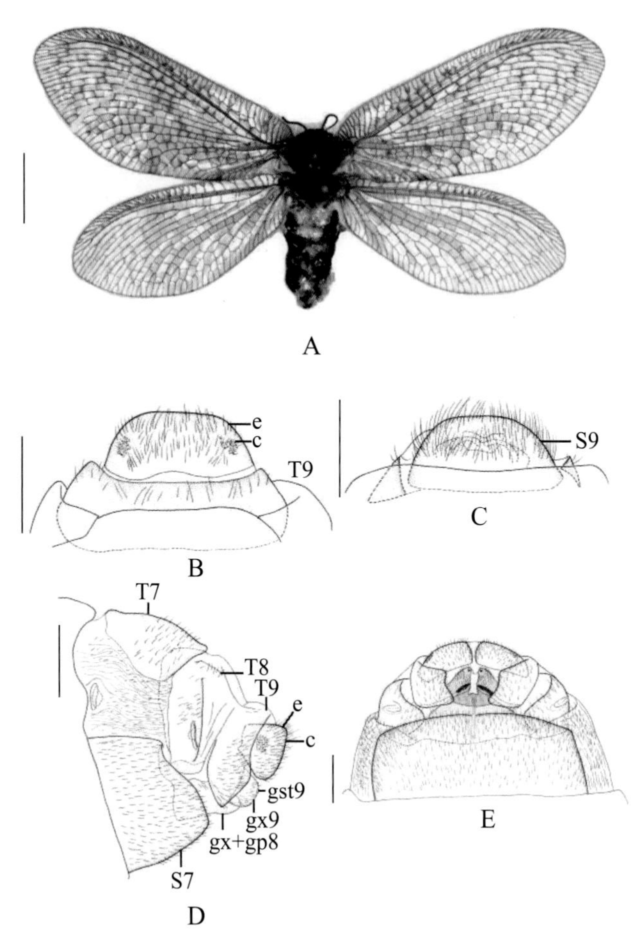

图 4-456-1 西藏山蛉 *Rapisma xizangense* 形态图

（标尺：A 为 5.0 mm，B ~ E 为 1.0 mm）

A. 成虫背面观 B. 雄虫外生殖器背面观 C. 雄虫外生殖器腹面观 D. 雌虫外生殖器侧面观 E. 雌虫外生殖器腹面观 T7. 第 7 背板 T8. 第 8 背板 T9. 第 9 背板 e. 肛上板 c. 臀胝 gst9. 第 9 生殖刺突 gx9. 第 9 生殖基节 gx+gp8. 第 8 生殖基节 + 生殖叶 S7. 第 7 腹板 S9. 第 9 腹板

【测量】 雄虫体长 13.0 ~ 14.0 mm，前翅长 19.0 ~ 20.0 mm，后翅长 16.6 ~ 17.0 mm；雌虫体长 19.1 ~ 22.0 mm，前翅长 30.0 ~ 31.3 mm，后翅长 26.0 ~ 26.2 mm。

【形态特征】 头部黄褐色，近半球形，大部分缩进前胸；头顶具 1 个大的褐色斑，额和唇基内侧具褐色斑，但比头顶褐色斑窄；复眼深褐色，EI 值为 0.80，复眼周围有 1 条窄的黑色条斑。触角念珠状，长 4.4 ~ 4.5 mm；上颚端部黑色。胸部浅褐色；中胸背板和后胸背板略浅于前胸，无明显斑纹。足浅黄色，前跗节的爪红褐色，基部略微延长。前翅浅褐色，横脉上具许多小的棕色斑，无缘饰。翅基部在 RP+MA 脉和 MP 脉之间具有 1 个黑色翅疤，RP 脉分支 8 ~ 9 条。后翅较前翅色浅，基部具 1 个黑色翅疤，RP 脉分支 6 ~ 8 条。腹部褐色。雄虫外生殖器第 9 背板近梯形，后缘微凹；第

9 腹板约和第 9 背板等长，为第 9 背板的 1.5 倍宽，近梯形；肛上板约和第 9 背板等长，腹面具 1 对分离的卵形叶；第 9 生殖基节成对，无毛，每对具 1 个卵形叶，背面具 1 个近三角形的叶和 1 个微曲的弧形短臂；愈合的第 11 生殖基节拱形，前端微凹，后内侧平截，背面观后外侧明显延长；第 11 生殖刺突具 1 对背叶和 1 支单独的腹叶，背叶近三角形，腹叶扁平，端部具有 1 簇长毛。雌虫外生殖器第 7 腹板大，后内侧具 1 条窄沟；第 8 生殖基节和第 8 生殖叶愈合，宽且近三角形，但由 1 条横向的拱状沟分离，端部内凹，具 1 对指状突起，中部微微突出；第 9 生殖基节侧面观近圆形，端部连接第 9 生殖刺突；第 9 生殖突成对，小且呈卵圆形，位于第 8 生殖基节后侧和第 9 生殖基节下侧；肛上板侧面观近梯形，后端略加宽。

【地理分布】 西藏。

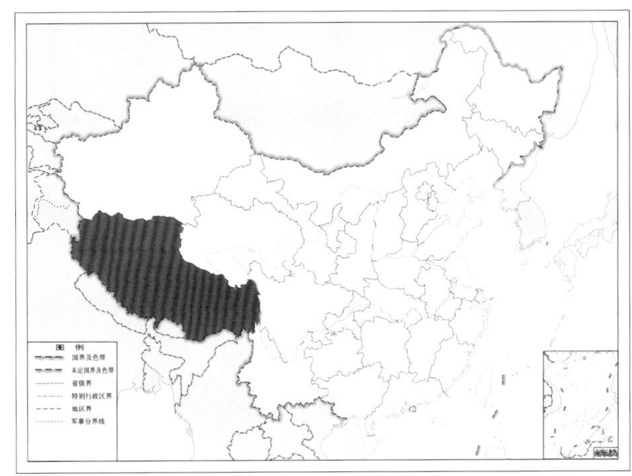

图 4-456-2 西藏山蛉 *Rapisma xizangense* 地理分布图

457. 炎黄山蛉 *Rapisma yanhuangi* Yang, 1993

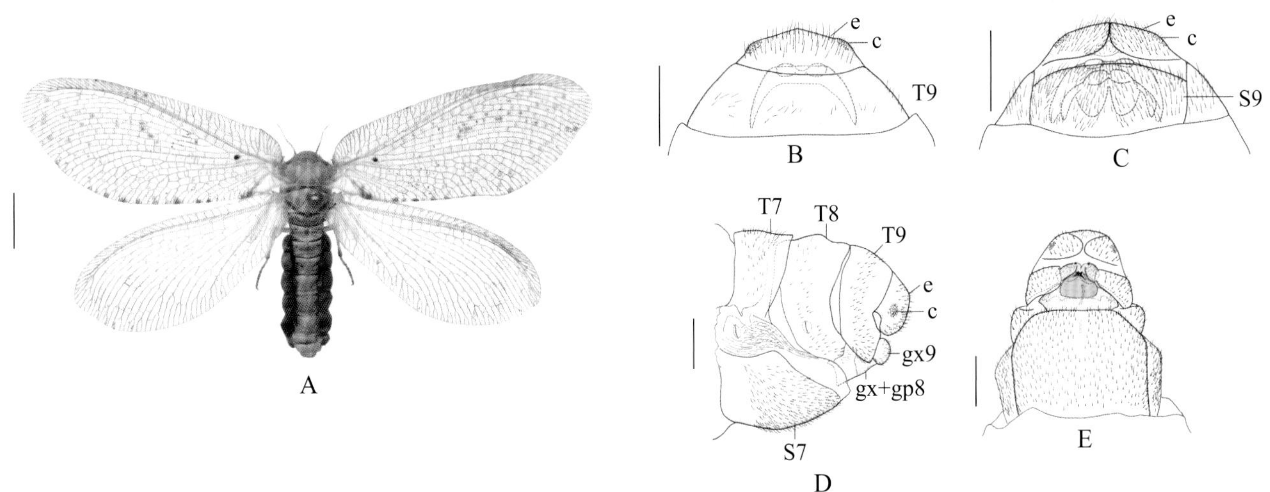

图 4-457-1 炎黄山蛉 *Rapisma yanhuangi* 形态图

（标尺：A 为 5.0 mm，B ~ E 为 1.0 mm）

A. 成虫背面观 B. 雄虫外生殖器背面观 C. 雄虫外生殖器腹面观 D. 雌虫外生殖器侧面观 E. 雌虫外生殖器腹面观

e. 肛上板 c. 臀胝 T7. 第 7 背板 T8. 第 8 背板 T9. 第 9 背板 gx9. 第 9 生殖基节 gx+gp8. 第 8 生殖基节 + 生殖叶

S7. 第 7 腹板 S9. 第 9 腹板

【测量】 雄虫体长 17.2 ~ 20.0 mm，前翅长 20.8 ~ 25.8 mm，后翅长 18.4 ~ 22.1 mm；雌虫体长 18.0 ~ 20.0 mm，前翅长 27.0 ~ 27.3 mm，后翅长 24.0 ~ 27.0 mm。

【形态特征】 头部浅黄绿色，近半球形，大部分缩进前胸；头顶具 1 对横向的卵圆形黑色条斑；沿额和唇基的中线具几个小的褐色斑；复眼深褐色，EI 值为 0.78，复眼周围有 1 条窄的黑色条斑；触角念珠状，长 4.7 ~ 4.9 mm；上颚端部黑色。胸部浅绿色；中胸和后胸略浅于前胸，无明显斑纹。足浅黄褐色，胫节端部和跗分节色深；前跗节的爪红褐色，基部略微延长。前翅绿色，端半部和后缘有一些小的灰色斑，无缘饰；翅基部在 RP+MA 脉和 MP 脉之间具有 1 个黑色翅疤，有时具明显的黑点；RP 脉分支 6 ~ 9 条。后翅较前翅色浅，基部具 1 个黑色翅疤，RP 脉分支 6 ~ 7 条。腹部黄褐色，但背板和外生殖器浅绿色。雄虫外生殖器第 9 背板近梯形；第 9 腹板约和第 9 背板等长，为第 9 背板的 2.5 倍宽；肛上板略短且窄于第 9 背板，腹面具 1 对分离的卵形叶；第 9 生殖基节成对，无毛，每对具 1 个宽阔的梯形叶和 1 个微曲的弧形短臂；愈合的第 11 生殖基节拱形，前端有 1 个较宽且呈梯形的凹切，后缘平截，背面观后外侧明显变细；第 11 生殖刺突具 1 对背叶和 1 对腹叶，背叶后外侧明显突起，被短毛；腹叶偏平，端部具有 1 簇长毛。雌虫外生殖器第 7 腹板大，后内侧具 1 条窄沟；第 8 生殖基节和第 8 生殖叶愈合，近五边形，但由 1 条横向的拱状沟分离，端部内凹，具 1 对指状突起，中部微微突出；第 9 生殖基节侧面观近圆形，端部连接第 9 生殖刺突；第 9 生殖突成对，小且呈卵圆形，位于第 8 生殖基节后侧和第 9 生殖基节下侧；肛上板侧面观近卵圆形。

【地理分布】 四川。

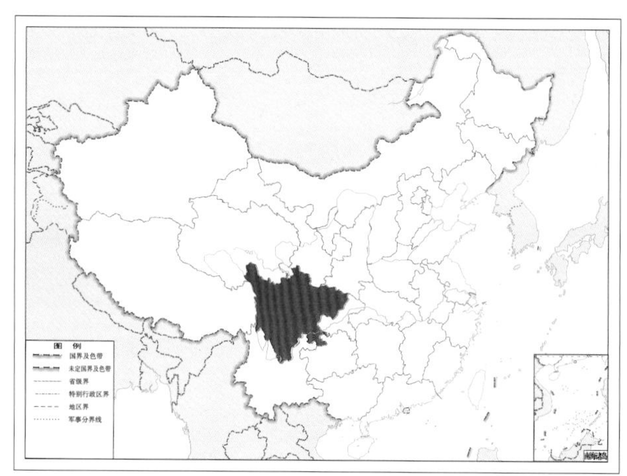

图 4-457-2 炎黄山蛉 *Rapisma yanhuangi* 地理分布图

一一、蝶蛉科 Psychopsidae Handlirsch, 1906

【鉴别特征】 头部短小；复眼大，无单眼；触角短于前翅长的1/2，线状或念珠状；咀嚼式口器，上颚端部尖，中部有齿，有时左右不对称；下颚须5节，下唇须3节。前胸短而窄，中胸背板宽大，后胸背板稍小。足细而短，前足基节很长，各足胫节均有1对短的端距；跗节5节，爪弯而尖，中垫宽而弱。翅宽阔似蛾蝶的翅形，后翅比前翅窄小，翅面多微毛，翅缘和纵脉上有时毛较长；翅具缘饰，无翅痣；Sc、RA、RP脉平行至距翅端部1/4翅长处形成中肋，其他脉由中肋分出；阶脉2～3组。腹部短小，雌虫腹部末端呈球状，雄虫腹部末端细。茧双层，外层疏松，内层细密。幼虫头大，约占体长的1/3，头前端两侧各有2个小眼，双刺吸式口器。触角线状，约与上颚等长。前胸较宽，中后胸较窄。胸足跗节1节，爪1对。腹部约与胸部等长或略长，前端与胸等宽，向后逐渐变细。

【生物学特征】 卵为卵圆形，附着在植物的枝条上。幼虫生活在桉树树皮下；幼虫期很长，完成1代需要2年；幼虫在岩石缝隙中化蛹。成虫主要在夜间活动，有些成虫的寿命是1～2个月。

【地理分布】 澳洲、非洲和东南亚。

【分类】 目前全世界已知6属27种，中国已知1属5种，本图鉴收录1属5种。

（七〇）巴蝶蛉属 *Balmes* Navás, 1910

【鉴别特征】 体长5.0～12.0 mm，翅展22.0～44.0 mm。复眼大，无单眼；触角线状，相当于体长的1/3～1/2。前翅宽阔，长宽比为1.2～1.7；后翅比前翅窄，长宽比为1.7～2.0；翅上多毛，有缘饰，前翅具内阶脉组和中阶脉组，无外阶脉组和前缘阶脉组（丽东巴蝶蛉 *Balmes formosus* 除外）；后翅无显著的大斑。腹部略比胸部长。

【地理分布】 亚洲。

【分类】 目前全世界已知5种，中国已知5种，本图鉴收录5种。

中国巴蝶蛉属 *Balmes* 分种检索表

1. 前翅有前缘阶脉组和外阶脉组，翅中央有1个形状不规则、颜色深浅不均的大斑，中阶脉外有1个深褐色小圆斑 ………… 丽东巴蝶蛉 ***Balmes formosus***

   前翅无前缘阶脉组和外阶脉组 ………… 2

2. 翅白色，前翅有较多的褐色圆斑，排列在翅缘、中肋和M脉主干上，在中阶脉组与内阶脉组上有大的褐色斑 ………… 集昆巴蝶蛉 ***Balmes chikuni***

   翅烟褐色，内阶脉组和中阶脉组上无褐色斑 ………… 3

3. 前翅中肋、M脉主干及后缘上成排的褐色斑清晰 ………… 川贵巴蝶蛉 ***Balmes terissinus***

   前翅上所有的斑都不清晰 ………… 4

4. 头顶前方有1对瘤突，雄虫肛上片后面观无舌形片 ………… 滇缅巴蝶蛉 ***Balmes birmanus***

   头顶前方无1对瘤突，雄虫肛上片后面观有舌形片 ………… 显赫巴蝶蛉 ***Balmes notabilis***

458. 滇缅巴蝶蛉 *Balmes birmanus* (McLachlan, 1891)

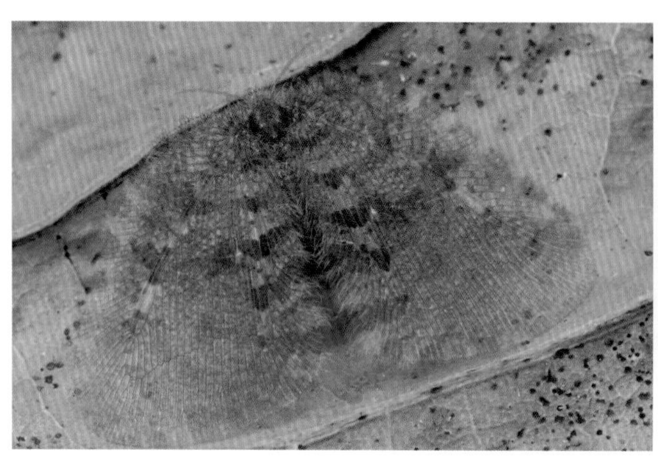

A

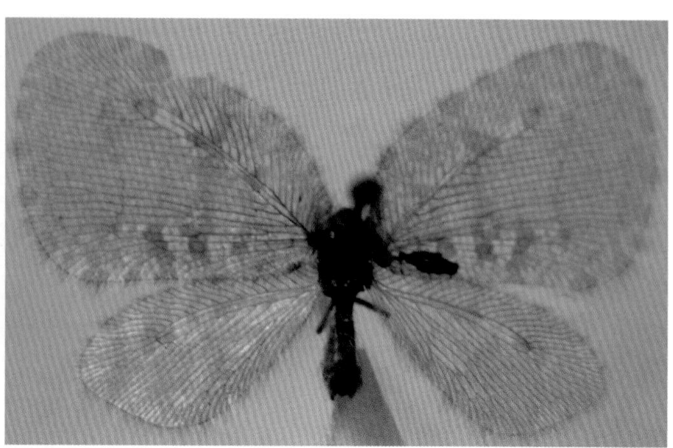

B

图 4-458-1 滇缅巴蝶蛉 *Balmes birmanus* 成虫图
A. 生态图（郑昱辰 摄） B. 标本展翅图

【测量】 雄虫体长 8.0 ~ 10.0 mm，前翅长 14.0 ~ 15.0 mm，后翅长 10.0 ~ 11.0 mm；雌虫体长 9.0 ~ 11.0 mm，前翅长 15.0 ~ 16.0 mm，后翅长 11.0 ~ 12.0 mm。

【形态特征】 头顶隆起，褐色，在触角的后方有 1 对黄色的瘤突；额褐色，唇基黄色，口器黄色；触角念珠状褐色，密被短毛。前胸背板黄白色，被灰色长毛；中后胸背板深褐色；胸部侧板浅黄色。足浅黄色，密被绒毛，端距与爪浅黄色。前翅褐色，沿翅缘有 1 圈隐约可见的褐色圆斑，中肋上和 M 脉主干上隐约可见有成排的褐色斑；内阶脉组和中阶脉组上无褐色斑；前翅有缘饰、内阶脉组和中阶脉组，无外阶脉组和前缘阶脉组；MP 脉与 CuA 脉之间在中阶脉前有 4 条横脉。后翅褐色，翅缘褐色斑不显著，中肋端部隐约可见 1 个褐色斑块；有中阶脉组，无内阶脉组、外阶脉组和前缘阶脉组。腹部从前向后颜色渐深，腹部末端深褐色，密被浅色长毛。雄虫第 9 背板形成 1 对短的侧尾突，向内下方弯曲；肛上片近梯形，端部内凹；第 10 腹板双峰形。

【地理分布】 云南；缅甸。

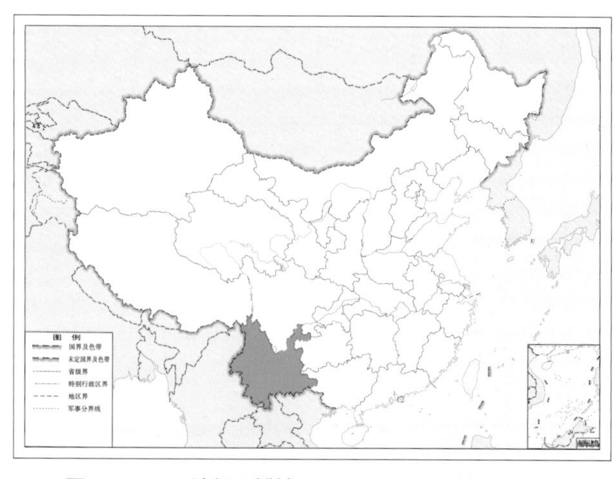

图 4-458-2 滇缅巴蝶蛉 *Balmes birmanus* 地理分布图

459. 集昆巴蝶蛉 *Balmes chikuni* Wang, 2006

图 4-459-1 集昆巴蝶蛉 *Balmes chikuni* 成虫图

【测量】 雄虫体长 8.5 mm，前翅长 15.0 mm，后翅长 12.0 mm。

【形态特征】 头顶浅褐色，具 2 个瘤突；额浅褐色；唇基黄色，触角间深褐色；触角念珠状，密被白色绒毛。前胸背板黄色，被灰色长毛，前排 2 个黑色斑，后排 4 个黑色斑；中胸前盾片褐色，中央色较浅；盾片黄色，有 1 对大的黑色斑，小盾片深褐色；后胸前盾片深褐色，盾片黄色，具 1 对小的黑色斑和黑色的侧缘，小盾片黄色。足浅褐色，密被绒毛，爪褐色。前翅白色，沿翅缘有 1 圈褐色的圆斑，中肋上有 1 排 4 个大的褐色斑，M 脉主干上有 1 排 3 个大的褐色斑，内阶脉组和中阶脉组上各有 1 个大的褐色斑；前翅有内阶脉组和中阶脉组，无外阶脉组和前缘阶脉组，有缘饰；MP 脉与 CuA 脉之间在中阶脉前有 5 条横脉。后翅白色，翅外缘和后缘隐约可见褐色圆斑，无其他色斑；有中阶脉组，无内阶脉组、外阶脉组和前缘阶脉组。腹部长于头胸长度之和，第 1 ~ 8 节褐色，两侧颜色较深，腹部末端黄色，密被浅色长毛。雄虫第 9 背板形成 1 对短的侧尾突，向内下方弯曲；肛上片近三角形；第 10 腹板双瓣状上举。

【地理分布】 广西。

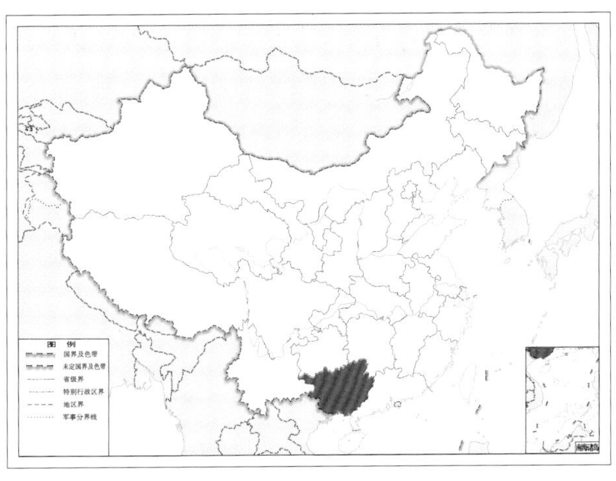

图 4-459-2 集昆巴蝶蛉 *Balmes chikuni* 地理分布图

460. 丽东巴蝶蛉 *Balmes formosus* (Kuwayama, 1927)

图 4-460-1 丽东巴蝶蛉 *Balmes formosus* 成虫图

【测量】 雌虫体长 10.0 ~ 11.0 mm，前翅长 24.0 ~ 25.0 mm，后翅长 19.0 ~ 20.0 mm。

【形态特征】 头顶隆起，亮黄色，在触角的后方有 1 对灰黄色的瘤突；额亮黄色；唇基黄色，口器黄色；触角念珠状褐色，密被短毛。前胸背板黄白色，被灰色长毛；中胸背板黄色；后胸背板中央黄白色，两侧黑色；胸部侧板浅黄色。足浅黄色，密被绒毛，端距与爪浅褐色。前翅浅褐色，翅缘斑纹不显著，仅后缘上有 2 ~ 3 个小黑点，翅中央有 1 个形状不规则、颜色深浅不均的大斑，中阶脉外有 1 个深褐色小圆斑；前翅有缘饰、内阶脉组、中阶脉组、外阶脉组和前缘阶脉组；MP 脉与 CuA 脉之间在中阶脉前有 6 条横脉。后翅透明无斑，有中阶脉组和外阶脉组，无内阶脉组和前缘阶脉组。腹部黄白色，背面中间和两侧有斑驳的黑色斑。

【地理分布】 福建、台湾；日本。

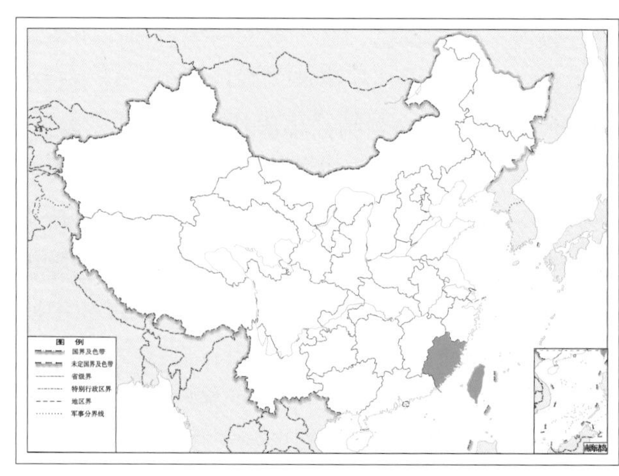

图 4-460-2 丽东巴蝶蛉 *Balmes formosus* 地理分布图

461. 显赫巴蝶蛉 *Balmes notabilis* Navás, 1912

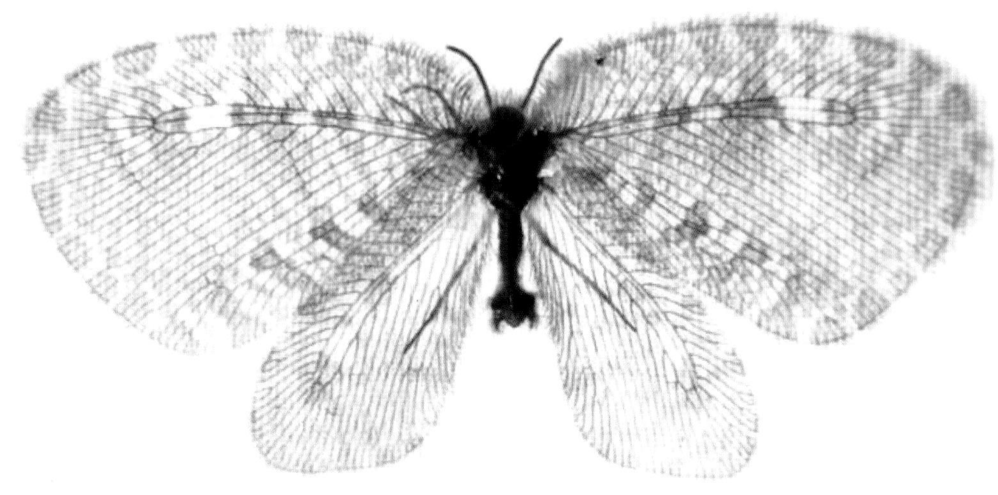

图 4-461-1　显赫巴蝶蛉 *Balmes notabilis* 成虫图

【测量】 雄虫体长 5.0~6.0 mm，前翅长 10.0~13.0 mm，后翅长 6.0~7.0 mm；雌虫体长 7.0~8.0 mm，前翅长 14.0~15.0 mm，后翅长 10.0~11.0 mm。

【形态特征】 头顶隆起，褐色，在触角的后方有 1 对黄色斑，几乎不外突，近前胸背板的边缘处可见 1 排 4 个棕黄色斑；额褐色；唇基黄色，口器黄色；触角念珠状褐色，密被短毛。前胸背板褐色，被灰色长毛；中后胸背板褐色；胸部侧板浅黄色。足浅黄色，密被绒毛，端距与爪浅褐色。前翅褐色，沿翅缘有 1 圈隐约可见的褐色圆斑，中肋上和 M 脉主干上隐约可见成排的褐色斑，内阶脉组和中阶脉组上无褐色斑；前翅有缘饰、内阶脉组和中阶脉组，无外阶脉组和前缘阶脉组；MP 脉与 CuA 脉之间在中阶脉前有 4 条横脉。后翅褐色无斑，有中阶脉组，无内阶脉组、外阶脉组和前缘阶脉组。腹部背面浅褐色，每节末端黑色，腹面黄白色，密被浅色长毛。雄虫第 9 背板形成 1 对短的侧尾突，向内下方弯曲；肛上片梯形，端部不内凹，舌状片显著；第 10 腹板半圆形，中部内凹。

【地理分布】 云南；越南，老挝。

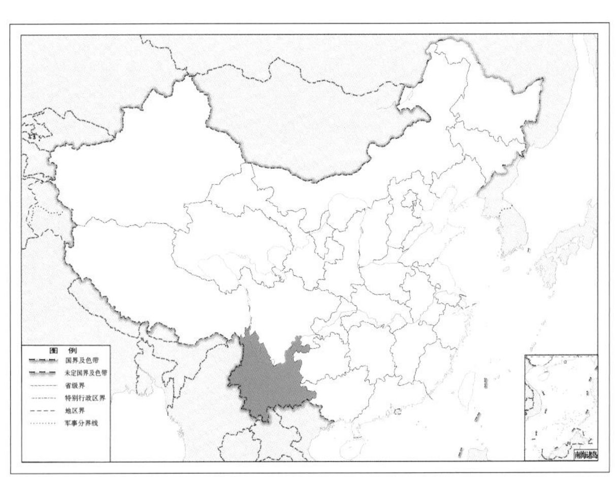

图 4-461-2　显赫巴蝶蛉 *Balmes notabilis* 地理分布图

462. 川贵巴蝶蛉 *Balmes terissinus* Navás, 1910

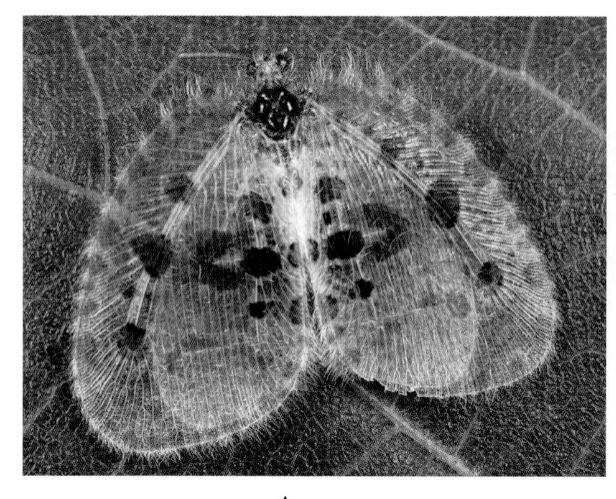

A

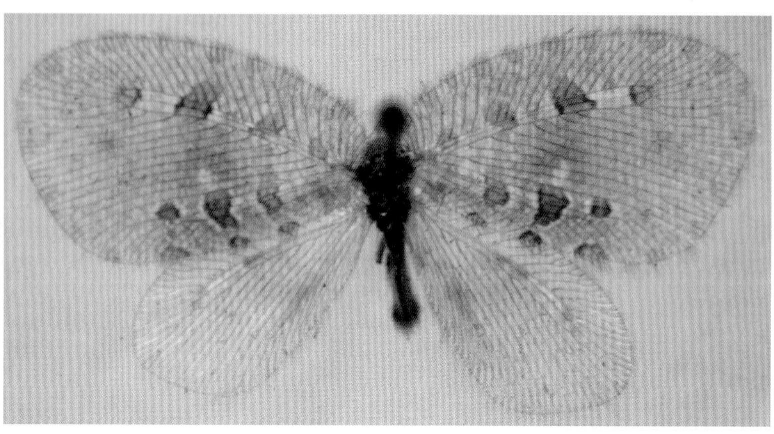

B

图 4-462-1 川贵巴蝶蛉 *Balmes terissinus* 成虫图

A. 生态图（张巍巍 摄） B. 标本展翅图

【测量】 雄虫体长 7.0 ~ 9.0 mm，前翅长 11.0 ~ 15.0 mm，后翅长 9.0 ~ 12.0 mm；雌虫体长 7.0 ~ 8.0 mm，前翅长 14.0 ~ 15.0 mm，后翅长 9.0 ~ 10.0 mm。

【形态特征】 头顶隆起，有 1 条褐色横带，在触角的后方有 1 对黄褐色瘤突，近前胸背板的边缘处可见 1 排 4 个棕黄色斑；额后半部褐色，前半部黄色；唇基黄色，上唇黑色，口器其他部分黄色；触角念珠状褐色，密被短毛。前胸背板黄褐色，被灰色长毛，中后胸背板褐色；胸部侧板浅黄色。足浅黄色，密被绒毛，端距与爪浅黄色。前翅褐色，沿翅缘有 1 圈隐约可见的褐色圆斑，后缘上有 3 个较显著的褐色半圆斑，中肋上和 M 脉主干上有成排的褐色斑，内阶脉组和中阶脉组上无褐色斑；前翅有缘饰、内阶脉组和中阶脉组，无外阶脉组和前缘阶脉组；MP 脉与 CuA 脉之间在中阶脉前有 4 条横脉。后翅透明，几乎无斑，仅在中肋和 M 主干上有些发污；有中阶脉组，无内阶脉组、外阶脉组和前缘阶脉组。腹部背面浅褐色，中间有 1 条褐色中线，腹面黄白色，密被浅色长毛。雄虫第 9 背板形成 1 对短的侧尾突，向内下方弯曲，尾突基部宽阔，有 1 个黄色椭圆斑；肛上片半圆形，端部舌状片显著；第 10 腹板中部有近半圆形空洞。

【地理分布】 四川、贵州。

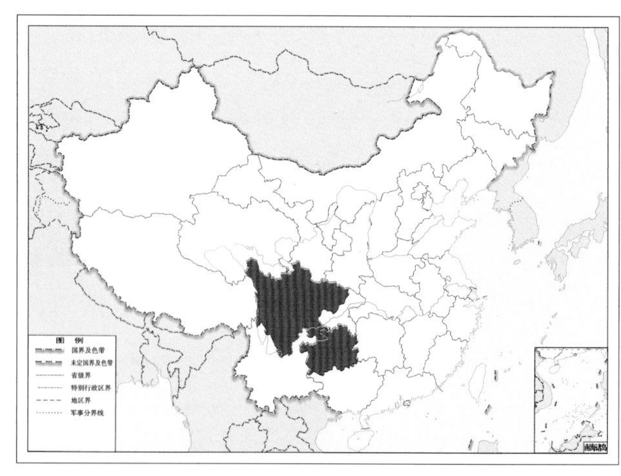

图 4-462-2 川贵巴蝶蛉 *Balmes terissinus* 地理分布图

一二、旌蛉科 Nemopteridae Burmeister, 1839

【鉴别特征】 头部较小，复眼位于两侧，发达，无单眼；口器突伸为喙状；触角多为丝状，部分属的昆虫触角端部加宽；上颚不发达，下颚与喙延长。前胸背板小，多为宽大于长，中胸背板宽大，后胸短于中胸的 1/2。足跗节 5 节，爪 1 对。前翅狭长或宽阔，长 7.0 ~ 35.0 mm，后翅长 19.0 ~ 90.0 mm，飘带形，旌蛉亚科 Nemopterinae 昆虫后翅端部扩展，线旌蛉亚科 Crocinae 昆虫则为线状，端部不扩展。腹部细，长于胸部。幼虫头大，横阔；头前缘两侧各有 1 组小眼；触角线状；双刺吸式口器，上颚内侧面有 1 个或 1 列齿。前胸与头部之间有显著的颈部，前胸窄，中胸突然加宽，后胸长短于宽。足跗节 1 节，爪 1 对。腹部前方较宽，末节窄如前胸，或比前胸更窄。

【生物学特征】 幼虫 3 龄，在小洞的地面尘土和沙子中或在探头石下生活；化蛹前用粉尘和沙粒做成茧；捕食性；一般 1 ~ 3 年完成 1 代。成虫取食花粉，经常在黎明、黄昏或夜晚活动，有较强的趋光性，旌蛉亚科成虫白天也出来活动。飞翔动作有时比较轻盈缓慢，有时如同翱翔，推测后翅有控制方向的功能。翅在静止时，展开向上直立。很多种有庞大的种群密度，常集群出现。

【地理分布】 主要分布在地中海地区、西亚、印度、非洲、澳大利亚和南美洲。

【分类】 目前全世界已知 40 属约 150 种，我国已知仅 1 属 1 种，本图鉴收录 1 属 1 种。

（七一）旌蛉属 *Nemopistha* Navás, 1910

【鉴别特征】 个体较大，前翅长 23.0 ~ 37.0 mm，后翅长 50.0 ~ 90.0 mm，后翅长度约为前翅长度的 2.5 倍，端部有一段扩展。头部延长呈喙状，喙的长度大于复眼的直径，复眼发达。

【地理分布】 中国；非洲。

【分类】 目前全世界已知 16 种，我国已知仅 1 种，本图鉴收录 1 种。

463. 中华旌蛉 *Nemopistha sinica* Yang, 1986

图 4-463-1 中华旌蛉 *Nemopistha sinica* 成虫图

【测量】 体长 21.0 mm，前翅长 26.0 mm，后翅长 60.0 mm。

【形态特征】 头部黄色，头顶除复眼边缘外均呈褐色，头前端延伸呈喙状；唇基端部与上唇前缘褐色，口器黄色；触角线状，黄褐色，具微毛。胸背深褐色，前胸马鞍状，背面具梯形大斑，内有细中线，背板两侧及胸侧板为黄色；中胸在盾片上有斜向长的黑色斑。足黄色，具褐色斑；跗节各节末端及爪为深褐色，基跗节与第 2 ~ 5 跗节之和约等长。前翅宽阔，透明，翅基褐色；翅痣很小，黄白色；翅脉淡褐色，部分翅脉颜色较深，RP 脉具分支 7 条，横脉多而排列整齐。后翅细长如飘带，长于前翅的 2 倍，淡褐色；有 3 条纵脉，后半部分分为白色—褐色—白色 3 段，褐色段和末白色段的一部分加宽。腹部狭长，背面深褐色，节端部具黄边和暗纹，腹端臀板短小；第 9 腹板极发达，端半分开呈臂状突伸。

【地理分布】 云南。

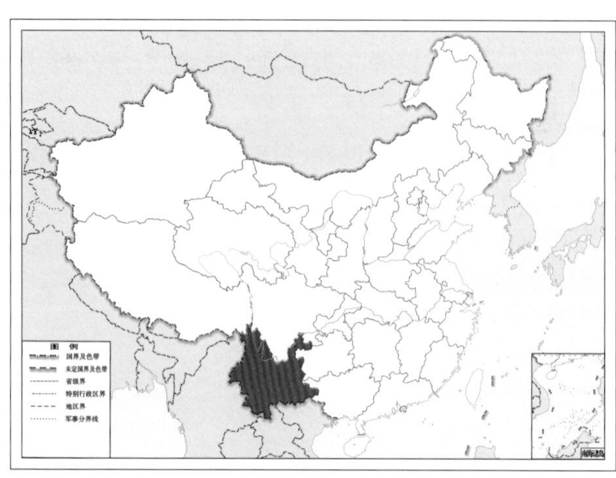

图 4-463-2 中华旌蛉 *Nemopistha sinica* 地理分布图

一三、蚁蛉科 Myrmeleontidae Latreille, 1802

【鉴别特征】 成虫体中型至特大型，狭长，黄色至黑色，常具斑纹。头顶常隆起，复眼圆而大，无单眼；触角短且渐向端部膨大，匙状，短于前翅长的 1/2。足多具刚毛，胫节常具端距。翅狭长，常具斑纹，无翅疤和缘饰。一些种类具班克氏线（Banksian line），一般翅上分为前班克氏线（RP 脉分支间若干条脉相互连接，形成一段直线）与后班克氏线（CuA1 脉与 CuA2 脉之间若干条脉曲折相连成一段直线）；翅痣多为椭圆形；Sc 脉与 RA 脉在端部愈合；多数种类痣下室狭长；前缘区横脉多不分叉；无肩迴脉；M2 脉极短，似横脉。一些种类前翅具显著的中脉亚端斑（rhegma，M 脉与 CuA1 脉平行至亚端区处的斑纹）与肘脉合斑（Cubital marking，CuA2 脉与 CuP+A1 脉会合处的斑），后翅有时也具中脉亚端斑；CuA 脉分叉形成 1 个显著的大三角区，横脉密集，不规则排列。一些种类的雄虫具 1 对轭坠（pilula axillaris），为后翅腋索处的球状结构，平时闭合，飞行时打开，能够从收纳轭坠的凹陷中释放信息素，吸引雌虫。腹部狭长，10 节；一些种类的雄虫具腹腺（abdominal gland，位于第 4 腹节背面的具毛凹陷）与毛刷（hair pencils，腹部末端几节的具毛簇突起）。

幼虫陆生。口器大，颚狭长弯曲，内侧具齿突。前胸窄；中后胸较宽，一些种类的中后胸两侧具不同程度的枝状突起，有时被称作“枝刺（scolus）”。腹部宽大，10 节，体节逐渐变窄；两侧具许多长刚毛。一些种类的腹节两侧甚至有蝶角蛉幼虫般的枝刺状突起。

【生物学特征】 幼虫称为蚁狮，有做穴习性的蚁狮生活在山洞内、洞口、路边或河床的探头石下、屋檐下、石凳下等土质较疏松的地方，也有部分生活在沙滩、河滩、海滩等生境中；无做穴习性的蚁狮生活在裸岩、枯枝落叶层、树洞等生境中。蚁蛉族 Myrmeleontini、部分囊蚁蛉族 Myrmecaelurini 与尼蚁蛉族 Nesoleontini 的幼虫是仅知的会制造漏斗状陷阱的蚁蛉类群。捕食性，可取食多达 12 个目的昆虫及其他节肢动物。幼虫 3 个龄期，1 ~ 3 年 1 代。成虫栖息于植物枝条上，捕食性，夜行性，有趋光性。

【地理分布】 世界性分布。

【分类】 目前全世界已知 3 亚科 14 族 1 659 种，我国已知 2 亚科 35 属 126 种，本图鉴收录 2 亚科 30 属 87 种。

中国蚁蛉科 Myrmeleontidae 分亚科检索表

1. 前翅 CuP 脉与 A1 脉合并 ………………………………………… 蚁蛉亚科 Myrmeleontinae
   前翅 CuP 脉与 A1 脉分离 ………………………………………… 须蚁蛉亚科 Palparinae

蚁蛉亚科 Myrmeleontinae Latreille , 1802

【鉴别特征】 前翅 CuP 脉与 A1 脉合并。

【地理分布】 世界性分布。

【分类】 目前全世界已知有 174 属 1 509 种，我国有 6 族 30 属 125 种，本图鉴收录 6 族 29 属 86 种。

中国蚁蛉亚科 Myrmeleontinae 分族检索表

1. 前翅 CuP 脉发出点与基横脉间有明显距离，或 CuP 脉不明显；A2 脉平滑地弯向翅后缘 ………………………… **囊蚁蛉族 Myrmecaelurini**

 前翅 CuP 脉发出点正对着或紧靠基横脉；A2 脉多变 ………………………… 2

2. 前翅 A2 脉很平缓地弯向 A3 脉 ………………………… 3

 前翅 A2 脉与 A1 脉在基部靠近，然后急转向 A3 脉 ………………………… 4

3. 后翅 RP 脉分叉先于 CuA 脉分叉，通常具 1 ~ 2 条基径中横脉 ………………………… **树蚁蛉族 Dendroleontini**

 后翅 RP 脉分叉后于 CuA 脉分叉 ………………………… **棘蚁蛉族 Acanthaclisini**

4. 后翅径分横脉在 RP 脉分叉前 1 ~ 3 条，雄虫无轭坠 ………………………… **恩蚁蛉族 Nemoleontini**

 后翅径分横脉在 RP 脉分叉前多于或等于 4 条，雄虫有轭坠或无 ………………………… 5

5. 后足第 1 跗节长于第 5 跗节；前足基节具白色长刚毛；雌虫第 9 内生殖突有许多长而弯曲的挖掘毛 ………………………… **尼蚁蛉族 Nesoleontini**

 后足第 1 跗节短于第 5 跗节；前足基节无白色长刚毛；雌虫第 9 内生殖突无长而弯曲的挖掘毛 ………………………… **蚁蛉族 Myrmeleontini**

树蚁蛉族 Dendroleontini Banks, 1899

【鉴别特征】 前翅 CuP 脉起点与基横脉相连接，或接近；A2 脉平滑弯向 A3 脉；后翅 RP 分叉点先于 CuA 分叉点；基径中横脉 1 ~ 2 条。距与爪一般不强弯。雌虫第 9 内生殖突多为中等长度，若具挖掘毛，则不超过第 9 内生殖突宽。幼虫上颚上弯；多数幼虫胸部两侧具枝状突起，中胸具 1 簇长刚毛，用于背负砂砾、苔藓、尸体作为伪装，但锦蚁蛉属 *Gatzara* 昆虫生活于裸露岩石上，中胸无长刚毛。

【地理分布】 亚世界性分布，仅在新热带界暂无报道。

【分类】 目前全世界已知 36 属 187 种，我国已知 6 属 33 种，本图鉴收录 6 属 27 种。

中国树蚁蛉族 Dendroleontini 分属检索表

1. 胫节无距 ………………………… **无距蚁蛉属 *Bankisus***

 胫节有距 ………………………… 2

2. 爪强弯，其端部靠近第 5 跗节的毛垫 ………………………………………… 帛蚁蛉属 *Bullanga*
爪不强弯，其端部远离第 5 跗节的毛垫 ………………………………………… 3
3. 雄虫无轭坠，雌虫无第 8 内生殖突 ………………………………………… 雅蚁蛉属 *Layahima*
雄虫有轭坠，雌虫有第 8 内生殖突 ………………………………………… 4
4. 触角间距小于柄节的直径；雄虫腹部常有 1 节膨大，具毛刷或腹腺，翅狭长 ……… 溪蚁蛉属 *Epacanthaclisis*
触角间距大于柄节的直径；雄虫腹部无膨大节、毛刷或腹腺，翅较宽 ……………… 5
5. 雌虫第 8 内生殖突短于第 8 外生殖突 ………………………………………… 树蚁蛉属 *Dendroleon*
雌虫第 8 内生殖突长于或等于第 8 外生殖突 ………………………………………… 锦蚁蛉属 *Gatzara*

（七二）无距蚁蛉属 *Bankisus* Navás, 1912

【鉴别特征】 前胸背板长大于宽。足细长，无距。翅透明有褐色斑，前翅 RP 起点先于 CuA 分叉点。雌虫第 8 内生殖突卵圆形或无。

【地理分布】 主要分布于阿曼、也门、非洲。

【分类】 目前全世界已知 7 种，我国已知仅 1 种，本图鉴收录 1 种。

464. 无距蚁蛉 *Bankisus sparsus* Zhan & Wang, 2012

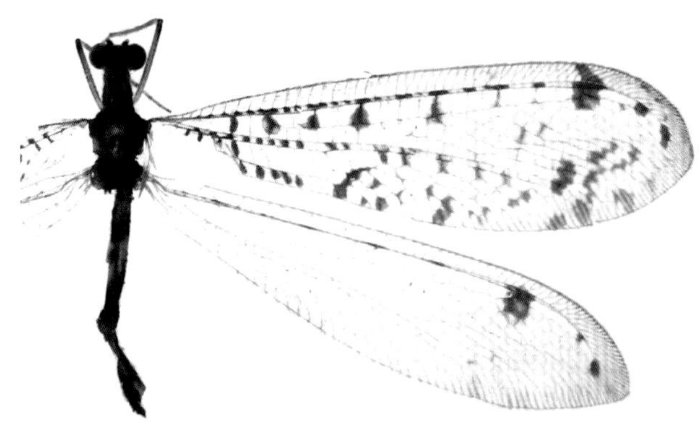

图 4-464-1 无距蚁蛉 *Bankisus sparsus* 成虫图

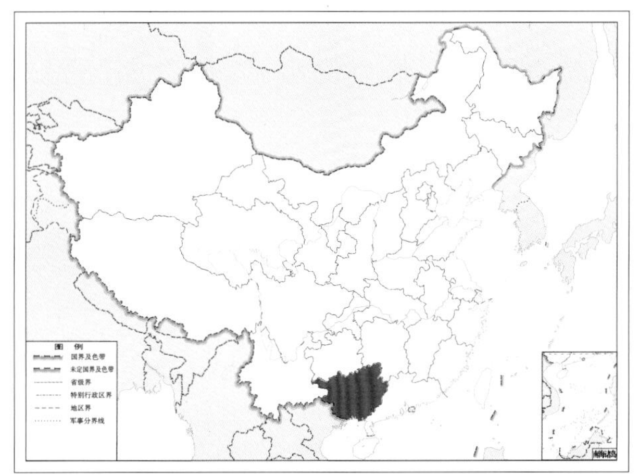

图 4-464-2 无距蚁蛉 *Bankisus sparsus* 地理分布图

【测量】 雌虫体长 15.0 mm，前翅长 24.0 mm，后翅长 22.0 mm。

【形态特征】 头部黑色，有褐色斑，但唇基、上唇、下颚须、下唇须黄色；复眼深色，有一些黑色斑；触角柄节、梗节黑色。前胸背板黄色，中后胸黑色，均被稀疏长毛。足细长，黄色，但前足股节中部黑色，跗节黄褐色；中足胫节略膨大。前翅透明，散布褐色斑点和斑块；RP 脉起点至痣下室之间有 16 条横脉和 5 个褐色斑，在翅痣内侧有 1 个大的褐色斑；前班克氏线隐约可见，无后班克氏线；中脉亚端斑褐色，较大，肘脉合斑为褐色斜弧线。后翅透明，除翅痣前有 1 个较大的褐色斑，翅痣后有 2 个小的褐色斑外，几乎无斑。雌虫肛上片瓣状，具褐色刚毛；第 8 内生殖突短宽，被深色刚毛；第 8 外生殖突粗指状，具长刚毛；第 9 内生殖突瓣状，具较多的挖掘毛；无第 9 外生殖突。

【地理分布】 广西。

（七三）帛蚁蛉属 *Bullanga* Navás, 1917

【鉴别特征】 距发达，爪向后强弯；前翅 RP 脉起点先于 CuA 脉分叉点；翅膜凸出如水泡。

【地理分布】 仅分布于我国。

【分类】 目前全世界已知 3 种，我国已知 3 种，本图鉴收录 1 种。

465. 长裳帛蚁蛉 *Bullanga florida* (Navás, 1913)

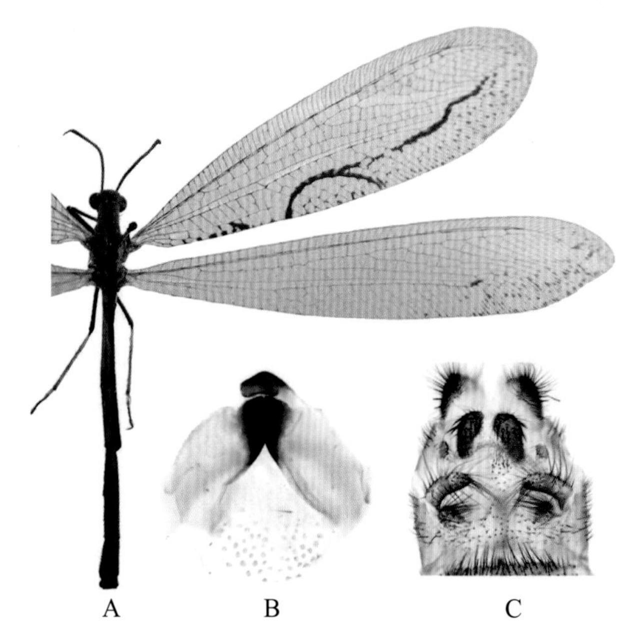

图 4-465-1 长裳帛蚁蛉 *Bullanga florida* 形态图

A. 成虫 B. 雄虫外生殖器腹面观 C. 雌虫外生殖器腹面观

【测量】 雄虫体长 36.0 ~ 40.0 mm，前翅长 34.0 ~ 42.0 mm，后翅长 36.0 ~ 45.0 mm；雌虫体长 36.0 ~ 40.0 mm，前翅长 36.0 ~ 41.0 mm，后翅长 38.0 ~ 43.0 mm。

【形态特征】 头部黄褐色，但额和唇基黄色，触角窝间有大块黑色斑；复眼灰色，部分个体上有黑色斑；触角赭色至黑色。前胸背板黄褐色，中央有 1 条黑色中带，两侧各有 1 条褐色侧带；中后胸主要呈黑褐色，有黄褐色斑带，且中胸后缘有2簇白色刚毛。足大部分黑褐色，但后足胫节黄色，有窄的褐色长斑，后足第1、2跗节黄白色。前翅肘脉合斑处有1条黑色向后弯的弧形纹，其后方有1条黑褐色纵纹，伸向亚端区，翅近外缘和后缘的区域散布细小的褐色斑；前后班克氏线都比较清晰。后翅无明显斑纹；中脉亚端斑黑色，短线状，无肘脉合斑；雄虫有轭坠。腹部背板黄白色，中央具黑色纵带，其他部分黄褐色至黑褐色。雄虫生殖弧骨化弱；阳基侧突宽片状，端部骨化强，相互接触；生殖中片强骨化，较大。雌虫肛上片卵圆形，有浓密的长毛；第9内生殖突近似长三角形，具粗而稀疏的挖掘毛；第9外生殖突短小，第8外生殖突指状，向内弯曲，长而粗壮，第8内生殖突短小。

【地理分布】 浙江、福建、河南、湖北、湖南、四川、贵州、云南、陕西；爪哇岛。

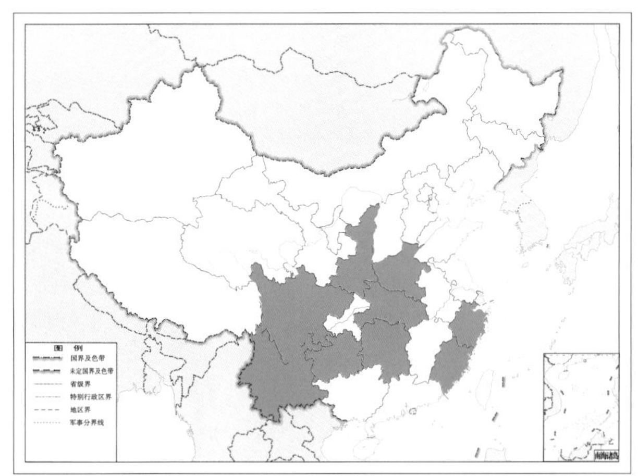

图 4-465-2 长裳帛蚁蛉 *Bullanga florida* 地理分布图

（七四）树蚁蛉属 *Dendroleon* Brauer, 1866

【鉴别特征】 体小型至中型。翅狭长，前翅前缘区横脉简单，仅在翅痣处有不规则的分叉；RP 脉分叉点先于 CuA 脉分叉点，并且两分叉点之间相距较远；前班克氏线比较明显。雄虫有轭坠。触角细长，足细长，距较纤细而平直，伸达第2跗节，偶有稍短的现象。雌虫肛上片和第9内生殖突上有较密而明显的挖掘毛；第8外生殖突大而弯曲，无浓密刚毛；第8内生殖突短小，一般不超过第8外生殖突的1/2。

【地理分布】 主要分布于东半球、北美洲。

【分类】 目前全世界已知20种，我国已知9种，本图鉴收录7种。

中国树蚁蛉属 *Dendroleon* 分种检索表

1. 前翅肘脉合斑处无弓形纹 ………………………………………… 2
   前翅肘脉合斑处有弓形纹 ………………………………………… 3
2. 前胸背板黄色，无斑，后翅端区和近外缘处有浅褐色大斑 ………………… 李氏树蚁蛉 *Dendroleon lii*
   前胸背板黄色，有1对黑色斑，后翅几乎无斑 ………………… 长腿树蚁蛉 *Dendroleon longicruris*
3. 雄虫腹部长于后翅，后翅外缘内凹 ………………… 镰翅树蚁蛉 *Dendroleon falcatus*
   雄虫腹部短于后翅，后翅外缘不内凹 ………………………………………… 4
4. 后翅基半部有斑 ………………… 丽翅树蚁蛉 *Dendroleon callipterum*
   后翅基半部无斑 ………………………………………… 5
5. 后翅中脉亚端斑为云形大斑，前胸背板盾沟前窄，如圆葱形 ………………… 墨脱树蚁蛉 *Dendroleon motuoensis*
   后翅中脉亚端斑为圆形小斑，前胸背板盾沟前非圆葱形 ………………………………………… 6
6. 翅上斑纹深褐色，后翅端部和外缘斑纹清晰 ………………… 褐纹树蚁蛉 *Dendroleon pantherinus*
   翅上斑纹浅褐色，后翅端部和外缘斑纹不清晰 ………………… 中华树蚁蛉 *Dendroleon similis*

466. 丽翅树蚁蛉 *Dendroleon callipterum* Wan & Wang, 2004

图 4-466-1 丽翅树蚁蛉 *Dendroleon callipterum* 形态图
A. 成虫 B. 雄虫外生殖器腹面观 C. 雌虫外生殖器腹面观

【测量】 雄虫体长 34.0 ~ 35.0 mm，前翅长 36.0 ~ 37.0 mm，后翅长 35.0 ~ 36.0 mm；雌虫体长 35.0 ~ 37.0 mm，前翅长 38.0 ~ 40.0 mm，后翅长 36.0 ~ 38.0 mm。

【形态特征】 头顶隆起，黄褐色，具黑色短毛，后方有 1 对黑色小圆斑；复眼灰色；触角窝间黑色。前胸背板黄褐色，前缘中部有 1 个倒三角形小的黑色斑，侧后角各有 1 个黑色斑（有时不明显）；中胸中央有 2 个黑色斑，两侧各有 1 串黑色斑；后胸黑色，有 1 对黄色条斑。足黑褐色；前足内侧黄褐色；股节基部、胫节端部黄褐色；距、爪黄色。前翅基部密布黑褐色短横纹，中部以外横纹逐渐扩展成大斑块，肘脉合斑褐色斜线状，翅中部 CuA1 脉后隐约可见眼状斑。后翅翅痣内侧有 1 个褐色大斑，其后有 1 个大斑从中脉亚端斑扩展至翅外缘；翅基部有些横脉色深，其色有不同程度的向外扩展；雄虫有轭坠。腹部短于后翅，黑黄色相间。雄虫生殖弧弱骨化，阳基侧突片状，基部远离，顶端强骨化靠近，生殖中片强骨化，较小。雌虫肛上片腹面有挖掘毛；第 9 内生殖突近三角形，有稀疏的挖掘毛，无第 9 外生殖突；第 8 外生殖突长指状内弯，第 8 内生殖突短指状，约为第 8 外生殖突的 1/2。

【地理分布】 广西。

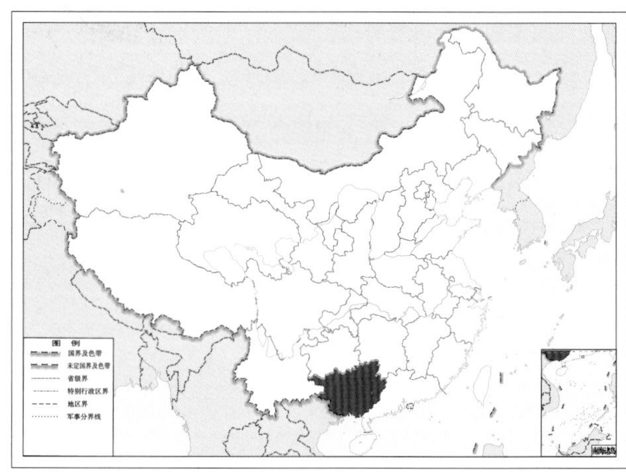

图 4-466-2 丽翅树蚁蛉 *Dendroleon callipterum* 地理分布图

467. 镰翅树蚁蛉 *Dendroleon falcatus* Zhan & Wang, 2012

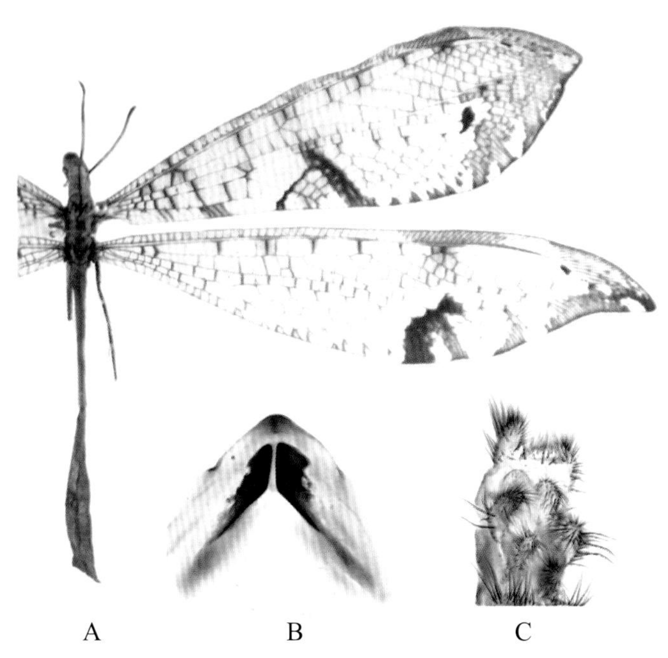

图 4-467-1　镰翅树蚁蛉 *Dendroleon falcatus* 形态图
A. 成虫　B. 雄虫外生殖器腹面观　C. 雌虫外生殖器腹面观

【测量】 雄虫体长 52.0 ~ 53.0 mm，前翅长 39.0 ~ 40.0 mm，后翅长 40.0 ~ 41.0 mm；雌虫体长 38.0 ~ 40.0 mm，前翅长 43.0 ~ 44.0 mm，后翅长 45.0 ~ 46.0 mm。

【形态特征】 头顶隆起，黄褐色，有豹纹状褐色斑和 1 条细的黄色中线；复眼灰褐色；触角基部褐色，端部黑色，中间大部黄色。前胸背板黄色，1 条深褐色中条斑从前胸一直伸达后胸，胸侧有 2 条黑色纵条斑。足黄色与褐色相间，但胫端距和爪红棕色。前翅外缘略内凹，有杂乱的褐色斑纹和斑块，肘脉合斑处有显著的弓形纹；翅痣浅色，两端有褐色斑块。后翅外缘内凹，翅端区呈弯刀状；翅上有斑驳的褐色斑点和斑块，中脉亚端斑大，不规则形，深褐色，延伸达翅后缘，无肘脉合斑；雄虫轭坠近圆形。雄虫腹部略长于后翅，雌虫腹部短于后翅。雄虫生殖弧弱骨化，阳基侧突片状，基部远离，顶端强骨化靠近，生殖中片强骨化，较小。雌虫第 8 内生殖突短指状，约为第 8 外生殖突的 1/2，第 8 外生殖突长指状内弯，第 9 内生殖突较小，无挖掘毛，有瘤状第 9 外生殖突；肛上片侧面观椭圆形，无挖掘毛。

【地理分布】 西藏。

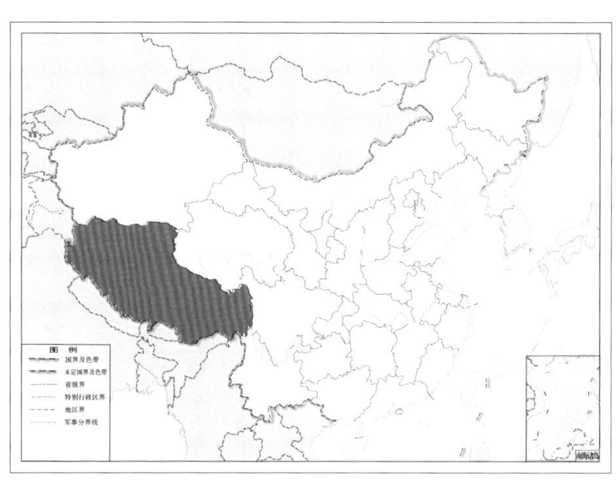
图 4-467-2　镰翅树蚁蛉 *Dendroleon falcatus* 地理分布图

468. 李氏树蚁蛉 *Dendroleon lii* Wan & Wang, 2004

图 4-468-1 李氏树蚁蛉 *Dendroleon lii* 形态图

A. 成虫 B. 雄虫外生殖器腹面观 C. 雌虫外生殖器腹面观

【测量】 雄虫体长 32.0 ~ 34.0 mm，前翅长 41.0 ~ 43.0 mm，后翅长 39.0 ~ 41.0 mm；雌虫体长 30.0 mm，前翅长 42.0 mm，后翅长 40.0 mm。

【形态特征】 头顶隆起，黄色，前、后各有 1 对小的黑色斑；复眼金黄色或青灰色，具金属光泽，有小黑点；触角黑色。前胸背板黄色，无斑；中胸黄色，中央有 1 个大的黑色斑，两侧各有 1 对小的黑色圆斑，前缘有 1 个小的黑色斑；后胸黄色，但中部黑色，两侧各有 1 个不明显的小的黑色圆斑。足大部分黑色，但距、爪红褐色。前翅宽大，基部及 M 脉前方密布褐色短横纹，近外缘和后缘附近密布褐色斑点。后翅基部 2/3 透明无斑，端部有几块大的浅褐色斑伸向外缘；雄虫有轭坠。腹部短于后翅，黄褐色，第 1 ~ 4 腹节颜色较淡，其余各节褐色，除第 2 腹节有长而明显的白色毛外，其余各节上均为稀疏的褐色短毛。雄虫生殖弧弱骨化，阳基侧突宽片状，端部骨化强，相互靠近；生殖中片强骨化，片状。雌虫肛上片有浓密的长毛，腹面具挖掘毛，第 9 内生殖突倒锥形，挖掘毛较密，无第 9 外生殖突，第 8 外生殖突指状，第 8 内生殖突圆突状，约为第 8 外生殖突的 1/2。

【地理分布】 广西。

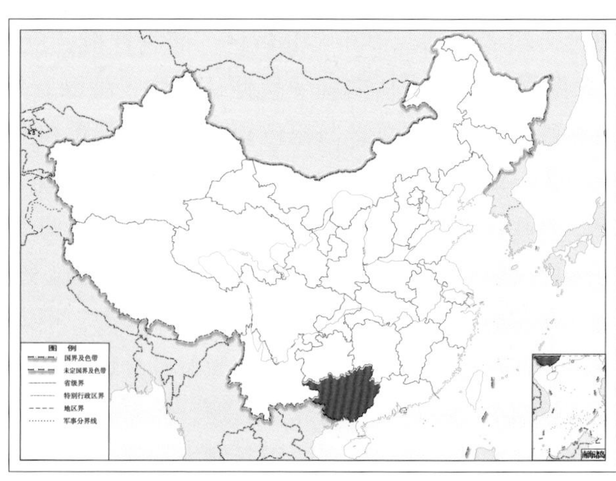

图 4-468-2 李氏树蚁蛉 *Dendroleon lii* 地理分布图

469. 长腿树蚁蛉 *Dendroleon longicruris* (Yang, 1986)

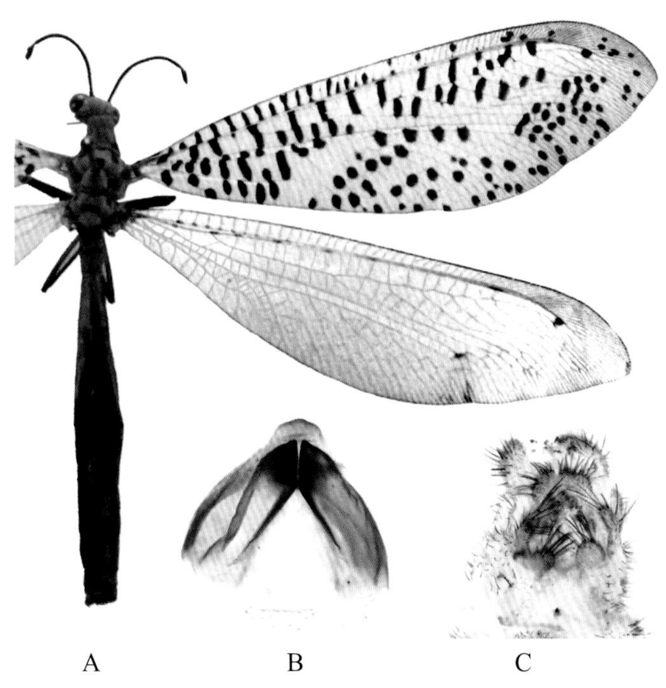

图 4-469-1 长腿树蚁蛉 *Dendroleon longicruris* 形态图

A. 成虫 B. 雄虫外生殖器腹面观 C. 雌虫外生殖器腹面观

【测量】 雄虫体长 33.0 mm，前翅长 41.0 mm，后翅长 38.0 mm；雌虫体长 32.0 ~ 34.0 mm，前翅长 37.0 ~ 43.0 mm，后翅长 35.0 ~ 40.0 mm。

【形态特征】 头顶隆起，黄色，无斑；复眼青灰色，有小黑点；触角黑色，但柄节、梗节略呈黄褐色。前胸背板黄色，后缘两侧各具 1 个黑色斑；中后胸黄色，光滑；中胸有 5 个斑，中央 1 个大的黑色斑近方形，周围 4 个小的黑色斑。足以黑色为主，但前足基节、转节和股节的前 1/3 为黄色，距、爪红褐色，后足股节的前 1/2 为黄色。前翅密布褐色横向短斑纹，近翅外缘和后缘的区域密布褐色斑点，翅中部以内和以外各有 1 个无斑区。后翅基本无斑，仅在痣下室中有 1 个小的褐色斑；雄虫有轭坠。腹部黄色（有些个体做成标本后变黑色）。雄虫生殖弧弱骨化，阳基侧突宽片状，边缘及端部骨化强，端部靠近，生殖中片强骨化。雌虫肛上片短宽，有浓密的长毛，腹面有明显的挖掘毛；第 9 内生殖突呈倒锥形，挖掘毛较密，无第 9 外生殖突；第 8 外生殖突指状，第 8 内生殖突瘤突状。

【地理分布】 广西、海南、云南。

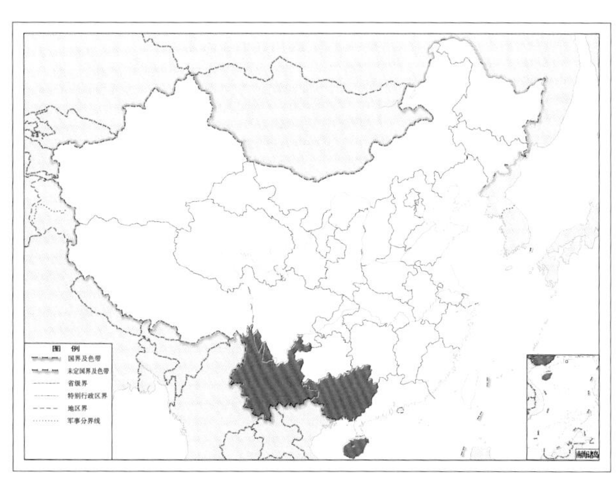

图 4-469-2 长腿树蚁蛉 *Dendroleon longicruris* 地理分布图

470. 墨脱树蚁蛉 *Dendroleon motuoensis* Wang & Wang, 2008

图 4-470-1 墨脱树蚁蛉 *Dendroleon motuoensis* 形态图

A. 成虫 B. 雌虫外生殖器腹面观

【测量】 雌虫体长 28.0 mm，前翅长 33.0 mm，后翅长 32.0 mm。

【形态特征】 头顶隆起，棕色，具稀疏模糊条纹；复眼棕色，有小黑点；触角柄节、梗节呈黑褐色，鞭节各节黑黄色相间，以黑色为主。前胸被 1 条横沟分成明显的两部分，前半部分洋葱形，后半部分梯形；胸部背板浅棕色，中央颜色略深；腹板黄色,侧面在足基节与翅基部之间有 1 条纵向条纹。前足基节内侧黄色，外侧黑色；股节基部 1/3 黄色，其余部分黑褐色；胫节端部 1/2 黄色，其余部分黑褐色。前翅狭长，翅基部散布一些褐色短横纹和斑点，翅端区有不规则斑块、斑纹和小斑点，翅痣内侧有 1 个褐色大斑块。后翅基部 2/3 透明无斑，翅端部有 1 个弯向翅缘的弧形斑，痣下室内侧有 1 个褐色斑块，中脉亚端斑云状。雌虫腹部明显短于后翅，深褐色，具稀疏黑色短毛。雌虫肛上片被黑色短毛；第 9 内生殖突圆突状，无挖掘毛；第 9 外生殖突小，瘤突状，第 8 外生殖突长指形，第 8 内生殖突瘤突形，约为第 8 外生殖突的 1/2，均有黑色短毛。

【地理分布】 西藏。

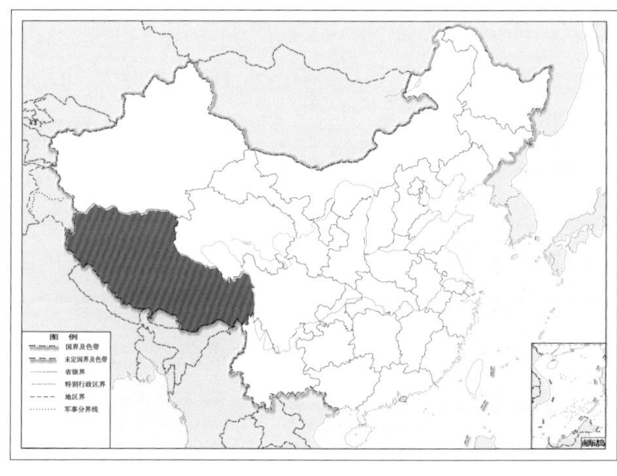

图 4-470-2 墨脱树蚁蛉 *Dendroleon motuoensis* 地理分布图

471. 褐纹树蚁蛉 *Dendroleon pantherinus* (Fabricius, 1787)

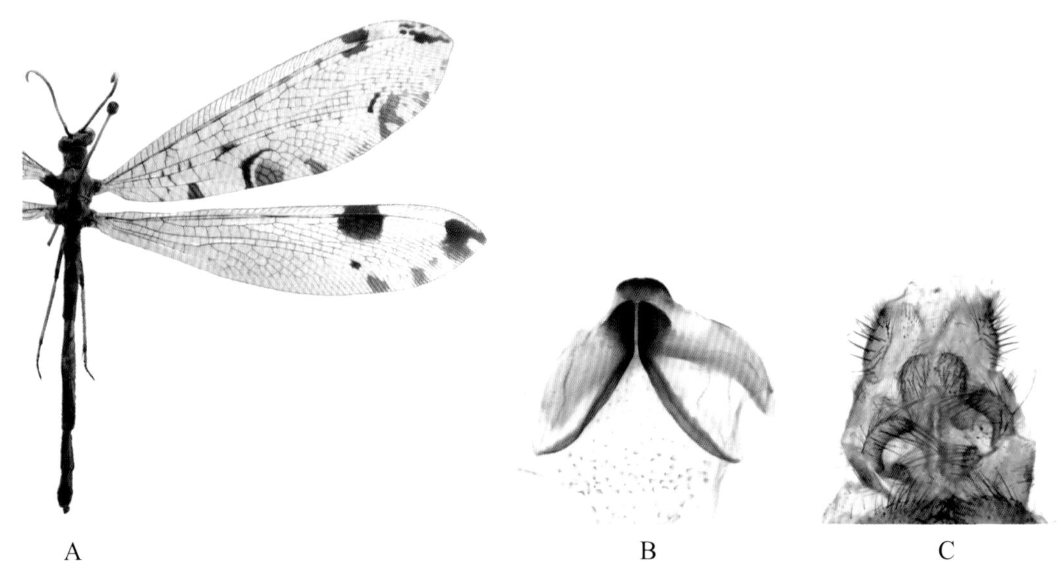

图 4-471-1　褐纹树蚁蛉 *Dendroleon pantherinus* 形态图
A. 成虫　B. 雄虫外生殖器腹面观　C. 雌虫外生殖器腹面观

【测量】 雄虫体长 22.0 ~ 32.0 mm，前翅长 24.0 ~ 30.0 mm，后翅长 23.0 ~ 28.0 mm；雌虫体长 22.0 ~ 26.0 mm，前翅长 24.0 ~ 40.0 mm，后翅长 23.0 ~ 38.0 mm。

【形态特征】 头顶褐色，隆起，中央有 1 对黑褐色横斑，后方有 1 对近圆形的黑褐色纵斑；复眼灰黑色，有小的黑色斑；触角黄褐色，柄节、梗节黑褐色。前胸背板黄褐色，中后胸黄褐色至黑褐色，后胸中央颜色深。足大部分黑褐色；前足基节和股节内侧黄色，胫节黄色且中央有小块黑色斑，跗节黄色至褐色。前翅中部 CuA1 脉后有明显的眼状斑，弧形眼缘线中间有部分间断。后翅基部 3/5 透明无斑，痣下室内侧有 1 个大的褐色斑，常伸达翅前缘，翅端区有 1 个 C 形大斑块，伸达翅顶角和外缘，C 形斑后还有 2 个小的褐色斑紧靠翅外缘，中脉亚端斑点状；雄虫有轭坠。腹部短于后翅，黑褐色；第 1、3、4 节背板中央黄白色。雄虫生殖弧弱骨化，阳基侧突宽片状，端部骨化强，相互靠近，生殖中片强骨化。雌虫肛上片较短宽，有浓密的长毛；第 9 内生殖突倒锥形，有较密的挖掘毛；第 9 外生殖突很小；第 8 外生殖突指状内弯，端部较圆；第 8 内生殖突瘤突状，短于第 8 外生殖突的 1/2。

【地理分布】 北京、河北、山西、内蒙古、浙江、福建、山东、湖北、陕西、甘肃、宁夏；奥地利，阿塞拜疆，保加利亚，克罗地亚，捷克，斯洛伐克，芬兰，法国，格鲁吉亚，德国，匈牙利，意大利，马耳他，波兰，罗马尼亚，俄罗斯，斯洛文尼亚，瑞士，土耳其，乌克兰，塞尔维亚，黑山。

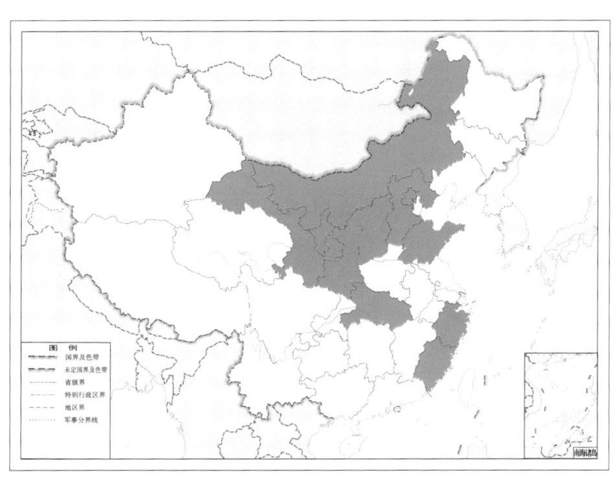

图 4-471-2　褐纹树蚁蛉 *Dendroleon pantherinus* 地理分布图

472. 中华树蚁蛉 *Dendroleon similis* Esben-Petersen, 1923

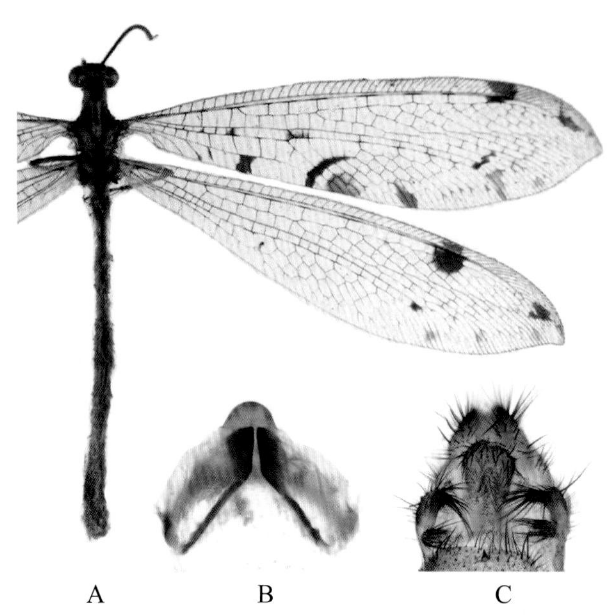

图 4-472-1 中华树蚁蛉 *Dendroleon similis* 形态图

A. 成虫 B. 雄虫外生殖器腹面观 C. 雌虫外生殖器腹面观

【测量】 雄虫体长 23.0 ~ 28.0 mm，前翅长 21.0 ~ 33.0 mm，后翅长 20.0 ~ 32.0 mm；雌虫体长 23.0 ~ 28.0 mm，前翅长 21.0 ~ 33.0 mm，后翅长 20.0 ~ 32.0 mm。

【形态特征】 头顶黄褐色，隆起，中央具 1 对黑褐色斑；复眼灰黑色，有小的黑色斑；触角黄褐色，柄节、梗节黑褐色，棒状部分黑色。前胸背板黄褐色，中后胸黄褐色至黑褐色，局部颜色较深。足大部分黑褐色，但前足基节和股节内侧黄色，胫节中央有小块黑色斑，跗节黄色至褐色。前翅中部 CuA1 脉后有眼状斑，弧形眼缘线中间有部分间断。后翅基部 3/5 透明无斑，痣下室内侧有 1 个大的褐色斑，不伸达翅前缘；翅端区有 1 个褐色斑，形状多变，不伸达翅顶角和外缘，中脉亚端斑点状，其他斑颜色极浅，几乎看不到；雄虫有轭坠。雌虫腹部短于后翅，黄色至黑褐色。雄虫生殖弧弱骨化，阳基侧突宽片状，端部骨化强，相互靠近，生殖中片强骨化。雌虫肛上片短宽，有浓密的长毛；第 9 内生殖突呈纵向的长三角状，有较密的挖掘毛；第 9 外生殖突很小；第 8 外生殖突指状，端部较圆，有稀疏的长毛；第 8 内生殖突较小，有较密的长毛。

【地理分布】 北京、河北、辽宁、山东、甘肃；印度尼西亚，蒙古。

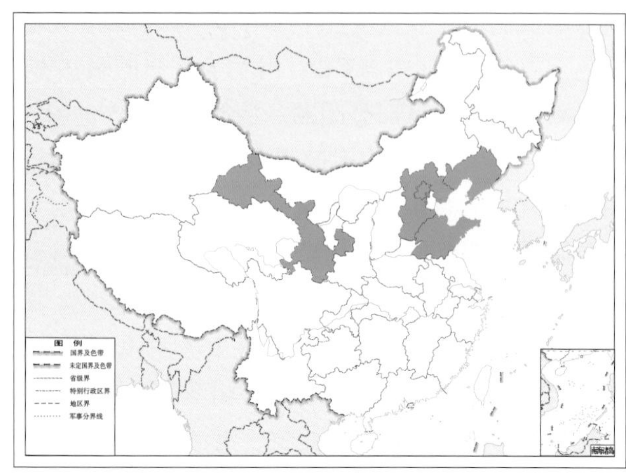

图 4-472-2 中华树蚁蛉 *Dendroleon similis* 地理分布图

（七五）溪蚁蛉属 *Epacanthaclisis* Okamoto, 1910

【鉴别特征】 前翅 RP 脉分叉点先于 CuA 脉分叉点，CuP 脉发出点与基横脉相连，A2 脉平缓地弯向 A3 脉；前翅前缘域有 2 ~ 3 排小室（班克溪蚁蛉 *Epacanthaclisis banksi* 有 3 排小室），基径中横脉 4 ~ 6 条。前班克氏线较明显，后班克氏线不清晰。后翅前缘域单排小室，基径中横脉 1 ~ 2 条；雄虫有轭坠，距发达，触角间距小于柄节直径。一些种的雄虫腹部第 4 ~ 5 节膨大，具毛刷或毛腺。

【地理分布】 主要分布于中亚和东亚。

【分类】 目前全世界已知 13 种，我国已知 9 种，本图鉴收录 8 种。

中国溪蚁蛉属 *Epacanthaclisis* 分种检索表

1. 翅上密被明显的褐色斑点和短斑纹；前胸背板前 1/3 有 2 个黑色大斑或几乎全黑色，后 2/3 有 2 条侧纵纹 ··· 2

   翅脉因深浅不同而呈麻网状，除中脉亚端斑与肘脉合斑外，其他斑纹不明显；前胸背板有 2 条深色中纵带和 2 条深色侧纵带 ··· 3

2. 前翅基部斑点显著多于翅端部，前胸背板前半部色暗，黑色斑不显著 ··· **多斑溪蚁蛉 *Epacanthaclisis maculosus***

   前翅上斑点分布较均匀，前胸背板浅黄色，前 1/3 有 2 个黑色大斑 ··· **小斑溪蚁蛉 *Epacanthaclisis maculatus***

3. 中脉亚端斑与肘脉合斑点状或不明显 ··· 4

   中脉亚端斑与肘脉合斑斜线状 ··· 5

4. 前中足距伸达第 2 跗节端部，后足距伸达第 1 跗节端部；前胸背板有 2 对黑色纵条斑，侧条斑几乎与中条斑等宽，直，分为 2 段 ··· **隐纹溪蚁蛉 *Epacanthaclisis amydrovittata***

   前中足距至少伸达第 3 跗节端部，后足距至少伸达第 2 跗节端部；前胸背板有 2 对黑色纵条斑，侧条斑明显比中条斑细，弯曲 ··· **闽溪蚁蛉 *Epacanthaclisis minanus***

5. 雄虫腹部有毛刷 ··· 6

   雄虫腹部无毛刷 ··· **墨溪蚁蛉 *Epacanthaclisis moiwanus***

6. 中脉亚端斑、肘脉合斑与痣下室等长或更长，前胸背板深褐色侧纵纹直而细 ··· **班克溪蚁蛉 *Epacanthaclisis banksi***

   中脉亚端斑、肘脉合斑短于痣下室，前胸背板深褐色侧纵纹弯曲 ··· 7

7. 头顶与后头黑色无斑，前胸背板 1 对深褐色中纵纹几乎完全合并，侧纵纹宽；雌虫第 8 内生殖突为第 8 外生殖突的 1/3 ··· **宁陕溪蚁蛉 *Epacanthaclisis ningshanus***

   头顶与后头深褐色具黄色斑，前胸背板 1 对深褐色中纵纹后面合并，前面分开，侧纵纹细；雌虫第 8 内生殖突为第 8 外生殖突的 1/4 ··· **陆溪蚁蛉 *Epacanthaclisis continentalis***

473. 隐纹溪蚁蛉 *Epacanthaclisis amydrovittata* Wan & Wang, 2010

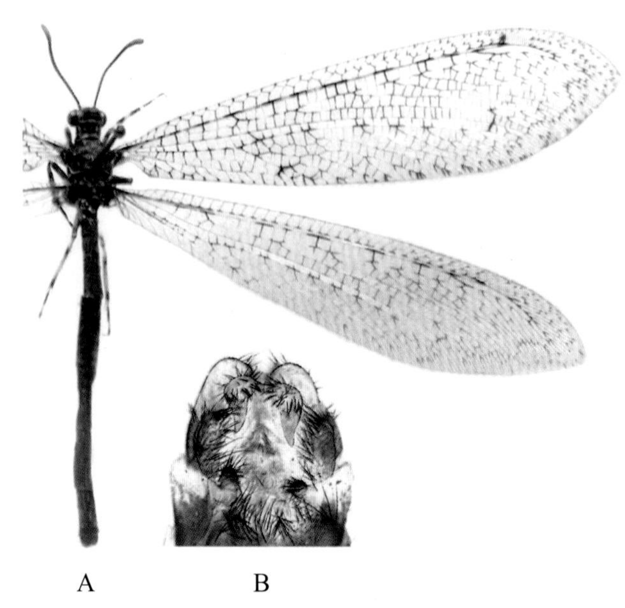

图 4-473-1 隐纹溪蚁蛉 *Epacanthaclisis amydrovittata* 形态图
A. 成虫 B. 雌虫外生殖器腹面观

【测量】 雌虫体长 35.0 ~ 36.0 mm，前翅长 44.0 ~ 45.0 mm，后翅长 42.0 ~ 43.0 mm。

【形态特征】 头顶隆起，黄褐色；复眼黑褐色，有明显小的黑色斑；触角黄褐色，棒状，柄节、梗节黄色，具小的褐色斑和白色短毛。前胸背板黄色，具 1 对黑色中条斑，后半部极靠近，前半部距离渐远；两侧具与中条斑等宽的侧条斑，分为前后两段，前段大，后段小。足黄褐色，但前足股节黑褐色，胫节黄色且有 2 条黑褐色环带，跗节黑褐色，仅第 1、5 跗节基半部黄白色，距伸达第 2 跗节。前翅狭长，翅脉深浅不同，似麻网，沿翅的外缘及后缘有一些小麻斑；中脉亚端斑与肘脉合斑极小；翅痣大，乳白色，基部有 1 个小的褐色斑，痣下室狭长。后翅翅痣下小室更长而窄。腹部黑褐色，第 1 ~ 4 节密被白色长毛，其余各节密被黑色长毛。雌虫肛上片卵圆形；第 9 内生殖突长，有短粗的挖掘毛；无第 9 外生殖突；第 8 外生殖突粗壮，指状；第 8 内生殖突约为第 8 外生殖突的 1/3。

【地理分布】 四川、甘肃。

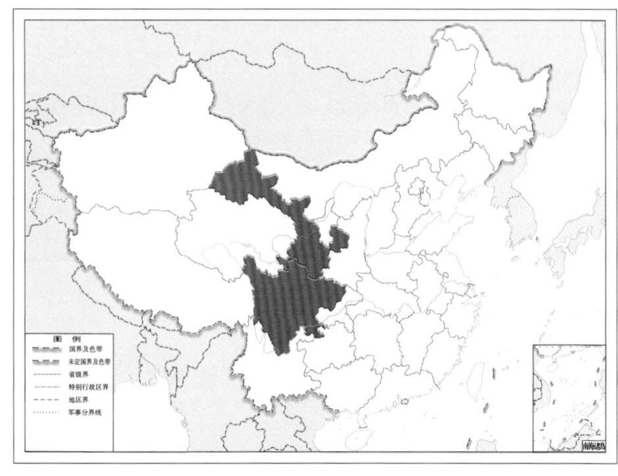

图 4-473-2 隐纹溪蚁蛉 *Epacanthaclisis amydrovittata* 地理分布图

474. 班克溪蚁蛉 *Epacanthaclisis banksi* Krivokhatsky, 1998

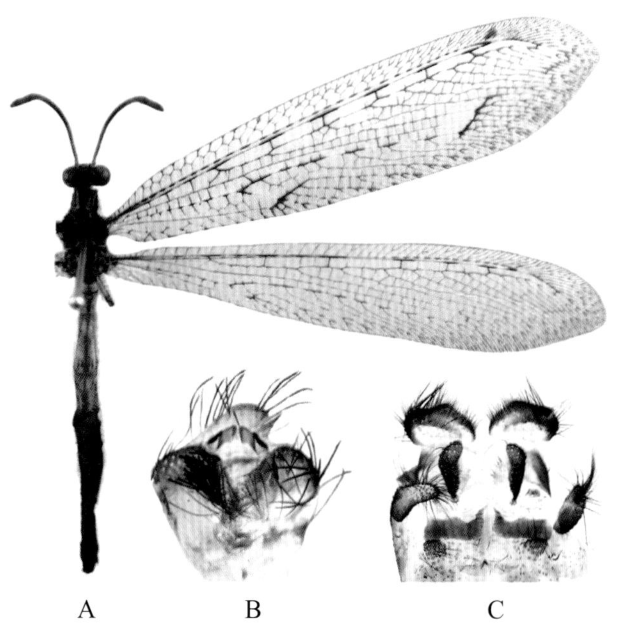

图 4-474-1　班克溪蚁蛉 *Epacanthaclisis banksi* 形态图

A. 成虫　B. 雄虫外生殖器腹面观　C. 雌虫外生殖器腹面观

【测量】 雄虫体长 40.0 mm，前翅长 37.0 mm，后翅长 36.0 mm；雌虫体长 36.0 ~ 40.0 mm，前翅长 33.0 ~ 37.0 mm，后翅长 33.0 ~ 37.0 mm。

【形态特征】 头顶隆起，黑褐色，靠近复眼处有 1 对黄色斑；复眼灰色；触角棒状，褐色，柄节、梗节黄褐色，具白色短毛。前胸背板黄色，具 1 对深褐色中纵带，中纵带宽，后面合并，前面分开，中纵带两侧有 1 对深褐色纵纹，细而直；中后胸暗褐色。足黄褐色，间有黑褐色；前足基节有浓密白色长刚毛，股节黄褐色且端部黑色，胫节黄色，跗节褐色，第 1、2、5 跗节的端部黄白色，距伸达第 4 跗节。前翅脉深浅不同，似麻网；中脉亚端斑与肘脉合斑长斜线状，等于或长于痣下室。后翅无中脉亚端斑和肘脉合斑。腹部第 1 ~ 4 节浅黄色，具白色长毛，第 5 ~ 9 节黑色，有 1 条黑褐色背中线和 1 对黑褐色侧线；雄虫第 4 腹节膨大，有 1 对毛刷。雄虫生殖弧中央膜质，两端强骨化，阳基侧突片状，边缘骨化较强，无生殖中片。雌虫肛上片卵圆形，有浓密长毛；第 9 内生殖突长，有较长的挖掘毛；无第 9 外生殖突；第 8 外生殖突粗壮，端部较细；第 8 内生殖突约为第 8 外生殖突的 1/4。

【地理分布】 四川、甘肃。

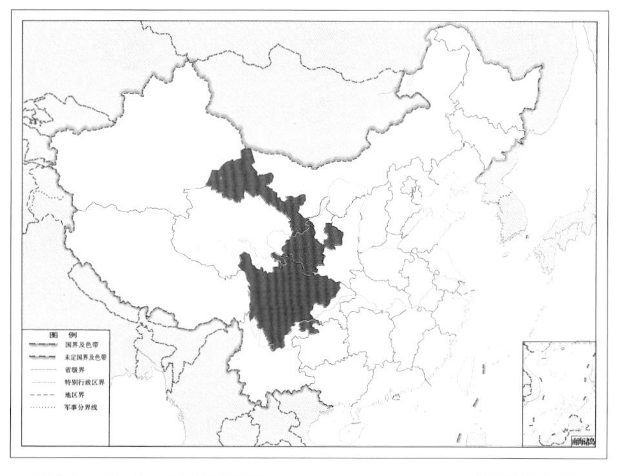

图 4-474-2　班克溪蚁蛉 *Epacanthaclisis banksi* 地理分布图

475. 陆溪蚁蛉 *Epacanthaclisis continentalis* Esben-Petersen, 1935

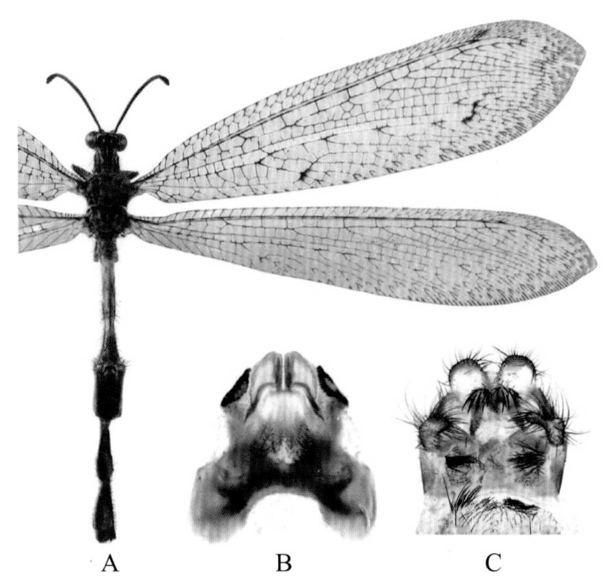

图 4-475-1 陆溪蚁蛉 *Epacanthaclisis continentalis* 形态图

A. 成虫 B. 雄虫外生殖器腹面观 C. 雌虫外生殖器腹面观

【测量】 雄虫体长 30.0 ~ 34.0 mm，前翅长 35.0 ~ 40.0 mm，后翅长 34.0 ~ 39.0 mm；雌虫体长 29.0 ~ 33.0 mm，前翅长 36.0 ~ 38.0 mm，后翅长 34.0 ~ 37.0 mm。

【形态特征】 头顶隆起，中部有 1 对横向黄色斑，后侧有 1 对黄色小纵斑；复眼青灰色，有许多小的黑色斑；触角黑褐色。前胸背板黄褐色，具 1 对深褐色中纵纹，该纹后面合并，前面分开；中纵纹两侧有 1 对黑色侧条斑，细如线，多弯折。足黄褐色，间有褐色线；前足股节端部和跗节黑色；胫节黄色，有 2 条长的黑色环带；第 1、5 跗节的基部黄白色；距伸达第 3 跗节。前翅脉深浅不同，似麻网，翅外缘附近多细碎的麻斑；中脉亚端斑与肘脉合斑斜线状，短于痣下室；翅痣污白色，基部有 1 个小的黄褐色斑。后翅无中脉亚端斑和肘脉合斑。腹部黑褐色，背板、腹板上有浓密的黑色长毛，侧片上有浓密的白色长毛；雄虫第 4 腹节膨大，有 1 对毛刷。雄虫生殖弧中央膜质，两端强骨化；阳基侧突片状，边缘骨化较强，无生殖中片。雌虫肛上片卵圆形，有浓密长毛；第 9 内生殖突长，有较长的挖掘毛；无第 9 外生殖突；第 8 外生殖突粗壮，呈指状；第 8 内生殖突约为第 8 外生殖突的 1/4。

【地理分布】 北京、山西、陕西、河南、海南、四川、云南、西藏；阿富汗，印度，塔吉克斯坦。

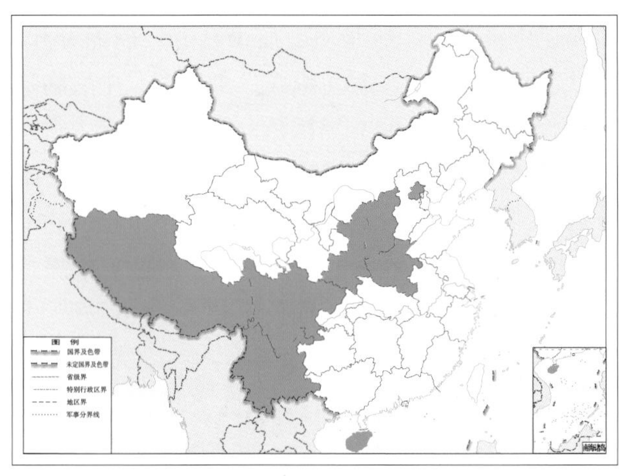

图 4-475-2 陆溪蚁蛉 *Epacanthaclisis continentalis* 地理分布图

476. 多斑溪蚁蛉 *Epacanthaclisis maculosus* (Yang, 1986)

图 4-476-1　多斑溪蚁蛉 *Epacanthaclisis maculosus* 形态图
A. 成虫　B. 雄虫外生殖器腹面观

【测量】 雄虫体长 46.0 mm，前翅长 46.0 mm，后翅长 43.0 mm。

【形态特征】 头顶隆起，黑色；复眼灰色，有小的黑色斑；触角棒状，柄节、梗节黄褐色，具黑色短毛，鞭节全部黑色。前胸背板主要呈黑褐色，后缘的中部黄色，无明显的中纵带，具 1 对黑色侧条纹。足黑色，具浓密的黑、白色长刚毛；前足基节及股节基部黄褐色，股节大部及胫节、跗节黑色，距末端略弯，伸达第 4 跗节。前翅外缘下方略内陷，黄褐色，密布小的褐色斑，基部斑点显著多于端部；中脉亚端斑与肘脉合斑黑褐色，短斜线状；翅痣黄白色，基部有 1 个黑褐色小斑。后翅斑点更稀少；基径中横脉 2 条。雄虫腹部第 1 ~ 3 节淡褐色，密被褐色长毛；第 4 ~ 6 节污黄色，膨大；第 4 节背板黑褐色，内凹并有浓密的黑色毛丛；第 5 节前缘有 1 个呈放射状排列的黑色刚毛丛；第 7 ~ 9 腹节暗褐色。雄虫生殖弧中央膜质，两端强骨化；阳基侧突片状，后侧有片状突起，边缘骨化较强，无生殖中片。

【地理分布】 云南。

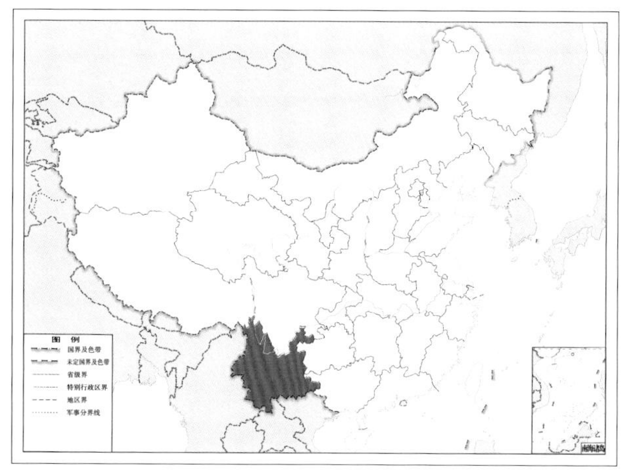

图 4-476-2　多斑溪蚁蛉 *Epacanthaclisis maculosus* 地理分布图

477. 小斑溪蚁蛉 *Epacanthaclisis maculatus* (Yang, 1986)

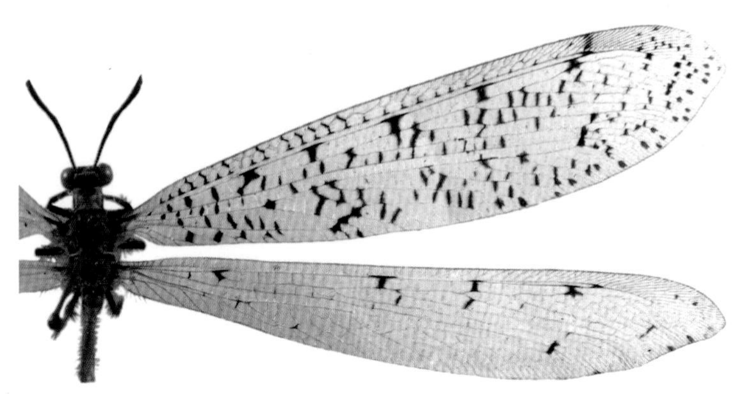

图 4-477-1 小斑溪蚁蛉 *Epacanthaclisis maculatus* 成虫图

【测量】 雄虫体长 15.0 mm（腹部从第 4 腹节以后缺失），前翅长 43.0 mm，后翅长 42.0 mm。

【形态特征】 头顶隆起，黑色；复眼具黄色金属光泽；额黄褐色，有稀疏长毛；触角棒状，柄节、梗节黑褐色，具黑色短毛，鞭节第 1 ~ 13 小节基部黑褐色，端部黄白色，其余各小节全部黑色。前胸背板浅黄色，长约等于宽，前 1/3 区域有 1 对大的黑色圆斑，具 1 对黑色侧纵条纹；中后胸主要呈黑褐色，具不明显的黄褐色斑和稀疏的黑色长毛。足大部分黑色，具浓密的黑色长刚毛，但前足基节、转节和股节基部黄褐色，距、爪黄褐色，距伸达第 4 跗节。前翅外缘下方稍内凹，均匀密布小的褐色斑；翅痣白色，不明显，基部有 1 个褐色小斑；痣下室狭长。后翅仅有零星小斑点；基径中横脉 1 条。雄虫腹部第 1 ~ 3 节褐色，密被长毛，其余各节缺损；从第 3 节残余末端能看出有膨大迹象。

【地理分布】 云南。

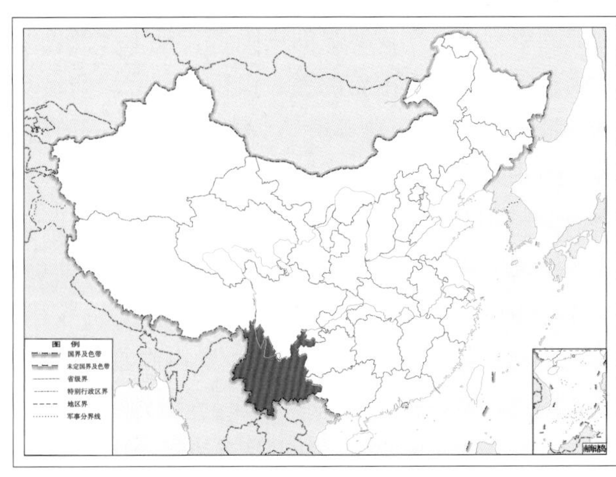

图 4-477-2 小斑溪蚁蛉 *Epacanthaclisis maculatus* 地理分布图

478. 闽溪蚁蛉 *Epacanthaclisis minanus* (Yang, 1999)

图 4–478–1　闽溪蚁蛉 *Epacanthaclisis minanus* 形态图
A. 成虫　B. 雄虫外生殖器腹面观　C. 雌虫外生殖器腹面观

【测量】 雄虫体长 35.0 ~ 40.0 mm，前翅长 38.0 ~ 42.0 mm，后翅长 40.0 ~ 44.0 mm；雌虫体长 30.0 ~ 35.0 mm，前翅长 43.0 ~ 46.0 mm，后翅长 43.0 ~ 46.0 mm。

【形态特征】 头顶隆起，暗褐色，中央有 1 对小的黄色斑；复眼灰色，有小的黑色斑；触角棒状，基节黄色，梗节黑褐色，鞭节褐色。前胸背板黄色，有 2 对黑色纵条斑，隐约可见黄色十字线分割中条斑，侧条斑明显比中条斑细，弯曲。足大部分黑色，但前足基节、转节和股节大部分黄色，距、爪棕红色，距末端略弯，伸达第 4 跗节。前翅脉深浅相间；中脉亚端斑与肘脉合斑黑褐色，点状；翅痣白色，基部有 1 个褐色小斑。后翅比前翅略窄、色淡。腹部黄色，雄虫第 4 腹节端部膨大，第 5 腹节膨大；雌虫各腹节暗褐色，均匀无膨大，节间具黄褐色边。雄虫生殖弧中央膜质，两端强骨化；阳基侧突片状，后侧有片状突起，边缘骨化较强，无生殖中片。雌虫肛上片卵圆形，有浓密长毛；第 9 内生殖突长，有较长的挖掘毛；无第 9 外生殖突；第 8 外生殖突粗壮；第 8 内生殖突约为第 8 外生殖突的 1/3。

【地理分布】 浙江、福建、湖北、广西、贵州、陕西。

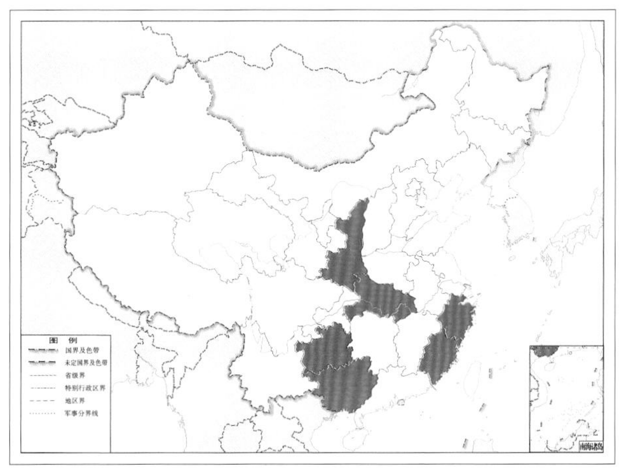

图 4–478–2　闽溪蚁蛉 *Epacanthaclisis minanus* 地理分布图

479. 墨溪蚁蛉 *Epacanthaclisis moiwanus* (Okamoto, 1905)

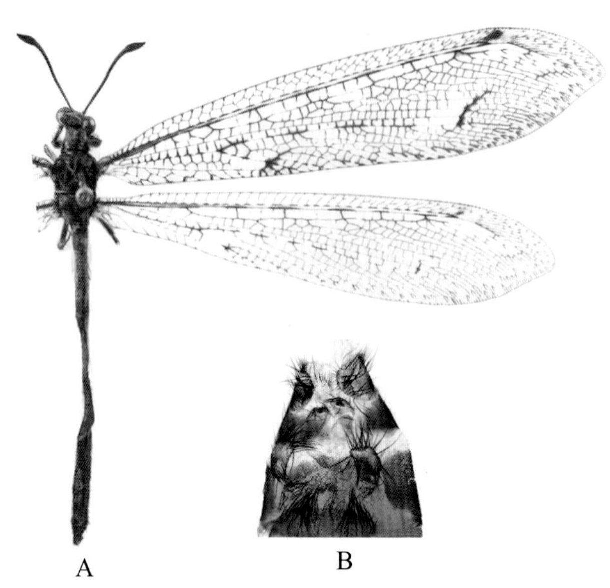

图 4-479-1 墨溪蚁蛉 *Epacanthaclisis moiwanus* 形态图
A. 成虫 B. 雌虫外生殖器腹面观

【测量】 雌虫体长 43.0 mm，前翅长 45.0 mm，后翅长 43.0 mm。

【形态特征】 头顶隆起，黑褐色，中央有 1 对黄色斑；复眼灰色，密布小的黑色斑；触角棒状，柄节、梗节黄褐色，具白色短毛，每节基部黑褐色，端部黄白色。前胸背板黄褐色，长宽相近；1 对黑色中纵带极宽，后面部分合并，前面部分相离，两侧各有 1 条黑色纵带，中间粗，两端细，其末端向外弯曲；中后胸主要呈黑褐色，具不明显的褐色条斑。足黄褐色；前足基节黄褐色，有浓密的白色长毛，股节黑褐色，胫节上有 2 条黑褐色环带，第 1 跗节黄褐色，其余各跗节黑褐色，距端部稍弯曲，伸达第 3 跗节。前翅脉深浅不同，似麻网状；中脉亚端斑与肘脉合斑黑褐色，斜线状，短于痣下室；翅痣白色，基部有褐色斑。后翅基径中横脉 2 条。腹部黑色，密被白色长毛，各背板后缘微呈黄褐色；雄虫腹部无毛刷或毛丛（据 Krivokhatsky 1998 年描述）。雌虫肛上片卵圆形，有浓密的黑色长毛；第 9 内生殖突长，有较长的挖掘毛；无第 9 外生殖突；第 8 外生殖突粗壮，圆柱状；第 8 内生殖突约为第 8 外生殖突的 1/4。

【地理分布】 四川；日本。

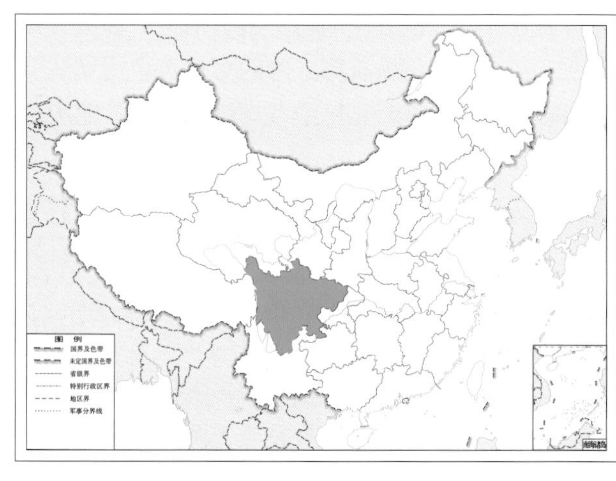

图 4-479-2 墨溪蚁蛉 *Epacanthaclisis moiwanus* 地理分布图

480. 宁陕溪蚁蛉 *Epacanthaclisis ningshanus* Wan &Wang, 2010

图 4-480-1 宁陕溪蚁蛉 *Epacanthaclisis ningshanus* 形态图

A. 成虫 B. 雄虫外生殖器腹面观 C. 雌虫外生殖器腹面观

【测量】 雄虫体长 30.0 ~ 35.0 mm，前翅长 35.0 ~ 37.0 mm，后翅长 33.0 ~ 35.0 mm；雌虫体长 30.0 ~ 36.0 mm，前翅长 35.0 ~ 39.0 mm，后翅长 33.0 ~ 37.0 mm。

【形态特征】 头顶隆起，黑色，中央近眼处有 1 对黄色新月状纵斑；复眼黑褐色，有小的黑色斑；触角黑褐色，柄节、梗节具白色短毛。前胸背板黄褐色；中央具 1 对深褐色中纵带，几乎完全合并，两侧各有 1 条黑色纵带，较宽，在前端与中纵带通过 1 条横向黑色条带连接在一起；侧缘前部黄褐色，后部黑色。足黑褐色；前足胫节黄色，有 2 条黑褐色环带；第 1 跗节黄白色，其余各节黑褐色；距伸达第 3 跗节。前翅脉深浅不同，似麻网，外缘和后缘附近散布较多的小麻斑；中脉亚端斑与肘脉合斑黑褐色，斜线状，短于痣下室。后翅无中脉亚端斑及肘脉合斑。腹部短于后翅，黑色，密被黑色长毛；雄虫第 4 腹节膨大，有 1 对黑色毛刷。雄虫生殖弧中央膜质，两端强骨化；阳基侧突片状，边缘骨化较强，无生殖中片。雌虫肛上片卵圆形，短宽，有浓密的黑色长毛；第 9 内生殖突短而粗壮，有稀疏的挖掘毛；无第 9 外生殖突；第 8 外生殖突粗壮，指状；第 8 内生殖突约为第 8 外生殖突的 1/2。

【地理分布】 陕西。

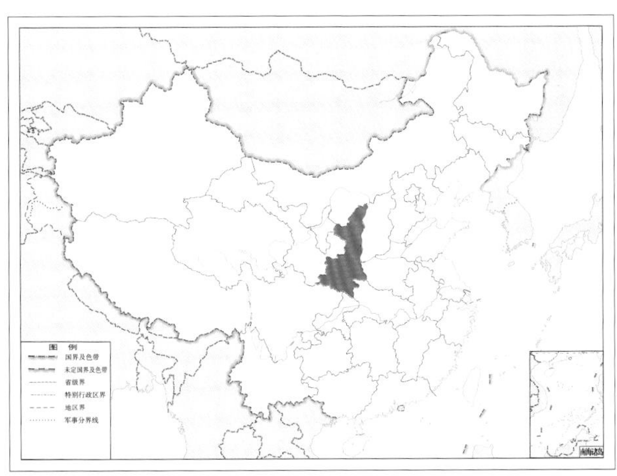

图 4-480-2 宁陕溪蚁蛉 *Epacanthaclisis ningshanus* 地理分布图

（七六）锦蚁蛉属 *Gatzara* Navás, 1915

【鉴别特征】 CuP 脉发出点与基横脉相连，A2 脉平缓地弯向 A3 脉；前翅 RP 脉分叉点略先于 CuA 脉分叉点；翅狭长，端部略尖，外缘常略内凹；前翅前缘域具单排小室；雌虫第 8 内生殖突与第 8 外生殖突等长或更长。雄虫阳基侧突片状。

【地理分布】 主要分布于南亚和东亚。

【分类】 目前全世界已知 11 种，我国已知 6 种，本图鉴收录 5 种。

中国锦蚁蛉属 *Gatzara* 分种检索表

1. 前翅中脉亚端斑线状，后翅端区无云形斑 …… 2
 前翅中脉亚端斑近圆点状，后翅端区有云形斑 …… 3
2. 后翅有黑色顶角线，前翅中脉亚端斑弯月形，前后翅外缘内凹较明显 …… **黑脉锦蚁蛉 *Gatzara nigrivena***
 后翅无黑色顶角线，前翅中脉亚端斑斜线形，前后翅外缘几乎不内凹 …… **角脉锦蚁蛉 *Gatzara angulineura***
3. 头顶斑纹清晰简单：1 对横纹，1 对纵纹，1 对靠近复眼的斑点 …… 4
 头顶斑纹复杂如豹纹 …… **华美锦蚁蛉 *Gatzara decorosa***
4. 前翅眼状斑完整，臀区褐色斑不显著，后翅中脉亚端斑略大于前翅的中脉亚端斑 …… **琼花锦蚁蛉 *Gatzara qiongana***
 前翅无眼状斑或眼状斑缺少一半，臀区褐色斑显著，后翅中脉亚端斑至少大于前翅中脉亚端斑的 2 倍 …… **小华锦蚁蛉 *Gatzara decorilla***

4–i 锦蚁蛉 *Gatzara* sp.（张巍巍　摄）

481. 角脉锦蚁蛉 *Gatzara angulineura* (Yang, 1987)

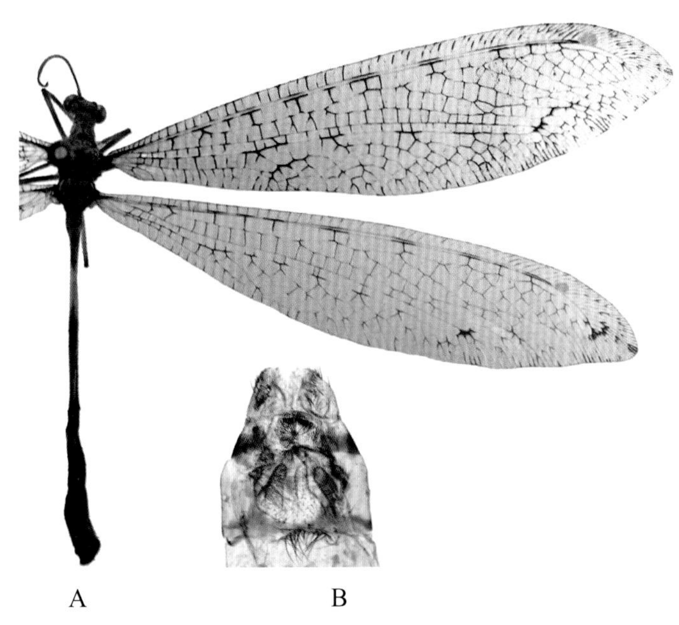

图 4-481-1　角脉锦蚁蛉 *Gatzara angulineura* 形态图

A. 成虫　B. 雌虫外生殖器腹面观

【测量】 雌虫体长 28.0 mm，前翅长 37.0 mm，后翅长 35.0 mm。

【形态特征】 头顶隆起，黄色，具短褐色毛，有2对褐色横斑和1对褐色纵斑；复眼灰色至褐色，有小的黑色斑；触角黄褐色，柄节、梗节黑褐色。前胸背板长大于宽，褐色，有 1 条深褐色中纵纹和 1 对波浪形侧纵纹；中后胸主要呈黄褐色。前足基节基部黑色，端部黄褐色，有稀疏的黑色、白色长毛；股节黄褐色，端部黑褐色；胫节黄褐色，但基部、端部黑褐色；第 1、2 跗节黄白色。前翅脉颜色深浅不同似麻网；中脉亚端斑及肘脉合斑褐色，斜线状；翅痣黄色，痣下室狭长。后翅淡色脉更多；中脉亚端斑褐色，点状，无肘脉合斑；痣下室末端有 1 个小的褐色斑。腹部第 2 节黑褐色，有黑色、白色长毛；第 3、4 节中部黄色，基部、端部黑色，其余各节黑色。雌虫肛上片短宽，有稀疏的黑色短刚毛；第 9 内生殖突近似倒三角形，端部密生挖掘毛；第 9 外生殖突短小；第 8 外生殖突指状；第 8 内生殖突粗指状，明显长于第 8 外生殖突。

【地理分布】 西藏。

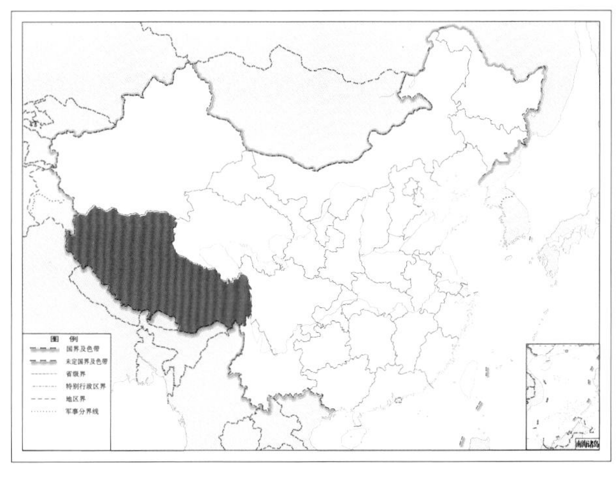

图 4-481-2　角脉锦蚁蛉 *Gatzara angulineura* 地理分布图

482. 小华锦蚁蛉 *Gatzara decorilla* (Yang, 1997)

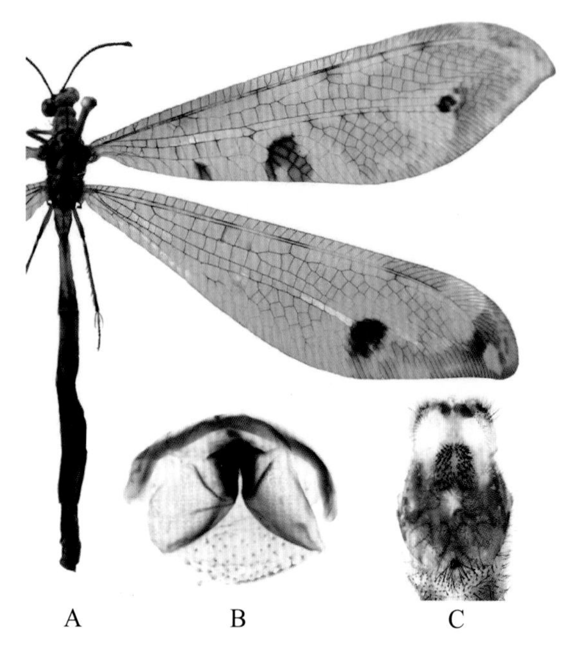

图 4-482-1 小华锦蚁蛉 *Gatzara decorilla* 形态图

A. 成虫 B. 雄虫外生殖器腹面观 C. 雌虫外生殖器腹面观

【测量】 雄虫体长 25.0 ~ 34.0 mm，前翅长 27.0 ~ 35.0 mm，后翅长 26.0 ~ 37.0 mm；雌虫体长 25.0 ~ 34.0 mm，前翅长 27.0 ~ 35.0 mm，后翅长 26.0 ~ 37.0 mm。

【形态特征】 头顶隆起，浅黄色，头顶具 1 对褐色横斑和 1 对褐色纵斑，还有 1 对小圆斑靠近复眼（有些个体不太明显）；复眼灰褐色，有小的黑色斑；触角柄节、梗节黑褐色。前胸背板中央具 1 条黑色纵纹，中部以后有 1 对黑色侧条纹；中后胸主要呈黄色。前足基节黄色；股节内侧黄色，外侧黑色；胫节黄色，中部有 1 条不连续的黑色斑，端部黑色。前翅翅脉颜色深浅不同，有成片的浅色区和深色区；中脉亚端斑褐色，圆形，其外侧有 1 片浅褐色；CuA1 脉后方有 1 个大的褐色斑，似眼状斑缺失了一半；臀区有 1 个色斑。后翅中脉亚端斑褐色，圆形，约比前翅中脉亚端斑大 2 倍，无肘脉合斑，翅端区及外缘内有云状褐色斑，翅顶角下方有 1 个瘦长的白色斑块；雄虫后翅有轭坠。腹部短于后翅，黄褐色，各节后缘及侧片褐色。雄虫生殖弧弱骨化，阳基侧突片状，基部远离，顶端强骨化靠近，生殖中片强骨化，较小。雌虫肛上片被长刚毛，无挖掘毛；第 9 内生殖突长片形，有较粗而密的挖掘毛；第 9 外生殖突圆片形；第 8 外生殖突指状；第 8 内生殖突粗指状，长于第 8 外生殖突。

【地理分布】 浙江、河南、湖北、陕西、甘肃。

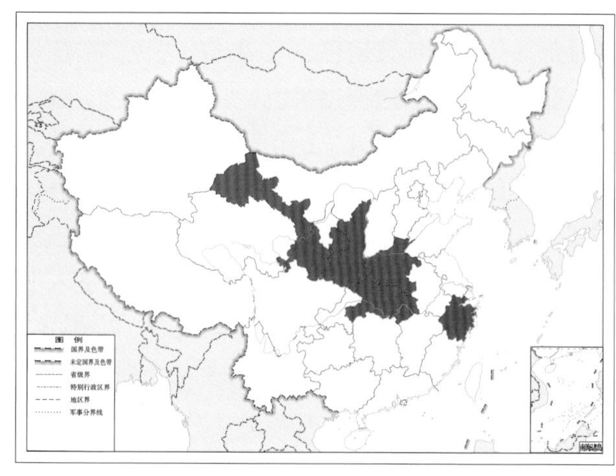

图 4-482-2 小华锦蚁蛉 *Gatzara decorilla* 地理分布图

483. 华美锦蚁蛉 *Gatzara decorosa* (Yang, 1988)

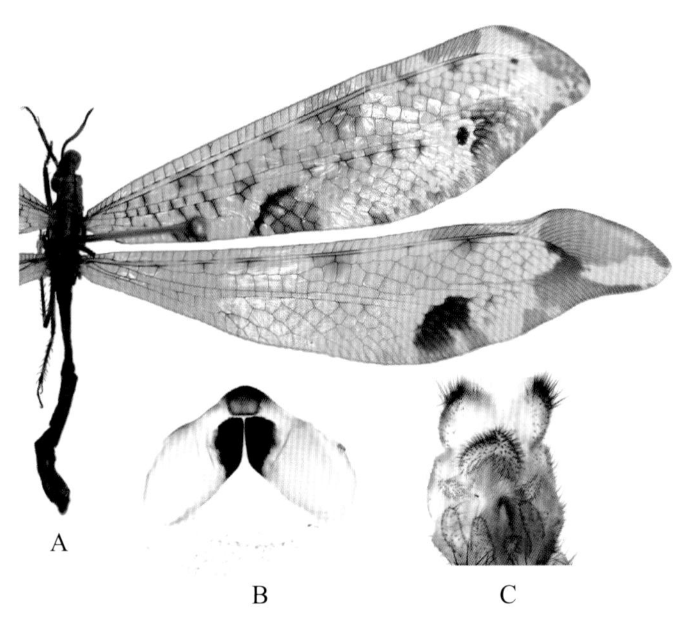

图 4-483-1　华美锦蚁蛉 *Gatzara decorosa* 形态图

A. 成虫　B. 雄虫外生殖器腹面观　C. 雌虫外生殖器腹面观

【测量】 雄虫体长 28.0 ~ 29.0 mm，前翅长 38.0 ~ 39.0 mm，后翅长 39.0 ~ 40.0 mm；雌虫体长 28.0 ~ 30.0 mm，前翅长 38.0 ~ 40.0 mm，后翅长 39.0 ~ 41.0 mm。

【形态特征】 头顶隆起，黄色底上密布杂乱的黑色斑如豹纹；复眼灰褐色，有小的黑色斑；触角柄节、梗节黑褐色。前胸背板黄褐色，有 1 条黑色中带，两侧各有 1 条不明显的、较短的褐色纵带。前足基节黄色；股节的内侧黄色，外侧黑色，中部及近端部有黄色斑；胫节黄黑两色相间。前翅外缘内凹较明显；翅脉颜色深浅不均；中脉亚端斑褐色，近圆形，其外侧有 1 片褐色区；痣下室狭长。后翅端区褐色，顶角下方有 1 个不规则形浅色斑；中脉亚端斑褐色，扩展至翅缘，比前翅中脉亚端斑大数倍；无肘脉合斑；雄虫有轭坠。腹部短于后翅，黄褐色至深褐色，末端颜色渐深，具黑色短毛。雄虫生殖弧弱骨化，阳基侧突片状，基部远离，顶端强骨化靠近，生殖中片强骨化，较小。雌虫肛上片侧面观近三角形，第 9 内生殖突肾形，具挖掘毛；第 9 外生殖突较短小；第 8 内生殖突与第 8 外生殖突等长，均为指状。

【地理分布】 西藏。

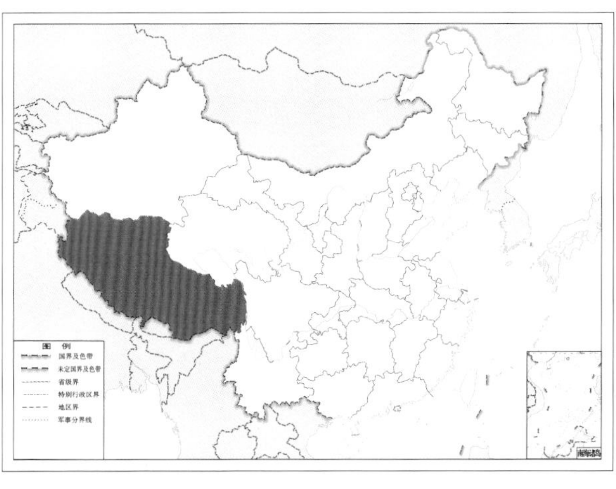

图 4-483-2　华美锦蚁蛉 *Gatzara decorosa* 地理分布图

484. 黑脉锦蚁蛉 *Gatzara nigrivena* Wang, 2012

图 4-484-1 黑脉锦蚁蛉 *Gatzara nigrivena* 形态图
A. 成虫 B. 雌虫外生殖器腹面观

【测量】 雌虫体长 29.0 ~ 32.0 mm，前翅长 40.0 ~ 41.0 mm，后翅长 39.0 ~ 41.0 mm。

【形态特征】 头顶隆起，黄色，有 1 对黑色横纹，其后面为 1 对倒三角形黑色斑连接在一起，靠近前胸背板处具 1 对黑色横纹；复眼黑褐色；触角大部分黑色，鞭节膨大部前面一段棕色。前胸背板黄色，有稀疏的黑色短毛，具 1 条中纵带，两侧前部各有 1 个黑色斑，其后方各有 1 条黑色纵纹，末端向外侧转为横纹。前足基节内侧黄色，外侧黑色，生有黑色长毛；胫节长于股节，基部外侧有 1 个略凸起的亮棕色圆斑。前翅翅脉深浅不同，深色脉更多，翅外缘内侧有密集的褐色麻斑；中脉亚端斑弯月形，肘脉合斑细弧线形；翅痣白色，内侧有黑色斑。后翅浅色脉更多；顶角有 1 条清晰的黑色纵纹，其内侧有一些黑点排列成内弯的弧形；中脉亚端斑深褐色，多分叉。腹部短于后翅，黑色，具棕色斑纹。雌虫肛上片侧面观上窄下宽，生有黑色长毛；第 9 内生殖突肾形，挖掘毛短而密；第 9 外生殖突较明显；第 8 内生殖突与第 8 外生殖突等长，均为指状。

【地理分布】 西藏。

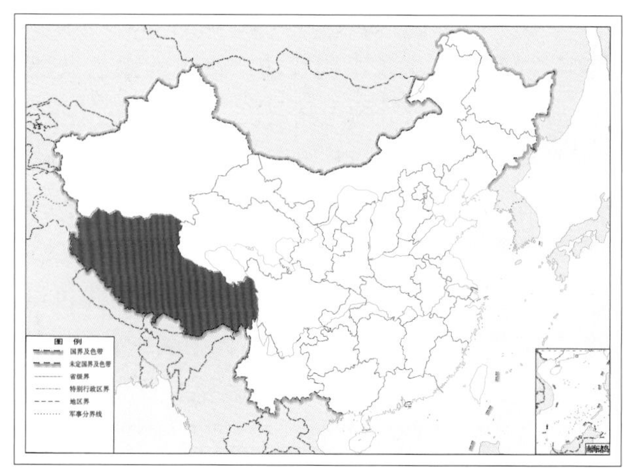

图 4-484-2 黑脉锦蚁蛉 *Gatzara nigrivena* 地理分布图

485. 琼花锦蚁蛉 *Gatzara qiongana* (Yang, 2002)

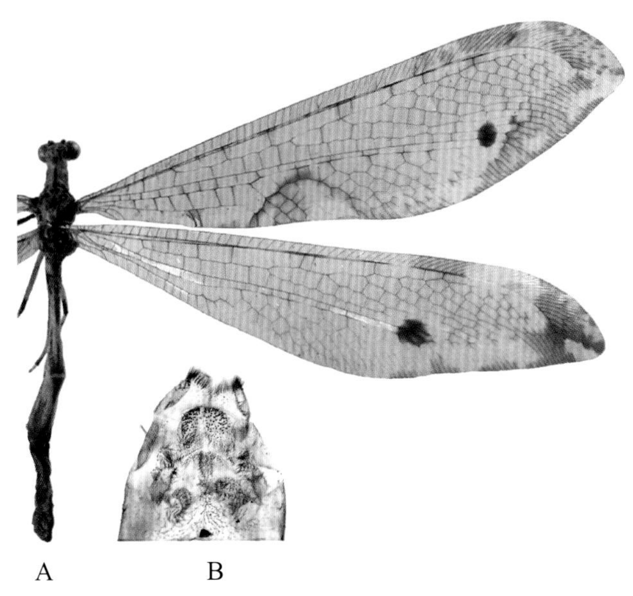

图 4-485-1 琼花锦蚁蛉 *Gatzara qiongana* 形态图
A. 成虫 B. 雌虫外生殖器腹面观

【测量】 雌虫体长 24.0 mm，前翅长 33.0 mm，后翅长 32.0 mm。

【形态特征】 头顶隆起，黄色，有 1 对黑色横纹，其后有 2 对褐色斑；复眼灰色；触角柄节、梗节黑褐色。前胸背板黄褐色，具 1 条黑色中纵带，其前方 1/3 处略有间断，1 对黑色侧纵带从前方 1/3 处伸达前胸背板后缘，前 1/3 部分有密集的褐色小斑点。足褐色，但前足基节和股节内侧黄色，胫节的基部、端部黑色，第 1 跗节黄白色。前翅外缘略内凹；翅脉颜色深浅不同，浅褐色脉占多数；中脉亚端斑褐色，圆点状；翅痣淡粉色，不明显；痣下室狭长。后翅中脉亚端斑褐色，圆形，略大于前翅的中脉亚端斑，无眼状斑，翅端区大片褐色包围着 1 条白色长形纵斑。腹部短于后翅，黄色，背板中央有 1 条不连续的黑色纵带。雌虫肛上片短，钝圆形，有稀疏而短的黄色刚毛，无挖掘毛；第 9 内生殖突近椭圆形，挖掘毛短而稀，第 9 外生殖突较小；第 8 外生殖突与第 8 内生殖突均为指状；第 8 内生殖突明显大于第 8 外生殖突。

【地理分布】 海南。

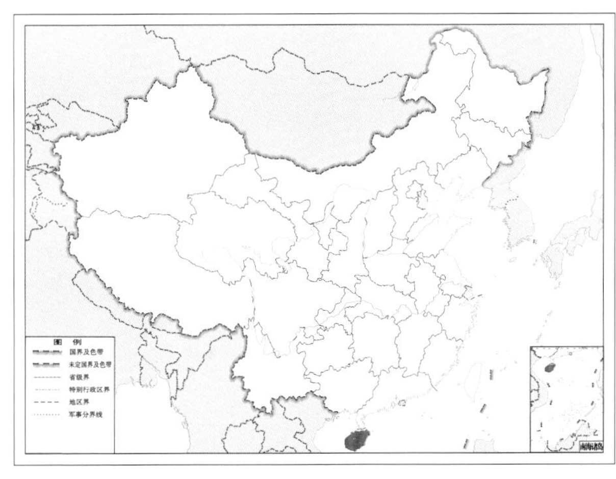

图 4-485-2 琼花锦蚁蛉 *Gatzara qiongana* 地理分布图

（七七）雅蚁蛉属 *Layahima* Navás, 1912

【鉴别特征】 CuP 脉发出点与基横脉相连，A2 脉平缓地弯向 A3 脉；前翅 RP 脉分叉点略先于 CuA 脉分叉点或与之相对；前翅前缘域多具双排小室；前后班克氏线不显著；足短粗，第 5 跗节约等于第 1～4 跗节的和；距长至少超过第 1 跗节；雌虫第 8 外生殖突大，宽片状，无第 8 内生殖突，第 9 内生殖突刚毛密而整齐。雄虫无轭坠。

【地理分布】 主要分布于南亚和东南亚。

【分类】 目前全世界已知 7 种，我国已知 5 种，本图鉴收录 5 种。

中国雅蚁蛉属 *Layahima* 分种检索表

1. 前翅前缘区单排小室 …… 2
   前翅前缘区在翅痣内侧有较长距离的双排小室 …… 3
2. 后足距直，伸达第 4 跗节 …… 五指山雅蚁蛉 *Layahima wuzhishanus*
   后足距弯曲，伸达第 2 跗节 …… 美雅蚁蛉 *Layahima elegans*
3. 后足距达第 4 跗节，前翅前缘域双排小室区段约占翅痣至翅基距离的 2/5 …… 杨雅蚁蛉 *Layahima yangi*
   后足距达第 2 跗节，前翅前缘域双排小室区段长于翅痣至翅基距离的 1/2 …… 4
4. 前翅前缘域双排小室区段约为翅痣至翅基距离的 2/3，前胸背板黄褐色，有黑色条斑 …… 澜沧雅蚁蛉 *Layahima chiangi*
   前翅前缘域双排小室区段略超过翅痣至翅基距离的 1/2，前胸背板黑色，两前侧角色淡 …… 强雅蚁蛉 *Layahima validum*

4-j 帛蚁蛉 *Bullanga* sp.（赵俊军 摄）

486. 澜沧雅蚁蛉 *Layahima chiangi* Banks, 1941

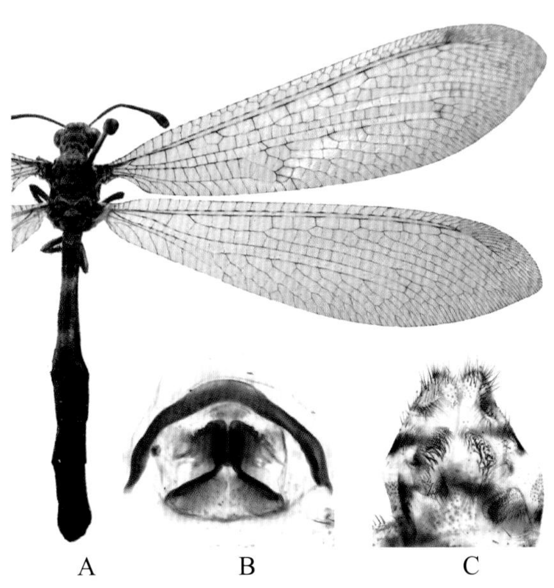

图 4-486-1　澜沧雅蚁蛉 *Layahima chiangi* 形态图

A. 成虫　B. 雄虫外生殖器腹面观　C. 雌虫外生殖器腹面观

【测量】 雄虫体长 21.0 ~ 24.0 mm，前翅长 30.0 ~ 32.0 mm，后翅长 28.0 ~ 30.0 mm；雌虫体长 22.0 ~ 25.0 mm，前翅长 31.0 ~ 34.0 mm，后翅长 29.0 ~ 32.0 mm。

【形态特征】 头顶隆起，具黄褐色短毛，有 1 对倒三角形黑色斑；复眼灰色，偶有小的黑色斑；触角黄褐色至黑褐色。前胸背板黄褐色，有 6 个黑色斑，排成前后 2 排，两侧各有 1 条黑色条斑；中后胸有较密的黑色小点和极稀疏的白色短毛。前足基节灰白色，中部有 1 个褐色斑；股节外侧褐色，基部、内侧灰白色，中部有 1 条褐色斑带；距伸达第 2 跗节中部。前翅透明无斑，脉深浅相间，多数横脉黄褐色；前缘域双排小室区段约为翅痣至翅基距离的 2/3，前缘域宽约等于 RA 脉和 RP 脉的间距。后翅颜色更淡，无斑；雄虫无轭坠。腹部短于后翅，背板褐色至深色，腹板以黄色为主；雄虫第 9 腹板呈弯曲的细指状。雄虫生殖弧弓形，中强骨化；阳基侧突宽片状，基部远离，端部强骨化，靠近；生殖中片长卵形，中强骨化。雌虫肛上片有浓密的长毛；第 9 内生殖突弯片状，其上挖掘毛密而整齐；无第 9 外生殖突；第 8 外生殖突宽片状；无第 8 内生殖突。

【地理分布】 云南、西藏。

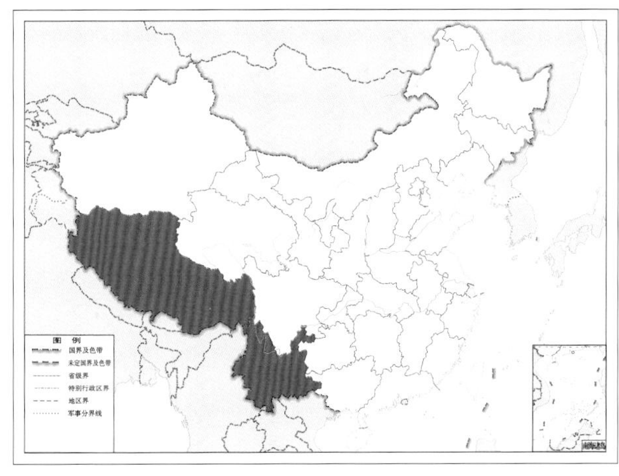

图 4-486-2　澜沧雅蚁蛉 *Layahima chiangi* 地理分布图

487. 美雅蚁蛉 *Layahima elegans* (Banks, 1937)

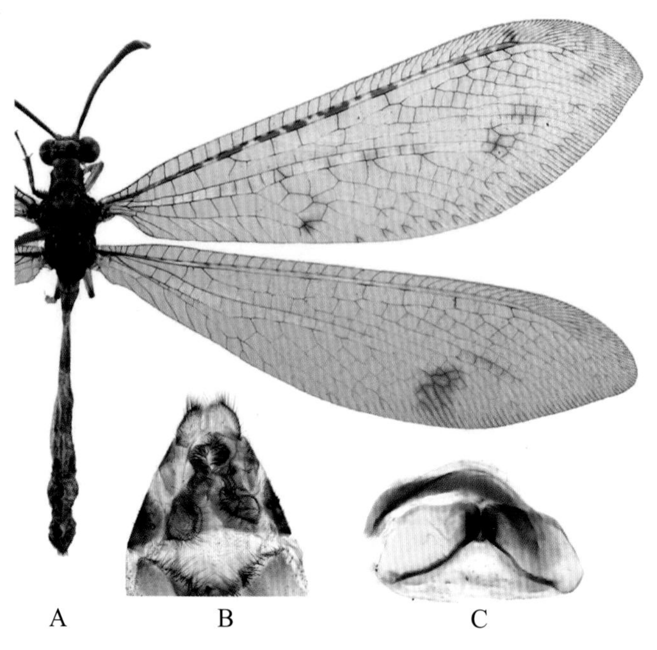

图 4-487-1 美雅蚁蛉 *Layahima elegans* 形态图

A. 成虫 B. 雌虫外生殖器腹面观 C. 雄虫外生殖器腹面观

【测量】 雄虫体长 21.0 ~ 24.0 mm，前翅长 28.0 ~ 31.0 mm，后翅长 25.0 ~ 28.0 mm；雌虫体长 22.0 mm，前翅长 29.0 mm，后翅长 26.0 mm。

【形态特征】 头顶隆起，黄褐色，有 1 对大的黑色圆斑；复眼黑灰色，有小的黑色斑；触角粗壮，具黑色短毛。前胸背板黄色，中央有 1 条黑色细纵纹，两侧缘的后 2/3 黑色，近前缘处常有 1 对褐色圆斑（多数个体很不明显）。足黄色至褐色；前足基节有稀疏的黑色长毛，股节和胫节端部及外侧黑色；距伸达第 2 跗节中部。前翅 Sc 脉与 RA 脉间有 1 排褐色短条斑，从翅基部延伸达痣下室，短条斑间距不等；中脉亚端斑、肘脉合斑隐约可见。后翅颜色更淡，中脉亚端斑淡褐色，片状（有些个体此斑不明显）；雄虫无轭坠。腹部短于后翅，黄褐色至黑褐色，各背板主要为黄色，仅前端黑褐色；雄虫第 9 腹板呈扁平的五边形。雄虫生殖弧弓形，中强骨化；阳基侧突宽片状，基部远离，端部强骨化，靠近；生殖中片较小。雌虫肛上片较窄，有较密的长毛；第 9 内生殖突弯月状，边缘有整齐浓密的挖掘毛；无第 9 外生殖突；第 8 外生殖突宽片状，基部几乎与端部等宽，有细密的刚毛；无第 8 内生殖突。

【地理分布】 福建、湖北、广西、海南、四川、贵州、台湾。

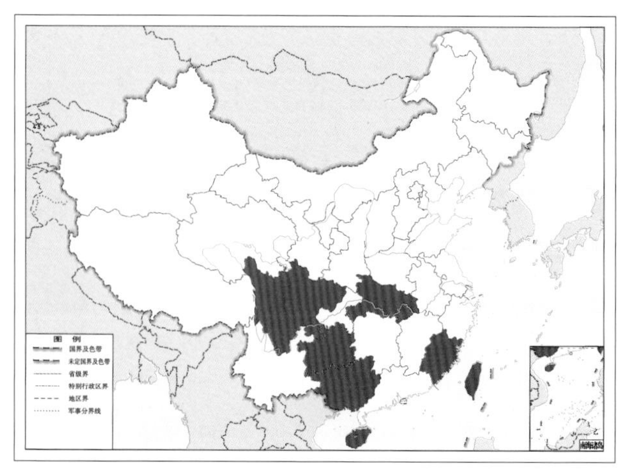

图 4-487-2 美雅蚁蛉 *Layahima elegans* 地理分布图

488. 强雅蚁蛉 *Layahima validum* (Yang, 1997)

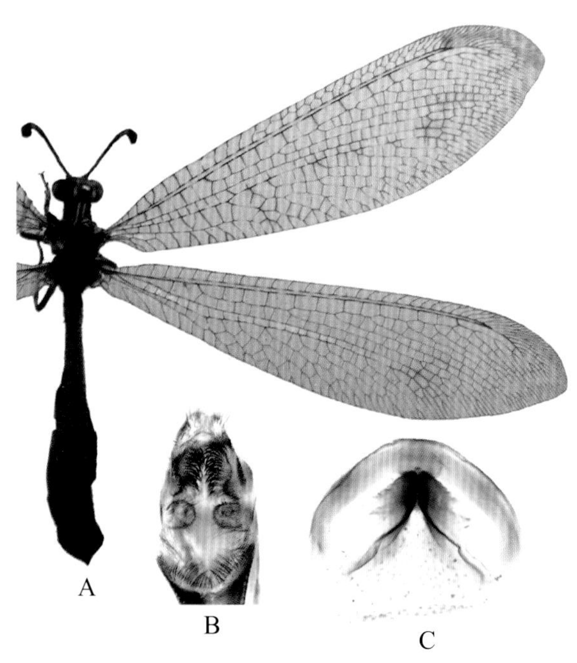

图 4-488-1 强雅蚁蛉 *Layahima validum* 形态图

A. 成虫 B. 雌虫外生殖器腹面观 C. 雄虫外生殖器腹面观

【测量】 雄虫体长 28.0 mm，前翅长 32.0 mm，后翅长 30.0 mm；雌虫体长 30.0 ~ 32.0 mm，前翅长 34.0 ~ 35.0 mm，后翅长 32.0 ~ 33.0 mm。

【形态特征】 头顶隆起，黑色；复眼黑褐色，有小的黑色斑；额黑色，局部色较浅；触角有黑色短毛，较粗壮。胸部背板黑色，但前胸两前缘角各有 1 个灰白色大斑，中胸隐约可见 2 对淡色斑，有极疏的白色刚毛。足黑褐色；前足基节有密的白色长毛；股节、胫节除中部和端部外其余部分黄白色；第 1、2 跗节黄白色；距伸达第 2 跗节中部。前翅透明无斑；前缘域双排小室区段约占翅痣至翅基距离的 2/3，前缘域宽约等宽于 RA 脉和 RP 脉的间距；基径中横脉 5 条，RP 脉分叉前偶有不规则小室。后翅无斑；雄虫无轭坠。腹部短于后翅，黑色，有密的白色短毛；雄虫第 9 腹板呈扁平的五边形。雄虫生殖弧弓形，中强骨化；阳基侧突宽片状，基部远离，端部强骨化，靠近；生殖中片横条状。雌虫肛上片较窄，有较密的长毛；第 9 内生殖突弯片状，有整齐浓密的挖掘毛；第 9 外生殖突片状，很短；第 8 外生殖突片状，有浓密的细长毛；无第 8 内生殖突。

【地理分布】 湖北、广西。

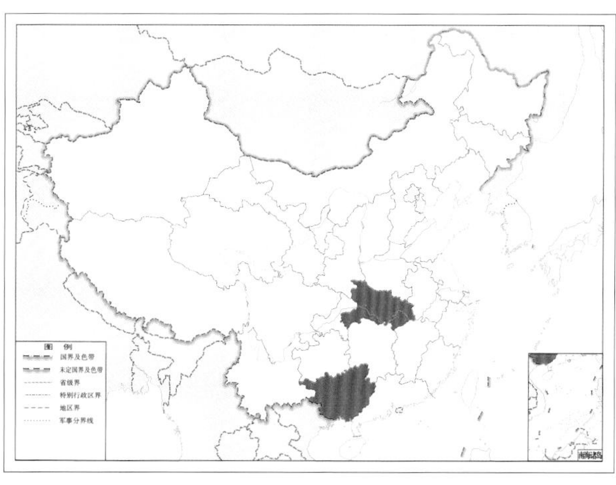

图 4-488-2 强雅蚁蛉 *Layahima validum* 地理分布图

489. 五指山雅蚁蛉 *Layahima wuzhishanus* (Yang, 2002)

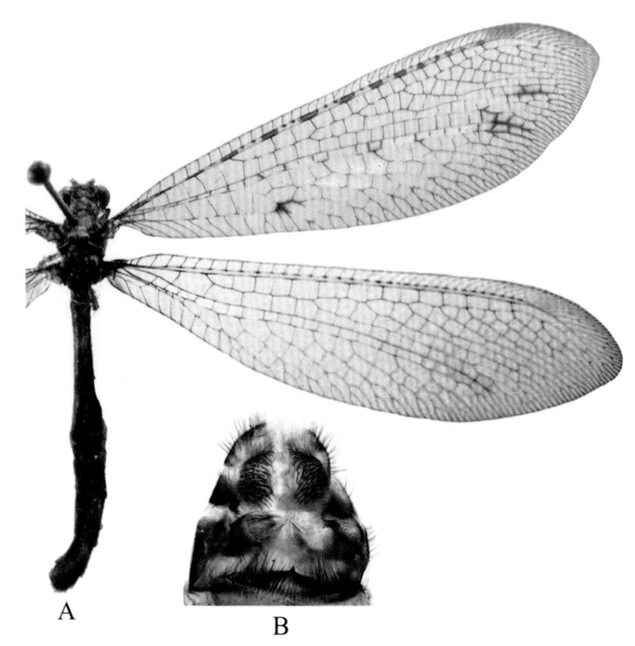

图 4-489-1 五指山雅蚁蛉 *Layahima wuzhishanus* 形态图

A. 成虫 B. 雌虫外生殖器腹面观

【测量】 雌虫体长 22.0 mm，前翅长 28.0 mm，后翅长 27.0 mm。

【形态特征】 头顶隆起，具黑色短毛，近触角处有小块黑色斑，其后方有 1 对黑色斑；复眼黄色，有小的黑色斑，具金属光泽；触角的柄节、梗节黄色，有黑色短毛。前胸背板黄褐色，有 1 对褐色纵条斑，其间有 1 个小的褐色斑，侧缘中部黑色；中胸周边黑色；后胸褐色。足黄色，但前足股节、胫节端部黑色，跗节各节端部深褐色；距长而直，伸达第 4 跗节。前翅脉颜色深浅不同；Sc 脉与 RA 脉之间有 1 排褐色斑；中脉亚端斑、肘脉合斑褐色较小；翅痣褐色，痣下室狭长。后翅无斑；RP 脉分叉点先于 CuA 脉分叉点，基径中横脉 1 条，RA 脉和 RP 脉间距宽于前缘域。腹部短于后翅，黑褐色，有较密的褐色毛。雌虫肛上片较窄，有稀疏的长毛；第 9 内生殖突弯片状，有整齐浓密的挖掘毛；无第 9 外生殖突；第 8 外生殖突宽片状；无第 8 内生殖突。

【地理分布】 海南。

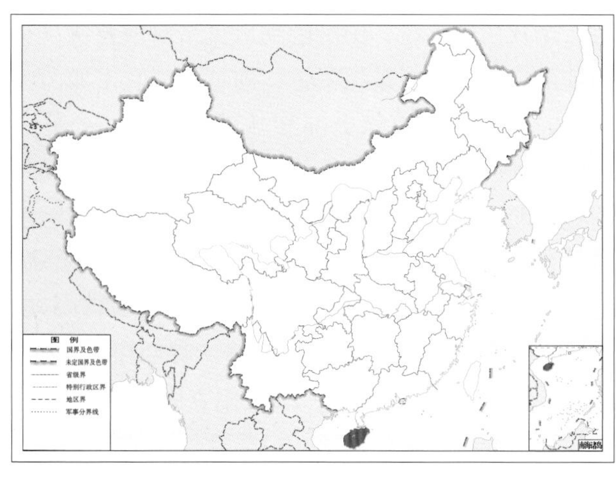

图 4-489-2 五指山雅蚁蛉 *Layahima wuzhishanus* 地理分布图

490. 杨雅蚁蛉 *Layahima yangi* Wan & Wang, 2006

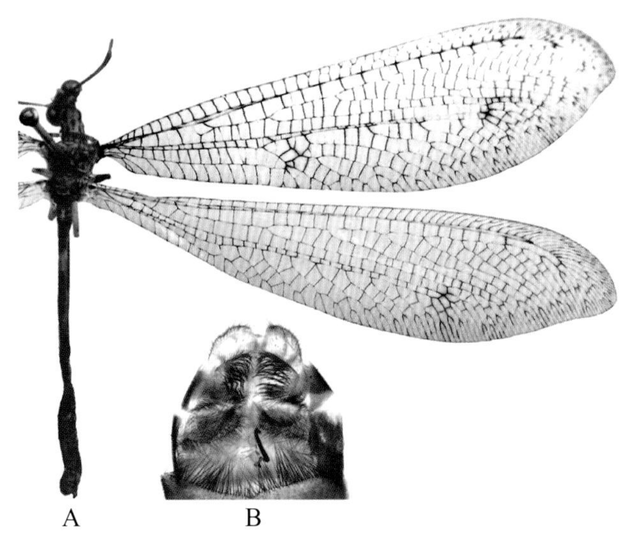

图 4-490-1　杨雅蚁蛉 *Layahima yangi* 形态图

A. 成虫　B. 雌虫外生殖器腹面观

【测量】 雄虫体长 28.0 mm，前翅长 35.0 mm，后翅长 34.0 mm；雌虫体长 28.0 ~ 31.0 mm，前翅长 35.0 ~ 36.0 mm，后翅长 34.0 ~ 35.0 mm。

【形态特征】 头顶微隆，黄色，具 3 对褐色斑；复眼淡铜绿色，有小的黑色斑；触角黄褐色。前胸背板黄色，具 3 条深褐色纵条斑，侧缘中部黑色；中后胸黄色与深褐色形成较复杂的图案。足黄色，但前足基节中部有小的褐色斑，股节端部及外侧黑褐色，胫节中部及端部黑褐色；距伸达第 4 跗节。前翅深浅不同，似麻网，外缘和后缘内侧有较多在脉分叉点形成的褐色叉状斑点；前缘域双排小室区段约占翅痣至翅基距离的 2/5；中脉亚端斑及肘脉合斑褐色，隐约可见。后翅无肘脉合斑，中脉亚端斑褐色，隐约可见；雄虫无轭坠。腹部短于后翅，黄褐色，第 2 节背板黑褐色，其余各背板中央黄色，两端黑褐色；雄虫第 9 腹板呈扁平的五边形；肛上片微呈三角形。雄虫生殖弧弓形，中强骨化；阳基侧突宽片状，基部远离，端部强骨化，靠近；生殖中片横条状（雄虫标本的外生殖器丢失，描述参考 Wan, 2006）。雌虫肛上片有较密的长毛；第 9 内生殖突片状弯曲，有整齐浓密的挖掘毛相对而生；第 9 外生殖突小；第 8 外生殖突片状，有浓密的长细毛；无第 8 内生殖突。

【地理分布】 广西。

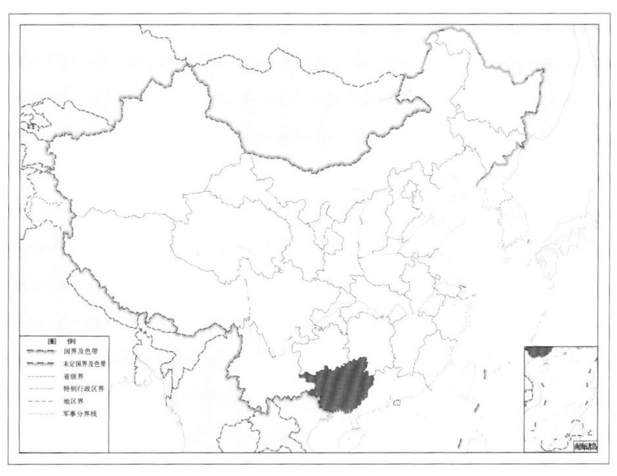

图 4-490-2　杨雅蚁蛉 *Layahima yangi* 地理分布图

棘蚁蛉族 Acanthaclisini Navás, 1912

【鉴别特征】 体型大，粗壮多毛。前翅 CuP 脉起点与基横脉相连接或接近；A2 脉平滑弯向 A3 脉。RP 脉分叉点后于 CuA 脉分叉点；距多强弯。幼虫不造陷阱。

【地理分布】 世界性分布。

【分类】 目前全世界已知 16 属 103 种，我国已知 5 属 8 种，本图鉴收录 4 属 5 种。

中国棘蚁蛉族 Acanthaclisini 分属检索表

1. 距弧形缓缓弯曲 …………………… **硕蚁蛉属** ***Stiphroneura***
   距强弯几乎成直角，常有凸缘 …………………… 2
2. 前翅前缘区以单排翅室为主，仅在翅痣附近有双排翅室 …………………… **中大蚁蛉属** ***Centroclisis***
   前翅前缘区以双排翅室为主 …………………… 3
3. 后足股节无长感觉毛，爪无凸缘；雄虫肛上片短尾状，长为宽的 2 倍以下 …………………… **击大蚁蛉属** ***Synclisis***
   后足股节有长感觉毛，爪有凸缘；雄虫肛上片长尾状，长为宽的 3 倍以上 …………………… **棘蚁蛉属** ***Acanthaclisis***

（七八）棘蚁蛉属 *Acanthaclisis* Rambur, 1842

【鉴别特征】 前翅前缘域以双排翅室为主。胫端距有凸缘并强烈弯曲近乎直角，后足股节基部有长的感觉毛，爪小于胫节距。雄虫生殖器的肛上片延长为 1 对尾突，长为宽的 3 倍以上。

【地理分布】 主要分布于亚洲、非洲和欧洲。

【分类】 目前全世界已知 7 种，我国已知仅 1 种，本图鉴收录 1 种。

491. 尾棘蚁蛉 *Acanthaclisis pallida* McLachlan, 1887

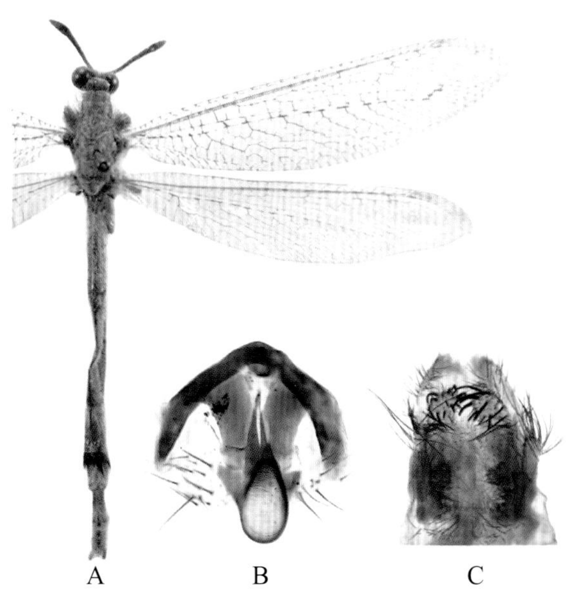

图 4–491–1 尾棘蚁蛉 *Acanthaclisis pallida* 形态图
A. 成虫 B. 雄虫外生殖器腹面观 C. 雌虫外生殖器腹面观

【测量】 雄虫体长 45.0 ~ 47.0 mm，前翅长 38.0 ~ 42.0 mm，后翅长 35.0 ~ 39.0 mm；雌虫体长 43.0 ~ 45.0 mm，前翅长 37.0 ~ 40.0 mm，后翅长 35.0 ~ 37.0 mm。

【形态特征】 头部隆起，浅褐色，具白色长毛；复眼金黄色，有小的黑色斑；触角窝、柄节、梗节黄色。前胸背板黄色，中央有 2 条褐色中纵带，中纵带两侧各有 1 条略细的褐色纵带延伸至后缘两侧角。足黄色，但前足胫节外侧有一些褐色斑；距强弯成直角，有凸缘；爪强弯，伸达第 3 跗节端部；第 5 跗节长约为第 1 ~ 4 跗节之和。前翅无色透明，沿 CuA1 脉有 1 条明显的褐色纵纹（有些个体此纵纹不明显），纵脉多为黄色、褐色段相间排列，横脉多为黄色；前缘域为双排小室。后翅外缘下方略内凹；雄虫有轭坠。腹部深褐色，密布白色毛。雄虫腹部第 6 和第 7 节之间有 1 对可伸缩的毛刷；肛上片长尾状，其长为宽的 3 倍以上，被有白色和黑色刚毛。雄虫生殖弧强骨化，桥形；阳基侧突宽片状，端部强骨化；生殖中片较窄。雌虫肛上片卵圆形，有黑色刚毛；第 9 内生殖突长，生有挖掘毛；无第 9 外生殖突；第 8 外生殖突指状；第 8 内生殖突小。

【地理分布】 内蒙古、宁夏、新疆；蒙古，伊拉克，伊朗，哈萨克斯坦，俄罗斯，土库曼斯坦。

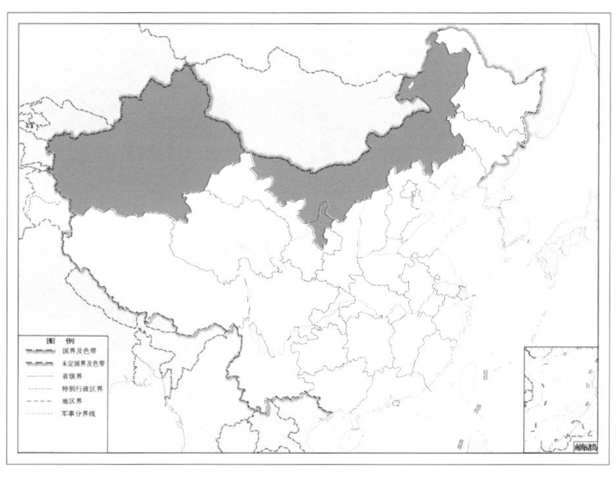

图 4–491–2 尾棘蚁蛉 *Acanthaclisis pallida* 地理分布图

（七九）中大蚁蛉属 *Centroclisis* Navás, 1909

【鉴别特征】 复眼眼眶周围生有白色长刚毛（长于柄节）。前翅前缘域大部分为单排翅室。前足有较多的白色长毛，中足股节基部至少有 2 根长感觉毛，后足股节基部多有 1 根长感觉毛；距强烈弯曲近乎直角。

【地理分布】 主要分布于亚洲、非洲和欧洲。

【分类】 目前全世界已知 41 种，我国已知 3 种，本图鉴收录 1 种。

492. 单中大蚁蛉 *Centroclisis negligens* (Navás, 1911)

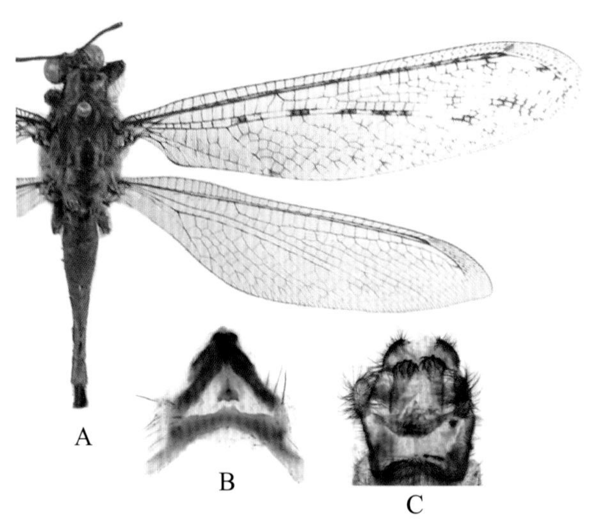

图 4-492-1 单中大蚁蛉 *Centroclisis negligens* 形态图

A. 成虫 B. 雄虫外生殖器腹面观 C. 雌虫外生殖器腹面观

【测量】 雄虫体长 38.0 ~ 40.0 mm，前翅长 42.0 ~ 46.0 mm，后翅长 38.0 ~ 42.0 mm；雌虫体长 40.0 ~ 42.0 mm，前翅长 47.0 ~ 48.0 mm，后翅长 43.0 ~ 44.0 mm。

【形态特征】 头顶隆起，黑褐色，具不规则的亮红棕色凸斑，沿中缝左右对称；复眼褐色，有小的黑色斑；触角黄色、褐色相间排列。前胸背板中央具 1 条较宽的黑色中纵带，中纵带两侧各有 1 条细的黑色纵条纹延伸至后缘两侧角，两侧缘有黑色纵条带。足褐色，但前足基节、转节黄色，胫节外

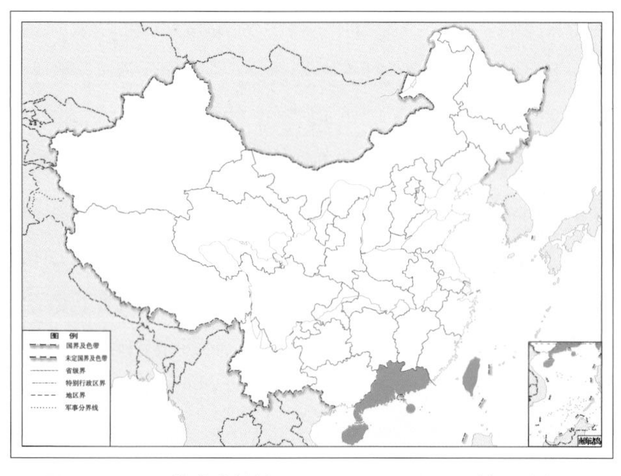

图 4-492-2 单中大蚁蛉 *Centroclisis negligens* 地理分布图

侧有黄色斑，长度与股节约等；距有凸缘，伸达第4跗节端部。前翅无色透明；纵脉多为黄色、黑色段相间排列，横脉多为褐色或黄色；前缘域为单排翅室，仅在靠近翅痣处有一些小分叉形成双排翅室。后翅较前翅短，没有褐色斑；雄虫有轭坠。腹部黑色与褐色夹杂，密生白色短毛；雄虫腹部肛上片下端延伸为短尾状。雌虫肛上片卵圆形，生有黑色刚毛；第9内生殖突圆形，有黑色挖掘毛；无第9外生殖突；第8外生殖突细长指状；无第8内生殖突。

【地理分布】 广东、海南、台湾、香港；马来西亚。

（八〇）击大蚁蛉属 *Synclisis* Navás, 1919

【鉴别特征】 前翅近长卵形，前缘与后缘几乎平行；后翅短于前翅；前翅前缘域宽，双排翅室。距强弯，几乎成直角；中足股节有1根感觉毛，后足股节基部没有长感觉毛。雄虫肛上片延长成短尾突状。

【地理分布】 主要分布于亚洲、非洲和欧洲。

【分类】 目前全世界已知4种，我国已知2种，本图鉴收录2种。

中国击大蚁蛉属 *Synclisis* 分种检索表

1. 前胸背板有明显的斑纹，前后翅前后班克氏线极清晰，如1条连贯的纵脉 …… 追击大蚁蛉 *Synclisis japonica*

　前胸背板斑纹模糊，前后翅前后班克氏线均不清晰 …… 南击大蚁蛉 *Synclisis kawaii*

493. 追击大蚁蛉 *Synclisis japonica* (Hagen, 1866)

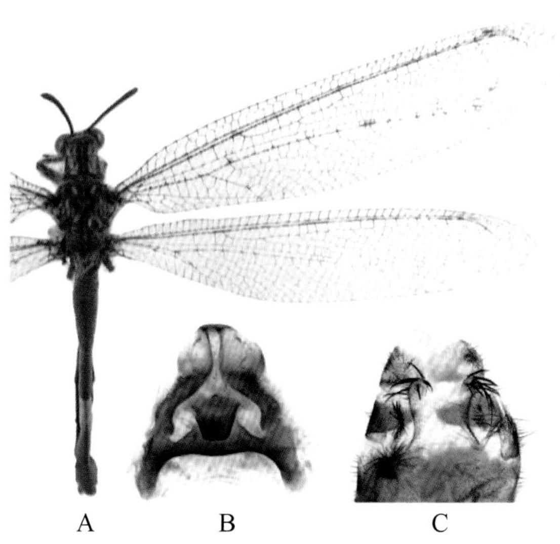

图4-493-1　追击大蚁蛉 *Synclisis japonica* 形态图

A. 成虫　B. 雄虫外生殖器腹面观　C. 雌虫外生殖器腹面观

【测量】 雄虫体长 38.0 ~ 43.0 mm，前翅长 48.0 ~ 54.0 mm，后翅长 41.0 ~ 47.0 mm；雌虫体长 39.0 ~ 44.0 mm，前翅长 50.0 ~ 55.0 mm，后翅长 44.0 ~ 50.0 mm。

【形态特征】 头顶隆起，黑色，表面粗糙，有黑褐色斑点；触角柄节黄色，基部褐色，梗节黄褐色。前胸背板黄色，中央有 2 条黑色纵带，两侧各有 1 条细的黑色纵带延伸至后缘两侧角，两侧缘有宽的黑色纵带。足黑褐色，但前足基节、转节和股节基部黄色，胫节有一些黄色斑；距伸达第 3 跗节端部。前翅无色透明，翅脉多为黄色、黑色段相间排列；前缘域为双排翅室，上、下排翅室约等大；前后班克氏线均清晰。后翅明显短于前翅，前缘域为单排翅室；前后班克氏线均清晰；基径中横脉 6 条；中脉亚端斑不明显，无肘脉合斑。腹部背面灰黑色，腹面黄色。雄虫第 5 背板有霜状白色斑，肛上片延长成短尾突状，被短刚毛。雌虫肛上片卵圆形，上有黑色长刚毛；第 9 内生殖突细长；无第 9 外生殖突；第 8 外生殖突指状；无第 8 内生殖突。

【地理分布】 北京、河北、辽宁、河南、陕西、浙江；日本，韩国，俄罗斯。

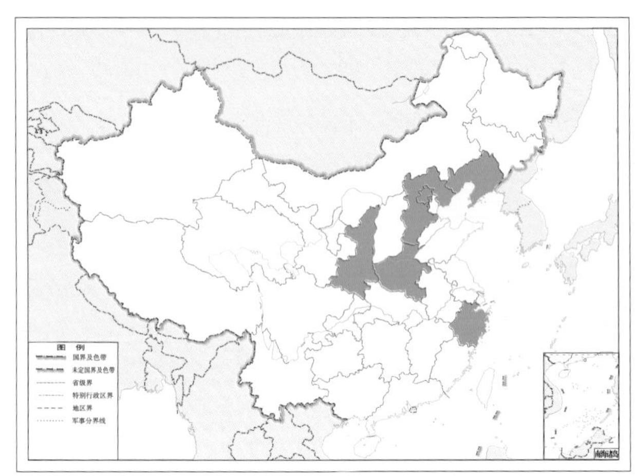

图 4-493-2 追击大蚁蛉 *Synclisis japonica* 地理分布图

494. 南击大蚁蛉 *Synclisis kawaii* (Nakahara, 1913)

图 4-494-1 南击大蚁蛉 *Synclisis kawaii* 形态图

A. 成虫 B. 雄虫外生殖器腹面观 C. 雌虫外生殖器腹面观

【测量】 雄虫体长 42.0 ~ 46.0 mm，前翅长 47.0 ~ 52.0 mm，后翅长 41.0 ~ 45.0 mm；雌虫体长 42.0 ~ 48.0 mm，前翅长 47.0 ~ 54.0 mm，后翅长 41.0 ~ 47.0 mm。

【形态特征】 头顶隆起，深褐色，有一些不规则的黑色斑；触角窝黄色，基部褐色，柄节内侧黄色。前胸背板黄色，有不规则的黑色条带和黄色斑；中、后胸有一些不规则的黑色、黄色斑。足褐色，但前足胫节外侧有黑色斑；距伸达第 3 跗节端部。前翅无色透明，翅脉多为黄色、黑色段相间排列；前缘域为双排翅室，上、下排翅室约等大；前后班克氏线隐约可见。后翅短于前翅，前缘域为单排翅室；前后班克氏线隐约可见；基径中横脉6条；无中脉亚端斑及肘脉合斑；雄虫有轭坠。腹部背面黑色，腹部黄色；雄虫第 5 背板有黄色斑。雌虫肛上片卵圆状，具黑色长刚毛；第 9 内生殖突细长，有挖掘毛；无第 9 外生殖突；第 8 外生殖突指状，有黑色长刚毛；无第 8 内生殖突。

【地理分布】 福建、海南、台湾。

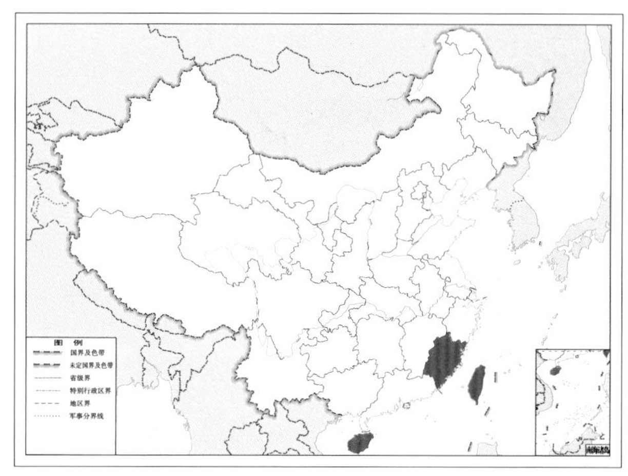

图 4-494-2 南击大蚁蛉 *Synclisis kawaii* 地理分布图

（八一）硕蚁蛉属 *Stiphroneura* Gerstaecker, 1885

【鉴别特征】 体大型。距轻微弯曲，后足股节基部有长的感觉毛。后翅的 CuP 脉与后缘间的距离小于或等于基径中横脉区的最宽处；后翅有 2 个显著的黑色大斑，一个在翅痣附近，另一个在翅长的 2/3 处。

【地理分布】 主要分布于亚洲。

【分类】 目前全世界已知 1 种，我国已知 1 种，本图鉴收录 1 种。

495. 黎母硕蚁蛉 *Stiphroneura inclusa* (Walker, 1853)

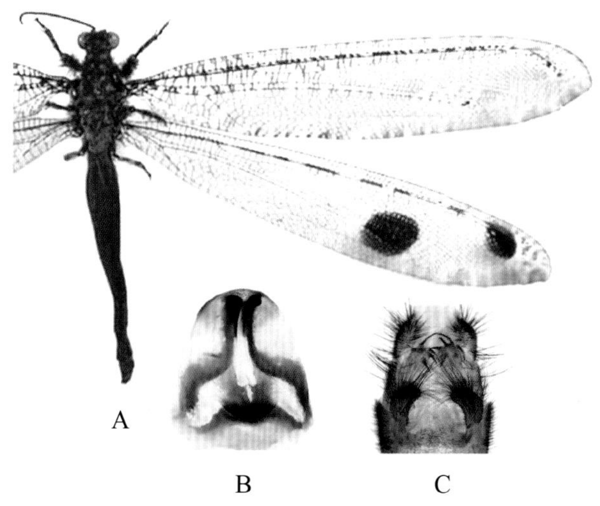

图 4-495-1 黎母硕蚁蛉 *Stiphroneura inclusa* 形态图

A. 成虫 B. 雄虫外生殖器腹面观 C. 雌虫外生殖器腹面观

【测量】 雄虫体长 59.0 mm，前翅长 74.0 mm，后翅长 75.0 mm；雌虫体长 54.0 mm，前翅长 72.0 mm，后翅长 73.0 mm。

【形态特征】 头顶隆起，乌黑色；复眼灰色；触角黑色，具黑色短毛。前胸、中胸背板黑褐色，无斑；后胸背板灰褐色，有 1 个 V 形亮黑色斑。足较粗，大部分黑色；前足基节黄色；跗节黑色；距弯曲，伸达第 2 跗节。前翅透明，略带烟色；脉序多为黑色；前缘域为双排小室，中脉亚端斑褐色，点状，无肘脉合斑，翅缘多褐色斜纹斑。后翅颜色淡；前班克氏线不明显，后班克氏线清晰，Sc 脉和 RA 脉之间有 1 列小的褐色斑，中脉亚端斑黑褐色，大而圆，无肘脉合斑；翅痣白色，痣下室狭长，其外侧有 1 个褐色大斑；雄虫有轭坠。腹部褐色，腹面微黄色，被稀疏而均匀的黑色短毛；雄虫腹部肛上片下端延伸成长的指状突，被黑色刚毛。雌虫肛上片卵圆形；第 9 内生殖突有挖掘毛；无第 9 外生殖突；第 8 外生殖突指状，粗大；无第 8 内生殖突。

【地理分布】 海南、云南；缅甸，印度，泰国，越南。

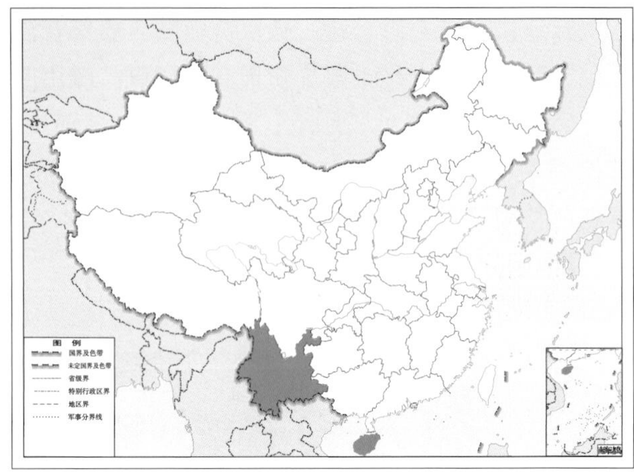

图 4-495-2 黎母硕蚁蛉 *Stiphroneura inclusa* 地理分布图

蚁蛉族 Myrmeleontini Latreille, 1802

【鉴别特征】 前翅 CuP 脉起点与基横脉相接，或接近；A2 脉与 A1 脉在基部靠近，然后急转向 A3 脉；后翅基径中横脉在 RP 脉分叉前多于或等于 4 条；后足第 5 跗节长于第 1 跗节。

【地理分布】 世界性分布。

【分类】 目前全世界已知 13 属 242 种，我国已知仅 3 属 34 种，本图鉴收录 3 属 20 种。

中国蚁蛉族 Myrmeleontini 分属检索表

1. 前翅 CuP+A1 脉与 CuA2 脉长距离平行，相交点近翅中部 ······ 东蚁蛉属 *Euroleon*
   前翅 CuP+A1 脉与 CuA2 脉不平行，相交于翅基约 1/4 处 ······ 2
2. 前翅前缘域单排翅室 ······ 蚁蛉属 *Myrmeleon*
   前翅前缘域在翅痣内侧有一段双排翅室 ······ 哈蚁蛉属 *Hagenomyia*

（八二）东蚁蛉属 *Euroleon* Esben-Petersen, 1919

【鉴别特征】 头顶隆起，中央具 2 对前后排列的黑色纵斑，其后面的 1 对常合并成 1 个大圆斑，2 对纵斑的外侧各有 2 个黑色横斑，这些斑有时出现相互融合。前翅 RP 脉分叉点后于 CuA 脉分叉点，CuP 脉发出点与基横脉相连，A2 脉与 A1 脉在基部靠近，然后急转向 A3 脉；前翅前缘域仅有 1 排翅室，靠近翅痣的横脉有些小的分叉；CuA2 脉与 CuP+A1 脉平行较长一段，在近翅中部相交；无前班克氏线，后班克氏线明显；后翅基径中横脉在 RP 脉分叉前多于或等于 4 条；雄虫有轭坠。后足第 5 跗节长于第 1 跗节。

【地理分布】 主要分布于亚洲和欧洲。

【分类】 目前全世界已知 6 种，我国已知 5 种，本图鉴收录 4 种。

中国东蚁蛉属 *Euroleon* 分种检索表

1. 胸腹均为黄色或黄褐色，前胸背板黄色，前区有 2 条褐色短纵纹，近后缘有 2 条褐色横纹；头顶黄色，具 6 个黑斑，触角间黄褐色，额有 2 个黑色斑，唇基黄色，有 2 个黑色斑 ………… **黄体东蚁蛉** ***Euroleon flavicorpus***
   体黑色，或至少腹部为黑色 ………… 2
2. 体型较大；唇基大部分黑褐色，近上唇部分黄色；前翅长 32.0 ~ 42.0 mm，翅上有较多的黑褐色斑，轭坠大于后胸气门的 2 倍；前胸背板黑褐色，有黄色中纵纹；跗节黑色 ………… **多斑东蚁蛉** ***Euroleon polyspilus***
   体型较小；前翅长不超过 35.0 mm，翅上有零散的小斑；轭坠与后胸气门约等大；跗节褐色，至少第 1 跗节部分为浅色 ………… 3
3. 唇基黄色，中后部有 1 条深色横带；前胸背板黄褐色，其上有褐色斑点和斑纹；前翅长 22.0 ~ 28.0 mm ………… **小东蚁蛉** ***Euroleon parvus***
   唇基黄色，中央有 1 个宽阔的矩形黑色斑；前胸背板黑褐色，边缘黄色，黄边常向内扩展，中间多有 1 条黄色纵带，有时黑褐色区前部出现 1 对圆形黄色斑；前翅长 29.0 ~ 35.0 mm ………… **朝鲜东蚁蛉** ***Euroleon coreanus***

496. 朝鲜东蚁蛉 *Euroleon coreanus* (Okamoto, 1926)

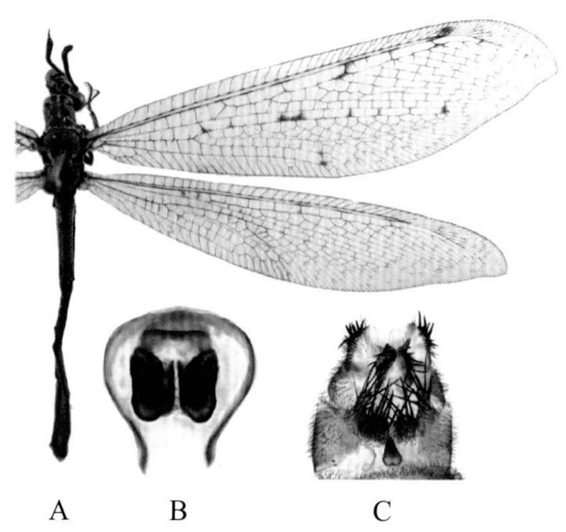

图 4-496-1　朝鲜东蚁蛉 *Euroleon coreanus* 形态图

A. 成虫　B. 雄虫外生殖器腹面观　C. 雌虫外生殖器腹面观

【测量】 雄虫体长 31.0 ~ 38.0 mm，前翅长 30.0 ~ 43.0 mm，后翅长 27.0 ~ 41.0 mm；雌虫体长 31.0 ~ 38.0 mm，前翅长 30.0 ~ 43.0 mm，后翅长 27.0 ~ 41.0 mm。

【形态特征】 头顶隆起，浅褐色，中央具 2 对黑色纵条斑，其外侧各有 2 个黑色横斑；复眼黄色，具金属光泽，其上有小的黑色斑；额黑色，下方 1/3 黄色；唇基黄色，中央有 1 个宽阔的矩形黑色斑。前胸背板黑褐色，中央具 1 条黄色中纵带，靠近前缘处中纵带两侧各有 1 个黄色圆形斑，两侧缘黄色（常有不同程度的向内扩展）。足浅黄褐色，但前足股节、胫节、第 1 ~ 4 跗节的端部和第 5 跗节深褐色。翅外缘下方略内凹，主纵脉黑白相间；前翅前缘域为 1 排翅室，沿横脉形成一些散碎的小褐色斑，肘脉合斑褐色，点状。后翅几乎无斑，或具更少的零散的小褐色斑；雄虫有轭坠。腹部黑色，密被白色短毛，背板各节后缘有黄色窄边。雄虫生殖弧弓形，强骨化；阳基侧突强骨化，耳状；生殖中片桥形。雌虫肛上片长卵圆形，具稀疏的黑色短粗刚毛；第 9 内生殖突大，具较粗的挖掘毛；无第 9 外生殖突；第 8 外生殖突指状，具长刚毛；第 8 内生殖突短宽，具黑色刚毛；前生殖板锥状，显著。

【地理分布】 北京、河北、山西、内蒙古、辽宁、山东、河南、湖北、湖南、四川、贵州、陕西、甘肃、宁夏、新疆；朝鲜，蒙古。

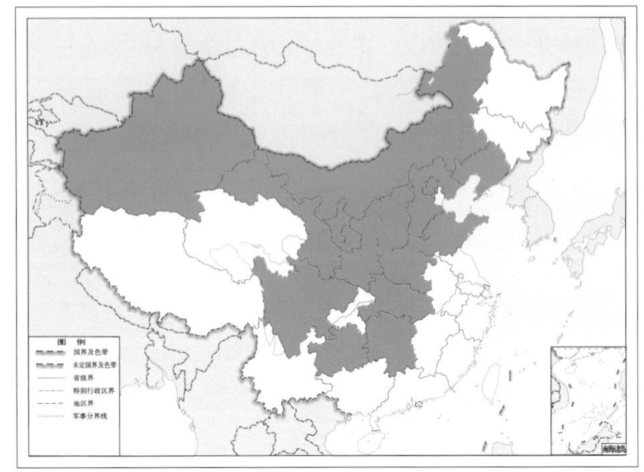

图 4-496-2 朝鲜东蚁蛉 *Euroleon coreanus* 地理分布图

图 4-496-3 朝鲜东蚁蛉 *Euroleon coreanus*（郑昱辰 摄）

497. 黄体东蚁蛉 *Euroleon flavicorpus* Wang in Ao et al., 2009

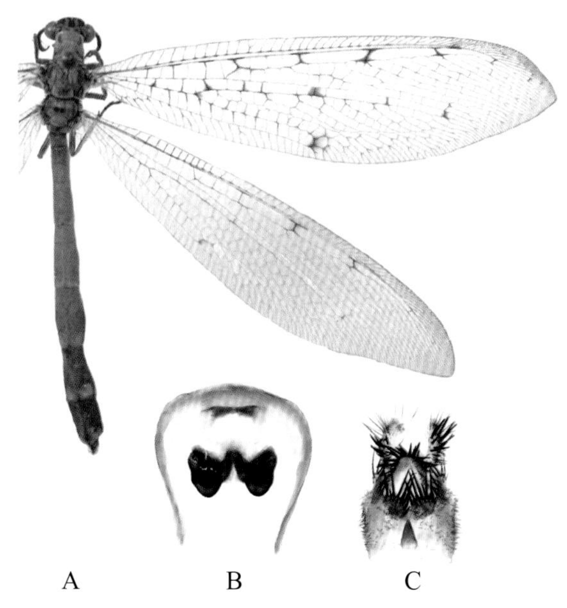

图 4-497-1　黄体东蚁蛉 *Euroleon flavicorpus* 形态图
A. 成虫　B. 雄虫外生殖器腹面观　C. 雌虫外生殖器腹面观

【测量】 雄虫体长 23.0 ~ 34.0 mm，前翅长 28.0 ~ 32.0 mm，后翅长 23.0 ~ 27.0 mm；雌虫体长 25.0 ~ 35.0 mm，前翅长 30.0 ~ 38.0 mm，后翅长 24.0 ~ 30.0 mm。

【形态特征】 头顶隆起，黄色，中央具 2 对黑色纵斑，其外侧各有 2 个黑色横斑；复眼黑色，具金属光泽；触角后方黑色，触角之间黄褐色，颜面黄色，其上部有 2 个中间相连的大黑色斑；唇基黄色，中央有 2 个相连的黑色斑；上唇黄色；触角棒状，基节、柄节黄色。前胸背板宽大于长，黄色，前区有 2 条褐色短纵纹，近后缘有 2 条褐色横纹。足浅黄褐色，但前足跗节的端部边缘深褐色；距伸达第 1 跗节末端；第 5 跗节长于第 1 跗节。翅外缘下方略内凹，主纵脉黑白相间；前翅前缘域有 1 排翅室。后翅几乎无斑，或具更少的零散的小褐色斑；雄虫有轭坠。腹部黄色，尾节颜色加深，各节有更浅的后缘。雄虫生殖弧弓形，强骨化；阳基侧突耳状；生殖中片桥形。雌虫肛上片长卵圆形，具稀疏的黑色短粗刚毛；第 9 内生殖突膨大，具较粗的挖掘毛；无第 9 外生殖突；第 8 外生殖突指状，顶端具黑色长刚毛；第 8 内生殖突短宽，具 5 ~ 6 根黑色长刚毛；前生殖板锥状。

【地理分布】 山西、宁夏。

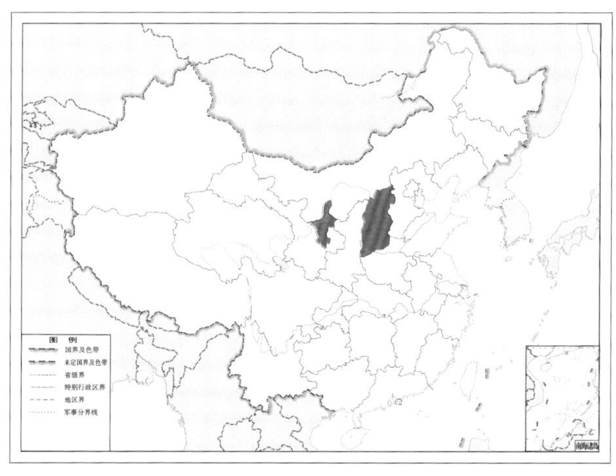

图 4-497-2　黄体东蚁蛉 *Euroleon flavicorpus* 地理分布图

498. 小东蚁蛉 *Euroleon parvus* Hölzel, 1972

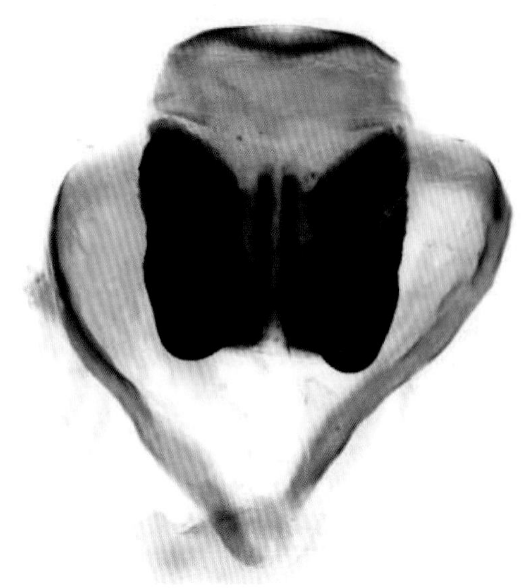

图 4-498-1 小东蚁蛉 *Euroleon parvus* 雄虫生殖器腹面观

【测量】 雄虫体长 28.0 mm，前翅长 34.0 mm，后翅长 31.0 mm。

【形态特征】 头顶隆起，浅褐色，有 6 个黑色大斑，其中 3 个横向排列在前缘，其余分布在后缘，其中 2 个斑被中沟从中间截断；复眼和额黑色，复眼周围有黄色环斑，复眼下有 1 个明亮的红褐色斑；触角黑褐色，柄节浅褐色，内表面有黑色斑。前胸背板黄褐色，前缘有 2 个褐色圆斑，2 条不规则的直条斑从前缘伸至后缘。足浅黄褐色，但前足基节和股节褐色，转节、胫节浅褐色，有褐色斑点，跗节亮褐色；第 1 跗节约为第 5 跗节的 1/3 长；距伸达第 1 跗节末端。翅透明；前翅纵脉多为浅黄色或浅褐色和深褐色相间排列，横脉几乎全部为浅褐色。后翅较前翅略短；基径中横脉 5 条，翅痣色淡，不明显；雄虫有轭坠。腹部褐色，各节的端部浅褐色。雄虫生殖弧弓形；阳基侧突耳状；生殖中片前面观横条状。

【地理分布】 甘肃；阿富汗，伊朗。

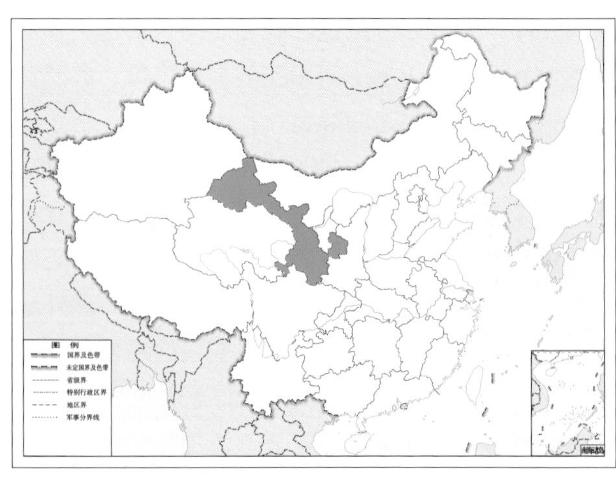

图 4-498-2 小东蚁蛉 *Euroleon parvus* 地理分布图

499. 多斑东蚁蛉 *Euroleon polyspilus* (Gerstaecker, 1885)

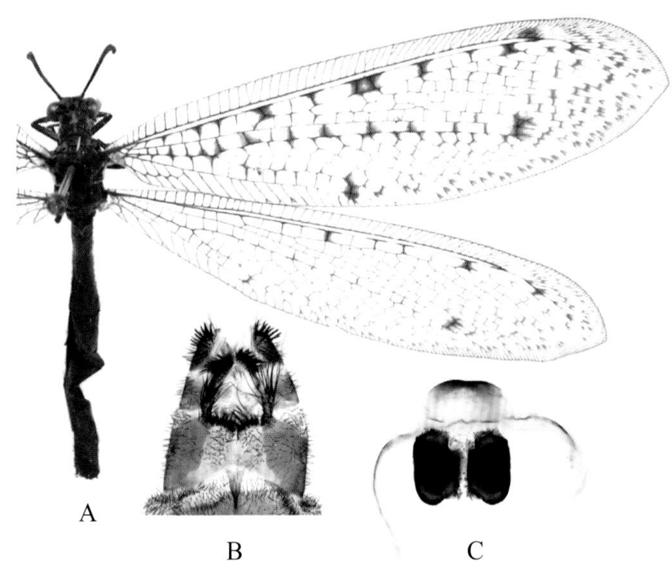

图 4-499-1 多斑东蚁蛉 *Euroleon polyspilus* 形态图

A. 成虫 B. 雌虫外生殖器腹面观 C. 雄虫外生殖器腹面观

【测量】 雄虫体长 33.0 mm，前翅长 38.0 mm，后翅长 36.0 mm；雌虫体长 32.0 ~ 35.0 mm，前翅长 38.0 ~ 40.0 mm，后翅长 36.0 ~ 38.0 mm。

【形态特征】 头顶隆起，黄色，中央具 2 对黑色纵条斑；复眼黄褐色，有小的黑色斑；额黑色；唇基大部分黑褐色，近上唇部分黄色，上唇黄色；下颚须黄色，末端红褐色；下唇须细长，红褐色，末端膨大；触角黑褐色，触角窝和柄节边缘黄色。前胸背板宽大于长，黑褐色，具 1 条较宽的黄色中纵带，两侧缘前部黄色。足黑褐色，但前足基节和股节内侧黄色。翅狭长，主纵脉黑白相间；前翅前缘域有 1 排翅室；沿横脉有较多的黑褐色斑；中脉亚端斑与肘脉合斑显著。后翅碎斑明显少于前翅；雄虫有轭坠。腹部黑色，有较密的黑色刚毛。雄虫生殖弧弓形，弱骨化；阳基侧突近椭圆形，强骨化；生殖中片前面观扁平。雌虫肛上片长卵圆形，密被短粗的黑色刚毛；第 9 内生殖突倒锥形，具挖掘毛；无第 9 外生殖突；第 8 外生殖突指状，端部具很长的黑色刚毛；第 8 内生殖突短宽，端部具黑色刚毛；前生殖板锥突状。

【地理分布】 吉林；蒙古，日本，俄罗斯。

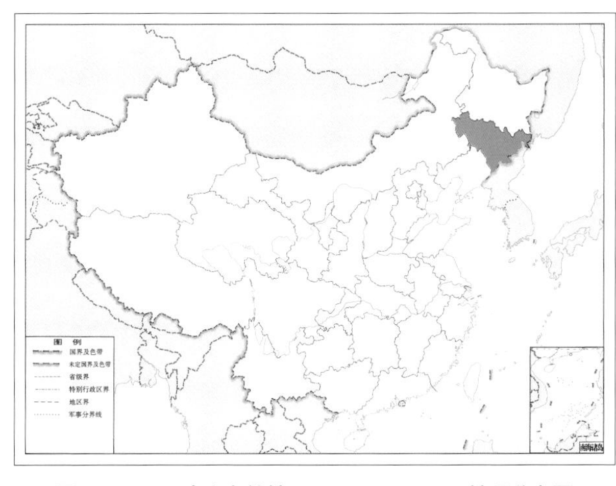

图 4-499-2 多斑东蚁蛉 *Euroleon polyspilus* 地理分布图

（八三）哈蚁蛉属 *Hagenomyia* Banks, 1911

【鉴别特征】 体中型至大型。头顶中度隆起，翅较宽。前翅 CuP 脉发出点与基横脉相连，A2 脉与 A1 脉在基部靠近，然后急转向 A3 脉；前翅 RP 脉分叉点与 CuA 脉分叉点几乎相对，前缘域在翅痣内侧有一段双排翅室；无前班克氏线，后班克氏线清晰。

【地理分布】 主要分布于非洲界、东洋界和澳洲界。

【分类】 目前全世界已知 19 种，我国已知 10 种，本图鉴收录 7 种。

中国哈蚁蛉属 *Hagenomyia* 分种检索表

1\. 翅痣白色，大而极显著 ……………… **云痣哈蚁蛉 *Hagenomyia brunneipennis***

翅痣不显著 ……………… 2

2\. 头部黄褐色，有明显的黑色斑 ……………… **连脉哈蚁蛉 *Hagenomyia coalitus***

头部黑色、黑褐色或红棕色，没有明显的黑色斑 ……………… 3

3\. 前足的距至少伸达第 3 跗节中部 ……………… 4

前足的距至多伸达第 2 跗节末端 ……………… 5

4\. 前翅 RP 脉分叉点与痣下室之间有 33 条横脉，痣下室内侧有双排翅室；雄虫无轭坠 ……………… **连黑哈蚁蛉 *Hagenomyia conjuncta***

前翅 RP 脉分叉点与痣下室之间有 25 条横脉，痣下室内侧无双排翅室；雄虫有轭坠 ……………… **广西哈蚁蛉 *Hagenomyia guangxiensis***

5\. 前翅 CuA1 脉与后班克氏线之间基部 1/2 段为单排翅室；雄虫无轭坠……… **窄翅哈蚁蛉 *Hagenomyia angustala***

前翅 CuA1 脉与后班克氏线之间基部 1/2 段为双排或多排翅室 ……………… 6

6\. 内生殖突指状，约为第 8 外生殖突的 2/3 长；前胸背板深褐色，无浅色中线……………… **褐胸哈蚁蛉 *Hagenomyia fuscithoraca***

内生殖突圆形，约为第 8 外生殖突的 1/2 长；前胸背板深褐色，有浅色中线… **闪烁哈蚁蛉 *Hagenomyia micans***

500. 窄翅哈蚁蛉 *Hagenomyia angustala* Bao & Wang, 2007

图 4-500-1　窄翅哈蚁蛉 *Hagenomyia angustala* 形态图
A. 成虫　B. 雄虫外生殖器腹面观

【测量】 雄虫体长 33.0 mm，前翅长 34.0 mm，后翅长 33.0 mm；雌虫体长 32.0 mm，前翅长 38.0 mm，后翅长 38.0 mm。

【形态特征】 头顶隆起，黑色；复眼黄色，具金属光泽，有黑色小斑点；触角黑色，触角窝基部有黄环，基节边缘黄色。前胸背板黑色，背板两侧缘上半部有黄色条纹，前缘有黄色窄边。足黄色，但前足胫节以下为黑色；距伸达第 2 跗节中部。前翅无色透明，翅脉多为黄色、褐色段相间排列；RP 脉分叉点和 CuA 脉分叉点几乎相对；翅痣白色，较大，卵圆形。后翅 RP 脉分叉点稍后于 CuA 脉分叉点；RA 脉与 RP 脉间距与前缘域约等宽；无前班克氏线，后班克氏线清晰；雄虫无轭坠。腹部黑色，有较密的白色短毛。雄虫生殖弧弧状，骨化强烈；生殖弧中片桥梁状，弱骨化；阳基侧突耳状，端部渐尖。雌虫肛上片大，三角形，有浓密的黑色毛；第 9 内生殖突发达，近似梯形，下边缘有一些细长毛；无第 9 外生殖突；第 8 外生殖突细长，指状，顶端有 4～5 根黑色长毛；第 8 内生殖突大，圆形短粗，其上有粗硬的黑色刚毛；前生殖板近似方形。

【地理分布】 贵州。

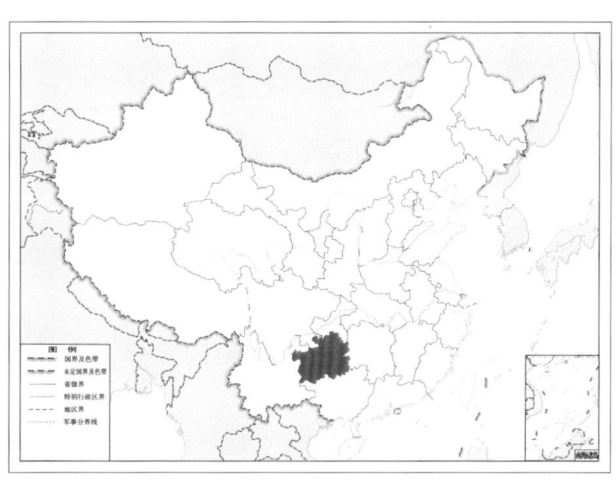

图 4-500-2　窄翅哈蚁蛉 *Hagenomyia angustala* 地理分布图

501. 云痣哈蚁蛉 *Hagenomyia brunneipennis* Esben-Petersen, 1913

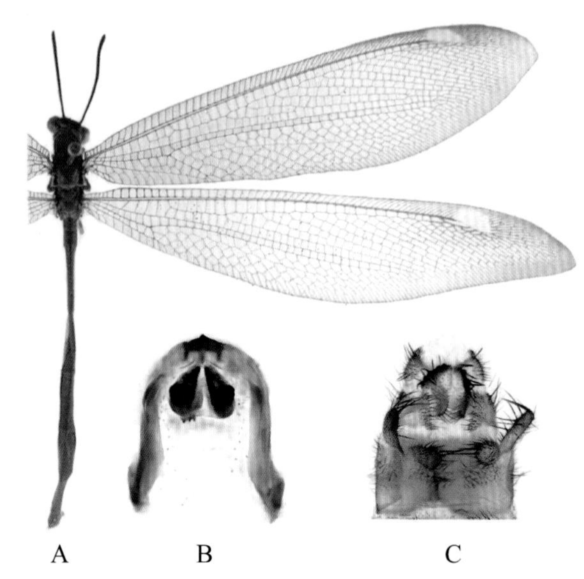

图 4-501-1 云痣哈蚁蛉 *Hagenomyia brunneipennis* 形态图

A. 成虫 B. 雄虫外生殖器腹面观 C. 雌虫外生殖器腹面观

【测量】 雄虫体长 36.0 ~ 38.0 mm，前翅长 42.0 ~ 45.0 mm，后翅长 44.0 ~ 47.0 mm；雌虫体长 31.0 ~ 43.0 mm，前翅长 35.0 ~ 48.0 mm，后翅长 37.0 ~ 51.0 mm。

【形态特征】 头顶隆起，黑褐色，有棕色凸斑；复眼黄色，具金属光泽，有小的黑色斑；触角黑色，触角窝及柄节、梗节的上下边缘黄色。前胸背板黑褐色，前缘黄色。足黄色，具黑色刚毛；前足距伸达第 2 跗节末端。前翅宽阔，透明无色，外缘下方钝圆，翅痣白色，大而显著，其宽度至少为痣下室宽度的 7 倍；翅脉多为黄色或浅褐色。后翅透明无色；翅痣乳白色，大而显著；RP 脉分叉点稍后于 CuA 脉分叉点；雄虫有轭坠。腹部背面深褐色，腹面黄色至褐色，具白色短毛。雄虫生殖弧弓状，强骨化，两臂较长，距离较窄；阳基侧突近三角形，底部宽；生殖中片桥形。雌虫肛上片卵圆形，几乎无挖掘毛；第 9 内生殖突狭长，有稀疏的挖掘毛；无第 9 外生殖突，但在第 9 腹节的腹侧面有微微隆起，且毛较多而粗；第 8 外生殖突长指状，生有长的黑色刚毛；第 8 内生殖突短宽，具短的黑色刚毛。

【地理分布】 浙江、福建、河南、四川。

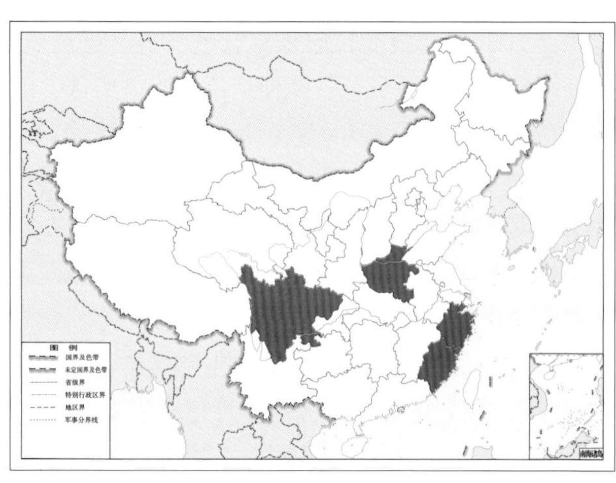

图 4-501-2 云痣哈蚁蛉 *Hagenomyia brunneipennis* 地理分布图

502. 连脉哈蚁蛉 *Hagenomyia coalitus* (Yang, 1999)

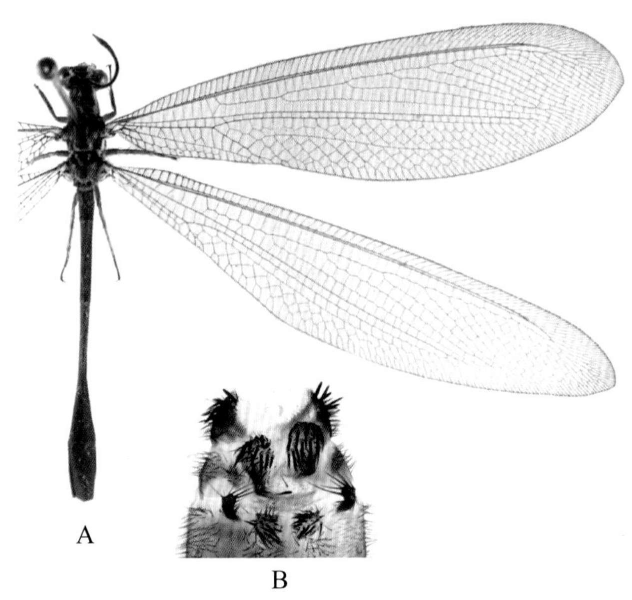

图 4-502-1　连脉哈蚁蛉 *Hagenomyia coalitus* 形态图

A. 成虫　B. 雌虫外生殖器腹面观

【测量】 雌虫体长 30.0 mm，前翅长 34.0 ~ 35.0 mm，后翅长 36.0 mm。

【形态特征】 头顶隆起，黄褐色，上有 8 块黑色斑沿中缝对称排列，复眼之间各有 2 条横条斑上下排列；复眼黄色，具金属光泽，有小的黑色斑；触角黑色，触角窝及柄节、梗节边缘黄色。前胸背板深褐色，有 1 条黄色中纵带，其两侧缘各有 1 条宽的黄纵带，后缘黄色。足浅黄色，有黑色刚毛，但前足股节端部、胫节外侧褐色，第 1 ~ 2 跗节的端部和第 3 ~ 5 跗节褐色；距伸达第 1 跗节末端。前翅透明无色，较宽；脉浅黄色至深褐色；RP 脉分叉点和 CuA 脉分叉点几乎相对；翅痣卵圆形，乳白色，痣下室狭长。后翅外缘下方向内略凹；RP 脉分叉点稍后于 CuA 脉分叉点；翅痣卵圆形，乳白色，痣下室狭长。腹部背面深褐色，腹面浅褐色有一些黑色纵条纹。雌虫肛上片较大，卵圆形，有粗挖掘毛；第 9 内生殖突大，倒锥形，有粗挖掘毛；无第 9 内生殖突；第 8 外生殖突指状，被长的黑色刚毛；第 8 内生殖突圆瓣形，有黑色刚毛。

【地理分布】 福建、广东、贵州。

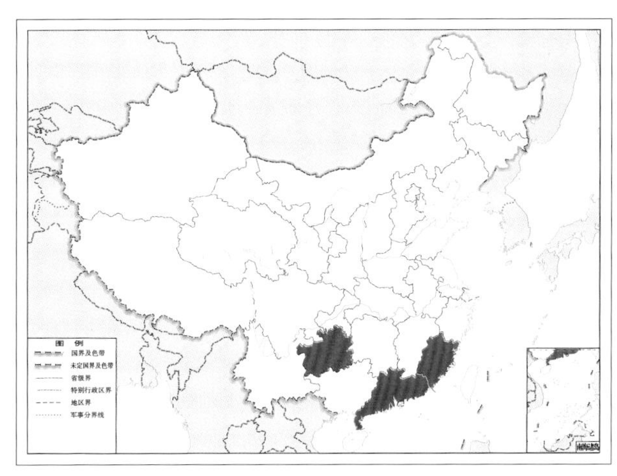

图 4-502-2　连脉哈蚁蛉 *Hagenomyia coalitus* 地理分布图

503. 连黑哈蚁蛉 *Hagenomyia conjuncta* Yang, 1999

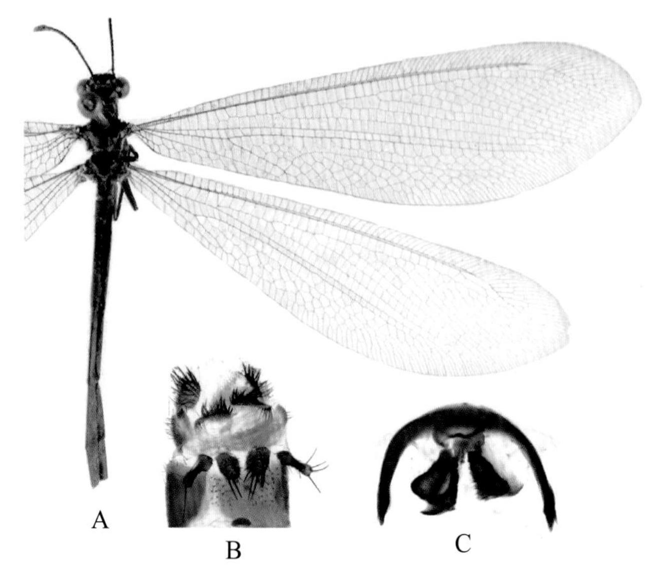

图 4-503-1 连黑哈蚁蛉 *Hagenomyia conjuncta* 形态图

A. 成虫 B. 雌虫外生殖器腹面观 C. 雄虫外生殖器腹面观

【测量】 雄虫体长 29.0 mm，前翅长 32.0 mm，后翅长 31.0 mm；雌虫体长 30.0 mm，前翅长 35.0 mm，后翅长 34.0 mm。

【形态特征】 头顶隆起，黑色，有一些凸斑；复眼铜绿色，有小的黑色斑；触角黑色，触角窝、柄节和梗节的边缘黄色。前胸背板黑色，前缘两侧角褐色；中、后胸灰黑色。前足橙黄色，胫节外侧及跗节棕红色；第 5 跗节长约为第 1 ~ 3 跗节之和；距长，伸达第 3 跗节末端。前翅透明无色；RP 脉分叉点和 CuA 脉分叉点几乎相对；RP 脉分支约 13 条，基径中横脉 8 条；翅痣乳白色，卵形，痣下室狭长。后翅透明无色；RP 脉分叉点稍后于 CuA 脉分叉点；翅痣乳白色，卵形，痣下室较前翅短；雄虫无轭坠。腹部黑色，有稀疏的黑色短毛。雄虫生殖弧弓形，强骨化；阳基侧突近三角形，底部宽阔；生殖中片桥形。雌虫肛上片大卵圆形，有黑色挖掘毛；第 9 内生殖突横宽，内侧有黑色挖掘毛，外侧有一些细长的黑色刚毛；无第 9 外生殖突；第 8 外生殖突细长，两端膨大，端部有长刚毛；第 8 内生殖突粗大，约为第 8 外生殖突的 2/3 长，有黑色长刚毛。

【地理分布】 福建、海南。

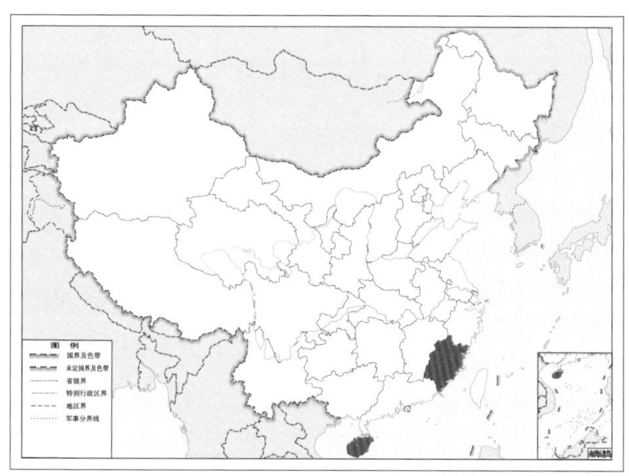

图 4-503-2 连黑哈蚁蛉 *Hagenomyia conjuncta* 地理分布图

504. 褐胸哈蚁蛉 *Hagenomyia fuscithoraca* Yang, 1999

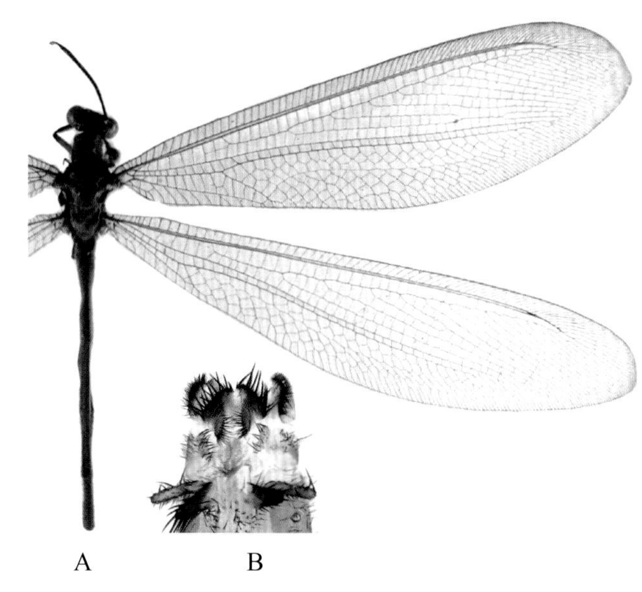

图 4-504-1 褐胸哈蚁蛉 *Hagenomyia fuscithoraca* 形态图
A. 成虫 B. 雌虫外生殖器腹面观

【测量】 雌虫体长 40.0 mm，前翅长 45.0 mm，后翅长 46.0 mm。

【形态特征】 头顶隆起，亮黑色，有一些凸斑；复眼黄色，具金属光泽，有小的黑色斑；触角黑色，仅柄节、梗节边缘有黄色细环。前胸背板深褐色，具稀疏的长毛和短毛，背板上有一些颜色略浅的斑块，前缘两侧角黄色。足黑色为主，但前足基节、转节及股节大部分黄色；距长，伸达第 2 跗节端部。前翅无色透明，褐色；RP 脉分叉点和 CuA 脉分叉点几乎相对；RP 脉分支约 11 条，基径中横脉 10 条，RP 脉分叉前有若干不规则小室；翅痣乳白色，卵圆形，痣下室狭长。后翅外缘下方略内凹；RP 脉分叉点稍后于 CuA 脉分叉点；RP 脉分支约 11 条，基径中横脉 5 条；翅痣乳白色，痣下室狭长。腹部褐色，密布褐色短毛。雌虫肛上片卵圆形；第 9 内生殖突呈倒三角形，有粗挖掘毛；无第 9 外生殖突；第 8 外生殖突指状，第 8 内生殖突指状，长度约为第 8 外生殖突的 2/3，被黑色长刚毛。

【地理分布】 浙江、福建。

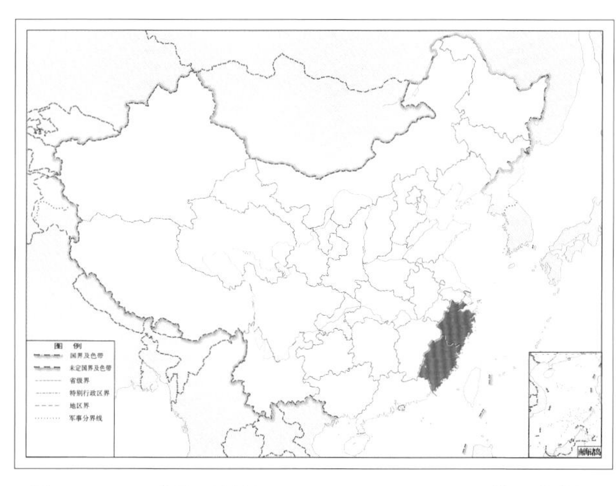

图 4-504-2 褐胸哈蚁蛉 *Hagenomyia fuscithoraca* 地理分布图

505. 广西哈蚁蛉 *Hagenomyia guangxiensis* Bao & Wang, 2007

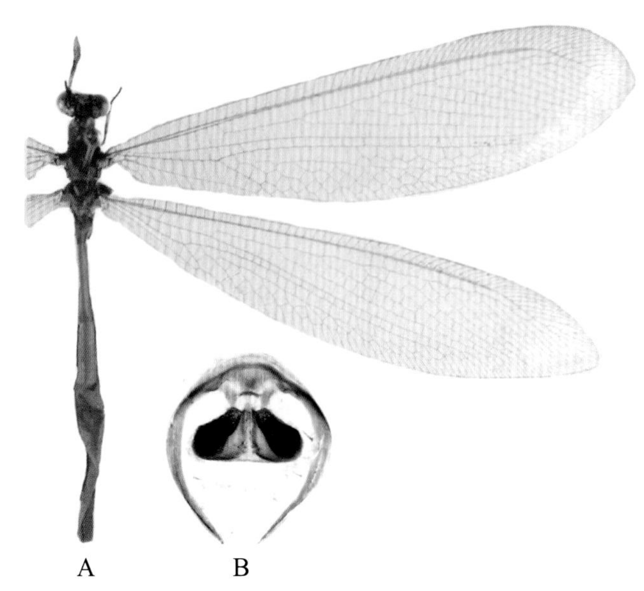

图 4-505-1 广西哈蚁蛉 *Hagenomyia guangxiensis* 形态图

A. 成虫 B. 雄虫外生殖器腹面观

【测量】 雄虫体长 26.0 mm，前翅长 30.0 mm，后翅长 29.0 mm。

【形态特征】 头顶隆起，亮黑褐色；复眼铜绿色；触角柄节淡褐色，内侧有黑色的斑，触角间的距离长于触角柄节直径。胸部背板褐色，前胸背板前缘有 1 条黄色的三角形条斑，中胸背板后缘有白色长毛，后胸具稀疏的白毛。足淡褐色；前足基节黄褐色，转节、股节黄色；胫节外侧褐色，内侧黄褐色；跗节褐色；距伸达第 3 跗节中部，爪长约为距的 2/3。前翅透明，翅脉褐色；RP 脉分叉点和 CuA 脉分叉点几乎相对；RA 脉与 RP 脉间距与前缘域约等宽；RP 脉分支约 11 条，基径中横脉 8 条；翅痣白色，卵圆形，痣下室较短。后翅较前翅略窄；RP 脉分叉点稍后于 CuA 脉分叉点；RA 脉与 RP 脉间距略宽于前缘域；RP 脉分支约 10 条，基径中横脉 5 条；翅痣乳白色，痣下室较前翅长；雄虫有轭坠，轭坠上有金色长毛。腹部褐色，具黑褐色斑，比前翅短，被淡褐色短毛；肛上片有长毛。雄虫生殖弧弓形，强骨化；阳基侧突茄子形，底部较宽；生殖中片较小。

【地理分布】 广西。

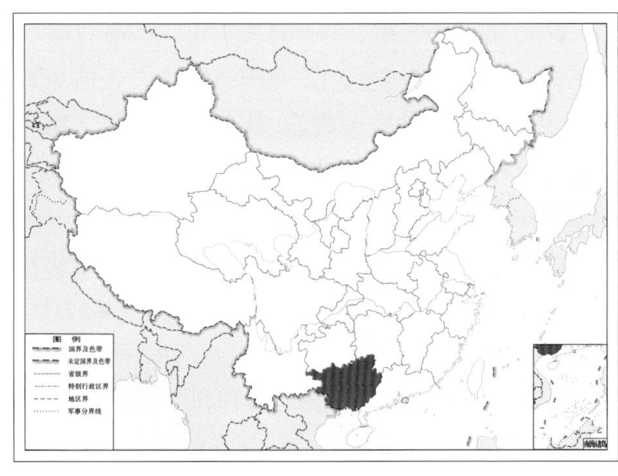

图 4-505-2 广西哈蚁蛉 *Hagenomyia guangxiensis* 地理分布图

506. 闪烁哈蚁蛉 *Hagenomyia micans* (McLachlan, 1875)

图 4-506-1　闪烁哈蚁蛉 *Hagenomyia micans* 形态图

A. 成虫　B. 雌虫外生殖器腹面观

【测量】 雌虫体长 32.0 mm，前翅长 36.0 mm，后翅长 38.0 mm。

【形态特征】 头顶隆起，黑色；复眼黄色，具金属光泽，有小的黑色斑；触角棒状，深褐色，触角窝黄色，柄节、梗节上缘有黄色细环。胸部背板深褐色，前胸背板两侧边缘黄色，中央有 1 条黄色细纵带。足黄色为主，但前足股节以下为褐色，中足股节中部以下、后足胫节内侧和外侧中部以下、跗节和爪为红褐色；距伸达第 2 跗节末端。前翅无色透明，脉浅褐色；RP 脉分叉点和 CuA 脉分叉点几乎相对；RA 脉与 RP 脉间距略宽于前缘域；RP 脉分支约 11 条，基径中横脉 8 条；翅痣乳白色，痣下室较短。后翅外缘下方略内凹；RP 脉分叉点稍后于 CuA 脉分叉点；RA 脉与 RP 脉间距略宽于前缘域；RP 脉分支约 12 条，基径中横脉 5 条，RP 脉分叉前有 1 个不规则小室；翅痣乳白色，痣下室较短。腹部褐色，有黄色短毛。雌虫肛上片卵圆形，有浓密的刚毛，缺挖掘毛；第 9 内生殖突倒三角形，被挖掘毛；第 9 外生殖突指状，上有黑色长毛；第 8 外生殖突指状，长于第 9 外生殖突，被长刚毛；第 8 内生殖突短而圆，被黑色刚毛。

【地理分布】 福建、台湾。

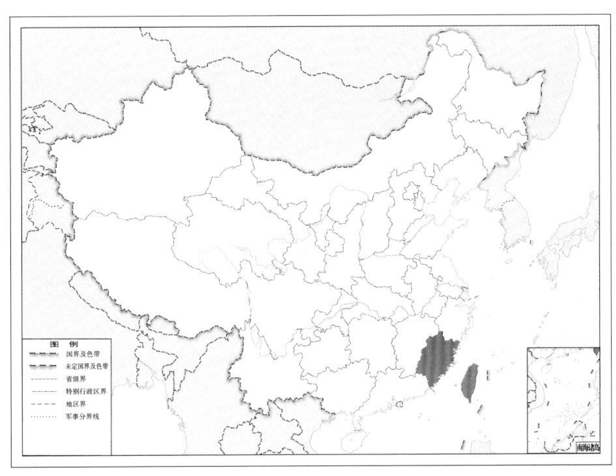

图 4-506-2　闪烁哈蚁蛉 *Hagenomyia micans* 地理分布图

（八四）蚁蛉属 *Myrmeleon* Linnaeus, 1767

【鉴别特征】 前翅 CuP 脉发出点与基横脉相连，A2 脉与 A1 脉在基部靠近，然后急转向 A3 脉；RP 脉分叉点后于 CuA 脉分叉点；CuP+A1 脉与 CuA2 脉不平行，在达翅缘前相交；前缘域为单排翅室。后翅基径中横脉多于或等于 4 条。后足第 5 跗节长于第 1 跗节。

【地理分布】 全世界广布。

【分类】 目前全世界已知 177 种，我国已知 19 种，本图鉴收录 9 种。

中国蚁蛉属 *Myrmeleon* 分种检索表

1. 翅烟褐色，后翅略长于前翅，外缘明显内凹 ……………………………… **锈翅蚁蛉 *Myrmeleon ferrugineipennis***

   翅透明无色，后翅等于或略短于前翅，外缘不内凹 ……………………………… 2

2. 头顶及后头区黑色无斑 ……………………………… 3

   头顶及后头区黑色，有浅色斑 ……………………………… 5

3. RP 脉分叉点与痣下室之间的横脉多于 25 条，前翅后班克氏线极显著，臀区有 7 ~ 8 个小室成双排，翅较窄 ……………………………… **狭翅蚁蛉 *Myrmeleon trivialis***

   RP 脉分叉点与痣下室之间的横脉少于 20 条，前翅后班克氏线不十分清晰 ……………………………… 4

4. 臀区仅有 2 ~ 4 个小室成双排，前翅有后班克氏线 ……………………………… **钩臀蚁蛉 *Myrmeleon bore***

   臀区仅有 5 ~ 6 个小室成双排，前翅无后班克氏线 ……………………………… **泛蚁蛉 *Myrmeleon formicarius***

5. 前胸背板前半段有 2 个三角形黑褐色斑，头顶及后头区有多块黑色斑 ……………… **角蚁蛉 *Myrmeleon trigonois***

   前胸背板无三角形黑色斑 ……………………………… 6

6. 前翅 RP 脉与痣下室之间横脉 12 条，头部黑褐色，额有黄褐色中条纹，前胸背板浅褐色，中线及边缘浅黄褐色 ……………………………… **浅蚁蛉 *Myrmeleon immanis***

   前翅 RP 脉与痣下室之间横脉等于或多于 14 条，头部黑色或深棕色，额无褐色中条纹，前胸背板黑色或深褐色 ……………………………… 7

7. 头顶后方有 1 对黄色大斑 ……………………………… **双斑蚁蛉 *Myrmeleon bimaculatus***

   头顶后方有 1 个黄色环状斑 ……………………………… 8

8. 前翅 RP 脉与痣下室之间横脉 22 条，RP 脉分叉点后于 CuA 脉分叉点，臀区有 7 ~ 8 个小室成双排 ……………………………… **环蚁蛉 *Myrmeleon circulis***

   前翅 RP 脉与痣下室之间横脉 14 条，RP 脉分叉点远后于 CuA 脉分叉点，臀区有 1 ~ 4 个小室成双排 ……………………………… **棕蚁蛉 *Myrmeleon fuscus***

507. 双斑蚁蛉 *Myrmeleon bimaculatus* Yang, 1999

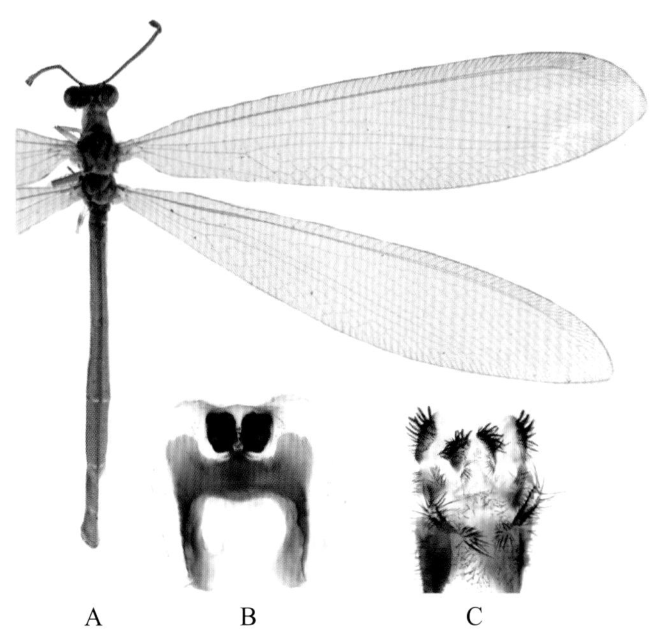

图 4-507-1　双斑蚁蛉 *Myrmeleon bimaculatus* 形态图

A. 成虫　B. 雄虫外生殖器腹面观　C. 雌虫外生殖器腹面观

【测量】 雄虫体长 29.0 ~ 31.0 mm，前翅长 28.0 ~ 30.0 mm，后翅长 27.0 ~ 29.0 mm；雌虫体长 29.0 ~ 33.0 mm，前翅长 28.0 ~ 34.0 mm，后翅长 28.0 ~ 34.0 mm。

【形态特征】 头顶黑色，隆起，表面粗糙；头顶后方有 1 对大的黄色斑；复眼黄色，具金属光泽，有小的黑色斑；触角黑色，触角窝及柄节大部分为黄色。前胸背板黄色，中央有 1 对褐色较宽的纵条斑。足黄色，前足有较密的黑色刚毛和白色短毛。前翅无色透明；前缘域宽于 RA 脉和 RP 脉的间距；RP 脉分叉点略后于 CuA 脉分叉点；RP 脉分支约 11 条，基径中横脉 8 条；RP 脉分叉点与痣下室之间的横脉约 22 条，无前班克氏线，后班克氏线清晰；CuA1 脉和后班克氏线之间的翅室 2 排。后翅 RP 脉分叉点后于 CuA 脉分叉点；RP 脉分支约 11 条，基径中横脉 4 条；前后班克氏线均不明显；雄虫有轭坠。腹部黑色，有浓密的白色短毛，每节腹板的端部黄色。雄虫生殖弧桥形；阳基侧突宽片状，强骨化；生殖中片小。雌虫肛上片卵圆形，有黑色挖掘毛；第 9 内生殖突近三角形，有短粗的挖掘毛；无第 9 外生殖突；第 8 外生殖突细长指状，顶端生有长的黑色刚毛；第 8 内生殖突小，圆形；前生殖片极小。

【地理分布】 浙江、福建、广东、广西、海南。

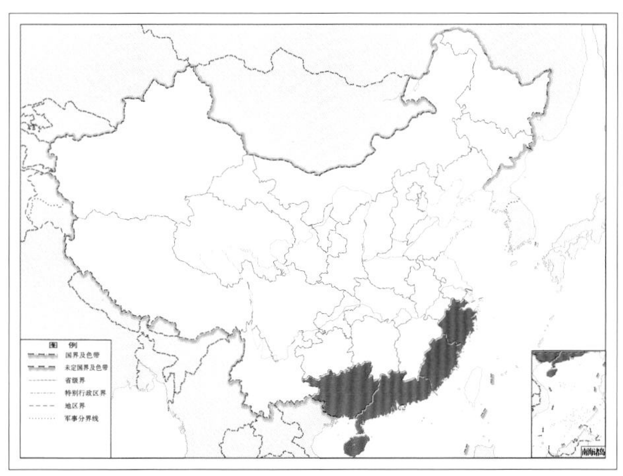

图 4-507-2　双斑蚁蛉 *Myrmeleon bimaculatus* 地理分布图

508. 钩臂蚁蛉 *Myrmeleon bore* (Tjeder, 1941)

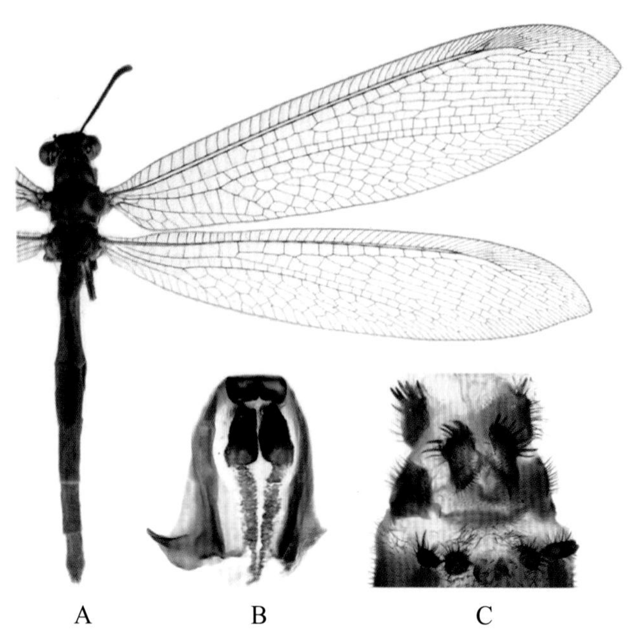

图 4-508-1 钩臂蚁蛉 *Myrmeleon bore* 形态图

A. 成虫 B. 雄虫外生殖器腹面观 C. 雌虫外生殖器腹面观

【测量】 雄虫体长 25.0 ~ 32.0 mm，前翅长 24.0 ~ 31.0 mm，后翅长 22.0 ~ 29.0 mm；雌虫体长 25.0 ~ 30.0 mm，前翅长 27.0 ~ 30.0 mm，后翅长 21.0 ~ 27.0 mm。

【形态特征】 头顶黑色，隆起；复眼黄色，具金属光泽，有小的黑色斑；触角黑色，触角窝黄色，基节上边缘黄色。前胸背板黑色，仅上缘两侧角黄色。足黑色，但前足转节及股节端部、股节和胫节外侧大部分黄褐色。翅无色透明；前翅纵脉上黄色、黑色段相间排列，横脉黑色；RP 脉分叉点后于 CuA 脉分叉点；RP 脉分支约 9 条，基径中横脉 8 条；RP 脉分叉点与痣下室之间的横脉约 12 条；前班克氏线不明显，后班克氏线清晰。后翅分支 RP 脉约 10 条，基径中横脉 5 条；雄虫有较发达的轭坠。腹部黑色，密生白色短毛，腹面各腹节上、下边缘黄色。雄虫生殖弧弧状，骨化强烈，弧的两臂较长，距离较窄；生殖弧中片桥梁状，强骨化；阳茎侧突耳状，端部较宽。雌虫肛上片卵圆形，有黑色挖掘毛；第 9 内生殖突近三角形，有短粗的挖掘毛；无第 9 外生殖突；第 8 外生殖突粗指状，顶端生有长的黑色刚毛；第 8 内生殖突小，圆形；前生殖片小三角形。

【地理分布】 北京、河北、山西、陕西、河南、山东、湖北、四川、福建、台湾；澳大利亚，捷克，斯洛伐克，芬兰，法国，德国，日本，韩国，挪威，俄罗斯，斯洛文尼亚，西班牙，瑞典，瑞士。

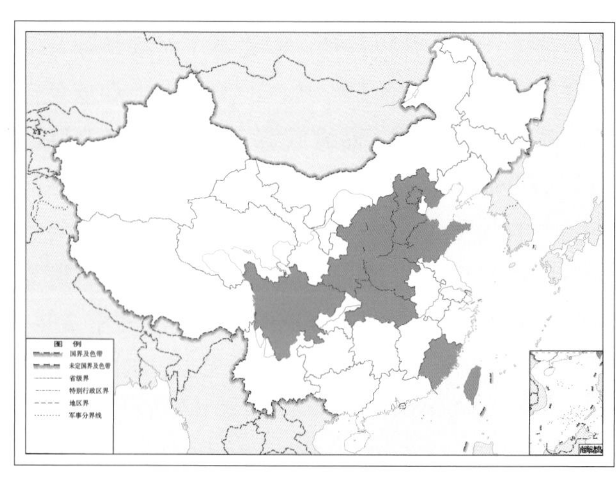

图 4-508-2 钩臂蚁蛉 *Myrmeleon bore* 地理分布图

509. 环蚁蛉 *Myrmeleon circulis* Bao & Wang, 2006

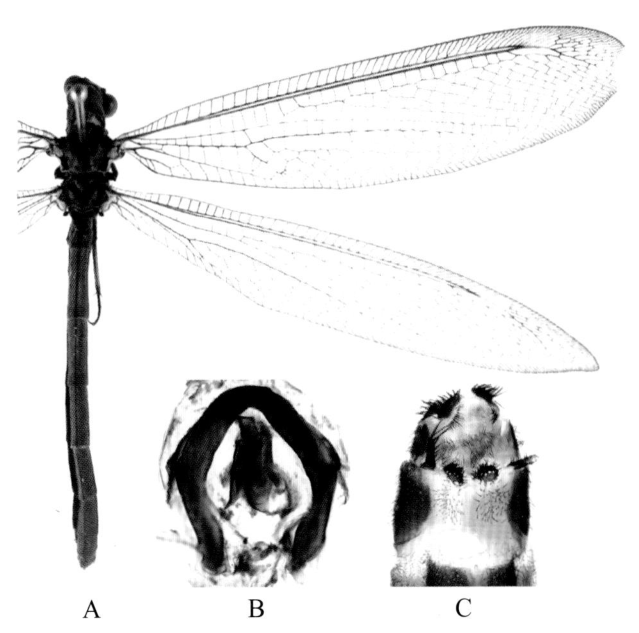

图 4-509-1　环蚁蛉 *Myrmeleon circulis* 形态图

A. 成虫　B. 雄虫外生殖器腹面观　C. 雌虫外生殖器腹面观

【测量】 雄虫体长 32.0 mm，前翅长 34.0 mm，后翅长 31.0 mm；雌虫体长 30.0 ~ 34.0 mm，前翅长 35.0 ~ 39.0 mm，后翅长 33.0 ~ 36.0 mm。

【形态特征】 头顶隆起，黑色，表面粗糙，头顶后方有 1 个黄色圆环；复眼黄色，具金属光泽，有小的黑色斑；触角黑色，触角窝、柄节内侧黄色。前胸背板宽大于长，黑色，中央有 1 条黄色纵纹从前缘伸达中部，前缘两侧角黄色；中、后胸黑色，隐约有一些深褐色的条斑。足黑色，但前足转节、股节内侧黄色，胫节端部外侧褐色。前翅无色透明；RP 脉分叉点后于 CuA 脉分叉点；RP 脉分支约 12 条，基径中横脉 7 条；RP 脉分叉点与痣下室之间的横脉约 22 条；无前班克氏线，后班克氏线清晰；后班克氏线和 CuA1 脉之间的翅室 2 ~ 3 排。后翅 RP 脉分叉点后于 CuA 脉分叉点；RP 脉分支约 12 条，基径中横脉 5 ~ 6 条；后班克氏线和 CuA1 脉之间的翅室 1 排；雄虫有轭坠。腹部黑色，生有黑色短毛，各腹节前后边缘褐色。雄虫生殖弧桥洞形，阳基侧突条形，骨化较弱；无生殖中片。雌虫肛上片卵圆形，有黑色挖掘毛；第 9 内生殖突近三角形，有短粗的挖掘毛；无第 9 外生殖突；第 8 外生殖突细长指状，顶端生有长的黑色刚毛；第 8 内生殖突小，圆形；前生殖片极小。

【地理分布】 福建、湖北、广西、贵州。

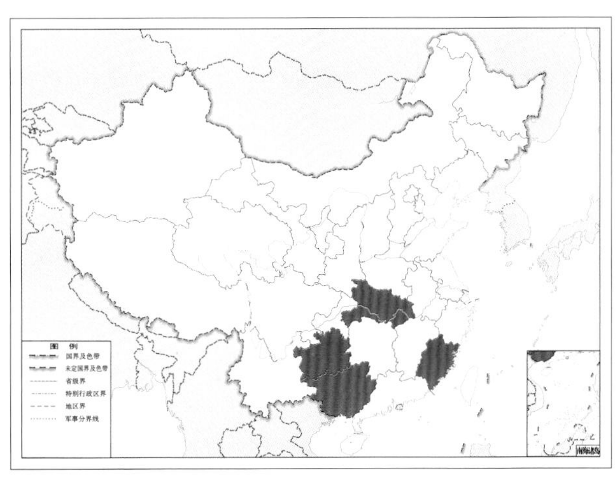

图 4-509-2　环蚁蛉 *Myrmeleon circulis* 地理分布图

510. 锈翅蚁蛉 *Myrmeleon ferrugineipennis* Bao & Wang, 2009

图 4-510-1 锈翅蚁蛉 *Myrmeleon ferrugineipennis* 形态图

A. 成虫 B. 雄虫外生殖器腹面观 C. 雌虫外生殖器腹面观

【测量】 雄虫体长 36.0 mm，前翅长 39.0 ~ 40.0 mm，后翅长 40.0 ~ 41.0 mm；雌虫体长 37.0 mm，前翅长 42.0 mm，后翅长 43.0 mm。

【形态特征】 头顶隆起，黑色；复眼黄绿色，上有小的黑色斑；触角黑色，触角窝和柄节内侧浅褐色。前胸背板宽大于长，黑色，前缘褐色；中胸背板黑色，有黑褐色的斑。前足基节、转节、股节内侧和靠近转节的外表面黄色。前翅烟褐色；RP 脉分叉点略后于 CuA 脉分叉；RP 脉分支约 11 条，基径中横脉 9 条；RP 脉分叉点与痣下室之间的横脉约 27 条；前班克氏线不明显，后班克氏线清晰。后翅端部镰刀形；RP 脉分叉点后于 CuA 脉分叉点；RP 脉约 15 条分支，基径中横脉 5 条；后班克氏线和 CuA1 脉之间的翅室 1 ~ 2 排；雄虫有轭坠，轭坠球形，生有长毛。腹部黑色，短于后翅。雄虫生殖弧门洞形，骨化较强；阳基侧突长瓣形，基部宽，颜色深，端部细，颜色浅；生殖中片分叉。雌虫肛上片卵圆形；第 9 内生殖突相连，整体呈梯形，上有短粗的挖掘毛；第 9 外生殖突方砖状；第 8 外生殖突指状，上有黑色刚毛；第 8 内生殖突指状，短于第 8 外生殖突，上有黑色刚毛；前生殖板椭圆形。

【地理分布】 贵州。

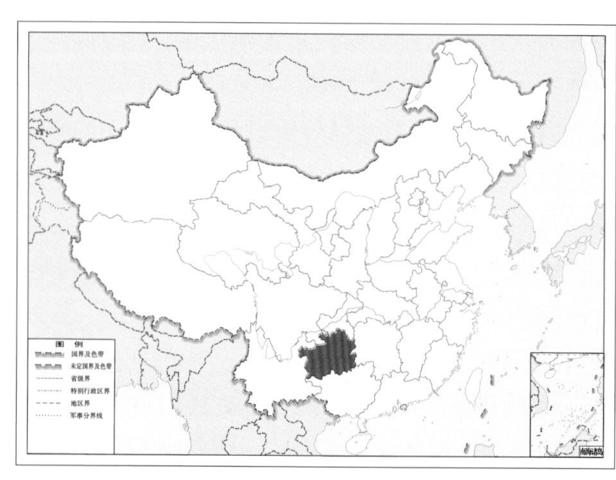

图 4-510-2 锈翅蚁蛉 *Myrmeleon ferrugineipennis* 地理分布图

511. 泛蚁蛉 *Myrmeleon formicarius* Linnaeus, 1767

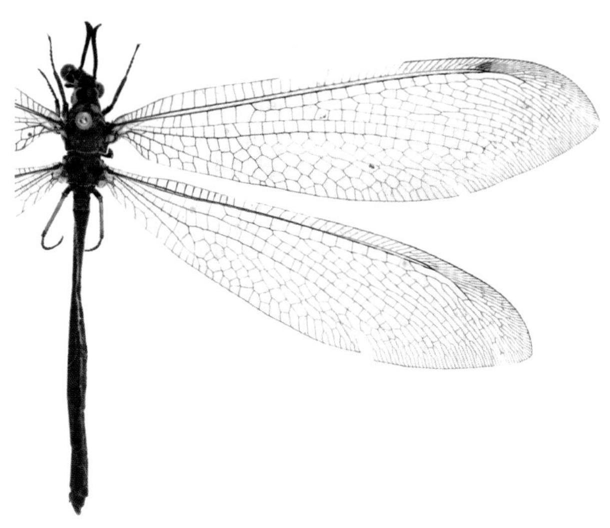

图 4-511-1　泛蚁蛉 *Myrmeleon formicarius* 成虫图

【测量】 雌虫体长 32.0 ~ 33.0 mm，前翅长 37.0 ~ 38.0 mm，后翅长 34.0 ~ 35.0 mm。

【形态特征】 头顶黑色，隆起，表面粗糙；复眼黄色，具金属光泽，有小的黑色斑；触角黑色，触角窝黄色，基节上边缘黄色。前胸背板宽大于长，黑色，两侧有较宽的黄边。足背面深棕色，腹面色较浅，局部为棕黄色。前翅无色透明；RP 脉分叉点后于 CuA 脉分叉点；前缘域稍宽于 RA 脉和 RP 脉间距；RP 脉分支约 9 条，基径中横脉 8 ~ 11 条；RP 脉分叉点与痣下室之间的横脉约 10 条。后翅 RP 脉分叉点后于 CuA 脉分叉点；RP 脉分支约 10 条，基径中横脉 5 条；雄虫有较发达的轭坠。腹部黑色，细长，密生白色短毛。雌虫肛上片卵圆形，有黑色挖掘毛；第 9 内生殖突近三角形，有短粗的挖掘毛；无第 9 外生殖突；第 8 外生殖突粗指状，顶端生有长的黑色刚毛；第 8 内生殖突瘤凸形；前生殖片不明显。

【地理分布】 新疆。

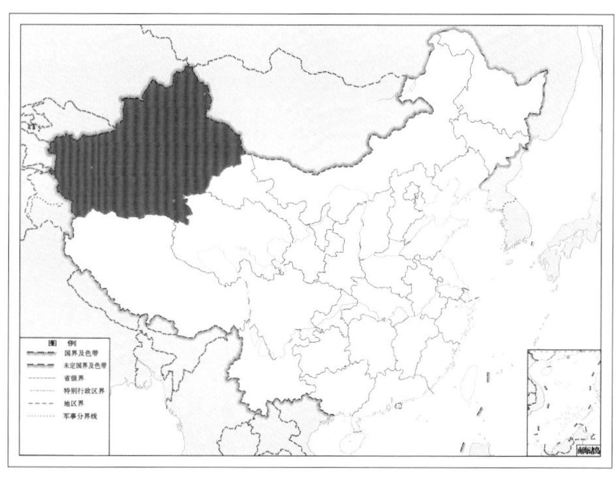

图 4-511-2　泛蚁蛉 *Myrmeleon formicarius* 地理分布图

512. 棕蚁蛉 *Myrmeleon fuscus* Yang, 1999

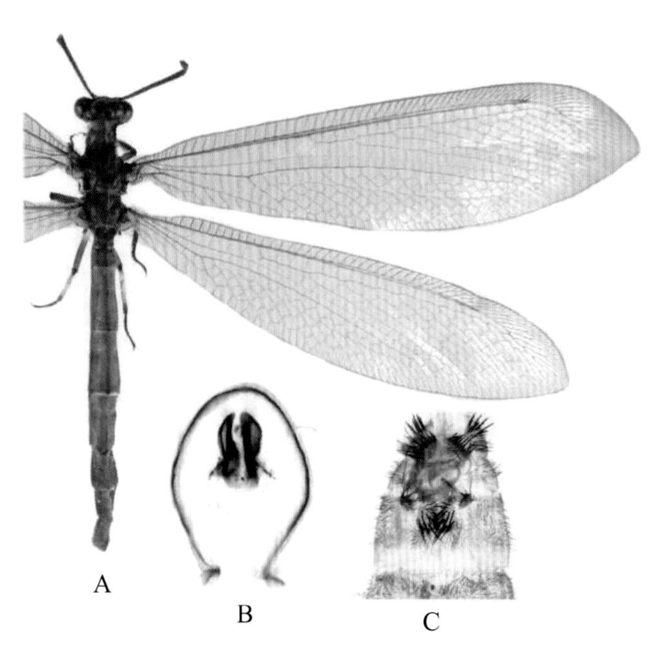

图 4-512-1 棕蚁蛉 *Myrmeleon fuscus* 形态图

A. 成虫 B. 雄虫外生殖器腹面观 C. 雌虫外生殖器腹面观

【测量】 雄虫体长 26.0 ~ 29.0 mm，前翅长 28.0 ~ 34.0 mm，后翅长 26.0 ~ 32.0 mm ；雌虫体长 27.0 ~ 35.0 mm，前翅长 33.0 ~ 38.0 mm，后翅长 28.0 ~ 36.0 mm。

【形态特征】 头顶隆起，亮红棕色，表面粗糙，头顶后方有 1 个黄色环斑；复眼黑色；触角褐色，触角窝黄色，柄节、梗节黄色。前胸背板深褐色，有 1 条黄色中纵纹，两前侧角黄色。足浅褐色；前足基节、胫节外侧和跗节深褐色，每个跗节末端黑色。前翅狭长，翅脉黄色；RP 脉分叉点后于 CuA 脉分叉点；RP 脉分支约 9 条，基径中横脉 11 条，RP 脉前无小室；RP 脉分叉点与痣下室之间的横脉约 14 条；前班克氏线不明显，后班克氏线清晰；后班克氏线和 CuA1 脉之间的翅室 3 排。后翅 RP 脉分叉点后于 CuA 脉分叉点；RP 脉分支约 10 条，基径中横脉 5 条；后班克氏线和 CuA1 脉之间的翅室 1 ~ 2 排；雄虫有轭坠。腹部浅褐色，每一节末端黄色，具白色短毛。雄虫生殖弧桥洞形，骨化较强；阳基侧突细长；无生殖中片。雌虫肛上片卵圆形，有黑色挖掘毛；第 9 内生殖突近三角形，有短粗的挖掘毛；无第 9 外生殖突；第 8 外生殖突指状，顶端生有长的黑色刚毛；第 8 内生殖突圆片形，具挖掘毛，前生殖片极小。

【地理分布】 福建、湖北、广东、广西、贵州。

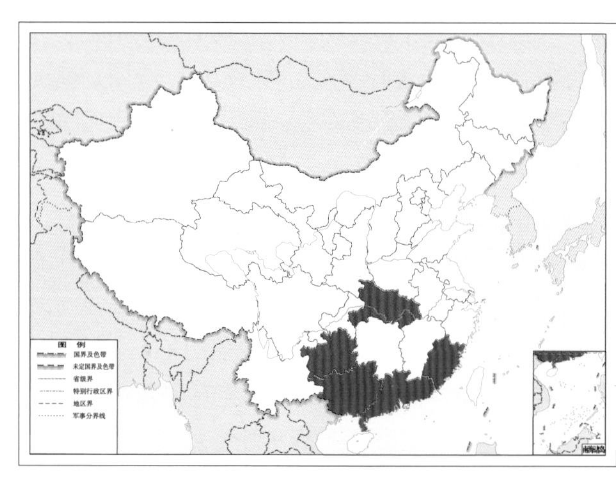

图 4-512-2 棕蚁蛉 *Myrmeleon fuscus* 地理分布图

513. 浅蚁蛉 *Myrmeleon immanis* Walker, 1853

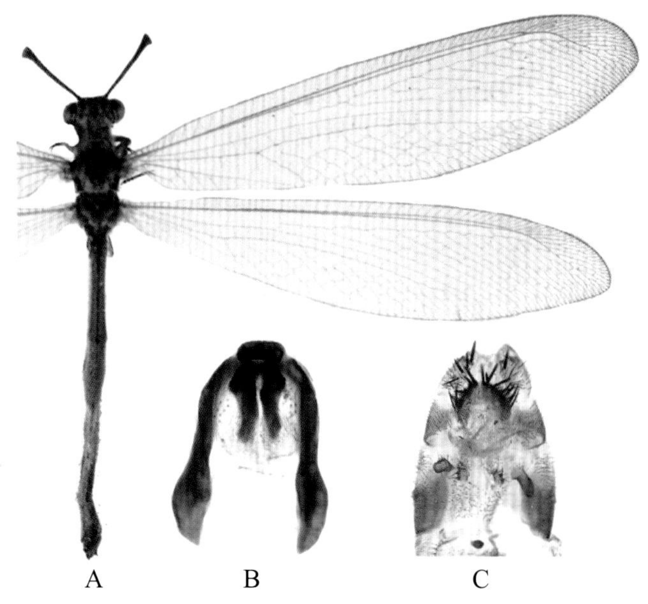

图 4-513-1　浅蚁蛉 *Myrmeleon immanis* 形态图

A. 成虫　B. 雄虫外生殖器腹面观　C. 雌虫外生殖器腹面观

【测量】 雄虫体长 26.0 ~ 30.0 mm，前翅长 23.0 ~ 28.0 mm，后翅长 21.0 ~ 26.0 mm；雌虫体长 28.0 ~ 30.0 mm，前翅长 25.0 ~ 28.0 mm，后翅长 24 ~ 26 mm。

【形态特征】 头顶隆起，黑褐色，头顶隐约可见黄色斑，后方有 1 个环形黄色斑；复眼铜绿色，有小的黑色斑；触角深褐色，柄节内侧及梗节大部黄色。前胸背板浅褐色，中央和边缘浅黄褐色。足黄色，但前足股节内侧、胫节外侧大部及各跗节端部褐色。翅无色透明，翅脉黄色；前翅 RP 脉分叉点后于 CuA 脉分叉点；RP 脉分支约 10 条，基径中横脉 9 条；RP 脉分叉点与痣下室之间的横脉约 12 条；前班克氏线不明显，后班克氏线清晰。后翅 RP 脉分叉点后于 CuA 脉分叉点；RP 脉分支约 9 条，基径中横脉 5 条；雄虫有轭坠。腹部黑色，密生黑色短毛，各腹节边缘黄色。雄虫生殖弧两臂几乎平行，臂长约为两臂间距的 2 倍，强骨化；阳基侧突长瓣形，基部较宽，端部较窄；生殖中片横宽，强骨化。雌虫肛上片卵圆形，有少数挖掘毛；第 9 内生殖突瓣状，生有粗硬的挖掘毛和黑色刚毛；无第 9 外生殖突；第 8 外生殖突指状，有黑色长刚毛；第 8 内生殖突小，圆突状；前生殖片极小。

【地理分布】 北京、河北、内蒙古、山西、陕西、山东、河南、福建、四川、新疆；中南半岛，蒙古，罗马尼亚，俄罗斯。

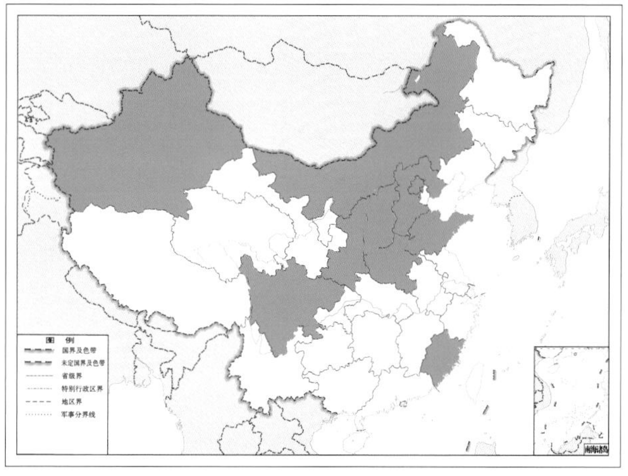

图 4-513-2　浅蚁蛉 *Myrmeleon immanis* 地理分布图

514. 角蚁蛉 *Myrmeleon trigonois* Bao & Wang, 2006

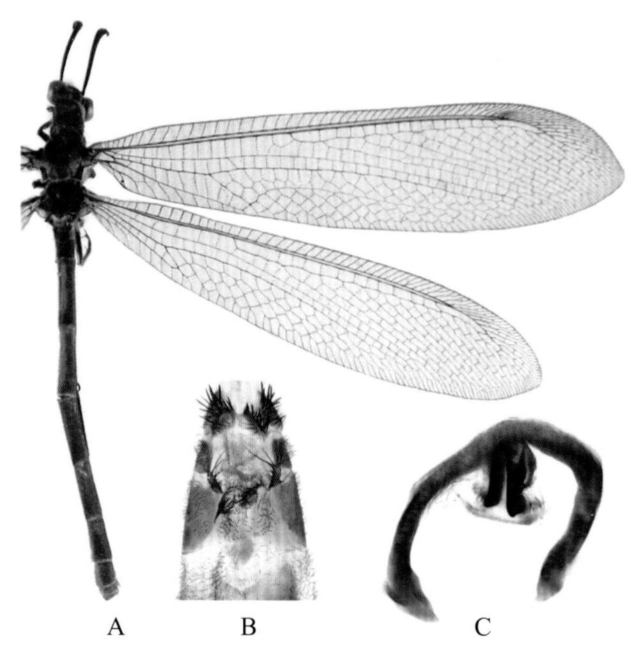

图 4-514-1 角蚁蛉 *Myrmeleon trigonois* 形态图

A. 成虫 B. 雌虫外生殖器腹面观 C. 雄虫外生殖器腹面观

【测量】 雄虫体长 30.0 ~ 31.0 mm，前翅长 29.0 ~ 30.0 mm，后翅长 26.0 ~ 27.0 mm；雌虫体长 29.0 ~ 30.0 mm，前翅长 33.0 ~ 35.0 mm，后翅长 30.0 ~ 32.0 mm。

【形态特征】 头顶隆起，黄色，有 6 个显著的黑色斑；复眼黄色，具金属光泽，有小的黑色斑。前胸背板深褐色，背板中央有 1 条上宽下窄的黄色中纵带，前缘有黄色窄边，两侧缘黄色；背板前 1/3 处有 2 条倾斜的黄色条纹，分割出 2 个三角形黑褐色斑。足浅褐色，但前足基节、股节、胫节外侧有黑褐色斑。前翅无色透明，翅脉多为黄色、褐色段相间排列；RP 脉分叉点远后于 CuA 脉分叉点；RP 脉分支约 9 条，基径中横脉 11 条；RP 脉分叉点与痣下室之间的横脉约 12 条，臀区前面 1 个、后面 4 个小室成双排；无前班克氏线，后班克氏线清晰。后翅 RP 脉分叉点远后于 CuA 脉分叉点；RP 脉分支约 10 条，基径中横脉 5 条；雄虫有轭坠。腹部褐色至黑色，密生白色短毛。雄虫生殖弧弓状，较宽，强骨化；阳基侧突长片状，强骨化；生殖弧中片小。雌虫肛上片卵圆形，有挖掘毛；第 9 内生殖突近三角形，有短粗的挖掘毛；无第 9 外生殖突；第 8 外生殖突细指状，具黑色长刚毛；第 8 内生殖突近圆形，具黑色刚毛；前生殖片几乎看不到。

【地理分布】 四川、云南。

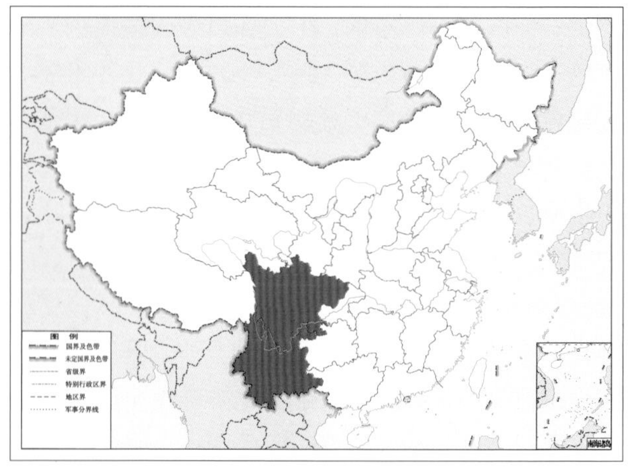

图 4-514-2 角蚁蛉 *Myrmeleon trigonois* 地理分布图

515. 狭翅蚁蛉 *Myrmeleon trivialis* Gerstaecker, 1885

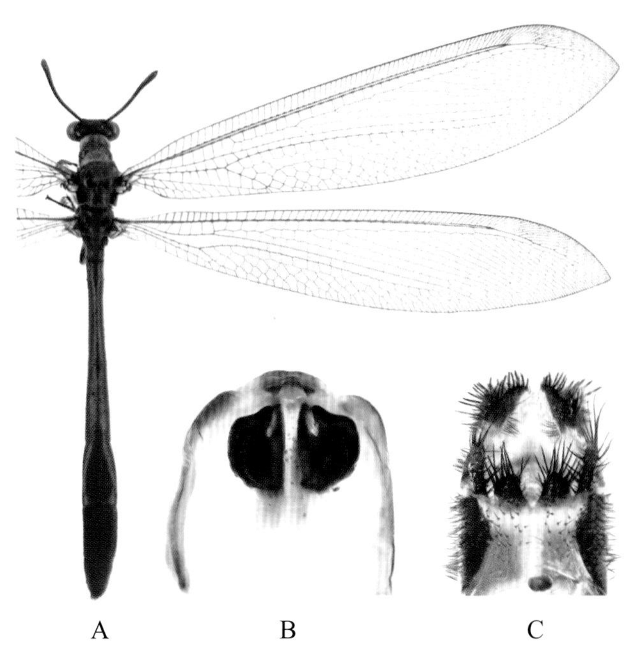

图 4-515-1　狭翅蚁蛉 *Myrmeleon trivialis* 形态图
A. 成虫　B. 雄虫外生殖器腹面观　C. 雌虫外生殖器腹面观

【测量】 雄虫体长 32.0 ~ 39.0 mm，前翅长 36.0 ~ 44.0 mm，后翅长 35.0 ~ 43.0 mm；雌虫体长 32.0 ~ 41.0 mm，前翅长 35.0 ~ 45.0 mm，后翅长 34.0 ~ 44.0 mm。

【形态特征】 头顶黑色，隆起，表面粗糙；复眼铜绿色，有小的黑色斑；触角黑色，触角窝黄色，柄节、梗节的上、下边缘黄色。前胸背板黑色，背板前缘及两侧黄色，有时黄色仅达前侧缘的 1/2 ~ 2/3 处，背板中央常有 1 条黄色中纵纹。足黄色，但前足股节端部、股节外侧及跗节黑色。前翅 RP 脉分叉点略后于 CuA 脉分叉点；RP 脉分支约 12 条，基径中横脉 8 条；RP 脉分叉点与痣下室之间的横脉约 28 条；无前班克氏线，后班克氏线清晰；CuA1 脉和后班克氏线之间的翅室 2 排。后翅 RP 脉分叉点后于 CuA 脉分叉点；RP 脉分支约 12 条，基径中横脉 5 条；雄虫有轭坠。腹部黑色，密生黑色短毛。雄虫生殖弧宽，两臂的间距约与臂长相等；阳基侧突宽大，强骨化，基部有 1 条裂缝；可见生殖中片。雌虫肛上片长卵圆形，密生挖掘毛；第 9 内生殖突近似三角形，密生挖掘毛；无第 9 外生殖突；第 8 外生殖突长指状，顶端多黑色刚毛；第 8 内生殖突圆瓣状，有较密的黑色刚毛；前生殖板椭圆形。

【地理分布】 河南、广西、贵州、云南、西藏、陕西；印度（喜马拉雅山区），尼泊尔，泰国，巴基斯坦。

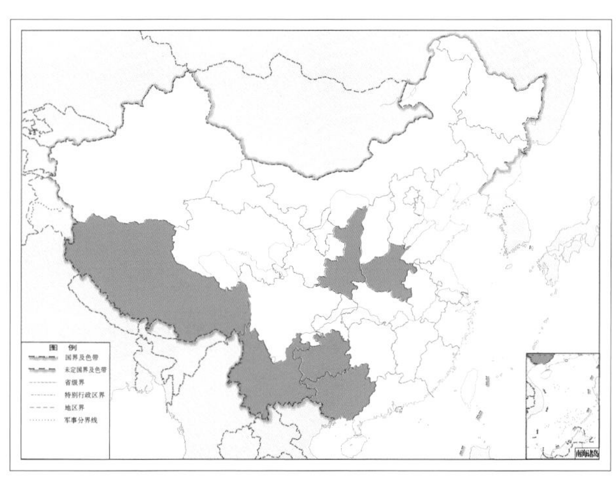

图 4-515-2　狭翅蚁蛉 *Myrmeleon trivialis* 地理分布图

恩蚁蛉族 Nemoleontini Banks, 1911

【鉴别特征】 前翅 CuP 脉发出点正对或紧靠基横脉，A2 脉与 A1 脉在基部靠近，之后急转至 A3 脉；后翅 RP 脉分叉点先于 CuA 脉分叉点，基径中横脉 1 ~ 3 条；雄虫无轭坠。

【地理分布】 非洲、欧洲、亚洲。

【分类】 目前全世界已知 61 属 631 种，我国已知 11 属 35 种，本图鉴收录 11 属 23 种。

中国恩蚁蛉族 Nemoleontini 分属检索表

1. 前翅 RP 脉分叉点先于 CuA 脉分叉点 ······ 2
 前翅 RP 脉分叉点后于 CuA 脉分叉点 ······ 3
2. 前翅后缘近中部内凹；胫端距伸达第 4 跗节 ······ 波翅蚁蛉属 *Cymatala*
 前翅后缘无内凹；胫端距伸达第 2 跗节末端 ······ 云蚁蛉属 *Yunleon*
3. 前翅 CuA2 脉与 CuP+A1 脉平行至翅中部，不汇合 ······ 4
 前翅 CuA2 脉与 CuP+A1 脉不平行，逐渐趋近，汇合为一点 ······ 5
4. 爪尖端约 1/3 处具齿，胫端距伸达第 1 跗节末端 ······ 齿爪蚁蛉属 *Pseudoformicaleo*
 爪上光滑无齿，胫端距伸达第 3 跗节末端 ······ 平肘蚁蛉属 *Creoleon*
5. 前后翅尖端钩状，翅面密被棕色斑纹 ······ 印蚁蛉属 *Indoleon*
 前后翅尖端不呈钩状，翅面透明具稀疏斑纹 ······ 6
6. 前翅基径中横脉不多于 6 条 ······ 双蚁蛉属 *Mesonemurus*
 前翅基径中横脉不少于 7 条 ······ 7
7. 后翅基径中横脉 2 条 ······ 次蚁蛉属 *Deutoleon*
 后翅基径中横脉 1 条 ······ 8
8. 足胫端距短小平直，仅伸达或超过第 1 跗节末端 ······ 白云蚁蛉属 *Paraglenurus*
 足胫端距末端弧形弯曲或平直，伸达或远超过第 2 跗节末端 ······ 9
9. 足胫端距略弯曲，伸达或超过第 2 跗节末端 ······ 英蚁蛉属 *Indophanes*
 足胫端距发达，弧形弯曲，伸达或超过第 4 跗节末端 ······ 10
10. 后翅无中脉亚端斑；雄虫肛上片下端具指状突 ······ 臀蚁蛉属 *Distonemurus*
 后翅有中脉亚端斑；雄虫肛上片无指状突 ······ 距蚁蛉属 *Distoleon*

（八五）平肘蚁蛉属 *Creoleon* Tillyard, 1918

【鉴别特征】 前翅 CuP 脉发出点正对或紧靠基横脉，A2 脉与 A1 脉在基部靠近一段距离，然后急转向 A3 脉，RP 脉分叉点后于 CuA 脉分叉点，CuP+A1 脉、CuA1 脉和 CuA2 脉平行至翅中部；后翅基径中横脉 1 条；雄虫无轭坠。

【地理分布】 主要分布于非洲、欧洲、亚洲。

【分类】 目前全世界已知 57 种，我国已知 3 种，本图鉴收录 3 种。

中国平肘蚁蛉属 *Creoleon* 分种检索表

1. 翅脉淡黄色 …………………………………………………………………… **闽平肘蚁蛉 *Creoleon cinnamomea***

   翅脉黑黄色相间 ……………………………………………………………………………………… 2

2. 翅脉黑黄色相间，颜色较浅；前胸背板黄色，具 2 条棕色宽纵带，每条纵带前半部有 1 个斜插的黄色块；头顶黄色，有 2 条黑色横纹；第 8 外生殖突短指状，长大于宽 ……………………… **朴平肘蚁蛉 *Creoleon plumbeus***

   翅脉黑黄色相间，颜色较深；前胸背板黄色，具 2 条棕色宽纵带，每条纵带上各有 2 个黄色斑点；头顶黑色，近前胸背板处有 1 条黄色横纹；第 8 外生殖突钝圆，长宽约相等 …………**埃及平肘蚁蛉 *Creoleon aegyptiacus***

516. 埃及平肘蚁蛉 *Creoleon aegyptiacus* (Rambur, 1842)

图 4-516-1　埃及平肘蚁蛉 *Creoleon aegyptiacus* 成虫图

【测量】 雌虫体长 29.0 mm，前翅长 29.0 mm，后翅长 28.0 mm。

【形态特征】 头顶黑色，在靠近前胸背板处有 1 条黄色条纹；触角各节黑黄色相间，以黑色为主。前胸背板黄色，具 2 条棕色宽纵带，每条纵带上各有 2 个黄色斑点；中胸与后胸背板黑色，具黄色斑纹。腹板黑色，具稀疏白色柔毛。足黄色，股节膨大，尤以前足明显，但跗节各节端部黑色；第 5 跗节约等于第 1 ~ 4 跗节之和；胫端距浅红色，伸达第 3 跗节末端。翅透明而狭长，外缘略内凹；前翅大部分翅脉黑黄色相间且清晰，CuP+A1 脉、

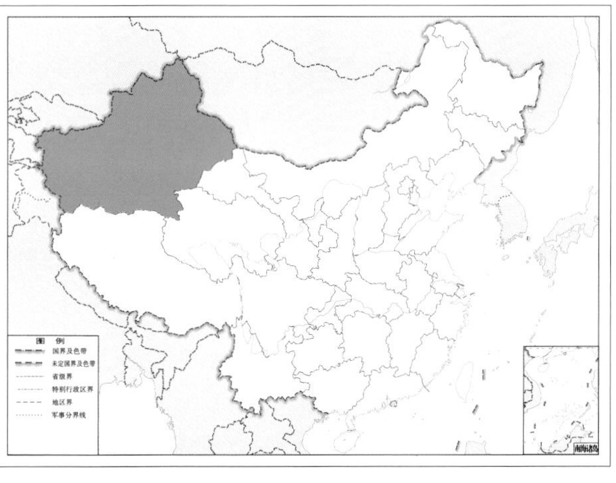

图 4-516-2　埃及平肘蚁蛉 *Creoleon aegyptiacus* 地理分布图

CuA1 脉、CuA2 脉平行至翅中部，无中脉亚端斑与肘脉合斑；前班克氏线不清晰，后班克氏线清晰。后翅前缘域略窄于 RA 脉与 RP 脉间最宽处距离，无中脉亚端斑与肘脉合斑，无前后班克氏线。腹部约与后翅等长，黑色无斑，具稀疏白色刚毛。雌虫无第 8 内生殖突；第 8 外生殖突钝圆，长度约等于宽度；第 9 内生殖突与肛上片具浓密粗大的挖掘毛。

【地理分布】 新疆；非洲，欧洲。

517. 闽平肘蚁蛉 *Creoleon cinnamomea* (Navás, 1913)

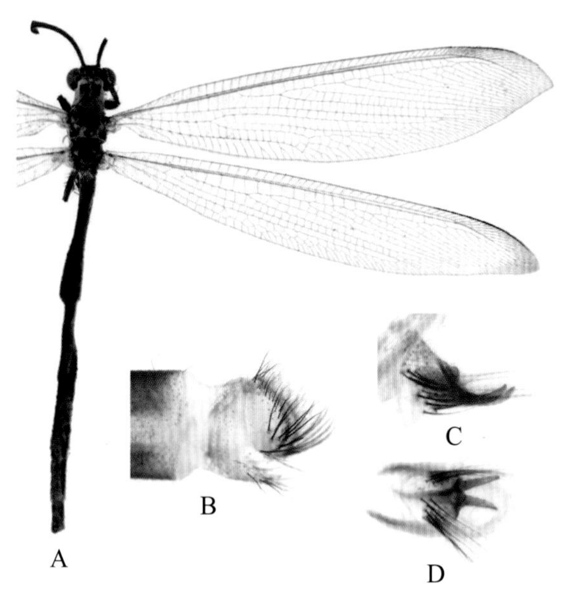

图 4-517-1 闽平肘蚁蛉 *Creoleon cinnamomea* 形态图

A. 成虫 B. 雄虫外生殖器侧面观 C. 生殖基节侧面观 D. 生殖基节腹面观

【测量】 雄虫体长 30.0 mm，前翅长 27.0 mm，后翅长 27.0 mm；雌虫体长 30.0 ~ 31.0 mm，前翅长 32.0 ~ 33.0 mm，后翅长 32.0 ~ 33.0 mm。

【形态特征】 头顶黑色，具 2 条黄色横向条纹；后头区黄色，有 4 个棕色斑点；下颚须、下唇须黄色；触角各节黑黄色相间。前胸背板黄色，中央为 2 条棕色宽纵带，每条纵带靠前部分有 1 个黄色间断区域；中胸与后胸背板黑色，具稀疏黄色斑纹。足黄色，股节膨大，尤以前足明显；距伸达第 3 跗节末端。翅透明而狭长，外缘略内凹；前翅翅脉淡黄色，前缘域约等于 RA 脉与 RP 脉间距，前班克氏线不清晰，后班克氏线清晰；后翅前缘域略窄于 RA 脉与 RP 脉间最宽处距离，无中脉亚端斑与肘脉合斑，无前后班克氏线。腹部黑色无斑，具稀疏白色刚毛。雄虫肛上片半圆形，具较长刚毛；生殖弧强烈弯曲；阳基侧突基部合并，端部分叉。雌虫无第 8 内生殖突；第 8 外生殖突纤细，指状；第 9 内生殖突与肛上片具浓密粗大的挖掘毛。

【地理分布】 福建，云南。

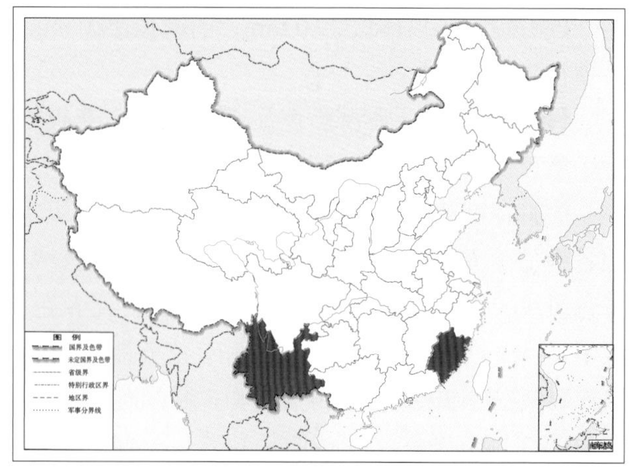

图 4-517-2 闽平肘蚁蛉 *Creoleon cinnamomea* 地理分布图

518. 朴平肘蚁蛉 *Creoleon plumbeus* (Olivier，1811)

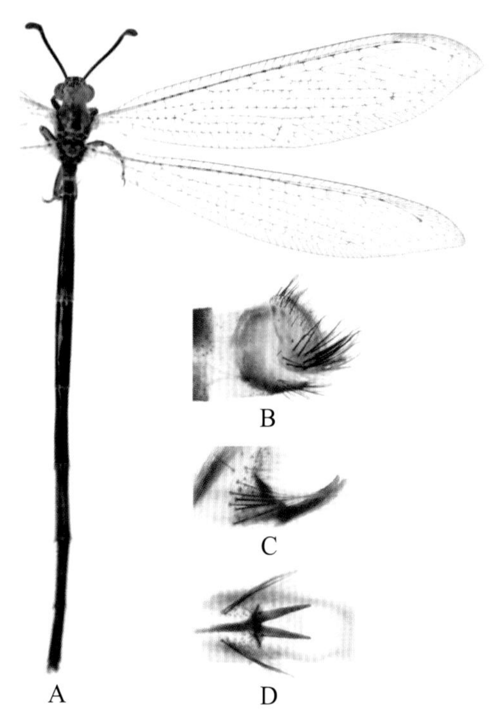

图 4-518-1　朴平肘蚁蛉 *Creoleon plumbeus* 形态图

A. 成虫　B. 雄虫外生殖器侧面观　C. 生殖基节侧面观　D. 生殖基节腹面观

【测量】 雄虫体长 43.0 ~ 44.0 mm，前翅长 31.0 ~ 32.0 mm，后翅长 30.0 ~ 31.0 mm；雌虫体长 32.0 ~ 37.0 mm，前翅长 32.0 ~ 37.0 mm，后翅长 31.0 ~ 35.0 mm。

【形态特征】 头顶黄色，具 2 条黑色横向条纹；触角各节黑黄色相间。前胸背板黄色，具 2 条棕色宽纵带，每条纵带前半部有 1 个斜插的黄色块。足黄色且股节膨大，尤以前足明显；跗节黄色，各节端部黑色；胫端距浅红棕色，略弯曲，伸达第 3 跗节末端。翅透明而狭长，外缘略内凹；前翅翅脉黑黄色相间，较浅；前缘区横脉简单；前班克氏线不清晰，后班克氏线清晰。后翅翅脉黄色；前缘域略窄于 RA 脉与 RP 脉间最宽处距离，RP 脉分叉点先于 CuA 脉分叉点；无中脉亚端斑与肘脉合斑，无前后班克氏线。腹部约与后翅等长，黑色无斑，具稀疏白色刚毛。雄虫肛上片近三角形，具较长刚毛；生殖弧强烈弯曲；阳基侧突基部合并，端部分叉。雌虫无第 8 内生殖突；第 8 外生殖突短指状，长大于宽；第 9 内生殖突与肛上片具浓密粗大的挖掘毛。

【地理分布】 新疆；非洲，欧洲。

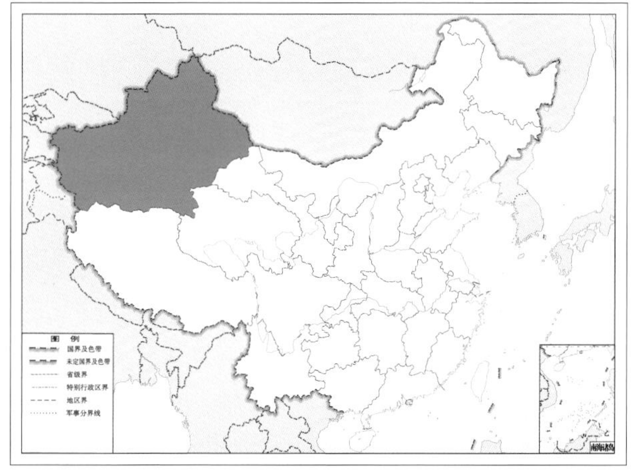

图 4-518-2　朴平肘蚁蛉 *Creoleon plumbeus* 地理分布图

（八六）波翅蚁蛉属 *Cymatala* Yang, 1986

【鉴别特征】 翅狭长而透明；前翅 A2 脉成直角折向 A3 脉，前缘域宽于 RA 脉与 RP 脉间距，后缘在 A1 脉端部凹入；RP 脉分叉点稍先于 CuA 脉分叉点；后翅稍长于前翅，RP 脉分叉点先于 CuA 脉分叉点，基径中横脉 1 条；雄虫无轭坠。足粗壮，股节膨大，距发达，略成弧形弯曲，伸达第 4 跗节。雄虫生殖器生殖弧极小，阳基侧突基部合并，端部分叉，呈长弯钩状，伸出腹部之外。

【地理分布】 中国云南。

【分类】 目前全世界已知仅 1 种，分布于我国，本图鉴收录 1 种。

519. 浅波翅蚁蛉 *Cymatala pallora* Yang, 1986

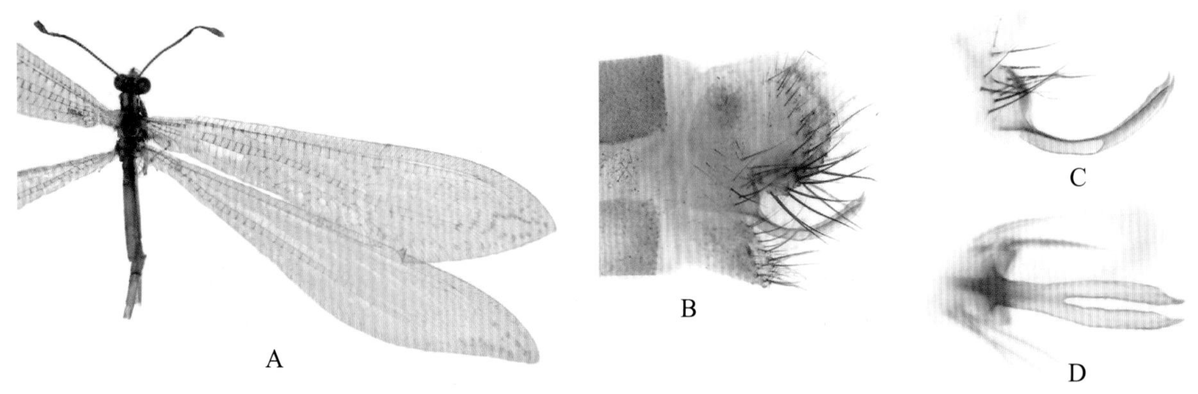

图 4-519-1　浅波翅蚁蛉 *Cymatala pallora* 形态图

A. 成虫　B. 雄虫外生殖器侧面观　C. 生殖基节侧面观　D. 生殖基节腹面观

【测量】 雄虫体长 35.0 mm，前翅长 35.0 mm，后翅长 37.0 mm。

【形态特征】 头顶黄色或棕色，具黑色横向条纹；触角细长，超过头胸之和，各节褐黄色相间，触角窝间距离小于触角窝直径。前胸背板梯形，棕色，具 2 条黑色纵纹；中后胸棕色，具稀疏黑色斑纹。足黄色，具稀疏黑色斑点；股节膨大，尤以前足明显；胫端距伸达第 4 跗节。翅透明而狭长；前翅翅脉浅黄色，RP 脉分叉点稍先于 CuA 脉分叉点，基径中横脉 10 条，RP 脉分支 13 条；前翅后缘在

A1 脉端部凹入而波曲，翅端区及翅后缘处具散落的小型斑点；前后班克氏线不清晰。后翅略长于前翅，翅脉浅棕黄色，前缘域窄于 RA 脉与 RP 脉间最宽处距离，RP 脉分叉点先于 CuA 脉分叉点，基径中横脉 1 条，RP 脉分支 13 条，翅端区及外缘散落较密集的棕色斑点。雄虫肛上片具较长黑色刚毛；生殖弧退化；阳基侧突基部 1/3 合并，端部分叉，并强烈延长，伸出腹部末端。

【地理分布】 云南。

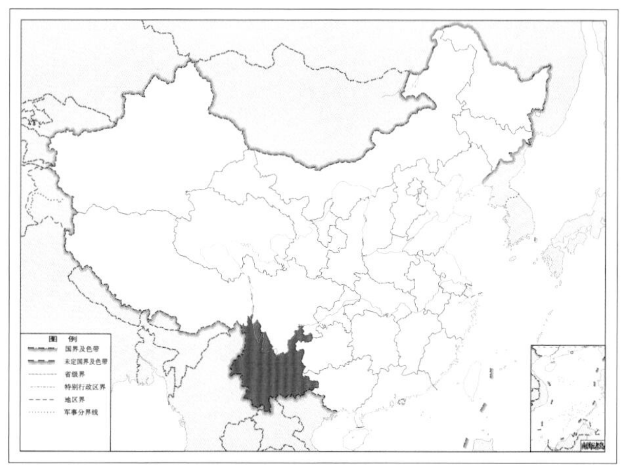

图 4-519-2 浅波翅蚁蛉 *Cymatala pallora* 地理分布图

（八七）次蚁蛉属 *Deutoleon* Navás, 1927

【鉴别特征】 前翅 CuP 脉发出点正对或紧靠基横脉，A2 脉和 A1 脉在基部靠近一小段距离，然后急转向 A3 脉；前翅基径中横脉 7 条，后翅基径中横脉 2 条；雌虫后翅具条状的中脉亚端斑；雄虫无轭坠，后足胫端距发达，至少是第 1 跗节的 2 倍。肛上片无尾突，雌虫无第 8 内生殖突。

【地理分布】 亚洲。

【分类】 目前全世界已知 2 种，我国均有分布，本图鉴收录 2 种。

中国次蚁蛉属 *Deutoleon* 分种检索表

1. 前翅翅脉黄色，无黑色肘脉合斑；前胸背板上黑色中条斑侧分支不显著 ………条斑次蚁蛉 *Deutoleon lineatus*

   前翅翅脉黑黄色相间，具显著的黑色肘脉合斑；前胸背板上黑色中条斑侧分支显著 ………………………………………………………………………………………………… 图兰次蚁蛉 *Deutoleon turanicus*

520. 条斑次蚁蛉 *Deutoleon lineatus* (Fabricius, 1798)

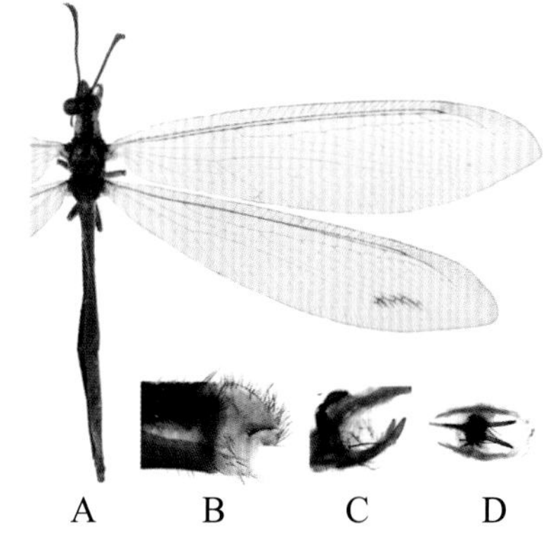

图 4-520-1 条斑次蚁蛉 *Deutoleon lineatus* 形态图

A. 成虫 B. 雄虫外生殖器侧面观 C. 生殖基节侧面观 D. 生殖基节腹面观

【测量】 雄虫体长 30.0 ~ 36.0 mm，前翅长 34.0 ~ 43.0 mm，后翅长 33.0 ~ 43.0 mm；雌虫体长 30.0 ~ 36.0 mm，前翅长 34.0 ~ 43.0 mm，后翅长 33.0 ~ 43.0 mm。

【形态特征】 头顶黄色，具杂乱黑色条纹；触角各节黑黄色相间，以黑色为主。前胸背板黄色，具 2 条宽大的黑色纵纹，每 1 条纵纹各具 1 个不明显的黑色分叉。足黄色，散落稀疏斑点；股节膨大，尤以前足明显；跗节黑黄色相间，端部黑色；胫端距伸达第 4 跗节。前翅 Sc 脉和 RA 脉黑黄色相间，其余部分黄色；前缘域约等于 RA 脉与 RP 脉间距；RP 脉分叉点后于 CuA 脉分叉点。后翅约与前翅等长，C 脉、Sc 脉与 RA 脉黑黄色相间，其余脉黄色，RP 脉分叉点先于 CuA 脉分叉点。雌虫后翅具条状的中脉亚端斑。腹部黑色无斑，具稀疏白色刚毛。雄虫肛上片近三角形，具较长刚毛；生殖弧强烈弯曲，轻微骨化，使两端平行；阳基侧突基部合并，端部分叉，腹面观叉状，侧面观呈弯钩状，分叉部分长于基部合并部分。雌虫无第 8 内生殖突；第 8 外生殖突纤细，锥状；第 9 内生殖突与肛上片具浓密粗大的挖掘毛。

【地理分布】 北京、河北、山西、内蒙古、辽宁、吉林、山东、河南、陕西、甘肃、宁夏、新疆；韩国，俄罗斯，蒙古，乌克兰，匈牙利，哈萨克斯坦，吉尔吉斯斯坦，罗马尼亚，摩尔多瓦，土耳其。

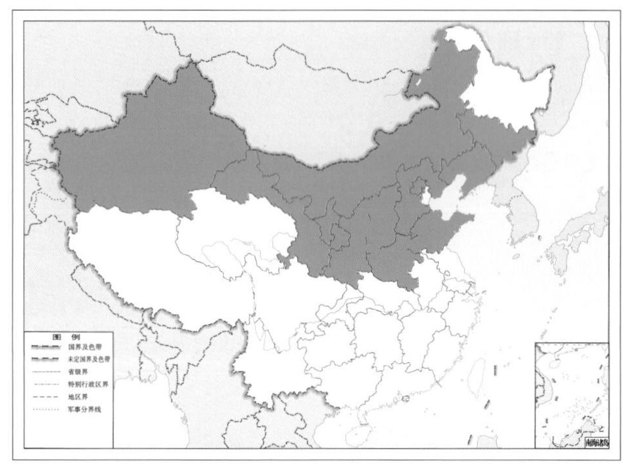

图 4-520-2 条斑次蚁蛉 *Deutoleon lineatus* 地理分布图

图 4-520-3 条斑次蚁蛉 *Deutoleon lineatus*（涂粤峥 摄）

521. 图兰次蚁蛉 *Deutoleon turanicus* Navás, 1927

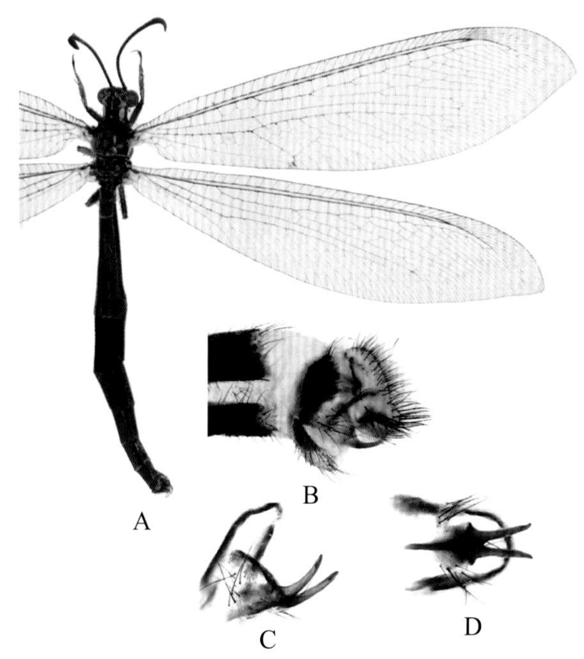

图 4-521-1　图兰次蚁蛉 *Deutoleon turanicus* 形态图

A. 成虫　B. 雄虫外生殖器侧面观　C. 生殖基节侧面观　D. 生殖基节腹面观

【测量】 雄虫体长 30.0 ~ 36.0 mm，前翅长 32.0 ~ 42.0 mm，后翅长 31.0 ~ 42.0 mm；雌虫体长 30.0 ~ 36.0 mm，前翅长 32.0 ~ 42.0 mm，后翅长 31.0 ~ 42.0 mm。

【形态特征】 头顶黄色，具杂乱黑色条纹；触角各节黑黄色相间，以黑色为主。前胸背板黄色，具 2 条宽大的黑色纵纹，纵纹各有 1 个明显的黑色分支条。足黄色，散落稀疏斑点；股节膨大，尤以前足明显；跗节黑黄色相间，端部黑色；胫端距浅红棕色，发达，弧形弯曲，伸达第 4 跗节。翅透明而狭长；前翅 Sc 脉和 RA 脉黑色，其余部分黑黄色相间；前缘域约等于 RA 脉与 RP 脉间距，RP 脉分叉点后于 CuA 脉分叉点，翅痣黄色。后翅约与前翅等长，翅脉大部分黑色，RP 脉分叉点先于 CuA 脉分叉点；雌虫后翅具条状的中脉亚端斑。腹部黑色无斑，具稀疏白色刚毛。雄虫肛上片近三角形，具较长刚毛；生殖弧强烈弯曲，骨化程度强；阳基侧突基部合并，端部分叉，腹面观叉状，侧面观呈弯钩状，分叉部分约等于基部合并部分。雌虫无第 8 内生殖突；第 8 外生殖突纤细，锥状；第 9 内生殖突与肛上片具浓密粗大的挖掘毛。

【地理分布】 北京、河北、山西、内蒙古、陕西、甘肃、宁夏、新疆；蒙古。

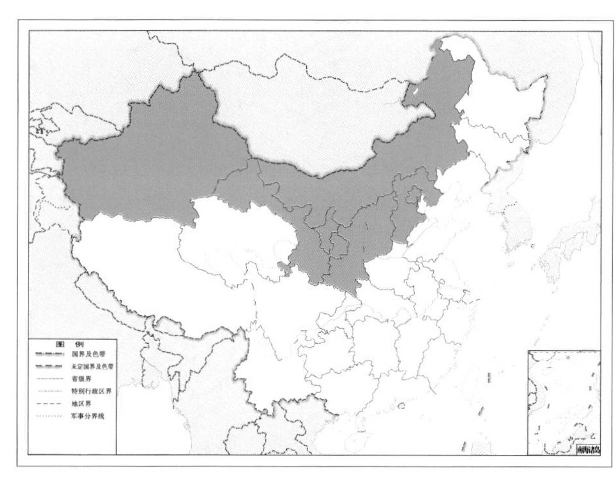

图 4-521-2　图兰次蚁蛉 *Deutoleon turanicus* 地理分布图

（八八）距蚁蛉属 *Distoleon* Banks, 1910

【鉴别特征】 触角窝间距小于触角窝直径。前翅 A2 脉成直角折向 A3 脉，前翅 RP 脉分叉点后于 CuA 脉分叉点，具前班克氏线；后翅 RP 脉分叉点先于 CuA 脉分叉点，基径中横脉 1 条，无前班克氏线；雄虫无轭坠。第 5 跗节长于第 1～4 跗节之和；距发达，呈弧形弯曲，常伸达或超过第 4 跗节末端。腹部短于后翅长。雄虫生殖器阳基侧突基部合并，端部分叉，呈弯钩状。雌虫无第 8 内生殖突。

【地理分布】 亚洲、非洲、澳洲和欧洲。

【分类】 目前全世界已知 120 种，我国已知 14 种，本图鉴收录 7 种。

中国距蚁蛉属 *Distoleon* 分种检索表

1. 前胸背板以黄色为主；后翅有 1 条棕色的斑纹，从中脉亚端斑处伸达翅的顶点，斑纹颜色从内向外渐渐变浅 ……… 差翅距蚁蛉 ***Distoleon bistrigatus***

   前胸背板以棕色或黑色为主；后翅无伸达翅顶点的条状斑纹 ……… 2

2. 前翅肘脉合斑和后翅中脉亚端斑均为近圆形大斑 ……… 黑斑距蚁蛉 ***Distoleon nigricans***

   前翅肘脉合斑和后翅中脉亚端斑为点状小斑或线状斑 ……… 3

3. 前后翅具多块大型透明斑块 ……… 衬斑距蚁蛉 ***Distoleon sambalpurensis***

   前后翅无大型透明斑块或仅有 1 个透明斑 ……… 4

4. 前胸背板两侧角为黄色 ……… 云南距蚁蛉 ***Distoleon yunnanus***

   前胸背板两侧角为黑色 ……… 5

5. 前翅肘脉合斑弧形弯曲 ……… 紊脉距蚁蛉 ***Distoleon symphineurus***

   前翅肘脉合斑为短直线 ……… 6

6. 前胸背板两侧黄色斑前端向内弯曲 ……… 棋腹距蚁蛉 ***Distoleon tesselatus***

   前胸背板两侧黄色斑前端向外弯曲 ……… 西藏距蚁蛉 ***Distoleon tibetanus***

522. 差翅距蚁蛉 *Distoleon bistrigatus* (Rambur, 1842)

图 4-522-1　差翅距蚁蛉 *Distoleon bistrigatus* 成虫图

【测量】 雌虫体长 32.0 mm，前翅长 36.0 mm，后翅长 38.0 mm。

【形态特征】 头顶黄色，具黑色横向条纹；触角各节黑黄色相间，以黄色为主。前胸背板梯形，黄色，具 2 条黑色纵纹；中后胸黄色少斑，腹板黄色。足股节膨大，尤以前足明显；前足股节外侧浅红棕色；中足、后足股节与胫节黄色，散落黑色斑点；跗节黑黄色相间，端部黑色；胫端距超过第 4 跗节。翅透明而狭长；前翅纵脉黑色与浅黄色相间，横脉多数浅黄色；前缘域略宽于 RA 脉与 RP 脉间距离，RP 脉分叉点后于 CuA 脉分叉点，基径中横脉 10 条，简单无分支，RP 脉分支 11 条，中脉亚端斑深棕色，点状，肘脉合斑小型，浅棕色。后翅略长于前翅，Sc 脉与 RA 脉黑色与浅黄色相间，其他大部分纵脉与横脉浅黄色，RP 脉分叉点先于 CuA 脉分叉点，基径中横脉 1 条，RP 脉分支 10 条。腹部背板深棕色至黑色，具黄色斑点及稀疏白色刚毛。

【地理分布】 广西；印度，澳大利亚，南太平洋的岛屿。

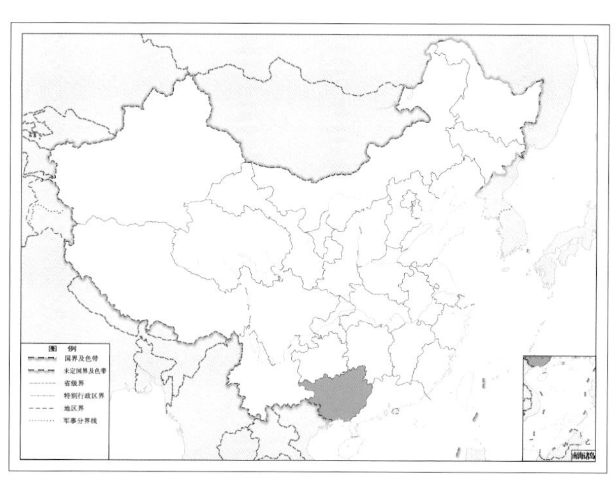

图 4-522-2　差翅距蚁蛉 *Distoleon bistrigatus* 地理分布图

523. 黑斑距蚁蛉 *Distoleon nigricans* (Matsumura, 1905)

图 4-523-1 黑斑距蚁蛉 *Distoleon nigricans* 形态图

A. 成虫 B. 雄虫外生殖器侧面观 C. 生殖基节侧面观 D. 生殖基节腹面观

【测量】 雄虫体长 30.0 ~ 40.0 mm，前翅长 34.0 ~ 40.0 mm，后翅长 31.0 ~ 37.0 mm；雌虫体长 26.0 ~ 38.0 mm，前翅长 33.0 ~ 46.0 mm，后翅长 30.0 ~ 43.0 mm。

【形态特征】 头顶黑色，2 条横向黄色条纹在中部交叉分别延伸至后头；触角各节黑黄色相间，以黄色为主。前胸背板黑色，中线为 1 条黄色纵纹，其两边各有 1 条清晰的黄色条纹，从前缘延伸至后缘，这一纵纹有时在靠近前缘处明显加宽。足股节膨大，尤以前足明显；跗节黑黄色相间，端部黑色；胫端距伸达第 4 跗节。前翅纵脉黑色与浅黄色相间，横脉多数浅黄色；中脉亚端斑深棕色，小型点状；肘脉合斑大型，深棕色；后翅纵脉黑色与浅黄色相间，大部分横脉浅黄色，中脉亚端斑大型，常延伸至翅后缘；无肘脉合斑。腹部背板黑色，雌虫第 3 ~ 8 节具黄色斑点，雄虫第 4 节不具黄色斑点；腹板淡黄色至深棕色无斑。雄虫肛上片具较长刚毛；生殖弧成 180 度强烈弯曲；阳基侧突合并且分叉，呈弯钩状。雌虫生殖器无第 8 内生殖突；第 8 外生殖突纤细短小，锥状；第 9 内生殖突与肛上片具浓密粗大的刚毛。

【地理分布】 北京、河北、浙江、安徽、福建、山东、河南、湖北、湖南、贵州、陕西；韩国，日本。

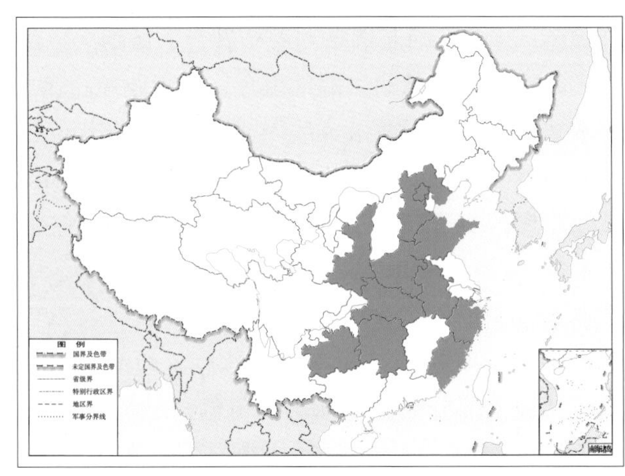

图 4-523-2 黑斑距蚁蛉 *Distoleon nigricans* 地理分布图

524. 衬斑距蚁蛉 *Distoleon sambalpurensis* Ghosh, 1984

图 4-524-1　衬斑距蚁蛉 *Distoleon sambalpurensis* 成虫图

【测量】 雄虫体长 37.0 mm，前翅长 34.0 mm，后翅长 32.0 mm；雌虫体长 33.0 mm，前翅长 35.0 mm，后翅长 34.0 mm。

【形态特征】 头顶黑色，具 2 条横向黄色条纹，后头区有 1 个黄色圆环；触角窝周边黑色，触角各节黑黄色相间。前胸背板深棕色至黑色，中线为 1 条黄色纵纹，其两边各有 1 条黄色条纹，且在靠近前缘处扩展为大型黄色斑。足浅黄色，但胫节外侧散落稀疏黑色斑纹；跗节黑黄色相间，端部黑色；胫端距伸达第 4 跗节。翅透明，由于翅脉的颜色不同而衬托出一些透明大型斑块；前翅纵脉黑色与浅黄色相间，横脉多数浅黄色和棕色；基径中横脉 9 条，RP 脉分支 11 条，中脉亚端斑深棕色，点状，肘脉合斑小型，浅棕色。后翅略短于前翅，Sc 脉与 RA 脉脉黑色与浅黄色相间，其余大部分纵脉与横脉浅黄色；前缘域约等于 RA 脉与 RP 脉间最宽处距离，中脉亚端斑深棕色，延伸至翅外缘；无肘脉合斑。腹部背板浅棕色，具稀疏白色刚毛，第 3 ~ 7 节背板具黄色斑点；腹板浅棕色无斑。

【地理分布】 云南；印度。

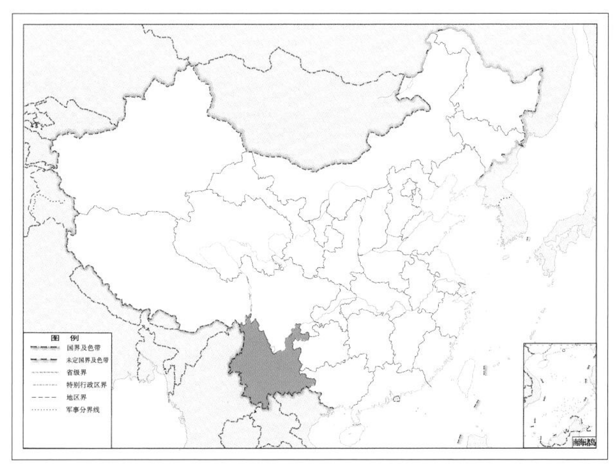

图 4-524-2　衬斑距蚁蛉 *Distoleon sambalpurensis* 地理分布图

525. 紊脉距蚁蛉 *Distoleon symphineurus* Yang, 1986

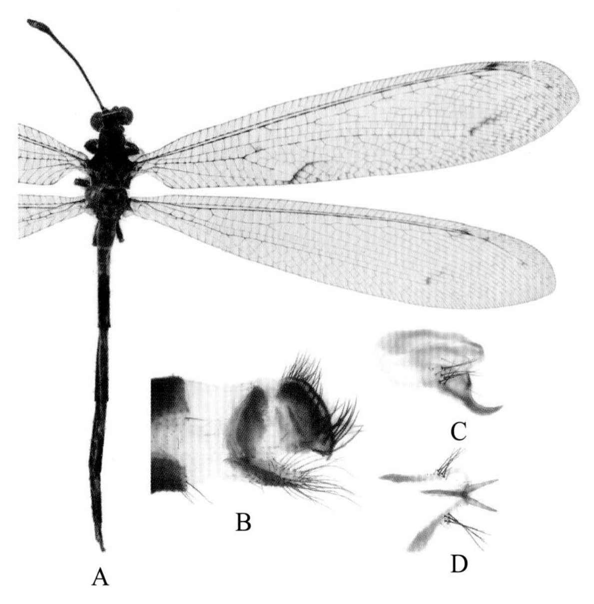

图 4-525-1 紊脉距蚁蛉 *Distoleon symphineurus* 形态图

A. 成虫 B. 雄虫外生殖器侧面观 C. 生殖基节侧面观 D. 生殖基节腹面观

【测量】 雄虫体长 37.0 mm，前翅长 37.0 mm，后翅长 36.0 mm；雌虫体长 25.0 ~ 32.0 mm，前翅长 34.0 ~ 37.0 mm，后翅长 31.0 ~ 35.0 mm。

【形态特征】 头顶黑色，具 2 条横向黄色条纹，在中部交叉分别延伸至后头；触角各节黑黄色相间。前胸背板梯形，深棕色至黑色，中线为 1 条黄色纵纹，其两边各有 1 条清晰的黄色条纹，在靠近前缘处向内弯曲。足黄色至浅棕色，但胫节外侧散落稀疏黑色斑纹；跗节基部黄色；胫端距伸达第 4 跗节。翅透明而狭长；前翅纵脉黑色与浅黄色相间，横脉多数浅黄色和棕色；中脉亚端斑深棕色，条状；肘脉合斑浅棕色，弧形弯曲，端区及后缘多散落小型斑点。后翅略短于前翅，几乎透明无斑；Sc 脉与 RA 脉黑色与浅黄色相间，其余大部分纵脉与横脉浅黄色；中脉亚端斑棕色，点状，无肘脉合斑。腹部背板棕色至黑色，着生稀疏白色短刚毛，具少数黄色斑点；腹板浅棕色无斑。雄虫肛上片具较长刚毛；生殖弧成 180 度强烈弯曲；阳基侧突基部合并，端部分叉，呈弯钩状。雌虫生殖器无第 8 内生殖突；第 8 外生殖突纤细短小，锥状；第 9 内生殖突与肛上片具浓密粗大的刚毛。

【地理分布】 四川、云南、西藏。

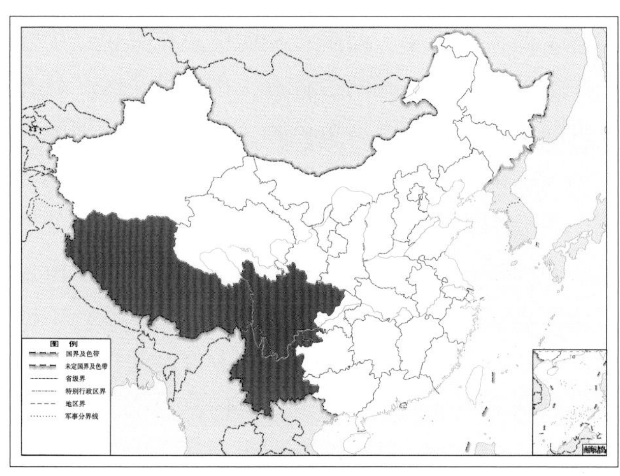

图 4-525-2 紊脉距蚁蛉 *Distoleon symphineurus* 地理分布图

526. 棋腹距蚁蛉 *Distoleon tesselatus* Yang, 1986

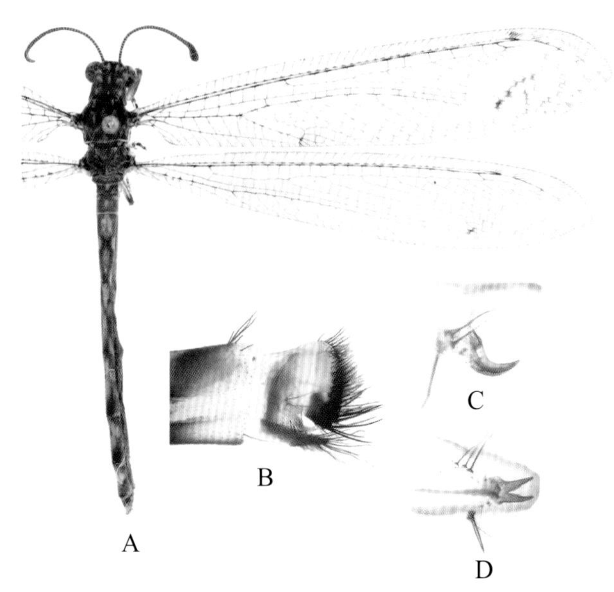

图 4-526-1　棋腹距蚁蛉 *Distoleon tesselatus* 形态图

A. 成虫　B. 雄虫外生殖器侧面观　C. 生殖基节侧面观　D. 生殖基节腹面观

【测量】 雄虫体长 29.0 ~ 38.0 mm，前翅长 34.0 ~ 39.0 mm，后翅长 32.0 ~ 37.0 mm；雌虫体长 33.0 ~ 36.0 mm，前翅长 34.0 ~ 39.0 mm，后翅长 33.0 ~ 37.0 mm。

【形态特征】 头顶黑色，具黄色条纹；触角各节黑黄色相间，端部黄色。前胸背板梯形，深棕色至黑色，中线为 1 条黄色纵纹，其两边各有 1 条清晰的黄色条纹，在靠近前缘处向内弯曲。前足跗节黑黄色相间，端部黑色；胫端距伸达第 4 跗节。翅透明而狭长；前翅纵脉黑色与浅黄色相间，横脉多数浅黄色，前缘域略宽于 RA 脉与 RP 脉间距离；中脉亚端斑深棕色，常与 RP 区域散落的一系列小型斑点连接成线状斑；肘脉合斑小型，浅棕色，几近透明。后翅略短于前翅，Sc 脉与 RA 脉黑色与浅黄色相间，其他大部分纵脉与横脉浅黄色；中脉亚端斑小型，点状；无肘脉合斑。腹部背板深棕色至黑色，第 2 ~ 7 节背板具黄色斑点，其中第 3 ~ 4 节背板各具 5 个黄色斑点，其余节上的斑点有不同程度的融合；腹板淡黄色至深棕色无斑。雄虫肛上片具较长刚毛；生殖弧成 180 度强烈弯曲；阳基侧突基部合并，端部分叉，呈弯钩状。雌虫生殖器无第 8 内生殖突；第 8 外生殖突纤细，锥状；第 9 内生殖突与肛上片具浓密粗大的刚毛。

【地理分布】 浙江、福建、河南、湖南、广东、广西、海南、贵州、云南。

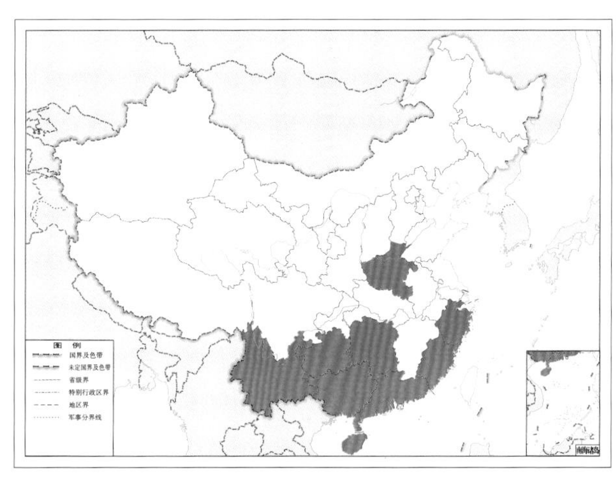

图 4-526-2　棋腹距蚁蛉 *Distoleon tesselatus* 地理分布图

527. 西藏距蚁蛉 *Distoleon tibetanus* Yang, 1988

图 4-527-1 西藏距蚁蛉 *Distoleon tibetanus* 成虫图

【测量】 雌虫体长 35.0 mm，前翅长 41.0 mm，后翅长 41.0 mm。

【形态特征】 头顶黑色，2 条横向黄色条纹在中部交叉分别延伸至后头；触角窝周边黑色，触角各节黑黄色相间。前胸背板深棕色至黑色，中线为 1 条黄色纵纹，其两边各有 1 条清晰的黄色条纹，在靠近前缘处向外弯曲。前足跗节基部黄色，端部黑色；胫端距伸达第 4 跗节；爪与跗节约成 90 度角。翅透明而狭长，端区多散落棕色点状斑；前翅纵脉黑色与浅黄色相间，横脉多数浅黄色；前缘域宽于 RA 脉与 RP 脉间距离；RP 脉分叉点后于 CuA 脉分叉点；肘脉合斑小型，浅棕色，延伸至翅后缘；前后班克氏线隐约可见。后翅略短于前翅，Sc 脉与 RA 脉黑色与浅黄色相间，其他大部分纵脉与横脉浅黄色；RP 脉分叉点先于 CuA 脉分叉点；基径中横脉 1 条，RP 脉分支 10 条，无肘脉合斑。腹部背板深棕色至黑色，具稀疏黑色刚毛；第 2 ~ 7 节背板具黄色斑点，各节上的斑点有不同程度的融合。

【地理分布】 西藏。

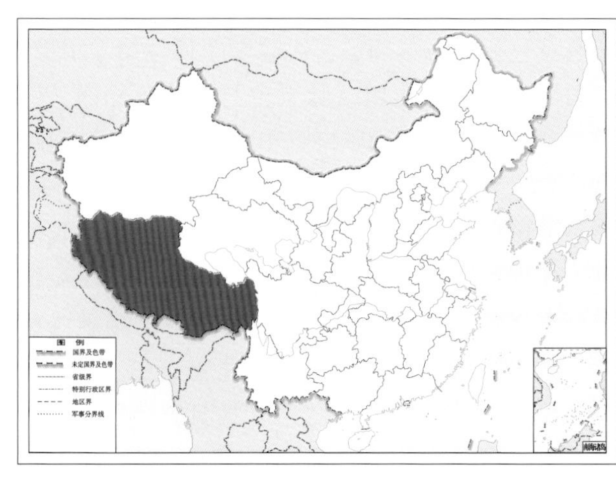

图 4-527-2 西藏距蚁蛉 *Distoleon tibetanus* 地理分布图

528. 云南距蚁蛉 *Distoleon yunnanus* Yang, 1986

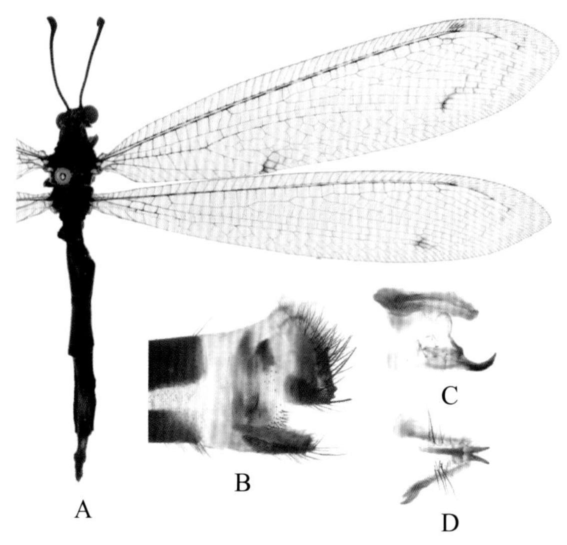

图 4–528–1 云南距蚁蛉 *Distoleon yunnanus* 形态图

A. 成虫 B. 雄虫外生殖器侧面观 C. 生殖基节侧面观 D. 生殖基节腹面观

【测量】 雄虫体长 40.0 ~ 42.0 mm，前翅长 41.0 ~ 43.0 mm，后翅长 38.0 ~ 42.0 mm；雌虫体长 32.0 ~ 43.0 mm，前翅长 37.0 ~ 43.0 mm，后翅长 37.0 ~ 43.0 mm。

【形态特征】 头顶黑色，接近复眼处各有 1 条暗黄色横纹，未伸达中线；触角各节黑黄色相间，以黑色为主，触角窝周边黑色。前胸背板深棕色至黑色，中线为 1 条黄色纵纹，其两边各有 1 条清晰的黄色条纹，且在靠近前缘处扩展为大型黄色斑。足股节膨大，尤以前足明显；基节、股节和胫节外侧红棕色，内侧黄色；跗节黑黄色相间，端部黑色；胫端距伸达第 4 跗节。翅透明而狭长；前翅纵脉黑色与浅黄色相间，横脉多数浅黄色；前缘域远宽于 RA 脉与 RP 脉间距离；肘脉合斑小型，浅棕色。后翅 Sc 脉与 RA 脉黑色与浅黄色相间，其他大部分纵脉与横脉浅黄色，RP 脉分叉点先于 CuA 脉分叉点；无肘脉合斑。腹部深棕色至黑色，具稀疏黑色刚毛，第 5 ~ 7 节背板具黄色斑点，腹板无斑。雄虫肛上片具较长刚毛；生殖弧成180度强烈弯曲；阳基侧突基部合并，端部分叉，呈弯钩状。雌虫无第 8 内生殖突；第 8 外生殖突纤细，锥状；第 9 内生殖突与肛上片具浓密粗大的刚毛。

【地理分布】 安徽、贵州、云南。

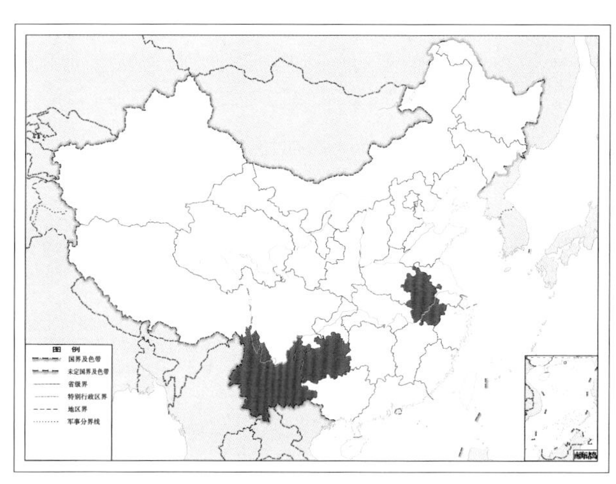

图 4–528–2 云南距蚁蛉 *Distoleon yunnanus* 地理分布图

（八九）臀蚁蛉属 *Distonemurus* Krivokhatsky, 1992

【鉴别特征】 前翅 A2 脉成直角弯向 A3 脉，RP 脉分叉点后于 CuA 脉分叉点；后翅 RP 脉分叉点先于 CuA 脉分叉点，基径中横脉 1 条。雄虫无轭坠。胫端距浅红棕色，发达，弧形弯曲，伸达第 4 跗节。雄虫肛上片具指状突，生殖弧强烈弯曲成锐角；阳基侧突基部合并，端部分叉，呈弯钩状；生殖中片骨化程度不明显。

【地理分布】 中国；土库曼斯坦。

【分类】 目前全世界已知仅 1 种，我国有分布，本图鉴收录 1 种。

529. 沙臀蚁蛉 *Distonemurus desertus* Krivokhatsky, 1992

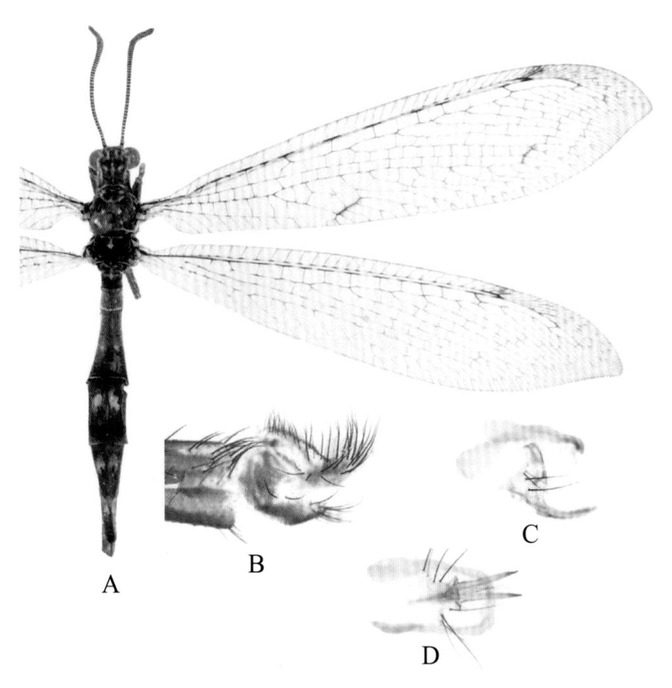

图 4-529-1 沙臀蚁蛉 *Distonemurus desertus* 形态图

A. 成虫 B. 雄虫外生殖器侧面观 C. 生殖基节侧面观 D. 生殖基节腹面观

【测量】 雄虫体长 32.0 mm，前翅长 33.0 mm，后翅长 31.0 mm；雌虫体长 30.0 mm，前翅长 36.0 mm，后翅长 35.0 mm。

【形态特征】 头顶黑色，具复杂的黄色条纹；触角各节黑黄色相间。前胸背板深棕色至黑色，中线为 1 条黄色纵纹，其两边各有 1 条清晰的黄色条纹，在靠近前缘处向内弯曲，且弯曲处顶端紧贴前胸背板前缘。足浅黄色，但跗节基部黄色且端部黑色；胫端距弧形弯曲，伸达第 4 跗节。翅透明而狭长；前翅纵脉黑色与浅黄色相间，横脉多数浅黄色；前缘域略宽于 RA 脉与 RP 脉间距，RP 脉分叉点后于 CuA 脉分叉点；中脉亚端斑棕色，小型线状；

肘脉合斑棕色线状，端区散落稀疏小型斑点。后翅 Sc 脉与 RA 脉黑色与浅黄色相间，其他大部分纵脉与横脉浅黄色；RP 脉分叉点先于 CuA 脉分叉点；无中脉亚端斑，无肘脉合斑。腹部背板黑色，具稀疏白色刚毛，第 3 ~ 7 节背板各具 1 对黄色斑点，腹板黑色无斑。雄虫肛上片具指状突，具较长刚毛；生殖弧强烈弯曲成锐角；阳基侧突基部合并，端部分叉，呈弯钩状；生殖中片程度不明显。雌虫无第 8 内生殖突；第 8 外生殖突短小，指状；第 9 内生殖突与肛上片具浓密粗大的挖掘毛。

【地理分布】 新疆；土库曼斯坦。

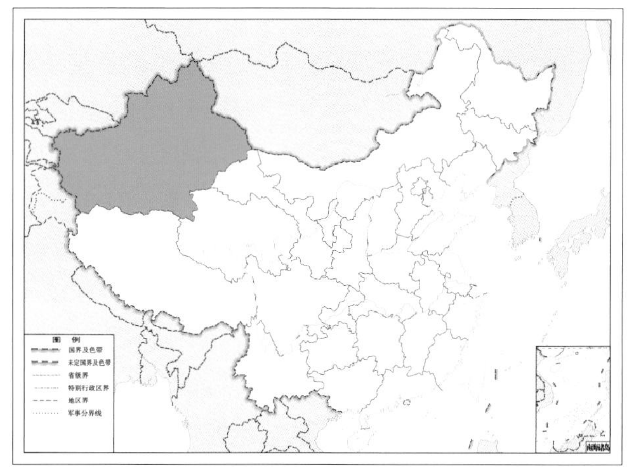

图 4-529-2 沙臀蚁蛉 *Distonemurus desertus* 地理分布图

（九〇）印蚁蛉属 *Indoleon* Banks, 1913

【鉴别特征】 体大型。前翅散布大量斑点和斑纹；前翅 A2 脉成直角弯向 A3 脉，RP 脉分叉点后于 CuA 脉分叉点。后翅 RP 脉分叉点先于 CuA 脉分叉点，基径中横脉 1 条；胫端距平直，常伸达或超过第 1 跗节末端。

【地理分布】 中国；马来西亚。

【分类】 目前全世界仅 1 种，我国有分布，本图鉴收录 1 种。

530. 中印蚁蛉 *Indoleon tacitus* (Walker, 1853)

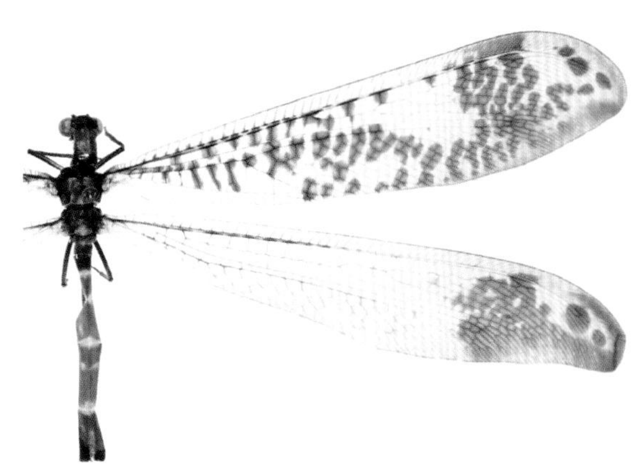

图 4-530-1 中印蚁蛉 *Indoleon tacitus* 成虫图

【测量】 体长 29.0 mm, 前翅长 42.0 mm，后翅长 42.0 mm。

【形态特征】 头顶黄色，具黑色横向条纹；触角各节黑黄色相间，以黄色为主，触角窝周边黑色。

前胸背板黄色，具2条黑色纵纹。足几乎无斑；股节、胫节棕色，跗节黄色；胫端距伸达第1跗节末端；爪弱小，短于第5跗节。翅狭长，外缘略内凹，翅尖端略呈钩状；前翅前缘域约等于RA脉与RP脉的间距；前缘区横脉简单，偶有分支，RP脉分叉点后于CuA脉分叉点；整个前翅密布棕色斑点；无前后班克氏线。后翅约等于前翅长，前缘域略窄于RA脉与RP脉间最宽处距离，RP脉分叉点先于CuA脉分叉点，基径中横脉1条，RP脉分支13条。腹部背板深棕色至黑色，具黄色斑点及稀疏白色刚毛。

【地理分布】 海南；马来西亚，老挝。

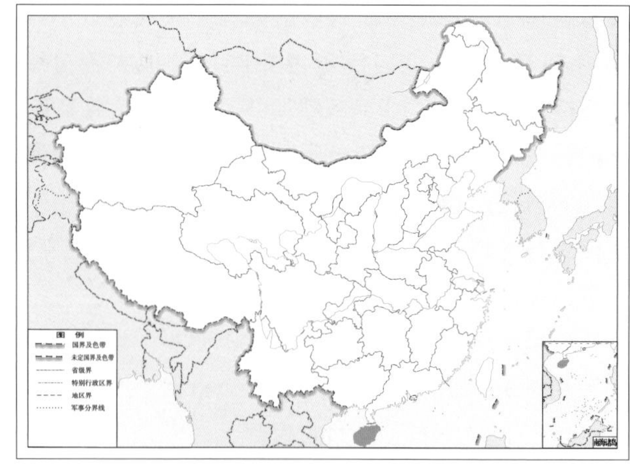

图4-530-2 中印蚁蛉 *Indoleon tacitus* 地理分布图

（九一）英蚁蛉属 *Indophanes* Banks, 1940

【鉴别特征】 翅透明少斑。前翅A2脉成直角弯向A3脉，RP脉分叉点后于CuA脉分叉点，基径中横脉7~8条；后翅RP脉分叉点先于CuA脉分叉点，基径中横脉1条；胫端距略弯曲，常伸达或超过第2跗节末端。

【地理分布】 东洋界。

【分类】 目前全世界已知5种，我国已知2种，本图鉴收录1种。

531. 中华英蚁蛉 *Indophanes sinensis* Banks, 1940

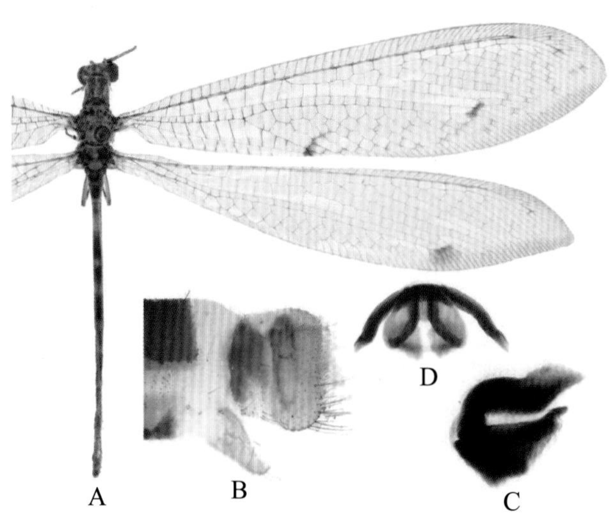

图4-531-1 中华英蚁蛉 *Indophanes sinensis* 形态图

A. 成虫 B. 雄虫外生殖器侧面观 C. 生殖基节侧面观 D. 生殖基节腹面观

【测量】 雄虫体长 22.0 ~ 25.0 mm，前翅长 23.0 ~ 28.0 mm，后翅长 23.0 ~ 27.0 mm；雌虫体长 23.0 ~ 24.0 mm，前翅长 30.0 ~ 32.0 mm，后翅长 30.0 ~ 31.0 mm。

【形态特征】 头顶黑色，具棕色条纹；触角黑色，长度不超过头与胸部长度之和。前胸背板深棕色至黑色，中线为 1 条黄色纵纹，其两边各有 1 条清晰的黄色条纹。足基部黄色，端部黑色；胫端距常伸达或超过第 2 跗节。前翅具大量散落的小型棕色斑点，翅脉黑色与浅黄色相间；RP 脉分叉点后于 CuA 脉分叉点；中脉亚端斑点状，肘脉合斑斜条纹状，翅外缘具深棕色条斑。后翅 Sc 脉黑色与浅黄色相间，其他大部分纵脉与横脉单色，前缘域略窄于 RA 脉与 RP 脉间最宽处距离，RP 脉分叉点先于 CuA 脉分叉点；中脉亚端斑点状，翅外缘具深棕色条斑，无肘脉合斑。腹部多为暗色调，末端背板具少数浅色斑，雌雄均短于后翅长。雄虫肛上片具稀疏刚毛；第 9 腹板腹面观较宽大；生殖弧轻微弯曲成钝角；阳基侧突不合并，呈方形。雌虫无第 8 内生殖突；第 8 外生殖突细长，具较长刚毛；第 9 内生殖突与肛上片具浓密粗大的刚毛。

【地理分布】 贵州、陕西、四川。

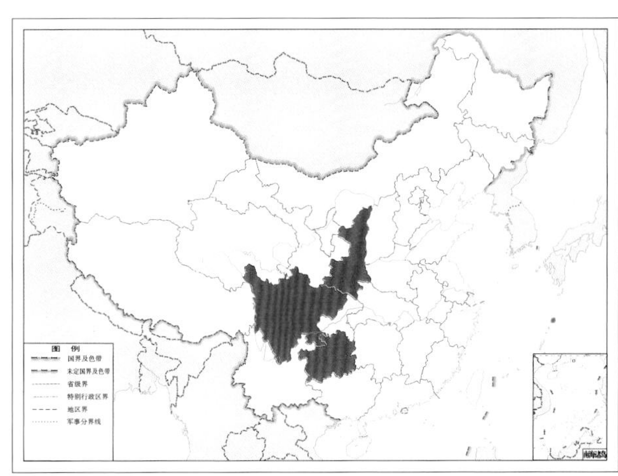

图 4-531-2 中华英蚁蛉 *Indophanes sinensis* 地理分布图

（九二）双蚁蛉属 *Mesonemurus* Navás, 1920

【鉴别特征】 前翅 CuP 脉发出点正对着或靠近基横脉，A2 脉成直角折向 A3 脉，RP 脉分叉点后于 CuA 脉分叉点；后翅基径中横脉 2 条。雄虫无轭坠。后足第 5 跗节短于第 1 跗节，胫端距发达。雄虫腹部长于后翅，雌虫腹部短于后翅。雄虫肛上片形成长的指突状；阳基侧突基部合并，端部分叉，侧面观呈弯钩状。

【地理分布】 古北区。

【分类】 目前全世界已知 9 种，我国已知 2 种，本图鉴收录 2 种。

中国双蚁蛉属 *Mesonemurus* 分种检索表

1. 前翅散布着许多沿翅脉形成的深色斑点，CuA2 脉外侧有 2 个大的翅室，前班克氏线不明显 ……………………………………………………………………………………………… **蒙双蚁蛉 *Mesonemurus mongolicus***

 前翅几乎无斑点，CuA2 脉外侧有 3 个大的翅室，前班克氏线显著 ………… **格双蚁蛉 *Mesonemurus guentheri***

532. 格双蚁蛉 *Mesonemurus guentheri* Hölzel, 1970

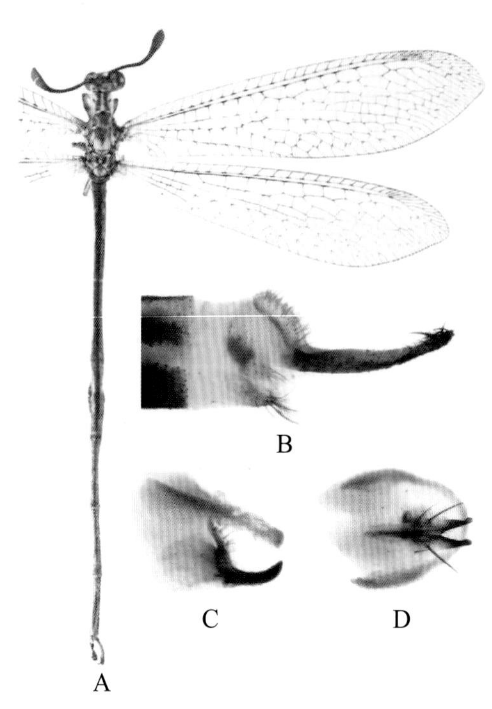

图 4-532-1 格双蚁蛉 *Mesonemurus guentheri* 形态图

A. 成虫 B. 雄虫外生殖器侧面观 C. 生殖基节侧面观 D. 生殖基节腹面观

【测量】 雄虫体长 25.0 ~ 32.0 mm，前翅长 21.0 ~ 22.0 mm，后翅长 18.0 ~ 19.0 mm；雌虫体长 18.0 ~ 23.0 mm，前翅长 20.0 ~ 26.0 mm，后翅长 18.0 ~ 24.0 mm。

【形态特征】 头顶隆起，黄色，中纵纹黑色或深棕色，两边各有 1 个黑色斑点；复眼黑灰色，有黑色斑；触角棒状，黑黄色相间，末端膨大明显。前胸背板黄色，具 2 条黑色纵带，纵带中部向两侧斜伸出 1 对黑色短条斑。足黄色至深棕色；前中足胫端距伸达第 3 跗节末端；后足胫端距伸达第 2 跗节末端。翅透明狭长；前翅翅脉黑黄色相间，RP 脉分叉点后于 CuA 脉分叉点，CuA2 脉的外侧有 3 个大的翅室；前班克氏线明显，后班克氏线不清晰。后翅翅脉黑黄色相间，翅面透明无黑色斑，RP 脉分叉点先于 CuA 脉分叉点；前班克氏线清晰，无后班克氏线；雄虫无轭坠。雄虫腹部明显长于后翅，雌虫腹部短于后翅，黑色，具稀疏白色刚毛。雄虫肛上片下端延伸成长的尾突，长度略短于第 8 腹节的 1/2，弯曲平缓，近似直线，具稀疏刚毛；生殖弧腹面观强烈弯曲，略成 V 形；阳基侧突基部合并，端部分叉，侧面观呈弯钩状，末端弯曲程度较为平缓。雌虫无第 8 内生殖突；第 8 外生殖突纤细，指状，具较密集的长刚毛；无第 9 外生殖突；第 9 内生殖突与肛上片具浓密粗大的挖掘毛。

【地理分布】 内蒙古、宁夏、新疆；蒙古。

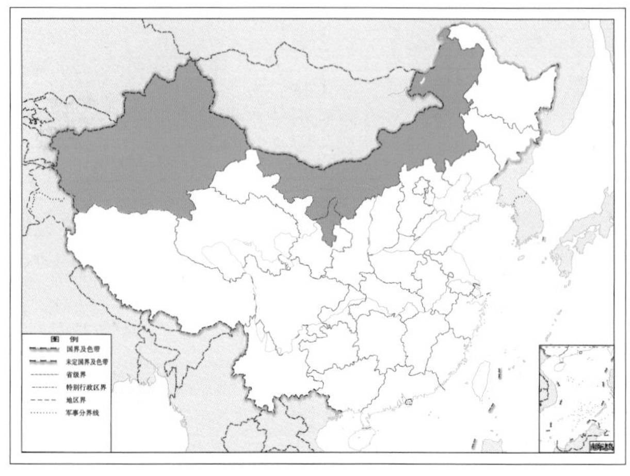

图 4-532-2 格双蚁蛉 *Mesonemurus guentheri* 地理分布图

533. 蒙双蚁蛉 *Mesonemurus mongolicus* Hölzel, 1970

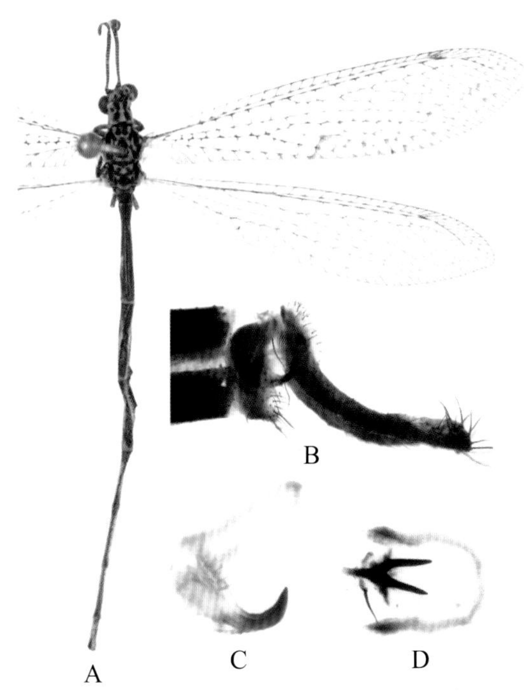

图 4-533-1　蒙双蚁蛉 *Mesonemurus mongolicus* 形态图

A. 成虫　B. 雄虫外生殖器侧面观　C. 生殖基节侧面观　D. 生殖基节腹面观

【测量】 雄虫体长 25.0 ~ 27.0 mm，前翅长 17.0 ~ 19.0 mm，后翅长 15.0 ~ 17.0 mm；雌虫体长 16.0 ~ 22.0 mm，前翅长 16.0 ~ 23.0 mm，后翅长 15.0 ~ 21.0 mm。

【形态特征】 头顶隆起，黄色，中央具 1 条黑色纵带，纵带两边各有 1 个黑色斑点；复眼黑灰色，有黑色斑；触角棒状，末端膨大，各节黑黄色相间。前胸背板黄色，具 2 条黑色纵带，其两侧各有 1 个黑色圆形斑点。足黄色至棕色；胫端距伸达第 3 跗节末端。翅透明狭长；前翅翅脉黑黄色相间，RP 脉分叉点后于 CuA 脉分叉点，CuA2 脉外侧有 2 个大的翅室，前班克氏线不明显。后翅脉黑黄色相间，翅面透明，几乎无黑色斑，内侧有 1 个小的黑色斑点；RP 脉分叉点先于 CuA 脉分叉点；无前后班克氏线；雄虫无轭坠。雄虫腹部明显长于后翅，雌虫腹部短于后翅，黑色具稀疏白色刚毛。雄虫肛上片下端延伸成长的尾突，长度略短于第 8 腹节的 1/2，弯曲强烈，具稀疏刚毛；生殖弧腹面观强烈弯曲，两臂近似平行，呈 U 形，骨化较弱；阳基侧突基部合并，端部叉状，侧面观呈弯钩状，末端弯曲程度明显。雌虫无第 8 内生殖突；第 8 外生殖突纤细，指状，具较稀疏的长刚毛；无第 9 外生殖突；第 9 内生殖突与肛上片具浓密粗大的挖掘毛。

【地理分布】 内蒙古、陕西、青海、宁夏；蒙古。

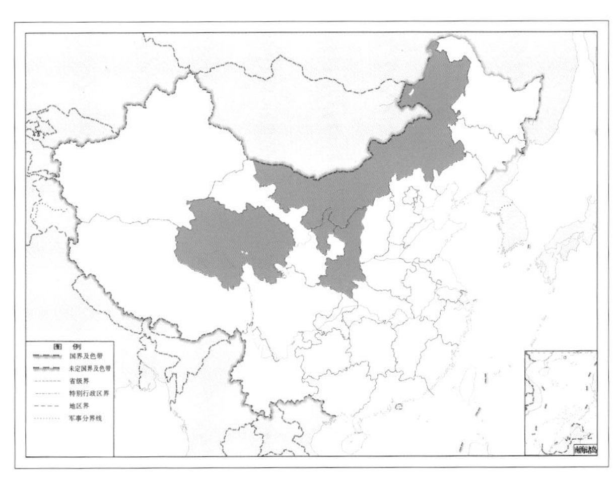

图 4-533-2　蒙双蚁蛉 *Mesonemurus mongolicus* 地理分布图

（九三）白云蚁蛉属 *Paraglenurus* van der Weele, 1909

【鉴别特征】 前翅端区具白色斑，A2 脉成直角弯向 A3 脉，RP 脉分叉点后于 CuA 脉分叉点，基径中横脉不少于 7 条；后翅 RP 脉分叉点先于 CuA 脉分叉点，基径中横脉 1 条；雄虫无轭坠。距短小，仅伸达或超过第 1 跗节末端。雄虫阳基侧突腹面观分开呈叶片状。雌虫无第 8 内生殖突；第 8 外生殖突细长，指状。

【地理分布】 亚洲和马达加斯加。

【分类】 目前全世界已知 10 种，我国已知 5 种，本图鉴收录 2 种。

中国白云蚁蛉属 *Paraglenurus* 分种检索表

1. 前翅端区具大型白色斑，肘脉合斑块状，长为宽的 2 倍；后翅中脉亚端斑远大于前翅肘脉合斑 ……………………………………………………………………………………………… 白云蚁蛉 *Paraglenurus japonicus*

前翅端区具小型白色斑，肘脉合斑斜线状，长为宽的 3 倍以上；后翅中脉亚端斑小于前翅肘脉合斑 ……………………………………………………………………………………………… 小白云蚁蛉 *Paraglenurus pumilus*

534. 白云蚁蛉 *Paraglenurus japonicus* (McLachlan, 1867)

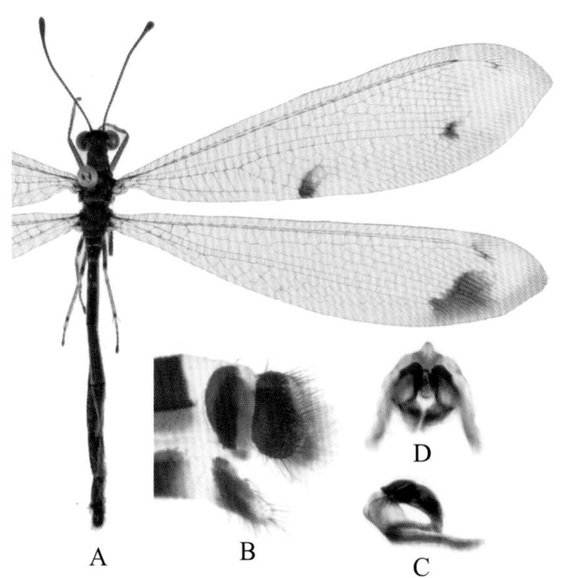

图 4-534-1 白云蚁蛉 *Paraglenurus japonicus* 形态图

A. 成虫 B. 雄虫外生殖器侧面观 C. 生殖基节侧面观 D. 生殖基节腹面观

【测量】 雄虫体长 26.0 ~ 34.0 mm，前翅长 30.0 ~ 36.0 mm，后翅长 30.0 ~ 36.0 mm；雌虫体长 25.0 ~ 35.0 mm，前翅长 30.0 ~ 37.0 mm，后翅长 29.0 ~ 37.0 mm。

【形态特征】 头顶隆起处为 1 条棕黑色的横带，其余部分亮黑色，无斑；触角各节黑黄色相间，端部及基部数节以黑色为主，中间部分以黄色为主。胸部背板深棕色至黑色，无斑，腹板中央具 1 条黄色纵条纹。足黄色，具散落黑色斑点，但胫节端部黑色，中足股节、胫节外侧棕色；胫端距几乎与第 1 跗节等长。翅透明而狭长，具少量棕色至黑色斑点；前翅翅脉黑色与浅黄色相间，中脉亚端斑点状，肘脉合斑大于中脉亚端斑，多斜向外延伸，翅端区具 1 个大型白色云斑；后翅 Sc 脉黑色与浅黄色相间，其他大部分纵脉与横脉单色，中脉亚端斑大型，翅端区具 1 个大型的白色云斑，尖端及外缘棕色。腹部短于后翅长，深棕色至黑色；第 1 ~ 5 节背板中部及后缘大多具淡黄色横斑，第 3 ~ 4 节更明显。雄虫肛上片具较长刚毛；生殖弧弯曲成锐角；阳基侧突不合并，呈方形。雌虫无第 8 内生殖突；第 8 外生殖突发达，细长，具浓密长毛，长度约是宽度的 4 倍；第 9 内生殖突挖掘毛发达，肛上片具浓密长毛。

【地理分布】 江苏、浙江、安徽、福建、山东、河南、湖北、湖南、广西、台湾；日本，韩国。

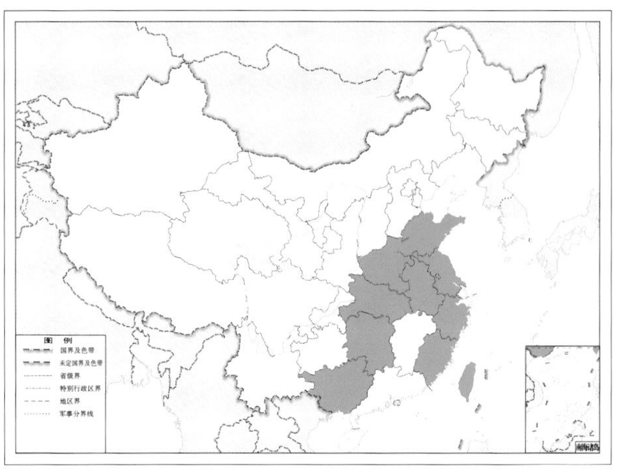

图 4-534-2　白云蚁蛉 *Paraglenurus japonicus* 地理分布图

535. 小白云蚁蛉 *Paraglenurus pumilus* (Yang, 1997)

图 4-535-1　小白云蚁蛉 *Paraglenurus pumilus* 成虫图

【测量】 雄虫体长 22.0 mm，前翅长 21.0 mm，后翅长 20.0 mm；雌虫体长 27.0 mm，前翅长 30.0 mm，后翅长 28.0 mm。

【形态特征】 头顶棕色，具 2 个横向黑色斑；触角黄色，细长。胸部浅棕色，前胸背板靠近后缘具 2 个黑色纵斑，中后胸背板具稀疏黑色斑纹，腹板中央具 1 条黄色纵条纹。足黄色，具稀疏黑色刚毛，几乎无斑，但中足股节、胫节外侧棕色，中、后足胫节端部黑色；胫端距几乎与第 1 跗节等长。翅透明而狭长，具少量棕色至黑色斑点；前翅翅脉黑色与浅黄色相间，RP 脉分叉点后于 CuA 脉分叉点，基部具 1 个小型斑点，中脉亚端斑点状，肘脉合斑为很细的条纹，斜向外延伸，翅端区具 1 个小型乳白色云斑，翅外缘棕色加深。后翅 Sc 脉黑色与浅黄色相间，其他大部分纵脉与横脉单色，中脉亚端斑大型，翅端区具 1 个小型乳白色云斑，翅外缘棕色加深，无肘脉合斑。腹部短于后翅长，深棕色至黑色，具稀疏白色和黑色刚毛，腹部末端愈加浓密，第 1 ~ 5 节背板中部及后缘大多具淡黄色横向斑点，尤以第 3 ~ 4 节明显。

【地理分布】 福建、云南、台湾。

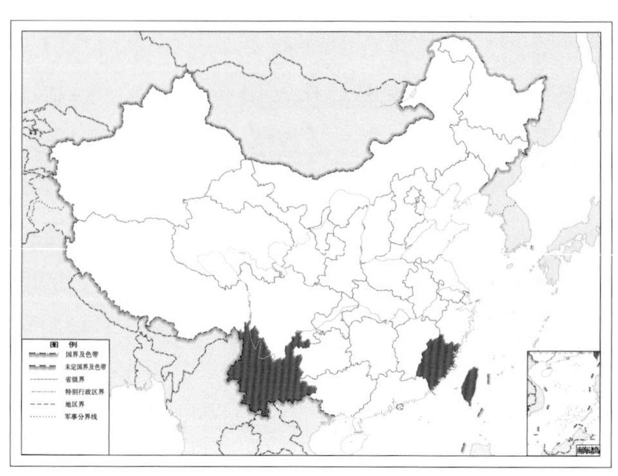

图 4-535-2 小白云蚁蛉 ***Paraglenurus pumilus*** 地理分布图

（九四）齿爪蚁蛉属 *Pseudoformicaleo* van der Weele, 1909

【鉴别特征】 前翅 A2 脉成直角弯向 A3 脉，RP 脉分叉点后于 CuA 脉分叉点，CuA 脉分叉点后 2 排小室平行而整齐排列，CuA2 脉与 CuP+A1 脉平行至近翅中部，以横脉相连；后翅基径中横脉 1 条，RP 脉分叉点先于 CuA 脉分叉点；胫端距伸达第 1 跗节末端，爪尖端约 1/3 处有齿。雄虫生殖弧强烈弯曲成锐角，阳基侧突合并，腹面观叉子状，侧面观弯沟状。

【地理分布】 亚洲、非洲和澳洲。

【分类】 目前全世界已知 9 种，我国已知 2 种，本图鉴收录 1 种。

536. 齿爪蚁蛉 *Pseudoformicaleo nubecula* (Gerstaecker, 1885)

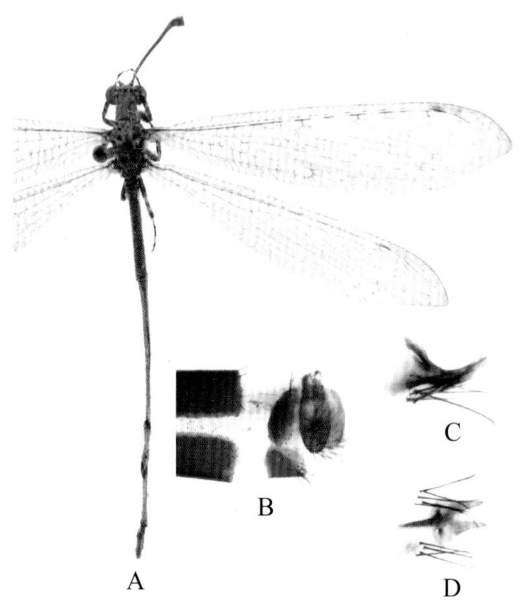

图 4-536-1 齿爪蚁蛉 *Pseudoformicaleo nubecula* 形态图

A. 成虫 B. 雄虫外生殖器侧面观 C. 生殖基节侧面观 D. 生殖基节腹面观

【测量】 雄虫体长 26.0 ~ 32.0 mm，前翅长 22.0 ~ 28.0 mm，后翅长 20.0 ~ 24.0 mm；雌虫体长 33.0 ~ 36.0 mm，前翅长 34.0 ~ 39.0 mm，后翅长 33.0 ~ 37.0 mm。

【形态特征】 头顶黑色，具黄色杂乱条纹；触角各节黑黄色相间，以黑色为主。前胸背板深棕色，具 2 条黑色纵纹，多集中于后缘及侧缘处；中后胸黑色，具少量黄色斑纹；腹板黑色。前足胫端距浅红棕色，伸达第 1 跗节末端；爪距尖端约 1/3 处具 1 个凸起的齿，钝三角形。翅透明而狭长；前翅纵脉黑色与浅黄色相间，横脉多数浅黄色，前缘域约等于 RA 脉与 RP 脉间最宽处距离，RP 脉分叉点后于 CuA 脉分叉点，CuA 区分叉点后 2 排小室平行而整齐排列，且 CuA2 脉与 CuP+A1 脉亦平行，交汇处形成半圆形的脉。后翅 RP 脉分叉点先于 CuA 脉分叉点。腹部黑色无斑，具稀疏白色刚毛，但雌虫腹部不超过后翅长。雄虫肛上片具较长的黑色刚毛；生殖弧强烈弯曲成锐角；阳基侧突短而宽，基部合并，端部分叉，呈弯钩状。雌虫无第 8 内生殖突；第 8 外生殖突纤细，锥状；第 9 内生殖突与肛上片挖掘毛浓密粗大。

【地理分布】 北京、浙江、安徽、福建、山西、山东、贵州；澳大利亚，印度尼西亚，日本，马来西亚，帕劳，斯里兰卡。

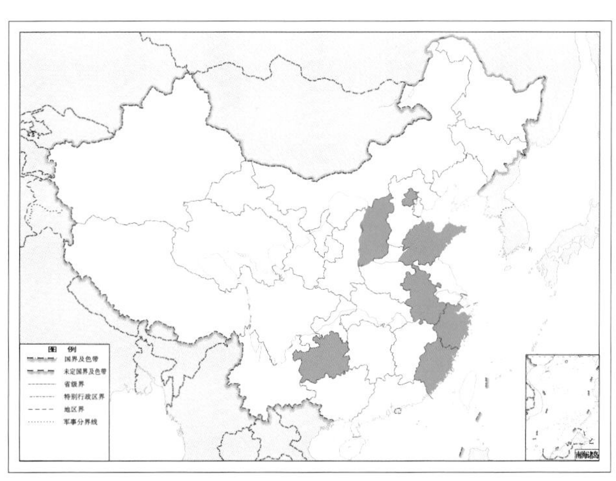

图 4-536-2 齿爪蚁蛉 *Pseudoformicaleo nubecula* 地理分布图

（九五）云蚁蛉属 *Yunleon* Yang, 1986

【鉴别特征】 前翅 A2 脉成直角弯向 A3 脉，RP 脉分叉点先于 CuA 脉分叉点，RP1 脉与 M 脉之间有较密集的横脉列，直至中脉亚端斑。后翅基径中横脉 1 条，RP 脉分叉点先于 CuA 脉分叉点；雄虫无轭坠。胫端距平直，尖端弯曲，伸达第 2 跗节；雄虫腹部长于后翅，雌虫腹部短于后翅。

【地理分布】 中国特有种。

【分类】 目前全世界已知仅 2 种，均分布于我国，本图鉴收录 2 种。

中国云蚁蛉属 *Yunleon* 分种检索表

1\. 雄虫后翅无斑，雌虫后翅近外缘处有 1 条清晰的棕色斜纹；雄虫腹部显著长于后翅，雌虫腹部短于后翅 ……
………………………………………………………………………… **长腹云蚁蛉 *Yunleon longicorpus***

雄虫未知，雌虫后翅端部有 4 个黄褐色斑；雌虫腹部短于后翅 ………………… **纹腹云蚁蛉 *Yunleon fluctosus***

537. 纹腹云蚁蛉 *Yunleon fluctosus* Yang, 1988

图 4-537-1 纹腹云蚁蛉 *Yunleon fluctosus* 成虫图

【测量】 雌虫体长 32.0 ~ 36.0 mm，前翅长 36.0 ~ 43.0 mm，后翅长 34.0 ~ 42.0 mm。

【形态特征】 头顶黑色，具 1 条黄色横纹及其后面 1 个黄色环形斑纹；触角各节黑黄色相间，端部以黑色为主，触角窝周边至头顶黑色。前胸背板深棕色至黑色，中线为 1 条模糊的黄色条纹，其两边各有 1 条短而清晰的黄色纵纹。足黄色，散落稀疏黑色斑点，但股节、胫节端部黑色，胫节外侧具黑色条状及点状斑纹；胫端距伸达第 2 跗节末端。翅透明而狭长，具清晰棕色斑纹；前翅纵脉黑色与浅黄色相间，横脉多数浅黄色；中脉亚端斑为 1 条斜纹，肘脉合斑大型，呈弧形弯曲，翅后缘散落稀疏小型斑。后翅除 Sc 脉与 RA 脉黑黄色相间外，其他翅脉黄色；中脉亚端斑点状，无肘脉合斑，端区靠近外缘处有 1 条清晰的棕色斜纹。腹部深棕色至黑色，着生白色刚毛，末端着生黑色绒毛；背板及腹板上密布横向的白色波状纹。雌虫无第 8 内生殖突；第 8 外生殖突长且粗大；第 9 内生殖突挖掘毛不发达，肛上片着生浓密的黑色长毛。

【地理分布】 西藏。

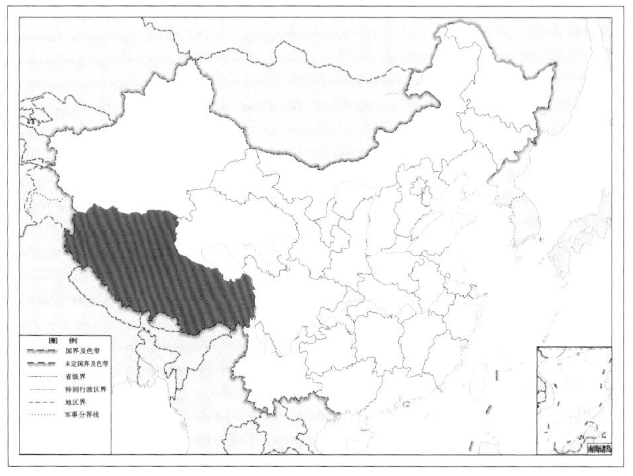

图 4-537-2 纹腹云蚁蛉 *Yunleon fluctosus* 地理分布图

538. 长腹云蚁蛉 *Yunleon longicorpus* Yang, 1986

图 4-538-1 长腹云蚁蛉 *Yunleon longicorpus* 形态图

A. 成虫 B. 雄虫外生殖器侧面观 C. 生殖基节侧面观 D. 生殖基节腹面观

【测量】 雄虫体长 55.0 mm，前翅长 34.0 mm，后翅长 31.0 mm；雌虫体长 35.0 ~ 37.0 mm，前翅长 40.0 ~ 41.0 mm，后翅长 36.0 ~ 38.0 mm。

【形态特征】 头顶棕色，具黑色横向条纹；触角棕色，细长，但短于头胸之和；触角窝周边棕色。前胸背板棕色，具 1 条黄色纵纹，仅从前胸背板前缘延伸至横沟；中后胸棕色少斑；腹板棕色。足黄色，散落稀疏黑色斑点，但股节、胫节外侧浅棕色，跗节黄色；胫端距伸达第 2 跗节末端。翅透明而狭长；前翅翅脉浅棕色，前缘区横脉简单，偶有分支；中脉亚端斑深棕色，点状，肘脉合斑小型，棕色。后翅略短于前翅，翅脉浅棕色；中脉亚端斑微小，几乎不可见，无肘脉合斑。雌虫后翅端区靠近外缘处有 1 条清晰的棕色斜纹。腹部棕色无斑，具稀疏白色刚毛。雄虫肛上片具较长黑色刚毛；生殖弧成矩形片状延伸，与阳基侧突相离，两端纤细弯曲；阳基侧突不合并，呈菱形，后端延伸出长的尖形凸起。雌虫无第 8 内生殖突；第 8 外生殖突长且粗大；第 9 内生殖突挖掘毛不发达，肛上片着生浓密的黑色长毛。

【地理分布】 云南。

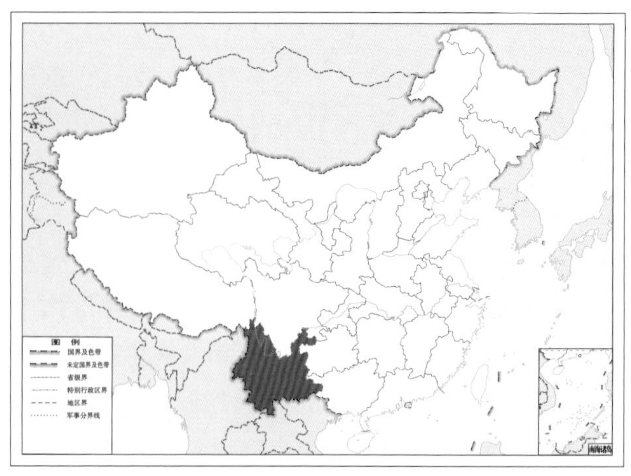

图 4-538-2 长腹云蚁蛉 *Yunleon longicorpus* 地理分布图

囊蚁蛉族 Myrmecaelurini Esben-Petersen, 1918

【鉴别特征】 前翅 A2 脉成弧形弯曲平缓地伸达 A3 脉；后翅基径中横脉 2 条以上，RP 脉分叉点后于 CuA 脉分叉点；雄虫无轭坠。触角间距大于柄节的宽度，雌虫第 9 内生殖突较大，挖掘毛长度超过生殖突宽。一些属的雄虫腹部具毛刷。

【地理分布】 古北界、旧热带界（非洲）。

【分类】 目前全世界已知 16 属 149 种，我国已知 4 属 12 种，本图鉴收录 4 属 8 种。

中国囊蚁蛉族 Myrmecaelurini 分属检索表

1\. 前翅肘脉合斑斜线状；雄虫腹部无毛刷，雌虫第 7 腹板后缘两端呈指状突起 …………… **蒙蚁蛉属 *Mongoleon***

前翅无肘脉合斑；雄虫腹部有 2 对毛刷，雌虫第 7 腹板后缘两端较平直 ………………………………………… 2

2\. 雄虫肛上片长尾突形，侧面观尾突大于或等于腹部的宽度 ………………………………… **阿蚁蛉属 *Aspoeckiana***

雄虫肛上片下端短突形，侧面观尾突小于腹部的宽度 ……………………………………………………………… 3

3\. 前翅 RP 脉不伸达痣下室下方；雄虫生殖弧侧面观末端弯而尖………………………………… **瑙蚁蛉属 *Nohoveus***

前翅 RP 脉伸达痣下室下方约 1/3 处；雄虫生殖弧侧面观末端直而粗 ……………… **囊蚁蛉属 *Myrmecaelurus***

（九六）阿蚁蛉属 *Aspoeckiana* Hölzel, 1972

【鉴别特征】 前翅 A2 脉呈弧形平缓折向 A3，RP 脉分叉点后于 CuA 脉分叉点；后翅基径中横脉为 2 条以上；雄虫无轭坠。雄虫腹部长于后翅，雌虫腹部短于后翅。雄虫肛上片长尾突形。

【地理分布】 亚洲。

【分类】 目前全世界已知 6 种，我国已知 1 种，本图鉴收录 1 种。

539. 乌拉尔阿蚁蛉 *Aspoeckiana uralensis* Hölzel, 1969

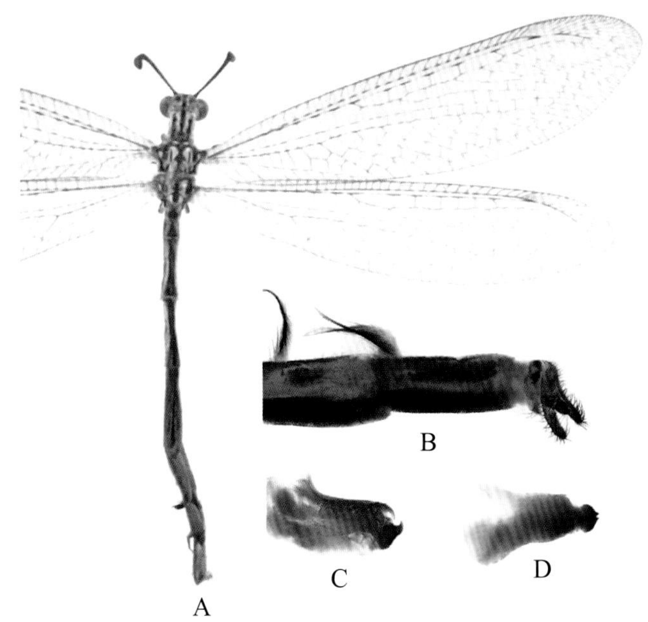

图 4-539-1　乌拉尔阿蚁蛉 *Aspoeckiana uralensis* 形态图

A. 成虫　B. 雄虫外生殖器侧面观　C. 生殖基节侧面观　D. 生殖基节腹面观

【测量】 雄虫体长 33.0 ~ 37.0 mm，前翅长 26.0 ~ 28.0 mm，后翅长 24.0 ~ 25.0 mm；雌虫体长 21.0 ~ 26.0 mm，前翅长 24.0 ~ 27.0 mm，后翅长 22.0 ~ 24.0 mm。

【形态特征】 头顶黄色，中央为 1 条黑色纵纹，前方具 2 个向中间倾斜的椭圆形黑色斑，后方为 2 个近圆形棕色斑点；触角黑色，端部具黄色斑。胸部背板黄色，具黑色纵纹，其中前胸背板具 3 条细长纵纹，且侧面 2 条不延伸至背板前缘；中胸与后胸背板各具 3 条粗短纵纹；腹板黄色，具少量黑色斑纹。足黄色，但股节外侧与跗节端部棕色；胫端距常伸达第 1 跗节末端。前翅翅脉大部分黑黄色相间，RP 脉分叉点后于 CuA 脉分叉点。后翅略短于前翅，翅脉颜色与前翅相似；前缘域略窄于 RA 脉与 RP 脉间距，RP 脉分叉点后于 CuA 脉分叉点。雌虫腹部短于后翅，背板黄色，具 3 条黑色纵纹，生有较密的白色毛，腹板黑色无斑；雄虫腹部长于后翅，腹部第 6、7 腹节背板后缘两端各具 1 对毛刷。雌虫第 7 腹板后缘平直，无第 8 内生殖突；第 8 外生殖突粗大，指状，具浓密的黑色长毛；第 9 内生殖突具细长的弯钩状挖掘毛；肛上片椭圆形，生有黑色长毛。雄虫肛上片下端呈长的指状突起，侧面观尾突大于或等于腹部的宽度。

【地理分布】 北京、青海、新疆；蒙古，亚美尼亚，哈萨克斯坦，俄罗斯，塔吉克斯坦，吉尔吉斯斯坦，土耳其，乌兹别克斯坦，土库曼斯坦。

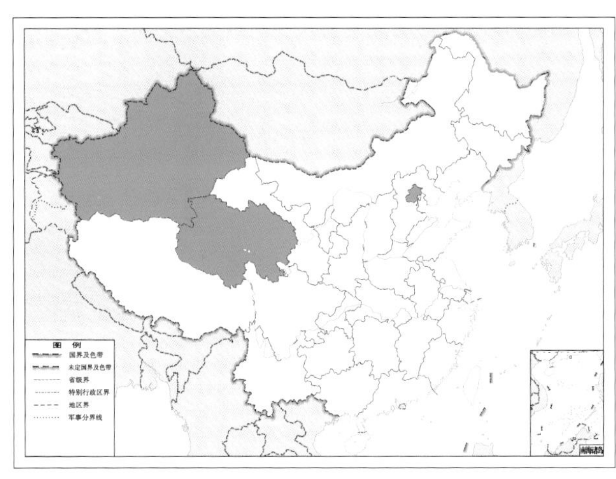

图 4-539-2　乌拉尔阿蚁蛉 *Aspoeckiana uralensis* 地理分布图

（九七）蒙蚁蛉属 *Mongoleon* Hölzel, 1970

【鉴别特征】 体小型，体色多为黄色。前翅 A2 脉成弧形弯曲平缓折向 A3 脉，RP 脉分叉点后于 CuA 脉分叉点；后翅基径中横脉 2 条以上，RP 脉分叉点后于 CuA 脉分叉点，后翅无轭坠；雄虫无毛刷，肛上片侧面观椭圆形，无指状突，阳基侧突合并，侧面观弯钩状；雌虫第 7 腹板后缘两端呈指状突起，雌、雄虫腹部均短于后翅。

【地理分布】 中国；蒙古。

【分类】 目前全世界已知 4 种，我国已知 3 种，本图鉴收录 3 种。

中国蒙蚁蛉属 *Mongoleon* 分种检索表

1. 前翅 RP 脉起点前有双排不规则小室；前后班克氏线清晰，形成浅褐色线…………**毛蒙蚁蛉** ***Mongoleon pilosus***
   前翅 RP 脉起点前为单排小室；前班克氏线不清晰，无后班克氏线………………………………………………… 2
2. 复眼上方光滑无毛，前翅 RP 脉起点与痣下室之间横脉多在 5 条以下……………**卡蒙蚁蛉** ***Mongoleon kaszabi***
   复眼上方有 4 ~ 5 根白色“睫毛”，前翅 RP 脉起点与痣下室之间横脉 6 ~ 8 条 …**中蒙蚁蛉** ***Mongoleon modestus***

540. 卡蒙蚁蛉 *Mongoleon kaszabi* Hölzel, 1970

图 4-540-1 卡蒙蚁蛉 *Mongoleon kaszabi* 形态图

A. 成虫 B. 雄虫外生殖器侧面观 C. 生殖基节侧面观 D. 生殖基节腹面观

【测量】 雄虫体长 17.0 ~ 20.0 mm，前翅长 20.0 ~ 23.0 mm，后翅长 17.0 ~ 20.0 mm；雌虫体长 20.0 ~ 23.0 mm，前翅长 22.0 ~ 23.0 mm，后翅长 20.0 ~ 21.0 mm。

【形态特征】 头顶黄色，具 5 个棕色或黑色斑点；触角基部褐色，端部黑色，触角窝上方具 2 条黑色横纹，下方为 2 个黑色斑点。胸部黄色，但前胸背板具 3 条黑色纵纹，中后胸背板在中央和两侧有一些黑色纵纹，腹板有一些黑色斑纹。前足基节黄色，具黑色斑点，股节棕色，胫节和跗节黄色；胫端距长度不超过第 1 跗节。前翅翅脉大部分黑黄色相间，RA 脉与 RP 脉上有一系列褐色碎斑，在近外缘的区域有许多散碎褐色斑；无中脉亚端斑，肘脉合斑斜线状，有时不显著；前班克氏线不清晰，无后班克氏线。后翅翅脉黑黄色相间，近外缘的区域有许多散碎褐色斑；前班克氏线隐约可见，无后班克氏线。腹部短于后翅，黄色，具 3 条黑色纵条纹，密被白色刚毛。雄虫肛上片侧面观长椭圆形，下端略向下延伸，具稀疏黑色长毛；生殖弧弓形，生殖中片不显著；阳基侧突合并，呈弯钩状，尖端不分叉。雌虫无第 8 内生殖突；第 8 外生殖突细长，指状，具长刚毛；第 9 内生殖突长棒状，具若干粗的挖掘毛；肛上片侧面观椭圆形，被黑色长毛。

【地理分布】 内蒙古、宁夏；蒙古。

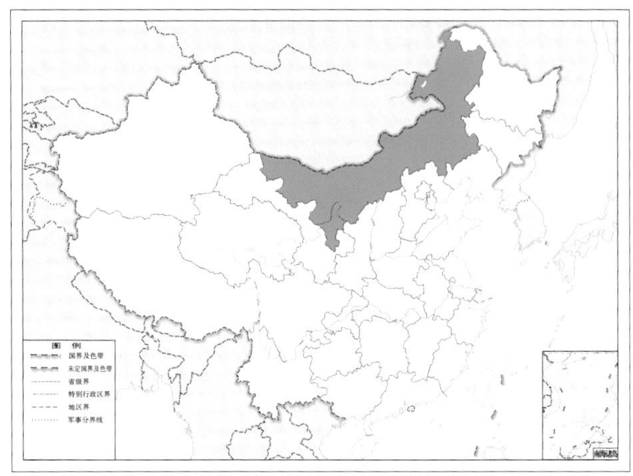

图 4-540-2 卡蒙蚁蛉 *Mongoleon kaszabi* 地理分布图

541. 中蒙蚁蛉 *Mongoleon modestus* Hölzel, 1970

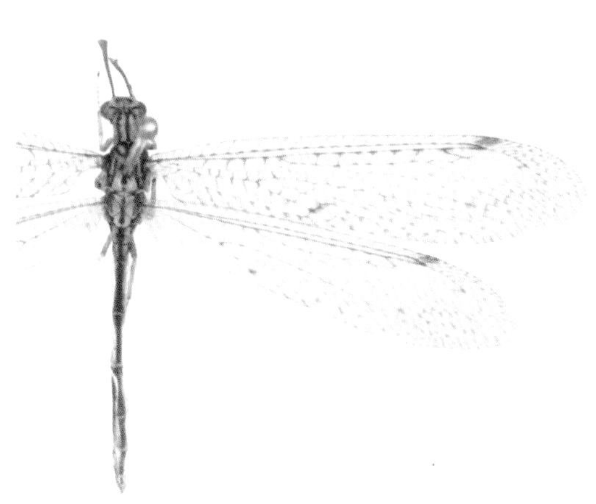

图 4-541-1 中蒙蚁蛉 *Mongoleon modestus* 成虫图

【测量】 雌虫体长 19.0 mm，前翅长 20.0 mm，后翅长 18.0 mm。

【形态特征】 头顶黄色，具 4 条黑色横纹；颜面黄色，下颚须、下唇须黑黄色相间，端部膨大不明显；复眼上方具 4 ~ 5 根白色“睫毛”；触角基部黑色，端部褐色。前胸背板黄色，具 3 条黑色纵纹，中后胸背板黄色，在中央和两侧有一些黑色纵纹；腹板黑色，具少量黄色斑纹。前足基节黄色具黑色斑点，股节棕色，胫节黄色具棕色斑点，跗节黑黄色相间，端部黑色；胫端距长度不超过第 1 跗节的 1/2；爪长度约为第 5 跗节的 1/2。前翅狭长，透明，翅脉大部分黑黄色相间；RP 脉分叉点后于 CuA 脉分叉点；基径中横脉多为 5 条，简单无分支；RP 脉分支 8 条，无中脉亚端斑；肘脉合斑斜线状；RA 脉与 RP 脉间、端区及翅后缘多散落小型斑点；前班克氏线不清晰，无后班克氏线。后翅翅脉黑黄色相间；基径中横脉 2 条，RP 脉分支 7 条，翅痣褐色，斑纹与前翅相似，但颜色略浅；前后班克氏线不明显。腹部短于后翅，生有较密白色刚毛；背板黄色，具 3 条黑色纵纹。

【地理分布】 内蒙古；蒙古。

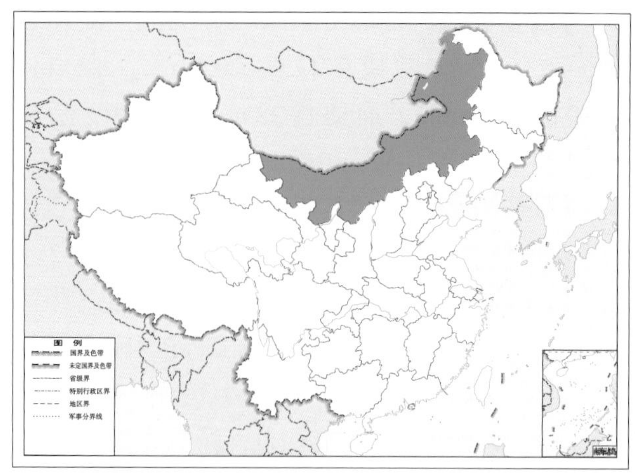

图 4-541-2 中蒙蚁蛉 *Mongoleon modestus* 地理分布图

542. 毛蒙蚁蛉 *Mongoleon pilosus* Krivokhatsky, 1992

图 4-542-1 毛蒙蚁蛉 *Mongoleon pilosus* 成虫图

【测量】 雌虫体长 25.0 mm，前翅长 27.0 mm，后翅长 25.0 mm。

【形态特征】 头顶黄色，前缘具 2 个椭圆形黑色斑，后面为 2 个三角形黑色斑，且尖端连在一起；触角窝中间靠上有 1 个倒三角形黑色斑纹，触角黑黄色相间，以黑色为主。胸部背板黄色，具 3 条黑色纵纹，从前胸背板前缘延伸至后胸后缘；腹板黑色，具少量黄色斑纹。前足基节黄色具黑色斑点，股节棕色，胫节黄色具棕色斑点，跗节黑黄色相间，端部黑色；第 5 跗节长度约等于第 1 跗节；胫端距长度不超过第 1 跗节的 1/2。前翅狭长，透明；

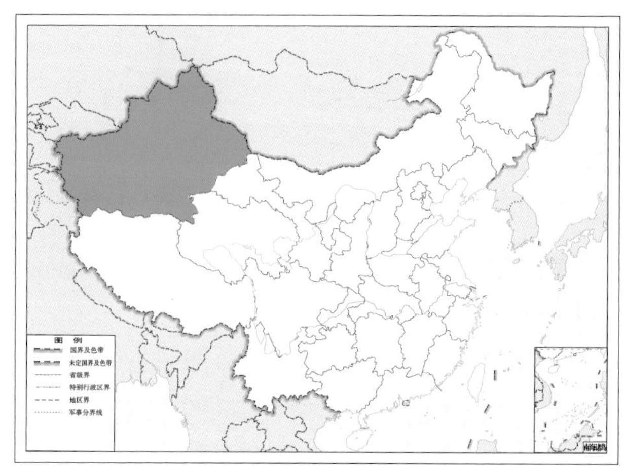

图 4-542-2 毛蒙蚁蛉 *Mongoleon pilosus* 地理分布图

翅脉大部分黑黄色相间；RP 脉分叉点先于 CuA 脉分叉点，基径中横脉杂乱，形成 2 排不规则小室，RP 脉分支 10 条；翅痣褐色，无中脉亚端斑，肘脉合斑斜线状；RA 脉与 RP 脉间、端区及翅后缘多散落小型斑点；前后班克氏线清晰，形成浅褐色线。后翅略短于前翅；翅脉大部分黄色，基径中横脉 2 条，RP 脉分支 9 条；翅痣褐色不明显，无前后班克氏线。腹部短于后翅，生有浓密的白色柔毛，背板黄色，具 3 条黑色纵纹。

【地理分布】 新疆；蒙古。

（九八）囊蚁蛉属 *Myrmecaelurus* Costa, 1855

【鉴别特征】 体中小型。前翅 CuP 脉发出点正对着或紧靠基横脉，前翅 A2 脉成弧形弯曲，平缓折向 A3 脉，RP 脉分叉点后于 CuA 脉分叉点；后翅基径中横脉 2 条以上，RP 脉分叉点后于 CuA 脉分叉点，后翅无轭坠。雄虫腹部第 6、7 节各具 1 对毛刷；肛上片形成短的指状突，侧面观肛上片总长度短于第 9 腹节宽度的 1.5 倍；生殖弧长筒形并弯曲，侧面观靴子状；阳基侧突小，合并。雌虫第 7 腹板后缘平直。

【地理分布】 亚洲、欧洲和北非。

【分类】 目前全世界已知 46 种，我国已知 3 种，本图鉴收录 1 种。

543. 大囊蚁蛉 *Myrmecaelurus major* McLachlan, 1875

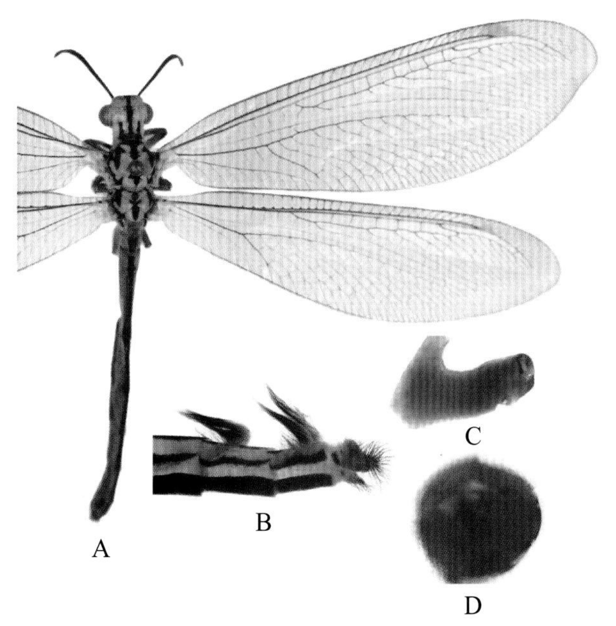

图 4-543-1　大囊蚁蛉 *Myrmecaelurus major* 形态图

A. 成虫　B. 雄虫外生殖器侧面观　C. 生殖基节侧面观　D. 生殖基节腹面观

【测量】 雄虫体长 37.0 mm，前翅长 35.0 mm，后翅长 30.0 mm；雌虫体长 37.0 mm，前翅长 37.0 mm，后翅长 35.0 mm。

【形态特征】 头顶明黄色，具黑色中线；触角黑色，触角窝中间黑色，且向头顶扩展，形成两端突起的黑色斑。胸部背板明黄色，具黑色纵纹，其中前胸背板具 3 条细长纵纹，且侧面 2 条不延伸至背板前缘。足明黄色，但跗节端部黑色；前、中足胫端距常伸达第 2 跗节，后足胫端距伸达第 1 跗节末端。翅透明而宽大；前翅 RP 脉分叉点后于 CuA 脉分叉点。后翅前缘域在距基部 1/3 处缢缩而明显变窄，且缢缩处前缘区横脉排列较密集。腹部背板黄色，具 3 条黑色纵纹，生有较密的白色短毛，腹板黑色无斑；雄虫第 6、7 腹节背板后缘两端各具 1 对毛刷；雌虫腹部无毛刷。雄虫肛上片下端略延伸成短的指状突，具黑色长毛；第 9 腹板腹面观宽大，末端呈钝三角形，顶端微凹；生殖弧弯曲使两端平行并扩展成靴子状（侧面观）；阳基侧突分开，尖端呈锥状。雌虫第 7 腹板后缘平直，生有较浓密的黑色长毛；无第 8 内生殖突；第 8 外生殖突粗大，指状，具浓密的黑色长毛；第 9 内生殖突具细长的弯钩状挖掘毛；肛上片窄，下端尖，生有黑色长毛。

【地理分布】 新疆；阿富汗，亚美尼亚，罗马尼亚，俄罗斯，土耳其。

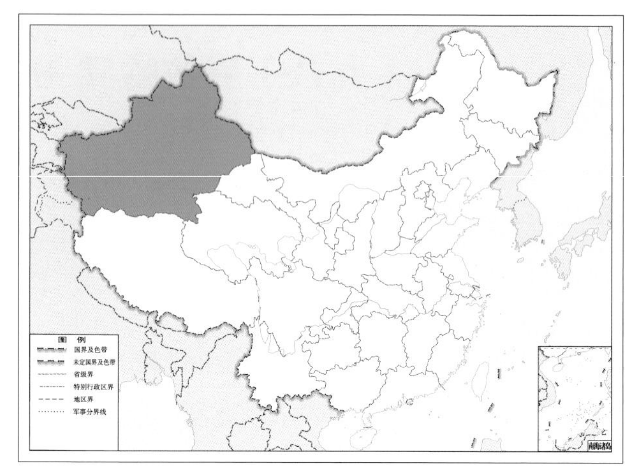

图 4-543-2 大囊蚁蛉 *Myrmecaelurus major* 地理分布图

（九九）瑙蚁蛉属 *Nohoveus* Navás, 1918

【鉴别特征】 体小型。前翅 CuP 脉发出点正对着或紧靠基横脉，前翅 A2 脉成弧形弯曲平缓折向 A3 脉，RP 脉分叉点后于 CuA 脉分叉点；后翅基径中横脉 4 ~ 5 条，RP 脉分叉点后于 CuA 脉分叉点，雄虫无轭坠。雄虫腹部长于后翅，雌虫腹部短于后翅。雄虫肛上片下端形成短的指状突，侧面观肛上片总长度等于或短于第 9 腹节的 1.5 倍；雄虫生殖弧长筒形，弯曲，侧面观呈尖钩状；阳基侧突基部合并，端部分叉，呈弯钩状。

【地理分布】 亚洲、非洲和欧洲。

【分类】 目前全世界已知 22 种，我国已知 3 种，本图鉴收录 3 种。

中国瑙蚁蛉属 *Nohoveus* 分种检索表

1. 翅脉大部分黄色；前胸背板黄色，有 1 条红棕色中纵纹，侧纵纹不明显 ……… **素瑙蚁蛉 *Nohoveus simplicis***

   翅脉大部分黑黄色相间；前胸背板黄色，有 1 条黑色中纵纹和 2 条明显的黑色侧纵纹 ……………………… 2

2. 头顶前端大部分黄色，后方黑色中线两侧有 1 对黑色圆点 ………………………… **点斑瑙蚁蛉 *Nohoveus zigan***

   头顶前端大部分黑色，后方黑色中线两侧无黑色圆点，或黑色斑点与头顶黑色相连 ……………………………………………………………………………………… **黑瑙蚁蛉 *Nohoveus atrifrons***

544. 黑瑙蚁蛉 *Nohoveus atrifrons* Hölzel, 1970

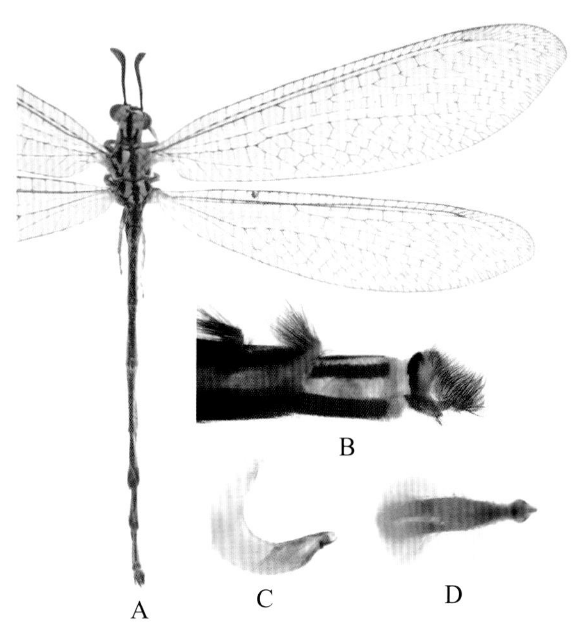

图 4-544-1　黑瑙蚁蛉 *Nohoveus atrifrons* 形态图

A. 成虫　B. 雄虫外生殖器侧面观　C. 生殖基节侧面观　D. 生殖基节腹面观

【测量】 雄虫体长 28.0 ~ 32.0 mm，前翅长 25.0 ~ 30.0 mm，后翅长 20.0 ~ 26.0 mm，腹部长 20.0 ~ 27.0 mm；雌虫体长 22.0 ~ 26.0 mm，前翅长 23.0 ~ 27.0 mm，后翅长 21.0 ~ 25.0 mm。

【形态特征】 头顶前端黑色，后端黄色，具黑色中线，与头顶前缘黑色斑相连；触角黑色，触角窝周边至头顶前缘黑色，触角窝上方中间有 1 个黄色斑。前胸背板黄色，具 3 条黑色细长纵纹，且侧面 2 条不延伸至背板前缘。足黄色，生有稀疏黑色刚毛，但股节外侧具浅棕色条斑；胫端距常伸达第 1 跗节末端。翅透明而宽大；前翅大部分翅脉黑黄色相间；后翅翅脉颜色与前翅相似，前缘域在距基部 1/2 处缢缩而明显变窄，且缢缩处前缘区横脉排列较密集。腹部背板黄色，具 3 条黑色纵纹；腹板黑色具 1 条黄色纵纹；雄虫第 6、7 腹节背板后缘两端各具 1 对毛刷，雌虫腹部无毛刷。雄虫肛上片下端略延伸成短的指状突，具黑色长毛；第 9 腹板腹面观宽大，末端近直角形；生殖弧弯曲呈钩状；阳基侧突退化，合并。雌虫第 7 腹板后缘平直，生有较浓密的黑色长毛；无第 8 内生殖突，第 8 外生殖突粗大，指状，具浓密的黑色长毛；第 9 内生殖突具细长的弯钩状挖掘毛；肛上片窄，呈三角形，生有黑色长毛。

【地理分布】 北京、内蒙古、陕西、甘肃、青海、宁夏；伊朗，蒙古，土耳其。

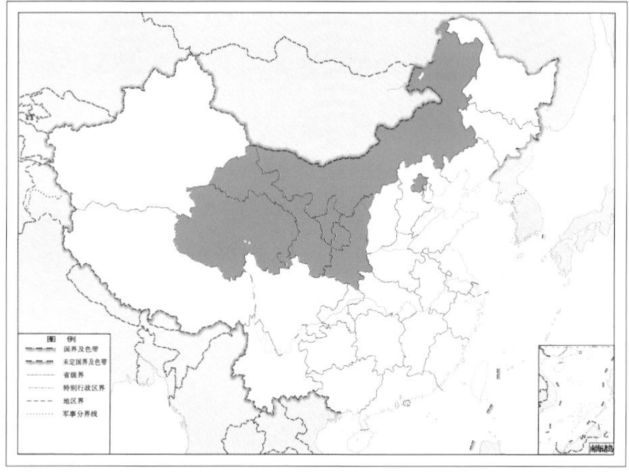

图 4-544-2　黑瑙蚁蛉 *Nohoveus atrifrons* 地理分布图

545. 素瑙蚁蛉 *Nohoveus simplicis* (Krivokhatsky, 1992)

图 4-545-1 素瑙蚁蛉 *Nohoveus simplicis* 形态图

A. 成虫 B. 雄虫外生殖器侧面观 C. 生殖基节侧面观 D. 生殖基节腹面观

【测量】 雄虫体长 25.0 ~ 27.0 mm，前翅长 22.0 ~ 23.0 mm，后翅长 22.0 ~ 23.0 mm；雌虫体长 22.0 ~ 23.0 mm，前翅长 23.0 ~ 26.0 mm，后翅长 21.0 ~ 22.0 mm。

【形态特征】 头顶黄色，具棕色中线，且不与触角窝黑色斑相连，前方中线两侧具 2 个椭圆形黑色斑；触角黑色，端部有 1 个黄色斑。前胸背板黄色，中央具 1 条清晰的红棕色纵纹，两侧各有 1 条不延伸至背板前缘的模糊棕色纵纹。足黄色，生有稀疏黑色刚毛，但股节外侧稍具浅棕色；胫端距常伸达第 1 跗节末端。前翅翅脉大部分黄色；后翅略短于前翅，翅脉颜色与前翅相似，前缘域在距基部 1/2 处缢缩而明显变窄，且缢缩处前缘区横脉排列较密集。腹部略短于后翅；背板黄色，具 3 条浅棕色纵纹，生有浓密白色长毛；腹板棕色无斑；雄虫第 6、7 腹节背板后缘两端各具 1 对毛刷，雌虫腹部无毛刷。雄虫肛上片下端略延伸成短的指状突，突起部分约占肛上片总长的 1/2，具黑色长毛；第 9 腹板腹面观宽大，末端呈钝三角形；生殖弧弯曲呈钩状；阳基侧突退化，合并。雌虫第 7 腹板后缘平直，两端生有黑色长毛；无第 8 内生殖突；第 8 外生殖突粗大，指状，具黑色长毛；第 9 内生殖突细长，具细长的弯钩状挖掘毛；肛上片宽大，呈三角形，生有稀疏黑毛。

【地理分布】 新疆；蒙古。

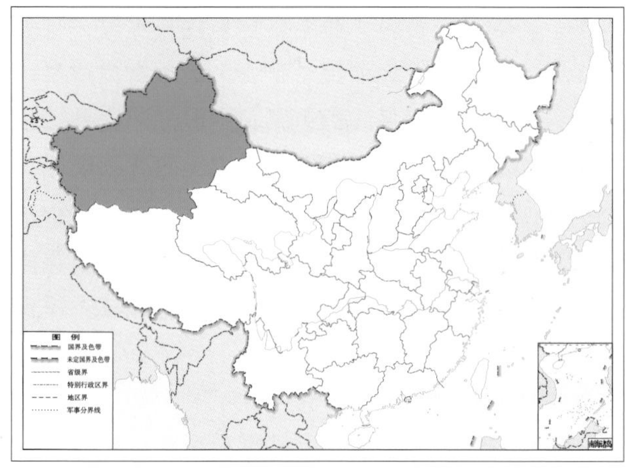

图 4-545-2 素瑙蚁蛉 *Nohoveus simplicis* 地理分布图

546. 点斑瑙蚁蛉 *Nohoveus zigan* (Aspöck, Aspöck & Hölzel, 1980)

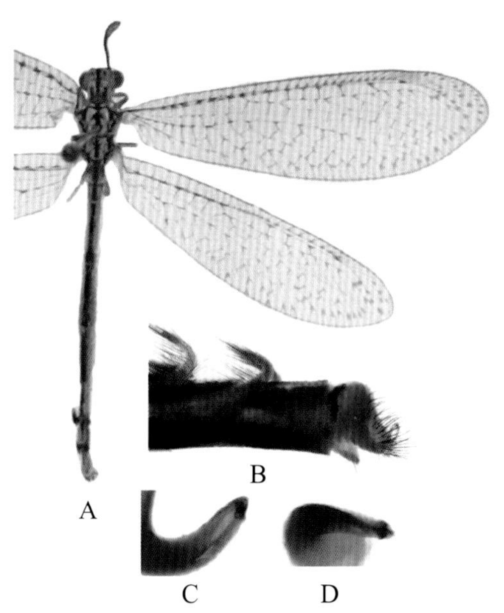

图 4-546-1　点斑瑙蚁蛉 *Nohoveus zigan* 形态图

A. 成虫　B. 雄虫外生殖器侧面观　C. 生殖基节侧面观　D. 生殖基节腹面观

【测量】 雄虫体长 25.0 ~ 27.0 mm，前翅长 22.0 ~ 23.0 mm，后翅长 22.0 ~ 23.0 mm；雌虫体长 22.0 ~ 24.0 mm，前翅长 23.0 ~ 24.0 mm，后翅长 21.0 ~ 24.0 mm。

【形态特征】 头顶黄色，具黑色中线，且不与触角窝间 V 形黑色斑相连，后方中线两侧具 2 个点状黑色斑；触角黑色，端部有 1 个黄色斑，触角窝中间黑色，且两端向头顶扩展，形成 1 个近 V 形黑色斑。胸部背板黄色，具黑色纵纹，其中前胸背板具 3 条细长纵纹，且侧面 2 条不延伸至背板前缘。足黄色，胫端距常伸达第 1 跗节末端。前翅翅脉大部分黑黄色相间，后翅略短于前翅，翅脉颜色与前翅相似，前缘域约等于 RA 脉与 RP 脉间距，并且在距基部 1/2 处缢缩而明显变窄，且缢缩处前缘区横脉排列较密集。腹部背板黄色，具 3 条黑色纵纹，腹板黑色无斑；雄虫腹部长于后翅，第 6、7 腹节背板后缘两端各具 1 对毛刷；雌虫腹部短于后翅，无毛刷。雄虫肛上片下端略延伸成短的指状突，突起部分约占肛上片总长的 1/2，具黑色长毛；第 9 腹板腹面观宽大，末端呈钝三角形；生殖弧长筒形并弯曲，侧面观呈尖钩状；阳基侧突极小，合并。雌虫第 7 腹板后缘平直，两端生有黑色长毛；无第 8 内生殖突；第 8 外生殖突粗大，指状，具黑色长毛；第 9 内生殖突细长，具细长的弯沟状挖掘毛；肛上片侧面观宽大，末端呈三角形，生有稀疏黑毛。

【地理分布】 新疆；亚美尼亚，阿塞拜疆，匈牙利，哈萨克斯坦，蒙古，罗马尼亚，俄罗斯，塔吉克斯坦，土库曼斯坦，乌克兰，乌兹别克斯坦。

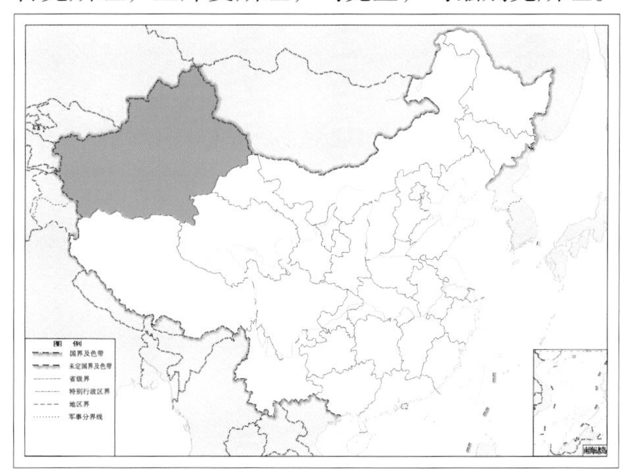

图 4-546-2　点斑瑙蚁蛉 *Nohoveus zigan* 地理分布图

尼蚁蛉族 Nesoleontini Markl, 1954

【鉴别特征】 该族的种类与囊蚁蛉族的种类较为相似，但尼蚁蛉族的种类前翅 A2 脉成直角折向 A3 脉，而囊蚁蛉族的种类前翅 A2 脉平缓弯向 A3 脉。尼蚁蛉族的种类前翅 RP 脉分叉点后于 CuA 脉分叉点，后翅基径中横脉较多，等于或多于 5 条，后足第 1 跗节长于第 5 跗节。

【地理分布】 非洲、欧洲、亚洲。

【分类】 目前全世界已知 3 属 80 种，我国已知 1 属 3 种，本图鉴收录 1 属 3 种。

（一〇〇）多脉蚁蛉属 *Cueta* Navás, 1911

【鉴别特征】 前翅 CuP 脉发出点正对着或紧靠基横脉，前翅 A2 脉成直角折向 A3 脉，前后翅基径中横脉多等于或多于 7 条，前缘区基部不突然加宽，前缘区横脉无短脉相连；后翅 CuP 脉与翅缘的间距是 CuP 脉与 CuA 脉主干距离的 3 倍，后翅端区非深色为主。后足第 1 跗节长于第 5 跗节。雄虫腹部长于后翅，雌虫腹部短于后翅。

【地理分布】 亚洲、非洲和欧洲。

【分类】 目前全世界已知约 100 种，我国已知 3 种，本图鉴收录 3 种。

中国多脉蚁蛉属 *Cueta* 分种检索表

1. 前翅基径中横脉 11 ~ 15 条 ………………………………………………**库氏多脉蚁蛉 *Cueta kurzi***

   前后翅基径中横脉 7 ~ 8 条 ……………………………………………………………… 2

2. 前翅密布沿翅脉形成的褐色碎斑，中脉亚端斑不清晰；后足股节外侧无黑色长刚毛 ………………………………………………………………**碎斑多脉蚁蛉 *Cueta plexiformia***

   前翅少碎斑，中脉亚端斑清晰；后足股节外侧具 1 排长度略短于股节的黑色长刚毛 ………………………………………………………………**线斑多脉蚁蛉 *Cueta lineosa***

547. 线斑多脉蚁蛉 *Cueta lineosa* (Rambur, 1842)

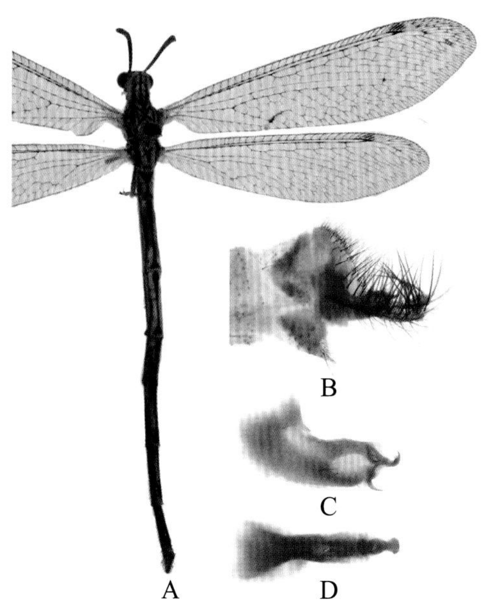

图 4-547-1　线斑多脉蚁蛉 *Cueta lineosa* 形态图

A. 成虫　B. 雄虫外生殖器侧面观　C. 生殖基节侧面观　D. 生殖基节腹面观

【测量】 雄虫体长 32.0 ~ 35.0 mm，前翅长 20.0 ~ 23.0 mm，后翅长 17.0 ~ 20.0 mm；雌虫体长 24.0 ~ 30.0 mm，前翅长 23.0 ~ 27.0 mm，后翅长 20.0 ~ 24.0 mm。

【形态特征】 头顶黄色，具黑色中线，前方中线两侧具 2 个黑色圆斑，中央有 1 条黑色短横纹与中线交叉；触角黑黄色相间，以黑色为主。胸部背板黄色，具黑色纵纹，其中前胸背板具 3 条细长纵纹。足黄色，但胫节、跗节端部棕色；其中，后足股节外侧具 1 排长度略短于股节的黑色长刚毛。前翅大部分翅脉黑黄色相间，颜色浓重；基径中横脉 7 ~ 8 条，RP 脉分支 8 ~ 10 条，肘脉合斑为极细的斜纹，中脉亚端斑线状或点状或无。后翅翅脉颜色略浅；中脉亚端斑线状，与肘脉合斑。腹部背板黄色，具 3 条黄色纵纹，生有稀疏白色短毛，腹板棕色无斑；雄虫腹部长于后翅，雌虫腹部约等于后翅长。雄虫肛上片下端延伸成细长指状突，突起部分约占肛上片总长的 2/3，生有黑色长毛；第 9 腹板腹面观宽大，末端尖，呈锐三角形；生殖弧呈筒状，下端略弯曲；阳基侧突合并，呈双弯钩状。雌虫第 7 腹板后缘平直，生有稀疏黑色长毛；无第 8 内生殖突；第 8 外生殖突粗大，指状，生有黑色长毛；第 9 内生殖突细长，强烈骨化，具细长的弯钩状挖掘毛；肛上片近椭圆形，生有黑色长毛。

【地理分布】 新疆；阿富汗，阿尔巴尼亚，阿尔及利亚，塞浦路斯，吉布提，埃及，希腊，伊朗，伊拉克，以色列，黎巴嫩，摩洛哥，阿曼，巴基斯坦，俄罗斯，沙特阿拉伯，苏丹，突尼斯，土耳其，土库曼斯坦，乌兹别克斯坦，也门。

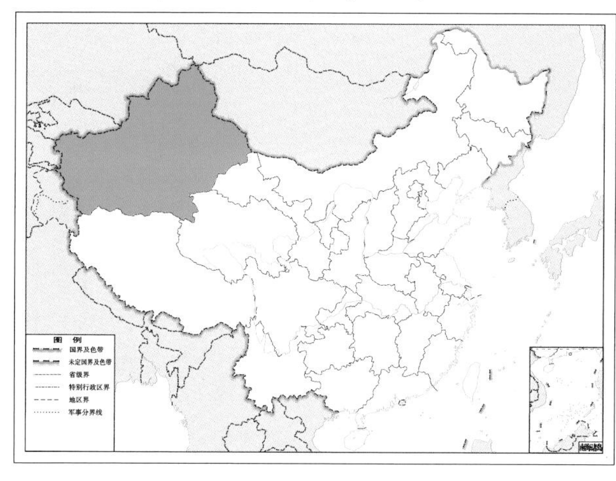

图 4-547-2　线斑多脉蚁蛉 *Cueta lineosa* 地理分布图

548. 碎斑多脉蚁蛉 *Cueta plexiformia* Krivokhatsky, 1996

图 4-548-1 碎斑多脉蚁蛉 *Cueta plexiformia* 成虫图

【测量】 雌虫体长 27.0 ~ 30.0 mm，前翅长 25.0 ~ 28.0 mm，后翅长 23.0 ~ 25.0 mm。

【形态特征】 头顶黄色，具黑色中线，前方中线两侧具 2 个黑色圆斑，中央有 1 条黑色短横纹与中线交叉；触角窝周围黑色，触角黑黄色相间。前胸背板黄色，具 3 条细长黑色纵纹。足黄色，但股节外侧黑色，胫节、跗节端部棕色；其中，前足与中足股节基部内侧具 1 根感觉毛，长度约为股节的 1/5。前翅大部分翅脉黑黄色相间，颜色浓重；基径中横脉 7 ~ 8 条，RP 脉分支 8 ~ 10 条，中脉亚端斑与肘脉合斑为极细的斜纹，端区与后缘处散落密集小型斑点。后翅翅脉颜色与前翅相似，颜色略浅；前缘域约在距基部 1/3 处缢缩而明显变窄，且缢缩处前缘区横脉排列较密集，中脉亚端斑线状，不清晰。腹部背板黑色，具 2 条黄色纵纹，生有稀疏白色短毛，腹板黑色无斑。雌虫第 7 腹板后缘平直，生有稀疏黑色长毛；无第 8 内生殖突；第 8 外生殖突粗大，指状，生有黑色长毛；第 9 内生殖突细长，强烈骨化，具细长的弯钩状挖掘毛；肛上片略呈矩形，生有黑色长毛。

【地理分布】 新疆；乌兹别克斯坦。

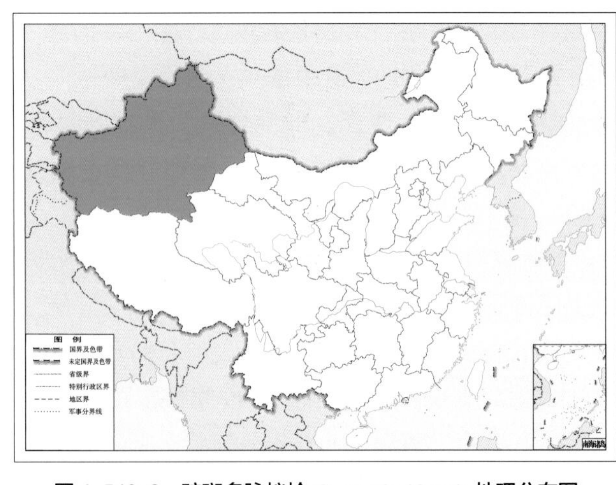

图 4-548-2 碎斑多脉蚁蛉 *Cueta plexiformia* 地理分布图

549. 库氏多脉蚁蛉 *Cueta kurzi* (Navás, 1920)

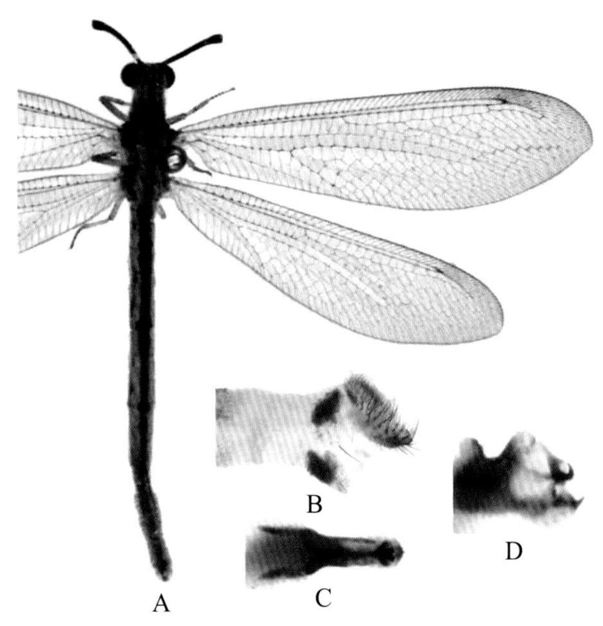

图 4-549-1 库氏多脉蚁蛉 *Cueta kurzi* 形态图

A. 成虫 B. 雄虫外生殖器侧面观 C. 生殖基节侧面观 D. 生殖基节腹面观

【测量】 雄虫体长 28.0 ~ 32.0 mm，前翅长 22.0 ~ 24.0 mm，后翅长 19.0 ~ 20.0 mm；雌虫体长 23.0 ~ 25.0 mm，前翅长 24.0 ~ 29.0 mm，后翅长 22.0 ~ 26.0 mm。

【形态特征】 头部与胸部等宽，头顶黄色，具黑色中线，中线两侧近前方和后方各具 2 个黑色椭圆形斑。面部大部分黄色；触角黑色，触角窝中间黑色。胸部背板黄色，具黑色纵纹。足黄色，但胫节、跗节端部棕色。前翅前缘域约等于 RA 脉与 RP 脉间距；RP 脉分叉点在 CuA 脉分叉点外侧；基径中横脉 11 ~ 15 条；RP 脉分支 11 ~ 13 条；翅端区有 1 条横向线状斑纹，有时不清晰。后翅 RP 脉分叉点在 CuA 脉分叉点外侧；基径中横脉 11 ~ 15 条；RP 分支 11 ~ 13 条。雄虫腹部长于后翅，雌虫腹部短于后翅；背板黄色，中央有 1 条黑色纵纹，生有稀疏白色短毛；腹板黑色，中央具 1 条黄色纵纹。雄虫肛上片下端延伸成细长指状突，突起部分约占肛上片总长的 1/2，生有黑色长毛；第 9 腹板腹面观宽大，末端尖，呈钝三角形；生殖弧侧面观呈不规则筒状；阳基侧突合并，呈弯钩状。雌虫第 7 腹板后缘平直，生有稀疏黑色长毛；无第 8 内生殖突；第 8 外生殖突短粗，指状，生有黑色长毛；第 9 内生殖突细长，强烈骨化，具细长的弯钩状挖掘毛；肛上片侧面观椭圆形，生有黑色长毛。

【地理分布】 福建、江西、广东、海南、台湾；印度，越南。

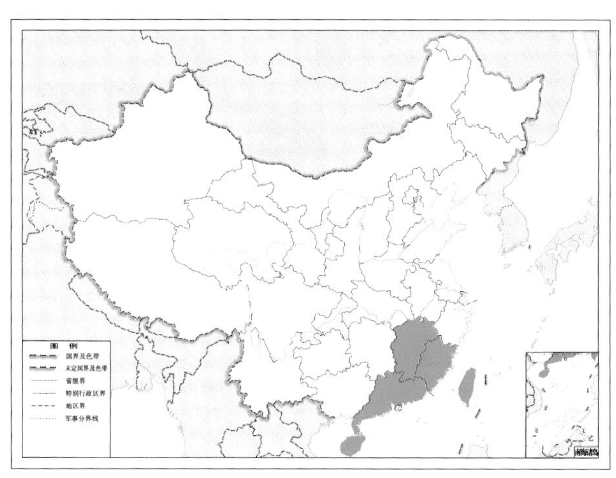

图 4-549-2 库氏多脉蚁蛉 *Cueta kurzi* 地理分布图

须蚁蛉亚科 Palparinae Banks, 1911

【鉴别特征】 前翅 A1 脉不与 CuP 脉合并，后翅 A1 脉达到翅缘的分支不超过 4 条。

【地理分布】 主要分布在非洲，少数分布在印度、缅甸和西亚地区。

【分类】 目前全世界已知 22 属 140 种，我国已知仅 1 属 1 种，本图鉴收录 1 属 1 种。

（一〇一）须蚁蛉属 *Palpares* Rambur, 1842

【鉴别特征】 下唇须端节的须斑在亚端部，卵圆形；触角窝距离窄于柄节的直径，触角长度至少 2 倍于头的宽度。前后翅没有外突的瓣。后足胫节短于股节；前足第 5 跗节短于第 1 ~ 4 跗节之和；雄虫肛上片不形成尾突。

【地理分布】 主要分布于亚洲、非洲和欧洲。

【分类】 目前全世界已知 67 种，我国已知仅 1 种，本图鉴收录 1 种。

550. 曲缘须蚁蛉 *Palpares contrarius* (Walker, 1853)

图 4-550-1 曲缘须蚁蛉 *Palpares contrarius* 成虫图

【测量】 雌虫体长 50.0 mm，前翅长 67.0 mm，后翅长 65.0 mm。

【形态特征】 头顶隆起，黄色；触角后方中缝两侧有纵向排列的 3 对黑色斑，前方第 1 对黑色斑外侧各有 1 个黑色斑；下唇须深棕色，第 1 节短，第 2～3 节约与前足胫节等长，第 3 节端部膨大；触角窝靠近。前胸背板黄色，有 1 条粗的黑色中带。足棕褐色，被白色和黑色短刚毛；第 5 跗节约为第 1～4 跗节之和；后足距伸达第 3 跗节末端。前翅外缘与后缘略内凹，有 3 条褐色的条斑从翅前缘斜向伸达翅外缘和后缘；亚端区翅外缘处有 1 个褐色大斑；翅痣附近有散乱的褐色斑；RP 脉起点几乎与 CuA 脉分叉点相对，RP 脉分支点前有 2 排小室，CuA2 脉不与 CuP 脉汇合，A1 脉不与 CuP 脉合并。后翅顶点之后略内凹，使翅前缘最远端形成 1 个尖角；翅顶角有 1 个大的褐色斑，前面窄，后面宽；后翅中部有 2 个宽的不整齐的褐色横条斑，横跨翅面；肘脉合斑褐色，伸达翅缘；前缘区有大小不等的一些小褐色斑。腹部较粗，深褐色，雌虫腹部短于后翅。

【地理分布】 云南；越南，泰国，印度。

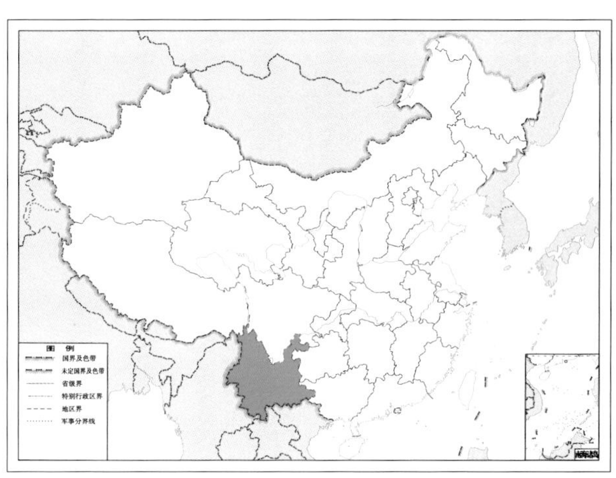

图 4-550-2　曲缘须蚁蛉 *Palpares contrarius* 地理分布图

一四、蝶角蛉科 Ascalaphidae Lefèbvre, 1842

【鉴别特征】 头部和胸部具浓密长毛。头短宽，复眼发达，裂眼蝶角蛉亚科 Ascalaphinae 昆虫复眼中部有 1 条横沟，将复眼分为上下两半。无单眼。触角球杆状。咀嚼式口器，下颚须 5 节，下唇须 3 节。中胸发达，约占胸部的 2/3 以上。足通常短，胫节具 1 对粗的端距，跗节 5 节，其侧面和腹面具刺状毛，第 5 跗节较长；爪 1 对，爪间有时具 2 ~ 4 根长刚毛。翅形多样，长椭圆形、三角形、足形、细柄形等；前翅多长于后翅，翅痣一般呈梯形或三角形；Sc 与 RA 脉在翅痣下汇合，向后延伸至翅后缘；翅膜透明或具色斑；翅脉上常有稀疏的短毛。

【生物学特征】 幼虫生活在树叶上、苔藓中、茎秆裂缝或者死树的树皮下、地面落叶或干草中，有时也隐藏在柱形木材、石块或突出物下。捕食性，有用沙子、尘土粒、叶子或残骸碎片堆积在自己背上做伪装的习性。通常有 3 龄，1 年 2 代至 2 年 1 代。幼虫化蛹时结茧，茧里层为幼虫织的浓密丝袋，外层是石块、树叶、苔藓等小颗粒或碎片，表面粗糙。成虫日出型或夜出型，飞行能力较强；成虫捕食性，且在飞行中捕食猎物。

【地理分布】 世界性分布。

【分类】 目前全世界已知 90 属 438 种，我国已知 2 亚科 12 属 32 种，本图鉴收录 2 亚科 11 属 25 种。

中国蝶角蛉科 Ascalaphidae 分亚科检索表

1. 复眼完整，无横沟 ························ **完眼蝶角蛉亚科 Haplogleniinae**

   复眼被 1 条横沟分为上下两半 ························ **裂眼蝶角蛉亚科 Ascalaphinae**

完眼蝶角蛉亚科 Haplogleniinae Newman, 1853

【鉴别特征】 与裂眼蝶角蛉亚科不同，完眼蝶角蛉亚科昆虫复眼完整，未被横沟分为上下两半；触角长于或等于前翅的一半。

【生物学特征】 成虫捕食性，日间常在林间高速飞行，后停歇于树枝上；夜间具趋光性。幼虫捕食性，许多种类幼虫栖息于树干、树叶上埋伏猎物。

【地理分布】 世界性分布。

【分类】 目前全世界已知 29 属 103 种，我国已知 2 属 9 种，本图鉴收录 2 属 7 种。

中国完眼蝶角蛉亚科 Haplogleniinae 分属检索表

1. 翅端区为 2 排小室；前翅腋角凸出 ························ **完眼蝶角蛉属 *Idricerus***

   翅端区为 3 排小室；前翅腋角多不凸出 ························ **原完眼蝶角蛉属 *Protidricerus***

（一〇二）完眼蝶角蛉属 *Idricerus* McLachlan, 1871

【鉴别特征】 头比胸宽。触角长达前翅的 1/2 到 2/3。翅狭长，中部略加宽；翅端区狭窄，圆弧形，具 2 排小室；翅痣小；前翅多有较钝的腋角。后足端距内弯，等于第 1 ~ 2 跗节之和。

【地理分布】 古北界和东洋界。

【分类】 目前全世界已知 5 种，我国已知 4 种，本图鉴收录 3 种。

中国完眼蝶角蛉属 *Idricerus* 分种检索表

1. 前翅腋角不凸出，后翅 CuA2 脉经 2 ~ 3 个小室后与 CuP 脉相交……………湘完眼蝶角蛉 ***Idricerus xianganus***
   前翅腋角凸出，后翅 CuA2 脉经 1 个小室后与 CuP 脉相交 ……………………………………………………… 2
2. 翅上密被沿翅脉形成的褐色细碎斑，翅痣深褐色 ……………………………银完眼蝶角蛉 ***Idricerus decrepitus***
   翅透明无斑，翅痣浅黄色 ………………………………………………………素完眼蝶角蛉 ***Idricerus sogdianus***

551. 银完眼蝶角蛉 *Idricerus decrepitus* (Walker, 1860)

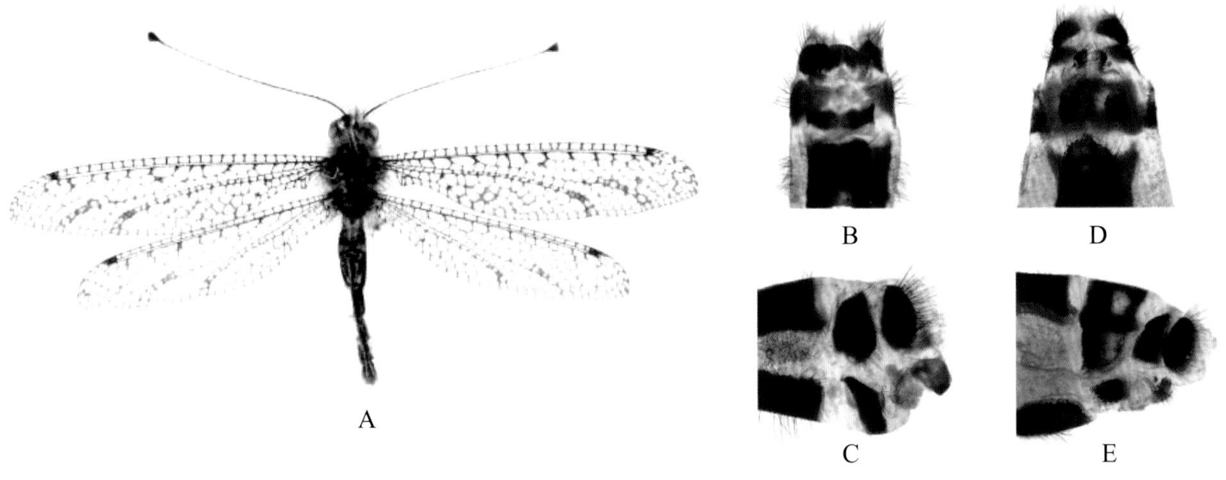

图 4-551-1 银完眼蝶角蛉 *Idricerus decrepitus* 形态图

A. 成虫 B. 雄虫外生殖器腹面观 C. 雄虫外生殖器侧面观 D. 雌虫外生殖器腹面观 E. 雌虫外生殖器侧面观

【测量】 雄虫体长 28.0 ~ 30.0 mm，前翅长 32.0 ~ 35.0 mm，后翅长 28.0 ~ 31.0 mm；雌虫体长 27.0 ~ 28.0 mm，前翅长 38.0 mm，后翅长 33.0 ~ 34.0 mm。

【形态特征】 头部褐色，但唇基、上唇、下颚须和下唇须黄色；头部被白色长毛，但触角之间具灰色长毛；复眼灰黄色，密被深色斑点或斑块；触角黄褐色，节间处有深褐色窄环。胸部背面黑色，侧面及腹面深棕色，前胸背板前后缘黄色，中胸背板中部、小盾片及后胸背板端部有黄色斑；胸部被灰色和白色长毛束。前翅狭长，腋角短凸形，外侧内凹；翅脉黑白色相间，沿翅脉扩展出褐色细碎斑；

翅痣深褐色；翅端区小室 2 排，Cu 区小室 4 ~ 5 排。后翅 CuA2 脉约为 CuA1 脉的 1/10；端区小室 2 排，Cu 区 3 ~ 4 排。足亮黑色，股节基部和端部、胫节基部和端部黄色，距和爪红褐色。腹部黑色，但第 2 背板有 1 对靠近的黄色斑和 1 对灰色斑，第 3 背板有 1 对灰色斑；腹面被稀疏的白色长毛。雄虫肛上片椭圆形；生殖弧宽拱形；阳基侧突屋脊状，端部靠近，基部远离，垫突显著，有盾状片。雌虫腹瓣宽片形，有内齿；舌片色浅，不显著；端瓣近椭圆形，约为第 8 腹板的 1/2。

【地理分布】 河南、西藏；尼泊尔，印度，巴基斯坦，土库曼斯坦。

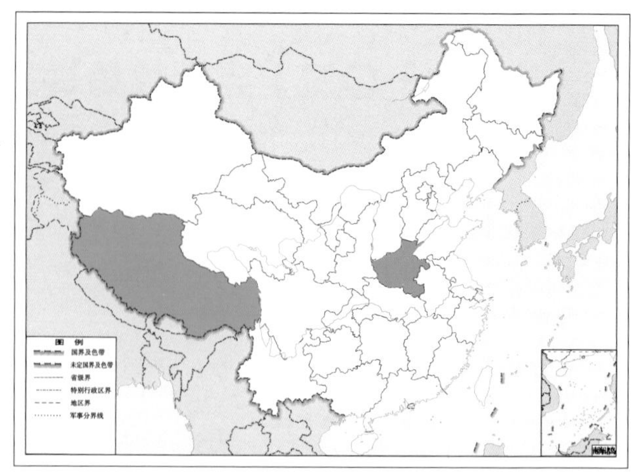

图 4-551-2 银完眼蝶角蛉 *Idricerus decrepitus* 地理分布图

552. 素完眼蝶角蛉 *Idricerus sogdianus* McLachlan, 1875

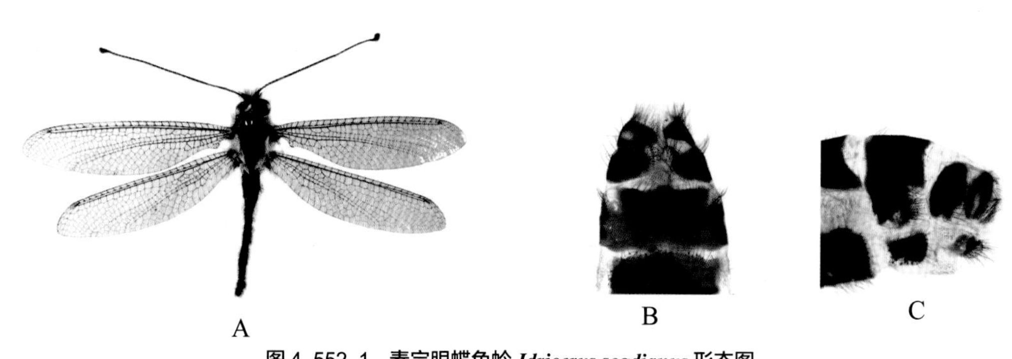

图 4-552-1 素完眼蝶角蛉 *Idricerus sogdianus* 形态图

A. 成虫 B. 雌虫外生殖器腹面观 C. 雌虫外生殖器侧面观

【测量】 雌虫体长 35.0 mm，前翅长 41.0 mm，后翅长 37.0 mm。

【形态特征】 头部黑色至褐色，但唇基、上唇、下唇须基部和下颚须基部黄色；头部被浓密的白色和灰色长毛，上唇端部具 1 排黄色毛。复眼黑色具金黄色斑纹。触角褐色与黄色相间。胸部黑色，具浓密的白色和灰色长毛，中胸小盾片具 1 条红褐色横纹，后胸有 1 条黄色横纹。前翅狭长、透明，腋角短凸形，外侧内凹；翅痣黄色；端区小室 2 排，Cu 区小室 5 ~ 6 排。后翅翅痣淡；CuA2 脉短于 CuA1 脉的 1/10，端区小室 2 排，Cu 区小室 4 排。前后翅翅脉均为褐色，但 Sc 脉黑黄色相间。足股节褐色；胫节黄色，中部具 1 个褐色窄环；跗节黄色，每节端部褐色，距和爪红褐色。腹部黑色，每节端部具红褐色窄边；腹基部密被白色长毛，其余各节被灰色毛；雌虫腹瓣宽片形，有内齿，舌片色浅，不显著；端瓣近椭圆形，约为腹瓣的 1/2。

【地理分布】 西藏；印度，土库曼斯坦，哈萨克斯坦，土耳其。

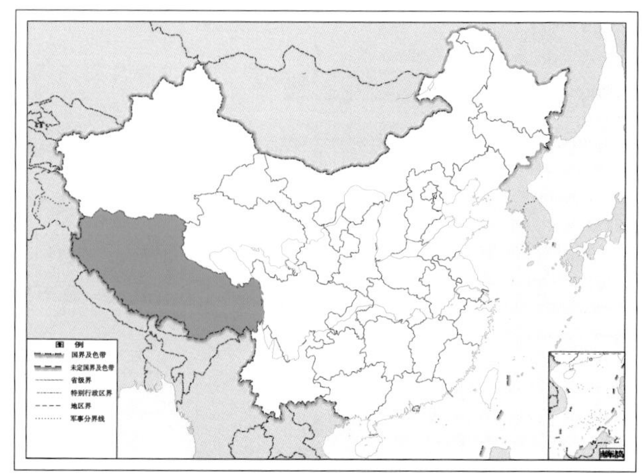

图 4-552-2 素完眼蝶角蛉 *Idricerus sogdianus* 地理分布图

553. 湘完眼蝶角蛉 *Idricerus xianganus* Yang, 1992

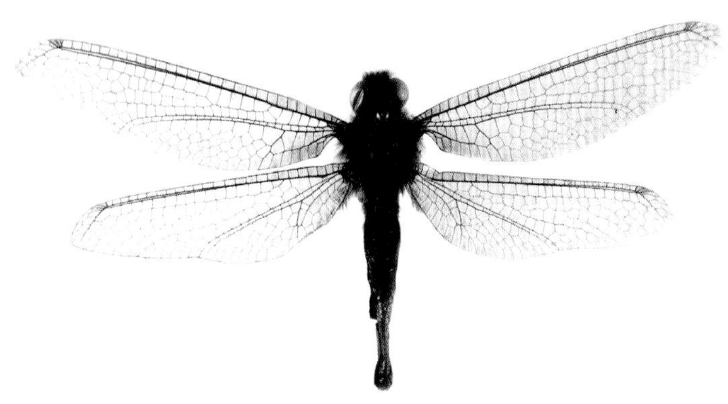

图 4-553-1 湘完眼蝶角蛉 *Idricerus xianganus* 成虫图

【测量】 雄虫体长 36.0 mm，前翅长 40.0 mm，后翅长 33.0 mm。

【形态特征】 头部黑色，密生黑色长毛；唇基、上唇及两颊黄褐色，下颚须与下唇须棕褐色；复眼黄褐色。胸部黑褐色，密生黑褐色毛；腹面颜色较淡，密生白色长毛。前翅透明，前缘区基部和臀区基部浅褐色，腋角不凸出；翅痣淡黄褐色；端区小室 3 排，Cu 区小室 5 排。后翅近斜三角形，外缘与后缘呈深弧线状，前缘区基部和臀区基部浅褐色；翅痣淡黄褐色；端区小室 3 排，Cu 区小室 4～5 排；CuA2 脉长约为 CuA1 脉的 1/4。足黑褐色。腹部黑色，基部 3 节的后缘具黄褐色窄边，第 5 节以后的腹节变细。

【地理分布】 湖南。

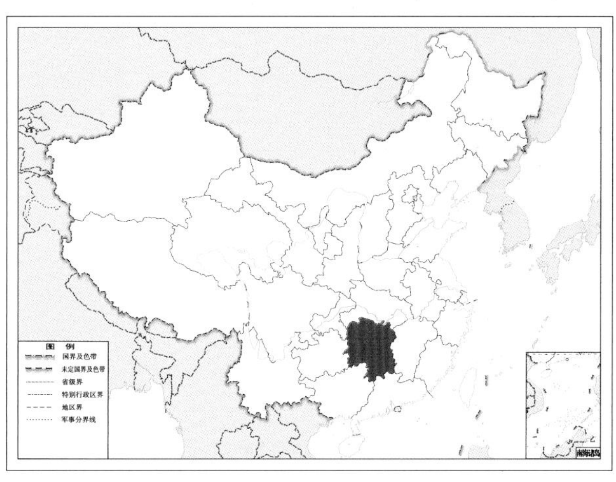

图 4-553-2 湘完眼蝶角蛉 *Idricerus xianganus* 地理分布图

（一〇三）原完眼蝶角蛉属 *Protidricerus* van der Weele, 1908

【鉴别特征】 翅较宽或极狭窄，翅端区较宽，3 排小室；前翅无腋角，或腋角不显著。触角超过前翅长的一半。足短粗，后足端距与第 1～2 跗节之和等长。

【地理分布】 古北界和东洋界。

【分类】 目前全世界已知 6 种，我国已知 5 种，本图鉴收录 4 种。

中国原完眼蝶角蛉属 *Protidricerus* 分种检索表

1. 翅宽阔，后翅外缘与后缘呈深弧形，CuA2 脉经过 2 翅室，前翅腋角不外突 ………………………………………………………………………………………………… **宽原完眼蝶角蛉 *Protidricerus elwesii***

翅狭窄，后翅外缘与后缘浅弧形或近乎平直，CuA2 脉经过 1 翅室，前翅有略突出的腋角 …………………… 2

2. 后翅外缘与后缘浅弧形，CuA2 脉明显，后翅 Cu 区 3 ~ 4 排小室 ……………**原完眼蝶角蛉 *Protidricerus exilis***

后翅外缘与后缘近乎平直，CuA2 脉不明显，后翅 Cu 区 2 ~ 3 排小室……………………………………………… 3

3. 后翅 Cu 区 2 排小室，偶有 1 ~ 2 排不连续的中排间插小室 ……… **狭翅原完眼蝶角蛉 *Protidricerus steropterus***

后翅 Cu 区 3 排小室，中排小室多而连续 …………………………………… **日原完眼蝶角蛉 *Protidricerus japonicus***

4-k 原完眼蝶角蛉 *Protidricerus* sp.（吴超 摄）

554. 宽原完眼蝶角蛉 *Protidricerus elwesii* (McLachlan, 1891)

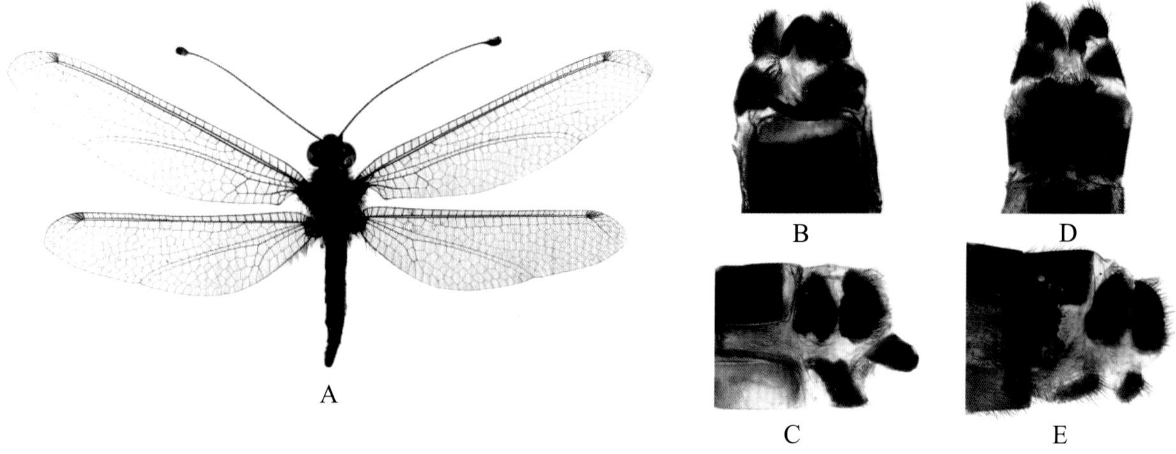

图 4-554-1　宽原完眼蝶角蛉 *Protidricerus elwesii* 形态图

A. 成虫　B. 雄虫外生殖器腹面观　C. 雄虫外生殖器侧面观　D. 雌虫外生殖器腹面观　E. 雌虫外生殖器侧面观

【测量】 雄虫体长 32.0 ~ 33.0 mm，前翅长 36.0 ~ 37.0 mm，后翅长 32.0 ~ 33.0 mm；雌虫体长 33.0 ~ 37.0 mm，前翅长 42.0 ~ 51.0 mm，后翅长 38.0 ~ 45.0 mm。

【形态特征】 头部黑色，但唇基、上唇黄色，下唇须、下颚须红褐色；头被浓密黑色毛；复眼黄色或褐色；触角褐色，端部黑色。胸部背板灰褐色，具棕色长毛；腹面灰褐色，具白色和黑色长毛。前翅较宽阔，外缘与后缘连线呈深弧线，腋角不外突；翅浅茶色，前缘区基半部色较深，翅脉深褐色，翅痣黄褐色；前缘域横脉 34 ~ 35 条，Cu 区小室 5 排。后翅翅痣黄褐色；Cu 区小室 4 ~ 5 排；CuA2 脉略超过 CuA1 脉的 1/4。足股节、胫节红褐色，跗节、距及爪深红褐色。腹部黑色，一些节后缘有黄色边。雄虫腹基部腹板常有一段灰白色斑。雄虫肛上片椭圆形；生殖弧宽拱形；阳基侧突端部靠近，基部远离，垫突不显著，有盾状片。雌虫腹瓣长茄形，无内齿，舌片不显著；端瓣近椭圆形，约为腹瓣的 1/2。

【地理分布】 贵州、四川、西藏、浙江、福建、广西；缅甸，印度，巴基斯坦。

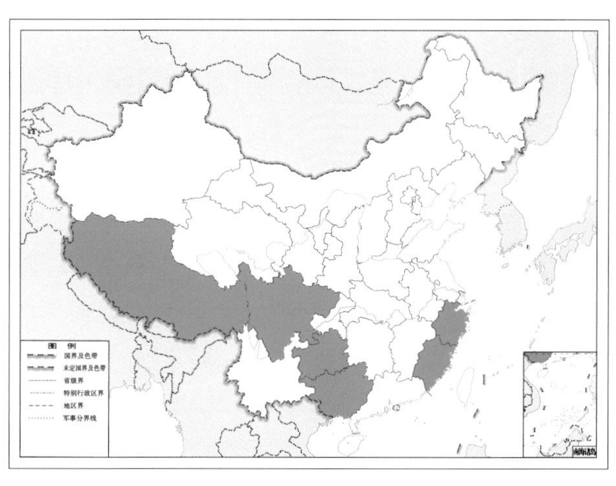

图 4-554-2　宽原完眼蝶角蛉 *Protidricerus elwesii* 地理分布图

555. 原完眼蝶角蛉 *Protidricerus exilis* (McLachlan, 1894)

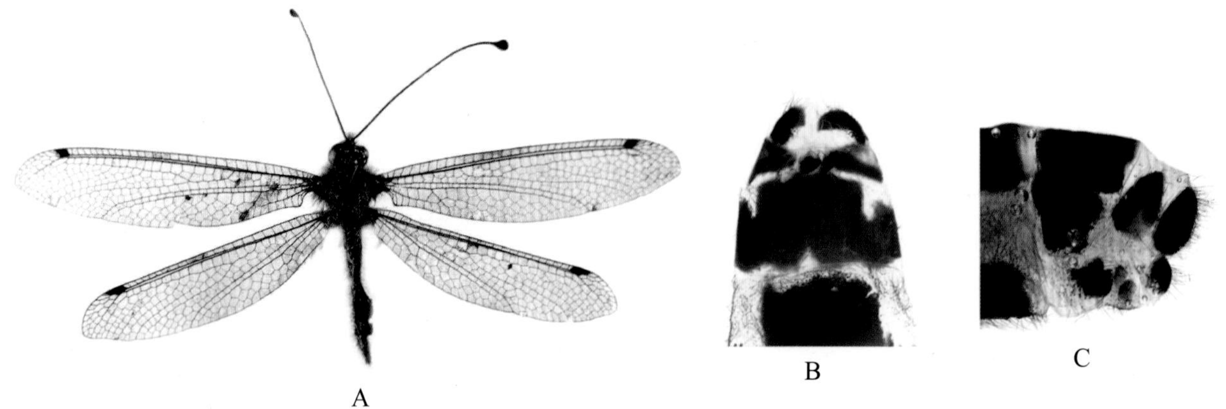

图 4-555-1 原完眼蝶角蛉 *Protidricerus exilis* 形态图

A. 成虫 B. 雌虫外生殖器腹面观 C. 雌虫外生殖器侧面观

【测量】 雌虫体长 28.0 ~ 35.0 mm，前翅长 36.0 ~ 42.0 mm，后翅长 31.0 ~ 37.0 mm。

【形态特征】 头部黑色，但颊、唇基及上唇黄色；头部具白色和褐色长毛，触角与复眼之间具灰白色毛簇，额具白色和灰色长毛；上唇端部具 1 排黄褐色毛；复眼黑色，具褐色斑纹；触角黑色。胸部黑色，被白色长毛，但前胸背板前后缘及中胸也具褐色长毛。前翅狭长，外缘与后缘几乎与前缘平行，腋角略突出；翅透明，翅脉深褐色，翅痣深褐色；前缘区横脉 32 条，Cu 区小室 4 ~ 5 排。后翅翅痣深褐色，长于前翅翅痣；Cu 区小室 3 ~ 4 排。CuA2 脉约为 CuA1 脉的 1/9。足黑色，距和爪的端部红褐色。腹部背面灰褐色，具黑色长毛；基部两侧具褐色长毛。腹面基部第 1 ~ 2 节被白色长毛，其余各节被黑色长毛。雌虫腹瓣三角形，有内齿，舌片显著；端瓣近椭圆形，约为腹瓣的 1/2。

【地理分布】 甘肃、陕西、云南、四川、湖北。

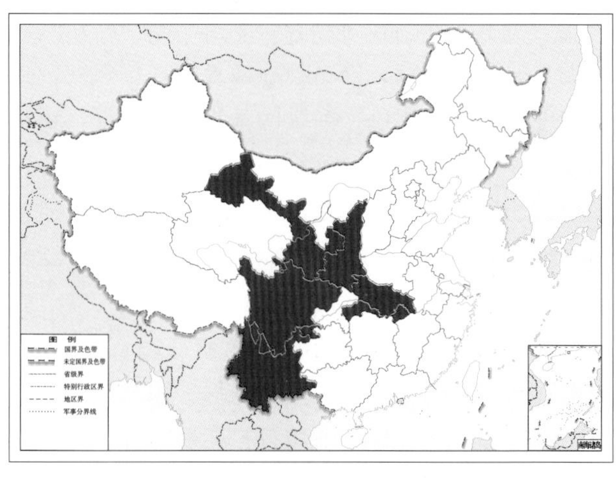

图 4-555-2 原完眼蝶角蛉 *Protidricerus exilis* 地理分布图

556. 日原完眼蝶角蛉 *Protidricerus japonicus* (McLachlan, 1891)

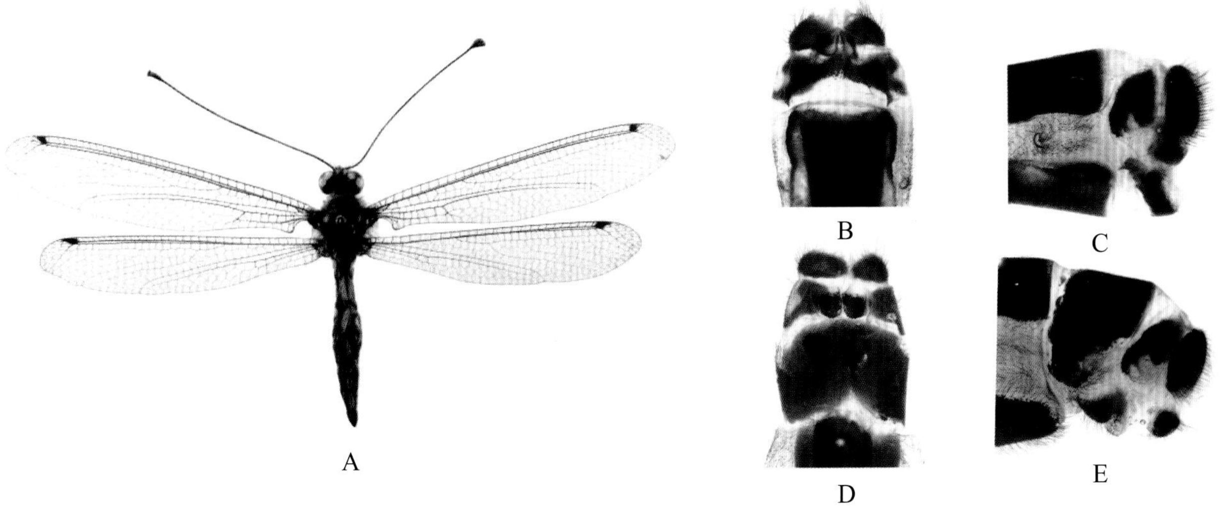

图 4-556-1 日原完眼蝶角蛉 *Protidricerus japonicus* 形态图

A. 成虫 B. 雄虫外生殖器腹面观 C. 雄虫外生殖器侧面观 D. 雌虫外生殖器腹面观 E. 雌虫外生殖器侧面观

【测量】 雄虫体长 31.0 ~ 34.0 mm，前翅长 35.0 ~ 38.0 mm，后翅长 29.0 ~ 33.0 mm；雌虫体长 30.0 ~ 34.0 mm，前翅长 39.0 ~ 42.0 mm，后翅长 33.0 ~ 38.0 mm。

【形态特征】 头部黑色，但颊浅黄色，唇基、上唇黄色，下颚须、下唇须基部黄褐色；头部被黑色长毛，但额被白色长毛，唇基具黄色毛；复眼黑褐色；触角褐色与黄褐色相间。胸部背板灰黑色，被黑色和白色长毛；腹面黑色，具灰色长毛。前翅外缘和后缘与前缘近平行；腋角钝圆，突出；翅透明，翅痣深褐色；前缘区横脉 31 ~ 32 条，Cu 区小室 4 ~ 5 排。后翅翅痣深褐色；Cu 区小室 3 排，CuA2 脉短于 CuA1 脉的 1/10。足褐色，跗节黑色，距和爪基部黑色，端部红褐色。腹部背板灰黑色，密被黑色短毛，但基部两侧具褐色和灰色长毛；腹基部腹板黄色，具白色长毛，其余节灰白色，有黑色基缘与红褐色端缘，密被黑色短毛。雄虫肛上片椭圆形；生殖弧宽拱形；阳基侧突屋脊状，端部靠近，基部远离，垫突不显著，有盾状片。雌虫腹瓣三角形，有内齿，舌片较显著；端瓣近椭圆形，约为腹瓣的 1/2。

【地理分布】 北京、河北、河南、湖北、甘肃、云南、四川；日本。

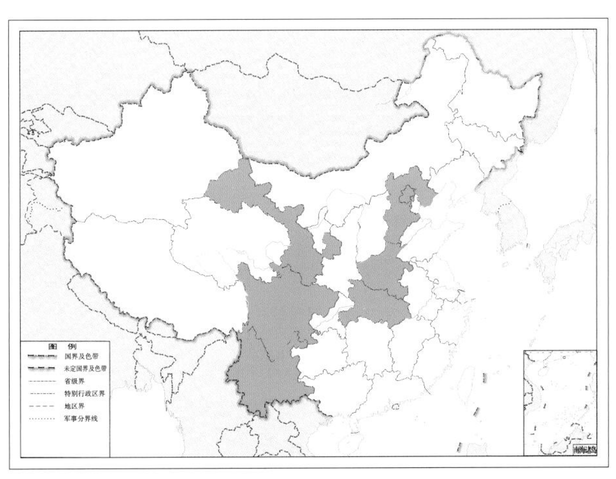

图 4-556-2 日原完眼蝶角蛉 *Protidricerus japonicus* 地理分布图

557. 狭翅原完眼蝶角蛉 *Protidricerus steropterus* Wang & Yang, 2002

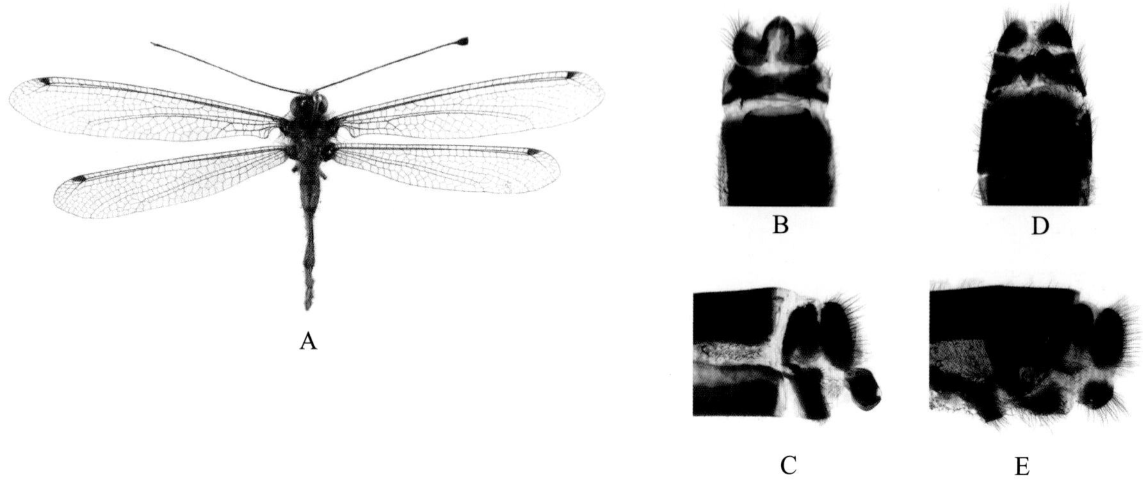

图 4-557-1 狭翅原完眼蝶角蛉 *Protidricerus steropterus* 形态图

A. 成虫 B. 雄虫外生殖器腹面观 C. 雄虫外生殖器侧面观 D. 雌虫外生殖器腹面观 E. 雌虫外生殖器侧面观

【测量】 雄虫体长 29.0 ~ 31.0 mm，前翅长 34.0 ~ 36.0 mm，后翅长 29.0 ~ 31.0 mm；雌虫体长 31.0 ~ 33.0 mm，前翅长 42.0 mm，后翅长 36.0 ~ 37.0 mm。

【形态特征】 头部黑色，但唇基和上唇黄褐色，下颚须、下唇须黄色；头部被白色长毛，但头顶也有黑褐色长毛；复眼黑色；触角黄褐色，约为前翅长的 2/3。胸部黑色，具黑色长毛，但中胸小盾片后缘具 1 排白色长毛，后胸具白色和黑色长毛，胸部腹面密被白色长毛。前翅极狭窄，外缘与后缘几乎连成直线，与前缘近平行；腋角钝圆，略突出；翅透明，翅脉褐色，翅痣黄褐色；前缘区横脉 30 ~ 31 条，Cu 区小室 4 ~ 5 排。后翅比前翅更窄；翅痣黄褐色；Cu 区小室 2 排，其中偶尔间插 1 ~ 2 个小室，不连成排，CuA2 脉约为 CuA1 脉的 1/9。足红褐色，跗节黑色，距和爪的端部红褐色。腹部黑色，有些个体部分节侧缘有黄色斑。雄虫肛上片椭圆形；生殖弧宽拱形；阳基侧突屋脊状，端部靠近，基部远离，垫突不显著，有盾状片。雌虫腹瓣三角形，无内齿，舌片较显著；端瓣近椭圆形，约为腹瓣的 1/2。

【地理分布】 北京、河南。

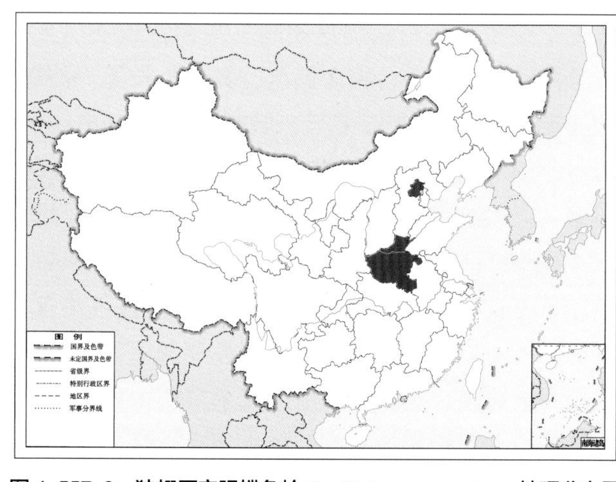

图 4-557-2 狭翅原完眼蝶角蛉 *Protidricerus steropterus* 地理分布图

裂眼蝶角蛉亚科 Ascalaphinae Lefèbvre, 1842

【鉴别特征】 复眼被 1 条横沟分为上下两半；触角长于或等于前翅的一半。

【生物学特征】 成虫多为捕食性，日间常在林间高速飞行，后停歇于树枝上；夜间具趋光性，一般傍晚最为活跃；与许多捕食性的蝶角蛉的成虫不同，丽蝶角蛉昆虫属见于日间高山草甸的花朵上，取食花粉。幼虫捕食性，许多种类幼虫栖息于树干、树叶上埋伏猎物。

【地理分布】 世界性分布。

【分类】 目前全世界已知 60 属 323 种，我国已知 10 属 23 种，本图鉴收录 9 属 18 种。

中国裂眼蝶角蛉亚科 Ascalaphinae 分属检索表

1. 翅上有亮黄色与深褐色形成的亮丽斑纹，翅近三角形；腹部短粗 ……………………… **丽蝶角蛉属 *Libelloides***

   翅上无亮黄色的斑纹，翅形多样 ……………………………………………………………… 2

2. 前翅腋角锥状，后翅基部细如柄状 …………………………………………………… **凸腋蝶角蛉属 *Nousera***

   前翅腋角非锥状，后翅基部不细如柄状 ………………………………………………………… 3

3. 翅近足形，后翅 A1 脉与后缘间有 1 排较长的斜脉，这些斜脉明显长于 A1 脉与 CuP 脉之间的横脉 ……………

   ……………………………………………………………………………… **足翅蝶角蛉属 *Protacheron***

   非上述特征 ……………………………………………………………………………………… 4

4. 翅端区小室 4 排，至少前翅如此；雄虫触角柄节呈圆柱形，突出于复眼之上；胸侧有 1 个黄色斜条斑 …… 5

   翅端区小室 3 排以下；雄虫触角柄节不呈圆柱形，低于复眼 ……………………………………… 6

5. 雌、雄虫腹部均短于后翅；雄虫肛上片突伸为钳状尾突；雄虫触角基部无锯齿 …… **脊蝶角蛉属 *Ascalohybris***

   雄虫腹部长于后翅，雌虫腹部短于后翅；雄虫肛上片非钳状尾突；雄虫触角基部有明显的锯齿 ………………

   ……………………………………………………………………………… **锯角蝶角蛉属 *Acheron***

6. 雄虫肛上片长尾突状，尾突中部有 1 个侧支；胸部密被长毛 ………………………… **尾蝶角蛉属 *Bubopsis***

   雄虫肛上片非长尾状；胸部长毛稀疏 …………………………………………………………… 7

7. 体以黄色为主，胸侧及足几乎全为黄色；额、唇基和颊为亮黄色；雌雄虫腹部均短于后翅 ……………………

   ……………………………………………………………………………… **蝶角蛉属 *Ascalaphus***

   体以黑色或深褐色为主 …………………………………………………………………………… 8

8. 前翅端区小室 3 排，若 2 排则雄虫腹部明显长于后翅 ……………………………… **玛蝶角蛉属 *Maezous***

   前翅端区小室多为 2 排，雄虫腹部与后翅等长或略长于后翅，若前翅端区 3 排小室，且翅形宽，近三角形，则翅上无显著的深色前缘 ……………………………………………………… **苏蝶角蛉属 *Suphalomitus***

（一〇四）锯角蝶角蛉属 *Acheron* Lefèbvre, 1842

【鉴别特征】 触角长，几乎伸达翅痣，雄虫触角基部内侧具短齿，锤状部梨形，端部平截。复眼有横沟，上半部稍大于下半部。翅较宽阔，后缘与外缘形成深弧线，外缘约为后缘的 2 倍；前翅腋角略突出，翅痣长，端区小室 3 ~ 4 排。翅完全透明，或前缘区为茶褐色，或后翅大部分为茶褐色，前翅基部与前缘区茶褐色。雄虫腹部长于后翅，雌虫腹部短于后翅。雄虫肛副器短突状。

【地理分布】 主要分布于亚洲东南部。

【分类】 目前全世界已知仅 1 种，我国有分布，本图鉴收录 1 种。

558. 锯角蝶角蛉 *Acheron trux* (Walker, 1853)

图 4-558-1 锯角蝶角蛉 *Acheron trux* 形态图

A. 成虫 B. 雄虫外生殖器腹面观 C. 雄虫外生殖器侧面观 D. 雌虫外生殖器腹面观 E. 雌虫外生殖器侧面观

【测量】 雄虫体长 43.0 ~ 49.0 mm，前翅长 36.0 ~ 39.0 mm，后翅长 31.0 ~ 34.0 mm；雌虫体长 34.0 ~ 38.0 mm，前翅长 35.0 ~ 44.0 mm，后翅长 32.0 ~ 38.0 mm。

【形态特征】 头部褐色至棕红色，近复眼处黄色，密被黄色和黑色长毛；复眼棕红色，密布深褐色斑点；触角棕黄色至褐色，雄虫触角鞭节的基部有 8 ~ 9 个内齿，第 1 齿最大，雌虫触角基部无齿。胸背面黄色，但前胸背板有 2 条黑色横纹，中胸有 1 条深褐色中纵带和 1 对褐色侧纵带；胸侧面和腹面黑色，有 1 条黄色宽条斑从后胸斜伸至前足之后。前翅外缘与后缘转向明显，腋角微凸；翅完全透明，或前缘区茶褐色，或后翅大部分、前翅基部与前缘区茶褐色；翅痣长，深褐色；前缘区横脉雌虫 40 ~ 41 条，雄虫 34 ~ 38 条，端区小室 4 排，Cu 区小室 5 ~ 6 排。后翅比前翅略宽；翅痣深褐色；端区小室 3 ~ 4 排，Cu 区小室 5 ~ 6 排；CuA2 脉与 CuA1 脉的夹角近 90°，CuA2 脉短于或约等于 CuA1 脉的 1/5。腹部深棕色至黑色，基部两节背板颜色常比较浅。雄虫肛上片下方有向后伸的短突；生殖弧宽，腹面观屋脊状；阳基侧突新月形相对，垫突显著，有盾状片。雌虫腹瓣卵圆形，有 1 个内齿，1 对舌片；端瓣长卵形，约为腹瓣的 2/3。

【地理分布】 浙江、福建、江西、河南、湖北、湖南、广西、海南、四川、贵州、云南、西藏、陕西、台湾；印度，孟加拉国，不丹，缅甸，泰国，马来西亚，日本。

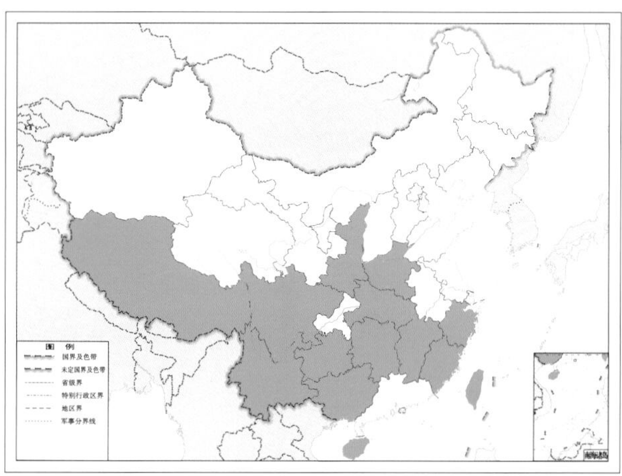

图 4-558-2　锯角蝶角蛉 *Acheron trux* 地理分布图

（一〇五）蝶角蛉属 *Ascalaphus* Fabricius, 1775

【鉴别特征】 头部黄色。足黄色。前翅腋角钝，不突出。雌、雄虫腹部均短于后翅。触角超过体长的 2/3。雄虫肛上片不延长。

【地理分布】 主要分布于非洲和亚洲。

【分类】 目前全世界已知 26 种，我国已知 2 种，本图鉴收录 2 种。

中国蝶角蛉属 *Ascalaphus* 分种检索表

1\. 中胸盾片前缘在盾沟上方无突起，胸背板黄色，前盾片有 1 对黑色横纹，盾片有一粗一细 2 对深褐色条斑 ……………………………… 迪蝶角蛉 *Ascalaphus dicax*

中胸盾片前缘在盾沟上有片状突起，胸背板黄色，具 1 对 黑色宽纵带，贯穿整个胸背部 ……………………………… 胸突蝶角蛉 *Ascalaphus placidus*

559. 迪蝶角蛉 *Ascalaphus dicax* Walker, 1853

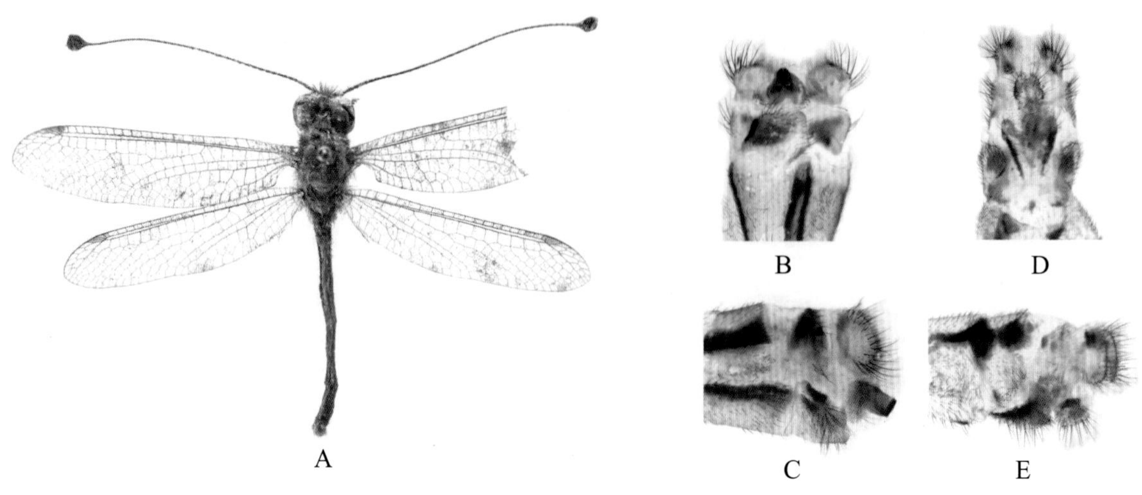

图 4-559-1 迪蝶角蛉 *Ascalaphus dicax* 形态图

A. 成虫 B. 雄虫外生殖器腹面观 C. 雄虫外生殖器侧面观 D. 雌虫外生殖器腹面观 E. 雌虫外生殖器侧面观

【测量】 雄虫体长 23.0 mm，前翅长 26.0 mm，后翅长 23.0 mm；雌虫体长 26.0 mm，前翅长 30.0 mm，后翅长 25.0 mm。

【形态特征】 头部黄色，密被黄褐色长毛，但颜面、后头具白色长毛，颊光滑无毛；复眼红棕色，密布深褐色斑点；触角褐色，但柄节粗，黄色。胸部黄色，但中胸前盾片有 1 对黑色横纹，中胸盾片上有 2 对一粗一细的深褐色纵条斑，前足与中足侧面之间及肩部深褐色；前胸侧片端突不显著膨大，颜色深，被灰色长毛。前翅透明，翅根黄色，翅脉黄色；翅痣黄褐色；端区小室 2 ~ 3 排，Cu 区小室 3 ~ 4 排。后翅翅痣黄褐色；端区小室 2 排，Cu 区小室 2 ~ 3 排；CuA2 脉与 CuA1 脉的夹角近 90°，CuA2 脉约为 CuA1 脉的 1/5 ~ 1/7。足黄色，距褐色，超过第 1 跗节末端。腹部红棕色，两侧深褐色。雄虫肛上片椭圆形。雌虫腹瓣卵圆形，内齿不显著，1 对舌片；端瓣短宽，约为腹瓣的 2/3。

【地理分布】 贵州、广西；印度，东南亚。

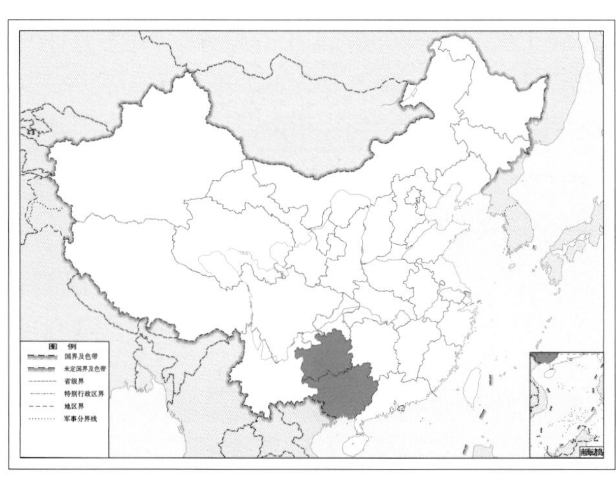

图 4-559-2 迪蝶角蛉 *Ascalaphus dicax* 地理分布图

560. 胸突蝶角蛉 *Ascalaphus placidus* (Gerstaecker, 1894)

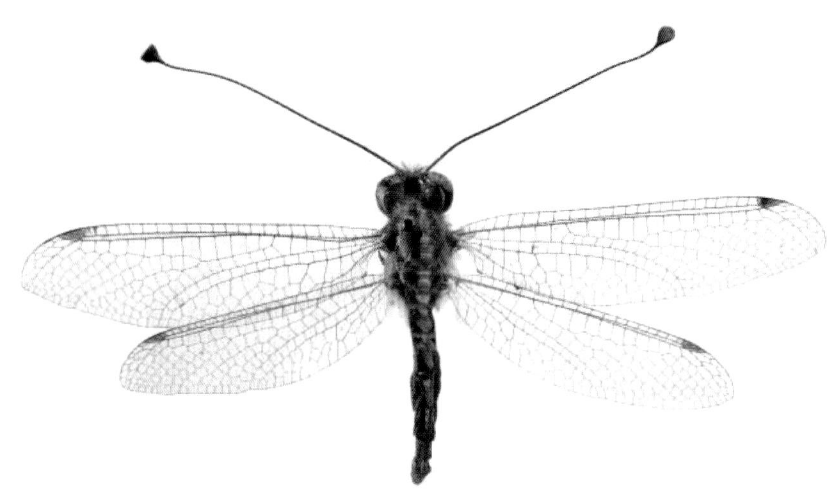

图 4-560-1　胸突蝶角蛉 *Ascalaphus placidus* 成虫图

【测量】 雄虫体长 22.0 ~ 24.0 mm，前翅长 23.0 ~ 25.0 mm，后翅长 20.0 ~ 21.0 mm；雌虫体长 22.0 ~ 26.0 mm，前翅长 27.0 ~ 31.0 mm，后翅长 23.0 ~ 27.0 mm。

【形态特征】 头顶褐色，额、颊、唇基、上唇、后头、上颚基部、下颚须和下唇须黄色；头部密被黄色和灰色长毛；复眼棕色，密布黑色斑点；触角褐色，柄节黄色，触角膨大部分有黄色细横纹。胸部黄色，具 1 对黑色宽纵斑；胸部被灰色长毛。前翅透明，翅根黄色，翅脉褐色；翅痣大，深褐色；前缘区横脉 21 ~ 25 条，翅端区小室 2 排，Cu 区小室 3 ~ 4 排。后翅短于前翅，翅根黄色；翅痣大，深褐色；翅端区小室 2 排，Cu 区小室 2 排；CuA2 脉短于或约等于 CuA1 脉的 1/7。足黄色，距、爪红褐色；后足距达第 2 跗节中部。腹部黄色，腹板两侧有黑色条斑。雄虫肛上片椭圆形；生殖弧宽拱形；阳基侧突新月形相对，垫突不显著，盾状片无。雌虫腹瓣三角形，内齿不显著，舌片不显著；端瓣长卵形，约为腹瓣的 2/3。

【地理分布】 安徽、福建、江西、湖北、广西、台湾；印度尼西亚，马来西亚。

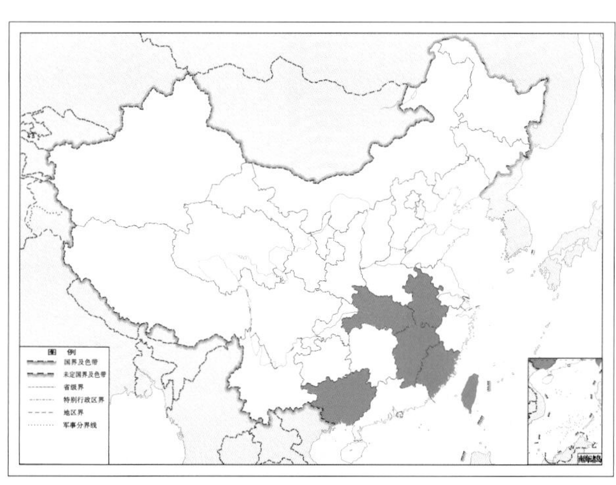

图 4-560-2　胸突蝶角蛉 *Ascalaphus placidus* 地理分布图

（一〇六）脊蝶角蛉属 *Ascalohybris* Sziráki, 1998

【鉴别特征】 触角光裸，与前翅等长或至少达翅痣。复眼上下两半几乎等大。翅较宽，前翅腋角钝，略突出，端区小室 4 排，Cu 区小室 6 ~ 7 排；后翅 CuA2 脉短，约为 CuA1 脉长度的 1/15 ~ 1/14。腹部长筒形，光裸，两性腹部均短于后翅，约为后翅长的 2/3。雄虫的肛上片长，钳状。

【地理分布】 主要分布在东南亚，我国和日本、朝鲜半岛也有少数种。

【分类】 目前全世界已知 13 种，我国已知 4 种，本图鉴收录 2 种。

中国脊蝶角蛉属 *Ascalohybris* 分种检索表

1. 额、颊颜色相同；雄虫尾突长为宽的 4 倍以上 ……………………………… **黄脊蝶角蛉 *Ascalohybris subjacens***

   额、颊颜色不相同；颊在复眼周围形成浅色边，雄虫尾突长约为宽的 3 倍 ……………………………………………………………………………………………… **浅边脊蝶角蛉 *Ascalohybris oberthuri***

561. 黄脊蝶角蛉 *Ascalohybris subjacens* (Walker, 1853)

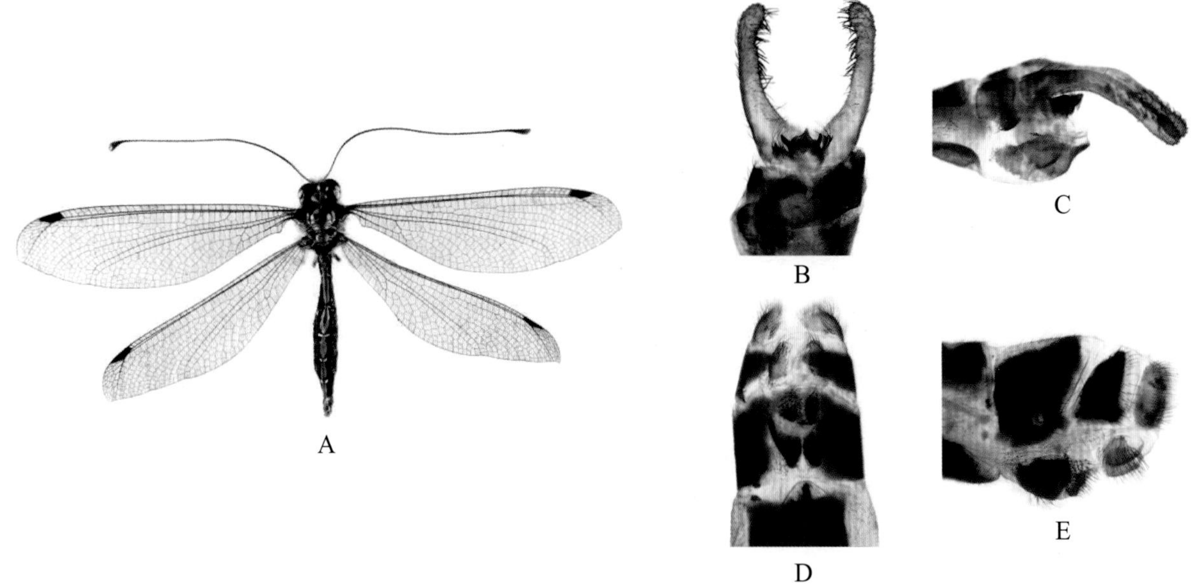

图 4-561-1 黄脊蝶角蛉 *Ascalohybris subjacens* 形态图

A. 成虫 B. 雄虫外生殖器腹面观 C. 雄虫外生殖器侧面观 D. 雌虫外生殖器腹面观 E. 雌虫外生殖器侧面观

【测量】 雄虫体长 30.0 ~ 36.0 mm，前翅长 32.0 ~ 40.0 mm，后翅长 27.0 ~ 36.0 mm；雌虫体长 31.0 ~ 34.0 mm，前翅长 36.0 ~ 39.0 mm，后翅长 33.0 ~ 36.0 mm。

【形态特征】 头部红棕色，但后头黄色，下唇须和下颚须浅黄色；头部具浅黄色和黑色的细长毛；复眼褐色，具黑色小斑；触角褐色，节间色浅。胸部背面黄色至黄褐色，具 1 对深褐色或黑色宽纵带，前胸还具 1 条黑色横条纹。前翅透明或浅茶褐色，翅根黄色；翅痣深褐色；前缘区横脉 33 ~ 36 条。后翅翅痣深褐色；端区小室 4 排，Cu 区小室 5 ~ 6 排；CuA2 脉与 CuA1 脉的夹角约 60°。足红棕色，距和爪黑色；后足距约与第 1 跗节等长。腹部褐色，节间处有灰色条斑，但雌虫腹部背中央具黄棕色纵带，节间处有 1 对白色条斑。雄虫肛上片长尾状；生殖弧宽拱形，向后伸出 1 个尖突；阳基侧突骨化强，尖凸形；垫突瘤突状，多黑色刚毛；无盾状片；第 9 腹板有 1 个向后伸的尖突。雌虫腹瓣三角形，有 1 个内齿，1 对舌片；端瓣长卵形，约为腹瓣的 3/4。

【地理分布】 北京、江苏、浙江、安徽、福建、江西、山东、河南、湖北、湖南、广西、海南、四川、贵州、云南、台湾；日本，朝鲜，柬埔寨，越南。

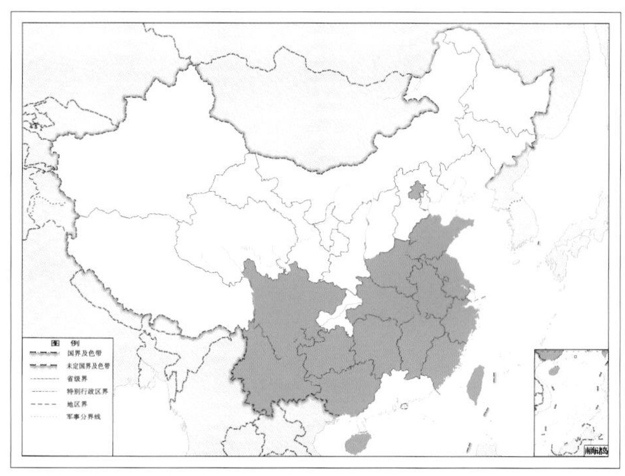

图 4-561-2 黄脊蝶角蛉 *Ascalohybris subjacens* 地理分布图

562. 浅边脊蝶角蛉 *Ascalohybris oberthuri* (Navás, 1923)

图 4-562-1 浅边脊蝶角蛉 *Ascalohybris oberthuri* 成虫图

【测量】 雄虫体长 33.0 mm，前翅长 34.0 mm，后翅长 30.0 mm。

【形态特征】 头部红棕色，仅两颊有围绕复眼的黄边；头顶具浅黄色和黑色长毛；复眼黄色，密被黑色小斑；触角褐色，基部颜色较浅。胸部黄色，但前胸背板有 1 条黑色横纹；中胸背板前盾片前缘与侧缘黑色，中央有 1 条黑色纵纹，盾片上有 1 对黑色纵带，小盾片有 1 对月牙形黑色斑；后胸背板有 1 对黑色纵纹。前翅透明或浅茶褐色，翅根黄色；翅痣深褐色；前缘区横脉 35 ~ 36 条。后翅翅痣深褐色；端区小室 3 ~ 4 排，Cu 区小室 4 ~ 5 排；CuA2 脉与 CuA1 脉的夹角约 70°。足红棕色，距和爪黑色；后足距约与第 1 跗节等长。腹部棕色，两侧黑色，尤其基部几节较显著。

【地理分布】 云南；马来西亚，泰国，越南。

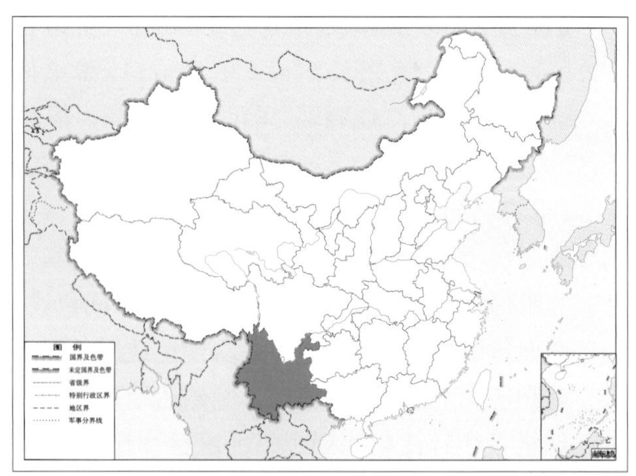

图 4-562-2 浅边脊蝶角蛉 *Ascalohybris oberthuri* 地理分布图

（一〇七）尾蝶角蛉属 *Bubopsis* McLachlan, 1898

【鉴别特征】 复眼具横沟，复眼上下两半等大；触角伸达前翅的 2/3，触角端部膨大部较宽，末端几乎平截。翅狭长，前翅的外缘与前缘几乎平行，腋角钝，略突出；翅痣较小。腹部短，两性腹部均约为后翅长的一半。雄虫肛上片延伸呈长尾突，接近腹部长度的 1/2，长尾突上有 1 个短的旁支。

【地理分布】 主要分布于非洲、欧洲、亚洲中部和西部。

【分类】 目前全世界已知 9 种，我国已知仅 1 种，本图鉴收录 1 种。

563. 叉尾蝶角蛉 *Bubopsis tancrei* van der Weele, 1908

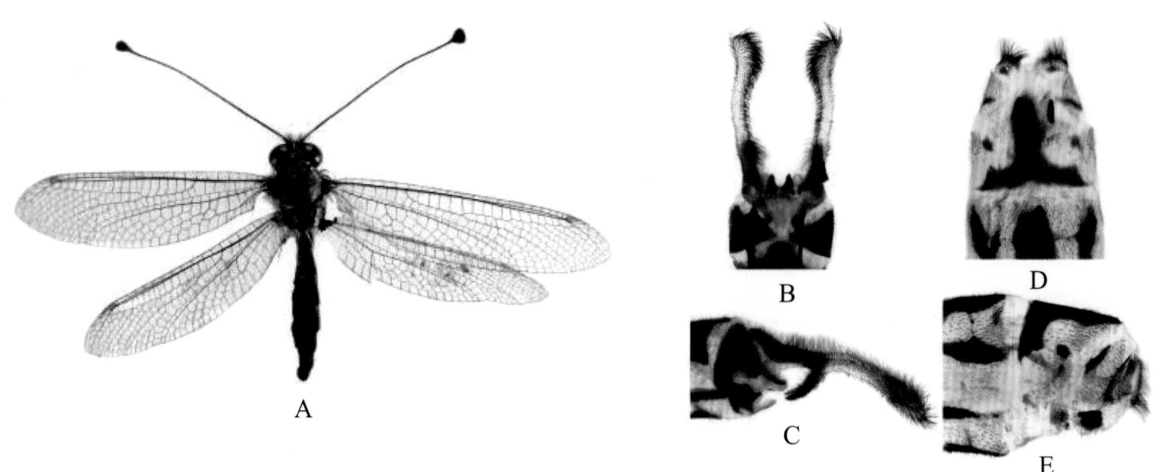

图 4-563-1 叉尾蝶角蛉 *Bubopsis tancrei* 形态图

A. 成虫 B. 雄虫外生殖器腹面观 C. 雄虫外生殖器侧面观 D. 雌虫外生殖器腹面观 E. 雌虫外生殖器侧面观

【测量】 雄虫体长 22.0 ~ 23.0 mm，前翅长 29.0 ~ 30.0 mm，后翅长 25.0 mm；雌虫体长 25.0 ~ 26.0 mm，前翅长 32.0 mm，后翅长 29.0 mm。

【形态特征】 头部黄褐色，密被白色长毛；复眼深褐色；触角深褐色，基部色较浅，每节端部具浅色窄环；触角膨大部基部黄褐色，端部深褐色。胸部黑色，具 3 对大的黄色斑；胸侧密被白色长毛。前翅透明，翅脉褐色；翅痣黄色；翅前缘区小室 21 ~ 25 条，端区小室 2 ~ 3 排，Cu 区小室 4 ~ 5 排。后翅翅痣黄色；端区小室 2 ~ 3 排，Cu 区小室 3 ~ 4 排；CuA1 脉约为 CuA2 脉的 1/10。足黄褐色，跗节每节端部褐色，爪和距红褐色，后足距达第 2 跗节末端。腹部黄褐色，腹背板中央及侧缘有黑色斑纹，基部被白色长毛。雄虫肛上片长尾状，在尾突的近中部有 1 个向下的旁支；生殖弧不显著，阳基侧突骨化强，尖凸形，垫突不显著，无盾状片。雌虫腹瓣极小，无内齿，无舌片；端瓣长瓣形，显著大于腹瓣；肛上片下部微微向后突。

【地理分布】 新疆；哈萨克斯坦，土库曼斯坦，乌兹别克斯坦。

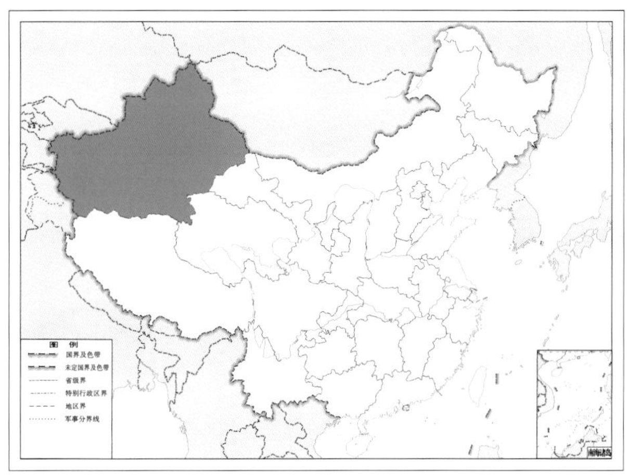

图 4-563-2　叉尾蝶角蛉 *Bubopsis tancrei* 地理分布图

（一〇八）丽蝶角蛉属 *Libelloides* Schäffer, 1763

【鉴别特征】 翅较不透明，多有亮黄色和深褐色斑，翅三角形，短宽；前翅 CuA2 脉几乎与 CuP 脉平行延伸至翅缘，不相交。腹部短粗。雄虫肛上片延长成尾突。

【地理分布】 主要分布于亚洲、欧洲、非洲北部。

【分类】 目前全世界已知 20 种，我国已知 2 种，本图鉴收录 2 种。

中国丽蝶角蛉属 *Libelloides* 分种检索表

1. 前翅有褐色大斑，后翅端部深褐色，有 1 个黄色大斑 ……………………… **斑翅丽蝶角蛉 *Libelloides macaronius***

　前翅无褐色大斑，后翅端部浅褐色，无黄色大斑 ……………………………… **黄花丽蝶角蛉 *Libelloides sibiricus***

564. 斑翅丽蝶角蛉 *Libelloides macaronius* (Scopoli, 1763)

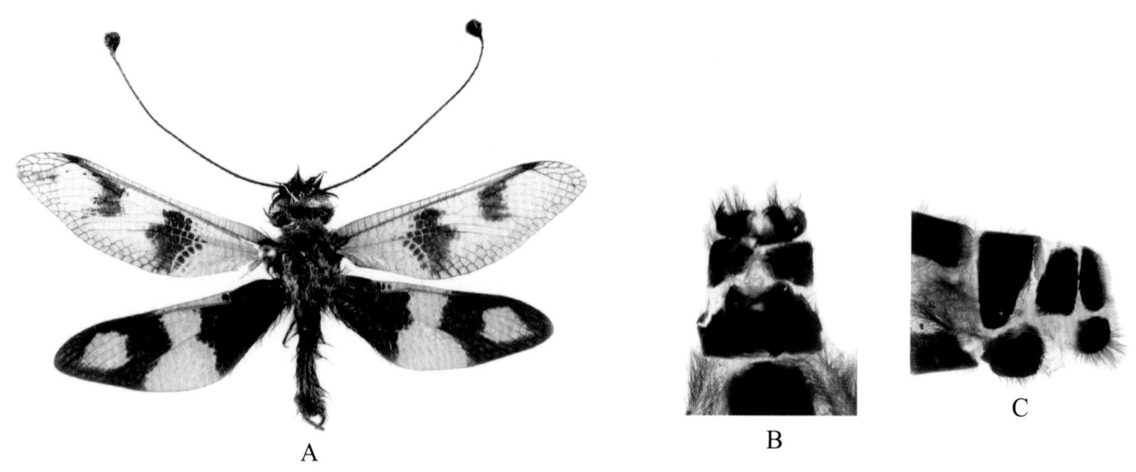

图 4-564-1 斑翅丽蝶角蛉 *Libelloides macaronius* 形态图
A. 成虫 B. 雌虫外生殖器腹面观 C. 雌虫外生殖器侧面观

【测量】 雄虫体长 17.0 mm，前翅长 21.0 mm，后翅长 18.0 mm；雌虫体长 20.0 mm，前翅长 23.0 ~ 24.0 mm，后翅长 19.0 ~ 20.0 mm。

【形态特征】 头部黑色，密被白色和棕黄色长毛；复眼褐色；触角褐色，节间颜色较深。胸部黑色，前胸背板前缘及后缘黄色，中胸背板上有 4 ~ 8 对黄色斑，有些个体侧面前翅下方具 2 个黄色斑块；前胸背板前缘具白色长毛，后缘具黑色和棕色长毛。腹面密被灰色长毛。前翅基部 1/3 明黄色，端部 2/3 透明无色，在明黄区与透明区交界处有 1 个大的近似菱形的褐色斑块，翅痣内侧有 1 个弯月形褐色斑；翅痣深褐色。后翅基部褐色，中部明黄色，端部深褐色，在端部的深褐色区有 1 个亮黄色大圆斑。足基节到股节基半部黑色，股节端半部至胫节末端橘黄色，跗节、爪和距黑色。腹部黑色，具浓密的黑色绒毛。雄虫肛上片下方突出呈长尾状，尾突的端部上翘；生殖弧门洞形；阳基侧突新月形相对，垫突不显著，有盾状片；第 9 节腹板后缘中部内凹。雌虫腹瓣卵圆形，无内齿，舌片不显著；端瓣近椭圆形，约为腹瓣的 1/2。

【地理分布】 新疆；土耳其，俄罗斯，格鲁吉亚，亚美尼亚，阿塞拜疆，伊朗，叙利亚，巴尔干半岛，斯洛文尼亚。

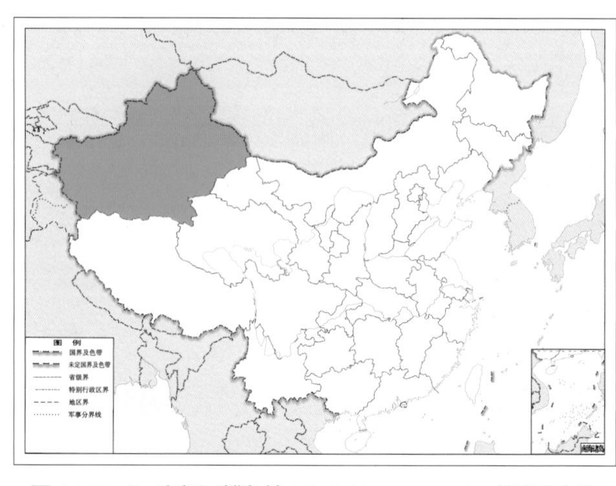

图 4-564-2 斑翅丽蝶角蛉 *Libelloides macaronius* 地理分布图

565. 黄花丽蝶角蛉 *Libelloides sibiricus* (Eversmann, 1850)

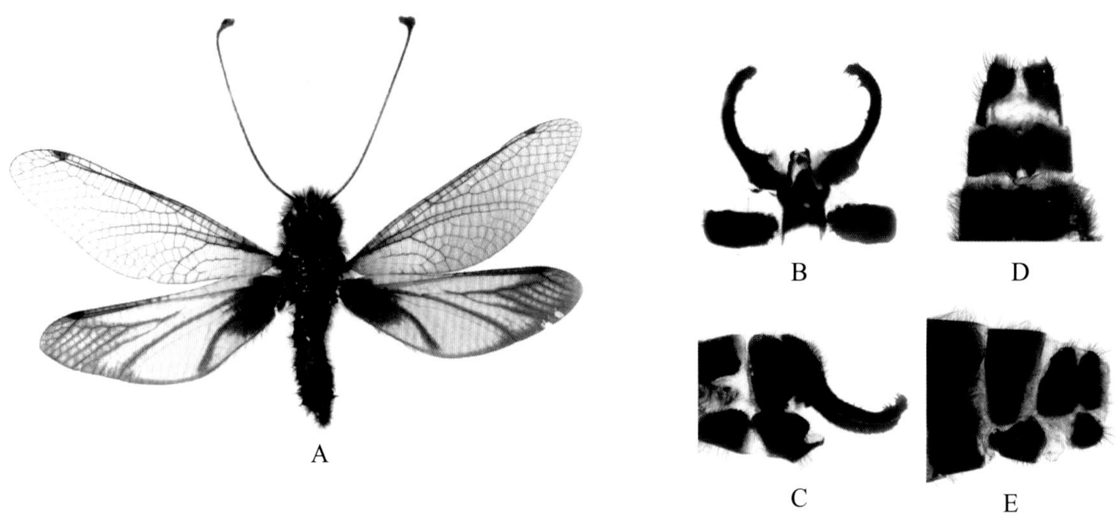

图 4-565-1　黄花丽蝶角蛉 *Libelloides sibiricus* 形态图

A. 成虫　B. 雄虫外生殖器腹面观　C. 雄虫外生殖器侧面观　D. 雌虫外生殖器腹面观　E. 雌虫外生殖器侧面观

【测量】 雄虫体长 17.0 ~ 23.0 mm，前翅长 22.0 ~ 28.0 mm，后翅长 18.0 ~ 23.0 mm；雌虫体长 19.0 ~ 25.0 mm，前翅长 25.0 ~ 29.0 mm，后翅长 22.0 ~ 26.0 mm。

【形态特征】 头部黑色，密被黑色和黄色长毛；复眼黑色；触角黑褐色，具褐色细环。胸部黑色，前胸有黄色横纹，中胸背板上有 4 ~ 8 对小的黄色斑。胸侧前翅下方有 2 个大的黄色斑。前翅大部分透明，略带茶色，翅脉褐色，翅基部 1/4 黄色；翅痣褐色。后翅基部约 1/4 深褐色，中间大部分黄色，2 条褐色斑纹沿 M 脉与 CuP 脉形成，翅端部约 1/4 茶褐色，RP 脉分支形成褐色网格状。足基节到股节基半部黑色，股节端半部至胫节末端黄色，跗节、爪和距黑色。雄虫肛上片下方突出呈长尾状，尾突的端部上翘；生殖弧门洞形；阳基侧突新月形相对，垫突不显著；无盾状片；第 9 节腹板后缘中部内凹。雌虫瓣卵圆形，无内齿，舌片不显著；端瓣近椭圆形，约为腹瓣的 1/2。

【地理分布】 北京、河北、山西、内蒙古、辽宁、吉林、山东、河南、陕西、甘肃；朝鲜，俄罗斯。

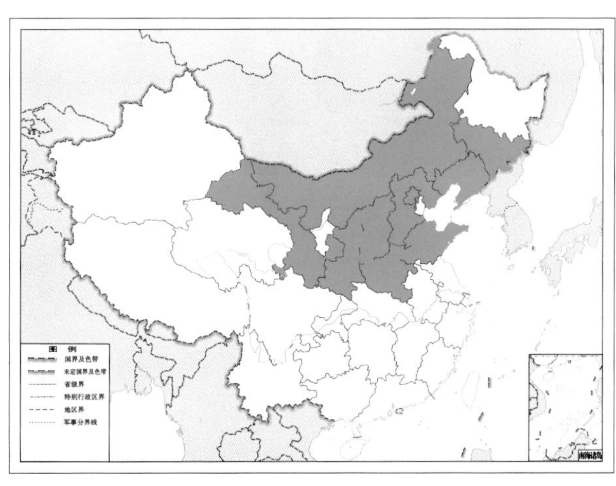

图 4-565-2　黄花丽蝶角蛉 *Libelloides sibiricus* 地理分布图

（一〇九）玛蝶角蛉属 *Maezous* Ábrahám, 2008

【鉴别特征】 体瘦长，中等大小。头与胸部等宽。头顶有柔软的长毛，触角超过前翅翅基至翅痣距离的一半。胸部有中等密集的毛。前后翅狭长，端区钝圆；前翅腋角钝，不显著；前翅端区小室 3 排。足瘦长，第 5 跗节约为第 1～4 跗节之和。雌虫腹部短粗，雄虫腹部细长。肛上片有或长或短的延伸。

【地理分布】 亚洲。

【分类】 目前全世界已知 17 种，我国已知 5 种，本图鉴收录 4 种。

中国玛蝶角蛉属 *Maezous* 分种检索表

1. 后翅近三角形，外缘与前缘不平行，前缘区颜色加深 …… 2
   后翅近长方形，外缘与前缘几乎平行，前缘区颜色不加深 …… 4
2. Cu 区小室前翅 4～5 排，后翅 3～4 排，翅前缘区和亚前缘区褐色延伸到翅痣之后，端区有一半透明 …… 尖峰岭玛蝶角蛉 *Maezous jianfenglinganus*
   Cu 区小室前翅 5～6 排，后翅 4～5 排，端区透明或大部分褐色 …… 3
3. 翅烟褐色，端区透明；胸背无显著斑纹，胸侧前 1/3 深褐色，后 2/3 浅褐色 …… 烟翅玛蝶角蛉 *Maezous fumialus*
   翅透明无色，端区深褐色；胸背黄色，有显著的黑色斑纹，胸侧下半部黑色，上半部黄色 …… 褐边玛蝶角蛉 *Maezous fuscimarginatus*
4. 体长 25.0 mm，雄虫腹部短于前翅 …… 短腹玛蝶角蛉 *Maezous formosanus*
   体长 30.0 mm 以上，雄虫腹部显著长于前翅 …… 狭翅玛蝶角蛉 *Maezous umbrosus*

566. 烟翅玛蝶角蛉 *Maezous fumialus* (Wang & Sun, 2008)

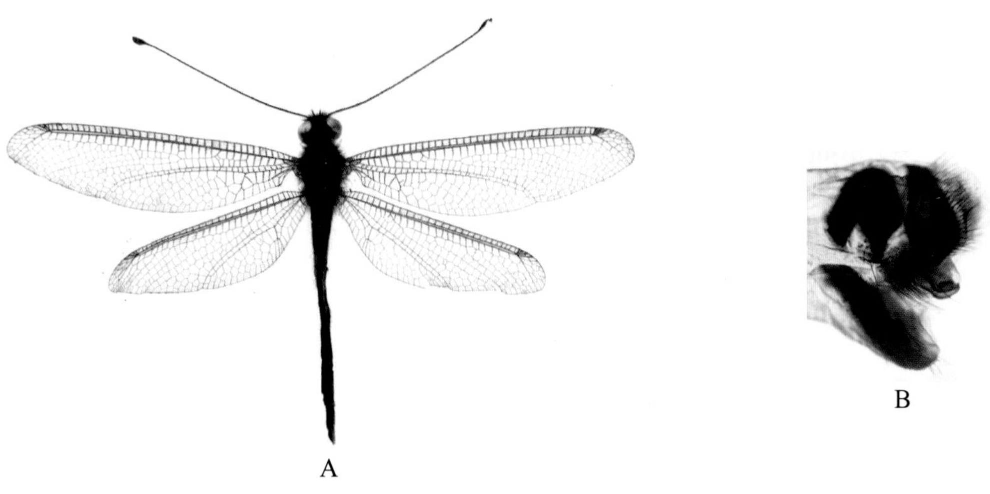

图 4-566-1 烟翅玛蝶角蛉 *Maezous fumialus* 形态图

A. 成虫 B. 雄虫外生殖器侧面观

【测量】 雄虫体长 40.0 ~ 45.0 mm，前翅长 37.0 ~ 45.0 mm，后翅长 29.0 ~ 33.0 mm。

【形态特征】 头部棕褐色，但唇基、上唇黄褐色；头部具褐色和棕色长毛；复眼灰黑色；触角深褐色，每节端部具浅褐色窄环，膨大部黑色。胸部深褐色，被灰色长毛。前翅烟褐色，翅脉灰色，前缘区黄褐色，前缘区横脉、Sc 脉和 RP 脉深褐色；翅痣深褐色；前缘区横脉 40 条，端区小室 3 排，Cu 区小室 5 ~ 6 排。后翅近三角形；翅痣比前翅的翅痣略长；端区小室 3 排，Cu 区小室 4 ~ 5 排；CuA2 脉长约为 CuA1 脉的 1/7。足褐色，胫节深褐色，跗节黑色，爪和距红褐色，后足距达第 1 节末端。腹部黑色，基部腹面黄色。雄虫肛上片侧面观椭圆形，下方有山字形短突；生殖弧宽片状；阳基侧突新月形相对，垫突不显著，有盾状片。

【地理分布】 广西。

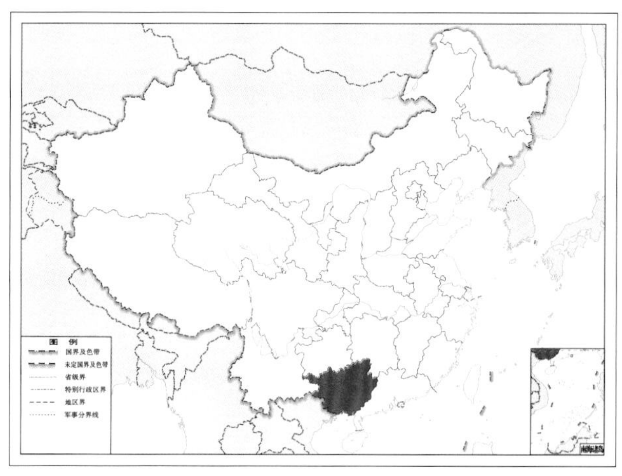

图 4-566-2 烟翅玛蝶角蛉 *Maezous fumialus* 地理分布图

567. 褐边玛蝶角蛉 *Maezous fuscimarginatus* (Wang & Sun, 2008)

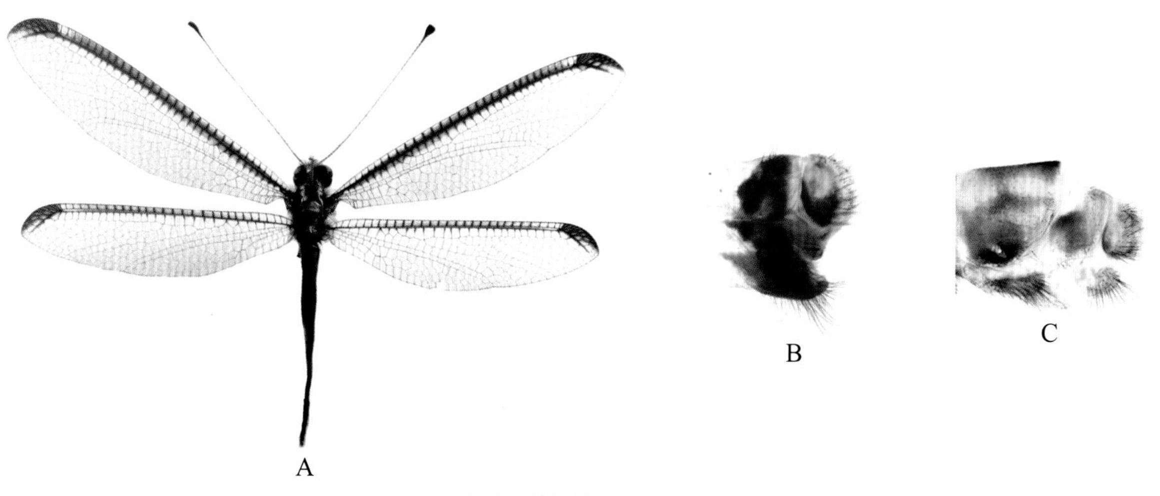

图 4-567-1 褐边玛蝶角蛉 *Maezous fuscimarginatus* 形态图

A. 成虫 B. 雄虫外生殖器侧面观 C. 雌虫外生殖器侧面观

【测量】 雄虫体长 45.0 mm，前翅长 39.0 mm，后翅长 31.0 mm；雌虫体长 45.0 ~ 48.0 mm，前翅长 42.0 ~ 43.0 mm，后翅长 34.0 ~ 35.0 mm。

【形态特征】 头部褐色，但唇基、上唇黄色；头部具黄色和灰色长毛。复眼灰黑色。触角黄色，端部颜色渐深，膨大部黑色。胸部黄色，有 1 对宽的黑色纵带；胸部侧面黑色，但中胸上部 1/3 和后胸侧片黄色。前翅透明，翅脉褐色，前缘区黄褐色，前缘区横脉、Sc 脉和 RP 脉深褐色，端区大部分与翅痣颜色相同；翅痣深褐色；前缘区横脉 34 条，端区小室 3 排，Cu 区小室 5 ~ 6 排。后翅近三角形，端区小室 3 排，Cu 区小室 4 ~ 5 排。足股节由浅黄色渐变为棕色，胫节褐色，跗节黑色；后足距伸达基跗节末端。腹部黄棕色，两侧颜色较深。雄虫肛上片侧面观椭圆形，下方有指形短突；生殖弧宽片状；阳基侧突新月形相对，垫突不显著，有盾状片。雌虫腹瓣长茄形，无内齿，舌片不显著；端瓣近椭圆形，约为腹瓣的 1/2。

【地理分布】 云南。

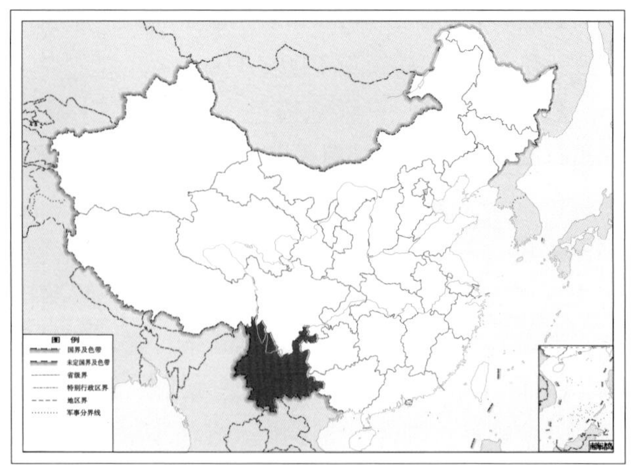

图 4-567-2 褐边玛蝶角蛉 *Maezous fuscimarginatus* 地理分布图

568. 尖峰岭玛蝶角蛉 *Maezous jianfenglinganus* (Yang & Wang, 2002)

图 4-568-1 尖峰岭玛蝶角蛉 *Maezous jianfenglinganus* 形态图
A. 成虫 B. 雄虫外生殖器侧面观

【测量】 雄虫体长 36.0 ~ 38.0 mm，前翅长 32.0 ~ 34.0 mm，后翅长 26.0 ~ 27.0 mm；雌虫体长 27.0 mm，前翅长 33.0 mm，后翅长 27.0 mm。

【形态特征】 头部褐色，但唇基、上唇棕黄色；头部密被黄褐色长毛，唇基基部具 1 排黑色长毛；复眼黑色；触角棕黄色，膨大部深褐色。胸部深褐色，背面具 1 对黄色纵条纹。中后胸侧片黄色。前翅翅痣褐色；前缘区和亚前缘区褐色，一直延伸到翅痣之后，翅端区一半透明；前缘区横脉 35 ~ 38 条，端区小室 3 排，Cu 区小室 4 ~ 5 排。后翅近三角形前缘区茶色比前翅淡；翅痣褐色；端区小室 2 ~ 3 排，Cu 区小室 3 ~ 4 排；CuA2 脉与 CuA1 脉的夹角近 90°。足股节黄色，胫节、跗节深褐色，爪和距红褐色，后足距超出第 1 跗节末端。腹部深棕色，局部色浅。雄虫肛上片侧面观椭圆形，下方有指形短突；生殖弧宽片状；阳基侧突新月形相对，垫突浅色瘤状，有盾状片。雌虫腹瓣长茄形，无内齿，舌片不显著；端瓣近椭圆形，约为腹瓣的 1/2。

【地理分布】 云南、广东、海南。

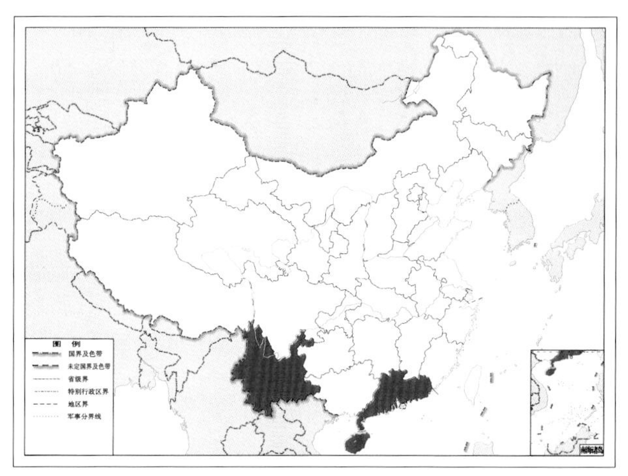

图 4-568-2　尖峰岭玛蝶角蛉 *Maezous jianfenglinganus* 地理分布图

569. 狭翅玛蝶角蛉 *Maezous umbrosus* (Esben-Petersen, 1913)

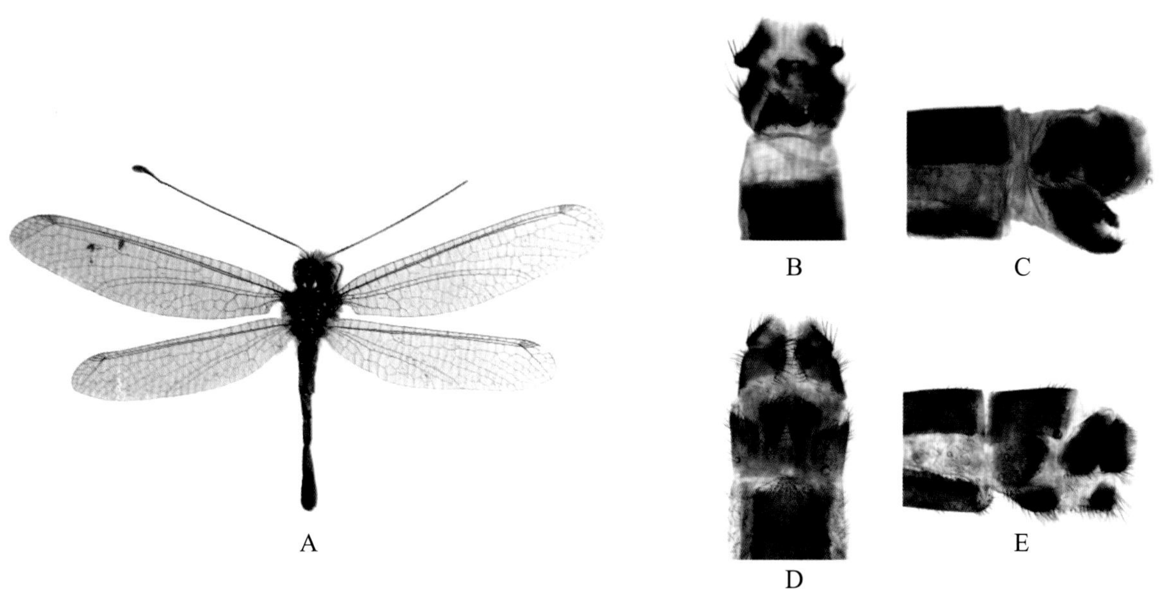

图 4-569-1　狭翅玛蝶角蛉 *Maezous umbrosus* 形态图

A. 成虫　B. 雄虫外生殖器腹面观　C. 雄虫外生殖器侧面观　D. 雌虫外生殖器腹面观　E. 雌虫外生殖器侧面观

【测量】 雄虫体长 42.0 ~ 45.0 mm，前翅长 29.0 ~ 31.0 mm，后翅长 24.0 ~ 25.0 mm；雌虫体长 30.0 ~ 32.0 mm，前翅长 30.0 ~ 35.0 mm，后翅长 25.0 ~ 28.0 mm。

【形态特征】 头部褐色，但颊、唇基和上唇黄色；头部被白色和黑褐色长毛；复眼黑色；触角褐色，每节端部具深褐色窄环。胸部黑色，但中后胸具成对黄色斑，中后胸侧片大部分黄色。前翅狭长、透明或略带烟褐色；翅痣褐色；前缘区横脉 24 ~ 27 条，端区小室 2 ~ 3 排，Cu 区小室 3 ~ 4 排。

后翅近长方形；翅痣褐色；端区小室2排，Cu区小室2～3排；CuA2脉与CuA1脉的夹角近90°。足细长，股节黄褐色，胫节深褐色，跗节黑色；后足距伸达第1跗节末端。腹部深褐色，一些节的后缘两侧有小的黄色斑，腹面兼有黑色和黄色。雄虫肛上片侧面观椭圆形，下方有指形短突；生殖弧宽片状；阳基侧突新月形相对，垫突不显著，有盾状片。雌虫腹瓣宽片形，无内齿，舌片不显著；端瓣近椭圆形，约为腹瓣的1/2。

【地理分布】 陕西、云南、贵州、四川、河南、湖北、湖南、江西、浙江、广西。

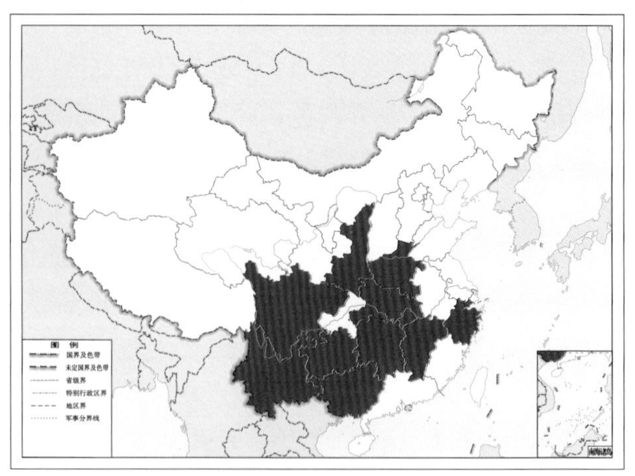

图4-569-2 狭翅玛蝶角蛉 *Maezous umbrosus* 地理分布图

（一一〇）凸腋蝶角蛉属 *Nousera* Navás, 1923

【鉴别特征】 复眼具横沟，上下两半约等大。前翅基部狭窄，具锥状突出的腋角。后翅基部细如柄，A1脉与后缘极靠近或几乎重合。足细长，第5跗节约等于第1～4跗节之和。雄虫腹部长于后翅，雌虫腹部短于后翅。

【地理分布】 中国；东南亚、印度和巴基斯坦。

【分类】 目前全世界已知3种，我国已知仅1种，本图鉴收录1种。

570. 凸腋蝶角蛉 *Nousera gibba* Navás, 1923

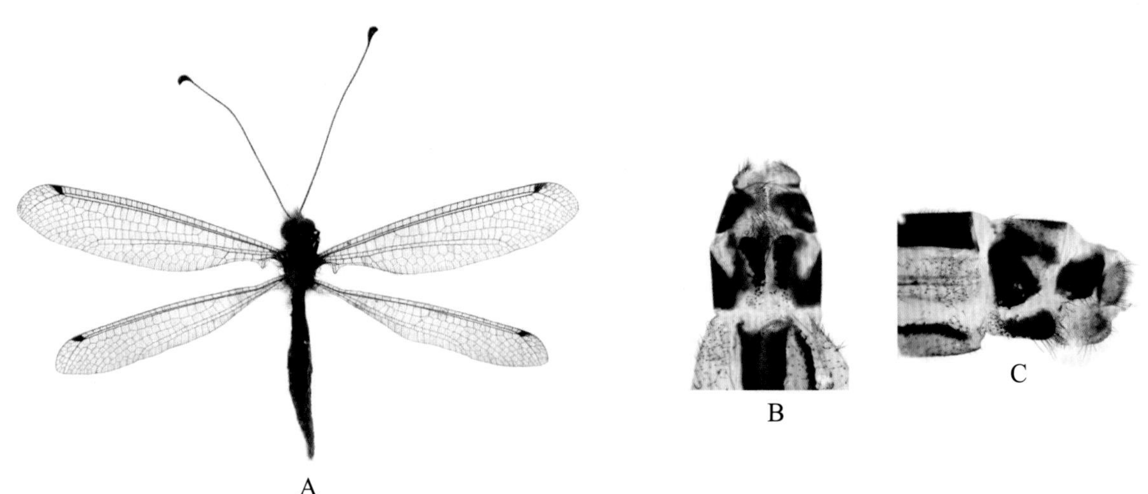

图4-570-1 凸腋蝶角蛉 *Nousera gibba* 形态图

A. 成虫 B. 雌虫外生殖器腹面观 C. 雌虫外生殖器侧面观

【测量】 雌虫体长 25.0 mm，前翅长 31.0 mm，后翅长 28.0 mm。

【形态特征】 头部褐色，但唇基、上唇黄褐色；头部密被黑色和白色长毛；触角褐色，基部黄褐色。胸部褐色，中胸具 4 个圆形黑色斑，近翅基处黑色；胸部被白色和黑色长毛。前翅透明，翅脉褐色；翅痣褐色至黑褐色；端区小室 3 排，Cu 区小室 3 排。后翅短窄，基部细如柄，后缘在翅根部有短距离的向外扩展；端区小室 2 ~ 3 排，CuA1 脉后方仅有 1 排小室。足黑色，但股节红褐色，胫节外侧黄褐色；2 爪几乎合拢在一起；后足距达第 2 跗节末端。腹部黑色，第 1 节凹陷，腹面及侧面有一些暗黄色块。雌虫腹瓣长茄形，无内齿，舌片不显著；端瓣近椭圆形，约为腹瓣的 1/2。

【地理分布】 云南；越南，老挝，泰国，马来西亚。

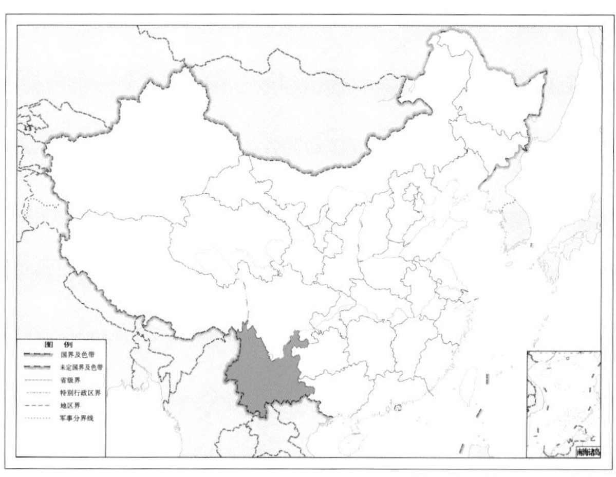

图 4-570-2　凸腋蝶角蛉 *Nousera gibba* 地理分布图

（一一一）足翅蝶角蛉属 *Protacheron* van der Weele, 1908

【鉴别特征】 体中型。触角短，为前翅长度的 1/2 ~ 2/3；触角基部无齿。雄虫前翅近似足形，外缘明显长于后缘，外缘与后缘呈深弧线，在 M 脉终点处略内凹。雌虫前翅近长卵形。后翅 A1 脉至后缘间有 1 排斜脉，这些斜脉明显长于 A1 脉与 CuP 脉之间的横脉。翅端区较宽，3 ~ 4 排小室。雄虫无明显的肛副器。

【地理分布】 中国；印度尼西亚、菲律宾、喜马拉雅。

【分类】 目前全世界已知 2 种，中国已知 1 种，另 1 种的分布地记载是喜马拉雅，但并未明确在喜马拉雅的具体位置，本图鉴收录 1 种。

571. 菲律宾足翅蝶角蛉 *Protacheron philippinensis* (van der Weele, 1904)

图 4-571-1　菲律宾足翅蝶角蛉 *Protacheron philippinensis* 形态图

A. 成虫　B. 雄虫外生殖器腹面观　C. 雄虫外生殖器侧面观　D. 雌虫外生殖器腹面观　E. 雌虫外生殖器侧面观

【测量】 雄虫体长 26.0 ~ 27.0 mm，前翅长 25.0 ~ 26.0 mm，后翅长 21.0 ~ 23.0 mm；雌虫体长 25.0 ~ 26.0 mm，前翅长 30.0 ~ 31.0 mm，后翅长 26.0 ~ 27.0 mm。

【形态特征】 头部褐色，但额、颊、唇基、口器、后头中部黄色；头部密被黄色和黑色毛；复眼棕色，具密集的褐色斑；触角深褐色，但柄节和梗节黄色。胸部褐色，但中部有 1 条贯穿整个胸部的黄色宽纵带；胸侧具稀疏的灰色长毛。前翅透明，雄虫近似足形，雌虫近长卵形；翅痣长，深褐色；前缘区横脉 29 ~ 30 条，端区小室 3 ~ 4 排，Cu 区小室 6 ~ 7 排。后翅近似足形，雄虫无色透明，雌虫近外缘处有黄褐色斑；端区小室 2 ~ 3 排，Cu 区小室 4 ~ 5 排，CuA2 脉长为 CuA1 脉的 1/5。足黄色，股节有褐色斑，距和爪黑色，后足端距伸达第 1 跗节末端。腹部深褐色，背面 1 条黄色宽中带从胸部延伸到腹部末端。雄虫肛上片侧面观椭圆形，下后方有 1 个显著的毛突，着生 1 根粗刚毛；生殖弧屋脊状；阳基侧突新月形相对，垫突浅色瘤凸形，有盾状片。雌虫腹瓣三角形，有内齿，1 对舌片；端瓣长卵形，约为腹瓣的 3/4。

【地理分布】 广西、海南、贵州、云南；菲律宾，印度尼西亚。

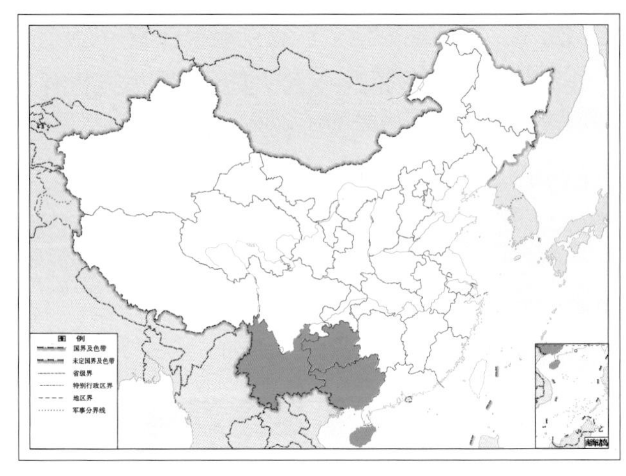

图 4–571–2 菲律宾足翅蝶角蛉 *Protacheron philippinensis* 地理分布图

（一一二）苏蝶角蛉属 *Suphalomitus* van der Weele, 1908

【鉴别特征】 与玛蝶角蛉属 *Maezous* 昆虫极相似，前翅端区小室 2 排，少数为 3 排；翅痣较长，通常长为宽的 2 倍；后翅比前翅短。雄虫腹部与后翅等长或略长于后翅，雌虫腹部短于后翅。

【地理分布】 主要分布于亚洲、非洲和澳洲。

【分类】 目前全世界已知 20 种，我国已知 5 种，本图鉴收录 4 种。

中国苏蝶角蛉属 *Suphalomitus* 分种检索表

1. 前翅端区小室 3 排；胸背板有黄色中条纹 ························ **台斑苏蝶角蛉 *Suphalomitus formosanus***
   前翅端区小室 2 排；胸背板无黄色中条纹 ························ 2
2. 后翅 Cu 区小室 3 排 ························ **黄斑苏蝶角蛉 *Suphalomitus lutemaculatus***
   后翅 Cu 区小室 2 排 ························ 3
3. 上唇与唇基均为褐色；腹部第 1 节深度下陷，明显低于第 2 节；后翅 Cu 区远端的单排小室 3 ~ 4 个 ························ **凹腰苏蝶角蛉 *Suphalomitus excavatus***
   上唇黑色，唇基褐色；腹部第 1 节略下陷，略低于第 2 节；后翅 Cu 区远端的单排小室 4 ~ 5 个 ························ **黑唇苏蝶角蛉 *Suphalomitus nigrilabiatus***

572. 凹腰苏蝶角蛉 *Suphalomitus excavatus* Yang, 1999

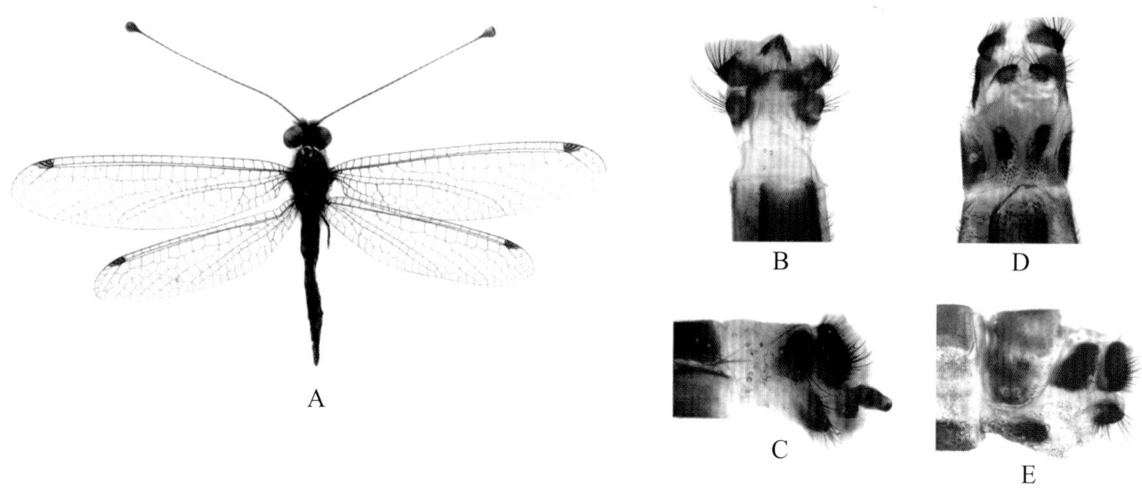

图 4–572–1 凹腰苏蝶角蛉 *Suphalomitus excavatus* 形态图

A. 成虫 B. 雄虫外生殖器腹面观 C. 雄虫外生殖器侧面观 D. 雌虫外生殖器腹面观 E. 雌虫外生殖器侧面观

【测量】 雄虫体长 28.0 ~ 40.0 mm，前翅长 26.0 ~ 30.0 mm，后翅长 19.0 ~ 21.0 mm；雌虫体长 20.0 ~ 25.0 mm，前翅长 26.0 ~ 29.0 mm，后翅长 22.0 ~ 23.0 mm。

【形态特征】 头部棕褐色至红褐色，密被白色和黑色长毛；复眼黄褐色，具黑色小斑；触角褐色，每节端部具深褐色环纹，膨大部具黑色环纹。胸部褐色至深褐色，侧面黄褐色。足细长，股节褐色，胫节深褐色，跗节黑色；距短而细，后足距达第 1 跗节中部。前翅近长方形，透明；翅脉和翅痣褐色；前缘区横脉 24 ~ 27 条，端区小室 2 排，Cu 区小室 3 ~ 4 排。后翅透明；翅痣褐色；端区小室 2 排，Cu 区小室 2 排，Cu 区远端单排小室 3 ~ 4 个。腹部深褐色，第 1 节深度下陷，低于第 2 节高度的 1/2；基部 2 节腹面黄色，其余节腹面褐黄色。雄虫肛上片侧面观椭圆形；生殖弧宽拱形；阳基侧突新月形相对，垫突不显著，有盾状片；第 9 腹板后缘弧形，中间略向后突伸。雌虫腹瓣卵圆形，无内齿，舌片不显著；端瓣近椭圆形，约为腹瓣的 1/2。

【地理分布】 云南、福建、海南。

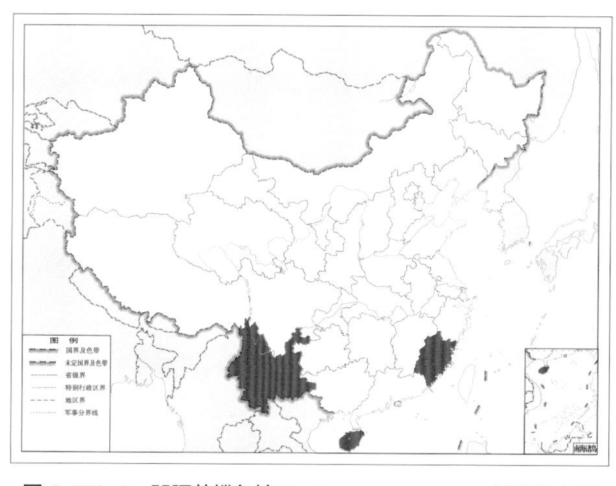

图 4–572–2 凹腰苏蝶角蛉 *Suphalomitus excavatus* 地理分布图

573. 台斑苏蝶角蛉 *Suphalomitus formosanus* Esben-Petersen, 1913

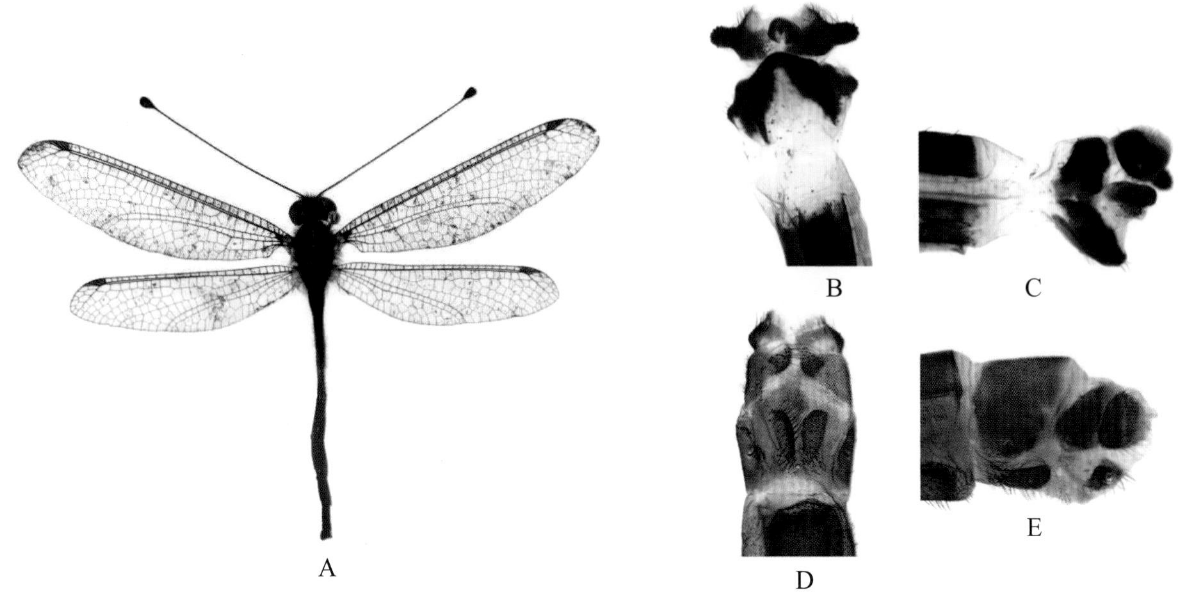

图 4-573-1 台斑苏蝶角蛉 *Suphalomitus formosanus* 形态图

A. 成虫 B. 雄虫外生殖器腹面观 C. 雄虫外生殖器侧面观 D. 雌虫外生殖器腹面观 E. 雌虫外生殖器侧面观

【测量】 雄虫体长 31.0 ~ 35.0 mm，前翅长 30.0 ~ 31.0 mm，后翅长 24.0 ~ 25.0 mm；雌虫体长 28.0 ~ 32.0 mm，前翅长 35.0 ~ 37.0 mm，后翅长 28.0 ~ 30.0 mm。

【形态特征】 头部黑色，但唇基褐黄色；头部被黑色长毛；复眼红褐色具黑色小斑；触角黑色，膨大部梨状，有浅色环纹。胸部黑色，但中央具 1 条黄色中条纹，胸侧前上部黑色，后下部黄色。足黑色，爪和距红褐色；后足距达第 2 跗节中部。前翅近长方形，透明或浅茶色，翅基黄色，翅痣褐色；前缘区横脉 32 条，端区小室 3 排，Cu 区小室 3 ~ 4 排。后翅端区小室 2 排，Cu 区小室 2 ~ 3 排，Cu 区远端单排小室 2 个。腹部背面黑色，基部几节中部红褐色；腹面深褐色，基部 3 节黄色。雄虫肛上片下方有粗指状突；生殖弧宽拱形；阳基侧突新月形相对，垫突浅色瘤凸形，有盾状片；第 9 腹板后缘弧形，中间略向后突伸。雌虫腹瓣长茄形，无内齿，舌片不显著；端瓣近椭圆形，约为腹瓣的 1/2。

【地理分布】 云南、贵州、广西、海南。

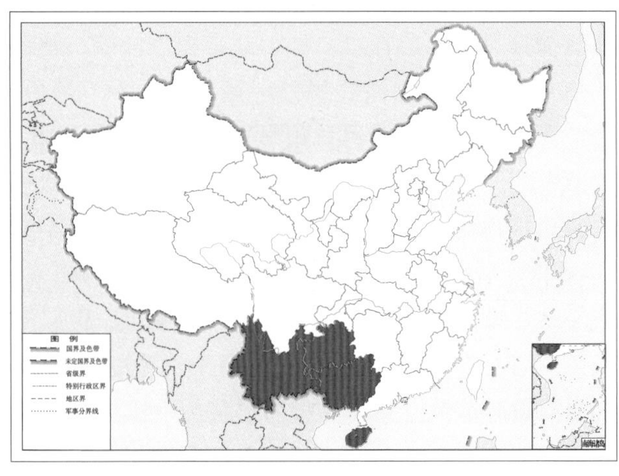

图 4-573-2 台斑苏蝶角蛉 *Suphalomitus formosanus* 地理分布图

574. 黄斑苏蝶角蛉 *Suphalomitus lutemaculatus* Yang, 1992

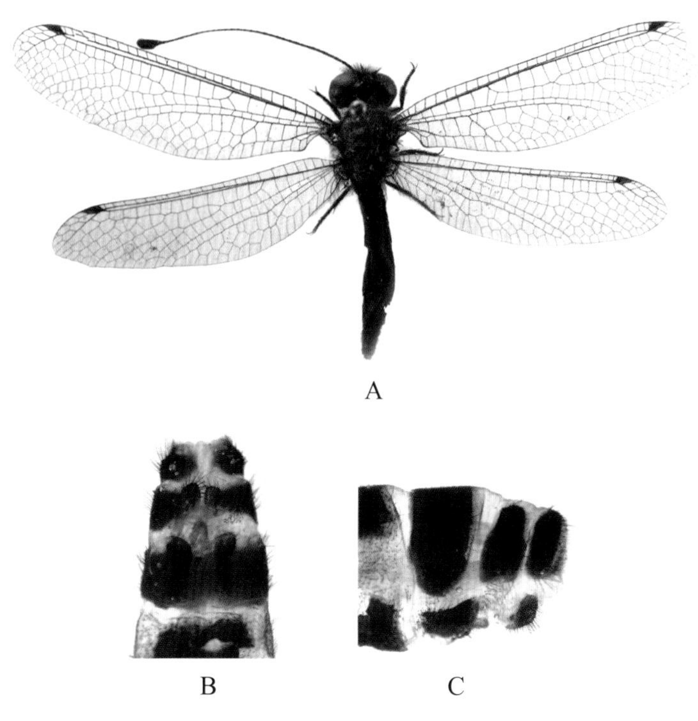

图 4-574-1 黄斑苏蝶角蛉 *Suphalomitus lutemaculatus* 形态图
A. 成虫 B. 雌虫外生殖器腹面观 C. 雌虫外生殖器侧面观

【测量】 雌虫体长 26.0 ~ 30.0 mm，前翅长 30.0 ~ 34.0 mm，后翅长 24.0 ~ 28.0 mm。

【形态特征】 头部黑色，但颊、唇基、上唇棕黄色或黄色；头部具棕色和灰色长毛；复眼棕色，具黑色小斑；触角褐色，每节具黑色环纹，膨大部黑色。胸部黑色，隐约具小的黄色斑。前翅近长方形，透明，翅痣褐色；前缘区横脉 28 条，端区小室 2 排，Cu 区小室 4 ~ 5 排。后翅翅痣褐色；端区小室 2 排，Cu 区小室 3 排，Cu 区远端单排小室 2 个。足细长，黑色；后足距达第 1 跗节末端。腹部背面黑色，每节端部两侧具红黄色横纹；腹面局部有黄色斑，侧面具纵向红黄色长斑。雌虫腹瓣长茄形，无内齿，1 对舌片；端瓣长卵形，约为腹瓣的 2/3。

【地理分布】 湖南、浙江、福建。

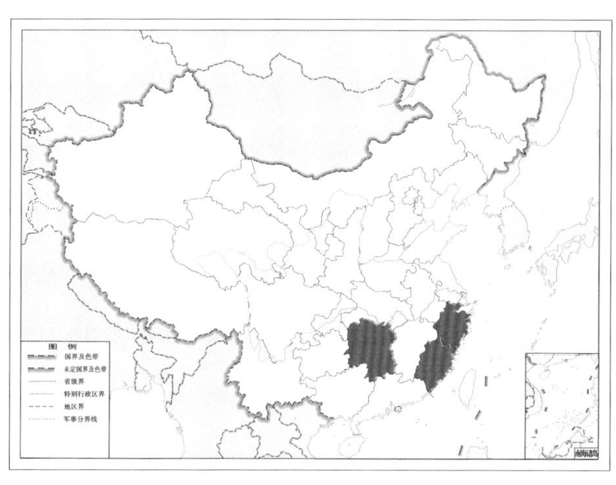

图 4-574-2 黄斑苏蝶角蛉 *Suphalomitus lutemaculatus* 地理分布图

575. 黑唇苏蝶角蛉 *Suphalomitus nigrilabiatus* Yang, 1999

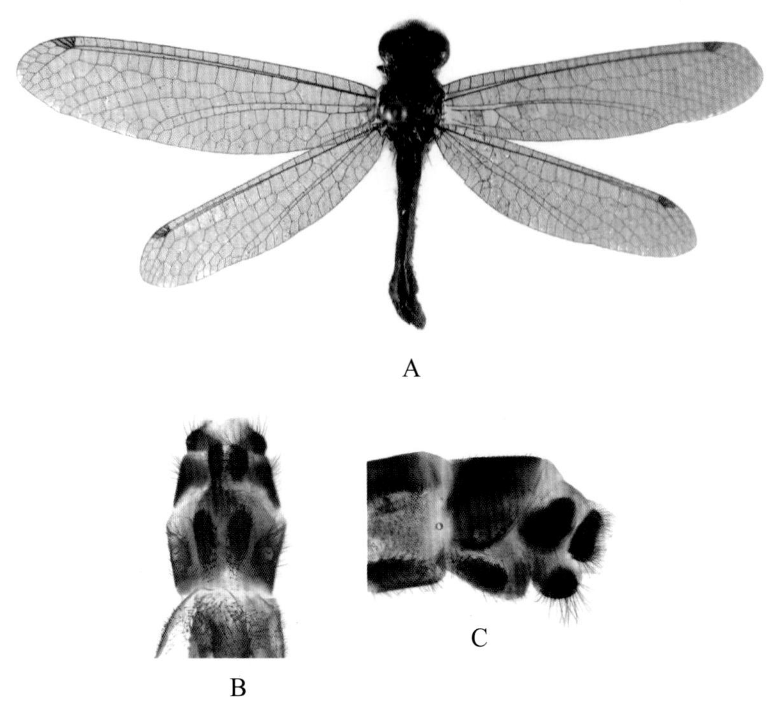

图 4-575-1 黑唇苏蝶角蛉 *Suphalomitus nigrilabiatus* 形态图

A. 成虫 B. 雌虫外生殖器腹面观 C. 雌虫外生殖器侧面观

【测量】 雌虫体长 24.0 mm，前翅长 28.0 mm，后翅长 24.0 mm。

【形态特征】 头部深棕色至红褐色，被棕色长毛；复眼黑色，具不均匀的红褐色斑。胸部背板黑色，侧面棕色，被稀疏黑色毛；腹面棕褐色，具白色长毛。前翅近长方形，透明；翅痣黄褐色；前缘区横脉 20 ~ 25 条，端区小室 2 排，Cu 区小室 3 ~ 4 排。后翅翅痣褐色；端区小室 2 排，Cu 区小室 2 排，Cu 区远端单排小室 4 ~ 5 个。足股节棕褐色，胫节黑褐色，跗节黑色，爪、距红褐色；后足距未达第 1 跗节末端。腹部背面棕黑色，基部两侧具棕色长毛；腹面棕褐色，基部 3 节具白色长毛。雌虫腹瓣长茄形，无内齿，舌片不显著；端瓣近椭圆形，约为腹瓣的 1/2。

【地理分布】 福建。

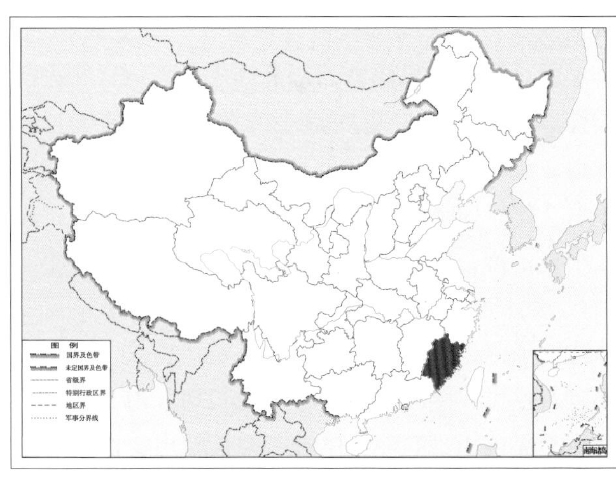

图 4-575-2 黑唇苏蝶角蛉 *Suphalomitus nigrilabiatus* 地理分布图

参考文献

ÁBRAHÁM L, 2008. Ascalaphid studies VI. New genus and species from Asia with comments on genus *Suhpalacsa* (Neuroptera: Ascalaphidae). Somogyi Múzeumok Közleményei, 18: 69-76.

ACKER T S, 1960. The Comparatire morphology of the male terminalia of Neuroptera (Insecta). Microentomology, 24: 25-83.

ADAMS P A, 1978. A new species of *Hypochrysa* and a new subgenus and species of *Mallada* (Neuroptera: Chrysopidae). Pan-Pacific Entomologist, 54: 292-296.

ADAMS P A, 1982. *Plesiochrysa*, a new subgenus of *Chrysopa* (Neuroptera) (studies in New World Chrysopidae, part 1). Neuroptera International, 2: 27-32.

ADAMS P A, 1985. Notes on *Chrysopodes* of the M. N. H. N. in Paris (Neuroptera, Chrysopidae). Revue Francaise d'Entomologie, (Nouvelle Serie), 7: 5-8.

ADAMS P A, GARLAND J A, 1982. A review of the genus *Mallada* in the United States and Canada, with a new species (Neuroptera: Chrysopidae). Psyche, 89: 239-248.

AGASSIZ J L R, 1842. Nomenclator zoologicus, continens nomina systematica generum animalium tam viventium quam fossilium, secundum ordinem alphabeticum disposita, adjectis auctoribus, libris, in quibus reperiuntur, anno editionis, etymologia et familiis, ad quas pertinent, in singulis classibus. Soloduri: Jent et Gassmann: 1135.

ALBARDA H, 1881. Neuroptera//VETH P J. Midden-Sumatra. Reizen en Onderzoekingen der Sumatra-Expeditie, Uitgerust door het Aardrijkskundig Genootschap, 1877-1879, beschreven door de Leden der Expeditie, onder toezicht van Prof. P. J. Veth. Vierde [4th] Deel (Natuurlijke Historie), Eerste [1st] Gedeelte (Fauna), Vijfde [5th] Afdeeling (Neuroptera). Leiden: Brill: 1-22.

ANDRÉU J M, 1911. Neurópteros de la provincia de Alicante. Una especie nueva. Boletín de la Sociedad Aragonesa de Ciencias Naturales, 10: 56-59.

AO W G, WAN X, WANG X L, 2010. Review of the genus *Epacanthaclisis* Okamoto, 1910 in China (Neuroptera: Myrmeleontidae). Zootaxa, 2545: 47-57.

AO W G, ZHANG X B, ÁBRAHÁM L, et al, 2009. A new species of the antlion genus *Euroleon* Esben-Petersen from China (Neuroptera: Myrmeleontidae). Zootaxa, 2303: 53-56.

ASAHINA S, 1988. Descriptions of three species of *Neochauliodes bowringi* group from Hong Kong, the Ryukyus and Thailand (Megaloptera). Gekkan-Mushi, 207: 6-11.

ASPÖCK H, 2002. The biology of Raphidioptera: A review of present knowledge. Acta Zoologica Academiae Scientiarum Hungaricae, 48: 35-50.

ASPÖCK H, ASPÖCK U, 1967. Raphidiodea und Coniopterygidae (Planipennia) aus den zentralen und westlichen Teilen der Mongolei (Insecta, Neuroptera). Mitteilungen aus dem Zoologischen Museum in Berlin, 43: 225-235.

ASPÖCK H, ASPÖCK U, 1968a. Neue Coniopterygiden (Neuroptera, Planipennia) aus der Mongolei (Vorläufige Beschreibung). Entomologisches Nachrichtenblatt, 15: 33-37.

ASPÖCK H, ASPÖCK U, 1968b. Vorläufige Mitteilung zur generischen Klassifizierung der Raphidiodea (Insecta: Neuroptera). Entomologisches Nachrichtenblatt, 15: 53-64.

ASPÖCK H, ASPÖCK U, 1968c. Zwei weitere neue Spezies des Genus *Dilar* Rambur (Neuroptera, Planipennia) aus Asien. (Vorläufige Mitteilung). Entomologisches Nachrichtenblatt, 15: 3-6.

ASPÖCK H, ASPÖCK U, 1973. *Inocellia* (*Amurinocellia* n. subg.) *calida* n. sp. – eine neue spezies der familie Inocelliidae (Ins. , Raphidioptera) aus Ostasien. (Mit einer Übersicht über die Inocelliiden Asiens). Entomologische Berichten, 33: 91-96.

ASPÖCK H, ASPÖCK U, 1985. *Inocellia taiwana* n. sp. – eine neue Inocelliiden-Spezies aus Taiwan (Neuropteroidea: Raphidioptera: Inocelliidae). Entomologische Zeitschrift mit Insektenbörse, 95: 45-48.

ASPÖCK H, ASPÖCK U, HÖLZEL H, 1980. Die Neuropteren Europas: Vol. 2. West Germany: Goecke and Evers, Krefeld: 355, 495.

ASPÖCK H, ASPÖCK U, RAUSCH H, 1985. Zur Kenntnis der Genera *Tjederiraphidia* n. g. und *Mongoloraphidia* H. A. & U. A. (Neuropteroidea: Raphidioptera: Raphidiidae). Zeitschrift der Arbeitsgemeinschaft Entomologen, 37: 37-48.

ASPÖCK H, ASPÖCK U, YANG C K, 1998. The Raphidiidae of Eastern Asia (Insecta: Neuropterida: Raphidioptera). Deutsche Entomologische Zeitschrift, 45: 115-128.

ASPÖCK H, HÖLZEL H, ASPÖCK U, 2001. Kommentierter Katalog der Neuropterida (Insecta: Raphidioptera, Megaloptera, Neuroptera) der Westpaläarktis. Denisia, 2: 1-606.

ASPÖCK U, ASPÖCK H, 1982. *Mongoloraphidia* (*Kirgisoraphidia*) *taiwanica* n. sp. – eine neue Kamelhalsfliege aus Taiwan (Neuropteroidea: Raphidioptera: Raphidiidae). Entomologische Zeitschrift mit Insektenbörse, 92: 81-86.

ASPÖCK U, ASPÖCK H, 1990. *Xanthostigma gobicola* n. sp. und *Mongoloraphidia* (*Alatauoraphidia*) *medvedevi* n. sp. – zwei neue Raphidiiden-Spezies aus Zentralasien (Neuropteroidea: Raphidioptera: Raphidiidae). Zeitschrift der Arbeitsgemeinschaft Österreichischer Entomologen, 42: 97-104.

ASPÖCK U, ASPÖCK H, 1994. Zur Nomenklatur der Mantispiden Europas (Insecta: Neuroptera: Mantispidae). Annalen des Naturhistorischen Museums in Wien, 96B: 99-114.

ASPÖCK U, LIU X Y, ASPÖCK H, 2009. *Inocellia shinohara* n. sp. – Überraschender Nachweis einer zweiten Spezies der Familie Inocelliidae in Taiwan (Raphidioptera). Entomologische Nachrichten und Berichte, 53: 115-119.

ASPÖCK U, LIU X Y, ASPÖCK H, 2013. The Berothidae of Taiwan (Neuroptera: Neuropterida). Deutsche Entomologische Zeitschrift, 60: 221-230.

ASPÖCK U, PLANT J D, NEMESCHKAL H L, 2001. Cladistic analysis of Neuroptera and their systematic position within the Neuropterida (Insecta: Holometabola: Neuropterida: Neuroptera). Systematic Entomology, 26: 73-86.

BANKS N, 1897. New North American neuropteroid insects. Transactions of the American Entomological Society, 24: 21-31.

BANKS N, 1903. A revision of the Nearctic Chrysopidae. Transactions of the American Entomological Society, 29: 137-162.

BANKS N, 1904. A list of neuropteroid insects, exclusive of Odonata, from the vicinity of Washington, D. C. Proceedings of the Entomological Society of Washington, 6: 201-217.

BANKS N, 1905. A revision of the Nearctic Hemerobiidae. Transactions of the American Entomological Society, 32: 21-51.

BANKS N, 1909a. Hemerobiidae from Queensland, Australia (Neuroptera: Hemerobiidae). Proceedings of the Entomological Society of Washington, 11: 76-81.

BANKS N, 1909b. New genera and species of tropical Myrmeleonidae. Journal of the New York Entomological Society, 17: 1-4.

BANKS N, 1910a. Myrmeleonidae from Australia. Annals of the Entomological Society of America, 3: 40-44.

BANKS N, 1910b. Some Neuroptera from Australia. Psyche, 17: 99-105.

BANKS N, 1911. Notes on African Myrmeleonidae. Annals of the Entomological Society of America, 4: 1-31.

BANKS N, 1913a. New exotic neuropteroid insects. Proceedings of the Entomological Society of Washington, 15: 137-143.

BANKS N, 1913b. Synopses and descriptions of exotic Neuroptera. Transactions of the American Entomological Society, 39: 201-242.

BANKS N, [1914] 1913. On a collection of neuropteroid insects from the Philippine Islands. Proceedings of the Entomological Society of Washington, 15: 170-180.

BANKS N, 1915. New neuropteroid insects. Proceedings of the Academy of Natural Sciences of Philadelphia, 66: 619-632.

BANKS N, 1920. New neuropteroid insects. Bulletin of the Museum of Comparative Zoology, 64: 297-362.

BANKS N, 1927. Revision of the Nearctic Myrmeleonidae. Bulletin of the Museum of Comparative Zoology, 68: 1-84.

BANKS N, 1930. New neuropteroid insects from the United States. Psyche, 37: 223-233.

BANKS N, 1934. Supplementary neuropteroid insects from the Malay Peninsula, and from Mt. Kinabalu, Borneo. Journal of the Federated Malay States Museums, 17: 567-578.

BANKS N, 1937. Neuropteroid insects from Formosa. Philippine Journal of Science, 62: 255-291.

BANKS N, 1939. New genera and species of neuropteroid insects. Bulletin of the Museum of Comparative Zoology, 85: 439-504.

BANKS N, 1940. Report on certain groups of neuropteroid insects from Szechwan, China. Proceedings of the United States National Museum, 88: 173-220.

BANKS N, 1941. Some new and interesting Neuroptera in the American Museum of Natural History. American Museum Novitates, 1143: 1-5.

BANKS N, 1942. Report on certain groups of neuropteroid insects from Szechwan, China. Proceedings of the United States National Museum, 88: 173-220.

BANKS N, 1947. Some neuropterous insects from Szechwan, China. Fieldiana: Zoology, 31: 97-107.

BAO R, SHEN Z R, WANG X L, 2007. A review of the species of *Hagenomyia* Banks from China (Neuroptera: Myrmeleontidae). Annales de la Société Entomologique de France, 43: 45-48.

BAO R, WANG X L, 2006. Two new species of *Myrmeleon* Linnaeus, 1767 (Neuroptera: Myrmeleontidae) from China, with a key to Chinese species. Proceedings of the Entomological Society of Washington, 108: 125-130.

BAO R, WANG X L, LIU J Z, 2009. A review of the species of *Myrmeleon* Linnaeus, 1767 (Neuroptera: Myrmeleontidae) from Mainland China, with the description of a new species. Entomological News, 120: 18-24.

BARNARD P C, 1984. Adult morphology related to classification// CANARD M, SÉMÉRIA Y, NEW T R. Biology of Chrysopidae. The Hague: Dr. W. Junk Publishers: 19-29.

BARTOŠ E, 1965a. *Agulla trilobata* nov. spec. und Bemerkungen zu verwandten Arten. Reichenbachia, 5: 87-99.

BARTOŠ E, 1965b. *Agulla rostrata* sp. n. aus Moldawien (UdSSR) (Raphidioptera). Acta Entomologica Bohemoslovaca, 62: 458-467.

BEUTEL R G, GORB S N, 2001. Ultrastructure of attachment specializations of hexapods (Arthropoda): evolutionary patterns inferred from a revised ordinal phylogeny. Journal of Zoological Systematics and Evolutionary Research, 3: 177-207.

BIAN Z Q, LI Q S, 1992. A new species of the Chrysopidae from Shanxi, China (Neuroptera: Chrysopidae). Acta Entomologica Sinica, 35: 213-214. [卞昭琪，李青森，1992. 山西省草蛉一新种（脉翅目：草蛉科）. 昆虫学报，35: 213-214.]

BILLBERG G I, 1820. Enumeratio insectorum in Museo Gust. Joh. Billberg. Holmiae: 138.

BLANCHARD C É, 1854. Mirmeleonianos and Rafidianos// GAY C. Historia Fisica y Politica de Chile. Zoologia, 6: 119-129; 8: 129-135.

BORKHAUSEN M B, 1791. Einige netzflüglichte Insekten (Neuroptera). Beiträge zu der Insekten-Geschichte herausgegeben von Ludwig Gottlieb Scriba, 2: 155-163.

BRAUER F, 1850. Beschreibung und Beobachtung der Osterreichischen Arten der Gattung *Chrysopa*. Naturwissenschaftliche Abhandlungen, 4: 896-902.

BRAUER F, 1851. Beschreibung und beobachtung der österreichischen Arten der Gattung *Chrysopa*. Naturwissenschaftliche Abhandlungen, gesammelt und durch subscription herausgegeben von Wilhelm Haidinger, 4: 1-12.

BRAUER F, 1855. Beiträge zur Kenntniss des inneren Baues und der Verwandlung der Neuropteren. Verhandlungen des Zoologisch-Botanischen Gesellschaft Vereins in Wien, 5: 701-726.

BRAUER F, 1856. Rückblick auf die im Jahre 1850 beschreibenen österreichischen Arten der Gattung *Chrysopa* Leach nebst Beschreibung der *Ch. tricolor* nov. spec. Verhandlungen des Zoologisch-Botanischen Vereins in Wien, 6: 703-708.

BRAUER F, 1864. Entomologische Beiträge B. Beiträge zur Kenntnis der Neuropteren. Verhandlungen der Zoologisch-Botanischen Gesellschaft in Wien, 14: 891-902.

BRAUER F, 1865. Vierter Bericht über die auf der Weltfahrt der Kais. Fregatte Novara gesammelten Neuropteren. Verhandlungen der Kaiserlich-Königlichen Zoologisch-Botanischen Gesellschaft in Wien, 15: 903-908.

BRAUER F, 1866. Reise der Osterreichischen Fregatta Novara um die Erde, in den jahren 1857, 1858, 1859, unter den befehlen des Commodore B. von Wüllerstorf-Urbair, H. K. von Scherzer, ed. Zoologischer Theil, Bd. 2, No. 4 (Neuroptera). Wien: K. Gerold: 104.

BRAUER F, 1900. Über die von Prof. O. Simony auf den Canaren gefundenen Neuroptera und Pseudoneuroptera (Odonata, Corrodentia et Ephemeridae). Sitzungsberichte der Akademie der Wissenschaften in Wien, Mathematische-Naturwissenschaftliche Klasse (Abtheilung I), 109: 464-477.

BROOKS S J, 1983. A new genus of Oriental lacewings (Neuroptera: Chrysopidae). Bulletin of the British Museum (Natural History) Entomology, 47: 1-26.

BROOKS S J, 1986. A new genus of Ankylopterygini (Chrysopidae). Neuroptera International, 4: 35-48.

BROOKS S J, 1994. A taxonomic review of the common green lacewing genus *Chrysoperla* (Neuroptera: Chrysopidae). Bulletin of the Natural History Museum, Entomology, 63: 137-210.

BROOKS S J, 1997. An overview of the current status of Chrysopidae (Neuroptera) systematics. Deutsche Entomologische Zeitschrift, 44: 267-275.

BROOKS S J, BARNARD P C, 1990. The green lacewings of the world: a generic review (Neuroptera: Chrysopidae). Bulletin of the British Museum of Natural History, Entomology, 59: 117-286.

BRULLÉ G A, 1832. Expédition scientifique de Morée. Tome 3, Part 1 (Zoologie), Section 2 (Des animaux articulés). Paris: Levrault.

BRULLÉ G A, [1839] 1836-1844. Néoroptères //WEBB P B, BERTHELOT S. Histoire Naturelle des Iles Canaries. Tome 2, Part 2: 82-83. Paris: Béthune.

BURMEISTER H C C, 1839. Handbuch der Entomologie. Zweiter Band. Besondere Entomologie. Zweite Abtheilung. Kaukerfe. Gymnognatha. (Zweite Hälfte; vulgo Neuroptera). Theod. Chr. Friedr. Berlin: Enslin: 757-1050.

CAPRA F, 1945. Alcuni Odonati e Neurotteri dell'Albania settentrionale. Annali del Museo Civico di Storia Naturale Giacomo Doria, 62: 292-300.

CHEN G H, SHI Y J, TAO M, 2009. Natural enemies of *Aonidiella citrina* and population dynamic of main parasitic wasp in Kunming. Chinese Journal of Biological Control, 25: 1-4.

CHEN S C, 1998. Pictorial handbook of rare and precious insects in China. Beijing: China Forestry Publishing House: 332. [陈树椿 , 1998. 中国珍稀昆虫图鉴 . 北京: 中国林业出版社: 332.]

COMSTOCK J H, 1918. The wings of insects. New York: Comstock Publishing Co. : 430.

CONTRERAS-RAMOS A, 1998. Systematics of the dobsonfly genus *Corydalus* (Megaloptera: Corydalidae). Thomas Say Publications in Entomology: Monographs. Entomological Society of America: 360.

COSTA A, 1855. Ricerche entomologiche sopra i monti Partenii. Napoli: Stamperie e Calcografia: 29.

COSTA A, 1863. Nuovi studii sulla entomologia della Calabria ulteriore. Atti della Accademia delle Scienze Fisiche e Matematiche di Napoli, 1: 1-80.

COSTA A, 1883. Notizie e osservazioni sulla geofauna sarda. Memoria seconda. Risultamento di ricerche fatte in Sardegna nella primavera 1882. Atti dell'Accademia delle Scienze Fisiche e Matematische, 1: 1-109.

CURTIS J, [1824-1839] 1824-1839. British entomology; being illustrations and descriptions of the genera of insects found in Great Britain and Ireland: containing coloured figures from nature of the most rare and beautiful species, and in many instances of the plants upon which they are found: Vols. 16. London. [s. n.].

CUVIER B, 1832. The animal kingdom arranged in conformity with its organization//GRAY G, GRIFFITH E. Edward Pidgeon and notices of new genera and species: Vol. 15. London: Whittaker, Treacher and Co. : 331-332.

DAVIS K C, 1903. Sialidae of North and South American. Bulletin of the New York State Museum, 68: 442-486.

DE GEER C, 1773. Memoires pour servir a l'histoire des Insects. Vol. 3. Stockholm: P. Hesselberg: 696.

DENIS J N C, SCHIFFERMÜLLER I, 1775. Ankündung eines systematischen werks von der schmetterlingen der Wienergegend. Wien: A. Bernardi: 322.

DONG K Z, YANG X K, YANG C K, 2003. Review of Chinese *Brinckochrysa* Tjeder (Neuroptera: Chrysopidae: Chrysopinae). Acta Zootaxonomica Sinica, 28: 291-294.

DONG K Z, YANG X K, YANG C K, 2004. Three new species of *Dichochrysa* from China (Neuroptera: Chrysopidae). Acta Zootaxonomica Sinica, 29: 135-138.

EHRENBERG C G, [1834] 1828-1845. Symbolae physicae, seu icons et descriptions corporum naturalium novorum aut minus cognitorum, quae ex itineribus per Libyam, Aegyptum, Nubiam, Dongalem, Syriam, Arabiam et Habessiniam à P. C. Hemprich et C. G. Ehrenberg à studio annis 1820-1825 redierunt à pars Zoologica. Berolini. [s.n.]

ENDERLEIN G, 1905a. *Conwentzia pineticola* nov. gen. nov. spec. eine neue Neuroptere aus Westpreussen. Bericht des Westpreussischen Botanischen-Zoologischen Vereins, 26/27 (Anlagen): 10-12.

ENDERLEIN G, 1905b. Ein neuer zu den Coniopterygiden gehöriger Neuropteren-Typus aus der Umgebung von Berlin. Wiener Entomologische Zeitung, 24: 197-198.

ENDERLEIN G, 1905c. Klassifikation der Neuropteren-familie Coniopterygidae. Zoologischer Anzeiger, 29: 225-227.

ENDERLEIN G, 1906. Monographie der Coniopterygiden. Zoologische Jahrbücher (Abteilung für Systematik, Geographie und Biologie), 23: 173-242.

ENDERLEIN G, 1907. Die Coniopterygidenfauna Japans. Stettiner Entomologische Zeitung, 68: 3-9.

ENDERLEIN G, 1908. Family Coniopterygidae. Neuroptera. Genera Insectorum, 67: 1-18.

ENDERLEIN G, 1910. Klassifikation der Mantispiden nach dem material des Stettiner Zoologischen Museums. Stettiner Entomologische Zeitung, 71: 341-379.

ENDERLEIN G, 1914. Über zwei neue afrikanische Coniopterygiden. Bollettino del Laboratorio di Zoologia Generale e Agraria dell Facoltà Agraria in Portici, 8: 225-227.

ENDERLEIN G, 1929. Entomologica Canaria II. Zoologischer Anzeiger, 84: 221-234.

ENGEL M S, WINTERTON S L, BREITKREUZ L C V, 2018. Phylogeny and evolution of Neuropterida: where have wings of lace taken us? Annual Review of Entomology, 63: 531-551.

ERICHSON W F, 1851. Nevroptera. In Ménétriés E, Die Insecten//von MIDDENDORF A T. Reise in den äussersten norden und osten Sibiriens während der jahre 1843 und 1844 mit allerhöchster genehmigung auf veranstaltung der Kaiserlichen Akademie der Wissenschaften zu St. Petersburg ausgeführt und in verbindung mit vielen gelehrten herausgegeben von Dr. A. Th. v. Middendorf. Bd. 2, Theil 1. St. Petersburg: Kaiserlichen Akademie der Wissenschaften: 68-69.

ESBEN-PETERSEN P, 1913a. Eine neue Chrysopiden-Art aus Deutschland (Neuroptera). Deutsche Entomologische Zeitschrift, 57: 533-554.

ESBEN-PETERSEN P, 1913b. H. Sauter's Formosa-Ausbeute. Planipennia II, Megaloptera and Mecoptera. Entomologische Mitteilungen, 2: 222-228, 257-265.

ESBEN-PETERSEN P, 1914. Descriptions of a new genus and some new or interesting species of Planipennia. Notes from the Leyden Museum, 36: 263-270.

ESBEN-PETERSEN P, 1916a. Australian Neuroptera. Part III. Proceedings of the Linnean Society of New South Wales, 42: 203-219.

ESBEN-PETERSEN P, 1916b. Einige Neuropteren des Deutschen Entomologischen Museums. Entomologische Mitteilungen, 5: 300-303.

ESBEN-PETERSEN P, 1918. Results of Dr. E. Mjöberg's Swedish scientific expeditions to Australia 1910-1913. 18. Neuroptera and Mecoptera. Arkiv för Zoologi, 11: 1-37.

ESBEN-PETERSEN P, [1919] 1918-1919. Help-notes towards the determination and the classification of the European Myrmeleonidae. Entomologiske Meddelelser, 12: 97-127.

ESBEN-PETERSEN P, 1920. South African Neuroptera. I. Annals of the South African Museum, 17: 507-521.

ESBEN-PETERSEN P, 1921a. Notes concerning some Neuroptera in the Helsingfors Museum together with a description of *Hemerobius poppii*. Notulae Entomologicae, 1: 38-43.

ESBEN-PETERSEN P, 1921b. Description of a new genus and species of Myrmeleonidae from Japan. Videnskabelige Meddelelser fra Dansk Naturhistorisk Forening, 72: 127-128.

ESBEN-PETERSEN P, 1923. Über das genus *Dendroleon* Brauer. Konowia, 2: 86-92.

ESBEN-PETERSEN P, [1924] 1921-1940. More Neuroptera from Juan Fernandez and Easter Island//SKOTTSBERG C. The Natural Histtory Juan Fernandez and Easter Island Uppsala: Vol. 3: Part III. Uppsala: Almqvist and Wiksells Boktryckeri: 309-313.

ESBEN-PETERSEN P, 1927a. Neuroptera: Chrysopidae of the Seychelles and adjacent islands. Annals and Magazine of Natural History, 19: 445-455.

ESBEN-PETERSEN P, 1927b. New and little-known species of Neuroptera in British collections: Part III. Annals and Magazine of Natural History, 20: 343-350.

ESBEN-PETERSEN P, 1927c. New species of Neuroptera Planipennia in British collections. Proceedings of the Zoological Society of London, 1927: 549-551.

ESBEN-PETERSEN P, 1928. Neuroptera//MEYRICK E. Insects of Samoa and other Samoan terrestrial Arthropoda. Fasc. 3: Part VII. London: British Museum of Natural History: 89-108.

ESBEN-PETERSEN P, 1929. Australian Neuroptera : Part VI. Queensland Naturalist, 7: 31-35.

ESBEN-PETERSEN P, 1935. Myrmeleontidae and Chrysopidae//VISSER P C, VISSER-HOOFT J. Wissenschaftliche Ergebnisse der Niederländischen Expeditionen in den Karakorum und die angrenzenden gebiete in den Jahren 1922, 1925, und 1929/30. Bd. 1. Leipzig: F. A. Brockhaus: 233-235.

ESBEN-PETERSEN P, 1936. Neuroptera from Belgian Congo. Revue Suisse de Zoologie, 43: 199-206.

EVANS E D, 1972. A study of the Megaloptera of the Pacific coastal region of the United States. Corvallis: Oregon State University: 210.

EVERSMANN E, 1841. Quaedam insectorum species novae, in Rossia orientali observatae, nunc descriptae et depictae. Bulletin de la Société des Naturalistes de Moscou, 14: 351-360.

EVERSMANN E, 1850. De Ascalaphis nonnullis Rossiam incolentibus. Bulletin de la Société [Impériale] des Naturalistes de Moscou, 23: 276-280.

FABRICIUS J C, 1775. Systema entomologiae, sistens insectorvm classes, ordines, genera, species, adiectis synonymis, locis, descriptionibvs, observationibvs. Offic. Libr. Kortii: Flensbvrgi et Lipsiae: 832.

FABRICIUS J C, 1777. Genera insectorvm eorvmqve characteres natvrales secvndvm nvmervm, figvram, sitvm et proportionem omnivm partivm oris adiecta mantissa speciervm nvper detectarvm. Chilonii: M. F. Bartsch: 310.

FABRICIUS J C, 1787. Mantissa Insectorvm sistens eorvm species nvper detectas adjectis characteribvs genericis, differentiis specificis, emendationibvs, observationibvs. Tome 1. Hafniae: C. G. Proft: 519.

FABRICIUS J C, 1793. Entomologia systematica emendata et aucta secundum classes, ordines, genera, species adjectis synonimis, locis observationibus, descriptionibus. Tome 2. Hafniae: C. G. Proft: 519.

FABRICIUS J C, 1798. Supplementum entomologiae systematicae. Hafniae: 572.

FITCH A, 1854. Report [upon the noxious and other insects of the state of NewYork]. Transactions of the New York State Agricultural Society, 14: 705-880.

FITCH A, 1856. First and second report on the noxious, beneficial and other insects, of the state of NewYork. New York: C. van Benthuysen: 336.

FRASER F C, 1952. New species of Neuroptera in the Museum national d'Histoire naturelle, Paris. Revue Francaise d'Entomologie, 19: 55-64.

GEIGY R, DUBOIS A M, 1935. Sinnesphysiologische Beobachtungen über die Begattung von *Sialis lutaria* L. Revue Suisse de Zoologie, 42: 447-457.

GERSTAECKER A, [1885] 1884a. Vier Decaden von Neuropteren aus der Familie Megaloptera Burm. Mitt[h]eilungen aus dem Naturwissenschaftlichen Verein für Neu-Vorpommern und Rugen, 16: 1-49.

GERSTAECKER A, [1885] 1884b. Zwei fernere Decaden Australischer Neuroptera Megaloptera. Mitt[h]eilungen aus dem Naturwissenschaftlichen Verein für Neu-Vorpommern und Rugen, 16: 84-116.

GERSTAECKER A, [1888] 1887. Weitere Beiträge zur Artenkenntnis der Neuroptera Megaloptera. Mitt[h]eilungen aus dem Naturwissenschaftlichen Verein für Neu-Vorpommern und Rugen, 19: 89-130.

GERSTAECKER A, [1894] 1893. Ueber neue und weniger gekannte Neuropteren aus der familie Megaloptera Burm. Mitt[h]eilungen aus dem Naturwissenschaftlichen Verein für Neu-Vorpommern und Rugen, 25: 93-173.

GHOSH S K, 1977. A new genus and a new species of Neuroptera (Fam. Hemerobiidae) from India. Proceedings of the Indian Academy of Sciences, 86: 235-237.

GHOSH S K, 1991. On a few interesting species of the family Corydalidae (suborder Megaloptera, order Neuroptera) from India. Records of the Zoological Survey of India, 88: 147-151.

GIRARD M J A, 1859. Note sur une espèce nouvelle du genre *Hemerobius*, famille des Hémérobides, tribu des Myrméléoniens, ordre des Névroptères. Annales de la Société Entomologique de France, 7 (3): 163-170.

GIRARD M J A, 1864. Considérations générales sur le genre *Raphidia* (Névroptères, Raphidiens) et note sur les espèces de ce genre qui se trouvent aux environs de Paris. Annales de la Société Entomologique de France, 4: 669-675.

GONZÁLEZ O E V, 1987. Notas sinonimicas sobre *Anotiobiella withycombei* Kimmins, 1929 (Neuroptera : Hemerobiidae). Acta Zoologica Lilloana, 39: 43-45.

GUÉRIN-MÉNEVILLE F É, [1829-1844] 1829-1838. Iconographie du règne animal de G. Cuvier, ou représentation d'après nature de l'une des espèces les plus remarquables, et souvent non encore figurées, de chaque genre d'animaux. Insectes. Paris: 576.

HAGEN H A, 1852. Symbolae ad Monographiam generis *Chrysopae* Leach, sexaginta picturarum tabulis, in lapide acu delineatis, quarum quinquaginta quatuor coloribus impressae sunt illustratae a G. T. Schneider. Vratislaviae 1850. 8. 178 pag. Stettiner Entomologische Zeitung, 13: 30-31, 35-45.

HAGEN H A, 1853. Hr. Peters berichtete über die von ihm gesammelten und von Hrn. Dr. Hermann Hagen bearbeiteten Neuropteren aus Mossambique. Bericht über die zur Bekanntmachung Geeigneten Verhandlungen der Königl. Preuss. Akademie der Wissenschaften zu Berlin, 1853: 479-482.

HAGEN H A, 1858a. Synopsis der Neuroptera Ceylons [Pars I]. Verhandlungen der Kaiserlich-Königlichen Zoologisch-Botanischen Gesellschaft in Wien, 8: 471-488.

HAGEN H A, 1858b. Russlands Neuropteren. Stettiner Entomologische Zeitung, 19: 110-134.

HAGEN H A, 1859. Synopsis der Neuroptera Ceylons [Pars II]. Verhandlungen der Kaiserlich-Königlichen Zoologisch-Botanischen Gesellschaft in Wien, 9: 199-212.

HAGEN H A, 1860a. Beitrag zur Kenntniss der Myrmeleon-Arten. Stettiner Entomologiche Zeitung, 21: 359-369.

HAGEN H A, 1860b. Neuroptera Neapolitana von A. Costa, nebst Synopsis der Ascalaphen Europas. Stettiner Entomologische Zeitung, 21: 38-56.

HAGEN H A, 1861. Synopsis of the Neuroptera of North America, with a list of the South American species. Smithsonian Miscellaneous Collections, 4: 1-347.

HAGEN H A, 1866a. Die Neuropteren Spaniens nach Ed. Pictet's Synopsis des Neuroptères d'Espagne. Genève 1865. 8. tab. 14 col. und Dr. Staudingers Mittheilungen. Stettiner Entomologische Zeitung, 27: 281-302.

HAGEN H A, 1866b. Hemerobidarum Synopsis synonymica. Stettiner Entomologische Zeitung, 27: 369-462.

HAGEN H A, 1873. Die Larven von *Myrmeleon*. Stettiner Entomologische Zeitung, 34: 249-295, 377-398.

HANDLIRSCH A, 1920. Kapitel 7. Palaeontologie//SCHRÖDER C. Handbuch der Entomologie, III. Jena: G. Fischer: 117-304.

HANDSCHIN E, 1959. Beiträge zu einer Revision der Mantispiden (Neuroptera). I Teil. Mantispiden des Musee Royal du Congo Belge, Tervuren. Revue de Zoologie et de Botanique Africaines, 59: 185-227.

HANDSCHIN E, 1961. Beiträge zur Kenntnis der Gattungen *Euclimacia*, *Climaciella* und *Entanoneura* Enderlein 1910 im indo-australischen Faunengebiet. Nova Guinea, Zoology, 15: 253-301.

HARING E, ASPÖCK U, 2004. Phylogeny of the Neuropterida: a first molecular approach. Systematic Entomology, 29: 415-430.

HENNIG W, 1981. Insect phylogeny. New York: John Wiley & Sons: 514.

HENRY C, BROOKS S, DUELLI P, 2006. Courtship song of the South African lacewing *Chrysoperla zastrowi* (Esben-Petersen) (Neuroptera: Chrysopidae): evidence for a trans-equatorial geographic range. Journal of Natural History, 40: 2173-2195.

HÖLZEL H, 1965. Neue oder wenig bekannte Chrysopiden aus der sammlung des Naturhistorischen Museums (Planipennia: Chrysopidae). Annalen des Naturhistorischen Museums in Wien, 68: 453-463.

HÖLZEL H, 1967. Chrysopiden aus der Mongolei. Ergebnisse der Mongolisch-Deutschen Biologischen Expeditionen seit 1962, Nr. 31. Mitteilungen aus dem Zoologischen Museum in Berlin, 43: 251-260.

HÖLZEL H. 1969. Beitrag zur Systematik der Myrmeleoniden (Neuroptera-Planipennia, Myrmeleonidae). Annalen des Naturhistorischen Museums in Wien, 73: 275-320.

HÖLZEL H, 1970a. Myrmeleonidae aus den westlichen Teilen der Mongolei (Neuroptera-Planipennia). Ergebnisse der Mongolisch-Deutschen Biologischen Expeditionen seit 1962, Nr. 47. Mitteilungen aus dem Zoologischen Museum in Berlin, 46: 247-264.

HÖLZEL H, 1970b. Ergebnisse der zoologischen forschungen von dr. z. kaszab in der Mongolei. Beitrag zur kenntnis der Myrmeleoniden der Mongolei (Neuroptera-Planipennia). Acta Zoological Academiae Scientiarum Hungaricae, 16: 115-136.

HÖLZEL H, 1970c. Zur generischen Klassifikation der palaarktischen Chrysopinae. Eine neue Untergattungen der Chrysopidae (Planipennia). Zeitschriftder Arbeitsgemeinschaft Osterreichischer Entomologen, 22: 44-52.

HÖLZEL H, 1972. Die Neuropteren Vorderasiens IV. Myrmeleonidae. Beitäge zur Naturkundlichen Forschung in Südwestdeutschland, 1: 3-103.

HÖLZEL H, 1973. Neuropteren aus Nepal I. Chrysopidae. Khumbu Himal, 4: 333-388.

ILLIGER J K W, 1798. Verzeichnis der käfer Preussens, entworfen von Johann Gottlieb Kugelann à ausgearbeitet von Johann Karl Wilhelm Illiger. Mit einer vorrede des professors und pagenhofmeisters Helwig in Braunschweig, und dem angehängten versuche einer natürlichen ordnungs- und gattungs-folge der insekten. Halle: 510.

JIANG G F, FAN R J, YANG X K, 1998. Study on the fauna of Chrysopidae (Neuroptera) from Guangxi Zhuang Autonomous Region. Entomotaxonomia, 20: 267-272.

JIANG W, WANG G Q, LIU X Y, 2012. New fishfly species of the *Neochauliodes bowringi* group (Megaloptera: Corydalidae: Chauliodinae). Zootaxa, 3230: 59-64.

KARNY H H, 1924. On a remarkable new coniopterygid genus from Egypt (Neuroptera, Megaloptera). Annals and Magazine of Natural History, 13: 474-478.

KILLINGTON F J, 1935. *Chrysopa albolineata* nom. nov. for *Chrysopa tenella* Schneid. (Neuroptera). Journal of the Society for British Entomology, 1: 87.

KILLINGTON F J, 1937. A monograph of the British Neuroptera, 2. London: Ray Society: 306.

KIMMINS D E, 1928. New and little known Neuroptera of Central America. Revista Espanola de Entomologia, 4: 363-370.

KIMMINS D E, 1938. New species of Neuroptera. Annals and Magazine of Natural History, 2: 305-311.

KIMMINS D E, 1940. New genera and species of Hemerobiidae (Neuroptera). Annals and Magazine of Natural History, 6: 222-236.

KIMMINS D E, 1942. The genus *Thyridosmylus* Krüger, with notes on the subfamily Spilosmylinae (Neuroptera: Osmylidae). Annals and Magazine of Natural History, 9: 848-855.

KIMMINS D E, 1943. New species of the genus *Neuronema* McL. (Neuroptera: Hemerobiidae). Annals and Magazine of Natural History, 10: 40-53.

KIMMINS D E, 1948. Notes on the genus *Protohermes* Weele (Megaloptera) with description of two new species. Annals and Magazine of Natural History, 1: 765-781.

KIMMINS D E, 1954. A new genus and some new species of the Chauliodini (Megaloptera). Bulletin of the British Museum Natural History (Entomology), 3: 417-444.

KIMMINS D E, 1963. *Egnyonyx* Wesmael, 1836, a nomen oblitum in the family Hemerobiidae (Neuroptera). Entomologist's Monthly Magazine, 98: 202.

KIS B, 1967. *Coniopteryx aspöcki* n. sp. , eine neue Neuropterenart aus Europa. Reichenbachia, 8: 123-125.

KIS B, NAGLER C, MANDRU M C, 1970. Insecta: Neuroptera (Planipennia). Fauna Republicii Socialiste Romania, 8: 1-343.

KIS B, ÚJHELYI S, 1965. *Chrysopa commata* sp. n. , and some remarks on the species *Chrysopa phyllochroma* Wesmael. (Neuroptera). Acta Zoologica Hungarica, 11: 347-352.

KLAPÁLEK F, 1894. Is *Aleuropteryx lutea* Löw, identical with *Coniopteryx lutea* Wallg. Entomologist's Monthly Magazine, 30: 121-122.

KLAPÁLEK F, 1901. Neuropteroidák//HORVÁTH G. Zoologische Ergebnisse der dritten asiatischen Forschungsreise des Grafen Eugen Zichy. Vol. 2. Budapest: V. Hornyánszky and Leipzig: W. Hiersemann: 470.

KLIMASZEWSKI J, KEVAN D K M, 1988. The brown lacewing flies of Canada and Alaska (Neuroptera: Hemerobiidae): Part III. The genus *Micromus* Rambur. Giornale Italiano di Entomologia, 19: 31-76.

KLINGSTEDT H, 1932. *Sialis longidens* n. sp. Aus dem sudlichen Zentral-Sibirien. Memorie della Societas pro Fauna et Flora Fennica, 8: 1-3.

KOLBE H J, 1897. Neuropteren. Die Netzflügler//MÖBIUS K A. Die Thierwelt [Deutsch-]Ost-Afrikas und der Nachbargebiete. Berlin: Dietrich Reimer: 1-42.

KOLENATI F A, 1856. Meletemata entomologica [Fasc. VI]. Hemipterorum heteropterorum Caucasi. Harpagocorisiae, monographice dispositae. Bulletin de la Société [Impériale] des Naturalistes de Moscou, 29: 419-502.

KRISTENSEN N P, 1981. Phylogeny of insect orders. Annual Review of Entomology, 26: 135-157.

KRIVOKHATSKY V A, 1990. Revision of the genus *Lopezus* Navás, 1913 (Neuroptera: Myrmeleonidae). Entomologicheskoe Obozrenie, 69: 893-904, 951.

KRIVOKHATSKY V A, 1992. New taxa of Asiatic ant-lions (Neuroptera: Myrmeleontidae). Entomologicheskoe Obozrenie, 71: 405-413, 502.

KRIVOKHATSKY V A, 1996. Two new species of Palearctic antlions (Neuroptera: Myrmeleontidae). Entomologicheskoe Obozrenie, 75: 643-648.

KRIVOKHATSKY V A, 1998. Addtions to the knowledge of the genus *Epacanthaclisis* Okamato 1910 (Neuroptera: Myrmeleontidae). Journal of Neuropterology, 1: 37-54.

KRÜGER L, 1913a. Osmylidae. Beiträge zu einer Monographie der Neuropteren-Familie der Osmyliden. II. Charakteristik der Familie, Unterfamilien und Gattungen auf Grund des Geäders. Stettiner Entomologische Zeitung, 74: 3-123.

KRÜGER L, 1913b. Osmylidae. Beiträge zu einer Monographie der Neuropteren-Familie der Osmyliden. IV. Beschreibung der Arten. Stettiner Entomologische Zeitung, 74: 225-294.

KRÜGER L, 1914. Osmylidae. Beiträge zu einer Monographie der Neuropteren-Familie der Osmyliden. Stettiner Entomologische Zeitung, 75: 9-125.

KRÜGER L, 1915. Osmylidae. Beiträge zu einer Monographie der Neuropteren-Familie der Osmyliden. VIII. Anhang II. Stettiner Entomologische Zeitung, 76: 60-87.

KRÜGER L, 1922a. Berothidae. Beiträge zu einer Monographie der Neuropteren-Familie der Berothiden. Stettiner Entomologische Zeitung, 83: 49-88.

KRÜGER L, 1922b. Hemerobiidae. Beiträge zu einer Monographie der Neuropteren-Familie der Hemerobiiden.

Stettiner Entomologische Zeitung, 83: 138-172.

KUWAYAMA S, 1924. Formosan chrysopidae and notes on the wing venation of the family. Transactions Natural History Society Formosa, 13: 1-5.

KUWAYAMA S, [1925] 1924-1925. Notes on the Japanese Mantispidae, with special reference to the morphological characters. Journal of the College of Agriculture, Hokkaido Imperial University, 15: 237-267.

KUWAYAMA S, 1927a. Ueber eine neue *Nothochrysa*-Art aus Formosa. Insecta Matsumurana, 1: 120-122.

KUWAYAMA S, 1927b. On a new species of Psychopsidae from Formosa. Insecta Matsumurana, 1: 123-126.

KUWAYAMA S, 1961. A new species of *Anomalochrysa* (Neuroptera) from Formosa. Publications of the Entomological Laboratory, College of Agriculture, University of Osaka Prefecture, 6: 15-16.

KUWAYAMA S, 1962a. A revisional synopsis of the Neuroptera in Japan. Pacific Insects, 4: 325-412.

KUWAYAMA S, 1962b. Chrysopidae from Shansi, North China (Neuroptera). Mushi, 36: 9-15.

KUWAYAMA S, 1964. On the Neuroptera from Amami-Oshima and Yakushima. Mushi, 38: 25-31.

KUWAYAMA S, 1966. The type specimens of the Neuroptera in the collection of the Entomological Institute, Hokkaido University. Insecta Matsumurana, 28: 133-140.

KUWAYAMA S, 1970. The genus *Italochrysa* of Japan (Neuroptera: Chrysopidae). Kontyû, 38: 67-69.

LACROIX J L, 1912. Faune névroptérique de l'Algérie et de la Tunisie. I. Deux espèces nouvelles. Insecta, Rennes, 2: 202-206.

LACROIX J L, 1913. Contribution a l'étude des Nevroptères de France. Troisième [III] liste. -Variétés nouvelles. Feuille des Jeunes Naturalistes, 43: 98-103, 105-110.

LACROIX J L, 1915a. Formes nouvelles de Chrysopides. Bulletin de la Société Entomologique de France, 1915: 229-231.

LACROIX J L, 1915b. Notes névroptérologiques. Néuroptères capturés dans les Pyrénées orientales. Bulletin de la Société Entomologique de France, 1915: 243-245.

LACROIX J L, 1916. Notes névroptérologiques. VI. Captures diverses et formes nouvelles. Boletín de la Sociedad Aragonesa de Ciencias Naturales, 15: 211-216.

LACROIX J L, 1917. Notes névroptérologiques VII. Boletin de la Sociedad Aragonesa, 16: 183-188.

LACROIX J L, 1920. Notes sur quelques insectes Odonates et Planipennes. Bulletin de la Société Entomologique de France, 1920: 298-301.

LACROIX J L, 1925. Quelques Nevropteres (sens. lat.) d'Afrique. Bulletin de la Société d'Histoire Naturelle de l'Afrique du Nord, 16: 258-263.

LACROIX J L, 1933. Notes névroptérologiques. XI. Revue Mensuelle de la Société Entomologique Namuroise, 33: 146-152.

LATREILLE P A, 1796. Précis des caractères génériques des insectes disposés dans un ordre naturel. Paris: [s. n.], 201.

LATREILLE P A, 1802. Histoire naturelle, générale et particulière des Crustacés et des Insectes : Vol. 3. Paris: Dufart: 467.

LATREILLE P A, 1807. Genera *crustaceorum* et insectorum secundum ordinem naturalem in familias disposita, iconibus exemplisque plurimis explicata: Vol. 3. Parisiis and Argentorati: [s. n.], 258.

LATREILLE P A, 1810. Considérations générales sur l'ordre naturel des animaux composant les classes des Crustacés, des Arachnides, et des Insectes; avec un tableau méthodique de leurs genres, disposés en familles. Paris: Schoell: 444.

LAXMANN E, 1770. Novae Insectorvm species. Novi Commentarii Academiae Scientiarum Imperialis Petropolitanae, 14: 593-604.

LEACH W E, 1815. Entomology//BREWSTER D. Edinburgh Encyclopaedia, Vol. 9, pt. 1. Edinburgh: [s. n.], 57-172.

LEFÈBVRE A, 1842. Le genre *Ascalaphus* Fabr. Guérin-Ménéville, 4: 1-10.

LERAULT P, 1989. Étude de la variation subspécifique de *Metachrysopa pallens* (Rambur, 1838) n. comb. (Neuroptera:

Chrysopidae). Revue Francaise d'Entomologie, (Nouvelle Serie), 11: 105-108.

LERAUT P, 1980. Liste des planipennes de France (Neuroptera). Bulletin de la Société Entomologique de France, 85: 237-253.

LERAUT P, 1983. Quelques changements dans la nomenclature des chrysopides de France (Neuroptera : Chrysopidae). Entomologica Gallica, 1: 27.

LESTAGE J A, 1927. La faune entomologique indo-chinoise, 2: les Megalopteres. Bulletin et Annales de la Société Royale d'Entomologie de Belgique, 67: 71-90, 93-119.

LI Y L, YANG X K, WANG X L, 2008. Two new species of the genus *Italochrysa* Principi (Neuroptera: Chrysopidae: Chrysopinae) from China. Acta Zootaxonomica Sinica, 33: 376-379.

LINNAEUS C, 1746. Fauna Suecica sistens animalia sveciae regni: qvadrupedia, aves, amphibia, pisces, insecta, vermes, distributa par classes & ordines, genera & species. Cum differenttis specierum, synonymis autorum, nominibus incolarum, locis habitationum, descriptionibus insectorum. Conradum Wishoff et Georg. Jac. Wishoff, Lugduni Batavorum: 411.

LINNAEUS C, 1758. Systema natura per regna tria naturae secundum classes, ordines, genera, species, cum characteribus, differentiis, synonymis, locis. Editio decima, reformata. Tomus I. Salvii, Holmiae: [s. n.], 824.

LINNAEUS C, 1764. Museum S: ae R: ae M: tis ludovicae ulricae reginae svecorum, gothorum, vandalorumque & c. & c. & c. in quo animalia rarioa, exotica, imprimis insecta & Concilia describuntur & determinantur prodomi instar editum. Laurentii Salvii, Holmiae: [s.n.] 720.

LINNAEUS C, 1767. Systema natura per regna tria naturae secundum classes, ordines, genera, species, cum characteribus, differentiis, synonymis, locis: Vol. 1, pt. 2. 12th Ed. Salvii, Holmiae: [s. n.], 533-1327.

LIU X Y, ASPÖCK H, ASPÖCK U, 2012. *Sinoneurorthus yunnanicus* n. gen. et n. sp. – a spectacular new species and genus of Nevrorthidae (Insecta: Neuroptera) from China, with phylogenetic and biogeographical implications. Aquatic Insects, 34: 131-141.

LIU X Y, ASPÖCK H, ASPÖCK U, 2014a. *Inocellia rara* sp. nov. (Raphidioptera: Inocelliidae), a new snakefly species from Taiwan, with remarks on systematics and biogeography of the Inocelliidae of the island. Zootaxa, 3753: 226-232.

LIU X Y, ASPÖCK H, ASPÖCK U, 2014b. New species of the genus *Nipponeurorthus* Nakahara, 1958 (Neuroptera: Nevrorthidae) from China. Zootaxa, 3838: 224-232.

LIU X Y, ASPÖCK H, BI W X, et al, 2013. Discovery of Raphidioptera (Insecta: Neuropterida) in Hainan Island, China, with description of a new species of the genus *Inocellia* Schneider. Deutsche Entomologische Zeitschrift, 60: 59-64.

LIU X Y, ASPÖCK H, HAYASHI F, et al, 2010. New species of the snakefly genus *Mongoloraphidia* (Raphidioptera: Raphidiidae) from Japan and Taiwan, with phylogenetic and biogeographical remarks on the Raphidiidae of Eastern Asia. Entomological Science, 13: 408-416.

LIU X Y, ASPÖCK H, YANG D, et al, 2009a. Discovery of *Amurinocellia* H. Aspöck & U. Aspöck (Raphidioptera: Inocelliidae) in China, with description of two new species. Zootaxa, 2264: 41-50.

LIU X Y, ASPÖCK H, YANG D, et al, 2009b. *Inocellia elegans* sp. n. (Raphidioptera: Inocelliidae) – A new and spectacular snakefly from China. Deutsche Entomologische Zeitschrift, 56: 319-323.

LIU X Y, ASPÖCK H, YANG D, et al, 2010a. Revision of the snakefly genus *Mongoloraphidia* (Raphidioptera: Raphidiidae) from mainland China. Deutsche Entomologische Zeitschrift, 57: 89-98.

LIU X Y, ASPÖCK H, YANG D, et al, 2010b. Species of the *Inocellia fulvostigmata* group (Raphidioptera: Inocelliidae) from China. Deutsche Entomologische Zeitschrift, 57: 223-232.

LIU X Y, ASPÖCK H, YANG D, et al, 2010c. The *Inocellia crassicornis* species group (Raphidioptera: Inocelliidae) in mainland China, with description of two new species. Zootaxa, 2529: 40-54.

LIU X Y, ASPÖCK H, ZHAN C H, et al, 2012. A review of the snakefly genus *Sininocellia* (Raphidioptera: Inocelliidae): discovery of the first male and description of a new species from China. Deutsche Entomologische

Zeitschrift, 59: 235-243.

LIU X Y, ASPÖCK H, ZHANG W W, et al, 2012. New species of the snakefly genus *Inocellia* Schneider, 1843 (Raphidioptera: Inocelliidae) from Yunnan, China. Zootaxa, 3298: 43-52.

LIU X Y, HAYASHI F, LAVINE L C, et al, 2015. Is diversification in male reproductive traits driven by evolutionary trade-offs between weapons and nuptial gifts? Proceedings of the Royal Society B: Biological Sciences, 282: 14-20.

LIU X Y, HAYASHI F, VIRAKTAMATH C A, et al, 2012. Systematics and biogeography of the dobsonfly genus *Nevromus* Rambur (Megaloptera: Corydalidae: Corydalinae) from the Oriental realm. Systematic Entomology, 37: 657-669.

LIU X Y, HAYASHI F, YANG D, [2012] 2011. A new species of alderfly (Megaloptera: Sialidae) from Yunnan, China. Entomological News, 122: 265-269.

LIU X Y, HAYASHI F, YANG D, 2007a. Systematics of the *Protohermes costalis* species-group (Megaloptera: Corydalidae). Zootaxa, 1439: 1-46.

LIU X Y, HAYASHI F, YANG D, 2007b. Revision of the *Neochauliodes sinensis* species-group (Megaloptera: Corydalidae: Chauliodinae). Zootaxa, 1511: 29-54.

LIU X Y, HAYASHI F, YANG D, 2008. The *Protohermes guangxiensis* species-group (Megaloptera: Corydalidae), with descriptions of four new species. Zootaxa, 1851: 29-42.

LIU X Y, HAYASHI F, YANG D, 2009a. Systematics of the *Protohermes parcus* species group (Megaloptera: Corydalidae), with notes on its phylogeny and biogeography. Journal of Natural History, 43: 355-372.

LIU X Y, HAYASHI F, YANG D, 2009b. *Sialis navasi*, a new alderfly species from China (Megaloptera: Sialidae). Zootaxa, 2230: 64-68.

LIU X Y, HAYASHI F, YANG D, 2010a. Revision of the *Protohermes davidi* species group (Megaloptera: Corydalidae), with updated notes on its phylogeny and zoogeography. Aquatic Insects, 32: 299-319.

LIU X Y, HAYASHI F, YANG D, 2010b. The genus *Neochauliodes* van der Weele (Megaloptera: Corydalidae) from Indochina, with description of three new species. Annales Zoologici, 60: 109-124.

LIU X Y, HAYASHI F, YANG D, 2011. Taxonomic notes and updated phylogeny of the fishfly genus *Ctenochauliodes* van der Weele (Megaloptera: Corydalidae). Zootaxa, 2981: 23-35.

LIU X Y, HAYASHI F, YANG D, 2013. Taxonomic notes on the *Protohermes changninganus* species group (Megaloptera: Corydalidae), with description of two new species. Zootaxa, 3722: 569-580.

LIU X Y, HAYASHI F, YANG D, 2015a. New species of alderfly genus *Sialis* (Megaloptera: Sialidae) from China and Vietnam, with a key to species of *Sialis* from Asia. Entomological Science, 18: 452-460.

LIU X Y, HAYASHI F, YANG D, 2015b. *Sialis primitivus* sp. nov. (Megaloptera: Sialidae), a remarkable new alderfly species from China. Zootaxa, 4033: 593-599.

LIU X Y, WINTERTON S L, WU C, et al, 2015. A new genus of mantidflies discovered in the Oriental region, with a higher-level phylogeny of Mantispidae (Neuroptera) using DNA sequences and morphology. Systematic Entomology, 40: 183-206.

LIU X Y, YANG D, 2004. A revision of the genus *Neoneuromus* in China (Megaloptera: Corydalidae). Hydrobiologia, 517: 147-159.

LIU X Y, YANG D, 2005a. Notes on the genus *Neochauliodes* from Guangxi, China (Megaloptera: Corydalidae). Zootaxa, 1045: 1-24.

LIU X Y, YANG D, 2005b. Notes on the genus *Neochauliodes* Weele, 1909 (Megaloptera: Corydalidae) from Henan, China. Entomological Science, 8: 293-300.

LIU X Y, YANG D, 2005c. Revision of the *Protohermes changningensis* species group from China (Megaloptera: Corydalidae: Corydalinae). Aquatic Insects, 27: 167-178.

LIU X Y, YANG D, 2006a. Revision of the genus *Sialis* from Oriental China (Megaloptera: Sialidae). Zootaxa, 1108: 23-35.

LIU X Y, YANG D, 2006b. Revision of the species of *Neochauliodes* Weele, 1909 from Yunnan (Megaloptera:

Corydalidae: Chauliodinae). Annales Zoologici, 56: 187-195.

LIU X Y, YANG D, 2006c. Revision of the *Protohermes* species from Tibet, China (Megaloptera: Corydalidae). Zootaxa, 1199: 49-60.

LIU X Y, YANG D, 2006d. Revision of the fishfly genus *Ctenochauliodes* van der Weele (Megaloptera: Corydalidae). Zoologica Scripta, 35: 473-490.

LIU X Y, YANG D, 2006e. Systematics of the *Protohermes davidi* species group (Megaloptera: Corydalidae), with notes on its phylogeny and biogeography. Invertebrate Systematics, 20: 477-488.

LIU X Y, YANG D, 2006f. Phylogeny of the subfamily Chauliodinae (Megaloptera: Corydalidae), with description of a new genus from the Oriental Realm. Systematic Entomology, 31: 652-670.

LIU X Y, YANG D, 2006g. The genus *Sialis* Latreille, 1802 (Megaloptera: Sialidae) in Palaearctic China, with description of a new species. Entomologica Fennica, 17: 394-399.

LIU X Y, YANG D, 2006h. The *Protohermes differentialis* group (Megaloptera: Corydalidae: Corydalinae) from China, with description of one new species. Aquatic Insects, 28: 219-227.

LIU X Y, YANG D, HAYASHI F, 2006. Discovery of *Indosialis* from China, with description of one new species (Megaloptera: Sialidae). Zootaxa, 1300: 31-35.

LIU Z Q, 1995. Two new record genera and new species of Coniopteryginae (Neuroptera: Coniopterygidae) from China. Entomotaxonomia, 17 (Suppl.): 35-38. [刘志琦 , 1995. 粉蛉亚科中国的新记录属与二新种 . 昆虫分类学报 , 17 (增刊): 35-38.]

LIU Z Q, YANG C K, 1993. Four new species of Coniopteryginae (Neuroptera: Coniopterygidae) from Guizhou province. Entomotaxonomia, 15: 255-260. [刘志琦 , 杨集昆 , 1993. 贵州省粉蛉亚科四新种 (脉翅目: 粉蛉科). 昆虫分类学报 , 15: 255-260.]

LIU Z Q, YANG C K, 1997. Neuroptera: Coniopterygidae//YANG X K. Insects of the Three Gorge Reservoir area of Yangtze River. Chongqing: Chongqing Publishing House: 575-579. [刘志琦 , 杨集昆 , 1997. 脉翅目: 粉蛉科 // 杨星科 . 长江三峡库区昆虫 . 重庆: 重庆出版社: 575-579.]

LIU Z Q, YANG C K, 1998. New species and new records of Coniopterygidae from north China (Neuroptera). Acta Entomologica Sinica, 41 (Suppl.): 186-193. [刘志琦 , 杨集昆 , 1998. 中国北方粉蛉新种及新记录 (脉翅目: 粉蛉科). 昆虫学报 , 41 (增刊): 186-193.]

LIU Z Q, YANG C K, 2002. Neuroptera: Coniopterygidae//Huang F S. Forest insects of Hainan. Beijing: Science Press: 302-304. [刘志琦 , 杨集昆 , 2002. 脉翅目: 粉蛉科 // 黄复生 . 海南森林昆虫 . 北京: 科学出版社: 302-304.]

LIU Z Q, YANG C K, SHEN Z R, 2003a. Two new species of Coniopterygidae (Neuroptera) from Yunnan, China. Entomotaxonomia, 25: 143-147. [刘志琦 , 杨集昆 , 沈佐锐 , 2003a. 云南省粉蛉两新种记述 (脉翅目). 昆虫分类学报 , 25: 143-147.]

LIU Z Q, YANG C K, SHEN Z R, 2003b. The first record of genus *Aleuropteryx* Löw (Neuroptera: Coniopterygidae) from China with description of a new species. Entomotaxonomia, 25: 197-200. [刘志琦 , 杨集昆 , 沈佐锐 , 2003b. 中国新纪录: 囊粉蛉属及一新种记述 (脉翅目: 粉蛉科). 昆虫分类学报 , 25: 197-200.]

LIU Z Q, YANG C K, SHEN Z R, 2004a. A study of the genus *Heteroconis* Enderlein (Insecta: Neuroptera: Coniopterygidae) with four new species from mainland China. Raffles Bulletin of Zoology, 52: 365-372.

LIU Z Q, YANG C K, SHEN Z R, 2004b. A review of the genus *Coniocompsa* Enderlein (Neuroptera: Coniopterygidae) from China, with descriptions of three new species. Oriental Insects, 38: 395-404.

LÖW F. 1885. Beitrag zur Kenntniss der Coniopterygiden. Sitzungsberichte der Akademie der Wissenschaften in Wien, Mathematische-Naturwissenschaftliche Klasse (Abtheilung I), 91: 73-89.

MACHADO R J P, GILLUNG J P, WINTERTON S L, et al, 2019. Owlflies are derived antlions: anchored phylogenomics supports a new phylogeny and classification of Myrmeleontidae (Neuroptera). Systematic Entomology, 44: 418-450.

MAKARKIN V N, 1985a. A contribution to the fauna of the Neuroptera from the Far East. Akademiia nauk SSSR, Zoologicheskii Zhurnal, 64: 620-622.

MAKARKIN V N, 1985b. Review of lacewings of the family Hemerobiidae (Neuroptera) of the fauna of the USSR. I.

The genera *Hemerobius* L. , *Micromus* Ramb. , and *Paramicromus* Nakah. Entomologicheskoe Obozrenie, 64: 158-170, 237.

MAKARKIN V N, 1985c. Review of the family Osmylidae (Neuroptera) of the fauna of the USSR//LEHR P A, STOROZHENKO S Y. Taxonomy and ecology of arthropods from the Far East. Collected scientific papers. Vladivostok: Far Eastern Scientific Centre: 35-47, 129.

MAKARKIN V N, 1986. Review of the lacewings of the family Hemerobiidae (Neuroptera) of the fauna of the USSR. II. The genera *Wesmaelius* Krüger, *Sympherobius* Banks, *Psectra* Hagen, *Megalomus* Ramb. , *Neuronema* MacLach. and *Drepanepteryx* Leach. Entomologicheskoe Obozrenie, 65: 604-617, 654.

MAKARKIN V N, 1990. A check-list of the Neuroptera-Planipennia of the USSR far east, with some taxonomic remarks. Acta Zoologica Hungarica, 36: 37-45.

MARKL W, 1954. Vergleichend-morphologische Studien zur Systematik und Klassifikation der Myrmeleoniden (Insecta: Neuroptera). Verhandlungen der Naturforschende Gesellschaft in Basel, 65: 178-263.

MATSUMURA F, 1910. Injurious and beneficial insects of sugarcane in Formosa. Tokyo: Keiseisha: 86.

MATSUMURA F, 1911. Erster Beitrag zur Insekten-Fauna Sachalin. Journal of the College of Agriculture Sapporo, 4: 1-145.

MATSUMURA S, 1905. Thousand insects of Japan: Vol. 1. Tokyo: Keiseisha Co. : 213.

MATSUMURA S, 1907. Systematic Entomology. Tokyo: Keiseisha Co. : 336.

MATSUMURA S, 1931. 6000 illustrated insects of Japan-Empire. Tokyo: Tokoshoin Co. : 1156.

MCLACHLAN R, 1863. On some new species of neuropterous insects from Australia and New Zealand, belonging to the family Hemerobiidae. Journal of Entomology: descriptive and geographical, 2: 111-116.

MCLACHLAN R, 1866. A new genus of Hemerobidae, and a new genus of Perlidae. Transactions of the Entomological Society of London, 15: 353-354.

MCLACHLAN R, [1867] 1868a. New genera and species, etc. , of Neuropterous insects; and a revision of Mr F. Walker's British Museum Catalogue, part II (1853), as far as the end of the genus *Myrmeleon*. Journal of the Linnean Society (Zoology), 9: 230-281.

MCLACHLAN R, 1868b. A monograph of the British Neuroptera-Planipennia. Transactions of the Entomological Society of London, 16: 145-224.

MCLACHLAN R, 1869a. *Chauliodes* and its allies with notes and descriptions. Annals and Magazine of Natural History, 4 (4): 35-46.

MCLACHLAN R, 1869b. New species, & c. , of Hemerobiina; with synonymic notes (first series). Entomologist's Monthly Magazine, 6: 21-27.

MCLACHLAN R, 1870. New species, & c. , of Hemerobiina: second series (*Osmylus*). Entomologist's Monthly Magazine, 6: 195-201.

MCLACHLAN R, [1873] 1871. Neuroptera [sensu lato]. Zoological Record, 8: 398-409.

MCLACHLAN R, 1872. Matériaux pour une faune néuroptérologique de l'Asie septentrionale. Seconde partie, Non-Odonates. Annales de la Société Royale d'Entomologie de Belgique, 15: 47-77.

MCLACHLAN R, [1871] 1873a. An attempt towards a systematic classification of the family Ascalaphidae. Journal of the Linnean Society of London, Zoology, 11: 219-276.

MCLACHLAN R, 1873b. Notes sur les Myrméléonides décrits par M. Le Dr. Rambur. Annales de la Societe Entomologique de Belgique, 16: 127-141.

MCLACHLAN R, 1875a. A sketch of our present knowledge of the neuropterous fauna of Japan (excluding Odonata and Trichoptera). Transactions of the Entomological Society of London, 23: 167-190.

MCLACHLAN R, 1875b. Neuroptera s. str, Planipennia. Reise in Turkestan (Neuroptera), 2: 1-24.

MCLACHLAN R, 1875c. Descriptions de plusieurs Nevroptères-Planipennes et Trichoptères nouveaux de l'île de Célébes et de quelques espèces nouvelles de Dipseudopsis avec considérations sur ce genre. Tijdschrift voor Entomologie, 18: 1-21.

MCLACHLAN R, 1875d. Setchatokrylye (Neuroptera) //FEDCHENKO A P. Puteshestvie v Turkestan. Vypusk 8. Tom II. Zoogeograficheskiia izsliedovania. Chast V. Vol. 2, pt. 5. S. -Peterburg: Moskva: 60.

MCLACHLAN R, 1882. The Neuroptera of Madeira and the Canary Islands. Journal of the Linnean Society of London, Zoology, 16: 149-183.

MCLACHLAN R, 1883. Neuroptera of the Hawaiian Islands. Part II. Planpennia, with general summary. Annals and Magazine of Natural History, 12: 298-303.

MCLACHLAN R, 1887. Insecta in itinere Cl. N. Przewalskii in Asia centrali novissime lecta. XII. Neuroptera II. Perlides, Planipennes et Trichoptères. Horae Societatis Entomologicae Rossicae, 21: 448-457.

MCLACHLAN R, 1891a. An asiatic *Psychopsis* (*Ps. birmana*, n. sp.). Entomologist's Monthly Magazine, 27: 320-321.

MCLACHLAN R, 1891b. Descriptions of new species of holophthalmous Ascalaphidae. Transactions of the Entomological Society of London, 39: 509-515.

MCLACHLAN R, 1893. On species of *Chrysopa* observed in the eastern Pyrenees; together with description of, and notes on, new or little-known Palaearctic forms of the genus. Transactions of the Entomological Society of London, 1893: 227-234.

MCLACHLAN R, 1894a. On two small collections of Neuroptera from Tachien-lu, in the province of Szechuen, western China, on the frontier of Thibet. Annals and Magazine of Natural History, 13: 424-436.

MCLACHLAN R, 1894b. Two new species of Myrmeleonidae from Madagascar. Annals and Magazine of Natural History, 13: 514-517.

MCLACHLAN R, 1899. A second Asiatic species of *Corydalis*. Transactions of the Entomological Society of London, 1899: 281-283.

MEINANDER M, 1969. Coniopterygidae from Mongolia (Neuroptera). Notulae Entomologicae, 49: 7-10.

MEINANDER M, 1972a. A revision of the family Coniopterygidae (Planipennia). Acta Zoologica Fennica, 136: 1-357.

MEINANDER M, 1972b. Coniopterygidae from Mongolia III (Neuroptera). Notulae Entomologicae, 52: 127-138.

MEINANDER M, KLIMASZEWSKI J, SCUDDER G G E, 2009. New distributional records for some Canadian Neuropterida (Insecta: Neuroptera, Megaloptera). Journal of the Entomological Society of British Columbia, 106: 11-15.

MILLER L A, 1984. Hearing in green lacewings and their response to the cries of bats//CANARD M, SÉMÉRIA Y, NEW T R. Biology of Chrysopidae. The Hague: Dr. W. Junk Publishers: 134-149.

MILLER R B, STANGE L A, WANG H Y, 1999. New species of antlions from Taiwan (Neuroptera: Myrmeleontidae). Journal of the National Taiwan Museum, 52: 47-78.

MISOF B, LIU S L, MEUSEMANN K, et al, 2014. Phylogenomics resolves the timing and pattern of insect evolution. Science, 346: 763-767.

MIYAKE T, 1910. The Mantispidae of Japan. Journal of the College of Agriculture, Tohoku Imperial University, Sapporo, 2: 213-221.

MONSERRAT V J, 1988. Revision de la obra de L. Navás, I: EL genero *Dilar* Rambur, 1842 (Neuropteroidea: Planipennia: Dilaridae). Neuroptera International, 5: 13-23.

MONSERRAT V J, 1990. A systematic checklist of the Hemerobiidae of the world (Insecta: Neuroptera) //MANSELL M W, ASPÖCK H. Advances in Neuropterology. Proceedings of the Third International Symposium on Neuropterology (3-4 February 1988, Berg en Dal, Kruger National Park, South Africa). Pretoria: South African Department of Agricultural Development: 215-262.

MONSERRAT V J, 1993. New data on some species of the genus *Micromus* Rambur, 1842 (Insecta: Neuroptera: Hemerobiidae). Annali del Museo Civico di Storia Naturale Giacomo Doria, 89: 477-516.

MONSERRAT V J, 2000. New data on the brown lacewings from Asia (Neuroptera: Hemerobiidae). Journal of Neuropterology, 3: 61-97.

MONSERRAT V J, 2004. Nuevos datos sobre algunas especies de hemeróbidos (Insecta: Neuroptera: Hemerobiidae). Heteropterus: Revista de Entomología, 4: 1-26.

MONSERRAT V J, 2008. New data on some green lacewing species (Insecta: Neuroptera: Chrysopidae). Heteropterus

Revista de Entomologia, 8: 171-196.

MONSERRAT V J, DERETSKY Z, 1999. New faunistical, taxonomic and systematic data on brown lacewings (Neuroptera: Hemerobiidae). Journal of Neuropterology, 2: 45-66.

MURPHY D H, LEE Y T, 1971. Three new species of *Coniopteryx* from Singapore (Plannipennia: Coniopterygidae). Journal of Entomology, 40: 151-161.

NAKAHARA W, 1912a. Nipponsan kamakirimodokikwa no kenkyn. Zoological Magazine, 24: 558-566.

NAKAHARA W, 1912b. On the Japanese Mantispidae. Insect World, 16: 12-15.

NAKAHARA W, 1913a. On three new species of Myrmeleonidae from Japan and Formosa (Neur. Planip.). Entomological News, 24: 297-301.

NAKAHARA W, 1913b. On the family Myrmeleontidae. Zoological Magazine, 25: 619-620.

NAKAHARA W, 1913c. A revision of the Mantispidae of Japan. Annotationes Zoologicae Japonenses, 8: 229-237.

NAKAHARA W, 1913d. Studies on Japanese Coniopterygidae. Zoological Magazine, 25: 195-201.

NAKAHARA W, 1913e. On the Japanese Myrmeleontidae. Zoological Magazine, 25: 527-528.

NAKAHARA W, 1914. On the Osmylinae of Japan. Annotationes Zoologicae Japonenses, 8: 489-518.

NAKAHARA W, 1915a. A synonymic list of Japanese Chrysopidae, with descriptions of one new genus and three new species. Annals of the Entomological Society of America, 8: 117-122.

NAKAHARA W, 1915b. On the Hemerobiinae of Japan. Annotationes Zoologicae Japonenses, 9: 11-48.

NAKAHARA W, 1919. Revisional notes on the Japanese Hemerobiidae. Insect World, 23: 135-137.

NAKAHARA W, 1955a. Description of *Neolysmus ogatai* gen. et sp. nov. , with remarks on the genus *Lysmus* Navás (Neuroptera: Osmylidae). Kontyû, 23: 13-15.

NAKAHARA W, 1955b. Formosan Neuroptera collected by the late Dr. T. Kano. Kontyû, 23: 6-12.

NAKAHARA W, 1955c. New Chrysopidae from Formosa. Kontyû, 23: 143-147.

NAKAHARA W, 1955d. The Dilaridae of Japan and Formosa (Neuroptera). Kontyû, 23: 133-142.

NAKAHARA W, 1957. A new species of *Dilar* from north China (Neuroptera: Dilaridae). Mushi, 30: 31-33.

NAKAHARA W, 1958. The Neurorthinae, a new subfamily of the Sisyridae (Neuroptera). Mushi, 32: 19-32.

NAKAHARA W, 1960. Systematic studies on the Hemerobiidae (Neuroptera). Mushi, 34: 1-69.

NAKAHARA W, 1961. A new species of the Mantispidae from Japan (Neuroptera). Mushi, 35: 63-66.

NAKAHARA W, 1966a. Hemerobiidae, Sisyridae and Osmylidae of Formosa and Ryukyu Islands (Neuroptera). Kontyû, 34: 193-207.

NAKAHARA W, 1966b. Neotropical Hemerobiidae in the United States National Museum. Proceedings of the United States National Museum, 117: 107-122.

NAKAHARA W, 1971. Some genera and species of the Hemerobiidae (Neuroptera). Kontyû, 39: 7-14.

NAVÁS L, 1901. Notas neuropterológiques. Butlletí de la Institució Catalana d'Historia Natural, 1 (1): 17-20, 23-28, 46-50.

NAVÁS L, 1903a. Diláridos de España. Memorias de la Real Academia de Ciencias y Artes de Barcelona, 4 (3): 373-381.

NAVÁS L, 1903b. Notas entomológicas. XII. Algunos insectos nuevos ó poco conocidos. Boletín de la Sociedad Espanola de Historia Natural, 3: 114-118.

NAVÁS L, 1904. Notas zoológicas. I. Las Chrysopas (Insectos Neurópteros) de Chamartín de la Rosa (Madrid). Boletín de la Sociedad Aragonesa de Ciencias Naturales, 3: 115-122.

NAVÁS L, 1905a. Notas zoológicas. VII. Insectos orientales nuevos ó poco conocidos. Boletín de la Sociedad Aragonesa de Ciencias Naturales, 4: 49-55.

NAVÁS L, 1905b. Notas neuropterológiques. VI. Neurópteros de Montserrat. Butlletí de la Institució Catalana d'Història Natural, 5 (1): 11-21.

NAVÁS L, 1906. Catálogo descriptivo de los insectos Neurópteros de las Islas Canarias. Revista de la Real Academia de Ciencias Exactas Fisicas y Naturales de Madrid, 4: 687-706.

NAVÁS L, 1907. Notas zoológicas. XIII. Insectos nuevos ó recientemente descritos de la Peninsula Ibérica. Boletín de la Sociedad Aragonesa de Ciencias Naturales, 6: 194-200.

NAVÁS L, 1908a. Neurópteros de España y Portugal. Brotéria (Zoológica), 7: 5-131.

NAVÁS L, 1908b. Neurópleros nuevos. Memorias de la Real Academia de Ciencias y Artes de Barcelona, 6 (3): 401-423.

NAVÁS L, 1909a. Notas neuropterológicas. XI. Mirmeleónido nuevo de Madagascar. Butlletí de la Institució Catalana d'Història Natural, 9 (1): 71-72.

NAVÁS L, 1909b. Rhaphidides (Insectes Névroptères) du Musée de Paris. Annales de la Société Scientifique de Bruxelles, 33: 143-146.

NAVÁS L, 1909c. Neurópteros de los alrededores de Madrid. Suplemento I. Revista de la Real Academia de Ciencias Exactas Fisicas y Naturales de Madrid, 8: 370-380.

NAVÁS L, 1909d. Neurópteros nuevos de la fauna ibérica. Actas y Memorias del Primer Congreso de Naturalistas Españoles (held in Zaragoza, October 1908). Zaragoza: 143-158.

NAVÁS L, 1909e. Sur une *Chrysopa* nouvelle d'Espagñe (Neur.). Deutsche Entomologische Zeitschrift, Berlin, 1909: 793-794.

NAVÁS L, 1909f. Deux Hémérobides (insectes névroptères) nouveaux. Annales de la Société Scientifique de Bruxelles, 33: 215-220.

NAVÁS L, [1909g] 1908-1909. Mantíspidos nuevos [I]. Memorias de la Real Academia de Ciencias y Artes de Barcelona, 7 (3): 473-485.

NAVÁS L, [1909h] 1908-1909. Monografía de la familia de los Diláridos (Ins. Neur.). Memorias de la Real Academia de Ciencias y Artes de Barcelona, 7 (3): 619-671.

NAVÁS L, 1909i. Notas neuropterológicas. X. Sobre Ascaláfidos. Butlletí de la Institució Catalana d'Història Natural, 9 (1): 52-57.

NAVÁS L. 1910a. Névroptères des bords de la Meuse et de la Molignée (Namur). Revue Mensuelle de la Société Entomologique Namuroise, 10: 74-76.

NAVÁS L, 1910b. Neuróptères nouveaux de l'Orient. Revue Russe d'Entomologie, 10: 190-194.

NAVÁS L, 1910c. Notes entomologicas (2. a serie). Boletín de la Sociedad Aragonesa de Ciencias Naturales, 9: 168-169, 240-248.

NAVÁS L, 1910d. Crisópidos (Ins. Neur.) nuevos. Brotéria (Zoológica), 9: 38-59.

NAVÁS L, 1910e. Mis excursiones entomológicas durante el verano de 1909 (2 Julio-3 Agosto). Butlletí de la Institució Catalana d'Història Natural, 10 (1): 32-56, 74-75.

NAVÁS L, 1910f. Hemeróbidos (Ins. Neur.) nuevos con la clave de las tribus y géneros de la familia. Brotéria (Zoológica), 9: 69-90.

NAVÁS L, 1910g. Monografia de los Nemoptéridos (Insectos Neurópteros). Memorias de la Real Academia de Ciencias y Artes de Barcelona, 8 (3): 341-408.

NAVÁS L, 1910h. Osmylides exotiques (insectes névroptères) nouveaux. Annales de la Société Scientifique de Bruxelles, 34: 188-195.

NAVÁS L, [1910i] 1909. Hémérobides nouveaux du Japon (Neuroptera). Revue Russe d'Entomologie, 9: 395-398.

NAVÁS L, 1911a. Notas entomológicas. [2. a serie]. 3. Excursiones por los alrededores de Granada. Boletín de la Sociedad Aragonesa de Ciencias Naturales, 10: 204-211.

NAVÁS L, 1911b. Chrysopides nouveaux (Ins. Neur). Annales de la Société Scientifique de Bruxelles, 35: 266-282.

NAVÁS L, 1911c. Nouvelles formes de Chrysopides (Ins. Nevr.) de France. Annales de l'Association des Naturalistes de Levallois-Perret, 17: 12-14.

NAVÁS L, 1911d. Névroptères nouveaux de l'extrème Orient. Revue Russe d'Entomologie, 11: 111-117.

NAVÁS L, 1911e. Notes sur quelques Névroptères. I. Insecta, Rennes, 1: 239-246.

NAVÁS L, 1911f. Notes sur quelques Névroptères d'Afrique. I. Revue de Zoologie Africaines, 1: 230-244.

NAVÁS L, 1912a. Notas sobre Mirmeleónidos (Ins. Neur.). Brotéria (Zoológica), 10: 29-75, 85-97.

NAVÁS L, 1912b. Insectos neurópteros nuevos o poco conocidos. Memorias de la Real Academia de Ciencias y Artes de Barcelona, 10 (3): 135-202.

NAVÁS L, 1912c. Myrmeléonides nouveaux de l'extrème Orient (Neuroptera). Revue Russe d'Entomologie, 12: 110-114.

NAVÁS L, 1912d. Synopsis de Névroptères de Belgique. Revue Mensuelle de la Société Entomologique Namuroise, 12: 9-13, 27-31, 35-39, 47-51, 57-59, 63-67, 72-75, 80-82, 91-95, 104-107, 116-119, 128-130.

NAVÁS L, 1912e. Myrméléonides (Ins. Névr) nouveaux ou peu connus. Annales de la Société Scientifique de Bruxelles, 36: 203-248.

NAVÁS L, 1912f. Insectos Neurópteros nuevos. Verhandlungen des VIII Internationalen Zoologen-kongresses (held in Graz, 15-20 August 1910). Jena: Gustav Fischer: 746-751.

NAVÁS L, 1912g. Quelques Nevroptères de la Sibérie méridionale-orientale. Revue Russe d'Entomologie, 12: 414-422.

NAVÁS L, 1912h. Crisópidos y Hemeróbidos (Ins. Neur.) nuevos ó críticos. Brotéria (Zoológica), 10: 98-113.

NAVÁS L, 1912i. Notes sur quelques Névroptères d'Afrique. II. Revue de Zoologie Africaines, 1: 401-410.

NAVÁS L, 1912j. Bemerkungen über die Neuropteren der Zoologischen Staatssammlung in München. III. Mitteilungen der Münchener Entomologischen Gesellschaft, 3: 55-59.

NAVÁS L, 1913a. Bemerkungen über die Neuropteren der Zoologischen Staatssammlung in München. V. Mitteilungen der Münchener Entomologischen Gesellschaft, 4: 9-15.

NAVÁS L, 1913b. Neuroptera asiatica. I series. Revue Russe d'Entomologie, 13: 271-284.

NAVÁS L, 1913c. Expedition to the central western Sahara. X. Quelques Névroptères du Sahara Français. Novitates Zoologicae, 20: 444-458.

NAVÁS L, 1913d. Mis excursiones por el extranjero en el verano de 1912 (25 julio-16 septiembre). Memorias de la Real Academia de Ciencias y Artes de Barcelona, 10 (3): 479-514

NAVÁS L, 1913e. Taxonomic and nomenclatural notes. Boletín de la Sociedad Aragonesa de Ciencias Naturales, 12: 122-123.

NAVÁS L, 1913f. Névroptères de Barbarie. Première [I] série. Bulletin de la Société d'Histoire Naturelle de l'Afrique du Nord, 4: 212-219.

NAVÁS L, 1913g. Espèces nouvelles de Nèvroptères exotiques. Extrait des Annales l'Association des Naturalistes de Levallois-Perret, 19: 10-13.

NAVÁS L, 1913h. Algunos órganos de las alas de los insectos [III] //Transactions of the 2nd International Congress of Entomology (held in Oxford, 1912): Vol. 2: 178-186.

NAVÁS L, 1914a. Neurópteros nuevos o poco conocidos (Segunda y Tercera serie). Memorias de la Real Academia de Ciencias y Artes de Barcelona, 11 (3): 105-119, 193-215.

NAVÁS L, [1914b] 1913-1915. Neurópteros de la Tripolitania. II Serie. Annali del Museo Civico di Storia Naturale Giacomo Doria, 6: 202-209.

NAVÁS L, 1914c. Neurópteros sudamericanos. Primera serie. Brotéria (Zoológica), 12: 45-56, 215-234.

NAVÁS L, 1914d. Névroptères de l'Indo-Chine. 1re série. Insecta, Rennes, 4: 133-142.

NAVÁS L, 1914e. Voyage de Ch. Alluaud et R. Jeannel en Afrique Orientale (1911-1912). Résultats scientifiques. Insectes Névroptères. I. Planipennia et Mecoptera. Paris: [s. n.], 52.

NAVÁS L, [1914f] 1913-1914. Myrméléonides (Ins. Névr.) nouveaux ou critiques. Annales de la Société Scientifique de Bruxelles, 38: 229-254.

NAVÁS L, 1914g. Neuropteros nuevos de Africa. Memorias de la Real Academia de Ciencias y Artes de Barcelona, 10 (3): 627-653.

NAVÁS L, 1914h. Les Chrysopides (Ins. Névr.) du Musée de Londres. Annales de la Société Scientifique de Bruxelles, 38: 73-114.

NAVÁS L, 1914i. Neuroptera asiatica. III series. Revue Russe d'Entomologie, 14: 6-13.

NAVÁS L, 1914j. Notas entomológicas [2. a serie]. 11. Neurópteros del Moncayo (Zaragoza). Boletín de la Sociedad Aragonesa de Ciencias Naturales, 13: 207-218.

NAVÁS L, 1914k. Quelques Névroptères reoueillis par le Dr. Malcolm Burr en Transcauoasie. Revue Russe d'Entomologie, 14: 211-216.

NAVÁS L, [1914l] 1913. Neuroptera asiatica. II series. Revue Russe d'Entomologie, 13: 424-430.

NAVÁS L, 1914m. Family Dilaridae. Neuroptera. Genera Insectorum Fascicle, 156: 1-14.

NAVÁS L, 1914n. Neurópteros de Oceanía. Primera [I] serie. Revista de la Real Academia de Ciencias Exactas Fisicas y Naturales de Madrid, 12: 464-483.

NAVÁS L, 1915a. Some Neuroptera from the United States. Bulletin of the Brooklyn Entomological Society, 10: 50-54.

NAVÁS L, [1915b] 1913-1915. Materiali per una fauna dell'arcipelago Toscano. IX. Algunos Neurópteros de la Isla del Giglio. Annali del Museo Civico di Storia Naturale Giacomo Doria, Genoa, 46: 276-278.

NAVÁS L, 1915c. Notas entomológicas. 2. a serie. 12. Excursiones por Cataluña, Julio de 1914. Boletín de la Sociedad Aragonesa de Ciencias Naturales, 14: 27-32, 35-59, 67-80.

NAVÁS L, 1915d. Neue Neuropteren. Erste [I] and Zweite [II] series. Entomologische Mitteilungen, 4: 146-153, 194-202.

NAVÁS L, 1915e. Neurópteros nuevos o poco conocidos (Cuarta [IV] serie). Memorias de la Real Academia de Ciencias y Artes de Barcelona, 11 (3): 373-398.

NAVÁS L, 1915f. Neurópteros nuevos o poco conocidos (Quinta [V] serie). Memorias de la Real Academia de Ciencias y Artes de Barcelona 11 (3): 455-480.

NAVÁS L, 1915g. Neurópteros nuevos o poco conocidos (Sexta [VI] serie). Memorias de la Real Academia de Ciencias y Artes de Barcelona, 12 (3): 119-136.

NAVÁS L, [1915h] 1914-1915. Ordo Neuroptera and *Sympherobius amicus* Navás sp. n. in Silvestri, F. Contributo alla conoscenza degli insetti dell'oliva dell'Eritrea e dell'Africa meridionale. Bollettino del Laboratorio de Zoologia Generale e Agraria dell Facolta Agraria in Portici, 9: 240-334.

NAVÁS L, 1916a. Neurópteros nuevos de Espana (Segunda [II serie]). Revista de la Real Academia de Ciencias Exactas Fisicas y Naturales de Madrid, 14: 593-601.

NAVÁS L, 1916b. Excursions entomològiques al nort de la provincia de Lleida. Butlletí de la Institució Catalana d'Història Natural, 16 (1): 150-158.

NAVÁS L, 1916c. Neuroptera nova Africana. VII Series. Memorie dell'Accademia Pontifica dei Nuovi Lincei, 2 (2): 51-58.

NAVÁS L, 1917a. Insecta nova. II Series. Memorie dell'Accademia Pontifica dei Nuovi Lincei, 3 (2): 13-22.

NAVÁS L, 1917b. Névroptères de l'Indo-Chine. 2e série. Insecta, Rennes, 7: 8-17.

NAVÁS L, 1917c. Notas sobre la familia de los Osmílidos (Ins. Neur.). Musei Barcinonensis Scientiarum Naturalium Opera, 4: 1-21.

NAVÁS L, 1917d. Neurópteros nuevos o poco conocidos (Octava [VIII] serie). Memorias de la Real Academia de Ciencias y Artes de Barcelona, 13 (3): 155-178.

NAVÁS L, 1917e. Comunicaciones entomológicas. 2. Excursiones entomológicas per Aragón y Navarra. Revista de la [Real] Academia de Ciencias Exactas Fisico-Quimicas y Naturales de Zaragoza, 2 (1): 81-91.

NAVÁS L, [1918-1919] 1917f. Monografia de l'ordre dels Rafidiòpters (Ins.). Barcelona: Arxius de l'Institut de Ciències: 90.

NAVÁS L, 1918a. Neurópteros nuevos o poco conocidos. (Décima [X] serie). Memorias de la Real Academia de Ciencias y Artes de Barcelona, 14 (3): 339-366.

NAVÁS L, 1918b. Insecta nova. IV Series. Memorie dell'Accademia Pontifica dei Nuovi Lincei, 4 (2): 13-23.

NAVÁS L, 1918c. Quelques Névroptères d'Algérie. Insecta, Rennes, 8: 167-176.

NAVÁS L, 1918d. Algunos insectos de la República Argentina. Revista de la Real Academia de Ciencias Exactas Fisicas y Naturales de Madrid, 16: 491-504.

NAVÁS L, 1919a. Insecta nova. VI Series. Memorie dell'Accademia Pontifica dei Nuovi Lincei, 5 (2): 11-19.

NAVÁS L, 1919b. Neurópteros de España nuevos. Segunda serie. Boletín de la Sociedad entomológica de España, 2: 218-223.

NAVÁS L, 1919c. Algunos insectos Neurópteros de la República Argentina. Serie tercera. Revista de la Real Academia de Ciencias Exactas Fisicas y Naturales de Madrid, 17: 287-305.

NAVÁS L, 1919d. Névroptères de l'Indo-Chine. 3e série. Insecta, Rennes, 9: 185-194.

NAVÁS L, 1919e. Excursiones entomológicas por Cataluña durante el verano de 1918. Memorias de la Real Academia de Ciencias y Artes de Barcelona, 15 (3): 181-214.

NAVÁS L, 1919f. Once Neurópteros nuovos españoles. Boletin de la Sociedad Entomologica de España, 2: 48-56.

NAVÁS L, 1920a. Sur des Névroptères nouveaux ou critiques. Première série. Annales de la Société Scientifique de Bruxelles, 39: 27-37.

NAVÁS L, [1920b] 1919-1920. Sur des Névroptères nouveaux ou critiques. Deuxième série. Annales de la Société Scientifique de Bruxelles, 39: 189-203.

NAVÁS L, [1920c] 1919. A contribution to the knowledge of the neuropterous insects of Algeria. Novitates Zoologicae, 26: 283-290.

NAVÁS L, [1921] 1919. Comunicaciones entomológicas. 4. Insectos nuevos criticos ó poco conocidos. Revista de la Academia Ciencias Exactas Fisico-Quimicas y Naturales de Zaragosa, 6 (1): 61-81.

NAVÁS L, 1922. Insectos exóticos. Brotéria (Zoológica), 20: 49-63.

NAVÁS L, 1923a. Insecta nova. IX Series. Memorie dell'Accademia Pontifica dei Nuovi Lincei, 6 (2): 9-18.

NAVÁS L, 1923b. Insecta orientalia. I Series. Memorie dell'Accademia Pontifica dei Nuovi Lincei, 6 (2): 29-41.

NAVÁS L, 1923c. Quelques Myrméléonides (Ins. Névr.) d'Afrique. Annales de la Société Scientifique de Bruxelles, 43: 143-147.

NAVÁS L, [1923d] 1919. Estudis sobre Neuròpters (Insectes). Arxius de l'Institut de Ciències, Institut d'Estudis Catalans, Secció de Ciències, 7: 179-203.

NAVÁS L, [1923e] 1922. Algunos insectos del Museo de París. [1. a serie.]. Revista de la Academia de Ciencias Exactas Fisico-Quimicas y Naturales de Zaragoza, 7 (1): 15-51.

NAVÁS L, 1923f. Névroptères de Barbarie. Quatrième [IV] série. Bulletin de la Société d'Histoire Naturelle de l'Afrique du Nord, 14: 339-340.

NAVÁS L, 1924a. Myrméléonides (Ins. Névr) nouveaux ou critiques 2me série. Annales de la Société Scientifique de Bruxelles, 43: 70-74.

NAVÁS L, 1924b. Insecta orientalia. II Series. Memorie dell'Accademia Pontifica dei Nuovi Lincei, 7 (2): 211-216.

NAVÁS L, 1924c. Insecta orientalia. III Series. Memorie dell'Accademia Pontifica dei Nuovi Lincei, 7 (2): 217-228.

NAVÁS L, 1925a. Algunos insectos del Museo de Paris. 2. a série. Brotéria (Zoológica), 22: 75-83.

NAVÁS L, 1925b. Neurópteros del Museo de Berlin. Revista de la Academia de Ciencias Zaragoza, 9: 20-34.

NAVÁS L, 1925c. Névroptères nouveaux. Annales de la Société Scientifique de Bruxelles, 44: 566-573.

NAVÁS L, 1925d. Insectos exóticos nuevos o poco conocidos. Segunda [II] serie. Memorias de la Real Academia de Ciencias y Artes de Barcelona, 19 (3): 181-200.

NAVÁS L, [1925e] 1924. Sinopsis de los Neurópteros (Ins.) de la península ibérica. Memorias de la Sociedad Iberica de Ciencias Naturales, 4: 1-150.

NAVÁS L, 1926a. Insectos exóticos Neurópteros y afines. Brotéria (Zoológica), 23: 79-93.

NAVÁS L, 1926b. Insecta nova. Series XI. Memorie dell'Accademia Pontifica dei Nuovi Lincei, 9 (2): 101-110.

NAVÁS L, 1926c. Insecta orientalia. IV series. Memorie dell'Accademia Pontifica dei Nuovi Lincei, 9 (2): 111-120.

NAVÁS L, 1926d. Névroptères d'Egypte et de Palestine. 2me and 3me partie. Bulletin de la Société Entomologique d'Egypte, 10: 26-62, 192-216.

NAVÁS L, 1926e. Trichoptera, Megaloptera und Neuroptera aus dem Deutsch. Emtomolog. Institut (Berlin-Dahlem). II serie. Entomologische Mitteilungen, 15: 57-63.

NAVÁS L, 1927a. Neuropteren, Megalopteren, Plecopteren und Trichopteren aus dem Deutsch. Entomolog. Institut (Berlin-Dahlem). III serie. Entomologische Mitteilungen, 16: 37-43.
NAVÁS L, 1927b. Veinticinco formas nuevas de insectos. Boletín de la Sociedad Ibérica de Ciencias Naturales, 26: 48-75.
NAVÁS L, 1927c. Insectos de la Somalia Italiana. Memorie della Società Entomologica Italiana, 6: 85-89.
NAVÁS L, 1927d. Insecta orientalia. V Series. Memorie dell'Accademia Pontifica dei Nuovi Lincei, 10 (2): 11-26.
NAVÁS L, 1927e. Insectos del Museo de París. 4. a serie. Brotéria (Zoológica), 24: 5-33.
NAVÁS L, 1927f. Insectos nuevos de la península ibérica. Boletín de la Sociedad Entomologica de España, 10: 78-84.
NAVÁS L, [1927g] 1927-1928. Névroptères de la Chine. Arkiv för Zoologi, 19: 1-5.
NAVÁS L, 1928a. Excursiones por la provincia de Gerona. Butlletí de la Institució Catalana d'Història Natural, 8 (2): 37-53.
NAVÁS L, 1928b. Insectos del Museo de Estocolmo. Revista de la Real Academia de Ciencias Exactas Fisicas y Naturales de Madrid, 24: 28-39.
NAVÁS L, 1929a. Insectos exóticos Neurópteros y afines del Museo Civico de Génova. Annali del Museo Civico di Storia Naturale Giacomo Doria, 53: 354-389.
NAVÁS L, 1929b. Insecta orientalia. VI Series. Memorie dell'Accademia Pontifica dei Nuovi Lincei, 12 (2): 33-42.
NAVÁS L, 1929c. Insecta nova. Series XIII. Memorie dell'Accademia Pontifica dei Nuovi Lincei, 12 (2): 15-23.
NAVÁS L, [1929d] 1928. Insectos neotropicos. 4. a serie. Revista Chilena de Historia Natural, 32: 106-128.
NAVÁS L, 1929e. [Insecta orientalia.] VII Series. Memorie dell'Accademia Pontifica dei Nuovi Lincei, 12 (2): 43-56.
NAVÁS L, 1929f. [Ricerche faunistiche nelle isole italiane dell'Egeo. 2.] Neurópteros. Archivio Zoologico Italiano, 13: 187-191.
NAVÁS L, 1929g. Monografía de la familia de los Berótidos (Insectos: Neurópteros). Memorias de la Academia de Ciencias Exactas, Fisico-Quimicas y Naturales de Zaragoza, 2: 1-107.
NAVÁS L, 1930a. *Neurocolinus* nom. nov. for *Colinus* Navás, 1925 and *Chenbergus* nom. nov. for *Brachycentrus* Taschenberg, 1865. Boletín de la Sociedad Entomologica de España, 13: 42-43.
NAVÁS L, 1930b. Insecta nova. Series XV. Memorie dell'Accademia Pontifica dei Nuovi Lincei, 14 (2): 409-418.
NAVÁS L, 1930c. Insectos del Museo de Pairs. 5. a and 6. a série. Brotéria (Zoológica), 26: 5-24, 120-144.
NAVÁS L, 1930d. Comunicaciones entomológicas. 12. Insectos de la India. 2. a serie. Revista de la [Real] Academia de Ciencias Exactas Fisico-Quimicas y Naturales de Zaragoza, 13 (1): 29-48.
NAVÁS L, 1930e. Névroptères et insectes voisins. Chine et pays environnants. Première [I] série. Notes d'Entomologie Chinoise, 1: 1-12.
NAVÁS L, 1931a. [Décadas de insectos nuevos.] Decada 1-3. Revista de la Real Academia de Ciencias Exactas Fisicas y Naturales de Madrid, 26: 60-86.
NAVÁS L, 1931b. Insectes du Congo Belge (Série V). Revue de Zoologie et de Botanique Africaines, 20: 257-279.
NAVÁS L, [1931c] 1930. Comunicaciones entomológicas. 13. Insectos de la India. 3. a serie. Revista de la Academia de Ciencias Exactas Fisico-Quimicas y Naturales de Zaragoza, 14 (1): 74-92.
NAVÁS L, [1931d] 1930. Excursió entomològica a la vall de Noguera de Cardós (Lleida). Butlletí de la Institució Catalana d'Història Natural, 10 (2): 156-169.
NAVÁS L, 1931e. Névroptères et insectes voisins. Chine et pays environnants. Deuxième [II] série. Notes d'Entomologie Chinoise, 1: 1-10.
NAVÁS L, 1932a. Decadas de insectos nuevos. Decada 19. Brotéria (Ciências Naturais), 28: 62-73.
NAVÁS L, 1932b. Decadas de insectos nuevos. Decada 21. Brotéria (Ciências Naturais), 28: 109-119.
NAVÁS L, 1932c. Decadas de insectos nuevos. Decada 22. Brotéria (Ciências Naturais), 28: 145-155.
NAVÁS L, 1932d. Neurópteros de Haiti. Boletín de la Sociedad Entomologica de España, 15: 33-37.
NAVÁS L, 1932e. Insecta orientalia. X series. Memorie dell'Accademia Pontifica dei Nuovi Lincei, 16 (2): 921-949.
NAVÁS L, 1933a. Insecta orientalia. XII Series. Memorie dell'Accademia Nuovi Lincei, 17: 75-108.

NAVÁS L, 1933b. Neurotteri e Tricotteri del "Deutsches Entomológisches Institut" di Berlin-Dahlem. Bollettino della Societa Entomologica Italiana, 65: 105-113.

NAVÁS L, 1933c. Névroptères et insectes voisins. Chine et pays environnants. Cinquième [V] série. Notes d'Entomologie Chinoise, 1: 1-10.

NAVÁS L, 1933d. De las cazas del Sr. Gadeau de Kerville en el Asia Menor. Travaux, Ve Congres International d'Entomologie, 2: 221-225.

NAVÁS L, 1933e. Insectes du Congo Belge. Série VIII. Revue de Zoologie et de Botanique Africaines, 23: 308-318.

NAVÁS L, 1933f. Névroptères et insectes voisins. Chine et pays environnants. Quatrième [IV] série. Notes d'Entomologie Chinoise, 1: 1-22.

NAVÁS L, [1933g] 1932. Fáunula de Sobradiel (Zaragoza). Revista de la [Real] Academia de Ciencias Exactas Fisico-Quimicas y Naturales de Zaragoza, 16 (1): 11-28.

NAVÁS L, 1933h. Décadas de insectos nuevos. Década 24. Brotéria (Ciências Naturais), 29: 101-110.

NAVÁS L, 1934a. Comunicaciones entomológicas. 17. Insectos de Madagascar. Primera [I] serie. Revista de la [Real] Academia de Ciencias Exactas Fisico-Quimicas y Naturales de Zaragoza, 17 (1): 49-76.

NAVÁS L, 1934b. Névroptères et insectes voisins. Chine et pays environnants. Sixième [VI] série. Notes d'Entomologie Chinoise, 1: 1-8.

NAVÁS L, 1934c. Insectos del Museo de Hamburgo. 2. a serie. Memorias de la Real Academia de Ciencias y Artes de Barcelona, 23 (3): 499-508.

NAVÁS L, 1934d. Insectos suramericanos. Novena serie. Revista de la Real Academia de Ciencias Exactas Fisicas y Naturales de Madrid, 31: 155-184.

NAVÁS L, 1935a. Neurópteros exóticos 2. a serie. Memorias de la Real Academia de Ciencias y Artes de Barcelona, 25 (3): 37-59.

NAVÁS L, 1935b. Spedizione zoological del Marchese Saverio Patrizi nel Basso Giuba e nell'oltregiuba, Giugno-Agosto 1934 XII. Neurotterii. Annali del Museo Civico de Storia Naturale Giacomo Doria, 58: 50-55.

NAVÁS L, 1935c. Névroptères et insectes voisins. Chine et pays environnants Huitième [VIII] série. Notes d'Entomologie Chinoise, 2: 85-103.

NAVÁS L, 1936a. Décadas de insectos nuevos. Década 28. Brotéria (Ciências Naturais), 32: 161-170.

NAVÁS L, 1936b. Insectes du Congo Belge. Série IX. Revue de Zoologie et de Botanique Africaines, 28: 333-368.

NAVÁS L, 1936c. Mission Scientifique de l'Omo. Tome III. Fascicule 19. Neuroptera, Embioptera, Plecoptera, Ephemeroptera et Trichoptera. Memoires du Museum Nationale d'Histoire Naturelle, Paris, (N. S.) 4: 101-128.

NAVÁS L, 1936d. Névroptères et insectes voisins. Chine et pays environnants. Neuvième [IX] série. Notes d'Entomologie Chinoise, 3: 37-62, 117-132.

NAVÁS L, [1936e] 1935. Insectos de Berberia. Serie 12. Boletín de la Sociedad Entomologica de España, 18: 77-100.

NAVÁS L, MARCET A F. 1910. Coniopterígido (Ins. Neur.) nuevo de Montserrat. Revista Montserratina, 4: 150-151.

NAWA T, 1905. First survey of the insect-fauna of Gifu Prefecture. Insect World, 9: 444-449.

NEEDHAM J G. 1905. The summer food of the Bullfrog (*Rana catesbiana*) at Saranac Inn. Bulletin of the New York State Museum, 86: 15-17, 316.

NEEDHAM J G, 1909. Notes on the Neuroptera in the collection of the Indian Museum. Records of the Indian Museum, 3: 185-210.

NEW T R, 1989. Planipennia, Lacewings. Handbuch der Zoologie: Vol. 4 (Arthropoda: Insecta), Part 30. Berlin: Walter de Gruyter: 132.

NEW T R, 1990. Planipennia. Lacewings. Handbuch der Zoologie (Berlin), 4: 1-132.

NEW T R, 1991. Osmylidae (Insecta: Neuroptera) from the Oriental Region. Invertebrate Taxonomy, 5: 1-31.

NEW T R, 1992. The lacewings (Insecta: Neuroptera) of Tasmania. Papers and Proceedings Royal Society of Tasmania, 126: 29-45.

NEW T R, 1996. Neuroptera. Zoological Catalogue of Australia, 28: 1-104, 199-216.

NEW T R, THEISCHINGER G, 1993. Megaloptera, Alderflies and Dobsonflies. Handbuch der Zoologie: Vol. 4 (Arthropoda: Insecta), Part 33. Berlin: Walter de Gruyter: 97.

NEWMAN E, 1838. Entomological Notes. Entomological Magazine, 5: 168-181, 372-402, 483-500.

NIE R E, MOCHIZUKI A, STEPHEN J E, et al, 2012. Phylogeny of the green lacewing *Chrysoperla nipponensis* species-complex (Neuroptera: Chrysopidae) in China, based on mitochondrial sequences and AFLP data. Insect Science, 19: 633-642.

OKAMOTO H, 1905. Neuropterous insects of Hokkaido. Transactions of the Sapporo Natural History Society, 1: 111-117.

OKAMOTO H, 1910a. Die Sialiden Japans. Wiener Entomologische Zeitung, 29: 255-263.

OKAMOTO H, 1910b. Die Ascalaphiden Japans. Wiener Entomologische Zeitung, 29: 57-65.

OKAMOTO H, 1910c. Die Myrmeleoniden Japans. Wiener Entomologische Zeitung, 29: 275-300.

OKAMOTO H, 1910d. Homposan kamakirimodokika. Zoological Magazine, 22: 533-544.

OKAMOTO H, 1912. Eine neue Chrysopiden-art Japans. Transactions of the Sapporo Natural History Society, 4: 13-14.

OKAMOTO H, 1914. Über die Chrysopiden-Fauna Japans. The Journal of the College of Agriculture, Tohoku Imperial University, Sapporo, 6: 51-74.

OKAMOTO H, 1917. Studies on the Japanese Raphidiidae//NAGANO K. A collection of essays for Mr. Yasushi Nawa, written in commemoration of his sixtieth birthday, October 8, 1917. Gifu: 143-162.

OKAMOTO H, 1919. Studies on the Japanese Chrysopidae. Report of the Hokkaido National Agricultural Experiment Station, 9: 76.

OKAMOTO H, 1926. Some Myrmeleontidae and Ascalaphidae from corea. Insecta Matsurana, 1: 8-22.

OKAMOTO H, 1934. Notes. Kontyû, 8: 101-102.

OKAMOTO H, KUWAYAMA S, 1920. *Lidar formosanus* sp. nov. , the first species to the extreme Oriental fauna of the genus. Zoological Magazine, 32: 341-345.

OLIVIER G A, 1811. Encyclopedie méthodique. Histoire naturelle: Vol. 8 (Insectes). Paris: [s. n.], 722.

OSWALD J D, 1993. Revision and cladistic analysis of the world genera of the family Hemerobiidae (Insecta: Neuroptera). Journal of the New York Entomological Society, 101: 143-299.

OSWALD J D, 1998. Annotated catalogue of the Dilaridae (Insecta: Neuroptera) of the World. Tijdschrift voor Entomologie, 141: 115-128.

OSWALD J D, MACHADO R J P, 2018. Biodiversity of the Neuropterida (Insecta: Neuroptera, Megaloptera, and Raphidioptera) //FOOTTIT R G, ADLER P H. Insect Biodiversity: Science and Society: Vol. II, Second Edition. New Jersey: John Wiley & Sons Ltd. : 627-672.

OSWALD J D, PENNY N D, 1991. Genus-group names of the Neuroptera, Megaloptera and Raphidioptera of the world. Occasional Papers of the California Academy of Sciences, 147: 1-94.

ÔUCHI Y, 1939. Note on a supposed female of *Corydalis orientalis* MacLachlan and a new species description belongs to Gen. *Corydalis*, Corydalidae, Megaloptera. The Journal of the Shanghai Science Institute, 4 (3): 227-232.

PÉRINGUEY L, 1910. Description of a new or little known species of the Hemerobiidae (Order Neuroptera) from South Africa. Annals of the South African Museum, 5: 433-454.

PERKINS R C L, 1899. Neuroptera // PERKINS R C L. Fauna Hawaiiensis being the land-fauna of the Hawaiian Islands. London: Cambridge University Press: 31-89.

PODA N, 1761. Insecta musei Graecensis, quae in ordines, genera et species juxta systema naturae Caroli Linnaei digessit. Graecii: Jaonnem Baptistam Dietrich: 10-13, 94-101.

POIVRE C, 1982. Mantispides nouveaux d'Afrique et d'Europe (Neuroptera, Planipennia) (seconde partie). Neuroptera International, 2: 3-25.

POIVRE C, 1984. Les mantispides de l'Institut Royal des Sciences Naturelles de Belgique (Insecta, Planipennia) 1re partie: especes d'Europe, d'Asie et d'Afrique. Neuroptera International, 3: 23-32.

PONGRACZ S X, 1912. Magyarország Chrysopái alak-és rendszertani tekintetben. Állattani Közlemények, 11: 161-

221, 259-261.

PONGRACZ S X, 1913. Ujabb adatok Magyarorszag Neuroptera-faunajahoz. Rovartani Lapok Budapest, 20: 175-186.

POPOV A, 1997. Neuroptera, Raphidioptera and Mecoptera from Macedonia with two new records of Chrysopidae. Historia Naturalis Bulgarica, 7: 31-33.

PRINCIPI M M, [1946] 1944-1946. Contibuti allo studio dei Neurotteri italiani. IV. *Notochrysa italic* Rossi. Bollettino dell'Istituto di Entomologia della Università degli Studi di Bologna, 15: 5-102.

RALD E, 1987. Neuroptera from Skallingen. Entomologiske Meddelelser, 54: 62.

RAMBUR J P, [1838] 1837-1840. Faune entomologique de l'Andalousie: Vol. 2. Paris: [s. n.].

RAMBUR J P, 1842. Historie naturelle des insects, Néuroptéres. Paris: Fain et Thunot: 534.

RATZEBURG J T C, 1844. Die Forst-Insecten oder Abbildung und Beschreibung der in den Wäldern Preussens und der Nachbarstaaten als schädlich oder nützlich bekannt gewordenen Insecten: in systematischer Folge und mit besonderer Rücksicht auf die Vertilgung der Schädlichen. Dritter Theil [=vol. 3] (Die Ader-, Zwei-, Halb-, Netz- und Geradflügler). Berlin: Nicolai.

RETZIUS A J, 1783. Caroli Lib. Bar. De Geer. . . Genera et species insectorvm e generosissimi avctoris scriptis scriptis extraxit, digessit, latine qvoad partem reddidit, et terminologiam insectorvm Linneanam additit Anders Iahan Retzivs. 220 + 32.

ROEPKE W, 1916. Eine neue Coniopterygidae aus Java (*Parasemidalis decipiens* n. g. n. sp.). Zoologische Mededeelingen, 2: 156-158.

ROSSI P, 1790. Fauna Etrusca sistens insecta quae in provinciis Florentina et Pisana praesertim collegit Petrus Rossius: Vol. 2 (of 2). Liburni: Th. Masi & Sociorum: 348.

RUPPRECHT R, 1975. Die Kommunikation von Sialis (Megaloptera) durch Vibrationssignale. Journal of Insect Physiology, 21: 305-320.

SAY T, 1839. Descriptions of new North American neuropterous insects, and observations on some already described. Journal of the Academy of Natural Sciences of Philadelphia, 8: 9-46.

SCHÄFFER J C, 1763. Das Zweifalter-oder Afterjüngferchen. Regensburg: J. L. Montag: 26.

SCHNEIDER W G, 1843. Monographia generis Rhaphidiae Linnaei. Vratislaviae: Grassii, Barthii et Socii: 96.

SCHNEIDER W G, 1851. Symbolae ad monographiam generis Chrysopae, Leach. Sexaginta picturarum tabulis, in lapide acu delineatis, quarum quinquaginta quatuor coloribus impressae sunt, illustratae. Editio major. Vratislaviae: Ferdinandum Hirt: 178.

SCHUMMEL T E, 1832. Versuch einer genauen Beschreibung der in Schlesien einheimischen Arten der Gattung Raphidia, Linn. Breslau: Eduard Pelz: 16.

SCOPOLI J A, 1763. Entomologia Carniolica, exhibens insecta Carnioliae indigena et distributa in ordines, genera, species, varietates, methodo Linneana. Vindobonae: Trattner: 168-169, 270-273.

SÉLYS-LONGCHAMPS E D, 1888. Catalogue raisonné des Orthopteres et des Névroptères de Belgique. Annales de la Société Entomologique de Belgique, 32: 103-203.

SÉMÉRIA Y, 1977. Discussion de la validite taxonomique du sous-genre *Chrysoperla* Steinmann (Planipennia: Chrysopidae). Nouvelle Revue d'Entomologie, 7: 235-238.

SÉMÉRIA Y, 1980. Une sous-espèce nouvelle de *Chrysoperla carnea* Stephens (Planipennia: Chrysopidae): *nanceiensis* ssp. nov. Bulletin de la Société Entomologique de Mulhouse, 1980: 29-30.

SÉMÉRIA Y, 1983. Deux genres jumeaux de Chrysopinae: *Chrysopa* Leach *et Parachrysopa* nov. gen. (Planipennia: Chrysopidae). Comptes Rendus de l'Academie des Sciences, Serie III Sciences de la Vie, 297: 309-311.

SÉMÉRIA Y, 1984a. Chrysopides de France (Neuroptera, Planipennia). Quelques nouvelles localités intéressantes des Alpes Maritimes et breves considérations sur la notion d'espèce contradictoire. Bulletin de la Société Entomologique de Mulhouse, 1984: 45-47.

SÉMÉRIA Y, 1984b. Chrysopides du M. N. H. N. a Paris. Especes du Senegal: 1 [Neuroptera]. Revue Francaise d'Entomologie, (Nouvelle Serie) 6: 21-23.

SMITH R C, 1931. The Neuroptera of Haiti, West Indies. Annals of the Entomological Society of America, 24: 798-823.

SMITH R C, 1932. The Chrysopidae (Neuroptera) of Canada. Annals of the Entomological Society of America, 25: 579-601.

SMITHERS C N, 1988. New distribution records for Australian Chrysopidae (Neuroptera). Australian Entomological Magazine, 15: 35-38.

STANGE L A, WANG H Y, 1997. Checklist of the Neuroptera of Taiwan. Journal of the Taiwan Museum, 50: 47-56.

STEIN J P E F, 1863. Beitrag zur Neuropteren-fauna Griechenlands (mit Berücksichtigung dalmatinischer Arten). Berliner Entomologische Zeitschrift, 7: 411-422.

STEINMANN H, 1964a. The *Chrysopa* species (Neuroptera) of Hungary. Annales Historico-Naturales Musei Nationalis Hungarici Budapest, 56: 257-266.

STEINMANN H, 1964b. Raphidiopterological studies II. New *Raphidia* L. and *Raphidilla* Nav. species from Europe and Asia. Acta Zoologica Hungarica, 10: 199-227.

STEINMANN H, 1968. 140. Chrysopidae and Hemerobiidae 2, Ergebnisse der zoologischen Forschungen von Dr. Z. Kaszab in der Mongolei (Neuroptera). Reichenbachia, 11: 87-96.

STEINMANN H, 1971. 217. Chrysopidae and Hemerobiidae 3. Ergebnisse der zoologischen Forschungen von Dr. Z. Kaszab in der Mongolei (Neuroptera). Reichenbachia, 13: 251-262.

STEPHENS J F, 1835. Illustrations of British entomology; or, a synopsis of indigenous insects: containing their generic and specific distinctions; with an account of their metamorphoses, times of appearance, localities, food, economy, as far as practicable. Mandibulata: Vol. 6. London: Baldwin and Cradock: 240.

STITZ H, 1913. Mantispiden der Sammlung des Berliner Museums. Mitteilungen aus dem Zoologischen Museum in Berlin, 7: 1-49.

STITZ H, 1914. Sialiden der Sammlung des Berliner Museums. Sitzungsberichte der Gesellschaft Naturforschender Freunde zu Berlin, 5: 191-205.

STRØM H, 1788. Nogle insect larver med deres forvandlinger. Ny Samling af det Kongelige Norske Videnskabers Selskabs Skrifter, 2: 375-400, 400a-400c.

SUN M X, Wang X L. 2006. A taxonomic study on the genus *Protacheron* of Ascalaphidae (Neuroptera: Myrmeleontoidea). Acta Zootaxonomica Sinica, 31: 403-407.

SZIRÁKI G, 1998. An annotated checklist of the Ascalaphidae species known from Asia and from the Pacific Islands. Folia Entomologica Hungarica, 59: 57-72.

TAUBER C A, 2010. Revision of *Neosuarius*, a subgenus of *Chrysopodes* (Neuroptera: Chrysopidae). ZooKeys, 44: 1-104.

TIAN Y L, LIU Z Q, 2011. One new species of the genus *Wesmaelius* Krüger from China (Neuroptera: Hemerobiidae). Acta Zootaxonomica Sinica, 36: 772-775. [田燕林 , 刘志琦 , 2011. 中国丛褐蛉属一新种 . 动物分类学报 , 36: 772-775].

TILLYARD R J, 1916. Studies in Australian Neuroptera. No. iv. The families Ithonidae, Hemerobiidae, Sisyridae, Berothidae, and the new family Trichomatidae; with a discussion of their characters and relationships, and descriptions of new and little-known genera and species. Proceedings of the Linnean Society of New South Wales, 41: 269-332.

TILLYARD R J, 1918. Mesozoic insects of Queensland. No. 3. Odonata and Protodonata. Proceedings of the Linnean Society of New South Wales, 43: 417-436.

TJEDER B, 1936. Schwedisch-chinesische wissenschaftliche expedition nach den nordwestlichen provinzen Chinas, unter leitung von Dr. Sven Hedin und Prof. Sü Ping-chang. Insekten gesammelt vom schwedischen arzt der expedition Dr. David Hummel 1927-1930: 62. Neuroptera. Arkiv för Zoologi, 29A: 1-36.

TJEDER B, [1940] 1939. Die arthropodenfauna von Madeira nach den Ergebnissen der Reise von Prof. Dr. O. Lundblad Juli-August 1935: XVI. Neuroptera. Arkiv för Zoologi, 31A: 1-58.

TJEDER B, 1941a. A new species of Myrmeleontidae from Scandinavia. Preliminary description. Opuscula Entomologica, 6: 73-74.

TJEDER B, 1941b. Some remarks on "The generic names of the British Neuroptera". Entomologisk Tidskrift, 62: 24-31.

TJEDER B, 1944. Norwegian Neuroptera and Mecoptera in the Bergen Museum with a note on *Forcipomyia eques* Joh. (Dipt. , Ceratopogonidae). Bergens Museums Arbok, Naturvitenskapelig Rekke, 1: 1-12.

TJEDER B, 1949. Two new Chrysopidae from Palestine (Neur.). Opuscula Entomologica, 14: 81-84.

TJEDER B, 1960. Neuroptera from Newfoundland, Miquelon, and Labrador. Opuscula Entomologica, 25: 146-149.

TJEDER B, 1961. Neuroptera-Planipennia. The Lace-wings of Southern Africa. 4. Family Hemerobiidae//HANSTRÖM B, BRINCK P, RUDEBEC G. South African Animal Life: Vol. 8. Stockholm: Swedish Natural Science Research Council: 296-408.

TJEDER B, 1963. A new *Chrysopa* from Pakistan (Neuroptera: Chrysopidae). Entomologisk Tidskrift, 84: 125-128.

TJEDER B, 1966. Neuroptera-Planipennia. The lace-wings of southern Africa: 5. Family Chrysopidae //HANSTRÖM B, BRINCK P, RUDEBEC G. South African Animal Life: Vol. 12. Stockholm: Swedish Natural Science Research Council: 228-534.

TJEDER B, 1967. Two new names in European Chrysopidae (Neuroptera). Opuscula Entomologica, 32: 229.

TJEDER B, 1968a. A new *Wesmaelius* from Central Asia (Neuroptera: Hemerobiidae). Entomologisk Tidskrift, 89: 137-140.

TJEDER B. 1968b. *Coniopteryx cerata* Hagen, 1858, further description and lectotype designation (Neuroptera: Coniopterygidae). Entomologisk Tidskrift, 89: 141-146.

TJEDER B, 1971. The genus *Chrysocerca* Weele, 1909, and its type species (Neuroptera: Chrysopidae). Entomologica Scandinavica, 2: 263-266.

TSUKAGUCHI S, 1978. Descriptions of the larvae of *Chrysopa* Leach (Neuroptera: Chrysopidae) of Japan. Kontyû, 46: 99-122.

TSUKAGUCHI S, 1979. Taxonomic notes on *Brinckochrysa kintoki* (Okamoto) (Neuroptera: Chrysopidae). Kontyû, 47: 358-366.

TSUKAGUCHI S, 1985. A checklist of published species of Japanese Chrysopidae (Neuroptera). Kontyû, 53: 503-506.

TSUKAGUCHI S, 1995. Chrysopidae of Japan (Insecta: Neuroptera). Osaka: Privately Printed, Japan.

TSUKAGUCHI S, 1996. Identification and species of the green lacewings in Japan. Shokubutsu Boeki, 50: 320-324.

TSUKAGUCHI S, KURANISHI R B, 2000. The lacewings (Insecta: Neuroptera) collected from the Kamchatka Peninsula and the North Kuril Islands in 1996-1997. Natural History Research, 7 (Special Issue): 89-92.

TSUKAGUCHI S, YUKAWA J, 1988. Neuroptera collected from the Krakatau Islands, Indonesia. Kontyû, 56: 481-490.

VAN DER WEELE H W, [1909a] 1908. Ascalaphiden. Collections Zoologiques du Baron Edm. de Selys Longchamps, 8: 1-326.

VAN DER WEELE H W, 1904. New and little-known Neuroptera. Notes from the Leyden Museum, 24: 203-215.

VAN DER WEELE H W, 1906. Uebersicht der Sialiden des indomalayischen Archipels. Notes from the Leyden Museum, 28: 141-145.

VAN DER WEELE H W, 1907. Notizen uber Sialiden und Beschreibung einiger neuer Arten. Notes from the Leyden Museum, 28: 227-264.

VAN DER WEELE H W, 1909b. A new and curious Burmese ascalaphid from the Genoa Museum (*Glyptobasis spinicornis*). Notes from the Leyden Museum, 30: 245-247.

VAN DER WEELE H W, 1909c. New genera and species of Megaloptera Latr. Notes from the Leyden Museum, 30: 249-264.

VAN DER WEELE H W, 1909d. Mecoptera and Planipennia of Insulinde. Notes from the Leyden Museum, 31: 1-100.

VAN DER WEELE H W, 1910. Megaloptera Monographic Revision. Collections Zoologiques du Baron Edm. de Selys Longchamps, 5: 1-93.

VAN DER WEELE H W, JACOBSON E, 1909. Mecoptera and Planipennia of Insulinde, with biological notes. Notes from the Leyden Museum, 31: 1-100.

VILLERS C J, 1789. Caroli Linnaei entomologia, faunae Suecicae descriptionibus aucta; DD. Scopoli, Geoffroy, de Geer, Fabricii, Schrank, & c. speciebus vel in Systemate non enumeratis, vel nuperrime detectis, vel speciebus Galliae Australis locupletata, generum specierumque rariorum iconibus ornate: Vol. 3. Lugduni: Piestre & Delamolliere: 657.

VON PAULA F S, 1802. Fauna Boica. Durchgedachte Geschichte der in Baieren einheimischen und zahmen Thiere: Vol. 2, pt. 2. Ingolstadt: J. W. Krüll: 412.

VON WALDHEIM G F, [1822-1849] 1820-1822. Entomographia imperii Russici. Vol. 1. Mosquau: 210.

VSHIVKOVA T S, 1995. Order Megaloptera—alder flies and snake flies//KOZLOV M A, MAKARCHENKO E A. Keys to the insects of Far East Russia: Vol. 4. Neuropteroidea, Mecoptera, Hymenoptera. Part 1. Nauka: St. Peterburg: 9-34.

WALKER F, 1853. Catalogue of the specimens of neuropterous insects in the collection of the British Museum. Part II (Sialides-Nemopterides). London: Newman: 193-476.

WALKER F, 1860. Characters of undescribed Neuroptera in the collection of W. W. Saunders. Transactions of the Entomological Society of London, 10: 176-199.

WALLENGREN H D J, 1871. Skandinaviens Neuroptera. Kungliga Svenska Wetenskaps Academiens Handlingar, 9: 1-76.

WAN X, WANG X L, YANG X K, 2006. Study on the genus *Layahima* Navás (Neuroptera: Myrmeleontidae) from China. Proceedings of the Entomological Society of Washington, 108: 35-44.

WAN X, YANG X K, WANG X L, 2004. Study on the genus *Dendroleon* from China (Neuroptera: Myrmeleontidae). Acta Zootaxonomica Sinica, 29: 497-508.

WANG X L, AO W G, WANG Z L, 2012. Review of the genus *Gatzara* Navás, 1915 from China (Neuroptera: Myrmeleontoidea). Zootaxa, 3408: 34-46.

WANG X L, BAO R, 2006. A taxonomic study on the genus *Balmes* Navás from China (Neuroptera: Psychopsidae). Acta Zootaxonomica Sinica, 31: 846-850.

WANG X L, SUN M X, LIANG A P, 2008. New species of the owl-fly genus *Suhpalacsa* Lefèbvre from China (Neuroptera: Ascalaphidae). Zootaxa, 1808: 53-60.

WANG X L, YANG C K, 2002. A new species of Ascalaphidae in Henan Province (Neuroptera: Ascalaphidae). Acta Zootaxonomica Sinica, 27: 562-564. [王心丽 , 杨集昆 , 2002. 河南省蝶角蛉一新种 (脉翅目: 蝶角蛉科). 动物分类学报 , 27: 562-564.]

WANG X X, YANG C K, 1993. Neuroptera: Chrysopidae//HUANG F S. Insects of Wuling Mountains Area, Southwestern China. Beijing: Science Press: 409-415. [王象贤 , 杨集昆 , 1993. 脉翅目: 草蛉科 // 黄复生 . 西南武陵山地区昆虫 . 北京: 科学出版社: 409-415.]

WANG Y J, DU X G, LIU Z Q, 2008. Two new species of *Thyridosmylus* Krüger (Neuroptera: Osmylidae) from China. Zootaxa, 1793: 65-68.

WANG Y J, LIU Z Q, 2009. Two new species of *Parosmylus* Needham (Neuroptera: Osmylidae) from China, with a key to Chinese species. Zootaxa, 1985: 57-62.

WANG Y J, LIU Z Q, 2010. New species of *Osmylus* Latrelle from Henan, China (Neuroptera: Osmylidae). Zootaxa, 2363: 60-68.

WANG Y J, WINTERTON S, LIU Z Q, 2011. Phylogeny and biogeography of *Thyridosmylus* (Neuroptera: Osmylidae). Systematic Entomology, 36: 330-339.

WANG Y Y, LIU X Y, GARZÓN-ORDUÑA I J, et al, 2017. Mitochondrial phylogenomics illuminates the evolutionary history of Neuropterida. Cladistics, 33: 617-636.

WANG Z L, WANG X L, 2008. A catalogue of *Dendroleon* Brauer, 1866 (Neuroptera: Myrmeleontidae) From China, with description of a new species. Acta Zootaxonomica Sinica, 33: 42-45.

WESMAEL C, 1836. Description d'un nouveau genre de Névroptères, famille des Planipennes, tribu des Hémérobins. Bulletins de l'Academie Royale des Sciences et Belles-Lettres de Bruxelles, 3: 166-168.

WESMAEL C, 1841. Notice sur les Hémérobides Belgique. Bulletins de l'Academie Royale des Sciences et Belles-Lettres de Bruxelles, 8: 203-221.

WESTWOOD J O, [1842] 1841-1843. Description of some insects which inhabit the tissue of *Spongilla fluviatilis*. Transactions of the Entomological Society of London, 3: 105-108.

WESTWOOD J O, 1852. On the genus *Mantispa*, with descriptions of various new species. Transactions of the Entomological Society of London, 6: 252-270.

WESTWOOD J O, 1867. Descriptions of new species of Mantispidae in the Oxford and British Museums. Transactions of the [Royal] Entomological Society of London, 15: 501-508.

WINTERTON S L, HARDY N B, WIEGMANN B M, 2010. On wings of lace: phylogeny and Bayesian divergence time estimates of Neuropterida (Insecta) based on morphological and molecular data. Systematic Entomology, 35: 349-378.

WINTERTON S L, LEMMON A R, GILLUNG J P, et al, 2018. Evolution of lacewings and allied orders using anchored phylogenomics (Neuroptera, Megaloptera, Raphidioptera). Systematic Entomology, 43: 330-354.

WITHYCOMBE C L, [1924] 1923. On two new species of Coniopterygidae (Neuroptera) from Egypt. Bulletin de la Société [Royale] Entomologique d'Egypte, 7: 140-151.

WITHYCOMBE C L, 1924. Some aspects of the biology and morphology of the Neuroptera. With special reference to the immature stages and their possible phylogenetic significance. Transactions of the [Royal] Entomological Society of London, 72: 303-411.

WITHYCOMBE, C L, 1925. A contribution towards a monograph of the Indian Coniopterygidae (Neuroptera). Memoirs of the Department of Agriculture of India, Entomological Series, 9: 1-20.

WOOD-MASON J, 1884. Description of an Asian species of the neuropterous genus *Corydalus*. Proceedings of the Zoological Society of London, 1884: 110.

YAN B Z, LIU Z Q, 2006. Two new species of the genus *Neuronema* from China (Neuroptera: Hemerobiidae). Acta Zootaxonomica Sinica, 31: 605-609. [严冰珍 , 刘志琦 , 2006. 中国脉线蛉属两新种 . 动物分类学报 , 31: 605-609.]

YANG C K, 1964a. Notes on Coniopterygidae (Neuroptera): I. Genus *Coniocompsa* Enderlein 1905. Annales Entomologici Sinici, 13: 283-286.

YANG C K, 1964b. Notes on the genus *Neuronema* of China (Neuroptera: Hemerobiidae). Acta Zootaxonomica Sinica, 1: 261-282. [杨集昆 , 1964b. 中国脉线蛉属记述 . 动物分类学报 , 1: 261-282.]

YANG C K, 1974a. Notes on Coniopterygidae (Neuroptera). II. Genus *Conwentzia* Enderlein. Acta Entomologica Sinica, 17: 83-91. [杨集昆 , 1974a. 粉蛉记 (二). 啮粉蛉属 *Conwentzia* Enderlein (脉翅目: 粉蛉科). 昆虫学报 , 17: 83-91.]

YANG C K, 1974b. The habit and commons pecies of green lacewing. Entomology Knowledge, 11: 36-41. [杨集昆 , 1974b. 草蛉的习性与常见种 . 昆虫知识 , 11: 36-41.]

YANG C K, 1978. Atlas of natural enemies of economic insects of China. Beijing: Science Press: 300. [杨集昆 , 1978. 天敌昆虫图册 . 北京: 科学出版社 : 300.]

YANG C K, 1980a. Some new species of the genera *Wesmaelius* and *Kimminsia* (Neuroptera: Hemerobiidae). Acta Entomologica Sinica, 23: 54-65. [杨集昆 , 1980a. 丛褐蛉属与齐褐蛉属 . 昆虫学报 , 23: 54-65.]

YANG C K, 1980b. Three new species of *Sympherobius* from China (Neuroptera: Hemerobiidae). Acta Agriculturae Universitatis Pekinensis, 6: 87-92. [杨集昆 , 1980b. 松干蚧天敌: 益蛉属新种 . 北京农业大学学报 , 6: 87-92.]

YANG C K, 1981a. The brown lace-wings of Mt. Wuyishan (Neuroptera: Hemerobiidae). Wuyi Science Journal, 1: 191-196. [杨集昆 , 1981a. 武夷山自然保护区褐蛉记述 . 武夷科学 , 1: 191-196.]

YANG C K, 1981b. Neuroptera: Hemerobiidae//Zhongguo Kexueyuan Qingzang Gaoyuan Zonghe Kexue Kaocha Dui. Insects of Xizang (Tibet). Beijing: Science Press: 301-321. [杨集昆 , 1981b. 脉翅目: 褐蛉科 // 中国科学院青藏高原综合科学考察队 . 西藏昆虫 . 北京: 科学出版社: 301-321.]

YANG C K, 1983. *Semohemerobius* nom. nov. for *Mesohemerobius* Nakahara 1966 (nec Ping 1928). Entomotaxonomia,

5: 128. [杨集昆 , 1983. 褐蛉科一新属名 . 昆虫分类学报 , 5: 128.]

YANG C K, 1985a. A new genus and species of snakefly from Wuyishan (Raphidioptera: Inocelliidae). Wuyi Science Journal, 5: 25-28. [杨集昆 , 1985a. 武夷山蛇蛉一新属新种 (蛇蛉目: 盲蛇蛉科). 武夷科学 , 5: 25-28.]

YANG C K, 1985b. Neuroptera//Dengshan Kexue Kaochadui. The insect fauna of the Mt. Tuomuer areas in Tianshan. Wulumuqi: Xinjiang Peoples Press: 96-98. [杨集昆 , 1985b. 脉翅目 // 中国科学院登山科学考察队 . 天山托木尔峰地区的生物 . 乌鲁木齐: 新疆人民出版社: 96-98.]

YANG C K, 1986a. The subfamily Nothochrysinae new to China and a new species of the genus *Nothochrysa* (Neuroptera: Chrysopidae). Entomotaxonomia, 8: 277-280. [杨集昆 , 1986a. 幻草蛉新种及属和亚科的中国新纪录 (脉翅目: 草蛉科). 昆虫分类学报 , 8: 277-280.]

YANG C K, 1986b. Thirty new species and four new genera of Neuroptera from Yunnan, and the family Nemopteridae new to China. Acta Agriculturae Universitatis Pekinensis, 12: 153-166, 423-434. [杨集昆 , 1986b. 云南脉翅目三十新种四新属描述及旌蛉科的中国新记录 . 北京农业大学学报 , 12: 153-166, 423-434.]

YANG C K, 1987. Neuroptera//ZHANG S M. Agricultural insects, spiders, plant diseases and weeds of Xizang. Lasa: Xizang Peoples Press House: 191-220. [杨集昆 , 1987. 脉翅目 // 章士美 . 西藏农业病虫及杂草 . 拉萨: 西藏人民出版社: 191-220.]

YANG C K, 1988. Neuroptera: Osmylidae, Dilaridae, Hemerobiidae, Chrysopidae, Mantispidae, Myrmeleontidae, Ascalaphidae, Corydalidae//HUANG F S, WANG P Y, YIN W Y, et al, Insects of Mt. Namjagbarwa region of Xizang. Beijing: Science press: 193-216. [杨集昆 , 1988. 脉翅目: 溪蛉科、栉角蛉科、褐蛉科、草蛉科、螳蛉科、蚁蛉科、蝶角蛉科、齿蛉科 // 黄复生 , 王平远 , 尹文英 , 等 . 西藏南迦巴瓦峰地区昆虫 . 北京: 科学出版社: 193-216.]

YANG C K, 1992a. A new replacement name for *Dilar pumilus* Yang. Acta Zootaxonomica Sinica, 17: 379. [杨集昆 , 1992a. 为小栉角蛉更换新学名 . 动物分类学报 , 17: 379.]

YANG C K, 1992b. Neuroptera//PENG J W, LIU Y Q. Iconography of forest insects in Hunan China. Changsha: Hunan Science and Technology Press: 644-651. [杨集昆 , 1992b. 脉翅目 // 彭建文 , 刘友樵 . 湖南森林昆虫图鉴 . 长沙: 湖南科学技术出版社: 644-651.]

YANG C K, 1992c. Neuroptera//CHEN S X. Insects of the Hengduan Mountains Region. Beijing: Science Press: 438-454. [杨集昆 , 1992c. 脉翅目 // 陈世骧 . 横断山区昆虫 . 北京: 科学出版社: 438-454.]

YANG C K, 1993a. The montane lacewings (Neuroptera: Rapismatidae) new to China, with descriptions of four new species. Scientific Treatise on Systematic and Evolutionary Zoology, 2: 145-153.

YANG C K, 1993b. Three new species of Osmylidae (Neuroptera) from Guizhou. Entomotaxonomia, 15: 261-264. [杨集昆 , 1993b. 贵州省溪蛉三新种记述 . 昆虫分类学报 , 15: 261-264.]

YANG C K, 1997a. Neuroptera: Osmylidae//YANG X K. Insects of the Three Gorge Reservoir area of Yangtze River. Chongqing: Chongqing Publishing House: 580-583. [杨集昆 , 1997a. 脉翅目: 溪蛉科 // 杨星科 . 长江三峡库区昆虫 . 重庆: 重庆出版社: 580-583.]

YANG C K, 1997b. Neuroptera: Hemerobiidae//YANG X K. Insects of the Three Gorge Reservoir area of Yangtze River. Chongqing: Chongqing Publishing House: 584-592. [杨集昆 , 1997b. 脉翅目: 褐蛉科 // 杨星科 . 长江三峡库区昆虫 . 重庆 : 重庆出版社: 584-592.]

YANG C K, 1997c. Neuroptera: Myrmeleontidae//YANG X K. Insects of the Three Gorge Reservoir area of Yangtze River. Chongqing: Chongqing Publishing House: 613-620. [杨集昆 , 1997c. 脉翅目: 蚁蛉科 // 杨星科 . 长江三峡库区昆虫 . 重庆: 重庆出版社: 613-620.]

YANG C K, 1998a. Descriptions of new species: *Raphidia* (*Yuraphidia*) *duomilia* and a new subgenus of this genus (Raphidioptera: Raphidiidae)//SHEN X C, SHI Z Y. Fauna and Taxonomy of Insects in Henan: 2. Insects of Funiushan (1). Beijing: China Agricultural Science and Technology Press: 59-61. [杨集昆 , 1998. 双千豫蛇蛉新亚属新种记述 (蛇蛉目: 蛇蛉科)// 申效诚 , 时振亚 . 河南昆虫分类区系研究: 第 2 卷 . 伏牛山区昆虫 (一). 北京: 中国农业科技出版社: 59-61.]

YANG C K, 1999a. Dilaridae//HUANG B K. Fauna of Insects in Fujian Province of China: Vol. 3. Fuzhou: Fujian

Science and Technology Press: 94-95, 157. [杨集昆 , 1999a. 栉角蛉科 // 黄邦侃 . 福建昆虫志: 第 3 卷 . 福州: 福建科学技术出版社: 94-95, 157.]

YANG C K, 1999b. Osmylidae//HUANG B K. Fauna of Insects Fujian Province of China: Vol. 3. Fuzhou: Fujian Science and Technology Press: 96-100, 157-158. [杨集昆 , 1999b. 溪蛉科 // 黄邦侃 . 福建昆虫志: 第 3 卷 . 福州: 福建科学技术出版社: 96-100, 157-158.]

YANG C K, 1999c. Hemerobiidae//HUANG B K. Fauna of Insects Fujian Province of China: Vol. 3. Fuzhou: Fujian Science and Technology Press: 102-106, 158-159. [杨集昆 , 1999c. 褐蛉科 // 黄邦侃 . 福建昆虫志: 第 3 卷 . 福州: 福建科学技术出版社: 102-106, 158-159.]

YANG C K, 1999d. Mantispidae//HUANG B K. Fauna of Insects Fujian Province of China: Vol. 3. Fuzhou: Fujian Science and Technology Press: 132-140, 163-164. [杨集昆 , 1999d. 螳蛉科 // 黄邦侃 . 福建昆虫志: 第 3 卷 . 福州: 福建科学技术出版社: 132-140, 163-164.]

YANG C K, 1999e. Ascalaphidae//HUANG B K. Fauna of Insects Fujian Province of China: Vol. 3. Fuzhou: Fujian Science and Technology Press: 140-143, 164-165. [杨集昆 , 1999e. 蝶角蛉科 // 黄邦侃 . 福建昆虫志: 第 3 卷 . 福州: 福建科学技术出版社: 140-143, 164-165.]

YANG C K, 1999f. Myrmeleontidae//HUANG B K. Fauna of Insects Fujian Province of China: Vol. 3. Fuzhou: Fujian Science and Technology Press: 143-154, 165-167. [杨集昆 , 1999f. 蚁蛉科 // 黄邦侃 . 福建昆虫志: 第 3 卷 . 福州: 福建科学技术出版社: 143-154, 165-167.]

YANG C K, 1999g. Raphidioptera: Family Inocelliidae//HUANG B K. Fauna of Insects in Fujian Province of China: Vol. 3. Fuzhou: Fujian Science and Technology Press: 177-180. [杨集昆 , 1999g. 蛇蛉目: 盲蛇蛉科 // 黄邦侃 . 福建昆虫志: 第 3 卷 . 福州: 福建科学技术出版社: 177-180.]

YANG C K, 2001. Neuroptera: Mantispidae and Dilaridae//WU H, PAN C W. Insects of Tianmushan National Nature Reserve. Beijing: Science Press: 305-307. [杨集昆 , 2001. 脉翅目: 螳蛉科和栉角蛉科 // 吴鸿 , 潘承文 . 天目山昆虫 . 北京: 科学出版社: 305-307.]

YANG C K, 2002. Neuroptera: Osmylidae//HUANG F S. Forest insects of Hainan. Beijing: Science Press: 282-283. [杨集昆 , 2002. 脉翅目: 溪蛉科 // 黄复生 . 海南森林昆虫 . 北京: 科学出版社: 282-283.]

YANG C K, GAO M Y, 2001. Neuroptera: Neurorthidae//WU H, PAN C W. Insects of Tianmushan National Nature Reserve. Beijing: Science Press: 307-309. [杨集昆 , 高明媛 , 2001. 脉翅目: 泽蛉科 // 吴鸿 , 潘承文 . 天目山昆虫 . 北京: 科学出版社: 307-309.]

YANG C K, GAO M Y, 2002. Neuroptera: Sisyridae// HUANG F S. Forest insects of Hainan. Beijing: Science Press: 286-289. [杨集昆 , 高明媛 , 2002. 脉翅目: 水蛉科 // 黄复生 . 海南森林昆虫 . 北京: 科学出版社: 286-289.]

YANG C K, LIU Z Q, 1993a. Neuroptera: Coniopterygidae//HUANG C M. Animals of Longqi Mountain. Beijing: China Forestry Publishing House: 225-226. [杨集昆 , 刘志琦 , 1993a. 脉翅目: 粉蛉科 // 黄春梅 . 龙栖山动物 . 北京: 中国林业出版社: 225-226.]

YANG C K, LIU Z Q, 1993b. The genus *Cryptoscenea* new to China, and a species new to science (Neuroptera: Coniopterygidae). Entomotaxonomia, 15: 249-251. [杨集昆 , 刘志琦 , 1993b. 中国新记录的隐粉蛉及一新种 (脉翅目: 粉蛉科). 昆虫分类学报 , 15: 249-251.]

YANG C K, LIU Z Q, 1994. New species and new record of Coniopteryginae from Guangzi (Neuroptera: Coniopterygidae). Journal of the Guangxi Academy of Sciences, 10: 75-85. [杨集昆 , 刘志琦 , 1994. 广西粉蛉亚科新种和新记录 (脉翅目: 粉蛉科). 广西科学院学报 , 10: 75-85.]

YANG C K, LIU Z Q, 1999a. Coniopterygidae//HUANG B K. Fauna of Insects Fujian Province of China: Vol. 3. Fuzhou: Fujian Science and Technology Press: 86-94, 155-157. [杨集昆 , 刘志琦 , 1999a. 粉蛉科 // 黄邦侃 . 福建昆虫志: 第 3 卷 . 福州: 福建科学技术出版社: 86-94, 155-157.]

YANG C K, LIU Z Q, 1999b. Berothidae//HUANG B K. Fauna of Insects in Fujian Province of China: Vol. 3. Fuzhou: Fujian Science and Technology Press: 100-102. [杨集昆 , 刘志琦 , 1999b. 鳞蛉科 // 黄邦侃 . 福建昆虫志: 第 3 卷 . 福州: 福建科学技术出版社: 100-102.]

YANG C K, LIU Z Q, 2001. Neuroptera: Hemerobiidae and Osmylidae//WU H, PAN C W. Insects of Tianmushan

National Nature Reserve. Beijing: Science Press: 296-305. [杨集昆 , 刘志琦 , 2001. 脉翅目: 褐蛉科 , 溪蛉科 // 吴鸿 , 潘承文 . 天目山昆虫 . 北京: 科学出版社: 296-305.]

YANG C K, LIU Z Q, 2002a. Neuroptera: Hemerobiidae//HUANG F S. Forest insects of Hainan. Beijing: Science Press: 279-281. [杨集昆 , 刘志琦 , 2002a. 脉翅目: 褐蛉科 // 黄复生 . 海南森林昆虫 . 北京: 科学出版社: 279-281.]

YANG C K, LIU Z Q, 2002b. Neuroptera: Berothidae//HUANG F S. Forest insects of Hainan. Beijing: Science Press: 284-285. [杨集昆 , 刘志琦 , 2002b. 脉翅目: 鳞蛉科 // 黄复生 . 海南森林昆虫 . 北京: 科学出版社: 284-285.]

YANG C K, LIU Z Q, YANG X K, 1995. Neuroptera//WU H. Insects of Baishanzu Mountain, eastern China. Beijing: China Forestry Publishing House: 276-285. [杨集昆 , 刘志琦 , 杨星科 , 1995. 脉翅目 // 吴鸿 . 华东百山祖昆虫 . 北京: 中国林业出版社: 276-285.]

YANG C K, PENG Y Z, 1998. A new species of genus *Sagittalata* from Mt. Funiu (Neuroptera: Mantispidae)//SHEN X C, SHI Z Y. Fauna and taxonomy of insects in Henan: Vol. 2. Beijing: China Agricultural Science and Technology Press: 62-63. [杨集昆 , 彭勇政 , 1998. 伏牛山矢螳蛉属新种 (脉翅目: 螳蛉科)// 申效诚 , 时振亚 . 河南昆虫分类区系研究: 第 2 卷 , 伏牛山区昆虫 . 北京: 中国农业科技出版社: 62-63.]

YANG C K, WANG X L, 2002a. Neuroptera: Myrmeleontidae//HUANG F S. Forest insects of Hainan. Beijing: Science Press: 296-299. [杨集昆 , 王心丽 , 2002a. 脉翅目: 蚁蛉科 // 黄复生 . 海南森林昆虫 . 北京: 科学出版社: 296-299.]

YANG C K, WANG X X, 1988. A new species of chrysopids (Neuroptera: Chrysopidae) from Fanjing Mountain// Fanjingshan Kunchong Kaocha Zhuanji. Guiyang: Guizhou Science Academy: 106-108. [杨集昆 , 王象贤 , 1988. 梵净山草蛉一新种记述 // 梵净山昆虫考察专辑 . 贵阳 : 贵州科学院: 106-108.]

YANG C K, WANG X X, 1990. Eight new species of green lacewings from Hubei Province (Neuroptera: Chrysopidae). Journal Huhei University (N. S.), 12: 154-163. [杨集昆 , 王象贤 , 1990. 湖北省的八种新草蛉 (脉翅目: 草蛉科). 湖北大学学报 (自然科学版), 12: 154-163.]

YANG C K, WANG X X, 1994. The golden eyes of Yunnan with descriptions of some new genus and species (Neuroptera: Chrysopidae). Journal of the Yunnan Agricultural University, 9: 65-74. [杨集昆 , 王象贤 , 1994. 云南草蛉新属和新种记述 (脉翅目: 草蛉科). 云南农业大学学报 , 9: 65-74.]

YANG C K, YAN D P, 1990. A new species of brown lace-wings (Neuroptera: Hemerobiidae) from Nei Mongol and two new records of China. Entomotaxonomia, 12: 221-223. [杨集昆 , 阎大平 , 1990. 内蒙褐蛉一新种及二中国新记录种 . 昆虫分类学报 , 12: 221-223.]

YANG C K, YANG D, 1986. New fishflies of Corydalidae from Guangxi, China (Megaloptera: Corydalidae). Entomotaxonomia, 8: 85-95. [杨集昆 , 杨定 , 1986. 广西齿蛉九新种及我国新记录的属种 (广翅目: 齿蛉科). 昆虫分类学报 , 8: 85-95.]

YANG C K, YANG D, 1988. New species of Corydalidae from Yunnan (Megaloptera: Corydalidae). Zoological Research, 9: 45-60. [杨集昆 , 杨定 , 1988. 云南省齿蛉亚科的新种记述 (广翅目: 齿蛉科). 动物学研究 , 9: 45-60.]

YANG C K, YANG D. 1990. The fishflies from Hainan Island (Megaloptera: Corydalidae). Acta Zootaxonomica Sinica, 15: 98-100. [杨集昆 , 杨定 , 1990. 海南岛齿蛉二新种 (广翅目: 齿蛉科). 动物分类学报 , 15: 98-100.]

YANG C K, YANG D, 1991. New species and a new record of the fishflies from China (Megaloptera: Corydalidae). Acta Entomologica Sinica, 34: 74-75. [杨集昆 , 杨定 , 1991. 中国广翅目新种及新纪录属种 . 昆虫学报 , 34: 74-75.]

YANG C K, YANG D, 1992a. Two new species of Corydalidae (Megaloptera). Entomological Journal of East China, 1: 1-3. [杨集昆 , 杨定 , 1992a. 华东地区鱼蛉二新种 (广翅目: 齿蛉科). 华东昆虫学报 , 1: 1-3.]

YANG C K, YANG D, 1992b. Megaloptera of Mount Mogan with one new species. Journal of Zhejiang Forestry Colleage, 9: 414-417. [杨集昆 , 杨定 . 1992b. 莫干山广翅目昆虫及一新种记述 . 浙江林学院学报 , 9: 414-417.]

YANG C K, YANG D, 1999. Megaloptera: Corydalidae//HUANG B K. Fauna of insects in Fujian Province of China: Vol. 3. Fuzhou: Fujian Science and Technology Press: 168-176. [杨定 , 杨集昆 , 1999. 广翅目: 齿蛉科 // 黄邦侃 .

福建昆虫志: 第 3 卷 . 福州: 福建科学技术出版社: 168-176.]

YANG C K, YANG X K, 1987. A study of the genus *Retipenna* (Neuroptera: Chrysopidae). Wuyi Science Journal, 7: 39-45. [杨集昆 , 杨星科 , 1987. 中国罗草蛉属的研究 (脉翅目: 草蛉科). 武夷科学 , 7: 39-45.]

YANG C K, YANG X K, 1989. Fourteen new species of green lacewings from Shaanxi Province (Neuroptera: Chrysopidae). Entomotaxonomia, 11: 13-30. [杨集昆 , 杨星科 , 1989. 陕西省的十四种新草蛉 (脉翅目: 草蛉科). 昆虫分类学报 , 11: 13-30.]

YANG C K, YANG X K, 1991a. Two new genera of Chrysopidae from China. Entomotaxonomia, 13: 205-210. [杨集昆 , 杨星科 , 1991a. 草蛉科二新属记述 . 昆虫分类学报 , 13: 205-210.]

YANG C K, YANG X K, 1991b. A revision of the Chinese *Mallada* (Neuroptera: Chrysopidae)//ZHANG G X. Scientific Treatise on Systematic and Evolutionary Zoology, 1: 135-149. [杨集昆 , 杨星科 , 1991b. 中国玛草蛉属的研究 (脉翅目: 草蛉科)// 张广学 . 系统进化动物学论文集 , 1: 135-149.]

YANG C K, YANG X K, WANG X X, 1992. Neuroptera: Chrysopidae//CHEN S H. Insects of the Hengduan Mountains region: Vol. 1. Beijing: Science Press: 455-469. [杨集昆 , 杨星科 , 王象贤 . 1992. 脉翅目: 草蛉科 // 陈世骧 . 横断山区昆虫 : 第 1 卷 . 北京: 科学出版社: 455-469.]

YANG C K, YANG X K, WANG X X, 1999. Chrysopidae//HUANG B K. Fauna of Insects in Fujian Province of China: Vol. 3. Fuzhou: Fujian Science and Technology Press: 106-131. [杨集昆 , 杨星科 , 王象贤 , 1999. 脉翅目: 草蛉科 // 黄邦侃 . 福建昆虫志: 第 3 卷 . 福州: 福建科学技术出版社: 106-131.]

YANG D, GAO C X, AN S W, 2004. Megaloptera: Corydalidae//YANG X K. Insects from Mt. Shiwandashan Area of Guangxi. Beijing: China Forestry Publishing House: 264-267. [杨定 , 高彩霞 , 安淑文 , 2004. 广翅目: 齿蛉科 // 杨星科 . 广西十万大山地区昆虫 . 北京: 中国林业出版社: 264-267.]

YANG D, LIU X Y, 2010. Fauna Sinica, Insecta: Vol. 51, Megaloptera. Beijing: Science Press: 457. [杨定 , 刘星月 , 2010. 中国动物志 昆虫纲: 第 51 卷 广翅目 . 北京: 科学出版社: 457.]

YANG D, YANG C K, 1992a. Megaloptera: Corydalidae//CHEN S X. Insects of Hengduan Mountains Region: Vol. 1. Beijing: Science Press: 435-437. [杨定 , 杨集昆 . 1992a. 广翅目: 齿蛉科 // 陈世骧 . 横断山区昆虫: 第 1 卷 . 北京: 科学出版社: 435-437.]

YANG D, YANG C K, 1992b. Megaloptera: Corydalidae//PENG J W, LIU Y Q. Iconography of forest insects in Hunan China. Changsha: Hunan Science and Technology Press: 640-643. [杨定 , 杨集昆 , 1992b. 广翅目: 齿蛉科 // 彭建文 , 刘友樵 . 湖南森林昆虫图鉴 . 长沙: 湖南科学技术出版社: 640-643.]

YANG D, YANG C K, 1992c. Megaloptera: Corydalidae//HUANG F S. Insects of Wuling Mountains area, southwestern China. Beijing: Science Press: 407-408. [杨定 , 杨集昆 , 1992c. 广翅目: 齿蛉科 // 黄复生 . 西南武陵山地区昆虫 . 北京: 科学出版社: 407-408.]

YANG D, YANG C K, 1993a. The fishflies (Megaloptera: Corydalidae) from Maolan, Guizhou. Entomotaxonomia, 15: 246-248. [杨定 , 杨集昆 , 1993a. 贵州茂兰的广翅目昆虫 (广翅目: 齿蛉科). 昆虫分类学报 , 15: 246-248.]

YANG D, YANG C K, 1995. Megaloptera: Corydalidae//ZHU T A. Insects and macrofungi of Gutianshan, Zhejiang. Hangzhou: Zhejiang Science and Technology Publishing House: 129-130. [杨定 , 杨集昆 , 1995. 广翅目: 齿蛉科 // 朱廷安 . 浙江古田山昆虫和大型真菌 . 杭州: 浙江科学技术出版社: 129-130.]

YANG D, YANG C K, 1997. Two new species of the fishflies from south China (Megaloptera: Corydalidae). Journal of China Agricultural University, 2: 31-32. [杨定 , 杨集昆 , 1997. 中国南方齿蛉二新种 (广翅目: 齿蛉科). 中国农业大学学报 , 2: 31-32.]

YANG D, YANG C K, HU X Y, 2002. Megaloptera//HUANG F S. Forest insects of Hainan. Beijing: Science Press: 275-276. [杨定 , 杨集昆 , 胡学友 , 2002. 广翅目 // 黄复生 . 海南森林昆虫 . 北京: 科学出版社: 275-276.]

YANG X K, 1989. Identifications of three similar species of *Chrysoperla*. Entomological Knowledge, 26: 360-361. [杨星科 , 1989. 通草蛉属三个相似种的鉴定 . 昆虫知识 , 26: 360-361.]

YANG X K, 1990. The lacewings (Neuroptera: Chrysopidae) of Nei Mongol Aut. Region. Entomotaxonomia, 12: 235-238. [杨星科 , 1990. 内蒙古草蛉研究 II- 新种及四新纪录种 (脉翅目: 草蛉科). 昆虫分类学报 , 12: 235-238.]

YANG X K, 1991a. *Dichochrysa* nom. nov. for *Navasius* Yang et Yang 1990 (Neuroptera: Chrysopidae) nec. Esben-

Petersen 1936 (Neuroptera: Myrmeleonidae)//ZHANG G X. Scientific Treatise on Systematic and Evolutionary Zoology, 1: 150. [杨星科 , 1991a. 草蛉科一新属名 // 张广学 . 系统进化动物学论文集 , 1: 150.]

YANG X K, 1991b. The green lacewings of Kala Kunlun Mountains (Neuroptera: Chrysopidae). Sinozoologia, 8: 237-242. [杨星科 , 1991. 新疆喀喇昆仑地区的草蛉 (脉翅目: 草蛉科). 动物学集刊 , 8: 237-242.]

YANG X K, 1991c. An addendum for the Examinations and redescriptions of the type specimens of some Chinese Chrysopidae (Neuroptera) described by L. Navás. Neuroptera International, 6: 131-132.

YANG X K, 1993. A new species of Chrysopidae (Neuroptera). Sinozoologia, 10: 153-154. [杨星科 , 1993. 草蛉科一新种 (脉翅目). 动物学集刊 , 10: 153-154.]

YANG X K, 1995. The revision on species of genus *Dichochrysa* (Neuroptera: Chrysopidae) from China. Entomotaxonomia, 17: 26-34. [杨星科 , 1995. 叉草蛉属 (*Dichochrysa*) 中国种类订正 (脉翅目: 草蛉科). 昆虫分类学报 , 17: 26-34.]

YANG X K, 1997. Catalogue of the Chinese Chrysopidae (Neuroptera). Serangga, 2: 65-108.

YANG X K, 1998a. Neuroptera: Chrysopidae//WU H. Insects of Longwangshan Nature Reserve. Beijing: China Forestry Publishing House: 148-150. [杨星科 , 1998a. 脉翅目: 草蛉科 // 吴鸿 . 龙王山昆虫 . 北京: 中国林业出版社: 148-150.]

YANG X K, 1998b. Discussion on the scientific name of *Chrysopa pallens* (Rambur) and related questions. Acta Entomologica Sinica, 41: 106-107.

YANG X K, LI T S, 1997. Neuroptera: Chrysopidae//YANG X K. Insects of the Three Gorge Reservoir area of Yangtze river, Part 1. Chongqing: Chongqing Publishing House: 593-608. [杨星科 , 黎天山 , 1997. 脉翅目: 草蛉科 // 杨星科 . 长江三峡库区昆虫 (上册). 重庆: 重庆出版社: 593-608.]

YANG X K, YANG C K, 1990a. A study on the lacewings (Neuroptera: Chrysopidae) from Nei Mongol Autonomous Region. Entomotaxonomia, 12: 225-234. [杨星科 , 杨集昆 , 1990a. 内蒙古草蛉研究 I. 五新种及二新记录种 (脉翅目: 草蛉科). 昆虫分类学报 , 12: 225-234.]

YANG X K, YANG C K, 1990b. *Navasius*, a new genus of Chrysopinae (I) (Neuroptera: Chrysopidae). Acta Zootaxonomica Sinica, 15: 327-338. [杨星科 , 杨集昆 , 1990b. 草蛉科一新属 – 纳草蛉属研究 (I) (脉翅目: 草蛉科). 动物分类学报 , 15: 327-338.]

YANG X K, YANG C K, 1990c. Study on the genus *Navasius* (II) Descriptions of six new species (Neuroptera: Chrysopidae). Acta Zootaxonomica Sinica, 15: 471-479. [杨星科 , 杨集昆 . 1990c. 纳草蛉属研究 (II) 六新种记述 (脉翅目: 草蛉科). 动物分类学报 , 15: 471-479.]

YANG X K, YANG C K, 1990d. Examinations and redescriptions of the type specimens of some Chinese Chrysopidae (Neuroptera) described by L. Navas. Neuroptera International, 6: 75-83.

YANG X K, YANG C K, 1991a. Four new species of lacewing (Neuroptera: Chrysopidae). Acta Entomologica Sinica, 34: 212-217. [杨星科 , 杨集昆 , 1991a. 草蛉科四新种 (脉翅目). 昆虫学报 , 34: 212-217.]

YANG X K, YANG C K, 1991b. Study on the genus *Suarius* and descriptions of three new species from China (Neuroptera: Chrysopidae). Acta Zootaxonomica Sinica, 16: 348-353. [杨星科 , 杨集昆 , 1991b. 俗草蛉属的研究及三新种记述 (脉翅目: 草蛉科). 动物分类学报 , 16: 348-353.]

YANG X K, YANG C K, 1992. Study on the genus *Chrysoperla* (Neuroptera: Chrysopidae). Acta Entomologica Sinica, 35: 78-86. [杨星科 , 杨集昆 , 1992. 中国通草蛉属的研究 (脉翅目: 草蛉科). 昆虫学报 , 35: 78-86.]

YANG X K, YANG C K, 1993. The lacewings (Neuroptera: Chrysopidae) of Guizhou Province. Entomotaxonomia, 15: 265-274. [杨星科 , 杨集昆 , 1993. 贵州省草蛉区系的研究 (脉翅目: 草蛉科). 昆虫分类学报 , 15: 265-274.]

YANG X K, YANG C K, LI W Z, 2005. Fauna Sinica, Insecta: Vol. 39, Neuroptera: Chrysopidae. Beijing: Science Press: 398. [杨星科 , 杨集昆 , 李文柱 , 2005. 中国动物志昆虫纲: 第 39 卷 脉翅目草蛉科 . 北京: 科学出版社: 398.]

YANG X S, LIU Z Q, 2010. Notes on the genus *Eumantispa* Okamoto, 1910 from mainland of China (Neuroptera: Mantispidae). Zootaxa, 2669: 57-68.

YUE L, LIU X Y, HAYASHI F, et al, 2015. Molecular systematics of the fishfly genus *Anachauliodes* Kimmins, 1954

(Megaloptera: Corydalidae: Chauliodinae). Zootaxa, 3941: 91-103.

ZETTERSTEDT J W, 1840. Insecta Lapponica. Lipsiae: Voss: 1140.

ZHAN Q B, WANG X L, 2012. First record of the genus *Bankisus* Navás, 1912 in China, with description of a new species (Neuroptera: Myrmeleontidae). ZooKeys, 204: 41-46.

ZHAN Q B, WANG Z L, ÁBRAHÁM L, et al, 2012. A new species of *Dendroleon* Brauer, 1866 (Neuroptera: Myrmeleontidae) from China. Zootaxa, 3547: 64-70.

ZHANG W, LIU X Y, ASPÖCK H, et al, 2014a. Revision of Chinese Dilaridae (Insecta: Neuroptera) (Part I): Species of the genus *Dilar* Rambur from northern China. Zootaxa, 3753 (1): 10-24.

ZHANG W, LIU X Y, ASPÖCK H, et al, 2014b. Species of the pleasing lacewing genus *Dilar* Rambur (Neuroptera: Dilaridae) from islands of East Asia. Deutsche Entomologische Zeitschrift, 61: 141-153.

ZHANG W, LIU X Y, ASPÖCK H, et al, 2015. Revision of Chinese Dilaridae (Insecta: Neuroptera) (Part III): Species of the genus *Dilar* Rambur from the southern part of mainland China. Zootaxa, 3974: 451-494.

ZHAO J Z, 1989. Protection and Utilization of green lacewings. Wuhan: Wuhan University Press: 244. [赵敬钊 , 1989. 草蛉的保护和利用 . 武汉 : 武汉大学出版社: 244.]

ZHAO Y, TIAN Y L, LIU Z Q, 2014. New data on the genus *Micromus* Rambur, 1842 from China (Neuroptera: Hemerobiidae), with a key to Chinese species. Zootaxa, 3846: 127-137.

ZHAO Y, YAN B Z, LIU Z Q, 2013. New species of *Neuronema* McLachlan, 1869 from China (Neuroptera: Hemerobiidae). Zootaxa, 3710: 557-564.

ZHAO Y, YAN B Z, LIU Z Q, 2015. A new species of the brown lacewing genus *Zachobiella* Banks from China (Neuroptera: Hemerobiidae) with a key to species. Zookeys, 50: 27-37.

中文名称索引

五画

六画

七画

八画

九画

十画

十一画

十二画

十三画

十四画

十五画

十六画

十七画

十八画

二十画

二十二画

拉丁学名索引

A

B

C

D

O

P

R

S

东方巨齿蛉 *Acanthacorydalis orientalis*（张巍巍 摄）

麦克齿蛉 *Neoneuromus maclachlani*（张巍巍　摄）

黄胸黑齿蛉 *Neurhermes tonkinensis*（张巍巍　摄）

阿氏脉齿蛉 *Nevromus aspoeck*（张巍巍　摄）

宽胸星齿蛉 *Protohermes latus*（王建赟　摄）

中华星齿蛉 *Protohermes sinensis*（董伟　摄）

大卫星齿蛉 *Protohermes davidi*（刘星月　摄）

广西星齿蛉 *Protohermes guangxiensis*（郑昱辰　摄）

莱博斯臀鱼蛉 *Anachauliodes laboissierei*（郑昱辰　摄）

指突栉鱼蛉 *Ctenochauliodes digitiformis*（郑昱辰　摄）

台湾斑鱼蛉 *Neochauliodes formosanus*（董伟　摄）

污翅斑鱼蛉 *Neochauliodes fraternus*（刘星月　摄）

河南泥蛉 *Sialis henanensis*（张巍巍　摄）

丽盲蛇蛉 *Inocellia elegans*（张巍巍　摄）

中华盲蛇蛉 *Inocellia sinensis*（余之舟　摄）

硕华盲蛇蛉 *Sininocellia gigantos*（詹程辉　摄）

云南盲蛇蛉 *Inocellia yunnanica*（张巍巍　摄）

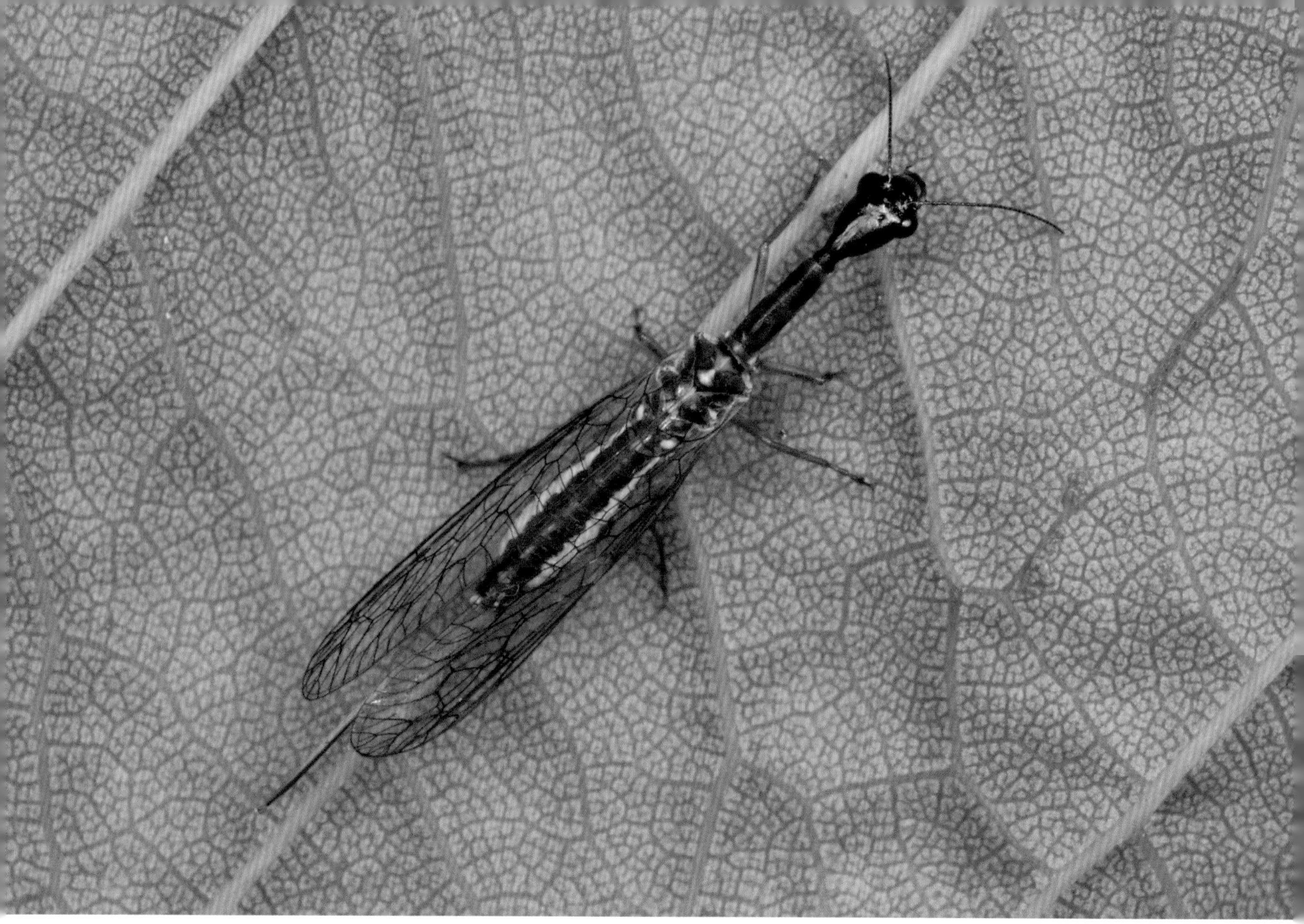

蒙蛇蛉 *Mongoloraphidia* sp.（郑昱辰　摄）

戈壁黄痣蛇蛉 *Xanthostigma gobicola*（张巍巍　摄）

戈壁黄痣蛇蛉 *Xanthostigma gobicola*（刘星月　摄）

粉蛉 Coniopterygidae sp.（郑昱辰　摄）

广重粉蛉 *Semidalis aleyrodiformis*（徐晗　摄）

云南华泽蛉 *Sinoneurorthus yunnanicus*（李虎　摄）

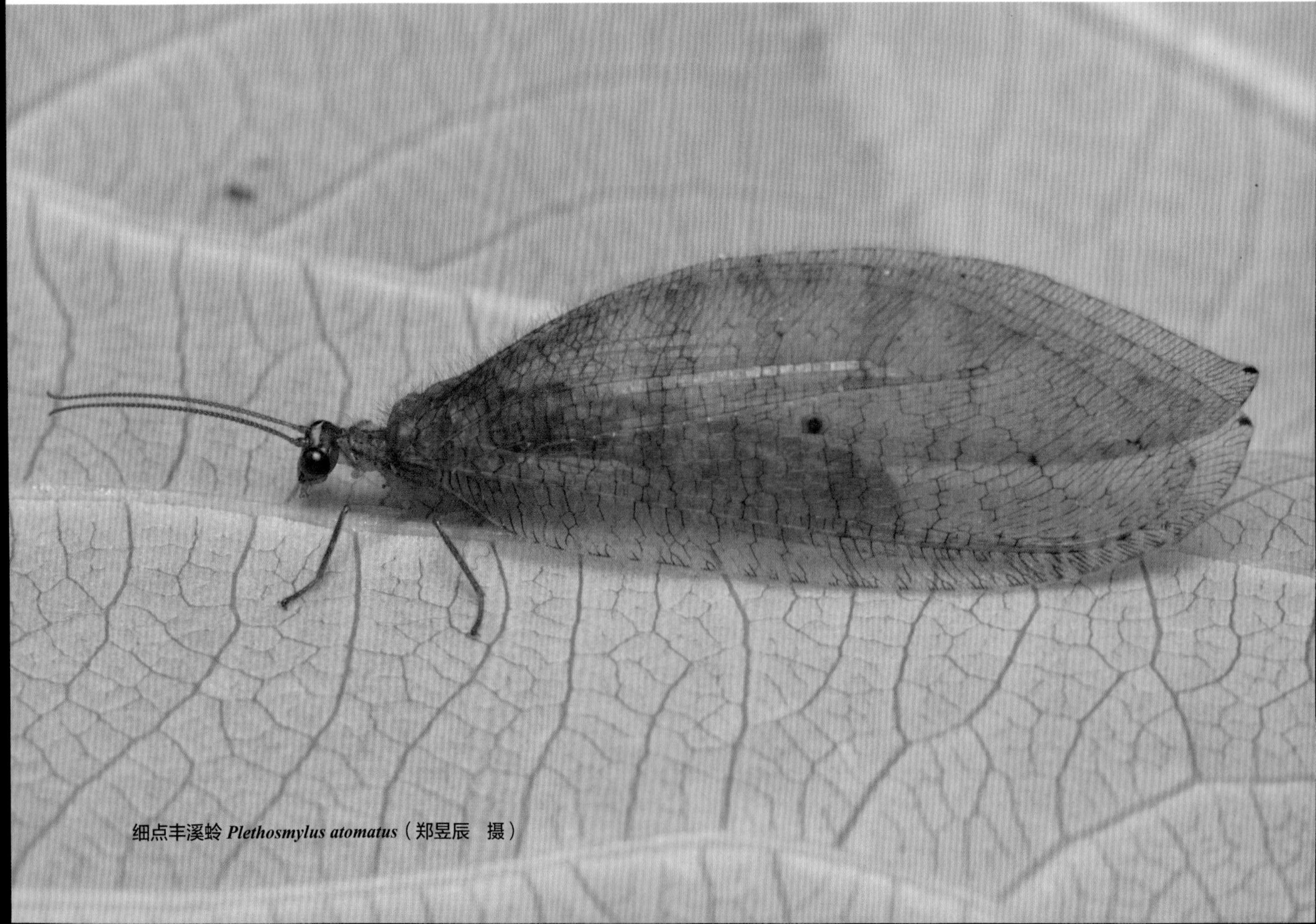

细点丰溪蛉 *Plethosmylus atomatus*（郑昱辰　摄）

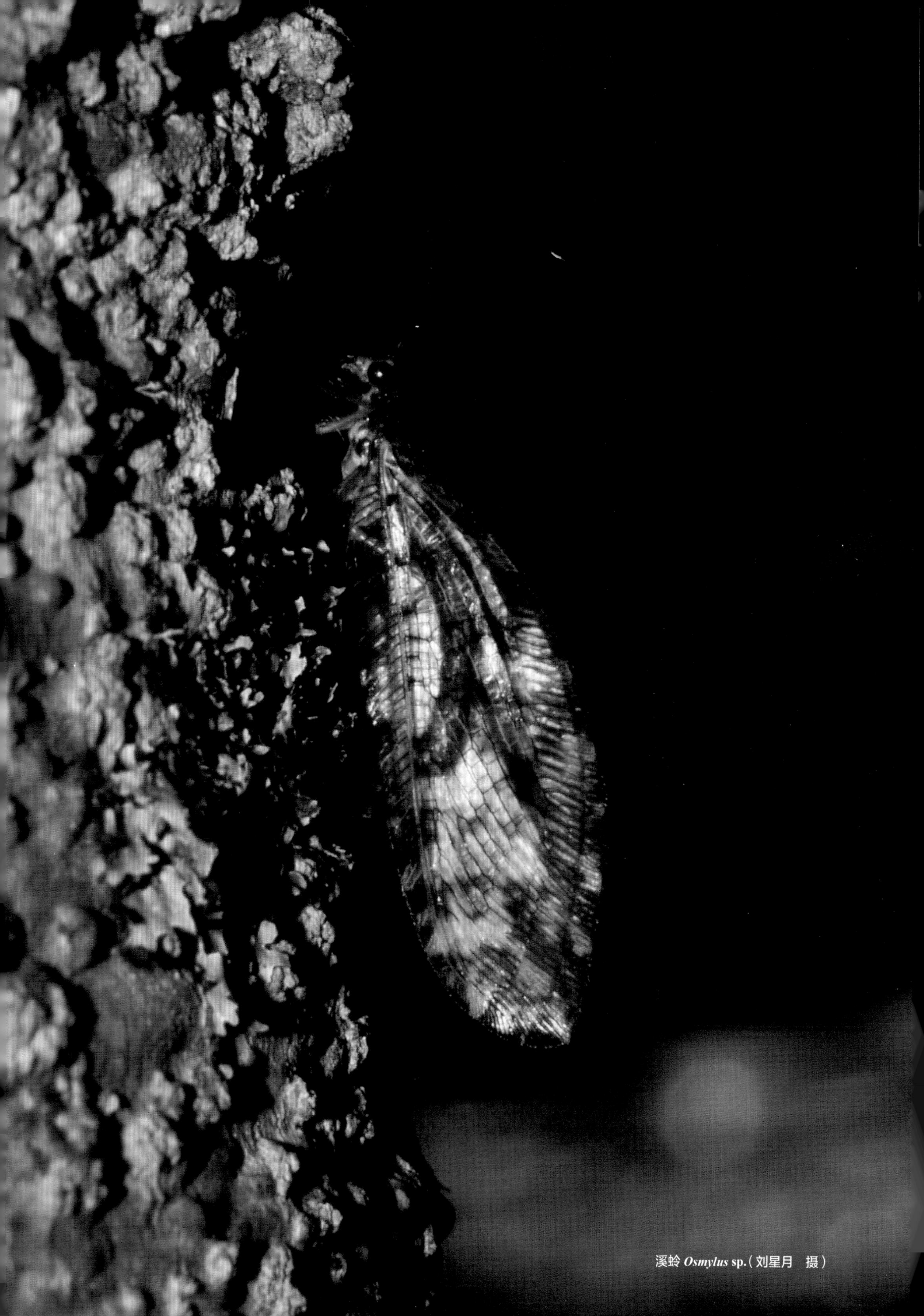

溪蛉 *Osmylus* sp.（刘星月　摄）

双突溪蛉 *Osmylus bipapillatus*（徐晗　摄）

窗溪蛉 *Thyridosmylus* sp.（王建赟　摄）

窗溪蛉 *Thyridosmylus* sp.（计云　摄）

窗溪蛉 *Thyridosmylus* sp.（计云　摄）

窗溪蛉 *Thyridosmylus* sp.（张巍巍　摄）

虹溪蛉 *Thaumatosmylus* sp.（王建赟　摄）

虹溪蛉 *Thaumatosmylus* sp.（郑昱辰　摄）

栉角蛉 ***Dilar* sp.**（郑昱辰　摄）

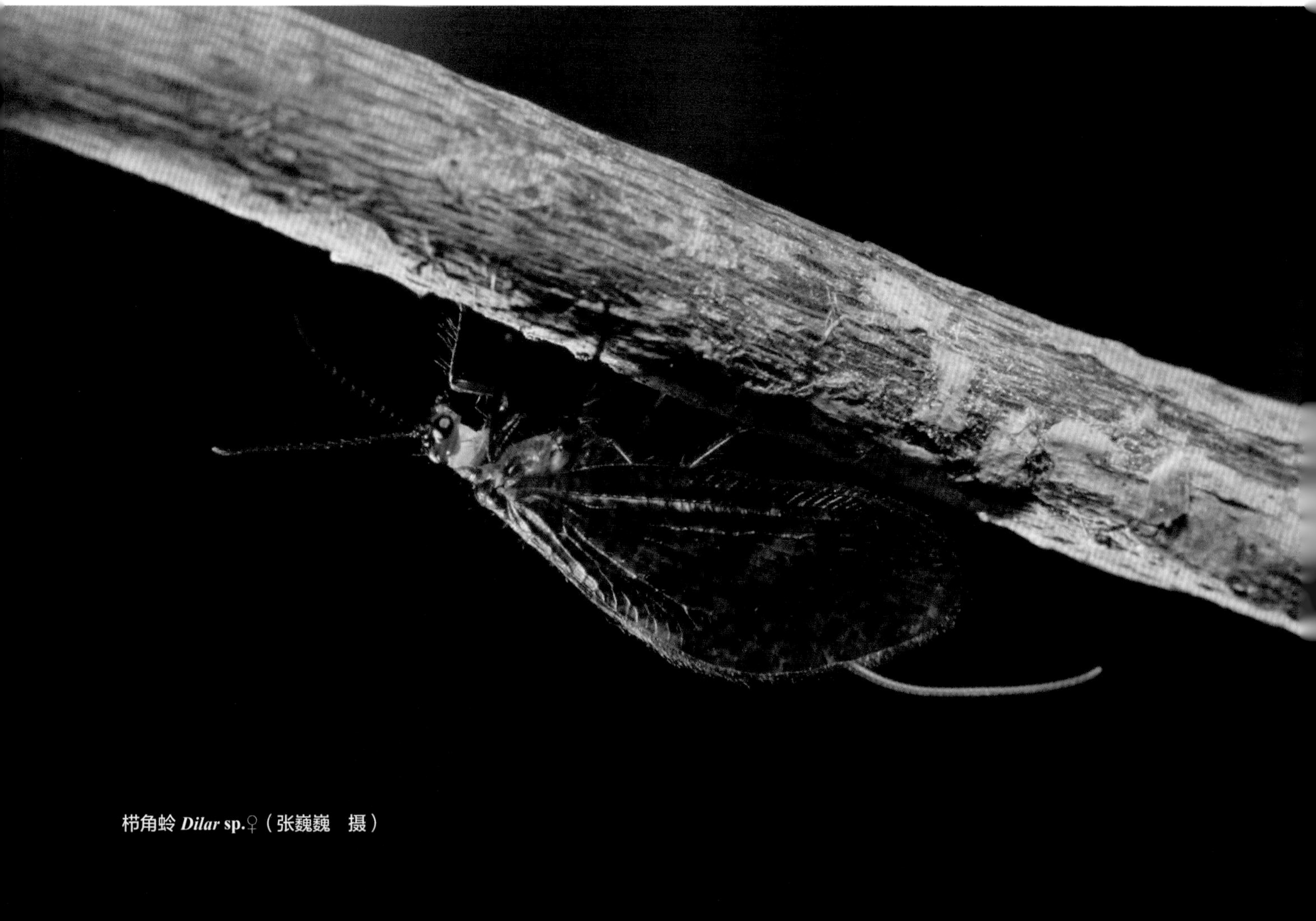

栉角蛉 ***Dilar* sp.**♀（张巍巍　摄）

栉角蛉 ***Dilar* sp.** ♂（张巍巍　摄）

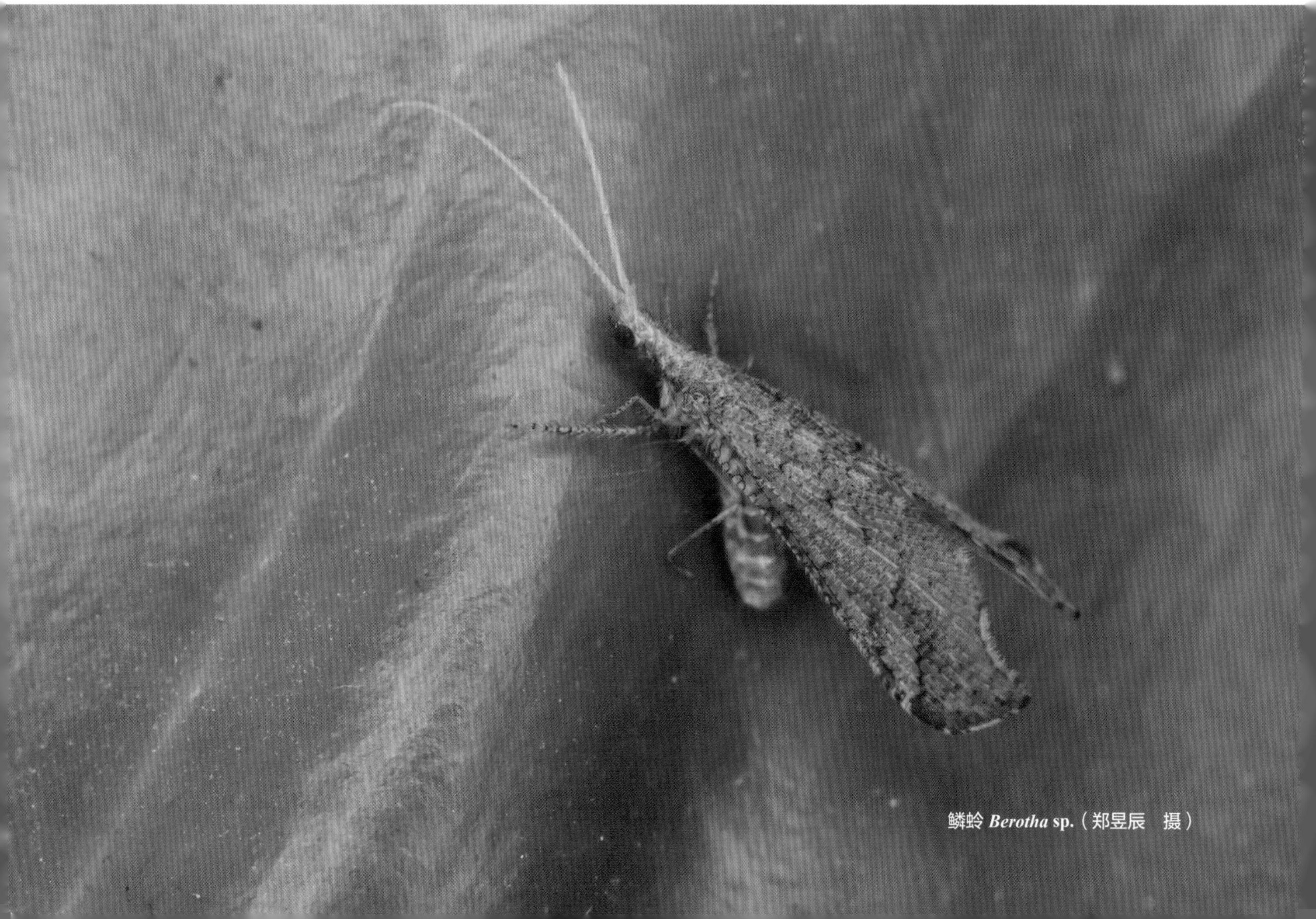

鳞蛉 ***Berotha* sp.**（郑昱辰　摄）

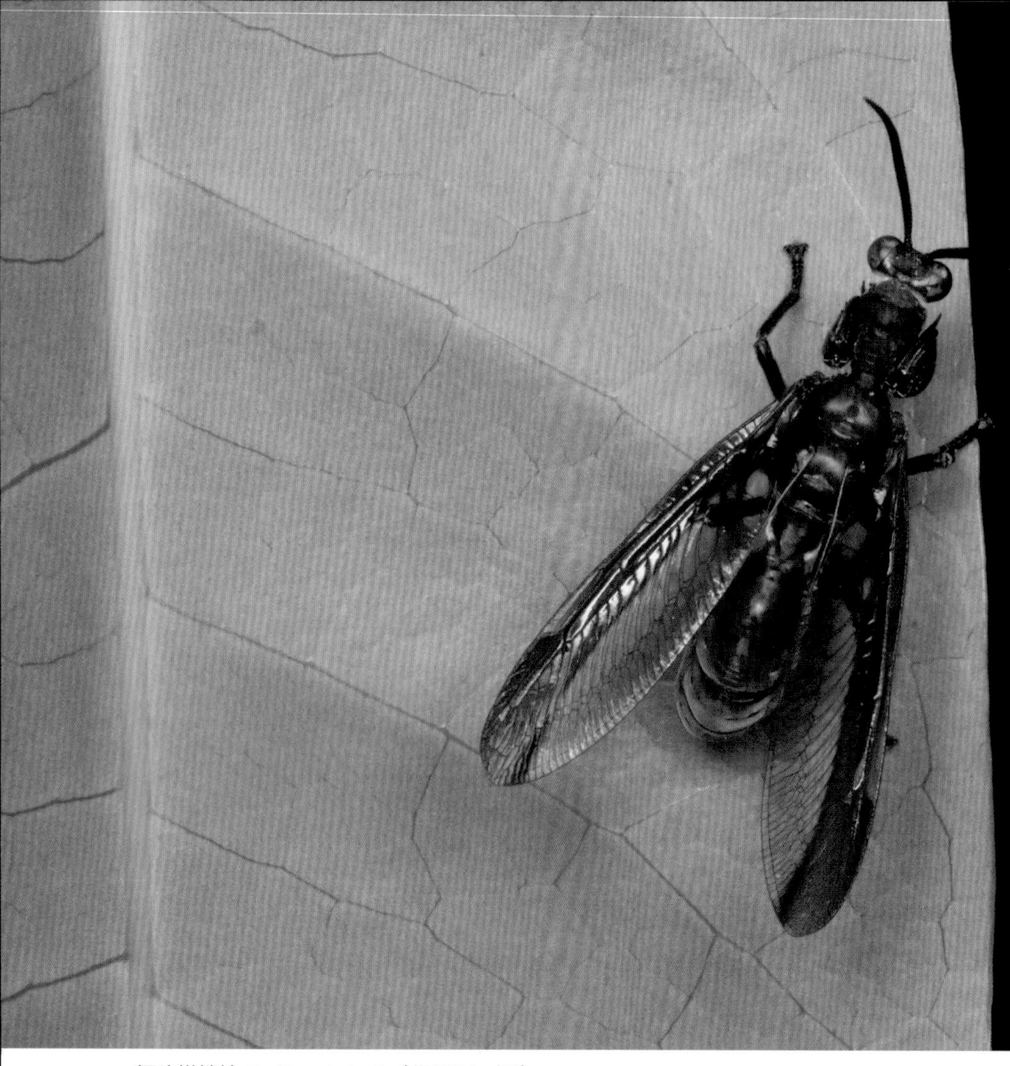

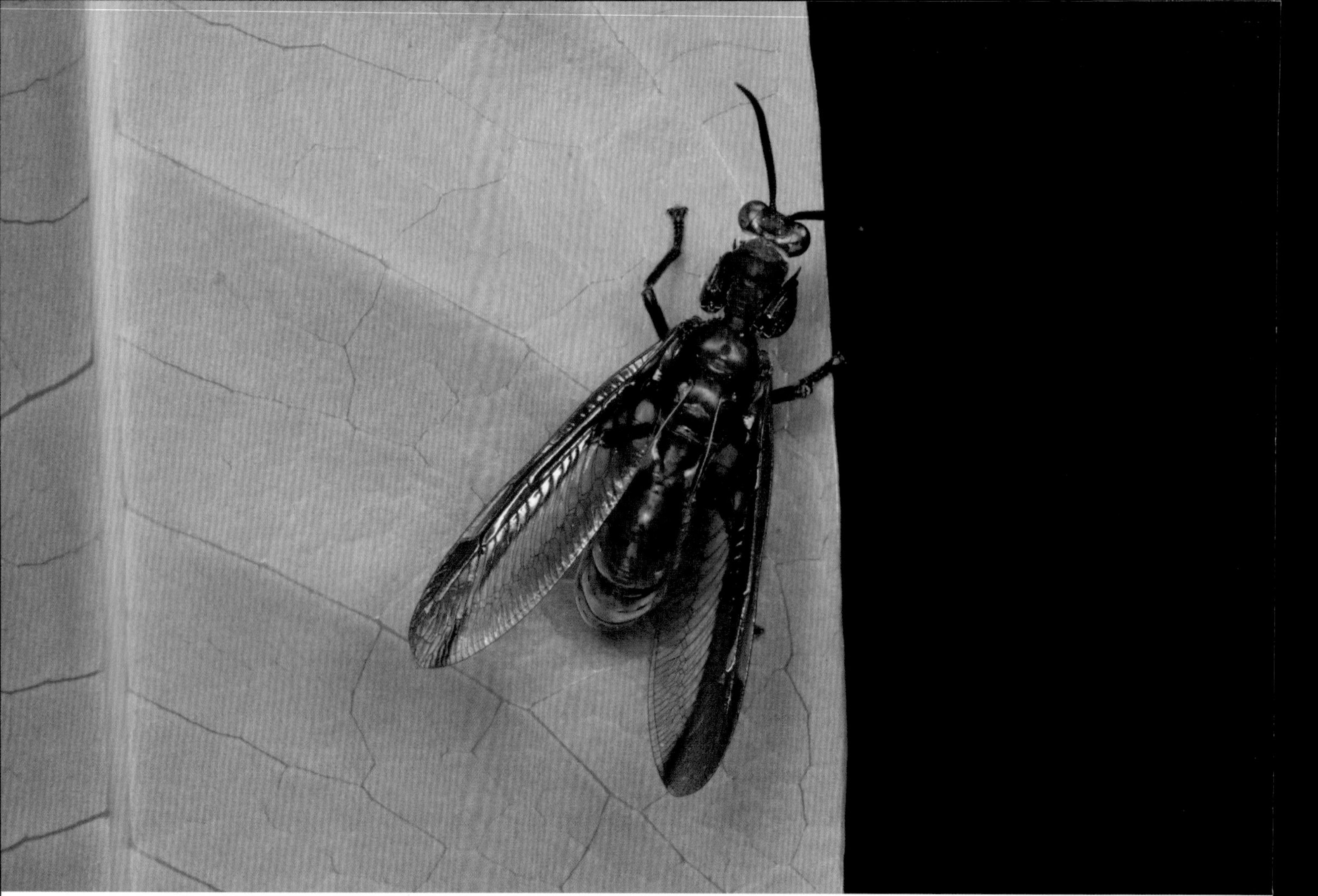

铜头梯螳蛉 ***Euclimacia badia***（郑昱辰　摄）

西藏优螳蛉 ***Eumantispa tibetana***（计云　摄）

黄基东螳蛉 *Orientispa flavacoxa*（郑昱辰　摄）

华瘤螳蛉 *Tubronotha sinica*（王建赟　摄）

华瘤螳蛉 *Tuberonotha sinica*（张巍巍　摄）

脉线蛉 *Neuronema* sp.（郑昱辰　摄）

脉线蛉 *Neuronema* sp.（张巍巍　摄）

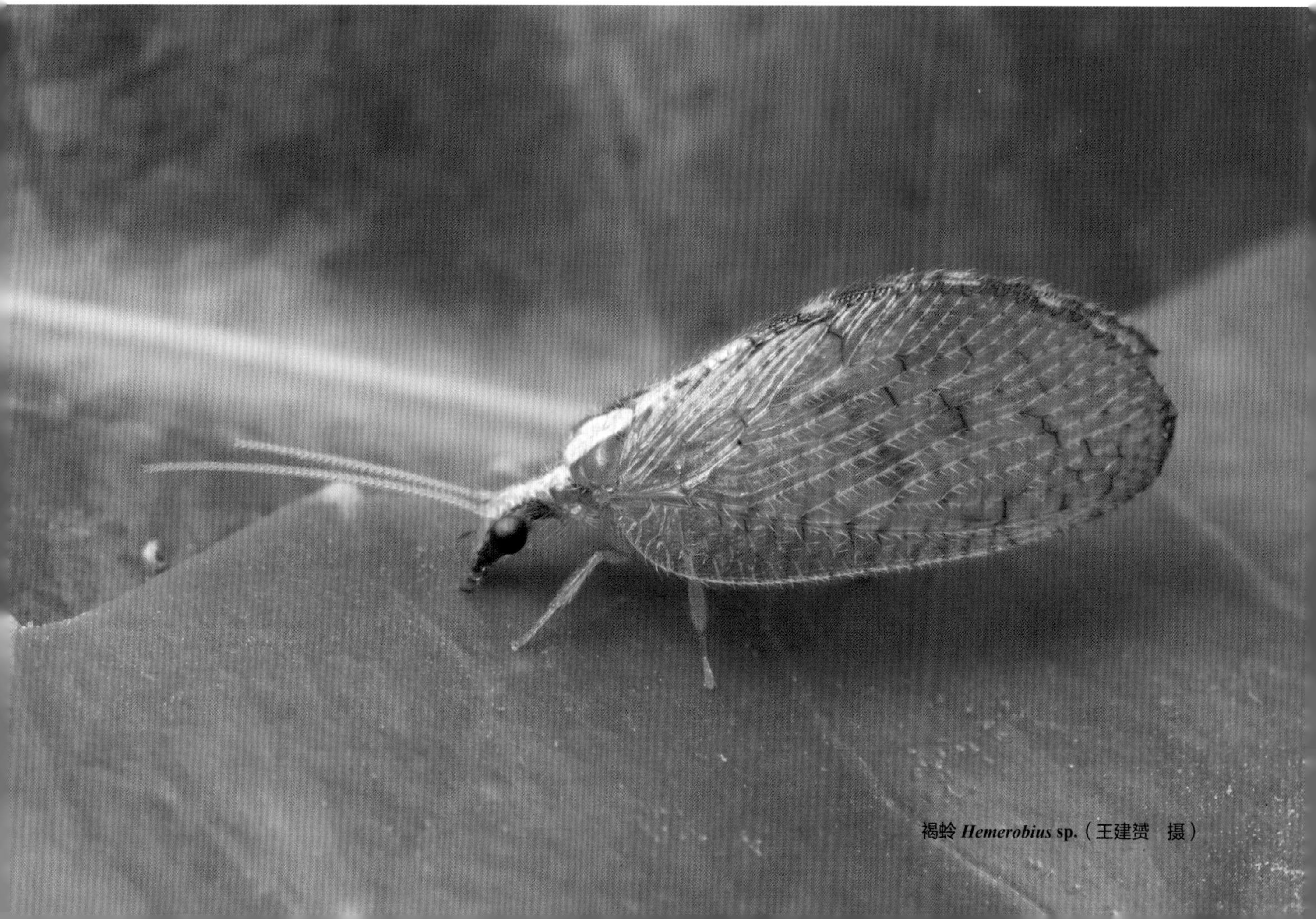

褐蛉 *Hemerobius* sp.（王建赟　摄）

褐蛉 *Hemerobius* sp.（徐晗　摄）

绿褐蛉 *Notiobiella* sp.（郑昱辰　摄）

绿褐蛉 *Notiobiella* sp.（计云　摄）

脉褐蛉 *Micromus* sp.（张巍巍　摄）

海南寡脉褐蛉 *Zachobiella hainanensis*（陆千乐　摄）

草蛉 *Chrysopa* sp.（李元胜　摄）

黑痣绢草蛉 *Ankylopteryx gracilis*（王建赟　摄）

意草蛉 *Italochrysa* sp.（张巍巍　摄）

红痣意草蛉 *Italochrysa uchidae*（吴超　摄）

玛草蛉 ***Mallada* sp.**（张巍巍　摄）

叉草蛉 ***Pseudomallada* sp.**（李元胜　摄）

叉草蛉 *Pseudomallada* sp.（张巍巍　摄）

罗草蛉 *Retipenna* sp.（计云　摄）

饰草蛉 *Semachrysa* sp.（张巍巍　摄）

多阶草蛉 ***Tumeochrysa* sp.**（张巍巍　摄）

多阶草蛉 ***Tumeochrysa* sp.**（计云　摄）

长青山蛉 *Rapisma changqingense*（郑昱辰　摄）

高黎贡山蛉 *Rapisma gaoligongense*（郑昱辰　摄）

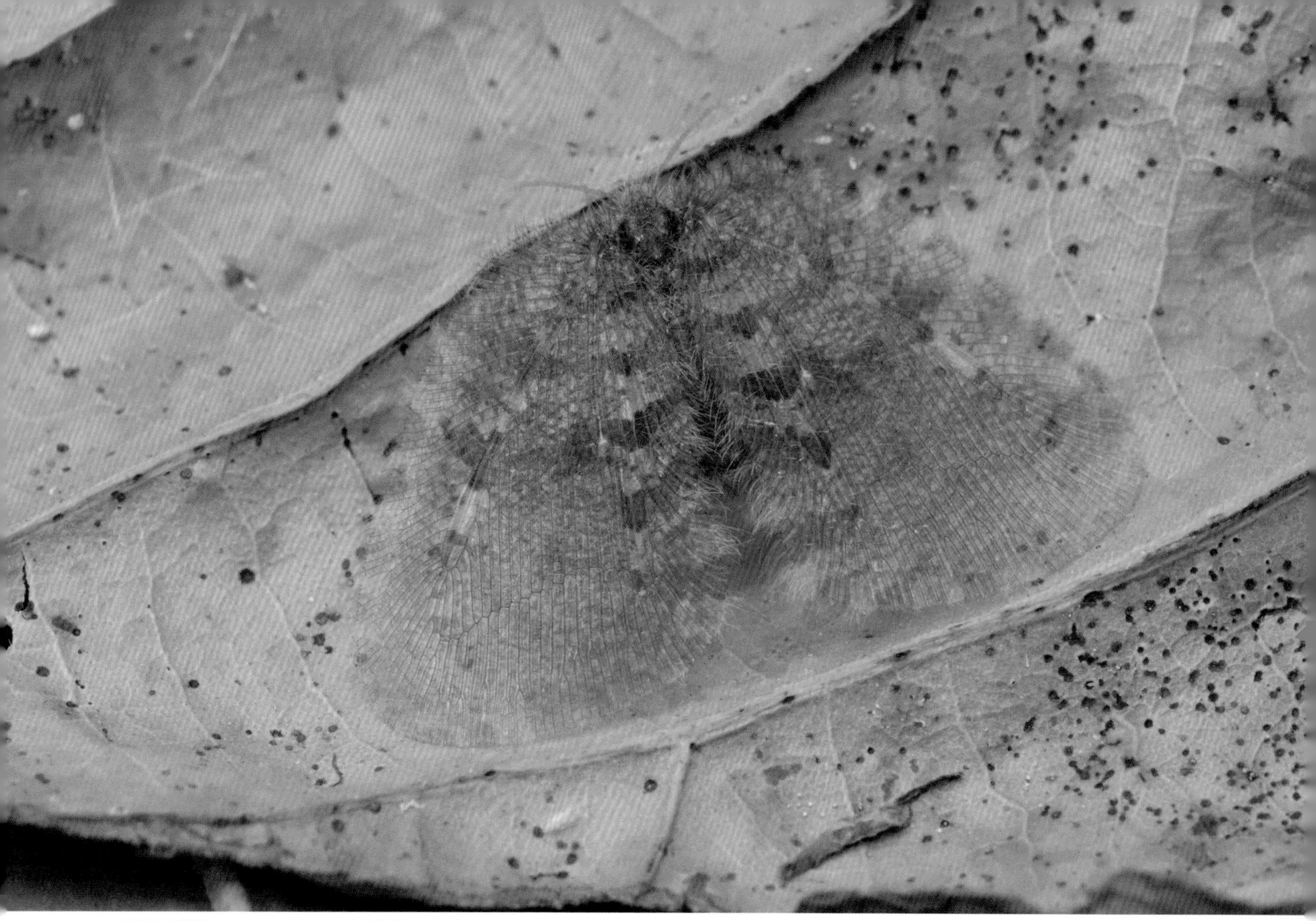

滇缅巴蝶蛉 *Balmes birmanus*（郑昱辰　摄）

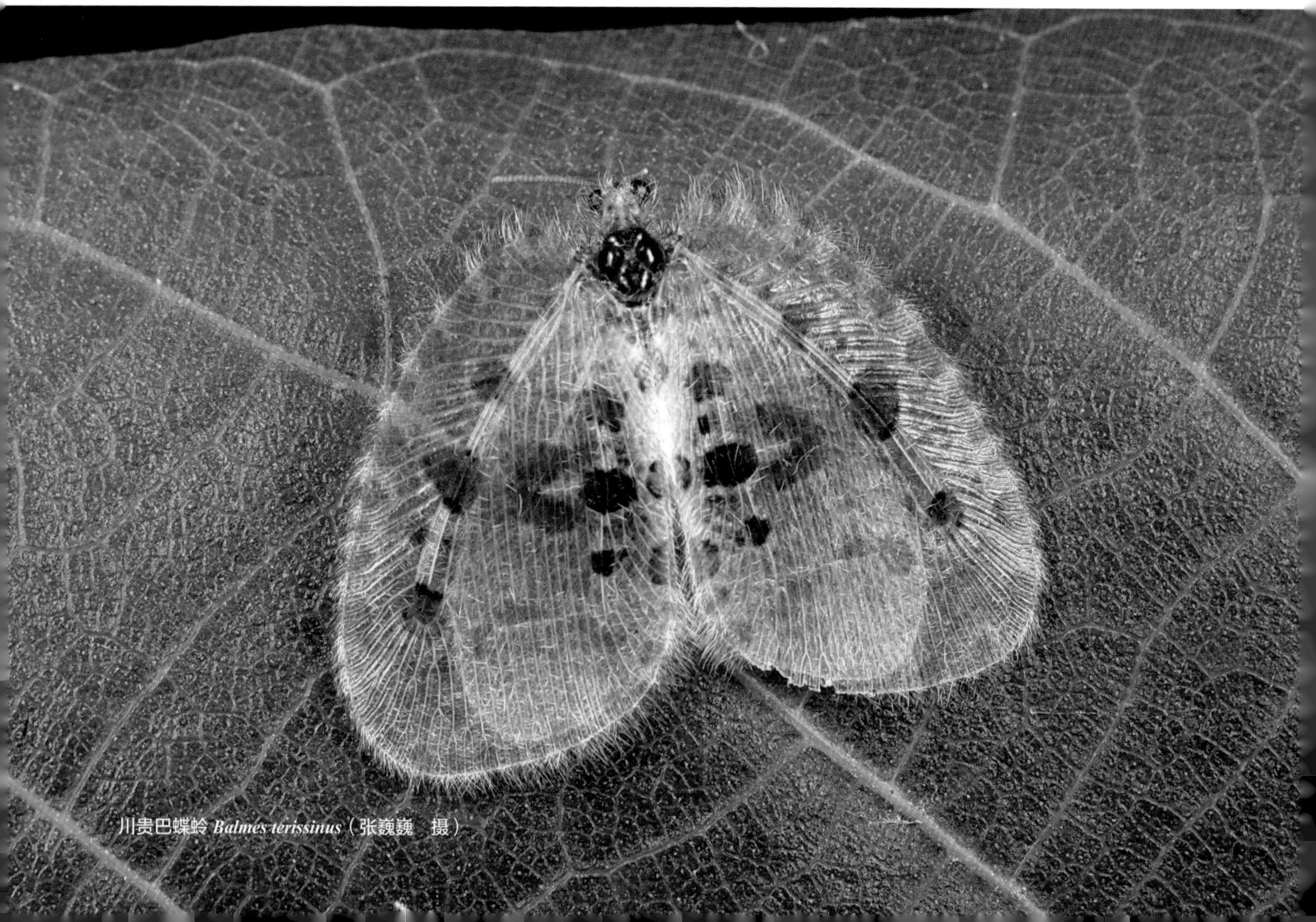

川贵巴蝶蛉 *Balmes terissinus*（张巍巍　摄）

镰翅树蚁蛉 *Dendroleon falcatus*（王建赟　摄）

追击大蚁蛉 *Synclisis japonica*（吴超　摄）

锦蚁蛉 *Gatzara* sp.（张巍巍　摄）

雅蚁蛉 *Layahima* sp.（赵俊军　摄）

朝鲜东蚁蛉 *Euroleon coreanus*（郑昱辰　摄）

哈蚁蛉 *Hagenomyia* sp.（吴超　摄）

蚁蛉 ***Myrmeleon* sp.**（吴超　摄）

条斑次蚁蛉 ***Deutoleon lineatus***（涂粤峥　摄）

白云蚁蛉 ***Paraglenurus japonicus***（玉建赟　摄）

原完眼蝶角蛉 ***Protidricerus* sp.**（吴超　摄）

原完眼蝶角蛉 *Protidricerus* sp.（吴超　摄）

原完眼蝶角蛉 *Protidricerus* sp.（吴超　摄）

锯角蝶角蛉 *Acheron trux*（赵俊军　摄）